Handbuch der chemischen Technologie

Achte Auflage

Johannes Rudolf Wagner

Alpha Editions

This edition published in 2022

ISBN : 9789356901179

Design and Setting By
Alpha Editions
www.alphaedis.com
Email - info@alphaedis.com

Contents

Einleitung. - 1 -

I. Abschnitt Die chemische Metallurgie, die Legirungen und die Metallpräparate. Allgemeines. - 3 -

Das Eisen. - 6 -

Das Kobalt. - 43 -

Das Nickel. - 46 -

Das Kupfer. - 51 -

Das Blei. - 72 -

Das Zinn. - 88 -

Das Wismuth. - 92 -

Das Zink. - 94 -

Das Kadmium. - 101 -

Das Antimon. - 101 -

Das Arsen. - 105 -

Das Quecksilber. - 107 -

Das Platin. - 114 -

Das Silber. - 118 -

Das Gold. - 131 -

Der Braunstein und die Manganpräparate. - 139 -

Das Aluminium. - 143 -

Das Magnesium. - 145 -

II. Abschnitt Rohstoffe und Produkte der chemischen Industrie.
Das Kaliumcarbonat. - 154 -

Der Salpeter. - 178 -

Die Salpetersäure. - 187 -

Technik der explosiven Körper. - 195 -

Das Kochsalz. - 218 -

Die Sodafabrikation. - 230 -

Die Jod- und Bromgewinnung. - 258 -

Der Schwefel. - 263 -

Die Schwefelsäurefabrikation. - 273 -

Der Schwefelkohlenstoff. - 286 -

Die Salzsäure und das Glaubersalz. - 288 -
Der Chlorkalk und die Chloralkalien. - 292 -
Die Alkalimetrie - 306 -
Das Ammoniak und die Ammoniaksalze. - 310 -
Die Seifenfabrikation. - 327 -
Die Borsäure und der Borax. - 341 -
Die Fabrikation des Alauns, des Aluminiumsulfates und der Aluminate. - 351 -
Das Ultramarin. - 363 -
III. Abschnitt Technik des Glases, der Thonwaaren, des Gypses, Kalkes und Mörtels. Die Glasfabrikation. - 376 -
Die Keramik oder die Thonwaarenfabrikation. - 419 -
Der Kalk und das Kalkbrennen. - 464 -
Der Mörtel. - 471 -
Der Gyps und das Gypsbrennen. - 481 -
IV. Abschnitt Die Pflanzenstoffe und ihre technische Anwendung. Die Technologie der Pflanzenfaser. - 490 -
Die Papierfabrikation. - 502 -
Das Stärkemehl. - 521 -
Die Zuckerfabrikation. - 533 -
Die Gährungsgewerbe. - 575 -
Die Weinbereitung. - 580 -
Die Bierbrauerei. - 599 -
Die Spiritusfabrikation. - 627 -
Die Brotbäckerei. - 656 -
Die Essigfabrikation - 662 -
Die Conservirung des Holzes - 676 -
Der Tabak - 682 -
Technische Anwendung der ätherischen Oele und Harze. - 686 -
V. Abschnitt Die Thierstoffe und ihre technische Anwendung. Die Verarbeitung der Wolle. - 704 -
Die Seide und ihre Verarbeitung - 714 -
Die Gerberei. - 722 -
Die Leimfabrikation. - 745 -
Die Phosphorfabrikation. - 754 -
Die Zündrequisiten - 766 -

Die Knochenkohle. - 774 -
Die Milch. - 776 -
Das Fleisch. - 783 -
VI. Abschnitt Die Färberei und der Zeugdruck. Die Färberei und Druckerei im Allgemeinen. - 792 -
Die Färberei der Gespinnste und Gewebe. - 821 -
Der Zeugdruck. - 829 -
VII. Abschnitt Die Leuchtmaterialien und die Beleuchtungsapparate. Allgemeines über Beleuchtungswesen. - 838 -
I. Beleuchtung mittelst Kerzen. - 841 -
II. Beleuchtung mittelst Lampen - 859 -
III. Die Beleuchtung mit Gas. - 871 -
Die Paraffin- und Solarölindustrie. - 916 -
Das Petroleum oder Erdöl. - 932 -
VIII. Abschnitt Die Heizmaterialien und die Heizapparate.
A. Die Heizmaterialien. - 938 -
Die Brennmaterialien im Besonderen. Das Holz. - 943 -
Die Braunkohlen. - 964 -
Die Steinkohlen. - 966 -
Gasförmige Brennmaterialien. - 982 -
Die Heizanlagen[199]. - 984 -

Einleitung.

Die wirtschaftliche Thätigkeit des Menschen ist eine dreifache, sie ist entweder producirend oder veredelnd oder vertheilend (umsetzend).

Man unterscheidet demnach zwischen Produktion oder Gütererzeugung (d. i. die Ausbeutung von Grund und Boden), und Fabrikation und Handel (Tauschwirtschaft).

Hiervon bildet nun die veredelnde Arbeit, die es mit der Zubereitung und Verarbeitung der Rohstoffe zu thun hat, das Gewerbe im engern Sinne oder diejenige Gruppe von Gewerben, welche man "Gewerke,, nennt.

Die Lehre von den stoffveredelnden Gewerben oder mit anderen Worten die Gewerkslehre, ist die Technologie. Dem Sinne des Wortes nach ist letztere die Lehre von den Künsten (τέχνη, λόγος). In dieser allgemeinen Bedeutung wäre die Technologie der Inbegriff aller denkbaren Kunstfertigkeiten. Um nun zu einiger Begränzung zu gelangen, rechnet man zur Technologie nur jene Kunstfertigkeiten, welche Gegenstand dauernder Beschäftigung oder wirklichen Erwerbs sind oder werden können, mit alleiniger Ausnahme derjenigen, welche entweder wie die künstlerische Thätigkeit im engern Sinne, — obgleich dieselbe im Schaffen von Werthen jede Industrie übertrifft — vorzugsweise zur Befriedigung des ästhetischen Gefühles zu dienen bestimmt sind, oder zahlreicher solcher Gewerbe (Handwerke), welche die von dem technologischen Gewerbe zubereiteten Stoffe zu fertigen Artikeln für den unmittelbaren Gebrauch der Consumenten verarbeiten. In diesem Sinne wird die Technologie zur Gewerbelehre, Gewerbekunde.

Die Ausdrücke Technologie, Gewerbelehre, Gewerbekunde sind jedoch keineswegs gleichbedeutend. Bergbau und Handel — von denen es der erstere mit der Occupation freiwilliger Naturgaben, der letztere mit der Vertheilung des Gütervorrathes von Land zu Land, von Ort zu Ort (Grosshandel) oder an die einzelnen Bewohner des nämlichen Ortes (Kleinhandel) zu thun hat — gehören als producirende und umsetzende (vertheilende) Gewerbe in des Gebiet der Gewerbelehre, sicherlich aber nicht in das der Technologie. Bei einigen Industriezweigen ist die Stellung eine zweifelhafte; dahin gehört nicht das häufig mit dem Bergwesen vereinigte Hüttenwesen, und die Werkzeug- und Maschinenlehre, die ohne Zweifel einen integrirenden Theil der Technologie ausmachen, wol aber der Eisenbahnbau, der Strassen- und Brückenbau, die Schifffahrt, die Baukunst, die Artilleriewissenschaft u. s. w. Letztere Zweige werden meist Gegenstand specieller Behandlung. Gewerkslehre und Technologie sind identisch.

Die Technologie ist keine selbständige Wissenschaft mit eigenthümlichen Grundsätzen, sondern sie fusst lediglich auf der Anwendung der Principien und Erfahrungssätze der Mechanik und der Naturwissenschaft mit steter Berücksichtigung des Wirtschaftslebens, zum Zwecke der Verarbeitung der Rohmaterialien zu Gegenständen des physischen Gebrauches. Sie ist demnach praktische Naturwissenschaft und hat die Aufgabe, die technisch-industrielle Thätigkeit auf ihre naturwissenschaftliche Basis zurückzuführen, und zu lehren, auf welche Weise dieselbe zum Vortheil des wirthschaftlichen Lebens und der sittlichen Menschheit auszubeuten sei.

Durch die Verarbeitung der Rohstoffe, die entweder Naturprodukte, wie sie die Urproduktion (Berg- und Salinenbau, Forstwirtschaft, Ackerbau, Viehzucht, Jägerei und Fischerei) liefert, oder schon Fabrikate (aus den Hüttenwerken, chemischen Fabriken, Sägereien, Spinnereien, Webereien, Gerbereien u. s. w.) sein können, wird entweder nur deren Form oder deren innere Körperlichkeit (Substanz, Materie) verändert. Je nachdem nun das Eine oder das Andere geschieht, zerfallen die sämmtlichen Gewerke, deren Wesen die Technologie lehrt, in mechanische und chemische. Man theilt deshalb auch die Technologie ein in mechanische und chemische Technologie.

Die mechanische Technologie umfasst diejenigen Gewerke, durch welche der Rohstoff nur seiner Form nach verändert wird, seiner Natur und Substanz nach aber derselbe bleibt; sie betrachtet z. B. die Verarbeitung des Holzes durch den Schreiner, Zimmermann, Drechsler, die Umwandlung des Eisens in Schienen, in Blech und Draht, in Gussgegenstände, die des Silbers und Goldes in Schmuckgegenstände, in Geschirre und Münzen, die der Kupferlegirungen und des Stahles zu Kanonen und zu Glocken, die der Gespinnstfasern (Flachs,

Baumwolle, Jute, Ramee, Seide, Wolle) zu Gespinnsten (Garn, Zwirn), Wirkwaaren und Geweben (Leinwand, Köper, Sammt, Band), der Lumpen zu Papier, des Hornes zu Kämmen, der Haare zu Pinseln etc.

Die chemische Technologie dagegen hat es mit jenen Gewerken zu thun, durch welche der Rohstoff seiner Natur (und selbstverständlich auch seiner Form) nach verändert wird, wie es der Fall ist bei der Extraction der Metalle aus ihren Erzen, der Umwandelung des Bleies in Bleiweiss und Bleizucker, des Schwerspathes in Chlorbarium und Barytweiss, des Kryoliths in schwefelsaure Thonerde, Alaun und Soda, des Steinsalzes in Sulfat und Soda, des Carnallits und Kainits in Chlorkalium, Kaliumsulfat, Brom und Potasche, des Kupfers in Grünspan und Vitriol; des Torfes und der Boghead- und Braunkohle in Paraffin, Solaröl und Photogen; der Seetange in Kelp und Jod; des Oeles und Fettes in Seife und Stearinkerzen, des Stärkemehls in Zucker und Weingeist; des Weingeistes in Essig; der Verarbeitung der Gerste und des Hopfens zu Bier; der Ueberführung des Roheisens in geschmeidiges Eisen, der des letzteren in Stahl; der Verarbeitung der Steinkohle auf Koks, Gas und Theer, dieses Kohlentheers auf Benzol, Carbolsäure, Anilinöl, Anthracen, Asphaltpech und Naphtalin, der Fabrikation von Theerfarben, (Rosanilin, Anilinblau, Manchestergelb, Bismarckbraun, Magdalaroth, Alizarin, Jodgrün, Pikrinsäure) u. s. w.

In den meisten Fällen ist die Bearbeitung des Rohstoffes mechanisch und chemisch zugleich wie z. B. in der Glasfabrikation, in der man Sand mit Potasche, Glaubersalz oder Soda und Kalkstein zur Glasmasse zusammenschmilzt und die so erhaltene Masse zu Gefässen und Platten verarbeitet; ferner in der Rübenzuckerfabrikation, bei welcher zwar der Rohstoff, der Zucker, seiner Natur nach völlig unverändert bleibt, auch die Gewinnung des Saftes etc. eine rein mechanische Operation ist; die Läuterungsmethoden sind aber fast sämmtlich chemische Processe. Aehnliches gilt von der Stärkemehlfabrikation und der Gerberei, zum grossen Theile auch von den Operationen der Färberei und Zeugdruckerei. Die Keramik (d. i. die Technologie der Thonwaaren) wird, obgleich bei ihr die mechanische Arbeit und das kunstgewerbliche Element prädominiren, doch meist den chemischen Gewerben beigezählt. Die Lehre von den Brennstoffen und den Feuerungsanlagen (d. i. die Pyrotechnik) bildet einen wichtigen und integrirenden Theil der chemischen Technologie. Eine strenge Sichtung beider Theile der Technologie ist nicht möglich, daher definiren wir chemische Technologie als die Lehre von denjenigen Gewerken, durch deren Betrieb vorzugsweise die Natur des Rohstoffes verändert wird.

In der mechanischen Gewerkslehre spielt die Maschine in allen ihren Nüancen als Motor oder Kraftmaschine, als Transmission und Regulator, endlich als Werkzeug- und Fabrikationsmaschine, eine weit hervorragendere Rolle als in der chemischen Technologie. Hier erstrecken sich die Fortschritte und die möglichen Verbesserungen hauptsächlich:

1) auf Ersparniss an Rohstoff und wo nur immer thunlich, auf Regeneration desselben;

2) auf Ersparniss an Brennstoff und

3) auf Ersparniss an Zeit durch Abkürzung und Verbesserung der einzelnen Operationen.

In der ideellen chemischen Fabrik — dem Thünen'schen Staate der Volkswirthschaftslehre vergleichbar — giebt es, streng genommen, keine Abfälle, sondern nur Produkte (Haupt- und Nebenprodukte). Je besser daher in der realen Fabrik die „Abfälle“ verwerthet werden, desto mehr nähert sich der Betrieb seinem Ideal, desto grösser ist der Gewinn.

I. Abschnitt
Die chemische Metallurgie, die Legirungen und die Metallpräparate. Allgemeines.

Begriff des Wortes Metallurgie.

Die Metallurgie im engeren Sinne des Wortes umfasst die Lehre von den theils mechanischen, theils chemischen Processen und Operationen, durch welche die Metalle und gewisse Verbindungen derselben im Grossen (in Hüttenwerken) dargestellt werden. Wir haben es ausschliesslich mit den chemischen Hüttenprocessen zu thun, indem wir die Veränderungen verfolgen, welche das Erz unter der Hand des Hüttenmannes erfährt, bis dahin, wo das Metall oder ein anderes Hüttenprodukt daraus hervorgeht. Die Metalle, mit deren Ausbringung sich die Metallurgie beschäftigt, sind nicht sehr zahlreich; die wichtigsten derselben sind: Eisen, Kobalt, Nickel, Kupfer, Blei, Chrom, Zinn, Wismuth, Zink, Antimon, Arsen, Quecksilber, Platin, Silber, Gold. Mit Ausnahme des Chroms und des Kobalts (welches letztere indessen auch seit 1862 durch Fleitmann zuerst auf metallurgischem Wege im Grossen gewonnen worden ist) werden sämmtliche Metalle in den Hüttenwerken fast nur metallisch dargestellt. Von dem Nickel, Antimon und Arsen stellt man ausserdem Verbindungen dar. An die genannten Metalle schliessen sich an das Aluminium und das Magnesium, welche indessen zur Zeit noch nicht auf der Hütte, sondern in chemischen Fabriken dargestellt werden.

Die Metallurgie führt als Theil der Technologie die Hüttenprocesse, nach denen die Ausbringung der Metalle erfolgt, auf physikalische und chemische Prinzipien zurück. Die metallurgische Hüttenkunde macht es sich dagegen zur Aufgabe, die auf genannten Grundsätzen ruhenden Operationen näher zu beschreiben.

Erze.

Nur wenige Metalle finden sich gediegen, die meisten kommen in chemischen Verbindungen im Mineralreiche, in den Erzen vor, worunter man gewöhnlich ein Gemenge einer oder mehrerer jener natürlichen Verbindungen mit dem begleitenden Gestein oder überhaupt aller Mineralien versteht, welche durch ihren Metallgehalt die Aufmerksamkeit des Berg- und Hüttenmannes auf sich zu lenken geeignet sind. Die Erze sind das Material, das von dem Hüttenmann zugute gemacht wird. Diejenigen Stoffe, mit denen das Metall am häufigsten in den Erzen verbunden vorkommt, sind der Sauerstoff und der Schwefel.

In den Erzen kommen die Metalle in folgenden Zuständen vor:

1) Gediegen, z. B. Gold, Silber, Platin, Quecksilber, Kupfer und Wismuth;

2) Mit Schwefel, Antimon oder Arsen verbunden, und zwar

a) als einfache Erze, z. B. Zinnober HgS, Bleiglanz PbS, Speiskobalt CoAs;

b) als Doppelerze, z. B. Buntkupfererz, Fe_2S_3, 3 Cu_2S, Kupferkies Fe_2S_3, Cu_2S, Rothgiltigerz Sb_2S_3, 3AgS;

3) Mit Sauerstoff verbunden als

a) basische Oxyde, z. B. Eisenglanz Fe_2O_3, Zinnstein SnO_2, Rothkupfererz Cu_2O;

b) Oxydhydrate, z. B. Brauneisenstein Fe_2O_3, $3H_2O$;

c) Sauerstoffsalze, z. B. Malachit C Cu O_3 + Cu H_2O;

4) Mit Schwefel und Sauerstoff verbunden, z. B. Rothspiessglanzerz $2Sb_2$ S_3 + Sb_2O_3;

5) Mit Salzbildern verbunden, z. B. Hornsilber AgCl;

6) In Verbindung mit Salzbildern und Sauerstoff, z. B. Bleihornerz C Pb O_3 + $PbCl_2$.

Aufbereitung.

Die Erze (welche auf Gängen, in Lagern, in Nestern oder in Imprägnationen vorkommen) sind theils mit Erzen anderer Metalle vermengt, theils durch die Gebirgsart verunreinigt, in welcher die Lagerstätte des Erzes sich befindet. Daher bedürfen die Erze meist einer Zertheilung und Scheidung von den fremden Erzen und den beigemengten erdigen Massen (Gangart, taubes Gestein). Die dies bezweckende Arbeit, mit anderen Worten die mechanische Reinigung der bergmännisch gewonnenen Erze heisst die Aufbereitung. Sie bildet, als die letzte der bergmännischen Arbeiten, deren Schluss. Häufig beginnt schon an der Grube die Scheidung, indem man alles taube Gestein bei Seite wirft. Man sortirt die Erze gewöhnlich in drei Haufen; der erste Haufen (Stuferze) ist so reichhaltig, dass er direct in der Hütte verschmolzen werden kann; der zweite Haufen enthält ärmeres Erz (Mittelerz), welches, ehe es zugutegemacht werden kann, aufbereitet werden muss; der dritte Haufen besteht zum grössten Theile aus Gangart, so dass die geringe Quantität des darin enthaltenen Erzes die Ausbringungskosten nicht deckt. Die Aufbereitung der Erze geschieht entweder nur durch Menschenhände (trockene Aufbereitung), oder durch Maschinenkraft (künstliche oder nasse Aufbereitung). Der letzteren geht die erstere stets voran; die nasse Aufbereitung soll nur vollenden, was durch die Aufbereitung auf trockenem Wege nicht mehr ausgeführt werden konnte.

Vorbereitung.

Durch die Operation der bergmännischen Aufbereitung erlangen die Erze jene Reichhaltigkeit, welche zu der Verarbeitung derselben in der Hütte erforderlich ist. Ehe man den Schmelzprocess einleitet, ist in vielen Fällen eine Vorbereitung der Erze nothwendig, die entweder im Verwittern und Abliegen der Erze an der Luft besteht, oder in einer Erhitzung ohne Luftzutritt, dem Brennen, oder mit Luftzutritt, dem Rösten. Durch das Verwittern und Abliegen an der Luft bezweckt man eine mechanische Absonderung des Lettens und Schieferthones von den Erznieren, wie es hauptsächlich bei den Eisenerzen und bei dem Galmei vorkommt, auch zuweilen eine Oxydation der Eisenerze und des beigemengten Schwefelkieses zu Eisenvitriol, der dann durch den Regen fortgewaschen wird. Das Brennen, Calciniren oder Mürbebrennen soll gewisse Erze, wie Eisensteine, Galmei, Kupferschiefer etc., auflockern dadurch, dass flüchtige Stoffe, wie Wasser, Kohlensäure, bituminöse Substanzen, ausgetrieben werden, oder allein durch die ausdehnende Kraft der Wärme. Durch das Rösten bewirkt man eine ähnliche, aber durchgreifendere Wirkung: man erhitzt dabei die Erze bis zu einer Temperatur, bei welcher noch keine Schmelzung stattfindet, wol aber chemische Einwirkung der Luft und Wärme, zuweilen auch fester Zuschläge wie Kochsalz auf das zu röstende Erz stattfinden kann.

Man will durch das Rösten immer eine Oxydation, theils mit, theils ohne Verflüchtigung bezwecken. Letzterer Fall findet z. B. statt beim Rösten des Magneteisensteines (Fe_2O_3, FeO), dessen Oxydul allmählich in Oxyd übergeht. Bei einer Oxydation mit Verflüchtigung kann dreierlei stattfinden, nämlich:

1) eine Verflüchtigung gewisser Bestandtheile durch Oxydation; dieser Röstmethode werden gewöhnlich Schwefel-, Arsen- und Antimonverbindungen unterworfen, wobei schweflige Säure, arsenige Säure und Antimonoxyd sich verflüchtigen, während entweder Metall hervortritt wie beim Rösten von Zinnober, oder sich die Metalle in Oxyde oder in schwefelsaure Salze umwandeln. Die verflüchtigten Substanzen lassen sich zum Theil auffangen und nutzbar machen, so die schweflige Säure zur Darstellung von englischer Schwefelsäure, die arsenige Säure etc.;

2) eine Verflüchtigung gewisser Bestandtheile durch Reduction; sie kommt seltener und hauptsächlich bei schwefelsauren und arsensauren Metalloxyden durch Erhitzen derselben mit Kohle vor, wobei der Schwefel als schweflige Säure, das Arsen als solches entweicht;

3) eine Verflüchtigung durch Ueberführung in Chlormetalle, wenn bei der Röstung des Erzes mit Kochsalz bei Zutritt der Luft sich zum Theil flüchtige Chlorverbindungen erzeugen, wie es bei der Silbergewinnung durch die europäische Amalgamation und nach der Methode von Augustin der Fall ist.

Zugutemachen.

Auf die Vorbereitung folgt das Zugutemachen der Erze, wobei in der Regel der Schmelzprocess Anwendung findet, durch welchen man die Ausbringung des Metalles oder einer Verbindung desselben beabsichtigt. Diejenigen chemischen Operationen im Grossen, welche mit der Ausbringung eines Metalles oder einer Verbindung desselben endigen, nennt man Hüttenprocesse.

Nur selten macht man einzelne Erzsorten für sich allein zugute, in den meisten Fällen mischt man ärmere und reichere Erze derselben Art, um die Erzmasse auf einen gewissen mittleren Gehalt zu bringen. Diese Mengungsarbeit nennt man das Gattiren (Maschen, Mischen, Möllern). Man bezweckt dabei auch die verschiedenen Gangarten, welche die Erze begleiten, in der Weise zu mengen, dass sie beim darauf folgenden Schmelzen zur Bildung einer Schlacke von erforderlicher Beschaffenheit beitragen. Wo durch das Gattiren der Erze eine solche Beschaffenheit nicht herzustellen ist, setzt man gewisse Substanzen hinzu, die man je nach ihrer Wirkung Zuschläge oder Flüsse nennt. Zuschläge veranlassen die Abscheidung eines nutzbaren Bestandtheils aus einem Erze oder aus einem Hüttenprodukte und dienen zu dessen Ansammlung. Die Zuschläge sind Röstzuschläge wie Kohle, gebrannter Kalk, Kochsalz, Schmelzzuschläge wie Quarz und gewisse Silicate (Hornblende, Feldspath, Augit, Grünstein, Chlorit, Schlacken), Kalkmineralien wie Kalkstein, Flussspath, Gyps, Schwerspath, Thonmineralien wie Thonschiefer, Lehm u. s. w., salzige Zuschläge wie Potasche, Borax, Glaubersalz, Salpeter, metallische Zuschläge wie Eisen (bei der Zerlegung von Zinnober und Bleiglanz), Zink (zur Extraction des Silbers aus Werkblei), Arsen (zur Anreicherung des Nickel- und Kobaltgehaltes in Speisen), Eisenhammerschlag, Rotheisenstein und Braunstein (beim Frischen des Roheisens); salzige Zuschläge, zu welchen vorzüglich die eisenoxydulreichen Frischschlacken gehören, welche entweder durch ihren Sauerstoffgehalt (beim Eisenfrischen) oder durch ihren Eisengehalt als Niederschlagsmittel (zum Niederschlagen des Bleies aus dem Bleiglanz) wirken.

Die Flüsse befördern nur die Abscheidung des Metalles, indem das Erz leicht flüssiger gemacht wird und die ausgebrachten Metalltheilchen sich leichter vereinigen können. Man kann die Flüsse in drei Abtheilungen bringen, nämlich 1) in solche, die auf das Schmelzgemenge nicht wesentlich chemisch einwirken, sondern nur Leichtflüssigkeit und Verdünnung bewirken; hierher gehören Flussspath, Borax, Kochsalz, verschiedene Schlackensorten, 2) in solche, welche ausserdem noch reducirend wirken, wie ein Gemenge von Weinstein und Salpeter (schwarzer Fluss), 3) in diejenigen, deren Wirkung endlich auch noch in einer absorbirenden, entweder von Säuren oder von Basen besteht; letztere Abtheilung schliesst sich an die Zuschläge an.

Beschicken.

Das Vermengen der Erze mit Zuschlägen und Flüssen wird das Beschicken (Auflaufen) genannt. Die Menge der Beschickung, welche innerhalb einer bestimmten Zeit (in der Regel 12 oder 24 Stunden) verarbeitet wird, heisst Schicht, die auf einmal in einen Schachtofen aufzugebende Masse von Beschickung mit Brennstoff wird Gicht oder Charge genannt.

Hüttenprodukte.

Durch die Hüttenprocesse werden die Hüttenprodukte erzeugt, welche sind 1) durch den Schmelzprocess fallende Metalle — Edukte. Der relative Grad ihrer Reinheit wird bei edlen Metallen mit fein (Feinsilber, Feingold), bei unedlen Metallen mit gar oder roh (Garkupfer, Roheisen) bezeichnet. Ein höherer Grad von Reinheit wird durch das Wort raffinirt ausgedrückt. 2) Solche Hüttenprodukte, welche in den Erzen nicht fertig gebildet enthalten sind, sondern erst während des Zugutemachens in der Weise sich bilden, dass mehrere Bestandtheile der Erze und der Beschickung sich vereinigen, nennt man Hüttenfabrikate; sie sind meist schon Handelswaare; es gehören hierher das antimon- und arsenhaltige Hartblei, der Stahl, die Arsenikalien (arsenige Säure, Operment und Realgar), das Schwefelantimon etc. Bei der Erzeugung der Edukte bilden sich vielfache Nebenprodukte, die, wenn sie noch so viel von dem auszubringenden Metalle enthalten, dass die weitere Verarbeitung möglich wird, 3) Zwischenprodukte, im entgegengesetzten Falle, in welchem sie als nicht schmelzwürdig aus der Hütte entfernt werden, 4) Abfälle heissen. Die Zwischenprodukte sind Legirungen (Tellersilber aus Silber, Kupfer und Blei bestehend; Werkblei, Blei mit etwas Silber und Kupfer; Schwarzkupfer, Kupfer mit Eisen, Blei etc.), Schwefelmetalle (Steine, Leche), Arsenmetalle (Speisen, so z. B. die Kobalt- oder

Nickelspeise der Blaufarbenwerke, im wesentlichen Arsennickel), Kohlenmetalle (z. B. Roheisen und Stahl), Oxyde (z. B. Bleiglätte).

Schlacken.

Die hauptsächlichsten Hüttenabfälle sind die Schlacken, jene bei den meisten Schmelzprocessen erfolgenden glas- und emailähnlichen Massen, deren wichtigste die Silicatschlacken, d. h. Verbindungen der Kieselsäure mit Erden (besonders Kalk, Magnesia, Thonerde) und Metalloxyden (Eisenoxydul, Manganoxydul etc.) sind. Sie bilden sich bei Schmelzprocessen aus den in den Rohmaterialien nie fehlenden Beimengungen und Zuschlägen und erfüllen bei der Ausbringung der Metalle den wichtigen Zweck, die mit ihnen zugleich sich ausscheidenden Metall- oder Schwefelmetallpartikelchen vor der oxydirenden Gebläseluft zu schützen, indem sie dieselben einhüllen und ihnen endlich sich zu vereinigen gestatten. Sie leisten ausserdem auch als Zuschläge oft wichtige Dienste und werden nicht selten wegen eines in ihnen noch befindlichen Metallgehaltes verschmolzen. Ihre Beschaffenheit ist von ihrem Gehalte an Kieselsäure abhängig; in Bezug darauf theilt man sie in Sub-, Singulo-, Bi- und Trisilicate. Das Verhältnis des Sauerstoffs der Kieselsäure zu dem Sauerstoff der Basen ist darin folgendes:

Subsilicat 3 : 6

Singulosilicat 3 : 3

Bisilicat 6 : 3

Trisilicat 3 : 1

Die Schlacken sind entweder glasig oder krystallinisch. Aus den krystallinischen Schlacken scheiden sich oft krystallinische Partien von Silicaten aus, welche völlig mit gewissen Mineralien übereinstimmen, so z. B. Augit, Olivin, Wollastonit, Glimmer, Idokras, Chrysolith, Feldspath u. s. w. Die Gemenge der Singulosilicate geben im Allgemeinen dünnflüssige (frische oder basische), schnell erstarrende Schlacken, die Bi- und Trisilicate dagegen zähflüssige (saigere oder saure) und nur langsam fest werdende.

Soll eine Schlacke dem Schmelzprocess, bei welchem sie fällt, entsprechend zusammengesetzt sein, so werden an ihr folgende Eigenschaften verlangt: 1) Ein geringeres specifisches Gewicht als dasjenige des durch den Schmelzprocess dargestellten Produktes, so dass sie dessen Oberfläche bedecken kann; 2) Eine Gleichartigkeit in der ganzen Masse, weil gegentheilig der Schmelzprocess kein normaler war; 3) Eine gewisse Leichtschmelzbarkeit, damit die ausgebrachten Metallpartikelchen in Folge ihres höheren specifischen Gewichtes in der flüssigen Schlacke mit Leichtigkeit niedersinken können; 4) Eine bestimmte chemische Zusammensetzung, damit die Schlacke auf das sich ausscheidende Produkt nicht zerlegend einwirke.

Das Eisen.

(Fe = 56; spec. Gew. = 7,7.)

Das Eisen. Vorkommen desselben.

Das Eisen ist das wichtigste und nützlichste aller Metalle, sein Gebrauch ist mit allen Zweigen der Technik und fast allen Bedürfnissen des Lebens auf das Innigste verwebt. Die ausserordentliche Anwendung verdankt das Eisen, ausser seinem massenhaften Vorkommen, hauptsächlich der Leichtigkeit, mit der es in Folge eigenthümlicher Modificationen bei seiner Darstellung und Verarbeitung, unter gänzlich verändertem Charakter, mit neuen und immer nutzbaren Eigenschaften auftritt.

So häufig nun auch Mineralien sich finden, welche Eisen enthalten, so eignen sich doch nur wenige davon zu Eisenerzen und mit Vortheil können nur die Sauerstoffverbindungen des Eisens zur Darstellung im Grossen angewendet werden. Die wichtigsten Eisenerze (Eisensteine) sind folgende:

1) Der Magneteisenstein ($Fe_{2}O_{3}$, $FeO = Fe_{3}O_{4}$) ist das reichste Eisenerz (es enthält gegen 72 pCt. Eisen), und findet sich allgemein verbreitet, besonders aber in Russland, Norwegen und Schweden im krystallinischen Schiefergebirge vor. Aus diesem Eisenerz stellt man das berühmte schwedische Eisen z. B. das von Dannemora dar. Nicht selten wird es von Schwefelkies, Bleiglanz, Kupferkies, Apatit u. a. Mineralien begleitet, wodurch seine Brauchbarkeit als Eisenerz beeinträchtigt wird.

2) Der Rotheisenstein oder der Eisenglanz (Fe_2O_3) enthält 69 pCt. Eisen. Der Rotheisenstein findet sich in Gängen und Lagern im älteren Gebirge, so wie eingesprengt in Gneuss, Granit u. s. w.; er kommt ferner im Uebergangsgebirge vor und heisst nach seinen physikalischen Eigenschaften Glaskopf (Blutstein), Eisenrahm, Eisenocker. Mit Kieselerde gemengt heisst der Rotheisenstein Kieseleisenstein, mit Thon gemengt der rothe Thoneisenstein, mit Kalkverbindungen gemengt Minette, mit sehr verschiedenem Eisengehalt. Der Eisenglanz ist krystallisirtes Eisenoxyd, dessen bedeutendste Lagerstätte sich auf der Insel Elba findet. Der Rotheisenstein dient in seinen Varietäten als hauptsächlichstes Material der Eisengewinnung in Sachsen, auf dem Harz, in Nassau, Westfalen, Siegen, Oberhessen, Württemberg u. s. w.

3) Der Spatheisenstein (Eisenspath, Stahlstein) ($FeCO_3$ mit 48,3 pCt. Eisen) ist der Hauptbestandtheil der metallführenden Formation; er enthält fast immer grössere oder geringere Mengen von kohlensaurem Manganoxydul. Das kugelige, nierenförmige kohlensaure Eisenoxydul heisst Sphärosiderit. Ausserdem führt er in seinen verschiedenen Zuständen die Namen Kohleeisenstein, Flinz, Blackband. Letzteres, für Schottland (und Westfalen) von grosser Bedeutung, ist ein Gemenge von Spatheisenstein mit Kohle und Schieferthon, flötzartig in den oberen Gebilden der Steinkohlenformation abgelagert. In Steiermark und in Siegen dient es zur Fabrikation des Rohstahls. Der Thoneisenstein oder Clayband, besonders in England, Schottland, Westfalen, Schlesien und im Banate sich findend, ist ein inniges Gemenge von Spatheisenstein mit Thonmineralien.

4) Aus dem Spatheisenstein entsteht durch die Einwirkung von Luft und von kohlensäurehaltigem Wasser als secundäres Produkt der Brauneisenstein (theils Fe_2O_3, H_2O, theils Fe_2O_3, $3H_2O$), welcher je nach seinen physikalischen Eigenschaften die Namen Lepidokrokit, Nadeleisenerz, Rubinglimmer (Pyrosiderit) und Stilpnosiderit führt. Dieses Eisenerz enthält häufig kohlensaure Kalkerde, Kieselsäure, Thon u. s. w. Eine thonige Varietät ist der Gelbeisenstein. Hierher dürfte auch der Bauxit, ein Gemenge von Thonerdehydrat mit Eisenoxydhydrat zu rechnen sein.

5) Bohnerz, kuglige Körner meist mit concentrisch schaliger Absonderung, ein häufig im südwestlichen Deutschland und in Frankreich in der Juraformation vorkommendes Eisenerz, dessen Entstehungsweise nicht bekannt ist. Es besteht entweder aus Kieselsäure, Eisenoxydul und Wasser, oder aus Brauneisenstein und Kieselthon.

6) Der Raseneisenstein (Wiesenerz, Morasterz, Sumpferz, Limonit, Seeerz), findet sich in der norddeutschen Ebene, in Holland, Dänemark und im südlichen Schweden in Torfmooren und unter dem Rasen der Wiesen. Er entsteht durch die Einwirkung von kohlensäurehaltigem, Eisenoxydul enthaltendem Wasser auf Vegetabilien. Er kommt in knolligen oder schwammartigen Massen von brauner oder schwarzer Farbe vor und besteht aus Eisenoxydulhydrat, Manganoxyd, Phosphorsäure, organischen Bestandtheilen und Sand. Nach Hermann besteht er aus Eisenoxydhydrat, Manganoxydhydrat, phosphorsaurem Eisenoxyd und dreibasisch quellsatzsaurem Eisenoxyd. Das daraus gewonnene Eisen wird theils zum Guss benutzt, wozu es sich wegen seiner Dünnflüssigkeit und weil es die Formen gut ausfüllt, besonders eignet, theils aber auch in Stabeisen verwandelt, welches jedoch des Phosphorgehaltes wegen brüchig ist.

7) Der Franklinit (Fe_2O_3 [ZnO, MnO], mit 45 Proc. Eisen, 21 Proc. Zink u. 9 Proc. Mangan) wird neuerlich in Nordamerika (New-Jersey) ebenfalls als Eisenerz verwendet, zugleich wird aber auch Zink daraus gewonnen.

Ausser den Eisenerzen wendet man auch hier und da eisenoxydulreiche Schlacken aus Frischfeuern, Puddelöfen etc., welche 40–75 pCt. Eisen enthalten, ferner Bohr- und Drehspäne, Glühspan, Abfälle von Schmiedeeisen, Bruchstücke von Roheisen etc. entweder für sich oder gemeinschaftlich mit Eisenerzen zur Darstellung von Roheisen an.

In metallurgischer Hinsicht theilt man die Eisenerze in leicht und schwer reducirbare (leicht- und schwerschmelzbare). Zu den ersteren gehören diejenigen, welche bei der vorbereitenden Röstung eine poröse Beschaffenheit annehmen, die es den reducirenden Hochofengasen ermöglicht, schnell zu reduciren und zu schmelzen; dies ist der Fall bei dem Eisenspath, welcher Kohlensäure, und dem Brauneisenstein, welcher beim Rösten Wasser verliert. Schwer reducirbare Eisenerze sind Eisenglanz, Rotheisenstein und Magneteisenstein.

α) Roheisen.

Ausbringen des Eisens.

Das Ausbringen des Eisens aus den Erzen gründet sich vorzugsweise auf folgende zwei Eigenschaften:

1) Theilchen von reinem oder fast reinem Eisen, im Hochofen so gut als unschmelzbar, kleben bei starker Rothglühhitze zu grösseren Massen zusammen (Schweissbarkeit des Eisens);

2) bei hoher Temperatur bildet das Eisen mit Kohlenstoff eine leicht schmelzbare Verbindung (Kohleeisen, Roheisen, Gusseisen).

In früheren Zeiten, und jetzt nur noch spärlich in einigen Gegenden, war die directe Darstellung des Eisens (Stabeisen) aus den Erzen durch die sogenannte Rennarbeit oder Luppenfrischerei sehr üblich; die Rennarbeit lieferte zwar ein vorzüglich reines und zähes Stabeisen, gestattete jedoch nur eine geringe Ausdehnung der Fabrikation und eine sehr unvollkommene Benutzung der Erze. Gegenwärtig gewinnt man das Eisen, indem man zuerst Roheisen darstellt und dieses dann durch den Puddlings- oder Frischprocess entkohlt.

Theorie des Ausbringens.

Das Ausbringen des Eisens zerfällt in das Rösten und in das Zugutemachen. Das Rösten der Eisenerze hat zum Zweck, gewisse Substanzen, wie das Wasser und die Kohlensäure zu entfernen, die Masse dadurch mürber und poröser und so zur Reduction geschickter zu machen und das etwa vorhandene Eisenoxydul in Eisenoxyd überzuführen, welches minder leicht verschlackt wird. Die gerösteten Eisenerze werden darauf (unter Stempeln, Pochhämmern oder Walzwerken) zerkleinert und reichere Erze mit ärmeren in dem Verhältniss gemischt (gattirt), welches nach der Erfahrung die grösste Ausbeute giebt. Die gemengten Erze, welche aus einer Sauerstoffverbindung des Eisens und Ganges (Kieselsäure oder Kalk) bestehen, werden mit kohlehaltigen Substanzen gemengt und stark erhitzt zu metallischem Eisen reducirt, denn:

$$Fe_2O_3 + 3C = 3CO + 2Fe;$$

die Kohle wirkt mithin bei dem Ausbringen des Eisens als Brennmaterial und (für sich so wie als Kohlenoxyd und Kohlenwasserstoff) als Reductionsmittel. Nähme man den Process in der Weise vor, dass man die zerkleinerten und gerösteten Erze mit Kohle mengte und dem Schmelzprocess unterwürfe, so würde man das Eisen in fein zertheilter Gestalt als schwammige Metallmasse erhalten. Um nun das fein zertheilte Eisen zu einer Masse zu vereinigen, setzt man vor dem Ausschmelzen Körper zu, welche sich mit der Gangart zu einer leichtflüssigen Glasmasse verbinden. Diese Masse heisst die Schlacke; sie dient also dazu, die in den Erzen enthaltenen fremden und der Qualität des Eisens zum Theil schädlichen Bestandtheile zu entfernen, das Zusammenfliessen der geschmolzenen Metalltheilchen zu bewirken und das bereits gebildete Roheisen vor der oxydirenden Wirkung der Gebläseluft zu schützen. Die Schlacke ist ein Gemenge mehrerer kieselsaurer Salze, das entweder mit den Eisenerzen selbst bricht, oder wie schon erwähnt wurde, durch Zusatz während des Schmelzens erst entsteht. Es ist nothwendig, dass die Schlacke bei derselben Temperatur schmilzt, bei welcher das Eisen flüssig wird. Mangelt es an Kieselsäure, so setzt man Quarz, Sand, mangelt es an Basen, so setzt man Kalkstein oder Flussspath hinzu. Das Gemenge von ärmeren und reicheren Eisenerzen heisst die Gattirung, die mit den Zuschlägen und Flüssen, d. h. mit den schlackebildenden Substanzen gemengte Gattirung die Beschickung, welche nicht über 50 pCt. Eisen enthalten darf.

Wenn Eisen im breiartigen Zustande mit Kohle zusammenkommt, wie dies bei dem Ausbringen des Eisens der Fall ist, so wird ein grosser Theil der Kohle von dem entstandenen dünnflüssigen Roheisen gelöst; beim Erkalten des Eisens scheidet sich der grösste Theil der Kohle krystallinisch als Hochofengraphit ab, während ein anderer Theil der Kohle mit dem Eisen chemisch verbunden bleibt. Durch das Ausschmelzen lässt sich demnach kein reines, sondern nur kohlehaltiges Eisen (Roheisen, Gusseisen) gewinnen.

Hochofenprocess.

Gegenwärtig führt man den Schmelzprocess allgemein in Hochöfen, zuweilen auch noch in Blauöfen (Blaseöfen) aus. Beide Oefen unterscheiden sich wesentlich nur durch die Art ihrer Zustellung, insofern die Hochöfen mit offener Brust arbeiten, d. h. einen Vorherd haben, aus welchem ein continuirliches Abfliessen der Schlacken möglich ist, während die Blauöfen (Blaseöfen) Oefen mit geschlossener Brust sind, aus deren Herd Roheisen und Schlacke von Zeit zu Zeit abgestochen werden.

Fig. 1.

Beschreibung des Hochofens.

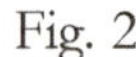

Fig. 2.

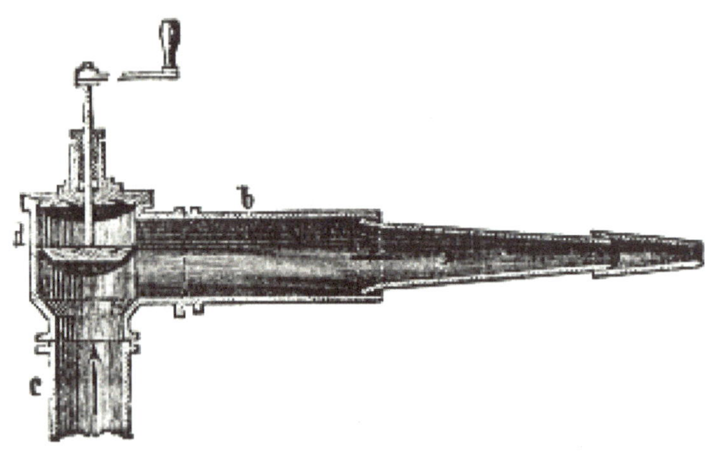

Fig. 3.

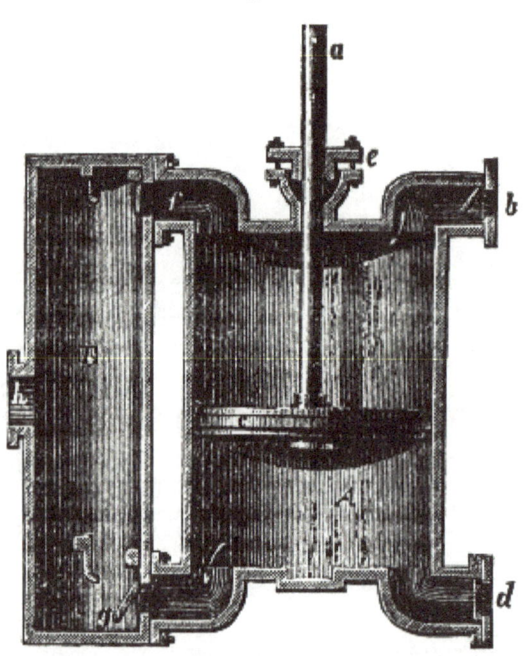

Ein Hochofen ist ein mit starkem Gemäuer (Rauhmauer *A* [Fig. 1]) umgebener Schachtofen von 14 bis 35 Meter Höhe, dessen innerer Theil der Kernschacht oder die Seele die Gestalt zweier, mit den Grundflächen aneinander gefügter, abgestutzter Kegel hat. Die Mauer des eigentlichen Kernschachtes *B* umgiebt eine zweite, welche den Rauhschacht bildet, an welche sich das Mauerwerk des Ofens, die Rauhmauer *A* anschliesst. Zwischen Kern- und Rauhschacht findet sich ein Raum für die Füllung aufgespart, welcher mit schlechten Wärmeleitern (Asche, Schutt) angefüllt ist und zugleich der Ausdehnung des Kernschachtes durch die Wärme den nöthigen Spielraum gestattet. Der Theil des Kernschachtes von *B* nach *C* heisst der Schacht, von *D* nach *E* die Rast. Der Theil *B*, wo der Kernschacht den grössten Durchmesser hat, wird Kohlensack oder Bauch genannt. Unterhalb der Rast zieht sich der Raum zu dem Gestell *F* zusammen, dessen unterer Theil (der Eisenkasten) das geschmolzene Roheisen aufnimmt. In dem Gestell, der wichtigste Theil des Hochofens, insofern in demselben der Schmelzprocess vor sich geht, befinden sich, einander gegenüber liegend, zwei Oeffnungen mit eingesetzten konischen Röhren (Formen) (Fig. 2), in welche die Mundstücke (Düsen, Deusen, Deupen) der Windleitungsröhren, welche den Hochofen mit Luft versehen, eintreten. Der Eintritt der Luft in die Düse wird, wie in der Zeichnung durch ein Kegelventil oder nur durch ein Schieberventil regulirt.

Die obere Oeffnung des Schachtes *A* heisst die Gicht, durch dieselbe wird die Beschickung und Brennmaterial in den Hochofen gebracht. Letzterer ist entweder an einem Abhange gebaut, so dass man auf einem Wege zur Gicht gelangen kann, oder es führt zu demselben die Gichtbrücke *P*. Der untere Theil des Gestelles ist nach der Vorderseite hin verlängert und bildet den Vorherd, welcher durch den Wallstein *M* begrenzt ist. Auf der einen Seite steht der Wallstein von der Wand ab und bildet eine Spalte, die sogenannte Abstichöffnung, welche während des Schmelzens mit Thon verstopft ist, darauf aber zum Ablassen des geschmolzenen Eisens und der Schlacke dient. Der Wallstein ist zum Schutze mit einer Eisenplatte bedeckt. Die Brustwand reicht nicht bis auf den Boden des Herdes, sondern endigt in einer bestimmten Höhe über demselben mit einem Gewölbe oder Stein, dem Tumpelstein *o*, welcher durch ein massives Eisenstück, das Tumpeleisen, getragen wird. Den Boden des Herdes bilden die Bodensteine, die Seitenwände, die Backensteine, die Hinterwand ein Rückstein.

Gebläse.

Zum Speisen des Hochofens mit Luft wendet man jetzt allgemein das Cylindergebläse an. Die zweckmässigste Art desselben ist die Figur 3 abgebildete. In dem gusseisernen Cylinder *A*, in dem der Kolben *c c* auf und nieder bewegt werden kann, geht die Kolbenstange *a* luftdicht durch die Stopfbüchse *e*; durch *b* und *d* communicirt der Cylinder mit der freien Luft, durch *f* und *g* aber mit dem Kasten *E*; darin angebrachte Klappen bewirken durch Schliessen und Oeffnen die Füllung des Kastens *E* mit Luft. Durch ein bei *i* angebrachtes Rohr strömt sie in den Feuerraum des Hochofens. Zum Reguliren des Gebläses benutzt man einen grossen, aus Eisenblech luftdicht zusammengenieteten Ballon, in welchen man die Luft aus dem Kasten *E* treten lässt. Das Princip desselben ist dem des Gasbehälters in Leuchtgasfabriken gleich. Die Anwendung von erhitzter Gebläseluft ist eine der wichtigsten Verbesserungen in dem Eisenhüttenwesen, die erhitzte Luft veranlasst nämlich eine Verminderung des Aufwandes an Brennmaterial (die Brennstoffersparniss beträgt ⅓–⅖, im Durchschnitt also 0,366 des früher verbrauchten Quantums) und eine Vermehrung der absoluten Produktion um 50 Proc.; dabei ist der Ofengang regelmässiger und die Arbeit im Herde weit leichter, obgleich man auf anderen Hütten das Entgegengesetzte behauptet, indem nicht nur Störungen im regelmässigen Gange des Hochofens stattfanden, sondern auch die übermässig hohe Temperatur im Gestell die feuerfestesten Steine zu sehr angriff und daher die Campagnen bedeutend abkürzte. Das Erhitzen der Gebläseluft geschieht entweder durch die Gichtgase, oder durch besondere Feuerungen in Röhrenapparaten, oder endlich durch Siemens' Regenerativsystem, nach welchem man Gicht- oder Generatorgase durch einen mit feuerfesten Steinen lose ausgefüllten Raum und dann nach Abstellung der Gase die kalte Luft durch die glühend gewordenen Steine leitet, wobei sie sich zu weit höheren Temperaturen erhitzen lässt, als in Röhrenapparaten, deren Material hohen Temperaturen nicht widersteht. Man erhitzt die Gebläseluft bis auf 200–400° C. Koksöfen erfordern pro Minute gewöhnlich 2000 bis 4000 Kubikfuss Luft.

Gang der Schmelzung.

Der Hochofenbetrieb erfolgt auf folgende Weise. Man heizt zuerst den Ofen an, indem man auf dessen Boden Holz anzündet und darauf das Brennmaterial (in Deutschland früher meist Holzkohlen, gegenwärtig fast durchweg Koks, mitunter auch Anthracit, selten rohe Steinkohle) bringt, bis endlich der ganze Schacht mit glühenden Kohlen angefüllt ist. Zu gleicher Zeit setzt man die Gebläse in Thätigkeit und trägt schichtenweise Erz- und Kohlengichten ein. In dem Maasse, als die Kohlen verbrennen und Erze und Zuschlag schmelzen, sinken die Schichten allmählig nieder. Die Kieselerde schmilzt mit den vorhandenen Erden und Oxyden zu Schlacke zusammen, die durch Eisenoxydgehalt gewöhnlich gefärbt erscheint, während das schon früher reducirte halbflüssige Eisen sich mit dem Kohlenstoff zu leichtflüssigem Roheisen vereinigt. Das geschmolzene Eisen sammelt sich am Boden des Gestelles an; auf dem Eisen schwimmen die geschmolzenen Schlacken, die man über dem Wallstein abfliessen lässt. Das flüssige Eisen, das fast die Höhe des Wallsteins erreicht hat, wird durch das Einstossen der Verstopfung der Abstichöffnung über Rinnen alle zwölf Stunden abgestochen, wobei es durch einen schon vorher im Sande vor dem Ofen gemachten Ablassgraben nach den Formen geleitet wird. Während des Abstechens sind die Gebläse in Ruhe. Roheisen in Mulden nennt man Flossen, in Barren Gänze. Das Schmelzen (die Campagne oder Hüttenreise) dauert gewöhnlich so lange, als der Ofen aushält, oft mehrere Jahre.

Fig. 4.

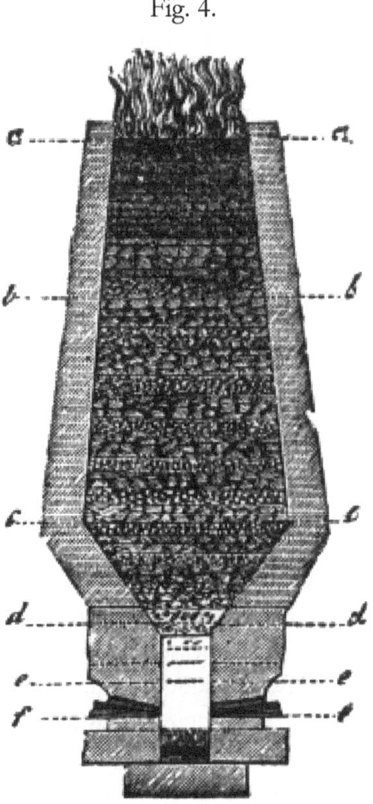

Der beim Niederschmelzen der Beschickung im Hochofen stattfindende chemische Process ist in verschiedener Höhe im Hochofen ein sehr verschiedener. Beistehende Figur 4 zeigt das Innere eines mit Beschickung und Brennmaterial gefüllten Hochofens im senkrechten Durchschnitte. Die schmaleren Schichten bedeuten die Beschickung, die breiteren das Brennmaterial. Von der Oberfläche der flüssigen Schlacke *f f* an bis zum Gichtniveau lässt sich das Innere in fünf Regionen oder Zonen eintheilen, nämlich:

1) in die Vorwärmezone *a b*,

2) die Reductionszone *b c*,

3) die Kohlungszone *c d*,

4) die Schmelzzone *d e*,

5) die Verbrennungszone *e f*.

In dem oberen Theile des Schachtraumes, der Vorwärmzone, wird die Beschickung vorgewärmt und vollständig ausgetrocknet. Innerhalb dieser Zone gelangt das Erz kaum zum schwachen Glühen. Die Reductionszone hat die beträchtlichste Ausdehnung; im unteren Theile des Schachtes, besonders in der Gegend des Kohlensackes, wird das Eisenoxyd durch Einwirkung der reducirenden Gase zuerst zu Eisenoxydul-Oxyd und endlich zu metallischem Eisen reducirt. Die in dieser Zone vorhandenen reducirenden Agentien sind: Kohlenoxydgas, Kohlenwasserstoffgas, Cyanwasserstoffgas oder Cyankaliumdämpfe. An einer Stelle dieser Zone ist das Eisen als hämmerbares Eisen vorhanden. Noch tiefer im Ofen, in der Kohlungszone findet die Kohlung des Eisens statt, wodurch sich stahlartiges Eisen bildet, das mehr oder weniger zusammengesintert aus dem Kohlungsraum in die Schmelzzone gelangt und sich hier mit Kohlenstoff zu Gusseisen sättigt. In der Verbrennungs- oder Oxydationszone, im Vergleich zu den übrigen Zonen nur von sehr geringem Umfange, trifft die aus den Düsen in den Ofen strömende Luft auf Kohlen, welche sich in stärkster Weissglut befinden und bildet mit denselben Kohlensäure, welche aber, indem sie durch die höher liegenden Schichten Kohle strömt, zu Kohlenoxyd reducirt wird ($CO_2 + C = 2CO$); durch die Verbrennung des in dem Brennmaterial enthaltenen Wasserstoffs wird aber auch Wasser gebildet, welches nebst dem durch die Gebläseluft eingeführten Wasserdampfe (welchen man in der neueren Zeit durch vorheriges Leiten der Gebläseluft über englische Schwefelsäure zu entfernen sucht), durch die grosse Hitze des mittleren Theils in seine Bestandtheile, in Wasserstoff und Sauerstoff zerlegt wird. Der Sauerstoff bildet mit der Kohle Kohlenoxyd, während der Wasserstoff mit der Kohle Kohlenwasserstoff bildet. Ausserdem tritt der Stickstoff des Brennmaterials (der Koks), so wie ein Theil des Stickstoffs der eingeblasenen atmosphärischen Luft mit der Kohle zusammen und bildet Cyan (-metalle oder -wasserstoff)[1]. Die reducirenden Gase treffen die erhitzten Erze und bewirken die Reduction der Metalloxyde, während die Gase (Gichtgase, Hochofengase) durch die Gicht entweichen. Das reducirte Eisen verbindet sich, indem es tiefer sinkt, mit Kohlenstoff zu Roheisen, schmilzt dabei und wird durch die Schlacke vereinigt. Indem das Roheisen durch seine Schwere herabsinkt und die Region des Ofens erreicht, in welcher die Hitze am stärksten ist, wirkt sein Kohlenstoff auf die Thonerde, den Kalk, die Kieselerde u. s. w., deren Metalle sich mit dem Eisen verbinden.

Aus neueren Untersuchungen geht hervor, dass die bei dem Hochofenprocess in so grosser Menge sich bildende Cyanwasserstoffsäure, indem sie sich mit den in dem Brennmaterial und den Schlacken enthaltenen Alkalien und Erden zu Cyanmetallen vereinigt, wesentlich bei der Reduction der Eisenerze mitwirkt. Auch die Ansicht ist ausgesprochen worden, dass selbst das Roheisen nicht nur Kohlenstoffeisen, durch Zersetzung von Cyaneisen entstanden, ist, sondern Cyaneisen (vielleicht auch Stickstoffeisen) beigemengt enthält; es sei hierbei an die Entdeckung Wöhler's erinnert, dass die ebenfalls durch den Hochofenprocess entstehenden und in der sogenannten Eisensau befindlichen Titanwürfel kein metallisches Titan, sondern Stickstofftitan-Titancyanür sind. Wie bedeutend die Erzeugung von Cyanmetallen bei den mit Steinkohlen betriebenen Hochöfen sein mag, geht aus einer Untersuchung von Bunsen und Playfair über den Process der englischen Roheisenbereitung hervor, nach welcher in einem Hochofen täglich gegen 225 Pfund Cyankalium erzeugt werden. Eck zu Königshütte in Oberschlesien bemerkte auch die Bildung von Cyankalium und Schwefelcyankalium; er berechnete aus dem Kaligehalte des Eisenerzes (Thoneisenstein), des Zuschlages und der Steinkohlen, dass im Ofen zu Königshütte täglich 35½ Pfund Cyankalium gebildet werden können. In der Schmelzzone findet auch Reduktion der Thonerde und Kieselerde zu Aluminium und Silicium statt.

Fig. 5.

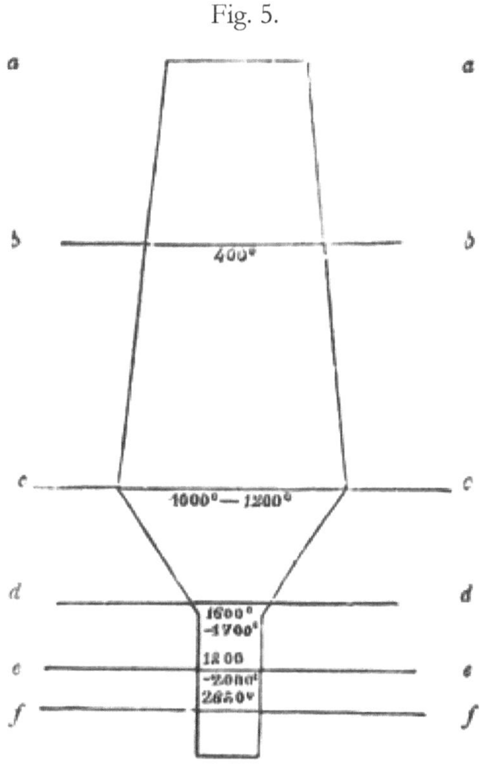

Vertheilung der Temperatur in dem Hochofen.

Fig. 5 zeigt die an den Grenzen der verschiedenen Zonen des Hochofens herrschenden Temperaturen. Die Temperatur der Verbrennungszone würde eine höhere sein, als es in der That der Fall ist, wenn nicht die Umwandlung der Kohlensäure in Kohlenoxyd durch Aufnahme von Kohlenstoff eine bedeutende Temperaturerniedrigung zur Folge hätte. Das Kohlensäuregas verdoppelt nämlich sein Volumen, indem es durch Aufnahme von Kohle in Kohlenoxyd übergeht; dieses Uebergehen des Kohlenstoffs in den gasförmigen Zustand ist mit Bindung von Wärme verknüpft. Wenn man bedenkt, dass in den Hochöfen unter den günstigsten nahe liegenden Verhältnissen nur 16,55 Proc. Brennmaterial im Ofen zur Realisation gelangen, während 83,45 Proc. aber in der Gicht in der Form brennbarer Gase verloren gehen, so lag es nahe, diese

Gichtgase. Gicht- oder Hochofengase anzuwenden, und dies ist auch mit dem glücklichsten Erfolge zum Schmelzen und Frischen des Eisens, zum Ausschweissen des gefrischten Eisens in Flammenöfen, zum Erwärmen der Gebläseluft, zum Rösten der Eisensteine, zum Darren und Verkohlen des Holzes etc. geschehen.

Anwendung derselben zur Darstellung von Salmiak.

Die Anwendung derselben scheint aber noch keineswegs erschöpft, denn R. Bunsen und L. Playfair fanden, dass die Gase der Steinkohlenhochöfen Ammoniak in solcher Menge enthalten, dass dessen Gegenwart besonders in den tieferen Theilen des Ofenschachts schon durch den Geruch zu erkennen ist. Die genannten Chemiker gelangten zur Ueberzeugung, dass die Verwerthung des Ammoniaks auf die einfachste Weise ausgeführt werden könne, indem man die Gase vor ihrer Verwendung als Brennmaterial durch einen mit Salzsäure versehenen Condensationsraum leitet. Wenn man die durch die Verdichtung des Ammoniaks erhaltene Salmiaklösung fortwährend in die Pfanne eines geeigneten Flammenofens fliessen lässt, in welchem man einen kleinen Theil des Gasstromes über der Flüssigkeit verbrennt, so lässt sich der Abdampfungsprocess dergestalt reguliren, dass man den Salmiak in einer fortwährend abfliessenden, concentrirten Lösung als metallurgisches Nebenprodukt erhält. Aus dem Alfreton-Hochofen in England könnte man auf diese Weise täglich 2,44 Centner Salmiak als Nebenprodukt, ohne erhebliche Kostenerhöhung des Betriebes und ohne die mindeste Störung des Processes gewinnen. Was die Ammoniakbildung hierbei anlangt, so hängt sie mit der oben erwähnten Cyanbildung zusammen. Cyankalium zerfällt, wenn es mit Wasserdämpfen zusammenkommt, in Ammoniak und ameisensaures Kali ($KCN + 2H_2O = NH_3 + CHKO_2$); durch eine umgekehrte Reaktion kann sich aus ameisensaurem Ammoniak, indem man aus demselben allen Sauerstoff in Form von Wasser austreten lässt, Cyanwasserstoffsäure bilden ($CH(NH_4)O_2 - 2H_2O = CHN$).

Roheisen oder Gusseisen.

Das durch den Hochofenprocess erhaltene Eisen heisst das Roheisen oder Gusseisen. Dasselbe besteht aus Eisen, Kohlenstoff (als Graphit und in Form von Eisencarburet), Silicium (als Siliciumgraphit und in Form von Siliciumeisen), Schwefel, Phosphor, Arsen, Aluminium. Von dem Kohlenstoffgehalte ist die Farbe und die Beschaffenheit des Roheisens abhängig. Früher glaubte man, dass die mehr oder weniger dunkle Farbe des Roheisens von einem grösseren oder geringeren Kohlenstoffgehalte abhängig sei, so dass die dunkelste Sorte die grösste Menge und die hellste die geringste Menge Kohlenstoff enthielte. Gegenwärtig ist aber bewiesen, dass nicht die Menge, dass vielmehr die verschiedene Art und Weise, wie der Kohlenstoff (und das ihm analoge Silicium) im Roheisen vorkommt, die Beschaffenheit desselben bedingt, dass ein Theil des Kohlenstoffs und Siliciums mit dem Eisen chemisch verbunden sei, während der grösste Theil des Kohlenstoffs und des Siliciums dem Eisen nur mechanisch in Form von Graphit (Kohlenstoffgraphit und Siliciumgraphit) beigemengt ist. Neue Untersuchungen von Frémy u. A. machen es übrigens auch wahrscheinlich, dass das Roheisen öfters stickstoffhaltig sei und der Stickstoff mit die Eigenschaften des Roheisens bedinge, während Caron, Gruner und Rammelsberg dieser Ansicht entgegentreten. Man unterscheidet weisses und graues Roheisen.

Weisses Roheisen.

Das weisse Roheisen ist charakterisirt durch silberweisse Farbe, Härte, Sprödigkeit, starken Glanz und grösseres specifisches Gewicht. Letzteres beträgt 7,58–7,68. Zuweilen lassen sich in demselben Prismen erkennen, man nennt es dann Spiegeleisen oder Spiegelfloss (Rohstahleisen); diese Eisensorte lässt sich als eine Verbindung von CFe_6 oder genauer $Fe_6C + Fe_8C$ (mit 5,93 Proc. C) betrachten. Wird das Gefüge des weissen Roheisens strahlig-faserig und geht die Farbe desselben ins bläulichgraue über, so heisst die Varietät blumiges Floss. Wenn die weisse Farbe noch mehr verschwindet und die Bruchflächen anfangen zackig zu werden, so erhält man eine zwischen dem weissen und grauen Roheisen in der Mitte stehende Varietät, das luckige Floss.

Graues Roheisen.

Das graue Roheisen ist von hellgrauer bis dunkelschwarzgrauer Farbe, körnigem bis feinschuppigem Gefüge. Das specifische Gewicht desselben ist im Mittel = 7,0, also weit geringer als das des weissen Roheisens. Es ist weniger hart als letzteres. — Wenn in einem Stücke beide Roheisensorten, entweder in besonderen Lagen oder das eine in die Masse des andern zerstreut vorkommen, so heisst ein solches Eisen halbirtes Roheisen oder Forelleneisen. Es dient vorzüglich zu Gusswaaren. Der chemische Unterschied zwischen weissem und grauem Roheisen liegt darin, dass ersteres nur chemisch gebundenen Kohlenstoff (4–5 Proc.), letzteres wenig gebundenen Kohlenstoff (0,5–2 Proc.), aber viel mechanisch beigemengten (1,3–3,7 Proc.) enthält. In Bezug auf den Schmelzpunkt des Roheisens ist zu erwähnen, dass das weisse Roheisen, das am meisten Kohlenstoff enthält, am leichtesten schmilzt; das graue Roheisen ist viel dünnflüssiger als das weisse. Geschmiedet kann das Roheisen nicht werden, da es in der Glühhitze zwar weich und mürbe wird, dass es mit einer gewöhnlichen Holzsäge leicht geschnitten werden kann, unter dem Hammer aber auseinander fliegt. Wegen der dünnflüssigen Beschaffenheit wird das graue Roheisen vorzüglich zu Gusswaaren angewendet, es füllt die Formen mit grosser Schärfe und Reinheit aus, während weisses Roheisen mit stumpfen Ecken und concaver Oberfläche erstarrt und deshalb nie zum Giessen angewendet werden kann. Das graue Roheisen ist ferner hinlänglich weich, um gefeilt, gehobelt, gebohrt und gedreht werden zu können; das weisse Roheisen ist dagegen so hart, dass es jeder mechanischen Verarbeitung widersteht. Wird geschmolzenes graues Roheisen rasch abgekühlt, so geht es in weisses Roheisen über. Lässt man dagegen bei starker Hitze geschmolzenes weisses Roheisen langsam abkühlen, so verwandelt es sich in graues Roheisen.

Auf die Beschaffenheit des aus dem Hochofen erhaltenen Roheisens ist nicht nur die Beschickung, sondern auch hauptsächlich die Temperatur des Ofens von grösstem Einflusse. Es scheint, als ob sich im Hochofen bei jeder Beschickung zuerst stets weisses Roheisen bildet und dass dieses erst bei sehr gesteigerter Temperatur in graues Roheisen überzugehen vermag. Findet die Reduction bei einem richtigen Quantitätsverhältniss zwischen Erz, Zuschlag und Brennmaterial statt, so wird der Gang des Hochofens ein garer (Gargang) genannt. Man erhält dadurch ein Roheisen mit gehörigem Kohlenstoffgehalt, vorherrschend weisses Roheisen. Die Schlacke ist bei diesem Gange niemals dunkel gefärbt, weil sie nur wenig Eisenoxydul enthält. Wenn in Folge von vorherrschendem Erze, also von mangelndem Brennmaterial, die Temperatur, welche zur vollständigen Kohlung des Eisens erforderlich ist, nicht erreicht wird, so findet nicht selten nur unvollständige Reduction statt, in dem eine grosse Menge von Eisenoxydul in die Schlacke geht und derselben eine dunkle Farbe ertheilt. Der Gang des Ofens wird in diesem Falle ein übersetzter oder scharfer oder Rohgang genannt. Durch überwiegendes Brennmaterial, wodurch die Hitze im Hochofen zu sehr gesteigert wird, wird ein heisser, hitziger oder übergarer Gang des Hochofens hervorgebracht und graues Roheisen gebildet.

Die Resultate der chemischen Untersuchung einiger Roheisensorten mögen die Zusammensetzung des Roheisens im Allgemeinen veranschaulichen: 1. Spiegeleisen aus 14 Th. Spatheisenstein, 9 Th. Brauneisenstein erhalten (Hammerhütte). 2. Blumiges Floss aus Steiermark. 3. Weisses Roheisen. 4. Halbirtes Roheisen. 5. Graues Roheisen (aus Brauneisenstein mit Holzkohle). 6. Graues Roheisen (aus Brauneisenstein und Spatheisenstein). 7. Graues Roheisen (aus ockrigem Brauneisenstein mit Koks erblasen).

1.	2.	3.	4.	5.	6.	7.

Gebundener Kohlenstoff	5,14	4,92	2,91	2,78	0,89	1,03	0,58
Graphit	0	0	0	1,99	3,71	3,62	2,57
Schwefel	0,02	0,017	0,01	0	—	—	—
Phosphor	0,08	0	0,08	1,23	—	—	—
Silicium	0,55	0	0	8,71	—	—	—
Mangan	4,49	0	1,79	0	—	—	—

Das Zeichen —, dass auf den Körper nicht geprüft, das Zeichen 0, dass der Körper nicht gefunden wurde. M. Buchner fand bei einer Untersuchung des Kohlenstoff- und Siliciumgehaltes des Roheisens:

	1.	2.	3.	4.	5.	6.
Cγ	4,14	3,80	4,09	3,75	3,31	3,03
Cβ	—	—	—	—	—	—
Si	0,01	0,01	0,26	0,27	Spur	0,15

1. 2. 3. 4. Spiegeleisen, grossblättrig oder vollkommen krystallinisch. 5. 6. Luckiges Roheisen.

	7.	8.	9.	10.	11.	12.
Cγ	3,40	2,70	2,13	3,60	3,34	2,72
Cβ	—	—	—	—		
Si	0,14	0,12	0,10	0,66	0,10	0,20

7. 8. 9. Weisses grelles Roheisen. 10. Weisses Gusseisen. 11. Halbirtes Roheisen. 12. Stark halbirtes Roheisen.

	13.	14.	15.	16.	17.	18.
Cγ	2,17	1,35	1,18	0,71	0,38	0,26
Cβ	2,11	2,47	2,42	2,79	3,28	3,83
Si	0,09	0,70	0,66	1,53	1,62	0,59

13. Minder halbirtes Gusseisen. 14. 15. 16. Graues Gusseisen. 17. Schaumiges, grobkörniges Roheisen. 18. Ueberkohltes schwarzgraues Roheisen.

Statistica über Roheisenproduktion.

Die Roheisenerzeugung auf der ganzen Erde beträgt gegenwärtig (1870) reichlich 200 Millionen Zollcentner, davon kommen auf

England, Wales und Schottland 115,000,000 Zollcentner

Frankreich	24,500,000	„
Nordamerika	20,200,000	„
Preussen	24,500,000	„
Belgien	8,900,000	„
Oesterreich	6,750,000	„
Russland	6,000,000	„
Schweden	4,500,000	„
Luxemburg	1,100,000	„
Bayern	732,000	„
Sachsen	280,000;	„
Württemberg	138,000	„
Baden	16,000	„
Hessen	250,000	„
Braunschweig	90,000	„
Thüringen	18,000	„
Australien	2,000,000	„
Italien	0,750,000	„
Spanien	1,200,000	„
Norwegen	0,500,000	„
Dänemark	0,300,000	„
	209,524,000	Zollcentner

im Werth von ungefähr 650 Millionen Thaler.

Eisengiesserei, Umschmelzen des Roheisens.

Fig. 6.Fig. 7.

Zur Herstellung der Eisengusswaaren verwendet man meist ein schwach halbirtes graues Roheisen, welches sich durch grosse Dichtigkeit, Festigkeit, scharfes Ausfüllen der Form und hinreichende Weichheit zur mechanischen Bearbeitung auszeichnet. Obgleich das Giessen direkt aus dem Hochofen (Hochofenguss) geschehen kann, zieht man es vor, die Flossen oder Gänze umzuschmelzen (Umschmelzebetrieb), dies geschieht entweder in Tiegeln, in Schachtöfen oder in Flammenöfen. Tiegel (von Graphit oder feuerbeständigem Thon) wendet man nur zum Giessen kleiner Gegenstände an, man schmilzt gewöhnlich darin Schacht- oder Kupolofen. 5–8 Pfund. Am häufigsten findet der Schacht- oder Kupolofen Anwendung; Fig. 6 und 7 zeigen einen solchen Ofen; er besteht aus einem cylindrischen Schachtofen von 2,5–3,5 Meter Höhe, in welchem man durch die Gicht das Roheisen und das Brennmaterial (Holzkohlen oder Koks) schichtweise in den Schacht *A* einträgt; die Oeffnungen *c* und *d* dienen zur Einführung der Düsen des Gebläses. Die nach der Rinne *B* führende Oeffnung ist während des Schmelzens verschlossen; wenn das geschmolzene Eisen die Oeffnung *a* erreicht hat, wird dieselbe vermittelst Thon verschlossen und die zuerst in *a* befindliche Düse in die Oeffnung *d* gelegt. Das geschmolzene Eisen wird entweder in die Form unmittelbar geleitet, oder in eiserne, mit Thon überstrichene Giesspfannen gelassen und nach der Form hingetragen. Auch hierbei hat die Benutzung von heisser Gebläseluft bedeutende Ersparniss an Brennmaterial zur Folge gehabt.

Flammenofen.

Das Umschmelzen des Roheisens in Flammenöfen endlich geht in einem gewöhnlichen Flammenofen auf die Weise vor sich, dass man das Eisen auf dem mit Sand bedeckten Schmelzherde, der in der Richtung seiner Länge etwas geneigt ist und an dessen tieferliegenden schmalen Seite das Stichloch zum Abstechen des geschmolzenen Eisens befindlich ist, schmelzen lässt und dann absticht. Auf dem Feuerherde befindet sich Steinkohlenfeuer, dessen Flamme über eine niedrige Scheidewand (die Feuerbrücke) hinweg über den Schmelzherd zieht, denselben in seiner ganzen Längenausdehnung bestreicht und endlich in einen hohen Schornstein tritt. Aus dem Stichloche läuft das Eisen entweder direkt in die Formen, oder man füllt damit lehmbestrichene Kellen und Pfannen, die von den Arbeitern zu den Formen getragen und dort durch Umneigen ausgegossen werden. In einem Flammenofen lassen sich mehr als 50 Centner Roheisen auf einmal umschmelzen. Hierbei ist zu berücksichtigen, dass das Roheisen während des Umschmelzens in Flammenöfen mit der atmosphärischen Luft in Berührung kommt, dadurch theilweise entkohlt und zu Gusswaaren untauglich wird.

Formerei.

Ein wesentlicher und schwieriger Theil der Eisengiesserei besteht in der Herstellung der Gussformen. Je nach den Materialien, aus denen die Formen bestehen, unterscheidet man 1) Sandguss in Formen aus Sand, der so fein sein muss, dass die feinsten Gegenstände sich darin abdrücken lassen, und so zusammenhaften, dass die schärfsten Kanten stehen bleiben; er enthält so viel Thon, dass er sich beim Befeuchten mit Wasser ballt; er wird vorher durch einen Zusatz von Kohlenstaub locker gemacht, damit die Wasserdämpfe, die bei der Berührung des heissen Gusseisens mit dem feuchten Sand sich bilden, leicht entweichen können. Bei Gegenständen, die auf der einen Seite eben sind, wie Gitter, Platten, Räder etc., wendet man den Herdguss an, d. h. man giesst auf einem Theile der Hüttensohle, der mit Formsand bedeckt ist; in diesem Formsand ist das Modell so eingedrückt, dass dessen Oberfläche horizontal ist. Zu zusammengesetzteren Gusswaaren, z. B. zu Töpfen, wendet man den Kastenguss an. Die Sandformen werden vor dem Eingiessen des Eisens nicht getrocknet; 2) der Masseguss in Formen aus Sand und Lehm, wobei die Formen vor dem Giessen sorgfältig getrocknet werden müssen; 3) der Lehmguss in Formen aus Lehm, der gesiebt, angefeuchtet und, um das Reissen beim Trocknen zu verhüten, mit Pferdemist durchknetet ist; 4) der Schalenguss (Kapselguss) in gusseiserne Formen. Letzterer wird nur selten und zwar nur zu Hartwalzen zum Ausstrecken des Blechs, die eine grosse Härte besitzen müssen, und für Eisenbahnwagenräder benutzt. Er gründet sich auf die Eigenschaft des grauen Roheisens, im geschmolzenen Zustand durch schnelle Abkühlung rasch zum Erstarren gebracht, in hartes weisses Roheisen überzugehen. Giesst man daher das Roheisen in gusseiserne Formen (Coquillen), welche die Wärme schnell ableiten, so wird die äussere Schicht in Folge der schnellen Abkühlung weiss und hart. So kann man Walzen giessen, die an der Oberfläche sehr hart und doch, weil sie im Innern aus grauem Roheisen bestehen, nicht spröde und zerbrechlich sind.

Der am häufigsten angewendete Eisenguss ist der Sandguss, man benutzt ihn zum Giessen von Ofenplatten, Rädern, Gittern, Roststäben etc. Den Masseguss wendet man an, wenn man ein Zusammenstürzen einer Sandform zu fürchten hat; man benutzt diesen Guss zum Giessen von eisernen Röhren und Kanonen. Zur Herstellung der letzteren findet das halbirte Roheisen Anwendung, indem dasselbe Zähigkeit mit Elasticität und einer gewissen Härte vereinigt; es scheint indessen, als werde das Roheisen (und auch das bisher angewendete Geschützmetall) in der Geschützgiesserei in der Zukunft vollständig durch den Gussstahl ersetzt werden, wie die Fabrikate von Krupp in Essen beweisen. Man benutzt den Masseguss auch zu den sogenannten Galanteriewaaren aus Eisenguss (Schreibezeuge, Leuchter, Ringe etc.). Den Lehmguss wendet man endlich für sehr grosse Gegenstände an, und besonders für solche, wozu man kein besonderes Modell machen will oder kann, z. B. zum Giessen von grossen Kesseln, Glocken etc. Man unterscheidet dabei drei Haupttheile:

a) den Kern, der an Grösse und Gestalt dem Innern des Gussstücks gleichkommt,

b) das Modell (Hemd, Eisenstärke) und

c) den Mantel (die Einhüllung des Modells).

Die Lehmformen werden scharf getrocknet. Der Kunstguss, d. i. die Anfertigung von Monumenten, Statuen etc., ist gleichfalls Lehmguss; hierzu beginnt aber in der neuern Zeit das Zink das Gusseisen zu verdrängen.

Bei solchen Gegenständen, welche viel Erhabenheiten auf ihrer Oberfläche und besonders eine solche Form haben, dass ein theilweises Abheben des Mantels nicht ausführbar ist, wie z. B. bei dem Guss von Grabmonumenten, Kunstöfen, Statuen u. s. w., wird auf den gebrannten Kern die Form in Wachsabgüssen aufgetragen. Das von dem Modelleur angefertigte Modell wird in Gyps abgegossen, und es werden so viel einzelne Gypsformen dargestellt, als des Abhebens wegen nöthig sind. Man giesst das Wachs in die einzelnen Formen, trägt die Wachsabgüsse auf den Kern und setzt sie auf demselben vorsichtig zusammen. Diese Wachsform wird mit feingeschlämmtem Thon, der mit etwas Graphit gemischt worden ist, überpinselt, und nachdem dies mehrere male geschehen ist, die Form mit einer stärkeren, mit Kuhhaaren untermengten Thonschicht umgeben. Ist der Ueberzug getrocknet, so schmilzt man das Wachs durch Erwärmen der Form heraus.

Adouciren. Tempern.

Nach dem Gusse werden die Gusswaaren durch mechanische Bearbeitung vollendet, es werden z. B. die Giessnähte abgehauen, der eingebrannte Sand von der Oberfläche abgelöst u. s. w. Oft müssen die Eisengüsse ausgebohrt (wie Kanonen), oder (wie Maschinentheile) abgedreht, ciselirt, gehobelt, gefräst, gedreht und geschliffen werden. Da dieselben nun durch schnelles Erkalten auf der Oberfläche oft solche Härte und Sprödigkeit besitzen, als wären sie aus weissem Roheisen gegossen und dadurch nicht mit Feilen, Meisseln etc. bearbeitet werden können, so sucht man solchen Eisengüssen durch das Adouciren (Tempern, Anlassen) die nöthige Weichheit zu ertheilen. Das Adouciren besteht wesentlich in anhaltendem starken Glühen der Gussstücke in einer Einhüllung und sehr langsamem Erkalten. Das Adouciren geschieht entweder auf physikalischem oder auf chemischem Wege. Im ersteren Falle, in welchem keine chemische Veränderung eintritt und das Harteisen nur durch Anderslagerung der Moleküle in weiches Eisen übergeht, überzieht man die Gegenstände mit Lehm und glüht sie zwischen Kohlen aus, oder man glüht sie einfach unter trockenem Kiessand, oder in mit Kohlenstaub angefüllten Kapseln bei nicht anhaltender Rothglühhitze. Sollen die Gusswaaren durch das Adouciren zugleich eine gewisse Festigkeit erhalten, welche dem Stahl und Stabeisen eigenthümlich ist, so muss die Einhüllung und länger anhaltende Hitze chemisch, d. h. entkohlend, einwirken. Als Hülle benutzt man ein Cementirpulver aus Kohle, Knochenasche, Eisenhammerschlag, rothem Eisenoxyd, Braunstein oder Zinkoxyd. Gleichmässig und durch die ganze Masse hindurch entkohlten Eisenguss nennt man hämmerbaren, schmiedbaren Eisenguss (*fonte malléable*). Auf diese Weise stellt man neuerdings unzählige kleine Gegenstände aus Gusseisen dar, die man früher zu schmieden pflegte, wie z. B. Schlüssel, Lichtputzen, Schnallen u. s. w. Durch Einsatzhärtung (siehe bei Stahl) lassen sich diese Gegenstände oberflächlich verstählen, so macht man jetzt z. B. gegossene Scheeren und Messer (selbst Rasirmesser), die sich von den stählernen kaum unterscheiden lassen. Man überzieht die gegossenen Gegenstände häufig mit einem Firniss von Steinkohlentheer und Graphit oder Leinölfirniss und Kienruss, oder bronzirt oder brünirt dieselben.

Emailliren von eisernen Geschirren.

Die eisernen Kochgeschirre pflegt man, um sie gegen das Rosten und den Einfluss schwacher Säuren zu schützen, auf der inneren Seite zu emailliren; dies geschieht, indem man die Fläche durch verdünnte Schwefelsäure von Oxyd befreit, einen aus Borax, Quarz, Feldspath, Thon und Wasser bestehenden Brei in dem Gefässe umherschwenkt, auf den feuchten Ueberzug ein feines Pulver von Feldspath, Soda, Borax und Zinnoxyd streut und darauf die Geschirre in einer Muffel bis zum Schmelzen der Glasmasse erhitzt. Das in Frankreich fabricirte glasirte Eisen ist ein ähnliches emaillirtes Eisen. Die Glasurmasse wird durch Zusammenschmelzen von 130 Th. Flintglaspulver, 20½ Th. kohlensaurem Natron und 12 Th. Borsäure dargestellt. Man benutzt das glasirte Eisen hauptsächlich statt der Zinkgefässe und verzinnter Blechgeschirre, namentlich verfertigt man daraus Zuckerhutformen und Krystallisirgefässe für Stearinsäure.

β) Schmiede- oder Stabeisen.

Stabeisen oder Frischeisen.

In älteren Zeiten[2] und auch gegenwärtig noch in Steiermark, Illyrien, Italien, Schweden, Ostindien, Borneo, Madagaskar, brachte man, wie bereits Seite 9 gesagt, das Stabeisen direct aus den Erzen aus, indem man dieselben auf einem Herde mit Kohlen unter Mitwirkung eines Gebläses reducirte und den erhaltenen Klumpen von reducirtem Eisen sofort ausschmiedete. Gegenwärtig hat man diese wenig ergiebige Gewinnungsart (Luppenfrischerei oder Rennarbeit) verlassen und stellt allgemein zuerst Roheisen und aus diesem das Stabeisen dar. Derjenige Process, durch welchen das Roheisen in Stabeisen oder Frischeisen verwandelt wird, heisst der Frischprocess; er beruht der Hauptsache nach auf der Entfernung der grössten Menge des Kohlenstoffs und der übrigen fremden Körper des Roheisens durch Oxydation. Man verwendet zum Frischen nur weisses Roheisen, und zwar möglichst kohlenstoffarmes, weil es vor dem Schmelzen erweicht, lange dünnflüssig bleibt und daher den oxydirenden Agentien eine grössere Oberfläche darbietet; auch verbrennt der chemisch gebundene Kohlenstoff des weissen Roheisens leichter als der Graphit des grauen Roheisens. Der Frischprocess oder das Frischen geht entweder vor sich:

1) auf Herden (Herdfrischung oder deutscher Frischprocess)
oder

2) in Flammenöfen (Puddelprocess oder englischer Frischprocess).
Die Bereitung des Stabeisens

3) durch Einblasen von Luft in das geschmolzene Roheisen (nach dem Verfahren von Bessemer)

wird beim Stahl beschrieben werden.

Herdfrischung.

Fig. 8.

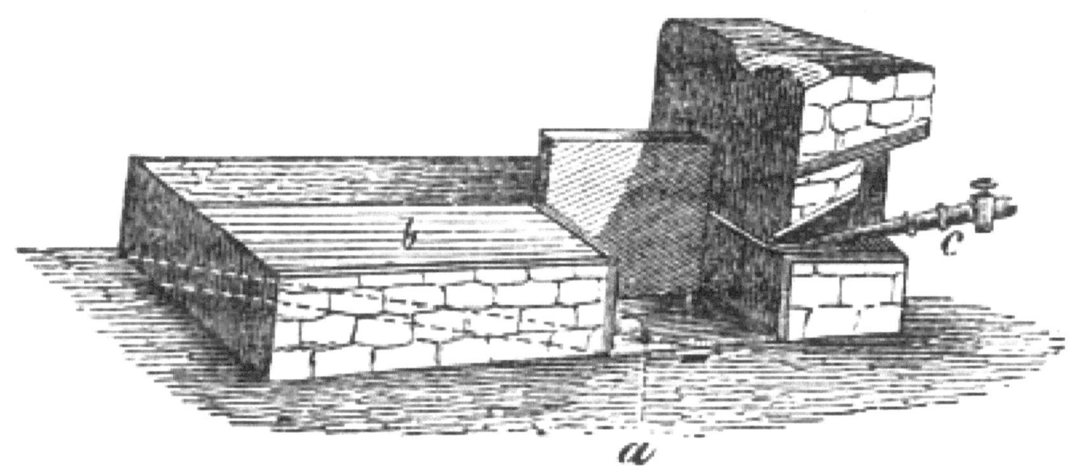

Fig. 9.

Fig. 10.

Fig. 11.

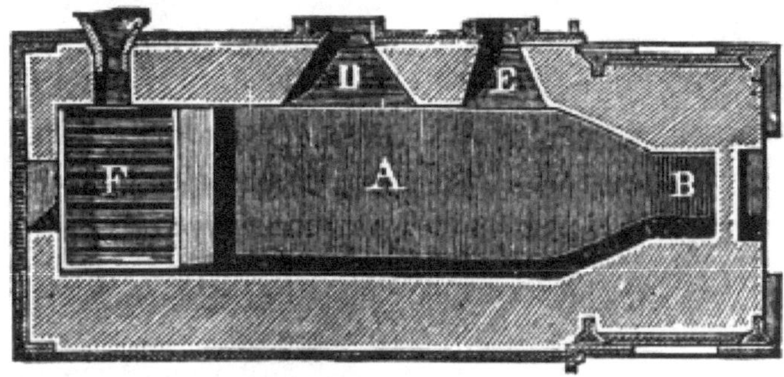

Bei dem Frischprocess wird das weisse Roheisen (oder, wenn graues Roheisen, vorher gefeintes und dadurch in die weisse Modification — Feineisen, Feinmetall — übergeführtes Roheisen) in Platten von 1–1,3 Meter Länge, 27 Centim. Breite und 4–9 Centim. Stärke in dem vertieften vierseitigen Feuerraum *a* des Herdes *b* (Fig. 8) so eingeschmolzen, dass das schmelzende Roheisen erst im flüssigen Zustande dem Winde des Gebläses ausgesetzt ist. Diese Vertiefung ist mit eisernen Platten ausgelegt und erhält durch die Düse *c* die nöthige Gebläseluft zugeführt. Zuerst füllt man den Feuerraum mit glühenden Holzkohlen, lässt das Gebläse an und bringt das Roheisen in Gänzen auf den Herd *b*, das in dem Maasse in die Herdvertiefung geschoben wird, als es an der vorderen Seite abschmilzt. Durch die Gebläseluft wird fortwährend Kohlenstoff aus dem Roheisen zu Kohlensäure verbrannt und das Roheisen entkohlt. Der den Gänzen anhängende Sand, die durch Oxydation des Siliciums des Roheisens entstandene, sowie die durch die Holzkohlenasche in die Masse gelangte Kieselerde kommen ebenfalls bei dem Frischen in Betracht; diese Körper verbinden sich nämlich mit dem gleichzeitig entstehenden Eisenoxydul zu basisch kieselsaurem Eisenoxydul, zu der sogenannten Rohschlacke (in 100 Theilen 68,84 Eisenoxydul und 31,16 Kieselsäure)[3], die über dem geschmolzenen Eisen steht und während des Einschmelzens von Zeit zu Zeit abgelassen wird, ohne das Eisen jedoch gänzlich von der Schlacke zu entblössen. Diese Schlacke wird zu der nächsten Schmelzung mit Eisenhammerschlag (Oxydul-Oxyd) gemengt gegeben, um die Entkohlung des Eisens zu bewirken. Wenn man nämlich Roheisen (Kohleneisen) mit Eisenoxyduloxyd und basisch kieselsaurem Eisenoxydul glüht, so giebt das Eisenoxyduloxyd an den Kohlenstoff des Roheisens Sauerstoff ab, und es bilden sich Kohlenoxyd und Stabeisen. Bei der Frischung werden auch alle anderen in dem Roheisen enthaltenen Stoffe, wie Aluminium, Phosphor, Mangan u. s. w., als Thonerde, Phosphorsäure, Manganoxydul in die Schlacke getrieben. — Nach dem Einschmelzen des Eisens werden die Schlacken abgelassen und die Eisenstücke unter häufigem Wenden dem Wind des Gebläses ausgesetzt; das Eisen wird, indem es immer mehr und mehr seinen Kohlenstoff verliert, dünnflüssiger und schmilzt ab. Dieser Process (das Rohaufbrechen) wird so lange fortgesetzt, bis das Eisen gar ist. Die sich nach dem Rohaufbrechen bildende Schlacke wird um so reicher an Eisenoxydul, je mehr sich das Eisen der Gare nähert, wodurch sie endlich zur Garschlacke (ungefähr SiO_4Fe_2) wird, welche ebenso wie die mit Hammerschlag versetzte Rohschlacke als Zusatz zur Beförderung der Entkohlung des Eisens benutzt wird. Die Garschlacke ist niemals krystallinisch, sondern stets dicht und von grösserem spec. Gewicht als die Rohschlacke. Nach dem Rohaufbrechen nimmt der Frischer das Garaufbrechen vor, das darin besteht, die ganze Eisenmasse durch verstärkte Hitze halbflüssig zu machen, damit sich die Schlacke abscheide. Nach beendigtem Gareinschmelzen hebt man die gefrischte Eisenmasse (Deul, Luppe, Klump, Wolf) aus dem Feuer heraus und bringt sie noch glühend unter den Aufwerfhammer *a* (Fig. 9), welcher durch eine Welle und durch Daumen in Bewegung gesetzt wird. Durch die Schläge des Hammers werden alle Schlackentheile ausgepresst. Der Deul wird darauf in Stücke (Schirbel) zerschnitten und diese werden dann zu Stäben ausgeschmiedet. Aus 100 Theilen Roheisen erhält man im Durchschnitt 70–75 Theile Stabeisen.

Schwedischer Frischprocess.

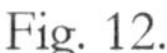
Fig. 12.

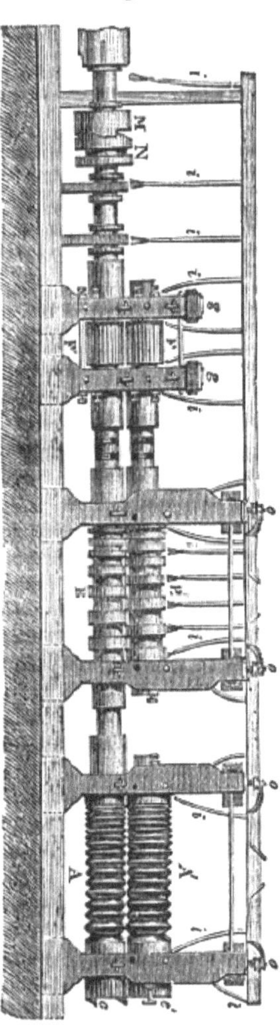

Der schwedische Frischprocess (die Wallonenschmiede) unterscheidet sich von der deutschen Frischung dadurch, dass nur geringe Mengen des Eisens auf einmal in Arbeit kommen und dass man keine Schlacke zusetzt. Die Entkohlung geht aber nur durch den Sauerstoff der Luft vor sich. Dieses Verfahren erfordert viel Brennmaterial, auch oxydirt sich ein nicht unbedeutender Theil des Eisens; das erhaltene Eisen enthält aber keine Schlacke und ist daher dichter.

Puddelprocess.

Der Puddelprocess (oder das Frischen im Flammenofen). In Ländern, in denen die Holzkohlen wegen ihres hohen Preises zum Frischen des Roheisens nicht angewendet werden können, benutzt man die Steinkohlen. Später wurde die Steinkohle anstatt der Holzkohle auch auf dem Continent beim Frischen angewendet, welche eine grössere Produktion ermöglicht, und obgleich die Qualität des so erhaltenen Eisens eine untergeordnete ist, doch auch ökonomisch sich als praktisch erweist. Da wegen des Schwefelgehaltes der Steinkohlen eine unmittelbare Berührung derselben mit dem Eisen Puddelöfen. vermieden werden muss, so wendet man zum Entkohlen des Roheisens Flammenöfen (Puddelöfen) an. Fig. 10 zeigt einen Puddelofen im Vertikaldurchschnitt, Fig. 11 im Horizontaldurchschnitt. *F* ist der Rost, *A* der Puddelherd und *C* der Canal, durch welchen die Gase in den Schornstein gelangen. Der Puddelherd *A* besteht aus einem viereckigen eisernen Kasten, in welchen atmosphärische Luft ungehindert durch den Rost eintreten kann. Auf diesen Herd bringt man eine Decke von Frischschlacken, zu welchen man Hammerschlag gesetzt hat, und erhitzt die Masse, bis ihre Oberfläche weich geworden ist. Das zu entkohlende Roheisen (am besten weisses Roheisen) wird in Quantitäten von 300–350 Pfd. bis zum Erweichen erhitzt, sodann mittelst einer Krücke über die Herdsohle des Ofens ausgebreitet und unter fortwährendem Erhitzen umgerührt (gepuddelt). *D* und *E* sind Arbeitsöffnungen, die leicht geschlossen und geöffnet werden können. Auf dem breiigen Eisen zeigen sich blaue Flämmchen von brennendem Kohlenoxydgase und das Eisen wird zäher und steifer. Der grösste Theil der beim Puddelprocess sich bildenden Schlacke fliesst vorn im Ofen von dem Eisen über die schiefe Ebene *B* ab, und wird, von Zeit zu Zeit durch eine Oeffnung *o* abgelassen. Nach beendigtem Puddeln vereinigt man das auf der Herdsohle ausgebreitete Eisen zu Bällen und befreit es unter dem Stirnhammer oder durch ein Quetschwerk von der Schlacke. Wo graues oder halbirtes Roheisen zum Puddeln angewendet werden muss, wird dasselbe, wie oben bereits erwähnt, vor dem eigentlichen Puddeln durch Einschmelzen im Flammenofen durch das Feinmachen in weisses Roheisen, in Feineisen (Feinmetall) verwandelt.

Die Theorie des Eisenpuddelns ist folgende: Beim Zuströmen von Luft zu dem auf dem Herde des Flammenofens eingeschmolzenen Roheisen bildet sich eine nicht unbedeutende Menge von Eisenoxydul-Oxyd, dessen Sauerstoff den Kohlenstoff des Roheisens in Gestalt von Kohlenoxydgas entfernt, das in mit bläulicher Flamme verbrennenden Bläschen entweicht. Mit der fortschreitenden Entkohlung wird die Masse immer strengflüssiger und es bilden sich in ihrem Innern feste Körper von Schmiedeeisen, deren Menge zunimmt und welche mit dem Rühreisen zusammengehäuft und lose aneinander geschweisst werden. Dadurch trennt sich das noch kohlehaltige Eisen und wird durch fortgesetztes Umrühren völlig entkohlt. In der Praxis ist jedoch dieser Process nicht so einfach, dies hat darin seinen Grund, dass es 1) nicht wohl möglich ist, alles Eisenoxydul-Oxyd mit dem Kohleeisen in Berührung zu bringen, weshalb leicht Oxyd in dem Eisen bleibt, wodurch der Zusammenhang der einzelnen Theile aufgehoben wird. Dieses überschüssige Oxyd sucht man durch Zusatz von Rohschlacke zu entfernen, welche dadurch in Garschlacke übergeht. Durch die Abscheidung des Eisenoxydul-Oxydes wird ein Eisenverlust von 4–5 Proc. herbeigeführt, zu dem noch durch das Verbrennen des Kohlenstoffs etwa 5 Proc. kommen. Ein anderer Grund liegt 2) in einem Gehalte des Roheisens an Hochofenschlacke und mechanisch anhängender Kieselerde etc. Während des Puddelns vereinigt sich die freie Kieselerde mit der Hochofenschlacke; kommt nun in dem letzteren Stadium des Processes diese kieselerdereiche Schlacke mit dem Eisenoxydul bei mangelndem Kohlenstoff in Berührung, so giebt sie ihre Kieselerde theilweise an das Eisenoxydul ab und bildet mit demselben Garschlacke, welche an den Wänden und der Sohle des Ofens adhärirt, und eine basische, strengflüssige Hochofenschlacke, welche mit dem Eisen gemengt bleibt. Diese Schlacke zu entfernen, ist der Puddelprocess nach seinem gegenwärtigen Stande durchaus unfähig. Der Faulbruch eines Eisens, von welchem diese Schlacke zwei oder mehrere Procente ausmacht, erklärt sich dadurch auf eine ganz ungezwungene Weise.

In neuerer Zeit wendet man häufig, anstatt den Flammenofen mittelst Steinkohlen und atmosphärischer Mit Gas. Luft zu heizen, als Brennmaterial Gicht- oder Hochofengase an, oder auch Generatorgase. So nennt man die in einer schachtförmigen Vorrichtung — dem Generator — durch unvollständige Verbrennung von Brennmaterial (gewöhnlich solchem, das wie Holzabfälle, Holzkohlen und Braunkohlenklein, Torf etc. als festes Brennmaterial nicht anwendbar ist) erzeugten brennbare Gase von ähnlicher Zusammensetzung wie die

Gichtgase, jedoch mit vorwaltendem Kohlenoxydgas. Der Generator ist unmittelbar bei dem Flammenofen angelegt, sodass die darin erzeugten Gase fast ebenso heiss zur Verbrennung gelangen, als sie aus dem Generator entweichen. Seit einigen Jahren wendet man hierbei die Siemens'sche Regenerationsfeuerung an, welche den höchsten Effect giebt. Das ihr zu Grunde liegende Princip hat den Grundgedanken mit der calorischen Maschine gemein. So wie nämlich dort seiner Zeit Drahtgeflechte zur Anwendung kamen, um die verlorene Hitze von der austretenden auf die zutretende Luft zu übertragen, so werden bei den Siemens'schen Regeneratoren mit Gasfeuerung lose mit feuerfesten Ziegeln angefüllte Kammern dazu verwendet, um die in dem verbrauchten, dem Schornstein zuströmenden Gase enthaltene Wärme aufzufangen und nutzbar in den Herd der Verbrennung zurückzuführen. Sind zwei solcher Kammern vorhanden, so wird durch eine wechselseitige Wärmeaufnahme und Abgabe der Kammern Zweierlei erreicht: zunächst eine grosse Menge Wärme, die sonst zu Verlust gegangen wäre, zu Gute gemacht, dann das Feuer mit heisser Luft gespeist und mithin die Verbrennungstemperatur gesteigert. Dabei bleibt die Siemens'sche Einrichtung aber keineswegs stehen, denn zwei andere Kammern wärmen auch das Brennmaterial vor, welches zu dem Behufe stets in einem Generator zuvor in Gas verwandelt wird. Diesem Heizgas entsprechen ebenso wie der dem Feuer zuziehenden Luft zwei Heizkammern, welche abwechselnd Wärme aufspeichern und abgeben. Eisen, welches zu viel Phosphor enthält, wird davon befreit, indem man während des Puddelns in das geschmolzene Eisen das sogenannte Schafhäutl'sche Mittel, ein Gemenge von Braunstein, Kochsalz und Thon einträgt. Nach Richter trägt Bleiglätte besser zur Oxydation des Schwefels des Roheisens bei als Braunstein. Auch Wasserdämpfe im überhitzten Zustande hat man zur Entfernung des Schwefels anzuwenden vorgeschlagen.

Fig. 13.

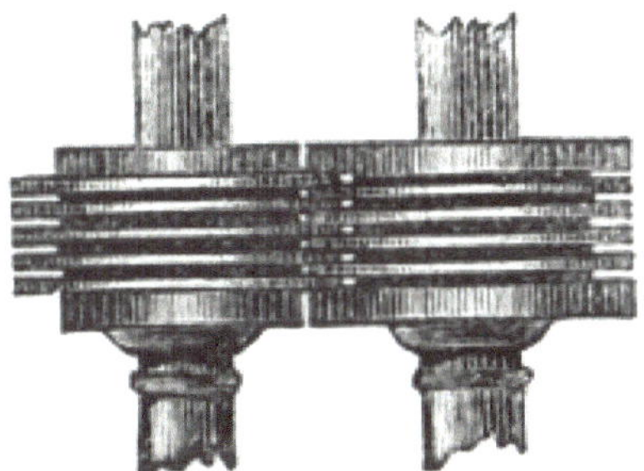

Verfeinerung des Stabeisens.

Man verarbeitet das Stab- oder Schmiedeeisen, das durch den Stirnhammer, durch Quetschwerke oder Walzwerke von den Schlacken befreit worden ist, auf den Walzwerken zu Grobeisen. Ein Walzwerk (Fig. 12) hat wesentlich folgende Einrichtung. *BB'* und *AA'* sind cannelirte, gusseiserne Walzenpaare, von denen *AA'* zum Walzen von Flachstäben, *BB'* zum Walzen von Quadratstäben bestimmt sind. Durch die Schrauben *oo* können die oberen Cylinder den unteren beliebig genähert werden. Aus den Röhren *ii* fliesst Wasser auf die sich erhitzenden Theile des Walzwerks. Die Vorrichtung *MN* dient dazu, das Walzwerk ausser Verbindung mit der bewegenden Kraft zu setzen. Die Räder *F* und *c* übertragen die Bewegung auf die Räder *F'* und *c'*, die an den oberen Walzen *A'* und *B'* sitzen und bewirken eine Umdrehung derselben in entgegengesetzter Richtung. Die durch den Hammer in die geeignete Form versetzten glühenden Eisenstücke passiren immer kleinere Oeffnungen des Walzwerkes und werden so verdünnt und gestreckt. Sehr dünne Stäbe schneidet man auf den Schneidewerken, welche (Fig. 13) aus abwechselnd grösseren und kleineren verstählten Scheiben, die auf eisernen Wellen fest eingekeilt sind, bestehen. Man unterscheidet das Stabeisen als Quadrateisen mit quadratischem Durchschnitte, Flacheisen, dessen Querschnitt ein Rechteck ist, mit verschiedenem Verhältnisse von Breite und Dicke, Rundeisen mit kreisförmigem Durchschnitte. Die dünnste Sorte des Flacheisens heisst Band- oder Reifeisen; unter Zaineisen oder Krauseisen versteht man nicht glatt geschmiedetes Quadrateisen mit eingekerbten Flächen (Eindrücke des Hammers); dünne vierkantige Sorten des Stabeisens sind Nageleisen. Ausserdem unterscheidet man noch Façoneisen von dem verschiedensten Querschnitt (Eisenbahnschienen).

Walzwerk.

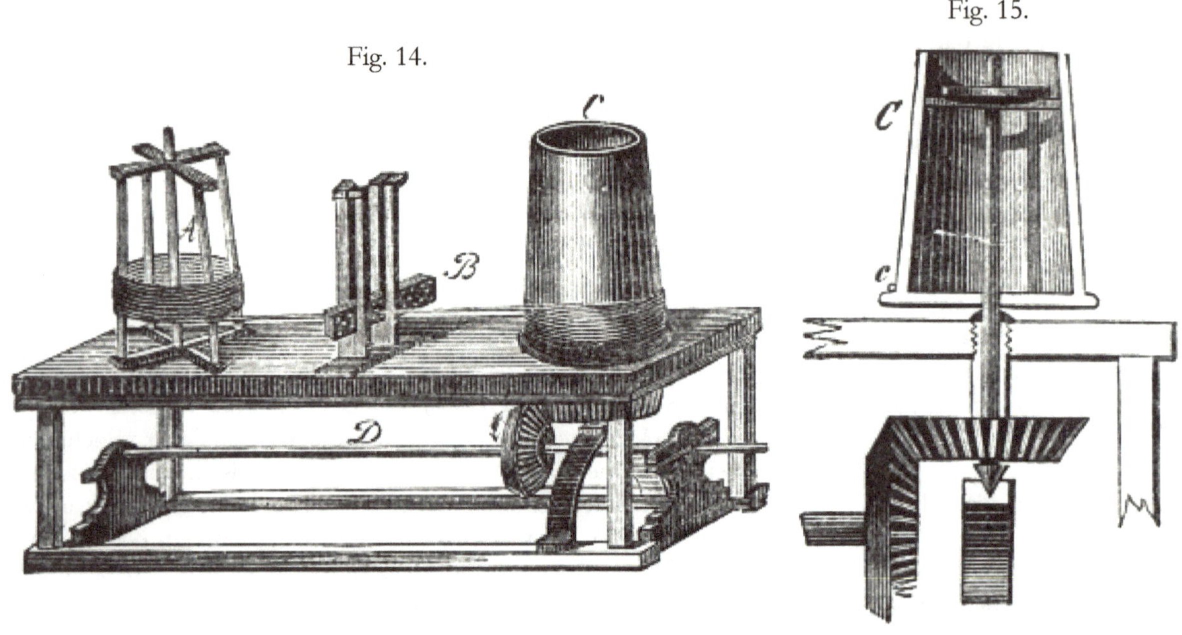

Blechfabrikation.

Das zur Blechfabrikation angewendete Eisen muss weich und zähe sein, damit dasselbe die Bearbeitung bei abnehmender Temperatur am längsten aushalte, ohne spröde zu werden. Man unterscheidet grössere und kleinere Bleche. Da die letzteren gewöhnlich verzinnt werden, nennt man auch diese Weissbleche, die grösseren Schwarzbleche. Bei der Anfertigung des Schwarzbleches wird das Stabeisen (Flacheisen) glühend, so wie es aus den Walzen herauskommt, vermittelst der Blechscheere in kleinere Platten (Stürze) zerschnitten und diese nach dem Erhitzen in einem Flammenofen zwischen glatten Walzen (Blechwalzwerke) gestreckt. Die Stürze gehen viermal durch die Walzen, wobei nach jedesmaligem Durchgange die Walzen enger zusammengeschraubt werden. Bevor die Stürze unter die Walze kommen, muss das Oxyd (der Glühspan) abgeschlagen werden, damit er sich nicht eindrücke. Früher und auch noch jetzt stellt man in einigen Gegenden das Eisenblech durch Hämmern dar (geschlagenes Blech); obwol auf diese Weise die Bleche nicht vollkommen gleichmässig hergestellt werden können, so zieht man sie dennoch zu gewissen Zwecken, wie z. B. zu Dampfkesseln, den gewalzten Blechen vor. Die Anfertigung des Weissbleches und des galvanisirten (mit Zink überzogenen) Bleches ist der des Schwarzbleches ähnlich. Von der Verzinnung des Weissbleches wird bei dem Zinn die Rede sein.

Drahtfabrikation.

Zur Drahtfabrikation benutzt man ein zähes, festes, im Bruche fadiges Eisen. Ehedem benutzte man Zangen, mit deren Hülfe man des Eisen durch Löcher zu Draht zog; jetzt wendet man für die gröberen Sorten Walzwerke, für die feineren Sorten Ziehscheiben an. Die Anwendung des Walzwerkes erstreckt sich nur auf die dickeren Sorten Eisendraht bis etwa zu $1/4$ Zoll herab. Ein hierzu anwendbares Walzwerk besteht aus drei Walzen mit correspondirenden runden Rinnen, die bei ihrer Umdrehung die zwischen sie gesteckten Eisenstangen fassen, und in die Form jener Rinnen pressen. Die Walzen des Walzwerkes werden mit solcher Geschwindigkeit in Bewegung gesetzt, dass sie 240 Umläufe in einer Minute machen. Da ihr Durchmesser 8 Zoll beträgt, so ist die Umfangsgeschwindigkeit = 8,37 Fuss in einer Secunde oder 8 Fuss $4^1/_2$ Zoll Draht kommen in einer Secunde aus den Walzen hervor. Der feinere Draht wird verfertigt, indem man gröberen Draht durch zweckmässig gestaltete, unbewegliche Oeffnungen in harten Körpern zieht, und dieses Durchziehen in fortschreitend kleineren Löchern wiederholt, bis die erforderliche Feinheit des Drahtes erfolgt ist. Der ausgeglühte Draht, der bis zu $4^1/_2$ Linie im Durchmesser ausgewalzt worden ist, wird auf die Haspel *A* (Fig. 14) gelegt. Das eine vorn etwas zugespitzte Ende des Drahtes steckt man durch das Loch des Zieheisens *B*, dessen Durchmesser etwas kleiner als der des Drahtes ist, befestigt ihn an den Haken *c* (Fig. 15) der konisch geformten Trommel (Ziehscheibe, Leier, Bobine) *C*, welche durch die horizontale Betriebswelle *D* (Fig. 14) und durch ineinander eingreifende konische Räder in Bewegung gesetzt wird. Durch eine mechanische Ausrückung kann die Ziehscheibe in Ruhe oder Bewegung gesetzt werden. Der Fig. 15 abgebildete Durchschnitt derselben, sowie die Zeichnung Fig. 14 macht jede weitere Beschreibung unnöthig. Die Gestalt der Ziehlöcher ist für den Erfolg des Drahtziehens von grosser Bedeutung. Zur Erzielung von rundem und gleichmässigem Draht müssen die Ziehlöcher völlig kreisförmig und möglichst glatt sein. Wären die Löcher durch die ganze Dicke der Ziehplatte cylindrisch, d. h. von gleichbleibendem Durchmesser, so würde in den meisten Fällen der durchzuziehende Draht eher abreissen, als sich plötzlich verdünnen lassen. Aus diesem Grunde macht man im Allgemeinen die Löcher trichterförmig. Die Zieheisen bestehen aus Stahl; zum Ziehen feiner Drähte setzt man auch gebohrte Edelsteine an die Stelle der Zieheisen. Der Eisendraht lässt sich kaum öfter als drei- bis fünfmal ziehen, ohne des Glühens bedürftig zu sein. Wird der Draht in nicht ganz verschlossenen Gefässen geglüht, so bildet sich auf der Oberfläche Oxyd, welches vor dem wiederholten Ziehen durch Beizen mit verdünnter Schwefelsäure sorgfältig entfernt werden muss. Man hat gefunden, dass, wenn in der Säure etwas Kupfervitriol aufgelöst wird, die auf dem Eisen sich niederschlagende, äusserst dünne Kupferhaut das nachherige Ziehen, durch Verminderung der Reibung im Ziehloche, erleichtert. Der dünnste Eisendraht, welcher im Handel vorkommt, hat einen Durchmesser von $^1/_{166}$ Zoll, man nennt ihn Bleidraht. Durch Verzinken wird der Draht häufig vor Oxydation geschützt. Dass der Draht beim Ausglühen etwas von seiner Sprödigkeit verliert, ist bekannt. Wird ja der käufliche Eisendraht, der zum Ueberstricken von Töpfen etc. dient, vorher geglüht, damit er nicht so leicht bricht. Die vielfältigen Benutzungen des Eisendrahtes sind allgemein bekannt. Eine neue und besonders für das Berg- und Salinenwesen, für die Drahtseil- oder Kettenschifffahrt (Touage), ferner für unterseeische Telegraphenleitungen sehr wichtige Anwendung des Drahtes ist die Vorfertigung der Drahtseile, welche aus Eisendrähten ebenso gebildet werden, wie die gewöhnlichen Taue aus Hanffäden, und gegen die Hanfseile und eisernen Ketten, an deren Stelle sie bei der Erzförderung jetzt ziemlich allgemein getreten sind, sowol vermehrte Sicherheit als bedeutende Kostenersparniss gewähren.

Eigenschaften des Stabeisens.

Das Stabeisen, Frischeisen, Schmiedeeisen, geschmeidige Eisen ist ein Aggregat von Fasern, welche nach Fuchs durch Aneinanderreihung von höchst kleinen Krystallen gebildet sind. Durch starke Erschütterungen, Stösse etc., aber auch durch Erhitzen und Ablöschen in Wasser wird der Zusammenhang zwischen den kleinsten Theilchen aufgehoben und die faserige Textur geht in die körnige über; es wird in diesen Fällen minder fest, wie die Erfahrungen an Eisenbahnwagenaxen und Kettenseilen beweisen. Es ist von hellgrauer Farbe, körnigem oder zackigem Bruche; sein specifisches Gewicht ist von 7,60–7,90 (der des chemisch reinen Eisens ist 7,844). Der Kohlenstoffgehalt beträgt 0,24–0,84 Proc., von welchem nur Spuren von Kohlenstoff mechanisch beigemengt sind. Das Stabeisen ist demnach ein Gemenge von Eisen mit etwas Kohleeisen.

Die chemische Untersuchung einiger Stabeisensorten gab folgende Resultate: 1) Englisches Stabeisen aus Süd-Wales; 2) weiches Stabeisen von Mägdesprung am Harz; 3) Schwedisches Dannemora-Eisen.

	1.	2.	3.
Eisen	98,904	98,963	98,775
Kohlenstoff	0,411	0,400	0,843
Silicium	0,084	0,014	0,118
Mangan	0,043	0,303	0,054
Kupfer	—	0,320	0,068
Phosphor	0,041	—	—

Es ist eigenthümlich für das Schmiedeeisen, dass es im glühenden Zustande in kaltes Wasser getaucht nicht spröde wird und noch schmiedbar ist. Es ist weit weicher als das weisse und hellgraue Gusseisen und lässt sich leicht feilen, mit Meissel, Hobelmaschine etc. bearbeiten. Das Schmiedeeisen schmilzt weit schwerer als das

Roheisen; in der Weissglühhitze wird es weich, so dass zwei Stücke durch Hammerschläge, durch Walzen oder Pressen zu einem einzigen vereinigt werden können. Diese Eigenschaft, welche man die Schweissbarkeit nennt, theilt das Eisen mit dem Platin, Palladium, Kalium und Natrium. — Das durch die Herdfrischung oder durch Puddeln erhaltene Stabeisen ist mehr oder weniger mit fremden Substanzen verunreinigt. Wenn es Schwefel, Arsen oder Kupfer enthält, so zerbröckelt es, wenn es rothglühend gehämmert wird, man nennt dann das Eisen rothbrüchig; durch Silicium wird das Eisen hart und mürbe (faulbrüchig), durch Phosphor kaltbrüchig, d. h. es lässt sich zwar glühend verarbeiten, bricht aber beim Erkalten schon beim Biegen. Calcium macht das Stabeisen hadrig, d. h. es hört auf, schweissbar zu sein. Was die Anwendbarkeit der verschiedenen Stabeisensorten für praktische Zwecke betrifft, so ist hartes krystallinisches Eisen überall dort vorzuziehen, wo der Reibung zu widerstehen ist, wie z. B. zu den äussersten Theilen der Tyres, zu den Köpfen der Eisenbahnschienen, ferner zu Gegenständen, welche eine dauernde Politur erhalten sollen. Zähes fadiges Eisen eignet sich dagegen am besten für Maschinenteile, den Fuss von Eisenbahnschienen, für Ketten und Anker, überhaupt für Gegenstände, bei welchen Widerstandsfähigkeit gegen Last und Schlag Haupterforderniss ist.

γ) Der Stahl.

Stahl.

Der Stahl unterscheidet sich vom Roh- und Stabeisen durch seinen Kohlenstoffgehalt, vom Roheisen durch seine Schweissbarkeit, vom Stabeisen durch seine Schmelzbarkeit. In Bezug auf den Kohlenstoffgehalt liegt er in der Mitte zwischen Roheisen und Stabeisen. Ob der Stickstoffgehalt, der neuerdings in vielen Stahlsorten wahrgenommen worden ist, wesentlich ist für den Begriff Stahl, lässt sich nach dem gegenwärtigen Stande der Frage über die Constitution des Stahls nicht mit Bestimmtheit beantworten. Man kann den Stahl gewinnen

a) direct aus Eisenerzen als Rennstahl:

1) durch Reduction der Erze im Holzkohlenfeuer eines Gebläseherdes (durch Rennarbeit), wobei der Stahl als ungeschmolzener Klumpen zum Vorschein kommt (natürlicher Stahl);

2) durch Glühen der Erze mit Kohle ohne Schmelzung (Cementstahl aus Erzen);

3) durch Schmelzen der Erze mit Kohle in Tiegeln, wobei der Stahl als flüssige Masse erhalten wird (Gussstahl aus Erzen);

b) durch theilweise Entkohlung von Roheisen als Frischstahl:

4) durch Frischen in Herden mittelst Holzkohlenfeuerung (Herdfrischstahl);

5) durch Frischen in Flammenöfen bei Steinkohlen- oder Gasfeuerung (Puddelstahl oder Flammenofenfrischstahl);

6) durch Einblasen von Luft in flüssiges Roheisen (Bessemerstahl);

7) durch Glühen des Roheisens mit entkohlenden Substanzen ohne Schmelzung (Glühstahl);

8) durch Schmelzen des Roheisens mit entkohlenden Substanzen (Gussstahl aus Roheisen. Sind die entkohlenden Substanzen Eisenerze, so heisst der Stahl Erzstahl);

9) durch Behandeln des geschmolzenen Roheisens mit Natriumnitrat (Heatonstahl, Hargreavesstahl, Salpeterfrischstahl);

c) durch Kohlung von Schmiedeeisen als Kohlungsstahl:

10) durch Glühen mit Kohle ohne Schmelzung (gewöhnlicher Cementstahl);

11) durch Schmelzen mit Kohle (Gussstahl und Schmiedeeisen);

d) durch Combination von b und c als Flussstahl:

12) durch Schmelzen von Roheisen und Schmiedeeisen.

Der in früherer Zeit direct aus den Erzen dargestellte Stahl hiess Wolfsstahl, wenn er durch Verschmelzen der Erze in Herden erhalten, und Osemund- oder Blasestahl, wenn der Stahl in Blau- oder Blasöfen dargestellt worden war. Der indische Stahl oder Wootz wird in Indien noch heutzutage direct aus den Erzen dargestellt. Das vor einigen Jahren aufgetauchte Verfahren der directen Stahlbereitung von Chenot, nach welchem reine und reiche Eisenerze durch reducirende Gase zu Eisenschwamm reducirt werden, welcher dann in Oel getaucht und geglüht wird, ist in der That keine directe Stahlbildung, sondern nur Erzeugung von Stahl durch Kohlung von Stabeisen. Aehnliche Darstellungsarten des Stahls direct aus den Erzen sind die von Gurlt und von Liebermeister.

Je nach der Darstellungsweise unterscheidet man daher nachstehende verschiedene Stahlsorten:

Frischstahl.

I. Der Frischstahl, durch theilweise Entkohlung des Roheisens erhalten, kann entweder sein:

1) Herdfrischstahl (Schmelzstahl, natürlicher Stahl, Mock); zu seiner Darstellung dient hauptsächlich ein aus Spatheisenstein erblasenes Roheisen (Rohstahleisen), welches in Steiermark, Kärnten, Krain und Tirol, ferner im Thüringerwalde (Schmalkalden und Suhl) und endlich in den preussischen Regierungsbezirken Arnsberg und Coblenz (im Siegenschen) in grossen Quantitäten als Spiegeleisen und luckiges und blumiges Floss, grösstentheils mit Holzkohlen, zum Theil auch mit Koks erblasen wird. Aus gewöhnlichem grauen Roheisen kann man zwar auch Rohstahl darstellen, er ist jedoch von geringerer Qualität. Das Rohstahlfeuer hat im Wesentlichen die Einrichtung eines Frischfeuers, doch unterscheidet sich das Stahlfrischen vom Eisenfrischen dadurch, dass man das Garwerden des Roheisens durch Behandeln unter dem Winde zu bewirken sucht, während das Roheisen beim Eisenfrischen stets vor oder über dem Winde gehalten werden muss. Dadurch wird der Kohlenstoff nur allmählich verbrannt und der Arbeiter hat es in seiner Gewalt, den Process in dem Augenblick zu unterbrechen, wo der Stahl gar ist.

2) Flammenofenfrischstahl oder Puddelstahl. Ein allgemein anerkannter Fortschritt in der Stahlfabrikation ist dadurch eingetreten, dass man aus sehr verschiedenen Sorten von Roheisen durch den Puddelprocess mit Steinkohlen Puddelstahl erzeugt, welcher bei einem sehr billigen Preise zu Bandagen für Locomotiv- und Eisenbahnwagenräder und andere grössere und schwerere Gegenstände verwendet wird. Besonders wichtig ist der Puddelstahl als Material für die Gussstahlfabrikation.

Der steirische und kärntnische Schmelzstahl ist zwar weit theurer als der Puddelstahl, zu einzelnen bestimmten Zwecken aber auch unersetzbar, wie zu Schneidewaaren, Klingen, Sägen, Federn, Feilen. Im Allgemeinen verwendet man den Puddelstahl immer mehr und mehr zu Zwecken, zu denen man sonst Holzkohlenstabeisen gebrauchte.

3) Bessemerstahl. Die Anwendung eines Stromes atmosphärischer Luft zum Entkohlen des flüssigen Roheisens, um aus diesem direct Stahl darzustellen, bildet die Basis des Bessemerprocesses, durch welchen der nach dem Erfinder Henry Bessemer in Sheffield (1855) benannte Bessemerstahl (*Bessemer steel*) dargestellt wird. Wenn beim Verfrischen des Roheisens zu Stahl, sei es nun im Frischherde oder im Puddelofen, zwar die Luft durch ihren Sauerstoff thätig ist, um die Entkohlung des Roheisens zu bewirken, so äussert sie doch ihre Wirkung dort nur auf die Aussenfläche kleinerer oder grösserer Eisentheilchen und die Operation schreitet daher nur langsam vorwärts; zugleich ist die Temperatur nicht hoch genug, um den resultirenden Stahl, welcher strengflüssiger ist als das Roheisen, flüssig zu erhalten. Daher kommt es, dass durch den Frischprocess der Stahl in Form einer teigigen Masse erhalten wird, deren Ungleichförmigkeit man durch nachheriges Umschmelzen zu beseitigen sucht. Bessemer dagegen treibt grosse Mengen Luft durch ein sehr heiss geschmolzenes Roheisenquantum und vollendet so dessen Entkohlung und Umwandelung in Stahl in ausserordentlich kurzer Zeit. Dabei erhöht sich die Temperatur in Folge der Verbrennung des Kohlenstoffs, einer kleinen Menge Eisen und der vorhandenen fremden Stoffe (Silicium, Aluminium, Phosphor etc.)

dergestalt, dass auch nach Beendigung der Entkohlung der resultirende Stahl flüssig bleibt — ein in ökonomischer Hinsicht wichtiges Moment — und sofort in Formen gegossen werden kann.

Man bedient sich bei der Bereitung des Bessemerstahls eines kleinen, einige Fuss hohen Schachtofens oder einer eiförmigen, von Eisenblech gemachten und mit feuerfestem Thonbeschlag ausgefütterten Retorte (Birne, Convertor), in welche einige Zoll über dem Boden, durch fünf, aus feuerfestem Thon bestehende, 3/8 Zoll weite Formen stark gepresster Wind eingeführt werden kann. Auf der halben Höhe des Ofens ist eine Oeffnung angebracht, durch welche flüssiges Roheisen aus dem Hochofen eingeleitet werden kann; auf der entgegengesetzten Seite befindet sich am Boden eine mit Lehm verschlossene Oeffnung, durch welche der Stahl abgestochen werden kann. Sobald der Wind eingelassen und der Ofen etwa zur Hälfte mit flüssigem Roheisen angefüllt worden ist, entsteht heftiges Aufkochen des Metalles mit Flammen und Funkensprühen (was darauf zu beruhen scheint, dass unvollständig entkohltes Eisen und mit fein eingemengtem Oxyd beladenes Eisen durcheinander geschüttelt werden). Je nach der Dauer der Einwirkung (10–25 Minuten) bildet sich Stahl oder Stabeisen. In neuerer Zeit scheint man nach dem sogenannten englischen Verfahren es vorzuziehen, die Entkohlung des Roheisens, selbst in dem Falle, wo Stahl (oder Bessemermetall) fabricirt werden soll, fast vollständig, d. h. ziemlich bis zum Zustande des Schmiedeeisens zu treiben und dann eine gewisse Menge geschmolzenes weisses Roheisen (Spiegeleisen) zuzumischen. Nach dem schwedischen Verfahren treibt man die Entkohlung nur so weit, dass die Stahlbildung eingetreten ist. Man stellt daraus dar Dampfkesselbleche, Radbandagen (Tyres), Federn, Wagenaxen, Eisenbahnschienen, Kanonen, Kanonenkugeln und schwere härtere Gegenstände. Weniger geeignet erscheint der Bessemerstahl zu Werkzeugen, wie Bohrer, Meissel, Drehstähle, Feilen etc., namentlich in solchen Fällen, wo es auf die Erzielung einer dauerhaften Schärfe ankommt. Der weiche Bessemerstahl (Bessemereisen) hat sich als ein ausgezeichnetes Material zur Herstellung dünner Bleche erwiesen, welche verzinnt oder zur Erzeugung von gepressten und vertieften Gegenständen verwendet werden. Von England aus verbreitete sich seit 1862 der Bessemerprocess nach Schweden, Frankreich, dem norddeutschen Bunde, Süddeutschland, Oesterreich, Russland und Italien. Auch in Nordamerika hat man seit 1866 mit der Errichtung von Bessemerhütten begonnen. Nach einer bei Gelegenheit der Pariser Ausstellung vom Jahre 1867 gemachten Schätzung werden jährlich folgende Mengen von Bessemerstahl producirt, woraus zugleich zu ersehen, wie gross der Lohn ist, den Bessemer von seiner Erfindung in England erntet, da die von den Hütten an ihn zu entrichtende Patenttaxe pro Centner 1/3 Thaler beträgt:

		Hütten		Converters			Centner.
England	in	15	und	50	per	Woche	120,000
Preussen	„	6	„	22	„	„	29,200
Frankreich	„	6	„	12	„	„	17,600
Oesterreich	„	6	„	14	„	„	13,000
Schweden	„	7	„	15	„	„	10,600

Die in Seraing (in Belgien) existirende Bessemerhütte soll wöchentlich gegen 1200 Centner Bessemerstahl produciren. In Oberitalien bestehen zwei Bessemerhütten. Aus den vorstehenden Erhebungen ergiebt sich, dass die Productionsfähigkeit an Bessemerstahl in Europa fast das Quantum von 9,5 Millionen Centner erreicht, wenngleich die wirkliche Production im Jahre 1869 nicht über 6 Millionen Centner ausgemacht haben dürfte, wovon gegen 70 Proc. auf England kommen.

4) Uchatius- und Martinstahl. An den Bessemerstahl schliesst sich der vom k. k. Obersten Uchatius im Jahre 1856 dargestellte Uchatiusstahl an, der direct aus dem Roheisen dargestellt wird, indem man granulirtes, aus Magneteisenstein erblasenes Roheisen mit Spatheisensteinpulver beschickt und die Beschickung im Graphittiegel schmilzt und den erhaltenen Stahl in Zaine giesst. Nach der vor einigen Jahren von E. Martin

aufgetauchten Modification, die den in neuester Zeit vielbesprochenen Martinstahl liefert, wird das Schmelzen nicht mehr in Tiegeln, sondern auf der muldenförmigen Sohle eines Flammenofens mit Hülfe eines Siemens'schen Regenerativ-Gasofens ausgeführt. Es wird eine Partie Roheisen eingeschmolzen und in das unter einer Schlackendecke stehende Bad in gewissen Zwischenräumen so lange Schmiedeeisen eingetragen, bis eine Schöpfprobe nachweist, dass die ganze Masse die sehnige Natur des Schmiedeeisens angenommen hat. Durch Zusatz einer bestimmten Menge Roheisen wird alsdann die Masse in Stahl verwandelt. Der Martinstahl ist Massegussstahl und dient zu Eisenbahnschienen, Bandagen und hauptsächlich Gewehrläufen. Den Tunner'schen Glühstahl (1855) oder hämmerbares Gusseisen erhält man durch Glühen von weissem Roheisen mit sauerstoffabgebenden Körpern (Eisenoxyd, Braunstein, Zinkoxyd).

5) Heatonstahl. Nach dem Verfahren von Heaton (mit welchem im Princip das Verfahren von Hargreaves und eine neue Methode der Stahlbereitung von Bessemer — 1869 — identisch sind) wird das Roheisen mit Natronsalpeter gefrischt. Hierdurch wird nicht nur das Roheisen entkohlt, sondern auch der Phosphor und der Schwefel in Form von Phosphat und Sulfat in die Schlacke getrieben. Die Einführung des Salpeterfrischens in die Eisenindustrie scheint grosse Wichtigkeit erlangen zu wollen.

Kohlungsstahl.

II. Die zweite Hauptstahlart ist der Kohlungsstahl (Cementstahl), welcher durch anhaltendes Glühen von Stabeisen mit kohlehaltigen Substanzen, die zugleich Stickstoff enthalten, dargestellt wird. Um einen guten Cementstahl zu erzeugen, ist es nothwendig, gutes Stabeisen anzuwenden, wie es Schweden (namentlich Dannemora) und der Ural liefert. Das schwedische Eisen (aus Magneteisenstein und Rotheisenstein dargestellt) gelangt in grosser Menge nach Frankreich und England, um dort in Cementstahl übergeführt zu werden, da das englische Eisen und selbst das beste nur zu gewöhnlichen Stahlsorten zu verwenden ist. Der Cementstahl (und neuerdings auch der Bessemerstahl) ist das Hauptmaterial der englischen Gussstahlfabrikation, die ihren Sitz in Sheffield hat.

Das Verfahren bei der Cementstahlfabrikation ist folgendes: Die Eisenstäbe werden schichtenweise mit dem kohlehaltigen Pulver (Cementirpulver) in thönerne Kästen eingelegt, diese werden luftdicht verschlossen. Zwei solche Kästen sind in einem Ofen angebracht, der mit Steinkohlen, selten mit Holz gefeuert wird und 6 Tage in der Rothglut bleibt, worauf man ihn erkalten lässt und die in Stahl verwandelten Stäbe herausnimmt. Ein Ofen enthält 300–350 Ctr. Eisen. Die Cementirpulver müssen die zur Bildung von Cyankalium nöthigen Bedingungen oder bereits fertig gebildetes Cyanmetall, wie z. B. Cyanbarium, enthalten, da, wie aus neueren Untersuchungen hervorzugehen scheint, das Cyan (CN) als Träger des Kohlenstoffs bei der Cementstahlbildung angesehen werden muss. Der durch Cementiren erhaltene Rohstahl ist nach der Operation brüchig und auf seiner Oberfläche gewöhnlich blasig (daher sein Name Blasenstahl).

Gerbstahl.

Sowol der Roh- als auch der Cementstahl sind sehr ungleichartig und lassen sich daher nicht direct verarbeiten, sondern müssen vorher durch Gerben oder Raffiniren homogen gemacht werden. Das Gerben geschieht dadurch, dass man die rohen Stäbe zu dünnen flachen Stäben ausreckt, diese rothglühend in kaltes Wasser wirft, mehrere davon zu einem Bündel (eine Zange oder Garbe) zusammenlegt, weissglühend macht und dann wieder unter dem Hammer oder zwischen Walzen ausreckt. Der Gerbstahl führt, weil er auch zu Tuch- und Schafscheeren verwendet wird, den Namen Scheerenstahl. Das Gerben eignet sich besser für den Rohstahl als für den Cementstahl, bei dessen Raffination das Umschmelzen geeigneter ist.

Gussstahl.

Der Gussstahl, welcher in der modernen Industrie zur Darstellung von Kanonen, Glocken, Eisenbahn-Radreifen (Bandagen, Tyres), Achsen und anderen Theilen von Locomotiven, Anker, Gewehrläufen, Pumpenstangen und als Werkzeugstahl eine so wichtige Verwendung gefunden, wird durch Umschmelzen von Frischstahl (Herdfrischstahl und Flammenofenfrischstahl), Martinstahl, Bessemermetall oder Kohlungsstahl dargestellt. Durch zweckmässige Auswahl des einzuschmelzenden Materials lässt sich jede gewünschte Beschaffenheit des Gussstahls erlangen.

Das Schmelzen des Stahles geschieht in feuerfesten Tiegeln (ohne Gebläse) entweder bei Glühfeuer von Koks oder mittelst Steinkohlenflammenfeuer in nach Art der Glasöfen construirten Flammengefässöfen oder endlich mit Gasfeuerung und Siemens'schen Regeneratoren. Der geschmolzene Stahl wird in eiserne Barrenformen gegossen. Nach dem Erkalten werden die Stahlbarren wieder glühend gemacht und unter Hämmern oder zwischen Walzen ausgereckt; das so bearbeitete Metall heisst alsdann raffinirter Gussstahl. Derselbe ist weit vorzüglicher als Stahl aus demselben Eisen, das aber durch Gerben von rohem Cementstahl bereitet wurde. In Preussen hat sich die Gussstahlfabrikation hauptsächlich auf das Ruhrsteinkohlenbecken concentrirt, und die bedeutendste Fabrik dort und wol überhaupt Europas ist die von Fr. Krupp in Essen, deren Hauptmaterial Puddelstahl ist[4]. Bei der Vollkommenheit des Gussstahles und der Möglichkeit dieses in Beziehung auf Festigkeit, Zähigkeit, Elasticität und Härte beste aller Materialien durch Giessen in die gewünschte Form bringen zu können, ist der Anwendung des Gussstahls ein grosses Feld geöffnet und der Maschinenconstruction ein weites unschätzbares Mittel geboten.

Stahl aus Schmiedeeisen und Roheisen.

III. Eine dritte Stahlsorte ist die durch Zusammenschmelzen von Roheisen (Spiegeleisen) und Schmiedeeisen dargestellte. Die Zähigkeit, Härte und Schweissbarkeit des so erhaltenen Stahles — im Jahre 1867 auf der Pariser Ausstellung in der italienischen Abtheilung unter dem Namen Glisentistahl ausgestellt — sind von der Quantität des zugesetzten Schmiedeeisens abhängig. In gewisser Hinsicht ist der Martinstahl hierher zu rechnen.

Verstählen.

Oftmals ist es zu gewissen technischen Zwecken hinreichend, weiches Eisen nur auf seiner Oberfläche in Stahl zu verwandeln. Man nennt diese Operation die Verstählung oder die Einsatzhärtung; sie wird ausgeführt, indem man den zu verstählenden Gegenstand auf der Oberfläche mittelst Smirgel reinigt, ihn mit einem kohlehaltigen Cementpulver (vergl. Seite 27) einschichtet und in einem gewöhnlichen Windofen ohne Gebläse glüht. An der Oberfläche verwandelt man das Eisen in Stahl, indem man dasselbe im glühenden Zustande mit Blutlaugensalzpulver oder mit einem Gemenge von Thon und Boraxpulver überstreut.

Eigenschaften des Stahls.

Stahl ist von lichtgrauweisser Farbe, nicht sehr starkem Glanz, körnigem und gleichartigem Bruche, und von je dichterem Korne, je besser er ist. Die körnige Textur des Stahles ist charakteristisch; guter weicher Stahl zeigt nie die grobkörnige Textur des grauen Roheisens, noch das Sehnige des Schmiedeeisens. Gehärteter Stahl gleicht auf seiner Bruchfläche dem feinsten Silber und die Körner sind kaum mit unbewaffnetem Auge zu unterscheiden. Er lässt sich, gleich dem Schmiedeeisen, im glühenden Zustande schneiden und schweissen; nur ist er dabei vorsichtiger zu behandeln, um eine Entkohlung zu vermeiden. Er ist ferner schmelzbar wie das Gusseisen und vereinigt deshalb die Vorzüge desselben mit denen des Schmiedeeisens. Durch Eintauchen von weichem Stahl in verdünnte Salzsäure oder Salpetersäure wird die Textur desselben blossgelegt, welches Mittel zur Beurtheilung und Vergleichung der Qualität des Stahles anwendbar ist. — Sein specifisches Gewicht variirt zwischen 7,62–7,81. Es vermindert sich beim Härten (z. B. von 7,92 auf 7,55). Der Kohlenstoffgehalt differirt von 0,6–1,9 Proc. Durch den grösseren Gehalt an Kohlenstoff nimmt die Festigkeit und Härte des Stahles zu. Der Stahl enthält keinen Graphit. Die sich als Elasticität äussernde Biegsamkeit, welche guter Stahl in hohem Grade besitzt, nimmt mit der Härte ab. Im glühenden Zustande abgelöscht, gewinnt der Stahl an Härte und Sprödigkeit, so dass er Glas ritzt und der Feile widersteht. Ein polirtes Stahlstück nimmt bei allmäligem Erhitzen nach und nach verschiedene Farben (Anlauffarben) an. Durch das Erhitzen des Stahls bildet sich nämlich auf der Oberfläche desselben eine dünne Oxydschicht, welche die Farben dünner Schichten zeigt, die wir an den Seifenblasen und dann bemerken, wenn wir einen Tropfen Oel auf Wasser giessen; die wir ferner bei der Metallochromie wahrzunehmen Gelegenheit haben. Man nennt diese Operation, welche das farbige

Anlaufen des Stahles zum Zwecke hat, das Anlassen Anlassen des Stahls. (Nachlassen). Zur richtigen Beurtheilung der Temperatur und des davon abhängigen Härtegrades bedient man sich der Anlauffarben. Da es ziemlich schwierig ist, ein Stahlstück gleichmässig zu erwärmen, so bedient man sich zuweilen zu diesem Zwecke der Metallbäder. Man benutzt verschiedene Legirungen von Zinn und Blei, die man bis auf ihren Schmelzpunkt erhitzt. In das geschmolzene Metall wird der glasharte Stahl so lange eingetaucht, bis er die Temperatur des Metallbades angenommen hat. Folgende Tabelle giebt die Zusammensetzung der Metallbäder, wie sie für das Anlassen schneidender Stahlinstrumente durch Erfahrung am zweckmässigsten befunden worden ist:

Name des Instruments.	Metallbau.		Schmelzpunkt.	Anlauffarbe.
	Pb.	Sn.		
Lanzetten	7	4	220°	Kaum blassgelb.
Rasirmesser	8	4	228°	Blassgelb bis strohgelb.
Federmesser	8½	4	232°	Strohgelb.
Scheeren	14	4	254°	Braun.
Aexte, Hobeleisen, Taschenmesser	19	4	265°	Purpurfarbig.
Klingen, Uhrfedern, Crinolinfedern	48	4	288°	Hellblau.
Dolche, Bohrer, feine Sägen	50	2	292°	Dunkelblau.
Hand-, Lochsägen	in kochendem Leinöl		316°	Schwarzblau.[5]

Je niedriger man den Stahl erhitzt, um so härter, aber auch um so spröder bleibt er. Es ist nicht in Abrede zu stellen, dass noch andere Substanzen als Kohle, Eisen in Stahl umzuwandeln vermögen; das Härten des Eisens mittelst Borax deutet darauf hin, dass der Kohlenstoff durch das der Kohlenstoffgruppe ungehörige Bor, vielleicht auch durch Silicium ersetzt werden könne. Ferner ist es ausser allem Zweifel, dass ausser dem Kohlenstoff Beimengungen Stahl mit anderen Metallen. anderer Metalle dem Stahl vorzügliche Eigenschaften ertheilen können, so verdankt der Wolframstahl, welcher seit einigen Jahren, namentlich in Steiermark, erzeugt wird, seine vorzüglichen Eigenschaften, die in besonderer Festigkeit und grosser Härte bestehen, dem Vorhandensein von kleinen Mengen Wolfram. Eine berühmte Sorte Damascenerstahl. des Stahls ist der Damascenerstahl, der zur Herstellung der Damascenerklingen dient, zu welchem jedoch das Rohmaterial aus Kabul in Afghanistan bezogen wird; er besitzt die Eigenschaft, wenn seine Oberfläche mit Säure geätzt wird, ungleichförmige Adern (Damascirung) zu zeigen; auch durch Umschmelzen verliert er diese Eigenschaft nicht. Man hat sie durch die Annahme zu erklären gesucht, dass der Kohlenstoff mit dem Eisen in verschiedener Weise verbunden sei, und dass diese verschiedenen Kohlenstoffverbindungen je nach ihrer grösseren oder geringeren Neigung zu krystallisiren sich trennen. Dieser Stahl (auch Wootz genannt) wird in Ostindien von den Eingebornen dargestellt, indem das nach einem sehr unvollkommenen Processe dargestellte Roheisen in zerhacktem Zustande mit 10 Proc. zerschnittenem Holze der *Cassia auriculata* gemengt, das Gemenge in Schmelztiegel gebracht und darin mit Blättern der *Asclepias gigantea* bedeckt wird; die Tiegel werden mit feuchtem Thon verstrichen und in einem Ofen bei möglichst niederer Temperatur ungefähr 2½ Stunde lang erhitzt. Der erhaltene aluminiumhaltige Stahl wird vor dem Ausschmieden nochmals erhitzt.

Als Beispiel der Zusammensetzung einiger Stahlsorten seien folgende Analysen angeführt:

		1.	2.	3.	4.	5.	6.	7.
Eisen		97,91	98,154	98,602	98,75	99,01	99,12	99,351
Kohlenstoff	Cγ	1,69	1,730	1,380	1,02	0,41	1,87	0,532
	Cβ		0,010	Spur	0,15	0,08		
Silicium		0,03	0,202	0,006	0,04	—	0,10	0,032
Schwefel		Spur	0,003	—	—	—	—	0,001
Phosphor		—	—	Spur	—	—	—	0,001
Mangan		—	—	0,012	—	—	—	—
Kupfer		0,37	—	—	—	—	—	—
		100,00	100,00	100,00	100,00	99,5	101,09	99,917

1) Raffinirter Gerbstahl von Siegen. 2) Gussstahl von Schmalkalden. 3) Puddelstahl. 4) Russische Gussstahlkanone. 5) Cementstahl von Elberfeld. 6) Englischer Cementstahl. 7) Kruppstahl.

Stahlstich.

Zum Graviren und Aetzen von Stahl (Siderographie) benutzt man Platten aus Gussstahl, entkohlt sie auf der Oberfläche, um sie zum Graviren geeignet zu machen und verwandelt sie nach dem Graviren wieder in Stahl. Eine solche Platte dient als Matrize, um mittelst derselben Patrizen anzufertigen, die zur beliebigen Uebertragung des Stiches auf andere Platten benutzt werden. Zur Anfertigung der Patrizen dient eine Walze aus Gussstahl, die eine so grosse Oberfläche besitzen muss, dass diese die Platte gerade bedeckt. Die Walze wird auf der Oberfläche entkohlt und sodann gegen die Matrize gepresst, sodass die Zeichnung erhaben auf der Matrize zum Vorschein kommt. Die Patrize wird darauf gehärtet und kann nun benutzt werden, um auf Kupfer oder weich gemachte Stahlplatten die Zeichnung zu übertragen. Anstatt des Gravirens der Platten wendet man auch das Aetzen an, zeichnet wie gewöhnlich und ätzt sodann die Zeichnung in den Stahl mittelst einer Aetzflüssigkeit ein; als solche benutzt man Salpetersäure oder salpetersaures Silberoxyd oder schwefelsaures Kupferoxyd. Eine vorzügliche Aetzflüssigkeit ist eine Auflösung von 2 Th. Jod und 5 Th. Jodkalium in 40 Th. Wasser.

Gegenwärtiger Zustand der Eisenindustrie.

Die internationalen Industrieausstellungen zu London (1851 und 1862) und Paris (1855 und 1867) haben die enormen Fortschritte der Stahlindustrie seit einem Vierteljahrhundert vor Augen geführt. Die in der That bewunderungswürdigen Erfolge lassen sich in folgende zwei Punkte zusammenfassen: 1) Für einen bedeutenden Theil der jetzigen Stahlfabrikation tritt als bezeichnend das Streben nach massenhafter und wohlfeiler Produktion solchen Stahles auf, welcher — in Folge grösserer Festigkeit und geringerer Abnutzbarkeit — vortheilhaft als Ersatz des Schmiedeeisens und der Bronze zu grossen Objecten verwendet werden kann, keineswegs aber zu feineren Arbeiten ohne Weiteres eine gleiche Brauchbarkeit besitzt. Man braucht in dieser Hinsicht nur an die Kanonen, die Eisenbahnschienen, die Thurmglocken, die Wellbäume für Dampfboote u. s. w. zu erinnern, welche in Menge schon aus Stahl hergestellt werden. Auf vorzügliche Güte des Stahles wird Verzicht geleistet, daher die steigende Ausdehnung der Fabrikation von Puddelstahl auf Kosten der Schmelz- und Rohstahlbereitung und in der Gussstahlfabrikation, die besonders zur Erzeugung eines Massestahls von homogener Beschaffenheit geeignet ist, die Einführung von Methoden, welche auf die directe Verwendung des Roheisens (nach den Verfahren von Bessemer, Heaton, Hargreaves, Martin und Uchatius), ja selbst auf die der Eisenerze (nach den Vorschlägen von Chenot, Liebermeister und Gurlt) sich stützen. 2) Ein neues, äusserst schätzbares Material ist der Stahlindustrie in dem zähen Massen- oder Maschinengussstahl geworden, welcher, zu verhältnissmässig niedrigen Preisen dargestellt, Anwendungen gestattet, zu denen man früher nur Schmiedeeisen nahm. In diese Kategorie gehörige Stahlsorten sind der Krupp'sche Maschinengussstahl, der Bessemerstahl, sowie jene Stahlsorten, welche man (wie den Martinstahl) durch Zusammenschmelzen von Roheisen oder Schmiedeeisen oder mit Eisenoxyd erhält. Wie es scheint, wird der Gussstahl das Schmiedeeisen im Maschinenbau verdrängen, sich auch an die Stelle des kohlenstoffreicheren harten oder Werkzeugstahles setzen, sofern es sich um Artikel handelt, welche der künstlichen Härtung nicht bedürfen. Diese Umwälzung, welche der Stahlindustrie einen total veränderten Charakter verleiht, ist bereits in bedeutendem Grade fortgeschritten und entwickelt sich täglich mehr.

Die jährliche Stahlproduktion in Europa lässt sich (1870) auf 6,285,000 Zollcentner (à 50 Kilogr.) schätzen, davon kommen auf

Grossbritannien	2,300,000	
Frankreich	1,350,000	
Belgien	125,000	
Norddeutscher Bund	1,120,000	
Oesterreich	900,000	
Schweden	250,000	
Russland	150,000	
Italien	75,000	
Spanien	15,000	
	6,285,000	Centner.

Von den 1,120,000 Ctr. Stahl, welche der norddeutsche Bund producirt, kommen auf die älteren preussischen Provinzen (annähernd) 998,000 Ctr.; diese vertheilen sich auf

Westphalen	780,000	
Rheinprovinz	194,000	
Schlesien	18,000	
Sachsen	8,000	
	998,000	Centner.

Von den 1,350,000 Centnern Stahl, welche Frankreich producirt, sind

Herd- und Puddelstahl	360,000	
Cementstahl	150,000	
Gussstahl	180,000	
Bessemerstahl	660,000	
	1,350,000	Centner.

Eisenpräparate.

Eisenvitriol.

Der Eisenvitriol (grüner Vitriol, Kupferwasser, schwefelsaures Eisenoxydul, Ferrosulfat ($FeSO_4 + 7H_2O$) kommt in grünlichen Krystallen im Handel vor, die einen zusammenziehenden, tintenartigen Geschmack besitzen, an der Luft leicht verwittern und sich dabei mit einem gelben Pulver — basisch schwefelsaurem Eisenoxyd — überziehen, zu welchem zuletzt die Krystalle gänzlich zerfallen. 100 Th. krystallisirter Eisenvitriol (im chemisch reinen Zustande) bestehen aus:

26,10 Th. Eisenoxydul,

29,90 „ Schwefelsäure,

44,00 „ Wasser.

Darstellung des Eisenvitriols neben der Alaunfabrikation.

Da die Alaunerze, welche zur Alaunfabrikation angewendet werden, stets Schwefelkies (FeS_2), sei es als Eisenkies oder als Vitriolkies, enthalten, welcher durch Verwittern und Rösten in schwefelsaures Eisenoxydul und Eisenoxyd übergeht, so erhält man den Eisenvitriol sehr häufig als Nebenprodukt bei der Alaunfabrikation, indem man die eisenhaltigen Mutterlaugen abdampft und krystallisiren lässt. In einigen Gegenden, wie zu Goslar am Harz, gewinnt man zuerst durch Abdampfen der Flüssigkeit, die man durch Auslaugen der verwitterten Kiese erhalten hat, Eisenvitriol, und setzt zu der zurückgebliebenen Lösung eine Kali- oder Ammoniakverbindung, um daraus Alaun zu gewinnen. Darstellung des Eisenvitriols auf Bühnen. — Aus Stein- und Braunkohlenlagern, in denen sich häufig Schwefelkies und Magnetkies in grosser Menge findet, die sich leicht zu Eisenvitriol und Schwefelsäure oxydiren, gewinnt man den Eisenvitriol, indem man in einer mit Lehm wasserdicht gemachten Grube das Erz ausbreitet und dort jahrelang liegen lässt. Die Grube ist nach der einen Seite zu geneigt, auf dieser Seite befindet sich ein ebenfalls wasserdichter Behälter. Wenn es auf diese Haufen (Bühnen) regnet, so löst das Wasser den entstandenen Eisenvitriol auf und fliesst in den Behälter, in welchem sich Eisenabfälle befinden, um das Eisenoxyd in Oxydul umzuwandeln und die freie Schwefelsäure abzustumpfen. Aus diesem Behälter pumpt man die Lösung in die Abdampfpfannen, in welchen sie zur Krystallisation abgedampft wird. In Gegenden, in welchen vortheilhaft aus Schwefelkies Schwefel destillirt Aus abdestillirtem Schwefelkies. werden kann, benutzt man den abdestillirten Schwefelkies (Schwefelbrand, Abbrand) durch Verwitternlassen und Auslaugen auf Eisenvitriol. Aus den zur Eisenvitriolfabrikation verwendeten Erzen gehen natürlicherweise mancherlei fremde Bestandtheile in Aus Eisen und Schwefelsäure. den Eisenvitriol über, die denselben verunreinigen. Zuweilen stellt man den Eisenvitriol aus Eisenabfällen und Kammersäure oder solcher Schwefelsäure dar, welche bereits zur Reinigung von Rohpetroleum etc. gedient hat.

Aus Spatheisenstein und Schwefelsäure.

Dort, wo die localen Verhältnisse es gestatten, gewinnt man Eisenvitriol oft sehr wohlfeil durch Auskochen von gepochten Eisenfrisch- und Puddelschlacken mit Schwefelsäure. Wo Spatheisenstein (kohlensaures Eisenoxydul $FeCO_3$) rein vorkommt, kann man sich desselben zur Bereitung des Eisenvitriols bedienen, indem man das Mineral in Schwefelsäure löst und die Lösung zum Krystallisiren abdampft. Die im Grossen erhaltene Eisenvitriollösung Traubenvitriol. wird in die Krystallisirgefässe gegossen, in welche man gewöhnlich Holzstäbe oder Strohhalme gestellt hat. Die an den Stäben sich absetzenden Krystalle bilden den sogenannten Traubenvitriol. Die am Boden und an den Wandungen befindlichen Krystalle, die Tafeln, sind minder schön krystallisirt. Durch verschiedene Metallsalze verunreinigt, existirt im Handel Schwarzvitriol. eine fast dunkelbraune Art von Eisenvitriol, der sogenannte Schwarzvitriol, der aber auch zuweilen auf den Hütten angefertigt wird, indem man grünen Eisenvitriol durch einen Aufguss von Erlenblättern oder Galläpfeln schwarz färbt.

Anwendung des Eisenvitriols.

Der Eisenvitriol dient hauptsächlich als Desinfectionsmittel, dann auch in der Färberei zum Schwarzfärben, indem das Oxydul des Eisenvitriols sich zu Oxyd oxydirt, und in diesem Zustande durch die in den Galläpfeln, der Eichenrinde, dem Quercitron, dem Gelbholz, dem Fustikholz u. s. w. enthaltene Gerbsäure in gerbsaures Eisenoxyd verwandelt wird; es wird ferner angewendet zur Bereitung der Tinte, zum Desoxydiren des Indigs (Bereitung der kalten Küpe), zum Reinigen des Leuchtgases, zum Fällen des Goldes aus seinen Lösungen; zur Darstellung von Berlinerblau und zum Blaufärben, zur Darstellung der rauchenden Schwefelsäure und noch zu vielen anderen Zwecken.

Eisenmennige.

Die Eisenmennige (*minium de fer*), die seit einiger Zeit zum Anstreichen als Ersatzmittel der gewöhnlichen Mennige empfohlen worden ist, besteht aus Eisenoxyd und Thon und erscheint als ein feines Pulver von dunkelrothbrauner Farbe. Eine holländische Eisenmennige bestand aus:

Eisenoxyd	85,57
Thon	8,43
Wasser	6,00
	100,00

Die Eisenmennige ist zum Anstreichen weit vortheilhafter als die Bleimennige. Die Kosten eines Anstriches verhalten sich wie 20 (Eisenmennige) und 39 (Bleimennige). In vorzüglicher Qualität wird die Eisenmennige in der Fabrik von Schloer und Leroux zu Hellziehen in der bayerischen Oberpfalz producirt. —

Blutlaugensalz.

Das gelbe Blutlaugensalz (Ferrocyankalium, Kaliumeisencyanür, blausaures Eisenoxydul-Kali oder Blausalz; $K_4FeCy_6 + 3H_2O$), ist ein in technischer Beziehung überaus wichtiger Körper. Das Blutlaugensalz krystallisirt in grossen, blass citronengelben Prismen, die luftbeständig und nicht giftig sind, bitterlich süss schmecken, sich in 4 Th. kaltem und 2 Th. siedendem Wasser, aber nicht in Alkohol lösen. Es besteht in 100 Theilen aus:

37,03 Kalium,

17,04	Kohlenstoff,	Cyan,
19,89	Stickstoff,	
13,25	Eisen,	
12,79	Wasser.	

Bei der Temperatur des siedenden Wassers verlieren die Krystalle ihr Wasser.

Fig. 16.

Fig. 17.

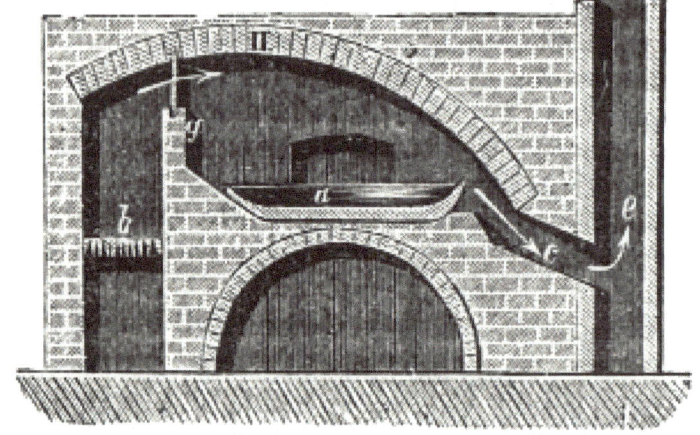

Im Grossen stellt man das Blutlaugensalz dar, indem man stickstoffhaltige Kohle, wie die aus Horn, Blut, Klauen, Wollstaub, Lederabschnitten, mit Potasche (d. h. möglichst schwefelfreies Kaliumcarbonat) in eisernen Gefässen glüht. Man nimmt entweder auf 100 Th. Potasche 75 Th. einer solchen Kohle, oder nach Runge auf 100 Th. Potasche 400 Th. Hornkohle und 10 Th. Eisenfeile. Das Zusammenschmelzen der Rohmaterialien geschieht entweder in geschlossenen eisernen Gefässen (Muffeln, Birnen) oder in offenem Flammenofenfeuer. Die Muffel oder die Birne (Fig. 16) ist ein ei- oder birnenförmiger gusseiserner Kessel *a* von 1,2 Meter Durchmesser in der Länge und 0,8 Meter in der Breite; ihre Seitenwände sind 12–15 Centim. stark. Am vordern Theile befinden sich eine Mündung von 27 Centim. Durchmesser mit einem kurzen, nach aussen etwas geschweiften Hals und am hintern Theile ein kegelförmiger dreieckiger Zapfen von 27–30 Centim. Länge. Die Muffel ist in etwas geneigter Lage in einen Ofen eingemauert (sodass der Zapfen etwas tiefer liegt als die

Mündung) und der Bauch in dem Ofenraum frei liegt und auf der untern und obern Seite von der vom Rost *b* aufsteigenden Flamme getroffen wird. Der Rauch zieht durch *c* ab. Die Maueröffnung *g*, durch die man zu dem Schmelzkessel gelangt, ist durch eine eiserne Platte *m* geschlossen, wobei jedoch die der Birne entströmenden Gase ungehindert durch *c* nach dem Schornstein *e* entweichen können. In der über dem Schmelzkessel befindlichen Pfanne *i* wird später die Lauge verdampft. Da diese Muffeln sehr bald durchlöchert sind, so ist ihr Gebrauch sehr kostspielig. Durch Umdrehen der Muffel im Ofen, sodass die durchlöcherte Stelle nach oben kommt, und Verschmieren derselben mit Lehm kann sie allerdings noch einige Zeit benutzt werden. Diese Gefässe sind jedoch jetzt fast überall durch gusseiserne Kessel ersetzt, welche die Sohle eines Flammenofens bilden. Der Kessel oder die Schale *a* (Fig. 17) ist 10 Centim. dick, hat einen Durchmesser von 1–1,8 Meter und einen etwa 10 Centim. hohen Rand. Auf den Rost *b* in einer Schachtfeuerung wird das Brennmaterial geworfen, dessen luftfreie Flamme über die Feuerbrücke *g* in den Schmelzraum und dann nach dem etwas tiefer liegenden Fuchs *c* in den Schornstein *e* geht, wenn man es nicht vorzieht, die Verbrennungsgase vorerst unter eine oder zwei Abdampfpfannen zu führen. Die erhaltene schwarze Masse, die sogenannte Schmelze, wird mit siedendem Wasser ausgezogen. Die Flüssigkeit heisst die Rohlauge oder Blutlauge. Aus ihr krystallisirt beim Erkalten Blutlaugensalz heraus, das durch Umkrystallisiren gereinigt wird. Die ausgelaugten Rückstände (die Schwärze oder der Satz) werden als Dünger verwendet.

Die Theorie der Bildung des Blutlaugensalzes ist folgende: Es treten kohlensaures Kalium, schwefelsaures Kalium, stickstoffhaltige Kohle und Eisen in Wechselwirkung. Durch die Einwirkung der Kohle entsteht Kalium und Schwefelkalium. Letzteres giebt seinen Schwefel an das Eisen ab und bildet Schwefeleisen, während zugleich der Stickstoff der Kohle durch Veranlassung des Kaliums mit dem Kohlenstoff Cyan bildet, welches mit dem Kalium zu Cyankalium zusammentritt. Beim Auslaugen der Schmelze mit Wasser zersetzen sich Cyankalium und Schwefeleisen gegenseitig, wodurch Blutlaugensalz und Schwefelkalium entsteht, welches aufgelöst in der Mutterlauge zurückbleibt. Nach Emil Meyer (1868) ist es vortheilhafter, zur Ueberführung des Cyans in Ferrocyan eine andere Eisenverbindung als das Schwefeleisen zu wählen. Er empfiehlt in dieser Beziehung Eisencarbonat. Das Ferrocyankalium krystallisirt überdies aus Lösungen, die frei von Schwefelkalium sind, viel vollständiger und reiner. v. Liebig hat nachgewiesen, dass in der Schmelze nur Cyankalium und das Eisen, nicht aber Blutlaugensalz enthalten ist. Erst durch Behandeln der Schmelze mit Wasser oder durch die Einwirkung von feuchter Luft erzeugt sich Blutlaugensalz. Häufig setzt man bei dem Schmelzprocesse Leder, getrocknetes Blut etc. unverkohlt zu, was den Vortheil hat, dass das sich entwickelnde Ammoniak die Bildung von Cyankalium veranlasst. Ein sehr zweckmässiges Material der Blutlaugensalzfabrikation ist nach P. Havrez (in Verviers) der Wollschweiss, welcher nicht nur das Kali, sondern auch eine gewisse Menge Stickstoff und ausserdem Heizmaterial liefert. 100 Kil. Wollschweiss enthalten 40 Kil. Kaliumcarbonat, 1–2 Kil. Cyankalium und über 50 Kil. brennbare Kohlenwasserstoffe, deren Heizwerth mindestens dem von 40 Kil. Steinkohle gleich ist.

Man hat auch versucht, durch die Einwirkung von Ammoniak auf glühendes Kaliumcarbonat, sowie unter Mitwirkung des Stickstoffs der atmosphärischen Luft Cyankalium zu erzeugen. Letztere Methode besteht darin, dass man mit 30 Proc. Kaliumcarbonat getränkte, gepulverte Holzkohle in stehenden, weiten, thönernen Cylindern 10 Stunden lang in der Weissglühhitze erhält und Luft durchleitet. Die durchgeglühte Kohle wird mit gepulvertem Spatheisenstein gemengt und ausgelaugt. Es hat indessen nicht den Anschein, als ob dieses neue Verfahren für jetzt das ältere zu verdrängen geeignet wäre. Mehr Aussicht auf Erfolg hat die Darstellung von Cyanbarium mit Hülfe des atmosphärischen Stickstoffes, da der Baryt erfahrungsmässig weit leichter als das Kali Kohlenstoff und Stickstoff zu Cyan vereinigt, und die Ueberführung des Cyanbariums in Blutlaugensalz. Nach dem Verfahren von Gélis (1861) stellt man Blutlaugensalz durch gegenseitige Einwirkung von Schwefelkohlenstoff und Schwefelammon dar; das so erhaltene Sulfocarbonat wandelt man durch Schwefelkalium in Schwefelcyankalium um, wobei Schwefelammon und Schwefelwasserstoff verflüchtigt werden. Das Schwefelcyankalium endlich wird durch Glühen mit Eisen in Blutlaugensalz (und Schwefeleisen) übergeführt. Nach einem im Jahre 1863 von H. Fleck beschriebenen Verfahren der Blutlaugensalzfabrikation bildet sich durch Einwirkung eines Gemisches von schwefelsaurem Ammon, Schwefel und Kohle auf schmelzendes Schwefelkalium zunächst Schwefelcyankalium in der Schmelzmasse. Die Hälfte des als schwefelsaures Ammon angewendeten Stickstoffes bleibt als Cyan in der Schmelze, während die andere Hälfte als Schwefelammon entweicht, welches wieder in schwefelsaures Ammon übergeführt wird. Das

Schwefelcyankalium setzt sich mit metallischem Eisen in Cyankalium und Schwefeleisen um, welches letztere wieder dazu dient, um die Bildung von Blutlaugensalz in der Schmelzlösung zu bewirken.

Anwendung des gelben Blutlaugensalzes.

Das gelbe Blutlaugensalz dient in der Technik zur Darstellung des rothen Blutlaugensalzes, des Berliner Blaues, des Cyankaliums, in der Färberei zur Erzeugung von Blau und Braunroth, sowie zur oberflächlichen Umwandlung des Eisens in Stahl (Einsatzhärtung). Seit etwa zwanzig Jahren wird es auch zur Fabrikation von sogenanntem amerikanischem oder weissen Schiesspulver und gewissen Sorten von Sprengpulver verwendet.

Rothes Blutlaugensalz.

Das rothe Blutlaugensalz (Ferridcyankalium, Kaliumeisencyanid oder Gmelins Salz; K_3FeCy_6) ist ein ebenfalls in der Färberei häufig angewendeter Körper. Dieses Salz krystallisirt in wasserfreien, schönen rothen Säulen, die sich in 4 Th. Wasser lösen. Es besteht in 100 Theilen aus:

35,58 Kalium,

21,63 Kohlenstoff, ⎤
                              ⎬ Cyan,
25,54 Stickstoff, ⎦

17,29 Eisen,

Man stellt es dar, indem man entweder durch eine Lösung des gelben Blutlaugensalzes Chlorgas leitet, bis Eisenoxyd nicht mehr gefällt wird und die Lösung zum Krystallisiren abdampft; oder auf trockenem Wege, indem man fein zerriebenes gelbes Blutlaugensalz der Wirkung von Chlorgas aussetzt, wobei es häufig umgerührt, oder in einem Fasse, welches sich langsam um seine Achse dreht und in welches man das Chlorgas einleitet, bewegt werden muss. Sobald man bemerkt, dass das Chlor unabsorbirt durch die Masse hindurchgeht, muss die Operation unterbrochen und das Pulver der Wirkung des Chlors entzogen werden. Man löst dann in möglichst wenig Wasser; rothes Blutlaugensalz krystallisirt heraus, während Chlorkalium gelöst bleibt:

$$K_4FeCy_6 + Cl = KCl + K_3FeCy_6.$$

Gelbes Blutlaugensalz.Rothes Blutlaugensalz.

Nach E. Reichardt (1869) lässt sich das Chlor mit gutem Erfolge durch Brom ersetzen. Das rothe Blutlaugensalz dient hauptsächlich zum Blaufärben von Wollstoffen und (mit Natron- oder Kalilauge gemischt) als Aetzmittel (Mercer's Liquor) in der Kattundruckerei.

Cyankalium.

Das Cyankalium oder blausaure Kali (KCy) findet in der galvanischen Vergoldung und als Reductionsmittel vielfache Anwendung. Ausserdem wird es in neuerer Zeit vielfach zur Herstellung des *Grénat soluble* (isopurpursaures Kali) aus Pikrinsäure benutzt. Es steht zu erwarten, dass diese Verbindung bald im Grossen und billiger dargestellt werden wird, um eine noch ausgedehntere Anwendung zu erlangen. Man erhält es, indem man getrocknetes Blutlaugensalz in einem Porzellantiegel erhitzt, so lange noch Stickstoffgas entweicht. Am Boden des Tiegels sondert sich Kohleneisen ab, während das darüber stehende Cyankalium abgegossen wird ($K_4FeCy_6 = 4KCy + FeC_2 + 2N$). Aus 10 Th. Blutlaugensalz erhält man 7 Th. Cyankalium. Dass das Cyankalium als Hochofenprodukt sich bildet, ist Seite 13 angegeben worden. Nach Liebig's Methode erhitzt man ein Mol. Blutlaugensalz mit einem Mol. kohlensaurem Kali. Zehn Theile Blutlaugensalz geben nach diesem Verfahren 8,8 Th. Cyankalium, das mit 2,2 Th. cyansaurem Kali gemengt ist. Für technische Zwecke ist ein Gemenge von Cyankalium mit Cyannatrium (Cyansalz genannt) bedeutend wohlfeiler. Man stellt es dar, indem man 9 Th. trockenes gelbes Blutlaugensalz mit 2 Th. trockenem Natriumcarbonat zusammenschmilzt. Die Masse schmilzt sehr bald und das Eisen des Blutlaugensalzes sondert sich vollständig und leicht von der dünnflüssigen Masse ab. Das so dargestellte Cyansalz wird an der Luft minder leicht zersetzt als das Cyankalium und lässt sich bei weit niedrigerer Temperatur darstellen.

Berliner Blau.

Berliner Blau, Pariser Blau, Eisencyanürcyanid. Man unterscheidet drei verschiedene Sorten Berlinerblau, die sich von einander durch ihre Bereitungsweise und ihre Zusammensetzung unterscheiden, nämlich das neutrale, das basische Berlinerblau und ein Gemisch von beiden.

α) Das neutrale Berlinerblau (Pariserblau, Erlangerblau, Hamburgerblau) wird erhalten, indem man eine Lösung von gelbem Blutlaugensalz in eine Lösung von Eisenchlorid oder in die eines Eisenoxydsalzes giesst. Es bildet sich ein prächtig blauer, sehr voluminöser Niederschlag, welcher sich nur schwierig auswaschen lässt und stets eine gewisse Menge gelbes Blutlaugensalz enthält, das durch Auswaschen nicht entfernt werden kann.

β) Das basische Berlinerblau entsteht durch Fällen von gelbem Blutlaugensalz mit Eisenoxydullösung, wodurch ein weisser Niederschlag von Eisencyanür sich bildet, welcher an der Luft oder durch oxydirende Agentien blau wird, indem ein Theil des Eisens sich oxydirt, wodurch ein anderer Theil Eisencyanür jenes Cyan aufnimmt und dadurch in Cyanid übergeht, welches sich mit dem übrig gebliebenen Cyanür zu Berlinerblau vereinigt, welchem Eisenoxyd beigemischt ist. Man giebt an, das basische Berlinerblau unterscheide sich von dem neutralen dadurch, dass es im Wasser löslich sei. Dies ist insofern nicht richtig, als die Löslichkeit dieser Verbindung durch einen Gehalt an Blutlaugensalz bedingt ist.

γ) Da man im Fabrikbetriebe aber weder reines Eisenoxydul- noch ein reines Eisenoxydsalz anwendet, sondern immer ein oxydhaltiges Eisenoxydulsalz, so besteht der Niederschlag anfangs immer aus einem Gemenge von neutralem Berlinerblau mit weissem Eisencyanür, welches später in basisches Berlinerblau übergeht. Das Berlinerblau des Handels ist daher immer ein Gemisch von neutralem mit basischem Berlinerblau in wechselnden Verhältnissen. Als Eisenoxydulsalz wendet man allgemein Eisenvitriollösung an, die durchaus frei von Kupfer sein muss, indem Kupfersalze mit Blutlaugensalz einen chocoladebraunen Niederschlag geben.

Aelteres Verfahren der Darstellung von Berlinerblau.

Nach dem älteren Verfahren löst man den Eisenvitriol und den Alaun in siedendem Regen- oder Flusswasser, klärt die Flüssigkeit durch Decantiren und schüttet sie noch heiss unter beständigem Umrühren in die heisse Blutlauge so lange, als noch ein Niederschlag erfolgt. Man zieht die über dem Niederschlage stehende Flüssigkeit ab und ersetzt sie durch frisches Wasser, lässt wieder absetzen und fährt damit fort, bis alles schwefelsaure Kali entfernt ist. Man bringt nun den Niederschlag auf Seihetücher zum Abtropfen und unterwirft ihn dann der Anfeuerung. Zu diesem Zwecke erhitzt man den im Wasser suspendirten Niederschlag bis zum Sieden, setzt dann Salpetersäure hinzu, kocht noch einige Minuten, entleert das Ganze in einen Bottich und setzt englische Schwefelsäure hinzu. Nach Verlauf von einigen Tagen wird der unterdessen blau gewordene Niederschlag ausgewaschen, an der Luft etwas getrocknet, ausgepresst, in kleine länglich viereckige Stückchen zerschnitten, in schwach geheizten Trockenkammern getrocknet und zuletzt in einem bis auf etwa 80° geheizten Raume getrocknet. Da sich das Berlinerblau nach dem Austrocknen nur mit grosser Schwierigkeit in den Zustand feinster Zertheilung zurückführen lässt, den es frisch gefällt hatte, so bringt man es auch als Teig (*en pâte*) in den Handel. Die dem Berlinerblau beigemengte Thonerde hat sich aufs Innigste mit dem Blau gemischt und vergrössert so die Quantität, ohne die Intensität der Farbe zu beeinträchtigen. Sind dem Berlinerblau grössere Mengen Thonerde beigemengt, so wird seine Farbe natürlich lichter und es heisst dann Mineralblau, obgleich man unter dieser Benennung auch zu Pulver geriebene Kupferlasur oder durch Fällung von salzsaurem oder salpetersaurem Kupferoxyd erzeugtes, mit Kalk verunreinigtes Kupferoxyd versteht.

Neuere Methoden der Darstellung von Berlinerblau.

Nach neueren Methoden lässt sich das Berlinerblau auf folgende Weise am besten herstellen: 1) Es beruht auf der Anwendung des Chlors im Königswasser zur Zersetzung des weissen Niederschlags, in bekannter Weise aus Blutlaugensalz und Eisenvitriol dargestellt. Der Eisenvitriol muss möglichst oxydfrei sein. Es muss ferner die Blutlaugensalzlösung noch heiss niedergeschlagen werden, damit eine Oxydation des Niederschlages und die dadurch herbeigeführte vorzeitige Bläuung desselben so viel als thunlich vermieden werde. Deshalb muss auch der weisse Niederschlag sogleich und zwar möglichst schnell abfiltrirt werden. Nur das durch oxydirende Einwirkung des Chlors, der Salpetersäure etc. auf den weissen Niederschlag entstandene Blau besitzt die erforderliche Intensität der Farbe, während der an der Luft blau gewordene Niederschlag, selbst wenn er durch Digestion mit Salzsäure von dem beigemengten Eisenoxydulhydrat befreit wurde, stets eine wenig ausgiebige Farbe liefert. Das Auswaschen und Trocknen erfolgt wie gewöhnlich. 2) Nach einem anderen Verfahren geschieht das Anbläuen des weissen Niederschlages durch Eisenchlorid (oder schwefelsaures Eisenoxyd), welches dadurch zu Eisenchlorür (oder schwefelsaurem Eisenoxydul) reducirt wird, das man darauf anstatt des Eisenvitriols zur Herstellung des weissen Niederschlages benutzt. 3) Eine andere Methode gründet sich darauf, dass das Anbläuen des weissen Niederschlages auch durch eine Auflösung von Manganchlorid (Mn_2Cl_6) zu bewirken ist. Das Vortheilhafte dieser Methode ist lediglich durch lokale Verhältnisse bedingt. Da der Handelswerth der Manganerze von ihrem Gehalte an Mangansuperoxyd abhängt, die gewöhnlichen Erze aber meistens ziemlich viel Manganoxyd beigemengt enthalten, das denselben durch Salzsäure in der Kälte entzogen worden kann, so liesse sich durch Digestion der Manganerze mit Salzsäure der Handelswerth derselben steigern und zu gleicher Zeit ein Anbläuungsmittel für die Fabrikation von Berlinerblau gewinnen. Auch eine Auflösung von Chromsäure (gewöhnlich ein Gemisch von zweifach chromsaurem Kali mit Schwefelsäure) lässt sich zum Anbläuen des weissen Niederschlages anwenden, indessen ist auch diese Methode nur unter gewissen Bedingungen anzuempfehlen, da das sich bildende Chromoxydsalz in der Kegel schwer zu verwerthen sein wird.

Turnbull's Blau.

Turnbull's Blau. Wird eine Lösung von rothem Blutlaugensalz mit einer Lösung von schwefelsaurem Eisenoxydul vermischt, deren Menge jedoch nicht zu vollständiger Zersetzung des rothen Blutlaugensalzes hinreicht, so erhält man den in England unter dem obigen Namen bekannten Niederschlag, der wesentlich aus Fe_2Cy_3, 3 FeCy besteht, ausserdem auch noch chemisch gebundenes gelbes Blutlaugensalz enthält. Seit einigen Jahren ist von Mallet, ferner von

Berlinerblau aus Steinkohlengas und Knochen.

Gautier-Bouchard mit Erfolg versucht worden, Berlinerblau aus den Nebenprodukten der Gasfabrikation aus Steinkohlen darzustellen, so aus dem ammoniakalischen Wasser, ferner aus der zum Reinigen des Gases angewendeten Laming'schen Mischung und aus dem Kalk, womit das Steinkohlengas gereinigt worden ist. Dieser Gaskalk enthält nicht nur Cyancalcium und Cyanammonium, sondern auch ziemlich viel freies Ammoniak. Um letzteres besonders zu gewinnen, setzt man den Gaskalk Wasserdämpfen aus und leitet das sich entwickelnde Ammoniak in Schwefelsäure. Das Zurückbleibende wird mit Wasser ausgelaugt. Die Lauge enthält die Cyanverbindungen gelöst; aus ihr wird auf gewöhnliche Weise Berlinerblau erzeugt. Nach Versuchen von Krafft geben 1000 Kilogr. Gaskalk, nach dem angegebenen Verfahren behandelt, 12–15 Kilogr. Berlinerblau und 15–20 Kilogr. Ammoniaksalz. Phipson giebt an, 1 Tonne Newcastlekohle gäbe eine Quantität Cyan, welche 5–8 Pfd. Berlinerblau entspricht. Auch bei der Fabrikation der Thierkohle stellt man nebenbei Berlinerblau dar.

Lösliches Berlinerblau.

Lösliches Berlinerblau. Da das gewöhnliche Berlinerblau seiner Unlöslichkeit im Wasser wegen nur als Deckfarbe Anwendung finden kann, das basische Berlinerblau aber nur bei Gegenwart von Blutlaugensalz sich löst, so ist die Entdeckung, dass reines Berlinerblau sich in Oxalsäure löse und in dieser Gestalt als Saftfarbe Anwendung finden könne, für die Farbentechnik von grosser Wichtigkeit. Nach dem von dem Entdecker angegebenen Verfahren soll man das Berlinerblau 1–2 Tage lang mit concentrirter Salzsäure oder auch mit concentrirter Schwefelsäure, welche letztere nach dem Vermischen mit dem Berlinerblau mit einem gleichen Quantum Wasser verdünnt wird, digeriren, darauf die Säure beseitigen, das Berlinerblau vollständig auswaschen, trocknen und in Oxalsäure lösen. Das zweckmässigste Mengenverhältnis zur Darstellung einer haltbaren Lösung besteht in 8 Th. mit Schwefelsäure behandeltem Berlinerblau, 1 Th. Oxalsäure und 256 Th. Wasser. Nach anderen Angaben erhält man in Wasser vollkommen und leicht lösliches Berlinerblau 1) durch Fällen einer wässerigen Lösung von Eisenjodür mit Blutlaugensalz, sodass letzteres jedoch im Ueberfluss bleibt; 2) durch Vermischen einer Lösung von Eisenchlorid in ätherhaltigem Weingeist mit wässeriger Blutlaugensalzlösung.

Reines Berlinerblau ist dunkelblau, hat einen kupferähnlichen Glanz und Strich, ist in Wasser und Alkohol unlöslich und wird durch alkalische Lösungen und concentrirte Säuren, sowie durch Erhitzen zersetzt. Je leichter und lockerer, um so besser ist es. Man verwendet es besonders in der Wassermalerei und als Leimfarbe, seltener in der Oelmalerei. Die vorzüglichste Anwendung findet das Berlinerblau in der Färberei für Wolle und Baumwolle und in der Zeugdruckerei. Das Verfahren, es auf Seide anzuwenden, heisst nach seinem Erfinder *Bleu-Raymond.* Das auf Seide hervorgebrachte *Bleu de France* ist aus Berlinerblau, aber auf eigenthümliche Weise ohne alle Eisenbeize, nur mit Ferrocyanwasserstoffsäure (durch Behandeln von Ferrocyankalium mit Schwefelsäure erhalten) dargestellt. Beim Kochen und gleichzeitiger Einwirkung der Luft giebt diese Säure unter Freiwerden von Blausäure Berlinerblau. Wie schon angeführt, enthält das Berlinerblau häufig Thonerde, den geringeren und helleren Sorten (dem Mineralblau) sind ausserdem Schwerspath und gefällter schwefelsaurer Baryt (Barytweiss), Kaolin, Zinkweiss und Magnesia beigemengt. Nach den Angaben von Pohl soll das Berlinerblau mit Stärkekleister, der mit Jodtinctur gebläut ist, vermischt im Handel vorgekommen sein.

Das Kobalt.

(Co = 59; spec. Gew. = 8,7.)

Metallisches Kobalt.

Das Kobalt kommt in der Natur hauptsächlich als Speiskobalt ($CoAs_2$ mit 3–24 Proc. Kobalt und 0–35 Proc. Nickel) und als Kobaltglanz (CoAsS, mit 30–34 Proc. Kobalt) vor. In neuerer Zeit stellt man in Iserlohn und auf dem sächsischen Blaufarbenwerke Pfannenstiel bei Aue metallisches Kobalt im Grossen dar. Es besitzt eine stahlgraue Farbe mit einem Stich ins Röthliche, hat lebhaften Metallglanz, lässt sich gut poliren, ist geschmeidig, dehnbar und übertrifft an Zähigkeit das Eisen. Erst in sehr hoher Temperatur schmilzt es. Von verdünnten Säuren wird es langsam, von Salpetersäure und Königswasser leichter aufgelöst.

Kobaltfarben.

Die auf Kobaltfarben zu verarbeitenden Erze werden, um das Kobalt zu oxydiren, den Schwefel und das Arsen zu verflüchtigen, geröstet. Im gerösteten Zustande heissen die Kobalterze Safflor oder Zaffer. Je nach der Reinheit der gerösteten Kobalterze unterscheidet man ordinäre (OS), mittlere (MS) und feine (FS und FFS) Safflore. Sie bestehen wesentlich aus Kobaltoxyd, -Oxydul, Arsen, Nickel, mit Spuren von Mangan-, Wismuthoxyd u. s. w. Die Safflore werden zur Darstellung der Kobaltfarben angewendet. In Schweden stellt man Safflore durch Fällen einer Lösung von schwefelsaurem Kobaltoxydul mit einer Lösung von kohlensaurem Kali dar. Man stellt aus dem Safflor dar: die Smalte, das Kobaltultramarin, das Coeruleum (Coelin) und das Rinmann'sche Grün (Kobaltgrün, Sächsischgrün), an welche sich das Kobaltgelb, das Kobaltviolett und die Kobaltbronze anschliessen.

Smalte.

Es ist bekannt, dass Gläser durch Kobaltverbindungen blau gefärbt werden. Schmelzt man Zaffer (unreines Kobaltoxydul) mit Kieselerde und Kali zusammen, so erhält man ein intensiv blaues Glas, das im feingemahlenen Zustande unter dem Namen Smalte oder blaue Farbe bekannt ist. Der Erfinder derselben ist der böhmische Glasmacher Christoph Schürer, welcher in der Mitte des 16. Jahrhunderts lebte. Er verkaufte sein Geheimniss den Engländern, welche Farbemühlen anlegten und das Kobalt aus Sachsen kommen liessen. Zu gleicher Zeit entstanden in Böhmen 11 Farbemühlen. Alle diese Werke gingen aber ein, als Kurfürst Johann I. die Kobaltausfuhr aus Sachsen verbot und selbst die noch bestehenden Farbenwerke bei Schneeberg anlegte. Man stellt die Smalte auf den Blaufarbenwerken dar, indem man die gerösteten Kobalterze mit Quarzsand und

Potasche in Häfen in einem Glasofen zusammenschmilzt; das erhaltene Glas wird, sowie es aus dem Ofen kommt, abgelöscht, wodurch es mürbe wird und zerfällt. Darauf wird das Glas in Pochwerken gepocht und mit Wasser auf Mühlen fein gemahlen. Das feingemahlene Pulver lässt man mit Wasser in Waschfässern stehen, was sich zuerst absetzt, ist das gröbere Streublau (Streusand), das auf die Mühle zurückgegeben oder in den Handel gebracht wird. Aus der trüben Flüssigkeit setzen sich nach und nach ab Couleur (gröberes Pulver), Eschel und Sumpfeschel. Durch wiederholtes Mahlen und Auswaschen stellt man aus der gewöhnlichen Smalte verschiedene Sorten dar. Die beste, d. h. die kobaltreichste Sorte Smalte heisst Königsblau. Eigenthümlich ist es, dass das Kobaltoxydul, dessen Salze (auch das kieselsaure Kobaltoxydul) sonst eine rothe Färbung besitzen, in der Smalte Tiefblau erzeugt. Eine Reihe von R. Ludwig in Schwarzenfels (im preussischen Regierungsbezirk Fulda) ausgeführter Versuche hat gezeigt, dass die färbende Substanz der Smalte Kali-Kobaltoxydul-Silicat ist, in welchem sich der Sauerstoff der Säure zu dem der Base wie 6 : 1 verhält. Ludwig fand in 100 Theilen

	norwegischer Smalte	deutscher Smalte	
	(höhere Couleur)	(hohe Eschel)	(grobe blasse Couleur)
Kieselerde	70,86	66,20	72,11
Kobaltoxydul	6,49	6,75	1,95
Kali und Natron	21,41	16,31	1,80
Thonerde	0,43	8,64	20,04

Ausserdem finden sich darin kleine Mengen von Eisenoxydul, Kalk, Nickeloxydul, Arsensäure, Kohlensäure und Wasser, mitunter auch Blei- und Eisenoxyd. In einer prächtigen ultramarinähnlichen Smalte waren nach Oudemans jun. 5,7% Kobaltoxydul enthalten. Die Potasche kann in der Smaltefabrikation nicht durch Soda ersetzt werden, weil Kobalt-Natrongläser niemals rein blau gefärbt sind.

Kobaltspeise.

Da bei dem Rösten der Kobalterze das Rösten nicht lange genug fortgesetzt wird, um das in den Erzen enthaltene Nickel zu oxydiren, so schmilzt dieses Metall in den Häfen mit den noch vorhandenen Metallen zu einer Masse zusammen, welche Kobaltspeise genannt wird. Sie ist von weisser, ins Röthliche gehender Farbe, starkem Metallglanz und feinkörnigem Bruch und besteht aus Nickel 40–56%, Arsen 26–44%, ausserdem aus Kupfer, Eisen, Wismuth, Schwefel u. s. w. Eine aus dem sächsischen Erzgebirge stammende Speise bestand nach einer von mir (1870) ausgeführten Analyse aus:

Nickel	48,20
Kobalt	1,63
Wismuth	2,44
Eisen	0,65
Kupfer	1,93
Arsen	42,08
Schwefel	3,07

100,00

Die Kobaltspeise (Nickelspeise) ist das hauptsächlichste Material zur Darstellung des Nickels.

Anwendung der Smalte.

Man benutzt die Smalte zum Bläuen des Papiers, der Leinwand, 2zum Blaufärben des Krystallglases und des Emails etc. Wegen ihrer Härte eignet sie sich nicht besonders zum Bläuen des Papiers, da ein mit Smalte gebläutes Papier die Feder stumpf macht. In der neueren Zeit ist die Smalte in ihrer Anwendung zum Bläuen zum grossen Theil durch das künstliche Ultramarin verdrängt worden.

Kobaltultramarin.

Das Kobaltultramarin, Leithener oder Thénard's Blau (*Bleu Thénard*) ist eine aus Thonerde und Kobaltoxydul (Kobaltoxydul-Aluminat) bestehende Farbe, welche zuerst von Wenzel in Freiberg, dann zum zweiten Male von Gahn in Falun und endlich zum dritten Male von Thénard in Paris und von v. Leithener in Wien entdeckt wurde. Man stellt das Kobaltultramarin dar, indem man eine Alaunlösung mit der Lösung eines Kobaltoxydulsalzes mischt und dann durch kohlensaures Natron fällt oder sofort Natronaluminat mittelst Chlorkobalt zersetzt. Der aus Thonerdehydrat und Kobaltoxydulhydrat bestehende Niederschlag wird ausgewaschen, getrocknet und anhaltend geglüht. Nach Louyet soll man das gallertartige Thonerdehydrat (am vortheilhaftesten dasjenige, welches bei der Verarbeitung des Kryoliths und Bauxits gewonnen wird) mit phosphorsaurem und arsensaurem Kobaltoxydul mengen, worauf schon in der Rothglühhitze die blaue Farbe entstehen soll. Die Gegenwart von Phosphorsäure oder Arsensäure begünstigt auch in der That die Verbindung der Thonerde mit dem Kobaltoxydul und erhöht die Schönheit des Kobaltultramarins. Die Farbe desselben kommt bei Tageslicht dem Ultramarin fast ganz gleich, bei künstlichem Lichte erscheint sie aber, wie die meisten Kobaltfarben, schmutzig violett. Diese Verbindung ist luft- und feuerbeständig und wird in der Wasser-, Oel- und Porcellanmalerei benutzt.

Coeruleum.

Das Coeruleum (Coelin) ist eine neue lichtblaue Farbe für die Oel- und Aquarellmalerei, welche in England dargestellt wird und die vortreffliche Eigenschaft besitzt, beim Lampenlichte nicht violett zu erscheinen. Es ist zinnsaures Kobaltoxydul (SnO_2, CoO), gemengt mit Zinnsäure und Gyps und besteht aus 49,6 Th. Zinnoxyd, 18,6 Kobaltoxydul und 31.8 Th. Gyps.

Rinmann'sches Grün.

Das Rinmann'sche Grün (Kobaltgrün, Zinkgrün, Sächsischgrün) ist die dem Kobaltultramarin entsprechende grüne Verbindung, in welcher die Thonerde durch Zinkoxyd ersetzt ist. Man stellt diese Farbe dar, indem man Zinkvitriollösung mit Kobaltoxydullösung mengt, das Gemenge vermittelst kohlensauren Natrons fällt, den Niederschlag auswäscht, trocknet und glüht. Es besteht aus 88 Th. Zinkoxyd und 12 Th. Kobaltoxydul.

Kobaltoxydul.

Das in der Porcellan- und Glasmalerei angewendete Kobaltoxydul (Kobaltoxyd) ist wohl von der Smalte und dem Safflor zu unterscheiden. Man stellt es auf den Blaufarbenwerken und in chemischen Fabriken theils auf trockenem, theils auf nassem Wege dar. Ersteren schlägt man in England und Norwegen, letzteren in Sachsen und auf den tunaberger Kobaltwerken in Schweden ein. Das schwarze Kobaltoxyd des Handels (RKO) besteht zum grössten Theile aus reinem Kobaltoxyd (Co_2O_3) und wird wahrscheinlich dargestellt, indem man Kobaltoxydulhydrat oder kohlensaures Kobaltoxydul bei Zutritt der Luft längere Zeit erhitzt. Der grösste Theil des im Handel vorkommenden Kobaltoxydes wird in den Nickelfabriken als Nebenprodukt auf nassem Wege dargestellt. Man unterscheidet RKO Hyperoxyd, PKO phosphorsaures Oxydulhydrat, AKO arsensaures Oxydulhydrat, KOH kohlensaures Oxydulhydrat. Geglühtes phosphorsaures Kobaltoxydul (von der Formel

P_2O_3, 2 CoO) wird als violette Farbe unter dem Namen Kobaltviolett beim Tapetendruck und in der Zeugdruckerei angewendet. Wolframsaures Kobaltoxydul (geglüht) ist neuerdings als blaue Farbe empfohlen worden.

Chemisch reines Kobaltoxydul.

Chemisch reines Kobaltoxydul, wie es bisweilen zur Erzeugung zarter Farben angewendet werden muss, stellt man am besten dar, indem man 1 Th. geröstetes und gepulvertes Kobalterz mit 2 Th. zweifach schwefelsaurem Kali erhitzt, bis keine Schwefelsäure mehr entweicht. Die erkaltete Masse, welche aus schwefelsaurem Kali, schwefelsaurem Kobaltoxydul und unlöslichen arsensauren Salzen besteht, wird mit Wasser ausgezogen und die Lösung zur Abscheidung des möglicherweise vorhandenen Eisens mit etwas Kobaltoxydulhydrat digerirt. Die vom ausgeschiedenen Eisenoxydulhydrat abfiltrirte Lösung wird durch kohlensaures Natron gefällt und der entstandene Niederschlag nach dem Auswaschen geglüht.

Salpetrigsaures Kobaltoxydul-Kali.

Das salpetrigsaure Kobaltoxydul-Kali oder Kobaltgelb wurde zuerst von Fischer in Breslau durch Vermischen einer Kobaltoxydullösung mit salpetrigsaurem Kali dargestellt. Es erscheint als gelber, kristallinischer Niederschlag, welcher in Wasser ganz unlöslich ist. St. Evre untersuchte den gelben Körper und hob besonders, wegen seiner schönen Farbe, welche vollkommen der des *Jaune indien* (euxanthinsaure Magnesia) ähnlich ist, und seiner Beständigkeit unter dem Einflusse oxydirender und schwefelnder Substanzen, seine Anwendbarkeit in der Oel- und Aquarellmalerei hervor. Man stellt die gelbe Verbindung nach St. Evre dar, indem man aus salpetersaurem Kobaltoxydul-Kali durch einen geringen Ueberschuss von Kali rosenrothes Kobaltoxydul-Kali fällt und in den Brei Stickstoffoxydgas leitet oder einfacher nach Hayes, indem man Dämpfe von Untersalpetersäure in eine mit etwas Kali versetzte Lösung von salpetersaurem Kobaltoxydul leitet, wo alles Kobalt in Kobaltgelb übergeführt wird. Da das salpetrigsaure Kobaltoxydul-Kali auch aus unreinen Kobaltoxydullösungen vollkommen frei von Nickel, Eisen etc. gefällt wird, so ist es auch in der Porcellan- und Glasmalerei allen anderen Kobaltpräparaten vorzuziehen, wenn es sich um die Herstellung einer reinen blauen Nüance handelt.

Kobaltbronze.

Kobaltbronze, ein dem violetten Chromchlorid sehr ähnliches metallglänzendes, violettes, schuppiges Pulver, kommt seit einiger Zeit aus dem Blaufarbenwerke Pfannenstiel in den Handel und ist phosphorsaures Kobaltoxydul-Ammoniak.

Das Nickel.

(Ni = 59; spec. Gew. = 8,97–9,26.)

Nickel, dessen Vorkommen.

Das Nickel kommt in folgenden Nickelerzen vor: dem Kupfernickel (Rothnickelkies) NiAs (mit 4,4 Proc. Ni), dem Antimonnickel NiSb (mit 31,4 Proc. Ni), dem Weissnickelkies $NiAs_2$ (mit 28,2 Proc. Ni) und überhaupt den nickelreichen Varietäten des Speiskobalts, dem Nickel- oder Haarkies NiS (mit 64,8 Proc. Ni) und dem Nickelantimonglanz NiS_2 + Ni (Sb, As_2) (mit 26,8 Proc. Ni). Zu Rewdansk am Ural findet sich kieselsaures Nickeloxydulhydrat als Rewdanskit (mit 12,6 Proc. Ni), das auf Nickel verarbeitet wird. Häufig ist auch ein mit Nickelerzen imprägnirter Magnetkies und Schwefelkies Gegenstand der Nickelgewinnung, auch die Kobaltspeise der Blaufarbenwerke (vergl. S. 38) und gewisse bei manchen Kupferhüttenprocessen erzeugte Produkte, so z. B. der Nickelvitriol, der bei der Verhüttung des Kupferschiefers in Mansfeld als Nebenprodukt auftritt. Auch in manchen Braunsteinsorten findet sich Nickel (und Kobalt),[6] so wie in gewissen Magneteisensteinen (in einem solchen aus Pragaten in Tyrol fand Th. Petersen 1,76% NiO).

Gewinnung des Nickels.

Die im Mineralreiche sich findenden Nickelverbindungen sind im reinen Zustande höchst selten nur das Material zur Darstellung des Nickels, in den meisten Fällen kommen die Nickelerze mit anderen Erzen oder erdigen Substanzen gemengt vor, sodass ähnlich wie bei der Kupfergewinnung der eigentlichen Nickeldarstellung meist ein Concentrationsschmelzen vorausgeht. Als Concentrationsmittel verwendet man bei Erzen, welche das Nickel als Schwefelmetall enthalten, Schwefeleisen, bei Erzen dagegen, in denen das Nickel neben Arsen vorkommt, das Arsen. Das Produkt ist in dem ersten Falle Stein, in dem zweiten Speise. Aus diesen nickelhaltigen Produkten, zu denen auch zuweilen Schwarzkupfer sich gesellt, stellt man dann auf trockenem oder auf nassem Wege entweder metallisches Nickel oder eine Legirung desselben mit Kupfer dar.

Die Nickelgewinnung zerfällt daher in zwei Phasen, nämlich

I. In das Concentrationsschmelzen, welches die Ansammlung des Nickels der Erze

α) in einen Stein,

β) in Speise, oder

γ) in Schwarzkupfer

bezweckt;

II. In die Ausscheidung des Nickels (oder der Nickellegirung) aus dem Produkte des Concentrationsschmelzens, was

α) auf trockenem oder

β) auf hydrometallurgischem Wege geschehen kann.

Seitdem man erkannt hat, dass bei der Darstellung einer Nickelkupferlegirung, behufs der Fabrikation von Neusilber, gerade die werthvollsten Eigenschaften des Nickels — seine weisse Farbe, seine Widerstandsfähigkeit gegen chemische Agentien — maskirt werden, zieht man vor, reines Nickel darzustellen.

Concentrationsschmelzen der Nickelerze.

Das Concentrationsschmelzen der Nickelerze α) auf Stein findet besonders Anwendung, wenn die Nickelerze in Schwefelkies und Magnetkies vorkommen, und beruht darauf, dass durch Schmelzen des theilweise gerösteten Erzes mit Quarz oder kieselerdereichen Substanzen das beim Rösten entstandene Eisenoxyd zum grössten Theile verschlackt wird, während das gleichfalls oxydirte Nickel, welches leichter reducirbar ist als das Eisenoxyd, metallisch wird und in dem Stein, welcher aus den unzersetzten Schwefelmetallen und reducirten Sulfaten entsteht, sich ansammelt. Ist das Erz zugleich kupferhaltig, so wird dasselbe noch vollständiger im Stein concentrirt als das Nickel. Befindet sich zu viel Eisenoxydul im Röstgut, so wird ein Theil davon in Berührung mit Kohle zu Eisen reducirt, welches entweder vom Stein aufgenommen wird oder als nickelhaltige Eisensau sich abscheidet. Durch Wiederholung des Röstprocesses und des reducirenden solvirenden Schmelzens des Steins, wobei das Eisenoxydul in die Schlacke geht, lässt sich das Eisen immer mehr und mehr abscheiden. Noch vollständiger entfernt man das Eisen, dessen Abscheidung später bei der Fabrikation von Nickelmetall grosse Schwierigkeiten macht, wenn der im Schachtofen concentrirte Stein im Spleissofen oder Garherd verblasen, d. i. einem oxydirenden Schmelzen bei Gebläseluft ausgesetzt wird. Ein noch besseres Resultat giebt ein Concentriren des gerösteten Steins im Flammenofen unter Zusatz von Quarz, Schwerspath und Kohle, wobei Schwefelbarium sich bildet, welches unter Bildung von Baryt in der Beschickung enthaltenes oxydirtes Nickel und Kupfer schwefelt, während der Baryt mit dem Quarz und dem Eisenoxydul zu einer leichtflüssigen Schlacke zusammentritt. Auf der Isabellenhütte zu Dillenburg (Nassau) wird der nickelhaltige Schwefel- und Kupferkies, welcher im Durchschnitt 7,5 Proc. Nickel enthält, auf folgende Weise zu gute gemacht. Das Erz wird zunächst in überwölbten Röststadeln geröstet, zerschlagen im Krummofen ohne Zuschläge (da die Erze Kieselerde, Thonerde und Kalk in genügender Menge enthalten) mit Koks auf Rohstein (a) verschmolzen, welcher geröstet und dann in demselben Ofen mit Schlackenzusätzen auf Concentrationsstein (b) verschmolzen wird. Um den Eisengehalt zu vermindern, aber noch so viel Schwefel darin zu lassen, dass der Stein der Zerkleinerung wegen spröde bleibt, wird derselbe im Herde verblasen, wodurch der Raffinationsstein (c) entsteht, aus welchem dann auf nassem Wege Nickel oder Nickellegirung dargestellt wird.

	(a)	(b)	(c)
Nickel	19	24	35
Kupfer	13	39	43
Eisen	35	12	2
Schwefel	33	25	20
	100	100	100

Auf ähnliche Weise verfährt man zu Klefva in Schweden, auf der Aurorahütte zu Gladenbach im Grossherzogthum Hessen und zu Varallo in Piemont.

β) Das Concentrationsschmelzen der Nickelerze auf Speise findet Anwendung, wenn das Nickel als Arsennickelverbindung in den Erzen enthalten ist, ferner bei arsen- und antimonhaltigen Speisen, welche bei der Kupfer-, Silber- und Bleigewinnung zuweilen fallen, endlich auch bei gewissen arsenfreien Hüttenprodukten, z. B. nickelhaltigen Kupferschlacken, in welch letzterem Falle ein Arseniciren des Materials (meist durch Zusatz von Arsenkies $FeAs + FeS_2$, welcher beim Erhitzen für sich in As und in 2 FeS zerfällt) stattfindet. Unterwirft man eine wesentlich aus Nickel, Eisen und Arsen bestehende Verbindung zunächst einer theilweisen Röstung und dann das Röstgut einem reducirenden und solvirenden Schmelzen, so geht das Eisen zum grössten Theil in die Schlacke, während das oxydirte Nickel zu Metall, sowie vorhandene arsensaure Salze zu Arsenmetallen (Speise) reducirt werden, in welchen das Nickel sich ansammelt, da dasselbe grössere Verwandtschaft zum Arsen als zum Schwefel hat. Ist in der ursprünglichen Verbindung zugleich Kupfer enthalten, so geht dasselbe in die Speise, lässt sich aber daraus als Stein darstellen, wenn man ausser mit Arsenkies noch Schwefelkies beschickt, welcher das vorhandene Kupfer schwefelt. Durch wiederholtes Rösten und solvirendes Schmelzen der Speise, zu welchem mitunter noch ein Verblasen sich gesellt, lässt sich der Eisengehalt immer mehr und mehr verringern, wobei namentlich ein Zuschlag von Schwerspath und Quarz gute Dienste geleistet hat. Man verschmilzt arsenhaltige Nickelerze auf Speise z. B. zu Sangerhausen im Mansfeld'schen, zu Schladming in Steiermark und zu Birmingham (wo man Erze von Dubschan in Ungarn und auch spanische Erze zu gute macht), während man in Freiberg und am Unterharze bei der Kupfer-, Silber- und Bleigewinnung erhaltene Speisen concentrirt, auf der Altenauer Hütte (Oberharz) und zu Joachimsthal in Böhmen arsenfreie Hüttenprodukte, z. B. nickelhaltige Kupferschlacken oder nickelhaltige Rückstände von der Silberextraction, auf Nickelspeise verschmilzt. Die Nickelspeisen enthalten 40–55 Proc. Nickel, 30–40 Proc. Arsen, ausserdem Schwefel, Eisen, Wismuth, Kupfer.

γ) Das Concentrationsschmelzen auf Schwarzkupfer oder Nickelsauen. Bei sehr geringem Nickelgehalt der Kupfererze sammelt sich derselbe in den obersten Kupferscheiben beim Garen in solcher Menge an, dass deren Verarbeitung auf Nickel vortheilhaft erscheint. Wille fand in Garkupfer aus dem Kupferschiefer bei Riechelsdorf in Hessen

13,6 12,8 2,9 12,1 7,8 Proc. Nickel.

In den obersten Garkupferscheiben findet sich das Nickel zuweilen in Nickeloxydulkrystallen.

Darstellung von Nickel oder von Nickelkupferlegirung.

II. Die Darstellung von metallischem Nickel oder einer Legirung desselben mit Kupfer aus dem Produkte der Concentrationsarbeit geschieht entweder α) auf trockenem oder β) auf hydrometallurgischem Wege.

α) Nickelgewinnung auf trockenem Wege. Die bisher befolgten Methoden der Darstellung des Nickels auf trockenem Wege führten zu keinem genügenden Ergebniss. Durch wiederholtes Rösten von Nickelspeise mit Kohlenpulver und Holzspänen, wie es von v. Gersdorf vorgeschlagen worden ist, lässt sich zwar Nickeloxyd erhalten, welches dann durch Kohle zu Metall reducirt werden kann, das Nickeloxyd ist aber stets mit arsensaurem Nickeloxyd und das daraus dargestellte Nickel mit Arsen verunreinigt, wodurch das Nickel und das Neusilber spröde wird und die Eigenschaft erlangt, an der Luft bald braun anzulaufen. Auch das Eisen, welches das Nickel in der Speise immer begleitet, lässt sich auf dem angegebenen Wege nicht entfernen. Bessere Resultate giebt das von H. Rose im Jahre 1863 vorgeschlagene Verfahren, arsenfreies Nickel aus Nickelspeise dadurch darzustellen, dass man die gepulverte Speise mit Schwefel mengt und erhitzt, wobei unter Bildung von Schwefelnickel Schwefelarsen verflüchtigt wird. Ein etwaiger Arsenrückstand kann durch Rösten des Schwefelnickels und nochmaliges Erhitzen mit Schwefel völlig entfernt werden. Das zuletzt beim Rösten erfolgende schwefelsaure Nickeloxydul entlässt beim starken Glühen seine Schwefelsäure. Das Oxyd wird durch Kohle reducirt. Zu Dillenburg hat man aus dem Raffinationsstein (aus Nickel, Kupfer, Eisen und Schwefel bestehend) dadurch eine Nickelkupferlegirung darzustellen versucht, dass man den gepochten Stein vollständig abrüstete und dann in Mengen von 100 Pfd. mit 45 Pfd. Soda in einem Flammenofen bei Rothglühhitze behandelte, um den Schwefel als Schwefelnatrium löslich zu machen. Man laugt Schwefelnatrium und schwefelsaures Natron mit Wasser aus.

β) Nickelgewinnung auf nassem Wege. Der hydrometallurgischen Nickelausscheidung geht gewöhnlich ein Rösten der Erze oder nickelhaltigen Hüttenprodukte (Speise, Stein) voraus, um das vorhandene Eisen in das in Säuren lösliche Eisenoxyd überzuführen, das Nickel, Kupfer und Kobalt aber entweder als Sulfate in Wasser oder als Oxyde oder basische Salze in Säuren (Schwefelsäure, Salzsäure) löslich zu machen. Aus der Lösung wird das Nickel durch ein entsprechendes Reagens als Oxyd oder als Sulfuret gefällt und aus dem Niederschlage metallisches Nickel oder Kupfernickellegirung dargestellt. Die Gewinnung des Nickels auf nassem Wege zerfällt folglich in drei Phasen, nämlich 1) Darstellung der Nickellösung. Werden nickelhaltige Steine (mit oder ohne Zusatz von Eisenvitriol) geröstet, so bilden sich zunächst die schwefelsauren Salze der vier Metalle Eisen, Kupfer, Nickel und Kobalt, welche bei gesteigerter Temperatur in verschiedenen Hitzgraden sich zersetzen, am ersten das schwefelsaure Eisenoxydul und Oxyd, am schwierigsten das schwefelsaure Kobaltoxydul. Aus dem Röstgut lässt sich mittelst Wasser der grösste Theil des Nickels und Kobalts, auch etwas Kupfer extrahiren, während das Eisen nebst einem Theil des Kupfers (mit kleinen Mengen von Kobalt und Nickel) ungelöst zurückbleiben. Aus dem Rückstande lässt sich durch Säuren das Kupferoxydul und Nickeloxydul extrahiren. Wird das Röstgut sofort mit Salzsäure extrahirt, so löst sich mehr Kupferoxyd als Nickeloxydul; aus dem Rückstande lässt sich durch heisse concentrirte Säure Nickel- und Eisenoxyd extrahiren. Aus der Speise lässt sich das Arsen entfernen und das Nickel in Lösung bringen, wenn man die geröstete Speise mit einem Gemenge von Natronsalpeter und Soda glüht, das entstandene arsensaure Natron mit Wasser auszieht, den Rückstand mit Schwefelsäure behandelt und dann unter Zurücklassung von Eisenoxyd Nickel- und Kobaltvitriol extrahirt. Nach dem Vorschlage von Wöhler kann man das Arsen durch Schmelzen der Speise mit Schwefelnatrium und Auslaugen der Masse in Gestalt von Sulfosalz entfernen. 2) Die Fällung des Nickels aus der Lösung geschieht auf verschiedene Weise, so nach Stapff (1858) durch Kreide, mittelst deren man durch fractionirte Fällung bei verschiedenen Temperaturen zuerst Eisen und Arsen, dann Kupfer abscheiden kann, sodass nur noch Nickel in der Lösung sich befindet, aus welcher das Nickel durch eisenfreie Kalkmilch gefällt wird. Nach Louyet (1849) wendet man zum Fällen des Eisens etwas Chlorkalk und Kalkmilch an; der Niederschlag, welcher alles Eisen und Arsen enthält, wird abfiltrirt. Aus dem sauren Filtrat fällt man durch Schwefelwasserstoff Wismuth, Blei und Kupfer und kocht das Filtrat mit Chlorkalk, wodurch das Kobalt als Superoxyd ausgeschieden wird, während das Nickel allein in Lösung bleibt. Um reines Kobaltoxyd zu erhalten, muss man die Fällung durch Chlorkalk so vorsichtig leiten, dass noch etwas Kobalt beim Nickel bleibt, da eine Beimengung von Kobalt dem Nickel nicht schadet. In Joachimsthal fällt man aus der sauren Flüssigkeit, aus welcher durch Schwefelwasserstoffgas das Kupfer entfernt wurde, das Nickel durch zweifach-schwefelsaures Kali in Gestalt von schwer löslichem schwefelsaurem Nickeloxydul-Kali, wo dann nickelfreies Kobalt in der Lösung bleibt, welches durch kohlensaures Natron gefällt wird. 3) Die Ueberführung des Nickelniederschlags in Nickelmetall (oder in Kupfernickel) kann beispielsweise auf folgende Weise geschehen: Das aus der schwefelsauren Nickeloxydullösung mit Kalkwasser gefällte Nickeloxydulhydrat wird durch Filtriren und Pressen so verdichtet, dass es getrocknet werden kann, was in einem Trockenflammenofen durch die abziehende Flamme des Verblaseofens geschieht. Nach dem Trocknen wird der Niederschlag mit Wasser gemahlen und mit salzsäurehaltigem Wasser so lange gewaschen, bis aller Gyps, welcher dem Niederschlage in der Menge von 8–12 Proc. beigemengt war, entfernt ist. Das reine Nickeloxydul wird nun mit gewissen consistenzgebenden Mitteln (man nahm früher ein Gemenge von Roggenmehl mit Rübenmelasse) zu einem steifen Teig eingestampft, der in Würfel von 1,5–3 Centim. Seite zerschnitten wird. Diese Würfel werden schnell getrocknet und nach dem Trocknen mit Kohlenstaub in Tiegeln oder vertikal stehenden Thoncylindern bei starker Hitze zu Metall reducirt, was bei dem kupferhaltigen Nickel leicht, in 1½ Stunden, bei dem reinen Nickel dagegen schwerer von statten geht und 3 Stunden starker Weissglühhitze beansprucht. Das kupferhaltige Nickel, Kupfernickel, tritt hierbei in wirkliche Schmelzung, während das reine Nickel seiner Strengflüssigkeit wegen nur in einen stark zusammengesinterten, dem äusseren Ansehen nach völlig compacten Zustand übergeht und so als Würfelnickel in kleinen, etwas unregelmässigen Würfeln von etwa 1 Centim. Seitenlänge in den Handel kommt, denen man zuweilen durch Rotirenlassen mit Wasser in Fässern den gewünschten Metallglanz ertheilt. Auf der Isabellenhütte bei Dillenburg wird das Kupfernickel nicht mehr zu Würfeln geformt, sondern nach Art des Rosettenkupfers zu Scheiben gerissen. Um die Neusilberfabrikanten zur Abnahme des Rosettennickels zu bewegen, ist auf der Hütte dafür Sorge getragen, dass die Mischungsverhältnisse immer dieselben bleiben; sie sind gegenwärtig 66,67 Proc. Kupfer und 33,33 Proc. Nickel.

Das Würfelnickel enthält 94–99 Proc. Nickel.

Eigenschaften des Nickels.

Das reine Nickel ist fast silberweiss mit einem geringen Stich ins Gelbliche, strengflüssig, ziemlich hart, sehr dehnbar und politurfähig, hat einen bedeutenden Glanz und ein spec. Gewicht von 8,97–9,26. Im reinen Zustande lässt es sich walzen, schmieden und zu Draht ziehen. Die Zähigkeit des Nickels zu der des Eisens verhält sich wie 9 : 7. Es bietet manche Analogie mit dem Eisen dar, unterscheidet sich aber durch seine grössere Widerstandsfähigkeit gegen chemische Agentien von demselben; seiner silberähnlichen Farbe wegen und weil es den Einflüssen von Luft, Wasser und vielen Säuren widersteht, findet es zur Herstellung silberähnlicher Legirungen, namentlich des Neusilbers oder Argentans (siehe Kupfer) und neuerdings auch als Münzmetall (in der Schweiz, in Belgien und in Nordamerika) Anwendung. Die seit einiger Zeit aufgekommene sogenannte Drittel-Silberlegirung (*tiers-argent*), die sicherlich grosse Verbreitung finden wird, besteht aus:

Silber	27,56
Zink	9,57
Nickel	3,42
	99,61

Die Produktion an Nickel ist gegenwärtig (1870) eine sehr bedeutende[7], wie folgende Angaben zeigen:

Der norddeutsche Bund producirt	6800	Centner
Oesterreich	2000	„
Belgien	800	„
Frankreich	400	„
Norwegen	1200	„

11,200 Centner

im Werthe von etwa 1 Million Thaler.

In Belgien stellt man das Nickel aus italienischen Erzen dar; auf dem unter Küntzel's Leitung stehenden Nickelwerk zu Val benoit bei Lüttich verarbeitet man Magnetkies von Varallo in Oberitalien, der einen Nickel- und Kobaltgehalt von 2,5–5 Proc. besitzt. Schweden producirt jährlich gegen 1600 Ctr. Nickelkupfer und Nickelstein.

Das Kupfer.

(Cu = 63,4; spec. Gew. = 8,9.)

Kupfer. Vorkommen desselben.

Das Kupfer ist eines der am häufigsten vorkommenden Metalle. Es war schon in den ältesten Zeiten bekannt und wurde von den Griechen und Römern zum grössten Theil von der Insel Cypern bezogen, daher der Name Cuprum, Kupfer. Es findet sich zum Theil gediegen, meist aber oxydirt und geschwefelt. Zu den oxydirten Kupfererzen gehören das Rothkupfererz, der Kupferlasur und Malachit, zu den geschwefelten der Kupferglanz, Kupferkies, das Buntkupfererz und die Fahlerze. Der grösste Theil des angewendeten Kupfers wird aus den geschwefelten Kupfererzen gewonnen.

Kupfererze.

Das gediegene Kupfer kommt in grosser Menge am Oberen See in Nordamerika und in Chile vor. Unter dem Namen Kupfersand und Kupferbarilla werden gegenwärtig grosse Mengen von Erz aus Chile in England eingeführt, welches aus etwa 60–80 Proc. Kupfer und 20–40 Proc. Quarz besteht.

Das Rothkupfererz (Kupferoxydul) Cu_2O (mit 88,8 Proc. Kupfer) findet sich theils in Oktaëdern krystallisirt, theils derb und eingesprengt (Cornwallis). Ein inniges Gemenge von Kupferoxydul mit Eisenocker führt den Namen Ziegelerz.

Der Kupferlasur (mit 55 Proc. Kupfer) ist eine Verbindung von kohlensaurem Kupferoxyd mit Kupferoxydhydrat ($2CuCO_3$ + CuH_2O_2), und kommt in schönen blauen Krystallen, theils derb und eingesprengt vor. (Cornwallis, früher zu Chessy bei Lyon.)

Der Malachit (mit 57 Procent Kupfer) ist basisch kohlensaures Kupferoxydhydrat ($CuCO_3$ + CuH_2O_2 und kommt theils in schiefen rhombischen Säulen, theils tropfsteinartig und faserig (Atlaserz), theils erdig (Kupfergrün), meist mit Kupferlasur vor (Ural, Australien, Canada).

Der Kupferglanz, Kupferglas, Halbschwefelkupfer (Cu_2S) mit 80 Proc. Kupfer, das Buntkupfererz, eine Verbindung von Kupferglanz mit Anderthalb-Schwefeleisen ($3Cu_2S + Fe_2S_3$) mit 55,54 Proc. Kupfer, und der Kupferkies ($Cu_2S + Fe_2S_3$ oder $CuFeS_2$) mit 34,6 Proc. Kupfer, sind die wichtigsten der zur Kupfergewinnung angewendeten Schwefelverbindungen des Kupfers. Der Kupferkies ist häufig mit Eisenkies gemischt, auch Silber und Nickel kommen als Begleiter vor.

Auch der bei den Bleierzen angeführte Bournonit (mit 12,76 Proc. Kupfer) gehört hierher.

Der Kupferschiefer ist ein im Zechstein vorkommender bituminöser Mergelschiefer, dessen Masse geschwefelte Kupfererze (Kupferglanz, Kupferkies, Buntkupfererz) fein eingesprengt enthält. Er kommt besonders im Mansfeld'schen, zu Stollberg am Harz, zu Riechelsdorf in Hessen vor.

Die Fahlerze sind Verbindungen elektropositiver Schwefelmetalle (namentlich Schwefelkupfer) und Schwefelsilber mit den elektronegativen Sulfureten Schwefelarsen und Schwefelantimon. Wegen des Silbergehaltes rechnet man die Fahlerze gewöhnlich zu den Silbererzen. Sie enthalten 14–41,50 Proc. Kupfer. Noch ist zu den Kupfererzen zu rechnen der Atakamit ($3CuH_2O_2 + CuCl_2$) mit 56 Proc. Kupfer, welcher sich besonders in Chile und anderen Gegenden der Westküste von Südamerika, ferner in Südaustralien findet und in den Kupferwerken von Swansea verhüttet wird. Zu Pulver gemahlen kommt er von Peru aus als Streusand unter dem Namen Arsenillo nach Europa.

Gewinnung des Kupfers.

Je nach der Beschaffenheit der Kupfererze ist die Gewinnung des Kupfers eine verschiedene. Wenn sie bei den oxydirten (ockrigen) Kupfererzen auf eine einfache Reduction durch Kohle unter Zusatz eines Flussmittels zurückgeführt werden kann, ist doch die Menge der in der Natur vorkommenden oxydirten Kupfererze sehr gering; man verschmilzt sie deshalb meist mit den geschwefelten (kiesigen) Erzen. Wir betrachten in Folgendem die Gewinnung des Kupfers:

1) Aus oxydirten Erzen.

2) Aus geschwefelten Erzen.

3) Auf nassem Wege.

Die Kupfergewinnung aus den kiesigen Erzen geschieht entweder in Schachtöfen oder in Flammenöfen. Bei dem Schmelzen in Flammenöfen bewirkt man die Reduction des aus dem Kupferstein durch Rösten erhaltenen Kupferoxydes nicht durch Kohle, sondern durch den Schwefel des Steines selbst. Dadurch wird der Kupfergehalt immer mehr in dem Steine concentrirt, bis endlich zur Zersetzung der letzten Schwefelantheile geschritten werden kann. Diese Zersetzung wird durch das Abrösten des concentrirten Kupfersteins und das zu gleicher Zeit stattfindende Schmelzen desselben bewirkt, worauf bis zur vollständigen Abscheidung des Schwefels die Luft ungehindert zutreten kann. Dabei bildet sich stets Kupferoxydul, sodass zuletzt das gereinigte Kupfer sich im Zustande des übergaren Garkupfers befindet. Bei dem Verschmelzen der Kupfererze in den Schachtöfen befolgt man zwar das nämliche Verfahren, den Kupfergehalt des Erzes zuerst im Kupferstein zu concentriren, die Reduction des Kupferoxydes in dem gerösteten Stein geschieht aber nicht durch den Schwefel, sondern durch die Kohle, womit die Beschickung im Schachtofen geschichtet ist. Daraus folgt der wesentliche Unterschied des Zustandes, in dem sich das Kupfer — abgesehen von der Verunreinigung mit anderen Metallen — nach beendigtem Schmelzprocess befinden muss. Durch den Schachtofen erhält man nie ein übergares oder ein mit Kupferoxydul verunreinigtes, sondern stets ein kohlehaltiges Kupfer. Es wird demnach weder durch den Schachtofen, noch durch den Flammenofen ein hammergares Kupfer erhalten werden können; die Mittel aber, dem Kupfer die Hammergare zu ertheilen, müssen bei dem in dem Flammenofen dargestellten Kupfer gänzlich verschieden sein von den bei dem durch Verschmelzung im Schachtofen erhaltenen Kupfer angewendeten.

Das Zugutemachen der Kupfererze in Schachtöfen.

Fig. 18.

Fig. 19.

Die beim Zugutemachen der geschwefelten Kupfererze in Schachtöfen stattfindenden Processe bestehen in der Regel darin, dass man die Erze röstet, wobei ein Theil des Schwefels, Arsens und Antimons verflüchtigt wird, ein Theil der in den Erzen enthaltenen Metalle in schwefelsaure Salze (Vitriole), arsensaure und antimonsaure übergeht, während ein Theil des Erzes sich dem Rösten entzieht. Bei dem reducirenden Schmelzen (Rohschmelzen, Erzschmelzen) des Röstgutes unter Zusatz von schlackebildenden Materialien wird zuvörderst das Kupferoxyd zu metallischem Kupfer reducirt, während die Vitriole sich wieder in Schwefelmetalle verwandeln, die mit dem metallischen Kupfer und den unzersetzt gebliebenen Schwefelmetallen den kupferreicheren Rohstein (Kupferstein) bilden, und aus den vorhandenen antimon- und arsensauren Metalloxyden sich durch Reduction Antimon- und Arsenmetall (Speise) erzeugt. Die übrigen

Metalloxyde, namentlich das zu Oxydul reducirte Eisenoxyd, verbinden sich mit den Zuschlägen zu Schlacke. Durch Wiederholung des Röst- und reducirenden Schmelzprocesses (Concentrationsschmelzen), erhält man zuletzt neben einer geringen Quantität Stein (Dünnstein oder Lech), metallisches Kupfer (Rohkupfer, Schwarzkupfer), mit fremden Metallen verunreinigt, von welchen es durch ein oxydirendes Schmelzen (Rohgarmachen) befreit wird, indem die fremden Metalle als Oxyde theils verflüchtigt werden, theils in die Schlacke (Garschlacke) gehen. Das Garkupfer (Rosettenkupfer, Scheibenkupfer) enthält, weil bei dem Rohgarmachen der Röstprocess gewöhnlich zu weit getrieben wird, Kupferoxydul, wodurch seine Dehnbarkeit vermindert wird. Durch ein schnelles reducirendes Schmelzen, durch Umschmelzen zwischen Kohlen auf einem Herde wird das Kupferoxydul reducirt und es bildet sich geschmeidiges (hammergares) Kupfer. Durch das Raffiniren des Kupfers in Flammenöfen wird zweckmässig das Roh- und Hammergarmachen zu einem Process vereinigt.

Fig. 20.

Das Rohschmelzen der gerösteten Erze zu Rohstein (Kupferstein) geschieht in Schachtöfen, theils mit Holzkohlen, theils mit Koks. Fig. 18 zeigt den vertikalen Durchschnitt des Schachtofens, Fig. 19 dessen vordere Ansicht, mit Beseitigung der vorderen Mauer, um den innern Schmelzbau sichtbar zu machen. Fig. 20 zeigt endlich den untern Theil dieses Ofens. *t t* sind die Oeffnungen für die Düsen des Gebläses; durch die über dem Sohlenstein befindlichen beiden Oeffnungen *o o* (Augen) und zwei kurze Kanäle (Spuren) rinnt der flüssige Inhalt des Ofens in die beiden schalenförmigen Vertiefungen *C' C'* (Spurtiegel). Da das geröstete Kupfererz (Kupferkies etc.) stets Eisenoxyd enthält, so würde durch eine einfach reducirende Schmelzung leicht Eisen reducirt werden. Um dies zu vermeiden, setzt man schlackebildende Substanzen hinzu (Quarz oder kieselsäurereiche Zuschläge). Das in dem Ofen zu Oxydul reducirte Eisenoxyd tritt mit der Kieselerde zu einer leichtflüssigen Schlacke zusammen. Das beim Rösten entstandene Kupferoxyd und Kupferoxydul wird durch das in dem Röstgut enthaltene Schwefeleisen zu metallischem Kupfer reducirt ($3CuO + FeS = SO_2 + FeO + 3Cu$). Während der Verschlackung scheiden sich die Schwefelmetalle ab und sammeln sich im untern Theile des Ofens als Kupferstein (Rohstein), ein Gemenge von Schwefelkupfer, Schwefeleisen und anderen Schwefelmetallen mit einem durchschnittlichen Kupfergehalt von etwa 32 Proc. Die zugleich gebildete Schlacke führt den Namen Rohschlacke (Schwielschlacke).

Das Rösten des Kupfersteins hat dessen möglichst vollständige Oxydation unter Beseitigung des vorhandenen Schwefels zum Zweck. Der erfolgte Spurrost wird in einem Schachtofen mit einem Zuschlag von Schlacke verschmolzen, welcher Process das Spuren oder die Concentrationsarbeit genannt wird. Der fallende Stein heisst der Spurstein oder Concentrationsstein, der etwa 50 Proc. Kupfer enthält, vollständig abgeröstet und zu Schwarzkupfer verschmolzen wird. Sind die Roh- und Spursteine silberhaltig, so werden sie vor weiterer Behandlung entsilbert, was früher durch die Amalgamation, gegenwärtig nach dem Ziervogel'schen Verfahren (siehe Silber) geschieht, wenn man nicht vorzieht, erst das metallische Kupfer durch den Saigerprocess mittelst Blei vom Silber zu trennen.

Man umgeht bei reinen Kupfererzen das Spuren und verschmilzt den vollständig abgerösteten Kupferstein zu Schwarzkupfer (Rohkupfer, Gelbkupfer) durch die Schwarzkupferarbeit (Schwarzmachen, Rohkupferschmelzen). Dies geschieht in Schachtöfen von geringerer Höhe (Krummöfen) als die beim Schmelzen der gerösteten Kupfererze angewendeten. Der Schwefelgehalt des Steines ist durch das Rösten so weit verringert worden, dass er das nun reducirte Kupfer nicht mehr aufzunehmen vermag. Es scheidet sich deshalb neben einer geringen Menge Stein (Dünnstein, Oberlech, Armstein) als Schwarzkupfer ab, welches 93–95 Proc. Kupfer enthält. Schwarzkupfer aus Mansfeld enthielt nach Fach (1866):

Kupfer	93,49
Blei	1,49
Zink	1,47
Eisen	1,03
Nickel, Kobalt	1,25
Silber	0,03
Schwefel	0,99
	99,75

Garmachen.

Das Schwarzkupfer oder Rohkupfer wird nun durch ein kräftiges oxydirendes Schmelzen von den Verunreinigungen (Schwefel und beigemengte fremde Metalle) befreit, wobei sich die Verunreinigungen früher verschlacken als das Kupfer. Dieser Process heisst das Garmachen des Schwarzkupfers und wird ausgeführt

1) im kleinen Garherde (Herdgarmachen);

2) im grossen Garherde oder Spleissofen;

3) im Zugflammenofen oder Raffinirofen.

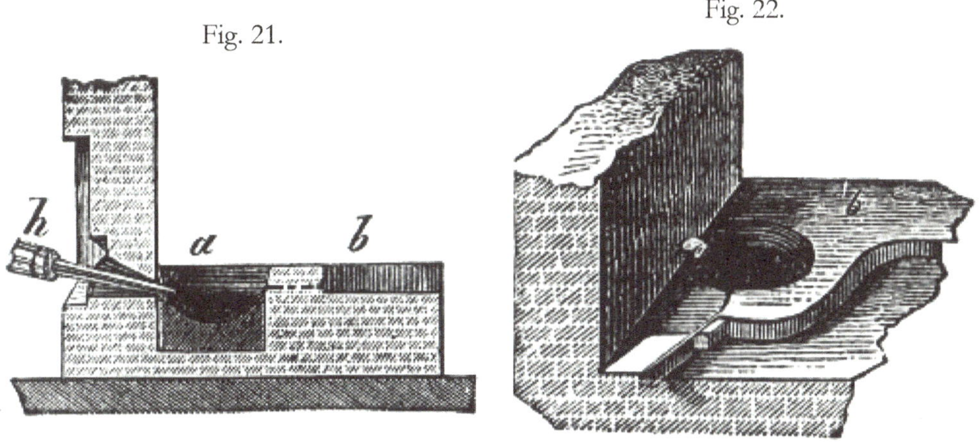

Fig. 21. Fig. 22.

Auf dem Herde.

Das Herdgarmachen wird auf dem Garherde vorgenommen, dessen vertikalen Durchschnitt Fig. 21, dessen perspectivische Ansicht Fig. 22 zeigt. Dieser Herd besteht aus einem Gemäuer, auf dessen oberer Fläche eine halbkugelförmige Vertiefung *a*, die Herdgrube, angebracht ist. *b* ist eine gusseiserne Deckplatte des Herdes. Zwei Düsen, von denen die eine bei *h* sichtbar ist, treiben Wind in das Feuer und auf die Oberfläche des Kupfers. Man schmilzt nun Schwarzkupfer unter Zusatz von Kohlen unter Mitwirkung des Gebläses nieder. Schwefel, Arsen und Antimon verflüchtigen sich. Eisenoxyd und die übrigen nicht flüchtigen Oxyde scheiden sich mit dem Kupferoxydul der Kieselsäure aus der Herdmasse zu Schlacke verbunden auf der Oberfläche des Kupfers als Garschlacke ab, die von Zeit zu Zeit abgezogen wird. Nach dem Garwerden des Kupfers wird das Gebläse abgehangen, die Oberfläche des Kupfers von Kohlen und Schlacken befreit und dieselbe unter Aufstreuen von Kohlenklein so weit abgekühlt, dass das Kupfer, ohne eine Explosion befürchten zu müssen, mit Wasser oberflächlich zur Abkühlung gebracht werden kann. Es bildet sich eine dünne Scheibe (Rosette), welche abgehoben und alsbald in kaltem Wasser abgelöscht wird, um die Oxydation des Kupfers zu verhüten. So fährt man fort, Wasser aufzusprengen und Scheiben abzuheben, bis der Herd fast entleert ist. Man nennt diese Arbeit das Scheibenreissen, Spleissen, Rosettiren. Das so erhaltene Kupfer ist das Rosettenkupfer, Garkupfer, Scheibenkupfer.

Garmachen im grossen Garherde.

Fig. 23.

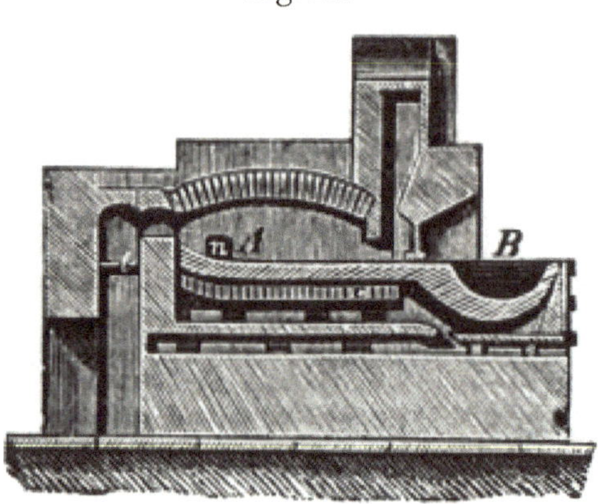

Das Garmachen im grossen Garherde oder Spleissofen (Gebläseflammenofen) ist in Folge der Unvollkommenheit des Herdgarmachens eingeführt worden. Der Spleissofen ist dem Silbertreibherd ähnlich. Fig. 23 zeigt ihn im vertikalen Durchschnitte. *A* ist der Schmelzherd, *B* der Spleissherd (es sind zwei solcher Herde vorhanden), *n* die Form des Gebläses, *l* der Rost für das Brennmaterial. Das Verfahren ist dem Herdgarmachen ähnlich. Wenn das Kupfer die Gare erreicht hat, wird es in die Spleissherde abgelassen und in diesen in Rosettenkupfer verwandelt. Da bei diesem Garmachen das Brennmaterial vom Schmelzgute getrennt ist, so findet eine vollständigere Reinigung des Kupfers statt, als im kleinen Herde.

Saigerung.

Bei Verarbeitung silberhaltiger Kupfererze wird das Schwarzkupfer vor dem Garmachen der Operation des Saigerns unterworfen, wenn man es nicht vorzieht, zur Entsilberung die Ziervogel'sche Wasserlaugerei (s. Silber) anzuwenden. Diese Operation beruht darauf, dass Kupfer und Blei sich zusammenschmelzen lassen, dass aber beim Erkalten beide Metalle nicht verbunden bleiben, und eine Legirung von vielem Kupfer mit wenig Blei sich bildet und das übrige Blei sich ausscheidet. Die Absonderung geschieht zum grössten Theil nach dem specifischen Gewichte, die unterste Schicht bildet silberhaltiges Blei. Lässt man die flüssige Masse langsam erkalten, so fliesst das Blei mit dem Silber verbunden aus, bei schnellem Erkalten erhält man dagegen ein inniges Gemenge beider Metalle. Das Silber wird von dem Blei durch Abtreiben oder durch Pattinsoniren geschieden.

Wie schon erwähnt, ist das auf dem kleinen und grossen Herde dargestellte Kupfer meist kupferoxydulhaltig. Bei einem Oxydulgehalt von 1,1 Proc. ist aber das Kupfer so wenig dehnbar und geschmeidig, dass es sich bei gewöhnlicher Temperatur nicht mehr bearbeiten lässt, ohne schieferig zu werden und Kantenrisse zu bekommen. Bei einem Kupferoxydulgehalte von 1½ Proc. wird die Verminderung der Festigkeit auch schon in erhöhter Temperatur bemerklich und das Kupfer wird kalt- und rothbrüchig. Dies ist der Zustand des Kupfers, welchen man in Deutschland mit dem Namen des übergaren bezeichnet. Dieses mit Kupferoxydul verunreinigte Kupfer kann nur durch Reduction des Oxyduls seine vorige Festigkeit wieder erhalten. Der dies bezweckende Process wird das Hammergarmachen und das dabei erhaltene Kupfer hammergares Kupfer genannt. Mansfelder Garkupfer enthielt nach Steinbeck (1864):

Kupfer	94,37
Silber	0,02
Nickel	0,36
Eisen	0,05
Blei	0,60
Sauerstoff	0,58
Schwefel	0,02
	100,00

Das Zugutemachen der Erze in Flammenöfen.

Der grosse Reichthum Grossbritanniens an dem für den Flammenofenprocess sich am besten eignenden Brennstoff, der Steinkohle, führte wol zuerst auf die Idee, anstatt des Zugutemachens der Kupfererze in Schachtöfen die Gewinnung des Kupfers in Flammenöfen einzuführen. Mit dieser, in Bezug auf Grossbritannien vortheilhaften wirthschaftlichen Seite, vereinigt die Anwendung der Flammenöfen zugleich vielfache Vortheile von allgemeiner Wichtigkeit, namentlich ist das nach dem englischen Verfahren gewonnene Kupfer weit vorzüglicher als das der übrigen Kupferwerke, wenn es auch dem aus russischen und australischen Erzen gewonnenen an Güte nachsteht. Die bedeutendsten englischen Kupferwerke sind zu Swansea; sie erhalten ihre Erze aus den Kupferminen in Cornwall, Nord-Wales, Westmoreland, den angrenzenden Theilen von Lancashire und Cumberland, aus Schottland und Irland u. s. w., doch werden auch grosse Mengen von eingeführten Erzen (aus Chili, Peru, Australien, Cuba und Norwegen) verschmolzen. Ausserdem befinden sich noch Kupferwerke auf der Insel Anglesea, in Staffordshire und bei Liverpool. Die englischen Kupfererze bestehen meist aus Kupferkies mit beigemengtem Schwefelkies, nicht selten auch etwas Zinnkies und Arsenkies, und Gangart.

Die hauptsächlichsten Processe des englischen Kupfergewinnungsverfahrens bestehen in folgenden Operationen: 1) Rösten des kiesigen Kupfererzes (*calcination*); 2) Verschmelzen der gerösteten Erze zu Rohstein (*melting for coarse metal*); 3) Rösten des Rohsteines (*calcination of coarse metal*); 4) Darstellen des weissen Concentrationssteines (*white metal*) durch Verschmelzen des gerösteten Rohsteins mit reichen Erzen; 5) Darstellen eines blauen Concentrationssteines (*blue metal*) durch Verschmelzen des gerösteten Rohsteines mit gerösteten Erzen von mittlerem Kupfergehalt; 6) Darstellen eines rothen und weissen Steines durch Verschmelzen der bei den vorhergehenden Operationen gewonnenen Schlacken; 7) Röstschmelzen des blauen Steines No. 5 und Darstellung des weissen Extrasteines; 8) Röstschmelzen des weissen Extrasteines und Darstellung des Concentrationssteines; 9) Röstschmelzen des gewöhnlichen weissen Steines und der kupferhaltigen Böden zum Zweck der Darstellung von Schwarzkupfer (*blistered copper*, Blasenkupfer); 10) Raffiniren des Schwarzkupfers. Nach Gurlt's Ansicht lassen sich alle Operationen des Zugutemachens der Kupfererze in Flammenöfen auf höchstens zwei Röstungen und drei Schmelzungen zurückführen, nämlich auf 1) das Rösten der gepulverten Erze unter Zusatz von Kochsalz oder Chlorcalcium, um flüchtige Chloride zu bilden; 2) das Verschmelzen der gerösteten Erze bei Erzeugung einer mehr saigeren Schlacke auf Rohstein; 3) das Röstschmelzen des Rohsteines mit erhitzter Gebläseluft auf Schwarzkupfer mit oder ohne Zuschlag von chlorhaltigen Substanzen; 4) das Raffiniren des Schwarzkupfers.

Rösten der Erze.

Das *Rösten* der kiesigen Kupfererze ist im Allgemeinen von dem auf dem Continent gebräuchlichen Verfahren nicht verschieden. Das Erz erleidet während des Röstens keinen wesentlichen Gewichtsverlust, indem die Aufnahme an Sauerstoff so ziemlich den Verlust an Schwefel, Antimon, Arsen etc. compensirt. Das Produkt des Röstens ist ein schwarzes Pulver, dessen Farbe vom Kupfer- und Eisenoxyd herrührt. Während des Röstens entwickeln sich weisse Rauchwolken, aus schwefliger Säure, arseniger Säure etc. bestehend. In neuerer Zeit hat man durch Einführung zweckmässiger Röstapparate, namentlich des Gerstenhöfer'schen Röstofens, die schweflige Säure für die Schwefelsäurefabrikation zu verwerthen gesucht.

Fig. 24.

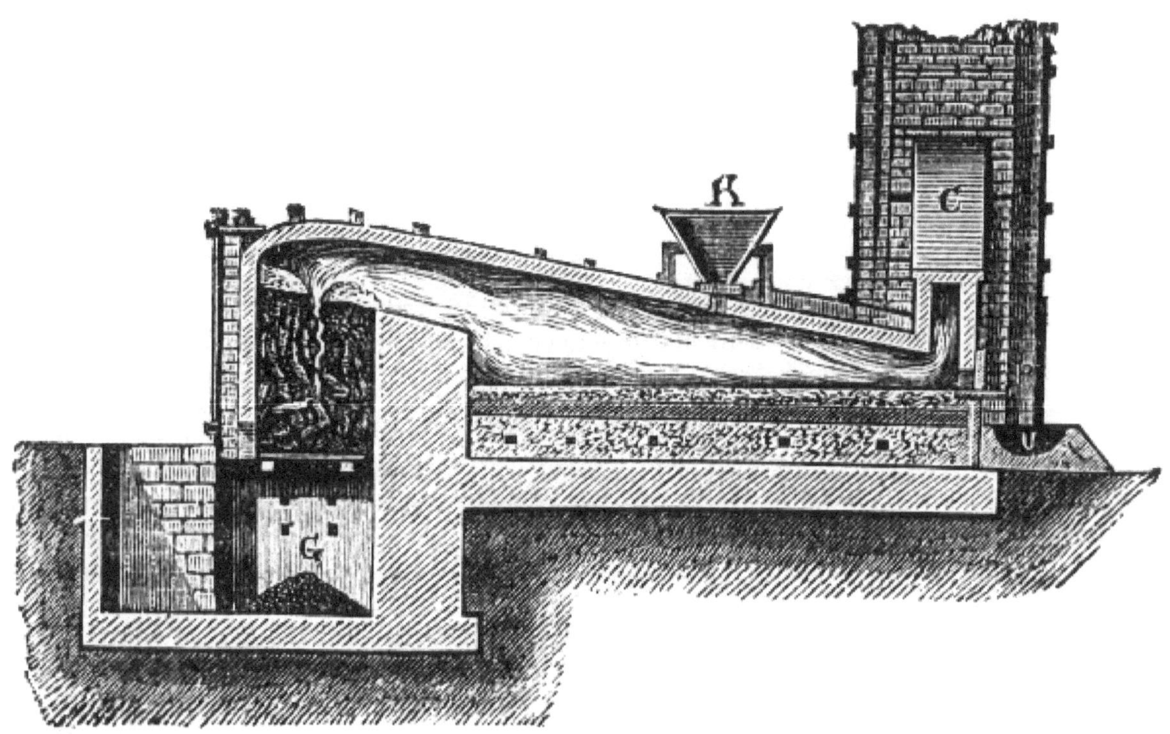

Verschmelzen der gerösteten Erze.

Das Verschmelzen der gerösteten Erze zu Roh- oder Kupferstein geschieht in den Schmelzöfen. Die Figur 24 stellt einen solchen Schmelzofen, wie er zu Swansea gebräuchlich ist, dar. Der Herd verengert sich gegen seine Mündung hin, sodass er eine Art von Mulde bildet, *K* ist der Füllungstrichter, *G* ist eine mit kaltem Wasser gefüllte Grube. Die Operation des Kupfersteinschmelzens durch den Flammenofenprocess bezweckt das Kupfer von der Gangart und einem Theil der in dem gerösteten Erze enthaltenen fremden Metalloxyde durch ein reducirendes und auflösendes Schmelzen abzuscheiden. Der Schwefel ist hierbei von Wichtigkeit, indem die unzersetzt gebliebenen Schwefelmetalle beim Schmelzen die Oxyde und die schwefelsauren Salze zerlegen. Es verwandeln sich zunächst Eisenoxyd und Schwefeleisen in schweflige Säure und Eisenoxydul, welches letztere mit der vorhandenen Kieselsäure zu Schlacke zusammentritt. Bei gesteigerter Temperatur wird das Kupferoxyd von dem Schwefeleisen und Schwefelkupfer unter Bildung von Eisenoxydul und metallischem Kupfer zerlegt, welches letztere sich zum Theil in dem entstandenen Kupferstein auflöst, zum Theil auch durch das Eisenoxyd zu Kupferoxydul reducirt wird, das bei der höchsten Temperatur des Ofens sich verschlackt.

Indem nun durch lebhaftes Rühren der geschmolzenen Masse Stein und Schlacken in innige Berührung kommen, setzt sich das in dem Steine enthaltene Schwefeleisen mit dem Kupferoxydul der Schlacken in Schwefelkupfer und kieselsaures Eisenoxydul um, sodass dem Kupfer fast jeder Weg zur Verschlackung abgeschnitten ist.

Rösten des Rohsteines.

Das Rösten des Rohsteines geschieht meist in denselben Flammenöfen, welche zu dem Rösten des Erzes Anwendung finden. Der Zweck des Röstens ist hauptsächlich, das Eisen zu oxydiren und den Schwefel bis auf ein gewisses Quantum zu verflüchtigen und zu verbrennen. Eine gewisse Menge Schwefel in dem Röstprodukte ist nothwendig, weil ausserdem das Concentrationsschmelzen nicht oder doch nur mit Kupferverlust ausführbar wäre. **Concentrationsstein.** Auf das Rösten folgt die Darstellung des weissen Concentrationssteines. Zu diesem Zwecke wird der geröstete Rohstein mit reichen Kupfererzen beschickt, welche fast kein Schwefeleisen, sondern nur Schwefelkupfer, Kupferoxyd und Quarz in solchen Verhältnissen enthalten, dass der Schwefelkies durch den Sauerstoff der Oxyde oxydirt wird, wobei alles Kupfer mit dem überschüssigen Kupfer zu Stein zusammentritt, das zu Oxydul oxydirte Eisen aber mit dem Quarz kieselsaures Eisenoxydul bildet. Das Schmelzen geschieht auf ähnliche Weise wie das Rohsteinschmelzen. Der sich bildende weisse Concentrationsstein ist fast von der Zusammensetzung des Kupferglanzes (Cu_2S) und wird in Sandformen abgestochen. Der weisse **Roh- oder Schwarzkupfer.** Stein wird auf Roh- oder Schwarzkupfer verschmolzen. Man bringt den zu verarbeitenden Stein auf die Herdsohle eines von dem Schmelzofen nicht verschiedenen Ofens und lässt das Glühfeuer 12–24 Stunden lang einwirken. Im Anfange darf die Hitze nicht bis zum Schmelzen gehen, nur gegen das Ende wird sie erhöht. Durch dieses Röstschmelzen wird der Schwefel in Gestalt von schwefliger Säure beseitigt und zugleich entweder durch Verflüchtigung allein oder durch den Sauerstoff und Verschlackung die Verunreinigung, wie Arsen, Kobalt, Nickel, Zinn, Eisen u. s. w., entfernt. Während des Einschmelzens zerlegen sich Kupferoxydul und Schwefelkupfer gegenseitig zu schwefliger Säure und metallischem Kupfer ($2Cu_2O + Cu_2S = SO_2 + 6Cu$). Das geschmolzene Rohkupfer wird in Formen abgestochen. Es überzieht sich auf der Oberfläche mit schwarzen Blasen, weshalb es Blasenkupfer genannt wird. Auf der Bruchfläche zeigt es ein poröses, bienenzelliges Ansehen, welches von den Gasen und Dämpfen (schweflige Säure, Arsendämpfe) herrührt, welche sich bei dem Aufkochen des Rohkupfers entwickeln. Das Roh- oder Schwarzkupfer ist schon ziemlich rein, von Schwefel, Eisen und anderen Metallen fast **Garmachen des Schwarzkupfers.** frei. Die letzte Operation des englischen Flammenofenprocesses ist das Garmachen des Schwarzkupfers, welches auf der Sohle eines Flammenofens (Zugflammenofen) ausgeführt wird. Zuerst wird schwach erhitzt, um die Oxydation zu beendigen. Nach ungefähr sechs Stunden geräth das Kupfer in Fluss. Nachdem alles Kupfer in dem Sumpfe niedergeschmolzen ist und der Ofen sich in starker Hitze befindet, wird die kupferoxydulreiche, röthlich gefärbte Schlacke abgezogen. Es wird die Oberfläche des geschmolzenen Kupfers mit Holzkohlenpulver bedeckt und darauf in das flüssige Metallbad eine hölzerne Rührstange, gewöhnlich von Birkenholz, gebracht. Man nennt diese Operation das Schäumen oder Polen; sie hat die Reduction des vorhandenen Kupferoxyduls durch die aus der hölzernen Rührstange unter Aufschäumen des Kupfers sich entwickelnden reducirenden Gase zum Zweck. Darauf hat das Kupfer die Hammergare.

Gewinnung des Kupfers aus oxydirten Erzen.

Die Darstellung des Kupfers aus oxydirten Erzen ist einfach. Die Erze werden mit Kohle in einem Schachtofen niedergeschmolzen, indem man sie mit den erforderlichen Zuschlägen versetzt, um eine leichtflüssige Schlacke, die kein Kupfer aufnimmt, zu erzielen. Das erfolgende Schwarzkupfer wird in Spleissöfen gar gemacht und in Blöcken als Rosettenkupfer in den Handel gebracht. Zu Chessy bei Lyon verschmilzt man Malachit, Kupferlasur und Rothkupfererz. Es findet dabei durch Verschlackung ein nicht unbedeutender Kupferverlust statt. Auf den sibirischen Kupferhütten am Ural giebt man den oxydirten Kupfererzen einen Zuschlag von kiesigen Kupfererzen und von Schwefelkies, wobei das Kupfer durch den

Schwefel vor der Verschlackung geschützt und in einen Stein verwandelt wird, den man auf Schwarzkupfer verschmilzt.

Gewinnung des Kupfers auf nassem Wege.

Die Gewinnung des Kupfers auf nassem Wege (die hydrometallurgische Kupfergewinnung) findet in neuerer Zeit immer mehr und mehr Anwendung und ist das Resultat der Uebertragung der Erkenntnisse der analytischen Chemie in das praktische Leben. Die grosse Leichtigkeit, mit welcher das Kupfer in Lösung gebracht und daraus gefällt wird, gab die Veranlassung, den nassen Weg der Kupferextraction zu versuchen, wenn der trockene Weg wegen Kupferarmuth der Erze keine ökonomisch vortheilhaften Resultate giebt. Eine der ältesten Methoden der hydrometallurgischen Kupfergewinnung ist die durch Cementation. Sie besteht in dem Ausfallen des Kupfers aus Kupfervitriollösung durch metallisches Eisen; solche Lösungen kommen theils fertig gebildet als Grubenwässer oder Cementwässer vor, theils werden sie künstlich durch Behandeln von armen oxydirten Kupfererzen mit schwefligsauren Dämpfen oder durch Extraction des Kupfers mittelst Salzsäure oder verdünnter Schwefelsäure oder auch nur durch Rösten von kiesigen Erzen und Auslaugen des erzeugten Kupfervitriols bereitet. Das durch Fällen von metallischem Kupfer aus Lösungen durch Eisen erhaltene Kupfer nennt man Cementkupfer. Auf der Insel Anglesea hebt man die Cementwässer zuerst in ein grosses Bassin, um sie durch Absetzen von Eisenocker zu klären, und leitet sie darauf in die Cementgruben, in welchen sich das zur Zersetzung des Kupfervitriols bestimmte alte Guss- und Schmiedeeisen befindet. Von Zeit zu Zeit muss das Eisen bewegt werden, damit die oxydirte Fläche sich abscheuere. Von Zeit zu Zeit werden die Bodensätze in den Sümpfen aufgerührt und die trübe Flüssigkeit mit allem Schlamm in grosse Sümpfe geleitet, in welchen sich der Schlamm absetzt, der in einem Trockenofen bei Flammenfeuer getrocknet wird. Der Kupfergehalt des Schlammes ist sehr verschieden, der reichste enthält ungefähr 50 Proc. Kupfer, durchschnittlich kann man einen Kupfergehalt von 15 Proc. annehmen, da der Hauptbestandtheil des Schlammes basisch schwefelsaures Eisenoxyd ist. Dem Anhaften des ausgeschiedenen Kupfers an dem Eisen wird vorgebeugt, wenn in dem Apparate, in welchem die Fällung vor sich geht, eine Rührvorrichtung befindlich ist, ähnlich der in den Maischmaschinen. Zu Herrengrund bei Neusohl in Niederungarn, wo früher beträchtliche Mengen von Cementkupfer gewonnen wurden, ist die Gewinnung jetzt sehr unbedeutend. Dagegen zu Schmöllnitz in Oberungarn und zu Rio tinto in Südspanien hat die Cementkupferbereitung eine grosse Ausdehnung erhalten. In Norwegen schlägt man das Kupfer aus den Lösungen (nach Sinding's Verfahren) durch Schwefelwasserstoff nieder und verarbeitet das gefällte Kupfer entweder auf Kupfervitriol oder auf metallisches Kupfer.

Kupferkieshaltige Pyrite werden, nachdem sie durch Abrösten ihren Schwefel als schweflige Säure (zum Zweck der Schwefelsäurefabrikation) abgegeben haben, meist auch noch auf nassem Wege entkupfert; man kann das Kupfer mit einer Lösung von Eisenchlorid ausziehen und aus der Lösung (nach dem Vorschlage von Gossage) das Kupfer mittelst Schwefeleisen fällen. Arme ockerige Erze, die nicht mehr mit Vortheil geschmolzen werden können, werden durch Rösten mit Schwefelkies oder durch Calciniren mit Eisenvitriol oder überhaupt auf irgend eine Weise, wobei schweflige Säure sich entwickelt, auf Kupfervitriol verarbeitet. Auch aus kiesigen Kupfererzen hat man unter Umständen mit Gewinn Cementkupfer dargestellt, so verwandelt z. B. Bankart die Kupfererze durch Rösten in Sulfate, schlägt aus deren Lösung das Kupfer durch Eisen nieder und gewinnt aus der Lauge Eisenvitriol.

Kupfer auf galvanischem Wege erhalten.

Das durch Anwendung des galvanischen Stromes erhaltene Kupfer ist das reinste; vor einiger Zeit ist vorgeschlagen worden, bei dem Fällen von Cementkupfer, um an Eisen und Zeit zu sparen, die Elektricität anzuwenden. Dass der Kupfervitriol auf elektrolytischem Wege unter Abscheidung von cohärentem Kupfer zersetzt werden kann, ist eine für galvanoplastische Darstellungen wichtige Thatsache.

Eigenschaften des Kupfers.

Das Kupfer zeichnet sich durch seine bekannte rothe Farbe aus, ist stark glänzend und obgleich ziemlich hart, doch so dehnbar, dass es sich zu den feinsten Drähten ziehen und zu dünnen Blättchen schlagen lässt.

Durch Erwärmen steigert sich seine Dehnbarkeit. Es hat einen hakigen, körnigen Bruch, ein spec. Gewicht von 8,9 (1 Kubikfuss Kupfer wiegt 456–476 Pfd.) und schmilzt bei einer Temperatur von 1200° (Pouillet) oder 1400° (Daniell) (etwas leichter als Gold, etwas schwerer als Silber). Reines Kupfer fliesst in dünnen, schnell erstarrenden Strömen, das mit Oxydul verunreinigte fliesst träge, erstarrt langsamer und stets in dicken Massen. Das geschmolzene Kupfer hat eine eigenthümliche meergrüne Farbe. Zu Gusswaaren eignet sich das Kupfer nicht, indem es, vermuthlich wenn es zu heiss gegossen wird, nur poröse und blasige Güsse liefert. Beim Erkalten dehnt es sich scheinbar (es steiget) aus, d. h. es scheint nach dem Erstarren einen grössern Raum einzunehmen als im geschmolzenen Zustande. Durch dieses Ausdehnen wird das Kupfer zur Bearbeitung unter dem Hammer und dem Walzwerk unbrauchbar, weil der Zusammenhang der Masse auf mechanische Weise, durch krystallinische Gefüge und durch Höhlungen und Zwischenräume, welche im Innern der Masse sich bilden, unterbrochen wird. Damit das Ausdehnen oder Steigen des Kupfers nicht stattfinde, ist es unerlässlich, das Metall (wie C. Stölzel vorgeschlagen) unter einer Kohlendecke zu schmelzen, oder das flüssige Metall bis zu einer gewissen Temperatur sich abkühlen zu lassen und es dann in geschlossene Formen zu giessen, damit es schnell erstarre. Zink, Blei (etwa 0,1 Proc.), Kalium und andere Metalle entziehen dem Kupfer die Eigenschaft, zu steigen. Auch eine gewisse Quantität beigemengtes Kupferoxydul verhindert das Steigen des Kupfers in den Formen, doch lässt sich diese Eigenschaft in der Praxis nicht anwenden, weil Kupferoxydul das Kupfer kaltbrüchig macht. Reines Kupfer zeigt vor dem Erstarren die Eigenschaft des Kupferregens oder des Spratzens, d. h. es werden, noch ehe die Erstarrung auf der Oberfläche eintritt, Kupferkügelchen (Streu- und Spritzkupfer) als ein feiner und oft sehr dichter Regen mit grosser Gewalt in die Höhe geschleudert. Bei höherer Temperatur und bei Luftzutritt verbrennt des Kupfer mit schöner grüner Flamme. An der feuchten Luft überzieht es sich nach und nach mit kohlensaurem Kupferoxydulhydrat (sogenanntem Grünspan). Im Feuer bei Luftzutritt nimmt es anfangs Regenbogenfarben an, später überzieht es sich mit einer braunrothen Rinde von Kupferoxydul, welche nach und nach eine schwarze Farbe annimmt und beim Ablöschen des glühenden Metalls in Wasser oder beim Hämmern und Biegen in Schuppen abfällt (Kupferasche, Kupferhammerschlag). In dem Zustande, in welchem das Kupfer durch den Schmelzprocess auf den Kupferhütten (als Werkkupfer) gewöhnlich dargestellt wird, ist es mit anderen Metallen, vorzüglich mit Eisen, Antimon, Arsen, in einigen Fällen vorzugsweise mit Blei, in anderen mit Zinn, zuweilen auch mit Zink, und fast stets mit Schwefel verunreinigt. Reischauer fand in einem vollkommen dehnbaren Werkkupfer 1,48 Proc. solcher in Salpetersäure unlöslicher Stoffe (Antimon, Blei, Zinn, Eisen, Nickel). Bei einem grösseren Quantum fremder Körper besitzt es bei jeder Temperatur einen so geringen Grad von Festigkeit, dass es sich durch Hämmern und Walzwerke nicht bearbeiten lässt. Selbst zu Gusswaaren (zu Statuenguss) ist dieses unreine Kupfer nicht geeignet, theils weil ihm die Kupferfarbe abgeht, theils weil es den Einflüssen der Atmosphäre nicht widerstehen kann. Man benutzt das Kupfer zu Siedepfannen in Zuckerfabriken, Kesseln, Blasen und Kühlapparaten in Brennereien und Brauereien, zum Beschlagen der Schiffe, zur Scheidemünze, zum Graviren (Kupferstich und Kupferwalzen im Zeugdruck), zur Fabrikation des Kupfervitriols, der Kupferfarben etc. Raffinirtes Kupfer aus Mansfeld enthielt nach Steinbeck (Juni 1868):

Kupfer	99,28
Silber	0,02
Nickel	0,32
Eisen	0,06
Blei	0,12
	100,00

Die Kupferproduktion auf der ganzen Erde beträgt gegenwärtig (1870) etwa 1,300,000 Ctr., davon kommen auf

Russland	130,000	Ctr.
England	350,000	„
Oesterreich	60,000	„
Chile	280,000	„
Nordamerika	200,000	„
Preussen	57,500	„
Spanien	40,000	„
Schweden	40,000	„
Belgien	20,000	„
Sachsen	700	„
Cuba	40,000	„
Bolivia und Peru etc.	30,000	„

Der Preis des Kupfers beträgt im Mittel 40 Thlr. der Centner; als Gesammtwerth des jährlich producirten Kupfers ergiebt sich demnach die Summe von 52 Mill. Thlr.

Legirungen des Kupfers.

Kupferlegirungen. Von diesen Legirungen erwähnen wir als die wichtigsten die Bronze, das Messing und das Neusilber.

Die Bronze.

Die Bronze ist eine Legirung aus Kupfer und Zinn oder Kupfer, Zinn und Zink, oder endlich Kupfer und Aluminium. Durch den Zusatz von Zinn oder von Zinn und Zink oder endlich von Aluminium wird das Kupfer leichtflüssiger und daher brauchbarer zum Guss, dichter und deshalb politurfähiger; es wird ferner härter, spröder, klingender und tönender und ist (mit Ausnahme der Aluminiumlegirung) weit wohlfeiler als reines Kupfer, wodurch es ebenfalls zu vielen Zwecken geeigneter wird. Ein geringer Zusatz von Phosphor (0,12–0,50 Proc.) macht einige dieser Legirungen homogener und geschmeidiger. Die hauptsächlichsten Arten der Bronze sind Glockenmetall, Kanonenmetall und Statuenbronze.

α) Glockenmetall (Glockengut, Glockenspeise) besteht durchschnittlich aus 78 Th. Kupfer und 22 Th. Zinn. Es muss Klang mit Härte und Festigkeit verbinden. Es ist ein sprödes Metall und deshalb ist die Behandlung der Glocke auf der Drehbank nicht mehr ausführbar; die Glocke muss demnach den Ton, den sie erhalten soll, durch den Guss, durch ihre Form und durch die Metallmischung erhalten. Zuweilen wird dem Metall, um Zinn zu ersparen, Zink und Blei zugesetzt, was leicht schädlich sein kann. Ein Vorurtheil ist es hingegen, dass, um der Glocke einen besonders hellen Klang zu verschaffen, Silber beigemischt werden müsse.

β) Kanonenmetall (Geschützmetall, Stückgut, Kanonengut) besteht durchschnittlich aus 90 Th. Kupfer und 9 Th. Zinn und muss mechanisch und chemisch dauerhaft sein. Die mechanische Dauerhaftigkeit erfordert 1) Zähigkeit, damit das Geschütz nicht beim Entzünden der Ladung, wobei dasselbe einem Drucke von wenigstens 1200–1500 Atmosphären ausgesetzt ist, gesprengt werde; 2) Elasticität, damit den durch die häufigen und stossweisen Gasentwickelungen auf die Cohäsion geschehenden Angriffen entgegengetreten werde; 3) Härte, welche die beim Anschlagen des Geschosses entstehenden Vertiefungen in der innern Wand des Geschützes (der Seele), die sogenannten Kugellager, verhindern soll. Die chemische Beständigkeit endlich verlangt die möglichst grösste Unangreifbarkeit des Geschützes durch die Luft, durch die Zersetzungsprodukte des Schiesspulvers und der Schiessbaumwolle und durch die bei der Entzündung derselben bewirkte hohe Temperatur. Das Kanonenmetall von der oben angegebenen Zusammensetzung hat die Eigenthümlichkeit, sich zu entmischen, entweder durch eine Art Saigerung, indem zinnreiche leichtflüssige Legirungen von den zinnarmen strengflüssigen sich trennen, oder auch durch Verbrennen, indem das Zinn leichter und früher verbrennt als das Kupfer und die Legirung dadurch stets zinnärmer wird. Diese Neigung zum Entmischen ist beim Giessen der Geschütze eine Quelle von grossen Schwierigkeiten. In neuerer Zeit hat man und wie es scheint, nicht ohne Erfolg, durch Zusatz von etwas Phosphor (0,12–0,50 Proc.) das Geschützmetall gleichförmiger zu machen gesucht.

γ) Statuenbronze zu Bildsäulen, Büsten, Verzierungen besteht aus Kupfer, Zinn, Blei und Zink. Sie muss so zusammengesetzt sein, dass sie im geschmolzenen Zustande dünnflüssig genug ist, um die Gussform vollständig auszufüllen und einen reinen scharfen Guss zu liefern, der sich leicht ciseliren lässt und eine schöne Patina annimmt. Die Reiterstatue des Königs Ludwig XIV. in Paris (1699 beendigt) besteht aus 91,40 Kupfer, 5,53 Zink, 1,70 Zinn und 1,37 Blei; die Reiterstatue von Ludwig XV. aus 82,65 Kupfer, 10,30 Zink, 4,10 Zinn und 3,15 Blei; die von Heinrich IV. (auf dem *Pont neuf* zu Paris) aus 89,62 Kupfer, 4,20 Zink, 5,70 Zinn und 0,48 Blei. Man schätzt an der Statuenbronze die Eigenschaft, sich bald mit einer gleichmässigen und schön grünen Oxydschicht (Antikbronze, Patina) zu überziehen, eine Schicht, deren Bildung man auch häufig durch Anwendung chemischer Mittel befördert. Die Aluminiumbronze (aus 90 Th. Kupfer und 10 Th. Aluminium bestehend) wird wegen ihrer schönen Farbe in vielen Fällen angewendet, wo man sich sonst des Messings bedient hätte.

Das Messing.

Das Messing (Gelbguss) gehört zu den ältesten und am längsten bekannten Legirungen. Zink und Kupfer verbinden sich in allen Verhältnissen mit einander, aber nur das Messing hat unter allen Legirungsverhältnissen allein technische Anwendung gefunden. Die Quantität der beiden Metalle im Messing variirt je nach der Anwendung, die von dem Messing gemacht werden soll. Durchschnittlich beträgt der Zinkgehalt 30 Proc. Im Allgemeinen ertheilt ein geringerer Zinkgehalt dem Messing eine dunklere röthlichgelbe Färbung, ein grösserer Zinkgehalt eine lichtere gelbliche Färbung. Je grösser der Kupfergehalt ist, desto dehnbarer ist das Messing. In kaltem Zustande ist das Messing hämmerbar und lässt sich strecken, walzen und zu Draht ausziehen; in heissem Zustande erhält es leicht Brüche und Risse. Ein hämmerbares oder schmiedbares Messing (*yellow metal*), welches sich in der Glühhitze unter Hammer und Walzen strecken lässt, erhält man durch Zusammenschmelzen von 40 Th. Zink mit 60 Th. Kupfer. Das Messing hat vor dem reinen Kupfer vielfache Vorzüge. Es hat eine angenehmere Farbe, oxydirt sich nicht so leicht, besitzt grössere Härte und Steifheit (und eignet sich nur deshalb zu Blechgefässen und Stecknadeln), niedrigeren Schmelzpunkt und ist im geschmolzenen Zustande weit dünnflüssiger, ohne beim Erstarren wie das Kupfer blasig zu werden; es ist aus diesem Grunde, und weil es weit billiger ist als Kupfer, zu Gusswaaren ein schätzbares Material. Ein Zusatz von Blei (1–2 Proc.) macht das Messing zur Bearbeitung auf der Drehbank geeignet; solches Messing lässt sich auch besser feilen, da es die Feilen nicht verschmiert.

Die Fabrikation des Messings geschieht auf zweifache Weise: 1) entweder durch Zusammenschmelzen von Galmei, Kohle und Schwarzkupfer, oder 2) durch Zusammenschmelzen von metallischem Zink mit Garkupfer. Die Messingbereitung mittelst Galmei ist die älteste und jetzt schon fast allgemein aufgegebene Methode. Man bedient sich dazu solcher Oefen, in welchen 7–9 Tiegel aus feuerfestem Thon zu gleicher Zeit eingesetzt werden können. Die Tiegel stehen auf einem Rost. Man benutzt gewöhnlich gerösteten Galmei und zinkhaltigen Ofenbruch der Hochöfen. Da man mit Galmei dem Messing nicht mehr als 27–28 Proc. Zink geben kann, so setzt man kurz vor dem Giessen der geschmolzenen Masse Galmei zu. Früher liess man die Messingfabrikation in zwei Operationen zerfallen: die erste bezweckte die Herstellung einer Legirung (Arcoschmelzen), welche nur 20 Proc. enthielt; bei der zweiten verband man das Arco (Rohmessing,

Stückmessing) mit einer neuen Zinkmenge, um es in eigentliches Messing zu verwandeln (Tafelmessingschmelzen). Das Arcoschmelzen ist ein sehr unvortheilhaftes Verfahren, weil die Schmelzkosten dadurch unnöthig vergrössert werden, doch war man früher der Ansicht, es werde durch ein besonderes Arco- und Tafelmessingschmelzen ein besseres Produkt erhalten. Das Arcoschmelzen fällt gegenwärtig hinweg und man giebt dem Metallgemisch, wenn es in Fluss gekommen ist, das noch mangelnde Zink. Auf gleiche Weise verfährt man mit dem Ofenbruche, aus welchem allein, ohne Zusatz von metallischem Zink, kein Messing hergestellt werden kann. Beim Guss zu Tafelmessing wird der Inhalt aus allen Tiegeln in einem Tiegel (dem sogenannten Giesser), welcher vor dem Messingschmelzofen in einer Grube (dem Monthal) steht, zusammengegossen, das flüssige Metall mit einem eisernen Stabe (Kaliol) umgerührt und die Oberfläche gereinigt, worauf der Inhalt in die bestimmten Formen gegossen wird. Der Guss in eisernen Formen gelingt nicht gut, wenn es sich um die Herstellung dünner Platten handelt, daher giesst man zwischen Granittafeln, von denen je zwei eine Gussform ausmachen. Die Granittafeln erhalten einen Ueberzug aus Lehm und Kuhmist und werden vor dem Gusse gut angewärmt. Es können gegen 20 Tafeln gegossen werden, ehe man den Lehmüberzug zu erneuern braucht. Die gegossenen Tafeln werden hierauf überarbeitet, um die Gussnaht zu beseitigen und dann vermittelst einer Circularsäge in Stücke von passender Form zerschnitten. Die Fabrikation des Messings aus Zink kann auf verschiedene Weise ausgeführt werden. Die einfachste und vorzüglichste Methode besteht in der Anwendung gewöhnlicher Tiegel, in welche Kupfer und Zink mit einander geschichtet eingetragen werden und eine starke Decke von Kohlenstaub erhalten. Kupfer und Zink werden in zolldicken Stücken angewendet. Ein Arcoschmelzen findet bei diesem Verfahren nicht statt. Bisweilen setzt man auch schon dünngewalztes Kupferblech Zinkdämpfen aus, um es in Messingblech überzuführen.

Dem Messing ähnliche Legirungen sind Tombak (rothes Messing, Rothmetall), welches auf etwa 85 Th. Kupfer 15 Th. Zink enthält. Aus 2 Th. Zink und 11 Th. Kupfer stellt man in Nürnberg und Fürth die Legirung dar, die von den dasigen Metallschlägern zu Blattgold (Goldschaum) verarbeitet wird. Andere Kupferzinklegirungen von goldähnlicher Farbe, die jetzt keine oder doch nur spärliche Anwendung finden, sind: Prinzmetall, Semilor, Oreïde, Mannheimer Gold, Pinchbak etc. Das in neuerer Zeit aufgetauchte Aichmetall besteht aus 60 Th. Kupfer, 38,2 Th. Zink und 1,8 Eisen. Es ist wesentlich schmiedbares Messing. Das Sterrometall ist von ähnlicher Zusammensetzung, jedoch weit härter. Das Muntzmetall, in England zu Schiffsbeschlägen, zu Bolzen, Schiffsnägeln u. dgl. vielfach angewendet, besteht aus Kupfer und Zink in Verhältnissen, welche zwischen 50 Proc. Zink und 63 Proc. Kupfer bis zu 39 Proc. Zink und 50 Proc. Kupfer schwanken. Die Legirung zur „Kupferscheidemünze" besteht in Frankreich und Schweden aus 95 Th. Kupfer, 4 Th. Zinn und 1 Th. Zink, in Dänemark aus 90 Th. Kupfer, 5 Th. Zinn, 5 Th. Zink. Das unter dem Namen Weissmessing vorkommende Metallgemisch besteht wie das Bathmetall aus 55 Th. Kupfer und 45 Th. Zink, und wie das Lüdenscheider Knopfmetall aus 20 Th. Kupfer und 80 Th. Zink. — Die Bronzefarben (Metall- oder Staubbronze), welche gegenwärtig zum Bronziren von Gyps- und Holzgegenständen, sowie von Metallgusswaaren, ferner in der Buch- und Steindruckerei, in der Lackirerei, in der Wachsleinwand- und Tapetenfabrikation ausgedehnte Anwendung finden, werden aus den Abfällen der Metallschlägerei, aus der sogenannten Schawine durch Feinreiben und Erhitzen mit etwas Oel, Talg, Paraffin oder Wachs dargestellt; die hierbei sich bildenden schönen Farben (violett, kupferroth, orange, goldgelb, grün) sind Anlauffarben. Die Legirung zu diesen Bronzefarben ist:

für helle Nüancen	Kupfer	83,
	Zink	17,
für rothe Nüancen	Kupfer	94–90,
	Zink	6–10,

für rothe Nüancen Kupfer 100.

Der Kupfergehalt der Bronzefarben bei verschiedenen Mustern ergab sich bei der Analyse folgendermaassen:

α) Französische Bronzen:	Kupferroth	97,32	Proc.
	Orange	94,44	„
	Blassgelb	81,29	„
β) Englische Bronzen:	Orange	90,82	„
	Hochgelb	82,37	„
	Blassgelb	80,42	„
γ) Bayerische Bronzen:	Kupferroth	97,32	„
	Violett	98,82	„
	Orange	95,30	„
	Hochgelb	81,55	„
	Speisegelb	82,34	„

Das Neusilber.

Das Neusilber (Argentan, Pakfong, Weisskupfer) ist eine Legirung aus Kupfer, Nickel, Zink oder Zinn, die man auch betrachten kann als Messing mit einem Zusatze von ⅙–⅓ Nickel. Das Neusilber ist von fast silberweisser Farbe, von dichtkörnigem oder feinzackigem Bruche, 8,1 8,7 spec. Gewicht und ist härter, aber fast ebenso dehnbar als gewöhnliches Messing. Es ist im hohen Grade politurfähig. Bei der Bereitung des Neusilbers werden Zink, Kupfer und Nickel im zerkleinerten Zustande, letzteres meist als Würfelnickel angewendet. Man bringt die Metalle gemengt in einen Tiegel, doch in der Weise, dass oben und unten etwas Kupfer zu liegen kommt, bedeckt das Ganze mit Kohlenpulver und schmilzt, wobei öfters mit einem eisernen Stabe umgerührt wird. Gutes Neusilber gleicht 12löthigem Silber und nimmt eine schöne Politur an, welche an der Luft unverändert bleibt. Es wird von sauren Flüssigkeiten weit weniger als Kupfer und Messing angegriffen, weshalb es ohne Gefahr zu Geschirren, in denen Speisen aufbewahrt werden sollen, Anwendung finden kann.

Die Zusammensetzung des Neusilbers ist:

Kupfer	50–66
Zink	19–31
Nickel	13–18,5

In Sheffield werden nachstehende Sorten gefertigt:

Kupfer Nickel Zink

Ordinär	8	2	3½
Weiss	8	3	3½
Electrum	8	4	3½
Strengflüssig	8	6	3½
Tutenay	8	3	6½

Das Neusilber ist selbst auf dem Probirsteine kaum vom 12löthigen Silber zu unterscheiden. Befeuchtet man aber den Strich mit Salpetersäure, so wird er rascher gelöst als der von Silber, und auf Zusatz von Chlornatriumlösung erfolgt keine Trübung. Das im Handel vorkommende Alfénide, aus dem man gegenwärtig Milchkannen, Theeservice, Gabeln, Löffel u. s. w. fabricirt, ist galvanisch versilbertes Neusilber, welches etwa 2 Proc. seines Gewichtes an Silber enthält und sich durch vollkommene Aehnlichkeit mit silbernen Gefässen und Geräthschaften bei bedeutend billigerem Preise empfiehlt. Dem Chinasilber ähnlich sind die unter dem Namen Perusilber, Chinasilber, Christoflemetall und Alpaka aufgetauchten Legirungen. Das *tiers-argent* (Drittel-Silberlegirung) besteht aus 27,5 Silber und 62,5 Kupfer, Nickel und Zink.

Eine andere silberhaltige Nickellegirung wird in der Schweiz seit 1850 als Scheidemünzmetall angewendet. Es sollen in 1000 Th. enthalten

die Stücke von		Silber	Kupfer	Zink	Nickel
20	Rappen	150	500	250	100
10	„	100	550	250	100
5	„	50	600	250	100

Das eigenthümliche Verfahren, das Silber anstatt mit Kupfer mit Neusilber zu legiren, wurde wol durch das Bestreben hervorgerufen, der geringhaltigen Silberscheidemünze ein weniger unehrenhaftes Aussehen zu verleihen, als das Scheidemünzsilber darbietet, wenn es abgegriffen ist. Die Schweizer Münzen werden allerdings durch die Abnutzung nicht roth, nehmen aber dagegen eine nicht angenehme, schmutzig gelbe Farbe an. In Belgien wendet man seit etwa zehn Jahren eine ähnliche Legirung (aus 25 Th. Nickel und 75 Th. Kupfer) zu den 5-, 10- und 20-Centimesstücken an. Auch in den Vereinigten Staaten Nordamerikas prägt man gegenwärtig Scheidemünzen (Centstücke), enthaltend 12 Th. Nickel und 88 Th. Kupfer. Das unter dem Namen Suhler Weisskupfer im Handel vorkommende Metall enthält 88 Th. Kupfer, 8,75 Th. Nickel und 1,75 Th. Antimon.

Kupferamalgam.

Eine Verbindung von 30 Th. Kupfer und 70 Th. Quecksilber, die man erhält, indem man Kupferpulver mit salpetersaurem Quecksilberoxydul befeuchtet, darauf mit heissem Wasser übergiesst und durch Reiben die nöthige Menge Quecksilber incorporirt, ist unter dem Namen Metallkitt bekannt; sie ist eine weiche Masse, die nach einigen Stunden erhärtet.

Kupferpräparate.

Kupfervitriol.

Der Kupfervitriol (Kupfersulfat, Cupricumsulfat, schwefelsaures Kupferoxyd, cyprischer oder blauer Vitriol) findet sich in der Natur als Ueberzug, oder in derben, nierenförmigen Massen, oder aufgelöst im Cementwasser. Er krystallisirt in schönen blauen, triklinoëdrischen Säulen, welche sich in 2 Th. heissem und 4

Th. kaltem Wasser, nicht aber in Alkohol lösen. Das krystallisirte schwefelsaure Kupferoxyd besteht in 100 Theilen aus:

32,14 Th. Schwefelsäure,

31,79 „ Kupferoxyd,

36,07 „ Wasser;

seine Formel ist $CuSO_4 + 5H_2O$.

Gewinnung das Kupfervitriols.

Man stellt den Kupfervitriol chemisch rein dar, indem man metallisches Kupfer mit concentrirter Schwefelsäure erhitzt; das Kupfer wird hierbei auf Kosten eines Theils des Sauerstoffs der Schwefelsäure oxydirt, während schweflige Säure entweicht ($Cu + 2H_2SO_4 = CuSO_4 + 2H_2O + SO_2$). Oft ist die Darstellung der schwefligen Säure der Hauptgrund zur Gewinnung des Kupfervitriols auf diesem Wege. Wird das Kupfer (am besten ist hier das zertheilte Cementkupfer anwendbar) vorher in Röstherden in Kupferoxyd übergeführt, so erspart man die Hälfte der Schwefelsäure. Im Grossen gewinnt man den Kupfervitriol, indem man 1) des natürlich vorkommende Cementwasser zum Krystallisiren abdampft, 2) indem man in einem Flammenofen Kupferplatten bis zum Siedepunkte des Schwefels erhitzt, den Ofen verschliesst und Schwefel hineinwirft. Der Schwefel verbindet sich mit dem Kupfer zu Schwefelkupfer (Cu_2S), das in einem Flammenofen bei sehr geringer Hitze oxydirt wird ($Cu_2S + 5O = CuSO_4 + CuO$); die geröstete Masse wird in einen Kessel gebracht und so viel Schwefelsäure hinzugesetzt, als nothwendig ist, alles Kupferoxyd zu sättigen. Die klare Lösung wird vom ungelösten Rückstande abgegossen und zur Krystallisation hingestellt. Man gewinnt den Kupfervitriol 3) indem man den Concentrationsstein oder Spurstein, der ungefähr 60 Proc. Kupfer enthält, mit Schwefelsäure behandelt; zu diesem Zwecke wird der Stein mehrere Male geröstet, dünn in Kasten geschüttet und mit Wasser ausgezogen. Die Auflösung wird in bleiernen Gefässen abgedampft und in kupfernen Gefässen zum Krystallisiren hingestellt. Aus der von den Krystallen abgegossenen Mutterlauge fällt man das Kupfer durch metallisches Eisen, weil der daraus dargestellte Kupfervitriol zu eisenhaltig ausfallen würde. Der auf diese Weise gewonnene Kupfervitriol ist der wohlfeilste; er enthält ungefähr 3 Proc. Eisenvitriol und zuweilen, wenn die Kupfersteine nickelhaltig waren, auch Nickelvitriol[8]. Häufig stellt man auch den Kupfervitriol aus Kupferabfällen, Kupferasche, Kupferhammerschlag durch Erhitzen derselben in einem Flammenofen bis zur vollständigen Oxydation und Lösung des Oxydes in verdünnter Schwefelsäure dar. 4) In Marseille verarbeitet man Malachit durch Lösen desselben in Schwefelsäure auf Kupfervitriol. 5) Neuerdings stellt man (nach Sinding's Verfahren) in Norwegen Kupfervitriol dar, indem man kupferhaltige Eisenkiese röstet, das Röstprodukt mit Wasser auszieht, aus der Lauge das Kupfer mittelst Schwefelwasserstoff fällt und das Schwefelkupfer nach dem Trocknen durch eine vorsichtig durchgeführte Flammenofenröstung zu Vitriol oxydirt. 6) In grosser Menge erhält man den Kupfervitriol als Nebenprodukt bei der Affinirmethode oder bei der Scheidung des Goldes vom Silber. Bei dieser Methode wird das goldhaltige Silber mit Schwefelsäure behandelt, wodurch schwefelsaures Silberoxyd gebildet wird, während das Gold ungelöst zurückbleibt. Die Lösung des schwefelsauren Silberoxydes wird mit metallischem Kupfer zusammengebracht; es löst sich von letzterem ein Molekül in der Schwefelsäure auf, während das Silber metallisch gefällt wird ($Ag_2SO_4 + Cu = CuSO_4 + 2Ag$). Der auf diese Weise dargestellte Kupfervitriol ist vollkommen rein. 7) Auch bei der hydrometallurgischen Silbergewinnung nach Ziervogel's Verfahren erhält man Kupfervitriol als Nebenprodukt. Der aus den Abfällen bei dem Kupferhüttenprocess gewonnene Kupfervitriol wird von beigemengtem Eisenoxydul durch Erhitzen in einem Flammenofen bis zur beginnenden Zersetzung befreit, das Eisenoxydul wird in Oxyd verwandelt, das beim Auflösen der Masse ungelöst zurückbleibt. Nach einem anderen, von Bacco angegebenen, Verfahren löst man den zu reinigenden Kupfervitriol in Wasser und vermischt die Lösung mit kohlensaurem Kupferoxyd, welches alles Eisen, auch das in Gestalt von Eisenoxydul vorhandene, als Oxyd fällt, während eine entsprechende Menge Kupferoxyd sich auflöst. Nach genügender Einwirkung wird die reine Kupfervitriollösung von dem Niederschlage abfiltrirt.

Doppelvitriol.

Unter Doppelvitriol oder gemischtem Vitriol versteht man einen aus Kupfervitriol und Eisenvitriol bestehenden, zusammenkrystallisirten Vitriol. Der Salzburgervitriol (Doppel-Adler) enthält 76 Proc., der Admonter 83 Proc. und der Doppel-Admonter 80 Proc. schwefelsaures Eisenoxydul. Zuweilen findet sich in dem gemischten Vitriol auch noch schwefelsaures Zinkoxyd (weisser Vitriol). In der neueren Zeit wird aber der gemischte Vitriol weniger häufig angewendet.

Anwendung des Kupfervitriols.

Der Kupfervitriol findet häufig Anwendung zur Darstellung der Kupferfarben (zu welchem Behufe er frei von Eisen- und Zinkvitriol sein muss), des essigsauren Kupferoxydes, zum Verkupfern, zum Brüniren des Eisens, zum Färben des Goldes, zum Schwarzfärben von Tuch und Wollgarn, als Reservage in der kalten Indigküpe, zum Erweichen des Getreides vor dem Säen und zur Erzeugung galvanoplastischer Abdrücke. Seit etwa zwanzig Jahren gehen grosse Mengen von Kupfervitriol nach Mexiko und Peru, um dort bei dem Ausbringen von Silber (nach der amerikanischen Amalgamation) verwendet zu werden.

Kupferfarben.

Kupferfarben. Von den vielen Farben, in welchen Kupfer den färbenden Bestandtheil ausmacht, seien folgende beschrieben: 1) Braunschweigergrün, 2) Bremergrün und Bremerblau, 3) Casselmann's Grün, 4) Mineralgrün, 5) Schweinfurtergrün.

Braunschweigergrün.

Mit dem Namen Braunschweigergrün bezeichnet man verschiedene Kupferverbindungen, welche als Malerfarbe Anwendung finden. Was gegenwärtig im Handel unter diesem Namen vorkommt, ist basisch kohlensaures Kupferoxyd ($CuCO_3 + CuH_2O_2$) und eine Nachahmung des Berggrün, welches entweder fein gemahlener Malachit oder ein Bodensatz aus kupferhaltigen Cementwässern ist. Man gewinnt das Braunschweigergrün, indem man Kupfervitriol mit kohlensaurem Natron oder kohlensaurem Kalk, oder Kupferchlorid, durch Zersetzen von Kupfervitriol mit Kochsalz erhalten, mit einem kohlensauren Alkali zersetzt, den entstandenen Niederschlag mit heissem Wasser auswäscht und ihn dann mit Schwerspath, Permanentweiss, Zinkweiss oder Gyps, nicht selten auch mit Schweinfurtergrün nüancirt. Eine Sorte Braunschweigergrün, welche jedoch gegenwärtig nicht mehr benutzt zu werden scheint, ist eine Art künstlichen Atakamits, ein Kupferoxychlorid, welchem nach Ritthausen die Formel $CuCl_2$, $3CuO + 3H_2O$ zukommt. Das im Handel vorkommende Braunschweigergrün ist meist mit dem arsenhaltigen Schweinfurtergrün gemengt. Das Berggrün ist als Wasser-, Oel- und Kalkfarbe anwendbar.

Bremerblau oder Bremergrün.

Das Bremerblau oder Bremergrün ist wesentlich Kupferoxydhydrat und erscheint in Gestalt einer äusserst lockeren und hellblauen Masse, deren Farbe jedoch etwas ins Grünliche geht. Je reiner blau und je lockerer die Farbe, desto höher steht es im Preise. Als Wasser- und Leimfarbe giebt es ein helles Blau (weshalb es Bremerblau genannt wird), mit Oel angewendet, geht dagegen die ursprüngliche blaue Farbe schon nach 24 Stunden in Grün über, welches dadurch entsteht, dass sich das Kupferoxyd des Bremergrüns chemisch mit den Bestandtheilen des Oeles (Oelsäure, Palmitinsäure) zu grüner Kupferseife verbindet. Das Bremergrün kommt in verschiedenen Nüancen im Handel vor, welche durch Vermischen des Niederschlages mit leichten weissen Körpern, namentlich von Brei aus fein geschlemmtem Gyps hergestellt werden. Als Ausgangspunkt der Fabrikation dient gegenwärtig fast überall Kupferoxychlorid ($CuCl_2$, $3CuO + 4H_2O$). Der zur Darstellung dieser Verbindung eingeschlagene Weg ist ohne Einfluss auf die Eigenschaften der fertigen Farbe, insofern man nur mit Sorgfalt darauf bedacht ist, dass der blassgrüne Brei, in den Fabriken Oxyd genannt, kein Kupferchlorür (Cu_2Cl_2) enthält.

Die Bereitung geschieht nach der Vorschrift von Gentele auf folgende Weise:

112,5 Kilogr. Kochsalz und

111 „ Kupfervitriol,

beide vollkommen eisenfrei, werden im trockenen Zustande mit Wasser zu einem dicken Brei gemahlen, wobei sich die aufgelösten Portionen zu Kupferchlorid und schwefelsaurem Natron umsetzen: 2) 112,5 Kilogr. altes Schiffskupfer werden in quadratzollgrosse Stücke zerschnitten, in ein Fass geschüttet, in welchem sich mit Schwefelsäure angesäuertes Wasser befindet und kräftig umgerührt, hierdurch wird alles Oxyd von der Oberfläche des Kupfers entfernt. Man wäscht das Kupfer mit Wasser rein ab. 3) Das gereinigte Kupfer wird nun in den sogenannten Oxydirkästen mit dem aus Kupferchlorid und Glaubersalz bestehenden Brei in ½ Zoll dicken Lagen aufgeschichtet und diese Substanzen in einem Keller oder sonstigen Raume der gegenseitigen Einwirkung überlassen. Das Kupferchlorid nimmt zuerst Kupfer auf und verwandelt sich dadurch in Kupferchlorür, letzteres geht durch Aufnahme von Sauerstoff und Wasser in die oben erwähnte unlösliche, grüne, basische Verbindung über. Um deren Bildung zu befördern, wird die Masse während des Verweilens in den Oxydirkästen alle 2–3 Tage mit einer kupfernen Schaufel umgeschaufelt. Da bekanntlich das Kupferchlorür beim Behandeln mit Alkalien und alkalischen Erden gelbes oder rothes Kupferoxydul abscheidet, so darf auch nicht die geringste Spur von Kupferoxydul zurückbleiben, weil sich sonst bei weiterer Verarbeitung die reine Farbe des Bremergrün trüben würde. In manchen Fabriken hat man zur Beseitigung des Kupferchlorürs den Brei Jahre lang unter öfterem Umschichten stehen lassen, ehe man ihn weiter verarbeitet. Man erreicht denselben Zweck, wenn man das feuchte Gemenge von Zeit zu Zeit vor der jedesmaligen Umarbeitung trocken werden lässt, wobei die Luft an die Stelle des verdunsteten Wassers tritt und so eine vollständige Oxydation bewirkt. Nach beendigter Oxydation, in der Regel nach 3–5 Monaten, hebt man die zerfressene Kupfermasse aus den Oxydationskästen, bringt sie in einen Schlämmbottich und wäscht sie mit geringen Mengen Wasser zu einem dünnen Schlamm, welchen man von dem unoxydirten Kupfer trennt. 4) Auf je 6 solche Eimer Schlamm setzt man 6 Kilogr. Salzsäure und lässt das innige Gemisch 1–2 Tage lang stehen. 5) In einen anderen Bottich, den Blaubottich oder Blauback, bringt man für je 6 Eimer des mit Salzsäure versetzten Schlammes 15 Eimer klare und farblose Kalilauge. Man verdünnt den angesäuerten Schlamm noch mit 6 Eimern Wasser und trägt den Inhalt der sauren Bütte schnell in die Kalilauge in dem Blaubottich ein, während einige Arbeiter den Inhalt des letzteren unausgesetzt umrühren. Die basische Kupferverbindung geht durch die Behandlung mit Salzsäure in grünes neutrales Kupferchlorid über, welches letztere sich mit dem Kali in Chlorkalium und blaues Kupferoxydhydrat (Bremerblau) umsetzt. 6) Nachdem das Ganze eine ziemlich steife Consistenz angenommen hat, lässt man es 1–2 Tage lang stehen, darauf wird der Niederschlag durch wiederholtes Umrühren mit Wasser und Decantiren von dem Kali und Chlorkalium befreit, hierauf auf Seihetüchern einige Wochen feucht erhalten und der Luft ausgesetzt und zuletzt gepresst, zerschnitten, und bei einer Temperatur, welche 30–35° C. nicht überschreiten darf, getrocknet, indem bei höherer Temperatur das Hydratwasser entweichen und das Bremerblau in schwarzbraunes Kupferoxyd übergehen würde.

Nach anderen Vorschriften erhält man das Bremerblau auf folgende Weise: 1) 50 Kilogr. fein zerschnittenes Kupferblech wird mit 30 Kilogr. Kochsalz unter Befeuchten von 15 Kilogr. zuvor mit dem dreifachen Volumen Wasser verdünnter Schwefelsäure gemischt. Hierbei wird Salzsäure frei, welche unter Mitwirkung der Luft das Kupfer zuerst in Kupferchlorid, dann in Chlorür überführt, woraus sich durch weitere Oxydation das basische Kupferchlorid bildet, welches man auf die angegebene Art durch Kalilauge zersetzt. 2) Man besprengt nach Habich das Kupferblech mit einer Auflösung von Kupferhammerschlag (Kupferasche) in reiner Salzsäure, um die basische Chlorkupferverbindung zu bilden. 3) Man versetzt neutrales salpetersaures Kupferoxyd mit einer zur Zersetzung unzureichenden Menge von kohlensaurem Kali oder Natron; der anfänglich sich bildende flockige Niederschlag von kohlensaurem Kupferoxyd verwandelt sich unter Abgabe von Kohlensäure nach und nach in basisch salpetersaures Kupferoxyd ($CuN_2O_6 + CuH_2O_2$), welches sich als schweres grünes Pulver absetzt. Man übergiesst dieses Kupfersalz mit einer Auflösung von Zinkoxydkali (durch Auflösen von Zinkweiss in Kalilauge erhalten), wodurch man eine tiefblaue, höchst lockere Farbe von grosser Deckkraft erhält, welche aus zinksaurem Kupferoxyd mit geringer Beimischung von höchst basisch salpetersaurem Kupferoxyd besteht. 4) Ein magnesiahaltiges Bremerblau erhält man durch Fällen einer Auflösung von

Kupfervitriol, Bittersalz und etwas Weinstein durch Potasche, indem man die Auflösung der ersteren in die Potaschenlösung giesst und von letzterer einen Ueberschuss anwendet.

Casselmann's Grün.

Die von W. Casselmann 1865 entdeckte schöne arsenfreie grüne Farbe — Casselmann's Grün — wird dargestellt, indem man eine siedend heisse Lösung von Kupfervitriol mit einer siedenden Lösung von essigsaurem Alkali vermischt. Der sich bildende Niederschlag ist ein basisches Kupferoxydsalz von der Formel ($CuSO_4 + 3CuH_2O_2 + 4H_2O$). Getrocknet und zerrieben bildet diese Farbe, nächst dem Schweinfurter Grün, die schönste aller Kupferfarben weshalb ihre Verwendung anstatt der arsenhaltigen Kupferfarben sehr anzuempfehlen ist.

Mineralgrün und Mineralblau.

Das Mineralgrün oder Scheele's Grün, eine gegenwärtig nur noch selten angewendete, nur wenig deckende Farbe, besteht wesentlich aus Kupferoxydhydrat und arsenigsaurem Kupferoxyd. Man erhält es, indem man eine Auflösung von 1 Kilogr. reinem, eisenfreiem Kupfervitriol in 12 Liter Wasser löst und mit einer Lösung von 350 Gramm arseniger Säure in 1 Kilogr. gereinigter Potasche und 8 Liter Wasser unter beständigem Umrühren versetzt. Der entstehende grasgrüne Niederschlag wird mit warmem Wasser ausgewaschen und getrocknet. Habich schlug vor, die Flüssigkeit, welche arsenige Säure und Kupfervitriol enthält, nicht mit ätzendem oder kohlensaurem Kali oder Natron, sondern mit zinksaurem Kali zu fällen; man erhält eine zwar hellere, aber äusserst brillante Farbe. Zuweilen versteht man unter Mineralgrün fein geriebenen Malachit oder auch basisches Kupferoxydhydrat.

Obgleich man unter Mineralblau in der Regel die helleren, mit Thon oder Kaolin etc. versetzten Sorten von Berlinerblau versteht, so bezeichnen Andere mit diesem Namen oder dem Namen Bergblau (*cendres bleues*) eine blaue Malerfarbe, welche ehedem durch Mahlen und Schlämmen der reinsten Stücken des Kupferlasurs ($2CuCO_3 + CuH_2O_2$) in Tyrol und zu Chessy bei Lyon dargestellt wurde. Gegenwärtig soll man es darstellen, indem man eine Lösung von salpetersaurem Kupferoxyd mit Aetzkalk, nach anderen Angaben mit Kali fällt und den noch feuchten, aber ausgewaschenen Niederschlag mit Kreide, Gyps oder Schwerspath nüancirt. In Frankreich wird das Bergblau zum Theil noch feucht in Form eines Teiges verkauft. Die unter dem Namen Kalkblau (auch Neuwiederblau genannt) in Gestalt viereckiger Stücken oder quadratischer Tafeln in dem Handel vorkommende blaue Farbe wird durch Fällen einer Lösung von 100 Th. Kupfervitriol und 12½ Th. Salmiak mittelst der Kalkmilch von 30 Th. gebranntem Kalk in der Kälte dargestellt. Die Farbe besteht aus Kupferoxydhydrat und schwefelsaurem Kalk und ist nach der Formel $2(CaSO_4, 2H_2O) + 3CuH_2O_2$ zusammengesetzt. Es ist eine reinere blaue Nüance als das Bremerblau, besitzt im Wasser ziemliche Deckkraft, aber wenig in Oel.

Oelblau.

Das Oelblau, eine Farbe, welche mit Oelen und Firnissen zusammengerieben ein herrliches Veilchenblau giebt, ist Schwefelkupfer (CuS). Man wendet hierzu theils das in der Natur als Kupferindig vorkommende Schwefelkupfer, theils das künstlich dargestellte an. Man erhält das Oelblau durch Zusammenschmelzen von fein zertheiltem metallischem Kupfer mit Kaliumschwefelleber und Behandeln der geschmolzenen Masse mit Wasser, wobei das Schwefelkupfer in kleinen glänzenden bläulichen Krystallen zurückbleibt, welche nach dem Trocknen fein zerrieben werden.

Schweinfurtergrün.

Das Schweinfurtergrün ist die schönste und beliebteste, aber auch die gefährlichste aller Kupferfarben; es führt auch den Namen Wienergrün, Neuwiedergrün, Mitisgrün, Kirchbergergrün, Kaisergrün, Papageigrün etc. etc., je nachdem das eigentliche Schweinfurtergrün rein oder mit Schwerspath, schwefelsaurem Bleioxyd und Chromgelb nüancirt ist. Die Zusammensetzung und die Darstellungsweise des Schweinfurtergrün war Fabrikgeheimniss, bis v. Liebig und nach ihm Braconnot die Bereitungsart veröffentlichten. Nach der

Untersuchung von Ehrmann ist das Schweinfurtergrün im reinen Zustande eine Verbindung von neutralem essigsauren Kupferoxyd mit arsenigsaurem Kupferoxyd nach der Formel

$$\left.\begin{matrix}(C_2H_3O)_2\\ Cu\end{matrix}\right] O_2 + 3(CuO, As_2O_3)$$ [9]

und besteht in 100 Th. aus

Kupferoxyd	31,29	Th.
arseniger Säure	58,65	„
Essigsäure	10,06	„

Nach der Angabe von Ehrmann löst man gleiche Gewichtstheile arseniger Säure und neutralen Grünspans, jedes für sich, in Wasser, und mischt die concentrirten Lösungen siedend heiss mit einander. Es bildet sich sofort ein flockiger olivengrüner Niederschlag von arsenigsaurem Kupferoxyd, während die Flüssigkeit freie Essigsäure enthält. Wenn der Niederschlag in der Flüssigkeit ruhig stehen bleibt, so verringert er sein Volumen und wird dicht und krystallinisch; zugleich bilden sich in ihm grüne Stellen, welche nach und nach grösser werden, bis nach Verlauf von einigen Stunden er vollständig in eine intensiv grüne, körnig krystallinische Masse übergegangen ist. Diese neue Verbindung ist das Schweinfurtergrün; sie wird abfiltrirt und gewaschen; sie scheint auf die Weise zu entstehen, dass aus je vier Molekülen arsenigsauren Kupferoxydes ein Molekül arseniger Säure aus- und eine äquivalente Menge von Essigsäure eintritt. Die Vorschrift von Braconnot, mit Hülfe von Kupfervitriol Schweinfurtergrün zu bereiten, ist mit einigen Abänderungen die gegenwärtig in den Fabriken angewendete. Nach ihr löst man 15 Kilogr. Kupfervitriol in der kleinsten Menge siedenden Wassers und vermischt die heisse Lösung mit einer gleichfalls heissen und concentrirten Lösung von arsenigsaurem Kali oder Natron, welche 20 Kilogr. arsenige Säure enthält. Es bildet sich sofort ein schmutziggrüner Niederschlag. Indem man zu der Flüssigkeit 15 Liter concentrirten Holzessigs oder so viel setzt, dass sie nach Essigsäure riecht, verwandelt sich der Niederschlag in Schweinfurtergrün, welches, um die Abscheidung und Beimengung von arseniger Säure zu verhindern, sogleich abfiltrirt und mit siedendem Wasser ausgewaschen wird. Es kommt demnach bei der Fabrikation von Schweinfurtergrün darauf an, möglichst billig auf nassem Wege neutrales arsenigsaures Kupferoxyd darzustellen und dieses durch Digestion mit verdünnter Essigsäure in arsenig-essigsaures Kupferoxyd überzuführen. Das Schweinfurtergrün ist als Oel- und Wasserfarbe anwendbar; in Oel deckt es nicht besonders, trocknet aber gut; auf frischem Kalk lässt sich die Farbe nicht anwenden, denn der Aetzkalk entzieht ihr die Essigsäure und es hinterbleibt gelbgrünes arsenigsaures Kupferoxyd, welches keine angenehme Farbe hat. Es bildet ein aus smaragdgrünen, mikroskopischen Krystallen bestehendes Pulver, dessen Farbe um so satter ist, je grösser die Krystalle sind; beim Zerreiben wird die Farbe heller. Es befindet sich im Handel als krystallinisches Pulver und im zerriebenen Zustande als amorphes Schweinfurtergrün. Am Lichte und an der Luft ist es unveränderlich. Es ist unlöslich in Wasser; bei längerem Kochen mit Wasser wird es wahrscheinlich unter Verlust von Essigsäure braun. Es ist bekannt, dass in Zimmern mit feuchten Wänden, deren Tapeten Schweinfurtergrün enthalten, sich ein widriger und Kopfschmerzen verursachender Geruch zeigt, der von einer sich entwickelnden flüchtigen Arsenverbindung, wahrscheinlich Arsenwasserstoff, herrührt.

Zinnsaures Kupferoxyd.

Zinnsaures Kupferoxyd oder Gentele's Grün, durch Fällen von Kupfervitriol mit zinnsaurem Natron, Auswaschen und Trocknen des Niederschlages enthalten, ist eine schön grüne und giftfreie Kupferfarbe.

Grünspan.

Grünspan oder essigsaures Kupfer kommt im Handel vor als neutraler oder krystallisirter Grünspan und als basischer Grünspan. Der neutrale oder krystallisirte Grünspan ist neutrales essigsaures Kupferoxyd $(C_2H_3O)_2$ Cu $\}O_2 + H_2O$ das ursprünglich von den Holländern allein dargestellt wurde, die, um andere Fabriken irre zu leiten, das Präparat mit dem Namen „destillirter Grünspan" bezeichneten. Der basische oder blaue Grünspan wird im Grossen hauptsächlich in der Umgegend von Montpellier dargestellt; man verfährt dabei, indem man die Weintreber in Fässer oder grossen irdenen Häfen sich selbst überlässt. Der in den Trebern enthaltene Zucker geht unter Mitwirkung der gleichzeitig vorhandenen Fermente in Alkohol und dieser dann in Essigsäure über. Dabei erhöht sich die Temperatur beträchtlich. Wenn nach Verlauf von 3–4 Tagen ein deutlicher Essiggeruch sich entwickelt, werden die Treber mit erhitzten Kupferblechen, die man vorher mit einer Auflösung von Grünspan bestrichen und wieder getrocknet hat, in irdenen Häfen geschichtet. Diese Häfen werden in einem Keller, dessen Temperatur 10–12° beträgt, mit Strohmatten bedeckt, aufgestellt. Wenn sich auf den Blechen eine hinreichend starke Decke von Grünspan gebildet hat, kratzt man dieselbe ab, knetet den Grünspan in einem Fasse mit Wasser an und bringt den Brei in lederne Beutel, denen man durch Pressen eine viereckige Form giebt. Die vom Grünspan befreiten Bleche werden von Neuem benutzt, bis dieselben gänzlich aufgelöst sind. Dieser Grünspan ist blau und wird blauer oder französischer Grünspan genannt, er hat die Formel $(C_2H_3O)_2$ Cu $\}O_2$, $CuH_2O_2 + 5H_2O$. Auf andere Weise erhält man den Grünspan, indem man, wie z. B. in Grenoble, Kupferplatten mit Essig befeuchtet und an einem warmen Orte aufstellt, oder Kupferplatten mit Flanelllappen, welche mit Essig getränkt sind, schichtet; dieser Grünspan ist von grüner Farbe und hat die Formel $(C_2H_3O)_2$ Cu $\}O_2$, $2CuH_2O_2$. — Der neutrale Grünspan wird erhalten 1) durch Auflösen des basischen Salzes in Essigsäure; 2) durch Zersetzen von Kupfervitriol mit Bleizucker

$$(CuSO_4 + \left.\begin{matrix}(C_2H_3O)_2 \\ Pb\end{matrix}\right] O_2 = PbSO_4 + \left.\begin{matrix}(C_2H_3O)_2 \\ Cu\end{matrix}\right] O_2.$$

Nach der ersten Methode löst man den basischen Grünspan in 4 Th. destillirtem Essig oder Holzessig unter Erwärmen in einem kupfernen Kessel auf, decantirt die klare Flüssigkeit und dampft sie dann bis zum Erscheinen einer Salzkruste ab, worauf sie in hölzerne Gefässe gebracht wird, in denen sich der neutrale Grünspan an hineingestellte Holzstäbe ansetzt. Nach dem zweiten Verfahren werden die Lösungen gemischt, die Flüssigkeiten von dem ausgeschiedenen schwefelsauren Bleioxyd abgegossen und unter Zusatz von etwas Essigsäure zum Krystallisiren abgedampft. Anstatt des Bleizuckers wendet man zur Zersetzung des Kupfervitriols auch essigsauren Kalk und neuerdings auch essigsauren Baryt an. Der neutrale Grünspan kommt im Handel in Trauben (*grappes*) vor, die aus dunkelgrünen, undurchsichtigen Säulen bestehen, sich in 13,4 Th. kaltem und 5 Th. siedendem Wasser, in 14 Th. siedendem Alkohol lösen. —

Anwendung des Grünspans.

Man wendet beide Grünspansorten an als Oel- und Wasserfarbe, zur Bereitung von Kupferfarben (Schweinfurtergrün), in der Färberei und Druckerei, beim Vergolden und in früherer Zeit zur Darstellung der Essigsäure.

Das Blei.

(Pb = 207; spec. Gew. = 11,37.)

Blei. Vorkommen desselben.

Das Blei ist seit den ältesten Zeiten bekannt. In der Natur kommt es nur sehr selten gediegen, häufig aber an Schwefel gebunden als Bleiglanz (PbS) und als Bournonit (Spiessglanzbleierz) vor. Letzteres Bleierz besteht aus 41,77 Th. Blei, 12,76 Kupfer, 26,01 Antimon und 19,46 Schwefel ($3Cu_2S$, $Sb_2S_3 + 2[3PbS, Sb_2S_3]$), und wird auf Blei und Kupfer verarbeitet. Ausserdem findet es sich noch als Weissbleierz (Cerussit, kohlensaures Bleioxyd, $PbCO_3$), als Grünbleierz (Pyromorphit, phosphorsaures Bleioxyd, $3[P_2O_5, 3PbO] + PbCl_2$), als Mimetesit (arsensaures Bleioxyd, $3[As_2O_5, 3PbO] + PbCl_2$), als Vitriolbleierz (Anglesit, schwefelsaures Bleioxyd, $PbSO_4$), als Gelbbleierz (molybdänsaures Bleioxyd, $PbMoO_4$) und als Rothbleierz (Krokoit, chromsaures Bleioxyd, $PbCrO_4$).

Fig. 25.

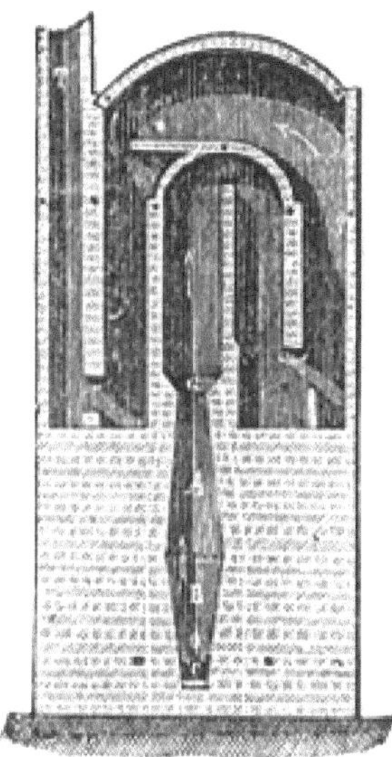

Man gewinnt das Blei gewöhnlich aus dem Bleiglanz. Derselbe (86,57 Blei und 13,43 Schwefel und stets etwas Silber enthaltend) ist von bleigrauer Farbe, vollkommenem Metallglanz, krystallisirt in Würfeln, ist spröde und hat ein spec. Gewicht von 7,75. Ausser zur Bleigewinnung, dient er auch feingemahlen (als Glasurerz oder Alquifoux) zum Glasiren des Töpferzeuges, zur Herstellung des Pattinson'schen Bleiweisses, auch wol als Streusand und zur Verzierung von Bijouteriearbeiten. Der Bleiglanz findet in neuerer Zeit auch zur Reindarstellung des Platins aus den Platinerzen Anwendung.

Die Gewinnung geschieht entweder durch Niederschlagsarbeit oder durch Röstarbeit.

Fig. 26.

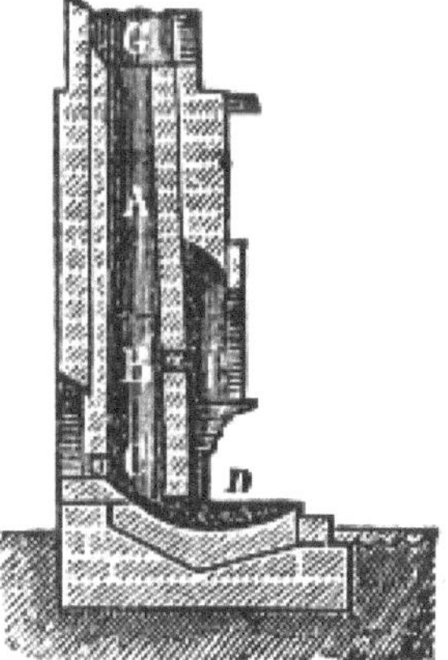

Fig. 27.

Die Gewinnung des Bleies aus dem Bleiglanze durch Niederschlagsarbeit gründet sich auf das Verhalten des metallischen Eisens zu Bleiglanz. Wenn man nämlich Schwefelblei mit metallischem Eisen erhitzt, so bildet sich Schwefeleisen und metallisches Blei ($PbS + Fe = FeS + Pb$). Bei der Niederschlagsarbeit wird der Bleiglanz, der von dem fremden Gestein durch Ausschmelzen oder Schlämmen getrennt worden ist, mit Eisengranalien gemengt — die man erhält, indem man geschmolzenes Roheisen in Wasser giesst — und in einem Schachtofen niedergeschmolzen. Man erhält metallisches Blei und Bleistein, welcher letztere wesentlich aus Schwefeleisen, Schwefelblei und etwas Schwefelkupfer besteht. Anstatt des metallischen Eisens wendet man zur Abscheidung des Bleies aus dem Bleiglanz auch Eisenerze, Eisenfrischschlacken u. s. w. an, welche auch noch durch ihren Sauerstoff entschwefelnd wirken.

Fig. 25, 26 und 27 zeigen einen Bleischmelzofen. *B* ist der Ofenschacht, *CD* der Herd und Tiegel des Ofens, wie die Zeichnung zeigt, zum Theil ausserhalb des Ofens. Von *D* kann durch einen Canal das flüssige Metall in den Stichtiegel abgelassen werden. Die aus dem Schachte entweichenden Gase gehen, ehe sie in die Esse *F* gelangen, durch Kammern, in welchen sich die durch das Gebläse *O* fortgerissenen Erztheilchen absetzen. Die gattirten Erze, mit Eisengranalien vermischt, werden in abwechselnden Schichten in den Ofen eingetragen. Die flüssigen Produkte sammeln sich in dem Tiegel *D* an. Die Produkte sind silberhaltiges Blei und Bleistein mit 30 und mehr Pfund Blei und 3 und mehr Pfund Silber im Centner, ferner mit einem grösseren oder geringeren Kupfergehalte. Je nach der Quantität und Qualität der in dem Steine enthaltenen Metalle wird derselbe geröstet und auf Vitriol oder Cementkupfer verarbeitet oder mit reichen Bleischlacken und Eisengranalien verschmolzen und auf Blei verarbeitet.

Gewinnung des Bleies durch Röstarbeit.

Fig. 28.

Die Gewinnung des Bleies aus dem Bleiglanze durch Rösten in Flammenöfen gründet sich auf des Verhalten des Bleioxydes und schwefelsauren Bleioxydes gegen Bleiglanz. Durch die Einwirkung des Sauerstoffs der atmosphärischen Luft wird ein Theil des Bleiglanzes zu Bleioxyd und schwefliger Säure oxydirt, nebenbei bildet sich auch schwefelsaures Bleioxyd. Durch den Sauerstoff des schwefelsauren Bleioxydes und des reinen Bleioxydes wird der Schwefel des noch unzersetzt gebliebenen Bleiglanzes oxydirt und entfernt ($3PbO + PbS = 4Pb + SO_2 + O$; $PbSO_4 + PbS = 2Pb + 2SO_2$). Ist bei dem Röstungsprocesse überschüssiger Bleiglanz vorhanden, so bildet sich ein Bleisubsulfuret (Pb_2S), aus welchem metallisches Blei, indem der Rückstand sich höher schwefelt, aussaigert ($2Pb_2S = 2PbS + 2Pb$).

Auf diesen Process, Röstsaigerprocess genannt, mit welchem die Anwendung von Flammenöfen mit vertieften Herde verbunden ist, gründet sich das englische Verfahren der Bleigewinnung. Die gewöhnliche Einrichtung der Flammenöfen zum Verschmelzen der Bleierze in Derbyshire und Cumberland geht aus der

Zeichnung Fig. 28 hervor. Der Herd, welcher aus Schlacken zusammengeschmolzen ist, ruht auf einer massiven Mauer. Die Fläche desselben ist von allen Seiten gegen die Abstichseite geneigt. Hier befindet sich die Abstichöffnung und in deren tiefster Stelle des Stichloch, aus welchem das Blei in den Vortiegel abfliesst. Der Ofen ist mit sechs Thüröffnungen *o o* versehen, von denen sich drei auf der Abstichseite und eine gleiche Anzahl auf der Rückseite befinden. Die zu verhüttenden Erze werden durch eine verschliessbare, trichterförmige Oeffnung *T* auf den Herd des Ofens gebracht. Gewöhnlich werden jedesmal 16 Ctr. Bleischliche eingetragen und in einer Zeit von 6–7 Stunden verarbeitet. Der Aufwand an Steinkohlen beträgt, dem Gewichte nach, ungefähr die Hälfte des Gewichtes der Erze. Das Erz wird gleichmässig über den Herd ausgebreitet. Hierauf verschliesst man die Thüren des Ofens, damit dieser allmälig sich erwärme. Nach zwei Stunden öffnet man wieder, bis der den Ofen erfüllende Rauch verschwunden ist. Dann schliesst man aufs Neue und giebt ein starkes Feuer. Später werden die Thüren zum zweiten Male geöffnet und das Erz abwechselnd durch die eine und die andere Seitenöffnung des Ofens umgerührt. Die Masse wird nun teigig und das Blei rinnt von allen Seiten ab. Man setzt die Arbeit des Umrührens etwa eine Stunde lang fort und dann fängt die Masse an, in einen fast flüssigen Zustand überzugehen. Diese Neigung zum Flüssigwerden befördert man durch Zusätze von Flussspath. Sobald sie vollkommen dünnflüssig ist, lässt man die oberste Schlacke abfliessen. Man bringt diese Schlacke durch Begiessen mit Wasser zum Erstarren. Man nennt sie weisse Schlacke; sie ist von weisser oder lichtgrauer Farbe, hat ein emailähnliches Aussehen und enthält oft bis zu 22 Proc. schwefelsaures Bleioxyd. Durch die mittlere Thür wird dann Steinkohlenklein geworfen, um die auf dem Metalle zurückgebliebene zähflüssige und noch reichhaltige Schlacke zum Erstarren zu bringen. Zuletzt wird die Stichöffnung aufgemacht und des Blei in den Stichtiegel abgestochen.

Werkblei.

Frischprocess.

Das durch die Niederschlags- oder durch die Röstarbeit gewonnene Blei heisst Werkblei und enthält Silber, Kupfer, Antimon u. s. w. Um das Silber aus demselben abzuscheiden, unterwirft man das Werkblei der Entsilberung, entweder auf dem Treibherde oder durch Pattinsoniren oder endlich dem Behandeln mit Zink nach dem Verfahren von Cordurié (s. Silber). — Die durch den Treibprocess entstandene Bleiglätte wird entweder als solche verwerthet oder durch den Frischprocess zu metallischem Blei reducirt. Das Frischen geht in Flammenöfen vor sich, auf deren Herden man die Bleiglätte mit Kohlen schichtet. Das auf diesem Wege gewonnene Blei enthält häufig Kupfer, Antimon, auch wol etwas Silber. Es ist daher minder weich (Hartblei) als das aus reiner Glätte dargestellte Blei (Weichblei). Die Zusammensetzung verschiedener Freiberger Bleisorten ergiebt sich aus nachstehenden Analysen von Reich:

	Rohes Werkblei.	Raffinirtes Blei.	Hartblei.	Antimonblei.	
				Muldener Hütte.	Halsbr. Hütte.
Blei	97,72	99,28	87,60	90,76	87,60
Arsen	1,36	0,16	7,90	1,28	0,40
Antimon	0,72	Spur	2,80	7,31	11,60
Eisen	0,07	0,05	Spur	0,13	Spur
Kupfer	0,25	0,25	0,40	0,35	Spur
Silber	0,49	0,53	—	—	—

Eigenschaften des Bleies.

Das Blei, wie es als raffinirtes und pattinsonirtes Blei im Handel vorkommt, zeigt eine eigenthümlich lichtgraue Farbe. Es ist im Ganzen wenig geneigt, krystallinisches Gefüge anzunehmen und zeigt auf der Bruchfläche ein gleichartiges geschmolzenes Ansehen, doch erhält man es bei gewissen metallurgischen Arbeiten krystallisirt in Formen des Tesseralsystems (Combinationen von Würfel und Oktaëder), so z. B. beim Pattinsoniren. Das Blei zeichnet sich durch Weichheit und Biegsamkeit aus, daher es einen ziemlich hohen Grad von Dehnbarkeit, aber nur geringe absolute Festigkeit besitzt. Frisch geschabt oder geschnitten zeigt es einen starken Glanz, der aber an der Luft sich bald verliert. An den Händen, auf Papier und auf leinenen Zeugen färbt es stark ab. Die Härte wird durch Bearbeitung nicht merklich erhöht. Sein spec. Gewicht = 11,37. Ein Kubikfuss Blei wiegt daher über 600 Pfd. Das aus den Erzen dargestellte Blei ist fast immer mehr oder weniger mit anderen Metallen verunreinigt. Gewöhnliche Verunreinigungen sind Kupfer und Antimon, selten kleine Quantitäten von Arsen und Zink, noch seltener Eisen. Eine andere häufige Verunreinigung des Bleies ist die mit Bleioxyd, von dem geringe Mengen dem Metalle mechanisch beigemengt sind. Durch diese Beimengung vermindert sich die Geschmeidigkeit und Dehnbarkeit beträchtlich, dagegen widersteht ein so verunreinigtes Blei stärker der Kraft, mit der es zusammengedrückt wird. Wenn demnach das Blei zum Tragen von Lasten Verwendung finden soll, ist die Verunreinigung mit Oxyd vortheilhaft. Kommt dagegen die Dehnbarkeit in Betracht, wie bei der Herstellung von Bleiblech, so ist beim Verschmelzen die Bildung des Oxydes zu verhüten. Das Blei gehört zu den leichtflüssigen Metallen, es schmilzt schon bei 332°; es erstarrt ruhig und mit eingesenkter Oberfläche. Bis fast zum Schmelzpunkt erhitzt, wird es spröde und bricht durch starkes Hämmern in Stücke. Bei starker Weissglühhitze geräth es bei Abschluss der Luft in eine kochende Bewegung und verdampft. Das Blei lässt sich nur schwierig feilen, indem die Feilspäne ihrer Weichheit wegen die Vertiefungen der Feile verstopfen. Das Blei nimmt höchstens 1,5 Proc. Zink und 0,07 Proc. Eisen auf, dagegen um so mehr Kupfer, je höher die Temperatur ist.

Anwendung des metallischen Bleies.

Die Anwendung des Bleies ist eine sehr vielfältige. Man benutzt es in der Form von Bleiplatten zu Siedepfannen für Schwefelsäure, Vitriol und Alaun, zu Bleikammern bei der Fabrikation der englischen Schwefelsäure, ferner zu Wasser- und Gasleitungsröhren, Retorten, in dünnen Folien zum Einwickeln des Schnupftabaks (Tabakblei), eine durchaus unstatthafte Anwendung, da der Tabak bleihaltig wird, zur Fabrikation des Schrots, zum Giessen von Kugeln, zu Bleimantelgeschossen für gezogene Kanonenrohre, zu Legirungen, bei hüttenmännischen Processen zum Ausbringen gewisser Metalle, wie des Silbers und Goldes, zur Darstellung des Bleizuckers, der Mennige und des Bleiweisses.

Schrotfabrikation.

Der Flintenschrot ist bezüglich seiner Herstellung insofern interessant, als man sich dabei keiner Giessform bedient, da er in der That aus erstarrten Bleitropfen besteht. Die Schrotfabrikation begreift fünf verschiedene Operationen: 1) das Schmelzen des Bleies; 2) das Körnen des geschmolzenen Metalles; 3) das Sortiren der Bleikörner nach ihrer Grösse; 4) die Sonderung der unregelmässig geformten Schrotkörner von den runden; 5) das Scheuern und Glätten der Körner. Reines Blei wird in der Schrotfabrikation nicht angewendet, sondern stets mit geringen Quantitäten Arsen legirt, wodurch es die Eigenschaft erhält, sich leichter körnen zu lassen. Die Menge des zuzusetzenden Arsens richtet sich nach der Qualität des angewendeten Bleies. Gewöhnlich setzt man 0,3–0,8 Proc. Arsen hinzu. Zu viel Arsen bewirkt eine linsenförmige Abplattung der Körner, zu wenig eine länglichrunde Form. Man setzt das Arsen entweder in Natur oder als Schwefelarsen oder arsenige Säure zu. Setzt man das Arsen als arsenige Säure zu, so bedeckt man die Oberfläche des geschmolzenen Bleies mit Kohlenstaub und steigert die Hitze sofort bis zur Rothglut. Das Arsen wird in grobes Papier gewickelt in einem eisernen Drahtkorbe in das geschmolzene Blei eingetragen und gut umgerührt. Zum Körnen des Bleies bedient man sich Blechkessel mit flachem Boden (Schrotform), die siebartig mit runden Löchern von gleichem Durchmesser versehen sind. Wollte man das Blei einfach in die Schrotform giessen, so würden sich weit mehr ovale als runde Körner bilden. In der Form muss sich daher eine poröse Masse befinden, welche sich fest an die Wände anlegt und das flüssige Blei in einer Temperatur erhält, dass es weder zu leicht noch zu schwierig durch die Poren fliesst. Dazu eignet sich das von dem geschmolzenen Metall abgeschöpfte Gekrätz. Indem sich das flüssige Metall durch das Gekrätz einen Weg brechen muss und in einzelnen Tropfen durch die Formlöcher fliesst, nimmt es während des freien Falles, wie die Tropfen jeder anderen Flüssigkeit, Kugelgestalt an. Die Temperatur des geschmolzenen Bleies richtet sich nach der Schrotnummer, bei grobem Schrot muss sie so sein, dass ein hineingehaltener Strohhalm kaum gebräunt wird. Man erbaut eigene hohe thurmartige Gebäude, auf deren Höhe sich die Schrotform befindet. Statt der Thürme kann auch ein tiefer Brunnen oder Schacht dienen. Die während des Herabfallens erstarrten Schrotkörner werden in einem Gefässe mit Wasser aufgefangen, welches auf 100 Th. 0,025 Th. Schwefelnatrium gelöst enthält, um durch Bildung eines dünnen Ueberzugs von Schwefelblei die Oxydation der Schrotkörner an der Luft zu verhindern. Nach einem durchaus verschiedenen Principe wird der sogenannte Centrifugalbleischrot dargestellt. Man dreht nämlich eine horizontale Scheibe, welche auf einer verticalen Spindel befestigt und mit einer siebartig durchlöcherten Scheidewand aus Messingblech versehen ist, mit einer Randgeschwindigkeit von 1000 Fuss per Minute und giesst die geschmolzene Bleilegirung auf dieselbe. Das Metall wird durch die Löcher der Seitenwand in Folge der Centrifugalkraft in regulären, glänzenden, gleichgrossen Körnern auf einen um die Scheibe kreisförmig angebrachten Schirm aus Leinwand geworfen, ohne dass dieselben oval oder cylindrisch werden. Die gleichfalls in Centrifugalbewegung versetzte und sich mit grosser Geschwindigkeit erneuernde Luftmasse bringt die Körner zum Erstarren, noch ehe sie den Leinwandschirm berühren. Die beim Durchgehen durch eine und dieselbe Schrotform entstehenden Körner sind nicht von gleicher Grösse. Man sortirt sie deshalb durch Siebe mit kreisrunden Löchern. Sind die Schrotkörner nach der Grösse sortirt, so müssen auch noch diejenigen abgesondert werden, welche nicht vollkommen rund sind oder andere Fahler haben. Zu diesem Zwecke bedient man sich einer etwas gegen den Horizont geneigten und mit Randleisten versehenen langen Tafel, an deren Seiten Rinnen angebracht sind und welche in horizontaler Richtung hin und her bewegt wird. Die runden Körner fallen in einen Kasten, der zu ihrer Aufnahme bereit steht, während die fehlerhaften, birnförmigen Schrote entweder liegen bleiben oder seitwärts in die Rinne und von da in einen besonderen Kasten laufen. Die letzte Operation ist das Scheuern und Glätten. Zu dem Ende giebt man sie nebst Graphit (auf 100,000 Th. Schrot 6 Th. Graphit) in die Scheuertonne, die sich um eine eiserne horizontale Axe bewegt, und lässt so lange rotiren, bis der Schrot den erforderlichen Grad von Glätte und Glanz erlangt hat. Anstatt des Graphits hat man in England Quecksilber oder Zinnamalgam zum Ueberziehen der Schrotkörner angewendet, wodurch die Körner einen vorübergehenden weissen Glanz annehmen; das Quecksilber erhöht jedoch die Fabrikationskosten, ohne das Fabrikat zu verbessern. Wenn eine weisse oder bronzeähnliche Farbe der Schrotkörner verlangt würde, möchte es zweckmässiger sein, beim Glätten anstatt des Graphits Bronzepulver in die Scheuertonne zu geben. Der Bleiverlust in der Schrotfabrikation beträgt gegen 2 Proc. Gewöhnlich werden zehn verschiedene Schrotkaliber gefertigt und zwar von Nr. 0, dem gröbsten, bis zu Nr. 9 oder 10, dem feinsten. Die kleinsten Körner führen den Namen Vogeldunst, die gröbsten (von Erbsengrösse) Rehposten oder Schwanenschrot.

Legirungen des Bleies.

Von den Legirungen des Bleies sind zu erwähnen das Schnellloth der Klempner (gleiche Theile Blei und Zinn), die Legirung zu Orgelpfeifen (96 Th. Blei und 4 Th. Zinn), die Legirung der Weissgiesser (Blei, Antimon und Zinn), die Legirung zu Schiffsnägeln (3 Th. Zinn, 2 Th. Blei, 1 Th. Antimon), das Calain der Chinesen, aus welchem die Folien zum Ausfüttern der Theekisten verfertigt werden (126 Th. Blei, 17,5 Th. Zinn, 1,25 Th. Kupfer und eine Spur Zink); andere Legirungen zu Lettern und zu der Chemitypie siehe unten.

Bleipräparate (mit Einschluss der Chrompräparate).

Bleiglätte.

Das Bleioxyd PbO findet in der Industrie Anwendung in zweierlei Gestalt, entweder als Massicot oder als Bleiglätte.

Das Massicot (gelbes Bleioxyd) ist ein gelbes Pulver, häufig mit einem Stich ins Röthliche, welches entweder durch Erhitzen von kohlensaurem oder salpetersaurem Bleioxyd oder durch Calcination von Blei auf einem Flammenherd gewonnen wird. Vor dem Bekanntwerden des chromsauren Bleioxydes wurde es als gelbe Malerfarbe angewendet. Es schmilzt in der Rothglühhitze leicht zu einer glasartigen Masse, dem Bleiglas, welches indessen in den meisten Fällen ein Gemisch von geschmolzenem Bleioxyd mit kieselsaurem Bleioxyd ist. Die Bleiglätte ist geschmolzenes krystallinisches Bleioxyd und wird als Hüttenprodukt bei dem Silberverhüttungsprocesse beim Abtreiben des Reichbleies vom Pattinsoniren gewonnen. Sie enthält stets grössere oder geringere Mengen von Kupferoxyd, etwas Antimonoxyd, auch kleine Mengen von Silberoxyd, endlich auch zuweilen metallisches Blei (Wittstein will darin 1,25–3,10 Proc. Blei gefunden haben). Durch Digestion mit einer Lösung von kohlensaurem Ammoniak kann sie von dem beigemengten Kupferoxyd befreit werden. Das Bleioxyd absorbirt aus der Luft Kohlensäure, in geschmolzenem Zustande verbindet es sich leicht mit der Kieselerde und den Silicaten und bildet mit den letzteren leicht schmelzbare Gläser. Es löst sich in Essigsäure, Salpetersäure, sehr verdünnter Salzsäure, es löst sich ferner in Kali- und Natronlauge durch Kochen auf. In kohlensaurem Ammoniak, kohlensaurem Kali und Natron ist es unlöslich. Es findet Anwendung in der Glasfabrikation zur Darstellung von Krystallglas, Flintglas und Strass, in der Potterie zu Glasur und als Fluss in der Porcellan- und Glasmalerei, zur Bereitung von Lein- und Mohnölfirniss, von Bleipflaster (ölsaurem Bleioxyd), von Kitt, Mennige und essigsaurem Bleioxyd. Eine Lösung von Bleioxyd in Natronlauge (Natriumplumbat) wird zur Bereitung von zinnsaurem Natron angewendet; sie dient ferner zum Schwarzfärben von Horn (namentlich in der Kammfabrikation, um gewöhnlichem Horn das Aussehen von Büffelhorn oder, örtlich angewendet, von Schildkrot zu geben) und von Haaren (zu diesem Behufe nur in sehr verdünnter Lösung anwendbar), sowie in der Metallochromie zur Erzeugung der Regenbogenfarben auf Messing und Bronze.

Mennige.

Die Mennige, Minium, ist eine Verbindung von Bleioxyd mit Bleisuperoxyd von der Formel Pb_3O_4. Man stellt die Mennige dar, indem man, wie z. B. zu Villach, Bleioxyd in einem Ofen bei Luftzutritt erhitzt. Der zu diesem Zwecke dienende Ofen ist ein Flammenofen, dessen Herd mit Ziegelsteinen gepflastert ist; auf diesen Herd bringt man das Bleioxyd, in die Feuerungsräume das Brennmaterial, dessen Flamme über den Herd schlägt und durch den Schornstein entweicht. Der Luftzug darf nur ein sehr geringer sein, da ausserdem das Bleioxyd schmelzen und in Bleiglätte übergehen würde, welche nicht zu Mennige oxydirt werden kann. Während des Erhitzens wird fortwährend umgerührt. Häufig erzeugt man die Mennige aus Bleioxyd, das man aus metallischem Blei in dem Flammenofen selbst dargestellt hat; es geschieht dies z. B. in den Fabriken von Bigaglia in Venedig, von Roard zu Clichy und auf der Bleihütte zu Shrewsbury, in welchen man an den heissen Stellen des Ofens Blei in Massicot, an den weniger heissen letzteres unter Umrühren in Mennige verwandelt. Die reinste Mennige erhält man durch Glühen von kohlensaurem Bleioxyd in einem Flammenofen; sie führt den Namen Pariser Roth. Neuerdings stellt man auch die Mennige (nach Burton's Verfahren) durch Erhitzen von schwefelsaurem Bleioxyd mit Chilesalpeter und Soda und Auslaugen der erhitzten Masse mit Wasser dar; Mennige bleibt zurück, während schwefelsaures und salpetrigsaures Natron sich lösen. — Man benutzt die Mennige zur Fabrikation des Bleiglases, zur Darstellung von Kitt für Glasröhren, Dampfleitungsröhren und zum Verstreichen von Fugen von Kesseldeckeln, und als Farbenmaterial, als Wasser- und als Oelfarbe; sie ist in beiden Fällen von grosser Deckkraft u. s. w.

Bleisuperoxyd.

Durch Behandeln der Mennige mit Salpetersäure erhält man das Bleisuperoxyd PbO_2 als braunes Pulver, welches bei der Fabrikation der Zündwaaren in grosser Quantität Anwendung findet, obgleich man hierzu das auf nassem Wege aus Bleizucker und Chlorkalk dargestellte Superoxyd vorzieht. — Das, was man in den Zündholzfabriken oxydirte Mennige nennt, ist ein zur Trockne gebrachtes Gemisch von Salpetersäure mit Mennige und besteht aus salpetersaurem Bleioxyd, Bleisuperoxyd und unzersetzter Mennige.

Verbindungen des Bleioxydes.

Von Bleisalzen, die in den Gewerben Anwendung finden, sind folgende die wichtigsten:

Bleiacetat.

Das Bleiacetat (Bleizucker, essigsaures Bleioxyd)

$$\left.(C_2H_3O)_2\right]O_2 + 3H_2O$$

PB]

besteht in 100 Theilen aus:

58,71 Bleioxyd,

27,08 Essigsäure,

14,21 Wasser,

krystallisirt in vierseitigen Säulen, die sich in 1,66 Th. Wasser und 8 Th. Alkohol lösen; beim Erhitzen zerlegt es sich in Bleicarbonat, das zurückbleibt und in sich verflüchtigendes Aceton. Mit Schwefelsäure bildet es Bleisulfat und Essigsäure. Man stellt es dar, indem man Bleiglätte oder besser noch Massicot in bleiernen oder verzinnten kupfernen Pfannen, mit destillirtem Essig oder Holzessig behandelt, die geklärte Flüssigkeit abdampft und in Porcellanschalen oder hölzernen Kästen krystallisiren lässt. Aus 100 Th. Bleiglätte erhält man 150 Th. Bleizucker. Man wendet denselben in der Färberei, zur Bereitung der essigsauren Thonerde (Rothbeize), bei der Firnissbereitung und zur Darstellung von Farbematerialien, namentlich von Bleiweiss und Chromgelb, an. Von dem dreibasisch essigsauren Bleioxyd (dem Bleiessig) wird bei der Bleiweissfabrikation die Rede sein.

Bleichromat.

Bleichromat. Den Ausgangspunkt für das Bleichromat und für alle Chrompräparate bildet der Chromeisenstein, der wesentlich aus Eisenoxydul und Chromeisenstein. Chromoxyd (FeO, Cr_2O_3 oder Cr_2FeO_4) besteht, also ein Magneteisenstein ist, in welchem das Eisenoxyd durch das isomorphe Chromoxyd ersetzt ist. Ebenso findet sich häufig ein Theil des Chromoxydes durch Thonerde und Eisenoxyd, ein Theil des Eisenoxyduls durch Magnesia und Chromoxydul vertreten. Er ist eisengrau bis pechschwarz. Von dem Gehalte an Chromoxyd ist der Werth des Chromeisensteins abhängig. Nach den Analysen von Clouet (1869) enthielt im Durchschnitte

Chromeisen	von	Baltimore	45	Proc.	Chromoxyd
„	„	Norwegen	40	„	„
„	„	Frankreich	37–51	„	„
„	„	Kleinasien	53	„	„
„	„	Ungarn	31	„	„
„	vom	Ural	49,5	„	„
„	von	Californien	42,2	„	„

Kaliumchromat.

Kaliumchromat. a) Gelbes oder neutrales Kaliumchromat $CrO_2 K_2 \}O_2$ oder K_2CrO_4 wird dargestellt, indem man gemahlenen und geschlämmten Chromeisenstein mit Potasche und Salpeter gemengt auf der Sohle eines Flammenofens schmilzt. Durch den Sauerstoff des Salpeters werden Chromoxyd und Eisenoxydul höher oxydirt, ersteres zu Chromsäure. Aus der zerstossenen Masse zieht man durch Kochen mit Wasser das gebildete Kaliumchromat, unzersetzt gebliebenes Kaliumcarbonat und etwas Kaliumaluminat und Kaliumsilicat aus. Die Lösung wird durch Holzessig zersetzt, wodurch Thonerde und Kieselerde zu Boden fallen, und darauf bis zum

Erscheinen einer Salzhaut abgedampft. Das Kaliumchromat krystallisirt in citronengelben undurchsichtigen Säulen heraus, die sich leicht in Wasser, nicht aber in Alkohol lösen und grosse Neigung zeigen, in Kaliumbichromat überzugehen. Schwefelsäure und Salpetersäure verwandeln es sogleich in diese Verbindung. b) Das doppelt-chromsaure Kali oder Kaliumbichromat $K_2Cr_2O_7$ krystallisirt in wasserfreien, morgenrothen Prismen, die sich in 10 Th. Wasser lösen. Die Lösung wirkt in hohem Grade ätzend. Bei starkem Erhitzen entwickelt es Sauerstoff, während Chromoxyd und Kaliumchromat zurückbleibt. Man stellt dieses Salz durch Behandeln der neutralen Verbindung mit Salpetersäure oder Schwefelsäure dar. Salpetersäure ist vorzuziehen, weil man hier neben dem Kaliumchromat den leicht zu verwerthenden Salpeter erhält, welcher in der Mutterlauge bleibt, nachdem das chromsaure Kali durch Krystallisation ausgeschieden worden ist.

Jacquelain hat in der neueren Zeit, wie jedoch schon früher Stromeyer, empfohlen, das Kalksalz als Ausgangspunkt zur Darstellung der chromsauren Salze zu benutzen; er schlägt vor, Chromeisenstein mit Kreide unter häufiger Erneuerung der Oberfläche zu glühen, die fein gemahlene Masse in heissem Wasser zu vertheilen und unter stetem Umrühren Schwefelsäure bis zur schwach sauren Reaction zuzusetzen. Das Kalksalz, welches nach dem Glühen Calciumchromat war, ist nach dem Behandeln mit Wasser und Schwefelsäure in Calciumbichromat übergegangen. Ausser dieser Verbindung enthält die Lösung noch etwas schwefelsaures Eisenoxyd, das mittelst Kreide gefällt wird. Die Lösung enthält nur noch Calciumbichromat und etwas Gyps. Das Kaliumbichromat lässt sich aus diesem Salze einfach darstellen, indem man eine Lösung von Kaliumcarbonat auf Calciumbichromat einwirken lässt, es bildet sich Calciumcarbonat, während die Lösung des Kaliumbichromates zum Krystallisiren abgedampft wird. Tilghman schlägt vor, gepulverten Chromeisenstein mit 2 Th. Kalk und 2 Th. Kaliumsulfat gemengt, 18–20 Stunden lang in einem Flammenofen zu glühen. Eine andere von demselben vorgeschlagene Methode besteht darin, Chromeisenstein mit Feldspathpulver und Kalk zu glühen. Nach Swindells soll man den Chromeisenstein, mit einem gleichen Gewicht Chlornatrium oder Chlorkalium gemengt, in einem Flammenofen bis zur angehenden Weissglühhitze unter fortwährendem Darüberleiten von stark erhitzten Wasserdämpfen erhitzen. Es entsteht Natrium- oder Kaliumchromat. Die wichtigste Verbesserung in der Darstellung des Kaliumchromates besteht in der Ersetzung des Salpeters durch Potasche und der Anwendung eines Ofens, welcher der atmosphärischen Luft zu dem Gemisch zu treten erlaubt, sodass die Oxydation des Chromeisens auf Kosten des atmosphärischen Sauerstoffs vor sich geht; endlich auch in dem Zusatz von Kalk, wodurch nicht allein an Alkali gespart, sondern auch die Oxydation wesentlich erleichtert wird, indem die Masse eine teigige Consistenz annimmt, welche mit Leichtigkeit umgerührt werden kann. Letzterer Umstand ist nicht unwichtig, denn, wendet man Alkali allein an, so schmilzt das Gemisch zu einer dünnen Flüssigkeit, in welcher der Chromeisenstein zu Boden sinkt und die Luft mithin auf ihn nicht einwirken kann.

Anwendungen des Kaliumchromates.

Vor dem Jahre 1820 fand das Kaliumchromat nur zur Darstellung von Bleichromat Anwendung. Ersteres wurde damals auf kostspielige Weise aus dem Chromeisenstein durch Calciniren desselben mit Salpeter dargestellt. Im genannten Jahre ermittelte Köchlin die Anwendbarkeit des Bichromates als Aetzbeize auf Türkischroth, wodurch der Impuls zu einer ausgedehnten Anwendung dieses Salzes gegeben wurde. Hierauf folgten andere technische Anwendungen, namentlich in der Färberei, von welchen speciell erwähnt sei die Erzeugung von Chromgelb und Chromorange im Zeugdruck, das Chromschwarz mit Blauholz, die Oxydation von Katechu und von Berlinerblau, der Enlevagendruck, um Weiss auf indigoblauem Grunde zu erzeugen, das Bleichen von Palmöl und ähnlichen Fetten, die Herstellung von gewissen Zündmassen in der Zündholz- und Zündrequisitenfabrikation, die Darstellung von chromsaurem Quecksilberoxydul und Chromoxyd für die Porcellanmalerei und Decoration der Thonwaaren und in jüngster Zeit die Fabrikation von Smaragdgrün oder Vert Guignet, das als Körperfarbe im Zeugdruck häufige Anwendung findet. Grosse Mengen von Kaliumchromat finden auch in der Theerfarbenindustrie zur Fabrikation von Anilinviolett, Anilingrün und von Alizarin aus Anthracen Anwendung. Neuerdings wird das Kaliumchromat auch zur Darstellung von Chlorgas verwendet, ebenso auch zuweilen zum Entfuseln des Branntweins und zum Reinigen des aus Holzessig dargestellten Essigs. Der Verbrauch von Bichromat für die genannten Zwecke ist ein so bedeutender, dass die Darstellung dieses Salzes einen nicht unwichtigen Gewerbzweig ausmacht[11]. In den letzten Jahren sucht man in dem Zeugdruck das Kaliumbichromat durch das zweifach-chromsaure Ammoniak zu ersetzen.

Bleichromat.

Man unterscheidet dreierlei Verbindungen der Chromsäure mit dem Blei, nämlich neutrales Bleichromat (Chromgelb), basisches (Chromroth) und ein Gemenge von neutralem mit basischem (Chromorange). Das neutrale Bleichromat oder Chromgelb $PbCrO_4$ stellt man auf zweierlei Weise dar: entweder 1) durch Niederschlagen von Kaliumchromat mit Bleiacetat oder 2) aus Bleisulfat oder Chlorblei. Nach der ersten Methode stellt man zunächst eine Bleiauflösung dar, wozu man sich kleiner Holzbottiche bedient, die terrassenförmig geordnet sind. Man füllt die Bottiche mit gekörntem Blei, schliesst die Hähne und gibt in den obersten Bottich eine Füllung von Essig. Nach etwa 10 Minuten öffnet man den Hahn am Boden und lässt die Flüssigkeit in den zweiten, von da in den dritten und vierten Bottich laufen. Der Essig kommt in dem Sammelbottich an, ohne erhebliche Bleimengen aufgenommen zu haben. Es soll auch durch diese erste Operation das Blei nur benetzt und zur Oxydation geneigt gemacht werden. Die Bottiche bleiben ohne Essigfüllung stehen, bis das Blei sich mit einem bläulich weissen Häutchen bedeckt. Der oberste Bottich erhält dann seine Essigladung; nach ½–1 Stunde erfolgt die Entleerung des Essigs in den zweiten Bottich u. s. f., bis die gesättigte Bleilösung, basisches Bleiacetat (Bleiessig) enthaltend, unten im Sammelbottich anlangt. Zum Behufe der Chromgelbfabrikation wird die Lauge mit so viel Essig versetzt, dass sie eben sauer zu reagiren beginnt und dann zum Abklären in einen grösseren Laugenbottich gebracht. In einem zweiten Laugenbottich hält man sich eine Auflösung von 25 Kilogr. Kaliumbichromat in 500 Liter Wasser vorräthig. Man giesst von der Bleilauge so lange in die Chromlösung, als noch in letzterer ein Niederschlag erfolgt, wäscht den Niederschlag aus, versetzt ihn, wenn eine ordinäre Sorte Chromgelb hergestellt werden soll, mit Gyps, Schwerspath oder auch Permanentweiss (gefälltes Bariumsulfat) und trocknet ihn. Nach Liebig stellt man Chromgelb aus dem Bleisulfat, welches in grosser Menge aus den Kattundruckereien zu erhalten ist, dar, indem man dasselbe mit einer warmen Lösung von gelbem Kaliumchromat digerirt. Je nachdem grössere oder geringere Mengen des Bleisulfates in Chromat übergeführt wurden, entstehen mehr oder weniger hellgelbe Farben.

Nach Habich giebt es zwei Doppelverbindungen von Chromat mit Sulfat, welche den Formeln $PbSO_4 + PbCrO_4$ und $2PbSO_4 + PbCrO_4$ entsprechen. Die erste derselben bildet sich, wenn eine Lösung von Kaliumbichromat mit der entsprechenden Menge Schwefelsäure versetzt und mit der Bleilösung gefällt wird. Die zweite Verbindung entsteht, wenn der Schwefelsäurezusatz etwa um das Doppelte erhöht wird. Sie zeigt dieses Aufquellen im feuchten Zustande nicht, sondern bildet nach dem Trocknen eine feurige, fast schwefelgelbe Farbe von feurigem Bruche. Nach Anthon erhält man ein schönes Chromgelb, wenn man 100 Th. frisch gefälltes Chlorblei mit einer Lösung von 47 Th. Kaliumbichromat digerirt.

Chromroth.

Das basische Bleichromat oder Chromroth (Chromzinnober, österreichischer Zinnober), $PbCrO_4 + PbH_2O_2$ ist eine rothe Farbe, welche in neuerer Zeit vielfach als Anstreichfarbe angewendet wird, und entsteht aus dem neutralen Bleichromat dadurch, dass man demselben die Hälfte seiner Chromsäure durch Kali, entweder durch Schmelzen mit Salpeter oder durch Kalilauge entzieht. Nach Liebig und Wöhler stellt man das Chromroth dar, indem man Salpeter (am zweckmässigsten ein Gemenge nach gleichen Theilen von Kalium- und Natriumnitrat) bei ganz schwacher Glühhitze zum Schmelzen bringt und nach und nach in kleinen Antheilen reines Chromgelb einträgt. Die Masse im Tiegel wird mit Wasser ausgezogen und das sich abscheidende Chromroth nach gutem Auswaschen getrocknet. Das so erhaltene Chromroth ist von prächtig zinnoberrother Farbe und besteht aus lauter glänzenden Krystallpartikelchen. Auf nassem Wege stellt man nach Dulong das Chromroth durch Fällen von essigsaurem Bleioxyd mit einer Lösung von Kaliumchromat, zu welchem Kali gesetzt worden ist, dar. Alle Chromrothe, von dem dunkelsten Zinnoberroth bis zur matten Mennigfarbe, unterscheiden sich von einander nur durch die Grösse der Krystalle, aus welchen das Pulver besteht. Zerreibt man nämlich Chromroth von der verschiedensten Nüance zu einem gleichförmig feinen Pulver, so resultirt bei allen ein Produkt von gleicher Dunkelheit und die brillante mit dem Zinnober wetteifernde Farbe ist verschwunden. Soll demnach ein Chromroth von grosser Farbentiefe hergestellt werden, so muss man der Krystallbildung Vorschub leisten und insbesondere jede Störung derselben durch Umrühren u. s. w. vermeiden. Gemenge von neutralem und basischem Bleichromat kommen in verschiedenen Nüancen unter dem Namen Chromorange in den Handel. Man erhält sie durch Fällen von basischem Bleiacetat (Bleiessig) mit Kaliumchromat, durch Kochen von Chromgelb mit Kalkmilch, oder endlich durch Behandeln von Chromgelb mit einer zur Ueberführung in Chromroth nicht hinreichenden Menge Kali. Anthon empfiehlt zur Darstellung von Chromorange 100 Th. Chromgelb mit 55 Th. Kaliumchromat oder 12–18 Th. Aetzkalk zu Kalkmilch gelöscht, zu behandeln.

Chromoxyd.

Das Chromoxyd Cr_2O_3, das in der Glasfärberei, Porcellan- und Glasmalerei unter dem Namen Chromgrün vielfache Anwendung findet, wird auf verschiedene Weise dargestellt. Im wasserfreien Zustande wendet man es als Schleifmaterial, zum Ueberziehen der Streichriemen der Rasirmesser und als unzerstörbare und unnachahmliche Druckfarbe für gewisse Banknoten an. Am schönsten und in einem Zustande, der in technischer Beziehung allen Anforderungen entspricht, erhält man es durch Glühen von chromsaurem Quecksilberoxydul. Leider ist die Darstellungsart zu complicirt und zu kostspielig, um im Grossen angewendet zu werden. Lassaigne schlägt vor, gleiche Moleküle von gelbem Kaliumchromat und Schwefel zu glühen und die geglühte Masse mit Wasser auszuziehen. Nach Wöhler mischt man gelbes Kaliumchromat mit Salmiak, glüht und laugt mit Wasser aus, wobei das Chromoxyd zurückbleibt. Man erhält es auch durch Calciniren eines Gemenges von Kaliumbichromat mit Kohle und Auslaugen des entstandenen Kaliumcarbonates mit Wasser. Chromoxydhydrat (nach der Formel $Cr_4H_6O_9$ zusammengesetzt) kommt seit einiger Zeit entweder für sich oder in Verbindung mit Borsäure oder Phosphorsäure als schöne grüne Farbe und als Ersatzmittel des Schweinfurter Grüns unter den Namen Mittlergrün, Smaragdgrün, Pannetier's Grün, Arnaudon's Grün, Matthieu-Plessy's Grün im Handel vor. Guignet's Grün besteht in 100 Th. aus

Chromoxyd	76,25
Borsäure	11,71
Wasser	12,04
	100,00

Nach Scheurer-Kestner ist jedoch die Anwesenheit der Borsäure im Guignet'schen Grün blos eine zufällige und nicht nothwendige.

Chromalaun.

Der Chromalaun $Cr_2\,K_2\,\}4SO_4 + 24H_2O$, in dunkelvioletten oktaedrischen Krystallen auftretend, bildet sich in grosser Menge als Nebenprodukt bei der Fabrikation gewisser Theerfarben (Anilinviolett, Anilingrün, Anthracenroth). Er findet Anwendung als Mordant in der Färberei, zum Unlöslichmachen von Leim und Gummi, so wie zur Anfertigung wasserdichter Stoffe. Häufig stellt man auch aus ihm wieder Kaliumchromat dar.

Chromchlorid.

Das Chromchlorid, Cr_2Cl_6, am besten durch Zersetzen von Schwefelchrom mit Chlor dargestellt, ist eine in violetten Blättchen krystallisirende, glänzende, glimmerartige Masse, die als Farbematerial, besonders in der Buntpapierfabrikation, Anwendung finden kann.

Fig. 29. Fig. 30.

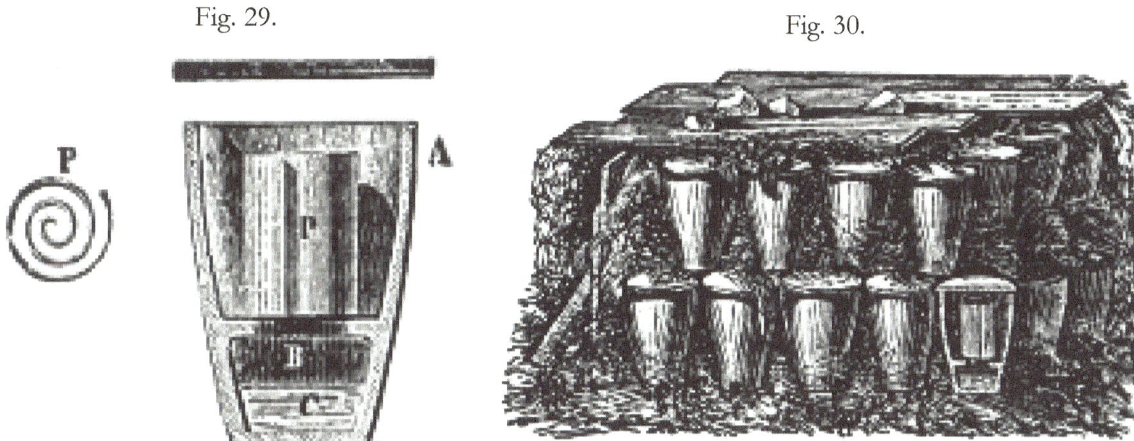

Bleiweiss.

Das Bleiweiss (basisches Bleicarbonat von der Formel $2PbCO_3 + PbH_2O_2$) wird auf verschiedene Weise dargestellt. Man unterscheidet die holländische, Bleiweissfabrikation nach der holländischen Methode. französische und englische Methode. Die holländische Methode der Bleiweissfabrikation ist auf die Erscheinung[70] begründet, dass metallisches Blei in Berührung mit Essigdämpfen, Kohlensäure und Sauerstoff bei geeigneter Temperatur in Bleiweiss verwandelt wird. Die Mittel, nach dieser Methode Bleiweiss zu fabriciren, sind verschieden. In Holland und Belgien, auch in einigen deutschen Fabriken, wird das Blei in dünnen, spiralförmig gewundenen Blechen in irdene, inwendig glasirte Töpfe (Fig. 29) gesetzt, auf deren Boden sich ordinärer mit Bierhefe gemischter Essig befindet; die Töpfe werden mit Bleiplatten bedeckt und in Pferdemist eingegraben. Ein derartig vorgerichtetes Mistbad (Fig. 30) wird Looge genannt. Durch die in dem Pferdemiste eintretende Gährung wird die Temperatur erhöht, der Essig verdampft und giebt dadurch unter Mitwirkung des Sauerstoffs zur Bildung von basischem Bleiacetat Anlass. Durch die in dem gährenden Miste erzeugte Kohlensäure wird das basische Bleiacetat $(C_2H_3O)_2$ Pb $\}O_2$, $3PbH_2O_2$, zersetzt in Bleiweiss und neutrales Bleiacetat. In den meisten Fabriken Deutschlands und namentlich Oesterreichs (so zu Klagenfurt und Wolfsberg in Kärnthen) hat man den Gebrauch des Düngers gänzlich beseitigt. Man nennt diese Methode der Bleiweissdarstellung das Kammerverfahren. Anstatt der Töpfe werden geheizte Kammern benutzt, in denen der Länge nach in mehrfachen Reihen über einander Latten sich befinden, über welche die Bleiplatten, dachförmig gebogen, gehängt werden. Der Boden der Kammern ist mit einer Schicht Lohe, Früchten, Weinlager, faulenden Stoffen u. s. w. bedeckt, durch welche Essig langsam durchsickert. Rationeller ist folgende Einrichtung: Der Boden der Kammer ist eine mit durchlöcherten Dielen bedeckte Kufe, in welcher sich erwärmter Essig befindet. Durch die Oeffnungen der Dielen gelangen die Essigdämpfe in die Kammern. In allen diesen Fällen werden die Bleibleche von ihrer Oberfläche nach innen zu, allmälig in Bleiweiss verwandelt. Dieses Rohprodukt wird von dem Gehalte an Bleiacetat durch Auswaschen von dem unangegriffenen, metallischen Blei durch Schlämmen befreit und kommt dann erst als reines Bleiweiss in den Handel. Eine jetzt in England gebräuchliche Modification der holländischen Bleiweissfabrikation besteht darin, dass man das feingekörnte, mit 1 bis 1,5 Proc. Essig befeuchtete Blei in die, vom Boden aus mit Dampf auf ungefähr 35° erwärmten Fächer eines hölzernen Kastens bringt, in welchen ein Strom von Kohlensäure und hinreichend Dampf geleitet wird, um die Atmosphäre im Innern und das Blei eben feucht zu halten. Nach 10–14 Tagen ist die Umwandlung vollendet. Das rohe Bleiweiss wird wie gewöhnlich gewaschen und geschlämmt.

Nach der englischen Methode.

Nach der englischen Methode wird Blei in einem Kessel geschmolzen, aus welchem es auf die Sohle eines grossen Flammenofens fliesst, zu welchem ein Gebläse fortwährend Luft führt. Das Blei zertheilt sich, bietet der Luft eine grosse Oberfläche dar und fliesst zu einer Rinne, deren Seitenwände mit kleinen Oeffnungen durchbohrt sind, durch welche die Bleiglätte abfliesst, während das schwerere Blei auf dem Boden der Rinne bleibt. Die fein zertheilte Bleiglätte, welche man auf diese Weise erhält, wird mit $\frac{1}{100}$ ihres Gewichtes in Wasser aufgelösten Bleizuckers befeuchtet und hierauf in horizontale Tröge gebracht, die oben verschlossen sind und unter einander communiciren. In diesem Zustande wird durch die Bleiglätte ein Strom von unreiner Kohlensäure geleitet, die in einem Flammenofen durch Verbrennung von Koks erzeugt wird. Die Gebläse, welche den Flammenofen speisen, bringen einen hinreichenden Druck hervor, um das Gas durch Röhren, die durch kaltes Wasser abgekühlt werden, bis zu der Glätte zu treiben. Krücken, die durch eine Dampfmaschine bewegt werden, rühren das Oxyd beständig um, wodurch die Verbindung der Kohlensäure mit dem Oxyd begünstigt wird. Das auf diese Weise erhaltene Bleiweiss deckt sehr gut und wird von den Engländern dem auf nassem Wege erhaltenen vorgezogen.

Bleiweissfabrikation nach der französischen Methode.

Die französische Methode oder das Verfahren von Thénard und Roard ist das bei weitem allgemeinere Verfahren der Bleiweissfabrikation. Da dasselbe auch das rationellste ist, so verweilen wir ein wenig länger bei demselben. Die Methode besteht darin, Bleiglätte in Essigsäure (rectificirtem Holzessig) aufzulösen, um eine Lösung von basischem Bleiacetat (Bleiessig, $(C_2H_3O)_2 Pb \}O_2, 2PbH_2O_2$ zu erzeugen. Indem man dann durch diese Lösung Kohlensäuregas leitet, werden zwei Moleküle Bleioxyd als Bleiweiss ausgefällt, während neutrales Bleiacetat, in Lösung zurückbleibt. Indem man die zurückbleibende Lösung von Neuem mit Bleiglätte digerirt, bildet sich wieder basisches Bleiacetat (Bleiessig), aus welchem durch Kohlensäure abermals zwei Moleküle Bleioxyd als Bleiweiss ausgefällt werden.

Fig. 31.

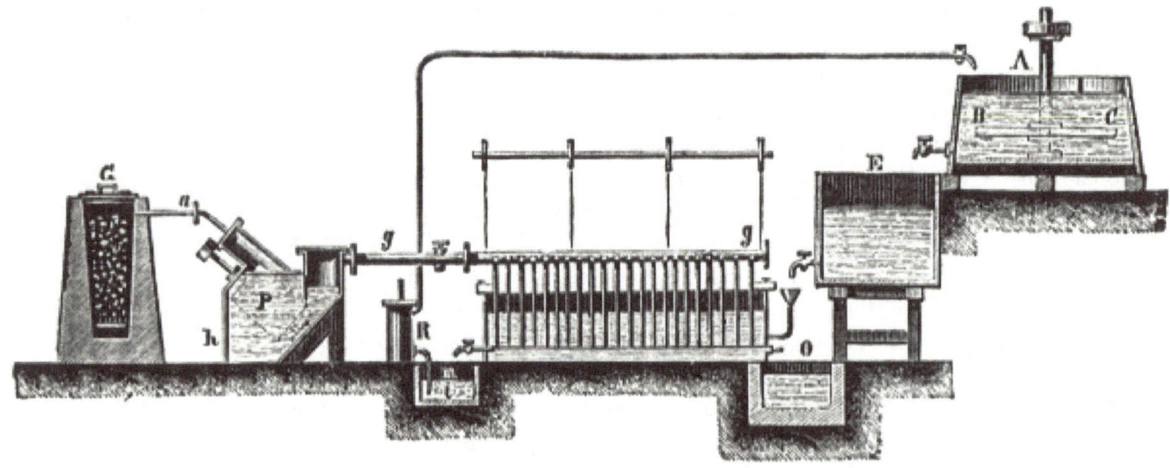

Der Apparat der Bleiweissfabrikation zu Clichy.

In Clichy bei Paris stellt man auf normale Weise das Bleiweiss in folgendem Apparate durch Zersetzen des Bleiessigs (basisches Bleiacetat) mittelst Kohlensäure dar. In dem Bottich *A* (Fig. 31) bewirkt man die Auflösung von Bleiglätte in Essigsäure, welche durch den Rührer *BC* beschleunigt wird; aus diesem Bottich fliesst die Lösung des dreibasisch essigsauren Bleioxydes in das aus verzinntem Kupferblech bestehende Reservoir *E*, in welchem sich metallisches Blei, Kupfer und andere unlösliche Substanzen absetzen. Die klare Flüssigkeit fliesst aus *E* in den zur Zersetzung bestimmten Kasten, der mit einem Deckel bedeckt ist, durch welchen 800 Röhren bis ungefähr 32 Centimeter tief unter das Niveau der Flüssigkeit führen. Diese Röhren sind durch die gemeinsame grössere Röhre *gg* verbunden, welche wiederum mit dem Waschkasten *P* in Verbindung steht. In diesem Waschkasten sammelt und reinigt sich die Kohlensäure, welche in einem kleinen Kalkofen *G* durch die Zersetzung von 2½ Maasstheilen Kreide und einem Maasstheile Koks unter Mitwirkung von atmosphärischer Luft erzeugt wird. Früher wurde die Kohlensäure durch Verbrennen von Holzkohle erzeugt. Nach Verlauf von 12 bis 14 Stunden ist die Zersetzung beendigt. Man lässt die über dem Bleiweiss stehende klare Lösung von neutralem essigsauren Bleioxyd in den Kasten *i* und den Bodensatz in das Reservoir *O* fliessen. Vermittelst einer Pumpe *R* pumpt man die Lösung von dem neutralen essigsauren Bleioxyd in den Bottich *A* zurück und fängt die Operation von Neuem an. Das in dem Reservoir *O* befindliche Bleiweiss wird wiederholt mit Wasser gewaschen und das erste Waschwasser mit der Flüssigkeit in dem Bottich *A* vereinigt. Das ausgewaschene Bleiweiss wird getrocknet. Um Kohlensäuregas behufs der Bleiweissfabrikation wohlfeil darzustellen, ist vorgeschlagen worden, ein Gemenge von kohlensaurem Kalk, Kohle und Braunstein zu glühen ($CaCO_3 + C + 3MnO_2 = Mn_3O_4 + CaO + 2CO_2$); man verwendet wohl auch die Kohlensäure, die sich bei der Gährung der Bierwürze und Branntweinmaische entwickelt, oder man benutzt endlich, wo sich die Gelegenheit darbietet, das der Erde entströmende Kohlensäuregas, indem man es durch ein Pumpwerk aufsaugt und durch Röhren dahin leitet, wo es benutzt werden soll. Bei Brohl in der Nähe des Laacher Sees wurde auf diese Weise die Kohlensäure zur Bleiweissfabrikation benutzt.

Nach der jetzt nicht mehr gebräuchlichen Methode von Button und Dyer wird ein inniges Gemisch von schwach befeuchteter Bleiglätte mit einer geringen Menge Bleizuckerlösung in einen langen steinernen Trog gebracht und dann unter fortwährendem Durcharbeiten mittelst einer Maschine heisses Kohlensäuregas darüber geleitet. Ist alle Bleiglätte in Bleiweiss verwandelt, so wird die Masse gemahlen. Nach Pallu (1859) bringt man (mittelst der Centrifugalmaschine) fein zertheiltes Blei auf eine schiefe Ebene und befeuchtet es daselbst mit Essigsäure. Nach einer Stunde etwa ist das Blei in essigsaures und in kohlensaures Salz übergegangen. Darauf lässt man über die geneigte Ebene eine Bleizuckerlösung fliessen, welche das krystallisirte Acetat auflöst und das Bleiweiss fortführt und letzteres in einem Bottich absetzt. Die darüber stehende klare Flüssigkeit wird über eine zweite Tafel gegossen u. s. f. Nach einem ähnlichen Principe stellt Grüneberg (1860) Bleiweiss dar, indem er gekörntes Blei der Rotation und der gleichzeitigen Einwirkung von Luft, Essigsäure und Kohlensäure aussetzt.

Bleiweiss aus Bleisulfat.

Das Bleisulfat ($PbSO_4$) wird in ansehnlicher Menge als Nebenprodukt bei verschiedenen chemischen Operationen, z. B. bei der Darstellung der essigsauren Thonerde aus Alaun und Bleizucker, oder bei der Essigsäure aus Bleizucker und Schwefelsäure, als werthloses Nebenprodukt erzeugt, das der schwierigen Reduction wegen bis jetzt nicht mit Vortheil auf metallisches Blei verarbeitet werden und seines geringen Deckungsvermögens wegen auch nicht anstatt Bleiweisses Anwendung finden konnte. Seit einiger Zeit hat man in Frankreich angefangen, das schwefelsaure Bleioxyd durch kohlensaure Alkalien in Bleiweiss umzuwandeln. Man wendet zu diesem Zwecke kohlensaures Ammoniak oder Natriumcarbonat an. Payen empfiehlt diese Methode für Gegenden, in denen schwefelsaures Bleioxyd zu haben ist. Um das Bleisulfat vortheilhaft auf metallisches Blei zu benutzen, wird dasselbe lufttrocken mit 67 Proc. Kreide, 12–16 Proc. Kohle und 37 Proc. Flussspath gemischt, in einem Ofen geschmolzen. Es wird hierbei zuerst Bleicarbonat gebildet, das sodann durch die Kohle reducirt wird; auf der andern Seite entsteht schwefelsaurer Kalk, mit welchem der Flussspath zu Schlacke zusammenschmilzt:

$$(PbSO_4 + CaCO_3 + 2C + nFl_2Ca = Pb + 3CO + CaSO_4 + nFl_2Ca).$$

Auf nassem Wege kann man es reduciren, indem man es, wie Bolley will, mit Zink und Wasser zusammenbringt, wobei Chlorzink und metallisches Blei entsteht. Nach dem Vorschlage von Krafft führt man das Bleisulfat durch Kochen mit Bariumacetat in Bleizucker (und in Barytweiss) über.

Theorie der Bleiweissfabrikation.

Abgesehen von der zuletzt erwähnten Darstellungsart des Bleiweisses aus dem schwefelsauren Bleioxyd, ist die Bleiweissbildung nach allen angeführten Methoden abhängig:

1) von der Bildung von basischem Bleiacetat;

2) von der Zersetzung dieser Verbindung in neutrales Bleiacetat und in Bleiweiss.

Betrachtet man das Bleiweiss einfach als Bleicarbonat, so lässt sich die Bleiweissbildung durch folgende zwei Formeln anschaulich machen:

$$\text{I.}\quad 2\left[\begin{matrix}C_2H_3O\\ H\end{matrix}\right]O + \quad 3PbO \quad = \quad \left.\begin{matrix}(C_2H_3O)_2\\ Pb\end{matrix}\right]O_2, 2PbH_2O_2;$$

Essigsäure. Bleioxyd. Basisches Bleiacetat.

$$\text{II.}\quad \left.\begin{matrix}(C_2H_3O)_2\\ Pb\end{matrix}\right]O_2, 2PbH_2O_2 + 2CO_2 + 2PbCO_3 + \left.\begin{matrix}(C_2H_3O)_2\\ Pb\end{matrix}\right]O_2$$

Basisches Bleiacetat. Bleicarbonat. Neutral. Bleiacetat.

Man sieht ein, dass eine beträchtliche Menge Bleiweiss durch eine verhältnissmässig geringe Menge von neutralem essigsauren Bleioxyd erzeugt werden kann. Die Bleiweisserzeugung würde auf diese Weise ohne Grenzen sein, wenn nicht das Bleiweiss eine gewisse Menge Bleizucker enthielte, wenn ferner bei der Fabrikation der Verlust an Essigsäure vermieden werden könnte.

Bleiweiss aus Chlorblei.

Nach Tourmentin wird Bleiweiss mittelst basischen Chlorbleies (aus Kochsalz und Bleiglätte) dargestellt, indem man diese Verbindung mit Wasser umrührt, durch das Gemenge einen Strom Kohlensäuregas leitet und die Flüssigkeit in einem bleiernen Kessel mit Kreidepulver so lange kocht, bis sie filtrirt nicht mehr durch Schwefelammonium geschwärzt wird. Das gebildete Bleiweiss wird durch Waschen von dem Kochsalz befreit, geschlämmt und getrocknet.

Basisches Chlorblei als Surrogat des Bleiweisses.

Das basische Chlorblei, das von Pattinson als Ersatzmittel des Bleiweisses vorgeschlagen worden ist, wird dargestellt, indem man eine heisse Lösung von Chlorblei ($PbCl_2$) die im Kubikfuss 400–500 Grm. enthält, mit einem gleichen Volumen gesättigten Kalkwassers vermischt. Es setzt sich sogleich ein weisser Niederschlag ($PbCl_2 + PbH_2O_2$) ab, der getrennt, gewaschen und getrocknet wird. Das Chlorblei wird durch Zersetzen von fein gemahlenem Bleiglanz in bleiernen Kesseln mit concentrirter Salzsäure dargestellt. Das sich hierbei entwickelnde Schwefelwasserstoffgas wird durch eine Röhre abgeleitet, entzündet und die Flamme in eine Schwefelsäurekammer geleitet, um auf diese Weise den Schwefel des Bleiglanzes zur Schwefelsäurefabrikation zu benutzen. Das Pattinson'sche Bleiweiss ist nicht ganz schneeweiss, sondern von einer etwas ins Bräunliche gehenden Farbe, welche aber in allen Fällen, wo das Bleiweiss mit etwas Schwarz oder Blau versetzt werden soll, kaum zu bemerken sein wird. Dagegen besitzt es eine ausgezeichnete Deckkraft.

Eigenschaften des Bleiweisses.

Bleiweiss ist im reinen Zustande blendend weiss, ohne Geruch und Geschmack. Je nach der Darstellungsart zeigt das Bleiweiss ein verschiedenes Aussehen; von den in den Töpfen gelegenen Bleiblättern erhält man das sogenannte Schieferweiss, das in Gestalt dünner Platten in den Handel kommt. Diejenigen Bleiplatten, mit denen die Töpfe zugedeckt waren, bekommen eine dickere Kruste, aus denen das gemeine Bleiweiss gebildet wird. Das Kremser Weiss ist reines Bleiweiss, mittelst Gummiwasser in Täfelchen geformt. Perlweiss ist mit etwas Berlinerblau oder Indigo versetzt. Mulder, Grüneberg u. A. fanden das im Handel vorkommende Bleiweiss zusammengesetzt aus 2 Mol. kohlensaurem Bleioxyd und 1 Mol. Bleioxydhydrat $2(PbCO_3) + PbO, H_2O$. 100 Th. käufliches Bleiweiss (von verschiedener Bezugsart) enthielten:

	1.	2.	3.	4.	5.	6.	7.	8.
Bleioxyd	83,77	85,93	86,40	86,25	84,42	86,72	86,5	86,51

Kohlensäure	15,06	11,89	11,53	11,37	14,45	11,28	11,3	11,26
Wasser	1,01	2,01	2,13	2,21	1,36	2,00	2,2	2,23

1. Kremserweiss. 2. Gefälltes Bleiweiss aus Magdeburg. 3. Harzer Bleiweiss. 4. Kremserweiss. 5. Kohlensaures Bleioxyd, durch Nachahmung der holländischen Methode von Hochstetter selbst erzeugt. 6. Bleiweiss aus Offenbach. 7. Bleiweiss aus Klagenfurt. 8. Englisches Bleiweiss, nach der holländischen Methode dargestellt.

Was die deckenden Eigenschaften des Bleiweisses anbelangt, so scheint es sicher zu sein, dass dieselben von dem Aggregationszustande abhängen; ein durch Fällung erhaltenes lockeres, krystallinisch körniges Bleiweiss deckt weniger, als ein nach der holländischen Methode bereitetes, dichteres. Es scheint, als ob die grössere Deckkraft des Bleiweisses mit dem grösseren Gehalte an Hydrat zunehme.

Verfälschung des Bleiweisses.

Man versetzt das Bleiweiss in den Fabriken häufig (in neuerer Zeit jedoch minder oft) mit Schwerspath (zu 30,66, selbst bis zu 72 Proc.) und schwefelsaurem Bleioxyd, seltener mit Witherit (kohlensaurem Baryt), Kreide, Gyps oder Thon. Ein Zusatz von Schwerspath zum Bleiweiss behufs des Oelanstrichs ist nicht rationell, da der Schwerspath keine Deckkraft hat und somit viel Oelfirniss ohne Zweck consumirt wird. Reines Bleiweiss muss sich in verdünnter Salpetersäure vollständig lösen, durch überschüssig zugesetztes Aetzkali darf in der klaren Lösung kein Niederschlag entstehen (Kreide); der in Salpetersäure unlösliche Rückstand deutet auf Gyps, Schwerspath oder schwefelsaures Bleioxyd. Das Bleisalz verräth sich dadurch, dass eine Probe desselben auf Kohle vor dem Löthrohre erhitzt, Metallkügelchen zeigt; Schwerspath giebt sich dadurch zu erkennen, dass eine Probe mit Kohle erhitzt und der Rückstand mit verdünnter Salzsäure übergossen, mit Gypslösung einen weissen Niederschlag erzeugt; Gyps ebenso behandelt, giebt mit Gypslösung keinen, wol aber mit oxalsaurem Ammoniak einen weissen Niederschlag. Nach W. Stein ermittelt man in einem Gemenge von Bleiweiss mit Schwerspath die Menge des Bleiweisses am einfachsten durch den Glühverlust, welcher im directen Verhältnisse zur Menge des kohlensauren Bleioxydes steht. Derselbe beträgt bei unvermischten Proben durchschnittlich 14,5 Proc.

Ein	Gemenge	von	33,3	Th.	Bleiweiss	und	66,6	Th.	Schwerspath	verlor	beim	Glühen	4,5–5	Proc.
„	„	„	66,6	„	„	„	33,3	„	„	„	„	„	6,5–7	„
„	„	„	80	„	„	„	20	„	„	„	„	„	13	„
„	„	„	50	„	„	„	50	„	„	„	„	„	10–10,4	„

Anwendung des Bleiweisses.

Die Anwendung des Bleiweisses als Malerfarbe, zum Kitt, zum Leinölfirniss, zur Darstellung der Mennige ist bekannt. Mit der Anwendung des Bleiweisses ist der Nachtheil verbunden, dass dasselbe durch Schwefelwasserstoff ausserordentlich leicht afficirt und in Schwefelblei verwandelt wird. Thénard hat vorgeschlagen, die durch Verwandlung des Bleiweisses in Bleisulfuret schwarz gewordenen Oelgemälde durch Behandeln derselben mit Wasserstoffsuperoxyd zu restauriren. Durch den (als Ozon vorhandenen) Sauerstoff dieser Verbindung wird nämlich das Schwefelblei in weisses Bleisulfat verwandelt.

Das Zinn.

(Sn = 118; spec. Gew. = 7,28.)

Fig. 32.

I.

II.

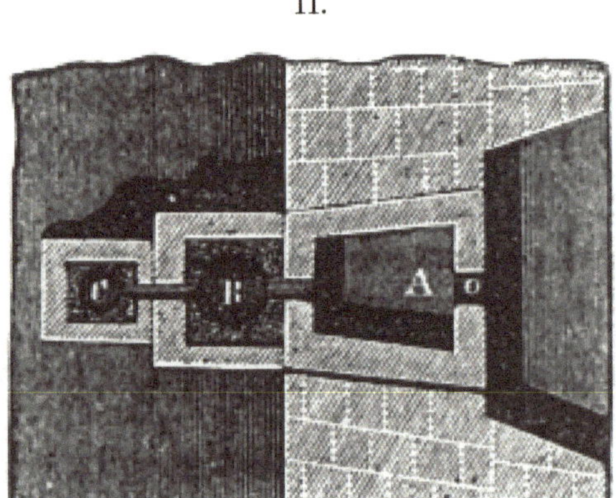

Zinn. Vorkommen und Gewinnung desselben.

Das Zinn findet sich in der Natur nie gediegen, sondern oxydirt als Zinnstein (SnO_2 mit 79 Proc. Zinn), und als Schwefelzinn mit anderen Schwefelmetallen verbunden in Zinnkies [($2Cu_2S + SnS_2$) + 2(FeS, ZnS), SnS_2 mit 26–29 Proc. Zinn] vor. Der Zinnstein, so wie er sich als Bergzinnerz im Gebirgsgestein, auf Lagern, Stockwerken, Gängen, im Granit, Syenit u. a. m., oder auf secundärer Lagerstätte, den sogenannten Seifenwerken oder Zinnseifen (Ablagerungen von verschiedenartigen Geröllen, besonders von Kieseln, mit Zinnsteingeröllen) als Seifenzinn (Holzzinn, Cornish-Zinn) findet, enthält ausser dem Zinnoxyd Schwefel, Arsen, Zink, Eisen, Kupfer und andere Metalle. Doch kommt der Zinnstein im Schuttland, im Sande der Flüsse (z. B. in Cornwall, auf Malacca, Banca) zuweilen als fast chemisch reine Zinnsäure vor. Ueberhaupt giebt der Zinnstein der Seifenwerke (weil hier die Natur die mechanische Scheidung bereits ausgeführt hat) ein weit reineres Zinn als das Bergzinnerz. Letzteres wird zuerst durch Pochen und Schlämmen von der anhängenden Bergart und durch Rösten vom Schwefel, Arsen und Antimon befreit. In Sachsen findet sich der Zinnstein in einem jüngeren Granit, der, vom älteren Gebirge umgeben, ein Stockwerk bildet. Er ist von Wolfram, Molybdänglanz, Schwefel- und Arsenkies begleitet und führt den Namen Zinnzwitter. Nachdem zu Altenberg (im sächsischen Erzgebirge) gebräuchlichen Verfahren wird das geröstete Zinnerz im Schachtofen (Fig. 32 I u. II), von etwa 3 Meter Höhe, dessen Wände aus Granit construirt und der auf einem Mauerwerke von Gneiss ruht, verschmolzen. Ein solcher Schachtofen besteht aus dem Schacht *A* und dem Vorherd *B*, der Bodenstein *D* besteht aus einem Stück und ist muldenförmig nach *d* zu ausgehauen. Der Vorherd *B* steht durch eine Stichöffnung mit einem eisernen Kessel in Verbindung; bei *o* mündet die Düse des Gebläses. Das Erz wird mit Kohlen (und mit Zinnschlacken) geschichtet; das reducirte Zinn sammelt sich auf dem Vorherd *B*, von welchem es in den Kessel *C* fliesst. Es enthält aber Eisen und Arsen. Von diesen Beimengungen wird es befreit, indem man es auf einem Herde, der mit glühenden Kohlen bedeckt ist, aussaigert; das reine Zinn schmilzt zuerst, fliesst durch die Kohlen und sammelt sich auf dem Stichherde an, während eine strengflüssige Legirung von Zinn mit Eisen u. s. w. in Körnern zurückbleibt. Man nennt dieselbe Dörner und die Operation des Aussaigerns das Pauschen. Die Zinnschlacken werden von Zeit zu Zeit verschmolzen (das Schlackentreiben), wobei sich Zinn und eine Art Ofensau, Härtlinge genannt, bilden, welche eben so wie die Dörner aus einer

Legirung von Eisen und Zinn bestehen. Das im Schachtofen erhaltene Zinn ist sehr rein und enthält kaum $^1/_{10}$ Proc. von fremden Metallen; es ist das Körnerzinn. Die zurückbleibende schwerer schmelzbare Legirung wird nochmals umgeschmolzen und als Blockzinn in den Handel gebracht. Das in Böhmen und Sachsen ausgebrachte Metall führt, je nachdem es in Stangen geformt, oder in dünne Blätter gegossen worden ist, den Namen Stangenzinn oder Rollzinn. Das gleichzeitige Vorkommen des Zinnsteins mit dem Wolfram erschwert zuweilen die Darstellung des reinen Zinnes ausserordentlich.

Eigenschaften des Zinnes.

Das Zinn besitzt eine silberweisse Farbe mit einem geringen Stich ins Bläuliche, verbunden mit dem vollkommensten Metallglanze, welcher dem Glanze des Silbers sehr nahe kommt. Nächst dem Blei ist das Zinn das weichste der Metalle, doch besitzt es schon so viel Härte, dass eine frei schwebende Zinnstange beim Anschlagen einen Klang hören lässt. Reines Zinn nimmt die Eindrücke mit dem Nagel des Fingers kaum mehr an. Beim Biegen knirscht es um so stärker, je reiner es ist. Das Zinn ist ausserordentlich geschmeidig und lässt sich zu dünnen Blättern ausstrecken. Die Dehnbarkeit ist geringer. Beim Reiben ertheilt das Zinn den Fingern einen eigenthümlichen und lange anhaftenden Geruch. Das spec. Gewicht des reinen Zinnes ist 7,28, das durch Hämmern und Walzen bis auf 7,29 erhöht werden kann. Ein Kubikfuss Zinn kann je nach den vorhandenen Verunreinigungen 375–400 Pfd. wiegen. Bis fast auf den Schmelzpunkt erhitzt, wird das Zinn spröde und lässt sich durch kräftige Hammerschläge zertheilen. Sein Schmelzpunkt ist bei 228°. Dient das Zinn zu Gusswaaren, so hängen Glanz und Festigkeit gänzlich von der Temperatur des geschmolzenen Zinnes im Augenblicke des Ausgiessens ab; war es so stark erhitzt, dass die Oberfläche des Metalles Regenbogenfarben zeigte, so erscheint es nach dem Erstarren auf der Oberfläche gestreift und rothbrüchig; war es dagegen zu wenig erhitzt, was sich durch das matte Ansehen der Oberfläche zu erkennen giebt, so ist es auch nach dem Erstarren matt und kaltbrüchig. Das Zinn hat nach dem Erstarren den grössten Glanz und die meiste Festigkeit, wenn die entblösste Oberfläche des flüssigen Metalles rein und spiegelhell erscheint. Bei starker Weissglühhitze beginnt das Zinn zu sieden und sich langsam zu verflüchtigen. Das geschmolzene Zinn bedeckt sich an der Luft mit einer grauen, aus Zinnoxydul und metallischem Zinn bestehenden Haut, Zinnkrätze genannt. Durch fortgesetztes Schmelzen bei Luftzutritt verwandelt sich das Zinn vollständig in gelblichweisses Zinnoxyd (Zinnasche). An der Luft büsst das Zinn nach und nach seinen Glanz ein.

Anwendung des Zinnes.

Man wendet das Zinn an zu Legirungen (Kanonenmetall, Bronze, Glockenmetall) und früher häufiger als jetzt zu Geschirren zum Haus- und Tischgebrauch, zu Destillirhelmen, Kühlapparaten und Röhren, zu Kesseln für Färber und Apotheker etc. In Verbindung mit Blei wird das Zinn zu den Zinngeschirren verarbeitet, weil diese Legirungen härter sind als jeder der Componenten für sich und daher der Abnutzung besser widerstehen. Eine Legirung von Zinn mit Blei heisst 2pfündig, wenn sie auf 1 Pfd. Zinn 1 Pfd. Blei enthält; sie heisst 3pfündig, wenn sie auf 2 Pfd. Zinn 1 Pfd. Blei enthält etc. Theils durch Walzen, theils durch Schlagen unter dem Stanniolhammer stellt man aus dem Zinn die Zinnfolie (Stanniol) dar, von welcher die stärkere Sorte (Spiegelfolie) zum Belegen der Spiegelplatten, die dünnere (Folie) zum Ausfüttern von Büchsen, Kästen, zum Einwickeln von Chocolade, Seife, Käse u. s. w. benutzt wird. Das Schlagsilber oder unechte Blattsilber (Silberschaum) ist Zinn mit etwas Zink versetzt und in dünne Blättchen ausgeschlagen. Zinn mit kleinen Mengen Kupfer, Antimon und Wismuth legirt, bildet das häufig zu Löffeln u. s. w. verarbeitete Compositionsmetall. Eine ähnliche Legirung ist das Britanniametall, das neuerdings zu Löffeln, Leuchtern, Zuckerdosen, Kaffee- und Theetöpfen häufige Anwendung findet, indem es mehr als Zinn dem Ansehen des Silbers sich nähert, bei grösserer Härte auch grösseren Glanz annimmt und leichtere Formen erlaubt. Es lässt sich auch zu Blech verarbeiten. Es besteht aus 10 Th. Zinn und 1 Th. Antimon. Da das im Handel vorkommende Zinn gewöhnlich mit anderen Metallen verunreinigt ist, die sämmtlich ein höheres spec. Gewicht als das Zinn haben, so hat man in der Bestimmung des spec. Gewichts des Zinnes ein Mittel, seine Reinheit zu prüfen. Je geringer das spec. Gewicht ist, desto reiner ist das Zinn. Eine Legirung von Zinn und Blei zeigt in den gebräuchlichsten Legirungsverhältnissen folgende spec. Gewichte:

Verhältnisse.	Spec. Gew.	Verhältnisse.	Spec. Gew.
1 Th. Sn. + 1 Th. Pb.	8,864	1 Th. Sn. + 4 Th. Pb.	10,183
2 „ + 3 „	9,265	3 „ + 2 „	8,497
1 „ + 2 „	9,553	2 „ + 1 „	8,226
2 „ + 5 „	9,770	5 „ + 2 „	8,109
1 „ + 3 „	9,9387	3 „ + 1 „	7,994
7 „ + 7 „	10,0734		

Durch Glühen des Zinnes an der Luft erhält man die Zinnasche, die zum Poliren von Glas und Metall und zum Weissfärben des Emails dient.

Verzinnen.

Oft überzieht man Gefässe aus anderen Metallen mit Zinn, was Verzinnung genannt wird. Bedingungen des Verzinnens sind, dass die Oberfläche des zu verzinnenden Metalles rein, d. h. oxydfrei sei, und dass beim Auftragen des geschmolzenen Zinnes die Oxydation desselben verhindert werde. Die zu verzinnenden Gegenstände werden deshalb vorher durch Scheuern, Abschaben oder durch saure Beizen gereinigt. Die Oxydation des aufgetragenen Zinnes wird durch Colophonium und Salmiak vermindert, welche beide Substanzen das entstandene Oxyd augenblicklich wieder reduciren. Die Verzinnung des Kupfers, Messings und Schmiedeeisens [Verzinnen von Kupfer.] geht leicht vor sich, indem man das zu verzinnende Gefäss fast bis zum Schmelzpunkte des Zinnes erhitzt, geschmolzenes Zinn darauf schüttet und das Metall vermittelst eines Büschels Werg, der mit etwas Salmiak bestreut worden ist, auf der Oberfläche des Kupfers [von Messing.] durch Reiben vertheilt. Gegenstände von Messing, wie Stecknadeln, werden behufs des Verzinnens in einen verzinnten Kessel mit Zinnkörnern (Weisssud oder Zinnsud), und mit einer Lösung von saurem weinsauren Kali (Cremor tartari) einige Stunden lang gekocht. Die verzinnten Gegenstände werden mit Kleie oder mit Sägespänen abgerieben. Um Eisenbleche [von Eisenblech.] zu verzinnen, werden die Bleche erst mit sauer gewordenem Kleienwasser und mit Schwefelsäure gebeizt, darauf in schmelzenden Talg und dann in geschmolzenes Zinn eingetaucht. Durch den Talg wird die Oxydation des Zinnes verhindert. Nachdem die Bleche hinreichend mit Zinn überzogen sind, werden sie aus dem Zinnbade entfernt, durch Schlagen mit einer Ruthe oder durch eine Hanfbürste von überflüssigem Zinn befreit und mit Kleie gereinigt. Die auf diese Weise verzinnten Bleche haben den Fehler grosser Weichheit und Leichtflüssigkeit, was nach Budy und Lammatsch dadurch vermieden werden kann, dass man das Zinn mit 1/16 Nickel legirt. Der höhere Preis der Legirung soll dadurch compensirt werden, dass man nur halb so viel bedürfe.

Moiré metallique.

Wenn man verzinntes Blech mit Säuren behandelt, so geschieht es häufig, dass sich auf der Oberfläche des Zinnes perlmutterartig glänzende Zeichnungen zeigen, die davon herrühren, dass das Zinn bei schnellem Erkalten krystallisirt. Durch Behandeln des Bleches mit Säuren, am besten mit einem Gemenge von 2 Th. Salzsäure, 1 Th. Salpetersäure, und 3 Th. Wasser werden die krystallinischen Stellen blosgelegt, die, durch die ungleiche Reflexion des Lichtes, mattere und lichtere Stellen zeigen. Man nennt solches Blech gemort oder geflammt (*moiré metallique*).

Zinnpräparate.

Musivgold.

Das Musivgold (Zinnsulfid SnS_2) wird im Grossen dargestellt, indem man ein Amalgam, aus 4 Th. Zinn mit 2 Th. Quecksilber bestehend, mit 2⅓ Th. Schwefel und 2 Th. Salmiak innig mischt, das Gemenge in einen Kolben giebt, welchen man in einem Sandbade, ungefähr zwei Stunden lang, anfangs nicht völlig bis zum Glühen, dann nach und nach stärker erhitzt. Zuerst entweicht der Salmiak, darauf sublimirt das Quecksilber als Zinnober mit kleinen Mengen von Zinnchlorid verunreinigt, und zurück bleibt das Musivgold, von welchem jedoch in den meisten Fällen nur die obere Schicht aus einem brauchbaren Präparat besteht, während die untere Schicht als missfarbig abgesondert wird.

Der Vorgang bei der Bildung des Musivgoldes nach der gegebenen Vorschrift scheint folgender zu sein: Das Zinn zersetzt den Salmiak und bildet Zinnchlorür, welches sich mit unzersetztem Salmiak verbindet, ausserdem Wasserstoff und Ammoniak. Der Wasserstoff verbindet sich im Augenblicke des Freiwerdens mit dem Schwefel zu Schwefelwasserstoff, welcher mit dem Ammoniak zu Ammoniumsulfhydrat zusammentritt. Letztere Verbindung setzt sich mit dem Zinnchlorür zu Salmiak und Einfach-Schwefelzinn um. Das Einfach-Schwefelzinn geht sofort durch Aufnahme von Schwefel in Musivgold über. Es ist auch möglich, dass das Ammoniumsulfhydrat sich mit dem Schwefel zu einem Ammoniumpolysulfuret vereinigt, welches unmittelbar aus dem Zinnchlorür Musivgold bilden kann. Das Quecksilber verflüchtigt sich als Zinnober und scheint hierbei keinen andern Zweck zu haben, als zu bewirken, dass das Musivgold für Augenblicke Gasform annehmen kann. Der Salmiak und das Quecksilber wirken aber auch physikalisch günstig bei der Bildung von Musivgold ein, indem sich beide von der Rothglühhitze verflüchtigen und daher jede Wärmemenge binden, welche eine höhere Temperatur erzeugen und eine Zersetzung des Musivgoldes nach sich ziehen würde. Es ist übrigens Thatsache, dass Musivgold untadelhaft auch ohne Quecksilber dargestellt werden kann. Das Musivgold erscheint, wenn die Operation gut gelungen, in zarten goldgelben oder bräunlichgelben metallglänzenden Schuppen, welche sich zwischen den Fingern wie Talg anfühlen lassen. Es löst sich in Schwefelkalimetallen zu Sulfosalzen, aus denen durch Zusatz von Säuren nichtkrystallinisches gelbes Zweifach-Schwefelzinn ausgeschieden wird. Möglich, dass es gelingen wird, durch sehr langsame Abscheidung des Zweifach-Schwefelzinns aus einer Lösung von Zinnsulfid-Schwefelnatrium das Musivgold auf nassem Wege zu erhalten. Es lässt sich auf die Oberfläche der Körper in den dünnsten Schichten zertheilen und wird zur unechten Vergoldung auf Holz, Gyps, Pappe, Papiermaché, Messing, Kupfer etc. verwendet, indem man es mit Eiweiss aufträgt; man überzieht es nachher, wie bei Lampen, mit einem Lack. Gegenwärtig ist es zum grossen Theile durch die weit schöneren Bronzepulver (Bronzefarben) verdrängt worden und findet nur noch beim Bronziren der Lampenfüsse Anwendung, da das gewöhnliche Bronzepulver durch das sauer reagirende Rüböl bald aufgelöst werden würde. Ehedem gebrauchte man es auch zum Bestreichen des Reibkissens der Elektrisirmaschinen.

Zinnsalz.

Das Zinnsalz, (Chlorzinn $SnCl_2$) wird im krystallisirten Zustande ($SnCl_2 + 2H_2O$) durch Auflösen von Zinnspänen in Salzsäure und Abdampfen der Lösung dargestellt. Nach Nöllner soll man die Salzsäure, so wie sie sich aus den Retorten entwickelt, sogleich auf granulirtes Zinn, das in Vorlagen von Steingut eingefüllt ist, einwirken lassen, und die aus den Vorlagen abfliessende concentrirte Zinnsalzlösung in zinnernen Pfannen unter Zusatz von granulirtem Zinn eindampfen. — Das Zinnsalz erscheint in farblosen, durchsichtigen Krystallen, die sich sehr leicht in Wasser lösen. Die Lösung scheidet sehr bald ein basisches Salz ab. Diese Abscheidung wird durch Zusatz von Weinsäure vermieden. Man benutzt das Zinnsalz als Reductionsmittel von Indigo, Eisenoxyd und Kupferoxyd und als Beizmittel, hauptsächlich zur Darstellung der rothen Farben mit Cochenille[12] und in der Krapp- und Türkischrothfärberei zum Aviviren und Rosiren.

Natriumstannat.

Das Natriumstannat (Sodastannat, Zinnoxyd-Natron), eine gegenwärtig in der Färberei und Zeugdruckerei häufig angewendete Verbindung, lässt sich auf verschiedene Weise darstellen. Früher erhielt man dieselbe dadurch, dass man metallisches Zinn mit Chilisalpeter verquickte, die erhaltene Masse auflöste und zur Krystallisation abdampfte. Nach der von Young vorgeschlagenen Methode ist die Reduction des Zinnes aus seinen Erzen überflüssig; nach ihr schmilzt man den Zinnstein mit Aetznatron zusammen und lässt die klare Lösung der geschmolzenen Masse krystallisiren. Eisen, Kupfer u. dergl., die sich in kleiner Menge stets in dem Zinnstein finden, werden durch das überschüssige Natron als unlösliche Oxyde abgeschieden. Brown fand, dass sich beim Kochen von metallischem Zinn mit Bleioxyd und Natronlauge unter Abscheidung von metallischem Blei Natriumstannat bildet. Darauf gründet Häffely seine Methode der Darstellung von Natriumstannat. Man digerirt in einem Metallgefässe Bleiglätte mit Natronlauge von ungefähr 22 Proc. Natrongehalt und verdünnt die entstandene Lösung, wenn man das zu erzeugende Natriumstannat in Lösung aufbewahren will, und zwar über dem Niederschlage. In die Lösung des Natriumplumbates, welche zur Beschleunigung der Operation erhitzt wird, bringt man granulirtes Zinn, worauf Blei in Form von Bleischwamm sich ausscheidet und Natriumstannat sich bildet. Man kann jedoch auch sofort die Natronlauge mit Bleiglätte und granulirtem Zinn zusammenbringen und das Gemisch kochen, bis alles Zinn gelöst ist.

In den letzten Jahren ist in England in der Färberei ein Doppelsalz von Natron mit Arsensäure und Zinnsäure (Zinnoxyd) in Gebrauch gekommen. Die Anwendung dieses giftigen Doppelsalzes als Ersatz für reines zinnsaures Natron, welche nur durch die damit verbundene Ersparniss veranlasst wurde, ist aber keineswegs zu rechtfertigen. Das Natriumstannit — Präparir- oder Grundirsalz — wird der Wohlfeilheit wegen auch zuweilen durch Auflösen von Zinnsalz in überschüssiger Natronlauge dargestellt. In diesem Falle bildet sich allerdings Natriumstannit-Zinnoxydul-Natron, (Sodastannit), welches sich aber durch die Kohlensäure der Luft in kohlensaures Kali und Zinnoxydul zersetzt; letzteres geht an der Luft sofort in Zinnoxyd über. Auch beim ruhigen Stehen der Lösung von Natriumstannit zersetzt sich das Zinnoxydul in Zinn und Zinnoxyd; ersteres geht in der Luft nach und nach in Zinnoxyd über.

Das Wismuth.

(Bi = 210; spec. Gew. = 9,79.)

Wismuth. Vorkommen und Gewinnung desselben.

Fig. 33.

Das Wismuth ist eines der seltener vorkommenden Metalle; es findet sich im Erzgebirge, in Peru und in Australien meist gediegen auf Kobalt- und Silbergängen im Granit, Gneus, Glimmerschiefer, und im Uebergangs- und Kupferschiefergebirge. Ausserdem kommt es oxydirt vor als Wismuthocker (BiO_3 mit 89,9 Proc. Wismuth), mit Schwefel verbunden als Wismuthglanz (BiS_3 mit 80,98 Proc. Wismuth) und als

Wismuthkupfererz (mit 47,24 Proc. Wismuth). Da das Wismuth meist gediegen vorkommt, so ist die Gewinnung desselben ziemlich einfach, da man es in Folge seines niederen Schmelzpunktes durch Aussaigern (Ausschmelzen) von der Gangart trennen kann.

Wismuthsaigerofen.

Bei Schneeberg im sächsischen Erzgebirge besteht ein Wismuthsaigerofen, auf welchem man das Wismuth auf folgende Weise ausbringt. Die durchschnittlich 4–12 Proc. Wismuth enthaltenden Erze werden so viel als möglich von der Gangart getrennt und in haselnussgrossen Stücken in gusseiserne Röhren *A* (Fig. 33) eingetragen, welche durch das Feuer auf dem Roste geheizt werden, das ausgeschmolzene Wismuth fliesst in eiserne Näpfe *B*, die durch darunter befindliche glühende Kohlen erhitzt werden. In diesen Näpfen befindet sich Kohlenpulver, welches das flüssige Wismuth vor der Oxydation schützt. Die in den Röhren zurückbleibenden Erze werden in einen mit Wasser angefüllten Kasten *D* gedrückt. Man gewinnt auf diese Weise etwa ⅔ vom Wismuth, indem der Rest in den Rückständen verbleibt. — Bei der Verarbeitung mit Kobaltspeise (siehe Seite 38) gewinnt man das Wismuth als werthvolles Nebenprodukt. Auch aus der Testasche vom Raffiniren des Blicksilbers stellt man in Freiberg auf nassem Wege Wismuth dar, indem man dieselbe mit verdünnter Salzsäure extrahirt, aus der Flüssigkeit fällt man durch Wasser basisches Chlorwismuth, welches nach dem Trocknen durch Schmelzen mit Soda reducirt wird.

Eigenschaften des Wismuths.

Das Wismuth ist ein röthlichweisses Metall, von starkem Glanz, grossblättriger Textur, Härte und solcher Sprödigkeit, dass es gepulvert werden kann. Bei vorsichtigem Hämmern ist es jedoch etwas dehnbar. Es schmilzt bei 249° (nach Crighton), nach Erman bei 265° und erstarrt bei 242° mit bedeutender Volumenvergrösserung. Sein specifisches Gewicht = 9,799.

Die Zusammensetzung von sächsischem (α) und von peruanischem (β) Wismuth ist folgende:

	(α)	(β)
Wismuth	96,731	93,372
Antimon	0,625	4,570
Arsen	0,432	—
Kupfer	1,682	2,058
Schwefel	0,530	—
	100,00	100,00

Anwendung des Wismuths.

Man benutzt das Wismuth zu Legirungen, als Oxyd mit Borsäure und Kieselsäure geschmolzen zu optischen Gläsern, neuerdings in sehr bedeutender Menge zu Porcellanlüsterfarben, und als basisch salpetersaures Wismuthoxyd zu weisser Schminke (*Blanc de fard*). Unter den Legirungen des Wismuths sind die mit Blei, Zinn und Kadmium (s. d.) die wichtigeren. Newton's leichtflüssige Legirung besteht aus 8 Th. Wismuth, 3 Th. Zinn und 5 Th. Blei und schmilzt bei 94,5° C. Rose's Metall besteht aus 2 Th. Wismuth, 1 Th. Blei und 1 Th. Zinn und schmilzt bei 93,75° C. Ein geringer Zusatz von Kadmium macht diese Legirungen noch leichtflüssiger. Eine Legirung von 3 Th. Blei, 2 Th. Zinn und 5 Th. Wismuth, deren Schmelzpunkt bei 91,66° C. liegt, eignet sich zum Abklatschen (Clichiren) von Holzschnitten, Druckformen, Stereotypen u. s. w. Ehe man z. B. einen Holzschnitt in die Masse abgedrückt, muss dieselbe schon so weit erkaltet sein, dass sie teigig zu werden anfängt. Das Wismuth eignet sich zu diesem Zwecke ganz besonders wegen seiner Ausdehnung beim Erstarren. Eine ähnliche Legirung benutzt man zu Metallbädern, um Stahlarbeiten darin anzulassen, ferner zu Stiften, welche anstatt der Graphitstifte auf besonders (mit Knochenasche) präparirten Papieren dienen. Endlich hat man eine Wismuthlegirung von bestimmtem Schmelzpunkte angewendet, um dem Explodiren der Dampfkessel vorzubeugen; zu diesem Zwecke verschliesst man ein kurzes Rohr, das in dem Dampfkessel eingeschraubt ist, mit einer Platte von dieser Legirung; wenn die Temperatur der Dämpfe bis zum Schmelzpunkte der Legirung steigt, so schmilzt die Platte und die Dämpfe entweichen.

Das Zink.

(Zn = 65,2; spec. Gew. = 7,1–7,3.)

Zink. Vorkommen desselben.

Das Zink kommt in der Natur nie gediegen, sondern an Schwefel gebunden als Zinkblende (ZnS) mit 67 Proc. Zink und zuweilen kleinen Mengen von Indium, oxydirt als edler Galmei, kohlensaures Zinkoxyd oder Zinkspath ($ZnCO_3$) mit 52 Proc. und als gewöhnlicher Galmei oder Kieselzinkerz (eine Verbindung von Zinksilicat mit Wasser) mit 53,8 Proc. Zink vor. Ausserdem findet es sich als Rothzinkerz, ein durch Manganoxyd röthlich gefärbtes Zinkoxyd, als Gahnit ($AlZnO_4$) und in einigen Fahlerzen.

Gewinnung des Zinkes.

Das Verfahren der Gewinnung des Zinkes aus seinen Erzen besteht im Wesentlichen in der Behandlung der gerösteten Zinkerze (gebrannter Galmei oder geröstete Blende) in einem Schacht- oder Gefässofen, in welchen man ein Gemenge von Erz, Zuschlag und Brennmaterial von oben aufgiebt; die Verbrennung darin wird durch ein Gebläse unterhalten. Erz, Zuschlag und Brennstoff werden in solchen Verhältnissen angewendet, dass das in den Erzen enthaltene Zink sich reduciren und verflüchtigen kann, während alle anderen Bestandtheile mit dem Zuschlage Schlacken bilden. Das Brennmaterial wird in solcher Menge aufgegeben, dass es nicht nur zur vollständigen Reduction genügt, sondern in grossem Ueberschusse vorhanden ist, damit vor den Formen nicht etwa ein oxydirendes Gas wie Kohlensäure entstehen könne. Der Zuschlag muss so beschaffen sein, dass bei der Bildung der Schlacke in keinem Falle eine oxydirende Substanz sich bilden kann. Erfordert z. B. die Beschaffenheit des Erzes die Benutzung von Kalk als Zuschlag, so wendet man denselben gebrannt und nicht als kohlensauren an. Man leitet vorzugsweise getrocknete Luft in den Ofen. Die Produkte der Behandlung sind 1) Zinkdämpfe, die sich in abgekühlten Canälen verdichten, 2) die durch die Verbrennung erzeugten Gase, welche zum Heizen des Dampfkessels der Gebläsemaschine, zum Brennen des als Fluss verwendeten Kalkes, zum Umschmelzen des destillirten Rohzinkes und zum Trocknen und Rösten der Erze verwendet werden, 3) die nicht flüchtigen Stoffe (Schlacken, Stein, reducirte Metalle).

Destillation des Zinkes in Muffeln.

Fig. 34.

Fig. 35.

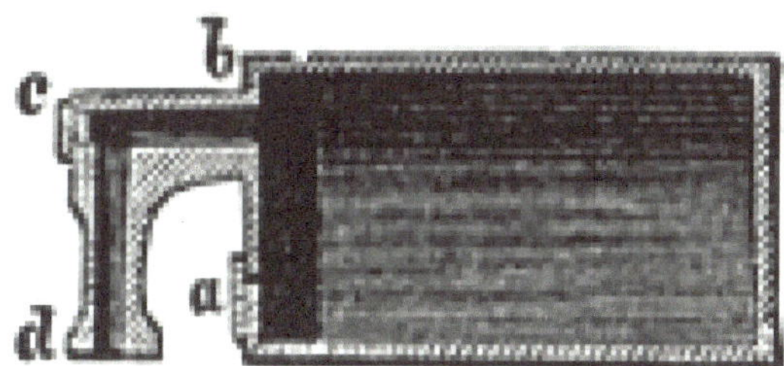

Fig. 36.

Die Destillation des Zinkes aus seinen Erzen (Galmei) aus muffelähnlichen Destillationsgefässen, ist in Oberschlesien (Königshütte, Lydogniahütte etc.), Stolberg bei Aachen, in Westphalen, Belgien etc. üblich. Die Muffeln werden über Schablonen aus feuerfestem Thon und zerstossenen gebrannten Muffelscherben gefertigt. Die vordere Seite der Muffel hat zwei Oeffnungen; die untere ist mit einer Platte *a* (Fig. 34 und 35) verschlossen, welche entfernt wird, wenn die Destillationsrückstände herausgenommen werden sollen. Oben ist ein knieförmig gebogenes Rohr eingesetzt, welches bei *c* mit einer während der Destillation verschlossenen Oeffnung versehen ist, durch welche die Beschickung eingetragen wird. Durch die Oeffnung *d* tröpfelt das flüssige Zink in den darunter befindlichen Raum. Früher wendete man Oefen mit 6–10 Muffeln, gegenwärtig solche mit 20 an. Die Muffeln stehen in dem gewölbten Zinkofen (Fig. 36), zu beiden Seiten einer langen Rostfeuerung auf Bänken, so das sie die Flamme des Brennmaterials so viel als möglich umspielt. Fig. 36 zeigt die äussere Ansicht des Ofens. Das destillirende Zink wird in den Räumen *t*, *t* aufgefangen. Das bei Beginn der Destillation sich bildende Zinkoxyd enthält fast alles Kadmiumoxyd und wird zur Darstellung des Kadmiums verwendet. Im Anfange sind die Verdichtungsräume noch so kühl, dass die Zinkdämpfe sich nicht zu flüssigem, sondern sofort zu festem, fein zertheiltem Metall verdichten, welches den Namen Zinkrauch führt. In einem Zinkrauch aus Schlesien fanden sich gegen 98 Proc. Zink. Die später sich bildenden Zinktropfen (Tropfzink) werden durch Schmelzen gereinigt; man giesst das geschmolzene Metall in Form von Tafeln und liefert es (als Werkzink) in den Handel.

Fig. 37. Fig. 38. Fig. 39.

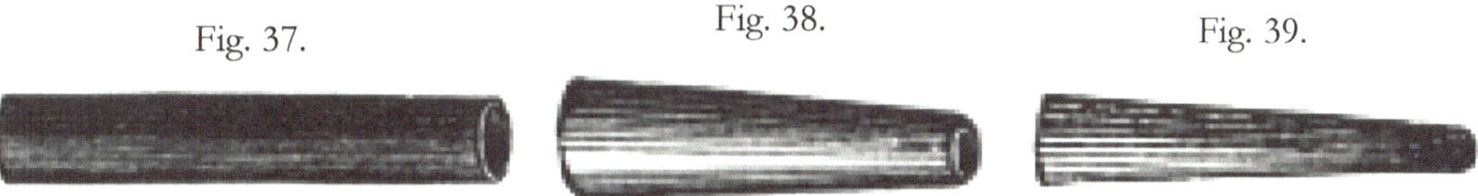

Destillation des Zinkes In Röhren.

Fig. 40.

Nach der belgischen Methode (auf der *Vieille montagne*) geschieht die Reduction des Galmei und die Destillation des Zinkes in Thonröhren, welche reihenweise und etwas geneigt neben und übereinander liegen. Die Röhren (Fig. 37) sind cylindrisch, gewöhnlich 1 Meter lang und haben eine Weite von 18 Centimeter im Lichten. Die Dicke der Röhren beträgt 5 Centimeter. Sie sind an dem einen Ende geschlossen. Mit der vorderen Oeffnung berühren die Röhren die Vorwand des Ofens; sie dient zum Eintragen der Beschickung, zum Abziehen der Zinkdämpfe und zum Entfernen der Destillationsrückstände. An jeder dieser Röhren wird eine gusseiserne, 25 Centimeter lange Ansetzröhre (Fig. 38) befestigt und an diese endlich noch eine 20 Centimeter lange Röhre von Eisenblech (Fig. 39) geschoben, welche inwendig mit Lehm verstrichen ist, in der sich die Zinktropfen sammeln. Fig. 40 zeigt den senkrechten Durchschnitt eines belgischen Zinkdestillationsofens. Das Rösten geschieht meist in Schachtöfen. Die Destillirröhren kommen in acht Reihen übereinander in den Ofen. Zu diesem Behufe befinden sich in der hinteren Mauer *b d* des Ofens acht vorspringende Bänke, auf welchen das geschlossene Ende der Röhren ruht. Man giebt den Röhren eine geringe Neigung nach vorn. Das Eintragen der Beschickung in die Röhren geschieht täglich Morgens 6 Uhr; die Röhren (Fig. 40) werden abgenommen, der Rückstand aus der Retorte entfernt, die Beschickung durch die Ansetzröhre (Fig. 38) in die Destillirröhren gebracht und die Eisenblechröhren wieder aufgeschoben. Die Blechröhren werden auf gusseisernen Vorlagen befestigt.

Destillation des Zinkes in Tiegeln.

Nach der englischen Zinkgewinnungsmethode (in Wales, Sheffield, Birmingham) findet eine sogenannte abwärts gehende Destillation und zwar in Tiegeln statt. Die Reduktionsöfen sind so eingerichtet, dass auf dem Herde 6 bis 8 Tiegel *c c* (Fig. 41) aufgestellt werden können. Das über den Tiegeln und der Feuerung befindliche Gewölbe ist mit Oeffnungen versehen, durch welche man zu den Tiegeln gelangen kann. Die Tiegel sind aus feuerfestem Thon gefertigt. In der Mitte des Bodens der Tiegel befindet sich eine Oeffnung, aus welcher die Zinkdämpfe sich in die Verdichtungsröhren begeben. Beim Füllen verstopft man diese Oeffnung mittelst eines Holzpfropfens, der in der Hitze bald verkohlt. Das Eintragen der Beschickung in die Tiegel geschieht durch eine im Deckel des Tiegels befindliche Oeffnung, die auch noch ungefähr zwei Stunden nach dem Eintragen offen bleibt, bis eine blaue Färbung der Flamme die beginnende Reduktion anzeigt. Darauf wird die Oeffnung im Deckel durch eine Platte aus feuerfestem Thon geschlossen, die Verdichtungsröhre an die untere Tiegelöffnung gefügt und darunter das zur Aufnahme des Zinkes bestimmte Gefäss gestellt, welches öfters mit Wasser gefüllt wird, um das Umherspritzen des niederfallenden Zinkes zu verhüten. Die untere Mündung der Fallröhre bleibt aber immer noch einige Zoll über dem Niveau des Wassers. Das destillirende Zink sammelt sich in Tropfen und als feines Pulver mit Zinkoxyd gemengt in den Gefässen und wird demnächst in eisernen Gefässen umgeschmolzen. Das auf der Oberfläche sich abscheidende Oxyd wird abgeschöpft und das Metall in Formen gegossen.

Zinkgewinnung aus Blende.

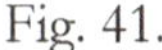

Fig. 41.

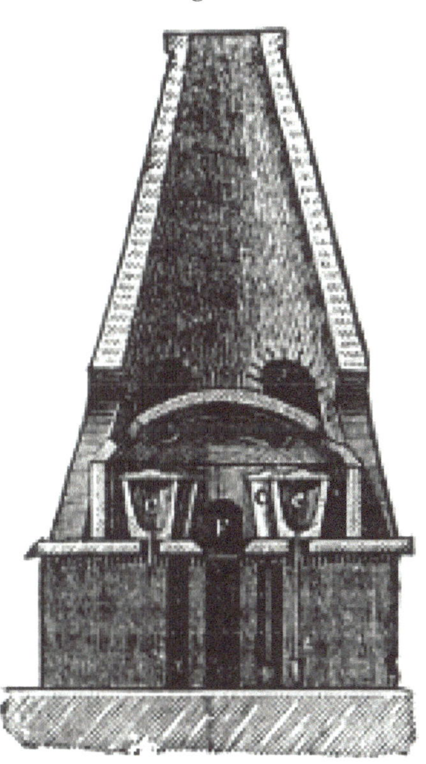

Zum Zugutemachen der Zinkblende giebt es zwei Wege: nach dem einem röstet man und führt sie in den Zustand des Oxydes über, worauf man wie bei dem Galmei verfährt; nach dem anderen und vortheilhafteren macht man die Zinkblende direct zu gute. Dies geschieht dadurch, dass man eine zur gänzlichen Entschwefelung der Blende und Freiwerden des Zinkes hinreichende Menge Eisenerz zusetzt. Als Zuschlag wird gebrannter Kalk angewendet. Enthalten die zuzusetzenden Eisenerze Wasser und Kohlensäure, so müssen letztere durch vorhergehende Röstung entfernt werden, damit keine Substanz in den Ofen gelangt, welche das reducirte Zink wieder oxydiren kann. Giebt das Eisenerz Veranlassung zur Bildung einer grossen Menge von oxydirenden Substanzen, so wird die Zinkblende direct mit Roh- oder Schmiedeeisen zu gute gemacht. Swindells hat vorgeschlagen, die Zinkblende mit Kochsalz zu rösten, wobei Glaubersalz und Chlorzink sich bilden, aus der durch Auslaugen erhaltenen Flüssigkeit zuerst krystallisirtes Glaubersalz zu gewinnen, dann daraus das Zinkoxyd durch Kalk niederzuschlagen und ersteres auf gewöhnliche Weise zu reduciren.

Eigenschaften des Zinkes.

Das Zink ist von grauweisser, ins Bläuliche gehender Farbe, von meist blätterig krystallinischem, bisweilen sehr kleinblätterigem Gefüge, mit starkem Metallglanz auf den Flächen. Farbe, Gefüge und Glanz ändern sich in verschiedener Richtung ab, je nachdem das Zink mit anderen Metallen mehr oder weniger verunreinigt ist. Nach Bolley hat das nahe der Schmelzhitze ausgegossene Zink nach dem schnellen Erkalten ein spec. Gewicht von 7,178, langsam erkaltet von 7,145, das in der Glühhitze ausgegossene schnell erkaltet 7,109, langsam erkaltet, 7,120. Durch Hämmern und Walzen wird das spec. Gewicht bis auf 7,2, sogar bis auf 7,3 erhöht. Ein Kubikfuss Zink wiegt demnach 360–390 Pfd. Das Zink ist etwas härter als das Silber, aber weniger hart als das Kupfer; es lässt sich schwer mit der Feile bearbeiten, weil das Metall sehr bald die Zähne der Feile verstopft, leichter mit der Raspel. Im reinen Zustande hat es fast Silberklang. Im Allgemeinen gehört es zu den spröden Metallen und besitzt nur geringe absolute Festigkeit (sie beträgt für den Quadratzoll im gegossenen Zustande nur etwa 2500, bei Draht und Blech dagegen 16,700–19,800 Pfd.). Dem Zusammendrücken dagegen widersteht es mit grosser Kraft. Zink im vollkommen reinen Zustande ist schon bei gewöhnlicher Temperatur etwas dehnbar und kann zu dünnen Blechen ausgetrieben werden, ohne Kantenrisse zu erhalten. Diese Dehnbarkeit verschwindet aber schon durch geringe Verunreinigung mit anderen Metallen, sodass das nicht vollkommen reine Zink bei gewöhnlicher Temperatur unter dem Hammer zerspringt. Das Zink schmilzt bei 412°. Bei angehender Weissglühhitze (bei 1040° nach Deville und Troost) verflüchtigt es sich und lässt sich bei Abschluss der Luft destilliren. Bei 500° entzündet es sich und verbrennt mit grünlicher, hellleuchtender Flamme zu nicht flüchtigem Zinkoxyd (Zinkweiss). In der Wärme dehnt sich das Zink sehr stark und zwar unter allen technisch wichtigen Metallen am stärksten aus (von 0–100° im Längendurchmesser um $^1/_{320}$, das gehämmerte um $^1/_{322}$), weshalb sich das geschmolzene Zink beim Erstarren sehr stark zusammenzieht. Beim Ausgiessen des Zinkes müssen die gusseisernen Formen stark erhitzt und die Temperatur des geschmolzenen Zinkes nicht sehr erhöht werden, damit die Erstarrung allmälig und bei einer möglichst geringen Temperaturdifferenz erfolge. Die Dehnbarkeit des Zinkes ist zwischen 100 und 150° am grössten und selbst das mit allen Metallen verunreinigte Zink lässt sich bei dieser Temperatur ausdehnen. Diese Eigenschaft des Zinkes, in einer die Siedehitze des Wassers etwas übersteigenden Temperatur dehnbar zu sein und im ausgedehnten Zustande es auch bei gewöhnlicher Temperatur zu bleiben, ist für die Technik von unschätzbarem Werthe. Ueber 150° verringert sich die Geschmeidigkeit des Zinkes, bei 200° ist das Metall so spröde, dass es zu Pulver gestossen werden kann. Durch überhitzte Wasserdämpfe oxydirt sich Zink ($H_2O + Zn = ZnO + H_2$), von welcher Eigenschaft man beim Entzinken des Bleies Gebrauch macht. An feuchter Luft überzieht sich das Zink mit einer Haut von Oxyd, welche die darunter liegenden Zinktheile vor weiterer Oxydation schützt. Seiner leichten Oxydirbarkeit durch Wasser und Säuren wegen eignet es sich nicht zu Koch- und Milchgeschirren. Die das käufliche Zink verunreinigenden Metalle sind Eisen und Blei. Ein Bleigehalt von 0,5 Proc. macht das Zink geschmeidiger; man giebt deshalb dem zur Blechfabrikation dienenden Zink zuweilen einen geringen Bleizusatz. Für Zink, welches zu Messing benutzt werden soll, ist ein Bleigehalt schon von 0,25 Proc. höchst schädlich, indem dadurch die Festigkeit des Messings bedeutend abnimmt. Ein Eisengehalt von 0,3 Proc. — gewöhnlich eine Folge des Umschmelzens des Zinkes in eisernen Kesseln — ist auf die Geschmeidigkeit des Zinkes ohne Einfluss. Durch einen grösseren Eisengehalt wird aber das Zink spröde und brüchig. Im Allgemeinen ist das Galmeizink reiner als das Blendezink. Der beim Auflösen des Zinkes in Säuren bleibende schwarze Rückstand, früher für Zinkcarburet gehalten, besteht aus Eisen, Blei und Kohle. Mit Eisen in Berührung, bewahrt das Zink das Eisen vor Oxydation (galvanisirtes Eisen). Das Zink fällt viele andere Metalle aus ihren Lösungen, so namentlich Kupfer, Silber, Blei, Kadmium, Arsen etc. Die Auflöslichkeit des Zinkes in verdünnten Säuren ist um so grösser, je mehr dasselbe mit fremden Metallen verunreinigt ist. Das käufliche Zink lässt sich durch wiederholte Destillation, besonders wenn der zuerst übergehende Antheil, aus kadmiumhaltigem Zink bestehend, beseitigt und die Destillation nicht bis zur Verflüchtigung des ganzen Zinkes fortgesetzt wird, von dem grössten Theile der fremden Metalle trennen.

Anwendung des Zinkes.

Das Zink findet Anwendung als Blech zum Dachdecken, zu Gefässen, zu Rinnen und Röhren, zur Druckerei, zu Platten und Cylindern für galvanische Apparate, den Zinklegirungen (Messing, Bronze, Goldschaum, leonische Waaren, Bronzefarben), als Bestandtheil der galvanischen Batterie, zum Entsilbern des Werkbleies, zur Darstellung von Wasserstoff unter Mitwirkung von Wasser und Schwefelsäure oder Salzsäure ($H_2SO_4 + Zn = ZnSO_4 + H_2$) zum Protegiren des Eisens, zum Ueberziehen der Telegraphendrähte und überhaupt zur Verzinkung von Draht, Ketten und Blech, zur Bereitung von Zinkvitriol, Zinkweiss u. s. w. Eine Hauptanwendung des Zinkes ist die zu Gusswaaren (Zinkguss) anstatt der Bronze, des Gusseisens und selbst der Steinmetzarbeiten (zu architektonischen Zwecken). Neuerdings stellt man Kartätschen aus Zink dar.

Die Zinkproduktion (1870) ist etwa folgende:

Schlesien	780,000	Centner.
Die rheinischen Gesellschaften	220,000	„
Die Vieille Montagne	704,000	„
Die übrigen belgischen Gesellschaften	190,000	„
Spanien	30,000	„
England	150,000	„
Frankreich	10,000	„
Oesterreich	40,000	„
Polen	30,000	„
	2,154,000	Centner.

Zinkpräparate.

Zinkweiss.

Das Zinkweiss, Zinkoxyd, ZnO, das jetzt häufig als Ersatzmittel für Bleiweiss angewendet wird, stellt man aus schlesischem oder belgischem Zink durch Erhitzen an der Luft dar. Zu diesem Zwecke bringt man das Zink in Retorten aus Glashäfenmasse, welche denen der Leuchtgasfabriken sehr ähnlich und mit einer Oeffnung versehen sind, durch welche sie beschickt werden, und wodurch die Zinkdämpfe entweichen. Die Retorten liegen zu 8–18 in zwei rückwärts zusammenstossenden Reihen in einem Flammenofen. Sobald die Retorten bis zum Weissglühen erhitzt worden sind, werden 1–2 Zinktafeln in jede Retorte gebracht. Das Metall verwandelt sich in Dämpfe, welche durch die Oeffnung der Retorte entweichen und sogleich nach ihrem Austritt aus der Retorte einen bis auf 300° erhitzten Luftstrom treffen, durch welchen das Zink verbrannt und in Zinkoxyd verwandelt wird. Das entstandene lockere Zinkoxyd wird durch den Luftstrom fortgerissen und in Kammern geführt, in welchen es sich allmälig absetzt. Das so erhaltene Zinkoxyd ist von weisser Farbe und kann sofort, ohne Mahlen oder Schlämmen mit dem Firniss verrieben werden. Auch durch Behandeln von Zink mit überhitzten Wasserdämpfen erhält man (unter Wasserstoffentwicklung) Zinkoxyd. Das Zinkweiss kommt etwas theurer zu stehen als das Bleiweiss, deckt aber besser und zwar decken 10 Gewichtstheile Zinkweiss denselben Flächenraum wie 13 Gewichtstheile Bleiweiss. Der Zinkweissanstrich hat ferner vor dem Bleiweissanstrich den Vortheil, dass er auch bei schwefelwasserstoffhaltigen Ausdünstungen eine weisse Farbe behält. Durch Zusatz verschiedener Metallfarben kann man dem Zinkweiss jede beliebige Färbung ertheilen, so grün durch Rinmann's Grün, blau durch Ultramarin, citronengelb durch Schwefelkadmium und chromsaures Zink, orangegelb durch Schwefelantimon, schwarz durch Kienruss.

Zinkvitriol.

Der Zinkvitriol, Zinksulfat, schwefelsaures Zinkoxyd, auch weisser Vitriol oder Galitzenstein ($ZnSO_4$ + $7H_2O$), kommt theils in der Natur als neueres Gebilde durch Verwitterung der Zinkblende entstanden vor, theils wird er künstlich aus der Blende dargestellt, theils auch als Nebenprodukt bei der Entwickelung von Wasserstoff erhalten. Er kommt in weissen Stücken vor, die zusammenziehend metallisch schmecken und als Zusatz zu den trocknenden Oelen bei der Firnissbereitung, zur Feuerversilberung, zum Desinficiren der Kloaken und in den Kattundruckereien benutzt werden. Beim Erhitzen zerfällt der Zinkvitriol in Zinkoxyd, schweflige Säure und Sauerstoff (neue und praktische Methode der Darstellung des Sauerstoffs im Grossen).

Chromsaures Zinkoxyd.

Das Zinkchromat (chromsaures Zinkoxyd), durch Fällen von Zinkvitriol mit Kaliumbichromat erhalten, ist ein schön gelber Niederschlag, der in dem Kattundruck Anwendung findet, da er sich in Ammoniak löst und nach der Verflüchtigung des Ammoniaks als unlösliches Pulver wieder abscheidet. Seit einiger Zeit kommt auch ein basisches Zinkchromat unter dem Namen Zinkgelb in dem Handel vor.

Chlorzink.

Das Chlorzink $ZnCl_2$ erhält man durch Auflösen von metallischem Zink in Salzsäure oder am vortheilhaftesten als Nebenprodukt in den Soda- und Schwefelsäurefabriken, wenn man die überflüssige und häufig kaum zu verwerthende Salzsäure noch warm auf gemahlene Zinkblende einwirken lässt und den entweichenden Schwefelwasserstoff sogleich durch Verbrennen zu schwefliger Säure und Wasser wieder zur Schwefelsäurefabrikation benutzt. Die erhaltene Lösung wird bis zur Syrupconsistenz abgedampft. Wasserfrei erhält man das Chlorzink durch Erhitzen eines Gemenges von Zinkvitriol und Kochsalz ($ZnSO_4 + 2NaCl = Na_2SO_4 + ZnCl_2$), wobei Chlorzink sublimirt. Ihrer Eigenschaft wegen, gewisse organische Substanzen in Folge von Wasserentziehung mehr oder minder zu verändern, lässt sich eine concentrirte Chlorzinklösung in vielen Fällen anstatt der englischen Schwefelsäure verwenden. So ist z. B. das Chlorzink im Stande, die Schwefelsäure beim Läutern des Brennöls zu ersetzen, da das Chlorzink nur die Unreinigkeiten, nicht aber das Oel selbst angreift. Da die Farbstoffe des Krapps durch Chlorzink nicht verändert werden, dagegen die Holzfaser dadurch zerstört wird, so ist es sehr wahrscheinlich, dass man Krapp ebenso wol durch Chlorzinklösung als durch Schwefelsäure in Garancin wird überführen können. Dass dort, wo die Schwefelsäure durch Bildung gepaarter Substanzen wirkt, wie z. B. beim Auflösen des Indigs, oder wo sie zur Zersetzung von Salzen dient, wie z. B. bei der Ausscheidung der Stearinsäure aus dem Kalksalze, das Chlorzink nicht als Ersatzmittel angewendet werden kann, bedarf kaum der Erwähnung. Neuerdings ist das Chlorzink auch beim Verseifen der Fette behufs der Abscheidung der Stearinsäure anstatt der Schwefelsäure angewendet worden, ebenso bei der Bereitung des Pergamentpapieres und des Aethers. Mit dem grössten Vortheil hat man das Chlorzink zum Conserviren von Holz, namentlich der Eisenbahnschwellen, benutzt, ferner (nach den Vorschlägen von Varrentrapp und Rostaing) zum Zersetzen des Chlorkalkes, zum Bleichen der Papiermasse und zum Leimen derselben. In England findet es unter den Namen *Sir William Burnett's Fluid* oder *Drew's Desinfectant* als Desinfectionsmittel vielfache Anwendung. Das sogenannte Löthsalz ist eine Verbindung von Chlorzink mit Salmiak ($2NH_4Cl + ZnCl_2$); in Lösung als Löthwasser erhält man es durch Auflösen von 3 Loth Zink in starker Salzsäure und Zusetzen von 3 Loth Salmiak. Zinkoxychlorür (basisch salzsaures Zinkoxyd), dadurch erhalten, dass man in flüssiges Chlorzink (oder Eisen- oder Manganchlorür) Zinkweiss (Zinkoxyd) einrührt, ist in neuerer Zeit von Sorel als plastische Masse (Metallkitt, Zahnkitt) vorgeschlagen worden.

Das Kadmium.

(Cd = 112; spec. Gew. = 8,6.)

Kadmium.

Das Kadmium, ein seltener vorkommendes und technisch noch wenig benutztes Metall, ist ein fast steter Begleiter des Zinkes in den Zinkerzen, besonders in dem schlesischen Galmei, aber auch in der Zinkblende. Es wurde 1817 fast gleichzeitig von Stromeyer in Hannover und Hermann in Schönebeck entdeckt. Das Kadmium steht hinsichtlich seiner Eigenschaften in der Mitte zwischen Zinn und Zink; es ist zinnweiss, stark glänzend, dehnbar und hämmerbar und verliert an der Luft nach und nach seinen Glanz. Es hat ein spec. Gewicht von 8,6, schmilzt bei 360°, siedet bei 860° (nach Deville und Troost; bei 746,2° nach Becquerel) und lässt sich leicht destilliren. In den Handel kommt es gewöhnlich in 60–90 Grm. schweren Stäben. Schlesischer Galmei enthält bis 5 Proc. und darüber, Galmei von Wiesloch über 2 Proc., Zinkblende vom Oberharz 0,35–0,79 Proc., Blende von Przibram 1,78 Proc., von Eaton in Nordamerika 3,2 Proc. Kadmium. Der Kadmiumgehalt dieser Erze concentrirt sich in dem bräunlichen Rauche, der im Anfang der Zinkdestillation sich zeigt. Dieser Rauch, aus reinem und kohlensaurem Zink und Kadmium bestehend, dient als Kadmiumerz. Die Reduktion desselben geschieht mittelst Holzkohle in kleinen, cylindrischen, gusseisernen Retorten, die mit konischem Vorstoss von Eisenblech versehen sind. Das in dem Vorstosse befindliche Metall wird in Gestalt von Stangen von Fingerdicke in den Handel gebracht. Die Gesammtproduktion von Kadmium in Belgien (jedoch nicht aus belgischen, sondern aus spanischen Zinkerzen) beträgt jährlich nicht viel über 5 Ctr., in Schlesien etwa 2 Ctr.

Mit Blei, Zinn und Wismuth bildet es Wood's Metalllegirung. Eine Legirung von 3 Th. Kadmium, 4 Th. Zinn, 15 Th. Wismuth und 8 Th. Blei schmilzt schon bei 70°. Sie findet als Metallkitt Anwendung. Für Clichés empfiehlt Hofer-Grosjean eine Legirung von 50 Th. Blei, 36 Th. Zinn und 22,5 Th. Kadmium. Von den Kadmiumpräparaten findet nur das Schwefelkadmium (CdS) als gelbe Malerfarbe (*Jaune brillant*) und in der Feuerwerkerei zur Erzeugung von blauem Feuer Anwendung. Man erhält sie am schönsten durch Fällen einer Lösung von schwefelsaurem Kadmium mit Schwefelnatrium, Auswaschen, Pressen und Trocknen des Niederschlages.

Das Antimon.

(Sb = 122; spec. Gew. = 6,712.)

Antimon.

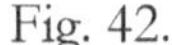

Fig. 42.

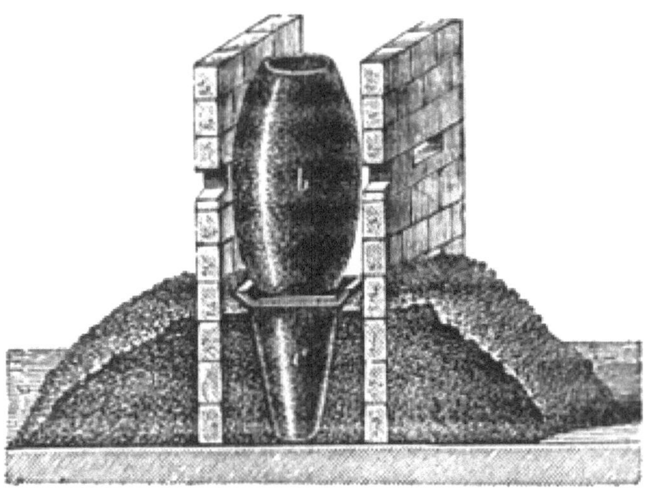

Das Antimon (Spiessglanz, Spiessglas) findet sich am häufigsten mit Schwefel verbunden als Grauspiessglanzerz oder Antimonglanz mit 71,5 Proc. Antimon (Sb_2S_3), der auf Lagern und Gängen im Granit, und im krystallinischen Schiefer- und Uebergangsgebirge bricht. Auch findet sich das Antimon als Antimonoxyd (Sb_2O_3) und zwar in den beiden Mineralien Valentinit (rhombisch) und Senarmontit (tesseral); letzteres kommt in grosser Menge in Constantine (in Algerien) und auf Borneo vor. Man gewinnt es, indem man das Grauspiessglanzerz (Schwefelantimon) aus den Erzen ausschmilzt. Das Ausschmelzen geschieht in einigen Gegenden, wie auf dem Wolfsberg bei Harzgerode, in Tiegeln *b*, deren Boden durchlöchert sind und die auf kleineren Tiegeln *c* stehen, die rund herum von heissem Sand oder Asche umgeben sind. Zu beiden Seiten der Tiegel sind Mauern mit Zuglöchern aufgeführt (Fig. 42).

Fig. 43.

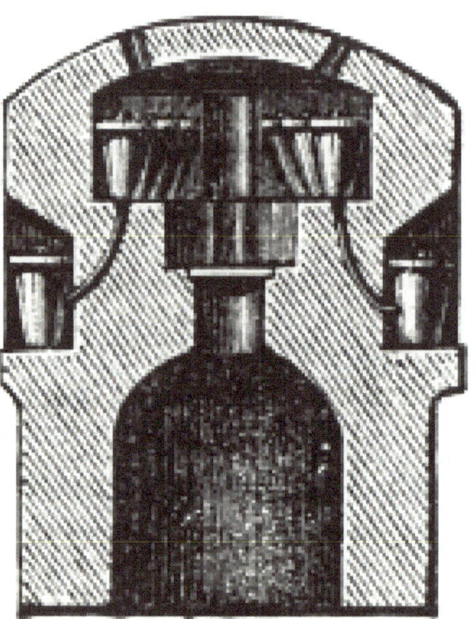

Fig. 44.

Fig. 45.

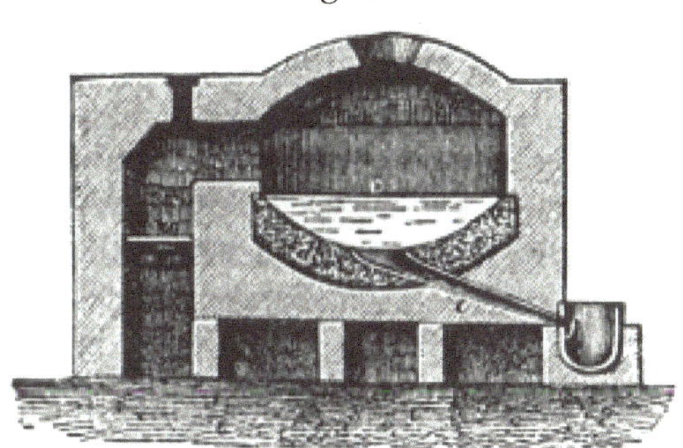

Um das Brennmaterial besser zu benutzen, wendet man an anderen Orten, so in Ungarn, eine ähnliche Vorrichtung mit zwei Töpfen oder Tiegeln an, bringt die Tiegel aber in der Weise auf den Herd eines Flammenofens, dass nur die oberen, beschickten Tiegel von der Flamme bestrichen werden. Die unteren Tiegel stehen ausserhalb des Ofens vor jedem grösseren Tiegel in kleinen Gewölben und sind mit den Tiegeln durch Thonröhren in Verbindung gesetzt. Fig. 43 zeigt den Verticaldurchschnitt, Fig. 44 den Grundriss des zum Aussaigern angewendeten Ofens. Eine Erläuterung der Zeichnung ist überflüssig.

Am schnellsten lässt sich die Aussaigerung des Schwefelantimons bewerkstelligen, wenn man das Antimonerz unmittelbar auf den geneigten Herd eines Flammenofens (Fig. 45) bringt und dafür sorgt, dass das aussaigernde Schwefelantimon von dem tiefsten Punkte des Herdes durch eine Rinne *e* nach einem ausserhalb des Ofens befindlichen Recipienten *f* fliesst. Erst nachdem das Erz sich in einem erweichten Zustande befindet und eine Schlackendecke sich gebildet hat, wird die Abstichöffnung verschlossen und das Feuer verstärkt. Das noch im Erze zurückgebliebene Schwefelmetall sammelt sich unter der Schlacke und wird nach Beendigung der Operation abgestochen.

Das metallische Antimon stellt man aus dem Schwefelantimon auf zweierlei Weise dar, entweder röstet man das ausgesaigerte Schwefelantimon oder man zersetzt es durch angemessene Zuschläge. Zur Gewinnung des Antimons mittelst der Röstarbeit wird das Schwefelantimon auf der Sohle eines Flammenofens unter beständigem Umrühren geröstet, bis es zum grössten Theil in antimonsaures Antimonoxyd übergeführt worden ist. Das geröstete Produkt, die Spiessglanzasche, wird in Tiegeln reducirt. Zur Reduction würde schon Erhitzen allein genügen, da das Röstgut immer unzersetztes Schwefelantimonium enthält ($3Sb_4O_8 + 4Sb_2S_3 = 20Sb + 12SO_2$), da sich aber Antimonoxyd verflüchtigen würde, wenn man keine Decke anwendete, so vermischt man die Spiessglanzasche mit rohem Weinstein oder Kohle und kohlensaurem Natrium. Zur Reduction genügt starke Rothglühhitze. Man lässt den Regulus langsam unter der Schlackendecke erstarren, damit er jene sternförmig krystallinische Oberfläche erhalte, welche man im Handel begehrt.

Zweckmässig entfernt man den Schwefel aus dem Schwefelantimon durch Eisen. Durch die alleinige Anwendung des Eisens ist der Erfolg der Zersetzung ein ungünstiger, weil die Trennung des Schwefeleisens von dem Antimon wegen des fast gleichen specifischen Gewichts beider Substanzen nur schwierig ausgeführt werden kann. Aus diesem Grunde und um der Schwefelverbindung ausser einem geringeren specifischen Gewicht grössere Leichtflüssigkeit zu geben, setzt man kohlensaures oder schwefelsaures Alkali hinzu. 100 Th. Schwefelantimon, 42 Th. Schmiedeeisen, 10 Th. calcinirtes schwefelsaures Natrium und 3⅓ Th. Kohle haben sich als passendes Verhältniss bewährt. Um zugleich einen arsenfreien Regulus zu erlangen, schmilzt man das nach der angegebenen Vorschrift erhaltene Antimon und zwar 16 Th. desselben, den man, wenn er noch nicht eisenhaltig genug ist, mit 2 Th. Schwefeleisen versetzen kann, mit 1 Th. Schwefelantimon und 2 Th. trockener Soda zusammen und erhält die Masse eine Stunde lang im Fluss. Den Regulus schmilzt man noch ein zweites Mal mit 1½ Th. und ein drittes Mal mit 1 Th. Soda, bis die Schlacke hellgelb ist. Zur Abscheidung des Arsens scheint die Gegenwart von Schwefeleisen Bedingung zu sein, indem wahrscheinlich eine dem Arsenkies ähnlich zusammengesetzte Verbindung entsteht.

Eigenschaften des Antimons.

Das im Handel vorkommende Antimon ist niemals chemisch rein, sondern enthält Arsen, Eisen, Kupfer und Schwefel. Der Einfluss dieser Verunreinigungen auf die physikalischen Eigenschaften des Antimons ist um so weniger bekannt, als man die Eigenschaften des reinen Antimons selbst so gut als noch nicht kennt. Durch Schmelzen des Antimons mit Antimonoxyd reinigt man das Antimon; das Oxyd oxydirt dabei den Schwefel und das Eisen und wird in demselben Verhältniss reducirt. Das Antimon ist fast silberweiss mit einem Stich ins Gelbliche, besitzt starken Metallglanz und eine blätterig krystallinische Struktur. Es krystallisirt ebenso wie das isomorphe Arsen und Wismuth in deutlichen Rhomboëdern, hat ein spec. Gewicht von 6,712 und schmilzt bei 430° C. Beim Erstarren dehnt sich das geschmolzene Metall nicht aus. Es ist ziemlich feuerbeständig und beginnt erst in starker Weissglühhitze sich zu verflüchtigen. Es ist ausserordentlich spröde und nicht dehnbar und lässt sich sehr leicht in Pulver verwandeln. An Härte übertrifft es das Kupfer. Mit anderen Metallen vereinigt es sich leicht und ertheilt denselben im Allgemeinen Sprödigkeit. Zinn und Blei wird zuweilen durch Zusatz von etwas Antimon hart gemacht. Da das Antimon an der Luft ziemlich unverändert bleibt, so hat man jüngst den Vorschlag gemacht, Kupfer zum Schutze mit einer Schicht von Antimon zu überziehen. Das unter dem Namen Eisenschwarz vorkommende und zum Bronziren von Gyps- und Papiermachéfiguren, auch von Zinkgussgegenständen angewendete Pulver, durch welches diese Figuren das Ansehen von blankem Stahl erhalten, ist fein zertheiltes Antimon, aus einer Antimonlösung durch Ausfällen mittelst Zink erhalten.

Legirungen des Antimons.

Das Antimon wird in grösster Menge von den Schriftgiessern gebraucht. Das Schriftgiessermetall besteht aus 1 Th. Antimon und 4 Th. Blei, ausserdem häufig noch aus einer geringen Menge Kupfer.

Antimonpräparate.

Antimonoxyd.

Das Antimonoxyd, ($Sb_{2}O_{3}$), durch Rösten von Schwefelantimon oder durch Fällen von Chlorantimonlösung mit kohlensaurem Natrium, Auswaschen und Trocknen des Niederschlages dargestellt, ist neuerdings als Bleiweisssurrogat vorgeschlagen worden. Seiner Eigenschaft wegen, bei Gegenwart von Alkali Sauerstoff aufzunehmen und dadurch in Antimonsäure Sb_2O_5 überzugehen, die zur Bereitung von Anilinroth unlängst in Vorschlag gebracht worden ist, kann man das Antimonoxyd zur Umwandelung des Nitrobenzols in Anilin, ferner zur Darstellung von Jodcalcium benutzen. Im letztem Falle trägt man in Antimonoxyd, welches in Kalkmilch suspendirt ist, Jod ein, so lange als dasselbe sich noch löst.

Schwefelantimon.

Das ausgesaigerte Schwefelantimon (Sb_2S_3) findet sich im Handel meist in der kegelförmigen Gestalt der Gefässe, in denen es erstarrt; es ist metallischglänzend, graphitfarben, sehr weich und auf dem Bruche strahlig krystallinisch. Es enthält gewöhnlich Eisen, Blei, Kupfer und Arsen. Es findet zum Ausbringen des Goldes aus goldhaltigem Silber, in der Veterinärmedicin, in der Feuerwerkerei und zur Bereitung der Zündpillen der Zündnadelgewehre Anwendung.

Neapelgelb.

Das Neapelgelb, eine orangegelbe, sehr beständige Oel- und Schmelzfarbe, ist wesentlich antimonsaures Bleioxyd und wird auf folgende Weise dargestellt: Man mengt 1 Th. Brechweinstein (Antimon-Kalium-Tartrat) mit 2 Th. Bleinitrat und 4 Th. Kochsalz, glüht das Gemenge bei mässiger Rothglühhitze zwei Stunden lang, sodass es schmilzt, und bringt die geglühte Masse nach dem Erkalten in Wasser, wo sie zu einem feinen Pulver zerfällt und das Kochsalz sich auflöst. Für Schmelzfarben wird das Neapelgelb, um es heller zu machen, mit Bleiglas zusammengeschmolzen. Neuerdings stellt man es durch Rösten eines Gemenges von antimoniger Säure mit Bleiglätte dar.

Antimonzinnober.

Der Antimonzinnober (Antimonoxysulfuret von der Formel $Sb_6S_6O_3$ ein dem Zinnober an Farbe ähnliches Präparat, wird erhalten, indem man Natrium- oder Calciumdithionit auf Antimonchlorür und Wasser einwirken lässt; es bildet sich beim Erhitzen bis zum Sieden ein Niederschlag, der sich leicht absetzt, ausgewaschen und getrocknet wird. Er bildet ein carminrothes zartes Pulver von sammetähnlicher Beschaffenheit. Luft und Licht verändern ihn nicht. Er kann als Wasserfarbe wie als Oelfarbe Verwendung finden. Um ihn im Grossen darzustellen, verfährt man auf folgende Weise: 1) Man röstet Schwefelantimon in einem Luftstrom, welchem Wasserdampf beigemengt ist; das Schwefelantimon verwandelt sich hierbei zum grössten Theile in Antimonoxyd. Die beim Rösten sich bildende schweflige Säure dient zur Darstellung von Calciumdithionit (aus den Sodarückständen). Das Antimonoxyd wird in gewöhnlicher Salzsäure gelöst. 2) Man füllt mit Dampf geheizte grosse Holzbottiche zu $\frac{7}{8}$ mit der Lösung des Calciumdithionits an, setzt dann nach und nach Antimonchlorürlösung zu und erhitzt unter Umrühren bis auf etwa 60°. Die Reaction tritt bald ein und es bildet sich ein orangerother Niederschlag, der nach dem Absetzenlassen auf einem Leinwandfilter gesammelt, ausgewaschen und bei etwa 50° getrocknet wird.

Das Arsen.

(As = 75; spec. Gew. = 5,6.)

Arsen.

Das Arsen findet sich in der Natur entweder gediegen oder mit Schwefel, Metallen und Schwefelmetallen verbunden. Die Oxydationsstufen des Arsens kommen dagegen in der Natur nie in solcher Menge vor, dass eine technische Benutzung desselben möglich wäre. Das Arsen ist ein fester krystallinischer Körper von stahlgrauer glänzender Farbe. Man stellt es durch Sublimation des in der Natur vorkommenden gediegenen Arsens oder durch Erhitzen von Arsenkies ($FeS_2 + FeAs_2$) und Arsenikalkies (Fe_4As_6) dar oder auch durch Reduktion des weissen Arsens (der arsenigen Säure: $As_2O_3 + 3C = 3CO + 2As$). Es erscheint im Handel in schwarzgrauen, metallglänzenden Krusten und führt den Namen Fliegenstein, Scherbenkobalt oder Näpfchenkobalt, der zuweilen 8–10 Proc. Schwefelarsen beigemengt erhält. Das reine Arsen findet nur selten Anwendung, man benutzt es bei der Fabrikation von Schrot und zur Erzeugung eines Lichtes (durch Verbrennen von Arsen in einem Strom von Sauerstoff), welcher unter dem Namen „Indisches Feuer“ zu trigonometrischen Signalen benutzt wird.

Arsenige Säure.

Fig. 46.

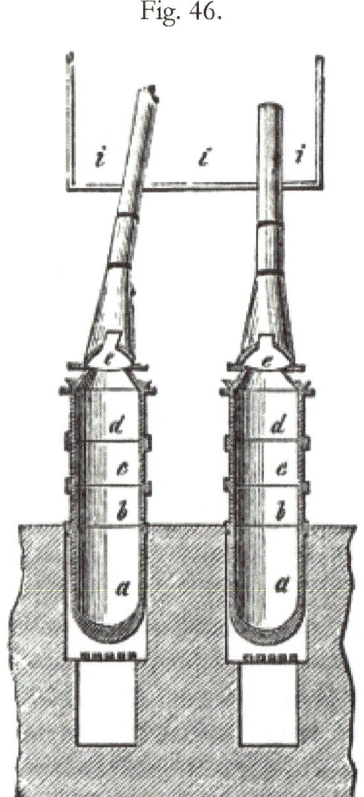

Die arsenige Säure oder das weisse Arsen, As_2O_3 (Rattengift, Giftmehl, Hüttenrauch), wird bei der Verarbeitung arsenhaltiger Erze in den Blaufarbenwerken, auf Zinn- und Silberhütten u. dgl. als Nebenprodukt gewonnen, indem man die arsenhaltigen Erze in Flammenöfen röstet und die sich entwickelnden Dämpfe durch Kanäle und Kammern leitet, um die arsenige Säure zu verdichten. In Schlesien wird Arsenkies eigens zur Gewinnung von arseniger Säure geröstet. Man erhält auf diese Weise die arsenige Säure in pulverförmigem Zustande, als Arsen- oder Giftmehl; um sie zu raffiniren, wird dieses Pulver sublimirt. Das Sublimiren geschieht in eisernen Kesseln *a* (Fig. 46), auf welche man eiserne Ringe *b c d* und auf diese eine Haube *e* stellt, welche vermittelst der Röhren mit der Kammer *i* in Verbindung steht. Neben dieser Kammer befinden sich noch einige andere Kammern. Nachdem alle Fugen verstrichen worden sind, beginnt die Sublimation. Die Hitze muss dabei so gesteigert werden, dass die in der Kammer *i* sich ansammelnde arsenige Säure weich zu werden beginnt; nach dem Erkalten erscheint sie als ein vollkommenes Glas (Arsenglas) mit muscheligem Bruche, Glasglanz und Durchsichtigkeit, das mit der Zeit weiss, porcellanartig, opal- und wachsartig glänzend wird. Sie ist wie alle anderen Arsenpräparate im höchsten Grade giftig. Zuweilen finden sich in der arsenigen Säure kleine Mengen von Schwefelarsen und von Antimonoxyd. Man benutzt die arsenige Säure in der Kattundruckerei, zur Reinigung des Glases (namentlich des Krystallglases) während des Schmelzens, zur Darstellung von Arsenpräparaten (arsenigsaure Alkalien, Schweinfurtergrün und andere Kupferfarben), beim Ausstopfen von Thierbälgen, in alkalischer Lösung zur Ueberführung des Nitrobenzols in Anilin, in Salzsäure gelöst zum Graubeizen von Messing und zuweilen zum Härten von Eisen u. s. w.

Arsensäure.

Die Arsensäure, (H_3AsO_4), erhalten durch Kochen von 400 Kilogramm arseniger Säure mit 300 Kilogr. Salpetersäure (oder Königswasser) von 1,35 spec. Gewicht und Abdampfen der Lösung bis zur Trockne oder in neuerer Zeit weit vortheilhafter durch Leiten von Chlorgas in Wasser, in welchem arsenige Säure sich suspendirt befindet, wird zuweilen anstatt der Weinsäure in der Zeugdruckerei und ausserdem zur Bereitung gewisser Theerfarben, namentlich des Rosanilins oder Fuchsins[13], angewendet. Das saure Natriumarseniat (saures arsensaures Natron), welches gegenwärtig in den Färbereien und Zeugdruckereien als Befestigungsmittel der Beizen, überhaupt als Surrogat des Kuhkothes verwendet wird, und aus 25 Th. Natron und 75 Th. Arsensäure besteht, wird durch vorsichtiges, aber längere Zeit fortgesetztes Erhitzen von 36 Th. arseniger Säure mit 30 Th. Natriumnitrat oder vortheilhafter durch Erhitzen eines Gemenges von trockenem Natriumarsenit und Natriumnitrat (oder auch als Nebenprodukt bei der Darstellung von Anilin aus Nitrobenzol) erhalten.

Schwefelarsen.

Unter den Schwefelungsstufen des Arsens giebt es zwei, die in der Technik Anwendung finden; es sind dies der Realgar und das Operment.

Realgar.

Realgar, rothes Arsen, Rubinschwefel, Rauschroth (As_2S_2) kommt schon in der Natur häufig auf Erzgängen krystallinisch oder in deutlichen Krystallen vor und wird künstlich dargestellt, indem man Schwefel mit überschüssigem Arsen oder arseniger Säure zusammenschmilzt, oder im Grossen Arsenkies mit Schwefelkies der Destillation unterwirft. Realgar erscheint als rubinrothe Masse von muscheligem Bruche, die mit salpetersaurem Kali gemengt und angezündet unter Verbreitung eines weissen glänzenden Lichtes verbrennt. Auf dieser Eigenschaft beruht seine **Weissfeuer.** Anwendung zu Weissfeuer; der Satz dazu besteht aus 24 Th. Salpeter, 7 Th. Schwefel und 2 Th. Realgar. Das in England unter dem Namen indisches Feuer zu trigonometrischen Signalen benutzte Licht erhält man durch Verbrennen von metallischem Arsen in einem Strome von Sauerstoff.

Operment.

Operment, Auripigment, Rauschgelb (As_2S_3) findet sich ebenfalls in der Natur und wird künstlich durch Zusammenschmelzen von Schwefel mit arseniger Säure oder Realgar, oder durch Destillation von einer entsprechenden Mischung von Arsenkies und Schwefelkies dargestellt. Es erscheint in derben, hellorangegelben, durchsichtigen Massen, die fast stets arsenige Säure enthalten, sodass das auf trockenem Wege dargestellte gelbe Schwefelarsen vielleicht (analog dem Antimonzinnober) als ein Arsenoxysulfuret betrachtet werden kann. Auf nassem Wege erhält man es durch Fällen einer salzsauren Lösung von arseniger Säure mit Schwefelwasserstoffgas, oder durch Zersetzen von Schwefelarsen-Schwefelnatrium (As_2S_3, Na_2S durch Schmelzen von arseniger Säure mit Schwefel und kohlensaurem Kali dargestellt) mit verdünnter Schwefelsäure. Man benutzt **Rusma.** es in der Färberei als Reductionsmittel des Indigs und zur Darstellung des Rusmas; letzteres besteht aus 9 Th. Kalk und 1 Th. Operment mit etwas Wasser zu einem Teig gemacht. Es wird von den Orientalen als Enthaarungsmittel angewendet, lässt sich aber zweckmässig durch das Calciumsulfhydrat, erhalten durch Leiten von Schwefelwasserstoffgas in Kalkbrei, bis letzterer eine graublaue Farbe angenommen hat, ersetzen.

Das Quecksilber.

(Hg = 200; spec. Gew. = 13,5.)

Quecksilber. Vorkommen und Gewinnung.

Das Quecksilber gehört zu den seltener vorkommenden und nur sparsam in der Erdrinde vertheilten Metallen. Die wichtigen Vorkommnisse sind: 1) Gediegen Quecksilber, zuweilen etwas Silber enthaltend, kommt fast in allen Quecksilberbergwerken, doch meist nur in geringer Quantität, in Gestalt von Tröpfchen vor, die in den Höhlungen des porösen Gesteines haften. 2) Zinnober (HgS mit 86,29 Quecksilber und 13,71 Schwefel); er bricht auf Lagern und Gängen im krystallinischen Schiefergebirge, im Uebergangs- und Flötzgebirge, besonders mit Quecksilber, auch mit Schwefelkies und anderen Erzen, in Begleitung von Quarz,

Eisenspath, Kalkspath etc., und kommt zuweilen auch auf secundären Lagerstätten, in losen abgerundeten Stücken vor. Die ausgezeichnetsten Fundorte des Zinnobers sind Almaden und Almadenejas in Spanien, wo er schon im Alterthume gewonnen wurde, und Idria in Krain. Ferner findet sich der Zinnober in der bayerischen Rheinpfalz (bei Wolfstein, am Stahlberge, Moschellandsberg, am Potzberge bei Kusel), bei Olpe in Westphalen, in einigen Gegenden Kärntens, zu Eisenerz in Steiermark, Horzowitz in Böhmen, an mehreren Orten Ungarns und Siebenbürgens, zu Vall'alta in Venetien, am Ural, in China und Japan, in dem District Sarawak auf Borneo, in Mexico, zu Huancavelica in Peru und in sehr bedeutender Menge in Californien. Der Zinnober (welcher auch die Namen Stahlerz, Korallenerz, Ziegelerz führt) ist das Hauptquecksilbererz.

Fig. 47.

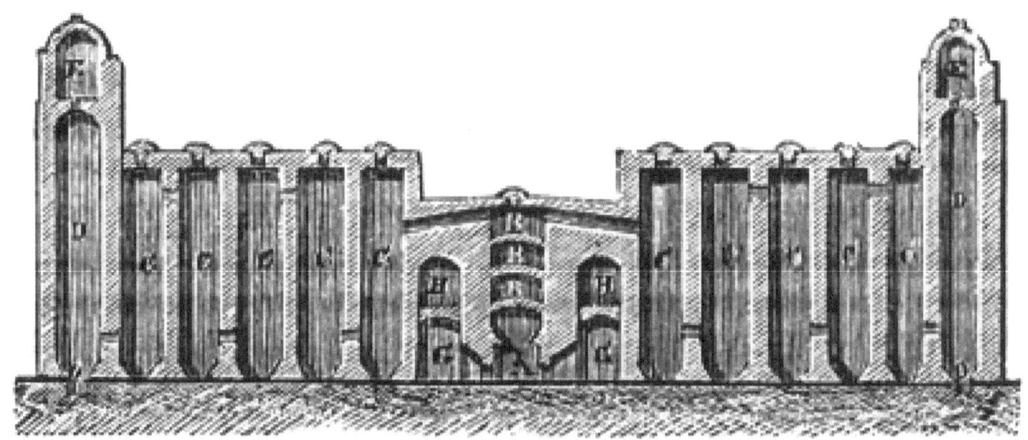

Fig. 48.

Fig. 49.

Hierher verdient auch das Quecksilberlebererz Erwähnung, ein unreiner, mit vielen thonigen und bituminösen Theilen gemengter Zinnober oder auch ein zinnober- und paraffinreicher Kohlenschiefer. Das Vorkommen des Lebererzes ist, so viel bekannt, auf Krain beschränkt. Von den übrigen Quecksilbererzen sei nur noch das Quecksilberfahlerz mit 2–15 Proc. Quecksilber erwähnt.

Die Production an Quecksilber (1870) ist annähernd folgende:

Spanien		22,000	Ctr.
Californien		56,000	„
Peru		3200	„
Oesterreich, Zollverein und Frankreich		2600	„
Italien	Toscana Agordo in Venetien	700	„
		84,500	Ctr.

Die Gewinnung des Quecksilbers aus dem Zinnober geschieht

1) durch Rösten und zwar in Schachtöfen, wobei die Verdichtung der Quecksilberdämpfe in gemauerten oder eisernen Kammern vor sich geht wie in Idria, oder in röhrenartig zusammengefügten Thongefässen (Aludeln) wie zu Almaden in Spanien;

2) durch Zerlegen des Zinnobers in geschlossenen Räumen durch Zuschläge wie durch Eisenhammerschlag oder durch Kalk, wie in Böhmen und in der Pfalz.

Verfahren in Idria.

Die Apparate, die zur Gewinnung des Quecksilbers in Idria Anwendung finden, sind durch die Zeichnungen Fig. 47, 48 und 49 versinnlicht. *A* ist ein Röstofen, welcher auf beiden Seiten mit einer Reihe von Verdichtungskammern *C*, *C* … *D* in Verbindung steht. Das zu röstende Erz schüttet man in groben Stücken auf das Gewölbe *nn'* des Ofens, welcher mit zahlreichen Oeffnungen versehen ist, und füllt den Raum *V* vollständig damit an; auf das Gewölbe *pp'* kommt Erz in kleinen Stücken, endlich auf *rr'* bringt man Staub und die quecksilberhaltigen Rückstände früherer Operationen. Nachdem der Ofen beschickt ist, entzündet man das Brennmaterial, gewöhnlich Buchenholz, auf dem Roste. Man steigert nach und nach die Hitze bis zum Dunkelrothglühen und erhält sie darin 10–12 Stunden. Durch den stattfindenden starken Zug gelangt die zum Rösten des Schwefels erforderliche Luft in den Ofen. Durch die hohe Temperatur entweicht der Zinnober aus dem Erz in Dampfgestalt und verwandelt sich durch die Einwirkung des Sauerstoffs der Luft in schweflige Säure und metallisches Quecksilber ($HgS + 2O = SO_2 + Hg$). Die Verbrennungsprodukte entweichen durch ein Rohr in die massiven, mit Cement überzogenen Verdichtungskammern *C C*…, deren Sohle aus festgestampftem Thon in Form zweier gegen einander geneigter Ebenen besteht, von welchen das condensirte Quecksilber in einer Steinrinne in ein Reservoir aus Porphyr abfliesst. In der letzten Kammer fliesst aus dem Wasserbehälter fortwährend kaltes Wasser ein. Die letzten Spuren von Quecksilber verdichten sich in den Rauchkammern *D D*.

Um Brennmaterial und Zeit zu ersparen, hat man in der neueren Zeit in Idria Versuche mit Flammenöfen angestellt, welche eine ununterbrochene Quecksilberdestillation gestatten.

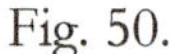

Fig. 50.

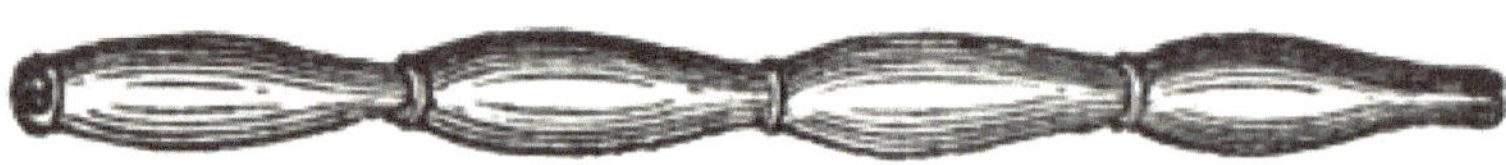

Fig. 51.

Fig. 52.

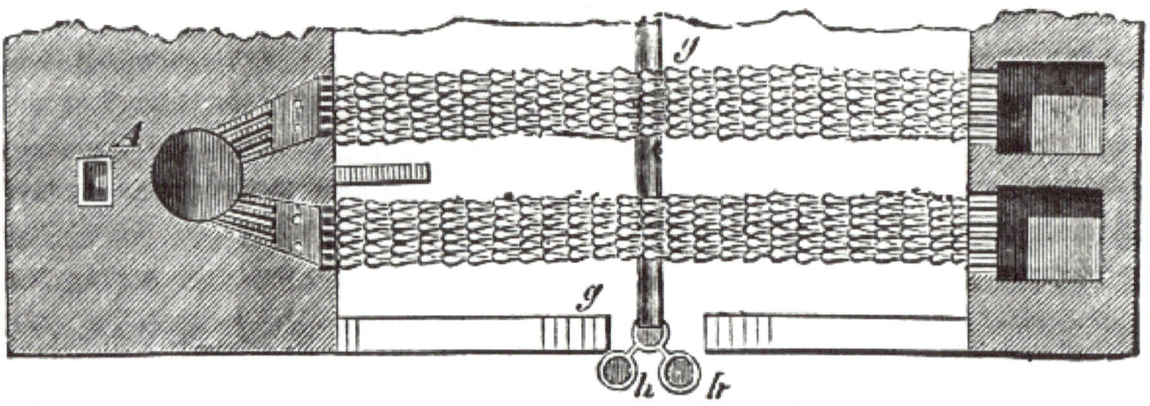

Verfahren in Spanien.

Bei der Einrichtung in Almaden geschieht die Verdichtung der Quecksilberdämpfe in Aludeln, d. i. birnförmigen, an beiden Enden offenen Gefässen von gebranntem Thon, welche so in einander gefügt werden, dass, wie Fig. 50 zeigt, das dünnere Ende des einen in das weitere des anderen passt, und dass nach dem Lutiren der Fugen mit Thon und Asche lange Reihen — Aludelschnüre — entstehen. Der Ofen *A* (Fig. 51 und 52) ist ein cylindrischer Schachtofen, der durch ein durchbrochenes Gewölbe in zwei Abtheilungen getheilt ist. In der untern Abtheilung wird gefeuert, in die obere wird das Erz gebracht, in der Weise, dass zu unterst grosse Stücke eines zinnoberhaltigen Sandsteines gebracht werden, der wegen geringen Gehaltes keine weitere Scheidung zulässt; auf diese Steine bringt man das reiche Erz. Ein Gewölbe schliesst oben den Ofen; die Oeffnung zum Eintragen der obersten Schichten ist mit einer lutirten Thonplatte bedeckt. Die Dämpfe treten zuerst in die Kammern *c c* und dann in die zwölf Aludelreihen. Jede Reihe ist 20–22 Meter lang und zählt 44 Aludeln; es sind demnach 528 Aludeln in jedem Ofen. Die Reihen liegen auf dem geneigten Aludelplan. Aus der am tiefsten Punkte liegenden Aludel bei *f* fliesst das verdichtete Quecksilber durch eine Rinne *g* in die steinernen Behälter *h h*. Die in den Aludeln nicht verdichteten Dämpfe gelangen in die Kammer *B*, wo sie sich vollständig niederschlagen. Der Rauch entweicht durch den Schornstein *b*. Das mit Russ verunreinigte Quecksilber wird dadurch gereinigt, dass man es über eine etwas geneigte Fläche fliessen lässt. Der Russ adhärirt der Fläche, während das Quecksilber ziemlich rein in einen Sumpf abfliesst. Der russige Staub wird ebenso wie der in der Kammer *B* sich ansammelnde gesammelt und von Neuem destillirt. Die in dem Ofen eingesetzte Erdmasse beträgt 250–300 Ctr., welche 25–30, zuweilen, obgleich selten, 60 Ctr. liefert. Das Quecksilber wird in schafledernen Beuteln oder auch in schmiedeeisernen Flaschen versendet.

Gewinnung des Quecksilbers durch Zerlegen des Schwefelquecksilbers durch Zuschläge.

Fig. 53.

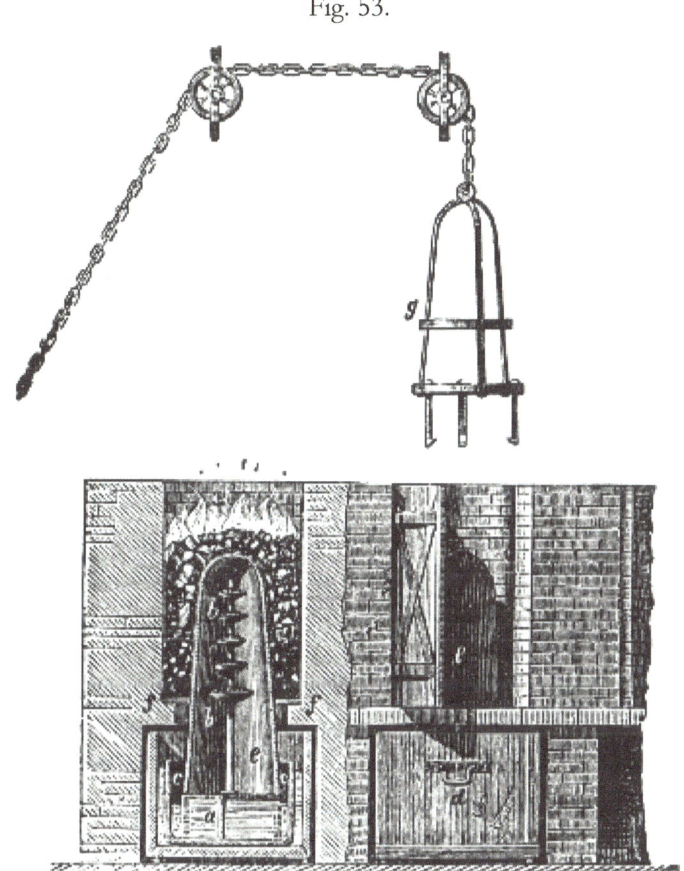

Verfahren zu Horzowitz in Böhmen. Der mit Thoneisenstein brechende Zinnober wird mit $\frac{1}{4}$–$\frac{1}{3}$ Eisenhammerschlag (Eisenoxydul-Oxyd) beschickt und in einem Glockenofen (Fig. 53) auf eiserne Teller oder Schalen *b b* gebracht, die an einem eisernen Dorne befestigt und mit einer eisernen und in Wasser tauchenden Glocke *e e* bedeckt sind. Die Glocke befindet sich in einem gemauerten Ofenschachte und wird durch Steinkohlenfeuer zum Glühen gebracht. Das niederfallende Quecksilber sammelt sich in dem Wasser in *d* an. Jede Glocke, deren sechs in einem Ofen sich befinden, enthält $\frac{1}{2}$ Ctr. Erz und $\frac{1}{4}$ Ctr. Hammerschlag, zu deren Verarbeitung 30 bis 36 Stunden erforderlich sind.

Verfahren in der Rheinpfalz. Die Gruben am Rosswalde bei Stahlberg, nördlich von Rockenhausen, wurden schon im Jahre 1410 eröffnet. Man gewann anfänglich Eisenkies und silberhaltige Kupfererze und lernte erst später das Zugutemachen der Quecksilbererze. Etwas neuer als die Gruben am Stahlberge sind jene im Landsberge bei Moschel, im Potzberge bei Kusel und bei Wolfstein; übrigens fallen Entdeckung und Benutzung der dortigen Quecksilbererzlagerstätten gleichfalls ins 15. Jahrhundert. Der Zinnober ist in

Sandstein eingesprengt. Der Quecksilbergehalt des Gesteines macht gewöhnlich 0,005 und zuweilen 0,01 Proc. aus. Soll die Ausbeute an Quecksilber die Kosten des Ausbringens lohnen, so muss der Quecksilbergehalt des Erzes $\frac{1}{600}$ betragen. Man nimmt die Zersetzung des Schwefelquecksilbers in eisernen Retorten, von denen 30–50 Stück in einem Galeerenofen liegen, durch Kalk vor, wobei Quecksilberdämpfe entweichen und ein Gemenge von Schwefelcalcium, unterschwefligsaurem und schwefelsaurem Kalk zurückbleibt. Zu Obermoschel enthält jede Retorte ein Gemenge von 40 Pfd. reichem Erz und 15–18 Pfd. Kalk, und ist mit einer thönernen Vorlage versehen, welche zur Hälfte mit Wasser gefüllt ist. Die zusammengefügten Stellen werden mit Lehm lutirt. Man steigert allmälig die Hitze bis zum Rothglühen. Jede Operation dauert zehn Stunden. Nach deren Beendigung wird der Inhalt der Vorlagen in ein mit Wasser gefülltes Thonbecken gezogen und darin verwaschen; das Quecksilber bleibt darin zurück, das Wasser aber fliesst nebst einem schwarzen Pulver (Quecksilberschwarz), wahrscheinlich aus fein zertheiltem Quecksilber und Schwefelquecksilber bestehend, ab. Dieses schwarze Pulver wird gesammelt und mit Kalk einer neuen Destillation unterworfen. Am Landsberge werden sämmtliche Retorten jedesmal mit 5 Ctr. und 1–2 Ctr. Kalk besetzt. Die Destillation dauert sechs Stunden. Drei Destillationen liefern ungefähr ½ Ctr. Quecksilber.

Eigenschaften des Quecksilbers.

Das Quecksilber ist metallglänzend, zinnweiss, bei gewöhnlicher Temperatur tropfbar flüssig, bei -39,5° wird es fest, dehnbar, es siedet bei 360°. Sein spec. Gewicht = 13,5. Es verbindet sich mit vielen Metallen und bildet mit denselben die Amalgame, es verbindet sich leicht mit Blei, Wismuth, Zink, Zinn, Silber, Gold, schwer mit Kupfer, nicht mit Eisen, Nickel, Kobalt und Platin. Auf dieser Eigenschaft, sich mit den meisten Metallen zu verbinden, beruht seine Anwendung zur Scheidung einiger Metalle, wie des Goldes und Silbers von den Erzen (Amalgamation, Verquickung); man benutzt Amalgame zum Spiegelbelegen, zur Feuervergoldung,

Anwendung des Quecksilbers.

für das Reibzeug der Elektrisirmaschinen. Das Quecksilber findet ferner Anwendung zur Anfertigung physikalischer Instrumente, zur Darstellung der Secretage für Hutmacher (einer Lösung von Quecksilber in Salpetersäure), zur Fabrikation des Sublimats, Zinnobers, Knallquecksilbers u. s. w. Für die Naturwissenschaft ist das Quecksilber ganz unentbehrlich. Ohne dasselbe würde die Gasometrie noch wenig ausgebildet sein und die Wärmelehre, sowie die Lehre vom Luftdruck noch auf einem niedrigen Standpunkte sich befinden. Neuerdings ist gefunden worden, dass durch geeigneten Natriumzusatz zum Quecksilber das Auflösungsvermögen desselben für gewisse Metalle (besonders Gold und Silber) beträchtlich erhöht wird. Ferner ist die Beobachtung gemacht worden, dass Natrium das Quecksilber in einen starren Körper überführt, der mit Leichtigkeit und ohne die Anwendung geeigneter Gefässe transportirt und durch Digestion mit schwefelsäurehaltigem Wasser leicht wieder vom Natrium getrennt werden kann.

Quecksilberpräparate.

Verbindungen des Quecksilbers.

Von den Verbindungen des Quecksilbers, die technische Anwendung finden, sind nachstehende Präparate die wichtigsten.

Quecksilberchlorid.

Das Quecksilberchlorid (Sublimat), $HgCl_2$ (in 100 Th. 73,8 Th. Quecksilber und 26,2 Th. Chlor) wird durch Sublimation eines Gemenges von schwefelsaurem Quecksilberoxyd mit Kochsalz oder auf nassem Wege durch Auflösen von Quecksilberoxyd in Salzsäure, oder endlich durch Kochen einer Chlormagnesiumlösung mit Quecksilberoxyd ($MgCl_2 + HgO = HgCl_2 + MgO$) dargestellt. Im sublimirten Zustande bildet es eine weisse kristallinische Masse, die bei 260° schmilzt, bei 290° siedet, sich in 13,5 Th. Wasser von 20° und in 1,85 Th. Wasser von 100°, ferner in 2,3 Th. kaltem und in 1,18 Th. siedendem Alkohol auflöst. Das Quecksilberchlorid findet Anwendung zum Conserviren von Holz (Kyanisiren), zur Bereitung von Anilinroth, im Zeugdruck als Reservage, zum Stahlätzen und zur Darstellung anderer Quecksilberpräparate. Als Holzconservationsmittel hat man jüngst die Verbindung $HgCl_2$, 2 KCl, die man durch Kochen von Carnallit mit Quecksilberoxyd erhält, in Vorschlag gebracht.

Zinnober.

Der Zinnober (Schwefelquecksilber, Quecksilbersulfid, Mercuriumsulfid) HgS kommt, wie schon erwähnt, in der Natur als natürlicher Zinnober in rothen, derben Massen oder in durchsichtigen, rothen Krystallen vor, und war schon zu Plinius' Zeiten unter dem Namen Minium bekannt. Man stellt jedoch den Zinnober, um ihn als Farbematerial anzuwenden, stets künstlich und zwar auf trockenem Wege und auf nassem dar. Auf trockenem Wege erhält man den Zinnober, indem man 540 Th. Quecksilber mit 75 Th. Schwefel innig mengt und das entstandene schwarze Pulver in eisernen Gefässen bei mässigem Feuer bis zum Schmelzen, und darauf in irdenen, nur lose verstopften Gefässen im Sandbade erhitzt. Die sublimirte Masse erscheint cochenillerothglänzend, im Bruche faserig; sie giebt beim Zerreiben ein scharlachrothes Pulver, den präparirten Zinnober, dessen Farbe um so schöner ist, je reiner die Materialien und je freier die schwarze Verbindung von überschüssigem Schwefel war. Einigen Chemikern zufolge soll man die Scharlachfarbe des Zinnobers dadurch sehr erhöhen, dass man dem Gemenge vor dem Sublimiren 1 Proc. Schwefelantimon zusetzt und den Zinnober nach dem Zerreiben Monate lang an einem dunklen Orte mit verdünnter Salpetersäure digerirt oder den etwa beigemengten Schwefel durch Digestion mit Kalilauge entfernt. Auf nassem Wege erhält man den Zinnober, indem man weissen Präcipitat (Mercur. praecipit. alb. s. Hydrarg. amidato-bichlorat., NH_2HgCl, das man durch Fällen einer Auflösung von Quecksilbersublimat mit Ammoniak erhält) mit einer Auflösung von Schwefel in Schwefelammonium digerirt (Liebig) oder nach Martius, indem man 1 Th. Schwefel, 7 Th. Quecksilber und 2–3 Th. concentrirter Schwefelleberlösung Tage lang mit einander schüttelt. Nach der Brunner'schen Methode, die den schönsten Zinnober liefert, mengt man 114 Th. Schwefel mit 300 Th. Quecksilber und setzt zur Beschleunigung des Processes etwas Kalilösung zu. Auf einfache Weise geschieht das Mischen dadurch, dass man beide Bestandtheile in gut verschlossene, starke Flaschen bringt und dieselben an irgend einen sich hin und her bewegenden Balken einer Dampfmaschine oder den einer Sägemühle befestigt. Die schwarze Verbindung wird mit einer Lösung von 75 Th. Kali in 400 Th. Wasser gemischt und im Wasserbade bei 45° erhitzt. Nach einigen Stunden nimmt die Masse eine rothe Farbe an; sie wird zur Abkühlung in kaltes Wasser gegossen, auf Filtern gesammelt, gewaschen und getrocknet. — Der im Handel vorkommende Zinnober wurde früher mitunter mit Mennige, Eisenoxyd und Chromzinnober verfälscht; gegenwärtig kommt nicht selten Gyps (bis zu 15–20 Proc.) beigemengt vor. Beim Erhitzen bleiben diese Substanzen zurück. Mennige, das gewöhnlichste Verfälschungsmittel des Zinnobers, lässt sich auch dadurch nachweisen, dass ein mit Mennige verfälschter Zinnober beim Ueberziehen mit Salpetersäure — in Folge von Bleisuperoxydbildung — braun wird und mit Salzsäure behandelt Chlorgas entwickelt. Reiner Zinnober ist in Natriumsulfhydrat (NaSH) leicht und vollkommen löslich.

Knallquecksilber.

Das Knallquecksilber oder knallsaure Quecksilberoxyd $C_2Hg_2N_2O_2$ besteht in 100 Theilen aus 77,06 Th. Quecksilberoxyd und 23,94 Th. Knallsäure, vorausgesetzt, dass man die Existenz der noch niemals für sich dargestellten Knallsäure zugiebt. Nach einer neueren, wie es scheint, richtigeren Anschauung, die zuerst von Gerhardt ausgesprochen wurde, ist das Knallquecksilber eine Nitroverbindung und kann betrachtet werden als Cyanmethyl, in welchem der Wasserstoff des Methyls durch Untersalpetersäure und durch Quecksilber ersetzt worden ist $C\{ Hg_2\ NO_2 \}$, CN. Es wurde von Howard entdeckt und früher Howard's Knallpulver genannt. Es wird im Grossen auf folgende Weise dargestellt. Man löst bei gelinder Wärme 2 Pfd. Quecksilber in 10 Pfd. Salpetersäure von 1,33 spec. Gewicht und versetzt die Lösung mit noch 10 Pfd. Salpetersäure. Die Flüssigkeit wird in sechs tubulirte Retorten vertheilt und in jede Retorte zu der noch warmen Flüssigkeit 10 Liter Alkohol von 0,833 spec. Gewicht zugegossen. Misst man Quecksilber, Salpetersäure und Alkohol, so nimmt man auf 1 Volumen Quecksilber 7½ Volumen Salpetersäure und 10 Volumen Alkohol. Nach Verlauf von einigen Minuten beginnt eine grosse Menge Gas sich zu entwickeln, und es bildet sich ein weisser Niederschlag, der auf einem Filter gesammelt und zur Entfernung der Säure mit kaltem Wasser gewaschen wird. Das Filter wird darauf mit dem Niederschlage auf einem Kupferbleche oder auf einer Porcellanplatte, welche durch Wasserdampf nicht bis zu 100° erwärmt wird, ausgebreitet und getrocknet. Aus 100 Th. Quecksilber erhält man auf diese Weise 118–128 Th. Knallquecksilber; nach der Theorie müsste man 142 Th. erhalten. Der getrocknete Niederschlag wird in kleine Partien getheilt und eine jede derselben in Papier eingeschlagen, besonders aufbewahrt. Das knallsaure Quecksilberoxyd bildet weisse, durchsichtige Krystallnadeln, die bis zu 186° erhitzt oder heftig gestossen mit starkem Knalle detoniren. Vorzüglich leicht explodirt das Knallquecksilber auf Eisen, wenn es mit einem eisernen Instrumente geschlagen wird. Mit 30 Proc. Wasser gemischt, lässt es sich ohne Gefahr auf einer Marmortafel mit einem hölzernen Pistill fein reiben.

Zündhütchen.

Das Knallquecksilber wird in grosser Menge zum Füllen der Zündhütchen gebraucht. Die Zündhütchen sind aus dünn gewalztem Kupferblech gefertigt, die, um das Auseinanderspringen während des Entzündens zu vermeiden, häufig an den Seiten gespalten sind. Um die Zündhütchen zu füllen, reibt man 100 Th. Knallquecksilber auf Marmortafeln mit Reibern oder Walzen aus Buchsbaumholz mit 30 Th. Wasser fein und setzt zu dem Brei 50 Th. Salpeter, oder 62,5 Th. Salpeter und 29 Th. Schwefel, oder 60 Th. Mehlpulver. Der nasse Brei wird auf Papierunterlagen getrocknet und vermittelst Haarsieben gekörnt. Die Körner werden auf Papier ausgebreitet und in flachen Holzkästen getrocknet. Auf das in das Zündhütchen gelegte Korn des Zündpulvers wird in manchen Fabriken ein kleines Kupferplättchen gelegt, das fest auf die Zündmasse aufgepresst wird. Andere Fabriken überkleiden das Korn mit einer weingeistigen Lösung von Schellack, Mastix oder Sandarak, welche aber wegen der oxydirenden Einwirkung auf das Kupfer zu verwerfen sind; am zweckmässigsten ist eine Auflösung von Mastix in Terpentinöl. Das Korn wird in dem Hütchen mit einer Harzauflösung befestigt und zum Schutze vor der Feuchtigkeit mit dieser Lösung überzogen. Ein Kilogramm Quecksilber, das man in Knallquecksilber verwandelt, ist zur Füllung von 40,000 Zündhütchen ausreichend. Für Jagdflinten reicht diese Menge für 57,600 Zündhütchen hin. Obgleich das Knallquecksilber weit schneller explodirt als das Schiesspulver, so geschieht doch die Explosion langsam genug, um ein Projectil fortschleudern zu können. Auf diesem Umstande beruht die Möglichkeit, mit Zündhütchen ohne Pulver zu schiessen.

Das Platin.

(Pt = 197,4; spec. Gew. = 21,0–23,0.)

Platin. Vorkommen.

Das Platin findet sich nur gediegen und zwar in geringer Menge in dem Platinerze, das besonders in Südamerika (Columbia) im aufgeschwemmten Lande und am Ural in Form kleiner, rundlicher, metallglänzender, stahlgrauer Körner vorkommt. In der neueren Zeit hat man auch gediegenes Platin unter Waschgold in Californien, im Oregongebirge, in Brasilien, auf Haïti, ferner in Australien und auf der Insel Borneo gefunden, endlich auch jüngst im norwegischen Kirchspiele Roeraas als Körnereinsprengung in felsigem Gesteine[14]. Dass das Platin überhaupt viel allgemeiner verbreitet sei, als man früher annahm, geht aus den Untersuchungen v. Pettenkofer's hervor, in welchen nachgewiesen wird, dass alles Silber, das nicht direct aus einer Scheidung herrührt, einen geringen Platingehalt habe. Das Platin wurde von den Spaniern in Amerika entdeckt, von denen es anfänglich für Silber gehalten wurde, bis 1752 Scheffer das Platin als eigenthümliches Metall erkannte.

Platinerz.

Die unter dem Namen Platinerz, gediegen Platin, rohes Platin, in dem Handel vorkommenden Erze sind Gemenge von Platin mit Palladium, Rhodium, Iridium, Osmium, Ruthenium, Eisen, Kupfer und Blei, und enthalten ausserdem gewöhnlich noch Körner von Osmium-Iridium, Gold, Chromeisen, Titaneisen, Spinell, Zirkon und Quarz. Nach der Zerstörung der Gebirgsmassen, in denen es enthalten war, ist es von den Fluthen fortgerissen worden. Boussingault fand in Südamerika in einem Gange von verwittertem Syenit die primäre Lagerstätte des Platins, und am Ural ist es jedenfalls der Serpentin, in welchem das Platinerz vorkommt, der durch geologische Ereignisse zerstört und weggewaschen wurde, mit Zurücklassung der darin enthaltenen schweren Mineralien, wie z. B. Chromeisen, Titaneisen, Zirkon u. s. w. Auf Borneo findet sich dem Platinerz Rutheniumsesquisulfuret beigemengt, welchem Wöhler (1866) den mineralogischen Namen Laurit gab.

Berzelius (a), Svanberg (b und c), Bleekerode und Weil (e) fanden bei der Analyse des Platinerzes von Ural (a), Columbien (b), Choco (c), Borneo (d) und Californien (e):

	a	b	c	d	e
Platin	86,50	84,30	86,16	71,87	57,75
Rhodium	1,15	3,46	2,16	—	2,45
Iridium	—	1,46	1,09	7,92	3,10
Palladium	1,10	1,06	0,35	1,28	0,25
Osmium	—	1,03	0,97	0,48	0,81
Osmium-Iridium	1,14	—	1,91	8,43	27,65
Kupfer	0,45	0,74	0,40	0,43	0,20
Eisen	8,32	5,31	8,03		
Kalk	—	0,12	—	8,40	7,70
Quarz	—	0,60	—		

Im Durchschnitt beträgt nach H. Deville der Platingehalt bei Platinerzen aus

Columbien	76,8–86,20	Proc.
Californien	76,5–85,50	„
Oregon	50,45	„
Australien	59,80–61,40	„
Sibirien	73,5–78,9	„
Borneo	57,75–70,21	„

Die jährliche Ausbeute an Platin beträgt 35–50 Centner, wovon auf den Ural 28–40 Centner, auf Columbia und Brasilien 6–8 Centner kommen.

Gewinnung des Platins aus den Platinerzen.

Das Platin wird aus den Erzen (nach dem älteren, jedoch von den Pariser Platinfabrikanten Chapuis und Desmoutis & Quennessen noch heutzutage angewendeten Verfahren von Wollaston) auf folgende Weise gewonnen. Nach dem Waschen werden dieselben bis zum Rothglühen erhitzt und darauf mit Salzsäure behandelt. Dann übergiesst man diese Erze mit kaltem Königswasser, um das Gold zu entfernen, filtrirt ab und behandelt den Rückstand in einer Retorte von Neuem mit Königswasser. Die abdestillirte Flüssigkeit enthält Osmiumsäure, der ungelöste Rückstand Osmium-Iridium, Ruthenium, Chromeisenstein und Titaneisen, während in der Flüssigkeit Palladium, Platin, Rhodium und eine geringe Menge Iridium enthalten sind. Diese

Lösung wird mittelst kohlensauren Natriums neutralisirt und mit einer Lösung von Cyanquecksilber versetzt, wodurch das Palladium als Cyanpalladium ausgeschieden wird[15]. Die vom Cyanpalladium abfiltrirte Flüssigkeit wird durch Abdampfen concentrirt und mit einer gesättigten Lösung von Salmiak versetzt, wodurch Platinsalmiak ($PtCl_4$, $2NH_4Cl$) mit einer Spur Iridium gefällt wird. Behufs der technischen Anwendung ist diese geringe Beimischung des Platins vortheilhaft zu nennen, da es dem Platin die zum Verarbeiten nöthige Härte ertheilt. Der Platinsalmiak wird getrocknet und geglüht, wodurch das metallische Platin als schwammige Masse, als Platinschwamm, zurückbleibt. Der Platinschwamm wird in eisernen Cylindern, die mit stählernen Kolben versehen sind, bei der Rothglühhitze zusammengepresst und diese Operation so lange wiederholt, bis das Platin das Ansehen von geschmolzenem Platin hat und zum Verarbeiten hinreichend compact ist. Nach Descotil und Hess soll man die Platinerze behufs der Abscheidung des Platins mit der 2–4fachen Menge Zink zusammenschmelzen, die entstehende gleichartige spröde Masse pulvern und sieben, mit verdünnter Schwefelsäure das Zink und den grössten Theil des Eisens ausziehen, die zurückbleibende Masse erst zur Entfernung von Eisen, Kupfer und Blei mit Salpetersäure und dann mit Königswasser behandeln, welches den Rückstand seiner Zertheilung wegen weit besser löst, und darauf wie gewöhnlich verfahren. Jeanetty (in Paris) machte das Platin durch Zusatz von Arsen leicht schmelzbar und entfernte das Arsen durch Verflüchtigen.

Verfahren von Deville und Debray.

Das vorzüglichste Verfahren der Gewinnung des Platins aus dem Platinerze ist das von H. Deville und H. Debray im Jahre 1859 angegebene, welches darauf beruht, dass das Blei alle Metalle des Platinerzes auflöst, mit alleiniger Ausnahme des Osmium-Iridiums und des Eisens. Man schmilzt das Platinerz in einem Flammenofen mit dem gleichen Gewicht Bleiglanz zusammen (wobei das Eisen einen Theil des Bleiglanzes zersetzt und daraus metallisches Blei abscheidet) und erhält dadurch einen Regulus, auf dessen Grund das Osmium-Iridium sich befindet, während auf dem Regulus eine Bleischlacke schwimmt. Der platinhaltige Regulus wird hierauf auf dem Treibherde (siehe Silber) abgetrieben, wobei alle fremden Metalle sich verflüchtigen oder sich in die Herdmasse ziehen, während das zurückbleibende Platin durch Umschmelzen in Kalktiegeln gefeint wird; der Kalk wirkt hierbei auf alle Unreinigkeiten des Platins wie Silicium, Eisen, Kupfer u. dergl. ein und verwandelt sie in schmelzbare Verbindungen, die sich in die poröse Masse der Schmelzgefässe ziehen. Das Heizmaterial ist Leuchtgas, das mit Sauerstoff verbrannt wird. Um 1 Kilogr. Platin zu schmelzen, braucht man 100 Liter Sauerstoff und 300 Liter Leuchtgas[16]. Das nach der Schmelzmethode erhaltene Platin wird noch unter den Hammer gebracht und geschmiedet, um es dicht zu machen.

Eigenschaften des Platins.

Das Platin ist ein fast silberweisses, doch etwas ins Stahlgraue gehendes sehr glänzendes, hämmer- und streckbares Metall, das so weich ist, dass es mit der Scheere geschnitten werden kann. Es lässt sich zu fast mikroskopischen Drähten ausziehen; zu diesem Behufe überzieht man einen Platindraht mit Silber und lässt das Stück durch die Drahtstrecke gehen; wenn der Draht möglichst fein ausgezogen ist, behandelt man denselben mit Salpetersäure, die das Silber löst, das Platin aber unangegriffen lässt. Das spec. Gewicht des Platins ist 21,0–23,0. Es lässt sich schweissen und im Knallgasgebläse schmelzen. Sein Schmelzpunkt liegt bei 1460–1480° (nach Deville). Man kennt das Platin als Platinschwamm, als Platinmohr und als **Platinschwamm und Platinmohr.** gehämmertes und geschmolzenes Platin. Platinschwamm und Platinmohr haben beide die Eigenschaft, Gase und besonders Sauerstoff in ausserordentlich bedeutender Menge in ihren Poren aufzunehmen; kommt daher Wasserstoffgas mit diesen Körpern zusammen, so verbindet sich derselbe mit dem Sauerstoff unter Mitwirkung des Platins als prädisponirenden Körpers zu Wasser. Diese Verbindung geht aber unter so grosser Wärmeentwickelung vor sich, dass das Platin ins Glühen kommt. Der darauf geleitete Wasserstoff wird deshalb entzündet. Auf den eben beschriebenen Vorgang gründet sich das bekannte Döbereiner'schen Wasserstofffeuerzeug. Der Platinmohr ist höchst fein zertheiltes Platin, als schwarzes Pulver erscheinend, das man entweder darstellt, indem man schwefelsaures Platinoxyd mit kohlensaurem Natron und Zucker kocht, wodurch das Platinmohr als schwarzes Pulver zu Boden fällt, oder indem man Zink mit Platin zusammenschmilzt und die Legirung mit verdünnter Schwefelsäure behandelt. Der Platinmohr besitzt die Eigenschaft, Sauerstoff zu absorbiren in noch höherem Grade als der Platinschwamm, er dient zur Erzeugung von Essig aus Alkohol. Das **Gehämmertes und geschmolzenes Platin und Anwendung desselben.** gehämmerte Platin kann durch Austreiben oder auch durch Schmelzen und Giessen verarbeitet werden. Um seine Verarbeitung haben sich in neuerer Zeit Heraeus in Hanau, ferner die Pariser Firmen Gebr. Chapuis, Desmoutis u. Quennessen, Godart u. Labordenave, endlich und vor Allen Matthey in London höchst verdient gemacht. Es dient zur Anfertigung vieler chemischer und technischer Apparate, die durch hohe Temperatur und die meisten Agentien nicht angegriffen werden, nichtsdestoweniger aber mit der grössten Vorsicht zu behandeln und namentlich vor der Berührung mit ätzenden Alkalien, schmelzendem Salpeter, freiem Chlor (Königswasser), Schwefel (Schwefellebern), Phosphor, geschmolzenen Metallen und leicht reducirbaren Metalloxyden zu hüten sind. Man fertigt aus dem Platin Bleche, Drähte, Tiegel, Löffel, Löthrohrspitzen, Blitzableiterspitzen, Retorten, Zangen, Kessel für Affinirwerkstätten und Schwefelsäurefabriken[17]; man benutzt es ferner zur Construction galvanischer Elemente, zu Senflöffeln, zu Galanteriewaaren, Uhrketten, Dosen, zu Glühlampen und zum Ueberziehen von Kupferschalen, Porcellan, Steingut und Glas. In der neueren Zeit hat man das Platin auch in der Porcellanmalerei zur Hervorrufung eines grauen Tones angewendet. In Russland hat man seit dem Jahre 1828 Platin zu Münzen und zwar zu Drei-, Sechs- und Zwölfrubelstücken ausgeprägt; nach der Ukase vom 22. Juni 1845 ist aber die Ausprägung von Platinmünzen (die im Ganzen 14,250 Kilogr. ausmachte) eingestellt, und sind die umlaufenden zurückgezogen worden. In Frankreich fertigt man gegenwärtig aus Platin Denkmünzen und Preismedaillen. (Die erste Platinmünze wurde in Paris 1799 durch den Graveur Duvivier geprägt. Sie trug das Bildniss des Ersten Consuls. Im Jahre 1788 ward Ludwig XVI. eine Taschenuhr überreicht, in welcher die Axe und die Zähne des Steigrades aus Platin gefertigt waren.) Platindrahtgewebe werden, durch eine Wasserstoffgasflamme glühend gemacht, als Leuchtmittel (Platingas) benutzt. Nach Kraut enthält mancher Platindraht Barium oder eine Bariumverbindung.

Platinlegirungen.

Das Platin schmilzt leicht mit den meisten Metallen zusammen. Wichtig ist eine von Deville dargestellte Legirung aus 78,7 Th. Platin und 21,3 Th. Iridium, welche fast nicht von Königswasser angegriffen wird und zugleich hart und hämmerbar ist. Legirungen mit 10–15 Proc. Iridium widerstehen den Reagentien und dem Feuer weit besser als Platin, sie sind strengflüssiger als letzteres, dabei härter und daher die aus ihnen gefertigten Gefässe nicht so leicht aus der Form zu bringen. Auch eine Legirung von 92 Th. Platin, 5 Th. Iridium und 3 Th. Rhodium widersteht den Agentien besser als Platin (nach Chapuis). Eine dem Gold in Bezug auf Farbe, Glanz und Dauer ähnliche Legirung besteht nach Bolzani aus 3 Th. Platin und 13 Th. Kupfer. Eine Legirung von Platin mit Gold zu chemischen Geräthen verarbeitet, soll nach Percy der Einwirkung der Alkalien vortrefflich widerstehen. Mit Stahl nach gleichen Gewichtsverhältnissen versetzt, bildet das Platin eine Legirung, die als Spiegelmetall von keiner anderen Legirung übertroffen wird; ihre Farbe ist weiss und ihr spec. Gewicht 9,862.

Elaylplatinchlorür.

Das Elaylplatinchlorür ($PtC_2H_3Cl_2$) wird erhalten, indem man Platinchlorid in Weingeist auflöst, die Lösung im Wasserbade verdampft und das Auflösen und Abdampfen mehrmals wiederholt. Wenn man in die sehr verdünnte Lösung des Abdampfungsrückstandes Gegenstände aus Glas oder Porcellan taucht und dieselben sodann über der Lampe erhitzt, so erhalten sie einen spiegelnden Ueberzug von metallischem Platin. Eine ähnliche Substanz wendet man zur Erzeugung von Platinlüster in der Decoration von Porcellangegenständen an.

Das Silber.

($Ag = 108$; spec. Gew. = 10,5–10,7.)

Silber. Vorkommen desselben.

Das Silber kommt in der Natur ziemlich häufig, und zwar theils gediegen (meist goldhaltig), theils mit Arsen, Antimon, Tellur und Quecksilber verbunden, theils als Schwefelmetall mit anderen Sulfureten vereinigt, selten als Oxyd an Säuren gebunden vor. Die am häufigsten vorkommenden Silbererze sind: Das Silberglaserz oder der Silberglanz, Silbergehalt 84–86 Proc. (Ag_2S), das Dunkel-Rothgültigerz, Silbergehalt 58–59 Proc. ($3Ag_2S + Sb_2S_3$), das lichte Rothgültigerz, Silbergehalt 64–64,5 Proc. ($3Ag_2S + As_2S_3$), der Miargyrit ($Ag_2S + Sb_2S_3$), das Sprödglaserz ($6Ag_2S + Sb_2S_3$), Silbergehalt 67–68 Proc., der Polybasit [$(Ag_2S, Cu_2S)_9, Sb_2S_3$], Silbergehalt 64–72,69 Proc., und das Weissgültigerz [$(FeS, ZnS, Cu_2S)_4, Sb_2S_3 + (PbS, AgS)_4, Sb_2S_3$], Silbergehalt 30–32,69 Proc. Ausserdem findet sich das Silber sehr häufig im Bleiglanz, dessen Silbergehalt gewöhnlich zwischen 0,01–0,03 Proc. schwankt, zuweilen 0,5, selten 1,0 Proc. erreicht, in den Kupfererzen: Kupferglanz, Kupferkies und Buntkupfererz mit 0,020–1,101 Proc. Silbergehalt, in den Fahlerzen (vergl. S. 44), in den Zinkerzen: Zinkblende und Galmei u. s. w.

Gewinnung des Silbers.

Das hüttenmännische Verfahren der Darstellung des Silbers kann geschehen:

I. auf nassem Wege:

1) mittelst Quecksilber

a) europäische
b) amerikanische
} Amalgamation;

2) mittelst Auflösung und Fällung:

a) Augustin's Methode,

b) Ziervogel's Methode,

c) sonstige Methoden.

II. auf trockenem Wege:

1) Gewinnung von silberhaltigem Blei;

2) Abscheidung des Silbers aus silberhaltigem Blei:

a) Abtreiben auf dem Treibherde,

b) Concentriren des Silbers im Werkblei (Pattinsoniren),

c) Entsilberung des Werkbleies durch Zink,

d) Feinmachen des Blicksilbers.

Durch Ausschmelzung.

1) Das Ausschmelzen des Silbers aus den Erzen findet nur selten statt und kann nur mit Erzen vorgenommen werden, die sehr reich an gediegenem Silber sind.

Durch Ausziehen des Silbers mittelst Amalgamation.

2) Die Gewinnung des Silbers durch Quecksilber oder der Amalgamationsprocess wird nur bei sehr silberarmen Erzen (aber auch bei silberhaltigem Kupferstein, bei Speise etc.) angewendet, die ungefähr 100 bis 120 Grm. Europäische Amalgamation. im Zollcentner enthalten. Das in Europa gebräuchlich gewesene Verfahren[18] ist folgendes, welches in vier Hauptoperationen: 1) in das Rösten, 2) in das Amalgamiren, 3) in die mechanische Scheidung des Silberamalgams vom überschüssigen Quecksilber und 4) in die Verflüchtigung des Quecksilbers aus dem Silberamalgam zerfällt. Man setzt zu den zu amalgamirenden Erzen 10 Proc. Kochsalz und röstet das Gemenge, um Antimon und Arsen zu verflüchtigen, welche im oxydirten Zustande in besonderen Räumen aufgefangen werden. Durch die gegenseitige Einwirkung des Kochsalzes und gerösteten Schwefelkieses, aus welchem durch das Rösten schwefelsaures Eisenoxyd geworden, entstehen schwefelsaures Natrium, Eisenchlorid und entweichende schweflige Säure. Das Eisenchlorid giebt sein Chlor an das Silber ab und bleibt als Eisenoxyd zurück. Ferner haben sich gebildet schwefelsaures Kupferoxyd, schwefelsaures Eisenoxyd, welche den noch unveränderten Theil des Schwefelsilbers zu schwefelsaurem Silberoxyd oxydiren, während sie selbst zu Oxydulsalzen reducirt werden. Durch die Einwirkung des noch unveränderten Kochsalzes bildet sich Chlorsilber und schwefelsaures Natrium. Die übrigen vorhandenen Metalle werden ebenso wie das Silber in Chlormetalle verwandelt. Die braune Masse wird nach beendigtem Rösten gemahlen und auf die Amalgamirfässer gebracht, in denen sie mit Wasser, Eisenstückchen und Quecksilber gemengt 16–18 Stunden lang herumgedreht wird, indem die Fässer in jeder Minute sich 20–22 Mal um ihre Axe drehen. Durch das Eisen werden alle vorhandenen Metalle regulinisch ausgeschieden, während sich das frei gewordene Chlor mit dem Eisen zu Eisenchlorür verbindet. Die reducirten Metalle verbinden sich mit dem Quecksilber zu Amalgam.

Zur Verdeutlichung des Wesens des Amalgamationsverfahrens nehmen wir an, es solle aus einem Silbererz, bestehend aus:

$$(Cu_2S, AgS, FeS) + (As_2S_3, Sb_2S_3)$$

nach dieser Methode das Silber ausgeschieden werden[19]. Nach dem Rösten (das bei dem vorliegenden Beispiele in Aufnahme von 30 Mol. Sauerstoff besteht) mit Kochsalz (ClNa) haben sich folgende Körper gebildet:

$$[(Cu_2Cl_2, AgCl, FeCl_2) + 3Na_2SO_4] + [As_2O_3 + Sb_2O_3 + 6SO_2]$$

zurückbleibende Körper — sich verflüchtigende Körper.

In den Amalgamirfässern verwandeln sich unter Mitwirkung des Eisens, Quecksilbers und Wassers die zurückbleibenden Körper in:

$(Cu_2Cl_2, AgCl, FeCl_2) + 3Na_2SO_4 + 3Fe + nHg = 3Na_2SO_4 + (Cu, Ag, nHg) + 4FeCl_2)$.

Amalgam.

Fig. 54.

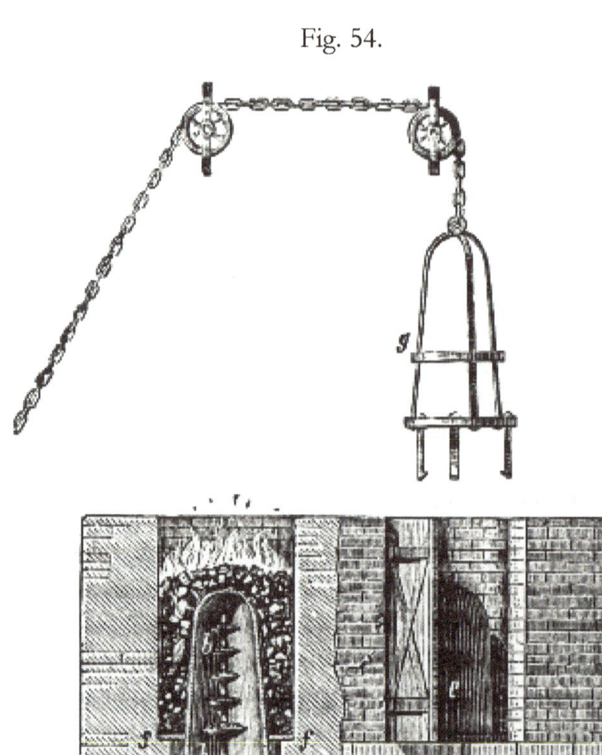

Nach beendigtem Rotiren sammelt sich das Amalgam am unteren Theile der Fässer an und wird durch den nach unten gerichteten Spund abgelassen. Das ablaufende Amalgam fliesst durch einen zwillichen Sack in steinerne Tröge, das Silberamalgam concentrirt sich in dem Sacke, während das flüssige Quecksilber abläuft. Zur Trennung des überschüssigen Quecksilbers vom Silberamalgam wird der Sack darauf zugeschnürt und zwischen Brettern ausgepresst. Das in dem Sacke zurückbleibende feste Amalgam[20] wird zum Ausglühen auf eiserne Teller *b b* (Fig. 54) gebracht, welche in der Mitte einen hohlen Dorn haben, sodass ein Teller auf den anderen gesetzt werden kann. Der unterste Teller *b* ist auf einer eisernen Stange *c* befestigt, die in der Mitte eines mit Wasser angefüllten Kastens *d* steht, das Ganze wird mit einer eisernen Glocke *e* bedeckt, sodass der innere Raum luftdicht abgesperrt ist. Durch ein ausserhalb der Glocke befindliches Kohlenfeuer wird das Quecksilber aus dem Amalgam dampfförmig ausgetrieben, das, keinen Ausweg findend, in dem Wasser des Kastens *d* sich condensirt. Das Silber bleibt nebst den anderen in dem Amalgam enthaltenen Metallen auf den eisernen Tellern zurück. Durch die Vorrichtung *g* kann die Glocke aufgezogen und niedergelassen werden. Es heisst in diesem Zustande Tellersilber (Anquicksilber, Amalgamirmetall)[21]. Jetzt benutzt man gewöhnlich zur Trennung des Silbers vom Quecksilber einen Apparat, welcher aus einer weiten gusseisernen, in einem Ofen befindlichen Röhre besteht, an deren einem Ende eine rechtwinkelig nach abwärts gebogene Röhre befestigt ist, während sie an dem anderen Ende luftdicht verschliessbar ist und mit dem Amalgam beschickt wird. Das nach abwärts gebogene Rohr führt unter Wasser, in welchem sich das condensirte Quecksilber absetzt. In der neueren Zeit hat man die Benutzung gespannter Wasserdämpfe zur Destillation des Quecksilbers aus dem Amalgam empfohlen. Um es von dem grössten Theile der fremden Metalle zu befreien, wird das Tellersilber in Graphittiegeln, mit Kohlenpulver bestreut, noch einmal umgeschmolzen. Selbst nach dem Umschmelzen (Raffinatsilber) enthält es aber noch 3–5 Loth Kupfer auf die Mark, von welchem es durch Abtreiben oder durch Affiniren befreit wird.

Amerikanische Amalgamation.

Die amerikanische Amalgamation ist in Mexico, Peru und Chile üblich. Die zur Amalgamation bestimmten Silbererze, hauptsächlich Rothgültigerz, Fahlerz, seltener Chlorsilber und gediegen Silber, werden trocken gepocht, ohne vorher gewaschen zu werden, und nachher mit Wasser gemahlen, bis sie einen hohen Grad von Feinheit erlangt haben, was zum Gelingen der Operation unerlässlich ist. Das gepochte Erz wird in die Erzmühlen gebracht, unter deren Steinen aus Porphyr oder Basalt das Mahlen vor sich geht. 6–8 Ctr. Erz brauchen dazu 24 Stunden; die Arbeiter befeuchten das Erz von Zeit zu Zeit, damit es die Consistenz eines dünnflüssigen Schlammes habe. Der Brei gelangt nun auf einen mit Steinplatten ausgelegten Hofraum, der etwas abschüssig ist, damit das Regenwasser abfliessen kann. Nach einigen Tagen setzt man Magistral, d. i. gerösteten und feingeriebenen Kupferkies ($FeCuS_2$) hinzu in der Menge von ½-3 Proc., lässt auch diesen durch Treten einkneten und setzt sodann nach und nach Quecksilber hinzu, ungefähr das Sechsfache von dem in dem Erz befindlichen Silber (die Incorporation). Das Durchtreten wird einen Tag um den andern 2–5 Monate lang wiederholt, bis die Entsilberung beendigt zu sein scheint, darauf wird der Quickbrei in ausgemauerten Cisternen verwaschen, um das Amalgam zu scheiden, welches durch Pressen in Zwillichsäcken vom überschüssigen Quecksilber befreit und destillirt wird. Die Theorie der Amalgamation ist folgende: Der Kupferkies wird durch das Rösten in schwefelsaures Kupferoxyd und schwefelsaures Eisenoxyd übergeführt, welche beiden Salze sich mit dem Kochsalze zu Kupfer- und Eisenchlorid und schwefelsaurem Natrium umsetzen. Diese beiden Chloride wirken nun auf das vorhandene metallische Silber und bilden Chlorsilber, während sie selbst zu Chlorüren reducirt werden, während das beim Verwitterungsprocesse gebildete schwefelsaure Silberoxyd direct mit dem Kochsalze sich umsetzt. Zugleich findet auch eine chlorende Einwirkung des Kupfer- und Eisenchlorides auf das Schwefelsilber, sowie auf die übrigen Schwefelmetalle statt. Das Chlorsilber wird vom Kochsalze aufgelöst und das Silber aus dieser Lösung durch das Quecksilber ausgeschieden, welches letztere in Quecksilberchlorür übergeht. Das reducirte Silber wird von nicht verändertem Quecksilber aufgenommen. Die amerikanische Amalgamation ist mit grossem Zeitaufwande und enormem Quecksilberverluste (da für jedes Molekül Silber, welches aus dem Chlorsilber reducirt wird, 1 Molekül Quecksilberchlorür (Hg_2Cl_2) sich bildet) verbunden, dagegen kann man nach dieser Methode ohne Brennmaterial und mit geringer Arbeit Erze behandeln, welche so arm sind, dass die meisten anderen Methoden nicht anwendbar sein würden.

Augustin's Methode der Silbergewinnung.

Die älteste hydrometallurgische Silbergewinnungsmethode ist die von Augustin — die sogenannte Kochsalzlaugerei —; dieselbe gründet sich auf die Bildung eines leicht löslichen Doppelchlorürs, wenn Chlorsilber mit einer überschüssigen concentrirten Lösung von Kochsalz in der Wärme zusammengebracht wird, und auf die Fähigkeit des Kupfers, aus der concentrirten Lösung dieser Verbindung das Silber vollständig abzuscheiden. Die durch Pochen und Mahlen in ein Mehlpulver verwandelten, wesentlich aus Schwefelkupfer, Schwefelsilber und Schwefeleisen bestehenden Kupfersteine werden zuerst ohne Kochsalz geröstet, dadurch bildet sich zuerst Eisensulfat, dann Kupfersulfat und zuletzt bei höherer Temperatur Silbersulfat, wobei schon alles Eisensulfat und ein grosser Theil des Kupfersulfats bereits zersetzt ist, sodass das Röstgut nach Beendigung des Vorröstens aus Eisenoxyd, Kupferoxyd, kleinen Mengen von Kupfersulfat besteht. Darauf wird durch fortgesetztes Rösten mit Kochsalz das Silbersulfat in Chlorsilber übergeführt. Das Röstgut wird mit heisser concentrirter Kochsalzlösung ausgezogen, wobei das Chlorsilber gelöst wird. Aus der Flüssigkeit scheidet man durch metallisches Kupfer das Silber und aus der sich bildenden kupferchlorürhaltigen Lauge das Kupfer durch Eisen ab.

Ziervogel's Methode der Silbergewinnung.

Die Ziervogel'sche Silberextractionsmethode oder die Wasserlaugerei geht anfangs denselben Weg wie die Methode Augustin's, trennt sich von derselben aber insofern, als beim Rösten kein Kochsalz zugegeben wird. Das Röstgut, wesentlich aus Silbersulfat, wenig Kupfersulfat, viel Kupferoxyd und Eisenoxyd bestehend, wird mit heissem Wasser ausgezogen, welches das Silber- und das Kupfersulfat auflöst. Aus dieser Lösung wird das Silber durch metallisches Kupfer niedergeschlagen und als Nebenprodukt Kupfersulfat erhalten. Im Mansfeld'schen wendet man die Methode Ziervogel's schon seit mehreren Jahren zur Entsilberung der Kupfersteine an; sie ist weniger complicirt und erfordert, weil das Auslaugen schneller von statten geht, weniger Röstkosten und Arbeitslohn, als das Verfahren von Augustin, dagegen ist die Röstoperation schwieriger auszuführen, es werden reichere Steine erfordert und in der Regel bleiben reichere Rückstände. Bei Gegenwart von Arsen und Antimon ist Ziervogel's Verfahren nicht anwendbar, weil sich beim Rösten Silberarseniat und Silberantimoniat bilden, die in Wasser unlöslich sind. Ein Bleigehalt verursacht dagegen leicht Sinterungen, wodurch die Röstung erschwert wird.

Andere Methoden der hydrometallurgischen Silbergewinnung.

Silberextraction mittelst unterschwefligsauren Natriums und Chlornatriums. Nach v. Hauer's Vorschlag röstet man die Erze wie nach der europäischen Amalgamation mit Kochsalz, um das Silber in Chlorsilber zu verwandeln, und löst letzteres in einer Lösung von Natriumdithionit (Natriumhyposulfit) auf. Aus der Lösung wird das Silber durch Kupfer oder Zinn niedergeschlagen. Auch Patera schlägt, veranlasst durch die Unbequemlichkeit, mit welcher die Anwendung einer heissen concentrirten Kochsalzlösung zur Silberextraction nach Augustin's Verfahren verknüpft ist, ebenfalls Natriumdithionit vor. Aehnliche Vorschläge sind auch von Percy gemacht worden, welcher ausserdem auf die Anwendbarkeit des Chlorkalkes und Chlors zur Umwandlung des Silbers in Chlorsilber aufmerksam macht. Schon von Rivero und Gmelin wurde vorgeschlagen, die Silbererze nach dem Rösten mit Kochsalz mit Ammoniakflüssigkeit zu digeriren, aus der ammoniakalischen Flüssigkeit das Chlorsilber durch Schwefelsäure zu fällen und durch Schmelzen mit einem Flussmittel zu reduciren. Erwähnenswerth ist auch die sogenannte Schwefelsäurelaugerei, bei welcher silberhaltige Kupfersteine oder auch Schwarzkupfer mit heisser verdünnter Schwefelsäure behandelt wird, wobei Kupfersulfat in Lösung geht, das Silber aber im Rückstande bleibt, welcher durch Verbleien entsilbert wird.

Silbergewinnung auf trockenem Wege.

Die Extraction des Silbers aus seinen Erzen mittelst Blei beruht:

1) Auf der Eigenschaft des Bleies, Schwefelsilber unter Bildung von Schwefelblei und Abscheidung von metallischem Silber zu zersetzen:

$$\left.\begin{matrix} Ag_2S \\ nPb \end{matrix}\right] \text{geben} \left[\begin{matrix} Ag_2Pb_n \\ PbS \end{matrix}\right.$$

Andere dem Silber beigemengte Schwefelmetalle, besonders Schwefelkupfer und Schwefeleisen, werden vom Blei weniger zersetzt. Die Produkte der Schmelzung sind silberhaltiges Blei und silberfreier Stein, aus Schwefelblei, Schwefelkupfer und Schwefeleisen bestehend. Die Ausziehung des Silbers durch Blei erfolgt um so vollständiger, je kupferärmer die Erze sind.

2) Auf der zersetzenden Einwirkung von Bleioxyd und schwefelsaurem Bleioxyd auf Schwefelsilber, in deren Folge silberhaltiges Blei und schweflige Säure sich bilden:

$$\left.\begin{matrix} Ag_2S \\ 2PbO \end{matrix}\right] \text{geben} \left[\begin{matrix} Pb_2Ag_2 \\ SO_2 \end{matrix}\right. \text{ und } \left.\begin{matrix} Ag_2S \\ PbSO_4 \end{matrix}\right] \text{geben} \left[\begin{matrix} PbAg \\ 2SO_2 \end{matrix}\right.$$

3) Auf der reducirenden Einwirkung von Blei auf Silberoxyd oder auf schwefelsaures Silberoxyd:

$$\left.\begin{matrix} 2Pb \\ Ag_2O \end{matrix}\right] \text{geben} \left[\begin{matrix} PbO & & 3Pb \\ & \text{und} & \\ Ag_2Pb & & Ag_2SO_4 \end{matrix}\right] \text{geben} \left[\begin{matrix} PbAg \\ 2PbO \\ 2SO_2 \end{matrix}\right.$$

4) Auf der grösseren Verwandtschaft des Silbers zum Blei als zum Kupfer. Wird silberhaltiges Kupfer mit Blei zusammengeschmolzen, so entsteht ein Gemenge von leichtflüssigem silberhaltigem Blei und einer schwer schmelzbaren Legirung von Kupfer und Blei. Ersteres kann von letzterem durch Aussaigerung getrennt werden.

Gewinnung von silberhaltigem Blei (Werkblei).

Der Bleiarbeit werden eigentliche Silbererze, welche geröstete kiesige Erze, silberhaltige Kupfer- und Bleierze in geröstetem oder ungeröstetem Zustande, gerösteter silberhaltiger Scherbenkobalt u. s. w. unterworfen. Das Wesentliche der Bleiarbeit besteht darin, dass man die zu entsilbernden Substanzen mit geschmolzenem Blei behandelt. Es resultirt ebenso wie beim Zugutemachen von silberhaltigem Bleiglanz (vgl. Seite 63) silberhaltiges Werkblei.

Die Entsilberung des Werkbleies kann geschehen

1) auf dem Treibherde,

2) durch das Pattinsoniren,

3) vermittelst Zink.

Die Treibarbeit.

Fig. 55.

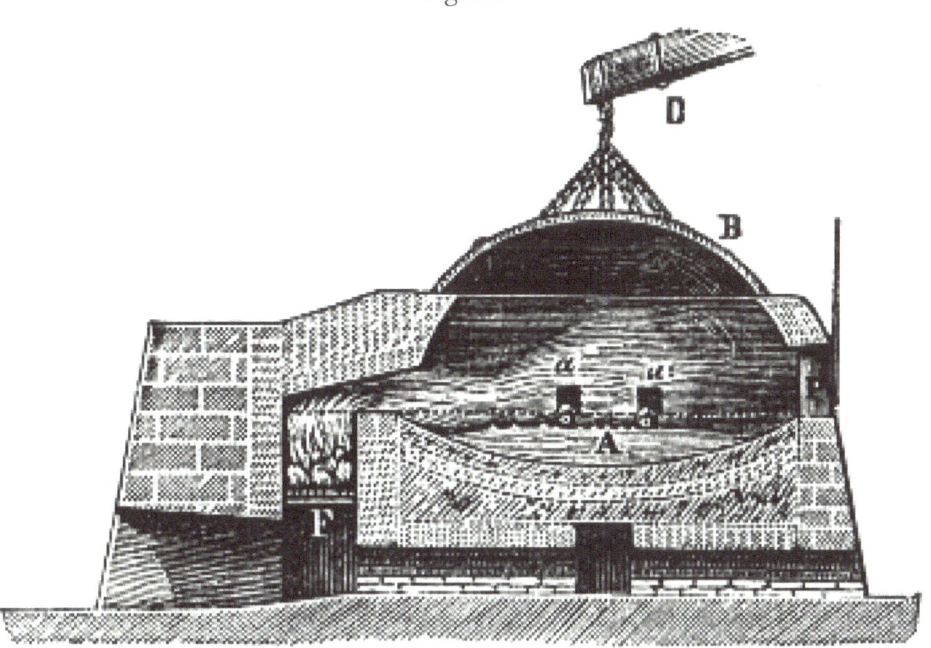

Das Treiben (oder Abtreiben) auf Treibherden wird mit dem silberhaltigen Blei sowol auf den Silberhüttenwerken, als auf den Bleihüttenwerken vorgenommen. Es beruht darauf, dass das oxydirbare Blei von den nicht oder nur schwer oxydirbaren Metallen, mit denen es gemischt ist, durch einfache oxydirende Schmelzung abgeschieden wird, indem man dafür sorgt, dass das entstehende Bleioxyd theils abgezogen wird, theils in die Poren des Treibherdes sich einzieht. Die dadurch sich stets erneuernde Oberfläche des Metallbades wird so lange oxydirt, als die Metalllegirung noch Blei enthält, bis zuletzt das Silber im reinen Zustande zurückbleibt. Der Treibherd ist ein runder Gebläse-Flammenofen mit einer angebauten Feuerung *F* (Fig. 55); der Herd *A* ist mit einer aus Blech gefertigten und inwendig mit feuerfestem Thon ausgeschlagenen Haube *B* bedeckt, welche durch die Vorrichtung *D* aufgehoben und niedergelassen werden kann. Der Herd wird aus ausgelaugter Asche oder besser aus Kalkmergel geschlagen, in der Mitte befindet sich eine Vertiefung *c* zum Ansammeln des Silbers, *b* ist der Feuerraum. In dem aus Bruchsteinen bestehenden, den Herd einschliessenden Raum, dem Ofenkranz, befindet sich 1) das Glättloch, welches mit Herdmasse während der Arbeit so weit geschlossen gehalten wird, dass sich dasselbe mit der oberen Fläche des im Treibofen eingeschmolzenen Werkbleies im Niveau befindet, sodass die über dem Metall sich bildende Glätte abfliessen kann. Sobald die Menge des Werkbleies abnimmt, wird der Herdmasse im Glättloch durch Auskratzen derselben ein niedriges Niveau gegeben; diese rinnenförmige Vertiefung heisst die Glättgasse; 2) das Blechloch (Schürloch) *P*, in der Regel gegenüber der Feuerbrücke, dient zum Eintragen der Herdmasse und der Werke; 3) die Formen des Gebläses *a* und *a'*.

Die Treibarbeit wird bei gesteigerter Temperatur so lange fortgesetzt, bis sich das auf dem Herde zurückgebliebene Silber nur noch mit einer dünnen Schicht von Bleiglätte überzieht, die ebenso schnell zu verschwinden scheint, als sie entsteht. Das Entstehen und Verschwinden des Häutchens giebt sich durch ein Farbenspiel, das Blicken des Silbers, zu erkennen. Sobald diese Erscheinung wahrgenommen wird, hört man mit dem Feuern auf, kühlt das Blicksilber durch Besprengen mit Wasser und hebt es aus dem Ofen. Das abfliessende flüssige Bleioxyd erstarrt beim Erkalten zu einer blättrig krystallinischen Masse von gelber oder röthlich gelber Farbe, Bleiglätte (vergl. Seite 65).

Das Pattinsoniren.

Das Pattinsoniren. Der Treibprocess ist bei einem sehr geringen Silbergehalte des Bleies nicht mehr lohnend. Es gilt im Allgemeinen als Regel, dass Werkblei mit einem geringeren Silbergehalt als 0,12 Proc. nicht mehr vertrieben werden kann. Der Umstand nun, dass viele Bleiglanze Englands ein Werkblei geben, welches nur 0,03–0,05 Proc. Silber enthält, mithin nicht treibwürdig ist, bewog 1833 Pattinson in Newcastle, Versuche über neue Trennungsmethoden anzustellen, welche ihn zur Entdeckung des nach ihm genannten Krystallisirprocesses führten, durch welchen es möglich geworden ist, den Silbergehalt armer Bleie (bis herab zu 0,009 Proc. Silber) so weit zu concentriren, dass neben höchst silberarmem Kaufblei treibwürdige Werke erfolgen. Indessen wendet man das Verfahren auch als Concentrationsarbeit bei schon treibwürdigem Blei an.

Das Pattinsoniren, so wie es gegenwärtig (so zu Stolberg bei Aachen, an der Lahn, in Schlesien, am Oberharz etc.) ausgeführt wird, gründet sich auf die Erscheinung, dass, wenn man eine hinreichende Menge von silberhaltigem Blei in einem eisernen Kessel einschmilzt und die flüssige Masse gleichmässig sich abkühlen lässt, in derselben sich kleine Krystalle (Octaëder, an ihren Enden verwachsen) bilden, deren Menge fortwährend zunimmt. Werden diese Krystalle mit Hülfe eines durchlöcherten Löffels herausgeschöpft und untersucht, so findet man, dass sie weit ärmer an Silber sind als die ursprüngliche Legirung, während in dem flüssig gebliebenen Theile das Silber sich concentrirt hat. Schmilzt man diese Krystalle und verfährt auf gleiche Art, so bilden sich von Neuem Krystalle, die abermals silberärmer sind als die früheren. Die ersten Anschüsse sind die silberärmsten, die späteren werden immer silberreicher. Das einer Reihe derartiger Separationen unterworfene Blei ist nach Beendigung der Arbeit in einen kleinen und reichen Theil, Reichblei (mit 0,5–1,5 Proc. Silber) und einen grössern, sehr silberarmen Theil, Armblei (mit 0,001 bis 0,003 Procent Silber) getrennt worden. Als Grenze, bis zu welcher die Anreicherung des Silbers im Blei durch des Pattinsoniren fortgesetzt werden kann, sind 2,5 Proc. Silber im Blei anzunehmen.

Die Grenze, bis zu der man in den Pattinsoniranstalten bei den einzelnen Krystallisationen mit dem Ausschöpfen der Krystalle zu gehen pflegt, ist verschieden; am gebräuchlichsten ist das Drittel- und das Achtelsystem. Bei ersterem schöpft man bei jeder Krystallisation ⅔, bei letzterem ⅞ des Kesselinhaltes dem Volumen nach an Krystallen aus, sodass resp. ⅓ und ⅛ flüssiges Blei (Mutterlauge) zurückbleibt. Die erstere verlangt eine grössere Anzahl von Arbeitern und von Kesseln und ist bei silberreicherem Blei am Platze, das Achtelsystem dagegen eignet sich besser für sehr armes Blei. In neuerer Zeit hat Boudchen eine Modification des Pattinsonirens eingeführt, welche darin besteht, dass man die Bleikrystalle nicht ausschöpft, sondern sie in dem Bade löst und in demselben in Bewegung erhält, damit sie nicht zusammenwachsen und silberhaltiges Blei einschliessen, und dass man zuletzt das angereicherte flüssige Blei am Boden des Kessels abzieht. In allen Fällen arbeitet man mit grossen Massen (200 Ctr.) damit der Zeitraum des Abkühlens möglichst gross sei. Das Reichblei wird abgetrieben (auf der Friedrichshütte bei Tarnowitz geben 100 Th. Reichblei beim Abtreiben 1,28 Th. Silber).

Entsilberung des Werkbleies mittelst Zink.

Die Entsilberung des Werkbleies durch Zink ist im Jahre 1850 von Parkes in Vorschlag gebracht, in jüngster Zeit aber erst durch Cordurié (in Toulouse) u. A. ausgebildet und in die Praxis eingeführt worden. Diese Methode, die nach dem gegenwärtigen Standpunkte zu urtheilen (Mai 1870), das Pattinsoniren vollständig verdrängen wird, gründet sich darauf, dass 1) Blei und Zink mit einander keine Legirung bilden; 2) die Verwandtschaft des Silbers zum Zink grösser ist als die zum Blei.

Man trägt in einen eisernen Kessel 20 Ctr. Werkblei ein,[22] versetzt diese nach dem Schmelzen mit 1 Ctr. geschmolzenem Zink und lässt es nach gehörigem Umrühren so lange stehen, bis das Zink an der Oberfläche zu einem Kuchen erstarrt, den man vom Bleiherd abhebt. Das Zink wird (nach dem älteren Verfahren) von dem Silber durch Destillation geschieden. Nach Beendigung der Destillation nimmt man die Rückstände heraus und treibt, nachdem man etwas Blei hinzugefügt hat, wie gewöhnlich auf dem Treibherde ab. Das condensirte Zink dient zur Entsilberung neuer Quantitäten Blei. Nach dem neuen (von Cordurié eingeführten) Verfahren oxydirt man, zum Zweck der Trennung des Silbers vom Zink letzteres im glühenden Zustande durch überhitzten Wasserdampf ($Zn + H_2O = ZnO + H_2$). — Das bei der Entsilberung des Werkbleies durch Zink zurückbleibende zinkhaltige Werkblei wird durch Erhitzen mit Chlorblei oder einer Mischung von Bleisulfat und Chlornatrium (oder Stassfurter Chlorkalium) entzinkt, wobei sich Chlorzink bildet ($Zn + PbCl_2 = ZnCl_2 + Pb$).

Feinbrennen des Blicksilbers.

Feinbrennen des Blicksilbers. Das unmittelbar aus den Erzen gewonnene Silber, mag es nun durch Amalgamation oder durch Bleiarbeit, oder endlich durch Niederschlagen aus seiner Lösung durch metallisches Kupfer dargestellt worden sein, ist niemals rein, sondern enthält immer noch mehrere Procente anderer Metalle. Auch bei der Treibarbeit wird der Process nie so lange fortgesetzt, bis alle fremden Metalle vollkommen oxydirt wären, und gewöhnlich beträgt der Silbergehalt des Blicksilbers oft nicht ganz 95 Proc. (in Tarnowitz, wie oben bemerkt, nur 93,7 Proc.). Die Reinigung des Silbers von allen Beimischungen anderer Metalle durch Oxydation nennt man das Feinbrennen des Silbers. Enthält das Silber nur noch Blei oder macht letzteres den vorwiegenden Bestandtheil des fremden Metalles aus, so ist das Feinbrennen nichts als ein fortgesetzter Treibprocess, welcher aber nicht auf den grossen Herden der Treiböfen, sondern in einem mehr concentrirten Raume vorgenommen wird. Macht dagegen das Blei nicht den überwiegenden Bestandtheil der Verunreinigungen aus, so wird erst dem Silber durch Schmelzen ein Zusatz von Blei gegeben und darauf erst die Oxydation vorgenommen. Stets entstehen beim Feinbrennen kleine Quantitäten von Bleiglätte, welche man aber nicht wie bei dem Treibprocess von der Oberfläche des Silbers ablaufen, sondern von der gewöhnlichen Masse (Knochenasche, Mergel) absorbiren lässt, aus welcher die Gefässe, deren man sich zum Feinbrennen bedient, gefertigt sind. Im Allgemeinen lassen sich drei Arten des Feinbrennens unterscheiden, nämlich 1) das Feinbrennen in Testen, Schalen oder eisernen Ringen, welche mit Knochenasche ausgefüttert sind, vor dem Gebläse; 2) das Feinbrennen unter der Muffel; 3) das Feinbrennen im Flammenofen. Letzteres Verfahren ist das vortheilhafteste und einfachste. 100 Th. Blicksilber geben 96,8 Th. Brandsilber (mit 99,9 Proc. Silber).

Silberproduktion.

Die jährliche Produktion an Silber schätzt man (nach Angaben von 1868) auf circa 60 Mill. Thaler; von letzterer Summe kommen auf

Russland	1,500,000	Thlr.

Schweden und Norwegen	500,000	„
Grossbritannien	1,620,000	„
Preussen mit dem Harz	1,400,000	„
Sachsen	920,000	„
Das übrige Deutschland	1,800,000	„
Oesterreich	80,000	„
Frankreich	2,100,000	„
Spanien	425,000	„
Australien und Oceanien	4,900,000	„
Chile	7,600,000	„
Bolivia	600,000	„
Peru	5,480,000	„
Ecuador	240,000	„
Brasilien	180,000	„
Mexiko	30,000,000	„
Vereinigte Staaten	600,000	„

Chemisch reines Silber.

Chemisch reines Silber erhält man, indem man kupferhaltiges Silber in Salpetersäure löst, aus der Lösung das Silber durch Kochsalz oder Salzsäure fällt und das entstandene Chlorsilber reducirt. Zu diesem Zwecke trägt man es in schmelzendes kohlensaures Kali ein oder glüht es mit Colophonium und Potasche. Auf nassem Wege reducirt man Chlorsilber, indem man dasselbe mit Zink und verdünnter Salzsäure zusammenbringt ($2AgCl + Zn + ClH = ZnCl_2 + Ag_2 + ClH$).

Eigenschaften des Silbers.

Das reine Silber (Feinsilber) ist von rein weisser Farbe und von starkem Glanz, der durch Politur ausserordentlich erhöht wird. Auf dem frischen Bruche hat es ein mehr geflossenes und dichtes, als ein hakiges Ansehen. Es ist weicher als Kupfer, aber härter als Gold. Im reinen Zustande ist es am weichsten und besitzt einen dumpfen Klang. Es ist ausserordentlich dehnbar und geschmeidig und übertrifft in dieser Beziehung mit Ausnahme des Goldes alle übrigen Metalle. Höchst geringe Beimischungen anderer Metalle vermindern die Dehnbarkeit und Geschmeidigkeit; ein Kupfergehalt ist dagegen nicht nachtheilig, ein Goldgehalt sogar vortheilhaft. Sehr nachtheilig ist dagegen ein Gehalt von Blei und Antimon. Durch Schmelzen mit Kohle verliert des Silber an Geschmeidigkeit und erhält bei Bearbeitung unter dem Hammer und Walzwerk Risse und Sprünge. Durch das Umschmelzen des Silbers im Graphittiegel wird das Silber in seinen Eigenschaften nicht verändert. Das spec. Gewicht des Silbers ist ungefähr 10,5 und kann durch Hämmern bis auf 10,7 erhöht werden. Die absolute Festigkeit des Silbers ist geringer als jene des Kupfers. In der Wärme dehnt es sich von 0–100° um $1/_{524}$ aus und schmilzt bei 916° (nach Deville). Bei sehr hoher Temperatur, die nur durch das Knallgasgebläse, durch Brennspiegel oder durch galvanische Batterien hervorgebracht werden kann, verflüchtigt sich das Silber[23]. Im geschmolzenen Zustande und bei Luftzutritt absorbirt das Silber Sauerstoffgas, welches erst bei dem Erkalten des Silbers, oft mit Geräusch und unter Umherspritzen von flüssigem Silber, entweicht (Spratzen oder Sprützen des Silbers). Enthält das Silber eine geringe Quantität Blei oder etwa 1 Proc. Kupfer, so erstarrt es ruhig mit concaver Oberfläche, indem es nach dem Erkalten ein geringeres Volumen einnimmt als im geschmolzenen Zustande. Das Silber wird von schwachen Säuren nicht angegriffen, von Salpetersäure aber schon in der Kälte, von concentrirter Schwefelsäure beim Erhitzen gelöst.

Legirungen des Silbers.

Das Silber bildet mit Blei, Zink, Wismuth, Zinn, Kupfer und Gold Legirungen, von denen die mit Blei für die Gewinnung des Silbers von Wichtigkeit ist. Die wichtigste der Legirungen ist aber die mit Kupfer, weil das reine Silber als zu weich, fast nie, sondern nur mit Kupfer legirt, verarbeitet wird. Diese Legirungen sind härter und klingender als reines Silber. In Deutschland bezeichnete man früher allgemein und zuweilen gegenwärtig noch den Gehalt dieser Legirungen an reinem Silber auf die Weise, dass man die Lothe angiebt, die in der Mark enthalten sind. (Eine Mark = 16 Loth; ein Loth = 18 Grän.) Eine feine Mark = 16 Loth Feinsilber. Eine rauhe oder beschickte Mark enthält Kupfer und Silber in verschiedenen Verhältnissen; 12löthig heisst z. B. Silber, das in der Mark auf 4 Loth Kupfer 12 Loth Silber enthält. In Frankreich und seit 1870 fast allgemein auch in Deutschland bezeichnet man das Feinsilber mit 1000/1000 und deutet den Feingehalt der Legirungen durch Tausendtheile an. Wären die Silbermünzen in allen Staaten gleichmässig legirt, so würde der Münzverkehr ausserordentlich einfach sein, da man dann den Werth der fremden Münzsorten in einheimische nur nach dem Gewicht zu reduciren brauchte. Da dies aber nicht der Fall ist, so wird durch den Münzfuss eines Landes der Feingehalt (Korn) und das Gewicht (Schrot) bestimmt und angegeben, wie viel einer gewissen Art Münzstücke aus einer feinen Mark geprägt werden sollen.

Münzgewicht.

In Deutschland war bis zum Jahre 1857 die kölnische Mark oder Vereinsmark (= 233,855 Grm.) das Münzgewicht. Die feine Mark Silber lieferte

nach dem nach dem 14 Thalerfusse 14 Thaler,

„ „ 24½ Guldenfusse 24½ Gulden oder 49 halbe Gulden,

„ „ 20 Guldenfusse 20 Conventionsgulden.

Neuer Münzfuss.

Nach dem Wiener Münzvertrage vom 24. Januar 1857 gelten in allen deutschen und österreichischen Staaten folgende Bestimmungen: 1) Das Pfund (½ Kilogr.) dient der Ausmünzung zur Grundlage. 2) Mit Festhaltung der reinen Silberwährung wird die Münzverfassung der betheiligten Staaten in der Art geordnet, dass, je nachdem in denselben die Thaler- oder Guldenrechnung eingeführt ist, entweder der 30 Thalerfuss (an Stelle des früheren 14 Thalerfusses) zu 30 Thalern aus dem Pfunde Feinsilber, oder der 45 Guldenfuss zu 45 Gulden aus dem Pfunde Feinsilber, und der 52½ Guldenfuss (an Stelle des früheren 24½ Guldenfusses) zu 52½ Gulden aus dem Pfunde Feinsilber, als Landesmünzfuss gilt. 3) Unter Münzen der Thalerwährung sind die des 30 Thalerfusses, der österreichischen Währung die des 45 Guldenfusses, der süddeutschen Währung die des 52½ Guldenfusses zu verstehen. 4) Der Feingehalt wird nicht mehr wie früher in Lothen, sondern wie in Frankreich und England in Tausendtheilen ausgedrückt. 5) Das Mischungsverhältniss der Vereinsmünzen ist

900 Silber,

100 Kupfer.

Es werden demnach 13½ doppelte oder 27 einfache Vereinsthaler 1 Pfd. wiegen[24]. Die Abweichung im Mehr oder Weniger darf im Feingehalte nie mehr als drei Tausendtheile, im Gewicht aber bei den einzelnen Vereinsthalern nie mehr als vier Tausendtheile seines Gewichtes betragen. Die Feinheit kann mithin 0,897 oder 0,903 sein; das Gewicht von 30 Vereinsthalern kann 498 oder 502 Grm. (anstatt 500 Grm.) ausmachen. 6) Die Silberscheidemünze wird nie nach einem leichtem Münzfusse als 34½ Thaler in Thalerwährung, 51¾ Gulden österreichischer Währung und 60⅜ Gulden süddeutscher Währung ausgeprägt. (Die preussischen ⅙ Thaler haben einen Silbergehalt von 0,520, die Silbergroschen von 0,220.)

In den Ländern des lateinischen Münzvereins (Frankreich, Italien, Belgien, Portugal und Schweiz), welchen sich nach der Revolution von 1868 auch Spanien angeschlossen hat, prägt man aus 1 Kilogr. Silber von 900/1000 200 Franken (= 222²⁄₉ Franken aus 1 Kilogr. Feinsilber); die 1 und 2 Frankenstücke, ebenso auch die 50 und 20 Centimesstücke werden seit 1865 nur zu ⁸³⁵⁄₁₀₀₀ Silbergehalt ausgeprägt. (1 Kilogr. Silber von 0,900 = 20 Fünffrankenstücken.) In England prägt man aus einem Troy-Pound (= 373,248 Grm.) Silber von ⁹²⁵⁄₁₀₀₀ 66 Schilling, aus einem Troy-Pound Feinsilber 71¹³⁄₃₇ Schilling.

Legirung der Silberarbeiter.

Was die Legirung der Silberarbeiter betrifft, so bestehen in den meisten Ländern gesetzliche oder usuelle Legirungsverhältnisse, aus welchen die Silberarbeiten gefertigt werden. Silber von dem vorgeschriebenen Feingehalt heisst Probesilber. Es hält

in	Bayern[25], Oesterreich		13	Loth	—	Grän	=	0,812
„	Preussen, Sachsen etc.		12	„	—	„	=	0,750
„	England		14	„	14,4	„	=	0,925
„	Frankreich	a)	15	„	3,6	„	=	0,950
		b)	12	„	14,4	„	=	0,800

Seit einiger Zeit findet die sogenannte Drittel-Silberlegirung (*tiers-argent*), angeblich aus ⅓ Silber und ⅔ Nickel, aber factisch aus 27,56 Proc. Silber und 59 Proc. Kupfer, 9,57 Proc. Zink und 3,42 Proc. Nickel bestehend, in der Silberarbeiterei Anwendung. Der Verkaufspreis dieser Legirung ist 90 Frcs. per Kilogr. Die aus derselben gefertigten Bestecke und Tafelgeschirre lassen nichts zu wünschen übrig, sie besitzt grössere Härte als Silber und lässt sich trefflich ciseliren.

Silberprobe.

Um den Feingehalt einer Legirung (vorausgesetzt, dass dieselbe nur aus Silber und Kupfer besteht) kennen zu lernen, wendet man 1) die Probe auf trockenem Wege, die Kupellation, 2) die Probe auf nassem Wege, die Titrirmethode, 3) die Hydrostatische Probe an.

Probe auf trockenem Wege.

Der eigentlichen Probe auf trockenem Wege oder der Kupellation geht eine approximative Bestimmung des Feingehaltes der zu untersuchenden Probe voran, die darin besteht, dass man mit der Probe einen Strich auf den Probirstein (Basalt, Kieselschiefer) macht und ebenso mit Probirnadeln, die aus Legirungen derselben

Metalle verfertigt und ihrer Zusammensetzung nach bekannt sind. Aus der Aehnlichkeit der Farbe der Striche schliesst man auf die Aehnlichkeit der Legirung; hierbei ist jedoch der Umstand nicht ausser Acht zu lassen, dass die Oberfläche von Silberlegirungen durch Ansieden häufig silberreicher gemacht worden ist. Darauf schmilzt man die Legirung auf einer Kapelle (d. h. einem kleinen Gefässe, das aus ¾ ausgelaugter Asche von harten Hölzern und ¼ gebrannten Knochen angefertigt ist) mit Blei zusammen, und zwar mit einer um so grösseren Menge desselben, je geringer der Silbergehalt ist. Zuerst macht man die Kapelle in einer Muffel glühend, bringt dann das Blei hinein und wenn dieses geschmolzen ist, auch die Silberprobe. Kupfer und Blei oxydiren sich und ziehen sich in die poröse Masse der Kapelle. Wenn die Oberfläche des geschmolzenen Silbers oxydfrei erscheint, so ist die Kupellation beendigt. Nach dem Erkalten wird das Silberkorn gewogen und daraus der Feingehalt der Legirung berechnet. Man stellt stets zwei Proben an, die, wenn sie Gültigkeit haben sollen, bis auf $\frac{1}{1152}$ übereinstimmen müssen.

Probe auf nassem Wege.

Die Probe auf nassem Wege oder die Titrirmethode wurde wegen der Ungenauigkeit der Kupellation auf Veranlassung der französischen Regierung von Gay-Lussac ausfindig gemacht. Sie ist leichter auszuführen und bis auf $\frac{1}{2000} = \frac{1}{20}$ Proc. genau. Diese Methode beruht auf der Eigenschaft des Kochsalzes, das Silber aus seiner salpetersauren Lösung als Chlorsilber niederzuschlagen. Da man weiss, dass 5,4274 Grm. Kochsalz genau 1 Grm. Silber aus seiner Lösung fällen, so kann man bei Anwendung der gewöhnlichen Titrirapparate einen Schluss auf den Feingehalt der aufgelösten Legirung ziehen.

Hydrostatische Probe.

Für diejenigen Fälle, in welchen die Silberproben durch Kupellation und durch Titriren nicht zulässig sind, wie z. B. bei dem geprägten Gelde, sucht Karmarsch die hydrostatische Probe zu substituiren, nach welcher durch alleinige Bestimmung des spec. Gewichtes einer Kupfer-Silberlegirung der Feingehalt angegeben wird. Da Kupfer und Silber beim Legiren sich ausdehnen, eine Legirung aber um so dichter wird, je mehr sie dem mechanischen Druck unterworfen war, so liegt darin eine Unsicherheit der Basis der hydrostatischen Silberprobe, welche die Probe nicht für gegossenes und wenig bearbeitetes, sondern nur ausschliesslich für geprägtes Silber anwendbar macht. Bei geprägtem Silber weichen die berechneten Resultate von der Probe durch Kupellation selten mehr als 3 Grän, d. i. $\frac{10,4}{1000}$ ab. Die empirische Regel der Bestimmung des Silbers nach der hydrostatischen Methode ist folgende: Man subtrahirt von dem gefundenen spec. Gewichte der Legirung die Zahl 8,814, hängt dem Reste zwei Nullen an und dividirt diese Zahl, die jetzt als Ganzes gilt, durch 579. Der Quotient giebt den Feingehalt in Gränen an. Es sei z. B. das spec. Gewicht einer Legirung = 10,076, so ist der Feingehalt derselben = 216 Grän oder 0,750, denn:

$$10{,}076 - 8{,}814 = 1{,}251$$

und

$$125100 \,\boxed{579}\, = 216.$$

Versilbern.

Das Ueberziehen von Metallen mit Silber oder das Versilbern kann geschehen 1) durch Plattiren, 2) durch Feuer (Feuerversilberung), 3) auf kaltem, 4) auf nassem und 5) auf galvanischem Wege. Um Kupferblech mit einer Schicht von

durch Plattiren,

feinem Silber zu überziehen (Plattiren), bringt man auf die sorgfältig gereinigte Oberfläche des Kupfers eine Auflösung von salpetersaurem Silberoxyd, wodurch eine dünne Silberschicht entsteht. Auf diese Schicht bringt man eine Silberplatte, glüht beide und streckt sie dann unter Walzen, Kupferdraht lässt sich schon übersilbern, indem man auf denselben Silberblech legt und ihn dann heiss durch cannellirte Walzen gehen lässt. — Das Versilbern im Feuer geschieht

durch Feuer,

mit Hülfe eines Silberamalgams oder eines Gemenges von 1 Th. gefälltem Silber, 4 Th. Salmiak, 4 Th. Kochsalz, ¼ Th. Quecksilberchlorid, das man auf die sorgfältig gereinigte Oberfläche des Metalles aufreibt; aus dem Ueberzuge von Silberamalgam wird das Quecksilber durch Ausglühen entfernt. Zum Versilbern der Knöpfe empfiehlt man einen Teig von 48 Th. Kochsalz, 48 Th. Zinkvitriol, 1 Th. Quecksilberchlorid und 2 Th. Chlorsilber. — Behufs auf kaltem Wege, der Versilberung auf kaltem Wege wird die gereinigte Oberfläche des zu versilbernden Metalles mit einem mit Wasser angefeuchteten Gemenge von gleichen Theilen Chlorsilber, Kochsalz, ⅔ Kreide und 2 Th. Potasche mittelst eines Korkes angerieben, bis die gewünschte Silberfarbe zum Vorschein gekommen ist. Nach Prof. Stein soll man 1 Th. salpetersaures Silberoxyd mit 3 Th. Cyankalium zusammenreiben und so viel Wasser hinzusetzen, dass ein dicker Brei entsteht, welchen man mit einem wollenen Lappen rasch und gleichförmig aufreibt. Roseleur und Lavaux empfehlen zu gleichem Zwecke ein Bad aus 100 Th. schwefligsaurem Natrium und 15 Th. irgend eines Silbersalzes. Thiede, Uhrmacher in Berlin, schlug vor, die Uhrzifferblätter dadurch mit einer schönen, matten, weissen körnigen Silberschicht zu überziehen, dass man mittelst Kupfer gefälltes Silber mit einem Gemenge von gleichen Theilen Kochsalz und Weinstein mit den Fingern auf die Kupfer- und Bronzeplatten einreiht. Um Eisen zu versilbern, muss auf nassem Wege. dasselbe erst mit einer Schicht Kupfer überzogen werden. Bei der auf nassem Wege bewirkten Versilberung oder dem Silbersud wird das zu versilbernde Metall in eine siedend heisse Lösung von gleichen Theilen Weinstein und Kochsalz mit ¼ Chlorsilber gebracht, bis die Versilberung hinreichend eingetreten ist. Von der galvanischen Versilberung, welche die jetzt allgemein gebräuchlichere ist, wird am Ende des Kapitels von den Metallen die Rede sein.

Schwarzfärben des Silbers.

Das jetzt gebräuchliche Schwarzfärben von silbernen Gegenständen, das sogenannte Oxydiren oder Galvanisiren des Silbers wird entweder durch Schwefel oder durch Chlor bewirkt; ersterer giebt einen blauschwarzen, letzteres einen braunen Ton. Die Färbung durch Schwefel wird durch Eintauchen des Gegenstandes in Schwefelkaliumlösung, die durch Chlor durch Eintauchen in eine Lösung von Kupfervitriol und Salmiak hervorgebracht.

Silbernitrat.

Das Silbernitrat (Silbersalpeter, Höllenstein) $AgNO_3$ wird aus kupferhaltigem Silber dargestellt, indem man dasselbe in Salpetersäure löst, die Lösung zur Trockne verdampft und den Rückstand bis zum vollständigen Zersetzen des salpetersauren Kupferoxydes erhitzt. Die zurückbleibende Masse wird mit Wasser ausgezogen, filtrirt und zum Krystallisiren abgedampft; die erhaltenen Krystalle werden geschmolzen und in Form von Stängelchen gebracht. Man benutzt das Silbernitrat zum Wegbeizen von Wucherungen in der Chirurgie, in grösster Menge zu photographischen Zwecken (in Berlin wurden im Jahre 1869 allein mehr als 115 Ctr. Silber auf Silbernitrat verarbeitet)[26] und endlich zum Zeichnen der Wäsche. Eine dazu anwendbare Zeichentinte. Zeichentinte (unauslöschliche Tinte) besteht aus zwei verschiedenen Flüssigkeiten, wovon die eine, mit welcher man die zu beschreibende Stelle befeuchtet, aus einer Lösung von Pyrogallussäure in einem Gemisch von Wasser und Weingeist, die andere, womit man schreibt, aus einer mit etwas arabischem Gummi versetzten ammoniakalischen Lösung von Silbersalpeter besteht. (Das Anilinschwarz, auf dem Gewebe mittelst Anilinlösung und einer Lösung von Kupferchlorid und chlorsaurem Natrium hervorgerufen, ist als waschächte Zeichentinte sehr zu empfehlen). Das *Sel Clément*, welches in neuerer Zeit für photographische Zwecke warm empfohlen wird, ist ein geschmolzenes Gemenge von Silbernitrat mit Natrium- und Magnesiumnitrat. Es soll vor dem reinen Silbernitrat mancherlei Vorzüge besitzen.

Das Gold.

(Au = 197; spec. Gew. = 19,5–19,6.)

Gold, Vorkommen und Gewinnung desselben.

Das Gold findet sich fast nur gediegen und zwar als Berggold auf seiner ursprünglichen Lagerstätte, meist auf Gängen, seltener auf Lagern, vorzüglich in Gesellschaft von Quarz, Schwefelkies und Brauneisenstein; dann secundär als Waschgold (Goldsand) in Körnern, Blättchen und abgerundeten Stücken im Sande der Flüsse und im Seifengebirge, dem von Flüssen aufgeschwemmten lockeren Lande, dessen Hauptmasse aus Thon- und Quarzsand besteht, zwischen welchen Glimmerblättchen, Gerölle von Syenit, Chloritschiefer, Körner von Chromeisen und Magneteisen, Spinell, Granat u. s. w. sich befinden. Im gediegenen Zustande enthält es stets mehr oder weniger Silber, so das Elektrum, das Palladgold u. s. w.

Nach neueren Analysen enthielt Gediegengold aus

	Siebenbürgen	Südamerika	Sibirien	Californien	Australien I.	Australien II.
Gold	64,77	88,04	86,50	89,60	99,2	95,7
Silber	35,23	11,96	13,20	10,06	0,43	3,9
Eisen und andere Metalle	—	—	0,30	0,34	0,28	0,2

Ausserdem trifft man das Gold häufig im gediegenen Tellur und Tellursilber, zuweilen im Rothgültigerz, ferner in Schwefelkies, Kupferkies, im Antimonglanz, in der Zinkblende, dem Arsenkies (z. B. dem von Reichenstein in Oberschlesien) und nach Eckfeldt in allen Arten von Bleiglanz und in manchen Thonsorten. Afrika, Ungarn, der Ural, Australien und Amerika, (Mexico, Brasilien, Peru, Californien, Columbien, Victoria in Neuholland etc.) liefern die grösste Menge des Goldes.

Die Goldausbeute soll nach den vorhandenen (bis Ende 1869 reichenden) Angaben betragen 400 Millionen Thaler. Diese Summe vertheilt sich etwa in folgender Weise:

Californien	100,000,000	Thlr.
Die übrigen Theile der Union	45,000,000	„
Britisch-Columbia	8,600,000	„
Mexiko	35,000,000	„
Südamerika	20,000,000	„
Ganz Amerika	208,600,000	Thlr.
Russland	31,000,000	Thlr.
Uebriges Europa	10,000,000	„

Asien und Afrika	14,000,000	„
Australien (Neusüdwales, Queensland, Westaustralien, Südaustralien, Victoria)	110,500,000	„
Neuseeland und Tasmanien	17,000,000	„
Alle übrigen Länder	8,900,000	„
Summe	191,400,000	Thlr.
Im Ganzen daher	208,600,000	Thlr.
	191,400,000	„
	400,000,000	Thlr.

Gewinnung des Goldes aus dem Goldsande durch Waschen.

Die Gewinnung des Goldes richtet sich nach der Art des Vorkommens. Die grösste Menge des circulirenden Goldes wird aus dem Goldsande oder verwitterten goldhaltigen Felsarten durch Auswaschen des Waschgoldes gewonnen. Man nimmt das Waschen häufig in hölzernen Näpfen oder in Kürbisflaschen vor, die mit dem goldhaltigen Sand angefüllt sind; man schüttelt diesen Sand so lange mit Wasser, bis die grösste Menge fortgewaschen ist. In anderen Districten geschieht das Waschen in Wiegen auf schiefgestellten Tafeln, Wasch- oder Schlämmherden. Das so erhaltene Gold ist nicht rein, sondern mit Körnern von Titaneisen, Magneteisen u. s. w. vermischt. **durch Quecksilber,** Die Ausziehung des Goldes aus dem Goldsande durch Quecksilber wird in sogenannten Quick- oder Goldmühlen vorgenommen, in welchen der durch Wasser aufgeschwemmte Sand in vielfache Berührung mit dem Quecksilber kommt. Durch Zusatz von etwas Natrium zum Quecksilber (Natriumamalgamation) wird nach den Versuchen von H. Wurtz die Extraction des Goldes erleichtert und vervollständigt. Das erhaltene Goldquecksilber wird durch Pressen in Beuteln von Leder, Barchent oder Zwillich vom überschüssigen Quecksilber befreit und das zurückbleibende Amalgam in eisernen Retorten oder Glockenöfen geglüht. Am vollständigsten wird das **durch Verschmelzen,** Gold aus dem Goldsande durch Ausschmelzen gewonnen, wobei man 25–30 Mal mehr Gold als durch Verwaschen gewinnt. Man verschmilzt den Goldsand in Eisenhochöfen mit Flussmitteln auf goldhaltiges Roheisen und scheidet daraus das Gold mittelst Schwefelsäure ab. Nach dem Vorschlage von Hardings soll man das Gold aus goldführenden **durch Behandeln mit Alkali.** Quarzen dadurch gewinnen, dass man den Quarz unter Hochdruck in Alkalilauge löst, wodurch sich als Nebenprodukt Wasserglaslösung bildet. Befindet sich **Aus eingesprengtem Golde.** Gold eingesprengt in Kupfer- und Bleierzen, so behandelt man diese Erze auf gewöhnliche Weise, d. h. man röstet sie und wäscht sie aus. Bei goldreichen Erzen wendet man die Amalgamation an. In anderen Fällen wendet man die Eintränkungsarbeit an, welche darin besteht, dass man die goldhaltigen Schwefelmetalle röstet und schmilzt. Den erhaltenen Rohstein, in welchem sich das Gold angesammelt befindet, röstet man abermals, schmilzt ihn nach dem Rösten mit Bleiglätte zusammen, welche das in dem Rohstein enthaltene Gold in sich aufnimmt und von letzterem durch Abtreiben auf dem Treibherde geschieden wird.

Extraction des Goldes aus armen güldischen Erzen.

Bei der Extraction armer güldischer Erze, z. B. der Arsenabbrände von Reichenstein in Schlesien, hat man die Behandlung derselben mit Chlorwasser oder einer angesäuerten Chlorkalklösung in Anwendung gebracht. Das Gold löst sich in dem Chlorwasser als Goldchlorid ($AuCl_3$) auf, und wird aus der Lösung durch Eisenvitriol (oder durch Schwefelwasserstoff) niedergeschlagen. Diese Methode, von Plattner ermittelt und von Th. Richter, Georgi und Duflos geprüft, dürfte manche bisher gebräuchliche Extractionsmethoden des Goldes zu verdrängen im Stande sein. Nach Allain kann man aus Kiesen, welche zuvor geröstet und durch Behandlung mit Schwefelsäure von Eisen, Zink, Kupfer etc. befreit worden sind, mittelst Chlorwasser noch $^1/_{10,000}$ Gold extrahiren.

Goldscheidung.

Das nach vorstehenden Methoden erhaltene Gold enthält kleine Beimischungen von anderen Metallen und stets Silber. Um das Gold von diesen Beimischungen zu scheiden, wendet man folgende Methoden an:

1) die Goldscheidung durch Schwefelantimon (Sb_2S_2);

2) die Goldscheidung durch Schwefel und Bleiglätte;

3) die Goldscheidung durch Cementation;

4) die Scheidung in die Quart (Quartation);

5) die Goldscheidung durch Schwefelsäure (Affinirung).

Da die letztere Methode der Goldscheidung alle übrigen verdrängt hat, so wird es hinreichend sein, die vier ersten nur kurz zu erwähnen.

Durch Schwefelantimon.

1) Die Goldscheidung durch Schwefelantimon oder das Giessen des Goldes durch Spiessglanz geht vor sich, indem man die Goldlegirung (Gold, Silber, Kupfer u. a.), die mindestens 60 Proc. enthält, in einem Graphittiegel bis zum Schmelzen erhitzt und dann gepulvertes Schwefelantimon (in der Menge von 2 Th. auf 1 Th. der Legirung) einträgt. Die geschmolzene Masse wird in eine mit Oel ausgestrichene gusseiserne Form gegossen. Nach dem Erkalten findet man die Masse in zwei Schichten gesondert, von denen die obere, das Plachmal (Plagma) aus Schwefelsilber, Schwefelkupfer und Schwefelantimon, die untere aus dem König (dem Antimongold) besteht. Durch Wiederholung dieses Processes wird das Plachmal von noch beigemengtem Golde befreit. Das Gold aus dem König wird vom Antimon durch Erhitzen der Legirung unter der Muffel oder vor dem Gebläse, wobei das Antimon wegraucht, getrennt, und das zurückbleibende Gold mit Borax, Salpeter und Glaspulver zusammengeschmolzen.

Durch Schwefel.

2) Die Goldscheidung durch Schwefel und Bleiglätte (Scheidung durch Guss und Fluss, Pfannenschmied'scher Process) bezweckt nicht die vollständige Trennung des Goldes von seinem Legirungsmetall (Silber, Kupfer), sondern nur das Concentriren in einer geringeren Quantität Silber, als in der ursprünglichen. Die Goldscheidung durch Schwefel ist demnach eine Concentrationsarbeit, eine Vorbereitungsarbeit für die Scheidung auf nassem Wege, besonders für die Scheidung durch die Quart. Die Absicht bei dieser Scheidung ist demnach nur die Ersparung an Salpetersäure. Es wird die granulirte goldhaltige Legirung mit $^1/_7$ Th. befeuchteten Schwefelpulvers in einen glühenden Graphittiegel eingetragen und mit Kohlenpulver bedeckt. Der Tiegel wird 2–2½ Stunden in einer schwachen Glühhitze erhalten und dann bis zum Schmelzen erhitzt. Enthielt die Legirung grössere Mengen Gold, so sondert sich jetzt ein goldreiches Silber ab, während nur eine sehr kleine Menge des Goldes in dem Plachmal zurückbleibt. War die Legirung dagegen sehr arm an Gold, so findet eine derartige Absonderung entweder gar nicht oder nur unvollständig statt. Um diese zu bewirken, streut man auf die geschmolzene Masse Bleiglätte (auf jede Mark Silber 1–1½ Loth), deren Sauerstoff einen Theil des Schwefelsilbers zu schwefliger Säure verbrennt, während die

freigewordene, äquivalente Quantität Silber mit dem grössten Theil des Goldes ausfällt. Das reducirte Blei schmilzt mit den Schwefelmetallen zusammen.

Durch Cementation.

3) Bei der Goldscheidung durch Cementation wird die goldhaltige Legirung in feinen Granalien oder in Gestalt dünner Bleche mit Cementpulver (aus 4 Th. Ziegelmehl, 1 Th. Kochsalz und 1 Th. geglühtem Eisenvitriol bestehend) in einem Tiegel (der Cementirbüchse) geschichtet und derselbe einer allmälig gesteigerten, mehrstündigen Hitze ausgesetzt. Durch Einwirkung des Eisenvitriols auf Kochsalz entwickelt sich Chlor, welches das Silber in Chlorsilber umwandelt, das Gold aber nicht angreift. Das Chlorsilber wird von dem Ziegelmehl aufgesogen. Nach dem Erkalten kocht man die Masse mit Wasser aus, um die Goldgranalien und Bleche zu gewinnen. Unlängst (1869) hat F. B. Miller (in Sidney) auf die Eigenschaft des Chlorgases auf Gold bei höherer Temperatur nicht einzuwirken, Silber, Kupfer und andere Metalle dagegen in Chlormetalle überzuführen, eine neue Methode der Goldscheidung gegründet.

Scheidung in die Quart.

4) Die Scheidung auf nassem Wege oder die Scheidung in die Quart oder die Quartation hat davon ihren Namen, dass man früher annahm, dass, wenn man die Scheidung des Goldes vom Silber auf nassem Wege vornehmen wolle, der Silbergehalt das Dreifache des Goldgehaltes betragen müsse. M. von Pettenkofer's Untersuchungen haben aber gezeigt, dass die doppelte Menge von Silber hinreichend sei, um durch gehörig concentrirte Salpetersäure, durch hinreichendes Kochen aus einer Legirung von Gold und Silber letzteres aufzulösen. Man schmilzt bei dieser Scheidung die Legirung mit der erforderlichen Menge Silber zusammen, granulirt das Metallgemisch und übergiesst es in einem Platinkessel mit vollkommen chlorfreier Salpetersäure von 1,320 spec. Gewicht. Silber wird gelöst, während Gold zurückbleibt. Das Gold wird in einem Tiegel mit Borax und Salpeter umgeschmolzen.

Goldscheidung durch Schwefelsäure.

5) Die Goldscheidung durch Schwefelsäure oder die Affinirung ist schon in der Kürze bei dem Kupfervitriol (s. S. 56) angegeben worden. Sie empfiehlt sich vor der Quartation mittelst Salpetersäure durch grössere Einfachheit, Wohlfeilheit und durch den Umstand, dass man mit Hülfe dieser Methode Legirungen von fast jedem Goldgehalte scheiden kann. Um sie auszuführen, darf die Legirung nicht über 20 Proc. Gold und 10 Proc. Kupfer enthalten. Am vortheilhaftesten soll nach den Erfahrungen von M. v. Pettenkofer die Scheidung mit einer Legirung vor sich gehen, die in 16 Th. nicht viel mehr als 4 und nicht viel weniger als 3 Th. Gold, das übrige Silber und Kupfer enthält. Meist wird die Legirung in Form von Granalien angewendet. Zur Auflösung dienten früher Platingefässe, jetzt wendet man allgemein gusseiserne Kessel oder Porcellangefässe an. Die zur Scheidung angewendete Schwefelsäure muss ein spec. Gewicht von 1,848 haben. Man übergiesst in dem Gefässe 1 Molek. der Legirung mit 2 Molek. an Schwefelsäure und erhitzt, bis nach 12 Stunden die Lösung des Silbers und des Kupfers vollständig vor sich gegangen ist. Die während dieser Operation sich entwickelnden Dämpfe von Schwefelsäure und schwefliger Säure werden entweder in eine Esse abgeleitet oder besser noch, wie von Poizat bei Paris zur Fabrikation von Schwefelsäure oder auch zur Herstellung von Antichlor verwendet. Wenn alles Silber in Sulfat umgewandelt worden ist, wird die Lösung in eine Bleipfanne abgegossen, das darin zu einem Krystallbrei erstarrte Silbersulfat wird mit einem eisernen Spaten ausgestochen und in bleierne, mit heissem Wasser gefüllte Fällpfannen gethan (1 Th. Silbersulfat löst sich in 88 Th. siedendem Wasser). Das Ausfällen des Silbers geschieht durch Kupferblechstreifen. Die entstehende Lösung von Kupfersulfat wird, nachdem die freie Schwefelsäure durch Kupferoxyd neutralisirt worden ist, auf Kupfersulfat verarbeitet. Das ungelöst zurückbleibende Gold wird durch Kochen mit Natriumcarbonat und Behandlung mit Salpetersäure von beigemengtem Eisenoxyd, Schwefelkupfer, Bleisulfat befreit, getrocknet und mit etwas Salpeter umgeschmolzen. Die Anwendung dieser Scheidungsart hat es möglich gemacht, kupferhaltiges Silber mit einem Goldgehalte von $\frac{1}{12}$–$\frac{1}{10}$ Proc., den man in allen älteren Silbermünzen findet, zu affiniren. Nach M. v. Pettenkofer's Untersuchungen enthält das auf diese Weise erhaltene Gold noch etwas Silber und Platin (97,0

Th. Gold, 2,8 Th. Silber und 0,2 Th. Platin), von welchen Metallen es durch Umschmelzen mit Salpeter und Natriumbisulfat befreit wird.

Die Pariser Affiniranstalten liefern dem Eigenthümer des zu affinirenden goldhaltigen Silbers sowol das Silber, als auch das abgeschiedene Gold zurück und erhalten für ihre Arbeit nur das in der Legirung enthaltene Kupfer nebst 5–5½ Franken für das Kilogramm des affinirten Metalles. Enthält die Legirung weniger als $\frac{1}{10}$ Gold, so behalten sie $\frac{1}{2000}$ des Goldes und alles Kupfer, liefern dagegen alles übrige Gold und alles Silber ab und zahlen ausserdem eine Prämie von 75 Centimes auf das Kilogramm feingemachten Metalles. Verlangt der Eigenthümer alles Gold und Silber zurück, so berechnet der Affineur 2 Franken 10–68 Centimes (je nach dem Cours des Silbers) pro Kilogramm und behält ausserdem das Kupfer. Für das Affiniren von silberhaltigem Gold zahlt man in Paris ebenfalls 5 Franken pro Kilogramm. In Paris und Umgegend werden jährlich für 130 Mill. Franken für die Bank von Frankreich, für die Münze und für die Privatspeculation affinirt. — Die badische Regierung übergab einer Scheideanstalt in Frankfurt a. M. den Kronenthaler (eine Geldmünze, die laut Münzvereinbarung vom 7. August 1858 bis zum Jahre 1864 aus dem Verkehr verschwunden sein musste) zum Einschmelzen unter folgenden Bedingungen: 1) Für Schmutz wird $\frac{1}{1000}$ in Abzug gebracht; 2) Der Feingehalt der Kronenthaler wird nach der Probe zu 0,876 (d. h. in 1 Kilogr. Kronenthaler 876 Grm. Feinsilber) berechnet; 3) Die Rücklieferung geschieht in Barren zu 0,990–0,998 Feingehalt; 4) für das Gold, das die Scheideanstalt aus 1 Kilogr. Silber zieht, hat sie 30 Kreuzer (= 1 Frank 7 Centimes) zu vergüten; der Mehrbetrag an Gold ist das, was sie daran verdient.

Chemisch reines Gold.

Um chemisch reines Gold zu erhalten, löst man Gold in Königswasser auf, dampft die Lösung zur Trockne, löst das zurückbleibende Goldchlorid in Wasser und fällt das Gold daraus durch Eisenvitriollösung:

Goldchlorid $2(AuCl_3)$		Gold $2Au$
Eisenvitriol $6FeSO_4$	geben	Schwefelsaures Eisenoxyd $2Fe_2\ 3SO_4$
		Eisenchlorid Fe_2Cl_6

Nach Jackson erhält man das Gold in Gestalt eines gelben Schwammes, wenn man zu concentrirter Goldchloridlösung kohlensaures Kali und eine ziemliche Menge krystallisirter Oxalsäure setzt und die Lösung rasch bis zum Sieden erhitzt;

Goldchlorid $2(AuCl_3)$		Gold $2Au$
Oxalsäure $3C_2H_2O_4$	geben	Salzsäure $6ClH$
		Kohlensäure $6CO_2$

Auch das Wasserstoffsuperoxyd schlägt (nach Reynolds) das Gold aus der sauren Lösung in schönen metallglänzenden Flittern nieder:

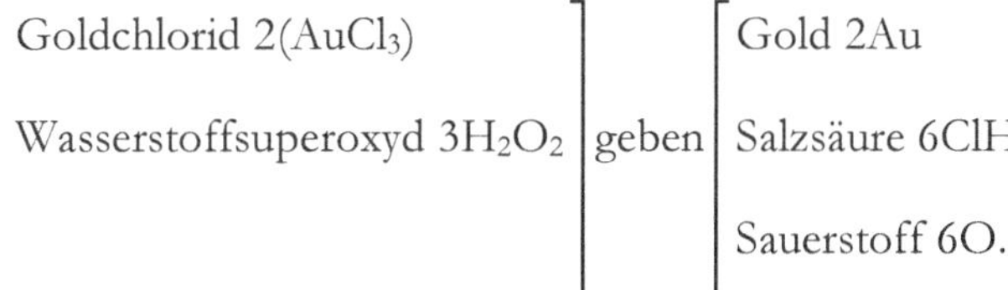

Goldchlorid $2(AuCl_3)$		Gold $2Au$
Wasserstoffsuperoxyd $3H_2O_2$	geben	Salzsäure $6ClH$
		Sauerstoff $6O$.

Eigenschaften des Goldes.

Man wendet zum Fällen des Goldes zuweilen auch Chlorantimon oder Chlorarsen an. Das nach dem einen oder dem anderen Verfahren erhaltene Gold wird in einem Graphittiegel unter einer Boraxdecke umgeschmolzen.

Die Farbe des Goldes ist allgemein bekannt, aber schon höchst geringe Mengen anderer Metalle können die goldgelbe Farbe dieses Metalls modificiren. Durch Poliren nimmt es hohen Glanz an. An Härte übertrifft es nur wenig das Blei, dagegen ist es das geschmeidigste aller Metalle. Neben der Geschmeidigkeit und Dehnbarkeit besitzt das Gold grosse absolute Festigkeit, welche jener des Silbers fast gleich kommt. Die Elasticität ist unbedeutend, daher es auch wenig Klang besitzt. Das spec. Gewicht des Goldes geht von 19,25 im gegossenen und nicht ausgestreckten Zustande bis 19,55, selbst bis zu 19,6, wenn es durch Bearbeitung verdichtet worden ist. Gold dehnt sich beim Erwärmen von 0 bis 100° um $1/682$ aus, schmilzt bei 1037° (nach Deville) und zieht sich nach dem Guss in den Formen stark zusammen, woraus hervorgeht, dass es im geschmolzenen Zustande beträchtlich ausgedehnt worden sein muss. Schmelzendes Gold leuchtet mit meergrüner Farbe. Die Eigenschaft des Goldes, an der Luft, im Wasser und bei der Berührung mit allen Säuren, mit Ausnahme des Königswassers, unverändert zu bleiben, erhöht den Werth des Goldes beträchtlich. Nach Versuchen von Hatchett vermindern schon sehr kleine Mengen von Blei, Antimon und Wismuth die Dehnbarkeit des Goldes; die übrigen technisch wichtigen Metalle folgen bezüglich ihres Einflusses auf die Dehnbarkeit in nachstehender Reihe: Arsen, Zink, Nickel, Zinn, Platin, Kupfer und Silber, so dass in der That nur zwei Metalle, Kupfer und Silber, existiren, welche mit dem Golde legirt werden können, um ihm mehr Härte zu ertheilen, ohne seine Dehnbarkeit merklich zu beeinträchtigen. Unter allen Metallen hat das Gold die grösste Verbindungsfähigkeit mit dem Quecksilber. Das zu dünnen Blättern ausgeschlagene Gold lässt das Licht, je nach dem Grade seiner Ausplattung, bald mit blauer, bald mit grüner Farbe durchfallen.

Legirungen des Goldes.

Feines Gold wird seiner Weichheit wegen nicht verarbeitet; es wird nur zum Blattgold und zum Malen und Decoriren von Glas oder Porcellan angewendet[27]. Das so verarbeitete Gold ist stets mit Kupfer oder mit Silber legirt, ein solches Gemisch ist weit härter als feines Gold. Man berechnet die Goldlegirungen nach Karat und Grän; man theilt die Mark = ½ Pfund in 24 Karate, den Karat in 12 Grän. Unter 18karätigem Golde versteht man solches, das auf die Mark 18 Karat Gold und 6 Karat Kupfer oder Silber enthält. Die Kupferlegirung wird die rothe Karatirung, die Silberlegirung die weisse Karatirung genannt; eine Legirung mit beiden Metallen heisst gemischte Karatirung. Diese verschiedenen Legirungen werden behufs der Verarbeitung zu Goldarbeiten, nach gesetzlichen Bestimmungen dargestellt. So verarbeitet man in Frankreich 18, 20 und 22karätiges, in Deutschland 8, 14 und 18karätiges Gold. Zu leichteren Waaren verarbeitet man oft auch 6karätiges (Joujou-Gold), oder noch schlechteres, wobei dem äusseren Ansehen durch Vergoldung nachgeholfen werden muss. Die österreichischen Ducaten haben einen Feingehalt von 23 Karat 9 Grän, die holländischen von 23 Karat 6–6,9 Grän, die engl. Victoria's 22 Karat, die preussischen Wilhelmsd'or 21⅔ Karat, die Zwanzigfrankenstücke (6,451 Grm. zu 900/1000 Feingehalt) 21 Karat 7⅕ Grän. Nach dem Wiener Münzvertrage vom 24. Januar 1857 werden in allen deutschen und österreichischen Staaten Vereinshandelsmünzen in Gold unter der Benennung Krone und Halbe Krone ausgeprägt und zwar 1) die Krone zu 10 Gramm Feingold, 2) die Halbe Krone zu 5 Gramm Feingold. Das Mischungsverhältniss dieser Goldmünze ist

Gold 900

Kupfer 100

Es werden demnach 45 Kronen und 90 Halbe Kronen ein Pfund (= 500 Gramm) wiegen. (Das Werthverhältniss von Silber und Gold ist etwa 1 : 15,3 bis 1 : 15,5.)[28]

Färben des Goldes.

Alle Goldlegirungen zeigen nach dem Poliren eine Farbe, welche von der des reinen Goldes verschieden ist, sie erscheinen röthlichweiss oder blassgelb. Um diesen Legirungen nun die hochgoldgelbe Farbe des Goldes zu ertheilen, pflegt man sie durch Kochen in einer Flüssigkeit (Goldfarbe), aus Kochsalz, Salpeter und Salzsäure bestehend, zu färben. Die Wirkung der Goldfarbe beruht auf ihrer Eigenschaft, durch das aus ihr sich entwickelnde Chlor aus dem vergoldeten Gegenstand etwas Gold aufzulösen und es sodann als ein dünnes Häutchen reinen Goldes auf der Oberfläche wieder abzusetzen. Der Zweck des Färbens kann eben so gut durch eine schwache galvanische Vergoldung erreicht werden.

Goldprobe.

Um den Feingehalt einer Goldlegirung zu ermitteln, bedienen sich die Goldarbeiter des Probirsteines und der Probirnadeln (siehe Seite 107), und behandeln den Strich mit verdünntem Königswasser, um aus dem Verschwinden oder Unverändertbleiben einen Schluss auf den Goldgehalt zu ziehen. Wie sich von selbst versteht, kann diese Methode nur annähernde Resultate geben; man hat ferner dabei zu berücksichtigen, dass die Oberfläche der zu prüfenden Legirung durch Färben und Ansieden häufig goldreicher gemacht worden ist, dass also, bei Bijouteriearbeiten namentlich, die ersten Striche auf dem Probirsteine nicht entscheiden. — Am besten nimmt man die Goldprobe durch Kupellation vor. Zu diesem Zwecke schmilzt man das goldhaltige Korn, je nach seiner Farbe, mit dem dreifachen, doppelten oder gleichen Gewichte an Silber und mit ungefähr der zehnfachen Menge an Blei zusammen, und treibt dann ab. Nach dem Abtreiben plattet man das silberhaltige Korn aus und digerirt das Blech mit Salpetersäure, das zurückbleibende Gold wird ausgewaschen, getrocknet, geglüht und gewogen.

Technische Anwendung des Goldes.

Man wendet das Gold bekanntlich an zu Geräthen, Schmucksachen, zu Münzen und zum Ueberziehen metallener Gegenstände mit Gold (Vergoldung); die Bedeutung desselben in der Porcellan- und Glasmalerei wurde schon erwähnt.

Vergolden.

Das Vergolden geschieht entweder durch Blattgold, auf kaltem Wege, auf nassem Wege, durch die Feuervergoldung oder auf galvanischem Wege.

Vergolden durch Blattgold.

Mit Blattgold (geschlagenem Gold) vergoldet man Holz, Stein und dergl. Das zu diesem Zwecke angewendete Blattgold wird dargestellt, indem man feines Gold zuerst in Stangen (Zaine) ausgiesst, diese dann zu Platten ausschlägt und durch Walzen in Bleche verwandelt. Zwanzig Ducaten geben Goldblech von 50 Fuss Länge und 1 Zoll Breite, welche man in Stückchen (Quartiere) von 1 Zoll Länge schneidet. Diese Bleche werden zuerst zwischen Pergamentblättern (Pergamentform), darauf zwischen Goldschlägerhäutchen, der äusseren feinen Haut vom Blinddarme des Rindes (Hautform) geschlagen. Die fertigen Goldplättchen werden in kleine Bücher aus sehr glattem Papier eingelegt, das mit etwas Bolus oder Röthel bestrichen ist, um das Anhaften des Goldes zu verhindern. Der Abfall (Schawine, Krätze) dient zur Darstellung der Goldbronze (Muschelgold, Malergold). Die mit Blattgold zu vergoldenden Gegenstände werden zuerst mit einem Gemenge von Bleiweiss und Firniss oder Leim und Kreide überstrichen und dann mit Blattgold bedeckt. Eiserne und stählerne Gegenstände, wie Säbelklingen, Gewehrläufe, werden zuerst mit Salpetersäure behandelt, dann erhitzt, bis sie blau anlaufen und mit Blattgold überdeckt.

Auf kaltem Wege.

Auf kaltem Wege vergoldet man, indem man feines Gold in Königswasser löst, in diese Goldlösung Leinwandläppchen taucht, dieselben trocknet und dann zu Zunder verbrennt. Die Asche (Goldzunder) enthält fein zertheiltes Gold und Kohle, das man vermittelst eines in Salzwasser getauchten Korkes auf die vorher gereinigte und polirte Oberfläche des zu vergoldenden Kupfers, Messings oder Silbers aufreibt.

Auf nassem Wege.

Die Vergoldung auf nassem Wege geschieht, indem man die Gegenstände in eine verdünnte Goldchloridlösung oder in ein siedend heisses Gemenge von verdünnter Goldchloridlösung mit einer Lösung von kohlensaurem Natron oder Kali taucht. Eisen und Stahl, die auf diese Weise vergoldet werden sollen, werden zuerst mit einer Kupfervitriollösung verkupfert. Eisen und Stahl lassen sich auch dadurch auf nassem Wege vergolden, dass man die Gegenstände zuerst mit Salpetersäure ätzt und dann mit einer Lösung von Goldchlorid in Aether bestreicht und erhitzt. Als Bad zum Vergolden auf nassem Wege ist auch in der neueren Zeit eine Lösung von Goldchlorid in pyrophosphorsaurem Natrium empfohlen worden.

Feuervergoldung.

Die Gegenstände sollen sich fast augenblicklich vergolden. Die Feuervergoldung wird besonders bei Gegenständen von Bronze, Messing und Silber angewendet. Sie geht auf dieselbe Weise wie die entsprechende Feuerversilberung vor sich, indem man auf die zu vergoldende Fläche mit Hülfe einer Lösung von Quecksilber in Salpetersäure ein Goldamalgam aufträgt und den Gegenstand behufs des Abdampfens des Quecksilbers erhitzt, wobei das Gold als dünne Schicht auf dem Gegenstande zurückbleibt. Das hier angewendete Goldamalgam besteht aus 2 Th. Gold und 1 Th. Quecksilber. Man ertheilt der Vergoldung entweder durch Poliren ein glänzendes Ansehen oder man mattirt sie. Letzteres geschieht, indem man den zu mattirenden Gegenstand mit einem geschmolzenen Gemenge von Salpeter, Alaun und Kochsalz erhitzt und ihn sodann in kaltes Wasser taucht. Auch stellenweise lässt sich das Mattiren ausführen, indem man die später zu polirenden Stellen mit einem Gemenge von Kreide, Zucker und Gummi bedeckt (aufspart) und das Mattiren auf die nicht bedeckten Theile ausführt. Das Mattiren gründet sich darauf, dass aus dem schmelzenden Salzgemenge sich Chlorgas entwickelt, welches das Gold ätzt und dadurch matt macht. Soll die Vergoldung die röthliche Färbung der Kupferkaratirung besitzen, so taucht man die Bronze nach dem Verrauchen des Quecksilbers in geschmolzenes Glühwachs oder Vergolderwachs (ein Gemenge von Wachs, Bolus, Grünspan und Alaun) und lässt das Wachs über Kohlenfeuer abbrennen. Hierbei wird das Kupferoxyd des Grünspans zu Kupfer reducirt, das sich mit dem Golde zu rother Karatirung verbindet. Stahl und Eisen werden vorher verkupfert. Um bei der Feuervergoldung die Anwendung des gesundheitsschädlichen Quickwassers (salpetersaure Quecksilberlösung) und das umständliche Auftragen des Amalgam zu vermeiden, bringt Masselotte in Paris die zu vergoldenden Stücke in ein basisches Bad eines Quecksilbersalzes, verbindet sie mit der Kathode einer galvanischen Batterie und lässt den Strom durchgehen, bis die Stücke vollständig mit Quecksilber überzogen sind, vergoldet (resp. versilbert) sie dann in einem sehr reichen Bad und bringt sie dann nochmals in das erste Bad, wo sie bei Durchleitung des Stromes mit einer zweiten Quecksilberschicht bedeckt werden. Zuletzt lässt man die Stücke in einem Ofen mit verschliessbarer Glaswand abrauchen, wobei kein Arbeiter zugegen zu sein braucht. Man erhält so eine sehr schöne und solide Vergoldung. Nach H. Struve besteht die bei der Feuervergoldung zurückbleibende Schicht nicht aus reinem Gold, sondern aus einem quecksilberarmen Goldamalgam (mit 13,3–16,9 Proc. Quecksilber). Von der Vergoldung auf galvanischem Wege wird in dem folgenden Abschnitte die Rede sein.

Goldpurpur.

Der Goldpurpur oder Purpur des Cassius ist ein zuerst von Cassius in Leyden 1683 dargestelltes Goldpräparat, das bekanntlich angewendet wird, um Glasflüssen eine Purpurfarbe zu ertheilen. Man stellt ihn dar, indem man eine Lösung von Goldchlorid mit Zinnsesquichlorid versetzt. Nach Bolley verfährt man am zweckmässigsten, wenn man 10,7 Th. Zinnchlorid-Chlorammonium mit Zinn digerirt, bis dasselbe aufgelöst ist, mit 18 Th. Wasser verdünnt, die Goldlösung mit 36 Th. Wasser verdünnt und beide Flüssigkeiten vermischt. — Er erscheint als braunes, purpurrothes oder schwarzes Pulver, über dessen chemische Constitution noch nicht entschieden ist, ob es goldsaures Zinnoxyd oder zinnsaures Goldoxyd ist. Dass das Gold darin nicht im feinzertheilten metallischen Zustande, sondern oxydirt enthalten ist, ist wahrscheinlicher als die neuerdings von Knaffl, Fischer u. A. ausgesprochene Ansicht, dass das Gold darin in einer purpurrothen Modification enthalten sei. Nach dieser Ansicht wäre der Goldpurpur nichts Anderes, als eine Mischung von höchst fein vertheiltem metallischem Golde mit Zinnoxyd. Nach anderen Forschern (namentlich Th. Scheerer in Freiberg) erschiene keine Combination für den Goldpurpur wahrscheinlicher als Au_2O, Sn_2O_3. Ein gut zubereiteter Goldpurpur muss 39,68 Proc. Gold enthalten.

Goldsalz.

Das Goldsalz, welches in der Photographie zur Tonung der Papierbilder Anwendung findet, ist entweder Goldchlorid-Chlornatrium ($AuCl_3$, $NaCl + 2H_2O$) oder Goldchlorid-Chlorkalium ($2AuCl_3$, $KCl + 5H_2O$).

Der Braunstein und die Manganpräparate.

Der Braunstein.

Das in technischer Beziehung allein wichtige Manganerz ist der durch Aufbereiten der Erze gewonnene Braunstein (Mangansuperoxyd, Pyrolusit, Polianit, Graubraunsteinerz, Weichmanganerz, Glasmacherseife), welcher in reinem Zustande 63,64 Mangan und 36,36 Sauerstoff enthält und nach der Formel MnO_2 zusammengesetzt ist, aber in der Regel geringe Mengen von Baryt, Kieselerde und Wasser, nicht selten auch grössere Mengen von Nickel, Kobalt und Thallium enthält. Ausserdem sind von bisweilen angewendeten Manganerzen anzuführen der Braunit Mn_2O_3, der Manganit Mn_2O_3, H_2O, der Hausmannit Mn_3O_4, Manganoxydul zum Theil ersetzt durch Kali, Baryt, Magnesia, Kupferoxydul etc. Der Braunstein des Handels ist meist ein Gemenge von Pyrolusit mit Hausmannit, Braunit und anderen Manganerzen.

Der Braunstein dient zur Bereitung von Sauerstoffgas, von Chlor und unterchlorigsauren Salzen (Chlorkalk), zur Darstellung des Broms aus den Mutterlaugen von der Verarbeitung der Stassfurter Carnallite und Kainite, zur Jodgewinnung aus dem Kelp, zum Entfärben und Färben des Glases, in der Glas- und Emailmalerei, zur braunen Töpferglasur, zur Färbung der Masse gewisser Arten feineren Steingutes, zum Färben und Marmoriren der Seifen, beim Eisenpuddeln, in der Färberei und Zeugdruckerei zur Erzeugung von Bisterbraun, zur Darstellung des übermangansauren Kalis, welches in der Desinfection eine grosse Rolle spielt etc. Die wichtigste Anwendung des Braunsteins ist die zur Entwickelung von Chlor.

Braunsteinproduktion.

Die Produktion an Braunstein in Deutschland ist etwa folgende:

Grossherzogthum Hessen:	Giessen	150,000 Ctr.	155,300 Ctr.
	Battenberg	2500 „	
	Rossbach	2000 „	
	Eimelrod	800 „	
Nassau			400,000 „
Stromberg bei Kreuznach			25,000 „
Crettnich bei Birkenfeld			1,400 „
Grossherzogthum Baden			1,500 „
Königreich Bayern (bei Göpfersgrün)			800 „
Oesterreich (Platten in Böhmen)			3,200 „
Königreich Sachsen			4,000 „

Ilfeld und Elbingerode am Harze	60,000	„
Schmalkalden	2,500	„
Fürstenthum Schwarzburg-Sondershausen	12,000	„
Herzogthum Sachsen-Gotha (Liebenstein)	60,000	„
	655,700	Ctr.

Braunsteinprobe.

Der Handelswerth des Braunsteins ist abhängig: 1) von der Quantität des ausserhalb des Manganoxyduls (MnO) vorhandenen Sauerstoffs oder auch des Chlors, welche der Braunstein zu entwickeln vermag; 2) von den Beimengungen an in Säure löslichen Substanzen (kohlensaurer Kalk, kohlensaurer Baryt, Eisenoxyd), welche bei der fabrikmässigen Anwendung des Braunsteins zur Chlorentwickelung einen Theil der benutzten Säure sättigen; auch können zwei verschiedene, von jenen Beimengungen freie Braunsteinsorten, um eine gleiche Menge Chlor zu entwickeln, verschiedene Quantitäten Säure erfordern und dadurch ungleichen Werth erhalten; dies ist z. B. der Fall, wenn eine Braunsteinsorte ausser Mangansuperoxyd (MnO_2) auch Manganoxyd (Mn_2O_3) und zwar als Hydrat enthält. Durch beigemengte Gangarten wie Quarz, Schwerspath wird der Preis durch den Raum und das Gewicht, welche sie auf dem Transporte nutzlos einnehmen, sehr erhöht; 3) von dem Wassergehalte, der bis zu 15 Proc. betragen kann.

Nach den Versuchen von Fresenius ist die zum Trocknen des Braunsteins geeignetste Temperatur 120°, weil dabei alles hygroskopische Wasser, aber kein Hydratwasser fortgeht. Für Handelszwecke ist es bequemer und vollkommen ausreichend, den fein gepulverten Braunstein in dünner Schicht sechs Stunden lang bei 100° zu trocknen, zumal auch in England alle Braunsteinproben mit bei 100° getrockneten Pulvern angestellt werden und eine allgemeine Uebereinstimmung in diesem Punkte nicht hoch genug angeschlagen werden kann. Da die bei 100° getrockneten Braunsteine bei vollständigem Trocknen bei 120° noch 0,3 bis 0,5 Proc. Feuchtigkeit abgeben, so lässt sich ja nöthigenfalls der eine Zustand auf den anderen mit Leichtigkeit reduciren.

Unter der grossen Anzahl der vorgeschlagenen Braunsteinproben sei die zuerst von Thomson und Berthier vorgeschlagene und später von Will und Fresenius vereinfachte Methode angeführt, welche sich darauf gründet, dass ein Molekül Mangansuperoxyd mit Schwefelsäure übergossen und erhitzt, durch seinen frei werdenden Sauerstoff ein Molekül Oxalsäure in zwei Moleküle Kohlensäure umzuwandeln vermag.

1 Mol. Mangansuperoxyd MnO_2		1 Mol. Mangansulfat $MnSO_4$
1 Mol. Schwefelsäure H_2SO_4	geben	2 Mol. Kohlensäure $2CO_2$
1 Mol. Oxalsäure $C_2H_2O_4$		2 Mol. Wasser $2H_2O$.

Aus dem Gewichte der entwichenen Kohlensäure lässt sich dann leicht der Gehalt des Braunsteins an Mangansuperoxyd berechnen.

Fig. 56.

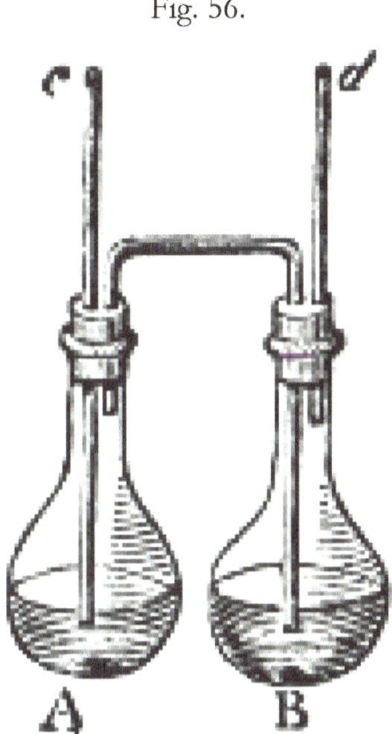

Zur Ausführung der Braunsteinprobe nach Will und Fresenius bedient man sich des in Fig. 56 abgebildeten Apparates. Zwei Glaskölbchen *A* und *B* werden durch luftdicht geschlossene Korke vermittelst einer rechtwinklig gebogenen Glasröhre verbunden, welche in dem Kolben *A* nur bis durch den Kork, in *B* aber bis auf den Boden reicht. In jedem Kolben befindet sich noch eine an beiden Seiten offene Glasröhre *c* und *d*. In den Kolben *A* bringt man das Gemenge des zu untersuchenden, vorher bei 120° getrockneten Braunsteins mit der Oxalsäure oder des oxalsauren Kalis und so viel Wasser, dass der Kolben ungefähr bis zum dritten Theile angefüllt ist. Den Kolben *B* füllt man zur Hälfte mit englischer Schwefelsäure an. Nachdem dies geschehen, verschliesst man die obere Oeffnung der Röhre *c* mit etwas Wachs und wägt den Apparat; darauf zieht man mit dem Munde durch die Röhre *d* etwas Luft aus dem Kolben, so dass beim Entfernen des Mundes eine kleine Quantität Säure in den Kolben A tritt. Die Entwickelung der Kohlensäure tritt sofort ein; sie entweicht durch die Schwefelsäure in den Kolben *B* und wird dadurch getrocknet. Lässt die Kohlensäureentwickelung nach, so saugt man abermals etwas Schwefelsäure herüber und fährt so fort, bis aller Braunstein zersetzt ist, was ungefähr 5 bis 10 Minuten Zeit erfordert. Die Beendigung des Versuches erkennt man nicht nur in dem Aufhören der Kohlensäureentwickelung, sondern auch daran, dass kein schwarzes Pulver mehr am Boden des Kolbens sich befindet. Nach vollendeter Kohlensäureentwickelung entfernt man das Wachs bei *c* und saugt längere Zeit bei *d*, um alle Kohlensäure aus dem Apparate zu entfernen. Durch nochmaliges Wägen erfährt man den Gewichtsverlust und daraus durch Berechnung die Quantität des in dem Braunstein enthaltenen Mangansuperoxydes, da sich zwei Moleküle Kohlensäure ($2CO_2 = 88$) zu einem Molekül Mangansuperoxyd (MnO_2) verhalten wie die gefundene Kohlensäure zu x. Wendet man zu dem Versuche 2,98 Gramm getrockneten Braunstein an und dividirt die Quantität der Kohlensäure durch 3, so sind die Centigramme der entwichenen Kohlensäure der Ausdruck des Procentgehaltes an reinem Superoxyd. Auf einen Theil Braunstein wendet man 1½ Th. neutrales Kaliumoxalat an. Braunsteinsorten, welche kohlensaure Erden enthalten, werden von diesen Beimengungen vor dem Versuche befreit, indem man eine gewogene Menge des Braunsteins mit sehr verdünnter Salpetersäure digerirt, den Braunstein dann auf ein Filter bringt, mit Wasser auswäscht und dann mit dem Filter vorsichtig in das Kölbchen *A* wirft, worauf die Operation wie gewöhnlich vorgenommen wird.

Von anderen Braunsteinproben seien noch die von Nolte und einige volumetrische Proben erwähnt. Das Wesen der von Nolte empfohlenen Probe besteht darin, dass der Braunstein für jedes Atom Superoxyd als Salzsäure 1 Atom Chlor frei macht und dieses wiederum 2 Atome Kupfer in Chlorür verwandeln kann. Man übergiesst 0,687 Gramm Braunstein in einem Kolben mit starker Salzsäure und Eisenchlorürlösung, welche 0,9 Gramm Eisen enthält, setzt 2,0 Gramm Kupferblech hinzu und erhitzt, bis die dunkelbraune Lösung hellgelb geworden ist. Das ungelöst gebliebene Kupfer wird gewogen. Betrug der Gewichtsverlust 0,78 Gramm, so enthielt der Braunstein 78 Proc. MnO_2.

Auf titriranalytischem Wege führt man die Braunsteinprobe aus:

1) indem man nach Mohr den Braunstein durch Schwefelsäure unter Zusatz von überschüssiger titrirter Oxalsäure versetzt, und den unzersetzt gebliebenen Theil der Oxalsäure durch Chamaeleonlösung ermittelt;

2) indem man aus dem Braunstein mittelst Salzsäure Chlor sich entwickeln lässt und das Chlor entweder mittelst arseniger Säure bestimmt, welche durch das Chlor in Arsensäure übergeführt wird ($As_2O_3 + 4Cl + 2H_2O = As_2O_5 + 4ClH$), oder durch das Chlor Jod aus einer Jodkaliumlösung abscheidet ($Cl + JK = J + ClK$) und des Jod mittelst schwefliger Säure oder unterschwefligsaurem Natriums bestimmt;

3) indem man den Braunstein in einem Gemenge von Eisenchlorür und Salzlösung löst ($MnO_2 + 3FeCl_2 + 4HCl = MnCl_2 + Fe_2Cl_6 + 2H_2O + FeCl_2$) und den unzersetzt gebliebenen Antheil Eisenchlorür mittelst Chamaeleon oder zweifach chromsaurem Kali bestimmt.

Kaliumpermanganat.

Uebermangansaures Kalium.

Das übermangansaure Kalium ($KMnO_4$), welches zu Desinfections- und Bleichzwecken, so wie als Oxydationsagens in der volumetrischen Analyse vielfach benutzt wird, verdankt seine Anwendung seinem grossen Ozongehalte. Mit Säure, z. B. verdünnter Schwefelsäure zusammengebracht, bildet es Manganoxydul und Ozon ($Mn_2O_7 = 2MnO + 5O$).

Man stellt das Kaliumpermanganat (zu technischen Zwecken) auf folgende Weise dar. 500 Kilogr. Kalilauge von 45° B. (= 1,44 spec. Gewicht) werden mit 105 Kilogr. Kaliumchlorat eingedampft und während des Eindampfens mit 180 Kilogr. gepulverten Braunsteins gemengt und das Erhitzen so lange fortgesetzt, bis die Masse ruhig fliesst. Man rührt bis zum Erkalten. Die pulverige Masse wird nun in kleinen eisernen Kesseln zur Rothgluth erhitzt, bis sie halbflüssig geworden, die erkaltete Masse zerschlagen, dann in einem Kessel mit viel Wasser erhitzt und eine Stunde der Ruhe überlassen. Die von dem ausgeschiedenen Mangansuperoxydhydrat abgegossene klare Lösung wird hierauf zur Krystallbildung abgedampft. 180 Kilogr. Braunstein geben 98–100 Kilogr. krystallisirtes Permanganat. Der Vorgang hierbei ist annähernd folgender:

α) Beim Schmelzen der Mischung bildet sich Kaliummanganat und Chlorkalium:

$$6MnO_2 + 2KClO_3 + 12KOH = (3K_2MnO_4) + KCl + 6H_2O;$$

β) Beim Auflösen der Schmelze zerfällt das mangansaure Kali in Kalihydrat, Mangansuperoxydhydrat und übermangansaures Kali:

$$3K_2MnO_4 + 6H_2O = 4KOH + 2KMnO_4 + MnO_2 + 4H_2O.$$

Es geht folglich ⅓ der Mangansäure unter Bildung von Mangansuperoxyd verloren. Dasselbe ist der Fall, wenn man nach den Vorschlägen von Tessié du Motay die Ueberführung des mangansauren Kalis in übermangansaures durch schwefelsaure Magnesia bewirkt:

$$3K_2MnO_4 + 2MgSO_4 = 2KMnO_4 + MnO_2 + 2K_2SO_4 + 2MgO.$$

Aus diesem Grunde ist die Idee Staedeler's, das mangansaure Kali durch Chlor in übermangansaures überzuführen, eine sehr beachtenswerthe:

$$K_2MnO_4 + Cl = KCl + KMnO_4.$$

Zu Desinfectionszwecken dient meist ein Gemenge von Kali- und Natronsalz oder auch nur übermangansaures Natron, welches von H. B. Condy in London in die Technik eingeführt wurde. Eine Lösung davon ist *Condy's liquid*; ein Gemisch von übermangansaurem Natron und schwefelsaurem Eisenoxyd (nicht

Eisenoxydul) ist unter dem Namen Kühne's Desinfectionsmittel bekannt. Ausser zum Desinficiren und Bleichen wendet man das übermangansaure Kali zur Erzeugung von Manganbraun auf Baumwolle und unter dem Namen Chamaeleonbeize zum Färben gewisser Holzarten an.

Das Aluminium.

(Al = 27,4; spec. Gew. = 2,5.)

Gewinnung.

Das Aluminium (Alumium, Thonerdemetall), als Thonerde (Aluminiumoxyd) zu den verbreitetsten Elementen auf der Erdoberfläche gehörend, wurde im Jahre 1827 von Wöhler in Göttingen entdeckt und durch Reduction von Chloraluminium mittelst Kalium dargestellt. Deville beschäftigte sich seit 1853 mit der Darstellung des Aluminiums und fand, dass es sich weit weniger leicht oxydire, als man bis dahin geglaubt hatte, dass es auch beim Schmelzen und Giessen sich nicht oxydire, in siedendem Wasser blank bleibe und durch verdünnte Säuren nicht angegriffen werde. Deville's Mittheilung veranlasste durch die in seiner Abhandlung ausgesprochene Hoffnung, das in der Natur so überaus verbreitete Aluminium werde grosse technische Wichtigkeit erlangen, dass auf kaiserliche Rechnung dieses Metall in Javelle bei Paris fabrikmässig dargestellt wurde. Gegenwärtig existiren in Frankreich zwei Aluminiumfabriken (zu Salyndres und zu Amfreville bei Rouen) und eine in England (zu Washington bei Newcastle-on-Tyne).

Das Aluminium wird durch Zersetzen von Chloraluminium-Chlornatrium mittelst Natrium dargestellt. Das Natrium wird durch Glühen eines Gemenges von 100 Th. calcinirter Soda, 15 Th. Kreide und 45 Th. Steinkohle erhalten; hierzu ist nicht einmal die zur Zinkgewinnung nöthige Temperatur erforderlich. Das Chloraluminium wird erhalten, indem ein geglühtes Gemenge von reiner Thonerde, durch Glühen von Ammoniakalaun oder besser aus dem Bauxit dargestellt, mit Kochsalz und mit Steinkohlentheer gemengt, in einer eisernen Gasretorte bei gelindem Glühen mit Chlorgas behandelt wird, wobei die Kohle mit dem Sauerstoff der Thonerde zu Kohlenoxyd, das Aluminium mit dem Chlor und dem Chlornatrium zusammentritt, sich als Chloraluminium-Chlornatrium verflüchtigt und in einer gemauerten, im Innern mit Fayence ausgekleideten Kammer verdichtet wird. Hier ist eine Verunreinigung des Chlor-Aluminiums mit Eisenchlorid nicht zu vermeiden, weshalb denn auch das Pariser Aluminium immer eisenhaltig ist. Aus dem Chloraluminium-Chlornatrium wird das Aluminium dadurch ausgeschieden, dass man es in Dampfform oder besser auf der Sohle eines Flammenofens mit Natrium zusammenbringt, wobei freies Aluminium und eine aus Chloraluminium-Chlornatrium und überschüssigem Chlornatrium bestehende wenig flüchtige Salzmasse sich bildet, welche das metallische Aluminium umschliesst. H. Rose in Berlin wandte zu seinen Versuchen nicht das künstlich dargestellte Chloraluminium, sondern den Kryolith, eine Verbindung von Fluoraluminium mit Fluornatrium (Al_2Fl_6 + 6NaFl) an. Indem man den Kryolith in der Hitze mit Natrium behandelt, bildet sich Aluminium und Fluornatrium, welches letztere durch Behandeln mit Aetzkalk in Aetznatron und Fluorcalcium übergeführt wird. Auch aus dem Bauxit hat man neuerdings Aluminium darzustellen versucht.

Eigenschaften des Aluminiums.

Eine reine blanke Fläche des Metalles erscheint grauweiss von einem Farbenton, welcher zwischen der Farbe des Zinnes und jener des Zinkes liegt; es hat ein spec. Gewicht von 2,5, ist härter als Zinn, aber weicher als Zink und Kupfer, etwa eben so hart als Feinsilber; es hat einen starken Klang; es ist nicht sehr biegsam und bricht mit unebener, zackig feinkörniger Fläche; es ist leicht zu feilen, verstopft aber den Feilhieb wie Zinn oder Blei. Unter dem Hammer zeigt es sich geschmeidig, doch erhält es bei etwas starkem Austreiben viele Kantenrisse. Es lässt sich zu Blech auswalzen; das Blech ist leicht zerbrechlich, zeigt grosse Steifheit, jedoch keine auffallende Elasticität. Aluminiumblech von Papierdünne kann wiederholt hin- und hergebogen werden, ehe es zerbricht. Es lässt sich auch gleich dem Gold und dem Silber zu den dünnsten Blättern (Blattaluminium) ausschlagen, welche anstatt des Blattsilbers Anwendung finden. Es lässt sich nur schwer zu Draht ziehen. Es hält sich an der Luft sehr gut und erträgt selbst Glühhitze, ohne sich beträchtlich zu oxydiren, doch bildet sich auf der Oberfläche ein dünnes Häutchen von Thonerde, das beim Schmelzen und Giessen die Vereinigung der

Metalltheilchen erschwert. Man wendet daher ein Flussmittel an, wozu sich Chlorkalium besonders eignet. Der Schmelzpunkt des Aluminiums liegt bei etwa 700°. In Salzsäure und Natron- oder Kalilauge löst es sich unter stürmischer Wasserstoffentwickelung. Salpetersäure, verdünnte, wie concentrirte, sind, kalt und warm angewendet, ohne alle Einwirkung. Durch Quecksilber wird es nicht amalgamirt, mit Zinn bildet es eine ziemlich harte, aber doch streckbare Legirung, mit Kupfer bildet es die Aluminiumbronze (aus 90 bis 95 Proc. Kupfer und 10 bis 5 Proc. Aluminium bestehend); sie hat ihrer goldähnlichen Farbe wegen Anwendung gefunden. Ebenso wie das Eisen und Zink legirt sich das Aluminium mit Blei nicht. Das im Handel vorkommende Aluminium ist stets von Silicium und Eisen verunreinigt. Man hat bis 0,7 Proc. Silicium und 4,6–7,5 Proc. Eisen, im Aluminiumdraht 3,7 Proc. Silicium und 1,6 Proc. Eisen gefunden[29].

Anwendung des Aluminiums.

Nach dem auf der internationalen Industrieausstellung in Paris 1867 zu Tage getretenen Standpunkte der gegenwärtigen Aluminiumindustrie kann man dem Aluminium eine grosse technische Bedeutung nicht einräumen. Doch sind einige seiner Anwendungen immerhin von Interesse. So hat man z. B. sogleich bei dem Bekanntwerden dieses Metalles die Frage aufgeworfen, ob das Aluminium nicht zum Münzprägen angewendet werden könnte. Durch Leichtigkeit und Reinlichkeit würde solche Münze sehr angenehm sein, und das Falschmünzen wäre ausgeschlossen, weil kein anderes hier anwendbares Metall ein so geringes spec. Gewicht hat. Mit der Zeit wird man ohne Zweifel dahin gelangen; aber für jetzt sind noch zu viele Modificationen in den Verhältnissen der Fabrikation zu erwarten und noch zu viele Ungleichheiten zwischen den verschiedenen Ländern in Beziehung auf die Gewinnung des Metalls vorhanden. Man könnte hinzufügen, dass ein Metall, welches sich in Seifensiederlauge begierig auflöst, nicht den für Geld (abgesehen von Scheidemünze) unerlässlichen Charakter eines edeln Metalls an sich trägt; dass das Münzmetall auch für andere Gebrauchszwecke vorzügliche Tauglichkeit haben muss, wenn es sich in Werthschätzung erhalten soll; besonders aber, dass Silber und Gold durch keinerlei äussere Einflüsse, selbst nicht durch Auflösung in Säuren etc. eigentlich verloren gehen, sondern durch leichte Verfahrungsarten mit wenig Kosten wiederhergestellt werden können, wogegen das Aluminium, in Thonerde verwandelt, völlig werthlos ist und zu seiner Wiederherstellung ganz ebenso grossen Kostenaufwand wie zu der ersten Gewinnung erfordert. Zudem vergesse man nicht, dass Gold und Silber ihren hohen Werth zum wesentlichen Theile ihrem seltenen Vorkommen verdanken; Aluminium aber könnte in jeder chemischen Fabrik ohne Schwierigkeit bereitet werden. Es wäre daher die Geldprägung aus Aluminium ein den Grundbedingungen des Geldwesens widersprechendes Unternehmen; und wenn schon das russische Platingeld sich nicht halten konnte, so hätte das Aluminiumgeld noch hundertfach weniger Aussicht. Aber zur Verfertigung von Denkmünzen, Preismedaillen bei Ausstellungen, Rechenpfennigen, Spielmarken und Gewichten hat das Aluminium schon ziemlich mannichfaltige Anwendungen gefunden, zu welchen es durch seine Geschmeidigkeit und seine Unveränderlichkeit an der Luft ausgezeichnet geeignet ist, zumal es durch das Leuchtgas und die Ausdünstung der Abtritte nicht leidet, welche das Silber, das Kupfer und deren Legirungen so schnell schwärzen. Gegen diese Anwendungen ist gerade kein Einwurf zu erheben; die Vorliebe dafür wird sich aber grösstentheils auf Curiositätenliebhaber beschränken. Medaillen aus Britanniametall geprägt und galvanisch versilbert, sehen übrigens weit schöner aus als die wenigstens zwanzigmal so theuern Aluminiummedaillen, und genügen gewiss Jedem, der silberartiges Aussehen ohne die grossen Kosten des Silbers wünscht. Die Schmuckwaarenfabrikation hat sich schnell des Aluminiums bemächtigt, dessen Leichtigkeit für Armbänder und Kopfschmuck höchst schätzbar ist, und welches vermöge seiner Gussfähigkeit, seiner Geschmeidigkeit beim Prägen, seiner Tauglichkeit zu ciselirter Arbeit, seines unveränderlichen Glanzes, seines schönen Matt, selbst seiner Farbe, welche jene des Goldes hebt, einen vortrefflichen Ersatz für das Silber in allen den Fällen gewährt, wo nicht Gold ausschliesslich der Stoff des Schmuckes ist. — Es scheint, dass das Aluminium in der Schmuckfabrikation etwa eine Rolle spielen könnte, wie jetzt die des Platins ist, nämlich zur Herstellung weisser Verzierungen auf Goldwaaren; selbständige Schmuckgegenstände aus Aluminium dürften ebenso wenig Liebhaber finden als solche aus Platin, weil ihre Farbe nicht schön genug ist. Aus dem nämlichen Grunde ist eine erfolgreiche Concurrenz mit dem Silber nicht zu erwarten, und wollte man etwa das Aluminium versilbern, so fiele jeder Grund weg, es dem viel wohlfeileren Neusilber und Britanniametall vorzuziehen. Ein Pariser Fabrikant hat den Vortheil erkannt, welchen er aus dem neuen Metall ziehen konnte: er wendet es in vielerlei

Gestalten an, zu eingelegter Arbeit, zum Ausfüttern der Fächer in Chatoullen u. dgl., zu Deckeln auf Gläsern, zu kleinen Gefässen und Geräthen jeder Art; er will es selbst statt Krystallglas gebrauchen, um den Reisenecessaires die grösste Leichtigkeit zu verleihen. Ein Schritt weiter und man kommt zur Anfertigung massiv aus Aluminium gegossener, ciselirter, guillochirter, damascirter Tabakdosen, Büchsen, Etuis u. dgl. Petschafte, Federhalter, Schreibzeuggarnituren, Briefbeschwerer, Cigarrengestelle, Hemdknöpfe, Jagdgeräthe, Stock- und Reitpeitschenknöpfe, Fingerhüte, Pferdegeschirrbeschläge, Statuetten, Leuchter, Armleuchter, Verzierungen auf Tischuhren, Becher, Vasen und tausend andere Artikel bieten sich von selbst dar. Die Vergoldung wird diese Benutzungen des Aluminiums noch bedeutend erweitern. Man macht bereits aus Aluminium Hausschlüssel, Dessertmesserklingen, Messer- und Gabelhefte, Löffel, Gabeln, Serviettenringe, Brillengestelle, Fassungen für Operngläser, Sextanten, Nivellirinstrumente u. s. w. Kein Zweifel, dass man alle die genannten Waaren, und viele mehr, aus Aluminium machen kann, aber wir sind überzeugt, dass bei dem hohen Preise — das Kilogramm kostet 1870 immer noch 120–140 Frcs. — die Liebhaber sich meist verlieren werden, sobald der Reiz der Neuheit verschwunden ist. Für eine dauernde und allgemeine Anwendung ist das Aluminium bei seinem immer noch hohen Preise nicht schön und edel genug. Die Uhrmacherkunst, die Fabrikation chirurgischer und musikalischer Instrumente, die Verfertigung künstlicher Gebisse könnten aus der Benutzung des Aluminiums manchen Vortheil ziehen.

Das Magnesium.

(Mg = 24; spec. Gewicht = 1,743.)

Magnesium.

Das Magnesium, welches in unerschöpflichen Mengen als Chlor- und Brommagnesium im Meerwasser und im Carnallit, als Magnesiumsulfat im Kieserit, Schoenit und Kainit und als Carbonat in dem Magnesit und den Dolomiten sich findet, ausserdem als Silicat einen Hauptbestandtheil vieler Gesteine ausmacht, ist seit einigen Jahren, gleich dem Aluminium, in den Kreis der technisch benutzten Metalle gezogen worden. Es ist silberweiss, auf dem frischen Bruche bald schwach krystallinisch, bald feinkörnig oder selbst fadig. Es hat etwa die Härte des Kalkspathes und läuft an der Luft etwas an, aber nicht schneller als das Zink, auch geht die Veränderung nicht tief. Es schmilzt nahe dem Schmelzpunkte des Zinkes. Etwas oberhalb des Schmelzpunktes entzündet es sich und verbrennt mit blendend weissem Licht zu Magnesia. Die Lichtintensität des in Sauerstoff verbrennenden Magnesiums übertrifft die einer Kerzenflamme um mehr als das Fünfhundertfache. Es lässt sich auch zu Draht ziehen. Sein specifisches Gewicht ist = 1,743. Es lässt sich leicht feilen, bohren, sägen und zu Blech ausschlagen, ist aber kaum ductiler als Zink bei gewöhnlicher Temperatur. Es geht nahezu bei derselben Temperatur in Dampf über wie das Zink und kocht wie dieses. Das geschmolzene Magnesium ist teigig, wenig beweglich und lässt sich schwer formen. Die Anwendung des Magnesiums beschränkt sich vor der Hand auf die des Magnesiumdrahtes, der beim Verbrennen in einer Gas- oder Wasserstoffflamme das in der Photographie, als Signallicht und zu Beleuchtungszwecken verwendbare Magnesiumlicht giebt. Im Kriege England's gegen Theodor von Abyssinien (1868) wurde von dem Magnesiumlichte ein ausgedehnter Gebrauch gemacht. Ausserdem ist es in seiner Legirung mit Kupfer statt des Zinkes zur Messingfabrikation, mit Zink zu Feuerwerkszwecken vorgeschlagen worden.

Man stellt das Magnesium ganz analog dem Aluminium dar, indem man eine geeignete Magnesiumsverbindung durch Erhitzen mit Natrium reducirt, so Chlormagnesium (nach Bunsen, Deville und Caron), Magnesiumnatriumfluorür (Tissier), Magnesiumnatriumchlorür (Sonstadt), Tachhydrit (Magnesiumcalciumchlorür H. Schwarz), Carnallit (Magnesiumkaliumchlorür Reichardt). Petitjean will Magnesium durch Einwirkung von Kohlenwasserstoffen auf Schwefelmagnesium oder durch Zusammenschmelzen des letzteren mit Eisenfeile darstellen. Ob die Vorschläge Marquart's, Magnesium durch Destillation von Dolomit oder Magnesit mit Kohle in Zinkretorten darzustellen, zu einem günstigen Resultate führen werden, sei der Zukunftsmetallurgie anheimgegeben. Das Magnesium wird von der unter der Leitung Mellor's stehenden *Magnesium Metal Company* in Manchester und der *American Magnesium Company* in Boston im Grossen dargestellt. Die englische Fabrik stellt jährlich gegen 20 Centner Magnesium dar.

Die Galvanotechnik.

Anwendung des Galvanismus.

Es ist gewiss eine der hervorragendsten Eigenschaften der strömenden Elektricität, dass gewisse zusammengesetzte Körper durch dieselbe in ihre Bestandtheile zerlegt werden, wobei sich die Bestandtheile an den Stellen abscheiden, an welchen der Strom in den zu zersetzenden Körper eintritt; der eine Bestandtheil befindet sich an der Eintrittsstelle des elektrischen Stromes in die Flüssigkeit, der andere Bestandtheil an der Austrittsstelle. Die Wissenschaft und das Gewerbewesen haben aus dieser Eigenschaft den grössten Nutzen gezogen und noch sind von derselben die grössten Entdeckungen zu erwarten. Die Zerlegung eines zusammengesetzten Körpers durch strömende Elektricität wird die Elektrolyse genannt; derjenige Körper, der fähig ist, durch Elektricität zerlegt zu werden, heisst ein Elektrolyt; die Stellen des Ein- und Austrittes die Elektroden und zwar die Eintrittsstelle oder der positive Pol die Anode, und die Austrittsstelle oder der negative Pol die Kathode. Die Bestandtheile des durch Elektricität zerlegten Körpers nennt man die Ionen, und zwar den an der Anode (dem + Pole) ausgeschiedenen Bestandtheil das Anion, und den an der Kathode auftretenden Körper das Kation. Derjenige elektrische Strom, der die Elektrolyse von einem Molekül Wasser zu bewirken vermag, ist im Stande, in jedem anderen binär zusammengesetzten Körper, der von dem elektrischen Strom durchströmt wird, ebenfalls ein Molekül zu zersetzen. Daraus geht hervor, dass die durch den elektrischen Strom zerlegten Gewichtsmengen sich wie die chemischen Elektrolytisches Gesetz. Aequivalente verhalten. Dieses Gesetz wurde von Faraday aufgestellt, es ist unter dem Namen des elektrolytischen bekannt. Die Physik lehrt, dass die an der Anode (dem + Pole) sich ansammelnden Körper elektronegative sind, weil ungleichnamige Elektricitäten sich anziehen und gleichnamige sich abstossen. Die an der Kathode (dem - Pole) sich ansammelnden sind demnach die elektropositiven. Weil Wasser das gewöhnliche Auflösungsmittel der Körper ist, so treten häufig seine Bestandtheile bei der Elektrolyse mit ins Spiel und veranlassen secundäre Erscheinungen. So giebt z. B. Kupfervitriol an der Anode Sauerstoffgas und an der Kathode metallisches Kupfer, indem das an letzterer auftretende Kupferoxyd durch den zugleich auftretenden Wasserstoff des Wassers zu Kupfer oxydirt wird. Der dagegen an der Anode frei gewordene Sauerstoff verbindet sich mit dem daselbst befindlichen, als Leiter dienenden Zink zu Zinkoxyd, das mit der Schwefelsäure zu Zinksulfat zusammentritt. Für jedes Aequivalent Kupfer (= 63,4), das gefällt wird, löst sich ein Aequivalent Zink (= 65,2) auf. Wendet man anstatt des Kupfervitriols passende Lösungen von Gold, Silber u. s. w. an, so kann man auch auf galvanischem Wege vergolden, versilbern u. dgl. Von der technischen Anwendung der Elektrolyse seien folgende Fälle angeführt:

Galvanoplastik.

1) Galvanoplastik. Wie oben gesagt wurde, lagert sich das aus dem Kupfersulfat elektrolytisch abgeschiedene Kupfer an der Kathode in zusammenhängender Form ab. Durch fortgesetzte Operationen kann man das Kupfer zu einer solchen Dicke anwachsen lassen, dass dasselbe von den Rändern der Form, auf welcher die Abscheidung geschah, losgetrennt werden kann und einen Abdruck der Form darstellt. Auf diesem Umstande beruht die Galvanoplastik, die 1839 von v. Jacobi in Petersburg und fast gleichzeitig von Spencer in Liverpool erfunden wurde. Diese Kunst wurde verbessert von Bequerel, Elsner, Smee, Ruolz, Elkington, Christofle, Bouilhet, Meidinger, Klein, Oudry, Feuquières, Braun, Varrentrapp u. v. A.

Die Metalllösung, welche zur Darstellung galvanoplastischer Abdrücke angewendet wird, ist stets eine gesättigte Lösung von Kupfersulfat. Die Form (das Modell oder die Matrize), auf welcher die Ablagerung vor sich gehen soll, darf aus keinem Metall bestehen, das von der Kupfervitriollösung angegriffen wird, namentlich nicht aus Zinn, Zink oder Eisen. Zuweilen wendet man Kupfer an, das mit einer dünnen Schicht Silber (auf nassem Wege) überzogen worden ist. Häufiger benutzt man Formen aus Gyps und Guttapercha. Damit der Strom gleichmässig gehe, ist es wesentlich, das Zink, das sich an dem elektropositiven Pol befindet, zu amalgamiren. Das Amalgamiren geschieht, indem man das Zink in Salzsäure eintaucht, dann einige Tropfen Quecksilber darauf fallen lässt, und dieselben durch Reiben oder Bürsten auf der Oberfläche verbreitet.

Anfertigung von Kupferplatten.

Um Kupferplatten auf galvanischem Wege zu erzeugen, dient folgender Apparat. In einem hölzernen Troge, der mit Harz ausgegossen ist, bringt man am Boden die gravirte Platte an, auf der sich das Kupfer ablagern soll. Ueber derselben ist ein Holzrahmen angebracht, der an seiner unteren Seite mit einer Blase, mit Pergament oder mit einer porösen Thonplatte, einem sogenannten Diaphragma, verschlossen ist. Unmittelbar über diesem Rahmen befindet sich eine Zinkplatte, die vermittelst eines Bleistreifens mit der Kupferplatte verbunden ist. In den Trog giesst man eine in der Kälte gesättigte Kupfervitriollösung, die man durch Hineinlegen einiger Stückchen Kupfervitriol gesättigt erhält. Um den inneren Theil des Rahmens bringt man eine concentrirte Lösung von Zinkvitriol. Von grosser Wichtigkeit ist die Galvanoplastik für die Herstellung von Matrizen für die Schriftgiesserei, von Stereotypplatten, zur Vervielfältigung von Holzschnitten, zur billigen und getreuen Reproduktion von Kunstgegenständen (massive Objecte, Statuen, Monumente) u. s. w. geworden.

Anfertigung von Medaillen.

Um Medaillen und ähnliche kleine Gegenstände galvanoplastisch nachzubilden, benutzt man einige Elemente einer schwachen galvanischen Batterie. An der Kathode befestigt man die Platte, auf welcher der Niederschlag erfolgen soll, in verticaler Stellung, und ihr gegenüber die Platte, welche das Material zu der neuen Platte liefern soll, ebenfalls in verticaler Stellung. In dem Verhältniss, als sich Metall an der Kathode niederschlägt, löst sich Metall an der Anode, sodass die Flüssigkeit immer gleichmässig concentrirt ist. Nicht leitende Substanzen, die man galvanoplastisch nachbilden will, wie Gypsabgüsse, Wachs-, Paraffin- oder Stearinsäureabdrücke macht man auf der Oberfläche durch Graphit, Silber- und Goldbronze oder Eisenoxyd-Oxydul leitend; so kann man auf diese Art Kupfer auf Gyps oder Stearinsäure niederschlagen. Gyps muss vor dem Auftragen von Graphit mit Paraffin oder Stearinsäure eingelassen werden, damit er keine Flüssigkeit einsaugen kann. Die Guttapercha eignet sich ihrer Eigenschaft wegen, in heissem Wasser zu einer plastischen teigartigen Masse zu erweichen, sich in diesem Zustande in alle Formen pressen zu lassen und nach dem Erkalten genau die Form zu behalten, in welche sie gepresst wurde, besonders gut zur Herstellung von Formen, die man gleichfalls durch Graphit etc. leitend macht. — Um einen zähen, geschmeidigen Kupferabsatz zu erhalten, hat v. Kobell vorgeschlagen, die Kupfervitriollösung mit einem Zusatz von Zinkvitriol und Glaubersalz zu versehen. — Das Kupfer wird galvanisch nur dann im cohärenten regulinischen Zustande gefällt, wenn die Kupfervitriollösung in ziemlich concentrirter Form angewendet wird und der elektrische Strom gerade hinreicht, die Metalllösung, aber nicht auch Wasser zu ersetzen. Entwickelt sich neben dem abgeschiedenen Metalle auch noch Wasserstoff an der Kathode, so wird das Metall nicht in cohärenter Form, sondern in Gestalt eines dunklen Pulvers abgeschieden.

Vergoldung, Versilberung u. s. w. auf galvanischem Wege.

2) Vergoldung, Versilberung u. s. w. auf galvanischem Wege. Um Gegenstände von Kupfer, Bronze, Messing u. s. w. auf galvanischem Wege zu vergolden, muss die Oberfläche derselben vollkommen gereinigt sein. Das Reinigen geschieht durch Eintauchen des Gegenstandes in siedende Natronlauge, wodurch das Fett und der Schmutz aus den Vertiefungen entfernt werden. Man bedient sich zur Vergoldung, wie auch zur Versilberung allgemein der galvanischen Batterie mit einer Zersetzungszelle und zwar ist die jetzt von Smee construirte Batterie, die aus platinirtem Silberblech, das mit amalgamirtem Zinkblech umgeben ist, die bei weitem gebräuchlichere. Die Elemente dieser Batterie hängen in bleiernen, inwendig verpichten Gefässen. Als Zersetzungsflüssigkeit benutzt man die Verbindung des Cyankaliums mit Gold oder Silber. Eine Auflösung von Cyankalium in Wasser hat die Eigenschaft, fein zertheiltes metallisches Gold, Goldoxyd, Gold- oder Silberchlorid zu lösen und Doppelcyanüre zu bilden, deren Lösung sich am besten als Zersetzungsflüssigkeit eignet. Die zu vergoldenden oder versilbernden Gegenstände werden in die Zersetzungszelle mittelst eines Drahtes eingehängt, der mit dem positiven Pole der Batterie in Verbindung steht. Ein zweiter Draht ist mit dem negativen Pole der Batterie verbunden, der in der Zersetzungszelle in ein angenietetes Platinblech endet. Anstatt der Leitungsdrähte wendet man sehr zweckmässig Drahtseile an. Der Process der galvanischen Vergoldung oder Versilberung dauert nur einige Minuten, deshalb hängt man die Anode nicht ein, sondern bewegt dieselbe in der Auflösung mit der Hand hin und her, damit die Vergoldung gleichmässig ausfalle. Anstatt der Anode aus Platin, wendet man zweckmässig Bleche aus Gold oder Silber an, die von dem sich ausscheidenden Cyan nach und nach aufgelöst werden; dadurch wird bezweckt, dass der Gehalt der Lösung an

Gold und Silber stets gleich bleibt. Um eine Goldlösung. geeignete Goldlösung zu bereiten, wendet man 100 Gramme Cyankalium auf ein Liter destillirtes Wasser an. Für diese Lösung löst man 7 Gramme Feingold in Königswasser, dampft die Lösung im Wasserbade vorsichtig zur Trockne, löst den Rückstand in etwas destillirtem Wasser und setzt die Flüssigkeit zu der Lösung des Cyankaliums. — Da die Lösung des Goldchlorids, das sich durch Auflösen von Gold in Königswasser bildet, trotz des Abdampfens noch freie Säure enthalten kann, die aus der Cyankaliumlösung Blausäure entwickelt, so hat man vorgeschlagen, das Gold aus dieser Lösung mittelst Eisenvitriol zu fällen, das fein zertheilte Gold auf einem Filter zu sammeln, mit destillirtem Wasser auszuwaschen und dann in die erwärmte Cyankaliumlösung zu bringen, in der sich das Gold löst. Nach Braun löst man das Gold in Königswasser, dampft die vom ausgeschiedenen Chlorsilber abfiltrirte Lösung, zu welcher man Kochsalzlösung gesetzt hatte (auf 3 Th. Gold 10 Th. Kochsalz), zur Trockne ein, löst den Rückstand in Wasser und fällt die Lösung mit überschüssigem Ammoniak. Der Niederschlag (Knallgold) wird ausgewaschen und in einer hinreichenden Menge von Cyankalium gelöst. Nach dem Herzog von Leuchtenberg ist es zweckmässig, der Goldlösung etwas Aetzkali zuzusetzen. Elsner benutzt anstatt des Cyankaliums das Blutlaugensalz, das schon vorher von Elkington und Ruolz vorgeschlagen worden war. Man löst zu diesem Zwecke 28 Gr. gewalztes Gold in Königswasser, verdampft die Lösung im Wasserbade zur Trockne, löst den Rückstand in Wasser und setzt zu der Lösung 210 Gr. mit etwas Wasser angerührter Magnesia. Die entstandene goldsaure Magnesia wird auf einem Filter mit Wasser ausgewaschen und dann mit Salpetersäure behandelt, welche die Magnesia auflöst, das Goldoxyd zurücklässt. Nach hinreichendem Auswaschen wird das Gold in einer Auflösung von Silberlösung. 500 Gr. Blutlaugensalz in 4 Litern Wasser gelöst. Die Lösung zum Versilbern auf galvanischem Wege stellt man dar, indem man gut ausgewaschenes, frisch gefälltes Chlorsilber in Cyankaliumlösung (100 Gr. Cyankalium auf 1 Liter Wasser) einträgt, so viel sich darin aufzulösen vermag, und zu dieser Lösung eine gleiche Menge von der Cyankaliumlösung setzt.

Die galvanische Versilberung ist auf Kupfer, Glockengut, Messing, Tombak, Roh- und Stabeisen direct mit gutem Erfolge ausführbar; Zinn und polirter Stahl müssen dagegen vorher galvanisch verkupfert werden, wenn die Versilberung dauerhaft sein soll; Zink muss auf jeden Fall vorher verkupfert sein. Sehr beliebt sind gegenwärtig die aus Neusilber und aus Britanniametall hergestellten und galvanisch versilberten Gegenstände, welche unter dem Alfénide (Chinasilber vgl. Seite 55) in dem Handel vorkommen. Auf 1 Quadratmeter Metallfläche hat man von 1,0 bis zu 22,0, ja selbst 240 Grm. Silber niedergeschlagen, die Dicke der Silberschicht mithin $^1/_{9400}$, $^1/_{450}$, $^1/_{42}$ Millimeter betrug. Man giebt den galvanisch versilberten Metallwaaren in England zuweilen einen schwachen Ueberzug von Palladium zur Verhütung des Schwarzwerdens durch schwefelwasserstoffhaltige Exhalationen.

Eben so empfiehlt man eine Lösung von 1 Th. Cyansilber in 100 Th. Wasser. Zur galvanischen Verkupferung ist eine Auflösung von Kupferoxyd in Cyankalium Kupferlösung. die tauglichste Zersetzungsflüssigkeit. Um sie darzustellen, erhitzt man eine Kupfervitriollösung mit etwas Kali und Traubenzucker, bis sich ein Absatz von rothem Kupferoxydul gebildet hat, den man auf einem Filter mit destillirtem Wasser auswäscht und in einer Cyankaliumlösung löst. Nach der von Weil (in Paris) eingeführten trefflichen Methode der galvanischen Verkupferung von Gusseisen, Stahl und Stabeisen wendet man als Zersetzungsflüssigkeit eine Lösung von 350 Grm. Kupfersulfat, 1500 Grm. Kalium-Natrium-Tartrat (Seignettesalz), 400–500 Grm. Aetznatron in 10 Liter Wasser gelöst an.

Oudry's Verfahren der galvanischen Verkupferung von Eisen, welche in Paris zur Verkupferung der Gascandelaber, der Fontainen am Concordienplatze etc. etc. Anwendung gefunden, unterscheidet sich von der gewöhnlichen galvanischen Verkupferung in zwei Richtungen. Einmal dadurch, dass das Kupfer nicht unmittelbar auf das Eisen gefällt, sondern dass dieses vorerst mit einer für Wasser und saure Flüssigkeiten undurchdringlichen Hülle überzogen und dieses sodann durch Einreiben von Graphit für den galvanischen Strom leitend gemacht wird, und dann dadurch, dass das Ausfällen des Kupfers in der Regel so lange fortgesetzt wird, bis eine Kupferschicht von 1 bis 2 Millimetern Dicke gebildet ist, wodurch die Verkupferung sehr dauerhaft wird. Die Oberfläche der Artikel, welche verkupfert werden sollen, bedarf nicht erst einer oft mühsamen Reinigung von Eisenoxyd, sondern sie wird nur allenfalls mit Meissel und Feile abgeglichen und mit einer Bürste aus Eisendraht gereinigt. Hierauf werden dieselben mit einer gut deckenden und schnell trocknenden Farbe zwei Mal überstrichen, deren färbender Bestandtheil meistens aus Mennige besteht, und sonach wird der Ueberzug mit Graphit gut eingerieben. Im Falle irgend ein Theil vorzugsweise der Abnutzung ausgesetzt ist, kann dieser, wie dies z. B. mit den Füssen der Gascandelaber in Paris geschieht, vor der Bedeckung mit der Farbe mit Kupferblech bekleidet werden, welches natürlich nicht bemalt wird. Die solcher Gestalt präparirten Eisenstücke werden nun in eine concentrirte Lösung von Kupfervitriol gelegt und mit einer entsprechenden Anzahl galvanischer Elemente in Verbindung gesetzt. Hat man z. B. einen gewöhnlichen Gascandelaber zu verkupfern, so wird dieser in eine etwas saure Lösung von Kupfervitriol in einem seiner Grösse entsprechenden Holzreservoir eingelegt und von allen Seiten mit porösen Thoncylindern von ungefähr 0,5 Meter Höhe und 12 Centimeter Durchmesser umgeben, welche Cylinder verdünnte Schwefelsäure enthalten, in welche Zinkcylinder eingesetzt sind, die unter einander durch Leitungsdrähte verbunden werden; hiernach werden beide Enden sammt dem Mitteltheil des Candelabers in leitende Verbindung mit den Zinkelementen gesetzt. Zur Ausfällung einer 1 Millimeter dicken Kupferlage bei einem solchen Candelaber sollen 4½ Tage genügen. Die grossen Fontainen des Concordienplatzes, welche verkupfert worden sind, sollen aber 2 Monate im Bade gelegen haben. Der Preis für das Verkupfern ist für Stücke von der Grösse gewöhnlicher Candelaber 9 Fr., kann aber für grosse Kunstgegenstände bis auf 25 Fr. per Kilogramm ausgefällten Kupfers steigen. Wenn die ausgefällte Kupferlage sehr dick ist, so wird deren Oberfläche ein wenig knollig, und muss daher, wenn sie vollkommen glatt sein soll, mit der Feile etwas abgeglichen werden.

Zink- und Zinnlösung.

Zum Verzinken des Eisens kann man eine Lösung von Zinksulfat anwenden. Das mit einer Zinkhaut überzogene Eisen führt den Namen galvanisirtes Eisen; dasjenige, welches im Handel diesen Namen führt, ist jedoch nicht auf galvanischem Wege mit Zink überzogen, sondern auf gewöhnlichem Wege verzinktes Eisen. Zum Verzinnen wendet man eine Zinnauflösung an, welche man dadurch gebildet hat, dass man als Zersetzungsflüssigkeit Aetznatronlauge, als Kathode ein Eisenblech, als Anode eine Zinnstange benutzt.

Auch ein galvanisches Ueberziehen mit Eisen (Verstählen) findet statt. Seit einer Reihe von Jahren pflegt man gestochene Kupferplatten (nach dem von H. Meidinger angegebenen Verfahren) mit Eisen zu überziehen (zu verstählen), um solche für längeren Gebrauch tauglich zu machen. Dies geschieht, indem man ein Bad von Eisenvitriol und Salmiak anwendet, eine Eisenplatte am Zinkpol und die zu verstählende Platte am Kupferpol befestigt und in die Flüssigkeit einhängt. Die so verstählten Platten zeigen eine grauweisse glänzende Farbe. Ist die zwar sehr dünne, aber dennoch äusserst harte Eisenschicht, welche 5000–15,000 Abdrücke aushält, abgenutzt, so kann die nämliche Platte beliebig oft von Neuem verstählt werden, ohne dass sie irgendwie darunter leidet. Die Anwendung von eisernen Clichés (nach der Methode von Klein, Feuquières und Varrentrapp[30] dargestellt), überhaupt das Verfahren der Reduction des Eisens auf galvanischem Wege ist als ein sehr bedeutender Fortschritt in der Galvanotechnik anzusehen.

Das Aetzen auf galvanischem Wege.

Das Aetzen auf galvanischem Wege gründet sich auf die Thatsache, dass unter gewissen Bedingungen die an den Elektroden ausgeschiedenen Stoffe sich mit denselben chemisch verbinden. Erfolgt eine Verbindung, so wird die Elektrode nach und nach zerstört. Regulirt man dieses Zerstören dergestalt, dass die Elektrodenplatte durch Ueberziehen mit Aetzgrund (aus 4 Th. Wachs, 4 Th. Asphalt und 1 Th. schwarzem Pech dargestellt) bis auf gewisse freigelassene Stellen unzerstörbar ist, so hat man alle Bedingungen zum Aetzen. In die mit Aetzgrund bedeckte Kupferplatte wird die beabsichtigte Zeichnung bis auf das blanke Metall einradirt, und darauf als positive Elektrode einer constanten Kette in Kupfervitriollösung, einer anderen als negative Elektrode dienenden blanken Kupferkette gegenüber gestellt. Während sich die letztere mit Kupfer überzieht, wird an den radirten Stellen durch den Sauerstoff des zersetzten Wassers Kupferoxyd gebildet und dieses von der in Kupfervitriol frei gewordenen Schwefelsäure immer wieder aufgenommen und entfernt.

Metallochromie.

4) Metallochromie oder galvanische Metallfärbung. Auch zusammengesetzte Körper, wie z. B. Metalloxyde, können durch den galvanischen Strom in cohärenter Form auf Metallflächen niedergeschlagen werden. Bleioxyd (Bleiglätte) hat vorzüglich die Eigenschaft, aus seiner Lösung in Aetzkali oder Aetznatron als Superoxyd abgeschieden zu werden. Becquerel hat darauf ein Verfahren begründet, Metalle mit diesem Superoxyd zu überziehen, das unter dem Namen Metallochromie oder galvanische Metallfärbung bereits Anwendung gefunden hat, da dasselbe die Hervorbringung verschiedener Farben gestattet. Diese Farben gehören in die bekannte Kategorie der Farben dünner Schichten. Bringt man in eine vollkommen gesättigte Auflösung von Bleioxyd in Aetzkali eine Platte, die mit der Anode einer galvanischen Batterie in Verbindung steht, während ihr gegenüber eine Platinplatte als Kathode dient, so wird auf der Platte Bleisuperoxyd abgelagert, und die Farbe ändert sich mit der Dicke der Schicht; ist die gewünschte Wirkung erreicht, so muss der Körper sogleich aus der Flüssigkeit genommen und abgewaschen werden. Hält man die Spitze ruhig über eine Stelle, so entstehen um dieselbe herum die bekannten Nobili'schen Farbenringe. Um diese zu vermeiden, muss man die Elektrode in fortwährender Bewegung und in einer gewissen Entfernung von der Oberfläche des Körpers halten. Die Metallochromie findet Anwendung zur Verzierung von Gegenständen aus Kupfer, Tombak und Messing, welche vorher eine dünne galvanische Vergoldung empfangen haben. Die Hauptfarbe ist grün oder purpurroth, welche in Nebenfarben (hellroth, blau, violett, gelb) übergeht. Anstatt der Lösung des Bleioxydes in Aetzkali kann man auch eine mit Kalilauge versetzte Lösung von Kupfervitriol und Kandiszucker in Wasser anwenden.

Elektrotypie.

Elektrotypie. Um Lettern auf galvanoplastischem Wege zu vervielfältigen, wird der Lettersatz mit Spatien in solcher Ausdehnung umgeben, als die Grösse der von jeder Letter darzustellenden Matrize es erfordert. Der Satz wird dann mit Schnüren festgebunden, an den Rändern mit Wachs umgeben, davon ein galvanoplastischer Abdruck erzeugt und die einzelnen Matrizen mit einer Scheere ausgeschnitten. Auf der Rückseite werden dieselben verzinnt und mit Lettermetall zur gehörigen Dicke ausgegossen. Zur Erzeugung von Stereotypplatten und zur Copirung von Holzschnitten ist die Guttapercha als Material zur Matrize besonders geeignet.

Glyphographie.

Die Glyphographie ist eine Anwendung der Galvanoplastik, um Holzschnitte nachzuahmen. Sie ist eine Erfindung Palmer's in London und ist durch V. Ahner in Leipzig verbessert worden. Seitdem die galvanisch in Kupfer oder Eisen reproducirten Holzschnitte als Clichés allgemein Anwendung gefunden, hat die Glyphographie allen Boden verloren. Sie bezweckt die von dem Künstler ausgeführte Zeichnung direct in eine Typenplatte zu verwandeln; die Zeichnung kann dabei in ihrer natürlichen Richtung, nicht verkehrt wie beim Holzschnitt, gemacht werden, worin besonders bei solchen Sachen, in welchen viel Schrift vorkommt, eine grosse Erleichterung ist. Das Verfahren, soweit es bekannt ist, besteht in Folgendem: Eine vollkommen eben geschliffene Kupferplatte wird mit Schwefelleberlösung angestrichen und dadurch ihre Oberfläche geschwärzt; die mit Wasser abgespülte und gereinigte Platte wird mit einem weissen Radirgrund versehen, der aus einer Mischung von Burgunderpech, weissem Wachs, Colophonium, Wallrath und schwefelsaurem Blei besteht. In diesen weissen Grund zeichnet der Künstler mit den dazu bestimmten Nadeln, sodass der schwarze Grund blossgelegt wird und die Zeichnung schwarz auf weiss erscheint. Die fertige Radirung wird dem Galvanoplastiker übergeben, welcher nunmehr die mechanischen Beihülfen zur Erzeugung eines galvanoplastischen Abdruckes besorgt. Es werden vor Allem die breiten weissen Flächen mittelst einer dicken, breiartigen Firnissmasse erhöht, damit sie nicht überwachsen. Dann wird die Platte copirt und der galvanoplastische Abdruck auf einem Holzklotze befestigt, sodass er mit dem Letternsatze gleiche Höhe erhält und gleichzeitig mit diesem abgedruckt werden kann. Von der radirten Platte können auch Gypsabgüsse hergestellt und hiervon Stereotypplatten abgegossen werden, und es scheint, als ob dieser Vorgang in England häufiger angewendet wird, als die galvanoplastische Copie, da überdies die Druckerschwärze von galvanoplastischen Modellen nie so gut angenommen wird, als von Stereotypplatten. Eine, wie es scheint, der Glyphographie sehr ähnliche Methode zur Herstellung von Reliefplatten für den Buchdruck ist von den Herren Haase und Söhne in Prag in Anwendung gebracht, jedoch nicht veröffentlicht worden.

Galvanographie.

Kurze Zeit (1842) nach der Entdeckung der Galvanoplastik durch Jacobi wurde durch v. Kobell in München die Idee gefasst, die neue Kunst zu benutzen, um in Tuschmanier gemalte Bilder auf galvanischem Wege in Kupfer vertieft dargestellt, zu copiren, dass sie nun durch druckbare Platten vervielfältigt werden können, welche Kunst mit dem Namen Galvanographie bezeichnet worden ist. Es wird auf eine glatte und versilberte Kupferplatte eine Tuschzeichnung in Oelfarbe (v. Kobell empfiehlt eine mit Dammarfirniss versetzte und mit Graphit abgeriebene Lösung von Wachs in Terpentinöl) gemalt; sobald die Farbe eingetrocknet ist, wird darauf eine Kupferplatte erzeugt, welche dann unmittelbar zum Abdruck in der Kupferdruckpresse dient und dieselbe Tuschzeichnung, wie sie der Künstler auf der Platte hervorbrachte, in beliebiger Anzahl von Abdrücken auf Papier wiedergiebt. Die Abdrücke nähern sich am meisten der sogenannten Aquatinta-Manier, unterscheiden sich aber von ihr durch ausserordentliche Weichheit der Schattirungen, welche in der That denen eines getuschten Bildes täuschend ähnlich sind; die Platten ertragen ohne beträchtliche Abnutzung über 600 Abdrücke. Die Bilder werden in einer Farbe gemalt, damit die Tuschzeichnung durch höheres oder flaches Auftragen der Farbe eine Art Relief bildet, das sich in der galvanoplastischen Platte vertieft darstellt und zur Aufnahme der Druckerschwärze dient, die alle diese Vertiefungen in demselben Verhältnisse ausfüllt und dann an die Oberfläche des Papiers sich anheftet.

Fußnoten:

[1] Nach der Ansicht von Berthelot (1869) bildet sich hierbei zunächst Kaliumacetylür C_2K_2, welches dann mit dem Stickstoff direkt zu Cyankalium 2(CNK) zusammentritt.

[2] Von den neuerdings aufgetauchten Verfahren der directen Darstellung von Eisen und Stahl aus den Erzen von Chenot, Uchatius u. A. wird beim Stahl die Rede sein.

[3] Mitscherlich, Hausmann, Bothe u. A. haben gezeigt, dass die nicht selten krystallisirt vorkommende Rohschlacke die Zusammensetzung und die Krystallform des Olivins besitzt.

[4] Im Jahre 1864 producirte die Krupp'sche Gussstahlfabrik mit 6600 Arbeitern 54 Millionen Pfd. Gussstahl. In der Fabrik befinden sich 363 Dampfmaschinen (mit 3160 Pferdekraft) und 34 Dampfhämmer. Im Januar 1866 beschäftigte das Etablissement über 8000 Arbeiter. Die Produktion von 1865 betrug 100, die von 1866 etwa 120 Millionen Pfd. Gussstahl. Die 1867 auf dem Marsfelde in Paris ausgestellte Krupp'sche Gussstahlkanone wog 1000 Ctr. Die Bochumer Gussstahlfabrik hatte unter anderm auch eine Glocke von fast 300 Centner Gewicht geliefert, so wie ein interessantes Gussstahlobject, bestehend aus 22 aneinanderhängenden, ein einziges Stück bildenden Wagenrädern.

[5] Im Allgemeinen giebt man die gelbe Anlauffarbe Werkzeugen, welche sehr hart bleiben sollen, mithin allen zur Bearbeitung des Eisens und von harten Gesteinen dienenden, dann Rasirmessern, chirurgischen Instrumenten, Grabsticheln, Stempeln, Zieheisen etc.; die purpurrothe Farbe meist den Werkzeugen zur Holzbearbeitung; die violette bis dunkelblaue Farbe erhalten Gegenstände, die zugleich Elasticität (Federhärte) besitzen sollen, wie Uhrfedern, Klingen, Sensen, Sicheln, Hand- und Lochsägen.

[6] In England stellt man aus den Rückständen der Chlorbereitung mittelst Braunstein Kobalt und Nickel dar. Nach Gerland giebt 1 Tonne Braunstein 2,5 Kil. Nickel und 5 Kil. Kobalt.

[7] Die Nickelfabrik von Fleitmann und Witte in Iserlohn producirt jährlich für 200 bis 250,000 Gulden Nickel.

[8] Der aus den nickelhaltigen Krätzkupfergranalien im Mansfeld'schen dargestellte Kupfervitriol enthält (nach Herter's 1865 ausgeführter Analyse) noch 0,083 Proc. Nickel.

[9] Diese Formel ist eine durchaus empirische und die eigentliche Zusammensetzung des Schweinfurtergrüns ist noch zu ermitteln. Ein Theil des Kupfers ist als Oxydul, ein Theil des Arsens als Arsensäure da.

[10] In Russland verwendet man den Grünspan vielfach als Malerfarbe in Oel; zu dem Ende wird er mit Bleiweiss zusammengerieben, wodurch eine Zersetzung in kohlensaures Kupfer und in basisches essigsaures Blei vor sich geht; ersteres giebt dem noch unzersetzten Bleiweiss eine hellblaue Farbe, welche aber nach dem Anstriche in Oel allmählich in das angenehme Grün übergeht, welches die russischen grünen Dächer fast allgemein darbieten.

[11] Nach J. Persoz (1869) giebt es sechs Fabriken, die sich mit der Darstellung von Kaliumchromat befassen, nämlich zwei in Schottland, eine in Frankreich, eine zu Drontheim in Norwegen und eine zu Kazan am Ural. Alle Fabriken produciren jährlich gegen 60,000 Centner.

[12] Das sogenannte salpetersaure Zinn der Färber wird durch Auflösen von gekörntem Zinn in Königswasser erhalten; diese Auflösung führt in der Färberei auch den Namen Physik, Composition, Rosirsalz; sie enthält Zinnchlorid ($SnCl_4$) und Zinnchlorür. Eine Verbindung des Zinnchlorids mit Salmiak ($SnCl_4$ + $2NH_4Cl$) wird unter dem Namen Pinksalz in der Kattundruckerei als Beize benutzt. Eine concentrirte wässerige Lösung dieses Salzes ändert sich beim Kochen nicht, die verdünnte aber lässt alles in dem Doppelsalze enthaltene Zinnoxyd durch Kochen fallen. Dieses Verhalten, sowie seine neutrale Eigenschaft machen das Pinksalz besonders geeignet, anstatt des immer sauer reagirenden Zinnchlorürs als Beizmittel zu dienen. Das reine Zinnchlorid wird in Frankreich vielfach zur Bereitung von Fuchsin verwendet. In flüssiger Form dient es unter Anderem zum Färben mit Jodgrün auf Wolle und Halbwolle nach dem von Th. Peters in Chemnitz (1869) angegebenen vortrefflichen Verfahren. Man erhält es in schönen grossen Krystallen von der Formel $SnCl_4 + 5H_2O$ bei Dr. Gerlach in Kalk bei Cöln a./Rh.

[13] Es giebt Anilinfarbenfabriken, die jährlich über 2000 Ctr. Arsensäure consumiren.

[14] Auf den bei Ibbenbüren in Westfalen gelegenen Bleigruben soll im Mai 1870 Platin gefunden worden sein.

[15] Aus einer Legirung von Palladium mit Wasserstoff hat Th. Graham (1869) Denkmünzen prägen lassen.

[16] Die Firma Johnson, Matthey u. Co. in London hat auf der internationalen Ausstellung des Jahres 1862 durch einen massiven, 2⅓ Ctr. schweren Block von reinem Platin (im Werthe von 85,000 Frcs.) eine Probe dafür abgelegt, dass sie die Schmelzung der grössten Massen Platin, die je auf einmal zur Verarbeitung kommen dürften, nach der Schmelzmethode von Deville und Debray völlig in der Gewalt hat.

[17] Ein Concentrirkessel für Schwefelsäure (von Matthey) zur täglichen Concentration von 8 Tonnen (= 160 Ctr.) Schwefelsäure kostet bei Johnson, Matthey u. Co. 62,500 Frcs; ein Kessel für 5 Tonnen (= 100 Ctr.) 41,000 Frcs. Das zu letzterem Kessel erforderliche Platin hat einen Metallwerth von 27,500 Frcs.

[18] In Freiberg trat 1858 die nasse Silbergewinnung durch Auslaugen nach Augustin an die Stelle der bis dahin üblichen Amalgamation.

[19] Bei diesem Beispiele ist auf die zugleich sich bildenden flüchtigen Chlorverbindungen (Chlorschwefel, Arsenchlorid, Antimonchlorid etc.) keine Rücksicht genommen worden. Wer ausführliche Belehrung über den Vorgang bei der obigen Röstung sucht, den verweise ich auf das Werk von B. Kerl, Metallurg. Hüttenkunde, 1861: Bd. I. pag. 65; 1865: Bd. III. 1. Abtheil. p. 217.

[20] Das feste Silberamalgam besteht nach Kersten aus

Silber	11,0
Quecksilber	84,2
Kupfer	3,5
Blei	0,1
Zink	0,2

[21] Freiberger Tellersilber bestand nach Lampadius aus

Silber	75,0
Quecksilber	0,7
Kupfer	21,2
Blei	1,5

Freiberger Raffinatsilber nach Plattner aus

Silber	71,55
Kupfer	28,01

[22] Auf dem Hüttenwerke zu Call in der Eifel enthält das Werkblei durchschnittlich 0,25 Kil. Silber in 1000 Kilogr.

[23] Stass (in Brüssel) hat neuerdings (1869) behufs der Darstellung von chemisch reinem Silber durch die Knallgasflamme 50 Grm. Silber überdestillirt.

[24] Ein Vereinsthaler wiegt somit 18,518 Grm. und enthält 16,666 Grm. Silber.

[25] Kosten 500 Grm. Feinsilber $52\frac{1}{2}$ fl. s. W., so kosten 500 Grm. 13löthiges Silber (= 0,812) 42,6 fl. ($\frac{1}{32}$ Pfd. = 1 Loth davon 1,31 fl.).

[26] Nach einer Schätzung ist die Grösse des Silberverbrauches in der Photographie gegenwärtig (1870) jährlich

in Deutschland	400	Ctr.
„ Frankreich	400	„
„ England	400	„
„ Nordamerika	400	„
	1400	Ctr.

im Werthe von 4,200,000 Thalern.

[27] Das Gold wird zur Decoration von Thonwaaren in grösserer Menge verbraucht als man sich vorstellen mag. Im Jahre 1869 wurden in England allein (hauptsächlich in den Potterien Staffordshire's) für diesen Zweck nahezu für 350 bis 400,000 Thaler Gold consumirt.

[28] Nach dem internationalen Münzvertrage vom 23. Decbr. 1865 ist in den Ländern des lateinischen Münzvereins (Frankreich, Spanien, Portugal, Belgien, Italien und Schweiz) das Preisverhaltniss zwischen Gold und Silber zu 1 : $15\frac{1}{2}$ angenommen. In Frankreich ist jedoch die praktische Werthrelation beim Austausch von fremdem Silber gegen französisches Gold — in Folge der Kosten der Umprägung, die gegenwärtig (1870) $\frac{3}{4}$ Proc. betragen — nicht 1 : 15,50, sondern wie 1 : 15,61. Der Münzverein umfasst (nach der Einverleibung Venetien's in Italien und nachdem nach der Vertreibung der Bourbonen auch in Spanien wirthschaftlich geordnetere Verhältnisse Platz gegriffen haben) heute 90 Millionen europäische Staatsangehörige.

[29] Rammelsberg fand (1868) in einer aus Kryolith und Natrium in einem Porcellantiegel dargestellten Aluminiumsorte 10,46 Proc. Silicium! Die Darstellung von *reinem* Aluminium dürfte somit wohl noch ein Problem sein.

[30] Vergl. Jahresbericht der chem. Technologie, 1868 p. 141 u. 145.

II. Abschnitt
Rohstoffe und Produkte der chemischen Industrie.
Das Kaliumcarbonat.

(K_2CO_3 = 138,2; in 100 Th. 68,2 Th. Kali und 31,8 Th. Kohlensäure.)

Quellen des Kalis.

Das Kaliumcarbonat (kohlensaures Kali) in der Form, in welcher es im Handel vorkommt, führt den Namen Potasche, weil in früherer Zeit das meiste Kaliumcarbonat aus der Asche (Holzasche) gewonnen wurde. Das Kali findet sich in reichlichster Menge in der Natur und zwar niemals frei, sondern als Silicat, als Chlorkalium, als Kaliumsulfat, als pflanzensaures Kalium und endlich als fettsaures Kalium. Es kommt im Mineralreich und in der organischen Natur vor. Für technische Zwecke benutzbare Kaliquellen sind gegenwärtig folgende:

A. Anorganische Kaliquellen

- I. die Stassfurter und Kaluczer Salzmineralien Carnallit, Sylvin, Kainit und Schoenit,
- II. der Feldspath und ähnliche Gesteine,
- III. das Meerwasser und die Mutterlauge der Salinen,
- IV. der natürliche Kalisalpeter;

B. Organische Kaliquellen

- V. die Asche der Vegetabilien,
- VI. die Schlempekohle von der Verarbeitung der Rübenmelasse,
- VII. die Tange (als Nebenprodukt der Jodgewinnung),
- VIII. der Schweiss der Schafwolle.

Kalisalze aus den Stassfurter Salzmineralien.

I. Aus den Stassfurter und Kaluczer Kalimineralien, dem (in neuerer Zeit auch für die Bromgewinnung wichtig gewordenen) Carnallit, ferner aus dem Sylvin (ClK) und dem Kainit (einer Verbindung von Kaliumsulfat mit Magnesiumsulfat und Chlormagnesium) stellt man gegenwärtig grosse Mengen von Kalisalzen dar, namentlich aus dem Carnallit, welcher in der obersten Region des Stassfurter Steinsalzlagers (übrigens auch an anderen Orten, so z. B. zu Kalucz in Galizien, in der Nähe der Lemberg-Czernowitzer Bahn; ferner zu Maman in Persien) sich findet, nach der Formel $KCl, Mg\{Cl_2\,Br_2\} + 6\,H_2O$ und, abgesehen von dem Brom, in 100 Th. aus

Chlorkalium	27
Chlormagnesium	34
Wasser	39
	100

Die Fabrikation der Kalisalze aus den Salzmineralien der Carnallit-Region zerfällt

α) in die Darstellung von Chlorkalium;

β) „ „ „ „ Kaliumsulfat;

γ) „ „ Fabrikation von Potasche.

α) Darstellung von Chlorkalium. Nach dem ursprünglichen (1861 patentirten) Verfahren A. Frank's wurden die Abraumsalze im Flammenofen mit oder ohne Wasserdampf einem Glühprocesse unterworfen und dann mit Wasser extrahirt. Aus der Lauge sollte durch Eindampfen und Aussoggen das Chlorkalium gewonnen werden. Diesem Verfahren liegt die Thatsache zu Grunde 1) dass der Carnallit des Abraumsalzes durch Wasser in Chlorkalium und Chlormagnesium sich spaltet und 2) letzteres beim Glühen in Wasserdampf sich zersetzt in Salzsäure, die entweicht, und in zurückbleibende Magnesia. Beim Betrieb im Grossen gab das Verfahren jedoch ungenügende Resultate. In Folge des Vorhandenseins anderer Chlormetalle in dem Abraumsalze (Chlornatrium und Tachhydrit) geht die Zersetzung des Carnallits nur partiell und äusserst langsam vor sich. Ausserdem giebt der Kieserit des Abraumsalzes zur Bildung von Schoenit Veranlassung, welches Doppelsalz das erhaltene Chlorkalium verunreinigt. Endlich findet sich dem Chlorkalium noch fast alles Chlornatrium beigemengt, das in dem Abraumsalz sich fand. Es war eine glückliche Idee Grüneberg's, vor der Verarbeitung der Abraumsalze deren Bestandtheile einer mechanischen Separation zu unterwerfen. Die Grundzüge dieses Verfahrens sind folgende: Das Abraumsalz besteht der Hauptsache nach aus den drei Salzen,

dem	Carnallit	mit	dem	spec.	Gew.	1,618
„	Kochsalz	„	„	„	„	2,200
„	Kieserit	„	„	„	„	2,517

Wenn das Abraumsalz grob gemahlen und zu verschiedenen Kornsorten gleicher Grösse gesiebt wird, so lassen sich die einzelnen Salze dem specifischen Gewichte nach trennen in Apparaten, wie sie im Bergwesen zur Trennung der Erze von der Gangart benutzt werden. Anstatt Wasser, welches die Salze während des Setzprocesses lösen würde, wird eine gesättigte Chlormagnesiumlösung, die als letzte Mutterlauge massenhaft erhalten wird und keinen Einfluss auf die zu scheidenden Salze ausübt, angewendet. Der Carnallit, als das specifisch leichteste der Abraumsalzbestandtheile, bildet nach der Setzung die obere Schicht der gesetzten Salze, das Kochsalz die mittlere und der Kieserit die unterste Lage. Die drei Schichten werden durch sauberes Abheben getrennt. Die Carnallitlage wird zur Chlorkaliumfabrikation verwendet. Das Kochsalz, die mittlere Schicht, ist so frei von Kali, dass es direct verwendet werden kann. Der Kieserit endlich geht, nachdem er durch Waschen mit kaltem Wasser von dem anhängenden Kochsalz befreit worden ist, in die weiter unten zu beschreibende Fabrikation von Kaliumsulfat über.

Fig. 57.

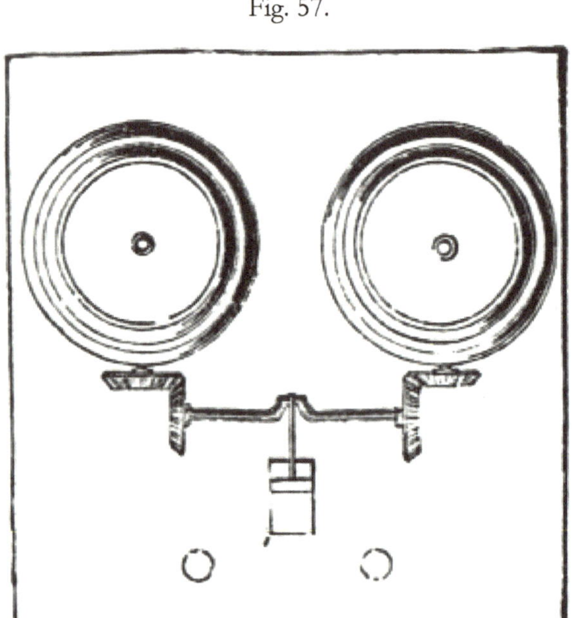

Fig. 58.

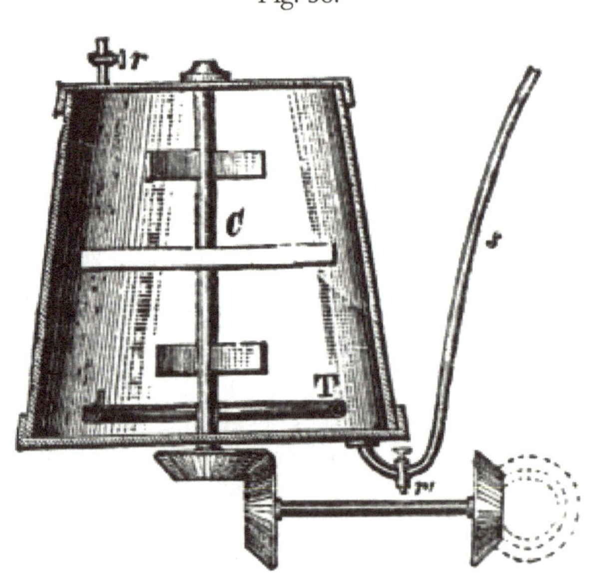

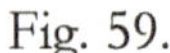

Fig. 59.

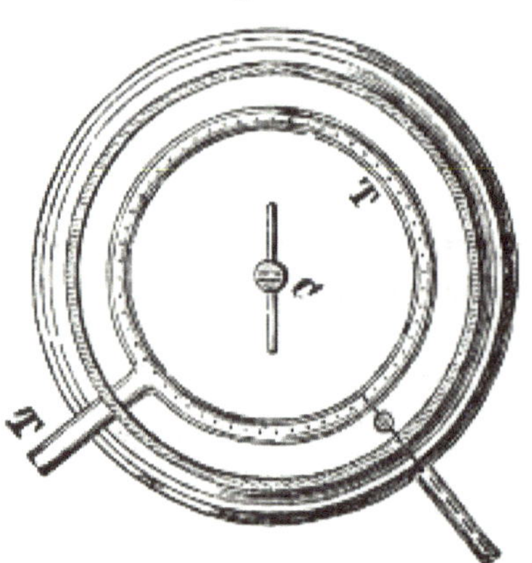

Die meisten Fabriken in Stassfurt verarbeiten jedoch die Abraumsalze so, wie sie von der Grube geliefert werden, und zwar nach folgendem Verfahren, das aus fünf auf einander folgenden Operationen besteht. 1) Auslaugen des Carnallits mit einer zur völligen Lösung unzureichenden Menge heissen Wassers, wodurch hauptsächlich nur Chlorkalium und Chlormagnesium gelöst werden, die grösste Menge des Kochsalzes und des Magnesiumsulfates aber zurückbleibt; 2) Auskrystallisiren des Chlorkaliums durch Abkühlung; 3) Abdampfen und Abkühlung der Mutterlauge, wodurch eine zweite Krystallisation von Chlorkalium erhalten wird; 4) nochmaliges Abdampfen und Abkühlung der Mutterlaugen, wo das Doppelsalz von Chlorkalium und Chlormagnesium (künstlicher Carnallit) erhalten wird, welcher dann ebenso wie der natürliche verarbeitet wird; 5) Auswaschen des Chlorkaliums, Trocknen und Einpacken.

1) Der Carnallit wird in gusseiserne Auslaugegefässe gebracht und mit ¾ seines Gewichts von Wasser, welches zum Waschen von Chlorkalium gedient hat und viel Kochsalz und etwas Chlorkalium enthält, übergossen und dann durch ein ringförmiges Rohr *T* (Fig. 59) Dampf von 120° C. hineingeleitet. In der Fabrik von Douglas, welche gemahlenen Carnallit verarbeitet, fassen die Bottiche (Fig. 57, 58, 59) 20 Tonnen davon, sind mit einem dicht schliessenden Deckel bedeckt, in welchem nur eine Oeffnung zum Entweichen des überflüssigen Dampfes befindlich ist. Eine von einer Dampfmaschine bewegte verticale eiserne Welle *C* mit

Armen geht durch die Achse des Gefässes und bewegt das Salz beständig umher. Dies dauert etwa drei Stunden, worauf man zwei Tage ruhig stehen lässt. Die Auflösung ist dann ganz gesättigt und zeigt 32° B. Der obere Hahn *r* wird nun geschlossen und ein unterer *r'* mit einer auswärts gehenden Röhre *s* geöffnet. Der Dampf drückt die Lösung in diese hinauf nach dem Krystallisationsraume. Der Rückstand, welcher etwa ⅓ des angewendeten Carnallits beträgt, wird noch ein oder zwei Mal mit Wasser ausgelaugt.

2) Die Krystallisationsgefässe aus Eisenblech oder Holz sind entweder flache Kästen oder hölzerne Fässer von 1,20 Meter Durchmesser und 1,5 bis 1,9 Meter Höhe. Beim langsamen Abkühlen krystallisirt das Chlorkalium mit etwas Kochsalz gemischt und stark mit Chlormagnesium imprägnirt. Das an den Seiten der Gefässe sich ansetzende ist reiner und enthält etwa 70 Proc. Chlorkalium, das Bodensalz unreiner (55 Proc.). In flachen Gefässen geht die Abkühlung schneller, das Salz ist feiner, was zu weiterer Verwendung vortheilhaft ist, aber es ist unreiner als das gröber krystallisirte und verlangt längeres und sorgfältigeres Auswaschen. Man nimmt dazu reines Wasser, welches man eine Stunde darauf stehen lässt und dann abzapft. Dieses Wasser dient, wie oben erwähnt, zum Auskochen des Carnallits. Eine einzige solche Waschung bringt das grob krystallisirte von den Seiten der Gefässe auf 80 Proc. Chlorkalium, das fein krystallisirte verlangt zwei bis drei Waschungen. Die meisten Fabriken liefern das Salz mit diesem Gehalt von 80 Proc., einige wenige treiben es auf 85 bis 90 Proc.

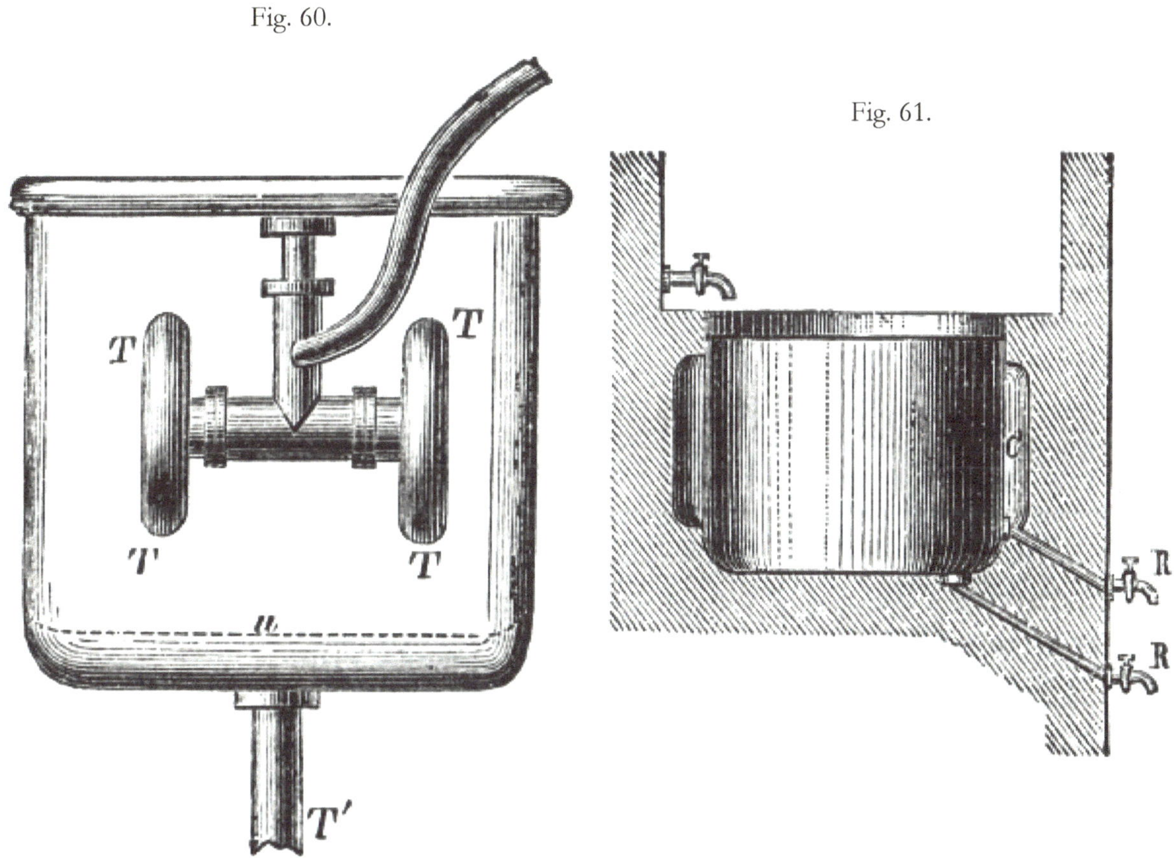

Fig. 60.

Fig. 61.

3) Das Eindampfen der ersten Mutterlauge geschieht in eisernen Pfannen von verschiedener Grösse. Da beim Eindampfen reichlich Kochsalz niederfällt, welches am Boden festbrennen könnte, so lässt man die Flammen nur seitlich die Wände des Kessels (wie Fig. 61 zeigt) umspülen und rührt beständig um, damit sich an diesen das Salz nicht festsetzt. Nachdem die Lauge auf etwa ⅔ ihres Volumens eingedampft ist, zeigt sie 33° B. Man lässt sie dann in die Krystallisationsgefässe ablaufen und nimmt das niedergefallene Salz aus den Pfannen heraus. Es besteht aus 60–65 Proc. Kochsalz, 6 Proc. Chlorkalium und 30 Proc. des Doppelsalzes von Magnesiumsulfat und Kaliumsulfat, das unter dem Namen Schoenit oder Pikromerit auch fertig gebildet unter den Stassfurter Salzen auftritt. Es wird als Dünger verwandt. In einigen Fabriken erhitzt man die

Abdampfkessel durch Dampf. Vier Röhren *T* (Fig. 60) liegen dazu parallel den langen Seiten im Kessel und öffnen sich dann in den Raum *U* zwischen dem Kessel und einem ihn umgebenden Mantel. Der unbenutzte Dampf entweicht durch das Rohr *T'*. Die Concentration geht schneller als bei der directen Erhitzung. Die Krystallisation der zweiten Lauge giebt eine neue Quantität Chlorkalium, welches aber nur 50–60 Proc. enthält und 2–3 Waschungen erfordert, um auf 80 gebracht zu werden.

4) und 5) Die zweite Mutterlauge wird bis auf 35° B. concentrirt, wobei ein ähnliches Salzgemenge wie bei der ersten Concentration niederfällt, welches mit diesem vereinigt wird. Dieses Gemenge enthält dann gegen 10 Proc. Kali und wird mit Vortheil als Dünger verwandt. Diese concentrirte Lauge giebt nun aber beim Krystallisiren nicht Chlorkalium, sondern künstlichen Carnallit, welcher ebenso behandelt wird wie der natürliche, nur ist die Arbeit bei seiner grösseren Reinheit viel einfacher und rascher. Man löst etwa drei Tonnen davon auf einmal in heissem Wasser auf, was drei Stunden erfordert, lässt zwei Stunden ruhig stehen und zapft dann in die Krystallisationsgefässe ab. Da der künstliche Carnallit nur wenig Kochsalz enthält, so fällt das Chlorkalium viel reiner aus und man kann es durch Auswaschen auf 85–90 Proc. bringen.

Das durch Waschen gereinigte Chlorkalium wird schnell getrocknet, entweder in einem Flammenofen, wo es eine schwache Calcination erleidet, oder auf dem metallenen Boden einer Kammer, welche durch Röhren erhitzt wird, die durch die Feuerluft eines Braunkohlenfeuers geheizt werden. Nach dem Trocknen wird das Salz zerdrückt, gesiebt und in Fässer von Tannenholz gepackt, welche etwa 500 Kilogr. enthalten. Sie werden dann in der Fabrik selbst auf Waggons der Magdeburger Eisenbahn geladen und nach den verschiedenen europäischen Märkten versandt. Das käufliche Chlorkalium, welches 80–86 Proc. KCl. enthält, wandert entweder in die Salpeterfabriken, wo es mit Natriumsalpeter in Kaliumsalpeter umgesetzt wird, oder in die Alaunfabriken, oder man verwendet es zur Darstellung von Kaliumchlorat und Kaliumchromat, oder endlich dient es zur Fabrikation von Kaliumsulfat und Kaliumcarbonat.

β) Darstellung von Kaliumsulfat. Das Kaliumsulfat lässt sich darstellen

a) aus Chlorkalium und Schwefelsäure;

b) aus Chlorkalium und Schwefelkies, durch den Longmaid'schen Röstprocess (siehe Sodafabrikation) und in vielen Fällen der chlorirenden Röstung in der Metallurgie, wenn das bisher übliche Kochsalz durch Chlorkalium ersetzt wird;

c) aus Chlorkalium und Kieserit;

d) aus dem Kainit.

Die Umsetzung von Chlorkalium in Kaliumsulfat durch Glaubersalz, die wiederholt zur Darstellung von Kaliumsulfat versucht wurde, hat sich im Grossen als nicht praktisch erwiesen, weil die beiden Sulfate der Alkalien allzugrosse Neigung haben, sich mit einander zu einem Doppelsalze zu verbinden. Die sub a und b genannten Methoden können nur unter gewissen Bedingungen mit Gewinn ausgeübt werden. In England stellt man jedoch fabrikmässig Kaliumsulfat aus dem Chlorkalium (der Kelpfabriken) und aus Schwefelsäure dar. Dies geschieht genau in derselben Weise, wie die Umwandlung des Kochsalzes in Glaubersalz bei der Sodafabrikation, und in den identischen Apparaten und Oefen. Eine weit grössere Bedeutung als die vorstehenden Methoden haben die sub c und d angeführten Verfahren, das Kaliumsulfat mit Hülfe der Schwefelsäure des Kieserits darzustellen. Die Hauptgrundzüge des von H. Grüneberg eingeführten Verfahrens sind folgende: Man beginnt mit der Darstellung von Schoenit (vergl. S. 129) und gleichzeitig auch von Carnallit, indem man Chlorkalium und Kieserit heiss löst und die Lösung krystallisiren lässt:

$$\left.\begin{array}{lll}4 & \text{Mol.} & \text{Kieserit}\\ 3 & „ & \text{Chlorkalium}\end{array}\right] = \left[\begin{array}{lll}2 & \text{Mol.} & \text{Schoenit,}\\ 1 & „ & \text{Carnallit;}\end{array}\right.$$

Beide Salze, der Schoenit und der künstliche Carnallit werden durch Krystallisation geschieden und ersteres nach folgendem Schema mit Chlorkalium zerlegt:

4 Mol. Schoenit		4 Mol. Kaliumsulfat,
3 „ Chlorkalium	=	2 „ Schoenit,
		1 „ Carnallit.

Die einzelnen Salze werden durch Krystallisation getrennt und das zuerst sich ausscheidende Kalisulfat durch Waschen mit kaltem Wasser gereinigt. Wie weit die Anreicherung des Kalisulfates aus dem Schoenit durch blosses Umkrystallisiren desselben und ohne Chlorkaliumzusatz getrieben werden kann, ist noch zu ermitteln. Es scheint aber festzustehen, dass in dem zur Potaschenfabrikation bestimmten schwefelsaurem Kali ein einige Procente betragender Schoenitgehalt nicht ungern gesehen wird.

Seitdem der Kainit in dem Hangenden der Kalisalze der Carnallit-Region massenhaft gefunden worden, dient auch er zur Darstellung von Kaliumsulfat. Zu dem Ende wird der Kainit mit Wasser behandelt und dadurch in Folge Austretens von Chlormagnesium in Schoenit übergeführt:

Kainit		
minus Chlormagnesium	=	Schoenit

Der Schoenit wird dann mit Chlorkalium in Kaliumsulfat umgewandelt. Das Kaliumsulfat ist entweder Zwischenprodukt für die Potaschendarstellung oder Handelsartikel für die Alaunfabrikation oder endlich einer der wichtigsten Bestandtheile der Kalidüngerfabrikate.

γ) Darstellung von Kaliumcarbonat (Mineralpotasche). Behufs der technisch vortheilhaftesten Ueberführung von Chlorkalium und schwefelsaurem Kali in Potasche sind zahlreiche Vorschläge gemacht worden, die aber zum kleinsten Theil nur realisirbar sind. Das einzige von der Praxis adoptirte Verfahren der Darstellung von Mineralpotasche ist eine Nachbildung des Leblanc'schen Sodabildungsprocesses.

Das Leblanc'sche Verfahren, von H. Grüneberg (1865) zuerst zur Potaschedarstellung angewendet, hat sich nicht überall bewährt, so führt z. B. Lunge an, dass in einer englischen Fabrik langjährige und kostspielige Versuche, Leblanc's Process zur Potaschenfabrikation einzuführen, zu einem negativen Resultate geführt hätten. Es war dort überhaupt nur dann möglich, eine brauchbare Handelswaare zu erzeugen, wenn man eine bedeutende Menge (bis zur Hälfte) amerikanischer Perlasche mit hineinarbeitete. Der eigentliche Grund des Scheiterns der Versuche ist nicht bekannt geworden; doch scheint es, als ob die erzielte Potasche ein gar zu unscheinbares Ansehen gehabt hätte; man konnte sie nicht, wie die Soda, einfach weissbrennen, sondern musste sie auflösen, wieder eindampfen und calciniren und diesen Process sogar mehrfach wiederholen, was natürlich zu kostspielig wurde. Ein ähnliches Verfahren macht sich nur für wirkliche gereinigte Potasche (für Glasfabrikanten) bezahlt, welche dann auch wirklich in derselben Fabrik in grossem Maassstabe, aber nur aus amerikanischer Perlasche dargestellt wurde. Vermuthlich zeigte sich bei den Versuchen über künstliche Potasche nach Leblanc's Verfahren auch der Uebelstand, welchen schon vor einigen Jahren E. Kopp bei ähnlichen Versuchen in der grossen Sodafabrik in Dieuze bei Nancy beobachtet hat: nämlich die Bildung von Cyankalium, wol auch cyansaurem Kali, welche nur schwierig zu entfernen sind.

In Kalk bei Cöln und in Stassfurt werden grosse Mengen Mineralpotasche von tadelloser Beschaffenheit nach Leblanc's Process seit Jahren dargestellt. Das Nähere des Verfahrens wird zur Zeit noch geheim gehalten. Bekannt ist, dass man (schoenithaltiges) Kaliumsulfat mit Kreide und Steinkohlenklein calcinirt und die calcinirte Masse mit Wasser auslaugt, wobei Mineralpotasche in Lösung geht und Schwefelcalcium zurückbleibt, aus welchem man nach Schaffner's Verfahren Schwefel regenerirt. Die Gegenwart einer gewissen Menge Schoenit oder Magnesiumsulfat in dem zur Fabrikation von Mineralpotasche bestimmten Kaliumsulfat ist eher vortheilhaft als schädlich, indem durch die Magnesia die Rohpotasche porös wird und leichter und vollständiger ausgelaugt werden kann, als die mit reinem Kaliumsulfat dargestellte Rohpotasche.

Kali aus Feldspath.

II. Kalisalze aus Feldspath. Die analytische Chemie hat gezeigt, dass in den verbreitetsten Arten von Mineralien, die als Gemengtheile ganzer Gebirgsmassen vorkommen, eine unversiegbare Kaliquelle sich findet. Der Kaligehalt einiger der bekanntesten Gebirgsarten und Fossilien ist folgender: 10–16 Proc. im Kalifeldspath (Orthoklas) und in einigen feldspathreichen Fossilien. 8–10 Proc. im Kaliglimmer. 7–8 Proc. im Glaukonit, Phonolith, Trachyt. 6–7 Proc. im Granulit und Porphyr, Glimmerschiefer. 5–6 Proc. im Granit, Syenit, Gneis. 1–2 Proc. im Dolerit, Basalt, Kaolin, Thon, Lehm.

Vor dem Auffinden der Kalischätze in Stassfurt, Kalucz u. a. O. stand die Kaligewinnungsfrage aus Feldspath und ähnlichen Gesteinen permanent auf der Tagesordnung in der technischen Chemie. Gegenwärtig ist begreiflicherweise angesichts der blühenden Mineralkalisalzindustrie aus Carnallit und Kainit die Feldspathkalifrage *ad calendas graecas* vertagt und alle Vorschläge, welche die Extraction des Kalis aus dem Feldspath zum Zwecke hatten, haben heute nur noch historisches Interesse zu beanspruchen. Das beste Verfahren zur Darstellung der Kalisalze aus dem Feldspath ist das von Ward (1857) angegebene, bei welchem das Fluor als Aufschliessungsmittel des Feldspaths dient.

Es besteht wesentlich darin, dass man den bis zur Feine des Portland-Cämentes gemahlenen Feldspath mit feingepulvertem Flussspath (die Menge des Fluors darin soll der im Gestein enthaltenen Kalimenge äquivalent sein) und einem Gemisch von Kreide und Kalkhydrat mengt und in Gypsöfen, Gasretorten, Cementbrennöfen etc. frittet und die gefrittete Masse, die in Folge des Kreidezusatzes porös und deshalb leicht auszulaugen ist, mit Wasser auslaugt, wo der Kali des Feldspaths sofort als Aetzkali in die Lösung übergeht. Der Rückstand vom Auslaugen giebt nach dem Brennen und Mahlen einen hydraulischen Mörtel.

Kalisalze aus dem Meerwasser.

III. Kalisalze aus dem Meerwasser. Die Gewinnung der Kalisalze aus dem Meerwasser, namentlich aus dem Wasser des mittelländischen Meeres, welches nach einer Analyse von Usiglio in 10,000 Gewichtstheilen 5,05 Gewichtstheile Kali enthält, geht auf dieselbe Weise vor sich, wie die Verarbeitung der Mutterlaugen der Salinen von Schönebeck, Dürrenberg u. s. w., die bereits zu Anfang dieses Jahrhunderts von Herrmann in Schönebeck eingeführt wurde.

Die Kalisalzgewinnung wird am Mittelmeere im grossen Maassstabe von der Compagnie Merle in Alais (Gard) ausgeübt. Das gegenwärtig angewendete Verfahren von Balard und Merle liefert unter Anwendung von künstlicher Kälte mittelst des Carré'schen Apparates von 1 Kubikmeter Mutterlauge von 28° B. (entsprechend circa 75 Kubikmeter Meerwasser)

40 Kilogr. wasserfreies Natriumsulfat,

120 „ raffinirtes Seesalz,

10 „ Chlorkalium.

Vor einigen Jahren noch liess man die auf 28° B. (= 1,225 spec. Gew.) gebrachten Mutterlaugen künstlich abkühlen, um sie auf Chlorkalium zu verarbeiten, heutzutage zieht man es vor, die Mutterlaugen in den Salzgärten selbst sich concentriren zu lassen, wobei folgende drei Sorten Salz nach einander sich absetzen: a) das erste Salz, welches aus der bis 32° B. (= 1,266 spec. Gew.) concentrirten Mutterlauge sich abscheidet, ist nur unreines Seesalz; b) das zweite Salz, zwischen 32 und 35° B. (= 1,266 bis 1,299) sich absetzend, besteht aus gleichen Theilen Kochsalz und Bittersalz und heisst gemischtes Salz; c) das dritte Salz, welches zwischen 35 und 37° B. (= 1,299 bis 1,321) sich abscheidet, heisst Sommersalz; es enthält noch Kochsalz und Bittersalz, aber auch alles Kali und zwar zum Theil als Schoenit, zum Theil auch als Carnallit. Das zweite Salz (gemischtes Salz) wird sofort aufgelöst und die Lösung in die Carré'sche Eismaschine gebracht, wo sich in Folge von Umsetzung der Bestandtheile Glaubersalz krystallisirt ausscheidet. Das dritte Salz (Sommersalz) wird in siedendem Wasser gelöst; beim Erkalten scheidet sich die Hälfte des Kalis als Kainit ab; aus der Mutterlauge, die ausser Carnallit noch Kochsalz und Bittersalz enthält, erhält man durch Abkühlung noch Glaubersalz und durch Abdampfen der Flüssigkeit und durch Versetzen derselben mit Chlormagnesium einer früheren Operation, alles Kali in Form von Carnallit, welches durch Auflösen in bekannter Weise in seine beiden Bestandtheile, Chlorkalium und Chlormagnesium, zerlegt wird.

Auf diese Weise ist es gelungen, von dem in der Mutterlauge befindlichen Kali 45 Proc. als Chlorkalium und 55 Proc. als Schoenit zu gewinnen. Letzteres wird von der Compagnie Merle auf Kaliumsulfat und auf Potasche verarbeitet.

Kali aus der Pflanzenasche.

IV. Kalisalze aus der Asche der Vegetabilien. Verbrennt man eine Pflanze oder einzelne Theile derselben, so bleibt ein unverbrennlicher Rückstand, den man Asche nennt. Dieser Rückstand enthält die anorganischen Bestandtheile, welche die Pflanze während ihrer Vegetation aus dem Boden genommen. Sie besteht aus Kali, kleinen Mengen von Natron, Lithion und Rubidion, Kalk, Magnesia, etwas Eisen- und Manganoxydul und zwar gebunden an Phosphorsäure, Schwefelsäure, Kieselsäure, Chlor, Brom, Jod, Fluor und Kohlensäure. Die in der Asche sich findenden Verbindungen sind nicht durchgehends dieselben, welche in den Pflanzen vorkommen; die zum Einäschern erforderliche hohe Temperatur zerstört vorhandene Verbindungen und bildet neue. Die Quantität und Qualität der Asche ist nicht bei allen Pflanzen gleich; während die am Meeresstrande und im Meere selbst wachsenden Pflanzen vorzugsweise Natron (Soda) enthalten, sind die Binnenpflanzen besonders kalireich; die Aschenmenge ist nicht allein bei den verschiedenen Pflanzen eine verschiedene, sondern es geben auch die verschiedenen Pflanzentheile verschiedene Quantitäten. Die saftreichsten Pflanzen und Pflanzentheile geben im Allgemeinen die meiste Asche, Kräuter grössere Mengen als Sträucher, letztere grössere Mengen als Bäume, Blätter und Rinde der Bäume mehr als der Stamm. Es ist einleuchtend, dass die Menge der in dem Pflanzensafte enthaltenen auflöslichen unorganischen Bestandtheile, also hauptsächlich die Quantität der Salze der Alkalien, in den saftreichsten Pflanzentheilen am grössten sein muss.

Böttinger fand in der Buchenholzasche

21,27	Proc.	lösliche	Bestandtheile,
78,73	„	unlöslichc	„

Die löslichen Bestandtheile waren

Kaliumcarbonat	15,40	Proc.
Kaliumsulfat	2,27	„
Natriumcarbonat	3,40	„
Chlornatrium	0,20	„
	21,27	Proc.

Der Werth einer Asche als Rohstoff der Potaschenfabrikation wird hauptsächlich durch ihren Gehalt an Kaliumcarbonat bestimmt. Nachstehende Hölzer und Vegetabilien liefern im Durchschnitt in 1000 Th. folgende Mengen an Potasche:

Fichte	0,45	Buchenrinde	6,00

Pappel	0,75	Farnkraut	6,26
Buche	1,45	Maisstengel	17,5
Eiche	1,53	Bohnenstengel	20,0
Buchsbaum	2,26	Sonnenblumenstengel	20,0
Weide	2,85	Brennnesseln	25,03
Rüster	3,90	Wickenkraut	27,50
Weizenstroh	3,90	Disteln	35,37
Rinde von Eichenästen	4,20	Trockne Weizenstengel vor der Blüthe	47,0
Wollgras	5,00	Wermuthkraut	73,0
Binse	5,08	Erdrauchkraut	79,0
Weinrebe	5,50		
Gerstenstroh	5,80		

Nach Höss geben 1000 Theile

	Asche.	Potasche.		Asche.	Potasche.
Fichtenholz	3,40	0,45	Weidenholz	28,0	2,85
Buchenholz	5,8	1,27	Weinreben	34,0	5,50
Eschenholz	12,2	0,74	Farnkraut	36,4	4,25
Eichenholz	13,5	1,50	Wermuth	97,4	73,00
Ulmenholz	25,5	3,90	Erdrauch	219,0	79,90

Die Gewinnung der Potasche aus der Asche der Vegetabilien zerfällt in drei Hauptoperationen, nämlich

a) in das Auslaugen der Asche;

b) in das Versieden der Rohlauge;

c) in das Glühen oder Calciniren der rohen Potasche.

In Bezug auf die Verbrennungsmethode der zur Potaschenbereitung verwendeten Vegetabilien ist derjenigen der Vorzug zu geben, bei welcher dafür gesorgt ist, dass die Verbrennung nur langsam erfolgt, da bei zu lebhaftem Luftzug und zu starkem Feuer ein Theil der Asche mechanisch mit fortgerissen, ein anderer Theil durch Reduktion der Alkalien zu Metallen verflüchtigt wird, keine unverbrannte Kohlentheilchen zurückbleiben und der Asche keine Kalisalze entzogen werden können, welches letztere leicht geschieht, wenn die Asche auf feuchtem Erdboden dargestellt wurde. Die im Walde durch Niederbrennen von Bäumen und Sträuchern erhaltene Asche heisst Waldasche, die als Nebenprodukt in den Feuerungsanlagen gewonnene

Ofen- oder Herdasche führt dagegen den Namen Brennasche. Die Brennasche kann verfälscht sein mit schon ausgelaugter Asche (Bückelasche), sie kann ausserdem Torfasche, Braunkohlen- und Steinkohlenasche enthalten. Annähernd kann man die Asche auf ihren Gehalt an löslichen Salzen auf die Weise prüfen, dass man eine bestimmte Menge davon mit einer gewogenen Menge siedendem Wasser auslaugt und dessen specifisches Gewicht nach dem Auslaugen mit Hülfe eines Aräometers ermittelt. Je höher das specifische Gewicht der Lauge sich zeigt, desto grösser wird im Allgemeinen der Gehalt der Asche an auflöslichen Salzen sein. In früheren Zeiten wurde die Waldasche von besonderen Arbeitern, den Aescherern oder Aschenschwelern, meist im Walde selbst mit Wasser oder mit Aschenlauge zu einem Teig geknetet, getrocknet, calcinirt und in diesem Zustande an die Potaschensieder abgegeben, die sie dann weiter reinigten. Von dieser Art ist der Okras oder Ochras, ein Mittelding zwischen roher Asche und Potasche, das in Ostpreussen in der Umgegend von Danzig und in Schweden bereitet wird.

a) Das Auslaugen der Asche bezweckt die Trennung der löslichen Salze der Holzasche, die circa 25–30 Proc. vom Gesammtgewicht ausmachen, von den im Wasser unlöslichen. Es geschieht in Holzbottichen von der Gestalt eines umgekehrten abgeschnittenen Kegels, in welchen sich über dem eigentlichen Boden ein zweiter durchlöcherter befindet, der auf einem hölzernen Kreuze ruht und mit Stroh bedeckt ist. Diese Auslaugebottiche, Aescher genannt, ruhen neben einander auf einem Gerüste, jeder ist am unteren Theile mit einem Zapfen versehen, um die Lauge ableiten zu können. Unter jedem Aescher befindet sich ein zum Theil in die Erde gegrabenes Gefäss (ein Sumpf), das zum Aufnehmen der Rohlauge aus dem Aescher dient. Die auszulaugende, durch Sieben von einem grossen Theile der Kohlepartikelchen befreite Asche wird in einem besonderen Kasten, dem Netzkasten, mit kaltem Wasser benetzt, mit Schaufeln durch einander gearbeitet und 24 Stunden ruhig liegen gelassen. Dieses Benetzen und Liegenlassen im benetzten Zustande hat zum Zweck, nicht nur das spätere Auslaugen zu erleichtern, sondern auch die Menge der Potasche dadurch zu erhöhen, dass während des Liegenlassens das in der rohen Asche vorhandene Kaliumsilicat durch die Kohlensäure der Luft in Kaliumcarbonat und Kieselsäure zersetzt wird. Ist die Asche hinreichend mit Wasser imprägnirt, so beschickt man die Aescher damit und stampft die Asche darin fest. Nachdem die obere Fläche geebnet ist, wird kaltes Wasser aufgegossen, bis die Lauge am Zapfenloche auszufliessen anfängt. Die zuerst in den Sumpf abfliessende Lauge enthält gewöhnlich gegen 30 Proc. lösliche Salze. Wenn der Gehalt nur noch 10 Proc. beträgt, setzt man das Auslaugen mit heissem Wasser fort, so lange als noch etwas gelöst wird. Die schwachen Laugen lässt man durch neue Aescher gehen, um alle Lauge auf einen Salzgehalt von 20–25 Proc. zu bringen. Obgleich durch das spätere Auslaugen mit heissem Wasser auch das Kaliumsulfat der Asche aufgelöst und der Potasche einverleibt wird, so zieht man doch dieses Verfahren vor, weil man dadurch das Gewicht des Produktes vermehrt und ja auch zu gewissen Zwecken der Kaligehalt des Kaliumsulfates mitwirkt.

Der nach dem Auslaugen in dem Aescher bleibende Rückstand (Seifensiederasche) ist in Folge des Gehalts an Calciumphosphat als Düngemittel von Werth. Man verwendet ihn ferner zur Fabrikation von grünem Bouteillenglas, sowie in den Salpetersiedereien zum Bau der Salpeterhaufen.

b) Das Versieden der Lauge. Die durch Auslaugen der Holzasche gewonnene Lauge ist dunkelbraun gefärbt, indem das Kaliumcarbonat aus den nur unvollständig verkohlten Holzstückchen Humussubstanz mit brauner Farbe auflöst. Das Abdampfen oder Versieden der Lauge geschieht in flachen eisernen Pfannen oder Kesseln unter fortwährendem Zusatz von frischer Lauge, bis eine herausgenommene Probe der Lauge (die gare Lauge) krystallinisch erstarrt. Ist dieser Zeitpunkt eingetreten, so mässigt man das Feuer; es scheidet sich an den Wandungen der Pfanne eine Salzkruste ab, welche sich vergrössert, bis endlich alle Lauge in eine trockene Salzmasse verwandelt ist, welche man nach dem Erkalten mit Hülfe von Hammer und Meissel aus der Pfanne schlägt. Die so erhaltene Potasche heisst rohe Potasche oder Fluss oder ausgeschlagene Potasche; sie erscheint als eine dunkelbraun gefärbte Masse und enthält gegen 6 Proc. Wasser. Diese Methode des Abdampfens ist mit dem Uebelstand behaftet, dass der Boden der Pfanne oder des gusseisernen Kessels, in welchem das Versieden vor sich geht, in dem Grade, als er sich mit einer stärkeren Salzrinde überzieht, stärker erhitzt wird, als der obere Theil, wodurch sehr leicht ein Durchbrennen oder ein Zerspringen desselben herbeigeführt wird; bei dem Ausschlagen der Salzmasse kann ferner leicht eine Beschädigung der Pfanne stattfinden. Man wendet deshalb auch folgende Methode der Eindampfung an: Man versiedet die Lauge in dem Kessel unter fortwährendem Zufluss von neuer Lauge, bis Salz sich abzuscheiden beginnt; hierauf hemmt man den Zufluss frischer Lauge und bringt den Inhalt des Kessels unter fortwährendem Umrühren mit eisernen Rührhaken zur Trockne. Dieses Rühren beschleunigt das Trocknen und verhindert das Ansetzen der Potasche an die Wände des Abdampfgefässes. Die Potasche bleibt als braunes Pulver zurück, welches gegen 12 Proc. Wasser enthält. Die so erhaltene Potasche heisst zum Unterschied von der ausgeschlagenen ausgerührte Potasche. In einigen Potaschefabriken trennt man das in der Lauge enthaltene Kaliumsulfat zum grössten Theile von der Potasche, indem man die bis zu einer gewissen Consistenz eingedampfte Lauge, bei welcher jedoch noch kein kohlensaures Kali krystallinisch sich ausscheiden kann, in hölzernen Bottichen unter öfterem Umrühren erkalten lässt. Es scheidet sich dadurch der grösste Theil des Kaliumsulfates krystallinisch aus. Die darüber stehende Flüssigkeit wird abgezapft und zur Trockne verdampft. Häufig wird jedoch die Potasche erst bei ihrer Verwendung von dem Kaliumsulfat befreit, so z. B. in den Blutlaugensalzfabriken. Das ausgeschiedene Kaliumsulfat wird zur Darstellung von Kalialaun oder zur Glasfabrikation verwendet.

c) Das Calciniren der rohen Potasche bezweckt die vollständige Entwässerung und die Zerstörung der färbenden organischen Substanzen. Früher nahm man das Calciniren in eisernen Töpfen (Potten, daher der Name Pott-Asche oder Potasche) vor, gegenwärtig geschieht es allgemein in besonderen Calciniröfen (Fig. 62), die sich von anderen Flammenöfen durch die doppelte Feuerung unterscheiden. Gewöhnlich sind zwei solcher Oefen neben einander aufgeführt. Die Flammen der beiden Feuerungen (von denen die eine *A* in Fig. 62 im Durchschnitt abgebildet ist) schlagen in der Mitte zusammen und gehen dann durch die Arbeitsöffnung *o* in den vor dem Ofen angebrachten Schornstein *K*. Die Feuerung geschieht mit Holz. Zwischen den beiden Feuerbrücken liegt der 1–1,3 Meter breite Arbeitsraum (Calcinirherd) *C*.

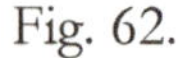

Fig. 62.

Das Heizen des Calcinirofens erfordert viel Brennmaterial; es ist deshalb in den Potaschesiedereien die Einrichtung getroffen, dass das Calciniren dann erst seinen Anfang nimmt, wenn eine recht grosse Menge roher Potasche vorräthig ist und man also eine Zeit lang fortcalciniren kann. Zuerst wärmt man den Ofen gehörig aus, welches 5–6 Stunden Zeit erfordert. Hierbei muss man mässig zu feuern anfangen und es ist der Ofen ausgeheizt genug, wenn man im Gewölbe des Ofens keine dunkle Flecken mehr wahrnimmt; bei diesem Zustande des Ofens können die beim Verbrennen des Holzes sich bildenden Wasserdämpfe im Innern des Ofens sich nicht mehr verdichten. Ist der Ofen gehörig ausgewärmt, so wird der Anfang mit dem Eintragen der in Stücke von der Grösse eines Hühnereies zerschlagenen Potasche gemacht. Bei einem Ofen, welcher 3 Ctr. rohe Potasche fasst, geschieht dies auf folgende Weise: Man theilt zuerst den Centner in drei gleiche Theile, trägt hiervon das Drittel mit eisernen Schaufeln fast ganz vorn in den Ofen und legt die eingetragene Potasche so, dass sie eine quer über den Herd laufende Lage bildet und dass, wenn die beiden anderen Drittel auf dieselbe Weise eingetragen werden, nur erst das vorderste Drittel der Herdfläche mit Potasche bedeckt ist. Nach einigen

Minuten trägt man das zweite und wieder nach einigen Minuten das dritte Drittel des eingetheilten Centners der rohen Potasche ein. Ist nun auf diese Weise das vorderste Drittel der Herdfläche mit Potasche überlegt worden, so wird auf dieselbe Weise auch der zweite und dritte Centner Potasche eingetragen und also der ganze Herd gleich dick mit Potasche belegt. Unter fortgesetztem mässigem Heizen fängt die Potasche an zu schäumen und es entweicht das in ihr enthaltene Wasser. Durch Umrühren mit eisernen Haken sucht man das Festbacken der Potasche an der Herdsohle zu verhindern und die Entwässerung zu befördern. Nach etwa einer Stunde ist die Potasche entwässert, sie fängt in dieser Zeit Feuer, wird anfangs durch Verkohlung der organischen Substanzen schwarz, sehr bald aber durch Verbrennung der kohligen Theile heller und heller, bis ihre Oberfläche weissglänzend wird. Sie wird nun mit der Schaufel gewendet, der vordere Theil in den Hintergrund des Ofens gebracht und der hintere Theil nach dem vorderen Raume hin. Die Hitze ist genau zu reguliren, um die Einwirkung des kohlensauren Kalis auf die Silicate der Herdsohle und das Schmelzen der Potasche zu verhüten. Das Calciniren und das zeitweilige Umrühren wird fortgesetzt, bis eine herausgenommene Probe auch im Innern keine schwarzen Punkte mehr zeigt. Die fertige Potasche wird mit einer eisernen Krücke aus dem Ofen ausgezogen und auf einen vor demselben befindlichen, mit Backsteinen gepflasterten Platze, dem Kühlherde, erkalten gelassen. Nach dem Erkalten wird die Potasche sogleich in Fässer geschlagen, die, da die Potasche leicht Flüssigkeit anzieht, möglichst dicht sein müssen.

In den Vereinigten Staaten und in Canada stellt man die auf dem europäischen Markte mit dem Namen amerikanische Potasche bezeichnete Potaschesorten dar, von denen dreierlei Produkte zu unterscheiden sind, nämlich 1) die Potasche, die auf dieselbe Weise gewonnen wird wie in Europa; 2) die Perlasche, die man aus der Potasche durch Auslaugen mit Wasser, Absetzenlassen der Lauge, Abdampfen bis zur Trockne und Calciniren der zurückbleibenden weissen Salzmasse erhält; 3) die Steinasche ist ein Gemenge von (nicht calcinirter) Potasche mit Aetzkali und wird dargestellt, indem man die Lauge vor dem Abdampfen mit Aetzkalk theilweise ätzend macht und dann hartsiedet. Sie findet sich im Handel in Bruchstücken von 6 bis 10 Centim. Dicke, ist, ähnlich dem Aetznatron, steinhart und durch beigemengtes Eisenoxyd roth gefärbt. Sie enthält bis zu 50 Proc. Kalihydrat.

Die Zusammensetzung der Potasche des Handels ist eine ziemlich veränderliche, wie folgende Beispiele von Potaschenanalysen zeigen:

	1.	2.	3.	4.	5.	6.	7.	8.
Kaliumcarbonat	78,0	74,1	71,4	68,0	69,9	38,6	49,0	50,84
Natriumcarbonat	—	3,0	2,3	5,8	3,1	4,2	—	12,14
Kaliumsulfat	17,0	13,5	14,4	15,3	14,1	38,8	40,5	17,44
Chlorkalium	3,0	0,9	3,6	8,1	2,1	9,1	10,0	5,80
Wasser	—	7,2	4,5	—	8,8	5,3	—	10,18
Unlöslicher Rückstand	0,2	0,1	2,7	2,3	2,3	3,8	—	3,60

1. von Kasan, von Hermann; 2. von Toscana; 3. und 4. von Nordamerika (4. war von röthlicher Farbe); 2., 3. und 4. analysirt von Pesier; 5. von Russland; 6. aus den Vogesen (5. und 6. analysirt von Pesier); 7. aus Helmstedt in Braunschweig, von Limpricht; 8. aus Russland, von Bastelaer.

Die calcinirte Potasche ist theils weiss, theils perlgrau, gelblich, röthlich oder bläulich. Die röthliche Färbung rührt her von Eisenoxyd, die bläuliche von kleinen Mengen Kaliummanganates; sie erscheint als eine harte, aber leichte, poröse und nicht krystallinische Salzmasse, die sich niemals vollständig in Wasser löst.

In früherer Zeit stellte man grosse Mengen von Potasche aus Weinrückständen dar. Der Wein enthält Kaliumbitartrat. In solchen Ländern, in denen der Wein behufs der Spiritusgewinnung destillirt wird, bleibt in der Brennblase dieser Weinstein mit andern Körpern gemengt als Hefenschlempe oder Vinasse zurück. Man trocknete sie und verkohlte und calcinirte den Rückstand, um dadurch eine sehr gesuchte Potasche zu erhalten. 1 Hectoliter Hefenschlempe gab im Durchschnitt 1 Kilogr. kohlensaures Kali. Wie gross die Menge der so dargestellten Potasche war, ergiebt sich daraus, dass in den 19 weinproducirenden Departements Frankreichs jährlich 9–10 Millionen Hectoliter Schlempe erhalten werden, die man gegenwärtig auf Weinstein, auf Glycerin und auf Weinsäure verarbeitet.

Kali aus der Melasse.

V. Kalisalze aus der Schlempekohle von der Rübenmelasse. Den Potaschearten, die man durch Einäschern von Vegetabilien erhält, hat sich eine neue Sorte Potasche angereiht, deren Fabrikation eine grosse wirtschaftliche Bedeutung erlangt hat. Wir sprechen von der Potasche aus den Zuckerrüben, die zuerst in Frankreich von Dubrunfault dargestellt wurde. In den Zollverein wurde ihre Fabrikation 1840 durch H. Varnhagen in Mucrena in der preuss. Provinz Sachsen eingeführt.

Unter den Pflanzen, die bei der Verbrennung eine kalireiche Asche hinterlassen, steht die Zuckerrübe mit oben an. Bereits im ersten Decennium des laufenden Jahrhunderts, als die Rübenzuckerindustrie Wurzel zu fassen begann, bezeichnete der französische Agronom Mathieu de Dombasle die Rübe als eine der beachtenswerthesten Pflanzen in Hinsicht auf die Produktion von Kalisalzen. Er suchte die Rübe sogar gleichzeitig zur Erzeugung von Zucker und von Potasche zu verwenden, indem er vorschlug, die Rübenpflanze während der Cultur zu entblättern und die Blätter durch Verbrennen auf Potasche zu verarbeiten. Der Versuch hatte ihm gelehrt, dass 100 Kilogr. trockne Rübenblätter 10,5 Kilogr. Asche hinterlassen, aus welcher 5,1 Kilogr. Potasche dargestellt werden konnte. Die Praxis zeigte aber bald das Irrige in der Anschauungsweise Dombasle's. Die Entblätterung vertrug sich nicht mit der Erzeugung zuckerreicher Rüben und die Kalisalzgewinnung fiel der Vergessenheit anheim. Gegen das Jahr 1838 nahm Dubrunfault die Frage wieder auf. Nachdem durch die Erfahrung dargethan, dass alle Alkalisalze, welche die Rübe während ihrer Vegetation aufgenommen, in den Saft übergehen und sich nach der Abscheidung des grössten Theiles des Zuckers in der Mutterlauge, in der sogenannten Melasse concentriren, suchte er die Melasse zu verwerthen, indem er den Zucker darin durch Gährung in Alkohol verwandelte und nach dem Abdestilliren desselben den salzreichen Rückstand, die Schlempe oder Vinasse, zur Trockne brachte, die trockne Masse durch Verkohlen in die Schlempekohle überführte und endlich durch Calcination derselben und Raffination der zurückbleibenden Salzmasse Potasche und andere Kalisalze darstellte. Von nun an ward die Gewinnung der Potasche aus der Schlempekohle der Melassebrennereien ein blühender Industriezweig. Im Jahre 1865 erreichte sie das enorme Quantum von 240,000 Centnern, welche sich auf folgende Länder vertheilen:

Frankreich	96,000	Ctr.
Zollverein	86,000	„
Oesterreich	38,000	„
Belgien	20,000	„
	240,000	Ctr.

Wenn noch im Jahre 1862 zur Zeit der Londoner Ausstellung die Potaschegewinnung aus Rübenmelasse als irrationell bezeichnet werden konnte, „indem es vernünftiger sei, die Kalisalze der Melasse den Rübenfeldern zurückzuerstatten, als sie in den Handel zu bringen“, so ist heute die Sachlage eine andere. Mit Recht verkauft der Rübenzuckerfabrikant die Kalisalze der Melasse und giebt dem Boden in Form von billigem Stassfurter Kalidünger das, was demselben durch die Vegetation der Rübe entzogen wurde. Indem das Kalipräparat durch den Rübenorganismus wandert, findet im technologischen Sinne eine Veredelung, d. h. eine Wertherhöhung statt.

Die Rübenmelasse, wie sie aus den Zuckerfabriken in die Melassebrennereien gelangt, um dort in Spiritus und in Schlempekohle verwandelt zu werden, besteht in 100 Theilen aus

	Brunner.	Fricke.	Lange.	Heidenpriem.	
Wasser	15,2	18,0	18,5	19,0	19,7
Zucker	49,0	48,0	50,7	46,9	49,8
Salzen und organischen Substanzen	35,8	34,0	30,8	34,1	30,5

Ein Bild von der Zusammensetzung der Melassenasche geben folgende Analysen von Heidenpriem:

	1.	2.	3.
Kali	51,72	47,67	50,38
Natron	8,00	11,43	8,29
Kalk	5,04	3,60	3,12
Magnesia	0,18	0,10	0,18
Kali	28,90	27,94	28,70

Phosphorsäure, Kieselsäure, Chlor, Eisenoxyd etc., was an Hundert fehlt. Der Aschengehalt beträgt 10 bis 12 Proc. Nach Dubrunfault ist der alkalimetrische Grad der Rübenmelassen nahezu eine constante Grösse. Die Asche von 100 Grm. Melasse neutralisirt im Mittel 7 Grm. Schwefelsäure (H_2SO_4).

Die Verarbeitung der Melasse geschieht gegenwärtig auf folgende Weise: Zunächst wird die Melasse mit Wasser oder besser mit Schlempe auf 8–11° B. reducirt und mit 0,5–1,5 Proc. reiner Mineralsäure versetzt. Letzterer Zusatz hat nicht nur den Zweck, die alkalische Beschaffenheit der Melasse aufzuheben, sondern auch den nicht gährungsfähigen rechtsdrehenden Rohrzucker in gährungsfähigen linksdrehenden Zucker überzuführen. Früher wendete man hierzu die Schwefelsäure an, aber auf die Empfehlung von A. Wurtz hin wendet man gegenwärtig allgemein die Salzsäure an. Man umgeht dadurch die unangenehme Bildung von Schwefelkalimetallen aus den Sulfaten unter Mitwirkung der in der Melasse enthaltenen organischen Körper. Die Kehrseite der Anwendung der Salzsäure zeigt sich in der grösseren Schwierigkeit der Abscheidung der Salze aus der Schlempe, da die Chlorüre, die sich nun bilden, leichter löslich sind als die Sulfate. Die mit Salzsäure versetzte Melasse wird mit Hefe der Gährung überlassen und nach Beendigung der Gährung der Alkohol abdestillirt. Die in der Brennblase zurückbleibende Schlempe ist eine dünne Flüssigkeit von etwa 4° B., die neben unzersetzter Hefe, Ammoniaksalzen und sonstigen organischen Körpern sämmtliche anorganische Salze des Rübensaftes enthält. Das Kali ist wol zum grössten Theile als Kaliumnitrat darin, obgleich ein Theil der Salpetersäure während der Gährung der mit Salzsäure angesäuerten Melasse entweicht und mitunter zur Bildung rother Dämpfe in dem Gährungslokale Veranlassung giebt. Evrard will den Salpeter sogar aus der eingedampften Rübenmelasse durch Krystallisation erhalten und durch Ausschleudern reinigen.

Die Säure der Schlempe wird durch Calciumcarbonat neutralisirt und dann in Kesseln oder flachen Pfannen abgedampft. Die zur Verdampfung der Schlempe dienende Einrichtung besteht aus dem Heizofen und einer im Ganzen 20,3 Meter langen Pfanne. Diese letztere ist in zwei Abtheilungen getheilt, davon die eine grössere und 14,3 Meter lange die eigentliche Abdampfpfanne ist; die andere umfasst den 6 Meter langen Calcinirofen.

Beide haben eine Breite von im Ganzen 1,6 Meter; die lichte Weite beträgt 2 Meter und die Höhe der Pfanne 0,34 Meter; das Gewölbe darüber ist 0,6 Meter hoch; es ist aus Charmottesteinen angefertigt. Der Ofen hat eine Breite von 1,3 Meter und die Rostfläche beträgt 3,3 Quadratmeter. Die Abdampfung geschieht mit Oberfeuerung; die Flamme und die Feuergase gehen zunächst über die Feuerbrücke und streichen dann der ganzen Länge nach über die Pfanne hin. — Zunächst dem Ofen ist die Calcinirpfanne aufgebaut, dahinter die Abdampfpfanne, welche dicht an den Schornstein anschliesst, so dass die Dämpfe sofort in denselben abgeführt werden. Die aus den Blasen nach beendigter Destillation abgedampfte Schlempe wird zunächst in einer Cisterne gesammelt. Eine Pumpe führt dieselbe alsdann in ein über der Abdampfpfanne nicht weit vom hinteren Ende derselben aufgestelltes Reservoir, von wo dieselben im continnirlichen Strahle nach der Abdampfpfanne abfliesst. Im Anfange der Schicht werden beide Pfannen mit der Schlempe gefüllt; später wird die in der Abdampfpfanne concentrirte Lauge in dem erforderlichen Maasse in die Calcinirpfanne abgelassen und hier schliesslich zur Trockne verdampft. Die Calcinirpfanne wird täglich einmal entleert und wird im Durchschnitt eine tägliche Ausbeute von etwa 5–5½ Ctnr. Schlempekohle erzielt.

Als Zusammensetzung der Schlempekohle ergiebt sich annähernd folgende:

In Wasser unlösliche Bestandtheile	=	23	Proc.
Kaliumsulfat	=	10,07	„
Chlorkalium	=	11,61	„
Kaliumcarbonat	=	31,40	„
Natriumcarbonat	=	23,26	„
Kieselsäure u. Kaliumhyposulfit	=	Spur	„
		99,34	Proc.

Fig. 63.

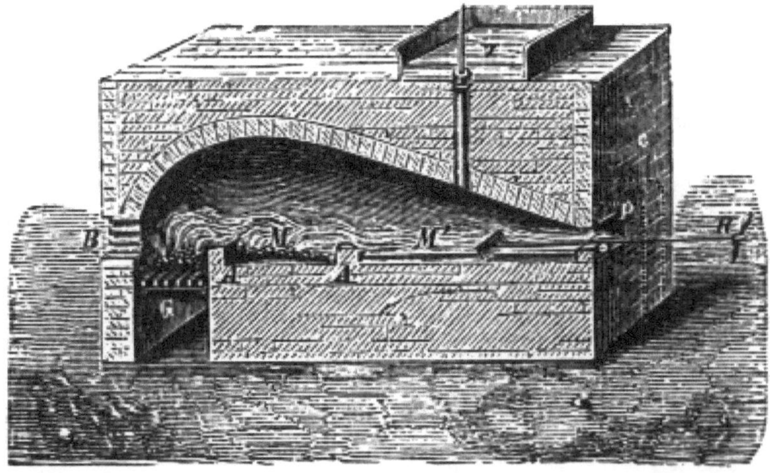

In den meisten Melassebrennereien des norddeutschen Bundes wird die Schlempekohle an die Salpeterfabriken abgegeben, in andern Brennereien, namentlich in denen Belgiens und Frankreichs, wird die Schlempekohle durch Calcination, Auslaugen und Krystallisirenlassen der einzelnen Salze weiter verarbeitet. Zu dem Ende dampft man die dünne Schlempe in Pfannen bis auf 38–40° B. (= 1,33–1,35 spec. Gew.) ab und bringt die concentrirte Schlempe zum Verkohlen und Calciniren in einen Ofen, dessen Construktion aus beistehender Zeichnung erhellt (Fig. 63). Die eingedampfte Schlempe kommt zunächst in das Reservoir *V*, aus welchem es in den Ofen abgelassen werden kann. Der Ofen hat drei Abtheilungen, ähnlich einem Sulfat- oder Glaubersalzofen. Auf den Rost *G* der ersten Abtheilung kommt das Brennmaterial, in die zweite Abtheilung *M* (den Calcinirraum) die trockne Masse, die durch Abdampfen der Schlempe in der dritten Abtheilung des Ofens *M'* sich bildet. Vor jeder dieser Abtheilungen befindet sich eine Arbeitsthür, ebenso eine Thür an der andern Seite des Ofens bei *P*. Die zum Calciniren erforderliche Luft strömt theils durch den Rost *G*, theils durch Oeffnungen *B* in der Brustmauer der Feuerung ein. Wie oben bereits bemerkt, läuft die bis auf 38–40° abgedampfte Schlempe in die als Abdampfpfanne fungirende Abtheilung *M'*, welche von *M* durch eine Brücke *A'* getrennt ist. Durch die Einwirkung der Hitze wird sie bald dick und teigig, durch fleissiges Rühren mit Krücken *R* sucht man das Zusammenballen der Masse zu vermeiden. Nachdem sie zur Trockne gebracht, schaufelt man die braungefärbte Salzmasse über *A'* nach dem Calcinirraum *M* und lässt in die Pfanne *M'* neue Schlempe fliessen. Die Salzmasse in *M* fängt alsbald an sich zu entzünden und stösst widrig riechende Dämpfe aus. Der Calcinirprocess oder das Weissbrennen wird übrigens wesentlich befördert theils durch den Luftstrom, der durch die Oeffnungen bei *B* einströmt, theils durch das in der Salzmasse enthaltene salpetersaure Kali. Die Temperatur darf übrigens dabei nicht zu hoch steigen, weil sonst die Salze zu einer compacten, schwer auszulaugenden Masse schmelzen und das Kaliumsulfat zu Schwefelkalium reducirt werden würde, welches letztere aus der Potasche nicht entfernt werden könnte.

Die weissgebrannte Schlempekohle, oder das Salin, so wie es aus dem Calcinirofen kommt, enthält 10 bis 25 Proc. unlösliche Substanzen (Calciumcarbonat, Kohle und Calciumphosphat) und 3 bis 4 Proc. Feuchtigkeit; der Rest besteht aus Kalium- und Natriumcarbonat, Kaliumsulfat und Chlorkalium, zuweilen auch aus namhaften Mengen von Cyankalium. Das Verhältniss des Kalis zum Natron ist kein constantes und ist abhängig von der Beschaffenheit des Bodens, auf welchem die Rübe gewachsen. In Frankreich hat man die Beobachtung gemacht, dass die Melassenpotasche aus dem Departement du Nord minder kalireich sei als aus den Departements der Oise und der Somme. Im Allgemeinen aber wird man annehmen können, dass die Salzmasse oder Salin im Mittel enthalte

7–12	Proc.	Kaliumsulfat
18–20	„	Natriumcarbonat
17–22	„	Chlorkalium
30–35	„	Kaliumcarbonat

Folgende ausführliche Analysen des Salins geben ein Bild der Zusammensetzung der weissgebrannten Schlempekohle:

	a.	b.	c.	d.
Wasser und Unlösliches	26,22	19,82	17,47	13,36
Kaliumsulfat	12,95	9,88	2,55	3,22
Chlorkalium	15,87	20,59	18,45	16,62
Chlorrubidium	0,13	0,15	0,18	0,21
Natriumcarbonat	25,52	19,66	19,22	16,54

Kaliumcarbonat	23,40	29,90	42,13	50,05
	100,00	100,00	100,00	100,00

Die löslichen Salze der weissgebrannten Schlempekohle werden nach dem von Kuhlmann angegebenen Raffinirverfahren von einander geschieden. Zunächst wird die Salzmasse durch cannelirte Walzen gemahlen. Hierauf kommt das zerkleinerte Material in die Auslaugebottiche, von denen ein jeder 26,4 Centner fasst. Das Auslaugen geschieht methodisch, genau so wie in den Sodafabriken. Die aus den Bottichen ablaufende Lauge hat eine Dichte von 1,229 (= 27° B.). Der Rückstand dient als Düngemittel. Die Lauge läuft in ein grosses Reservoir von 210 Hektoliter Inhalt und wird mit abgängiger Wärme bis auf 1,26 (= 30° B.) eingeengt. Bei diesem Concentrationsgrade scheidet sich nach dem Erkalten der Lauge ein grosser Theil des Kaliumsulfates ab, welches man ausschöpft, abtrocknen lässt und durch Abwaschen möglichst von der anhängenden Mutterlauge befreit. Es enthält 80 Proc. Kaliumsulfat und ausserdem Kaliumcarbonat und organische Körper und wird nach dem Leblanc'schen Process in Potasche übergeführt.

Die Lauge von 30° B. wird nun in Kesseln von 90 Hektoliter Capacität mit Hülfe von Dampf von drei Atmosphären bis auf 42° B. (= 1,408) eingedampft. Hierbei scheidet sich ein Gemenge von Natriumcarbonat und Kaliumsulfat ab, welches oft 30 alkalimetrische Grade zeigt. Die Lauge kommt nun in Krystallisirgefässe, in denen man sie bis auf 30° C., aber nicht weiter, abkühlen lässt. Während des Erkaltens krystallisirt Chlorkalium heraus (90 Proc. Chlorkalium und einige Procente Natriumcarbonat, entsprechend 3–5 alkalimetrischen Graden). Wenn aus Mangel an Aufsicht die Temperatur der Krystallisationsgefässe unter 30° C. fallen sollte, so überziehen sich die Chlorkaliumkrystalle mit Krystallen von Natriumcarbonat, was begreiflicher Weise sorgfältigst zu vermeiden ist. Die Flüssigkeit, welche nun eine Dichte von 42° B. und eine Temperatur von 30° C. besitzt, wird in grossen Pfannen von 20 Hektoliter Inhalt

im	Winter	bis	zu	1,494	Dichte	(= 48° B.),
„	Sommer	„	„	1,51	„	(= 49° B.)

abgedampft. Während dieser Arbeit fällt Natriumcarbonat in reichlicher Menge nieder; die ersten Antheile davon zeigen 82 alkalimetrische Grade, später nimmt aber die Reinheit ab bis auf 50 Grade.

Nachdem das Natriumcarbonat sich abgeschieden, bringt man die Lauge in kleine Krystallisirgefässe von 2½ Hektoliter Inhalt, in welchen man die Lauge sich selbst überlässt. Jedes Gefäss giebt nahezu 130 Kilogr. Krystalle von wechselnder Zusammensetzung, denen aber ein Doppelsalz von der Formel (K_2CO_3 + Na_2CO_3 + 12 H_2O) zu Grunde liegt. Die dunkelgefärbte Mutterlauge davon wird in einem Flammenofen abgedampft und calcinirt und bildet eine halbraffinirte Potasche, die durch Eisenoxyd röthlich gefärbt ist und den Namen Rothsalz führt. Dieses Produkt wird mit Wasser ausgelaugt und die Lauge bis auf 1,51–1,525 Dichte (= 49–50° B.) gebracht, wobei sich viel Kaliumsulfat und Natriumcarbonat absetzen. Die Mutterlauge wird zur Trockne gebracht und im Flammenofen weissgebrannt. Das so erhaltene Produkt ist raffinirte Potasche und besteht durchschnittlich in 100 Theilen aus

Kaliumcarbonat	91,5
Natriumcarbonat	5,5
Chlorkalium und Kaliumsulfat	3,0
	100,0

Das früher ausgeschiedene Natriumcarbonat von 80–85 alkalimetrischen Graden wird durch Waschen mit einer kalten und gesättigten Lösung von Natriumcarbonat von den Kalisalzen befreit und dadurch ein Produkt erhalten, welches 90 alkalimetrische Grade zeigt. Die zum Abdampfen der concentrirten Laugen und zum

Weissbrennen des trocknen Produkts dienenden Oefen müssen bis zum Rothglühen erhitzt sein, bevor man die Flüssigkeit auf die Backsteinsohle des Ofens bringt. Denn bei unzureichendem Vorwärmen filtrirt die Lauge in das Gemäuer ein und zerstört es in der kürzesten Zeit.

Die während des Raffinirprocesses abgeschiedenen Salze — Kaliumsulfat und Chlorkalium — werden weiter gereinigt. Das Doppelsalz der beiden Alkalicarbonate wird mit kleinen Mengen siedenden Wassers behandelt, wodurch das Kaliumcarbonat in Lösung geht, die beim Abdampfen eine sehr reine Potasche liefert.

Folgende Analysen raffinirter Rübenpotaschesorten mögen ein Bild von deren Zusammensetzung geben:

	a.	b.	c.
Kaliumcarbonat	88,73	94,39	89,3
Natriumcarbonat	6,44	Spuren	5,6
Kaliumsulfat	2,27	0,28	2,2
Chlorkalium	1,00	2,40	1,5
Jodkalium	0,02	0,11	—
Wasser	1,39	1,76	—
Unlösliches	0,12	—	—

a und b Potasche aus Waghäusel in Baden, c französische doppelt raffinirte Potasche. Die rohen Rübenpotaschen (nicht zu verwechseln mit der sogenannten Rohpotasche, mit welchem Namen man gewöhnlich das Produkt des Weissbrennens der Schlempekohle, das Salin, bezeichnet) zeigen folgende Zusammensetzung:

	a.	b.	c.	d.	e.
Kaliumcarbonat	53,9	79,0	76,0	43,0	32,9
Natriumcarbonat	23,1	14,3	16,3	17,0	18,5
Kaliumsulfat	2,9	3,9	1,19	4,7	14,0
Chlorkalium	19,6	2,8	4,16	18,0	16,0

a französische Potasche, b aus Valenciennes, c aus Paris, d aus Belgien, e aus Magdeburg.

Kalisalze aus den Seealgen.

VI. Kalisalze aus den Seealgen oder Tangen. Aus den Seetangen werden als Nebenprodukt der Jod- und Bromgewinnung grosse Mengen von Kalisalzen dargestellt. Man wendet dazu drei verschiedene Methoden an, nämlich

a) die ältere oder das Calcinationsverfahren, welches die Tange verbrennt und die zurückbleibende Asche einem methodischen Auslauge- und Krystallisirprocess unterwirft;

b) das Verkohlungsverfahren oder Stanford's Methode, nach welcher die Tange durch trockne Destillation in Tangkohle übergeführt werden, welche gleichfalls dem Auslaugen unterworfen wird. Die hierbei auftretenden Produkte der trocknen Destillation (photogenähnliche Flüssigkeiten) vermindern die Herstellungskosten der Kalisalze;

c) nach einem dritten (von Kemp und Wallace) vorgeschlagenen Verfahren werden die Seetange mit Wasser ausgekocht, die Abkochung wird eingedampft und der Rückstand vorsichtig eingeäschert.

Das hauptsächlich angewendete Verfahren ist das ältere. Es wird ausgeübt in Frankreich an den Küsten der Bretagne und der Basse-Normandie, insbesondere in den Umgebungen von Brest und Cherbourg; ferner in Schottland und Irland.

Die Fabrikation der Kalisalze beginnt mit der Einäscherung der Pflanzen, wodurch eine halbverglaste Masse entsteht, welche man in Frankreich Varech oder Vraic, in England und Schottland Kelp nennt. Man unterscheidet den getrifteten Tang oder die Treibalgen und den geschnittenen Tang oder die Schnittalgen; der von beiden Sorten gelieferte Kelp zeigt in Hinsicht auf Zusammensetzung und auf Handelswerth grosse Verschiedenheiten. Der geschnittene Tang (Fucus serratus und F. nodosus), in der Volkssprache der Normandie Meereiche genannt, wächst auf den Felsen und Klippen und am Meeresufer und muss gesammelt werden; der getriftete Tang (Laminaria digitata), im Munde des Volkes Seequecke und Seeruthe genannt, dagegen wird von den Wogen an die Küste geworfen; er enthält 25 Proc. mehr Kali und 300 Proc. mehr Jod, als der geschnittene Tang. Letzterer ist also nicht nur kaliärmer, als der getriftete Tang, sondern enthält auch mehr Natron und hat deshalb einen geringeren Werth. Der getriftete Tang ist ferner reicher an Chloralkalien, als an schwefelsauren Salzen; bei den geschnittenen Tangen gilt das Gegentheil. Da der Preis des kohlensauren Kalis den der Soda übersteigt und das Chlorkalium weit mehr werth ist, als das Chlornatrium, so ist es begreiflich, dass die getrifteten Tange (abgesehen von der grösseren Jodmenge, die sie enthalten) eine weit kostbarere Kaliquelle darbieten, als die geschnittenen Tange. Es folgt daraus, dass die westlichen Küsten Grossbritanniens, die vom Ocean bespült und durch die Stürme reichlich mit getriftetem Tang versehen werden, eine weit bessere Varechsorte liefern müssen, als die östlichen Küsten, die eine mehr geschützte Lage haben und an welchen sich vorzugsweise der geschnittene Tang findet. Allerdings ist vieler Orten dieser natürliche Vortheil zum Theil durch die Sorglosigkeit der Landleute, die mit der Einäscherung des Tangs sich beschäftigen, compensirt.

Der Kelp hat im Durchschnitt folgende Zusammensetzung:

Unlösliches	57,000
Kaliumsulfat	10,203
Chlorkalium	13,476
Chlornatrium	16,018
Jod	0,600
Andere Salze	2,703
	100,000

Den besten Kelp der Westküste liefert die Insel Rathlin. Die Tonne Rathlin-Kelp (= 22½ Ctr.) hat in Glasgow einen Werth von 7½ bis 10½ Pfd. Sterl. (= 187,50 bis 262,50 Frcs.), während der Galway-Kelp in Folge des absichtlich oder zufällig beigemengten Sandes nur 2 bis 3 Pfd. (= 50 bis 75 Frcs.) kostet. 22 Tonnen Tang im feuchten Zustande liefern

1 Tonne Kelp guter Mittelqualität,

5 bis 6 Ctr. Chlorkalium,

3 Ctr. Kaliumsulfat.

Das käufliche Chlorkalium besteht aus 80 Proc. Chlorkalium, 8 bis 9 Proc. Wasser und 11 bis 12 Proc. Chlornatrium und Natriumsulfat. Das Kaliumsulfat aus Kelp besteht etwa zur Hälfte aus Kaliumsulfat, zur anderen Hälfte aus 20 Proc. Wasser und 30 Proc. eines Gemenges von Kochsalz und Glaubersalz.

Die Verarbeitung des Kelps geschieht in Schottland auf folgende Weise: Die erste Operation, die mit dem Kelp vorgenommen wird, ist die, ihn mittelst grosser Hämmer in kleine Stücke von der Grösse der kleinen Chausseesteine zu zerschlagen. So vorbereitet wird er in grossen gusseisernen Gefässen mit heissem Wasser übergossen, um alle löslichen Bestandtheile auszuziehen. Es wird dabei wie beim Auslaugen der rohen Soda verfahren, indem dieselbe Flüssigkeit mit verschiedenen Quantitäten Kelp zusammengebracht wird, zuerst mit beinahe schon ganz ausgelaugtem und erst zuletzt mit frischem Kelp, bis die Flüssigkeit 36 bis 40 Grad Tw. oder ein specifisches Gewicht von 1,18 bis 1,20 zeigt. Der bei diesem Auslaugen bleibende Rückstand beträgt 30 bis 40 Proc. des Kelps und bildet eine dunkelgrüne erdartige Masse, der Hauptsache nach aus Kieselerde bestehend (wol meist von dem den Seepflanzen vor dem Verbrennen noch anhängenden Sande herrührend), ferner aus Calcium- und Magnesiumcarbonaten, -sulfaten und -phosphaten und Stückchen unverbrannter Kohle. Dieser Rückstand wird von Glashütten, welche Bouteillen anfertigen, gern gekauft.

Der so erhaltene wässerige Auszug des Kelps wird in gusseisernen fast halbkugelförmigen Kesseln von 2,1–2,2 Meter Durchmesser über freiem Feuer abgedampft; er enthält der Hauptsache nach Chlorkalium, viel weniger Chlornatrium, Kaliumsulfat, Kaliumcarbonat, Natriumcarbonat, endlich Jodkalium, Schwefelkalium und Kalium- und Natriumdithionit; diese Salze werden zum grössten Theile nur durch abwechselndes Abdampfen und Abkühlen in Folge ihrer verschiedenen Löslichkeit getrennt. Das Kaliumsulfat als das bei weitem unlöslichste, fällt schon während des ersten Eindampfens fortwährend zu Boden und wird von den umstehenden Arbeitern mit grossen siebartig durchlöcherten Löffeln herausgeschöpft und noch feucht als *plate sulfate* in den Handel gebracht. Nachdem dieses Salz ziemlich vollständig entfernt ist, lässt man die Flüssigkeit in ein grosses gusseisernes Gefäss (*cooler*) abfliessen, wo beim Erkalten eine grosse Menge Chlorkalium herauskrystallisirt und sich an den Gefässwänden festsetzt. Die Mutterlauge hiervon wird wieder nach dem Kessel zurückgebracht. Bei dem weiteren Eindampfen fängt nun das Chlornatrium an herauszukrystallisiren. Dasselbe hat die Eigenthümlichkeit, in heissem Wasser nur sehr unbedeutend mehr löslich zu sein, als in kaltem, während die Löslichkeit der meisten anderen Salze mit der Temperatur ausserordentlich zunimmt. Man kann daher mit der Concentration der Lauge immer fortfahren, bis man glaubt, dass auch schon Chlorkalium mit herausfallen könnte. Dann schöpft man das zu Boden fallende Kochsalz heraus und bringt die Lauge wieder zur Krystallisation einer neuen Menge Chlorkalium in die Kühlgefässe, ohne besorgen zu müssen, dasselbe durch Chlornatrium verunreinigt zu erhalten. Auf diese Weise verfährt man viermal und erhält vier Krystallisationen von Chlorkalium. Die erste Krystallisation davon enthält etwa 86 bis 90 Proc. reines Chlorkalium, das übrige ist meist Kaliumsulfat; die zweite und dritte Krystallisation sind sehr rein und enthalten 96 bis 98 Proc. Chlorkalium; die vierte enthält schon etwas Natriumsulfat beigemischt. Die nach der vierten Krystallisation bleibende Mutterlauge wird nicht wieder eingedampft; sie zeigt 66 bis 76 Grad Tw. oder ein spec. Gewicht von 1,33 bis 1,38; sie enthält noch Natriumsulfat, Schwefelverbindungen der Alkalien und unterschwefligsaure Salze derselben, die kohlensauren Alkalien und Jodkalium. Diese Flüssigkeit wird in einem flachen offenen, unter freiem Himmel stehenden Gefässe langsam mit verdünnter Schwefelsäure versetzt. Es erfolgt ein heftiges Aufbrausen, indem Kohlensäure und Schwefelwasserstoff gasförmig davon gehen; an der Oberfläche setzt sich in Folge der Zersetzung der Polysulfurete und Hyposulfite ein dicker Schaum von reinem Schwefel ab. Man schöpft ihn zum Abtropfen und Trocknen ab, um ihn dann in den Handel zu bringen. Nachdem die genannten Gase vollständig entwichen sind, mischt man die Flüssigkeit mit einer noch grösseren Quantität Schwefelsäure, fügt eine gewisse Menge feingemahlenen Braunstein hinzu und verarbeitet die Mischung auf Jod (siehe dieses).

Da bei der Verarbeitung der Seealgen durch Einäschern und Auslaugen der Asche (Kelp, Varech) grosse Mengen werthvoller Stoffe, insbesondere namhafte Antheile von Jod, durch Verflüchtigung verloren gehen, so hat man versucht, die Einäscherung zu umgehen und die Algen durch Destillation nur zu verkohlen. Die Tang- oder Algenkohle ist alsdann (analog der Schlempekohle) das Material zur Darstellung der Kalisalze und des Jods. Diese Methode wird allgemein das Stanford'sche Verfahren genannt. Die Algen werden getrocknet, zu Kuchen zusammengepresst, ähnlich dem Presstorf, und dann in Gasretorten der trocknen Destillation unterworfen. Die Produkte der Destillation werden in gewöhnlicher Weise aufgesammelt. Die so erhaltene Algen- oder Tangkohle giebt beim Behandeln mit siedendem Wasser alle Salze (Jodüre, Chlorüre, Sulfate etc.) ab und zeichnet sich nach dem Trocknen durch grosses Entfärbungsvermögen aus. Die Fucuskohle enthält 33 Proc. Kohle, der Rest besteht aus Alkali- und Erdsalzen. Die flüchtigen Produkte sollen auf Paraffin, Photogen, Essigsäure, Ammoniaksalze und Leuchtgas verarbeitet werden. Bei der Destillation geben 100 Th. frische Algen

68,5–72,5	Th.	ammoniakalisches Wasser,
4,0	„	Theer,
7,0–7,5	„	Algenkohle,
2,0–2,5	„	Leuchtgas.

Obgleich Stanford's Verfahren durchaus rationell zu nennen ist, so zeigen sich doch bei seiner Ausführung im Grossen mannichfache Schwierigkeiten, die seine Einführung in Frankreich und Schottland verhindert haben. Ebenso unausführbar erwiesen sich die Vorschläge von Kelp und Wallace, die Algen mit Wasser zu extrahiren und aus dem Auszuge die Salze und insbesondere das Jod zu gewinnen.

Was die Menge der aus den Seealgen gewonnenen Kalisalze betrifft, so belief sich dieselbe im Jahre 1865 nach Joulin

in Frankreich auf	1,500,000	Kilogr.	
„ Schottland, Irland und England auf	1,200,000	„	
	2,700,000	Kilogr.	= 54,000 Ctr.

Angesichts der riesigen Stassfurter und Kaluczer Chlorkaliumfabrikation hat somit die Kalisalzgewinnung aus Seealgen nur noch geringe Bedeutung.

Kalisalze aus dem Wollschweisse.

VII. Kalisalze aus dem Schweisse der Schafwolle. Es ist bekannt, dass mit den Kräutern und Gräsern, welche die Schafe auf der Weide fressen, dem Boden grosse Mengen von Kali entzogen werden, welche, nachdem sie durch den Schaforganismus gewandert, zugleich mit dem Schweiss durch die Haut ausgeschieden und in der Wolle als Wollschweiss (suint) abgelagert werden. Die Untersuchungen Chevreul's haben gezeigt, dass der Wollschweiss fast den dritten Theil des Gewichts roher Merinowolle ausmacht und dass der in kaltem Wasser lösliche Theil aus dem Kalisalze einer Fettsäure (sudorate potassique, suintate de potasse) besteht. Nach Reich und Ulbricht sind die im Wollschweiss enthaltenen Säuren Verbindungen der Oel- und Stearinsäure, wahrscheinlich auch der Palmitinsäure. Der Schweiss findet sich in geringerer Menge in grober Wolle als in feiner. Im Durchschnitte beträgt er 15 Proc. vom Gewicht des rohen Vliesses.

Die Menge des Wollschweisses, welche beim Waschen der Wolle in Lösung tritt, und das Quantum des darin enthaltenen Kalis ist so bedeutend, dass im Jahre 1860 von den französischen Technikern Maumené und Rogelet auf die Verarbeitung des Wollschweisses eine Methode der Potaschengewinnung gegründet wurde, welche in den Centren der französischen Wollindustrie, in Rheims, Elbeuf und Fourmies, Wurzel gefasst hat.

Man kauft die Waschwässer nach einem Tarif, der sich nach der Concentration dieser Wässer richtet (1000 Kilogr. Wolle geben Waschwässer, welche nach Chandelon bei einem spec. Gewicht von 1,03 mit 5 Fr. 48 Ct., von 1,05 mit 10 Fr. 45 Ct., von 1,25 mit 18 Fr. 47 Ct. bezahlt werden), dampft dieselben zur Trockne ab und erhitzt den trocknen kohligen Rückstand in Gasretorten, wobei Kohlenwasserstoffgas und Ammoniak sich entwickeln, die durch Gasreiniger geleitet werden, damit das Ammoniak zurückgehalten und das Kohlenwasserstoffgas als Leuchtgas Anwendung finden könne. In dem kohligen Rückstand in der Retorte sind die Kalisalze enthalten, welche mittelst Wasser extrahirt werden. Die durch Auslaugen erhaltene Flüssigkeit enthält Kaliumcarbonat und Kaliumsulfat und Chlorkalium, die man nach dem gewöhnlichen Verfahren durch Abdampfen und Krystallisirenlassen von einander trennt. Der ausgelaugte Rückstand enthält erdige Körper und eine kohlige Substanz, die so fein zertheilt ist, dass sie als schwarze Farbe Anwendung finden könnte. Nach Maumené und Rogelet enthält ein Vliess von 4 Kilogr. Schwere 600 Grm. Wollschweiss, welcher 198 Grm. reines Kaliumcarbonat zu liefern vermag. Nach einer Schätzung von Fuchs reducirt sich die Menge Wollschweiss auf 300 Grm., worin

Kaliumsulfat	7,5	Grm.	=	2,5	Proc.
Kaliumcarbonat	133,5	„	=	44,5	„
Chlorkalium	9,0	„	=	3,0	„
organische Stoffe	150,0	„	=	50,0	„
	300,0	Grm.		100,0	Proc.

Die Wollfabrikanten

von	Rheims	waschen	jährlich	10	Millionen	Kilogr.	Wolle
„	Elbeuf	„	„	15	„	„	„
„	Fourmies	„	„	2	„	„	„
				27	Millionen	Kilogr.	Wolle

welche von 6,750,000 Stück Schafen geliefert werden. Diese Quantität Wolle würde nach Maumené 1,167,750 Kilogr. Potasche liefern können, einen Werth von 80–90,000 Pfd. Sterl. repräsentirend. Maumené und Rogelet schätzen die Anzahl der Schafe in Frankreich auf 47 Millionen Stück; könnte man aus der Wolle derselben alles Kali gewinnen, so würde Frankreichs Boden alles Kali liefern, das die französische Industrie bedarf. Diese Wolle könnte nämlich an Kaliumcarbonat 12 Mill. Kilogr. liefern, daraus, sagen die Urheber des neuen Verfahrens, könne man darstellen 17½ Mill. Kilogr. Salpeter und 1870 Mill. Patronen, jede mit 12,5 Grm. Schiesspulver. (Nach P. Havrez (in Verviers) ist es vortheilhafter, wenn man den Wollschweiss, welcher in neuester Zeit (1869) von Märcker und Schulze[31] einer genauen Untersuchung unterworfen wurde, gleichzeitig auf Kaliumcarbonat und Blutlaugensalz, als wenn man ihn nur auf Kaliumcarbonat verarbeitet.)

Begreiflicherweise kann die neue Potaschengewinnung nur in den Mittelpunkten der Wollindustrie Eingang finden, der kleine Landwirth wird immer besser thun, mit seinen Wollwaschwässern den Boden zu düngen und somit ihm das zurückzugeben, was er durch die Vegetation, die als Schaffutter diente, verlor. Wirthschaftlich wichtiger ist die Einfuhr von ausländischem Wollschweiss. So hat England allein im Jahre 1868 aus Australien und vom Cap 63 Mill. Kilogr. rohe Wolle erhalten, die ⅓ Wollschweiss enthielten. Aus diesem Schweisse könnten 7–8 Mill. Kilogr. reine Potasche im Werthe von 6,400,000 Frcs. erhalten werden.

Ist nun auch durch die Stassfurter Kalisalzindustrie die Verarbeitung des Schafwollschweisses auf Potasche in den Hintergrund gedrängt, so bietet doch diese eigenthümliche Potaschegewinnung Stoff genug zum

Nachdenken für den Schafzüchter und für den Physiologen. Denn sehr nahe liegt der Gedanke, dass, da die Bildung des Wollhaares und Abscheidung von Kalisalzen in dem Organismus des Schafes zu gleicher Zeit und an dem nämlichen Orte stattfinden, möglicherweise eine vermehrte Kalizufuhr die Qualität der Wolle beeinflussen könnte. Wenn es sich um die Produktion von Wollsorten mit bestimmten Eigenschaften handelt, wäre es vielleicht vortheilhaft, das Lecksalz zeitweilig durch Stassfurter Chlorkalium zu ersetzen. Es ist bemerkenswerth, dass die Schafe einem Gemenge von Chlorkalium und Chlornatrium den Vorzug geben vor reinem Kochsalz.

Darstellung gereinigter Potasche. In früherer Zeit, als man die Potasche vorzugsweise durch Auslaugen der Holzasche erhielt, musste die Potasche als ein Gemenge von Kaliumcarbonat, Kaliumsulfat und Chlorkalium betrachtet werden, in welchem der Gebrauchswerth der einzelnen Kalisalze ein sehr verschiedener war. Seitdem das Kaliumcarbonat aus der Schlempekohle und auf chemischem Wege durch Umsetzung von Chlorkalium und Kaliumsulfat dargestellt wird und somit ein reineres Produkt als früher in den Handel kommt, sucht man die Rohlauge methodisch zu verarbeiten, wie es bei der Darstellung der amerikanischen Potasche, bei der Verarbeitung der Salze der Schlempekohle und des Kelpes der Fall ist, und die einzelnen Salze derselben in möglichst reiner Gestalt auszuscheiden.

Kaliumcarbonat, wie es als Laboratoriums- oder pharmaceutischer Artikel auftritt, erhielt man früher durch Glühen von Weinstein oder eines Gemenges von Weinstein und Salpeter, oder auch durch Glühen von essigsaurem Kali. Gegenwärtig stellt man es durch vorsichtiges Glühen eines Gemenges von Kaliumsalpeter mit überschüssiger Kohle, oder durch Glühen von Kaliumcarbonat dar.

In England geschieht die Darstellung von Kaliumcarbonat fabrikmässig. Man verwendet es dort zur Flintglasfabrikation. Das Flintglas Englands verdankt seine Farblosigkeit wol nicht allein der Anwendung von Bleiglas überhaupt, sondern im Speciellen auch der Verwendung ganz reiner Materialien. Das hier in Rede stehende Präparat ist reines krystallisirtes Kaliumcarbonat mit 16 bis 18 Proc. Wassergehalt, was nicht ganz 2 Molekülen Krystallwasser entspricht; das zweite Molekül wird durch die Hitze bei der Fabrikation schon theilweise ausgetrieben. Das Salz erscheint in kleinen Würfeln. Als Rohmaterial dient die amerikanische Perlasche; dieselbe hat drei Flammenofen-Operationen zu passiren, bevor sie in dem Schlussstadium anlangt. Zuerst wird sie in einem Flammenofen von der Bauart eines gewöhnlichen Sodaofens geschmolzen und zwar unter Zusatz von Sägespänen, um das ätzende Kali und Schwefelkalium in kohlensaures zu verwandeln. Die geschmolzene Asche wird nun aufgelöst und die Lösung durch Ruhe geklärt, dann von dem Bodensatze klar abgezogen und in einem Flammenofen zur Trockne verdampft; die Masse stellt jetzt ein grauschwarzes Pulver dar. Nun wird sie noch einmal aufgelöst, die Lösung durch Absitzenlassen geklärt und in einem dritten Flammenofen zur Trockne verdampft; jetzt erscheint das Produkt erst weiss. Es wird nun zum dritten Male aufgelöst, so weit verdampft, dass beim Erkalten alles schwefelsaure Kali herauskrystallisirt und die Mutterlauge davon wiederum so lange eingedampft, bis sie beim Erkalten zu einer Krystallmasse mit dem oben erwähnten Wassergehalte erstarrt.

Die specifischen Gewichte von Lösungen von Kaliumcarbonat (bei 15°) sind (nach Gerlach):

Proc.	Spec. Gew.	Proc.	Spec. Gew.
1	1,009	30	1,301
2	1,018	35	1,358
4	1,036	40	1,418
5	1,045	45	1,480
10	1,092	50	1,544

15	1,141	51	1,557
20	1,192	52	1,5704
25	1,245	50	1,5707

Aetzkali.

Darstellung von Aetzkali. Das Aetzkali (Kaliumhydroxyd, KHO, in 100 Theilen aus 83,97 Kali und 16,03 Wasser bestehend) wird gegenwärtig, namentlich in England, fabrikmässig dargestellt.

Die hauptsächlich dazu angewendete Methode besteht darin, Kaliumcarbonat, (wie es aus dem Chlorkalium der Kaluczer Sylvine, der Stassfurter Carnallite, der Schlempekohle und des Kelps durch Leblanc's Process gewonnen wurde) in Form von Rohpotasche (d. h. mit Schwefelcalcium und Kalkhydrat gemengt, wie dieselbe aus dem Calcinirofen kommt) mit Wasser auszulaugen und die Lauge durch Behandeln mit Aetzkalk kaustisch zu machen. Vortheilhafter, d. h. zeit- und materialersparender ist es, wenn man die Quantität Steinkohle, welche man dem Gemenge von Kaliumsulfat und Kalkstein behufs der Fabrikation von Mineralpotasche zusetzt, etwas vergrössert, die Schmelzung entsprechend länger währen lässt und die gewonnene Rohpotasche sofort mit Wasser von 50° C. auslaugt. Man umgeht dadurch die nachträgliche Kaustificirung der Rohlauge durch Kalk. Die Lauge wird, um an Brennstoff beim Abdampfen zu sparen, nach dem von Dale gegebenen Beispiele zum Speisen des Dampfkessels benutzt und darin bis auf das spec. Gewicht von 1,25 gebracht. Hierauf wird sie in offenen Pfannen unter Ausschöpfung der sich ausscheidenden fremden Salze zur Trockne abgedampft. Man verwendet gegenwärtig vielfach das Aetzkali zur Umsetzung des Natriumsalpeters in Kalisalpeter und (neben Aetznatron) zur Darstellung der Oxalsäure aus Sägespänen. Unter denjenigen Reaktionen, bei denen Aetzkali auftritt, sind für die Bereitung von Aetzkali örtlich beachtenswerth: 1) Zersetzung von Kaliumsulfat mit Aetzbaryt; 2) Ueberführung von Chlorkalium in Kieselfluorkalium und Zersetzen des letzteren durch Aetzkalk; 3) Glühen von Kalisalpeter mit Kupferblech. Folgende Tabelle zeigt den Gehalt der Kalilauge an Kali bei den verschiedenen spec. Gewichten:

Spec. Gewicht.	Grade nach Baumé.	Kaliprocente.
1,06	9	4,7
1,11	15	9,5
1,15	19	13,0
1,19	24	16,2
1,23	28	19,5
1,28	32	23,4
1,39	41	32,4
1,52	50	42,94
1,60	53	346,7
1,68	57	51,2

Der Salpeter.

(KNO_3 = 101,2. In 100 Th. 46,5 Th. Kali und 53,5 Th. Salpetersäure.)

Salpeter.

Der Salpeter (Kalisalpeter, Kaliumnitrat) kommt theils fertig gebildet in der Natur vor, theils wird er als chemisches Produkt künstlich dargestellt. Es ist bekannt, dass an den Mauern der Ställe häufig Auswitterungen (Mauerfrass, Salpeterfrass) beobachtet werden, die zum grössten Theil aus salpetersauren Salzen bestehen. Eben so findet man diese Auswitterung in Höhlen und auf der Oberfläche des Bodens in Spanien, Ungarn, Aegypten, Ostindien (am Ganges und auf Ceylon) und mehreren Theilen Südamerikas (so namentlich zu Tacunga im Staate Ecuador); in Chile und Peru findet man sogar salpetersaures Natrium (Chilesalpeter) in ungeheuren Massen in einer Erstreckung von mehr als 30 Meilen unter einer Schicht von Thon.

Vorkommen des natürlichen Salpeters.

Der natürliche Salpeter kommt unter sehr verschiedenen Verhältnissen vor, welche jedoch sämmtlich die Mitwirkung organischer Substanzen erkennen lassen; er bedeckt den Boden mit Efflorescenzen, die gleich einer Vegetation üppig emporwuchern. Wird der Salpeter durch Abkehren entfernt, so währt es nicht lange und es sind neue Ausblühungen da, die der Ernte harren. So gewinnt man den Salpeter aus dem durch die Ueberschwemmungen des Ganges abgelagerten Schlamme, so erhält man in Spanien den Kalisalpeter durch Auslaugen des Ackerbodens, welcher demnach nach Belieben als Salpeterplantage oder als Weizenfeld benutzt wird. In den natürlichen Salpeterbildungsstätten bildet sich der Salpeter unter sehr verschiedenen Bedingungen, er entsteht in der Ackererde im intensiven Sonnenlicht so gut als wie im Schatten des Waldbodens und der Dunkelheit der Höhlen; in allen Fällen muss aber eine Bedingung erfüllt sein, nämlich das Vorhandensein organischer Stoffe, des Humus, welcher durch seine langsame Verbrennung die Salpeterbildung einleitet. Trockene Luft, regenarme oder regenlose Gegend, sind die unerlässlichen Bedingungen nicht nur zur Bildung, sondern auch zur Conservation des Salpeters. Eine andere, aber vom Klima unabhängige Bedingung ist das Vorhandensein von verwittertem krystallinischen Gestein, das Feldspath als Gemengtheil enthält. Aus dem Kali dieses Gesteins bildet sich nun der Kalisalpeter, der in Folge seiner mangelnden Hygroskopicität durch Capillarität an die Oberfläche gelangt und durch die erwähnten Ausblühungen sich kund giebt. Alle bis jetzt bekannten natürlichen Salpeterbildungsstätten sind mit dem feldspathigen Element versehen, auch die von Tacunga, deren Boden aus Trachyten und Tuff entstanden ist, die unter den vulkanischen Gesteinen des Staates Ecuador vorherrschen. Zwischen der Fruchtbarkeit und der Salpeterbildung eines Erdreichs findet ein thatsächlicher Zusammenhang statt. Dies gilt ebenso gut für Südamerika wie für die salpeterhaltigen Felder Spaniens, die nach Belieben des Cultivators Salpeter oder Weizen liefern, wie für die Ufer des Ganges, welche Kehrsalpeter geben neben den üppigsten Tabak-, Mais- und Indigpflanzen. Der Ursprung der Salpetersäure ist wie oben erwähnt in der langsamen Verbrennung der stickstoffhaltigen organischen Substanzen zu suchen, die in dem Humus enthalten sind, und nicht in der Salpetersäure der Luft, in welcher bekanntlich, wie die Untersuchungen von Boussingault, Millon, Zabelin, Schönbein, Froehde, Böttger und Meissner gelehrt haben, durch Elektricität und durch die geheimnissvolle Rolle des Ozons sich auch immense Mengen von Salpetersäure und salpetriger Säure bilden. Wie Goppelsröder's Untersuchungen gezeigt haben, findet sich in den natürlich vorkommenden Salpetersorten fast durchweg etwas salpetrige Säure.

Gewinnung des Salpeters.

In Ländern, in welchen wie z. B. in Ungarn, der Salpeter auswittert, ist die Gewinnung desselben sehr einfach; man laugt die salpeterhaltige Erde (Gayerde, Gaysalpeter, Kehrsalpeter) mit Wasser, oft unter Zusatz von Potasche, aus, um den in der Erde enthaltenen salpetersauren Kalk zu zersetzen, verdampft die Lauge und bringt dieselbe zur Krystallisation. Den Salpeterbildungsprocess der Natur ahmt man in den Salpeterplantagen künstlich nach, in denen man alle Bedingungen, welche die Salpeterbildung begünstigen, zu erfüllen sucht. Die

Vortheile der Salpeterplantagen sind früher übertrieben dargestellt worden; gegenwärtig ist man, namentlich seitdem die Fabrikation des Conversionssalpeters und die Einfuhr von indischem Salpeter den Verbrauch in Europa zum grossen Theile deckt, in den meisten Ländern des nördlichen Europas zu der Einsicht gekommen, dass es weit grösseren Nutzen bringe, das hierzu erforderliche Land, den Dünger und die Arbeitskraft dem Ackerbau zuzuwenden.

Als Materialien wählt man Erde, die reich ist an Calciumcarbonat, wie Mergel, Bauschutt, Holz-, Torf-, Braunkohlen-, Steinkohlenasche, Staub und Koth von Chausseen, Abfall aus Stuben, Ställen, Städten, Schlamm aus Teichen und Schleusen, Kalkrückstände aus Soda-, Gas-, Papierfabriken, Bleichereien, Asche und Kalk von Seifensiedern etc., und als Stickstofflieferer: düngerhaltige Materialien oder Dünger selbst, thierische Abfälle, wie Fleisch, Sehnen, Häute, Blut aller Art aus den Schlachthäusern und Wasenmeistereien, Rückstände aus chemischen Fabriken, aus Gerbereien und Leimfabriken, von wollenen Lumpen aus Tuchfabriken; man schichtet auch nicht selten die frischen thierischen Abfälle mit Vegetabilien, namentlich mit solchen, welche, wie Kartoffelkraut, Runkelrübenblätter, Bilsenkraut, Nesseln, Sonnenblumen, Borretsch etc., Salpeter enthalten, und begiesst die Haufen von Zeit zu Zeit mit Jauche oder Gülle. Die Principien, welche man bei der zweckmässigsten Mischung der Erde zur Salpeterbildung zu befolgen hat, sind dieselben, welche die Agriculturchemie zur Herstellung des Compostes kennen gelehrt hat. Aus der präparirten Erde, Muttererde, welche man mit Stroh oder mit Reissig durchflicht, um der Luft möglichst allseitig Zutritt zu gestatten, bildet man auf einem geneigten, festgeschlagenen Lehmboden Haufen von 2–2½ Meter Höhe von der Form einer abgestutzten Pyramide. Man kann auch in besonderen Haufen (Faulhaufen) die Fäulniss der thierischen Substanzen einleiten und die so erhaltene Masse mit der übrigen Erde mischen. Wenn die Salpetererde der Reife sich nähert, lässt man die Haufen austrocknen; es bildet sich dann an der Oberfläche eine 6–10 Centimeter dicke Rinde, welche reicher ist an salpetersauren Salzen als die andere Masse, da sich durch Capillarwirkung die Lauge an die Oberfläche zieht und dort ihr Wasser verliert. Diese Kruste wird so oft abgekratzt, bis der Kern des Haufens der Luft zu wenig Oberfläche darbietet, wo er dann mit bereits ausgelaugter Erde umkränzt oder ganz abgetragen und neu aufgebaut wird. In der Schweiz gewinnt man in mehreren Cantonen den Salpeter in den Ställen, welche in der Regel an Bergabhängen liegen, sodass blos der Eingang zu ebener Erde ist, während der gegenüberliegende Theil des Gebäudes einige Fuss höher ist als der Boden und auf Pfählen ruht. Auf diese Weise ist der gedielte Boden des Stalles vom Erdboden durch eine Luftschicht getrennt. Unter dem Stalle wird eine Grube von 0,6–1,0 Meter Tiefe gegraben; diese Grube füllt man mit einer porösen Erde, welche den erforderlichen Kalkgehalt hat, und tritt dieselbe fest. Diese Erde absorbirt den Harn der Thiere. Nach 2–3 Jahren nehmen die Salpetersieder in den leerstehenden Sommerstallungen die Bodenbretter ab, entfernen die Salpetererde aus der Grube und laugen dieselbe mit Wasser aus. Die Lauge wird in einer Hütte, in welcher ein Kessel in einem in die Erde eingegrabenen Herde eingesenkt ist, versotten. Die ausgelaugte Erde kommt in die Ställe zurück. Es lohnt sich erst nach sieben Jahren, aus demselben Stalle wieder Salpeter zu gewinnen. Ein einziger Stall soll 50–200 Pfd. Rohsalpeter liefern, nach anderen Angaben kann sich der Ertrag bei einem Stalle auf 10 Ctr. belaufen. Die Lauge wird mit Asche und Aetzkalk versetzt, vom Bodensatze abgegossen, in der Siedehütte eingedampft und der Krystallisation überlassen. Man lässt die Krystalle in Körben abtropfen, verpackt sie in Säcke und versendet sie an die Raffiniranstalten der Pulvermühlen. In Schweden, wo jeder Grundbesitzer zur Lieferung von Salpeter an die Behörde als Steuer verpflichtet ist, sind die salpeterbildenden Materialien in hölzerne Kästen oder Schuppen eingetragen, werden darin von Zeit zu Zeit mit Rindsharn übergossen und umgeschaufelt. Nach 2–3 Jahren ist die Erde reif.

Behandeln der reifen Salpetererde.

Aus der reifen Salpetererde wird in den Salpetersiedereien der Kalisalpeter auf folgende Weise dargestellt: *a)* die Erde wird mit Wasser ausgelaugt (Darstellung der Rohlauge); *b)* die Lauge (Rohlauge) wird gebrochen, d. h. sie wird mit der Lösung eines Kaliumsalzes zusammengebracht, um das vorhandene Calcium- und Magnesiumnitrat in Kaliumnitrat zu verwandeln (Brechen der Rohlauge); *c)* die gebrochene Lauge wird abgedampft, um den Salpeter (Rohsalpeter) krystallisirt zu erhalten; *d)* der Rohsalpeter wird geläutert und raffinirt.

Darstellung der Rohlauge.

Die siedewürdige Erde wird mit Wasser ausgelaugt, um die in Wasser löslichen Bestandtheile von den unlöslichen zu trennen. Hierbei ist das Auslaugen mit der geringsten Menge Wasser vorzunehmen, um später bei der Verdampfung an Brennmaterial zu ersparen. Laugen von 12–13 Proc. Gehalt sind siedewürdig.

Brechen der Rohlauge.

Die Rohlauge (in Oesterreich Grundwasser genannt) enthält die Nitrate von Calcium, Magnesium, Kalium und Natrium, Chlorcalcium, Chlormagnesium, Chlorkalium, Ammoniaksalze und vegetabilische und thierische Substanzen. Um die Nitrate des Calciums und Magnesiums, welche sich in der Rohlauge vorfinden, in Kaliumnitrat überzuführen, wird die Rohlauge gebrochen, d. h. es wird die Rohlauge mit einer Auflösung von 1 Th. Potasche in 2 Th. Wasser versetzt:

Calciumnitrat $Ca(NO_3)_2$		Kaliumnitrat $4KNO_3$
Magnesiumnitrat $Mg(NO_3)_2$	geben	Calciumcarbonat $CaCO_3$
Kaliumcarbonat $2K_2CO_3$		Magnesiumcarbonat $MgCO_3$

Zu gleicher Zeit werden auch die Chlorüre des Calciums und Magnesiums zersetzt und in Chlorkalium und Calcium- und Magnesiumcarbonat zerlegt. Von der Potaschenlösung wird so lange zugesetzt, als noch ein Niederschlag in der Flüssigkeit sich bildet. Um einen Maasstab für die Quantität der zuzusetzenden Potaschenlösung zu haben, macht man mit etwa ½ Liter der Rohlauge eine vorläufige Probe, welche Menge Potaschenlösung zugesetzt werden muss, bis kein Niederschlag mehr entsteht.

Zuweilen wendet man zum Brechen der Rohlauge auch Kaliumsulfat anstatt der Potasche an. Die Anwendung des Kaliumsulfates verlangt zuerst eine Zersetzung der Magnesiasalze der Rohlauge durch Kalkmilch und nachheriges Abdampfen; auf Zusatz von Kaliumsulfat scheidet sich sodann Calciumsulfat aus ($Ca(NO_3)_2 + K_2SO_4 = 2KNO_3 + CaSO_4$). Auch bei der Anwendung von Chlorkalium zum Brechen der Lauge entfernt man zuerst die Magnesiasalze mittelst Kalkmilch. Hierauf setzt man zu der decantirten Flüssigkeit die erforderliche Quantität eines Gemenges von Chlorkalium und Glaubersalz nach gleichen Molekülen. Hierdurch wird der Kalk als Gyps niedergeschlagen; das entstandene Natriumnitrat setzt sich mit dem Chlorkalium zu Kaliumsalpeter und Kochsalz um.

Versieden der Rohlauge.

Fig. 64.

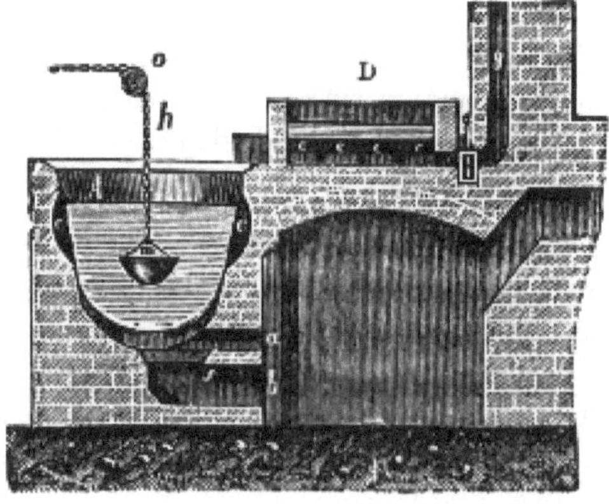

Die von dem aus kohlensauren Erden bestehenden Absatz klar abgegossene Rohlauge besteht aus einer Lösung von Kaliumnitrat, Chlorkalium und Chlornatrium, kohlensaurem Ammoniak und überschüssiger Potasche; ausserdem finden sich darin färbende Stoffe, jedoch weniger als vorher. Das Versieden der Lauge geschieht in kupfernen Kesseln (Fig. 64), deren Anlage so gemacht ist, dass die Feuergase durch die den Kessel umgebenden Züge *c c* unter die Vorwärmpfanne *D* und von da in den Schornstein *q* gehen. In einigen Fabriken benutzt man die entweichende Wärme zum Trocknen des Salpetermehls. In den Siedekessel lässt man durch einen Hahn so viel Rohlauge nachfliessen, als durch das Kochen Wasser entweicht. Am dritten Tage etwa fangen die Chlormetalle (Chlornatrium, Chlorkalium) an sich auszuscheiden, der Arbeiter muss nun Sorge tragen, dieselben nicht anbrennen zu lassen, was zu Explosionen oder mindestens zu Störungen des Betriebes Anlass geben könnte; zu diesem Zwecke wendet er eine hölzerne, keilförmig zugeschärfte Stange an, mit deren Hülfe er die bereits ausgeschiedenen festen Theile umrührt. Nach jedesmaligem Umrühren schöpft er das Lockergewordene mit einem kupfernen Siebe heraus. Da sich dessenungeachtet an den Wandungen des Kessels Kesselstein ansetzt, so wendet man jetzt fast allgemein den Pfuhleimer, d. h. ein flaches Gefäss *m* an, welches man mittelst einer Kette *h* in die Mitte der Lauge ungefähr 6 Centimeter vom Boden des Kessels herablässt. Der Pfuhleimer wird mit Backsteinen beschwert. Die ausgeschiedenen festen Theile setzen sich nämlich nicht sofort als Kesselstein ab, sondern bleiben einige Zeit in der Flüssigkeit suspendirt, indem sie von dem Boden des Kessels an den Wänden hinaufgetrieben werden, um von der Oberfläche in der Mitte wieder auf den Boden zu gelangen. Durch den Pfuhleimer wird nun das Herabfallen derselben auf den Boden verhindert, indem sich darin nach und nach alle festen Theile ansammeln. Da in dem Pfuhleimer kein Kochen stattfindet, so fallen auch die einmal hineingekommenen Theilchen nicht wieder heraus. Von Zeit zu Zeit wird dieses Gefäss emporgezogen und in einen über den Kessel befindlichen, mit Löchern versehenen Kasten geleert, aus welchem die den festen Theilchen anhängende Lauge wieder in den Kessel zurückläuft. Das in dem Kessel Abgeschiedene besteht grösstentheils aus kohlensauren Erden und Gyps.

Nachdem ein Theil der Verunreinigungen durch den Pfuhleimer entfernt worden ist, enthält die Lauge häufig noch Chlornatrium. Da dieses Salz nicht gleich dem Salpeter in heissem Wasser leichter löslich ist als in kaltem, so krystallisirt es schon während des Abdampfens heraus. Man entfernt dann den Pfuhleimer aus der Lauge; das Chlornatrium scheidet sich an der Oberfläche der Flüssigkeit und am Boden des Kessels aus und wird mit einem Schaumlöffel herausgenommen. Sobald das Kochsalz reichlich herauskrystallisirt, hat die Lauge die zum Krystallisiren erforderliche Stärke erreicht. Ist die Lauge in der That gar, so erstarrt ein Tropfen derselben, auf kaltes Metall gebracht, sogleich zu einer festen Masse. Man kann auch ein Wenig der zu prüfenden Lauge in einen Blechlöffel schöpfen und sehen, ob nach der Abkühlung der Salpeter in Nadeln anschiesst. Die gare Lauge wird in besondere Bottiche gebracht und darin 5–6 Stunden stehen gelassen; während dieser Zeit setzen sich noch mehr Unreinigkeiten ab, die Lauge klärt sich und kühlt zum Theil aus. Ist die Abkühlung bis auf etwa 60° vorgeschritten, so schöpft man die klare Lauge in kupferne Krystallisirgefässe. Nach zweimal 24 Stunden ist die Krystallisation beendigt; man trennt nun die Mutterlauge (Altlauge, Hecklauge), welche dem nächsten Rohsieden zugesetzt wird, von den Krystallen.

Läutern oder Raffiniren des Rohsalpeters.

Der Rohsalpeter (Salpeter vom ersten Sude) ist gelb gefärbt und enthält durchschnittlich 20 Proc. zerfliessliche Chlormetalle, Erdsalze und Wasser. Die die Entfernung der Verunreinigungen bezweckende Operation nennt man das Läutern oder Raffiniren des Salpeters. Ein grosser Theil des Salpeters wird gegenwärtig einfach durch Raffiniren des indischen Salpeters[32] dargestellt. Die ursprüngliche Methode der Salpetergewinnung durch Auslaugen salpeterhaltiger Erden ist in Europa nur noch an wenigen Orten in Anwendung.

Das Raffiniren gründet sich darauf, dass der Salpeter in heissem Wasser sich weit leichter löst als die beiden Chlorüre Chlornatrium und Chlorkalium. Man bringt in einen Kessel 12 Ctr. (= 600 Liter) Wasser und löst darin 24 Ctr. Rohsalpeter bei gelinder Wärme auf; darauf erhitzt man die Lösung bis zum Sieden und trägt noch 36 Ctr. Rohsalpeter ein. Enthielt der Rohsalpeter 20 Proc. Chloralkalien, so wird der Salpeter von der angewendeten Wassermenge in der Siedehitze gelöst, von den Chloralkalien bleibt dagegen ein Theil ungelöst zurück und wird aus dem Kessel herausgekrückt. Der auf der Oberfläche der Flüssigkeit sich zeigende Schaum wird mit einer Schaumkelle abgenommen. Darauf sucht man die noch nicht abgeschiedenen organischen Stoffe durch Leim niederzuschlagen. Gewöhnlich rechnet man auf 1 Ctr. Rohsalpeter 20–50 Grm. Tischlerleim, welche in etwa 2 Liter Wasser aufgelöst werden. Damit keine Krystallisation des Salpeters eintrete, setzt man der Flüssigkeit so viel Wasser zu, dass die Totalmenge desselben 20 Ctr. (1000 Liter) betrage. Der Leim reisst alle in der Flüssigkeit schwimmenden Körper mit sich auf die Oberfläche, wodurch eine grosse Menge Schaum entsteht, der sofort abgenommen wird. Die Flüssigkeit wird nach dem Abschäumen etwa 12 Stunden auf der Temperatur von 88° erhalten und dann vorsichtig in die kupfernen Krystallisirbecken geschöpft, deren Boden nach der Mitte zu abschüssig ist und an dem einen Ende höher steht als an dem anderen. In diesen Becken kühlt sich die Lauge ab und es würden sich grosse Salpeterkrystalle bilden, wenn man dies nicht absichtlich durch Umrühren mit Krücken verhinderte, wodurch Salpetermehl sich bildet. Das Salpetermehl kommt aus den Krystallisirbecken in die Waschgefässe, kleine Tröge von 10 Fuss Länge auf 4 Fuss Breite, von der Gestalt der Auslaugekästen, jedoch mit einem Doppelboden versehen, von welchem der innere durchlöchert ist. Seitlich befinden sich zwischen den beiden Böden mit Zapfen zu verschliessende Löcher. Das Salpetermehl wird hierin mit 60 Pfd. einer gesättigten Lösung reinen Salpeters übergossen und bei geschlossenen Zapfen 2–3 Stunden damit in Berührung gelassen; dann zapft man ab, lässt abtropfen und wiederholt diese Operation zweimal, erst mit 60 Pfd., dann mit 24 Pfd. Salpeterlösung, indem man nach jedem Aufguss der Salpeterlösung mit einer gleichen Menge Wasser nachwäscht. Die zuerst ablaufenden Waschwässer, welche die Chloralkalien enthalten, werden beim Raffiniren des Rohsalpeters zugesetzt, die letzten Waschwässer — fast reine Salpeterlösungen — werden bei den ersten Waschungen anderen Salpetermehls angewendet. Nachdem man das ausgewaschene Salpetermehl einige Zeit auf dem Waschkasten gelassen hat, wird es in einer Trockenpfanne bei gelinder Wärme getrocknet, gesiebt und verpackt. In einigen preussischen Salpeterfabriken bringt man es aus dem Waschkasten in den sogenannten Aufschüttekasten und dann auf Trockentafeln, welche mit Leinwand überzogen sind.

Darstellung des Kaliumnitrates aus Chilisalpeter.

Seit etwa zwanzig Jahren stellt man sehr bedeutende Mengen von Kaliumsalpeter aus dem Chilisalpeter dar. Man nennt diesen Salpeter zum Unterschiede von dem indischen und Plantagensalpeter Conversionssalpeter. Es lassen sich folgende vier Methoden anwenden:

1) Es wird das Natriumnitrat mit Chlorkalium zerlegt. Der Vorgang ist dabei folgender:

100	Kilogr.	Natriumnitrat	geben	119,1	Kilogr.	Kaliumsalpeter
87,9	„	Chlorkalium		68,8	„	Kochsalz.

Longchamp und nach ihm Anthon und Kuhlmann haben dieses Verfahren empfohlen. Es wird auch in der That gegenwärtig häufig im Grossen benutzt, da die Zersetzung beider Salze eine schnelle und vollständige ist, das abfallende Kochsalz leicht von allem anhängenden Salpeter befreit werden kann, ebenso auch die Reinigung des Salpeters vom Kochsalz einfach und vollständig ist. Es sei hierbei erwähnt, dass in einigen Ländern die Steuerbehörde von dem dabei abfallenden Kochsalze die Salzsteuer erhebt. Das erforderliche Chlorkalium wird durch die Zersetzung des Carnallits erzeugt, oder auch bei der Verarbeitung des Kelps oder der Schlempekohle und der Kaluczer Sylvine gewonnen.

In einem gusseisernen Kessel von etwa 4000 Liter Inhalt werden äquivalente Mengen von Chilisalpeter und Chlorkalium aufgelöst, genau nach der Procentigkeit der jedesmal vorliegenden Handelswaare berechnet. Der Chilisalpeter schwankt in der Regel nur unbedeutend um 96 Proc.; aber das Chlorkalium von 60–90 Proc., man nimmt gewöhnlich 7 Ctr. des ersteren und die entsprechend berechnete Menge der letzteren. Zuerst wird das Chlorkalium für sich aufgelöst, bis die Lösung 1,200–1,210 (heiss gemessen) zeigt; dann wird der Chilisalpeter zugesetzt und nun so lange gefeuert, bis die Flüssigkeit 1,500 zeigt; das sich fortwährend ausscheidende Chlornatrium wird, sowie es sich bildet, herausgekrückt und auf einer schiefen Ebene so ablaufen gelassen, dass die Mutterlauge in den Kessel zurückfliesst. Es wird dann noch gewaschen, bis es höchstens ½ Proc. Salpeter enthält, und auch die Waschwässer werden in den Kessel gegeben. Wenn die Lauge im Kessel auf

1,500 gekommen ist, lässt man sie kurze Zeit absitzen, wobei das niederfallende Salz allen Schmutz mit sich reisst, und lässt dann die klare Lauge nach den Krystallisirgefässen laufen. In der ursprünglichen Patentbeschreibung ist eine Grädigkeit von 1,550 vorgeschrieben; dies zeigte sich aber nicht vortheilhaft, weil bei solcher Concentration die Lauge theils während des Absitzens, theils beim Ablaufen schon stark krystallisirte und die Rinnen verstopfte. Die Krystallisirgefässe sind ganz flach, sodass schon nach 24 Stunden die Krystallisation vollständig ist; durch gelegentliches Umrühren erreicht man es, dass die Krystalle so fein wie Bittersalz fallen. Die Mutterlauge wird abgezogen und die Krystalle vollständig abtropfen gelassen. Dann übergiesst man die Krystalle mit so viel Wasser, dass sie davon bedeckt werden, und lässt dies 7–8 Stunden stehen; hierauf zieht man es ab und überlässt die Krystalle über Nacht dem Abtropfen; am nächsten Tage wiederholt man dasselbe Verfahren noch einmal. Natürlich kann man die Waschungen, wenn nöthig, beliebig oft fortsetzen; aber ein hinreichender Grad der Reinheit wird meist schon nach dem zweiten Male erreicht sein. Die erste Mutterlauge, sowie alle Waschwässer kehren in den ursprünglichen Auflösekessel zurück.

2) Es wird der Natriumsalpeter durch Chlorbarium in Bariumsalpeter übergeführt und dieser dann durch Kaliumsulfat oder Potasche in Kaliumnitrat verwandelt.

α) 85 Kilogr. Natriumnitrat
122 „ Chlorbarium] geben [130,5 Kilogr. Bariumnitrat,
58,5 „ Kochsalz.

β) 130,5 Kilogr. Bariumnitrat brauchen bei ihrer Umwandelung in Kaliumsalpeter] 87,2 Kilogr. Kaliumsulfat
oder
69,2 „ Kaliumcarbonat.

Bei Anwendung von Kaliumsulfat erhält man als Nebenprodukt Barytweiss, welches sich gut verwerthen lässt, in dem andern Falle Bariumcarbonat, welches durch Salzsäure wieder in Chlorbarium übergeführt werden kann. Stellt man sich die Frage, ob die Nachtheile, die aus dem Hereinziehen der Barytverbindungen in diesen Process, erwachsen können, sich durch die Vortheile aufwiegen lassen, so sind besonders die folgenden Momente als leitend festzuhalten: a) Lohnt es sich, aus dem natürlichen vorkommenden Bariumcarbonat durch Umwandlung in Chlorbarium (vielleicht durch Verdichtung der in der Sodafabrikation zuletzt entweichenden Salzsäuredämpfe durch Witherit erhalten) und Fällen mit verdünnter Schwefelsäure das Barytweiss als Hauptprodukt darzustellen, so ist anzunehmen, dass ein werthvolles Nebenprodukt den Mehraufwand an Arbeit wohl lohnen werde; b) der Umweg und die dadurch vermehrte Arbeit wird reichlich compensirt durch grössere Ausbeute und reineres Produkt.

3) Es wird der Natriumsalpeter durch Potasche in Kaliumsalpeter übergeführt, wobei als Nebenprodukt reine Soda fällt:

85 Kilogr. Natriumsalpeter
69,2 „ Kaliumcarbonat] geben [101,2 Kilogr. Kaliumsalpeter
53 „ Soda (calcinirte).

Diese Art der Salpeterfabrikation hat sich erst seit dem Krimkriege (1854–55) in Deutschland eingebürgert, und zwar ist Wöllner in Cöln als derjenige Chemiker anzusehen, welcher zuerst Conversionssalpeter mittelst Potasche fabrikmässig darstellte. Die politischen und geographischen Verhältnisse Deutschlands liessen in jener Zeit Preussen vor Allem als für diese Fabrikation geeignet erscheinen, und zwar war es nächst Harburg Stettin, welches durch seine günstige Lage (Seeverbindung mit Russland) in dieser Hinsicht am meisten bevorzugt war, und woselbst alsbald das erste grössere Werk für diesen Industriezweig gegründet wurde. Dieses Werk vermochte jedoch trotz seinem bedeutenden Umfange seiner Zeit nicht den täglich gesteigerten Anforderungen der russischen Regierung zu genügen; es entstanden nach und nach andere Fabriken und kleinere Werke dehnten sich aus, sodass nach Beendigung des Krieges bereits an fünf Orten Deutschlands diese Salpeterfabrikation in grösserem Umfange betrieben wurde.

Im Jahre 1862 wurden in Deutschland nach diesem Principe in acht Fabriken circa 7,500,000 Pfd. Kalisalpeter dargestellt. Diese starke Concurrenz hatte das Sinken der Salpeterpreise zur nächsten Folge, aber sie spornte auch die einzelnen Producenten zur fortwährenden Vervollkommnung ihrer Fabrikation und in gleichem Maasse zur Aufsuchung billigerer Rohstoffe für dieselbe an. Während früher fast ausschliesslich das aus dem Kelp gewonnene Chlorkalium zur Salpeterfabrikation angewendet wurde, ging man während des Krimkrieges zur Verwendung der russischen Potasche über. Doch auch dieser Rohstoff wurde alsbald zu theuer, und man wandte sich zu der aus der Rübenmelasse als Nebenprodukt gewonnenen Schlempekohle. Die entstehenden neuen Fabriken wurden lediglich für Verarbeitung dieses letzteren Rohstoffes angelegt. Freilich stiegen bei Verwendung so unreiner Rohstoffe auch die Schwierigkeiten der Fabrikation, denn es galt, aus diesen Rohstoffen nicht allein einen reinen Salpeter, sondern auch eine hochgrädige Soda zu gewinnen. Dies ist nun gelungen und es wird in den Salpeterfabriken, die Conversionssalpeter mittelst Potasche darstellen, eine Soda erzielt, welcher der nach dem Leblanc'schen Verfahren erhaltenen nichts nachgiebt.

4) Es wird der Natriumsalpeter durch Aetzkali zerlegt, welche sich vollständig zu Kaliumsalpeter und Aetznatron umsetzen.

Dieses zuerst von Landmann und Gentele, später in modificirter Form von Schnitzer empfohlene und von C. Nöllner in die Praxis eingeführte Verfahren wird in einer Salpeterfabrik in Lancashire (nach der Beschreibung von Lunge) in folgender Weise ausgeführt. Zu Kalilauge von 1,5 spec. Gewicht wird eine äquivalente Menge von Natriumsalpeter zugesetzt und nach kurzer Einwirkung zur Krystallisation gebracht. Den sich ausscheidenden Kaliumsalpeter trennt man von der Mutterlauge, welche jetzt bedeutend weniger als 1,50 zeigt, dampft diese wieder bis zu demselben spec. Gewicht ein und lässt wiederum erkalten. Man erhält eine zweite Krystallernte von Kaliumsalpeter; die Mutterlauge ist gewöhnlich so gut wie ganz frei davon und enthält nur Aetznatron und verunreinigende Salze; zuweilen jedoch ist sie noch so reich an Salpeter, dass man eine dritte Krystallisation desselben vornehmen muss. Was sich während des Eindampfens abscheidet, ist meist Natriumcarbonat, herstammend von dem Chlornatriumgehalte des Handelschlorkaliums, welcher sich natürlich ebenfalls als kohlensaures Salz wiederfindet. Die geringen Mengen unzersetzten Chlorkaliums, Chlornatriums und Calciumsulfates bleiben fast ganz in der Mutterlauge von kaustischer Soda zurück. Die letztere wird weiter eingedampft, zuletzt bis zum glühenden Flusse, und überhaupt mit ihr ganz wie gewöhnlich verfahren. Man erlangt jedoch aus ihr nie ein Aetznatron von so schöner weisser Farbe, wie es sich jetzt häufig im Handel findet, sondern es behält immer eine schwach bläuliche Färbung. Der in beiden Krystallisationen erhaltene Salpeter wird in eisernen Gefässen mit kaltem Wasser, resp. früheren Waschwässern, so lange gewaschen, bis er nur noch 0,1 Proc. Chlornatrium enthält: die Waschwässer werden bei den folgenden Operationen in systematischer Reihenfolge weiter verwendet. Den gewaschenen Salpeter löst man in eisernen Kesseln in der Hitze auf und lässt ihn in anderen eisernen Kesseln erkalten, wobei öfter umgerührt wird. Das ausgeschiedene Krystallmehl wird von Neuem gewaschen, bis der gewünschte Grad von Reinheit erreicht ist. Trotzdem ausschliesslich eiserne Gefässe in Anwendung sind, findet man doch kein Eisen im Salpeter; natürlich werden die Gefässe immer vollkommen sauber gehalten. Zum Trocknen des Salpeters dient eine Kammer aus Ziegeln, ganz so gebaut, wie man häufig die Chlorkalkkammern trifft: nämlich in zeltartiger Form, also ein spitzbogiges Gewölbe, vom Boden aus aufsteigend und im Scheitel 2 Meter hoch, sodass ein Mann darin arbeiten kann. Die Breite ist etwa 2 Meter, die Länge 5 Meter. Salpeter wird darin auf hölzernen Gerüsten ausgebreitet und durch eiserne Röhren, welche darin herumgeführt sind und die heisse Luft einer Feuerung leiten, wird die Temperatur auf 70° C. gehalten; das Trocknen erfolgt daher sehr schnell.

Prüfung des Salpeters.

Prüfung des Salpeters. Reiner Salpeter erstarrt nach vorsichtigem Schmelzen zu einer weissen Masse, die auf dem Bruche grobstrahlig ist. Eine Verunreinigung von $1/80$ Chlornatrium macht den Bruch schon etwas körnig, bei $1/10$ ist der Kern schon nicht mehr strahlig und weniger durchsichtig und bei $1/30$ ist das Strahlige nur noch an den Kanten zu bemerken. Das Nämliche geschieht durch eine Verunreinigung mit salpetersaurem Natron. Diese Methode (von G. Schwartz) benutzt die Behörde in Schweden, wo jeder Grundbesitzer verpflichtet ist, eine gewisse Menge Salpeter an den Staat abzugeben. — Andere Methoden, wie die von Riffault, Huss, Gay-Lussac, sind theils zeitraubend, theils für die Praxis nicht geeignet. Die Methode von Riffault beruht auf der Eigenschaft einer gesättigten Salpeterlösung, bei der Temperatur, bei welcher sie gesättigt ist, noch Chlornatrium aufnehmen zu können. Die Methode des k. k. Obersten Huss gründet sich darauf, dass eine bestimmte Menge Wasser nur eine bestimmte Menge Salpeter bei einer gewissen Temperatur gelöst enthalten kann. Man hat daher nur nöthig, durch Versuche zu ermitteln, bis zu welcher Temperatur Salpeterlösungen von verschiedener Concentration abgekühlt werden müssen, damit Salpeter sich auszuscheiden beginne; aus dieser Temperatur lässt sich der Gehalt an reinem Salpeter berechnen. Die beste Methode, den raffinirten Salpeter, der zur Schiesspulverfabrikation angewendet werden soll, auf Chlormetalle (Kochsalz) zu prüfen, besteht darin, eine Lösung desselben mit einer Lösung von Silbernitrat zu versetzen. Es darf dadurch keine oder nur eine sehr geringe Trübung und kein Niederschlag erfolgen. G. Werther bediente sich sehr zweckmässig zur Ermittelung des Chlorgehaltes, sowie des Schwefelsäuregehaltes titrirter Lösungen von Silber- und Bariumnitrat. Die Lösungen sind so abgestimmt, dass jeder Theilstrich der Silberlösung 0,004 Grm. Chlor und jeder Theilstrich der Bariumlösung 0,002 Grm. Schwefelsäure entspricht. Man kann nun entweder in derselben Lösung zuerst den Chlor- und hierauf sogleich den Schwefelsäuregehalt ermitteln, oder man kann in zwei besonderen Gläsern in verschiedenen Proben Chlor und Schwefelsäure bestimmen. Nach der Probe von Reich erhitzt man 0,5 Grm. trockenen, gepulverten Salpeter mit dem 4–6fachen Quarzpulver gemengt bis zum Dunkelrothglühen; es wird alle Salpetersäure ausgetrieben und der Gewichtsverlust giebt den Gehalt des Salpeters an Salpetersäure. Schwefelsaure Salze oder Chlorverbindungen werden bei der angegebenen Temperatur nicht zersetzt. Ist der Gewichtsverlust = d, so hatte man

1,874. d Kaliumsalpeter,

oder 1,574. d Natriumsalpeter.

Al. Müller schlägt zur Bestimmung der Salpetersäure eine Methode vor, die sich darauf gründet, dass für Kalium und Natrium NO_3 = Cl und durch Zersetzung des ersteren durch das letztere je ein Atom um 52-35,5 = 26,5 leichter wird. Der gewogene Salpeter wird mit concentrirter Salzsäure wiederholt zur Trockne gebracht, bis alle Salpetersäure entfernt ist; der Rückstand wird geglüht und gewogen. Chemisch reiner Kaliumsalpeter darf mit Kaliumcarbonat, Chlorbarium, Silbernitrat und Kaliummetaantimoniat keinen Niederschlag geben. Zieht Salpeter Feuchtigkeit aus der Luft, so ist dies ein Zeichen, dass er Natriumsalpeter enthält oder beim Schmelzen, wenn ein solches stattgefunden hat, zu stark erhitzt und theilweise zerstört worden ist. Nach R. Böttger ist fast aller im Handel vorkommende Salpeter durch salpetrigsaures Kali mehr oder weniger verunreinigt.

Anwendung des Kaliumsalpeters.

Der Salpeter wird zu den mannigfaltigsten Zwecken angewendet; seine Hauptanwendungen sind folgende: 1) zur Fabrikation des Schiesspulvers; 2) zur Darstellung der englischen Schwefelsäure und der Salpetersäure; 3) in der Glasfabrikation zum Reinigen der Glasmasse; 4) als Oxydations- und Flussmittel bei verschiedenen Metallarbeiten; als Flussmittel verwendet man häufig ein Gemenge von Salpeter mit Weinstein, welches Gemenge zuweilen vorher erhitzt wird. Erhitzt man ein Gemenge von 1 Th. Salpeter mit 2 Th. Weinstein, so entsteht der schwarze Fluss, d. i. ein Gemenge von Kaliumcarbonat mit fein zertheilter Kohle. Erhitzt man gleiche Theile Salpeter und Weinstein, so erhält man den weissen Fluss, d. i. ein Gemenge von Kaliumcarbonat mit unzersetztem Salpeter. Beide Vorschriften werden in den Gewerben häufig benutzt; da aber der Salpeter bei der ersten Vorschrift sämmtlichen Sauerstoff, bei der zweiten einen Theil desselben einbüsst, so ist es einleuchtend, dass der schwarze Fluss zweckmässiger durch Mengen von Potasche mit Russ, der weisse Fluss durch Mengen von Potasche mit etwas Salpeter dargestellt werden kann. Der schwarze Fluss wird benutzt, wenn Metalle nur umgeschmolzen werden sollen, der weisse dagegen, wenn sich ein Theil der Metalle oxydiren soll; 5) zum Einpökeln des Fleisches neben Kochsalz und zuweilen auch Zucker; 6) zur Bereitung des Schnellflusses und Knallpulvers. Der Schnellfluss von Baumé ist ein Gemenge von 3 Th. Salpeter, 1 Th. Schwefelpulver und 1 Th. Sägespänen (am besten von harzreichem Holze); bringt man in dieses Gemenge eine Silber- oder Kupfermünze, so schmilzt diese, weil sich leicht schmelzbare Schwefelmetalle (Schwefelsilber und

Schwefelkupfer) bilden. Das Knallpulver ist ein Gemisch von 3 Th. Salpeter, 2 Th. Kaliumcarbonat und 1 Th. Schwefel, welches in einem Schälchen über der Lampe erhitzt, heftig explodirt, indem es durch seine ganze Masse hindurch auf einmal zersetzt wird und dabei grosse Quantitäten Gas sich entwickeln:

Salpeter $6KNO_3$		Stickstoffgas $6N$
Potasche $2K_2CO_3$	=	Kohlensäure $2CO_2$
Schwefel $5S$		Kaliumsulfat $5K_2SO_4$

7) als Düngemittel in der Landwirthschaft; 8) zur Darstellung vieler chemischer und pharmaceutischer Präparate; 9) zum Frischen des Eisens (Salpeterfrischen) nach dem Verfahren von Heaton (vergl. Seite 27).

Natriumsalpeter.

Der Natriumsalpeter (Natriumnitrat, salpetersaures Natron, kubischer Salpeter, Chilisalpeter) $NaNO_3$ (in 100 Th. aus 36,47 Th. Natron und 63,53 Th. Salpetersäure bestehend) findet sich im District Atacama und Tarapaca, nicht weit vom Hafen Yquique in Peru (drei Tagereisen von Conception) in Lagern (*caliche* oder *terra salitrosa* genannt) von wechselnder Dicke (0,3–1,0 Meter) in einer Erstreckung von mehr als 30 Meilen (bis in die Nähe von Copiapo im Norden von Chile), mit Thon bedeckt. Die Lager bestehen fast ganz aus reinem, trockenem, hartem Salz und liegen fast unmittelbar unter der Oberfläche des Erdreiches. An anderen Orten in Peru bildet der Natriumsalpeter, der über Valparaiso, dem Hauptstapelplatze des in Peru, Bolivien und Chile gewonnenen Salpeters, als Chilisalpeter nach Europa gebracht wird, den Hauptgemengtheil einer sandigen Ablagerung, welche an einzelnen Stellen bis zur Oberfläche der Erde herauftritt, während sie an anderen Stellen bis zu einer Tiefe von höchstens 2,6 Meter unter der Bodenfläche liegt. Der ungereinigte Chilisalpeter stellt eine aus krystallinischen Bruchstücken bestehende, meist bräunlich oder gelblich gefärbte, etwas feuchte Masse dar, indessen kommt dieses Salz gewöhnlich an Ort und Stelle des Vorkommens durch Auflösen in Wasser und Eindampfen der Lösung bis zur Trockne ganz oder halb gereinigt in den Handel. Eine Probe davon enthielt:

Natriumnitrat	94,03
Natriumnitrit	0,31
Chlornatrium	1,52
Chlorkalium	0,64
Natriumsulfat	0,92
Natriumjodat	0,29
Chlormagnesium	0,96
Borsäure	Spuren
Wasser	1,96
	100,00

Er lässt sich nur bedingt zur Fabrikation des Schiesspulvers, wol aber zu der des Sprengpulvers benutzen, da er Feuchtigkeit aus der Luft anzieht, dagegen verwendet man ihn zur Darstellung der Salpetersäure, der englischen Schwefelsäure, zum Reinigen des Aetznatrons, zur Darstellung des Chlors in den Chlorkalkfabriken, zur Fabrikation von arsensaurem Natron, zum Einpökeln des Fleisches, zur Glasbereitung, zur Bereitung von Bleioxychlorür (als Bleiweisssurrogat), zur Regeneration des Braunsteins, bei der Bereitung von Mennige, in sehr bedeutender Menge zur Umwandelung des Roheisens in Stahl nach dem Verfahren von Hargreaves (1868) und Heaton (1869), und hauptsächlich zur Fabrikation des Kaliumsalpeters, seitdem das Chlorkalium (durch Zersetzen des Carnallits und Reinigen des Sylvins, als Produkt der Kelpverarbeitung und aus der Schlempekohle) so überaus billig in den Handel gebracht wird. Seit etwa 30 Jahren hat er in Folge seiner günstigen Wirkung auf das Wachsthum der Halmfrüchte eine wichtige Anwendung in der Agricultur als Düngemittel erhalten.

In dem Chilisalpeter findet sich stets etwas salpetrigsaures Natrium, ausserdem sind darin kleine Mengen von Jod enthalten, welches sich in den Mutterlaugen, die man beim Reinigen des Chilisalpeters durch Umkrystallisiren erhält, ansammelt. In Tarapaca stellt man täglich 40 Kil. Jod dar. Nach L. Krafft enthält 1 Kilogr. Rohsalpeter 0,59 Grm. Jod. Nach Nöllner (1868) spielten bei der Bildung der südamerikanischen Salpeterlager die stickstoffhaltigen Jodsammler, die Seetange, eine Hauptrolle. Der Jodgehalt des Chilisalpeters würde demnach denselben Ursprung haben, wie das Jod der schottischen und französischen Fabriken. Folgende Zusammenstellung zeigt die Grösse der Ausfuhr an Natriumsalpeter aus Südamerika:

1830	18,700	Ctr.	1858	1,220,240	Ctr.	1865	2,992,000	Ctr.
1835	140,399	„	1860	1,732,160	„	1866	3,040,000	„
1840	227,362	„	1861	1,825,170	„	1867	3,502,000	„
1845	376,239	„	1862	2,255,350	„	1868	3,845,000	„
1850	511,845	„	1863	2,063,000	„	1869	2,965,000	„
1853	866,241	„	1864	2,523,000	„			

Die Salpetersäure.

Salpetersäure. Gewinnung derselben.

Die Salpetersäure (NHO_3) wird fast durchgängig durch Zersetzen von Natriumsalpeter (seltener Kaliumsalpeter) mittelst Schwefelsäure und Verdichtung der hierbei sich bildenden Dämpfe erhalten.

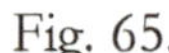
Fig. 65.

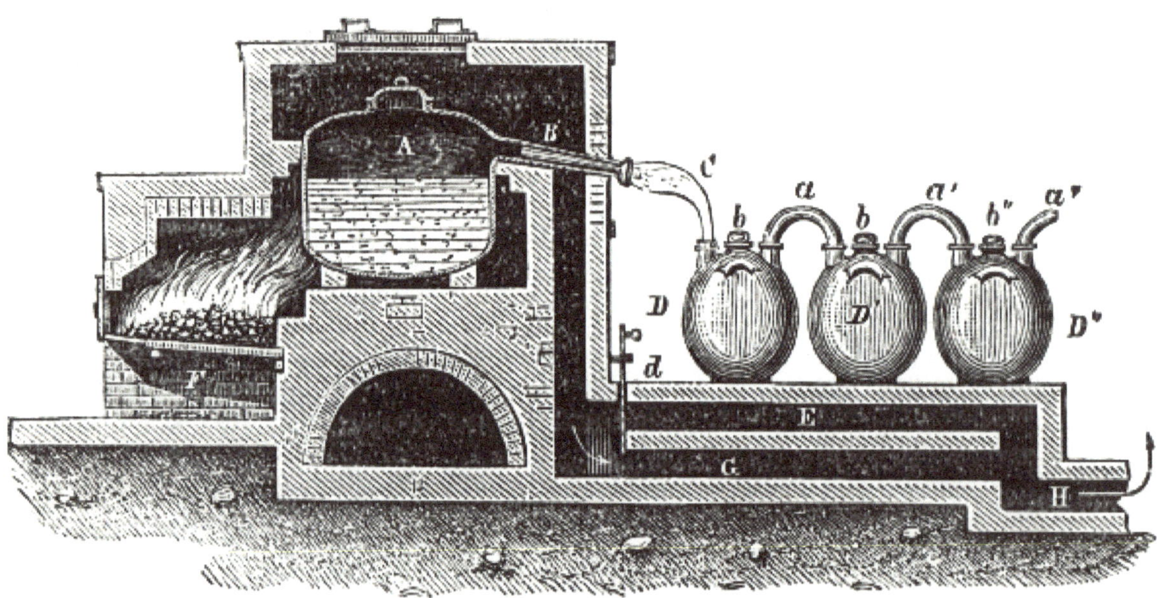

Darstellung der Salpetersäure.

Man stellt die Salpetersäure fabrikmässig dar, indem man in einen gusseisernen Kessel *A* (Fig. 65) durch die obere Oeffnung das salpetersaure Salz (Kalium- oder Natriumnitrat) einführt und mit Hülfe eines Trichters Schwefelsäure auf das Salz giesst, den Kessel verschliesst und durch eine mit Lehm ausgefütterte eiserne Röhre *B* mit dem gläsernen Retortenhalse *C* verbindet, der in die als Vorlage dienende steinerne Flasche *D* mündet. Die Flasche *D* steht durch ein Rohr mit einer zweiten ähnlichen Flasche *D'* in Verbindung, diese mit einer dritten u. s. f., in welcher die in der ersten Flasche nicht condensirten Dämpfe aufgefangen werden. Der Kessel wird durch den seitlich vorhandenen Feuerherd erhitzt, die Verbrennungsgase entweichen durch den Rauchfang *G H*. Im Anfange der Operation ist der in dem Kanal vorhandene Schieber *d* niedergeschoben, so dass er den unteren Kanal schliesst; der Rauch geht dann durch *E* und erwärmt die Vorlagen *D*, *D'* und *D''*, was erforderlich ist, um ein Springen derselben durch die überdestillirende heisse Säure zu verhüten. Sobald die Destillation im Gange ist, stellt man den Schieber so, dass *E* geschlossen ist und die Verbrennungsgase nur durch den unteren Kanal *G* entweichen können.

Die in den ersten als Vorlage dienenden Flaschen enthaltene Salpetersäure ist für den Verkauf hinlänglich stark, während die späteren, in welche zur besseren Condensation der Dämpfe Wasser durch die Oeffnung *b*, *b'*, *b''* eingegossen worden war, eine schwächere Säure, das gewöhnliche Scheidewasser, enthalten.

Häufig wendet man zur Destillation der Salpetersäure Galeerenöfen an, wobei man die Salpetersäure aus gläsernen Retorten destillirt. Beabsichtigt man chemisch reine Salpetersäure darzustellen, so stellt man die zuerst bei der Destillation übergehende Portion als salzsäurehaltig bei Seite.

Die anzuwendenden Quantitäten der Materialien betragen auf

30	Kilogr.	Kaliumsalpeter	29	Kilogr.	engl.	Schwefelsäure
17	„	Natriumsalpeter	14,6	„	„	„

Das bei Anwendung von Natriumsalpeter zurückbleibende Natriumbisulfat dient entweder zur Darstellung rauchender Schwefelsäure oder mit Kochsalz geglüht zur Bereitung von Sulfat und von Salzsäure.

Die auf diese Weise erhaltene Salpetersäure (NHO_3) erscheint als farblose, durchsichtige Flüssigkeit von 1,55 spec. Gewicht und 80° C. Siedepunkt. An der Luft raucht sie, indem sie aus derselben Feuchtigkeit anzieht.

Mit Wasser zusammengebracht, erhitzt sich die Salpetersäure und ihr Siedepunkt steigt. Eine Säure aus 100 Th. Salpetersäure (NHO_3) und 50 Th. Wasser bestehend, siedet erst bei 129°; bei weiterer Verdünnung erniedrigt sich der Siedepunkt, so dass beim Erhitzen einer verdünnten Salpetersäure über 100° zuerst Wasser mit etwas Salpetersäure übergeht, bis endlich der Siedepunkt nach und nach wieder bis auf 130° gestiegen ist, bei welcher Temperatur das doppelte Scheidewasser (von 1,35–1,45 spec. Gewicht) überdestillirt. Das gewöhnliche einfache Scheidewasser hat ein spec. Gewicht von 1,19–1,25.

Bleichen der Salpetersäure.

Fig. 66.

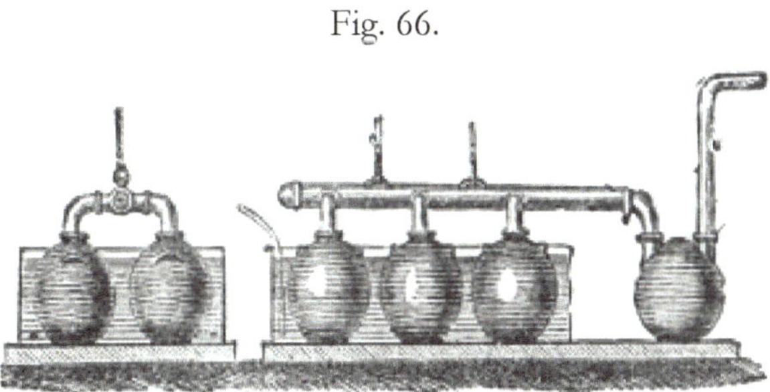

Die stärkere Salpetersäure ist gewöhnlich durch Untersalpetersäure gelb oder roth gefärbt; wenn es sich darum handelt, eine farblose, von Untersalpetersäure vollkommen freie Salpetersäure darzustellen, unterwirft man sie dem Bleichen. Zu dem Ende erhitzt man dieselbe in gläsernen Ballons, die in einem bis auf 80–90° erhitzten Wasserbade sich befinden (Fig. 66), so lange, als noch rothe Dämpfe entweichen, welche letztere man entweder in eine Schwefelsäurekammer leitet und sie sofort verwerthet oder sie durch ein Rohr ins Freie führt. Durch dieses Erhitzen wird zugleich die vorhandene Salzsäure in Gestalt von Chlor verflüchtigt. Von vielleicht vorhandener Schwefelsäure kann man die Salpetersäure durch Destillation über salpetersauren Baryt und von den letzten Spuren von Salzsäure durch Destillation über salpetersaures Silberoxyd befreien.

Condensation der Salpetersäure.

In neuerer Zeit sind in der Salpetersäurefabrikation Verbesserungen aufgetaucht, die sich theils auf die Umgehung des Bleichens, theils auf die Condensationsapparate beziehen. In erster Hinsicht ist eine in der Fabrik von Chevé in Paris übliche Vorrichtung anzuführen. Es ist dem Praktiker bekannt, dass die rothen Dämpfe bei der Fabrikation der Salpetersäure sich nur bei Beginn und gegen das Ende der Destillation bilden. Man braucht daher nur fractionirt zu destilliren, um einerseits rothe Säure, andererseits weisse Säure zu erhalten, die, ohne der Bleichung zu bedürfen, sofort in den Handel gebracht werden kann. Zu dem Ende wendet man einen Hahn aus Steinzeug von der in Fig. 67 abgebildeten Form an, dessen Rohr *A* mit dem Destillirapparat in Verbindung steht, während die Rohre *B* und *B'* in verschiedene zum Auffangen bestimmte Ballons münden. Der Hahn ist so gebohrt, dass man nach Belieben die Communikation zwischen *A* und *B'*, wobei *B'* abgeschlossen ist, oder zwischen *A* und *B* herstellen kann. Durch geeignetes Stellen des Hahnes kann man daher die rothe Säure von der weissen vollständig und kostenfrei trennen.

Fig. 67.

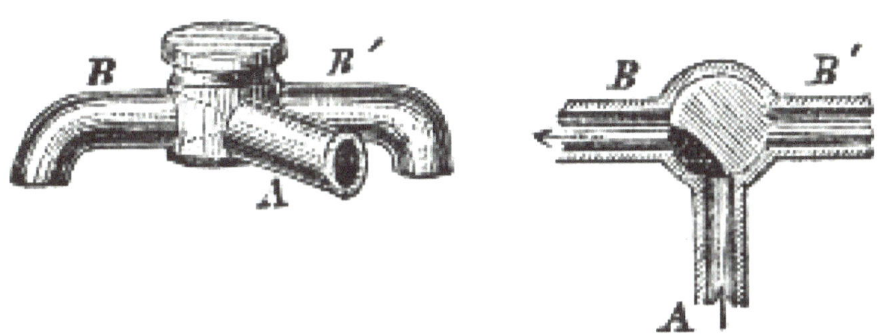

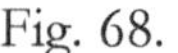

Fig. 68.

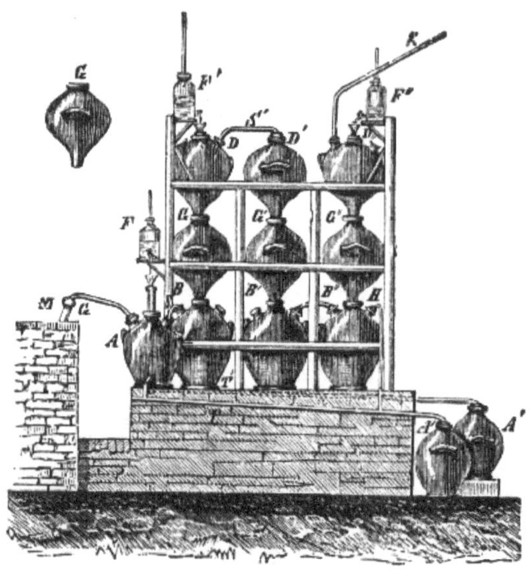

Fig. 69.

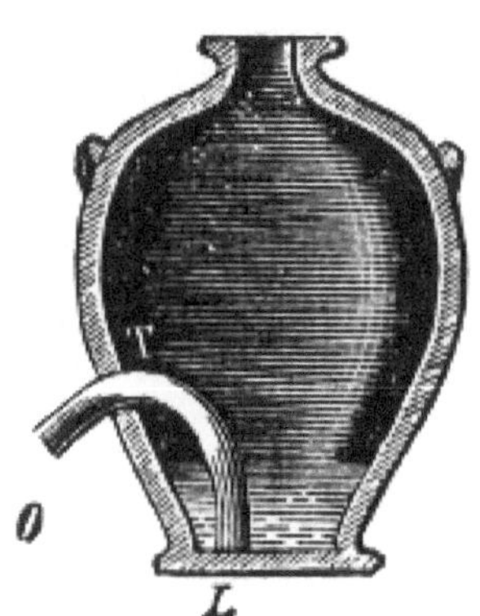

Fig. 70.

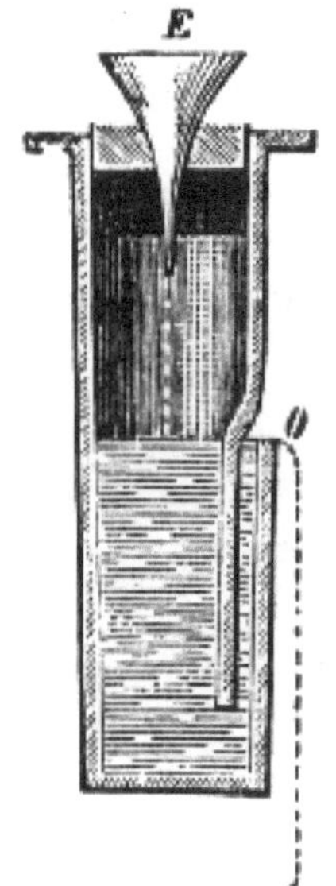

Eine zweite Verbesserung von Plisson und Devers bezieht sich auf den Condensationsapparat, der hier aus einer Batterie von 10 Flaschen besteht, von denen 6 unten offen sind und in Trichter endigen, so dass sie in die Mündungen gewöhnlicher Flaschen passen. *G* (Fig. 68) zeigt eine solche unten offene Flasche. Aus dem hinter dem Mauerwerk *M* versteckten Cylinder geht ein Rohr aus Steinzeug, mit welchem ein zweimal gebogenes Glasrohr *G* in Verbindung steht, das in eine der drei Mündungen der ersten Flasche *A* führt. In dieser Flasche sammelt sich das zuerst Uebergehende, das was vielleicht übersteigt, und überhaupt alle Unreinigkeiten. Die Flasche *A* ist inwendig mit einem kleinen Rohr *T* versehen, das einen hydraulischen Verschluss bewirkt in der Weise, dass, wenn die Flüssigkeit in der Flasche eine Höhe von einigen Centimetern erreicht hat, der Ueberfluss durch das Rohr *T* in die gut verschlossene Flasche *A'* abfliesst. In der zweiten Mündung der Flasche *A* ist ein Trichter, durch welchen Wasser aus *F* in die Flasche *A* fliesst und die Condensation unterstützt. Durch das Glasrohr *F* gehen die Säuredämpfe in die Flasche *B*, welche ebenso wie die beiden Flaschen *B'* und *B''* die in ihnen verdichteten Produkte durch das Rohr *T'* in den Ballon *A''* führt. Die in *B* nicht condensirten Dämpfe gehen nach *C* und von da nach *D*; in diesen beiden Flaschen verdichtet sich ein Theil der Säure, der nach *B* und endlich nach *A''* fliesst; der nicht condensirte Rest geht durch das Glasrohr *G* nach *D'*; dann nach *C''* und endlich nach *B'*, worin die verdichteten Theile sich ansammeln. Von da gehen die Dämpfe durch die Flaschen *B'' C'' D''* und aus der letzten Flasche das, was noch nicht verdichtet ist, in den Rauchfang. Aus den Mariotte'schen Flaschen *F'* und *F''* fliesst Wasser zu, was im Verein mit dem Wasser aus *F* die producirte Säure bis auf 36° B. (= 1,31 spec. Gewicht = 42,2 Proc. N_2O_5) verdünnt. Um jedem Druck in den Flaschen *A'* und *A''* vorzubeugen, geht ein Rohr *H* und ein ähnliches *H'* (in der Abbildung weggelassen) von *T* und *T'* ab, um die nicht verdichteten Dämpfe in die Flasche *B''* zu führen, wo sie sich mit dem nicht condensirten Reste vereinigen. — Der ganze Apparat, der auf den ersten Anblick complicirt zu sein scheint, ist äusserst leicht zu handhaben; die Säuredämpfe condensiren sich im Anfange in der Flasche *A*, aus welcher sie in einen besonderen Recipienten *A'* geführt werden, darauf verdichten sie sich in den Flaschen *B B' B''*, aus welchen das Produkt in den allgemeinen Recipienten *A''* fliesst.

Dieser neue Verdichtungsapparat ist äusserst vortheilhaft. Einmal zusammengesetzt, braucht er nur sehr selten auseinander genommen zu werden. Die Handarbeit des Leerens und Zusammenfügens bei dem gewöhnlichen Apparate und der damit zusammenhängende grosse Kittverbrauch fallen bei dem neuen Apparate hinweg. In Folge des langen Weges, den die Dämpfe zurückzulegen haben, geht die Condensation vollständiger vor sich, wie die Ausbeute von 132–134 Kilogr. Säure von 36° auf 100 Kilogr. Salpetersäure beweist, während ältere Apparate nur 125–128 Kilogr. liefern. Die innere Einrichtung der Flaschen und der den hydraulischen Schluss bewirkende Hebetrichter ergiebt sich aus Folgendem. In jeder der Flaschen der unteren Reihe befindet sich ein gebogenes Rohr aus Steinzeug *T* (Fig. 69), dessen Mündung *O* ins Freie geht; eine spaltenförmige Oeffnung *L* stellt die Communikation zwischen der Flüssigkeit und dem Innern der Rohre her; die Flüssigkeit kann demnach in der Flasche nur bis zu einer gewissen Höhe sich ansammeln. Es ist klar, dass hierdurch die Flasche einen hydraulischen Schluss erhält. — Der Hebetrichter besteht aus einem steinernen Rohre von etwa 3 Centim. Durchmesser, dessen Seitenwand der Länge nach durchbohrt ist (Fig. 70); die in das Innere der Röhre gelangende Flüssigkeit kann mithin nur bis zur Oeffnung *O* steigen; sobald diese Höhe erreicht ist, fliesst die Flüssigkeit in demselben Verhältniss aus, als durch den Trichter *E* nachströmt.

Andere Methoden der Salpetersäuredarstellung.

Ausser durch die Einwirkung von Schwefelsäure auf Kalium- oder Natriumnitrat, lässt sich Salpetersäure aus den Nitraten auch noch auf andere Art darstellen. Von den vielen Vorschlägen in dieser Hinsicht seien einige der besseren angeführt:

1) Einwirkung von Manganchlorür (Rückstände von der Chlorbereitung) auf Natriumnitrat. Wenn ein Gemenge beider Salze bis auf etwa 230° erhitzt wird, so entwickeln sich salpetrige Dämpfe (NO_2 + O) und es bleibt ein Manganoxyd zurück, welches wieder zur Chlorentwickelung dienen kann:

$$5MnCl_2 \left.\right] \text{geben} \left[(2MnO + 3MnO_2) \right.$$

und		10NaCl
$10NaNO_3$		$10NO_2 + 2O$

Indem man das Gemenge von Untersalpetersäure und Sauerstoff in den Condensationsapparat mit Wasser zusammen bringt, verwandelt es sich in Salpetersäure; der Ueberschuss der Untersalpetersäure zersetzt sich in Salpetersäure und Stickstoffoxyd. Wenn die in den Apparaten enthaltene Luft hinreichend ist, um die ganze Menge des letzteren wieder in Salpetersäure zu verwandeln, so wiederholt sich dieser Vorgang; wenn dagegen die Luftmenge unzureichend ist, so löst das Stickstoffoxyd sich in der Salpetersäure auf und der Ueberschuss desselben entweicht in die Luft. Aus zahlreichen Versuchen, welche Kuhlmann unter Benutzung von Thonretorten anstellte, hat sich ergeben, dass 100 Th. salpetersaures Natrium nach diesem Verfahren im Mittel 125–126 Th. Salpetersäure von 35° liefern. Es ist dies nahezu dieselbe Ausbeute wie beim gewöhnlichen Verfahren (127–128 Proc.). Es wurden auch Versuche mit anderen Chlorüren, namentlich mit Chlorcalcium, Chlormagnesium und Chlorzink angestellt, wobei ein entsprechender Vorgang eintrat, nämlich Salpetersäure, Chlornatrium und Kalk, Magnesia oder Zinkoxyd gebildet wurden;

2) Einwirkung gewisser Sulfate auf salpetersaure Alkalisalze. Kuhlmann hat durch viele Versuche bewiesen, dass die schwefelsauren Salze, selbst solche, welche sehr beständig sind und keineswegs die Rolle einer Säure spielen, die Zersetzung der salpetersauren Alkalisalze bewirken können. Mangansulfat zersetzt Natriumnitrat unter Bildung ähnlicher Produkte wie beim Manganchlorür. Aehnliche Reaktionen finden statt mit Zinksulfat, mit Magnesiumsulfat, ja selbst mit Gyps;

3) aus Natriumnitrat und Kohle, wobei neben Soda Salpetersäure auftritt;

4) aus Natriumnitrat und Kieselerde (oder Thonerde). Mit der Darstellung der Salpetersäure mit der Bereitung von Natriumsilicat und von Soda;

5) aus Bariumnitrat und Schwefelsäure (ohne Destillation). Die vom Barytweiss abgegossene Salpetersäure (von 10 bis 11° B.) kann durch Kochen bis auf 25° B. gebracht werden.

Dichten der Salpetersäure.

Nach J. Kolb steht das specifische Gewicht einer Salpetersäure mit seinem Gehalt an concentrirter Salpetersäure in folgendem Zusammenhange:

100 Theile enthalten		Dichte		100 Theile enthalten		Dichte	
NHO_3	N_2O_5	bei 0°	bei 15° C.	NHO_3	N_2O_5	bei 0°	bei 15° C.
100,00	85,71	1,559	1,530	75,00	64,28	1,465	1,442
97,00	83,14	1,548	1,520	69,96	60,00	1,444	1,423
94,00	80,57	1,537	1,509	65,07	55,77	1,420	1,400
92,00	78,85	1,529	1,503	60,00	51,43	1,393	1,374
91,00	78,00	1,526	1,499	55,00	47,14	1,365	1,346
90,00	77,15	1,522	1,495	50,99	43,70	1,341	1,323
85,00	72,86	1,503	1,478	45,00	38,57	1,300	1,284

80,00	68,57	1,484	1,460	40,00	34,28	1,267	1,251
33,86	29,02	1,226	1,211	15,00	12,85	1,099	1,089
30,00	25,71	1,200	1,185	11,41	9,77	1,075	1,067
25,71	22,04	1,171	1,157	4,00	3,42	1,026	1,022
23,00	19,71	1,153	1,138	2,00	1,71	1,013	1,010
20,00	17,14	1,132	1,120				

Folgende Tabelle giebt vergleichende Angaben der Dichte und der Grade nach Baumé:

Grade nach Baumé.	Dichte	100 Theile enthalten bei 0°		100 Theile enthalten bei 15°	
		NHO_3	N_2O_5	NHO_3	N_2O_5
6	1,044	6,7	5,7	7,6	6,5
7	1,052	8,0	6,9	9,0	7,7
9	1,067	10,2	8,7	11,4	9,8
10	1,075	11,4	9,8	12,7	10,9
15	1,116	17,6	15,1	19,4	16,6
20	1,161	24,2	20,7	26,3	22,5
25	1,210	31,4	26,9	33,8	28,9
30	1,261	39,1	33,5	41,5	35,6
35	1,321	48,0	41,1	50,7	43,5
40	1,384	58,4	50,0	61,7	52,9
45	1,454	72,2	61,9	78,4	72,2
46	1,470	76,1	65,2	83,0	74,1
47	1,486	80,2	68,7	87,1	74,7

47° B. entsprechen 96° Twaddle

46° „ „ 92° „

45°	„	„	88°	„
43°	„	„	84°	„
42°	„	„	80°	„
38°	„	„	70°	„
34°	„	„	60°	„
29°	„	„	50°	„
25°	„	„	40°	„
20°	„	„	30°	„
14°	„	„	20°	„
7°	„	„	20°	„

Salpetersäure	von	1,52	siedet	bei	86°
„	„	1,50	„	„	99°
„	„	1,45	„	„	115°
„	„	1,42	„	„	123°
„	„	1,40	„	„	119°
„	„	1,35	„	„	117°
„	„	1,30	„	„	113°
„	„	1,20	„	„	108°
„	„	1,15	„	„	104°

Rauchende Salpetersäure.

Wenn man bei Darstellung der Salpetersäure auf 1 Molekül Kaliumnitrat 1 Molekül Schwefelsäure verwendet, so erhält man als Destillat eine rothgelbe Flüssigkeit, aus einem Gemenge von Salpetersäure und Untersalpetersäure bestehend. Die Flüssigkeit führt den Namen rothe rauchende Salpetersäure. Bei Anwendung gleicher Moleküle von Kaliumnitrat und Schwefelsäure wird nämlich nur die Hälfte der Salpetersäure ausgetrieben, die andere Hälfte aber zerlegt in Untersalpetersäure und Sauerstoff, welche erstere sich mit der unzerlegten Salpetersäure zu rauchender Salpetersäure vereinigt. Wendet man dagegen zur Zersetzung des Kalium- oder Natriumnitrates zwei Moleküle Schwefelsäure an, so erhält man alle Salpetersäure unzersetzt und in der Retorte bleibt Kalium- oder Natriumbisulfat zurück. Bei Anwendung von Natriumnitrat braucht man jedoch, da dieses Nitrat weit leichter von der Schwefelsäure zersetzt wird, als die entsprechende

Kaliumverbindung, erfahrungsgemäss nicht 2 Moleküle Schwefelsäure anzuwenden. Man begnügt sich mit 1,25–1,50 Molekülen. 100 Th. Chilisalpeter geben 120–110 Th. Salpetersäure von 36° B.

Zum Zwecke der Darstellung von rauchender Salpetersäure setzt man in neuerer Zeit bei der gewöhnlichen Darstellung der Salpetersäure einen Körper zu, welcher zersetzend auf sie einwirkt. Früher wendete man hierzu Schwefel an, gegenwärtig Stärkemehl. Nach C. Brunner's Vorschrift wird ein Gemenge von 100 Th. Salpeter mit 3½ Th. Stärkemehl in einer Retorte mit 100 Th. englischer Schwefelsäure von 1,85 spec. Gewicht übergossen. Die Destillation beginnt gewöhnlich schon ohne Erwärmung. Durch schwaches Erhitzen wird sie beendigt. 100 Th. Kaliumnitrat liefern auf diese Weise ungefähr 60 Th. stark roth gefärbte rauchende Salpetersäure. Es ist anzurathen, die Retorte nur bis zu ⅓ anzufüllen.

Anwendung der Salpetersäure.

Die technische Anwendung der Salpetersäure beruht auf ihrer Eigenschaft, mit gewissen Körpern zusammengebracht, in Stickoxyd und Untersalpetersäure und in Ozon zu zerfallen, letzteres bildet entweder mit dem betreffenden Körper ein Oxyd oder es oxydirt ihn zu eigenthümlichen Verbindungen, während die Untersalpetersäure bei Gegenwart organischer Verbindungen zuweilen in die Zusammensetzung der organischen Körper eintritt und sogenannte Nitroverbindungen (Nitrobenzol oder künstliches Bittermandelöl, Nitronaphtalin, Nitroglycerin oder Sprengöl, Nitromannit, Schiessbaumwolle, Martiusgelb, Pikrinsäure) bildet. Eine grosse Anzahl der Metalle löst sich in Salpetersäure, wenn dieselbe nicht zu concentrirt ist. Höchst concentrirte Salpetersäure kann mit Blei und Eisen zusammengebracht werden, ohne dass eine Zersetzung der Salpetersäure stattfindet. Eiweissähnliche Körper (Haut, Wolle, Seide, Horn, Federn) werden durch starke Salpetersäure dauernd gelb gefärbt (wahrscheinlich durch Bildung von Pikrinsäure), daher ihre Anwendung zum Gelbfärben der Seide etc.; längere Zeit fortgesetzte Einwirkung der Salpetersäure auf die genannten Stoffe führt ihre gänzliche Zerstörung und theilweise Ueberführung in Pikrinsäure herbei. Viele stickstofffreie organische Stoffe, wie Cellulose, Stärkemehl, Zucker etc., werden durch die Einwirkung von Salpetersäure unter Bildung von Oxalsäure zerstört. Kurze Einwirkung sehr verdünnter Salpetersäure führt das Stärkemehl in Dextrin, concentrirte Salpetersäure führt es in das explosive Xyloïdin über. Die Eigenschaft der Salpetersäure, gewisse Farbstoffe, wie das Indigblau, zu zerstören, benutzt man in der Kattundruckerei, um durch Aufdrucken von Salpetersäure auf blauem Grunde gelbe Muster zu erzeugen, ferner in der Tuchweberei zum Gelbbeizen der Sahlleisten, damit die Tuche das Aussehen von in der Wolle gefärbten Geweben annehmen, bei denen die gelben Leisten angewebt sind. In der Hutfabrikation verwendet man eine Auflösung von Quecksilber in Salpetersäure, um die glatten Haare zum Verfilzen geeignet zu machen. Ein Hauptverbrauch der Salpetersäure ist der zur Fabrikation der Schwefelsäure; sie findet ferner in der Metallverarbeitung mannichfache Anwendung, so u. A. um Stahl und Kupfer zu ätzen, zum Gelbbrennen des Messings und der Bronze, zum Färben des Goldes, zur Bereitung der unter dem Namen Rouille zum Schwarzfärben der Seide angewendeten Eisenbeize (in Lyon allein verbraucht man von dieser Beize täglich gegen 250 Centner), zur Bereitung der Pikrinsäure aus Carbolsäure, des Martiusgelbes aus dem Naphtalin, des Nitrobenzols und Nitrotoluols der Anilinfabriken, zur Darstellung der Phtalsäure (aus Naphtalin) behufs der künstlichen Fabrikation der Benzoësäure, zur Bereitung von Anthrachinon zum Zweck der Alizarindarstellung aus Anthracen, zur Fabrikation des Silbernitrates (bei der enormen Ausbreitung der Photographie ein wichtiger Gebrauch der Salpetersäure), der Arsensäure (für die Fuchsinbereitung), des Knallquecksilbers, des Sprengöls (und der beiden Präparate Dynamit und Dualin) u. s. w.

Technik der explosiven Körper.

a) *Das Schiesspulver und chemische Principien der Feuerwerkerei.*

Schiesspulver. Allgemeines.

Das gewöhnliche Schiesspulver ist ein gekörntes Gemenge von Kaliumsalpeter, Schwefel und Kohle in bestimmten Verhältnissen. Bei einer Temperatur von etwa 300° und bei der Berührung mit glühenden oder brennenden Körpern oder endlich durch Reibung und Schlag entzündet es sich, verbrennt mit einer gewissen Geschwindigkeit und giebt als Verbrennungsprodukte Stickstoff, Kohlensäure oder Kohlenoxydgas und als Rückstand ein Gemenge von Kaliumsulfat und Kaliumcarbonat. Wenn die Entzündung in einem verschlossenen Gefässe vor sich geht, so erleiden die Wände durch die grosse Menge der sich entwickelnden heissen Gase einen solchen Druck, dass sie unfehlbar zerreissen würden, wenn nicht, wie in dem Geschütz, die Einrichtung getroffen wäre, dass ein Theil der Wand nachgiebt. Auf diese Weise wird die Kugel nach einer Richtung hin fortgeschleudert. Dabei ist wohl zu beachten, dass nur derjenige Theil der entwickelten Gase zur Wirkung kommt, welcher gebildet wird, so lange die Kugel den Lauf noch nicht verlassen hat; je langsamer also ein Pulver abbrennt, je geringer ist seine Wirkung auf das Projectil.

Fabrikation des Schiesspulvers.

Die zur Pulverfabrikation dienenden Materialien müssen von der grössten Reinheit sein, der Salpeter darf keine Chlormetalle, der Schwefel keine schweflige Säure enthalten, deshalb wendet man nie Schwefelblumen, sondern stets Stangenschwefel an. Die grösste Aufmerksamkeit ist auf die Wahl der Kohle zu verwenden. Zur Darstellung der Kohle verwendet man Pflanzen, die eine vorzüglich ausgebildete Bastfaser besitzen, wie Flachs und Hanf. Von Bäumen wählt man mehrjährige Zweige, deren Durchmesser ungefähr 5–9 Centim. beträgt. In dem grössten Theile von Deutschland, Frankreich und Belgien verkohlt man hauptsächlich Faulbaumholz (*Prunus Padus*), aber auch Holz der Pappel, Linde, Erle, Weide, Rosskastanie, in England schwarze Corneliuskirsche und Erle, in Italien nur Hanf, in Spanien Hanf, Flachs, Weinreben, Weiden, Oleander und Taxus, in Oesterreich Hundsbeer-, Haselstrauch oder Erle; die Kohle dieser Vegetabilien eignet sich, wegen ihrer leichten Zerreiblichkeit, am besten zur Pulverfabrikation. Alle die genannten Substanzen geben bei der Verkohlung, die man in Cylindern, die denen der Gasanstalten ähnlich sind, in Gruben, in Kesseln, mittelst erhitzten Wasserdampfes, vornimmt, ungefähr 35–40 Proc. Kohle. Wenn bei der Verkohlung des Holzes die möglichst niedrige Temperatur angewendet worden ist, so erhält man eine röthlichbraune, glatte, mit vielen Querrissen versehene Kohle, die Rothkohle (*charbon roux*). Die durch Erhitzen in Cylindern gewonnene Kohle bezeichnet man ziemlich unpassend, zum Unterschied von anderer, durch Verkohlen von Holz in Gruben erhalten, mit dem Namen destillirter Kohle.

Reiben und Mengen der Materialien.

Die mechanische Bereitung des Schiesspulvers zerfällt in:

1) das Pulverisiren der Materialien; 2) das Mischen derselben; 3) das Anfeuchten des Pulversatzes; 4) das Verdichten desselben; 5) das Körnen und Sortiren des Pulvers; 6) das Poliren desselben; 7) das Trocknen und 8) das Ausstäuben des Pulvers.

Das Pulverisiren der Materialien.

Das Pulverisiren oder Zerkleinern der Materialien kann auf dreierlei Weise geschehen, entweder

a) durch die Pulverisirtrommeln, oder

b) durch Walzmühlen, oder endlich

c) durch Stampfmühlen.

a) Das Zerkleinern der Materialien mit Hülfe der Pulverisirtrommeln wurde zuerst Ende des vorigen Jahrhunderts in Folge des ausserordentlichen Bedarfs an Schiesspulver durch die französischen Revolutionskriege angewendet. Es eignet sich dieses Verfahren (Revolutionsverfahren) sehr gut zum Pulverisiren der Pulverbestandtheile, indem es bequem ist, fördert und keinen Staub erzeugt. Die dazu angewendeten Trommeln bestehen aus zwei starken Holzscheiben, welche durch Bretter zu einem hohlen Cylinder verbunden sind. Im Innern befinden sich vorspringende Leisten, durch welche die herabfallenden Kugeln aufgehalten werden. Die Trommel ist inwendig mit Leder überzogen. Man bringt die zu pulverisirende Substanz mit einer gewissen Anzahl bronzener Kugeln von 1/4 Zoll Durchmesser in die Trommel, die auf einer Axe ruht und um dieselbe drehbar ist.

Man pulverisirt nun Kohle und Schwefel (jeden dieser Körper für sich), da der in Gestalt von Salpetermehl erhaltene Salpeter schon die nöthige Feinheit besitzt.

b) Die Zerkleinerung durch Walzmühlen mit vertical auf einem Bodensteine umlaufenden schweren Walzen ist gegenwärtig sehr gebräuchlich.

c) Die Zerkleinerung durch Stampfmühlen geschieht gegenwärtig nur noch in kleineren Fabriken. Die Stampfen, von denen in der Regel 10–12 in einer Reihe nach einander durch eine Daumenwelle gehoben werden, sind von Holz (Ahorn- oder Weissbuchenholz) und mit einem Schuh aus Bronze versehen. Die Stampfen haben bei einer Länge von 8 Fuss ein Gewicht von ungefähr 1 Ctr. und machen in der Minute 40–60 Stösse. Die Stampflöcher sind in einem Troge von Eichenholz (dem Grubenstock) birnenförmig ausgemeisselt. In jedem Loche stampft man 16–20 Pfd. Substanz auf einmal. In der Schweiz wendet man anstatt der Stampfen Hämmer an.

Das Mengen der Materialien und das Anfeuchten des Salzes.

Das Mengen der gepulverten Materialien geht in den Mengtrommeln vor sich, welche sich von den Pulverisirtrommeln dadurch unterscheiden, dass sie aus Leder bestehen. Das Mengen dauert mit 100 Kilogr. Satz und 150 Kilogr. Bronzekugeln etwa 3 Stunden bei 10 Umdrehungen in der Minute. In den Fabriken, in denen man Walzmühlen oder Stampfmühlen anwendet, schliesst sich das Mengen sofort an das Pulverisiren an. Der Satz wird mit 1–2 Proc. Wasser befeuchtet, was gewöhnlich durch eine an der Axe der Walze angebrachte und mit einem Ventil versehene Giessvorrichtung bewerkstelligt wird. Eine salbenähnliche Beschaffenheit deutet die Vollendung des Mengens an. Man verbindet zuweilen das Pulverisiren der Kohle und des Schwefels in Trommeln mit dem Mengen des Satzes in Walzmühlen.

Bei Anwendung von Stampfmühlen werden Schwefel und Kohle, welche vorher für sich durch 1000 Stösse zerkleinert worden sind, mit dem Salpeter gemischt und eine Zeit lang bearbeitet. Nach 2000 und später nach 4000 Stössen wird der Inhalt der Stampflöcher ausgewechselt, es werden wieder 4000 Stösse gegeben u. s. f., bis nach Verlauf von elf Stunden 40,000 Stösse gegeben worden sind. Man wiederholt das Auswechseln des Inhalts 6–8 mal. Dort, wo man sich der Trommeln zum Mengen der Materialien bedient, folgt auf das Mengen die Operation des Anfeuchtens. Zu diesem Zwecke kommt der trockene Satz aus den Trommeln in einen hölzernen Kasten, über welchem sich ein siebähnlich durchlöchertes Rohr befindet, durch welches von Zeit zu Zeit der Satz mit Wasser besprengt wird, bis derselbe, wobei mit einem Holzspatel wiederholt umgerührt wird, 8–10 Proc. Wasser enthält.

Das Verdichten des Satzes.

Wenn, wie erwähnt, in den Stampfmühlen das Verdichten mit dem Mengen zusammenfällt, so ist bei Anwendung von Trommeln und Walzmühlen eine besondere Operation, das Verdichten des Satzes, nothwendig. In den französischen und preussischen Pulvermühlen geschieht die Verdichtung durch Zusammenpressen des Satzes zwischen zwei Walzen von 0,6 Meter Durchmesser, von welchen die untere von Holz, die obere von Bronze ist. Zwischen beiden Walzen bewegt sich ein Tuch ohne Ende, auf welches an der einen Seite der befeuchtete Satz gelegt wird. Auf der andern Seite kommt derselbe als Pulverkuchen von 1–2 Centim. Dicke und dem Ansehen und fast der Härte des Thonschiefers heraus.

Die Operation des Verdichtens ist für die Eigenschaften des Pulvers von grosser Wichtigkeit. Je stärker der dabei angewendete Druck ist, desto mehr wirksame Bestandtheile, bis zu einer gewissen Grenze, befinden sich in einem bestimmten Volumen und desto grösser ist die bei der Zersetzung entwickelte Gasmenge. Je grösser die Zusammenpressung ist, desto langsamer zersetzt sich des Pulver, desto niedriger ist die Temperatur und demnach auch die Ausdehnung der Gase. War das Pulver dagegen nur einem sehr schwachen Drucke ausgesetzt, so wird das Pulver in seiner ganzen Masse plötzlich zersetzt und wirkt explodirend.

Das Körnen des Pulverkuchens und das Sortiren des Pulvers.

Das Körnen des Pulverkuchens geschieht entweder

1) durch Siebe oder

2) durch Walzen (Congreve'sche Methode), oder

3) nach dem Verfahren von Champy.

Die Körnmethode in Sieben geschieht auf folgende Weise: Die Siebe selbst bestehen aus runden hölzernen Rahmen, zwischen welchen mit Löchern versehenes Pergament eingespannt ist. Die Löcher haben verschiedene Dimensionen. Man unterscheidet die Siebe je nach der Grösse ihrer Löcher und dem Zwecke, wozu sie gebraucht werden, als Schrotsiebe, welche zum Zerbröckeln oder Schroten des verdichteten Pulverkuchens dienen; es wird ein Läufer (eine linsenförmige Scheibe) aus hartem Holz (Guajakholz, Vogelbeer- oder Eichenholz) auf das Sieb gelegt und letzteres und der Läufer durch Schütteln bewegt. Durch die zweite Art der Siebe, das Kornsieb, wird dem geschroteten Pulver die erforderliche Grösse des Kornes ertheilt; durch die dritte Art endlich, das Sortir- oder Staubsieb, werden die gleich grossen Körner von den übrigen und der Staub von dem gekörnten Pulver gesondert. Man wendet in deutschen und französischen Fabriken häufig die Körnmaschine von Lefebvre mit acht Sieben an, die in einen achteckigen Holzrahmen eingesetzt sind.

Die Congreve'sche Körnmaschine besteht aus drei Paar Messingwalzen von 0,65 Meter Durchmesser, welche mit 2 Millimeter hohen, flachen, vierseitigen Pyramiden (sogenannten Diamantspitzen) versehen sind. Die obersten Walzen sind grobzähniger als die anderen. Der geschrotete Pulverkuchen wird dem obersten Walzenpaare durch ein Tuch ohne Ende zugeführt. Die Art der Beschickung des Tuches ist eigenthümlich: der Boden des viereckigen Kastens, in welchem der Pulverkuchen sich befindet, kann nämlich nach Art eines Kolbens sich senken und heben; nachdem dieser Kasten mit verdichtetem Pulverkuchen gefüllt ist, steigt der Boden, durch die Maschine in Bewegung gesetzt, langsam aufwärts und lässt aus einer seitlichen Oeffnung die Pulvermasse gleichmässig auf das Tuch fallen. Indem das geschrotete Pulver zwischen den Walzen hindurchgeht, wird es gekörnt und fällt dann auf zwei Systeme von Sieben aus Drahtgeflecht, welche durch die Maschine, welche sie fortbewegt, zugleich eine rüttelnde Bewegung erhalten. Unter den Walzenpaaren liegt ein langes, geneigtes Sieb, dessen Maschen so eng sind, dass sie das Kanonenpulver nicht, wol aber das Musketenpulver und den Staub hindurchlassen. Unter ihm in paralleler Lage befindet sich ein zweites feines Sieb, welches nicht das Musketenpulver, sondern nur den Staub hindurchfallen lässt. Unter diesem endlich liegt ebenfalls geneigt der Boden des Siebapparates, auf welchem der Staub sich ansammelt. Die Quantität des Staubes ist bei der Congreve'schen Körnmaschine verhältnissmässig eine geringe, da durch diese Maschine nur eine zerbröckelnde, aber keine zerknirschende Wirkung auf den Pulverkuchen ausgeübt wird.

In der ersten französischen Revolution machte sich das Bedürfniss eines schnelleren Verfahrens der Darstellung des Pulvers und vorzugsweise der Operation des Körnens fühlbar. Man erreichte ein schnelleres Körnen und zugleich ein rundes Pulver durch das Verfahren von Champy. Der dabei angewendete Apparat besteht in einer hölzernen Trommel, durch deren hohle Axe ein mit feinen Löchern versehenes Kupferrohr mitten in der Trommel mündet. Durch die Brause strömt Wasser als ein feiner Regen in den Pulversatz. Die Trommel wird um ihre Axe bewegt. Jedes Wassertröpfchen bildet den Mittelpunkt eines Pulverkornes, welches unablässig in dem feuchten Pulversatze sich herumbewegt und sich auf diese Weise abrundet und durch concentrische Schichten einem Schneeball ähnlich sich vergrössert. Das Rotiren der Trommel wird eingestellt, sobald die Körner die erforderliche Grösse erreicht haben. Die Körner sind fast vollkommen kugelförmig, aber nicht von gleicher Grösse. Durch Sieben sortirt man die Körner von einander und von dem Staube. Die zu grossen Körner werden aufs Neue pulverisirt. Die zu feinen Körner wendet man dagegen bei der nächsten Operation an, welches, indem es den Kern bildet, sehr leicht grössere Körner giebt. Nach dem Berner Verfahren stellt man runde Pulverkörner dar, indem man das gekörnte eckige Pulver in Barchentsäcken sich drehen lässt, wodurch die eckigen Körner sich abrunden und zugleich glätten. Durch diese Methode wird ein grosser Theil des Pulvers in Staub verwandelt.

Das Poliren des gekörnten Pulvers.

Das Poliren, Glätten oder Schleifen des gekörnten Pulvers hat zum Zweck, nicht nur die Körner von allem Staub zu befreien, sondern deren Oberfläche zu glätten. Zu diesem Behufe bringt man etwa 5 Ctr. gekörntes Pulver in eine Trommel, wie sie zum Pulverisiren der Materialien und zum Mengen des Pulversatzes angewendet wird, und lässt die Trommel, natürlich ohne Kugel und Leisten, einige Stunden sich langsam um ihre Axe drehen.

In anderen Ländern bedient man sich zum Glätten des Pulvers länglicher Tonnen (Rollfässer), welche mit Hülfe einer durch die Axe gehenden Welle umgedreht werden können. Man vermehrt die Reibung der Pulverkörner dadurch, dass in dem Fasse in der Richtung der Axe viereckige Stäbe angebracht sind. Der in Holland gebräuchliche Zusatz von Graphit während des Polirens ist nachtheilig, indem er die Leichtentzündlichkeit auf Kosten des Glanzes verringert.

Trocknen des Pulvers.

In kleinen Pulvermühlen setzt man das Pulver, in dünne Schichten ausgebreitet, zum Trocknen der Luft oder der Sonnenwärme aus, auch bedient man sich daselbst eines in der Mitte des Trockenraumes stehenden Ofens, welcher im Zimmer selbst geheizt wird, während das Pulver auf Horden an den Wänden ausgebreitet liegt. In grösseren Pulverwerken wendet man künstliche Trocknungsmethoden an.

Es ist für die Qualität des Pulvers wichtig, dass das Trocknen nur langsam geschehe, ausserdem treten von zu schnellem Trocknen noch folgende Nachtheile ein: a) es zieht sich aus dem Pulver, besonders wenn dasselbe sehr feucht und nicht polirt ist, mit dem entweichenden Wasser Salpeter auf die Oberfläche und die Körner backen sehr zusammen; b) es entstehen durch den entweichenden Wasserdampf Kanäle in den Körnern, welche deren Dichte verringern und eine grössere Oberfläche hervorbringen, demnach auch die Ursache einer grösseren Hygroskopie werden; c) ein schnell getrocknetes Pulver liefert mehr Abgang beim Ausstäuben. Aus diesen Gründen wird selbst in Pulverwerken, in denen künstliche Trocknungsmethoden angewendet werden, das Pulver vorher in luftigen und warmen Räumen einer kurzen Lufttrocknung unterworfen.

Ausstäuben des getrockneten Pulvers.

In einigen Fabriken wird das Pulver nach beendigter Trocknung in der erwähnten Trommel nochmals eine kurze Zeit polirt. In anderen und zwar in den meisten Fabriken lässt man das zweite Poliren weg und beschliesst mit dem Ausstäuben die Fabrikation des Pulvers. Diese Operation geht in schräg aufgehängten Säcken oder Schläuchen von Zwillich vor sich, welche durch eine einfache Vorrichtung in rüttelnde Bewegung versetzt werden, wodurch der Staub durch die feinen Oeffnungen des Zwillichs geht, das Pulver aber in einen Kasten fällt. Der Abgang beim Ausstäuben beträgt ungefähr 0,148 Proc. vom Gewichte des angewendeten Pulvers; er ist reicher an Kohle als das Schiesspulver und darf daher nicht zu neuem Satze hinzugegeben werden.

Eigenschaften des Pulvers.

Ein gutes Pulver muss, ausser der zweckmässigen Zusammensetzung, gewisse physikalische Eigenschaften haben, aus welchen man einen Schluss auf seine Güte ziehen kann. Diese Eigenschaften sind folgende: 1) Es muss schieferfarbig (blaugrauschwarz) sein; eine blos bläulichschwarze Farbe deutet auf ein zu grosses Verhältniss an Kohle, eine zu schwarze Farbe auf vorhandene Feuchtigkeit. Wurde bei der Fabrikation anstatt der schwarzen Kohle Röstkohle (*charbon roux*) angewendet, so hat das Pulver eine bräunlichschwarze Farbe; 2) es darf nicht glänzend polirt sein: einzelne schimmernde Punkte auf der Oberfläche deuten auf Salpeter, der sich dort durch Krystallisation ausgeschieden hat; 3) die Körner müssen nahezu gleiche Grösse haben, wenn das Pulver nicht absichtlich ein Gemenge von zweierlei Sorten ist; 4) die Körner müssen beim Drücken in der Hand gleichsam knirschen; sie müssen so fest sein, dass sie sich mit den Fingern in der flachen Hand nicht leicht zerreiben lassen; 5) die Körner müssen nach dem Zerdrücken einen unfühlbaren Staub bilden; scharfe Theile, die durch das Gefühl darin unterschieden werden, deuten auf nicht hinlänglich fein gepulverten Schwefel; 6) das Pulver darf nicht abfärben, wenn man es über den Handrücken oder über Papier rollen lässt, sonst enthält es Mehlpulver oder zu viel Feuchtigkeit; 7) ein kleines Häufchen Pulver auf weissem Papier entzündet, muss schnell verbrennen, ohne einen Rückstand zu hinterlassen und ohne das Papier zu entzünden; schwarze Flecken deuten auf zu viel oder schlecht gemengte Kohle; sieht man nach dem Abbrennen des Pulvers auf dem Papier gelbe Streifen, so ist dasselbe mit dem Schwefel der Fall; bleiben kleine Körner zurück, so ist das Pulver nicht gut gemengt; lassen sich diese Körner nicht weiter entzünden, so enthält es unreinen Salpeter, ein Fall, der gegenwärtig kaum noch vorkommt; brennt das Pulver endlich Löcher in das Papier, so ist es feucht oder von sehr untergeordneter Qualität.

Dass Pulversorten von gleichem kubischen Gewichte nicht gleiches spec. Gewicht haben, lehrt folgende Tabelle. Es hatten:

			1 Kubikfuss (preuss.) in Pfunden	Spec. Gewicht
Geschützpulver	von	Neisse (ord.)	60	1,77
„	„	„ (neue Fabrik)	60	1,67
„	„	Berlin „ „	60	1,63
„	„	Russland (ord.)	60 5/16	1,56
„	„	Bern (No. 6)	59 3/8	1,67
Gewehrpulver	von	Berlin (neue Fabrik)	60	1,63
„	„	Bern (No. 6)	59 3/8	1,67
„	„	Hounslow	59	1,72
Pürschpulver	von	Berlin (alte Fabrik)	62	1,77
„	„	Le Bouchet	59 1/4	1,87
Sehr grobkörn.	Pulver,	niederländisch (ord.)	60 3/16	1,87
„ „	„	österreichisches	64 3/8	1,72

Das Pulver kann über 14 Proc. Feuchtigkeit aus der Luft absorbiren. Hat es nicht mehr als 5 Proc. absorbirt, so erhält es durch das Trocknen seine frühere Wirksamkeit wieder; enthält es aber mehr Feuchtigkeit, so verliert es die Eigenschaft, rasch zu verbrennen, und beim Trocknen überziehen sich die einzelnen Körner mit einer Salpeterkruste, wodurch die gleichförmige Mischung und folglich auch die Wirksamkeit des Pulvers leidet. Selbst gutes, anscheinend trockenes Pulver enthält wenigstens 2 Proc. Wasser. Das Pulver lässt sich durch Stoss und Temperaturerhöhung entzünden. In Bezug auf die Entzündlichkeit des Schiesspulvers durch Schlag und Stoss hat man gefunden, dass am leichtesten durch den Schlag von Eisen auf Eisen, von Eisen auf Messing, von Messing auf Messing eine Entzündung vor sich gehe, minder leicht von Blei auf Blei, von Blei auf Holz, am wenigsten leicht von Kupfer auf Kupfer oder von Kupfer auf Bronze. Wird trockenes Pulver schnell einer Temperatur von 300° C. ausgesetzt, so verpufft es. Ganz dasselbe geht vor sich, wenn auch nur an einem kleinen Theile eines Pulverquantums die nöthige Temperaturerhöhung bewirkt wird, wie es der Fall ist bei der Berührung mit der Lunte oder dem glühenden Stahlstückchen des Feuerstahls oder endlich der Flamme des explodirenden Knallquecksilbers. Es wird gegenwärtig als ausgemacht angesehen, dass unter den Pulverbestandtheilen die Kohle zuerst Feuer fängt und darauf die Entzündung auf die übrigen Materialien überträgt. Was die zuerst von Hearder beobachtete Nichtentzündlichkeit des Pulvers unter dem Recipienten einer Luftpumpe durch einen glühend gemachten Platindraht betrifft, so hat v. Schrötter gefunden, dass Schiesspulver, welches sich im Vacuum der Luftpumpe befindet, mit der Spirituslampe rasch erhitzt, immer explodirt. Zu ähnlichen Ergebnissen gelangte F. A. Abel in Woolwich.

Zusammensetzung des Schiesspulvers.

Das Schiesspulver besteht ziemlich genau aus je 2 Mol. Kaliumnitrat, 1 Mol. Schwefel und 3 Mol. Kohle, demnach in 100 Th. aus:

74,84 Salpeter,

11,84 Schwefel,

13,32 Kohle (No. I).

Mit dieser Zusammensetzung stimmt annähernd die der besten Jagd- und Flintenpulver überein. Die ordinären oder Sprengpulver enthalten auf gleiche Moleküle Salpeter und Schwefel 6 Moleküle Kohle, mithin in 100 Theilen:

66,03 Salpeter,

10,45 Schwefel,

23,52 Kohle (No. II).

Produkte der Verbrennung.

Bunsen und Schischkoff fanden ein Jagd- und Scheibenpulver zusammengesetzt aus:

Salpeter		78,99
Schwefel		9,84
Kohle	Kohlenstoff	7,69
	Wasserstoff	0,41
	Sauerstoff	3,07
	Asche	Spuren
		100,00

Der Pulverrückstand bestand aus

Kaliumsulfat	56,62
Kaliumcarbonat	27,02
Kaliumhyposulfit	7,57

Schwefelkalium	1,06
Kaliumhydroxyd	1,26
Schwefelcyankalium	0,86
Salpeter	5,19
Kohle	0,97
Ammoncarbonat	Spuren
Schwefel	
	100,00

Aus dieser Analyse folgt, dass der Pulverrückstand wesentlich aus Kaliumsulfat und Kaliumcarbonat und nicht, wie früher angenommen wurde, aus Schwefelkalium besteht. Für den Pulverdampf wurde folgende Zusammensetzung gefunden:

Kaliumsulfat	65,29
Kaliumcarbonat	23,48
Kaliumhyposulfit	4,90
Schwefelkalium	—
Kaliumhydroxyd	1,33
Schwefelcyankalium	0,55
Salpeter	3,48
Kohle	1,86
Ammonsesquicarbonat	0,11
Schwefel	—
	100,00

Daraus lässt sich der Schluss ziehen, dass der Pulverrauch im Wesentlichen die Zusammensetzung des Pulverrückstandes besitzt, dass darin der Schwefel und Salpeter des Pulvers etwas vollständiger zu Kaliumsulfat verbrannt sind und statt des fehlenden Schwefelkaliums kohlensaures Ammoniak auftritt. Die gasförmigen Verbrennungsprodukte zeigen folgende Zusammensetzung in 100 Raumtheilen:

Kohlensäure	52,67
Stickstoff	41,12
Kohlenoxyd	3,88
Wasserstoff	1,21
Schwefelwasserstoff	0,60
Sauerstoff	0,52
Stickoxydul	—
	100,00

Die festen Verbrennungsprodukte (Rückstand und Rauch), die sich bei vorstehenden Gasen bildeten, bestanden aus

Kaliumsulfat	62,10
Kaliumcarbonat	18,58
Kaliumhyposulfit	4,80
Schwefelkalium	3,13
Schwefelcyankalium	0,45
Kaliumnitrat	5,47
Kohle	1,07
Schwefel	0,20
Ammonsesquicarbonat	4,20
	100,00

Die Umsetzung, welche das Schiesspulver beim Abbrennen erleidet, lässt sich durch folgendes Schema ausdrücken:

		Grm.
Rückstand 0,680	K_2SO_4	0,422
	K_2CO_3	0,126
	$K_2S_2\}O_3$	0,032

K_2S	0,021
KCNS	0,126
KNO_3	0,037
C	0,007
S	0,001
$(NH_4)_2CO_2$	0,028

1 Grm. Pulver	Salpeter		0,789		giebt verbrannt
	Schwefel		0,098		
	Kohle	C	0,076		
		H	0,004		
		O	0,030		

		Grm.		Kubikcentim.
Gase 0,314	N	0,099	=	79,40
	CO_2	0,201	=	101,71
	CO	0,209	=	7,49
	H	0,0002	=	2,34
	SH_2	0,0018	=	1,16
	O	0,0014	=	1,00
0,994				193,10

Bei verschiedenem Druck bilden sich indessen verschiedene Verbrennungsprodukte, wie die Versuche von Craig und die jüngsten von N. Fedorow (1869) unwiderlegbar gezeigt haben.

Das Schiesspulver ist durch keine andere bekannte Substanz zu ersetzen, da andere ähnliche Stoffe, wie Knallquecksilber, Kaliumchlorat u. s. w., zu schnell explodiren und das Geschütz unfehlbar zertrümmern, andere Stoffe, wie die Schiessbaumwolle, unter den Zersetzungsprodukten Wasser und salpetrige Säure erzeugen, die auf die Wände des Geschützes und auf den nachfolgenden Schuss von grossem Einflusse sind.

Neue Sprengpulver.

Unter dem Namen Pyronone ist kürzlich ein neues Sprengpulver aufgetaucht, welches aus 52,5 Th. Natriumnitrat, 20 Th. Schwefel und 27,5 Th. Gerberlohe besteht. Es ist weit billiger als das gewöhnliche Sprengpulver, ob auch wirksamer, ist zu bezweifeln. Zweckmässiger ist das von Wynands unter dem Namen Saxifragin eingeführte Sprengpulver, aus 76 Th. Bariumnitrat, 22 Th. Holzkohle und 2 Th. Kalisalpeter bestehend. Das von Hauptmann E. Schultze 1864 erfundene neue Schiess- und Sprengpulver besteht aus Holzkörnern, die mit Salpetersäure und Schwefelsäure behandelt und dann mit einer Lösung von Salpeter getränkt und endlich getrocknet werden. Es wird in Edgeworthlodge in Hampshire dargestellt. Bändisch hat ein Verfahren erfunden, das Schultze'sche Pulver zu einem festen Körper zusammenzupressen, wodurch er in kleinerem Umfange die grösste Kraft enthält und sich gefahrlos transportiren lässt. Das unter der Bezeichnung Lithofracteur[33] in Belgien angewendete weisse Sprengpulver ist eine explosive Substanz, welche sich dem Pyroxylin an die Seite stellt. Das Haloxylin von Neumeyer und Fehleisen ist ein Gemenge von Kohle, Salpeter und Blutlaugensalz. — Das Sprengpulver von Callou ist ein Gemenge von Kaliumchlorat und Operment. — Das unter dem Namen Sprengöl (Nitroleum) vorkommende flüssige Sprengpräparat ist Nitroglycerin, aus welchen man die weiter unten zu beschreibenden Sprengmischungen Dynamit und Dualin darstellt. Seit einigen Jahren findet in England und Frankreich das pikrinsaure Kalium zum Füllen der zur Zerstörung der Panzerplatten der Kriegsschiffe bestimmten Bomben Anwendung, ebenso zur Darstellung des sogenannten Pikratpulvers.

Pulverprobe.

Um die Kraft des Schiesspulvers zu messen, die bei gleichen Bestandtheilen von der mechanischen Bearbeitung abhängig ist, bedient man sich der Probemörser, der Stangenprobe, der Hebelprobe, der Pendelprobe und des Chronoskops. Ersterer besteht aus einem bronzenen Mörser, der eine Kugel von 58⁶⁄₁₀ Pfd. (29,4 Kilogr.) unter einem Winkel von 45° durch eine Ladung von 92 Grm. des Pulvers fortschleudert. Die Bohrung des Mörsers hat 191 Millimeter im Durchmesser und 239 Millimeter Tiefe. Das Pulver muss die Kugel 225 Meter weit schleudern. Sehr gutes Pulver trägt 250, ja 260 Meter weit. Die Stangenprobe besteht aus einem vertikal liegenden Mörser, der durch 22–25 Grm. Pulver ein Gewicht von 8 Pfd. hebt, das sich zwischen gezähnten Stangen bewegt. Aus der Höhe, bis zu welcher das Gewicht gehoben wird, lässt sich auf die Güte des Pulvers ein Schluss ziehen. Bei der Hebelprobe giebt die Grösse der Reactionsbewegung den Maassstab der Kraftäusserung des zu probirenden Pulvers. An einem Winkelhebel, dessen Arme senkrecht auf einander stehen, befindet sich an dem Ende des bei der Anwendung horizontal stehenden Armes ein kleiner Böller, der mit 30 Graden Pulver geladen und darauf mit Hülfe eines eingesetzten Stupinenfadens entzündet wird. Durch die Reactionskraft des ausströmenden Gases wird der Böller mit seinem Arme nach abwärts gedrückt, der andere Arm dagegen mit dem daran befindlichen Gegengewichte gehoben und zwar um so mehr, je stärker das Pulver ist. Ein kleiner Steller an dem äussersten Endpunkte des ersten Hebelarmes gleitet während seiner Bewegung nach abwärts an den Zähnen eines vertikal dagegen stehenden Bogens und verhindert das Zurückgehen des Hebels in seine alte Lage. Das Mittel von vier Schüssen wird als das erforderliche Maass der Stärke des Pulvers angesehen. Bei der Hebelprobe soll

Sprengpulver	22	Grade
Stückpulver	60	„
Scheibenpulver	130	„
Musketenpulver	80	„

schlagen. Bei der Pulverprobe von Regnier (*éprouvette à main de Regnier*), welche vorzüglich in Frankreich zur Prüfung des Jagdpulvers Anwendung findet, wird die Wirkung, sowohl die vor- als rückwärts wirkende, des Pulvers auf eine Elasticität einer Stahlfeder ausgeübt. An der zweischenkeligen freihängenden Stahlfeder ist die kleine Kanone so befestigt, dass sie sich mit der Mündung an das Ende des einen Schenkels, mit der Traube dagegen an ein mit dem anderen Schenkel fest verbundenes, hakenförmiges Querstück von Eisen stützt. Es ist mithin die Gesammtkraft des sich zersetzenden Pulvers in Wirksamkeit, beide Schenkel einander zu nähern, indem der eine Schenkel durch die vorwärts wirkende Kraft, der andere durch die Reactionskraft bewegt wird. Der Grad dieser Annäherung wird an einem mit Läufen versehenen Gradbogen abgelesen. Gewöhnliches Jagdpulver zeigt an diesem Instrumente 12°, das feinste aber 14°. Die Pendelprobe oder das ballistische Pendel (*pendule ballistique*) hat zweierlei Einrichtung, entweder wird dabei die Grösse der Reactionsbewegung in Graden an einem Bogen gemessen, welche ein pendelartig aufgehängter Kanonenlauf beim Abfeuern zeigt, oder auch die Wirkung der Kugel auf den als Pendel aufgehängten Kugelfang beobachtet. In der sogenannten hydrostatischen Pulverprobe ist eine kleine Kanone senkrecht auf einem Schwimmer befestigt. In Folge der Reactionsbewegung wird letzterer bis zu einer gewissen Tiefe in das Wasser eingetaucht. Man drückt die Tiefe in Graden aus. Auch das elektromagnetische Chronoskop (namentlich den elektroballistischen Chronographen von le Boulengé) hat man zur Ermittelung der Geschwindigkeit von Geschossen angewendet. Mit Hülfe dieses Apparates misst man die Zeit, und somit die Geschwindigkeit, welche die Kugel braucht, um einen bestimmten Weg zurückzulegen, dadurch, dass die Kugel in dem Momente, wo sie den Lauf verlässt, den Schlussdraht einer elektromagnetischen Kette zerreisst, wodurch der Zeiger einer Uhr in Bewegung gesetzt wird, während durch den Aufschlag der Kugel auf die Fangplatte die Kette geschlossen und dadurch die Uhr arretirt wird. Aus dem Wege, welchen inzwischen der Zeiger zurückgelegt hat, lässt sich die Zeit ablesen. Bei der von Melsens (in Brüssel) jüngst in Vorschlag gebrachten calorimetrischen Probe ist der Hauptheil ein Apparat, aus einem mit Quecksilber gefüllten Holzgefässe bestehend, in welches der Probemörser eingeführt wird. Zu Messung der vor und nach dem Schusse bestehenden Temperaturen des den Mörser umgebenden Quecksilbers dienen zwei Thermometer. Die Differenz beider Temperaturen dient als Anhaltepunkt zur Bestimmung der beim Schiessen mit einer bestimmten Pulversorte freigewordenen Wärmemenge.

Weisses Schiesspulver.

Im Jahre 1849 ist von Augendre eine neue Art Schiesspulver, als weisses Pulver zusammengesetzt worden, welches auch unter der Bezeichnung deutsches Weisspulver oder amerikanisches Pulver Anwendung findet. Dasselbe besteht aus gelbem Blutlaugensalz, Kaliumchlorat und Rohrzucker, und entzündet sich sowol als feiner Staub, wie im gekörnten Zustande bei Berührung mit rothglühenden Körpern oder mit der Flamme. Durch Reibung zwischen polirten Körpern entzündet es sich nicht, eben so wenig durch Schlag von Holz auf Holz oder von Holz auf Metall. Es hat vor dem gewöhnlichen Schiesspulver folgende Vorzüge: Es besteht aus unveränderlichen Substanzen und kann daher durch Abwägen der Bestandtheile immer von derselben Beschaffenheit erhalten werden. Seine Bestandtheile sind an der Luft unveränderlich. Die Fabrikation erfordert wenig Zeit. Die Kraft des Pulvers ist weit grösser; man kann in demselben Raume mehr Schüsse unterbringen. Endlich hat es noch den Vorzug, dass der Staub dieselbe Wirkung hat wie das gekörnte Pulver; man kann daher das Körnen ersparen. Als Schattenseiten des neuen Pulvers werden angeführt: Es oxydirt die eisernen Läufe stark, wodurch sich sein Gebrauch auf Bronzeläufe und zum Füllen der hohlen Projectile beschränkt. Es ist viel leichter entzündlich als das gewöhnliche Schiesspulver, indessen nicht so leicht wie andere Gemische mit chlorsaurem Kali. Vor Allem möchte aber der hohe Preis die Anwendung des neuen Pulvers untersagen. J. J. Pohl hat (1861) das neue Pulver untersucht und als das beste quantitative Mischungsverhältniss ermittelt ein Gemenge aus

28 Th. Blutlaugensalz,

23 „ Rohrzucker,

49 „ Kaliumchlorat.

welches ein sehr gut abbrennendes Pulver liefert und nahezu dem Verhältnisse

1 Mol. Blutlaugensalz,

1 „ Rohrzucker,

3 „ Kaliumchlorat.

entspricht, welches in 100 Th. 28,17 Th. Blutlaugensalz, 22,78 Th. Rohrzucker und 49,05 Th. Kaliumchlorat enthält. Ueber die Verbrennungsprodukte dieses Schiesspulvers ist um so weniger ohne genaue Analysen etwas Bestimmtes zu sagen, als das Abbrennen im Freien oder im geschlossenen Raume, sowie rasch oder absichtlich verlangsamt, von Einfluss auf die Art der Zerlegung sein werden. Nimmt man hierbei möglichste Zerlegung an, so könnte die Zersetzung nach folgendem Schema vor sich gehen:

100 Th. Pulver liefern:

Stickstoff	1,865	Th.
Kohlenoxyd	11,192	„
Kohlensäure	17,587	„
Wasser	16,788	„
Summa der gasförmigen Produkte	47,442	Th.

Ferner:

Cyankalium	17,385	Th.
Chlorkalium	29,840	„
Kohleneisen (FeC_2)	5,333	„
Summa der nicht flüchtigen Theile	52,558	Th.

Auf Raumtheile bezogen, lieferten hingegen 100 Grm. bei 0° C. und 760 Millimeter Barometerstand:

Stickstoff	1927,0	Cubikcentim.
Kohlenoxyd	8942,9	„
Kohlensäure	8942,9	„
Wasserdampf	20867,9	„
	40680,4	Cubikcentim.

Die Verbrennungstemperatur berechnet man zu 2604,5°, somit beträgt die Menge der gelieferten Gase 431162 Cubikcentim.

Feuerwerkerei, chemische Principien derselben.

Chemische Principien der Feuerwerkerei. Unter dem Namen Feuerwerkssätze versteht man in der Artillerietechnik und in der Lustfeuerwerkerei gewisse Mischungen von brennbaren Körpern, wie Kohle, Schwefel u. s. w., mit Sauerstoff abgebenden, d. h. die Verbrennung unterhaltenden Körpern, von welchen letzteren hauptsächlich der Salpeter und das Kaliumchlorat in Anwendung kommen. Diese Mischungen sollen je nach dem Zwecke, den sie zu erfüllen haben, unter grösserer oder geringerer Gas-, Licht- und Wärmeentwickelung bald schneller, bald minder schnell verbrennen. Je nach ihrer Bestimmung nennt man diese Mischungen Brandsätze, Zündsätze, Leuchtsätze u. s. w.

Das Princip, das bei einer rationellen Anfertigung von Feuerwerkssätzen befolgt werden soll, ist, dass man von den Materialien keinen Ueberschuss weder der brennbaren Körper, noch der Verbrennungsunterhalter, und von den zur Verbrennung nichts beitragenden fremden, jedoch unvermeidlichen Substanzen, wie z. B. von den die pulverförmigen Sätze zusammenhaltenden Bindemitteln, nur die unumgänglich nothwendige Quantität anwende. Es lässt sich theoretisch sehr leicht ermitteln, in welchem Gewichtsverhältniss die brennbaren Körper und die Verbrennungsunterhalter unter einander zu mischen seien. So wäre es z. B. bei der Mischung von Salpeter und Schwefel behufs eines Feuerwerksatzes unzweckmässig, auf 2 Aeq. Salpeter 1 Aeq. Schwefel (1), oder auf 2 Aeq. Salpeter 3 Aeq. Schwefel (2) anzuwenden; im letzteren Falle hätte man zu viel des brennbaren Körpers, im ersteren Falle zu viel des Verbrennungsunterhalters angewendet:

(1) S kann aus $2KNO_3$ höchstens 3O aufnehmen, daher bleiben 3O unbenutzt.

(2) 3S und $2KNO_3$ geben entweder K_2S und $2SO_3$ oder ein Gemenge von K_2SO_4, K_2S und SO_2; in beiden Fällen ist Schwefel übrig, der unbenutzt bleibt.

In vielen Fällen sind wir aber nicht im Stande, theoretisch die Art der Zersetzung der Feuerwerkssätze anzugeben, weil die Verwandtschaftskraft der in den Sätzen in Wechselwirkung tretenden Körper von den bekannten Gesetzen abweicht, je nachdem Nebenumstände, die theoretisch noch nicht ermittelt sind, auf den Zersetzungsprocess ihren Einfluss ausüben. Die zweckmässigsten Mischungsverhältnisse können bis jetzt nur durch Versuche ermittelt werden. Erst dann, wenn man die constant auftretenden Zersetzungsprodukte der Feuerwerkssätze erkannt und gewisse Fragen bezüglich der Wärmeentwickelung bei der Verbrennung der brennbaren Körper in den Sätzen zu verschiedenen Oxydationsstufen, und bezüglich der specifischen Wärme beantwortet haben wird, erst dann wird man im Stande sein, zur Beurtheilung des Werthes und der Wirksamkeit eines Satzes chemische Grundsätze anzuwenden. Bei der Beurtheilung der Mischungsverhältnisse aus alter Zeit traditionell überlieferter Feuerwerkssätze hat sich gezeigt, dass die der Theorie am besten entsprechende Zusammensetzung mancher Sätze schon ehemals durch Versuche richtig ermittelt war. Die meisten aber haben die durch die wissenschaftlichen Principien erforderlichen Veränderungen erlitten. Zuweilen behält man indessen auch alte Sätze bei, welche die Wissenschaft nicht zu rechtfertigen vermag, welche sich aber in der Anwendung gut bewähren.

Die gebräuchlichsten Feuerwerkssätze.

Die am häufigsten angewendeten Sätze bestehen aus Salpeter, Schwefel und Kohle, und zwar in dem Verhältniss wie im Schiesspulver, oder mit Ueberschuss von Schwefel und Kohle. Gewisse Sätze enthalten anstatt des Salpeters oder neben demselben Kaliumchlorat und gewisse Salze, welche letztere nicht zur Verbrennung wesentlich sind, sondern der Mischung während des Brennens ein lebhaftes Licht oder eine bestimmte Färbung ertheilen. Hierher gehören die Signal- und Leuchtsätze.

Schiesspulver.

Feuerwerkssätze, die bei schneller Verbrennung grosse Quantitäten von Gas und stark treibende Kraft entwickeln sollen, enthalten vorzugsweise Schiesspulver. Will man eine verhältnissmässig langsame Verbrennung erzielen, so wendet man das Pulver in nicht gekörntem Zustande, als Mehlpulver, und mehr oder minder stark zusammengepresst, wie z. B. in den Raketen an. Beabsichtigt man dagegen eine plötzliche Verbrennung des Schiesspulvers, wie z. B. in den Kanonenschlägen, so wendet man gekörntes Pulver an.

Salpeterschwefel.

Der Salpeterschwefel ist ein Gemisch von 2 Mol. Salpeter (75 Gewichtsth.) und 1 Mol. Schwefel (25 Gewichtsth.), das als Hauptbestandtheil für diejenigen Sätze angewendet wird, welche langsamer verbrennen und zu gleicher Zeit starkes Licht entwickeln sollen. Für sich allein ist der Salpeterschwefel keiner Anwendung fähig, weil er nicht die zu seinem Fortbrennen nöthige Wärme entwickelt, ferner als treibende Kraft nicht benutzt werden kann, da er im günstigsten Falle nur 1 Mol. schweflige Säure zu liefern im Stande ist:

$$2KNO_3 + S = K_2SO_4 + SO_2 + N,$$

d. i. auf 1 Volumen der Mischung nur etwa 7,28 Volumen Gas. Aus diesen Gründen vermischt man den Salpeterschwefel entweder mit Kohle oder mit Mehlpulver. Ein solches Gemisch, das sich Grauer Satz. durch die Praxis bewährt hat und den Namen grauer Satz führt, besteht aus 93,46 Proc. Salpeterschwefel und 6,54 Mehlpulver. Dieses Gemisch wird als Grundmischung für andere Sätze benutzt, die langsam verbrennen und dabei intensives Licht entwickeln sollen. Bezüglich der Lichtentwickelung ist der graue Satz eine vorzügliche Mischung, weil sich bei der Verbrennung desselben ein nicht flüchtiges und unschmelzbares Salz, Kaliumsulfat bildet, das in der Flamme der verbrennenden Mischung zum Glühen gebracht wird. Alle Leuchtsätze, die bei ihrer Verbrennung farbiges Licht erzeugen sollen, müssen nach jenem Princip angefertigt sein, und namentlich muss das Salz, welches die Färbung erzeugen soll, bei der Temperatur der Verbrennung des Satzes noch feuerbeständig sein.

Mischungen von Kaliumchlorat.

Das Kaliumchlorat $KClO_3$ giebt im Gemisch mit brennbaren Körpern seinen Sauerstoff vollständig, leichter und mit grösserer Schnelligkeit als der Salpeter ab. Man benutzt daher dieses Salz als Gemengtheil zu Sätzen, bei denen schnelle Entzündlichkeit und schnelle Verbrennung in Betracht kommen. Ein Gemisch von Kaliumchlorat (80 Gewichtsth.) mit Schwefel (20 Gewichtsth.), Chlorkalischwefel genannt, wurde früher als Zusatz zu den schnell verbrennlichen Theilen solcher Feuerwerkssätze benutzt, welche aus langsamer verbrennlichen Salzen bestanden. Ein Gemenge von Schwefel, Kohle und Kaliumchlorat stellt ein sehr Frictions-Zündsatz. wirksames Percussionspulver dar. Ein Gemenge von gleichen Gewichtstheilen Schwefelantimon und Kaliumchlorat wird ausschliesslich zur Zündung gebraucht; es ist durch Reibung, Schlag und Stoss entzündlich und findet zur Entzündung des Schiesspulvers mittelst der sogenannten Schlagröhren in groben Geschützen Anwendung. Noch sicherer wirkt die Armstrong'sche Mischung, aus rothem Phosphor und Kaliumchlorat bestehend. Der Satz für Zündnadelgewehre Satz zu Zündnadelgewehren. besteht entweder aus einem Gemenge von Kaliumchlorat und Schwefelantimon oder aus einer Knallquecksilbermischung. Folgende Vorschrift liefert ein gutes Präparat: 16 Th. Kaliumchlorat, 8 Th. Schwefelantimon, 4 Th. Schwefelblumen, 1 Th. Kohlenpulver werden mit etwas Gummiwasser oder Zuckerwasser angefeuchtet, worauf man noch fünf Tropfen Salpetersäure hinzusetzt. Von diesem Satze befindet sich eine kleine Menge (die Zündpille) an der Patrone. Die Reibung einer im Augenblicke des Abdrückens schnell vorwärts geschobenen stählernen Nadel bewirkt die Entzündung des Satzes. In England bedient man sich wieder der obigen Mischung aus amorphem Phosphor und Kaliumchlorat. Die explosiven Körper und ihre Anwendbarkeit in der Kriegsfeuerwerkerei sind, wenn man von dem Knallquecksilber absieht, noch nicht gehörig studirt. Beachtung und Verwendung verdienen der Nitromannit (Knallmannit), die pikrinsauren Alkalien und vor Allem das weiter unten erwähnte Nitroglycerin. Dessignolle, welcher bei der Bereitung des Pulvers den Salpeter durch Kaliumpikrat ersetzen will, sah bei der Explosion des pikrinsauren Kaliums verschiedene Produkte sich bilden, je nachdem die Entzündung in freier Luft (α) oder unter Druck (β) stattfand. Es bilden sich in beiden Fällen:

α) $2\ C_6H_2K(NO_2)_3O = K_2CO_3 + 5C + 2N + NO + NO_2 + 4CO_2 + 2CHN.$

β) „ $= K_2CO_3 + 6C + 3N + 5CO_2 + 2H_2 + O.$

Auch das Knallanilin (chromsaures Diazobenzol, durch die Einwirkung von salpetriger Säure auf Anilin und Fällen des Produktes mit einer salzsauren Lösung von zweifach-chromsaurem Kali erhalten), ist nach Caro und Griess ein Körper, welcher das Knallquecksilber ersetzen könnte.

Brandsätze.

Die Brandsätze bestehen wesentlich aus Mehlpulver und grauem Satz, und gewissen organischen Substanzen wie Pech, Harz, Theer, die sich leicht entzünden und leicht verbrennlich sind, zu ihrer vollständigen Verbrennung jedoch eine viel längere Zeit brauchen, als die am langsamsten verbrennenden Feuerwerkssätze. Die Temperatur, die sich bei der Verbrennung der Sätze erzeugt, ist eine viel höhere, als die zum Entzünden von Holz erforderliche, sie ist aber zu schnell vorübergehend, um eine Entwickelung der brennbaren Gase aus dem Holze, die zum Fortbrennen desselben nothwendig ist, zu bewirken. Eine längere Zeit währende Hitze erzeugen nur jene organischen Substanzen, indem sie, durch den Feuerwerkssatz entzündet, Kohlenwasserstoffe entwickeln, welche die Entzündung von Holz und ähnlichen brennbaren Körpern bewirken.

Farbige Feuer.

Von den Salzen, die zu farbigen Feuern Anwendung finden, sind es die salpetersauren Verbindungen des Baryts, Strontians und des Natrons, sowie das schwefelsaure Kupferammoniak. Das sogenannte Kaltgeschmolzenzeug, aus grauem Satz, Mehlpulver und Schwefelantimon, die unter Branntwein zusammengerührt werden, bestehend, wird zum weissen Feuer benutzt. Die in der Kriegsfeuerwerkerei gebräuchlichen Mischungsverhältnisse sind folgende, für 100 Theile berechnet:

	Grün	Roth	Gelb	Blau	Weiss
Kaliumchlorat	32,7	29,7	—	54,5	—
Schwefel	9,8	17,2	23,6	—	20
Holzkohle	5,2	1,7	3,8	18,1	—
Bariumnitrat	52,3	—	—	—	—
Strontiumnitrat	—	45,7	—	—	—
Natriumnitrat	—	—	9,8	—	—
Kupfer-Ammon-Sulfat	—	—	—	27,4	—
Salpeter	—	—	62,8	—	60
Schwefelantimon	—	9,8	—	—	5
Mehlpulver	—	—	—	—	15[34]

Eine schöne weisse Flamme, welche mit einem prachtvoll blauen Rande umgeben ist, erhält man nach Uhden aus 20 Th. Salpeter, 5 Th. Schwefel, 4 Th. Schwefelkadmium und 1 Th. Kohle. Chlorthallium giebt in geeigneter Mischung eine prächtig grüne Flamme. Das Magnesiumlicht ist gleichfalls zu pyrotechnischen Zwecken in neuerer Zeit vorgeschlagen worden.

Unter den die Farbe ertheilenden Salzen sind selbstverständlich diejenigen die vorzüglichsten, deren Säure durch Sauerstoffabgabe den Verbrennungsprocess zu unterstützen im Stande ist. In dieser Beziehung würden die chlorsauren Salze der die Färbung ertheilenden Basen die vortheilhaftesten sein, da die Chlorsäure ihren Sauerstoff leichter und vollständiger abgiebt als die Salpetersäure. Der Anwendung dieser Salze stehen aber mehrere Hindernisse entgegen: sie werden theils an der Luft leicht feucht, theils zersetzen sie sich ausserordentlich leicht, sogar freiwillig und unter Explosion, endlich sind sie noch nicht durch den Handel zu beziehen. — Anstatt der salpetersauren Salze des Bariums und Strontiums wendet man auch häufig die Carbonate derselben an. Nach Dessignolle und Casthelaz lassen sich prächtige farbige Flammen mit pikrinsaurem Ammoniak erhalten und zwar aus folgenden Mischungen:

Gelb	Pikrins. Ammoniak	50
	Pikrins. Eisenoxydul	50
Grün	Pikrins. Ammoniak	48
	Salpeters. Barium	52
Roth	Pikrins. Ammoniak	54
	Salpeters. Strontium	46

b) ***Nitroglycerin.***

Nitroglycerin.

Das Nitroglycerin (Sprengöl, Nitroleum, Trinitrin, Glycerylnitrat, Glonoïn) wurde im Jahre 1847 im Laboratorium von Professor Pelouze in Paris durch Sobrero entdeckt, von dem Schweden Alfred Nobel im Jahre 1862 aber zuerst fabrikmässig dargestellt und als Sprengmaterial in die Technik eingeführt. Es hat die Formel $C_3H_5N_3O_9$ oder $C_3H_5\ (NO_2)_3\ \}\ O_3$, es ist mithin Glycerin $C_3H_5\ H_3\ \}\ O_3$, in welchem 3 At. durch 3 At. NO_2 ersetzt sind. Bei der Verbrennung desselben geben 100 Theile

Wasser	20	Th.
Kohlensäure	58	„
Sauerstoff	3,5	„
Stickstoff	18,5	„
	100,0	Th.

Da das spec. Gewicht des Sprengöls 1,6 ist, so giebt 1 Vol. davon bei der Verbrennung

Wasserdampf	554	Vol.
Kohlensäure	469	„

Sauerstoff 39 „

Stickstoff 236 „

1298 Vol.

Nach in Belgien angestellten Versuchen bilden sich bei der Verbrennung des Nitroglycerins grosse Mengen von Stickoxydul und kein freier Sauerstoff; der Vorgang bei der Explosion lässt sich mithin durch folgende Gleichung veranschaulichen:

2 Molek. Nitroglycerin $C_3H_5N_3O_9$	=	Kohlensäure	$6\,CO_2$
		Wasser	$5\,H_2O$
		Stickoxydul	N_2O
		Stickstoff	$4\,N$

Nach der Angabe Nobel's werden bei der Entzündung des Sprengöls diese Gase auf das Achtfache ihres Volumens ausgedehnt. Mithin gäbe 1 Vol. Sprengöl 10,384 Vol. Gase, während 1 Vol. Pulver nur 800 Vol. bildet. Die Kraft des Sprengöls verhält sich folglich zu der des Pulvers

dem Volumen nach wie 13 : 1,

dem Gewichte nach wie 8 : 1.

Zum Zwecke der Darstellung mischt man rauchende Salpetersäure von 49–50° B. mit der doppelten Gewichtsmenge concentrirter Schwefelsäure. 3300 Grm. des wohlerkalteten Gemisches von Schwefelsäure und Salpetersäure bringt man in einen Glaskolben — anstatt dessen kann man auch einen Topf von Steingut oder eine Porcellanschale benutzen — welches in einer mit kaltem Wasser gefüllten Wanne steht, und lässt dann langsam und unter beständigem Umrühren 500 Grm. Glycerin von 30–31° B. hineinfliessen. Nach der von E. Kopp (1868) gegebenen Vorschrift wendet man ein vorher bereitetes Säuregemisch von 3 Th. rauchender Schwefelsäure von 66° B. und 1 Th. rauchender Salpetersäure von 49–50° B. (Nitrirsäure) zum Nitriren des Glycerins an. Auf 350 Grm. Glycerin rechnet man 2800 Grm. Nitrirsäure. Von grösster Wichtigkeit ist es, eine merkliche Erwärmung des Gemisches zu vermeiden, indem sonst eine stürmische Oxydation des Glycerins, mit Bildung von Oxalsäure, eintreten würde. Aus diesem Grunde muss das Gefäss, in welchem die Umwandlung des Glycerins in Nitroglycerin stattfindet, fortwährend durch kaltes Wasser von aussen abgekühlt werden. Ist das Ganze innig gemischt, so lässt man es 5–10 Minuten lang ruhig stehen und giesst es dann in das fünf- bis sechsfache Volumen kalten Wassers, welches vorher in rotirende Bewegung versetzt worden ist. Sehr rasch sinkt nun das entstandene Nitroglycerin in Form eines schweren Oeles nieder; man sammelt dasselbe durch Decantiren in einem mehr hohen als breiten Gefässe, wäscht es in demselben einmal mit Wasser, decantirt dieses und giesst das Nitroglycerin in Flaschen. Dasselbe ist jetzt zum Verbrauche fertig, wenn auch in diesem Zustande noch etwas säure- und wasserhaltig, indess bleibt dies ohne Nachtheil, da, wenn das Präparat bald nach seiner Darstellung verwendet wird, diese Beimischungen auch seinem Detoniren keineswegs Eintrag thun. Es ist immer anzurathen, das Nitroglycerin nie zu transportiren, sondern den für einen Tag erforderlichen Bedarf an Ort und Stelle des Verbrauches selbst darzustellen.

Das Nitroglycerin ist eine ölartige Flüssigkeit von gelber bis bräunlicher Farbe, schwerer als Wasser. Im Wasser ist es unlöslich, löslich dagegen in Alkohol, Aether u. s. w. Einer selbst wenig intensiven, jedoch länger anhaltenden Kälte ausgesetzt, krystallisirt es in langen Nadeln. Das beste Mittel, Nitroglycerin zur Detonation zu bringen, ist ein recht kräftiger Stoss und Schlag; übrigens lässt sich leicht und ohne grosse Gefahr mit ihm umgehen. In dünner Schicht flach ausgegossen, lässt es sich durch einen brennenden Körper nur schwierig entzünden und es brennt nur theilweise ab; man kann ein Nitroglycerin enthaltendes Fläschchen gegen einen Stein werfen, so dass es zerbricht, ohne dass das Präparat explodirt. Auch lässt es sich durch vorsichtiges Erwärmen ohne Zersetzung verflüchtigen; fängt es aber dabei lebhaft an zu kochen, so droht Detonation. Lässt man einen Tropfen Nitroglycerin auf eine mässig heisse Gusseisenplatte fallen, so verflüchtigt er sich ruhig; ist die Platte rothglühend, so entzündet sich der Tropfen unmittelbar und brennt ebenso wie ein Pulverkorn ohne Geräusch ab. Wenn dagegen die Platte nicht rothglühend, indessen doch so heiss ist, dass das Nitroglycerin sofort in's Kochen geräth, so zersetzt sich der Tropfen plötzlich unter heftiger Detonation. Uebrigens kann das Nitroglycerin, namentlich wenn es unrein und sauer ist, nach Verlauf einer bestimmten Zeit eine freiwillige Zersetzung erleiden, welche von Gasentwickelung und Bildung von Oxalsäure begleitet ist. Dieselbe rührt wahrscheinlich von einer ähnlichen Ursache her, wie die freiwilligen Explosionen des Nitroglycerins, deren beklagenswerthe Wirkungen durch die Zeitungen bekannt geworden sind. Da das Nitroglycerin in sehr gut zugestopften Flaschen eingeschlossen war, so konnten die bei seiner freiwilligen Zersetzung entstandenen Gase nicht entweichen, übten folglich einen starken Druck auf das Nitroglycerin aus, und unter diesen Verhältnissen war der geringste Stoss und die schwächste Erschütterung hinreichend, die Explosion hervorzurufen. Man muss daher (nach K. List) dafür sorgen, dass die sich entwickelnden Gase ungehindert entweichen können, was bei ruhigem Stehen durch losen Verschluss, beim Versenden durch Sicherheitsventile geschehen kann. Auch durch Vermeidung von Erwärmung lässt sich, wie es scheint, der Zersetzung vorbeugen. Um das Sprengöl unexplodirbar zu machen, löst A. Nobel dasselbe in reinem Holzgeist (Methylalkohol) auf. Aus dieser Lösung kann man das Nitroglycerin mit allen seinen Eigenschaften durch Behandeln mit Wasser wieder abscheiden. Zu vorstehendem Vorschlage bemerkt Ch. Seely, dass derselbe in mehreren Beziehungen bedenklich sei, 1) wegen der Kosten des Holzgeistes und des Nitroglycerinverlustes beim Auswaschen, 2) wegen der Flüchtigkeit des Holzgeistes, der zum Theil an der Luft entweicht, so dass das Nitroglycerin ungeschützt zurückbleiben könne; 3) sei eine chemische Wirkung zwischen beiden Substanzen wahrscheinlich und 4) sei der Holzgeist und dessen Dampf sehr entzündlich und gebe letzterer, mit Luft gemischt, ein explodirendes Gemenge. In Amerika sind noch verschiedene andere Vorschläge aufgetaucht, das Nitroglycerin unexplodirbar zu machen. So ist empfohlen worden, dasselbe — ähnlich wie es Gale für Schiesspulver mittelst Glassand bewirken will — mit Sand oder einem ähnlichen Körper zu vermengen, wodurch aber das Gewicht und Volumen vergrössert und durch die Adhäsion des Sprengöls am Sande Verlust herbeigeführt wird. H. Wurtz macht den sehr beachtenswerthen Vorschlag, das Nitroglycerin mit einer gleich dichten Lösung von Zink-, Kalk- oder Magnesianitrat zu einer Emulsion zu verarbeiten und die Emulsion bei dem Gebrauch mit Wasser zu versetzen, worauf das Sprengöl sich abscheidet und durch Decantiren von dem Zusatze getrennt werden kann. Seely schlägt endlich vor, der Zersetzung des Sprengöls dadurch vorzubeugen, dass man darin eine kleine Menge einer Substanz suspendirt, welche jede Spur der sich etwa bildenden Säure neutralisirt (ohne dabei jedoch ein Gas zu bilden). Der Geschmack des Nitroglycerins ist zuckerartig, zugleich aber brennend und gewürzhaft. Es wirkt giftig; schon in sehr kleinen Dosen verursacht es heftigen Kopfschmerz. Sein Dampf wirkt ähnlich und dieser Umstand könnte der Verwendung des Präparates in tiefen Stollen und auf wetternöthigen Strecken, wo die Dämpfe nicht so leicht abziehen können, wie bei Steinbruchs- und Tagebauen, möglicherweise hinderlich sein. Rationeller ist der Vorschlag von E. Kopp in Saverne. Danach sollen die Steinbrecher, anstatt das Sprengöl zu kaufen, das richtig bereitete Gemisch von Schwefelsäure und Salpetersäure und höchst concentrirtes und wohlgereinigtes Glycerin, sowie endlich die wenigen Mess-, Mischungs- und Trennungsapparate beziehen und das Sprengöl selbst darstellen. In den Händen eines intelligenten, gut instruirten Arbeiters wird sich diese Methode stets als die wenigst gefährliche bewähren. Eines geübten Chemikers bedarf es zur Ausführung solcher Versuche im kleinern Maassstab nicht. Es soll täglich nur die am gleichen Tag verbrauchte Menge Sprengöl dargestellt werden. Es ist freilich auch damit nicht das volle Maass der wünschenswerthen Gefahrlosigkeit gegeben, da die Hilfsmittel in den Steinbrüchen und Bergwerken stets etwas mangelhaft sein werden, Störungen der Arbeit nahe liegen, sichere Aufbewahrungsorte schwer zu finden sind u. s. w. Es steht ganz fest, dass die Wirkungen des Sprengöles die jedes andern bisher gebrauchten Sprengmittels übertreffen. Es bietet den Vortheil grosser Arbeits- und Zeitersparniss beim Bohren der Löcher, grössere Leichtigkeit des Besetzens derselben und neuer Anwendungen, z. B. zum Sprengen von Metallblöcken. Diese Vortheile sind trotz aller angeführten Schattenseiten desselben so gross, dass wir von der vorschreitenden Wissenschaft und Technik viel eher Vervollkommnungen und gewisse Sicherungsmittel gegen die mannichfaltigen Gefahren, die es zur Stunde noch involvirt, zu erwarten haben, als dass die Furcht vor Unglücksfällen es verdrängen werde. Ein Verbot des Sprengöles in seiner heutigen Unvollkommenheit, wie es z. B. nach gemachten Erfahrungen in Belgien, Newcastle, in Wales, Stockholm und Sydney in vielen Ländern erfolgte, glauben wir vorläufig als vollberechtigt erklären zu müssen.

Ein Gemisch, das zur Darstellung des Nitroglycerins sehr geeignet ist, wird nach Nobel erhalten, wenn man in 3½ Th. Schwefelsäure von 1,83 spec. Gewicht 1 Th. Kalisalpeter löst und abkühlt. Es krystallisirt dann ein Salz aus, welches aus 1 Mol. Kali, 4 Mol. Schwefelsäure und 6 Mol. Wasser besteht. Jene Säure scheidet beim Abkühlen auf 0° fast die ganze Menge des gebildeten Salzes aus und kann von letzterem durch vorsichtiges Abgiessen befreit werden. Tropft man einer solchen Säure Glycerin zu, so geht sehr rasch die oben erwähnte Bildung des eigentlichen Sprengöles vor sich, welches durch Wasser abgeschieden und gewaschen das Trinitroglycerin darstellt.

Nobels Dynamit.

Unter dem Namen Dynamit[35] bringt Nobel seit 1867 ein neues Sprengmaterial in den Handel, welches dadurch hergestellt wird, dass man irgend einen porösen Körper in Pulverform z. B. Holzkohle, Infusorienerde oder Kieselguhr mit Sprengöl tränkt. Gewöhnlich besteht es aus 75 Th. Nitroglycerin und 25 Th. Kieselerde. Es hat vor dem reinen Nitroglycerin (wie die Versuche von Bolley und Kundt gelehrt haben) den Vorzug, selbst durch den stärksten Stoss nicht zu explodiren. Das Pulver bedarf in Folge dessen einer künstlichen Zündung, wobei es eine solche Gewalt ausübt, dass selbst ohne Besatz die grössten Eisenblöcke gesprengt werden. Es verbrennt in offenem Raume oder unter üblicher Verpackung ohne Explosion. Es entwickelt bei seiner Verbrennung in der Luft etwas salpetrige Dämpfe, bei seiner Explosion nur Kohlensäure, Stickstoff und Wasserdampf, also unschädliche Gase. Es entwickelt bei der Verbrennung keinen Rauch, aber hinterlässt weisse Asche. Es erleidet keine Veränderung durch Feuchtigkeit. In geschlossenem Raume mit sehr starker Widerstandsfähigkeit explodirt es durch Funken; unter allen anderen Umständen erfolgt die Explosion nur durch künstliche Zündung. Die Vorzüge gegen Sprengpulver sind: Grosse Arbeitsersparniss, weil weniger Bohrlöcher von geringerem Durchmesser erforderlich sind. Eine grosse Beschleunigung der Arbeit, da sich die Sprengungen doppelt so rasch, wie bei Schiesspulver ausführen lassen. Ersparniss von Sprengmaterialkosten. Das Dynamit kostet vier Mal so viel, leistet aber acht Mal so viel als Pulver. Die fast vollständige Gefahrlosigkeit. Unschädlichkeit der Explosionsgase und Abwesenheit von Rauch. Einfache Anwendung bei nassen Bohrlöchern. Da weniger Bohrlöcher erforderlich sind, Ersparniss von Gezähkosten. Für den Gebrauch bedient man sich geleimter Papierpatronen, in welche das Pulver fest eingedrückt wird. In Kohle kann das Pulver locker verwendet werden. Zur Zündung bedient man sich einer Zündschnur mit aufgeschobenem und mittelst Zange darauf festgekniffenen Patentzündhütchen. Diese wird 3 Centimeter tief in das Pulver geschoben, dies fest angedrückt und die Patrone mit einem Papierstöpsel geschlossen. Der Besatz wird aus losem Sand hergestellt. Als Vorsichtsmaassregeln schreibt man vor: Vermeiden des Stäubens mit dem Pulver, weil der Staub giftig ist, und Füllen der Patrone mit einem Löffel aus demselben Grunde. Ferner soll es im Interesse der Oekonomie gerathen sein, möglichst enge Bohrlöcher zu bohren, da sie bei der grossen Kraft des Dynamits ausreichen. (Nobel verkauft das Dynamit mit Emballage in Fässern von 50 Pfund per Pfund zu 18 Sgr. Patentzündhütchen für Dynamit kosten 100 Stück 15 Sgr.) Beim Transport bietet das Dynamit keine Gefahr der Explosion dar. Das von Dittmar erfundene Dualin ist ein Gemisch von Nitroglycerin mit Sägespänen, oder Holzzeug der Papierfabriken, das vorher mit einem Gemisch von Salpeter- und Schwefelsäure behandelt wurde.

c) ***Schiessbaumwolle.***

Schiessbaumwolle.

Die Schiessbaumwolle (Schiesswolle, Pyroxylin, Fulmicoton) wurde 1846 gleichzeitig von Schönbein in Basel und von R. Böttger in Frankfurt a. M. entdeckt. Nach der 1846 von W. Knop (in Leipzig) veröffentlichten Methode der Darstellung nimmt man gleiche Volumen Schwefelsäure von 1,84 spec. Gewicht und rauchende Salpetersäure (nach Lenk 3 Gewichtstheile Schwefelsäure auf 1 Gewichtstheil Salpetersäure), mischt beide Flüssigkeiten in einer Porcellanschale und taucht dann in die Flüssigkeit so viel gekrempelte und durch Auskochen in Sodalösung von aller Fettsubstanz befreite Baumwolle, als die Flüssigkeit aufzunehmen vermag, bedeckt das Gefäss mit einer Glasplatte und lässt das Ganze bei gewöhnlicher Temperatur einige Minuten lang stehen. Darauf nimmt man die Baumwolle heraus, wäscht sie mit kaltem Wasser, trocknet sie in warmer Luft und krempelt sie nach dem Trocknen, um alle zusammengeballten Theile zu zertheilen. Die Baumwolle darf nicht zu lange Zeit in dem Säuregemisch stehen bleiben, weil sie sich sonst unter heftiger Entwickelung rother Dämpfe auflösen würde. Die in der Pulverfabrik zu Paris hinsichtlich der vortheilhaftesten Fabrikation der Schiessbaumwolle angestellten Versuche führten zu folgenden Erfahrungssätzen: 1) gleiche Theile Schwefel- und Salpetersäure und gereinigte Baumwolle; 2) die beste Zeitdauer scheint 10–15 Minuten zu sein; 3) das einmal gebrauchte Gemisch kann nochmals benutzt werden, dann aber ist die Baumwolle eine längere Zeit einzutauchen; 4) das Präparat muss langsam getrocknet werden, namentlich darf man dasselbe, so lange es feucht ist, keiner höheren Temperatur als 100° aussetzen; 5) durch Imprägniren mit Salpetersäure erhält die Baumwolle noch mehr Kraft.

Eigenschaften der Schiessbaumwolle.

Die Schiessbaumwolle hat das Ansehen gewöhnlicher Baumwolle und ist selbst unter dem Mikroskop nicht von derselben zu unterscheiden. Sie fühlt sich aber rauher an und hat an Elasticität verloren; sie ist in Wasser, Alkohol und Essigsäure unlöslich, schwer löslich in reinem Aether, leicht löslich in alkoholhaltigem Aether und Essigäther. Bei längerem Aufbewahren erleidet die Schiessbaumwolle eine freiwillige Zersetzung, die sogar mit einer Selbstentzündung endigen kann; bei dieser Zersetzung entwickeln sich Wasserdämpfe und salpetrige Säure, und der zurückbleibende Theil enthält Ameisensäure. Die Angaben über die Temperatur, bei welcher die Schiessbaumwolle sich entzündet, sind nicht übereinstimmend. Häufig lässt sich die Schiessbaumwolle bei 90–100° ohne Gefahr der Entzündung trocknen, während die Entzündung schon bei 43° vorgekommen sein soll. Die Explosion aber eines kleinen mit Schiessbaumwolle angefüllten Magazins im *Bois de Vincennes* in Paris, das an einem Tage stark von der Sonne beschienen wurde, sowie die fürchterlichen Explosionen in le Bouchet und Faversham, wo die Temperatur des Trockenraumes nicht über 45–50° steigen konnte, machen die grösste Vorsicht beim Trocknen und der Aufbewahrung der Schiessbaumwolle nothwendig. Sie entzündet sich ferner durch starken Stoss und Schlag und hinterlässt nach der Verbrennung keine Spur von Rückstand. Auf gekörntem Schiesspulver abgebrannt, entzündet sich dasselbe nicht. Die Schiessbaumwolle ist sehr hygroskopisch und lässt sich selbst längere Zeit unter Wasser aufbewahren, ohne ihre explosiven Eigenschaften einzubüssen. Nach den besten Analysen hat die Schiessbaumwolle die Formel der Trinitro-Cellulose, $C_6H_7(NO_2)_3O_5$, sie ist demnach zu betrachten als Baumwolle $C_6H_{10}O_5$, in welcher 3 Atome Wasserstoff durch 3 Atome Untersalpetersäure ersetzt worden sind. In 100 Theilen besteht sie aus

Kohlenstoff	24,24
Wasserstoff	2,36
Sauerstoff	59,26
Stickstoff	14,14
	100,00

Wenn wir von der Schwefelsäure, deren Anwendung zur Darstellung der Schiessbaumwolle durch ihre wasserbildende Eigenschaft bedingt ist, absehen, so lässt sich die Umwandlung der Baumwolle in Schiessbaumwolle durch folgende Gleichung ausdrücken:

$$C_6H_{10}O_5 \quad + 3HNO_3 \quad = C_6H_7(NO_2)_3O_5 \quad + 3H_2O$$

Baumwolle Schiessbaumwolle

Wenn bei der Darstellung die Cellulose gänzlich in Trinitro-Cellulose übergeht, so müssen 100 Th. Baumwolle 185 Th. Schiessbaumwolle geben; wenn sie sich in Binitro-Cellulose verwandelt, müssen 100 Th.

Baumwolle 155 Th. Schiessbaumwolle bilden. Die Versuche gaben ein mittleres Resultat; 100 Th. Baumwolle gaben:

Pelouze (bei 10 Versuchen) (1849)	168–170	Th.	Schiessbaumwolle.
Schmidt und Hecker (1848)	169	„	„
Vankerckhoff und Reuter (1849)	176,2	„	„
W. Crum (1850)	178	„	„
Redtenbacher, Schrötter u. Schneider (1864)	178	„	„
Sv. Lenk (1862)	155	„	„
Blondeau (1865)	165,25	„	„

Die Zersetzungsprodukte der entzündeten Schiessbaumwolle sind im luftleeren Raume Kohlenoxyd, Wassergas und Stickstoffgas; im luftleeren Raume dieselben Körper, ausserdem aber noch salpetrige Säure und Cyan. 1 Grm. Schiessbaumwolle giebt nach Emil Schmidt bei der Verbrennung im Vacuum 588 Kubikcentim. Gas. Nach der Analyse von Károlyi bestehen die Gase in Volumenprocenten aus

Kohlenoxyd	30
Kohlensäure	20
Sumpfgas	10
Stickoxyd	9
Stickstoff	8
Wasserdampf	23
	100

1 Gewichtstheil Schiessbaumwolle wirkt so viel wie 4,5–5 Th. Schiesspulver.

Schiessbaumwolle als Ersatzmittel des Schiesspulvers.

Die Anwendung der Schiessbaumwolle anbelangend, so scheint es, als ob sich dieselbe als Ersatzmittel für das Schiesspulver nicht praktisch erweisen wollte. Obgleich es den Anschein hat, als wäre die Schiessbaumwolle ihrer Leichtigkeit, Reinlichkeit, der Gefahrlosigkeit des Transports wegen, dem Schiesspulver vorzuziehen, so liegen doch bedeutende Unbequemlichkeiten in ihrem grossen Volumen und den damit verbundenen Schwierigkeiten des Transports, so wie in der Erzeugung einer grossen Menge von Feuchtigkeit (Wasser und salpetrige Säure) in dem Rohre, welche beim Schuss nachtheiliger als der feste Pulverrückstand wirkt. Im stark comprimirten Zustand wirkt die Schiessbaumwolle durchaus nicht; sie ist demnach zu Zündern, Raketen u. s. w. nicht anwendbar. Die günstigsten Resultate wurden bei der Anwendung der Fernere Anwendung der Schiessbaumwolle. Schiessbaumwolle zum Sprengen erhalten. Pelouze empfiehlt die Schiessbaumwolle mit Kaliumchlorat gemengt zur Füllung der Zündhütchen; die so dargestellten Zündhütchen sind aber weder sicher noch kräftig genug. Für die Verwendung der Schiessbaumwolle als Pulversurrogat ist es als ein namhafter

Fortschritt zu betrachten, dass es in den letzten Jahren den Bestrebungen Abel's gelungen ist, die Schiessbaumwolle mechanisch der Art zu verarbeiten, dass sie hinsichtlich ihres Effektes dem Pulver ähnlich ist. Gewöhnlich wird die Schiessbaumwolle immer in losem, faserigem oder wolligem Zustande angewendet; in der neuesten Zeit wurde sie auch zu Lunten, Garn oder Zwirn gesponnen und in Form von Flechten oder Bändern zu Patronen verarbeitet. Dadurch will man bezwecken, die Schiessbaumwolle dem Schiesspulver möglichst ähnlich zu machen, indem sie durch dieselbe auf mechanischem Wege in eine feste, zusammenhängende Masse verwandelt und als solche zu Körnern oder zu irgend einer anderen Form verarbeitet wird, welche die zur Erzielung einer gewissen Schnelligkeit oder Intensität der Verbrennung erforderliche Oberfläche und Dichtigkeit besitzt. Das Verfahren zur Behandlung der Schiessbaumwolle, welchem man in der Praxis den Vorzug giebt, ist das folgende: Zunächst wird die Baumwolle auf bekannte Weise in Schiessbaumwolle verwandelt, zu welchem Behufe man vorzugsweise die Form von losen Lunten (Vorgespinnst) anwendet. Nachdem das Präparat durch Auswaschen in laufendem Wasser und in einer sehr verdünnten Alkalilösung gereinigt worden ist, wird es mittelst einer der Stoffmühle (Holländer) der Papierfabriken ähnlichen Maschine zu einem Brei oder Zeug zerkleinert, welcher dann durch die gewöhnlichen Processe, mittelst deren man Papierzeug in verschiedene Formen bringt, zu Blättern (Bogen), Scheiben, Cylindern oder anderen durchbrochenen oder massiven Körpern geformt wird. Dem Zeuge oder Breie kann man eine geringe Menge von Gummi oder von einem anderen in Wasser löslichen Bindemittel zusetzen. Um der Masse jeden erforderlichen Grad von Dichtigkeit und Festigkeit zu ertheilen, unterwirft man sie im noch feuchten Zustande dem Drucke hydraulischer oder anderer Pressen. Zum Körnen der Schiessbaumwolle werden die erwähnten Bogen, Scheiben etc. zu Stückchen von der erforderlichen Grösse zerschnitten, oder der noch Wasser und ausserdem eine geringe Menge Bindemittel enthaltende Zeug wird in ein Gefäss gebracht, welchem man eine schwingende Bewegung ertheilt, wodurch er rasch in Körnchen von verschiedener Grösse verwandelt wird, die dann noch sortirt werden können, falls dies für nöthig befunden werden sollte. Bei diesen mechanischen Processen können anstatt Wasser auch andere Flüssigkeiten, z. B. Holzgeist, Weingeist, Aether oder Gemische von diesen Flüssigkeiten, mit oder ohne ein in diesen Flüssigkeiten lösliches Bindemittel zur Anwendung kommen. Anstatt die ganze Masse der Schiessbaumwolle in Zeug oder Brei zu verwandeln, kann man auch einen Theil derselben in ihrem ursprünglichen Zustande lassen und mit dem Brei in solchen Verhältnissen mengen, dass das Gemenge nach dem Pressen eine feste, zusammenhängende Masse von der erforderlichen Dichtigkeit bildet. Diese solide Schiessbaumwolle kann, mag sie nun aus Zeug (Brei) allein, oder aus einem Gemenge von diesem mit faserigem Pyroxylin dargestellt worden sein, auch noch mit Collodium, also mit löslicher Schiessbaumwolle, in flüssiger oder gelöster Form überzogen oder damit imprägnirt werden. Solche feste Schiessbaumwolle kann auch aus Gemengen mehrerer Schiessbaumwollsorten von verschiedener Zusammensetzung, deren Eigenschaften bekannt sind, d. h. aus Schiessbaumwolle, welche in Gemischen von Alkohol und Aether, und in reinem oder mit Alkohol gemischtem Holzgeist löslich ist, und aus Pyroxylin, welches sich in diesen Flüssigkeiten nicht löst, dargestellt werden; in diesem Falle können entweder beide oder nur eine von den beiden Schiessbaumwollsorten in Zeug oder Brei verwandelt werden, während die andere ihren faserigen Zustand beibehält; oder es können auch beide Sorten im faserigen Zustande mit einander gemengt werden. Die Umwandlung dieser Gemenge in feste Massen kann dann entweder durch Druck allein — sofern nämlich eine oder beide Varietäten Breiform — oder dadurch bewirkt werden, dass die in dem Gemenge vorhandene lösliche Schiessbaumwolle durch Behandlung mit den oben genannten, als Lösungsmittel wirkenden Flüssigkeiten als Bindemittel benutzt wird, in welchem Falle die Gemenge mit oder ohne die Anwendung von Druck in feste Massen verwandelt werden können. Neuerdings ist die Schiessbaumwolle zum Filtriren starker Säuren und ähnlicher energisch wirkender Agentien empfohlen worden.

Collodium.

Maynard benutzt die Auflösung der Schiessbaumwolle in Aether als klebendes Mittel und bezeichnet dasselbe mit dem Namen Collodium oder Klebäther. Diese Lösung ist von Syrupconsistenz. Bringt man dieselbe als dünnen Ueberzug auf die Haut, so bildet sich durch Verdunsten des Aethers eine fest anhängende, undurchdringliche Schicht. Sie dient in der Chirurgie zum Verschliessen von Schnittwunden statt des englischen Pflasters, zur Erzeugung photographischer Bilder auf Glas, als wasserdichter Ueberzug statt des

Harzfirnisses, so z. B. bei der Fabrikation der Salonzündhölzchen etc. Wenn man dieselbe der Luft aussetzt, so verdunstet der darin enthaltene Aether und hinterlässt ein dünnes, festes Häutchen, das in Wasser und Weingeist vollkommen unlöslich ist und, mit der trockenen Hand gerieben, in hohem Grade negativ elektrisch wird. Eine vollkommen zusammenhängende und luftdichte Platte von Collodium kann so dünn dargestellt werden, dass sie die Farben der Newton'schen Ringe zeigt. Legray stellt durch folgendes Verfahren eine Schiessbaumwolle dar, die sich vollständig in Aether löst: Man mischt 80 Grm. pulverisirten und getrockneten Kalisalpeter mit 120 Grm. englischer Schwefelsäure; die breiartige Mischung wird, wenn sie sich zu stark erhitzt haben sollte, durch Eintauchen des Gefässes in kaltes Wasser abgekühlt; hierauf bringt man 4 Grm. getrockneter Baumwolle hinein und arbeitet sie mit einem Porcellan- oder Glasspatel etwa fünf Minuten lang darin herum. Man bringt nun das Ganze in eine Schale mit Regenwasser, und sucht so schnell als möglich durch Zapfen und Drücken die Säure von der Baumwolle zu trennen. Nachdem durch mehrmaliges Auswaschen mit erneuerten Portionen frischen Wassers alle Säure entfernt worden, trocknet man die Baumwolle in gelinder Wärme. Nach Mann (in St. Petersburg) kommt es bei der Bereitung der Collodiumbaumwolle vorzüglich auf den Wassergehalt der Schwefelsäure, auf die Temperatur und Zeit bei der Einwirkung und auf die Gegenwart einer gewissen Menge Untersalpetersäure in der Salpetersäure an. Eine Schwefelsäure von 1,830–1,835 bei 15° (enthaltend 94 Proc. Monohydrat) eignet sich am besten zur Zersetzung des Salpeters. In einem Glascylinder übergiesst man 20 Th. gepulverten Salpeter mit 31 Th. Schwefelsäure und rührt beide so lange um, bis der Salpeter ganz zergangen ist. In die noch heisse Mischung, deren Temperatur aber höchstens 50° betragen darf, trägt man alsdann die Baumwolle ein und arbeitet gut durch, worauf man den Cylinder mit einer Glasplatte bedeckt und das Ganze ungefähr 24 Stunden lang bei einer Temperatur von 28–30° stehen lässt. Das Gemenge wird mit kaltem Wasser so lange ausgewaschen, bis die zurückbleibende Wolle nicht mehr sauer reagirt. Die noch feuchte Wolle wird zuletzt durch die Behandlung mit kochendem Wasser von den letzten Spuren schwefelsauren Kalis, die von der Faser der Baumwolle hartnäckig zurückgehalten werden, befreit. Bleibt die Baumwolle 5–6 Tage lang bei ungefähr 30° in der Mischung liegen, so gewinnt die Collodiumwolle nur an Güte. Eine 10–20 Minuten lange Behandlung der Baumwolle giebt ein vollkommenes Präparat. Auch mit Natronsalpeter kann Collodiumwolle erhalten werden; man wendet an 33 Th. Schwefelsäure von 1,80 spec. Gewicht, 17 Th. Natronsalpeter und ½ Th. Baumwolle. Nach Béchamp erhält man stets lösliche Schiessbaumwolle, wenn man die Baumwolle in das noch heisse Gemisch von Salpeter und Schwefelsäure eintaucht und nicht wartet, bis dasselbe erkaltet ist; im entgegengesetzten Falle ist das Produkt unlöslich, man kann es aber löslich machen, indem man es ein zweites Mal in das warme Gemenge der Säure mit dem Salpeter eintaucht. Essigäther, essigsaures Methyloxyd, Holzgeist und Aceton lösen gleichfalls die Collodiumwolle auf; alkoholfreier Aether scheint auf dieselbe nicht einzuwirken. Gewöhnlich wendet man zum Lösen von 1 Th. Collodiumwolle ein Gemisch von 18 Th. Aether und 3 Th. Alkohol an.

Anhang zur Schiessbaumwolle.

Durch gleiches Behandeln mit dem oben erwähnten Säuregemisch kann man auch Werg, Holzspäne, Papier (Pyropapier), Stroh, Zucker, Stärke und besonders, wie bekannt, auch Glycerin und Mannit explosiv machen.

Das Kochsalz.

Vorkommen.

Das Kochsalz (Salz, Chlornatrium) besteht aus

Chlor	Cl	35,5	60,41
Natrium	Na	23	39,59
		58,5	100,00

und ist sowol im festen Zustande (als Steinsalz), als auch aufgelöst im Meerwasser und als Salzsoole in der Rinde des Erdkörpers in reichlichster Menge vorhanden. Als Steinsalz findet es sich in grossen Massen. Es kommt mit Zwischenlagern von Thon und Gyps in grossen, fast ganz reinen Stöcken in Lagern von bedeutender Mächtigkeit, meist erst in Tiefen von 100 Meter vor. Massenhafte Steinsalzlager finden sich in den Tertiärgebilden der Karpathen und zwar im Norden derselben bei Wieliczka, Bochnia, Laczko, Stebnik u. s. w., in der südlichen Abdachung bei Szlatina, Vizackna u. s. w.; in der Kreideformation bei Cardona in der spanischen Provinz Catalonien; in den Alpen und zwar in den Ostalpen Bayerns, ferner in Salzburg, Steiermark und Tyrol sind die allbekannten Salzlager von Berchtesgaden, Hall, Hallein, Aussee, Hallstadt, Ischl u. s. w. In der Triasformation kommen wichtige Salzlager vor im Teutoburger Walde, in Württemberg, in der preussischen Provinz Sachsen, obenan die Salzlager von Stassfurt und Erfurt, und in der Mark Brandenburg zu Sperenberg bei Berlin[36]. Bemerkenswerth ist das gleichzeitige Vorkommen von Steinsalz und Erdöl (Petroleum) in den Alpen, den Karpathen, im asiatischen Russland, in Syrien, Persien und an den Abfällen des Himalaya; in Afrika, in Algerien und Abyssinien; in Amerika, sowol in der Union und in Canada, als auch am Fusse der peruanischen und bolivischen Anden etc. Nicht selten findet sich das Steinsalz mit Thon oder Mergel gemengt und bildet dann den Salzthon und das Haselgebirge. Von der ursprünglichen Lagerstätte des Steinsalzes ist sein secundäres Vorkommen zu unterscheiden. Atmosphärische Wasser, welche in die Tiefe dringen, lösen Salztheile auf und führen sie auf die Oberfläche. Auf solche Weise bilden sich sowol einzelne Salzquellen, als auch Salzsümpfe und Salzseen, aus denen durch allmälige Verdampfung das Salz sich wieder abscheidet; damit steht auch das Vorkommen des Kochsalzes als Efflorescenz aus dem Boden der Salzsteppen (Steppensalz, Wüstensalz, Erdsalz) in Zusammenhang. Bekanntere Salzseen sind der salzige See bei Eisleben, der Eltonsee in der Nähe der Wolga, das Todte Meer und der durch die Mormonen bekannt gewordene Salt-Lake bei Utah im Osten von dem Felsengebirge in Nordamerika. Was die Bildung der Salzquellen oder Soolen betrifft, so erleidet es keinen Zweifel, dass sie ihren Kochsalzgehalt durch Auslaugung von Steinsalz sich aneigneten. Der grossen Verbreitung der Flötzformation, welche durch das Vorkommen von Steinsalz sich besonders auszeichnet, entspricht die grosse Anzahl von Salzquellen in Deutschland. Das Kochsalz findet sich ferner im Meerwasser gelöst als See- oder Meersalz, oder in den Polargegenden auf den Eisflächen in Körnerform abgeschieden, wo es den Namen Rassol führt. Endlich ist nicht unerwähnt zu lassen, dass das Chlornatrium bei gewissen chemischen Processen massenhaft als chemisches Produkt auftritt, so z. B. in der Salpeterfabrikation aus Natriumnitrat und Chlorkalium.

Gewinnung des Kochsalzes aus dem Meerwasser.

Das Meerwasser der verschiedensten Gegenden enthält immer dieselben Bestandtheile. Die Verschiedenheit in der Menge derselben ist äusserst gering und wird durch gewisse örtliche Verhältnisse, durch den Untergrund des Meeres, durch die Verdünnung des Meerwassers an den Küsten und Mündungen der Flüsse durch Flusswasser, durch Eismassen in den Polargegenden u. s. w. bedingt. Das spec. Gewicht des Meerwassers schwankt bei +17° zwischen 1,0269 und 1,0289; das des Rothen Meeres ist weit höher und beträgt 1,0306. In 100 Th. Meerwasser sind enthalten:

	Grosser Ocean.	Atlantischer Ocean.	Nordsee.	Rothes Meer.
Chlornatrium	2,5877	2,7558	2,5513	3,030
Bromnatrium	0,0401	0,0326	0,0373	0,064
Kaliumsulfat	0,1359	0,1715	0,1529	0,295
Calciumsulfat	0,1622	0,2046	0,1622	0,179
Magnesiumsulfat	0,1104	0,0614	0,0706	0,274
Chlormagnesium	0,4345	0,3260	0,4641	0,404
Chlorkalium	—	—	—	0,288

3,4708	3,5519	3,4384	4,534

Das in den verschiedenen Meeren aufgelöste Salz ist, wie folgt, zusammengesetzt:

		Kaspisches Meer.	Schwarzes Meer.	Ostsee[37].	Nordsee durchschnittl. von 7 Stellen.	Mittelländ. Meer durchschnittl. von 3 Stellen.	Atlant. Ocean durchschnittl. von 3 Stellen.	Todtes Meer durchschnittl. von 5 Stellen.
Gehalt überhaupt	feste Salzmasse	0,63	1,77	1,77	3,31	3,37	3,63	22,30
	Wasser	99,37	98,23	98,23	96,69	96,63	96,37	77,70
Die gelösten festen Bestandtheile enthalten in 100 Theilen	Chlornatrium	58,25	79,39	84,70	78,04	77,07	77,03	36,55
	Chlorkalium	1,27	1,07	—	2,09	2,48	3,89	4,57
	Chlorcalcium	—	—	—	0,20	—	—	11,38
	Chlormagnesium	10,00	7,38	9,73	8,81	8,76	7,86	45,20
	Bromnatrium und -Magnesium	—	0,03	—	0,28	0,49	1,30	0,85
	Calciumsulfat	7,78	0,60	0,13	3,82	2,76	4,63	0,45
	Magnesiumsulfat	19,68	8,32	4,96	6,58	8,34	5,29	—
	Calcium- und Magnesiumcarbonat	3,02	3,21	0,48	0,18	0,10	—	—

1 Kubikmeter Meerwasser enthält mithin etwa 28–31 Kilogr. Chlornatrium und 5–6 Kilogr. Chlorkalium.

Man erhält das Kochsalz aus dem Meerwasser

a) vermittelst der Salzgärten durch Verdunstung;

b) mit Hülfe von Frost;

c) mit Hülfe von Brennmaterial.

Mit Hülfe von Salzgärten.

Die Gewinnung des Kochsalzes aus dem Meerwasser in den Meersalinen mit Hülfe von Salzgärten erstreckt sich in Europa in den am Atlantischen Ocean gelegenen Ländern (Frankreich, Spanien, Portugal) nur bis zum 48° nördl. Breite. Ausser an den Küsten des Oceans wird von Seiten Frankreichs und Spaniens die Meersalzgewinnung am Mittelmeere, Italiens am Tyrrhenischen und Adriatischen Meere, Oesterreichs in Istrien und Dalmatien betrieben. Sie geschieht auf folgende Weise: Man legt die Salzgärten in einer flachen Gegend am Meeresufer an und zwar so, dass sie gegen die Flut geschützt sind; das Meerwasser geht zuerst in ein grosses Reservoir, in welchem es höchstens 2 Meter oder mindestens 0,3 Meter hoch steht. In diesem Behälter setzen sich alle Substanzen ab, welche suspendirt in dem Meerwasser sich befanden. Durch einen hölzernen Kanal läuft das Wasser in kleinere Behälter, aus welchen es durch unterirdische Röhren in die Gräben fliesst, welche den Salzgarten allenthalben umgeben, in welchen sich das Seesalz zum grossen Theil auf der Oberfläche des Wassers abscheidet. Das Salz wird gesammelt und auf den Gängen angehäuft. Man bildet aus dem herausgenommenen Salze entweder Kegel oder Pyramiden, welche man durch Bedecken mit Seegras oder Stroh gegen den Regen schützt. Indem diese Haufen sich längere Zeit überlassen bleiben, ziehen die zerfliesslichen Salze — das Chlormagnesium und das Chlorcalcium — sich in den Boden und hinterlassen das Seesalz ziemlich rein. Die in den Salzgärten verbleibende Mutterlauge wird auf Chlorkalium (vergl. Seite 132), Glaubersalz und Magnesiasalze verarbeitet, nach einem Verfahren, welches ursprünglich von Herrmann in Schönebeck herrührt und in Frankreich von Balard eingeführt und von Merle verbessert wurde.

Mit Hülfe von Frost.

Auch durch Frost lässt sich aus dem Meerwasser das Kochsalz gewinnen. Die dabei angewendete Methode gründet sich darauf, dass eine Lösung von Kochsalz bei einer Temperatur von einigen Graden unter dem Gefrierpunkte des Wassers sich spaltet in fast reines gefrierendes Wasser und eine flüssigbleibende reichhaltigere Soole. Entfernt man das Eis und setzt man die Flüssigkeit von Neuem der Kälte aus, so lässt sich wieder ein Theil ihres Wassers als Eis entfernen und man erhält endlich eine Salzsoole, aus welcher sich durch schwaches Eindampfen schon Kochsalz ausscheidet. Um ein reineres Produkt zu erhalten, reinigt man die Soole vor dem Eindampfen durch Kalk, wodurch die Magnesiasalze ersetzt werden.

Mit Hülfe von Brennmaterial.

Das mit Hülfe von Brennmaterial aus dem Meerwasser dargestellte Kochsalz (*sel ignifère*) wird in der Normandie, besonders zu Avranchin, in den Laverien auf folgende Weise gewonnen. Man benutzt dort den salzhaltigen Sand an der Meeresküste, um des Seewasser mit dem darin enthaltenen Salze zu sättigen. Das so erhaltene salzreiche Seewasser wird darauf abgedampft. Häufig wird am Ufer ein Damm oder Wall von Meeressand aufgeworfen, welcher zur Zeit der höchsten Flut vom Meere überflutet wird. In der Zwischenzeit von einer Flut zur andern wird der Sand theilweise trocken und bedeckt sich an der Oberfläche mit einer Efflorescenz von Seesalz. Nur der vollkommen trockene Sand wird gesammelt und zwar täglich zwei bis drei Mal an der nämlichen Stelle. Die heissen Sommertage sind für das Sammeln des Sandes am günstigsten. Um den Sand auszulaugen, werden hölzerne Kästen angewendet, deren Böden aus schwachen Brettern bestehen, die man mit Strohschichten bedeckt. Die Kästen werden mit dem salzhaltigen Sand gefüllt und über denselben in jeden Kasten Seewasser gegossen. Indem dasselbe durch den Sand sickert, erhält es ein specifisches Gewicht von 1,14 bis 1,17. Die Dichte dieser Soole wird mit Hülfe dreier Wachskugeln bestimmt, die mit Blei belastet sind. Die Salzsieder zu Avranchin halten Soole von 1,16 specifischem Gewicht für die zum Abdampfen am meisten sich eignende. Das Wasser wird in flachen viereckigen Bleipfannen eingesotten. Während des Siedens wird fleissig abgeschäumt und von Zeit zu Zeit neues Salzwasser nachgefüllt, bis das Salz sich krystallisch auszuscheiden beginnt. Ist dieser Zeitpunkt gekommen, so setzt man noch eine kleine Menge Salzwasser hinzu, um die Bildung von neuem Schaum zu bewirken, welchen man wieder entfernt. Hierauf wird unter fortwährendem Umrühren die Masse zur Trockne gebracht. Die so erhaltene fein zertheilte, aber höchst unreine Masse wird in einem Korb über der Siedepfanne aufgehängt. Durch die Einwirkung der Wasserdämpfe werden die zerfliesslichen Salze — Chlormagnesium und Chlorcalcium — zum grössten Theile entfernt. Darauf bringt man das Salz in ein Magazin, dessen Boden aus durch Auslaugen gereinigtem, trocknem und festgestampftem Sand besteht. Hier vollendet sich die Reinigung des Salzes von den zerfliesslichen Salzen, wodurch es noch gegen 20 bis 28 Proc. an Gewicht verliert. Das so erhaltene Salz ist weiss und sehr rein. 700 bis 800 Liter Salzwasser liefern, je nach dem Salzgehalt des angewendeten Sandes, 150 bis 225 Kilogr. Salz.

Zu Ulverstone in Lancashire wendet man jetzt noch ein Verfahren zur Gewinnung des Seesalzes aus dem Meerwasser an, welches dem französischen sehr ähnlich ist. Eine andere Methode ist zu Lymington an der Küste von Hampshire, so wie auf der Insel Wight gebräuchlich; sie besteht darin, das Seewasser durch natürliche Verdampfung etwa bis zu ⅙ des ursprünglichen Volumens zu concentriren und die erhaltene Soole in gewöhnlicher Art in Pfannen zu verdampfen. Das Concentriren geschieht in den sogenannten Sonnenwerken oder Auswerken, welche mit den gewöhnlichen Salzgärten übereinstimmen und sich von diesen nur dadurch unterscheiden, dass das concentrirte Meerwasser nicht bis zur Ausscheidung des Salzes in den Bassins stehen bleibt. In und bei Liverpool gewinnt man den Salzgehalt des Meerwassers auf die Weise, dass man sich desselben zum Auflösen des zu raffinirenden Steinsalzes bedient. Das Vortheilhafte dieses Verfahrens ist einleuchtend, wenn man erwägt, dass dabei mindestens noch 2,3 Proc. Kochsalz aus dem Meerwasser gewonnen werden können. An der Ostküste Englands gestattet es der niedrige Preis der Steinkohlen, das

Meerwasser durch unmittelbares Versieden auf Kochsalz zu benutzen, ohne es vorher durch Verdunstung zu concentriren. Aus den Salzseen (vergl. Seite 176) scheidet sich während der heissen Jahreszeit Salz mitunter in so grosser Menge ab, dass es wie eine Kruste den Boden bedeckt. Der Eltonsee allein liefert jährlich auf diese Weise 20 Millionen Kilogr. Salz. Enorme Mengen Salz werden ferner aus dem merkwürdigen Salt-Lake im von den Mormonen bewohnten Territorium Utah in Nordamerika gewonnen.

Gewinnung des Steinsalzes.

Das Steinsalz ist sehr häufig von Anhydrit, Thon und Mergel begleitet. Nicht selten findet sich das Steinsalz in unregelmässigen stockförmigen Massen eingeschlossen, welche im Wesentlichen aus Thon bestehen (Salzthon); oder es werden die Salzmassen durch Mergellager (Haselgebirge) eingeschlossen und von anderen Gebirgsarten getrennt. Im Steinsalze selbst befinden sich zuweilen andere Mineralien abgesondert, so z. B. der Brongniartin (Na_2SO_4 + $CaSO_4$) bei Villarrubia in Spanien, und die merkwürdigen Mineralien des Steinsalzlagers in Stassfurt. Das Steinsalzlager bei Stassfurt ist mit einer Decke von bitteren, bunten und zerfliesslichen Salzen, sogenanntem Abraumsalz (aus 55 Proc. Carnallit, Sylvin und Kainit, 25 Proc. Kochsalz, 16 Proc. Kieserit und 4 Proc. Chlormagnesiumhydrat bestehend), in einer Dicke von nahezu 65 Meter versehen, welches über 12 Proc. Kali enthält und dadurch für die Technik als neue und überaus wichtige Kaliquelle auftritt.

Die Zusammensetzung des Steinsalzes zeigt sich aus folgenden Analysen:

	I.	II.	III.	IV.	V.	VI.
Chlornatrium	100,00	99,85	99,92	99,43	99,14	99,63
Chlorkalium	—	—	—	—	Spur	0,09
Chlorcalcium	—	Spur	—	0,25	Spur	0,28
Chlormagnesium	Spur	0,15	0,07	0,12	—	—
Calciumsulfat	—	—	—	0,20	1,86	—
	100,00	100,00	100,00	100,00	100,00	100,00

I. Weisses Steinsalz von Wieliczka, II. weisses und III. gelbes Steinsalz von Berchtesgaden, IV. von Hall in Tyrol, V. Knistersalz von Hallstadt, VI. Steinsalz von Schwäbischhall.

Das sogenannte Knistersalz, welches zu Wieliczka in krystallinisch-körnigen Massen vorkommt, hat die Eigenthümlichkeit, bei der Auflösung in Wasser unter kleinen Detonationen Gas zu entwickeln. Die mikroskopischen Höhlen, in denen sich das Gas eingeschlossen befindet, erleiden allmälig in dem Maasse, als das Salz sich löst, eine Verdünnung ihrer Wände, die das Gas sehr bald befähigt, die Wände unter Explosion zu durchbrechen und zu entweichen. Das entweichende Gas ist entzündlich. Es besteht aus comprimirten Kohlenwasserstoffgasen, welche, wenn das Knistersalz von unterirdischen Wassern aufgelöst, zum Theil als Gas zum Ausströmen gelangen, theils im verdichteten Zustande als Petroleum oder Bergöl ausfliessen. Beachtenswerth ist, wie schon oben erwähnt, das gleichzeitige Vorkommen von Petroleum und Steinsalz an vielen Orten. Die im Stassfurter Steinsalzlager sich findenden Mineralien sind nach F. Bischof, Reichardt, Zincken u. A. folgende:

	Chemische Formel.	In 100 Gewichtstheilen sind enthalten:		Spec. Gewicht d. Verbindung.	100 Gewichtstheile Wasser lösen bei 18¾°C.	Synonyma und Bemerkungen.
Anhydrit	$CaSO_4$	100	Calciumsulfat.	2,968	0,20	Karstenit.
Boracit	$B_{16}O_{30}Cl_2Mg_7$	26,82	Magnesia.	2,91	fast unlöslich.	Stassfurtit.
		62,57	Borsäure.			
		10,61	Chlormagnesium.			
Carnallit	$KMgCl_3 + 6H_2O$	26,76	Chlorkalium.	1,618	64,5	Enthält Brom.
		34,50	Chlormagnesium.			
		38,74	Wasser.			
Eisenglimmer	Fe_2O_3	100	Eisenoxyd.	3,35	unlöslich.	Eisenglanz.
						Eisenrahm.
Kieserit	$MgSO_4 + H_2O$[38]	87,10	Magnesiumsulfat.	2,517	40,9	Martinsit?
		12,90	Wasser.			
Polyhalit	$2CaSO_4$ $MgSO_4$ K_2SO_4 $2H_2O$	45,18	Calciumsulfat.	2,720	zersetzt sich bei der Auflösung.	
		19,93	Magnesiumsulfat			
		28,90	Kaliumsulfat.			
		5,99	Wasser.			
Steinsalz	NaCl	100	Chlornatrium.	2,200	36,2	
Sylvin	KCl	100	Chlorkalium.	2,025	34,5	Schätzellit.
						Hövelit.
						Leopoldit.
Tachhydrit	$CaCl_2$ $2MgCl_2$ $12H_2O$	21,50	Chlorcalcium.	1,671	160,3	
		36,98	Chlormagnesium.			
		41,52	Wasser.			

Kainit	K_2SO_4 $MgSO_4$ $MgCl_2$ $6H_2O$	36,34	Kaliumsulfat.			Enthält Brom.
		25,24	Magnesiumsulfat.			
		18,95	Chlormagnesium.			
		19,47	Wasser			
Schönit oder Pikromerit	K_2SO_4 $MgSO_4$ $6H_2O$	43,18	Kaliumsulfat.			
		29,85	Magnesiumsulfat.			
		26,97.	Wasser			

Der Sylvin kommt ausser in Stassfurt auch noch in grösster Menge im Hangenden des oberen Salzthonlagers bei Kalucz in Galizien vor.

Gewinnung des Steinsalzes.

Das Verfahren zur Gewinnung des Steinsalzes ist ein sehr verschiedenes, je nachdem das Steinsalz zu Tage tritt oder durch Schächte, Stollen, Schürfe oder Bohrlöcher entweder unter der Erdoberfläche oder unter einer Gebirgsdecke vorkommt. Tritt das Steinsalz zu Tage, so wird es steinbruchähnlich gewonnen und diese Methode der Gewinnung ist natürlich die einfachste und billigste. Ist aber die unterirdische bergmännische Gewinnung erforderlich, so ist dieselbe um so kostspieliger, in je grösserer Tiefe das Steinsalz lagert. Häufig ist aber nicht nur die Tiefe der Steinsalzlager unter der Oberfläche der Erde, sondern auch die Beschaffenheit der Ablagerung selbst, auch wol die einmal eingeführte Art der Benutzung des Steinsalzes auf die Wahl der Gewinnungsart von Einfluss. Oefters ist das Steinsalz aus Gemengen von Steinsalz, Salzthon, Gyps, Dolomit etc. zusammengesetzt; das so verunreinigte Steinsalz würde als Kochsalz nicht angewendet werden können, sondern erst durch Auflösen und Versieden in Siedesalz umgewandelt werden müssen. Im letzteren Falle sucht man die Förderungs- und Auflösungskosten dadurch zu ersparen, dass man der Natur das Geschäft des Auflösens auf der Lagerstätte selbst überträgt und die gesättigte Salzlösung zu Tage fördert. Ob man durch Schächte (senkrechte Gruben) oder durch Stollen (horizontale Gänge, welche von aussen bis zu dem Salzlager geführt werden) am zweckmässigsten den Sulzberg erreicht, darüber entscheidet nicht nur die Tiefe desselben, sondern auch die Art des zu durchbrechenden Gesteines und die Möglichkeit, zudringende Wässer abzuleiten. Für den Bau auf Steinsalz ist es ein höchst günstiger Umstand, dass in das Steinsalzgebirge so leicht kein Wasser eindringt, indem der das Steinsalz umgebende Salzthon das Wasser zurückhält und das massive Steinsalz sich durch die entstehende gesättigte Soole einen natürlichen Schutzdamm gegen das eindringende Wasser bildet. Nicht allein nur die unbedeutende Menge des Wasserzuflusses, sondern auch das massenhafte Vorkommen des Steinsalzes, dessen Cohäsionsverhältnisse es gestatten, dass hangende Steinsalz- und Salzthonmassen keine Unterstützung brauchen, durch deren Beschaffung die Gewinnungsarbeiten, z. B. bei den Steinkohlen, so bedeutend erschwert und vertheuert werden, tragen zur Erleichterung des Bergbaues auf Steinsalz wesentlich bei. Ist das Gebirge, welches das Steinsalz bedeckt, frei von Spalten, durch welche Wasser eintreten kann, so lassen sich Steinsalzmassen auf weite Strecken ausbrechen, ohne den darüber lagernden Schichten eine Stütze zu geben. Diese Abbaumethode führt den Namen Glockenbau; sie ist in den südöstlichen Karpathenländern gebräuchlich. Eine andere Abbaumethode ist der Kammerbau, bei welchem das Steinsalz in durch mächtige Pfeiler von einander getrennten Räumen (Kammern) weggenommen wird.

Gewinnung der Salzsoolen.

Die Salzsoolen finden sich in der Natur in den Salzquellen. In den letzten Jahrzehnden hat man die Natur dadurch unterstützt, dass man sich den Salzlagern, welche die süssen Quellen in Salzquellen überführten, durch

Bohrlöcher zu nähern oder dieselben zu erreichen suchte. Die Bohrlöcher sind mithin künstlich dargestellte Soolquellen von solcher Reichhaltigkeit, dass nach und nach die Benutzung der schwachen natürlichen Salzquellen überflüssig wird. Der Salzgehalt eines Bohrloches ist begreiflicherweise am grössten, wenn das Steinsalzlager selbst erreicht worden ist; in einzelnen Fällen wird durch ein Bohrloch eine Anreicherung einer salzarmen Soole herbeigeführt. Um die natürlichen Soolquellen zu gewinnen, werden dieselben gefasst, d. h. sie werden in einen Schacht oder Brunnen (Soolbrunnen), welcher zugleich als Reservoir für grössere Mengen von Soole dienen kann, vereinigt. Da die meisten natürlichen Soolen zu salzarm sind, um sofort versotten werden zu können, sondern erst durch den Gradirprocess einen Theil ihres Wassergehaltes verlieren müssen, so ist es beim Heben der Soole aus dem Brunnen am vortheilhaftesten, dieselbe sogleich auf die Gradirhäuser zu heben. Aelter als die Gewinnung der gesättigten Salzsoole mit Hülfe von tiefen Bohrlöchern ist die Darstellung der gesättigten Soolen auf der Salzlagerstätte in den sogenannten Sinkwerken, Wöhren oder Sulzenstücken. Das älteste Verfahren zum Auslaugen des steinsalzhaltenden Salzthones bestand darin, in den Salzthon eine Grube oder eine Cisterne auszugraben und diese mit Wasser auszufüllen. Nachdem das Wasser alles Salz aufgelöst hatte, wurde es ausgeschöpft und in Kesseln eingekocht. Das ausgelaugte Gebirge heisst Heidengebirge. Die aus den Sinkwerken abgelassene Soole bleibt in Reservoiren zum Abklären einige Tage ruhig stehen, ehe sie versotten wird. Von der Bereitung gesättigter Soolen in den Sinkwerken unterscheidet sich die Gewinnung zahlreicher oder gesättigter Soolen mit Hülfe von Bohrlöchern. Diese Soole stammt entweder von einer fliessenden Salzquelle oder einem Soolreservoir im Steinsalzgebirge oder endlich davon her, dass Grubenwasser oder absichtlich eingeleitetes Tagewasser Steinsalz im Gebirge auflöste. Es ist einleuchtend, dass ein jedes Bohrloch als der senkrechte Schenkel einer communicirenden Röhre, deren anderer Schenkel durch gegen den Horizont geneigte Quellen gebildet wird, in der That ein artesischer Brunnen ist; diese Quellen werden durch das Bohrloch früher mit der Erdoberfläche in Verbindung gesetzt, als es bei dem natürlich fortgesetzten Laufe der Quellen geschehen sein würde. Die zur Hebung der Soole erforderliche Kraft ist von der Höhe abhängig, bis zu welcher die Quelle im Bohrloche aufsteigt. Ist die Steigkraft so gross, dass sich das Wasser nicht nur bis zur Mündung des Bohrloches, sondern durch aufgesetzte Röhren noch über die Erdoberfläche erheben würde, so wird die hebende Kraft in der Pumpe (das Einsetzen und Bewegen eines Kolbens) überflüssig. Die aus den Bohrlöchern gehobene Soole ist meist durch Schlammtheilchen von Salzthon oder von Gyps getrübt. Die Soole muss deshalb in den Reservoirs einige Zeit zum Abklären stehen bleiben, ehe sie zum Sieden verwendet wird. Zum Fortleiten der Soole wendet man hölzerne und gusseiserne Röhren, früher auch Bleiröhren an.[39]

Man theilt je nach der Art der Verunreinigung die Soolen in zwei Klassen, die Soolen erster Klasse sind mit schwefelsauren Salzen (Bittersalz, zuweilen auch Glaubersalz) und mit Chlormagnesium verunreinigt, die Soolen zweiter Klasse enthalten neben dem Kochsalz Chlorcalcium und Chlormagnesium. Die Soolen, besonders diejenigen, welche durch Torfgründe oder Braunkohlenlager fliessen oder in einem solchen Terrain zu Tage treten, enthalten färbende organische Substanzen (Humussäure, Quellsäure, Quellsatzsäure).

Darstellung des Kochsalzes aus den Soolen.

Die Gewinnung des Kochsalzes aus den Soolen zerfällt in zwei Operationen:

a) in die Anreicherung der Soolen

  α) durch Erhöhung des Salzgehaltes,

  β) durch Verminderung des Wassergehaltes;

b) in das Versieden der siedewürdigen Soole.

Die Anreicherung der Soolen.

Die natürlichen Soolquellen enthalten selten so viel Kochsalz, dass sie siedewürdig erscheinen. Es folgt daraus die Nothwendigkeit, ihren Salzgehalt zu erhöhen (die Soole anzureichern), was entweder (α) geschehen kann durch Auflösen von Salz (Steinsalz), welches im natürlichen Zustande oft nicht zu verwenden ist und deshalb dem Reinigungsprocess unterworfen werden muss, oder (β) durch Verminderung des Wassergehaltes ohne Anwendung von Brennmaterial. Ob das Anreicherungsmittel Steinsalz oder Meersalz oder gesättigte künstliche Salzsoole; ob ferner das Auflösungsmittel schwache Quellsoole oder Meerwasser oder eine nicht gesättigte Bohrlochs- oder Sinkwerkssoole ist, hat auf die Bereitung der Soole keinen Einfluss. Bedient man sich zur Anreicherung der Quellsoole zugleich des Steinsalzes und der Gradirung, so ist es am zweckmässigsten, das zur Anreicherung anzuwendende Steinsalz unter die Dornenwände des letzten Gradirfalles zu bringen.

Durch Gradiren.

Die Anreicherung einer Soole durch Verminderung des Wassergehalts heisst das Gradiren der Soole. Diese Anreicherung kann geschehen durch Frostkälte (Eisgradirung) oder durch Verdunsten des Wassers (eigentliche Gradirung). Die eigentliche Gradirung durch Verdunstung eines Theiles des Wassers ist *a*) Sonnengradirung, *b*) Tafelgradirung, *c*) Dach- oder Pritschengradirung, *d*) Tröpfelgradirung.

Die Sonnengradirung wird bei der Gewinnung des Seesalzes in den Salzgärten angewendet und geschieht auch in den Salzseen Russlands, aus welchen des Salz blos durch Verdunsten des Wassers mittelst der Sonnenwärme ausgeschieden wird. Setzt man die Sonnengradirung bis zur Aussonderung des Salzes fort, so nennt man das so erhaltene Salz Sonnensalz. Die Tafelgradirung, eine zu Reichenhall versuchsweise angewendete Verdunstungsmethode, besteht darin, die zu gradirende Soole langsam aus staffelförmig unter einander gestellten Reihen von Kasten herabfliessen zu lassen. Die Soole wird also bis in die oberste Reihe von Kasten gehoben, läuft aus dieser in die zweite Reihe, dann in die dritte, vierte Reihe u. s. f., bis sie endlich in die unterste Kastenreihe gelangt, aus welcher die Soole in ein Bassin läuft, um entweder zur Siedung abgegeben zu werden oder noch einmal zur weiteren Concentration die Kastenreihe durchzumachen. Die Vorzüge der Tafelgradirung vor der Sonnengradirung sollen darin bestehen, dass der Abdampfungsprocess beschleunigt wird. Die Dach- oder Pritschengradirung ist keine besondere Gradirmethode, sondern es ist die Bedachung der Soolenbehälter nebenbei dazu benutzt worden, die in das Reservoir zu leitende Soole auf der geneigten Fläche, welche die Bedachung der Behälter bildet, langsam niederfliessen zu lassen. An hellen Sonnentagen kann die dadurch bewirkte Anreicherung der Soole eine sehr bedeutende sein. Man hat ferner eine Seil- oder Strickgradirung vorgeschlagen, bei welcher die Soole an Seilen herabrinnt. Werden anstatt der Seile Streifen aus Leinwand angewendet, so heisst die Gradirung Coulissengradirung.

Dorn- oder Tröpfelgradirung.

Die wichtigste Gradirung ohne Feuer ist die Tröpfel- oder Dorngradirung. Die Gradirhäuser oder Leckwerke haben Dornwände, aus Balkengerüsten bestehend, deren Zwischenräume mit Dornen (Schwarzdorn oder Schlehdorn, *Prunus spinosa*) ausgelegt sind. Jede Gradirwand, deren Länge sich nach der Grösse der Saline richtet, steht mit ihrem Fusse über einem aus Bohlen construirten wasserdichten Behälter (dem Sumpfe, Bassin oder Hälter), welcher die an den Dornen herabrinnende gradirte Soole aufzunehmen bestimmt ist. Der obere Theil der Gradirhäuser ist zuweilen mit einem Dache versehen, häufig auch nicht. Auf dem Gradirhause läuft der ganzen Länge nach ein wasserdichter Kasten (der Tropfkasten oder Soolkasten), der die zum Gradiren bestimmte Soole aufnimmt. Der Tropfkasten ist mit Tropfhähnen versehen, aus welchen die Soole in Rinnen, an denen Einschnitte sich befinden, läuft; aus diesen Einschnitten gelangt die Soole auf die Dornen. Die Grösse des Soolenabflusses aus den Tropfhähnen wird durch das Stellen der Hähne regulirt. Die sogenannte Geschwindstellung ist eine Umstellungsvorrichtung, welche den Zweck hat, die Soole bei geänderter Richtung des Windes auf die entgegengesetzte Seite der Dornwände zu leiten. Die bewegenden Kräfte auf den Salinen zum Aufbringen der Soole auf die Gradirhäuser, so wie zur weiteren Fortleitung der gefallenen Soole sind Wasserräder, Göpel, Dampfmaschinen und Windmühlen. Man lässt die Soole wiederholt von den Gradirwerken herabfallen. Die Soole kann durch das Gradiren bis zu 26 Proc. Salzgehalt angereichert werden, obgleich eine solche Löthigkeit auf wenigen Salinen erreicht wird.

Die Tröpfelgradirung ist nicht nur ein Anreicherungsprocess, sondern auch ein Reinigungsprocess, indem ein Theil des Rohsalzgehaltes der Soole, der nicht Kochsalz ist, auf den Dornen der Wände als Dornstein zurückbleibt. Die Beschaffenheit dieses Steines hängt zwar von der Zusammensetzung der Quellsoole ab, doch ist seine Zusammensetzung ziemlich übereinstimmend. Meist besteht er nur aus Gyps und auf dem ersten Soolfalle aus Calciumcarbonat, wenn die Soole viel Calciumbicarbonat aufgelöst enthielt. Wenn nach einigen Jahren der Dornstein zu stark wird, müssen die Dornen herausgenommen und durch frische ersetzt werden. Der Dornstein wird im getrockneten und gemahlenen Zustande als Düngemittel verwendet. In den Sümpfen, welche die gradirte Soole aufnehmen, setzt sich ein dicker Schlamm ab, Zunder oder Sinter genannt. Er besteht aus Gyps, Calciumcarbonat und Eisenoxydhydrat. Die Tröpfelgradirung hat in neuerer Zeit, seitdem die Bohrlöcher fast allenthalben siedewürdige Soole liefern, viel von ihrer Bedeutung eingebüsst.

Das Versieden derm Soole.

Die Aufgabe des Siedeprocesses ist, das Maximum an reinem und trocknem Salze mit dem Minimum an Brennstoff aus einer gegebenen Soole darzustellen. Die ältesten Siedeeinrichtungen waren kesselartige Gefässe. Gegenwärtig wendet man Siedepfannen aus zusammengenieteten gehämmerten Eisenblechplatten an, deren Länge 10 Meter, deren Tiefe 0,6 Meter beträgt. Sie ruhen theils auf gemauerten Pfeilern, theils auf den Mauern, wodurch zugleich der Zug bedingt wird. Die Pfannen sind mit einem Dampfmantel (Brodemfang) versehen, welcher oberhalb des Daches ausmündet und die Wasserdämpfe in die Luft führt. Die Soole, welche man in die Siedepfanne bringt, enthält, je nachdem sie gradirte Quellsoole oder Bohrsoole ist, 18 bis 26 Proc. Salz; die Pfannen werden damit bis zur Höhe von 0,3 Meter angefüllt.

In vielen Salinen zerfällt der Siedeprocess in zwei Abtheilungen:

a) in die Wasserverdampfung bis zur Sättigung der Soole in der Siedehitze (das Stören),

b) in die Wasserverdampfung von der siedend gesättigten Soole, damit das Salz sich krystallinisch abscheide (das Soggen, Soogen oder Socken).

Das Sieden wird ununterbrochen mehrere Wochen fortgesetzt. Es sondert sich dabei Gyps und schwefelsaures Natrium theils als Schaum, welcher abgenommen wird, theils als Absatz aus, welchen man mit einer Krücke herausschafft. Sobald sich auf der Oberfläche der siedenden Soole eine Salzhaut bildet, hat die Soole die Gare erreicht und man schreitet zum Soggen des Salzes. Während der Periode des Soggens wird die Temperatur der Flüssigkeit auf 50° erhalten. Dabei fällt nun die entstandene Salzhaut aus der Soole in kleinen Krystallen zu Boden, es bildet sich eine neue Haut u. s. f., bis sich endlich keine oder nur eine sehr schwache Salzhaut erzeugt. Von nun an wird das gesoggte Salz ausgewirkt, d. h. mit Schaufeln (Soggestielen) herausgenommen und in konische Körbe aus Weidengeflecht (Salzkörbe) gebracht, die man auf einem an dem Brodemfang angebrachten Gerüste abtropfen lässt, bis nichts mehr abfliesst, worauf man das Salz in der Trockenkammer (Darrstube), welche auf dem Bodenraume des Siedehauses (der Salzkothe) angebracht sind, trocknet und zuletzt in Fässer oder Tonnen bringt.

Die Menge der Mutterlauge, welche nach Ablauf einer Siedeperiode von zwei, drei oder mehreren Wochen zurückbleibt, ist, mit der Menge der versottenen Soole verglichen, eine sehr geringe. Früher wurde sie meist weggegossen oder zu Bädern gebraucht. Gegenwärtig bereitet man daraus Chlorkalium, schwefelsaures Natron, schwefelsaure Magnesia, künstliches Bitterwasser, auf einzelnen Salinen (Schönebeck und Kreuznach) auch Brom. Begreiflicherweise erhält man aus einer Soole niemals die Salzmenge, welche man nach dem Salzgehalte der eingelassenen Soole erhalten sollte, indem theils fremdartige Stoffe als Pfannenstein beim Sieden abgeschieden werden, theils ein gewisser Theil des Salzes in der Mutterlauge bleibt. Hierin und in dem Verlust, welcher aus dem mechanischen Verstreuen des Salzes bei den Arbeiten des Wirkens und dem Transportiren des Salzes nach den Trockenstuben und nach den Magazinen sich zeigt, besteht der Siedeverlust. Dieser beträgt in den Salinen

zu Reichenhall 8 Procent,

„ Traunstein 8 „

„ Rosenheim 8 „

„ Schönebeck 9,25 „

Bei Soole aus Bohrlöchern ist er zwar geringer, doch beträgt er auch hier noch 4 bis 6 Procent.

Denaturirung des Salzes.

In Folge des monopolistischen Zwanges, welchem das Kochsalz bei der Gewinnung und dem Verkaufe (bis 1867) unterworfen war, kommt es vor, dass das Kochsalz absichtlich durch die Administration verunreinigt (denaturirt) wird, damit es zu dem innerlichen Gebrauche untauglich werde und nur zu technischen Zwecken oder als Viehsalz (Lecksalz) oder endlich als Düngemittel Anwendung finde. Nach der Bestimmung des deutschen Zollbundesrathes vom 8. Mai 1868 über die Salzdenaturirung sind in sämmtlichen Zollvereinsstaaten als Mischungsmittel bestimmt worden: für Vieh- und Düngsalz ¼ Proc. Eisenoxyd oder Röthel (eisenschüssiger Thon), ausserdem 1 Proc. Pulver von unvermischtem Wermuthkraut wenn Siedesalz, und wenn Steinsalz für Viehsalzbereitung verwendet wird, ½ Proc. desselben Pulvers. Das Wermuthpulver kann auch durch die doppelte Menge Heuabfälle in völlig zerkleinertem Zustande theilweise ersetzt werden, und zwar so, dass zum Siedesalze mindestens noch ¼, zum Steinsalz mindestens noch ⅛ Proc. Wermuthpulver verwendet werden muss. Auch darf bei Steinsalz, statt ½ Proc. Wermuthpulver, ¼ Proc. Holzkohle zugefügt werden. Die Denaturirung aber des zu gewerblichen Zwecken bestimmten Salzes hat zu geschehen durch Beimischung von 5 Proc. calcinirtem oder mit 11 Proc. krystallisirtem Glaubersalz, oder endlich mit 5 Proc. Kieserit und ½ Proc. gemahlener Holzkohle oder Asche. Ausserdem sind mit Genehmigung für chemische Fabriken, Seifensiedereien, Gerbereien etc. auch andere für sie besonders passende Denaturirungsmittel zulässig. (Im Grossherzogthum Hessen nimmt man seit 1870 zum Denaturiren des Salzes zum Eisenfrischen 10 Proc. Braunstein oder 3 Proc. conc. Schwefelsäure mit 4 Th. Wasser; für die Feilenfabrikation 5 Proc. Klauenmehl oder 2½ Proc. Klauenmehl mit 2½ Proc. Photogen oder 33⅓ Proc. Lederpulver.)

Eigenschaften des Kochsalzes.

Das Kochsalz krystallisirt in farblosen Würfeln oder in einer Form, die sich auf die Würfelform zurückführen lässt. Nach der Grösse der Würfel unterscheidet man grob-, mittel- und feinkörniges Salz, ferner Salz von mildem und von scharfem Korn. Ersteres besteht aus vollkommen ausgebildeten Würfeln und fühlt sich daher rauh und scharf an. Das milde Salz besteht zum Theil aus kleinen tafelförmigen und spiessigen Krystallen und lässt sich mit der Hand zusammenballen, während das Salz von grobem und scharfem Korn auseinanderfällt, sobald der Druck nachlässt. Die Grösse der Krystalle hängt von der Zeit ab, in der die Verdampfung der Soole erfolgt, man hat demnach in der Beschleunigung und Verzögerung des Abdampfprocesses ein einfaches Mittel, Salz von beliebiger Korngrösse darzustellen. Soll Salz von grobem Korne dargestellt werden, so muss das Niedersinken der auf der Oberfläche der Soole sich ausscheidenden Krystalle durch Ruhigstehenlassen der Flüssigkeit verzögert werden. Das sogenannte Sonntagssalz, welches während des Sonntags und der Feiertage, an denen nicht gesoggt wird, in den Pfannen sich abscheidet, ist ein derartiges grobkörniges Salz. Vollkommen reines Kochsalz ist nicht hygroskopisch; in dem gewöhnlichen Siedesalz sind es auch nur die Beimengungen von Chlormagnesium und Chlorcalcium, welche das Salz hygroskopisch machen. Der Wassergehalt des Salzes beträgt 2,5–5,5 Proc. Beim Erhitzen des Kochsalzes bis zur Glühhitze verknistert oder decrepitirt es, indem die zwischen den Lamellen der Krystalle eingeschlossene Mutterlauge Wasserdämpfe entwickelt und die Krystalle zersprengt. In der hellen Rothglühhitze schmilzt das Salz zu einer farblosen ölartigen Flüssigkeit, in der Weissglühhitze verflüchtigt es sich unverändert. Das Kochsalz ist leicht löslich in Wasser, 100 Theile Wasser lösen bei 12° C. 35,91 Theile Kochsalz. Es ist eine Eigenthümlichkeit des Kochsalzes, von heissem Wasser nicht in bedeutend grösserer Menge aufgelöst zu werden, als in kaltem.

Um das Verhältniss des Kochsalzes zum Wasser in einer Soole auszudrücken, braucht man den Ausdruck Löthigkeit oder Procentigkeit. Eine 15löthige Soole besteht mithin in 100 Gewichtstheilen aus 15

Gewichtstheilen Kochsalz und 85 Theilen Wasser. Die Grädigkeit der Soole bezeichnet die Gewichtsmenge Wasser der Soole, welche 1 Gewichtstheil Kochsalz enthält, so ist eine 15,6grädige Soole eine solche, in welcher 1 Gewichtstheil Kochsalz von 15,6 Gewichtstheilen Wasser in Lösung gehalten wird. Die Pfündigkeit der Soole drückt die Salzmenge in Pfunden aus, welche in einem Kubikfuss Soole enthalten ist. Die Löthigkeit einer Soole lässt sich aus dem specifischen Gewichte nach folgender von Gerlach (1859) revidirten Tabelle ermitteln:

Löthigkeit.	Spec. Gewicht.	Löthigkeit.	Spec. Gewicht.	Löthigkeit.	Spec. Gewicht.
1	1,0075	7,5	1,0565	16	1,1206
1,5	1,0113	8	1,0603	17	1,1282
2	1,0151	8,5	1,0641	18	1,1357
2,5	1,0188	9	1,0679	19	1,1433
3	1,0226	9,5	1,0716	20	1,1510
3,5	1,0264	10	1,0754	21	1,1593
4	1,0302	10,5	1,0792	22	1,1675
4,5	1,0339	11	1,0829	23	1,1758
5	1,0377	11,5	1,0867	24	1,1840
5,5	1,0415	12	1,0905	25	1,1922
6	1,0452	13	1,0980	26	1,2009
6,5	1,0490	14	1,1055	26,39	1,2043
7	1,0526	15	1,1131		

Anwendung des Kochsalzes.

Die überaus wichtige und ausgedehnte Anwendung des Kochsalzes ist so bekannt, dass es hier eines näheren Eingehens darauf kaum bedarf. Ausser als Nahrungsmittel (ein Mensch von 75 Kilogr. Gewicht enthält 0,5 Kilogr. Kochsalz und braucht jährlich 7,75 Kilogr.) dient das Kochsalz zu Zwecken der Agricultur und Viehzucht, zur Bereitung der Soda, des Chlors, des Salmiaks, in der Weissgerberei (zur Bereitung der Alaunbeize), in der Loh- oder Rothgerberei (beim Schwitzen der Häute), zur chlorirenden Röstung der Silbererze (in der Amalgamation und in dem Verfahren der Silbergewinnung von Augustin), bei der Aluminiumfabrikation, zur Darstellung des Natriums, zum Salzen der Brunnen, zum Aussalzen der Seife, zum Glasiren von Thongeschirren (schmilzt man Kochsalz mit eisenhaltigem Thon zusammen, so oxydirt sich das Natrium auf Kosten des Eisens zu Natron, welches sich mit der Thonerde und Kieselerde zu Glasur verbindet, während das Eisen sich mit dem Chlor als Chloreisen verflüchtigt), zum Conserviren von Schiffsbauholz und Eisenbahnschwellen, zum Einsalzen der Fische, des Fleisches und der Butter (es hält sich Butter mit Kochsalz unter Zusatz von 2 Proc. Chlorcalcium gesalzen, weit besser als mit reinem Salz gesalzene; die Anwendung geschieht so, dass man das Kochsalz mit einer sehr concentrirten Lösung des Chlorcalciums befeuchtet).

Die jährliche Produktion an Salz betrug 1870 in

England	32,400,000	Ctr.
Russland	20,000,000	„
Oesterreich	10,000,000	„
Frankreich	10,500,000	„
Italien	5,000,000	„
Portugal und Spanien	14,000,000	„
Zollverein	10,000,000	„
[Norddeutscher Bund 7,5 Mill. Ctr.		
Süddeutschland[40] 2,5 „ „]		
Schweiz	600,000	„

Die Sodafabrikation.

(Soda oder Natriumcarbonat, Na_2CO_3 = 106. In 100 Th. 58,5 Th. Natron und 41,5 Th. Kohlensäure.)

Allgemeines.

Alle Soda, deren sich die Industrie bedient, hat dreierlei Ursprung, sie ist nämlich entweder

α) natürliche Soda, oder

β) aus Vegetabilien (der Zuckerrübe und den Sodapflanzen und Seealgen) stammende, oder endlich

γ) auf chemischem Wege dargestellte Soda, indem man gewisse in der Natur massenhaft vorkommende Natriumverbindungen (Steinsalz, Glaubersalz, Natriumsalpeter, Kryolith) unter gleichzeitiger Gewinnung von Nebenprodukten (z. B. Salzsäure, Chlorkalk, Schwefel, Kaliumnitrat, Alaun, Natriumaluminat) in Soda überführt.

α) *Natürliche Soda.*

Vorkommen der natürlichen Soda.

In der Natur findet sich die Soda als Bestandtheil vieler Mineralquellen, z. B. der zu Karlsbad[41], der zu Burtscheid bei Aachen, zu Vichy in Frankreich, des Geisers auf Island, ferner als Auswitterung an vulkanischen Gesteinen, z. B. Trass, aber auch Gneuss (so bei Bilin in Böhmen), so wie als anderthalb-kohlensaures Natrium (Natrium-Pyrocarbonat $C_3O_8Na_4 + 3H_2O$) in grosser Menge und zwar aufgelöst im Wasser der sogenannten Natronseen. Aegypten, Centralafrika (besonders in der Provinz Munio des Königreichs Bornu, wie Dr. Barth angiebt), die Ebenen längs des kaspischen und schwarzen Meeres, Californien (so der Owen Lake), Mexiko und mehrere südamerikanische Staaten haben solche Seen aufzuweisen. In der grossen ungarischen Ebene wittert in der heissen Jahreszeit kohlensaures Natrium als krystallinische Salzdecke, rohe Soda oder Széksó aus, welche eingesammelt und in den Handel gebracht wird[42]. Die ägyptische Soda führt den Namen Trona (daher der Name Natron). In Columbia gewinnt man Soda, dort zu Lande Urao genannt, aus einem See, der 48 engl.

Meilen von der Stadt Merida entfernt und in einem kleinen Thal liegt, welches von den Eingeborenen *La Lagunilla* genannt wird. In der heissen Jahreszeit krystallisirt die Urao aus dem Wasser heraus, welches von Tauchern mit Lebensgefahr von dem 3 Meter tiefen Boden des Salzsees heraufgeholt wird. Die Gewinnung des Salzes dauert ungefähr zwei Monate und bringt ungefähr 1600 Ctr. Unter der spanischen Regierung, welche die Urao eben so wie den Tabak zum Monopol gemacht hatte, wurde diese Soda zu Venezuela zur Bereitung des Mo oder eingedickten Tabaksaftes verwendet. In jüngster Zeit ist ein, wie man behauptet, unerschöpfliches Lager von natürlicher Soda in Virginien aufgefunden worden[43].

Wahrscheinlich entsteht das kohlensaure Natrium der Natronseen durch Zersetzen des Kochsalzes mittelst kohlensauren Kalkes; möglicherweise bildet es sich auch aus dem schwefelsauren Natrium, das durch die Einwirkung organischer Substanzen zu Schwefelnatrium reducirt wird, welches sich durch die im Wasser gelöste Kohlensäure in anderthalb-kohlensaures Natrium umwandelt. Die natürliche Soda wird selten exportirt, sondern in den Ländern verwendet, in welchen sie producirt wird, mit Ausnahme der ägyptischen Trona, die in erheblichen Mengen nach Venedig geht, um dort bei der Fabrikation von Glasperlen Verwendung zu finden. Im Handel findet sie sich meist mit Wüstensand vermischt und in Ziegelform gebracht.

β) *Aus Vegetabilien stammende Soda (Sodaasche).*

Soda aus den Sodapflanzen und der Zuckerrübe.

Eben so wie die Binnenpflanzen aus dem Boden von den Alkalien hauptsächlich Kali aufnehmen, das man als Kaliumcarbonat in der Asche dieser Pflanzen trifft (siehe Potasche), enthalten die am Meeresgestade, im Meere selbst, in Salzsteppen u. s. w. wachsenden Pflanzen unter ihren anorganischen Bestandtheilen mehr oder weniger Natrium (an Schwefelsäure, sowie an organische Säuren) gebunden, welche Verbindungen beim Verbrennen und Auslaugen der Asche (unter Mitwirkung des in der Asche befindlichen Kalkes) kohlensaures Natrium geben. Ausser den im Meere selbst vegetirenden Fucusarten sind es besonders die Gattungen Salsola, Atriplex, Salicornia etc., welche zur Fabrikation von Soda verwendet und zu diesem Zwecke in gewissen Gegenden cultivirt werden. Um aus diesen Pflanzen die Soda zu gewinnen, werden dieselben abgemäht, die Fucusarten zur Ebbezeit ans Land gebracht und am Strande getrocknet. Diese Pflanzen werden darauf in Gruben zu Asche verbrannt. Die Hitze steigert sich dabei so sehr, dass die Asche in Fluss geräth und nach dem Erkalten eine harte, graubraune, schlackenartige Masse darstellt. Die Masse führt den Namen rohe Soda oder Sodaasche. Der Gehalt der rohen Soda an Natriumcarbonat ist sehr verschieden; er variirt von 3–30 Procent. Man verarbeitet sie durch Auslaugen und Abdampfen der Lauge. Je nach den verschiedenen Ländern und den verschiedenen Gewinnungsarten unterscheidet man folgende Sodasorten:

a) Barilla, Soda von Alicante, Malaga, Cartagena, den canarischen Inseln; man gewinnt sie aus der Barilla (*Salsola soda*), welche an der spanischen Küste angebaut wird. Sie enthält 25 bis 30 Proc. Natriumcarbonat.

b) Salicor oder Soda von Narbonne, durch Verbrennen von *Salicornia annua* erhalten, welche Pflanze man aussäet und nach der Samenentwickelung erntet, enthält 14 Proc. Natriumcarbonat.

c) Blanquette oder Soda von Aigues-mortes, aus den zwischen Aigues-mortes und Frontignan vorkommenden Strandpflanzen: *Salicornia europaea*, *Salsola tragus*, *Salsola Kali*, *Statice limonium*, *Atriplex portulacoides* etc. dargestellt, enthält nur 3–8 Proc. Natriumcarbonat.

d) Der Blanquette-Soda etwa gleichwerthig ist die im südlichen Russland viel gebrauchte Araxessoda, welche in Armenien im Districte Scharus auf der Araxeshochebene dargestellt wird.

e) Noch geringer als die vorstehende Sorte ist die Vareksoda (Tangsoda), welche in der Normandie und in der Bretagne aus verschiedenen Tangen, besonders dem Blasentang (*goëmon*, *fucus vesiculosus*) bereitet wird.

f) Mit der Vareksoda ziemlich gleichwerthig ist der Kelp, den man an den westlichen Küsten Grossbritanniens (in Schottland, Irland und auf den Orkneyinseln) aus verschiedenen Salsola- und Tangarten (*Fucus serratus* und *F. nodosus*, ferner *Laminaria digitata*), hier und da wie z. B. auf der Insel Jersey aus Seegras (*Zostera marina*) darstellt. 480 Ctr. getrocknete See- und Strandpflanzen liefern gegen 20 Ctr. Kelp und diese nur

50–100 Pfund Natriumcarbonat. Trotz des so geringen Sodagehaltes waren vor der Einführung der Sodafabrikation aus Kochsalz allein auf den Orkneyinseln gegen 20,000 Personen mit der Kelpgewinnung beschäftigt. Gegenwärtig wird der Kelp hauptsächlich auf Jod und auf Chlorkalium (vergl. Seite 140) verarbeitet.

g) Unter den Sodasorten vegetabilischer Abkunft ist auch die aus der Zuckerrübe stammende Soda anzuführen, die bei der Verarbeitung der Schlempekohle der Rübenmelassebrennereien neben Potasche (vergl. Seite 138) in grosser Menge auftritt. Sie enthält (nach den 1868 ausgeführten Analysen von Tissandier) stets einige Procente kohlensaures Kalium.

γ) *Auf chemischem Wege dargestellte Soda.*

Chemische Soda.

Der geringe Gehalt der französischen Sodaaschen an kohlensaurem Natrium versetzte Frankreich lange Jahre hindurch in eine grosse Abhängigkeit von Spanien. Alle die zahlreichen Methoden, die von den französischen Chemikern ausfindig gemacht wurden, aus dem Kochsalze eine der Barilla an Wohlfeilheit und Güte gleichkommende Soda zu liefern, führten zu keinem Resultate und grosse Geldpreise, welche die Pariser Akademie der Wissenschaften auch für die Lösung der Aufgabe ausgesetzt hatte, wurden nicht errungen. Nach wie vor gingen von Frankreich aus jährlich 20 bis 30 Millionen Franken für Soda nach Spanien. Erst in Folge der Revolutionskriege, wo die Einfuhr von Soda und Potasche gehemmt war und alle Potasche, die Frankreich selbst erzeugte, sofort von den Salpetersiedern und Pulverfabrikanten consumirt wurde, lernte man die Mittel kennen und anwenden, aus Koch- oder Steinsalz in ergiebiger Weise Soda zu gewinnen. Der Wohlfahrtsausschuss decretirte im Jahre 1793, dass ihm über alle Sodafabriken die genauesten Angaben mitzutheilen seien. Der Fabrikant Leblanc war unter den ersten, welche diesem Aufrufe Folge leisteten, und die Grundsätze, nach denen er im Begriff stand, eine Sodafabrik zu errichten, der allgemeinen Benutzung überliess. Es wurde von der Beurtheilungscommission für das zweckmässigste erklärt und ist auch bis auf die heutige Zeit das fast ausschliesslich angewendete Verfahren geblieben. Nachdem die Wiedergewinnung des Schwefels aus den Sodarückständen mit Erfolg ins Leben getreten ist, sind die Sodafabriken zugleich Werkstätten geworden für eine grossartige Schwefelgewinnung.

Verfahren von Leblanc.

Der Process der Sodafabrikation nach Leblanc zerfällt gegenwärtig in vier Phasen:

a) in die Erzeugung von Natriumsulfat aus Koch- oder Steinsalz und Schwefelsäure oder gewissen Sulfaten, oder aus Kochsalz und Schwefelkies und ähnlichen Schwefelmetallen durch Rösten;

b) in die Umwandlung des Sulfates in den Sodaöfen (mittelst eines Gemenges von Kreide und Steinkohlenklein) in Rohsoda;

c) in die Ueberführung der Rohsoda in gereinigte Soda (oder in Aetznatron) durch Auslaugen und Abdampfen.

d) in die Wiedergewinnung des Schwefels aus den Sodarückständen.

Sulfatöfen.

Fig. 71.

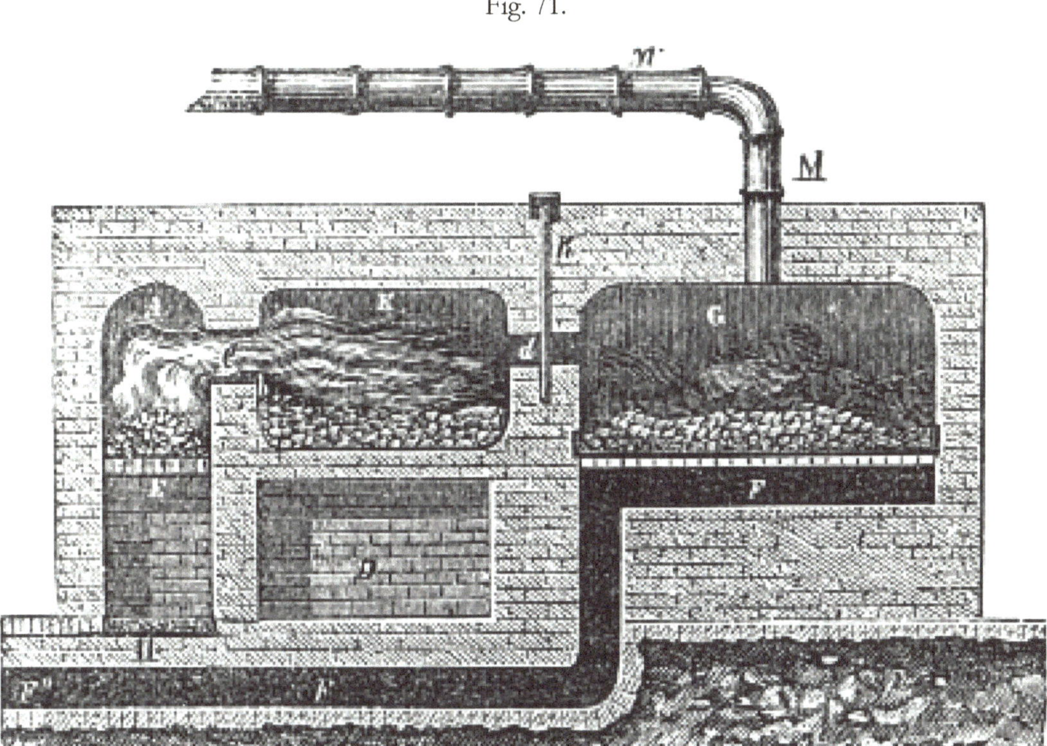

A) Die Erzeugung von Sulfat aus Kochsalz geschieht meist durch Kammerschwefelsäure. Wie bedeutend der Schwefelsäureverbrauch zu diesem Zwecke ist, geht daraus hervor, dass 50–75 Proc. aller fabricirten Schwefelsäure zur Sulfatbereitung dienen. Die zur Condensation der Salzsäuredämpfe angewendete Methode ist in England allgemein die seit 1836 von Gossage eingeführte, welche im Wesentlichen aus Koksthürmen besteht, in welchen die salzsauren Dämpfe mit kaltem Wasser zusammentreffen. Die Koksthürme oder auch einfach Condensatoren genannt, sind viereckige Thürme von etwa 12–14 Meter Höhe und 1,3 Meter innerer Weite, aus Bruchsteinen gebaut, die von Salzsäure nicht angegriffen werden und mit einem Mörtel aus Theer und Lehm gemauert. Eine nicht ganz bis oben hinaufreichende Scheidewand theilt den Ofen in zwei Abtheilungen, welche beide mit Koksstückchen gefüllt sind, die auf einem steinernen Roste liegen. Auf die Koks fliesst fortwährend von oben kaltes Wasser. Die unter den Rost der ersten Abtheilung geleiteten sauren Dämpfe gehen aufwärts und geben an das ihnen entgegenkommende Wasser die meiste Salzsäure ab, gehen dann in der zweiten Abtheilung abwärts und entweichen endlich in den Schornstein. Die entstandene flüssige Salzsäure, die sich unterhalb der Roste ansammelt, wird abgelassen. Die Verdichtung der Salzsäure in den Koksthürmen war aber nie so vollkommen, dass nicht kleine Mengen davon mit den Gasen in die Luft entwichen wären, bis die Sulfatöfen eine wesentliche Verbesserung erfuhren. Diese Oefen waren anfänglich offene Flammenöfen, in welchen die Schwefelsäure auf das Kochsalz in der Weise reagirte, dass das salzsaure Gas zugleich mit den Verbrennungsprodukten der Steinkohle entwich. Das so verdünnte und heisse Gas befand sich somit unter den zur Verdichtung ungünstigsten Bedingungen, wenn es mit Wasser zusammengebracht wurde. Im Jahre 1836 liess sich Gossage einen geschlossenen Flammenofen patentiren, welcher zuerst und während der ersten Phase der Zersetzung als Destillirapparat wirkte und später erst, durch directe Feuerung erhitzt, als offener Ofen fungirte, um die Umwandlung des Kochsalzes in Sulfat zu vollenden. Durch Combination dieses Ofens mit den Condensatoren gelang es in der ersten Phase eine concentrirte, zur Chlorkalkfabrikation geeignete Säure, und in der zweiten Phase der Zersetzung eine schwache Säure zu erhalten. Dieser Ofen wurde im Jahre 1839 durch Gamble wesentlich verbessert; wenigstens scheint der Genannte der erste gewesen zu sein, welcher die beiden Phasen der Zersetzung in zwei verschiedenen Abtheilungen des Ofens *G* und *E* (Fig. 71) vor sich gehen liess. Allgemein wurde das Princip dieses Verfahrens angewendet und lange Zeit bedienten sich die Sodafabrikanten eines Flammenofens, der durch eine nach

Belieben zu verschliessende oder zu öffnende Oeffnung mit einer Art Muffel communicirte, deren Boden aus einer starken eisernen Platte bestand. Die Flamme der Feuerung ging, nachdem sie den Flammenofen erhitzt hatte, um die Muffel herum und dann in den Schornstein. Die Muffel selbst communicirte mit einem Verdichtungsapparate *M M'*, welcher concentrirte Salzsäure lieferte. Nach diesem Verfahren liess man das Kochsalz auf die gusseiserne Sohle der Platte *G* fallen und die vorher erwärmte Schwefelsäure darüber fliessen. Es fand eine lebhafte Reaktion statt und die Hälfte oder fast ⅔ der Salzsäure entwichen und konnten leicht verdichtet werden, da die sauren Dämpfe nicht mit den Verbrennungsgasen der Feuerung gemengt waren. Das so erhaltene Produkt war ein Gemenge von Natriumbisulfat mit Kochsalz:

$$2NaCl + H_2SO_4 = NaHSO_4 + NaCl + HCl$$

und wurde dann in den Flammenofen *E* gekrückt, während die Muffel eine neue Ladung von Salz und Schwefelsäure empfing. In dem Flammenofen, dessen Temperatur weit höher war, als die der Muffel, ging das Gemenge von Kochsalz und Bisulfat in Salzsäure und neutrales Sulfat über:

$$NaHSO_4 + NaCl = Na_2SO_4 + HCl$$

Die hierbei sich entwickelnde Salzsäure war aber nur schwer zu condensiren, weil sie mit Stickstoff, Kohlensäure und Kohlenoxydgas gemengt war. Trotz des Condensationsthurmes entwich ein Theil der Salzsäure in die Luft und es bedurfte sehr complicirter Apparate und besonderer Vorsichtsmaassregeln, um bei der Anwendung der eben beschriebenen Sulfatöfen eine genügende Condensation zu erzielen.

Neuer Sulfatofen.

Alle diese Uebelstände sind verschwunden, seitdem man die Construktion der Sulfatöfen in folgender Weise verbessert hat. Der neue Ofen, welcher nichts zu wünschen übrig lässt, besteht aus zwei Muffeln, von denen die eine aus Gusseisen, die andere aus Backsteinen gemauert ist. Der innere Theil der ersteren repräsentirt ein Segment einer hohlen gusseisernen Kugel von 9 Fuss (= 2,74 Meter) Durchmesser und 1 Fuss 9 Zoll (= 0,52 Meter) Tiefe. Er steht auf einer Backsteinlage und ist mit einem gusseisernen Deckel versehen, der gleichfalls ein Kugelsegment von 1 Fuss (= 0,30 Meter) Tiefe im Centrum darstellt. In dem Deckel befinden sich zwei durch Thüren verschlossene Oeffnungen; die eine davon dient zum Eintragen des Kochsalzes, während durch die andere das Gemenge in die Backsteinmuffel geschafft wird. Die Feuerung befindet sich seitlich von der gusseisernen Muffel und die Flamme derselben lässt man zunächst auf den Deckel wirken, dann auf die Schale. Die erforderliche Wärme wird somit durch Transmission der Substanzen in der Muffel gegeben, und die Gase, die in diesem Falle nicht mit Luft vermischt werden, entwickeln sich bei einer verhältnissmässig nicht hohen Temperatur. Die Backsteinmuffel liegt neben der eisernen Muffel und stellt eine Kammer von etwa 30 Fuss Länge (9,14 Meter) und 9 Fuss Breite (2,74 Meter) dar; unter der aus Backsteinen gemauerten Sohle befindet sich eine Reihe von Zügen; ihr oberer Theil besteht aus einem dünnen Gewölbe von Backsteinen, welches ein zweites Backsteingewölbe trägt; in dem Raume zwischen beiden circulirt die Flamme. An einer der beiden Seiten der Backsteinmuffel befindet sich die Feuerung, deren Flamme zunächst in dem Raume zwischen den beiden Gewölben circulirt und dann durch die Züge geht, die unter der Sohle liegen. Auf diese Weise geht die Wärme durch das Mauerwerk der Wölbung und der Sohle auf das Gemenge von Bisulfat und Kochsalz in der Muffel über.

Will man mit diesem Apparat arbeiten, so bringt man ½ Tonne Kochsalz in die vorgewärmte eiserne Muffel und darauf die erforderliche Menge Schwefelsäure (von 1,7 spec. Gew.)[44]. Die Masse wird von Zeit zu Zeit durchgekrückt. Sie verdickt sich allmählig und nach 1½ Stunde etwa (nachdem ⅔ der Salzsäure entwichen sind) ist sie so consistent geworden, dass sie durch den Communikationskanal in die Backsteinmuffel geschafft werden kann, welche auf lebhafter Rothglühhitze erhalten wird, damit das salzsaure Gas vollständig entweiche. Will man während dieser Phase der Operation eine concentrirte Säure erhalten, so kühlt man das Gas vor seinem Eintritt in den Condensator ab; diese Vorsichtsmaassregel ist aber überflüssig, wenn man schwache Säure darzustellen beabsichtigt. Es ist eine Einrichtung zur Unterbrechung der Communikation zwischen beiden Muffeln vorhanden, so, dass die aus den beiden Muffeln entweichenden Gase getrennt aufgefangen werden können. Mittelst dieser Verbesserungen und zweckmässigen Condensatoren von hinlänglicher

Capacität und mit der erforderlichen Menge Wasser gespeist, lässt sich die Fabrikation des Sulfates mit Leichtigkeit so leiten, dass die Nachbarschaft der Fabrik nicht die geringste Belästigung erfährt.

Seit zwanzig Jahren wendet Tennant in Glasgow ähnliche Oefen in seiner Fabrik an, in welcher wöchentlich bis zu 500 Tonnen (= 10,000 Ctr.) Kochsalz zersetzt werden und zwar inmitten einer dichten Bevölkerung. Dank diesen verbesserten Einrichtungen ist es möglich gewesen, Sodafabriken in den Städten selbst anzulegen. Die neuen Oefen, welche in Belgien durch das Gesetz vorgeschrieben sind, werden auf dem Continent häufig belgische Oefen genannt. Trotz alledem erheben sich in England in den Sodafabrikationsdistrikten immer noch Klagen über nicht genügende Condensation der Salzsäuredämpfe.

Die Umwandlung des Sulfates in Rohsoda.

B) Die Umwandlung des Sulfates in Rohsoda. Das Sulfat wird behufs seiner Umwandlung in Soda mit Kreide (zuweilen auch mit Kalkhydrat) und Kohle gemischt und das Gemenge auf dem Herde eines Flammenofens geschmolzen. Die drei Materialien werden nur oberflächlich mit einander gemischt. Die von Leblanc aufgestellten Mischungsverhältnisse sind:

100 Th. Sulfat,

100 „ Calciumcarbonat,

50 „ Kalk.

In zehn verschiedenen Fabriken schwankt der auf 100 Th. Sulfat angewendete kohlensaure Kalk zwischen 90 bis 121 Theile, die Kohle zwischen 40 und 75. Der natürliche kohlensaure Kalk wird neuerdings in einigen Fabriken zum Theil durch den Kalk der ausgelaugten und entschwefelten Sodarückstände ersetzt.

Fig. 72.

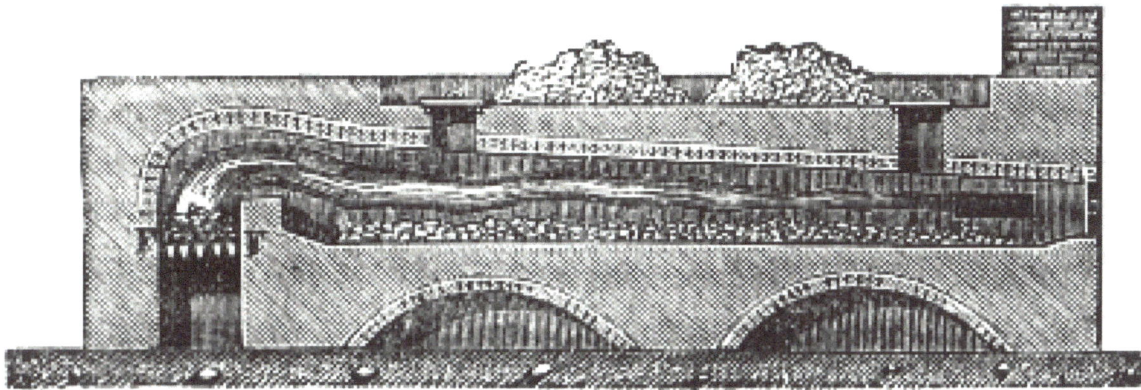

In England wendet man meist Flammenöfen mit zwei Etagen (*balling-furnaces*) an (Fig. 72). Ehedem wurde der Ofen mit dem gepulverten und gemischten Material beschickt, während man heutzutage es vorzieht, die Materialien in Stücken anzuwenden, damit man die Sodablöcke porös genug erhält, um ihr Zertheilen zu befördern und das Auslaugen zu erleichtern. In Deutschland haben die Sodaöfen gewöhnlich nur einen Herd (Fig. 73), auch sind sie weit grösser. In England bleibt das Gemenge, welches in der oberen Etage durch die verlorene Wärme vorbereitet wurde, nur etwa eine halbe Stunde lang auf dem unteren Herde, welcher den eigentlichen Arbeitsofen (*working-furnace*) ausmacht. In den deutschen Sodafabriken wird das in den stark angeheizten Flammenofen gebrachte Gemisch von Sulfat, Calciumcarbonat und Kohlenklein *M* erhitzt, bis die Masse in breiigen Fluss kommt, wobei unter fortwährendem Bearbeiten der Masse mit langen eisernen Krücken *K* Blasen von Kohlenoxyd aus der Masse hervorbrechen und mit blauer Flamme verbrennen. So wie die Flämmchen erscheinen, wird die Masse sofort durch die Arbeitsöffnungen *P P* aus dem Ofen gekrückt und in flache Blechkästen auf Wägen *C* befindlich gebracht, in welchen sie erkaltet.

Fig. 73.

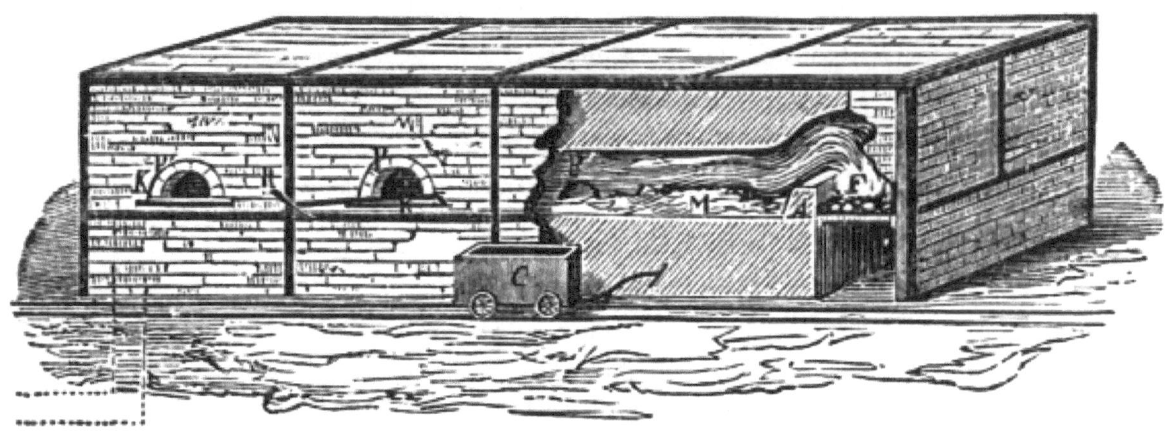

Es ist schwierig zu sagen, ob das englische oder das continentale Verfahren das vortheilhaftere sei. Vom theoretischen Standpunkte aus scheint die englische Methode den Vorzug zu verdienen. Da man weniger Substanz (etwa 7 Centner, in den continentalen Fabriken dagegen 30–70 Centner) auf einmal verarbeitet, so ist die Arbeit weniger mühsam, die Manipulation leichter und das Gemisch bleibt kürzere Zeit einer intensiven Hitze ausgesetzt, welche wohl einen Verlust von Natrium durch Verflüchtigung nach sich ziehen könnte. In englischen Fabriken verliert man nach den Untersuchungen von Wright (1867) bei der Umwandelung von Sulfat in Soda 20 Proc. des im Sulfat enthaltenen Natriums. Dieser Verlust vertheilt sich in folgender Weise:

Unzersetztes Sulfat	3,49	
Unlösliche Natriumverbindungen	5,44	
Verflüchtigung von Natrium	1,14	
In den Rückständen bleibendes Natrium	3,61	
Verlust beim Abdampfen und Calciniren der Laugen	6,56	
	20,24	Proc.

Fig. 74.

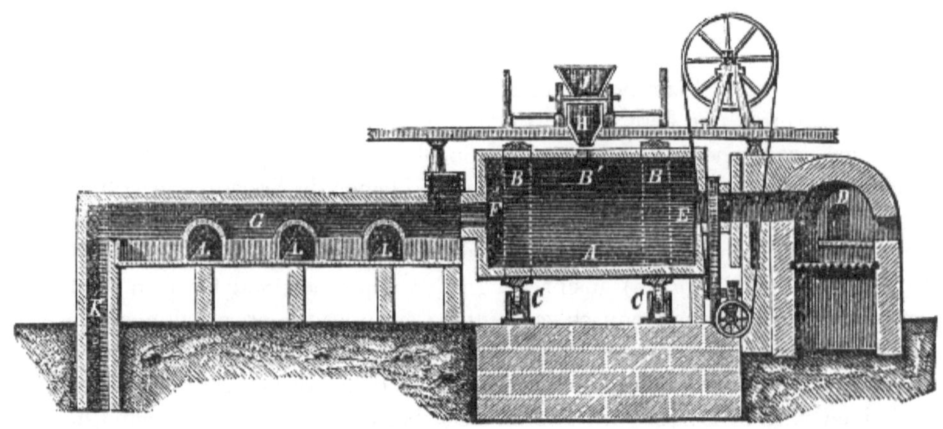

Sodaofen mit Drehherd.

Eine eigenthümliche Art Sodaofen ist der Ofen mit Drehherd (Fig. 74). Im Jahre 1853 schlugen Elliot und Russell die Vereinfachung der Sodafabrikation durch die Anwendung eines Drehofens vor, wodurch das Rühren der Masse mit der Hand entbehrlich wird. Im Wesentlichen besteht diese Einrichtung darin, dass der Herd des Ofens von einem Cylinder gebildet wird, welcher um seine horizontale Axe gedreht werden kann. Später wurde der Ofen durch Stevenson und Williamson verbessert. Nach dieser Methode kommt das Gemenge von Sulfat, Kalkstein und Kohle in den eisernen Cylinder *A*, der inwendig mit feuerfesten Steinen überkleidet ist. Aeusserlich sind an demselben zwei Rippen *B* angegossen, mit denen der Cylinder auf zwei Paaren von mit entsprechenden Nuthen versehenen Rädern *C* ruht. Das eine Paar Räder ist mit einer Axe versehen, durch deren Drehung den Rädern und durch diese dem Cylinder eine Drehung mitgetheilt wird. Die Feuerluft des Ofens *D* strömt durch die Oeffnung *E* in den Cylinder und geht dann durch *F* in das Pfannengewölbe *G* und dann durch den Fuchs *K* in den Schornstein. Nachdem das Innere des Cylinders bis zum Rothglühen erhitzt worden ist, bringt man die für eine Operation geeignete Menge der Materialien auf einem Eisenbahnwagen *J* durch einen, mit dem Cylinder nicht in fester Verbindung stehenden Rumpf oder Trichter *H* in den Cylinder. Nachdem die Hitze etwa 10 Minuten lang auf den Inhalt des Cylinders gewirkt hat, setzt man die Räder in Bewegung und lässt den Cylinder eine halbe Umdrehung machen. Darauf lässt man ihn wieder etwa 5 Minuten lang in Ruhe, worauf man ihm wieder eine halbe Umdrehung giebt. In dieser Weise wird fortgefahren, bis die Masse im Cylinder in Fluss geräth, was nach etwa einer Stunde der Fall ist. Dann wird der Cylinder in continuirliche Drehung versetzt, so dass er in je drei Minuten sich ein Mal umdreht. Der Fortgang der Operation wird nun von Zeit zu Zeit durch Oeffnen einer in dem Cylinder angebrachten Thüre beobachtet. Ergiebt sich dabei die Beendigung des Processes, so lässt man die Sodaschmelze in untergestellte eiserne Gefässe aus dem Cylinder abfliessen. Die Oeffnungen *B* und *B'* dienen zum Füllen und zum Entleeren. Die Vortheile des Drehofens liegen auf der Hand. Da man kein Werkzeug zum Umrühren der Masse braucht, so kann der Ofen geschlossen bleiben; die inwendige Lage von Backsteinen hat grosse Dauer und die Ersparniss an Handarbeit ist ganz bedeutend. Ein Cylinder von 11 Fuss Länge (= 3,35 Meter) und 7,5 Fuss Durchmesser (= 2,25 Meter) zersetzt 14 Centner Sulfat (= 700 Kilogr.) in einer Zeit von zwei Stunden und zwar zum Kostenpreise von 2 Sh. 1 Penny (= 2 Fr. 60 Cent.) pro Tonne. Von einer Verflüchtigung von Alkali kann bei dem Umstande, dass der Ofen geschlossen bleibt, selbstverständlich keine Rede sein. Die vorstehende, in der That etwas kühne Neuerung ist sehr verschieden beurtheilt worden. Einige Fabrikanten halten sie für eine wichtige Verbesserung, während andere der Ansicht sind, dass sie zu kostspielig sei, der Betrieb leicht Störungen erlitte und die Controle der Operation grosse Schwierigkeiten mache. Eine Thatsache spricht aber entschieden zu Gunsten des neuen Verfahrens, nämlich auf den *Jarrow Chemical Works* (South-Shields), wo der Drehherd längst eingeführt war, hat man nach und nach drei neue Oefen nach dem nämlichen Principe errichtet, was sicher nicht der Fall gewesen wäre, wenn der erste Ofen nicht befriedigende Resultate geliefert hätte. Seit einigen Jahren führt man den Drehherd auch auf dem Continente ein.

Die Rohsoda hat annähernd folgende Zusammensetzung:

Natriumcarbonat	45
Schwefelcalcium	30
Aetzkalk	10
Calciumcarbonat	5
Fremde Körper	10
	100

Beträchtliche Mengen von Rohsoda werden namentlich in England ohne weitere Behandlung zur Seifenfabrikation, in der Bleicherei und zur Fabrikation von Bouteillenglas verwendet.

C) Ueberführung der Rohsoda in gereinigte Soda durch Auslaugen und durch Abdampfen, α) Das Auslaugen der Rohsoda. Die Rohsoda wird durch Auslaugen mit Wasser in eine Lösung von Natriumcarbonat und in einen unlöslichen Rückstand (Sodarückstand, Sodakalk, Sodamark) zerlegt. 100 Th. Rohsoda geben dabei

in Wasser löslicher	45,0	Theile
Sodarückstand	58,7	„
	103,7	Theile

Die Blöcke der englischen Rohsoda sind im Allgemeinen von dunklerer Farbe und weit kohlereicher als die Soda der continentalen Fabriken. Vor dem Auslaugen setzt man sie gewöhnlich 1–2 Tage lang der Luft aus, in einigen Fabriken sogar 10–12 Tage, nicht nur um sie vollständig erkalten zu lassen, sondern auch, damit sie etwas zerfallen, wodurch die spätere Behandlung erleichtert wird.

Die älteste Methode des Auslaugens bestand darin, die Rohsoda fein zu mahlen und das gesiebte Pulver mit der vierfachen Gewichtsmenge Wasser anzurühren. Nachdem das ungelöst Gebliebene sich abgesetzt, decantirte man die erhaltene Sodalösung, die mit einem neuen Rohsodaquantum zusammengebracht wurde, und diesen Vorgang wiederholte man drei- bis viermal. Zugleich wurde die vom ersten Bottich abgegossene Sodalösung durch reines Wasser ersetzt, welches nach und nach von einem Bottich zum andern wanderte. Auf diese Weise wurden der Rohsoda alle löslichen Bestandtheile entzogen. Wie leicht einzusehen, litt dieses Auslaugeverfahren an mehreren Uebelständen; einmal ist hierbei die lösende Kraft des Wassers keine ununterbrochene, indem sie sich nur im Moment des Umrührens äussern kann; die gelösten Mengen sind daher nie beträchtlich. Das andere Mal erfordert dasselbe viel Handarbeit. Es findet daher wol nirgends mehr Anwendung.

Fig. 75.

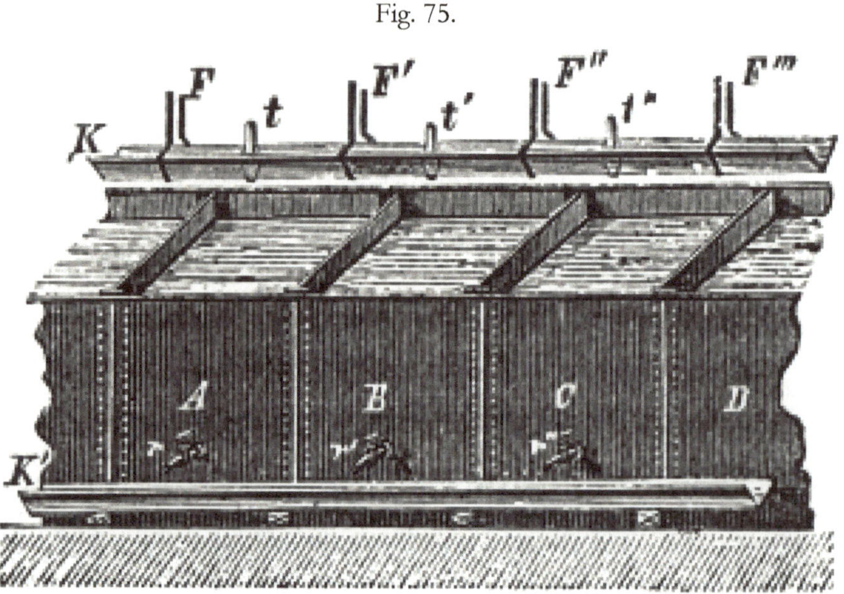

Die Methode des Auslaugens durch einfache Filtration, wegen der vielen Arbeit auch keineswegs zu empfehlen, besteht darin, die Rohsoda in Kästen aus Schwarzblech zu bringen, die mit einem siebähnlich durchlöcherten falschen Boden versehen sind und sie darin mit Wasser zusammenzubringen. Eine Reihe von Blechkästen *A*, *B*, *C*, *D* … (Fig. 75), von 1,5 Meter Höhe, 1,8 Meter Breite und 2 Meter Länge, ist neben einander auf einer Erhöhung aus Mauerwerk aufgestellt. 25 Centim. vom Boden entfernt befindet sich der durchlöcherte falsche Boden von Holz oder von gelochtem Bleche. Eine über den Kästen angebrachte hölzerne

Röhrenleitung *K*, die durch die Eisen *F*, *F'* gehalten wird, leitet durch die Zapfen *t*, *t'* und *t''* die Flüssigkeit in die Kästen. An letzteren sind unterhalb des falschen Bodens Hähne *r*, *r'* und *r''* angebracht, durch welche man die Flüssigkeit aus den Kästen in die Rinne *K'* ablassen kann. Die Rohsodablöcke kommen in Stücke von Kopfesgrösse zerschlagen auf den falschen Boden, wo sie einem wiederholten Auslaugungsprocess unterworfen werden. Nehmen wir an ein System der drei Kästen *A*, *B*, *C* und den Kasten *A* mit frischer Rohsoda, *B* mit einmal und *C* mit zweimal ausgelaugter Rohsoda beschickt, so lässt man in jeden der drei Kästen durch die Rinne *K* die letzten Aussüsswässer einer vorhergehenden Auslaugung treten. Diese Wässer bleiben acht Stunden in jedem Kasten. Nach Ablauf dieser Zeit lässt man die Lauge (die 30° B. zeigt) durch *r* in die Rinne *K'* abfliessen, ebenso auch die weit schwächeren Laugen aus *B* und *C*, die in grossen Reservoirs sich mit der Lauge aus *A* mischen und deren Titre auf etwa 25° B. herabdrücken. Man lässt von Neuem Aussüsswasser auf *A* und *B* und in einen vierten, mit neuer Rohsoda beschickten Kasten *D* laufen; nach acht Stunden leitet man die Laugen in das Reservoir, das bereits die Laugen der ersten Arbeit enthält, u. s. w. fort. Dadurch ist es möglich, ununterbrochen eine Lauge von 25° B. Dichte zu haben. Nachdem der Inhalt eines jeden Kastens einer dreimaligen Auslaugung unterworfen worden war, beendigt man das Aussüssen der Rückstände mit bis auf 50° C. erwärmtem Wasser. Die hierbei gewonnenen Flüssigkeiten dienen, wie oben bemerkt, zum Auslaugen der Soda in den Kästen *A*, *B* und *C*.

Fig. 76.

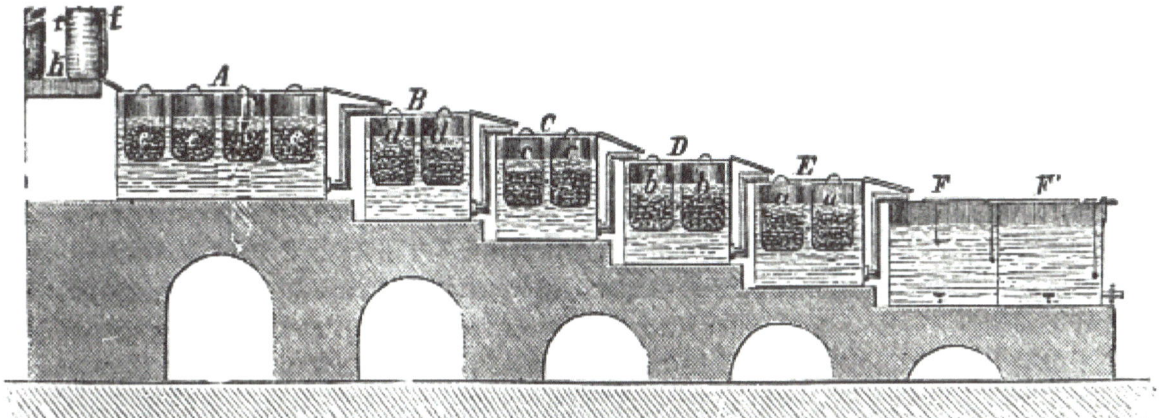

Fig. 77.

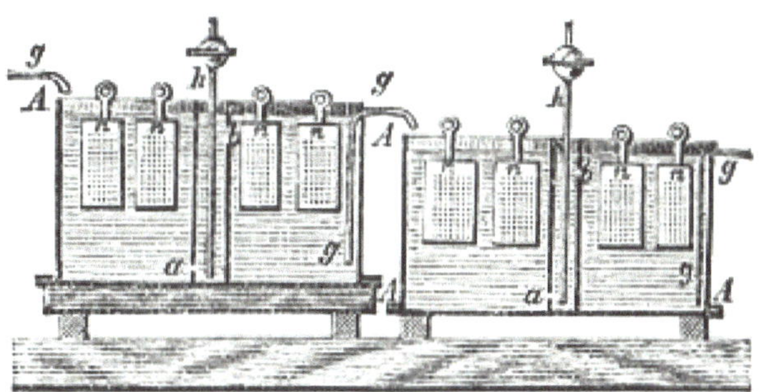

Der von Clément Desormes eingeführte Auslaugeapparat besteht (Fig. 76) aus einer Anzahl von staffelförmig aufgestellten Eisenblechkästen. Die Anzahl der Kästen beträgt 12 bis 14, die Abbildung hat deren nur fünf, *A*, *B*, *C*, *D*, *E*. Der oberste Kasten *A* ist von Gusseisen und doppelt so gross als die übrigen. Durch gebogene Röhren, welche etwa 15 Centim. über dem Boden angebracht sind, kann die Flüssigkeit jedes höher stehenden Kastens in den zunächst tiefer stehenden fliessen, also aus *A* nach *B*, aus *B* nach *C* und so fort. Der unterste Kasten *E* giebt die Flüssigkeit in die Klärkästen *F F'* ab, von denen sechs vorhanden sind und welche unter einander durch Röhren in Verbindung stehen, die etwa 3 Zoll unter dem oberen Rande sich befinden. Die auszulaugende und fein gemahlene Rohsoda kommt in siebartig durchlöcherte Blechgefässe *f f*, *e e*, *d d* u. s. w. Soll das Auslaugen beginnen, so werden die Auslaugekästen mit warmem Wasser gefüllt, hierauf werden zwei Blechgefässe je mit 50 Kilogr. Rohsoda beschickt, mittelst einer durch die Handhaben gesteckten Stange, in den untersten Auslaugekasten *E* gehängt, nach 25–30 Minuten werden sie herausgenommen, in *D* eingehängt, während in *E* zwei neue kommen, und so wird fort operirt, so dass nach 8 Stunden, wenn 14 Auslaugekästen vorhanden sind, nicht allein in dem ersten Kasten *A* sich Sodagefässe befinden, welche alle Kästen passirt haben, sondern dass schon zwei solcher Gefässe *ff* aus *A* herausgenommen und zum Abtropfen auf *k* gestellt sind. Nach einer halben Stunde wird aus diesen Gefässen der Rückstand in einen Karren geleert, um aus der Fabrik entfernt zu werden, während *e e* an die Stelle von *ff* zum Abtropfen kommen, *d d* an die Stelle von *e e* u. s. f., in *E* endlich zwei neugefüllte Gefässe. Jedesmal wenn zwei neue Gefässe in den untersten Kästen eingehängt werden, lässt man nun in den obersten Kasten *A* ohngefähr doppelt so viel Wasser fliessen, als das Volumen der Soda beträgt. Das Wasser verdrängt die schwerere Lauge am Boden, diese fliesst durch das Rohr in das nächstfolgende Gefäss *B*, macht hier wieder die schwerere Lauge nach *C* überfliessen u. s. w., so dass zuletzt die fast gesättigte Lösung aus *E* in die Klärkästen *F F* läuft, wo sich die aufgeschwemmten trübenden Substanzen ablagern. Die Temperatur muss in den Auslaugekästen auf 45 bis 50° C. erhalten werden, nicht höher, weil sonst, wie man sagt, das Schwefelcalcium eine Zersetzung erleidet. Zum Erwärmen dienen Dampfröhren, welche in die Kästen münden, etwa in einem Dritttheile ihrer Höhe. Auch in den Klärkästen wird die Lauge durch Dampf erwärmt, damit nicht Salz auskrystallisire. Das Einhängen der Soda in durchlöcherten Gefässen in die Auslaugekästen ist das bekannte Verfahren, bei welchem man die aufzulösenden oder auszulaugenden Substanzen an die Oberfläche des Lösungsmittels bringt, was das Gelöstwerden ausserordentlich beschleunigt, indem die entstandene concentrirte Lauge sich dabei nicht um den aufzulösenden Körper ansammelt und so die fernere Einwirkung des Lösungsmittels hindert, sondern zu Boden fliesst und daher stets dem Lösungsmittel Platz macht. Haben die Seihgefässe eine so bedeutende Grösse, dass sie, mit Soda gefüllt, nicht von den Arbeitern direct translocirt werden können, so geschieht dies mittelst eines verschiebbaren Flaschenzuges. Der Flaschenzug ist nämlich an einem kleinen Wagen befestigt, welcher oben auf einer Eisenbahn läuft, die sich über die Reihe der Auslaugekästen hinzieht. Durch Fig. 77 sind zwei Auslaugekästen in vergrössertem Maassstabe und von etwas veränderter Einrichtung dargestellt. Jeder Kasten ist hier in der Mitte durch eine senkrechte doppelte Scheidewand in zwei Abtheilungen getheilt, welche durch die Oeffnungen *a* und *b* mit einander in Verbindung stehen. In den Raum zwischen den beiden Scheidewänden münden die Dampfröhren *h h*; *g g* sind die Ueberlaufröhren; *n n*.... die Seiher von Eisenblech, an den schmalen Seitenwänden mit durchlochten Laschen versehen, um die Stange zum Translociren hindurchstecken zu können. Dieses Auslaugeverfahren findet noch in vielen Sodafabriken Anwendung.

Nach Angaben von Dürre soll der nachstehend beschriebene Apparat dem eben beschriebenen noch vorzuziehen sein. Es stehen vier schmiedeeiserne oder gusseiserne Kästen von etwa 1,6 Meter Länge, 1,6 Meter Breite und 1,65 Meter Tiefe terrassenförmig. Von der, zu faustgrossen Stücken zerschlagenen rohen Soda kommen in jeden dieser Kästen 10 Centner mit der nöthigen Menge Wasser. Das Auslaugen erfolgt in 12 Stunden, während der die Soda vier Mal translocirt wird, und zwar nach jedesmal 3 Stunden in den zunächst höher stehenden Laugekasten, so dass der Rückstand nach 12 Stunden als erschöpft aus dem obersten Kasten ausgeworfen wird. In den beiden obersten Kästen findet das Auslaugen kalt statt, im dritten Kasten bei etwa 44° C., im vierten bei 56° C. Die Lauge gelangt aus dem obersten Kasten ohne Weiteres in den folgenden, aus diesem aber erst in eine Cisterne, wo sie durch Dampf erwärmt wird; zwischen dem dritten und vierten Kasten ist ebenfalls ein Gefäss eingeschaltet, in welchem die Lauge auf ihrem Wege nach dem vierten Kasten auf 56° C. gebracht wird. Während man nun in den obersten Kasten alle drei Stunden Wasser nachgiebt, fliesst aus dem untersten Kasten die Lauge mit der geeignetsten Concentration (24° B.) in ein grösseres Reservoir. Vier solcher Reihen von Kästen, mit den dazu gehörenden Wärmegefässen, bilden ein System.

Fig. 78.

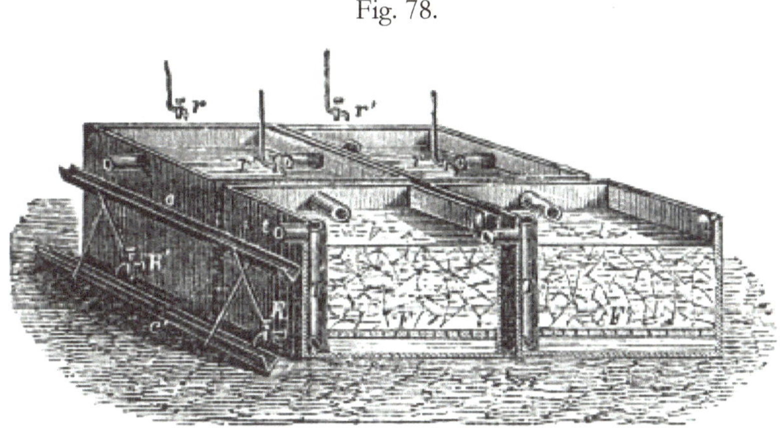

Auf rationelle und ökonomisch vortheilhafte Weise wurde das Problem des Auslaugens der Rohsoda zuerst durch James Shanks in St. Helens gelöst. Das neue Verfahren — die methodische Filtration — gründete sich auf die Thatsache, dass eine Lösung um so dichter wird, je mehr Salze sie gelöst enthält, und dass einer Flüssigkeitssäule einer schwachen Lauge von einer gewissen Höhe durch eine minder hohe Flüssigkeitssäule einer stärkeren Lauge das Gleichgewicht gehalten wird. Nach diesem Principe stehen die Bottiche in der Zahl von vier bis acht (Fig. 78) in einer Reihe horizontal neben einander; durch dieselben läuft Wasser, welches, indem es die Bottiche durchströmt, die Soda auslaugt und dadurch von Bottich zu Bottich dichter wird; das Niveau der Flüssigkeit sinkt von Bottich zu Bottich, von dem ersten an, der reines Wasser enthält, bis zu dem letzten, von welchem gesättigte Lauge abläuft. Obgleich also die Bottiche in einer Horizontalebene stehen, ist doch das Niveau der Flüssigkeit darin staffelförmig. Die Bottiche haben 2,6 Meter Länge und Breite und 2 Meter Tiefe, und sind mit einem falschen Boden *F* versehen, der aus gelochtem Blech zusammengesetzt ist und durch einen Rost getragen wird. Vom Boden eines jeden Bottichs geht ein Blechrohr *T*, welches an beiden Seiten offen ist und dessen untere Oeffnung diagonal geschnitten ist, bis an die Oberfläche und trägt seitlich ein kurzes Rohr *t*, welches, wie aus der Zeichnung hervorgeht, einen Bottich mit dem andern verbindet. Durch die mit Hähnen versehenen Wasserleitungsrohre *r*, *r'*, *r*, *r*, kann jeder Bottich mit Wasser versehen werden. Durch die am Boden der Bottiche befindlichen Hähne *R* und *R'* kann die Lauge in die Rinne *c'* geleitet werden. Vier Waschungen sind in der Regel genügend. Betrachten wir nun die vier Bottiche, welche in der Zeichnung dargestellt sind. Der eine Bottich enthält Rohsoda, die bereits drei Waschungen durchgemacht hat, sie enthält daher nur geringe Mengen löslicher Salze. Dieser Bottich (I) erhält demnach Aussüsswasser, welches dann, nachdem es der Soda alles Lösliche entzogen, in den Bottich (II) gelangt, dessen Soda erst zweimal ausgewaschen worden war; hierauf geht die Lauge in den Bottich (III), dessen Inhalt erst ein einziges Mal mit Wasser in Berührung gewesen war, und endlich in den mit frischer Rohsoda beschickten Bottich (IV). Von da aus läuft die Lauge nach dem Reservoir. Der Bottich (I) wird mit neuer Rohsoda versehen und ändert durch in die Oeffnungen der Blechrohre gebrachte Zapfen den Marsch der Lauge in der erforderlichen Weise ab. Diese Anordnung gestattet dem Arbeiter, sich zwei nebeneinanderstehende Bottiche herauszusuchen und den einen davon zum Eintritts-, den andern zum Austrittsbottich zu machen. Da die Bottiche abwechselnd gefüllt und entleert werden, so enthält derjenige, der zuletzt beschickt wurde, auch die reichhaltigste Substanz und die gesättigtste Flüssigkeit, die am dichtesten ist und deshalb am tiefsten steht; folglich ist dieser Bottich bis zur neuen Reihenfolge, der Austrittsbottich, aus welchem man die gesättigte Lauge gewinnt. Andererseits enthält der Bottich, in welchem in diesem Moment die erschöpfteste Masse sich befindet, die schwächste Lauge und diese folglich im höchsten Niveau. Dieser Bottich bildet selbstverständlich das Eintrittsgefäss für das reine Wasser. Sobald die Beschickung in diesem Bottich völlig erschöpft ist, entfernt man sie und ersetzt sie durch neue Beschickung; durch Oeffnen einer Reihe von Hähnen wird dieser Bottich in den Austrittsbottich übergeführt. Zugleich leitet man den Strom kaltes Wasser in den benachbarten Bottich u. s. w. Je mehr Bottiche eine Reihe enthält, um so eher lässt sich eine bestimmte Menge Rohsoda in einer gegebenen Zeit erschöpfen. Es giebt jedoch praktische Grenzen, die nicht überschritten werden dürfen, sowol für die Anzahl der Auslaugungsgefässe, als auch für die Schnelligkeit des Wasserstromes. Es genügt, dass die ablaufende Lauge eine Dichte von etwas unter 1,3 (1,27 bis 1,286) habe; ein Kubikfuss der Lösung (= 0,028 Kubikmeter) enthält alsdann 4,5 bis 4,95 Kilogr. feste Bestandtheile, was einem Gehalt von ungefähr 13,5 Proc. vom Gewichte der Flüssigkeit entspricht. Die Vortheile des neuen Auslaugeverfahrens in seiner Anwendung auf Sodafabrikation sind folgende: 1) der Transport der Rohsoda von Bottich zu Bottich fällt hinweg, da die Soda in demselben Behälter bleibt vom Anfang an bis zu Ende und man erspart beträchtlich an Handarbeit; 2) da die rohe Soda von der Flüssigkeit bedeckt bleibt, so setzt sie sich niemals so fest zusammen, wie es nach dem älteren Verfahren häufig geschieht und wodurch das Auslaugen so bedeutend erschwert wird. Im Gegentheile die umgebende Flüssigkeit trägt die rohe Soda hydrostatisch, so dass die Masse immer poröser wird in dem Maasse, als das Auslaugen fortschreitet, wodurch das Auslaugen befördert und vervollständigt wird; 3) der abwärts gehende Strom der Flüssigkeit nimmt den dichtesten Theil der Lösung mit fort, so dass die Operation mit geringeren Wassermengen, in weniger Zeit und weit vollständiger verläuft, als wenn die Filtration eine aufsteigende gewesen wäre; 4) die Schnelligkeit und das Continuirliche der Operation entziehen das Alkali schleunigst der Einwirkung des unlöslichen Calciumsulfuretes und kürzen die Dauer der graduellen Reaktionen, durch welche sich lösliche Schwefelmetalle bilden und zwar zum grossen Nachtheile für das Produkt; 5) die grosse Concentration der so gewonnenen Lauge kürzt die Abdampfungsdauer ab, wodurch ganz wesentlich an Brennstoff gespart wird.

Die Beschaffenheit der durch Auslaugen der Rohsoda gewonnenen und durch Absetzenlassen geklärten Lauge ist von der Beschaffenheit der Rohsoda, von der Dauer der Einwirkung der Luft und des Wassers und der dabei angewandten Temperatur abhängig, so dass allgemeine Angaben darüber nicht gemacht worden können. Kynaston, Scheurer-Kestner und J. Kolb haben nachgewiesen, dass die trockne Rohsoda kein Aetznatron enthält und dass dessen Gegenwart in der Lauge nur von der Einwirkung des Kalkes auf das Natriumcarbonat bei Gegenwart von Wasser herrührt. Auch das Schwefelnatrium kann in einer normal bereiteten Rohsoda nur spurenweise vorkommen, aber die Menge des Schwefelnatriums, das in der Lauge sich findet, kann noch weit mehr variiren als die des Aetznatrons, und ist nur von der Art und Weise des Auslaugens abhängig. Meistens ist es Natriummonosulfuret, das in der Lauge enthalten ist, entstände auch Polysulfuret, so würde es durch das zugleich vorhandene Aetznatron in Monosulfuret verwandelt werden. Das Eisen ist als Eisenoxyd in der Rohsoda, erst bei der Einwirkung von Wasser verwandelt es sich in Schwefeleisen, das in dem vorhandenen Schwefelnatrium sich auflöst und die Laugen grün oder gelbbraun färbt. Die Menge des Wassers, die man zum Auslaugen der Rohsoda anwendet, ist ohne Einfluss auf die Kausticität der Lauge, während die Schwefelnatriummenge, wie oben bemerkt, mit dem Wasserquantum, der Digestionsdauer, der Temperatur- und Concentrationszunahme gleichfalls zunimmt. Dies ist eine Folge der vermehrten Löslichkeit des Schwefelcalciums, welches mit Wasser in Calciumsulfhydrat und Kalkhydrat zerfällt; erstere Verbindung giebt dann mit dem Aetznatron Schwefelnatrium und zwar um so leichter, je concentrirter die Lauge ist. Auch kohlensaures Natrium setzt sich mit dem Schwefelcalcium um: je verdünnter die Lösung, je höher die Temperatur und je länger die Einwirkung war.

Für die Praxis folgt aus den Arbeiten J. Kolb's, dass man die Rohsoda rasch auslaugen, dabei möglichst wenig Wasser anwenden und die Temperatur so niedrig wie möglich halten muss. Es wäre ein immenser Fortschritt, erfände man einen Apparat, mittelst dessen man die Rohsoda in der Kälte in einigen Stunden (und nicht, wie bei den jetzt angewendeten Apparaten, in einigen Tagen) auslaugen könnte, und bei welchem man nur so wenig Wasser anzuwenden brauchte, dass man sofort ganz concentrirte Laugen erhielte. Diese Laugen würden dann frei von Schwefelnatrium sein.

Als Beispiel der Zusammensetzung einer Rohlauge sei die Analyse einer solchen Lauge (aus der chemischen Produkten-Fabrik von Matthes und Weber zu Duisburg a/Rh.) angeführt. Spec. Gewicht = 1,25. 1 Liter Lauge enthält 313,9 Grm. festes Salz, welches in 100 Th. zusammengesetzt war aus

Natriumcarbonat	71,250
Natriumhydroxyd	24,500
Kochsalz	1,850

Natriumsulfit	0,102
Natriumhyposulfit	0,369
Schwefelnatrium	0,235
Cyannatrium	0,087
Thonerde	1,510
Kieselerde	0,186
Eisen	Spuren
	100,071

Eine Rohlauge aus dem Klärkessel der Rhenania bei Aachen hatte ein spec. Gewicht von 1,252 und enthielt ein Liter 311 Grm. festen Rückstand.

Abdampfen der Lauge.

β) Abdampfen der Lauge. Die durch Absetzenlassen in den Klärbassins von allen suspendirten Theilchen befreite Rohlauge enthält wesentlich Natriumcarbonat und Aetznatron, ausserdem Kochsalz und andere Natronsalze in geringer Menge. Beachtenswerth ist die Gegenwart von Schwefeleisen-Schwefelnatrium in der Rohlauge, welches die Ursache der Färbung des Sodasalzes beim Eindampfen ist. Werden die Laugen abgedampft, sobald sie die Auslaugeapparate verlassen haben, so befördert man die Suspension des Sulfosalzes und man erhält ein gefärbtes Salz. Um die Abscheidung dieser für den Betrieb störenden Eisenverbindung zu befördern, ist es daher absolut nöthig, dass die Laugen im abgekühlten und wenig concentrirten Zustande in den Klärbassins längere Zeit verweilten. Das Sulfosalz kann jedoch auch durch Oxydation beseitigt werden, wie es in England nach dem Verfahren von Gossage mit Hülfe der atmosphärischen Luft geschieht. Als oxydirende Agentien wendet man auch ferner Chlorkalk und besonders Natriumsalpeter an. Auch die Anwendung eines Bleisalzes oder von Kupferoxyd oder von Spatheisenstein ist in Vorschlag gebracht worden. Da nach J. Kolb's Versuchen das Eisenmonosulfuret in Aetznatron und Natriumcarbonat unloslich ist, so kann durch Zusatz von Eisenvitriol das Sulfosalz in Eisenmonosulfuret und Natriumsulfat übergeführt werden. Das Monosulfuret scheidet sich schnell ab und die darüberstehende vollkommen farblose Flüssigkeit liefert völlig weisses Salz.

Die Verarbeitung der Lauge geschieht auf zweierlei Weise, nämlich

α) nach der einen Art wird die Rohsodalauge ohne Weiteres zur Trockne eingedampft, so dass keine Mutterlauge bleibt. In diesem Falle erhält man ein gleichartiges Produkt, in welchem alle Bestandtheile der Lauge, auch das Aetznatron unverändert sich finden;

Fig. 79.

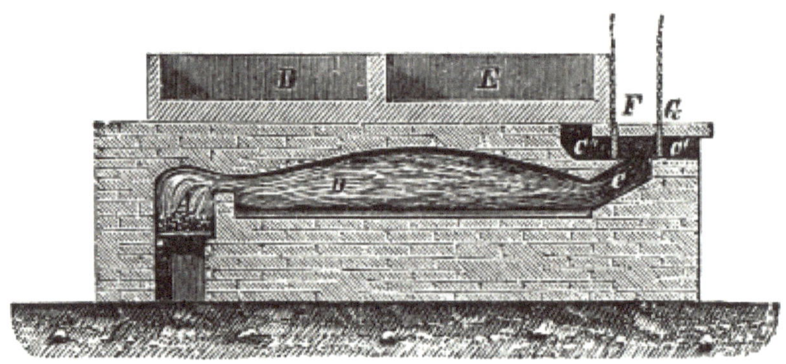

β) nach der anderen Art dampft man die Lauge (ähnlich wie die Kochsalzlösung; vergl. Seite 184) bis zu einem gewissen Grade ein, aus der übersättigten und siedenden Flüssigkeit scheidet sich nun das kohlensaure Natron als krystallinisches Pulver (Sodasalz) und zwar als Salz mit 1 Molekül Wasser $Na_2CO_3 + H_2O$ aus. In dem Maasse, als die Ausscheidung erfolgt, zieht man es heraus (soggt es). Während des Verdampfens und Soggens fliessen immer neue Mengen Lauge aus dem Reservoir oder den höher stehenden Pfannen zu, und dies so lange, Wochen oder Monate hindurch, als noch ein genügend reines Salz erhalten wird. Anfangs ist begreiflich in der Lauge die Menge des Carbonates sehr überwiegend über die Menge der anderen, oben genannten Bestandtheile der Lauge, aber mit der Zeit wird das Verhältniss immer ungünstiger. Dies hat zur Folge, dass das sich ausscheidende Carbonat im Laufe der Verdampfungsperiode immer weniger rein wird, indem sich gleichzeitig mit ihm immer mehr und mehr Kochsalz und Sulfat ausscheiden und die anhängende unreine Mutterlauge das Salz immer stärker verunreinigt. Die schliesslich bleibende Mutterlauge (Rothlauge) enthält vorzugsweise nur Aetznatron und Schwefelnatrium, weil deren reichliches Vorhandensein das Lösungsvermögen der Lauge für die Salze fast auf Null reducirt. Das ausgesoggte und durch Abtropfenlassen oder durch Centrifugiren von der Mutterlauge so viel als möglich befreite Sodasalz wird auf dem Herde eines mit Koksfeuerung versehenen Flammenofens unter Umrühren ausgetrocknet und calcinirt, um das Schwefelnatrium der anhängenden Mutterlauge zu oxydiren und ein völlig weisses Produkt zu erhalten. Das Produkt ist die calcinirte Soda. Die Qualität dieser Soda, der Gehalt an Carbonat, ist sehr verschieden, das heisst es kommen sehr verschiedene Sorten dieser Soda in den Handel. Sie entstehen dadurch, dass man das, während des Eindampfens der Lauge sich ausscheidende Salz, nach der Zeitdauer des Verdampfens, in verschiedene Classen theilt. Das zuerst erhaltene Salz (der erste Ausschlag) liefert die beste Sorte; beim weiteren Verdampfen wird das Salz, wie gesagt, immer weniger rein, und es liegt in der Hand des Sodafabrikanten, wie viele Sorten Soda er darstellen will. Meistens lassen die Fabrikanten den Gehalt von fünf zu fünf Procent abnehmen und garantiren den Gehalt. Eine Soda, welche 90 Proc. alkalisches Natron enthält, heisst 90grädige Soda; eine Soda von 70 Procent Gehalt an alkalischem Natron wird 70grädig genannt. Das Uebrige ist Sulfat und Kochsalz, neben einer kleinen Menge von Sulfit, das bei dem Calciniren entstanden ist.

Wird nach der oben angegebenen Methode die Rohsodalauge ohne weiteres bis zur Trockne verdampft, so dass keine Mutterlauge bleibt, so bedient man sich eines Flammenofens (Fig. 79). Man stampft zuerst auf der Ofensohle eine dicke Lage Sodasalz fest, damit die einzudampfende Lauge nicht mit den Backsteinen in Berührung kommt. Sobald der Ofen durch das auf *A* brennende Koksfeuer dunkle Rothglühhitze angenommen, lässt man die bis auf 33° abgedampfte Lauge aus der Vorwärmpfanne *D* und *E* in den Ofen fliessen. Sobald die Lauge das heisse Sodasalz berührt, beginnt heftiges Sieden, die Masse steigt und fällt und lässt sich leicht zur Trockne bringen. Durch Umrühren mit eisernen Krücken erhält man das Salz pulvrig. Sobald eine genügende Menge Salz erhalten worden ist, hemmt man das Nachfliessen der Lauge und zieht das trockne Salz aus dem Ofen. Durch die Klappen *F*, *G* und die Züge *C*, *C'* ist es möglich, die Verbrennungsgase entweder in den Schornstein oder unter die Laugenpfannen *D* und *E* zu leiten. J. Brown erhielt bei der Analyse von Sodasalz, durch Eindampfen der Rohlauge:

I. II.

Natriumcarbonat	68,907	65,513
Natriumhydroxyd	14,433	16,072
Natriumsulfit	7,018	7,812
Natriumhyposulfit	2,231	2,134
Schwefelnatrium	1,314	1,542
Chlornatrium	3,972	3,862
Natriumaluminat	1,016	1,232
Natriumsilicat	1,030	0,800
Unlösliche Substanz	0,814	0,974
	100,000	100,000

Dieses Salz wird dann in einem Flammenofen stark erhitzt, durch diesen Process wird das Schwefelnatrium in Natriumsulfit und ein Theil des Hydrates in Natriumcarbonat umgewandelt. Das Salz ist, so wie es aus dem Ofen kommt, zum Verkaufe fertig. In den grossen Alkaliwerken in und bei New-Castle wird es aufgelöst und nachher mit Kohlensäure behandelt; das so dargestellte Salz enthält weniger Aetznatron.

Ein weit besseres Produkt erhält man nach der oben erwähnten anderen Methode, nämlich durch Abdampfen der Lauge nicht bis zur Trockne, sondern nur bis zu einem gewissen Concentrationsgrade, wobei kleine Krystalle von Sodasalz ($Na_2CO_3 + H_2O$) sich abscheiden.

Was die Art und Weise des Abdampfens der Lauge betrifft, so sind heutzutage zwei verschiedene Verfahren im Schwange. Nach dem einen Verfahren wirkt die Wärme auf die Oberfläche der Flüssigkeit; das Abdampfen geschieht in viereckigen Pfannen aus Kesselblech, welche auf der Sohle des Flammenofens eingemauert sind. Es findet ein schnelles oberflächliches Sieden statt und die Oberfläche der Flüssigkeit bedeckt sich mit Salzkrusten, die der Arbeiter zerstört, damit unaufhörlich neue Portionen der Flüssigkeit mit der Wärme in Berührung kommen. Von Zeit zu Zeit wird das zu Boden gesunkene Salz durch Seitenöffnungen herausgekrückt und zum Abtropfen auf eine geneigte Ebene gebracht. Diese Abdampfungsmethode ist ökonomisch und fördernd, sie hat aber den Nachtheil die sauern Verbrennungsprodukte — Kohlensäure und schweflige Säure — in unmittelbaren Contakt mit der alkalischen Lauge zu bringen und dadurch zu veranlassen, dass das Aetznatron in Carbonat und ein Theil des letzteren in Sulfit übergeht, welches letztere später durch Oxydation in Sulfat verwandelt wird. Nach dem zweiten Verfahren wirkt die Wärme auf den Boden der Pfanne. Dadurch ist allerdings die Berührung der Verbrennungsprodukte mit der Lauge abgeschnitten, dagegen leidet hierbei die Pfanne weit mehr und es bedarf besonderer Vorsichtsmaassregeln, um dem Verbrennen der Pfanne durch den Absatz einer die Wärme nicht leitenden Salzschicht vorzubeugen. Gamble in St. Helens wendet, um dem genannten Uebelstande auszuweichen, eine Pfanne von eigenthümlicher Form an, die im Querdurchschnitt dem eines Bootes analog ist. Diese Pfanne führt auch den Namen Bootpfanne. Die Flamme, gewöhnlich die verlorene Wärme der Sodaöfen, spielt gegen die geneigten Wände, deren Neigung die Extraktion des Salzes erleichtert, welche man auf dieselbe Weise wie das Kochsalz aus den Pfannen der Salinen auswirkt und dann abtropfen lässt.

Gleichviel ob nach der ersten oder zweiten Methode dargestellt, bringt man das erzielte Produkt in einen Flammenofen, in welchem es oxydirt und mit Kohlensäure verbunden wird; das Schwefelnatrium geht hierbei zum grössten Theile in Sulfit und Sulfat über. Das so erhaltene Sodasalz besitzt eine graue Farbe. Um es zu reinigen, löst man es mittelst Dampf in der kleinsten Menge Wasser, lässt die Lösung sich absetzen, decantirt die klare Flüssigkeit und dampft sie von Neuem zur Trockne ab. Auf diese Weise erhält man vollkommen weisses Sodasalz (raffinirte Soda). Noch reiner lässt sich das Produkt erhalten, wenn man nach Ralston das unreine Salz methodisch mit einer kalten und gesättigten Lösung von reinem Natriumcarbonat wäscht, wodurch nur die fremden Salze, Chlornatrium, Schwefelnatrium und Sulfat, gelöst werden, während das Natriumcarbonat vollkommen rein zurückbleibt.

Wie oben erwähnt, dampft man in der Regel nicht bis zur Trockne, sondern nur bis zu einem bestimmten Concentrationspunkt ab, der durch die Erfahrung ermittelt wird, und schöpft die dabei niederfallenden Krystalle heraus. Durch Variirenlassen des relativen Volumens der Flüssigkeit erhält man mehr oder minder reine Produkte. Dampft man z. B. die gewöhnliche Lauge aus den Auslaugegefässen (von 1,286 spec. Gew.) bis auf 7/12 ihres Volumens ab und nimmt man dabei sich ausscheidendes Salz heraus, so erhält man ein Produkt, welches einem gereinigten Sodasalz von 57 Proc. entspricht. Dampft man dann den Rest der Lauge auf 3/7 ihres Volumens ab, so entspricht das ausgeschiedene Salz einer Soda von 50 Proc. Die zur Trockne verdampften Mutterlaugen geben ein sehr kaustisches Produkt, das alle löslichen Unreinigkeiten enthält. Kuhlmann in Lille stellt diese fractionirten Produkte einfach durch Abdampfen der Lauge in graduirten Pfannen dar. Die Reinigung der Rohlauge lässt sich ohne Mitwirkung von Feuer ausführen, wenn man nach Gossage (1853) die Lauge, welche Schwefeleisen durch das vorhandene Schwefelnatrium gelöst enthält, langsam durch einen Koksthurm filtrirt, in welchem die Flüssigkeit einen in entgegengesetzter Richtung sich bewegenden Luftstrom trifft. Hierdurch wird das Schwefelnatrium oxydirt und das Schwefeleisen unlöslich ausgeschieden. Die Zusammensetzung von raffinirter Soda sei nach den Analysen von Tissandier (1869) durch folgende Beispiele versinnlicht:

	1.	2.	3.	4.	5.
Feuchtigkeit	2,22	3,11	1,15	1,00	0,40
Unlösliches	0,12	0,22	0,08	—	0,06
Chlornatrium	12,48	6,41	3,28	2,11	0,99
Sulfat	8,51	3,25	2,15	1,50	0,35
Carbonat	76,67	87,01	92,34	95,39	98,20
	100,00	100,00	100,00	100,00	100,00

Die Natriumhydroxyd haltigen Sodasorten haben nach Tissandier folgende Zusammensetzung:

	1.	2.	3.	4.
Feuchtigkeit	2,10	1,50	2,48	1,38
Unlösliches	0,12	0,11	0,21	0,09
Chlornatrium	4,32	2,43	3,50	4,11
Sulfat	8,80	1,62	2,15	2,50
Carbonat	82,47	88,09	84,54	81,67

Natriumhydroxyd	2,11	6,25	7,12	10,25
	100,00	100,00	100,00	100,00

Fig. 80.

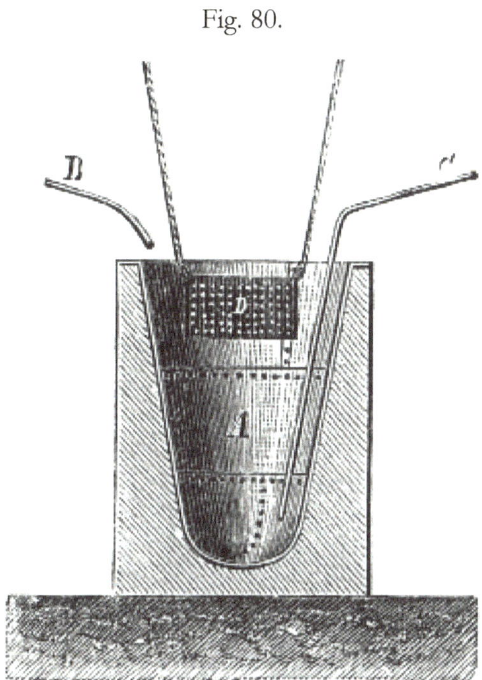

Fig. 81.

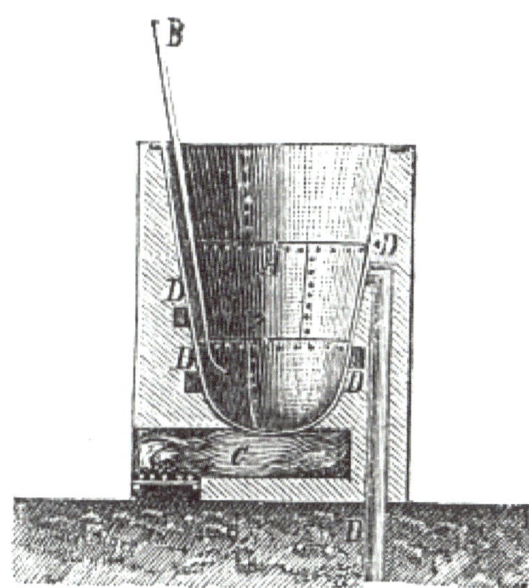

Behufs der Darstellung von krystallisirter Soda oder Sodakrystallen, $Na_2CO_3 + 10H_2O$ (mit 63 Proc. Wasser) löst man die calcinirte Soda in heissem Wasser bis zur Sättigung, klärt die Flüssigkeit durch Absetzenlassen und lässt sie in eisernen Gefässen bis zum Erkalten stehen, wo die Soda in grossen Krystallen sich absetzt. Man löst das Sodasalz in Kesseln aus Schwarzblech von konischer Gestalt (Fig. 80), in welche durch das Rohr *C* ein Dampfstrom geleitet wird. Die aufzulösende Soda kommt in den siebähnlich durchlöcherten Blechkasten *D*, welcher durch Kolben gehoben und gesenkt werden kann. Der Kessel wird durch den Hahn *B* zu ¾ mit Wasser gefüllt und dann der mit Soda beschickte Kasten in das Wasser getaucht, während durch *C* Dampf eingeleitet wird. Es findet schnelle Temperaturerhöhung statt, in deren Folge die Soda sich löst. Sobald die Lauge eine

Dichte von 30 bis 32° B. zeigt, leitet man sie in die Krystallisirgefässe aus Schwarzblech, die 5 Meter lang, 2 Meter breit und 0,45 Meter tief sind und an einem luftigen Orte sich befinden. Bei mittlerer Temperatur ist nach Verlauf von 5–6 Tagen die Krystallbildung beendigt. Nachdem die Mutterlauge durch eine am Boden der Krystallisirgefässe befindliche Oeffnung abgelassen worden ist, die man dann auf eine geringgrädige Soda verarbeitet, löst man die Krystalle von den Wandungen und unterwirft sie einer nochmaligen Krystallisation. Zu dem Ende löst man die Sodakrystalle in einem konischen Blechkessel *A* (Fig. 81), der direkt durch die Flamme der Feuerung *C* erhitzt wird. Mit Hülfe der Züge *D*, *D* kann die Flamme den Kessel überall umspielen. Der Kessel wird mit Krystallen gefüllt, durch das Rohr *B* etwas Wasser zugeleitet und dann erhitzt. Das Krystallwasser reicht hin, um alles Salz zum Schmelzen zu bringen. Nachdem dies erreicht, entfernt man das Feuer, deckt den Kessel mit einem Holzdeckel zu und lässt die Flüssigkeit sich absetzen. Ist die Klärung vor sich gegangen, so leitet man die Lauge mit Hülfe von Hebern in ein Reservoir, giebt sie dann in viereckige Kasten von Gusseisen, die einen Durchmesser von 40–50 Ctm. haben. Hier beginnt die Krystallisation, die nach acht Tagen beendigt ist. Die Krystallbildung wird durch Einhängen 6–9 Centim. breiter Eisenstäbe in die Flüssigkeit wesentlich befördert. Nachdem die Mutterlauge von den Krystallen entfernt, stellt man die Kasten kurze Zeit in einen Kessel mit siedendem Wasser, wodurch die Krystalle von den Wänden in Folge angehender Schmelzung sich ablösen, so dass durch blosses Umdrehen des Kastens die Krystallmasse in einem Stück herausfällt. Nach dem Abtropfenlassen zerschlägt man die Masse und lässt sie in einer bis auf 15–18° C. erwärmten Trockenkammer trocknen, worauf man sie, um jeglicher Verwitterung vorzubeugen, sofort in Fässer packt.

Das Krystallisirtsein der Soda bietet stets Garantie für grosse Reinheit. Der allgemeineren Anwendung der krystallisirten Soda steht ihr grosser Wassergehalt entgegen, der die Fracht unnöthigerweise vertheuert. Der Verbrauch derselben ist trotzdem in England ein weit beträchtlicherer als in Frankreich und Deutschland, wo, wenn von der pharmaceutischen Verwendung abgesehen wird, ihr Gebrauch lediglich auf die Fälle sich beschränkt, wo die Gegenwart von Aetznatron in der Soda von Nachtheil sein könnte. —

Theorie des Leblanc'schen Sodabildungsprocesses.

Theorie der Sodabildung. Der chemische Process, durch welchen das Natriumcarbonat nach der Methode von Leblanc sich bildet, ist erst durch neuere Untersuchungen von Gossage und durch Scheurer-Kestner aufgehellt worden. Früher nahm man, nach der Erklärung von Dumas an, dass beim Calciniren eines Gemenges von Sulfat, Calciumcarbonat und Kohle, letztere unter Kohlenoxydgasbildung das Sulfat zu Schwefelnatrium reducire, welches dann durch das Calciumcarbonat unter Bildung von Natriumcarbonat und Calciumoxysulfuret, und Entweichen eines Theiles der Kohlensäure zersetzt werde [(α) $Na_2SO_4 + 4C = Na_2S + 4CO_2$; (β) $2Na_2S + 3CaCO_3 = 2Na_2CO_3 + CaO, 2CaS + CO_2$]. Nach Unger's Ansicht, mit welcher im wesentlichen die von E. Kopp (1865) harmonirt, verliert, nachdem sich das Schwefelnatrium gebildet hat, das Calciumcarbonat die Kohlensäure und es bleibt ein Gemenge zurück von Aetzkalk, Schwefelnatrium und Kohle, welches sich zu Calciumoxysulfuret und Aetznatron umsetzt, welches letztere durch Aufnahme von Kohlensäure in Folge des Verbrennens von Kohle in Natriumcarbonat übergeht. Letztere Ansicht ist wol diejenige, die der Wahrheit am nächsten kommt, nur ist es, wie Scheurer-Kestner, Dubrunfault, J. Kolb und Th. Petersen (1860 bis 1869) nachgewiesen haben, nicht nöthig, die Existenz eines Calciumoxysulfuretes anzunehmen, um die Nichteinwirkung des Schwefelcalciums auf das Natriumcarbonat zu erklären, da Schwefelcalcium fast unlöslich in Wasser ist (12,500 Th. Wasser lösen bei 12,6° nur 1 Th. Schwefelcalcium). Mit dieser Anschauungsweise stimmen auch die von Pelouze (1866) erhaltenen Resultate überein. Während des Sodabildungsprocesses im Soda Ofen geht der vorhandene Kohlenstoff nur in Kohlensäure über, nämlich:

α) $5Na_2SO_4 + 10C = 5Na_2S + 10CO_2$;

β) $5Na_2S + 7CaCO_3 = 5Na_2CO_3 + 5CaS + 2CaO + 2CO_2$.

Da sich jedoch während der Operation der Sodabildung und namentlich gegen das Ende derselben aus dem schmelzenden Gemenge Kohlenoxydgas entwickelt und mit blauer Flamme verbrennt, eine Gasentwickelung, welche selbst noch fort dauert, nachdem die Schmelze aus dem Ofen gezogen worden ist, so muss dieses Kohlenoxyd, *obgleich es ein secundäres Produkt ist*, mit in die Gleichung aufgenommen werden. Die Bildung des

Kohlenoxydes ist gleichwol von grosser Wichtigkeit, weil das Auftreten dieses Körpers den Moment wahrnehmen lässt, wo die Hitze hinlänglich hoch und die Hauptreaktion beendigt ist. Durch die Untersuchungen Unger's ist es ausser allem Zweifel, dass bei der Reduktion des Sulfates durch Kohle sich nur Kohlensäure und kein Kohlenoxydgas entwickelt. Das Kohlenoxyd bildet sich also nicht während der Reduktion des Sulfates, sondern ist das Resultat der Einwirkung der Kohle auf die überschüssig angewendete Kreide oder den Kalkstein. Die Reduktion des Calciumcarbonates durch Kohle findet erst bei weit höherer Temperatur statt als die Reduktion des Sulfates; sie folgt auf die letztere, d. h. nach Beendigung der Hauptreaktion. In diesem Stadium ist das Natriumcarbonat fertig gebildet.

Man hat demnach drei Phasen in dem Sodabildungsprocesse zu unterscheiden, nämlich

α) zuerst findet Reduktion des Sulfates unter Entwickelung von Kohlensäure statt ($Na_2SO_4 + 2C = Na_2S + 2CO_2$);

β) hierauf geht die doppelte Zersetzung zwischen dem entstandenen Schwefelnatrium und dem Calciumcarbonat vor sich ($Na_2S + CaCO_3 = Na_2CO_3 + CaS$);

γ) zuletzt findet theilweise (und durch das Erkalten der Masse aufgehaltene) Reduktion des überschüssig angewendeten Calciumcarbonates durch die Kohle statt ($2CaCO_3 + 2C = 2CaO + 4CO$). Beim Auslaugen giebt der entstandene Aetzkalk zur Bildung von Aetznatron Veranlassung.

Die Theorie verlangt mithin auf 100 Th. Sulfat nur gegen 20 Th. Kohle. Der übliche Zusatz von überschüssigem Kohlenstoff (40 bis 75 Proc.) gewährt aber in zweifacher Beziehung Vortheil, nämlich einmal als Ersatz für denjenigen zu dienen, welcher im Laufe der Operation in Folge unvollkommener Mischung zu Oxyd reducirt worden ist; das andere Mal erlaubt der Zusatz genau den Zeitpunkt wahrzunehmen, wo die Reaktion beendigt ist, da die Schmelze der Einwirkung der Ofenhitze entzogen werden muss, nachdem die Entwickelung von Kohlenoxyd begonnen und bevor sie aufgehört hat.

Verwerthung der Sodarückstände.

Verwerthung der Sodarückstände. Wie früher bereits hervorgehoben, liefert das Leblanc'sche Sodaverfahren, wenn man von der Kryolithsoda und von der bei der Darstellung des Conversionssalpeters auftretenden Soda absieht, trotz der unzähligen Versuche, dasselbe durch andere Methoden und Processe zu ersetzen, noch immer beinahe ausschliesslich die ungeheuren Mengen von Soda, Aetznatron und Bicarbonat, welche gegenwärtig verbraucht werden. Diesen Vorzug vor allen anderen Processen verdankt Leblanc's Methode unzweifelhaft grossentheils der Erzeugung der Sodarückstände, insofern diese eben die werthvolle Eigenschaft besitzen, sich von dem in der Rohsoda enthaltenen Alkali durch das Auslaugen leicht und vollständig trennen zu lassen. Gleichwol sind diese Rückstände stets als die grösste Schattenseite dieses so wichtigen Zweiges der chemischen Industrie betrachtet worden. Die grosse Menge von Schwefel, welche in die Fabrikation eingetreten, ist in diesen Rückständen untergegangen und zwar der Art, dass nach einer Mittheilung von A. Oppenheim der in der Sodafabrik von Dieuze (in Lothringen) in den festen Rückständen aufgespeicherte Schwefel auf 3¾ Millionen Franken geschätzt wird. Jede Tonne Alkali giebt nicht weniger als 1½ Tonnen trockenen Rückstand und die auf diese Weise erzeugten enormen Massen werden gewöhnlich in der Nähe der Fabriken aufgehäuft, wo sie oft ganze Berge von beträchtlicher Höhe bilden. Diese Rückstande entwickeln, zumal bei heissem Wetter, bedeutende Mengen von Schwefelwasserstoff, welches die Bewohner der Nachbarschaft in der nachtheiligsten Weise belästigt; überdies werden aus ihnen durch den Regen und durch die mit den Halden in Berührung kommenden Tagewässer grosse Quantitäten einer mehr oder weniger intensiv gelb gefärbten, Calciumsulfuret und Calciumpolysulfuret enthaltenden Flüssigkeit ausgelaugt, welche das Wasser aller Brunnen und Wasserläufe, zu denen sie Zutritt hat, vergiftet. Diese Uebelstände werden durch den Gehalt der Rückstände an Schwefel bedingt, welcher nicht weniger als 80 Proc. der gesammten, bei der Sodafabrikation verwendeten Schwefelmenge beträgt und offenbar einen sehr grossen Verlust repräsentirt. Alle Versuche und Anstrengungen, diesen Schwefel auf einfache und billige Weise wieder zu gewinnen und damit die Schädlichkeit, ja Gefährlichkeit dieser Rückstände für das Allgemeinwohl zu beseitigen, sind bis vor Kurzem gescheitert, obgleich viele Chemiker und Techniker diesem Gegenstande seit 30 bis 40 Jahren viel Zeit und Geld geopfert haben. Unter diesen Männern nehmen W. Gossage und Guckelberger (in Ringkuhl bei Kassel) mit die ersten Plätze ein. Sehr zahlreiche Methoden zur Wiedergewinnung des Schwefels aus den Sodarückständen sind beschrieben und patentirt worden; jedoch war es bis auf die neueste Zeit durch keine derselben gelungen, die hauptsächlichste praktische Schwierigkeit der Frage — die Behandlung so bedeutender Rückstandsmengen ohne zu grossen Aufwand von Arbeit und Geld — zu überwinden.

Erst seit 1863 etwa wird Schwefel aus Sodarückständen in regelmässigem Betriebe gewonnen und zwar nach drei verschiedenen Verfahren von Guckelberger (durch L. Mond in modificirter Form in die Praxis eingeführt), von Max Schaffner (in Aussig) und von P. W. Hofmann (in Dieuze). Die Schwefelregeneration machte seitdem so rasche Fortschritte, dass zur Pariser Ausstellung 1867 nicht weniger als sieben Fabriken Proben von solchem aus Alkalirückständen dargestellten Schwefel eingesendet hatten, welcher nach den drei verschiedenen Methoden regenerirt worden war. Alle diese Methoden beruhen auf demselben Principe, nämlich auf der Umwandlung der in den Rückständen enthaltenen unlöslichen Calciumsulfurete in lösliche Verbindungen vermittelst einer Oxydation durch den atmosphärischen Sauerstoff, Auslaugen der oxydirten Masse und Fällung des in die Laugen übergegangenen Schwefels durch eine starke Säure, wozu in der Praxis selbstverständlich Salzsäure verwendet wird.

M. Schaffner's, Schwefelregeneration.

Wir müssen uns begnügen, nur eines dieser Verfahren zu beschreiben, und zwar M. Schaffner's Regenerationsverfahren. Dasselbe zerfällt in folgende Arbeiten:

α) die Darstellung der schwefelhaltigen Lauge,

β) die Zersetzung der erhaltenen Lauge,

γ) die Darstellung des Schwefels.

α) Behufs der Darstellung der schwefelhaltigen Lauge werden die Sodarückstände einem Oxydationsprocesse an der Luft unterworfen, indem man dieselben in grosse Haufen aufstürzt. — Der Haufen erwärmt sich nach einiger Zeit und es beginnt die Bildung von Polysulfureten und bei weiterer Oxydation die Bildung von unterschwefligsauren Salzen. Die Praxis lehrt sehr bald durch Beurtheilung der Farbe, wie lange man den Haufen liegen lassen muss. Nach einigen Wochen hat nämlich der Haufen im Innern eine gelbgrüne Farbe und er ist zum Auslaugen reif. Er wird aufgehackt, die grössern Stücke zerschlagen, bleibt noch etwa 24 Stunden an der Luft liegen, wo dann die gewünschte Oxydation vollständig wird. — Das Auslaugen geschieht mit kaltem Wasser wie beim Auslaugen der rohen Soda, so dass man es am Schlusse nur mit concentrirten Laugen zu thun hat. Nach diesem Auslaugeprocess werden die Sodarückstände noch einmal oxydirt, indem man sie in 1 Meter tiefe und ebenso breite Gruben bringt, die neben den Auslaugekasten liegen. Diese Oxydation in Gruben, wobei die durch den Zersetzungsprocess frei werdende Wärme mehr zusammengehalten wird, als in freien Haufen, geht rascher vor sich als die erste Oxydation. Durch den frühern Auslaugeprocess ist die Masse nun poröser als bei der ersten Oxydation und somit hat auch die Luft mehr Zutritt und es bilden sich darum neben Polysulfureten auch mehr unterschwefligsaure Salze. Statt nach dem ersten Auslaugen die Sodarückstände aus dem Auslaugegefäss zur zweiten Oxydation in eine Grube zu bringen, kann man sie auch im Auslaugegefäss liegen lassen und die zweite Oxydation künstlich beschleunigen, dass man mit einem Ventilator die Gase aus einem Kamin, in welches Feuerungsanlagen einmünden, unter den doppelten Boden des Auslaugegefässes führt. Man erspart hierdurch an Arbeitslöhnen, indem das einmalige Aus- und Einfahren aus dem Auslaugebassin in die Gräben umgangen wird. Zugleich ist diese Art der Oxydation eine sehr energische, indem in 8–10 Stunden der Process vollendet und die Masse abermals zum Auslaugen reif ist. Je nach Beschaffenheit der Sodarückstände kann man diese Oxydation 3–4 Mal wiederholen. Die Rauchgase, die im Wesentlichen aus Wasserdampf, überschüssiger warmer Luft und Kohlensäure bestehen, haben alle Eigenschaften, um auf das Schwefelcalcium in der Art zersetzend einzuwirken, dass Polysulfuret und unterschwefligsaures Salz entsteht. Die Gase dürfen jedoch nicht zu warm zur Anwendung gelangen. Die Laugen, die man von der ersten Oxydation erhält, bestehen hauptsächlich aus Polysulfuret neben unterschwefligsauren Salzen; bei den Laugen von der zweiten Oxydation ist das unterschwefligsaure Salz vorherrschend und die Laugen der dritten Oxydation enthalten noch mehr unterschwefligsaures Salz. Sämmtliche Laugen vereinigen sich in einem gemeinsamen Reservoir. Das Produkt dieser ganzen Manipulation ist also eine Lauge von einem bestimmten Gehalt an Polysulfureten des Calciums neben einem gewissen Gehalt an unterschwefligsauren Salzen.

Fig. 82.

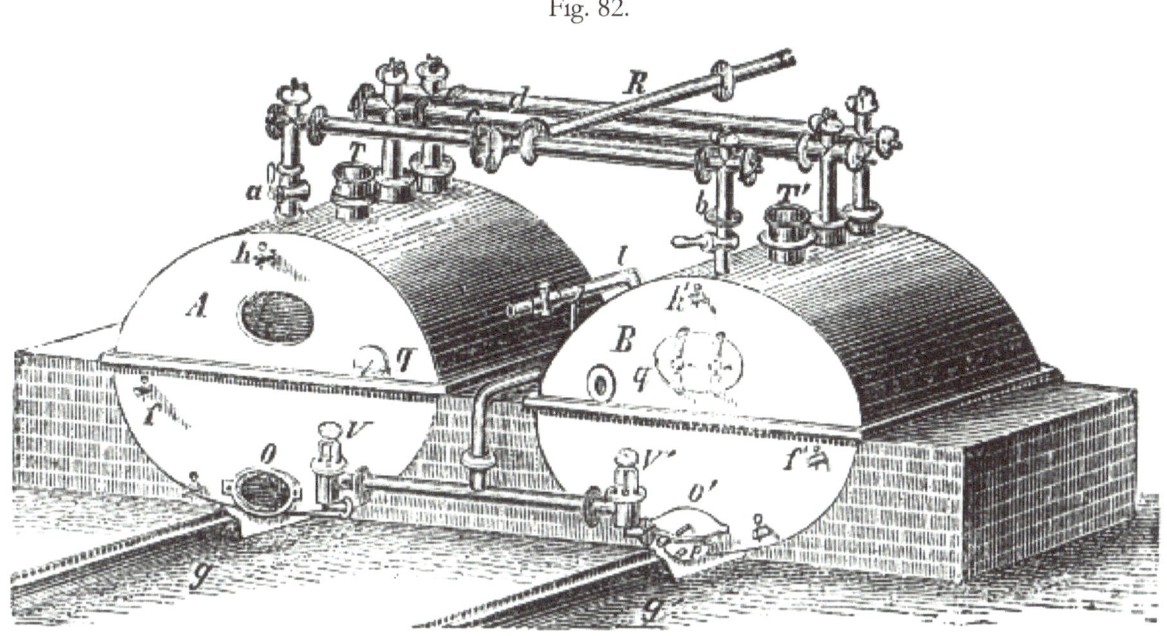

β) Die Zersetzung der Lauge mit Salzsäure geschieht in geschlossenen Apparaten aus Gusseisen oder Stein. Die Zersetzung ist darauf basirt, dass unterschwefligsaures Salz durch Salzsäure schweflige Säure entwickelt unter Ausscheidung von Schwefel (CaS_2O_3 + 2 HCl giebt $CaCl_2$ + SO_2 + S + H_2O). Ferner, dass schweflige Säure das Polysulfuret unter Ausscheidung von Schwefel in unterschwefligsaures Calcium verwandelt (2 CaS_1 + 3 SO_2 = 2 CaS_2O_3 + S_1). Durch Titrirung wird die Schwefellauge auf ihren Gehalt an Polysulfuret und unterschwefligsaures Salz geprüft und darnach der Sodarückstand schwächer oder stärker oxydirt. In Praxis ist der Ausfällapparat aus Gusseisen oder Stein; Fig. 82 zeigt den Ausfällapparat von Gusseisen, wie er in den meisten Fabriken eingeführt ist. *A* und *B* enthalten die zur Zersetzung bestimmte Lauge. *l* ist die Laugenleitung, durch einen darin befindlichen Gummischlauch wird die Lauge bald durch *q* in das Gefäss *A* geleitet, bald durch *q'* in das Gefäss *B*. *T* und *T'* sind Thonröhren und dienen zum Eingiessen der Salzsäure. Die Röhren *c* und *d* correspondiren ebenfalls mit dem Glasapparat, *c* sitzt auf dem Deckel von *A*, während sein langer Schenkel in die Flüssigkeit von *B* einmündet, bei *d* ist dies der umgekehrte Fall, der kurze Schenkel sitzt auf dem Deckel von *B*, während der lange Schenkel in die Flüssigkeit von *A* eintaucht. Der Hahn *a* wird geschlossen, wenn die Gase durch *c* in die Flüssigkeit von *B* treten sollen, Hahn *b* wird geschlossen und *a* geöffnet, wenn die Gase durch *d* in die Flüssigkeit von *A* treten sollen. Durch das Rohr *R* entweicht das etwa überschüssige Gas. Nach erfolgter Zersetzung mit Salzsäure lässt man durch das Ventil *V* oder *V'* Dampf einströmen, um die letzte von der Flüssigkeit absorbirte schweflige Säure überzutreiben. Ist der Process beendigt, so fliesst der Schwefel mit der Chlorcalciumlauge durch die Oeffnung *O* oder *O'* aus. Zuerst öffnet man den Holzstöpsel *p* und lässt den grössern Theil der Chlorcalciumlauge abfliessen. Um zu erfahren, ob alle schweflige Säure übergetrieben ist, öffnet man den Holzhahn *h* oder *h'* und überzeugt sich durch den Geruch, ob noch schweflige Säure entweicht. Die Hähne *f* und *f'* sind vorhanden, um sich von der gehörigen Füllung des Apparates mit Lauge und von dem Gang der Zersetzung überzeugen zu können. Der Gang der Arbeit ist ganz derselbe wie beim Glasapparat. Zum Zweck der Reinigung sind alle Röhren mit Deckel versehen.

Der so erhaltene Schwefel ist feinkörnig, enthält etwas Gyps, hauptsächlich vom Schwefelsäuregehalt der Salzsäure herrührend, er fliesst sammt der Chlorcalciumlauge in eine Rinne *g* und von hier in ein Bassin mit doppeltem Boden; die Lauge fliesst hier ab und der Schwefel bleibt zurück, er wird mit Wasser abgewaschen und gelangt dann zum Schmelz- oder Reinigungsprocess.

γ) Die Darstellung des reinen Schwefels geschieht durch folgenden einfachen Process, der direct reinen Schwefel liefert, welcher als raffinirter Schwefel in den Handel gebracht werden kann. Der Schwefel von dem Ausfällapparat wird mit so viel Wasser in einen gusseisernen geschlossenen Kessel gebracht, dass die Masse eine breiartige Consistenz hat; man lässt sodann Dampf einströmen, der einen Ueberdruck von 1¾ Atmosphären hat, und rührt dabei um. Es schmilzt auf diese Weise der Schwefel unter Wasser, die an dem Schwefel adhärirende Chlorcalciumlauge wird vom Wasser aufgenommen und der Gyps ist als feines Krystallpulver im Wasser suspendirt. Der unter Wasser geschmolzene Schwefel sammelt sich im tiefsten Theil des Kessels an und kann nun abgelassen und in die gewünschten Formen gegossen werden. Ist aller Schwefel abgeflossen, so fliesst sodann das gypshaltige Wasser ab, da Schwefel und Wasser sich scharf nach dem spec. Gewicht scheiden. Gleichzeitig mit dem Schwefel giebt man eine kleine Quantität Kalkmilch in den Schmelzkessel, um etwa noch vorhandene freie Säure unschädlich zu machen. Aus dem überschüssigen Kalk bildet sich beim Schmelzen Schwefelcalcium und wenn der zum Schmelzen gelangende Schwefel arsenhaltig ist, so löst sich das Schwefelarsen in Schwefelcalcium auf und somit wird das Schwefelarsen in das über dem geschmolzenen Schwefel stehende Wasser geführt. Die Vortheile des Schmelzens unter Wasser sind daher einleuchtend: Man hat nicht nöthig, den gefällten Schwefel sorgfältig auszuwaschen und zu trocknen, die Destillation wird erspart und durch denselben Process wird der Schwefel vom Arsen befreit. Endlich hat die Art des Schmelzens unter Dampfdruck auch noch den Vortheil, dass der Schwefel nur so weit erhitzt wird, dass er sich gerade im dünnflüssigsten Zustande befindet und nicht überhitzt werden kann, was beim nachherigen Giessen in Formen sehr erwünscht ist.

Um den Schmelzkessel zu versinnlichen, wie derselbe in der Praxis ausgeführt ist, mag beistehende Skizze (Fig. 83 und 84) dienen.

Fig. 83.

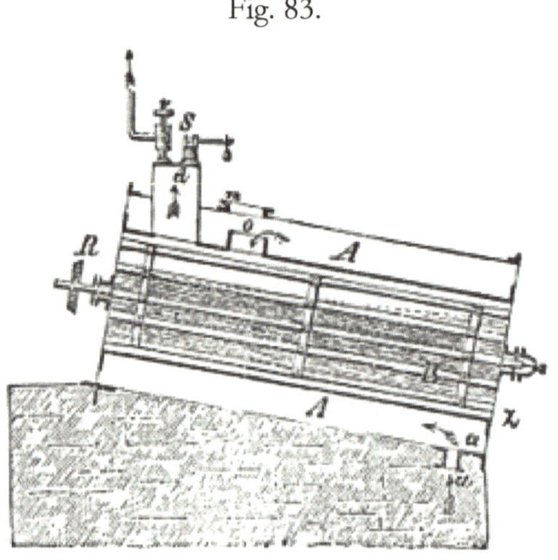

Fig. 84.

Ein gusseiserner Cylinder *B* liegt in einem schmiedeeisernen Cylinder *A*, die Stirnseiten sind mit einander verschraubt. Der Apparat liegt nach einer Seite geneigt, damit sich der geschmolzene Schwefel am tiefsten Theil ansammeln kann. In den innern Cylinder *B* kommt der Schwefel mit dem nöthigen Wasser und es befindet sich in diesem Cylinder eine Welle mit Armen zum Umrühren der Masse. Der Rührer wird durch Maschinenkraft mittelst des Zahnrades *R* bewegt. An beiden Enden der Rührerwelle befinden sich Stopfbüchsen. Bei *m* wird der Schwefel eingebracht, es ist dies ein Mannlochverschluss (wie bei Dampfkesseln).

Der Dampf strömt aus einem besondern Dampfkessel bei *a* in den schmiedeeisernen Cylinder ein, umgiebt also den gusseisernen Cylinder *B*, strömt bei *o* in den innern Cylinder und nach beendigter Schmelzung lässt man den Dampf durch *d* und das Ventil *v* entweichen. Der geschmolzene Schwefel wird durch eine besondere Ablassvorrichtung bei *z* abgelassen. *S* ist ein Sicherheitsventil.

Auf diese Weise gewinnt man etwa 50–60 Proc. des in den Sodarückständen enthaltenen Schwefels in Form von chemisch reinem Schwefel. Auf einen Centner Schwefel werden 2-2¼ Centner Salzsäure gebraucht.

Bei denjenigen Fabriken, wo die Salzsäure grossen Werth hat, kann man auch die Rückstände der Chlorkalkfabrikation mit in Anwendung bringen und dadurch chemisch reinen Schwefel erhalten. Die Rückstände der Chlorkalkfabrikation, die im Wesentlichen aus Manganchlorür mit viel freier Salzsäure neben Eisenchlorid bestehen, werden zu diesem Zweck wie folgt behandelt: Zuerst werden die Chlorrückstände von ihrem Gehalte an Eisenchlorid befreit. Man lässt zu diesem Zwecke diese Rückstände in ein Gefäss fliessen und durch ein Trichterrohr Schwefellauge in kleinen Quantitäten einlaufen. Es entwickelt sich sofort Schwefelwasserstoffgas und dieses reducirt das Fe_2Cl_6 zu $FeCl_2$. Man rührt dabei um. Ohne weitere Reaktion erkennt man schon an der Farbe, wenn die Reduktion vorüber ist. Der sich hier ausscheidende Schwefel ist von graugelber Farbe, derselbe wird von Zeit zu Zeit gesammelt und in den Schwefelöfen verbrannt. Wenn die Chlorkalkrückstände auf diese Weise präparirt sind, so enthalten sie also kein Eisenchlorid. Im Ausfällapparat können nun dieselben wie Salzsäure verwendet werden. Bei Erklärung des Vorgangs im Ausfällapparat wurde gezeigt, dass die Polysulfurete immer durch die schweflige Säure der vorhergehenden Zersetzung in unterschwefligsaure Salze übergeführt wurden. Wenn also die Zersetzung mit Salzsäure erfolgt, so ist kein Schwefelcalcium mehr vorhanden. Statt Salzsäure wendet man nun die präparirten Chlorrückstände an und es wirken die in denselben vorhandenen freien Salze nun ebenso gut zersetzend auf die unterschwefligsauren Salze, als reine Salzsäure. Schwefelmangan und Schwefeleisen kann sich nicht bilden, da gewöhnlich kein Schwefelcalcium mehr vorhanden ist. Sollte aber doch etwas Schwefelcalcium vorhanden sein, so setzt man etwas Salzsäure zu, bevor man die Chlorrückstände anwendet. Man kann auf diese Weise ¾ der ganzen Salzsäure ersparen, die sonst nöthig wäre, und erhält doch reinen Schwefel.

Sonstige Verfahren der Darstellung von Soda aus Glaubersalz.

Andere Methoden der Sodafabrikation. Unter den sonstigen (fast zahllosen) Verfahren der Darstellung von Soda sind folgende erwähnenswerth. Nach Kopp's Verfahren der Sodafabrikation (das auf die Versuche des P. Malherbe — 1777 — sich stützt und früher unter dem Namen des Alban'schen Verfahrens bekannt war) mischt man Natriumsulfat, Eisenoxyd, Kohle und schmilzt in einem gewöhnlichen Sodaschmelzofen:

$$\left.\begin{array}{l} 2\,Fe_2O_3 \\ 3\,Na_2SO_4 \\ 16\,C \end{array}\right] \begin{array}{c} \text{geben} \\ \text{beim} \\ \text{Calciniren} \end{array} \left[\begin{array}{l} Fe_4Na_6S_3 \\ 14CO \\ 2CO_2 \end{array}\right.$$

Die rohe eisenhaltige Soda absorbirt an der Luft ausser Wasser Sauerstoff und Kohlensäure und verwandelt sich in Natriumcarbonat und einen unlöslichen Rückstand von natriumhaltigem Schwefeleisen $Fe_4Na_2S_3$:

$$\left.\begin{array}{l} Fe_4Na_6S_3 \\ 2O \\ 2CO_2 \end{array}\right] \text{geben} \left[\begin{array}{l} 2Na_2CO_3 \\ Fe_4Na_2S_3 \\ \end{array}\right.$$

Das Auslaugen wird mit Wasser von 30–40° vorgenommen. Ist die Lufttemperatur nicht zu hoch, so liefern die starken Lösungen im Allgemeinen ohne vorheriges Concentriren nach 24–48 Stunden eine reichliche und schöne Krystallisation von grossen farblosen Sodakrystallen. Der unlösliche Rückstand wird getrocknet und geröstet; die dabei sich entwickelnde schweflige Säure wird in den Bleikammern sofort wieder in die Schwefelsäure übergeführt, welche wieder zur Umwandlung von Kochsalz in Sulfat dient, so dass also derselbe Schwefel immer wieder benutzt wird:

$Fe_4Na_2S_3$		$2Fe_2O_3$
14O	geben	Na_2SO_4
		$2SO_2$

Aus dem Röstrückstande wird das Sulfat durch Auslaugen entfernt. Es ist nicht zu läugnen, dass das Kopp'sche Verfahren, welches auch von Stromeyer und Waldeck empfohlen wird, vor der Methode von Leblanc gewisse Vorzüge darbietet.

Directe Ueberführung von Kochsalz in Soda.

Eine directe Ueberführung des Kochsalzes in Soda ist auf mannichfache Weise versucht worden, ohne dass das Problem in genügender Weise gelöst worden wäre. Man muss indessen zugeben, dass in dieser Richtung noch viel zu leisten möglich ist. Bringt man Ammonbicarbonat in concentrirter Lösung mit gesättigter Salzsoole zusammen, oder besser noch, mischt man die Salzsoole mit fein gepulvertem Ammonbicarbonat und lässt die Mischung nach wiederholtem Umrühren einige Stunden ruhig stehen, so sondert sich das schwer lösliche Natriumbicarbonat als krystallinisches Pulver aus und die darüberstehende Flüssigkeit ist eine wässerige Salmiaklösung. Da das Natriumbicarbonat schon in schwacher Rothglühhitze in Natriummonocarbonat übergeht, so hat man darauf ein Verfahren der Sodafabrikation begründet. So haben Dyar und Hemming in England eine fabrikmässige Bereitung der Soda aus Kochsalz und Ammonbicarbonat ausgeführt; mit welchem ökonomischen Erfolge, ist nicht bekannt. Das neue Verfahren von Schloesing und Rolland, auf welches dieselben 1855 für England ein Patent erhielten, enthält einige Verbesserungen, obgleich es im Grunde dem vorstehenden Verfahren gleich ist. Schloesing benutzt zur Sodafabrikation eine concentrirte Kochsalzlösung, welche mit Ammoniak gesättigt ist, und Kohlensäuregas. Die erste Operation besteht darin, Ammoniak und Kohlensäure auf Kochsalzlösung einwirken zu lassen. Man wendet hierzu an auf 100 Theile Wasser 30–33 Theile Kochsalz, 8½–10 Theile Ammoniak und Kohlensäure im Ueberschuss. Die Absonderung des unlöslich ausgeschiedenen Bicarbonates von der Flüssigkeit bildet die zweite Operation. Man bewirkt dieselbe mittelst eines Centrifugalapparates. Soll die Soda vollkommen rein werden, so wäscht man das Salz im Centrifugalapparate mit einer Lösung von Bicarbonat. Die dritte Operation, das Calciniren des Bicarbonates und die dadurch bewirkte Ueberführung in Soda, wird in einem Cylinder aus Eisenblech ausgeführt. Die entweichende Kohlensäure wird aufgefangen. Die vierte und fünfte Operation bezwecken die Wiedergewinnung der Kohlensäure und des Ammoniaks aus der Flüssigkeit, von welcher das Bicarbonat durch den Centrifugalapparat getrennt worden ist. Man erhitzt die Flüssigkeit erst für sich in einem Kessel, wobei Kohlensäure und Dämpfe von kohlensaurem Ammon entweichen. Diese leitet man durch einen Cylinder, in welchem eine gleichartige kalte Flüssigkeit über Koks herabrinnt. Diese Flüssigkeit absorbirt dabei die Ammoniakdämpfe, lässt aber die Kohlensäure weiter gehen, welche aufgefangen wird. Die Flüssigkeit wird darauf mit Kalkmilch erhitzt, so dass das Ammoniak ausgetrieben wird. Nachdem die Flüssigkeit von Kohlensäure und Ammoniak befreit ist, wird sie durch Absetzenlassen geklärt und dann das noch darin enthaltene Kochsalz durch Abdampfen wieder gewonnen, was die sechste Operation bildet. — Nach Versuchen von Heeren (1858) ist vorstehendes Verfahren mehr zur Darstellung von Bicarbonat, als von Soda geeignet, doch sollen neuerdings (durch die Bemühungen von Margueritte und de Sourdeval) Verbesserungen Platz gegriffen haben, in der Anwendung des Principes der Dephlegmation der Alkoholdämpfe zur Extraction des kohlensauren Ammons bestehend, welche dem Verfahren Zukunft zu sichern scheinen.

Soda aus Kryolith.

Gegenwärtig werden grosse Mengen von Soda bei der Verarbeitung des Kryoliths (Al_2Fl_6, 6NaFl) gewonnen, indem man das Mineral durch Erhitzen mit Kalk aufschliesst:

1 Mol. Kryolith	geben	6 Mol. Fluorcalcium
6 „ Kalk		1 „ Natrium-Aluminat

Letztere Verbindung ist in Wasser löslich und wird durch Kohlensäure zersetzt, wobei sich Thonerde niederschlägt, die auf Alaun verarbeitet wird, und Soda in Lösung bleibt. 100 Kilogr. Kryolith geben

44	Kilogr.	trocknes Aetznatron,
75	„	calcinirte Soda,
203	„	krystallisirtes Natriumcarbonat,
119,5	„	Natriumbicarbonat.

Aus dem Bauxit (siehe unter Alaun) gewinnt man auf ähnliche Weise durch Aufschliessen desselben mit Glaubersalz und Kohle neben Thonerde Soda[45].

Soda aus Natriumsalpeter.

Bei der Ueberführung des Natriumsalpeters in Kaliumsalpeter mittelst Kaliumcarbonat (vergl. Seite 150) werden gegenwärtig nicht unbedeutende Mengen hochgrädiger Soda gewonnen. Das Natrium des Natriumsalpeters kann überhaupt auf folgende Weise in Soda (oder Aetznatron) übergeführt werden:

a) durch Glühen von Natriumsalpeter mit Kohle;

b) durch Erhitzen von Natriumsalpeter mit Kieselerde und Zersetzen des kieselsauren Natriums durch Kohlensäure;

c) durch Glühen von Natriumsalpeter mit Braunstein;

d) durch Zersetzen des Natriumsalpeters

  α) mit Kaliumcarbonat,

  β) mit Aetzkali;

in letzterem Falle tritt neben Kaliumsalpeter Aetznatron auf.

Aetznatron.

Aetznatron (oder Natriumhydroxyd NaHO). Seit dem Jahre 1851 wird das Aetznatron entweder in Form höchst concentrirter Lauge, oder häufiger noch als geschmolzenes Natronhydrat (in 100 Th. Aetznatron aus 77,5 Th. Natron und 22,5 Th. Wasser bestehend) in den Sodafabriken dargestellt und unter dem Namen Soda- oder Seifenstein in den Handel gebracht. Lange Zeit hindurch stellte man nach althergebrachter Weise das Aetznatron durch Behandeln nicht zu concentrirter Lösungen von Rohsoda mit Aetzkalk dar. Um an Brennmaterial behufs des Abdampfens so verdünnter Flüssigkeiten zu sparen, ahmt man jetzt in vielen Fabriken das von Dale gegebene Beispiel nach, der die verdünnte Natronlösung zum Speisen seines Dampfkessels benutzt und ohne Inconvenienzen die Lauge darin bis auf das spec. Gewicht von 1,24 bis 1,25 bringt. Hierauf wird die Lauge in gusseisernen Kesseln bis auf 1,9 spec. Gewicht abgedampft, bei welchem Concentrationsgrade sie beim Erkalten erstarrt.

Das gegenwärtig im Grossen angewendete Verfahren der Darstellung von Aetznatron ist folgendes: Die Anwendung des Kalkes zur Umwandelung der Soda in Aetznatron ist längst verlassen, vielmehr stellt man bei der Sodafabrikation sofort Aetznatron an. Dies geschieht dadurch, dass man die Quantität Steinkohle, welche man dem Gemisch von Sulfat und Kalkstein (Kreide) zusetzt, etwas vergrössert und die gewonnene Rohsoda sofort mit Wasser von 50° auslaugt. Nachdem man die Lauge sich hat klären lassen, concentrirt man sie rasch bis auf 1,5 spec. Gewicht, wobei sich Natriumcarbonat, Natriumsulfat und Kochsalz am Boden ausscheiden und die Flüssigkeit eine ziegelrothe Farbe (sie heisst Rothlauge) annimmt, von einer eigenthümlichen Verbindung von Schwefelnatrium und Schwefeleisen herrührend. Die Lauge wird nachher in grossen gusseisernen Kesseln oder Pfannen erhitzt und, nachdem sie eine hohe Temperatur erreicht hat, nach und nach auf je 100 Kilogr. zu erzielendes Aetznatron mit 3–4 Kilogr. Natriumsalpeter versetzt. In dem Verhältnisse als das Wasser entweicht, reagirt der Natronsalpeter auf das Schwefelnatrium und des immer vorhandene Cyannatrium ein und es findet reichliche Ammoniak- und Stickstoffgasentwickelung statt. Ein Theil dieses Ammoniaks rührt von der Zersetzung der Cyanüre her, ein anderer und zwar grösserer Theil ist eine Folge der Oxydation der Schwefelmetalle, wobei Wasser zersetzt wird und der Wasserstoff die Salpetersäure zu Ammoniak reducirt. Wenn die abgedampfte Masse die Dunkelrothglühhitze erreicht, bemerkt man auf der Oberfläche fein zertheilten Graphit als Zersetzungsprodukt des Cyans. Der Vorgang bei der Oxydation des Schwefelnatriums durch Natriumsalpeter kann durch folgende zwei Gleichungen ausgedrückt werden:

$$\alpha)\ 2Na_2S + 2NaNO_3 + 4H_2O = 2Na_2SO_4 + 2NaHO + 2NH_3;$$

$$\beta)\ 5Na_2S + 8NaNO_3 + 4H_2O = 5Na_2SO_4 + 8NaHO + 8N.$$

Nach Pauli ist die Art der Reaktion zum grössten Theile von der Temperatur der erhitzten Lauge abhängig. Zwischen 138 und 143° geht der Natronsalpeter einfach in salpetersaures Natron über, bei 155° entwickelt sich Ammoniak unter stürmischem Aufsieden der Flüssigkeit. Die Menge des sich hierbei entwickelnden Ammoniaks ist so bedeutend, dass eine Condensation desselben lohnend erscheint; man würde in diesem Falle den zum Abdampfen dienenden Kessel mit einem gewöhnlichen Koksthurm verbinden. Bei neuer Concentration der Lauge, so dass der Siedepunkt weit höher steigt als 155°, hört die Ammoniakentwickelung auf und es findet reichliche Entwickelung von Stickstoffgas statt. Um an Natriumnitrat zu sparen — 1 Tonne = 20 Ctr. Aetznatron nehmen immerhin 0,75 bis 1 Ctr. Natriumnitrat in Anspruch — oxydirt man die Lauge, aus welcher die Soda durch Krystallisirenlassen ausgeschieden wurde, dadurch in einigen Fabriken, dass man dieselbe durch einen Koksthurm laufen und dort einem Luftstrom begegnen lässt: das Schwefeleisen, welches durch das Schwefelnatrium in Lösung erhalten worden war, schlägt sich hierbei nieder. In anderen Fabriken treibt man mit Hülfe einer Luftpumpe atmosphärische Luft 6–8 Stunden lang in dünnen Strahlen durch die heisse Lauge. Dadurch wird das Schwefelnatrium oxydirt und die Flüssigkeit entfärbt.

Neuere Methoden der Darstellung von Aetznatron.

Seit einigen Jahren stellt man auch Aetznatron durch Zersetzen einer Lösung von Natriumsulfat mit Aetzbaryt dar, wobei als Nebenprodukt Barytweiss auftritt. Neuerdings ist von Ungerer anstatt des Baryts Aetzstrontian in Vorschlag gebracht worden. Das Aetznatron wird ausserdem dargestellt bei der Verarbeitung des Kryolith auf schwefelsaure Thonerde (siehe Alaun), oder durch Glühen von Natriumsalpeter mit Braunstein; ferner durch Zersetzen von Kieselfluornatrium oder Fluornatrium mit Aetzkalk. Man reinigt das Aetznatron durch zwölfstündiges Schmelzen in einem eisernen Tiegel, wo alle Salze und alle Thonerde und Kieselerde unlöslich sich ausscheiden. Wo es auf grosse Reinheit ankommt, stellt man gegenwärtig Aetznatron auf synthetischem Wege durch Zusammenbringen von Natrium mit Wasser (unter Beobachtung der hierbei gebotenen Vorsichtsmaassregeln) dar.

Nach den Untersuchungen von Dalton entspricht

ein spec. Gewicht der Natronlauge	Procenten an Natriumhydroxyd (NaHO)
2,00	77,8
1,85	63,6

1,72	53,8
1,63	46,6
1,56	41,2
1,50	36,8
1,47	34,8
1,44	31,0
1,40	29,0
1,36	26,0
1,32	23,0
1,29	19,0
1,23	16,0
1,18	13,0
1,12	9,0
1,06	4,7

Das Aetznatron findet seine Hauptanwendung in der Seifenfabrikation, in der Verarbeitung und Reinigung der Produkte der trocknen Destillation der Braunkohle, des Torfes etc. zum Zwecke der Darstellung von Paraffin, Solaröl und Carbolsäure, zum Reinigen des Petroleums, zur Bereitung des Natronwasserglases etc.

Natriumbicarbonat.

Das Natriumbicarbonat (zweifach-kohlensaures Natron) $NaHCO_3$ (in 100 Theilen aus 36,9 Th. Natron, 10,73 Th. Wasser und 52,37 Th. Kohlensäure bestehend) wird dargestellt, indem man gewaschenes Kohlensäuregas durch eine Auflösung von Natriumcarbonat leitet. War die Lösung concentrirt, so scheidet sich das Bicarbonat als krystallinisches Pulver aus, war sie verdünnt, so erhält man grosse Krystalle. Da das Kohlensäuregas jedoch nur langsam von der Lösung absorbirt wird, so ist es vortheilhafter, die Kohlensäure auf das krystallisirte oder zum Theil verwitterte Natriumcarbonat einwirken zu lassen. Man nimmt ein inniges Gemenge von 1 Theil krystallisirtem Natriumcarbonat mit 4 Theilen verwittertem Salz oder auch ein Gemenge beider Salze zu gleichen Gewichtstheilen und bewirkt die Sättigung dieses Gemenges am einfachsten durch Hinstellen in flachen Schalen neben gährenden Most, Bierwürze oder Branntweinmaische. Bei der Bereitung von sogenanntem Wassergas für Beleuchtungszwecke (aus glühenden Koks und Wasserdämpfen) kann man die Reinigung des Gases von der Kohlensäure sehr gut mit der Bereitung von Bicarbonat verbinden. Wo Kohlensäure der Erde entströmt, ist die Bereitung dieses Salzes sehr vereinfacht.

Durch die Einwirkung des Kohlensäuregases auf das krystallisirte kohlensaure Natrium entsteht zuerst Sesquicarbonat (dem Urao und der Trona entsprechend) und aus diesem erst Bicarbonat. Die neun Mischungsgewichte Wasser, welche aus jedem Mischungsgewicht des krystallisirten Natriumcarbonates hierbei austreten, lösen einen Theil des Natriumcarbonates auf und sammeln sich in einem Reservoir an. Diese Lösung dient bei weiteren Operationen zum Befeuchten der zu behandelnden Krystalle. Zuweilen stellt man auch das Kohlensäuregas durch die Einwirkung von Schwefelsäure auf Calciumcarbonat oder, wo es die Umstände erlauben, von Salzsäure auf Marmor, Dolomit oder Magnesit dar. Das so erhaltene Bicarbonat wird in einem Strome Kohlensäuregas bei etwa 40° getrocknet. Man hat ferner vorgeschlagen, das Bicarbonat dadurch darzustellen, dass man dem Natriummonocarbonat die Hälfte seines Natriums durch eine Säure entzieht, wobei die andere Hälfte mit der Kohlensäure zu Bicarbonat zusammentritt. Man löst zu diesem Zwecke 28½ Theile krystallisirtes Natriumcarbonat in der doppelten Gewichtsmenge warmen Wassers und bringt die Lösung in einen grossen Glasballon. Darauf bringt man durch eine bis auf den Boden des Ballons reichende Trichterröhre 4⁹⁄₁₀ Th. englische Schwefelsäure in die Flüssigkeit, wobei dieselbe nicht bewegt werden darf. Beim ruhigen Stehenlassen scheidet sich nach einigen Tagen das Bicarbonat in Krystallen ab, welche mit Wasser abgespült und getrocknet werden. — Durch Fällen einer concentrirten Kochsalzlösung mit Ammonbicarbonat erhält man sofort einen Niederschlag von Natriumbicarbonat, während die darüberstehende Flüssigkeit Salmiak enthält.

Das Natriumbicarbonat krystallisirt in monoklinischen Tafeln, reagirt schwach alkalisch und verliert schon bei 70°, so wie beim Kochen seiner Lösung Kohlensäure und geht in Monocarbonat über. An trockner Luft verwandelt es sich nach und nach in Sesquicarbonat. Man benutzt es zur Entwickelung von Kohlensäure bei der Herstellung von moussirenden Getränken, zum Entsäuern des Bieres, bei der Bereitung von Brot ohne Gährung (mit Salzsäure oder mit saurem Calciumphosphat), zum Fällen der Thonerde aus der Natrium-Aluminat-Lösung (in der Kryolith- und Bauxit-Industrie), so wie zur Bereitung eines Bades zum Vergolden und Verplatiniren. Endlich ist es in neuerer Zeit zum Entschälen der Seide und zum Reinigen der Wolle vorgeschlagen worden. Es soll die Seide und die Wolle weit weniger angreifen als Seife und Ammoniak. 1 Gramm dieses Salzes giebt, mit einer Säure vollständig zersetzt, ungefähr 270 Kubikcentimeter Kohlensäuregas, entsprechend 0,52 Grm.

Die Grösse der Sodaproduktion in Europa ist gegenwärtig (1870) ungefähr folgende:

Grossbritannien	6,250,000	Centner
Frankreich	2,600,000	„
Zollverein	1,650,000	„
Oesterreich	350,000	„
Uebrige Länder	1,000,000	„
	11,850,000	Centner

Die Jod- und Bromgewinnung.

Gewinnung des Jods.

Das Jod findet sich im Meerwasser und wandert von da in die vegetabilischen Jodsammler, die Seealgen oder Tange, durch deren Verarbeitung der grösste Theil des in der Industrie verwendeten Jodes dargestellt wird. Auch in dem rohen Chilisalpeter, so wie in einigen Salzsoolen, so in derjenigen der Saline Sulza (Sachsen-Weimar), kommt das Jod in namhafter Menge vor. Das Vorkommen des Jodes im Mineralreiche als Bleijodür und in den Phosphoriten von Amberg in Bayern und von Diez (an der Lahn) in dem preussischen Regierungsbezirke Wiesbaden, ist ohne alle technische Bedeutung. Der Hauptsitz der Jodfabrikation ist

Glasgow in Schottland, wo 12 Fabriken sich befinden, ausserdem sind zwei Fabriken in Irland und zwei (Brest und Cherbourg) in Frankreich.

Aus Kelp.

Fig. 85.

Fig. 86.

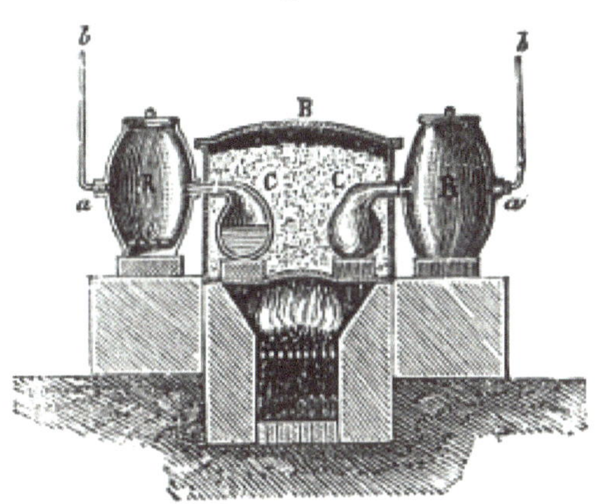

Zum Zweck der Jodgewinnung werden die Seealgen (vergl. Seite 140) eingeäschert und die erhaltene Asche (Kelp oder Varech) in folgender Weise behandelt: Man laugt den in kleine Stücke zerschlagenen Kelp mit Wasser aus, wobei sich 60–70 Proc. lösen und 30–40 Proc. Kelpabfall bleiben. Die Lauge (von 1,18–1,20 spec. Gew.) enthält Chloralkalien, Alkalisulfate und -carbonate, Jodkalium, Schwefelkalium und unterschwefligsaure Alkalien. Durch Eindampfen und Abkühlen der Lauge erhält man nach und nach daraus Kaliumsulfat, Chlorkalium und Kochsalz. Die Mutterlauge davon wird in offenen flachen Gefässen mit verdünnter Schwefelsäure versetzt, wobei unter heftiger Entwickelung von Kohlensäure und Schwefelwasserstoff ein dicker Schaum von Schwefel sich bildet, der abgeschöpft, getrocknet und in den Handel gebracht wird. Nachdem die Gase entwichen sind, setzt man zu der Flüssigkeit noch mehr Schwefelsäure und eine entsprechende Menge Braunstein (Verfahren von Wollaston) und bringt die Mischung in ein grosses bleiernes Destillirgefäss *C* (Fig. 85), wobei sich Jod entwickelt, welches in den Thonvorlagen *B*, *B'*, *B''*, *B'''* als eine feste krystallinische Masse sich absetzt. In der grossen Jodfabrik von Paterson in Glasgow wendet man zum Destilliren des Jods einen gusseisernen halbkugelförmigen Kessel von etwa 1,3 Meter Durchmesser an, auf welchem sich ein bleierner Deckel mit zwei Helmen von Steinzeug befindet, welche letztere die Joddämpfe in zwei Systeme von thönernen Vorlagen (jedes zu 4–5 Stück) führen. In Cherbourg gewinnt man das Jod aus der Lauge (nach dem Verfahren von Barruel) einfach durch Einleiten von Chlorgas. Nach der letzteren Methode wird das Jod aus dem Jodmagnesium ausgeschieden und durch Chlor ersetzt ($MgJ_2 + Cl_2 = MgCl_2 + J_2$). Einer neueren Methode zufolge destillirt man die Jodalkalimetalle behufs ihrer Ausscheidung des Jods mit Eisenchloridlösung, wobei alles Jod übergeht ($2NaJ + Fe_2Cl_6 = 2J + 2NaCl + 2FeCl_2$). Das Jod ist in Wasser sehr wenig löslich und fällt als schwarzes Pulver zu Boden. Bei der Ausscheidung durch Chlor muss genau die zur Zersetzung des Jodmagnesiums nothwendige Menge Chlor angewendet werden; war die Menge des Chlors zu gering, so scheidet sich kein Jod aus; im entgegengesetzten Falle bildet sich Chlorjod und freies Brom, welche beide Körper zum Theil dampfförmig entweichen. Das abgeschiedene Jod wird von der darüber stehenden Flüssigkeit getrennt, zum Abtropfen in ein thönernes, mit Löchern versehenes Gefäss gebracht und auf Löschpapier vollends getrocknet. Bei allen diesen Operationen muss die Anwendung von Metall vermieden werden. Das so erhaltene Jod wird durch Sublimation gereinigt. Zu dieser Operation dient der in beistehender Figur (Fig. 86) abgezeichnete Apparat, der aus steinernen Retorten *C*, *C* die sich in dem Sandbade *B* befinden, welches durch eine darunter befindliche Feuerung erwärmt wird, besteht. In eine jede dieser Retorten bringt man ungefähr 40 Pfund Jod, umschüttet sie vollständig mit Sand, damit sich kein Jod an dem oberen Theile condensire und den Retortenhals verstopfe. Der Retortenhals führt in die Vorlagen *R*, *R*, in welchen sich das Jod krystallinisch ansetzt. Die zur Seite der Vorlagen befindlichen Röhren *ab*, *ab* leiten die bei der Sublimation sich entwickelnden Wasserdämpfe ab. 1 Tonne Kelp giebt 4,07 Kilogr. Jod.

Verfahren der Jodgewinnung nach Stanford und Moride aus dar Tangkohle.

Nach der von E. C. Stanford 1862 vorgeschlagenen Methode der Jodgewinnung (vergl. Seite 142) werden die Tange nicht eingeäschert, sondern einer Destillation mit überhitzten Wasserdämpfen unterworfen, wodurch der Verflüchtigung des Jodes vorgebeugt wird und die bei der Destillation sich entwickelnden theerartigen Produkte und brennbaren Gase mit verwerthet werden können. Die so erhaltene Tangkohle wird nach dem Erkalten mit Wasser extrahirt und die Lösung der Salze in bekannter Weise auf Jod, Chlorkalium etc. verarbeitet. Die flüchtigen Produkte sind Leuchtgas, Essigsäure, Ammoniak, Mineralöl und Paraffin. Nach der 1866 von Moride in Nantes beschriebenen Modification vorstehenden Verfahrens wird die durch Auslaugen der Tangkohle erhaltene Lösung in durch Dampf geheizten Pfannen abgedampft und aus der Flüssigkeit Kaliumsulfat, Chlorkalium etc. gewonnen. Nachdem er nun die Mutterlauge mit Chlor oder mit Untersalpetersäure versetzt hat, extrahirt er das Jod mit Benzin (nicht Benzol) in einem Apparat, welcher so eingerichtet ist, dass das Benzin das Jod sofort an Natron oder Kali abgiebt, worauf es wieder auf's Neue jodlösend wirkt. Die jodhaltige Flüssigkeit wird auf gewöhnliche Art auf Jod verarbeitet.

Gewinnung des Jodes aus dem Chilisalpeter.

Der rohe Chilisalpeter (welcher nach der von Nöllner ausgesprochenen Ansicht jodhaltigen Seetangen sein Dasein verdankt) enthält constant 0,059 bis 0,175 Proc. Jod und zwar in Gestalt von Natriumjodat, dann in geringer Menge als Jodnatrium und Jodmagnesium. Die beim Raffiniren des Rohsalpeters oder die bei dessen Umwandelung in Kaliumsalpeter fallenden Mutterlaugen, welche 0,28 bis 0,36 Proc. Jod enthalten, werden auf Jod verarbeitet, indem man in die Lauge schweflige Säure leitet, bis das ausgeschiedene Jod sich wieder zu lösen beginnt. Neuerdings giebt man der salpetrigen Säure den Vorzug vor der schwefligen Säure. Das abgeschiedene Jod wird wie gewöhnlich getrocknet und durch Sublimation gereinigt. Das in der Flüssigkeit in Form von Jodmetallen noch enthaltene Jod wird mit Hülfe von Chlor ausgefällt.

Eigenschaften und Anwendung des Jod.

Das Jod (J = 127; spec. Gewicht = 4,94) erscheint als ein schwarzgrauer, krystallinischer, metallglänzender Körper, dem Graphit nicht unähnlich, der sich beim Erhitzen in Dämpfe verwandelt, welche (nach Stas) im gesättigten Zustande blau, im verdünnten violett sind. Es schmilzt bei 115° C. und siedet über 200° C. Das Jod löst sich etwas in Wasser, leicht in Alkohol und Aether, Jodwasserstoffsäure, Jodkalium, Schwefelkohlenstoff, Chloroform, Benzol, einer wässrigen Lösung von schwefliger Säure und einer Lösung von unterschwefligsaurem Natrium. Eine Auflösung des Jodes mit Stärke zusammengebracht, färbt letztere violett. Vorgekommene Verfälschung des Jodes mit Kohlenpulver oder Graphit lässt sich durch Behandeln mit Alkohol oder Natriumhyposulfit, in welchem Jod vollkommen löslich sein muss, oder durch Sublimation auffinden. Bisweilen hat man auch das Gewicht des Jodes durch Wasserzusatz zu vermehren gesucht. — Man wendet das Jod in grosser Menge in der Photographie, zur Bereitung des Jodquecksilbers, des Jodkaliums und anderer Jodpräparate an[46]. In neuerer Zeit benutzt man es auch zur Herstellung gewisser Theerfarben, so z.

B. des Jodvioletts und Jodgrüns, ferner zur Bereitung des blauen Cyanins, welches aus der Jodverbindung einer aus der flüchtigen Base Lepidin sich bildenden basischen Verbindung besteht. Im Jahre 1869 wurden in der Farbenfabrikation consumirt circa 900 Centner Jod, hiervon kommen

auf den norddeutschen Bund	650	Ctr.
auf Frankreich, England und die Schweiz	250	„

Die Produktion an Jod betrug 1869

Schottland und Irland	1829	Ctr.
Frankreich	1324	„
Tarapaca	300	„
	3453	Ctr.

Bromgewinnung.

Bromgewinnung. Das Brom findet sich in geringer Menge im Meerwasser. 1 Liter desselben enthält 0,061 Grm. Brom. Dagegen sind die Mutterlaugen mehrerer Salinen wie z. B. der zu Schönebeck (bei Magdeburg), ferner die Mutterlauge von der Verarbeitung der Stassfurter Kalisalze (insbesondere des Carnallits und des Kainits) so reich an Brom, dass die Darstellung dieses Körpers daraus lohnend erscheint. Um die Beimengung des Chlors möglichst zu vermeiden, versetzt man die Mutterlauge zunächst mit verdünnter Schwefelsäure, wobei Brom- und Chlorwasserstoffsäure frei werden, um das Gemenge dann bis auf 120° zu erwärmen und so die flüchtige Chlorwasserstoffsäure von der minder flüchtigen Bromwasserstoffsäure zu trennen, welche in der Flüssigkeit zurückbleibt. Beim Erkalten derselben scheiden sich noch schwefelsaure Salze ab. Die von den Krystallen getrennte saure Flüssigkeit wird mit Braunstein und Schwefelsäure destillirt. Als Vorlage dienen zwei Woulff'sche Flaschen, von denen die erste leer bleibt, die zweite aber Natronlauge enthält. In der ersten condensiren sich Wasser, etwas Brom, Bromoform und Bromkohlenstoff, während die Bromdämpfe in die zweite Flasche gehen und sich dort zu Bromnatrium und Natriumcarbonat lösen. Die Lauge wird zur Trockne verdampft, der Rückstand geglüht (um das Natriumbromat in Bromnatrium zu verwandeln) und mit Schwefelsäure und Braunstein destillirt, wodurch man reines Brom erhält, welches man am besten unter concentrirter Schwefelsäure auffängt und aufbewahrt.

Nach einem andern Verfahren von Leisler (1866 in England patentirt) lässt man das Brom aus der magnesiahaltigen Flüssigkeit (z. B. aus der Mutterlauge von der Verarbeitung der Kainite, Carnallite und Tachhydrite oder aus dem Wasser des todten Meeres)[47] durch Kaliumbichromat und eine Säure unter Mitwirkung von Wärme abscheiden und das auf diese Weise verflüchtigte Brom durch einen mit metallischem Eisen beschickten Condensator leiten, so dass Bromeisen entsteht, aus welchem sich dann reines Brom oder eine Bromverbindung mit Leichtigkeit darstellen lässt. Der vom Patentträger angewendete Apparat ist eine Destillirblase, deren unterer Theil aus Eisen besteht, während der obere, der Helm, aus Blei oder aus Steinzeug angefertigt, geräumig, von domartiger oder gewölbter Form und mit einem gebogenen, aus Blei oder aus Steinzeug bestehenden Ableitungsrohre versehen ist. Dieses Rohr führt zu einem irdenen Recipienten, der ungefähr wie eine Woulff'sche Flasche geformt, aber am Boden mit einer Vorrichtung zum Ablassen der in ihm enthaltenen Flüssigkeit versehen ist. Die Blase wird bis etwa zum oberen Rande des gusseisernen Bodens oder Untertheils mit der zu verarbeitenden Flüssigkeit gefüllt und dann mittelst eines gewöhnlichen, unter ihr angebrachten Ofens geheizt. Während die Flüssigkeit sich erhitzt, wird eine gesättigte kalte Lösung von Kaliumbichromat zugesetzt; dann wird das Ganze tüchtig durch einander gerührt. Bevor die Flüssigkeit die Temperatur von 66° C. angenommen hat, wird auf je 100 Volumen der zu verarbeitenden Flüssigkeit 1 Volumen Salzsäure zugesetzt, welche vorher mit ihrem drei- bis vierfachen Volumen Wasser verdünnt worden ist, und dann wird wiederum tüchtig durchgerührt, so dass alles sich gehörig vermischt. Darauf wird der Helm aufgesetzt, Ableitungsrohr, Recipient und Condensator werden mit einander verbunden und sämmtliche Verbindungen lutirt, nachdem der Condensator vorher mit Drehspänen von Schmiedeeisen, welche möglichst gross, leicht und spiralförmig sein sollen, gefüllt worden ist. Das Feuer wird so regulirt, dass der Inhalt der Blase ununterbrochen und ruhig im Kochen bleibt und ein gleichmässiger Dampfstrahl durch den Condensator bläst, bis kein Brom weiter übergeht. Das mit dem Dampfe übergegangene Brom verbindet sich mit dem im Condensator enthaltenen Eisen; das entstandene Bromeisen löst sich in der geringen, im Condensator verdichteten Menge Wasser und fliesst aus demselben in ein untergesetztes Gefäss. Sobald die Bromentwickelung aufgehört hat, wird die Blase geöffnet und die rückständige Flüssigkeit aus derselben mittelst eines Hebers abgezogen; darauf wird die Blase von neuem beschickt, die Beschickung wiederum mit Kaliumbichromat und Salzsäure versetzt und die Destillation wiederholt. Das Eisen braucht erst nach mehreren Operationen erneuert zu werden, da jedes Mal nur eine geringe Menge desselben verbraucht wird. Das erhaltene Bromeisen wird nach dem gewöhnlichen Verfahren in Bromkalium oder eine andere Bromverbindung umgewandelt. Zur Darstellung von Brom wird das Bromeisen in geeigneten Retorten mit Kaliumbichromat und Säure erhitzt und das übergehende Brom condensirt und aufgefangen. Zur Erleichterung der ersteren Entwickelung des Broms können Stückchen von Feuerstein, Quarz oder dergl. in die Destillirblase gebracht worden; oder es wird Luft oder Dampf durch die in ihr enthaltene Flüssigkeit geblasen, um den Uebertritt der Dämpfe in den Condensator zu beschleunigen. — Das Brom ist das einzige, bei gewöhnlicher Temperatur flüssige Nichtmetall. Es erscheint als Flüssigkeit, die in Masse betrachtet dunkelrothbraun, in dünnen Schichten hyazintroth gefärbt ist; der Geruch ist stark und sehr unangenehm und dem des Chlors ähnlich. Eingeathmet wirkt das Gas ähnlich dem Chlor, nur schwächer. Das Brom ist in Wasser weniger löslich als das Chlor; die wässrige Lösung ist gelbroth und wird im Lichte gleich dem Chlorwasser unter Freiwerden von Sauerstoff und Bildung von Bromwasserstoffsäure zersetzt. 100 Th. Bromwasser enthalten bei 15° 3,226 Th. Brom. Mit Wasser bildet das Brom bei 0° ein festes krystallisirtes Bromhydrat. Das Brom löst sich leicht in Aether, Alkohol, Chloroform, Schwefelwasserstoff und Bromwasserstoffsäure. In wässriger, schwefliger Säure löst es sich ($SO_2 + H_2O + 2Br = SO_3 + 2BrH$) zu Bromwasserstoffsäure; es siedet bei +63° und verwandelt sich dadurch in dunkelrothe Dämpfe. Bei -7,3° erstarrt es zu einer bleigrauen, blätterigen, graphitähnlichen Masse. Gegen Farbstoffe verhält sich das Brom wie das Chlor; organische Substanzen werden von Brom gebräunt. Das Brom wird bekanntlich ähnlich dem Jod (als Bromkalium, Bromammon, Bromkadmium und unterbromigsaures Kali) in der Photographie und als Arzneimittel ausserdem seit einiger Zeit (in Form von Bromäthyl, Bromamyl und Brommethyl) zur Erzeugung gewisser Theerfarben (z. B. für Hofmann's Blau und für das aus dem Anthracen dargestellte künstliche Alizarin) massenhaft verwendet. — Als Desinfectionsmittel ist es ebenfalls bedeutungsvoll. Bei der Darstellung des Ferridcyankaliums lässt sich nach E. Reichardt (1869) das Chlor mit gutem Erfolge durch Brom ersetzen. Die fabrikmässige Bromdarstellung aus den Carnallit-, Tachhydrit- und Kainitmutterlaugen ist zuerst von A. Frank in Stassfurt (seit 1866) ausgeübt worden. — Die Bromproduktion mag sich gegenwärtig (1870) auf 1150 Centner belaufen; dieselben vertheilen sich

auf	Stassfurt	400	Centner
„	Frankreich	100	„
„	Schottland	300	„
„	Nordamerika	350	„
		1150	Centner.

Der Schwefel.

Schwefel.

Der Schwefel, im Vereine mit der Steinkohle, dem Steinsalz und dem Eisen eine der Grundlagen der heutigen chemischen Industrie ausmachend, findet sich häufig im gediegenen Zustande im Gyps und in den damit in Verbindung stehenden Thon- und Mergellagern, im Flötz- und im tertiären Gebirge, selten auf Lagern und Gängen, im krystallinischen Schiefer- und Uebergangsgebirge; ferner auf und in Braun- und Steinkohlenflötzen. Ausserdem kommt er besonders als vulkanisches Sublimationsprodukt vor, so in den Solfataren bei Neapel. In Gängen und Ablagerungen findet er sich am verbreitetsten auf Sicilien, von wo aus fast ganz Europa mit Schwefel versorgt wird, ferner in Aegypten an den Ufern des rothen Meeres, namentlich des Golfs von Suez, auf den jonischen Inseln (besonders auf Corfu), am *Clear-* oder *Borax-lake* in Californien[48] und am Popocatepetl (im mexikanischen Staate Puebla), wo man jährlich über 2000 Ctr. Schwefel sammelt. Der Schwefel setzt sich auch aus den Schwefelquellen (z. B. dem Aachner Wasser) ab. Der Schwefel kommt ferner mit Metallen verbunden als Schwefelkies (FeS_2 mit 53,3 Proc. Schwefel und nicht selten etwas Thallium in dem Pyrit und in dem Markasit oder Vitriolkies), Kupferkies, Bleiglanz, Zinkblende, Rothgültigerz u. s. w. und mit Sauerstoff als Schwefelsäure im Anhydrit, Gyps, Kieserit, Schwerspath, Cölestin u. s. w. vor[49]. Das Vorkommen des Schwefels in Gestalt von natürlichem Schwefelwasserstoff und schwefliger Säure ist für die Technik von keiner Bedeutung. Von grosser Tragweite ist dagegen das mit Erfolg gekrönte Streben der modernen Industrie, den Schwefel aus gewissen Fabrikationsrückständen (z. B. von der Soda- und Potaschenbereitung) zu regeneriren!

Gewinnung des Schwefels durch Ausschmelzen und Läutern.

Fig. 87.

Fig. 88.

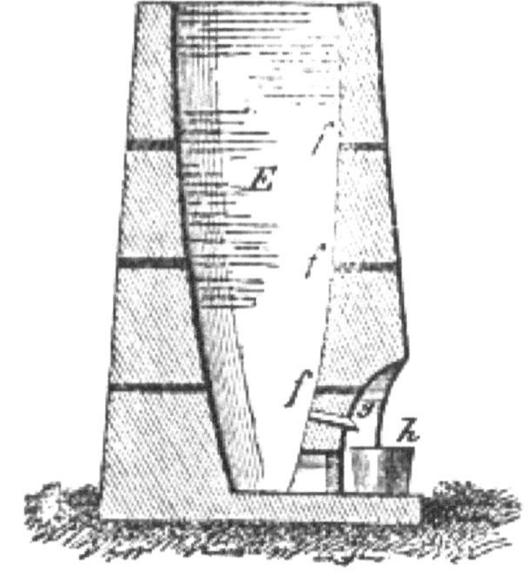

Die Gewinnung des vulkanischen Schwefels geht, je nach der Natur des Rohmaterials und der Reichhaltigkeit desselben, entweder durch Ausschmelzen oder durch Destillation vor sich. Bei reichem Rohstoffe geschieht das Ausschmelzen in gusseisernen Kesseln *A* (Fig. 87), welche durch ein auf dem Roste *A* befindliches Kohlenfeuer gelinde erhitzt werden. Während des Schmelzens wird die Masse mit einem Eisenstocke umgerührt. Nachdem der darin enthaltene Schwefel geschmolzen ist, schöpft man das Gestein mit dem Löffel *C* heraus und giesst den Schwefel zuletzt in eine mit Wasser benetzte Mulde oder in eine Blechpfanne *D*. Nach dem Erkalten wird die Schwefelmasse in Stücke geschlagen und in Fässer verpackt in den Handel gebracht. Das ausgeschöpfte Gestein wird, ebenso wie ärmeres schwefelhaltiges Gestein in Haufen oder in Schachtöfen (Fig. 88) ausgeschmolzen, wobei als Brennstoff ein Theil des Schwefels selbst dient. In dem Gestelle dieses Ofens entzündet man eine kleine Menge unreinen Schwefels und füllt nach und nach den Schacht *E* mit groben Bruchstücken des erdigen Schwefels an, die sehr bald an der Oberfläche sich entzünden und den geschmolzenen Schwefel austreten lassen. Die Oeffnungen *f*, *f*, *f* liefern die zur Verbrennung eines Theiles des Schwefels erforderliche Luft. Der ausgeschmolzene Schwefel, der sich im unteren Theile des Schachtes ansammelt, wird durch den Kanal *g* in Holz- oder Blechgefässe abgestochen. Weit besser als in Schachtöfen gelingt das Ausschmelzen des Schwefels in Meilern.

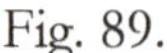
Fig. 89.

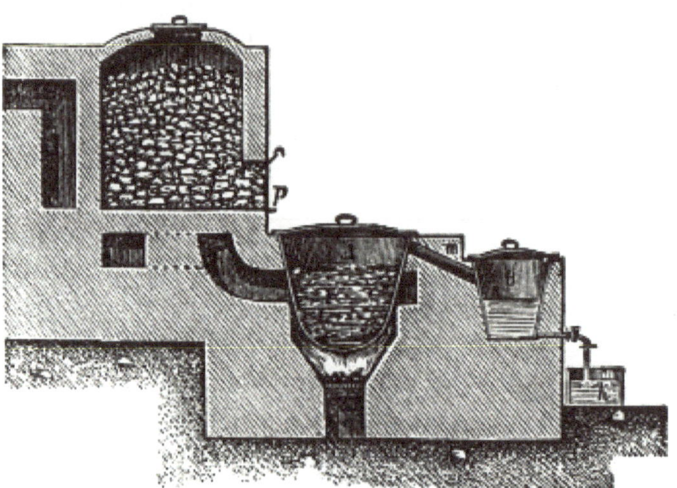

Weit rationeller als das vorstehende Verfahren ist die Gewinnung des Schwefels durch Destillation, wobei man nicht mehr wie früher irdene Töpfe als Retorte und Vorlage, sondern einen wirklichen Destillirapparat (Fig. 89) anwendet. *A* ist ein Kessel aus Gusseisen, welcher nach der Füllung mit Rohmaterial mit einem eisernen Deckel geschlossen wird. Die Art der Heizung und der Weg, welchen die Verbrennungsgase um den Kessel und um den Vorwärmer *D* zurückzulegen haben, ist aus der Zeichnung ersichtlich. Die Schwefeldämpfe entweichen durch das eiserne Rohr *m* in den Condensator *B*, aus welchem der flüssige Schwefel in das Gefäss *k* läuft. Das vorgewärmte Material wird aus *D* durch Hinwegnahme eines Schiebers bei *p* in den mittlerweile entleerten Destillirkessel gebracht. Seit einigen Jahren saigert man den Vorschlägen von E. u. P. Thomas gemäss, den Schwefel aus seinen Erzen mittelst Wasserdampf von 130° aus, mithin nach demselben Principe, nach welchem M. Schaffner den aus den Sodarückständen regenerirten Rohschwefel reinigt. Dass man in neuester Zeit auch versucht hat, den Schwefel aus dem Gestein durch Extraction mit Schwefelkohlenstoff oder auch mit Steinkohlentheeröl von 0,88 zu gewinnen, sei nur beiläufig erwähnt.

Der durch Ausschmelzen erhaltene Schwefel ist der Rohschwefel; Mène erhielt bei der Analyse von Proben sicilianischen Schwefels folgende Resultate:

	1.	2.	3.	4.	5.
Schwefel (in CS_2 löslich)	90,1	96,2	91,3	90,0	88,7

Kohlige Substanz	1,0	0,5	0,7	1,1	1,0
Schwefel (in CS_2 unlöslich)	2,0	—	1,5	2,1	1,7
Kieselsand	2,3	1,5	3,3	2,8	5,5
Kalkstein (bisweilen Cölestin)	4,1	1,8	2,5	3,0	2,8
Verlust	0,5	—	0,7	1,0	0,3

Die unteren Partien der Brote von Rohschwefel enthalten oft bis zu 25 Proc. fremder Körper.

Um ihn von den erdigen Theilen zu befreien, wird der Rohschwefel der Raffination unterworfen und beliebig entweder in Form von Stangen als Stangenschwefel oder als feines Pulver als Schwefelblumen in den Handel gebracht.

Fig. 90.

Raffinirapparat von Lamy.

Der zur Raffination des Schwefels dienende von Michel in Marseille construirte und von Lamy verbesserte Apparat besteht wesentlich aus einem oder aus zwei gusseisernen Cylindern *B* (Fig. 90), welche die Stelle einer

Retorte vertreten, und einer grossen Kammer *G*, welche als Vorlage dient. Der erste Cylinder *B* wird durch den darunter befindlichen Feuerraum erhitzt. Die Flamme umspielt den Cylinder und entweicht nebst den Verbrennungsgasen durch den Schornstein *E*, nachdem sie vorher durch die Züge *C* einen Theil ihrer Wärme an den Kessel *D* abgegeben hat, in welchem der Schwefel eine vorläufige Reinigung erleidet und durch das Rohr *F* in den Cylinder *B* fliesst. Die Cylinder *B″* münden in die gewölbte Schwefelkammer, welche aus Backsteinen construirt ist. An dem einen Ende der Kammer ist eine (in der Abbildung nicht angegebene) Thüröffnung, welche von Innen durch eine mit Blei überzogene Thür von Eisenblech, von Aussen durch Backsteine geschlossen ist. Am unteren Theile der Kammer ist in einer gusseisernen Platte ein rundes Loch, welches durch eine konische Stange *J*, *H* verschlossen oder geöffnet werden kann. Der durch *H* ausfliessende Schwefel läuft in den Kessel *L*, neben welchen ein in Fächer abgetheilter Drehbottig *M* sich befindet, in welchen der Schwefel in Stangenform Stangenschwefel. gebracht wird; die Schwefelstangen werden bei *N* aufgespeichert. Soll Stangenschwefel dargestellt werden, so verfährt man auf folgende Weise: Man beschickt einen jeden Cylinder mit Rohschwefel, lutirt die Schliessdeckel und erhitzt den einen Cylinder; sobald die Destillation darin bis zur Hälfte vorgeschritten ist, beginnt man mit dem Erhitzen des zweiten Cylinders. Die Verbrennungsgase aus beiden Herden steigern die Temperatur des Kessels *D* dergestalt, dass der Schwefel schmilzt und sich dadurch reinigt, sowohl durch Absetzen der schweren Unreinigkeiten, als auch durch Verdunstung des darin enthaltenen Wassers und Abscheidung leichter Körper an der Oberfläche. Sobald die Destillation des ersten Cylinders vorüber ist, beschickt man ihn von Neuem und zwar aus dem Kessel *D* mit Hülfe des Rohres *F*. Jede Destillation dauert vier Stunden; man erhält mit den beiden Cylindern in 24 Stunden in sechs Operationen 1800 Kilogr. Schwefel. Da die Temperatur in der Kammer stets über 112° bleibt, so erhält sich der Schwefel darin flüssig. Sobald die Schicht des geschmolzenen Schwefels dick genug ist, zieht man ihn in Schwefelblumen. den kleinen Kessel *L* ab und schöpft ihn in Holzformen. Will man Schwefelblumen darstellen, so ist das Verfahren das nämliche, nur darf die Temperatur in der Kammer 110° nicht überschreiten, weil sonst der Schwefel schmilzt. Um diese niedere Temperatur zu erhalten, nimmt man in dem Zeitraume von 24 Stunden nur zwei Destillationen à 150 Kilogr. vor. Sobald die am Boden der Kammer befindliche Schicht von Schwefelblumen eine gewisse Höhe erreicht hat, öffnet man die erwähnte Thüre und schaufelt die Schwefelblumen heraus. Neuerdings (1854) ist der Apparat Lamy's durch Dujardin wesentlich verbessert worden.

Bei der Destillation des Schwefels findet ein Verlust von 11–20 Proc. statt, welcher zum Theil in dem Verbrennen von Schwefel seinen Grund hat. Der grauschwarze Rückstand in den Kesseln führt den Namen Schwefelschlacke. Die im Handel sich findenden Schwefelblumen enthalten stets schweflige Säure und Schwefelsäure, wovon man sie zum grössten Theile durch Auswaschen mit Wasser befreien kann.

Darstellung des Schwefels durch Destillation von Schwefelkies.

Fig. 91.

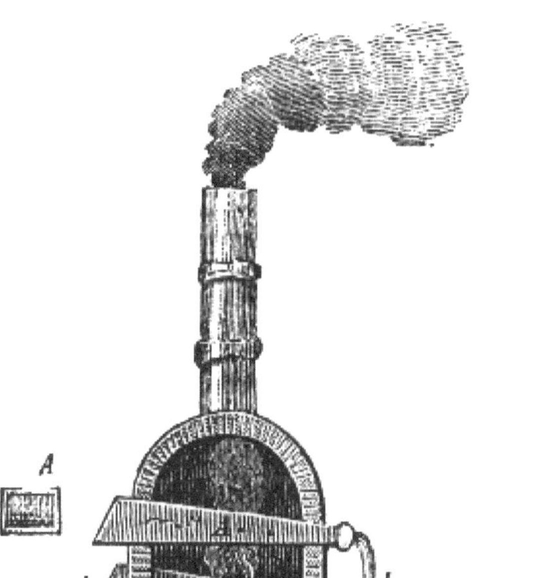

Ausser aus vulkanischem Schwefel gewinnt man gegenwärtig grosse Schwefelmengen auf folgende Weise:

1) aus Eisenkies oder Pyrit FeS_2. Dieses Mineral besteht in 100 Theilen aus 46,7 Theilen Eisen und 53,3 Theilen Schwefel und ist demnach so zusammengesetzt, dass, wenn man ihm genau die Hälfte des Schwefels entzieht, Eisen und Schwefel in einem solchen Verhältniss mit einander verbunden zurückbleiben, dass durch Oxydation dieser Verbindung Eisenvitriol sich bildet. Der Schwefelkies kann mithin 26,65 Theile Schwefel verlieren, ohne dadurch durch Eisenvitrioldarstellung untauglich zu werden. Wollte man jedoch die Hälfte des in dem Schwefelkies enthaltenen Schwefels durch Erhitzen austreiben, so würde eine Temperatur anzuwenden sein, bei welcher das zurückbleibende Einfach-Schwefeleisen schmelzen, sich in die zur Destillation angewendeten Thoncylinder ziehen und dieselben zerstören würde. Man begnügt sich deshalb, nur 13–14 Proc. Schwefel aus dem Schwefelkies durch Erhitzen abzuscheiden, wobei der Rückstand pulverförmig bleibt und die Destillationsgefässe nicht angreift.

Das übliche Verfahren der Darstellung von Schwefel aus Schwefelkies durch Destillation ist folgendes: Man erhitzt den Schwefelkies in konischen Röhren aus feuerfestem Thon *A A*, welche, wie Fig. 91 zeigt, geneigt über einer Feuerung liegen. Die untere Oeffnung wird mit einer siebähnlich durchlöcherten Scheibe aus gebranntem Thon verschlossen, welche den Schwefelkies herabzufallen verhindert und doch dem ausgeschmolzenen Schwefel entweder im flüssigen Zustande oder als Schwefeldämpfe Austritt gestattet. An diesem Ende befindet sich eine thönerne Röhre *b*, durch welche der Schwefel in eine mit Wasser versehene Vorlage *C* gelangt. Die konischen Röhren werden mit gröblich gepochtem Schwefelkies beschickt, mit auflutirten Thonplatten verschlossen und dann erhitzt. Der in der Vorlage befindliche Rohschwefel ist von graugrüner Farbe und wird durch Schmelzen zum Theil gereinigt; der so erhaltene Schwefel kommt in Stücken als geschmolzener Schwefel in den Handel. Um ihn von beigemengtem Schwefelarsen zu befreien, läutert man ihn durch Destillation. Der Rückstand von der Läuterung des Rohschwefels ist der Rossschwefel, welcher in der Thierheilkunde Anwendung findet. Der aus Schwefelkiesen gewonnene Schwefel verdankt seine orangegelbe Farbe häufiger beigemengtem Thallium als dem Arsen. Crookes fand in spanischem Pyritschwefel bis zu 0,29 Proc. Thallium.

Gewinnung des Schwefels durch Rösten von Kupferkies.

2) durch Rösten von Kupferkies. Es lässt sich der Schwefel aus den Kiesen auch durch Röstung (Kernrösten) gewinnen. Hierbei ist der Schwefel Nebenprodukt bei der Gewinnung des Kupfers; aus kiesigen Kupfererzen (gewöhnlich Kupferkies) wurde früher am Unterharz in tropfsteinähnlicher Gestalt der sogenannte Jungfernschwefel gewonnen, indem man den Schwefel aus einer Oeffnung in die Seite des Rösthaufens heraustropfen liess. Gegenwärtig gewinnt man den Schwefel noch durch Rösten von Kupferkiesen zu Agordo (in Venedig), zu Wicklow in Irland und in Mühlbach (Salzburg), wo man im Jahre 1868 gegen 2000 Ctr. Rohschwefel producirte.

Gewinnung des Schwefels als Nebenprodukt der Steinkohlengasfabrikation.

3) als Nebenprodukt der Steinkohlengasfabrikation. Bei der Reinigung des Steinkohlengases wendet man zum Entschwefeln ein Gemenge von Eisenoxyd mit porösen Körpern (z. B. Sägespäne) an — die sogenannte Laming'sche Mischung — in welcher sich der Schwefel ($Fe_2O_3 + H_2S = 2FeO + H_2O + S$) bis zur Menge von 40 Proc. ansammelt. Nach dem Patent von Hills röstet man sie in einem besonderen Röstofen, um schweflige Säure für die Schwefelsäurefabrikation und andererseits Eisenoxyd zu erzeugen, welches von Neuem zur Entschwefelung des Gases verwendet wird. 1 Tonne (= 20 Ctr.) des Gemenges giebt 1,25 Tonnen englischer Schwefelsäure. Die Steinkohlenmenge, welche in London jährlich zur Leuchtgasbereitung verwendet wird, enthält 200,000 Ctr. Schwefel, entsprechend 612,500 Ctr. englischer Schwefelsäure.

4) aus den Sodarückständen. Die beim Auslaugen der nach Leblanc's Process erhaltenen Rohsoda verbleibenden Rückstände, wesentlich aus Calciumsulfuret bestehend, liefern gegenwärtig, indem man sie dem von M. Schaffner, Guckelberger (und L. Mond) und P. W. Hofmann herrührenden Regenerationsverfahren (vergl. Seite 202) unterwirft, namhafte Mengen von regenerirtem Schwefel. Die bei der Fabrikation der Mineralpotasche (aus dem Kaliumsulfat der Kainite und der Carnallite) sich bildenden Rückstände werden gleichfalls (in Kalk bei Cöln und in Stassfurt) auf Schwefel verarbeitet[50].

Gewinnung des Schwefels durch Reaction von Schwefelwasserstoff auf schweflige Säure.

5) aus schwefliger Säure und Schwefelwasserstoff. Dumas machte die Beobachtung, dass, wenn man ⅓ Schwefelwasserstoffgas verbrennt und die erzeugte schweflige Säure nebst ⅔ Schwefelwasserstoffgas in eine feucht zu erhaltende Kammer leitet, man fast allen Schwefel erhalten könne.

$$\left.\begin{array}{l}\text{Schweflige Säure } SO_2\\ \text{Schwefelwasserstoff } 2H_2S\end{array}\right]\text{geben}\left[\begin{array}{l}\text{Schwefel } 3S\\ \text{Wasser } 2H_2O\end{array}\right.$$

Diese Reaction, wobei übrigens fast die Hälfte des Schwefels durch Bildung von Pentathionsäure (die jedoch zweckmässig in unterschweflige Säure übergeführt werden kann) verloren geht, ist nun häufig zu Grunde gelegt worden, um den Schwefel aus Gyps, Schwerspath, dem Rückstande der Sodafabrikation wieder zu gewinnen. Das Verfahren kommt bei allen Vorschlägen darauf hinaus, dass man z. B. Schwerspath durch Glühen mit Kohle zu Schwefelbarium reducirt, letzteres mit Salzsäure übergiesst, um auf der einen Seite Chlorbarium, auf der anderen Schwefelwasserstoffgas zu erhalten, welches man entweder zum Theil verbrennt und dann, nach obiger Reaction, durch unverbrannten Schwefelwasserstoff in Schwefel überführt oder das Schwefelwasserstoffgas sofort in Wasser leitet, in welches zugleich schwefligsaures Gas, durch Rösten von Schwefelkies erzeugt, geleitet wird[51]. Durch eine ähnliche Reaction erhält man auch Schwefel als wichtiges Nebenprodukt bei der Verarbeitung des Kelps auf Kalisalze und auf Jod. In der Jodfabrik von Paterson in Glasgow beträgt die jährliche Ausbeute an (vegetabilischem) Schwefel aus Kelp gegen 2000 Ctr. Nach E. Kopp lässt sich aus dem Schwefelwasserstoffgas auch durch unvollständige Verbrennung desselben ($H_2S + O = H_2O + S$) Schwefel ökonomisch vortheilhaft gewinnen.

Durch Reaction von schwefliger Säure auf Kohle.

6) aus schwefliger Säure und Kohle. Leitet man schweflige Säure über glühende Kohlen, so verbrennen letztere zu Kohlensäure und der Schwefel wird ausgeschieden. Auf diese Weise erhält man beim Rösten der Zinkblende z. B. zu Borbeck bei Essen namhafte Mengen von Schwefel.

Durch Erhitzen von Schwefelwasserstoff.

7) aus Schwefelwasserstoff. Schwefelwasserstoffgas zerfällt, wenn es durch rothglühende Röhren geleitet wird, in seine Bestandtheile.

Eigenschaften und Anwendung des Schwefels.

Der Schwefel besitzt in seinem gewöhnlichen Zustande eine eigenthümliche gelbe Farbe, die bei 100° dunkler wird und bei -50° fast verschwindet, lässt sich leicht pulverisiren, hat ein spec. Gewicht von 1,98–2,06, schmilzt bei 115° zu einer dünnflüssigen gelben Flüssigkeit, beginnt bei 160° dickflüssiger und pomeranzengelb zu werden, wird bei 220° zäh und röthlich, zwischen 240 und 260° sehr zäh und rothbraun, über 340° wieder etwas flüssiger, bis er, ohne seine dunkle Farbe zu verlieren, bei 420° zu sieden beginnt und sich in dunkelrothbraune Dämpfe verwandelt. Wenn man bis auf 230° erhitzten Schwefel durch Eintauchen in Wasser plötzlich abkühlt, so erhält man ihn weich und plastisch und er kann in diesem Zustande zu Abdrücken von Medaillen und überhaupt Gravirarbeiten benutzt werden. Da er nach einigen Tagen seine ursprüngliche Härte wieder erlangt, so können die Abdrücke, die er liefert, wieder als Matrizen dienen zur Verfertigung sehr reiner Formen. Wird der Schwefel bei Zutritt der Luft erhitzt, so verbrennt er zu schwefliger Säure. Er löst sich nicht in Wasser, in unbedeutender Menge in absolutem Alkohol und Aether, weit leichter in erwärmten fetten und flüchtigen Oelen (zu Schwefelbalsam), leicht in Schwefelkohlenstoff, Steinkohlentheeröl, Benzol und Chlorschwefel[52]. Er löst sich ferner beim Kochen mit Natron- oder Kalilauge, mit Lösungen von Schwefelkalium oder -Calcium, mit Lösungen gewisser Sulfosalze (z. B. der Verbindung Sb_2S_3, Na_2S, welche dadurch in Sb_2S_5, Na_2S übergeht) und endlich mit schwefligsauren Alkalien, welche dadurch in unterschwefligsaure Salze übergeführt werden.

Man benutzt den Schwefel zur Schwefelsäurefabrikation, zur Bereitung des Schiesspulvers, der Zündrequisiten und Schwefelfäden, zum Schwefeln des Hopfens, des Weines, zum Einpudern des Weinstockes (bei der Traubenkrankheit)[53], zur Bereitung von schwefliger Säure, schwefligsauren und unterschwefligsauren Salzen, Schwefelkohlenstoff, zur Herstellung von Zinnober, Musivgold und anderen Schwefelmetallen, zur Fabrikation von Ultramarin, zum Kitten, zum Vulkanisiren und Hornisiren des Kautschuks und der Guttapercha u. s. w.

Der meiste Schwefel kommt, wie oben bemerkt, aus Sicilien. Die Totalausfuhr Siciliens betrug

1853	1,800,000	Ctr.	1861	2,800,000	Ctr.
1854	2,100,000	„	1862	3,200,000	„
1855	2,000,000	„	1863	3,500,000	„
1856	2,500,000	„	1864	3,750,000	„
1857	2,400,000	„	1865	3,550,000	„
1858	3,000,000	„	1866	3,828,000	„

1859	2,900,000 „		1867	3,724,000 „
1860	2,500,000 „		1868	4,052,000 „

(deren Werth auf 37 Mill. Lire angegeben wird).

Die Schwefelproduktion in Europa beträgt (1870) gegen 7 Mill. Ctr., davon kommen auf

Italien	6,860,000 Ctr.
Spanien	80,000 „
Norddeutscher Bund	15,500 „
Belgien	8,000 „
Uebriges Europa	7,000 „
	7,012,500 Ctr.

Der regenerirte Schwefel ist hierbei selbstverständlich nicht mit in Betracht gezogen.

Schweflige Säure und unterschweflige Säure.

Die schweflige Säure.

Die schweflige Säure (SO_2 oder wasserhaltig H_2SO_3) lässt sich gewinnen

a) durch Oxydation des Schwefels,

b) durch Reduction der Schwefelsäure,

c) durch Combination von a) und b).

Die Darstellung der schwefligen Säure durch Oxydation des Schwefels geschieht α) durch Verbrennen von Schwefel (Stangenschwefel oder Schwefelblumen) an der Luft; β) durch Rösten von Schwefel- oder Kupferkies, oder der Laming'schen Mischung der Leuchtgasfabriken; γ) durch Erhitzen von Braunstein mit Schwefelpulver. Die Darstellung der schwefligen Säure durch Rösten von Schwefelmetallen (Pyrite, Kupferkies, Zinkblende, Kupferstein, Bleistein etc.) zu metallurgischen Zwecken ist ohne Zweifel die vortheilhafteste und die im grössten Maassstabe ausgeübte, namentlich (seit der Einführung des Gerstenhöfer'schen Röstofens) behufs der Fabrikation von Schwefelsäure. Wo die schweflige Säure als Conservationsmittel von Nahrungsstoffen und Rohmaterialien zur Fabrikation von Nahrungsmitteln dienen soll, wie z. B. beim Schwefeln des Hopfens, des Weins etc., darf diese Art der Darstellung von schwefliger Säure nicht Platz greifen, weil die so erzeugte schweflige Säure stets mit arseniger Säure gemengt ist. Das Laming'sche Mittel der Leuchtgasfabriken, ein Gemenge von Eisenoxyd mit anderen Körpern, in welchem sich beim Reinigen des Gases der Schwefel bis zur Menge von 40 Proc. ansammelt, wird durch Rösten regenerirt, wobei colossale Mengen schwefliger Säure sich bilden, welche in London zur Schwefelsäurefabrikation verwendet wird. Durch Erhitzen von Metalloxyden mit Schwefel kann nur unter gewissen Bedingungen mit Nutzen schweflige Säure dargestellt werden. Man wendet an entweder Braunstein oder Kupferoxyd, ersterer giebt, je nach dem Gewichtsverhältniss der Materialien, entweder nur die Hälfte oder sämmtlichen angewendeten Schwefel in Gestalt von schwefliger Säure. Auch durch Erhitzen von Eisenvitriol mit Schwefel ($FeSO_4 + 2S = FeS + 2SO_2$) stellt man zuweilen schweflige Säure dar. Zinkvitriol giebt beim Erhitzen schweflige Säure und Sauerstoff ($ZnSO_4 = SO_2 + O + ZnO$). Kieserit ($MgSO_4 + H_2O$) mit Kohle gemengt und erhitzt, giebt alle Schwefelsäure als schweflige Säure ab.

Die Darstellung der schwefligen Säure durch Reduction der Schwefelsäure findet häufig Anwendung, doch ist in den meisten Fällen die schweflige Säure Nebenprodukt. Man reducirt die Schwefelsäure durch Erhitzen derselben mit gewissen Metallen, wie Kupfer, Quecksilber oder Silber:

Schwefelsäure $2H_2SO_4$		Kupfersulfat $CuSO_4$
Kupfer Cu	geben	Schweflige Säure SO_2
		Wasser $2H_2O$

Es bildet sich hierbei eine kleine Menge Schwefelkupfer. In Fällen, in denen eine Verunreinigung der schwefligen Säure mit Kohlensäure und Kohlenoxydgas nicht nachtheilig ist, reducirt man die Schwefelsäure durch Kohlenstaub, Hobelspäne, Sägespäne etc.

Schwefelsäure $2H_2SO_4$		Schweflige Säure $2SO_2$
Kohle C	geben	Kohlensäure CO_2
		Wasser $2H_2O$

Da bei dieser Operation Schwefelsäure und Holz endlich vollständig in schweflige Säure, Kohlensäure und Wasser übergehen, so kann die Gasentwickelung ununterbrochen stattfinden, wenn man nur von Zeit zu Zeit bald neues Holz, bald neue Schwefelsäure zusetzt. Schwefelsäuredämpfe zerfallen beim Ueberhitzen in schweflige Säure und Sauerstoffgas ($H_2SO_4 = SO_2 + O + H_2O$). Die Reduction der Schwefelsäure durch Schwefel ist als ein combinirtes Verfahren der Darstellung der schwefligen Säure durch Oxydation und durch Reduction zu betrachten:

Schwefelsäure $2H_2SO_4$	geben	Schweflige Säure $2SO_2$
Schwefel S		Wasser $2H_2O$

Die Operation ist indessen sehr ungestüm und schwer zu regeln, da der Schwefel schon bei einer Temperatur schmilzt, die weit niedriger ist, als die, bei der die Reaction stattfindet. Mit der schwefligen Säure geht ferner häufig Schwefeldampf über, welcher sich in den Gasleitungsröhren absetzt und dieselben verstopft.

Die schweflige Säure ist bei gewöhnlicher Temperatur ein farbloses, stechend riechendes Gas von 2,21 spec. Gewicht. Sie löst sich in Wasser in beträchtlicher Menge (1 Vol. Wasser absorbirt bei 18° 44 Vol. Gas). In Weingeist löst sie sich noch reichlicher als in Wasser. Bei Gegenwart von Wasser treten alle höheren Oxydationsstufen des Stickstoffs an die schweflige Säure Sauerstoff ab und verwandeln dieselbe zu Schwefelsäure, während sie selbst zu Stickoxyd reducirt werden. Chlor verwandelt die feuchte schweflige Säure gleichfalls in Schwefelsäure; Jod verhält sich ebenfalls oxydirend. Mit Schwefelwasserstoff zusammengebracht, findet Schwefelausscheidung statt.

Die Hauptanwendung der schwefligen Säure in der Technik ist eine ebenso wichtige als mannichfaltige, sie dient zur Schwefelsäurefabrikation, in der Papierfabrikation als Antichlor, zur Fabrikation der E. Kopp'schen Krappräparate, zur Bereitung des Natriumhyposulfits, seit einiger Zeit zur Fabrikation von Ammonsulfat aus Harn etc. (das sich bildende schwefligsaure Ammoniak geht an der Luft nach und nach in schwefelsaures Salz über); zum Aufschliessen von Alaunschiefer behufs der Alaunfabrikation (Laminne's Patent); zum Extrahiren des Kupfers aus gewissen Kupfererzen; zum Conserviren (Schwefeln) der eingemachten Früchte, des Weines, des Hopfens, der comprimirten Gemüse, des Fleisches, des Dextrinsyrups, des Zuckersaftes bei der Rüben- und Rohrzuckerfabrikation, zum Maischen der Kartoffeln und des Mais in der Spiritusbereitung, zum Bleichen von thierischen Substanzen (Seide, Wolle, Badeschwämme, Federn, Leim, Darmsaiten, Hausenblase), welche durch Chlor nicht farblos, sondern gelb gefärbt werden, von Korb- und Strohgeflechten, von arabischem Gummi etc. Das Bleichen durch schweflige Säure lässt sich auf zwei wesentlich von einander verschiedene Ursachen zurückführen, nämlich in den meisten Fällen auf eine blosse Verhüllung, in einigen wenigen Fällen aber auf eine wirkliche Zerstörung des Farbstoffes. Die Pigmente der meisten blauen und rothen Blumen, Früchte u. s. w. gehen mit der schwefligen Säure farblose Verbindungen ein: die Farbe ist aber nicht zerstört. Eine durch schweflige Säure gebleichte Rose erhält durch Befeuchten mit verdünnter Schwefelsäure ihre ursprüngliche rothe Farbe wieder. Die Farbstoffe der gelben Blumen verhalten sich indifferent gegen schweflige Säure und werden durch dieselbe nicht gebleicht. Manche Farben, wie das Indigblau, das Carmin und der gelbe Farbstoff der Seide, werden anfänglich durch schweflige Säure nicht gebleicht, später aber findet eine Bleichung statt dadurch, dass unter dem Einflusse des Lichtes der mit ihr gemengte Sauerstoff, d. h. als Ozon, eine Zerstörung der genannten Farben vermittelt. Die sauerstoffentziehende Eigenschaft der schwefligen Säure hat man auch in neuerer Zeit als Feuerlöschmittel benutzt.

Calciumsulfit.

Das Calciumsulfit (neutrales schwefligsaures Calcium) $SCa_2O_3 + H_2O$ (in 100 Th. 41 Th. schweflige Säure enthaltend), verdient alle Beachtung, indem in dieser Verbindung die schweflige Säure in einem Zustande in den Handel gebracht werden kann, in welchem sie Haltbarkeit, leichte Transportfähigkeit und billigen Preis vereinigt. Bei der Anwendung macht man die schweflige Säure durch Schwefelsäure oder Salzsäure frei. — Das Bariumsulfit ist dem Calciumsalz vielleicht noch vorzuziehen.

Natriumhyposulfit.

Das unterschwefligsaure Natrium (Natriumhyposulfit, Natriumdithionit), $S_2Na_2O_3 + 5H_2O$, ein in neuerer Zeit vielfältig und zwar zu photographischen Zwecken, in der Metallurgie (nach Patera) zum Lösen des Chlorsilbers aus den mit Kochsalz gerösteten Silbererzen und (nach Stromeyer) zur hydrometallurgischen Kupfergewinnung, in der Kattundruckerei als Mordant, als Antichlor in der Papierfabrikation u. s. w. angewendetes Salz, lässt sich auf verschiedene Weise darstellen. Nach Anthon mengt man 4 Theile calcinirtes Natriumsulfat mit 1–1¼ Theil Holzkohlenpulver, befeuchtet das Gemenge und setzt es, in einen Tiegel oder ein eisernes Gefäss gepackt, 6–10 Stunden der Rothglühhitze aus. Die Masse wird zerkleinert, mit Wasser befeuchtet und in dünnen Lagen der Einwirkung von schwefliger Säure ausgesetzt. Die wässerige filtrirte Lösung lässt man abdampfen und krystallisiren. Nach E. Kopp's Methode (die von M. Schaffner in Aussig ausgebildet wurde) stellt man zunächst unterschwefligsaures Calcium dar, indem man schweflige Säure auf das beim Auslaugen der Rohsoda zurückbleibende Calciumsulfuret der Sodafabriken (vergl. Seite 202) einwirken lässt, und das so erhaltene Kalksalz durch eine Lösung von Natriumsulfat zersetzt, wobei sich Gyps niederschlägt und unterschwefligsaures Natrium in Lösung bleibt. Neuerdings wandelt man die Pentathionsäure (S_5O_5, H_2O), die in grosser Menge bei der Reaction von Schwefelwasserstoff und schwefliger Säure behufs der Schwefeldarstellung (vergl. S. 217) sich bildet, durch Kochen mit Natronlauge in unterschwefligsaures Natrium ($2S_5O_5, H_2O + 3H_2O = 5S_2O_2, H_2O$) um.

Es hat die in technischer Beziehung so wichtige Eigenschaft, mit Silberoxyd ein leicht lösliches Doppelsalz (unterschwefligsaures Silber-Natrium) zu bilden und deshalb unlösliche Silberverbindungen, wie Jodsilber und Chlorsilber, mit Leichtigkeit aufzulösen, daher seine Anwendung in der Daguerreotypie und Photographie und zur hydrometallurgischen Silbergewinnung. Unterschwefligsaures Natrium löst Jod in grosser Menge, darauf beruht seine Anwendung in der Chlorometrie und überhaupt den jodometrischen Methoden, von denen einige auch in technischer Hinsicht von Wichtigkeit sind. Eine mit schwefligsaurem Natrium versetzte Lösung von unterschwefligsaurem Natrium löst Malachit und Kupferlasur in Form von unterschwefligsaurem Kupferoxydul-Natrium auf; diese Eigenschaft ist von Stromeyer zur hydrometallurgischen Kupfergewinnung benutzt worden. Endlich benutzt man das unterschwefligsaure Natrium auch zur Darstellung des Antimonzinnobers und zur Bereitung von Anilin- oder Aldehydgrün (Emeraldin). Das unterschwefligsaure Blei und die Kupferverbindung hat man als Bestandtheil der Zündmasse phosphorfreier Zündhölzchen anzuwenden vorgeschlagen. In grosser Menge verwendet man das unterschwefligsaure Natrium anstatt der Soda zum Reinigen der Wäsche. Die Eigenschaft des Natriumhyposulfits, bei verhältnissmässig niederer Temperatur in seinem Krystallwasser zu schmelzen und nach dem Erkalten wieder zu erstarren, verwerthet H. Fleck zum Verschliessen der Glasröhren mit Zündmasse bei Sprengarbeiten unter Wasser. Wie enorm der Verbrauch an unterschwefligsaurem Natrium ist, geht daraus hervor, dass eine chemische Fabrik (die Rhenania bei Aachen) davon jährlich 2000 Centner darstellt. Die unter Schaffner's Leitung stehende Fabrik in Aussig producirt gegenwärtig sogar 6000 Centner.

Die Schwefelsäurefabrikation.

(Schwefelsäure H_2SO_4 mit dem Mischungsgewicht 196 besteht in 100 Theilen aus 81 Th. wasserfreier Schwefelsäure und 18,5 Th. Wasser. Technisches Mischungsgewicht = 106.)

Schwefelsäure.

Man unterscheidet in der Fabrikation und im Handel zwei Sorten Schwefelsäure:

a) die rauchende oder Nordhäuser Schwefelsäure (Vitriolöl), destillirt aus Eisenvitriol oder Natriumbisulfat oder Ferrisulfat (schwefelsaurem Eisenoxyd), oder durch Zersetzen von Glaubersalz mit Borsäure behufs der Fabrikation von Borax;

b) die englische oder gewöhnliche Schwefelsäure, entweder aus schwefliger Säure durch Oxydation mittelst Salpetersäure erzeugt, oder, wiewohl äusserst selten aus natürlichen Sulfaten, wie z. B. Gyps, abgeschieden.

Rauchende Schwefelsäure.

a) Rauchende Schwefelsäure. In der Rothglühhitze werden alle schwefelsauren Salze zersetzt, mit Ausnahme der schwefelsauren Verbindungen der Alkalien und alkalischen Erden. Es könnten deshalb alle schwefelsauren Salze, mit Ausnahme der genannten, zur Fabrikation der rauchenden Schwefelsäure Anwendung finden. Seiner Billigkeit wegen giebt man dem Eisenvitriol zum Brennen des Vitriolöls den Vorzug. Dieses Salz zerfällt in der Rothglühhitze in Eisenoxyd, wasserfreie Schwefelsäure und schweflige Säure:

Eisenvitriol $2FeSO_4$ liefert
- Eisenoxyd Fe_2O_3
- Schwefelsäure SO_3
- Schweflige Säure SO_2

Man würde durch das Brennen des Eisenvitriols wasserfreie Schwefelsäure erhalten, wenn es möglich wäre, denselben vollständig zu entwässern. Es bleibt beständig Wasser zurück und man erhält deshalb die sogenannte rauchende Schwefelsäure, ein veränderliches Gemenge von wasserfreier Schwefelsäure mit der englischen Schwefelsäure (H_2SO_4).

Fig. 92.

Die Darstellung der rauchenden Schwefelsäure geschieht auf folgende Weise: Die Eisenvitriollösung oder Vitriolmutterlauge wird bis zur Trockne abgedampft und in Kesseln möglichst entwässert. Die trockene und geschmolzene Salzmasse (Vitriolstein) wird in dem Brennofen (Fig. 92) weiter behandelt; dieser Ofen ist ein Galeerenofen, in welchem die Feuerung in zwei Reihen von feuerfesten irdenen Kolben *A*, deren Hälse so eingemauert sind, dass die Mündungen der Vorlagen *B*, *B* bequem in dieselben eingeführt und verkittet werden können, erhitzt. Wenn die Kolben — ein jeder mit 2,5 Pfd. der Masse — beschickt worden sind, fängt man an zu erhitzen; die zuerst übergehende schweflige Säure enthaltende wasserhaltige Schwefelsäure wird gewöhnlich nicht aufgefangen. Beginnen aber weisse Nebel von wasserfreier Schwefelsäure sich zu zeigen, so legt man die Vorlagen, welche ungefähr 30 Grm. Wasser enthalten, vor und beginnt die Destillation, nachdem die Fugen mit Kitt lutirt worden sind. Nach 24 bis 36 Stunden ist die Destillation beendigt. Die Kolben werden von Neuem gefüllt und bei beginnender Destillation dieselben Vorlagen mit der schon übergegangenen Säure abermals vorgelegt. Nach viermaligem Abtreiben hat das Vitriolöl die erforderliche Concentration. Der in den Retorten bleibende Rückstand ist rothes, noch etwas Schwefelsäure enthaltendes Eisenoxyd (Colcothar, Caput mortuum Vitrioli, Pariser Roth). Die Ausbeute an rauchender Schwefelsäure beträgt zwischen 45 bis 50 Proc. vom Gewicht des entwässerten Eisenvitriols[54]. Man destillirt weit zweckmässiger Ferrisulfat (Eisenoxydsulfat), aus Colcothar und englischer Schwefelsäure bereitet, wobei man das in dem Kolben zurückbleibende Eisenoxyd immer wieder benutzen kann. Häufig bringt man auch in die Vorlage englische Schwefelsäure und leitet in diese wasserfreie Schwefelsäure, die man durch Brennen von vollkommen entwässertem Eisenvitriol oder besser durch Erhitzen von schwefelsaurem Eisenoxyd erhält. Das bei der Bereitung der Salpetersäure aus Chilisalpeter als Rückstand bleibende Natriumbisulfat ($NaHSO_4$) wird gegenwärtig hier und da ebenfalls zur Fabrikation der rauchenden Schwefelsäure benutzt. Bei der Destillation bleibt Glaubersalz und ein Theil des Wassers zurück, während ein Gemenge von wasserfreier Schwefelsäure mit englischer Schwefelsäure übergeht. Man hat auch in Frankreich angefangen, mit der Fabrikation von Borax die von rauchender Schwefelsäure zu verbinden. Zu diesem Zwecke destillirt man ein Gemenge von calcinirtem Glaubersalz und Borsäure und leitet die sich entwickelnden Dämpfe von wasserfreier Schwefelsäure in englische Schwefelsäure. Die rauchende Schwefelsäure ist ölartig, von bräunlichgelber bis dunkelbrauner Farbe und stechendem Geruche nach schwefliger Säure. An der Luft raucht sie; beim Erhitzen giebt sie Dämpfe von wasserfreier Schwefelsäure. Ihr spec. Gewicht = 1,86–1,92. Man benutzt sie fast nur noch zum Auflösen des Indigs. 4 Th. rauchender Schwefelsäure lösen 1 Th. Indig, während von der englischen 8 Th. dazu erforderlich sind.

Englische Schwefelsäure.

Die englische oder gewöhnliche Schwefelsäure (H_2SO_4) besteht in ihrer höchsten Concentration in 100 Theilen aus 81,5 Th. Schwefelsäure und 18,5 Th. Wasser. Ihre Darstellung im Grossen datirt aus dem Jahre 1746, in welchem Jahre Dr. Roebuck von Birmingham die erste Bleikammer zu Preston-Pans in Schottland baute.

Nach dem Verfahren der Schwefelsäurefabrikation, nach welchem man schweflige Säure in geeigneter Weise mit Salpetersäure oder salpetriger Säure zusammenbringt, ist nach R. Weber's (1866) und Winkler's (1867) veröffentlichten Versuchen wol kaum zu bezweifeln, dass folgender Vorgang stattfindet. Die Oxydation der schwefligen Säure erfolgt in der Bleikammer unter Einfluss des Wasserdampfes hauptsächlich durch den Sauerstoff der salpetrigen Säure, welche sich hierbei in Stickoxydgas verwandelt. Letztere Säure bewirkt die Oxydation, sobald sie von überschüssigem Wasser aufgenommen ist. Die Lösung derselben bildet sich, indem das Wasser entweder die in der Bleikammer verbreitete freie salpetrige Säure unverändert aufnimmt oder die Untersalpetersäure zerlegt. Die Zersetzung der erzeugten Salpetersäure erfolgt namentlich unter Beihülfe der schon gebildeten Schwefelsäure. Das Wasser disponirt hier zur Schwefelsäurebildung in derselben Weise wie bei anderen, durch die schweflige Säure bewirkten Reductionsprocessen. Durch die anwesende atmosphärische Luft wird das Stickoxyd zu Untersalpetersäure oder salpetriger Säure oxydirt. Die Untersalpetersäure wird weiter zersetzt und bei fortwährend zuströmender schwefliger Säure ist der Process der Schwefelsäurebildung ein ununterbrochener. Unter Umständen giebt die salpetrige Säure in Berührung mit schwefliger Säure und überschüssigem Wasser leicht Anlass zur Bildung von Stickoxydul, wodurch Verluste an nutzbaren Oxyden des Stickstoffs entstehen. Die mitunter sich bildenden Krystalle, Bleikammerkrystalle, nach R. Weber aus ($H_2SO_4 + N_2O_3, SO_3$) bestehend, entstehen nur bei fehlerhafter Leitung des Processes, nur bei Mangel an Wasser.

Fig. 93.

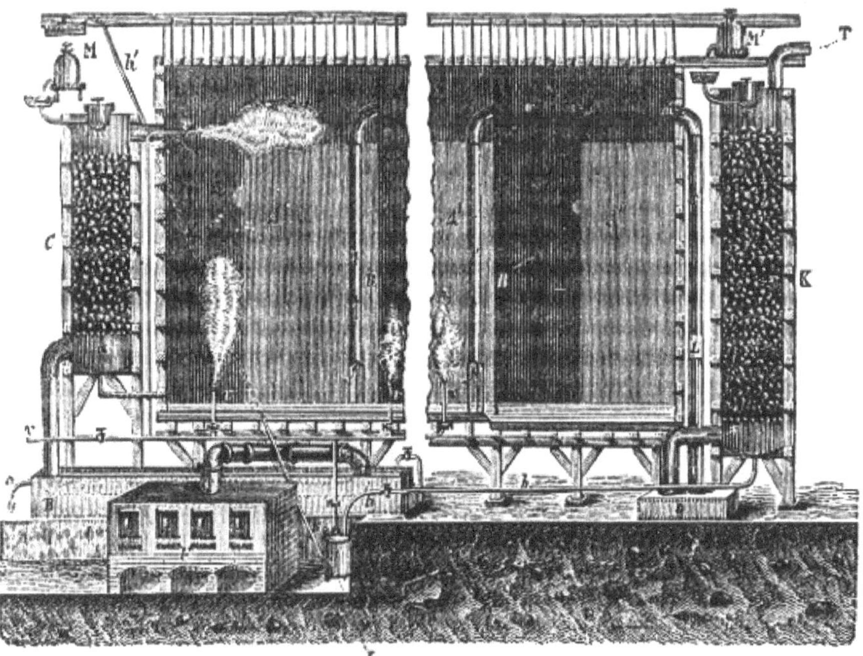

Das neuere Verfahren der Schwefelsäurefabrikation.

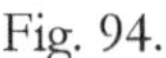

Fig. 94.

Fig. 95.

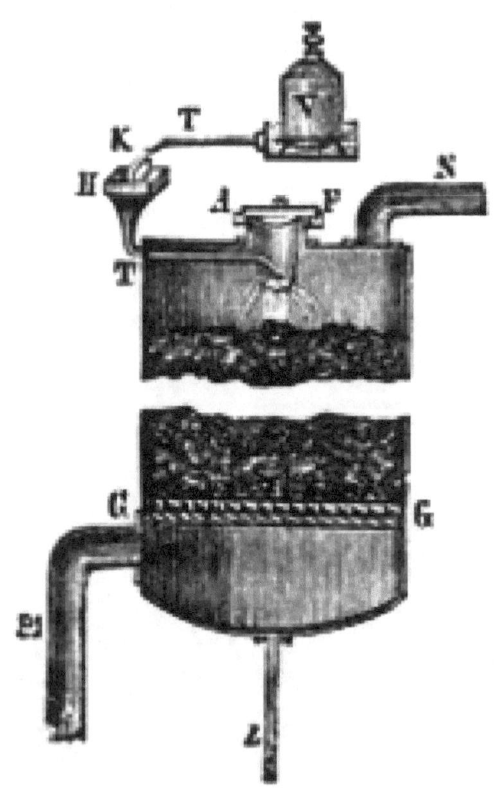

Die heutige Methode der Schwefelsäurefabrikation wurde 1774 von einem Zeugdrucker in Rouen eingeführt und von Chaptal verbessert. Der heutzutage überall übliche Apparat besteht im Wesentlichen aus vier Theilen, nämlich 1) einem Ofen (Brenner) *F* (Fig. 93), in welchem schweflige Säure durch Verbrennen von Schwefel oder durch Rösten von Eisenkies erzeugt wird; die schweflige Säure entweicht durch das Rohr *T* und führt mit sich die Salpetersäure und die salpetrigen Dämpfe, welche mittelst besonderer Apparate in dem Ofen *F* sich erzeugen[55], 2) einem mit Koksstücken gefüllten Apparat, in welchem von oben nach unten ein Strom salpetriger Schwefelsäure läuft; 3) einer Anzahl von Kammern aus Bleiplatten (Bleikammern) *A*, *A'* und *A''*, in denen die Bildung der Schwefelsäure unter Mitwirkung von Wasserdämpfen (Hochdruckdämpfen) vor sich geht und endlich 4) einem grösseren mit Koks angefüllten Apparate *K* (Gay-Lussac'schen Condensationsapparat), in welchem Schwefelsäure von 66° B. (= 1,84 spec. Gew.) von oben nach unten läuft und welcher die Bestimmung hat, die Untersalpetersäure und die salpetrige Säure (nicht aber das Stickoxydgas, wie man vor Winkler's Untersuchung glaubte) den aus der letzten Kammer einströmenden Gasen zu entziehen, ehe dieselben ins Freie gelangen. Der Ofen, in welchem das Verbrennen des Schwefels geschieht, hat folgende Einrichtung (Fig. 94). Auf aus Backsteinen aufgeführten Mauern, die durch Bögen mit einander verbunden sind, liegt etwa 80 Centimeter über dem Boden eine starke eiserne Platte, die nach vorn etwas geneigt ist. Auf dieser Platte ruhen die Seitenmauern, während die hintere Seite und die Decke des Ofens gleichfalls aus Eisenplatten gebildet sind. Dasselbe gilt auch von der Vorderseite des Ofens, in welchem mehrere (3–6) grössere Oeffnungen *P*, *P'* und *P''* sich befinden, die durch eiserne mit hölzernen Handhaben versehene Thüren verschlossen werden. Im Innern auf der Eisenplatte, welche die Herdsohle bildet, sind der Länge nach drei eiserne Schienen von etwa 10 Centim. Höhe angebracht, welche den Herd in 3 oder 6 Abtheilungen (der Anzahl der Thüren entsprechend) theilen. Bei *H*, *H'* und *H''* sind Luftlöcher angebracht. Von der eisernen Platte, welche die Decke des Ofens bildet, geht ein weites Rohr ab, welches die in dem Ofen gebildeten Gase und Dämpfe abführt. Beim Betriebe des Ofens bringt der Arbeiter in jede Abtheilung des Ofens etwa 50 Kilogr. Schwefelstücke und zündet die Oberfläche derselben an; der Zug durch die Löcher *H*, *H'* wird der Art regulirt, dass die erforderliche Menge Schwefel zu schwefliger Säure verbrennt, aber kein Schwefel sublimirt. Im letzteren Falle würde die producirte Schwefelsäure trübe und milchig ausfallen[56]. Der Schwefelofen hat indessen nicht nur den Zweck, schweflige Säure zu liefern, sondern er soll auch zugleich die salpetrigsauren Dämpfe neben der schwefligen Säure bilden. Zu dem Ende wird in den geschmolzenen Schwefel in jede Abtheilung des Ofens mittelst einer Tiegelzange ein mit Füssen versehener Tiegel *N* gebracht, in welchem ein Gemisch von Natriumsalpeter und Schwefelsäure von 52° B. (= 1,56 spec. Gew.)[57] sich befindet. Durch die Verbrennungswärme des Schwefels entwickelt sich aus diesem Gemisch Untersalpetersäure und Salpetersäure, welche mit der schwefligen Säure gemengt durch das gusseiserne Rohr *T* entweichen. Das Rohr *T* geht zunächst durch einen hölzernen, mit kaltem Wasser versehenen Kühlapparat *B*, um die Temperatur der Dämpfe zu erniedrigen und führt sie dann in den untern Theil *a* des von Gay-Lussac eingeführten Condensationsapparates *C*, welcher der Denitrificateur genannt wird. Die Einrichtung desselben ist aus Fig. 95 ersichtlich. Ueber der leeren Abtheilung des aus Bleiplatten oder Sandstein bestehenden Apparates befindet sich ein mit Blei überzogener Eisenrost *G*, unterhalb desselben die Dämpfe durch *M* einströmen. Oberhalb des Rostes erhebt sich die Kokssäule, über welche, wie erwähnt, salpetrige Schwefelsäure fliesst, welche von der Condensation der letzten Produkte in den Kammern herrührt. Diese Säure gelangt durch Dampfdruck, ähnlich wie bei einem Montejus aus dem Gefäss *J* in die Mariotte'sche Flasche *V*, von wo aus sie durch *T* auf den Schaukelapparat und von da durch *T'* nach der Kokssäule läuft, jedoch vorher durch eine Brause in dem als hydraulischen Verschluss dienenden Deckel *A*, *F* fein zertheilt wird. Indem nun diese Säure mit den noch warmen Gasen in innige Berührung kommt, giebt sie alle salpetrigen Verbindungen in Dampfform ab, welche sich den Gasen beimischten und durch die Oeffnung *m* (Fig. 93) in die Bleikammern gelangen. Die denitrificirte Säure läuft durch des Rohr *t* in das Reservoir ab.

In den Bleikammern geht nun die Bildung der Schwefelsäure vor sich. Häufig ist nur eine Bleikammer vorhanden, welche wie in Fig. 93 durch Wände aus Bleiplatten *R*, *R'* in drei Abtheilungen getheilt ist, die mit ihrem untern Ende in die Schwefelsäure tauchen, womit der Boden der Kammern bedeckt ist. Durch Rohre ist, wie aus der Zeichnung ersichtlich, die Communication zwischen den Kammerabtheilungen hergestellt. Die Röhren *v*, *v'* und *v''* führen Dampfstrahlen in die Kammern, welche die Gase mischen und das zur Schwefelsäurebildung erforderliche Wasser zuführen. In der mittleren Abtheilung oder Kammer, der grössten von allen, geht die Hauptbildung der Säure vor sich, die an den Wänden der Kammer sich niederschlägt und mit vielem Wasser verbunden (als Kammersäure) auf dem Boden der Kammer sich ansammelt. Die in der letzten Abtheilung befindlichen Gase, welche nur sehr wenig schweflige Säure enthalten und hauptsächlich aus atmosphärischem Stickstoff und salpetrigen Dämpfen bestehen, gehen durch das Rohr *T'* nach dem Reservoir aus Bleiblech *D*, in welchem sich die letzten Antheile der Schwefelsäure niederschlagen. In dem Rohr *T'* ist ein Schaufenster *L*, durch welches man die Farbe der Gase wahrnehmen kann. Aus dem Reservoir *D* gehen die

Gase durch das Rohr T'' nach dem von Gay-Lussac und Lacroix eingeführten Apparat *K*, in welchem sie alle salpetrigsauren Verbindungen abgeben. Dasselbe gründet sich auf die Löslichkeit der salpetrigen Säure in concentrirter Schwefelsäure und auf die Bildung einer Verbindung beider Körper. Er besteht wesentlich aus einer Kokssäule von 8–10 Meter Höhe, über welche aus der Mariotte'schen Flasche M' Schwefelsäure von 62 oder 64° B. mittelst eines Schaukelapparates strömt. Die Schwefelsäure nimmt aus den Gasen alle salpetrige Säure auf und geht durch die Bleiröhre *h h* in ein Reservoir *J*, aus welchem die Säure durch Dampfdruck mittelst h' nach der Mariotte'schen Flasche geleitet werden kann[58]. Das Rohr T''' endlich führt die Gase in den Fabrikschornstein ab. — Was die Capacität der Bleikammern betrifft, so ist für je 20 Kilogr. Schwefel, die in 24 Stunden umgewandelt werden, ein Kammerraum von 1000 Kubikfuss rh. (= 30 Kubikmeter) erforderlich. Da hierbei etwa 6O Kilogr. Schwefelsäurehydrat entstehen, so erzeugt obiger Raum von 1000 Kubikfuss pro Stunde etwa 2,5 Kilogr. Schwefelsäure.

Anwendung von Eisenkies zur Bildung schwefliger Säure.

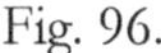

Fig. 96.

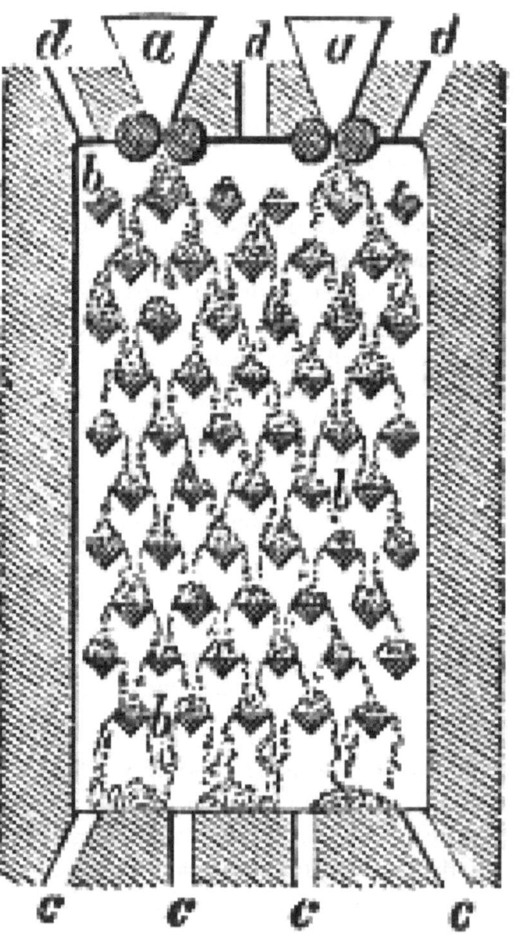

Die zur Schwefelsäurebildung erforderliche schweflige Säure wird nicht immer durch Verbrennen von Schwefel in Substanz, sondern auch noch auf andere Weise erzeugt, so z. B. durch Erhitzen von Kieserit mit Kohle oder durch Rösten von Schwefelmetallen (Eisen- und Magnetkies, Kupferkies, Zinkblende[59], Kupferrohstein[60] etc.) zu metallurgischen Zwecken oder direct zum Behufe der Schwefelsäurefabrikation. In letzterer Hinsicht verdient hauptsächlich der Eisenkies oder Pyrit FeS_2 (mit 53,5 Proc. Schwefel) Beachtung. Reiche Fundorte dieses technisch so wichtigen Minerals sind z. B. in der Provinz Huelva in Spanien, in der

Grafschaft Wicklow in Irland, in Belgien, in Schweden und Norwegen, in England (in Dorset, Devon und Cornwall), am Harz, im bayerischen Walde, bei Meggen an der Ruhr-Sieg-Bahn u. s. w. Auch der beim Aufbereiten der Steinkohlen bleibende Rückstand wird, wenn er reich an Schwefelkies ist, zur Schwefelsäurefabrikation verwendet. In England, wo dieser Rückstand für Schwefelsäure zum Aufschliessen der Phosphate in den Düngerfabriken vielfach verwendet wird, führt er den Namen „Scotch gold". Das Rösten der Pyrite geschieht in besonderen Oefen (Kilns); die Pyrite kommen entweder in Pulverform oder in Stücken von etwa Nussgrösse zur Anwendung. Die Construction der zum Rösten der Pyrite dienenden Oefen ist eine sehr verschiedene, häufig sind sie jedoch Schachtöfen, den gewöhnlichen Kalköfen nicht unähnlich. In neuerer Zeit sind jedoch die Kilns durch Oefen mit Rosten ersetzt worden, bei welchen die quadratischen Roststäbe mittelst eines Schlüssels drehbar gemacht sind, wodurch sich deren Fugen nach Belieben mehr öffnen und schliessen lassen. Man kann dadurch die Verbrennung auf das Genaueste reguliren. Die vollkommenste Röstung geht jedoch in den seit 1864 aufgetauchten und glänzend bewährten Gerstenhöfer'schen Rostöfen vor sich. Dieser Ofen (Terrassen- oder Schüttofen) (Fig. 96) gründet sich auf die Bewegung des Erzes durch den Fall in der einen und Bewegung der erhitzten Verbrennungsluft in der entgegengesetzten Richtung. Um das Erz eine genügende Zeit im Ofen verweilen zu lassen, was auch die Einführung eines grobem Pulvers gestattet, ohne dem Schachte eine zu grosse Höhe zu geben, wird die Geschwindigkeit des Erzes durch den Stoss gegen Bänke gehemmt, die in gewissen Zwischenräumen in dem Schachte angebracht sind. Das zerkleinte Erz fällt durch die mit canellirten Walzen versehenen Vertheilungstrichter *a* auf thönerne Träger oder Bänke *b* und rutscht von einer Etage auf die andere, wobei dasselbe durch die glühenden Ofenwände, welche vorher durch Feuerung auf einem wegnehmbaren Rost erhitzt sind, entzündet wird und unter Einfluss der durch *c* oder besser seitlich eintretender Gebläseluft oder gewöhnlicher Zugluft fortröstet. Das auf die Sohle des, wohl nach unten zusammengezogenen, Ofens gefallene Röstgut wird durch eine seitliche Oeffnung ausgezogen. Die schweflige Säure gelangt durch Canäle *d* oder einen seitlichen Canal in Schwefelsäurekammern, nachdem sie nöthigenfalls Flugstaubkammern passirt hat.

Erzeugt man die salpetrigen Dämpfe wie gewöhnlich mittelst Natriumsalpeter und Schwefelsäure, so wird das Gemenge dieser beiden Körper in Tiegeln gleichfalls in den Ofen gebracht. Bei der Verwendung von Kiesen zur Erzeugung der schwefligen Säure tritt der Uebelstand auf, dass das Volumen der Verbrennungsgase weit beträchtlicher ist als bei Anwendung von sicilianischem Schwefel; diese Zunahme ist eine Folge der Oxydation des Eisens der Pyrite, welche Stickstoff im Ueberschuss den Gasen zugesellt ($2FeS_2 + 11O = 4SO_2 + Fe_2O_3$). Während 1 Kilogr. freier Schwefel zu seiner Ueberführung in Schwefelsäure nur 5275 Liter Luft bedarf, braucht 1 Kilogr. Schwefel in Form von Pyrit angewendet, 6595 Liter Luft. Die aus dem Röstofen kommenden Gase, welche nicht nur aus schwefligsaurem Gase, sondern, wie Fortmann (1868) gezeigt, auch aus Dämpfen von wasserfreier Schwefelsäure bestehen, gehen, ehe sie in die Bleikammern gelangen, in vier besondere kleine Kammern (Vorkammern), in welchen die mechanisch mit fortgerissenen und die leichter condensirbaren flüchtigen Körper (Eisenoxyd, Selen, Thalliumverbindungen, arsenige Säure etc.) sich ablagern. Dieser Absatz (Schlamm) gab bei der Untersuchung seiner Zeit die Veranlassung zur Entdeckung des Selens (1817) und des Thalliums (1862), welches letztere in sehr vielen Pyriten, namentlich in den Kiesen von Meggen im Siegerlande sich findet[61]. Obgleich in den Vorkammern ein grosser Theil arseniger Säure sich absetzt, so ist es doch kaum möglich, mittelst der Pyrite eine arsenfreie Schwefelsäure darzustellen, so dass man immer noch sicilianischen Schwefel anwendet, wo man völlig freie Schwefelsäure erhalten will.

Die schweflige Säure, die in dem Hüttenrauch und in den gasigen Produkten des Erzröstens enthalten ist, wird in neuerer Zeit an vielen Orten auf Schwefelsäure verarbeitet, so z. B. auf den Freiberger Schmelzhütten, auf der Muldner und Halsbrückner Hütte in Sachsen, in Oker am Unterharze. An letzterem Orte ist der Betrieb der Schwefelsäurefabrik auf die Abröstung von Kupfer- und Bleierzen basirt[62].

Kammersäure.

Die Säure, welche sich aus den verschiedenen Bleikammern in einem Hauptreservoir angesammelt hat (Kammersäure), wird von hier abgezogen, sobald sie ein spec. Gewicht von 1,5 oder 50° B. oder 104° Tw. erreicht hat. Diese Säure wird entweder, wie z. B. zum Aufschliessen der Phosphate in den Düngerfabriken, in der Sodafabrikation, der Darstellung von Stearinsäure, Salpetersäure, Eisenvitriol etc., sofort verwendet oder, wenn sie versendet werden soll, durch Abdampfen zur höchsten Concentration gebracht. Ist sie arsenhaltig, so wird sie vor dem Abdampfen durch Behandeln mit Schwefelwasserstoffgas von dem Arsen befreit.

Fig. 97.

Concentration der Kammersäure.

In Bleipfannen.

Die Concentration der Kammersäure zerfällt in zwei verschiedene Phasen. Die erste kann in Bleigefässen ausgeführt werden, die zweite dagegen erfordert die Anwendung von Platin- oder Glasgefässen. In Bleipfannen kann die Schwefelsäure nur bis zu einer gewissen Concentration gebracht werden, weil sonst das Blei angegriffen und sogar schmelzen würde. Schwache Schwefelsäure greift das Blei nur wenig an, concentrirte und siedende Säure dagegen bildet unter Entwickelung von schwefliger Säure Bleisulfat. Manche Fabrikanten concentriren ihre Säure bis zu 60° B. (= 1,71 spec. Gew.) in den Bleipfannen, andere nur bis zu 55° (= 1,59 spec. Gew.), noch andere nur bis zu 52° B. (= 1,54 spec. Gew.). Die zur Concentration angewendeten Bleipfannen sind viereckig, weit und ziemlich flach und ruhen auf Eisenplatten, so dass sie nicht unmittelbar von dem Feuer getroffen werden. Ihre Aufstellung ist terrassenförmig (Fig. 97), so dass die erste *m*, unter deren Vordertheil der Rost liegt, am niedrigsten steht, und die beiden übrigen *n* durch die erwärmte Luft, die unter denselben fortströmt, erwärmt werden. Die Schwefelsäure wird daher in der ersten Pfanne am stärksten, in der letzten Pfanne am schwächsten erhitzt. Die Säure darf in den Bleipfannen höchstens 24–36 Centimeter hoch stehen. Nachdem die Säure in den Bleipfannen bis zur erforderlichen Concentration gelangt ist, bringt man sie (als Pfannensäure) zur weiteren Concentration in Glas-, Steingut- oder Platingefässe.

Im Platinkessel.

Fig. 98.

Fig. 99.

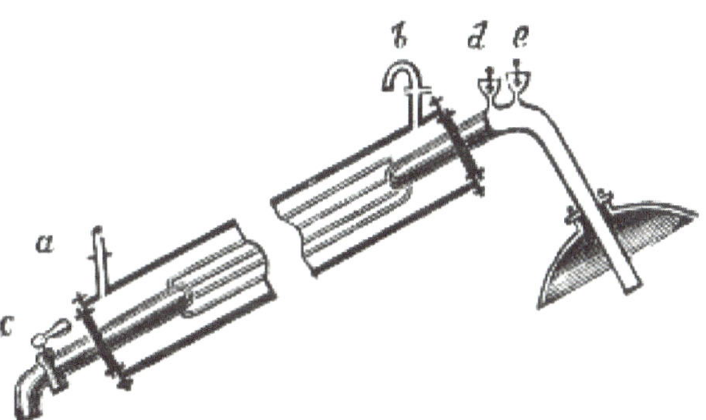

Der heutzutage häufig angewendete Concentrirapparat aus Platin[63] (Fig. 98) befindet sich neben den Bleipfannen; die Einrichtung ist so getroffen, dass die Feuerung des Kessels mit dem Feuerraum *A* communicirt. Er wird von der Pfanne, in der das Niveau fast unveränderlich bei *n* ist, durch den Bleiheber *x* gespeist, dessen längerer Schenkel in ein Gefäss taucht, das mit Hülfe einer fixen Rolle bis über das Niveau *n* gehoben und auch wieder bis zur Rinne *d* niedergelassen werden kann. Sobald das erstere der Fall ist, steht die Schwefelsäure in der Pfanne und dem Gefässe in gleichem Niveau und der Heber ist geschlossen; wirkt aber der Heber gesenkt, so beginnt der Heber an zu spielen und die Säure fliesst durch den Ausguss *c* und den Trichter *d* in den Kessel *B*. Der auf demselben befindliche kleinere Hut *C* mündet in das Schlangenrohr eines Kühlapparates, in welchem die überdestillirte verdünnte Säure verdichtet wird. Die condensirte Flüssigkeit besteht zuerst aus Wasser mit sehr wenig Säure. Sobald aber die Temperatur der siedenden Säure bis auf 310–320° gestiegen ist, verdichtet sich in dem Kühlapparat die concentrirteste Säure. Seit einiger Zeit bringt man im Innern der Platinblase eine Vorrichtung an, wodurch die an den Seitenwänden sich verdichtende Flüssigkeit, anstatt in die concentrirte Säure zurückzufliessen, nach aussen abgeleitet wird. Dadurch findet die Concentration der Säure weit schneller statt als bei den gewöhnlichen Apparaten[64].

Um die bis zu 1,78–1,80 (= 63–66° B.) specifischem Gewicht concentrirte Säure aus dem Kessel zu entfernen, bedient man sich des Breant'schen Hebers (Fig. 99); derselbe ist von Platin. Sein ausserhalb des Kessels befindlicher Schenkel ist ungefähr 5 Meter lang und mit einer 15 Centimeter weiten kupfernen Röhre von 36 Centimeter Länge versehen, welche bei *a* aus *M* mit kaltem Wasser gefüllt wird, während das erwärmte Wasser bei *b* abfliesst. Zur Vermehrung der Oberfläche des Hebers theilt sich das Hauptrohr in vier enge Röhren. Man füllt den Heber, indem man den Hahn bei *c* schliesst, dann bei dem Kugelventile *b* und dem bei *e* Schwefelsäure eingiesst; darauf giesst man zum luftdichten Verschluss in die Kugelventile etwas Schwefelsäure und öffnet den Hahn bei *c*, worauf die Schwefelsäure abfliesst. Müsste man mit dem Abziehen der Säure warten, bis dieselbe sich in dem Kessel abgekühlt hätte, so würde man Zeit verlieren und der Kessel nicht in einem seinem hohen Preise entsprechenden Verhältnisse benutzt werden können. Die Säure tritt siedend heiss in den kürzeren Schenkel des Hebers, der in dem Kühlapparate *K* liegt, kühlt sich aber, während sie durch den längeren Schenkel fliesst, ab und gelangt ziemlich erkaltet in die zur Versendung dienenden Krüge oder Ballons *A*, *A'*, *A''*.

Concentration in Glasgefässen.

Fig. 100.

Dort, wo die Glasretorten zu billigem Preise zu haben sind, concentrirt man die Schwefelsäure in Glasretorten, welche in der Zahl von 10 in Sandbädern in einem Galeerenofen (Fig. 100) liegen. Diese Retorten werden in grosser Menge und guter Qualität von der Firma Stone, Fawdry and Stone in Birmingham geliefert. Die Retorten sind mit Allongen versehen, welche in irdene Ballons münden, um die sich entwickelnden Dämpfe zu condensiren, oder sie bestehen aus Retorte und Glashelm. In England werden 70 Proc. aller fabricirten Schwefelsäure in Glasgefässen concentrirt. Neuerdings bedient man sich zum Concentriren der Schwefelsäure zuweilen auch gusseiserner Kessel.

Andere Methoden der Schwefelsäurefabrikation.

Von den vielen in neuerer Zeit aufgetauchten Principien der Darstellung der Schwefelsäure auf anderen als dem gewöhnlichen Wege seien einige der wichtigeren erwähnt. Hahner oxydirt die schweflige Säure bei Gegenwart von Wasserdämpfen durch Chlor:

Schweflige Säure SO_2		Schwefelsäure H_2SO_4
Wasserdämpfe $2H_2O$	geben	Salzsäure $2ClH$
Chlor $2Cl$		

Das Chlor wird aus der bei der Sodafabrikation entstehenden Salzsäure erzeugt. Soll die Schwefelsäure wieder zur Zersetzung von Kochsalz dienen, so braucht sie begreiflicher Weise nicht von der Salzsäure befreit zu werden. Dem von Persoz beschriebenen Verfahren der Schwefelsäuredarstellung liegen folgende zwei

Reactionen zu Grunde: 1) Oxydation der schwefligen Säure durch Salpetersäure, indem man die schweflige Säure entweder in bis auf 100° erhitzte Salpetersäure leitet, welche vorher mit dem vier- bis sechsfachen Volumen Wasser verdünnt wurde, oder in eine Mischung von einem salpetersauren Salze mit Salzsäure, wodurch sich nun Chloruntersalpetersäure $N_2Cl_4O_2$ bildet; 2) die Dämpfe der Untersalpetersäure werden wieder mittelst des Sauerstoffs der Luft unter Mitwirkung von Wasserdämpfen zu Salpetersäure oxydirt, welche man darauf wieder zur Oxydation von schwefliger Säure verwendet. Das Verfahren von Persoz soll folgende Vortheile bieten: 1) es macht die Bleikammern überflüssig; 2) es lässt sich schweflige Säure beliebigen Ursprungs anwenden, wenn sie auch mit Stickstoff, Kohlensäure und anderen Gasen gemengt ist. Die schweflige Säure lässt sich daher nicht nur durch Verbrennung von Schwefel und Rösten von Schwefelmetallen, sondern auch auf die Weise erzeugen, dass man Eisen-, Kupfer- und Zinkvitriol bei erhöhter Temperatur der Einwirkung von Sauerstoff, Kohlenoxyd, Kohle oder organischen Substanzen aussetzt, wobei schweflige Säure sich entwickelt und ein Metall oder ein Oxyd zurückbleibt, sodass sich mit der Schwefelsäurefabrikation auch die Gewinnung gewisser Metalle verknüpfen lässt; es wird immer wieder die nämliche Salpetersäure benutzt.

Um die Schwefelsäure aus dem Gyps und ähnlichen Sulfaten darzustellen, sind schon unzählige Vorschläge gemacht worden, ohne dass es bis jetzt gelungen wäre, nur eines der verschiedenen vorgeschlagenen Verfahren in die Praxis einzuführen. Im Folgenden seien einige dieser Vorschläge näher angeführt: Tilghmann bringt Gypsstücke in einem vertikal stehenden, inwendig mit Magnesit überzogenen Thoncylinder zur starken Rothglühhitze, leitet durch den Boden und die damit verbundenen glühenden Thonröhren Wasserdämpfe und durch den Deckel die gasförmigen Zersetzungsprodukte — nämlich Sauerstoff, Schwefelsäure und schweflige Säure — nach den Bleikammern. In der Retorte soll Aetzkalk zurückbleiben; in gleicher Weise wird Bittersalz behandelt. Shanks bringt in einen steinernen Behälter gepulverten Gyps und Chlorblei und eine grössere Menge bis auf 50–60° erhitztes Wasser. Die Mischung muss tüchtig umgerührt werden. Beide Salze zersetzen sich sehr schnell:

Gyps $CaSO_4 + 2H_2O$		Chlorcalcium $CaCl_2$
Chlorblei $PbCl_2$	geben	Schwefels. Blei $PbSO_4$
		Wasser $2H_2O$

Das Chlorcalcium bleibt aufgelöst, während das schwefelsaure Blei einen Niederschlag bildet, welchen man, nachdem das Chlorcalcium getrennt wurde, mit Salzsäure und zwar, um eine vollständige Zersetzung zu bewirken, mit mehr als einem Mischungsgewicht behandeln muss:

Schwefelsaures Blei $PbSO_4$	geben	Chlorblei $PbCl_2$
Salzsäure $2ClH$		Schwefelsäure H_2SO_4

Die Mischung wird umgerührt und bis auf etwa 60° erhitzt, wobei Chlorblei sich am Boden ansammelt und die Schwefelsäure in die Lösung übergeht. Die Schwefelsäure wird auf die gewöhnliche Weise concentrirt. Das Chlorblei dient wieder zur Zersetzung von schwefelsaurem Calcium. Ein ähnliches Verfahren ist von v. Seckendorff beschrieben worden. Leitet man salzsaures Gas über bis zum Glühen erhitzten Gyps, so entweicht Schwefelsäure und Chlorcalcium bleibt zurück:

Gyps $CaSO_4$	geben	Schwefelsäure H_2SO_4
Salzsäure $2HCl$		Chlorcalcium $CaCl_2$

Eigenschaften und Anwendung der Schwefelsäure.

Die höchst concentrirte englische Schwefelsäure von der Formel H_2SO_4 enthält 18,46 Proc. Wasser, hat ein spec. Gewicht von 1,848 und ist eine im reinen Zustande vollkommen farblose Flüssigkeit, welche aber gewöhnlich durch zufällig hineingerathene Staubtheilchen gelblich oder bräunlich gefärbt ist. Ihre Consistenz ist eine dickflüssige und ölartige. Sie zerstört viele organische Stoffe unter Abscheidung von Kohle, raucht nicht an der Luft und ist in so hohem Grade hygroskopisch, dass sie nach und nach das Fünfzehnfache ihres Volumens Wasser anzuziehen vermag. Mit Wasser gemischt, entbindet sie grosse Mengen von Wärme. Die Schwefelsäure besitzt unter allen flüchtigen Säuren die grösste Verwandtschaft zu den Basen und treibt beim Erhitzen alle übrigen flüchtigen Säuren aus ihren Salzen aus; dagegen wird die Schwefelsäure aus ihren Salzen in der Glühhitze ausgetrieben durch Kieselsäure, Borsäure und Phosphorsäure. Der Siedepunkt der höchst concentrirten Säure liegt bei 338°.

Tabelle über den Gehalt der englischen Schwefelsäure an wasserfreier Schwefelsäure bei verschiedenem spec. Gewicht und 15,5° Temperatur:

Schwefelsäurehydrat.	Specifisches Gewicht.	Wasserfreie Säure.	Schwefelsäurehydrat.	Specifisches Gewicht.	Wasserfreie Säure.
100	1,8485	81,54	76	1,6630	61,97
99	1,8475	80,72	75	1,6520	61,15
98	1,8460	79,90	74	1,6415	60,34
97	1,8439	79,09	73	1,6321	59,55
96	1,8410	78,28	72	1,6204	58,71
95	1,8376	77,40	71	1,6090	57,89
94	1,8336	76,65	70	1,5975	57,08
93	1,8290	75,83	69	1,5868	57,26
92	1,8233	75,02	68	1,5760	55,45
91	1,8179	74,20	67	1,5648	54,63
90	1,8115	73,39	66	1,5503	53,82
89	1,8043	72,57	65	1,5390	53,00
88	1,7962	71,75	64	1,5280	52,18
87	1,7870	70,94	63	1,5170	51,37
86	1,7774	70,12	62	1,5066	50,55
85	1,7673	69,31	61	1,4960	49,74
84	1,7570	68,49	60	1,4860	48,92
83	1,7465	67,68	59	1,4760	48,11
82	1,7360	66,86	58	1,4660	47,29
81	1,7245	66,05	57	1,4560	46,58
80	1,7120	65,23	56	1,4460	45,86

79	1,6993	64,42	55	1,4360	44,85
78	1,6870	63,60	54	1,4265	45,03
77	1,6750	62,78	53	1,4170	43,22

Die Grade nach Baumé (rationelle Scala) und nach Twaddle entsprechen folgenden spec. Gewichten:

Grade nach Baumé.	Grade nach Twaddle.	Spec. Gewicht.
66	168	1,84
63	154	1,77
60	140	1,70
57	130	1,65
50	104	1,52
45	88	1,44
40	76	1,38
35	62	1,31
30	52	1,26
25	42	1,21

(Die Scala der Baumé'schen Aräometer ist sehr häufig von den Mechanikern empirisch und fehlerhaft erhalten worden, indem dieselben den Punkt, bei welchem das Instrument in Schwefelsäure von üblicher (?) Concentration einsinkt, mit 66° bezeichnen, den Abstand zwischen diesem Punkte und dem Wasserpunkte in 66 Theile theilen und die Theilung über 66° fortsetzen. Factisch ist die concentrirte englische Schwefelsäure nach der Formel $SO_3 + 1\frac{1}{2}H_2O$ zusammengesetzt; sie enthält 91–92 Proc. Schwefelsäurehydrat SH_2O_4 oder SO_3, H_2O und hat das spec. Gewicht von 1,82–1,83.

Die Schwefelsäure findet eine ausserordentlich ausgedehnte und mannichfache Anwendung, davon sei angeführt: zur Darstellung vieler Säuren (Salpetersäure, Salzsäure, schweflige Säure, Kohlensäure, Weinsäure, Citronensäure, Stearinsäure, Palmitinsäure und Oelsäure, Phosphorsäure), zur Darstellung des sauren Calciumphosphates (oder schwefelsauren Knochenmehls als Dünger für Rüben, Gras und Cerealien), zur Bereitung des Chlors, der Stearinkerzen (zum Zersetzen der Kalkseife), des Phosphors (zum Zersetzen der Knochenerde), zur Fabrikation von Glaubersalz behufs der Sodadarstellung, und der Fabrikation von Kaliumsulfat (aus dem Chlorkalium des Carnallits) zum Zwecke der neuern Methode der Potaschendarstellung, schwefelsaurem Ammoniak (z. B. bei der Reinigung des Leuchtgases), Alaun und Vitriol (Eisen- und Kupfervitriol), Barytweiss, zuweilen zum Zersetzen des Kryoliths, zur Darstellung von Wasserstoffgas, zur Darstellung des Nitrobenzols in den Theerfarben-Fabriken, zur Scheidung des Goldes vom Silber, zur Entsilberung des Kupfersteins und des Schwarzkupfers durch die sogenannte Schwefelsäurelaugerei, zum Raffiniren des Rüböls, Solaröls, Petroleums und Paraffins, zum Verseifen der Fette und Oele, zum Auflösen des Indigos, zur Darstellung des Garancins und anderer Krapppräparate (auch zur Darstellung des künstlichen Alizarins aus dem Anthracen), zur Fabrikation des Stärkezuckers, in der Spiritusfabrikation (nach Leplay) anstatt des Malzes zur Umwandlung der Stärke in Dextrose, zur Fabrikation des Pergamentpapiers, zur Bereitung des Mineralspiritus aus Steinkohlen, der Wichse, als desinficirendes Mittel, zum Entwässern der Gebläseluft für Eisenhochöfen, zum Trocknen der Luft für Trockenräume (z. B. für Leim), zum Beizen des Eisenblechs vor seiner Umwandelung in Weissblech u. s. w.

Der Schwefelkohlenstoff.

Schwefelkohlenstoff.

Der Schwefelkohlenstoff (Schwefelalkohol, Kohlensulfid CS_2), im Jahre 1796 von Lampadius in Freiberg entdeckt und in 100 Theilen aus 15,8 Th. Kohlenstoff und 84,2 Th. Schwefel bestehend, wird gewonnen, indem man dampfförmigen Schwefel mit glühenden Kohlen zusammenbringt, oder gewisse Schwefelmetalle, wie Schwefelkies, Schwefelantimon, Zinkblende etc. mit Kohle destillirt[65]. Die Ausbeute an Schwefelkohlenstoff ist (nach Sidot und W. Stein) am grössten, wenn man den Schwefeldampf bei mittlerer Rothglut auf die Kohle einwirken lässt.

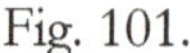

Fig. 101.

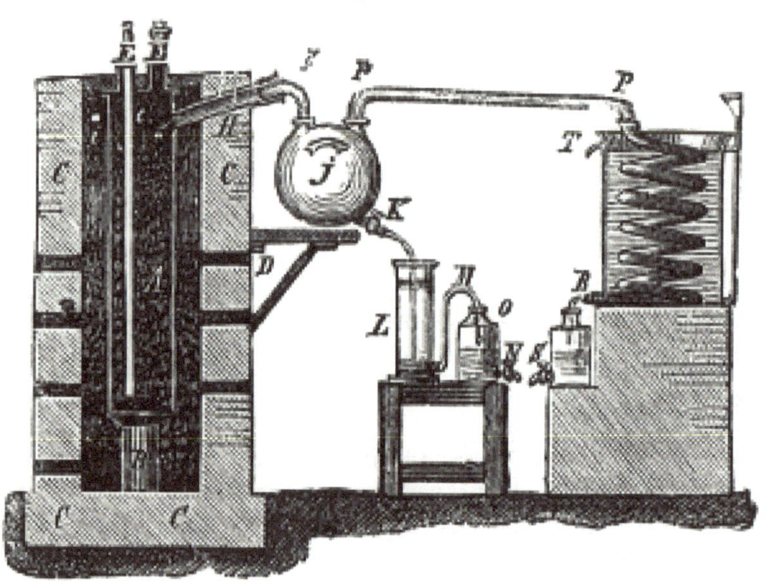

Bei der Fabrikation des Schwefelkohlenstoffs wendet man zweckmässig den Apparat von Peroncel (Fig. 101) an. *A* ist eine thönerne Gasretorte, steht auf einer steinernen Unterlage *B* und ist in einem Ofen eingemauert. Auf dem Cylinderdeckel befinden sich zwei Anstösse *E*, *E*; in den einen derselben ist ein Porcellanrohr eingekittet, welches fast bis auf den Boden des Cylinders geht; es ruht auf einer Lage von Kohlenstückchen, mit welchen der Boden des Cylinders bedeckt ist. Sonst ist der Cylinder mit Kohlenstückchen angefüllt. Durch die mit dem Porcellanrohr versehene Oeffnung *E* wird der Schwefel nachgeworfen, durch die andere Oeffnung von Zeit zu Zeit die Kohle nachgegeben. Die sich bildenden Dämpfe von Schwefelkohlenstoff entweichen durch das Seitenrohr *H* und durch *T* in die Vorlage *J* aus Steinzeug, in welcher sich ein Theil des Schwefelkohlenstoffs verdichtet und durch *K* in die mit Wasser gefüllte Florentiner Flasche *L* fliesst und von da durch den Schenkel *M* in des Gefäss *O* tritt, aus welchem es mit Hülfe des Hahnes *N* abgelassen werden kann. Die in dem Ballon *J* nicht condensirten Dämpfe gehen durch das Rohr *P*, *P* in den Kühlapparat *T*, aus welchem es bei *R* in die bereit gehaltene Vorlage fliesst. Der so erhaltene Schwefelkohlenstoff wird in einem Destillirapparate aus Zink im Wasser oder mit Hülfe von Dampf rectificirt. Cloëz empfiehlt, vor der Rectification den Schwefelkohlenstoff 24 Stunden lang mit etwas Quecksilberchlorid zu digeriren. Auf diese Weise lassen sich mit Leichtigkeit, vorausgesetzt, dass der Cylinder *A* eine Höhe von etwa 2,1 Meter und einen Durchmesser von 0,3 Meter habe, 2 Ctr. Schwefelkohlenstoff darstellen.

Trotz der sorgfältigsten Kühlung erhält man niemals diejenige Quantität Schwefelkohlenstoff, welche man der Rechnung nach aus dem angewandten Gewicht Schwefel erhalten sollte, der Grund davon liegt nicht nur in der unvermeidlichen Verflüchtigung eines Theils des Schwefelkohlenstoffs während der Darstellung und

Rectification, sondern auch wahrscheinlich in der gleichzeitigen Bildung von Einfach-Schwefelkohlenstoff (CS, dem Kohlenoxyd entsprechend), welcher neben dem gewöhnlichen Zweifach-Schwefelkohlenstoff in grösserer Menge sich bildet. Der so erhaltene Schwefelkohlenstoff enthält 10 bis 12 Proc. Schwefel aufgelöst und ausserdem Schwefelwasserstoff, welche ihm einen höchst unangenehmen Geruch ertheilen. Man reinigt ihn durch Rectification, indem man in den Rectificationsapparat Chlorkalklösung bringt, welche den Schwefelwasserstoff zerstört, und die Rectification dann dadurch einleitet, dass man Wasserdampf von 1 Atmosphäre unter die Blase leitet. Um den Schwefelkohlenstoff in den Condensationsgefässen vor der Verdunstung zu schützen, erhält man ihn unter einer Schicht Wasser von 20–30 Centim. Höhe.

Im reinen Zustande ist der Schwefelkohlenstoff eine wasserhelle, dünnflüssige und leicht bewegliche, das Licht sehr stark zerstreuende und daher lebhafte Farben spielende Flüssigkeit von eigenthümlichem an Chloroform erinnerndem Geruche und aromatischem Geschmacke. Specifisches Gewicht = 1,2684. Der Siedepunkt liegt bei 46,5° und verflüchtigt sich deshalb bei gewöhnlicher Temperatur schon stark. Bei -95° wird er unter gewöhnlichen Verhältnissen nicht fest, leitet man aber auf die Oberfläche von Schwefelkohlenstoff einen kräftigen Luftstrom, so lässt sich (nach Wartha) starrer Schwefelkohlenstoff als schneeartige Kruste darstellen. Mit Wasser verbindet er sich nicht, mit Weingeist, Aether und ähnlichen Flüssigkeiten ist er in allen Verhältnissen mischbar. Harze, Oele, Kautschuk, Guttapercha, Kampher, Schwefel, Phosphor und Jod löst er in grosser Menge (100 Theile Schwefelkohlenstoff lösen bei 15° C. 37,15 Th. und bei 38° C. 94,57 Th. Schwefel). Er ist äusserst leicht entzündlich und verbrennt mit röthlich-blauer Flamme zu schwefliger Säure und Kohlensäure. Ein Gemenge seines Dampfes mit Sauerstoff oder mit atmosphärischer Luft giebt eine heftig explodirende Verbindung. Ein Gemenge von Stickoxyd mit Schwefelkohlendämpfen giebt beim Entzünden ein höchst intensives Licht, das zu photographischen Zwecken angewendet worden ist. Bis auf die neuere Zeit stand der technischen Anwendung des Schwefelkohlenstoffes der hohe Preis desselben im Wege. Dass er in der Technik wichtige Benutzung finden werde, ist schon von dem Entdecker Lampadius vorhergesehen worden, der ihn unter Anderem zur Bereitung von Firnissen (Bernstein- und Mastixfirniss), von Kitten und zur Bearbeitung von Kautschuk vorschlug. Der eigentliche Urheber der modernen Verwendung des Schwefelkohlenstoffs in der Industrie ist Jesse Fisher in Birmingham (1843). In seine Fusstapfen traten später E. Deiss und Seyfferth (in Braunschweig). Seit längerer Zeit wird der Schwefelkohlenstoff in der Fabrik von Deiss in Pantin in drei Retorten in der Quantität von 500 Kilogr. in 24 Stunden dargestellt und zwar so, dass dem Fabrikanten das Kilogramm Schwefelkohlenstoff nur auf 50 Centimes zu stehen kommt. Gegenwärtig (1870) kommt diese Flüssigkeit zum Preise von 30 Fr. für 100 Kilogr. in den Handel. Bis zum Jahre 1850 war die einzige technische Anwendung des Schwefelkohlenstoffs in grösserem Maassstabe die zum Vulkanisiren und zum Lösen von Kautschuck. In neuerer Zeit hat man vorgeschlagen, 1) denselben zum Ausziehen des Fettes aus den Knochen, die zur Darstellung der Knochenkohle bestimmt sind, zu benutzen. Man könnte auf diese Weise 10–12 Proc. Fett gewinnen. 2) Zum Extrahiren der Oele aus den ölhaltigen Samen (Oliven, Raps, Rübsen, Leinsamen, Mohnsamen), zum Ausziehen von Schwefel aus schwefelhaltiger Erde, zum Extrahiren von bituminösen Gesteinen[66]. 3) Zum Entfetten der Wolle; das aus der Wolle ausgezogene Fett lässt sich zur Seifenbereitung benutzen. 4) Zum Extrahiren der Gewürze (Pfeffer, Nelken, Knoblauch, Zwiebeln) behufs der Darstellung löslicher Gewürze. 5) Zur Fabrikation von Blutlaugensalz nach dem Verfahren von Gélis (vergl. Seite 34) und von Schwefelcyanammon behufs der Darstellung der *Serpents de Pharaon*. 6) Zur Reinigung des rohen Paraffins (nach Alcan's Methode). 7) Zur Bereitung des *Fenian Fire* oder *Liquid Fire*, einer Lösung von Phosphor in Schwefelkohlenstoff, womit Brandgeschosse für gezogene Geschütze gefüllt werden. 8) Bei der galvanischen Versilberung setzt man dem Silberbade eine geringe Menge Schwefelkohlenstoff zu, um sofort einen glänzenden Ueberzug zu erhalten. 9) Zum Tödten der Ratten, des Kornwurmes, der Motten wird der Schwefelkohlenstoff mit grossem Erfolg angewendet. Die Gewinnung der fetten Oele durch Extraction mittelst Schwefelkohlenstoff oder die chemische Oelgewinnung nimmt gegenwärtig schon grossartige Dimensionen an. Zu Moabit bei Berlin, zu Ludwigshafen a/Rh., zu Stargardt in Pommern und zu Grimma in Sachsen stellt man auf diese Weise Oel aus Raps, Leinsamen, Baumwollsamen, Palmkernen etc. dar, welches sich durch grosse Reinheit auszeichnet. Eben so hat Deiss in Brüssel und London, ferner in Pisa, Sevilla und Lissabon grosse Fabriken gegründet, in welchen Olivenöl theils aus Oliven, theils aus Olivenpresslingen durch Extraction dargestellt wird. 10) Versuchsweise zum Betriebe von Dampfmaschinen.

Das Schwefelchlorür.

Anhangsweise sei hier das Schwefelchlorür (Cl_2S_2) erwähnt, eine Verbindung, welche man in neuerer Zeit zum Vulkanisiren des Kautschuks angewendet hat. Es bildet eine ölartige Flüssigkeit von 1,60 specifischem Gewichte, bräunlicher Farbe, erstickendem Geruche, raucht an der Luft und siedet bei 144°. Sie ist schwerer als Wasser und zersetzt sich, damit zusammengebracht, sehr bald in schweflige Säure, Salzsäure, etwas Schwefelsäure und Schwefel. Das Schwefelchlorür ist ein gutes Lösungsmittel für Schwefel; Rapsöl wird durch Schwefelchlorür in eine kautschukähnliche Masse übergeführt, Leinöl in Firniss verwandelt. Man erhält das Schwefelchlorür, indem man gewaschenes und getrocknetes Chlorgas durch geschmolzenen und bis auf 125 bis 130° erhitzten Schwefel leitet. Es entsteht sofort Schwefelchlorür, welches mit fortgerissenen Schwefeldämpfen in eine abgekühlte Vorlage destillirt. Um das so erhaltene Schwefelchlorür von dem mechanisch beigemengten Schwefel zu befreien, wird es destillirt, wobei Schwefel zurückbleibt.

Die Salzsäure und das Glaubersalz.

Salzsäure.

Fig. 102.

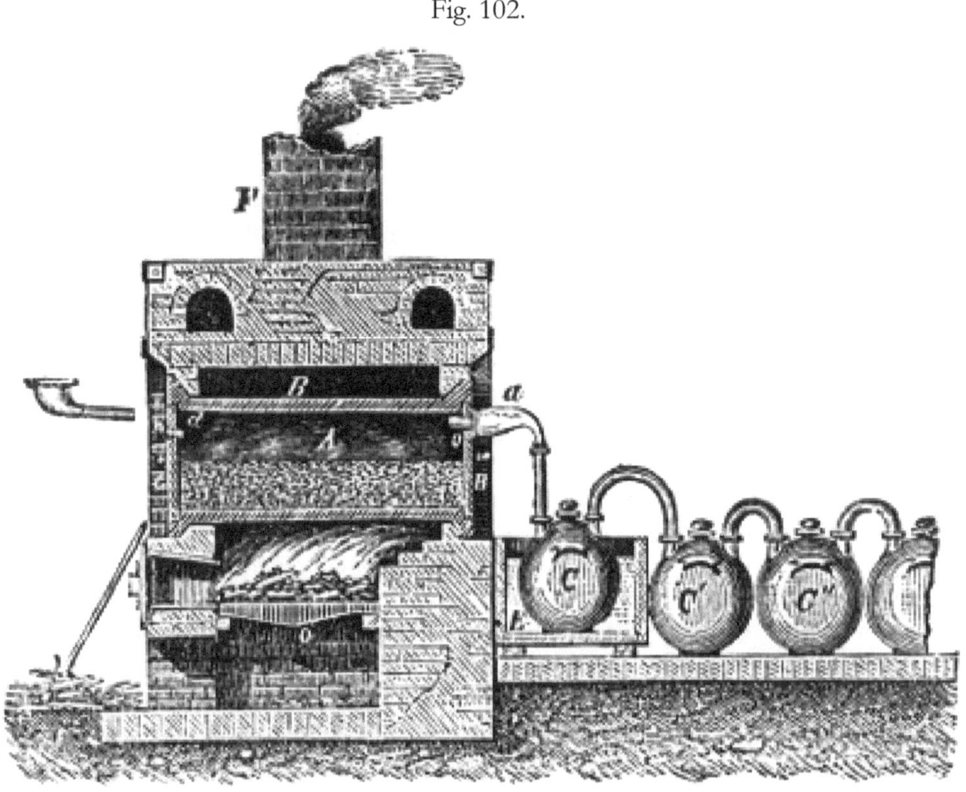

Fig. 103.

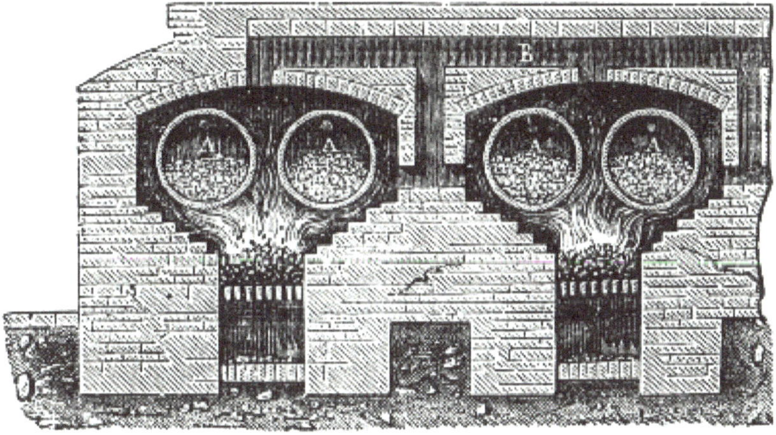

Fig. 104.

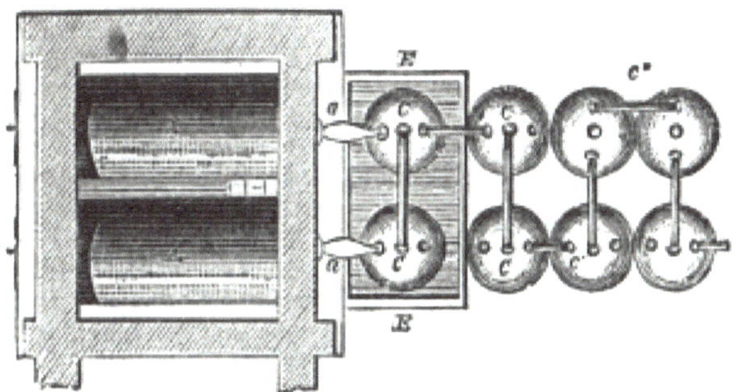

Wie schon oben bei der Beschreibung der Sodafabrikation aus Kochsalz angegeben worden ist, wird das bei der Sodafabrikation aus den Sulfatöfen (vergl. Seite 189) entweichende chlorwasserstoffsaure Gas in Wasser aufgefangen und die Lösung unter dem Namen Salzsäure in den Handel gebracht. Zum Zwecke der Condensation führt entweder ein Rohr aus dem Raume, in welchem die Zersetzung des Kochsalzes durch die Schwefelsäure vorgenommen wurde, in den Koksthurm und in Condensationsflaschen, oder man bedient sich des (Fig. 102, 103 und 104 in zwei Durchschnitten und im Aufrisse) abgebildeten Apparates. Dieser Apparat besteht aus mehreren neben einander liegenden gusseisernen cylindrischen Gefässen von 1,7 Meter Länge und 0,70 Meter Durchmesser. Die Wanddicke der Cylinder beträgt 3 Centimeter. Die Cylinder sind an beiden Enden offen und werden mit gusseisernen Deckeln (ähnlich wie Gasretorten) verschlossen, welche mit Hülfe von Thonkitt aufgelegt werden. In dem vordern Deckel befindet sich eine Oeffnung *o* zum Abführen der chlorwasserstoffsauren Dämpfe. In dieser Oeffnung liegt eine Allonge *a* aus Steinzeug oder Blei, welche die Dämpfe in den Verdichtungsapparat leitet. Der hintere Deckel hat gleichfalls eine Oeffnung *d*, in welcher ein Bleitrichter sich befindet. Die Disposition des Apparates ist der Art, dass die Flamme der Feuerung *O* erst um die Cylinder — von denen gewöhnlich zwei Paar (Fig. 103) in einem Ofen liegen — herum und dann erst in den Schornstein *F* geht. Der Ofen ist durch ein flaches Gewölbe *B* geschlossen. Soll die Arbeit beginnen, so giebt man jedem Cylinder 150 Kilogr. Steinsalz (oder auch eine entsprechende Menge Chlorkalium, wenn man die Darstellung von Kaliumsulfat beabsichtigt), das man in dem Cylinder gleichmässig ausbreitet, lutirt den Deckel auf und giebt durch den Bleitrichter die zur Zersetzung des Salzes erforderliche Menge Schwefelsäure von 66° B. auf. Nachdem dies geschehen, wird der Trichter entfernt und die Oeffnung durch einen Thonpfropfen verschlossen. Nach beendigter Reaction wird das Sulfat, das beiläufig 180 Kilogr. wiegt, entfernt, der Cylinder von neuem mit Salz beschickt u. s. f. Die Condensationsapparate bestehen (Fig. 102 und 104) aus Strängen zum Theil mit Wasser gefüllter Woulf'scher Flaschen, von denen das erste Paar häufig durch den Kühlapparat *E E* mit kaltem Wasser gekühlt wird. Zur Condensation der letzten Antheile des salzsauren Gases wendet man Regenkammern oder Koksthürme an.

Dass das Chlormagnesium in wässriger Lösung, wie es bei der Verarbeitung des Carnallits erhalten wird, beim Abdampfen bis zur Trockne und Erhitzen des Rückstandes all sein Chlor als Salzsäure abgiebt, ist für die Salzsäuregewinnung beachtenswerth.

Eigenschaften der Salzsäure.

Die Salzsäure bildet eine farblose, häufig durch Eisenchlorid gelblich gefärbte Flüssigkeit von stechendem Geschmack. Bei 20° kann das Wasser das 475fache seines Volumens an chlorwasserstoffsaurem Gase absorbiren; die alsdann gesättigte Flüssigkeit enthält 42,85 Proc. Chlorwasserstoff- oder salzsaures Gas, ihr spec. Gewicht = 1,21. Folgende Tabelle zeigt das spec. Gewicht der Salzsäure von verschiedener Concentration und den Gehalt derselben an reinem salzsauren Gase (bei 7° C.).

Specifisches Gewicht.	Grade nach Baumé.	Grade nach Twaddle.[67]	Säureprocente.	Specifisches Gewicht.	Grade nach Baumé.	Grade nach Twaddle.	Säureprocente.
1,21	26	42	42,85	1,10	14,5	20	20,20
1,20	25	40	40,80	1,09	12	18	18,18
1,19	24	38	38,88	1,08	11	16	16,16
1,18	23	36	36,36	1,07	10	14	14,14
1,17	22	34	34,34	1,06	9	12	12,12
1,16	21	32	32,32	1,05	8	10	10,10
1,15	20	30	30,30	1,04	6	8	8,08
1,14	19	28	28,28	1,03	5	6	6,06
1,13	18	26	26,26	1,02	3	4	4,04
1,12	17	24	24,24	1,01	2	2	2,02
1,11	15,5	22	22,22				

Anwendung der Salzsäure.

Die Salzsäure wird in der grössten Masse zur Darstellung des Chlorkalkes, Kaliumchlorates und anderer Chlorpräparate angewendet, sie dient ferner zur Fabrikation des Salmiaks, des Chlorantimons, des Leims und des Phosphors, zur Darstellung der Kohlensäure bei der Mineralwasserfabrikation, zur Herstellung von Natriumbicarbonat; zum Reinigen der Thierkohle in den Rübenzuckerfabriken[68], in der Bleicherei als Ersatz für die Schwefelsäure, zur Ueberführung des rechtsdrehenden Zuckers in den linksdrehenden bei der Verarbeitung der Rübenmelasse auf Spiritus, zur hydrometallurgischen Kupfer-, Nickel-, Kadmium-, Zink- und Wismuthgewinnung, zur Behandlung gewisser Eisenerze, um dieselben vor der Verhüttung von der Phosphorsäure zu befreien, zur Darstellung von Superphosphat in den Düngerfabriken, zum Auflösen verschiedener Metalle (Zinn) entweder für sich, oder mit Salpetersäure gemischt, als Königswasser; ferner zum Beseitigen des Kesselsteines, so wie zur Verhütung der Bildung desselben, zum Reinigen von eisenhaltigem Sand in der Glasfabrikation, zum Ablöschen und Reinigen der Koks, zur Herstellung von feuerfestem Thon. Eine wichtige Anwendung der Salzsäure findet endlich in der Baumwollindustrie statt, nämlich zur Zersetzung der Kalkseife, die sich beim Beuchen der mit Fett imprägnirten Baumwollgewebe mit Kalk bildet. Seit einigen Jahren wurden grosse Mengen von Salzsäure zur Regeneration des Schwefels aus den Sodarückständen consumirt. Früher versendete man die Salzsäure in Glasballons oder Steinzeugkruken, die oft mehr Werth hatten, als die Säure selbst; jetzt benutzt man in England zur Versendung Fässer, die inwendig mit einer ¼ Zoll dicken Schicht von Guttapercha überzogen sind.

Glaubersalz.

Das Glaubersalz, Natriumsulfat, schwefelsaures Natrium oder schlechtweg Sulfat genannt (Na_2SO_4 + $10H_2O$, in 100 Th. aus 19,3 Th. Natron, 24,7 Th. Schwefelsäure und 56 Th. Wasser, im wasserfreien Zustande als Na_2SO_4 aus 43,6 Th. Natron und 56,4 Th. Schwefelsäure bestehend), wird, wie aus dem Vorstehenden hervorgeht, zum grössten Theile durch Zersetzen des Kochsalzes mit Schwefelsäure dargestellt. Ausserdem findet es sich in der Natur in den Mineralien Thenardit (Na_2SO_4) und Brogniartin oder Glauberit (Na_2SO_4 + $CaSO_4$), in vielen Mineralwässern, wie in dem Carlsbader und Püllnaer Wasser, in dem Meerwasser und in den meisten Salzsoolen.

Ausser durch Zersetzen des Kochsalzes mit Schwefelsäure (die sogenannte directe Darstellungsart), oder durch Zersetzen von Natriumsalpeter behufs der Darstellung von Salpetersäure, kann man das Sulfat auch indirect darstellen, d. h. ohne Schwefelsäure. Die wichtigsten der in dieser Beziehung in Vorschlag gebrachten Methoden sind folgende: 1) Verfahren von Balard und Merle, nach welchem durch doppelte Zersetzung aus Kochsalz und Bittersalz (oder Kieserit nach Grüneberg, den Vorschlägen des Prinzen zu Schönaich-Carolath und nach Clemm) des Meerwassers, der Mutterlaugen der Salinen unter dem Einflusse niederer Temperatur (entweder im Winter oder durch Kälteerzeugung mittelst des Carré'schen Eisapparates) Glaubersalz und Chlormagnesium erzeugt wird; 2) Verfahren von Longmaid, wobei Schwefelkies oder kiesige Kupfererze mit Kochsalz geröstet werden, indem man durch gebrannten Kalk oder durch Schwefelsäure getrocknete Luft zuführt. Es entwickelt sich hierbei Chlorgas. Das Röstgut wird ausgelaugt und dadurch Sulfatlösung erhalten, der Rückstand aber auf Kupfer verarbeitet; 3) Verfahren von de Luna und Clemm. Bittersalz oder Kieserit mit Kochsalz geglüht, geben unter Entwickelung von Salzsäure ein Gemenge von Sulfat und Magnesia; 4) Verfahren von Kuhlmann (vergl. Seite 156). Bittersalz mit Natriumsalpeter geglüht, giebt unter Entwickelung von Untersalpetersäure Sulfat; 5) Beim Zugutemachen der Abfälle, die sich bei der Aufbereitung des Braunkohlen- und Torftheeres auf Paraffin und Leuchtöl ergeben, erhält man (nach Perutz und Breitenlohner) beträchtliche Mengen von Sulfat. Das Sulfat, so wie es in den Sodafabriken als Zwischenprodukt auftritt, enthält durchschnittlich 93–97 Proc. Natriumsulfat und 2–3 Proc. Chlornatrium.

Anwendung.

Das Sulfat dient in grösster Menge zur Fabrikation der Soda, des Ultramarins und des Glases; im letzteren Falle kommt nur das Natron desselben in Betracht; man schmilzt dasselbe mit Kohle und Kieselerde (Quarz) zusammen, durch die Einwirkung der Kohle wird die Schwefelsäure des Glaubersalzes zu schwefliger Säure reducirt, diese durch die Kieselerde (Kieselsäure) ausgetrieben und es bleibt Natriumsilicat zurück. Behufs der Anwendung in der Glasfabrikation wird das Glaubersalz vorher vom Eisen gereinigt, indem man das Eisenoxyd nach dem Lösen des Salzes mit Kalk fällt, die klare Lösung wieder abdampft und das Produkt trocknet. Auf gleiche Weise kann man aus Sulfat durch Zusammenschmelzen desselben mit Sand und Kohle Wasserglas darstellen, auch nach ähnlichem Princip aus Sulfat durch Thonerde oder durch Bauxit Natrium-Aluminat erhalten. Nicht unbedeutende Mengen von Sulfat finden ferner beim Ausbringen des Antimons aus den (kiesigen) Antimonerzen (z. B. zu Bouc und Septèmes bei Marseille) Verwendung. Neuerdings wendet man das Sulfat mit vielem Vortheile in der Färberei, namentlich in der Wollfärberei als Hülfsmaterial an.

Zweifach-schwefelsaures Natrium.

Zweifach-schwefelsaures Natrium oder Natriumbisulfat ($NaHSO_4$), das man in grossen durchsichtigen Krystallen erhält, wenn man 1 Molekül schwefelsaures Natrium und 1 Molekül englischer Schwefelsäure zusammen in Wasser löst und die Lösung in der Wärme verdampfen lässt, wird in neuerer Zeit mit chlormagnesiumhaltigem Abraumsalz gemischt zur Entzinkung des Bleies (nach der Entsilberung desselben durch Zink; vergl. Seite 104) angewendet. Als Nebenprodukt erhält man das Natriumbisulfat bei der Bereitung der Salpetersäure aus Natriumsalpeter und Schwefelsäure und beim Verarbeiten des Kryoliths mittelst Schwefelsäure.

Der Chlorkalk und die Chloralkalien.

Chlorkalk und Chloralkalien. Chlor im Allgemeinen.

Es ist eine der wichtigsten Eigenschaften des gasförmigen Chlors, welches man z. B. erhält, wenn man Salzsäure mit einem Superoxyd, z. B. Braunstein (Mangansuperoxyd) erhitzt, organische Pigmente und Miasmen zu zerstören und deshalb als Bleichmittel und Anticontagium (Desinfectionsmittel), ausserdem aber auch noch als Oxydationsmittel und als Solvens, so z. B. bei der Extraction von Gold aus kiesigen Erzen etc. vielfache Anwendung zu finden.

Das Chlorgas ist bei gewöhnlicher Temperatur und bei gewöhnlichem Luftdruck ein grünlichgelbes Gas von 1,33 spec. Gewicht, von erstickendem Geruch, das vom Wasser in grosser Menge absorbirt wird (2,5 Vol. Gas von 1 Vol. Wasser) und dann das Chlorwasser bildet. Die bleichende Eigenschaft des gasförmigen, so wie des in Wasser gelösten Chlorgases beruht auf seiner grossen Verwandtschaft zum Wasserstoff, nach welcher es den organischen Stoffen direkt Wasserstoff entzieht und dieselben auf diese Weise zerlegt, oder, und dies geschieht in den meisten Fällen, eine Wasserzersetzung bewirkt, in deren Folge die färbenden Substanzen durch den als Ozon ausgeschiedenen (oder zerlegten?) Sauerstoff des Wassers oxydirt und in Kohlensäure und Wasser übergeführt werden. In beiden Fällen bildet sich Salzsäure, was bei der Anwendung des Chlors zum Bleichen wohl zu berücksichtigen ist. Indem Chlor mit einem organischen Körper zusammenkommt, entzieht das Chlor einen Theil des Wasserstoffs der organischen Verbindung und bildet Salzsäure, während häufig der ausgetretene Wasserstoff in dem organischen Körper durch Chlor vertreten wird. Bei der Bleiche von leinenen oder baumwollenen Stoffen, von Papierzeug durch Chlor wird nicht die Faser angegriffen, sondern nur der die Faser färbende kohlenstoffreiche Körper durch das bei der Wasserzersetzung freiwerdende Ozon zu farblosen Körpern oxydirt. Durch Chlor können nur stickstofffreie organische Körper gebleicht werden, stickstoffhaltige nehmen eine gelbe Farbe an. Das Chlor ist weder als Gas, noch in seiner wässerigen Lösung transportabel; man benutzt deshalb zum Bleichen nicht das Chlor in Substanz, sondern eine Verbindung des Chlors mit Sauerstoff, die unterchlorige Säure, und zwar, da sie im freien Zustande nicht existiren kann, als unterchlorigsaures Salz oder Hypochlorit. In den Salzen verbindet man die unterchlorige Säure mit Calcium, Kalium oder Natrium, zuweilen auch Magnesium, Aluminium, Barium und Zink. Die Verbindung des Calciumhydroxydes mit der unterchlorigen Säure ist der wesentliche Bestandtheil des Chlorkalks, Bleichkalks oder Bleichpulvers. Der Chlorkalk wurde im Jahre 1799 von Ch. Tennant in Glasgow zum ersten Male fabrikmässig dargestellt. Fast durchweg bildet seine Fabrikation einen Nebenzweig der Sodafabrikation nach Leblanc's Process.

Darstellung des Chlorkalkes.

Man stellt den Chlorkalk im Grossen auf folgende Weise dar: In Fabriken, in welchen Soda und Chlorkalk zu gleicher Zeit fabricirt werden, erhält man das Chlor, indem man das Kochsalz, das durch Schwefelsäure in Glaubersalz verwandelt werden soll, mit Braunstein (Mangansuperoxyd) mengt und erhitzt.

Der Vorgang hierbei ist folgender:

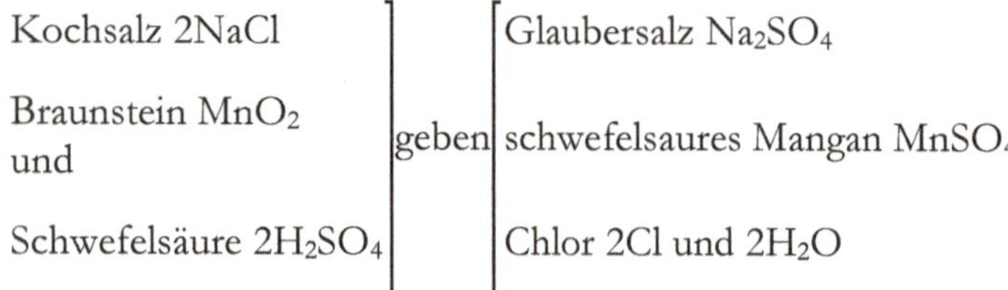

Kochsalz 2NaCl		Glaubersalz Na_2SO_4
Braunstein MnO_2 und	geben	schwefelsaures Mangan $MnSO_4$
Schwefelsäure $2H_2SO_4$		Chlor 2Cl und $2H_2O$

In anderen Fabriken wendet man zur Chlordarstellung Braunstein und Salzsäure, oder Braunstein, Schwefelsäure und Salzsäure an; im ersteren Falle erhält man nur die Hälfte des in der Salzsäure enthaltenen Chlors, während die andere Hälfte an Mangan gebunden, als Manganchlorür zurückbleibt, denn:

Braunstein (MnO_2), Salzsäure ($4ClH$)	geben	Chlor (Cl_2) Manganchlorür ($MnCl_2$) Wasser ($2H_2O$).

Im zweiten Falle erhält man die ganze Menge des in der Salzsäure enthaltenen Chlors, denn:

Braunstein (MnO_2), Salzsäure ($2ClH$) Schwefelsäure (H_2SO_4)	geben	schwefelsaures Mangan ($MnSO_4$) Chlor (Cl_2) Wasser ($2H_2O$).

Wie Clemm gezeigt hat, kann man das Chlormagnesium, welches bei der Verarbeitung der Carnallite und Kainite so massenhaft auftritt, zur Chlordarstellung verwenden, indem man die Chlormagnesiumlösung bis auf 44° B. (= 1,435 spec. Gew.) eindickt und mit so viel Braunsteinpulver mischt, dass auf 1 Mol. MnO_2 2 Mol. $MgCl_2$ kommen. Die erkaltete Masse wird in kleinen Stückchen der Einwirkung von Wasserdämpfen von 200 bis 300° C. ausgesetzt, wobei sich Chlorgas entwickelt.

Chlordarstellung ohne Braunstein. Von den hier in Betracht kommenden Methoden sind folgende die wichtigeren:

1) das auf Vorschlägen von Mac-Dougal und Rawson beruhende Verfahren von J. Shanks, welches in der grossen chemischen Fabrik von St. Helens in Lancashire eingeführt ist. Nach demselben wird Calciumchromat durch Salzsäure zerlegt, wobei sich Chromchlorid und Chlorcalcium bilden und ein Theil des Chlors frei wird ($2CaCrO_4 + 16HCl = Cr_2Cl_6 + 2CaCl_2, + 3H_2O + 6Cl$). Aus 158 Th. Chromsäure kann man somit 106 Th. Chlor erhalten. Das hierbei erhaltene Chromchlorid wird mit Calciumcarbonat gefällt, abermals durch Glühen mit Kalk in Chromat umgewandelt u. s. f. Obwol dieses Verfahren nur unter ganz besonderen Umständen Anwendung finden dürfte, so verdient es doch jedenfalls Beachtung. Eine Schattenseite desselben ist, dass nur ³/₈ des Chlors der Salzsäure frei werden, während mit Braunstein ½ frei wird.

2) Schloesing's Methode bezweckt, alles in der Salzsäure enthaltene Chlor zur Ausnutzung zu bringen. Lässt man auf Mangansuperoxyd ein Gemenge von Salpetersäure und Salzsäure einwirken, so beobachtet man, dass über einem gewissen Grade der Concentration beim Erwärmen eine Mischung von Chlor mit den röthlichen Produkten des Königswassers entweicht, dass man aber bei geringerem Concentrationsgrade bis zum Sieden erhitzen kann, ohne ein anderes Gas als Chlor zu erhalten, indem die Salpetersäure sich vollständig mit dem entstandenen Manganoxydul zu Nitrat verbindet, während aus der Salzsäure Chlor und Wasser entsteht. Andererseits bleibt beim Rösten des erhaltenen Nitrates Mangansuperoxyd zurück, während die entweichenden rothen Dämpfe bei Gegenwart von Luft und Wasser wieder Salpetersäure bilden. Das Manganoxyd und die Salpetersäure können demnach, abgesehen von den unvermeidlichen Verlusten, immer wieder zur Darstellung von Chlor dienen; die Salpetersäure spielt hier, indem sie den Sauerstoff zur Zersetzung der Salzsäure aus der Luft herbeiführt, eine ähnliche Rolle wie bei der Schwefelsäurebereitung. Die Zersetzung des Nitrates beginnt bei 150° und verläuft bei 175–180° regelmässig bis zu Ende; das rückständige Oxyd ist ziemlich dicht und sehr reich an Superoxyd (in einem Fall 93,3 Proc. reines Superoxyd neben etwas Kalk und Eisen).

3) Nach A. Vogel's Methode zersetzt man Kupferchlorid in der Wärme, wobei 3 Mol. Kupferchlorid 1 Mol. Chlor abgeben (nach Laurens wäre der Vorgang: $2CuCl_2 = Cl_2 + Cu_2Cl_2$). Das krystallische Kupferchlorid wird mit dem halben Gewicht Sand vermischt, vollständig entwässert und das trockene Gemenge in Thonretorten auf 250–300° erhitzt, wobei das Chlorgas sich entwickelt. Den Rückstand in den Retorten, aus Kupferchlorür-

Chlorid bestehend, verwandelt man wieder in Chlorid, indem man ihn in Salzsäure gemischt 12 Stunden lang der Luft aussetzt. Mit dem so regenerirten Chlorid stellt man von Neuem Chlorgas dar. A. Mallet hat dieses beachtenswerthe Verfahren durch Construktion eines rotirenden Apparates, der zu gleicher Zeit auch zur technischen Sauerstoffdarstellung benutzt werden kann, in die Praxis einzuführen gesucht. 100 Kilogr. Kupferchlorür geben 6 bis 7 Kubikmeter Chlor. Da man, nach Mallet's Angaben, binnen 24 Stunden mindestens 4–5 Operationen auszuführen vermag, so wird man mit 100 Kilogr. Rohmaterial innerhalb dieser Zeit 200–300 Kilogr. Chlorkalk darstellen können.

4) Wenn man nach Péligot 3 Th. Kaliumbichromat mit 4 Th. concentrirter Salzsäure und etwas Wasser so gelinde erwärmt, dass keine Chlorentwicklung stattfindet, so erhält man beim Erkalten der Flüssigkeit Krystalle von zweifach–chromsaurem Chlorkalium KCl, CrO_3. Diese Krystalle geben beim Erhitzen bis auf 100° ihr Chlor fast vollständig ab. Der Rückstand kann durch Auflösen in Salzsäure wieder in das ursprüngliche Salz verwandelt werden.

5) Nach Dunlop's Patent vom Jahre 1853 stellt man in der Fabrik von Tennant in Glasgow das zur Chlorkalkbereitung erforderliche Chlor dar, indem man Schwefelsäure auf ein Gemisch von 3 Mol. Kochsalz und 1 Mol. Natriumsalpeter einwirken lässt, wobei Chlorgas und Untersalpetersäure sich entwickeln. Die Untersalpetersäure lässt man aus dem Gemenge durch concentrirte Schwefelsäure absorbiren, welche als nitrirte Schwefelsäure zur Schwefelsäurefabrikation dient. Es bleibt Glaubersalz (oder vielmehr, da man aus praktischen Gründen 6 Mol. Schwefelsäure verwendet, Natriumbisulfat) zurück.

6) Bei der chlorirenden Röstung der Schwefelmetalle entwickelt sich Chlor. Longmaid hat nun 1850 ein Verfahren der Darstellung von Glaubersalz aus Kochsalz und Schwefelkies, unter gleichzeitiger Entwickelung von Chlor, angegeben, welches seitdem eine gewisse Berühmtheit erlangt und zahlreiche Nachahmer gefunden hat. Auf das nämliche Prinzip läuft ein von einem belgischen Chemiker beschriebenes Chlordarstellungsverfahren hinaus: Man stellt zunächst schwefelsaures Eisenoxyd durch directe Verbindung von Eisenoxyd mit Schwefelsäure dar, mischt dann dieses Sulfat mit Kochsalz und erhitzt das Gemenge in einem Strome trockener Luft, wobei das Kochsalz alles Chlor abgiebt.

7) Nach den Vorschlägen von Oxland erhält man aus (durch Schwefelsäure getrocknetem) chlorwasserstoffsaurem Gase Chlor, indem man 1 Vol. des trockenen Gases mit 2 Vol. Luft gemischt durch ein glühendes Rohr streichen lässt, wo sich Chlor und Wasser bilden.

8) Nach Maumené endlich erhält man Chlorgas (gemengt mit Stickstoffgas), wenn man ein Gemisch von 1 Th. Salmiak, 3 Th. salpetersaurem Ammoniak und 16 Th. Quarzsand erhitzt ($NH_4Cl + 2(NH_4)NO_3 = Cl + 5N + 6H_2O$). Der Zusatz von Sand ist nöthig, um einer Explosion vorzubeugen. —

Chlorentwickelungsapparate.

Fig. 105.

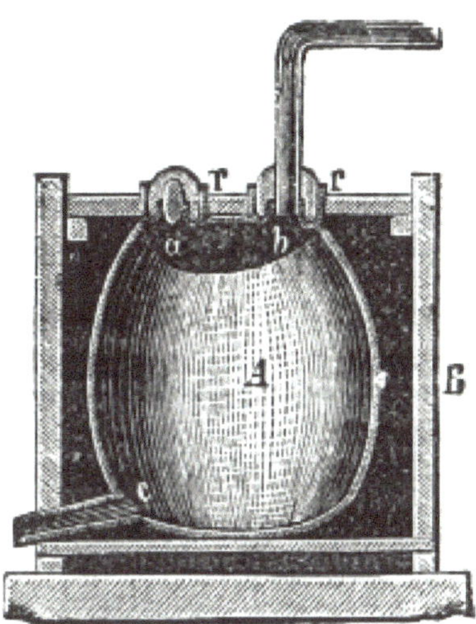

Fig. 106.

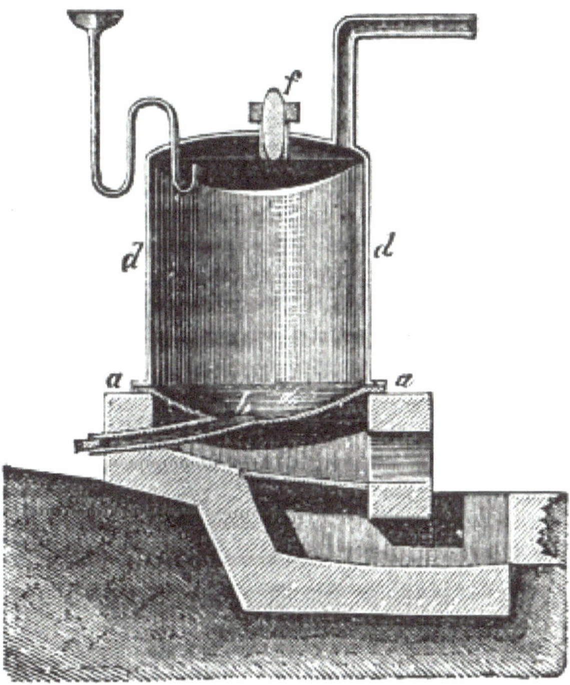

Zur *Chlorentwickelung* dienen folgende Apparate. Wendet man zur Chlorentwickelung Salzsäure und Braunstein an, so benutzt man grosse Steinzeuggefässe, welche mit einer weiten Oeffnung zum Einfüllen und zum Ausleeren bestimmt und mit engeren Röhrenabsätzen versehen sind, in welche die Ableitungsröhren zu sitzen kommen. Die Erhitzung wird bewerkstelligt durch *Wasserdampf.* Zu dem Ende setzt man mehrere solche Gefässe in einen Kasten von Holz oder Mauerwerk mit hölzernem Deckel so ein, dass nur die Hälse und aus den Seitenwänden die Ablassröhren hervorragen, wobei die Fugen durch Filz sorgfältig verschlossen sind, um das Entweichen des Wasserdampfes zu hindern, der aus einem Dampfkessel in die Kästen geleitet wird. Das Erhitzen wird so lange fortgesetzt, bis die kleineren Leitungsröhren da heiss zu werden anfangen, wo das Gas in sie eintritt. Fig. 105 zeigt einen solchen Apparat im Durchschnitte. *A* das Chlorentwickelungsgefäss, *a* Oeffnung zum Einfüllen, *b* zur Ableitung des Gases, *c* Ablassrohr, *B* Kasten, worin das Entwickelungsgefäss sitzt und in welchen Wasserdampf geleitet werden kann. Die Hälse *a* und *b* ragen aus dem Deckel hervor; sie sind mit einem Rande *r* rund herum umgeben, in welchen Thonkitt eingedrückt werden kann, der dann, mit weichem Leder noch überbunden, eine dichte Verschliessung hervorbringt.

Benutzt man dagegen zur Chlorentwickelung Kochsalz, Schwefelsäure und Braunstein, so muss der Apparat eine stärkere Erhitzung gestatten. Fig. 106 zeigt einen hierzu tauglichen Apparat im Durchschnitte. Er besteht theils aus Eisen, theils aus Blei. Der eiserne Theil ist eine flache, kesselförmige Schale mit vorstehendem Rande *a a*, der mit Löchern in kurzen Distanzen durchbohrt ist, um eiserne Schrauben durchstecken zu können. Sie besitzt ein Ausflussrohr *b*, ihre Eisenstärke kann 3–5 Centim. betragen, wogegen der vorstehende Rand bei 2–3 Centim. Dicke hinreichend stark genug ist; dieser eiserne Theil ist es, durch welchen die Erwärmung ohne Gefahr geschehen kann; derselbe ist mit gewöhnlicher Kesseleinmauerung versehen. Der bleierne Theil vergrössert das Gefäss und enthält die Füll- und Ableitungsvorrichtungen. Es ist ein Cylinder *d d* aus 1–1,5 Centim. dicken Bleiplatten gefertigt ohne Löthung und blos durch Einschmelzung von Blei zusammengefügt. Der untere Theil ist offen und hat eine der eisernen Schale genau entsprechende Flantsche, in welche entsprechende Löcher gebohrt werden. Ein eiserner Ring, zur Verstärkung auf die Flantsche gelegt, erlaubt es durch hindurchgesteckte Schrauben, den Blei- und Kesselrand oder eben die Flantschen so fest zusammenzuschrauben, dass das Gefäss an der Fuge für Flüssigkeiten dicht ist. Der obere Theil des Cylinders bildet ein Gewölbe, in welchem sich ein Bleitrichter mit einer innen und aussen gebogenen Röhre, ferner ein Ableitungsrohr für das Chlor, endlich eine Oeffnung mit Hals von starkem Blei und gebogen befindet. In diese Oeffnung kommt ein mit Blei überzogener Holzkeil, der fest eingeschlagen und mit Thonkitt umgeben wird. Durch diese Oeffnung *f* wird das Gemenge der Materialien eingetragen. Die Schwefelsäure wird durch den Bleitrichter zugegossen. Man erhitzt so lange, bis die Gasableitungsröhren sich zu erhitzen anfangen.

Condensationsapparate.

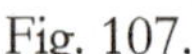

Fig. 107.

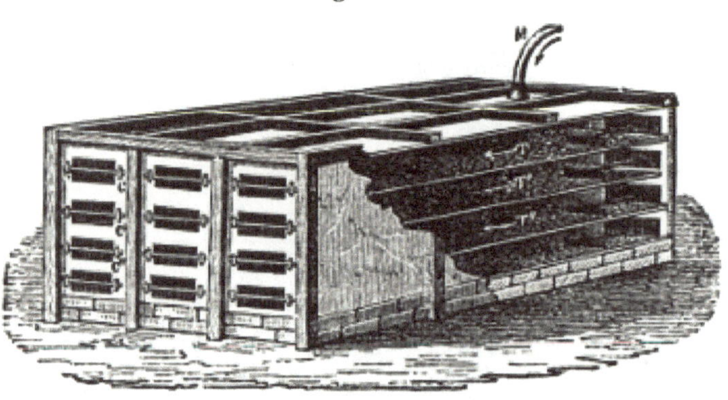

Fig. 108.

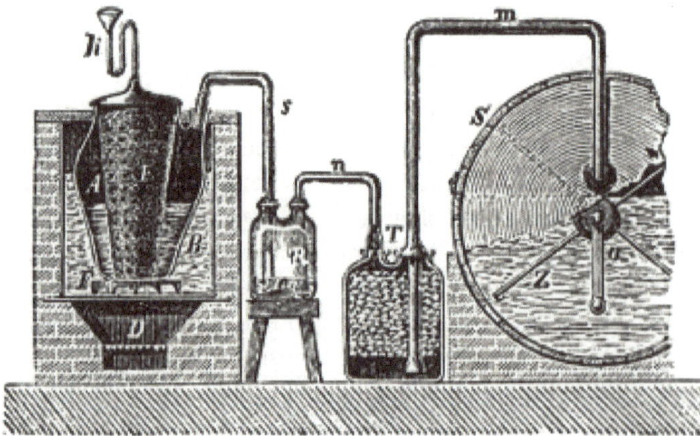

Das Chlorgas tritt durch *M* in eine vierseitige Kammer aus Platten von Sandstein oder Steinzeug oder aus Backsteinen gemauert, welche mit Asphaltkitt zusammengefügt und mit Theer oder Asphaltfirniss überzogen sind. Auch Bleikammern sind hier und da im Gebrauch. Die Kammer besteht (Fig. 107) aus mehreren Etagen, deren Boden in jeder mehrere Zoll mit zu Pulver gelöschtem Kalkhydrat bedeckt ist. Das Chlorgas wird schnell und unter Wärmeentwickelung absorbirt. Die Temperatur darf nicht höher als 25° steigen, weil sich sonst chlorsaurer Kalk bildet, der nicht bleichend wirkt. Eine nachtheilige Temperaturerhöhung wird durch langsames Zuleiten des Gases verhindert. Sobald kein Chlor mehr absorbirt wird, nimmt man den fertigen Chlorkalk durch die an der vorderen Seite befindlichen Thüren aus den Kammern und beschickt diese und den Entwickelungsapparat von Neuem. — Der gesättigte Chlorkalk wird in der Fabrik häufig mit Kalkhydrat verdünnt oder gestreckt.

Handelt es sich um die Darstellung von flüssigem Chlorkalk, so wendet man zweckmässig folgenden Apparat (Fig. 108) an. Zwei bis vier Gefässe aus Steinzeug *A* von etwa 2 Hektoliter Capacität stehen in einem Gefässe aus Blei *B*, deren Boden auf einer gusseisernen Platte *C* ruht, unter welcher die Feuerung *D* sich befindet. Die Chlorentwickelungsgefässe stehen auf Untersätzen *F* von Steinzeug. Eine concentrirte Chlorcalciumlösung in *B* dient als Bad. Der Braunstein kommt in die siebähnlich durchlöcherte Steinzeugröhre *I*. Die Salzsäure wird durch die Trichterröhre *K* zugegossen. Durch die Bleiröhre *s* geht das Gas zunächst in die Waschflasche *R* und dann durch die Röhre *n* in das mit Braunsteinstückchen angefüllte Bleigefäss *T*, in welchem die dem Chlor beigemengten Salzsäuredämpfe zersetzt werden, ehe sie durch das Rohr *m* in das Absorptionsgefäss *S* gelangen. Letzteres ist ein mit Blei ausgelegtes liegendes Fass, in welchem eine hölzerne Welle mit speichenartigen Armen sich befindet, auf welchen durchlöcherte Tafeln von Guttapercha ausgespannt sind. Die Zapfen der Welle sind von Guajakholz, die Lager von hornisirtem Kautschuk. Auf der einen kreisrunden Seite des Fasses tritt die Welle durch eine Stopfbüchse und trägt hier eine Kugel *o* zum Drehen. Das Chlor tritt über den Spiegel der Flüssigkeit ein, wird durch die Rührvorrichtung continuirlich in die Kalkmilch *Z* eingetrieben und auf diese Weise rasch absorbirt. Eine Röhre führt aus dem Absorptionsgefäss in ein kleines Gefäss, worin sie 18–24 Centim. unter Wasser taucht; aus letzterem führt eine Röhre ins Freie, damit, wenn die Absorption mit der Chlorentwickelung nicht Schritt zu halten vermag, keine zu grosse Spannung in den Entwicklern *A* entstehe. Wie bei dem festen Chlorkalk ist auch hier die vollständige Sättigung mit Chlor zu vermeiden, ebenso hat man sich vor Temperaturerhöhung zu hüten, da Schlieper nachgewiesen hat, dass continuirliche Lösungen dadurch Sauerstoffgas entwickeln, verdünnte dagegen Calciumchlorat liefern.

Verwerthung der Rückstände von der Chlorentwickelung.

Da bei der Chlorkalkdarstellung fast durchgängig von dem Braunstein und der Salzsäure ausgegangen wird, so bestehen die Chlorrückstände wesentlich aus einer Lösung von Manganchlorür neben freier Salzsäure. Die zahlreichen Vorschlage, welche die Verwerthung der Chlorrückstände zum Zweck haben, lassen sich eintheilen

α) in solche, welche die Regeneration von Mangansuperoxyd beabsichtigen, und

β) in solche, bei denen dies nicht der Fall ist.

Die ersteren sind bei Weitem die wichtigeren und haben eine um so grössere industrielle Tragweite, als in den meisten Fällen mit der Verwerthung der Chlorrückstände die der Sodarückstände (vergl. Seite 205) verbunden ist.

Dunlop's Verfahren.

α) Regeneration des Mangansuperoxydes. Wenn man von Balmain's Vorschlägen absieht, nach welchen man das Manganchlorür mit dem Ammoniakwasser der Gasfabriken neutralisiren, die über dem Niederschlage stehende Flüssigkeit auf Salmiak verarbeiten und den Niederschlag in einem Flammenofen so lange erhitzen soll, bis er aufhört wie Zunder zu brennen und zum Theil in Mangansuperoxyd verwandelt worden ist, welches wiederum zur Chlorentwickelung dienen kann, so ist das von Dunlop herrührende Verfahren der Braunsteinregeneration, das in der Fabrik von Ch. Tennant in Glasgow angewendet wird, eines der ältesten und besten. Forchhammer hat vor längerer Zeit gefunden, dass Mangancarbonat beim Erhitzen bis auf 260° C. in Mangansuperoxyd übergehe. Nach dreistündigem Erhitzen ist alle Kohlensäure ausgetrieben und man hat eine Verbindung von $2MnO_2 + MnO$. Auf diese Grundlagen stützt sich Dunlop's Verfahren, welches in zwei Phasen zerfällt, nämlich

1) in die Umwandelung des Manganchlorürs in Carbonat;

2) in die Ueberführung des Carbonates in Mangansuperoxyd.

Nachdem die Chlorrückstände sich geklärt haben, setzt man Calciumcarbonat (in neuerer Zeit auch Kalkmilch) zu und neutralisirt dadurch die überschüssige Säure. Dadurch wird zugleich das Eisenoxyd unlöslich abgeschieden. Nach Absetzenlassen des Niederschlags erhält man eine ziemlich reine Manganchlorürlösung, die in grossen flachen Gefässen mit fein gepulverter Kreide innig zusammengerührt wird. Die dadurch erhaltene dickmilchige Flüssigkeit bringt man nun zur weiteren Zersetzung in einen grossen gusseisernen Kessel von 3 Meter Durchmesser und 27 Meter Länge. Durch die ganze Länge des Kessels geht eine starke schmiedeeiserne Welle, an welcher gusseiserne Arme als Rührer angebracht sind. An jedem Ende der Welle, die durch Stopfbüchsen aus dem Kessel tritt, steht eine Dampfmaschine, welche die Welle in Umdrehung versetzt und so den kohlensauren Kalk fortwährend im Manganchlorür suspendirt erhält. In diesen Cylinder lässt man Hochdruckdampf eintreten und die Masse bei 2 Atmosphärendruck durcharbeiten; bei diesem Druck und der ihm entsprechenden Temperatur erfolgt die Zersetzung des Manganchlorürs durch das Calciumcarbonat. Das so erhaltene Mangancarbonat wird durch Auswaschen von allem Chlorcalcium befreit und dann zu grossen Haufen zum Ablaufen des Wassers aufgeschichtet und kommt hierauf nach dem Röstofen, wo zunächst die Kohlensäure entfernt und gleichzeitig das Oxydul zu Superoxyd oxydirt wird. Auf dem Fussboden, der Sohle des Ofens, geht in der Mitte ein aus Ziegeln gemauerter Feuerkanal entlang, theilt sich am Ende in zwei starke gusseiserne Röhren, die zu beiden Seiten des gemauerten Kanals zurückkehren und auf diese Weise die Wärme auf der ganzen Bodenfläche des Ofens möglichst gleichmässig verbreiten. Seiner Höhe nach zerfällt derselbe in vier Etagen, die durch Schienengeleise gebildet sind, auf denen kleine niedrige Wagen mit flachen Kästen aus Eisenblech mittelst Ketten langsam durch die ganze Länge des Ofens hindurch bewegt werden können. Das Mangancarbonat kommt zuerst noch im halb feuchten Zustande auf einen Wagen der obersten Etage, langt dann völlig getrocknet und schon mit Verlust eines Theils der Kohlensäure am hinteren Theile des Ofens an, wird hier nach der nächst darunterliegenden Etage hinabgelassen und kommt in dieser, wo die Temperatur schon höher ist, wieder zurück, tritt dann nach der dritten Etage, wo die Oxydation mehr und mehr fortschreitet, bis endlich das ursprüngliche Mangancarbonat in der untersten Etage als Mangansuperoxyd aus dem Ofen herausgenommen wird; dabei geht die Farbe desselben, sowie die Oxydation vorschreitet, durch Braun in Schwarz über. Die vordere und hintere Stirnfläche des Ofens sind nur durch bewegliche Blechklappen geschlossen, so dass immer hinreichend Sauerstoff zur Oxydation in den Ofen gelangen kann. Die eigentliche Feuerung befindet sich unterhalb des Fussbodens und muss ausserordentlich sorgfältig regulirt werden, da alles auf die Temperatur ankommt. Bei einer zu hohen Temperatur würde man nämlich statt des Superoxyds nur Oxyd-Oxydul erhalten, dagegen würde bei einer zu niedrigen Temperatur das Mangancarbonat nur partiell zersetzt sein.

Gatty's Verfahren.

Ein anderes beachtenswerthes Regenerationsverfahren des Braunstein ist das von Gatty herrührende. Die Rückstände bestehen entweder aus Manganchlorür oder Mangansulfat; man verwandelt diese Salze in Mangannitrat, das man dann durch Erhitzen zersetzt, oder mengt die Rückstände mit Natriumnitrat und erhitzt dann. Die Rückstände werden zu dem Ende bis zur Syrupconsistenz abgedampft und dann mit Natriumsalpeter gemengt:

auf 79 Kilogr. Manganchlorür	wendet man an 106 Kilogr. Natriumnitrat.
„ 95 „ Manganvitriol	

Das Gemenge wird bei mässiger Wärme getrocknet und sodann in einem eisernen Cylinder bis zum Dunkelrothglühen erhitzt. Die sich entwickelnden Dämpfe von salpetriger Säure benutzt man zur Schwefelsäurefabrikation. Der Rückstand in dem Cylinder besteht aus einem Gemenge von Mangansuperoxyd und Chlornatrium oder Glaubersalz, je nachdem Manganchlorür oder Manganvitriol vorlag. Durch Auslaugen erhält man das Mangansuperoxyd rein. Ist mit letzterem Chlornatrium gemengt, so unterbleibt das Auslaugen und man verwendet das Gemenge ohne Weiteres zur Chlorbereitung.

Hofmann's Verfahren.

Wichtiger als die vorstehenden Regenerationsverfahren sind diejenigen Methoden, die Combinationen sind der Verwerthung der Chlor- und der Sodarückstände (vergl. Seite 205). Das von P. W. Hofmann in Dieuze herrührende und durch E. Richters' Arbeiten bestätigte Verfahren ist: Das Manganchlorür wird durch sogenannte gelbe Lauge, die man durch Auslaugen der Rückstände von der Sodabereitung erhalten, in Schwefelmangan übergeführt. Der sich bildende Niederschlag besteht aus

Schwefelmangan	55,0
Schwefel	40,0
Manganoxydul	5,0
	100,0

Nach dem Trocknen wird derselbe geröstet und die sich bildende schweflige Säure in die Bleikammern der Schwefelsäurefabrik geleitet. Die zurückbleibende Asche besteht aus

Mangansulfat	44,5
Mangansuperoxyd	18,9
Manganoxydul	36,6
	100,0

Sie wird mit Natriumnitrat gemischt und bis auf 300° erhitzt. Es bildet sich Glaubersalz und Mangannitrat, welches sofort in Mangansuperoxyd und Untersalpetersäure zerfällt:

α) $MnSO_4 + 2NaNO_3 = Mn(NO_3)_2 + Na_2SO_4$;

β) $Mn(NO_3)_2 + MnO_2 + 2NO_2$.

Das Glaubersalz wird ausgelaugt. Die rothen Dämpfe treten in die Bleikammer ein oder werden auf Salpetersäure verarbeitet. Der Rückstand ist als Chlorquelle (nach den Angaben von P. W. Hofmann; ob immer oder nur in einzelnen mit besonderer Sorgfalt dargestellten Proben, sei dahingestellt) dem Braunstein gleichwerthig. Er ist eisenfrei.

Weldon's Verfahren.

Höchst beachtenswerth erscheint W. Weldon's Regenerationsverfahren. Dasselbe besteht einfach darin, dass zu den wesentlich aus Manganchlorür bestehenden Rückständen auf jedes Molekül Manganchlorür 2 Mol. Kalkhydrat zugesetzt werden, worauf dann in das aus Manganoxydul, Kalkhydrat und Chlorcalcium bestehende Gemisch atmosphärische Luft eingepresst wird. Dadurch wird das weisse Oxydulhydrat rasch auf eine sehr dunkel gefärbte höhere Oxydationsstufe gebracht, welches sich mit dem Kalk zu Calciummanganit ($CaMnO_3$ oder MnO_2, CaO) verbindet. Nachdem sich diese Verbindung abgesetzt hat, wird die über ihm stehende Chlorcalciumlösung zum grössten Theile abgezogen und jenes ist dann zur ferneren Behandlung mit Salzsäure behufs der Chlorentwickelung bereit. Bei dieser bildet sich wieder genau ebenso viel Manganchlorür, als vorher in Oxyd umgewandelt wurde. Diese Reihe von einfachen Operationen wird nun auf gleiche Weise wiederholt und damit wird beliebig lange fortgefahren. Auf diese Art wird das Mangan in einem und demselben Gefässe einem beständigen Kreislaufe regelmässig wiederkehrender Umwandlungen unterworfen, insofern es zunächst aus Chlorür in Oxydul, aus Oxydul in Superoxyd (als Calcium-Manganit), welches bei der Behandlung mit Salzsäure Chlor abzugeben vermag und dann wieder in Chlorür umgewandelt wird, und so fort. Die ausserordentliche Einfachheit des Weldon'schen Verfahrens sichert demselben einen unbedingten Vorzug gegenüber anderen, zu gleichem Zwecke vorgeschlagenen, mehr oder weniger complicirten und in Folge dessen nicht ohne grössere oder geringere Schwierigkeiten ausführbaren Methoden, die ausserdem kostspielige Apparate erheischen.

Andere Methoden der Verwerthung der Chlorrückstände.

β) Verwerthung der Chlorrückstände ohne Regeneration von Mangansuperoxyd. Nicht immer hat man die Erzeugung von Mangansuperoxyd bei der Verarbeitung der Chlorrückstände im Auge. So fällt M. Schaffner in Aussig das Manganchlorür mit Kalk und calcinirt den Niederschlag nach dem Trocknen in einem Flammenofen. Man erhält so ein eisenhaltiges Manganoxyd-Oxydul, welches beim Hohofenprocess als Zuschlag dient. Das Eisen erhält hierdurch einen grossen Mangangehalt, der es zum Bessemerprocess geeignet macht. Aus der nebenbei sich bildenden Chlorcalciumlösung wird durch Kammerschwefelsäure für die Papierfabrikation als Füllstoff besonders gut geeigneter Gyps (Annalin) gefällt. In der von Malherbe vorgeschlagenen und von E. Kopp verbesserten Methode der Sodafabrikation aus Schwefelnatrium und Eisen (vergl. Seite 205) lässt sich das Eisenoxyd und Eisencarbonat durch die entsprechenden Manganverbindungen ersetzen. Mangancarbonat kann ferner Schwefelnatrium in Soda überführen und zur Fabrikation der übermangansauren Salze Verwendung finden. Anton Leykauf (in Nürnberg) will die Chlorrückstände zur Darstellung einer violetten Farbe (Nürnberger Violett), einer Verbindung von Manganoxyd und Ammoniak mit Phosphorsäure verwenden. Es ist endlich nicht unerwähnt zu lassen, dass die Chlorrückstände ebenso gut wie Eisenvitriol, Zinkvitriol und Chlorzink als desodorisirendes Desinfectionsmittel Verwendung finden können.

Theorie der Bildung des Chlorkalkes.

Die Theorie der Bildung des Chlorkalkes ist folgende: Wenn Chlorgas mit Kalkhydrat (CaH_2O_2) zusammenkommt, so verbindet sich ein Theil des Sauerstoffs des Kalkes mit Chlor zu unterchloriger Säure, welche mit dem unzersetzten Kalk unterchlorigsauren Kalk bildet, während ein anderes Aequivalent Chlor mit dem seines Sauerstoffs beraubten Calcium zu Chlorcalcium zusammentritt, denn:

Kalkhydrat $2CaH_2O_2$		Calciumhypochlorit $Ca(ClO)_2$
Chlor $2Cl_2$	geben	Chlorcalcium $CaCl_2$
		Wasser $2H_2O$

Ein so zusammengesetzter Chlorkalk besteht in 100 Theilen aus

Calciumhypochlorit	49,31
Chlorcalcium	38,28
Wasser	12,41
	100,0

oder aus

Chlor	48,90
Kalk	38,69
Wasser	12,41

	100,0

Ein idealer Chlorkalk, wie er vorstehender Zusammensetzung entspricht, kommt im Handel nicht vor. Eine gute Chlorkalksorte, die 26,52 Proc. wirksames Chlor enthielt, hat folgende Zusammensetzung:

Calciumhypochlorit	26,72
Chlorcalcium	25,51
Kalk	23,05
Gebundenes Wasser mit Feuchtigkeit	24,72
	100,0

welche man zur bessern Uebersicht auch so darstellen kann:

Calciumhypochlorit	26,72
Chlorcalcium (wirksames)	20,72
Chlorcalcium (überschüssiges)	4,79
Kalkhydrat (CaH_2O_2)	30,46
Weiteres gebundenes Wasser und Feuchtigkeit	17,31
	100,0

Nach Fresenius (1861) ist der Chlorkalk ein Gemenge von 1 Molek. $Ca(ClO)_2$ mit 2 Molek. basischem Chlorcalcium von der Formel $CaCl_2, 2CaH_2O_2 + 2H_2O$.

Eigenschaften des Chlorkalkes.

Der Chlorkalk erscheint als ein weisses Pulver, das aus Calciumhypochlorit, Chlorcalcium und überschüssigem gelöschten Kalke besteht; in 10 Th. Wasser lösen sich die bleichenden Verbindungen auf, während der überschüssige Kalk zurückbleibt. Das Chlor des Chlorcalciums im Chlorkalke wirkt ebenfalls bleichend, indem beim Behandeln des Chlorkalkes mit Säuren die freigewordene unterchlorige Säure und die Salzsäure sich zu Wasser und Chlor umsetzen

$$\left(\left.\begin{matrix}Cl\\H\end{matrix}\right]O + \left.\begin{matrix}H\\Cl\end{matrix}\right] = \left.\begin{matrix}H\\H\end{matrix}\right]O + \left.\begin{matrix}Cl\\Cl\end{matrix}\right]\right)$$

Die bleichende Wirkung des Chlorkalks erfolgt nicht sogleich, wenn nicht zugleich eine Säure zugefügt wird[69]. Anstatt der Säure wendet man auch zweckmässig Zinkvitriol (oder Chlorzink) an, es fallen Gyps und Zinkoxyd aus und unterchlorige Säure bleibt in Lösung[70]. — Die Anwendung des Chlorkalkes ist schon angeführt worden. In den meisten Fällen lässt sich seine Wirkung auf eine Oxydation in Folge von Ozonbildung zurückführen. Man wendet den Chlorkalk mitunter zur Darstellung von Sauerstoffgas an (1 Kilogr. Chlorkalk von der Formel $Ca(ClO)_2$ giebt 132,2 Grm. oder 92,4 Liter Sauerstoff).

Chlorometrie.

Da in dem Chlorkalk nur die Menge des darin enthaltenen unterchlorigsauren Calciums mit seinem Aequivalent Chlorcalcium bei seiner Anwendung in Betracht kommen kann, so bestimmt dieselbe seinen Werth. Die Operation, durch welche man die Menge des in dem Chlorkalk enthaltenen verwerthbaren Chlores erfährt, fasst man mit dem Namen der Chlorometrie zusammen. Lange Zeit begnügte man sich, die entfärbende Eigenschaft des Chlorkalkes auf eine Indigolösung, deren Gehalt man genau kannte, mit der eines gleichen Volumens Chlor auf dieselbe Lösung zu vergleichen; da sich aber eine Indigolösung leicht verändert, ferner der Indigo nicht immer von gleicher Güte zu erhalten ist, so ist diese Methode nicht genau und wird jetzt nicht mehr befolgt.

Probe von Gay-Lussac.

Gay-Lussac benutzt die *oxydirende Einwirkung des Chlorkalks auf arsenige Säure.* Als Vergleichungspunkt dient ein Volumen trocknes Chlorgas, das in einem Volumen Wasser gelöst ist. Wenn man diese Lösung in eine in 100 Theile getheilte (graduirte) Röhre giesst, so entspricht jeder Theil einem Hundertstel Chlor. Andererseits stellt man eine Lösung von arseniger Säure in Salzsäure und Wasser dar, von der Stärke, dass bei gleichem Volumen beide Lösungen sich gegenseitig zersetzen. Die Zersetzung geht (indessen keineswegs glatt) auf folgende Weise vor sich:

Arsenige Säure As_2O_3		Arsensäure As_2O_5
Wasser $2H_2O$	geben	Salzsäure $4ClH$
Chlor $2Cl_2$		

Das Wasser wird hierbei zersetzt, der Sauerstoff desselben verbindet sich mit der arsenigen Säure und bildet Arsensäure, während der Wasserstoff des Wassers mit dem Chlor zusammentritt. Gewöhnlich nimmt man ein Liter Chlorgas, das man in einem Liter destillirten Wasser löst; andererseits bereitet man eine Normallösung von arseniger Säure, welche durch das Liter Chlorwasser vollständig zu Arsensäure oxydirt wird. Nimmt man nun eine Lösung von Chlorkalk oder einer anderen zum Bleichen angewendeten Chlorverbindung, deren Entfärbungsvermögen man kennen lernen will, so kann man, wenn man diese Flüssigkeit in eine Lösung von arseniger Säure giesst, aus der Menge derselben, die zum Zersetzen des Hypochlorites erforderlich ist, auf die in der ursprünglichen Lösung enthaltene Chlormenge einen sicheren Schluss ziehen. Um dieses Verfahren auszuführen, nimmt man z. B. 10 Grammen Chlorkalk, zerreibt denselben mit Wasser und setzt dann so viel destillirtes Wasser hinzu, dass das Volumen der Lösung genau ein Liter beträgt. Hierauf bringt man vermittelst einer Pipette 10 Kubikcentimeter der Lösung der arsenigen Säure in ein Becherglas, setzt zu derselben einen Tropfen Indigolösung, damit die Flüssigkeit schwach gefärbt erscheint, und fügt dann aus der erwähnten Bürette Chlorkalklösung hinzu, bis die Färbung fast nicht mehr zu bemerken ist. Darauf setzt man abermals einen Tropfen Indigolösung hinzu und dann so lange Chlorkalklösung, bis die Flüssigkeit entfärbt und wasserhell ist. — Zur Darstellung der normalen Lösung der arsenigen Säure wendet man 4,4 Gr. arsenige Säure, 32,0 Gr. reine Salzsäure und eine hinlängliche Menge Wasser, um ein Liter zu füllen, an. Enthalten 10 Grm. Chlorkalk 1 Liter Chlorgas, so hat er 100 Grade.

Probe von Penot.

Penot hat das Verfahren von Gay-Lussac dahin abgeändert, dass er statt der sauren Lösung der arsenigen Säure arsenigsaures Natrium und statt der Indigolösung ein farbloses jodirtes Papier anwendet, das sich durch die geringste Menge freie Säure blau färbt. Zur Bereitung des jodirten Papiers erhitzt man 1 Gr. Jod, 7 Gr. krystallisirtes Natriumcarbonat, 3 Gr. Stärkemehl mit ¼ Liter Wasser bis zur Auflösung und Entfärbung, verdünnt sodann auf ½ Liter und tränkt damit weisses Papier. Die Arsenprobeflüssigkeit ist eine Auflösung von 4,44 Gr. arseniger Säure und 13 Gr. krystall. Natriumcarbonat, die auf 1 Liter verdünnt ist. Man giesst dieselbe aus der Bürette in die Chlorkalklösung (10 Gr. Chlorkalk auf 1 Liter), bis ein Tropfen der letzteren das jodirte Papier nicht mehr färbt. Mohr hat vorstehendes Verfahren modificirt; er bereitet die Arsenflüssigkeit durch Auflösen von 4,95 Gr. arseniger Säure und 10 Gr. Natriumbicarbonat in Wasser und Verdünnen der Flüssigkeit bis zu 1 Liter; er stellt ferner eine Jodlösung dar durch Auflösen von 12,7 Gr. Jod vermittelst Jodkalium und Verdünnen mit Wasser bis zu 1 Liter. Das jodirte Papier ist einfaches Jodstärkepapier. Man führt die Chlorkalkprobe aus, indem man Chlorkalk mit Wasser zerreibt und abschlämmt, bis alle Theile schweben, dann Arsenlösung hinzusetzt, bis das Betupfen eines Jodkaliumstärkepapiers keine blauen Flecken mehr erzeugt, alsdann Stärkelösung zufügt und mit Jodlösung blau titrirt. Zu 1 Grm. Chlorkalk brachte man 72 Kubikcentim. arsenigsaures Natrium; es wurden verbraucht 0,2 Kubikcentim. Jodlösung (Titre: gleich stark wie Arsenlösung, d. h. Volumen gegen Volumen), folglich blieben 71,8 Kubikcentim. arsenigsaures Natrium. Der Chlorkalk enthält demnach 25,460 Proc. wirksames Chlor, da jeder Kubikcentimeter der verbrauchten Arsenlösung 0,00355 Gr. wirksamem Chlor entspricht (0,00355 × 71,8 – 0,2546).

Probe von R. Wagner.

Nach meiner Methode (1859) wird die Chlorkalkprobe *auf jodometrischem Wege* ausgeführt, indem man aus einer mit Salzsäure angesäuerten schwachen Jodkaliumlösung (1 und 10) durch die obige Chlorkalklösung Jod ausscheidet und die ausgeschiedene Jodmenge mittelst Natriumhyposulfit bestimmt:

Jod 2J		Jodnatrium 2NaJ
Natriumhyposulfit	geben	Natriumtetrathionat $Na_2S_4O_6$
$2Na_2S_2O_3 + 5H_2O$		Wasser $5H_2O$

Die Ausführung der Probe geschieht auf folgende Weise: 100 Kubikcentimeter der milchigen Chlorkalklösung (= 1 Grm. Chlorkalk), durch Lösen von 10 Grm. Chlorkalk in Wasser bis zu 1 Liter (unter Anwendung der Schüttelflasche) erhalten, mischt man mit 25 Kubikcentim. Jodkaliumlösung und setzt verdünnte Salzsäure bis zur sauren Reaction hinzu. Die klare, dunkelbraune Lösung wird mit Natriumhyposulfit (24,8 Grm. Salz in 1 Liter; 1 Kubikcentim. der Lösung entspricht 0,0127 Grm. Jod oder 0,00355 Grm. Chlor) farblos titrirt.

Chlorimetrische Grade.

In Deutschland, England, Russland und Amerika drückt man die Stärke des Chlorkalkes in Graden aus, welche gleich sind den Procenten an wirksamem Chlor, in Frankreich (und auch in einigen deutschen Fabriken) dagegen bedeuten die Grade die Anzahl Liter Chlorgas von 0° und 760 Millimeter Barometerstand, welche aus 1 Kilogr. des zu prüfenden Chlorkalkes frei gemacht werden können. Folgende Tabelle giebt die chlorimetrischen Grade für Frankreich und für Deutschland (und England) an:

Französisch.	Deutsch.
63	20,02
65	20,65
70	22,24
75	23,83
80	25,42
85	27,01
90	28,60
100	31,80

105	33,36
110	34,95
115	36,54
120	38,13
125	39,72
126	40,04

Die Procente berechnet man aus den französischen Graden durch Multiplication der letzteren mit 0,318 (1 Liter Chlorgas = 35,5 Krithen wiegt 3,18 Grm.).

Chloralkalien.

Von den sogenannten Chloralkalien wendet man das unterchlorigsaure Kalium oder Chlorkali (*Eau de Javelle*) und die entsprechende Natriumverbindung (*Eau de Labarraque*) an. Man stellt diese Bleichflüssigkeiten (Fleckwasser) dar, indem man durch eine Lösung ätzender (1) oder kohlensaurer (2) Alkalien Chlorgas leitet:

(1) $2NaOH + Cl_2 = NaOCl + NaCl + H_2O$;

(2) $2Na_2CO_3 + Cl_2 + H_2O = NaOCl + NaCl + 2NaHCO_3$;

oder indem man Chlorkalk mit Wasser auszieht und die Flüssigkeit mit Natriumcarbonat oder Natriumsulfat behandelt; es scheidet sich Calciumcarbonat oder -sulfat ab, während Hypochlorit und Chlorür des Alkalimetalles gelöst bleiben.

Das Aluminiumhypochlorit (Chloralaunerde oder Wilson's Bleichflüssigkeit) wird durch Vermischen von Chlorkalklösung und Aluminiumsulfat erhalten; es wirkt lediglich durch Abgabe von Ozon, wobei Chloraluminium entsteht. Magnesiumhypochlorit (Chlormagnesia, Ramsay's oder Grouvelle's Bleichflüssigkeit), durch Zersetzen von Chlorkalk mit Bittersalz dargestellt, ist, wie die Thonerdeverbindung ein energisches Bleichmittel. Vor dem Chlorkalk hat sie (nach den Versuchen von Jokisch) bei ihrer Anwendung zum Bleichen zarterer Stoffe den Vorzug des Fehlens der Nebenwirkung einer ätzenden alkalischen Erde. Neuerdings ist Zinkhypochlorit (Varrentrapp's Bleichsalz) als kräftiges Bleichmittel empfohlen worden; man versetzt Chlorkalk mit Zinkvitriol oder mit Chlorzink, im ersteren Falle fallen Gyps und Zinkvitriol nieder und unterchlorige Säure bleibt in Lösung, die im zweiten Falle mit Chlorcalcium gemengt ist. Auch Bariumhypochlorit, welches mit verdünnter Schwefelsäure versetzt unter Abscheidung von Barytweiss unterchlorige Säure liefert, verdient Beachtung.

Kaliumchlorat.

Fig. 109.

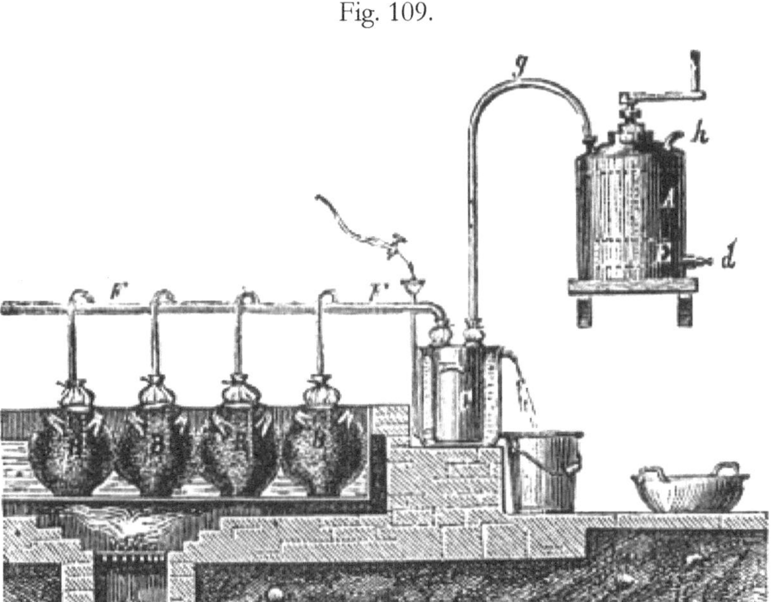

Das Kaliumchlorat (chlorsaures Kalium), $KClO_3$ (in 100 Th. 38,5 Kali und 61,5 Chlorsäure), ein in weissen, tafelförmigen rhombischen Krystallen krystallisirendes Salz, wurde früher dargestellt, indem man Chlorgas durch eine concentrirte Lösung von Kaliumcarbonat leitete, wobei alle Kohlensäure entwich und eine Lösung entstand, die Kaliumchlorat und Chlorkalium enthielt. Das Kaliumchlorat krystallisirt aus der Flüssigkeit zuerst heraus. Die Mutterlauge liefert beim Abdampfen Chlorkalium. Die Krystalle von Kaliumchlorat werden mit kaltem Wasser abgewaschen und durch Umkrystallisiren gereinigt. 100 Kilogr. Potasche geben 9–10 Kilogr. Kaliumchlorat. Gegenwärtig stellt man nach der von Graham angegebenen und von v. Liebig verbesserten Methode das Kaliumchlorat dar, indem man das Chlorgas auf Kalkmilch bei höherer Temperatur einwirken lässt; es entsteht Chlorcalcium und Calciumchlorat, welches letztere durch Chlorkalium zersetzt wird. Die gewöhnliche Darstellungsmethode besteht darin, dass man Chlorgas in eine Mischung auf 1 Mol. Chlorkalium und 6 Mol. Kalkhydrat, welche mit Wasser zu einem dünnen Brei angerührt ist, leitet. Aus der Lösung krystallisirt beim Eindampfen und Erkaltenlassen das Kaliumchlorat heraus, während Chlorcalcium in der Mutterlauge bleibt.

Man benutzt hierzu den Fig. 109 abgebildeten Apparat. *B*, *B*.... sind Chlorentwickler aus Steinzeug, die in einem Wasser- oder Chlorcalciumbade stehen. Durch das Bleirohr *ff* geht das Chlorgas zunächst in das kühlgehaltene Bleigefäss *C*, um es von Wasserdampf und beigemengter Flüssigkeit zu befreien und dann durch *g* in das mit Blei ausgefütterte Absorptionsgefäss *A*, in welchem sich Kalkmilch befindet. *E* ist ein eiserner, mit Blei überzogener Rührer, *h* ein Rohr zum Ableiten des nicht absorbirten Gases, *D* ein Rohr zum Ablassen des Inhaltes. Die Kalkmilch kommt erwärmt auf 50–60° C. in das Gefäss *A* oder wird darin durch eingeleiteten Dampf auf diese Temperatur erhitzt; durch die Einwirkung des Chlors steigt dann die Temperatur fast bis zum Siedepunkt. Ungeachtet der hohen Temperatur entsteht neben Calciumchlorat stets etwas Calciumhypochlorit. Sobald das Chlor nicht mehr aufgenommen wird, lässt man die trübe Flüssigkeit in einen Behälter von Blei, oder mit Blei ausgefüttert, zur Ablagerung des Ungelösten. Die geklärte Flüssigkeit verdampft in Bleipfannen auf 25–30° B., wobei das Hypochlorit vollständig in Chlorat verwandelt wird, dann setzt man das Chlorkalium, in heissem Wasser gelöst, hinzu, verdampft noch etwas und lässt krystallisiren. Der Rechnung nach ist auf 2¼ Th. angewandten Kalk 1 Th. Chlorkalium erforderlich; man pflegt indess auf 3 Th. Kalk 1 Th. Chlorkalium zu nehmen. Auch durch Kochen einer Chlorkalklösung und Eindampfen derselben bis zur Trockne bildet sich Calciumchlorat, das durch Kaliumcarbonat oder Chlorkalium in Kaliumchlorat übergeführt wird. Alter Chlorkalk, der seine Bleichkraft zum grössten Theile schon verloren, enthält Calciumchlorat und lässt sich vortheilhaft noch zur Fabrikation von Kaliumchlorat anwenden.

Das Kaliumchlorat krystallisirt in perlmutterglänzenden Blättchen, die luftbeständig sind, sich in 16 Th. Wasser von 15°, 8 Th. Wasser von 35° und 1,6 Th. Wasser von 100° auflösen, beim Erhitzen Sauerstoff abgeben und beim Zusammenreiben mit brennbaren Körpern auf das heftigste explodiren. 1 Kilogr. Kaliumchlorat giebt beim starken Glühen oder beim Erhitzen mit 0,5 Kilogr. Braunstein oder 1 Kilogr. Eisenoxyd 391,2 Grm. oder 273,5 Liter Sauerstoffgas. Es findet jetzt hauptsächlich Anwendung in der Feuerwerkerei als Zusatz zur Masse der Zündhütchen und der Zündpillen der Zündnadelgewehre, als Bestandtheil des weissen oder amerikanischen Schiesspulvers, zur Bereitung der Zündrequisiten und des Kaliumpermanganates und als oxydirendes Mittel in der Zeugdruckerei, z. B. zur Erzeugung von Anilinschwarz. Zu letzterem Zweck setzt man den aufzudruckenden Farben einige Procente Kaliumchlorat zu und fixirt die Farbe nach dem Aufdrucken durch Hochdruckwasserdämpfe (3–4 Atmosphären). Bei dieser hohen Temperatur findet eine Zersetzung des Kaliumchlorates in Berührung mit der organischen Substanz statt, wodurch eine Oxydation und theilweise Zerstörung des Farbstoffes stattfindet. Häufig wird der Farbstoff durch diese Behandlung auch lebhafter und schöner.

Seit einigen Jahren findet das überchlorsaure Kalium (Kaliumperchlorat, $KClO_4$) in der Feuerwerkerei als Ersatz für das gefährliche chlorsaure Kali Anwendung. Die mit ihm dargestellten Feuerwerkssätze zeigen wegen des stärkeren Sauerstoffgehaltes des Salzes grösseren Glanz und intensiveres Licht.

Die Alkalimetrie.

Alkalimetrie.

Die Potasche (sei sie aus der Holzasche, aus der Schlempekohle der Rübenmelasse, aus dem Kelp oder in der chemischen Fabrik aus dem Chlorkalium des Meerwassers oder des Carnallits oder des Kaliumsulfates der Kainite dargestellt) ist ein Gemenge von Kaliumcarbonat mit anderen Kalium- oder Natriumsalzen und die Soda ein Gemenge von Natriumcarbonat mit fremden Salzen (hauptsächlich Sulfat und Kochsalz). In den meisten Fällen richtet sich der Werth beider Körper nach der Menge des in ihnen enthaltenen kohlensauren Alkalis. Seitdem man die Gewerbe auf naturgesetzliche Grundlagen zurückzuführen sich bemüht, war man daher bedacht, ein Verfahren auszumitteln, durch welches man den Gehalt der Potasche an reinem Kaliumcarbonat mit einer für technische Zwecke genügenden Genauigkeit auf eine leicht und schnell ausführbare Weise bestimmen könne. Die Chemie zeigt hierzu zwei Wege, nämlich

a) die Säuremenge zu bestimmen, welche erforderlich ist, um das Kaliumcarbonat zu neutralisiren;

b) die Quantität der Kohlensäure zu ermitteln, welche durch Zusatz einer stärkern Säure aus der Potasche ausgetrieben werden kann.

Beide Verfahren können selbstverständlich nur Anwendung finden, wenn ausser dem kohlensauren Alkali keine anderen kohlensauren Salze in der Potasche sich finden. Alle Methoden, welche den Gehalt der Potasche an Kaliumcarbonat zu ermitteln den Zweck haben, werden kalimetrische Methoden und die Gesammtheit derselben Kalimetrie (Potassometrie) genannt. Die Prüfungsmethoden der Potasche und der Soda (Sodametrie) fasst man auch häufig unter dem Namen Alkalimetrie zusammen.

Volumetrische Probe.

Nach dem älteren von Descroizilles zuerst angewendeten und später von Gay-Lussac verbesserten Verfahren, dessen Idee von Richter ausgegangen, ist die Quantität Schwefelsäurehydrat, welche man braucht, um aus dem Kaliumcarbonat der Potasche alle Kohlensäure auszutreiben, der Maassstab, nach welchem man den Werth der Potasche bestimmt. Die Wägungen, die man sonst bei chemisch-technischen Untersuchungen anzuwenden pflegt, sind hierbei so viel als thunlich in Messungen verwandelt, weshalb diese Methode auch die volumetrische Probe oder, weil man bei ihr eine Säure von genau bestimmtem Säuregehalt (*titre*) anwenden muss, die Titrirprobe genannt wird. Die Probesäure erhält man durch Vermischen von 100 Grm. reiner

Schwefelsäure von 1,842 specifischem Gewicht mit 1000 Grm. (= 1000 Kubikcentimeter = 1 Liter) destillirtem Wasser. Anstatt diese Quantität zu wägen, kann man auch 54,268 Kubikcentimeter der Schwefelsäure mit 1 Liter Wasser vermischen. 50 Kubikcentimeter der Probesäure sind hinreichend, um 4,807 Grm. Kali in schwefelsaures Kali zu verwandeln. Die Büretten sind die gewöhnlichen, in der Titriranalyse üblichen. Man füllt die Bürette, welche in 100 halbe Kubikcentimeter getheilt ist, bis zum Punkte 0 mit Probesäure an, darauf wägt man 4,807 Grm. Potasche ab, löst diese Menge in siedendem Wasser und setzt zu der Lösung so lange von der Probesäure aus der Bürette, bis die Sättigung erfolgt ist. Um den Sättigungspunkt genau bestimmen zu können, wird die Lösung der Potasche mit etwas Lakmustinctur bläulich gefärbt; mit dem Zugiessen der Probesäure hört man dann erst auf, wenn die Lösung eine weinrothe Farbe angenommen hat. Aus der Zahl der verbrauchten halben Kubikcentimeter der Probesäure schliesst man dann auf den Gehalt der untersuchten Potasche. Um ganz sicher zu gehen, rechnet man von der verbrauchten Menge ½ Grad ab. Angenommen, man hätte 60 halbe Kubikcentimeter zur Sättigung der Potasche gebraucht, so würde demzufolge die Potasche 59½grädig sein. Wenn ausser dem Kaliumcarbonat noch Sulfurete, Sulfite und Hyposulfite in der Potasche vorhanden sind, so entstehen bei dieser Prüfungsmethode der Potasche Fehler, welche indessen bei der gewöhnlichen Potasche unberücksichtigt gelassen werden können. Aus den gefundenen Procenten Kali berechnet man die Procente Kaliumcarbonat, indem man die Kaliprocente mit 1,47 multiplicirt. Zeigt z. B. eine Potasche einen Gehalt an Kali (K_2O) von 50 Proc., so enthält sie 50 × 1,47 = 73,5 Proc. Kaliumcarbonat.

Probe von Mohr.

Mohr hat die volumetrische Potaschenprobe wesentlich verbessert. Diese Verbesserungen beziehen sich theils auf die Apparate, theils auf die Probesäure. Die frühere Bürette von Gay-Lussac hat mehrere Fehler, welche sich bei jedem Gebrauche derselben fühlbar machen. Vor Allem ist es schwierig, das Instrument genau bis an 0 zu füllen; es ist ferner nicht möglich, während des Giessens die Quantität der verbrauchten Flüssigkeit abzulesen. Diese Uebelstände beseitigt Mohr durch die krystallisirte Oxalsäure ($C_2H_2O_4$, $2H_2O$ = 126; ½ Mol. = 63), die sich zu diesem Zwecke dadurch empfiehlt: 1) dass sie stark sauer ist und der Schwefelsäure in ihrer Wirkung auf Lakmus nicht nachsteht; 2) dass sie im trockenen Zustande unverändert bleibt, nicht zerfliesst und nicht verwittert und deshalb auf der Wage in beliebiger Menge mit grosser Genauigkeit gewogen werden kann; 3) dass ihre Lösung beim Aufbewahren sich nicht zersetzt und nicht wie die Lösung der Weinsäure und Citronensäure schimmelt; 4) dass sie in heissen und siedenden Flüssigkeiten nicht flüchtig ist. 63 Grm. der Oxalsäure (= ½ Mol.) werden in Wasser gelöst, so dass die Lösung genau 1 Liter beträgt. Dieser sauren Probeflüssigkeit entspricht eine zweite, die aus einer Auflösung von Aetzkali (KOH) besteht. Sie ist so titrirt, dass beim Vermischen derselben mit einem gleichen Volumen der Probeoxalsäure der letzte Tropfen Kalilösung die Farbe der zugesetzten Lakmustinktur aus Roth in Blau überführt, was jedesmal durch einen einzigen Tropfen gelingt, wenn die Lösung kohlensäurefrei ist. Zu einer kalimetrischen Probe wiegt man von der geglühten und wasserfreien Potasche 1/20 Mol. in Gramme ab, mithin 6,911 Grm. Potasche oder 5,32 Grm. Soda. Da die Probeflüssigkeit in 1000 Kubikcentim. ½ Mol. Oxalsäure enthält, so würden 100 Kubikcentim. dieser Flüssigkeit genau 1/20 Mol. des Alkalis sättigen. Man bringt die Potasche mit etwas Lakmustinktur in eine kleine Kochflasche und lässt einen Strahl Probesäure hinzu, welche die Potasche unter Aufbrausen zersetzt. Die Farbe geht aus Blau in Violett über und das Aufbrausen wird schwächer. Man bringt nun die Flüssigkeit zum Kochen und lässt noch mehr Probesäure hinzu, bis die Farbe vollkommen zwiebelroth geworden, dann lässt man noch Probesäure im Ueberschuss bis zu den nächsten vollen 5–6 Kubikcentim. hinzu. Das Alkali ist nun entschieden übersättigt; durch Kochen, Schütteln und Hineinblasen und zuletzt Aussaugen mit einer Glasröhre wird die letzte Spur Kohlensäure entfernt. Der Sättigungspunkt des Alkalis ist jetzt um 2–5 Kubikcentim. überschritten und diess muss genau bestimmt werden. Man füllt jetzt eine in 1/10 Kubikcentim. getheilte Handpipette bis an den Nullpunkt mit Aetzkali und lässt dasselbe tropfenweise in die rothe Alkaliflüssigkeit fallen, indem dieselbe dabei umgeschwenkt wird. Die Farbe geht jetzt rasch aus Hellroth in Violett und dann plötzlich in klares Blau über. Man liest nun die verbrauchten Kubikcentimeter Aetzkali ab und zieht sie von den verbrauchten Kubikcentimetern Probesäure ab; der Rest giebt die Procente an reinem Kaliumcarbonat. 3,45 Grm. = 1/40 Mol. Potasche brauchten z. B. 36 Kubikcentimeter Probesäure und 3 Kubikcentimeter Probekali = 33 Kubikcentimeter Probesäure = 66 Proc. Kaliumcarbonat (da anstatt 1/20 Mol.

nur 1/40 Mol. angewendet worden war, so mussten die Kubikcentimeter der Säure verdoppelt werden, um Procente zu erhalten).

Probe von Fresenius und Will.

Unter den kalimetrischen Verfahren, die sich auf die Ermittelung der Kohlensäuremengen gründen, welche durch Zusatz einer stärkern Säure aus der Potasche ausgetrieben werden, steht das von Fresenius und Will oben an. Der dazu angewendete Apparat ist bereits bei Gelegenheit der Braunsteinprobe (vergl. Seite 116) beschrieben worden. In den Kolben *A* bringt man die abgewogene Potasche und füllt alsdann den Kolben bis zum dritten Theil mit Wasser an; *B* wird bis zur Hälfte mit gewöhnlicher englischer Schwefelsäure angefüllt. Die Röhre *a* ist mit ihrem Ende *b* durch ein Wachskügelchen verschlossen. Die Pfropfen werden alsdann aufgesetzt und der Apparat wird gewogen. Man saugt nun aus der Röhre *d* etwas Luft und verdünnt somit die Luft im ganzen Apparate. Die Folge davon ist, dass die in *B* befindliche Schwefelsäure in der Röhre *c* in die Höhe steigt und in den Kolben *A* herüberfliesst. Die sich in *A* entwickelnde Kohlensäure kann nur durch die Schwefelsäure entweichen, wo sie alles Wasser abgiebt. Wenn nach öfterem Saugen durch neues Hinzutreten von Schwefelsäure keine Kohlensäure sich mehr entwickelt, so entfernt man das Wachs vom Ende der Röhre *a* und saugt bei *d* so lange, bis alle Kohlensäure, mit welcher der Apparat noch erfüllt war, durch Luft ersetzt ist. Man lässt den Apparat erkalten, trocknet ihn ab und wägt ihn, nachdem man das Wachskügelchen wieder auf *a* gebracht hat. Da die Gewichtsverminderung nothwendig dem Gewicht der entwichenen Kohlensäure gleich sein muss, so erfährt man hierdurch die Menge der Kohlensäure und somit auch die des reinen Kaliumcarbonates, welche derselben entspricht. Es ist klar, dass vorstehendes Verfahren, je nach der Zusammensetzung der Potasche, auf geeignete Weise abgeändert werden muss. Alle Salze, welche flüchtige Säuren enthalten, müssen, wenn sie in der Potasche vorkommen, einen störenden Einfluss auf die Methode ausüben; Calciumcarbonat ist hierbei nicht in Betracht zu ziehen, da dasselbe, falls es zugegen sein sollte, durch blosses Behandeln der Probe mit Wasser getrennt werden kann. Enthält dagegen die Potasche Schwefelkalium, ein Sulfit oder ein Hyposulfit, so setzt man zu der Probe eine Messerspitze voll gelben Kaliumchromates; sowohl der Schwefelwasserstoff, als auch die schweflige Säure werden dadurch im Momente des Freiwerdens zersetzt und die entstehenden Produkte oder Edukte (Chromsulfat, Wasser und Schwefel) bleiben sämmtlich zurück. Enthält die Potasche ätzendes Kali, wie es bei den nordamerikanischen Potaschen der Fall ist, so würde das Verfahren einen zu geringen Kaligehalt angeben. In diesem Falle, der bei deutschen und russischen Potaschen indessen selten eintritt, befeuchtet man die Potasche vorher mit Ammoncarbonat, trocknet und glüht sie.

Ausdruck des Handelswerthes.

Da die Potasche äusserst hygroskopisch ist, so reicht es keineswegs hin, um den Handelswerth derselben richtig zu bestimmen, lediglich anzugeben, wie viel Kaliumcarbonat darin enthalten ist, sondern diese Angabe muss sich auf wasserfreie Potasche beziehen und man muss auch noch wissen, wie viel Wasser sie enthält. Um den Wassergehalt zu erfahren, erhitzt man eine gewogene Menge, z. B. 10 Grm., Potasche in einem Schälchen von Eisenblech über der Weingeist- oder Gaslampe oder über einem Kohlenfeuer so lange, bis alles Wasser ausgetrieben ist, was man daran erkennt, dass eine darüber gehaltene Glasscheibe sich nicht mehr beschlägt, wozu in der Regel fünf Minuten genügend sind. Der Gewichtsverlust, in Decigrammen ausgedrückt, zeigt den Wassergehalt in Procenten an. Von dieser so getrockneten Potasche werden 6,23 Grm. abgewogen und auf die angegebene Weise weiter behandelt. Da 6,29 Grm. Potasche und 4,84 Grm. Soda, wenn sie reines Carbonat wären, genau 2 Grm. Kohlensäure enthalten, so zeigen je 2 Centigramme Verlust ein Procent Carbonat an. Betrug der Gewichtsverlust des Apparates bei der Prüfung einer Potasche 1,64 (= 164 Centigramme), so enthielt diese Potasche 164/2 = 82 Proc. Kaliumcarbonat. Für den wissenschaftlichen Gebrauch würde es genügen, die so erhaltenen Resultate in Procenten auszudrücken und z. B. zu sagen, eine Potasche enthält in 100 Theilen

Kaliumcarbonat 82

fremde Salze	8
Wasser	10
	100

Für den commerciellen Verkehr jedoch und um den Handelswerth (*titre*) der Potasche auszudrücken, ist diese Methode unbequem, da die Potasche Wasser anzieht und mit dem Wassergehalt ihre Zusammensetzung sich ändert. Will und Fresenius haben daher eine andere, weit zweckmässigere Methode angegeben, von welcher es wünschenswerth wäre, dass sie allgemein angenommen würde. Nach derselben bezieht sich die Angabe des Procentgehalts der Potasche immer auf den wasserfreien Zustand; dieser Procentgehalt wird durch den unveränderlichen Zähler eines Bruches ausgedrückt, während man den wechselnden Wassergehalt durch einen veränderlichen Nenner bezeichnet. Angenommen, man wolle bezeichnen, dass eine Potasche im wasserfreien Zustande 60 Proc. Kaliumcarbonat enthielte, so würde man schreiben $^{60}/_{100}$; stellt man sich vor, dieselbe zöge nunmehr so viel Feuchtigkeit an, dass 100 Pfund derselben 105 oder 109 wögen, so hätte man in dem ersten Falle $^{60}/_{105}$, im zweiten $^{60}/_{109}$. Es wird also nach dieser Bezeichnungsweise von dem Fabrikanten der Preis der Potasche im wasserfreien Zustande festgesetzt und der Gehalt der Waare durch einen Bruch bezeichnet in der Art, dass der Zähler den Gehalt an Kaliumcarbonat angiebt, während der Nenner 100 die Abwesenheit von Wasser bezeichnet. Potasche von $^{60}/_{100}$ kostet z. B. 18 fl. Der mit der Aufnahme von Wasser sich vergrössernde Nenner giebt alsdann dem Käufer an, wieviel von der wasserhaltigen Waare ihm für gleichen Preis geliefert werden muss. Wird aus der Potasche von $^{60}/_{100}$ durch Wasseraufnahme solche zu $^{60}/_{105}$ oder $^{60}/_{109}$, so dürfen alsdann 105 oder 109 Pfund derselben gleichfalls nur 18 fl. kosten. Es ist einleuchtend, dass diese Bezeichnungsweise bei gleicher Einfachheit weit grössere Sicherheit als die frühere gewährt. Jeder Zweifel wird dadurch ausgeschlossen, jedem Missverständnisse vorgebeugt. Der Käufer braucht, falls er sich auf die Gewissenhaftigkeit des Fabrikanten verlassen kann, nur eine Wasserbestimmung zu machen, um den wirklichen Werth der zu kaufenden Waare zu beurtheilen. Er braucht, mit anderen Worten, nur den Nenner des Bruches zu prüfen, weil dieser dem Wechsel unterworfen ist, den unveränderlichen Zähler nimmt er als richtig an. Den Gehalt der Soda giebt man in der Regel in Graden an. In Frankreich versteht man darunter Procente an Natriumcarbonat, in England Procente an Aetznatron. Da nun Natriumcarbonat in 100 Theilen aus 58,6 Theilen Natron und 41,4 Theilen Kohlensäure besteht, so sind z. B.

80°	französische	Bezeichnung	=	46,9°	englische	Bezeichnung
86°	„	„	=	50,5°	„	„
96°	„	„	=	52,8°	„	„

Grüneberg's Verfahren der Werthermittelung der Potasche.

Die im Vorstehenden erwähnten Methoden der Potascheprüfung haben ihre grossen Mängel, weil sie die in den Potaschesorten enthaltene Soda unberücksichtigt lassen und die Qualität der Kalisalze summarisch behandeln. Und doch sind diese Kalisalze für den Techniker von sehr verschiedenem Werth; das Kaliumcarbonat ist mehr werth als das Chlorkalium, letzteres wieder weniger als das Kaliumsulfat. Es bleibt somit nichts übrig, als bei Werthermittelung von Potaschen vollständige Analysen auszuführen, d. h. jedes der darin enthaltenen Salze zu bestimmen, für jedes der Salze einen Werth per Procent auszusetzen und diese Werthe sodann zu einer den Werth des Produktes ausdrückenden Gesammtsumme zu vereinigen. Durch Anwendung der Titriranalyse ist dies gegenwärtig leicht. Der Gang der von H. Grüneberg beschriebenen Methode ist folgender: Es wird der alkalimetrische Gehalt der zu untersuchenden Potasche nach der Gay-Lussac'schen Methode als Kaliumcarbonat gesucht, das Chlor mit salpetersaurem Silber, die Schwefelsäure mit salpetersaurem Blei bestimmt. Das vorhandene Kali wird als Weinstein abgeschieden und hieraus berechnet. Sämmtliches gefundene Chlor wird auf Chlorkalium und sämmtliche Schwefelsäure auf Kaliumsulfat berechnet, der an Chlor und Schwefelsäure nicht gebundene Rest des gefundenen Kali, abgesehen von zu vernachlässigenden kleinen Quantitäten Kaliumsilicates, welches als Carbonat gefunden wird, ist als Kaliumcarbonat vorhanden und wird als solches berechnet. Das so ermittelte Kaliumcarbonat wird von den alkalimetrisch gefundenen Potascheprocenten in Abrechnung gebracht und der verbleibende Rest auf Natriumcarbonat im Verhältniss von 69,1 : 53,0 calculirt.

Das Ammoniak und die Ammoniaksalze.

Allgemeines über Ammoniak.

Das Ammoniak findet sich fertig gebildet in der Luft und in Gestalt von Ammoniaksalzen in einigen Mineralien, auch entsteht es in beträchtlicher Menge als vulkanisches Produkt. Die grösste Menge des Ammoniaks und der Ammoniaksalze, welche in der Technik Verwendung finden, wird jedoch gewonnen durch trockne Destillation der Steinkohlen, der Knochen und ähnlicher Thiersubstanzen, durch Fäulniss des Harnes und Destillation der ammoniakhaltigen Flüssigkeit und durch Einwirkung von überhitzten Wasserdämpfen auf gewisse Cyanverbindungen. Die Gewinnung des Ammoniaks durch Reduktion der Salpetersäure und aus den Hohofengasen ist gleichfalls erwähnenswerth. Die von der Technik benutzten Quellen des Ammoniaks sind:

α) Anorganische Quellen.

1) das natürliche kohlensaure Ammoniak,
2) die Herstellung von Ammoniaksalzen bei der Borsäuregewinnung,
3) der vulkanische Salmiak,
4) Ammoniak aus der Salpetersäure beim Reinigen von Aetznatron,
5) „ „ dem Stickoxyd und der salpetrigen Säure,
6) „ „ dem Stickstoff der Luft,
7) „ „ gewissen Cyanverbindungen;

β) Organische Quellen.

8) die Steinkohle liefert Ammoniak
   a) bei der trocknen Destillation behufs der Leuchtgasbereitung,
   b) bei deren Ueberführung in Koks,
   c) bei ihrer Verbrennung als Brennmaterial;
9) Ammoniak aus gefaultem Harn,
10) „ durch Destillation der Knochen,
11) „ aus Rübensaft.

Das Ammoniak NH_3 besteht aus 1 Vol. Stickstoff und 3 Vol. Wasserstoff, welche sich zu 2 Vol. Ammoniakgas verdichtet haben, ist ein farbloses Gas, besitzt den bekannten durchdringenden Geruch und ätzenden alkalischen Geschmack. Wasser absorbirt bei +15° das 727-, bei 0° das 1050fache seines Volumens an Ammoniakgas und die so erhaltene Ammoniakflüssigkeit (Salmiakgeist, Ammonhydroxyd) hat das spec. Gewicht von 0,824 (= 31,3 Proc. NH_3). Für den technischen und pharmaceutischen Gebrauch ist aber eine geringhaltige Flüssigkeit zweckmässiger und haltbarer und man stellt fast durchgängig Salmiakgeist von 0,960 spec. Gewicht (= 9,75 Proc. NH_3) dar. Folgende Tabelle giebt den Zusammenhang des spec. Gewichtes des Salmiakgeistes mit seinem Gehalte an Ammoniak an:

Spec. Gewicht.	NH_3 Proc.	Spec. Gewicht.	NH_3 Proc.
0,875	32,50	0,959	10,0
0,824	31,30	0,961	9,5
0,900	26,00	0,963	9,0
0,905	25,39	0,965	8,5
0,925	19,54	0,968	8,0
0,932	17,52	0,970	7,5
0,947	13,46	0,972	7,0
0,951	12,0	0,974	6,5
0,953	11,5	0,976	6,0
0,955	11,0	0,978	5,5
0,957	10,5		

Auch in Alkohol ist das Ammoniakgas in reichlicher Menge löslich. Der Salmiakgeist findet zahlreiche technische Anwendungen, so z. B. zum Extrahiren der Orseillefarbstoffe aus den Flechten, der Cochenille, als Beizezusatz in der Schnupftabakfabrikation, zum Reinigen des Leuchtgases von Kohlensäure und Schwefelwasserstoff, zum Verseifen der Fette und Oele, nach dem Vorschlage von Gélis zur Fabrikation des Blutlaugensalzes mit Hülfe von Schwefelkohlenstoff, zum Auflösen des Silbers (Chlorsilbers) aus den Erzen, als Antichlor in den Bleichereien, in den Lack- und Farbenfabriken u. dgl. Was die Anwendung des Salmiakgeistes zum Extrahiren des Kupfers aus kiesigen Kupfererzen betrifft, so ist von G. Barruel im Jahre 1852 behauptet worden, dass sich das Kupfer ohne vorhergehende Röstung aus den Erzen (Kupferkies, Fahlerz) durch Ammoniak ausziehen lasse. Zu dem Ende solle man durch das feingepulverte, mit Salmiakgeist angerührte Erz einen Luftstrom treiben. Das Kupfer löse sich vollständig auf und verbleibe nach dem Abdestilliren der ammoniakalischen Flüssigkeit als Kupferoxyd in schwarzen glimmerartigen Blättchen. v. Hauer erhielt, als er diese Methode versuchte, unbefriedigende Resultate. Schönbein hat den Vorgang, der bei der Kupfergewinnung durch Ammoniak stattfindet, studirt und gefunden, dass es nicht sowol das Ammoniak ist, welches aus den Kupfererzen das Kupfer als Oxyd auflöst, als vielmehr die durch Oxydation des Ammoniaks gebildete salpetrige Säure. In Anschluss an die Arbeit von Schönbein hat Tuttle gefunden, dass die Oxydation des Ammoniaks gleichzeitig mit der des Kupfer stattfinde und durch diese bedingt sei. Was die praktische Verwendung des vorstehenden Verfahrens anlangt, so wurde bei einem am Rheine angestellten Versuche gefunden, dass das Ammoniak, obgleich man in luftdichten Gefässen arbeitete, nur zum Theil wiedergewonnen werden kann. v. Liebig hat diese Erscheinung aus der Beobachtung von Way (die indessen thatsächlich von Bronner zu Wiesloch bei Heidelberg herrührt) zu erklären gesucht, dass die thonigen Bestandtheile des am Rhein angewendeten Kupferschiefers das Ammoniak der Lösung entziehen, ähnlich wie dies bei Ackerkrume der Fall ist. Damit ist aber auch der Anwendung des Salmiakgeistes zur Kupferextraktion das Urtheil gesprochen, da es kein Mittel giebt, die Absorption desselben durch das Erzpulver zu verhüten.

Die Eigenschaft thonreicher Erden und ähnlich constituirter Mischungen, Ammoniak und Ammoniaksalze aus ihren wässerigen Lösungen aufzunehmen und unlöslich zu machen, ist überhaupt stets bei der technischen Verwendung des Ammoniaks ins Auge zu fassen. Handelt es sich darum, das in den Erzen als Malachit und Lasur enthaltene Kupfer bei starkem Kalkgehalt der Erze in Lösung zu bringen, so kann man mit Erfolg, wie die Versuche von Langsdorf zu Thal-Itter gezeigt haben, Ammoniak (sowol ätzendes, als auch kohlensaures) verwenden. — Erwähnenswerth ist die Anwendung des Salmiakgeistes zur künstlichen Eiserzeugung nach dem Verfahren von Carré; das Princip dieser Eisbildung beruht auf der Austreibung des Ammoniakgases aus seiner wässerigen Lösung durch Erwärmen, welches sofort in einem hinreichend starken Condensator aufgefangen und durch Abkühlung und Druck verflüssigt wird. Wird nun die Retorte nach Austreibung des Ammoniakgases in kaltes Wasser gestellt, so entsteht ein Vacuum in dem Apparate und es erfolgt eine abermalige Verdampfung des im Condensator befindlichen flüssigen Ammoniaks, das wieder von dem Wasser in der Retorte absorbirt wird. Um aber von Neuem seinen gasförmigen Zustand zu erlangen, muss es bedeutende Mengen Wärme aufnehmen, die es seiner nächsten Umgebung entzieht, wodurch die zur Eiserzeugung erforderliche Temperaturerniedrigung entsteht. Die Carré'sche Eismaschine liefert für jedes verbrannte Kilogramm Kohle 10 Kilogr. Eis. — Nicht mit Stillschweigen ist endlich der Vorschlag von Fournier zu übergehen, das Ammoniakgas als Prüfungsmittel für die Dichtheit der Leuchtgasleitungsröhren zu benutzen. Zu diesem Behufe leitet man das Leuchtgas durch Salmiakgeist, ehe es in die Leitung gelangt. Man braucht nun blos bei geschlossenen Brennern längs der sämmtlichen Theile der Leitung einen mit Salzsäure befeuchteten Glasstab oder rothes Lakmuspapier hinzuführen, um die undichten Stellen zu entdecken. Oft ist übrigens schon der Geruch ausreichend, um die Undichtheiten zu erkennen. — Was die Wichtigkeit des Ammoniaks und der Ammoniaksalze im Allgemeinen betrifft, so nimmt dieselbe von Tag zu Tag zu und zwar nicht nur für die Zwecke der Agricultur und insofern das Ammoniak ein unentbehrlicher Körper für die Salpeterbildung ist, sondern auch, weil in vielen Fällen das Ammoniak an die Stelle des Kali zu industriellen Zwecken tritt.

In neuerer Zeit ist des Ammoniakgas auch als Motor angewendet worden. Diese Ammoniakgaskraftmaschinen gründen sich darauf, dass aus wässeriger Ammoniaklösung durch Erhitzung das Gas ausgetrieben wird. Das Gas lässt man in einer Kolbenmaschine wirken, welche ebenso wie eine Dampfmaschine mit Condensation eingerichtet ist. Nachdem das Ammoniakgas in dem Cylinder thätig gewesen, wird es von kaltem Wasser absorbirt. Diese Lösung wird von Neuem zur Entwickelung von Ammoniakgas benutzt. Derartige Maschinen sind construirt worden von v. Waeyenberch u. A. Tellier schlägt das Ammoniakgas zum Luftleermachen von Tonnen und Fässern vor, Frommont construirte mit Ammoniakgas betriebene Pumpen.

Darstellung des Salmiakgeistes.

Der Salmiakgeist wird dargestellt, indem man Salmiak oder Ammonsulfat in der Wärme durch Aetzkalk zersetzt und das sich entwickelnde Ammoniakgas von kaltem Wasser verschlucken lässt. In der Praxis wird der Kalk immer im Ueberschuss angewendet, so dass gleiche Theile Ammoniaksalz und Kalk genommen werden. Bei gewissen technisch-chemischen Operationen entweicht Ammoniakgas in grosser Menge, so z. B. bei der Bereitung von Ammoncarbonat durch Sublimation eines Gemenges von Salmiak und Kreide, wobei auf 100 Th. des erhaltenen Ammoncarbonates gegen 14 Th. Ammoniakgas frei werden, die von Wasser aufgefangen und auf Salmiakgeist benutzt werden können. Es ist durch Wagner aufmerksam gemacht worden, dass unter gewissen örtlichen Verhältnissen die Fabrikation von Salmiakgeist (zu technischem Gebrauche) mit der des Barytweiss verknüpft werden kann, indem man aus einer Lösung von Ammonsulfat die Schwefelsäure mittelst Aetzbaryt als Barytweiss ausfällt und die klare Flüssigkeit von dem Niederschlage trennt.

Fig. 110.

Zur Darstellung des Salmiakgeistes im Grossen wendet man den Fig. 110 im Durchschnitt abgebildeten Apparat an. Zur Entwickelung des Gases dient eine gusseiserne Blase *A*, die bis an die obere Wölbung in einen Ofen eingemauert ist. Den Hals der Blase verschliesst eine durch Mennigekitt verdichtete und mit Schrauben befestigte eiserne Platte, durch welche ein eisernes Rohr *m* das Ammoniakgas nach dem Waschgefässe *B* führt. Letzteres besteht aus einem in einen Holzbottich eingesetzten verschlossenen Blechgefäss, durch dessen obere Mündung ein weites Rohr *o* eintritt, in welches das Gasleitungsrohr *m* mündet. Das Waschgefäss ist nur so weit mit Wasser angefüllt, dass das Rohr *n* und das Gasleitungsrohr *o* eben in dasselbe tauchen, da im Laufe der Operation aus der Blase *A* ziemlich viel Wasser überdestillirt, das sich in *B* verdichtet. Man bringt 100 Th. gelöschten Kalkes mit Wasser zu einem dünnen Kalkbrei angerührt in die Blase und fügt, nachdem der Kalkbrei völlig erkaltet ist, 100 Th. gepulverten Salmiak oder schwefelsaures Ammoniak unter Umrühren des Kalkbreies mit einem eisernen Stabe zu. Nachdem der Deckel lutirt und aufgeschraubt, beginnt man mit der Feuerung auf dem Roste *C*. Das in dem Deckel der Blase befindliche Quecksilbermanometer *b* gestattet den Gang der Entwickelung zu beobachten. Das Ammoniakgas tritt aus dem Waschgefäss durch das Rohr *t* in den von Brunnquell vorgeschlagenen Absorptionsapparat *D*, welcher überall zu empfehlen ist, wo man unter geringem Druck arbeitet. Dieser Apparat besteht aus einem grossen Kasten und vier flachen Kästen *a' a'' a''' a''''* mit ihrer Mündung nach unten gekehrt und einer auf den andern gestellt. In den Boden der letzteren Kästen sind abwechselnd auf dem einen, bei dem nächsten auf dem andern Ende der schmalen Seite Ausschnitte angebracht. Der Kasten ist mit Wasser gefüllt. Tritt nun durch das Gasleitungsrohr *t* Ammoniakgas in den Kasten *a''''*, so wird sich dasselbe unter demselben zu einer sich vergrössernden Blase (etwa wie die Luftblasen unter dem Eise) ausbreiten, bis es die Oeffnungen erreicht hat, durch welche sodann das Gas in einzelnen Blasen aufsteigt, um unter dem zweiten, dritten und vierten Boden dasselbe Spiel zu beginnen. Der Kasten wird in einen Holzbottich eingesetzt, in welchem zum Zweck der Abkühlung Wasserwechsel stattfindet. Die eiserne Blase *A* hat eine solche Capacität, dass sie 20 Kilogr. Ammonsulfat und 80 Liter Wasser zu fassen vermag. Die Arbeit ist beendigt, wenn der Boden der Blase bis zum Dunkelrothglühen erhitzt ist und das Quecksilber im Manometer am niedrigsten steht. Die im Waschapparat *B* befindliche Flüssigkeit lässt sich zum Anrühren des gelöschten Kalkes bei einer späteren Operation wieder verwenden. In neuerer Zeit stellt man grosse Mengen von (zu technischem Gebrauch bestimmten) Salmiakgeist direct aus dem Gaswasser der Leuchtgasfabriken dar, indem man dasselbe mit Kalkhydrat destillirt (siehe unten).

Die durch die Untersuchungen von H. Rose, Persoz und Rammelsberg bekannte Thatsache, dass Chlorcalcium Ammoniakgas aufnimmt und beim Erhitzen wieder abgiebt, hat Knab zur Magazinirung des Ammoniakgases zu verwenden gesucht. Während stärkster Salmiakgeist nur 25 Proc. NH_3 enthält, finden sich in dem Knab'schen Präparat 50 Proc. Für den Transport ist der Vorschlag Knab's nicht ohne Interesse.

Anorganische Ammoniakquellen.

Bevor die Darstellung der Ammoniaksalze aus Knochen, Steinkohlen und Harn geschildert werden wird, seien in der Kürze I. die anorganischen Quellen des Ammoniaks, von denen einige bereits industrielle Bedeutung erlangt haben, angeführt.

1) Das natürliche kohlensaure Ammoniak findet sich in grosser Menge in den Guanolagern von Peru, Chile und der Westküste von Patagonien. Nach Deutschland kam es als Handelsartikel zuerst im Jahre 1848. Die Analyse einer Probe ergab 20,44 Ammoniak, 54,35 Kohlensäure, 21,54 Wasser und 21,54 unlösliche Theile, wonach es Ammonbicarbonat $(NH_4)HCO_3$ ist.

2) Die Gewinnung von natürlichem Ammonsulfat als Nebenprodukt der Borsäurefabrikation in Toskana hat seit einigen Jahren riesige Dimensionen angenommen. Die Suffioni enthalten nämlich ausser der Borsäure die Sulfate von Kali, Natron, Ammoniak, Rubidion etc. Wie gross die Menge dieser Substanzen ist, erhellt aus einem in Travale angestellten Versuche. Vier Suffioni ergaben innerhalb 24 Stunden nicht weniger als 5000 Kilogr. Salz, bestehend aus 150 Kilogr. Borsäure, 1500 Kilogr. (= 30 Ctr.) Ammonsulfat, 1750 Kilogr. Bittersalz, 750 Kilogr. Eisen- und Manganvitriol etc. Das Ammoniak ist wahrscheinlich ein Produkt der stickstoffhaltigen organischen Körper, die in reichlicher Menge in den Gebirgen Toskana's vorkommen. Das Erdreich in der Umgebung der Lagunen enthält Ammonsulfat in grosser Menge; in Verbindung mit Eisen-, Natrium- und Magnesiumsulfat bildet es das von Bechi entdeckte Mineral Boussingaultit.

3) Die Ammoniaksalze vulkanischen Ursprungs haben für die Technik wenig Interesse. Ammonsulfat findet sich als Mascagnin als Sublimat am Vesuv und Aetna. Ebenso auch Salmiak, welcher häufiger und zuweilen in grosser Menge vorkommt; so fand es sich z. B. auf dem Aetna in den Jahren 1635 und 1669 in solcher Menge, dass es eingesammelt und nach den Städten Catania und Messina zum Verkauf gebracht werden konnte. Der Strom von 1832 setzte so viel Salmiak ab, dass der Führer des Geologen Elie de Beaumont's durch das Einsammeln desselben seinen Lebensunterhalt gewinnen konnte.

4) Bei zahlreichen anorganisch-chemischen Processen bildet sich Ammoniak, bei nur wenigen jedoch in solcher Menge, dass dessen Gewinnung vortheilhaft erscheint. Dies ist z. B. der Fall bei der Bereitung von Aetznatron (vergl. Seite 207) und dem Reinigen desselben durch Natriumnitrat. Die Menge des sich hierbei entwickelnden Ammoniaks ist so bedeutend, dass eine Condensation desselben lohnend erscheint; man hätte in diesem Falle den zum Abdampfen der Lauge dienenden Kessel mit einem gewöhnlichen Koksthurme zu verbinden. Stellt man Natriumarsenit dadurch dar, dass man arsenige Säure in Natronlauge löst, die Lösung des Natriumarsenits zur Trockne verdampft und den Rückstand mit Natriumnitrat mischt und erhitzt, so findet gleichfalls bedeutende Ammoniakentwickelung statt.

5) Auch als Nebenprodukt der Schwefelsäurefabrikation hat man Ammoniak zu gewinnen gesucht, indem man die entweichenden salpetrigen Dämpfe in Ammoniak umwandelt. Nach W. Neath leitet man diese Dämpfe mit Wasserdampf gemischt durch eine bis zur Rothglühhitze erhitzte Retorte, die mit Holzkohlenstückchen angefüllt ist. Das hierbei entstandene Ammoniak wird auf gewöhnliche Weise durch Schwefelsäure aufgefangen. Es ist nicht wahrscheinlich, dass vorstehendes Verfahren mit Erfolg zur Verdichtung und Verwerthung der aus der Bleikammer entweichenden Dämpfe wird Anwendung finden können, da die Absorption der salpetrigen Dämpfe durch Schwefelsäure nichts zu wünschen übrig lässt; jedoch lässt sie sich vielleicht unter Umständen in chemischen Fabriken benutzen, so z. B. bei der Darstellung des Nitrobenzols in den Anilinfabriken, der Oxalsäure, der Pikrinsäure etc.

6) Vielfache Versuche, den Stickstoff der Luft auf directem Wege in Ammoniak überzuführen, haben bisher zu keinem praktischen Ergebniss geführt. Beachtenswerth vielleicht ist der Vorschlag Fleck's, ein Gemenge von Stickstoff, Kohlenoxyd und Wasserdampf über glühendes Kalkhydrat zu leiten, wobei sich Ammoniak und Kohlensäure bilden:

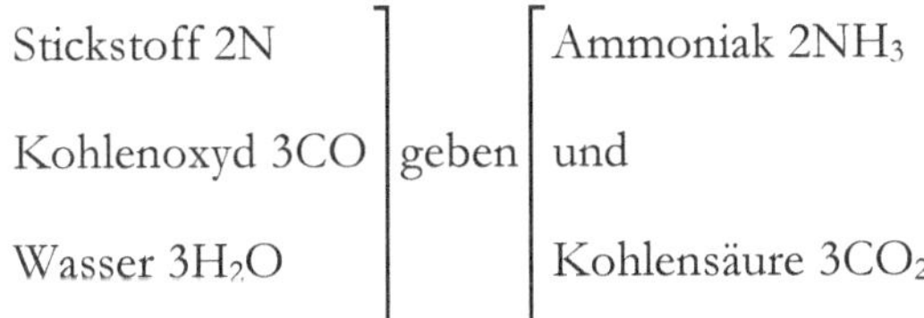

Stickstoff 2N		Ammoniak $2NH_3$
Kohlenoxyd 3CO	geben	und
Wasser $3H_2O$		Kohlensäure $3CO_2$

7) Wichtiger ist die indirecte Benutzung des atmosphärischen Stickstoffs zur Ammoniakbildung. Nach den Vorschlägen von Margueritte bildet man zunächst Cyanbarium und treibt den Stickstoff desselben bei 300° durch einen Dampfstrom in Gestalt von Ammoniak aus. Nach dem englischen Patente calcinirt man in einem Tiegel Bariumcarbonat mit 20 bis 30 Proc. Steinkohlentheer, um die Masse zu zertheilen und porös zu machen. Nachdem auf diese Weise Baryt dargestellt worden ist, lässt man abkühlen und bringt das kohlehaltige Gemisch in eine thönerne oder eiserne Retorte. Hierauf lässt man einen Strom Luft einströmen, welcher vorher mit Wasserdampf gesättigt wurde, indem man ihn über siedendes Wasser streichen liess. Sorgt man dafür, dass das Gemisch constant auf einer Temperatur von 300° erhalten wird, so entweicht Ammoniak in reichlicher Menge, indem sämmtlicher Stickstoff des zuerst entstandenen Cyanbariums in Form von Ammoniak ausgetrieben wird. Der in Form von Carbonat zurückbleibende Baryt wird immer wieder verwendet. Die Praxis hat sich noch nicht über den Werth des vorstehenden Verfahrens ausgesprochen. Bei dieser Gelegenheit sei die merkwürdige Ammoniakentwickelung erwähnt, welche stattfindet, wenn die Rohsoda aus dem Ofen kommt, und bis zum Erkalten der Masse fortwährt. Ohne Zweifel bildet sich dieses Ammoniak durch die Einwirkung der feuchten Luft auf die Cyanalkalimetalle, die in der rohen Soda in nicht unbeträchtlicher Menge sich finden. In der chemischen Fabrik von Kuhlmann in Lille werden zur Zeit Versuche über die erwähnte Ammoniakerzeugung angestellt. Auch die Bildung des Ammoniaks in den mit Koks betriebenen Hohöfen ist bei dieser Gelegenheit anzuführen; wenn man in Betracht zieht, dass nach Bunsen und Playfair der Alfreton-Hochofen täglich mindestens 224,7 Pfd. Cyankalium erzeugt, und in demselben Hohofen aus den Gichtgasen täglich $2^{14}/_{100}$ Ctr. Salmiak als Nebenprodukt ohne erhebliche Kostenerhöhung des Betriebes und ohne die mindeste Störung des Eisenprocesses gewonnen werden können, so liegt die Vermuthung nahe, dass dieses Ammoniak ein Zersetzungsprodukt der während des Hohofenprocesses sich bildenden Cyanüre sei.

Organische Ammoniakquellen.

Weit wichtiger für den Techniker als die anorganischen Bildungsweisen das Ammoniaks sind II. die organischen Quellen, unter denen 8) die Steinkohle oben an steht. Die Steinkohle giebt ihren Stickstoff, welcher im Durchschnitte 0,75 Proc. vom Gewicht der lufttrocknen Kohle ausmacht, als Ammoniak bei drei Anwendungen der Kohle ab, nämlich

α) bei der trocknen Destillation behufs der Leuchtgasbereitung, wo das Ammoniak in dem Condensations- oder Gaswasser auftritt, welches im Wesentlichen eine wässerige Lösung von Ammonsesquicarbonat ist. Diese Quelle des Ammoniaks ist eine reichlich sprudelnde. In London allein destillirt man jährlich 1 Million Tonnen Steinkohle zur Leuchtgasfabrikation; nimmt man an, dass aller Stickstoff als Salmiak gewonnen werden könne, so erhielte man gegen 194,460 Ctr. davon als jährliches Produkt;

β) bei der Ueberführung der Steinkohle in Koks bildet sich ebenfalls Ammoniak, welches man neuerdings ebenfalls in Ammoniaksalze überzuführen gesucht hat. Nach zahlreichen erfolglos gebliebenen Versuchen ist es in jüngster Zeit auf den grossen Kokswerken in Alais in Frankreich gelungen, Ammoniaksalze mit Vortheil zu gewinnen. Auch in den Kokswerken der *Société de carbonisation de la Loire* bei St. Etienne werden in dem Knab'schen Koksofen grosse Mengen von Ammoniaksalzen gewonnen. Es sei bei dieser Gelegenheit darauf aufmerksam gemacht, dass bei der immer noch im Steigen begriffenen Wichtigkeit der Theerfarben die ältere Methode der Koksbereitung verlassen und ein neues Verfahren eingeführt werden sollte, welches die

Gewinnung des der Theerfarbenindustrie unentbehrlichen Benzols gestattet und die der Ammoniaksalze erleichtert;

γ) bei der Verbrennung der Steinkohlen als Brennmaterial entweicht ein Theil des Stickstoffs derselben als Ammoniak. Obgleich die Bedingungen, unter denen die Steinkohle unter einer Feuerung am vollständigsten und besten verbrennt, gerade diejenigen sind, bei denen die Bildung des Ammoniaks verhütet wird, und die Condensation des Ammoniaks aus den Rauchgasen auf grosse Schwierigkeiten stösst, so liegen doch vielfache Versuche vor, das für die Technik so überaus wichtige Problem zu lösen. Eine Entziehung des Ammoniaks aus den Verbrennungsgasen dadurch, dass man dieselben über Gyps, Eisenvitriol, Manganchlorür, verwitterte Braunkohle u. dgl. leitet, bietet Schwierigkeiten dar, es scheint daher vortheilhafter, sogleich bei der Verbrennung der Steinkohle dahin zu streben, dass das Ammoniak in den Verbrennungsgasen in Form eines leicht condensirbaren Salzes, z. B. von Salmiak, enthalten sei. Es werden zu dem Ende die Kohlen mit einer Lösung von Chlormagnesium befeuchtet, wozu Mutterlauge der Salinen oder der Verarbeitung des Carnallits Anwendung finden kann. Die bei der Verbrennungstemperatur aus dem Chlormagnesium sich entwickelnde Salzsäure verbindet sich mit dem gleichzeitig entstandenen Ammoniak zu Salmiak. Die Verbrennungsgase werden aus dem Rauchfange in eine Kammer geleitet, vielleicht unter Mitwirkung eines Exhaustors, worin sich der Salmiak absetzt, der durch Sublimation gereinigt wird. Kuhlmann liess die aus dem zum Brennen der Knochen dienenden Ofen austretenden, mit den Verbrennungsgasen der Steinkohlen gemischten Dämpfe, bevor sie in den Schornstein gelangten, durch einen grossen steinernen Behälter strömen, in welchem durch eine Art Schöpfrad beständig Chlormanganlösung gehoben und in Regenform ausgegossen wurde. Die salmiakhaltige Flüssigkeit wurde auf Salmiak verarbeitet. Das Resultat entsprach jedoch nicht den gehegten Erwartungen, da der sich schnell absetzende Russ der Absorption Hindernisse bereitete.

Ammoniak aus den Condensationswasser der Gasfabriken.

Wie aus Vorstehendem folgt, haben die Ergebnisse der Bestrebungen, den Stickstoff der Steinkohle bei der Koksbereitung und bei ihrer Benutzung als Brennmaterial als Ammoniak zu verwerthen, für die Technik der Gegenwart nur untergeordnete Bedeutung, desto wichtiger ist die trockne Destillation der Steinkohle zum Zwecke der Leuchtgasbereitung, welche die hauptsächlichste Ammoniakquelle ist, die überhaupt existirt. Bei der Destillation der Steinkohle bilden sich ausser den gasigen Produkten, die das Leuchtgas ausmachen, Dämpfe, die nach ihrer Verdichtung als Theer und als Gas- oder Condensationswasser auftreten. Letzteres ist im Wesentlichen eine wässerige Lösung von Ammonsesquicarbonat, welches ausserdem noch Schwefelammon und Cyanammon, neben geringen Mengen von Schwefelcyanammon und Salmiak enthält. Durch Theerbestandtheile ist es ferner stets gefärbt und verunreinigt.

Der Gehalt an Ammoniak ist selbstverständlich kein constanter; derselbe hängt ab von dem Feuchtigkeitsgrade der Gaskohlen, dem Stickstoffgehalte derselben und der bei der Destillation eingehaltenen Temperatur. Je höher letztere ist und je länger dieselbe einwirkt, desto mehr wird der Stickstoff der Steinkohle als Ammoniak auftreten, während er ausserdem zum Theil als Anilin, Chinolin, Lepidin u. s. w., zum Theil auch als Cyan auftritt. In der Steinkohle in dem Zustande (mit etwa 5 Proc. hygroskopischem Wasser), wie sie in den Gasfabriken Anwendung findet, ist 0,75 Proc. Stickstoff enthalten. 100 Kilogr. einer solchen Steinkohle können demnach unter den günstigsten Verhältnissen nur 0,91 Kilogr. Ammoniak liefern[71]. Im Durchschnitt hat man gefunden, dass 1 Kubikmeter Gaswasser wenigstens 50 Kilogr. trocknes Ammonsulfat giebt, so dass zur Herstellung von 100 Kilogr. dieses Salzes 20 Hektoliter (= 40 Ctr.) Gaswasser erforderlich sind.

Das Ammoniak des Gaswassers lässt sich auf verschiedene Weise gewinnen. Dort, wo man Absatzquellen für unreinen Salmiak (oder Ammonsulfat) und billiges Brennmaterial hat, kann man das Gaswasser direct mit Salzsäure neutralisiren und die Flüssigkeit dann verdampfen. Ein solches Verfahren findet z. B. in einer Salmiakfabrik zu Liverpool statt, wo man während der kalten Jahreszeit wöchentlich gegen 300 Ctr. Rohsalmiak darstellt.

In den meisten Fällen wird das Gaswasser einer Dampfdestillation unterworfen, um das Ammoncarbonat daraus zu entfernen, welches entweder auf Ammonsulfat (wie bei dem von Mallet construirten Apparat) oder auf Salmiakgeist (wie bei der Vorrichtung Rose's) verarbeitet wird.

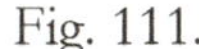

Fig. 111.

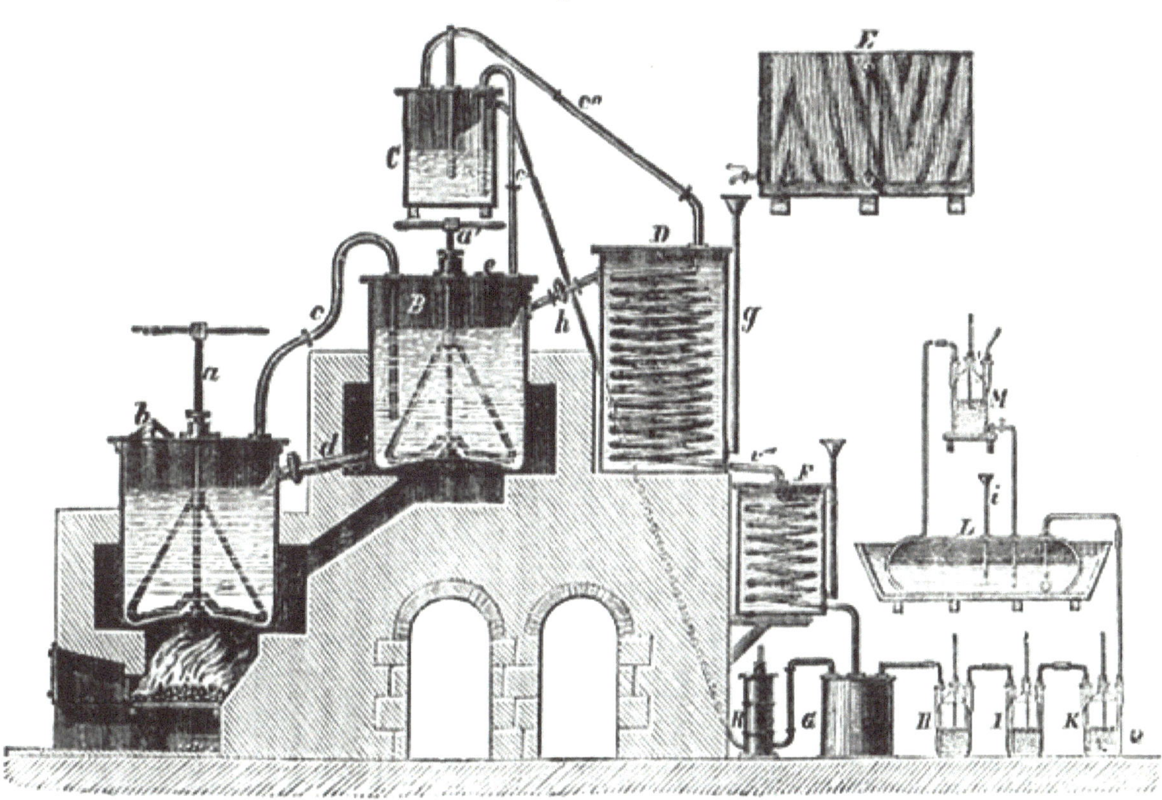

Mallet's Apparat.

Der Apparat Mallet's, der in mehreren grösseren Gasfabriken angewendet wird und Fig. 111 im Vertikaldurchschnitte dargestellt ist, gründet sich darauf, dass Wasserdampf in grosse mit Gaswasser angefüllte Gefässe geleitet wird, aus denen er das reine oder kohlensaure Ammon, je nachdem man vorher Kalk zusetzt oder nicht, austreibt, welches in eine saure Flüssigkeit gelangt, wodurch es in schwefelsaures Ammoniak übergeführt wird. Er besteht aus zwei (oder drei) staffelförmig über einander stehenden Kesseln *A* und *B* aus starkem Eisenblech. *A* steht direct über der Feuerung und ist am Deckel mit einem Bleirohr *c* versehen, welches in die Flüssigkeit des zweiten eingemauerten Kessels *B* taucht, welcher nach und nach erwärmt wird. Jeder Kessel ist mit einem Mannloch *b* und *e* und mit einem Rührapparat *a* und *a'* versehen. Die beiden Kessel *A* und *B* stehen unter sich ausser durch das Rohr *c* auch noch durch das Rohr *d* in Verbindung, durch welches das erschöpfte Gaswasser aus *B* nach *A* gelangen kann, um aus *A* durch ein mit Hahn versehenes Rohr (in der Zeichnung nicht sichtbar) abzufliessen. Die beiden Kessel werden mit Gaswasser unter Zusatz von Kalkmilch angefüllt. Es wird das Ammoniak frei und es bilden sich Calciumcarbonat und Schwefelcalcium, welche nach dem Austreiben des Ammoniaks in dem Wasser zurückbleiben. Die zu behandelnden Gaswässer gelangen schon vorgewärmt mittelst des Rohres *h* aus dem Kühlapparat *D* in die beiden Kessel. Der Kühlapparat *D* wird durch die Trichterröhre *g* aus dem Reservoir *E* gespeist. Das aus dem Kessel *A* sich entwickelnde Ammoniakgas geht nebst einem Dampfstrom in den Kessel *B*, erwärmt das daselbst befindliche Gaswasser und treibt das Ammoniak aus demselben aus. Das Gas geht aus *B* durch das Rohr *c'* in den Waschapparat und von da in den Kühlapparat *D*, in welchem mit Gaswasser gekühlt wird, und zuletzt in den Kühlapparat *F*, den man mit gewöhnlichem Wasser kühlt. Das in beiden Kühlapparaten condensirte Wasser und das Ammoniakgas gelangen in das Gefäss *G*, aus welchem die Pumpe *R* die Flüssigkeit in das Waschgefäss *C* führt, aus welchem es von Zeit zu Zeit in den Kessel *B* abgelassen wird, um das Ammoniak ein zweites Mal auszutreiben. Das nicht verdichtete Ammoniakgas geht aus dem Gefässe *G* in einen Woulf'schen Apparat. Die erste Flasche *H* enthält Olivenöl, welches die dem Ammoniak beigemengten Kohlenwasserstoffe zurückhalten soll, die Flasche *I* Natronlauge, um das Gas von allen fremden Körpern zu befreien, die letzte Flasche endlich ist zur Hälfte mit reinem Wasser angefüllt. Aus dieser letzten Waschflasche geht das Ammoniakgas in ein grosses, mit Blei ausgefüttertes Gefäss *L*, welches verdünnte Schwefelsäure, wenn man Ammonsulfat darstellen will, oder Wasser enthält, wenn man Salmiakgeist darzustellen beabsichtigt. Das Gefäss *L* wird mit kaltem Wasser gekühlt und ist mit einer Trichterröhre *i* zum Einfüllen der Säure und mit einem Rohre versehen, welches das nicht absorbirte Gas in das mit Wasser gefüllte Gefäss führt. Der Inhalt des Sättigungsgefässes *L* wird nach geschehener Neutralisation zum Krystallisiren verdampft.

Fig. 112.

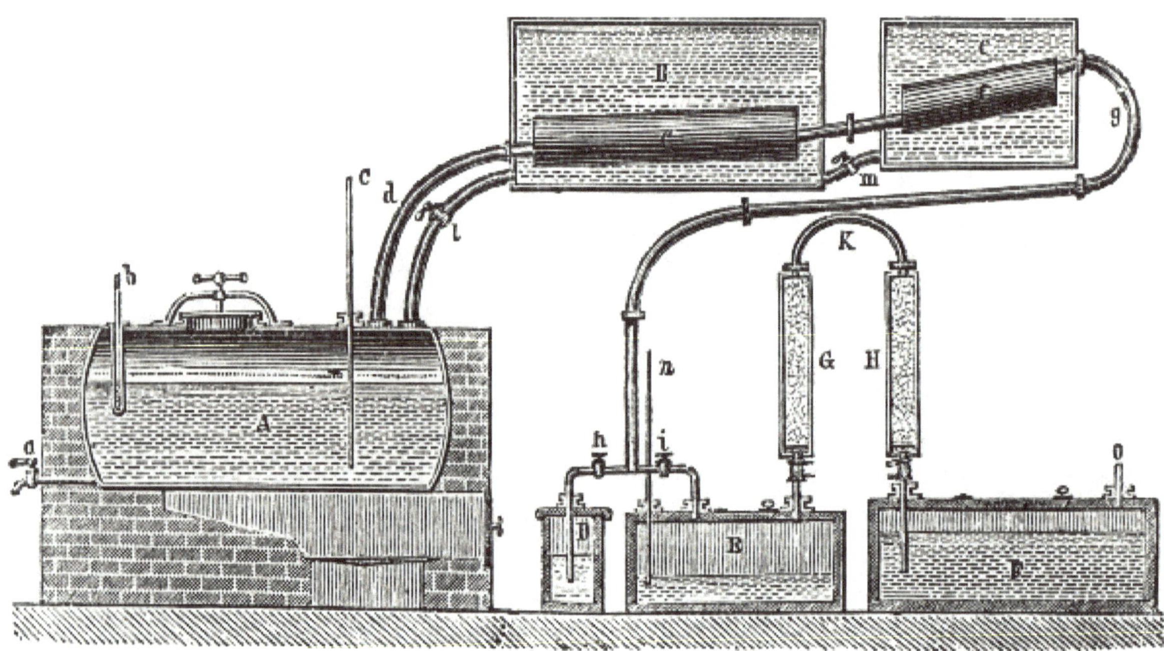

Rose's Apparat.

Handelt es sich um die Darstellung von Salmiakgeist, so kann der von Rose in Schöningen bei Braunschweig construirte Apparat, welcher in Fig. 112 im vertikalen Durchschnitt abgebildet ist, empfohlen werden. Dieser Apparat besteht aus dem direct erhitzten Kessel *A*, den Vorwärmern *B* und *C*, welche durch die Verdichtungsröhren *d*, *e* und *f* erhitzt werden, ferner aus den durch die Leitung *g* mit den Condensatoren verbundenen Absorptionsgefässen *D*, *E* und *F*, von welchen die beiden letzteren durch die Gasfilter *G* und *H* mit einander in Verbindung stehen. Das vorgewärmte Gaswasser in *B* und *C* kann durch die mit Hähnen versehenen Röhren *m* und *l* in den Kessel geleitet werden, während das kalte Gaswasser nicht in den Kessel, sondern stets in die beiden Kühlapparate *B* und *C* kommt. Der Kessel wird mit ⅔ seines Volumens an Gaswasser und ⅓ Kalkhydrat beschickt. Die blechernen Gasfilter *G* und *H* sind durch Bleirohr mit einander verbunden und mit frisch ausgeglühter Holzkohle beschickt, welche aus dem durchgehenden Gase alle brenzlichen Stoffe aufnimmt. Von den Absorptionsgefässen enthält *D* Salzsäure, dagegen *E* und *F* reines Wasser. Nachdem Kessel, Vorwärmer und Absorptionsgefässe beschickt und die Gasfilter aufgesetzt sind, beginnt die Feuerung unter dem Kessel *A*; das mit Wasserdampf gemischte Ammoniakgas verliert in den Condensatoren *e* und *f* einen Theil seines Wassers, welches in den Kessel zurückläuft. In die Flüssigkeit im Kessel ist eine mit Messingfeile gefüllte Blechhülse *b* eingelassen, in welcher ein Thermometer angebracht ist. Sobald die Temperatur 92–94° C. zeigt, wird der Hahn *h* geöffnet und der bisher offene Hahn *i* geschlossen, damit das Ammoniakgas in die Salzsäure des Gefässes *D* ströme. Nachdem die Gasfilter, durch welche das Ammoniakgas bisher gereinigt wurde, durch neue ersetzt sind, schliesst man *h* und lässt das Gas wieder durch *i* nach *E* und von da aus durch die Gasfilter *G* und *H* nach dem Hauptabsorptionsgefässe *F* treten. Die Gasfilter werden erneuert, sobald die Temperatur im Kessel *A* auf 96°, 98° und 100° gestiegen ist. Hat die Temperatur 103° C. erreicht (dabei ist vorausgesetzt, dass der Siedepunkt des Wassers an dem betreffenden Orte = 100° C. ist), so ist aus der Flüssigkeit in *A* alles Ammoniak entwichen und man lässt sie durch den Hahn *a* abfliessen.

Der Kessel wird von Neuem mit Kalk und mit dem vorgewärmten Gaswasser aus den Vorwärmern *B* und *C* beschickt. Während die Temperatur im Kessel *A* nach und nach auf 103° steigt, erwärmt sich der Vorwärmer *B* auf 90° und *C* auf 25–32°. Das Gefäss *F* enthält 150–120 Liter Wasser, welche in Salmiakgeist von 0,910–0,920 specifisches Gewicht übergeführt werden. Vorstehend beschriebener Apparat, bei welchem durch die gläsernen Sicherheitsröhren *c* und *n* eine Controle für die Grösse des Gasdruckes geboten ist, kann in den Gasfabriken so angebracht werden, dass die übelriechenden Gaswässer aus den cementirten und verschlossenen Cisternen in gusseisernen Röhren in die Vorwärmer geleitet werden können und auf diese Weise die Verarbeitung ohne alle Belästigung für die Umwohnenden vor sich geht.

Fig. 113.

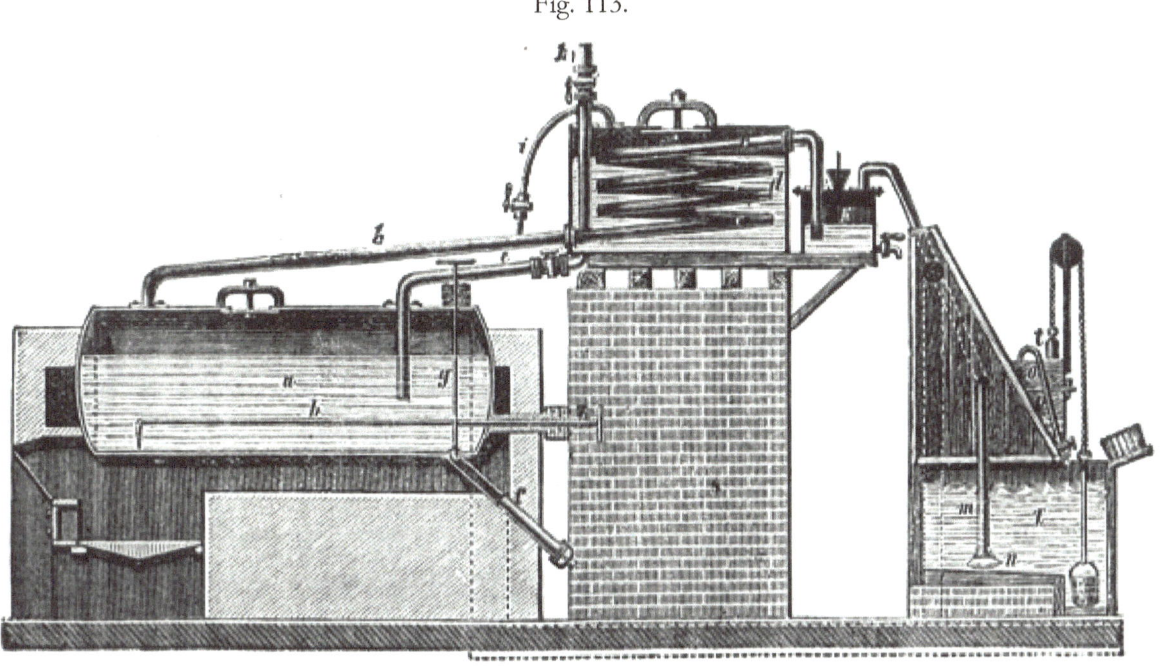

Lunge's Apparat.

Vorstehendem Apparat ist bei weitem der von G. Lunge angegebene vorzuziehen. *a* (Fig. 113) ist der Destillirkessel, *b* das Gasrohr, welches sich in die Schlange *c* fortsetzt, die in dem mit Ammoniakwasser gefüllten Gefässe *d* aus Eisenblech (besser als von Holz, ausser wenn dieses mit Blei ausgelegt ist) liegt. Das Rohr *e* mit Hahn gestattet es, den Inhalt von *d* nach *a* fliessen zu lassen, wenn dieses nach Beendigung der Arbeit entleert worden ist. Das Ablassrohr *f* ist so angebracht, dass es nicht leicht durch den Kalk verstopft und jedenfalls ohne Schwierigkeit gereinigt werden kann. *g* ist das Kegel- oder Kugelventil, welches während der Arbeit das Ablassrohr *f* verschliesst. Der rechenförmige Rührer *h* dient dazu, um den Kalk nicht am Boden anbrennen zu lassen und ihn vor dem Ablassen aufzurühren. *h* ist das Füllrohr für das Gefäss *d*. Man bemerke auch das Verbindungsrohr *i*, dessen Hahn geöffnet wird, wenn die Flüssigkeit in *d* zu heiss wird und Dämpfe entbindet; diese gehen dann durch *i* nach *b* und *c*, gemeinschaftlich mit den Dämpfen aus dem Kessel *a*. Sie gehen weiter nach dem Waschgefässe *k*, welches man mit Kalkmilch füllen kann; auch könnte man es z. B. mit Holzkohle beschicken, man müsste dann nur statt des Fülltrichters eine weitere Oeffnung anbringen. Dann gehen die Dämpfe in das Absorptionsgefäss *l*, welches aus Holz, mit Blei ausgelegt, besteht. Das Blei darf nicht gelöthet, sondern muss mit der Knallgasflamme zusammengeblasen sein. Das Gas tritt durch das unten trichterförmig erweiterte Bleirohr *m* ein; unter diesem steht eine Bleischale. Diese ist als Verbesserung angebracht, weil der Bleiboden da, wo die Dämpfe direct auf ihn blasen, sehr schnell zerstört wird; auch kann man das Gasrohr nicht aufwärts biegen, weil es sich dann zu leicht verstopfen würde. *o* ist ein kleineres, oben offenes Gefäss von Holz mit Bleiverkleidung, in welches man die Säureballons ausleert; die Säure dann fliesst durch den mit Thonhahn versehenen Heber *p* in das Saturationsgefäss *l* ab, indem man ihre Menge so regulirt, dass die Flüssigkeit nur immer eben sauer bleibt. Die entweichenden Dämpfe werden in der Haube *r* aufgefangen und durch ein weites (punktirt angegebenes) Rohr in den nächsten Schornsteinzug, am besten aber noch durch ein brennendes Feuer geführt. Man kann auch den Zugcanal von dem Kessel *a* her unter dem Boden von *l* her führen, welcher dann natürlich nicht eine Unterlage von Holz, sondern von Eisen haben muss; aber dies ist kaum nöthig, da schon ohnehin eine äusserst reichliche Ausscheidung von Salz in *l* stattfindet. Man zieht dasselbe von der offenen Vorderseite (rechts) aus auf dem geneigten Boden nach der Vertiefung *s* hin, in welcher ein durchlöcherter Bleieimer steht; wenn dieser voll von Salz ist, zieht man ihn vermittelst der abgebildeten Kette und Rolle in die Höhe, was durch Hülfe des Gegengewichtes *t* ohne alle Mühe geschehen kann, lässt ihn einige Augenblicke abtropfen und entleert ihn dann in den Weidenkorb *u*, von welchen mehrere an der Seitenwand das Gefäss *l* entlang stehen. Im Uebrigen wird verfahren wie bei dem Apparate von Rose, nur ist kein Abdampfen erforderlich, da alle Mutterlaugen nach *l* zurücklaufen.

Ammoniak aus gefaultem Harne.

Eine wichtige Ammoniakquelle ist 9) der gefaulte Harn. Wenn stickstoffhaltige organische Körper der Fäulniss unterliegen, so bildet sich stets Ammoniak und zwar, wenn der organische Körper eine Proteïnsubstanz war, zum Theil als kohlensaures Ammoniak, zum Theil als Schwefelammon. War dagegen der organische Körper schwefelfrei, und nur solche können zur Herstellung des Ammoniaks Verwendung finden, so bildet sich nur Ammoncarbonat. Dies ist der Fall bei der Fäulniss des Harnes, wo der Harnstoff CH_4N_2O unter Wasseraufnahme in Ammoncarbonat übergeht. Der gefaulte Harn wird entweder für sich benutzt, so z. B. zum Entschweissen der Wolle und zum Entfetten des Tuches, oder der Destillation unterworfen. Das Destillat nennt man Harngeist.

Fig. 114.

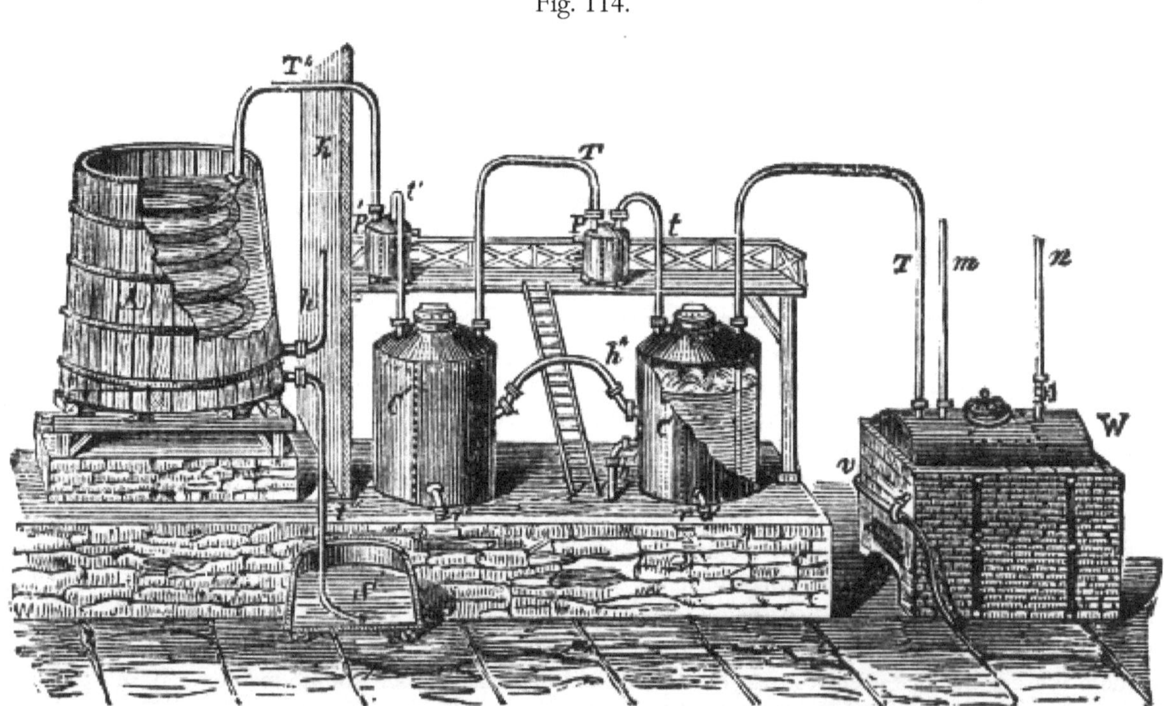

Zur Destillation eignet sich besonders der von Figuera in dessen Fabrik zu Bondy bei Paris angewendete Apparat, der auch in Deutschland bekannt zu werden verdient. Der Inhalt der Latrinen und Kloaken von Paris wird in la Villette deponirt und von da mittelst colossaler Pumpen in ein Leitungsrohr getrieben, welches, mit dem Ourcq-Canal parallel laufend, in der Entfernung von einigen Kilometern in die grossen Reservoirs mündet, die in der Nähe von Bondy, mitten im Walde gleichen Namens liegen. Nach einiger Zeit scheidet sich in diesen Reservoiren eine feste Masse ab, welche nach überstandener Gährung und dem Trocknen als Poudrette in den Handel gelangt. Die über diesem Absatz stehende ziemlich klare Flüssigkeit zapft man in andere Bassins ab. Man nennt diese Flüssigkeit *Eaux vannes*, wir wollen sie Gülle nennen. Sowie dieselbe in die Bassins kommt, enthält sie nur wenig Ammoniak, das aber in grosser Menge sich bildet, sobald die Flüssigkeit in Fäulniss tritt. Nach etwa einem Monat ist die Flüssigkeit zur Destillation reif. Der Apparat Figuera's (Fig. 114) besteht wesentlich aus einem Dampfkessel, dessen Dampf in zwei grosse Eisenblechcylinder strömt, die mit gefaulter Gülle angefüllt sind; das ausgetriebene kohlensaure Ammoniak verdichtet sich zunächst in dem bleiernen Schlangenrohre eines Kühlapparates und gelangt im tropfbarflüssigen Zustande in eine saure Flüssigkeit, wodurch es in Ammonsulfat übergeführt wird. Die Einrichtung des Apparates ist folgende: Der Holzbottich *A* fasst 250 Hektoliter Gülle und wird durch das Rohr *b* gefüllt. *C* und *C'* sind zwei Blechgefässe von je 100 Hektoliter Capacität, *P* und *P'* sind ähnliche, doch weit kleinere Gefässe, deren Bestimmung weiter unten angegeben werden wird. Beim Beginn der Arbeit wird der 130 Hektoliter fassende Dampfkessel *W* mit der durch die vorhergehende Destillation fast erschöpften Flüssigkeit aus *C* und *C'* gefüllt; sie enthält noch kleine Mengen von Ammoniak und ist ausserdem so heiss, dass die Operation ununterbrochen fortgehen kann. Die in *A* vorgewärmte Gülle geht durch ein vom Boden des Bottiches *A* ausgehendes Rohr nach *C* und von da durch das Rohr *b''* nach *C''*, worauf *A* mit neuer Gülle gespeist wird. Der Dampfkessel ist mit drei Röhren versehen; *T* ist das Dampfrohr, das Rohr *m* geht in den Kessel bis auf einige Centimeter vom Boden herab und erhebt sich hier über die Bedachung der Fabrik; *n* ist ein Sicherheitsrohr und zeigt zugleich durch Emporsteigen von Schaum an, sobald die Flüssigkeit im Dampfkessel bis zur unteren Mündung des Rohres *m* gefallen ist; *v* endlich ist ein gewöhnliches mit Hahn verschlossenes Rohr. Der in dem Dampfkessel entwickelte Dampf geht durch das Rohr *T* und nimmt die kleine Menge Ammoniak mit sich, welche die Flüssigkeit im Dampfkessel noch enthielt; der Dampf geht zunächst nach *C* und entwickelt daraus kohlensaures Ammoniak, welches durch das Rohr *t* in das Gefäss *P* entweicht. Letzteres Gefäss hat folgenden Zweck: Der in *C* einströmende Dampf bewirkt ein Wallen der Flüssigkeit und beträchtliches Schäumen. Unter normalen Verhältnissen steigt der Schaum in dem Rohr *t* empor und darf selbst in *P* eine gewisse Höhe erreichen, das Gefäss aber nie anfüllen, weil sonst der Schaum in das Rohr *T'* steigen und die Flüssigkeit in dem Gefässe *C'* verunreinigen würde. Um den Stand des Schaums in dem Gefässe *P* zu erkennen, nimmt der Arbeiter von Zeit zu Zeit einen der drei Holzpfropfen heraus, welche drei Oeffnungen in verschiedener Weite an der Seite verschliessen, und sieht, durch welche Oeffnung der Schaum ausfliesst. Hält er den Gang der Operation für zu heftig, so mässigt er das Feuer unter dem Dampfkessel. Aus dem Gefäss *P* geht der Dampf durch *T'* nach *C'*, wo er auf die nämliche Weise wirkt wie in *C*, entweicht durch das Rohr *t'*, passirt durch das zweite Probegefäss *P'* und geht von da mittelst des Rohres *T''* in das Bleirohr des Kühlapparates, wo er durch die Gülle, die als Kühlwasser dient, condensirt wird. Die verdichteten Produkte begeben sich durch das Rohr *t''* in einen mit Bleiplatten ausgefütterten Bottich, der die zur Sättigung des Ammoniaks erforderliche Menge Schwefelsäure enthält. Nach beendigter Destillation, die ungefähr zwölf Stunden dauert, wird der Dampfkessel durch das Rohr *v* ausgeleert und sofort wieder mit Gülle aus *C* und *C'* angefüllt, worauf die Arbeit von Neuem beginnt. Der Ammoniakgehalt der in Bondy verarbeiteten Gülle ist ein nicht constanter; im Durchschnitt aber lässt sich annehmen, dass 1 Kubikmeter (etwa 40 Kubikfuss) 9–12 Kilogr. Ammonsulfat liefern. Jede Destillation giebt gegen 200 Kilogr. davon. Da die Fabrik in Bondy mit eilf Apparaten arbeitet, so producirt sie täglich etwa 2200 Kilogr. (= 50 Ctr.) Ammonsulfat, was einem Quantum von 2500 bis 3000 Hektoliter Gülle entspricht. — Wie wichtig die Gewinnung von Ammoniaksalzen aus dem Harn werden könnte, geht aus dem Umstande hervor, dass, wenn man in Paris die 800,000 Kubikmeter Harn, die jährlich in den Gossen und Abzugscanälen verloren gehen, auf Ammoniak verarbeiten wollte, man ungefähr 7–800,000 Kilogr. Ammonsulfat (= 140–160,000 Ctr.) gewinnen würde.

Ammoniak aus Knochen.

10) Durch trockne Destillation von Thiersubstanzen, als der Knochen, des Horns (Hufe von Pferden, Rindvieh, Hornspäne von Horndrehern), der Abgänge von Häuten (Schwanz-, Kopf- und Fussenden aus den Gerbereien), des Fleisches gefallener Thiere, getrockneter menschlicher oder thierischer Excremente etc., zersetzt sich die organische Substanz und der grösste Theil derselben geht in Gestalt von Ammoncarbonat, Wasser, Cyan und Schwefelammon und eines Oeles, Thieröl oder Knochenöl über, in welchem Anderson ausser einigen ihrer Constitution nach noch unbekannten Basen (Pyrrolbasen) und einer Reihe von Basen der Aethylaminreihe, folgende organische Basen nachgewiesen hat: Pyridin C_5H_5N, Picolin C_6H_7N, Lutidin C_7H_9N und Collidin $C_8H_{11}N$. Der organische Theil der genannten Thiersubstanzen enthält 12 bis 18 Proc. Stickstoff,

so z. B. der Knochenknorpel 18 Proc., so dass der Stickstoffgehalt der Knochen, in denen der Knorpel ⅓ des Gewichtes ausmacht, gegen 6 Proc. beträgt. Büffelhorn enthält 17 Proc., wollene Lumpen enthalten 10 Proc., altes Leder 6,7 Proc. Stickstoff.

Die Menge des Ammoniaks in den Produkten der Destillation wechselt nicht nur nach der Art und Güte der Rohmaterialien, sondern auch nach der Art der Destillation und Kühlung und nach der bei ersterer angewendeten Temperatur. Das Ammoncarbonat, welches bei der trocknen Destillation als Hauptprodukt sich bildet, setzt sich zum Theil in den Kühlgefässen im festen Zustande als sogenanntes Hirschhornsalz (*sal cornu cervi*) ab, oder bleibt zum Theil in der wässrigen Flüssigkeit gelöst (Hirschhorngeist, spiritus cornu cervi).

Fig. 115.

Die Fabrikation der Ammoniaksalze durch trockne Destillation von Thiersubstanzen, einst schwunghaft betrieben und die hauptsächlichste Ammoniakquelle bildend, hat seit der allgemeinen Verbreitung der Leuchtgasfabrikation aus Steinkohle und der Verarbeitung der dabei fallenden Condensationswässer auf Ammoniaksalze allen Boden verloren und geschieht nur noch dort, wo die Verkohlung der Thiersubstanz die Fabrikation von Knochenkohle, von Blutlaugensalz und von Phosphor zum Zwecke hat. In fast allen diesen Fällen wird die Darstellung der Ammoniaksalze als ein notwendiges Uebel betrachtet. Die Thiersubstanzen, z. B. die Knochen, werden auf die Weise verkohlt, dass man dieselben in eiserne Retorten oder Cylinder bringt, ähnlich denen, in welchen die Steinkohlen zum Zwecke der Leuchtgasbereitung destillirt werden, und die entweichenden Produkte in Vorlagen und Kühlapparaten auffängt. Fig. 115 zeigt einen solchen Apparat. Die zur Destillation der Knochen dienenden fünf Retorten sind in dem Gewölbe eines Ofens eingemauert und sind an ihrem hinteren Ende mit Röhren *c c* versehen, welche die sich bildenden Gase und Dämpfe in die erste Bleikammer *B* leiten; was sich darin nicht verdichtet, geht durch das Rohr *d* in die zweite Bleikammer *C*. Die in den Kammern verdichtete Masse wird durch Sublimation in eisernen Töpfen *D D* mit bleiernen Deckeln gereinigt. Unterwirft man nicht Knochen, sondern andere Thiersubstanzen, wie Horn, Wolllumpen, Kalbshaare oder Lederabfälle zum Zwecke der Blutlaugensalzbereitung der trocknen Destillation, so erhält man kein festes Ammoncarbonat, sondern eine ammoniakalische Flüssigkeit von 13–15° B., welche auf verschiedene Weise zu gute gemacht werden kann. Das ammoniakalische Wasser wird entweder für sich mit Schwefelsäure oder Salzsäure neutralisirt, wobei sich in der Regel noch braune Theerflocken abscheiden, und dann nach dem Filtriren auf die entsprechenden Salze verarbeitet, oder auf andere Weise verwerthet. So schlägt Gentele hierzu folgenden Weg ein in dem Falle, dass die Phosphorfabrikation nicht als selbständiger Industriezweig, sondern neben der Fabrikation von Knochenleim, Salmiak und Blutlaugensalz betrieben wird. Der Betrieb steht dann in folgendem Zusammenhange: Die zur Herstellung von Blutlaugensalz angewendeten Thierstoffe werden verkohlt; die Thierkohle dient zur Blutlaugensalzfabrikation; das als Nebenprodukt gewonnene Ammoncarbonat wird zur Bereitung von Salmiak benutzt. Die Knochen werden nach ihrer

Entfettung mit Salzsäure ausgezogen und der zurückbleibende Knorpel auf Knochenleim verarbeitet. Das in der Salzsäure aufgelöste Calciumphosphat fällt man mit Ammoncarbonat und verwendet es zur Phosphordarstellung. Die über dem Niederschlage stehende Salmiaklösung wird auf Salmiak verarbeitet.

Wo die Oertlichkeit es gestattet, verwendet man die Mutterlaugen von Salzsoolen, von der Verarbeitung des Carnallits auf Chlorkalium, vom Meerwasser etc., welche sämmtlich reich an Chlormagnesium sind, zur Darstellung von Salmiak, indem man diese Flüssigkeiten mit dem Hirschhorngeist fällt. Die zu verschiedenen Zeiten von Dyar und Hemming, Schloesing u. A. gemachten Vorschläge, das Ammoncarbonat haltige Wasser durch Mischen mit concentrirter Kochsalzlösung und Einleiten von Kohlensäuregas zur Fabrikation von Salmiak und von Natriumbicarbonat zu verwenden, sind im Grossen kaum praktisch ausführbar.

Ammoniak aus Rüben.

Ammoniak 11) als Nebenprodukt der Rübenzuckerfabrikation. Beim Kochen des Rübensaftes entwickelt sich Ammoniak in reichlicher Menge, welches man auf Ammonsulfat verarbeitet. Das Ammoniak ist ein Zersetzungsprodukt der in dem Rübensafte sich findenden Asparaginsäure und des Betaïns. Eine Fabrik, die jährlich 200,000 Ctr. Rüben verarbeitet, könnte 877 Ctr. Ammonsulfat (nach Renard, 1869) als Nebenprodukt gewinnen.

Technisch wichtige Ammoniaksalze.

Technisch wichtige Ammoniaksalze. Der Salmiak (Chlorammonium, salzsaures Ammoniak) NH_4Cl besteht in 100 Theilen aus

Ammoniak	31,83		Ammon	33,75
		und		
Salzsäure	68,22		Chlor	66,25

und kam in früherer Zeit aus Aegypten, welches vom 13. Jahrhundert an bis zur zweiten Hälfte des 18. Jahrhunderts das ausschliessliche Privilegium besass, ganz Europa mit Salmiak zu versorgen. Man bereitete den Salmiak in Aegypten durch Verbrennen des Kameelmistes, wo derselbe als Brennmaterial dient. Die Nahrung des Kameels besteht fast nur als Salzpflanzen. Der Salmiak findet sich theils fertig gebildet in der Kameelgülle, theils und zwar hauptsächlich bildet er sich erst beim Verbrennen des Mistes aus den in den Excrementen enthaltenen stickstoffhaltigen Substanzen und den Chlormetallen (Chlorkalium, Chlornatrium). In dem beim Verbrennen des an der Sonne getrockneten Kameelmistes sich bildenden Russ ist der Salmiak enthalten. Er wurde sorgfältig gesammelt und dann in besonderen Anstalten der Sublimation unterworfen.

Fig. 116.

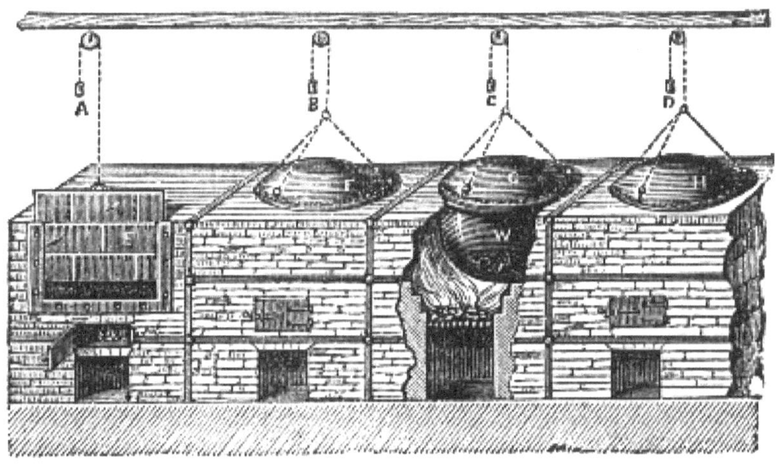

Auf Grund der in Aegypten gemachten Erfahrungen hat man in Gegenden, wo der Mist nur wenig Werth hat und als Brennmaterial dient durch Nachahmung jenes Vorganges Salmiakfabriken zu gründen versucht, indem man die Excremente der Thiere mit Kochsalz vermischte, diese trocknete und dann verbrannte. In Europa stellte man zuerst Salmiak durch trockne Destillation der Oelkuchen und aus dem beim Brennen der Pechkohle sich bildenden Russ dar. Die erste Salmiakfabrik Deutschlands war die der Gebrüder Gravenhorst in Braunschweig (1759). Heutzutage wird der Salmiak aus dem Ammoniak dargestellt, welches als Produkt der trocknen Destillation der Knochen und der Steinkohlen, sowie der Destillation des gefaulten Harnes auftritt. Man erhält, wie oben ausführlich erörtert, durch Neutralisation des Gaswassers mit Salzsäure (vergl. Seite 256), als Nebenprodukt bei der Fabrikation von Knochenleim und Phosphor (vergl. Seite 261), aus Ammoncarbonat und Kochsalzlösung, chlormagnesiumhaltiger Mutterlauge etc. (vergl. Seite 261) und endlich aus Ammonsulfat und Kochsalz. Der auf die eine oder die andere Weise erhaltene, stets gelblich gefärbte Rohsalmiak muss behufs seiner Reinigung sublimirt werden. Die Sublimation geschieht in gusseisernen flachen Kesseln *w* (Fig. 116), die aus Platten zusammengenietet und inwendig mit feuerfesten Steinen ausgesetzt sind. Unter dem Kessel befindet sich die Feuerung. Nachdem der Salmiak in den Kessel eingetragen und festgestampft worden ist, beginnt man den Kessel vorsichtig zu erwärmen, bis aus dem Salmiak alles Wasser ausgetrieben worden ist. Darauf legt man auf den Rand des Kessels einen Ring aus Lehmbrei und drückt in diesen einen Deckel aus Gusseisen *F*, *G* und *H*, welcher die Gestalt eines Uhrglases hat. Diese Deckel lassen sich mittelst der Rollen und Gewichte *B*, *C* und *D* heben und senken. Anstatt dieser Deckel wendet man auch Hauben von Blei an, deren obere Oeffnung mit einer eisernen Stange lose verschlossen ist. Damit der Deckel während der Sublimation durch den Druck im Innern nicht abgeworfen werde, beschwert man ihn mit Gewichten oder befestigt ihn sonst auf dem Kessel. Die Eisenstange wird während der Sublimation von Zeit zu Zeit herausgezogen, um den nicht verdichteten Dämpfen Ausgang zu verschaffen. Nach und nach verstärkt man das Feuer. Die Temperatur ist mit grosser Sorgfalt zu reguliren; wäre die Wärme zu gering, so würde man ein lockeres und undurchsichtiges Produkt erhalten und nicht das feste und durchscheinende Produkt, wie es im Handel gewünscht wird. Bei zu hoher Temperatur dagegen könnten die in dem Rohsalmiak enthaltenen organischen Substanzen verkohlen und durch die sich hierbei bildenden flüchtigen Produkte den Salmiak verunreinigen. Die Erfahrung hat gelehrt, dass es vortheilhaft sei, möglichst grosse Sublimationsgefässe, etwa von 2½–3 Meter innerem Durchmesser anzuwenden. Wenn der sublimirte Kuchen eine Dicke von 6–12 Centim. erreicht hat, unterbricht man die Sublimation, entfernt die erhärtete Masse aus dem Deckel oder der Haube und befreit sie mittelst eines Hobels von anhängenden Unreinigkeiten. Eine neben den Sublimiröfen befindliche Trockenvorrichtung, welche mit Hülfe des Schiebers *E* und der Vorrichtung *A* verschlossen werden kann, dient zum Trocknen des zu sublimirenden Salmiaks.

Fig. 117.

Gegenwärtig geschieht das Sublimiren des Salmiaks häufig auch in Töpfen oder auch in Glaskolben. Der zu sublimirende Salmiak wird mit 20–30 Proc. seines Gewichtes gepulverter Thierkohle gemengt und das Gemisch in einer erhitzten Schale aus Thon oder aus Blei bis zur staubigen Trockne erwärmt und dann in die Sublimirgefässe gebracht. Diese sind in einigen Fabriken Töpfe *B* und *M* (Fig. 117) aus Steinzeug, welche in zwei Reihen auf einem Gewölbe über einer Feuerung *G* stehen. Jeder Topf ist 50 Centimeter hoch. Oben wird durch eine eiserne Platte, welche jedem Topfe entsprechende Ausschnitte hat, das Ganze geschlossen. Jeder

Topf wird mit einem andern topfähnlichen Gefässe, meist einem Blumentopfe, bedeckt. Die Sublimirtöpfe stehen bis an den Blumentopf in Sand. In Fabriken, wo man Glaskolben zum Sublimiren verwendet, sind diese Kolben 60 Centim. hoch, mit einem Durchmesser von 30 Centim. und mit einem etwas abgeplatteten Boden versehen. An der Stelle, wo der Hals auf den Kolben aufsitzt, sind sie abgesprengt. 16 dieser Kolben, von denen ein jeder mit 9 Kilogr. des Gemisches von Salmiak mit Kohle beschickt ist, werden in zwei Reihen auf einen Galeerenofen gebracht und in eiserne Sandkapellen eingesetzt, so dass die Kolben etwa ⅓ ihrer Höhe über den Kapellenrand hervorragen. Der Kolben wird bis fast an den Hals mit einer fingerdicken Sandschicht belegt, vorher aber mit einer Bleiplatte überdeckt. Im Anfange der Operation lässt man einige Minuten die Salmiakdämpfe aus dem offen gehaltenen Kolben entweichen, damit die im Kolben befindliche Luft ausgetrieben werde, und bedeckt dann die Kolbenöffnung mit einer gut schliessenden Bleiplatte. Sobald letztere mit einem glasartig glänzenden Sublimat bedeckt erscheint, wird der über die Kapelle sich erhebende Kolbentheil von allem Sande entblösst und nun Sorge getragen, dass die Bleiplatten nicht zu fest an den Kolben backen, zu welchem Behufe der Arbeiter von Zeit zu Zeit an die untere Bleifläche klopft. Erscheint der Salmiak glasig und wird beim Anklopfen die Bleiplatte nicht mehr unter Entwickelung von Dampf gehoben, so lässt man die Platte ruhig auf dem Kolben, damit der Salmiak zu einer glasähnlichen Masse sublimire. Dem vollständigen Verschliessen der oberen Oeffnung muss durch zeitweiliges Nachbohren mit einem spitzigen Eisen vorgebeugt werden. Nach 12 bis 16 Stunden ist die Sublimation beendigt. Es werden dann die Bleiplatten entfernt und durch Korkpfropfen oder durch Baumwollbäusche ersetzt, und die Kapellen langsam erkalten gelassen. Während des Abkühlens dehnt sich der Salmiak aus und sprengt die Glaskolben. Der von den Glasscherben befreite Salmiakhut wird mittelst eines Messers von allen unreinen Stellen durch Schaben befreit und dann in Hutform verpackt. Der auf diese Art sublimirte Salmiak ist krystallinisch und vollkommen weiss. Handelt es sich darum, ihn vollkommen frei von Eisen zu haben, so mischt man den zu sublimirenden Salmiak mit 5 Proc. saurem Calciumphosphat oder 3 Proc. Ammonphosphat. Hierdurch wird des Chloreisen zersetzt und das Eisen bleibt als Phosphat in der Retorte zurück, während der Salmiak im eisenfreien Zustande sublimirt.

Der im Handel vorkommende Salmiak ist entweder sublimirt oder krystallisirt. Ersterer bildet meniskenähnliche Scheiben von 5–15 Kilogr. Gewicht (die englischen Salmiakbrote sind bis zu 50 Kilogr. schwer), welche weiss und durchscheinend, fett glänzend, klingend und aus parallelen faserigen und splittrigen Schichten gebildet sind. Gewöhnlich sind sie aus mehreren Schichten gebildet. Der krystallisirte Salmiak oder die Salmiakblume wird erhalten, indem man den durch Umkrystallisiren gereinigten Salmiak mit siedend gesättigter Salmiaklösung zu einem dicken Brei anrührt und diesen dann in Zuckerformen aus Steinzeug oder glasirtem Eisen stampft, nach dem Abtropfen der Lauge aus der Form entfernt und die Brote nach dem vollständigen Trocknen in blaues Papier gepackt in den Handel bringt. — Der Salmiak findet in grosser Menge in der Arzneikunde Anwendung. In der Technik verwendet man ihn beim Verzinnen und Verzinken des Kupfers, Eisens und Messings, sowie beim Löthen. Ausserdem dient derselbe in der Zeugdruckerei, der Farbenfabrikation, vor dem Bekanntwerden des Deville'schen Verfahrens in der Platingewinnung und Fabrikation des Platinschwammes, in der Schnupftabakfabrikation, zur Herstellung von Eisenkitt (1 Th. Salmiak, 2 Th. Schwefel und 50 Th. Eisenfeilspäne), von reinem Salmiakgeist, Ammoncarbonat und anderen Ammoniakpräparaten.

Ammonsulfat.

Das Ammonsulfat (schwefelsaures Ammoniak) $(NH_4)_2SO_4$ findet sich in der Natur in kleiner Menge in dem Mineral Mascagnin, in grosser Menge neben der Borsäure in Toskana und macht einen Bestandtheil des Boussingaultits (vergl. Seite 253) aus.

Man erhält es, wie schon in dem Vorhergehenden erwähnt, durch Neutralisation von Ammoncarbonat aus dem Condensationswasser der Gasfabriken, den Produkten der trocknen Destillation der Knochen, des gefaulten Harnes mit Schwefelsäure (Kammersäure), oder durch Zersetzen desselben mit Gyps oder mit Eisenvitriol. Es wird durch Abdampfen und Krystallisirenlassen der Lösung gewonnen. Die bei Anwendung von Theerwasser in der Regel braungefärbten Krystalle lassen sich durch Wiederauflösen, Filtriren der Lösung durch Thierkohle und Krystallisiren reinigen oder dadurch, dass man die Lösung bis zur Krystallisation bringt und die aus der Flüssigkeit während des Abdampfens sich abscheidenden Krystalle herauskrückt, sie in Körben abtropfen lässt und sie dann auf erwärmten Platten von Charmottesteinen scharf trocknet. Hierdurch werden die anhängenden Theertheile bis zur völligen Zersetzung erhitzt, ohne dass das Ammonsulfat eine Veränderung erleidet, welches man nun durch Behandeln mit Wasser, Filtriren und Abdampfen der Lösung in völlig reinem Zustande erhält. Für die Darstellung des Ammonsulfates ist es von Belang, dass durch Sättigen von Ammoncarbonat mit schwefliger Säure (durch Rösten von Pyriten, Zinkblende etc. erhalten) dargestelltes Ammonsulfit an der Luft nach und nach in Ammonsulfat übergeht. Dieses Salz ist das wichtigste aller Ammoniaksalze, insofern es den Ausgangspunkt zur Fabrikation des Salmiaks, des Ammoncarbonates, Salmiakgeistes etc. bildet. Für sich findet es ausgedehnte Anwendung in der Alaunfabrikation und von Düngerpräparaten. Eine wässerige Lösung von Ammonsulfat (1 : 10) ist empfohlen worden, um leicht feuerfangende Gewebe und Gespinnste vor der Entflammung zu schützen.

Ammoncarbonat.

Das Ammoncarbonat, wie es in der Technik und Pharmacie Verwendung findet, ist sogenanntes anderthalb-kohlensaures Ammon oder Ammonsesquicarbonat und ist nach der Formel $(NH_4)_4C_3O_8$ oder $2([NH_4]_2CO_3) + CO_2$ zusammengesetzt. Es wird entweder direct aus den Produkten der trocknen Destillation der Knochen oder durch Sublimiren eines Gemenges von Salmiak mit Kreide gewonnen.

Was die erstere Methode betrifft, so erhält man bei der trocknen Destillation von Knochen ausser dem Hirschhorngeist, der wesentlich eine wässerige Lösung von kohlensaurem Ammon ist, in den aus Steinplatten zusammengefügten Condensationskammern ein festes Sublimat von kohlensaurem Ammon (Hirschhornsalz), welches durch beigemengten Thiertheer und Oel eine bräunlichgelbe Farbe besitzt und durch Sublimation in reines kohlensaures Ammon übergeführt wird. Für pharmaceutische Zwecke stellt man das kohlensaure Ammon durch Sublimation eines Gemenges von Kreide mit Salmiak oder besser mit Ammonsulfat dar. Zur Sublimation wendet man denselben Apparat an, dessen man sich zum Reinigen des Hirschhornsalzes bedient. In die Sublimirgefässe bringt man ein Gemenge von 4 Th. Kreide, 4 Th. Ammonsulfat und 1 Th. Holzkohlenpulver. Die Temperatur wird nach und nach bis zum schwachen Glühen des Kesselbodens gesteigert. Man erhält stets ein reines und weisses Sublimat. Das hierbei in reichlicher Menge sich entwickelnde Ammoniakgas lässt man von mit Schwefelsäure imprägnirten Koksstückchen oder auch von Wasser absorbiren, wenn man Salmiakgeist darstellen will. Kunheim stellt das Ammoncarbonat durch Zersetzen von Salmiak mit Bariumcarbonat dar, wobei Chlorbarium als Nebenprodukt erhalten wird. Das Ammoncarbonat bildet in frisch sublimirtem Zustande eine weisse krystallinische und durchscheinende Masse, die an der Luft unter Aufnahme von Wasser Ammoniak abgiebt und dadurch oberflächlich in Ammonbicarbonat (Ammonhydrocarbonat NH_4 H } CO_3 übergeht; letzteres giebt sich als Ueberzug von weissem Krystallmehl zu erkennen, welches durch Schaben und Bürsten leicht entfernt werden kann. Seines stechenden Geruches wegen führt das kohlensaure Ammoniak den Namen Riechsalz. Das unreine kohlensaure Ammoniak ist das Rohmaterial zur Herstellung der übrigen Ammoniaksalze, ferner verwendet man es zu gleichen Zwecken wie das unreine Aetzammoniak als Fleckwasser, zum Lösen von Fett, zum Extrahiren von Flechtenfarbstoffen in der durch die Anilinfarbenfabrikation in den Hintergrund gedrängten Herstellung der Orseille u. s. w. Das reine Ammoncarbonat findet in der Heilkunde Anwendung und wird ausserdem in der Zucker- und Lebkuchenbäckerei zum Auftreiben des Teiges angewendet.

Ammonnitrat.

Das Ammonnitrat (salpetersaures Ammon) $(NH_4)NO_3$, durch Umsetzung aus Ammonsulfat und Kaliumnitrat erhalten, wobei aus der Flüssigkeit zuerst Kaliumsulfat sich abscheidet und das in der Flüssigkeit bleibende Ammonnitrat durch Abdampfen und Krystallisirenlassen der Lösung gewonnen wird, krystallisirt in sechsseitigen Säulen wie der Salpeter und löst sich ausserordentlich leicht in Wasser. Beim Auflösen in Wasser bewirkt es eine derartige Temperaturabnahme, dass man es als sogenanntes Gefriersalz zur Herstellung von Eis in den Glacièren benutzt hat. Beim Erhitzen zerfällt es in Stickoxydulgas und Wasserdampf ($N_2O + 2H_2O$), eine Eigenschaft, von der vielleicht bei der Bereitung von Sprengpulver Gebrauch gemacht werden könnte. —

Die Seifenfabrikation.

Seife. Allgemeines.

Die Seife in des Wortes gewöhnlicher Auffassung ist das Produkt der Einwirkung von ätzenden Alkalien auf Fette und besteht wesentlich aus stearinsaurem, palmitinsaurem und ölsaurem Kalium oder Natrium. War gleich die Seife längst schon vor unsrer Zeitrechnung bekannt, so konnte doch die Fabrikation derselben erst rationell und schwunghaft betrieben werden, seitdem einerseits Chevreul in seinen classischen Untersuchungen uns mit der Natur der Fette und somit auch mit dem Wesen des Verseifungsprocesses bekannt machte, andererseits die Entwickelung der Sodaindustrie einen wichtigen Anstoss gab. Nicht länger auf die theuere Potasche und die unsichere und stets geringe Ausbeute an Soda aus Barilla, Blanquette, Salicor, Kelp und Varech beschränkt, konnte sich die Seifenindustrie in einer Weise entwickeln, welche früher nicht geahnt wurde. Als mächtiger Hebel der Sodafabrikation, die auf das innigste mit fast allen Zweigen chemischer Gewerbsthätigkeit verschmolzen ist, bildet die Seifenbereitung eines der wichtigsten Glieder in der Entwickelungsgeschichte der chemischen Gesammtindustrie.

Rohstoffe der Seifenfabrikation.

Die zur Fabrikation der Seife angewendeten Rohmaterialien sind zweierlei Art, sie sind Fettsubstanzen und Lösungen von ätzenden Alkalien oder Laugen.

Die wichtigsten dieser Fettsubstanzen sind folgende:

Das Palmöl ist ein vegetabilisches Fett, welches aus der Frucht einer Palmenart, *Avoira Elais* oder *Elais guianensis*, nach Anderen dagegen von *Cocos butyracea*, *C. nucifera* und *Areca oleracea* in Guinea und Guyana gewonnen wird. Es ist von rothgelber Farbe, von Butterconsistenz und von starkem und angenehmem Geruch, welcher an den der Veilchenwurzel erinnert. Im frischen Zustande schmilzt es bei 27°, der Schmelzpunkt steigt aber mit der Zeit bis auf 31° und selbst 36°, da die in dem Palmöl enthaltenen Fette sich mit der Zeit in Glycerin und freie fette Säuren zersetzen. Es besteht zum grössten Theile aus Palmitin und kleinen Mengen von Oleïn.

Das Palmitin, früher mit dem Margarin verwechselt, wird durch Alkalien verseift und dadurch in Glycerin und palmitinsaures Kalium verwandelt:

$$\left[\begin{matrix}\text{Palmitin (Tripalmitin)} \left.\begin{matrix} C_3H_5 \\ (C_{16}H_{31}O)_3 \end{matrix}\right] O_3 \\ \\ \text{Kaliumhydroxyd } 3KOH \end{matrix}\right] = \left[\begin{matrix}\text{Glycerin} \left.\begin{matrix} C_3H_5 \\ H_3 \end{matrix}\right] O_3 \\ \\ \text{Kaliumpalmitat } 3 \left[\begin{matrix} C_{16}H_{31}O \\ K \end{matrix}\right] O \end{matrix}\right.$$

Die Palmitinsäure, der Stearinsäure sehr ähnlich und oft mit dieser verwechselt, ist eine feste, weisse und kristallinische fette Säure, welche bei 62° schmilzt. Das Palmöl enthält oft ⅓ seines Gewichtes freie Palmitinsäure und diese Menge nimmt mit dem Alter des Oeles noch zu. Der rothgelbe Farbstoff des Palmöles wird während der Verseifung nicht zerstört, so dass die aus rohem Palmöl dargestellte Seife (Palmseife, *palm-soap*) eine gelbe Farbe besitzt. Zerstört man aber den Farbstoff des Palmöles durch chemische Mittel wie Kaliumbichromat und Schwefelsäure (Bleichen des Palmöles), so erhält man ein nur schwach gefärbtes Fett, das bei der Verseifung eine weisse Seife liefert.

Das Illipe- oder Bassiaöl, ein dem Palmöl sehr ähnliches Fett, wird aus den Samen von *Bassia latifolia*, eines am Himalaya wachsenden Baumes, durch Auspressen gewonnen. Es ist gelb, wird aber nach und nach am Lichte weiss und besitzt einen schwachen, nicht unangenehmen Geruch. Bei gewöhnlicher Temperatur hat es Butterconsistenz. Sein spec. Gewicht = 0,958. Es schmilzt bei 27–30°. Es ist wenig löslich in Alkohol, leicht löslich in Aether, Kali und Natron verseifen es leicht; es bildet sich dabei Oelsäure, sowie zwei feste fette Säuren von verschiedenem Schmelzpunkte. Die Galambutter, von *Bassia butyracea*, wird zuweilen mit Palmöl verwechselt, mit dem sie viel Aehnlichkeit hat, jedoch röther von Farbe ist, schon bei 20–21° schmilzt und sich übrigens wie das Palmöl verhält. Sie kommt aus dem Innern von Afrika. An diese beiden Fette schliesst sich an das Carapaöl, aus dem öligen Kerne einer Species von *Persoonia*, einer in Bengalen und auf Coromandel wachsenden Palme, und der Vateriatalg (Pineytalg, malabarischer Talg), aus den Früchten von *Vateria indica* gewonnen; ersteres ist hellgelb und scheidet sich bei 18° in Oel und festes Fett; letzterer weisslichgelb, wachsartig und schmilzt bei 35°. Eine neue Fettsubstanz, welche zur Seifenbereitung verwendet wird, ist der Mafurratalg, welchen die Bewohner von Mozambique aus einer in Europa wenig bekannten Frucht (Mafurra- oder Mafutrakerne), von der Grösse der kleinen Cacaobohnen, durch Auskochen mit Wasser gewinnen. Die Mafurrakerne werden nicht nur von Mozambique, sondern auch von Madagaskar und der Insel Réunion bezogen. Das Fett ist gelblich, riecht wie Cacaobutter und ist leichter schmelzbar als Talg. Das Fett der Samen *Brindonia indica*, das zu Goa als Nahrungsmittel, zu Einreibungen, als Leuchtmaterial und zur Bereitung von Seife verwendet wird, ist fast weiss, schmilzt bei 40°, ist unlöslich in kaltem und sehr wenig löslich in siedendem Alkohol.

Das Cocosnussöl wird aus dem öligen Kerne der Cocosnüsse (*Cocos nucifera*, *C. butyracea*), die in Vorder- und Hinterindien, besonders an der Küste von Malabar und Bengalen, sowie auf Ceylon und den Malediven, ausserdem in Brasilien wachsen, durch Auspressen und Auskochen mit Wasser, in neuerer Zeit jedoch auch in Deutschland aus importirten Kernen durch Extraktion mit Schwefelkohlenstoff gewonnen. Es ist ein weisses Fett von der Consistenz des Schweineschmalzes, aber blätteriger Beschaffenheit und unangenehmem Geruch. Es schmilzt bei 22° und erstarrt erst bei 18–20°. Es besteht zum grössten Theil aus einem eigenthümlichen Fette, dem Cocinin, und aus kleinen Mengen von Oleïn. Ersteres zerfällt beim Verseifen in Glycerin und in Cocinsäure (Cocostearinsäure) $C_{13}H_{26}O_2$. Man hat begonnen, die Oelkerne der Cocosnüsse, welche im Handel den Namen Copperah führen, nach Europa zu schaffen und erst hier auszupressen oder zu extrahiren. W. Wicke erhielt (1860) aus Copperah 61,57 Proc. Fett. Das Cocosnussöl ist seit etwa 2 Decennien eine der wichtigsten Fettsubstanzen für die Seifensiederei geworden, indem es sich vorzugsweise zur Herstellung der sogenannten gefüllten Seifen eignet.

Der Talg (Unschlitt, graisse, suif, *tallow*) wird durch Ausschmelzen (Auslassen) namentlich des in der Bauchhöhle angesammelten Fettes des Rindviehs und der Schafe gewonnen. Die Härte des Talges richtet sich nach der Art des Thieres, welches ihn lieferte, und nach der Fütterungsweise. Die grösste Härte erreicht der Talg bei Trockenfütterung, die geringste bei Fütterung mit den Abfällen der Brauerei und Brennerei. Der russische Talg ist weit härter als der deutsche, eine Folge der in Russland länger als acht Monate währenden Trockenfütterung. Im Allgemeinen schmilzt der Talg bei 37° und enthält 75 Proc. seines Gewichtes starres Fett, aus Stearin (Tristearin) und Palmitin (Tripalmitin) bestehend, der Rest ist Oleïn (Trioleïn). Talg, der zu lange aufbewahrt wurde, ehe man ihn aus dem Zellgewebe ausschmolz, hat einen sehr üblen Geruch und meist auch eine dunkle Farbe. Die Trennung des Fettes von der Zellensubstanz kann auf zweierlei Weise bewirkt werden, einmal durch einfaches Erhitzen des rohen Talges, wodurch die Zellenwand eintrocknet, sich zusammenzieht und dem Zelleninhalt, dem Fett, auszutreten gestattet, oder das andere Mal durch gänzliche oder theilweise Zerstörung der Membrane durch chemische Mittel, entweder durch Schwefelsäure oder durch Salpetersäure oder durch Lauge. Eine der besten unter den vorgeschlagenen Methoden ist die von d'Arcet, bei welcher man sich der Schwefelsäure bedient und in verschlossenen Kesseln arbeitet. Die Schwefelsäure entmischt die sich bildenden Dämpfe und zerstört zum grossen Theil ihre nachtheiligen Wirkungen, zugleich erhält man mehr und besseren Talg. Bei Anwendung eines verschlossenen Kessels leitet man die sich entwickelnden Dämpfe entweder in den Feuerraum oder in einen Verdichtungsapparat. Man wendet nach d'Arcet auf 100 Th. in Stücke zerschnittenen Talg 1 Th. Schwefelsäure und 50 Th. Wasser an. Während bei dem gewöhnlichen Verfahren des Ausschmelzens der Verlust gewöhnlich 15 Proc. beträgt, vermindert er sich bei dem d'Arcet'schen Verfahren auf 5–8 Proc.

Das Schmalz (Schweineschmalz) findet in Europa seines hohen Preises wegen in der Seifensiederei nur selten Anwendung, in grosser Menge dagegen in Nordamerika, namentlich in Cincinnati, wo enorme Quantitäten von Schweinefett producirt werden, welche man fabrikmässig in festes Fett (42–44 Proc.) und in flüssiges Schmalzöl (*lardoil*), gegen 56–58 Proc. des ursprünglichen Fettes betragend, trennt. Letzteres soll in Amerika zur Verfälschung des Olivenöles Verwendung finden.

Das Oliven- oder Baumöl wird in der Provence, in Italien und Spanien, an der nordafrikanischen Küste etc. aus den Oliven, den Früchten des Oelbaumes (*Olea europaea*), aus der Familie der Jasmineen, gewonnen. Es ist für die Güte des Oeles nothwendig, die Einsammlung der Oliven zu der geeignetsten Zeit vorzunehmen, d. h. in den Monaten November und December. Nur die vollkommen reifen Oliven geben ein Oel ohne allen Nebengeschmack, die nicht hinlänglich zur Reife gelangten liefern ein herbes und bitteres Oel, die überreifen dagegen ein dickes, leicht ranzig werdendes. Im südlichen Frankreich befolgt man bei der Darstellung des Olivenöles folgendes Verfahren: Die reifen Oliven werden auf einer Mühle gemahlen und dadurch in einen Brei verwandelt; der Brei kommt in platte, aus Binsen geflochtene Körbe oder Säcke oder zweckmässiger in rosshaarene Pressbeutel und darin unter die Presse. Das beim ersten Pressen erhaltene Oel ist die vorzüglichste Sorte und heisst Jungfernöl (huile vierge). Nach dem ersten Pressen enthält der Brei noch eine nicht unbeträchtliche Menge Oel; um dasselbe zu gewinnen, übergiesst man den Brei mit siedendem Wasser und bringt ihn dann von Neuem unter die Presse. Ungeachtet des zweimaligen Auspressens bleibt immer noch Oel genug in den Oelkuchen oder Oeltrestern (grignons) zurück, um die weitere Behandlung derselben vortheilhaft zu machen. Das durch das zweite Auspressen gewonnene Oel besitzt eine schöngelbe Farbe, hat aber eine grössere Neigung zum Ranzigwerden als das Jungfernöl. Gewisse Sorten davon verwendet man in der Türkischrothfärberei, zum Einfetten der Wolle behufs des Vorspinnens u. s. w. Dasjenige, das zur ersten Anwendung fähig ist, heisst Tournantöl, das zum Einfetten der Wolle dienende Lampantöl. Ersteres reagirt sauer, enthält also freie fette Säuren, ist dick, trübe und ranzig und besitzt die Eigenschaft, mit kohlensauren Alkalien eine emulsionähnliche Flüssigkeit zu bilden, die in der Türkischrothfärberei den Namen Weissbad führt. Ein dickes, unreines, sogenanntes *Huile d'enfer* scheidet sich in den Cisternen ab, in denen man das zum Auspressen der Oliven benutzte Wasser aufbewahrt. Der zweimal ausgepresste Brei wird nochmals gemahlen und darauf ausgepresst. Das durch dieses Verfahren gewonnene Oel (Nachöl) eignet sich nur zur Seifenfabrikation. Seit einer Reihe von Jahren hat man an verschiedenen Orten die Extraktion des Olivenöls aus den Oliven mittelst Schwefelkohlenstoff dem Auspressen vorgezogen.

Der Thran (Fischthran), aus dem Speck der Bartenwale oder Walfische, der Potfische, der Delphine und hauptsächlich der Flossenfüssler (Seehunde, Seelöwen, Walrosse) und anderer Seesäugethiere gewonnen, ist verschieden je nach der Thierart und der Bereitungsweise. Er hat ein spec. Gewicht von 0,927 bei 20°, scheidet bei 0° etwas festes Fett ab, löst sich in grösseren Mengen Weingeist und besteht aus Oleïn, Stearin und kleinen Mengen von Glyceriden der Valeriansäure und ähnlichen flüchtigen fetten Säuren. Der Thran ist nicht nur ein wichtiges Material der Seifenfabrikation, sondern dient auch zum Einfetten des Leders, zur Fabrikation von sämischgarem Leder u. s. w. Das Hanföl, aus den Hanfsamen (*Cannabis sativa*) gewonnen, welche etwa 25 Proc. davon liefern, ist im frischen Zustande hellgrün, nimmt später eine braungelbe Farbe an. Es dient hauptsächlich zur Bereitung der grünen Seife. Das Leinöl, ebenfalls trocknend, wird aus dem Leinsamen (*Linum usitatissimum*) gewonnen, der 22 Proc. giebt. Sein spec. Gew. ist 0,9395 bei 12°. Es besteht zum grössten Theil aus einem ölartigen Glyceride, das bei der Verseifung eine von der Oelsäure verschiedene Säure liefert; es enthält auch etwas Palmitin. Das Ricinusöl von *Ricinus communis* verhält sich beim Verseifen dem Cocosnussöl sehr ähnlich. Wenn die Ricinusstaude, wie in Frankreich und in Algerien die Aussichten dazu vorhanden sind, eine ausgedehntere Cultur wird erfahren haben, dürfte das Ricinusöl einige Wichtigkeit für die Seifenfabrikation erlangen. Das Rapsöl giebt für sich, mit Alkalien versotten, eine schlechte, schaumige und krümlige Seife; diese unangenehmen Eigenschaften werden nach Alex. Müller beseitigt, wenn man das Rapsöl vorher in Rapselaidin überführt, was auf folgende Weise geschieht: Man giesst in einen hölzernen Bottich zu je 1 Ctr. Rapsöl 1 Pfd. Salpetersäure, die mit 1½–2 Pfd. Wasser verdünnt wird, mischt einige eiserne Nägel hinzu und rührt Oel und die saure Flüssigkeit mit einem hölzernen Spatel wiederholt durcheinander. Indem die sich bildende salpetrige Säure auf das Oel einwirkt, erstarrt dasselbe nach und nach zu einer gelben Fettmasse, welche nach einigen Wochen, wenn die Consistenz nicht mehr zunimmt, direct mit Natronlauge verseift werden kann. Die bei der Stearinkerzenfabrikation in grosser Menge abfallende rohe Oelsäure (eine Auflösung von unreiner Stearinsäure und Palmitinsäure in Oelsäure) ist gleichfalls ein wichtiges Material zur Herstellung der Seife. Der bei der Destillation des Terpentinöles bleibende, gelblich bis undurchsichtigschwarzbraune Rückstand, das

Colophonium, wird aus Nordamerika in grosser Menge nach Europa gebracht und hier zur Fabrikation der Harzseife, zum Leimen der Papiermasse und, mit Talg- und Oelseife vermischt, als gelbe Seife verwendet.

Lauge.

Das zweite wichtige Rohmaterial der Seifensiederei bildet die Lauge, eine wässerige Lösung von Aetzkali oder Aetznatron. Die Lauge hat nicht nur insofern Bedeutung, als sie einen Bestandtheil der Seife ausmachen soll, sondern auch weil sie durch ihre chemische Einwirkung auf die Fette eine Zerlegung derselben und eine Umwandlung in Seifen bewirkt.

In der Regel stellt der Seifenfabrikant die Lauge selbst dar und zwar früher meist mit Hülfe von Holzasche und Potasche, gegenwärtig meist mittelst Soda. Die Umwandlung der Alkalicarbonate in ätzende geschieht auf die gewöhnliche Weise mit Hülfe von gebranntem Kalk. Neuerdings liefern indessen die chemischen Fabriken dem Seifenfabrikanten das Aetznatron unter dem Namen Soda- oder Seifenstein (vergl. Seite 207) fix und fertig.

Die Herstellung der Seifensiederlauge aus Holzasche geschieht auf folgende Weise: Man bringt die gesiebte Asche auf den gepflasterten Boden, besprengt dieselbe mit so viel Wasser, dass sie zusammenballt, arbeitet sie mit einer Schaufel durcheinander und bildet daraus einen Haufen. Nachdem man in den Aschenhaufen eine Vertiefung gemacht hat, bringt man $\frac{1}{10}$–$\frac{1}{12}$ Th. gebrannten Kalk in dieselbe und begiesst ihn mit so viel Wasser, dass er sich löscht, während des Löschens wird er mit Asche bedeckt. Nachdem der gelöschte Kalk mit der Asche gut durcheinandergearbeitet ist, kommt die Masse zum Auslaugen in den Aescher, ein aus Fassdauben oder auch aus Gusseisen bestehendes Geräth, welches die Gestalt eines $\frac{1}{4}$ von der Spitze abgeschnittenen Kegels besitzt; an seinem Boden, nach der vordern Seite zu, befindet sich ein Hahn. Inwendig trägt der Boden ein etwa fünf Zoll hohes Holzkreuz, auf welchem ein zweiter durchlöcherter Boden liegt, so dass zwischen den beiden Böden die Lauge sich ansammeln kann. Unter dem Hahne befindet sich in der Regel ein grosser Behälter aus Holz oder Eisen, welcher zum Aufnehmen der abfliessenden Lauge bestimmt ist. Die fest gedrückte Masse in dem Aescher wird mit etwas Stroh bedeckt und so oft mit Wasser begossen, bis nichts mehr davon aufgenommen wird. Darauf wird der Hahn geöffnet und die abfliessende Lauge in dem Sumpfe angesammelt. Man giesst von Zeit zu Zeit Wasser auf den Aescher nach, bis das zuletzt abfliessende reines Wasser ist. Gewöhnlich gewinnt man drei verschiedene Sorten von Lauge, nämlich 1) die Feuer- oder Meisterlauge mit 18–20 Proc. Kaligehalt, 2) die Abrichtelauge, welche 8–10 Proc. Kali, und 3) die schwache Lauge, welche nur 1–4 Proc. davon enthält. Die letztere Lauge wird bei der Anstellung eines neuen Aeschers statt des blossen Wassers auf die auszulaugende Asche gegossen. Das bei der Kryolithzersetzung auftretende Natrium-Aluminat findet in Nordamerika unter dem Namen „*Natrona refined Saponifier*“ zum Verseifen Anwendung. Anstatt der ätzenden Alkalien lässt sich auch Schwefelnatrium zur Verseifung anwenden.

Theorie der Seifenbildung.

Theorie der Seifenbildung. Man nahm früher an, dass die Fette und Oele als solche die Eigenschaft besässen, sich mit den Alkalien zu verbinden, bis Chevreul in seiner Untersuchung über die Fettsubstanzen die Entdeckung machte, dass die Fette, wenn sie aus ihrer Seifenverbindung ausgeschieden werden, andere Eigenschaften besitzen, als vorher. Dieser Chemiker wies nach, dass alle Fette aus eigenthümlichen Säuren, der Stearinsäure, Palmitinsäure (Margarinsäure) und Oelsäure als nicht flüchtigen Säuren und gewisse riechende Fette ausserdem aus einer gewissen Anzahl flüchtiger Fettsäuren, wie der Buttersäure, Caprin-, Capron-, Capryl-, Valeriansäure u. s. w. und einer süssschmeckenden Substanz bestehen, die zwar schon früher von Scheele entdeckt und Oelsüss genannt, von Chevreul aber genauer untersucht und mit dem Namen Glycerin bezeichnet wurde.

In Folge der Forschungen Berthelot's und anderer Chemiker nimmt man an, dass alle in der Seifenfabrikation in Betracht kommende Oele und Fette Aether des Glycerins $C_3H_8O_3$ seien, welches letztere als ein trivalenter Alkohol $C_3H_5\ H_3 \} O_3$ angesehen wird. So ist z. B. das Palmitin, welches den Hauptbestandtheil des Palmöles ausmacht, Glyceryltripalmitat oder Tripalmitin, d. h. Glycerin, in welchem 3 Atome Wasserstoff durch das Radical der Palmitinsäure ersetzt sind: $C_3H_5\ 3C_{16}H_{31}O \} O_3$. Analog sind Stearin (Tristearin) und Oleïn (Trioleïn) constituirt. Verseift man die Fette, z. B. Palmöl, mit ätzenden Alkalien, z. B.

mit Aetznatron, so zerfällt das Fett (d. i. der Aether) in Alkohol (d. i. Glycerin) und in Natriumpalmitat (d. i. Seife) nach folgender Gleichung:

$$\left.\begin{array}{l}\text{Tripalmitin}\ \left.\begin{array}{r}C_3H_5\\3C_{16}H_{31}O\end{array}\right]O_3\\ \\ \text{und Aetznatron } 3NaOH\end{array}\right]\text{geben}\left[\begin{array}{l}\text{Glycerin}\ \left.\begin{array}{r}C_3H_5\\H_3\end{array}\right]O_3\\ \\ \text{und Seife (Natriumpalmitat) } 3\left[\begin{array}{r}C_{16}H_{31}O\\Na\end{array}\right]O\end{array}\right.$$

Das bei dem Verseifungsprocess (Saponification) sich bildende Glycerin bleibt, nachdem die Seife abgeschieden, in der Lauge, die gegenwärtig das Hauptmaterial zur Darstellung des werthvollen Glycerins abgiebt. Fette, welche, wie die tropischen Pflanzenfette (Palmöl und Cocosnussöl), die fetten Säuren zum Theil schon im freien Zustande enthalten, lassen sich begreiflicherweise weit leichter verseifen, als vollkommen neutrale Fette, wie Talg und Olivenöl, bei welchen die Lauge zunächst erst eine Umsetzung in fette Säuren und Glycerin zu bewirken hat. Die Oelsäure, das Nebenprodukt der Stearinkerzenfabrikation, lässt sich schon durch Alkalicarbonat in Seife überführen, ebenso das Colophonium, welches wesentlich aus einer Harzsäure, der Pininsäure, besteht. Die Seifenbildung vermittelst Oelsäure und Colophonium ist demnach kein eigentlicher Verseifungsprocess, weil das Charakteristische desselben, die Glycerinbildung, fehlt. Die Zerlegung eines Fettes durch Alkali geschieht nicht plötzlich und durch die ganze Masse hindurch, wie die Zersetzung eines unorganischen Salzes, sondern hat mehrere Phasen zu durchlaufen. Nachdem zuerst eine emulsionähnliche Mischung der Fettsubstanz mit der Lauge sich gebildet hat, entstehen saure fettsaure Salze, die die übrige Fettsubstanz suspendirt enthalten, bis endlich nach und nach auch das freie Fett der Einwirkung des Alkalis unterliegt und die sauren Salze in neutrale, in Seife übergehen.

Mit Kaliumhydroxyd (Kalilauge) verseift bilden die Fette stets weiche, mit Natriumhydroxyd (Natronlauge) stets harte Seifen. Man theilt demnach die Seifen ein

α) in harte oder Natriumseifen,

β) in weiche oder Kaliumseifen;

man unterscheidet ferner je nach der angewendeten Fettsubstanz Talgseife, Oelseife, Palmölseife, Oelsäureseife, Cocosnussölseife, Thranseife, Harzseife u. s. w. In technischer Hinsicht kann man die Seifen (die harten oder Natriumseifen) eintheilen in

1) Kernseife,

2) geschliffene Seife,

3) gefüllte Seife.

Die Kernseife hat davon ihren Namen, dass die fertige Seife nach der Scheidung aus ihrer Lösung durch Kochsalz (durch das Aussalzen) zum Kern zu sieden, d. h. zu einer gleichförmig geschmolzenen blasenfreien Masse zu vereinigen ist, in welcher nach dem Erstarren feine Krystallfäden wahrgenommen werden können. Die der Seife immer in kleinen Mengen anhängenden Unreinigkeiten setzen sich in dem nicht krystallisirenden Theile der Seife ab und bilden die natürliche Marmorirung (Fluss oder Faser). Die regelrecht ausgesalzene Seife sondert sich zuerst von der Unterlauge in Gestalt halbflüssiger, rundlicher Klümpchen oder Kerne. Die Kernseife allein ist reine Seife, indem sie durch die Operation des Aussalzens vom Glycerin und der überschüssigen Lauge und anderen Unreinigkeiten, ferner von überschüssigem Wasser befreit wurde. Die grosse Mehrzahl der Seifenfabrikanten stellt gegenwärtig die Kernseife nicht mehr dar. Die geschliffene oder glatte Seife entsteht durch das sogenannte Schleifen der Kernseife. Lässt man nämlich die fertige Kernseife in dem Siedekessel mit Wasser oder sehr schwacher Lauge sieden, so nimmt die Seife einen Theil Wasser auf, verliert dagegen die Fähigkeit zu krystallisiren oder eine Marmorirung anzunehmen. Es findet demnach bei der Herstellung der geschliffenen Seife ebenso das Aussalzen und die Abscheidung der hauptsächlichsten Unreinigkeiten statt, wie bei der Kernseife, von welcher sich die geschliffene Seife nur durch einen grösseren Wassergehalt unterscheidet. Die gefüllte Seife, gegenwärtig leider die gebräuchlichste, ist die geringste aller Seifensorten, indem eine solche Seife bei ihrer Bereitung nicht so weit ausgesalzen wurde, dass sich die Unterlauge von der Seife getrennt hätte, wo also der ganze Inhalt des Siedekessels zusammenbleibt, um als Seife verkauft zu werden. Beim Erkalten erstarrt nämlich das Ganze zu einer festen Seife, welche den bedeutenden Wassergehalt durch ihr Ansehen nicht verräth. Diese Eigenthümlichkeit, selbst bei grossem Wassergehalt trocken und hart zu erscheinen, besitzt besonders die Cocosnussölseife, weshalb denn auch seit der allgemeinen Verbreitung des Cocosnussöles die Anfertigung der gefüllten Seifen einen um so grössern Aufschwung erhalten musste, als sie ihre wasserbindende Eigenschaft auch anderen Seifen (Palmölseife, Talgseife u. s. w.) mittheilen. Seifen dieser Art sind oft so stark gefüllt, dass eine Produktion von 250–300 Th. frischer Seife aus 100 Th. Fett etwas ganz Gewöhnliches ist.

Hauptsorten von Seife.

Hauptsorten von Seife. Die deutsche Talgkernseife ist wesentlich ein Gemenge von Natriumstearat mit Natriumpalmitat und wird meist auf indirectem Wege dargestellt durch Verseifen von Talg mit Kalilauge und Ueberführen des so entstandenen Kaliumstearates und -palmitates durch Kochsalz (durch das Aussalzen) in die Natriumverbindung.

Der Siedekessel ist von der Form eines an der Spitze abgerundeten Kegels; der untere Theil, der die Abrundung des Kegels bildet und mit dem Feuer in Berührung kommt, besteht entweder aus genietetem Eisenblech oder ist von Eisen gegossen. Der obere kegelförmige Theil, der sogenannte Sturz, ist in der Regel aus Tannenholz gebildet und hat die Gestalt eines sich nach oben erweiternden Fasses ohne Boden; in neuerer Zeit besteht der Sturz nicht selten aus einer mit Cement verputzten Mauerung. Der Sturz hat hauptsächlich zum Zweck, der während des Siedens stark schäumenden Masse Raum zum Steigen zu verschaffen. Man beabsichtige z. B. 10 Ctr. Talg in Seife umzuwandeln, so füllt man den Kessel mit der erforderlichen Menge Feuerlauge (ungefähr 500 Liter) von 20 Proc. (= 1,226 spec. Gewicht), giebt den Talg hinzu, bedeckt den Kessel mit einem beweglichen Deckel und kocht die Masse unter bisweiligem Umrühren fünf Stunden lang und trägt noch nach und nach Feuerlauge nach. In diesem Zustande zeigt die Masse eine durchsichtige, gallertartige Beschaffenheit und wird Seifenleim genannt. Wenn der Seifenleim die gehörige Consistenz hat, so darf er auf Zusatz frischer Lauge nicht dünner werden, von dem Rührspaten nicht tropfenweise, sondern als ein zusammenhängender Strahl abfliessen, auf eine kalte Stein- oder Metallplatte gegossen, zu einer dichten Gallerte erstarren. Die Seifenleimbildung wird befördert, wenn man nicht auf einmal, sondern nur nach und nach die Lauge zugiebt. Nach den Untersuchungen von Mège-Mouriès kann man jedoch das ganze Laugenquantum auf einmal zusetzen, wenn man das Fett zuvor durch Eigelb, Galle, eiweissartige Körper oder Seife emulsionirt oder in den kugelförmigen Zustand (état globulaire) versetzt hat. Wie Fr. Knapp gezeigt, ist es auf alle Fälle vortheilhaft, das Fett mit der erforderlichen Laugenmenge in Emulsion zu verwandeln, die Mischung längere Zeit ohne Erwärmen oder bei etwa 50° C. stehen zu lassen und die so auf kaltem Wege vorgebildete Seife durch eine kurze nachträgliche Behandlung in der Siedehitze nun zu vollenden. Nimmt man die Verseifung mit Natronlauge vor, so bedient man sich einer Lauge von 10–12° B. (= 1,072–1,088 spec. Gewicht). Nachdem die Verseifung erfolgt ist, schreitet man zum Aussalzen, welches darin besteht, der heissen Masse Kochsalz zuzusetzen. Man rechnet auf 100 Pfd. Talg 12–16 Pfd. Salz. Die Masse wird im Sieden erhalten, bis der Seifenleim zu einer weissen griesartigen Masse geronnen ist und sich unter derselben eine klare Flüssigkeit, die sogenannte Unterlauge, abscheidet, welche abgelassen wird. Ist eine Vorrichtung zum Ablassen nicht vorhanden, so schöpft man die Seife in den Kühlbottich. Der Zweck des Aussalzens ist, die Kaliumseife durch das Kochsalz zum Theil in Natriumseife zu verwandeln, indem sich Chlorkalium bildet, das neben im Ueberschusse angewendetem Kochsalze in der Mutterlauge gelöst bleibt; ausserdem bewirkt das Aussalzen, dass die Seife von der Unterlauge und dadurch von einer Wassermenge befreit wird, welche die späteren Laugenzusätze bis zur Unwirksamkeit verdünnen würde. Der gewonnene Seifenleim kommt darauf in den

Kessel zurück; es wird schwächere Lauge, die Abrichtelauge, darauf gegossen und bis zum Sieden erhitzt. Die Seife löst sich abermals zu einem klaren Leime auf, der aber zum grössten Theil aus Natronseifenleim besteht. Während des Siedens wird fortwährend Abrichtelauge zugegeben. Ehe dies aber geschieht, ist ein wiederholtes Aussalzen erforderlich. Früher, bei Anwendung roher und sehr unreiner Materialien, war man oft genöthigt, das Aussalzen vier bis fünf Mal zu wiederholen. Durch das Einkochen wird die Seife immer mehr und mehr concentrirt, sie wird zuerst weich, blasenwerfend (zach) und aufsteigend. Sobald das Schäumen aufhört, die Seife aufpoltert und im Kerne siedet, schöpft man sie von Neuem von der Unterlauge hinweg in die Kühlbütte. Der Zweck dieses zweiten Siedens ist, die Seife, welche bis dahin eine schaumige Beschaffenheit besass, zu einer gleichmässig geschmolzenen und blasenfreien Masse zu vereinigen. Diese Vereinigung befördert man, indem man die Masse vor dem Erkalten mit einem eisernen Stabe schlägt (Kerben der Seife). Durch das Schlagen wird die Seife marmorirt und erhält die sogenannten Mandeln oder Blumen. Die fertige Seife wird nun gefärbt. Zu diesem Zwecke bringt man sie noch flüssig in die Seifenform oder Lade, einen viereckigen Kasten aus Tannenholz, der zum Auseinandernehmen eingerichtet ist, und lässt sie darin erkalten. Der durchlöcherte Boden der Form ist mit Leinwand bedeckt, damit die der Seifenmasse noch beigemengte Lauge abfliessen kann. Nach dem Erkalten wird die Form auseinandergenommen, die fertige Seife mittelst eines Lineals abgetheilt und mit dem aus Draht gefertigten Seifenschneider in Tafeln oder Riegel geschnitten, die zum völligen Austrocknen einem luftigen Orte ausgesetzt werden. In neuerer Zeit wendet man auch eine Maschine von Lesage zum Zerschneiden der Seife in Stücke an. 10 Ctr. Talg geben durchschnittlich 16⅔ Ctr. Seife, die an der Luft noch um 10 Proc. eintrocknet.

Da selbst durch wiederholtes Aussalzen eine vollständige Umwandlung der Kaliumseife in Natriumseife nicht stattfindet, so ist die gewöhnliche deutsche Kernseife immer mit einer grossen Menge Kaliumseife gemengt, welche ihr eine beim Gebrauch angenehme Geschmeidigkeit verleiht. Nach von A. C. Oudemans (1869) angestellten Versuchen wird sogar nur etwa die Hälfte des Kaliums durch Natrium ersetzt.

Baumölseife.

Die Baumölseife, auch Marseiller, venetianische oder spanische Seife genannt, wird in südlichen Gegenden, in denen der Oelbaum cultivirt wird, mit Baum- oder Olivenöl bereitet, zu welchem man häufig andere Oele, wie Leinöl, Mohnöl, Sesamöl, Erdnussöl, Baumwollsamenöl etc. gesetzt hat. Man wendet bei der Herstellung der Baumölseife zwei Arten von Lauge an: die eine davon enthält nur Aetznatron und wird zum Vorsieden benutzt; die zweite enthält neben Aetznatron noch Kochsalz und dient zum Abscheiden des Seifenleims und zum Klarsieden der Seife. Das Vorsieden soll die Bildung einer Emulsion, aus Oel und verdünntem Alkali bestehend, bewirken; diese Emulsion befördert, wie man lange vor Mège Mouriès' Untersuchungen wusste, die Seifenbildung, indem sie das mit Wasser nicht mischbare Oel in einem fein vertheilten Zustande enthält, wodurch die Berührungspunkte mit dem Alkali beträchtlich vergrössert werden. Um den Seifenleim von einem grossen Theil des mit der Natronlauge zugesetzten Wassers zu befreien, wendet man kochsalzhaltige Natronlauge an, durch welche sich der Seifenleim, ein Gemenge von fertiger Seife und Oelemulsion, von dem Wasser trennt (das Ausscheiden des Seifenleims, relargage). Die dritte Operation, das Klarsieden endlich, vollendet die Verseifung des Seifenleims. Durch die Anwendung von kochsalzhaltiger Natronlauge ist man im Stande, die Seifenmasse in einem solchen Zustande zu erhalten, in welchem sie Alkali aufnehmen kann, ohne jedoch dabei Wasser zu binden.

Das Vorsieden geschieht mit einer Aetznatronlauge von 6 bis 9° B. (= 1,041–1,064 spec. Gewicht) in grossen Kesseln mit geneigten Wänden und kupfernen Boden, welche gegen 250 Ctr. fassen können. Man erhitzt die Lauge bis zum Sieden und setzt dann das zu verseifende Oel hinzu. Zur Beförderung der Verbindung wird von Zeit zu Zeit umgerührt. Die Masse gelangt bald ins Sieden und schäumt. Nach und nach nimmt der Schaum ab und verschwindet endlich gänzlich. Durch fortgesetztes Sieden erlangt die Masse Consistenz und es steigen schwärzliche Dämpfe auf, von der Zersetzung eines kleinen Theiles des consistenten Seifenleimes durch den überhitzten Kupferkessel herrührend; sowie dieser Zeitpunkt eingetreten ist, verdünnt man die Masse mit stärkerer Lauge von 20° B. (= 1,157 spec. Gewicht). Beabsichtigt man die Fabrikation von bläulichweisser Seife, so setzt man gegen das Ende des Siedens etwas Eisenvitriol in den Kessel; je mehr man Eisenvitriol anwendet, desto dunkler fällt die blaue Farbe der Seife aus. Nachdem die Masse die gehörige Consistenz erlangt hat und vollkommen homogen geworden ist, ist die Operation des Vorsiedens beendigt. Wollte man die Verseifung nun dadurch zu vollenden suchen, dass man der Masse stärkere Lauge hinzusetzte, so würde man zu keinem Resultate gelangen, weil die grosse Wassermenge, welche man in Gestalt von Vorsiedelauge der Masse zuzusetzen genöthigt war, die starke Lauge bis zur Unwirksamkeit verdünnen würde. Es folgt daraus die Nothwendigkeit, diese Wassermenge abzuscheiden, was durch den Zusatz von kochsalzhaltiger Lauge geschieht. Durch das Aussalzen scheidet sich der Seifenleim in Flocken und zwar nach einigen Stunden so vollständig ab, dass die Unterlauge durch eine am Boden des Kessels befindliche Oeffnung, die gewöhnlich mit einem hölzernen Zapfen verschlossen ist, abgelassen werden kann. Nach dem Abziehen beginnt das Klarsieden der Seife mit kochsalzhaltiger Lauge von 18–20°. Nachdem das Gemenge einige Stunden lang gekocht hat, wird die Unterlauge abermals abgezapft und durch neue kochsalzhaltige Lauge von 20–28° ersetzt. Durch fortgesetztes schwaches Kochen erlangt die Seife nach und nach eine gewisse Consistenz; sie ist aber bei weitem noch nicht gargesotten. Sobald die Lauge alles Alkali an das Oel abgegeben hat, wird die Unterlauge zum dritten Male abgezogen und neue Lauge zugegeben. Das Ablassen und Nachgiessen wird nach Umständen 4–6 Mal wiederholt. Ist die Seife gargesotten, so lässt sie ein cohärentes Korn wahrnehmen; sie hat ferner den Oelgeruch verloren und einen angenehmen, entfernt an Veilchen erinnernden dafür angenommen. Der Kern auf der Hand plattgedrückt, breitet sich nach dem Erkalten zu einer festen, schuppigen Masse aus. Nach dem letzten Laugenzusatz soll das Sieden des Seifenleims während des Winters 10–12 Stunden lang, während des Sommers 12–18 Stunden lang fortgesetzt werden. Die gargesottene Seife erstarrt beim Erkalten zu einer homogenen blaugraugefärbten Masse, deren Farbe von Schwefeleisen (entstanden durch den zugesetzten Eisenvitriol und das Schwefelnatrium der Natronlauge) und Eisenseife herrührt. Diese bläuliche Färbung ist aber für das Auge nicht angenehm, man sucht deshalb diese Färbung in Adern hervorzubringen, was durch Marmoriren geschieht. Die Eisenseife ist bei niedriger Temperatur in dem gargesottenen Seifenleime nicht löslich, sie scheidet sich deshalb beim ruhigen Stehen der Seifenmasse am Boden des Gefässes aus, während der obere Theil aus weisser Seife besteht. Rührt man nun die Seife, anstatt sie während des Erkaltens ruhig stehen zu lassen, zu der rechten Zeit um, so wird sich die gefärbte Eisenseife, anstatt sich am Boden abzusetzen, in der Masse verbreiten und bläuliche Adern bilden, welche man durch das Marmoriren zu erhalten sucht. In englischen Fabriken geschieht das Marmoriren dadurch, dass man zu der fast gargesottenen Seife eine concentrirte Lösung von roher schwefelnatriumhaltiger Soda setzt; durch Umrühren der vorher mit Eisenvitriol versetzten Masse entsteht die Marmorirung. Die fertige Seife wird aus dem Kessel genommen, in lange, hölzerne, etwas geneigt gestellte Formen geschöpft und in denselben erkalten gelassen. Nach acht bis zehn Tagen hat die Seife die erforderliche Consistenz erlangt. Durch die Einwirkung der atmosphärischen Luft gehen das Schwefeleisen und die Eisenseife allmälig in Eisenoxydseife über, wodurch die Adern oberflächlich eine bräunlich gelbe Färbung annehmen. Bei sorgfältiger Arbeit liefert eine Millerole Olivenöl (= 64 Liter oder 58–60 Kilogr.) 90–95 Liter Kernseife. Bei der Fabrikation der weissen Oelseife ist der Gang derselbe, nur müssen Lauge und Oel besonders rein sein.

Eine normale Marseiller Marmorseife soll enthalten:

	I.	II.
Fette Säuren	63	62
Alkali	13	11
Wasser	24	27
	100	100

Oelsäureseife.

Die Oelsäureseife oder Oleïnseife wird aus der rohen Oelsäure dargestellt, die als Nebenprodukt der Stearinkerzenfabrikation auftritt, falls man sich zur Verseifung des Talgs und des Palmöles des Kalkes bedient.

Die nach dem Destillationsverfahren erhaltene Oelsäure ist zur Seifendarstellung minder geeignet. Die Oelsäure wird entweder mit kohlensaurem Natrium oder mit Aetznatron in Seife übergeführt. Das erstere Verfahren hat den Uebelstand, dass durch die Kohlensäureabgabe ein starkes Aufschäumen stattfindet, was leicht ein Uebersteigen zur Folge hat. Nach Pitman soll man die Oelsäure mit trockenem krystallisirten Natriumcarbonat durch Erhitzen in Seife überführen. Dies geschieht in einem Kessel, welcher entweder durch freies Feuer erhitzt wird oder besser mit einem Morfit'schen Quirl, durch welchen sowol mit Hülfe des durch die Röhren des Quirls geleiteten Dampfes die Erhitzung, als auch das Umrühren der Masse erfolgt, versehen ist. Der Kessel wird bis zu einem Drittheil mit Oelsäure angefüllt und diese erhitzt, wobei man 5 Proc. Harz zusetzt. Für feinere Seifen nimmt man von dem Harz Umgang. Ist das Harz in der Oelsäure vollständig gelöst, so setzt man nach und nach das gepulverte Natriumcarbonat hinzu, indem man den Quirl langsam sich umdrehen lässt und mit dem Erhitzen fortfährt. Ist das erforderliche Quantum Soda zugesetzt, hat das Schäumen aufgehört und ist die Masse dick geworden, so füllt man sie in eine Form, in welcher sie beim Erkalten zu fester Seife erstarrt. Bei Anwendung von Aetznatron bringt man die Hälfte der erforderlichen Lauge von 20–25° B. (= 1,15–1,20 spec. Gewicht) in den Kessel und erhitzt bis zum Sieden. Dann setzt man unter Umrühren die Oelsäure zu. Nachdem die Leimbildung vor sich gegangen, siedet man unter Zusatz von neuer Lauge weiter, bis die Seife sich ausscheidet, was durch Kochsalzzusatz wesentlich erleichtert wird. Sowie die Unterlauge sich abgeschieden, wird die Seife in die Form geschöpft und gekrückt, bis sie starr zu werden beginnt. Nicht selten setzt man der Oelsäureseife, um ihr grössere Härte zu geben, ein kleines Quantum (5–8 Proc.) Talg zu. 100 Kilogr. bei der Kalkverseifung erhaltene Oelsäure geben 150–160 Kilogr. Seife. Durch Destillation gewonnene Säure giebt stets etwas weniger. Eine gute französische Oelsäureseife enthält:

Fette Säuren	66
Natron	13
Wasser	21
	100

Harztalgseife.

Gelbe Harztalgseife. Das Colophonium und das gewöhnliche Fichtenharz verbinden sich in der Siedehitze leichter als die Fette mit Alkalien und selbst mit kohlensauren. Die auf diese Weise erhaltene Verbindung ist aber nur uneigentlich Seife zu nennen. Sie hat keine Consistenz und kann nicht ohne Nachtheil zum Einseifen gebraucht werden. Ein ganz anderes Produkt wird erhalten, wenn man zu dem Harz eine gewisse Menge Talg mischt; man erhält dann die sogenannte gelbe Harztalgseife. Diese in England in grosser Menge fabricirte Seife ist sehr consistent und in Wasser leicht löslich. Zu ihrer Darstellung bereitet man zuerst gewöhnliche Talgseife und erst wenn dieselbe gargesotten worden ist setzt man 50–60 Proc. ausgesuchtes Harz, das vorher zur Beschleunigung der Verbindung in kleine Stücke geschlagen worden ist, hinzu. Man rührt die Masse um, bis das Harz vollständig aufgelöst und verseift ist. Der Seifenleim nimmt eine schöne gelbe Farbe an und wird etwas dünnflüssig und gleichartig. Ist gargesotten, so zieht man die Unterlauge ab und giesst den Seifenleim in einen Kessel, wo er mittelst einer Lauge von 7–8° geschmolzen und auf gleiche Weise wie die weisse Seife gereinigt wird. Es scheiden sich Eisen- und Thonerdeseife ab, der entstandene Schaum wird abgenommen und die Seife in hölzerne oder weissblechene Formen zum Erstarren gegossen. Man verbessert die braune Farbe der Harztalgseife gewöhnlich durch Zusatz von Palmöl zum Talg, wodurch die Seife auch einen angenehmen Geruch erhält. Das Palmöl wird gewöhnlich nur als Zusatz zum Talg benutzt, jedoch stellt man auch aus reinem Palmöl Seife unter gleichzeitigem Zusatz von Colophonium dar. Die in Deutschland häufig dargestellte Palmölseife ist hinsichtlich der Bereitung der Harztalgseife sehr ähnlich. Man verseift ein Gemenge von 2 Th. Talg und 3 Th. Palmöl mit Kali- oder Natronlauge auf die gewöhnliche Weise und mischt die fertige Seife mit einer Harzseife, aus 1 Th. Harz und der nöthigen Menge Kalilauge bereitet.

Gefüllte Seifen.

Gefüllte Seifen. Die Thatsache, dass dem mit Natronlauge bereiteten Seifenleim eine gewisse Menge Wasser einverleibt werden kann, ohne sein Aussehen wesentlich zu beeinträchtigen, sowie das Bestreben des Publikums, trotz der gesteigerten Preise der in der Seifenfabrikation angewendeten Fette, den Bedarf an Seife so wohlfeil als möglich sich zu verschaffen, hat die Veranlassung gegeben, dass viele Seifenfabrikanten nur noch gefüllte Seifen (vergl. Seite 269) fabriciren und auf die Herstellung von Kernseife geradezu verzichten. Die gefüllten Seifen sind nicht so weit ausgesalzen, dass sich die Unterlauge von dem Seifenleim abgeschieden hätte; es bleibt demnach der ganze Kesselinhalt beisammen, um als Seife verkauft zu werden. Da die der Seife einverleibte Unterlauge nun wesentlich neben Glycerin und Salzen aus Wasser besteht, so ist demnach Wasser derjenige Stoff, durch den sich der Seifenfabrikant für den gesteigerten Preis der Fettsubstanzen schadlos zu halten sucht. Diese Art Seife, auch Eschweger Seife (Schweizerseife, künstliche Kernseife) genannt, erscheint in ihrem frischen, wasserreichen Zustande vollkommen hart und trocken und hat durch die geringere Quantität des verwendeten Fettes einen im Vergleich mit der Kernseife geringeren Preis, ein Umstand, der ihr zahlreiche Freunde zugeführt hat. Man versteht es, aus 100 Kilogr. Fettsubstanz über 300 Kilgr. anscheinend guter und harter Seife zu erzielen; wenn nun auch die gegenwärtig im Handel vorkommenden Seifen nicht so stark gefüllt sind, so ist doch eine Produktion von 200–220 Th. frischer Seife aus 100 Th. Fett etwas ganz Gewöhnliches. Namentlich das Cocosnussöl, welches seit dem Jahre 1830 in grösserer Menge in der deutschen Seifenfabrikation verbraucht wird, eignet sich zu gefüllten Seifen, indem es anderen Fetten die Eigenschaft ertheilt, gefüllte Seifen zu bilden.

Der Verlauf bei der Fabrikation der Cocosnussölseife ist ein etwas anderer, als bei den vorher erwähnten Seifen. Mit schwachen Laugen bildet das Cocosnussöl nicht jenes milchartige Gemisch, das man bei anderen Seifensorten bemerkt, sondern das Oel schwimmt als klares Fett obenauf, nur wenn durch fortgesetztes Sieden die Lauge die gehörige Consistenz erreicht hat, tritt die Verseifung ein und geht plötzlich und rasch vor sich. Deshalb wendet man zur Darstellung dieser Seifensorte sogleich eine starke Natronlauge an. Die Cocosnussölseife lässt sich nicht von der Unterlauge trennen, weshalb nie Kalilauge angewendet werden darf, weil sonst alles beim Aussalzen entstehende Chlorkalium mit in die Seife übergehen würde. Man muss, da hierbei eine Trennung der Seife von der Lauge nicht stattfindet, nur die genau nothwendige Menge Aetzlauge anwenden. Reine Cocosnussölseife erhärtet schnell. Sie ist weiss, alabasterartig, durchscheinend, leicht und gut schäumend, jedoch von widrigem Geruch, der bis jetzt noch durch kein Mittel entfernt werden konnte. Gegenwärtig wird indessen das Cocosnussöl nur selten für sich, sondern als Zusatz zu Palmöl und Talg verseift. Man kann auf diese Weise Seife ohne alles Sieden, durch blosse Erwärmung bis auf 80° C. durch Einleiten von Dampf bis zum Schmelzen des Fettes, mit starker Natronlauge und durch fleissiges Umrühren in kurzer Zeit in grosser Quantität darstellen (Seife auf kaltem Wege, chemische Seife). Die so erhaltene Seife ist, obgleich sehr wasserhaltig, hart und vollkommen trocken. Bei längerem, monatelangem Liegen an der Luft tritt allerdings eine nicht unbeträchtliche Gewichtsabnahme und eine geringe Volumenverminderung ein und es entstehen auf der Oberfläche reichliche Efflorescenzen. B. Unger (1869) schlägt vor, die Eschweger Seife in folgender Weise darzustellen: Man verseift einerseits Palmöl mit Natronlauge und salzt wie gewöhnlich aus. Das Produkt ist Natriumpalmitat. Andererseits verseift man Cocosöl mit kohlensäurehaltiger Aetznatronlauge, fügt die Palmölseife hinzu und kocht. In der Regel nimmt man auf 2 Th. Palmöl 1 Th. Cocosöl. Auf 100 Th. Cocosöl rechnet man 14,3 Th. Aetznatron (Na_2O) und 12,8 Th. Natriumcarbonat. Letzteres ist unumgänglich nöthig zur Seifenbildung. Nach Unger's Ansicht besteht die Eschweger Seife aus 5 Mol. fettsaurem Natrium, 1 Mol. Natriumcarbonat und x Mol. Wasser, wobei x eine hohe, aber keineswegs schwankende Zahl ist. Den gefüllten Seifen giebt man häufig eine künstliche Marmorirung, welche natürlich nicht auf eine Bildung von Kern sich gründet, sondern eine einfache Färbung ist, die in folgender Weise ausgeführt wird: Man bringt die färbende Substanz (Eisenroth, Braunroth, Frankfurter Schwarz) in eine kleine Menge der Seife, so dass diese durch und durch gleichmässig gefärbt erscheint. Diese Masse wird nun abwechselnd mit der nicht gefärbten so in die Form geschöpft, dass Schichten von ungleicher Dicke sich bilden, denen durch Umrühren leicht eine Marmorirung ertheilt werden kann. Eine solche Marmorirung lässt sich indessen leicht von der durch natürlichen Fluss gebildeten unterscheiden.

Weiche Seifen.

Wie oben erwähnt, bildet das Kali mit den Fetten, sowohl mit den festen, als auch mit den Oelen, nur weiche Seifen (Schmierseifen), welche an der Luft nicht austrocknen, sondern aus derselben Wasser an sich ziehen und eine Gallerte bilden. In der Regel sind diese sogenannten Seifen unreine Lösungen von Kaliumoleat in überschüssiger Kalilauge, gemengt mit dem bei der Verseifung ausgeschiedenen Glycerin. Die weichen Seifen können daher nur mit Kalilauge bereitet werden, obgleich man aus praktischen Gründen fast immer einen Theil Kalium durch Natrium ersetzt. Das Aussalzen fällt hinweg, da sonst die weiche Seife in harte Natriumseife übergeführt würde, was man nicht beabsichtigt; es erfolgt somit keine Trennung des Seifenleims von der Unterlauge, die mit all' ihren Unreinigkeiten der Seife einverleibt bleibt.

In Folge der grossen Löslichkeit und der alkalischen Beschaffenheit der weichen Seife, erhält sie für gewisse Anwendungen den Vorzug vor der Natriumseife, so unter Anderem zum Walken und Entfetten des Tuches und anderer Wollzeuge. Zur Herstellung der Lauge wendet man nie Holzasche, sondern immer die weit reinere Potasche an; man macht sie auf die gewöhnliche Weise mit Aetzkalk kaustisch und bereitet Laugen von verschiedenem Gehalt; die schwächere, sogenannte Verbindungslauge, darf blos Aetzkali enthalten, die stärkere, die Sprenglauge, enthält neben Aetzkali auch noch Kaliumcarbonat, da die Praxis gelehrt hat, dass die Verseifung der Oele leichter geschieht, wenn die Laugen eine gewisse Menge Kaliumcarbonat enthalten. Von den Fettarten wendet man folgende an: Thran (namentlich Südseethran), Hanföl, Rüböl, Leinöl und Leindotteröl. Die Wahl der Fette richtet sich theils nach dem Preise, theils nach der Jahreszeit; im Winter verarbeitet man die sogenannten weichen oder warmen Oele, welche bei 0° noch nicht gestehen wie das Hanföl, das Lein- und Leindotteröl, das Sommerrübsenöl u. s. w.; im Sommer dagegen die harten Oele, wie Winterrübsenöl, Südseethran und Häringsthran. Damit demnach die weiche Seife im Sommer keine zu weiche Beschaffenheit habe, muss in derselben mehr Kaliumpalmitat im Verhältniss zum Oleat sein als bei der Winterseife. Häufig verseift man ein Gemenge verschiedener Oele oder von Hanföl mit Palmöl oder Talg, von Thran und Talg u. s. w.

Das Sieden der weichen Seife beginnt mit einer mässig starken Lauge von 8–10 Proc. Kaligehalt, wobei sich anfänglich eine Art Emulsion bildet, die nach und nach ihre trübe Beschaffenheit verliert und zugleich mehr fadenziehend wird. Das Ueberschäumen der Seife wird durch Schlagen mit einem Rührscheit (das Wehren) verhindert. Sobald alles Kali der Lauge gebunden ist, wird neue und zwar stärkere Lauge zugesetzt und mit dem Sieden und dem Laugenzusatz fortgefahren, bis die Seife beim Erkalten nicht mehr trübe wird und zu einer klaren zähen Masse erstarrt. Enthält die Seife einen zu grossen Ueberschuss an Aetzkali, was am einfachsten durch den Geschmack wahrgenommen werden kann, so setzt man eine entsprechende Menge Oel zu. Nachdem das Vorsieden vorüber, beginnt das Klarsieden, durch welches das überschüssige Wasser entfernt werden soll. Zur Vermeidung des langwierigen Abdampfens ziehen es mehrere Fabrikanten vor, sogleich concentrirte Lauge zum Verseifen anzuwenden. Sobald die Seife während des Klarsiedens einen Theil des Wassers verloren hat, bemerkt man statt des blossen Aufwallens auf der Oberfläche die Bildung handgrosser Blätter, welche sich über- und ineinanderschieben (das Blättern der Seife). Nimmt eine herausgenommene Probe der Seife beim vollkommenen Erkalten auf einer Glasplatte eine so zähe Beschaffenheit an, dass sie von dem Glase abgezogen werden kann, so ist die Seife fertig. Nach dem Erkalten wird sie, in Tonnen gefüllt, in einem Kellerlokale aufbewahrt.

Der Schmierseife kann ein ziemliches Quantum Natronwasserglaslösung einverleibt werden, ohne dass ein Aussalzen eintritt oder die Seife ein verändertes Ansehen zeigt. In neuerer Zeit wendet man zum Füllen von Schmierseifen auch Lösungen von Kaliumsulfat, ferner ein Gemenge von Alaun und Kochsalz oder auch, und zwar vorzugsweise, Kartoffelstärke an.

Verschiedene andere Seifen.

Verschiedene andere Seifen. Andere weiche Seifen sind eine aus Schweinefett dargestellte, welche mit dem ätherischen Oele der bittern Mandeln oder der Mirbanessenz (Nitrobenzol) versetzt als Mandelseife kosmetischen Zwecken dient; ferner eine in England versuchsweise fabricirte Fischseife aus Fischen, Talg und Harz; Wollseife, nach Chaptal aus Scheerwolle, Kalilauge u. s. w. Die sogenannte Knochenseife ist nichts als ein Gemenge von gewöhnlicher Harz- oder Cocosnussölseife mit Knochengallerte. Zur Fabrikation dieser Seife worden Knochen mit Salzsäure behandelt, um das darin enthaltene Calciumphosphat aufzulösen und die zurückbleibende, mit Wasser gut ausgewaschene Gallerte zu dem Seifenleim während des Siedens gegeben. Eine andere Art Knochenseife ist die Liverpool-Armenseife, welche sämmtliche Bestandtheile der Knochen, also nicht nur die Gallerte, sondern auch die Knochenerde enthält. Die in Stücke zerschlagenen Knochen werden mit Kalilauge erweicht und die erweichte Masse unter fortwährendem Sieden mit dem zu verseifenden Oele gemischt. Da es bei der Knochenseife darauf abgesehen ist, dem Unbemittelten für wenig Geld ein grosses Stück Seife zu liefern, so fällt natürlicherweise bei deren Fabrikation das Aussalzen und Abscheiden von der Mutterlauge weg. Die Kieselseife ist gewöhnliche Oel- oder Talgseife, in welche man, um sie ersparender zu machen, Kieselerde eingerührt hat. Anstatt der Kieselerde setzt man auch gepulverten Bimsstein hinzu und erhält die Bimssteinseife. In England und in Nordamerika stellt man die Kieselseife dar, indem man die Kieselerde nicht mechanisch, sondern als Wasserglaslösung der Seife zumischt. Nach Versuchen von Seeber kann jedoch eine Vormischung der harten Talg- und Oelseifen mit Wasserglas nur in geringem Grade stattfinden, da bei grösseren Mengen ein Aussalzen eintritt. Anders verhält sich die Cocosnussölseife, welche bei einem Gehalt von 24 Proc. kieselsaurem Natron und 50 Proc. Wasser noch eine merkwürdige Härte zeigt. Wie Storer angiebt, stellt man in den Vereinigten Staaten wasserglashaltige Seifen in der Weise dar, dass man das Wasserglas zu der aus dem Kessel in die Form geschöpften noch heissen Seifenlösung setzt und hierauf die Mischung bis beinahe zum Erstarrungsmomente tüchtig durcheinander rührt. Von dem Wasserglas, welches eine Dichte von 35° B. (= 1,31 spec. Gewicht) hat, werden 25 bis 40, ja sogar 60 Proc. zu der Seifenlösung gesetzt. Diese Art der Wasserglasseife soll die Harzseife vollständig ersetzen können. Seitdem durch die Verarbeitung des Kryoliths Natrium-Aluminat massenhaft auftritt, bedient man sich einer Lösung desselben zur Herstellung einer thonerdehaltigen Seife.

Toiletten-Seifen.

Toilettenseifen. In England bereitet der Toilettenseifenfabrikant in Folge der Steuergesetze seine Seife nur in seltenen Fällen selbst, sondern bezieht sie von dem eigentlichen Seifenfabrikanten und verwandelt sie durch Umschmelzen, Parfümiren und Formen in die Toilettenseife. Die feineren Sorten der englischen Toilettenseife besitzen daher neben den ihnen eigenthümlichen Vorzügen auch noch alle guten Eigenschaften der gewöhnlichen Seife. In Frankreich und Deutschland dagegen wird die Seifenmasse in der Regel von dem Parfümisten selbst und zwar meist durch das sogenannte kalte Verfahren erzeugt, nach welchem es äusserst schwierig ist, eine gute Toilettenseife zu erzielen. Denn abgesehen davon, dass das Produkt bei unvollkommener Verseifung nicht schäumt, hat die Gegenwart von freiem Alkali erfahrungsgemäss noch den Uebelstand, dass sich die verwendeten ätherischen Oele unter dessen Einfluss vielfach rasch verändern und dass das Aroma der Seifen nach kurzer Zeit abstirbt. Eine völlig neutrale, kein überschüssiges Fett und Alkali enthaltende Seife kann durch das kalte Verfahren nur nach langer Erfahrung gewonnen werden, indem man stets bedacht ist, die Materialien von immer gleicher Beschaffenheit zu wählen.

Man stellt die Toilettenseife auf dreierlei Weise dar, nämlich:

1) durch Umschmelzen von Rohseife,

2) durch die sogenannte kalte Parfümirung von fertiger geruchloser Seife.

3) durch directe Bereitung.

Die Methode des Umschmelzens wird einfach auf diese Weise ausgeführt, dass man die feingehobelte Seife unter fortwährendem Umkrücken in einem Kessel schmilzt und nach dem vollständigen Schmelzen der Seife die Riechstoffe zusetzt und das Ganze gehörig mischt, ehe man es in die Form bringt. Nach dem Verfahren der kalten Parfümirung wird die kalte geruchlose Seife in Riegel geschnitten, diese werden auf einer Maschine in Späne verwandelt, diese mit den Riechstoffen übergossen, mit den Pigmenten versehen und zwischen Walzen malaxirt, bis die Seife gleichmässig gefärbt und parfümirt erscheint. Die Maschine verwandelt die Seifenmasse in breite Tafeln von beliebiger Dicke. Eine hierzu verwendbare Maschine — Pilirmaschine — ist von Fr. Struve in Leipzig construirt worden. Die vermittelst derselben dargestellten Seifen heissen gestossene oder pilirte Seifen. Bei der directen Bereitung der Toilettenseifen wird der aus den reinsten Materialien selbst bereiteten Seife das Aroma und das Pigment in noch weichem Zustande einverleibt. Als Materialien wendet man an Zinnober, Corallin und Fuchsin für Roth, die violetten Theerfarben für Violett, Ultramarin für Blau, eine Lösung von Krümelzucker in Lauge für Braun oder besser Caramel. Die pfirsichblüthfarbigen Adern, welche gewisse Sorten von englischer parfümirter Seife durchziehen, sollen durch Zusatz von etwas Weinstein zu der mit Bittermandelöl parfümirten Seife entstehen.

Wir führen beispielsweise die Vorschrift zur Bereitung einiger Toilettenseifen an: Die Windsorseife erhält man auf folgende Weise: Man verseift 40 Pfd. Hammeltalg und 15 bis 20 Pfd. Olivenöl mit Natronlauge von 19° und macht die Seife mit 15grädiger, zuletzt mit 20grädiger Lauge fertig und richtet sie ebenso ab wie eine Kernseife, doch muss sie neutral sein und darf keinen Laugenüberschuss haben. Nachdem die Seife gargesotten ist, lässt man sie 6 bis 8 Stunden im Kessel ruhig stehen, damit sich die Unterlauge möglichst vollständig absondere, und bringt sie in eine flache Form und drückt sie so lange, bis sich kein Fluss mehr zeigt. Man parfümirt sie mit einem Gemisch von Kümmelöl, Bergamottöl, Lavendelöl, spanischem Hopfenöl und Thymianöl. Die gewünschte braune Farbe ertheilt man ihr mit gebranntem Zucker. Die Rosenseife (*savon à la rose*) stellt man durch Zusammenschmelzen von 3 Th. Oelseife mit 2 Th. Talgseife und etwas Wasser dar; der Seifenkörper wird durch Rosenöl, Nelkenöl u. s. w. parfümirt und durch Zinnober gefärbt. Die als Rasirseife angewendete Bartseife muss schäumen, darf aber kein freies Alkali enthalten. Man stellt sie zuweilen durch Kochen von Fettsäuren mit einem Gemenge von Natrium- und Kaliumcarbonat und Parfümiren der Seife mit Pfeffermünzöl dar. Häufig sind die Bartseifen mit Kali bereitete Schmierseifen. Die leichte oder Schaumseife (montirte Seife) hat bei gleichem Volumen nur die Hälfte weniger Substanz als die übrigen Seifen. Um sie zu bereiten, wird Oelseife (Palmöl- oder Olivenölseife) unter Zusatz von ⅓–⅛ Volumen Wasser geschmolzen und ununterbrochen mit einem mit Flügeln versehenen Rührapparat gerührt, bis die schäumende Masse das doppelte Volumen erreicht hat. Darauf wird sie in Formenkästen geschöpft. Bemerkenswerth ist, dass nur Oelseifen, nicht aber Talgseifen Schaumseifen bilden können. Die Schaumseifen werden mit verschiedenen ätherischen Oelen parfümirt. Die transparenten oder durchscheinenden Seifen stellt man dar, indem man in Späne geschnittene, vollkommen getrocknete Talgseife mit einem gleichen Gewicht Alkohol übergiesst und das Gemenge in einer Destillirblase erhitzt, bis die Seife gelöst ist. Darauf lässt man die geschmolzene Masse erkalten, damit alle Unreinigkeiten sich absetzen, und giesst nach einigen Stunden die klare Flüssigkeit in weissblechene Formen, in welchen den Seifentafeln verschiedene Erhabenheiten aufgedrückt werden. Die Seife wird erst nach 3–4 Wochen fest und brauchbar. Zur Färbung der transparenten Seife wendet man einen alkoholischen Auszug von Cochenille und Alkanna oder auch Anilinfarben für Roth und Pikrinsäure oder auch Martiusgelb für Gelb an. Das Parfümiren geschieht sehr häufig mit Zimmetöl, nicht selten jedoch auch mit einem Gemisch von Thymianöl, Majoranöl und Sassafrasöl. Die seit einigen Jahren aufgekommenen Glycerinseifen werden noch anders dargestellt, indem man eine alkoholische Lösung von gewöhnlicher Seife mit Glycerin versetzt und vor der Mischung den Alkohol durch Erwärmen verdunstet; oder, indem man 5 Ctr. Seife in einer gleichen Menge Glycerin in einem mittelst Dampf geheizten Kupferkessel löst und die Lösung auf übliche Weise in Formen giesst, worauf die erstarrte durchscheinende Seife zu kleinen Stückchen zerschnitten wird, welche dann noch beschnitten und in beliebige Formen gepresst werden können. Eine Lösung von Seife in überschüssigem Glycerin (35 : 30) bildet die flüssige Glycerinseife, welche klar und von der Farbe und Consistenz gereinigten Honigs ist. Beide Seifenvarietäten werden mit ätherischen Oelen parfümirt.

Anwendung der Seife.

Anwendung und Wirkungsweise der Seife. Die Seife wendet man bekanntlich an zum Reinigen der Haut, der Wäsche, der Tuche, der Wollzeuge, zum Bleichen, als Schmiermittel, um die Reibung zu verhindern, zur Darstellung lithographischer Tinte u. s. w. Die reinigende Eigenschaft der Seife hat man vielfach dem in ihr enthaltenen Kali zugeschrieben und die Frage, warum man nicht lieber geradezu Alkalien, kohlensaure oder ätzende, anwende, dahin beantwortet, dass freies Alkali wol im Allgemeinen zu ätzend sein möchte. Das Alkali, obwol es durch seine Verbindung mit den fetten Säuren wesentlich milder geworden ist, hat doch seine Fähigkeit nicht verloren, sich mit Schmutz mancherlei Art, namentlich mit fettigen Substanzen zu verbinden. Die chemische Erklärung dieses eigenthümlichen Verhaltens lässt sich in der von Chevreul beobachteten Thatsache finden, dass sich die neutralen Salze der Alkalien der fetten Säuren (Stearinsäure, Palmitinsäure, Oelsäure) bei ihrer Auflösung in Wasser zersetzen, wobei zweifach-fettsaures Salz sich unlöslich ausscheidet, während Alkali frei wird. Durch das freie Alkali wird die anhängende Unreinigkeit von der Faser entfernt und durch die ausgeschiedenen fettsauren Salze eingehüllt und so ein erneutes Niederschlagen derselben verhindert. Der Seifenschaum hält die Schmutztheilchen ebenfalls suspendirt. Die Fettsäuren in der Seife sind als Einhüllungsmittel und Träger der Alkalien anzusehen, wie zugleich als Schutzmittel gegen den Uebergang der Alkalien in den kohlensauren Zustand.

Seifenprobe.

Seifenprobe. Wenn man die im Vorstehenden entwickelten Ansichten über die Wirkungsweise der Seife festhält, so sind auch schon im Allgemeinen die Principien gegeben, auf welchen die richtige Beurtheilung der Werthbestimmung der Seife beruht. Je grösser in einer gegebenen Seife die Quantität der eigentlichen fettsauren Verbindung ist, desto grösser ist ihr Werth. Eine normale Seife sollte neben dem fettsauren Alkali nur noch freies Wasser enthalten und es giebt demnach die Wasserbestimmung schon einen werthvollen Anhaltepunkt der Bestimmung des Werthes der Seife. Da es nun der Seifenfabrikant in seiner Macht hat, je nach der Natur der angewendeten Fettsubstanzen aus 100 Th. Fett 300 Th. anscheinend guter und harter Seife zu fabriciren, so zeigt sich die Wichtigkeit der Wasserbestimmung. Mit der Wassermenge in genauer Beziehung steht eine andere Eigenschaft der Seifen, die bei ihrer Werthbestimmung nicht unberücksichtigt gelassen werden darf. Wenn der Wassergehalt der Seife so gering ist, dass er eine gewisse für jede andere Seifensorte besondere Grenze überschritten hat, so werden die Seifen so hart, dass es grosse Mühe kostet, durch Reiben die nöthige Menge abzulösen, wobei, abgesehen von dem unnöthigen Kraftaufwande, die zu reinigenden Stoffe beträchtlich leiden. Dieser Uebelstand ist jedoch von untergeordneter Bedeutung, da der materielle Werth einer derartigen Seife um so grösser ist, und man erinnere sich, wie es früher „zur Zeit der Kernseife“ in geordneten Haushaltungen Gebrauch war, Kernseife Jahrzehnte hindurch aufzubewahren, ehe man sie in Gebrauch nahm. Auf der andern Seite wird die Seife bei zu grossem Wassergehalt zu leicht löslich in Wasser, wodurch ein grosser Verlust herbeigeführt wird. Der Härtegrad der Seife bildet demnach einen zweiten Faktor, der bei der Werthbestimmung der Seife zu berücksichtigen ist. Viele Seifen enthalten 2 bis 3 Proc. Glycerin. Aber nicht der Wassergehalt und der Zustand der Härte einer Seife sind als die einzigen Kriterien bei der Beurtheilung einer Seife in Betracht zu ziehen. Es kommen noch andere Umstände in Betracht. Die nach dem Austrocknen der Seife zurückbleibende Substanz muss, wenn die untersuchte Seife als Kernseife verkauft worden war, neutrales fettsaures Alkali sein und darf weder freies Alkali, noch Kochsalz, noch unverseiftes Fett enthalten. Das Vorhandensein von freiem Alkali nach W. Stein durch Calomel, durch Quecksilberchlorid, nach Naschold auch durch salpetersaures Quecksilberoxydul nachweisbar — ist in den meisten Fällen nachtheilig, in einzelnen wieder vortheilhaft; unverbundenes Fett dagegen verhindert die Bildung von reichlichem Seifenschaum und ertheilt der Seife nach einiger Zeit einen ranzigen Geruch.

Aus dem Vorstehenden folgt, dass die richtige Werthbestimmung der Seife eigentlich eine chemische Analyse einschliesst. Da, wie früher hervorgehoben, an die Stelle der Kernseifen gefüllte Seifen und zwar übermässig stark gefüllte getreten sind, so wäre es an der Zeit, dem Missbrauche mit der Seife eine Grenze zu stecken. Ebenso gut, wie in den meisten Ländern gesetzliche Bestimmungen über erlaubte und nicht erlaubte Zusätze zu den edlen Metallen und zum Zinn bestehen, würden ähnliche Bestimmungen über den erforderlichen Gehalt der Kernseife und der gefüllten Seife sich aus dem Grunde rechtfertigen, weil die Beurtheilung der Seifen nach dem äusseren Ansehen so ungemein schwer ist, dass schon die Unterscheidung der beiden Hauptabtheilungen, der Kernseife und der gefüllten und geschliffenen, grosse Uebung und Kenntniss voraussetzt. (Hinsichtlich der Details der Seifenprüfung sei auf die Lehrbücher der technischen Untersuchungsmethoden von P. Bolley und von Alex. Bauer, sowie auf die treffliche Abhandlung von A. Span — 1869 — verwiesen.)

Unlösliche Seifen.

Unlösliche Seifen. Alle Seifen, welche nicht Kali oder Natron zur Base haben, sind in Wasser unlöslich. Viele dieser unlöslichen Seifen sind für die Technik von grosser Wichtigkeit und dürften noch ausgedehnterer Anwendung fähig sein.

Die Calciumseife spielt eine wichtige Rolle in der Stearinkerzenfabrikation. Man erhält sie entweder direct durch Verseifen von Fett mit Kalkhydrat oder Aetzkalk oder durch Zerlegen von in Wasser löslicher Seife mit einem löslichen Kalksalze; sie bildet sich daher fortwährend, wenn Seife in hartem Wasser gelöst worden soll. Die Barium- und die Strontiumseife sind der Calciumseife sehr ähnlich. Magnesiumseife bildet sich nur schwierig auf directem Wege, indirect bildet sie sich unter Anderem beim Auflösen von gewöhnlicher Seife in Meerwasser. Die Aluminiumseife ist ohne Zweifel eine der wichtigsten unlöslichen Seifen; Thonerde verseift die Fette nicht, wenn man aber Kalium- oder Natrium-Aluminat anwendet, so bildet sich Aluminiumseife, welche wiederholt vorgeschlagen worden ist, um Gewebe, Holz u. dgl. wasserdicht zu machen. So schlägt Jarry vor, Holz (Eisenbahnschwellen) durch Tränken mit Aluminiumoleat oder -stearat vor Feuchtigkeit zu schützen, was wol beachtet zu werden verdient. Das in den letzten Jahren vielfach zur Anwendung gekommene Mittel, Zeuge durch Behandeln mit Aluminiumacetat und dann mit Seifenlösung wasserdicht zu machen, beruht gleichfalls auf der Bildung von Aluminiumseife. Beim Aviviren mit Thonerdesalzen gebeizter und gefärbter und bedruckter Zeuge mit einer Lösung von Seife bildet sich auch Aluminium-Oleat, das auch zuweilen als Leim in der Papierfabrikation Anwendung findet.

Die Manganseife wird durch Zersetzen von Mangansulfat mit gewöhnlicher Seife oder durch Auflösen von Mangancarbonat in Oelsäure durch Kochen dargestellt. Sie findet als Siccativ Anwendung. Die Zinkseife, durch doppelte Zersetzung aus Zinksulfat und Seife oder durch Verseifen aus Zinkweiss (Zinkoxyd) mit Olivenöl oder Fett in der Wärme dargestellt, bildet eine gelblichweisse Masse, die, nach der ersten Methode erhalten, schnell zu einer zerreiblichen Masse eintrocknet, durch Verseifen von Zinkweiss bereitet dagegen als pflasterähnliche Substanz (Zinkpflaster) erscheint. Die Zinkseife bildet sich ferner bei der Anwendung von Zinkweiss als Oelfarbe. Die Bleiseife (Bleipflaster) wird durch Verseifen von Bleiglätte oder Bleiweiss mit Olivenöl oder durch Zersetzung von Bleiacetat mit löslicher Seife erhalten. Eine gelblichweisse pflasterähnliche Masse, die auch in dem Bleiglättfirniss enthalten ist. Die Zinnseife, durch doppelte Zersetzung von Zinnchlorür oder Zinnchlorid mit Seife erhalten, bildet sich beim Aviviren der mit Zinnlösung vorgeheizten und mit Krapppräparaten ausgefärbten Zeuge. Die Kupferseife entsteht durch Fällen von Kupfervitriollösung mit Seife; sie ist eine grüne, trockene und spröde werdende, wenig in Alkohol, leichter in Aether und Oelen lösliche Masse, welche man auch durch Kochen von Oelsäure mit Kupfercarbonat darstellen kann. Sie macht einen Bestandtheil des Glühwachses aus. Ein Gemenge von Kupfer- und Eisenseife, durch Fällen einer Lösung von Kupfer- und Eisenvitriol mit Seife dargestellt, dient mit Bleiglättfirniss und Wachs zusammengeschmolzen, um Gypsabgüssen einen sehr dauerhaften grünen, bronzeähnlichen Ueberzug zu geben. Die Quecksilberseife, aus Quecksilberchlorid und Seife dargestellt, ist klebrig, schwierig trocknend, weiss, wird durch Luft und Licht grau und in der Wärme flüssig; ist schwer in Alkohol, leicht in Oel löslich. Nach den Versuchen von Deyeux liefert Quecksilberlösung mit Oel und Wasser gekocht Quecksilberpflaster. Quecksilberseife findet sich ferner in alter Quecksilbersalbe und Quecksilberpflaster der Officinen, während die frisch bereiteten Präparate das Quecksilber metallisch und höchst fein zertheilt enthalten. Die Silber-, Gold- und Platinseife, durch doppelte Zersetzung dargestellt, haben bis jetzt keine Anwendung gefunden. Die Goldseife möchte zur Erzeugung von Glanzvergoldung auf Porcellan, die Silberseife als haarschwärzendes Mittel Beachtung verdienen. —

Die Borsäure und der Borax.

Borsäure.

Die Borsäure kommt in der Natur vor in dem Sassolin H_3BO_3 aus

Borsäureanhydrid (B_2O_{3}$_2$)	56,45
und Wasser	43,55
	100,00

bestehend, ferner in folgenden Mineralien:

Boracit (Magnesiumborat mit Chlormagnesium)[72]	mit	62,5	Proc.	Borsäure
Rhodicit (Calciumborat)	„	62,5	„	„
Tiza oder Boronatrocalcit	„	30–44	„	„
Hydroboracit	„	47	„	„
Tinkal oder Borax (Natriumborat)	„	36,53	„	„
Datolith (Boro-Silicat)	„	18	„	„
Botryolith (desgl.)	„	20,35	„	„
Axinit (desgl.)	„	2–6,6	„	„
Turmalin (Schörl) (desgl.)	„	2–11,8	„	„

In geringer Menge kommt die Borsäure auch in vielen Mineralwässern und im Meerwasser vor. Der Larderellit (Ammonborat) und der Lagonit (Ferricumborat), die beide in geringen Mengen in Toscana gefunden wurden, haben nur mineralogisches Interesse.

Die Borsäure findet sich als Sassolin in mehreren vulkanischen Gegenden, besonders auf einer der liparischen Inseln (Volcano) in Gesellschaft von Schwefel, in den heissen Quellen von Sasso bei Siena und vor Allem in einem Landstrich zwischen Volterra und Massa maritima in Toscana, in welchem an vielen Punkten borsäurehaltige Wasserdämpfe aus Klüften und Spalten des Bodens (Soffioni) hervorströmen. Höffer und Mascagni wiesen zuerst 1776 die Borsäure in diesen Dämpfen nach. Es bilden sich kleine Sümpfe[73] und die Ausbeute dieser Lagoni wurde für Toscana eine reiche Erwerbsquelle. Die Borsäurelagunen liegen zerstreut auf einem Raume von etwa sechs Meilen im Umfange. Seit dem Jahre 1818 wurden künstliche Lagunen angelegt, um die Borsäure der Soffioni fabrikmässig zu gewinnen. Die ersten Lagunen entstanden um Monte Cerboli und somit war der Grund gelegt zu dem Orte, welcher später nach dem Besitzer Larderel, Larderello genannt wurde. Später entstanden noch mehrere andere Borsäurefabriken, so zu Lustignano, am Monte rotondo, zu San Federigo, Castel nuovo, Sasso, Serrazano und Lago, von denen eine jede 8, 15, 17, 30, selbst 35 Lagunen besitzt. Es wird die Hitze der Soffioni zum Abdampfen der Borsäurelösung angewendet. 1839 betrug die Produktion der Borsäure auf den Werken der Erben Larderel's 717,333 Kilogr., 1867 betrug sie 2,350,000 Kil. 100 Kilogr. Borsäure kosten gegenwärtig 10–50 fl. Seit 1854 ist die Borsäuregewinnung in Toscana in ein neues Stadium getreten, indem auf die Anregung hin von Gazzeri in Florenz durch Durval künstliche Soffioni angelegt werden dadurch, dass man einfach in den borsäurehaltigen Grund bohrte. Durval hatte in der Nähe von Monte rotondo auf Tiefe von 150–18O Fuss (1862) bereits 18 künstliche Soffionen erbohrt, welche jährlich über 200,000 Kil. Borsäure liefern.

Der Boden der natürlichen Lagunen ist aus Schlamm gebildet, der durch ein scheinbares Sieden ununterbrochen bewegt wird, eine Erscheinung, die von der unausgesetzten Bildung von Fumarolen herrührt. In der Regel finden sich die Mündungen der Dampfquellen an den tiefsten Stellen der Thäler; das daraus durch Abkühlung condensirte Wasser verbreitet sich dann über das umliegende Terrain und bildet daraus einen Sumpf, in welchem sich alle in den Fumarolen enthaltenen verdichtbaren Stoffe absetzen. Nach einer Untersuchung von Payen bestehen die Dämpfe der Fumarolen aus durch Abkühlung verdichtbaren und nicht verdichtbaren Stoffen. Die ersteren bestehen aus Wasser, schwefelsaurem Kalk, schwefelsaurer Magnesia, schwefelsaurem Ammoniak, Chloreisen, Salzsäure, organischer Substanz, einem ätherischen Oele von Fischgeruch, Thon, Sand und kleiner Menge von Borsäure; der nicht condensirte gasförmige Theil der Fumarolen bestand aus

Kohlensäure	0,573

Stickstoff	0,348
Sauerstoff	0,0657
Schwefelwasserstoff	0,0133

Den Angaben Payens, dass die Fumarolen fast keine Spur von Borsäure enthielten, zuwider, fand C. Schmidt (aus Dorpat), dass in den Fumarolen, noch ehe sie in das Wasser der Lagunen treten, Borsäure enthalten sei, dass die unmittelbar ohne Wasserzutritt verdichteten Dämpfe präformirte Borsäure neben Kohlensäure und Ammoniak in grosser, Schwefelwasserstoff in kleiner Menge enthalten. Das Fumarolenliquidum enthält ungefähr 0,1 Proc. Borsäure.

Theorie der Bildung der natürlichen Borsäure.

Dumas und mit ihm Payen stellen zur Erklärung der Bildung der vulkanischen Borsäure die Hypothese auf, dass im Innern der Erde ein Lager von Schwefelbor (B_2S_3) sich befinde, welches, wenn es mit dem Meerwasser in Berührung kommt, sich mit dem Wasser zu Borsäure und Schwefelwasserstoff umsetze. Allerdings ist eine Schwefelwasserstoffentwickelung in den Lagunen stets zu bemerken, welche aber wahrscheinlich nur in einem zufälligen Zusammenhange mit der Borsäure steht. P. Bolley erklärte die Bildung der Borsäure und des Sassolins aus dem Verhalten des Borax zu Salmiak, da sich ebenso wie der Borax, auch der Boracit, Datolith, Turmalin und Axinit verhält. In vulkanischen Gegenden ist bekanntlich das Vorkommen des Salmiaks etwas sehr Gewöhnliches; es bedarf daher nur zur Borsäurebildung des gleichzeitigen Vorkommens eines solchen Minerals. Bei überschüssigem Salmiak wird nämlich der Borax vollständig in Chlornatrium und Borsäure zerlegt, wahrscheinlich geschieht dasselbe auch bei andern Borsäureverbindungen. Die Hypothese Bolley's nimmt zur Erklärung der Bildung der vulkanischen Borsäure den Salmiak, ebenfalls ein vulkanisches Produkt, zu Hülfe, welches indessen, andern Beobachtungen zufolge, nicht vor der Borsäure schon da war, sondern sich gleichzeitig mit derselben bildete. Nach einer zuerst von mir im Jahre 1851 ausgesprochenen Ansicht, die 1854 durch Prof. Becchi in Florenz als eine gegründete Anerkennung fand, befindet sich im Erdinnern Borstickstoff (BN), welcher ebenso wie der von Wöhler künstlich dargestellte durch heisse Wasserdämpfe in Borsäure und Ammoniak zerlegt wird. Auch Warington (1854) und Popp (1870) leiten die Entstehung der Borsäure und des Ammoniaks in Vulkanen aus der Zersetzung von Borstickstoff durch Wasserdämpfe ab; ersterer will an der Borsäure und dem Salmiak von der liparischen Insel Volcano noch unzersetzten Borstickstoff gefunden haben. Es unterliegt keinem Zweifel, dass auch durch die Zerlegung borsäurehaltiger Gesteine durch Salzsäure oder Schwefelsäure in vulkanischen Gegenden sich Borsäure bilden kann. Neuerdings (1862) neigt sich Becchi mehr der Ansicht zu, dass die Borsäure das Resultat der Zersetzung von Calciumborat sei. Specielle Versuche haben ihn gelehrt, dass ein Strom überhitzten Dampfes über rothglühendes Calciumborat geleitet, reichliche Mengen von Borsäure mit sich fortreisst. In den Serpentinen und Kalkgesteinen, welche in der Nähe der Soffioni sich finden, hat C. Schmidt allerdings Borsäure nachgewiesen. Das gleichzeitig auftretende Ammoniak hält er für ein Produkt der stickstoffhaltigen organischen Körper, die in reichlicher Menge in den Gebirgen Toscanas vorkommen[74].

Gewinnung der Borsäure.

Um die Borsäure zu gewinnen, stellt man über den natürlichen Zerklüftungen, aus welchen sich die Fumarolen entwickeln, oder den künstlichen von Durval angelegten Soffionis, mit Wasser angefüllten Bassins (künstliche Lagunen) her, in welche so viel als möglich Soffioni münden. Die Soffioni verdichten sich in diesem Wasser. Sobald das Wasser die nöthige Menge von Borsäure aufgenommen hat, wird sie aus den verschiedenen Lagunen in eine grosse gemauerte Cisterne abgelassen. Aus dieser Cisterne fliesst die Lösung in die Abdampfpfannen. Zum Abdampfen der Borsäurelösung benutzt man die Wärme derjenigen Soffioni, welche wegen ungünstiger Lage sich nicht zur Anlegung von Lagunen eignen. Man umgiebt die Dampfquellen mit einem hölzernen Kamin und leitet sie in gemauerten unterirdischen Kanälen unter die Abdampfbatterien. In den Pfannen setzen sich noch verschiedene Unreinigkeiten, namentlich Gyps ab. Sobald die Lösung ein spec.

Gewicht von 1,070–1,08 bei 80° zeigt, bringt man sie in hölzerne, mit Blei ausgefütterte Krystallisirgefässe, in welchen sich die Borsäure krystallinisch absetzt; man lässt in Körben die Mutterlauge abtropfen und trocknet sie in einem Trockenofen, der ebenfalls durch die Wärme der Soffioni geheizt wird.

Auf vorstehende Weise wird im Allgemeinen in Toscana die Borsäure gewonnen. Es lassen sich aber nicht alle Borsäure führenden Terrains nach dem gewöhnlichen Verfahren ausbeuten; man hat deshalb zur Gewinnung der Borsäure aus dem Wasser des Monte-rotondo-Sees mit Erfolg ein neues Verfahren eingeführt. Der Borsäuregehalt dieses Wassers betrug ursprünglich nur etwa $1/2000$ und wegen dieses geringen Gehaltes wurde dasselbe nicht zur Borsäuregewinnung benutzt. Das den See umgebende Terrain lässt hier und da schwache Dampfströme hervortreten, die, wenn sie in gewöhnlicher Weise benutzt worden wären, keine erhebliche Menge von Borsäure gegeben haben würden; das Abdampfen des Wassers mittelst Brennmaterial war aber bei dem geringen Gehalt desselben nicht statthaft. Der See wurde daher mit einem Graben umgeben, der das Quellwasser, welches sonst in den See floss, sowie den grössern Theil des sonst in den See fliessenden Regenwassers, auffängt. In Folge dieser Einrichtung enthält das Wasser des Sees nun etwa 2 pro Mille Borsäure, also in gleichem Gewichte 4 Mal so viel als früher. Man hat ferner durch die oben erwähnten Durval'schen Bohrlöcher (künstliche Soffioni) der toscanischen Borsäuregewinnung mächtig Vorschub geleistet. In neuester Zeit endlich hat man eine Verbesserung des Betriebes dadurch eingeführt, dass man einen Theil der aus den natürlichen und künstlichen Soffioni verdichtet und mit der so erhaltenen Flüssigkeit die Lagunen speist. In dem Grade, als der Verbrauch der Borsäure zugenommen hat, macht man bezüglich ihrer Reinheit immer grössere Ansprüche. Früher begnügte man sich mit einer Säure, welche 70–80 Proc. Borsäurehydrat enthielt, gegenwärtig will man nur gereinigte Säure, die höchstens 10 Proc. Unreinigkeiten enthält. Man reinigt sie durch Umkrystallisiren und Behandeln der Lösung mit Thierkohle. Clouet schlägt vor, die rohe Borsäure behufs ihrer Reinigung mit 5 Proc. gewöhnlicher Salpetersäure zu vermischen, die Masse einige Stunden lang liegen zu lassen und sie dann in einem Ofen zu erhitzen. Durch diese Behandlung werden sowol die organischen Stoffe als auch die Ammoniaksalze, welche in der rohen Borsäure enthalten sind, zerstört und verflüchtigt, und man erhält aus derselben einen viel reineren Borax als bei der Anwendung der rohen Säure. Ausser Toscana liefert die Insel Vulcano Borsäure in den Handel; man schätzt die von Vulcano stammende Borsäuremenge auf 3000 Kilogr. jährlich. Ehedem, als die Borsäure nur mehr pharmaceutische Verwendung fand, bereitete man die Borsäure, indem man 1 Th. Borax in 4 Th. siedendem Wasser löste und $1/3$ Th. Schwefelsäure oder besser $1/2$ Th. Salzsäure von 1,2 spec. Gew. zusetzte. Die Säure scheidet sich dabei beim Erkalten ab und wird durch Umkrystallisiren gereinigt.

In 100 Th. käuflicher toscanischer Borsäure fand H. Vohl (1866):

	1.	2.	3.	4.	5.
Borsäure	45,1996	47,6320	48,2357	45,2487	48,1314
Krystallwasser	34,8916	35,6983	37,2127	34,9010	38,0610
Angezogenes Wasser	4,5019	2,5860	1,0237	4,4990	1,5240
Schwefelsäure	9,6135	7,9096	8,4423	9,5833	7,8161
Kieselsäure	0,8121	1,2840	0,6000	0,2134	0,0861
Sand	0,2991	0,5000	0,1000	0,7722	0,4154
Eisenoxyd	0,1266	0,1631	0,0920	0,1030	0,0431
Manganoxydul	0,0031	Spuren	Spuren	Spuren	Spuren

Thonerde	0,5786	0,0802	0,0504	0,1359	0,1736
Kalk	0,0109	0,3055	0,5178	Spuren	Spuren
Magnesia	0,6080	Spuren	Spuren	Spuren	Spuren
Kali	0,1801	0,2551	0,5178	0,6140	0,4134
Ammoniak	2,9891	3,5165	3,5169	3,7659	3,0890
Natron	0,0029	Spuren	Spuren	Spuren	Spuren
Chlornatrium	0,1012	0,0595	0,0401	0,1671	0,0321
Organische Substanzen und Verlust	0,0918	0,0101	0,0101	—	0,0449
	100,0000	100,0000	100,0000	100,0000	100,0000

Eigenschaften und Verwendung der Borsäure.

Die gereinigte krystallisirte Borsäure krystallisirt in perlmutterglänzenden Blättchen, verliert bis über 100° erhitzt die Hälfte ihres Krystallwassers, ohne zu schmelzen, während die andere Hälfte erst in der Glühhitze und Schmelzen unter starkem Aufblähen ausgetrieben werden kann. Nach dem Erkalten erscheint die wasserfreie Säure als ein durchsichtiges, hartes, sprödes Glas von 1,83 spec. Gewichte. 1 Th. Borsäure löst sich in 25,6 Th. Wasser bei 15° C. und in 2,9 Th. bei 100°. Eine bei 8° gesättigte Lösung hat ein spec. Gewicht von 1,014. Die Borsäure ist eine feuerbeständige Säure und treibt, mit schwefelsauren Salzen erhitzt, aus letzteren die Schwefelsäure aus. Mit Wasser- und Alkoholdämpfen verflüchtigt sie sich. Sie ertheilt der Alkoholflamme eine grüne Färbung. In chemischer Hinsicht verhält sie sich der Kieselsäure sehr ähnlich. Die Borsäure wird hauptsächlich zur Fabrikation des Borax, zum Glasiren gewisser Porcellanarten und als Zusatz zur Masse einiger Thonwaaren und in wässeriger Lösung mit Schwefelsäure vermischt zum Tränken der Dochte bei der Stearin- und Paraffinkerzenfabrikation verwendet. Ausserdem dient sie zum Färben des Goldes, zum Aetzen von Eisen und Stahl zum Zweck der Verzierung, zur Darstellung von Flintglas, und künstlichen Edelsteinen. Seit dem Jahre 1859 benutzt man auch die Borsäure bei der Fabrikation desjenigen Chromoxydhydrates, welches unter dem Namen Smaragdgrün, Pannetier's Grün, *Vert-Guignet*, im Handel sich findet.

Borax.

Der Borax oder das borsaure Natrium enthält im wasserfreien Zustande $Na_2B_4O_7$ und besteht in 100 Th. aus

Borsäureanhydrid (B_2O_3)	69,05
Natron (Na_2O)	30,95
	100,00

Er findet sich fertig gebildet in der Natur in einigen alpinischen Seen in den Schneegebirgen von Indien, China, Persien, auf Ceylon, namentlich in dem See Teschu-Lumbu in Gross-Thibet, welcher fünfzehn Tagereisen von dem Orte gleiches Namens liegt und früher grosse Mengen von Borax lieferte. Ausserdem kommt er in grösserer Quantität bei Potosi in Bolivien und (wie es scheint in unerschöpflicher Menge) im *Borax Lake*[75] und im *Pyramid Lake* (letzterer in Humboldt-County, Nevada) in Californien vor. Der durch freiwillige Verdunstung durch die Sonnenwärme aus dem Wasser der Boraxseen herauskrystallisirte Borax wurde früher in grosser Menge unter dem Namen Tinkal, Tinkana, Swaga oder Pounxa in Europa eingeführt. Es erschien in kleinen sechsseitigen, mehr oder minder abgeplatteten Krystallen, die bisweilen farblos, bald aber auch gelblich oder grünlich waren und immer eine erdige Rinde zeigten, die sich fettig anfühlte und seifenähnlich roch. Die Raffinirung des rohen Borax geschah in Venedig, welches lange Zeit ausschliesslich im Besitz des Geheimnisses der Raffinationsmethode war, und später in Holland. Am Boraxsee oder *Clear Lake* in Californien (50 deutsche Meilen nördlich von S. Francisco) wird der boraxhaltige Schlamm aus dem See durch Baggern gewonnen, an der Sonne getrocknet und dann ausgelaugt[76].

Die Reinigung des Tinkal lässt sich auf verschiedene Weise ausführen. Nach der älteren Methode bringt man ihn auf einen Spitzbeutel und wäscht ihn mit einer Lösung von Natron, welche 5 Proc. davon enthält, so lange, als die Flüssigkeit noch gefärbt hindurchläuft; durch dieses Auswaschen wird der Borax von der anhängenden Fettsubstanz befreit, welche mit der Soda zu einer im Wasser leicht löslichen Seife zusammentritt. Nachdem der Borax gut abgetropft ist, löst man ihn in siedendem Wasser und giebt auf 100 Th. des zu raffinirenden Salzes 12 Th. krystallisirtes Natriumcarbonat zu und filtrirt dann die Lösung. Nach dem Filtriren wird die Lösung durch Abdampfen bis auf 18–20° B. gebracht und in hölzernen, mit Blei ausgefütterten Gefässen krystallisiren gelassen. Damit keine Krystallkrusten, sondern einzelne, wol ausgebildete Krystalle sich bilden, ist es nothwendig, dass die Flüssigkeit sehr langsam sich abkühle. Nach einem andern Verfahren übergiesst man denselben mit einer kleinen Menge kalten Wassers und setzt nach und nach unter Umrühren 1 Proc. Kalkhydrat hinzu. Nach einiger Zeit wird siedendes Wasser zugesetzt und die Flüssigkeit durchgeseiht. Es bleibt hierbei die Fettsubstanz, welche den Tinkal verunreinigte, als unlösliche Calciumseife zurück. Zu der Flüssigkeit setzt man 2 Proc. Chlorcalcium, seiht wieder durch, dampft die Flüssigkeit ab und lässt krystallisiren. Clouet zertheilt den Tinkal, um ihn zu reinigen, zu Pulver, mischt ihn mit 10 Proc. Natriumnitrat und calcinirt die Mischung bei mässigem Feuer in einer gusseisernen Pfanne, wobei die Fettsubstanzen zerstört werden. Man löst die calcinirte Masse nachher in Wasser auf und trennt die Lösung von der zurückgebliebenen Kohle, worauf man aus ihr durch Abdampfen und Krystallisiren ohne Weiteres rohen Borax enthält.

Borax aus Borsäure.

Seit dem Jahre 1818 begann in Frankreich die Fabrikation von Borax mittelst Borsäure, wodurch sich der Preis des Borax um ¾ erniedrigte. Dieses Verfahren ist gegenwärtig das allein übliche. Je nach dem Wassergehalt des krystallisirten Borax und seiner Krystallform unterscheidet man 1) den gewöhnlichen (natürlichen oder künstlichen) oder prismatischen Borax, 2) den octaëdrischen Borax, welcher nur die Hälfte des Krystallwassers des prismatischen Borax enthält:

Der *prismatische* Borax ($Na_2B_4O_7 + 10H_2O$) besteht aus

Borsäure	36,6
Natron	16,2
Krystallwasser	47,2
	100,0

Der *octaëdrische* Borax ($Na_2B_4O_7 + 5H_2O$) aus

Borsäure Natron	69,36
Krystallwasser	30,64
	100,0

Fig. 118.

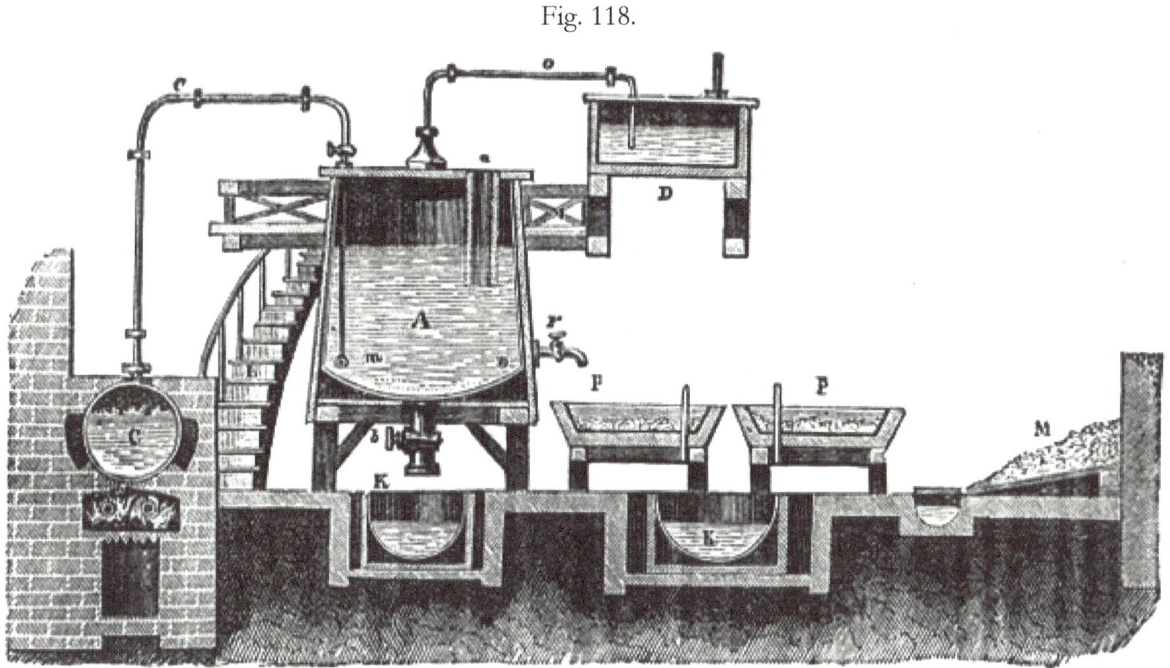

Die Fabrikation des prismatischen Borax geschieht auf folgende Weise: Man löst in einem mit Bleiblech ausgefütterten Bottich *A* (Fig. 118), der durch Wasserdämpfe erwärmt werden kann, 26 Ctr. krystallisirtes Natriumcarbonat in etwa 1500 Litern Wasser und erhitzt bis zum Sieden. Der Dampfkessel *C* dient zur Bildung der Wasserdämpfe, die durch das Dampfrohr *c* in den Bottich geleitet werden und bei *m* ausströmen. Durch die Hähne *b* und *r* wird die Flüssigkeit aus *A* abgelassen. Durch das weite Rohr *a*, das durch einen Deckel genau verschlossen werden kann, trägt man die aufzulösenden Substanzen ein. Nachdem die Lösung vor sich gegangen und die Flüssigkeit siedet, wird die Borsäure in Quantitäten von 8–10 Pfd. eingetragen. Neben der Kohlensäure entwickeln sich auch kleine Mengen von Ammoncarbonat, welche durch das in dem Deckel des Apparates *A* befindliche Ableitungsrohr *o* in ein Gefäss mit verdünnter Schwefelsäure gelangen, von welcher das Ammoniak zurückgehalten wird. Zur Sättigung der erwähnten 26 Ctr. Soda hat man gegen 24 Ctr. roher Borsäure nothwendig. Die siedend gesättigte Lösung zeigt 21–22° B. und hat eine Temperatur von 104°. Wäre sie dichter, so setzt man etwas Wasser hinzu; zeigte sie sich dagegen zu verdünnt, so löst man eine kleine Menge von rohem Borax in ihr auf, um sie bis auf 21° B. zu bringen. Die Lösung bleibt in dem Bottich *A* ruhig stehen, damit sich alle unlöslichen Substanzen daraus abscheiden. Die geklärte Lauge gelangt dann durch den Hahn *r* in die Krystallisirgefässe *P P*, der abgeschiedene Schlamm durch *b* in das untergesetzte Gefäss *K*. Die Krystallisirgefässe sind aus Holz und mit Bleiblech ausgefüttert. Nach 2–3 Tagen ist die Krystallisation beendigt. Die Mutterlauge wird aus allen Krystallisirbottichen in das Gefäss *H* gelassen. Die Krystalle kommen zum Abtropfen auf die geneigte Ebene *M*. Der so erhaltene Borax erscheint in kleinen zerbröckelten Krystallen, die behufs der Reinigung umkrystallisirt werden müssen. Die hierbei gewonnene Mutterlauge dient zum Lösen neuer Mengen von Soda. Nach drei bis vier Operationen enthält die Mutterlauge eine genügende Quantität Glaubersalz, um aus den Laugen sich krystallinisch abscheiden zu können. Zu diesem Behufe lässt man die Lauge bis auf 30° sich abkühlen. Da die Löslichkeit des Glaubersalzes in Wasser bei einer Temperatur von 33° ihr Maximum erreicht, so ist es klar, dass die Krystallisation des Glaubersalzes erst beginnen kann, sobald die des Borax beendigt ist. Nach der Krystallisation des Glaubersalzes giebt die in einem eisernen Kessel abgedampfte Mutterlauge noch eine Krystallisation von Borax, deren Mutterlauge wieder auf Glaubersalz verarbeitet wird. Die letzten Mutterlaugen geben beim Eindampfen bis zur Trockne eine Salzmasse, die in der Glasfabrikation noch benutzt werden kann. Bischof wirft die Frage auf, ob es nicht vortheilhafter sein möchte, dem Wasser der Lagunen Natron zuzusetzen und an Ort und Stelle in Toscana Borax darzustellen, als in Frankreich und Liverpool aus der toscanischen Borsäure Borax zu fabriciren. Es würde auch dadurch der Verlust an Borsäure vermindert, welcher in Larderel's Fabrikanlagen durch deren Verflüchtigung entsteht. Jean macht den Vorschlag, in der Boraxfabrikation das Natriumcarbonat durch Schwefelnatrium zu ersetzen und das sich bei der Boraxbildung entwickelnde Schwefelwasserstoffgas (das doch jedenfalls eine Quelle von Inconvenienzen für die Boraxfabrik sein wird) auf Schwefelsäure oder auf Schwefel zu verarbeiten.

Reinigen des Borax.

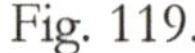

Fig. 119.

Um den rohen Borax zu reinigen, löst man ihn in dem mit Blei ausgefütterten hölzernen Bottich *A* (Fig. 119), welcher durch eingeleitete Wasserdämpfe erhitzt wird. Man füllt den Bottich mit Wasser und hängt den zu reinigenden Borax in einem Drahtsiebe unter die Oberfläche der Flüssigkeit. Auf je 100 Th. Borax setzt man 5 Th. krystallisirtes Natriumcarbonat hinzu und fährt mit dem Auflösen neuer Quantitäten fort, bis die Lauge 22° B. zeigt. Nachdem die Lösung durch Absetzen sich geklärt hat, lässt man sie durch den Hahn *C* in das Kühlschiff *B* fliessen. Um jeden Verlust an Lauge zu verhüten, besteht der Boden unter *B* aus wasserdichtem Cäment und ist geneigt, damit die etwa verschüttete Lauge in einen Kanal abfliesse. Die Krystallisirgefässe bestehen aus starkem Holz und enthalten im Innern ein Bleigefäss; sie werden mit der Lauge bis auf einen Zoll vom Rande angefüllt und mit einem Deckel dicht verschlossen. Beim Erkalten entsteht nun durch Verdichtung der Wasserdämpfe auf der Oberfläche der Lauge eine geringe Wasserschicht, wodurch der Entstehung kleiner Krystalle auf der Oberfläche vorgebeugt wird. Geschähe dies nicht, so würden diese Krystalle zu Boden fallen und sich daselbst zu Krystallkrusten vereinigen. Da man grosse Krystalle zu erhalten sucht, so muss die Abkühlung der Flüssigkeit möglichst langsam geschehen. Zu diesem Zwecke sind die Zwischenräume *H* mit einem schlechten Wärmeleiter, gewöhnlich mit Wolle ausgestopft.

Die Krystallisation erfordert je nach der Temperatur der äusseren Luft 16–28 Tage. Nach dieser Zeit hat die Lauge immer noch eine Temperatur von 27–28° C. Wollte man die Flüssigkeit noch weiter sich abkühlen lassen, so würden auch fremde Substanzen mit dem Borax sich abscheiden. Die Mutterlauge wird dann mit Hülfe eines Hebers möglichst schnell von den Krystallen abgezogen und in flache Krystallisirgefässe gegeben, wo sich noch kleine Krystalle bilden. Die in dem Gefäss *B* erzielten grossen Boraxkrystalle werden mit Hülfe eines Schwammes von der anhängenden Mutterlauge befreit; darauf wird das Krystallisirgefäss schnell wieder mit dem Deckel bedeckt. Ohne diese Vorsichtsmaassregel würden die Krystalle zu schnell abkühlen und Sprünge und Zerklüftungen erhalten. Nach einigen Stunden bricht man die Krystalle aus dem Gefässe heraus, ohne jedoch dabei die Krystalle und das Blei der Gefässe zu beschädigen. Die Krystalle werden auf hölzernen Tafeln getrocknet und nach dem Sortiren verpackt. Früher pflegte man den Krystallen zuvor durch Rütteln in Sieben die abgestumpften Kanten und Ecken, und das weisse Pulver, womit der raffinirte Tinkal in Folge des Transportes überzogen war, zu geben, da die Consumenten darin Kennzeichen einer guten Qualität zu sehen glaubten. Gegenwärtig ist dieses Vorurtheil besiegt.

In englischen Fabriken wendet man bei der Darstellung von Borax aus Borsäure folgendes Verfahren an: Man schmilzt die rohe Borsäure mit ihrem halben Gewichte calcinirter Soda auf dem Herde eines Muffelofens ein; die Masse frittet zunächst und geräth dann in schaumigen Fluss, wobei sie fortwährend durch Rührkrücken umgearbeitet wird. Das Ammoniak, welches als schwefelsaures Salz einen erheblichen Bestandtheil der rohen

Borsäure ausmacht, entweicht bei diesem Processe, mit Kohlensäure verbunden, durch eine Oeffnung im Gewölbe des Ofens nach einer Verdichtungskammer (vergl. Seite 261). Die aus dem Ofen kommende Schmelze wird in eisernen Kesseln in der Wärme ausgelaugt, die Lösung durch Absetzen von den suspendirten Theilchen geklärt und dann in kleineren Gefässen möglichst langsam abgekühlt, um schöne Krystalle zu erhalten. Wie Seite 222 erwähnt wurde, hat man auch in Frankreich angefangen, mit der Fabrikation von rauchender Schwefelsäure die von Borax zu verbinden. Zu diesem Zwecke destillirt man ein Gemenge von calcinirtem Glaubersalz und Borsäure und verarbeitet den in der Retorte bleibenden Rückstand von Borax durch Auflösen und Krystallisirenlassen. Nach der Methode von Köhnke wendet man zur Neutralisation der Borsäure nicht Natriumcarbonat, sondern Natriumhydroxyd (Aetznatron) an und lässt den Borax aus einer sehr alkalischen Lösung krystallisiren.

In neuerer Zeit stellt man Borax aus dem oben erwähnten natürlichen Calcium-Borat oder Calcium-Natrium-Borat (Tiza oder Boronatrocalcit)[77] dar, welches gegenwärtig in grosser Menge aus Tarapaca in Peru und von der Westküste Afrika's nach Europa gelangt. Da die Aufschliessung des Minerals mit Schwefelsäure nur ungenügende Resultate gegeben, so wendet man (nach den Vorschlägen von Lunge) zur Darstellung von Borax aus Tiza die Zersetzung mit Salzsäure an. Zu dem Ende übergiesst man das gemahlene und geschlämmte Material mit zwei Dritteln seines Gewichtes käuflicher Salzsäure und der doppelten Menge Wasser, und digerirt in mässiger Wärme, noch besser bei Siedehitze, so lange, bis die Zersetzung vollständig ist, was bald eintritt. Besonders zu Ende der Digestion muss man die Wärme steigern, um sicher alle Borsäure in Lösung zu behalten; auch muss man zu diesem Zwecke das verdampfte Wasser bis auf sein ursprüngliches Volumen ergänzen. Man lässt nun in der Hitze absetzen und trennt die klare Lösung von dem unbedeutenden Rückstande durch Decantiren oder Abhebern. Beim Erkalten krystallisirt die Borsäure fast vollständig heraus, während Chlornatrium und Chlorcalcium in der Mutterlauge bleiben, nebst einer geringen Menge überschüssiger Salzsäure. Die angegebene Menge von zwei Dritteln des Minerals an Salzsäure bezieht sich übrigens auf einen Mittelgehalt desselben von 40 Proc. an Borsäure und muss bei erheblicher Abweichung davon entsprechend abgeändert werden. Die herauskrystallisirte Borsäure lässt man abtropfen, presst oder schleudert sie aus, wäscht sie einmal mit kaltem Wasser, schleudert sie nochmals aus und erhält sie dann fast vollkommen rein, so dass sie nach der Behandlung mit Soda schon bei der ersten Krystallisation reinen Borax giebt. Die Rückstände von der Digestion mit Salzsäure sammelt man an und behandelt sie noch einmal für sich mit heisser Salzsäure. In der Mutterlauge von der Borsäurekrystallisation, welche mit den anderen Salzen fast gesättigt ist, bleibt so wenig Borsäure, dass ihre Gewinnung kaum lohnen dürfte; man kann sie aber auch noch hieraus fast vollständig durch Niederschlagen mit Kalk erhalten. — Die Aufschliessung des Boronatrocalcits mit Soda bietet vielfache Schwierigkeiten dar, doch wird sie in England fabrikmässig ausgeübt. Auch auf die Verwendbarkeit der Stassfurter Boracite oder Stassfurtite zur Darstellung von Borax ist aufmerksam gemacht worden.

Der prismatische Borax bildet fast farblose und durchsichtige Krystalle von 1,75 spec. Gewicht, welche sich in 12 Th. kaltem und 2 Th. siedendem Wasser zu einer schwach alkalisch reagirenden Flüssigkeit auflösen. An der Luft verwittern die Krystalle nur oberflächlich, zerspringen meistens beim Erwärmen und blähen sich dann zu einer schwammigen Masse auf (calcinirter Borax), die in der Glühhitze zu einem durchsichtigen Glase (Boraxglas) schmilzt, welches aus der Luft nur sehr langsam Wasser aufnimmt und dabei seine Durchsichtigkeit verliert.

Octaëdrischer Borax.

Der octaëdrische Borax ($Na_2B_4O_7 + 5H_2O$) wird auf folgende Weise erhalten: Man löst prismatischen Borax in siedendem Wasser, bis die siedende Lösung 30° B. (= 1,260 spec. Gewicht) zeigt. Darauf überlässt man die Flüssigkeit einer langsamen und regelmässigen Abkühlung. Wenn die Temperatur bis auf 79° C. gesunken ist, fangen die octaëdrischen Krystalle an sich zu bilden und dies dauert fort, bis die Temperatur nur noch 56° beträgt. Von dieser Zeit an giebt die Mutterlauge nur noch prismatische Krystalle. Versäumt man die Mutterlauge zu gehöriger Zeit abzugiessen, so erhält man ein Gemenge von prismatischem und octaëdrischem Borax. Buran verfährt bei Darstellung des octaëdrischen Borax auf ähnliche Weise. Er verdampft die Auflösung bis zu 32° B. (= 1,282), darauf verschliesst er den Kessel, um die Abkühlung möglichst zu verlangsamen. Wenn

10 Ctr. in Arbeit genommen worden waren, so öffnet er nach Verlauf von 6 Tagen den Kessel, giesst den noch flüssigen Theil ab und nimmt den gebildeten octaëdrischen Borax heraus, der als dichte Rinde sich abgelagert hat. Auf ihrer Oberfläche sieht man einen Anfang prismatischer Krystallisation, welche durch mechanische Mittel abgesondert wird.

Indischer Tinkal und chinesischer halbraffinirter Borax soll bisweilen aus octaëdrischem Borax bestehen. Der octaëdrische Borax kommt im französischen Handel unter dem Namen calcinirter Borax, Juwelierborax, Rindenborax u. s. w. vor. Er unterscheidet sich von dem prismatischen Borax ausser durch die Krystallform und den Wassergehalt dadurch, dass er ein spec. Gewicht von 1,81 hat und die Krystalle eine weit grössere Härte besitzen, denn der gewöhnliche Borax wird durch den octaëdrischen geritzt. Der prismatische Borax zerklüftet sich und zerspringt schon bei einem Temperaturwechsel, der 15° beträgt, der octaëdrische aber behält unter gleichen Umständen seinen Zusammenhang. Während der gewöhnliche Borax im Wasser sowol als in feuchter Luft durchsichtig bleibt und in trockener Luft an der Oberfläche verwittert, werden die Krystalle des octaëdrischen Borax, dem Wasser und der feuchten Luft ausgesetzt, undurchsichtig, wobei sie nach und nach fünf Aequivalente Wasser aufnehmen und in den prismatischen Borax übergehen. Beim Erhitzen schmilzt er leicht und bläht sich während des Schmelzens weit weniger auf als der prismatische Borax.

Anwendung des Borax.

Die Anwendung des Borax ist eine sehr mannigfaltige. Geschmolzener Borax hat die Eigenschaft, bei hoher Temperatur Metalloxyde zu lösen und mit denselben durchsichtige, nicht gefärbte Gläser zu bilden, so wird z. B. Borax durch Kobaltoxydul blau, durch Chromoxyd grün gefärbt. Auf diese Eigenschaft, welche man in der analytischen Chemie zum Erkennen und Unterscheiden gewisser Metalloxyde vor dem Löthrohr benutzt, ist auch seine Anwendung zum Löthen basirt. Der Borax ist ferner ein häufiger Bestandtheil des Strass, einiger Glassorten und Emails, sowie vieler Glas- und Porcellanfarben. In grösster Menge benutzt man ihn zur Glasur der feineren Fayence und irdener Thonwaaren, auch zuweilen als Zusatz zur Masse gewisser Thonarten. Bei der Ausscheidung vieler Metalle aus ihren Erzen kann der Borax als Flussmittel benutzt werden; in der That benutzt man den rohen Borax in Südamerika (unter dem Namen Quemason) zum Kupferschmelzen. Der Borax bildet mit Schellack (in dem Verhältnis von 1 Th. Borax auf 5 Th. Harz) einen in Wasser löslichen Firniss, welcher in der Hutfabrikation (gewöhnlich mit Anilinschwarz gemengt, wenn es sich um schwarze Hüte handelt) zum Steifen der Filzhüte Anwendung findet; mit Caseïn giebt er eine Flüssigkeit, die sich durch grosse Klebekraft auszeichnet und anstatt einer Lösung von arabischem Gummi gebraucht werden kann. Man hat ferner den Vorschlag gemacht, den Borax statt der Seife zum Entschälen der Seide, statt der Soda bei der Wäsche, zum Reinigen der Haare, zu kosmetischen Zwecken etc. zu verwenden. In der Zeugdruckerei und Färberei hat man ihn wiederholt zur Fixation der mineralischen Mordants (namentlich Thonerde und Eisenoxyd), so wie als Menstruum in Wasser unlöslicher Farbstoffe, endlich auch als Surrogat des Kuhkothbades anzuwenden vorgeschlagen. In Folge seiner Eigenschaft, die Fette zu emulsiren, kann der Borax zur Darstellung der Weissbäder dienen. Mit einer Lösung von arabischem Gummi giebt Borax eine sehr consistente Gallerte. Nach Clouet ist ein Gemenge von Borsäure und Kalium- oder Natriumnitrat in manchen Fällen ein besseres Flussmittel, als Borax. Er nimmt 100 Th. Borsäure und 100 Th. Kalium- oder Natriumnitrat, befeuchtet das Gemenge mit etwa 10 Proc. Wasser und lässt es in einem emaillirten eisernen Kessel flüssig werden, worauf er es auf Bleiplatten giesst. Nach dem Erkalten bildet die Masse weisse krystallinische Platten, die in den Handel gebracht werden können. Die mit Kaliumnitrat bereitete Masse ist namentlich für die Fabrikation von Krystallglas, die mit Natriumnitrat dargestellte für die Emailfabrikation geeignet. Borax ist das zweckmässigste Mittel zur Vertilgung der Schaben (Blatta orientalis). Wässerige Boraxlösung ist zum Imprägniren des Holzes behufs seiner Conservation in Vorschlag gebracht worden. Das Zink- und Manganborat finden als Siccativ in der Firnissbereitung Anwendung. Das Chromborat findet zur Darstellung der unter den Namen Vert-Guignet, Pannetier's Grün, Smaragdgrün bekannten grünen Farbe Anwendung.

Bordiamanten.

Wöhler und H. Deville haben 1857 nachgewiesen, dass das dem Kohlenstoff so überaus nahe stehende Bor ebenso wie der Kohlenstoff in zwei allotropischen Zuständen aufzutreten vermag, nämlich krystallisirt (diamantähnlich[78]) und amorph. Der Bordiamant wird auf zweierlei Weise dargestellt, nämlich durch Reduktion von geschmolzener Borsäure mit Aluminium:

Borsäure B_2O_3	geben	Thonerde Al_2O_3
Aluminium 2Al		Bor 2B

oder durch Ueberführen von amorphem Bor in krystallisirtes. Diese letztere Methode giebt ein besseres Resultat als die erstere. Man bringt ein Gemenge von 100 Grm. wasserfreier Borsäure mit 60 Grm. Natrium in einen kleinen, bis zum vollen Glühen erhitzten Tiegel von Gusseisen, schüttet darauf 40 bis 50 Grm. Kochsalz und bedeckt den Tiegel. Sobald die Reaktion vorüber ist, rührt man die Masse, welche das reducirte amorphe Bor in einem geschmolzenen Gemenge von Borsäure, Borax und Kochsalz vertheilt enthält, mit einem eisernen Stabe um und giesst sie dann in mit Salzsäure angesäuertes Wasser. Man filtrirt das Bor ab, wäscht es mit salzsäurehaltigem Wasser und lässt es auf porösen Steinen bei gewöhnlicher Temperatur trocknen. Geschmolzenes Eisen führt bekanntlich amorphen Kohlenstoff in krystallinischen (in Graphit) über; auf ähnliche Weise wird durch schmelzendes Aluminium amorphes Bor in krystallisirtes verwandelt. Man verfährt dabei auf folgende Weise: Ein kleiner hessischer Tiegel wird mit amorphem Bor angefüllt, dann wird bis zu einer gewissen Tiefe ein Loch ausgebohrt und in dieses eine 4–6 Grm. schwere Stange gestellt. Man setzt den Tiegel darauf 1½–2 Stunden lang einer Temperatur aus, welche hinreicht, um Nickel zu schmelzen. Nach dem Erkalten sind gewöhnlich schon an der Oberfläche des Aluminiums schöne Borkrystalle zu bemerken. Man löst die Masse in verdünnter Salzsäure auf, wobei alle eingeschlossenen Borkrystalle zum Vorschein kommen. Von dem zugleich mit entstandenen Borgraphit lassen sich die Bordiamanten durch Schlämmen leicht trennen. Die Bordiamanten krystallisiren tetragonal, sind durchsichtig, bald granatroth, bald honiggelb, im vollkommen reinen Zustande jedoch vollkommen farblos und von grossem Lichtbrechungsvermögen, Glanz und einer Härte, welche der der Diamanten gleich ist oder dieselbe noch übertrifft; die Krystalle ritzen den Korund mit Leichtigkeit, greifen selbst den Diamant etwas an. Die Entdeckung der Bordiamanten kann mit der Zeit für die Technik möglicherweise von Wichtigkeit werden.

Die Fabrikation des Alauns, des Aluminiumsulfates und der Aluminate.

Alaun. Allgemeines.

Der Alaun ist ein aus Aluminiumsulfat, Kalium- oder Ammonsulfat und Krystallwasser bestehendes Salz, welches je nach der Natur des darin enthaltenen Alkalisulfates als Kaliumalaun und Ammonalaun unterschieden wird. Zu dem Alaun sind in dem letzten Jahrzehend Aluminiumsulfat und Natrium-Aluminat gekommen, um der Technik reines, namentlich eisenfreies Thonerdesalz zu liefern.

Vorkommen des Alauns in der Natur.

Der Alaun, besonders der Kaliumalaun $Al_2\ K_2\ \}\ 4SO_4 + 24H_2O$ findet sich als Ausblühung oder Auswitterung nicht selten auf dem Alaunschiefer, seltener in ausgebildeten Krystallen, als vielmehr als Federalaun (Federsalz, Haarsalz, Keramohalit). Er findet sich vorzugsweise in vulkanischen Gegenden, zumal in den Solfataren, in schwefelkieshaltigen Thonlagern, auf Stein- und Braunkohlenlagerstätten vor. In der Nähe der Vulkane entsteht der Alaun, indem die sich bildende schweflige Säure[79] bei Gegenwart von Luft und Feuchtigkeit in Schwefelsäure übergeht, welche auf die in den Laven enthaltene Thonerde und Kali einwirkt. Der natürliche Alaun hat indessen mehr mineralogisches als technisches Interesse, indem aller Alaun, der sich gegenwärtig im Handel findet, künstlich dargestellt ist.

Materialien der Fabrikation des Alauns.

Die fabrikmässige Darstellung des Alauns (des Aluminiumsulfates und des Natrium-Aluminats) gründet sich auf geeignetes und massenhaftes Vorkommen gewisser Thonerdeverbindungen, welche die Rohmaterialien dieses Industriezweiges abgeben. Je nach ihren Bestandtheilen zerfallen diese Materialien (Alaunerze) in folgende vier Gruppen:

1) In solche, in denen die zur Alaunbildung erforderlichen Bestandtheile (Aluminium, Kalium und Schwefelsäure) in solcher Menge vorhanden sind, dass eine Ausscheidung derselben ohne Zusatz von Alkalisalz lohnend erscheint. Hierher gehören der Alaunstein, so wie gewisse Sorten von Alaunschiefer;

2) In solche, in denen nur die Elemente zur Bildung des Aluminiumsulfates (Aluminiumsilicat und Schwefelkies) vorhanden sind, das Alkalisalz ganz oder doch zum grössten Theile zugesetzt werden muss. Zu dieser Gruppe gehören die Alaunschiefer und die Alaunerze aus der Braunkohlenformation oder die eigentliche Alaunerde;

3) In solche, welche nur das Aluminium enthalten und denen mithin Schwefelsäure und Alkalisalze zugesetzt werden muss. In diese Abtheilung gehören α) die Thone, β) der Kryolith (Fluoraluminium-Fluornatrium), γ) der Bauxit (eisenoxydhaltiges Thonerdehydrat), δ) die Hohofenschlacken, die man in neuerer Zeit auch auf Thonerdepräparate zu verarbeiten sucht;

4) Zu der vierten Gruppe würden alle jene Materialien der Alaunfabrikation zu rechnen sein, welche wie der Feldspath Aluminium und Kalium in einer zur Alaungewinnung geeigneten Menge enthalten und denen mithin nur Schwefelsäure zugesetzt werden muss.

Darstellung des Alauns aus Alaunstein.

1. *Gruppe.* Der Alaunstein oder Alunit kommt nur in vulkanischen Gegenden vor und ist das Produkt der Einwirkung von schwefligsauren Dämpfen auf trachitische oder andere Gebirgsarten, die reich an Feldspath (Feldspathlava) sind. Der am längsten bekannte Fundort des Alaunsteins ist Tolfa bei Civita-Vecchia im Kirchenstaate. Ferner findet sich der Alaunstein in grösserer Menge zu Munkács in Ungarn. Der krystallisirte Alaunstein besteht aus Kalium-Aluminium-Sulfat und Aluminiumhydroxyd (nach Al. Mitscherlich: $K_2SO_4 + Al_2(SO_4)_3 + 2(Al_2O_3, 3H_2O)$).

Der Alaunstein verliert schon bei angehender Rothglühhitze sein Wasser und geht in eine Verbindung über, aus welcher das Wasser Alaun auszieht, während auf ungebrannten Alaunstein das Wasser nicht einwirkt. Ist der Alaunstein zu stark erhitzt worden, so äussert das Wasser keine Wirkung mehr darauf, indem in starker Rothglühhitze sich das Aluminiumsulfat in Thonerde, schweflige Säure und Sauerstoff zersetzt, auch das Kaliumsulfat sich zerlegt, dessen Kalium mit der Kieselerde und Thonerde zusammentritt. Aus diesem Verhalten des Alaunsteines in der Hitze ergiebt sich dessen Behandlung, um daraus Alaun zu gewinnen. Es wird zu Tolfa das Mineral in Stücke zerschlagen und dann entweder in Haufen oder in Oefen, welche entweder unsern Kalköfen ähnlich oder Flammenöfen sind, geröstet, worauf der geröstete Stein in grossen länglich gemauerten Bühnen, die mit gemauerten Gräben umgeben sind, in mässig hohen Haufen ausgeschüttet und mit Wasser begossen wird. Der geröstete Alaunstein zerfällt dadurch zu einem blassröthlichen Brei, welcher nun mit heissem Wasser ausgelaugt wird, worauf die klare Lauge, ohne weitern Zusatz, zum Krystallisationspunkte versotten wird. Der römische Alaun hat die Eigenthümlichkeit, beim Erkalten der Lösung erst in Octaëdern und dann in Würfeln zu krystallisiren; man nennt ihn deshalb auch kubischen Alaun. Wenn man letzteren in Wasser löst und die Lösung bei 100° erhitzt, so setzt sich basischer Alaun ab und die darüber stehende Flüssigkeit giebt beim Abdampfen octaëdrischen Alaun. Lässt man aber die Flüssigkeit über dem Niederschlage stehen, so löst sich der letztere beim Erkalten wieder auf und die Lösung giebt beim Krystallisiren wieder kubischen Alaun. Erinnert man sich des Umstandes, dass bei der Fabrikation des römischen Alauns der Alaun beim Ausziehen des gerösteten Alaunfels mit überschüssiger Thonerde zusammenkommt, so ist es einleuchtend, dass man gewöhnlichen Alaun in kubischen umwandeln kann, wenn man die Lösung des ersteren mit Thonerdehydrat digerirt und die Lösung nur auf 40° erwärmt. Die fleischrothe Farbe des römischen, ebenso des neapolitanischen Alauns rührt von etwas mechanisch eingeschlossenem Eisenoxyd her, welches beim Lösen der Krystalle in Wasser ungelöst zurückbleibt.

Darstellung des Alauns aus Alaunschiefer und Alaunerde.

2. *Gruppe.* Weit wichtiger als die Gewinnung des Alauns aus dem Alaunstein ist die Fabrikation desselben aus den eigentlichen Alaunerzen, dem Alaunschiefer und der Alaunerde.

Alaunschiefer.

Der Alaunschiefer ist ein von Schwefelkies durchdrungener, durch Kohle stark gefärbter Thonschiefer oder Schieferthon, welcher sich häufig in der unmittelbaren Nähe von Steinkohlenflötzen findet. Er kommt vor in Oberbayern, im preussischen Regierungsbezirke Düsseldorf und Trier, in Sachsen, Böhmen, am Harze, in Belgien bei Lüttich u. s. w.

Nur an wenigen Orten, wo der Alaunschiefer Feldspath enthält, findet sich in dem Schiefer so viel Alkali, dass ein fernerer Zusatz von Alkalien zu der gesättigten Lauge behufs der Darstellung nicht mehr nöthig ist.

Alaunerde.

Die Alaunerde ist eine mit vielen erdigen Theilen und Schwefelkies (Vitriolkies) gemengte Braunkohle oder auch ein mit Bitumen und Schwefelkies gemengter Thon. Gewöhnlich ist sie erdig, im Grossen zuweilen schieferig. Sie findet sich in der norddeutschen Ebene in der Nähe der Oder bei Freienwalde, Gleissen, Schermeisel und in der Oberlausitz bei Muskau; sie kommt ferner vor zu Kreuzkirch bei Neuwied und auf der Rhön. Der Schwefel ist in der Alaunerde theils im freien Zustande (durch Schwefelkohlenstoff ausziehbar), theils als Vitriolkies und Eisenkies enthalten. Das Eisen befindet sich darin theils als Schwefelkies, theils als Eisenhuminat.

Darstellung des Alauns aus der Alaunerde und aus dem Alaunschiefer.

Die Darstellung des Alauns daraus zerfällt in folgende sechs Operationen:

Rösten der Alaunerde.

1) Die Röstung der Alaunerde ist die bei Weitem wichtigste aller Operationen, da ein grosser Theil der Alaunwerke nur durch möglichst billige Erzeugung des Aluminiumsulfates bei den theuren alkalischen Zuschlagsmitteln seine Existenz behaupten kann. Ob zur Erzielung des Maximums an Aluminiumsulfat die Erze einem wirklichen Röstprocesse unterworfen werden müssen, oder ob ein blosses Verwitternlassen derselben ausreicht, darüber muss die Beschaffenheit der einzelnen Erze und die Erfahrung entscheiden. Der Vorgang, welcher bei dem Verwitterungs- und Röstprocesse stattfindet, ist folgender: Bei dem Verwitterungsprocess wird das Eisenbisulfuret, das sich in der Alaunerde in Gestalt von Vitriolkies oder Wasserkies befindet, durch Aufnahme von Sauerstoff in Eisenvitriol und Schwefelsäure verwandelt, welche letztere, indem sie auf den Thon einwirkt, eine äquivalente Menge Aluminiumsulfat bildet. Durch des Rösten geht das Eisenbisulfuret in Monosulfuret und Schwefel über, welcher letztere ebenso wie der in der Alaunerde enthaltene freie Schwefel zu schwefliger Säure verbrennt, die zersetzend auf den Thon einwirkt und Aluminiumsulfit und -sulfat bildet. Erstere geht in Folge des Liegenlassens des gerösteten Haufens an der Luft nach und nach in schwefelsaure Thonerde über. Das Eisenmonosulfuret geht durch den Röstprocess in Eisenvitriol und letzterer in unlösliches Ferrisulfat über, wobei die Schwefelsäure frei wird, die einen neuen Antheil Thon zersetzt. Werden die Erze sogleich nach der Röstung verarbeitet, so geben sie etwa um ⅙ weniger Aluminiumsulfat, als solche, die nach der Röstung etwa noch ein Jahr der Luft ausgesetzt werden. Zu Ampsin bei Lüttich leitet man die beim Rösten von Zinkblende sich bildende schweflige Säure (nach dem Patente von de Laminne) nebst Wasserdämpfen in alte Alaunschieferhalden, wodurch sich reichlich Aluminiumsulfat bildet, das man durch Auslaugen gewinnt.

Auslaugen.

2) Das Auslaugen der gerösteten Alaunerze geschieht in den Auslaugekästen (dem Waschwerk), in welche das Erz gekarrt wird. Diese Kästen stehen in fünf Reihen neben einander: die erste Reihe ist um eine Kastenhöhe höher als die zweite und diese gleichfalls um eine höher als die dritte. Die Kästen haben eine Länge

von etwa 6–7 Meter, eine Breite von 5 und eine Höhe von 1,3 Meter und stehen auf einem Boden von festgestampftem Thon. Sie werden zu ¾ mit Erz und darauf mit Wasser angefüllt. Entfernt man einen unten am Kasten befindlichen Zapfen, so fliesst die Lauge vermittelst einer Rinne in einen zweiten Auslaugekasten, von da in einen dritten und so fort. Hat die Lauge noch nicht ein spezifisches Gewicht von 1,16 erreicht, so wird sie auf frisches Erz geschüttet. Das ausgelaugte Erz, welches sich vorher nicht entzündet hatte, wird wieder auf Haufen geschüttet, der Verwitterung nochmals unterworfen und später noch einmal ausgelaugt. Man leitet die Lauge in Kästen, in welchen sie so lange stehen bleibt, bis die gröberen Unreinigkeiten sich abgesetzt haben, worauf aus diesen die geklärte Lauge durch einen gemauerten Kanal in einem vor dem Siedehaus befindlichen bedeckten Behälter oder auch in das Siedehaus selbst geführt wird.

Abdampfen der Lauge.

3) Das Concentriren der rohen Lauge durch Abdampfen geschieht in bleiernen Pfannen, welche man zuweilen durch gusseiserne ersetzt. Da diese aber leicht springen, ferner durch die saure Flüssigkeit leicht angegriffen werden, bleierne Pfannen dagegen leicht durchschmelzen, so hat man gegenwärtig auf den meisten Alaunwerken die zweckmässige Einrichtung getroffen, dass die Lauge in gemauerten Räumen, welche den Herd eines Flammenofens bilden, sich befindet und die Flamme und heisse Luft über die Oberfläche hinstreichen. Da hierbei die Rohlauge durch Russ und Flugasche verunreinigt wird, so verdient die von Bleibtreu auf den rheinischen Alaunwerken eingeführte Gasheizung alle Beachtung. Die Behandlung der rohen Lauge während des Concentrirens ist von ihrer Beschaffenheit und der Quantität des darin enthaltenen Eisenvitriols abhängig. Da gewöhnlich der Eisenvitriol in grosser Menge in der rohen Lauge enthalten ist, so sind in Deutschland viele Alaunwerke zugleich Vitriolwerke. Ist die Menge des Eisenvitriols in der rohen Lauge zu gering, als dass sich eine Verarbeitung derselben auf Vitriol verlohnte, so nimmt man keine Rücksicht darauf, sondern dampft die Rohlauge ab, bis sie ein spec. Gewicht von 1,40 zeigt. Während des Siedens der Lauge scheidet sich basisches Ferrisulfat aus und die Lauge nimmt eine rothgelbe Farbe und schlammige Beschaffenheit an, weshalb sie, ehe man „zum Alaunmachen“ schreitet, geklärt werden muss. Das Klären geschieht in den Sedimentir- oder Schlammkästen, grossen, aus hölzernen Bohlen zusammengefügten Kästen, deren Fugen wasserdicht verkittet sind. Nachdem darin der Vitriolschmand sich abgeschieden und die Lauge sich geklärt hat, wird sie in die Präcipitirkästen (Rüttel- oder Schüttelkästen) geleitet um dort gefällt zu werden.

Mehlmachen.

4) Die Präcipitation der Gut- oder Garlauge oder des Mehlmachen geschieht durch Zusatz eines Kaliumsalzes, wenn man Kaliumalaun, eines Ammonsalzes, wenn man Ammonalaun darstellen will. Die Lösung des Alkalisalzes wird der Fluss oder das Präcipitirmittel genannt. Indem das Aluminiumsulfat der Lauge mit dem Alkalisalze zusammentritt, bildet sich Alaun, welcher in dem Flüssigkeitsquantum, das in der Lauge und dem Fluss enthalten ist, in der Kälte sich nicht löst und daher zum grössten Theile sich abscheidet. Die Bildung grösserer Krystalle, welche Mutterlauge einschliessen und dadurch verunreinigt würden, sucht man durch Umrühren der Lauge zu verhindern. Der Alaun scheidet sich in Gestalt eines feinen krystallinisches Pulvers als Alaunmehl aus, welches von der anhängenden Mutterlauge durch Waschen befreit werden kann. Früher wendete man als Fällungsmittel Holzaschenlauge, gefaulten Harn u. s. w. an, jetzt benutzt man entweder Chlorkalium (aus Schlempekohle, aus Kelp oder Carnallit), oder das bei der Zersetzung des Kainits auftretende Kaliumsulfat. Chlorkalium ist nur dann mit Vortheil anwendbar, wenn die Lauge grössere Mengen von Eisenvitriol enthält, welcher sich damit zu Kaliumsulfat und Eisenchlorür umsetzt. Potasche ist nur dann möglich, wenn die Lauge die zur Neutralisation erforderliche Menge freier Schwefelsäure enthält, ausserdem würde sich ein Theil der schwefelsauren Thonerde als unlöslicher Alaun abscheiden. Als Ammonsalz wendet man fast nur das schwefelsaure Salz an. 100 Th. Aluminiumsulfat bedürfen zur Fällung

Chlorkalium 43,5 Th.

Kaliumsulfat 50,9 „

Ammonsulfat 47,8 „

Die über dem Alaunmehl stehende Mutterlauge ist schwach grünlich gefärbt und enthält nur noch wenig Alaun, dagegen Chloreisen (Eisenchlorür und -chlorid), Ferro- und Ferrisulfat, Magnesiumsulfat oder Chlormagnesium, je nachdem man zum Fällen des Alaunmehls sich der Sulfate oder der Chlormetalle bedient hatte. Man verarbeitet sie auf unreinen Alaun, Eisenvitriol oder benutzt sie zur Darstellung von Ammonsulfat.

Waschen und Umkrystallisiren.

5) Das so gewonnene Alaunmehl wird gewaschen, um es von anhängender Mutterlauge zu befreien. Zu diesem Zwecke benutzte man früher eine Waschbank, eine aus etwa 1,3 Meter breiten Bohlen gefertigte geneigte Ebene, die sich unter einem Winkel von etwa 15° gegen den Horizont neigt. Unter der Waschbank befindet sich ein Sumpf, zur Aufnahme des abfliessenden Waschwassers bestimmt. Hier wurde nun das den Präcipitirkästen entnommene Alaunmehl mit kaltem Wasser gewaschen. Das in den Sumpf ablaufende Wasser wurde mit neuer Alaunlauge versotten. Seit einiger Zeit führt man das Waschen des Mehls in einer Centrifuge mit 800–1000 Umdrehungen per Minute aus. Das gewaschene Alaunmehl wird 6) durch Umkrystallisiren in die Form von grösseren Krystallen gebracht, wodurch der Alaun grössere Reinheit erhält als in der Gestalt von Alaunmehl. In den deutschen Alaunwerken löst man zu diesem Zwecke das Alaunmehl in 40 Proc. seines Gewichtes siedendem Wasser in hölzernen, mit Blei ausgefütterten Bottichen (Wachspfannen) und leitet die heisse Lösung in die Krystallisir- oder Wachsfässer. Die Krystallisation des Alauns in denselben erfolgt sehr bald und ist je nach der Temperatur der Luft in 8–10 Tagen beendigt. Nach vollendeter Krystallisation findet sich nur in der Mitte des Fasses noch eine geringe Quantität flüssiger Lauge, während der ganze übrige Raum mit Alaunkrystallen angefüllt ist. Das Fass wird umgestürzt, um die Lauge abfliessen zu lassen. Um beim Transport des Alauns die Holzfracht zu sparen, welche durch Verpacken des Alauns in Fässer nothwendig veranlasst würde, zerschlägt man die fest zusammenhängende Krystallmasse nicht, sondern verschickt sie in der ursprünglichen Tonnenform. Man nennt die Krystallisation des Alauns das Wachsmachen oder Raffiniren und die reinen Krystalle die Wachskrystalle (oder raffinirten Alaun).

Darstellung des Alauns aus Thon.

3. *Gruppe.* Die Darstellung des Alauns und des Aluminiumsulfates aus solchen Materialien, welche nur Aluminium enthalten und denen mithin Schwefelsäure und Alkalisalz zugesetzt werden muss, hat gegenwärtig eine grosse Ausdehnung erlangt. Die aluminiumhaltigen Materialien, die hierzu Anwendung finden, sind α) der Thon; β) der Kryolith; γ) der Bauxit; δ) die Hochofenschlacken.

α) Darstellung von Alaun aus Thon. Man verwendet hierzu einen Thon, der möglichst frei sein muss von Calcium- und Ferrocarbonat, und glüht ihn bei Zutritt der Luft, theils um das Eisen darin in Eisenoxyd überzuführen und daraus das Wasser zu entfernen, theils aber auch, um die Thonerde löslicher in Säuren zu machen. Durch die Entfernung des Wassers wird nämlich der Thon porös und erlangt die Eigenschaft, die Schwefelsäure durch Capillarität aufzunehmen. Man trägt den schwach geglühten und pulverisirten Thon in Schwefelsäure von 50° B. (= 1,52 spec. Gew.) ein, die vorher in einer Bleipfanne bis nahe zum Sieden erhitzt worden ist. Die Masse schäumt auf und verdickt sich. Man lässt sie in eisernen Kästen erstarren. Sodann zieht man sie mit Wasser oder besser mit Lauge, die man beim Waschen des Alauns erhält, aus, lässt die Flüssigkeit absetzen und kocht sie nach dem Klären mit der nöthigen Menge Kaliumbisulfates. Man überlässt die Mischung in bleiernen Pfannen der ruhigen Krystallisation. Der so gewonnene Rohalaun wird mit Wasser gewaschen, sodann in Wasser gelöst und die Lösung während des Erkaltens in einer flachen Bleipfanne gerührt, wodurch man Alaunmehl erhält, das mit Wasser abgespült und dadurch von aller Mutterlauge befreit wird. Man verwendet dieses Alaunmehl, ohne es in Krystalle zu verwandeln. — Seit einigen Jahren kommt das Produkt der Einwirkung der Schwefelsäure auf Thon in fein gemahlenem Zustande in den Handel und findet unter dem Namen *alum-cake* oder *tourteaux d'alun* bei der Fabrikation von geringen Papiersorten Anwendung. Es enthält 13 bis 17 Proc. Thonerde.

Darstellung des Alauns aus Kryolith.

β) *Darstellung des Alauns aus Kryolith.* Seit dem Jahre 1857 stellt man dar Alaun und Aluminiumsulfat (neben Soda; vergl. Seite 206) aus dem grönländischen Mineral Kryolith oder Grönlandspath (Al_2Fl_6 + 6NaFl)[80] in 100 Th. bestehend aus

Fluor	54,5
Aluminium	13,0
Natrium	32,5

dar. Die hierbei angewendeten Methoden sind folgende:

a) Zerlegung des Kryoliths durch Calciumcarbonat auf trocknem Wege nach Thomsen's Methode. Man erhitzt ein Gemenge von 1 Mol. Kryolith mit 6 Mol. Calciumcarbonat. Es bildet sich unter Entweichen von Kohlensäure in Wasser lösliches Natriumaluminat und unlösliches Fluorcalcium: (Al_2Fl_6, 6NaFl) + $6CaCO_3$ = Al_2O_3, $3Na_2O$ + $6CaFl_2$ + $6CO_2$. In Kopenhagen geschieht die Zersetzung des Gemenges von Kryolith und Kreide durch Steinkohlenfeuer, welches einestheils über das auf Steinplatten ausgebreitete Schmelzgut hinwegstreicht, dann aber auch unter den Steinplatten hindurchgeht. In Folge dieser gleichmässigen Erhitzung entstehen wenig oder gar keine Klumpen. In der Harburger Fabrik findet bei Anwendung eines gewöhnlichen Flammenofens an der Feuerbrücke gewöhnlich Sinterung statt, während an der Fuchsseite die Zersetzung nicht vollständig ist. Die beim Erkalten hart werdenden Klumpen lassen sich dann fast gar nicht auslaugen. Man zieht deshalb die glühenden Klumpen etwas früher, als die übrige Mischung, aus, zerdrückt dieselben, reibt sie mit eisernen Krücken durch ein Drahtsieb, zermalmt die Siebgröbe unter Kollermühlen, glüht nochmals, siebt wieder und erhält dann dieselben Resultate, wie in Kopenhagen. Das Mengen der Bestandtheile geschieht entweder blos unter Kollermühlen oder besser, indem man das unter solchen Mühlen Zerkleinte in einem grossen eisernen Rollirfass mit 25 Stück eisernen 24pfündigen Kanonenkugeln rotiren lässt. Man erhält dabei eine um 4 Proc. höhere Ausbeute. Man laugt alsdann das Natriumaluminat mit Wasser aus und leitet in die Lösung die bei der vorhergehenden Schmelze entwichene Kohlensäure, welche unter Bildung von Natriumcarbonat Aluminiumhydroxyd ausscheidet. Soll letzteres nicht gelatinös, sondern erdig und compact niederfallen, so fällt man nicht mit Kohlensäuregas, sondern mit Natriumbicarbonat. Die geklärte Sodalauge giesst man ab und versiedet sie auf Soda, während die ausgewaschene Thonerde in verdünnter Schwefelsäure gelöst wird. Diese Lösung wird entweder zur Bildung von Alaun mit einem Kaliumsalz versetzt oder für sich abgeraucht und das entstehende feste Salz unter dem Namen concentrirter Alaun oder Sulfat in der Färberei verwendet. 100 Pfd. Kryolith liefern 33 Pfd. Thonerde, welche 90 Pfd. englische Schwefelsäure zur Neutralisation erfordern. 100 Pfd. Kryolith können somit 305 Pfd. Alaun bilden; ferner liefern sie

calcinirte Soda	75	Pfd.
krystallis. kohlensaures Natrium	203	„
Aetznatron	44	„
Natriumbicarbonat	119,5	„

b) Zerlegung des Kryoliths durch Aetzkalk auf nassem Wege nach Sauerwein. Man kocht höchst fein gemahlenen Kryolith mit gebranntem und gelöschtem, möglichst eisenfreiem Kalk in einem Bleigefäss, so entsteht mit grosser Leichtigkeit eine Lösung von Natriumaluminat und unlöslichem Fluorcalcium: (Al_2Fl_6, 6NaFl) + 6CaO = Al_2O_3, $3Na_2O$ + $6CaFl_2$. Nachdem sich das Fluorcalcium abgesetzt hat, decantirt man die klare Lauge, wäscht den Rückstand einige Male aus, giebt die ersten Waschwasser zur Hauptlauge und benutzt die letzten Laugen statt Wasser bei einer nächsten Operation. Zur Abscheidung der Thonerde behandelt man die Lösung in der Hitze mit höchst fein gepulvertem überschüssigem Kryolith unter stetem Umrühren, wobei die Zersetzung nach der folgenden Formel vor sich geht:

$$(Al_2O_3, 3Na_2O) + (Al_2Fl_6, 6NaFl) = 2Al_2O_3 + 12NaFl.$$

Da die ausgeschiedene fein vertheilte Thonerde den Kryolith zu umhüllen strebt, so wendet man letzteren höchst fein zertheilt im Ueberschuss unter stetem Rühren an. Die Umwandlung der Stoffe hat stattgefunden, wenn sich in der Lösung kein Aetznatron mehr findet, dessen Vorhandensein bei Zusatz von Salmiaklösung zu einer filtrirten Probe an dem Thonerde-Niederschlag beim Erhitzen sich kund giebt. Ist diess nicht mehr der Fall, so lässt man sich die Lauge klären, zieht die klare Lösung des Fluornatriums ab, wäscht die rückständige Thonerde aus und verfährt damit wie oben angegeben. Durch Kochen der Fluornatriumlösung mit gebranntem und gelöschtem Kalk erzeugt man Aetznatron, welches von dem Fluorcalcium-Niederschlage getrennt und durch theilweises oder vollständiges Eindampfen in Natronlauge oder festes Aetznatron verwandelt wird. (Das bei der Verarbeitung des Kryoliths in grosser Menge abfallende Fluorcalcium wird neuerdings auf Glas verarbeitet.)

c) Zerlegung des Kryoliths durch Schwefelsäure. In der Fabrik von Weber in Kopenhagen gewinnt man durch Zersetzen von Kryolith mit Schwefelsäure und Behandeln des erhaltenen Natriumsulfates (nach Leblanc's Process) mit Kohle und Calciumcarbonat Soda und als Nebenprodukt eisenfreies Aluminiumsulfat. Der Kryolith erfordert zu seiner Zersetzung auf 238 Th. 240 Th. wasserfreie oder 321 Th. gewöhnliche englische Schwefelsäure des Handels und giebt dabei neutrales Aluminiumsulfat, Natriumsulfat und Fluorwasserstoff nach der Gleichung:

$$\left.\begin{array}{l} Al_2Fl_6,\ 6NaFl \\ 6H_2SO_4 \end{array}\right\} \text{geben} \left\{\begin{array}{l} Al_2(SO_4)_3 \\ 3Na_2SO_4 \\ 12HFl \end{array}\right.$$

Dampft man die Lösung ein und lässt krystallisiren, so scheidet sich das schwefelsaure Natrium aus und die übrig bleibende, an Aluminiumsulfat reiche Mutterlauge liefert das Material zur Alaunbereitung. Dieses Verfahren erfordert besondere Feuerung und besondere Apparate, liefert theurere Produkte und die Arbeiten sind umständlicher, als bei den vorigen, das Glaubersalz muss erst noch in Soda verwandelt werden, wobei die Hälfte der zur Zersetzung des Kryoliths angewandten Schwefelsäure verloren geht. Ausserdem muss die Fluorwasserstoffsäure entfernt oder in eine technisch zu verwerthende Verbindung übergeführt werden. Nach Persoz' Vorschlag erhitzt man den Kryolith mit dem dreifachen Gewicht concentrirter Schwefelsäure in Platingefässen bis zum Ueberdestilliren des grössten Theils der Säure und unter Auffangung der Flusssäure. Aus dem Rückstand zieht man mit wenig kaltem Wasser den grössten Theil des darin enthaltenen zweifach schwefelsauren Natriums aus, bringt die ungelöst bleibende wasserfreie schwefelsaure Thonerde durch Kochen mit Wasser in Lösung und wandelt dieselbe durch Zusatz von Kaliumsulfat oder Ammonsulfat in eisenfreien Alaun um. Das zweifach schwefelsaure Natrium wird zur Trockne verdampft und die trockne Masse in Retorten destillirt, wobei rauchende Schwefelsäure übergeht und Glaubersalz zurückbleibt.

Darstellung von Alaun aus Bauxit.

γ) Darstellung von Alaun aus Bauxit. Im südlichen Frankreich bei *Argile des Baux*, dann bei Fons à Fy im Département der Charente, ferner in Calabrien, bei Belfast in Irland, in Steiermark, in Krain (in der Wochein, weshalb der Bauxit auch Wocheinit genannt wird) und am Senegal finden sich grosse Mengen eines Minerals, wesentlich aus eisenoxydhaltigem Thonerdehydrat (mit 60 Proc. Thonerde) bestehend, welches, weil es zuerst in der Commune Baux in Frankreich gefunden wurde, mit dem Namen Bauxit bezeichnet worden ist. Behufs der Herstellung von Alaun und Aluminiumsulfat schliesst man den Bauxit durch Erhitzen mit Natriumcarbonat oder mit einem Gemenge von Natriumsulfat mit Kohle auf. In beiden Fällen bildet sich durch Auslaugen der aufgeschlossenen Masse eine Lösung von Natrium-Aluminat, aus welcher genau so wie beim Kryolith beschrieben, Alaun (oder Aluminiumsulfat) und Soda dargestellt wird.

Darstellung von Alaun aus Hohofenschlacken.

δ) Darstellung des Alauns aus Hohofenschlacken. Nach der von J. Lürmann gegebenen Vorschrift zersetzt man die Schlacken mit Salzsäure und fällt aus der Chloraluminiumlösung die Thonerde mit Calciumcarbonat (neben der Kieselerde). Die Thonerde wird in Schwefelsäure gelöst u. s. w., wobei die Kieselerde zurückbleibt. 100 Kilogr. reine Schlacke mit 25 Proc. Thonerde geben 180 Kilogr. Alaun (neben 31 Kilogr. Kieselerde).

Alaun aus Feldspath.

4. *Gruppe.* Die Fabrikation des Alauns aus jenen Materialien, welche wie der Feldspath und ähnliche Gesteine Aluminium und Kalium enthalten, ist gegenwärtig für die Industrie von keiner Bedeutung. Es sei daher auf das verwiesen, was Seite 131 über die Darstellung der Kalisalze aus dem Feldspath gesagt worden ist.

Eigenschaften des Alauns.

Der Kaliumalaun (Al_2 K_2 } $4SO_4 + 24H_2O$ oder $K_2SO_4 + Al_2(SO_4)_3 + 24H_2O$) besteht in 100 Theilen aus:

Kali	9,95
Thonerde	10,83
Schwefelsäure	33,71
Wasser	45,51
	100,00

krystallisirt leicht und deutlich in regulären Octaëdern, verliert bei 60° C. 18 Moleküle Wasser, schmilzt bei 92° in seinem Krystallwasser zu einer farblosen Flüssigkeit und bleibt nach dem Erkalten noch längere Zeit flüssig, bevor er zu einer Krystallmasse erstarrt. Nicht ganz bis zum Glühen erhitzt, verliert er unter starkem Aufblähen sein Wasser und geht in gebrannten Alaun (*Alumen ustum*) über, der als weisse, poröse, zerreibliche Masse erscheint.

Durch Glühen mit Kohle bildet der Kaliumalaun eine pyrophorische Masse.

100	Th.	Wasser	von	0°	lösen	3,9	Th.	Kalialaun,
„	„	„	„	20°	„	15,8	„	„
„	„	„	„	40°	„	31,2	„	„
„	„	„	„	100°	„	360,0	„	„

Diese Lösung schmeckt süsslich zusammenziehend und reagirt sauer; in Folge dieser sauren Reaction entwickelt Alaun mit Kochsalz erhitzt Salzsäure und zerstört concentrirte Alaunlösung die blaue Farbe vieler (aber nicht aller) Ultramarinsorten.

Ammonalaun.

Der Ammonalaun (Al_2 $(NH_4)_2$ } $4SO_4 + 24H_2O$ oder $(NH_4)_2SO_4 + Al_2(SO_4)_3 + 24H_2O$) besteht in 100 Theilen aus:

Ammoniak	3,89
Thonerde	11,90
Schwefelsäure	36,10

Wasser	48,11
	100,00

Man fabricirt ihn gegenwärtig häufiger als den Kaliumalaun. Beim starken Erhitzen des Ammonalauns entweicht Ammonsulfat, Wasser und Schwefelsäure, während reine Thonerde zurückbleibt.

100	Th.	Wasser	von	0°	lösen	5,22	Th.	Ammonalaun
„	„	„	„	20°	„	13,66	„	„
„	„	„	„	40°	„	27,27	„	„
„	„	„	„	100°	„	421,90	„	„

Natriumalaun.

Der Natriumalaun (Al_2 Na_2 } $4SO_4 + 24H_2O$ oder $Na_2SO_4 + Al_2(SO_4)_3 + 24H_2O$) besteht in 100 Theilen aus:

Natron	6,8
Thonerde	11,2
Schwefelsäure	34,9
Wasser	47,1
	100,0

Seine Darstellung aus Aluminiumsulfat und Natriumsulfat ist eben so leicht wie die Bereitung des Kaliumalauns und er würde jedenfalls wegen des niedrigen Preises des Natriumsulfates vortheilhaft anzuwenden sein, wenn nicht seine grosse Löslichkeit in Wasser die Ausscheidung aus seiner Mutterlauge verhinderte. Zu beachten hat man, dass der Natriumalaun seine Fähigkeit zu krystallisiren verliert, wenn seine Lösung gekocht wird. Da sich das Eisen aus ihm nicht durch Umkrystallisiren entfernen lässt, so muss man zu seiner Darstellung eisenfreie Materialien anwenden, die Lösungen beider kalt vermischen und die Flüssigkeit bei 60° langsam verdampfen.

Der neutrale oder kubische Alaun (Würfelalaun) ($K_2SO_4 + Al_2O_3, 2SO_3$) wird erhalten, indem man dem Alaun durch Zusatz von Kalium- oder Natriumcarbonat Schwefelsäure entzieht, bis Thonerde sich auszuscheiden beginnt, oder Alaunlösung mit Thonerdehydrat digerirt. Man stellt ihn ferner durch Kochen von 12 Th. Alaun und 1 Th. gelöschtem Kalk in Wasser dar. Die Flüssigkeit liefert beim Erkalten Würfel, welche zu gewissen Anwendungen in der Färberei und Zeugdruckerei vor dem gewöhnlichen Alaun den Vorzug verdienen, weil sie durch keine saure Reaction die Nüancen der Farben zu verändern im Stande sind. Ammonalaun giebt, auf ähnliche Weise behandelt, ebenfalls einen neutralen Ammonalaun. Kubischer Alaun von Schwemsal war nach der Analyse von Blesser (a) und Schmidt (b) zusammengesetzt aus:

	(a)	(b)
Schwefelsäure	34,52	33,95

Thonerde	11,86	11,48
Kali	9,44	9,04
Wasser	45,27	45,61
	101,09	100,08

Der unlösliche Alaun, basischer Alaun $Al_2 K_2 \} 2SO_4$, durch Kochen einer Alaunlösung mit Thonerdehydrat erhalten, ist ein in Wasser unlösliches, weisses Pulver und nähert sich in seiner Zusammensetzung der des reinen Alaunsteines. Er löst sich in Essigsäure.

Aluminiumsulfat.

Aluminiumsulfat (schwefelsaure Thonerde). Die Möglichkeit der Ersetzung des Kaliums durch Ammon in der Alaunfabrikation zeigt zur Genüge, dass weder das Kaliumsulfat, noch das Ammonsulfat in den Hauptanwendungen des Alauns irgend eine Funktion zu erfüllen haben. Der wirksame Bestandtheil im Alaun ist nur das Aluminiumsulfat und der Grund, weshalb man Alkalisulfat hinzusetzt, ist ja nur der, die Bildung einer Verbindung von genau bestimmter Zusammensetzung hervorzurufen, die in Folge der Leichtigkeit, mit der sie sich krystallinisch aus der Flüssigkeit ausscheidet, leicht eisenfrei dargestellt werden kann. Die neuen Methoden der Fabrikation des Alauns aus Thon und Schwefelsäure, aus Kryolith und Bauxit mussten daher auf die Darstellung des Aluminiumsulfates führen, die gegenwärtig in grosser Menge dargestellt wird und zuweilen unter dem Namen concentrirter Alaun im Handel vorkommt. Es erscheint in platten, viereckigen Tafeln, ist von weisser Farbe, schwach durchscheinend und lässt sich mit einem Messer wie Käse schneiden. Es löst sich leicht in Wasser, enthält immer freie Schwefelsäure und ist nie frei von Kalium- und Natriumalaun.

Im reinen Zustande hat es die Formel $Al_{2}(SO_{4})_{3} + 18H_{2}O$, wie z. B. eine Analyse von Wilson mit Aluminiumsulfat von Pattinson u. Co. in Newcastle zeigt:

Thonerde	18,78
Schwefelsäure	38,27
Wasser	42,95
	100,00

Das Präparat hat jedoch nicht immer diese Zusammensetzung, so fand Varrentrapp bei der Untersuchung von Proben von Aluminiumsulfat aus drei verschiedenen Alaunfabriken:

	1.	2.	3.	4.
Thonerde	15,3	12,5	15,1	13,0
Schwefelsäure	38,0	30,6	38,0	34,0

Bei Zugrundelegung obiger Formel hätten die Proben nur enthalten dürfen:

	1.	2.	3.	4.
Schwefelsäure	35,8	29,2	43,3	30,5

Der Wassergehalt variirt mitunter selbst an dem nämlichen Stück zwischen 56 und 48 Proc. Weygand fand in einem Präparat aus Schwemsal 15,57 Th. Thonerde, 38,13 Th. Schwefelsäure, 1,15 Th. Eisenoxyd, 0,62 Th. Kali, 45,79 Th. Wasser. Das Aluminiumsulfat, wie sie die Kryolithfabrik in Harburg in den Handel liefert, enthält gegen 5 Proc. Natriumsulfat.

Angesichts solcher Thatsachen erscheint die Anwendung des Aluminiumsulfates statt Alaun, ungeachtet des billigeren Preises, wenig empfehlenswerth, da man mit einem Produkte von so verschiedenem Säure- und Wassergehalt weder beim Färben, noch beim Leimen des Papieren gleichmässige Resultate erzielt. Seit einigen Jahren jedoch, namentlich seit der Verarbeitung des Kryoliths, stellt man Aluminiumsulfat von ziemlicher Reinheit dar. Mehrere Sorten bei Tafelconsistenz gegossenen Präparates ergaben bei der Analyse folgende Resultate (nach H. Fleck):

Aluminiumsulfat	47,35	50,80	51,63
Natriumsulfat	4,35	1,24	0,77
Freie Schwefelsäure	0,73	0,27	—
Wasser	47,37	47,47	46,94
	99,80	99,78	99,34

Das Aluminiumsulfat wird aus Thon, aus Alaunerde, aus Kryolith oder aus Bauxit dargestellt, wie oben für die Fabrikation des Alauns beschrieben. Wendet man Thon oder Alaunerde an, so muss aus der mit Wasser verdünnten Lösung von Aluminiumsulfat das Eisen durch Ferrocyankalium vollständig als Berlinerblau abgeschieden worden. Aus dem Kryolith stellt man das Präparat dadurch dar, dass man die aus dem Natriumaluminat durch Kohlensäure oder durch Kryolithpulver abgeschiedene Thonerde in einen mit Bleiblech überkleideten Holzbottich, welcher bis auf 80–90° C. erhitzte Kammerschwefelsäure enthält, einträgt, bis ein unlöslicher Rückstand bleibt. Hierauf lässt man die concentrirte Lösung sich klären und bringt die klare Lauge in kupferne Kessel, in denen sie bis zum Schmelzen der Salzmasse abgedampft wird, worauf man sie mit kupfernen Kellen ausschöpft und in kupferne flache Formen giesst, welche, wie in Harburg, die Fabrik eingeprägt enthalten. Für die Fälle in der Färberei und Zeugdruckerei, wo es auf Genauigkeit in dem Thonerdegehalt der Farben ankommt, lässt sich der Alaun durch das Aluminiumsulfat einstweilen nicht ersetzen. Es ist vorerst Sache der Fabrikanten, ein reines, namentlich eisenfreies Präparat in den Handel zu bringen; man würde dasselbe alsdann in Form von Lösungen anwenden können, deren Thonerdegehalt aus dem spec. Gewicht zu ermitteln wäre.

Natrium-Aluminat.

Natrium-Aluminat (Thonerde-Natron) ist ein Aluminiumpräparat, welches seit einigen Jahren fabrikmässig dargestellt wird und, wie es scheint, eine sehr geeignete Form darbietet, in welcher die Thonerde in der Färberei und dem Zeugdruck benutzt werden kann. Seine Bereitung und Anwendung gründet sich auf die Löslichkeit des Aluminiumhydroxydes in Kalium- oder Natriumlauge und die Zersetzbarkeit des so erhaltenen Alkalialuminates durch Kohlensäure, Natriumbicarbonat, Essigsäure, Natriumacetat, Salmiak etc.

Das Natrium-Aluminat wurde zuerst 1819 von Macquer und Haussmann der Beachtung der Färber empfohlen, allein ohne Erfolg, woran ohne Zweifel der Umstand schuld war, dass es bei weitem nicht so wohlfeil als der Alaun dargestellt werden konnte. Im Jahre 1832 machte Döbereiner von neuem auf diese Verbindung aufmerksam. „Möchten technische Chemiker," sagte er, „ein wohlfeiles Verfahren, thonsaures Kali zu bereiten, ausmitteln und unter dem Namen Haussmann's Thonkalilauge in den Handel bringen." Der erste, der Aluminat im Grossen darzustellen versuchte, war Tissier, welcher, ohne von den gleichzeitigen Arbeiten Thomsen's in Kopenhagen Kenntniss zu haben, Natriumaluminat durch Kochen von gepulvertem Kryolith mit gebranntem Kalk und Filtriren der siedenden Flüssigkeit darzustellen lehrte und eine Vorschrift gab, die seitdem von Sauerwein (siehe Seite 291) u. a. verbessert wurde. Dass der Kryolith, möge er nach Tissier's Methode mit Aetzkalk auf nassem Wege, oder nach Thomsen's Verfahren durch Erhitzen mit Kreide aufgeschlossen worden sein, ein vortreffliches Material zur Bereitung des Natriumaluminates abgiebt, liegt auf der Hand, da ja erst das Aluminat, und aus diesem erst das Aluminiumsulfat oder der Alaun dargestellt wird. Trotzdem hat keine der Fabriken, die Kryolith verarbeiten, bis jetzt in Deutschland Natriumaluminat in den Handel gebracht. In Frankreich und England steht die Sache anders, hier wird seit einigen Jahren in den Fabriken von Bell u. Co. in Newcastle, und von Merle u. Co. in Alais (Frankreich) Natriumaluminat in grosser Menge und vollkommen rein dargestellt. In Frankreich stellt man diese Verbindung nach der von Morin angegebenen Methode dar, wobei die von Lechatelier, Deville und Jacquemart gegebenen Winke nicht unberücksichtigt blieben. Nach dem Verfahren der ersteren geht man von dem Mineral Bauxit (vergl. Seite 292) aus, welches 60–75 Proc. Thonerde und 12–20 Proc. Eisenoxyd enthält. Das Mineral wird entweder mit Aetznatron oder mit Soda aufgeschlossen. Im erstern Falle wird dasselbe im gepulverten Zustande mit Natriumlauge gekocht, wodurch sich eine Lösung von Natriumaluminat bildet. Im zweiten Falle wird eine Mischung des Minerals mit calcinirter Soda in einem Flammenofen erhitzt, bis eine herausgenommene Probe mit Salzsäure nicht mehr aufbraust, d. h. bis alles Natriumcarbonat zersetzt ist. Die durch Auslaugen der Schmelze gewonnene Flüssigkeit wird nach dem Klären zur Trockne abgedampft. Das Produkt ist ein weisses Pulver mit einem Stich ins Grünlichgelbe, trocken anzufühlen und leicht zu verpacken. So wie es im Handel vorkommt, besteht es aus

Thonerde	48
Natron	44
Chlornatrium und Glaubersalz	8
	100

Die Formel $Al_2 \, Na_6 \} O_6$ würde erfordern

Thonerde	52,79
Natron	47,21
	100

Das Natriumaluminat ist in kaltem wie in heissem Wasser mit gleicher Leichtigkeit löslich. Aus der Luft absorbirt die äussere Schicht etwas Feuchtigkeit und Kohlensäure, weshalb das so veränderte Produkt beim Auflösen eine durch suspendirte Thonerde trübe Flüssigkeit giebt. Die Lösungen der Verbindung bleiben lange klar, wenn sie kein höheres spec. Gewicht haben als 10–12° B. (= 1,07–1,09). Das Verfahren der Darstellung des Natriumaluminates kann wie es scheint, noch dadurch vereinfacht werden, dass man zum Aufschliessen des Bauxits Glaubersalz gemengt mit Kohle (vergl. Seite 292) verwendet. Endlich kann auch diese Verbindung erhalten werden, indem man eine Mischung von Bauxit mit Kochsalz in einem Flammenofen glüht und einen Strom erhitzten Wasserdampf darüber leitet. Nach der von Lechatellier, Deville und Jacquemart vorgeschlagenen Methode der Darstellung des Aluminates ist Aluminiumsulfat der Ausgangspunkt; man fällt aus ihr die Thonerde und löst letztere in Natriumlauge auf. Das Natriumaluminat findet Anwendung als Mordant in der Färberei und Zeugdruckerei, zur Bereitung von Lackfarben, zum Härten der Steine und zur Herstellung künstlicher Steine, zum Leimen der Papiermasse, zum Verseifen der Fette in der Stearinkerzenfabrikation, wobei sich Thonerdeseife bildet, die durch Essigsäure in Aluminiumacetat und Fettsäure zerlegt wird und seit einiger Zeit in grosser Menge bei der Fabrikation von Milchglas (Halbporcellan). Bei der von Balard empfohlenen Methode der Sodafabrikation aus Bauxit, Glaubersalz und Kohle tritt das Natriumaluminat als Zwischenprodukt auf, welches durch Kohlensäure in Soda und in Thonerde zerlegt wird[81].

Anwendung des Alauns und des Aluminiumsulfates.

Der Alaun findet in Folge der grossen Verwandtschaft der in ihm enthaltenen Thonerde zu den Gespinnstfasern, namentlich Wolle und Baumwolle einestheils, anderntheils zu den Farbstoffen (mit Ausschluss der Theerfarben) Anwendung in der Färberei und Zeugdruckerei, insofern die Thonerde die Verbindung des Farbstoffes mit der Faser vermittelt. Auf der Eigenthümlichkeit des Thonerdehydrates, mit den Farbstoffen Verbindungen einzugehen, beruht die Anwendung des Alauns zur Darstellung der Lackfarben. Der Alaun dient ferner als Läuterungsmittel beim Ausschmelzen des Talges, zum Härten des Gypses, zum Unlöslichmachen des Leimes in der Handpapierfabrikation und zur Herstellung des vegetabilischen Leimes (Aluminiumpinat) in der Maschinenpapierfabrikation, zur Darstellung des Aluminiumacetates. In der Weiss- oder Alaungerberei macht eine Lösung von Alaun und Kochsalz die geschwellten Häute weissgar. Aluminiumoleat und -palmitat (Thonerdeseife) dienen zum Garmachen des Leders nach Knapp's Verfahren. Der Alaun dient ferner als Klärungsmittel vieler Flüssigkeiten, z. B. schlammigen Trinkwassers; im letzteren Falle werden, indem der Alaun aus dem Schlamm Thonerde aufnimmt und in unlöslichen Alaun übergeht, die in dem Wasser suspendirten Unreinigkeiten von dem niederfallenden Alaun eingehüllt und die Flüssigkeit wird dadurch geklärt. Eine siedend gesättigte Lösung von Alaun, Kochsalz und Salpeter wird zum Färben des Goldes benutzt.

Aluminiumacetat.

Das Aluminiumacetat (essigsaure Thonerde) wird durch Zersetzung von Aluminiumsulfat mit Bleiacetat, Barium- oder Calciumacetat erhalten; die von dem Bleisulfat abfiltrirte Flüssigkeit wird zur Trockne verdunstet; die zurückbleibende Masse ist gummiartig und nicht krystallisirbar, zerfliesslich und sehr zusammenziehend. Lässt man sie an der Luft verdunsten, so geht das Aluminiumacetat unter Verlust von Essigsäure in eine in Wasser vollkommen unlösliche Verbindung (basisch essigsaure Thonerde) über. Im reinen Zustande findet diese Verbindung weit seltener Anwendung als in Form einer Mischung von Alaun, Kaliumacetat und Kaliumsulfat, in welchem Zustande sie die Rothbeize (*mordant rouge*) bildet. Soll neutrales Aluminiumacetat mit Hülfe von Alaun dargestellt werden, so wendet man auf 100 Th. Bleizucker 62,6 Th. Alaun an, wenn die Zersetzung gegenseitig eine vollständige sein soll. Meist nimmt man aber den Alaun im Ueberschuss. Vortheilhafter ist es, Alaunlösung vorher durch Natriumcarbonat in unlöslichen Alaun zu verwandeln und diesen dann in Essigsäure zu lösen, und am vortheilhaftesten, seit dem Entstehen der Kryolith- und Bauxitindustrie, dass man die aus Natronaluminat ausgeschiedene Thonerde in Essigsäure löst. Das Aluminiumacetat kommt nicht in den Handel, sondern wird von den Consumenten selbst bereitet; es zeigt fast nie eine constante Zusammensetzung, was davon herrührt, dass man zum Zersetzen des Alauns bald Bleizucker, bald Calciumacetat, bald Natriumacetat verwendet und zwar diese Zersetzungsmittel in sehr verschiedenen Mengen. Man setzt zuweilen der Rothbeize Mittel zu, die deren schnelles Trocknen auf den Stoffen verhindern sollen, z. B. Glycerin, Chlorzink, Kochsalz und Salmiak. Arsenige Säure, die man früher oft zusetzte, wird zu diesem Zwecke nicht mehr verwendet. Man verwendet das Aluminiumacetat als Beize in der Baumwollfärberei und Zeugdruckerei, sowie zum Wasserdichtmachen von Wollgeweben. Von den übrigen Thonerdesalzen finden technische Anwendung das Aluminiumhyposulfit (nach E. Kopp's Vorschlage zum Mordanciren von Baumwollstoff), ferner das Aluminiumhypochlorit (namentlich auf Orioli's Empfehlung hin) unter dem Namen Wilson's Bleichflüssigkeit zum Bleichen, das Aluminiumsulfit (zur Läuterung des Rübensaftes in der Zuckerfabrikation) und das Aluminiumoxalat (nach den Vorschlägen von Dent und Brown) zum Conserviren der Steine (Marmor, Dolomit, Kalkschiefer und Kreide).

Das Ultramarin.

Ultramarin.

Das Ultramarin ist die bekannte schöne blaue Farbe, die man früher aus dem Lasurstein (*Lapis Lazuli*) ausschied, jetzt aber künstlich in den Ultramarinfabriken Europa's in der Menge von 180,000 Ctr. jährlich darstellt. Der Lasurstein findet sich in schön blauen Massen von 2,75–2,95 spec. Gewichte. Aus diesem Steine stellte man ehedem das Ultramarin dar, indem man die wenigen guten Stücken gröblich pulverte, Natürliches. glühte, in Wasser abschreckte und das erhaltene feine Pulver mit sehr verdünnter Essigsäure digerirte, um das mit dem Lasurstein gemengte Calciumcarbonat aufzulösen. Darauf wurde der Lasurstein auf dem Reibstein fein gerieben, mit einem gleichen Gewichte eines Gemenges von Harz, Wachs, Leinöl und Burgunderpech gemischt. Diesen Teig knetete man nun unter Wasser so lange, als dasselbe noch blau gefärbt wird; aus dem Wasser setzt sich das Ultramarin als feines Pulver ab. Auf diese Weise erhielt man ungefähr 2–3 Proc. Ultramarin, welches wegen seiner Schönheit und Seltenheit, wegen seiner Unveränderlichkeit am Lichte, im Oel und auch Kalke in sehr hohem Preise stand. Durch die chemische Analyse des Lasursteines gelangte man zur genauen Kenntniss der Zusammensetzung desselben, welche nach vielen fruchtlosen Versuchen zur Darstellung des künstlichen Ultramarins führte, das dem natürlichen an Güte und Schönheit der Farbe nichts nachgiebt und sowol das natürliche, als auch andere blaue Farben, wie z. B. die Smalte in den meisten Fällen ersetzen kann. Der Lasurstein besteht in 100 Theilen aus 45,40 Th. Kieselerde, 31,67 Th. Thonerde, 9,09 Th. Natron, 5,89 Th. Schwefelsäure, 0,95 Th. Schwefel, 3,52 Th. Kalk, 0,86 Th. Eisen, 0,42 Th. Chlor, und 0,12 Th. Wasser.

Künstliches Ultramarin.

Das künstliche Ultramarin wurde von Christian Gmelin im Jahre 1822 entdeckt, aber 1828 erst von Guimet in grösseren Mengen dargestellt. Die ersten deutschen Ultramarinfabriken wurden gegründet 1836 in Wermelskirchen (von Dr. Leverkus) und 1838 in Nürnberg (von J. Zeltner unter Mitwirkung von Leykauf). Das Verfahren der Darstellung des Ultramarins wurde in neuerer Zeit verbessert durch die Herren Reinhold Hoffmann (Director des Blaufarbenwerkes Marienberg in Hessen), Wilkens in Kaiserslautern, Fürstenau in Coburg und Gentele in Stockholm.

Rohstoffe.

Die Rohstoffe sind: 1) ein möglichst eisenfreies Aluminiumsilicat, am besten Porcellanerde, 2) calcinirtes Glaubersalz, 3) calcinirte Soda, 4) Schwefelnatrium (als Nebenprodukt der Fabrikation), 5) Schwefel, 6) Holzkohlen- oder Steinkohlenpulver.

Als Aluminiumsilicat verwendet man Porcellanthon oder eine weisse Thonart, deren Zusammensetzung von der der Porcellanerde nicht sehr abweicht. Geringe Beimengungen von Kalk und Magnesia sind nicht schädlich; der Eisenoxydgehalt soll nicht über 1 Proc. betragen. Die Ultramarinfabrik in Meissen verarbeitet Porcellanerde von Seilitz bei Meissen, die Nürnberger Fabrik zum Theil Porcellanthon von Tirschenreuth in der Oberpfalz. Der zur Herstellung des Ultramarins sich eignende Thon soll möglichst nach der Formel $Si_2O_7Al_2$ zusammengesetzt sein; ob die Kieselerde darin vollständig in Gestalt von Silicat oder zum Theil frei enthalten ist, scheint gleichgültig zu sein. Hat auch der Thon in Folge beigemengten Sandes die angegebene Zusammensetzung nicht, so erhält er dieselbe doch durch das Schlämmen, welches genau auf dieselbe Weise wie in der Porcellanfabrikation ausgeführt wird. Der geschlämmte Thon wird getrocknet und nach dem Trocknen geglüht, wodurch der Thon mürbe und spröde wird, die Eigenschaft verliert, schmierig und fett zu sein, und sich nun leicht durch Pochwerke und Quetschwerke pulvern lässt. Nach dem Pochen wird der Thon gesiebt, um ihn in staubförmiges Mehl zu verwandeln. Das Glaubersalz oder Sulfat, in der Ultramarinbereitung zuerst von Leykauf in Nürnberg angewendet, darf keine freie Säure enthalten und muss frei von Blei und möglichst frei von Eisen sein. Hat das zur Verfügung stehende Glaubersalz diese Eigenschaften nicht, so löst man es in Wasser, neutralisirt die freie Säure mit Kalkmilch, wobei zugleich das Eisenoxyd gefällt wird, decantirt nach dem Absetzenlassen die klare Lauge und lässt krystallisiren und entwässert die Krystalle auf der vertieften Sohle eines Flammenofens oder eines eisernen Kessels. Oder man dampft die Lauge, ohne sie krystallisiren zu lassen, unter fortwährendem Nachgiessen von frischer Lauge ab, um durch Soggen wasserfreies Glaubersalz zu gewinnen, das herausgekrückt und getrocknet wird. Das so erhaltene Produkt wird in Quetschmühlen zerquetscht und gesiebt. Kaliumsalze bilden kein Ultramarin, wol aber Bariumsalze[82]. Die calcinirte Soda findet, wie sie von den Sodafabriken oder als Nebenprodukt bei der Verarbeitung des Kryoliths und des Natriumnitrates geliefert wird, Anwendung; sie wird ebenso wie das Glaubersalz zerdrückt und im gesiebten Zustande aufbewahrt. Sie muss mindestens 90grädig sein. In neuester Zeit zieht man in einigen Fabriken das

Aetznatron der Soda vor. Das Schwefelnatrium (bei der Anwendung als Sulfuret von der Formel Na_2S in Anwendung gebracht) tritt in der Regel als Nebenprodukt der Fabrikation auf und wird entweder in flüssiger Form oder eingetrocknet und pulverisirt angewendet. Den Schwefel wendet man in Form von Stangenschwefel an; er wird als staubförmiges Pulver vorräthig gehalten. Die Kohle, welche zur Entfernung des Sauerstoffs dient, wurde in die Ultramarinfabrikation von Leykauf eingeführt; man wendet sie an in Gestalt von Holzkohle oder Steinkohle; von letzterer benutzt man nur backende, wenig Asche hinterlassende. Beide Kohlenarten werden vor ihrer Anwendung in ein feines Pulver verwandelt. Zu diesem Behufe bedient man sich entweder der Pulverisirtrommeln, wie in der Schiesspulverfabrikation, oder man mahlt die Kohle in Sandstein- oder Granitmühlen mit Wasser, bis sie in einen feinen Schlamm verwandelt worden ist, welcher nach dem Trocknen zerdrückt und gesiebt wird. Einige Fabriken wenden neben der Kohle noch Colophonium und Theerasphalt an. Zu gewissen Sorten von Ultramarin, welche der Einwirkung des Alauns widerstehen sollen, kommt noch ein Antheil Kieselerde (fein zerriebener Quarzsand oder am besten als Nebenprodukt auf nassem Wege erhalten). Anhangsweise sind hier noch zu erwähnen die weissen Stoffe, welche zum Mischen und Strecken des fertigen Ultramarins gebraucht werden wie Lenzin, Gyps, Schwerspathpulver und Barytweiss. Bei der Herstellung der Waschkugeln findet endlich noch Mehl Anwendung. Ueber den Vortheil der Anwendung des Kryoliths in der Ultramarinfabrikation gehen die Ansichten der Betheiligten sehr auseinander.

Darstellung des Ultramarins.

Fabrikationsverfahren des Ultramarins. Die verschiedenen Methoden der Ultramarindarstellung lassen sich auf folgende drei, nach den wesentlichen Rohstoffen classificirt, zurückführen, nämlich:

α) Fabrikation von Sulfat- oder Glaubersalz-Ultramarin;

β) „ „ Soda-Ultramarin;

γ) „ „ Kieselerde-Ultramarin.

α) Fabrikation von Sulfat-Ultramarin. Diese Sorte von Ultramarin wird nach dem sogenannten Nürnberger Verfahren aus Kaolin, Sulfat und Kohle dargestellt. Die Fabrikation desselben zerfällt

a) in die Herstellung des grünen Ultramarins,

b) in die Ueberführung desselben in Ultramarinblau.

a) Herstellung des grünen Ultramarins. Bei der Bereitung des Satzes ist sowol das Verhältniss der Materialien, als auch eine höchst innige Mengung von grosser Wichtigkeit. Bei der Anwendung von trockenen Materialien verfährt man auf die Weise, dass man die Stoffe in kleinen Quantitäten zusammenwiegt, sie dann in kleinen Trögen hin- und herschaufelt, durch Siebe siebt und das Verschaufeln und Sieben mehrmals wiederholt. Dort, wo Lösungen von Glaubersalz, Soda und Schwefelnatrium angewendet werden, wird in die Lösung der Porcellanthon gebracht und das Ganze zur Trockne eingedunstet. Manchmal wird demselben auch das Kohlenpulver zugegeben. Das trockene Gemisch wird in einem Flammenofen schwach geglüht, hierauf gepulvert und durch Schaufeln und Sieben das Pulver möglichst gleichförmig gemacht. Die Verhältnisse, in welchen die Rohmaterialien gemengt werden, sind sehr verschieden; in jedem Falle muss 1) Natron als Glaubersalz oder Soda in solcher Menge in die Mischung eintreten, dass durch das Natron die Hälfte der Kieselsäure des Thons gesättigt werden kann; 2) noch so viel Natron neben Schwefel vorhanden sein, um eine gewisse Menge Natriumpolysulfuret zu bilden; 3) noch Schwefel und Natrium als Natriumsulfuret (Na_2S) in dem Gemisch übrig bleiben, nachdem man vom ganzen Gemenge so viel grünes Ultramarin, wie sich dessen Zusammensetzung nach den neueren Analysen ergeben hat, abgezogen hat, als die in der Mischung vorhandene Kieselerde und Thonerde zu bilden vermögen. Als Norm für Mischungen können folgende gelten:

	I.	II.
Porcellanthon (wasserfrei)	100	100

calcinirtes Glaubersalz	183–100	41
calcinirte Soda	—	41
Kohle	17	17
Schwefel	—	13

100 Th. calcinirte Soda werden durch 80 Th. calcinirtes Glaubersalz, 100 Th. des letzteren durch 60 Th. trockenes Schwefelnatrium ersetzt.

Der Satz, der in der Regel in grösseren Mengen dargestellt und in Vorrath aufbewahrt wird, kommt in Charmottetiegel, in welche er mit passenden Holzkeulen eingestampft wird[83]. Das Erhitzen geschieht in Oefen, deren Construktion der der kleinen Porcellanöfen ähnlich ist, bei erforderlicher hoher und gleichförmiger Temperatur und möglichst gehindertem Luftzutritt. Die Temperatur, welche den Glühgefässen nach und nach ertheilt wird, streift an helle Rothglühhitze oder angehende Weissglühhitze. Die Dauer eines Brandes variirt von 7–10 Stunden. Man lässt den Ofen verschlossen erkalten. Der Inhalt der Tiegel erscheint als eine gesinterte Masse von grauem, oft gelbgrünem Ansehen; er wird wiederholt abgewässert. Das so erhaltene Ultramarin ist eine lockere, schwammige, aus kleinen und grossen porösen Stücken bestehende Masse, die auf Mühlen bis zur äussersten Feinheit gemahlen wird; das Pulver wird gewaschen und nach dem Waschen getrocknet. Nachdem das Produkt noch in Quetschmühlen trocken gerieben und durch Haarsiebe geschlagen wurde, ist es als grünes Ultramarin sowohl zum Verkauf, als auch zur Ueberführung in blaues Ultramarin anwendbar.

Das grüne Ultramarin zeigt sich zusammengesetzt aus:

	nach Stölzel (1855)	
Thonerde	30,11	
Eisen	0,49	(Eisenoxyd 0,7)
Calcium	0,45	
Natrium	19,09	(Natron 25,73)
Kieselerde	37,46	
Schwefelsäure	0,76	
Schwefel	6,08	
Chlor	0,37	
Magnesia, Kali, Phosphorsäure	Spuren	
	94,81	
Sauerstoff	5,19	
	100,00	

Die untersuchte Sorte war aus einer Ultramarinfabrik aus Kaiserslautern.

Das grüne Ultramarin hat als grüne Farbe im Ganzen noch einen untergeordneten Werth, indem es an Schönheit der Nuance den meisten Kupferfarben weit nachsteht.

b) Ueberführung des Ultramaringrüns in Ultramarinblau. Die Ueberführung des grünen Ultramarins in blaues kann auf verschiedene Weise ausgeführt werden und bietet keine Schwierigkeit dar, gegenwärtig findet aber meist diese Ueberführung durch Rösten mit Schwefel bei niedriger Temperatur und unter Luftzutritt statt, so dass der Schwefel zu schwefliger Säure verbrennen kann, wobei zugleich ein Theil des Natriums sich oxydirt, welches dann aus dem blauen Ultramarin als Natriumsulfat ausgezogen wird. Der im grünen Ultramarin enthaltene Schwefel bleibt jedoch, nur mit weniger Natrium verbunden, vollständig zurück. Bei dem in mehreren Ultramarinfabriken üblichen Röstverfahren wendet man kleine, über einem Feuerraume fest eingemauerte Cylinder an, deren hinterer Boden mit einer Oeffnung versehen ist, in welche die Axe einer Flügelwelle gesteckt werden kann. Der vordere Theil lässt sich leicht hinwegnehmen; dieser Theil hat eine Oeffnung für die durchgehende Axe der Flügelwelle, eine kleine Oeffnung unten und eine grössere oben, zum Eintragen des Schwefels dienend, welche beide mit Riegeln verschlossen werden können. An der obern Seite des Cylinders befindet sich noch eine weitere kleine Oeffnung zum Austreten der schwefligen Säure. Der Cylinder wird mit der Flügelwelle versehen, mit 25–30 Pfd. grünem Ultramarin beschickt, verschlossen und in dem Ofen erhitzt. Von Zeit zu Zeit werden die Flügel gedreht, um das Ultramarin gleichmässig zu erhitzen. Nachdem der Inhalt des Cylinders so weit erhitzt worden ist, dass eine Probe des in die Oeffnung geworfenen Schwefels sich von selbst entzündet, mässigt man das Feuer, wirft alsdann in den Cylinder 1 Pfd. Schwefelpulver, dreht die Flügelwelle und lässt die Füllöffnung offen, damit der Schwefel verbrennen kann. Man dreht langsamer, bis keine Schwefeldämpfe mehr entweichen. Dieselbe Behandlung mit Schwefel wird so lange wiederholt, bis eine herausgenommene Probe die höchste Reinheit und Intensität der blauen Farbe zeigt. In einigen Fabriken beendigt man das Fertigrösten nicht auf einmal, sondern man laugt das Produkt, ehe es ganz blau geworden ist, noch einmal aus, mahlt, knetet und siebt es; es wird dadurch eine gleichförmigere Bläuung erzielt, weil keine Körner verbleiben können, welche inwendig grünlicher wären als aussen. Die blaugebrannten Ultramarine sind dann erst Handelswaare, wenn sie nochmals ausgelaugt, getrocknet und gesiebt worden sind. Die helleren Sorten werden durch weisse Zusätze erzeugt. Nach einem anderen Röstverfahren wendet man eine Art gemauerter Muffelöfen oder solche Herdöfen an, in welche die Flamme der Heizung nicht eintreten kann. Das Ultramarin wird auf dem Herde in einer 6 bis 8 Centim. hohen Schicht gleichmässig ausgebreitet und so lange unter Verschluss der Thüre erhitzt, bis hineingeworfener Schwefel sogleich zu brennen beginnt. Man wirft eine Schaufel voll Schwefelpulver auf und lässt dasselbe unter Umrühren mit einer eisernen Krücke verbrennen. Diese Operation wird wiederholt, bis die Nüance und Intensität der blauen Farbe nicht mehr zunimmt.

Es ist noch nicht entschieden, ob die deutsche (Nürnberger) Methode des Blaubrennens in Cylindern oder die auf Herden den Vorzug verdiene. Bei letzterer Methode, wo man das Ultramaringrün in einer Art Backofen, dessen Herd von unten geheizt wird, erhitzt und mit Schwefel blau brennt, ist die Wirkung eine schnellere, weil viel grössere Berührungsflächen vorhanden sind, als bei ersterer Methode. Aber bei jedem dieser Verfahren geht noch viel schweflige Säure verloren; dieser Verlust ist so bedeutend, dass die Ultramarinfabriken durch geeignete Verbindung ihrer Röstöfen mit Bleikammern grosse Mengen von Schwefelsäure erzeugen können, während gegenwärtig die entweichende schweflige Säure der Fabrik selbst und der Umgegend lästig wird. Mit der so gewonnenen Schwefelsäure könnten die Ultramarinfabriken einen grossen Theil ihres Glaubersalzes selbst darstellen. Wenn man des blaue Ultramarin durch Verdrängung auslaugt, so lassen sich ziemlich concentrirte Glaubersalzlösungen erhalten, welche in der Fabrikation Anwendung finden können, nachdem man das Eisen daraus durch Kalk entfernt hat. Hanstein sucht die in der Lauge enthaltene Schwefelsäure dadurch auszunutzen, dass er sie als Barytweiss fällt. Das Ultramarin nimmt beim Blaubrennen mit Schwefel zwar an Gewicht zu, beim Auswaschen aber im Ganzen nur einige Procente ab. Beim nachlässigen Auswaschen backt das Ultramarin in den Fässern, in denen es aufbewahrt wird, nach und nach wieder zusammen. Das letzte Präpariren des Ultramarins geschieht auf der granitnen Präparirmühle mit Bodenstein und Laufer von 1,3–1,6 Meter Durchmesser. Die fein geriebene Farbe wird nun noch geschlämmt und die verschiedenen Schlämmwässer in Bottiche von Nr. 00, 1, 2, 3 u. s. w. abgelassen, woraus die verschiedenen Sorten Farbe gewonnen werden. Während des Schlämmens geht auch das Versetzen der helleren Sorten des Ultramarins mit Porcellanthon vor sich. Die breiige Masse von geschlämmtem Ultramarin wird in hanfene Säcke gebracht und ausgepresst und nach dem Auspressen auf Horden in geheizten Räumen getrocknet. Die getrocknete Masse wird gesiebt.

Fabrikation von Soda-Ultramarin.

β) Das Soda-Ultramarin, wie es in Frankreich, Belgien, in Hessen und in der Rheinpfalz dargestellt wird, ist entweder reines Soda-Ultramarin oder ein Gemenge davon mit Sulfat-Ultramarin. Der Satz besteht beispielsweise aus:

	I.	II.	III.
Kaolin	100	100	100
Sulfat	—	41	—
Soda	100	41	90
Kohle	12	17	6
Schwefel	60	13	100
Colophonium	—	—	6

Das Erhitzen des Gemenges geschieht in Häfen oder besser in Flammenöfen. Es bildet sich ein grün gefärbtes Produkt, das zerreiblich und so porös ist, dass es den Sauerstoff mit grosser Leichtigkeit zu absorbiren vermag. Daher wird beim Erkalten des Flammenofens der grösste Theil des Produktes in Ultramarinblau übergeführt. Ultramaringrün kann daher nach diesem Verfahren nicht dargestellt werden. Mengt man das erhaltene unvollkommene Blau mit Schwefel und unterwirft es in grossen Muffeln, deren Boden aus feuerfesten Platten besteht und die Decke aus Eisen, dem Abbrennen, so erhält man vollkommenes Ultramarinblau, welches sich von dem Endprodukt des Nürnberger Verfahrens durch dunklere Färbung und grösseren Farbenreichthum auszeichnet. Je mehr Schwefel und Soda dem rohen Gemenge zugesetzt wird, desto mehr erlangt das Rohprodukt die Eigenschaft, eine blaue Farbe anzunehmen, so dass bei geeigneten Mischungsverhältnissen ein schönes Ultramarinblau, welches keiner weiteren Behandlung mit Schwefel bedarf, sofort in der ersten Phase sich bildet. So dargestelltes Ultramarin enthält 10–12 Proc. Schwefel.

Fabrikation von Kieselerde-Ultramarin.

γ) Das Kieselerde-Ultramarin ist Soda-Ultramarin, bei dessen Bereitung fein zertheilte Kieselerde zugesetzt wurde und zwar 5–10 Proc. vom Gewicht des Kaolins. Das durch das Kieselerdeverfahren dargestellte Ultramarin ist stets blau und die weitere Behandlung mit Schwefel fällt weg.

Es widersteht einer Alaunlösung und zwar um so besser, je mehr Kieselerde es enthält, und ist durch eine eigenthümlich röthliche Färbung charakterisirt, deren Intensität mit der Kieselerdemenge wächst. Das Kieselerdeverfahren liefert für viele Zwecke des vorzüglichste Produkt, leider bietet aber die Fabrikation in Folge der Neigung des kieselsäurereichen Gemisches im Ofen zu sintern, grosse Schwierigkeiten.

Constitution des Ultramarins.

Seit dem Bekanntwerden des Ultramarins haben sich die Chemiker mit der Frage beschäftigt, auf welche Weise in dem Ultramarin die Moleküle gruppirt seien, welche Verbindung namentlich die blaue Färbung bewirke. Marggraf war der Erste, der diese Frage zu beantworten versuchte; im Jahre 1758 widerlegte er die damals verbreitete Ansicht, dass der Lasurstein Kupfer enthalte und dass dieses die Ursache der Färbung sei;

da die Analyse ihm Eisenoxyd ergab, so erklärte er das Eisen in dem Ultramarin für das färbende Princip. Guyton-Morveau schrieb die Farbe dem Schwefeleisen zu, eine Ansicht, die bis auf die neuere Zeit von vielen Chemikern vertreten wurde, obgleich ihr mehrere, namentlich Brunner, entgegentraten. Wenn nun gleich alle Analysen des Ultramarins einen Eisengehalt anzeigen, so ist es doch Thatsache, dass die meisten Ultramarinfabrikanten nach eisenfreiem Thone und Glaubersalz trachten. Man zählt deshalb gegenwärtig die geringe Menge Eisen zu den unwesentlichen Bestandtheilen des Ultramarins. Alle Chemiker sind darüber einig, dass bei der Feststellung einer rationellen Formel des Ultramarins nur vier Substanzen, nämlich Kieselerde, Aluminium, Natrium und Schwefel in Betracht zu ziehen seien, über die rationelle Formel selbst und über die Theorie der Bildung des Ultramarins, namentlich der Ueberführung des grünen in blaues, herrscht dagegen keine Uebereinstimmung, obgleich die in neuerer Zeit ausgesprochenen Ansichten bei weitem nicht mehr so divergiren, als die früheren.

Nach Breunlin wäre, abgesehen von der an Calcium gebundenen unwesentlichen Schwefelsäure, aller Schwefel in dem Ultramarin als Natriumpolysulfuret, und alles Natrium und Aluminium (mit Ausnahme von dem Aluminium im beigemengten Thon) an Kieselerde gebunden.

Nach der Ansicht von Wilkens ist das grüne Ultramarin, welches der Bildung von blauem stets vorangeht, eine reine Schwefelnatriumverbindung, das blaue Ultramarin dagegen eine Schwefelnatriumverbindung und eine Verbindung von Natriumhyposulfit. Nach der Auffassung Ritter's wäre das blaue Ultramarin eine Verbindung von Natrium-Aluminium-Silicat mit Natriumpolysulfuret und dem Natrium einer Sauerstoffsäure des Schwefels, wahrscheinlich Natriumhyposulfit. Ultramarin wird bekanntlich beim Uebergiessen mit Salzsäure unter Zersetzung entfärbt, wobei Schwefelwasserstoffentwickelung und Abscheidung von Schwefelmilch stattfindet. Aus der Bildung von letzterer glaubte man mit Bestimmtheit auf das Vorhandensein eines Polysulfurets in dem Ultramarin schliessen zu dürfen.

Es ist bemerkenswerth, dass alle Chemiker, die sich mit der Ermittelung der Constitution des Ultramarins beschäftigten, analytisch verfuhren und den synthetischen Weg unbeachtet liessen. Es liegt aber ziemlich nahe, die Sulfurete des Aluminiums und deren Verbindungen mit Schwefelnatrium darzustellen und letztere dem Verfahren des Abbrennens mit Schwefel, dem Behandeln mit Chlor u. s. w. zu unterwerfen. Nach W. Stein wäre es ja das dunkelfarbige Schwefelaluminium, welches beim Rösten frei wird und dem Ultramarin seine Färbung giebt. Es unterliegt wol keinem Zweifel, dass bei Verarbeitung derjenigen Ultramarinmischungen, in denen Schwefel und Kohle vorkommt, der Schwefelkohlenstoff, dessen Vorhandensein bei Beginn des Brandes schon durch den Geruch wahrzunehmen, bei der Ultramarinbildung mit wirksam ist. Da während eines gewissen Aggregatzustandes der Schwefel blau erscheint, genau so wie im Ultramarin, so meint Nöllner, es handele sich in der Ultramarinfabrikation nur darum, diesen Aggregatzustand des Schwefels durch Dazwischenhalten eines fremden Körpers wie Thonerde oder Kieselerde zu fixiren. Mit solchen und anderen Aussprüchen, wie sie z. B. Geuther[84] unlängst gethan, so geistreich wie diese Ansichten auch aussehen, ist der Technologie jedoch nicht gedient.

Eigenschaften des Ultramarins.

Eigenschaften und Anwendung des Ultramarins. Das Ultramarin ist ein unfühlbares lasurblaues Pulver, das sich in Wasser nicht löst und an dasselbe nichts abgeben darf; es wird von alkalischen Laugen nicht angegriffen, jedoch durch Säuren, selbst durch sauer reagirende Salze, wie z. B. durch Alaunlösung, unter Entwickelung von Schwefelwasserstoffgas entfärbt[85]. Die Bezeichnung, säurefestes Ultramarin, welche man in neuerer Zeit einer Sorte Ultramarinblau gegeben hat, bezieht sich nur auf die Widerstandsfähigkeit gegen Alaun, welche durch Zugeben von Kieselerde dargestellt wird.

Es hat als blaue Farbe die Smalte und ähnliche Kobaltfarben fast gänzlich, den Lakmus und das Berlinerblau zum Theil verdrängt. Es dient besonders zum Malen und Tünchen auf Kalkgrund, sowie in der Wasserglasmalerei oder Stereochromie, zum Tapetendruck, in der Buntpapierfabrikation, zum Druck auf Leinwand, Baumwoll-, Woll- und Seidenzeuge, in der Buchdruckerei und in der Lithographie u. s. w. Ein grosser Theil des Ultramarins wird ferner angewendet, um an sich gelblich- oder röthlich-weisse Stoffe dem Auge rein weiss erscheinen zu lassen. Die blaue Farbe des Ultramarins wirkt auf den schmutziggelben Ton zu

Weiss ergänzend. Man nennt diese Art der Anwendung des Ultramarins das Blauen, das indessen weit richtiger das Weissen zu nennen wäre. So blaut man unter Anderem die Leinwand (auf 50 Stück Leinwand 2–3½ Pfd. Ultramarin), die Papiermasse, die Wäsche, die Kalkmilch beim Anstreichen, die Stärke, das Barytweiss, die Stearin- und Paraffinmasse zur Kerzenfabrikation und endlich auch den Zucker. Man hat in neuerer Zeit die Frage aufgeworfen, ob der Ultramarinzusatz zum Zucker nicht nachtheilig sei. Wenn man aber in Betracht zieht, dass das Ultramarin aus lauter der Gesundheit nicht schädlichen Substanzen besteht, dass ferner die Menge des Ultramarins im Zucker eine verschwindend kleine ist — auf 1000 Ctr. Zucker genügen in der Regel 2½ Pfd. Ultramarin —, so wird diese Frage unbedingt mit Nein beantwortet werden müssen.

Das grüne Ultramarin, ein glanzloses Pulver, welches namentlich als ordinäre Tüncher-, seltener als Tapetenfarbe Anwendung findet, ist mitunter mit Indigcarmin und einer gelben Zinnlackfarbe geschönt.

Es wird zuweilen behauptet, dass dem Ultramarin mitunter Indig und Berlinerblau zur Erhöhung des Farbentones zugesetzt, dass es ferner oft mit Smalte und Berlinerblau verfälscht werde. Derartige Verunreinigungen und Verfälschungen kommen wol gegenwärtig nicht mehr vor, da der Preis selbst der besseren Ultramarinsorten geringer ist, als der der genannten Substanzen. Kreide, die man früher häufig zusetzte, kommt gegenwärtig äusserst selten als Verfälschungsmittel des Ultramarins vor, da man in dem Thon und dem Alabaster ein weit geeigneteres Mittel zum Versetzen des Ultramarins hat. Schwerspathpulver und Permanentweiss findet sich dagegen in neuerer Zeit öfters dem Ultramarin beigemengt.

Fußnoten:

[31] Journ. für prakt. Chemie Bd. 108 p. 193–208.

[32] Aus Indien (Bombay, Madras, Pegu) wurden in England folgende Mengen von indischem Salpeter eingeführt:

1860	16,460,300	Kilogr.	1864	22,259,840	Kilogr.
1861	15,690,150	„	1865	27,244,360	„
1862	22,162,400	„	1866	29,322,400	„
1863	20,238,250	„	1867	29,420,600	„
			1868	33,062,000	„

[33] Vergl. C. Luckow, Ueber Sprengpulver und Sprengpulversurrogate, namentlich über verbesserten Lithofracteur. Deutz 1869.

[34] Es ist vielleicht nicht überflüssig, daran zu erinnern, dass das Zusammenreiben der Materialien sehr gefährliche Explosionen zur Folge haben kann. Die Materialien sind einzeln fein zu reiben und blos mit der Hand unter einander zu mengen.

[35] Auch bei der Fabrikation des Dynamits sind Unglücksfälle nicht ausgeschlossen. Am 26. Januar 1870 fand in der Dynamitfabrik zu Dünnwald bei Cöln a./R. eine Explosion statt, welche 15 Menschen das Leben kostete; eine nicht minder verhängnissvolle am 29. Mai 1870 zu Krümmel (Herzogthum Lauenburg), sowie am 2. April zu Waldenburg (Oberschlesien).

[36] Die im norddeutschen Bunde gelegenen Steinsalzlager wurden in folgenden Teufen erbohrt:

Heinrichshall bei Gera	91	Meter
Stotternheim (S.-Weimar)	334	„
Erfurt	345	„

Artern	286	„
Stassfurt	259	„
Schöningen (Braunschweig)	519	„
Schönebeck	555	„

[37] Im Ostseewasser aus dem grossen Sunde zwischen den Inseln Oesel und Moon fand Baron Sass (1866) bei 1,00474 spec. Gewicht nur 0,666 Proc. feste Bestandtheile.

[38] Der sehr verschiedene Wassergehalt, der bei den Analysen des Kieserits gefunden wurde, machen es nach Rammelsberg nicht unwahrscheinlich, dass dieses Mineral ursprünglich wasserfrei ist.

[39] In Berchtesgaden wird die überschüssige Sinkwerkssoole nach Reichenhall geleitet, mit der dortigen Quellsoole gattirt und auf den drei Salinen Reichenhall, Traunstein und Rosenheim auf Salz verarbeitet. Die Länge der Soolenleitung von Berchtesgaden über Reichenhall nach Rosenheim beträgt 12,5 deutsche Meilen, wozu noch eine fast 1,5 Meilen lange Röhrenleitung vom Theilungspunkte bei Hammer bis nach Traunstein kommt, so dass eine fast 14 Meilen lange Röhrenfahrt erforderlich gewesen, um die Verbindung zwischen sämmtlichen südbayerischen Salinen zu Stande zu bringen.

[40] Das Königreich Bayern producirt jährlich an Stein- und Siedesalz in

Berchtesgaden	150,000	Ctr.
Reichenhall	200,000	„
Traunstein	200,000	„
Rosenheim	275,000	„

[41] Die Karlsbader Quelle fördert jährlich gegen 133,700 Ctr. kohlensaures Natrium zu Tage.

[42] Die Einsammlung der Széksó in Ungarn, welche im Jahre 1852 noch gegen 17,000 Ctr. betrug, machte im Jahre 1861 8000 Ctr., 1864 6000 Ctr. und im Jahre 1869 kaum noch 5500 Ctr. aus.

[43] Vergl. Chemical News 1870 Nr. 538 p. 129.

[44] Die Menge der zum Zersetzen des Kochsalzes verwendeten Schwefelsäure wird so gewählt, dass 1 bis 3 Proc. Kochsalz unzersetzt bleiben. Man ist in diesem Falle sicher, ein völlig neutrales Sulfat zu erhalten. 100 Theile Kochsalz brauchen zur vollständigen Zersetzung:

95	Th.	Schwefelsäure	von	60°	B.	=	1,70	spec. Gew.
104	„	„	„	55°	„	=	1,62	„ „

[45] Im Jahre 1867 verarbeiteten fünf Fabriken Deutschlands 150,000 Ctr. Kryolith auf etwa 270,000 Ctr. calcinirte Soda. Die *Pennsylvania Salt manufacturing Company* verarbeitet in ihrer Fabrik zu Natrona bei Pittsburgh jährlich gegen 50,000 Ctr. Kryolith.

[46] Von dem grossen Verbrauche des Jods für die Photographie kann die Notiz einen Begriff geben, dass eine einzige Fabrik in Berlin jährlich 30,000 Pfd. Jodkalium (wozu über 200 Ctr. Jod gebraucht werden) fabricirt.

[47] Nach einer Untersuchung von Lartet enthält 1 Liter Wasser des todten Meeres bei 300 Meter Tiefe 7,093 Grm. (=0,7 Proc.) Brom.

[48] Der kalifornische Schwefel kommt nicht in Stangenform, sondern in Holzkisten gegossen von 100 Kilogr. Gewicht im Handel vor.

[49] Der Schwefelgehalt der schwefelhaltigen Mineralien ist folgender:

Pyrit (FeS_2)	enthält	53,3	Proc.	Schwefel.
Kupferkies ($Fe_2Cu_6S_6$)	„	53,3	„	„
Magnetkies (Fe_7S_8 oder nach Th. Petersen FeS)	„	39,5	„	„
Bleiglanz (PbS)	„	13,45	„	„
Zinkblende (ZnS)	„	33,0	„	„
Kieserit ($MgSO_4 + H_2O$)	„	23,5	„	„
KAnhydrit ($CaSO_4$)	„	23,5	„	„
Gyps ($CaSO_4 + 2H_2O$)	„	18,6	„	„
Steinkohle (namentlich Gaskohle)	„	1,0	„	„

Die Steinkohlenmenge, welche jährlich in London zur Leuchtgasbereitung verwendet wird, enthält 200,000 Ctr. Schwefel, entsprechend 612,500 Ctr. Schwefelsäure!

[50] Die Regenerirung des Schwefels aus den Sodarückständen (Seite 202) hat bereits grosse Ausdehnung gewonnen; so liefert z. B. der österreichische Verein für chem. und metallurg. Produktion zu Aussig (Director Max Schaffner) jährlich 450,000 Kilogr. (= 9000 Ctr.) Stangenschwefel (aus den Sodarückständen) in den Handel. Auch die unter Hasenclever's Leitung stehende Rhenania in Aachen producirt massenhaft regenerirten Schwefel. Ebenso auch Mannheim, Ringkuhl bei Kassel und die meisten englischen Sodafabriken.

[51] Dass man den Schwefel aus dem Schwefelwasserstoff auch durch Leiten des letzteren Gases in Eisenchlorid erhalten kann, ist bereits von der Technik berücksichtigt und neuerdings (1862) von Gossage wieder empfohlen worden.

[52] Nach Cossa (1868) lösen

100	Th.	Schwefelkohlenstoff	bei	15°	C.	37,15	Th.	Schwefel
100	„	„	„	38°	„	94,57	„	„
100	„	„	„	48,5°	„	146,21	„	„
100	„	Benzol	„	26°	„	0,96	„	„
100	„	„	„	71°	„	4,37	„	„
100	„	Aether	„	23,5°	„	0,97	„	„
100	„	Chloroform	„	22°	„	1,20	„	„
100	„	Anilin	„	130°	„	85,27	„	„

nach Pelouze (1869)

100 Th. Theeröl von 0,88 spec. Gew. „ 130° „ 43,00 „ „

[53] Wie gross der Verbrauch an Schwefel zum Einpudern der Trauben geworden ist, erhellt aus einer Mittheilung von W. Sartorius von Waltershausen (Journal für Landwirthschaft von W. Henneberg, 1863, Bd. VIII, p. 62) nach welcher in einem Jahre gegen 850,000 Ctr. Schwefel Siciliens (also gegen 20–25 Proc. der Gesammtproduktion) theils für Sicilien, theils für Italien, Frankreich und Spanien zu diesem Zwecke verbraucht werden.

[54] In Davidsthal in Böhmen erhält man aus 14 Ctr. Vitriolstein (geschmolzenem Eisenvitriol) in 36 Stunden 5½ Ctr. rauchende Schwefelsäure.

[55] Zur Umwandlung von 1 Kilogr. Schwefel in Schwefelsäure braucht man folgende Luftmengen, wenn der Schwefel vorhanden ist als

freier Schwefel	5275	Liter	Luft	(mit	4220	Liter	Stickstoff)
Pyrit	6595	„	„	(„	5276	„	„)

[56] Der Theorie nach sollen in den Schwefelofen auf je 1 Mol. Schwefel nicht mehr als 3 Mol. Sauerstoff eintreten, nämlich 2, um schweflige Säure zu bilden, und das 3. Mol. zur Umwandlung der letzteren in Schwefelsäure, mit anderen Worten, 1 Kilogr. Schwefel braucht 1500 Grm. = 1055 Liter Sauerstoff = 5275 Liter Luft (welche 4220 Liter Stickstoff enthalten). Um dieser Grenze so viel als möglich sich zu nähern, hat man vielfache Vorschläge gemacht. So wendet man in einigen Fabriken zur Regelung der Luftzufuhr ein Anemometer, besonders das von Combes an, welches durch ein Rohr mit dem Schwefelofen in Verbindung steht, sodass alle in den Ofen strömende Luft das Anemometer passiren muss. In Belgien wendet man zuweilen das von Stas vorgeschlagene Verfahren an, nach welchem man einestheils nur die zum Verbrennen des Schwefels erforderliche Luft zutreten lässt, anderntheils durch ein mit Klappen versehenes Rohr die genau gemessene Luftmenge, die zur Ueberführung der schwefligen Säure in Schwefelsäure gehört. Welches Verfahren auch angewendet werden mag, die aus den Kammern tretende Luft darf nicht mehr als 2–3 Proc. Sauerstoff enthalten. Durch sorgfältige Ueberwachung der Schwefelöfen ist es dem Fabrikanten gelungen, aus 100 Kilogr. käuflichem Schwefel 306 Kilogr. Schwefelsäure von 1,843 spec. Gewicht zu erhalten, während nach der gewöhnlichen Methode selten mehr als 280–290 Kilogr. gewonnen werden.

[57] Auf 100 Th. Schwefel rechnet man etwa 6, höchstens 8 Th. Natriumsalpeter (oder eine entsprechende Menge Salpetersäure).

[58] Die Absorption der salpetrigen Dämpfe durch Schwefelsäure in dem Koksthurm ist in neuester Zeit in Folge des niedrigen Preises des Natriumsalpeters an vielen Orten aufgegeben worden.

[59] In der Rhenania bei Aachen und in Zwickau verwendet man z. Th. Zinkblende bei der Schwefelsäurebereitung.

[60] Auf den Mansfelder Kupferhütten erhielt man 1868 durch Rösten der Rohsteine im Gerstenhöfer'schen Ofen gegen 10,000 Ctr. Das Communion-Bergamt Goslar producirte 1867 50,000 Ctr. und die erzgebirgischen Hütten 66,000 Ctr. metallurgischer Schwefelsäure.

[61] Carstanjen fand (1868) in dem Flugstaube aus den Kiesröstöfen der Oranienburger Schwefelsäurefabrik, welche Pyrite aus Meggen röstet, 3,5 Proc. Thallium.

[62] Wie gross die Menge des Schwefels ist, die beim Erzrösten meist noch verloren geht, ergiebt sich aus einer — im Jahre 1861 angestellten — Berechnung Leplay's, nach welcher der jährlich in den Hütten von Süd-Wales ausgetriebene Schwefel einen Werth von 200,000 Pfd. Sterl. (= 1,3 Mill. Thlr.) repräsentirt. Jährlich gingen gegen 46,000 Tonnen (à 1000 Kilogr.) in die Luft, welche der Atmosphäre 92,000 Tonnen schwefliger Säure (entsprechend 1,400,000 Ctr. engl. Schwefelsäure) zuführten! Durch die Einführung der Gerstenhöfer'schen Röstöfen ist diesem Verluste zum grossen Theile vorgebeugt.

[63] Ein in der chem. Fabrik zu Griesheim bei Frankfurt a. M. aufgestellter Concentrirapparat für eine Produktion von circa 50 Ctr. Säure aus der Platinfabrik von Johnson, Matthey u. Co. in London kostete 9816 fl. s. W. (incl. Fracht und Zoll).

[64] Eine solche Platinblase von 3 Hektoliter Capacität, in 24 Stunden 60–70 Ctr. Säure von 66° liefernd, kostete früher nebst Zubehör 44,000 Frcs.

[65] Höchst beachtenswerth ist der Vorschlag von Sussex (vergl. B. Kerl, Hüttenkunde, 1863; Bd. II. p. 475) beim Zugutemachen kiesiger Kupfererze den Schwefel durch Kohlezusatz in Form von Schwefelkohlenstoff zu entfernen.

[66] Extractionsapparate der Art sind u. a. von Seyfferth, von Lunge, von Moussu etc. construirt worden.

[67] Die Grade der in England üblichen Twaddle'schen Aräometerscala bieten bei der Salzsäure den beachtenswerthen Umstand dar, dass die Grade nach Twaddle ziemlich genau mit den Säureprocenten zusammenfallen.

[68] Man kann den Salzsäureverbrauch einer Rübenzuckerfabrik, welche 180,000 Ctr. Rüben in der Campagne verarbeitet, auf mindestens 400 bis 500 Ballons veranschlagen.

[69] Man benutzt diese Eigenschaft des Chlorkalkes, um auf türkischroth gefärbtem Zeuge weisse Muster hervorzubringen, indem man die Muster vermittelst mit Gummi verdickter Weinsäure aufdruckt und die Zeuge sodann etwa eine Minute lang in Chlorkalklösung taucht.

[70] In den letzten Jahren sind an mehreren Orten Explosionen von verschlossenen Gefässen mit Chlorkalk wahrgenommen worden ($Ca(ClO)_2 + CaCl_2 = 2CaCl_2 + O_2$). Um den Chlorkalk weniger leicht zersetzbar zu machen, hat man vorgeschlagen, ihn sofort nach seiner Bereitung fein zu mahlen und ihn in Fässer einzustampfen, in welchen er nach kurzer Zeit Steinhärte annimmt.

[71] Nach A. W. Hofmann (Report by the Juries, London 1863 p. 57) giebt die Steinkohle bei der Destillation sogar nur ⅓⅓ ihres Stickstoffs ab, ⅔ davon bleiben in dem Koks. Genaue Versuche in dieser Richtung liegen jedoch nicht vor.

[72] Der in den Steinsalzlagern Stassfurts vorkommende Stassfurtit ist als eine dichte Varietät des Boracit zu betrachten. Er findet sich in der Carnallitregion des Salzlagers vor, indessen so vereinzelt, dass die jährliche Ausbeute nur 200 Ctr. beträgt.

[73] Diese Sümpfe führen die Namen *Fumacchi*, *Fumarole*, *Soffioni*, *Mofetti*.

[74] Die Menge des neben der Borsäure vorkommenden Ammoniaks ist auffallend gross, so gaben vier Soffioni bei Travale innerhalb 24 Stunden 150 Kilogr. Borsäure und 1500 Kilogr. Ammonsulfat.

[75] Das Wasser des Borax-See's hat (nach einer Analyse von Moore von 1870) ein spec. Gewicht von 1,027 und enthält in 1 Liter 35,23 Grm. feste Bestandtheile, darunter 3,96 Grm. Borax.

[76] Die Boraxfabrikation am *Clear Lake* liefert täglich 2000 Kilogr. Borax.

[77] Nach Wöhler nach der Formel $Na_2B_4O_7 + 2CaB_4O_7 + 18H_2O$ zusammengesetzt.

[78] Der sogenannte Borgraphit ist nach neueren Untersuchungen Wöhler's (Februar 1867) Boraluminium von der Formel AlB_2.

[79] Von grosser Wichtigkeit für die Erklärung der Bildung des natürlichen Alauns ist die Beobachtung Fr. Knapp's, dass beim Rösten der Pyrite neben schwefliger Säure auch Schwefelsäure in namhafter Menge auftritt.

[80] Die Produktion an Kryolith in Grönland betrug

im Jahre	1856	6,860	Centner.
„ „	1860	202,500	„

„	„	1866	264,680	„
„	„	1867	397,006	„
„	„	1868	525,820	„
„	„	1869	580,330	„

[81] Die *Pennsylvania Salt Manufacturing Company* zu Natrona bei Pittsburgh bringt grosse Mengen von Natrium-Aluminat unter dem Namen *Natrona refined Saponifier* für die Seifenfabrikation in den Handel.

[82] Fr. Kuhlmann fand in einem Ofen, welcher zur Reduktion von Schwerspath zu Schwefelbarium diente, Barium-Ultramarin, d. i. Ultramarin, in welchem das Natrium durch Barium ersetzt war.

[83] Glüht man diesen Satz bei Luftabschluss, so erhält man eine weisse Masse, die nach dem Behandeln mit Wasser eine weisse lockere Substanz darstellt, welche Ritter mit dem Namen weisses Ultramarin belegt hat. Es wird an der Luft grün und beim Erhitzen an der Luft blau.

[84] Nach A. Geuther (Lehrbuch der Chemie. 1870. p. 348) enthält das weisse Ultramarin nur monovalentes Natrium, das blaue aber pentavalentes und das grüne trivalentes Natrium!!

[85] Der Lapis lazuli widersteht der Einwirkung des Alauns und selbst der der Essigsäure. Das in den Sodaöfen hin und wieder sich findende Ultramarin hat dieselbe Säurefestigkeit. Die geringe Stabilität der meisten künstlichen Ultramarine zeigt, dass die Fabrikation desselben bei weitem noch nicht ihren Culminationspunkt erreicht hat.

III. Abschnitt
Technik des Glases, der Thonwaaren, des Gypses, Kalkes und Mörtels.
Die Glasfabrikation.

Begriff und allgemeine Eigenschaften des Glases.

Das Glas ist ein durch Schmelzen erhaltenes amorphes Gemenge verschiedener Silicate, in welchem gewöhnlich Alkalisilicat und Calciumsilicat die Hauptbestandtheile bilden. Bei gewissen Gläsern wie bei dem Wasserglas, dessen Anwendbarkeit auf seine Löslichkeit im Wasser sich gründet, ist nur kieselsaures Alkali vorhanden; in allen anderen Fällen sind neben dem Alkali (Kali oder Natron) noch andere Basen, entweder alkalische und eigentliche Erden wie Kalk, Baryt, Strontian, Magnesia, Thonerde u. s. w., oder Metalloxyde wie Bleioxyd, Wismuthoxyd, Thalliumoxyd, Zinkoxyd, Eisenoxydul, Manganoxydul u. s. w., vorhanden. In einzelnen Fällen, wie bei der Darstellung gewisser zu optischen Zwecken dienender Gläser, wird die Kieselsäure entweder zum Theil oder gänzlich durch Borsäure ersetzt.

Das Glas ist entweder durchsichtig (eigentliches Glas) oder es ist undurchsichtig (Schmelzglas oder Email), farblos oder gefärbt und widersteht, wenn man von dem Wasserglase absieht, der Einwirkung von Luft und Wasser, den Einflüssen der gewöhnlichen Säuren und alkalischen Flüssigkeiten bis zu einem gewissen Grade. Durchsichtigkeit und Beständigkeit in chemischer Hinsicht sind die werthvollsten Eigenschaften des Glases, die demselben anhaftende Zerbrechlichkeit und Sprödigkeit ein Uebelstand, der aber mit der Natur des Glases auf das Innigste verknüpft ist. Amorphismus gehört zum Grundbegriffe des Glases. Verschwindet der amorphe Zustand des Glases, d. h. geht es in den krystallinischen Zustand über, so hört es auf, Glas zu sein. Der Amorphismus des Glases wird durch die Zusammengesetztheit bedingt. Einfache Silicate haben das Bestreben, aus dem amorphen Zustand in den krystallinischen überzugehen und sind schon aus dem Grunde nicht zur Glasfabrikation geeignet. In Folge der amorphen Beschaffenheit geht dem Glase jede regelmässige Spaltbarkeit ab und ist an den stets scharfkantigen Bruchstücken nur der muschelige Bruch nach allen Richtungen hin wahrzunehmen. Ist das Glas in dicken Massen spröde, so zeigt es in dünnen Blättchen und Fäden eine grosse Elasticität und Biegsamkeit. Die einzelnen Silicate, ihre Qualität und Menge sind für die Beschaffenheit der Glasmasse von grosser Wichtigkeit; die Silicate der Alkalimetalle geben dem Glase Leichtflüssigkeit und Weiche, kieselsaures Kalium giebt dem Glase weniger Glanz als das Natriumsilicat, lässt es dagegen ungefärbt, während Natriumzusatz dem Glase stets eine bläulich-grüne Färbung ertheilt. Calciumsilicat macht das Glas beständiger, härter und glänzender, aber auch strengflüssiger, doch nicht in so hohem Grade als das Magnesium- und Aluminiumsilicat. Das Bleisilicat und eben so das Wismuthsilicat machen das Glas leicht flüssig und schleifbar, ausserdem ertheilen sie demselben neben hohem Glanz bedeutendes Lichtbrechungsvermögen, in optischer Beziehung werthvolle Eigenschaften. Das Zinksilicat und das Bariumsilicat verhalten sich dem Bleisilicat bezüglich des Glanzes und des Lichtbrechungsvermögens ähnlich, nur ist das Bariumglas härter als das Bleiglas. Das Zinksilicat hat das Eigenthümliche, dass es die grünliche Färbung des Natriumsilicates zum Verschwinden bringt. Eisen- und Mangansilicat machen das Ganze leichtflüssig und gefärbt. Silicate anderer Metalloxyde kommen in der Zusammensetzung der Glasmasse nur insofern in Betracht, als sie färbende Eigenschaften besitzen.

Eintheilung der Glassorten.

Lässt man die chemische Zusammensetzung der Glasmasse als Eintheilungsgrund gelten, so hat man folgende vier Glasarten zu unterscheiden:

I. Das Kalium-Calcium-Glas oder böhmische Krystallglas ist vollkommen farblos, äusserst strengflüssig, hart und durch chemische Beständigkeit ausgezeichnet. Das Spiegelglas ist häufig ein Gemisch von dieser Glassorte mit der nachfolgenden.

II. Das Natrium-Calcium-Glas, französisches Glas, Fensterglas, ist etwas härter als das vorige, weniger strengflüssig und zeigt die allem Natriumglase charakteristische bläulichgrüne Färbung. Das zu optischen Zwecken dienende Crownglas gehört hierher.

III. Das Kalium-Blei-Glas, Krystall- oder Klingglas, ist weich und leicht schmelzbar. Es zeichnet sich durch hohes specifisches Gewicht, Glanz, Lichtbrechungsvermögen und einen schönen Klang aus. Varietäten dieser Glasart sind 1) das Flintglas, ein optisches Glas, welches reicher an Blei ist als das Krystallglas und ausser dem Blei zuweilen Wismuth, neben der Kieselsäure zuweilen Borsäure enthält; 2) der Strass, die Grundlage der künstlichen Edelsteine.

IV. Das Aluminium-Calcium Alkaliglas, Bouteillenglas oder Buttelglas, enthält ausser den genannten Basen oft noch beträchtliche Mengen von Eisen und Mangan und an der Stelle des Calciums oft Magnesium. Das Alkali ist in geringerer Menge vorhanden, als in den übrigen Glassorten. Die Farbe ist röthlichgelb oder dunkelgrün.

Das specifische Gewicht des Glases ist von seiner Zusammensetzung abhängig. Das Alkali-Calcium-Glas ist das leichteste, dann folgt das Aluminium-Calcium-Alkaliglas und zuletzt das Thalliumglas wie aus nachstehenden Angaben folgt:

Böhmisches Krystallglas		2,396
Crownglas		2,487
Spiegelglas		2,488
Fensterglas		2,642
Bouteillenglas		2,732
Krystall- oder Klingglas	2,9 –	3,255
Flintglas von Frauenhofer		3,77
„ „ Faraday		5,44
Thalliumglas		5,62

Die Strahlenbrechung ist bei langsam gekühlten Gläsern einfach, bei rasch gekühlten oder gepressten doppelt. Die Grade der Strahlenbrechung sind sehr verschieden, Blei- und Wismuthgläser brechen das Licht am stärksten, erreichen aber nie den Grad der Lichtbrechung, wie diamantglänzende Körper. Setzt man den luftleeren Raum als Einheit, so ist der Brechungsexponent des glasglänzenden Bergkrystalles = 1,547, der des Diamanten aber 2,506. Bei Crownglas von Frauenhofer von 2,52 spec. Gewicht ist der Brechungsexponent = 1,534–1,544, bei Flintglas von Frauenhofer von 3,7 spec. Gewichte der Brechungsexponent = 1,639, bei Thalliumglas von Lamy = 1,71–1,965.

Rohmaterialien der Glasfabrikation.

Die Rohmaterialien der Glasfabrikation sind folgende:

1) Die Kieselerde, die sich rein als Bergkrystall, Quarz und in gewissen Sandsorten und mit Basen verbunden in vielen Silicaten findet, wie z. B. in dem Feldspath, wird in der Glasfabrikation meist als Quarz, Sand oder Feuerstein angewendet. Der Sand muss zu den bessern Glassorten möglichst eisenfrei sein; das Eisen, das in der Regel nur in Gestalt von Eisenoxyd auf der Oberfläche der reinen Quarzkrystalle, aus denen der Sand besteht, sich befindet, wird entweder durch einfaches Waschen oder besser noch durch Digestion mit Salzsäure

entfernt. Vor der Anwendung pflegt man den Sand auszuglühen, damit er mürbe werde, sich mit weniger Mühe mahlen lasse und leichter schmelze. Zuweilen muss der Sand geschlemmt werden, um ihn von Thon, Humus u. dgl. zu befreien. Zu ordinären Glassorten, wo die Farbe des Glases unwesentlich ist, ist es vortheilhafter, einen unreinen Sand anzuwenden, da mit Thon, Mergel und Lehm verunreinigter Sand weit leichter schmilzt als reiner. Aus diesem Grunde bedient man sich zur Herstellung des Bouteillenglases anstatt der Kieselerde nicht selten des Mergels oder Lehms, welche ausser der Kieselerde auch noch beträchtliche Mengen von Thonerde in die Glasmasse bringen.

2) Die Borsäure setzt man für gewisse Glassorten als theilweises Ersatzmittel für Kieselsäure zu; sie befördert die Schmelzbarkeit der Masse, giebt dem Glase einen hohen Glanz und ist ein vorzügliches Mittel gegen das Entglasen. In der Regel setzt man sie der Glasmasse in Gestalt von Borax (Natriumborat) zu. Neuerdings hat man vorgeschlagen, die Tiza (Boronatrocalcit) in der Glasfabrikation anzuwenden.

3) Kali und Natron wendet man in sehr verschiedener Form in der Glasfabrikation an, Kali jedoch meist in Form von Potasche oder unvollständig ausgelaugter Holzasche, Natron meist in Gestalt von Soda und Glaubersalz, in einzelnen seltenen Fällen in Form von Kryolith und von Natrium-Aluminat. Calcinirte Soda wird, wenn es die Art des herzustellenden Glases erlaubt, gegenwärtig stets der Potasche vorgezogen, da das Natron, bei billigerem Preise, eine grössere Sättigungscapacität besitzt, 10 Th. Natriumcarbonat entsprechen 13 Th. Kaliumcarbonat. In der neueren Zeit wird zu weissem Glase das Natron in Gestalt von Glaubersalz[86] gesetzt; in diesem Falle setzt man zu dem Gemenge der Kieselerde mit dem Glaubersalz so viel Kohle, dass die Schwefelsäure des Glaubersalzes zu schwefliger Säure und die Kohle zu Kohlenoxyd reducirt wird. Das entstandene Natriumsulfit wird dann leicht von der Kieselsäure unter Freiwerden von schwefliger Säure zersetzt. Auf 100 Th. Glaubersalz (wasserfrei) wendet man 8–9 Th. Kohle an. Ein Ueberschuss von Kohle ist nachtheilig, weil sich dadurch eine grosse Menge Schwefelnatrium bilden würde, welches das Glas braun färbt.

4) Der in der Glasfabrikation angewendete Kalk muss möglichst eisenfrei sein. Man verwendet ihn als Marmor oder Kreide entweder im rohen Zustande, d. h. ohne ihn vorher zu brennen oder zu pulvern, oder gebrannt und gelöscht. In der Regel kommt er im natürlichen Zustande entweder als gepochter Kalkstein oder geschlemmte Kreide zur Verwendung. Auf 100 Gewichtstheile Sand rechnet man in der Regel 20 Gewichtstheile Kalk. In einigen böhmischen Fabriken wendet man den Kalk in der zweckmässigsten Form, nämlich als Calciumsilicat, als Wollastonit an, welcher die Formel SiO_3Ca hat. Anstatt des Kalkes kann man auch Strontian und Baryt anwenden, ersteren in Gestalt von Strontianit ($SrCO_3$) letzteren in Form von Witherit ($BaCO_3$). Der Flussspath ($CaFl_2$) und das bei der Verarbeitung des Kryoliths auf Soda fallende Fluorcalcium werden seit einiger Zeit zur Herstellung von Milchglas angewendet, eben so das Natrium-Aluminat.

5) Das Bleioxyd wird in den meisten Fällen in Gestalt von Mennige angewendet, welche, indem sie einen Theil ihres Sauerstoffs abgiebt und dadurch zu Bleioxyd reducirt wird, reinigend auf die Glasmasse einwirkt. Das Blei giebt dem Glase ein hohes specifisches Gewicht, hohes Lichtbrechungsvermögen, Weichheit und Schleifbarkeit. Es ertheilt dem Glas einen schwachgelblichen Ton und hat den Uebelstand, die Masse der Glashäfen stark anzugreifen. Die Mennige muss vollkommen frei sein von Kupfer und Zinnoxyd, weil ersteres das Glas grün färben, letzteres das Glas milchig und undurchsichtig machen würde. Das Bleiweiss würde eben so gut als die Mennige in der Glasfabrikation Anwendung finden können, wenn es nicht meist mit Schwerspath versetzt wäre.

6) Das Zinkoxyd wird der Glasmasse stets in Gestalt von Zinkweiss zugesetzt. Wenn die Farbe des herzustellenden Zinkglases nicht in Betracht zu ziehen ist, so wird man mit Sand, Glaubersalz und Zinkblende Zinkglas herstellen können.

7) Das Wismuthoxyd, das nur in kleiner Menge zur Herstellung gewisser optischer Gläser Anwendung findet, wird zu der Glasmasse entweder als Wismuthoxyd oder als salpetersaures Wismuthoxyd gesetzt.

Die Formeln gewisser in der Natur vorkommender Silicate nähern sich in ihrer Zusammensetzung dergestalt der des Bouteillenglases, dass dieselben, mit den erforderlichen Zusätzen versehen, in der Glasfabrikation Anwendung finden können. Hierher gehören der Feldspath, der Pechstein, der Bimsstein, der Klingstein, der Amphibol, der Basalt und manche Laven. Auch manche Hochofen- und Eisenfrischschlacken finden in der

Glasfabrikation Anwendung. So wird der sogenannte schwarze Hyalith in Böhmen durch Zusatz von Eisenfrischschlacken, dann auf dem Fichtelgebirge ein ähnliches schwarzes Glas, das Knopfglas, durch Zusatz von eisenhaltigen Amphibolgesteinen dargestellt. Der Feldspath würde ein kostbares Rohmaterial der Glasfabrikation abgeben, wenn er wohlfeil genug zu erlangen wäre; durch Zusatz von Borax und Bleioxyd kann man mit ihm ein allen Anforderungen entsprechendes Glas darstellen. Gewisse Laven kann man, ebenso wie den Basalt, ohne weiteren Zusatz durch Schmelzen in Glas überführen. Leichtschmelzende Thone, eisen- und kalkhaltiger Lehm oder Mergel lassen sich auch zu Bouteillenglas anwenden, eben so auch Granit (besonders der finnländische, Rapakiwi genannt), der unter Zuschlag von Schwerspath auf mehreren Bouteillenhütten verschmolzen wird.

Entfärbungsmittel.

Zu farblosen Gläsern bedient man sich ausser den genannten Materialien noch gewisser Entfärbungsmittel, welche theils chemisch durch Sauerstoffabgabe, theils physikalisch durch Ergänzung verschieden gefärbter Nüancen zu Weiss wirken. Solche Entfärbungsmittel sind der Braunstein, die arsenige Säure, der Salpeter und die schon erwähnte Mennige.

1) Der Braunstein (MnO_2) wird schon seit den ältesten Zeiten zum Farblosmachen der Glasmasse angewendet. Bei der Anwendung des Braunsteins ist zu berücksichtigen, dass er nur in geringer Menge der Glasmasse zugesetzt, dieselbe entfärbt, in grosser Quantität dagegen derselben eine violette oder vielmehr amethystrothe Färbung ertheilt, die so intensiv sein kann, dass das Glas schwarz und undurchsichtig erscheint. Die violette Färbung des Glases wird in der Regel wol durch Manganisilicat (kieselsaures Manganoxyd) herbeigeführt, während, wenn der Braunstein entfärbend wirken soll, Manganosilicat (kieselsaures Manganoxydul) in der Masse sich befinden muss. Ueber die Art und Weise, wie der Braunstein entfärbend auf die Glasmasse wirke, sind verschiedene Erklärungen gegeben worden. Am richtigsten wol ist es die Entfärbung der Glasmasse einem Ergänzen complementärer Farben zu Weiss, nämlich dem Grün vom Ferrosilicat, und dem Violett vom Manganosilicat, zuzuschreiben; zu dieser Annahme ist man um so mehr berechtigt, als Körner in Jena bereits im Jahre 1836 den Beweis geliefert hat, dass man durch Zusammenschmelzen von Gläsern, die durch Eisen grün und durch Mangan röthlich gefärbt waren, ein farbloses Glas erhalte, Suckow ferner farbloses Glas durch Zusammenschmelzen von durch Manganoxydul schwach roth gefärbtem Glas mit Kupferoxyd erhielt. Auf den Glashütten des bayerischen Waldes giebt man einem rosenrothen Quarz von Rabenstein bei Zwiesel den Vorzug, indem die Fabrikanten behaupten, dass sie mit keiner andern Quarzart, selbst nicht mit dem reinsten Bergkrystall, eine so reine Glasmasse darzustellen vermöchten. v. Fuchs fand in diesem Quarz 1–1,5 Proc. Titanoxyd, welches in ähnlicher Weise chromatisch neutralisirend zu wirken scheint, wie der Braunstein. Kohn empfiehlt als Entfärbungsmittel oder Maskirungsmittel, ein Gemisch von Nickeloxydul oder Antimonoxyd, durch welches man im Stande sei, dem Glase eine durch die ganze Masse hindurch gleichmässige, ins Röthliche ziehende Färbung zu ertheilen. Ein neuerdings in Vorschlag gekommenes Entfärbungsmittel ist das Zinkoxyd, welches die grüne Färbung des Glaubersalzglases entfernen und ausserdem dem Glase einen höhern Glanz ertheilen soll. 2) Die arsenige Säure wirkt als Entfärbungsmittel nur chemisch, sei die Färbung des Glases durch Kohle oder durch Ferrosilicat hervorgebracht. Ist ein kohlehaltiges Glas durch arsenige Säure zu entfärben, so hat man folgendes Schema:

$$\left.\begin{array}{l}\text{Arsenige Säure } As_2O_3\\ \text{Kohle } 3C\end{array}\right]\text{geben}\left[\begin{array}{l}\text{Arsen } As_2\\ \text{Kohlenoxydgas } 3CO\end{array}\right.$$

hat man ein eisenoxydulhaltiges Glas durch arsenige Säure zu entfärben, so geben:

$$\left.\begin{array}{l}\text{Eisenoxydul } 6FeO\\ \text{Arsenige Säure } As_2O_3\end{array}\right]\text{geben}\left[\begin{array}{l}\text{Eisenoxyd } 3Fe_2O_3\\ \text{Arsen } As_2.\end{array}\right.$$

Die arsenige Säure wird durch Kohle und Eisenoxydul schon in schwacher Rothglut reducirt und das Arsen verflüchtigt. Man bringt die arsenige Säure in die Glasmasse erst, nachdem dieselbe vollkommen geschmolzen ist und drückt ein Stück davon mit Hülfe einer Eisenstange bis auf den Boden des Glashafens hinab. Durch die sich sofort entwickelnden Dämpfe von arseniger Säure findet eine Verbrennung des Kohlenstoffs und eine Oxydation des Eisenoxyduls zu dem minder färbenden Eisenoxyd statt und das reducirte Arsen entweicht. 3) Der Salpeter wird meist als Chilisalpeter (Natriumnitrat) zu der Glasmasse gesetzt. Bei der Fabrikation von Bleiglas möchte auch die Anwendung von Bleinitrat am Platze sein. Bariumsalpeter ist in neuerer Zeit ebenfalls als Entfärbungsmittel der Glasmasse vorgeschlagen worden. Seine Wirkung ist der der arsenigen Säure gleich.

4) Dass die Mennige auch als Entfärbungsmittel dient, wurde bereits angeführt. Nach Chambland sollen die chemisch wirkenden Entfärbungsmittel dadurch ersetzt werden können, dass man einen Strom atmosphärischer Luft in das schmelzende Glas leitet. Dadurch wird ferner die Glasmasse in Bewegung gesetzt, die Theile gehörig gemischt und die Masse gleichförmig.

Glasscherben.

Die in den vorstehenden Abschnitten betrachteten Materialien der Glasfabrikation werden niemals für sich allein verschmolzen, sondern immer mit ungefähr dem dritten Theile schon fertigen Glases. Dazu dienen die Glasscherben oder Brocken (das Bruchglas), deren sorgfältiges Einsammeln eben so gut zum Betrieb einer Glasfabrik gehört, wie das Lumpensammeln zum Betrieb einer Papiermühle. Durch umsichtiges Sammeln gehen in der That nur geringe Mengen von Glas verloren, so dass der Glasfabrikant thatsächlich nur die Umgestaltung der Glasbrocken zu übernehmen hat. Da bei wiederholtem Umschmelzen der Glasscherben immer ein Theil der Alkalien durch Verflüchtigung verloren geht, so muss bei jedesmaligem Schmelzen Alkali zugegeben werden. Auch das sogenannte Herd- und Pfeifenglas, welches sich bildet, wenn die Glasmasse während der Schmelzung zu stark schäumt und übersteigt, oder ein Glashafen reisst oder durchlöchert wird und die Masse sich mit der Asche mischt, oder endlich an der Bläserpfeife hängen bleibt, dient als Zusatz zur Glasmasse.

Die Glashäfen.

Die Glashäfen oder die Schmelzgefässe, in welchen der Glassatz geschmolzen wird, werden auf der Hütte selbst aus schwer schmelzbarem Thon und gepulverten Charmottesteinen angefertigt; sie sind ungefähr 0,6 Meter hoch und in den Wänden 9–12 Centimeter stark. Die Häfen werden im Schatten und vor Luftzug geschützt, in einer Temperatur von 12–15° getrocknet. Während des Trocknens wird der Boden des Hafens, als der dickste Theil, öfters gestampft, bis das Stampfen keinen Eindruck mehr auf die Masse macht. Nachdem diese Consistenz erreicht ist, bringt man die Glashäfen in einen Raum, dessen Temperatur allmälig bis auf 30 bis 40° gesteigert wird. Nachdem sie etwa einen Monat daselbst verweilt, können sie in die Aufwärmeöfen (Temperöfen) gebracht werden, die aber auch bis auf etwa 50° abgekühlt sein müssen. Das Brennen oder Aufwärmen geschieht durch stufenweise Verstärkung des Feuers, bis endlich die Häfen bis zum Glühen erhitzt sind. In diesem Zustande bringt man sie aus dem Anwärmeofen in den Schmelzofen, welchen man auch vorher ungefähr bis zur Temperatur der erstern hat abfallen lassen. Das Feuer wird nach und nach in dem Ofen bis zur Schmelzhitze verstärkt, was nach 3–4 Stunden der Fall ist. In der Regel lässt man einen neuen Hafen während einer ganzen Arbeit, d. h. während 25–40 Stunden, leer stehen, ehe man den Glassatz einträgt. Aber auch dann würden die alkalischen Bestandtheile des Glassatzes (Potasche, Kalkstein, Glaubersalz, Soda etc.) die Masse der Glashäfen, die das Maximum der Dichte noch nicht erreicht haben, stark angreifen, und eine ziemliche Menge thonreiches Glas bilden, welches sich der Glasmasse beimischt und dieselbe fehlerhaft macht. Es ist deshalb zweckmässig, das erste Mal nur einen stark mit Glasbrocken versetzten Glassatz oder auch nur Glasabfälle in einen neuen Glashafen einzutragen. Es bildet sich dadurch auf den innern Hafenwänden ein sehr strengflüssiges Glas, welches gleich einer Glasur, die Hafenmasse vor weiterer Zerstörung schützt. Man nennt diese Arbeit das Aussäumen oder Einglasen der Glashäfen.

Die Form der Glashäfen ist verschieden. Bei Holz- und bei Gasfeuerung ist sie die eines nach unten conischen Cylinders (Fig. 120). Bei Steinkohlenfeuerung wendet man die Haubenhäfen oder bedeckten Häfen (Fig. 121) an, welche oben mit einer gewölbten Haube endigen, deren hinterwärts stehende Oeffnung sich von innen an das Arbeitsloch anschliesst. Eine eigenthümliche Art von Haubenhafen zeigt Fig. 122, hier befindet sich in der Mitte eine Scheidewand. Der Glassatz wird durch die Oeffnung *A* eingetragen, schmilzt in dieser, dem Feuer besonders ausgesetzten Abtheilung und dringt unter der Scheidewand in die andere Abtheilung *B*, in welcher die Masse geläutert aufsteigt, da die Unreinigkeiten (Glasgalle etc.) in *A* zurückbleiben, und dann ausgearbeitet wird. In der Fabrikation von gegossenen Spiegeln wendet man zum Läutern länglich viereckige Glashäfen (Glaswannen) (Fig. 123) an, welche in der Mitte mit einem Falze zum Eingriffe der Wangen der Zangen versehen sind, mit welchen sie gefasst und gehoben werden.

Fig. 122.

Fig. 120.

Fig. 121.

Fig. 123.

Die Glasöfen.

Man theilt die Glasöfen ein 1) in Schmelz- oder Werköfen, in welchen der Glassatz geschmolzen und die daraus entstandene Glasmasse in einen solchen Zustand versetzt wird, dass sie zu Glasgeräthschaften verarbeitet werden kann; 2) in Nebenöfen, welche häufig mit dem Schmelzofen in Verbindung stehen deren Construction je nach dem Zwecke, zu welchem sie bestimmt sind, verschieden ist.

Fig. 124.

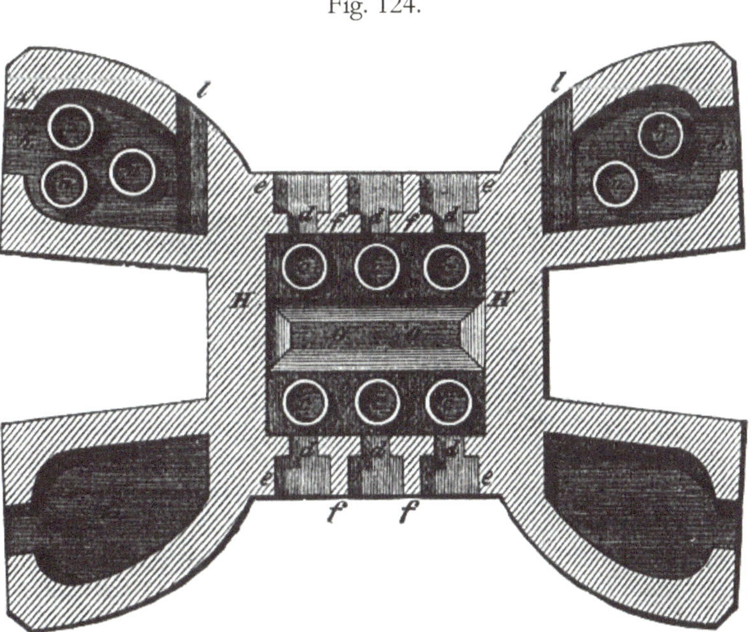

Die Schmelz- oder Werköfen können nur mit dem feuerfestesten Thone hergestellt werden. Als Baumaterial wendet man ein Gemenge von weissem Thon mit einer gleichen Quantität gebrannten und gesiebten Thones derselben Gattung an. Eine solche Mischung hat nicht die nachtheilige Eigenschaft, die der gewöhnliche getrocknete Thon besitzt, bei der Temperatur der Schmelzhitze zu schwinden; er ist ferner in Folge seiner lockern Beschaffenheit ein schlechter Wärmeleiter und bleibt von dem Fallen und Steigen der Temperatur ziemlich unberührt. Als Mörtel kann Kalkmörtel begreiflicherweise nicht dienen, da er den Thon der Ofenmasse auflösen und damit zu einem Glase zusammenschmelzen würde, man wendet deshalb zum Verbinden der Steine Thonbrei aus demselben Thone, aus dem das Baumaterial besteht, an. Man wendet die Ofensteine entweder weich, oder blos an der Luft getrocknet, oder in einem Ziegelofen gebrannt, an. Der Schmelzofen muss auf trocknem Grunde stehen; denn jeder nasse Boden kühlt den Boden von unten ab, wodurch nicht nur grössere Mengen von Brennmaterial verbraucht werden, sondern auch bei einer Abkühlung von unten die Glasmasse sitzenbleibt und sich nur obenher läutert. Es wird zum Grunde ein starkes oder doppeltes Steinpflaster und darüber ein Ziegelpflaster gegeben. Nachdem die Gewölbe geschlossen und die Flächen beschnitten und geebnet worden sind, besteht die ganze Masse des Ofens aus einem einzigen Stücke feuerfesten Thons, welches ein Gewicht von 800–1000 Ctr. hat. Der Ofen wird bei einer Temperatur von 12–15° getrocknet und das Austrocknen durch häufige Wiederholung des Schlagens der inneren und äusseren Fläche des Ofens befördert. Nach 4–5 Monaten ist der Ofen lufttrocken. Nun giebt man schwaches Feuer, das man während eines Monats verstärkt, um den Ofen zu brennen (Aufwärmen des Ofens); man giebt ferner dem Gewölbe eine massive Decke von Backsteinen (das Hemd) und überkleidet diese wieder 5–6 Zoll dick mit einem Gemenge von Lehm und Häcksel. Die Temperatur wird endlich gesteigert. Darauf ist der Ofen zur Aufnahme der Glashäfen geschickt. Weit häufiger werden besonders geformte, getrocknete oder gebrannte Ofensteine zum Ofenbau verwendet. In dem Schmelzofen wird so lange geschmolzen, als er aushält. Doch, wo man strengflüssiges Glas fabricirt und nicht besonders guten Thon zur Verfügung hat, ist die Dauer der Campagne 1¼–1¾ Jahr. Wo man dagegen im Besitz von feuerfestem Thone ist und leichtflüssige Bleigläser darstellt, kann ein Ofen 4–5 Jahre aushalten. In dem Glasofen befinden sich 6, 8–10 Glashäfen oder Wannen, welche sämmtlich auf gleiche Temperatur gebracht werden müssen: daher sind die Schmelzöfen stehende Flammenöfen, in welchen der Schmelzraum oberhalb des Feuerraums liegt. Der Schmelzraum ist entweder viereckig oder länglich rund und überwölbt. Durch die Mitte der Sohle geht ein ziemlich breiter Kanal, dessen beide Enden an den schmalen Seiten des Ofens die Feuerung bilden. Es bleiben daher zu beiden Seiten dieser Grube, Pipe genannt, zwei schmale Streifen — die Bank von der Ofensohle übrig, worauf die Häfen mit der Glasmasse stehen. Die Häfen auf der Bank umschliesst der sogenannte Ring, ein Mauerwerk von der Höhe der Häfen, und auf diesem steht die Ofenkappe oder Kuppe, welche den Ofen von oben bedeckt. An dem untern Theile der Kappe, über dem Ringe, vor jedem Glashafen, befindet sich das Arbeitsloch, durch welches der Glasmacher die geläuterte Glasmasse aus dem Hafen nimmt. Unter dem Formsteine geht durch den Ring zu jedem Hafen ein sogenanntes Glutloch, durch welches der Hafen auf der Bank umgedreht und gesetzt werden kann. Nachstehende Zeichnungen geben ein Beispiel eines viereckigen Hohlglasofens und zwar Fig. 124 den Grundriss des Ofens in der Höhe der Arbeitslöcher, Fig. 125 die äussere Ansicht des Ofens von der Seite der Arbeitslöcher, Fig. 126 einen Durchschnitt des Ofens nach der Länge, Fig. 127 einen Durchschnitt nach der Breite. In dem Grundrisse bedeuten *o o* die Pipe, *c*, *c*, *c*, *c*, *c*, *c* die Schmelzhäfen, *n*, *n*, *n* die Glashäfen, welche aufgewärmt werden sollen, *d*, *d*, *d* die Arbeitslöcher, *b*, *b* die Bänke, *i*, *i* zwei Vorwärme- und Kühlöfen, *h*, *h* zwei Temperöfen, *e*, *e* die äussern Brustmauern, auf welchen die Schienenwände *f*, *f*, *f* ruhen. *l*, *l* sind kleine Herde, um die Temperatur in den Temperöfen zu erhöhen, wenn es nöthig erscheinen sollte.

Fig. 125.

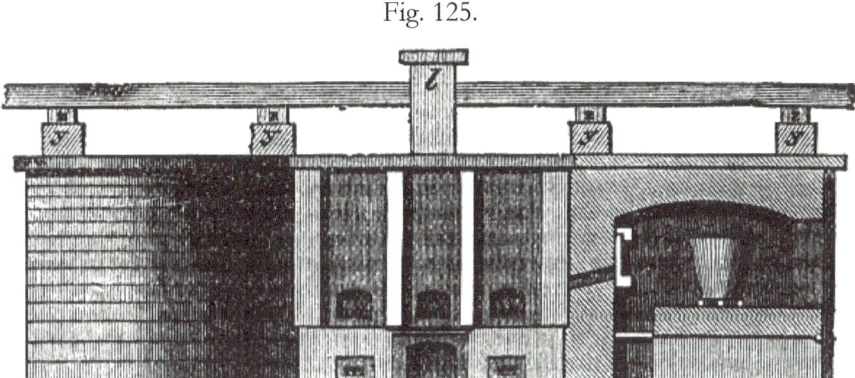

Fig. 125 bedarf keiner weiteren Erklärung; an dem einen Arbeitsloch ist ein Schornstein *l* gezeichnet *y*, *y*, *y*, *y* sind Quadersteine, auf welchen die hölzernen Träger *z*, *z*, *z*, *z* liegen, die einen Holzrost tragen, auf welchem das Scheitholz getrocknet wird.

Fig. 126.

Fig. 127.

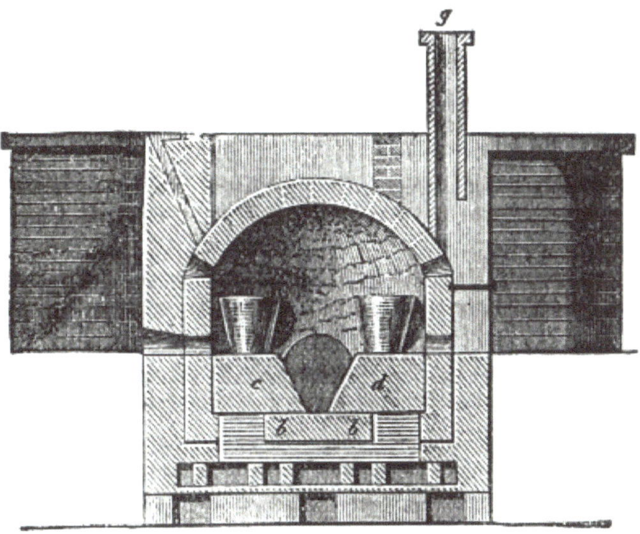

In Fig. 126 bedeuten *f*, *f* die Bank, auf welcher die Glashäfen *h*, *h*, *h* stehen; die über den Häfen befindlichen Oeffnungen sind die Arbeitsöffnungen; *n*, *n* sind die grossen Schürlochgewölbe. In Fig. 127, welche den Durchschnitt des Ofens nach der Breite zeigt, bedeutet *b*, *b* den Fundamentoder Sohlstein, *c*, *d* sind die Bänke, *g* der Schornstein, obgleich die Glasöfen in der Regel keinen Schornstein haben, durch den der Zug hervorgebracht wird; der Schornstein *g* hat nur die Bestimmung, die lästige und überflüssige Hitze nach oben zu führen (Fig. 127). Die Flamme des Brennmaterials, welche von den beiden Rosten *m m* (Fig. 126) in die Pipe strömt und von da in dem Schmelzraume sich verbreitet, tritt in die Temper- und Kühlöfen und von dort endlich in einen Schornstein. Die Schornsteine dienen indessen nur aushülfsweise zum Hervorbringen des Zuges. Die erforderliche Zuführung der Luft geschieht durch ein unter dem Roste liegendes kreuzförmiges System von vier Kanälen, welche dort, wo sie ins Freie münden, mit Steinen verschlossen sind; nur derjenige Kanal bleibt offen, auf welchen der Wind stösst. Ungeachtet dieser unvollkommenen Einrichtung geht doch in dem Schmelzofen eine lebhafte Verbrennung vor sich. Diejenigen Schmelzöfen, in denen mit Steinkohlen gefeuert wird, sind mit einem Roste versehen. Seit einigen Jahren wendet man die Siemens'schen Glasschmelzöfen mit Gasfeuerung und Regeneratoren[87] (vergl. Seite 22) vielfach als Glasöfen an.

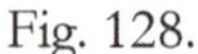

Fig. 128.

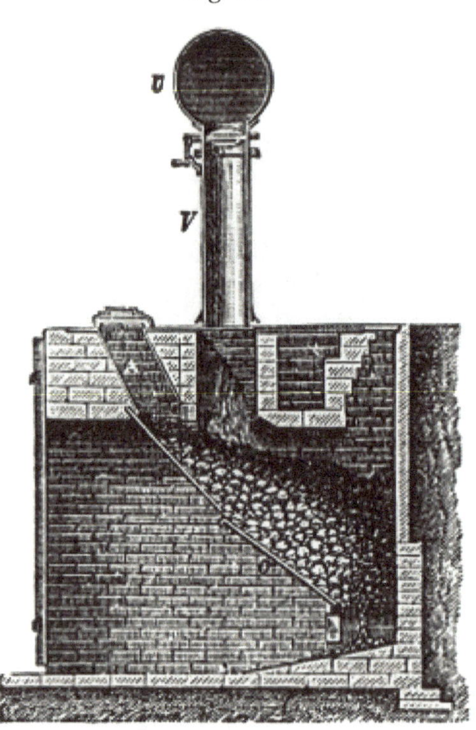

Der Siemens'sche Ofen besteht aus zwei Theilen, dem Generator (Fig. 128) und dem Schmelzofen (Fig. 129). Ersterer ist von dem Ofen völlig getrennt und kann sich in weiter, vielleicht 30 und mehr Meter Entfernung von ihm befinden, wobei dann die Gase durch ein weites Rohr nach dem Ofen hingeleitet werden. Das Brennmaterial (Braunkohle, Torf, Steinkohle, Holz)[88] wird in den Generator durch die Füllvorrichtung *A* in Zeiträumen von 2–6 Stunden eingeführt; auf der schiefen Ebene rutscht es weiter herab, um auf den Treppenrost *O* zu gelangen, wo die Gasbildung erfolgt. Das Gas, aus einem Gemenge von Kohlenoxyd und Stickstoff bestehend, steigt mit einer Temperatur von 150–200° aus dem Generator durch eine weite Blechröhre *V* 4–5 Meter in die Höhe, gelangt von da in ein horizontales Rohr und zieht dann in den Schmelzofen. Der obere Raum desselben ist einem gewöhnlichen Glasofen mit den Häfen *P*, *P* … ganz ähnlich, in dem unteren Raume befinden sich die Regeneratoren (vgl. S. 311), mit Gitterwänden versehene und damit angefüllte Räume. Die Gase aus dem Generator ziehen zunächst in das *eine* Regeneratorsystem, welches im Glühen sich befindet, nehmen dann darin die Temperatur der Steine an und gehen dann in den Schmelzraum, wo sie zur Verbrennung heisse Luft vorfinden, welche einen ähnlichen mit glühenden Steinen gefüllten Regenerator durchstrichen hat. Die heissen Verbrennungsprodukte ziehen aus dem Schmelzraum durch ein *zweites* System von Regeneratoren und erhitzen die darin enthaltenen kalten Steine, welche durch passende Umstellung des Gas- und Luftstromes Gase und Verbrennungsluft wieder erhitzen. Die Gase entweichen zuletzt, nachdem sie den grössten Theil ihrer Wärme in den Regeneratoren abgelagert haben, in den Schornstein. Die Erfahrung hat gelehrt, dass man in mit Steinkohlen betriebenen Regeneratoröfen selbst bleihaltiges Glas in offenen Häfen schmelzen kann, ohne eine Reduction von Blei durch Rauch befürchten zu müssen. Die Brennmaterialersparniss gegenüber den älteren Glasöfen beträgt 30–50 Proc.

Fig. 129.

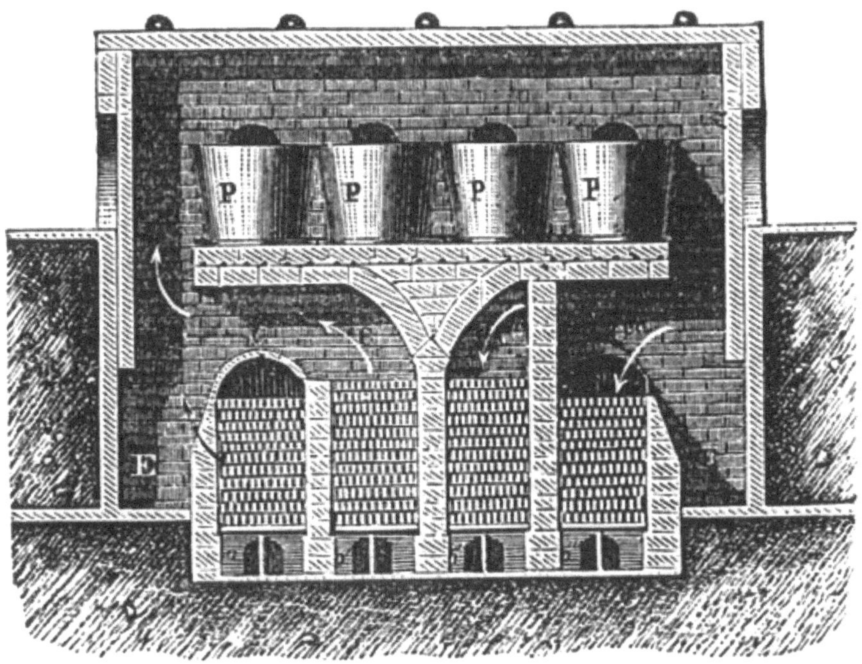

Vorbereitung des Satzes und das Schmelzen.

Ehedem galt die krystallisirte Kieselerde, der Bergkrystall, als das vollkommenste Glas und die Aufgabe der Glasfabrikation schien nur eine möglichst getreue Nachahmung oder eine künstliche Darstellung dieses Minerals zu sein. Man hatte sich daran gewöhnt, allein die Kieselerde als wirklichen Bestandtheil des Glases zu betrachten, die alkalischen Zusätze hielt man nur für Körper, welche man in der Absicht zusetzte, die für sich unschmelzbare Kieselerde zum Schmelzen zu bringen. Man nannte deshalb die in der Glasfabrikation angewendeten Alkalien und Erden Flussmittel, ein Ausdruck, der sich bis auf den heutigen Tag unter den Glasmachern erhalten hat. Es war nicht unbekannt, dass mit der Menge der Zusätze der Brennmaterialverbrauch und die Strengflüssigkeit der Glasmasse, auf der andern Seite aber auch die Haltbarkeit des daraus dargestellten Glases abnehme. Dem Glase neben bestimmten, einer gewissen Glassorte eigenthümlichen Eigenschaften den erforderlichen Grad der Haltbarkeit und Schmelzbarkeit zu geben, dabei den Brennstoffverbrauch auf das Minimum zu reduciren und in der kürzesten Zeit das grösste Quantum an Glas zu verarbeiten, das sind die Rücksichten, die der Glasfabrikant bei der Herstellung der Glasmasse zu nehmen hat.

Von besonderer Wichtigkeit für das Verständniss des Vorganges bei der Glasfabrikation ist die Kenntniss des Verhaltens des Glases im Feuer. Bei dem Maximum der Temperatur des Glasschmelzofens, ungefähr bei 1200–1250° C., ist das geschmolzene Glas dünnflüssig und etwa von der Consistenz eines dicken Zuckersaftes. Diese Beschaffenheit ist für die Läuterung der Glasmasse sehr wesentlich, weil in dem dünnflüssigen Zustande alle Körper, die nicht in der Masse sich auflösen können, entweder auf der Oberfläche oder am Boden der Schmelzgefässe sich abscheiden. In diesem Zustande nun kann ferner das Glas gegossen werden. In der Rothglühhitze ist das Glas ungemein dehnbar und geschmeidig; auf dieser Eigenschaft beruht die mechanische Verarbeitung des Glases. Zwei Stücke rothglühendes Glas lassen sich durch blosses Aneinanderdrücken zu einem Ganzen vereinigen. Bei dem Glasspinnen wird das Glas zu dem äussersten Grade seiner Dehnbarkeit gebracht; man bedient sich dazu eines Spinnrades, auf welchem das ausgezogene Glas aufgehaspelt wird. Möglicherweise hat das Glas als Gespinnstfaser Zukunft![89] Wenn man das Glas im geschmolzenen Zustande sehr langsam erkalten lässt oder wenn man es einer lange andauernden Erweichung unterwirft, so verliert das Glas seine Durchsichtigkeit und verwandelt sich in eine fast durchaus undurchsichtige Masse, die unter dem Namen des entglasten Glases oder des Réaumur'schen Porcellans bekannt ist. Der chemische Process bei der Entglasung ist trotz mehrfacher Untersuchungen noch nicht erforscht. Dumas hält die Entglasung für eine Krystallisation des Glases, hervorgerufen durch die im Augenblicke der Entglasung eintretende Bildung von Verbindungen innerhalb einfacher Proportionen, die bei der stattfindenden Temperatur unschmelzbar sind. Er nimmt an, dass die relative Unschmelzbarkeit theils in der Verflüchtigung von Alkali, theils in einer einfachen Theilung unter den Elementen des Glases ihren Grund habe, indem die Alkalien in denjenigen Theil übergehen, welcher den glasartigen Zustand beibehält. Andere Chemiker, so Berzelius und Pelouze, glauben, dass die Bildung von Réaumur'schem Porcellan in der Bildung von krystallisirtem Glase von unveränderter Zusammensetzung ihren Grund habe, welcher Ansicht auch im Allgemeinen die Glasfabrikanten sind. Wenn Glas bis zum Weichwerden erhitzt worden ist und nachher schnell abgekühlt wird, so wird es äusserst spröde und zeigt dann Eigenthümlichkeiten, welche wir an den Glastropfen und an den Bologneser Fläschchen beobachten. Die Glastropfen und Glasthränen sind Tropfen von geschmolzenem Glase, welche man durch Fallenlassen in kaltes Wasser hastig abgekühlt hat. Bricht man die äussere Spitze ab, so verwandelt sich die ganze Masse des Glases mit einigem Geräusch in ein Pulver. Eine ähnliche Erscheinung bieten die Bologneser Fläschchen oder Springkolben dar. Wenn man an diese Kölbchen von aussen stark schlägt, so zerbrechen sie nicht, während die geringste Erschütterung im Innern sie in Splitter mit einer Detonation zerspringen macht. Ein Stückchen Glas oder ein Feuersteinstückchen, welches man hineinfallen lässt, bewirken dieses Zerspringen schon. Um nun dem Glase die grosse Sprödigkeit zu nehmen und es dadurch in den Stand zu setzen, Temperaturwechsel ohne zu zerspringen zu ertragen, lässt man das Glas sehr langsam erkalten. Dies geschieht durch die Operation des Kühlens in besonderen Oefen, in den Kühlöfen.

Fritten.

Ehedem wurde der Glassatz, ehe man ihn in dem Schmelzofen dem eigentlichen Schmelzen übergab, in einem besondern Ofen, dem Fritteofen, bis zur angehenden Schmelzung erhitzt und dadurch in Fritte verwandelt. Die Vortheile des Frittens bestehen darin, dass Kohlensäure und Wasser aus den Glasmaterialien verflüchtigt werden, wodurch man der Entweichung derselben im Schmelzofen selbst vorbeugt, was sonst eine beträchtliche Temperaturerniedrigung zur Folge haben würde. Da in der Fritte das Alkali auch zum grössten Theile schon an Kieselerde gebunden enthalten ist, so greift die Fritte die Häfen nicht so stark an, als der nicht gefrittete Glassatz. Ferner erleidet der pulverförmige Glassatz während des Frittens eine bedeutende Volumenverminderung oder Schwindung, während er sich im Anfang des Erhitzens aufzublähen pflegt.

Heissschüren.

Ist der Schmelzofen in Betrieb gesetzt und hat er die erforderliche Temperatur erreicht, so wird der Rost gereinigt, werden erst die Brocken, dann der Glassatz in die Glashäfen gegeben und eingeschmolzen. Das Eintragen der Schmelzpost geschieht auf 3–4mal. Sind alle Häfen voll, so bringt der Schürer den Ofen auf die grösste und gleichmässigste Temperatur (Heissschüren). Ist die Glasmasse im Schmelzen, so verbindet sich die Kieselerde mit dem Kali, Natron, Kalke, der Thonerde, dem Bleioxyde etc. zu Glase; diejenigen Substanzen, die nicht in die Glasmasse eintreten können, scheiden sich auf der Oberfläche der schmelzenden Masse als Glasgalle (wesentlich Natriumsulfat und Chloralkalien) aus, welche mit Hülfe eines eisernen Löffels entfernt wird; hat sich nur wenig davon ausgeschieden, so lässt man dieselbe auch bei der hohen Temperatur des Ofens sich verflüchtigen.

Läutern.

Um sich von dem Fortgange des Schmelzprocesses zu überzeugen, wird von Zeit zu Zeit mit Hülfe eines kurzen, unten plattgeschmiedeten Eisenstabes, des Randkolbens, ein Tropfen aus der Glasmasse genommen.

Ist der Satz vollkommen geschmolzen, so schreitet man zum Läutern, d. h. man unterhält noch eine Zeit lang eine solche Temperatur, dass das Glas in dem dünnflüssigen Zustande beharrt. Während dieser Periode setzen sich ungelöste Körper und Klümpchen in dem Hafen zu Boden, die Luftblasen in der Masse verschwinden und es scheidet oder verflüchtigt sich mit der noch vorhandenen Glasgalle das im Ueberschuss angewendete Flussmittel, wodurch das Glas an Härte und Dauerhaftigkeit gewinnt. Die im Anfange des Schmelzens stattfindende Gasentwickelung bewirkt eine vortheilhafte Bewegung der Masse, durch welche die anfänglich sich bildenden Verbindungen von ungleichem specifischem Gewichte und ungleicher Zusammensetzung gemischt werden. Nach beendigter Gasentwickelung dagegen suchen sich die dichteren Theile abzusondern, wozu um so mehr Veranlassung gegeben, als die Temperatur am Boden des Hafens weit niedriger ist als an den obern Theilen. Man bewirkt eine innige Mengung durch Umrühren mit der Schöpfkelle oder durch das sogenannte Polen. Letzteres geschieht dadurch, dass man entweder ein Stück arsenige Säure oder ein Stück feuchten Holzes, ein Stück Rübe oder eine andere wasserhaltige Substanz an einem Eisenstabe befestigt, bis auf den Boden des Hafens niederstösst. Es entsteht ein heftiges Aufwallen von Dampfblasen, wodurch die verschiedenen schweren Schichten der Glasmasse untereinander gebracht werden.

Kaltschüren

Nach beendigtem Läutern folgt das Kaltschüren, d. h. ein Ablassen der Ofentemperatur, bis das Glas denjenigen Grad der Zähflüssigkeit erlangt hat, welcher zum Blasen, überhaupt zur Verarbeitung der Masse erforderlich ist. Auf der Temperatur des Kaltschürens — 700–800° C. — muss der Ofen so lange erhalten werden, als das Verarbeiten des Glases dauert. Um eine kleine Fläche auf dem geschmolzenen Glase zu begränzen, die leicht frei von allen Unreinigkeiten zu erhalten ist und von dem Glasbläser zum Eintauchen der Pfeife benutzt wird, lässt er zuweilen Thonringe aus Hafenmasse auf dem geschmolzenen Glase schwimmen.

Die Zeit der Läuterung und Verarbeitung ist verschieden. Ein mit Steinkohlen betriebener Schmelzofen zu strengflüssigem Bouteillenglase brauchte:

zum	Einschmelzen	10	–	12	Stunden
„	Läutern	4	–	6	„
„	Verarbeiten	10	–	12	„

sodass in einer Woche 5–6 Schmelzen gemacht werden konnten.

Fehler des Glases.

Es ist äusserst schwierig, ein vollkommen fehlerfreies Glas darzustellen. Die hauptsächlichsten Fehler sind folgende: Streifen, Fäden, Thränen oder Tropfen, Steine, Blasen und Knoten. Die Streifen sind eine Folge der Ungleichheit des Glases, wenn entweder die einzelnen, bei dem Schmelzprocess entstandenen Verbindungen sich gegenseitig nicht aufgelöst oder bei einem Nachlassen der Temperatur aus einem Gemenge sich abgeschieden haben. Durch die Streifen erscheinen die durch das Glas betrachteten Gegenstände verzerrt. Man wird selten grössere Stücke von Glas finden, die von diesem Fehler vollkommen frei wären; besonders häufig kommt er bei Gläsern von hohem specifischem Gewichte, namentlich bei dem Bleiglase vor. Den Streifen schliessen sich die Winden oder Fäden an, welche von der Verglasung des Thones herrühren und sich durch eine grüne Farbe auszeichnen; sie machen das Glas sehr zerbrechlich, da das Aluminiumsilicat einen andern Ausdehnungscoëfficienten besitzt als das Calcium- und Natriumglas. Mit dem Namen Rampen, Thränen oder Tropfen bezeichnet man gleichfalls Theilchen von Thonglas, welches durch die Verglasung des Thones des Schmelzofens in Folge verflüchtigten Alkalis sich bildete und von der Decke des Schmelzofens in die Glashäfen tropfte. Solche Tropfen enthaltende Gläser sind unbrauchbar. Die kleinen Blasen, die sich sehr häufig in der Glasmasse finden, zeigen an, dass das Glas nicht hinlänglich geläutert und während des Läuterungsprocesses nicht dünnflüssig genug war. Grosse Blasen können sich auch durch ungeschicktes Aufnehmen der Glasmasse mit der Pfeife bilden. Die Knoten endlich, einer der häufigsten Fehler des Glases, können auf verschiedene

Weise entstehen, wenn z. B. Sandkörner in der Glasmasse unaufgelöst enthalten sind, so können sich durch Vereinigung mehrerer solcher Körner Knoten bilden; ebenso verhält es sich mit der Glasgalle (Alkalisulfate oder Chloralkalimetalle), welche in der Glasmasse oft schneeflockenähnliche Gestalten bilden. Eine dritte Art von Knoten (Steine genannt) rührt von Ofen- und Hafenstücken her, welche durch die Werkzeuge des Glasmachers losgestossen und in die Glasmasse gerathen sind. Endlich kann auch durch eine theilweise Entglasung ein Wolkigwerden der Masse eintreten, welches der Verarbeitung höchst nachtheilig ist. Der bedeutendste Fehler ist eine zu leichte Zersetzung, welche sich durch Mattwerden und Irisiren der Oberfläche kund giebt; sie ist die Folge einer fehlerhaften Zusammensetzung, besonders eines grossen Ueberschusses an Flussmitteln.

Eintheilung des Glases nach der Zusammensetzung und seiner Fabrikation und Bestimmung.

Eintheilung des Glases. Man theilt das Glas nach seiner Zusammensetzung und nach seiner Fabrikation und Bestimmung in folgender Weise ein:

I. *Bleifreies Glas.*

A. Tafelglas.
- a) Fensterglas (Scheibenglas):
  - α) Walzenglas,
  - β) Mondglas,
- b) Spiegelglas:
  - α) Geblasenes Spiegelglas,
  - β) Gegossenes Spiegelglas.

B. Hohlglas. (Buttelglas):
- a) Gewöhnliches Bouteillenglas,
- b) Medicin- und Parfümerieglas,
- c) Gobeleterie (Trinkgefässe, Glaskelche, Karaffen etc.
- d) Wasserleitungs- und Gasröhren,
- e) Glaskolben, Retorten etc.

C. Gepresstes Glas.

D. Wasserglas.

II. *Bleihaltiges Glas.*

A. Krystallglas.

B. Optisches Glas.

C. Email.

D. Strass.

III. *Gefärbtes Glas und Glasmalerei.*

IV. *Glasverzierungen.*

Bleifreies Glas, Tafel- oder Fensterglas.

Die in den Glashäfen der Schmelzöfen geschmolzene Glasmasse wird entweder zu Tafelglas (Fensterglas, Spiegelglas) oder zu Hohlglas verarbeitet. Das Tafelglas, mit diesem Namen bezeichnet, weil es in Form von kleineren oder grösseren Glastafeln, besonders für Fensterscheiben dargestellt wird, ist entweder ordinäres Bouteillenglas der Zusammensetzung nach, oder feineres Glas mit weisser Farbe. Letzteres verwendet man nur für grössere oder dickere Scheiben, ersteres für das gewöhnliche dünne Fensterglas, wobei es weniger auf weisse Farbe ankommt. Für das ordinäre Fensterglas ist bei der Herstellung des Satzes Wohlfeilheit ein wesentlicher Punkt. Man verwendet deshalb rohe, nicht gereinigte Materialien wie rohe Potasche und rohe Soda, Holzasche, Pfannenstein der Salinen, Glaubersalz und gewöhnlichen Sand und Glasbrocken nach Vorrath.

Im Allgemeinen lässt sich annehmen, dass auf den meisten Glashütten man das Fenster- oder Tafelglas heutzutage durch Zusammenschmelzen von 100 Th. Sand, 30–40 Th. calcinirter, gereinigter Soda und 30–40 Th. Calciumcarbonat darstellt. Anstatt der Soda bedient man sich auch einer äquivalenten Menge von Glaubersalz und setzt in diesem Falle (wie S. 305 erwähnt), die erforderliche Menge Kohlenpulver hinzu. Benrath (1869) fand in verschiedenen Tafelglassorten folgende Zusammensetzung:

Kieselsäure	70,71	71,56	73,11
Natron	13,25	12,97	13,00
Kalk	13,58	13,27	13,24
Thonerde und Eisenoxyd	1,92	1,29	0,83
	99,46	99,09	100,18

Werkzeuge.

Die hauptsächlichsten Werkzeuge, deren sich die Glasmacher zur Herstellung des Tafel- und Hohlglases bedienen, sind folgende:

a) Die Pfeife oder das Blasrohr (Fig. 130) ist eine 1,5–1,8 Meter lange Röhre von Schmiedeeisen, etwa 3–4 Centimeter dick und inwendig 1 Centimeter weit. *a* ist das Mundstück und muss sehr glatt gefeilt sein, damit es mit Leichtigkeit zwischen den Lippen umgedreht werden kann. Der aufgeschobene hölzerne Griff *c* von 0,3–0,5 Meter Länge schützt den Arbeiter, *b* dient zum Anheften des Glases.

Fig. 130.

b) Die Heft- oder Nabeleisen sind 1–1,3 Meter lange und fingerdicke Eisenstäbe, welche zum Anheften der von der Pfeife abgesprengten Gegenstände dienen. Man bringt an die Spitze des Eisens etwas Glas und hält es dann an die passende Stelle, wo dann der Gegenstand sofort anklebt. Man benutzt diese Eisen ferner auch zum Transportiren der geblasenen Gegenstände nach dem Kühlofen. Neuerdings sucht man das Hefteisen zu gewissen Zwecken durch Zangen zu ersetzen. c) Der Marbel (Fig. 131 und 132) ist ein Stück Holz, das mit runden Vertiefungen versehen ist und zum Abrunden der an der Pfeife sitzenden Glasballen dient. Er wird immer nass gehalten. Häufig sind auch die Marbel aus Gusseisen, Messing oder aus geschliffenem Sandstein. d) Das Abstreichblech (Fig. 133), ein bogenförmig ausgeschnittenes Blech, dient dazu, die Glasmasse so viel als möglich von der Pfeife zu trennen, sodass diese durch einen Hals mit der eigentlichen Glasmasse zusammenhängt. e) Die Scheere (Fig. 134) wird angewendet, um Löcher in das heisse Glas zu stossen und dieselben durch Ausschneiden zu Oeffnungen zu erweitern.

Fig. 131.

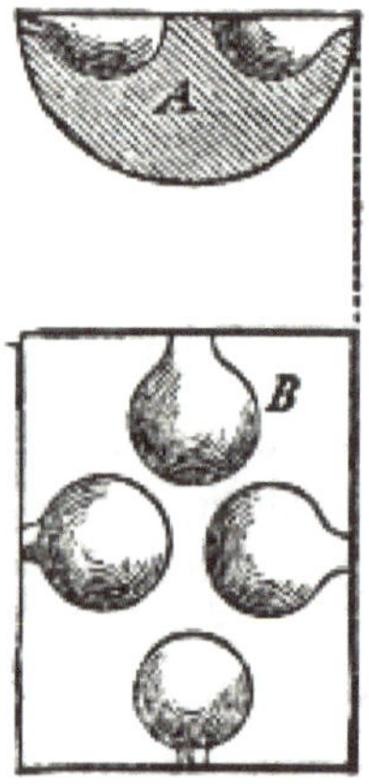

Fig. 132.

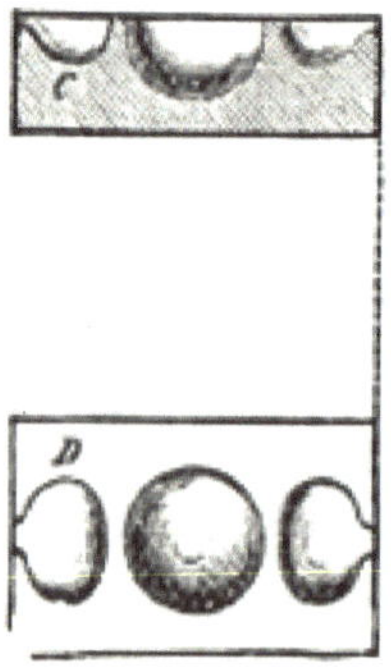

Fig. 134.

Fig. 133.

Man verwendet ferner zur Erleichterung des Formens der Glasgegenstände aus Holz, Thon oder Messing bestehende zwei- oder mehrtheilige Formen.

Die Umwandelung der geläuterten Glasmasse zu Tafelglas geschieht auf zweierlei Weise, entweder durch die Mondglas- oder durch die Walzglasmacherei.

Mondglas.

Das Mondglas (in England Kronglas genannt) ist die älteste Sorte des Fensterglases und hat seinen deutschen Namen von der Form der Stücke, in welcher es in dem Handel sich findet. Das Produkt der Mondglasmacherei ist nämlich eine grosse Scheibe, deren Dicke von der Peripherie zum Centrum in der Weise zunimmt, dass im Mittelpunkte und in der unmittelbaren Umgebung derselben in einer Breite von 6 Zoll ein Knopf oder Nabel (das sogenannte Ochsenauge) sich befindet, der zu Fensterscheiben sich eignet. Es werden daher um den Knopf herum Segmente abgeschnitten, welche kleiner sind als die halbe Scheibe und dem halben Mond ähnlich sehen. Ausser durch die grössere Dünne zeichnet sich das Mond- oder Scheibenglas vor dem Walzenglas durch schöneren Glanz und zwar auf beiden Seiten und durch viel gleichförmigere Oberfläche aus, da bei der Fabrikation des Mondglases das bei dem Walzenglase übliche Strecken, wodurch die obere Fläche öfters ein wellenförmiges Ansehen bekommt, wegfällt. Dagegen hat es wieder das Nachtheilige, dass man nicht Scheiben von jeder Grösse aus dem Mondglas schneiden kann, indem aus einer Mondglasscheibe der grössten Art von 64–66 Zoll kaum eine quadratische Tafel von 22 Zoll geschnitten werden kann; bei dem Mondglase kommen ferner wegen der Ochsenaugen in der Mitte und des krummen Randes weit mehr Abfälle vor als bei dem Tafelglase.

Fabrikation des Mondglases.

Zur Herstellung des Mondglases gehören drei Arbeiter; der erste, der Anfänger, nimmt nur Glasmasse mit der Pfeife auf und zwar genau so viel, als zur Verfertigung einer Mondglasscheibe dient; darauf übernimmt die Pfeife der zweite Arbeiter, der Vorblaser. Dieser bearbeitet das Glas, bis es in eine grosse Kugel verwandelt ist, die nun in die Hände des dritten Arbeiters, des Fertigmachers, kommt, welcher die Kugel öffnet und die Scheibe bildet. Die Arbeit selbst geschieht auf folgende Weise: Der Anfänger nimmt die gewärmte Pfeife, fährt damit in den Glashafen, dreht die Pfeife beständig um, bis sich rund um den Knopf Glasmasse angelegt hat und zieht die Pfeife aus dem Ofen. Er geht nun an den Marbel, hält die Pfeife horizontal und wälzt die an derselben hängende kugelförmige Glasmasse hin und her, bis sie eine fast cylindrische Gestalt angenommen hat. Zugleich bläst er etwas in das Rohr, sodass eine kleine, etwa 3 Centimeter lange Höhlung vor dem Pfeifenkopfe entsteht, welche hauptsächlich das Verstopfen der Pfeifenmündung verhindern soll. Darauf taucht der Anfänger die Pfeife abermals in den Glashafen, wälzt sie nach dem Herausnehmen wieder und taucht sie ein drittes, viertes und fünftes Mal ein. Die Anzahl der Eintauchungen richtet sich nach der Grösse der Scheiben, die hergestellt werden sollen. Das Gewicht der Glasmasse an der Pfeife beträgt 10–14 Pfd. Bei der letzten Aufnahme der Glasmasse wird die Pfeife nicht so tief in die Masse eingetaucht als vorher, damit sich das nun anhängende Glas mehr nach vorn hinzieht als nach dem Pfeifenkopfe, folglich eine Neigung bekommt, sich von der Pfeife zu entfernen, was in der Folge geschehen muss. Der Vorblaser giebt nun durch Blasen, Schwingen und wiederholtes Anwärmen der Masse die Gestalt eines Sphäroides. Nachdem dasselbe etwas abgekühlt, schiebt er die Kugel in den Auslaufofen, legt das Rohr der Pfeife in eine eiserne Gabel, welche sich dem Loche des Auslaufofens gegenüber befindet, und dreht die Pfeife sammt der Kugel mit grosser Schnelligkeit. In dem Maasse, als die Glasmasse sich erweicht, dreht der Vorblaser die Pfeife stärker um; durch die Wirkung der Axifugalkraft verliert sich die Kugelgestalt und die dem Feuer zugekehrte Seite wird abgeplattet, während der Umfang der Kugel beträchtlich zunimmt. Jetzt zieht der Fertigmacher die Pfeife aus dem Auslaufofen, legt sie horizontal in die Gabel des Abschlagstockes und heftet in der Mitte der entstandenen ebenen Fläche ein in weiches Glas eingetauchtes Hefteisen an, während zugleich der Hals der Blase mit Hülfe eines Tropfens kalten Wassers von der Pfeife abgesprengt wird. Die so geöffnete Blase, welche mit ihrer abgeplatteten Seite an dem Hefteisen festsitzt, wird nun vor die grosse Oeffnung des Auslaufofens gebracht und in schnelle Drehung versetzt. Alles kommt jetzt darauf an, dass nur die Oeffnung (das Maul) der Blase und deren Umgebung, nicht aber der hintere Theil, der schon eben ist, erweiche. Das erweichte Glas entfernt sich nun durch das Drehen von dem Drehungsmittelpunkte, das Maul erweitert sich, bis es endlich mit dem schon ebenen Boden in eine ebene Fläche kommt und eine flache Scheibe von etwa 1,6 Meter Durchmesser bildet. Das Umdrehen der Scheibe muss bis zum Erstarren fortgesetzt werden. Nachdem sich die Scheibe etwas abgekühlt hat, wird sie auf trockenen Sand gelegt und von dem Hefteisen abgesprengt. Mit Hülfe einer eisernen Gabel, der Scheibengabel, bringt man die Scheiben in einen Kühlofen und stellt sie hier vorsichtig auf ihren Rand und schräg gegen die Mauer oder eiserne Stangen angelehnt, sodass 150–200 Glasscheiben in einem Kühlofen Platz finden. Aus den fertigen Scheiben werden Halbmonde und Mittelstücke geschnitten; den mittlern Theil, das Ochsenauge, verwendet man zu Strassen- und Kutschlaternen.

Walzenglas.

Das Walzenglas entsteht durch Aufsprengen oder Aufschneiden eines gläsernen Cylinders oder einer Walze und Strecken der geöffneten Walze zu einer ebenen Fläche, zu einer Glastafel. Von dieser ursprunglichen Gestalt des Glases hat es den Namen Walzenglas erhalten. Da aber die gestreckten Walzen Tafeln bilden, so nennt man es auch Tafelglas. Obgleich Walzen- und Tafelglas im Grunde dasselbe bedeuten, so macht man doch in der Regel noch einen Unterschied zwischen beiden Glassorten und nennt das ordinäre Tafelglas Walzenglas, das feinere Tafelglas (Solintafeln). Bei dem Walzenglas stellt die Höhe der Walze, bei dem Tafelglas der Umfang derselben die grösste Dimension an.

Die Herstellung der Walzen gehört zu den schwierigeren Aufgaben der Glasfabrikation. Die Verfertigung des Walzenglases selbst zerfällt in zwei Hauptoperationen, nämlich

1) in des Blasen der Walzen oder Cylinder,

2) in das Strecken derselben.

Fig. 135.

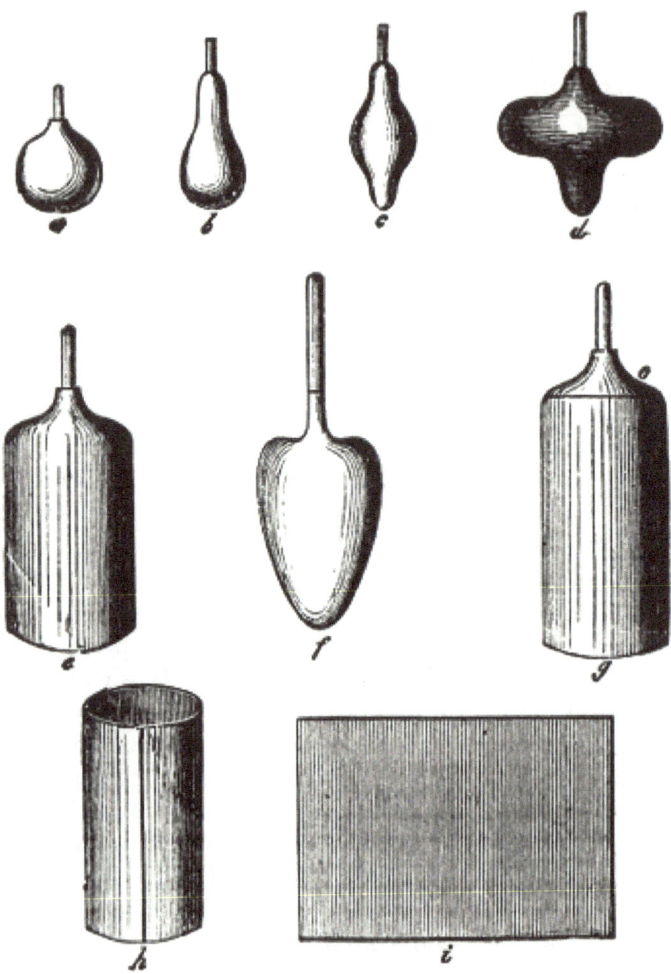

Nachdem die Glasmasse in dem Hafen gehörig geläutert ist und die zum Verarbeiten erforderliche Zähflüssigkeit erlangt hat, erwärmt der Arbeiter den Kopf seiner Pfeife, nimmt damit etwas Glasmasse auf und dreht die horizontal auf einer Gabel (Pfeifenlager) liegende Pfeife, bis das Glas nicht mehr flüssig genug ist, um von der Pfeife abzufliessen. Während dieser Zeit wird auch ein Wenig in das Rohr geblasen, damit eine kleine Höhlung entsteht und die Mündung des Rohres sich nicht verstopfe. Darauf nimmt der Arbeiter zum zweiten Male Glasmasse auf und lässt das Glas etwas erkalten, dann wird zum dritten, vierten u. s. w. Male Glas aufgenommen, bis die zur Herstellung einer Walze erforderliche Glasmasse an der Pfeife sich befindet. Bei diesem Aufnehmen wird während des Umdrehens der Pfeife die Glasmasse auf dem Marbel abgerundet, so dass sie jetzt die Gestalt *a* (Fig. 135) hat.

Jetzt kommt es darauf an, die kleine Höhlung vor der Mündung der Pfeife dergestalt zu erweitern, dass der an der Pfeife sitzende Theil der Glasmasse die Form eines Flaschenhalses annehme, dessen unterer Theil, an welchem noch die Glasmasse sitzt, die Weite der Walze erhält, damit sonach durch das Anwärmen und Ausblasen dieser Masse, während der an der Pfeife sitzende Theil kühl bleibt, die Walze selbst allmälig ausgebildet werde. Zu diesem Zwecke bringt der Arbeiter das Glas *b* in die mit Wasser gefüllte Höhlung des Marbels und dreht dasselbe unter starkem Blasen darin um. Man nennt diese Arbeit das Durchbrechen der Glasmasse. Wenn nun die Pfeife ein wenig in die Höhe gezogen wird, so bildet sich der Hals des Cylinders, der bereits die erforderliche Weite hat. Durch das Durchbrechen erlangt die Glasmasse die Form *c* und endlich die von *d*.

Sobald das Glas etwas erstarrt ist, bringt der Arbeiter die Pfeife mit der Glasmasse in das Arbeitsloch und dreht sie beständig so schnell um, dass das Glas nicht Zeit hat, auf die eine oder die andere Seite zu sinken, wobei man die Erwärmung des Halses, der die nöthige Steifheit behalten muss, um die vordere Masse zu tragen, dadurch regulirt, dass man ihn ausserhalb des Arbeitsloches lässt. Sobald das Glas gehörig erwärmt ist, entfernt der Arbeiter die Pfeife aus dem Arbeitsloch, bringt sie schnell in eine vertikale Lage in die Tafelschwenkgrube, d. i. den Raum, der sich zwischen zwei Ständen findet, und bläst und schwingt nun die Masse pendelartig hin und her. So entsteht ein hohler Cylinder *e*, der oben einen Hals hat und unten durch eine Halbkugel geschlossen ist. Es ist jetzt nöthig, den Cylinder zu öffnen. Zu diesem Zwecke bläst der Arbeiter stark in die Pfeife, verschliesst das Mundstück derselben mit dem Daumen, sodass die eingeblasene Luft nicht entweichen kann, bringt den vordern Theil des Cylinders in den Ofen. Die eingeschlossene Luft dehnt sich aus und treibt das vordere Ende des Cylinders zu einer dünnen Blase auf, welche endlich mit einem kleinen Knalle platzt, während die aufgeplatzten Ränder sogleich verschmelzen. Indem der Arbeiter die horizontal liegende Pfeife schnell dreht, erweitert sich die Oeffnung in Folge der Axifugalkraft bis zu Cylinderweite *g*. Ist das Glas gehörig erstarrt, so legt man dasselbe auf eine Gabel, ein Gehülfe schiebt einen erwärmten hölzernen Stock in die Walze, der Walzenmacher lässt einen Tropfen Wasser auf das Glas an der Pfeifenmündung fallen und schlägt auf die Pfeife, wodurch sich die Walze von der Pfeife loslöst und auf dem von dem Gehülfen gehaltenen Stock hängt. Walzen von sehr dünnem Glase bedürfen keiner Abkühlung. Sie werden daher einfach auf das Walzenlager und dort bis zum Erkalten gebracht. Walzen von dickerem Glase werden dagegen zur Abkühlung in eigenthümliche Häfen, in Kühlhäfen, gelegt und erst nach dem Erkalten auf das Walzenlager gebracht.

Um die Walze in einen Cylinder überzuführen, wird vor Allem der Hals (die Haube oder Kappe *o*) abgesprengt. Man windet entweder zu diesem Zwecke einen heissen Glasfaden um das Haubenende und lässt, nachdem er abgezogen, einen Tropfen Wasser auffallen, oder man legt die Walze an der abzusprengenden Stelle in ein gebogenes, bis zum Rothglühen erhitztes Eisen (Absprengeeisen) und berührt die erhitzte Linie mit einem nassen Finger; die Haube springt alsdann nach dieser Richtung ab und wird wieder eingeschmolzen. Das Oeffnen oder Aufsprengen der Walze geschieht mit Hülfe des Aufsprengeisens, mit dessen scharfer Kante der Arbeiter auf der innern Seite des Cylinders in einer geraden Linie, von einem Ende bis zum andern, einige Male hin und her fährt, wodurch sich das Glas auf der ganzen Länge der Linie erhitzt. Wird das Ende dieser Linie mit einem spitzen Stein geritzt und dann benetzt, so springt der Cylinder, dieser Linie folgend, von einem Ende bis zum andern auf.

Fig. 136.

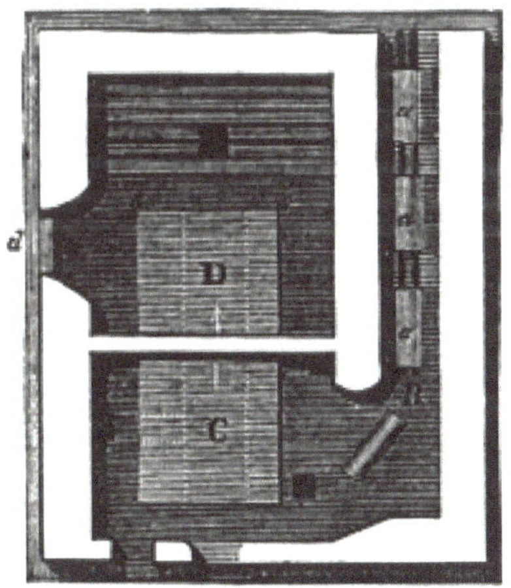

Fig. 137.

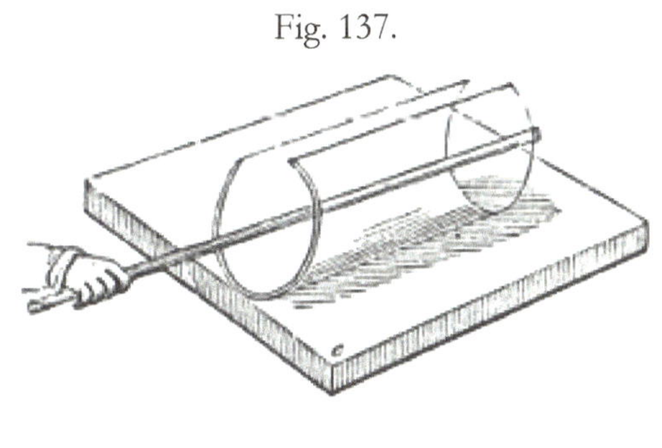

Nachdem eine grosse Zahl geöffneter Cylinder, man bläst in der Regel drei Tage, fertig geworden, nimmt man das Strecken derselben in dem Streck- oder Plattofen, der mit einem Kühlofen in unmittelbarer Verbindung steht, vor. Fig. 136 zeigt den Grundriss in der Höhe der Sohle beider Oefen, des Streckofens *C* und des Kühlofens *D*. In dem Kanal *B* werden die geöffneten Walzen *a a a* auf zwei Eisenschienen fortgeschoben; durch diesen Kanal streicht ein Theil der Verbrennungsgase und erwärmt den vordersten Cylinder bis fast zum Erweichen. Der wichtigste Theil des Streckofens ist die Streckplatte *C*, aus feuerfestem Thon mit Cement angefertigt, gebrannt und geebnet. Eine ähnliche Platte *D* befindet sich auch in dem Kühlofen. Um das Anhaften der Glastafeln auf der Streckplatte zu vermeiden, wirft der Strecker etwas feingemahlenen Gyps oder zerfallenen Kalk in die Flamme, welche Körper durch den Zug in den Ofen gerissen werden und so die Platte bestäubt wird. Der Arbeiter legt nun eine Walze auf die Streckplatte, nimmt das Plättholz und fährt damit über das Glas einige Male auf und nieder (Fig. 137), bis die Walze in eine Glastafel verwandelt ist. Die Glastafel wird durch Bügeln mit dem Polirholz vollends geebnet. Der Arbeiter schiebt nun die Tafel auf der Fortsetzung des Strecksteines in den Kühlofen, wo sie bis zum Erstarren liegen bleibt. Ein anderer Arbeiter, der vor der Oeffnung *d* des Kühlofens steht, fasst mit einer Gabel die erkaltete Scheibe und stellt sie senkrecht. Sind an der Wand des Kühlofens 30–40 Tafeln hinter einander aufgestellt, so schiebt der Arbeiter durch den Ofen einen eisernen Stab *s* ein, lehnt dann an diesem Stabe die Glastafeln auf u. s. w., bis der Ofen voll ist. Die Oeffnungen des Platt- und Kühlofens werden nun zugestellt und der Ofen der allmäligen Abkühlung überlassen; nach 4–5 Tagen werden die Scheiben aus dem Kühlofen entfernt, sortirt und verpackt.

Spiegelglas.

Das Spiegelglas[90] wird entweder geblasen oder gegossen. Die Fabrikation des geblasenen Spiegelglases hat grosse Aehnlichkeit mit der Verfertigung des Tafelglases und ist auf vielen Hütten mit dieser verbunden. Die Materialien sind zum grössten Theile dieselben, welche zum feinen weissen Glase angewendet werden; nur müssen sie von besonders reiner Beschaffenheit sein und bedürfen daher einer sorgfältigeren Vorbereitung und Reinigung. Das Blasen des Spiegelglases wird mit denselben Werkzeugen ausgeführt, wie das Blasen des Tafelglases. Die erhaltenen Glaswalzen werden endlich auch aufgesprengt, im Streckofen gestreckt und im Kühlofen abgekühlt. Das Gewicht der Glasmasse, die der Bläser mit der Pfeife aufnimmt, beträgt 45 Pfd., woraus eine Tafel von 1,5 Meter Länge und 1–1,1 Meter Breite bei 1–1,1 Centimeter Dicke erhalten wird. Die Umwandelung der Glastafeln in Spiegel durch die Belegung geschieht genau so wie bei den gegossenen Spiegeln. Die zu gegossenen Spiegeln angewendete Glassorte ist ein aus den reinsten Materialien dargestelltes bleifreies Natrium-Calcium-Glas. Das Kalium-Calcium-Glas ist zwar dem mit Soda geschmolzenen bei weitem überlegen, sowol was Farblosigkeit, als Glanz betrifft; man würde aber die Vorzüge eines solchen Glases mit einem sehr hohen Preise bezahlen müssen. In England, Belgien und Deutschland sind die Rohmaterialien des gegossenen Spiegelglases: Sand, Kalkstein, Soda oder Glaubersalz.

Benrath (1869) fand in englischem (α) und in Aachner (β) Spiegelglas:

	α)	β)
Spec. Gew.	2,448	2,456
Kieselerde	76,30	78,75
Natron	16,55	13,00
Kalk	6,50	6,50
Thonerde und Eisenoxyd	0,65	1,75
	100,00	100,00

Folgende Beschreibung der gegossenen Spiegel gründet sich vorzugsweise auf die Einrichtung und das Verfahren, das man in St. Gobin und Ravenhead anwendet.

Die Fabrikation zerfällt in

1) das Einschmelzen und Läutern,

2) das Giessen und Kühlen,

3) das Schleifen zerfällt in α) das Rauhschleifen,

β) das Feinschleifen,

γ) das Poliren,

4) das Belegen.

Das Einschmelzen und Läutern der Glasmasse.

Die Schmelzhäfen und Läuterungswannen sind von sehr verschiedener Gestalt und Grösse. Die erstern sind abgestutzte Kegel von kreisförmigem Querschnitte, oben in eine Kuppel oder Haube abgerundet. Die Haube oder Kuppel, eine kugelartige, mit dem Hafen aus einem Stück bestehende Wölbung hat drei grosse fensterartige Einschnitte an ihrer Basis, die in einem Bogen von 120° von einander abstehen. Die Läuterungswannen sind weit kleiner und niedriger und bilden viereckige Kästen und Falzen zum Eingriff der Tiegelzangen. Die Heizung erfordert eine Kohlensorte von sehr langer Flamme und in grösseren Klumpen, demnach eine Stückkohle. Die Schmelzhäfen und die Läuterungswannen stehen nicht nebeneinander in demselben Ofen, sondern es sind für beide Zwecke verschiedene Oefen vorhanden. Die Wannen sind offen und fassen genau die zu einem Spiegel erforderliche Glasmasse. Weil sie zum Zweck des Giessens zweimal täglich aus dem Ofen genommen werden müssen, so befindet sich unter dem Arbeitsloch des Ofens ein Aufbrechloch von dem Umfang der Wanne, das bis auf die Hüttensohle, also auch inwendig bis auf die Bank niedergeht. Nachdem der Glassatz geschmolzen ist, wozu 16 bis 18 Stunden erforderlich sind, wird die Masse aus den Häfen in die Läuterungswannen geschöpft. Man bedient sich dazu grosser kupferner Löffel, die an einem langen Stiele befestigt sind und drei Mann zur Bedienung brauchen. Die Läuterungszeit beträgt etwa 6 Stunden, so dass man in Ravenhead, wo ein doppeltes Schmelz-, Läuter- und Giesssystem befolgt wird, täglich zweimal, Morgens und Abends giessen kann. Während des Läuterns verschwinden die durch das Herausschöpfen in der Masse erzeugten Blasen und der Natronüberschuss verflüchtigt sich. Nachdem die

Das Giessen und Kühlen.

Schmelzung und Läuterung vorüber ist, untersucht man, ob das Glas die erforderliche Beschaffenheit habe, um gegossen werden zu können. Zu diesem Behufe bringt man das Ende eines eisernen Stabes in den Tiegel und zieht die Probe; die herausgenommene Masse bildet durch ihr eignes Gewicht einen Faden, wobei sie die Gestalt einer Birne annimmt; hieraus lässt sich abnehmen, dass die Masse die zum Giessen erforderliche Zähflüssigkeit erlangt habe. Ist dies der Fall, so wird die Wanne mittelst Krahnvorrichtungen aus dem Ofen gehoben und schwebend nach dem Giesstische befördert, welcher mit Rädern unterstützt, auf Eisenbahnschienen läuft, welche parallel mit den Beschickungsöffnungen der Kühl- oder Temperöfen gelagert sind. Die Form, auf welcher die Glastafeln gegossen werden, ist eine massive Metallplatte (Fig. 138).

Fig. 138.

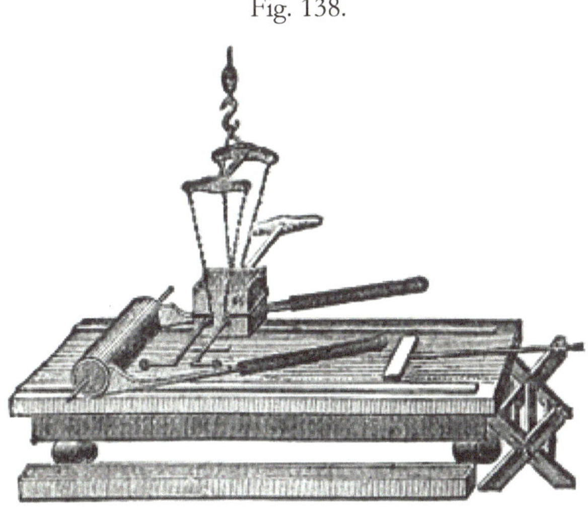

In den französischen Spiegelgiessereien sind die Platten aus einem Stücke von Kupfer oder Bronze, völlig eben und polirt, 4 Meter lang, 2,25 Meter breit, 12–18 Centimeter dick, damit sie sich durch die Hitze nicht werfen (in St. Gobin hat man eine solche Tafel, welche 50–55,000 Pfd. wiegt, und 100,000 Franken gekostet hat). In England ist die Giessplatte von Gusseisen, 25 Centim. stark, auf der Hobelmaschine geebnet und gross genug, dass man Spiegelplatten von 5 Meter Länge und gegen 2,8 Meter Breite darauf giessen kann. Da die Glasmasse auf die Platte ausgegossen und auf derselben durch eine starke und schwere, ebenfalls bronzene oder gusseiserne Walze gestreckt wird, so würde sie, wenn die Platte kalt wäre, erstarren und sich dieser Behandlung nicht unterziehen lassen. Es ist daher erforderlich, die Platte zu erwärmen; die Giessplatte steht gewöhnlich 0,8 Meter höher als die Hüttensohle. Die Dicke des Spiegels wird durch kupferne Leisten oder Stäbe bestimmt, welche so lang als die Tafel sind. Ihre Dicke beträgt wenigstens 8 Millimeter und nimmt mit dem Umfang des Spiegels zu. Diese Leisten werden unmittelbar vor dem Giessen auf die Tafel gelegt und weiter oder enger gestellt, je nachdem ein grösserer oder kleinerer Spiegel gegossen werden soll. Die zur Ausbreitung der Glasmasse auf der Platte dienende Walze ist von Bronze oder Gusseisen, hohl oder massiv, genau abgedreht und hat ein Gewicht von 5–6 Centner. So lange sie nicht in Thätigkeit ist, ruht sie auf einem besondern Gestell von gleicher Höhe mit der Platte und wird gegen diese angedrückt. Der zum Handhaben der glühenden Wanne erforderliche Kranich ist auf Rollen beweglich und lässt sich vor jedem einzelnen Kühlofen an der geeigneten Stelle mittelst in die Mauer eingelassener Ringe und Haken befestigen. Zur Bedienung der Giessplatte, der Wanne und des Kranichs, mit einem Wort, zu einem Guss gehören 15 Mann. Die Operation zerfällt in

a) das Ausfahren der Wanne und Hinfahren zum Giesstisch;

b) das Reinigen der Platte und der Wanne;

c) den eigentlichen Guss und das Einbringen in den Kühlofen.

Nachdem die Vorstellthür des Schmelzofens hinweggenommen, wird die Wanne, mit Zangen von der Bank losgemacht und gelüftet, während ein Arbeiter eine grosse Wagenschaufel darunter schiebt. Die auf der Schaufel freistehende, weissglühende Wanne wird nach dem Giesstisch gefahren. Hier wird die Platte abgefegt, die Glasmasse in der Wanne abgerahmt, letztere ringsum abgeputzt und nach einigen Pendelschwingungen umgekippt und der schon ziemlich dickflüssige Inhalt dicht vor die Walze entleert, welche sich in demselben Augenblick in Bewegung setzt. Ehe das Glas erkaltet, wird die zuletzt gebildete Kante der Glastafel über ein als Lineal aufgelegtes Stück Quadrateisen 5–6 Centimeter hoch aufgebogen. Dieser aufgebogene Rand (Randleiste) dient als Stützpunkt für ein Eisen, durch welches die unterdessen erstarrte Glastafel in den Kühlofen geschoben wird. Da der Giesstisch unmittelbar vor dem Guss vor das Mundloch des betreffenden Kühlofens gefahren worden war, so stösst die Glasplatte dicht an und bildet eine Art Fortsetzung der mit feinem Sand bestreuten Ofensohle; die fertige Glasplatte kann demnach bequem und ohne dass ein Verbiegen zu befürchten wäre, in den Ofen geschoben werden. Unterdessen zieht man eine andere Wanne aus dem Schmelzofen, die in dem Augenblicke bei dem Giesstische ankommt, wo die erste Glasplatte in den Kühlofen gebracht wird. Jeder Kühlofen hat zwei Feuerungen und fasst drei Glastafeln; er muss genau bis auf die Temperatur der eben gegossenen Platte vorgeheizt sein. Sobald die drei Platten in dem Ofen sich befinden, verstopft man sorgfältig alle Oeffnungen und überlässt das Glas einige Tage lang der freiwilligen Abkühlung. Die erkaltete Glasplatte kommt aus dem Kühlofen in das Beschneidezimmer auf einen mit Tuch beschlagenen Tisch, auf welchem sofort mit Lineal und Diamant die unregelmässigen Ränder abgenommen werden. Die Risse und Sprünge an der Oberfläche, die Bläschen und die eingeschlossenen Sandkörner werden mit Röthel oder Kreide bezeichnet und darnach nach Maassgabe der Reinheit der Fläche, Tafeln von der sich ergebenden Grösse geschnitten.

Das Schleifen.

Die beschnittenen Glastafeln sind zwar auf der unteren Seite, welche die Glasplatte berührt hatte, ziemlich eben und glatt, die obere mit der Walze behandelte Seite zeigt dagegen immer Wellen, weshalb die Tafeln an beiden Seiten geschliffen und polirt werden müssen. Zum Schleifen (Rauhschleifen) kittet man die untere Glastafel (das Bodenglas) in Gyps auf eine hölzerne oder steinerne Platte (Schleifbank); die andere kleinere (das

Oberglas) aber kittet man an einen mit Gewichten beschwerten Kasten. Letztere wird so auf erstere gelegt, dass die Flächen der Glasplatten sich berühren; man streut etwas geschlemmten Sand zwischen beide Flächen, tröpfelt Wasser auf und lässt die obere sich schleifend über der unteren in allen Richtungen durch Maschinenkraft hin- und herbewegen. Wenn der Schliff bis auf die tiefsten Stellen angegriffen hat und folglich die Oberfläche wenigstens im Rauhen zur Ebene geworden ist, muss die Glastafel zur Bearbeitung der zweiten Fläche umgedreht werden. Der Zweck des Klarschleifens oder Doucirens, der Oberfläche diejenige höchste Feinheit des Korns zu geben, ohne welche die Politur unmöglich wäre, erfordert so sorgfältige Verwendung der Kraft, dass man diese Operation zweckmässig durch Handarbeit ausführen lässt. Zum Poliren der klargeschliffenen Glastafeln wird wieder Maschinenkraft angewendet; es werden dabei sowol die Spiegeltafeln als auch die Reibapparate bewegt und zwar in Richtungen, die aufeinander senkrecht sind. Den Reibapparaten ist eine ähnliche hin- und hergehende Bewegung in die Breite ertheilt worden; er besteht aus einem schmalen Trog, so lang als die Polirbank breit ist, der zur Aufnahme der den Druck regulirenden Gewichte bestimmt ist. An der unteren Fläche des Troges befinden sich Reibekissen von gepolstertem Leder, die um ihren Befestigungs- und Mittelpunkt drehbar sind. Man polirt mit Colcothar (englisch Roth) und etwas Wasser. Durch das Schleifen büssen die Glastafeln durchschnittlich die Hälfte ihrer Dicke, folglich auch die Hälfte ihres Gewichtes ein. Wenn eine Spiegelglasfabrik jährlich 400,000 Quadratfuss Glastafeln erzeugt, die ungefähr 16,000 Ctr. wiegen, so gehen davon 8000 Ctr. mit mindestens 1800 Ctr. Natron, entsprechend 2700 Ctr. calcinirter Soda und einem Geldwerthe von 13,000 fl., verloren. Durch das Zugutemachen dieser Glasmasse von 8000 Ctr., die mit allen Unkosten des Schmelzens, Giessens und Schleifens behaftet ist, liesse sich ohne Zweifel der Preis der Spiegel in einem Grade erniedrigen, der den Absatz beträchtlich erweitern und auf den Betrieb überhaupt von dem entschiedensten Einfluss sein würde. Trotzdem sieht man meist dieses werthvolle Material mit dem Schleifschlamme wegfliessen.

Belegen.

Spiegel. Nach dem Poliren werden diejenigen Glastafeln, die zu Spiegeln bestimmt sind, mit Beleg, d. h. mit einem Zinnamalgam versehen, damit die Lichtstrahlen, welche zwar schon von der vorderen glatten Fläche des Glases zum Theil zurückgeworfen werden, eine möglichst vollständige Reflexion erleiden. Das in der Spiegelbelegung angewendete Quecksilber muss in dem Zustand der grössten Reinheit sein. Das Zinn wird in Gestalt von Zinnfolie verwendet; sie muss aus dem feinsten Zinn geschlagen sein und ihre Farbe der des polirten Silbers nahe kommen; sie muss durchaus ganz sein. Die Arbeit des Belegens ist an sich einfach, erfordert aber Vorsicht, Uebung und Reinlichkeit. Der Beleger legt die zu belegende Glastafel auf den mit Tuch beschlagenen Putztisch und nimmt mit einem Flanelllappen und Holzasche allen Schmutz und alles Fett hinweg. Hierauf wird die Tafel mit einem leinenen Lappen abgewischt, auf die andere Seite gekehrt und diese auf die nämliche Weise gereinigt; die zu belegende Seite bleibt nach oben gekehrt auf dem Putztische liegen, während der Beleger den Belegstein vorrichtet. Er entrollt eine Folie, schneidet sie so zu, dass sie über jeder Seite des Glases einen halben Zoll vorsteht, überfährt sie mit einer Bürste nach allen Richtungen, so dass keine Falte wahrzunehmen ist und die Folie vollkommen auf dem Belegstein aufliegt. Darauf giesst er ein wenig Quecksilber darüber und reibt dasselbe mit einem Tuchbäuschchen über die ganze Folienfläche, wovon diese wie polirt ist (das Antränken). Man stellt den Belegstein vollkommen horizontal, giesst auf die Folie so viel Quecksilber, als sie durch Adhäsion tragen kann, ohne dass das Quecksilber über den Rand fliesst. Dazu gehören bei einer Glastafel von 30–40 Quadratfuss 150–200 Pfund Quecksilber, welche eine Schicht von einigen Linien bilden. Die Glastafel wird nunmehr, nachdem die trübe Haut des Metalls vom vorderen Rand entfernt worden, mit der einen Längenkante zwischen der Oberfläche des Quecksilbers und der Folie über einem Stück ausgespannten Zeug vorgeschoben, welches die letzten Staubtheilchen abwischt. Man rückt so langsam vor, indem man die Kante stets untergetaucht hält. Die Unreinheit der Quecksilberfläche ist auf diese Weise unschädlich gemacht. Mit dem Aufschieben schwimmt die Glasplatte auf dem überschüssigen Quecksilber, welches abgepresst werden muss. Ist die Glasplatte durch Gewichte belastet, so giebt man dem Belegstein eine ganz geringe Neigung. So bleibt die Glastafel ruhig wenigstens 24 Stunden liegen, damit die Belegung einige Festigkeit bekommt (sie trocknet). Nunmehr wird das Glas von dem Belegstein abgenommen und auf das Ablauf- oder Trockengerüst getragen; hier wieder auf Latten gelegt, mit der belegten Seite nach oben; ferner giebt man der Platte eine Neigung, die etwas grösser ist als jene, welche sie auf dem Steine hatte.

Die Neigung wird immer mehr und mehr vergrössert, bis sie endlich in eine fast senkrechte Lage kommt. In dieser Lage bleiben die Gläser wenigstens 8 Tage bis 3 Wochen stehen. 50 Quadratdecimeter Spiegelglas erfordern 2,023 Grm. Amalgam.

Silberspiegel.

In neuerer Zeit hat man vielfach versucht, anstatt der Belegung der Spiegel mit Zinnamalgam eine Versilberung der Glastafeln anzuwenden. Das von Drayton im Jahre 1844 vorgeschlagene Verfahren ist das folgende. Man löst 32 Grm. salpetersaures Silber in 64 Grm. Wasser und 16 Grm. flüssigem Ammoniak und setzt zu der filtrirten Lösung 108 Grm. Weingeist von 0,842 spec. Gew. und 20–30 Tropfen Cassiaöl. Nachdem das zu versilbernde Glas horizontal gelegt worden ist, bringt man auf allen Seiten eine Einfassung von Glaserkitt an, so dass die Flüssigkeit 0,5–1 Centimeter hoch auf der zu versilbernden Glasfläche stehen bleiben kann. Nachdem diese *versilbernde Flüssigkeit* (Nr. I.) auf das gereinigte und polirte Glas gegossen worden ist, lässt man 6–12 Tropfen der *reducirenden Flüssigkeit* (Nr. II.), aus 1 Volumen Nelkenöl und 3 Volumen Weingeist bestehend, auf verschiedenen Stellen in die Flüssigkeit auf dem Glase fallen. Je mehr Nelkenöl man anwendet, desto schneller scheidet sich das Silber ab; die Fällung oder Ablagerung erheischt jedoch beiläufig zwei Stunden, was ein Arbeiter nach einiger Uebung leicht in seine Gewalt bekommt. Die zum Theil entsilberte Flüssigkeit lässt sich nach dem Filtriren wieder zum Versilbern verwenden. Für jeden Quadratfuss Glas braucht man etwa 9 Decigramme salpetersaures Silber. Zur Darstellung fehlerfreier (aber leider nicht immer haltbarer) Spiegel[91] wendet v. Liebig eine ammoniakalische, mit Aetzkali oder Aetznatron versetzte Lösung von salpetersaurem Silber, welche mit wässriger Milchzuckerlösung versetzt ist, an. Man fertigt eine ammoniakalische Lösung von salpetersaurem Silber, welche in 200 Kubikcentimetern Wasser 10 Grm. geschmolzenes salpetersaures Silber enthält, setzt dazu nicht mehr Ammoniak, als für eine klare Lösung nöthig ist und hernach 450 Kubikcentimeter einer Natronlauge von 1,035 spec. Gewicht. Den hierbei entstehenden Niederschlag löst man durch Zusatz von Ammoniak wieder auf, bringt das Volumen der Mischung auf 1450 Kubikcentimeter, fügt so viel von verdünnter Silberlösung hinzu, dass ein bleibender grauer Niederschlag entsteht und verdünnt zuletzt mit Wasser bis auf 1500 Kubikcentimeter. Diese Flüssigkeit mischt man kurz vor ihrer Anwendung mit ⅙–⅛ ihres Volumens Milchzuckerlösung, welche auf 10 Gewichtstheile Wasser 1 Th. Milchzucker enthält. Die zu versilbernde Glasplatte wird in dem mit der Versilberungsflüssigkeit gefüllten Gefäss in der Art schwebend befestigt, dass die Oberfläche des Glases die Flüssigkeit vollständig berührt und die Entfernung derselben vom Boden des Gefässes etwa reichlich ½ Zoll beträgt. Die Reduktion beginnt sofort, anfangs erscheint die Glastafel schwarz und wird bald darauf spiegelnd. Die Bestimmung der an einer Glasplatte niedergeschlagenen Silberschicht ergab 0,0049 Grm. auf 226 Quadratcentimeter, es erfordert also 1 Quadratmeter 2,210 Grm. Silber. Die versilberte Platte wird mit warmem destillirten Wasser gewaschen und an einem warmen Orte getrocknet. Einmal trocken, haftet die Belegung so fest, dass sie sich nur schwer abreiben, ja sogar mit feinem Polirroth und Sammet gut poliren lässt. Es ist zweckmässig, den fertigen Silberspiegel vor seiner Fassung mit einem Firniss zu überziehen oder besser noch galvanisch zu verkupfern. Löwe wendet zur Spiegelversilberung salpetersaures Silber, Stärkezucker und Kali, A. Martin Silbernitrat, Ammoniak, Kali und durch Salpetersäure intervertirten Rohrzucker, Petitjean Silberoxyd, Ammoniak und Weinsäure an. F. Bothe (in Saarbrücken) benutzt statt der Weinsäure Oxyweinsäure.

Platinspiegel.

Nach dem Vorschlage von Dodé wendet man Platin zum Ueberziehen von Spiegelglas behufs der Herstellung von sogenannten Platinspiegeln an. Die Franzosen Creswell und Tavernier haben bereits eine Fabrik für den neuen Artikel in Gang gebracht. Bisher sah man das Platin nur als Verzierung auf Porcellan angewandt; die Verwendung auf grössere spiegelnde Flächen war also nahe gelegt. Die spiegelnde Metallfläche liegt bei dem neuen Artikel ebenso wie bei dem Porcellan frei auf dem Glase, durch Einbrennen mit demselben untrennbar verbunden, und bedarf keiner schützenden Glastafel. Das Einbrennen ist eine leichte Arbeit: mit Lavendelöl zusammmengeriebenes Platinchlorid wird mit einem Pinsel auf die Glastafel getragen und dieselbe nach dem Eintrocknen in einer Muffel gebrannt; hiermit ist der Spiegel fertig. Für die Wohlfeilheit derselben ist besonders der Umstand günstig, dass alle fehlerhaften Glastafeln dazu benutzt werden können, die bei der gewöhnlichen Fabrikation verworfen werden müssen, wenn sie sich nur auf der einen Seite schleifen und poliren lassen. Die hintere Seite kann beschaffen sein, wie sie will, und es kommt auch nichts darauf an, dass beide Glasflächen parallel sind. Die Dünne der Platinschicht bringt es übrigens mit sich, dass solche Platten, obwol sie beim Daraufsehen einen guten Spiegel abgeben, doch gegen das Licht gehalten durchsichtig sind und man durch sie hindurch sehen kann, ohne selbst gesehen zu werden. In Paris macht man in Läden und Wohnungen von dem platinirten Glase bereits vielfach Gebrauch.

Hohlglas.

Die Hohlglasfabrikation beschäftigt sich mit der Fabrikation aller Arten hohler Gefässe zum Aufbewahren von Flüssigkeiten. Sie verarbeitet entweder gemeines grünes Glas (Buttelglas), das von hellerer oder dunklerer Farbe und mehr oder weniger rein ist, oder feines weisses Glas oder endlich Krystallglas. Aus gemeinem grünen Glase werden ausser Medicingläsern, Retorten und Kolben auch Bouteillen dargestellt. Da jedoch die Bouteillen zu den gesuchtesten Glasgegenständen gehören, da sich ferner hierzu eine dunkle in dickeren Schichten fast undurchsichtige Glasart eignet, so wird die Bouteillenfabrikation häufig ganz allein und besonders betrieben. Die Verarbeitung von feinem weissen Glas liefert alle Arten von Trinkgläsern, Wasserflaschen, so wie Teller, Schalen, Vasen, Kronleuchter u. s. w. Aus Krystallglas werden dieselben Gegenstände wie aus dem weissen Glas hergestellt, nur in einem höhern Grade der Vollkommenheit. Letzterer Zweig der Glasfabrikation, in welchem das kunstgewerbliche Element bedeutend hervorragt, bildet die Gobeleterie.

Der Glassatz für ordinäres Bouteillenglas besteht aus Sand, Potasche oder Soda, Seifensiederasche, Holzasche, Glaubersalz, Kochsalz, Gaskalk, Kalk, Lehm, Schlacken, Basalt und andern feldspathhaltigen Mineralien. Zu Medicinglas nimmt man die eisenfreieren Materialien, die noch reineren zum weissen Hohlglase. Wenn nun auch für die Herstellung des Bouteillenglases keine so sorgfältige Auswahl der Materialien wie bei den feineren Glassorten erforderlich ist, so müssen diese doch wegen des nöthigen Widerstandes gegen den Druck bei moussirenden Flüssigkeiten und gegen den Angriff von Säuren passend ausgewählt, sehr gut geschmolzen, das Glas selbst mit Aufmerksamkeit verarbeitet und abgekühlt werden. Bei der Analyse verschiedener Sorten von Hohlglas fanden sich folgende Resultate:

Spec. Gew.	2,47	2,48	2,47	2,3	2,4
Kieselsäure	74,71	74,66	75,94	74,37	74,26
Kali	—	4,32	—	12,48	—
Natron	15,74	11,01	15,15	3,42	14,06
Kalk	8,77	9,13	8,01	9,02	8,60
Thonerde	0,43				2,52
Eisenoxyd	0,14	0,88	0,90	0,71	0,38
Manganoxyd	0,21				0,18
	100,00	100,00	100,00	100,00	100,00

Fig. 139.

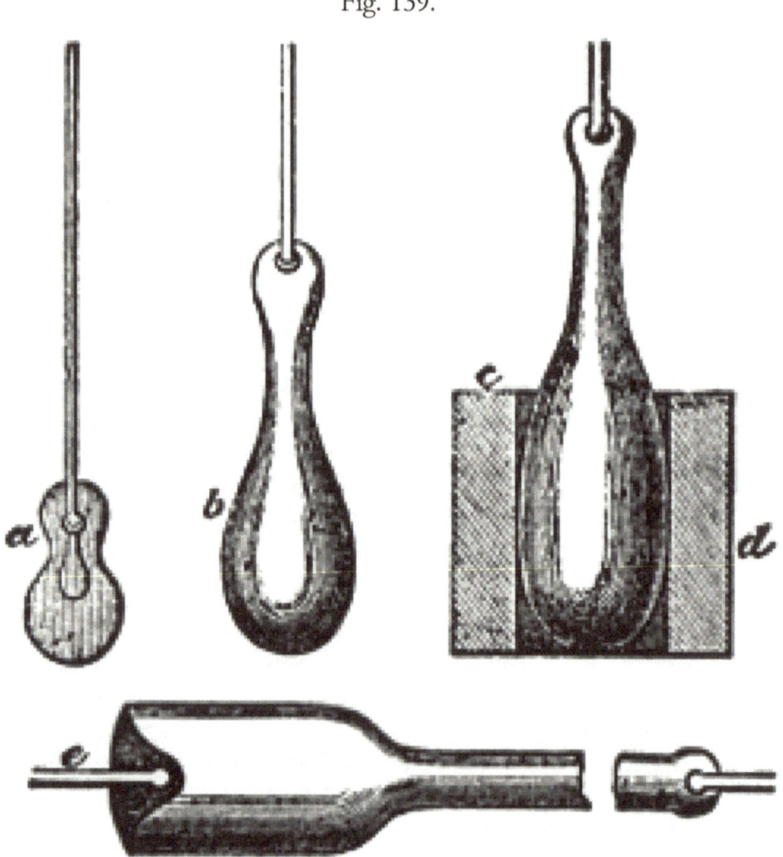

Die Einzelnheiten der Herstellung der verschiedenen Hohlglasgegenstände sind, nach der Verschiedenheit der Formen, die aus dem zähflüssigen Glase verfertigt werden sollen, höchst mannichfaltig und können hier nur in einzelnen Beispielen angegeben werden. Das Verfertigen der grünen Bouteillen geschieht auf folgende Weise: Sobald die hinreichende Menge von Glas von der Pfeife aufgenommen worden ist, bringt der Bläser die Glasmasse auf den Marbel und wälzt ihren vorderen Theil darauf hin und her, bläst auch von Zeit zu Zeit in das Rohr, wobei darauf zu sehen ist, dass das Glas um die Höhlung herum überall gleiche Dicke enthalte und die Form *a* (Fig. 139) annehme. Nun kommt die Pfeife mit dem Glase in das Arbeitsloch zum Anwärmen, wobei dieselbe bald links, bald rechts gewendet wird, damit das Glas sich nicht auf die Seite neige; sobald es heiss genug ist, bringt der Fertigmacher die Pfeife in eine senkrechte Lage und bläst unter pendelartigem Schwingen Luft ein, wodurch der Bauch der ursprünglich birnförmigen Masse erweitert wird und nun die Gestalt *b* erhält. Darauf wird die Glasmasse in die hölzerne Form *c d* eingesenkt und kräftig geblasen; so wie das Glas durch das Blasen die Form immer mehr ausfüllt, zieht der Arbeiter auch die Pfeife mehr an sich, damit der Bouteillenhals seine Gestalt behält und sich allmälig in den Bauch der Flasche verliert. Darauf wird die Flasche der Form entnommen, die Pfeife wird einigemal hin- und hergeschwenkt, damit der noch etwas flüssige Hals sich mehr in die Länge ziehe und die erforderliche Gestalt bekomme. Um dem Boden und der Mündung die gebräuchliche Form zu geben, wird abermals angewärmt, so dass nur der Boden glühend wird; während dieser Zeit erwärmt ein Gehülfe ein Eisen (das Nabeleisen), an dessen Spitze etwas Glasmasse befestigt ist. Unter gewissen Handgriffen drückt der Gehülfe sein Eisen auf den Mittelpunkt des Bodens gleichmässig einwärts (siehe *e*). Darauf wird die Pfeife von dem Halse abgesprengt, das abgesprengte Ende ins Feuer gebracht und mit dem Abstreichblech der Rand der Flasche umgelegt. Um den Hals herum wird etwas Glasmasse befestigt. Während der Bläser eine neue Flasche beginnt, bringt der Gehülfe die fertige Flasche in den Kühlofen und trennt durch einen kurzen Schlag das Nabeleisen von der Flasche. In neuerer Zeit bedient man sich anstatt des Nabeleisens der Flaschenzange (Fig. 140) oder Klappform.

Aus dem Vorstehenden geht hervor, auf welche Weise ein Kolben (ein Ballon) geblasen wird; wenn der Bläser während des Aufblasens den Kolben über seinen Kopf erhebt so senkt sich der bauchige Theil auf der einen Seite und es bildet sich eine Retorte (siehe *a* und *b* Fig. 141).

Fig. 141.

Fig. 140.

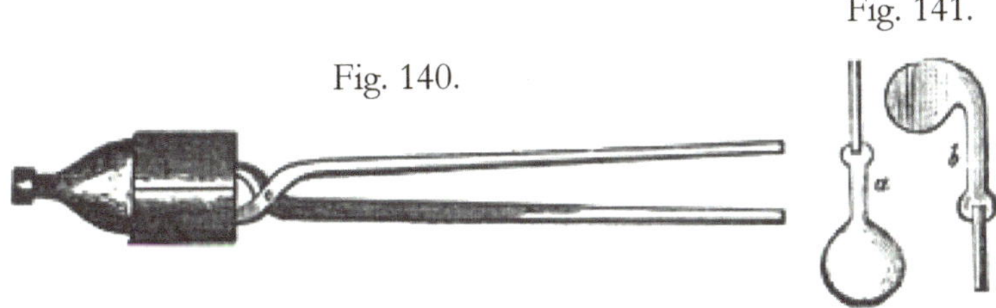

Zur Herstellung der Bechergläser wird zunächst ein Glasballon mit möglichst dünnen Wänden (Fig. 142 *A*) geblasen, dieser dann an ein Nabeleisen geheftet und von der Pfeife abgesprengt. Das abgesprengte Ende wird angewärmt, mit der Scheere abgeschnitten (Fig. 142 *B*), ausgeweitet und umgebogen (*C*). Diese Art Bechergläser haben unten eine scharfkantig abgesprengte Glasstelle, von welcher aus das Glas bei Temperaturwechsel leicht springt. Man pflegt deshalb gegenwärtig die Bechergläser in Formen mit geraden Wänden (Fig. 143 *a*) zu blasen und das Formen in Zangen (*b* und *c*) zu vollenden.

Fig. 143.

Fig. 142.

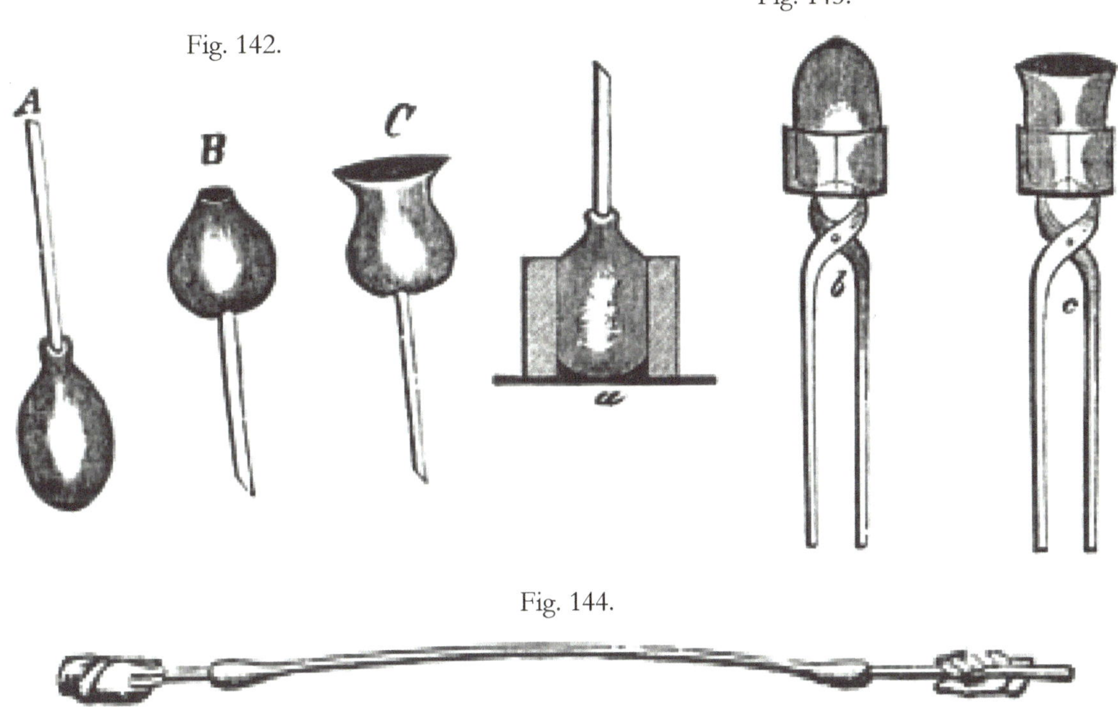

Fig. 144.

Um Glasröhren herzustellen, wird zuerst ein kleiner Ballon geblasen, an welchen ein Gehülfe auf der der Pfeifenmündung entgegengesetzten Seite sein Hefteisen anheftet, und sich, rückwärts schreitend, möglichst schnell entfernt. Bei einigermaassen starken Röhren muss der Bläser während des Ausziehens fortwährend Luft einblasen und die Pfeife und folglich auch das Glas rotiren lassen. Das Ausziehen hört auf, wenn die Röhre die gehörige Dicke hat, sie zeigt dann folgende Gestalt (Fig. 144). Die fertige Röhre wird, um die Krümmung derselben auszugleichen, auf den Boden gelegt und nach dem Erkalten in 4–6 Fuss lange Stücke geschnitten. Glasstäbe werden auf dieselbe Weise hergestellt, und unterbleibt dabei das vorläufige Aufblasen der Glasmasse.

Gepresstes und gegossenes Glas.

Mit dem Namen gepresstes oder gegossenes Glas bezeichnet man alle in Formen gefertigte verzierte Glasgegenstände, wenn man auch das Blasen dabei zu Hülfe nehmen musste. Die messingenen und gravirten Formen bestehen aus zwei oder mehreren Theilen. Glasgegenstände mit enger Mündung und tiefer Höhlung werden ganz so wie das gewöhnliche Hohlglas in diesen Formen aufgeblasen. Schalenförmige Gegenstände werden gepresst, indem man die zähflüssige Glasmasse in die untere Hälfte der Form bringt und durch die obere Hälfte kräftig aufpresst, wobei die überflüssige Glasmasse durch besondere Oeffnungen oder an den Seiten herausgepresst wird. Auf ähnliche Art stellt man massives gepresstes Glas wie Messerbänkchen u. s. w. dar. Die durch Pressen hervorgebrachten Verzierungen sind häufig kunstvoller als die geschliffenen und weit billiger herzustellen; es mangelt ihnen aber die Schärfe der Ecken und Kanten, so wie die der geschliffenen Waare eigenthümliche spiegelnde Oberfläche. Man sucht in neuerer Zeit diese Fehler dadurch zu vermeiden, dass man anstatt der rautenförmig gravirten Formen, die den sogenannten Brillantschliff imitiren sollten, Formen benutzt, welche den geschälten Schliff nachahmen, wodurch die Gläser gestreifte und glatte Flächen erhalten. In der Regel kommt das Glas schon aus der Form mit glänzender Oberfläche, die, wenn nöthig, durch geringe Nachhülfe durch Schleifen oder Poliren ihre höchste Vollkommenheit erlangt.

Das Wasserglas.

Unter Wasserglas versteht man ein in Wasser lösliches kieselsaures Alkali. Dass eine Verbindung, erhalten durch Schmelzen von Kieselsand mit vielem Alkali, an feuchten Orten zerfliesst, wusste v. Helmont bereits 1640. Dasselbe Präparat aus Kieselerde und Weinsteinsalz (Kaliumcarbonat) zu bereiten, lehrte Glauber 1648 und gab ihm den Namen Kieselfeuchtigkeit. v. Fuchs entdeckte nun 1825 eine Verbindung von Kieselsäure mit Alkali, in welcher die Kieselerde vorherrschte, die zwar in Wasser sich löst, aber an der Luft nicht zerfliesst, eine Verbindung, die als Wasserglas bekannt ist und wichtige Anwendung gefunden hat.

Man unterscheidet vier Arten von Wasserglas:

a) Kaliumwasserglas,

b) Natriumwasserglas,

c) Doppelwasserglas,

d) Fixirungswasserglas.

Das Kaliumwasserglas wird bereitet durch Zusammenschmelzen von Quarzpulver oder reinem Quarzsand 45 Th., Potasche 30 Th., Holzkohlenpulver 3 Th., und Lösen der geschmolzenen und gepulverten Masse durch Kochen in Wasser. Das in der Flüssigkeit möglicherweise vorhandene Schwefelkalium wird durch Kochen derselben mit Kupferoxyd oder Kupferhammerschlag, oder auch Bleiglätte unschädlich gemacht. Der Zusatz von Kohle soll die vollkommene Austreibung der Kohlensäure durch Reduktion derselben zu Kohlenoxyd bewirken und ausserdem die Schmelzung beschleunigen. Zurückgebliebene Kohlensäure äussert stets einen nachtheiligen Einfluss auf das Wasserglas. Das Natriumwasserglas wird entweder aus Quarzpulver 45 Th., calcinirter Soda 23 Th., Kohle 3 Th., oder nach Buchner am wohlfeilsten aus Quarzpulver 100 Th., calcinirtem Glaubersalz 60 Th., Kohle 15–20 Th. dargestellt. Kuhlmann stellt das Natriumwasserglas durch Auflösen von Feuersteinpulver in concentrirter Natronlauge in eisernen Kesseln unter einem Drucke von 7–8 Atmosphären dar. Besonders vortheilhaft lässt sich anstatt des Feuersteins nach Liebig die aus Kieselpanzern bestehende Infusorienerde (Kieselguhr, Tripel) anwenden. Das Doppelwasserglas (Kalium- und Natriumwasserglas) lässt sich nach Döbereiner darstellen durch Zusammenschmelzen von Quarzpulver 152 Th., calcinirter Soda 54 Th., Potasche 70 Th., nach v. Fuchs aus Quarzpulver 100 Th., gereinigter Potasche 28 Th., calcinirter Soda 22 Th., Holzkohlenpulver 6 Th. Es lässt sich ferner erhalten 1) durch Zusammenschmelzen von Seignettesalz (Kalium-Natrium-Tartrat Na K } $C_4H_4O_6 + 4H_2O$) mit Quarz; 2) aus gleichen Molekülen Kalium- und Natrium-Nitrat und Quarz; 3) aus gereinigtem Weinstein und Natriumsalpeter und Quarz. Es ist merklich leichter schmelzbar als jedes der vorhergehenden. Zum technischen Gebrauche kann man auch

3 Volumen concentrirter Kaliumwasserglaslösung mit

2 „ „ Natriumwasserglaslösung

mischen. Mit dem Namen Fixirungswasserglas bezeichnet v. Fuchs eine Mischung von mit Kieselerde vollkommen gesättigtem Kaliumwasserglas mit Natriumkieselfeuchtigkeit (durch Zusammenschmelzen von 3 Th. calcinirter Soda mit 2 Th. Quarzpulver erhalten); es findet einzig und allein zum Fixiren der Farben in der Stereochromie Anwendung.

Das Wasserglas giebt in fein gepulvertem Zustande durch Kochen mit Wasser jene Auflösung, welche unter dem Namen präparirtes Wasserglas bekannt ist. Diese Lösung kommt im Handel 33grädig und 66grädig vor, womit angezeigt wird, dass in ersterem in 100 Gewichtstheilen 33 Gewichtstheile festes Wasserglas und 67 Gewichtstheile Wasser enthalten sind. Hieraus ergiebt sich dann, dass im 40grädigen der Wassergehalt 60 beträgt und im 66grädigen 34. Die Säuren, selbst die Kohlensäure, zersetzen die Wasserglaslösung und scheiden die Kieselerde daraus gallertartig aus; sie muss daher in gut verschlossenen Gefässen aufbewahrt werden.

Das Wasserglas hat in der Industrie vielfache und wichtige Anwendungen gefunden. Seine erste Benutzung fand es beim Münchener Hoftheater als Schutzmittel gegen das Feuer, indem es als Ueberzug für Gegenstände aus Holz, Leinwand, Papier, dieselben vor dem Verbrennen schützt. Man setzt zu der Wasserglaslösung irgend eine feuerfeste Körperfarbe, wie Thon, Kreide, Knochenerde, Glaspulver (namentlich von Bleiglas), Pulver von Hohofen- oder Frischschlacken, Flussspath, Feldspath u. s. w. Das 33grädige Wasserglas wird beim ersten Anstriche mit der doppelten Gewichtsmenge Regenwasser verdünnt. Man giebt mehrere Anstriche und lässt jeden Anstrich, bevor man einen neuen aufträgt, gut trocknen, wozu wenigstens 24 Stunden Zeit erforderlich sind. Zu den späteren Anstrichen bedient man sich einer starken Auflösung und zwar einer solchen, welche aus gleichen Gewichtstheilen Wasserglas von 33° und Regenwasser besteht. Holz, Leinwand, Papier etc., welche mehrmals mit Wasserglas angestrichen wurden, brechen nicht mehr in Flammen aus, sondern verkohlen nur, gewinnen ausserdem bedeutend an Dauerhaftigkeit. Holz, welches dem freien Einflüsse der Witterung ausgesetzt ist oder sich an feuchten Orten bei Mangel an Luftwechsel befindet, wird durch einen Wasserglasanstrich conservirt und gegen Schwamm und Wurmfrass gesichert.

Eine der vorzüglichsten und zu technischen Zwecken wichtigsten Eigenschaften des Wasserglases ist die zu binden und zu kleben; es dient daher, lockeren Massen Dichtigkeit und stärkern Zusammenhang zu geben, getrennte Theile von Körpern zu vereinigen u. s. w., in welcher Beziehung es noch nicht die vielseitige Anwendung gefunden hat, deren es fähig ist. Es lässt sich in dieser Hinsicht mit dem Leim vergleichen und man könnte es einen mineralischen Leim nennen. Kreide giebt mit Wasserglaslösung eine sehr compacte Masse, welche beim Austrocknen fast Marmorhärte erhält. Hierbei findet keine chemische Wechselwirkung, keine Umsetzung der Bestandtheile zu Calciumsilicat und Kaliumcarbonat statt; das Erhärten ist entweder nur eine Wirkung der Adhäsionskraft oder geschieht dadurch, dass das Wasserglas und Calciumcarbonat direct, d. h. ohne sich gegenseitig zu zersetzen, eine schwach chemische Verbindung mit einander eingehen. Der Dolomit scheint hinsichtlich der bindenden Kraft den Kalkstein noch etwas zu übertreffen. Das Calciumphosphat (Knochenerde) giebt mit Wasserglas eine sehr compacte Masse, ohne dass eine chemische Wirkung oder Umsetzung der Bestandtheile dabei statt hat. Mit gelöschtem Kalk zusammengerieben, kommt das Wasserglas schnell zum Gerinnen und trocknet dann langsam zu einer ziemlich harten Masse aus; es bildet sich hierbei Calciumsilicat und das Kali wird ausgeschieden. Zinkoxyd (Zinkweiss) und Magnesia wirken vorzüglich energisch auf des Wasserglas und zwar offenbar chemisch, indem sich die Kieselerde mit einem Antheil Kali mit der Magnesia oder dem Zinkoxyd verbindet und zugleich etwas Kaliumcarbonat gebildet wird. Gyps mit Wasserglas zusammengerieben, kommt sogleich ins Stocken und beim Austrocknen wittert sehr bald Kalium- oder Natriumsulfat in grosser Menge aus; nach dem Trocknen ist die Masse kaum fester als der gewöhnliche Gyps. Dieses Verhalten zeigt deutlich, dass man aus Gyps gefertigte Gegenstände mit Wasserglas nicht imprägniren kann, um sie fester und luftbeständiger zu machen, indem es wegen des Stockens in dieselben nicht eindringen kann. Eine wichtige Anwendung des Wasserglases ist die zum Anstrich von Steinen und Mörtelwänden, sowie zur Herstellung von Caement und von künstlichen Steinen. Letztere (von Ransome zuerst fabrikmässig dargestellt) finden in England, Indien und Amerika immer mehr und mehr Anwendung.

Sie werden dargestellt, indem man durch Mischen von Sand mit Natriumsilicatlösung eine plastische Masse bereitet, welche in Formen gepresst und dann in eine Lösung von Chlorcalcium gebracht wird. Das hierbei sich bildende Calciumsilicat verkittet die Sandkörner, während Chlornatrium in Lösung geht und durch Waschen vollständig entfernt wird. Als Kitt für Steine, Glas und Porcellan ist das Wasserglas ebenfalls beachtenswerth. Zur Herstellung xyloplastischer Objecte, dadurch, dass man durch Salzsäure aufgeschlossenes Holz mit Wasserglas imprägnirt, sind die Alkalisilicate in neuerer Zeit auch verwendet worden.

Stereochromie.

Eine der interessantesten und wichtigsten Anwendungen des Wasserglases ist unstreitig die für eine neue Art von Wand- oder Monumentalmalerei, welche von v. Fuchs Stereochromie (von στερεος, fest, dauerhaft, und χρωμα, Farbe) genannt worden ist. Bei dieser Malart, die von v. Kaulbach eingeführt und ausgebildet wurde, bildet das Wasserglas das Bindemittel der Farben und ihrer Grundlagen. Bei der Stereochromie oder der Wand- und Monumentenmalerei auf Mörtelgrund ist besonders auf das Fundament, nämlich auf den Mörtelgrund, Untergrund und Obergrund Bedacht zu nehmen. Es ist dabei wesentlich, dem Grunde durch und durch gleiche steinartige Beschaffenheit zu geben und ihn gleichsam mit der Mauer zu verschmelzen. Der erste Bewurf oder Untergrund wird mit Kalkmörtel gemacht. Den so hergestellten Bewurf lässt man nicht nur gut austrocknen, sondern auch mehrere Tage der Luft ausgesetzt, damit er daraus Kohlensäure anziehen kann. Ist der Mörtel vollkommen getrocknet, so bringt man das Wasserglas in Anwendung, womit er getränkt wird. Man wendet Natrium- oder Doppelwasserglas an, versetzt mit so viel Natriumkieselfeuchtigkeit, dass es nicht opalisirend, sondern ganz klar ist. Nachdem der Untergrund auf diese Weise befestigt ist, bringt man den Obergrund, welcher das Bild aufnehmen soll, an, welcher von ähnlicher Beschaffenheit wie der Untergrund, ungefähr eine Linie dick auf den Untergrund möglichst eben aufgetragen und wenn er trocken geworden, mit einem scharfen Sandstein abgerieben wird, um die dünne Lauge von kohlensaurem Kalk, welcher sich beim Austrocknen gebildet hat und das Einsaugen der Wasserglaslösung verhindern würde, wegzunehmen und zugleich der Oberfläche die erforderliche Rauheit zu geben. Sobald der Obergrund ausgetrocknet ist, imprägnirt man ihn mit Wasserglas, um ihm gehörige Consistenz zu geben und ihn mit dem Untergrunde zu verschmelzen. Auf den vollkommen trockenen Obergrund werden die Farben blos mit reinem Wasser unter öfterem Anspritzen der Mauer mit reinem Wasser aufgetragen. Es ist dann weiter nichts mehr übrig, als die Farben gehörig zu fixiren, wozu das oben erwähnte Fixirungswasserglas bestimmt ist. Da aber die Farben nur sehr schwach haften und den Gebrauch des Pinsels nicht gestatten, so wird das Wasserglas in Form eines feinen Regens oder Nebels mit einer von Schlotthauer angegebenen und von v. Pettenkofer verbesserten Staubspritze auf das Gemälde gespritzt. Sind die Farben gut fixirt, so ist das Gemälde fertig. Zum Schluss wird es nach ein paar Tagen mit Weingeist abgewaschen, wodurch Schmutz und Staub nebst etwas frei gewordenem Alkali weggenommen werden. Als Malgrund empfiehlt v. Fuchs einen Wasserglasmörtel, bestehend aus einem Gemenge von Wasserglaslösung mit gepulvertem Marmor, Dolomit, Quarzsand und an der Luft zerfallenem Kalk. Als stereochromische Farben verwendet man: Zinkweiss, Chromgrün (Chromoxyd), Kobaltgrün (Rinmann's Grün), Chromroth (basisches Bleichromat), Zinkgelb, Eisenoxyd (hellroth, dunkelroth, violett und braun), Schwefelcadmium, Ultramarin, Ocker (Hellocker, Fleischocker, Goldocker), Terra de Siena, Umbra u. s. w. Zinnober ist zu verwerfen, weil er im Lichte braun und zuletzt ganz schwarz wird. Kobaltultramarin zeigt sich nach dem Fixiren merklich heller und ist daher in der Stereochromie nicht anzuwenden.

Die Stereochromie ist als eine ganz neue Malart zu betrachten, insofern bei ihr ein von den bei allen Malarten gebräuchlichen verschiedenes Bindemittel angewendet wird; ihre Auszeichnung, abgesehen von der artistischen Vollkommenheit, beruht in dem Malgrunde, wodurch sie fähig ist, unter jedem Himmelsstriche auszuhalten und vielen sonst schädlichen Einflüssen — Rauch, sauren Dämpfen, dem grellsten Wechsel der Temperatur, Hagel u. s. w. — zu widerstehen, welche den Fresken verderblich sein würden. Das Wasserglas als Bindemittel, wodurch nicht nur der Malgrund befestigt, sondern mit diesem zugleich die Farben gleichsam verschmolzen und verkieselt werden, macht das Wesen dieser Malart aus, wodurch sie der Frescomalerei bedeutend überlegen ist, deren Grund aus gewöhnlichem Kalkmörtel besteht.

Bleihaltiges Glas.

Unter Krystallglas (Krystall) versteht man gegenwärtig allgemein bleihaltiges Kaliumglas. Früher bezeichnete man mit diesem Namen das gemeine (böhmische) Kalium-Calcium-Glas, das auch jetzt noch zuweilen leichtes Krystallglas zum Unterschied von dem schweren bleihaltigen genannt wird.

Das Krystallglas wurde zuerst in England dargestellt. Seine Einführung steht in innigem Zusammenhange mit der Anwendung der Steinkohlen als Brennmaterial in den Glashütten (1635). Da man wahrnahm, dass der Steinkohlenrauch die reine Farbe des Glases beeinträchtigte, so bedeckte man die Schmelzhäfen mit einer Kuppel, wodurch sie die Gestalt einer kurzhalsigen Retorte erhielten. Wenn nun auch hierdurch der Zutritt des Rauches verhindert war, so ergab sich doch ein anderer Nachtheil, indem in den bedeckten Häfen nicht die hohe Temperatur erzielt werden konnte, die zum Schmelzen der Glasmasse erforderlich war. Man musste der Masse grössere Mengen von Alkali zusetzen, wodurch aber wieder die Qualität des Glases abnahm. Um ein allen Anforderungen entsprechendes Glas darzustellen, musste eine Substanz ausfindig gemacht werden, durch welche die Glasmasse leichter schmelzbar wurde, ohne dadurch, wie nach dem Zusatz von grösserer Menge von Potasche, ein an der Luft zerfliessliches und im Wasser lösliches Glas zu erhalten; eine derartige Substanz fand man auch in der That in dem Bleioxyd. Man erhielt durch die Anwendung von Bleioxyd ein schönes und glänzendes Glas, das gegenwärtig für alle Gegenstände, wo Farblosigkeit, Glanz neben starkem Lichtbrechungsvermögen verlangt werden, Anwendung findet. Als Glassatz für Krystallglas seien folgende Mischungen angeführt. Bei Steinkohlenfeuerung in bedeckten Häfen:

Sand	300
Potasche	100
Glasbrocken	300
Mennige	200
Braunstein	0,45
Arsenige Säure	0,60

In den Glashütten zu Edinburg und Leith wendet man folgenden Satz an:

Vorher geschlämmter und gut gebrannter Sand	300
Potasche	100
Mennige	150
Bleiglätte	50

Kleine Mengen Braunstein oder arseniger Säure.

Um das Glas flüssiger zu machen, wird etwas Salpeter zugesetzt, aber nicht in zu grosser Menge, weil sonst die Schmelzhäfen leiden. Wenn während des Glasschmelzens Alkali sich verflüchtigt, so rührt dies stets davon her, dass das Alkali in unrichtigem Verhältnisse und zwar im Ueberschusse angewendet wurde. Es ist daher im Allgemeinen anzurathen, zum Glassatze nur so viel Alkali zu bringen, als man in der Glasmasse zu behalten wünscht und nicht mehr. Dumas empfiehlt das Krystallglas aus 300 Sand, 200 Mennige und 95 oder 100 trockener Potasche zu schmelzen. Von der Voraussetzung ausgehend, dass beim Schmelzen kein Verlust stattfindet, sind die geeignetsten Mischungsverhältnisse folgende:

Kieselerde	57,4	57
Bleioxyd	36,3	36
Kali	6,3	7
	100,0	100

Die Schmelzzeit dauert 12–16 Stunden mit Inbegriff der Läuterungszeit, nach der Beschaffenheit des Ofens und der Regelmässigkeit der Heizung. Nach der Schmelzung wird abgeschäumt und sogleich zur Verarbeitung des Glases geschritten. Das Krystallglas wird auf dieselbe Weise wie das gewöhnliche Glas verarbeitet, kann aber leichter gehandhabt werden als letzteres, weil es leichtflüssiger ist und nicht so leicht entglast, weshalb es häufiger als das gewöhnliche Glas im Feuer angewärmt werden kann. Die Krystallglasgegenstände werden, so wie sie aus der Hand des Arbeiters kommen, sogleich in den Kühlofen gebracht und wegen der Dicke des Glases sehr allmälig abgekühlt. Zu diesem Zwecke befinden sich in dem Kühlofen zwei eiserne Schienen, auf denen Bleche oder Platten ruhen, auf welche die zu kühlenden Gläser gelegt werden und welche vermittelst Haken aneinander gehängt werden können. Man bringt das Glas zuerst in den heissesten Theil des Kühlofens auf ein Blech oder eine Platte, die man an die früher eingelegte anhängt, während man am entgegengesetzten kältesten Theile des Ofens die erste Platte, mit welcher man die übrigen gegen diese Seite hingezogen hat, nebst den darauf befindlichen Glasgegenständen hinwegnimmt. Benrath (α) und Faraday (β) fanden bei der Analyse von bestem Krystallglas:

	(α)	(β)
Kieselsäure	50,18	51,93
Bleioxyd	38,11	33,28
Kali	11,61	13,67
Thonerde etc.	0,04	—
	99,95	98,88

Nach Benrath (1868) hat Normalkrystallglas die Formel $K_{10}Pb_7Si_{36}O_{84}$ (d. i. $5K_2O$, $7PbO$, $36SiO_2$).

Schleifen.

Das Krystallglas wird entweder in Messingformen gepresst oder geschliffen. Seiner geringen Härte wegen eignet es sich zum Schleifen besser als jedes andere Glas. Die Schleifbank hat im Wesentlichen die Construction einer Drehbank. Die Schneidescheibe ist von Gusseisen und auf der Peripherie gut abgedreht; über derselben befindet sich in einem Bottich mit Wasser angerührter und feingeschlemmter Sand. Durch einen geöffneten Hahn fallen unaufhörlich sandhaltige Tropfen auf die Schneidescheibe. Die Arten der Schliffe sind äusserst mannichfaltig. Der bekannteste ist der Brillantschliff, ferner der gemuschelte Schliff, der Schliff mit scharfer Kante, mit Walzen, der fischschuppenartige, der geschälte (mit concaven Einschnitten), der matte Schliff, der Silberschliff u. s. w. Die geschliffenen Stellen sind rauh und werden deshalb auf der steinernen Glättscheibe weiter behandelt. Für die angeschliffenen Brillanten ist die Peripherie der Scheibe keilartig geformt, für die glatten Würfel aber ist die Peripherie flach. Ueber diesen Scheiben befindet sich ein mit Hähnen versehenes Wasserreservoir, aus welchem während des Schleifens Wasser auf die Scheibe läuft. An der Seite der Scheibe ist ein Schwamm befestigt, welcher die Oberfläche des Steines fortwährend rein erhält. Die glattgeschliffenen Stellen werden nun auf der hölzernen Polirscheibe (aus Lindenholz), deren Holzfasern in der Richtung der Drehungsaxe laufen, polirt. Zum Poliren wendet man auch Holzscheiben mit Filz überzogen, sowie

Korkscheiben an. Die letzte Politur erhalten die Gläser erst auf der Bürstscheibe, welche 2 Meter im Durchmesser und 10 Centimeter Breite auf der Peripherie hat. Man trägt auf diese Bürste mit Wasser angerührten Bimsstein auf und polirt das so geschliffene Glas fertig.

Optisches Glas.

Die Herstellung guter optischer Gläser, besonders in grössern Dimensionen, ist so schwierig, dass selbst durch die unermüdlichsten und andauerndsten Arbeiten es doch nicht gelungen ist, sie immer in der Weise herzustellen, wie sie der Optiker, der Mikroskopiker, der Astronom, der Photograph u. s. w. bedarf. Durchsichtigkeit, Härte, ein grosser Grad von lichtbrechender und farbenzerstreuender Kraft, Eigenschaften, welche überhaupt das Glas zu optischem Gebrauche so schätzbar machen, sind dem Glase ohne Mühe zu geben; allein die zu allen seinen Anwendungen so wesentliche Bedingung einer vollkommen homogenen Beschaffenheit ist nicht so leicht zu erfüllen. Die einzelnen Theile des Glases, mögen sie noch so tadelfrei sein, wirken ohne homogene Beschaffenheit nicht gleichförmig; die Lichtstrahlen werden von der Richtung, die sie nehmen sollen, abgelenkt und das Glasstück wird dadurch unbrauchbar. Die Streifen und Fäden entspringen aus solcher Ungleichheit. Können diese Unregelmässigkeiten schon so gross sein, dass man sie mit blossem Auge wahrnimmt, so müssen sie einen noch weit beträchtlicheren Nachtheil in Fernröhren ausüben, da hier ihre Wirkung bedeutend vergrössert erscheint. Es wäre ein Irrthum, wollte man glauben, dass diese Streifen von Unreinigkeiten herrühren. Sowol in als neben den Streifen würde das Glas gleich gut zum optischen Gebrauch sein, wenn es nur überall von gleicher Beschaffenheit wäre. Aber in der Ungleichheit eben liegt der Fehler und in dieser Beziehung ist die Zusammensetzung selbst von sehr geringem Belange. Da das Glas aus Materialien besteht, die an Brechkraft verschieden sind, so muss es während seiner Herstellung immer einen Zeitpunkt geben, wo Streifen vorhanden sind. Man hat also weniger dahin zu trachten, gerade die Verhältnisse zu erlangen, welche in einmal gut erkanntem optischen Glase durch die Analyse aufgefunden wurden, als vielmehr einen Process zu entdecken, durch welchen die Streifen jener Periode vor der Vollendung des Glases vernichtet und neue verhindert werden. Ausser diesen Mängeln giebt es noch andere im Glase. Zuweilen ist es, wie man sagt, wellig, wenn es in seiner Masse das Ansehen von Wellen hat; doch ist dies nur eine Abänderung jener Unregelmässigkeit, welche in höherm Grade als Streifen erscheint. Hin und wieder bemerkt man auch Anzeigen besonderer Structur und Krystallisation oder einer unregelmässigen Spannung seiner Theile, welche Fehler aber höchst wahrscheinlich durch sorgfältiges Abkühlen vermieden werden können. Ferner schliesst das Glas zuweilen Blasen ein, welche einen Lichtverlust veranlassen, gerade so wie es dunkle Flecke von gleicher Grösse gethan haben würden. Unter allen Fehlern ist der, welcher die Streifen und Wellen hervorbringt, am schwersten zu vermeiden, leichter noch bei dem bleifreien optischen Glase, dem Kronglase (Crownglas), als bei dem Flintglase.

Das Flintglas besteht zum Drittel seines Gewichts und mitunter darüber noch aus Bleioxyd, wodurch es nicht nur ein so hohes spec. Gewicht, sondern auch dasjenige Verhältniss von Lichtbrechungs- und Zerstreuungsvermögen erhält, wodurch es mit dem Kronglase combinirt, die so wichtige achromatische Combination bildet. Das Flintglas ist ferner sehr leichtflüssig und besitzt die Eigenschaft, andere Stoffe mit Leichtigkeit aufzulösen, wodurch die Bildung von Streifen sehr befördert wird. Der geringste Unterschied in der Zusammensetzung benachbarter Theile wird sogleich sichtbar. Eine Variation in den Mischungsverhältnissen, welche bei dem gewöhnlichen Glase keine durch das Auge wahrnehmbare Wirkung hervorbringt, erzeugt beim Flintglase bereits starke Streifen. Deshalb muss hier die Mischung viel inniger sein, als bei den übrigen Glasarten, allein es liegt in der Natur der Mineralien, sie nur noch unvollkommener zu machen. Das Bleioxyd ist so schwer und zugleich so leichtflüssig, dass es schmilzt und zu Boden sinkt, wenn noch die leichteren Substanzen im oberen Theile des Schmelzhafens angehäuft liegen; unter den gewöhnlichen Umständen ist die Mischung so unvollkommen, dass man aus dem oberen und unteren Theile eines Glashafens Glas von sehr verschiedenem spec. Gewichte erhält. Lamy hat neuerdings auf die Anwendbarkeit des Thalliumflintglases zur Herstellung gewisser optischer Gläser aufmerksam gemacht. In diesem Glase ist nicht das Blei, sondern das Kalium durch Thallium ersetzt. Nach den Versuchen von Cl. Winkler (in Pfannenstiel) lässt sich mit Erfolg das Blei im Flintglase durch Wismuth ersetzen.

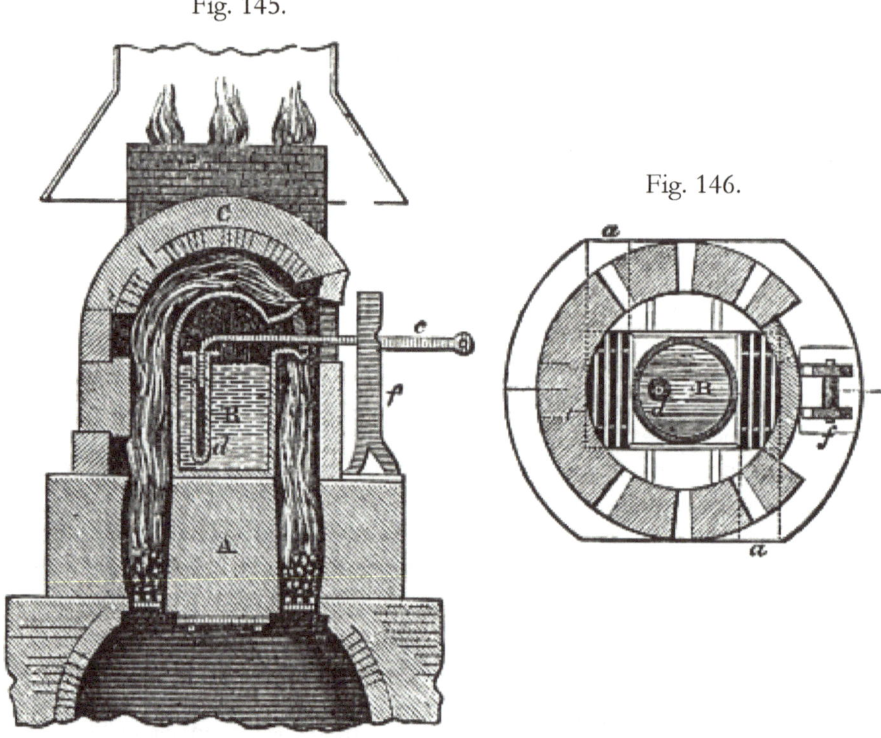

Fig. 145.

Fig. 146.

Bontemps zu Choisy-le-Roy bei Paris verfährt bei der Anfertigung von Flintglas auf folgende Weise: Ein Glassatz, bestehend aus

100	Kilogr.	weissem Sand,
106	„	Mennige,
43	„	Kaliumcarbonat,

wird bei Steinkohlenfeuerung in einem kleinen Schmelzofen, von welchem Fig. 145 den vertikalen, Fig. 146 den horizontalen Durchschnitt zeigt, geschmolzen. Der Ofen enthält nur einen bedeckten Schmelzhafen *B*, der auf der Bank *A* steht. *a a* sind die Schüröffnungen, *c* ist ein eiserner Rührer, der in einem Cylinder aus unschmelzbarem Thon *d* befestigt ist. *f* dient zum Tragen des Rührhakens. Nachdem der in getrennten Portionen nach und nach eingetragene und geschmolzene Satz nach etwa 14 Stunden in gleichmässigen Fluss gekommen ist, wird der vorher bis zum Rothglühen erhitzte Rührer in den Hafen gebracht, um die verschiedenen Schichten der Glasmasse mit einander zu mengen und zugleich die Blasenbildung zu befördern. Nach ungefähr 5 Minuten entfernt man die Eisenstange, während der Thonrührer in der Glasmasse bleibt. Man schliesst den Tiegel und schürt von Neuem. Nach etwa 5 Stunden wird wieder gerührt und von nun an das Rühren jede Stunde vorgenommen. Während dieser Zeit wird 2 Stunden lang geschürt, damit die Blasen entweichen können. Darauf wird wieder heiss geschürt; sobald die Masse sehr dünnflüssig ist, wird unter beschränktem Luftzutritt fortwährend gerührt, bis die Masse zähflüssig geworden ist. Darauf entfernt man den Thonrührer und lässt den gut verschlossenen Ofen 8 Tage lang zum Abkühlen stehen. Nach Verlauf dieser Zeit werden von der Glasmasse zwei gegenüberstehende Flächen angeschliffen und polirt, um im Innern der Masse die fehlerfreien und gleichförmigen Stücke zu erkennen und herauszuschneiden. Häufig findet man die Glasmasse nach dem Erkalten in viele Stücke zersprungen; die grösseren Stücke zertheilt man durch gelindes Anschlagen mit dem Hammer noch weiter, wobei sie sich wahrscheinlich zum Theil nach Maassgabe ihrer Gleichartigkeit absondern. Diese Glasstücke werden dadurch zu Scheiben, aus welchen die optischen Linsen geschliffen werden, umgeformt, dass sie, nachdem man die scharfen Kanten und Ecken davon abgeschlagen hat, unter einer Muffel, auf einer mit feinem Sand bestreuten Schale oder auf einem irdenen Teller mit hohem Rande, bis zum gleichförmigen Erweichen erhitzt werden und sich in jener Form scheibenähnlich ausbreiten. Nach einer Analyse von Dumas besteht das Flintglas von Guinand aus

Kieselerde	42,5
Bleioxyd	43,5
Kalk	0,5
Kali	11,7
Thonerde, Eisenoxyd, Manganoxydul	1,8
	100,0

Die zweite Art des optischen Glases, das bleifreie Kronglas (Crownglas) besteht nach Bontemps aus 120 Th. Sand, 35 Th. Potasche, 20 Th. Soda, 15 Th. Kreide und 1 Th. arseniger Säure.

Bei Linsen aus Flintglas ist das Lichtbrechungsvermögen am grössten, leider aber auch die Farbenzerstreuung am bedeutendsten, sodass die damit hervorgebrachten Bilder stets einen farbigen Rand besitzen, was jede genaue Beobachtung hindert. Bei bleifreien Gläsern (Kronglas) ist das Brechungsvermögen, aber auch die Farbenzerstreuung weit geringer. Combinirt man daher eine convexe Linse von Flintglas mit einer concaven von Kronglas, so erhält man unter allen Umständen ein farbloses Bild, da die Farbenzerstreuung des Flintglases compensirt worden ist. Eine solche Combination zweier Linsen heisst eine achromatische Linse.

Strass.

Die Nachahmung von Edelsteinen (die Fabrikation künstlicher Edelsteine oder Amausen) ist ein interessanter Zweig der Glasfabrikation, der schon früh — in Aegypten und Griechenland — eine sehr hohe Stufe der Vollkommenheit erreicht hatte. Gegenwärtig hat man es so weit gebracht, dass man alle Edelsteine, mit Ausnahme des edlen Opals, nachzuahmen im Stande ist. Man nennt die zur Fabrikation der künstlichen Edelsteine dienende Masse Strass oder Mainzer Fluss und die Edelsteine selbst *Pierres de Strass*, die man in Frankreich so ausgezeichnet darstellt, dass sie das Auge des Kenners zu täuschen im Stande sind und man zur Feile und zur hydrostatischen Wage greifen muss — sie sind weniger hart, aber weit schwerer als die ächten Steine — um sich zu überzeugen, ob man es mit einem Mineral oder mit einem Kunstprodukt zu thun hat.

Die Basis aller dieser Edelsteine ist ein farbloser Strass, welcher aus einem Boro-Silicat des Kalis, Natrons und Bleioxydes besteht und mehr Bleioxyd enthält als das Flintglas. Donault-Wieland fand bei der Analyse von farblosem Strass:

Kieselerde	38,1
Thonerde	1,0
Bleioxyd	53,0
Kali	7,9
Borax]	Spuren

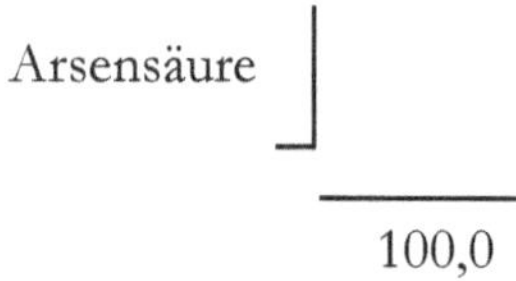

Diese Analyse führt zu der Formel

$$(3K_2O, 6SiO_2) + 3(3PbO, 6SiO_2).$$

Durch Färben des Strass will man die in der Natur vorkommenden Edelsteine nachahmen. Hauptbedingung ist dabei die grösstmöglichste Aehnlichkeit mit den natürlichen Edelsteinen. Daraus ergiebt sich, dass nicht allein die Farben, sondern auch deren Intensität bei der Fabrikation von Strass genau vorgeschrieben ist. Die Materialien müssen fein gepulvert und dann durch wiederholtes Sieben aufs Vollkommenste mit einander gemengt werden. Um die Masse ohne Streifen und Blasen gleichförmig geschmolzen zu erhalten, müssen die sorgfältig gemengten Materialien in den besten Tiegeln bei allmälig verstärktem Feuer geschmolzen werden. Ist die höchste Temperatur erreicht, so muss dieselbe gleichmässig erhalten und die Masse 24–30 Stunden lang im Feuer gelassen werden, damit sich die Masse zugleich abkühle. Topas wird erhalten aus weissem Strass 1000, Antimon 40, Goldpurpur 1. Auch mit Eisenoxyd lässt sich Topas erhalten: Strass 1000, Eisenoxyd 1. Rubin lässt sich aus der Topasmasse darstellen, indem man 1 Th. derselben mit 8 Th. Strass in einem hessischen Tiegel schmilzt und die Temperatur des Ofens 30 Stunden lang erhält. Einen weniger schönen Rubin erhält man aus Strass 1000, Mangansuperoxyd 25. Smaragd ist am leichtesten darzustellen. Folgende Mischung ist zur Nachahmung des natürlichen Smaragds sehr geeignet: Strass 1000, Kupferoxyd 8, Chromoxyd 0,2. Durch grösseren Zusatz von Kupferoxyd und Chromoxyd und indem man zugleich etwas Eisenoxyd zusetzt, lässt sich die grüne Nüance abändern und ein dunklerer Smaragd erzeugen, welcher Aehnlichkeit mit dem Peridot hat. Saphir wird erhalten aus Strass 1000, reinem Kobaltoxyd 15. Amethyst wird mit folgender Mischung dargestellt: Strass 1000, Mangansuperoxyd 8, Kobaltoxyd 5, Goldpurpur 0,2. Aquamarin oder Beryll aus Strass 1000, Antimonglas 7, Kobaltoxyd 0,4. Karfunkel oder syrischer Granat aus Strass 1000, Antimonglas 500, Goldpurpur 4, Mangansuperoxyd 4. Es ist leicht einzusehen, dass die Herstellung von künstlichen Edelsteinen, was die zum Färben angewendeten Metalloxyde betrifft, noch keineswegs ihre Vollendung erreicht hat. Wenn man anstatt oder neben dem Bleioxyde Wismuthoxyd, Zinkoxyd, kohlensauren Baryt und kohlensauren Strontian neben den kieselsauren und borsauren Salzen auch phosphorsaure und Fluormetalle anwenden würde, so liessen sich ohne Zweifel mannichfache brauchbare und werthvolle Gläser herstellen. Ganz dasselbe lässt sich auch auf die färbenden Metalloxyde beziehen. Durch die Ausbildung der Löthrohrprobe hat man eine grosse Anzahl von prachtvoll gefärbten Glasperlen kennen gelernt, deren Nüance eine andere ist, je nachdem reducirende oder oxydirende Einwirkung vorhanden ist. Die Fabrikation der künstlichen Edelsteine und die der gefärbten Gläser überhaupt hat von der Existenz gewisser färbender Metalloxyde noch keine Notiz genommen, sonst würde man sich nicht erklären können, warum Wolframsäure, Molybdänsäure, Titansäure, Chromsäure (nicht Chromoxyd) und Chromoxydul, Schwefelkalium, Kohle u. s. w. bis jetzt noch so wenig Anwendung fanden.

Gefärbtes Glas und Glasmalerei.

Die gefärbten Gläser theilt man ein in solche, die durch ihre ganze Masse hindurch gefärbt sind und solche, bei denen ein ungefärbtes Glas mit einer Schicht des gefärbten Glases überzogen ist. Letzteres Glas heisst Ueberfangglas. Die letztere Methode der Darstellung von gefärbten Gläsern wendet man bei solchen Metalloxyden an, welche wie das Kupferoxydul, Kobaltoxydul, Goldoxyd, zum Theil auch das Manganoxyd die Glasmasse so intensiv färben, dass dieselbe schon bei geringer Dicke fast undurchsichtig erscheint. Indem die dünne Schicht des gefärbten Glases stellenweise hinweggeschliffen wird, erhält man eine jetzt sehr beliebte Verzierung geschliffener Glaswaaren.

Die Herstellung des Ueberfangglases (Tafelglas und Hohlglas) geschieht auf folgende Weise: Man bringt in den Ofen zwei Glashäfen, in dem einen bleihaltiges Glas, in dem andern das gefärbte Glas, das zum Ueberfangen dienen soll. Wir wählen als Beispiel durch Kupferoxydul roth gefärbtes Glas, bestehend aus bleihaltigem Glase, Kupferoxydul und Zinnoxydul. Letzteres schützt das Kupferoxydul vor seiner Oxydation zu Oxyd, welches das Glas grün färben würde. Zusatz von etwas Eisenoxydul macht das Glas scharlachroth. Der Glasmacher taucht die Pfeife zuerst in das rothe Glas, jedoch so, dass nur wenig Glasmasse an der Pfeife hängen bleibt, darauf in das weisse Glas, von welchem so viel herausgenommen wird, als zur Herstellung der Walze oder des Cylinders erforderlich ist. Die Glasmasse wird dann wie gewöhnlich aufgetrieben und in Tafelglas umgewandelt. Behufs des Ueberfangens von Hohlglas verarbeitet man das rothe Glas in dem Hafen zu etwa zollstarken Zapfen, welche nun bei der Arbeit im Glasofen so weit erhitzt werden, dass man davon Stücke mit der Scheere abschneiden kann. Man unterscheidet Ueberfangen von Aussen und Ueberfangen zwischen zwei Schichten. Im ersteren Falle wird ein weisser Glasklumpen an die Pfeife genommen und mittelst eines flachen eisernen Werkzeuges, des Streicheisens, das abgeschnittene Stück rothen Glases durch Streichen und Anwärmen so gleichförmig als möglich ausgebreitet. In dem zweiten Falle wird nur eine sehr kleine Menge weissen Glases herausgenommen, auf dieser das rothe Glas ausgebreitet und über diesem durch Eintauchen in weisses Glas ein genügend grosser Glasklumpen gebildet. Wird nun der Kolben aufgeblasen, so dehnen sich beide Gläser gleichmässig aus. Rothe farbige Gläser erzeugt man durch Goldpurpur, durch Kupferoxydul und durch Eisenoxyd. Vermittelst Goldpurpur wird das Gold- oder ächte Rubinglas erzeugt. Durch Zusatz von Silber und Antimonpräparaten lassen sich fast alle Nüancen des Rothen vom Rosa bis zum Purpurroth hervorbringen. Man war lange Zeit hindurch der Meinung, dass das Rubinglas durch kein anderes Goldpräparat als durch Goldpurpur erzeugt werden könne. Fuss hat jedoch vor etwa 25 Jahren gezeigt, dass man ein eben so gutes Rubinglas erhalte, wenn man das Glas oder vielmehr den dazu angewendeten Satz mit einer Lösung von Goldchlorid befeuchte. Wenn das durch Zusammenschmelzen vorstehenden Satzes erhaltene Goldglas rasch erkaltet, so ist es, ebenso wie das Kupferoxydulglas, farblos. Wird es darauf gelinde erwärmt, jedoch nicht bis zum Erweichen, so entwickelt sich plötzlich die prachtvolle Rubinfarbe. Man nennt diesen Vorgang das Anlaufen des Glases; es findet eben so gut im Sauerstoffgas, als im Wasserstoff- und Kohlensäuregas statt. Das zur Herstellung des Kupferoxydulglases dienende Kupferoxydul wird durch Glühen von Kupferabschnitzeln dargestellt, oder es wird dazu der Kupferhammerschlag benutzt, welcher zum grossen Theil aus dieser Oxydationsstufe besteht. Als Basis benutzt man bleihaltiges Glas, aus welchem man etwa 3 Proc. Kupferoxydul setzt. Da letzteres grosse Neigung hat, in Kupferoxyd überzugehen und dadurch das Glas grün zu färben (das Durchgehen des Glases), so sind geringe Mengen reducirender Mittel anzuwenden, man verwendet hierzu Eisenhammerschlag, Eisenfeile, Russ, Weinstein oder das Polen mit frischem Holze. Das Kupferglas ist nach dem Erkalten farblos mit einem Stich ins Grünliche. Durch das Anlaufen entsteht auch hier erst die rothe Farbe. Eisenoxyd erzeugt ein häufig angewendetes Roth. Man benutzt es in Gestalt von reinem Oxyd, von Blutstein, Ocker oder Röthel. Gelb wird hervorgebracht, und zwar topasgelb, durch antimonsaures Kali oder auch Antimonglas. Chlorsilber, borsaures Silberoxyd und Schwefelsilber geben ebenfalls gelb. Uranoxyd giebt grünlichgelb. Ordinäres ins Braunrothe sich ziehendes Gelb wird durch Eisenoxyd erhalten. Blau wird erzeugt durch Kobaltoxyd, seltner durch Kupferoxyd; Grün durch Chromoxyd, Kupferoxyd und endlich Eisenoxydul, welches letztere indessen ein Grün von wenig Feuer und Reinheit liefert; Violett durch Manganoxyd (Braunstein und Salpeter); Schwarz durch viel Eisenoxydul, namentlich mit einem Zusatze von Kupferoxyd, Braunstein und Kobaltoxydul; ein schöneres Schwarz erhält man durch Iridiumsesquioxyd. Eigenthümlich ist die Wirkung der Schwefelalkalien auf die Farbe des Glases. Früher war man der Ansicht, dass in dem gelben Glas, welches man erhält, wenn man eine verkohlte Substanz, z. B. Weinstein, Birkenholz etc. zum gewöhnlichen weissen Glase mischt, die entstehende gelbe Färbung von der Kohle herrühre. Splitgerber hat dagegen gezeigt, dass diese gelbe Farbe vom Schwefel herrührt, welcher aus den die angewandte Potasche und Soda verunreinigenden schwefelsauren Salzen stammt.

Glasmalerei.

Glasmalerei. Schon in sehr früher Zeit versuchte man farbige Gläser zu Figuren und anderen Gegenständen zusammenzusetzen, ähnlich wie man es bei den römischen Fussböden mit farbigen Steinen zu thun gewohnt war. So entstanden die ältesten Glasgemälde, welche in der That Glasmosaiken, Umrisse in Blei mit farbigen Gläsern ausgefüllt, waren. Die Glasmalerei schwang sich in Deutschland im Laufe des Mittelalters zur höchsten Vollkommenheit empor und verbreitete sich durch ganz Europa, besonders als im 13. Jahrhundert an die Stelle der romanischen und byzantinischen Bauart die germanische trat. Bis dahin kannte man meist nur Rundbogenfenster von mässiger Grösse, die nicht durch Glasgemälde verdunkelt werden durften. Seit dem 13.

Jahrhundert, als die gothische Baukunst alle müssigen, nicht tragenden Mauermassen aufhob, gediehen die Fenster, die häufig den ganzen Raum zwischen den Pfeilern ausfüllten, zu einer oft kolossalen Grösse, die ein zu grelles Licht in die Kirche gesendet hätten, wenn sie nicht gleichsam mit Glasteppichen behängt worden wären. Wenn sich die Kunst bis dahin meist mit Ornamenten begnügt hatte, so versuchte sie es nun ganze Figuren zusammenzusetzen. Mit dem 15. Jahrhundert veredeln sich die sonst steifen und ernsten Figuren der Heiligen immer mehr, und es werden ganze Reihen geistlicher und weltlicher Geschichten dargestellt, welche sich in von schönen Bändern umschlossene Felder theilen, so z. B. in der Sebaldus- und Lorenzkirche und in der Tucherkapelle in Nürnberg durch die Glasmalerfamilie Hirschvogel. So blühte sie noch nach dem Ende des Mittelalters das ganze 16. Jahrhundert fort, bis sich die Glasmaler die Aufgabe stellten, die Effecte und die Beleuchtung des Oelgemäldes auf Glas anzuwenden. Dieser Epoche des Missverstandes gehören die berühmten französischen und niederländischen Glasmaler des 16. Jahrhunderts an: Als man sich endlich von der Unmöglichkeit, die Oelmalerei nachzuahmen, sattsam überzeugt, kam die Glasmalerei dermassen in Verfall, dass alle ihre Werkstätten sich schlossen. Die Kunst der Glasmalerei im alten Style sollte jedoch wieder auferstehen, und dies geschah in Bayern am Anfang dieses Jahrhunderts durch Frank in Nürnberg und Helmle in Freiburg im Breisgau, und ein Jahrzehend später durch Ludwig I., König von Bayern, der die ersten zarten Keime derselben pflegte. Seitdem ist sie in München, in Berlin, in Köln (bei Baudri) in neuer, ja in künstlerischer und technischer Hinsicht sogar in grösserer Herrlichkeit erstanden, als dies im Mittelalter der Fall gewesen.

Das Wesen der Glasmalerei lässt sich in der Kürze auf folgende Weise ausdrücken. Wenn leicht schmelzbare, durch Metalloxyde gefärbte Glasflüsse in fein geriebenem Zustande auf eine Glasfläche aufgetragen werden, so können sie bei mässiger Hitze, bei der die Glastafel noch nicht zum Schmelzen kommt, dergestalt eingeschmolzen werden, dass sie eine höchst dauerhafte Malerei von ausgezeichneter Wirkung darstellen. Da die farbigen Glasflüsse durchsichtig oder doch durchscheinend sind, so werden alle Glasmalereien auf durchfallendes Licht berechnet, und hierin liegt eben der wesentliche Unterschied zwischen Glas- und anderen Malereien. Der Künstler kann ferner beide Glasflächen zugleich benutzen. Die Oberfläche, welche dem Beschauenden zugekehrt ist, enthält die stärksten Schatten. Gewöhnlich trägt man auf diese Seite alle schattirten Farben auf, und bringt dagegen die lichten Partien auf die entgegengesetzte Seite. Die Farben sind Metalloxyde, und zwar zum Theil dieselben, die man auch zum Färben des Strass anwendet. Da den durch Einbrennen erzeugten Farben die Reinheit und das Feuer abgeht, das namentlich bei grössern Glasmalereien zur Hebung des Effects unumgänglich ist, so bedient man sich zu Draperien, für den Himmel u. s. w., wo grosse gefärbte Flächen erforderlich sind, des farbigen und überfangenen Tafelglases, und bringt durch Einbrennen geeigneter dunkler Farben die nöthigen Schattirungen hervor. Die jetzigen Glasgemälde sind demnach in der That Combinationen von wirklichen Glasmalereien und Glasmosaik. Diesem Kunstgriff allein verdanken die Glasgemälde ihre prachtvolle lebhafte Colorirung.

Die in der Glasmalerei als Farben angewendeten Metalloxyde sind äusserst mannigfaltig. Weiss kommt in alten Glasmalereien fast nie vor. In der neuern Malerei wendet man, vorzüglich zum Mischen der Fleischtöne, reines Weiss an. Man benutzt hierzu Zinnoxyd und antimonsaures Kali. Zu Gelb verwendet man Neapelgelb oder Antimongelb, dann ein Gemenge von Eisenoxyd, Zinn- und Antimonoxyd, von Antimonsäure und Eisenoxyd, oder Chlorsilber oder ein Gemenge von Schwefelsilber mit Schwefelantimon. Bleichromat und Bariumchromat geben ein nicht durchsichtiges Hellgelb. Zu Roth benutzt man reines Eisenoxyd (Wangenroth), Goldpurpur und ein Gemenge von Goldoxyd, Zinnoxyd und Chlorsilber. Braun erhält man mit Hülfe von Manganoxyd, gelbem Ocker, Umbra und Ferrochromat. Zu Schwarz verwendet man Iridiumoxyd, Platinoxyd, Kobalt- und Manganoxyd, zu Blau Kobaltoxyd oder Kalium-Kobalt-Nitrit, zu helleren Nüancen ein Gemenge von Kobaltoxyd, Zinkoxyd und Thonerde, zu Grün Chromoxyd und Kupferoxyd.

Man unterscheidet in der Glasmalerei weiche und harte Glasfarben. Die ersteren, die man auch Lackfarben nennt, sind nicht sehr leichtflüssig und verglasen dergestalt, dass sie aufgestrichenen Lackfarben ähnlich, Glanz und Durchsichtigkeit, aber auch grosse Weichheit besitzen; man malt mit ihnen nur auf die hintere Seite der Glastafeln. Die Haupteigenschaften der Farben für die vordere Seite der Glastafel, der harten oder auch Schattenfarben, sind Härte und Halbdurchsichtigkeit. Die Flüsse bestehen aus Kieselerde, Mennige und Borax. Die mit dem Flussmittel auf das Innigste gemischte Farbe wird als feinstes Pulver mit einem Bindemittel zusammengerieben, welches aus dem Pinsel fliesst, am Glase fest anhaftet und sich im Feuer vollständig verflüchtigt, ohne aufzublähen oder rissig zu werden. In neuerer Zeit wendet man als Vehikel nur ätherisches Oel und zwar Terpentinöl an, rectificirtes und verdicktes, ersteres nennt man Dünnöl, letzteres Dicköl. Neben dem Terpentinöl benutzt man noch Lavendelöl, Bergamottöl und Nelkenöl. Auf der Glastafel, auf welcher die Glasmalerei hergestellt werden soll, wird das ganze Bild in seinen Umrissen und Schattirungen mit rother, schwarzer oder brauner Farbe auf der einen Fläche ausgeführt und auf der andern mit den auf die einzelnen Stellen gehörigen Farben illuminirt, oder es wird mit den Glasmalerfarben wie in der Oelmalerei verfahren, oder man combinirt beide Maximen, indem man jede derselben stellenweise, je nach dem beabsichtigten Effecte, Platz greifen lässt. Alle Schatten und die in dunklen Farben ausgeführten Umrisse, so wie das, was man in der Oelmalerei Untermalung nennt, werden auf der vordern, dem Beschauer zugewendeten Fläche ausgeführt; die ganze Stellen illuminirenden Farben und Flüsse, besonders Haupttöne, werden auf der hintern Fläche aufgetragen. Mitteltinten, Uebergänge und Abstufungen werden sowol auf der vordern als hintern Fläche aufgetragen. In einzelnen Fällen trägt man auf beiden Flächen an den sich entsprechenden Stellen Farbe auf, um durch den Zusammenklang derselben bei durchfallendem Lichte besondere Nüancen hervorzubringen. So giebt Goldgelb auf der einen Fläche und Purpur auf der andern Scharlach, Blau und Gelb, Grün u. s. w. Bei Ueberfanggläsern kann man dadurch verschiedene Schattirungen hervorbringen, dass man von der gefärbten Glasschicht durch Schleifen mit Smirgel mehr oder weniger nach bestimmten Umrissen hinwegnimmt, oder man schleift die farbige Schicht bis auf das weisse Glas durch und erzielt dadurch farbige Verzierungen auf weissem Grunde. Die so gebildeten weissen Stellen lassen sich auch auf der entgegengesetzten Seite beliebig färben, um verschiedene Effecte hervorzubringen. Ebenso lassen sich durch Bedecken der weissen Fläche eines einseitig überfangenen Glases mit andern Tönen besondere Nüancen herstellen, so gewinnt man eine grüne Nüance, wenn man blaues Ueberfangglas auf seiner weissen Fläche mit gelber Silberfarbe überzieht. Das Einbrennen der Farben geschah nach einer älteren Methode auf die Weise, dass man die Glastafeln mit trockenem Kalkpulver in eine eiserne Pfanne schichtete und diese zum Rothglühen erhitzte. In neuerer Zeit wendet man hierzu Muffelöfen an. Der Boden der Muffel wird etwa einen Zoll hoch mit Kalkpulver bedeckt, darauf kommen vollkommen horizontal die Glastafeln, jedoch so, dass sie weder sich noch die Muffel berühren. Ueber diese Tafeln kommt eine zweite Schicht Kalk, dann wieder Glastafeln u. s. f. bis zur Mitte der Muffel. Das zum Einbrennen der Farben erforderliche Feuer muss auf die Muffel von allen Seiten gleichmässig einwirken. Glüht die Muffel dunkelroth und zeigen sich auf Probestreifen die Farben eingeschmolzen und tadellos, was nach 6–7stündigem Feuer der Fall zu sein pflegt, so entfernt man das Feuer und überlässt die Muffel der Abkühlung. Nach vollständigem Erkalten entfernt man die Gläser aus der Muffel, reinigt sie mit warmem Wasser und trocknet sie sorgfältig ab.

Email, Beinglas, Reisstein- oder Alabasterglas, Eisglas.

Unter Email verstand man ursprünglich in der Glasfabrikation eine Glasmasse, gleichviel farblos oder gefärbt, welche durch Zinnoxyd undurchsichtig gemacht worden ist. Nach einer älteren Vorschrift stellt man das Email auf folgende Weise dar: Man oxydirt eine Legirung aus 15–18 Th. Zinn und 100 Th. Blei durch Erhitzen bei Zutritt der Luft, pulverisirt das Oxyd und schlämmt es hierauf. Das so erhaltene Gemenge von Zinnoxyd und Bleioxyd (Bleistannat) wird nun mit einer Glasmasse gefrittet. Eine emailähnliche Beschaffenheit wird dem Glase auch durch arsenige Säure, Chlorsilber, Calciumphosphat, Kryolith, Flussspath, Natrium-Aluminat und gefälltes Bariumsulfat ertheilt.

Das bekannte Beinglas, ein milchweisses, schwach durchscheinendes Glas, enthält Calciumphosphat in Gestalt weissgebrannter Knochen, Bakerguano, Sombrerit oder Phosphorit. Man benutzt es zu Lampenschirmen, Thermometerscalen etc. Man erhält es durch Versetzen von weissem Hohlglase mit 10–20 Proc. weissgebrannter Knochen (oder entsprechenden Mengen obengenannter Mineralphosphate). Das Glas ist nach dem Schmelzen vollkommen klar und durchsichtig, erhält aber die durchscheinende Beschaffenheit und milchweisse Farbe in dem Maasse, als es bei dem Verarbeiten mit der Pfeife angewärmt wird. Die milchweisse Farbe tritt um so mehr hervor, je öfter die Anwärmung geschieht. Es lassen sich auf diese Weise die Gläser von einer durchscheinenden Opalfarbe bis zum gesättigten Milchweiss färben. Beinglas ist dadurch charakterisirt, dass es das künstliche Licht mit rother Farbe durchlässt. Ein dem Beinglas ähnliches, aber undurchsichtiges Glas und von weit edlerem Schimmer ist das Alabaster- oder Opalglas oder, weil es dem

Reiskorn in seinem optischen Verhalten ähnlich ist, Reis- oder Reissteinglas. Es zeigt nicht den röthlichen Schein des mit Calciumphosphat bereiteten Glases. Das Alabasterglas ist keine eigenthümliche Glasmischung, sondern nur eine eigenthümliche Vorstufe des in der Bildung begriffenen Glases, ein sehr kieselerdereiches, unvollkommen geschmolzenes Glas, dessen Trübung von unaufgelösten Theilen herrührt. Man wendet bei der Darstellung des Alabasterglases denselben Satz wie zu Krystallglas an; so wie der Satz geschmolzen ist, wird das Glas ausgeschöpft und abgeschreckt. Ist dann eine neue Portion eingeschmolzen, so wird das kalte abgeschreckte Glas darauf gegeben, dadurch die Masse abgekühlt und das niedergeschmolzene Glas bei möglichst geringer Hitze verarbeitet. Die unaufgelösten Theilchen der Glasmasse, welche die Trübung bewirken, dürfen nur mikroskopisch und weder deutlich unterscheidbare Körner noch Bläschen sein. Darin liegt nun die grosse Schwierigkeit bei der Bereitung des Alabasterglases, weil eben jene Unreinigkeiten eigentlich erst mit der völligen Durchschmelzung und Läuterung der Masse verschwinden. Man sieht aus dem Vorstehenden, dass thatsächlich zwischen Alabasterglas und Réaumur'schem Porcellan kein Unterschied existirt.

Das Kryolithglas (Heissgussporcellan, *hot-cast-porcelain*), ein in neuerer Zeit von Pittsburg eingeführtes milchweisses Glas, wird nach Williams durch Schmelzen eines Satzes von

67,19	Proc.	Kieselerde,
23,84	„	Kryolith und
8,97	„	Zinkoxyd

erhalten. Der Kryolith lässt sich nach Cheyney durch Flussspath (selbstverständlich wohl unter vollständiger Abänderung des Satzes) ersetzen, eben so auch durch Natrium-Aluminat. Benrath (1869) fand in solchem Milchglas

Kieselerde	70,01	Proc.
Thonerde	10,78	„
Natron	19,21	„
	100,00	Proc.

Ein solches Glas steht dem französischen Frittenporcellan ziemlich nahe.

Achatglas erhält man, indem man verschieden gefärbte Glasstücke mit einander bis zum Zähflüssigwerden erhitzt, dann umrührt und die Masse sofort verarbeitet. Das Eisglas (*verre craquelé*), eine schöne gegenwärtig beliebte Glasverzierung, zeigt auf der Oberfläche eine durch natürliche Sprünge hervorgebrachte Zerklüftung. Diese Sprünge werden durch Eintauchen des fertigen, noch glühendheissen Glasgegenstandes in kaltes Wasser erzeugt, durch Anwärmen unschädlich gemacht und durch Aufblasen des Gegenstandes geöffnet, so dass das Ganze das Ansehen einer im Aufthauen begriffenen Eismasse, oder einer zerklüfteten ausgewitterten Felsoberfläche hat. Zuweilen werden die zwischen den Klüften stehen gebliebenen Erhöhungen noch etwas rauh geschliffen.

Hämatinon.

Bei den Alten bezeichnete man mit dem Namen Hämatinon eine zu Prunkgefässen, Mosaiken etc. angewendete Glasmasse, welche unter anderm von Plinius erwähnt und ziemlich häufig in den pompejanischen Nachgrabungen gefunden wird. Dieses Glas ist durch eine schöne rothe Farbe, welche zwischen der des Zinnober und der Mennige liegt, charakterisirt. Es ist undurchsichtig, härter als das gewöhnliche Glas, besitzt grosse Politurfähigkeit, muschligen Bruch und hat ein spec. Gewicht von 3,5. Durch Umschmelzen geht die rothe Farbe verloren und kann durch keinen Zusatz wiederhergestellt werden. Das Hämatinon enthält kein Zinn und ausser Kupferoxydul keine färbende Substanz. v. Pettenkofer stellte das Hämatinon dar durch Zusammenschmelzen von Kieselerde, Kalk, gebrannter Magnesia, Bleiglätte, Soda, Kupferhammerschlag und Eisenhammerschlag. Als ein Theil der Kieselerde in der Mischung durch Borsäure ersetzt wurde, erhielt man eine Masse, welche nach dem Schleifen und Poliren Krystallisationen von grosser Schönheit in einem dunkelrothen, fast schwarzen Grunde zeigte. Der bläulich dichroitische Schimmer auf dunklem Grunde ist mit dem Schimmern von Sternen auf nächtlichem Hintergrund zu vergleichen, weshalb v. Pettenkofer dieser boraxhaltigen Masse den Namen Astralit gab. Gegenwärtig ist man, wie behauptet wird, in der Herstellung des Hämatinon so weit gekommen, dass man diesen Stoff in beliebigen Quantitäten mit Sicherheit erzeugen und daraus unter Beobachtung der nöthigen Vorsichtsmaassregeln Platten jeder Art giessen und Gegenstände aller Art mittelst der Pfeife blasen kann. Die Masse lässt sich leicht formen, schneiden und schleifen und zeichnet sich durch Festigkeit und Härte aus.

Aventuringlas.

Das Aventurin- oder Aventuringlas, dem Hämatinon sehr nahe stehend, wurde ehedem nur auf der Insel Murano bei Venedig, gegenwärtig aber in mehreren Glasfabriken Deutschland's, Italien's, Oesterreich's und Frankreich's dargestellt und zu Kunst- und Schmucksachen verarbeitet. Es ist eine bräunliche Glasmasse, in welcher krystallinische Flittern von metallischem Kupfer (nach Wöhler, von Kupferoxydul nach v. Pettenkofer) fein vertheilt sind, welche ihr ein eigenthümliches schillerndes Ansehen geben. Das Aventuringlas ist ziemlich leicht schmelzbar. Es bilden sich zuweilen Kupferschlacken, welche durch ausgeschiedenes metallisches Kupfer viel Aehnlichkeit mit dem Aventuringlas haben. Frémy und Clemandot stellten ein aventurinähnliches Glas, welches reichlich Krystalle von metallischem Kupfer enthielt, dadurch dar, dass sie ein Gemisch von 300 Th. gestossenen Glases, 40 Th. Kupferoxydul und 80 Th. Hammerschlag zwölf Stunden lang schmolzen und die Masse einer langsamen Abkühlung unterwarfen. Die bayerischen und böhmischen Glashütten liefern heutzutage das Aventuringlas so schön als früher die Fabriken in Murano. v. Pettenkofer hat Aventuringlas direkt aus Hämatinon dargestellt, dadurch, dass er der schmelzenden Hämatinonmasse so viel Eisenfeile zumischte, dass etwa die Hälfte des darin enthaltenen Kupfers reducirt wurde, welches sich nach längerem Schmelzen am Boden des Tiegels zu einem Regulus ansammelt. Frischgeschmolzen ist das Glas tief grünschwarz, beim langsamen Abkühlen geht es in wirkliches Aventuringlas über. v. Pettenkofer glaubt, und wie es scheint, mit vollkommenem Recht, dass das Aventuringlas ein Gemisch sei von grünem Eisenoxydulglas mit rothen Kupferoxydulsilicatkrystallen; durch die complementäre Aufhebung beider Nüancen entsteht der unbestimmte braune Ton des Aventuringlases. Das Eisenoxydul ist deshalb zur Darstellung des Aventuringlases ebenso unentbehrlich und wesentlich, wie das Kupferoxydul, denn das Aussehen des Aventuringlases ist so zu sagen die diagonale Wirkung der optischen Kräfte beider. Man wird deshalb stets Aventurin erhalten, wenn man in einer nicht zu strengflüssigen Glasmasse ein Gemenge von gleichen Theilen Eisenoxydul und Kupferoxydul auflöst und nach erfolgter Auflösung die Glasmasse unter Umständen abkühlen lässt, welche der Entstehung von Krystallen günstig sind. Das Kupferoxydul wird sich beim langsamen Abkühlen als eine krystallinische rothe Verbindung ausscheiden, das Eisenoxydul wird im Glase mit grüner Farbe aufgelöst bleiben. Wie Pelouze gefunden hat, lässt sich durch reichlichen Zusatz von Kaliumchromat zum Glassatz in Folge von Abscheidung von Flittern von Chromoxyd Chrom-Aventurin darstellen, ein Glassatz, der indessen von A. Wächter im Jahre 1849 schon zu Porcellanglasur in Vorschlag gebracht worden war.

Glasincrustationen.

Die Glasincrustationen entstehen, wenn Reliefgegenstände aus schwachgebranntem, unglasirtem weissen Thon oder aus Specksteinmasse zwischen glühend auf einander gelegte Bleiglasschichten eingeschlossen werden. Dadurch erhält der Reliefgegenstand das Ansehen, als wenn er von mattem Silber wäre. Dieser silberartige Glanz rührt von einer geringen Menge Luft her, welche sich zwischen der Thonfläche und dem Glas befindet. Die Kunst des Incrustirens wurde vor etwa 80 Jahren von einem böhmischen Glasfabrikanten erfunden und zwar zufällig durch Beobachtung des silberartigen Glanzes eines Thautropfens auf einem filzigen

Pflanzenblatte. Es gelang ihm, denselben Effect auch im Glas hervorzubringen. Hat der Glasüberzug eine passende gelbe Farbe, so erhält der Reliefgegenstand das Ansehen von mattem Golde.

Filigranglas.

Mit dem Namen Faden- oder Petinetglas (Filigranglas) bezeichnet man jene Glasarbeiten, deren Körper neben einander hinlaufende oder scheinbar gewebeartig sich kreuzende, undurchsichtige weisse oder farbige Fäden zeigen. Die Herstellung dieser Glasart beruht im Wesentlichen auf dem Umstande, dass ein kurzer dicker Glasstab ohne Veränderung seiner runden oder eckigen Form im rothglühenden Zustande bis zur Dicke eines Haares und noch feiner ausgezogen werden kann. Bei der Fabrikation von Petinetglas taucht man Stäbe von undurchsichtigem oder farbigem Glase in undurchsichtiges Glas und zieht dieselben so dünn, als man sie zu der jedesmaligen Verwendung haben will. Man verbindet auch wol mehrere Stäbe mit einander und zieht dieselben zu einem Faden aus, in welchem mehrere Fäden neben einander herlaufen. Dreht man diesen Faden ähnlich einem Strick, so laufen die darin enthaltenen Streifchen in Schraubenwindungen sich scheinbar kreuzend neben einander her, ganz mit dem Ansehen eines lockern Gewebes (Petinet). Verbindet man eine Anzahl solcher Stäbe zu einem hohen Cylinder, so hat man ein Gefäss, welches vor der Vollendung noch im Ganzen gedreht werden kann, so dass die einzelnen Fäden abermals Spiralen um den Umfang des Gefässes bilden. Nimmt man zwei solche Röhren, welche in entgegengesetzter Richtung gedreht sind und in der Grösse, dass sie in einander geschoben werden können, erhitzt dieselben und bildet daraus ein Gefäss, so nimmt dasselbe das Ansehen eines zarten regelmässigen Gewebes an; da sich aber die Stäbchen nur an den erhabenen Punkten berühren, an den tiefer liegenden Stellen aber etwas Luft eingeschlossen wird, die sich durch die Erhitzung gleichmässig ausdehnt, so entstehen an den Berührungspunkten runde Luftbläschen, welche wesentlich zur Verschönerung des Effectes des Ganzen beitragen. Die Luftblasen machen das Wesen des reticulirten Glases aus, welches aus kleinen Luftbläschen gebildete netzförmige Gewebe eingeschlossen enthält.

Millefioriarbeiten.

Das Millefiori stellt die bekannten mosaikartigen Glasarbeiten (Briefbeschwerer, Messerschalen, Stockknöpfe u. s. w.) dar, bei denen die mannigfaltigsten farbigen Muster in eine Umhüllung von Krystallglas eingeschlossen sind. Die Herstellung des Millefioriglases beruht ebenso wie die des Petinetglases auf dem Umstande, dass ein Glasstab ohne Veränderung seiner runden oder eckigen Form im zähflüssigen Zustande bis zur Dicke eines Haares und noch feiner ausgezogen werden kann. Rollt man z. B. einen Glasstab von rother Farbe und taucht denselben sodann nacheinander in weisses, blaues und grünes Glas, so wird der Stab auf dem Querdurchschnitte einen rothen Kern mit einem weissen, blauen und grünen Ringe umgeben zeigen. Wird dieser runde Stab im erhitzten Zustande an den Seiten mit einem eisernen Instrumente regelmässig eingedrückt, so wird er im Querschnitt einen Stern bilden, der eine rothe Scheibe mit farbigen Zickzacklinien umgeben enthält. Die Herstellung der Millefioriverzierungen geschieht auf folgende Weise: Man fertigt zuerst sogenannte Elemente, nämlich einfache Anordnungen von verschieden gefärbten und geformten Glasstäben, die dann beliebig combinirt werden können. Zu diesem Behufe nimmt man beispielsweise einen kurzen und dicken Glasstab aus rothem Glase und umgiebt ihn mit sechs Fäden von blauem Glase und formt diese mit Hülfe einer Zange so, dass ihre Querschnitte Dreiecke zeigen. Die Zwischenräume zwischen diesen Fäden füllt man mit Zinnoxyd versetztem und daher undurchsichtigem weissen Glase aus, welches die Grundmasse bildet. Das Ganze ist nun mit Hülfe dieser Grundmasse zu einem Stab vereinigt, der alle einzelnen Theile, aber in grossem Maassstabe enthält. Wird nun das Stück bis zum Erweichen erwärmt und in die Länge gezogen, bis er nur noch 1,25–2 Centimeter dick ist, so werden sich alle Theile des Elementes entsprechend verkleinern, ohne jedoch ihre gegenseitige Lage zu verändern. Der Querschnitt wird daher die ursprüngliche Zeichnung mit grosser Regelmässigkeit und Schärfe zeigen. Dreht man die Elemente während des Ausziehens, so bilden sich Spiralen, welche wieder vielfach abgeändert werden können u. s. f. Das Element wird mittelst Meisel und Hammer in kurze Endchen getheilt. Bei den einfachen Millefioriarbeiten werden auf einer stark erhitzten Krystallglasplatte von dem Element kurze Theilchen (Scheibchen von 1–2 Centimeter Dicke) zu einem grösseren Muster zusammengelegt, das durch eine darüber gelegte heisse Krystallglasplatte eingeschlossen wird. Hohle Gefässe, Flaschen und dergleichen werden erst kleiner geblasen, als sie werden sollen, und nachdem die farbigen Scheiben zu Mustern aufgelegt sind, wieder in flüssiges Glas getaucht und fertig geblasen, oder man bringt die

Muster wirklich zwischen doppelte Gefässwände. Eine der beliebtesten Millefioriarbeiten sind die böhmischen kugelförmigen Schwersteine mit eingeschlossenen Blumen oder andern bunten Gegenständen, die man auf folgende Weise herstellt: Nachdem die Elementenscheibchen in der gehörigen Ordnung zusammengelegt sind und dann ein an einer Eisenstange aufgenommener Glasklumpen in zähflüssigem Zustande darauf gedrückt wurde, taucht der Arbeiter das Ganze wieder in die geschmolzene Glasmasse des Hafens, damit sich eine kugelförmige Glasmasse darüber bildet, welche nach dem Erstarren und Abkühlen, wenn es erforderlich erscheint, noch durch Schleifen in die erforderliche Form gebracht wird.

Glasperlen.

Man unterscheidet zwei Arten von unächten Perlen oder Glasperlen, nämlich massive oder geschmolzene, und hohle oder geblasene. Die erstern führen auch den Namen Venetianer Perlen, weil sie früher vorzugsweise in Venedig gefertigt wurden. Bei der Herstellung der kleinen Venetianer Perlen bedient man sich der in den Glashütten auf der Insel Murano bei Venedig verfertigten hohlen Glasstängelchen oder Glasröhrchen, die 1 Centimeter etwa dick sind und deren Höhlung ungefähr den dritten oder vierten Theil ihrer Dicke weit ist. Diese Röhren bestehen theils aus weissem und gefärbtem Beinglas und theils aus mit Zinnoxyd bereitetem Emailglas, welches durch Zusatz färbender Metalloxyde mit allen möglichen Farben versehen werden kann[92].

Massive Perlen.

Um aus diesen Röhren die Glasperlen zu machen, werden die Röhren in kleine Stückchen zerlegt. Die abgeschnittenen Stückchen werden gesiebt. Nun sind die Stückchen aber noch nicht kugelförmig, sondern vielmehr kleine scharfkantige Cylinder, die noch abgerundet werden müssen, weil sie sonst den Faden durchschneiden würden. Zu diesem Zwecke wirft man die Glasstückchen in ein Gefäss, in welchem sich Kohlenpulver befindet und rührt sie darin um, damit ihre Höhlung mit Kohlenpulver sich anfülle und dadurch das Zuschmelzen in der Folge verhindert werde. Darauf bringt man sie in fast bis zum Glühen erhitzte weite eiserne Gefässe mit flachem Boden und rührt sie mit einem eisernen Spatel unablässig um. Die scharfen Kanten der Stückchen erweitern und runden sich durch des beständige Umrühren ab. Sobald dies geschehen ist, lässt man sie abkühlen, wäscht sie in reinem Wasser unter starkem Umrühren und trocknet sie. Auf andern Hütten werden die Glasstückchen in einem über dem Feuer befindlichen kaffeetrommelähnlichen Apparat abgerundet. Zuletzt werden die fertigen Perlen in Schnüre gefasst. Im bayerischen Fichtelgebirge stellte man gewickelte Perlen dar, indem der Arbeiter mit einem langen eisernen Stabe, der in eine konische Spitze ausläuft und dessen Spitze mit Thonschlicker überzogen ist, in geschmolzenes Glas taucht. Hat er davon die erforderliche Menge aufgenommen, so dreht er den Stab so lange, bis die aufgenommene Glasmasse eine rundliche Gestalt angenommen, die nach dem Erstarren von dem Glase abgestossen wird und nun eine Perle bildet.

Hohle Perlen.

Ganz verschieden von den Venetianer Perlen sind die hohlen oder geblasenen Perlen, welche den ächten Perlen in Gestalt, Glanz, Farbe und Glätte sehr nahe kommen und um das Jahr 1656 von einem französischen Paternostermacher Jaquin erfunden wurden. Jaquin bemerkte, dass, als Weissfische (*Cyprinus alburnus*, *ablettes*), mit Wasser gewaschen wurden, aus dem Wasser sich beim ruhigen Stehen ein Bodensatz, aus den Bauchschuppen bestehend, abschied, welcher den schönsten Perlenglanz besass. Diese Beobachtung war die Veranlassung zur Fabrikation der künstlichen Perlen. Jaquin schuppte die Fische ab und nannte die Mischung der Schuppen mit Wasser orientalische Perlenessenz[93] (*Essence d'orient*). Anfänglich überzog er damit kleine Kugeln aus Gyps oder aus einem andern erhärteten Teige. Weil aber dieser Ueberzug beim Erwärmen oder Feuchtwerden sich von den Kügelchen absonderte, so kam er bald darauf, feine Glaskugeln nach Art der Spiegel inwendig mit der Perlenessenz zu überziehen. So fertigt man noch heute die unächten Perlen.

Die Gestalt der Perlen ist bald kugelrund, bald olivenförmig, bald mandelförmig, bald endlich kreisrund oder platt. Die Perlen werden aus Glasröhren von verschiedener Dicke geblasen. Das Ausbrechen der Oeffnungen bei den feinen Sorten geschieht wechselsweise mit den Röhren selbst, deren eine immer zu diesem Ende an die bereits geformte Perle angeschmolzen wird. Die meisten Perlen werden rund gemacht; die sogenannten Kropfperlen aber erhalten die Auswüchse dadurch, dass der Arbeiter mit dem an dem einen Ende rothglühenden Glasrohre die Perle schnell berührt und so das Hervorragende auswärts zieht oder einzelne Stellen der Glaskügelchen an die Flamme hält und schwach in die Röhre bläst, wodurch kleine Erhöhungen entstehen. Sind die Perlen so weit fertig, so wird ihre innere Fläche mit Perlenessenz überzogen. Es gehören mehr als 4000 Fische dazu, um ein Pfund Schuppen zu erhalten und diese geben noch nicht ganz 120 Grm. der Perlenessenz, so dass mithin 18–20,000 Fische zu einem Pfunde dieser Essenz erforderlich sind. Man schuppt blos die weissen silberglänzenden Schuppen von den Fischen ab, weicht sie einige Stunden in frisches Wasser ein, um den an den Schuppen sitzenden Schleim abzusondern, bringt dann die Schuppen in einen Mörser mit Wasser und reibt sie eine Viertelstunde lang durch; darauf presst man die Flüssigkeit durch ein leinenes Tuch und lässt sie ruhig stehen. Die Perlenessenz scheidet sich am Boden der Gläser aus; sie wird nochmals mit Wasser ausgewaschen und darauf mit etwas Ammoniak und Hausenblasenlösung gemischt, aufbewahrt. Durch den Zusatz des Ammoniaks soll das Verderben der Flüssigkeit verhütet werden.

Um die Perlen auf ihrer Innenseite mit dieser Essenz zu überziehen, saugt man mit einer zu einer feinen Spitze ausgezogenen Glasröhre etwas Essenz auf, bringt die Spitze in die Oeffnung einer Perle und bläst etwas Flüssigkeit in dieselbe; man bewegt sie dabei nach allen Seiten, damit sie die Perle überall überziehe, dann mischt man sie in einem mit Pergament überzogenen Siebboden und schüttelt sie beständig, bis sie trocken sind. Nun kommen die Perlen in den Trockenraum. Um sie dauerhafter und schwerer und die Perlenmasse an der inneren Seite haltbarer zu machen, füllt man sie noch mit Wachs aus. Die mit Wachs angefüllten Perlen werden durchbohrt und zum Verkaufe auf Fäden gezogen. In die rothen Perlen, welche die Korallen nachahmen sollen, in die gelben u. s. w. werden mit arabischem Gummi angemachte Farben, in die metallisch glänzenden Marcasit- oder Spiegelperlen wird eine leichtflüssige Legirung eingeblasen.

Hyalographie.

Die Kunst in Glas zu ätzen ist im Jahre 1670 von dem Nürnberger Künstler Heinrich Schwankhardt (oder Schwanhard) erfunden worden. Sie wird auf folgende Weise ausgeführt: Uebergiesst man Flussspathpulver mit concentrirter Schwefelsäure, so entwickelt sich beim Erwärmen Fluorwasserstoffsäure FlH, welche, wenn sie mit Glas zusammenkommt, sich mit der Kieselerde des Glases umsetzt zu Fluorsilicium $SiFl_2$, welches zum grössten Theile entweicht, und zu Wasser. Auf den angegriffenen Stellen bleiben die übrigen Bestandtheile des Glases als ein lockeres Pulver zurück, welches mit Leichtigkeit hinweggenommen werden kann. Die erste Idee, auf Glasplatten zum Abdrucken sich eignende Zeichnungen einzuätzen, rührt von Hann zu Warschau (1829) her. In neuerer Zeit (1844) ist der Glasdruck oder die Hyalographie von Böttger und Bromeis wieder angeregt und in der k. k. Staatsdruckerei in Wien durch deren früheren Vorstand von Auer weiter ausgebildet worden. Zu Aetzungen in Glas lässt sich der gewöhnliche Aetzgrund für Metalle nicht wol verwenden, da er durch die Flusssäure von der Glasplatte abgelöst wird. Nach der Methode Piil's besteht der zweckmässigste Radirgrund aus einer Auflösung eines geschmolzenen Gemenges von Asphalt und Wallrath in Terpentinöl (Strichgrund) oder eines Gemenges von 1 Th. Asphalt mit 1 Th. Colophonium und so viel Terpentinöl, bis die Masse ungefähr Syrupconsistenz erhält (Deckgrund). Die zu ätzende Glasplatte wird mit dem Aetzgrund überzogen, mit einem Wachsrande oder mit in Wachs getauchten Holzleisten umgeben, damit man die flüssige Flusssäure aufgiessen kann, welche man so lange einwirken lässt, bis die feinsten Striche die hinreichende Tiefe erlangt haben. Man entfernt hierauf die Flusssäure, wäscht die Glasplatte mit Wasser, trocknet sie sorgfältig, überzieht die hinreichend tief geätzten Stellen mit Aetzgrund und lässt auf die noch tiefer zu ätzenden frische Flusssäure einwirken, wodurch bei regelrechter Wiederholung eine genügende Abstufung in der Tiefe der einzelnen Striche erzielt werden kann. Während Bromeis und R. Böttger angeben, dass bei der vollkommenen Gleichmässigkeit der Glasmasse ein Unterfressen weit weniger zu fürchten sei, als bei Kupfer oder Stahl, machte man in Wien die Beobachtung, dass die Flusssäure mehr als jedes andere Aetzmittel die Eigenschaft habe, sich zwischen der Platte und dem Aetzgrunde „einzukeilen“, in welcher Eigenschaft hauptsächlich auch der Grund liege, dass die Hyalographie bis jetzt noch keine rechte praktische Anwendung gefunden habe. Die geätzte Platte wird durch Erwärmen und Behandeln mit Terpentinöl von dem Deckgrunde befreit. Zum Abdrucken eignet sich die lithographische Presse vorzugsweise. Damit die Platte unter der Presse nicht springe, kittet man sie auf eine grössere gusseiserne oder hölzerne Platte. Als Kitt wendet man für grössere Platten ein Gemenge von frischgebranntem Gyps und Leim an, für kleinere dagegen benutzt man mit Vortheil ein Gemisch von Pech und Bolus. Die Zeichnungen der Platten werden ausserordentlich rein und zart wiedergegeben, jedoch leiden sie an einer gewissen Härte und Starrheit, was bei dem Glas schwer zu beseitigen sein möchte, während bei Anwendung von Kupfer und Stahl mit dem Grabstichel nachgeholfen werden kann. Scheint auch das Glas als Material für Kunstleistungen nicht sehr geeignet, so wird es sich doch vortheilhaft für die Herstellung von Landkarten, Banknoten u. s. w. verwenden lassen. Das Glasätzen zu decorativen Zwecken wird gleichfalls mit Fluorwasserstoffsäure ausgeführt. Nach dem Verfahren von Tessié du Motay und Maréchal in Metz erzeugt man die Säure am besten in einem Bade aus 250 Grm. Fluorwasserstoff-Fluorkalium, 1 Liter Wasser und 250 Grm. gewöhnlicher Salzsäure. Zum Mattätzen und zum Mattschreiben auf Glas empfiehlt Kessler eine Lösung von Fluorammon, die in der That zum Etiquettiren von Flaschen, Cylindern, Röhren u. s. w. gute Dienste leistet. —

Die Keramik oder die Thonwaarenfabrikation.

Thon und dessen Verarbeitung.

Zu den wichtigsten Thonerdeverbindungen, die wir in der Natur vorfinden, gehören die Feldspathe. Diese Mineralien bilden ein wichtiges Glied der Gebirge und Feldspath. treten als wesentliche Gemengtheile der gneusartigen, granitischen und porphyrartigen Gesteine auf. Aus Feldspath, Glimmer und Quarz besteht überwiegend die Schicht des Urgebirges, welche unsern Erdkörper umgiebt. Der Kaliumfeldspath 3Si AlK $\}O_8$ (mit 65,4 Kieselerde, 18 Thonerde und 16,6 Kali) führt den Namen Orthoklas; ist das Kalium durch Natrium vertreten, so heisst der Feldspath Albit. Viele Feldspathe enthalten Barium (nach Alex. Mitscherlich 0,4–2,25 Proc.). Wenn der Feldspath (oder manche Varietäten von Amphibol und Pyroxen) unter dem Einflusse von Wasser, Kohlensäure und Temperaturverhältnissen verwittert, so wird Kaliumsilicat frei, das ausgewaschen und zum Theil von den Pflanzen aufgesogen wird und als die Hauptquelle alles Kalis in den Aschen der Vegetabilien anzusehen ist, zum Theil aber auch durch Kohlensäure zersetzt wird, wodurch sich Kieselsäure ausscheidet, während Kaliumcarbonat gelöst wird. In Folge dieser Zersetzung ist dem Rückstand stets unverbundene (in Kali lösliche) Kieselsäure beigemengt, welche auch zuweilen zur Bildung von Opal, Chalcedon und Hornstein Veranlassung Thon. gab[94]. Das zurückbleibende Aluminiumsilicat bildet den sogenannten Thon, dessen wesentlichster Bestandtheil eben Aluminiumsilicat ist. Der am Orte seiner Entstehung lagernde Thon giebt, mit Wasser angerührt, nur eine sehr wenig plastische Masse; Kaolin oder Porcellanerde. man nennt die Thonart Kaolin oder Porcellanerde, sie findet sich häufig in Trümmern des Urgebirges, mit Quarz und auch mit Glimmer und desgl. gemengt, was ihre Bildung aus dem Feldspath eines Granits, eines Porphyrs u. s. w. anzeigt. Wenn diese Thonart durch Ueberschwemmungen fortgerissen und wieder abgelagert wird, so bildet sich der Thon, welcher mit Wasser die bekannte knetbare Masse bildet. Die chemische Allgemeines über Thonarten. Zusammensetzung der verschiedenen Kaoline und Thone ist eine verschiedene, schon aus dem Grunde, weil sich darin ausser der eigentlichen plastischen Substanz die vorhin erwähnten mechanischen Beimengungen finden. Sobald aber diese Beimengungen theils durch Schlämmen, theils durch ein kurzes Kochen mit Kalilauge (wodurch die freie Kieselerde beseitigt wird) entfernt worden sind, findet man in den meisten Fällen, dass die reine plastische Masse auf 1 Molek. Kieselerde, 1 Molek. Thonerde und 2 Molek. Wasser enthält. Die Menge der freien Kieselsäure schwankt zwischen 1–14 Proc.

Die Verwitterung des Feldspathes lässt sich durch folgendes Schema verdeutlichen:

1 Molek. Feldspath Si_3O_8KAl oder $\left.\begin{matrix}3Si\\AlK\end{matrix}\right]O_8$

giebt unter Mitwirkung von Wasser

1 Molek. Porcellanerde $2SiO_4HAl$

und 1 „ saures Kaliumsilicat,

welches letztere sich zum Theil in der Weise zersetzt, dass Kieselerde ausgeschieden wird und eine lösliche Verbindung (von der Zusammensetzung des Wasserglases) zurückbleibt. Bekannte Fundorte, auf welchen die Porcellanerde bauwürdig angetroffen wird, sind 1) im Königreiche Bayern, die Umgegend von Aschaffenburg (Spessart), ferner Stollberg, Diendorf, Oberedsdorf und einige andere Ortschaften im Regierungsbezirke Niederbayern; ausserdem bei einigen Orten Oberfrankens (Schwefelgosse, Brand, Niederlamitz, Göpfersgrün) und der Oberpfalz (Beratzhausen und Ehefeld bei Amberg). Die bei Wegscheid in Niederbayern sich findende und durch Verwitterung von Gneus (von Porcellanspath nach Fuchs) entstandene wird gewöhnlich Passauer Porcellanerde genannt. Material der Porcellanfabrik zu Nymphenburg. 2) Im Königreiche Preussen, Morl und Trotha bei Halle. Zersetzter Porphyr. Material der Berliner Porcellanfabrik. 3) Im Königreiche Sachsen, Aue bei Schneeberg (gegenwärtig erschöpft) und Seilitz bei Meissen. Erstere ist durch Verwitterung von Granit, letztere aus Porphyr entstanden. Die Seilitzer Erde wird auf der Meissner Porcellanfabrik verarbeitet. 4) In der ungarisch-österreichischen Monarchie, Brenditz in Mähren, Zedlitz bei Karlsbad in Böhmen, Prinzdorf in Ungarn. 5) In Frankreich, St. Yrieux bei Limoges. Zerstörtes Gneusgebirge. 6) In England, St. Austle in Cornwall. Verwitterter Granit. Der *cornish stone*, der in den Thondistricten Englands eine grosse Rolle spielt, ist halb verwitterter Pegmatit, eine aus Orthoklas und Quarz gemengte Felsart. Er findet sich zu Tregoning-Hill bei Helstone und zeichnet sich durch einen Gehalt an kieselsaurem Kali aus, weshalb er auch zur Glasur verwendet werden kann. 7) In China.

Es liegt in der Natur der Sache, dass je nach der Natur des Muttergesteins, durch dessen Verwitterung der Thon entstanden ist, der Thon mit fremden Substanzen verunreinigt sein muss. Von der Qualität und Quantität dieser fremden Körper, so wie von dem sehr verschiedenen Verhältnisse zwischen den Hauptbestandtheilen eines jeden Thones — Kieselsäure und Thonerde — rühren die grossen Verschiedenheiten in den Eigenschaften des Thones her. Die in den geringeren Thonarten sich findenden Verunreinigungen sind: Sand (theils in Form von wirklichem Quarzsandstein, als in Kali lösliche Kieselsäure, theils auch Trümmer unzersetzter Mineralien), Barytverbindungen, Magnesium- und Calciumcarbonat, Eisenoxyd, Schwefelkies und organische Ueberreste. Der im jüngeren Gebirge und besonders im aufgeschwämmten Lande vorkommende Thon ist weit häufiger als die Porcellanerde.

Technisch wichtige Eigenschaften des Thones.

Für die technische Verarbeitung des Thones wichtige Eigenschaften sind Farbe, Plasticität (Bindevermögen) und Feuerfestigkeit (Strengflüssigkeit). Im Naturzustande ist die Farbe des Thones eine weisse, gelbliche, bläuliche oder graugrüne. Reiner Thon ist weiss; die Farben rühren daher von Beimengungen her. Weisser Thon enthält zuweilen **Farbe.** geringe Mengen von Eisenoxydul und wird nach dem Brennen gelblich oder röthlich, farbiger dagegen, dessen Färbung von der Gegenwart organischer Substanzen herrührt, brennt sich häufig durch Verflüchtigung der Verunreinigungen weiss. Die übrigen gefärbten Thone verändern beim Brennen ihre Farbe und werden röthlich oder röthlichgelb. Feinere Thonarbeiten können nur aus sich weiss brennendem Thone dargestellt werden.

Plasticität.

Der Thon saugt begierig Wasser ein und bildet damit eine zähe Masse, die knet- und formbar (bildsam oder plastisch) und zur Annahme feiner Eindrücke geeignet ist. Es ist klar, dass die Bildsamkeit eines Thones von der Menge des vorhandenen plastischen Thones abhängig ist und dass dieselbe abnehmen muss, wenn der Thon einen nicht bildsamen Gemengtheil enthält. Die Plasticität eines Thones wird am meisten beeinträchtigt durch Sand, weniger durch Kalk, am wenigsten durch Eisenoxyd. Thone, die im hohen Grade bildsam sind, nennt man fett **Schmelzbarkeit.** und lang (weil sie im angemachten Zustande sich schlüpfrig anfühlen und sich ziehen lassen, ohne sofort abzureissen); den Gegensatz bilden die mageren und kurzen Thone, die sich rauh anfühlen, leicht abreissen und nur wenig Bildsamkeit besitzen. Alle Thonarten schwinden, d. h. sie nehmen sowohl beim Trocknen, als auch beim Brennen ein geringeres Volumen ein, woher es geschieht, dass die Form der Gegenstände entweder sich verzieht oder der Thon reisst. Ein und derselbe Thon schwindet um so mehr, je feuchter er gewesen und je länger die Einwirkung der Hitze gewährt hat. Die fetten Thone schwinden mehr als die mageren. Die Verkleinerung der Oberfläche durch das Schwinden variirt von 14 bis zu 31 Proc., die der Capacität (des Inhaltes) von 20 bis 43 Proc. Durch das Brennen nimmt die Dicke und die Härte eines Thones oft bis zu dem Grade zu, dass er am Stahl Funken giebt. Seine Eigenschaft, mit Wasser eine plastische Masse zu bilden, hat er gänzlich verloren. Reiner Thon (Aluminiumsilicat) ist für sich nicht schmelzbar (feuerfest), durch Beimengungen wie Kalk, Eisenoxyd und andere Basen wird aber der Thon mehr oder weniger leicht schmelzbar. Nach den Untersuchungen von E. Richters (1868) wird die Feuerbeständigkeit eines Thones am meisten beeinträchtigt durch Magnesia, weniger durch Kalk, noch weniger durch Eisenoxyd, am wenigsten durch Kali. Schmelzbarer Thon kann begreiflicherweise nicht zur Fabrikation solcher Thonwaaren benutzt werden, welche sehr hart sein müssen wie das Porcellan oder wie feuerfeste Steine und Schmelztiegel beim Gebrauch einer hohen Temperatur ausgesetzt werden. Einige schwer schmelzbare und feuerfeste Thonarten sintern bei der höchsten Brennhitze zusammen, wodurch die Masse geflossen (aufgelöst) erscheint und nicht mehr an der Zunge haftet. Bei der Fabrikation gewisser Thonwaaren ruft man die Neigung des Zusammensinterns durch geeigneten Zusatz eines Flussmittels hervor oder befördert sie hierdurch.

Eintheilung der Thonarten.

Die Thonarten, welche in der Keramik Anwendung finden, pflegt man einzutheilen in

1) feuerfeste (Porcellanerde und plastischer Thon),

2) schmelzbare (gemeiner Töpferthon, Walkererde),

3) kalkige oder aufbrausende (Mergel, Lehm),

4) ockerige Thone (Röthel, Bolus, Ocker).

Neben der oben angeführten Porcellanerde (Kaolin) ist der feuerfeste Thon (Porcellanthon, Kapselthon, Pfeifenthon, plastischer Thon) die wichtigste Thonart; er ist verschieden gefärbt, sehr zähe, im hohen Grade plastisch, brennt sich weiss und ist im Porcellanofenfeuer nicht schmelzbar. Gewöhnlich kommt er in tertiären Ablagerungen vor, bald ist er von anderen Thonarten, bald von Quarzsandmassen, zuweilen von Braunkohlenlagern begleitet. Für die Praxis ist es wichtig, zu wissen, dass oft Thone von demselben Lager und von derselben Grube bedeutende Verschiedenheiten in dem Grade der Feuerbeständigkeit darbieten, deren Ursache in neuerer Zeit insbesondere von C. Bischof, Otto sen. und Th. Richters vom experimentellen und von A. Türrschmidt vom praktischen Standpunkte aus zu ergründen versucht wurde. Die Lager bei Klingenberg am Main (in Unterfranken), am Rhein (Coblenz, Cöln, Lautersheim und Vallendar), Wiesloch in Baden, Bunzlau in Schlesien, Schwarzenfeld (bei Schwandorf), Amberg, Kemnath und Mitterteich in Bayern, Grossalmerode in der Provinz Hessen, zu Colditz und Hubertusburg in Sachsen, zu Einberg bei Coburg, in der Gegend von Namur in Belgien, bei Dreux in Frankreich, Devonshire und Stourbridge in England sind die bekanntesten. Nachstehende Analysen geben ein Bild von der Zusammensetzung einiger feuerfesten Thone:

	1.	2.	3.	4.	5.
Kieselerde	47,50	45,79	53,00	63,30	55,50
Thonerde	34,37	28,10	27,00	23,30	27,75
Kalk	0,50	2,00	1,25	0,73	0,67

Magnesia	1,00	—	—	—	0,75
Kalk	1,24	6,55	1,75	1,80	2,01
Wasser	1,00	16,50	—	10,30	10,53

1. Almerode in Kurhessen (Schmelztiegel); 2. Schildorf bei Passau (Graphittiegel); 3. Einberg bei Coburg (Porcellankapseln, feuerfeste Steine); 4. Stourbridge; 5. Newcastle (feuerfeste Steine).

Töpferthon.

Der gewöhnliche Töpferthon besitzt die meisten äusseren Eigenschaften des plastischen Thones; viele Arten desselben fühlen sich weich an und bilden mit Wasser eine ziemliche zähe Masse, allein sie sind zerreiblicher und zertheilen sich weit leichter im Wasser. Häufig ist der Töpferthon stark gefärbt und behält seine Farbe auch nach dem Brennen bei. Meist braust er schon mit Salzsäure etwas auf und macht dann den Uebergang zu dem Mergel. In Folge seines Gehaltes an Kalk und Eisenoxyd ist er schmelzbar und schmilzt je nach der Quantität dieser Beimengungen bei höherer oder niedrigerer Temperatur zu einer dunkelgefärbten, schlackenähnlichen Masse. Er findet sich vorzüglich in den jüngsten Gebilden der Erdrinde, oft ganz an der Oberfläche, zuweilen indessen auch in mächtigen Ablagerungen in einigen tertiären und Flötzformationen. Zuweilen liegen in ihm fremde Körper, wie organische Reste, Eisenkies und Strahlkies, Gyps, Nieren von thonigem Sphärosiderit.

Walkererde.

Die Walkererde ist eine weiche zerreibliche Masse und rührt von der Verwitterung von Diorit und Diorítschiefer her. In Wasser zerfällt sie zu einem zarten Pulver und bildet einen nicht plastischen Brei. Auf ihrer Eigenschaft, sich in Wasser fein und schnell zu zertheilen und in diesem Zustande Fett zu absorbiren, beruht ihre Anwendung zum Fleckausmachen, zum Walken des Tuches etc. Sie findet sich bei Riegate in Surrey und bei Maidstone in Kent; sie kommt ferner vor zu Vaals bei Aachen, Rosswein in Sachsen, dann in Hessen (in der Nähe von Cassel), Böhmen, Schlesien, Mähren, Steiermark. Man verwendet sie auch in der Buntpapier- und Tapetenfabrikation, und auch als Zusatz zum Ultramarin.

Mergel.

Der Mergel ist ein mechanisches Gemenge von Thon und Calciumcarbonat, welches mitunter auch Sand (Sandmergel) und andere zufällige Beimengungen enthält. Derjenige, der überwiegenden Kalk enthält, heisst Kalkmergel, der mit vorwaltendem Thongehalt, Thonmergel. In Wasser zerfällt er zu Pulver und bildet eine teigige, nicht zusammenhängende Masse. Mit Säuren braust er stark auf, wobei sich oft mehr als die Hälfte seines Gewichtes löst. Er schmilzt leicht. Der Mergel ist besonders dem jüngern Flötzgebirge eigen und findet sich in den Gebilden des bunten Sandsteins und Keupers, auch in der Lias- und Kreideformation. Einige Varietäten des Mergels werden zu Töpferwaaren benutzt, die nicht stark gebrannt werden. Seine Hauptanwendung findet der Mergel in der Landwirthschaft als Düngemittel.

Lehm.

Der Lehm (Leimen, Löss, Ziegelthon) macht den Uebergang vom Thon zum Sande. Er ist ein mit Quarzsand und mehr oder weniger Eisenocker, zuweilen auch mit Kalk gemengter Thon von gelber oder bräunlicher Farbe, die nach dem Brennen in Roth übergeht. Er bildet mit Wasser eine wenig plastische Masse und ist nicht sehr feuerbeständig. Der Lehm ist die verbreitetste Formation des Thones und, indem er besonders in den jüngsten Ablagerungen der Erdrinde nahe an der Oberfläche vorkommt, von grossem Einfluss auf die Lockerheit des Bodens. Dem Lehm ähnlich ist der Letten, der in vielen tertiären und Flötzformationen sich findet. Der in den Rheingegenden in grossen Massen angeschwemmte Löss ist eine Art feinen Lehms. — Der Lehm findet Anwendung zu Backsteinen und Ziegeln, mit Häcksel vermengt zum Ausstacken der Fachwerke und zu den Lehmwänden, zu dem Pisébau, zum Vermauern der Steine bei Brandmauern, Schornsteinmauern, wobei er aber nicht wie der Kalkmörtel die Steine zu einem Ganzen verbindet, sondern nur die Fugen ausfüllt.

Die in Deutschland seltener in der Thonwaarenfabrikation Anwendung findenden Gemenge von Thon und Eisenocker oder Eisenoxydhydrat, wie Röthel, Bolus und Ocker, können übergangen werden.

Zusammensetzung der Kaoline.

Die Kaoline im reinen Zustande und nur durch Waschen von gröberen Körpern (Quarzkörnern und dergl.) befreit, sind Gemenge von Porcellanthon mit Gesteinrückstand. Der Porcellanthon, d. i. der plastische Theil des Kaolins, ist immer gleich zusammengesetzt. Die Zusammensetzung der Kaoline ergiebt sich aus folgenden Analysen:

		Kieselerde			
Fundort	Gesteinrückstand	frei	an Thonerde gebunden	Thonerde	Wasser
St. Yrieux	9,7	10,9	31,0	34,6	12,2
Cornwallis	19,6	1,2	45,3	24,0	8,7
Devonshire	4,3	10,1	34,0	36,8	12,7
Passau	4,5	9,7	36,7	37,0	12,8
Aue	18,0	1,7	34,2	34,1	11,0
Morl bei Halle	43,8	4,4	21,6	22,5	7,5

Eintheilung der Thonwaaren.

Eintheilung der Thonwaaren. Nach der innern Beschaffenheit der gebrannten Masse (des Scherbens), kann man die Thonwaaren am naturgemässesten unterscheiden als dichte und poröse Thonwaaren. Die dichten sind so stark erhitzt worden, dass ihre Masse halbverglast (aufgelöst, geflossen) erscheint; sie sind im Bruche glasartig, durchscheinend, undurchdringlich für Wasser und geben am Stahle Funken. Die poröse Thonwaare ist in der Masse nicht verglast und daher locker; ihr Bruch ist erdig, ihre Masse zerreiblich, lässt in nicht glasirtem Zustande Wasser durch und klebt an der Zunge. Die gebrannte Masse, mag sie dicht oder porös sein, bleibt entweder rauh, in welchem Falle die Thonwaare einfach heisst, oder sie ist mit einer glasartigen Masse, mit Glasur, überzogen und heisst dann zusammengesetzt.

Die Thonwaaren lassen sich in folgender übersichtlicher Weise eintheilen:

I. Dichte Thonwaaren. A. Aechtes oder hartes Porcellan. Masse gleichsam geflossen, nicht mit dem Messer ritzbar, feinkörnig, durchscheinend, klingend, weiss, gleichartig und strengflüssig. Bruch mässig muschelig und feinkörnig. Spec. Gewicht 2,07–2,49. Die Masse besteht aus zwei Substanzen, nämlich aus einer unschmelzbaren, dem Kaolin, welche ihr die Eigenschaft ertheilt, den zur Porcellanerzeugung nöthigen Hitzegrad zu ertragen, ohne zu erweichen, und einem zu Glas schmelzenden unbildsamen Zusatze, dem sogenannten Flusse, meist Feldspath mit oder ohne Zufügung von Gyps, Kreide und Quarz; die Glasur ist wesentlich dem zur Masse gesetzten Flusse gleich und besteht ebenfalls aus Feldspath, zuweilen mit etwas Gyps, aber nie mit Blei- oder Zinnoxyd. Es ist für die Fabrikation des ächten Porcellans charakteristisch, dass das Garbrennen der Masse, wobei diese durchscheinend und dicht wird, mit dem Aufbrennen in einer Operation geschieht.

B. Weiches Porcellan oder Frittenporcellan. Masse leichtflüssiger als das ächte oder harte Porcellan; man unterscheidet:

α) französisches oder eigentliches Frittenporcellan, eine glasähnliche Masse (unvollständig geschmolzenes Kalium-Aluminium-Silicat) ohne Zusatz von Thon dargestellt (daher mit Unrecht zu den Thonwaaren gerechnet), mit bleihaltiger, dem Krystallglas ähnlicher Glasur;

β) englisches weiches Porcellan, die Masse zusammengesetzt aus Kaolin, plastischem, sich weiss brennendem Thone (Pfeifenerde), Feuerstein und als Flussmittel Cornish stone (verwitterter Pegmatit), Gyps oder Knochenasche (wesentlich Calciumphosphat) in sehr verschiedenen Verhältnissen. Die Glasur besteht aus *Cornish stone*, Kreide, Feuersteinpulver, Borax, meistens mit, seltener ohne Zusatz von Bleioxyd. Da die Glasur weit leichtflüssiger ist als die Masse, so muss letztere in dem ersteren längeren Feuer bereits fast gargebrannt sein, ehe in einem zweiten, mässigeren und kürzeren Feuer die Glasur aufgebrannt wird. Die Verschiedenheit der Glasur von dem Fluss der Masse bewirkt eine geringere Haltbarkeit der ersteren und häufige Rissigkeit derselben.

C. Statuenporcellan oder Biscuit und zwar:

α) ächtes und unglasirtes Porcellan,

β) parisches Porcellan oder Parian. Unglasirtes Statuenporcellan von einer dem englischen Porcellan ähnlichen, aber strengflüssigeren Masse,

γ) Carrara, zwischen Parian und Steinzeugmasse in der Mitte stehend, weniger durchscheinend als Parian und von etwas weisserer Farbe.

D. Steinzeug. Masse dicht, klingend, feinkörnig, homogen, nur an den Kanten oder kaum durchscheinend, weiss oder gefärbt. Das feine weisse Steinzeug ist nur durch die mangelnde Durchscheinenheit äusserlich von dem Porcellan unterschieden.

α) Glasirtes porcellanartiges Steinzeug. Die Masse besteht aus plastischem, sich weiss brennendem, weniger feuerbeständigem Thon mit Zusatz von Kaolin und Feuerstein; als Flussmittel ein feldspathiges Mineral; die Glasur enthält Borax und Bleioxyd und ist durchsichtig;

β) weisses oder gefärbtes unglasirtes Steinzeug (hierher gehört das Wedgwood). Aehnlich der vorigen Masse;

γ) gemeines Steinzeug mit Salzglasur. Der halbgeflossene Zustand der Masse ist nicht durch Zusatz von Flussmittel hervorgerufen, sondern nur durch stärkere Einwirkung des Feuers auf die nicht vollständig feuerfeste Thonmasse. Die Masse besteht aus plastischem Thon (Pfeifenthon), entweder für sich oder mit einem Gemengtheile, der sich im Feuer wenig oder nicht zusammenzieht und die Schwindung des Thones vermindert, z. B. feinem Sande oder Scherben von gebranntem Steinzeug. Glasur ein Anflug von kieselsaurem Thonerde-Natron.

II. Poröse Thonwaaren. A. Feine Fayence mit durchsichtiger Glasur. Masse erdig, an der Zunge hängend, undurchsichtig, etwas klingend, mit durchsichtiger, bleiischer, auch Borax, Feldspath u. s. w. enthaltender Glasur.

B. Fayence mit undurchsichtiger Glasur (auch zuweilen Steingut genannt). Masse aus sich gelblich brennendem Töpferthon oder Thonmergel bestehend, mit undurchsichtiger weisser oder gefärbter zinnhaltiger Glasur (Email). Hierher gehören die Majoliken und emaillirten Fayencen des Mittelalters, die Delfter Waare u. s. w.

C. Ordinäre Töpferwaare. Masse gewöhnlicher Töpferthon oder Thonmergel und stets röthlich gefärbt, weich und porös. Meist bleiische und immer undurchsichtige Glasur. Je nach der Farbe der Glasur weisse oder braune Töpferwaare. Erstere bildet das gewöhnliche Kochgeschirr, letztere das bunzlauer oder waldenburger Geschirr.

D. Ziegel, Terracotten, Backsteine, feuerfeste Steine (Tiegel, Röhren, Bauornamente, Krüge, Urnen des Alterthums u. s. w.). Masse erdig; meist mehr oder weniger ungleichartig; immer gefärbt (brennt sich nicht weiss), porös, leichtflüssig, wenig klingend und undurchsichtig. Glasur findet nur ausnahmsweise Anwendung.

I. Hartes Porcellan.

Mahlen und Mischen der Materialien.

Das harte oder ächte Porcellan ist zusammengesetzt aus einem Gemenge von farbloser Porcellanerde mit Feldspath als wesentlichem Flussmittel, welchem bisweilen Quarz, Kreide oder Gyps zugesetzt werden. Die Porcellanerde, an und für sich unschmelzbar, würde im Feuer sich nur zu einer erdigen undurchsichtigen Masse brennen, mit den Flussmitteln innig gemischt, schmelzen letztere bei der hohen Temperatur des Glasofens, umhüllen die Kaolinmoleküle und füllen die Poren aus. Nach Ehrenberg's Beobachtungen unter dem Mikroskope lassen sich in dem Porcellan die filzähnlich zusammengehäuften Kaolinkügelchen in der geschmolzenen Masse deutlich erkennen. Die Materialien der Porcellanfabrikation finden sich nicht in der Natur in einem solchen Zustande, in welchem sie ohne weitere Vorbereitung zur Herstellung der Masse verwendet werden könnten. Die Porcellanerde, Feldspath und Quarz müssen vorher in unfühlbaren Staub verwandelt werden. Nach dem Zerkleinern wird das Ganze gesiebt. Die fernere Trennung der fremdartigen Bestandtheile geschieht durch das Schlämmen, welches sich auf die Eigenschaft des plastischen Theiles der Porcellanerde gründet, mit Wasser ein milchähnliches Liquidum zu bilden, welches das Kaolin suspendirt enthält. Je nach dem Grade der Feinheit setzen sich diese Theilchen früher oder später ab, während die gröberen Beimengungen sogleich sich absetzen, andere Unreinigkeiten organischer Natur dagegen auf der Oberfläche schwimmend bleiben.

Aus diesen geschlämmten Materialien wird nun die Porcellanmasse zusammengesetzt. Reines Kaolin, obgleich von grosser Plasticität, kann für sich allein zur Herstellung des Porcellans keine Anwendung finden, da daraus hergestellte Gegenstände beim Trocknen stark schwinden und Risse bekommen und im Feuer erweichen und sich setzen. Diese Uebelstände fallen hinweg, wenn man das Kaolin mit feingeschlämmtem Quarzsand vermischt; dieser Zusatz vermindert jedoch die Plasticität und erschwert das Formen der Masse. Ferner erhärtet eine nur aus Kaolin und Sand bestehende Masse im Feuer zu einer wohl festen, aber auch porösen Masse, die sich nur schwierig mit einer Glasur überziehen lässt. Giebt man aber dem Gemisch noch einen Zusatz von Feldspath, so bildet derselbe im Porcellanofen ein Glas, welches die poröse Masse durchzieht und sie nicht nur undurchdringlich für Flüssigkeiten macht, sondern auch Adhäsion der Glasur zur Masse vermittelt. Die in der Berliner Porcellanmanufactur angewendete Masse besteht nur aus Kaolin und Feldspath, ohne Zusatz eines sonstigen Flussmittels[95].

Zusammensetzung der Porcellanmasse nach den Materialien:

Nymphenburg.		Wien.		Meissen.	
Kaolin von Passau	65	Kaolin von Zedlitz	34	Kaolin von Aue	18
Sand daraus	4	Kaolin von Passau	25	Kaolin von Sosa	18
Quarz	21	Kaolin von Unghvar	6	Kaolin von Seilitz	36
Gyps	5	Quarz	14	Feldspath	26

Biscuitscherben	5	Feldspath	6	Scherben	2
		Scherben	2		

Das Mischen der abgemessenen Substanzen im breiigen Zustande erfolgt in grossen Bottichen durch Umrühren; dies geschieht am innigsten und zweckmässigsten indem man die Schlempe durch eine Pumpe aus dem einen Bottich pumpt und durch ein Sieb in einen zweiten Bottich laufen lässt, aus welchem sie eine zweite Pumpe wieder in den ersten Bottich zurück befördert.

Trocknen der Masse.

Nachdem aus den Setzbottichen das Wasser abgelassen worden ist und die Masse sich als Schlamm (barbotine) abgeschieden hat, muss sie durch Trocknen auf **Durch Verdunstung.** die gehörige Consistenz gebracht werden. Das Abtrocknen (das Massekochen) durch Verdunstung kann geschehen, indem man die Masse in weiten hölzernen Kasten einem starken Luftzuge aussetzt. Dies ist eine sehr gewöhnliche Methode, die Masse zu trocknen, da aber dieselbe nur während des Sommers Anwendung finden kann und wohl selten eine Fabrik den Sommer hindurch so viel zu liefern vermag, dass sie des Trocknens im Winter überhoben wäre, so sucht man das Abtrocknen durch Wärme zu bewerkstelligen. **Durch Absorption.** Das gewöhnlichste Mittel des Trocknens der Masse ist das durch Absorption, wozu man sich als absorbirender Unterlage des gebrannten Lehmes (der Ziegelmasse) oder des Gypses bedient. Das Abtrocknen durch Gyps ist ziemlich kostspielig, weil die absorbirenden Gypswände nach einiger Zeit wieder getrocknet werden müssen und häufig sogar einer Erneuerung bedürfen; ferner geht das Trocknen ziemlich langsam vor sich, weil der Gyps, wenn er eine gewisse Menge Wasser aufgenommen hat, an der Aussenseite erst wieder Wasser abgeben muss, um auf der Innenseite wieder welches **Durch Luftdruck.** aufnehmen zu können. Das Abtrocknen der Masse kann auch geschehen durch Luftdruck; man bringt zu diesem Zwecke die zu trocknende Masse in einen aus porösen Platten zusammengesetzten Kasten, unter welchem man einen luftverdünnten Raum erzeugt, entweder durch Condensation von Wasserdämpfen oder durch Abfliessenlassen von Wasser. Auf letzteres Princip gründet sich der Apparat von Talabot. **Durch Pressen.** Neuerdings hat man das Trocknen der Masse durch Gyps häufig durch das von Grouvelle und Honoré eingeführte Verfahren des Trocknens ersetzt. Zu diesem Zwecke bringt man die von dem grössten Theile des Wassers bereits befreite Masse in feste hanfene Säcke und setzt sie in einer Schrauben- oder Hebelpresse einem langsam wirkenden Drucke aus. Die gepresste Masse hat im Allgemeinen grössere Plasticität, als die durch künstliche Wärme entwässerte Masse; die Pressmethode ist aber kostspielig, da die Säcke mürbe werden und bald erneuert werden müssen.

Kneten und Faulen der getrockneten Masse.

Möge man die Masse mit Hülfe von Gyps oder durch Anwendung von Pressen getrocknet haben, in allen Fällen wird sie nicht gleichmässig getrocknet sein; sie enthält ferner stellenweise Lufttheile, die erst ausgetrieben werden müssen. Die Gleichförmigkeit der Masse erreicht man durch Kneten und Faulenlassen (Rotten) der Masse, das Kneten geschieht durch Treten mit den Füssen oder durch Schlagen. Die Plasticität der Porcellanmasse wird wesentlich befördert, wenn man dieselbe an einem feuchten Orte längere Zeit sich selbst überlässt, wo dann eine Art Fäulniss eintritt.

Jauche und Moorwasser sind diejenigen Flüssigkeiten, welche man zur Beförderung der Fäulniss anwendet. Brongniart erklärt den günstigen Einfluss der Fäulniss auf die Masse durch die Annahme, dass sich durch die Fäulniss Gase bilden, welche allen Theilen eine fortwährende Bewegung ertheilen, die einer Mischung der Masse durch Kneten, Schneiden u. s. w. gleichkommt und sie vielleicht in ihrer Wirkung noch übertrifft, weil sie sich auch auf die feinsten Moleküle ausdehnt und so zu sagen keines derselben an seiner Stelle duldet. Die Ursachen, aus welchen durch die Fäulniss und das lange Liegenlassen der Porcellanmasse eine Verbesserung derselben eintritt, sind nicht bekannt, und man hat zur Erklärung des Vorganges bis jetzt nur Hypothesen aufgestellt. Salvétat stellt die folgende Hypothese auf: Bei der Fäulniss der Porcellanmasse treten reichliche

Mengen von Schwefelwasserstoffgas auf. Dieses Gas entsteht wahrscheinlich durch Reduction des schwefelsauren Kalkes zu Schwefelcalcium unter Mitwirkung der organischen Substanz und entweicht aus dem Schwefelcalcium, sowie dasselbe mit der Kohlensäure der Luft in Berührung tritt. Die eintretende schwarze Färbung der Masse und ihr Weisswerden an der Luft ist eine Folge der Bildung von schwarzem Schwefeleisen, welches an der Luft sich zu Eisenvitriol oxydirt, der mit den Waschwässern entfernt wird. Möglicherweise kann auch durch langes Aufbewahren der Masse unter Wasser die Zersetzung eines Theiles des feldspathhaltigen Elementes veranlasst werden. Nach E. von Sommaruga (in Wien) werden die aus den vorhandenen Sulfaten entstandenen Schwefelmetalle an der Luft in Schwefelwasserstoff und kohlensaures Salz umgesetzt, welches letztere zum Theil durch das aus der Masse abtropfende Wasser aufgenommen und entfernt wird, wodurch die Feuerfestigkeit der Masse zunimmt. Die hinreichend abgelagerte und wieder weiss gewordene Masse wird mit einem sichelähnlichen Werkzeuge oder auch mit Hülfe hölzerner Messer in feine Späne geschnitten, die von den Massearbeitern wieder zusammengeschlagen und zu Ballen geknetet werden.

Das Formen.

Die geknetete und der Fäulniss unterworfen gewesene Porcellanmasse gelangt nun in besondere Räume, in welchen dieselbe geformt wird. Das Formen geschieht entweder: a) durch Drehen auf der Töpferscheibe, b) mit Hülfe von Formen.

Das Drehen auf der Töpferscheibe.

Die Töpferscheibe (Drehscheibe) besteht in ihrer einfachsten Form aus einer vertikalen eisernen Axe, einer oben darauf befestigten horizontalen hölzernen Scheibe, auf welcher die Masse gedreht wird, und einem unten angebrachten Schwungrade. Nachdem der Dreher die zu formende Masse auf die Scheibe gebracht hat, setzt er den Apparat in Bewegung und hält die Hände mit einem gelinden Drucke gegen die Masse. Hält er die Daumen in den Mittelpunkt und drückt abwärts, so entsteht eine Höhlung, welche sich erweitert, wenn er die Daumen entfernt, und eine glockenähnliche Gestalt annimmt, sobald er die Daumen wieder nähert. Fasst der Dreher die Wände des Gefässes zwischen Hand und Daumen, so kann er die Wand beliebig erhöhen und verdünnen. Die Hände werden durch Eintauchen in Schlicker, in Wasser fein zertheilte Porcellanmasse, schlüpfrig erhalten. Die Masse wird entweder direct auf der Holzscheibe oder auf einer Unterlage von Gyps, die mittelst Schlicker auf der Scheibe befestigt ist, gedreht. Bei grossen Stücken wendet man zum Formen die Faust an, bei tieferen Stücken, um gewissermaassen die Finger zu verlängern, Stäbchen, die mit Schwamm umwickelt sind. Nachdem die Form des Gefässes der wirklichen so nahe als möglich gekommen, vollendet der Dreher die Form mit Hülfe des Steges, einer Art Lehre aus Eisen, Schiefer oder Horn, deren Form sich nach der Art des herzustellenden Gegenstandes richtet; sie ist bald dreieckig, bald in Curven geschnitten. Hierauf schneidet er das geformte Stück mit Hülfe eines feinen Messingdrahtes von der Scheibe ab und bringt es vorsichtig auf ein Brett, um es hier bis zur ferneren Verarbeitung trocknen zu lassen.

Das Formen mit Gypsformen.

Alle Gegenstände von nicht kreisförmigem Querschnitte, demnach ovaler oder complicirter Gestalt, werden in Formen bearbeitet, welche diejenigen Flächen vertieft enthalten, die auf dem herzustellenden Gegenstande erhaben sein sollen und umgekehrt. Das Formen geschieht entweder: a) durch Pressen und mit Anwendung von trockener Masse; b) mit weicher Masse von Teigconsistenz, oder c) durch Giessen mit flüssiger Masse. Man beginnt mit der Anfertigung des Modells oder der Patrone; die massiven Stücke brauchen nur ein Modell, die hohlen Stücke öfters zwei. Das Material zum Modell ist entweder Thon oder Wachs oder Gyps, oder endlich Metall. Nur wenige Substanzen sind geeignet, als Material für die Masseformen verwendet zu werden. Die zu formende Porcellanmasse muss hinlänglich geschmeidig sein, um sich in alle Vertiefungen der Form drücken zu lassen, auf der andern Seite muss sie beim Entfernen aus der Form Steifigkeit genug haben, um sich nicht mehr zu verbiegen. Die Masse muss demnach in der Form consistenter geworden sein. Daraus folgt, dass zur Herstellung einer Form nur ein poröses Material, welches Feuchtigkeit zu absorbiren vermag, Anwendung finden kann. Nur der Gyps und der gebrannte Thon besitzen Porosität in hinlänglichem Grade. Gewöhnlich wendet man Formen von Gyps an. Man unterscheidet Ballenformerei und Schwartenformerei. Nach der ersten

Art wird die Porcellanmasse in Stücken von der geeigneten Grösse, die von dem Ballen abgeschnitten werden, entweder mit den Fingern oder mit einem besonders zugerichteten Holze so in die Form eingepresst, dass das Stück eine gleichmässige Scherbenstärke erhält. Zwischen die Finger und die Porcellanmasse muss ein feines leichtes Läppchen gelegt werden. Man legt dann, wenn die Form aus zwei Hälften besteht, die beiden Hälften auf einander und vereinigt durch Druck die beiden geformten Hälften. Teller, Tassen und ähnliche Hohlgefässe formt man mit Hülfe von Schwarten, worunter man flache, dünne Blätter von Porcellanmasse versteht, welche man entweder durch Schlagen mit einem hölzernen, mit Schafleder überzogenen Hammer oder durch Auswalzen erzeugt. Am zweckmässigsten combinirt man beide Methoden, indem man einen kleinen Masseballen erst durch Schlagen abplattet und dann mit einem Wellholz ausrollt, wobei zwei Lineale, welche zu beiden Seiten der Schwarte zu liegen kommen, das Maass für die Stärke der Schwarte geben. Neuerdings fertigt man die Schwarten häufig mit Hülfe von Maschinen.

Formen durch Giessen.

Das Formen von Porcellangegenständen durch Giessen aus dickem Massebrei beruht gleichfalls auf der Eigenschaft der Gypsformen, Wasser zu absorbiren und auf diese Weise die Porcellanmasse consistenter zu machen. Die zum Giessen bestimmte Porcellanmasse wird mit Wasser zu einer dicken Schlempe angerührt, welche keine Luftblasen, keine Knoten und Massetheilchen enthalten darf. Sie wird in ein Reservoir gebracht, von wo aus sie in die Formen gegossen werden kann, welche auf der inwendigen Fläche mit Hülfe eines Pinsels mit einer dünnen Schicht von Masse überzogen wurden. Man füllt nun die Form mit dem Massebrei an, wobei dafür zu sorgen ist, dass die Luft aus der Form entweichen kann. Nachdem nun durch Absorption von Wasser eine dünne Masseschicht entstanden ist, giesst man die flüssige Masse ab und füllt neue Masse nach, was so oft wiederholt wird, bis die gewünschte Wanddicke erreicht ist. Nach vorstehender Methode stellt man Porcellanröhren und Porcellanretorten

Das Nachbessern und Ansetzen.

dar. Hierbei ist es häufig der Fall, dass die Schablone nicht beweglich, sondern befestigt ist, wodurch der zu formende Gegenstand einen weniger ungleichmässigen Druck erfährt. Es kommt selten vor, dass der geformte Gegenstand ohne weiteres getrocknet und gebrannt werden könne; in den meisten Fällen ist noch ein Abdrehen, Ausbessern, Verzieren durch Guillochiren und endlich ein Ansetzen von besonders geformten Theilen, z. B. Henkeln, nothwendig.

Fertigen von Porcellangegenständen ohne Formen.

Gewisse Porcellanarbeiten werden aus freier Hand gefertigt, so die Sculpturarbeiten und die Anfertigung von Blumen, von welchen letzteren man die Blätter, Stengel, Kelche und Blumenkronen so wie alle übrigen Theile mit Hülfe des Bossirgriffels bildet. Feine Blätter werden indessen auch häufig in grosser Anzahl auf einmal in Gypsformen gepresst. Die Unmöglichkeit, freischwebende Theile wie Halme, Blumenstengel in Porcellanmasse auszuführen, welche sich beim Trocknen und Brennen verziehen oder umsinken würden, beschränkt einigermaassen die Auswahl unter den Blumen; man formt daher die Blumen meist ohne Stengel und macht diesen dann aus Draht. Die Blätter werden in der inneren Handfläche geformt, deren Furchen die Aderung des Blattes ziemlich täuschend nachbilden. Eine andere Arbeit aus freier Hand ist die Verzierung von Figuren mit Spitzen, Stickereien u. s. w., welche man mit Hülfe von Tüll und gehäkeltem Zeug darstellt; man benetzt es mit Wasser, taucht es in Schlicker, legt es an die betreffende Stelle des Porcellangegenstandes auf und lässt es trocknen. Während des Brennens wird die organische Substanz, aus welcher der Tüll oder das Zeug besteht, zerstört und es bleibt das Porcellangewebe allein zurück. Aehnliche Verzierungen werden auch erhalten, indem ein Arbeiter mit einem zugespitzten Holze von der Gestalt eines Bleistiftes dicklich gehaltene Porcellanschlempe tupfweise an die passende Stelle bringt.

Trocknen der Porcellanwaaren.

Nachdem die Porcellanwaaren geformt und durch das Abdrehen u. s. w. vollendet worden sind, werden sie an den Trockenort gebracht, wo das Trocknen bei gewöhnlicher Temperatur im Schatten vor sich geht. Da die Moleküle der Masse in dem Grade einander näher gerückt werden, als daraus die Feuchtigkeit verschwindet, so findet ein Schwinden, d. h. ein Abnehmen des Volumen statt, welches indessen die Proportionen unangetastet lässt, wenn das Trocknen gleichmässig geschieht. Die zu trocknenden Waaren bleiben auf Brettergestellen so lange sich selbst überlassen, bis sie keine Feuchtigkeit mehr verlieren.

Glasur und Glasiren.

Nur eine geringe Anzahl von Porcellangegenständen und dann meist nur Statuen und Figuren, kommt unglasirt, als sogenanntes Biscuit, in den Handel. Die meisten Porcellangegenstände sind mit einem glänzenden glasähnlichen Ueberzuge, mit der Glasur überzogen.

Alle Glasuren, welche in der Fabrikation von irdenen Waaren Anwendung finden, lassen sich unter folgende vier Abtheilungen bringen: 1) Erdglasuren sind durchsichtige Gläser aus Kieselerde, Thonerde und Alkalien geschmolzen; sie sind höchst strengflüssig und schmelzen in der Regel bei derselben Temperatur, bei welcher die Masse ihre Gare erlangt. Die Glasur des harten Porcellans ist eine solche Erdglasur. 2) Bleihaltige Glasuren sind bleihaltige durchsichtige Gläser, welche auch zuweilen neben der Kieselsäure Borsäure enthalten; meist schmelzen sie bei einer Temperatur, welche niedriger ist, als diejenige, bei welcher die Masse sich gar brennt. Das gewöhnliche Töpferzeug und die feine Fayence erhalten eine bleihaltige Glasur. 3) Emailglasuren sind theils weisse, theils gefärbte undurchsichtige Glasuren, meist Zinnoxyd neben Bleioxyd enthaltend; sie schmelzen leicht und dienen zum Maskiren der unangenehmen Farbe der darunter liegenden Masse. 4) Lüster sind meist Erd- und Alkaliglasuren, die die Masse als äusserst dünne Schicht, gleichsam als Hauch überziehen und nicht nur die darunter liegende Masse schützen und undurchdringlich machen sollen (wie die Glasur des gewöhnlichen Steinzeuges, mit Hülfe von Kochsalz und Wasserdämpfen hervorgebracht), sondern auch häufig (wenn sie Metalloxyde enthalten) nebenbei den irdenen Gegenstand zu decoriren bestimmt sind (Goldlüster, Kupfer- und Bleilüster).

Porcellanglasur.

Gegenwärtig handelt es sich nur um die Porcellanglasur. Man verlangt von ihr, dass sie bei der Temperatur, bei welcher die Porcellanmasse nur verglaset, schon schmilzt, dass sie ungefärbt und undurchsichtig sei; die Glasur muss ferner glatt und glasglänzend sein, sich von der Masse nicht lostrennen und nicht Risse bekommen, demnach fast genau denselben Ausdehnungscoëfficienten besitzen wie die Masse selbst; sie muss endlich hart und widerstandsfähig gegen Schnitt, Druck und Reibung sein. Die Glasur ist eine Porcellanmasse mit reichlichem Zusatz von Flussmitteln, so dass die Masse in dem Porcellanofen zum Schmelzen kommt.

In Meissen besteht die Glasur aus

Quarz	37
Kaolin von Seilitz	37
Kalk von Pirna	17,5
Porcellanscherben	8,5
	100,0

In der Berliner Porcellanfabrik setzt man die Glasur zusammen aus

Kaolin von Morl (bei Halle)	31
Quarzsand	43
Gyps	14

Porcellanscherben	12
	100

Auftragen der Glasur.

Das Auftragen der Glasur kann, wenn wir das Glasiren im Allgemeinen betrachten, auf viererlei Weise geschehen, nämlich; 1) durch Eintauchen, 2) durch Bestäuben, 3) durch Begiessen, 4) durch Verflüchtigen. Man trägt entweder die Glasur in Substanz mit allen Ingredienzien auf (durch Eintauchen und Begiessen), oder man führt der Masse gewisse Bestandtheile direct (durch Bestäuben) oder durch Verflüchtigen zu, welche mit der Masse zu Glasur zusammentreten.

Durch Eintauchen.

Das Glasiren durch Eintauchen ist die zum Glasiren des Porcellans, der feinen Fayence und zuweilen des Töpferzeuges angewendete Methode; sie erfordert denjenigen Grad von Porosität der Masse, um Flüssigkeiten begierig zu absorbiren; zugleich muss die Masse so viel Zusammenhang besitzen, dass sie vom Wasser nicht mehr aufgeweicht wird. Um daher die geformten und getrockneten Porcellangegenstände in den Zustand zu versetzen, in welchem sie mit Wasser zusammengebracht, nicht mehr ihre Form verlieren, müssen sie vorher gebrannt werden. Das ächte Porcellan wird deshalb vor dem Glasiren einem schwachen Brand, dem Verglühen unterworfen. Die mit Wasser gemahlene Glasur wird mit Wasser zu einem dünnflüssigen Teig wiederum ungefähr von der Consistenz der Kalkmilch angerührt. Taucht man nun ein verglühtes Geschirr in die Glasurbrühe, so wird ein Theil des Wassers von der porösen Masse rasch absorbirt und das in dem Wasser suspendirt gewesene Glasurmehl wird ähnlich einem Niederschlag auf einem Filter, auf der Oberfläche des Porcellans zurückbleiben, adhäriren und sich daselbst als eine gleichmässige Schicht verdichten.

Glasieren mittelst Bestäuben.

Das Glasiren mittelst Bestäuben ist die einfachste und billigste Glasirmethode und findet nur bei gröberen Waaren Anwendung, die zu einem so niederen Preise verkauft werden, dass ein Verglühen der Masse, um ihr die Eigenschaft, im Wasser sich zu zertheilen, zu benehmen, als zu kostspielig nicht möglich ist. Man beutelt über die frisch geformten noch feuchten Waaren Bleiglätte oder Mennige, zuweilen nur Bleiglanzpulver (Glasurerz); es bleibt alsdann eine Schicht davon auf der feuchten Oberfläche haften. Diese Pulver liefern das Bleioxyd, die Masse der Kieselerde und der Thonerde, welche zur Bildung der Glasur erforderlich ist. In neuerer Zeit hat man zum Bestäuben ein fein gepulvertes Gemenge von Zinkblende und calcinirtem Glaubersalz vorgeschlagen.

Durch Begiessen.

Das Glasiren durch Begiessen findet bei Geschirren Anwendung, welche keine Porosität und demnach kein Absorptionsvermögen mehr besitzen. Derartige Geschirre sind das Frittenporcellan und das englische Porcellan. Das Glasiren durch Begiessen kommt aber auch vor bei dem gewöhnlichen Töpferzeug und bei einigen Arten von Fayence. Man giebt der Glasurbrühe Rahmconsistenz und giesst davon in oder auf die zu glasirenden Waaren, indem man sie durch eigenthümliches Bewegen und durch Schwenken überall auszubreiten sucht. Durch dieses Glasirverfahren hat man die Möglichkeit, das Innere eines Gefässes mit einer andern Glasur als die äussere Fläche zu versehen. So sind z. B. viele Fayencen inwendig weiss und auswendig braun glasirt.

Durch Verflüchtigen.

Das Glasiren durch Verflüchtigung wird auf die Weise ausgeführt, dass man gegen das Ende des Brandes in dem Ofen einen salzigen oder metallischen Dampf bildet, der sich mit der Kieselerde der Masse zu einem wirklichen Glase verbindet. Die nach der Verflüchtigungsmethode glasirten Gegenstände sind so zu sagen nur auf der Oberfläche polirt, alle Formen bleiben demnach gänzlich unverändert. Man verfährt hierbei auf zweierlei Weise: nach der gewöhnlichen Art, die nur bei solchen Waaren Anwendung finden kann, welche ohne

Kapseln und offen gebrannt werden, wirft man Kochsalz in den Ofen und bringt auf die Feuerungen grünes Holz, welches zur Bildung von wasserreichem Rauch Veranlassung giebt. Da das Kochsalz schon in der Rothglühhitze Dampfgestalt annimmt, so ist das Innere des Ofens mit den Dämpfen desselben angefüllt, welche mit den Wasserdämpfen zu Salzsäure und Natron sich umsetzen. Letzteres schlägt sich auf die Masse nieder und bildet mit der kieselsauren Thonerde derselben ein Glas, das den Gegenstand überzieht. Die Glasur bildet sich eben so vollständig im Innern der Gefässe, als an der äusseren Oberfläche.

Bei feinem Steinzeug, das in Kapseln eingesetzt gebrannt wird, verfährt man behufs des Glasirens durch Verflüchtigen auf die Weise, dass man die innere Fläche der Kapseln mit den Substanzen überzieht, durch deren Verflüchtigung eine Glasur auf den eingesetzten Gefässen sich bilden soll. Eine sehr gebräuchliche Mischung zum Glasiren der inneren Kapselfläche besteht aus Potasche, Bleiglätte und Kochsalz. Während des Brennens verflüchtigt sich einerseits Kochsalz und andererseits Chlorblei, die mit der Kieselerde der Geschirrmasse sich zu einer dünnen Glasschicht verbinden. Man wendet in England auch häufig Borsäure an, die bei hoher Temperatur auch sich verflüchtigt. Diese Art des Glasirens, besonders in England heimisch, wird *Smearing* genannt.

Lüster und Flowing colours.

Hierher gehören auch die Lüster und die *flowing colours* der Engländer, wodurch die Weisse des Porcellangrundes auf liebliche Weise abgeändert wird. Man erhält diese Farben, indem man die Kapseln mit einem Gemenge von Chlorcalcium, Chlorblei und Thon bestreicht und gewisse Metalloxyde wie Kobaltoxyd in kleinen Gefässen in die Kapseln stellt. Die Metalloxyde werden in Chlormetall verwandelt und verflüchtigt und setzen sich gleich einem Nebel auf dem Geschirre ab.

Die Kapseln oder Kasetten.

Porcellangefässe und überhaupt feinere irdene Waaren dürfen beim Brennen nicht der freien Einwirkung der Flamme ausgesetzt sein, weil Flugasche und Rauch eine Verunreinigung derselben bewirken würde; man muss sie deshalb in einer Umhüllung brennen, welche zu diesem Zwecke eigens aus Thon verfertigt und Kapsel oder Kasette genannt wird. Man fertigt die Kapseln aus feuerfestem Thon, welcher mit gestossenen, schon gebrannten Kapselscherben (Charmotte oder mit Quarzsand) stark versetzt ist. Durch diesen Zusatz ist das Schwinden und auch die Gefahr des Verziehens und Reissens der Kapsel stark vermindert. In die Kapsel legt man zuerst eine ebengeschliffene Platte aus Kapselmasse (Pumbse) und stellt erst auf diese das Porcellan. Das Einsetzen der Porcellangeschirre in die Kapseln erheischt die grösste Sorgfalt. Hat der Arbeiter in die sorgfältig gereinigte Kasette den Pumbs gelegt, so bringt er das betreffende Porcellanstück, ohne dessen Glasur zu verletzen, an seinen Ort, so dass es die Kapsel ausser mit dem Fusse nirgends berühre. Auf diese Kapsel kommt eine zweite, darauf eine dritte u. s. f., bis eine Säule entstanden ist, welche der Einsetzer nach dem Ofen hin trägt.

Der Porcellanofen.

Die Einrichtung des Porcellanofens ist Fig. 147 im verticalen Durchschnitt und Fig. 148 in der äusseren Ansicht abgebildet. Der abgebildete Ofen ist ein verticalstehender Flammenofen mit drei Etagen und fünf Feuerungen mit Holzfeuerung eingerichtet. Im Allgemeinen stellt ein solcher Ofen einen hohlen Cylinder vor, dessen obere Decke eine Kuppel bildet, aus der in der Axe der Schornstein sich erhebt. Die flachen Gewölbe oder Etagen, in welche er abgetheilt ist, communiciren durch Feueröffnungen. Die beiden Etagen *L* und *L'* dienen zum Gar-, Glatt- oder Starkbrennen des Porcellans; die obere Etage *L''*, die Krönung genannt, dient zum Rohbrennen. Am Boden der beiden untern Abtheilungen sind die fünf Feuerungen angebracht, aus gemauerten viereckigen Kästen *f* bestehend, deren eine Wand vom Ofen selbst gebildet ist; in jedem Kasten liegt unten ein Rost. Von jedem Feuerkasten führt unten eine Oeffnung *g* durch die Ofenwand in den Ofen. *G* ist der Aschenraum, *T* die Oeffnung des Aschenraumes, die während des Brennens verschlossen ist, *o* eine Oeffnung, durch welche das Brennmaterial auf den Rost aufgegeben wird. Die Feuerkästen können mittelst eines eisernen Schiebers verschlossen werden. Das Innere des Ofens besteht aus Charmottesteinen und aussen ist derselbe mit eisernen Schienen versehen. In jede Etage führt eine Thüre *P* zum Einsetzen und Ausnehmen des Porcellans; sie wird nach der Beschickung mit feuerfesten Steinen zugesetzt und verschmiert. Die Heizung geschieht zuerst in den unter den Feuerungen befindlichen Feuerkammern, indem man etwas Holz darin anwendet. Ist durch dieses schwache Feuer, das Flattirfeuer (Lavir- oder Vorfeuer), die Waare bis zum starken Rothglühen erhitzt worden, so beginnt man das Scharf-, Gut- oder Glattfeuer. Später feuert man nicht mehr in der Feuerkammer, sondern legt das Holz in die vorspringende Oeffnung. Hier findet das Verbrennen so statt, dass von oben die Luft eintritt und dann durch das Brennmaterial hindurch in den Ofen geht. Auf diese Weise wird stets der untere Theil des Holzes verzehrt und die heisse Luft tritt aus den glühenden Kohlen sofort in den Ofen, während bei andern Feuerungen die Luft zuletzt durch das kalte Brennmaterial geht, das man von Zeit zu Zeit aufschüttet, und dadurch abgekühlt wird. Die in der Feuergrube sich ansammelnden Kohlen bilden dort eine bedeutende Glut, die zum Steigern der Temperatur nicht wenig beiträgt, ja ohne welche der beabsichtigte Wärmegrad kaum erreicht werden würde. Sobald die Kohle in dem Feuerkasten in solcher Masse sich angesammelt hat, dass sie über die Ofensohle emporsteigt, öffnet man die vorher verschlossenen Zuglöcher am Feuerkasten und gestattet dadurch der Luft den Zutritt zu den glühenden Kohlen. Auf solche Weise wird die Flamme durch den horizontal eintretenden Luftstrom mehr zur Axe des Ofens hingeführt. Während des Scharffeuerns sind die Feuerherde (die Schüren) wahre Generatoren und man hat so in jedem Feuerraum zwei Verbrennungen über einander, die sich wechselseitig bedingen. So lange der Ofen nicht in voller Weissglühhitze steht, hat man nicht nöthig, sich von der Höhe der Temperatur genauere Kenntniss zu verschaffen; ist aber Weissglühhitze eingetreten, so sucht man durch Probeziehen den Stand näher zu ermitteln. Nachdem nämlich die Kapselsäulen oder Stösse in den Ofen eingesetzt waren, vermauert man, wie oben bemerkt, die Einsetzöffnung, lässt aber in der Mauer eine Probeöffnung, durch welche man glasirte Porcellanscherben in besonders dazu gefertigten Kapseln einsetzt. Nachdem der Ofen weissglühend ist, öffnet man die Probeöffnungen, nimmt die Probescherben heraus und beurtheilt den Schmelzgrad ihrer Glasur. Das Gutbrennen dauert 17 bis 18 Stunden; man verschliesst dann den Ofen und lässt ihn erkalten, wozu 3–4 Tage erforderlich sind.

Zum Gelingen des Porcellanbrennens ist nicht nur eine sehr hohe Temperatur, nicht nur eine reichliche Entwickelung, sondern auch eine bestimmte chemische Beschaffenheit der Flamme Bedingung, insofern letztere von wesentlichem Einflusse auf die Farbe des Produktes ist. Zu diesem Zwecke muss die Flamme, wenn der Ofen in vollem Gange sich befindet, so viel als möglich die Beschaffenheit der Holzgasflamme besitzen, d. h. nicht blass und durchsichtig, sondern fett und weiss sein. Während der ersten Periode des Feuerns wirken die Gase oxydirend, in der Periode des Scharffeuerns ist dagegen der Ofen mit reducirenden Gasen angefüllt.

Das Entleeren des Ofens und Sortiren der Waare.

Nachdem der Ofen gehörig abgekühlt ist, schreitet man zum Entleeren desselben. Das den Kapseln entnommene Geschirr wird einer genauen Prüfung unterworfen, wobei es in vier Sorten geschieden wird: a) in Feingut, wozu alles Geschirr gehört, welches fleckenlos, milchweiss, blasenfrei, spiegelglatt in der Glasur, nicht verbogen und nicht gerissen ist; b) in Mittelgut, welches minder weiss und glatt in der Glasur ist und nur kleine Fehler hat, die man entweder beim Malen decken kann oder beim Gebrauch des Geschirres nicht nachtheilig sind; c) zum Ausschuss gehören alle Stücke, deren Glasur schlecht geschlossen oder eierschalig (d. h. wenn in der Glasur sehr viele feine Pünktchen sichtbar werden) und deren Farbe gelblich ist, die Verunreinigungen der Masse oder Verbiegungen zeigen; d) Stücke endlich mit Blasen oder Rissen, mit groben Verziehungen der Formen sind unverkäuflich und gehören dem Bruchgeschirre an.

Fehler der Porcellanmasse und der Glasur.

Die hauptsächlichsten Fehler der Porcellanmasse sind folgende: Risse der Masse; die Porcellanmasse ist kurz und nur wenig plastisch; sie zieht sich beim Trocknen stark zusammen und die kleinste Ungleichheit in der Zusammenziehung beeinträchtigt nicht nur die Form, sondern bewirkt selbst eine Trennung der Theile, die oft erst nach dem Brande als Riss sich bemerklich macht. Ein Aufsitzen des Porcellans auf einer Unterlage ist gleichfalls oft der Grund des Entstehens der Risse. Das Verziehen kann davon herrühren, dass entweder die Flamme zu stark auf gewisse Theile des Stückes wirkte, oder die Masse in Folge fehlerhafter Zusammensetzung zu schmelzbar war. Der Wund oder die Windung: die Porcellanmasse ist so empfindlich gegen Druck, dass sie an einer nur etwas mehr gedrückten Stelle weit weniger schwindet als an andern Stellen und man daher an einem auf der Scheibe gedrehten Stücke die Spirale sieht, nach welcher der Arbeiter beim Aufdrehen mit den Fingern von der Mitte gegen auswärts oder von unten nach auswärts gefahren ist. Dieser Fehler wird der Wund genannt. Die Flecken können von Körnern der Kapseln herrühren, welche auf das darin befindliche Porcellan gefallen und daraus eingeschmolzen sind. Solche Stellen kann man zuweilen ausbessern. Häufig haben die Flecken in der Einwirkung des Rauches auf die Porcellanmasse ihren Grund und tragen dann dazu bei, dass das Geschirr dem Ausschuss beigesellt werden muss. Die gelbe Färbung, welche die Masse zuweilen während des Brennens annimmt, rührt theils von der Einwirkung des Rauches, theils auch von einer oxydirenden Einwirkung der Flamme her, welche das Eisen der Masse in Eisenoxyd überführt. In der Glasur der Porcellanmasse machen sich hauptsächlich folgende Fehler bemerklich: Blasen, sie können in Folge von Gasentwickelung durch die Reaction der Glasurbestandtheile auf einander entstehen, aber auch das Resultat eines zu starken Feuers auf normal zusammengesetzte Masse oder Glasur sein. Die eierschalige Beschaffenheit ist ein Fehler, der sich bei der Glasur von Porcellan oft zeigt und derselben das Glänzende nimmt; wenn die Glasur nicht hinlängliche Schmelzbarkeit besass oder wenn sie nur unvollkommen gebrannt war, oder wenn endlich unter dem Einflusse reducirender Gase sich Alkalien verflüchtigten, so zeigt die Glasur eine eierschalenähnliche Beschaffenheit. Wenn die Masse und die Glasur verschiedene Ausdehnungscoëfficienten haben, so zeigen sich auf der Oberfläche Haarrisse; sind dieselben zahlreich und zeigen sie eine gewisse Regelmässigkeit, so nennt man solche Geschirre craquelirte (vases craquelés).

Porcellanmalerei.

Die Porcellanmalerei ist ein Zweig der Glasmalerei, deren Wirkung aber ausschliesslich auf das reflectirte, nie auf das durchgehende Licht berechnet ist. Die Porcellanfarben sind gefärbte Gläser, welche durch Aufschmelzen (Einbrennen) auf die Porcellanmasse Festigkeit und Glanz erlangen. Zur Erzeugung jeder Farbe gehört das farbegebende Metalloxyd und der Fluss. Je nach ihrem Verhalten im Feuer theilt man die Porcellanfarben ein in Scharffeuerfarben und Muffelfarben. Erstere enthalten färbende Oxyde, die vollkommen oder mindestens so feuerbeständig sind, dass sie die zum Scharfbrennen erforderliche Hitze unverändert ertragen. Man trägt sie unter der Glasur auf und schmilzt sie mit derselben. Da die meisten Metalloxyde bei der Temperatur des Scharffeuers ganz oder zum Theil sich verflüchtigen und einen unreinen Ton geben, so sind die meisten Porcellanfarben Muffelfarben, welche stets nach dem Glasiren auf der Glasur aufgetragen und in der Muffel eingebrannt werden.

Die in der Porcellanmalerei angewandten Metalloxydsalze sind folgende:

Eisenoxyd für Roth, Braun, Violett, Gelb und Sepia,

Chromoxyd für Grün,

Kobaltoxyd und Kalium-Kobalt-Nitrit für Blau und Schwarz,

Uranoxyd für Orange und Schwarz,

Manganoxyd für Violett, Braun und Schwarz,

Iridiumoxyd für Schwarz,

Titanoxyd für Gelb,

Antimonoxyd für Gelb,

Kupferoxyd und Kupferoxydul für Grün und Roth,

Ferrochromat für Braun,

Bleichromat für Gelb,

Bariumchromat für Gelb,

Chlorsilber für Roth,

Platinchlorid und Platinsalmiak für Platinfarbe,

Goldpurpur für Purpur und Rosenroth.

Von den vorstehenden Oxyden sind zu Scharffeuerfarben anwendbar das Uranoxyd, das Kobaltoxyd, das Chromoxyd, das Mangan- und Eisenoxyd und das Titanoxyd. Die meisten Metalloxyde, so das Eisenoxyd, das Chromoxyd, das Iridiumoxyd, besitzen schon von Hause aus die gewünschte Nüance; diese werden nur mit dem Flussmittel zusammengerieben und als Farbe benutzt; einige Oxyde erlangen die verlangte Färbung erst, wenn sie durch Schmelzen in Silicate oder Borate, überhaupt in Gläser übergegangen sind. So müssen z. B. Kobaltoxyd und Kupferoxyd erst mit Kieselsäure und Borsäure, Antimonoxyd mit dem Bleioxyd des Flusses zusammentreten, damit eine blaue, grüne oder gelbe Farbe sich bilde. Letztere Farben heissen Schmelzfarben, weil sie ihre Farbe erst erhalten, wenn sie mit dem Flussmittel zusammengeschmolzen werden, zum Unterschiede von den Frittefarben, deren Verwendung ein Fritten vorausgehen muss, durch welches die Farbe in einen halbverglasten Zustand versetzt wird.

Fig. 149.

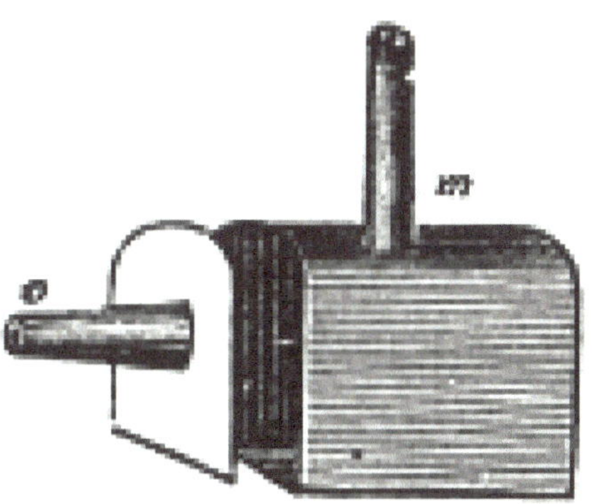

Fig. 150.

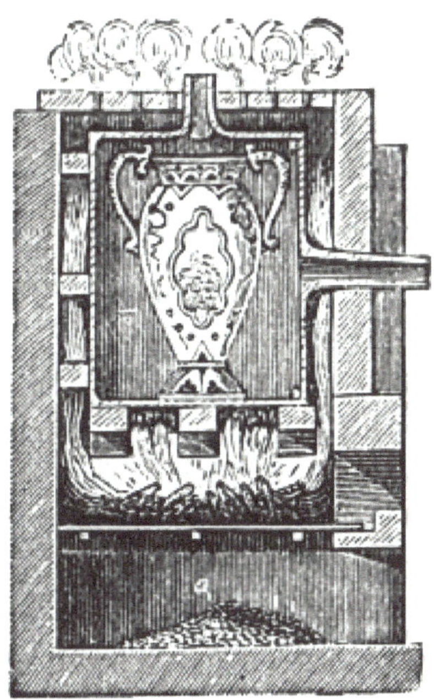

Das Einbrennen der Farben geschieht bei den Scharffeuerfarben im Gutofen mit dem Aufbrennen der Glasur, bei den Schmelzfarben dagegen in der Muffel (Fig. 149) aus Kapselmasse gefertigt, welche in dem Muffelofen zum Glühen erhitzt wird; die vordere Wand der Muffel dient als Thüre zum Eintragen des Geschirres, das Rohr *o*, um die Temperatur und den Grad des Aufgebranntseins zu beobachten; das von der Mitte der oberen Wölbung der Muffel sich erhebende Rohr *m* gestattet den sich entwickelnden Terpentinöl- oder Lavendelöldämpfen den Abzug. Beide Rohre sind mit Thonpfropfen verschlossen. Fig. 150 zeigt eine eingesetzte Muffel mit Geschirr, so wie sie in der kaiserlichen Manufactur zu Sèvres üblich ist. Sobald die Muffel lebhaft rothglüht, beginnen die Farben zu fliessen; man öffnet von Zeit zu Zeit das Schauloch, um den Moment wahrzunehmen, wo die spiegelnde Oberfläche anzeigt, dass die Farben vollkommen geflossen sind. Das Schaurohr und das obere Abzugsrohr der Muffel dürfen nie zu gleicher Zeit geöffnet werden, damit nicht ein kalter Luftstrom in die Muffel dringt. Da die Muffelfarben stets auf der Glasur sich befinden, so lassen sie sich meist als fühlbare Erhabenheiten wahrnehmen; da sie ausserdem gefärbte Bleigläser und deshalb weich sind, so unterliegen diese Farben doppelt der Abnutzung — Uebelstände, die bei den Scharffeuerfarben, als unter der Glasur liegend, nicht vorkommen.

Decoriren des Porcellans.

Das Gold wird behufs der Vergoldung von Porcellan aus seiner Lösung in Königswasser entweder durch Eisenvitriol oder durch salpetersaures Quecksilberoxydul oder vortheilhafter noch durch Oxalsäure gefüllt. Vor seiner Anwendung wird das Gold mit dem Flussmittel auf das Innigste gemischt. Man wendet als Fluss basisch salpetersaures Wismuthoxyd an. Das Muschel- oder Malergold, dessen man sich ebenfalls zum Vergolden bedient, besteht aus den Schabinen von der Bereitung des ächten Goldblattes. Diese Schabinen werden mit einem in siedendem Wasser leicht löslichen Körper, wie Zucker, Salz oder Honig, fein gerieben. Die Vergoldung muss auf die von Fett vollständig befreite Fläche aufgetragen werden, weil sonst das Gold durchaus nicht adhäriren würde. Das Gold wird entweder mit dem Pinsel oder durch Druck aufgetragen. Das Einbrennen geschieht in der Muffel. Da das Gold dabei nicht schmilzt, sondern nur durch den schmelzenden Fluss auf das Porcellan befestigt wird, so zeigt es nach dem Brennen keinen Glanz, welchen es erst durch das Poliren (Vorpoliren mit glattem Achat und Reinpoliren mit Blutstein) erhält.

Durch Glanzvergoldung.

Ganz verschieden von der vorstehenden Vergoldung ist die Meissner Vergoldung oder Glanzvergoldung, deren Glanz nicht nur durch Reiben und Poliren hervorgebracht wird, sondern während des Brennens selbst entsteht. Sie wird gewöhnlich durch Einbrennen einer Lösung von Schwefelgold oder Knallgold in Schwefelbalsam erhalten. Ob ein Gegenstand durch gefälltes metallisches Gold oder durch ein Glanzgoldpräparat vergoldet ist, lässt sich mit Sicherheit nicht durch Streichen mit dem Finger, mit Leder oder durch Kratzen mit den Nägeln u. s. w. beurtheilen. Führt man aber die vergoldete Fläche einige Male gegen das Haupthaar, so nimmt dieses die Glanzvergoldung wie eine feine Feile weg, wogegen die echte Vergoldung davon nicht leidet.

Durch Silber und Platin.

Das Versilbern und Platiniren ist nur in geringer Ausdehnung üblich. Das metallische Silber wird aus seiner Lösung durch Kupfer oder Zink, das Platin aus neutralem Platinchlorid durch Kochen mit Kali und Zucker gefällt. Das Schwarzanlaufen der Versilberung auf Porcellan durch schwefelwasserstoffhaltige Ausdünstungen kann man nach Rousseau verhindern, wenn man vor dem Brennen auf das Silber eine sehr dünne Schicht Gold ausbreitet. Es entsteht dann eine weisse Legirung von Gold-Silber, welche beständig ist. Es sind indessen zum Gelingen viele Vorsichtsmaassregeln nöthig. Silber und Platin werden mit basisch salpetersaurem Wismuthoxyd gemengt, aufgetragen und eingeschmolzen; sie werden nachträglich polirt. Glanzplatin oder Platinlüster erhält man durch Auftragen von Platinsalmiak mit Lavendelöl oder Schwefelbalsam und Einbrennen.

Lithophanien.

Das Durchscheinende des Porcellans hat man zur Darstellung der Lithophanien oder Lichtbilder benutzt; es sind dies in flachen Gypsformen mit Reliefzeichnungen gepresste dünne und nicht glasirte Porcellanplatten, welche im durchfallenden Lichte in Folge der zweckmässig abgestuften Dicke Licht und Schatten der Figuren mit einer sonst unerreichbaren Wärme und Weichheit im Uebergange der Töne zeigen. Eine grosse Aehnlichkeit mit den Lithophanien haben die unter dem Namen Email ombrant oder Email de Rubelles oder Lithoponien angefertigten Porcellan- und Fayencegegenstände; in Bezug auf die Pressung zeigen sie aber das

Entgegengesetzte der Lithophanien, weil bei dem Email ombrant die dunkelsten Stellen gerade am meisten vertieft, daher am dünnsten sein müssen, und das Bild nicht im durchgehenden, sondern im auffallenden Lichte betrachtet wird. Man wendet diese Verzierung auf Tafelservice und Kacheln an; diese Gegenstände erhalten durch Formen eingedrückte Vertiefungen, welche dann mit halbdurchsichtiger gefärbter Glasurmasse ausgefüllt werden, wobei die tiefsten Stellen dickere Schichten von Glasur aufnehmen und daher dunkler erscheinen als die erhabeneren Stellen, welche weniger mit Glasur bedeckt werden und dadurch heller bleiben.

II. Weiches oder Frittenporcellan.

Französisches Frittenporcellan.

Das weiche oder Frittenporcellan wird als französisches und englisches unterschieden.

Das französische oder eigentliche Frittenporcellan (mit welchem im vorigen Jahrhundert die Fabrikation des Porcellans überhaupt in Frankreich und Italien begann) ist eine 1695 von Morin in Saint-Cloud bei Paris erfundene glasartige Masse (ein unvollständig geschmolzenes Alkali-Erde-Silicat), ohne Zusatz von Kaolin, mit bleihaltiger, dem Krystallglas ähnlicher Glasur. Es gehört demnach nur uneigentlich zu den Thonwaaren, die Aehnlichkeit mit dem Porcellan entspringt nur aus der unvollkommenen Schmelzung der durch Uebersetzung mit Kalk und Thonerde strengflüssig gemachten Masse. Die Masse zu dem Frittenporcellan wird zusammengesetzt: 1) aus einer glasartigen Masse, der Fritte, um der Masse Kieselerde und Alkalien zu geben, 2) aus Mergel, um Thon beizufügen, 3) aus Kreide, als kalkigem Bestandtheil.

Die Verhältnisse dieser drei Gemengtheile sind im Allgemeinen:

Fritte 75–75

Mergel 17– 8

Kreide 8–17

Die Fritte wird mit Kreide und Kalkmergel gemischt, als dünner Brei fein gemahlen, als Brei einige Monate lang aufbewahrt, getrocknet, von Neuem gepulvert und durchgebeutelt. Der an und für sich kurzen Masse ertheilt man einen gewissen Grad von Plasticität durch Zusatz von Seifen- oder Leimwasser oder Gummischleim. Das Frittenporcellan wird in Kapseln gargebrannt, ehe man es mit Glasur versieht; da es während des Brennens sich leicht verzieht, so muss es auf allen Seiten gestützt werden; man brennt es deshalb auf Formen von feuerfestem Thon, die genau die Gestalt der Geschirre haben. Es wird schon in dem Verglühofen des gewöhnlichen Porcellanofens gargebrannt. Die Glasur des Frittenporcellans ist ein zu diesem Behufe eigens bereitetes Krystallglas. Das Frittenporcellan ist leicht an dem Bleigehalt der Glasur zu erkennen. Eine Auflösung einer Schwefelleber einige Zeit in einem Gefässe aus Frittenporcellan aufbewahrt, schwärzt es oberflächlich. — Dem französischen Porcellan steht nahe das Kryolithglas oder Heissgussporcellan (vergl. Seite 335).

Englisches Frittenporcellan.

Das englische Porcellan besteht in der Masse aus plastischem Thon, aus Porcellanerde von Cornwallis (sogenanntem *China clay*), *Cornish stone* (durch Verwitterung von Pegmatit entstanden), Feuerstein und Knochenasche. Der Zusatz der letzteren, 1802 von Ch. Spade eingeführt, (in neuerer Zeit zuweilen durch natürliches Calciumphosphat — Apatit, Phosphorit, Staffelit, Navassit und Sombrerit — ersetzt) befördert die Leichtflüssigkeit des Produktes. Die Glasur besteht aus Cornish stone, Kreide, Feuerstein, Borax und Bleioxyd. Da die Glasur leichter schmelzbar ist als die Masse, so muss letztere im ersten, stärkeren Feuer grösstentheils gargebrannt werden, ehe im zweiten kürzeren Feuer die Glasur aufgebrannt wird; hierin liegt ein wesentlicher Unterschied zwischen hartem und englischem Porcellan. Beim harten Porcellan ist der Grad der Schmelzbarkeit der Masse und der Glasur ziemlich derselbe, namentlich stimmt in dieser Beziehung der Fluss der Masse mit der Glasur überein, während beim englischen und überhaupt beim Frittenporcellan eine

Verschiedenheit des Flusses der Masse von dem der Glasur charakteristisch ist. Daraus folgt, dass das englische Porcellan weit weniger haltbar sei und leichter rissig werden muss, als das harte; auf der andern Seite ist die Masse des englischen Porcellans plastischer, bedarf zum Garbrennen wegen der überwiegenden leichtflüssigen Bestandtheile eines geringen Feuers und ist deshalb dem Verziehen beim Brennen weniger ausgesetzt. Auf dieser letzteren Eigenschaft beruht namentlich der Vorzug, dass die englischen Porcellane ohne Schwierigkeit mit geringer Scherbenstärke hergestellt werden können, während andererseits dieselben vermöge ihrer leichtflüssigen bleihaltigen Glasur die Anwendung der schönsten Farbennüancen zu Verzierungen gestatten. Das Brennen geschieht in eigenen Etagenöfen mittelst Steinkohlen. Die Geschirre stehen in Kapseln. Die Glasur ist stets bleihaltig. Das Glasiren wird durch Eintauchen bewerkstelligt. In neuerer Zeit spielt die Borsäure als Mittel zum Glasiren des englischen Porcellans eine grosse Rolle.

Parian und Carrara.

Das parische Porcellan oder Parian (dieser Name ist abgeleitet von der durch ihren Marmor berühmten Insel Paros) ist unglasirtes Statuenporcellan von einer dem englischen Porcellan ähnlichen, aber strengflüssigeren Masse, weniger Fluss und mehr Kieselerde enthaltend. Die Farbe der Masse zeigt einen etwas milden gelblichen Ton; die Oberfläche ist wachsartig und fettähnlich schimmernd. Das Parian wurde zuerst von Copeland im Jahre 1848 dargestellt, obgleich die Idee, parischen Marmor durch Porcellanmasse nachzuahmen, nicht neu ist, Kühn in Meissen und auch die Nymphenburger Fabrik haben längst Medaillen und Statuetten geliefert, welche mit dem Statuenmarmor grosse Aehnlichkeit haben, obgleich letztere ihrer Zusammensetzung nach sich dem harten Porcellan anschliessen. Die Zusammensetzung des Parian ist eine sehr verschiedene; manche Probe enthält Calciumphosphat, andere wieder Bariumsilicat, noch andere endlich nur Kaolin oder Thon und Feldspath.

Der Carrara (eine Benennung nach dem durch seinen Marmor berühmten Carrara in Toskana) steht zwischen Parian und Steinzeug in der Mitte und ist weniger durchscheinend als Parian und von etwas weisserer Farbe.

III. Das Steinzeug.

Steinzeug.

Das Steinzeug schliesst sich unmittelbar an das Porcellan an, insofern seine Masse dicht, klingend, kleinkörnig, gleichartig, nicht an der Zunge hängend und somit undurchlassend für Feuchtigkeit ist. Die Masse ist halb verglast, aber nicht aufgelöst wie bei dem Porcellan und nur an den Kanten oder kaum durchscheinend. Das feine weisse Steinzeug unterscheidet sich nur durch Abwesenheit der durchscheinenden Eigenschaft äusserlich von dem Porcellan. Man unterscheidet das Steinzeug

1) als porcellanartig glasirtes,

2) als weisses oder gefärbtes unglasirtes,

3) als gemeines Steinzeug, mit Kochsalz glasirt.

Das feine weisse Steinzeug besteht in der Masse aus plastischem, sich weiss brennendem, weniger feuerbeständigem Thon mit Zusatz von Kaolin und Feuerstein und einem feldspathartigen Mineral (in der Regel Cornish stone) als Flussmittel. Die Glasur enthält Bleioxyd und Borax und ist durchsichtig. Das Flussmittel ist in dem Steinzeug stets in grösserer Menge vorhanden als in dem Porcellan und macht gewöhnlich mehr als die Hälfte des Gewichtes der Masse aus. Daraus folgt, dass das Steinzeug im Porcellanofenfeuer zusammenschmilzt und nur bei weit niedrigerer Temperatur gebrannt werden kann. Da die Masse zum Theil aus plastischem Thone besteht, so ist sie weit bildsamer als die Porcellanmasse. Demnach ist das Steinzeug als ein Ersatzmittel für das Porcellan zu betrachten, dessen grössere Wohlfeilheit in der Leichtigkeit beruht, mit welcher es geformt und gebrannt werden kann, während es mit dem Porcellan die Eigenschaft der Undurchdringlichkeit für Flüssigkeiten theilt.

Das weisse oder gefärbte unglasirte Steinzeug oder Wedgwood besteht in der Masse aus plastischem, weniger feuerbeständigem Thone, Kaolin, Feuerstein und Cornish stone, letzterer bis zur Hälfte des Ganzen, ist weit leichtflüssiger als Porcellan und erfordert daher einen geringeren Hitzegrad zum Brennen. Das farbige Steinzeug ist grösstentheils von derselben Grundmasse als das weisse feine Steinzeug, wird aber entweder in der ganzen Masse, oder nur oberflächlich durch eine Belegung mit einer Schicht von sogenannten Angussfarben gefärbt. Man wendet das Angiessen besonders bei den blauen und grünen Massen an, deren Preise bedeutend gesteigert werden würden, wenn man die ganze Masse färben wollte. Sehr häufig bringt man Verzierungen durch aufgelegte Reliefs von anders gefärbter Thonmasse an. Die gefärbten Wedgwoodwaaren sind unter dem Namen Aegyptian, Bamboo, Basaltgut, Biscuitgut, Jaspisgut u. s. w. bekannt.

Gemeines Steinzeug.

Das gemeine Steinzeug gehört ebenfalls noch zu den Thongeschirren mit verglaster Masse, deren halbgeflossener Zustand jedoch nicht durch einen Flusszusatz hervorgebracht, sondern nur durch eine stärkere Einwirkung des Feuers auf die nicht vollständig feuerbeständige Thonmasse bewirkt wird. Die Zusammensetzung der Masse ist weit einfacher als bei dem feinen Steinzeug und Porcellan und besteht hauptsächlich aus plastischem Thone, zum Theil mit einem Gemengtheile, der sich im Feuer wenig oder nicht zusammenzieht und die Schwindung des Thones vermindert, z. B. feinem Sand oder gemahlenen Scherben von gebranntem Steinzeug. Geschirre aus Steinzeug vertragen plötzlichen Temperaturwechsel sehr schlecht und eignen sich deshalb nicht als Kochgeschirre, dagegen sind sie vortrefflich, wenn es sich um besondere Reinhaltung und eine gewisse chemische Beständigkeit der Masse oder um eine beträchtliche Stärke handelt. Daher ihre Anwendung zu Mineralwasserkrügen, Säureflaschen, Gefässen zu chemischem und pharmaceutischem Gebrauche, Milchnäpfen, Wassereimern, Gefässen zum Einmachen der Früchte in Essig und Salz, zum Aufbewahren von Schmalz u. s. w. Die Farbe des gemeinen Steinzeuges ist meistens grau.

Fig. 151.

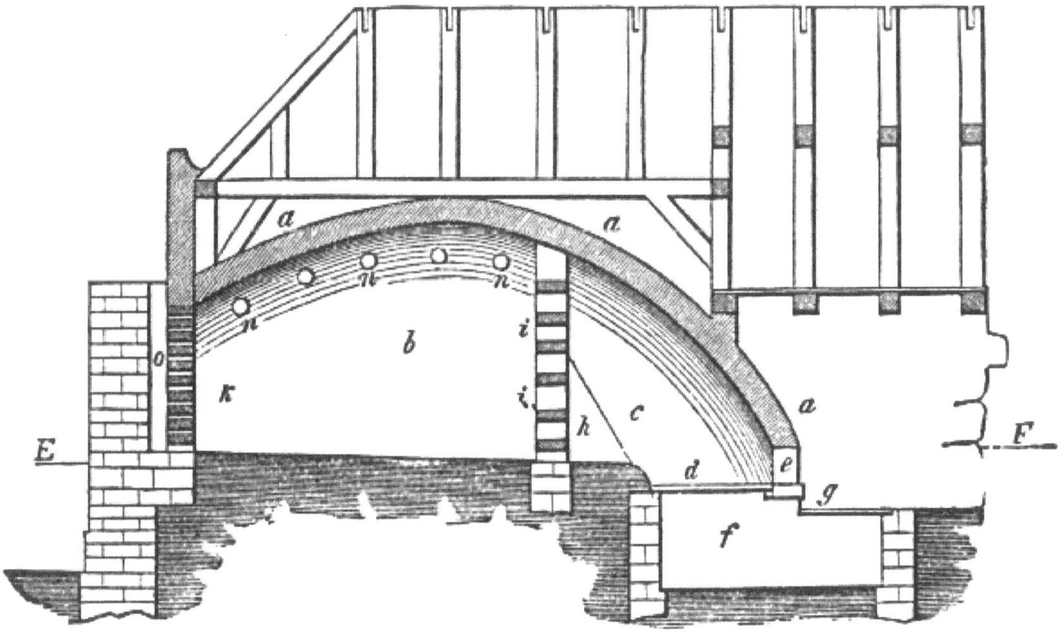

Fig. 152.

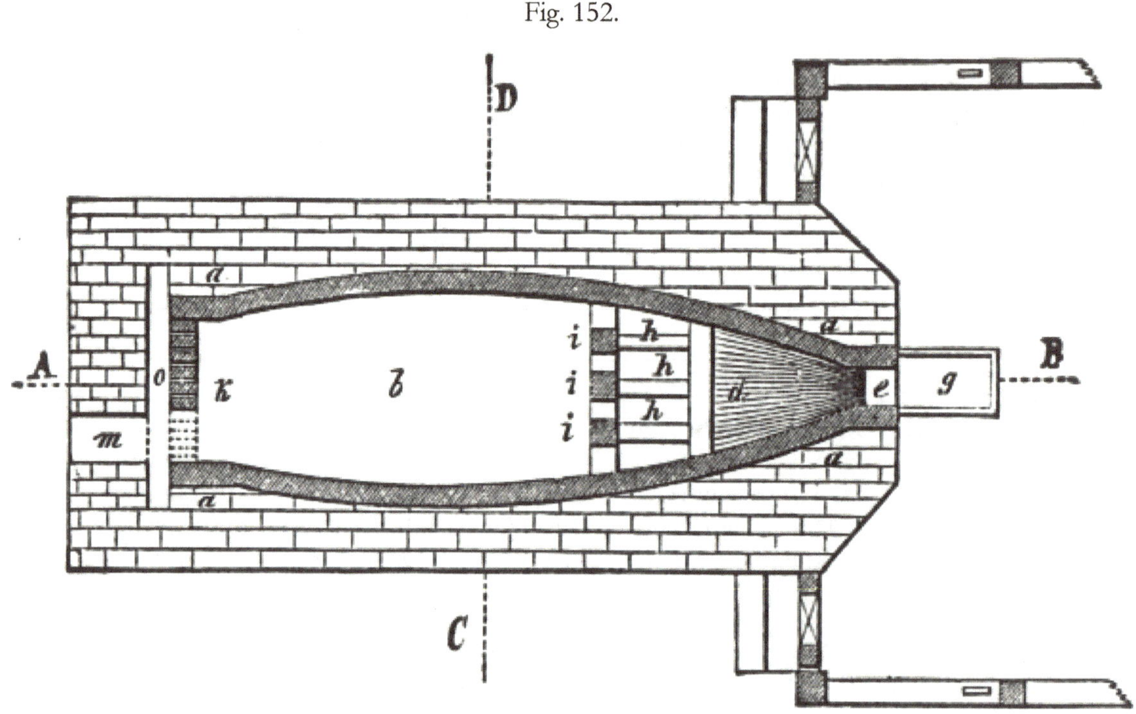

Steinzeugöfen.

Brennöfen. Bekanntlich werden die Oefen, deren man sich zum Brennen der Thonwaaren bedient, eingetheilt in stehende und liegende. Erstere benutzt man zum Brennen des Porcellans (vergl. Seite 350), des feinen Steinzeuges und der Fayence; damit in ihnen das Brennmaterial so viel als möglich zur Realisation gelange, müssen sie eine gewisse Höhe haben, in dessen Folge die Geschirre beim Einsetzen hohe Säulen bilden, zu deren Aufbau Kapseln oder Casetten unerlässlich sind. Für gemeines Steinzeug und für gewöhnliche Töpferwaare wären derartige Hülfsmittel zu kostspielig, weshalb man auch zum Brennen solcher Geschirre nicht stehende, sondern liegende Brennöfen anwendet, in welchen die Richtung des Zuges nicht vertical, sondern mehr oder weniger horizontal ist. Das gemeine Steinzeug wird unmittelbar der Einwirkung des Feuers ausgesetzt. Die Oefen sind in der Regel roh ausgeführt. Fig. 151 zeigt den verticalen Durchschnitt eines solchen Ofens nach der Linie *A B* in Fig. 152. Fig. 153 ist ein Durchschnitt nach der Linie *C D* und zwar von der Seite *B* gesehen, so dass man im Hintergrunde des Gewölbes die gitterförmige Hinterwand erblickt. Fig. 154 ist ein Durchschnitt ebenfalls nach der Linie *C D*, dagegen von der Seite *A* betrachtet. Fig. 152 ist ein Grundriss nach der Linie *E F* in Fig. 151. *a a* ist das aus Thon gearbeitete Ofengewölbe, *b* die Geschirrkammer, *c* die Feuerkammer, *d* der Rost, *e* das Heizloch, *f* der Aschenfall, *g* eine Oeffnung, welche zum Eintreten der Luft dient, *i i* eine durch den Ofen gehende gitterförmige Mauer (der Ständer), welche die Flamme gleichmässig vertheilen soll, ehe sie aus der Feuerkammer in die Geschirrkammer tritt; *k* ist die durchbrochene Rückwand des Ofens, durch welche die Flamme in den Schornstein *o* zieht. Es wird mit Steinkohlen gefeuert.

Fig. 153. Fig. 154.

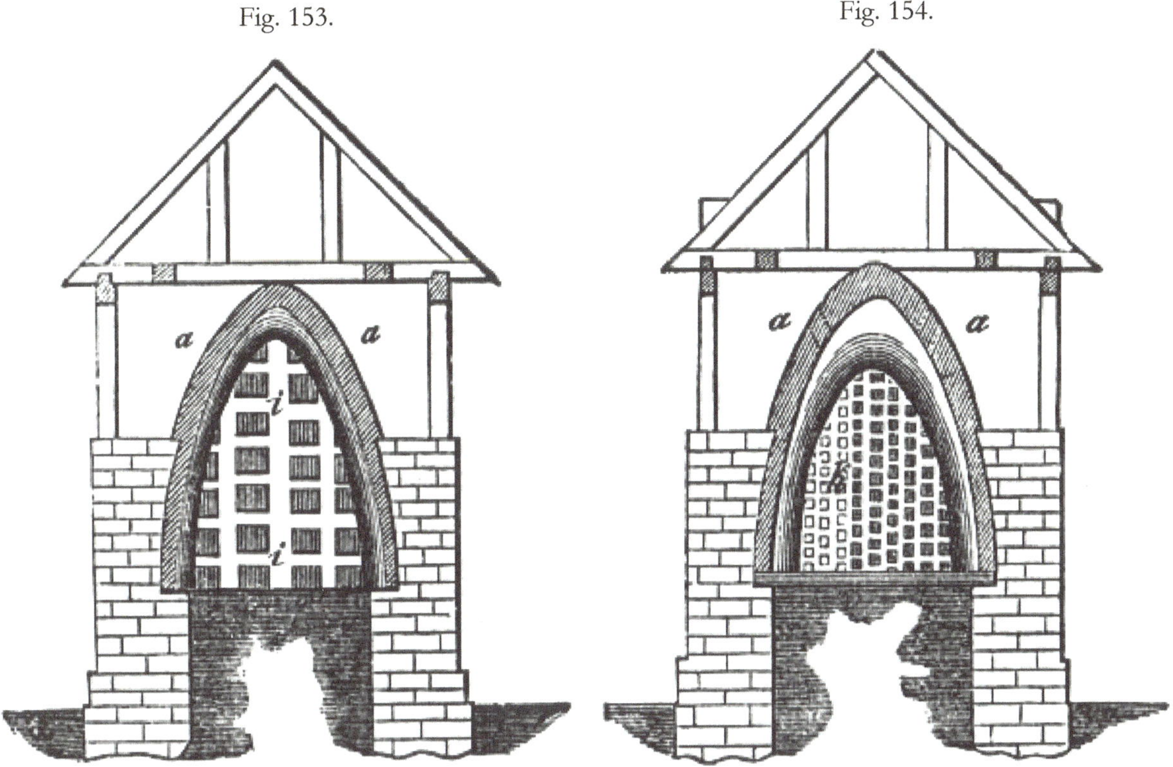

Fig. 155.

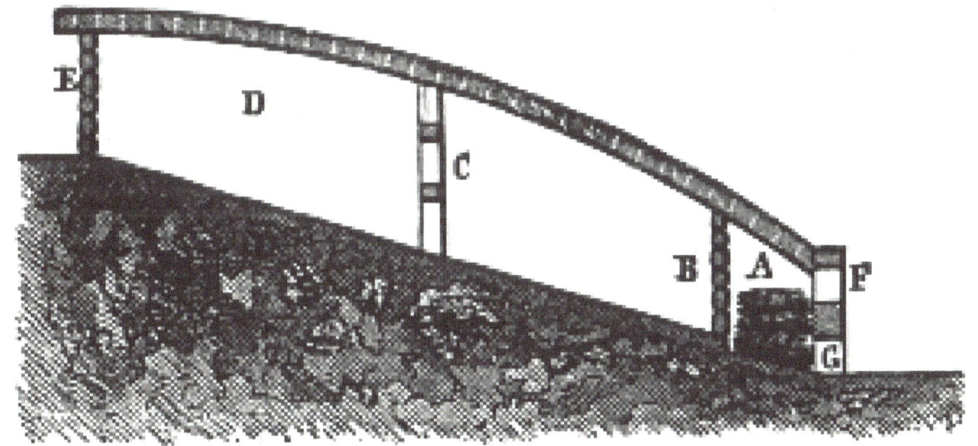

Eine andere Form des Ofens, wie sie zum Brennen der Mineralwasserkrüge üblich ist, zeigt der verticale Durchschnitt (Fig. 155). Der Ofen wird an einen sanft aufsteigenden Hügel gebaut. Am tiefsten Punkte befinden sich drei aus Backsteinen aufgeführte und überwölbte Feuerungen *A*, hinter welchen das zu brennende Geschirr übereinander aufgesetzt wird. In der Mitte des Brennraumes befindet sich eine gemauerte und durchbrochene Scheidewand *C* (das Fenster), welche die Feuergase gleichmässig in die zweite Abtheilung des Brennraumes vertheilen, aber auch den allzu grossen Druck der in der obern Hälfte stehenden Geschirre aufhalten soll. Das Gewölbe, sowie die beiden Wände *B* und *E* sind aus zerbrochenem Steinzeuggeschirr, das durch Mörtel verbunden ist, aufgeführt. Ein Schornstein ist nicht vorhanden; die Verbrennungsgase gehen direct durch die durchbrochene Mauer *E* in die Atmosphäre. Der Brand dauert in der Regel 8 Tage.

Die hohe Temperatur, bei welcher das gemeine Steinzeug gebrannt wird, und die Art der Zusammensetzung der Masse bewirkt schon an und für sich eine Verglasung, weshalb eine Glasur gerade nicht nothwendig ist. Dort, wo sie angebracht wird, dient sie mehr zur Hebung des Ansehens als der Brauchbarkeit. Am häufigsten ist die Glasur ein blosser Anflug oder Lüster mit Hülfe von Kochsalz erzeugt. Man führt des Glasiren dadurch aus, dass man während des Brennens Kochsalz in den Brennofen wirft. Das Glasiren wird erst gegen das Ende des Brandes vorgenommen, nachdem die Temperatur im Ofen ihr Maximum erreicht hat, das zur Verflüchtigung des Kochsalzes nothwendig ist. In dem liegenden Ofen sind eine Anzahl von Oeffnungen in dem Gewölbe angebracht, durch welche die Arbeiter das Kochsalz einwerfen. Nach dem Einbringen des Kochsalzes verschliesst man die Oeffnungen einige Zeit lang, worauf die zweite Hälfte Kochsalz eingebracht wird. Die Kieselerde zersetzt das Kochsalz bei Gegenwart von Wasserdämpfen in Salzsäure und Natron, mit welchem sie sich verbindet. Die auf der Oberfläche der Steinzeuggeschirre entstehende Glasur besteht demnach aus Natrium-Aluminium-Silicat. Nach Leykauf's Beobachtungen zersetzten Thone von mehr als 50 Proc. Kieselerde das Kochsalz um so besser, je mehr Kieselerde sie enthalten.

Ein Ofen von mittlerer Grösse verlangt etwa 80 bis 100 Pfd. Kochsalz; die Töpfer ziehen die unreinen Sorten desselben dem reinen Salze vor. Die so erhaltene Glasur ist fast farblos und die Geschirre zeigen dann die Farbe ihrer Masse. Die auf gewissen Steinzeugsorten wahrnehmbare ungleiche Farbe, die auf der einen Seite dunkel und fast kastanienbraun ist, während sie auf der entgegengesetzten in ein blasses Graubraun übergeht, wird dadurch hervorgebracht, dass man sofort nach dem Eintragen des Kochsalzes Birkenrinde in das Feuer wirft, welche russige Verbrennungsgase entwickelt.

Lackirte Thonwaaren.

Unter dem gleichbedeutenden Namen Terralith und Siderolith werden im nördlichen Böhmen und von der berühmten Firma Villeroy und Boch (vier Fabriken in Dresden, Wallerfangen, Septfontaines und Metlach umfassend) Thonwaaren verfertigt, welche zwischen Steinzeug, Steingut und gewöhnlicher Töpferwaare in der Mitte stehen, aber mit keiner Glasur, sondern mit einem starken, einfach gefärbten oder bronzirten Firnissüberzug versehen sind. Solche Geschirre können, da die Farbe der Masse durch die Lackirung versteckt wird, aus gefärbten Thonen hergestellt werden, welche man genau so wie die Masse in den Steingutfabriken behandelt. Vorzugsweise werden Leuchter, Becher, Krüge, Blumenvasen, Blumenampeln, Körbe, Schreibzeuge, Butterdosen, Fruchtkörbe, Basreliefbilder und verschiedene Nippsachen aus dieser Thonmasse geformt, getrocknet und in Kapseln in gewöhnlichen Brennöfen scharf gebrannt. Von der Vorfertigung der Masse an bis zum Trocknen des Geschirres wendet man grosse Sorgfalt an, um an der Waare, auf welche viel Arbeit und Kunst verwendet wurde, möglichst wenig zu verlieren. Farben und Bronze werden mit Bernsteinfirniss angerührt und mit Terpentin- oder Leinöl verdünnt mit Pinseln auf die Waare aufgetragen und letztere nun in Muffeln einem schwachen Feuer ausgesetzt, welches eben nur die Verdunstung der den Farben und dem Lack zugesetzten ätherischen Oele bezweckt, daher die Terralithwaaren mit getrocknetem Firnissüberzuge aus dem Ofen kommen.

IV. Die Fayence.

Fayence.

Die Fayence (englisches Steingut) hat ihren Namen von der Stadt Faënza im Kirchenstaate, wo derartige Gefässe vorzugsweise gefertigt wurden. Im 9. Jahrhundert verfertigten die Araber in Spanien schon Fayence (in den Sammlungen unter dem Namen der hispano-maurischen Poterien bekannt), von dort kam sie nach der Insel Majorka, woher auch der Name Majolika für Fayence stammt[96] und im 13. Jahrhundert nach Italien, wo die Majolikaindustrie vom 15. Jahrhundert ab zu hoher Blüthe sich entwickelte, mit dem 17. Jahrhundert aber abzunehmen begann. Die hauptsächlichsten Erzeugnisse dieser Zeit sind die Sculpturen des Luca della Robbia (gestorben 1481 zu Florenz). In Frankreich lässt sich die Fabrikation emaillirter Fayencen vorzugsweise auf die Erzeugnisse zurückführen, welche unter dem Namen der Palissy-Fayencen (nach Bernhard Palissy) auf uns gekommen und deren erstes Entstehen in die Mitte des 16. Jahrhunderts fällt. Das Eigenthümliche der Palissy-Fayencen, was dieselben zu den gesuchtesten Artikeln der keramischen Kunst macht, besteht darin, dass die Figuren und Ornamente stets *en relief* ausgeführt sind und colorirt erscheinen. Den grössten Anspruch auf

Originalität haben Palissy's sogenannte *Pièces rustiques*, grosse Flachgefässe, auf welchen nach der Natur modellirte und in ihren natürlichen Farben staffirte Fische, Schlangen, Frösche, Krebse, Eidechsen, Muscheln und Vegetabilien mit künstlerischem Effect gruppirt sind.

Die Masse der zu der Fayence zu rechnenden porösen Thonwaaren ist erdig, an der Zunge hängend, undurchsichtig, von mehr oder weniger lockerem Gefüge und wenig oder nicht klingend. Sie besteht wesentlich aus plastischem Thone oder einem Gemenge von diesem mit gemeinem Töpferthone. Sie unterscheidet sich von dem gewöhnlichen Töpfergeschirr ausser durch die Anwendung feinerer Materialien auch durch weit sorgfältigere mechanische Bearbeitung. Man unterscheidet feine weisse und gemeine emaillirte Fayence. Die feine Fayence (Halbporcellan) besteht in der Masse wesentlich aus plastischem Thone, versetzt mit gemahlenem Quarz oder Feuerstein, mit Kaolin oder Pegmatit, also feldspathigen Gemengtheilen. Die Gemengtheile der feinen Fayence sind so beschaffen, dass sich die Masse vollkommen oder fast weiss brennt; sie erhalten stets eine durchsichtige, farblose Glasur, so dass die Farbe der Geschirre die durch die Glasur hindurchgehende Farbe der Masse ist. Die Massen der in den verschiedenen Ländern mit dem Namen Fayence bezeichneten Geschirre verhalten sich im Feuer sehr verschieden; einige sind strengflüssig und gar nicht schmelzbar und vertragen einen hohen Hitzegrad beim Brennen, andere sind dagegen schmelzbar und können nur bei verhältnissmässig niederer Temperatur gebrannt werden. Die Zusammensetzung der Glasur ist daher je nach der Natur der Masse und der Bestimmung des Geschirres eine sehr verschiedene.

Die gemeine emaillirte Fayence besteht der Masse nach aus einem Gemenge von Töpferthon oder plastischem Thon, Mergel (Thon mit Calciumcarbonat) oder Quarz und Quarzsand. Charakteristisch für ihre Masse ist ein Gehalt von 15–25 Proc. Kalk, der bei der niederen Temperatur, bei welcher die gemeine Fayence gebrannt wird, seine Kohlensäure nur zum Theil verliert. Die gemeine Fayence lässt sich daher leicht von anderen Thonarten dadurch unterscheiden, dass sie im gargebrannten Zustande, mit Säuren übergossen, aufbraust. Ihr Gefüge ist locker und erdig, ihre Farbe in Folge eines Eisenoxydgehaltes von 2–4 Proc. stark gelb, so dass die gemeine Fayence mit einer undurchsichtigen Glasur (einem Email), aus Zinnoxyd, Bleioxyd, Alkalien und Quarz bestehend, überzogen werden muss. In dem hohen Eisenoxyd- und Kalkgehalt der Masse liegt der Grund, warum dieselbe bei einer verhältnissmässig niedrigen Temperatur gebrannt werden muss, da sie bei hohen Hitzegraden zu einer Schlacke zusammenschmelzen würde.

Die Fayence wird ebenso wie das Porcellan zweimal gebrannt und zwar das erste Mal ohne, das zweite Mal mit Glasur. Bei der Fayence ist aber der erste Brand der stärkste, beim Porcellan dagegen der zweite. Das Brennen der Fayence erfolgt in Kapseln oder Casetten, welche man mit lufttrockner Waare füllt und dann säulenförmig übereinander stellt, so dass der Boden der nächstfolgenden Kapsel der vorhergehenden als Deckel dient. Die Verbindungsstelle von je zwei Kapseln wird mit fettem Thon verstrichen. Beim Hartbrennen kann man, weil die Fayence beim Brennen nicht erweicht und verschmelzen kann, mehrere Stücke unmittelbar aufeinander in eine einzige Kapsel stellen. Die einzelnen Stücke bedürfen nur einer Unterstützung an wenigen Punkten, wozu die sogenannten Pinnen (kleine dreiseitige Prismen aus unglasirtem Thone) benutzt werden, auf denen die in die Kapseln eingesetzten Stücke mit der Unterseite ruhen. Da die Pinnen die Glasur nur an wenigen Punkten berühren, so machen diese an derselben eine kaum bemerkbare trockne Stelle. Anstatt der Kapseln wendet man auch häufig oben und unten offene Cylinder (Koken) an, in welchen man die zu brennenden Geschirre mit Hülfe von Pinnen befestigt.

Das hartgebrannte Fayencegeschirre wird sofort glasirt. Die mit Wasser zu einer dünnen Schlempe angerührte Glasur befindet sich in einem Kasten, in welchen die mit Glasur zu überziehenden Gegenstände einige Augenblicke getaucht werden. Die Materialien zur Glasur werden vorher zu einem Glase geschmolzen und dieses dann zu einem zarten Pulver gemahlen, wie erwähnt, in Gestalt von Schlempe aufgetragen. Das Material für die Fayenceglasur ist Feldspath und in England Cornish stone, ferner Feuerstein, Schwerspath, Sand, Borax und Borsäure, Krystallglas, Soda und Natriumsalpeter, Bleiglätte, Bleiweiss, Mennige und Smalte. Die Zusammensetzung dieser Glasuren ist daher gewöhnlich eine sehr complicirte, aber als wesentlichen Bestandtheilen stets aus Kieselsäure, Borsäure, Thonerde, Bleioxyd und Alkali zusammengesetzt.

In neuerer Zeit wendet man in England mit vielem Vortheil bei der Bereitung der Glasur die aus Peru eingeführte Tiza (Natrium-Calcium-Borat) an. Im Allgemeinen dient der Bleizusatz, die erforderliche

Leichtflüssigkeit der Glasur hervorzubringen, während man zugleich durch den Feldspath (theils durch dessen Kieselerde, indem sich kieselsaurer Kalk bildet, theils durch dessen Thonerde) der Weichheit und Leichtritzbarkeit abzuhelfen sucht, welche sonst die Blei-Alkaligläser charakterisirt.

Verzieren der Fayence.

Zur Verzierung der Fayence wendet man an 1) das Bemalen, 2) das Angiessen, 3) das Bedrucken, 4) das Lüstriren. Das Bemalen geschieht gewöhnlich mit dem Pinsel und zwar theils unter, theils auf der Glasur; da bei dem Aufbrennen der Glasur die Temperatur bei weitem nicht die des Porcellanbrennofens erreicht, so können die meisten Fayencefarben unter der Glasur aufgetragen werden. Kunstgerechte Malerei mit dem Pinsel ist jedoch bei der Fayence nicht am Platze. Ebenso wie beim Glase bilden Chromoxyd, Kobaltoxyd, Eisenoxyd, Antimonoxyd u. s. w. die Farbstoffe. Die rosen- und purpurrothen Färbungen, die man bei dem Porcellan mit Goldpräparaten erzielt, waren lange Zeit von der Fayencemalerei ausgeschlossen, bis man in England die Pink-colour (Nelkenfarbe) entdeckte, in welcher das Färbende Chromoxydul, dem auch die Pyropen ihre Färbung verdanken, zu sein scheint. Man bereitet diese Farbe, indem man

Zinnsäure	100
Kreide	34
Kaliumchromat	3–4
Kieselerde	5
Thonerde	1

mit einander mischt und das Gemenge mehrere Stunden heftig glüht; die Masse erscheint schmutzig rosenroth; sie nimmt eine angenehmere Färbung an, wenn man sie nach dem Schlämmen mit Wasser wäscht, das mit etwas Salzsäure angesäuert worden ist. Das Angiessen besteht darin, den Fayencegefässen innerlich oder äusserlich einen Ueberzug von verschieden gefärbter Masse zu geben, daher denn das Stück inwendig weiss, auswendig blau, roth und grün sein kann, während die Masse des Gefässes selbst keine von diesen Farben zu haben braucht. Die Massen, womit man angiesst, bestehen gewöhnlich aus fettem, mit Wasser zu einer Schlempe angerührtem Thon und färbenden Metalloxyden. Das Bedrucken der Fayence geschieht vor dem Auftragen der Glasur und zwar meist in Schwarz, Blau oder Pink-colour. Für Schwarz wendet man ein Gemenge von Hammerschlag, Braunstein und Kobaltoxyd oder Chromschwarz an, für Blau Kobaltoxyd, welches man, je nach der helleren oder dunkleren Farbe, die man erzielen will, mit Feuerstein und Schwerspathpulver versetzt; das Gemenge wird gefrittet, die Fritte dann gemahlen und mit einem Fluss, aus gleichen Theilen Flintglas und Feuerstein bestehend, versetzt. Die auf eine Kupfer- oder Stahlplatte geätzte oder gravirte Zeichnung wird mit der mit abgekochtem Leinöl abgeriebenen Farbe auf feines und weiches Papier abgedruckt, welches, um das Eindringen des Leinöles zu verhüten, vorher mit Leinsamenschleim getränkt wird. Die abgedruckte Zeichnung wird auf die verglühte Waare gebracht und vorsichtig mit einem Stück Filz oder Schwamm angedrückt. Die Geschirre werden einige Zeit lang in Wasser gestellt und dann das erweichte Papier abgezogen, wobei die farbige Zeichnung auf dem Thone sitzen bleibt. Da bei dem darauf folgenden Glasiren diejenigen Stellen, wo die ölige Zeichnung sich befindet, keine Glasur annehmen würden, so glüht man die mit Zeichnungen versehenen Geschirre; dadurch wird einerseits das Oel der Druckfarbe zerstört, andererseits die Farbe durch Fritten so weit befestigt, dass sie während des Glasirens auf nassem Wege nicht mehr beschädigt werden kann. Da die zum Druck benutzten Kupfer- oder Stahlplatten sich durch die scharfen Theilchen der Glasflüsse äusserst schnell abnutzen, so ist man auf eine andere Methode des Abdruckens geführt worden, bei welcher dieser Uebelstand beseitigt ist. Man reibt nämlich die erwärmte Platte, deren Zeichnung abgedruckt werden soll, mit dick eingekochtem Leinöl und wenig Terpentinöl ohne Farbe ein und druckt dann auf ein feuchtes Blatt von Gelatine ab. Ist dies geschehen, so legt der Arbeiter die

Gelatinetafel auf eine Tischplatte und rollt z. B. eine Tasse, auf welche die Zeichnung abgedruckt werden soll, langsam darüber, worauf der Firniss auf das Geschirr übergedruckt wird. Man bestäubt den Abdruck mit der fein gepulverten Farbe, lässt ihn trocknen und nimmt mit Baumwolle oder einem weichen Pinsel die lose Farbe auf, die nun da haftet, wo der Firniss aufgetragen worden ist; hierauf wird die Farbe unter der Muffel eingebrannt.

Flowing colours.

Eine sehr häufig auf Fayence angewendete Verzierung sind die *Flowing colours*. Das damit versehene Geschirr zeigt sehr kräftige und satt dunkelblaue Zeichnungen, welche ausgeflossen sind und sich so in den weissen Grund verlaufen, dass auch dieser einen bläulichen Schein bekommt. Die völlig undurchsichtige Waare erhält dadurch den Anschein, als ob sie durchscheinend sei und dadurch ein porcellanähnliches Aussehen. Man druckt die Kobaltoxydzeichnung auf das Geschirr wie gewöhnlich auf und glasirt dann. Das Glattbrennen geschieht in Kapseln, deren innere Seite mit einem Gemenge von Chlorcalcium, Chlorblei und Thon bestrichen ist, oder man stellt das Gemenge neben das Geschirr in den Kapseln in kleinen Tiegeln. Das Kobaltoxydul wird durch die sich verflüchtigenden Chloride (Chlorcalcium, Chlorblei) in Chlormetall verwandelt und zum Theil verflüchtigt und setzt sich gleich einem Nebel auf dem Geschirre ab.

Lüster.

Eine sehr beliebte Verzierung der Fayence wird dadurch hervorgebracht, dass man derselben einen höchst zarten metallischen Anflug, Lüster, giebt, welcher seinen Glanz allein durch das Brennen erhält, während dickere Metallschichten den Glanz erst nach dem Brennen durch das Poliren erhalten. Man unterscheidet folgende Arten von Lüster: Goldlüster. Je nach dem Glanze und der Dicke der Vergoldung unterscheidet man 1) Glanzvergoldung, 2) Goldlüster und 3) Burgoslüster. Der Goldlüster wird häufig zum Verzieren von Fayence, hauptsächlich zum Ueberziehen ganzer Flächen gebraucht; er hat ein minder glänzendes Aussehen als die Glanzvergoldung, ein besseres und glänzenderes jedoch als der Burgoslüster. Alle Vorschriften zur Darstellung dieses Lüsters kommen auf die Anwendung von Schwefelgold oder Knallgold und Schwefelbalsam hinaus. Der Burgoslüster ist nichts Anderes als Goldlüster, aber in sehr zarter Lage aufgetragen. Man benutzt ihn hauptsächlich zum Fondiren von Flächen, indem man zuerst Druck oder Malerei auf denselben anbringt, welche durch den Lüster ersichtlich bleiben. Dieser Lüster bedingt zugleich eine rosenrothe Färbung der Glasur und gewährt demnach den doppelten Effect von Farbe und Goldglanz. Der Platinlüster wird durch Mischen von wasserfreiem Platinchlorid mit Lavendelöl oder einem andern ätherischen Oele, oder mit Schwefelbalsam erhalten. Man wird auch dazu den Platinsalmiak und die sogenannten Platinbasen anwenden können. Der Silberlüster ist entweder gelber Lüster oder Cantharidenlüster, letzterer vom Ansehen der Flügeldecken der spanischen Fliegen oder Canthariden. Salvétat glaubt, dass Chlorsilber, ähnlich wie das Goldpräparat obigen Flüssigkeiten einverleibt, angewendet werden könne, um einen metallisch glänzenden gelben Lüster zu erzeugen. Es ist unerlässlich, den Gegenstand nach dem Auftragen des Lüsters in einer reducirenden Atmosphäre zu brennen. Der Cantharidenlüster ist dem gelben Lüster gleich zusammengesetzt, der einzige Unterschied besteht darin, dass letzterer auf weisses, ersterer auf blaugefärbtes Geschirr aufgetragen wird. Die Ueberlagerung des blauen Grundes mit dem gelben Lüster giebt eine beliebte grünliche Färbung. Applicirt man den gelben Lüster auf verschieden gefärbten Grund, so lassen sich mannigfache und reiche farbige Lüster herstellen. Der Kupferlüster zeigt dasselbe Ansehen und das nämliche röthliche und gelbliche Farbenspiel wie der Burgoslüster. Man findet ihn häufig auf gewöhnlicher spanischer Fayence und auf gewisser Majolika aus dem Zeitalter des Georgio. Die äusserst dünne färbende Schicht ist vielleicht durch Cuprosilicat gebildet. Mit dem Namen Bleioxyd- oder Bleilüster bezeichnet man jene in Regenbogenfarben spielende, glänzende Färbung, welche gewisse mit Bleiglasur überzogene Thongeschirre zeigen. Diese Geschirre wurden während des Brennens der Einwirkung von reducirenden Dämpfen ausgesetzt, welche wahrscheinlich zu gleicher Zeit auch auf das in der Masse enthaltene Eisenoxyd wirken. Setzt man zu der Bleiglasur Chlorsilber, so wird auch dieses reducirt und es entstehen prächtige Lüster von Goldgelb bis Silberweiss je nach der Menge des Silbers.

Etruskische Vasen.

Die etruskischen Vasen der alten Römer schliessen sich der Fayence an, sie sind aus eisenhaltigem, mit Quarz versetztem Thon geformt, nur leicht gebrannt, bald unglasirt, bald mit einer leichtflüssigen Glasur bedeckt. Sie zeichnen sich durch die Schönheit ihrer Formen aus und scheinen mehr zur Zierde und zur Aufbewahrung trockener Gegenstände (Graburnen, Thränenkrüge, Opferschalen, Lampen, Götterbilder) als von Flüssigkeiten gedient zu haben. Hierher gehört auch die Delftwaare, welche im 17. Jahrhundert von den Holländern geliefert wurde. Sie besteht wesentlich aus Tafelservice, deren Hauptstücke Thiere und Pflanzen darstellen, wie sie als Gericht auf die Tafel kommen.

Thönerne Pfeifen.

An die Fayencefabrikate schliessen sich die thönernen Pfeifen an, deren Fabrikation manches Eigenthümliche darbietet. Man verwendet zu ihrer Fabrikation Pfeifenthon, der eine schöne weisse Farbe haben, keine Eisentheile, keinen Sand und kein Calciumcarbonat enthalten und sich weiss brennen soll. Ist man genöthigt, einen sich etwas gelblich brennenden Thon zu verwenden, so erzeugt man im Ofen zu einem gewissen Zeitpunkt einen dicken Rauch, dessen Kohlenstoff das Eisenoxyd des Thones, von welchem die gelbe Farbe herrührt, zum Theil reducirt, wodurch die gelbliche Farbe zerstört wird. Um die Pfeifen zu formen, wird ein Stück Thon mit einem Brett (dem Roller) auf einem glatten Brette gerollt und dadurch in dünne Walzen (Weller oder Welger), verwandelt, welche an dem einen Ende weit dicker als an dem andern sind oder einen Klumpen haben, aus welchem der Kopf der Pfeife gebildet werden soll. Die Walzen werden hierauf getrocknet, bis sie hinlänglich geschmeidig sind, und sodann mit einem starken Draht aus Messing (Weiserdraht) bis an den Kopf durchbohrt. Nachdem dies geschehen, legt ein Arbeiter (der Former oder Kastner) die Walze in eine mit Leinöl bestrichene messingene Form, welche einem Pfeifenfutterale gleicht und aus zwei Hälften besteht. Der dicke Theil der Walze kommt in den ausgehöhlten Kopf. Die beiden Hälften der Form werden fest zusammengeschraubt, wodurch der überflüssige Thon aus der Form herausgepresst und der Stiel der Pfeife rund und gleichförmig wird; darauf zieht man den Weiserdraht etwas zurück und bohrt mit Hülfe eines mit Leinöl bestrichenen Kegels, welcher genau die Grösse der Aushöhlung hat, den Kopf aus, hebt die Pfeife mittelst des Weiserdrahtes aus der Form, befreit sie mit Messern oder Haken von allen Anhängseln und beschneidet sie an der Mündung des Rohres. Alsdann glättet ein neuer Arbeiter mittelst einer Glasröhre oder eines Stückes Achat oder Feuerstein. So weit fertig gebildet, werden die Pfeifen zuerst auf Trockenbrettern getrocknet und dann gebrannt. Die Kapseln, in denen die Pfeifen gebrannt werden, haben gewöhnlich die Gestalt hohler Walzen und sind in der Mitte mit einer Lehre versehen, an welcher die Pfeifen (gewöhnlich 12 Dutzend) mit ihren aufgerichteten Stielen pyramidenförmig zusammenstossen, und werden oben mit einem Ring geschlossen. Häufig sind auch die Kapseln längliche Thonkästen, in welche die zu brennenden Pfeifen abwechselnd mit Lagen von Pfeifenscherben gelegt werden, damit sie sich nicht werfen. Zuweilen brennt man die Pfeifen auch ohne Kapseln. Um den Pfeifen an der Spitze die Porosität zu benehmen, in deren Folge sie an den feuchten Lippen haften, reibt man sie an der Spitze mit einer Mischung von Seife, Wachs und Leimwasser ein.

Kühlkrüge.

Kühlkrüge. Zu den nicht glasirten thönernen Gefässen gehören die Kühlkrüge oder Alcarrazas; sie haben eine vasenähnliche Gestalt, sind 25–50 Centimeter hoch und haben die Bestimmung, Flüssigkeiten, besonders Wasser, abzukühlen. Füllt man ein solches Gefäss mit Wasser, so sickert ein Theil der Flüssigkeit durch die Poren der Wände und verdunstet an der äusseren Fläche. Die zur Verdunstung nöthige Wärme wird theilweise dem Wasser in dem Gefässe entzogen, wodurch die Temperatur desselben um mehrere Grade sinkt. Nach Sallior sollen sie eine Abkühlung von 15° bewirken, in Sèvres angestellte Versuche ergaben nur eine Abkühlung von 3–5°. Die Porosität dieser Gefässe wird theils durch schwaches Brennen, theils durch Beimengung von Substanzen, die beim Brennen zerstört werden, theils auch durch Zusatz von Kochsalz, das nach dem Brennen ausgelaugt wird, hervorgebracht. In Frankreich stellt man diese Kühlkrüge unter dem Namen Hydrocérames dar. Im englischen Handel kommen Wein- und Butterkühler (*aegyptian wine and butter cooler*) vor, deren Masse aus blos verglühtem Thone, der sich sehr porös brennt, besteht. Die Gefässe werden vor dem Gebrauche ½ Stunde lang unter Wasser gestellt, um sie völlig damit ansaugen zu lassen. Die Kühlkrüge sind in den warmen Ländern seit langer Zeit bekannt und sehr wahrscheinlich in Ostindien viel länger als in Aegypten, Spanien und der Türkei. Bei den Seefahrern führen sie die Namen Gargouletten (leichte Flaschen), bei den Aegyptern Kolles oder Gullies, bei den Spaniern Alcarrazas; in allen Theilen der Levante werden dieselben Baldaques und auf den französischen Colonien Canaris genannt. Die Kühler sind in China, Persien, Syrien, Kleinasien und Aegypten ebenso allgemein als bei den orientalischen Seefahrern in Gebrauch, und wahrscheinlich wurden sie durch die Araber nach Spanien verpflanzt. Die grosse Thonwaarenfabrik zu Kenneh in Oberägypten liefert Kühler für das ganze Land. Eines der Mitglieder der gelehrten Commission, welche die Expedition unter Bonaparte nach Aegypten begleitete, hat den zu Kühlern verwendeten mergelartigen Thon nach Frankreich gebracht, worauf Fourmy ähnliche Gefässe herstellte. In Bengalen bereitet man Kühlgefässe aus dem Schlamme des Ganges.

V. Das gemeine Töpfergeschirr.

Gemeines Töpfergeschirr.

Das gemeine Töpfergeschirr hat die Bestimmung, zu Zwecken der Kochkunst und der Haushaltung, namentlich den minder wohlhabenden Klassen zu dienen; es ist daher Wohlfeilheit die hauptsächlichste Rücksicht, die bei der Herstellung dieser Art Thonwaare zu nehmen ist. Aus diesem Umstande ergiebt sich, dass je nach den localen Verhältnissen ganz verschiedene Thonarten und zwar besonders diejenigen angewendet werden, die leicht und in der Nähe zu haben sind, daher die vorherrschende Benutzung von Töpferthon und Thonmergel, wo man nicht über bessere Thonsorten verfügen kann. Für die sogenannte Weisstöpferei, welche die Herstellung von gewöhnlichem Küchengeschirr zur Aufgabe hat, wendet man gewöhnlich den gemeinen Töpferthon an, für die Brauntöpferei, zu welcher das Bunzlauer und Waldenburger Geschirr gehört, benutzt man dagegen einen ziemlich feuerbeständigen Thon. Die in der Natur vorkommenden Thonarten sind in der Regel zu fett, als dass sie allein und ohne Zusatz einer anderen Substanz zur Herstellung der Töpferwaare benutzt werden könnten. Man findet zwar zuweilen deren, die sich nach dem Durchtreten und Durcharbeiten im natürlichen Zustande verarbeiten lassen; diese Thone, die im Allgemeinen selten vorkommen, enthalten schon an und für sich Sand oder eine andere magere Substanz. Wo derartige Thone nicht vorkommen, ist man genöthigt, zu dem Thon Sand zu setzen, welcher den Zusammenhang der Thontheilchen unter einander verhindert. Ausser dem Sand wendet man hierzu an Feuerstein, Kreide, Charmotte und Steinkohlenasche. Das Töpfergeschirr wird auf der Drehscheibe geformt, der gedrehte Gegenstand wird von der Scheibe entfernt, lufttrocken gemacht und dann glasirt. Die gegenwärtig übliche Bleiglasur war den Alten unbekannt. Die Masse des gewöhnlichen Töpfergeschirres ist fast nie weiss oder gelblich, sondern meist braunroth, die Glasur nie wie Email, sondern stets durchsichtig und zwar theils zufällig, theils absichtlich gefärbt. Da die in Frage stehenden Thonwaaren theils in Folge der Leichtschmelzbarkeit ihrer Masse, theils auch zur Verminderung der Produktionskosten bei schwachem Feuer gebrannt werden, so muss die Glasur entsprechend leichtflüssig sein. Eine solche Substanz ist nun die Bleiglasur, ein Aluminium-Bleiglas, welches in den meisten Gegenden Deutschlands aus Bleiglanz (Glasurerz, *alquifoux*) und Lehm (Thon und Sand) zusammengesetzt ist. Die Materialien werden auf einer Handmühle mit Steinen (Glasurmühle), von ähnlicher Construction wie die Getreidemühle, fein gemahlen und gemengt. Während des Brennens wird der Bleiglanz geröstet, der Schwefel entweicht als schweflige Säure, und das durch Rösten entstandene Bleioxyd tritt mit der Kieselerde und der Thonerde des Lehmes (oder eines Gemenges von Sand und Thon) zu Aluminium-Blei-Silicat zusammen. Wegen des grossen Eisenoxydgehaltes des Lehmes oder Sandes ist diese Glasur stets gefärbt.

Das Glasiren der lufttrockenen Waare geschieht auf dreifache Weise, entweder durch Eintauchen oder durch Begiessen oder durch Bestauben. Durch Eintauchen lassen sich ohne Gefahr für das Geschirr nur verglühte Gegenstände glasiren; stände auch diesem Verfahren die Nothwendigkeit des vorläufigen Verglühens im Wege, so ist es doch aus Rücksichten für die Arbeiter nicht zu empfehlen, weil die Hände mit der bleihaltigen Glasur in Berührung kommen. Darum wendet man häufig die Methode des Begiessens zum Glasiren der Thongeschirre an. Soll ein Geschirr durch Bestauben glasirt werden, so taucht man es zuerst in eine Schlempe aus fettem Thon und übersiebt es dann mit dem feingemahlenen Glasursatze; dieses Verfahren ist für den Glasurarbeiter von grösstem Nachtheil, weil dabei das Einathmen von Bleitheilchen nicht umgangen werden kann. Damit das Geschirr nicht an die Unterlage anschmelze, muss die Glasur am äusseren Boden der Geschirre sorgfältig entfernt werden.

Wenn das Bleioxyd im richtigen Verhältniss zur Kieselerde des Thons oder Lehms angewendet wurde, so ist das entstehende Bleiglas in den gewöhnlichen, in der Haushaltung vorkommenden organischen Säuren nicht löslich und die Bleiglasur durchaus zu empfehlen. Ist hingegen ein Theil des Bleioxydes mit der Kieselerde nicht gehörig verbunden, so kann der Fall eintreten, dass ein Theil des Bleies sich schon im heissen Essig löst. So haben Buchner, A. Vogel, Erlenmeyer u. A. bei der Untersuchung von Glasur verschiedener Arten von Thongeschirr gefunden, dass die Mengen auflöslichen Bleioxydes in der Glasur des Töpfergeschirres nicht immer so unerheblich sind, als man bisher geglaubt hat, und dass schon sehr verdünnter Essig dessen Lösung bewirkt. Die Benutzung von mit solcher Glasur versehenem Geschirr ist offenbar nicht unbedenklich. Obwohl es wünschenswerth wäre, eine wohlfeile bleifreie Bleiglasur herzustellen, welche die Vorzüge der Bleiglasur hätte, so ist doch nicht zu verkennen, dass die Nachtheile der Bleiglasur häufig zu grell geschildert worden sind. Alle Nachtheile würden vollkommen verschwinden, wenn der Töpfer seine Waare, die er unvollkommen gebrannt aus dem Ofen zieht, nicht in den Handel brächte, sondern erst nochmals brennte, oder durch zweckmässigere Construction der Brennöfen in den Stand gesetzt wäre, den ganzen Einsatz oder doch den grössten Theil desselben vollkommen zu brennen, dann endlich, wenn der Töpfer bei der Zusammensetzung der Bleiglasur rationell verführe. Zweckentsprechender noch würde es sein, wenn dem Töpfer ein fabrikmässig durch Schmelzen erhaltenes Bleisilicat geliefert würde. Neuerdings hat man nicht ohne Erfolg vielfach bleifreie Glasuren herzustellen versucht, so z. B. durch geeignete Anwendung von Wasserglas oder einem Gemisch davon mit Calciumborat.

Brennen der Töpferwaaren.

Die mit Glasur versehenen Geschirre werden nun in den Brennofen eingesetzt und gebrannt. Der Ofen ist in den meisten Gegenden ein liegender, etwa 2¼–2¾ Meter hoher, 7–10 Meter langer Flammenofen mit einem Tonnengewölbe. An dem einen Ende befindet sich der Feuerkasten, an dem andern der Schornstein. Die Feuerkammer ist von dem eigentlichen Ofen durch eine vielfach durchbrochene Mauer aus Ziegelsteinen getrennt. Die zu brennenden Geschirre werden ohne Kapseln der Einwirkung des Feuers ausgesetzt. Nach der Feuerung hin kommen die Geschirre auf fusshohe Unterlagen (Brennscherben), weiter nach einwärts stellt man sie auf die mit Sand bestreute Ofensohle. Zuerst macht man schwaches Feuer und verstärkt es nur allmälig. Das Vorfeuer währt 11–12 Stunden, das Scharffeuer 4–5 Stunden. Etwa 18–24 Stunden nach beendigtem Brennen können die gebrannten Geschirre aus dem Ofen entfernt werden.

VI. Backstein-, Ziegel- und Röhrenfabrikation.

Steine aus Thon.

Die Fabrikation der gebrannten Steine aus Thon, die in neuester Zeit erst, namentlich aber durch den unermüdlichen Türrschmidt eine rationelle Grundlage erhalten, beschäftigt sich mit der Herstellung von Backsteinen (Mauerziegel oder Barnsteine), Dachsteinen, Pflasterziegeln (Fliessen) und Terracotten. Nicht zu verwechseln mit den Backsteinen sind die in mehreren Gegenden gebräuchlichen, nicht gebrannten, sondern nur an der Luft getrockneten Ziegel, welche zu Mauerwerk verwendet und Lehmpatzen (Luftsteine, ägyptische Ziegel) genannt werden.

Zur besseren Uebersicht theilen wir das Kapitel, das von der Fabrikation der Backsteine handelt, in drei Abschnitte, deren erster das zur Herstellung der Steine geeignete Material betrachtet, die übrigen Abschnitte handeln:

2) von der Bearbeitung des Thones,

3) von dem Streichen der Ziegel,

α) mit der Hand,

β) mit Hülfe von Maschinen,

4) von dem Brennen der getrockneten Steine.

Terracotta.

Unter Terracottwaaren versteht man in der weitern Bedeutung des Wortes gebrannte, unglasirte Gegenstände von gelb- oder rothgebranntem Thone, demnach auch die Ziegel- oder Backsteine; im engern Sinne braucht man dagegen nur den Namen Terra cotta, um zu Bildwerken und Bauornamenten (Thurmspitzen, Spitzbogenfenster, Portalverzierungen, Kreuzblumen, Rosetten etc.) bestimmte gebrannte Thongegenstände zu bezeichnen. Vor dem gehauenen Stein haben sie den Vorzug der mechanischen Vervielfältigung des künstlerischen Entwurfes durch blosse Handarbeit, und da sie hohl gefertigt werden, weit grössere Leichtigkeit voraus.

Das Ziegelmaterial.

Nicht jeder Thon eignet sich zur Herstellung von Ziegeln, doch können gewisse Sorten, die an sich nicht dazu taugen, durch zweckmässige Zubereitung brauchbar gemacht werden. Obgleich man schon in den meisten Fällen aus der äusseren Beschaffenheit einer Thonart auf deren grössere oder geringere Anwendbarkeit zur Herstellung von Backsteinen einen Schluss ziehen kann, so ist es doch nothwendig, dass man Ziegel daraus formt und dieselben dann in einem bewährten Ziegelbrennofen brennt. Hierbei ist nicht zu übersehen, dass die Probeziegel an verschiedene Stellen des Ofens gebracht werden müssen, um das Verhalten derselben bei den verschiedenen Temperaturen des Ofens genau kennen zu lernen, da die Temperatur, bei welcher die Backsteine gebrannt werden müssen, von der Zusammensetzung des Lehms abhängig ist. Wo man die Wahl zwischen mehreren Thonarten hat, wird man natürlich stets jene wählen, welche dem Feuer am besten widersteht, die als nothwendig erscheinende Wohlfeilheit des Materials zwingt indessen die Fabrikanten von Backsteinen, häufig dasjenige Material zu wählen, das am leichtesten und billigsten zu beschaffen ist. Es lassen sich aus sehr verschieden zusammengesetzten Thonen, namentlich was ihren Gehalt an kohlensaurem Kalk betrifft, Backsteine von der erforderlichen Beschaffenheit herstellen, vorausgesetzt, dass man beim Brennen die zweckmässigste Temperatur anwendete. Ein Ziegelthon, welcher viel kohlensauren Kalk enthält, lässt sich zwar bei einer weit niedrigern Temperatur, demnach mit geringerem Brennstoffaufwand brennen; den so erhaltenen Steinen geht indessen die erforderliche Festigkeit und Dauerhaftigkeit ab. Nicht selten kommen ferner im Thon vor: Glimmer, Feldspath, Eisenoxydhydrat, Ferriphosphat, nebst vegetabilischen Ueberresten. Wenn diese Stoffe nicht in zu grosser Menge und gleichmässig vertheilt in dem Thon vorkommen, so sind sie nicht nachtheilig. Glimmer und Feldspath, sowie Eisenoxyd wirken als Flussmittel und sind daher bis zu einem gewissen Grade eher nützlich als schädlich, weil sie das Zusammensintern der Masse beim Brennen befördern. Kieselgerölle, gröbere Stücken von kohlensaurem Kalk und Gypskrystalle sind der Anwendbarkeit eines Ziegelthones sehr hinderlich; die Gerölle zersprengen den durch das Brennen hart gewordenen Backstein, da sie ihr Volumen vergrössern, während der Thon sich zusammenzieht. Kalknieren und Gypskrystalle wirken noch nachtheiliger, da diese beim Brennen ihr Volumen verkleinern, daher später durch Anziehung von Kohlensäure und Wasser an Volumen beträchtlich zunehmen und dadurch den Mauerstein sprengen. Schwefelkies macht den Thon zur Fabrikation von Backsteinen ungeeignet, da das Eisensulfuret, welches nach dem Brennen in den Steinen enthalten ist, an der Luft in Eisenvitriol übergeht, der in kurzer Zeit auswittert und dadurch den Stein mürbe macht.

In den Niederlanden, in der Themse oberhalb London, an den Mündungen des Ganges und des Nils, verwendet man den Flussschlamm, der sich in der Nähe der Mündungen in den Flüssen und namentlich an den Stellen, wo Ebbe und Flut aufhören wirksam zu sein, absetzt und dort zur Bildung der Delta Veranlassung giebt, als Material für die Fabrikation von Backsteinen. Seit 1852 stellt man (auf Anregung von Bernhardi in Eilenburg) aus Kalksandmasse — einem Gemenge von gebranntem Kalk, Sand und Wasser — die sogenannten Kalkziegelsteine dar, die als Baumaterial vielfache Anwendung finden.

Vorbereitung des Thones.

Das Ausgraben des Thones aus den Thongruben erfolgt im Sommer oder Herbste, weil zu dieser Zeit der Thon meist weniger feucht und schwer und deshalb mit geringeren Kosten zu fördern ist. Der ausgegrabene Thon wird in einer nicht zu hohen Schicht ausgebreitet, und wenn es die Umstände erlauben, längere Zeit hindurch im Freien liegen gelassen, damit Feuchtigkeit und Wärme, namentlich auch Frost auf ihn einwirken. Sehr vortheilhaft ist es, wenn er gehörig durchfriert und dann wieder aufthaut, da dadurch der Thon sehr aufgelockert wird. Der den atmosphärischen Einflüssen ausgesetzt gewesene und wiederholt durchgearbeitete Thon wird nun eingesumpft. Zu diesem Zwecke bringt man denselben in Gruben von etwa 4 Meter Länge, 2 Meter Breite und 1,3 Meter Tiefe und übergiesst ihn mit so viel Wasser, dass dasselbe etwa 6 Centimeter darüber steht. Hier lässt man ihn mit Wasser sättigen und rührt ihn wiederholt um, wobei man von Zeit zu Zeit Wasser hinzugiesst. Sobald der Thon gehörig weich geworden ist, beginnt man mit dem Durchtreten auf dem neben dem Sumpfe (fosse) befindlichen, gedielten und mit Rändern eingefassten Tretplatz. Es wird zuerst eine 9–12 Centimeter hohe Schicht Thon auf den Tretplatz gebracht und diese von den Arbeitern mit den Füssen durchtreten, wobei harte Körper, wie Kieselgerölle und Kalknieren, aus dem Thon entfernt werden; von Zeit zu Zeit wird die Masse umgeschaufelt und mit Wasser begossen. Auf die erste Schicht kommt eine zweite, auf letztere eine dritte u. s. f., bis endlich die Dicke der Schicht das Durchtreten unmöglich macht. Hier geschieht auch bei zu fettem Thon das Vermengen mit Sand, eine Arbeit, die, wenn es irgend möglich ist, umgangen werden muss, da sie das Fabrikat vertheuert. Am vortheilhaftesten ist es, wenn man neben zu fettem Thone einen mageren hat und diese beiden durch Durchtreten mit einander vermengt. Einen zu mageren Thon kann man, wenn man keinen fetten Thon zur Verfügung hat, durch Schlämmen von einem Theile seines Sandes befreien und ihn dadurch geeignet zur Backsteinfabrikation machen. Dieses Schlämmen geschieht auf zweierlei Weise. Nach der einen Art rührt man den Thon in der Sumpfgrube mit Wasser zu einer Art Schlempe an und lässt diese eine kurze Zeit in der Grube ruhig stehen, damit ein Theil des Sandes sich absetze, darauf bringt man den oberen thonigen Theil in eine andere Sumpfgrube und entfernt den sandigen Bodensatz aus der ersten Grube. Nach einem andern Verfahren bringt man den mageren Thon nach und nach in einen hölzernen Kasten, welcher an der Vorderseite mit Zapfenlöchen in verschiedener Höhe versehen ist, rührt den Thon durch Umrühren mit Wasser zu einem recht dünnen Brei an und lässt ihn sodann, jenachdem der dem Lehm beigemengte Sand gröber oder feiner ist, 2–5 Minuten ruhig stehen. Nach Verlauf dieser Zeit öffnet man nach und nach die Zapfen und lässt das Thonwasser langsam in die Grube laufen, in welcher nach der Verdunstung des Wassers ein von Sand gereinigter, brauchbarer Thon zurückbleibt. In London und überhaupt in England, wo die Backsteine fast das ausschliessliche Baumaterial sind und die Häuser von aussen sehr selten einen Abputz bekommen, reinigt man den Thon auf das sorgfältigste. Die den Alluvialablagerungen entnommenen Massen, welche in dem Becken von London über dem sogenannten London-clay liegen, werden durch einfache Schlämmvorrichtungen von beigemengten Feuer- und Kieselsteinen, Kalknieren u. s. w. befreit und nach Umständen mit Steinkohlencindern (ein Gemenge von kleinen Koksstückchen und Asche) oder mit Sand vermischt, angewendet.

Das Treten des Thones wird gegenwärtig häufig durch Knetmaschinen und Schlämmvorrichtungen ersetzt. Eine der einfachsten und bewährtesten Schlämmmaschinen ist die von Henschel in Cassel, bei welcher der Thon in einen hölzernen bedeckten Trog, in dessen Axe sich eine mit Rührarmen versehene Welle befindet, mit Wasser gegeben wird; durch die Bewegung der Welle zerdrücken die Arme den Thon und zertheilen ihn in dem Wasser zu einer Schlempe, welche man nun durch ein Sieb laufen lässt. Zuweilen bedient man sich zum Vorbereiten des Thones auch eines mit Steinen belasteten Karrens, dessen breite Räder von ungleichem Durchmesser sind und welcher auf der Trettenne von zwei ausserhalb derselben an einen Schwenkbaum gespannten Pferden herumgezogen wird. Indem die Räder des Karrens den Thon durchschneiden, wird derselbe gehörig durchknetet. Ein ganz verschiedenes Princip liegt der Thonpresse zu Grunde, welche einen festgebauten Kasten mit durchlöcherter oder gitterartiger Wand enthält; man füllt diesen mit nassem Thon und treibt dann mit Hülfe eines hineingepressten Stempels den Thon durch die engen, aber zahlreichen Wandöffnungen heraus, wobei alle gröberen Unreinigkeiten im Innern zurückgehalten werden. Diese

Operation erfordert sehr grosse Kraft, zeigt sich aber höchst wirksam und hat deshalb zur Construction mehrerer etwas verschiedener Maschinen Veranlassung gegeben.

Das Streichen der Ziegel.

Das Streichen (oder Formen) der Ziegel (Backsteine) mit der Hand ist eine sehr einfache Arbeit. Man wendet hierzu Formen von Holz oder von Gusseisen an, welche aber wegen des Schwindens der Backsteine beim Trocknen und Brennen grösser sein müssen als die herzustellenden Steine. Fig. 156 zeigt die obere Ansicht (*B*) und den Durchschnitt (*A*) einer gewöhnlichen Form.

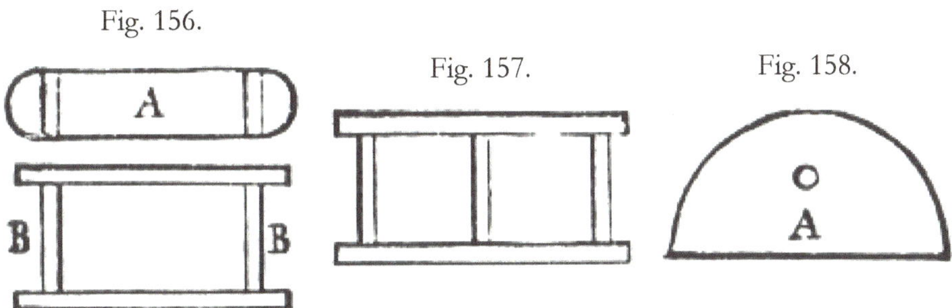

Fig. 156. Fig. 157. Fig. 158.

Bisweilen giebt man den Formen eine solche Breite (Fig. 157), dass man darin zwei Steine auf einmal formen kann, obgleich diese Art Formen weniger bei Mauersteinen als bei Fliessen Anwendung findet. Der Arbeiter wirft einen Ballen Thon in die mit Sand bestreute Form, drückt denselben in die Form recht dicht ein, damit die Ecken gehörig ausgefüllt werden und streicht dann das, was über die Form hervorragt, mit dem Streichholze (Fig. 158) weg. Die Form wird auf einem Brette entleert und der geformte Stein auf dieses zum Trocknen hingelegt. Nachdem er hier so weit ausgetrocknet ist, dass er ohne Beeinträchtigung seiner Gestalt aufgehoben werden kann, wird er zum völligen Austrocknen, auf der hohen Kante stehend, in Trockenscheuern so lange einem nicht zu raschen Luftwechsel ausgesetzt, bis er völlig lufttrocken erscheint. In Flandern, Brabant und Holland trocknet man im Freien, indem man die Steine in Gestalt von durchbrochenen Mauern aufstellt und dieselben mit Strohmatten bedeckt. Zweckmässig regulirtes Trocknen der Backsteine ist für ihre Qualität von Wichtigkeit. Geht nämlich das Trocknen zu schnell vor sich, so ist ein unregelmässiges Schwinden und ein Verziehen oder Reissen unvermeidlich. Die Steine müssen ferner während des Trocknens möglichst lose auf ihrer Unterlage aufliegen, weil sonst diese Enden beim Zusammenziehen nicht nachfolgen könnten und der Ziegel in der Mitte voneinanderreissen müsste. Von Zeit zu Zeit vorgenommenes Verschieben der Steine oder untergestreuter Sand verhindert das Anhaften derselben am besten. Die Leistung der Arbeiter in einer bestimmten Zeit ist von ihrer Gewandtheit und ihrer Körperkraft abhängig; als tägliches Leistungsquantum pro Kopf eines Arbeiters eines sogenannten Tisches (aus 5–10 Personen bestehend) können 1000 Stück Bauziegel als Maximum gerechnet werden.

Ziegelstreichmaschinen

Das Formen der Ziegel mit Hülfe von Maschinen[97] hat, wenn es von Vortheil sein soll, mehr und billigere Arbeit zu leisten, als durch Handarbeit geleistet werden kann. Nehmen wir an, dass ein Streicher, unterstützt durch zwei Handlanger und ein Kind, im Durchschnitt täglich 5–6000 Backsteine zu liefern im Stande ist. Es wird sich nun schwerlich eine Streichmaschine construiren lassen, lieferte sie auch in der nämlichen Zeit fünfmal mehr Ziegel, welche nicht wenigstens ebenso viel kostete, als zwanzig Arbeiter, die zur Fabrikation von 30,000 Ziegeln erforderlich gewesen wären. Eine Maschinenziegelei erfordert ein grosses Anlagekapital, die Deckung der Zinsen, die Unterhaltung der Maschine, die Nothwendigkeit, dieselbe ununterbrochen zu beschäftigen, die zu ihrer Leitung und Beaufsichtigung erforderlichen Leute, endlich die Beschaffung der bewegenden Kraft setzt einen enormen und unaufhörlichen Absatz voraus. Ein derartiger Absatz ist aber nur in einem Seehafen oder in nächster Nähe eines schiffbaren Flusses oder in nächster Nähe grosser oder in raschem Aufschwunge begriffener Städte ausführbar, weil die Ziegel durch weiten Landtransport zu kostspielig werden. Es bedarf daher, Alles in Allem betrachtet, eines seltenen Zusammentreffens von Umständen, um eine Maschinenziegelei rentabel zu machen und sie in den Stand zu setzen, mit der Handarbeit concurriren zu können. Man begegnet daher Maschinenziegeleien nur in solchen Ländern, wo der Tagelohn am theuersten ist und die Nähe grosser Städte und eines Seehafens auf einen grossen und fortwährenden Absatz zu rechnen gestattet.

Alle in den letzten Jahrzehnden construirten Streichmaschinen lassen sich auf folgende vier Arten von Maschinen zurückführen:

1) auf Maschinen, welche das Streichen der Ziegel mit der Hand nachahmen;

2) auf Maschinen, die das Formen durch eine ununterbrochene Kreisbewegung ausführen;

3) auf Maschinen, welche mit einer Form zum Ausstechen der Backsteine aus einem Thonkuchen versehen sind;

4) auf Maschinen, welche ein fortlaufendes Band aus Thon von einer Breite, die der Länge der Ziegelsteine entspricht, bilden und dieses Band mit Hülfe eines Messers oder eines Fadens in einzelne Steine zerschneiden.

Fig. 159.

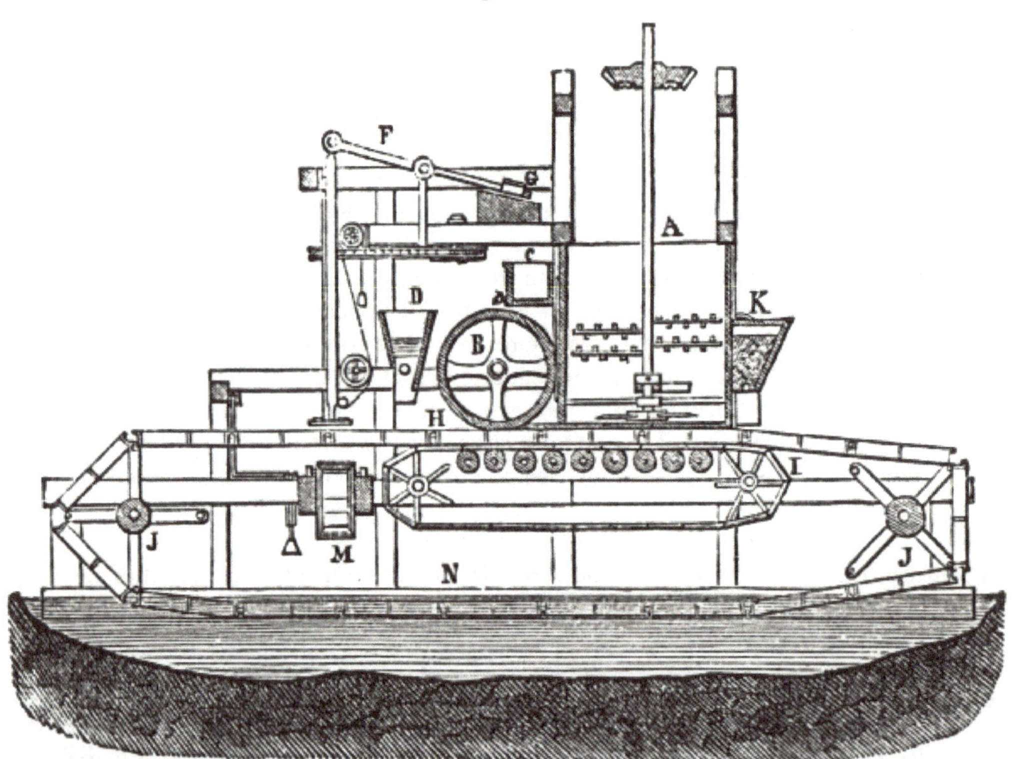

I. Die Maschinen der ersten Art, welche das Streichen mit der Hand nachahmen, bestehen aus einem gusseisernen Formrahmen, der durch eine Combination verschiedener Maschinentheile in eine hin- und hergehende Bewegung versetzt wird. In dem ersten Theile der Bewegung gelangt die Form unter den mit Thon gefüllten Trichter und wird daselbst gefüllt; die Form geht dann in eine zweite Stellung, wo durch einen Hebel der Inhalt zusammengepresst wird; in der dritten Stellung gleitet sie über den Boden, welcher beim Pressen zum Widerstand diente und tritt unter einen Pressstempel, welcher den fertig geformten Backstein aus der Form treibt. Hierauf beginnt das Spiel von Neuem. Als Beispiel einer derartigen Maschine beschreiben wir die von Carville (von Issy bei Paris). Das Ziegelmaterial gelangt aus der Knettonne *A* (Fig. 159) unter die Presswalze *B*, welche fortwährend durch einen aus dem Reservoir *C* kommenden Wasserstrahl feucht erhalten wird, damit der Thon nicht an der Walze adhärire; ein Trichter mit Sand *D* bestreut die Backsteine mit Sand, ehe sie unter den Pressapparat kommen, welcher durch den Hebel *F* und das Gegengewicht *G* wirkt. Die Formen gehen dann auf einer endlosen Kette *I* weiter; diese aus Blechstreifen bestehende Kette bildet den Boden der durch die Wellen *J J* constant bis zu dem Pressstempel bewegten Formen, wo die Ziegel aus den Formen auf Bretter gelangen, auf welchen sie in den Trockenraum weiter geführt werden. Durch das in *N* befindliche Wasser werden die Formen gewaschen und mit Hülfe des Trichters *K* mit Sand bestreut, ehe sie unter der Presswalze mit Thon gefüllt werden. Fig. 160 giebt die Details der Kette, welche die Formen bildet, und der Vorrichtungen, welche den Pressstempel in Bewegung setzen, sobald es Zeit ist, die Backsteine aus der Form zu entfernen.

Fig. 160.

II. Die Maschinen der zweiten Art, bei welchen das Formen der Backsteine durch eine ununterbrochene Kreisbewegung geschieht, sind den vorstehenden ähnlich; es findet jedoch bei ihnen der Unterschied statt, dass statt einer Form mehrere vorhanden sind, die sich entweder auf einer horizontalen, um eine verticale Axe sich drehenden Scheibe oder auf der Peripherie eines Cylinders befinden, welcher sich um eine horizontal liegende Axe dreht. Bei einigen Maschinen der Art beginnt eine schwere gusseiserne Walze das Pressen, welches durch das Gleiten der Formen zwischen zwei nicht ganz parallelen Blechwalzen fortgesetzt wird. Bei den Scheibemaschinen wird das Auspressen der geformten Steine aus der Form entweder durch Hebel oder durch eine schiefe Ebene bewirkt; bei den Cylindermaschinen ist in den Formen ein beweglicher Boden, welcher mehr und mehr durch die Form hindurch bewegt wird, wenn dieselbe dem tiefsten Stande sich nähert.

III. Die Maschinen der dritten Art unterscheiden sich von den vorhergehenden dadurch, dass das Ziegelmaterial zuerst in einen platten Thonkuchen von der Dicke der herzustellenden Ziegelsteine verwandelt wird, auf welchen die Form wie eine gewöhnliche Ausstechmaschine niederfällt, um den Backstein auszuschneiden. Dieses System findet besonders Anwendung, wenn es sich darum handelt, Verzierungen an den Ziegelsteinen anzubringen.

IV. Die Maschinen der vierten Art endlich, bei welchen ein langes Band aus Thon, so dick und breit als der Länge der Ziegel entspricht, erzeugt wird, welches durch Querschnitte in einzelne Theile zertheilt wird, zerfallen in zwei Unterarten, je nachdem das Thonband entweder mittelst Herauspressen des Thones durch eine länglich viereckige Oeffnung, oder mittelst Walzen, das Abschneiden aber entweder sofort, wenn ein Stück von der einfachen Ziegellänge oder Ziegelbreite herausgetreten ist, oder erst nachher durch viele auf einmal vollzogene Schnitte stattfindet. Das Zerschneiden geschieht entweder mit einem Messer oder mit einem Messingdraht. Auf das nämliche Princip gründen sich die Thonröhrenpressmaschinen, die gegenwärtig zur Fabrikation der Drainröhren dienen.

Fig. 161.

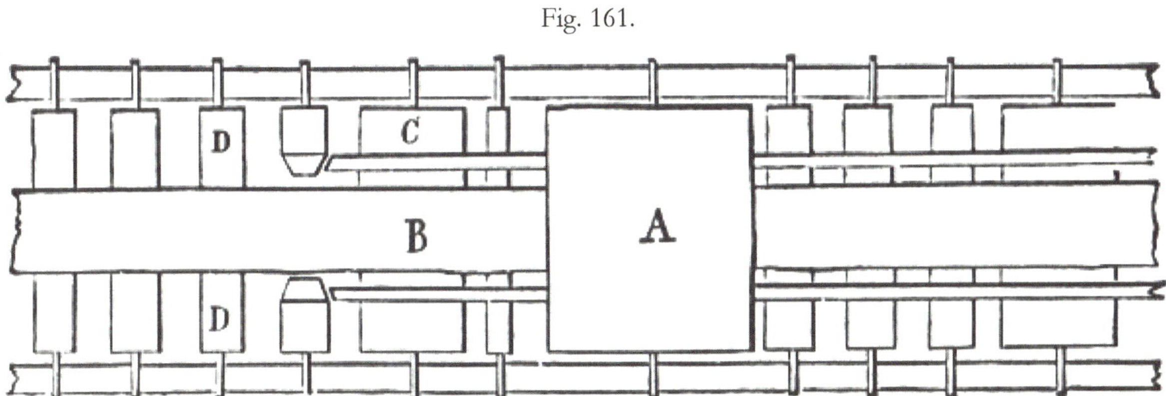

Fig. 162.

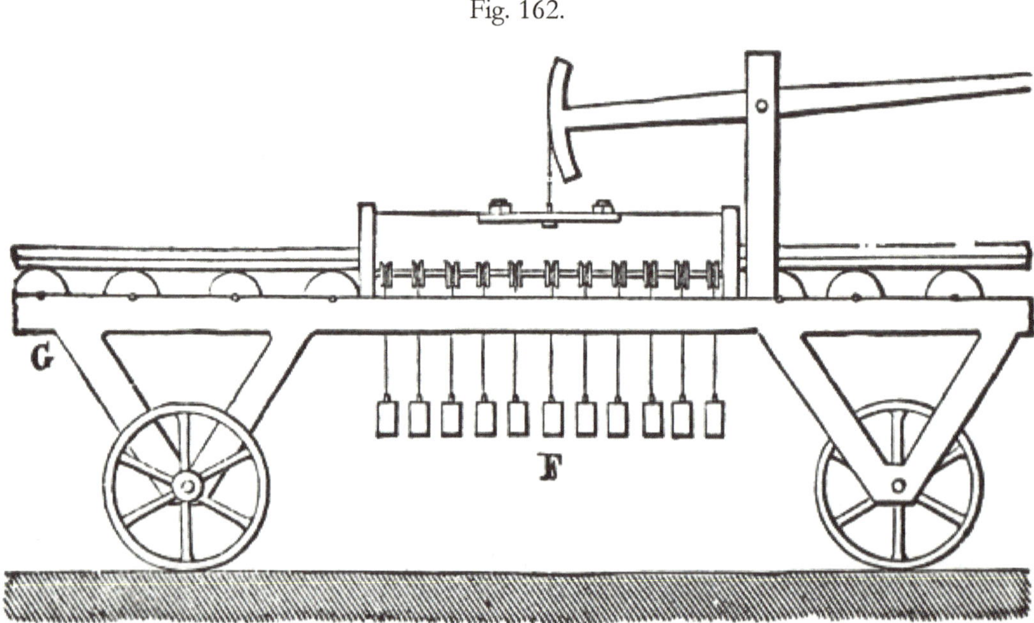

Die Maschine von Terrasson-Fougères lässt sich zum Theil auf das vierte System zurückführen, obgleich das Streichen erfolgt, ohne dass ein Maschinentheil vorhanden wäre, welcher mit dem Namen Form belegt werden könnte. Auf einer endlosen Kette wird mit Hülfe einer Presswalze *A* (Fig. 161) ein Thonband gebildet, welches beim Hervortreten unter dem Presscylinder durch gespannte verticale Drähte die nöthige Breite erhält und sodann auf den Rollen *D* weiter geführt wird und zwar bis zu einer Vorrichtung (Fig. 162), welche vom Erfinder das Fallwerk genannt wird. Das Fallwerk selbst ist eine Art Holzrahmen und mit eilf durch Gewichte *F* in Spannung erhaltenen Eisen- oder Kupferdrähten versehen, welche beim Niedergang des Fallwerkes als Messer wirken. Jeder dieser Drähte muss mit Genauigkeit justiert werden, alle müssen in einer Ebene und vollkommen gleich weit von einander liegen und zwar so weit, als es die Breite der Ziegel verlangt. Sind die Ziegel auf die ganze Höhe der Masse durchschnitten, so wird das Fallwerk wieder gehoben: auf diese Art gehen die beiden Operationen des Formens und Schneidens ununterbrochen vor sich. Die Bretter, auf denen die geformten Steine liegen, laufen auf der Leitung weiter fort bis an den Ort, wo die Ziegel getrocknet werden sollen. Der Apparat *G* ruht auf sechs Rädern, wodurch der leichte Transport der Maschine nach allen Theilen der Ziegelei ermöglicht ist.

Backsteine aus trocknem Thon.

Pressziegel sind durch Pressen mittelst eines fast trockenen Thones hergestellt, dessen natürliche Feuchtigkeit mehr als hinreichend ist, um durch den starken Druck, welchem der Thon unterworfen wird, den erforderlichen Zusammenhang zu erzielen. Es werden dadurch weit dichtere Steine erzeugt, die man, weil sie mehr Festigkeit besitzen, weit dünner streichen kann als die gewöhnlichen Ziegelsteine. Eine der vollkommensten Maschinen zur Fabrikation von Pressziegeln ist die von Nasmyth und Minton, bei welcher das Wesentliche in einer besonderen Construction des Excentricums besteht, welches die comprimirenden Formen in Thätigkeit setzt. Bei jeder Rotation desselben soll der gepulverte Thon comprimirt werden, dann soll die Compression nachlassen, damit die zwischen den Thontheilchen eingeschlossene Luft entweichen kann, worauf die letzte Verdichtung erfolgt. Bei der Fabrikation von Pressziegeln aus gepulvertem Thon zeigt es sich nämlich, dass, wenn der erforderliche Grad der Verdichtung mit einem Druck erreicht werden soll, ein Theil der zwischen den Thontheilchen eingeschlossenen Luft beim Nachlassen der comprimirenden Kraft sich wieder auszudehnen strebt und daher den Ziegel lamellenartig spaltet. Mit Hülfe einer neuerdings von Julienne construirten Maschine zum Herstellen von Ziegeln aus trockenem Thon sollen ein Mann und ein Kind täglich im Stande sein, in einer zehnstündigen Schicht 4000 Stück Ziegel zu streichen.

Das Brennen der Ziegel.

Das Brennen der an der Luft vollständig getrockneten Backsteine oder Ziegel geht entweder in besonders dazu construirten Oefen (Brennöfen) oder in Feldöfen oder Meilern (Feldbrennerei) vor sich. Die Brennöfen sind entweder a) offene Oefen (Schachtöfen) oder b) gewölbte oder geschlossene Oefen oder endlich c) Oefen mit ununterbrochenem Brande (continuirliche Oefen). Sie sind theils auf Holz-, theils auf Torf-, Braunkohlen- und Steinkohlenheizung eingerichtet.

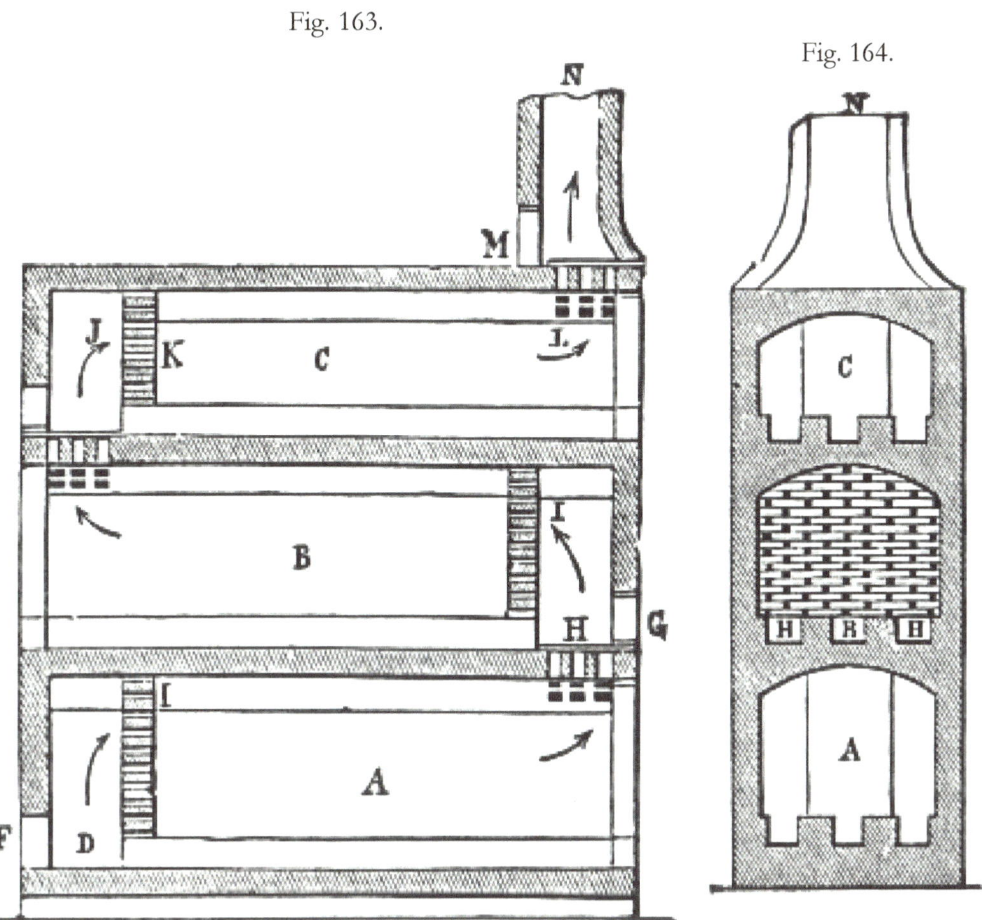

Fig. 163.

Fig. 164.

Von den vielfachen Constructionen von Ziegelbrennöfen seien einige der besseren als Beispiele angeführt. Fig. 163 stellt einen Etagenofen vor, welcher auf Holzfeuerung eingerichtet ist; die drei über einander liegenden Räume *A*, *B* und *C* werden nach einander geheizt, die Feuerung *D* (mit der Heizthüre *F*) giebt eine lange Flamme, welche durch eine durchbrochene Mauer vertheilt wird und dann in den Brennraum *A* und von da durch Oeffnungen in die Feuerung *H* tritt, welche durch die Heizthüre *G* unterhalten wird; die Verbrennungsprodukte werden wieder durch die durchbrochene Mauer *J* zertheilt und gelangen in die oberste Etage *C*. Das Brennen selbst wird durch die Höhe des Schornsteins *N* regulirt, welcher sich mit der Höhe der in Brand gesetzten Etage vermindert. Fig. 164 zeigt einen Längendurchschnitt des Ofens nach der schmalen Seite und von der Feuerung *H* aus gesehen. Fig. 165 einen Horizontaldurchschnitt in der Höhe der Sohle der mittleren Etage. Diese Ofenconstruction gewährt eine beträchtliche Brennmaterialersparniss, da man das zum Brennen der in den Abtheilungen *B* und *C* befindlichen Backsteine erforderliche Vorfeuer vermeiden kann.

Fig. 165.

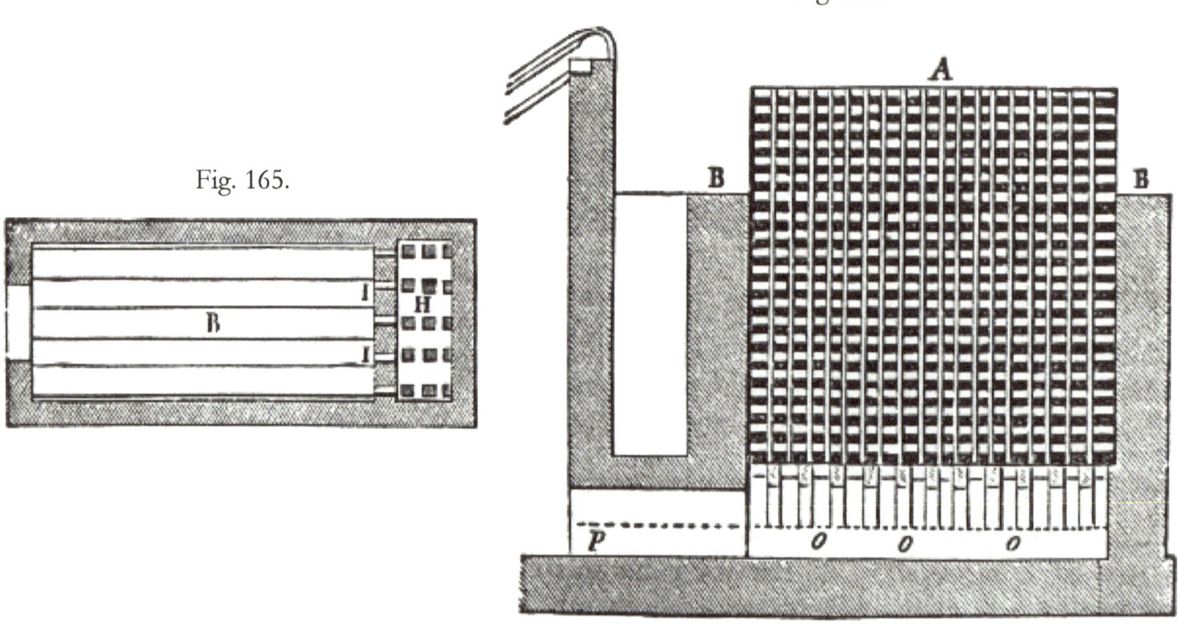

Fig. 166.

Ein zweckmässig eingerichteter, offener, mit Holz betriebener Ziegelofen ist Fig. 166 im Durchschnitt durch die schmale Seite nach der Richtung der Feuerungen dargestellt, eine Zeichnung, welche durch den Horizontaldurchschnitt Fig. 167 vervollständigt wird. Es sind drei Feuerungen vorhanden, von welchen *P* die mittlere ist. Die Feuerung hat keinen Rost und ist mit einer Reihe von Gurtbögen *o o o* überwölbt, die eine durchbrochene Decke bilden, die Flamme zertheilen und dieselbe in den Brennraum *B B* führen, welcher oben offen ist. Die zu brennenden Steine werden auf die Bögen *o o o* auf die hohe Kante gestellt und zwar der Art, dass die Steine der verschiedenen Schichten einander kreuzen und hinlänglich von einander entfernt sind, um die Flamme ungehindert durchgehen zu lassen. Um nicht zu viel Wärme zu verlieren, schichtet man die Steine weit über den Ofen hinaus. Obgleich ein nicht unbedeutender Wärmeverlust mit der Anwendung dieses Ofens verknüpft ist, so wendet man ihn doch wegen des bequemen Einsetzens und Ausziehens häufig an.

Fig. 167.

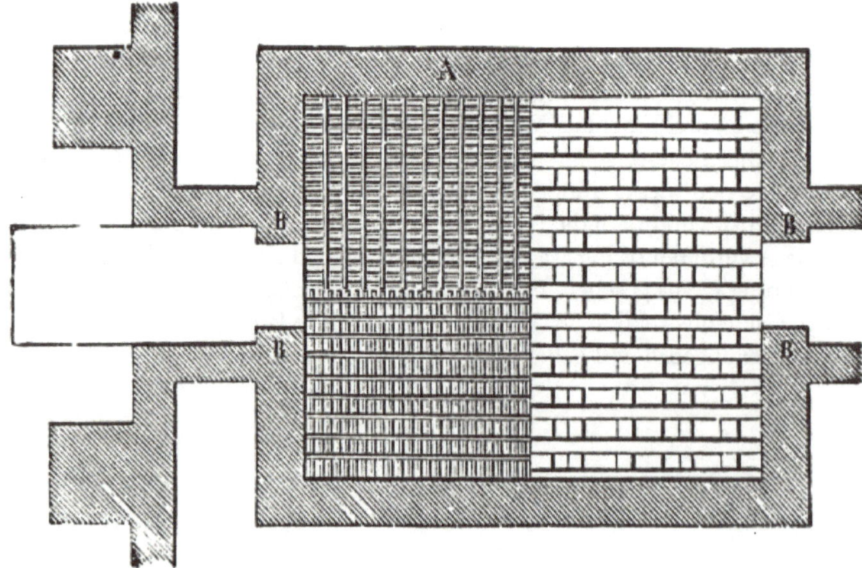

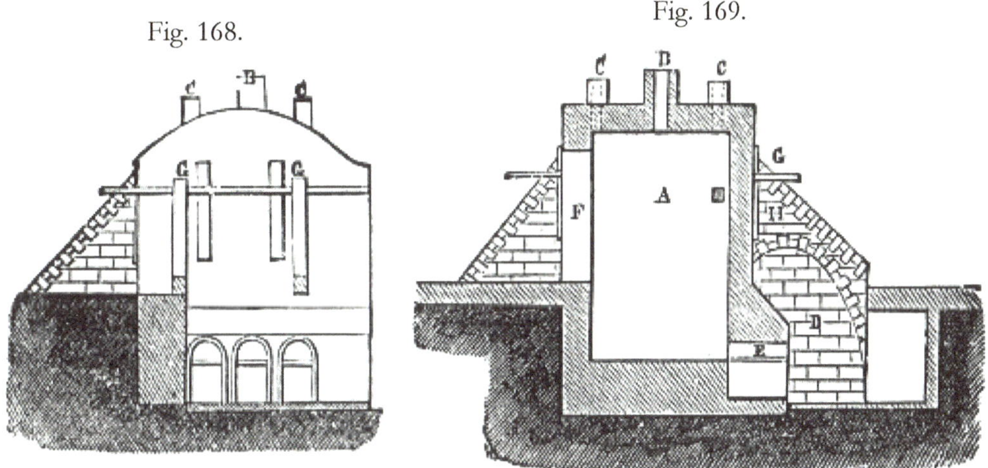

Fig. 168. Fig. 169.

Das Brennen der Backsteine mit Holz ist natürlich viel theurer als mit Steinkohle. So bäckt man nach den Angaben von Carville in dem Fig. 168 und 169 dargestellten Ofen 80,000 Ziegel mit 160 Hektoliter Steinkohle. Da 1 Hektoliter Steinkohle 80 Kilogr. wiegt und 100 Kilogr. 3 Frcs. 12 Cents. kosten, so kommt das Brennen von 80,000 Ziegeln noch nicht ganz auf 400 Frcs. zu stehen.

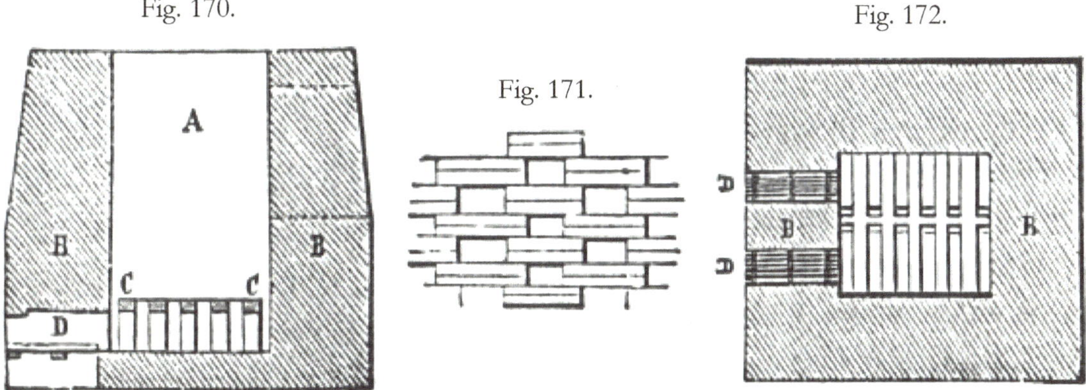

Fig. 170. Fig. 171. Fig. 172.

Wendet man zum Brennen der Steinkohlen geschlossene und mit Rost versehene Oefen an, so giebt man dem Ofen die in Zeichnung Fig. 170 dargestellte Form. Die Capacität des Ofens *A* wird durch dicke Mauern *B* bestimmt, die zu brennenden Steine werden auf der Sohle *C* des Ofens in Gewölben aufgeschichtet, unter welchen die Verbrennungsprodukte frei circuliren können. *D D* (Fig. 172) sind zwei Röste. Fig. 171 zeigt die Anordnung der Steine in dem Ofen.

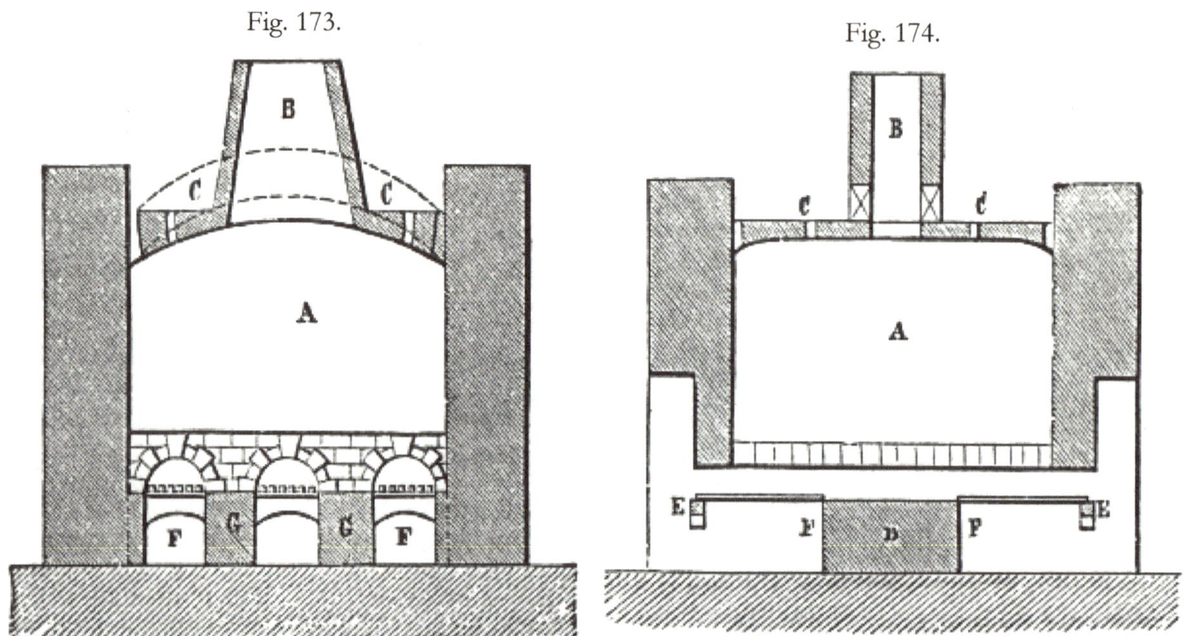

Man hat den Versuch gemacht, mit dem *Backen der Ziegelsteine das Kalkbrennen* zu verbinden. Fig. 173 und 174 stellen derartige Ziegel-Kalköfen dar. Die Sohle des Brennraumes *A* besteht aus bogenförmigen Gewölben aus Kalkstein, den man zugleich mit den Backsteinen brennt. Der Zug wird durch den Schornstein *B* vermittelt und durch die Zuglöcher regulirt. Die sechs Feuerungen sind durch eine starke Mauer *D* von einander getrennt. Das Brennmaterial kommt auf den Rost *E*, unter dem sich der Aschenfall *F* findet. Die auf einer Ofenseite befindlichen Feuerungen sind durch die Mauern *G* von einander getrennt.

Continuirliche Brennöfen.

Von den in Vorschlag gebrachten continuirlichen Brennöfen hat sich der ringförmige Ziegelofen von Hoffmann und Licht in jeder Hinsicht bewährt. Diese Oefen bestehen aus einem im Grundriss ringförmigen, im Querschnitt beliebig geformten Ofenkanal, der zwar an verschiedenen Punkten von aussen zugänglich und beschickbar und an eben so vielen Punkten gegen einen im Centrum stehenden Schornstein verschliessbar, im Uebrigen aber frei ist.

Denkt man sich den Querschnitt des Ofenkanals mittelst eines Schiebers, der durch Falze eingesetzt wird, an irgend einer Stelle geschlossen, die zunächst davor gelegene Eingangsthür und den zunächst dahinter liegenden Rauchkanal geöffnet, alle übrigen Eingänge und Rauchkanäle aber geschlossen, und im Schornstein eine aufsteigende Luftsäule, so wird ein Luftzug entstehen, der aus der Atmosphäre durch die geöffnete Thür in den Ofen tritt und diesen seiner ganzen Länge nach bis auf die andere Seite des Schiebers durchstreicht, um durch den dort geöffneten Rauchkanal (und den Rauchsammelkanal) in den Schornstein zu treten. Denkt man sich ferner den Ofenkanal mit den zu brennenden Kalksteinen gefüllt, und zwar der Art, dass der Luftzug in der ersten Hälfte des Kanals bereits fertig gebrannte, in der Abkühlung begriffene Steine durchstreicht, demnächst des Feuer speist (welches durch Einstreuen des Brennmaterials in die glühenden Steinmassen von oben unterhalten wird) und auf der letzten Hälfte des Ofenkanals durch noch nicht gebrannte Steine zieht, um dann durch den offenen Rauchkanal in den Schornstein zu entweichen, so ist es klar:

a) Dass die in die offene Thür eindringende Luft auf dem ersten Theil ihres Laufes im Ofen, indem sie die fertig gebrannten Steine abkühlt, sich in hohem Grade erhitzt, folglich

b) im Stande ist, den Effect des Feuers in eben dem und (wegen der dann erfolgenden vollständigeren Verbrennung der Gase) in noch höherem Grade zu vermehren, während

c) die durch das Feuer unverbrannt streichende Luft, sowie die gasförmigen Verbrennungsprodukte, auf ihrem übrigen Wege durch den Ofen bis zum Schornstein (resp. Rauchsammelkanal) eine Menge Wärme an die noch ungebrannten Steine absetzen und dieselben bis zu einer solchen Temperatur vorwärmen und erhitzen, dass nur eine kurze Brennzeit und eine verhältnissmässig geringe Menge Brennmaterial erforderlich ist, um sie vollständig gar zu brennen.

Da nun die der offenen Thür zunächst stehenden Steine am meisten abgekühlt, also zum Herausziehen tauglich sein werden, so kann man sie durch frische ungebrannte ersetzen; der Abschluss des Ofens mittelst das Schiebers kann vor der nächsten Thür hinter den frisch eingesetzten Steinen erfolgen, diese Thür kann geöffnet, die vorhergehende geschlossen werden, und ebenso der nächste Rauchkanal geöffnet, der geöffnet gewesene geschlossen und das Feuer vorwärts geschoben werden. Durch stetige Wiederholung dieses Vorgangs macht das Feuer wiederkehrend die Runde im Ofen, wie auch gleichzeitig das Ausziehen und Einsetzen der Steine ringsum ohne Unterbrechung stattfindet; um diese letzten beiden Manipulationen gleichzeitig vornehmen zu können, stehen die zwei ersten Thüren, die eine für das Ausziehen, die andere für des Einsetzen, zu gleicher Zeit offen.

Feldziegeleien.

Im Gegensatze zu den ständigen Ziegelhütten unterscheidet man die Feldziegeleien, die besonders in Gegenden am Platze sind, wo in Folge der Entfernung von Ziegeleien die Herbeischaffung von Ziegeln grossen Kostenaufwand verursachen würde, vorausgesetzt, dass in geringer Entfernung von dem Ort, wo die Bauten ausgeführt werden sollen, sich ein passender Ziegelthon findet. Die durch den Feldbrand hergestellten Ziegel heissen Feldziegel oder Feldsteine. Das Verfahren beim Feldbrennen ist verschieden, je nachdem man mit Torf, Holz oder Steinkohle feuert. Benutzt man Torf oder Holz als Brennmaterial, so formt man aus den zu backenden Steinen in derselben Weise, wie sie in einen Ofen eingesetzt werden würden, einen Haufen oder Meiler, bringt auch mehrere Feuerkanäle darin an und bekleidet den bis zu 50,000 Steine fassenden Meiler mit einer dünnen Lage Lehm und noch von der Windseite mit beweglichen Strohhorden. Das Einschüren geschieht hier in den Heizkanälen, die Feuergase gehen durch die Ziegelmasse hindurch und finden endlich in der Decke ihren Ausweg. Es ist bei diesem Verfahren unvermeidlich, dass die Temperatur in den inneren Theilen des Meilers weit höher steigt, als in den der Lehmschicht zunächst liegenden Theilen. Soll dagegen Steinkohle als Brennmaterial dienen, so legt man die Heizkanäle enger als bei Torffeuerung an, da sie nur zur Entzündung der Steinkohlen dienen sollen, und füllt sie mit Steinkohle. Auf jede Schicht der eingesetzten Backsteine kommt eine Lage zerkleinerte Steinkohle, darauf die nächste Steinschicht, dann wieder Steinkohlen u. s. f.; der Meiler wird auch hier mit einer Schicht Lehm bedeckt, in welcher man einige Luftlöcher anbringt, um das Brennen reguliren zu können. Die in den Feuerkanälen befindlichen Steinkohlen werden angezündet, von wo aus das Feuer sich nach und nach über den ganzen Meiler erstreckt. Die sich entwickelnde Hitze ist hinreichend, um die Backsteine in allen Theilen des Ofens gar zu brennen. Während des Verbrennens der Steinkohlenlagen sinkt der Meiler zusammen, was jedoch bei der geringen Dicke dieser Lagen von keinem Nachtheil ist.

Die holländischen Klinker.

Die holländischen Klinker oder Klinkerte sind sehr scharf, bis zur halben Verglasung gebrannte Backsteine, die sich von den gewöhnlichen durch glasigen Bruch, grünliche oder dunkelbraune Farbe und die Eigenschaft, kein Wasser zu absorbiren, unterscheiden.

Dachziegel und Fliessen.

Zur Fabrikation der Dachziegel bedarf man eines besseren und sorgfältiger zubereiteten Thones als zur Herstellung der Mauerziegel. Während man bei den letzteren das Material durch blosses Treten vorbereitet, wendet man bei den Dachziegeln gewöhnlich die Thonmühle an. In Bezug auf das Streichen der Masse ist kaum etwas zu erwähnen. In der Regel brennt man sie gleichzeitig mit den Mauersteinen, wobei erstere den obern Theil des Ofens einnehmen müssen, da sie ihrer geringeren Dicke wegen zum Backen keiner so hohen Temperatur bedürfen als die Backsteine. Will man den Ziegeln eine ins Graue gehende Farbe ertheilen, so feuert man, wenn der Brennofen in der grössten Glut steht und man glaubt, dass er in einigen Stunden ausgenommen werden muss, Erlenzweige mit ihrem Laub, so grün und feucht, wie sie vom Baume kommen, ein, und hört mit dem Torffeuer auf; zugleich werden die Schürlöcher geschlossen. Der entstehende Rauch bildet in der porösen Ziegelmasse einen Absatz von Kohle, was die Ursache der Graufärbung ist; vielleicht wird auch das in der Masse enthaltene Eisenoxyd zu schwarzem Oxyd-Oxydul reducirt. Die Fabrikation der Fliessen (Pflasterziegel oder Plattziegel) stimmt im Wesentlichen mit der der Dachziegel überein; man giebt ihnen durch Dämpfen mit grünem Erlenholz häufig einen angenehmen grauen Thon; die Fliessen sind von viereckiger oder sechseckiger Gestalt und zum Auspflastern der Fussböden in Küchen, Vorplätzen, Kellern u. s. w. bestimmt. Von den Dachziegeln sind folgende Sorten gebräuchlich: a) die Biberschwänze, platte, auf der einen schmalen platten Seite mit einer Nase versehene Dachziegel, die mit Hülfe der Nasen nebeneinander auf die Latten aufgehängt werden und auf diese Weise die platte Fläche des Daches bilden. Man theilt sie in ganze oder halbe, je nachdem sie volle gewöhnliche Breite oder die Hälfte derselben haben; b) die Blendsteine unterscheiden sich von den Biberschwänzen dadurch, dass sie keine Nase haben, mittelst welcher sie aufgetragen werden können, sondern mit Löchern zum Aufnageln versehen sind; c) die Kaff- oder Kappziegel, welche die Stelle der sogenannten Kappfenster vertreten und Licht und Luft auf den Boden des Hauses leiten sollen, sind von den Biberschwänzen dadurch unterschieden, dass sie bei gleicher Länge dreimal so breit sind und in der Mitte eine Ausbauchung mit einer Oeffnung besitzen; d) die gegenwärtig nicht mehr gangbaren Passziegel (Pfannenziegel oder Schlussziegel) besitzen die Gestalt eines liegenden ∾; der abwärts gehende Theil eines solchen Ziegels greift immer in den aufwärts gehenden des folgenden. Ein mit solchen Ziegeln bedecktes Dach schliesst zwar vollständig, beschwert aber auch das Gebäude zu sehr; e) die Hohlziegel, von der Gestalt eines halben hohlen abgekürzten Kegels oder eines halben hohlen Cylinders, werden in Forstziegel und in Kehlziegel unterschieden. Sonst wurden erstere zur Bedeckung ganzer Dächer gebraucht, gegenwärtig benutzt man sie nur noch zum Eindecken der Forsten oder Firste.

Hohlziegel.

Die Anwendung von hohlen Backsteinen (Hohlziegeln) stammt aus den ältesten Zeiten. Die sogenannten Topfgewölbe sind in der That weiter nichts als Mauerwerk aus hohlen Steinen, um das Gewicht des auszuführenden Mauerkörpers geringer zu machen und dadurch den Druck auf die Theile des Bauwerkes, welche ihn zu tragen haben, zu vermindern. Die Töpfe sind 21–24 Centimeter hoch, 9–12 Centimeter im Durchmesser, in der Mitte hohl und hartgebrannt. Durch die Einführung der Drainpressen hat man nun Gelegenheit, die Topfform zu verlassen und Ziegelsteine zu fabriciren, welche mit den Vortheilen des gewöhnlichen Formates die Vorzüge der Töpfe vereinigen. Es werden auf Drainpressen durch geeignete Formen Steine hergestellt, welche die viereckige Gestalt und Grösse unserer gewöhnlichen Mauersteine haben und ihrer Länge nach von Oeffnungen durchlaufen werden. Für einzelne Anwendungen fabricirt man Steine, bei denen die Oeffnungen die Steine nicht nach der Länge, sondern nach der Quere durchlaufen.

Derartige Hohlziegel zeigen, mit gewöhnlichen Backsteinen verglichen, manche Vortheile, deren hauptsächlichste folgende sind: 1) man braucht zu ihrer Fabrikation nur etwa 60–70 Proc. des Materials; 2) sie lassen sich viel rascher fabriciren, da sie mit Hülfe der Presse dargestellt werden; 3) sie trocknen schneller und gleichförmiger, weil das Austrocknen auch von innen geschieht; 4) sie erfordern zum Backen eine weit niedrigere Temperatur, sodass man 20–30 Proc. Brennmaterial erspart; 5) der Transport der Steine wird natürlich ein billigerer; die Mauern trocknen leichter und schneller aus. Fig. 175 zeigt eine sehr gebräuchliche Art von Hohlziegeln, Fig. 176 eine andere Modification derselben

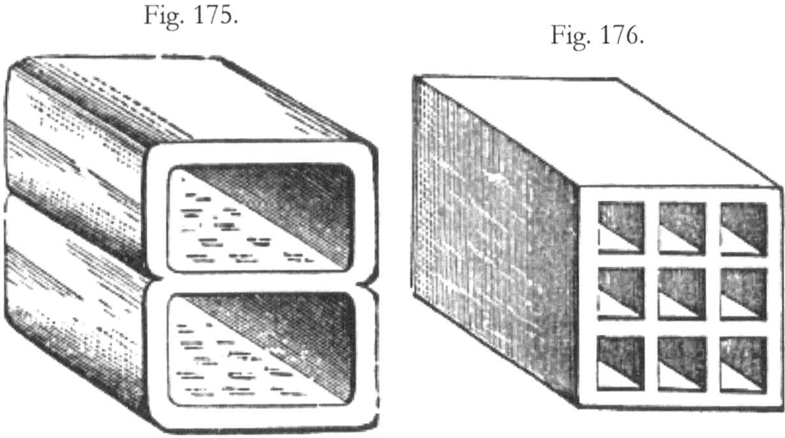
Fig. 175. Fig. 176.

Leichte oder schwimmende Ziegelsteine.

Die sogenannten leichten Ziegelsteine (poröse Backsteine, Schwammsteine), welche auf dem Wasser schwimmen, waren schon den Alten bekannt. Posidonius und nach ihm Strabo sprechen von einer in Spanien vorkommenden thonartigen Erde, die man als Polirmittel des Silbers brauche und aus welcher man dort Bausteine forme, die auf dem Wasser schwimmen. Aehnliches geschehe auf einer Insel des Tyrrhenischen Meeres und auf mehreren Punkten in Asien. Vitruvius Pollio hat sich über diese Steine als ein wegen seiner Leichtigkeit zum Bauen ganz besonders sich eignendes Material geäussert und auch Plinius hat Steine aus dieser bimssteinähnlichen, aber plastischen Masse als einen Gegenstand von grosser Wichtigkeit erwähnt. Diese Thatsachen blieben Jahrtausende lang fast ganz unbeachtet, weil das Material sich nur spärlich und vereinzelt fand, bis im Jahre 1791 der Italiener Giovane Fabroni aus einer als Bergmehl bezeichneten Kieselerde, die sich bei Santafiora in Toscana findet, schwimmende Ziegelsteine herzustellen lehrte, welche sich gut mit Mörtel verbanden und der Erweichung durch Wasser vollständig widerstanden; diese Steine leiteten die Wärme so gering, dass man ein Ende derselben in der Hand halten konnte, während das andere rothglühend war. Fabroni machte auf einem alten Fahrzeuge das Experiment, eine viereckige Kammer aus solchen Steinen zu wölben und mit Schiesspulver auszufüllen. Das mit Holz bedeckte Schiff brannte vollständig ab, und als der Boden der Pulverkammer weggebrannt war, versank es ohne Entzündung des Pulvers. Zu derselben Zeit entdeckte auch Faujes bei Coiron in Frankreich eine Art Bergmehl, die in ihren Eigenschaften mit dem aus Toscana völlig übereinstimmte, aber erst im Jahre 1832 durch die Bemühungen des Grafen de Nantes und des Bergwerkdirectors Fournet in Lyon Anwendung fand. Letzterer hob die Wichtigkeit dieser Steine für die Marine hervor. Die Pulverkammer, die Küche, die Herde der Dampfmaschinen, die Orte, wo Spirituosen aufbewahrt werden, lassen sich dadurch sicher machen. Ebenso wichtig sind diese Steine für die Gewölbe der Schmelzöfen und überhaupt für alle Oefen, in welchen bedeutende Hitze erzeugt wird, da diese Steine nicht schmelzen und sich nur wenig zusammenziehen. Früher hielt man das zur Fabrikation der schwimmenden Ziegelsteine geeignete Bergmehl allgemein für eine unorganische Substanz und sein Auffinden für einen zufälligen Umstand, weshalb denn seine technische Benutzung sich wenig verbreiten konnte. Kützing hat jedoch nachgewiesen, dass diese Erdarten ihre Eigenthümlichkeiten dem Umstande verdanken, dass sie Zusammenhäufungen von Kieselpanzern von Infusorien sind und sich auch in Deutschland ziemlich häufig finden. Während ein gewöhnlicher Ziegelstein 2,70 Kilogr. wiegt, ist des Gewicht eines aus Berliner Infusorienthon dargestellten gleichgrossen Steines nur 0,45 Kilogr. Mit Wachs überzogene Stücke schwimmen wie Kork auf dem Wasser. Das stärkste Porcellanofenfeuer schmelzt sie nicht und verkürzt sie wenig. Durch Zusatz von etwas Thon oder Lehm wird die Festigkeit den gewöhnlichen Mauersteinen gleich. — Man macht die porösen Backsteine gegenwärtig auch häufig aus gewöhnlichem Ziegelthon unter Zusatz von Kohlenpulver, Sägespänen, Lohe, Torf, Moorerde u. s. w. Derartige Steine, Lohsteine oder Schwammsteine, wurden übrigens schon im 14. oder 15. Jahrhundert dargestellt, so trifft man z. B. in Nürnberg in alten Gebäuden die

Schornsteine mit solchen leichten Ziegelsteinen aufgeführt, bei denen der Thon mit Lohe oder Spreu versetzt war. Seit einigen Jahren stellt man zu Kolbermoor (in Südbayern) unter dem Namen Tuffziegel leichte Backsteine aus einem Gemenge von Torf und sandhaltigem Lehm dar.

Feuerfeste Steine.

Die feuerfesten Steine oder Charmottesteine werden anstatt der gewöhnlichen Backsteine zur Construction aller solchen Feueranlagen angewendet, wo diese schmelzen würden. Man stellt dieselben aus einem feuerbeständigen, an Kiesel- und Thonerde reichen, aber an Kalk, Eisenoxydul und Alkalien armen Thonerde her. Um dessen Strengflüssigkeit zu steigern und das Schwinden und Rissigwerden beim Brennen zu verhindern, mischt man den Thon mit schon gebranntem Thon (Charmotte), Sand, Kohle, Koks u. s. w. Bei der Fabrikation feuerfester Steine ist zu berücksichtigen, dass es hauptsächlich zweierlei Dinge sind, welche auf Erweichung und Schmelzung eines dem Feuer ausgesetzten feuerfesten Steines hinwirken: ein hoher Hitzgrad an sich, dann ein gleichzeitiger Angriff von Agentien, die wie Flugasche, alkalische Dämpfe, schmelzende Alkalien und Metalloxyde (besonders Eisenoxydul) als Flussmittel wirken. Daraus folgen für die Darstellung zweierlei Gesichtspunkte, im letztern Falle dürfen nur feuerfeste Thone Bestandtheile sein, im ersten Falle sind kieselige Zusätze zulässig. Ausserdem müssen die feuerfesten Steine starken Abwechselungen der Temperatur widerstehen und hinreichend fest sein, um einen starken Druck auszuhalten.

Man fertigt aus der Masse für feuerfeste Steine nicht nur Steine, sondern auch Futter für Oefen in Kreissegmenten, Platten, Kapseln für Porcellan und Steingut, Muffeln für das Einbrennen von Porcellanfarben, Beschläge in Fabriköfen, Röhren zum Ausfüttern von Schornsteinen (als Schutz gegen Feuersgefahr), Gasretorten, Kaminsimse, Badewannen, Blumengefässe, Abtrittsröhren, Waterclosets, Viehtröge, hohle Platten zur Herstellung von Isolirschichten gegen aufsteigende Feuchtigkeit bei Bauten u. s. w. Einige Analysen von feuerfesten Steinen ergaben:

	1.	2.	3.	4.	5.
Kieselerde	63,09	88,1	88,43	69,3	77,6
Thonerde	29,09	4,5	6,90	29,5	19,0
Kalk	0,42	1,2	3,40	—	—
Magnesia	0,66	—	—	—	2,8
Eisenoxyd	2,88	16,1	31,50	2,0	0,3
Kali	1,92	—	—	—	—
Natron	0,31	—	—	—	—
Titansäure	2,21	—	—	—	—
	100,00	100,0	100,00	100,0	100,0

1. Thon von Dowlais, 2. Steine aus den Kupferschmelzöfen in Wales, 3. in Pembroke, 4. zu Hochöfen, 5. zu Flammenöfen. Die Dinasteine (*Dina-Bricks*), die man aus England (das Material ist von dem Dinafelsen im Vale of Neath in Glamorganshire) bezieht, aber auch in Deutschland von vortrefflicher Qualität herstellt, bestehen aus fast reinem Quarzsand und 1 Proc. Kalk, gehören mithin nicht in die Kategorie der feuerfesten Thonwaaren.

Thonröhren.

Die Thonröhren dienen theils als Wasserleitungsröhren, theils zur Anlage unterirdischer Wasserabzüge auf nassen Grundstücken (die sogenannten Drains, drains, *underdrains*). Die in letzter Hinsicht angewendeten Röhren heissen Drainröhren (tuyaux de drainage, *drains-tiles*). Gewöhnlicher Ziegelthon lässt sich zur Fabrikation der Drainröhren verwenden, doch muss er besonders sorgfältig zubereitet werden. Man muss den Thon schon vor Winter auswerfen, gut durcharbeiten und von allen Klumpen, Steinen und anderen fremden Stoffen befreien. Bei gutem Thon genügt ein mit Schlämmen verbundenes tüchtiges Durchkneten mit Händen und Füssen; in neuerer Zeit und namentlich beim grossen Betriebe wendet man hierzu jedoch häufiger die Thonschneidemaschine an. Einfacher und wohlfeiler als die Maschine ist das Clayton'sche Sieb, eine mit runden Löchern versehene eiserne Platte, die in jeder Drainröhrenmaschine angebracht werden kann. Ehe man zur Fabrikation der Röhren selbst schreitet, lässt man den Thon mit Hülfe der Maschine durch das Clayton'sche Sieb gehen. Die Herstellung der Röhren geschieht auf den Drainröhrenpressen, deren Construction leicht zu verstehen ist. Wird Thonbrei aus einem damit gefüllten Behälter, mittelst eines Stempels, durch eine kreisrunde Oeffnung herausgepresst, in deren Mittelpunkt concentrisch ein etwas kleinerer Pfropf feststehend angebracht ist, so erhält, dem ringförmigen Durchgangsraume entsprechend, der hervortretende Thonkörper die Gestalt einer Röhre. Die Bewegung des Stempels wird durch eine Schraube, durch Räderwerk und Zahnstange, durch eine hydraulische Presse oder durch Dampfdruck zuwegegebracht. Das Austreten der Thonröhren findet entweder in horizontaler oder in verticaler Richtung (von oben nach unten) statt. Letztere erfordert natürlich eine durch ihre Höhe unbequeme Bauart der Maschine, eignet sich aber für Thonröhren von grösserer Dimension, weil das weiche Rohr in horizontaler Lage durch sein eigenes Gewicht sich plattdrückt. Unter den vielen Constructionen von Drainröhrenpressen sind die von Clayton, Williams, Whitehead und Ainslie die verbreitetsten.

Schmelztiegel.

Von den Schmelztiegeln verlangt man, dass sie einer hohen Temperatur ohne Schmelzung oder Sinterung widerstehen; schroffe Temperaturwechsel aushalten, ohne zu reissen; und der Einwirkung der Asche und in gewissen Fällen auch Substanzen widerstehen, welche als Flussmittel wirken z. B. Bleiglätte u. dergl. Sie sind, wenn man von den Tiegeln aus Eisen und Platin absieht, meist aus Thon und Graphit, zuweilen aus Kohle, Speckstein, Thonerde u. s. w. Unter ihnen sind die bekanntesten die hessischen, die Charmottetiegel, die Graphittiegel und die englischen. Die hessischen oder Almeroder Tiegel werden aus 1 Th. Thon (von 71 Th. Kieselerde, 25 Th. Thonerde und 4 Th. Eisenoxyd) und ⅓–½ des Gewichtes Quarzsand angefertigt. Sie sind feuerfest, vertragen ohne zu bersten schnellen Temperaturwechsel und sind zuweilen bei chemischen Operationen anwendbar; zu manchen aber sind sie zu porös und ihr Korn zu grob. Wegen ihres grossen Kieselgehaltes werden dieselben auch von Alkalien, Bleioxyd und dergl. durchlöchert. Auch eignen sie sich wegen ihres groben Kornes nicht zu Operationen, wo wie z. B. bei dem Schmelzen edler Metalle die Produkte sorgfältig gesammelt werden müssen. Die Charmottetiegel bestehen aus Thon, der mit Quarzsand, Charmotte und ähnlichen Körpern versetzt ist. Die Graphittiegel, Ipser oder Passauer Tiegel werden in Nürnberg (bei Caspar Gruber), ferner in Hafnerzell bei Passau und auch zu Achenrain in Tyrol aus 1 Th. feuerbeständigem Thone von Schildorf bei Passau und 3-4 Th. natürlichem Graphit angefertigt. In der englischen *Patent Plumbago Crucible–Company* zu Battersea bei London, so wie in den Nürnberger Fabriken wendet man Ceylongraphit und feuerfesten Thon an. Die Graphittiegel vertragen den grössten Temperaturwechsel und schwinden höchst selten. Die englischen Tiegel werden in Stourbridge aus 2 Th. Thon und 1 Th. Koks angefertigt. Tiegel, welche in ihrer Masse Kohle enthalten, wirken reducirend auf die darin zu behandelnden Oxyde, sie werden daher vorzugsweise zu Metallschmelzungen angewendet. In neuerer Zeit wendet man zum Schmelzen der Metalle auch nicht selten (wie beim Schmelzen und Feinen des Platins nach Deville's Methode) Kalk- und Kreidetiegel, oder auch (beim Schmelzen von Eisen und Stahl) nach Caron Magnesiatiegel an. Letztere aus Magnesia durch Drücken in eine Form dargestellt, sind sehr dauerhaft und unschmelzbar. Gaudin empfiehlt zu gleichem Zwecke Tiegel aus einem Gemenge von Thonerde (aus Bauxit oder Kryolith) und Magnesia, die man mit dem Namen Spinelltiegel bezeichnen könnte. Sehr beachtenswerth erscheinen auch die von Andouin aus Bauxit (vergl. Seite 291) dargestellten Bauxittiegel.

Der Kalk und das Kalkbrennen.

Vom Kalk.

Der Kalk (Calciumoxyd, CaO = 56) gehört in seiner Verbindung mit Kohlensäure als Calciumcarbonat (kohlensaurer Kalk, $CaCO_3$) zu den in der Natur am häufigsten vorkommenden Körpern. Diese Substanz findet sich in allen drei Naturreichen, sie macht einen Bestandtheil der Knochen der Wirbelthiere aus, sie bildet ferner die Hauptmasse der Schalen der Mollusken (Austern, Muscheln), Strahlthiere und den kalkigen Ueberzug vieler Wassergewächse, z. B. der aus der Gattung Chara. In der grössten Menge kommt sie jedoch im Mineralreiche als körniger Kalk (Urkalk), Marmor, Kalkspath, Arragonit, Kreide und Kalkstein vor. Technische Anwendung finden im unveränderten Zustande von diesen Mineralien der Marmor zu Bildhauerarbeiten und in den Fabriken künstlicher Mineralwässer zum Entwickeln von Kohlensäure, der Kalkspath zum Ausbringen der Metalle aus ihren Erzen auf Schmelzhütten, der Doppelspath, eine Varietät des Kalkspathes, bei gewissen optischen Instrumenten, die Kreide als Farbe- und Schreibmaterial, in der Sodafabrikation, zur Darstellung von hydraulischem Mörtel und als Bau- und Pflastermaterial. Der dichte Kalkstein, welcher nach seinem geologischen Vorkommen als Uebergangskalk, Alpenkalk, Zechstein, Liaskalk, Jurakalk, Muschelkalk, etc. unterschieden wird, ist häufig mit Thon, Eisen- und anderen Metalloxyden gemischt und deshalb sehr verschieden gefärbt. Der lithographische Stein ist ein gelblichweisser, schiefriger Kalkstein, der zu Solenhofen und Pappenheim in Bayern vorkommt, und wie es schon sein Name andeutet, zur Lithographie angewendet wird. Ein mit organischen Substanzen — wahrscheinlich Rückständen zerstörter thierischer Organe — gemengter Kalk ist der Stinkstein, der beim Reiben oder Schlagen einen bituminösen Geruch entwickelt. Er ist gewöhnlich von rauchgrauer Farbe. Die Kreide oder erdiges Calciumcarbonat bildet ausgedehnte, mächtige Lager im nördlichen Deutschland, in England, Dänemark und Frankreich. Ehrenberg hat nachgewiesen, dass die Kreide aus kalkigen Infusorienpanzern besteht. Hierher gehört ferner der Mergelkalkstein, welcher sich durch seinen Gehalt an Thon auszeichnet. Mit Natriumcarbonat bildet das Calciumcarbonat den Gay-Lussac ($CaCO_3 + Na_2CO_3$), mit Bariumcarbonat den Baryto-Calcit ($CaCO_3 + BaCO_3$) und mit Magnesiumcarbonat den Bitterspath oder Dolomit ($CaCO_3 + MgCO_3$); im letzteren Mineral, dem Dolomit, kann der Magnesiagehalt so steigen, dass 3 Moleküle desselben auf 1 Molekül Calciumcarbonat vorhanden sind.

Eigenschaften.

Das Calciumcarbonat, gleichviel in welcher Form, ist im reinen Wasser nicht, wol aber im kohlensäurehaltigen löslich, indem sich Calciumbicarbonat bildet. Wenn diese Lösung durch Verdunsten die Hälfte ihrer Kohlensäure verliert, so setzt sich das nun unlöslich gewordene Calciumcarbonat wieder ab und erhält, je nach der dabei annehmenden Form, verschiedene Namen. Das sich absetzende Carbonat erscheint häufig in den sogenannten Tropfsteinhöhlen in krystallinischen Zapfen (Stalactiten und Stalagmiten). Kalksinter wird der krystallinisch blättrige Ueberzug genannt, der als kalkige Incrustation vorkommende Kalktuff. Wird Calciumcarbonat in einer verschlossenen Porcellanröhre heftig und anhaltend erhitzt, so schmilzt dasselbe und erstarrt nach dem Erkalten zu einer krystallinischen Masse von unverändertem Carbonat. Erhitzt man aber Calciumcarbonat bei nicht abgeschlossener Luft, so wird die Kohlensäure ausgetrieben und es bleibt Aetzkalk (CaO) oder gebrannter Kalk zurück. 100 Th. Calciumcarbonat geben 56 Th. gebrannten Kalk. Das Volumen des Kalkes erleidet beim Brennen keine Verminderung. Der gebrannte Kalk ist diejenige Form, unter der der Kalk zu den meisten gewerblichen Zwecken geschickt ist.

Brennen des Kalkes.

Das Brennen des Kalkes geschieht

a) in Meilern,

b) in Feldöfen,

c) in Kalköfen.

Das Kalkbrennen in Meilern geschieht auf die Weise, dass man die Kalksteine, ohne sie vorher in kleinere Stücke zu zerschlagen, in Haufen schichtet und dieselben ähnlich wie bei der Meilerverkohlung des Holzes behandelt. Der Meiler wird mit Erde oder Rasen bedeckt und das Feuer so geleitet, dass die grossen Kalkstücke auch im Innern gehörig gebrannt sind. Behufs der Regulirung des Luftzuges, des Anzündens, des Bewerfens, des Schürens, des Zubrennens und Abkühlens verfährt man genau auf dieselbe Weise wie bei der Meilerverkohlung. Nach P. Löss ist ein derartiger Meiler 4,5 Meter hoch, fasst 52,5 Kubikmeter Steine und liefert 35,5 Kubikmeter Kalk, so wie 2,6 Kubikmeter Kalkstaub.

In den Feldöfen, den Meilern ähnlich, stellt man die grössern Stücke des zu brennenden Kalkes so zusammen, dass sie eine Zündgasse bilden und schüttet die kleinen Stücke auf die grössern. Es ist leicht einzusehen, dass das Brennen des Kalkes in Meilern und in Feldöfen nur in den wenigsten Fällen Anwendung finden kann. Man bedient sich daher zum Brennen des Kalkes fast überall besonders zu diesem Zwecke construirter Oefen, Kalköfen. Die Gestalt der Oefen ist eine sehr verschiedene. Meist sind sie cylindrisch oder eiförmig.

Man theilt die Kalköfen ein:

a) in solche mit unterbrochenem Brande (periodische, discontinuirliche Oefen),

b) in Oefen mit ununterbrochenem Brande (continuirliche Oefen).

Die Oefen mit unterbrochenem Brande lässt man nach beendigtem Brennen erkalten, um den Kalk auszuziehen, in den continuirlichen Oefen geht das Brennen ununterbrochen fort, da die Construction des Ofens ein Ausziehen des gebrannten oder garen Kalkes und ein fortwährendes Nachfüllen von frischem Kalke gestattet. Die continuirlichen Oefen zerfallen wieder in solche, in welchen Brennmaterial und Kalkstein gemischt, und in solche, in welchen diese Materialien geschieden sind. Haben auch die continuirlichen Oefen ihre grossen Vorzüge besonders hinsichtlich der Ersparung an Brennmaterial, so sind sie doch nur an solchen Orten zu empfehlen, wo der fortdauernde Absatz des gebrannten Kalkes ein gesicherter ist. An kleinen Orten, wo nicht regelmässig immerfort gebrannt werden kann, neigt sich der Vorzug auf die Seite der kleinen compendiösen periodischen Oefen.

Fig. 178.

Fig. 177.

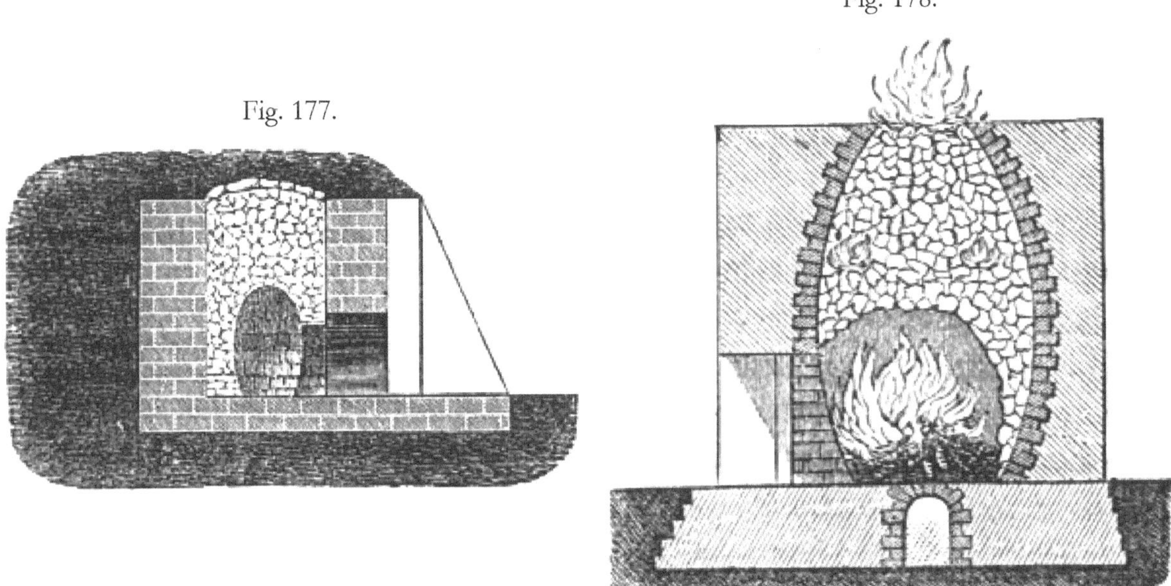

Periodische Kalköfen.

Die periodischen Oefen (mit unterbrochenem Brande) haben entweder einen Rost, meist sind sie aber nicht mit einem solchen versehen. Fig. 177 und 178 zeigen zwei periodische Kalköfen ohne Rost von der gewöhnlichsten Construction. Man baut sie entweder in einen Hügelabhang oder am zweckmässigsten in den Abhang des Kalksteinbruches selbst hinein. In der Regel baut man mehrere Oefen neben einander, so dass eine Mauer zweien Oefen gemeinschaftlich ist. Soll in dem Ofen Kalk gebrannt werden, so baut man aus den grössten Kalksteinen, die zu diesem Zwecke ausgesucht werden, ein spitzbogenartiges Gewölbe von 1,3–1,6 Meter Höhe, wozu man sich einer Brettlehne zur vorläufigen Unterstützung bedienen kann; dieses Gewölbe dient als Feuerraum, auf welchen man durch die Gicht die übrigen Kalksteine schüttet und dadurch den Schacht anfüllt. Durch die Heizöffnung wird nun mit einem leicht entzündlichen Brennmaterial (Reisigholz, Haidekraut, Späne) der Ofen allmälig angewärmt und ein dumpfes Rauchfeuer unterhalten. Durch diese „Räucherung“ bezweckt man die allmälige Erwärmung der Steine, wodurch dem Zerbersten der grossen, das Gewölbe bildenden Steine und dem Herabsinken der ganzen, den Schacht erfüllenden Steinmasse vorgebeugt wird. Allmälig wird das Feuer verstärkt, die berussten Steine nehmen nach und nach eine hellere Farbe an und die aus der Gicht herausbrennenden Flammen werden russfrei und hell. Sobald der Kalkstein unter der Decke als eine weissglühende, lockere Masse erscheint und der Inhalt des Ofens etwa um $1/6$ zusammengesunken ist, sieht man das Brennen als beendigt an, worauf der Kalk aus dem Ofen entfernt und ein neuer Brand begonnen wird. Ein Brand dauert in der Regel 36–48 Stunden.

Fig. 179.

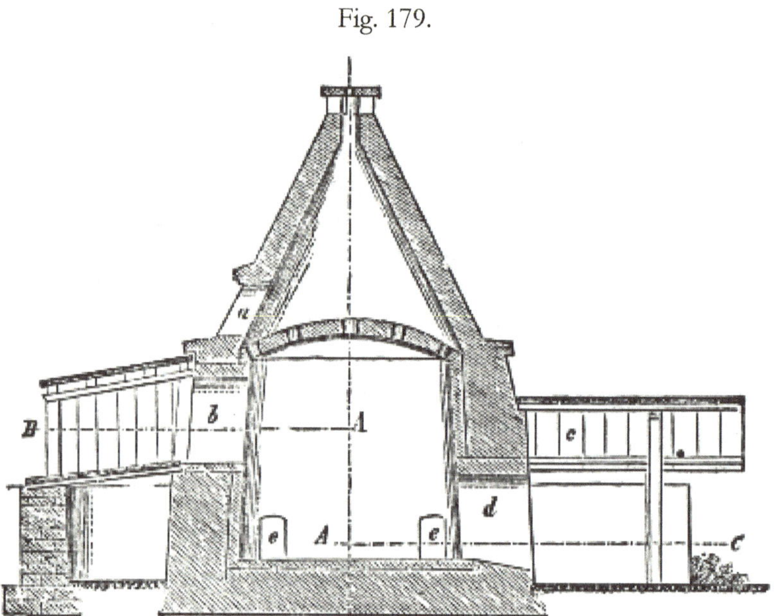

Fig. 180.

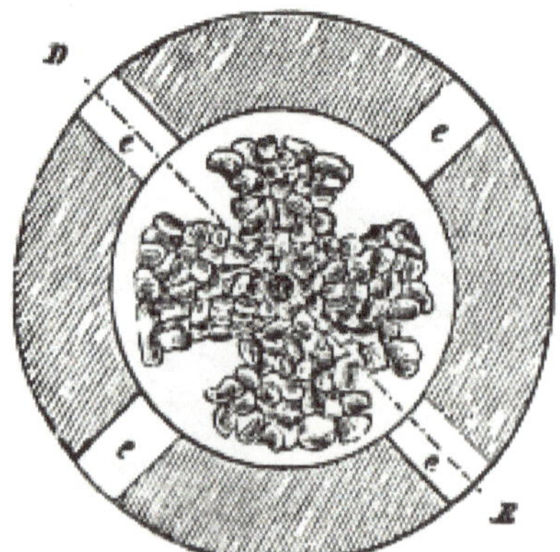

Fig. 181.

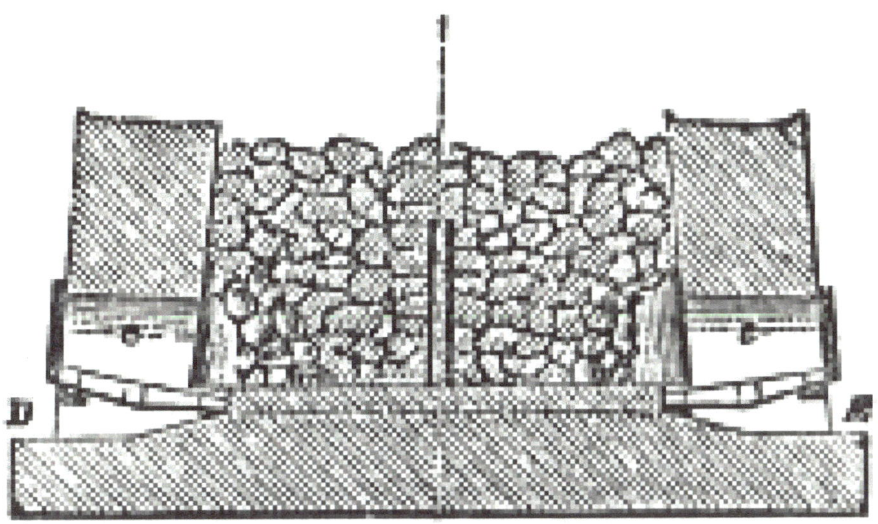

Dass periodische Kalköfen mit Rost, wegen der rascher und vollständiger erfolgenden Verbrennung des Brennmaterials den Vorzug vor solchen ohne Rost verdienen, bedarf keines Beweises. Alle Kalköfen mit unterbrochenem Gange leiden aber an dem grossen Uebelstande der Ungleichheit des Garbrennens und der grossen Verschwendung von Brennmaterial.

Einer der zweckmässigsten Oefen der Art ist ein periodischer Kalkofen, wie er in Hannover gebräuchlich ist. Fig. 179 zeigt den verticalen Durchschnitt, Fig. 180 den Grundriss, Fig. 181 den unteren Raum des Ofens im verticalen Durchschnitte. Zum Brennen des Kalkes dient der untere, oben überwölbte Raum von unten 4 Meter, oben 3,12 Meter Durchmesser und 11 Fuss Höhe. Er enthält unten 4 Schürlöcher *e*, *e*, *e*, *e* mit Rosten für das Brennmaterial (Steinkohle zu Velpe, Braunkohle zu Fürstenwalde), wie solche die Fig. 181 veranschaulicht. *B* der Zugang zum Einbringen des rohen Kalksteins; derselbe wird während des Brennens zugemauert; *d* die Thür zum Ausfahren des gebrannten Kalkes; auch sie bleibt während des Brandes vermauert; *o* ist eine Bedachung über dem Eingang zu dem bedachten kreisförmigen Raum um den Ofen, also zu den Schürlöchern und der Thür *d*. *a* ein Zugang zu dem obern Mantel über dem Ofen, und zu den Abzüchten in dem Gewölbe des Ofens. Dieser Zugang ist nöthig, um das Austreten der Flamme aus den einzelnen Gewölböffnungen beobachten, und je nach Erforderniss einzelne derselben durch aufgelegte Steine verschliessen und dadurch die Gluth mehr nach anderen Punkten des Ofens hinleiten zu können. Aus Fig. 181 erkennt man ohne weitere Beschreibung die Art, wie der Kalkstein eingesetzt wird, so dass bei jeder der Feuerungen ein zur besseren Vertheilung der Flamme dienendes Gewölbe entsteht. In der Mitte wird ein Stück Holz eingesetzt, durch dessen Verbrennung nachher eine ebenfalls zur besseren Vertheilung der Flamme dienende cylindrische Höhlung entsteht. Während der ersten 6 Stunden feuert man schwach, dann aber schreitet man zu scharfem Feuer, bis die gelbe Kalkflamme aus den Gewölböffnungen herausschlägt und eine klare Gluth im Ofen sichtbar ist.

Continuirliche Kalköfen.

Fig. 182.

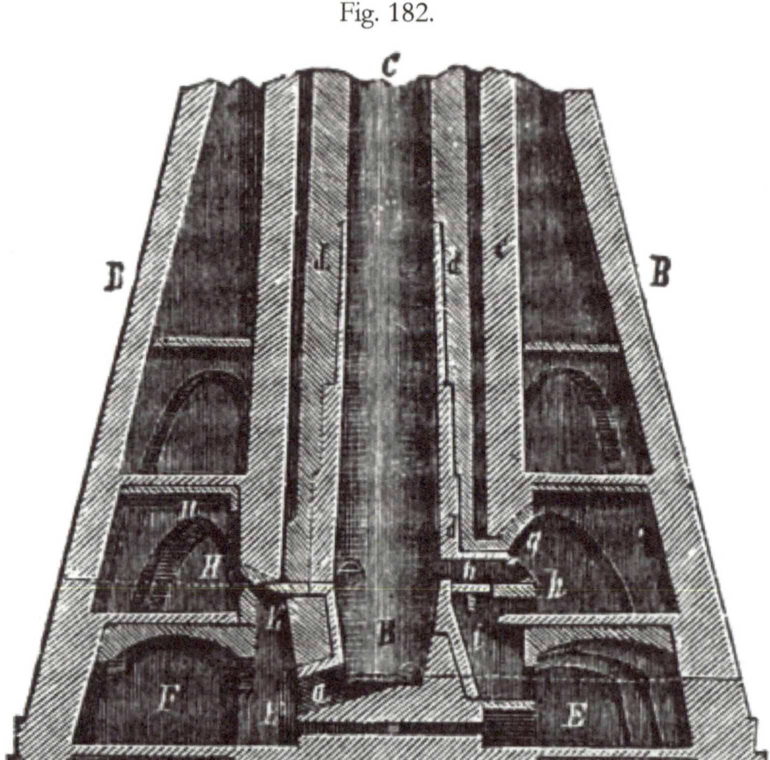

Die Formen und die Construction der Kalköfen mit ununterbrochenem Brande sind ausserordentlich verschieden. Man unterscheidet besonders zwei Arten. Bei der einen Art giebt man den Kalkstein schichtenweise mit dem Brennmaterial (Torf, Braunkohle, Steinkohle) durch die Gicht auf und entfernt den gebrannten Kalk von Zeit zu Zeit unten; bei einer andern Art ist die Feuerung in einer gewissen Höhe über und zwar ausserhalb der Sohle eines Schachtes, so dass der Kalkstein in dem Ofen mit dem Brennmaterial nicht in Berührung tritt, sondern nur durch dessen Flamme erhitzt wird. Sobald durch die an der Ofensohle befindliche Abzugsöffnung der Kalk herausgezogen wird, so sinkt der oberhalb der Feuerungen vorhandene Kalk nach, und es wird durch die Gicht wieder frischer Kalkstein eingetragen.

Einen Ofen mit ununterbrochenem Brande wendet man in Rüdersdorf bei Berlin an (Fig. 182), wo Muschelkalkstein zum Brennen verwendet wird. Der Schacht des Kalkofens besteht aus der aus feuerfesten Steinen aufgeführten Futtermauer *d* und der Rauhmauer *e*, welche durch die Füllung eines mit Asche, Bauschutt u. s. w. angefüllten Raumes getrennt sind. Diese Füllung soll auf der einen Seite die Wärme besser zusammenhalten, auf der andern Seite die Ausdehnung des Futters durch die Wärme compensiren. Die äussere Mauer *BB* ist kein wesentlicher Theil des Ofens; sie bildet nur die zum Holztrocknen, zum Aufbewahren des Kalkes, zum Aufenthalt der Arbeiter u. s. w. dienenden Gallerien *HF* u. s. w. Während des Ganges des Kalkofens ist der untere Raum *B* des Schachtes mit gargebranntem Kalke angefüllt, welcher durch die vier Zugöffnungen *a a* an der Schachtsohle von Zeit zu Zeit gezogen wird. Um dies zu erleichtern, wird die Schachtsohle durch eine gebogene Fläche gebildet, deren abhängige Seiten die Kalkstücke nach den Zugöffnungen hinleiten. Der Schacht hat ungefähr eine Höhe von 14,123 Meter. Etwa in einer Höhe von 4 Meter über der Schachtsohle befinden sich die Feuerungen *h* für Torf oder Holz, welche zu drei oder fünf um den Ofen herum angebracht sind und mit Aschenfall *i* und Rost versehen sind. *E* ist ein grösserer Aschenbehälter, in welchen die Asche aus *i* von Zeit zu Zeit geschafft wird. Die Flamme gelangt durch den Fuchs *b* in den Schacht. Der von den Ziehöffnungen vertical in die Höhe gehende Kanal *k* führt in das Gewölbe *H*; er hat die Bestimmung, den Arbeiter vor der Hitze zu schützen, indem die erhitzte Luft sofort nach *H* geleitet wird. Die Kalköfen erhalten ihren Namen nach der Anzahl der Feuerungen, als drei-, vier- und fünfschürige Oefen.

Soll der Ofen in Gang gebracht werden, so nimmt man vor der Hand auf die seitlichen Feuerungen keine Rücksicht, sondern bringt Holz in den Schacht und füllt ihn dann mit Kalkstein bis zum Fuchse *b*. Nachdem das Holz verbrannt ist, hat der Ofen die zur Herstellung eines guten Zuges erforderliche Erwärmung angenommen, man füllt ihn nun mit Kalkstein und bringt auf die Roste der Feuerungen Torf. Durch die Flamme der Feuerungen, welche durch die Füchse *b* in den Ofen zieht, findet das Brennen des Kalksteines in dem Schachte statt, welcher bis oben hinauf damit gefüllt ist, sodass sogar auf die Gicht noch ein etwa 1,3 Meter hoher Kegel von Kalksteinen aufgesetzt ist. Ist der obere Kalk gargebrannt, so wird der unter den Feuerungen befindliche gezogen, der obere sinkt nach, es wird ein neuer Kegel von Kalksteinen auf die Gicht gebracht und das Brennen des Kalksteins wird so lange fortgesetzt, als der Ofen aushält.

Oefen zu doppelter Benutzung.

Wenn es die Localität gestattet, richtet man zuweilen *Oefen mit doppelter Benutzung* ein, so giebt es Kalköfen, in welchen zu gleicher Zeit Backsteine mit gebrannt werden können; ferner benutzt man die aus der Gicht des Hochofens entweichenden Gase, endlich auch die Wärme aus den Koksöfen zum Kalkbrennen. Seit einigen Jahren findet der Ringofen von Hoffmann und Licht (siehe Keramik) zum Brennen von Kalk (Cäment und Backsteinen) immer mehr Anwendung, doch zeigt der Ringofen den Nachtheil, dass leicht ungebrannte Steine zurückbleiben.

Eigenschaften des gebrannten Kalkes.

Die Nebenbestandtheile des rohen Kalksteins sind auf die Eigenschaften des gebrannten Kalksteins von grossem Einflusse. War der angewendete Kalkstein ziemlich reines Calciumcarbonat, so erhitzt er sich beim Uebergiessen mit Wasser bedeutend und bildet damit einen fetten Brei. Solchen Kalkstein nennt man fetten Kalk. In dem Grade aber, als sich der Kalkstein in seiner Zusammensetzung dem Dolomit ($CaCO_3 + MgCO_3$) nähert und magnesiahaltig wird, wird der nach dem Uebergiessen mit Wasser entstehende Brei kürzer; einen solchen magnesiahaltigen Kalk nennt man magern Kalk. Bei einem Magnesiagehalt von 10 Proc. ist das Magerwerden schon deutlich zu bemerken, bei 25–30 Proc. ist der Kalk bereits unbrauchbar. Der Kalk ist, so wie er aus dem Kalkofen kommt, nicht gleichmässig gar gebrannt, einzelne Stücke wurden zu wenig erhitzt und halten in der Mitte noch einen Kern von rohem Kalkstein (sie sind nur ausgebrannt), andere Stücke haben dagegen eine zu starke Erhitzung erlitten und heissen dann todtgebrannt. Das Todtbrennen des Kalks liegt entweder daran, dass durch zu kurze und plötzliche Hitze halbkohlensaures Calcium ($CaCO_3 + CaH_2O_2$) oder halbgebrannter Kalk gebildet worden ist, welcher nach der Meinung der Kalkbrenner nicht mehr gar gebrannt werden kann (die künstlich dargestellte Verbindung verliert beim stärkeren Glühen alle Kohlensäure), oder dass durch zu hohe Temperatur die nie in den Kalksteinen fehlende Kieselerde und Thonerde mit dem Kalk auf der Oberfläche zusammengesintert sind. Die Asche des Brennmaterials ist auch zuweilen die Ursache des Todtbrennens des Kalksteins. Durch das angehende Zusammensintern wird verhindert, dass der gebrannte Kalk mit Wasser einen Brei bildet.

Löschen des Kalkes.

Wird gebrannter Kalk mit Wasser übergossen, so nehmen 100 Gewichtstheile Kalk ungefähr 32 Gewichtstheile Wasser auf: ($CaO = 56$) nehmen auf ($H_2O = 16$), oder dem Vol. von 3 Vol. Kalk und 1 Vol. Wasser, der Kalk erhitzt sich dabei bis auf 150° und zerfällt endlich zu einem vollkommen weissen Pulver (Mehlkalk, Kalkpulver), welches ein dreimal grösseres Volumen einnimmt als der Kalkstein vorher. Für technische Zwecke wendet man aber weit mehr Wasser an, als zur Bildung des Mehlkalkes erforderlich wäre. Die Ueberführung des gebrannten Kalkes durch Wasser in eine breiartige Masse heisst das Löschen des Kalkes. Der gelöschte Kalk ist Calciumhydroxyd (CaH_2O_2). Bei dem Löschen des Kalkes ist es wesentlich, die möglichst grosse Vertheilung und Volumenvergrösserung zu erzielen. Wird der gebrannte Kalk nur mit so viel Wasser befeuchtet, als er bedarf, um in Hydrat überzugehen, so zerfällt er unter Freiwerden von Wärme zu einem feinen Pulver, welches sich scharf anfühlt. Nimmt man noch weniger Wasser, so erhält man ein sandiges Pulver, welches mit Wasser einen schlechten Kalkbrei giebt. Es ist deshalb nicht vortheilhaft, den gebrannten Kalk in einem Korbe auf kurze Zeit in Wasser unterzutauchen, so dass er sich zu Pulver löscht, und dann mit

Wasser zu einem Brei anzurühren; er vergrössert dabei sein Volumen nicht bedeutend, er wächst oder gedeiht schlecht. Nachdem der Kalk mit der dreifachen Gewichtsmenge Wasser gelöscht worden ist, verdünnt man ihn mit einer gleichen Menge Wasser, sumpft ihn ein, d. h. man lässt ihn in die Kalkgrube ablaufen, deren Wände genügend porös sein müssen, um ein schnelles Durchsickern des überschüssig zugesetzten Wassers zu gestatten. Das Einsumpfen bietet mehrere Vortheile, einmal wird der Kalkbrei mit der Zeit noch fetter und speckiger, indem die in dem frischgelöschten Kalke immer noch sich findenden unaufgeschlossenen Theile durch die Einwirkung des Wassers mit der Zeit sich zertheilen, das andere Mal kann man den Kalkbrei längere Zeit in diesen Gruben aufbewahren, ohne dass Bildung von Calciumcarbonat eintritt; gewöhnlich wird die Oberfläche des Kalksumpfes mit Brettern überlegt und auf diese einige Zoll hoch frischer Sand geschüttet. Das Einsumpfen hat aber noch einen weiteren Nutzen: indem nämlich durch das in den Boden abziehende Wasser ein Auslaugen des Kalkes stattfindet, werden die Salze der Alkalien, die immer in kleiner Menge in den Kalksteinen vorkommen, entfernt und dadurch ein Auswittern derselben aus den später damit aufgeführten Mauern verhütet. Eine eigenthümliche Art der Löschung des Kalkes ist das Trockenlöschen, wobei man den gebrannten Kalk mit Sand bedeckt und letzteren benetzt und darauf achtet, dass an keiner Stelle der Kalk ohne Sand mit der Luft in Berührung komme.

Der gelöschte Kalk hält das Wasser mit solcher Hartnäckigkeit zurück, dass bei 250–300° noch kein Gewichtsverlust stattfindet. In Wasser fein zertheiltes Calciumhydroxyd bildet den Kalkbrei, welcher mit Wasser verdünnt die Kalkmilch liefert. Letztere giebt durch Filtriren das Kalkwasser, eine gesättigte Lösung von Kalk in Wasser, welche auf 778 Th. Wasser 1 Th. Kalkhydrat enthält. An der Luft absorbirt der gebrannte Kalk Wasser und Kohlensäure, zerfällt dabei zu einem feinen weissen Pulver, giebt jedoch das anfangs aufgenommene Wasser unter Austausch gegen Kohlensäure wieder ab und hinterlässt endlich neutrales Calciumcarbonat. Deshalb pflegt man gelöschten Kalk, wenn derselbe in grösseren Quantitäten vorräthig gehalten werden muss, vor der Luft geschützt in Gruben aufzubewahren. Das Kalkwasser reagirt alkalisch; diese Reaction rührt theils von dem Kalke, theils davon her, dass die meisten Kalksteine Kochsalz und kieselsaures Alkali enthalten, welches durch die Einwirkung des Aetzkalkes in ätzendes Alkali übergeht.

Anwendung des Kalkes.

Die Anwendung des gebrannten Kalkes ist eine überaus mannigfache und gründet sich in allen Fällen darauf, dass der Kalk eine starke Base ist, welche überall und wohlfeil erhalten werden kann und durch einfaches Begiessen mit Wasser in denjenigen Zustand der Zertheilung übergeht, in welchem meist der Kalk in der Technik Anwendung findet. Seiner grossen Verwandtschaft zur Kohlensäure wegen wird er zur Darstellung des Aetzkalis und Aetznatrons aus den kohlensauren Alkalien verwendet. Der gelöschte Kalk dient ferner zur Darstellung des Ammoniaks aus dem Salmiak, des Calciumhypochlorites (Chlorkalk), zum Ausfällen der Magnesia aus der Mutterlauge der Salinen, zum Reinigen des Leuchtgases von Kohlensäure und theilweise auch von Schwefelwasserstoffgas, zum Einkalken des Getreides vor dem Säen, zur Raffination des Zuckers und zur Gewinnung des Zuckers aus dem Rübensafte, in der Sodafabrikation zum Zersetzen des Glaubersalzes (unter Mitwirkung von Kohle), in der Gerberei zum Enthaaren und Vorbereiten der Häute, in der Bleicherei zum Bäuchen der Baumwollgewebe, in der Färberei zur Bereitung der Indigküpen, als Zusatz zum Glase, in der Fabrikation der Stearin- und Palmitinkerzen, zur Fabrikation von Alaun und Aluminiumsulfat aus Kryolith, bei der Bereitung von Stärkezucker (zur Neutralisation der Schwefelsäure), zur Herstellung von Kitt mit Caseïn, als Polirmittel und bei der Ausbringung der Metalle als schlackebildender Zusatz. Die Eigenschaft des Kalkes, vor dem Knallgasgebläse (einem mit einem Gemenge von 2 Vol. Wasserstoff und 1 Vol. Sauerstoff gespeisten Gebläse) ausserordentlich lebhaft zu leuchten, benutzt man als Signallicht auf Leuchtthürmen, bei geodätischen Operationen, zum Beleuchten der Objecte unter dem Mikroskop u. s. w. Die wichtigste Anwendung des Kalkes ist aber die zur Bereitung von Mörtel.

Der Mörtel.

Mörtel.

Unter Mörtel oder Speise versteht man mit Sand oder mit einem sandartigen Zusatze gemengten Kalkbrei, welcher theils zur Vereinigung von Bausteinen, theils als Abputz dient. Der gewöhnliche Mörtel heisst Luftmörtel, der unter Wasser erhärtende und daher zu Wasserbauten sich eignende Mörtel wird hydraulischer Mörtel oder Wassermörtel genannt.

a) *Der Luftmörtel.*

Luftmörtel.

Wenn gelöschter Kalk an der Luft sich selbst überlassen bleibt, so trocknet er nach und nach unter Kohlensäureabsorption aus, wobei er stark schwindet und viele Risse bekommt. Wird hierbei die Luft abgehalten und zugleich ein angemessener Druck angebracht, so erlangt das Calciumhydroxyd (Kalkhydrat) nach dem Trocknen Marmorhärte. Das Kalkhydrat wäre demnach schon für sich geeignet, die Bausteine zu verbinden, wenn sie ebene Flächen hätten. Da die Bausteine aber auf ihrer Oberfläche sehr grosse Unebenheiten haben, welche zum Verschwinden gebracht werden müssen, so wären dicke Lagen von Kalkbrei anzubringen, die beim Austrocknen schwinden und Klüfte bekommen würden. Um Letzterem vorzubeugen, um ferner den Verbrauch an Kalk zu verringern, versetzt man den Kalkbrei mit Sand und ähnlichen Körpern, die mit ihm ein festes Conglomerat, zum Theil unter Umständen auch eine chemische Verbindung bilden, die mit den Bausteinen ein Ganzes bildet.

Man bereitet den Luftmörtel gewöhnlich mit dem bereits eingesumpften gelöschten Kalke, der, wenn es erforderlich erscheint, unter Zusatz von Wasser mit dem Sande innig vermengt wird, so dass in dem entstehenden Mörtel keine Kalkklümpchen mehr wahrgenommen werden können. Als Zuschlag braucht man zum Mörtel nur Sand. Man zieht den eckigen und kantigen Sand dem runden vor, wol aber ohne Grund; dass der Kalkbrei an Sandkörnern mit rauhen Flächen besser adhärire, als an solchen mit glatten, ist einleuchtend, dass aber die Ecken und Kanten die Adhäsion nicht zu vermehren im Stande sind, ist wahrscheinlich. Die Natur bietet uns in den Breccien eine Verkittung von runden und stumpf- oder scharfeckigen Stücken, die durch gleiche Kraft zusammengehalten werden, es ist daher nicht einzusehen, warum der Luftmörtel, der doch in der That eine Nachahmung jener Breccien bezweckt, sich anders verhalten soll. Das Verhältniss des Sandes zum Kalke ist für die Qualität und den Grad des Erhärtens des herzustellenden Mörtels von der grössten Wichtigkeit. In der Praxis rechnet man auf 1 Kubikmeter steifen Kalkbrei (aus fettem Kalke) 3–4 Kubikmeter Sand, bei magerem, magnesiahaltigem Kalke nimmt man auf eine gleiche Quantität 1–2½ Kubikmeter Sand, weil die fremden Gemengtheile darin sich schon selbst wie Sand verhalten. Soll der so bereitete Mörtel zur Verbindung der Mauersteine oder Backsteine angewendet werden, so befeuchtet man die Oberfläche der porösen Steine, um der Absorption der Feuchtigkeit des Mörtels vorzubeugen und wirft den Mörtel mit einer Kelle darauf. Der Mörtel wird im Ueberschusse angewendet, um alle Zwischenräume auszufüllen, dann drückt man die neuen Steine auf die bereits festliegenden und nöthigt so den überschüssigen Mörtel, herauszudringen.

Erhärten des Mörtels.

Die Erhärtung des Mörtels, obgleich schon nach einigen Tagen genügend, um einer Mauer eine gewisse Festigkeit zu ertheilen, geschieht so allmälig, dass sie nach vielen Jahrhunderten noch nicht ihr Maximum erreicht hat. Was die Theorie der Erhärtung des Mörtels an der Luft betrifft, so haben sich darüber mehrere Ansichten geltend zu machen gesucht. Dass das Austrocknen allein nicht der Grund des Erhärtens sein kann, davon kann man sich leicht überzeugen, wenn man den Luftmörtel im Wasserbade oder über der Lampe austrocknet; das Resultat des Trocknens ist keineswegs eine steinartige, sondern eine bröcklige, leicht zerreibliche Masse. Der Mörtel kann aber nur binden, wenn er eine steinartige Masse bildet. v. Fuchs nahm als Ursache der Mörtelerhärtung die Bildung von sogenanntem halbkohlensauren Kalk ($CaCO_3 + CaH_2O_2$), einer Verbindung an, welche nicht in das gewöhnliche Calciumcarbonat ($CaCO_3$) übergeführt werden könne. Neuere Untersuchungen haben das Irrige dieser Ansicht bewiesen und gezeigt, dass die Annahme der Existenz von halbkohlensaurem Kalk nicht nothwendig sei, da die Menge der im Luftmörtel gefundenen Kohlensäure (nach den Analysen von A. Vogel, von Alex. Bauer u. A.) derjenigen häufig entspricht, welche neutrales Calciumcarbonat verlangt, während in anderen Fällen (so in den Analysen von Anton v. Schrötter) die Kohlensäure um 20 Proc., ja selbst um 70 Proc. gegen die Berechnung zurückbleibt. Die Untersuchungen von Alex. Petzholdt, A. v. Schrötter u. A. haben endlich gezeigt, dass mit der Erhärtung des Mörtels häufig eine Zunahme an löslicher Kieselerde zu bemerken sei. Diese Umwandelung des Quarzsandes in lösliche Kieselerde durch fortgesetzte Einwirkung von Calciumhydroxyd ist jedoch für die Erhärtung nur von untergeordnetem Werthe, da Kalksand und geschlämmte Kreide anstatt des Kieselsandes als Zuschlag zum Mörtel angewendet, eine ebenso steinharte Masse bildet. Auch ist nicht zu vergessen, dass der Uebergang von festem Mörtel nur nach und nach und stets in zwei Stadien erfolgt. In dem ersten Stadium findet der Uebergang von dem breiigen in den festen Zustand statt (das Anziehen oder Binden), in dem zweiten Stadium geht das steinige Erhärten der weichen mit dem Nagel noch ritzbaren Masse vor sich.

Nach den in jüngster Zeit (1870) von W. Wolters ausgeführten Untersuchungen und den von früheren Forschern (namentlich W. Michaëlis) erhaltenen Resultaten lassen sich die Vorgänge beim Erhärten des der Luft ausgesetzten Mörtels so ziemlich übersehen. Zu Anfang verliert der Mörtel nur Wasser. Durch dieses Trocknen gelangen nach und nach die Kalktheilchen in die Sphäre ihrer Adhäsion und haften dadurch an einander. Man sagt dann, der Mörtel „habe angezogen". Die Absorption von atmosphärischer Kohlensäure, bis dahin schwach nur und oberflächlich, wird intensiver und die Festigkeit und Härte nimmt in gleichem Maasse zu. Das Ende des Austrocknens ist zugleich des der vollendeten Kohlensäuerung und der Zeitpunkt der erreichten Steinhärte. In diesem Stadium besteht die Funktion der Kohlensäure darin, dass sie die noch getrennten aber aneinander adhärirenden und in unmittelbarer Berührung befindlichen Theilchen des Calciumhydroxydes zu einer einzigen zusammenhängenden Masse von Calciumcarbonat verschmilzt. Die entschiedene Adhäsion dieses Carbonates an die Bausteine und den Mörtelsand ist ein zweiter fördernder Factor der Verkittung einestheils der Calciumhydroxydmoleküle zu einer steinharten Masse von Carbonat, andererntheils des Carbonates mit dem beigemengten Sand und den Bausteinen. Das Steinhartwerden des Mörtels ist also die Folge zunächst eines mechanischen Vorganges, wodurch die Kalkmoleküle in unmittelbare Berührung gebracht werden, dann eines chemischen Processes, der Kohlensäuerung, welche die nahe aneinander gerückten Theilchen zu einem Ganzen verkittet. Als ergänzendes Moment mag die mit der Zeit, obwohl immerhin schwach stattfindende Aufschliessung des Quarzsandes unter Bildung von Calciumsilicat wirken. Die Kohlensäuerung vollzieht sich nur allmählich, bei dicken Mauern vielleicht vollständig erst im Laufe von Jahrhunderten. Es ist daher nichts Seltenes, dass man bei der Analyse von altem Luftmörtel aus dem Innern von Mauern noch Aetzkalk findet.

b) *Der hydraulische Mörtel.*

Hydraulischer Mörtel.

Gewisse Kalksteine haben, wenn sie mehr als 10 Proc. Kieselerde enthalten, die Eigenschaft, nach dem Brennen mit Wasser einen magern Brei zu geben, welcher unter dem Einflusse des Wassers nach längerer oder kürzerer Zeit erhärtet. Man nennt solche Kalksteine hydraulischen Kalk und verwendet ihn zur Herstellung des hydraulischen Mörtels oder Wassermörtels.

Hydraulischer Kalk.

Im ungebrannten Zustande sind die hydraulischen Kalke Gemenge von Calciumcarbonat mit Kieselerde oder einem Silicat, meist und wesentlich Aluminiumsilicat, welches letztere in Salzsäure unlöslich ist und durch dieselbe nicht aufgeschlossen wird. Durch das Brennen erleidet der hydraulische Kalk dieselbe Veränderung, die ein in Säuren unlösliches Silicat erleidet, wenn dasselbe durch Erhitzen mit kohlensauren Alkalien aufgeschlossen wird; der hydraulische Kalk wird durch das Brennen in Salzsäure zum grossen Theile löslich und verliert seine Kohlensäure. v. Fuchs, Feichtinger, Harms, Heldt, W. Michaëlis, A. v. Kripp u. A. stellten zahlreiche Versuche an, deren Resultate übereinstimmend bewiesen, dass nur die Kieselerde im gallertartigen Zustande den Kalk in hydraulischen verwandelt und dass die in dem hydraulischen Kalk vorkommenden Gemengtheile wie Thonerde und Eisenoxyd auf das Erhärten des hydraulischen Kalkes erst dann von Einfluss sind, wenn durch starkes Erhitzen bis zum Schmelzen diese Körper sich chemisch mit der Kieselerde verbunden haben.

Man stellt den hydraulischen Mörtel dar, indem man entweder

1) hydraulischen Kalk mit Wasser zu einem Brei macht und Sand zusetzt; oder

2) gewöhnlichen Kalkbrei aus Luftkalk mit Wasser und Cäment mengt.

Beim Löschen des hydraulischen Kalkes wird das Wasser absorbirt, ohne dass bedeutende Wärmeentwickelung und Volumenvergrösserung stattfindet. Die Verwendung des hydraulischen Mörtels geschieht auf dieselbe Weise wie die des Luftmörtels, nur muss der Kalkbrei frisch bereitet angewendet, die Steinflächen aber gehörig benetzt und das Mauerwerk feucht erhalten werden. Je fester und dichter der Mörtel beim Vermauern angedrückt wird, desto fester wird beim nachherigen Erhärten seine Consistenz; wird er dagegen nur locker aufgetragen, so wird durch Eindringen des Wassers der Zusammenhang geschwächt, so dass auch beim nachfolgenden Erhärten nur eine weniger dichte Masse entsteht.

Die Cämente.

Aus dem Vorstehenden folgt, dass man, indem dem gewöhnlichen Kalk durch geeigneten Zusatz Kieselsäure zugeführt wird, hydraulischen Mörtel künstlich erzeugen kann. Solche Zusätze oder Zuschläge nennt man Cämente (Cemente). In Bezug auf ihren Ursprung lassen sich dieselben eintheilen 1) in natürliche Cämente, welche, ohne dass sie gebrannt zu werden brauchen, in dem Zustande, wie sie sich finden (sie sind nämlich durch vulkanische Hitze bereits gebrannt), zur Herstellung von Wassermörtel gebraucht werden können, und 2) in künstliche Cämente, welche vorher durch Brennen aufgeschlossen werden müssen und dadurch erst in Cämente übergehen. Die natürlichen Cämente sind, wie oben bemerkt, durch vulkanische Processe aufgeschlossen worden; zu ihnen gehören der Duckstein oder Trass, die Puzzuolane und das Santorin.

Der Trass oder Duckstein ist eine Art Trachyttuff, welcher in bedeutenden Mengen im Brohl- und Nettethal, unfern Andernach, angetroffen wird. Der Trass ist wesentlich nichts anderes als zertrümmerter und zerriebener Bimsstein, welchen die vielen vulkanischen Kegelberge der Rheinufer lieferten. Er enthält sehr oft Bimssteinfragmente, manchmal in grosser Zahl, eingeschlossen; ausserdem finden sich darin Titaneisen-, Magneteisenpartikelchen, Thonschieferstückchen u. s. w. Schon seit dem dritten Jahrhundert verwendet man den Trass zur Herstellung von hydraulischem Mörtel und bearbeitet daraus Quadern, die in den Mauern alter Festungen, Kirchen, Schlösser und Thürme jetzt noch zu sehen sind. Die Zusammensetzung des Trass aus dem Brohlthale ist folgende:

	In Salzsäure	
	lösliche	unlösliche Bestandtheile.
Kieselerde	11,50	37,44
Kalk	3,16	2,25
Magnesia	2,15	0,27
Kali	0,29	0,08
Natron	2,44	1,12
Thonerde	17,70	1,25
Eisenoxyd	11,17	0,75

Wasser	7,65	—
	56,86	42,98

Die Puzzuolane (Puzzolanerde) ist ein dem Trass verwandter Körper, welcher bei Puzzuoli bei Neapel, dem Puteoli der Alten, vorkommt; sie findet sich ferner in Hügeln von ziemlicher Ausdehnung an der südwestlichen Seite der Apenninenkette, in der Gegend von Rom bis gegen die pontinischen Sümpfe und Viterbo. Sie bildet eine lockere, graue oder gelblichbraune, matte Masse, von theils feinkörnigem, theils erdigem Bruche. Sie besteht in 100 Th. aus 44,5 Th. Kieselsäure, 15 Th. Thonerde, 8,8 Th. Kalk, 4,7 Th. Magnesia, 12 Th. titanhaltigem Eisenoxyd, 5,5 Th. Kali und Natron und 9,2 Th. Wasser. Ihres geringen Kalkgehaltes halber kann sie keinen hydraulischen Kalk geben, muss mithin mit Luftkalk gemengt werden, um einen hydraulischen Mörtel zu bilden. Bei dem Bau des Leuchtthurmes von Eddystone wurden gleiche Theile gepulverter Puzzuolane und zu Pulver gelöschten Kalkes verwendet.

Das Santorin ist ein von der griechischen Insel Santorin (auch St. Erini, nach der Schutzpatronin des Eilandes, der heiligen Irene), Therasia und Asprosini stammendes, an der Küste von Dalmatien häufig zu Wasserbauten angewendetes natürliches Cäment, welches mit dem Trass den vulkanischen Ursprung und das äussere Ansehen gemein hat, von demselben sich aber durch seine weit geringere Aufschliessbarkeit in Säure unterscheidet. Nach den Untersuchungen von G. Feichtinger (1870) ist die Santorinerde als ein Gemenge von Cäment und Sand zu betrachten. Das Cäment ist der fein abschlämmbare Theil, der Sand besteht aus Bimsstein- und Obsidianstückchen. Nur dem feinen Pulver, d. i. der in grosser Menge darin sich findenden amorphen Kieselerde verdankt die Santorinerde ihre Wirksamkeit als Cäment.

Künstliche Cämente.

Künstliche Cämente. Das seltene Vorkommen und der hohe Preis der natürlichen Cämente gab die Veranlassung, dass man an ihre Stelle ein wohlfeileres Material zu setzen suchte. So versuchte Parker durch Brennen der nierenförmigen Massen, die sich in der über der Kreide liegenden Thonschicht an den Ufern der Themse, auf den Inseln Sheppey, Wight u. s. w. finden, ein Cäment darzustellen, auf dessen Bereitung 1796 Parker, Wyatt u. Co. ein Patent für England erhielten und dadurch eine Cämentfabrik gründeten, welche bis auf den heutigen Tag blüht. Das so dargestellte Cäment führt den Namen englisches oder römisches Cäment (Roman-Cäment). Die Thonnieren werden in einem gewöhnlichen Ofen, wie man sich deren zum Kalkbrennen überhaupt bedient, bei einer Temperatur gebrannt, welche fast hinreicht, sie zu verglasen, und dann auf einer Mühle feingepulvert. Das rothbraune Pulver, welches Kohlensäure und Wasser aus der Luft begierig aufnimmt, wird nach dem Beuteln in Fässer verpackt. Er lässt sich ohne weiteren Zusatz als hydraulischer Mörtel verwenden und erhärtet in 15–20 Minuten. Das rasche Erhärten des hydraulischen Mörtels und seine grosse Festigkeit nach diesem raschen Erhärten, welche die des gewöhnlichen Mörtels wenigstens fünfmal übertrifft, machen ihn zu einem höchst werthvollen Baumaterial, das den gewöhnlichen Mörtel rasch verdrängen würde, wenn nicht die Kostbarkeit des hydraulischen Mörtels die Ursache wäre, dass man ihn nur da anwenden kann, wo gewöhnlicher Mörtel nicht ausreicht. In Deutschland wird das Romancäment von vorzüglicher Beschaffenheit von Leube in Ulm dargestellt.

W. Michaëlis fand bei der Analyse verschiedener Sorten Romancäment:

	1.	2.	3.	4.
Kalk	58,38	55,50	47,83	58,88
Magnesia	5,00	1,73	24,26	2,25
Kieselsäure	28,83	25,00	5,80	23,66

Thonerde	6,40	6,96	1,50	7,24
Eisenoxyd	4,80	9,63	20,80	7,97

Die Analysen sind auf das Cäment im kohlensäure- und wasserfreien Zustande berechnet. No. 1 ist Romancäment aus Kalkstein vom Krienberge bei Rüdersdorf, der oberen Abtheilung des Muschelkalks angehörend; im Zustande der grössten Verwitterung vorkommend. — No. 2 aus Kalksteinnieren von der Insel Sheppey; gelblichbraun, derb und fest. — No. 3 aus Kalkstein, der das Lager von Bleierz bei Tarnowitz bedeckt; zur Muschelkalkformation gehörig; bläulichgrau, derb und zum Krystallinischen hinneigend. — No. 4 aus fettem und magerem Kalkstein von Hausbergen.

Das Portland-Cäment (der Name ist durch die mit dem Portland-Baustein übereinstimmende Farbe und Festigkeit entstanden), ein schuppig-krystallinisches Pulver von grauer Farbe mit einem Stich ins Grünliche, wurde zuerst 1824 von Joseph Aspdin in Leeds dargestellt. Nach dem ihm für England ertheilten Patent bereitet er das Cäment auf folgende Weise: Er nimmt eine grosse Menge Kalkstein, wie er in Leeds zum Wegmachen angewendet wird, pulverisirt ihn entweder durch Maschinen, oder nimmt den Staub oder Koth von den mit diesem Material reparirten Strassen, trocknet die Masse und brennt sie in einem Kalkofen. Hierauf nimmt er eine gleiche Gewichtsmenge Thon und knetet denselben mit dem gebrannten Kalk und Wasser zusammen, bis eine plastische Masse entsteht, die man trocknet, nach dem Trocknen in Stücke bricht und in einem Kalkofen brennt, bis alle Kohlensäure entwichen ist. Dann wird die Masse in ein feines Pulver verwandelt und ist zum Gebrauch fertig. Er kommt im Handel vor als graues, ins Grünliche gehendes, sandig anzufühlendes Pulver. Der eigentliche Gründer der in England so schwunghaft betriebenen Fabrikation jenes künstlichen Cämentes, das unter dem Namen Portland-Cäment versendet wird, ist Pasley, welcher (1826) das Cäment durch Brennen eines Gemisches von Flussthon (aus dem Medway-Fluss), welcher durch das zu Fluthzeiten eintretende Meerwasser salzhaltig ist, mit Kalkstein oder Kreide zu bereiten lehrte[98]. Gegenwärtig stellt man auf ähnliche Weise aus dem Schlamme, der sich an den Mündungen grosser Ströme absetzt und dort zu Deltabildungen Veranlassung giebt, ein dem Portland-Cäment ganz gleiches Material her.

Die Fabrikation des Portland-Cäments geschieht gewöhnlich auf die Weise, dass man die innige Mischung der Rohmaterialien (Kalkstein und Thon) in Stücke gleicher Höhe (Backsteine) ferner dieselben erst lufttrocken werden lässt und dann in Schachtöfen brennt. Die Schachtöfen haben eine Höhe von 14–30 Meter und eine lichte Schachtweite von 2,3–4 Meter. In einer Höhe von 1–1,3 Meter über dem Erdboden liegt ein entsprechend starker Rost, dessen Stäbe sich nach beendetem Brande gänzlich entfernen lassen. Die mehr oder minder gesinterte Masse gleitet beim Erkalten theils freiwillig nieder, theils wird das Fallen derselben mit Brechstangen befördert. Die Oefen werden solchergestalt beschickt, dass je eine Lage Brennmaterial und eine Lage Cämentsteine abwechseln. Als Brennmaterial wählt man in der Regel Koks. Für jedes Material ist die geeignete Weissglühhitze durch Versuche zu erproben; zu stark gebranntes Cäment bindet mit Wasser gar nicht mehr; die Farbenveränderungen, welche im Feuer vor sich gehen, können einen wesentlichen Anhalt über die beim Brennen innezuhaltenden Grenzen darbieten. Bei lebhafter, ungefähr eine Stunde lang anhaltender Rothgluth hat zwar der Kalk bereits aufschliessend auf den Thon gewirkt und die Masse besitzt eine hellgelbbraune Farbe, aber ihre Erhärtungsfähigkeit ist nur gering, sie erhitzt sich stark mit Wasser und zerfällt an der Luft wie gewöhnlicher Aetzkalk. Mit steigender Temperatur wird die Masse immer dunkler braun; ihre Beständigkeit an der Luft wächst mit ihrer Erhärtungsfähigkeit; ihre Erhitzung mit Wasser nimmt ab; Beweise, dass der beim Brennen aus dem Kalkstein zunächst entstehende ätzende Kalk mehr und mehr in chemische Verbindung mit den Bestandtheilen des Silicates tritt. Mit Weissglut wird die Masse grau, nimmt einen Stich in's Grüne (von einer Calcium-Ferrat- oder Silicatbildung) an, welcher wiederum mit der Temperatur zunimmt. Bis jetzt hat noch immer die Güte und Erhärtungsfähigkeit des Cäments zugenommen; denn die Härte und Widerstandsfähigkeit des angemachten Cäments steht, innerhalb der zulässigen Grenzen, mit der Dichtigkeit des gebrannten Cämentes in geradem Verhältnisse. Nimmt die Intensität des Feuers noch weiter zu, so tritt an die Stelle der grüngrauen eine blaugraue Färbung und dann wird das Cäment schon untauglich. Bei noch weiterer Steigerung der Temperatur wird die Masse immer dichter, man könnte sagen basaltischer und zuletzt geht sie in den Zustand vollkommener Schmelzung über und wird obsidianartig. Im ersten Stadium giebt die Masse ein helles gelbbraunes, lockeres Pulver; im zweiten, dem Normalstadium ein graues scharfes Pulver, mit einem Stich in's Grüne, im dritten ist das Pulver entschieden bleigrau, während das letzte, das verglaste Cäment, ein helles, weissgraues, äusserst scharfes Pulver giebt, wie wir es an Gläsern erkennen. Man hat also sein Augenmerk darauf zu richten, dass durchweg die bimssteinartige grüngraue Masse erzeugt werde; dass man möglichst wenig gelbbraune Stücke einerseits und so wenig als möglich blaugraue und verglaste Partien andererseits erhalte. Die Stücke sollen gut „stehen", dass heisst im gebrannten Zustande nach dem Erkalten nicht zerfallen. Dieses spontane Zerfallen tritt ein beim blaugrauen, todtgebrannten, aber auch beim ganz normal gebrannten Cäment; in diesem Falle liegt die Ursache in der chemischen Zusammensetzung allein. Je kalkhaltiger (basischer) die Mischung ist, desto sicherer lässt sich das Cäment normal brennen und desto weniger zerfällt es nach dem Brande; thonreiche Mischungen zerfallen je nach ihrer Zusammensetzung mehr oder weniger stark, oft total. Das zerfallene Cäment stellt, wenn von normal gebrannter Masse herrührend, ein äusserst feines, hellbraunes Pulver dar; todtgebranntes blaues Cäment giebt ein ebenso feines blaugraues Pulver. Nach Michaëlis lässt sich durch Zusatz von Kalk oder Alkalien das Zerfallen des Cäments verhüten, wenn sonst nicht durch zu scharfes Brennen die erwähnten blaugrauen Massen erzeugt werden. In der Praxis kann aber aus ökonomischen Gründen nur an einen Kalkzusatz gedacht werden. Je feiner Thon und Kalkstein gemischt werden, desto höher kann man unbeschadet mit dem Kalkgehalte gehen; ja alsdann ist ein möglichst hoher Kalkgehalt von grösstem Nutzen, weil er vorzüglich gute Brände zur Folge hat. Nichts ist aber gefährlicher, als bei schlechter mechanischer Mischung den Kalkgehalt zu steigern; alsdann wird man nämlich anstatt einen Fehler (des Zerfallen) zu beseitigen, nur noch einen andern Nachtheil (das Treiben und Reissen) hinzufügen. Auf innigste Mischung der Rohmaterialien ist daher in jeder Hinsicht das grösste Gewicht zu legen. Die kalkreicheren Cämente ziehen langsamer an, aber erhärten vorzüglicher. Von dem Momente der Erstarrung an erhärtet das Cäment zunehmend sowol an der Luft, wie im Wasser. An der Luft ohne jeden Substanzverlust; unter Wasser wird es zunächst nicht unbeträchtlich angegriffen, da er in Wasser nicht unlöslich ist. Vor allem aber werden durch Wasser die Alkalien extrahirt. Zum Brennen des Portland-Cämentes (hinsichtlich der Details sei auf W. Michaëlis und Paul Löss[99] verwiesen) dient jetzt häufig der Ringofen (vergl. Seite 371). Das getrocknete Cäment wird vor seiner Verwendung noch zu feinem Pulver gemahlen.

Das Portland-Cäment fängt, mit Wasser zu einem Brei angerührt, schon nach einigen Minuten an, zu erstarren, nach einigen Tagen besitzt es schon eine ziemliche Härte, die nach einigen Monaten einen solchen Grad erreicht, dass es beim Anschlag mit einem harten Körper wie gebrannter Thon klingt. Es lässt sich gleich dem Gyps ohne Sandzusatz in Formen giessen und eignet sich daher besonders zur Herstellung architektonischer Verzierungen und mit Sand gemengt zur Fabrikation von künstlichen Steinen. In neuerer Zeit hat Grüneberg die Herstellung von Krystallisirgefässen aus Portland-Cäment und Posch die zu Reservoirs für heisse und warme Soole vorgeschlagen.

Fabrikation von künstlichem Cäment in Deutschland.

Aus dem Vorstehenden geht hervor, dass die Fabrikation von künstlichem Cäment (Portland-Cäment) in jeder Gegend möglich ist. In der That fabricirt man jetzt auch in mehreren Theilen Deutschlands durch Mischen von Kreide und Thon, Formen der Mischung zu Ziegeln, Brennen und Zermahlen derselben, ein Cäment, welches allen Anforderungen entspricht, ohne dass es dabei nothwendig wäre, die Materialien aus grossen Entfernungen herbeizuschaffen. So wurde z. B. der hydraulische Kalk für die Göltzschthalüberbrückung auf der sächsisch-bayerischen Staatseisenbahn durch Mischung gleicher Theile von Ziegelmehl, Sand und Kalkmehl erhalten; das Gemenge wurde kurz vor der Verwendung mit Wasser angemacht und als möglichst dicker Brei verarbeitet. Zur Darstellung von hydraulischem Mörtel benutzt man ausser der oben erwähnten Mischung von Kreide und Thon, die Mergel (wie sie unter andern bei Kufstein in Tyrol in vorzüglicher Beschaffenheit sich finden), die Aschen von Steinkohlen und Torf, die bei der Alaunfabrikation aus Alaunschiefer und Alaunerde zurückbleibende Masse, manche Hochofenschlacken, gebranntes Töpfergeschirr, Porcellankapselscherben, gepulverten Feuerstein und Chalcedon[100] u. s. w. Obgleich die Principien bekannt sind, nach welchen hydraulische Mörtel angefertigt werden müssen, so misslingen dennoch immer sehr viele Versuche. Das Misslingen liegt meist in dem unrichtigen Hitzegrad beim Brennen, in der versäumten Innigkeit der Mischung, hauptsächlich aber in der Unkenntniss der chemischen Zusammensetzung der zu mischenden Substanzen. So ist, um ein Beispiel anzuführen, nicht jeder Mergel zur Herstellung eines guten hydraulischen Mörtels geeignet. Bedingungen der Anwendbarkeit sind 1) das richtige

Verhältniss des eingemengten Thons, am vortheilhaftesten 25 Proc.; 2) dieser Thon muss die erforderliche Beschaffenheit haben, er muss reich an Kieselerde und dabei höchst fein zertheilt sein; er muss ferner mit dem kohlensauren Kalk in innigem Gemenge sich befinden. Diese drei Bedingungen finden sich nur sehr selten mit einander vereinigt. In Deutschland wurde ein dem englischen Portland-Cäment gleichkommendes Produkt zuerst im Jahre 1850 durch Gierow in Stettin dargestellt, hierauf 1852 von H. Bleibtreu bei Stettin (auf der Insel Wollin), später auch in Bonn eine Fabrik errichtet, deren Produkte in grossen Mengen consumirt werden. Auch anderwärts wird gegenwärtig Portland-Cäment dargestellt, so von Gebr. Heyn in Lüneburg, von A. Licht u. Comp. in Dirschau bei Danzig, vom Bonner Bergwerks- und Hüttenverein (bei Obercassel oberhalb Bonn), von Saulich in Perlmoos bei Kufstein (Tyrol), so dass die deutsche Industrie in Bezug auf Portland-Cäment bald von England unabhängig sein wird. Nach W. Michaëlis seien im Folgenden einige Portland-Cämentanalysen (auf den kohlensäure- und wasserfreien Zustand berechnet) angeführt:

	1.	2.	3.	4.	5.	6.	7.	8.	9.
Kalk	59,06	62,81	61,91	60,33	61,64	61,74	55,06	57,83	55,28
Kieselsäure	24,07	23,22	24,19	25,98	23,00	25,63	22,92	23,81	22,86
Thonerde	6,92	5,27	7,66	7,04	6,17	6,17	8,00	9,38	9,03
Eisenoxyd	3,41	2,00	2,54	2,46	2,13	0,45	5,46	5,22	6,14
Magnesia	0,82	1,14	1,15	0,23	—	2,24	0,77	1,35	1,64
Kali	0,73	1,27	0,77	0,94	—	0,60	1,13	0,59	0,77
Natron	0,87		0,46	0,30	—	0,40	1,70	0,71	—
Calciumsulfat	2,85	1,30	—	1,52	1,53	1,64	1,75	1,11	3,20
Thon / Sand	1,47	2,54	1,32	1,04	1,28	1,13	2,27	—	1,08

No. 1 ist Portland-Cäment von White und Brother von Michaëlis analysirt. No. 2 ist Stettiner Cäment von Michaëlis analysirt. No. 3 ist Wildauer Cäment ebenfalls von Michaëlis analysirt. No. 4 desgleichen. No. 5 ist Sterncäment aus Vorpommern von demselben analysirt. No. 6 ist Stettiner Cäment von demselben analysirt. No. 7 ist englisches Cäment von Hopfgartner analysirt. No. 8 ist Cäment vom Bonner Bergwerks- und Hüttenverein von Hopfgartner analysirt und No. 9 ist Cäment von Kraft und Saulich in Perlmoos von Feichtinger analysirt.

Vergleicht man damit die procentische Zusammensetzung von englischen Portland-Cämenten, so ergeben sich nur ganz geringe Differenzen, welche jedenfalls von keinem Einfluss sein können. Die deutschen Portland-Cämente besitzen dieselbe Farbe wie das englische Portland-Cäment, erhärten unter Wasser auch bald und die Härte, die sie erlangen, steht der des erhärteten englischen Portland-Cämentes nicht nach. Unter dem Mikroskop betrachtet, zeigen die Theilchen der deutschen Portland-Cämente dieselbe blätterige und schieferige Form, wie sie von v. Pettenkofer zuerst bei dem englischen Portland-Cämente gefunden wurde. Dadurch, dass dieselben, wie das englische Portland-Cäment, bis zur Sinterung des Thones gebrannt wurden, besitzen ihre Theile eine eben so grosse Dichtigkeit, wie die des englischen. Was die Fabrikationsweise des Kufsteiner Portland-Cämentes betrifft, so giebt Feichtinger darüber folgende Notizen: In der Nähe von Kufstein findet sich ein Mergellager von einer solchen Ausdehnung, dass bei einer jährlichen Erzeugung von 200,000 Ctnr. dasselbe 600 Jahre ausreichen dürfte. Das Kufsteiner Portland-Cäment ist ein natürlicher hydraulischer Kalk zum Unterschiede von den englischen Portland-Cämenten, welche durchwegs künstliche hydraulische Kalke sind. Es ist dies der erste Fall, dass in den grossen Mergellagern in den Alpen ein Mergel gefunden wurde, der einfach durch Brennen ein so vorzügliches Produkt liefert wie das englische Portland-Cäment ist, und mit Gewissheit lässt sich daher auch annehmen, dass noch an mehreren Orten Mergel zu finden sein würden, welche sich ebenso zur Portland-Cämentfabrikation eignen. Es ist daher nicht uninteressant, die procentische Zusammensetzung des Mergels, aus welchem das Kufsteiner Portland-Cäment bereitet wird, kennen zu lernen. Derselbe besteht aus:

In Salzsäure lösliche Bestandtheile	Calciumcarbonat	70,64	
	Magnesiumcarbonat	1,02	
	Eisenoxyd	2,58	
	Thonerde	2,86	
	Gyps	0,34	
	Wasser und organ. Substanz	0,79	Gesammtmenge der in Salzsäure löslichen Bestandtheile
			78,23

In Salzsäure unlösliche Bestandtheile	Kieselerde	15,92	
	Thonerde	3,08	
	Eisenoxyd	1,40	
	Kali	0,55	
	Natron	0,82	Gesammtmenge der in Salzsäure unlöslichen Bestandtheile
			21,77

Die Menge des in Salzsäure unlöslichen Theiles, welcher als sogenannter Thon bezeichnet wird, beträgt nur 21,77 Proc., während die meisten Mergel eine viel grössere Menge Thon enthalten und auch in der Praxis die Annahme herrscht, dass diejenigen Mergel, bei welchen der Thon 25–30 Proc. beträgt, die besten sind. Dieser Mergel unterscheidet sich von anderen auch noch durch die chemische Zusammensetzung seines Thones, und bekanntlich ist letztere von einem wesentlichen Einflusse für die Güte eines Cämentes. Vergleicht man die chemische Zusammensetzung vom Thone des Kufsteiner Mergels mit der des Thones vom Medway-Flusse, welcher in England zur Fabrikation von Portland-Cäment verwendet wird, so findet sich darin auf 100 Kieselerde:

Thon vom Kufsteiner Mergel.	Thon vom Medway-Flusse.

Thonerde	19,34	17,0
Eisenoxyd	8,79	21,6
Kali	3,45	2,8
Natron	5,15	3,0
	36,73	44,4

Es folgt hieraus, dass im Thon vom Kufsteiner Mergel die Kieselerde bereits mit einer bedeutenden Menge von Basen verbunden ist; letztere betragen der Quantität nach nur um einige Procent weniger wie im Thone des Medway-Flusses, aber immerhin mehr als sonst in den Mergeln gefunden wird. Dadurch hat der Thon im Kufsteiner Mergel auch die Eigenschaft, im Feuer leicht zu schmelzen, er kann leicht aufgeschlossen werden. Von Einfluss auf die Güte des Kufsteiner Portland-Cämentes ist auch dessen geringer Magnesiagehalt und die häufig ausgesprochene Ansicht, dass ein grösserer Gehalt an Magnesia nur nachtheilig wirke, findet hier ihre Bestätigung. Alle vorzüglichen hydraulischen Kalke enthalten nur wenig Magnesia. Wenn man ferner die procentische Zusammensetzung des Kufsteiner Portland-Cämentes mit derjenigen des Mergels, aus welchem es bereitet wird, vergleicht, so wird man finden, dass die Menge der Schwefelsäure (Gyps) in dem gebrannten Steine zugenommen hat. Dies ist eine Folge der als Brennstoff angewendeten Braunkohle, welche Schwefelkies enthält.

Als Anhang zu den Cämenten sei das Concrete (künstlicher Stein) der Engländer erwähnt, worunter man einen dem Wasser gut widerstehenden Mörtel versteht, der indessen nie die Festigkeit des mit Sand gemischten Cämentes erreicht. Es besteht aus einem Gemenge von gewöhnlichem Mörtel mit Steinen, Grus, das man in verlorenen Formen oder Verschalungen aus Holz (Gussmauern) oder in bleibenden, aus Ziegel- oder Quadermauern (Futtermauern) bestehend, erstarren lässt. Man verwendet zu dem Concrete gewöhnlich mageren, thonhaltigen Kalk, den man mit 2–3 Volumen gröberem und feinerem Sand mengt. Nach Pasley erhält man aber ein besseres Produkt, wenn 1 Vol. frisch gebrannter Kalk, in Stücken nicht grösser als eine Faust (etwa 35 Pfd.) gemahlen mit 3½ Vol. scharfem Flusssand und ungefähr 1,5 Vol. Wasser schnell gemischt und eingestampft wird. Die Maurer benutzen jedoch nicht die erstere Vorschrift, weil das trockene Gemisch sich besser mit Wasser mischt und zäher und langsamer im Erhärten ist. Der Mörtel erhärtet in wenigen Stunden hinlänglich, um, wenn auch die schwersten Mauern auf einer Grundlage von Concrete aufgeführt werden sollen, sogleich damit beginnen zu können. Auf 1,3–2 Meter dicken Schichten von Concrete sind auf sumpfigem Grunde die Fundamente grosser Bauwerke in London nach dem Vorgange von Smirke gebaut worden, welcher auf die Anwendung des ungelöschten Kalkes zur Darstellung des Concretes geleitet wurde.

Erhärten des hydraulischen Mörtels.

Das Festwerden und Erhärten des hydraulischen Mörtels ist oft zum Gegenstande ausführlicher Untersuchungen gemacht worden. Beim Festwerden lassen sich, und das ist für die Praxis von Wichtigkeit, zwei verschiedene Vorgänge unterscheiden: zunächst das blosse Erstarren, wobei die angemachte Masse aufhört, flüssig zu sein, aber noch sehr leicht vom Nagel geritzt wird; dann, was viel länger dauert, das Hartwerden selbst, d. h. die durch andauernde Vermittelung des Wassers vor sich gehende Versteinerung.

Der beim Erhärten des hydraulischen Mörtels stattfindende chemische Vorgang ist von v. Fuchs, v. Pettenkofer, Winkler, Feichtinger, Heldt, Lieven, Schulatschenko, Ad. Remelé, Heeren, W. Michaëlis, v. Schoenaich-Carolath u. A. studirt worden. Nach einigen Forschern theilt man die hydraulischen Mörtel nach den chemischen Vorgängen beim Erhärten unter Wasser und den verschiedenen Verbindungen, die in den noch nicht erhärteten Mörteln enthalten sind, in zwei Klassen.

Die *erste Klasse*, die man als Roman-Cämente bezeichnet, umfasst die Gemenge von Aetzkalk mit den Zuschlägen (den eigentlichen Cämenten): Puzzuolane, Trass, Santorin, Ziegelmehl und solche hydraulische

Mörtel, welche man durch Brennen von hydraulischem Kalk und Mergel erhält. Alle diese Cämente erhalten in frischem Zustande Aetzkalk. Die *zweite Klasse* bilden die Portland-Cämente, welche in frischem Zustande keinen Aetzkalk enthalten. Die Erklärung des chemischen Vorganges beim Erhärten eines Roman-Cämentes rührt von v. Fuchs her, welcher zuerst nachgewiesen hat, dass es die Verbindung von Kalk mit Kieselsäure ist, welcher ein hydraulischer Mörtel seine charakteristischen Eigenschaften verdankt. Er hat nachgewiesen, dass aus allen hydraulischen Mörteln durch Säuren Kieselerde im gallertartigen Zustande ausgeschieden wird. Dasselbe findet bei den chemischen Verbindungen von Kieselsäure und Kalk statt. Silicate, welche für sich nicht mit Salzsäure Kieselgallerte abscheiden, erlangen diese Eigenschaft, wenn sie längere Zeit der Einwirkung von Kalk unter Wasser ausgesetzt sind: Die Alkalien sind auf die Bildung und das Erhärten des hydraulischen Mörtels von günstigem Einfluss. In ersterer Beziehung wirken sie nützlich, indem sie die Kieselerde des Quarzes und die durch Säuren nicht zersetzbaren Silicate besonders leicht aufschliessen und in den gallertartigen Zustand überführen. In Bezug auf das Erhärten wirken sie indirect, indem sie die Kieselerde aufgeschlossen enthalten und nach und nach ihren Platz dem Kalk überlassen. Wasserglaslösung giebt schon in der Kälte ihre Kieselsäure an Kalk ab, unter Freiwerden von Alkali. Die Alkalien werden übrigens durch das Wasser ausgewaschen. Kuhlmann, der sich mit dem hydraulischen Kalke und der Fabrikation künstlicher Steine beschäftigte, giebt an, dass man fetten Kalk in hydraulischen durch inniges Mischen desselben mit 10–12 Proc. kieselsaurem Alkali oder durch Behandeln mit einer Wasserglaslösung überführen könne. Fasst man die Resultate aller Versuche, die sich auf die Erhärtung des Roman-Cämentes beziehen, zusammen, so erklärt sich das Erhärten wesentlich durch die Bildung einer Verbindung eines sauren Silicates oder aufgeschlossener Kieselerde mit dem vorhandenen gebrannten Kalk, zu wasserhaltigem basischem Calciumsilicate, in welchem die Kieselerde, wie es scheint, zum Theil durch Thonerde und Eisenoxyd ersetzt sein kann. Die Erhärtung ist keineswegs eine Folge der Hydratation eines beim Brennen des hydraulischen Kalkes erzeugten Silicates, denn sonst müssten entwässerte Zeolithe unter Wasser gleichfalls erhärten, was mit der Erfahrung nicht übereinstimmt. Neben dem Hydrosilicate bildet sich stets eine grössere oder kleinere Menge von Calciumcarbonat, deren Bildung jedoch unwesentlich für das Erhärten des hydraulischen Mörtels zu sein scheint.

Der Vorgang beim Erhärten des Portland-Cämentes ist von Winkler und von Feichtinger, jedoch nicht im gleichen Sinne, zu erklären versucht worden. Nach ersterem besteht der chemische Vorgang, welcher unter Mitwirkung des Wassers das Erhärten bewirkt, in dem Zerfallen eines Silicates von genau bestimmter Zusammensetzung, in freien Kalk und solche Verbindungen zwischen Kieselerde und Calcium, und Thonerde und Calcium, welche auf nassem Wege zwischen genannten Körpern hergestellt werden können. Der ausgeschiedene Kalk verbindet sich an der Luft mit der Kohlensäure zu Calciumcarbonat. Ein erhärtetes Portland-Cäment enthält demnach dieselben Verbindungen wie ein erhärtetes Roman-Cäment; diese Verbindungen bilden sich aber unter Einwirkung des Wassers auf entgegengesetzte Art. Ihre Unlöslichkeit in Wasser und ihr inniges Aufeinanderlagern während des allmäligen Entstehens bewirkt, dass das ursprüngliche Pulver nach und nach in eine cohärente Masse übergeht. Aus den Versuchen Winkler's scheint zu folgen, dass die Kieselsäure in den Portland-Cämenten durch Thonerde und Eisenoxyd vertreten werden kann. Die Thonerde vermindert hierbei den Grad des Erhärtens nicht, macht aber das Cäment minder geeignet, den Einwirkungen der Kohlensäure zu widerstehen. Während des Erhärtens des Portland-Cämentes durch die Einwirkung des Wassers wird fortdauernd Kalk ausgeschieden, bis als Endresultat der Einwirkung von Wasser auf Portland-Cäment die Verbindungen $Ca_2Si_3O_9$ und $CaAl_2O_4$ entstehen. Letztere Verbindung wird durch Kohlensäure zerlegt, sie muss aber so lange im erhärteten Portland-Cäment als bestehend angenommen werden, als noch Kalkhydrat in demselben enthalten ist. G. Feichtinger ist, was die Theorie der Erhärtung des Portland-Cämentes betrifft, anderer Ansicht als Winkler. Seine Versuche bestimmen ihn zu der Meinung, dass in allen hydraulischen Mörteln die Erhärtung auf einer chemischen Vereinigung zwischen Calcium und Kieselerde und zwischen Calcium und erhaltenen Silicaten beruhe. In allen hydraulischen Kalken ist freier Kalk enthalten. Dafür spricht folgender Versuch. Wenn man Portland-Cäment mit einer höchst concentrirten Lösung von kohlensaurem Ammon zu einem Brei anrührt und längere Zeit unter öfterem Umrühren stehen lässt, so tritt keine Erhärtung ein, und es wird ein grosser Theil des Kalkes in Calciumcarbonat umgewandelt. Wäscht man dann das überschüssige kohlensaure Ammon weg, trocknet das so behandelte Portland-Cäment und macht es dann mit reinem Wasser zu Mörtel an, so erhärtet es nicht; setzt man ihm aber etwas

Calciumhydroxyd hinzu, so erhärtet es wie frischer Mörtel. Dasselbe Resultat erhält man, wenn man Portland-Cäment statt mit kohlensaurem Ammon mit Kohlensäuregas in Berührung bringt. Hierzu wurde Portland-Cäment mit viel Wasser angerührt, in ein hohes Cylindergefäss gebracht, und dann unter häufigem Umrühren der Masse 1–2 Stunden lang ein Strom Kohlensäuregas eingeleitet; dadurch wurde ein grosser Theil des Calciums in Calciumcarbonat umgewandelt (die Menge des Calciumcarbonates betrug dabei oft bis 27 Proc.). So behandeltes Portland-Cäment, getrocknet und mit Wasser zu Mörtel angemacht, erhärtete niemals; sobald man aber Calciumhydroxyd hinzusetzte, erhärtete es ebenso wie frischer Mörtel. Wäre also die Ansicht von Winkler richtig, so dürfte bei so behandelten Portland-Cämenten nach Zusatz von Calciumhydroxyd keine Erhärtung mehr eintreten. So aber zeigen diese Versuche, dass in den Portland-Cämenten auch Silicate oder freie Kieselerde enthalten sind; dass ferner in den Portland-Cämenten auch freier Kalk vorhanden ist und sein muss, und dass die Erhärtung der Portland-Cämente auf demselben chemischen Processe beruht, wie die der anderen von Winkler als Roman-Cämente bezeichneten. Die Portland-Cämente sind nicht bis zu Verglasung, d. h. bis zur vollständigen Verbindung aller Alkali- und Erdmetalle, also auch des Calciums mit Kieselerde, gebrannt. Ein so weit erhitztes Portland-Cäment wäre ein ganz unbrauchbares Material. Die Portland-Cämente sind nur bis zur Sinterung des in ihnen enthaltenen Thones gebrannt.

Der Gyps und das Gypsbrennen.

Vorkommen.

Der Gyps ist wasserhaltiges Calciumsulfat und besteht nach der Formel $CaSO_4 + 2H_2O$ in 100 Theilen aus:

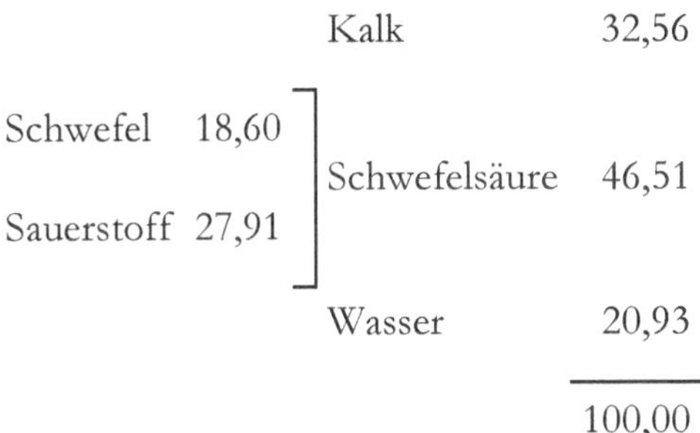

		Kalk	32,56
Schwefel	18,60	Schwefelsäure	46,51
Sauerstoff	27,91		
		Wasser	20,93
			100,00

Er gehört zu den verbreitetsten Mineralkörpern und bildet theils für sich, theils mit dem Anhydrit (Karstenit, $CaSO_4$) Lager und Stöcke, zuweilen sogar ganze Gebirgsstockmassen. Die Gypslager und Stöcke gehören vorzüglich den Flötzformationen und gewissen tertiären Gebilden an.

Man unterscheidet folgende Arten des Gypses: 1) Gypsspath (blätteriger Gyps, Frauenglas, Fraueneis, Marieneis, Selenit), worunter sowohl der zu Krystallen ausgebildete, als auch der blätterige krystallinische Gyps verstanden ist. 2) Fasergyps (Federweiss), faserig krystallinischer Gyps. Seideglänzend. 3) Schaumgyps (Gypsblüte), schuppig krystallinischer Gyps. 4) Körniger Gyps von grob- oder feinkörnig krystallinischer Textur, dessen reinste Varietäten den Namen Alabaster führen. 5) Dichter Gyps (Gypsstein), dichte, durchscheinende Massen von splittrigem Bruch. 6) Erdiger Gyps (Gypserde, Gypsgut, Mehlgyps).

Eigenschaften des Gypses.

Der Gyps löst sich in 445 Th. Wasser von 14° C. und 420 Th. von 20,5° C. auf; die Löslichkeit des Gypses wird durch Gegenwart von Salmiak vermehrt. Von Wichtigkeit ist sein Verhalten in der Wärme. Die von Graham herrührende Angabe, dass Gyps im luftleeren Raume über Schwefelsäure bis auf 100° erhitzt, die Hälfte seines Wassers verliere und dadurch in die Verbindung $CaSO_4 + H_2O$ (mit 12,8 Proc. Wasser) übergehe, die mit Wasser nicht erhärtet, ist nach Zeidler irrig. Bei 90° schon entweichen bei längere Zeit fortgesetztem Erhitzen über 15 Proc. Wasser und bei höherer Temperatur entweicht auch der Rest des Wassers, das übrigens nach den gründlichen Untersuchungen von Zeidler (1866) erst bei einer Steigerung der Temperatur bis auf

170° fortgeht. An der Luft erhitzt ist das Verhalten des Gypses ein anderes; er beginnt dabei erst etwas über 100° Wasser zu verlieren, welches noch unter 132° vollständig entweicht. Der seines Wassers zum grössten Theil beraubte Gyps heisst gebrannter Gyps oder Sparkalk; er hat die Eigenschaft, die beiden Moleküle Wasser, die er durch das Brennen verlor, wieder aufzunehmen und dabei zu erstarren[101]. Auf dieser Eigenschaft beruht die Anwendung des Gypses zum Giessen und zu Mörtel. Der über 204° gebrannte Gyps ist todtgebrannt, d. h. er hat die Fähigkeit verloren, in gepulvertem Zustand mit Wasser zusammengerührt einen erhärtenden Brei zu bilden. Dieses Verhalten mag wol darin seinen Grund haben, dass durch das zu starke Erhitzen die Atome des Gypses sich anders lagerten und dadurch der Gyps in Anhydrit übergeht, welchem ebenfalls die Eigenschaft fehlt, mit Wasser zu erhärten.

Das eine Molekül Wasser des Gypses ist salinisches Wasser und lässt sich demnach durch Salze vertreten; darin liegt der Grund, warum auch das Pulver des ungebrannten Gypses erhärtet, wenn man es, statt mit Wasser, mit der wässerigen Lösung von Kaliumsulfat, Kaliumcarbonat u. s. w. mengt. Die Erhärtung erfolgt schneller als mit gebranntem Gyps und reinem Wasser; bei Anwendung von Kaliumbitartrat findet das Stocken sofort statt. Die erhärtete Masse gleicht, was Härte und Aussehen betrifft, dem auf gewöhnliche Weise erhärteten Gyps. Bei Anwendung von Kaliumsulfat bildet sich ein Doppelsalz von der Formel ($K_2SO_4 + CaSO_4 + H_2O$), während die Gypsgüsse mit Kaliumbitartrat nichts sind als Gemenge von Weinstein- und Gypskrystallen (Schott d. ä.). Kaliumchlorat und Kaliumnitrat, so wie die Natriumsalze bewirken die Erhärtung des Gypspulvers nicht. Wird auf solche Weise erhärteter Gyps wieder gepulvert und von Neuem mit einer Auflösung von Kaliumsulfat oder Kaliumcarbonat versetzt, so erhärtet er nochmals. Man wird diese Eigenschaft wahrscheinlich in solchen Fällen benutzen können, wo man genöthigt ist, einen nicht mehr gut erhärtenden alten oder auch zu wenig gebrannten Gyps zu verwenden, indem man ihn statt mit Wasser, mit einer Lösung von Kaliumcarbonat anrührt.

Brennen des Gypses.

Das Brennen des Gypses bezweckt eine vollständige Entwässerung desselben durch Erhitzen. Alle in neuerer Zeit vorgeschlagenen Verbesserungen im Gypsbrennen gründen sich auf die Beobachtung, dass die relative Härte des gebrannten und gegossenen Gypses in geradem Verhältniss zu der Härte des Gypses vor dem Brennen stehe. Die dichten Gypssteine geben demnach wieder harten und dichten Gyps, während die weichen und leichten Steine auch nur weichen Gyps liefern.

Bei in grösserm Maassstabe angestellten Versuchen über das Brennen des Gypses kam Payen zu folgenden Resultaten: a) die niedrigste Temperatur, bei welcher der Gyps noch mit Vortheil gebrannt werden kann, jedoch weit langsamer, ist 80° C.; b) eine Temperatur von 110–120° genügt, um ihm alles Wasser zu entziehen und ihn im technischen Sinne vollkommen zu brennen; c) um das Brennen gleichförmiger als alle Theilchen der Substanz zu machen, ist es zweckmässig, den Gyps als Pulver oder in kleinen Stückchen anzuwenden. In allen Fällen beabsichtigt man, ein ganz gleichartiges Produkt zu erzielen und nicht ein Gemenge von schlecht gebranntem mit gar- oder mit todtgebranntem Gypse. Es ist demnach die Frage, ob es zweckmässiger sei, den Gyps zerkleinert zu brennen oder in ganzen Stücken, in welchem letzteren Falle grössere Mengen von Brennmaterial erforderlich sind. Zur völligen Verflüchtigung des Krystallwassers genügt allerdings eine Temperatur von 110–120°, es gehört aber auch noch ein pulverförmiger Zustand des Gypses und ein Ausbreiten desselben in Lagen von 6–8 Centim. Höhe dazu; ausserdem muss die Oberfläche des zu brennenden Gypses durch Umrühren und Wenden öfters erneuert werden. Man hat deshalb sehr zweckmässig die Wärme der Gewölbe der Flammen- und Verkohlungsöfen zum Gypsbrennen benutzt, deren strahlende Wärme sich ohne neuen Brennmaterialverbrauch auf 120° erhalten lässt. Will man nur kleine Quantitäten Gyps brennen, so bringt man den fein gemahlenen Gyps in einem eisernen Kessel über ein schwaches Kohlenfeuer und rührt so lange, bis die wallende Bewegung der Oberfläche aufgehört hat und eine über den Gyps gehaltene Glasplatte nicht mehr mit Wasserdämpfen beschlägt.

Brennöfen.

Im Grossen brennt man den Gyps in Gypsbrennöfen, wobei im Allgemeinen zu bemerken ist, dass man nicht wie beim Brennen des Kalkes die zu brennenden Gypssteine mit Brennmaterial durchschichten kann, weil sonst der Gyps oberflächlich zu Schwefelcalcium ($CaSO_4 + 4C = CaS + 4CO$) reducirt werden würde.

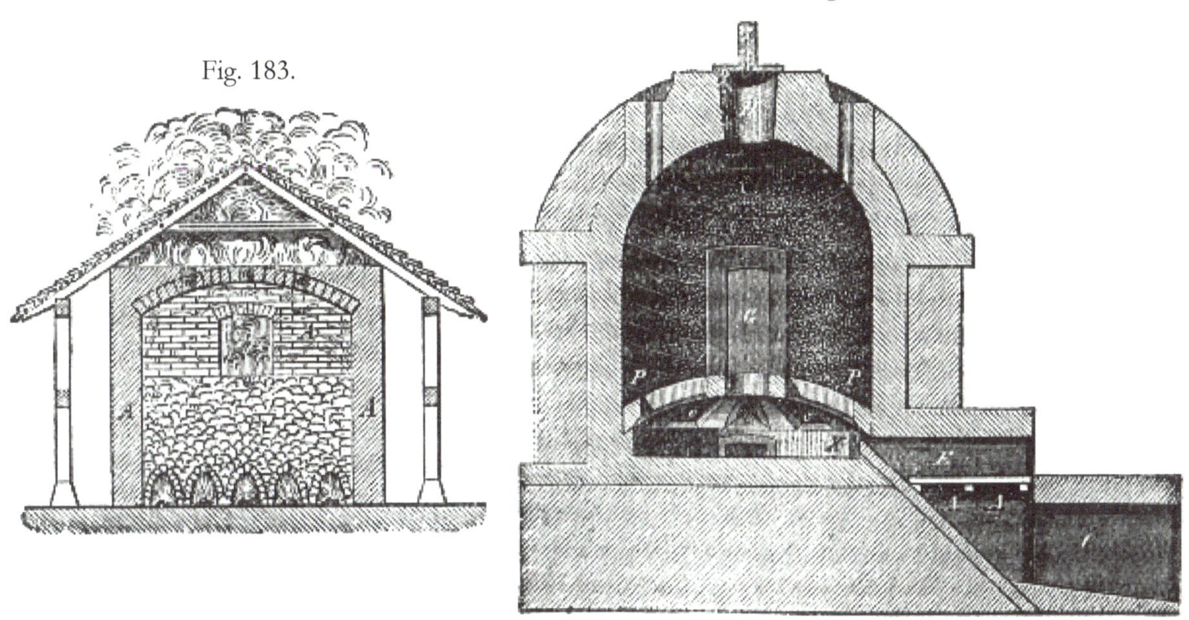

Fig. 183. Fig. 184.

Eine sehr einfache, aber sehr gebräuchliche Construction eines Gypsofens zeigt Fig. 183; er besteht aus vier starken Mauern *A*, die oben mit einem flachen Gewölbe überspannt sind, welches einige Abzugskanäle *a a* enthält. In zwei einander gegenüberstehenden Mauern befinden sich die zum Feuern dienenden Schürlöcher. In dem Ofenraum baut man nun die grössern Gypssteine zu kleinen Gewölben oder Feuergassen auf, schüttet darauf den übrigen Gyps und unterhält in den Schürlöchern ein schwaches Feuer mit Reissig. *b* ist eine Oeffnung zum Beschicken und Entleeren des Ofens, die während des Brennens verschlossen wird. Zweckmässig ist der Gypsbrennofen von Scanegatty (Fig. 184). Der innere Raum ist in der Höhe von 1 Fuss über dem Boden durch des Gewölbe *P*, *P* in zwei ungleiche Hälften getheilt. In die obere Abtheilung wird der zu brennende Gyps sowol durch die Thüre *G*, als auch durch die Mundöffnung *H* eingesetzt; sie ist mit einer Anzahl von Zügen versehen. Die untere Abtheilung, der Feuerraum, steht mit der vor dem Ofen gelegenen Feuerung *E* in Verbindung. Der Zug *C* endigt in den Aschenfall unter dem Rost *A*, auf dem ein Steinkohlenfeuer sich befindet. Die Flamme tritt bei *X* unter das durchbrochene Gewölbe *P* und entweicht durch die Oeffnungen *c*, *c*, *c* in den Gypsbrennofen. Die sich entwickelnden Wasserdämpfe entweichen durch im obern Theile des Gewölbes befindliche Oeffnungen. Ein solcher Ofen fasst gegen 54 Kubikmeter Gyps. Da bei diesem Ofen das Brennen des Gypses nicht sowol durch die Flamme, als vielmehr durch die heisse Feuerluft geschieht, so lässt sich eine Ueberhitzung leichter vermeiden.

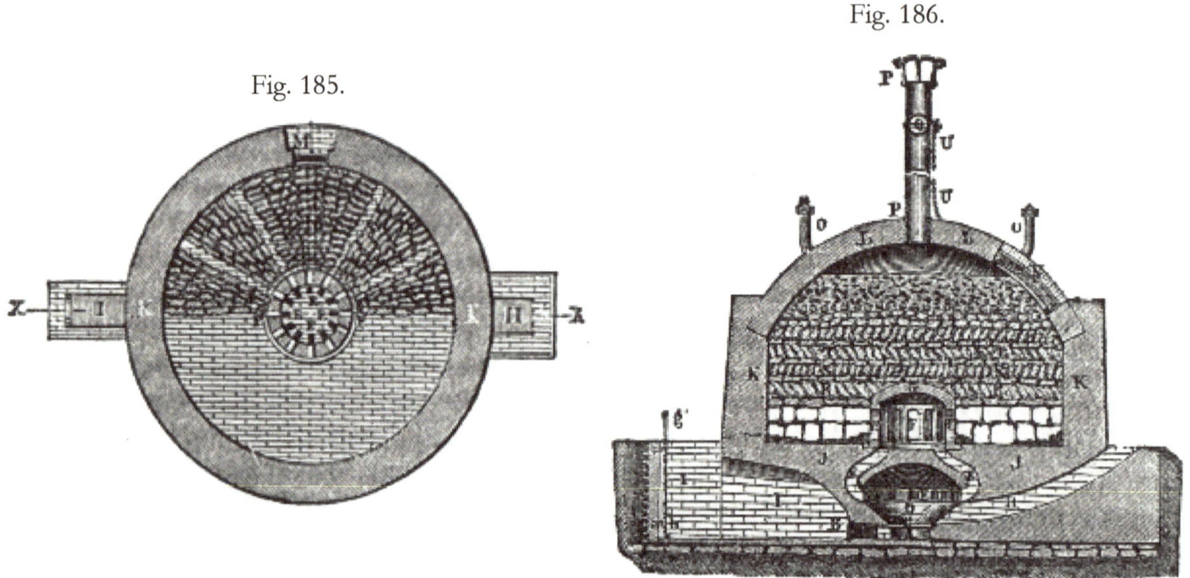
Fig. 185.
Fig. 186.

Der in neuerer Zeit aufgekommene Gypsbrennofen von Dumesnil (Fig. 185 im Horizontaldurchschnitt über der Sohle des Brennraumes, und Fig. 186 im Verticaldurchschnitt dargestellt) ist ähnlich dem Ofen von Scanegatty construirt, zeigt aber von diesem wesentliche Verschiedenheiten. Er besteht aus dem untern Theile, welcher die Feuerung enthält und dem darüber befindlichen Brennraume. Ersterer reicht unter den Fussboden hinab und besteht aus dem Aschenfalle *A* mit seiner Thüre *B*, dem Roste *C* und dem Feuerraume *D*, zu welchem letzteren ein Kanal *H* führt. Oben ist der Feuerraum durch ein Gewölbe geschlossen. Seitlich unterhalb des Gewölbes gehen von dem Feuerraume 12 Kanäle *E* aus, welche nach oben gebogen sind und die Feuerluft in den Brennraum führen. *J* ist eine Vertiefung, in welche der Heizer auf der Treppe *g h* hinabsteigt, wenn er zum Aschenfall gelangen will. Der Brennraum hat das Mauerwerk *J* aus feuerfesten Steinen zur Basis. Seine innen cylindrische, aussen schwach konische Seitenwand *K* ist aus zwei Lagen Steinen gebildet und äusserlich mit Gyps bekleidet. Oben ist er durch die gewölbte Decke *L* begrenzt, welche in ihrer Mitte die eisenblechene Esse *P P* trägt. Diese Esse ist mit einer Klappe *Q* versehen, welche durch eine Kette *U U* regulirt werden kann. Ausserdem sind noch, symmetrisch um diese vertheilt, vier kleine Zugröhren *O* angebracht, die man durch aufgelegte Deckel schliessen kann. Diese Röhren dienen dazu, die Hitze in den verschiedenen Theilen des Ofens gleichmässig zu machen. In der Wand des Brennraumes sind, einander gegenüberstehend, zwei Oeffnungen angebracht, eine *M* in der Seitenwand, welche zum Einbringen der unteren Gypslagen in den Brennraum, sowie beim Entleeren des Ofens, benutzt wird, und eine *N*, welche dazu dient, die oberen Gypslagen in den Brennraum zu bringen. *M* kann durch eine ausserhalb mit einer Ziegelbedeckung versehene gusseiserne Platte, *N* durch eine Thüre von starkem Eisenblech verschlossen werden. Als sehr wichtiger Theil, um ringsum im Brennraume ein gleichmässiges Brennen des Gypses zu erzielen, ist auf der Sohle des Brennraumes über den Mündungen der Kanäle *E* eine cylindrische, im Innern 1 Meter weite Haube von gebrannter Thonmasse angebracht, welche nach oben durch die Kappe *G* geschlossen und seitwärts mit 12 Oeffnungen *F* von 0,7 Meter Höhe versehen ist, durch welche die Feuerluft hindurchströmt, um sich zwischen der Gypsmasse zu vertheilen. Um die gleichmässige Vertheilung der Wärme in dem Brennraume zu bewirken, muss der zu brennende Gyps in demselben in geeigneter Art angeordnet werden. Man stellt die Stücke in von der Haube nach der Wand des Brennraumes gehenden Reihen so auf, dass sie auf der schmalen Seite stehen und zwischen ihnen angemessene Zwischenräume bleiben. Vor den Oeffnungen *F* lässt man breitere Zwischenräume frei. Die zweite Lage macht man aus quer über den Reihen der ersten Lage ebenfalls auf die schmale Seite gelegten Gypsstücken. Ueber der zweiten Lage macht man eine dritte ähnlich der ersten, nur dass man vermeidet, die hohlen Räume derselben vertical über denen der ersten Lage anzubringen. In dieser Weise wird mit dem Beschicken des Ofens fortgefahren. Dann wird der bei der Thüre *M* noch freigelassene Raum ebenfalls vollgesetzt und diese Thüre geschlossen. Die weitere Füllung erfolgt durch die Oeffnung *N*, indem man die Gypsstücke auch ferner angemessen aufeinander schichtet und nach oben hin immer kleinere Stücke nimmt. Ist die Beschickung beendet, so setzt man das Feuer in Gang. Während der vier ersten Stunden unterhält man das Feuer gelinde; während der acht folgenden Stunden verstärkt man das Feuer. Nach Verlauf von 12 Stunden hört man mit dem Feuern auf; man schliesst dann alle Oeffnungen und breitet zugleich oben auf dem Gypse im Brennraume 5 bis 6 Kubikmeter grobes Gypspulver aus. Dadurch wird der Zug im Ofen sehr verlangsamt und durch die vorhandene Hitze zugleich dieser pulverförmige Gyps gebrannt. Nachdem der Ofen 12 Stunden lang zur Abkühlung gestanden hat, beginnt man, den gebrannten Gyps herauszuziehen.

Mahlen des Gypses.

Sofort nach dem Brennen wird der Gyps gepulvert, wenn er nicht schon im zerkleinerten Zustande dem Brennen unterworfen wurde. Das Pulvern macht keine Schwierigkeit, da er so weich und mürbe ist, dass er sich fast zwischen den Fingern zerdrücken lässt. Im Kleinen geschieht es mittelst Zerschlagen mit hölzernen Schlägeln und darauf folgendem Sieben, im Grossen entweder in einer Stampfmühle oder in einer Walzmühle, oder endlich in einer gewöhnlichen Mahlmühle mit horizontalen Steinen, welche ebenso wie eine Mehlmühle beschaffen ist, jedoch keine Beutelvorrichtung hat; der gemahlene Gyps läuft unmittelbar aus dem Boden der die Mühlsteine umgebenden Zarge in untergestellte Fässer. Nach dem Mahlen oder Sieben schlägt man den Gyps in trockne Fässer und bewahrt ihn, vor Feuchtigkeit geschützt, auf.

Anwendung des Gypses.

Der Gyps wird auf mannichfaltige Weise benutzt. Der ungebrannte Gyps findet zuweilen in Stücken als Baustein Anwendung, da indessen der Gyps in Wasser nur schwer löslich, aber nicht unlöslich ist, so löst sich mit der Zeit der Gyps durch Regen und überhaupt durch Feuchtigkeit auf. Deshalb ist diese Anwendung mit Recht von den Behörden untersagt. Der dichte und feste feinkörnige Gyps, besonders der weisse, wird zu Bildhauerarbeiten, zu gedrehten und geschliffenen Gegenständen und zu architektonischen Verzierungen verwendet. Aus dem Alabaster von Volterra verfertigt man zu Florenz Vasen von grosser Schönheit. Dasselbe Material dient zur Fabrikation der römischen Perlen. Auch die faserige Varietät des Gypses wird zu Damenhals- und Armschmuck verarbeitet, indem man durch convexes Schleifen sein Schillern zu verstärken sucht. Hier und da gebraucht man den Fasergyps zum Streusande, den spathigen als Polirmittel und zum Putzen von silbernen Gegenständen. Auch wird das feine Gypspulver zur Grundmasse der Pastellfarben und als Zusatz zu gewissen Porcellanmassen verwendet. Ungebrannter Gyps findet ferner Anwendung zur Umwandlung des kohlensauren Ammoniaks in schwefelsaures. Der Gyps enthält 46,5 Proc. Schwefelsäure und 18,6 Proc. Schwefel; beide Körper hat man aus dem Gyps zu isoliren versucht (vergl. Seite 213 und 230). Eine sehr ausgedehnte und wichtige Anwendung findet sowol der rohe, als auch der gebrannte Gyps in der Landwirthschaft als Düngemittel, vorzüglich zum Bestreuen der Wiesen, des Klees und anderer Futterkräuter und der Hülsenfrüchte.

Man nahm früher an, dass die günstige Einwirkung des Gypses auf die Vegetation darauf beruhe, dass der Gyps Ammoniak absorbirt, welches ausserdem auf einem nicht gegypsten Boden wieder verdunstet sein würde. Das bei der Fäulniss sich entwickelnde, sowie das in der Atmosphäre enthaltene kohlensaure Ammon werde fixirt; es zerlege sich mit dem Gypse in der Weise, dass Ammonsulfat und Calciumbicarbonat entsteht. Diese Erklärung der Wirksamkeit der Gypsdüngung ist ungenügend. Untersuchungen von W. Mayer haben gezeigt, dass der Ackerboden durch seinen Thon, sein Eisenoxyd u. s. w. das Ammoniak weit besser und in grösserer Menge fixirt als der Gyps. Bei der Gypsdüngung hält man eine Dosis von 5 Ctr. auf den englischen Acker für genügend; angenommen, aller Gyps gelange zur Realisation und diene zur Fixirung von kohlensaurem Ammon, so könnte er doch nicht mehr davon binden als 2⁷⁄₁₀ Ctr. Mayer's Versuche zeigen dagegen, dass auf einen engl. Acker

eine Sorte Havannaerde	227	Ctr.
Kalkboden von Schleissheim bei München	158	„

Ammoniak fixirt enthält. Wie aus v. Liebig's neueren Versuchen (1863) folgt, begünstigt der Gyps dadurch die Vegetation, dass er an die Ackererde einen Theil seines Kalkes abgiebt und dafür Magnesia und Kali eintauscht; diese Stoffe werden durch Gyps im Boden verbreitbar gemacht. Man hat sich ferner zu erinnern, dass Gypspulver, auch von ungebranntem Gypse, mit Lösungen gewisser Kaliumsalze zusammengebracht, zu einer Masse erstarrt, in welcher das Kalium (nach Schott als Doppelsalz) in schwer löslicher Form enthalten ist, und man wird diese Eigenschaft des Gypses bei der Aufstellung einer Theorie der Gypsdüngung nicht hoch genug anschlagen können.

Gypsabgüsse.

Die Anwendung des Gypses zum Giessen und zu Abdrücken ist eine sehr beliebte zur Nachahmung und Vervielfältigung von Gegenständen. Man bedient sich hierzu eines dünnen Breies aus 1 Th. gebranntem Gypse und 2½ Th. Wasser; obgleich der Gyps durch das Brennen nur gegen 20 Proc. verliert, so ist er doch noch im Stande, mit 2½ Th. Wasser einen harten Brei zu geben, weil durch die entstehenden Gypskrystalle ($CaSO_4$ + $2H_2O$) das übrige Wasser mechanisch eingeschlossen wird. Das Erhärten des Gypses erfolgt bei gut gebranntem Gypse in 1–2 Minuten und unter geringer Erwärmung. Die Herstellung von Gypsabgüssen ist nach der Gestalt der Gegenstände mehr oder weniger schwierig. Die angewendeten Formen sind häufig selbst aus Gyps angefertigt und werden, um das Adhäriren des eingegossenen Gypses zu verhindern, mit Oel getränkt. Um die Unbequemlichkeit harter Formen zu umgehen, bedient man sich auch elastischer Leimformen. Oft auch benutzt man Formen von Gyps als Modell zum Giessen von Zink und Bronze oder zur Vervielfältigung galvanoplastischer Gegenstände, zu Modellen in der Porcellan- und Fayencefabrikation u. s. w. Der gegossene Gyps wird auch unter anderm gebraucht, um die Böden von Oelfässern zu bekleiden.

Um das Erhärten des Gypsbreies zu verzögern, giebt man ihm einen Zusatz von Leim, welcher ausserdem dem Gyps grössere Härte, einen gewissen Grad von Durchscheinenheit und ein marmorähnliches Ansehen ertheilt. Den so gemischten Gyps wendet man hauptsächlich zu architektonischen Verzierungen, die unter dem Namen Stucco (Stuck, Gypsmarmor) bekannt sind, an. Zu diesem Zwecke wird der Gyps mit Leimwasser, welchem man etwas Zinkvitriollösung zugesetzt hat, angerührt und auf das Mauerwerk aufgetragen. Nach dem Trocknen wird der Ueberzug mit Bimsstein abgeschliffen. Auf die trockne Oberfläche trägt man eine neue Lage Gyps, die mit stärkerem Leimwasser angemacht ist, auf, polirt dann die völlig trocken gewordene Oberfläche mit Tripel und Leinwandballen und tränkt dann dieselbe mit Olivenöl. Um gefärbten Gypsmarmor darzustellen, rührt man den Gyps mit Farben, wie mit Colcothar, Russ, Indig, Mennige u. s. w., an oder macht aus dem gefärbten Gypse Kuchen, welche man übereinander legt und durchschneidet, um gebänderten Gyps zu erzeugen. Kuhlmann empfiehlt die Anwendung einer Lösung von Kaliummanganat, mit welcher man den Gyps anrührt, um sehr schön gefärbte künstliche Steine zu erhalten. Ein Gemisch von feinem Gyps und gepulvertem Frauenspath (Gypsspath) mit Leimwasser giebt die in neuerer Zeit vielfach zu ornamentalen Zwecken angewendete Scaliogla (von scaglia, Schuppe, Rinde).

Der Gyps (namentlich der unter dem Namen Annalin durch Fällen einer Chlorcalciumlösung mit Schwefelsäure künstlich dargestellte) wird auch in grosser Menge in der Papierfabrikation als mineralisches Lumpensurrogat, als Füllstoff, verwendet.

Härten des Gypses.

Der Gyps lässt sich auf verschiedene Weise härten. Eine der ältesten Methoden besteht darin, das Pulver von gebranntem Gyps mit Lösungen von Leim oder arabischem Gummi anzurühren und auch den fertigen gegossenen und abgetrockneten Gegenstand in derartige Lösungen zu tauchen. Später schlug man vor, Gypsgegenstände in eine Auflösung von 40 Loth Alaun in 6 Pfd. Wasser zu tauchen, sie 15–30 Minuten darin zu lassen, dann herauszunehmen und über den erkalteten Gegenstand Alaunlösung zu schütten, so dass er mit einer Krystallschicht überzogen ist, ihn trocknen zu lassen, mit Sandpapier zu poliren und endlich mit einem feuchten Tuche die letzte Politur zu geben. Dieses Verfahren wurde später dahin vereinfacht, dass man gebrannte Gypsstücke, sowie sie aus dem Ofen kommen, mit Alaunlösung tränkt oder gepulverten Gyps mit Alaunlösung anrührt und dann nach dem Trocknen zum zweiten Male brennt. Der Alaungyps erstarrt nach dem Mahlen so leicht wie gewöhnlicher Gyps. Die Härte des Produkts tritt dann erst hervor, wenn man das Pulver anstatt mit Wasser mit Alaunlösung anmacht. Nach diesem Verfahren hergestellte Gypsgegenstände erhalten durch vollständiges Trocknen die Härte und das Durchscheinende des Marmors und Alabasters. Die Härte wird weder durch kaltes noch durch siedendes Wasser vermindert. Der mit Hülfe von Alaun gehärtete Gyps heisst Marmorcäment. Das Pariancäment ist durch Borax gehärteter Gyps; zu dem Ende befeuchtet man die gebrannten Gypsstücke mit einer Lösung von 1 Th. Borax in 9 Th. Wasser durch und durch, glüht sie sechs Stunden lang und mahlt sie hierauf. Noch besser soll der Erfolg sein, wenn man dieser Lösung 1 Th. Weinstein und die doppelte Wassermenge zusetzt.

Das Härten von Gyps mit Wasserglaslösung ist nur schwierig auszuführen; Gyps mit Wasserglaslösung zusammengerieben kommt sogleich ins Stocken und beim Austrocknen wittert sehr bald Kalium- oder Natriumsulfat in grosser Menge aus; nach dem Trocknen ist die Masse kaum fester als der gewöhnliche Gyps. Aus Gyps gefertigte Gegenstände lassen sich daher nicht mit Wasserglaslösung imprägniren, um sie fester zu machen, indem die Flüssigkeit wegen des Stockens nicht eindringen kann. Bessere Resultate erhält man mit Anhydrit oder mit dem ihm sich gleich verhaltenden starkgebrannten Gyps. Knauer und W. Knop (1865) combiniren Kaliumwasserglas mit Caseïn-Kali, um Gyps zu härten. In neuerer Zeit ist auch die Kieselfluorwasserstoffsäure (für sich oder als Kieselfluorkalium) zu gleichem Zwecke vorgeschlagen worden. Das Erhärten des Gypses wird (nach C. Puscher) verzögert, wenn man dem gebrannten Gypspulver 2–4 Proc. Eibischwurzelpulver zufügt und die Mischung mit 40 Proc. Wasser zum Teige knetet.

Von den vorstehenden Methoden unterscheiden sich wesentlich diejenigen, die eine Härtung des Gypses nicht durch Zusatz eines andern Körpers, sondern durch eigenthümliche Behandlung des Gypses erstreben. Hierher gehört das Verfahren von Fissot, welches sich indessen nur zur Umwandlung der Gypsblöcke in künstlich gehärtete Steine zu Bauzwecken eignet; nach diesem Verfahren giebt man dem rohen Gypsblocke die gewünschte Gestalt, bringt ihn in den Brennofen, lässt ihn nach dem Brennen erkalten und taucht ihn dann ½ Minute lang unter Wasser; nachdem er einige Sekunden der Luft ausgesetzt, taucht man ihn 1–2 Minuten lang in Wasser; an der Luft nimmt er nach dieser Behandlung eine grosse Härte an. Wie es scheint, beruht dieses Verfahren auf einer vermehrten Aneinanderkittung der einzelnen Theilchen durch Krystallisation. Völlig fertig gemachte und getrocknete Gypsgegenstände nehmen, wenn sie mit Stearinsäure oder mit Paraffin (nach Angerstein), welche beiden Körper vorher zweckmässig in Petroleumäther gelöst werden, getränkt worden sind, einen gewissen Grad von Durchscheinenheit und durch Reibung gute Politur an, sodass sie dem mit Wachs getränkten Meerschaum ähneln. Da hierbei vollkommene Reinheit der Gypsmasse unerlässlich ist, so ist es, da ohnehin das Verfahren nur bei kleinen Gegenständen Anwendung finden kann, am besten, Gypsspath anzuwenden und ihn während des Brennens vor jeder Beimengung von Unreinigkeit zu verwahren. Um der Masse ein besonders warmes Ansehen zu geben, giebt man dem Paraffin oder der Stearinsäure durch Zusatz von etwas Gummigutt und Drachenblut eine schwach röthlichgelbe Färbung.

Fußnoten:

[86] Die Anwendbarkeit des Glaubersalzes in der Glasfabrikation ist eine in der Geschichte der Glasindustrie epochemachende Erfindung. Obgleich Lampadius und Gehlen schon in den ersten Jahren des laufenden Jahrhunderts auf das Glaubersalz als Glasrohmaterial aufmerksam gemacht, so gebührt doch das Verdienst, das Glaubersalz in die Glasfabrikation eingeführt zu haben, dem bayer. Oberbergrath und Philosophen Franz von Baader in München. Vergl. Biographie Franz von Baaders, herausgegeben von Prof. Dr. Franz Hoffmann, 1857 p. 48. —

[87] Die Siemens'schen Gasöfen erhielten auf der Pariser Weltausstellung (1867) in Klasse 51 der internationalen Jury die goldene Preismedaille.

[88] Auch in Holzglashütten finden gegenwärtig (1870) die Siemens'schen Regenerativöfen mit grossem Erfolge Anwendung. Vergl. Jahresbericht der chemischen Technologie 1869. Leipzig 1870 p. 351.

[89] Die Glasfäden Brunfaut's in Wien, die seit 1869 zur Herstellung von Glaswatte, Federn, Schleiern, Schleifen, Netzen und dergl. dienen, haben nach den Messungen von Fr. Kick in Prag einen Durchmesser von 0,006–0,012 Millimeter. Sie sind demnach noch etwas feiner als einfache Coconfäden. —

[90] Wenn irgendwo so zeigen sich beim Spiegelglase die enormen Fortschritte der Glasfabrikation seit 10 bis 20 Jahren. Das Spiegelglas ist billiger und dadurch einer allgemeineren Anwendung fähig geworden. Während noch vor einer kurzen Reihe von Jahren das Spiegelglas als ein Luxusartikel betrachtet wurde, wird dasselbe heute als Rohglas vielfach verwendet zu Verglasungen von Werkstätten, Fabrikgebäuden, Magazinen, Treibhäusern, für Bedachungen von Stiegenhäusern, Passagen und Bahnhöfen, überhaupt aller Localitäten, bei denen eine seitliche Beleuchtung nicht statthaft ist. Im polirten, aber unbelegten Zustande ist sein Verbrauch für Schaufenster ein ganz erstaunlicher geworden, aber auch für gewöhnliche Fenster nimmt sein Verbrauch zu, seitdem seine Vorzüge in Hinsicht auf Lichteffect, auf Eleganz, auf Erleichterung der Heizung trotz des ungleich höheren Preises vor dem gewöhnlichen geblasenen Fensterglase sich geltend gemacht haben. In der Glasjury der Pariser internationalen Ausstellung des Jahres 1867 brach sich die Ansicht Bahn, dass bevor zehn Jahre vergangen, das Spiegelglas in den Wohnungen der wohlhabenderen Stände an die Stelle des gewöhnlichen Fensterglases getreten sein werde. Allgemein anerkannt ist es, dass das belegte Spiegelglas die schönste, relativ preiswürdigste Zimmerdecoration bildet. Eine wichtige Rolle in dem allgemeinen Gebrauch der Spiegelglasplatten, welche deren Fabrikation und Anwendung mächtig Vorschub leistet, spielen die in neuester Zeit aufgekommenen Gesellschaften, welche die Spiegelscheiben während des Gebrauches für eine unbedeutende Summe gegen Bruch sichern. Ein in Deutschland nachahmungswerther Umstand ist ferner die in Frankreich und England sich immer mehr und mehr einbürgernde Sitte, die grossen Wandspiegel zu den Immobilien eines Bauunternehmens zu rechnen, für welche dem Hauseigenthümer von dem Miether eine entsprechende Vergütung gezahlt wird. Die Verwendung der 3 bis 5 Centimeter dicken Rohglasplatten für Flur- und Trottoirbelege behufs Beleuchtung unterirdischer Räume, für Aquarien, zu Färbereien, für Gährgefässe der Brennereien und Brauereien verbreitet sich immer mehr. —

[91] Nach Carey Lea (1866) soll die Glasversilberung schöner und gleichförmiger unter Mitwirkung von directem Sonnenlichte ausfallen.

[92] Der Export von Glasperlen aus Venedig repräsentirte im Jahre 1868 7,755,000 Frcs.

[93] Die perlglänzende Substanz soll identisch sein mit *Guanin.*

[94] So finden sich z. B. in der Porcellanerde von Oberzell bei Passau Knollen von Opal und Halbopal; auch der sogenannte Knollenstein in dem zersetzten Porphyr der Umgegend von Halle dürfte auf ähnliche Weise entstanden sein.

[95] Das fertige Berliner Porcellan besteht nach G. Kolbe (1863) aus 66,6 Th. Kieselerde, 28,0 Th. Thon, 3,4 Th. Kali, 0,70 Th. Eisenoxydul, 0,6 Th. Magnesia und 0,3 Th. Kalk.

[96] Der Wechsel der Buchstaben beruht darin, dass die älteren toskanischen Schriftsteller jene Insel „Majolika“ statt Majorka schrieben; so Dante: „*Tra isola di Capri e Majolica*“.

[97] Ueber Maschinenziegelei siehe eine Abhandlung Emil Teirich's in Wien, Jahresbericht der chem. Technologie 1868 p. 407.

[98] Der Thon des Medway-Flusses ist wahrscheinlich wegen seines Natriumgehaltes zur Portland-Cämentfabrikation der geeignetste. v. Pettenkofer macht mit Recht darauf aufmerksam, dass man vielleicht mit grossem Vortheil manche Mergel in gute Cämente verwandeln könne, wenn man sie mit Kochsalzlösung getränkt brenne.

[99] Vergl. W. Michaëlis, Die hydraulischen Mörtel, Leipzig 1869 und Paul Löss, Bau von Kalk-, Cäment-, Gyps- und Ziegelöfen, Berlin 1870.

[100] H. Frühling (1870) stellt aus gebrannten Chalcedonen ein besonderes Cäment, das Chalcedoncement dar, welches in der Menge von 1 Vol. mit 1 Vol. Kalkbrei und 2 Vol. weissen Sandes einen glänzend weissen, dem geschliffenen Marmor ähnlichen Verputz liefert.

[101] Nach Zeidler ist der gebrannte Gyps der Gewerbe, wie er zu Stucco und Gypsgüssen dient, nicht sowol wasserfreier Gyps, als vielmehr Gyps mit ¼ (= 5,27 Proc.) seines natürlichen Wassergehaltes.

IV. Abschnitt
Die Pflanzenstoffe und ihre technische Anwendung. Die Technologie der Pflanzenfaser.

Pflanzenfaser.

Die Pflanzenfaser oder die Cellulose $C_6H_{10}O_5$ ist derjenige Stoff, der das Gewebe der Vegetabilien bildet und in den verschiedensten Formen in den Pflanzen vorkommt. In grösster Menge findet er sich mit incrustirender Substanz durchdrungen im Holze und bildet die Holzfaser, in langen Faden oder Büscheln bildet er den Flachs (Lein), den Hanf, die Brennnesselfäden und die Baumwolle, welche Substanzen die technisch so überaus wichtige Gruppe der Gespinnstfasern bilden und zur Fabrikation der Gespinnste und Gewebe, des Papiers und der Schiessbaumwolle dienen. Mit Schwefelsäure behandelt, geht er in Dextrose (Glycose) über, worauf die Verwendung der Cellulose zur Spiritusdarstellung beruht. Dass der reine Pflanzenzellenstoff von gleicher Zusammensetzung in dem Holze, der Baumwolle, dem Flachse und dem Papier vorkommt, geht aus folgenden Analysen dieser verschiedenen Substanzen hervor:

Zellenstoff aus:	Holz.	Baumwolle.	Flachs.	Papier.
Kohlenstoff	43,87	43,30	43,63	43,87
Wasserstoff	6,23	6,40	6,21	6,12
Sauerstoff	49,90	50,30	50,16	50,01
	100,00	100,00	100,00	100,00

Diejenigen Pflanzentheile, welche als Gespinnstfaser verarbeitet werden, stellen Faserbündel dar, die fest, geschmeidig, spaltbar und wo möglich bleichbar sein müssen. Diesen vier Eigenschaften entsprechen in hervorragendem Grade zunächst der Flachs, der Hanf und die Baumwolle, dann, wiewohl in schwächerem Maasse, einige der unten zu erwähnenden Flachs- und Hanfsurrogate, die erst durch die internationalen Industrieausstellungen der beiden letzten Decennien in weiteren Kreisen bekannt geworden sind.

α) *Der Flachs.*

Flachs.

Der Flachs ist die zum Spinnen vorgerichtete Faser der Leinpflanze (*Linum usitatissimum*), einer Pflanze aus der Familie der Caryophylleen. Die Ernte des Leins geschieht, indem die Pflanzen aus dem Boden gerauft, in Bündel gebunden, und zum Trocknen auf das Feld gestellt werden. Nach dem Trocknen werden die Pflanzen auf der Flachsraufe, einem Kamme mit eisernen Hakenzähnen (dem Riffelkamm oder Reffkamm), geriffelt, d. h. die Samenkapseln abgerissen, dann aber der Flachs in handdicke Bündel gebunden und der Rotte übergeben. Die in dem Lein enthaltenen Fasern, welche den Flachs bilden, liegen unter der Rinde der Pflanze und zwar durch eine gummiartige Substanz (die nach J. Kolb Pektose ist) zusammengeleimt, welche daraus entfernt werden muss, so dass durch die nachfolgende mechanische Behandlung die spinnbaren Fasern isolirt werden können, ohne übermässig beschädigt zu werden. Dies geschieht durch das Rösten desselben. Rösten oder Rotten, deren Zweck nach J. Kolb das Hervorrufen der Pektingährung ist, wodurch das Pektin in Pektinsäure übergeht. Behufs des Röstens bringt man die Flachsstengel in Bäche oder in stehendes Wasser, und hält sie durch aufgelegte schwere Körper unter der Oberfläche des Wassers, bis eine Art von Fäulniss eingetreten ist, welche diejenigen Stoffe, von welchen die Faser zusammengehalten wird, nicht aber die Faser selbst zerstört.

Man nennt diese Art der Röste die Wasserröste. Nach einer andern Methode setzt man die geriffelten Stengel, in dünnen Lagen auf Feldern ausgebreitet, den Einflüssen der Atmosphäre aus und ersetzt den fehlenden Regen durch fleissiges Begiessen mit Wasser (Thauröste, Landrotte, Luftrotte). Beide Methoden sind langwierig und ungesund, weil durch die bei der Fäulniss sich entwickelnden Gasarten die Umgegend vergiftet, durch die Wasserröste ausserdem das Wasser verdorben und zur Erhaltung des Lebens von Fischen untauglich wird.

Warmwasserröste.

Fig. 187.

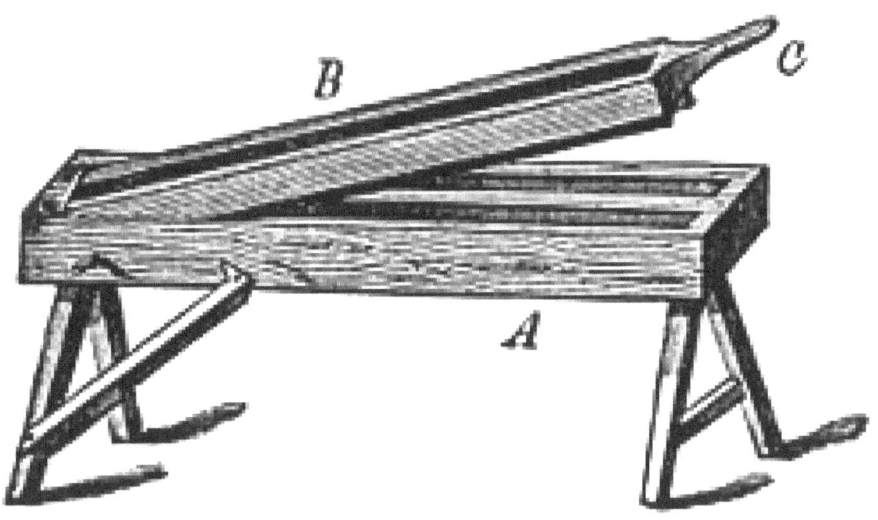

Fig. 188.

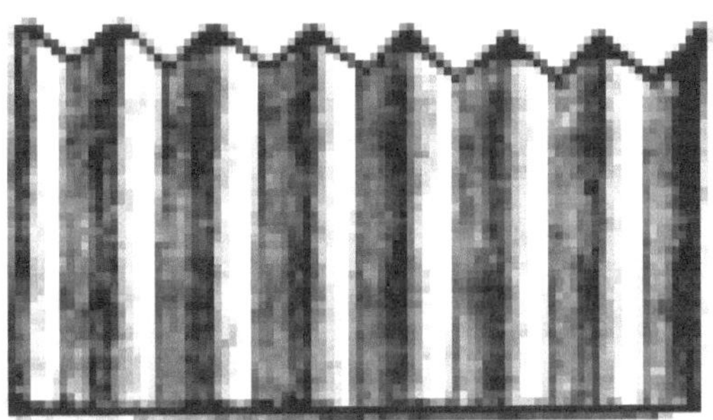

Nach vielen Versuchen, die schon seit langer Zeit mit verschiedenen chemischen Substanzen (Kalilauge, verdünnter Schwefelsäure) angestellt worden sind, war endlich vor wenigen Jahren das seither unter dem Namen Warmwasserröste bekannt gewordene Verfahren zuerst von Schenck in Irland eingeführt worden. Gegenwärtig hat sich dieses Verfahren auf dem Continente eingebürgert. Das Rösten geht nach dieser Methode in grossen Bottichen vor sich, in welchen das Wasser mittelst Dampf auf 25–30° erhitzt wird, nach 60–90 Stunden ist das Rösten beendigt. Die Vortheile, welche die Warmwasserröste darbietet, sind: 1) dass die Arbeit des Röstens dem Leinbauer gänzlich abgenommen wird und in eigene Anstalten übergeht, wodurch ein besseres und gleichmässigeres Produkt erzielt wird; 2) dass in Folge eines um etwa 10 Proc. geringeren Gewichtsverlustes nach der Röste, verglichen mit dem Wasserröstverfahren, der Ertrag ein weit grösserer ist; 3) dass bei dem fbrikmässigen Betriebe dieser Röstart die Unkosten verhältnissmässig gering sind. In neuerer Zeit hat man auch angefangen, heisse Wasserdämpfe zum Rösten Dampfröste. des Flachses anzuwenden. Diese Dampfröste, von Watt und Buchanan eingeführt, soll vor der Warmwasserröste grosse Vorzüge besitzen.

Brechen des Flachses.

Im gerotteten Zustande besteht der Flachs aus Cellulose und Pektinsäure. Nach beendigtem Rösten und Dörren sucht man die Fasern von der Hülse und dem durch das Rösten mürbe gewordenen Kern zu trennen, was durch das Brechen, Schwingen und Hecheln geschieht. Durch das Brechen werden die holzigen Theile zerklopft (gebrochen), das Bast widersteht durch seine grössere Zähigkeit und bleibt fast unversehrt. Das Werkzeug, dessen man sich zum Brechen bedient, besteht (Fig. 187) aus zwei ineinandergreifenden Theilen; der obere *B* (der Deckel oder Schlegel) wird aus zwei Holzschienen gebildet, die an dem einen Ende so mit einem Untergestell verbunden sind, dass sie sich wie in einem Charniere bewegen lassen. Diese beiden Holzschienen laufen nach unten messerschneidenartig zu und vereinigen sich in dem Handgriffe *C*. Das Untergestell *A* ist der ganzen Länge nach in zwei durchgehende Rinnen ausgeschnitten, die so beschaffen sind, dass die Latten des Deckels bei der niedergehenden Bewegung sich genau in die Rinnen des unteren Theiles (der Lade) hineinlegen. Indem der Arbeiter abwechselnd den Deckel aufhebt und schnell wieder niederstösst, bringt er zu gleicher Zeit ein Büschel Flachs quer über die Lade, welches zwischen den Latten des Deckels und den Rinnen der Lade zerknickt und zerquetscht wird, da es allmälig der Länge nach fortgezogen wird. Die holzigen Theile, die Schebe oder Ahne fallen theils von selbst, theils werden sie nach beendigtem Brechen zum grossen Theil durch Ausschütteln entfernt.

Bei dem Handbrechen ist ein ziemlicher Verlust an Flachs schwer zu vermeiden, weshalb gut construirte Flachsbrechmaschinen den Vorzug verdienen.

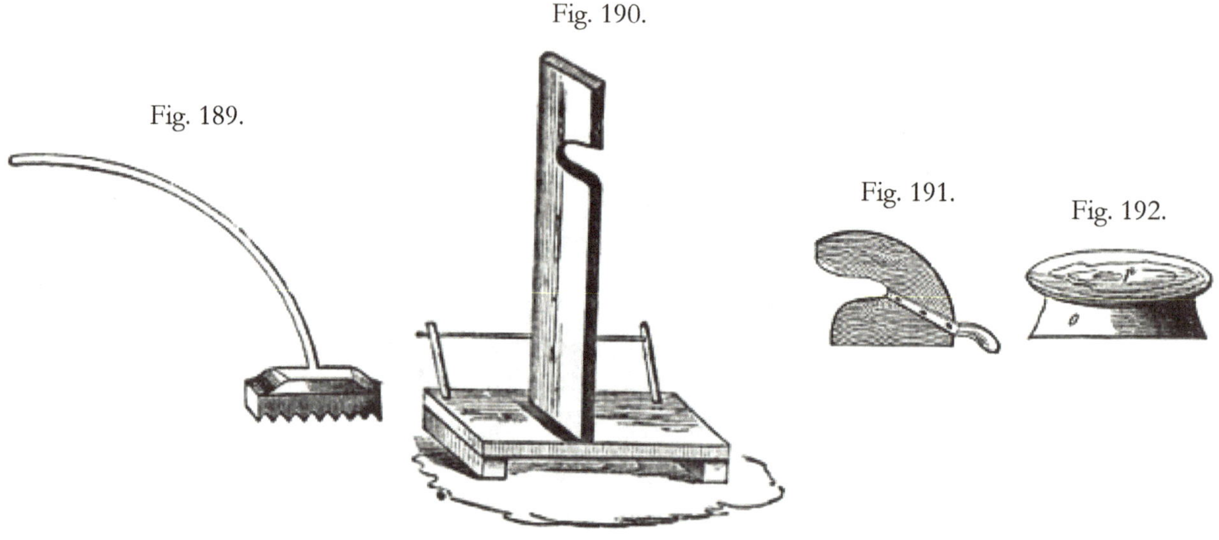

Fig. 189. Fig. 190. Fig. 191. Fig. 192.

Botten oder Blaueln.

Anstatt des Brechens bedient man sich in Belgien des Botthammers, womit der Flachs gleichsam gedroschen wird. Der Botthammer (Fig. 188) ist ein flacher viereckiger Holzblock, auf der unteren Seite (Fig. 189) mit querlaufenden, parallelen Einkerbungen versehen, und an einem langen, gekrümmten Stiele befestigt. Der Arbeiter tritt mit der Fussspitze auf das eine Ende des Flachses, hält ihn so fest, und schlägt mit dem Botthammer kräftig auf die freie Stelle, wendet von Zeit zu Zeit um und durchschüttelt ihn, bis der Flachs gleichmässig gebrochen ist. Der gebrochene oder gebottelte Flachs enthält immer noch fest anhängende, beim Schütteln sich nicht absondernde Schebetheile, welche durch das Schwingen

Schwingen des Flachses.

entfernt werden. Der hierbei benutzte Apparat besteht aus dem Schwingstock und aus dem Schwingmesser. Ersterer (Fig. 190) ist ein auf einem Fussgestell aufrecht befestigtes Brett mit einem Einschnitte an der Seite, in welchen man ein Büschel Flachs so legt, dass es an der vordern Seite des Brettes herabhängt, während es hinter demselben festgehalten wird. Das Schwingmesser (Fig. 191) ist aus hartem, dünnem Holze, an den Kanten zugeschärft und mit einem Handgriffe versehen. Der Arbeiter schlägt damit den längs des Brettes herabhängenden Flachs, dann dreht er denselben herum und fährt fort zu schlagen, bis der Flachs völlig von der Schebe befreit ist. Anstatt des Schwingens oder auch nach demselben wendet man

Ribben.

in einigen

Flachsgegenden das Ribben an, das in einem kräftigen Ausstreichen mit dem Ribbenmesser (Fig. 192), einer dünnen Klinge *o* aus Eisenblech, welche in einem hölzernen Griff *p* gefasst ist, besteht. Der sitzende Arbeiter fasst ein Bündel Flachs (eine Riste) mit der linken Hand, breitet dasselbe auf einem über die Knie gebreiteten Schurzfell aus und führt mit der Rechten das Messer.

Hecheln des Flachses.

Trotz dem sorgfältigsten Schwingen oder Ribben wird der Flachs nicht in den zum Spinnen erforderlichen Zustand übergeführt. Abgesehen von noch vorhandenen Schebeüberresten, ist der Bast noch nicht vollständig in seine Fasern zertheilt, sind auch noch kurze Fasern mit langen gemengt, liegen endlich auch zahlreiche Fasern verwirrt und gekrümmt. Die letzte Arbeit der Flachszurichtung, das Hecheln, soll demnach: 1) die Schebeüberreste vollständig entfernen; 2) den Bast in die einzelnen, zum grössten Theil noch bänderartig zusammenhängenden Flachsfasern spalten; 3) die zu kurzen Fasern absondern; 4) die langen Fasern glatt und parallel legen. Die Hechel, das Werkzeug, dessen man sich zum Hecheln bedient, besteht aus feinen, spitzen Stahlzinken, welche auf einem festen Holzboden befestigt sind. Man bedarf mehrerer Sorten Hecheln, bei welchen die Zinken dichter oder entfernter, feiner oder gröber sind. Der Arbeiter schlägt den Flachs handvollweise durch die Hecheln und zwar zuerst durch die gröberen, zuletzt durch die feinsten.

Gewirre oder Hede.

Die von den Zähnen der Hechel zurückgehaltenen kürzeren Fasern nennt man das Gewirre (daraus verdorben die Worte Werrig oder Werg) oder die Hede, die zur Seilerarbeit oder zu geringerem Gespinnst verwendet werden kann. Gewöhnlich ist die Zurichtung der Flachsfaser mit der Arbeit des Hechelns beendigt, in speciellen Fällen, wo besondere Reinheit und Feinheit der Fasern erforderlich ist, vervollständigt man die Wirkung der Hechel durch Klopfen und Bürsten und durch Kochen mit Seifenlösung.

Ausbeute an Flachs.

Der durchschnittliche Ertrag an geschwungenem Flachs und Leinsamen beträgt pro Hektare 492 Kilogr. Flachs und 440 Kilogr. Leinsamen

100 Kilogr. gerösteter und gedörrter Flachs

wiegen	nach	dem	Brechen	45–48	Kilogr.
„	„	„	Schwingen oder Ribben	15–25	„
„	„	„	Hecheln	10	„

Dabei erhält man 5–10 Kilogr. Schwingwerg und 5–15 Kilogr. Hechelwerg.

Spinnen des Flachses.

Das Spinnen des gehechelten Flachses bezweckt dessen Umwandlung in Garn. Das Spinnen kann geschehen auf dem Spinnrade (Handspinnerei), oder auf Maschinen (Maschinenspinnerei). Die Aufgabe der Spinnerei ist, die Fasern des gehechelten Flachses so auszuziehen und anzuordnen, dass sie einen Faden von möglichst gleicher Dicke bilden, und dann diesem Faden die Drehung zu geben. Das Spinnen auf dem Spinnrade ist allgemein bekannt. Die Verarbeitung in den mechanischen Spinnereien zerfällt in folgende Abtheilungen: 1) der gehechelte Flachs wird in ein Band von ziemlich gerade und parallel liegenden Fasern, die Grundlage des künftigen Garnfadens verwandelt; 2) dieses Band wird gestreckt; dadurch wird dasselbe verfeinert und die parallele Lage der Fasern vollkommen bewirkt; 3) das gestreckte Band wird durch weiteres Strecken und geringes Drehen in den Vorgespinnstfaden verwandelt; 4) der Vorgespinnstfaden geht durch fortgesetztes Strecken und verstärktes Drehen in das Feingespinnst, in das Garn über. Das Werg wird ebenfalls auf Maschinen zu Gespinnst verarbeitet; indem dasselbe zuerst ähnlich der Baumwolle gekratzt, auf der Kratzmaschine in Bänder verwandelt und übrigens wie der Flachs behandelt wird. Das Leingarn wird gehaspelt, dann entweder roh, oder gebleicht zu Geweben verarbeitet. Die durch Drehen (Zwirnen) vereinigten Fäden irgend eines Gespinnstes bilden den Zwirn.

Weben des Leingarnes.

Beim Weben des Garnes werden Fäden parallel neben einander aufgespannt (die Kette) und durch dieselben Fäden so rechtwinklig geführt (der Einschuss, Schuss, Einschlag), dass dichte Gewebe entstehen, die man mit dem Namen leinene Leinene Zeuge. Zeuge zusammenfasst. Durch die Umkehr des Einschusses an den beiden Rändern des Gewebes, wobei derselbe die äussersten Kettenfäden umschlingt, entsteht die Kante oder Sahlleiste.

Arten der Leingewebe.

Die wichtigsten Leinwandsorten sind ohne Zweifel die glatten weissen, welche die Namen Leinwand, Leinen oder Linnen führen. Doch werden auch geköperte und gemusterte sehr häufig angewendet. Zur Verfertigung farbigen Zeuges muss das dazu bestimmte gefärbte Garn schon beim Aufbäumen geordnet werden, und beim Weben selbst, welches allerdings mühsamer als das der gewöhnlichen glatten weissen Zeuge ist, muss der Arbeiter ebenso viele Schützen haben, als beim Einschlage Fäden von verschiedener Farbe vorhanden sein sollen. Der zu Tafelzeugen bestimmte leinene Damast, welcher grosse Muster wie Blumen, Landschaften, Porträts u. s. w. enthält, wird ebenso wie der Drell oder Zwillich, auf dem Jacquard-Stuhl gewebt. Der Zwillich ist auf beiden Seiten rechts, während der leinene Damast dies bloss auf einer Seite ist. Beim Zwillich bildet der Einschlag die Figuren, während dies beim Damast durch die Kette geschieht. Der Batist ist eine aus dem feinsten Gespinnst nicht sehr dicht gewebte Leinwand. Der Flachs dazu wird mit besonderer Sorgfalt gebaut, damit er eine bestimmte Länge erreiche, und das Weben des Zeuges verrichtete man früher in sehr hellen und feuchten Kellern, um das Zerreissen der zarten Fäden möglichst zu verhüten; jetzt ist dies nicht mehr der Fall, sondern man wendet zum Beleuchten eine Lösung von Chlorcalcium oder eine glycerinhaltige Mischung an. Das Kammertuch, welches man oft mit Batist verwechselt, ist ebenso fein wie der Batist, aber weniger dicht. Aus der Picardie erhalten wir Kammertuch von so grosser Feinheit, dass ein Stück von 7 Meter kaum 180–240 Grm. wiegt. Schleier, Klar oder Schier unterscheidet sich von dem Batist nur durch grössere Lockerheit des Gewebes. Fast ebenso locker ist Linon, welches das Mittel zwischen Batist und Schleier hält. Die leinene Gaze, ein dünnes, florartig gewebtes Zeug, ist dem Linon ähnlich. Creas, eine ursprünglich spanische feine Leinwand, aus vorher schon gebleichtem Garn gewebt, nimmt nach dem Mangen und Glätten ein sehr angenehmes, seidenartiges Ansehen an. Der Tüll (den man auch aus Baumwollengarn macht) ist ein aus gebleichtem Leingarn durchbrochen gewebtes Zeug, welches stark gesteift und unter Anderem zum Durchnähen der Zierrathen benutzt wird. Die gröbste, meistens hänfene Leinwand ist des Segeltuch, das Matrosenlinnen und die Pack- und Sackleinwand. Das sogenannte Bleichtuch ist eine Art grober Leinwand, welche in den Wachsbleichen zu der Unterlage des zu bleichenden Wachses gebraucht wird.

Appretur.

Die fertigen Zeuge werden gebleicht und dann, um ihnen ein gefälliges Ansehen zu geben, appretirt. Die Appretur zerfällt in das Stärken, Glätten und Pressen. Durch das Stärken wird die Leinwand steif und zur Annahme des Glanzes geeignet. Das Glätten und Pressen geschieht entweder auf Mangen oder Rollen, oder vermittelst eines aus 3–5 Walzen bestehenden Kalanders. — Von dem Bleichen der leinenen Zeuge wird weiter unten die Rede sein.

β) *Der Hanf und andere weniger wichtige Gespinnstpflanzen.*

Der Hanf (*Cannabis sativa*) wird hauptsächlich wegen des Bastes seiner Stengel angebaut. Der daraus gewonnene Faden ist zwar etwas grob, hat aber dafür ganz besondere Festigkeit und lässt sich daher kaum durch ein anderes Material zu Tauwerk und Segeltuch ersetzen. Nicht minder wird aber auch das Hanfgespinnst zu häuslichem Gebrauch vielfach verwendet. Die Verarbeitung der Hanfstengel stimmt im Wesentlichen mit jener des Flachses überein. Der Hanf wird nämlich im Wasser geröstet, getrocknet, gebrochen und auf der Hanfreibe zerquetscht. Die ältere Art derselben (Fig. 193) besteht aus einem grossen Steinkegel, der mit Hülfe einer Achse an einer verticalen Welle angebracht ist und sich mit dieser in einer Kreisbahn bewegt. Vortheilhaft sind die neuen Hanfreiber (Fig. 194), deren Construktion aus beistehender Zeichnung erhellt. Der geriebene Hanf heisst Reinhanf, der seiner Länge wegen beim Spinnen Schwierigkeiten darbietet und deshalb in 2 bis 3 Theile zerrissen wird, was man Stossen nennt. Hierauf folgt das Schwingen und Hecheln.

Fig. 193. Fig. 194.

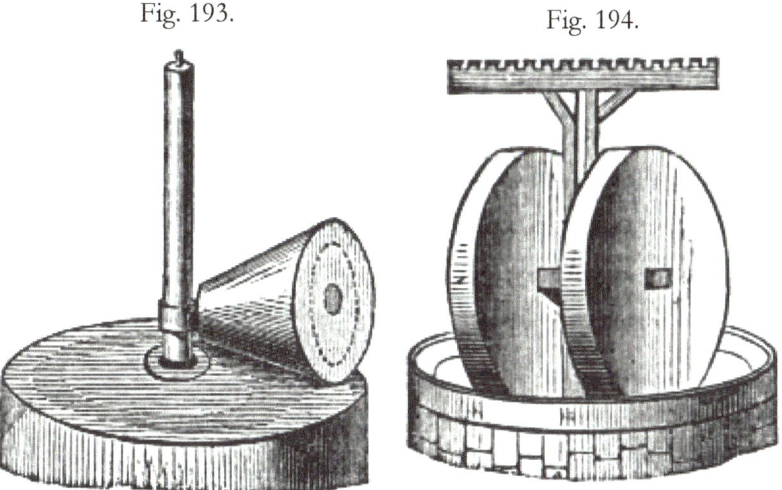

Andere Gespinnstpflanzen.

In neuerer Zeit sind verschiedene, meist ausländische Faserstoffe als Stellvertreter des Flachses und Hanfes in die europäische Industrie eingeführt worden. Die hauptsächlichsten derselben sind folgende:

α) *Stengelfasern*:

1) Chinesisches Gras (Chinagras, Tschuma), die Faser von *Urtica s. Boehmeria nivea* und *heterophylla*, welche in China und Ostindien, in Mexico und dem Mississippithale, auf Cuba, in der Wolgaebene Russlands, im südlichen Frankreich und in Algier angebaut werden. Die in China gebräuchliche Herstellung der Fäden ist insofern bemerkenswerth, als die Fäden nicht gesponnen, sondern durch Aneinanderstückeln einzelner, Ende bei Ende gelegter und durch Rollen unter der Hand vereinigter Fasern gebildet werden; sie erscheinen daher glatt und nicht gedreht und bieten deshalb einen eigenthümlichen Glanz dar. Es dient zur Herstellung des schonen Gewebes, das unter dem Namen Grasleinen oder *China grass-cloth* bekannt ist. Das Rohmaterial, von Hause aus grünlich oder braun, lässt sich bleichen und nimmt dann alle Farben an.

2) Die grosse Nessel, *Urtica dioïca*, liefert einen feinen Bast, aus welchem das Nesseltuch hergestellt wird.

3) Rameehanf oder Ramié von *Urtica s. Boehmeria utilis*, eine Nesselart, die auf Borneo, Java, Sumatra und anderen Inseln des indischen Archipels, in neuerer Zeit auch in der Union und versuchsweise in Deutschland angebaut wird. Er ist 1–2 Meter lang, gelblichweiss, von der Feinheit reingeschwungenen groben Flachses, aber fast glanzlos und steif.

4) Rheahanf (Kankhura- oder Kalluihanf), *Urtica s. Rhea tenacissima*, aus Ostindien. Hat nicht viel Werth als Gespinnstfaser.

5) Jutehanf (*paut-hemp*), von der in Ostindien und China einheimischen Gemüselinde, *Corchorus capsularis*, *C. textilis*, *C. olitorius*, *C. siliquosus*. Das Gespinnstmaterial ist ein brauner, grober und langer Faserstoff, der in England zu dickem Garne versponnen wird, woraus man Sack- und Packtuch (Gunny) webt. Zu Tauwerk kann die Jute den Hanf nicht ersetzen, da sie zu wenig Festigkeit besitzt und im Wasser leicht fault.

6) Hibiscushanf (Bombayhanf oder Umbaree), von *Hibiscus cannabinus*, deren Bastfasern man von dem Holze durch Rösten und Pochen absondert; man verfertigt daraus in England Tauwerk.

7) Sunnhanf (Janapam oder ostindischer Hanf), von *Crotalaria juncea*, ist dem gewöhnlichen Hanfe sehr ähnlich, steht ihm aber an Festigkeit und Länge der Fasern nach.

β) *Blattfasern*:

8) Neuseeländischer Flachs, *Phormium tenax*, eine in Neuseeland einheimische Gespinnstpflanze (Koradi oder Korere), deren Blätter zahlreiche gerade Längenfasern von ziemlicher Feinheit, weisser Farbe und Seidenglanze enthalten. Das zubereitete Material ist dem gewöhnlichen Hanfe ähnlich, jedoch härter, steifer und rauher.

9) Aloëhanf (Pitta oder Pite) kommt aus Peru, Westindien, Mexico und Ostindien und besteht aus den gereinigten Fasern der Blätter mehrerer Agavearten, wie *A. americana*, *A. vivipara*, *A. foetida* etc. Er ist gelblichweiss und wird hauptsächlich zu Seilerwaaren verarbeitet.

10) Manilahanf (Pinasfaser oder Avaka) kommt von *Musa textilis*, *M. troglodytarum* und *M. paradisiaca*, die in Ostindien und mehreren Inseln des indischen Archipels wachsen. Er kommt im Handel vor in gelblichweissen oder bräunlichgelben Fasern von 1,3–2,2 Meter Länge, die zum Theil in bastähnliche Streifen vereinigt sind, durch Hecheln aber fein zertheilt dargestellt werden können. Die weisse Sorte zeigt nach dem Hecheln einen Seidenglanz und wird zu Glockenzügen, Taschen u. dergl. verarbeitet, auch zuweilen als Einschuss in Möbeldamaste verwendet. Die geringeren oder gefärbten Sorten Manilahanf dienen zu Seilerarbeiten.

11) Ananashanf (oder Pinna) kommt aus Westindien, Central- und Südamerika und besteht aus den Bastfasern der gewöhnlichen Ananas (*Ananassa sativa s. Bromelia ananas*) und anderen Ananasarten. Er eignet sich ziemlich gut zu feinen Geweben.

12) Pikabahanf (oder Piassava), aus den Blättern der *Attalea funifera*, einer in Brasilien wachsenden Palme, wird zu Seilerwaaren verwendet.

γ) *Fasern aus Fruchthüllen*:

13) Kokosnussfaser (Coir oder Kair) ist der rothbraune Faserstoff, mit welchem die Schale der Kokosnüsse (von *Cocos nucifera*) äusserlich umhüllt ist. Sie besitzt grosse Elasticität und Stärke und wird zu Seilen, Teppichen, Matten, Flechtwerken u. s. w. verarbeitet.

γ) *Die Baumwolle.*

Baumwolle.

Die Baumwolle oder Cotton ist die Samenwolle der Früchte mehrerer Staudengewächse aus der Gattung *Gossypium*, welche in allen Ländern des Gürtels zwischen der tropischen Zone und gemässigten, besonders in den Südstaaten der nordamerikanischen Union (Alabama, Mississippi, Georgia, Süd-Carolina, Tennessee, Louisiana, Arkansas, Florida, Texas), Mexico, Brasilien, Westindien, Ostindien, Algerien, Aegypten, Australien (Queensland), der Türkei (Macedonien, Thessalien, Candia), Neapel (z. B. in der Ebene von Salerno), Sicilien, Malta, Spanien (in Andalusien), in der Krim, in Griechenland etc. angebaut werden. Die Frucht besteht aus einer drei- bis fünffächerigen Kapsel von der Grösse einer welschen Nuss, in der sich die erbsengrossen schwarzen Samen von weissem Wollflaum umgeben befinden. In einer Art von Baumwollenstaude (*Gossypium religiosum*) ist die Baumwolle gelb gefärbt; sie wird von den Chinesen zur Fabrikation des Nanking angewendet. Wenn die Kapseln reif sind, so platzen sie auf und die Wolle tritt heraus; in jeder Zelle liegt ein Büschel Baumwolle, deren Fasern an den Samen festsitzen. So wie die Baumwolle nach Europa kommt, hat sie schon an ihren Erzeugungsorten eine vorläufige Reinigung erlitten, indem sie egrenirt, d. h. von den Samenkörnern sorgfältig befreit worden ist. Wollte man die Baumwolle mit den Samen verpacken, so würde dieselbe schmutzig und ölig, und zum Verspinnen untauglich werden. In den Vereinigten Staaten wendet man zum Egreniren die Entkörnungsmaschine von Whitney an, deren wirkende Hauptheile Kreissägeblätter sind. Es befinden sich an einer horizontalen Achse 18–20 solcher Sägeblätter, die sich wenigstens 100mal in einer Minute umdrehen. Diese Sägen greifen mit einem Theile ihrer Peripherie zwischen den Stäben eines engen Gitters durch, fassen mit ihren spitzen Zähnen die dort hingelegte Baumwolle und ziehen sie herum, ohne die Samenkörner mitzunehmen, da für diese die Oeffnungen des Gitters zu eng sind. Bei zwanzig Sägeblättern reinigt eine solche Maschine gegen 400 Pfund, bei 80 Sägeblättern bei einer Consumtion von 2 Pferdekräften gegen 500 Pfund rohe Baumwolle. In neuerer Zeit ersetzt man den Sägecylinder zuweilen durch einen

Krempelcylinder. Man benutzt die Baumwollsamen zum Verfüttern, zum Düngen, und zur Oelbereitung (in Amerika erhält man aus 30 Pfund Baumwolle Körner zu einem Pfund Oel).

Arten der Baumwolle.

Man unterscheidet die Baumwolle nach den Ländern und nach den Stapelplätzen als nordamerikanische (Sea Island oder lange Georgia, Orleans, Upland, Louisiana, Alabama, Tennessee, Georgia, Virginia), südamerikanische (Fernambuk, Siara, Bahia u. s. w.), columbische, peruanische, westindische (Domingo, Bahama, Barthelemy), ostindische (Dhollerah, Surate, Manilla, Madras, Bengal), levantische (macedonische, smyrnaer), ägyptische (Mako oder Jümel), australische (Queensland) und europäische (spanische: Motril, sicilianische: Castellamare und Bianca, griechische und maltesische) Sorten.

Spinnen derselben.

Baumwollspinnerei. Die Reihe der Arbeiten, welchen die Baumwolle bis zur vollendeten Darstellung des Baumwollgarnes unterworfen wird, ist in den Spinnereien folgende:

1) Die Auflockerung und Reinigung der rohen Baumwolle, wodurch die durch das Pressen vor der Verschiffung zu festen Knollen und Klumpen verdichtete Wollmasse wieder zertheilt wird, die Fasern nach und nach auf das vollständigste von einander gelöst und zugleich die, oft noch in grosser Menge vorhandenen Reste der Samenkörner, sowie Sand, Staub und andere Unreinigkeiten entfernt werden. Die Bearbeitung geschieht zunächst entweder α) durch Klopfen und Schlagen mit der Hand, oder β) mit dem Wolf, welcher die Auflockerung durch einen mit spitzigen eisernen Zähnen besetzten Cylinder bewirkt, und γ) dem Willow (Zauseler), eine dem Wolf verwandte Maschine, aber mit stumpfen Stiften oder Pflöcken versehen. Die Fortsetzung der Auflockerung und Reinigung geschieht mittelst der Schlagmaschinen (Flackmaschinen), wesentlich aus einem Flügelrad und einem Ventilator bestehend; die Schläge der Flügel trennen die Wollfasern von den Unreinigkeiten, welche letztere durch den Luftstrom fortgeweht werden oder durch den Rost fallen. Um eine vollkommene Bearbeitung zu erlangen, gebraucht man zwei solcher Maschinen nach einander. Die beiden Schlagmaschinen heissen α) die Putzmaschine (*batteur éplucheur*), sie enthält zwei Flügelräder (Schläger) hintereinander und bewirkt also eine zweimalige Bearbeitung der Baumwolle, welche zuletzt als eine lockere, aber noch nicht völlig gereinigte Masse hervorgeht; β) die Watten- oder Wickelmaschine (*batteur étaleur*), welche nur einen, viel schneller umlaufenden Schläger hat und zugleich eine Vorrichtung enthält, wodurch die nun schon ziemlich gereinigte Baumwolle in Form einer lose zusammenliegenden Fläche (Watte, Pelz) auf eine Walze (Wickel) aufgerollt wird, welche man sodann der Kratzmaschine vorlegt. Unter dem Namen Epurateurs construirt man in neuerer Zeit Maschinen, welche zwischen den Schlagmaschinen und Krempeln inne stehend, die Wirkungsweise beider mit einander vereinigen und die Anwendung derselben ganz oder theilweise ersetzen. Der Epurateur eignet sich vorzüglich zur Wattenfabrikation.

2) Das Krempeln oder Kratzen. Die natürliche oder verwirrte Lage der Baumwollfaser wird durch die Behandlung mittelst der Auflockerungsmaschinen keineswegs gehoben, eher fast noch vermehrt. An ein Verspinnen der aufgelockerten Baumwolle ist daher erst dann zu denken, wenn sie vorläufig vollkommen gerade gestreckt und in parallele Lage zu einander gebracht sind. Dieser Forderung zu genügen, sind zunächst die Krempel- oder Kratzmaschinen bestimmt, deren Hauptbestandtheile mehrere auf ihrer Oberfläche dicht mit Drahthäkchen besetzte Walzen und flache Hölzer sind, zwischen welchen die Baumwolle dünn ausgebreitet durchgeführt und gleichsam gekämmt wird, wobei zugleich die noch vorhandenen kleinen Unreinigkeiten abfallen. Ein Kamm mit feinen Stahlzähnen löst von der letzten Walze die Baumwolle in Gestalt einer zarten, aus ziemlich parallel liegenden Fasern bestehenden Fläche (Vliess) ab. Das Krempeln wird in der Regel zwei Mal und zwar mit folgenden Maschinen vorgenommen: α) die Reisskrempel oder Vorkratze, welche das Vliess selbst auf eine hölzerne Trommel wickelt; β) die Feinkrempel oder Feinkratze, welche das von der Reisskrempel gelieferte Vliess verarbeitet und daraus ein neues Vliess bildet, welches, nachdem es mittelst des Kammes abgelöst ist, sogleich durch einen Trichter geht, und darin seiner Breite nach dergestalt zusammengedrängt wird, dass es die Gestalt eines schmalen und lockeren Bandes annimmt. Häufig lässt man auch schon durch die Vorkratze Bänder bilden, von denen man eine Anzahl mit Hülfe einer besonderen Maschine, dem Doubleur oder der Lappingmaschine zu einem breiten Vliesse vereinigt, welches man der Feinkratze vorlegt; letzteres

Verfahren, obgleich weitläufiger, hat den Zweck, eine gleichmässigere Vertheilung der Baumwolle in dem auf der Feinkratze entstehenden Bande hervorzubringen. In neuerer Zeit wendet man häufig statt des Krempelns, das Kämmen der Baumwolle an. Man beabsichtigt dadurch theils eine Trennung der langen Fasern von den kurzen, um erstere allein zur Erzeugung der höheren Garnnummern benutzen zu können, theils auch bei der langen Georgia (Sea-Island), um die ausgekämmten langen Fasern mit Seide (Florettseide) vereinigt zu verspinnen.

3) Das Strecken oder Laminiren der gekrempelten Baumwolle. Die Operation des Streckens und die des damit in Verbindung stehenden Doublirens hat den Zweck, die Fasern der von der Krempel kommenden Bänder mehr parallel zu legen und ihre ungleiche Dicke zu beseitigen. Die hierzu in Anwendung kommende Maschine, die Strecke, besteht aus 2 bis 6, gewöhnlich aber aus drei Paaren kleiner Walzen, durch welche die von der Krempel kommenden Bänder wiederholt gehen müssen. Die Bänder werden hier ausserordentlich stark in die Länge gezogen, aber trotzdem wenig oder gar nicht verdünnt, weil man so ziemlich in demselben Verhältnisse doublirt, d. h. eine gewisse Anzahl von Bändern neben einander legt und daraus ein einziges Band macht.

4) Das Vorspinnen. Die Umwandlung des gestreckten Bandes in einen Garnfaden ist, was man eigentlich Spinnen nennt; denn die bisher angeführten Operationen sind nur Vorbereitungen dazu, durch welche man beabsichtigt, der Faser eine zum Ausziehen des Fadens geeignete Gestalt und Beschaffenheit zu geben. Da nun aber das von der Strecke gelieferte Band oft weit über 100 Mal gröber ist als der daraus zu spinnende Garnfaden, so lässt sich die nothwendige Ausdehnung und Verfeinerung nicht auf einmal vornehmen, sondern sie muss stufenweise geschehen, indem man sie mittelst 3 oder 4 successiv angewendeten Maschinen verrichtet. Diese fortschreitende Dehnung unter gleichzeitiger Anwendung der Drehung bildet das Vorspinnen, durch welches grober, lockerer Faden, das Vorgespinnst entsteht. Bei der Erzeugung aller mittelfeinen und feinen Garne wird das Vorspinnen zweimal vorgenommen, wobei des erste Mal grobes Vorgespinnst (Lunte), das zweite Mal dünnes Vorgespinnst oder Vorgarn erhalten wird. Aus letzterem wird sodann auf der Spinnmaschine, durch das Feinspinnen das Garn hervorgebracht.

Die gestreckten Bänder können nicht ohne Weiteres bedeutend in die Länge gezogen werden, ohne abzureissen. Lässt man aber auf das Ausziehen sogleich eine Drehung folgen, durch welche die Fasern um einander herum gewunden und in Folge des daraus hervorgehenden Druckes einander genähert werden, so ist das Ausziehen der Bänder zu einem selbständigen Faden möglich. Es giebt zweierlei Wege, dieses Ziel zu erreichen, entweder man ertheilt dem Vorgespinnst eine bleibende Drehung, oder man dreht es nur vorübergehend, d. h. die gegebene Drehung wird von der Maschine selbst sofort wieder aufgehoben, so dass nur die davon bewirkte Zusammendrängung der Fasern als sichtbarer Erfolg übrig bleibt. Hiernach zerfallen die Vorspinnmaschinen in α) Vorspinnmaschinen mit bleibender Drehung (oder bleibendem Drahte), von denen die wichtigeren sind: die Kannenmaschine oder Laternenbank, die Banc-Abegg, die Spulenmaschine, die Spindelbank, die gebräuchlichste der Vorspinnmaschinen, in Sachsen und Norddeutschland überhaupt kurz der Flyer, in Süddeutschland und der Schweiz die Banc à broches genannt; β) Vorspinnmaschinen mit vorübergehender Drehung (oder falschem Draht), von denen die hauptsächlicheren sind: die Röhrenmaschine, die Eklipsemaschine, die Würgelmaschine oder der Rota-frotteur.

Feinspinnen.

5) Das Feinspinnen. Das Ausziehen des Vorgespinnstes zu *Feingespinnst* (Garn, Twist), geschieht entweder durch zeitweises Festhalten des Fadens vermittelst einer Klemme (auf der Jenny, die jetzt nicht mehr angewendet wird), oder durch ununterbrochenes Ausziehen zwischen Walzenpaaren, von denen die nächstfolgenden schneller sich umdrehen, als die vorhergehenden (auf der Drosselmaschine und der Mulemaschine, welche, wenn Handarbeit zur Bewegung des zum Spinnen und Aufwinden der Fäden erforderlichen Wagens dient, Handmule, bei Anwendung von Dampf- oder Wasserkraft Selfactor genannt wird). Das fertige Gespinnst wird auf der Weife oder dem Haspel in Gebinde und Strähne aufgewunden und dann nach den Feinheitsnummern sortirt.

Garn.

Das von den Spinnmaschinen gelieferte Garn unterscheidet man als Muletwist und Watertwist; ersterer zeichnet sich durch seine lockere, wenig gedrehte Beschaffenheit aus. Letzteres ist stärker gedreht und wird beinahe ausschliesslich als Kettgarn benutzt.

Baumwollgewebe.

Die Baumwollgewebe sind: 1) glatte (leinwandartige), 2) geköperte, 3) gemusterte und 4) sammtartige.

a) Zu den glatten (leinwandartigen) Baumwollgeweben a) mit parallelen Kettfäden gehören: 1) Kattun (als Druckkattun oder als Baumwoll-Leinwand); 2) Nanking; 3) Shirting (Hemdenkattun, Futterkattun); 4) Kambrik (Kammertuch); 5) Baumwollbatist (schott. Batist); 6) Jaconet; 7) Perkal (zum Druck bestimmter Perkal heisst Kaliko); 8) die aus ganz oder theilweise gefärbtem Garn gewebten Zeuge Gingham, Baumwoll-Barège, Haincord; 9) die locker gewebten Zeuge Musselin (Vapeur, Zephyr), Organdin (Mull, Linon); Baumwoll-Stramin; b) mit gekreuzten Kettfäden; 10) Tüll und Gaze.

b) Zu den geköperten Baumwollstoffen gehören: 1) Köper oder Croisé; 2) Baumwollmerino; 3) Drill oder Drell; 4) Bast; 5) Satin (engl. Leder); 6) Barchent (*fustian*).

c) Der gefärbte rauhe und gleich dem Wolltuch geschorene Barchent heisst Beaverteen, der feinere Moleskin.

d) Zu den gemusterten Baumwollstoffen gehören 1) Dimity (Wallis); 2) gemusterte Drelle und Barchente; 3) Baumwolldamast; 4) Piqué.

e) Zu den sammtartigen Baumwollstoffen gehören: 1) Manchester; 2) Baumwollsammt (*velvet*).

Stellvertreter der Baumwolle.

Es sind verschiedene Ersatzmittel für die Baumwolle vorgeschlagen worden. Man hat bis jetzt aber noch kein Material gefunden, das vollkommen die Baumwolle zu ersetzen im Stande wäre. Einige dieser sogenannten Ersatzmittel sind die schwarze Pappel (*Populus nigra*) und die Espe (*P. tremula*), deren Wolle nur die Elasticität fehlt, um als Stellvertreter der Baumwolle dienen zu können, die Binse (*Juncus effusus*), die deutsche Tamariske, Disteln und Grauwolle (*Agrostis*), die *Salix pentandra*, die *Zostera marina* und die

Cottonisiren des Flachses.

Flachsbaumwolle. Vor etwa zwanzig Jahren hat die Bereitung der Flachsbaumwolle durch Claussen, oder durch das Verfahren, kurzfaserigen Flachs darzustellen, welcher gefilzt, gekratzt und auf der Baumwollspinnmaschine entweder für sich oder mit Baumwolle versponnen werden kann, überhaupt in den Haupteigenschaften mit der Baumwolle übereinstimmen soll, viel von sich reden gemacht, indem man schon die Hoffnung hegte, dass dadurch der Baumwollindustrie ein inländisches Rohmaterial gegeben worden sei. Was den Flachs in dieser Beziehung von der Baumwolle unterscheidet, ist die Zusammengesetztheit und die Länge seiner Faser. Letztere soll auf einer Schneidemaschine auf die Länge der Baumwollfaser reducirt, das Auflösen der zusammengesetzten Fasern in Primitivfasern auf chemischem Wege bewirkt werden. Claussen bringt zu diesem Zweck den Flachs in eine concentrirte Lösung von Natriumbicarbonat, und sodann in ein saures Bad (1 Th. Schwefelsäure und 200 Th. Wasser). Der Flachs verwandelt sich dadurch in eine flaumige Masse, die im gebleichten Zustande der Baumwolle ähnlich ist. Das Claussen'sche Verfahren ist aber keine Verbesserung, sondern eine Verschlechterung des Flachses, da derselbe seine Haupteigenschaften, Länge und Stärke, durch das Cottonisiren verliert, ausserdem auch die Festigkeit der Faser dabei leidet.

Unterscheidung der Baumwollfaser von der Leinfaser.

Durch das jetzt sehr übliche Verspinnen und Verweben von mit Baumwolle gemischten Leinen ist ein sicheres Mittel Bedürfniss geworden, Baumwolle von Leinen zu unterscheiden. Die Prüfungsmethoden zur

Unterscheidung beider gründen sich entweder auf geringe chemische Unterschiede, oder auf unter dem Mikroskop (am besten mit dem Polarisationsapparate combinirt) wahrnehmbare Verschiedenheiten in der Gestalt. Die chemischen Verschiedenheiten der Leinfaser und der Baumwolle sind zu geringe, als dass die Prüfungsmethoden, die sich darauf gründen, hinlängliche Sicherheit für die Unterscheidung in schwierigen Fällen gewähren könnten. Thierfasern (wie Seide und Schafwolle) und Pflanzenfasern zu Geweben verarbeitet, unterscheiden sich chemisch dergestalt von einander, dass schon ihr Verhalten zu chemischen Agentien zur Unterscheidung vollkommen hinreicht. Die physikalische Beschaffenheit der Fasern, z. B. die Art und Weise, wie die Fasern Farbstofflösungen aufnehmen, wie sie durch Oel mehr oder weniger durchscheinend werden, liefert uns Prüfungsmethoden, die für einzelne Fälle, wie wenn es sich um den Nachweis von Baumwolle in Leinwand handelt, sehr wohl anzuwenden, aber keineswegs unfehlbar sind. Einige der älteren Methoden sind auch in der Zukunft nicht zu entbehren. Eine genügende Sicherheit in schwierigen Fällen gewährt aber nur das Mikroskop.

Von den wichtigeren Prüfungsmethoden zur Erkennung der Baumwolle in leinenen Geweben seien folgende angeführt: Die Schwefelsäureprobe, von Kindt und Lehnert empfohlen. Die mit Seifenwasser etc. vollkommen von der Appretur befreite trockne Probe taucht man zur Hälfte in Schwefelsäure von 1,83 spec. Gewicht, und zwar 1–1½ Minute lang ein; alsdann wirft man sie in Wasser, woselbst sie einige Augenblicke ruhig bleibt, um dann ausgewaschen und getrocknet zu werden. Die Schwefelsäure zerfrisst die Baumwolle um so viel rascher als das Leinen; es werden daher gemischte Fäden verdünnt, rein baumwollene Fäden ganz entfernt. Da reines Leinen indessen ebenfalls verdünnt wird, so ist die Probe im ersten Falle etwas misslich, aber im andern Falle sicher. Gefärbte Muster werden am besten zuerst entfärbt oder gebleicht. Die Farbeprobe, von Elsner, ist in sehr vielen Fällen brauchbar, aber nicht immer ausreichend, namentlich bedarf sie eines sehr geübten Auges, um die feinen Farbenunterschiede zu erkennen. Als Farbetinctur wählt man den weingeistigen Auszug der Färberröthe (Rubia tinctorum). Ein halb Loth der zerschnittenen Wurzel wird in einem Glaskolben mit 6 Loth Alkohol von 94 Proc. übergossen und 24 Stunden lang bei gewöhnlicher Temperatur unter öfterem Umschütteln damit in Berührung gelassen. Die dadurch entstandene klare braungelbe Tinktur wird durch weisses Löschpapier filtrirt und zum Gebrauche aufbewahrt. Reine Leinengewebe färben sich beim Eintauchen in diese Tinktur nach ⅓–¼ Stunde gleichförmig unrein orangenroth, reine Baumwollgewebe dagegen gleichförmig gelb; ist das Gewebe gemischt, so erscheinen die Leinenfäden gelbroth, die Baumwollfäden gelb, das Ganze erscheint daher nicht gleichförmig gefärbt, sondern gestreift. Werden die Gewebestreifen vor dem Eintauchen an den Kanten 2 Linien breit ausgezupft, was übrigens von wesentlichem Einfluss auf die Erkennung der einzelnen Fäden ist, so tritt die Erscheinung so deutlich hervor, dass die einzelnen verschieden gefärbten Fäden von Leinen und Baumwolle an den ausgezupften Kanten mit Leichtigkeit gezählt werden können. Besser ist die Fuchsinprobe. Man taucht einen Streifen des Gewebes in eine weingeistige Lösung von Fuchsin (Anilinroth), begiesst ihn hierauf mit Wasser, bis dieses ungefärbt abläuft und legt ihn endlich noch 1–3 Minuten in schwachen Salmiakgeist. Hier verschwindet die Farbe der Baumwollfäden, während die Leinenfäden rosenroth gefärbt bleiben. Die von Elsner vorgeschlagene Entfärbungsprobe gründet sich darauf, dass der mit Cochenille gefärbte Leinfaden sich durch eine schwache Chlorkalklösung später entfärbt, als der ebenso gefärbte Baumwollfaden. Die zu prüfende Leinwand muss vor der Färbung durch Cochenille von aller Appretur befreit werden. Die gefärbte und getrocknete Probe wird auf die Oberfläche einer schwachen und filtrirten Chlorkalklösung gelegt. Die Entfärbung der Baumwolle erfolgt schon nach einigen Secunden. Die Oelprobe, von Frankenstein angegeben, ist für ungefärbte Gewebe vortrefflich und wegen ihrer Einfachheit besonders zu empfehlen. Man taucht ein Stückchen der zu prüfenden Leinwand in Baumöl oder Rüböl. Das Oel wird vom Gewebe sehr schnell aufgesogen; durch gelindes Pressen zwischen Löschpapier entfernt man das überschüssige Oel. War das Gewebe gemischt, so erscheint dasselbe gestreift, der Leinfaden wird durchsichtig, der Baumwollfaden bleibt undurchsichtig. Legt man die mit Oel getränkte Leinwand auf eine dunkle Fläche, so erscheinen die jetzt durchscheinenden Leinenfäden dunkler, als die neben ihnen liegenden Baumwollfäden. Noch besser bewährt sich die Probe unter der Lupe. Auch hier ist es anzurathen, aus der Leinwand, ehe man sie mit dem Oele tränkt, mehrere Faden am Rande des zu prüfenden Gewebes zu zupfen. Die Kaliprobe von Böttger angegeben. Aus Leinfasern bestehende Gewebe sollen in concentrirter Kalilösung innerhalb 2 Minuten tiefgelb gefärbt erscheinen, während aus Baumwolle bestehende Gewebe eine nur schwachgelbe Färbung annehmen; gemischte Gewebe sollen nach dieser Methode gestreift erscheinen. Die Kaliprobe gewährt nur geringe Sicherheit. Die Verbrennungsprobe nach Stöckhardt. Ein Leinenfaden in senkrechter Stellung angebrannt, erscheint nach dem Erlöschen der Flamme am gebrannten Ende in glatter zusammenhängender Form verkohlt, während ein Baumwollfaden, eben so behandelt, sich pinselförmig ausspreizt. Dieser Versuch gelingt auch mit gefärbter Waare, die mit Chromgelb (chromsaurem Bleioxyd) gefärbten Gewebe ausgenommen. Nach der Röstprobe wird das zu prüfende Gewebe, nach sorgfältigem Auswaschen der Appretur, in einem Glasrohr über der Spirituslampe so lange erhitzt, bis es strohgelb erscheint. Bei der Betrachtung unter dem Mikroskop lassen sich dann die gekräuselten Baumwollfasern von den gestreckten glänzenden Flachsfasern unterscheiden. Hanf und Flachs lassen sich, ausser durch das Mikroskop, nur schwierig von einander unterscheiden. Salpetersäure kann jedoch hierbei angewendet werden, da sich die Leinen- (Flachs-) faser in gewöhnliche Salpetersäure getaucht, nicht färbt, während die Faser des Hanfes nach einigen Secunden blassgelb erscheint, die Faser des neuseeländischen Flachses (Phormium tenax) dagegen blutroth gefärbt wird. Nach O. Zimmermann soll die Beimischung von Baumwolle in Leinwand entdeckt werden können, wenn man das zu prüfende Gewebe 8–10 Minuten in ein Gemisch von 2 Theilen Salpeter und 3 Theilen englischer Schwefelsäure eintaucht, auswäscht, trocknet und mit alkoholhaltigem Aether behandelt. Die beigemischte Baumwolle löse sich alsdann als Collodium auf, die Leinenfaser nicht.

Zur Unterscheidung thierischer und vegetabilischer Fasern wendet man das Anzünden an. Nähert man einen Seidenfaden der Lichtflamme, so entzündet er sich und verbreitet einen Geruch nach verbrennendem Horn oder Federn, brennt aber nur so lange fort, als man ihn in dem Grade, als er verzehrt wird, weiter in die Flamme schiebt. Entfernt man ihn aus der Flamme, so erlischt er, und an dem angebrannten Ende des Fadens bleibt eine schwarze, kohlige Masse, welche dicker ist als der Faden. Bei einem Schafwollfaden beobachtet man die nämlichen Erscheinungen, nur ist der dabei auftretende Geruch noch widriger. Leinfaden und Baumwollfaden brennen auch nach dem Entfernen aus der Flamme fort, und es entwickelt sich dabei kein unangenehmer Geruch. Man benutzt ferner zur Unterscheidung der Thier- und Pflanzenfasern das Kochen mit Kalilauge; Wolle und Seide lösen sich darin auf; Leinen und Baumwolle nicht. Nach Pohl taucht man auch das zu prüfende Gewebe in eine etwas verdünnte Lösung von Pikrinsäure einige Minuten lang, und wäscht es dann sorgfältig aus. Wolle und Seide nehmen dabei eine ächte gelbe Farbe an, während Baumwolle und Leinen weiss bleiben. Diese Methode soll nicht nur bei gemischtem Gewebe, sondern auch bei gemischten Fäden praktisch anwendbar sein.

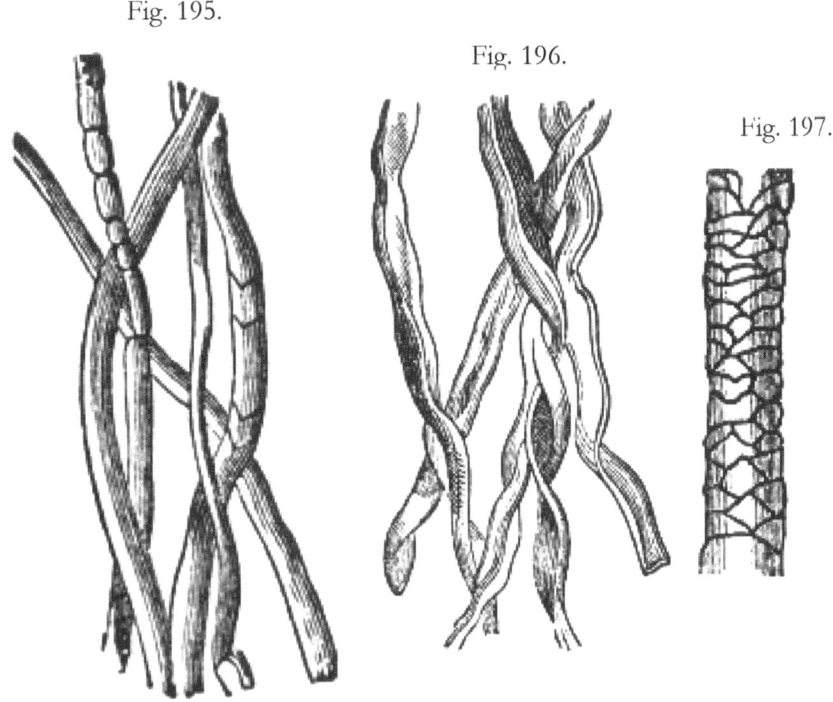

Fig. 195. Fig. 196. Fig. 197.

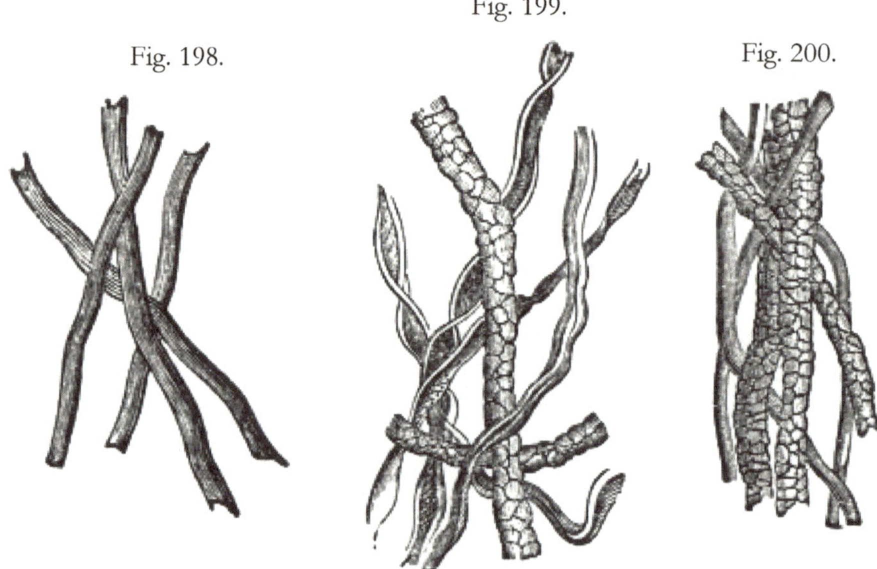

Fig. 198. Fig. 199. Fig. 200.

Als die sicherste Prüfungsmethode ist die mikroskopische Untersuchung der Gewebe zu bezeichnen. Die Leinfaser erscheint unter dem Mikroskop als walzenförmige, niemals platte, unter Wasser gesehen, niemals stark um sich selbst gedrehte Gestalt; sie ist ferner durch ihre schmale, oft nur als Längslinie erscheinende Innenhöhle charakterisirt. Ausserdem ist die Leinenfaser mehr steif und gerade, als die biegsamere Baumwollfaser (Fig. 195). Die Hanffaser ist der Leinenfaser sehr ähnlich, unterscheidet sich von derselben durch ihre häufig verzweigten Enden und ihre starrere Beschaffenheit; ihre Innenhöhle ist gewöhnlich auch weit breiter. Die Baumwollfaser bildet lange, schwach verdickte und deshalb bandartig zusammengefallene, platte Zellen, die unter Wasser gesehen, pfropfenzieherartig um sich selbst gewunden erscheinen (Fig. 196). Die Schafwollfaser ist die dickste aller Fasern; sie erscheint unter dem Mikroskop vollkommen stielrund und mit dachziegelförmig angeordneten Oberhautschuppen versehen (Fig. 197). Der Seidenfaden (Fig. 198) ist die dünnste aller Fasern; sie erscheint vollkommen rund, glatt, ohne Innenhöhle. Will man einen verwebten Seidenfaden auf seine Aechtheit prüfen, so wird derselbe unter Wasser auf der Glastafel zerfasert, mit einem Deckelglase bedeckt unter dem Mikroskop betrachtet. Die schmale, runde und glänzende Seide unterscheidet sich sogleich von der mit Schuppen versehenen Wolle (Fig. 200). Wolle und Baumwolle (Fig. 199) sind ebenfalls leicht von einander zu unterscheiden.

Die Papierfabrikation.

Begriff und Geschichte des Papieres.

Das Papier ist im Wesentlichen ein dünner Filz aus Fasern pflanzlichen Ursprungs, der dadurch entsteht, dass man den auf mechanische und chemische Weise gereinigten und in feine und zarte Fäserchen zertheilten Faserstoff in Wasser suspendirt, auf diese Art in dünne Schichten gleichmässig ausbreitet, darauf aber das Wasser durch Ablaufenlassen, Auspressen und Trocknen in der Art entfernt, dass eine gleichmässig dünne Lage der filzartig angeordneten und dicht zusammenschliessenden Fäserchen zurückbleibt.

Zur Geschichte des Papieres folgende Notizen. In der ältesten Zeit gebrauchte der Mensch Stein, Erz (Kupferlegirungen), Blei, Elfenbein, Wachs u. dgl., um darauf durch Zeichen seine Gedanken mitzutheilen und Zeitereignisse der Nachwelt zu überliefern. Später nahm er dünne Körper, z. B. Thierhäute und Baumblätter, vorzüglich die grossen und breiten Blätter der Palmen, in welche man die Schriftzüge einritzte und dann durch Tränken mit Oel sichtbar machte. Auch auf Baumrinde, besonders auf Baumbast, schrieben mehrere Völker des Alterthums; die alten Deutschen schrieben zuerst auf Birkenbast, darum heisst auch eines der ältesten deutschen Heldengedichte der Birkengesang, andere Völker schrieben mit Pinsel und Farbe auf Kattun und Taffet. Indessen war schon mindestens 600 Jahre vor Christi Geburt Papier aus der Papyrusstaude (*Cyperus*

Papyrus oder *Papyrus antiquorum*), einem 2–3 Meter hohen Cypergras, das seit den ältesten Zeiten in Aegypten heimisch gewesen zu sein scheint, sich jedoch in neuerer Zeit nur selten dort noch findet, bereitet worden. Zur Zeit der römischen Kaiserherrschaft war der Gebrauch des aus der Papyrusstaude gewonnenen Papieres ganz allgemein verbreitet. Durch starken Gebrauch wurde es indessen seit dem 5. Jahrhundert immer theurer und seltener, bis endlich im 11. und 12. Jahrhundert die Fabrikation desselben aufhörte und durch die des Baumwollpapiers verdrängt wurde. Dieses Papier war unter dem Namen Pergament aus Tuch bekannt und unterschied sich von dem Linnenpapier nur durch geringere Festigkeit und grössere Brüchigkeit. Nach dem Ansehen mehrerer spanischen Papierreste aus dem 12. Jahrhundert zu urtheilen, hat man schon damals versucht, die Baumwolle mit leinenen Lumpen zu mischen, was wol später zur Erfindung des Linnenpapiers führte, das in Deutschland schwerlich vor 1318 vorkommt. In der Mitte des 14. Jahrhunderts wird das Linnenpapier bereits häufig in Deutschland gebraucht. Die ersten zuverlässigen Nachrichten von der Fabrikation desselben sind jedoch weit jünger. Wie v. Murr berichtet, ist bereits 1390 zu Nürnberg eine grosse Papiermühle von einem Rathsmitgliede, Ulmann Stromer, angelegt worden.

Materialien der Papierfabrikation.

Das hauptsächlichste Material der Papierfabrikation sind die unter dem Namen Lumpen, Hadern, Stratzen bekannten Abfälle von gewebten Stoffen. Die gesuchtesten Lumpen sind die leinenen, weil sie das festeste und dauerhafteste Papier liefern und daher weit häufiger verarbeitet werden als Woll- und Baumwolllumpen. Erstere, die nur rauhes und weniger zusammenhängendes Papier geben, gelangen gegenwärtig überdies weit seltener in die Papierfabriken, seitdem sie zur Fabrikation der Kunst- oder Lumpenwolle und in Folge ihres grossen Stickstoffgehaltes zur Bereitung des Blutlaugensalzes eine zweckmässigere Verwendung gefunden haben. Baumwolllumpen geben ein rauheres, schwammiges und lockeres Papier, weshalb dieselben nicht allein, sondern mit Linnenlumpen gemengt verarbeitet werden. Die in der Baumwollspinnerei (in den Putz- und Wattenmaschinen, sowie beim Krempeln) sich ergebenden Abfälle werden ebenfalls in der Papierfabrikation benutzt. Seidene Lumpen liefern nur schlechtes Papier und finden zur Herstellung von gekrempelter Seide behufs des Verspinnens eine bessere Verwendung.

Die Lumpen oder Hadern gelangen in die Papierfabrik entweder noch unvollständig unsortirt als Landhadern oder bereits in drei Sorten geschieden, als weisse, graue und bunte, oder von den Händlern selbst noch weiter sortirt als weisse, halbweisse, Concepthadern, blaue Sackstücke.

Lumpensurrogate.

Der Papierverbrauch ist in Europa seit 50 Jahren auf mehr als das Doppelte gestiegen. Da die Papierfabrikation aber nur gewisse Abfälle von Flachs, Baumwolle und Hanf, die meist von abgetragenen Kleidern und Wäsche herrühren, verarbeitet, so musste ein Mangel an Rohmaterial eintreten, da die Produktion an Lumpen nicht in dem nämlichen Verhältniss zunehmen kann, als der gesteigerte Papierverbrauch, ferner die Kunstwollfabriken und andere Industriezweige der Papierfabrikation einen nicht unbedeutenden Bruchtheil des Rohmaterials entziehen. Man hat daher an Ersatzmittel für die Lumpen in der Papierfabrikation denken müssen. Unter den unzähligen vorgeschlagenen vegetabilischen Stoffen sind nur zwei wohlfeil genug und in hinreichender Quantität zu beschaffen, um mit Vortheil zur Herstellung geringerer Papiersorten Anwendung finden zu können, nämlich das Stroh und das Holz gewisser Nadel- und Laubhölzer. Unter den Strohgattungen scheint besonders das Maisstroh Beachtung zu verdienen. v. Auer (in Wien) hat gezeigt, dass aus der Maisstrohfaser ein Papier herzustellen sei, welches hinsichtlich der Weisse und Reinheit nichts zu wünschen übrig lasse. Auch die Bagasse von *Andropogon glycichylum* oder *Sorghum saccharatum* hat in Nordamerika Anwendung zur Papierfabrikation gefunden. Das Holz ist seit etwa zehn Jahren, namentlich durch die Bemühungen der Papierfabrik von H. Völter in Heidenheim, G. Rostovsky in Niederschlema und Cl. Winkler in Niederpfannenstiel (Sachsen) ein überaus wichtiges Lumpensurrogat geworden, das aber so wenig wie das Stroh als absolutes Ersatzmittel der Lumpen, sondern in der Regel nur als ein Zusatz auftritt, indem das aus reinem Holze gefertigte Papier viel zu wenig Festigkeit besitzt. Gewöhnlich setzt man 30–70 Proc. Holzzeug (Holzstoff) zu gewöhnlichen Lumpen, um eine Papiermasse zu erhalten, die sich besonders zur Herstellung von ordinären Druck- und Conceptpapieren eignet. Alle weichen Laub- und Nadelhölzer eignen sich zur

Holzpapierfabrikation, besonders Zitterpappel, Linde, Aspe, Fichte und Tanne (die Föhre ist in Folge ihres grösseren Harzgehaltes weniger geeignet). Die durch Absägen und Spalten auf passende Grösse und Stärke gebrachten und von der Rinde, sowie von den grössten Aesten möglichst befreiten Holzstücke werden auf einem Steincylinder, der auf einer rotirenden horizontalen Axe befestigt ist, und dem sie — die Länge des Holzes parallel mit der Axe gedacht — durch einen besondern Mechanismus stets gleichmässig zugeführt werden, unter stetem Zufluss von Wasser ausgefasert (abgeschliffen). Die losgerissenen Fasern werden auf Siebwerke geführt, wo sie nach ihrer Feinheit gesondert werden. Die nasse Masse wird mittelst hydraulischer oder Schraubenpressen oder auch mittelst Pappmaschinen ausgepresst, dergestalt, dass das Gewicht des lufttrocknen Stoffes, der indessen immer noch circa ⅔ Wasser enthält, 32–40, in der Regel 35–36 Proc. vom Gewicht des nassen Stoffes beträgt. In neuerer Zeit sucht man nach dem Verfahren von Bachet und Machard (1867) mit der Herstellung von Holzpapierstoff die Fabrikation von Spiritus zu verbinden, indem man die incrustirende Substanz des Holzes durch Behandeln mit Salzsäure in Dextrose (Krümelzucker) überführt, die durch geistige Gährung in Alkohol umgewandelt wird, während die zurückgebliebene feste Cellulose für die Zwecke der Papierfabrikation Anwendung findet. Man unterscheidet je nach der Feinheit der Fabrikate vier Qualitäten Holzzeug: No. 1 zu Schreib- und Druckpapier, No. 2 zu Tapetenpapier, Packpapier besserer Art, auch zu Druckpapier, No. 3 und 4 werden zu Pappen verwendet. In neuerer Zeit stellt man das Holzzeug auch auf chemischem Wege dar (so z. B. in der grossen Holzstofffabrik zu Manayunk bei Philadelphia), indem man das gröblich in Späne verwandelte oder geraspelte Holz bei hoher Temperatur und starkem Druck, mit starken Alkalilaugen behandelt, wodurch die Fasern so aufgelockert und weich werden, dass sie sich ähnlich der Flachs- und Baumwollfaser, im Holländer leicht kurz mahlen und bleichen lassen.

Mineralische Lumpensurrogate.

Im Gegensatz zu den vegetabilischen Lumpensurrogaten sind noch die mineralischen Lumpensurrogate anzuführen, die gegenwärtig in der Papierfabrikation eine ausgedehnte Anwendung finden. Ein mässiger Zusatz eines geeigneten Mineralkörpers zur Papiermasse ist keineswegs nachtheilig, sondern nutzt in mehrerlei Hinsicht, ordinäre und mittelfeine Papiere gewinnen dadurch an Weisse, der bei sehr dünnem Papier eintretende Uebelstand des Durchscheinens wird in einem gewissen Grade dadurch aufgehoben, die Festigkeit des Papiers leidet nicht und endlich wird das Papier durch einen Zusatz von anorganischer Masse wohlfeiler. Ein Zusatz von 5–10 Proc. vom Papiergewicht ist nur vortheilhaft, eine Steigerung des Zusatzes bis auf 20–25 Proc. macht dagegen das Papier rauh und brüchig und stumpft beim Schreiben die Federn ab. Die Haupteigenschaften, die ein erdiges Lumpensurrogat haben muss, sind niedriger Preis, weisse Farbe, Unlöslichkeit in Wasser und äusserst feine Zertheilung. Das erste mineralische Ersatzmittel, das in Anwendung kam und heutzutage noch am häufigsten angewendet wird, ist sandfreier Thon, geschlämmter Porcellanthon oder Porcellanerde, die unter dem Namen China clay, Lenzin oder Kaolin, Bleicherde in den Papierfabriken Eingang findet. Ein anderes Lumpenersatzmittel ist feingemahlener ungebrannter Gyps — häufig gefälltes Calciumsulfat —, welches dem Fabrikanten unter dem Namen Annaline, *pearl-hardening* oder Milchweiss zugeht. Es übertrifft an Weisse den Porcellanthon, dessen Farbe stets etwas ins Gelblichgraue spielt, ist auch nicht theurer als das Lenzin, lässt sich über nicht so fein zertheilen und giebt keinen so fetten Brei wie der Thon. In letzterer Hinsicht verdient den Vorzug das durch Fällung dargestellte Bariumsulfat, das seit 1850 in den Papierfabriken Anwendung gefunden hat und im Handel die Namen Blanc fixe, Barytweiss, Permanentweiss, Patentweiss führt. Auf 100 Kilogr. Ganzstoff verwendet man 15 Kilogr. teigförmiges Barytweiss.

Die Fabrikation des Hand- oder Büttenpapieres.

Die Verfertigung des weissen Papieres geschieht auf zweierlei Weise, nämlich:

A. Nach der älteren Methode, bei welcher die Handarbeit, namentlich bei der Bildung der Bogen aus dem breiartigen Papierzeuge vorherrschend ist, weshalb das nach diesem Verfahren dargestellte Papier Hand- oder Büttenpapier genannt wird; die hergestellten Bogen sind von beschränkter Länge und Breite.

B. Nach der neueren Methode, welche, mit Hülfe von Maschinen ausgeführt, ein Blatt von sehr ansehnlicher Breite und jeder beliebigen Länge darstellt; das so erhaltene Papier heisst Maschinenpapier oder Papier ohne Ende.

Das Zerschneiden und Reinigen der sortirten Lumpen.

Die Zerkleinerung und Zertheilung der sortirten Lumpen zu Fäserchen, aus welchen der Papierstoff besteht, geschieht keineswegs in einer Operation, sondern stufenweise, und findet durch Anwendung verschiedener mechanischer Mittel statt — Lumpenschneider, Halbholländer, Ganzholländer — zu denen früher häufiger als gegenwärtig ein chemischer Process sich gesellte, der die Auflösung des Gewebes zu Fasern begünstigte, nämlich eine Behandlung der Lumpen mit alkalischer Lauge oder eine Art Fäulnissprocess — das Faulen der Lumpen.

Eine vorbereitende Arbeit für die Operationen des Zertheilens der Lumpen ist das Zerschneiden derselben in Stücke oder Streifen von 3–6 Centimeter Breite. In sehr vielen Fabriken geschieht das Zerschneiden aus freier Hand an feststehenden Messern, weil damit eine Sortirung verbunden wird, welche die Besichtigung jedes einzelnen Stückes und eine Absonderung verschiedenartiger Theile erfordert. Zweckmässiger und fördernder sind die Lumpenschneidemaschinen, deren älteste als Lumpen- oder Hadernschneider, der in Bau und Wirkungsweise grosse Aehnlichkeit mit einer Häcksel- oder Tabaklade hat, bereits im ersten Viertel des 18. Jahrhunderts auftritt. Dieser Lumpenschneider leidet aber an vielen Mängeln: Bei dem Auseinanderliegen seiner Theile erfordert er viel Raum und häufige Reparaturen, durch die Fortleitung der Kraft von der Wolle aus, durch die Zugstange zum Messer, sowie durch die Umkehrung der Bewegung jener geht viel Kraft verloren und endlich ist auch die Leistungsfähigkeit gering, indem das bewegliche Messer nur so oft an dem befestigten vorüberstreift, als die Welle Umdrehungen macht, im höchsten Falle 150 mal in der Minute. Diese Uebelstände haben ohne Zweifel die Veranlassung zur Construction auf andere Principien gestützter Lumpenschneidemaschinen gegeben, die mit wenigen Ausnahmen auf den Grundgedanken zurückzuführen sind, Messer durch drehende Bewegung wirken zu lassen. Alle diese Schneidemaschinen lassen sich auf folgende vier Arten von Maschinen zurückführen: 1) auf Maschinen mit mehreren auf der Peripherie eines Cylinders befestigten Klingen, welche bei dessen Umdrehung an einem unbeweglichen horizontalen Messer vorüberstreifen (z. B. die Lumpenschneidemaschine des Engländers Davey); 2) auf Maschinen mit einem Messer, auch zwei oder mehreren Messern, auf der Fläche eines Rades ungefähr in radialer Stellung angebracht, bei Umdrehung des Rades an einem festliegenden Messer vorübergehend wie die Maschine von Bennet; 3) auf Maschinen mit einer Anzahl kreisförmiger, am Rande ringsum scharfschneidiger Stahlblechscheiben an einer Welle, wie der bekannte Lumpenschneider von Uffenheimer in Wien; 4) auf Maschinen mit paarweise scheerenartigen zusammenwirkenden Schneidscheiben auf zwei Wellen, einem Eisenschneidewerk nicht unähnlich. Hierher gehört die Schneidemaschine von Breton und die von Cox. Nachdem die Lumpen zerschnitten worden sind, werden sie gereinigt, d. h. vom Staube und anderen anhängenden Unreinigkeiten befreit. In den englischen Papierfabriken beginnt man die Operation des Reinigens durch Auflockern der Lumpen in einem Willow oder Zauseler, wobei sie einen grossen Theil des Sandes abgeben, der durch ein unter dem Willow angebrachtes Gitter fällt. Hierauf wird der Staub durch Sieben möglichst entfernt und der Rest der Unreinigkeiten durch Kochen und Waschen beseitigt. Die einfachste Art der Siebmaschinen besteht aus einem sechs- bis achteckigen Gestelle in Form einer Trommel, die mit Drahtgewebe überkleidet ist; die Lumpen werden durch eine seitwärts angebrachte Thür eingefüllt und durch Umdrehung der Trommel darin herumgeworfen, wobei der Staub und ähnliche Unreinigkeiten abgesondert werden. Die nasse Reinigung, die auf die trockne folgt, geschieht entweder mittelst Wasser oder mittelst Lauge, oder durch Lauge und Wasserdämpfe. Alkalische Laugen verdienen den Vorzug vor dem reinen Wasser, weil sie nicht nur in Folge schnelleren und besseren Reinigens die nachherige Arbeit des Bleichens bedeutend erleichtern, sondern auch die Fasern dergestalt erweichen, dass sie dann auf dem Holländer leichter und feiner in Halb- und Ganzstoff übergeführt werden können. Vor der Behandlung der Lumpen mit Lauge werden dieselben mit reinem Wasser gewaschen, ebenso nach der Anwendung der Lauge.

In früherer Zeit wendete man zum Kochen der Lumpen einen eisernen, direct geheizten Kessel an, der gegen 500 Kilogr. Lumpen fassen konnte. Die gesteigerten Ansprüche aber, welche an die Papierfabrikation gestellt wurden, haben zur Erzielung grösserer Reinheit und Weisse bei möglichster Schonung der Faser ein anderes Verfahren nothwendig gemacht, da in den feststehenden Kesseln die Lumpen gewöhnlich nicht gleichmässig durchkocht erscheinen und namentlich der bei der Bereitung der Lauge in Anwendung kommende Kalk höchst mangelhaft vertheilt war. Diese Uebelstände sind durch die Anwendung des rotirenden Kessels beseitigt, der von England aus in die Papierfabrikation eingeführt wurde. Ein rotirender Kessel, auf welchem im Jahre 1859 H. Völter ein Patent nahm, besteht aus einem horizontal gestellten Dampfcylinder, in welchem ein drehbarer durchlöcherter Cylinder angebracht ist. Letzterer enthält die Lumpen und wird, nachdem die nöthige Lauge dazu gelassen, mittelst angemessener Röhrenleitungen und Hähne aus einem Dampfkessel mit Dampf versehen. Der innere Cylinder wird in Drehung versetzt, dadurch sind die Lumpen in beständiger Bewegung (die durch im Innern des Cylinders angebrachte Stangen noch begünstigt wird) und daher der Einwirkung des Dampfes gleichmässig ausgesetzt. Nach vollendeter Operation wird die Flüssigkeit abgelassen, das eine Ende des Kessels entfernt und der durchlöcherte Cylinder herausgezogen; die ausgelaugten Lumpen werden in darunter gestellte Kannen geschüttet und der Waschmaschine übergeben. Um Sand und Schmutztheile abzuspülen, was vor dem Eintragen der Lumpen in die Halbstoffholländer geschehen muss, ist, namentlich bei gröberen Lumpensorten das Kochen mit Lauge nicht immer genügend, da ein grosser Theil der Schmutztheile in einem leicht ablösbaren Zustande zwischen den einzelnen Läppchen gelagert bleibt, während die Sandkörner durch das dichte Uebereinanderliegen der Hadern zu Boden zu sinken verhindert sind. Man bearbeitet deshalb die gekochten Lumpen 10–12 Minuten in einem von Silbermann construirten Waschholländer, ähnlich dem, der zum Auswaschen des Halbstoffes nach der Bleiche Anwendung findet. Die in solcher Weise behandelten Hadern bedürfen einer weit kürzeren Zeit in dem Halbstoff-Holländer und nutzen die Messer der Walze nicht so bald ab.

Die weitere Zertheilung der gereinigten Lumpen zu Halbstoff und dann zu Ganzstoff.

Die Maschinerie, deren man sich zur Zertheilung der zerschnittenen und gereinigten Lumpen in feine Fäserchen bedient, heisst im Allgemeinen das Geschirr oder die Papiermühle, und bearbeitet (zermalmt oder zerstampft) das Material in Vermengung mit Wasser, so dass sie es unmittelbar in Form eines Breies (Stoff, Zeug) liefert, welcher nur noch einer Verdünnung mit mehr Wasser bedarf, um auf Papier verarbeitet zu werden. Die Zerfaserung zerfällt in zwei Stadien, indem man nämlich zuerst Halbstoff und aus diesem dann Ganzstoff herstellt.

Die Maschinen, die man zur Zerkleinerung der Lumpen anwendet, sind:

1) das deutsche oder Stampfgeschirr (Hammerstock, Hammergeschirr);

2) die holländische Stoffmühle (holländer Walzenmühle), von welcher man

α) den Halbstoff-Holländer und

β) den Ganzstoff-Holländer unterscheidet.

Ehedem pflegte man die Lumpen durch das sogenannte Faulen, Rotten oder Maceriren zu erweichen und dadurch zu dem nachfolgenden Zermalmen vorzubereiten. Die zur Maceration bestimmten Lumpen werden mit Wasser in steinernen Trögen eingestampft und zugedeckt sich selbst überlassen. Nach 2–3 Tagen beginnt die Masse sich zu erhitzen und es entwickelt sich ein übler, ammoniakalischer Geruch. Die Erwärmung nimmt dergestalt zu, dass man die Hand nicht in der Masse verweilen lassen kann, auch wird der Geruch stärker. Nach Verlauf von noch 2 bis 3 Tagen, nachdem sich auf der Oberfläche ein schleimiger Körper abgeschieden hat, der stellenweise bereits in Schimmel überzugehen beginnt, sind die Lumpen hinlänglich macerirt und können nun mit Leichtigkeit zerkleinert und in Papierstoff verwandelt werden. Ueberschreitet man diesen Zeitpunkt, so gehen die Lumpen zum Theil in eine braune humusartige Masse über und der unzersetzte Rest ist nur noch zu ordinärem Papier brauchbar. In Folge des grossen Materialverlustes hat man das Faulen (der Wasserröste der Flachsbereitung zu vergleichen) längst schon durch das Kochen der Lumpen mit Lauge ersetzt, da noch dazu das Papier aus ungefaulten Lumpen den Vorzug grösserer Festigkeit besitzt.

Stampfgeschirr.

Das deutsche oder Stampfgeschirr, das gegenwärtig nur noch selten und in kleinen Fabriken Anwendung findet, besteht im Wesentlichen aus den Stampfen oder Hämmern, und dem Grubenstock oder Löcherbaum. Letzterer ist ein starker eichener Balken, in welchem gewöhnlich 6–8 Stampflöcher ausgemeisselt sind, die von oben nach unten sich verjüngen und deren Boden aus einer gusseisernen Platte besteht. Seitlich am Boden befindet sich eine Oeffnung mit einem feinen Haarsiebe (Kas genannt) bedeckt, durch welche das Wasser, das jedem Loche durch eine Rinne zugeführt wird, wieder abfliesst. Die Hämmer sind 1⅓ Meter hohe eichene Balkenstücke, und mit ihren Stielen in den Hinterständern befestigt. Sie werden an ihrem Kopfe mittelst einer Daumenwelle in einer Minute 72–80mal 15–18 Centimeter hoch gehoben. Zwei Latten, die Vorderständer, machen, dass die Hämmer stets senkrecht sich heben und fallen, sie dienen ferner dazu, die Hämmer hoch aufgehoben zu halten, wenn das Stampfloch ausgeleert werden soll. In jedem Loche arbeiten drei bis fünf (meist vier) Hämmer. Die Lumpen werden in dem Stampfgeschirr mit so viel Wasser gemengt bearbeitet, dass das Ganze einen dicken Brei bildet. Die continuirliche langsame Kreisbewegung der Masse in den Löchern bewirkt, dass alle Theile derselben nach und nach die Wirkung der Stampfen erfahren. Nach der Beschaffenheit der Lumpen bleiben sie 12, 20 und mehr Stunden im Geschirr.

Fig. 201.

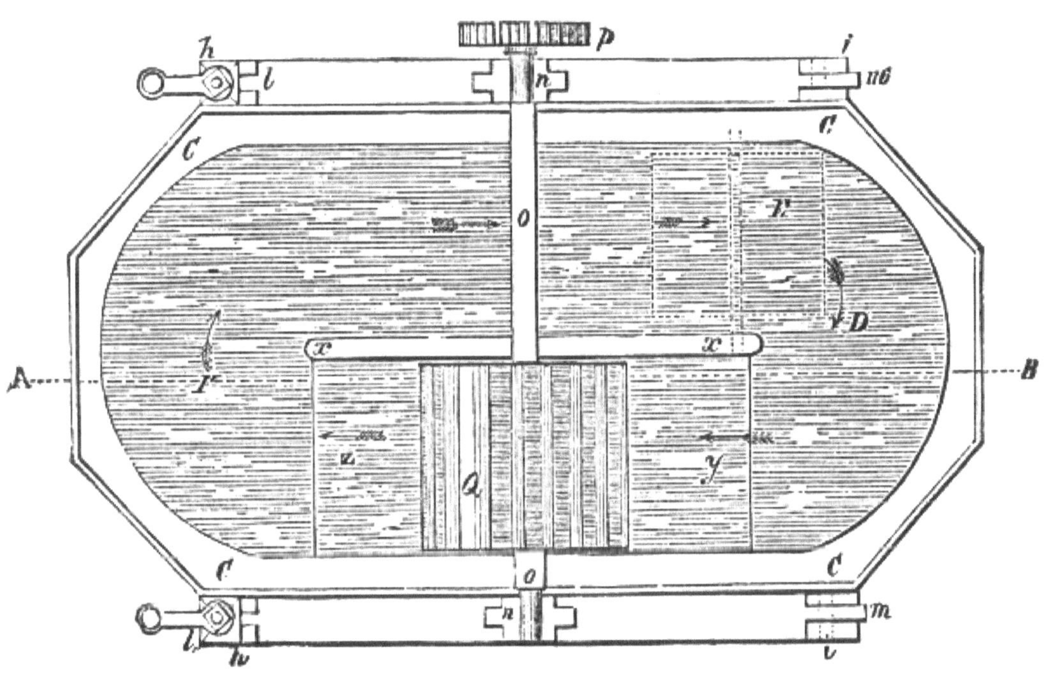

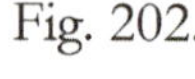

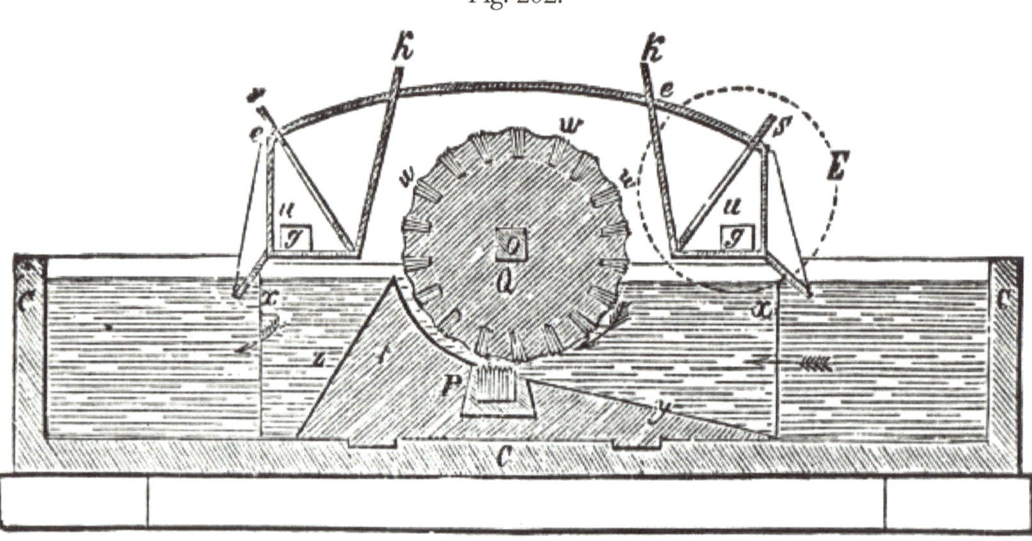

Holländer.

Die holländische Stoffmühle oder der Holländer, der gegenwärtig fast durchgängig an die Stelle des Stampfgeschirres getreten ist — welches zwar einen festeren Stoff liefert, aber in Schnelligkeit der Arbeit nicht concurriren kann, ist beistehend abgebildet. Fig. 201 zeigt einen Halbstoffholländer im Grundrisse, Fig. 202 im verticalen Durchschnitt nach der Linie *A B*. Die Hauptbestandtheile eines Holländers überhaupt sind 1) eine mit Messern besetzte, schnell um ihre Axe laufende Walze, 2) das unter dieser angebrachte, aus ähnlichen Schienen oder Messern gebildete Grundwerk, 3) der Kasten (Trog), in welchem das Grundwerk sich befindet und die Walze sich dreht, 4) die Haube oder der Verschlag, welcher über den Trog geht und ein Herausschleudern der Masse verhindern soll. Der Kasten *C C* ist ein länglich viereckiger Trog aus Holz, Stein oder Gusseisen, der durch vier eingesetzte ausgeschweifte Eckstücke im Innern oval gestaltet ist. Der hohle ovale Raum des Holländerkastens wird durch eine Wand *x x*, die gleiche Höhe mit den äusseren Wänden hat, jedoch nur den mittleren Theil der Länge einnimmt, in zwei Abtheilungen, die Arbeitsseite (wo das Zermalmen der Lumpen vor sich geht) und die Laufseite geschieden, die aber an den schmalen Seiten des Kastens mit einander in Verbindung stehen. Die Arbeitsseite, in der die Walze und das Grundwerk sich befinden, ist etwas breiter als die andere Abtheilung, daher steht die Papiermasse an der leeren Seite stets höher als an der Walzenseite und daher dieser auch mit einer gewissen, durch die Unterschiede im Niveau bedingten Geschwindigkeit zuströmt. Unter der Walze ist auf dem Boden des Holländerkastens ein massiver eichener Holzblock *t*, der Kropf, der mit seinem oberen concaven Theile fast den vierten Theil des Umkreises der Walze concentrisch umfasst und zu beiden Seiten in einer geneigten Fläche abfällt, die in der Figur mit *y* bezeichnete ist sanft abgedacht, *z* dagegen ist sehr steil. Ausserhalb zwischen den Ständern *h i*, *h i* befinden sich zwei starke Bohlen *l m*, *l m*, in welchen die Metallager *n n* für die eiserne Welle *o o* angebracht sind. Auf der eisernen Welle befindet sich die Walze *Q*, die massiv aus Eichenholz gefertigt ist. Auf dem Umkreise der Walze ist eine Anzahl Schienen (Messer) eingelassen, die mit der Walzenaxe parallel stehen und deren Kanten 3–5 Centimeter über die cylindrische Oberfläche des Holzkörpers vorstehen. Die Schienen sind entweder aus weicherem Stahl (Bessemerstahl) oder aus verstähltem Eisen, selten und nur bei Ganzstoffholländern sind die Schienen aus Bronze. Senkrecht unter der Walze ist in einer Vertiefung des Kropfes das Grundwerk eingelassen. Das Grundwerk besteht aus einer Vereinigung einer Anzahl auf der Kante stehender, zugeschärfter Schienen von demselben Materiale wie die Schienen der Walze.

Damit bei der Bewegung der Walze kein Papierstoff durch Centrifugalkraft herausgeschleudert werde, ist ein Theil des Kastens mit einem Dache, der Haube bedeckt. An jedem der beiden Enden der Haube ist durch einen Boden ein dreiseitiger Raum *u* abgeschlossen, welcher an der gegen die Walze hin gekehrten Seite anstatt der Wand einen mit Messingdraht bespannten Rahmen (Waschscheibe), hat. Gegen diesen Rahmen wird, so lange bei der Arbeit im Holländer das Auswaschen des Papierstoffes nöthig ist, von der schnell umlaufenden

Walze Stoff geschleudert; das unreine Wasser dringt dabei durch die Siebe in die Räume *u u* und fliesst durch die Oeffnungen *g g* ab. Zum Ersatze leitet man reines Wasser in den Holländerkasten. Ist das Auswaschen beendigt, so schliesst man das Wasserzuleitungsrohr und schiebt (verschlägt) vor jede Waschscheibe ein Brett *k* (die blinde Scheibe), damit dem Stoff fernerhin kein Wasser mehr entzogen werde. Die Arbeit in der Stoffmühle geschieht auf folgende Weise: Nachdem der Kasten mit der erforderlichen Wassermenge angefüllt worden ist, werden die zerschnittenen Hadern hineingeschüttet. Hierauf wird die Walze in Bewegung gesetzt, mit einer Geschwindigkeit von 100 bis 150 Umläufen in der Minute. Die Messer derselben schlagen mithin äusserst schnell in die Flüssigkeit und ziehen die Lumpen mit Gewalt in den Raum hinein, der zwischen dem Walzenumkreise und dem Grundwerke sich befindet, zerreissen sie, indem die Messer der Walze und die des Grundwerkes wie Scheerenschneiden gegen einander wirken, und werfen endlich die Lumpen über die höchste Kante des Kropfes wieder aus. Von hier fliesst die Masse über die steile Abdachung des Kropfes *z* herunter, stösst dabei auf den Theil, der in dem zunächst liegenden Theile des Kastens sich befindet, und bewirkt so eine langsame Strömung, welche die Papiermasse stets wieder von der Seite *y* der Walze zuführt. Auf diese Weise wird der doppelte Erfolg erzielt, dass in der ununterbrochen bewegten Masse die Lumpen sich nicht absetzen können, dass ferner alle Theile derselben wiederholt unter die Walze gelangen. Bei Beginn der Arbeit wird die Walze so gestellt, dass zwischen ihr und dem Grundwerke ein gehöriger Zwischenraum bleibt. In dieser Phase werden die Lumpen wenig zerkleinert, dagegen gewaschen, wo die Waschscheiben auf die im vorigen Abschnitte erklärte Weise wirken. Später lässt man die Walze mehr herab, um mit dem Waschen schon eine Zerkleinerung zu bewirken; zuletzt wird endlich die Walze dem Grundwerk möglichst genähert, die Blindscheibe eingeschoben und der Wasserzufluss eingestellt, und das Zermalmen fortgesetzt, bis die Lumpen den gehörigen Feinheitsgrad erlangt haben.

Die Arbeit im Halbstoff-Holländer währt ungefähr zwei Stunden, kürzere Zeit für weiche und reine Lumpen, längere Zeit für gröbere und schmutzige. Der Halbstoff wird entweder sofort in den Ganzstoff-Holländer abgelassen und weiter verarbeitet, oder er ist zum Bleichen bestimmt und wird nach einer unten zu beschreibenden Methode behandelt.

Bleichen des Halbstoffes.

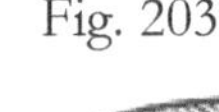

Fig. 203.

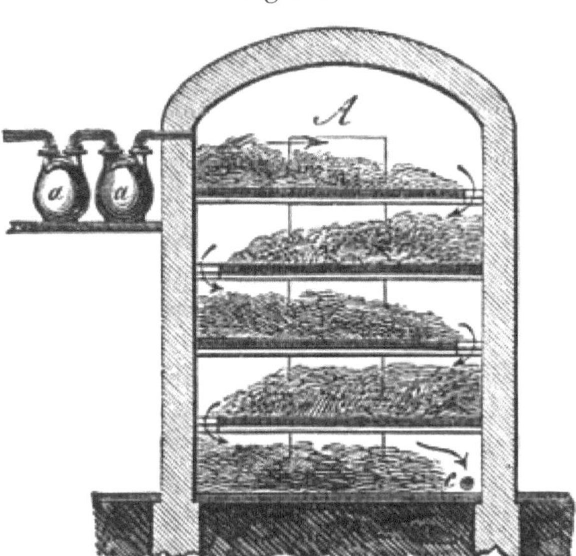

Wenn nicht schon die Lumpen gebleicht wurden, so ist es zur Herstellung eines schönen weissen Papieres unumgänglich nothwendig, den Halbstoff zu bleichen. Das Bleichen geschieht entweder mit Chlorgas, oder mit Chlorwasser, oder mit Chlorkalk und anderen Bleichsalzen, mit letzteren entweder im Halbstoffholländer oder ausserhalb desselben. Hiernach giebt es verschiedene Bleichmethoden. Für die Haltbarkeit und Festigkeit des herzustellenden Papiers ist die Chlorbleiche nur dann von Nachtheil, wenn das Chlor zu lange einwirkte, in welchem Falle die Faser mürbe wird, oder wenn man übersehen hat, das überschüssige Chlor und die daraus entstandene Salzsäure durch Auswaschen und durch Anwendung von sogenanntem Antichlor zu entfernen.

Um mit Hülfe von gasförmigem Chlor zu bleichen, leitet man das auf bekannte Weise dargestellte Chlorgas zuerst zur Reinigung in die Waschflaschen *a a* (Fig. 203) und dann in eine hölzerne Kammer *A*, in welcher der feuchte Halbstoff auf fünf bis sechs übereinander befindlichen Etagen ausgebreitet liegt. Diese Etagen sind mit Oeffnungen versehen, damit das Chlorgas herabsteigen kann, wie es in der Zeichnung durch Pfeile angegeben worden ist. Das überschüssige Chlorgas entweicht durch die Oeffnung *c* in einen Behälter, in welchem sich ebenfalls Halbstoff befindet, um denselben zum Bleichen vorzubereiten. Die mit Chlor behandelte Masse wird durch eine Seitenöffnung aus der Kammer entfernt, mit Wasser ausgewaschen, mit Soda, Potasche oder gefaultem Harn neutralisirt und nach Umständen mit Antichlor behandelt. Auf 100 Kilogr. Halbstoff rechnet man 2,5 bis 5 Kilogr. Kochsalz behufs der Chlorgasentwickelung. Wenn die Bleiche mit Chlorkalk geschehen soll, von welchem man auf 100 Kilogr. Halbstoff 1–2 Kilogr. anwendet, extrahirt man den Chlorkalk mit Wasser und digerirt mit der wässerigen Lösung den Halbstoff. Der Chlorkalk wirkt energischer, wenn zugleich kleine Mengen von Schwefelsäure oder Salzsäure zugesetzt werden. Da die Anwendung einer zu grossen Menge Schwefelsäure jedoch sehr leicht eine Schwächung der Faser herbeiführen könnte, so ist neuerdings die Kohlensäure zur Zersetzung des Chlorkalkes vorgeschlagen worden. Orioli empfiehlt das Aluminiumhypochlorit (deren Lösung unter dem Namen Wilson's Bleichflüssigkeit schon längst bekannt ist) zum Bleichen des Papierstoffes; es soll lediglich durch Abgabe von ozonisirtem Sauerstoff bleichend wirken, indem andererseits Chloraluminium entsteht ($Al_2Cl_6O_3 = 3O + Al_2Cl_6$). Beachtenswerther sind die Vorschläge von Varrentrapp, das Zinkhypochlorit (unter dem Namen Varrentrapp's Bleichsalz bekannt) als energisches Bleichmittel in der Papierfabrikation u. dergl. anzuwenden. Man versetzt Chlorkalk mit Zinkvitriol oder besser mit Chlorzink; im ersten Falle fallen Gyps und Zinkoxyd nieder und unterchlorige Säure bleibt in Lösung, im zweiten Falle mit Chlorcalcium gemengt. Beim Bleichen von Papierstoff ist Chlorzink stets den Mineralsäuren zum Zersetzen des Chlorkalkes vorzuziehen, weil man nicht Gefahr läuft, die Pflanzenfaser zu zerstören. Falls man Zinkvitriol anwendet, kann man (bei Ganzstoff) den Niederschlag von Gyps und Zinkoxyd der Faser beigemengt lassen.

Antichlor.

Um das von der Bleiche im Papierstoffe zurückgebliebene Chlor und die durch die Einwirkung des Chlores entstandene Salzsäure zu neutralisiren, setzt man beim darauf folgenden Waschen etwas Soda oder Potasche, oder besser Antichlor zu, da namentlich der letzte Rest von Chlor der organischen Substanz hartnäckig anhängt und durch blosses Waschen kaum beseitigt werden kann. Als Antichlor hat man bisher hauptsächlich Natriumsulfit, Zinnchlorür, Natriumhyposulfit und Leuchtgas vorgeschlagen. Ein Molekül Natriumsulfit ($Na_2SO_3 + 7H_2O$) entfernt 1 Molekül Chlor (Cl_2), indem Salzsäure und Natriumsulfat sich bilden; man wendet das Sulfit gemengt mit Natriumcarbonat an, damit auch die entstandene Salzsäure neutralisirt werde. Durch Auswaschen (mit der Waschtrommel) entfernt man darauf das Natriumsulfat und das Chlornatrium. Das weit billigere Calciumsulfit lässt sich eben so gut als Antichlor anwenden als das entsprechende Natriumsalz. Ein Molekül Zinnsalz ($SnCl_2 + 2H_2O$) nimmt ebenfalls ein Molekül Chlor (Cl_2) auf, wodurch Zinnchlorid ($SnCl_4$) entsteht. Man wendet das Zinnsalz in salzsaurer Lösung an. Nach vollendeter Einwirkung setzt man so viel Natriumcarbonat zu, als erforderlich ist, um die Salzsäure zu sättigen. Ein Molekül Natriumhyposulfit ($Na_2S_2O_3 + 5H_2O$) absorbirt 4 Moleküle Chlor, indem Natriumsulfat, Salzsäure und Schwefelsäure entstehen. Auch das Kalksalz wird als Antichlor Anwendung finden können. Das Natriumhyposulfit bildet, seitdem es als Nebenprodukt der Sodafabrikation massenhaft und billig auftritt, ein unersetzliches Mittel, um dem Papierstoff den letzten Rest des Chlores zu entziehen. Neuerdings (1868) hat J. Kolb mit Erfolg das unterschwefligsaure Natron durch Ammoniak ersetzt. Was endlich die Anwendung des Leuchtgases zur Beseitigung des Chlors in der Papiermasse betrifft, so datirt dieselbe aus dem Jahre 1818, in welchem Jahre Uffenheimer in seiner Fabrik in Guntramsdorf in Oesterreich seinen Halbstoff durch Gas entchlorte. Es wäre wol von Interesse, das Leuchtgas von Neuem als Antichlor zu verwenden. Vielleicht wären auch Benzol, Photogen, Petroleumäther und ähnliche Kohlenwasserstoffe zur Entchlorung der Papiermasse geeignet.

Bereitung des Ganzstoffes.

Nachdem durch Waschen und Anwendung von Antichlor alle durch die Bleiche dem Halbstoffe mitgetheilten, dem Papier nachtheiligen Substanzen entfernt worden sind, kommt der Stoff in den Ganzstoffholländer, um in Ganzstoff verwandelt zu werden. Der Ganzstoffholländer unterscheidet sich von dem Halbstoffholländer dadurch, dass seine Walze, wie sein Grundwerk eine grössere Anzahl Schienen enthält, die Walze dem Grundwerke mehr genähert ist, und die Walze weit schneller umläuft. In gut bereitetem Ganzstoffe müssen alle Fasern gehörig und gleichmässig zerkleinert sein, was man daran erkennt, dass die breiartige Masse beim Ausgiessen aus einem Gefässe kleine Klümpchen wahrnehmen lässt und mit Wasser verdünnt als eine milchähnliche Flüssigkeit erscheint.

Blauen.

Ungeachtet der sorgfältigsten chemischen Bleiche ist der Ganzstoff nie vollkommen weiss, sondern besitzt stets noch einen schwachen gelblichen Schein, welchen man durch das sogenannte Blauen möglichst zu entfernen strebt. Zu diesem Behufe setzt man dem Ganzstoffe in dem Holländer, kurz bevor er völlig fein gemahlen ist, eine kleine Menge blauer Farbe: Ultramarin, Pariserblau, Indig, Anilinblau (früher Smalte oder andere blaue Kobaltfarben) zu, zuweilen in einem solchen Verhältniss, dass eine schwach bläuliche Nüance der Papiermasse bemerklich wird. Vom Ultramarin setzt man auf 100 Kilogr. trockene Papiermasse, je nach der Stärke der Bläuung, 0,5–1,5 Kilogr. zu.

Das Leimen des Ganzstoffes.

In vielen Fällen, insbesondere bei der Bereitung des Maschinenpapieres, wird der bereits gebläute Ganzstoff im Holländer noch geleimt. Dieses Verfahren wird das Leimen in der Bütte oder die Masseleimung genannt. Die Leimung des Papierstoffes anstatt des Papierblattes gewährt mancherlei Nutzen, denn man umgeht nicht allein das Leimen als besondere Arbeit, die mit Aufwand an Zeit und Arbeitslohn verknüpft ist, sondern man erreicht auch eine weit gleichförmigere, durch die ganze Masse des Papierbogens hindurch gehende Leimung, während das in Bogen geleimte Papier aus drei Schichten besteht, zwei äusseren, aus geleimtem Papier bestehend, und einer inneren aus angeleimtem Papier; in dieser physischen Beschaffenheit liegt auch der Grund, dass derartiges Papier an radirten Stellen, wo man also die Schicht des geleimten Papiers entfernt hat, löscht. Gewöhnlicher Leim ist bei der Masseleimung nicht wol anzuwenden, da derselbe in der Zeit, die bis zur Herstellung des vollendeten Papierbogens verstreicht, leicht fault. Dagegen hat sich die vegetabilische Leimung vollkommen bewährt, die immer auf die Erzeugung von harzsaurem Aluminium (Aluminiumpinat) hinaus kommt. Alle Vorschriften stimmen darin überein, dass sie zunächst die Darstellung einer Harzseife verlangen, welche dann im Holländer durch Alaun oder Aluminiumsulfat zersetzt wird. Das Stärkemehl, das man gewöhnlich zusetzt, hat bei der Bereitung des vegetabilischen Leimes nur eine untergeordnete Bedeutung und lässt sich auch ohne Nachtheil weglassen; im Allgemeinen aber giebt es der Flüssigkeit eine dicklichere Consistenz, in deren Folge der durch die Alaunlösung entstandene Niederschlag von Aluminiumresinat sich langsamer senkt und deshalb gleichmässiger mit der Faser verbindet, weshalb auch bei Anwendung von Stärkemehl ein geringeres Quantum Leim genügt, als im gegentheiligen Falle.

Geringere Grade von Festigkeit erreicht man durch Anwendung gewöhnlicher weisser Seife (am besten Oelseife, von welcher man auf 100 Kilogr. trocknen Ganzstoff 3 Kilogr. nimmt, die durch ein gleiches Quantum Alaun zersetzt werden), in diesem Falle ist es Aluminiumpalmitat und -oleat, welches die Papierfaser umgiebt, die Poren des Papieres ausfüllt und das Eindringen von Flüssigkeit verhindert. Mittlere Grade von Festigkeit und Steifheit erhält man durch combinirte Anwendung von Harz- und Oelseife. Wachsseife (durch Kochen von weissem Wachs mit Aetznatronlauge erhalten) wird ihrer reinen weissen Farbe wegen gegenwärtig nur noch hier und da bei der Anfertigung reiner Schreibpapiere angewendet. Statt des harzsauren Aluminium lassen sich auch andere unlösliche harzsaure Verbindungen als vegetabilischer Leim verwenden, so namentlich das harzsaure Zink, welches man erhält, wenn man die dem Holländer zugegebene gewöhnliche Harzseife statt mit Alaun mit Zinkvitriol oder mit Chlorzink zersetzt.

α) *Handpapier.*

Die Verfertigung der Papierbögen durch Schöpfen.

Die Ueberführung des mit Wasser zu einem dünnen Brei verdünnten Ganzstoffes in Papierbögen geht vor sich 1) durch Ausbreitung des Stoffes zu einer dünnen gleichförmigen Schicht, 2) durch Entwässerung dieser Schicht, verbunden mit Verdichtung der zurückgebliebenen festen Masse. Die Entfernung des Wassers geschieht auf dreierlei Weise, nämlich durch Filtration, hierauf durch Druck und zuletzt durch Verdunstung.

Diese Verschiedenheit und Aufeinanderfolge dieser drei Entwässerungsarten liegt in der Natur der Sache. Der flüssige Ganzstoff giebt gern einen Theil seines Wassergehaltes ab, wenn man letzterem Gelegenheit zum Ablaufen verschafft, so z. B. auf einem Siebe oder einer siebähnlichen Vorrichtung, auf welcher die Fasern zurückgehalten werden. Es ist einleuchtend, dass hierdurch nur ein Theil des Wassers entfernt werden kann, da die Fasern durch ihre verfilzte Beschaffenheit eine nicht unbeträchtliche Menge Wasser in Folge von Capillarität festhalten. Wollte man den auf den Sieben zurückgebliebenen weichen Brei sofort dem Austrocknen durch Verdunsten überlassen, so würde dies nicht nur sehr langsam gehen, sondern das ausgetrocknete Papier würde locker, porös, von geringer Festigkeit und mit rauher, runzliger Fläche zurückbleiben. Diese Uebelstände sind zu beseitigen, wenn man den weichen Brei, der auf den Sieben kein Wasser mehr abgiebt, einem allmälig verstärkten Drucke unterwirft, dadurch zugleich auch die Fasern einander nähert und dabei die Oberfläche ebnet. Das letzte Wasser, welches durch Pressen nicht beseitigt werden kann, wird durch Verdunstung (Trocknen) entfernt.

Die erste der Operationen, durch welche aus dem Ganzstoff das Papier dargestellt wird, ist das Schöpfen, wodurch der flüssige Stoff auf einer siebartigen Fläche, der Form, zu einer dünnen Schicht, ausgebreitet wird, wobei zugleich eine Abscheidung eines grossen Theiles des Wassers durch Filtration stattfindet. Der Ganzstoff, so wie er den Holländer verlässt, fliesst entweder sofort in die Schöpfbütte, aus welcher die Papierbögen geschöpft werden, oder er wird in einen besonderen Kasten, den Stoff- oder Zeugkasten gebracht, in welchem er bis zur weiteren Verarbeitung aufbewahrt wird. Die Schöpfbütte ist ein rundes oder länglich viererekiges Gefäss aus Holz, welches mit Bleiplatten ausgefüttert und auf Unterlagen gestellt ist. An der einen Seite der Bütte steht der mit dem Schöpfen beschäftigte Arbeiter, der Schöpfer. Quer über der Bütte liegt ein breites Brett, die Brücke oder der Steg, und dicht neben demselben der gegen jenen etwas geneigte kleine Steg, welcher dazu dient, die Papierform schnell nach dem grossen Stege hinzuschieben. Der grosse Steg ist mit einer senkrechten Stütze, dem Esel, zum Anlehnen der Formen versehen. Der Bütteninhalt wird während des Schöpfens erwärmt.

Eine wesentliche Verbesserung der Schöpfbütte ist die Combination derselben mit dem Knotenfänger, der die Bestimmung hat, einerseits alle Knötchen und Klümpchen aus dem breiartigen Ganzstoffe zu entfernen, andererseits die Nachfüllung von frischen Ganzstoff in die Schöpfbütte regelmässig zu verrichten. Der Knotenfänger, wie er für die Fabrikation des Handpapieres Anwendung findet, besteht im Wesentlichen aus einem in der Schöpfbütte aufrecht stehenden Siebcylinder, in welchem eine Flügelwelle sich dreht. Der Ganzstoff wird in dem Maasse, als er von dem Schöpfer consumirt wird, durch eine Pumpe in den Siebcylinder gebracht und durch die Flügelwelle durch das Sieb in die Schöpfbütte getrieben, wobei die Knoten im Innern des Cylinders zurückbleiben.

Die zum Schöpfen des Ganzstoffes angewendeten Papierformen sind ein Gewebe oder Geflecht aus Messingdraht, das so beschaffen sein muss, dass es das Wasser möglichst schnell abfliessen lässt, ohne Papierstoff hindurchzulassen. Man hat zwei Arten von Formen, nämlich

1) die gerippten Formen, deren Gitter aus parallel neben einander liegenden Drähten besteht, welche in gewissen, durch Querleisten bestimmten Entfernungen mit einander durch quer durchflochtene Bindedrähte verbunden sind, welche letztere, indem sie höher als die Bodendrähte liegen, im Papier dünne Stellen bilden, die beim Durchsehen als helle Linien sich zu erkennen geben. Auf solchen Formen dargestelltes Papier heisst geripptes Papier, welches stets zu den mittleren oder geringen Papiersorten zu rechnen ist, bei dessen Fabrikation weniger Glätte der Oberfläche, als Verminderung der Arbeitszeit verlangt wird;

2) die Velinformen bestehen, nicht wie die gerippten Formen aus einem Geflechte, sondern aus einem auf dem Webstuhle gefertigten feinen Messingdrahtgewebe. Das mit diesen Formen geschöpfte Papier, das Velinpapier erhält eine zartgekörnte, ebene Oberfläche, der durch Pressen und Satiniren grosse Glätte und

selbst ein gewisser Grad von Glanz ertheilt werden kann. Beim Durchsehen erscheint es gleichförmig und zeigt keine helleren und dunkleren Linien wie die gerippten Papiere.

Auf den gerippten wie auf den Velinformen pflegt man das Fabrikzeichen, eine Firma, ein Wappen u. dergl. von Draht gebildet, anzubringen, wodurch diese Zeichen im Papier als stärker durchscheinend sich darstellen (Wasserzeichen). Der Deckel der Papierform bildet den Rand derselben und bestimmt durch seine Grösse und Gestalt jene des auf der Form geschöpften Papierbogens, und durch seine Höhe das Quantum von Ganzstoff, das auf der Form Platz finden kann. Was in der Papierfabrikation Filz genannt wird, ist nicht, wie etwa der Hutfilz, wirklicher Filz, sondern ein grobes, lockeres, geköpertes Gewebe aus Wolle, das nur schwach gewalkt und weder gerauhet noch geschoren ist.

Die Arbeit an der Schöpfbütte geschieht von zwei Arbeitern, nämlich dem Schöpfer, welcher mit den Formen das Papier aus der Bütte nimmt, und dem Kautscher, welcher die so entstandenen Papierbogen ab und zwischen die Filze einlegt, eine Arbeit, welche das Kautschen genannt wird. Nachdem die Bütte mit Ganzstoff angefüllt worden ist, rührt man den Bütteninhalt mit der Schöpfkrücke von Zeit zu Zeit durch. Der Schöpfer fasst eine mit dem Deckel versehene Form an der Mitte der schmalen Seite mit beiden Händen, taucht sie schräg in den breiartigen Bütteninhalt, stellt sie darin horizontal, nimmt sie wieder heraus, schüttelt sie einige Mal hin und her, um das Ablaufen des Wassers zu befördern und den überflüssigen Ganzstoff abzuwerfen, und schiebt sie endlich auf den kleinen Steg. Hierauf nimmt der Schöpfer eine zweite Papierform, die auf dem grossen Stege bereit liegt, und schöpft einen zweiten Bogen. Mittlerweile legt der Kautscher den Bogen von der ersten, ihm zugeschobenen Form auf die Filze. Zu dem Ende lehnt er einige Sekunden lang die Form schräg an den Esel, damit das Wasser möglichst ablaufe, legt sie hierauf umgekehrt auf den Filz, drückt ein wenig darauf und hebt sie wieder auf, wobei der Papierbogen auf dem Filze liegen bleibt. Die leere Form wird dem Schöpfer zurückgegeben. Der Kautscher bedeckt den ersten Papierbogen mit einem Filze, auf welchen er den zweiten Bogen bringt u. s. f. Der Schöpfer kann in einem Tage gegen 5000 Bogen fertigen.

Das Pressen der Papierbögen.

Sobald durch die Arbeit des Schöpfens und Kautschens ein Stoss von einer gewissen Höhe, ein Pauscht, entstanden ist, so wird über den obersten Papierbogen noch ein Filz, darüber ein Brett gelegt und der ganze Stoss unter die Presse gebracht. Die Anzahl Bogen in einem Pauscht beträgt meist 181 (man nimmt an, dass drei Pauscht 181 × 3 = 543 Bogen 20 Buch = 480 Bogen geleimten und 500 Bogen nicht geleimten Papieres liefern). Das Pressen trägt wesentlich mit dazu bei, die Festigkeit und Glätte des Papieres zu erhöhen. Wollte man den Papierbogen nach dem Schöpfen nur trocknen, so würde das Papier eine lockere und schwammige Beschaffenheit erhalten und im hohen Grade wassereinsaugend sein. Man sucht daher mit der Entfernung des Wassers eine Verdichtung der Papiermasse durch Pressen zu bewirken.

Das Trocknen des Papiers.

Durch das Auspressen kann das Papier selbstverständlich nicht von allem Wasser befreit werden; man muss es daher nach dem Auspressen trocknen, welches in der Weise geschieht, dass man die Papierbögen in gehörig gelüfteten Räumen (entweder Trockenböden oder besonderen Trockenhäusern) auf Schnüren aufhängt. Um an Raum zu sparen, hängt man meist zwei bis fünf Bogen übereinander.

Eine geübte Arbeiterin kann in einer Stunde 800–900 Lagen von je 2–5 Bogen, demnach 1600–4500 Bogen aufhängen und nach dem Trocknen dieselbe Anzahl Bogen von den Schnüren abnehmen.

Das Leimen der Papierbögen.

Die getrockneten Papierbögen sind, sofern sie nicht bereits in der Bütte geleimt wurden, wassereinsaugend, weich und von geringer Haltbarkeit. In diesem Zustande heisst das Papier ungeleimtes Papier und eignet sich nur zur Anwendung als Lösch- oder Fliesspapier, Filtrirpapier, Pack- oder Druckpapier. Behufs seiner Benutzung als Schreib- und Zeichenpapier ist es dagegen nothwendig, dass das Papier geleimt werde. Durch das Leimen sollen die Poren des Papieres mit einer Substanz ausgefüllt werden, welche der Feuchtigkeit widersteht und die Capillarität des Papieres aufhebt, will man also die Fasern, aus denen das Papier besteht, zusammenkleben, sie in eine festere Verbindung mit einander bringen und dem Papierbogen dadurch grössere Steifheit, Festigkeit und Härte geben. Der gewöhnliche Leim kann diese Bedingungen nicht erfüllen, weil er im getrockneten Zustande beim Zusammenbringen mit Wasser wieder erweicht. Dieser Uebelstand wird aber beseitigt, wenn man dem Leim ein lösliches Aluminiumsalz, wie Alaun, Aluminiumsulfat, Chloraluminium zusetzt. Dadurch wird der Leim vor dem schnellen Verderben bewahrt und in einer Weise verändert (ungefähr so wie die Thierhaut durch Thonerdesalz in der Alaun- und Weissgerberei), dass er einmal im Papiere eingetrocknet, vom Wasser nicht wieder aufgeweicht und klebrig gemacht wird. Der Papierfabrikant bereitet sich seinen Leim selbst aus Hammelfüssen und den Abfällen der Gerbereien, indem er diese Materialien mit Wasser sieden lässt, bis alles Lösliche ausgezogen ist, das so erhaltene Leimwasser filtrirt und dann mit Alaun versetzt. Die Leimung erfolgt, indem der Leimer 80 bis 100 Bogen in die Hände nimmt und in der Leimbütte so bewegt, dass jeder Bogen in zweiter Wendung mit Leimlösung getränkt ist. Ein guter Arbeiter leimt in 12 Stunden 40–50,000 Bogen. Die Trocknung des Papieres nach der Leimung darf weder zu schnell noch zu langsam und muss in luftigen Räumen stattfinden.

Das Ausrüsten (Appretur) des Papiers.

Nachdem das geleimte Papier gepresst und getrocknet worden ist, bedarf es noch einer Ausrüstung, um als fertige Waare zu gelten. Es ist nämlich noch nicht eben und glatt genug und enthält verschiedenartige anhängende und theilweise selbst festsitzende Unreinigkeiten. Auch ist es nöthig, dass es abgezählt und zusammengelegt werde. Die erste der Ausrüstungsarbeiten besteht in dem Auslesen oder Putzen, welches die Entfernung aller fremdartigen Körper zum Zwecke hat. Mit dieser Arbeit ist zugleich ein Auslesen der beschädigten Bogen verknüpft. In Folge der Einführung der Knotenfänger in die Papierfabrikation ist das Auslesen gegenwärtig sehr erleichtert, ja in einzelnen Fällen selbst überflüssig geworden. Das ausgelesene Papier wird gezählt und zusammengelegt und geschieht bei gehöriger Uebung so schnell, dass ein Arbeiter stündlich 8–15,000 Bogen zu zählen im Stande ist. Man legt das Papier in ganzen oder halben Buchen zusammen, 24 Bogen geleimtes und 25 Bogen nichtgeleimtes Papier machen ein Buch, 20 Buch ein Ries, 10 Ries einen Ballen. Das oberste und das unterste Buch eines jeden Ries besteht in der Regel aus Ausschussbogen. Eine möglichst ebene und glatte Oberfläche des Papieres wird durch mehrmaliges und anhaltendes Pressen (das sogenannte Trockenpressen) erzielt, wobei jedesmal die Bogen in anderer Richtung aufeinandergelegt werden. Dieses Umlegen der Bogen heisst das Auswechseln oder Austauschen. Die meisten Papiersorten erlangen durch das Pressen ihre Vollendung, nur die feinsten Papiere (z. B. Briefpapier) werden noch durch das Satiniren geglättet. Man satinirt entweder in der Presse oder mittelst eines Walzwerkes (Satinirmaschinen).

Die hauptsächlichsten Papiersorten.

Die Papiersorten des Handels zerfallen in drei Hauptgattungen, nämlich:

A. Schreib- und Zeichenpapiere, von denen die Schreibpapiere wieder zerfallen in die geringste Sorte, das Conceptpapier, das mittelfeine Kanzleipapier und die feinsten Sorten, als Post- oder Briefpapier, und das Velinschreib- oder Briefpapier.

B. Druckpapier, von welchen man wieder unterscheidet eigentliches Druckpapier für Buchdrucker in seinen verschiedenen Arten, als Conceptdruck, Kanzleidruck, Postdruck und Velindruck, Notendruckpapier und Kupferdruckpapier und Seidenpapier, welches letztere zum Einwickeln von Gold- und Silberwaaren, zum Einlegen zwischen Kupferstiche etc. dient.

C. Lösch- und Packpapier. Das Lösch- oder Fliesspapier ist stets ungeleimt und erscheint in seiner feinsten Sorte als Filtrirpapier; das Packpapier ist gewöhnlich halb geleimt und erscheint bald als gelbes Strohpapier, blaues Zucker- und Nadelpapier u. s. w.

β) *Maschinenpapier.*

B. Die Fabrikation des Maschinenpapiers.

Die Herstellung des Papiers durch Schöpfen des mit Wasser gemischten Ganzstoffes mit Hülfe von Formen scheint eine so einfache Arbeit zu sein und nimmt zugleich so viel Zeit in Anspruch, dass der Gedanke ein sehr naheliegender ist, die Arbeit anstatt durch Menschenhände auf mechanischem Wege ausführen zu lassen. Bei den Bestrebungen, die auf eine Einführung der Maschine zur Verfertigung der Papierbogen gerichtet waren, hat man zweierlei Wege eingeschlagen, auf dem einen suchte man Bogen von der gewöhnlichen Grösse nach einem Verfahren herzustellen, dem immer noch die alte Fabrikationsmethode zu Grunde lag, auf dem anderen Wege und nur dieser letztere hat zum Ziele geführt, bildete man sehr lange Papierblätter (endloses Papier) von einer in gewissen Grenzen veränderlichen Breite, welche erst später als fertiges Papier in einzelne Bogen zerschnitten wurden. Unter den vorgeschlagenen Maschinen haben sich die Formen mit gerader Form oder die sogenannten Schüttelmaschinen am meisten bewährt, namentlich sind sie zur Fabrikation feiner Papiere die allein tauglichen.

Um ein fortlaufendes Papierband von unbestimmter Länge und einer bestimmten Breite zu erzeugen, hat die Maschine den von der Stoffmühle kommenden Ganzstoff nach einander

1) auf die passende Consistenz durch Verdünnen mit Wasser zu bringen;

2) den Ganzstoff durch die Knotenmaschine von Knoten zu befreien;

3) mit dem von Knoten befreiten, breiartigen Ganzstoff mittelst des Regulators den Stoff- oder Zeugbehälter regelmässig so zu speisen, wie es zur geordneten Ablieferung des Stoffes auf die Form und zur Erzeugung eines möglichst gleichdicken Papierblattes erforderlich ist; der Ganzstoff wird in einen gleichmässigen Strahl von der Breite des herzustellenden Papieres ausgebreitet;

4) der so zuströmende Ganzstoff wird in ein scharfgerandetes Blatt geformt;

5) das so entstandene Papierblatt von dem grössten Theile des Wassers zu befreien und zwar durch Abtropfenlassen, durch luftverdünnten Raum und durch Pressen;

6) den zurückgebliebenen Rest des Wassers durch Wärme zu entfernen, indem man das Papier um grosse mit Dampf geheizte Cylinder führt;

7) das fertige Papier mittelst einer Papierschneidemaschine in Bogen von den üblichen Formatgrössen zu zerschneiden.

Nachdem der Ganzstoff auf den erforderlichen Grad der Feinheit gebracht worden ist, wird er durch Rührvorrichtungen mit Wasser verdünnt bis zur gehörigen Consistenz. So fliesst der Stoff zunächst dem Knotenfänger zu. Dieser Apparat bestand ursprünglich aus einem unten geschlossenen Cylinder von Messingblech, dessen Umfang mit sehr feinen Löchern durchbohrt war und in welchem eine Rührvorrichtung mit grosser Schnelligkeit sich drehte. Im Laufe der Zeit ist er wesentlich verändert worden. Eine der besten Knotenfangmaschinen ist die von Mannhardt und Steiner in München, durch welche das Zurückhalten der Knoten und des Sandes weit vollständiger als durch viele andere Vorrichtungen erreicht wird. Nachdem der Ganzstoff durch die Knotenmaschine von allen Unreinigkeiten befreit worden ist, kommt er auf die Papiermaschine. Damit das Ganzstoffreservoir fortwährend mit frischen Portionen von Stoff so regelmässig gespeist wird, wie es zur geordneten Ablieferung des Stoffes auf die Papierform und zur Erzeugung eines möglichst gleichdicken Papierblattes erforderlich ist, benutzt man den Regulator, welcher eine sehr wesentliche Vorrichtung an den Papiermaschinen aller Art ist.

Die Papiermaschine ist in den beiden Zeichnungen Fig. 204 und 205 im senkrechten Durchschnitt dargestellt. Die Zeichnung ist ihrer Länge wegen in zwei Theile getrennt worden. Fig. 205 ist demnach als die Fortsetzung von Fig. 204 zu betrachten. Der Bewegungsmechanismus ist weggelassen.

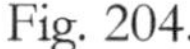

Fig. 204.

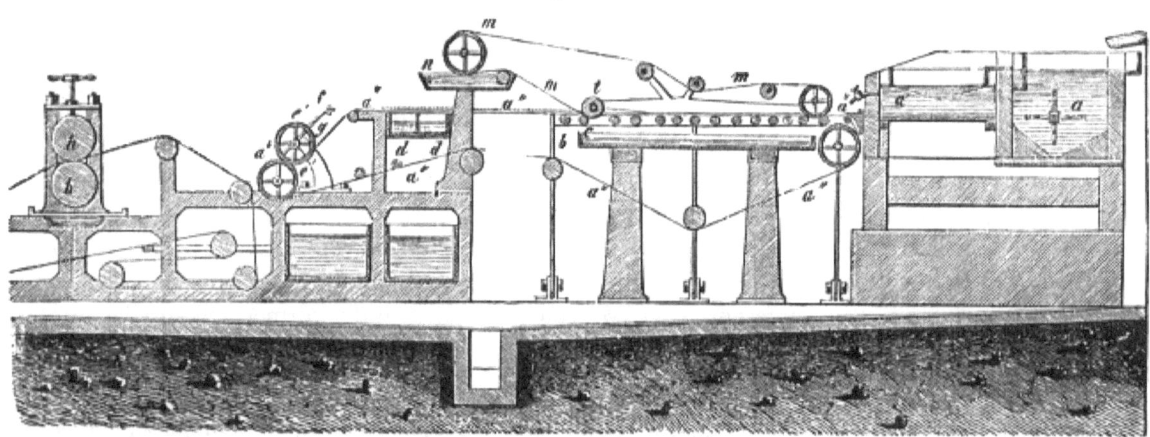

Nachdem der Ganzstoff durch die Knotenmaschine *a* gegangen ist, fliesst er in den schmalen Trog *a'* und wird mittelst des Regulators der Form der Papiermaschine übergeben. Die Form *a'' a''* ist ein endloses Metalldrahtsieb von der Art wie die gewöhnlicher Velinformen, dessen oberer Theil in seiner ganzen Breitenausdehnung von einer Anzahl hohler Kupferwalzen unterstützt und dadurch vollkommen horizontal erhalten wird. Die gerade Fläche des Siebes hat eine Länge von 3–4 Meter und eine Breite von 1–1,6 Meter. Der untere Theil der Form *a''* ist durch einige Walzen in einem stumpfwinkeligen Zickzack ausgespannt. Die zunächst dem Regulator *a'* liegenden Walzen liegen sehr nahe nebeneinander, weiterhin sind sie entfernter. Die Form hat eine doppelte Bewegung, nämlich einmal die fortschreitende in der Längenrichtung, wodurch das entstandene Papierblatt weiter geführt wird und ununterbrochen neue leere Theile des Metalldrahttuches dem darauffliessenden Ganzstoff dargeboten werden, weil die Form fortwährend circulirt; das andere Mal erhält die Papierform eine schüttelnde Bewegung in der Richtung nach ihrer Breite, um das Abfliessen des Wassers aus dem auf der Form ausgebreiteten Stoff und auch die gleichförmige Vertheilung der Masse selbst zu befördern (daher ja auch die Bezeichnung Schüttelmaschine). Um nach Belieben minder breites Papier herstellen zu können, als der Breite der Papierform entspricht, befinden sich oben auf der Form zwei parallele Leisten, mit deren Hülfe ein Raum gebildet werden kann, der die Breite des zu fabricirenden Papieres hat. Zur Regulirung der Dicke der Papierschicht liegen an der Stelle oder nahe derselben, wo der Ganzstoff auf die Papierform tritt, quer über dieselbe zwei Messinglineale, deren untere Kanten in einem geringen Abstande von der Fläche der Form sich befinden. An beiden Seiten der Form befinden sich Lederriemen *m m*, damit die Ränder des Papierblattes glatt und gerade ausfallen. Diese Riemen nehmen alle Unregelmässigkeiten des Randes mit fort. In dem Gefässe *n* werden sie mit Wasser gewaschen und dadurch von aller anhängenden Papiermasse befreit.

Fig. 205.

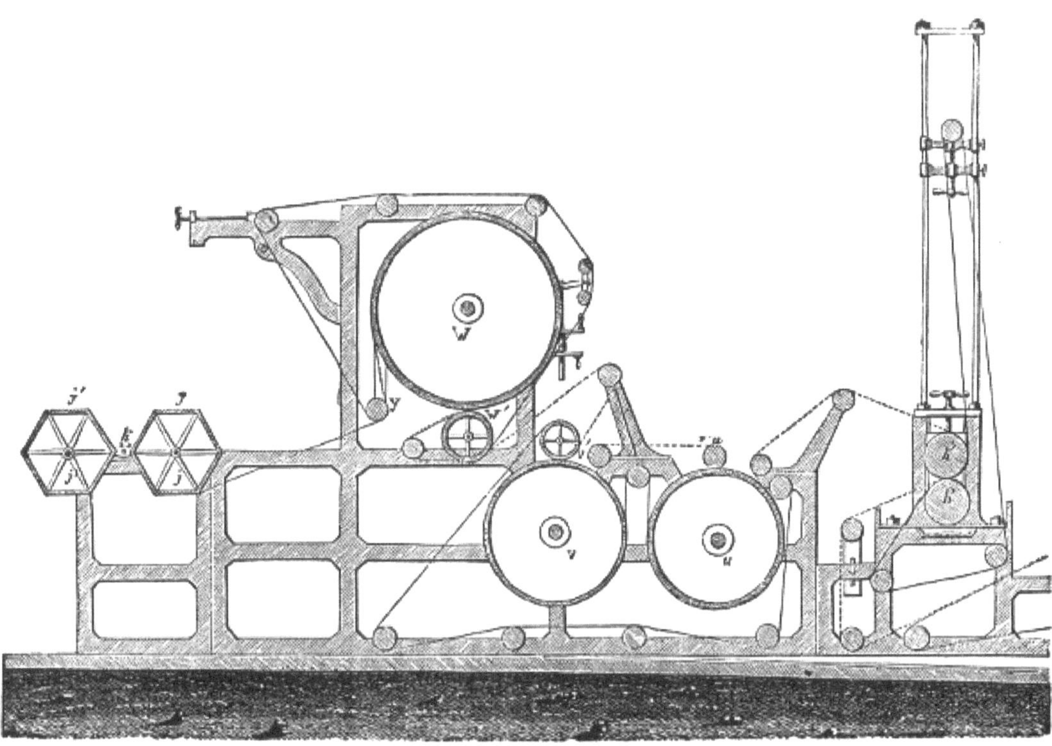

Der aus dem Reservoir *c* auf die Papierform fliessende Brei bildet sofort eine lockere Schicht, indem die Fasern auf dem Drahtgewebe sich absetzen, und das überschüssige Wasser durch das Gewebe in den darunter befindlichen Kasten *c* abgeben. Bei *t*, wo der Riemen zum Zwecke der Rückwärtsbewegung aufsteigt, lüftet oder löst er zugleich ein wenig das Papierblatt von der Form. Obgleich das sich fortbewegende Papierblatt einen grossen Theil seines Wassers abgegeben hat, ist es doch bei weitem noch nicht fest genug, um sich von der Form frei nach der Presswalze bewegen zu können. Man kommt daher der Entwässerung durch Anwendung des Luftdruckes zu Hülfe, indem man unter der Papierform, kurz bevor das Papierblatt dieselbe verlässt, einen luftverdünnten Raum erzeugt. Anfänglich suchte man sich denselben durch Ventilatoren zu verschaffen, später erreichte man den Zweck vollständiger durch eine Luftpumpe oder einen Saugapparat (Glockenapparat), der vor der gewöhnlichen Luftpumpe den Vorzug verdient. Der Saugapparat besteht aus drei glockenförmigen Gefässen, die mit ihrem unteren offenen Ende in einen Wasserbehälter tauchen, und bei ihrer, der Reihe nach abwechselnd erfolgenden Hebung Luft saugen, die dann beim Niedergange durch ein sich öffnendes Ventil in die Atmosphäre tritt. Der Apparat hat demnach Aehnlichkeit mit einem Baader'schen Kasten- oder Glockengebläse, mit dem Unterschiede jedoch, dass er umgekehrt wirkt. Der Kasten *d d*, über welchen das noch schwammige Papierblatt mit seiner ganzen Breite passirt und dessen Inneres mit dem Saugapparate in Verbindung steht, ist oben offen, sonst luftdicht gearbeitet, 50–60 Centim. breit und von einer Länge gleich der Breite der Papierform; seine oberen Kanten sind mit Leder belegt, damit das Drahtgewebe sich luftdicht auflegen kann. Nachdem das Papierblatt den Kasten passirt ist, wird es noch an der Stelle, wo das Blatt die Form verlässt, um unter die Presswalzen einzutreten, durch einen Cylinder aus Drahtgewebe *e'* weiter verdichtet und ausgepresst, welchem ein darunterliegender Cylinder entspricht. Diese Siebwalzen, Egoutteurs oder Dandyrollers genannt, haben jedoch gegenwärtig weniger den Zweck, das Papier zu entwässern, als vielmehr ihm das Ansehen des geschöpften und gerippten Papieres zu geben und Wasserzeichen darin anzubringen. Eine an dem Egoutteur befestigte Schabeklinge dient zu seiner Reinhaltung. Das Papierblatt ist nun so weit entwässert und verdichtet, dass es ohne Form, die nun leer zurückgeht, seinen Weg verfolgen kann. Es geht zunächst frei von der Form über ein endloses Filztuch nach der Nasspresse *h h* aus zwei eisernen Walzen bestehend, welche durch eine Pressschraube oder angehängte Gewichte auf einander gepresst werden. Die eine der eisernen Walzen wirkt unmittelbar auf das Papier und giebt der ihr zugekehrten

Seite bereits eine gewisse Glätte. Damit auch die dem endlosen Filztuche zugekehrte Seite die gleiche Wirkung erfährt, passirt das Papierblatt auf einem Filz noch ein zweites Walzenpaar *h' h'*. Beide Walzenpaare sind mit Schabeklingen und Trögen des ausgepressten Wassers versehen. Die Entwässerung durch Auspressen hat hiermit ihr Ende erreicht. Es folgt zum Schlusse die Entfernung des letzten Restes Wasser durch Trocknen in der Trockenpresse. Diese besteht aus grossen gusseisernen Cylindern *u*, *v*, *w*, in deren Höhlung Wasserdampf von ungefähr 130° C. eingeführt wird, um sie bis zur Siedetemperatur des Wassers zu erhitzen. Diese Cylinder sind mit den entsprechenden Druckwalzen *u' v' w'*, auch jedes Walzenpaar mit einem Filztuche versehen, welches letztere die innigste Berührung des Papieres mit dem Trockencylinder bewirkt. Das Papier wird in der Trockenpresse durch die Dampfwärme getrocknet und auch, und zwar zuerst auf der einen Seite, dann auf der anderen, geglättet. Während des Ueberganges von der zweiten Trockenpresse zur dritten wird das Papier sehr schwach wieder befeuchtet, durch den beim Trocknen von den unteren Cylindern aufsteigenden Wasserdampf, wodurch es denjenigen Grad von Weichheit erhält, welcher das gehörige Glattpressen sichert. Die Wirkung der Presse *w w'* ist gleichwol nicht so ausgezeichnet als jene von *v v'*, die das Papierblatt in einem feuchteren, daher geschmeidigeren Zustande erhält. Darin ist auch der Grund zu suchen, warum meist die eine zuerst geglättete Seite des Papieres merklich glätter ist als die andere. Das fertige Papier verlässt unter der Walze *y* den Filz und geht auf den sechsstäbigen Haspel *j*, durch dessen Umdrehung es aufgewickelt wird. Ist derselbe angefüllt, wozu gegen 60 Drehungen gehören, so schneidet man des Papierblatt durch und lässt durch einen Stoss den Hebel *k* eine halbe Kreisbewegung um seinen Drehungspunkt machen, bringt dadurch den zweiten Haspel *j'* an die Stelle des ersten und lässt das Papier auf ihn laufen. Beim Uebergange von der Trockenpresse auf den Haspel wird das Papierblatt durch Längenschnitte dergestalt zertheilt, dass seine Breite in mehrere Theile zerlegt, folglich das ganze breite Blatt in schmälere Blätter getrennt wird, die sich neben einander aufwickeln.

Die Papierschneidemaschine.

Das auf der Maschine verfertigte Papier gelangt entweder in langen zusammengerollten Blättern in den Handel, namentlich zur Anwendung in der Tapetenfabrikation, zum Zeichnen u. s. w., oder man schneidet es in Bögen nach den verlangten Formaten. Zum Zerschneiden wendet man zuweilen ein grosses Messer aus freier Hand an. Hierbei ist es nöthig, dass der Haspelumfang durch Verkürzung oder Verlängerung seiner Arme so regulirt werde, dass jeder Umgang eine Anzahl Bögen mit dem geringsten Abfall liefere. Ist ein derartiger Haspel mit Papier angefüllt, so wird die darauf befindliche Papiermasse nach einer geraden Linie, die zu der Haspelaxe parallel ist, durchgeschnitten und auf einem Tische ausgebreitet. Hierauf legt man ein starkes Brett von der Grösse eines Bogens darauf, drückt dasselbe mit einer gewissen Kraft nieder und durchschneidet nun das Papier nach den Kanten des Brettes. Meist bedient man sich aber gegenwärtig zum Zerschneiden des Papieres besonderer Papierschneidemaschinen, welche man entweder mit der Papiermaschine zu einem Ganzen verbindet oder für sich gebraucht. Das buch- und riesweise zusammengelegte Papier wird noch an den Rändern beschnitten, wozu man und zwar vorzugsweise in England verschiedene Maschinen, Beschneidemaschinen, in Anwendung gebracht hat.

γ) *Pappe und andere Papiere.*

Fabrikation der Pappe.

Die unter dem Namen Pappe oder Pappendeckel bekannten Blätter aus Papiermasse können auf dreierlei Weise erhalten werden, nämlich: 1) durch Schöpfen von Bogen von der Dicke der herzustellenden Pappe — geschöpfte oder geformte Pappe; 2) durch Vereinigen von frisch geschöpften Papierbögen durch Pressen — gekautschte Pappe; 3) durch Aufeinanderleimen von fertigen Papierbögen — geleimte Pappe.

1) Die geschöpfte oder geformte Pappe ist die geringste Sorte, die nur zu ordinären Papparbeiten und zum Einpacken Anwendung findet. Als Material verwendet man diejenigen Lumpen, die sich nicht zur Herstellung von Papier eignen, ferner Buchbinderspäne, Abfall der Papierfabriken, altes Papier u. dergl. Die Lumpen werden zerschnitten und dann zu grobem Stoff in der Stoffmühle verarbeitet, die Papierabfälle in Wasser aufgeweicht und dann fein zermahlen. Gewöhnlich setzt man zu der fertigen Masse, ehe man zum Schöpfen schreitet, Thon oder Kreide, zuweilen bis zu 25 Proc. vom Gewicht der Pappe. Das Schöpfen geschieht mit

Hülfe von groben gerippten Formen, die, um viel Stoff aufzunehmen, mit einem hohen Deckel versehen sind. Das Kautschen und Pressen zwischen den Filzen und ohne dieselben wird auf dieselbe Weise wie bei der Herstellung von Bogen vorgenommen. Da die Pappbogen nicht wie die Papierbogen beim Trocknen zusammengebogen werden dürfen, so hängt man sie mittelst kleiner Haken, welche man durch eine Ecke der Pappe sticht, an Schnüre oder legt sie flach über dieselben. Bei günstiger Witterung breitet man sie auch zum Trocknen auf Rasen aus. Die getrockneten Pappen werden gepresst und darauf durch ein Walzwerk gelassen. Die so erhaltene Pappe ist von geringer Festigkeit und äusserst weich, weil die Entwässerung der dicken Bogen durch Abtropfen auf der Form nur sehr unvollkommen geschieht. Bei der Schwierigkeit, eine so grosse Menge Pappmasse regelmässig auf der Form auszubreiten, ist es nicht möglich, der Pappe überall gleiche Dicke und eine glatte Oberfläche zu geben.

2) Die gekautschte Pappe wird aus besseren Materialien dargestellt als die geschöpfte Pappe. Die zum Schöpfen dienenden Formen sind den in der Papierfabrikation angewendeten völlig gleich. Auch die Verfertigung der Pappe ist von der des Papieres nur dadurch verschieden, dass man beim Kautschen der Pappe immer erst einige in der Dicke eines starken Papieres geschöpfte Bogen ohne Zwischenlage aufeinander legt, ehe wieder ein Filz darüber gedeckt wird. Es giebt hinsichtlich des Kautschens der Pappe zwei Verfahrungsarten, nach der einen werden, nachdem ein Bogen auf den Filz abgelegt ist, die übrigen Bogen einzeln nacheinander darübergekautscht, bis die erforderliche Dicke erreicht ist. Nach der zweiten nimmt der Kautscher die mit einem Bogen bedeckte Form in Empfang und behält sie, bis der Schöpfer mit der andern Form einen zweiten Bogen verfertigt hat; dann stürzt er die erste Form um, legt sie auf die zweite und drückt sie an. Wird die obere Form aufgehoben, so bleiben beide Bogen auf den unteren liegen; mit der leer gewordenen Form wird ein neuer Bogen geschöpft und das Verfahren wiederholt. Sobald auf diese Weise die erforderliche Anzahl Bogen aufeinander liegt, kautscht man mit einem Male auf einen Filz und legt darüber sofort einen andern Filz. Letzteres Verfahren hat den Vortheil, dass durch den Druck der beiden Formen schon viel Wasser ausgepresst wird, ehe die Blätter zwischen die Filze kommen. Die in der Anzahl von 6–12 zusammengekautschten Bogen werden durch das nachfolgende Pressen vollständig vereinigt. Eine besonders harte und dichte Sorte gekautschter Pappe bilden die Pressspäne (Glanzpappe), die beim Ausrüsten des Tuches, in den Buchdruckereien zum Pressen und Glätten der bedruckten Bogen und dergl. Anwendung finden. Der Stoff dazu wird in der Bütte geleimt. Häufig setzt man feine Sägespäne von Eichenholz und gebrannten Kalk zu. In das Innere der Pressspäne nimmt man Papierbögen aus gröberem Stoffe.

3) Die geleimte Pappe (Kartonpapier) entsteht durch Aufeinanderkleben von 2 bis 15 Bogen geleimten Papieres, wobei man gewöhnlich sich des Stärkekleisters bedient. Die aneinander geklebten Bogen werden gepresst und zuweilen auch satinirt. Manche Sorten von Pressspänen, sowie das sogenannte Bristol- oder Isabellenpapier, welches zur Miniaturmalerei mit Wasserfarben dient, gehört hierher; letzteres wird aus den besten Sorten geleimten Velinpapiers erhalten. Die geringeren Sorten geleimter Pappe stellt man aus gewöhnlichem ungeleimten Druckpapier dar, welchem man nur oberflächlich eine Lage von geleimtem Papier giebt. Die in neuerer Zeit häufig zu Relief-Ornamenten angewendete Steinpappe wird aus Ganzstoff, Leimlösung, gepulvertem Cäment, Thon und Kreide oder Barytweiss gebildet.

Das Papiermaché, so wie es zu Dosen, Puppenköpfen, den Fleischmann'schen Figuren (in Nürnberg), zu Zuckerformen, Zellen für galvanische Batterien etc. Anwendung findet, wird auf verschiedene Weise erhalten. Gewöhnlich bereitet man aus altem Papier durch Kochen mit Wasser einen Teig, den man nach Beseitigung des überschüssigen Wassers durch Auspressen mit Leimlösung, Gummi oder Stärkekleister versetzt und dann in geölte Formen drückt. Nach dem Trocknen werden die geformten Gegenstände mit Leinöl getränkt und dann bei höherer Temperatur „gebacken". Meist mengt man die Papiermasse mit Sand, Thon, Kreide oder Schwerspath. — Eine andere Sorte von Papiermaché besteht aus Papierbögen, die mit einem Gemenge von Leim und Kleister übereinander geklebt werden. Häufig wendet man hierbei Modelle oder Formen von Holz an, über die ein Papierblatt nach dem andern aufgezogen wird. Nach scharfem Trocknen auf den Formen werden die Gegenstände abgedreht, behobelt u. dergl. und dann lackirt.

Papier aus farbigem Stoffe.

Die durch die ganze Masse hindurch gefärbten Papiere werden entweder auf die Weise dargestellt, dass man schon farbige Lumpen anwendet (naturfarbige Papiere, wie das braune Packpapier) oder den aus halbweissen Lumpen bereiteten Ganzstoff in der Bütte färbt (im Zeug gefärbte Papiere wie das Zucker- und Nadelpapier). Zur Fabrikation der letzteren nimmt man auf 50 Kilogr. trockne Papiermasse folgende Substanzen, zu

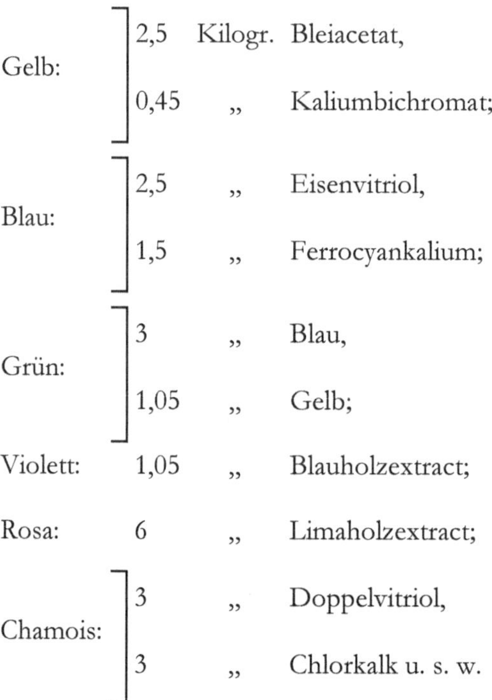

Gelb:	2,5	Kilogr.	Bleiacetat,
	0,45	„	Kaliumbichromat;
Blau:	2,5	„	Eisenvitriol,
	1,5	„	Ferrocyankalium;
Grün:	3	„	Blau,
	1,05	„	Gelb;
Violett:	1,05	„	Blauholzextract;
Rosa:	6	„	Limaholzextract;
Chamois:	3	„	Doppelvitriol,
	3	„	Chlorkalk u. s. w.

Gegenwärtig wendet man zum Färben der Papiermasse vielfach die Theerfarben, zur Erzeugung von Blau fast durchweg das Ultramarin und in Wasser lösliches Anilinblau an. In der Fabrikation der bunten Papiere bereitet man Lösungen mineralischer, chemischer oder vegetabilischer Farbstoffe nach den Regeln der Färberei (Saftfarben, flüssige Farben) oder rührt feine erdartige Farben (Deckfarben, Körperfarben) mit einer klebrigen Flüssigkeit (Stärkekleister, Lösung von arabischem Gummi, von Dextrin oder von mit Alaun versetztem Leim) an, und trägt diese Flüssigkeiten mittelst eines Schwammes oder einer Bürste auf das Papier auf, wenn nur eine Seite gefärbt werden soll, oder zieht den Bogen ohne Weiteres durch die Farbenbrühe. Bei gemusterten Buntpapieren verfährt man ähnlich wie in dem Zeugdrucke und wendet auch analoge Druckmaschinen an. Die Fabrikation des Buntpapieres und der Tapeten bildet gegenwärtig einen wichtigen Industriezweig, deren Betrachtung uns wegen Mangel an Raum leider versagt ist[102].

Das Pergamentpapier.

Das Pergamentpapier besitzt in den meisten seiner Eigenschaften eine solche Analogie mit einer thierischen Membran, dass es mit Recht vegetabilisches Pergament (Phytopergament) genannt worden ist. Es entsteht durch die Einwirkung von Schwefelsäure oder einer Lösung von Chlorzink auf ungeleimtes Papier. Wendet man Schwefelsäure an, so ist die zweckmässigste Verdünnung: 1 Kilogr. concentrirte englische Schwefelsäure und 125 Grm. Wasser. Durch diese Säure zieht man das Papier in der Weise hindurch, dass es gleichmässig auf beiden Seiten von der Säure benetzt wird. Die Zeitdauer der Einwirkung der Säure auf das Papier wird durch die Beschaffenheit des letzteren bedingt. Je dicker oder je fester das Papier ist, desto länger muss die Säure einwirken. Bei den im Handel vorkommenden Fliesspapiersorten ist eine Zeitdauer von 5–20 Sekunden als Minimum und Maximum hinreichend, um die Umwandlung zu bewirken. Nachdem die Säure lange genug eingewirkt hat, bringt man das Papier in kaltes Wasser, dann in verdünnte Ammoniaklösung und schliesslich wieder in Wasser, um alle Säure auszuwaschen, zuletzt trocknet man es. Beim freiwilligen Trocknen kraust sich das Pergamentpapier, so dass es unansehnlich aussieht. Um dieses zu verhindern, wird folgendes Verfahren angewendet: Eine Dampfmaschine zieht das endlose Papier zuerst durch einen Bottich mit Schwefelsäure, dann durch Wasser, Ammoniak und wieder Wasser, hierauf über Tuchwalzen, um es von einem Theile des Wassers zu befreien und endlich über polirte und erhitzte Walzen, durch welche es gepresst und geglättet wird.

Das Pergamentpapier, regelrecht bereitet, besitzt dieselbe Farbe und durchscheinende Beschaffenheit wie das thierische Pergament, auch hat sich bei ihm der faserige Zustand in eine hornartige Beschaffenheit verwandelt, und ebenso hat es in Bezug auf Cohäsion, Biegsamkeit, Hygroskopicität u. s. w. viel Aehnlichkeit mit dem gewöhnlichen Pergament. In Wasser getaucht, wird es weich und schlaff, ohne an Festigkeit zu verlieren. Es lässt Flüssigkeiten nur vermöge der Dialyse durch sich hindurch. Es wird durch Kochen mit Wasser nicht angegriffen und fault auch nicht. Die werthvollen Eigenschaften des Pergamentpapieres lassen dasselbe in mancherlei Anwendungen als geeignet erscheinen, so namentlich als Material für Urkunden und Dokumente, Werthpapiere und überhaupt alle Schriftstücke, deren Erhaltung von Wichtigkeit ist. Ein anderer Vorzug des Pergamentpapieres im Vergleich mit dem gewöhnlichen Pergamente besteht darin, dass ersteres weit weniger als letzteres der Zerstörung durch Insekten ausgesetzt ist. Das Pergamentpapier bietet ferner den Vortheil dar, dass man ein darauf geschriebenes Wort nur schwierig verlöschen und durch ein anderes ersetzen kann, was eine gewisse Sicherheit gegen Fälschung gewährt. Die Festigkeit und Dauerhaftigkeit des Pergamentpapieres lässt dasselbe zu Plänen und Zeichnungen, namentlich zu Bauzeichnungen, die nicht selten der Nässe ausgesetzt sind, als besonders geeignet erscheinen. Ferner kann das Pergamentpapier zum Einbinden von Büchern ausgedehnte Anwendung finden. Bücher, Karten etc., die zum Schulgebrauche bestimmt sind, können zweckmässig auf Pergamentpapier gedruckt werden, damit sie dauerhafter sind. Anstatt der Thierblase eignet es sich zum Verschliessen von Gläsern mit eingemachten Früchten, mit Extracten, Syrupen etc., zur Verbindung der Theile von Destillir- und anderen Apparaten, zu künstlichen Wurstdärmen. In der Chirurgie verwendet man es statt der Leinwand, des Wachstuches und der Guttapercha bei eiternden und verjauchenden Wundflächen.

Das Stärkemehl.

Allgemeines.

Das Stärkekorn, eine der verbreitetsten Substanzen des Pflanzenreiches, erscheint immer in organisirter Form und besteht aus Stärkesubstanz (Stärkemehl, Amylon), Wasser und kleinen Mengen mineralischer Stoffe. Das Stärkemehl nähert sich unter allen organischen Verbindungen in chemischer und morphologischer Hinsicht am meisten der Cellulose; seine Zusammensetzung $C_6H_{10}O_5$ ist die nämliche. In Folge seines lockeren Zusammenhanges lässt sich das Stärkemehl durch chemische und physikalische Agentien mit Leichtigkeit in Stärkegummi (lösliche Stärke, Dextrin) und in Zucker überführen, und wird dadurch zu einer der in technischer Hinsicht wichtigsten Substanzen. Mit seltenen Ausnahmen kommt das Stärkemehl in Körnerform oder Kügelchen von bestimmter Gestalt und Grösse vor. Das einzelne Stärkemehlkorn ist nicht durch und durch homogen, sondern besteht aus zahlreichen, aneinander gelagerten Schichten, die im Allgemeinen, je weiter nach innen (nach Nägeli) um so wasserhaltiger sind. Der innerste Theil des Kornes stellt sich gewöhnlich als eine lufterfüllte Höhle dar, um welche herum die Schichten abgelagert zu sein scheinen. In der Regel liegen die dickeren Stellen aller Schichten sämmtlich nach einer Richtung hin; sind die Schichten überall gleich dick, so bleiben die Körner kugelförmig; sind sie in der Aequatorialzone dicker, so nimmt das Stärkemehlkorn eine linsenförmige Gestalt an u. s. w. Bei der mikroskopischen Prüfung zeigen sich die Grenzen der Schichten als Linien, bald mehr, bald weniger deutlich ausgeprägt, welche um die Centralhöhlung herumlaufen.

Payen hat die grössten Dimensionen der Stärkemehlkörner bestimmt und dieselben in $^1/_{1000}$ Millimetern angegeben. Aus seinen Untersuchungen heben wir folgende Beispiele hervor:

Stärkekörner	aus	dicken Kartoffeln	185
„	„	gewöhnlichen Kartoffeln	140

„	„	Maranta indica	140
„	„	Bohnen	74
„	„	der Sagopalme	70
„	„	Linsen	67
„	„	Erbsen	50
„	„	Weizen	50
„	„	Mais	50

Fig. 206 zeigt (nach Schleiden) Körner von Kartoffelstärke, Fig. 207 von Weizen. Die Kartoffelstärke bildet wegen der Grösse ihrer Körner ein etwas weniger feines Pulver als die Weizenstärke.

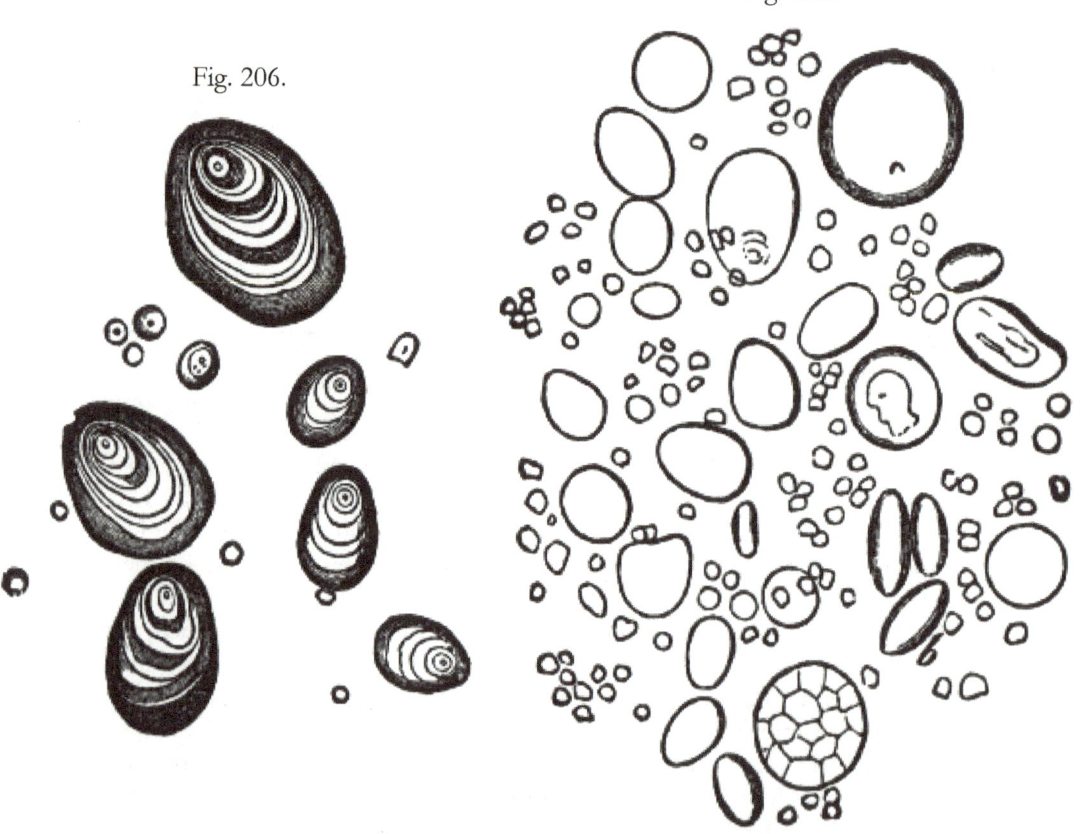

Fig. 206. Fig. 207.

Eigenschaften des Stärkemehls.

Das gewöhnliche Stärkemehl enthält im lufttrockenen Zustande noch ungefähr 18 Proc. Wasser. In diesem Zustande besitzt das Stärkemehl, obgleich es pulverförmig ist, doch noch grosse Neigung, sich zu Ballen zu vereinigen. An feuchter Luft aufbewahrtes Stärkemehl enthält gegen 35,5 Proc. Wasser. In kaltem Wasser, in Alkohol und Aether, ätherischen und fetten Oelen ist Stärkemehl vollkommen unlöslich. Bei einer Temperatur von 160° geht gewöhnliche Stärke in Dextrin über. Erwärmt man Stärkemehl mit der 12–15fachen Wassermenge bis auf 55°, so findet keine sichtbare Veränderung der Stärke statt; bei einer Temperatur von 55–

58° beginnen die jüngeren Stärkekörner aufzuschwellen, und je höher die Temperatur steigt, eine desto grössere Anzahl von Körnern zeigt diese Wirkung; bei höherer verdickt sich die Flüssigkeit (bei Kartoffelstärke bei 62,5°, bei Weizenstärke bei 67,5° nach Lippmann) und bildet dann den Kleister, dessen Consistenz bis 100° noch zunimmt. Die Kleisterbildung geht vor sich durch das Platzen der Schichten und durch Wasseraufnahme der schwammigen Masse. Der Kleister enthält keine Stärke gelöst; auf Fliesspapier oder durch Frostkälte kann man demselben das Wasser entziehen. Das Steifungsvermögen des Kleisters aus den verschiedenen Stärkesorten ist ein verschiedenes, so ist nach J. Wiesner (1868) des Steifungsvermögen der Maisstärke bei gleicher Bereitung und gleicher Menge des zum Steifen verwendeten Kleisters grösser als das der Weizenstärke und dieses grösser als jenes der Kartoffelstärke. Durch längere Zeit fortgesetztes Kochen der Stärke mit Wasser löst sich die Stärke darin auf; 1 Th. Stärke löst sich in 50 Th. Wasser, beim Erkalten der Lösung scheidet sich ungefähr die Hälfte in Form von Kleister ab. Die Stärke wird durch Jod eigenthümlich blau oder violett gefärbt. Die trockene Stärke besitzt ein spec. Gewicht von 1,53, sie setzt sich demnach leicht aus dem Wasser ab. Alkalien und verdünnte Säuren bewirken schon in der Kälte Schwellen und theilweise Zerstörung der Schichten der Stärkemehlkörner. Durch die Einwirkung von siedendem Wasser, welches 2 pro Mille Oxalsäure gelöst enthält, kann man die Stärke vollständig lösen. In der Lösung ist Dextrin enthalten. Ebenso löst sich Stärkemehl unter Dextrinbildung, wenn man die Stärke mit Malzauszug (sogenannter Diastase) oder verdünnten Säuren zusammenbringt. Bei der Behandlung mit Speichel, organischen Säuren und verschiedenen anderen Lösungsmitteln wird der Hauptbestandtheil der Stärkekörner, von Nägeli mit dem Namen Granulose belegt, ausgezogen und es bleiben den Schichtungen entsprechende, aus Cellulose bestehende häutige Zellen zurück. Durch fortgesetzte Einwirkung von Malzauszug und Säuren geht die Stärke unter Wasseraufnahme in Stärkezucker (Dextrose, Glycose) über[103]. Das Stärkemehl löst sich in der Kälte in concentrirter Salpetersäure; Wasser fällt aus dieser Lösung eine explosive Verbindung, das Xyloïdin (welches neuerdings von Uchatius als weisses Schiesspulver in die Technik einzuführen versucht worden ist). Beim Erhitzen von Stärkemehl mit concentrirter Salpetersäure findet Bildung von Oxalsäure unter lebhafter Entwickelung von rothen Dämpfen statt. Der Stärkekleister wird an der Luft nach und nach sauer unter Bildung von Milchsäure.

Rohmaterialien der Stärkemehlfabrikation.

Nur wenige Pflanzen enthalten die Stärke in solcher Menge, dass mit Vortheil daraus das Stärkemehl abgeschieden werden könnte; diese Pflanzen sind a) die Kartoffeln (20 Proc. Stärke), b) der Weizen (55–65 Proc. Stärke), c) der Reis (mit 70–73 Proc. Stärkemehl), d) die Wurzel von *Jatropha Manihot*, e) die Wurzel von *Maranta arundinacea*, f) das Palmenmark, g) die *Canna coccinea* (wegen des alle Monate erfolgenden Blühens *Tous les mois* genannt). In Deutschland stellt man das Stärkemehl nur aus Kartoffeln, Reis und Weizen dar; bei der Gewinnung aus Weizen hat man die Stärke aus einer grossen Menge Kleber auszuscheiden, während bei den Kartoffeln die Stärke in Zellen eingeschlossen ist, die ausserdem nur wenig andere Stoffe enthalten.

Stärke aus Kartoffeln.

Gewinnung der Kartoffelstärke. Die Kartoffeln bilden das wichtigste Material der Stärkefabrikation. Ihre mittlere Zusammensetzung ist folgende:

	Frische Kartoffeln	Bei 100° getrocknet.
Wasser	75,1	—
Albumin	2,3	9,6
Fett	0,2	0,8
Cellulose	0,4	1,7
Salze	1,0	4,1

Stärkemehl	21,0	83,8
	100,0	100,0

Sie enthält 28 Proc. Trockensubstanz oder 23 Proc. unlösliche Substanz und 77 Proc. Saft.

Fig. 208.

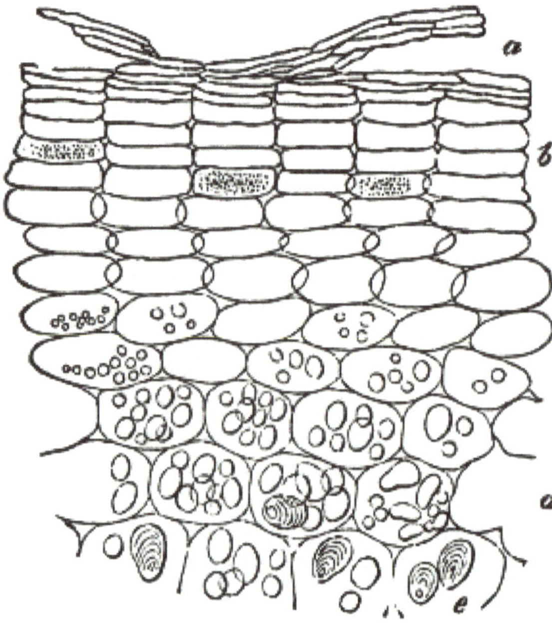

Fig. 209.

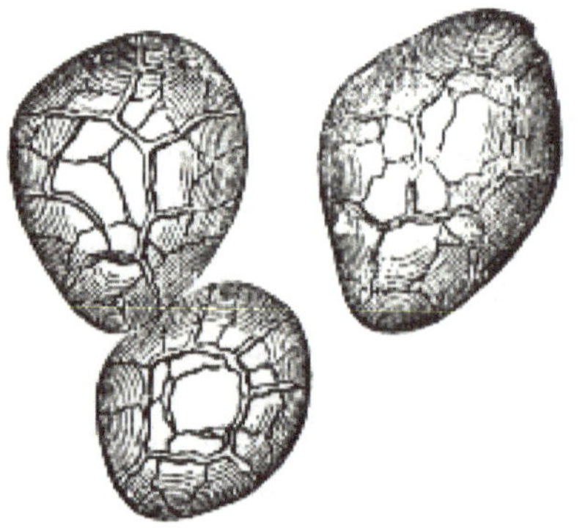

Die Stärkekörner finden sich in den Kartoffeln in Zellen eingeschlossen, die zerrissen werden müssen, wenn es sich um die Fabrikation der Kartoffelstärke handelt. Fig. 208 zeigt (nach Schleiden) einen feinen Querschnitt einer frischen gesunden Kartoffel unter dem Mikroskope betrachtet. An der Aussenseite der Kartoffel befinden sich einige Lagen flachgedrückter bräunlicher Zellen, die sich zuweilen in einzelnen Lappen *a* ablösen. Man nennt sie die Oberhaut der Kartoffel; an diese schliessen sich die Borkenzellen *b* an, welche zuweilen einen feinkörnigen Inhalt zeigen, meist aber nur eine klare Flüssigkeit einschliessen. Weiter nach dem Innern der Kartoffeln zu gehen sie nach und nach in die äussern *c* und durch diese in die innern Rindenzellen *d* über, mit welchen letztern auch die Markzellen der Kartoffeln übereinstimmen. In den Markzellen liegen die Stärkekörner in der Zahl von 15–20. In den äussersten Zellen sind fast nur kleine Körner, ebenso in den ganz jungen Kartoffeln; letztere scheinen mit der Kartoffel zu wachsen. Wird eine Kartoffel gekocht, so trennen sich die einzelnen Zellen von einander (das Mehligwerden der Kartoffeln) (Fig. 209). Die Stärkekörner in jeder Zelle quellen auf und erfüllen den Raum bis auf kleine netzförmig verbundene Streifen, die aus geronnenem Eiweiss des Zellensaftes bestehen.

Die Fabrikation des Stärkemehls zerfällt in

1) das Zerreiben der gereinigten Kartoffeln,

2) das Auswaschen des Stärkemehls aus dem Brei,

3) das Reinigen und Trocknen der Stärke.

Die Kartoffeln werden gereinigt und dann sofort auf den Trichter oder Rumpf gebracht, der sie nach und nach zu dem Reibcylinder gelangen lässt. Der Reibcylinder besteht in den älteren Fabriken aus hölzernen, mit Reibeisenblech beschlagenen Walzen, deren untere Hälfte in Wasser taucht, um den dem Reibeisen adhärirenden Kartoffelbrei abzuspülen. In neuerer Zeit bedient man sich allgemein zum Zerreiben der

Kartoffeln des mit Sägezähnen versehenen Thierry'schen Reibcylinders, wie er in den Rübenzuckerfabriken zum Zerreiben der Rüben Anwendung findet. Die auf dem Cylinder befestigten Sägeblätter müssen kürzere Zähne haben als die zum Zerreiben der Zuckerrüben angewendeten Sägen, damit alle Zellen zerrissen werden und das blossgelegte Stärkemehl alsdann durch blosses Waschen und durch gelindes Reiben ausgewaschen werden kann. Die Leistung der Reibmaschine ist um so vollkommener, je vollständiger alle Zellen geöffnet, je weniger dagegen Zellen in Bruchstücke verwandelt werden. Man ertheilt den Cylindern eine Umdrehungsgeschwindigkeit von 600–900 Umdrehungen in der Minute. Ein Cylinder von einem Durchmesser von 0,50 Meter und einer Länge der Sägeblätter von 0,40 Meter kann, bei 800 Umläufen in der Minute, 14–15 Hektoliter Kartoffeln in einer Stunde zu Brei reiben. Der Brei kommt sofort auf die Apparate zum Auswaschen.

Unter den zum Auswaschen des Stärkemehls aus dem Kartoffelbrei dienenden Apparaten war früher das Cylindersieb das gebräuchlichste. Dieser Apparat bestand wesentlich aus einem runden Metallsieb, in welchem ein Paar Bürsten langsam rotirten und den im Siebe befindlichen Kartoffelbrei unter fortwährendem Wasserzufluss so lange durchrieben bis das Wasser hell abfloss, worauf der Rückstand entfernt und neuer Brei in das Sieb gebracht wurde. Das Auswaschwasser, welches die Stärkekörner suspendirt enthält, wird nach den Absetzbottichen geleitet. Obgleich das angegebene Verfahren ziemlich einfach ist, so hat es doch mehrere wesentliche Nachtheile, die seiner Anwendung im Wege stehen. Das Auswaschen ist nämlich keineswegs ein vollkommenes und es bleibt ein nicht unbeträchtlicher Theil Stärke in dem Brei zurück; ferner geht das Auswaschen nicht ununterbrochen vor sich, des Ausleeren des erschöpften Breies und das Beschicken des Cylinders mit neuem Brei nimmt viel Zeit weg. Bei dem ununterbrochen wirkenden Auswaschapparat von Lainé ist der Verlust an Stärkemehl möglichst vermieden, da man das Auswaschen des Breies längere Zeit fortsetzt, ohne jedoch dadurch die Arbeitsleistung des Apparates zu beeinträchtigen. Das Wesentliche des Lainé'schen Apparates ist ein geneigtes Sieb, aus mehreren Reihen Drahtgewebe in verschiedenen Abstufungen der Feinheit bestehend, welches sich über einem in mehrere Abtheilungen getheilten Trog befindet. Der Kartoffelbrei gelangt aus dem Reibcylinder in einen am untersten Theil des geneigten Siebes befindlichen Raum. Von hier aus führen ihn zwei Vaucanson'sche Ketten auf die beiden Gewebe bis zum obern Theil des geneigten Siebes, wo der ausgewaschene und erschöpfte Brei beseitigt wird. In der ganzen Länge des Siebes fliesst ein Wasserstrahl auf den Brei. Das Wasser gelangt mit der Stärke durch die Maschen des Siebes in die entsprechenden Abtheilungen. Von hier aus wird es zum Auswaschen des aufsteigenden, noch nicht erschöpften Breies verwendet. Auf diese Weise wird das Wasser immer stärkemehlhaltiger, bis es endlich in die letzte Abtheilung des Troges gelangt und in die Absetzbottiche läuft. Der Apparat ist vollkommen rationell construirt, das unterste Sieb mit den weitesten Maschen empfängt ununterbrochen frischen Kartoffelbrei, während vom obersten engsten Siebe die Rückstände ebenso ununterbrochen fortgeführt werden. Gleichzeitig geht der Wasserstrom, der das Auswaschen des Breies bewirken soll, von oben nach unten über das Sieb, sodass der Brei, je mehr er erschöpft ist, um so reineres Wasser trifft. Bei dem in Hohenheim aufgestellten Apparate fällt der Kartoffelbrei unmittelbar durch einen Schlauch von der Reibmaschine auf eine Siebfläche, welchem durch ein Räderwerk eine rüttelnde Bewegung ertheilt ist und auf welche Wasser fliesst. Dadurch wird schon der grösste Theil der Stärke ausgewaschen und gelangt mit dem Wasser in einen Sammelbottich. Von dem Siebe kommt der Brei zwischen steinerne Walzen, welche ihn durch ungleiche Drehung noch feiner zerreiben, ehe er in einen Siebcylinder gelangt, der sich langsam um seine Axe dreht und zugleich mit Wasser versehen wird. Hier wird das Stärkemehl vollständig von den Fasern getrennt. Es lassen sich mit dieser Vorrichtung täglich 80–100 Ctr. Kartoffeln zerreiben und auswaschen.

Verfahren von Völker.

Ein von den vorstehenden Methoden im Princip gänzlich verschiedenes Verfahren der Abscheidung des Stärkemehls von den Kartoffeln ist neuerdings von Völker angewendet worden. Es wird dabei die Structur der Kartoffeln theils mechanisch, theils chemisch, durch Verrottung zerstört und eine viel grössere Ausbeute an Stärkemehl erhalten. Die in Scheiben zerschnittenen Kartoffeln werden durch Maceration in Wasser von dem grössten Theile ihres Vegetationswassers beraubt und dann durch einen chemischen Process in eine fein zertheilte Masse verwandelt; zu diesem Zwecke bringt man die zu verrottende Kartoffelsubstanz in Haufen von mehreren Fuss Höhe, um eine Selbsterwärmung herbeizuführen; damit die unteren Schichten nicht von den oberen zusammengedrückt werden, wodurch der Luftzutritt verhindert wäre, bildet man die Haufen aus abwechselnden Schichten von Kartoffelsubstanz und Reissigholz oder Horden. Die Haufen überlässt man bei einer Temperatur von 30–42° sich selbst. Nach etwa acht Tagen ist die Verrottung genügend vorgeschritten und der Faserstoff hat soweit seinen Zusammenhang verloren, dass die Kartoffelsubstanz in eine weiche, teigartige Masse verwandelt ist. In der Masse befinden sich Stärkemehl, Faserstoff und Schale in einem breiartigen und lockeren Gemenge neben einander, sodass nun eine vollständige Abscheidung des Stärkemehls auf mechanischem Wege leicht ausführbar ist. Man weicht zu diesem Behufe die Masse in Wasser auf und lässt sie durch ein groblöcheriges Sieb gehen, wobei die gröbsten Theile zurückbleiben. Die Abscheidung der gröberen Theile geschieht mit Hülfe eines Haar- oder Drahtsiebes, dessen Maschen so fein sind, dass nur das Stärkemehl und feine Fasertheilchen hindurchgehen. Die Trennung der Stärkekörner von den Fasertheilchen geschieht durch einen Schlämmapparat, durch welchen die Faser durch das Wasser fortgeführt wird, während die schweren Stärkekörner zurückbleiben.

Das Trocknen der Kartoffelstärke.

Man mag den einen oder den andern der vorstehend beschriebenen Auswaschapparate angewendet haben, in allen Fällen ist das Resultat des Auswaschens eine milchweisse Flüssigkeit, aus welcher in den Sammelbottichen sich nach einigen Stunden alle Stärke vollständig abgesetzt haben wird. Nachdem die darüber stehende Flüssigkeit abgelassen wurde, rührt man das Stärkemehl mit neuem Wasser an und lässt einen Augenblick ruhen, damit schwere Körper, wie Steinchen, Erde u. s. w., sich ablagern können, und zieht das aufgeschlämmte Stärkemehl durch ein feines Sieb. Das Abschlämmen wird, je nach der Stärkesorte, die man darzustellen beabsichtigt, nochmals oder auch zweimal wiederholt, wobei man Siebe mit engeren Maschen als vorher anwendet. Nach dem letzten Auswaschen setzt sich das Stärkemehl am Boden der Sammelbottiche ab und bildet eine genügende harte Masse, um sich leicht in Stücke schneiden zu lassen. Man bringt nun diese Stücke auf mit Leinwand bedeckte Horden und breitet durch Schütteln die Stärke darauf aus. Nach etwa 24 Stunden bringt man die abgetropfte Stärke auf eine Gypsunterlage von 2 Decimeter Dicke und lässt sie je nach der Witterung und Jahreszeit 1–2 Tage darauf liegen. Durch den Gyps wird der Stärke so viel Wasser entzogen, dass sie nun den Trockenkammern übergeben werden kann. In neuerer Zeit sucht man die Entfernung des Wassers von den Stärkekörnern durch Centrifugiren der Stärkemilch zu erreichen. Soll die Stärke zur Fabrikation von Dextrin oder Stärkezucker dienen, so braucht man sie nicht zu trocknen. Die feuchte Stärke, welche ungefähr 33 Proc. Wasser enthält und den Namen grüne Stärke führt, lässt sich, ohne zu verderben, längere Zeit aufbewahren. Die Temperatur der Trockenstuben darf im Anfange nicht über 60° steigen, weil sonst in Folge des hohen Wassergehaltes die Stärke sofort in Kleister übergehen würde. Nachdem die Stärke getrocknet ist, zerdrückt man die locker zusammengebackenen Stücke mit Hülfe einer eisernen Walze oder auch, indem man die Stücke zwischen Bronzewalzen hindurchgehen lässt, und bringt sie entweder zerbröckelt in den Handel (als sogenannte Schäfchen) oder beutelt sie. Die Stengelstärke gewinnt man, indem man die feuchten Stärkekuchen mit Stärkekleister zu einem dicken Teig knetet und diesen Teig durch Trichter mit vielen engen Oeffnungen (Zotten), welche über Horden durch Maschinen in constantem Abstand herumgeführt werden, gehen lässt. Auf diesen Horden wird die Stärke getrocknet und in leichten Fässchen, die innen mit Strohpapier beklebt sind, versendet. Um aus Kartoffeln die grösste Menge Stärke zu erhalten, dürfen dieselben nicht gekeimt haben, da durch das Keimen der Stärkemehlgehalt beträchtlich abnimmt. Bei zweckmässigem Aufbewahren der Kartoffeln in Silos findet noch Zunahme im Stärkemehlgehalt statt, sodass Kartoffeln, welche im September und October 16 Proc. Stärkemehl enthielten, vom November bis März einen Gehalt von 18 Proc. zeigen.

Gewinnung der Weizenstärke.

Von den Cerealien findet allein der Weizen zur Fabrikation der Stärke Anwendung. Die Zusammensetzung des (ungarischen) Weizenkornes ist (nach O. Dempwolf, 1869) folgende:

Wasser	10,51
Asche	1,50

Kleber	14,35
Stärke	65,40
Fett und Holzfaser	18,24
	100,00

Von den Bestandtheilen des Weizens ist hervorzuheben, dass

und dass von den drei erstgenannten unlöslichen Weizenbestandtheilen der Kleber von Milchsäure und verdünnter Essigsäure gelöst wird, während sich Stärkemehl und Hülle darin nicht lösen. Man wählt zur Stärkefabrikation einen Weizen, der auf mässig cultivirtem Boden gebaut wurde und arm an Kleber, reich an Stärkemehl ist. Man zieht deshalb einen weissen mehligen Weizen einem braunen kornartigen vor.

Man unterscheidet verschiedene Arten der Gewinnung der Weizenstärke, nämlich

A. mit Gährung (älteres Verfahren),

α) aus ungeschrotetem ⎤ Weizen,
β) aus geschrotetem ⎦

B. ohne Gährung (neueres Verfahren).

Die Gewinnung der Stärke aus Weizen mit Gährung ist, obgleich keineswegs ein rationelles Verfahren, doch in Deutschland noch immer das gebräuchlichste; man unterscheidet dabei folgende vier Operationen:

1) das Einquellen und Gähren des Weizens,

2) das Auswaschen der Stärke (das Austreten) aus der gegohrenen Masse,

3) das Auswaschen und Reinigen der gewonnenen Stärke,

4) das Trocknen derselben.

Wird ungeschroteter Weizen verarbeitet, so übergiesst man den Weizen in Quellbottichen mit Wasser und lässt ihn weichen, bis er zwischen den Fingern mit Leichtigkeit zerdrückt werden kann. Zur Absonderung der Hüllen zerquetscht man die Körner entweder durch Treten in Säcken, die in einer flachen Kufe mit Wasser übergossen sind, oder zerdrückt sie zwischen Walzen und verdünnt den erhaltenen Brei mit Wasser, in welchem sich der grösste Theil der Stärkemehls und des Klebers aufschwemmt, zieht das milchige Wasser von den zurückbleibenden Hüllen ab und schlämmt so lange ab, bis das Wasser klar abläuft. Das milchige Wasser überlässt man in Sammelbottichen sich selbst. Es lagert sich eine Schicht ziemlich reiner Stärke ab und darüber eine Lage durch Kleber verunreinigter Stärke. Nach einigen Tagen ist das darüber stehende Wasser sauer und ein Theil des Klebers in der entstandenen Milchsäure und Essigsäure gelöst worden; man ersetzt es durch frisches Wasser, lässt auch dieses sauer werden und fährt so einigemal fort. Darauf wird die Stärke mit frischem Wasser angerührt, absetzen gelassen und zum Trocknen gebracht.

Wendet man Weizenschrot zur Darstellung der Stärke an, so rührt man dasselbe mit *Sauerwasser*, d. h. dem von einer vorhergehenden Operation herrührenden, sauer gewordenen Wasser zu einem dünnen Brei ein und überlässt die Masse in Bottichen der Gährung. Unter Mitwirkung eines Theiles des Klebers, der in Hefe übergegangen ist, erleidet die durch das Einweichen in Wasser in dem Weizen entstandene kleine Menge Zucker die geistige Gährung; es findet reichliche Kohlensäureentwickelung statt und es bildet sich eine Decke, die gehoben und später durchbrochen wird. Nun geht die Alkoholgährung in die Essig- und später auf Kosten eines kleinen Theiles Stärke in die Milchsäuregährung über; durch die so entstandenen Säuren löst sich der Kleber, während Stärkemehl und Hülle ungelöst zurückbleiben. Sobald die Flüssigkeit in den Gährungsgefässen ziemlich klar erscheint und beim Kneten in der Hand die Stärke leicht abgiebt, ist die Masse zum Auswaschen geeignet. Je nach der Temperatur sind 12–30 Tage erforderlich, um allen Kleber zu lösen. Das saure Wasser enthält ausser dem Kleber Essigsäure, Milchsäure, Buttersäure (kleine Mengen von Bernsteinsäure), Ammoniaksalze, etwas Schwefelwasserstoff und die mineralischen Bestandtheile des Weizens, namentlich phosphorsaure Erden. Nachdem die Masse durch Gährung den erforderlichen Grad der Reife erlangt hat, schreitet man zum Auswaschen oder Austreten derselben. Zu diesem Behufe bringt man die gut umgerührte Masse in hanfene Säcke (Tretsäcke) und tritt sie in dem Tretfasse mit den Füssen aus. Die so gewonnene milchige Flüssigkeit wird in die Absüsswannen gebracht. Der Inhalt in den Säcken wird ein zweites und dann ein drittes Mal mit Wasser ausgetreten; der auf diese Weise von dem Stärkemehl befreite Rückstand ist ein Gemenge von Hüllen und Kleber und dient als Mastfutter. Die ausgetretene milchige Flüssigkeit enthält Stärkemehl, kleine Mengen feinzertheilten Klebers und etwas Hüllensubstanz, und zwar suspendirt in einer sauren Lösung von Kleber und anderen Eiweisssubstanzen und mineralischen Salzen; man lässt sie durch ein feines Haarsieb gehen und schreitet dann zum Absüssen und Abschlämmen der Stärke. Das Austreten der gegohrenen Masse ist in den grösseren Stärkefabriken gegenwärtig durch ein anderes Verfahren ersetzt, nach welchem die Masse in eine siebähnlich durchlöcherte Trommel, die sich um ihre Axe dreht, kommt und darin unter Zufluss von Wasser ausgewaschen wird. Die nach der einen oder der andern Methode erhaltene milchige Flüssigkeit wird in den Sammelbottichen sich selbst überlassen; hier setzen sich nun die suspendirten Stoffe und zwar nach ihrem specifischen Gewichte ab, am Boden bildet sich eine feste Schicht von ziemlich reiner Stärke, dann kommt ein Gemenge von Stärke mit Hüllen und Kleber, und obenauf als oberste Schicht ein Schlamm, fast nur aus Kleber und Hüllen und nur kleiner Menge von Stärkemehl bestehend. Die über dem Absatz stehende Flüssigkeit ist das Sauerwasser, welchem zum Theil frisches Gemenge von Weizenschrot und Wasser zur Beschleunigung der Gährung zugesetzt wird, der übrige Theil wird mit den ausgetretenen Rückständen als Viehfutter verwendet. Die in den Sammelbottichen zurückbleibende Stärke wird mit Wasser angerührt und abermals absetzen gelassen; die durch Abzapfen von dem darüber stehenden Wasser befreite Stärkeschicht wird durch Abschaben von der oberen kleber- und hüllehaltigen Schicht befreit und dann nochmals mit Wasser angerührt u. s. w., bis das darüber stehende keine saure Reaction mehr besitzt. Um die Stärke aus den Absatzbottichen herausnehmen zu können, wird ihr ein Theil des Wassers durch aufgelegte Tücher entzogen; darauf entfernt man die Stärke aus den Kufen mit Hülfe eines spatenähnlichen Instruments und trocknet sie auf die bereits angegebene Art. Wenn es sich um die Herstellung von Waschstärke handelt, so setzt man der Stärke während des Reinigungsprocesses eine kleine Menge von Ultramarin zu, die sich in dem Stärkemehl vertheilt und mit demselben absetzt. In neuerer Zeit hat man den Vorschlag gemacht, das Austrocknen der Stärke durch Anwendung der Centrifugalmaschine zu beschleunigen.

Die Gewinnung der Weizenstärke ohne Gährung ist ein von E. Martin eingeführtes Verfahren, welches die ältere Methode zum Theil schon verdrängt hat. Nach diesem Verfahren knetet man Weizenmehl mit Wasser zu einem Teige an und nimmt auf 100 Th. Mehl ungefähr 40 Th. Wasser. Der Teig bleibt vor dem Auswaschen ½–2 Stunden liegen, damit der Kleber gehörig Wasser anziehe. Behufs des Auswaschens bringt man den Teig auf ein feines Drahtsieb, das über einem mit Wasser angefüllten Bottich liegt. Ueber dem Sieb befindet sich eine Brause, welche feine Wasserstrahlen über den Teig giesst, der Teig wird in der Quantität von etwa 10 Pfd. geknetet, bis das Wasser nicht mehr milchig abläuft. Man lässt die Stärke aus dem Wasser sich absetzen, zapft das darüber stehende Wasser ab, rührt die am Boden des Bottichs befindliche Stärke mit etwas Wasser an und lässt die Flüssigkeit an einem warmen Orte leicht gähren, um den mit durchgegangenen Kleber leicht aufzulösen. Die Reinigung und Trocknung geschieht auf die gewöhnliche Weise. Um der Weizenstärke die im Handel beliebte Form von Stängelchen oder Schäfchen zu geben, wickelt man die feuchten Stärkekuchen in Papier und schnürt das Packet mit Schnüren fest zu, ehe man es trocknet; während des Trocknens zieht sich die Masse zusammen und zertheilt sich in ziemlich gleichartige Stängelchen. Die Bildung derselben ist eine Folge der linsenförmigen Form der Weizenstärke, weshalb die Körnchen leicht aneinander haften und die so entstandenen Massen beim Trocknen daher nur in gewissen Richtungen sich spalten. Nach der Methode von Martin erhält man aus 100 Th. Weizenmehl ungefähr 25 Proc. Kleber (*Gluten, gluten granulé*) mit 38 Proc. Wasser. Man verwendete ihn zuerst zur Fabrikation der Macaroni, der Nudeln u. s. w., indem man denselben mit gewöhnlichem Mehl und Wasser zu einem Teig knetete. Später schlug man vor, ihn statt des Albumins und Caseïns beim Zeugdruck oder im gefaulten Zustande als vegetabilischen Leim in Anwendung zu bringen. Da der frische Kleber leicht fault und deshalb in diesem Zustande nicht versendet werden kann, so haben die Gebr. Véron und R. Günsberg vorgeschlagen, den Kleber zu granuliren und dann zu trocknen. Dazu wird der frische Kleber mit der doppelten Gewichtsmenge Mehl zusammengeknetet, der Teig in lange Streifen ausgerollt und diese sodann in die Form von Körnchen (Klebergraupen) gebracht, welche bei 30–40° getrocknet werden. Durch dazwischen gestreutes Mehl werden die Körner am Zusammenkleben verhindert. Nach dem Trocknen werden die Körner durch Sieben sortirt. Der gekörnte Kleber ist ein Nahrungsmittel, welches weit mehr nährende Bestandtheile enthält, als eine gleiche Menge Mehl oder Schiffszwieback.

Zusammensetzung der käuflichen Stärke und Anwendung derselben.

Die Zusammensetzung der käuflichen Stärke ist nach J. Wolff folgende:

	1.	2.	3.	4.	5.	6.
Wasser	17,83	15,38	14,52	17,44	14,20	17,49
Kleber	—	—	0,10	Spur	1,84	4,96
Faser	0,48	0,50	1,44	1,20	3,77	2,47
Asche	0,21	0,53	0,03	0,40	0,55	1,29
Stärkemehl	81,48	83,59	83,91	81,32	79,63	73,79
	100,00	100,00	100,00	100,00	100,00	100,00

1. Feinste weisse Patentstärke in Stengeln, hatte ein sehr weisses, glänzendes, dem Krystallinischen fast ähnliches Aussehen und erwies sich als reine Kartoffelstärke; 2. Feinste blaue Patentstärke; mit Ultramarin gemischte Kartoffelstärke; 3. Reiner Weizenpuder; 4. Feine Weizenstärke in Brocken; 5. Mittelfeine Weizenstärke in gelblich weissen Brocken; 6. Ordinäre Weizenstärke in graulichgelben groben Brocken, die sich unter dem Mikroskop als ein Gemenge von Kartoffel- und Weizenstärke erwiesen. Der Wassergehalt der Stärke lässt sich (nach C. Scheibler's Verfahren) mit Leichtigkeit durch die Dichtigkeitsveränderung bestimmen, welche Alkohol erleidet, wenn er mit einer gewissen Menge wasserhaltiger Stärke digerirt wird.

Die Stärke wird in Substanz angewendet zum Steifen der Wäsche, zum Leimen des Papieres, in der Leinen- und Baumwollindustrie zur Bereitung der Schlichte und zur Appretur, zur Darstellung des Stärkegummis, des Stärkesyrups und Stärkezuckers, zur Fabrikation von Nudeln, künstlichem Sago u. s. w. Ausserdem ist sie das gebräuchlichste Nahrungsmittel, das wir in Gestalt von Brot und den sogenannten Mehlspeisen geniessen. Sie bildet ferner denjenigen Körper, aus welchem sich durch die Einwirkung gewisser Agentien Zucker und daraus

Alkohol erzeugt, sie ist mithin das Rohmaterial zur Erzeugung von Branntwein, Bier u. s. w. Für die Haushaltungszwecke findet, wenn es sich um die Stärke als Nahrungsmittel handelt, nur die Kartoffelstärke (als Kartoffelmehl oder Kraftmehl) Anwendung; zum Steifen der Wäsche und zur Bereitung von Buchbinderkleister giebt man dagegen der Weizenstärke mit Recht den Vorzug; in dem Kleister sind die Stärkekörner in Form gallertartiger Klümpchen enthalten, die in der Kartoffelstärke weit grösser sind als in der Weizenstärke; daraus ergiebt sich der Uebelstand, dass beim Bügeln der mit Kartoffelstärke gesteiften Gewebe durch das Bügeleisen, die Klümpchen zuweilen sich zusammenballen und fortschieben, was bei der Weizenstärke nie vorkommt. Der Kleister der Weizenstärke bleibt, der Luft ausgesetzt, längere Zeit unverändert, während der Kartoffelkleister nach einigen Tagen schon eine gallertartige Masse ausscheidet, über welcher eine wässerige und saure Flüssigkeit schwimmt; die durch Umrühren hergestellte Mischung der Masse mit der Flüssigkeit besitzt aber bei weitem nicht mehr das Klebevermögen des frischen Kleisters. Die Weizenstärke ist daher der Kartoffelstärke vorzuziehen und würde letztere längst schon aus dem Handel verdrängt haben, wenn sie ihr hinsichtlich der Weisse und Reinheit und des billigen Preises gleich käme. Einen wesentlichen Unterschied zeigen die beiden genannten Stärkearten in Beziehung ihrer Umwandlung in Zucker durch Malz. Nach den Versuchen von Lüdersdorff brauchen

100 Pfd. Kartoffelstärke 25,6 Pfd. trockenes Malz,

100 „ Weizenstärke 290,5 „ „ „

um vollständig in Stärkezucker übergeführt zu werden. Was das Steifungsvermögen der Stärkesorten betrifft, so fand C. Wiesner (1868), dass Maisstärke am wirksamsten steife, hierauf folgt Weizenstärke und am schlechtesten steift Kartoffelstärke. In Bezug auf Gleichmässigkeit der Steifung ist gefunden worden, dass Kartoffel- und Maisstärke die Weizenstärke bei weitem übertrifft.

Reisstärke, Kastanienstärke, Cassavastärke, Arrow-root.

Seit einigen Jahren wird in England, Frankreich, Belgien und dem Zollverein viel Reisstärke fabricirt. Zur Abscheidung des Klebers wendet man schwache Natronlauge an (im Hektoliter 287 Grm. Aetznatron enthaltend). Der ungeschälte Reis wird damit 24 Stunden macerirt, darauf gewaschen, zwischen Walzen zerquetscht oder zwischen Mühlsteinen gemahlen und dann durch Siebe mit Hülfe von Bürsten getrieben, auf welchen die Kleie zurückbleibt. Die aus dem Waschwasser erhaltene Reisstärke wird nochmals gesiebt, gewaschen, getrocknet und in die vom Handel gewünschte Form gebracht. Aus der Lauge, die zum Maceriren des Reis gedient hat, schlägt man den Kleber durch Neutralisation mit Schwefelsäure nieder, welcher nach dem Waschen, Trocknen und Mahlen als Viehfutter verwendet wird[104]. In neuerer Zeit hat auch die Fabrikation von Stärkemehl aus Rosskastanien in Frankreich eine gewisse Ausdehnung gewonnen. Die Fabrikationskosten sind nicht nur niedriger, sondern der Ertrag ist reichlicher als aus Kartoffeln; die Kastanienstärke ist ferner ebenso schön als die aus Getreide bereitete. 100 Th. frische Kastanien geben 19–20 Proc. trockene Stärke, die sich jedoch durch einen bitteren Geschmack auszeichnet. Das Arrow-root oder Pfeilwurzelmehl ist das Stärkemehl von *Maranta arundinacea* und *M. indica*, zweier in Westindien wachsenden Cannaceen, aus deren Wurzelsprossen auf dieselbe Weise, wie aus den Kartoffeln, 7–20 Proc. Stärkemehl abgeschieden werden; es kommt in Fässern, Büchsen oder Kasten von verzinntem Eisenblech in den Handel; die Gefässe sind mit dem Namen der Insel bezeichnet, auf der das Arrow-root gefunden wurde. Die Cassavastärke stammt aus den Wurzelknollen von *Jatropha Manihot* oder *Manihot utilissima* und *M. Aipin*, zweier Pflanzen aus der Familie der Ricineen, welche in Westindien und Südamerika, namentlich in Brasilien cultivirt werden. Die Wurzelknollen selbst führen den Namen Maniok. Die rohen Knollen enthalten Blausäure. Der Teig daraus wird aber für Menschen und Thiere geniessbar, wenn man ihn kocht oder röstet. Er ist in diesem Zustande eines der wichtigsten Nahrungsmittel in den Tropenländern. Die Darstellung der aus dem Maniok bereiteten Nahrungsmittel ist folgende: die Knollen werden grob zerrieben, wobei ein Theil des Saftes ausfliesst. Der durch Abtropfen von einem grossen Theile Flüssigkeit befreite Teig wird in irdenen Gefässen bis zum gelinden Rösten der mit den Gefässwänden in Berührung kommenden Theile erhitzt und bildet dann die Cassava, welche das Brot bei den Eingebornen des Landes ersetzt. Die kleine Menge Stärke, welche sich aus dem Safte absetzt, wird gewöhnlich in Form von Körnern (Cassava-Sago oder Mandioka) gebracht, indem man die feuchte Masse auf Platten erhitzt, wahrscheinlich um die Blausäure zu verflüchtigen. Das nach Europa eingeführte Luxusnahrungsmittel Tapioka ist nichts weiter als Cassava-Sago.

Sago.

Auf den Molukken und Philippinen bereitet man aus dem Marke der Sagopalme (*Sagus Rumphii*) den Sago. Der Sago von Guadeloupe rührt (nach J. Wiesner) von *Raphia farinifera*, gewisse ostindische Sorten angeblich von *Caryota urens* her. Behufs der Sagobereitung werden die Stämme gespalten, wird das darin befindliche Mark herausgenommen, mit Wasser durchknetet und die Stärke dann auf Sieben von Cocospalmenfasern ausgewaschen. Nachdem die Palmenstärke aus dem Wasser sich abgesetzt hat, wird sie ausgewaschen, auf Tücher zum Abtropfen gebracht und im noch feuchten Zustande durch Reiben durch Metallsiebe gekörnt. Die Körner lässt man auf eine heisse Kupferplatte fallen, wodurch die Stärke grösstentheils in Kleister verwandelt wird und nach dem Trocknen die bekannten regelmässigen und harten Körner bildet, welche beim Kochen in Wasser gallertartig werden, aber zum Theil ihre Form beibehalten. Ein grosser Theil der gegenwärtig im Handel vorkommenden Sago ist aus Kartoffelstärke dargestellt und mit Eisenoxyd oder gebranntem Zucker gefärbt.

Dextrin.

Das Dextrin, Gommeline, Dampfgummi, Stärkegummi, Gomme d'Alsace oder Leiokom ist eine dem arabischen Gummi sowol seiner Zusammensetzung (beide sind nach der Formel $C_6H_{10}O_5$ zusammengesetzt), als auch seinen übrigen Eigenschaften nach, nahestehende Substanz, welche sich durch kurze Zeit fortgesetzte Einwirkung verdünnter Säuren oder eines Malzaufgusses (Diastase) auf Stärkemehl und auch durch Rösten des letzteren bildet. Es ist im reinen Zustande vollkommen farblos und dem arabischen Gummi ähnlich, gewöhnlich indessen gelblich gefärbt, leicht und vollkommen in Wasser zu einer klaren dickflüssigen, klebenden Lösung löslich, unlöslich in absolutem Alkohol, etwas löslich in schwachem Weingeist. Seinen Namen erhielt es von seiner Eigenschaft, die Polarisationsebene der Lichtstrahlen kräftiger als irgend eine bekannte organische Substanz nach Rechts (*dexter*) abzulenken. Durch Jod wird es nicht blau wie die Stärke, sondern schwach amaranthroth gefärbt. Durch verdünnte Säuren geht das Dextrin in Traubenzucker (Dextrose) über. Eine mit Bierhefe versetzte Dextrinlösung geht nicht in Gährung über; bei einem Zusatz von Zucker zu dieser Mischung zersetzt sich aber ein grosser Theil des Dextrins ganz wie Zucker in Alkohol und Kohlensäure. Da das Dextrin in vielen Fällen ein wohlfeiles und brauchbares Surrogat des arabischen Gummi abgiebt, so ist seine Fabrikation zu einem nicht unbedeutenden Industriezweig geworden. Die Zusammensetzung des käuflichen Dextrins ist eine höchst wechselnde, wie aus folgenden Analysen R. Forster's (1868) folgt:

	1.	2.	3.	4.	5.	6.
	Dextrin, prima von Langensalza	Dunkel gebrannte Stärke	Dextrin, braunes	Gommeline	Dextrin, älteres	Hell gebrannte Stärke
Dextrin	72,45	70,43	63,60	59,71	49,78	5,34
Zucker	8,77	1,92	7,67	5,76	1,42	0,24
Unlösliches	13,14	19,97	14,51	20,64	30,80	86,47
Wasser	5,64	7,68	14,23	13,89	18,00	7,95
	100,00	100,00	100,00	100,00	100,00	100,00

Als Material der Dextrinbereitung wendet man fast überall Stärkemehl aus Kartoffeln, seltener aus Weizen an, da die erstere bei billigerem Preise weit reiner ist als die letztere.

Man stellt das Dextrin dar:

a) durch gelindes Rösten,

b) „ vorsichtige Einwirkung von Salpetersäure,

c) „ Erhitzen von verdünnter Schwefelsäure,

d) „ Behandeln mit Malzaufguss (Diastase).

Die Bereitung von Dextrin durch gelindes Rösten (Röstgummi) ist eine sehr einfache Operation; es wird nämlich das Stärkemehl auf geeignete Weise so weit erhitzt, dass es eine gelbbraune Farbe annimmt. Benutzt man Getreidestärkemehl, so nimmt man das Rösten in grossen Cylindern aus Kupfer- oder Eisenblech vor, durch welche, ähnlich wie bei einer Kaffeetrommel, eine eiserne, mit Kurbel versehene Axe geht, deren Lager sich in dem vierseitigen Mauerwerk des Ofens befinden. In diesen in steter Bewegung erhaltenen Trommeln wird das Stärkemehl erhitzt, bis es sich aufbläht und einem scharfgebackenen Brot ähnlich riechenden Dampf entwickelt. Kartoffelstärkemehl lässt sich nicht auf diese Weise behandeln, da dasselbe die nachtheilige Eigenschaft besitzt, in der Hitze zu Pulver zu zerfallen, das sich an die Wände der Trommel ansetzen und zum Theil verkohlen würde. Um diesem Uebelstande zu begegnen, ersetzt man die Cylinder durch Kessel mit flachem Boden, in denen ein mit Bürsten versehener Rührapparat sich befand. Es ergab sich indessen, dass die Bürsten auch verkohlten. Man construirte dann grosse Oefen, ähnlich den Backöfen, in welchen das Stärkemehl unter ununterbrochenem Umrühren geröstet wurde. Häufig befanden sich mehrere Metallplatten übereinander, auf denen das Stärkemehl in dünner Lage liegt. Da sowol in den Trommeln als auch in den Oefen sehr leicht ein Ueberhitzen der Stärke stattfinden kann, so empfiehlt sich ein Oelbad zum Erhitzen der Stärke. Ein flacher Kessel ist mit einem doppelten Boden versehen, in dessen Zwischenraum sich Oel befindet, dessen Temperatur durch ein eingesetztes Thermometer genau ermittelt werden kann. Durch vorsichtiges Erhitzen kann man die Temperatur völlig constant erhalten. Ein ununterbrochen thätiger Rührapparat bringt nach und nach alle Stärke mit der Kesselfläche in Berührung und somit auf die zur Dextrinbildung erforderliche Temperatur. Die geeignetste Temperatur ist 225–260°. Die gelbe oder bräunliche Farbe des durch Rösten erhaltenen Dextrins schliesst das Röstgummi von gewissen Anwendungen, wie z. B. in dem Zeugdruck bei hellen Farben, total aus. Man begann deshalb an bessere Darstellungsarten zu denken. Eine derartige, jetzt allgemein übliche ist die von Heuzé. Nach dieser verdünnt man 2 Kilogr. Salpetersäure von 1,4 spec. Gewicht mit 300 Liter Wasser und rührt in diese verdünnte Säure 1000 Kilogr. (= 20 Ctr.) Stärke, worauf die Masse in Kuchen geformt an freier Luft getrocknet wird. Nach dem Trocknen erhitzt man sie in dem angegebenen Trockenapparat bei langsam steigender Temperatur, bis bei etwa 80° Alles entwichen ist. Hierauf wird die Masse fein gemahlen, gesiebt und wieder in den Trockenapparat zurückgebracht, in welchem die Temperatur nun bis auf 100–110° gesteigert wird. In höchstens 1½ Stunde ist alle Stärke in Dextrin übergeführt. Das auf diese Weise mit Hülfe von verdünnter Salpetersäure dargestellte Dextrin lässt sich äusserlich von dem Stärkemehl nicht unterscheiden, es ist vollkommen weiss und in Wasser löslich. Auch vermittelst verdünnter Schwefelsäure stellte man früher Dextrin dar. Auch mit Salzsäure kann man Stärkemehl in Dextrin überführen, ebenso mit Milchsäure. Da das Dextrin bei seiner Anwendung immer in Wasser gelöst sein muss, so zieht man es bisweilen vor, das Dextrin sogleich als Lösung (Dextrinsyrup, Gummisyrup), und zwar aus Stärkemehl und Malzauszug (Diastase) zu bereiten. Obgleich diese Methode bei weitem einfacher ist, als die im Vorstehenden beschriebene, so stehen doch ihrer allgemeinen Einführung einige Schwierigkeiten im Wege, 1) der grosse Wassergehalt der Lösung erschwert ihren Transport, 2) es ist bei der Anwendung des Malzes unvermeidlich, dass nicht auch ein Theil Stärkemehl in Zucker übergeführt werde, durch diese Beimengung verliert der Dextrinsyrup einen grossen Theil seiner Haltbarkeit und geht, unterstützt durch die nicht abscheidbaren Klebertheilchen des Malzes sehr bald in Gährung über.

Die Anwendung des Dextrins ist eine mannichfaltige, an der Stelle des Senegalgummi und arabischen Gummi dient es in dem Zeugdruck, zum Drucken von Tapeten, zum Appretiren und Steifen von Zeugen, als Kettenschlichte, zum Glasiren von Karten und Papier, als Mundleim, in der Chirurgie, um feste Bandagen bei Knochenbrüchen zu erhalten, zu feinerem Backwerk, bei der Bier- und Obstweinfabrikation, bei der

Darstellung von einer Art englischem Pflaster u. s. w. Das Dextrin macht ferner einen nothwendigen Bestandtheil des Bieres aus und entsteht beim Backen des Brotes auf der Oberfläche; es bildet zum Theil die Kruste des Gebäckes. Bei seiner Anwendung in der Zeugdruckerei als Verdickungsmittel ist nicht zu übersehen, dass es durch Säuren sich verflüssigt und in Zucker übergeht.

Die Zuckerfabrikation.

Geschichtliches und Allgemeines.

Der Zucker ist in Ostindien und China schon seit den ältesten Zeiten bekannt. In Europa benutzte man in früheren Zeiten statt seiner den Honig, und obschon Rom und Griechenland Kunde vom Zucker hatten, kam er doch bei dem geringen Verkehr mit Indien nicht oder nur als Seltenheit zu ihnen, zuerst, wie es den Anschein hat, zur Zeit Alexander's des Grossen. Mit den Eroberungen der Araber verbreitete sich der Zucker im westlichen Asien, in Afrika und Südeuropa, zur Zeit der Kreuzzüge lernten ihn die Kreuzfahrer kennen und die Venetianer brachten ihn bald nach Europa und Nordafrika. Man baute auf Malta, Cypern, Candia und Aegypten Zuckerrohr und von da kam es nach Sicilien. Von Sicilien brachten die Spanier und Portugiesen das Zuckerrohr nach den Azoren, den canarischen und den Inseln des grünen Vorgebirges (1420). Einer sehr verbreiteten, doch auch widersprochenen Ansicht zufolge, soll das Zuckerrohr von den canarischen Inseln aus nach Westindien und Brasilien verpflanzt worden sein, nach Hayti (Hispaniola) sei es im Jahre 1506 gekommen. In den späteren Jahrhunderten ist das Zuckerrohr auf vielen Inseln des stillen Oceans von Reisenden aufgefunden worden.

War auch vielleicht das Zuckerrohr in Südamerika und auf den Antillen ursprünglich zu Hause, so ist es doch als ausgemacht zu betrachten, dass die ersten Entdeckungen von seinem Vorhandensein nichts wussten und es als eine eingeführte Culturpflanze im Grossen bauten. Ritter wies in seiner Schrift über die geographische Verbreitung des Zuckerrohrs nach, dass sich letzteres von seiner eigentlichen Heimath Ost- und Mittelasien in drei Richtungen über die Erde verbreitet habe; ostwärts von Bengalen in einem Arme nach Cochinchina und China, in einem zweiten Arme über die Inseln der Südsee innerhalb der Tropen bis zu den Osterinseln; westwärts längs des Indus nach Vorderasien, Nordafrika, Südeuropa bis nach Amerika. Nach Einführung des Sklavenhandels nahm der Zuckerrohrbau auf den Antillen so zu, dass der europäische und ostindische Zuckerbau verdrängt wurde. Nordamerika nahm erst im 18. Jahrhundert den Zuckerrohrbau auf. Die Cultur des Zuckerrohrs nahm immer mehr überhand und der Zucker, anfänglich nur in den Apotheken als Curiosität und als Medicament aufbewahrt, nahm seine Stelle unter den nothwendigen Lebensbedürfnissen ein, als man im 15. Jahrhundert den Saft auf rationelle Weise aus dem Rohre zu extrahiren und daraus festen Zucker darzustellen lernte, als es ein Jahrhundert später gelang, das rohe Produkt durch Raffination zu verfeinern.

Vorkommen und Eigenschaften des Zuckers.

Der Zucker kommt in der Natur vor als sogenannter Rohrzucker, ferner als Traubenzucker (Dextrose, Glycose, Krümelzucker, Stärkezucker, Kartoffelzucker) und als Schleimzucker (Levulose, Chylariose, Fruchtzucker). In grösserer und in solcher Menge, dass die Darstellung des Zuckers im Grossen vortheilhaft ist, kommt der Rohrzucker vor in dem Zuckerrohr, dem Mais, der Zuckerhirse (*Andropogon glycichylum*), in dem Safte mehrerer Ahornarten, namentlich des Zuckerahorns, der Birke, in der Zuckerrübe, der Mohrrübe, in der Krappwurzel (in der nach W. Stein bis zu 8 Proc. sich finden sollen), in den Kürbissen, Melonen, Bananen, vielen Palmenarten u. s. w. Der Rohrzucker ist noch nicht künstlich dargestellt worden. Der krystallisirte Rohrzucker hat die Formel $C_{12}H_{22}O_{11}$. Die Zuckerkrystalle (Kandiszucker) gehören dem monoklinoëdrischen Systeme an, sind hart und haben ein spezifisches Gewicht von 1,6. An trockener Luft bleiben sie unverändert. Beim Erhitzen bis auf 180° schmelzen sie zu einer klebrigen farblosen Flüssigkeit, welche nach raschem Erkalten zu einer durchsichtigen, amorphen Masse (Gerstenzucker) erstarrt, die nach längerem Aufbewahren undurchsichtig wird (abstirbt) und ein krystallinisches Gefüge zeigt. Bei 210–220° verwandelt sich der Zucker in gebrannten Zucker oder Caramel. Der Zucker löst sich in dem dritten Theile seines Gewichtes in kaltem Wasser, in allen Verhältnissen in siedendem Wasser. Wenn man die Zuckerlösung auf einer Temperatur erhält, die ihrem Siedepunkte nahe liegt, so verliert sie nach und nach die Eigenschaft zu krystallisiren und zwar um so leichter, je concentrirter die Lösung ist. Er ist unlöslich in absolutem Alkohol und Aether; löslich aber in wässerigem Alkohol, besonders in der Wärme. Die wässerige Lösung ist von rein süssem Geschmack. In concentrirtem Zustande lässt sie sich in verschlossenen Gefässen unverändert aufbewahren und conservirt selbst andere Gegenstände, wie z. B. Früchte, worauf sich das Einmachen derselben gründet. Folgende von Gerlach (1864) herrührende Tabelle giebt das spec. Gewicht und den Gehalt an Rohrzucker einer Zuckerlösung bei 17,5° C. an:

Procentgehalt.	Spec. Gewicht.	Procentgehalt.	Spec. Gewicht.	Procentgehalt.	Spec. Gewicht.	Procentgehalt.	Spec. Gewicht.
75	1,383342	56	1,266600	37	1,164056	18	1,074356
74	1,376822	55	1,260861	36	1,159026	17	1,069965
73	1,370345	54	1,255161	35	1,154032	16	1,065606
72	1,363910	53	1,249500	34	1,149073	15	1,061278
71	1,357518	52	1,243877	33	1,144150	14	1,056982
70	1,351168	51	1,238293	32	1,139261	13	1,052716
69	1,344860	50	1,232748	31	1,134406	12	1,048482
68	1,338594	49	1,227241	30	1,129586	11	1,044278
67	1,332370	48	1,221771	29	1,124800	10	1,044278
66	1,326188	47	1,216339	28	1,120048	9	1,035961
65	1,320046	46	1,210945	27	1,115330	8	1,031848
64	1,313946	45	1,205589	26	1,110646	7	1,027764
63	1,307887	44	1,200269	25	1,105995	6	1,023710
62	1,301868	43	1,194986	24	1,101377	5	1,019686
61	1,295890	42	1,189740	23	1,096792	4	1,015691
60	1,289952	41	1,184531	22	1,092240	3	1,011725
59	1,284054	40	1,179358	21	1,087721	2	1,007788
58	1,278197	39	1,174221	20	1,083234	1	1,003880
57	1,272379	38	1,169121	19	1,078779	0	1,000000

Die wässerige Rohrzuckerlösung lenkt den polarisirten Lichtstrahl nach rechts ab. Verdünnte Schwefelsäure, Salzsäure und die meisten anderen organischen und Mineralsäuren verwandeln den Rohrzucker in ein Gemenge von Dextrose (Glycose) und Levulose (Chylariose), nach der Gleichung:

$$C_{12}H_{22}O_{11} + H_2O = C_6H_{12}O_6 + C_6H_{12}O_6$$

Rohrzucker Dextrose Levulose

Eine Folge davon ist, dass der Rohrzucker im Pflanzenreiche nur in neutralen Pflanzensäften sich vorfindet, während in Säften, die wie z. B. der Traubensaft, freie Säuren (Weinsäure, Aepfelsäure, Citronensäure) enthalten, niemals Rohrzucker, sondern Glycose und Chylariose sich findet. Unter der Mitwirkung von Hefe spaltet sich der Zucker und giebt die gewöhnlichen Produkte der geistigen Gährung: Alkohol, Kohlensäure, Glycerin und Bernsteinsäure; bevor er sich spaltet, verwandelt er sich aber in Chylariose. Der Rohrzucker verbindet sich mit den Hydroxyden des Calciums und Bariums, ohne sich zu zersetzen, und bildet mit demselben die Saccharate, die für die Darstellung des Zuckers im Grossen von vielem Interesse sind.

Von Interesse ist besonders das Verhalten des Calciumhydroxydes gegen Zuckerlösungen, weil bei der Fabrikation und Raffination des Rohr- und Rübenzuckers fast durchweg Kalk zur Anwendung kommt. Calciumhydroxyd wird durch Rohrzuckerlösung in einer grossen Menge zu einer klaren Flüssigkeit gelöst, in welcher sich die Verbindung: $C_{12}H_{22}O_{11},CaO$ befindet. Die Lösung trübt sich beim Erhitzen und gerinnt endlich vollständig, gerade so wie Eiweiss. Der Kalkniederschlag (aus einer Verbindung $C_{12}H_{22}O_{11},3CaO$ bestehend) verschwindet aber in dem Maasse, als die Temperatur abnimmt und die Flüssigkeit ist schon vollständig klar, ehe sie selbst gänzlich erkaltet ist. Leitet man durch die Zuckerkalklösung einen Strom Kohlensäuregas, so wird der Kalk gefällt und der Zucker ist unverändert und ungefärbt in der Lösung enthalten. Eine Rohrzuckerlösung verändert sich, wenn sie 48 Stunden lang mit ½ Atom Kalk gekocht wird, nicht im Geringsten, während eine ähnliche Lösung ohne Kalk, unter denselben Bedingungen gekocht, fast allen Zucker eingebüsst hat. Der Kalk ist mithin ein ausgezeichnetes Mittel, dem Zucker bei den Arbeiten in der Fabrikation Stabilität zu ertheilen. Die Verbindung des Rohrzuckers mit dem Bariumhydroxyd, der Zuckerbaryt $C_{12}H_{22}O_{11},BaO$ ist insofern erwähnenswerth, als sie im Wasser fast unlöslich ist und man in Folge dieser Unlöslichkeit eine Methode der Abscheidung des Rohrzuckers als Rübensaft und Melasse mit Hülfe von Aetzbaryt vorgeschlagen hat, die alle Beachtung verdient. Auch der Zuckerbaryt ist durch Kohlensäure leicht zu zersetzen. Salpetersäure verwandelt den Zucker je nach ihrer Concentration und der Dauer ihrer Einwirkung in Zuckersäure oder in Oxalsäure. Ein Gemisch von Salpetersäure und concentrirter Schwefelsäure führt den Zucker in eine explosive Verbindung (Nitrozucker) über. Rohrzucker reducirt mit Aetzalkali versetzte Kupfervitriollösung nicht; Glycose und Chylariose scheiden unter denselben Umständen schon in der Kälte Kupferoxydul ab.

A. Rohrzucker.

Aus dem Zuckerrohr.

Das Zuckerrohr (*Saccharum officinarum*) ist eine perennirende Pflanze aus der Familie der Gräser. Aus der faserigen, stellenweise filzartigen Wurzel steigen mehrere walzenrunde, mit Knoten versehene Halme empor, welche je nach der Bodenbeschaffenheit eine Höhe von 2,6–6,6 Meter und eine Dicke von 4–6 Centimeter erreichen. Das Aeussere der Halme ist gelblichgrün oder blau, oder auch gelb und violett gestreift. Das Innere bildet ein safterfülltes, weissliches Zellenmark. Die schilfähnlichen Blätter erreichen eine Länge von 1,6–2 Meter und gehen in zwei Reihen von den Knoten aus. Die Blüte erscheint an der Spitze des Rohres in einer konisch ausgebreiteten Rispe, ähnlich dem Blütenstande unseres gewöhnlichen Schilfes. Man pflanzt das Zuckerrohr sowol durch Samen, wie auch durch Stecklinge fort. Das letztere ist das gewöhnlichere.

Eine Hektare Land giebt an Zucker (Rohzucker):

Bei 15 Mon. Vegetationszeit In 1 Jahre

Auf	Martinique	2500	Kilogr.	2000	Kilogr.
„	Guadeloupe	3000	„	2400	„
„	Reunion und Mauritius	5000	„	4000	„
in	Brasilien	7500	„	6000	„

Zusammensetzung des Zuckerrohrs.

Keine Pflanze enthält eine so grosse Menge Zucker wie das Zuckerrohr, und keine liefert ihn auch so rein. Unter den gewöhnlichen Bedingungen cultivirt, enthält das Zuckerrohr 90 Proc. Saft, welche nach der Untersuchung von Péligot 18–20 Th. krystallisirbaren Zucker enthalten.

Tahitisches Zuckerrohr von Martinique (a), von Guadeloupe (b) und von Mauritius (c) zeigte sich nach Péligot, Dupuy und Icery (1866) folgendermaassen zusammengesetzt:

	(a)	(b)	(c)
	Péligot.	Dupuy.	Icery.
Zucker	18,0	17,8	20,0
Wasser	72,1	72,0	69,0
Cellulose	9,9	9,8	10,0
Salze	—	0,4	0,7–1,2

Von den 18 Proc. Zucker, die im Zuckerrohre sich finden, kommen in der Regel nicht viel mehr als 8 Proc. als krystallinischer Zucker in den Handel. Dieser grosse Verlust wird durch folgende Umstände veranlasst: 1) presst man von den 90 Proc. Saft, welche das Zuckerrohr enthält, gewöhnlich nur 50–60 Proc. aus, es bleibt mithin ein Drittel des Zuckers in dem gepressten Stroh, in der Bagasse, zurück, welches als Brennmaterial zum Einkochen des Zuckersaftes dient; 2) geht wenigstens der fünfte Theil des in dem Safte enthaltenen Zuckers durch das unvollkommene Läuterungsverfahren und während des Einkochens in Gestalt von Schaum verloren; 3) krystallisirt nur die Hälfte bis höchstens zwei Drittheile von dem Zucker, der in dem eingekochten Safte sich befindet, während der Rest in der Melasse zurückbleibt. Die 18 Proc. Zucker des Rohres zertheilen sich demnach auf folgende Art:

In der Bagasse bleiben etwa	6	Proc.
Durch die Läuterung und durch das Abschäumen gehen verloren	2,5	„
In der Melasse bleiben zurück	3	„
Als Rohzucker werden gewonnen	6,5	„
	18	Proc.

Darstellung des Rohzuckers aus dem Zuckerrohre.

Die Fabrikation des Rohzuckers aus dem Zuckerrohre zerfällt 1) in das Auspressen, 2) in das Klären und Einkochen des Saftes.

Fig. 210.

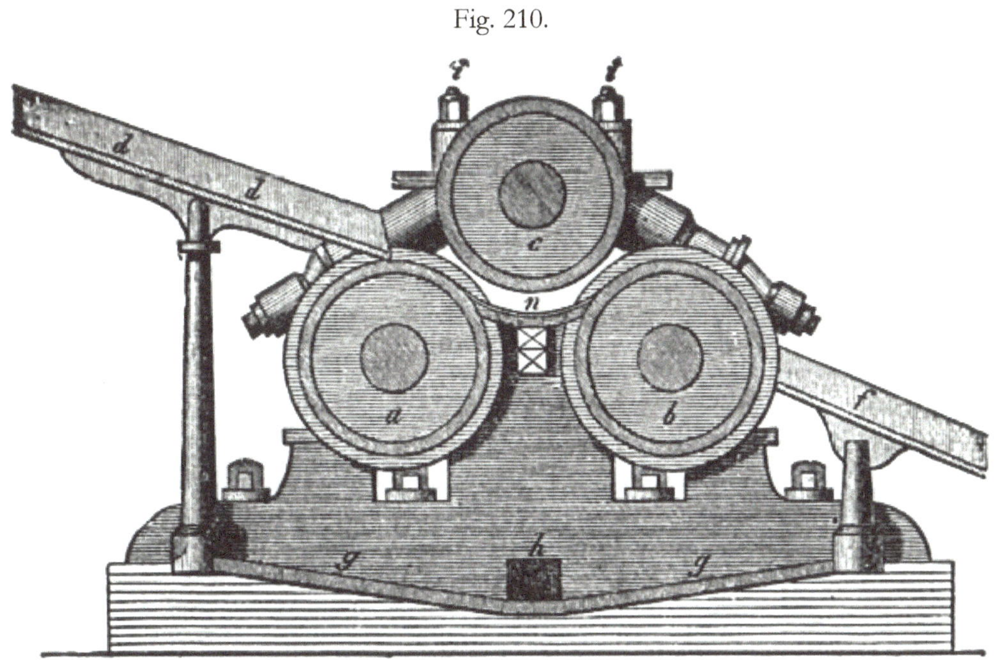

1) *Das Auspressen des Saftes.* Das gesammelte Zuckerrohr muss so schnell als möglich nach der Zuckermühle gebracht werden; die kleinste Vernachlässigung in dieser Beziehung würde sich bei der hohen Temperatur durch Abnahme des Zuckers in dem Rohre rächen. Die zum Auspressen des Rohres dienenden eisernen Walzenpressen sind durch Fig. 210 versinnlicht. Sie bestehen aus drei hohlen gusseisernen Walzen *a*, *b*, *c*, welche horizontal in einem gusseisernen Gestelle liegen. Mittelst der Schrauben *i i* lassen sich die Presswalzen nähern oder von einander entfernen. Die eine Walze wird mit Hülfe eines grossen, mit Getriebe versehenen Rades in Bewegung gesetzt und dreht dann mittelst dreier Zahnräder, welche auf den Axen der Walzen sitzen, auch die übrigen Walzen. Das Zuckerrohr wird durch ein endloses Band über die schiefe Ebene *d d* zu den Walzen geführt, gelangt zuerst zwischen die beiden Walzen *a c*, wo es nur eine geringe Pressung erleidet, und kommt dann über das gebogene Blech *n* hinweg zwischen die dichter gestellten Walzen *c* und *b*. Damit der Saft die erforderliche Zeit zum Ausfliessen habe, dürfen die Cylinder sich nur langsam umdrehen. Bei 6 Decimeter Durchmesser ist die geeignetste Drehungsgeschwindigkeit etwa 1 Meter in der Secunde in der Peripherie. Das gekelterte Rohr fällt über die Rinne *f* hinaus. Der ausgepresste Saft sammelt sich in *g g* und läuft durch *h* ab. Die Walze *a* ist auf der Oberfläche cannellirt; zuweilen sind auch alle Walzen cannellirt. Auf den dänischen Inseln Westindiens heisst die mittlere Walze der König, die eine Seitenwalze der Seitenroller, die andere der Makasroller.

2) und 3) *Das Klären und Einkochen des Saftes.* Der ausgepresste Saft gelangt in die Siederei, in welcher er in einem Systeme von fünf eisernen oder kupfernen Kesseln, die in einer Reihe eingemauert sind und eine gemeinschaftliche Feuerung besitzen, verarbeitet wird. In die erste Pfanne, die als Läuterungskessel dient, kommt der Saft sogleich von der Presse; sie ist am entferntesten vom Feuer. Das Läutern geschieht mit Kalkmilch; zu 15,000 Liter Saft setzt man 5–9 Liter. Dass man genug Kalkmilch zugesetzt hat, erkennt man daran, dass ein dicker und fester Schaum sich bildet, in welchem durch das Kochen Sprünge und Risse entstehen, durch welche eine farblose Flüssigkeit dringt. Der Kalk neutralisirt die Aepfel- und andere Pflanzensäuren und bildet mit dem Albumin und anderen Saftbestandtheilen eine dichte schmutzig grüne Schaumdecke. Sobald der Saft bis zum Siedepunkte erhitzt ist, entfernt man den Schaum mit Hülfe eines Schaumlöffels und bringt den geläuterten Saft in die zweite Pfanne zum Abdampfen. Hier bildet sich unablässig neuer Schaum, der in die erste Pfanne zurückgebracht wird. In der dritten und vierten Pfanne, welche immer

kleiner und kleiner sind, wird der Saft durch Abdampfen bis auf 30° B. gebracht, in der fünften und letzten Pfanne endlich bis zum Krystallisationspunkte eingekocht. In den Kesseln setzt sich ein Kesselstein in Krusten von 3–4 Linien Dicke ab, deren Bildung das Sieden des Saftes beträchtlich verzögert, weil dieser Ueberzug ein sehr schlechter Wärmeleiter ist. Um ihn zu entfernen, erwärmt man den Kessel im geleerten Zustande; der Kesselstein erleidet eine angehende Verkohlung und lässt sich leicht ablösen. Die zum Krystallisiren erforderliche Consistenz des eingekochten Zuckersaftes erfährt man durch die Fingerprobe, indem man einen Tropfen zwischen Daumen und Zeigefinger auseinanderzieht, je dicker die Lösung ist, desto länger die Fäden; eine Länge von 3 Centimeter hält man für ein Zeichen genügender Concentration. Ehedem brachte man den verkochten Syrup von der Kochpfanne zuerst in die Kühler, grosse hölzerne Gefässe, ein jedes von etwa 16 Ctr. Capacität, in welchen sich der Zucker in Körnern abschied, und dann in grosse Fässer, in welchen die Melasse vom Zucker so gut als möglich abfloss. Diese Methode zog aber in Folge von Gährung so bedeutende Verluste nach sich, dass man sie zum Theil aufgegeben und die Kühler durch Krystallisirgefässe aus Holz, von etwa 36 Centimeter Tiefe, 1,3 bis 1,6 Meter Breite und 2–2,6 Meter Länge, ersetzt hat. In dem Boden dieser Bottiche befinden sich Löcher, die mit Zuckerrohrstückchen verstopft sind. Wenn nach Verlauf von 24 Stunden die Masse körnig geworden ist, rührt man sie um und lässt durch die Löcher den nicht krystallisirten Theil, den Syrup oder die Melasse, abfliessen. Nach 5–6 Wochen ist die Melasse abgetropft und die in den Gefässen zurückbleibende Masse führt den Namen Rohzucker, Moscovade oder Puderzucker. In anderen Districten bringt man den in den Krystallisirgefässen abgeschiedenen Zucker in grosse Abtropffässer, die über Cisternen stehen. Die Melasse tropft zwischen den Fugen der Dauben und des Bodens ab und fliesst in die Cisternen, welche 15–20,000 Liter und darüber fassen. Etwa 14 Tage nach dem Einfüllen ist der Zucker ziemlich gereinigt. In den französischen und englischen Colonien pflegt man den Rohrzucker an Ort und Stelle mit feuchtem Thon zu decken und die gereinigten Rohrzuckerbrote unter dem Namen Cassonade oder Terrezucker in den Handel zu bringen.

Sorten des Rohzuckers.

Im europäischen Handel finden sich als die hauptsächlichsten folgende Rohzuckersorten:

1) westindische: Cuba, San Domingo oder Haiti, Jamaica, Portorico, Martinique, Guadeloupe, Sainte Croix, St. Thomas, Havanna;

2) amerikanische: Rio Janeiro, Bahia, Surinam, Pernambuco;

3) ost- und hinterindische: Java, Manilla, Bengal, Mauritius, Reunion oder Bourbon, Cochinchina, Siam, Canton.

In England unterscheidet man neuerdings zuweilen zwischen Sclavenzucker und freiem Zucker. Freier Zucker kommt von Jamaica, Barbados, Demerara, Antigua, Trinidad, Dominica; Sclavenzucker dagegen von Cuba, Havanna, Brasilien, Ste. Croix, Portorico.

Der Handelswerth des Rohzuckers richtet sich nach der Menge und der Natur der fremden Substanzen, welche den Zucker in dem Rohzucker stets begleiten. Diese Substanzen sind Wasser, Farbstoffe, eiweissartige und gummöse Körper, Sand und Erde, lösliche Mineralsalze, Essigsäure und andere Säuren, welche von einer theilweisen Gährung des Zuckers herrühren. Alle diese Substanzen müssen während des Raffinirens verschwinden. Einige derselben sind auf die Reinigung ohne nachtheiligen Einfluss; das Wasser, die organischen Ueberreste und der Sand vermindern nur durch ihre Gegenwart die Menge des vorhandenen Zuckers, während die fremden löslichen Substanzen, namentlich die Mineralsalze, die Ausbeute an raffinirtem Zucker verhindern, indem sie einen Theil des krystallisirbaren Zuckers in nicht krystallisirbaren überführen. J. Renner fand in 100 Theilen Rohzucker:

	Java.	Havanna.	Surinam.	In Kandis.	In Melis.
Rohrzucker	98,6–83,1	97,0–87,3	92,3–85,4	99,6	99,7

Schleimzucker	5,5– 0,3	3,7– 0,9	4,4– 1,6	0,1	0,2
Wasser	6,1– 0,3	3,5– 0,9	6,3– 3,6	0,2	0,1
Asche	2,1– 0,2	1,4– 0,0	2,0– 1,2	0,1	—
Caramel, Gummi, Pflanzensäure etc.	3,5– 0,5	4,5– 0,4	2,1– 1,1	—	—

Melasse.

Die Melasse bildet sich als Nebenprodukt der Rohzuckerfabrikation in sehr verschiedener Menge je nach den klimatischen Verhältnissen, unter denen das Zuckerrohr gewachsen ist. In sehr warmen Gegenden, wo das Zuckerrohr zur vollkommenen Reife gelangen kann, entsteht weniger Melasse als in anderen, zur Cultur des Rohres weniger geeigneten Gegenden. Die Menge der Melasse variirt ferner nach den Varietäten des Zuckerrohres, nach der Jahreswitterung, nach der Bodenbeschaffenheit, nach der Art des angewendeten Düngers. In chemischer Beziehung ist die Melasse als eine concentrirte wässerige Lösung von krystallisirbarem Zucker, Schleimzucker, kleinen Mengen von Caramel und Mineralsalzen zu betrachten, in welcher zuweilen kleine Krystalle von Rohrzucker sich suspendirt befinden. Sie erscheint als eine dunkel rothbraune, zähe, fadenziehende Flüssigkeit von stark süssem Geschmack. Ein grosser Theil der Melasse wird in den Colonien zur Rumbereitung verwendet; der Rest dient als flüssiger Zucker zur Nahrung. Die Melasse geht sehr leicht in die geistige und dann in die Essiggährung über. Der bei der Anfertigung von gedecktem Zucker erhaltene Syrup (gedeckter oder grüner Syrup) wird weiter auf Zucker verkocht. J. Renner fand in sehr consistenter Melasse:

	a.	b.
Rohrzucker	32,97	40,36
Schleimzucker	4,30	7,38
Wasser	13,71	16,25
Asche	3,35	3,78
Caramel, Gummi etc.	45,65	32,22

Die Raffination des Rohzuckers.

Die Raffination des Rohzuckers. Die Reinigung des Rohzuckers und dessen Umwandlung in raffinirten Zucker zerfällt in folgende Operationen, nämlich in

1) Das Schmelzen und Klären. Das Entfernen des Rohzuckers aus den Kisten und Fässern ist nicht ganz leicht, da die Gefässe an ihren Wänden eine nicht unbedeutende Menge des feuchten, selbst schmierigen Zuckers zurückhalten, dessen Herausschaffen mit der Hand oder mit Werkzeugen kostspielig ist und nur ein unvollkommenes Resultat geben würde. Man bedient sich deshalb häufig eines einfachen und vortheilhaften Verfahrens, nach welchem man die Fässer über eine gewölbte und mit einer Rinne versehene Kupferplatte stürzt und aus einem Rohr Dampf in das Innere der Kiste oder des Fasses strömen lässt. Indem sich der Dampf verdichtet, sättigt er sich mit Zucker, fliesst in die Rinne und von da in ein Reservoir. Die sich darin ansammelnde Flüssigkeit dient zur Auflösung des Rohzuckers. Der aufzulösende Rohzucker wird vorher durch ein Sieb gerieben, um alle Klumpen, die der Auflösung Schwierigkeiten bereiten würden, zu zertheilen. Das Auflösen selbst geschieht in den meisten Raffinerien in kupfernen mit Dampf geheizten Pfannen. Die zur

Auflösung des Rohrzuckers erforderliche Wassermenge beträgt gegen 30 Proc. vom Gewicht des Zuckers. Aus der Schmelzpfanne kommt die Rohrzuckerlösung in eine zweite kupferne Pfanne mit doppeltem Boden, die Läuterpfanne. Als Klärmittel wendet man gegenwärtig fein gepulverte Knochenkohle und eine in der Wärme coagulirbare Eiweisssubstanz wie Hühnereiweiss oder Blut an. Das Blut (Rinds- oder Hammelblut) wird, sowie es den Thierkörper verlassen hat, mit Ruthen geschlagen, um daraus das Fibrin zu entfernen, und in gut verschlossenen und geschwefelten Fässern, in die man eine kleine Menge wässeriger schwefliger Säure oder schwefligsauren Kalk giebt, aufbewahrt. Zu einer genügenden Klärung ist ein Zusatz von 3–4 Proc. Knochenkohlenpulver und ½–2 Proc. Blut genügend. Sobald man Kohle und Blut in die Läuterpfanne gebracht hat, wird mit einem Rührer stark von unten nach oben gerührt und die Flüssigkeit bis zum tüchtigen Aufwallen erhitzt. Das Bluteiweiss gerinnt, hüllt alle trübenden Theile ein und verhindert, dass sie später durch die Filter gehen. Die geronnene Masse scheidet sich nebst dem Kohlenpulver an der Oberfläche als dicker, zusammenhängender Schaum aus.

2) Das Filtriren der geklärten Zuckerlösung geschieht mit Hülfe der Taylor'schen Filter[105]. Das Durchgelaufene, Klärsel, wird in einem Klärselbehälter aufgefangen und auf Dumont'sche Filter gebracht, in denen sich Knochenkohle befindet. Hier geht die Entfärbung vor sich. Der filtrirte Saft kommt in die Kochpfanne.

3) Das Kochen des Klärsels geschah früher in Pfannen mit freier Feuerung, welche jetzt überall durch die Vacuumapparate ersetzt sind, bei denen der luftverdünnte Raum durch Luftpumpen und Einspritzungen mit kaltem Wasser hervorgebracht wird. Die Arbeit des Einkochens ist der beim Rohzucker völlig gleich, nur ist der Grad des Verkochens verschieden; je weniger rein und je mehr verändert der Syrup ist, desto stärker wird er eingekocht, bis der noch heisse Saft 42–43° B. zeigt oder etwa 10–12 Proc. Wasser enthält.

4) Das Krystallisiren und Kühlen. In der Regel beginnt der Zucker schon in der Vacuumpfanne zu krystallisiren; er kommt dann in die sogenannten Kühler, die indessen richtiger Wärmepfannen heissen, in welchen er bis auf 80° erwärmt wird. Sobald die Kristallbildung auf der Oberfläche und an den Wänden beginnt, rührt man mit grossen hölzernen Krücken (Stirrhölzern) langsam um, damit die entstandenen Krystalle in der Flüssigkeit sich zertheilen. Nach einiger Zeit, nachdem neue Krystalle sich gebildet haben, rührt man von Neuem um. Die Temperatur der Masse hat sich dabei bis auf 50° erniedrigt. Diese Zuckerausscheidung in Folge von Erkalten heisst die rasche Krystallisation; auf ihr beruht die jetzt allgemein übliche Darstellung des festen Zuckers. In früherer Zeit wendete man zu demselben Zwecke die langsame Krystallisation an, bei welcher das nicht bis zum Krystallisationspunkte eingekochte Klärsel einer langsamen Verdunstung in erwärmten Räumen unterworfen wurde, der Zucker sich demnach nicht in Folge von Erkalten, sondern von Wasserentziehung ausschied.

5) Das Füllen der krystallinischen Masse in Formen, in denen sich die Zuckerbrote bilden sollen. Das Verfahren beim Füllen ist verschieden, je nachdem man die ältere Kochweise über freiem Feuer oder die Vacuumpfannen anwendet. Nach der älteren Methode füllte man die Formen zuerst nur bis zu einem Drittheil voll, nach einiger Zeit bis zu zwei Drittheilen und zuletzt die Form voll bis einen Zoll vom oberen Rande. Der Grund dieses unterbrochenen Füllens war eine gleichmässige Mischung des Kornes. Zehn Minuten nach dem Füllen ist eine Krystallhaut auf der Oberfläche der Brote wahrzunehmen, worauf man zum ersten Rühren mit einem langen hölzernen Messer schreitet (das Holen, d. h. aus der Spitze holen), um alle Krystalle in der Masse gut zu zertheilen. Nach etwa einer halben Stunde wird diese Operation wiederholt; man nennt sie jetzt das Stirren. Bei Anwendung von Vacuumpfannen ist das Füllen in drei Perioden, das Holen und Stirren nicht mehr nöthig. Das Local, in welchem das Füllen geschieht, wird beständig auf einer Temperatur von 25–30° erhalten.

6) Das Decken und Trocknen. Die gefüllten Formen kommen nach 8–12 Stunden aus der Füllstube auf den Zuckerboden; hier werden die zugepfropften Spitzen der Formen mit Hülfe einer Ahle geöffnet, damit der zwischen den Zuckerkrystallen befindliche Syrup (grüner oder ungedeckter Syrup) ablaufe. Nachdem dies geschehen, schreitet man zum Decken, d. h. zum Auswaschen der Zuckerkrystalle durch langsame Filtration mit Hülfe von Wasser, welches aus einem Thonbrei fliesst, oder durch Verdünnung des zwischen den Zuckerkrystallen befindlichen Syrups mit reiner Zuckerlösung (feinem Klärsel oder Decksel). Da das Ablaufen des grünen Syrups viel Zeit erfordert, so benutzt man jetzt die Centrifugalkraft, um den flüssigen Antheil des

Zuckers von dem festen zu trennen. Nach beendigtem Decken dreht man die Formen auf ihre Basis um (das Löschen), damit der an der Spitze angesammelte Syrup sich in der ganzen Masse des Zuckerbrotes vertheilen könne. Das Trocknen geschieht zuerst an der Luft, dann in Trockenstuben, bei anfänglich 25°, bis zuletzt bei 50°. Alles Uebrige, das bei der Raffination des Rohzuckers zu erwähnen wäre, ist unter der Rübenzuckerfabrikation zu suchen.

Rohrzuckerproduktion.

Die Gesammtproduktion an Rohrzucker beträgt gegenwärtig (1870) gegen 55 Mill. Ctr., davon kommen auf

Cuba		15	Mill.
Portorico		4,5	„
Brasilien		1,0	„
Vereinigte Staaten		1,25	„
Mauritius		6,0	„
Reunion		3,75	„
Brit. Ostindien		6,50	„
Antillen,	franz.	5	„
„	dän.	0,33	„
„	holländ.	0,64	„
„	engl.	9	„
Java		5	„
Manilla		3	„

An Zucker überhaupt werden jährlich producirt:

Rohrzucker	55,000,000	Ctr.
Rübenzucker	16,000,000	„
Palmenzucker	2,160,000	„
Ahornzucker	1,125,000	„
	74,285,000	Ctr.

B. Rübenzucker.

Allgemeines und Geschichtliches.

Es war im Jahre 1747, als der Apotheker Marggraf in Berlin in einer der Akademie der Wissenschaften vorgelegten Abhandlung das Vorhandensein von krystallisirbarem Zucker in der Runkelrübe (*Beta cicla*) nachwies und auf die Wichtigkeit dieser Beobachtung für die Landwirthschaft und die Fabrikation von einheimischem Zucker aufmerksam machte. Er schied durch Extraction mit Alkohol aus der weissen Rübe 6,2, aus der rothen Varietät 4,5 Proc. Zucker ab. Dass Marggraf's Beobachtungen nicht weiter verfolgt wurden, dazu trugen ausser technischen Schwierigkeiten vielfacher Art auch die damaligen politischen Verhältnisse viel bei. Nach dem Aachener Friedensschlusse überschwemmten die Engländer mit ihrem wohlfeilen Colonialzucker die auf's Neue zugänglichen Märkte Deutschlands und schlossen alle Concurrenz des mit vielen Kosten erzeugten Rübenzuckers mit dem Colonialzucker aus. Lange Zeit ruhte die Darstellung von Zucker aus Rüben. Erst gegen Ende des 18. Jahrhunderts kam man in Deutschland wieder darauf zurück und begann der fabrikmässigen Darstellung des Rübenzuckers grössere Aufmerksamkeit zu schenken. Achard und Hermbstädt in Berlin stellten in dem ersten Jahrzehend des laufenden Jahrhunderts Versuche über Rübenzuckererzeugung an, und namentlich war es der erstere, welcher es dahin brachte, bis zu 6 Proc. krystallisirten Zucker und 4 Proc. Melasse aus der Rübe und zwar im Grossen abzuscheiden. Alle Bemühungen der damaligen Zeit, eine heimische Zuckerindustrie zu gründen, würden indessen vergeblich gewesen sein, wären sie nicht in eine Zeit gefallen, welche mit gebieterischer Nothwendigkeit die Aufmerksamkeit der Regierungen auf die Erzeugung von vaterländischem Zucker lenkte. Es war die Zeit des Continentalsystems. Allgemeiner Krieg gegen die Produkte der Colonien und gegen England sollte eine Lähmung des britischen Handels bewirken und den Continent unabhängig von England machen. Der Preis der Colonialwaaren steigerte sich ausserordentlich; für einen Centner Zucker, für welchen man im Jahre 1805 38–63 fl. zahlte, forderte man im Jahre 1811 350 fl. — eine genügend starke Triebfeder zur Darstellung von einheimischem Zucker. Hierzu kam noch, dass der erste Napoleon die junge Industrie mächtig unterstützte. Es entstanden hunderte von Fabriken, die aber sämmtlich, weil sie auf zu künstlichem Untergrunde beruhten, nicht länger ihre Existenz fristeten, als das Continentalsystem dauerte. Vielleicht hätte indessen schon damals die neue Industrie Wurzel fassen können, wäre nicht die Mehrzahl der Fabriken von Speculanten ins Leben gerufen worden, die mehr die in Aussicht gestellte hohe Prämie als die eigene Befähigung zu industriellen Unternehmungen getrieben hatte. Zudem waren die meisten Fabriken an unpassenden Orten und mit einem Kapitalaufwande angelegt, welchen der niedrige Zuckerpreis nach der Aufhebung der Continentalsperre nicht mehr ertragen konnte. Doch kaum zehn Jahre nach dem Sturze Napoleon's I. betrat die Rübenzuckerfabrikation die industrielle Arena von Neuem und zwar diesmal mit Erfolg. Dieser mächtige Umschwung war theils eine Folge der Fortschritte der Naturwissenschaften und der Technik, welche manche für die Rübenzuckergewinnung belangreiche Erfindung zu Tage befördert hatte, zum grossen Theile aber auch eine Folge des Schutzes, welchen die Regierungen der neuen Industrie gewährten. Sie ist unter dem Zollschutze gross geworden und gegenwärtig steht sie da in erster Reihe unter den Grossindustriezweigen Deutschlands. Seit einigen Jahren exportirt die Rübenzuckerindustrie des Zollvereins nahezu 1 Million Centner Rübenzucker.

Arten der Rübe.

Die Stammpflanze der Runkelrübe (Zuckerrübe, Mangold) ist eine ziemlich unscheinbare zweijährige Pflanze (*Beta maritima*), welche an den Gestaden des Mittelmeeres, hauptsächlich an der spanischen und portugiesischen Küste, so wie in Dalmatien wild wächst und in die Familie der meldenartigen Gewächse (Chenopodeen, Atripliceen) gehört. Lange Zeit hindurch war man der irrigen Meinung, die Runkel- oder Zuckerrübe sei ein Bastard der rothen und weissen Rübe, eine Ansicht, welche nur in der Kindheit der Wissenschaft möglich war. Anfangs gehörte sie der Gartencultur an. Man baute sie wegen ihrer schmackhaften Blattstengel als Gemüse und die rothe Varietät der Wurzeln wegen, bis sie gegen Anfang des 19. Jahrhunderts in die Reihe der Futterpflanzen trat. Aber auch als solche fand sie nicht die ihr gebührende Würdigung, bis endlich die Continentalsperre ihren grossen Zuckergehalt wieder in Erinnerung brachte. Seitdem hat sie als Fabrikpflanze die grösste Bedeutung erlangt. Es ist die Aufgabe der Landwirthe, auf einer gegebenen Fläche das Maximum an zuckerreichsten Rüben zu erzeugen, die Aufgabe des Agriculturchemikers und Pflanzenphysiologen, den durchschnittlichen Zuckergehalt von 10–10,5 Proc. durch Abänderung des Ernährungsprocesses, durch zweckmässige Düngung und sorgfältige Pflege der Pflanze zu erhöhen. Zahlreiche Analysen von einzelnen Zuckerrüben ergaben einen Zuckergehalt von 13, sogar bis zu 14 Proc. Welcher

Triumph für die Wissenschaft des Ackerbaues, wenn es einst gelingen sollte, die Ausnahme zur Regel zu machen und allen Rüben einen Zuckergehalt von 14 Proc. zu geben. In dieser Richtung lässt sich von der Ausbildung der Naturwissenschaft des Ackerbaues noch sehr viel erwarten.

In Deutschland werden hauptsächlich folgende sechs Zuckerrübensorten gebaut: 1) die Quendlinburger Rübe (schlank und spindelförmig, röthlich oder mit rosa Anflug, ist sehr zuckerreich und wird 14 Tage früher reif als alle übrigen Sorten); 2) die schlesische Rübe (birnförmig, hellgrüne Blattrippen, daher auch Grünrippe genannt, ist ärmer an Zucker als die vorige Art, liefert aber einen bedeutenden Gewichtsertrag); 3) die sibirische Rübe (birnförmig, weisslichgrüne Blattrippen, weshalb auch Weissrippe genannt, noch ärmer an Zucker als die schlesische Rübe, giebt aber einen hohen Gewichtsertrag); 4) die französische (oder belgische) Rübe (kleinblätterig, Rübe schlank und spindelförmig, zuckerreich); 5) die Imperialrübe (schlank und birnenförmig, die zuckerreichste Rübe); 6) die Elektoralrübe (nach F. Knauer in Gröbers bei Halle a/S. eine Spielart der vorigen). Die Rübe ist eine zweijährige Pflanze: in dem ersten Jahre entwickelt sie blos Wurzeln und Blätter, in dem zweiten Jahre trägt sie dann den Samen. Während des ersten Jahres schöpfen Blätter und Wurzel aus der Atmosphäre und der Ackerkrume atmosphärische und mineralische Nahrungsmittel und grosse Mengen Wasser, welche Stoffe, von den Blättern verarbeitet, zum Theil zum Wachsthum der Wurzel beitragen und sich in dem Zellgewebe derselben ansammeln, um in dem nächsten Jahre zur Entwickelung des Blüthenstengels und der Samen verwendet zu werden. Gerade die Ansammlungen jener Flüssigkeiten in dem Wurzelgewebe sind es, welche die Rübe zur Gewinnung des Zuckers so geeignet machen. Die beste Zeit für die Rübenernte würde demnach jedenfalls diejenige sein, in welcher die Rübe am meisten entwickelt ist und in ihren Gefässen die grösste Menge des zuckerreichen Saftes aufgespeichert hat. Da die Vegetation der Rübe den Winter hindurch nicht ruht, wenn diese auch dann nur in weniger merkbarer Weise vor sich geht, so wäre der passendste Zeitpunkt zur Rübenernte im Frühjahre in dem Augenblicke, wo der Zelleninhalt der Wurzeln zum Theil zum Aufbau des Blüthenstengels verwendet werden soll. Leider verträgt die Rübe den Frost der nördlichen Winter nicht, und man ist genöthigt, anstatt die ergiebigere Frühjahrsernte abzuwarten, zur Ernte schon im Herbste zu schreiten.

Ueber den Ertrag an Rüben in verschiedenen Gegenden hat man folgende Angaben:

Es liefert ein Magdeburger Morgen (4 Morgen = 1 Hektare = 3 bayerische Tagwerke):

In	Nach	Rüben überhaupt in Centnern	Fabrikationsfähige Rüben in Centnern	Zucker in Pfunden
Oesterreich	Krause	104–145	88–123	770–1084
Oesterreich	Burger	169–193	143–164	1256–1560
Böhmen	Neumann	112–145	95–123	836–1160
Preussen	Lüdersdorf	146	124	1088
Preussen	Thaer	180	153	1336
Baden	Stölzel	120–160	102–136	896–1196
Frankreich:				
nördl. Departements	Dumas	198	168	1476
andere „	Dumas	124	105	924

Frankreich	Boussingault	149	127	1116

Im Allgemeinen pflegt man einen Ertrag von 140–160 Ctr. gekappter und geputzter pro Morgen einen recht guten zu nennen.

Chem. Zusammensetzung der Rübe.

Das Fleisch der Zuckerrübe besteht aus einem Aggregat von Zellen, in denen der klare und farblose Saft enthalten ist. Die Zellen sind äusserst klein; 1 Kubikcentimeter des Rübenfleisches soll über 60,000 Zellen in sich fassen. Die mittlere chemische Zusammensetzung der Zuckerrübe ist folgende:

Wasser	82,7
Zucker	11,3
Cellulose	0,8
Albumin, Caseïn und andere eiweissähnliche Körper	1,5
Fett	0,1
Organische Substanzen, wie Citronensäure, Pektin und Pektinsäure, sich färbender Stoff, Asparagin, Asparaginsäure, eine organische Base, das Betaïn[106] u. s. w.	
Organische Salze (Calciumoxalat und -pectat, Kalium- und Natriumoxalat und -pectat)	3,7
Unorganische Salze (Kaliumnitrat, Kaliumsulfat, Chlorkalium, Calciumphosphat, Magnesiumphosphat u. s. w.)	

In der Magdeburger Gegend ist im Allgemeinen

der grösste Zuckergehalt	=	13,3	Proc.
der geringste Zuckergehalt	=	9,2	„
im Durchschnitt der verarbeiteten Rüben	=	11,2	„

Durch das Einmiethen verlieren die Rüben an Zuckergehalt und zwar in Folge von Wasseraufnahme, durch Umwandelung des Rohrzuckers in Chylariose und indem sie auswachsend einen Theil ihres Zuckers verzehren; so hatte sich der Wassergehalt von 82 Proc. auf 84 Proc. gesteigert. Rüben, die im Herbste keinen Schleimzucker enthielten, zeigten im Januar schon Spuren, im Februar und März bestimmbare Mengen, in einzelnen Fällen bis zu 2 Proc. Ein vollständiges Bild der Veränderung, der die Rüben durch das Einmiethen unterworfen werden, gewährt folgende Analyse:

	October.	Februar.
Holzfaser und Pektinkörper	3,49 Proc.	2,52 Proc.
Wasser	82,06 „	84,36 „

Zucker	12,40	„	10,60	„
Schleimzucker	0	„	0,65	„
Mineralsalze	0,75	„	0,63	„
Organische Säure, Eiweiss, Betaïn und Extractivstoffe	1,30	„	1,24	„
	100,00	Proc.	100,00	Proc.

12½ Centner Rüben geben 1 Centner Rohzucker.

Saccharimetrie.

Die Saccharimetrie beschäftigt sich mit der Ermittelung des Rohzuckergehaltes der Rüben, des Rohzuckers. Diese Ermittelung kann geschehen

1) auf mechanischem,

2) auf chemischem,

3) auf physikalischem Wege.

Mechanische Bestimmung.

Ermittelung des Zuckergehaltes der Rüben auf mechanischem Wege. Nach dieser Methode isolirt man den in der Rübe enthaltenen Zucker, wobei man auf folgende Art verfährt: Man wiegt sorgfältig 25–30 Grm. in dünne Scheiben geschnittene Rüben (aus dem mittleren Theile der Rübe) ab und trocknet sie so lange, bis der Rückstand nichts mehr an Gewicht verliert. Man erfährt so die Menge des Wassers und der in der Rübe enthaltenen Trockensubstanz. Der Rückstand wird gepulvert und wiederholt mit siedendem Alkohol von 0,83 spec. Gewicht ausgezogen, wodurch der Zucker gelöst wird. Der ungelöste Rückstand giebt nach dem Trocknen das Gewicht der Cellulose, der Proteïnsubstanzen und eines Theiles der mineralischen Bestandtheile. Lässt man die alkoholische Lösung im leeren Raume über Aetzkalk stehen, so concentrirt sich die Lösung nach und nach und scheidet den Zucker in kleinen, farblosen, durchsichtigen Krystallen ab; der fast absolute Alkohol, der dann zurückbleibt, enthält nach einigen Tagen nichts mehr gelöst. Gute Zuckerrüben hinterlassen gegen 20 Proc. trockenen Rückstand; der Wassergehalt beträgt demnach 80 Proc. Von den 20 Proc. Rückstand kann man 13 Proc. etwa für Zucker, 7 Proc. für Pektin, Cellulose, Proteïnkörper und Mineralsalze rechnen.

Je höher das specifische Gewicht des Saftes von unter günstigen Bedingungen cultivirten Rüben ist, desto grösser ist auch sein Zuckergehalt; es lässt sich demnach aus dem spec. Gewichte ein Schluss auf die Zuckerprocente ziehen. Der Saft guter Rüben zeigt 8° B., zuweilen sogar 9°. Bei Rüben, die nicht in geeigneter Cultur und passendem Boden gebaut wurden, lässt sich das Aräometer zur Ermittelung des Zuckergehaltes nicht anwenden, da die löslichen Mineralsalze der Rüben für die gleiche Quantität das spec. Gewicht weit mehr als der Zucker erhöhen.

Chemische Bestimmung.

Auf chemischem Wege bestimmt man den Zuckergehalt der Rüben, indem man

a) die Löslichkeit des Kalkhydrates im Rohrzucker nach bestimmten Gewichtsverhältnissen benutzt;

b) den Rohrzucker durch Säuren in intervertirten Zucker (ein Gemenge von Chylariose oder Levulose mit Dextrose oder Glycose) überführt und durch denselben Kupferoxydhydrat zu Kupferoxydul reducirt, dessen Menge man bestimmt;

c) den in intervertirten Zucker übergeführten Rohrzucker durch Gährung in Alkohol und Kohlensäure verwandelt und die Menge der letzteren ermittelt ($4CO_2$ entsprechen 1 Molek. Rohrzucker $C_{12}H_{22}O_{11}$).

Die erste dieser Methoden, die sich auf die Löslichkeit des Kalkhydrates in einer Rohrzuckerlösung gründet, besteht darin, die zuckerhaltige Flüssigkeit mit überschüssigem Kalkhydrat zusammenzureiben, die Menge des in der Flüssigkeit aufgelösten Kalkes mit Hülfe von titrirter Schwefelsäure zu bestimmen und darauf die entsprechende Menge des Zuckers zu berechnen. Dies Verfahren setzt jedoch, um einer allgemeinen Anwendung fähig zu sein, eine constante Zusammensetzung des in dem Wasser gelösten Zuckerkalkes voraus, was durch den Versuch keineswegs bewiesen ist.

Die zweite Methode gründet sich (nach der Beobachtung von Trommer) darauf, dass 1) der Rohrzucker in einer alkalischen Flüssigkeit suspendirtes Kupferoxyd nicht reducirt, dass er dieses Oxyd aber reducirt, sobald er durch verdünnte Schwefelsäure oder Salzsäure in intervertirten Zucker übergeführt worden ist; 2) die Quantität des bei dieser Reaction zu Oxydul reducirten Kupferoxydes der Menge des angewendeten Zuckers proportional ist. Sie ist auch unter dem Namen der Barreswil-Fehling'schen Probe bekannt. Die hierzu erforderliche alkalische Kupferoxydlösung stellt man am zweckmässigsten durch Vermischen einer Auflösung von 40 Grm. Kupfervitriol in 160 Grm. Wasser mit einer Lösung von 160 Grm. neutralem weinsauren Kali in wenig Wasser und 600–700 Grm. Aetznatronlauge von 1,12 spec. Gewicht dar. Die Mischung wird auf 1154,4 Kubikcentimeter bei 15° verdünnt. Ein Liter der so bereiteten Kupferlösung enthält 34,650 Grm. Kupfervitriol und erfordert zur Reduction 5 Grm. Dextrose oder Levulose, oder 10 At. Kupfervitriol (1247,5) werden durch 1 At. Dextrose oder Levulose (180) zu Oxydul reducirt (34,650 : 5 = 1274,5 : 180 oder = 6,93 : 1), 10 Kubikcentimeter der Kupferlösung entsprechen also 0,050 Grm. getrockneter Dextrose oder Levulose. Wenn man mit Mulder die Wägung des ausgefällten, durch Glühen in Oxyde verwandelten Oxyduls der Anwendung von titrirten Lösungen vorzieht, so entspricht 1 Th. Kupferoxyd 0,552 Th. Dextrose oder Levulose (von der Formel $C_6H_{12}O_6 + H_2O$). Um diese Probeflüssigkeit anzuwenden, verdünnt man ein bestimmtes Gewicht der zu untersuchenden zuckerhaltigen Flüssigkeit bis zu dem 10–20fachen Volumen in Kubikcentimetern. Andererseits verdünnt man 10 Kubikcentimeter der Kupferlösung mit 40 Kubikcentimetern Wasser, erhitzt die Flüssigkeit zum Sieden und setzt so lange von der Zuckerlösung zu, bis alles Kupferoxyd genau reducirt ist. Je näher man diesem Punkte kommt, desto reichlicher und röther ist der Niederschlag und desto schneller setzt er sich ab; eine Probe des Filtrats darf weder mit Schwefelwasserstoff, noch, nach dem Ansäuern, mit Ferrocyankalium eine Reaction auf Kupfer andeuten. Enthält das Filtrat überschüssigen Zucker, so zeigt es bald eine gelbliche Färbung. Da das Kupferoxydsalz augenblicklich und in entsprechender Menge durch den Zucker reducirt wird, so ist ein längeres Kochen der Lösung nicht erforderlich, wenn sie immer im Sieden oder nahe beim Sieden erhalten wird. Um Rohrzucker in der Weise zu bestimmen, muss derselbe durch mehrstündige Erwärmung mit Schwefelsäure oder Weinsäure in intervertirten Zucker verwandelt werden. 100 Th. Dextrose oder Levulose entsprechen 95 Th. Rohrzucker.

Gährungsprobe.

Die dritte Methode, die Gährungsprobe, gründet sich darauf, dass Rohrzucker, in wässeriger Lösung mit Hefe zusammengebracht, in ein Gemenge von Dextrose oder Levulose übergeht, welches dann die geistige Gährung erleidet und in Alkohol und Kohlensäure übergeht. Dieser Probe liegt die bislang für richtig angenommene Gleichung zu Grunde, dass

1 Mol. Rohrzucker	bei der	4 Mol. Kohlensäure = 176
$C_{12}H_{22}O_{11}$ = 342	Gährung liefert	4 „ Alkohol = 188

Die älteste Gährungsmethode besteht darin, die Menge und Stärke des erhaltenen Alkohols nach Abdestilliren desselben durch des Alkoholometer zu bestimmen; dieses sehr umständliche Verfahren ist nicht mehr im Gebrauch.

Leichter ist die Methode ausführbar, wenn man die Menge der entweichenden Kohlensäure bestimmt. Man wendet hierzu den alkalimetrischen Apparat von Fresenius und Will (vergl. S. 116) an. Ist die Gährung beendigt, so wird Luft durch den Apparat gesogen und dann der durch das Entweichen der Kohlensäure entstandene Verlust bestimmt, welcher mit

$^{171}/_{88} = 1,9432$ multiplicirt die Menge des Rohrzuckers

$^{180}/_{88} = 2,04545$ „ „ „ der Dextrose

giebt. Man bestimmt auch die Kohlensäure durch die Gewichtszunahme eines mit Kali gefüllten Apparates oder in Form von Bariumcarbonat, indem man die Kohlensäure durch eine ammoniakalische Lösung von Chlorbarium strömen lässt.

Physikalische Bestimmung.

Auf physikalischem Wege bestimmt man den Zucker, indem man die optischen Eigenschaften des Zuckers beobachtet. Der Rohrzucker, die Dextrose und das Dextrin lenken die Polarisationsebene nach rechts, der Schleimzucker (Levulose, Chylariose) nach links und zwar proportional dem Gehalte der Lösung an Zucker etc., im Volumen, und proportional der Dicke der Schicht der Lösung, durch welche der polarisirte Lichtstrahl hindurchgeht. Nach der Grösse der Drehung, die eine Flüssigkeitsschicht von bestimmter Höhe an der Polarisationsebene hervorbringt, lässt sich der Gehalt der Flüssigkeit an den genannten Körpern beurtheilen. Dreht z. B. eine Zuckerlösung, die in 100 Kubikcentim. 15 Grm. Zucker enthält, in einer 200 Millimeter langen Röhre die Polarisationsebene um 20° nach rechts, so ist das Drehungsvermögen einer Lösung, die in 100 Kubikcentim. 30 Grm. Zucker enthält, in der nämlichen Röhre 40°. Man braucht mithin nur einen Apparat zur genauen Messung des Drehungsvermögens, um aus der Grösse der Drehung den Zuckergehalt einer Lösung zu berechnen. Diese Apparate heissen Polarimeter oder Polarisations-Apparate. Die von Mitscherlich, Ventzke-Soleil, J. J. Pohl und Wild construirten Apparate sind die gebräuchlichsten. Das polarimetrische Verfahren, hinsichtlich dessen Details auf die Werke von Otto sen. und J. J. Pohl verwiesen sei, lässt sich für Rübensaft und die Produkte der Zuckerfabrikation gleichmässig anwenden, führt bei einiger Uebung schnell zum Ziele und liefert brauchbarere Ergebnisse als die übrigen saccharimetrischen Verfahren.

Darstellung des Zuckers aus den Rüben.

Die Darstellung des Zuckers aus Rüben umfasst, je nach der Art der Verarbeitung der Rüben, folgende Arbeiten und Operationen:

1. Das Waschen und Putzen der Rüben;
2. Die Gewinnung des Saftes aus der Rübe
   - α) nach dem Pressverfahren, bei welchem die Rüben zu Brei zerrieben und der Saft des Rübenbreies mittelst hydraulischer Pressen ausgepresst wird;
   - β) nach dem Centrifugalverfahren, wobei der Saft aus dem Brei durch Centrifugalkraft ausgeschleudert wird;
   - γ) nach dem Macerationsverfahren (nach Schützenbach), bei welchem der Saft aus dem Brei durch Wasser ausgelaugt wird;
   - δ) nach dem von Robert herrührenden Diffusionsverfahren (oder der Osmose oder Dialyse), nach welchem die Rüben in dünne Lamellen (Schnitze, Schnittlinge) zerschnitten und diese dann in besonderen Gefässen (Diffusionsapparaten) systematisch mit Wasser von bestimmter Temperatur ausgelaugt werden;

3. Die Scheidung des Saftes mit Kalk und das Entkalken des geschiedenen Saftes mit Kohlensäure;

4. Die Filtration des entkalkten Saftes durch Knochenkohle, das Verdampfen des Saftes und nochmaliges Filtriren durch Knochenkohle;

5. Das Verkochen des verdampften und filtrirten Saftes zur Krystallisation;

6. Die Arbeit auf Rohzucker oder Brotzucker:

α) auf Rohzucker (Rohzuckerarbeit),

β) auf Brotzucker (Melisarbeit).

1. Das Waschen und Putzen der Rüben. Die Rüben werden vor ihrer Verwendung von anhängender Erde, allen überflüssigen Theilen u. s. w. befreit, was theils durch Putzen und Ausschneiden, theils durch Waschen geschieht. Der dadurch bewirkte Abgang beträgt selten unter 10 Proc. und steigt oft bis gegen 20 Proc. vom Gewicht der Rüben.

Eine der gebräuchlichsten Waschmaschinen ist die von Champonnois, wesentlich aus einer um ihre Axe drehbaren hölzernen oder eisernen Lattentrommel bestehend, die bis höchstens zur Hälfte ihres Durchmessers in einem Troge liegt, in welchem sich so viel Wasser befindet, dass die Trommel etwa 24 Centimeter in dasselbe eintaucht. Die Trommel macht etwa acht Umdrehungen in der Minute. Seitlich befindet sich ein Rumpf, durch welchen die Rüben in die Trommel gelangen. Während des Umdrehens, wodurch die Rüben von aller anhängenden Erde befreit werden, gelangen sie an das Ende der etwas abwärts geneigten Trommel auf eine schraubenähnlich gewundene Schaufel, welche sie emporführt und auf eine schiefe Lattenfläche bringt, wo sie Arbeiter in Empfang nehmen und mit Hülfe von Messern von den Köpfen, den schadhaften und holzigen Stellen befreien. Die gewaschenen Rüben dürfen nicht lange aufbewahrt werden; am besten bringt man sie von der Waschmaschine sofort auf den Reibapparat. Auf 1000–1200 Ctr. Rüben per Tag (24 Stunden) rechnet man 2 Pferdekraft bei einer Länge der Waschtrommel von 3,1–4 Meter und 1 Meter Durchmesser mit 30–40 Umdrehungen in der Minute.

2. Die Gewinnung des Saftes aus der Rübe. Die Saftgewinnung wird in verschiedener Weise bewirkt und zwar lassen sich die in Anwendung stehenden Methoden wesentlich auf zwei Systeme zurückführen. Nach dem einen werden die Rübenzellen vollständig geöffnet, um den Saft zu gewinnen, nach dem anderen bleiben dagegen die Zellen geschlossen und wird der Saftinhalt durch dialytische Vorgänge erzielt.

Die der ersten Art der Saftgewinnung angehörenden Methoden sind seit vielen Jahren ziemlich allgemein in Gebrauch. Zur Ausführung derselben werden die Rüben zu einem zarten Brei zerrieben, aus dem dann der Saft ausgezogen wird

α) durch Pressen, oder

β) „ Centrifugiren oder endlich

γ) „ Maceration.

Fig. 211.

Fig. 212.

Die Rübe ist ein Aggregat von Zellen, in denen der Zuckersaft sich befindet. Um letzteren zu gewinnen, müssen die Zellen zerrissen und geöffnet werden. Von dem mehr oder weniger vollkommenen Zerreiben hängt zum grossen Theile die Ausbeute und der Ertrag an Zucker ab, denn findet das Zerreiben nicht vollständig statt, so bleiben zahlreiche Stellen ungeöffnet, aus denen dann selbst die besten Pressen den Saft nicht auszupressen vermögen. Anfänglich benutzte man zum Zerreiben der Rüben Handreiben, welche zum fabrikmässigen Betriebe sich indessen nicht eigneten, selbst wenn die Reibeisen auf Walzen befestigt wurden. Gegenwärtig wendet man allgemein die Thierry'sche Reibmaschine an, welche Fig. 211 in perspectivischer Ansicht zeigt, wobei man sich den Reibcylinder in dem Mantel *u* denken muss. Der Reibcylinder (in seinen wesentlichen Theilen Fig. 212 abgebildet) besteht aus einem 0,5–0,6 Meter langen Cylinder von 0,8–1,0 Meter Durchmesser, dessen Peripherie so mit Sägeblättern besetzt ist, dass von diesen nur die Zähne über die dazwischen angebrachten Holzstücke hervorstehen. Statt hölzerner Walzen, wie sie früher gebräuchlich waren, wendet man jetzt zur Herstellung des Cylinders zwei eiserne Scheiben an, von der in der Zeichnung 212 angedeuteten Einrichtung, sodass 250 Sägeblätter, mit hölzernen Leisten abwechselnd, eingesetzt werden können. Die Drehung des Cylinders geschieht durch die Riemenscheibe *a*. *t* ist ein Trichter zum Zulassen von Wasser, *i* ist der kastenförmige Rumpf, in welchen die zu zerreibenden Rüben kommen; der Rumpf ist gewöhnlich getheilt, sodass die Rüben abwechselnd in der einen und andern Abtheilung vorgeschoben werden. Um die Rüben gegen den Reibcylinder anzudrücken, wendete man früher Handarbeiten an, gegenwärtig bedient man sich dagegen mechanischer Vorrichtungen (sogenannter Poussoirs), welche auf verschiedene

Weise in Bewegung gesetzt werden. Eine sehr gebräuchliche derartige Vorrichtung ist in der Zeichnung zu sehen. Durch die Riemenscheibe *a* und das Getriebe *b* wird des Rad *c* und das Excentrik *d* gedreht, welches mit Hülfe der Rolle *e* auf den Hebel *g*, die Stange *h* und das Poussoir *f* einwirkt, und dasselbe nach vollendeter Wirkung zurückzieht. Der Druck auf die Rüben wird demnach weniger durch den Mechanismus als vielmehr durch das Gewicht *k* bewirkt. Der um den Reibcylinder herumliegende Mantel verhindert das Umherschleudern des Breies, welcher von einem Troge aufgenommen wird. Der Cylinder erhält 1000–1200 Umdrehungen in der Minute, wodurch er eine Leistungsfähigkeit von 800–1000 Ctr. Rüben in 24 Stunden erhält. Als Betriebskraft für die Reibmaschine rechnet man auf 1000 Ctr. Rüben 8–10 Pferdekraft. Theils zur Erleichterung des Reibens, theils auch, um einen feineren Brei zu gewinnen, leitet man während des Reibens durch den Trichter *t* etwas Wasser auf den Reibcylinder. Eine andere Rübenreibe ist die von Champonnois, die sich von der älteren dadurch unterscheidet, dass die Reibtrommel unbeweglich ist, dagegen eine Schaufel mit den Rüben innen in der Trommel, bei welcher die Zahnung gleichfalls nach Innen angebracht ist, sich bewegt, so dass die Rüben durch Centrifugalkraft gegen die reibende Fläche gedrückt und zerrieben werden. Der Brei tritt durch die mit den gezahnten Blättern der Trommel abwechselnden leeren Zwischenräume aus.

α) Die Saftgewinnung aus dem Brei durch Auspressen des Breies. Achard benutzte zu diesem Zwecke eine Stein- oder Eisenwalze, die über den in Leintücher eingeschlagenen Rübenbrei ging. Von allen Arten Pressen, die später versucht wurden, ist man, wenn man von der Walzenpresse von Champonnois (verbessert von Lachaume) absieht, die in neuester Zeit in einigen Zuckerfabriken Frankreichs mit Erfolg verwendet werden soll, bei der hydraulischen oder Brahma'schen Presse stehen geblieben, welche auf dem bekannten hydrostatischen Gesetze beruht, dass der Druck in einer Flüssigkeit sich nach allen Richtungen hin gleichmässig fortpflanzt.

Der Rübenbrei wird in Tücher geschlagen oder in Säcke gefüllt und darin flach ausgebreitet zwischen Geflechten oder Blechplatten in der Presse zu einem Stapel aufgeschichtet. Als Zwischenlagen gestatten Weiden- oder Rohrgeflechte ein schnelles Abfliessen des Saftes und daher ein gleichmässigeres Pressen, als Blechplatten. Die Grösse der Pressfläche ist der Grösse der Kuchen entsprechend; die Kraft, mit der die Presse wirkt, ist 500–600 Pfd. auf jeden Quadratzoll Pressfläche. Sobald die Presse mit der gehörigen Anzahl von Pressschichten (25–50) beschickt ist, stellt man die Communication zwischen den Druckpumpen und dem Presscylinder her und beginnt das Pressen; unterdessen wird die zweite Presse entleert und von Neuem beschickt. Der ausgepresste Saft fliesst auf die Pressplatte, an deren Umkreise eine Rinne mit Abzugsrohr sich befindet, durch welche der Saft entweder in einen Saftbehälter oder direct in die Läuterungspfannen fliesst. Meistens findet ein wiederholtes Pressen der Kuchen statt, da durch einmaliges Pressen nur aus sehr feinem Brei in sehr dünnen Schichten eine genügende Menge Saft erzielt werden kann. Da man während des Reibens der Rüben und des Auspressens des Rübenbreies Wasser zugiebt, so lässt sich selbstverständlich die Saftausbeute nicht aus der Quantität des gewonnenen Saftes ermitteln, sondern nur aus dem Gewicht der Presslinge. Geben 100 Ctr. Rüben 18 Ctr. Pressrückstände, so war die Ausbeute an Saft 82 Proc. Als einen guten Durchschnittsertrag betrachtet man indessen schon 80 Proc. (anstatt 96 Proc., welche in der Rübe sich finden).

Presslinge.

Die bei Anwendung von hydraulischen Pressen gewonnenen Pressrückstände oder Presslinge bestehen aus der Rübenschale, der Cellulose, dem Pektin, den unlöslichen Proteïnsubstanzen, sowie aus den Bestandtheilen desjenigen Theiles des Rübensaftes, welcher durch Pressen nicht entfernt werden konnte. Sowie sie die Presse verlassen, erscheinen sie in Gestalt eines ziemlich trockenen, zusammenhängenden Kuchens von einigen Linien Dicke. Untersuchungen über die Presslinge hat neben vielen Anderen E. Wolff (in Hohenheim) ausgeführt.

Pressrückstände von Hohenheim.

Die Rübe gepresst mit

Frische Rüben. 20 Proc. Wasser. 14 Proc. Wasser. ohne Wasser.

Wasser	81,56	68,01	67,92	65,94
Asche	0,89	5,47	5,74	5,28
Cellulose	1,33	6,25	6,04	6,68
Zucker	11,88	7,86	7,58	6,72
Proteïnkörper	0,87	1,05	1,67	11,02
Sonstige Nährstoffe	3,47	11,36	10,05	14,31

100 Th. vorstehender Rüben lieferten 23,2 Th. Presslinge und 76,8 Th. Saft von folgender Zusammensetzung:

	Presslinge.	Saft.
	23,2	76,8
Wasser	15,61	65,95
Asche	1,27	?
Cellulose	1,47	—
Zucker	1,72	10,17
Kohlenhydrate	2,84	0,63
Proteïnkörper	0,28	0,58
	23,20	76,80

Ausser zum Mastfutter hat man die Pressrückstände zur Bereitung von Branntwein und Essig, sowie neuerdings als Material zur Herstellung von Papier und von Leuchtgas anzuwenden vorgeschlagen. In letzterer Hinsicht sollen sehr gute Resultate erzielt worden sein.

β) Die Saftgewinnung aus dem Brei durch Ausschleudern. Vor längerer Zeit und auch neuerdings wieder hat man vorgeschlagen, den Saft aus dem Rübenbrei mit Benutzung der weiter unten zu beschreibenden Centrifugalmaschinen — in der Regel Centrifugen oder Schleudern genannt — herauszuschleudern. Man erhält auf diese Weise nach Frickenhaus 50–60 Proc. Saft; den Rest soll man gewinnen, indem man den mit Wasser angerührten Rückstand noch zweimal in der Centrifuge behandelt. Um nicht zu sehr verdünnte Säfte zu erhalten, wird der dünne Saft zur Maceration von zuckerreicherem Rübenbrei benutzt. Die Praxis hat sich theilweise günstig über diese Methode der Saftgewinnung ausgesprochen.

Die Leistung einer Schleuder von 1 Meter Durchmesser und 0,5 Meter Höhe ist zu 100 Ctr. per Tag anzunehmen. Die Arbeitskraft ist geringer als bei der Presse, namentlich ist die Ausgabe für die Presstücher hierbei ganz vermieden. Die Kraft, mit welcher obige Schleuder auf den Saft wirkt, ist 5,1 Atmosphären, wodurch gegen 60 Proc. Saft erzielt werden. Der Rest wird durch Verdrängen mittelst Wasser bei dem verminderten Drucke von 1,8 Atmosphären herausgeschleudert; die Quantität des zugesetzten Wassers beträgt

50–60 Proc. des Rübenquantums; von diesen 50 Proc. bleiben 20 Proc. in den Rückständen, während 30 Proc. in den Läuterkessel übergehen. Die übrigen Verhältnisse müssen entscheiden, ob der Mehraufwand an Brennstoff durch die Mehrausbeute an Zucker mehr als gedeckt wird.

γ) Die Saftgewinnung durch Auslaugen des Rübenbreies (Macerationsverfahren nach Schützenbach). Nach dem älteren Verfahren Schützenbach's werden die Rüben zuerst gereinigt und dann zur Schneidemaschine gebracht, welche so eingerichtet ist, dass durch allmälige Einwirkung einer Anzahl vertikal stehender Messer und einer horizontal auffallenden Schneideklinge die Rüben zu Parallelepipeden (Schnitzeln) zertheilt werden, welche unter dem Einflusse der Luft sich zusammenbiegen und nicht mehr aneinander haften. Das Trocknen geschieht in Trockenräumen mit bis auf etwa 50° erhitzter Luft. Die Rübenschnitte gehen ununterbrochen über endlose Gewebe, die in dem Trockenraume horizontal gelagert sind. Die Luft wird auf ähnliche Weise wie in den Malzdarren erhitzt. Die getrockneten Rüben werden entweder zu Pulver zermahlen oder im ungemahlenen Zustande verarbeitet. Im ersteren Falle macerirt man 4 Th. Rübenmehl mit 9 Th. Wasser, welches mit etwas Schwefelsäure oder schwefliger Säure angesäuert worden ist, und stumpft dann die Säure mit Kalk ab. Nach dem zweiten gewöhnlicheren Verfahren feuchtet man die trockenen Rübenschnitte mit dünner Kalkmilch an, füllt sie in geschlossene Cylinder und laugt sie hier mit Wasser von 80° aus. Die weitere Verarbeitung des Saftes bietet nichts Eigenthümliches dar.

Hinsichtlich des Werthes der Schützenbach'schen Saftgewinnungsmethode hat sich in vielen Gegenden Deutschlands die Ueberzeugung gebildet, dass der Kostenaufwand für die beiden Operationen des Trocknens und Auslaugens weit grösser ist, als für die directe Verarbeitung der grünen Rübe, ohne in Menge und Güte des gewonnenen Produktes eine Entschädigung zu gewähren. Dennoch kann es Fälle geben, wo diese Industrie mit Nutzen betrieben werden mag. Sie gewährt den Vortheil, das ganze Jahr regelmässig fortarbeiten zu können, und gestattet eine vortheilhafte Benutzung des Anlagecapitals und des Arbeits- und Aufsichtspersonals. 4,75 Centner grüne Rüben werden (vom 1. September 1866 an) gleich 1 Ctnr. trockener Schnitzen gerechnet. Der Umstand, dass die Maceration der Rübenschnitte äusserst langsam erfolgt und bei erhöhter Temperatur vor sich geht, wobei der Saft leicht eine nachtheilige Veränderung erleiden kann, hat in neuerer Zeit (1853) Schützenbach veranlasst, aus dem durch Zerreiben der Rüben erhaltenen Rübenbrei durch Digestion mit kaltem Wasser den Saft zu gewinnen. In wissenschaftlicher Hinsicht verdient das Schützenbach'sche Verfahren alle Beachtung, in der Praxis dagegen hat es den gehegten Erwartungen nicht immer entsprochen. Man wirft demselben vor, dass es nur bei der sorgfältigsten Manipulation, wie sie in der Praxis nicht immer möglich ist, eine grössere Ausbeute gäbe, als das Pressverfahren, und dass leicht Störungen des Betriebes bei demselben eintreten.

δ) Wie oben bemerkt, kann man den Saftinhalt der Rübenzellen erzielen, ohne dass man die Zellen zu öffnen braucht. Die Saftgewinnung geschieht hier durch Auslaugen der grünen Schnitzel (Dialyse oder Diffusion nach Robert; osmotische Maceration oder Osmose nach Dubrunfaut). Aus der Schützenbach'schen Maceration hat sich das auf Dialyse basirte Diffusionsverfahren Robert's herausgebildet, welches darin besteht, dass man die grünen Rübenschnitzel mit reinem Wasser von 50° C. digerirt. Der Zucker geht durch die Zellenwandung hindurch und löst sich in dem Wasser, während gewisse Nichtzuckerstoffe in den Zellen zurückbleiben. Die erhaltene Flüssigkeit ist mithin eine fast reine Zuckerlösung und kann mit Leichtigkeit von der geringen Menge fremder Stoffe geschieden werden. Ein Nachtheil des Verfahrens liegt in der grossen Verdünnung der Zuckerlösung. Die Diffusionsrückstände sind sehr wässrig und enthalten 93 Proc. Wasser und 7 Proc. Trockensubstanz.

Vergleicht man die verschiedenen Saftgewinnungsverfahren in Bezug auf Betriebskraft, Arbeitspersonal, Zuckerverlust etc. etc., so gebührt dem Diffusionsverfahren der Vorzug und in der That findet dasselbe mit Recht eine immer grössere Verbreitung.

Scheidung des Saftes.

3. Die Scheidung des Rübensaftes. Der durch Auspressen oder durch Ausschleudern oder endlich durch Maceration aus dem Brei gewonnene Rübensaft färbt sich an der Luft tintenartig und es scheidet sich ein schwarzer flockiger Niederschlag aus. Je mehr freie Säure der Saft enthielt, desto weniger leicht tritt die Färbung

ein und der Saft erscheint in diesem Falle braunroth gefärbt. Der Saft ist nicht nur eine Lösung von Zucker, sondern eine Lösung sämmtlicher löslicher Bestandtheile der Rübe, von welchen ausser dem Zucker die stickstoffhaltigen Substanzen und die mineralischen Bestandtheile zu beachten sind. Besonders die ersteren sind es, welche unter dem Einfluss der atmosphärischen Luft in Fermente übergehen und den Zucker in Milchsäure und andere Produkte überführen. Bis jetzt ist es noch nicht gelungen, den gelösten Zucker von allen diesen Verunreinigungen zu befreien. Man sucht zuvörderst nur diejenigen zu entfernen, welche der Herstellung von reinem Zucker am meisten hinderlich sind oder durch welche er seine Krystallisationsfähigkeit einbüssen würde. Die angebrachte Abscheidung dieser schädlichen Stoffe ist die Aufgabe der Läuterung.

Das jetzt fast allgemein eingeführte Läuterungsverfahren ist folgendes: Zuerst wird der Saft in der Scheidepfanne möglichst rasch und gleichmässig erhitzt, damit die im Safte vorhandene freie Säure keinen nachtheiligen Einfluss auf den Zucker ausübe und die Eiweisssubstanzen coaguliren. Das Erhitzen geschieht am zweckmässigsten in kupfernen Läuterungs- oder Defecationskesseln mit doppeltem Boden. Sobald durch Erhitzen des Saftes die Coagulation erfolgt ist, was gewöhnlich bei 85° geschieht, wird verdünnte Kalkmilch zugesetzt und innig mit dem Safte gemischt. Der Kalk sättigt die in dem Safte enthaltenen freien Säuren, dann scheidet er die stickstoffhaltigen Substanzen aus, welche so leicht zum Verderben des Saftes beitragen können, oder zersetzt dieselben unter Ammoniakentwickelung. Der Kalk verbindet sich endlich mit einem Theile des Zuckers zu Zucker-Kalk (Calcium-Saccharat). Von den durch den Kalkzusatz frei gemachten Basen werden Eisenoxydul und Magnesia gefällt, während Kali und Natron frei gemacht werden. Damit der Kalk hinlänglich wirken könne, wird, nach dessen Zusatze, die Temperatur durch Einlassen von Dampf erhöht. Die Menge des zuzusetzenden Kalkes ist von der Beschaffenheit der Rüben abhängig. In der Regel setzt man auf 100 Lit. Saft 1–2 Pfund Kalk zu oder auf 2 Centner Rüben 1 Pfund. Die in Form eines Schlammes (Scheideschlamm) ausgeschiedenen unlöslichen Verbindungen des Kalkes werden von dem übrigen Zuckersaft (geschiedener Saft) getrennt. Diese Trennung wird gegenwärtig allgemein mittelst der sogenannten Filterpressen (Pressfilter, Fachfilter) bewirkt, deren Einführung in die Zuckerfabrikation als ein bedeutender Fortschritt bezeichnet werden muss.

Entkalken oder Saturiren des Saftes durch Kohlensäure.

Der geläuterte Saft ist keineswegs eine reine Zuckerlösung, sondern enthält ausser dem freien Zucker Zucker-Kalk, freies Kali und Natron, etwas Ammoniak, geringe Mengen stickstoffhaltiger organischer Substanzen, deren Zersetzung durch die vorhandenen freien Alkalien beim weiteren Eindampfen sich durch Ammoniakentwickelung zu erkennen giebt, organische Säuren, namentlich Asparaginsäure, endlich Alkalisalze wie Kaliumsulfat und Kaliumnitrat. Die fernere Behandlung des geläuterten Saftes bezweckt nun die möglichste Entfernung dieser fremden Stoffe aus dem Safte, namentlich die Zersetzung des Zuckerkalkes. Die Entkalkung kann geschehen auf physikalischem Wege durch Knochenkohle oder auf chemischem Wege durch Kohlensäure; letztere Art des Entkalkens macht indessen die Anwendung der Knochenkohle nicht überflüssig, weil ja die Kohle nicht blos entkalkend wirkt, aber die Menge der Kohle lässt sich beträchtlich vermindern. Der geläuterte Saft wird, nachdem er durch ein Kohlenfilter gelaufen ist, entweder sofort abgedampft oder mit Kohlensäure behandelt, um den bei der Läuterung zugesetzten Kalk zu entfernen, welcher sonst bei der darauf nachfolgenden Filtration über Knochenkohle, welche gleichfalls die Eigenschaft besitzt, den Kalk des Zuckerkalkes aus dem Safte zu entfernen, beseitigt werden muss[107]. Die Kohlensäure wurde zuerst 1811 von Barruel in Paris und später von Kuhlmann in Lille empfohlen, von Schatten und Michaelis aber im Grossen zum Entkalken oder Saturiren des geläuterten Saftes angewendet. Der letztere erzeugt die Kohlensäure aus mit Wasser angerührter Schlämmkreide (besser und reiner aus Magnesit) und Schwefelsäure, der erstere durch Verbrennen von Holzkohle oder von Gaskoks. Neuerdings hat Ozouf empfohlen, die Kohlensäure durch Glühen von Natriumbicarbonat darzustellen.

Fig. 213.

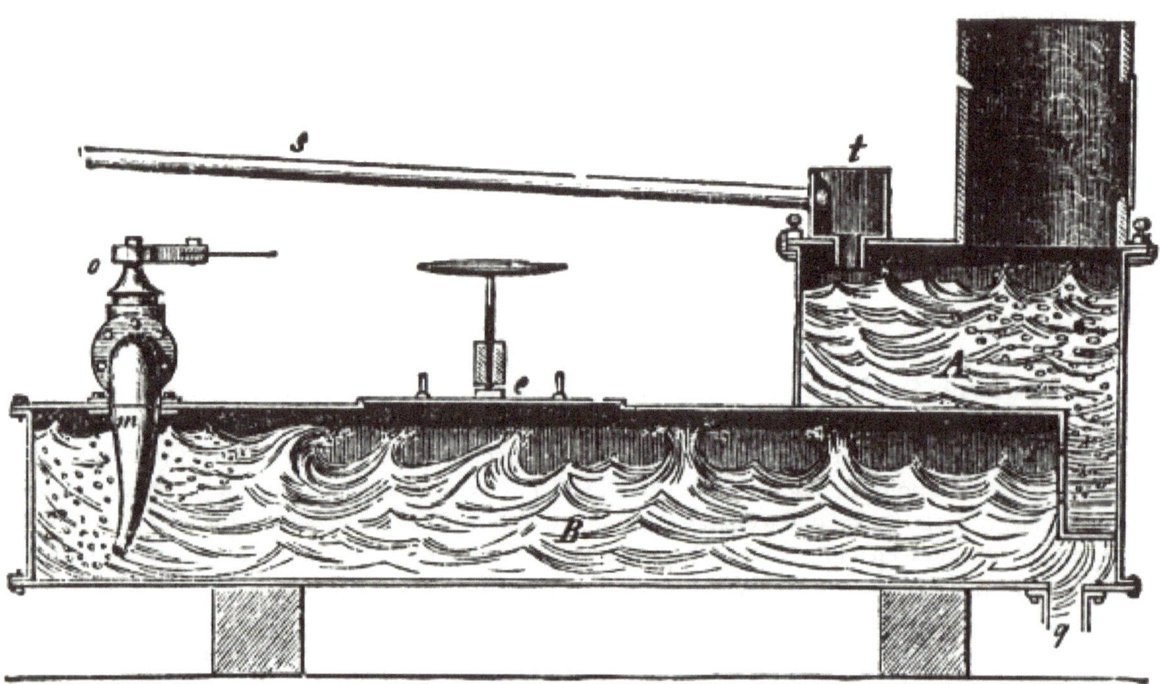

In den deutschen Fabriken bedient man sich zum Zersetzen des Zuckerkalkes der Kleeberger'schen Pfanne; Fig. 213 zeigt eine solche im Durchschnitt. Sie ist von Gusseisen und kastenförmig. Die Kohlensäure wird, nachdem sie mittelst einer Lösung von kohlensaurem Natrium und dann mit reinem Wasser gewaschen worden ist, durch das Rohr *m* in den Kasten *B* geleitet, welcher mit dem heissen Safte angefüllt ist. Das Rohr *m* spaltet sich in zwei engere auseinandergehende Röhren, wodurch das Kohlensäuregas besser zertheilt und der Saft besser bewegt wird. Das nicht absorbirte Gas, zum kleinen Theil aus Kohlensäure, zum grösseren aus Stickstoff bestehend, sammelt sich in *B* über dem Safte an und drängt denselben durch die Oeffnungen *P* in den oberen Raum *A*. Wenn dergestalt der Saft in *B* bis unter *P* gesunken ist, so geht das in *B* angesammelte Gas durch die Oeffnungen in *A* und nochmals durch den Saft, wo die Kohlensäure vollends absorbirt wird. Die nicht absorbirten Gase entweichen durch *n*. Nach beendigter Einwirkung des Kohlensäuregases, daran zu erkennen, dass der Kalk gut abgeschieden und der Saft klar ist, schliesst man den Kohlensäurehahn *o* und lässt dann durch *k* den Saft in ein Reservoir fliessen, in welchem sich das Calciumcarbonat absetzt. Der klare Saft wird dann zur weiteren Bearbeitung abgelassen. Zur Reinigung des Entkalkungsapparates, namentlich zur Entfernung des abgeschiedenen Calciumcarbonates dient die Oeffnung *e*. Der zu entkalkende Saft tritt durch das Rohr *s* und die Rinne *t* in den Apparat. Der abgeschiedene Schlamm (Saturationsschlamm) wird in gleicher Weise wie der Scheideschlamm in der Filterpresse von der beigemengten Zuckerlösung getrennt.

Andere Mittel zum Entkalken des geläuterten Rübensaftes.

Anstatt der Kohlensäure (und der Knochenkohle) hat man zum Entkalken des geläuterten Rübensaftes eine grosse Anzahl von Mitteln vorgeschlagen, die zum grössten Theile in der Anwendung solcher Säuren oder Substanzen bestehen, welche mit dem Kalk des Zuckerkalkes unlösliche Verbindungen eingehen, ohne jedoch dabei den Zucker zu verändern. Die Oxalsäure würde zum Entkalken sehr passend sein, da das Calciumoxalat in der Zuckerlösung unlöslich ist; sie ist jedoch für jetzt noch viel zu theuer, der Niederschlag hat auch das Unangenehme, dass er äusserst fein ist und sich deshalb nur sehr langsam absetzt und ein Filtriren durch Beutelfilter nöthig macht. Auch die Phosphorsäure wurde zum Entkalken und zum Neutralisiren des alkalisch reagirenden Saftes angewendet. Das Calciumphosphat scheidet sich in Flocken aus und kann leicht durch Filtriren durch eine dünne Schicht gekörnter Kohle getrennt werden. Vortheilhafter als die freie Phosphorsäure scheint das Ammonphosphat zu sein, welches den Kalk fällt und die Alkalien neutralisirt, während das Ammoniak frei wird, das beim Erhitzen des Saftes entweicht. Oelsäure und Stearinsäure sind gleichfalls vorgeschlagen worden, welche mit einer Zuckerkalklösung zusammengeschüttelt, schon in der Kälte derselben den Kalk vollständig entziehen. Ebenso das Kieselsäurehydrat und das Caseïn. Acar setzt zu dem geläuterten Safte Pektinsäure, welche mit dem Kalke zu unlöslichem Calciumpectat zusammentritt. Seitdem Magnesiumsulfat aus dem Stassfurter Kieserit äusserst wohlfeil dargestellt wird, hat man es (nach dem Vorschlage von Morgenstern) gleichfalls zum Entkalken und Klären des Zuckersaftes mit grossem Erfolg angewendet. Die Magnesia nimmt bei ihrer Abscheidung einen Theil der verunreinigenden und färbenden Substanzen des Saftes mit. Frickenhaus endlich hat neuerdings auf die Anwendbarkeit der Fluorwasserstoffsäure zum Entkalken, noch mehr aber zum Entsalzen des Rübensaftes aufmerksam gemacht. Ausser den im Vorstehenden genannten Substanzen, welche dem Safte nach der Läuterung mit Kalk behufs der Entkalkung zugesetzt werden, giebt es noch eine Anzahl solcher, die vor dem Kalk oder neben demselben dem Safte beigemischt werden und den Zweck haben, die Läuterung vollständiger als mit Kalk oder ohne denselben auszuführen, oder mindestens den Saft so weit zu reinigen, dass bei der darauf folgenden Filtration durch Thierkohle beträchtlich an Kohle gespart werde. Hier sei zunächst die schweflige Säure angeführt, von welcher man sich in der Zuckerfabrikation grosse Dinge versprach. Bereits im Jahre 1810 empfahl Proust, des Calciumsulfit gegen die schnell eintretende Gährung des Zuckerrohrsaftes anzuwenden; 1829 erhielt Dubrunfaut ein Patent auf die Behandlung des Rübensaftes mit schwefliger Säure vor der Läuterung mit Kalk. Im Jahre 1849 hat Melsens in Brüssel diesen Gegenstand wieder aufgegriffen und die Anwendung von zweifach schwefligsaurem Kalk empfohlen. Bei 100° scheidet der zweifach schwefligsaure Kalk die meisten Proteïnsubstanzen aus ihren Lösungen ab; er wirkt nicht allein gährungswidrig, sondern demnach auch als kräftiges Läuterungsmittel. Die in den Rüben fertig gebildet vorkommenden Farbstoffe werden durch die schweflige Säure nur maskirt, aber nicht zerstört; sie widersetzt sich dagegen der Färbung des Rübensaftes durch die Luft vollkommen und bleibend. Melsens glaubt, dass man bei Anwendung seines Mittels bei der Gewinnung des Zuckers aus Zuckerrohr von der Gefahr der eintretenden Gährung nicht mehr bedrängt, die Pfannenfeuerung durch eine Art Sonnengradirung, ja selbst durch Gradirung auf wirklichen Gradirhäusern ersetzen könne. Bei den Rüben fand er grössere Schwierigkeiten, besonders weil die übeln Folgen ihres beträchtlichen Gehaltes an Salzen durch Calciumsulfit nicht zu heben sind. Dagegen scheint ihm ein Zusatz desselben zum ausgepressten Brei die Möglichkeit einer völligen Erschöpfung, durch systematische Auswaschung in sichere Aussicht zu stellen. Er glaubt auch, dass das Calciumsulfit die Knochenkohle entbehrlich machen werde. Die durch Melsens in Aussicht gestellte Vereinfachung verliert jedoch durch zwei Umstände wesentlich an Werth. Erstlich behält der fertige Zucker einen schwefligen Geschmack bei, welcher nur durch starkes Decken, wobei 10 Proc. abgehen, durch längeres Aussetzen des zerstossenen Brotes an die Luft oder in einer ammoniakalischen Atmosphäre entfernt werden kann. Zweitens fragt es sich, ob die Presslinge mit Calciumsulfit behandelter Rüben noch als Futter anwendbar sind. Die von Melsens bekannt gegebenen Vorschläge wurden von Dumas in einer Weise bevorwortet, welche eine totale Umwälzung der bisherigen Zuckerfabrikation, ein Aufhören der Fabriken von Knochenkohle und eine folgenschwere Vermehrung der Zuckerausbeute erwarten liess. Von allen Hoffnungen jedoch, die sich an Melsens' Methode knüpften, ist bis jetzt noch keine erfüllt worden.

Läuterung mit Baryt.

Die bisher abgehandelten Methoden der Abscheidung des Zuckers aus dem Rübensafte beruhen darauf, dass die fremden Substanzen, welche den Zucker begleiten, in eine unlösliche Form oder Verbindung übergeführt werden, also auf einer Abscheidung dieser Stoffe von dem Zucker. Das Umgekehrte, nämlich die Abscheidung des Zuckers von den fremden Stoffen bezweckt das vor etwa 15 Jahren in Frankreich patentirte Verfahren von Dubrunfaut und de Massy, das sich auf die Eigenschaft des Baryts gründet, mit Rohrzucker in der Siedehitze eine unlösliche Verbindung von Zucker-Baryt (Barium-Saccharat, $C_{12}H_{22}O_{11},BaO$) zu bilden. Man versetzt den bis zum Sieden erhitzten Saft mit so viel Aetzbaryt, als nöthig ist, um allen Zucker zu fällen. Der sich als Niederschlag ausscheidende Zucker-Baryt wird von der Flüssigkeit, worin alle übrigen Substanzen gelöst bleiben, getrennt, dann in reinem Wasser suspendirt und durch Kohlensäure zersetzt. Man erhält einerseits reine Zuckerlösung, welche wie gewöhnlich verkocht wird, und andererseits Bariumcarbonat, welches wieder auf Aetzbaryt verarbeitet wird. Nachdem der Zucker-Baryt durch Kohlensäure zersetzt worden ist, wird die Lösung filtrirt und mit etwas Gyps versetzt, wo in Folge doppelter Zersetzung die geringe Menge des noch gelösten Bariumcarbonates als Sulfat und der Gyps als Calciumcarbonat ausgeschieden wird. Nach den Versuchen von C. Stammer giebt die Abscheidung des Rohrzuckers aus der Melasse durch Baryt nicht unbefriedigende Resultate.

4. Die Filtration des entkalkten Saftes durch Knochenkohle, das Verdampfen des Saftes und nochmaliges Filtriren durch Kohle. Ehe wir die weitere Behandlung des geläuterten und entkalkten Saftes beschreiben, wenden wir uns zu der Einrichtung der Filter und Siedepfannen.

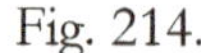
Fig. 214.

Die Filtra. Nachdem Lowitz die Eigenschaft der Holzkohle entdeckt hatte, entfärbend auf gefärbte Flüssigkeiten zu wirken, wurde die Kohle zuerst im Jahre 1798 zur Entfärbung der Melassen in den Zuckerraffinerien benutzt. Später wurde nachgewiesen, dass das Entfärbungsvermögen der Thierkohle, (Knochenkohle, Beinkohle), das der Holzkohle weit übertreffe. Später entdeckte Schatten, dass die Thierkohle nicht nur entfärbend, sondern auch entkalkend und entsalzend auf den Saft wirke. Darauf gründet sich die überaus wichtige Rolle, welche die Knochenkohle in der heutigen Zuckerfabrikation spielt. Lange Zeit wendete man sie nur als feines Pulver an, später im gekörnten Zustande. Nach der älteren Methode erhitzte man den Kohlenstaub mit dem abgedampften Safte und entfernte ihn daraus wieder durch einen Zusatz von Blut, wie dies noch jetzt bei dem Raffiniren des Rohrzuckers theilweise gebräuchlich ist.

Zur Abscheidung des entfärbten und entkalkten Saftes von den Kohletheilchen u. s. w. benutzt man häufig die 1825 von Taylor angegebenen Filter, welche Fig. 214 im Durchschnitt abgebildet sind. In einem, mit Thüre versehenen und mit Kupferblech ausgefütterten Kasten, befinden sich zwei durch einen Querboden getheilte Abtheilungen. In der oberen *A* befindet sich der zu filtrirende Saft, in der unteren *B* die Filtrirvorrichtung und der filtrirte Saft. Die Filtrirbeutel sind Schläuche aus Baumwollzeug, und stecken in leinenen Beuteln der Art, dass sie möglichst viele Falten bilden. Die messingenen Mundstücke der Beutel (siehe *P*) werden in die Oeffnungen des Querbodens eingeschraubt. Ueber dem Boden der unteren Abtheilung befindet sich ein Hahn *a* zum Ablassen des filtrirten Saftes. In die obere Abtheilung gelangt der Saft durch das Rohr *o*. Das zuerst Ablaufende ist meistens trübe und muss nochmals zurückgegossen werden. Die Poren der Filter verstopfen sich sehr bald und die letzteren müssen deshalb öfters ausgewechselt werden.

Dumont's Filter.

Fig. 215.

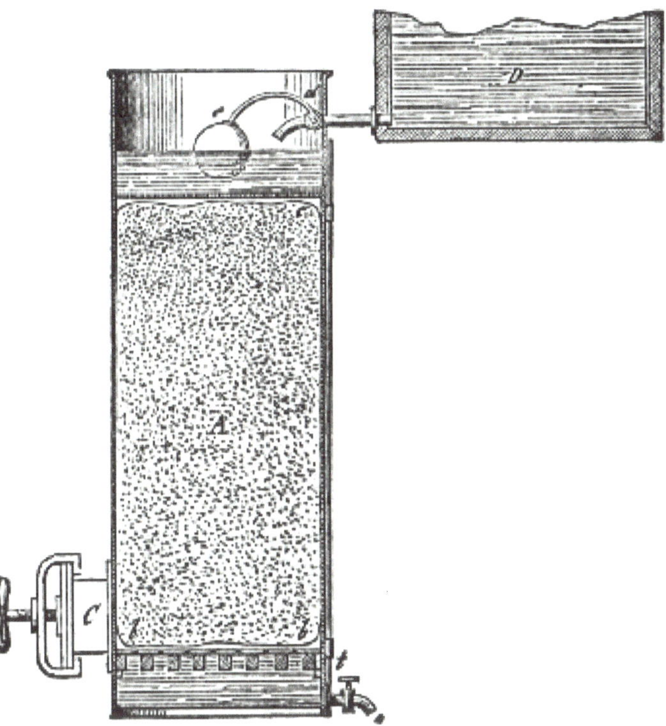

Fig. 216.

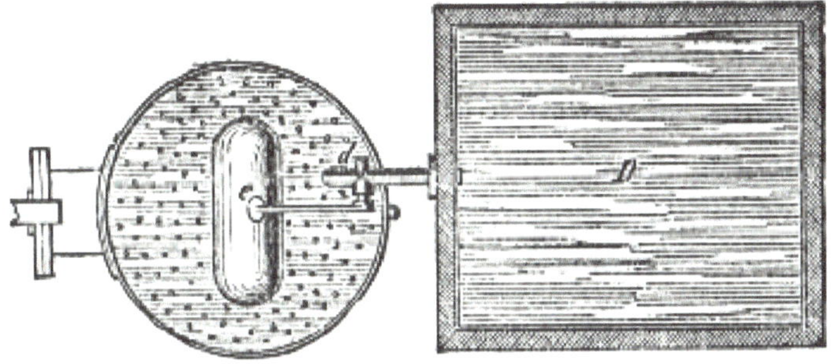

Pajot des Charmes war es, welcher im Jahre 1822 die Knochenkohle in die Filter brachte und die Entfärbung mit der Filtration verband. Diese Versuche blieben unbeachtet, bis Dumont 1828 die für die Zuckerindustrie so wichtige Entdeckung machte, dass die Wirksamkeit der Thierkohle bedeutend vermehrt wurde, wenn man sie im gekörnten Zustande und in dicken Schichten anwende. Er entfernte von der Kohle allen Staub, so dass nur noch grob gepulverte Kohle zurückblieb; er construirte dann ein Filter — das Dumont'sche Filter — in welchem die gekörnte Kohle sich gänzlich in die Flüssigkeit eingetaucht fand. Diese Art der Anwendung der Kohle gestattet es, nach dem Gebrauche die aufgenommenen Stoffe (namentlich den Kalk) durch das sogenannte Wiederbeleben (theilweise durch Behandeln der erschöpften Kohle mit Salzsäure) wieder daraus zu entfernen, wodurch die Kohle aufs Neue brauchbar wird. Nur durch diesen Umstand ist es möglich geworden, die Thierkohle in den Zuckerfabriken in der erforderlichen Menge anzuwenden.

Fig. 215 zeigt den Verticaldurchschnitt, Fig. 216 den Horizontaldurchschnitt des Dumont'schen Filters. Das eigentliche Filter besteht aus einem hohen Gefässe *A l* mit einem Siebboden *b b*, über welchem die gekörnte Kohle aufgeschichtet wird. Oberhalb und unten seitwärts (bei *C*) sind dicht zu verschliessende Oeffnungen zum Eintragen und Entleeren der Kohle vorhanden. Wendet man Kohle von verschiedener Korngrösse und ungleicher Wirksamkeit an, so kommt in den unteren Theil die wirksamere und in die oberen die gröbere. Auf die Kohle wird ein feuchtes Tuch gebreitet und ein kupferner Siebboden *c c* gelegt. Gewöhnlich werden mehrere Filter von einem Vorrathsbehälter *D* aus mit Saft gespeist. Mit Hülfe des Hahnes *d* wird der Saft in die Filter *A* gebracht. Damit er darin gleich hoch stehe und unter gleichem Drucke hindurchgehe, ist mit dem Ausflussrohr ein Hahn mit Schwimmern *e* verbunden. Der durch die Kohle gehende Saft kann in die untere Abtheilung des Filters nicht gelangen, ohne die darin befindliche Luft auszutreiben, welcher letzteren ein Ausweg durch das zu diesem Behufe angebrachte Steigrohr *t* angewiesen ist. Der Siebboden unter der Kohle ist gewöhnlich noch mit einem Rohrgeflecht bedeckt, darauf kommt ein leinenes oder wollenes Tuch. Nachdem die Kohle in ihrer Wirkung erschöpft ist, süsst man die Filter mit kochendem Wasser aus, um allen Zucker daraus zu gewinnen. Zuweilen leitet man auch den Saft von einem Filter auf ein zweites, falls das erstere den Saft nicht genügend reinigt und die Kohle doch noch Unreinigkeiten aufzunehmen vermag.

Pfannen.

Die Pfannen, welche zum Abdampfen des filtrirten Saftes und zum Einkochen des Klärsels dienen, lassen sich, je nachdem man freies Feuer oder Dämpfe oder heisse Luft zum Erhitzen benutzt, je nachdem unterbrochen oder continuirlich, bei gewöhnlichem oder vermindertem Luftdrucke gearbeitet wird, hinsichtlich der Art des Verdampfens eintheilen in solche, die

I. bei gewöhnlichem Luftdrucke arbeiten, und zwar

a) über freiem Feuer als feststehende und Schaukel- oder Kipppfannen, oder

b) mit Hochdruckdampf und

c) mittelst erwärmter Luft;

II. bei vermindertem Luftdrucke (Vacuumpfannen). Der luftverdünnte Raum wird erzeugt

a) mit Hülfe der Luftpumpe,

b) durch die Toricelli'sche Leere,

c) mittelst Dampf und Condensation desselben oder

d) durch Combination von a und b.

Die Pfannen sind theils auf periodischen, theils auf continuirlichen Betrieb eingerichtet.

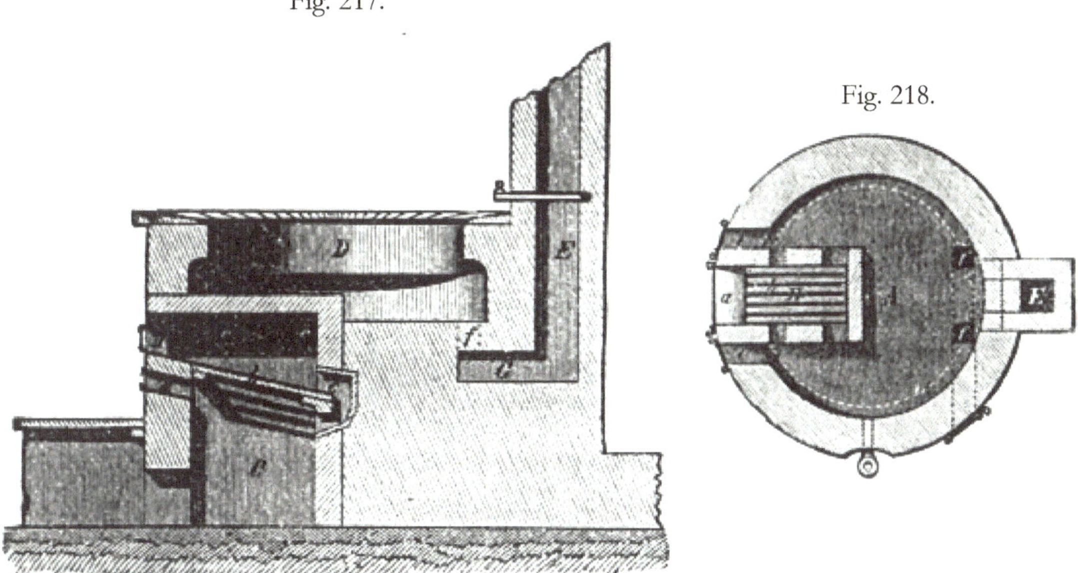

Fig. 217.

Fig. 218.

Fig. 219.

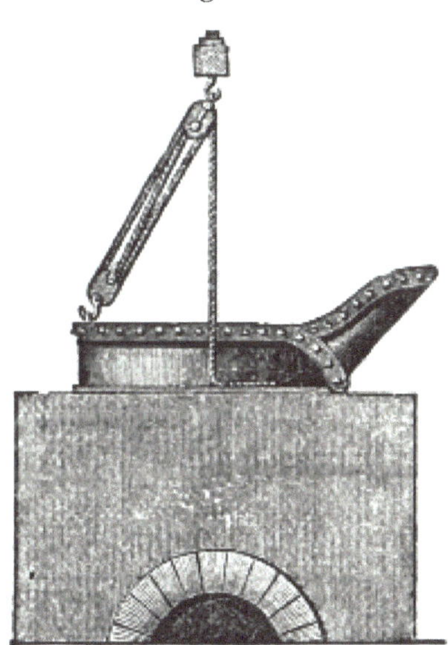

Was die Abdampfpfannen, die aus Kupfer bestehen, über freiem Feuer betrifft, so hat man bei ihrer Construction nicht allein auf ökonomische Verwendung des Brennstoffs, sondern auch auf den Einfluss derselben auf die Qualität der Produkte und auf leichte Ausführung der Arbeit zu sehen. Ein grosser Uebelstand beim Verdampfen über freiem Feuer ist die Gefahr der Ueberhitzung des von der Zuckerlösung nicht bedeckten Randes und die Schwierigkeit, das Feuer schnell vermindern zu können, wie es beim Entleeren der Pfannen nöthig ist, wenn nicht ein Theil des Zuckers in Caramel übergeführt werden soll.

Diese Uebelstände werden durch eine Fig. 217 im Verticaldurchschnitt und Fig. 218 im Grundrisse abgebildete Construction der Feuerung zum Theil beseitigt. *D* ist die Abdampfpfanne, *A* der Herdraum, *B* der Feuerraum, *C* der Aschenfall, *E* der Schornstein. Der Brennstoff gelangt durch *a* auf den schief liegenden Rost *b*. Durch die Oeffnung *d* lässt sich der Rost rein erhalten. Der Feuerraum ist mit einem oberhalb verschlossenen Gewölbe bedeckt, in welchem die seitlichen Oeffnungen *e e* die Hitze gleichmässig in den Herdraum gelangen lassen. Von hier aus gelangen die Verbrennungsgase durch die Kanäle *f f* nach abwärts und werden durch den

Kanal *G* in den Schornstein geleitet. *l l* sind geschlossene Oeffnungen, welche kalte Luft in den Herdraum *A* zu leiten gestatten. Leichter als in den feststehenden Pfannen ist das Entleeren der Zuckerlösung in den Kipp-, Schaukel- oder Schwungpfannen auszuführen. Sie sind flach, 30–36 Centim. tief, gehen (Fig. 219) in einen breiten Schnabel aus und sind um eine horizontal auf der Umfassungsmauer gelagerte Axe mittelst eines Hebels und Ketten beweglich. Hier wird das Feuer ununterbrochen unterhalten; hat der Saft die erforderliche Concentration erreicht, so hat der Arbeiter nur an dem Hebel *m* zu ziehen, und die Pfanne zu entleeren.

Sehr wirksam ist die auf Anwendung von Wasserdämpfen sich gründende Pfanne von Pecqueur, deren Einrichtung aus Fig. 220 und 221 hervorgeht. Sie erscheint von oben gesehen länglich viereckig und an der einen schmäleren Seite abgerundet; auf dem Boden liegen rostähnlich die Dampfröhren. Der Dampf tritt durch das Rohr *a* in das weitere Rohrstück *b*, von welchem sechs gebogene Röhren den Dampf dem Rohrstücke zuführen, von welchem aus das Condensations-Wasser durch das Rohr in den Dampfkessel zurückgeleitet wird. Diese directe Zurückleitung hat einmal den Vorzug, dass nur diejenige Wärme verloren geht, die durch die äussere Abkühlung verloren gehen muss; das andere Mal gestattet sie ein schnelleres Abdampfen, weil in dem Röhrensystem sich nur der heissere Dampf befindet. Bei diesen Pfannen sind ferner die Röhren *a* mit *b* und *e* mit *d* so verbunden, dass eine Drehung der Rohrstücke *b* und *d* möglich ist, ohne dass *a* und *e* ihre Lage verändern. Diese Drehung erlaubt die Heizröhren mit Leichtigkeit zu reinigen und die Pfanne schnell zu leeren, welche mit Hülfe des Hebelarmes *m* um einige Zoll nach dem Hahne *g* hin, durch welchen der Saft ausfliesst, geneigt gestellt werden kann. Durch diese Einrichtung wird die Pecqueur'sche Pfanne eine Kipppfanne.

Fig. 220.

Fig. 221.

Auch mit Hülfe erwärmter Luft hat man das Abdampfen des Saftes unter gleichzeitiger Erniedrigung der Temperatur zu erreichen gesucht, so z. B. in den Abdampfapparaten von Brame-Chevallier und Péclet. Der Apparat des ersteren hat folgende Einrichtung: Mittelst einer Dampfmaschine bewegte Pumpen treiben Luft durch mit Dampf geheizte Röhren nach den offenen Abdampfpfannen mit doppelten Böden. Hier tritt sie heiss aus dem oberen siebähnlichen durchlöcherten Boden in den Saft, welcher mit einer Dampfspirale erwärmt wird. Die Luft vertheilt sich in kleinen Bläschen in dem Safte und entweicht dampfbeladen.

Fig. 222.

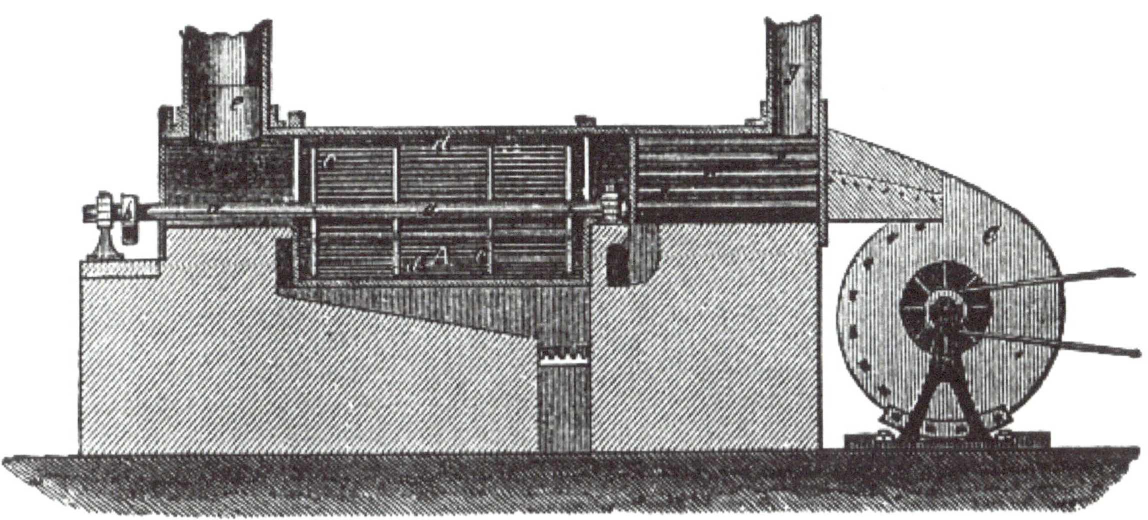

Die übrigen Abdampfpfannen, in denen erhitzte Luft zum Abdampfen benutzt wird, bieten nichts Eigenthümliches mit Ausnahme eines von Péclet beschriebenen Apparates (Fig. 222). Die Pfanne *A*, durch directes Feuer geheizt, ist oben mit einem gewölbten Deckel verschlossen. Ueber der Pfanne liegt die Axe *a*, die inwendig mit Flügeln versehen ist, welche durch Leisten mit einander verbunden sind, über welche feine Metallsiebe so gespannt sind, dass dadurch mehrere ineinander steckende Walzen entstehen. Die durch den Saft zu treibende Luft wird in *B*, einem geschlossenen Raume, erhitzt, in welchem Röhren *f* liegen, welche, von der abgehenden Hitze des Ofens umgeben, die Luft, die der Ventilator *C* liefert, erwärmen. Die Luft kommt beim Drehen der Axe mit dem durch die Walzen gehobenen Safte in Berührung und dampft ihn ab. Die Wasserdämpfe entweichen durch *e*, die Verbrennungsgase durch *g*.

Vacuumpfannen.

Die wichtigste Verbesserung in den Apparaten zum Eindampfen des Zuckersaftes ist die von Howard im Jahre 1812 eingeführte Anwendung des luftverdünnten Raumes, in welchem die Verdampfung weit leichter vor sich geht und das Sieden bei weit niedrigerer Temperatur erfolgt, als unter den gewöhnlichen Bedingungen, unter welchen das Sieden bei dem Drucke einer Atmosphäre von statten geht. Der niedrigste Siedepunkt des Klärsels in den Vacuumpfannen ist 46,1° C., die gewöhnliche Siedetemperatur 65,5–71,1°. Man entgeht dadurch der Gefahr, durch hohe Temperatur und gleichzeitige Einwirkung der Luft einen Theil des krystallisirbaren Zuckers in nicht krystallisirbaren oder gar in Caramel überzuführen. Ungeachtet ihrer Kostbarkeit und des zu ihrem Betriebe erforderlichen Aufwandes von mechanischer Kraft sind die Apparate, in denen das Verdampfen im luftverdünnten Raume geschieht — die Vacuumpfannen — gegenwärtig allgemein im Gebrauche.

Die wesentlichen Theile einer jeden Vacuumpfanne sind 1) die Kochpfanne und 2) eine Vorrichtung zum Entfernen der Luft und der erzeugten Saftdämpfe. Die Construction der Kochpfanne ist fast bei allen Apparaten gleich und die Abweichungen zeigen sich hauptsächlich nur in der Art und Weise, wie der luftverdünnte Raum hergestellt und erhalten wird.

Fig. 223.

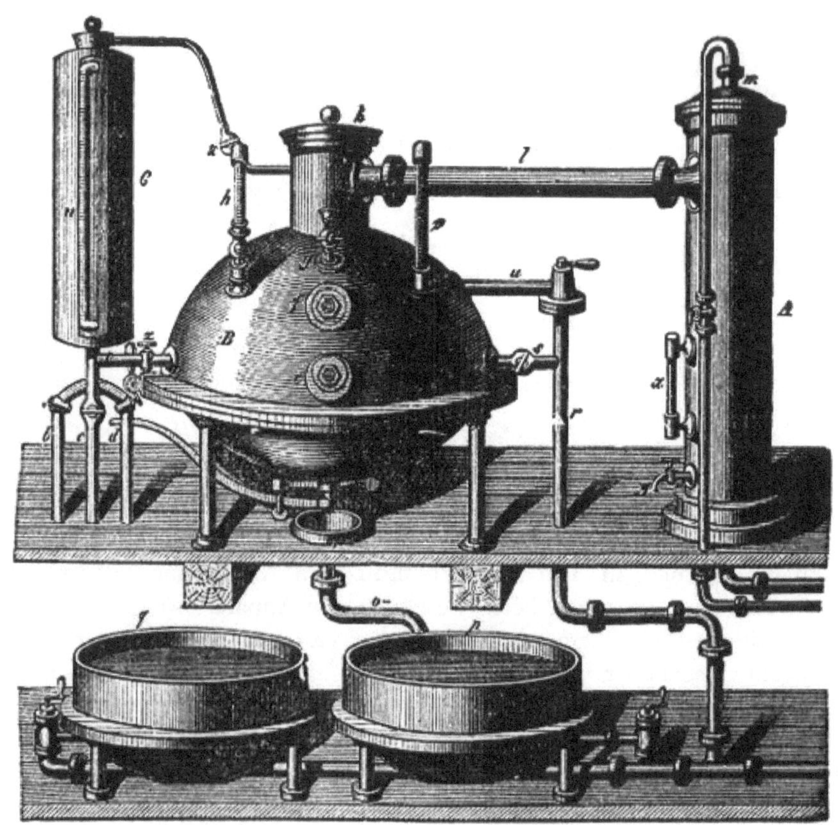

Fig. 224.

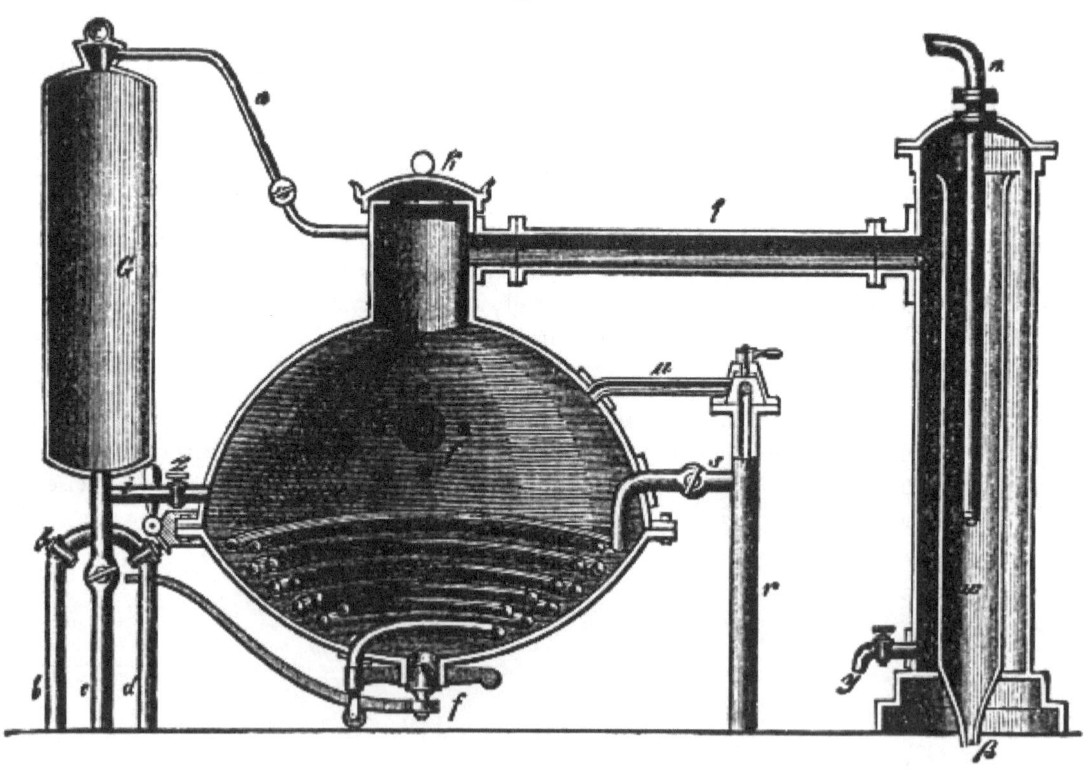

In Frankreich sind die von Derosne construirten Apparate sehr verbreitet. In Deutschland sind sie durch einfachere und weniger kostspielige Einrichtungen längst verdrängt. Diese Vereinfachung wurde ermöglicht theils durch vervollkommnete Dampfmaschinen, theils durch Ersparniss an Brennmaterial und durch zweckmässige Einrichtung der Luftpumpe, in deren Folge dieselbe wieder Anwendung finden könnte. Fig. 223 und 224 zeigen einen in deutschen Zuckerfabriken sehr gewöhnlichen Abdampfapparat. Die Kochpfanne *B* besteht aus zwei luftdicht verbundenen Kugelsegmenten und ist oben mit einem Helm versehen, welcher durch das Rohr *l* mit dem Condensator *A* verbunden ist. Der Apparat wird durch Dämpfe, welche das Dampfrohr *r* und *s* liefert, geheizt. Der Dampf circulirt in der in der Pfanne befindlichen Spirale *g*. Der verkochte Saft wird durch Oeffnen des Hebelventils *f* durch das Rohr *o* in den untergesetzten Behälter *p* abgelassen. Wenn die Pfanne nach beendigter Kochung entleert ist und von Neuem gefüllt werden soll, so setzt man sie mittelst des Rohres *l* und *w* mit einer Luftpumpe in Verbindung. Ist die Luft gehörig verdünnt, was man an dem Manometer *h* sieht, so kann man durch Oeffnen des Rohres, welches den Klärselbehälter mit der Vacuumpfanne verbindet, das Klärsel in Folge des Uebergewichtes des äusseren Druckes in die Pfanne treiben, so dass die Füllung durch Einsaugen von selbst vor sich geht. Zweckmässiger ist indessen die Einrichtung mit dem Messcylinder *G*, welcher die in die Pfanne zu bringende Quantität von Klärsel, Syrup oder auch Wasser genau zu messen gestattet. Dieser Messcylinder steht durch das Rohr *a* oben und durch *i* unten mit der Kochpfanne in Verbindung und ist mit einem Glasrohr *n* versehen, welches den Stand der Flüssigkeit anzeigt. Mit Hülfe der drei Röhren *b*, *c* und *d* kann man nach Belieben Klärsel, Syrup oder Wasser in den Messcylinder bringen. Mittelst des Rohres *u* kann man Dampf durch Kochpfanne und Condensator streichen lassen (ausblasen oder dämpfen), um zur Unterstützung der Luftpumpe die Luft schnell auszutreiben. Vermittelst des Probeziehers oder Stechers *e* lässt sich eine Probe des verkochten Klärsels nehmen. Der Hahn *g* ist der Fetthahn, durch welchen man, um das Aufschäumen des kochenden Saftes zu mässigen und dessen Uebersteigen zu verhüten, etwas Butter oder nach Sostmann zweckmässiger Paraffin in die Pfanne bringen kann, *f* ist ein Mannloch, um den Apparat reinigen zu können. In der halben Höhe der Pfanne ist eine Scheibe aus starkem Spiegelglas eingesetzt, welcher eine zweite gegenüber steht, um den Gang des Kochens beurtheilen zu können. Der Condensator besteht aus dem Mantel *B*, welcher so eingerichtet ist, dass der möglicherweise übersteigende Saft sich nicht mit dem Wasser des Condensators mischt, sondern abgelassen wird. Das Rohr *x* zeigt die Höhe des Saftes in diesem Zwischenraume an. Durch das Rohr *m* gelangt kaltes Wasser nach dem Condensator und strömt darin das brausenartig gebildete Ende dieses Rohres aus. Das Thermometer *z* zeigt die Temperatur im Innern der Pfanne an.

Nachdem die Luftpumpe in Thätigkeit gesetzt worden ist, öffnet man das Rohr *c*, welches zum Saftbehälter *q* führt, damit der Messapparat sich fülle. Dadurch, dass man *m* schliesst und *z* öffnet, gelangt der Saft in die Pfanne. Sobald dieselbe etwa zur Hälfte gefüllt ist, öffnet man das Dampfrohr *s*, wodurch der Inhalt der Pfanne rasch ins Sieden kommt. Darauf setzt man den Condensator in Thätigkeit. Die erzeugten Saftdämpfe treten durch *l* in den Condensator und werden in *w* schnell condensirt und mit dem Condensationswasser durch β abgeleitet. Zuweilen findet man auch die Trappe'sche Einrichtung, bei welcher die Toricelli'sche Leere Anwendung findet. Der Condensator ist in solcher Höhe angebracht, dass er etwa 10,6–11 Meter über der Sohle des Fabrikgebäudes steht; von ihm reicht ein unten offenes Rohr bis in einen Wasserbehälter hinab, wo es durch Wasser geschlossen wird. Aus diesem Behälter fliesst dann das zugeleitete und verdichtete Wasser, wovon in dem Rohre nur so viel stehen bleibt, als dem Grade der Luftverdünnung in dem Apparate entspricht. Je nachdem man die Trappe'sche Vorrichtung als Luftpumpe benutzt oder nicht, spricht man von Condensation mit trockener Luftpumpe (nach Trappe) oder mit nasser. Bei Anwendung der trockenen Luftpumpe hat die gewöhnliche Luftpumpe nur die Luft zu entfernen, welche sich nach und nach aus dem Verdichtungswasser entwickelt. Im andern Falle hat sie auch das Wasser zu entfernen. Man hat durch die Trappe'sche Einrichtung den Vortheil einer grossen Ersparung an Triebkraft: die nasse Luftpumpe erfordert 2–3 Pferdekraft, die trockene kaum 1 Pferdekraft zu ihrem Betriebe; ferner hat man grössere Freiheit in der Zulassung des Verdichtungswassers. Die trockene Luftpumpe ist dagegen in ihrer Wirkung zulässiger. Als Luftpumpe wendet man zweckmässig eine sorgfältig gearbeitete zweistiefelige Saugpumpe an; arbeitet sie „nass“, so muss alles Condensationswasser durch die Ventile hindurch; bei den trockenen Luftpumpen geht nur Luft, nie Wasser durch die Ventile.

Abdampfen des Saftes.

Wie schon früher angegeben wurde, bleiben nach dem Läutern und dem Erkalten ausser dem krystallisirbaren Zucker eine Anzahl Substanzen in dem Safte zurück, die auf die weitere Behandlung desselben von Einfluss sind. Neben dem Zucker als Zuckerkalk — da die Entkalkung vermittelst Kohlensäure nie bis zu Ende geführt wird — enthält der Saft freies Kali und Natron, etwas Ammoniak, gewisse stickstoffhaltige organische Substanzen (z. B. Asparagin), deren Gegenwart durch die beim Abdampfen hervortretende Ammoniakentwickelung[108] zu bemerken ist, endlich eine nicht unbedeutende Menge von Alkalisalzen, z. B. Kaliumnitrat, Kaliumsulfat, Chlornatrium u. s. w. Ausserdem finden sich in dem Safte Levulose und die Zersetzungsprodukte derselben durch den Kalk und die Alkalien — Humussubstanzen, welche den Saft bräunlich erscheinen lassen.

Das Abdampfen des geläuterten Saftes soll zunächst eine Concentration bezwecken, welche soweit fortzusetzen ist, bis der Saft von Neuem mit Vortheil gereinigt werden kann. Das Abdampfen muss möglichst rasch geschehen, da die Qualität des Zuckers durch eine längere Einwirkung einer höheren Temperatur um so mehr leidet, je unvollkommener derselbe geläutert wurde. Ehedem setzte man das Abdampfen des Saftes in der Regel bis zu 24–25° B. Dichte fort, ehe man ihn durch Thierkohle filtrirte. Gegenwärtig zieht man es vor, den Saft durch das erste Abdampfen nur soweit zu concentriren, als noch Ammoniakentwickelung zu bemerken ist, wozu meist eine Concentration bis auf 10–12° B. hinreicht. Nach Beendigung der Ammoniakbildung, wodurch die gänzliche Zerstörung der stickstoffhaltigen Körper, die noch einen zerstörenden Einfluss auf einen Theil des Zuckers ausüben könnten, angezeigt ist, kann der Saft ohne Nachtheil seinen Kalk verlieren. Man wird daher um so früher zum Abdampfen schreiten können, je vollständiger die Zersetzung der stickstoffhaltigen Körper bei der Läuterung vor sich gegangen ist. Die zweite Reinigung geschieht durch Filtration über Kohle, welche die Aufnahme der färbenden Bestandtheile des Saftes, des Kalkes, eines Theiles der Alkalien und gewisser organischer Substanzen bezweckt. Wendet man die Kohlensäure zum Entkalken an, so kommt der über Knochenkohle filtrirte Saft fast kalkfrei zum Kochen.

Verkochen des Klärsels.

5. Das Verkochen des verdampften und filtrirten Saftes (Klärsels) zur Krystallisation. Nach der zweiten Filtration durch Knochenkohle gelangt der bis auf 24° B. verdampfte Saft, der bisher den Namen Dünnsaft führte, nun aber Dicksaft (Klärsel, Kochkläre) heisst, in die Kochpfanne, um bis zum Krystallisationspunkte verkocht zu werden. Normaler Saft verdampft schnell und lässt dabei durch das Zerspringen der Blasen ein eigenthümliches Knattern hören. Man spricht in diesem Falle von „*trocken sieden*“. Wirft der Saft grosse, schwere und trübe Blasen, siedet er „*fett*“, so hat derselbe eine fehlerhafte Beschaffenheit, eine Folge vorhandener freier Alkalien; durch vorsichtigen Zusatz von Schwefelsäure soll man diesen Uebelstand beseitigen können.

Als Zeichen der genügenden Concentration des verkochten Saftes wendet man verschiedene Proben an. Die Ermittelung des *specifischen Gewichtes* kann nicht maassgebend sein, weil einmal die Temperatur von grossem Einflusse auf die Dichte des Klärsels ist und dann auch bei gleicher Temperatur in Folge vorhandener Mineralsalze und anderer Unreinigkeiten nie aus der Dichte ein sicherer Schluss auf die richtige Concentration zur Abscheidung des krystallinischen Zuckers gezogen werden kann. Nur ganz allgemein lässt sich angeben, dass das Verkochen bis 40–42° B. (heiss ermittelt) fortgesetzt werden soll. Besser noch als die Dichte würde man den *Siedepunkt des Dicksaftes* oder *Klärsels* zur Bestimmung der Concentration des Klärsels anwenden können, da der Siedepunkt des verkochten Klärsels bei 112–120° liegt, wenn nicht die fremden Substanzen auch auf den Siedepunkt von Einfluss wären und ihn erhöhten. Man benutzt daher zur Erkennung der erforderlichen Concentration weniger physikalische als empirische Proben, von denen folgende, die in der Zuckerfabrikation überhaupt und nicht nur beim Verkochen des Klärsels vorkommen, angeführt sein mögen. Die Fadenprobe, bei welcher man einen Tropfen Klärsel auf den Daumen bringt und mit dem Zeigefinger verreibt, wobei sich schon durch Uebung die genügende Concentration erkennen lässt; sicherer geschieht dies, indem man die Finger trennt; aus der Fadenlänge und aus der Art und Weise, wie der Faden abreisst, beurtheilt man die Concentration. Ist der Saft nicht genügend verkocht, so reisst der Faden bald ab, nach weiterem Abdampfen lässt er sich aber so lang ziehen, als dies durch die Trennung der Finger nur möglich ist. Reisst der Faden etwa in der Mitte der Länge ab, die er überhaupt erreichen kann, und zieht sich der obere Theil hakenförmig zusammen, so hat das Klärsel diejenige Concentration, bei der nach dem Erkalten der Zucker krystallinisch ausgeschieden wird; man spricht dann von der Hakenprobe. Weit zuverlässiger als durch die Fadenprobe lässt sich der Grad des Verkochens durch die Blasen- oder Pustprobe ermitteln. Man benutzt hierzu einen flachen Schaumlöffel (Pustspan), den man in das kochende Klärsel taucht und dann schnell herausnimmt, sodass nur wenig Saft daran haftet, worauf man gegen die Oeffnungen des Löffels bläst, wodurch sich auf der hinteren Seite Blasen bilden, deren Dauer, Grösse und Wanddicke (das Irisiren) den Arbeiter die erlangte Concentration genau erkennen lässt. Je nachdem man von dem Schaumlöffel nur einige wenige Blasen oder eine grosse Anzahl derselben fortblasen kann, welche kleinen Seifenblasen ähnlich, als lockerer Schaum die davon fliegen, unterscheidet man die schwache und starke Blasenprobe. Je leichter die Bläschen sind, desto concentrirter ist die Masse. Bei dem Verkochen des Dicksaftes in den Vacuumpfannen unterscheidet man das Blankkochen (Fadenprobekochen) und das Kornkochen. Bei dem Blankkochen wird das Verkochen nur so weit fortgesetzt, dass das Krystallisiren später durch Erkalten erfolgt und durch Rühren befördert wird. Bei einer besseren Zuckermasse kann man die Krystallisation statt im Kühler schon in der Vacuumpfanne eintreten lassen, wodurch eine grössere Menge von Krystallen erhalten wird. Letzteres ist das Kochen „auf Korn".

Die Arbeit auf Rohzucker oder Brotzucker.

6. Die Arbeit auf Rohzucker oder auf Brotzucker. Nachdem der Dicksaft in den Vacuumpfannen auf die erforderliche Concentration gebracht worden ist, findet mit dem Erkalten die Krystallbildung und Ausscheidung der Krystalle statt und zwar um so vollständiger und schneller, je reiner der Saft war. Die fernere Behandlung der Masse bezweckt eine möglichst vollständige Abscheidung der Melasse von den Zuckerkrystallen und das Ueberführen der letzteren in die gebräuchliche Form von Rohzucker und von Broten (Saftmelis). Der entweder blank oder auf Korn verkochte Dicksaft kommt aus der Vacuumpfanne in ein kupfernes Gefäss, den Kühler, in welchem man den Zucker entweder allmälig erkalten lässt oder, wenn er bei niedriger Temperatur eingekocht wurde, erwärmt. Die zum Erwärmen dienenden Gefässe — Anwärmer, — besitzen einen doppelten Boden und werden durch Dampf erhitzt. Das Local, in welchem die Anwärmer aufgestellt sind, die Füllstube, ist ebenfalls geheizt. Durch das Anwärmen beabsichtigt man, einen Theil der Krystalle zu einer höchst concentrirten Zuckerlösung zu lösen, aus welcher sich beim Erkalten in den Formen krystallinischer Zucker (Füllmasse) abscheidet, der der Masse Consistenz giebt.

Von den Formen unterscheidet man nach ihrer Grösse:

Melisformen	mit	30– 34	Pfd.	Füllung
Lompsformen	„	60– 70	„	„
Basterformen	„	120–150	„	„

Die konischen Formen (Fig. 225) bestanden früher und bestehen auch häufig noch aus einer Masse von feingeschlämmtem Thon und gepulverter Charmotte, waren nach einer Lehre auf der Drehscheibe aufgedreht, in einer Modellform ausgeglichen, dann mit einer Maschine, aus mehreren Klingen bestehend, welche so zusammengefügt sind, dass sie mit ihren Schneiden einen Kegel bilden, im Lichten ausgedreht. Da die grossen Formen dem Druck des Zuckers nicht widerstehen würden, so umgiebt man sie mit dünnen Spänen von Buchenholz, welche durch starke Reifen umbunden werden. Sie sind an ihrer Spitze offen und ruhen auf Töpfen, welche den abfliessenden Syrup auffangen sollen. Gegenwärtig sind die Zuckerhutformen fast allgemein aus glasirtem oder gefirnisstem Eisenblech (in Frankreich in neuerer Zeit auch aus Papiermaché) gefertigt. Für Rohzucker hat man als Krystallisirgefässe grosse Blechkisten eingeführt.

Fig. 225.

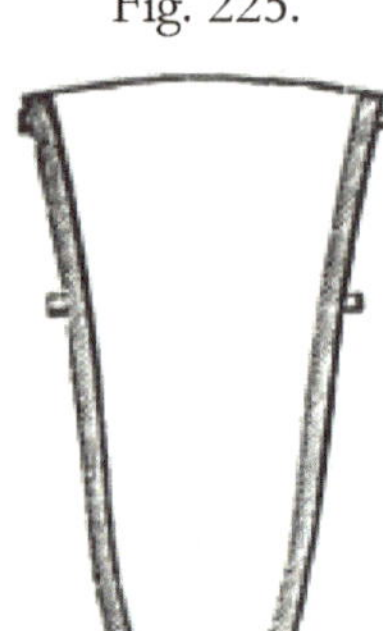

Nachdem der Zucker in den Kühlern auf die passende Temperatur gebracht, schreitet man zum Füllen. Man nimmt den Zucker mit Hülfe eines kupfernen Schöpflöffels heraus und bringt ihn in das Füllbecken von Kupfer mit breitem Ausgusse und eisernen Handhaben versehen. Bei *der älteren Methode des Verkochens* des Klärsels über freiem Feuer, wobei der Zucker nicht erwärmt, sondern abgekühlt wurde, füllte man die Formen nicht auf einmal voll, sondern nur etwa bis zum dritten Theile, nach einiger Zeit wurden sie bis zu zwei Dritttheilen und endlich ganz angefüllt. Man suchte durch dieses Verfahren eine möglichst gleichmässige Mengung des Kornes zu erreichen, weil das Unterste im Kühler ein stärkeres Korn hat als das Oberste. Nach etwa 10 Minuten nach dem Füllen der Formen entsteht auf der Oberfläche der Brote eine Krystalldecke, worauf man zum Holen (zum Holen der Krystalle aus der Spitze der Form) schreitet; zu diesem Zwecke sticht man mit einem 1,3 Meter langen Messer in die Masse, lockert den an der Spitze fest gewordenen Zucker auf, löst die Krystalldecke vom Rande der Form ab und arbeitet die Masse einigemal durch. Durch dieses Stören der Krystallisation suchte man eine regelmässige Dichte der Zuckermasse zu erzielen. Nach einer halben Stunde wird die nämliche Operation — das Stirren (Stören) — wiederholt. *Beim Kochen in den Vacuumpfannen* und bei der Benutzung glasirter eiserner Formen fällt das Füllen in drei verschiedenen Absätzen, des Holen und Stirren weg. Man schlägt oder rührt dagegen die Masse in der Kühlpfanne, bis sich Krystalle von der gewünschten Feinheit in hinlänglicher Quantität gebildet haben. Um die weisse Farbe des Zuckers zu erhöhen, setzt man zu dem verkochten Klärsel eine kleine Menge von Ultramarin (auf 1000 Ctr. Zucker genügen 2½ Pfd. Ultramarin).

Fig. 226.

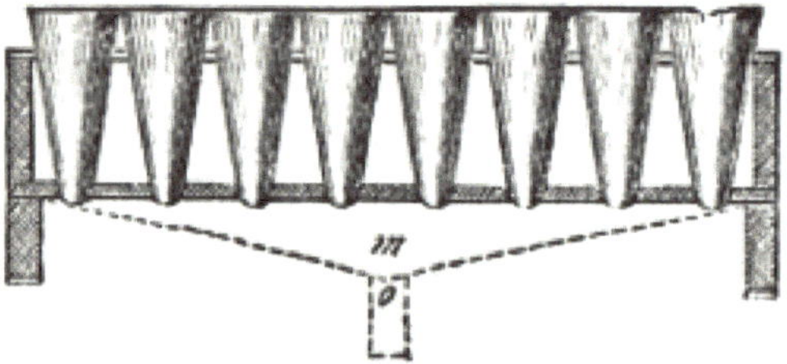

Zu geringeren, schwierig krystallisirenden Zuckersorten (Rohzucker) nimmt man grössere Formen (Basterformen), zu den besseren Sorten (Brotzucker, Saftmelis) die kleinen Melisformen. Nach Verlauf von 24 Stunden ist die Zuckermasse soweit erkaltet, dass man die Formen nach Beseitigung der Leinwandpfropfen auf Untersätze oder auf besondere Gestelle bringen kann. Unter den Gestellen (Fig. 226) befindet sich ein Gefäss zum Auffangen des abfliessenden Syrups, welcher durch das Rohr *o* in besondere Gefässe fliesst. Damit der nicht krystallisirte Theil besser abfliesse, stehen die Formen warm, bohrt man ferner die untere Oeffnung der Form. Der abgeflossene Syrup heisst grüner oder ungedeckter Syrup.

Decken.

Der in den Formen befindliche Zucker wird durch das sogenannte Decken weiter gereinigt und von allen nicht krystallisirten Theilen befreit. Das Decken ist nichts anderes als ein Auswaschen der in den Zwischenräumen der verworrenen Zuckerkrystallisation zurückgebliebenen Melasse, welche die Farbe, die Festigkeit und die Trockenheit des Hutzuckers beeinträchtigen würde.

Die älteste Methode des Deckens ist die durch Filtration mit Hülfe von Wasser, welches sehr allmälig aus einem Thonbrei fliesst. Anstatt den Zucker unmittelbar auf den Thonbrei zu legen, bedeckt man den Zucker vorher mit einem Stück Leinwand. An der Stelle des Thonbreies hat man neuerdings feuchte Papiermasse (Ganzzeug der Papiermasse) anzuwenden vorgeschlagen. Das Wasser des Thonbreies bildet mit einem kleinen Theile Zucker einen reinen Zuckersyrup, welcher die Melasse verdrängt und nach unten treibt. Der Zuckersyrup bleibt zwischen den Krystallen und setzt beim Trocknen wieder krystallinischen Zucker ab. Der während des Deckens ablaufende Syrup heisst Decksyrup und wird nach einem jedesmaligen Decken gesondert aufgefangen. Das Decken mit Thon wird nur noch selten angewendet, weil es unreinlich ist, viel Arbeit macht und einen nicht unbeträchtlichen Verlust an Zucker nach sich zieht. Namentlich zur zweiten Decke nimmt man lieber Klärsel oder Zuckerbrei. Im letzteren Falle entfernt man 2–3 Zoll tief den Zucker aus den Formen und mischt diesen mit Wasser zu einem honigdicken Brei, welchen man dann auf den abgekratzten Formen wieder vertheilt. Benutzt man Klärsel, so stellt man dieses durch Auflösen der besseren Zuckerabfälle in Wasser dar, welches nach dem Klären in der Kälte 30° B. zeigt. Zur Entfernung der letzten Feuchtigkeit aus den Broten benutzt man allgemein die (von Kranschütz construirten) Nutsch- oder Saugapparate, aus liegenden Röhren bestehend, welche auf der oberen Seite mit trichterförmigen Oeffnungen versehen sind, in die die Spitze der Form mit Hülfe eines Ringes aus vulkanisirtem Kautschuk luftdicht passt. Die Röhren communiciren mit einem Reservoir zur Aufnahme der Melasse, in dem durch eine Luftpumpe ein luftverdünnter Raum erzeugt wird, um aus den Spitzen den Syrup zu saugen.

Claireiren und Centrifugiren.

Fig. 227.

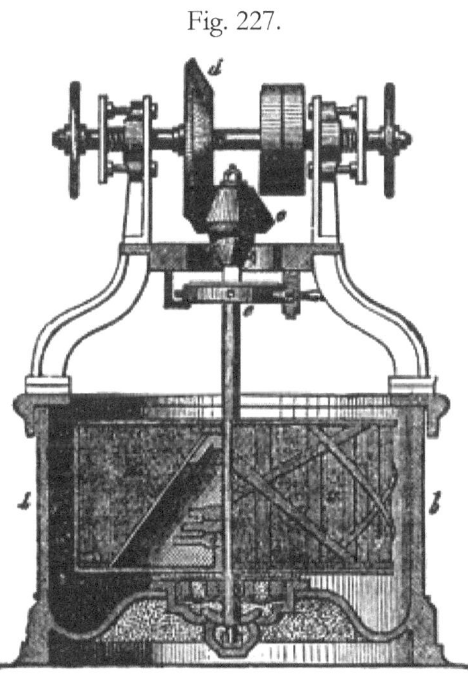

Durch die Kostspieligkeit des Deckens — namentlich wenn es sich um Rohzucker handelt — ist man veranlasst worden, dasselbe zu umgehen und durch andere Methoden zu ersetzen, so durch das Clairciren, wobei man den verkochten Zucker nicht in den Formen, sondern in den Kühlern unter Umrühren krystallisiren lässt und die krystallinische Masse in die Schützenbach'schen Kästen mit Böden aus feinem Metallgewebe bringt, durch dessen Löcher der Syrup abtropft. Die zwischen den Zuckerkrystallen befindliche Melasse wird durch reine Zuckerlösung verdrängt und sodann der feuchte Zucker in Formen gefüllt. Man wendet das Clairciren gewöhnlich zum Reinigen des zweiten Produktes an; seit der Einführung der Centrifugalmaschinen (Centrifugen) zum Ausschleudern oder Centrifugiren ist jedoch das Clairciren sehr ausser Gebrauch gekommen, welche man gegenwärtig in allen Zuckerfabriken zum Reinigen der Produkte und Nachprodukte anwendet.

Der wesentlichste Theil dieses für die Zuckergewinnung so wichtigen Apparates (Fig. 227 stellt die Construction von Fesca dar) ist eine oben offene Trommel *a* von feinem Metallgewebe, die auswendig durch Bandeisen die erforderliche Festigkeit erhält. Sie wird innerhalb eines gusseisernen Behälters *b b* mit einer Geschwindigkeit von 1000–1500 Umdrehungen in der Minute umgetrieben, zu welchem Zwecke die eiserne Axe *e* an ihrem obern Ende ein mit Leder überzogenes konisches Frictionsrad *c* enthält, das durch ein gleiches *d* umgetrieben wird. Der innere Raum der Trommel wird durch einen Conus aus Blech *g* beengt, wodurch der zu trocknende Zucker mehr dem Rande der Trommel genähert, aber auch Platz für drei Flughämmer gewonnen wird, die das Gleichgewicht der Trommel bei der raschen Umdrehung erhalten sollen. Der mittelst der Centrifuge zu reinigende Zucker muss eine gleichmässige Masse ohne Klumpen bilden. Je nach der Beschaffenheit der Masse bringt man, nachdem der Apparat in Bewegung gesetzt worden ist, 60 bis 100 Pfund Masse in die Centrifuge. Die Masse steigt an der Trommelwand in die Höhe und giebt vermöge der Centrifugalkraft den Syrup durch die Löcher des Metallgewebes ab, während die Zuckermasse im trockenen Zustande zurückbleibt. Man ist im Stande, durch diesen Apparat in 10–15 Minuten einen Centner trockenen Zuckers zu erhalten. Zur Entfernung des den Zuckerkrystallen fest anhaftenden Syrups befeuchtet man die in dem Apparate zurückgebliebene Masse mit dünnem Syrup und setzt sie nochmals der Wirkung der Centrifugalkraft aus.

Löschen und Trocknen.

Ist aller Syrup aus dem Zucker — aus dem Brote — entfernt und der Boden des Brotes ziemlich trocken geworden, so reinigt man den Boden mit einem Messer oder einer Bürste, was man das Plamotiren oder Planiren nennt. Darauf lässt man die Brote in den Formen so lange stehen, bis der Boden etwa einen Zoll tief hart geworden ist, und entfernt sie dann aus den Formen. Letztere Operation heisst das Löschen; man stösst die Form gelinde gegen einen Holzblock (Löschstuhl), bis das Brot sich gelöst hat. Die Brote werden, ohne sie aus der Form zu nehmen, auf Bastmatten umgekehrt, damit die in der Spitze befindliche Feuchtigkeit sich gleichmässig vertheile, und dann in die Trockenstube gebracht. Vorher wird die äusserste Spitze abgeschlagen und dem Brote eine neue Spitze angedreht. In der Trockenstube werden die Brote anfänglich bei 25°, zuletzt bei 50° getrocknet. Die gehörig getrockneten Brote werden in einem besonderen Raume einpapiert, gebunden, gewogen und auf's Lager gebracht.

Wenn das bis zum Krystallisationspunkt eingedampfte Klärsel, die Zuckermasse durch Erkalten krystallisirt ist, wobei der Zucker die Gestalt kleiner körniger Krystalle annimmt, und sodann der Syrup abgeschieden worden ist, so wird der erhaltene Zucker als erstes Produkt bezeichnet. Der so gewonnene Syrup enthält aber noch eine bedeutende Menge krystallisirbaren Zuckers, welchen man durch Weiterabdampfen und Erkalten gewinnt und zweites Produkt nennt. Es ist schon weniger rein als das erste. Durch ähnliche Behandlung des von dem zweiten Produkt gewonnenen Syrups ist dann noch ein drittes, dann ein viertes Produkt zu gewinnen. Den von letzterem abgelaufenen Syrup noch weiter zu behandeln, lohnt sich selten der Mühe, weshalb man ihn als Melasse verwerthet. Das zweite Produkt wird entweder als ein geringer Rohzucker verkauft oder durch Wiederauflösung, Abdampfen und Krystallisiren in ein dem ersten gleiches Produkt verwandelt, ebenso wird durch Umarbeiten des dritten Produktes zweites erzielt u. s. w. Drittes und viertes Produkt werden gewöhnlich Nachprodukte genannt. In einer Fabrik wurden in den letzten Jahren im Durchschnitt aus 100 Kilogr. Rüben gewonnen:

erstes	Produkt,	zu	97	Proc.	5,8	Kilogr.
zweites	„	„	92	„	2,25	„
drittes	„	„	87	„	0,80	„
					8,85	Kilogr.
viertes Produkt, Melasse, Manko					3,65	„

Füllmasse 12,5 Kilogr.

Je nach ihrer Reinheit heissen die producirten Zucker feine Raffinade, Melis, Lumpen- oder Kochzucker, Farinzucker u. s. w. Unter Saftmelis versteht man eigentlich nur Hutzucker, welcher aus reinem Dicksaft, also unmittelbar aus der Rübe erhalten wird, thatsächlich aber lässt sich die Saftmelisfabrikation dahin definiren, dass sie in der Verbesserung der Rohsäfte durch Einwerfen der Nachprodukte in der Weise besteht, dass ein gleichartiges Klärsel sich bildet, aus welchem man guten Melis darstellen kann.

Rübenmelasse.

Die Melassen, die in so grosser Menge bei der Rübenzuckerfabrikation sich bilden, enthalten meist zu viel fremde Stoffe (Caramel, Salze, Asparaginsäure), um wie die Rohrzuckermelasse als Versüssungsmittel Anwendung finden zu können. Man verarbeitet sie deshalb auf Spiritus und benutzt den Rückstand nach dem Abdestilliren zur Fabrikation von Schlempekohle (vergl. Seite 137), die auf Potasche verarbeitet wird (eine Arbeit, die seit dem Erschliessen der Stassfurter Kalisalzlager nicht mehr lohnend und deshalb an vielen Orten in Deutschland wieder eingestellt worden ist). Da der Rübenmelassenspiritus wegen seines übeln Geruches und Geschmackes geringen Werth hat, so verwendet man die Melasse häufig als Viehfutter — eine Anwendung, die alle Beachtung verdient. Seit einigen Jahren wandern grosse Mengen Rübenmelasse aus Deutschland nach Frankreich, um dort zur Bierbereitung Verwendung zu finden. Die Zusammensetzung der Melasse ist verschieden und richtet sich nach der Qualität der verarbeiteten Rüben und nach der Arbeitsmethode in den Fabriken. 100 Th. Melasse (vergl. Seite 137) enthielten

Zucker	50,1	49,0	48,0	50,7
Nichtzucker	33,3	35,8	34,0	30,8
Wasser	16,6	15,2	18,0	18,5
	100,0	100,0	100,0	100,0

Es ist nicht ohne Erfolg versucht worden, den Rohrzucker aus der Melasse mittelst Baryt (vergl. Seite 452) abzuscheiden. Die Alkalisalze hat man aus der Melasse durch Zusatz von Kieselfluorwasserstoffsäure zu fällen versucht.

Kandiszucker.

Mit dem Namen Kandiszucker bezeichnet man den in grossen und harten Krystallen dargestellten Zucker. Man benutzt zu seiner Fabrikation fast ausschliesslich nur Rohrzucker. Rübenzucker bildet zu lange und platte Krystalle. Im Maximum setzt man von letzterem 20 Proc. zu.

Der zur Darstellung von Kandiszucker dienende Zucker wird mit 3–4 Proc. feiner Knochenkohle, dann mit Eiweiss geklärt und filtrirt. Ist das Klärsel klar, so schreitet man zum Kochen, wozu man gewöhnlich eine Schaukelpfanne über freiem Feuer benutzt. Aus den Kühlern gelangt das verkochte Klärsel sofort in die Krystallisirgefässe; letztere sind von Kupfer oder von lackirtem Eisenblech. Die Wände dieser Gefässe sind in acht oder zehn Reihen durchlöchert, um Fäden durchziehen zu können, welche in den Krystallisirgefässen horizontal und in gleichmässiger Entfernung ausgespannt sind. In Hamburg, wo der Kandis sonst und noch jetzt fast ausschliesslich von einzelnen Arbeitern gemacht wird, lässt man das vorkochte und vorgewärmte Klärsel in kupfernen Töpfen (Potten) krystallisiren, die ebenfalls an den Seiten Löcher haben, durch welche sechs Reihen Fäden (1 Zoll vom Boden der Töpfe bis oben) horizontal ausgespannt sind. Nachdem die Töpfe vorgerichtet sind, umklebt man den Topf äusserlich mit Stärkekleister und Papier, damit kein Syrup durch die Oeffnungen dringt (man sagt: die Potten sind geklickst), füllt das Klärsel ein und überlässt sie in der Stove sich selbst. Bei braunem Kandis kann man das Verkleistern umgehen, weil der Syrup Consistenz genug besitzt, um nicht durch die feinen Oeffnungen abzufliessen, und ausserdem auch die Oeffnungen bald durch kleine Kandiskrystalle verschlossen werden. Bei Anwendung von grossen Krystallisirgefässen verstopft man die

Oeffnungen mit einem dicken Brei aus feinem Thon, Asche und Rindsblut. Die Temperatur in der Trockenstube wird anfänglich auf 75° erhalten, nach Verlauf von 6 Tagen steht sie noch auf 45–50° und in 8–10 Tagen ist die Krystallisation beendigt. Während des Krystallisirens ist jede Erschütterung, jeder Luftzug, welcher der regelmässigen Bildung der Krystalle hinderlich wäre, zu vermeiden. Nach beendigter Krystallisation wird der Kandis herausgenommen und von der oben befindlichen schwachen Krystallrinde, dem Dexel, und von dem Syrup (dem Kandisstörzel) durch Umstürzen über ein Reservoir befreit, über welchem ein Sieb liegt. Darauf wird der Kandis gespült, d. h. man füllt das Krystallisirgefäss mit schwachem Kalkwasser an und schüttelt, bis der den Krystallen adhärirende Syrup abgewaschen ist, worauf man das Spülwasser ausleert und vollständig abfliessen lässt. Das Spülwasser muss lauwarm angewendet werden, zu kalt würde es ein Springen der Krystalle veranlassen, zu heiss würden die Krystalle erblinden. Nachdem alles Spülwasser abgelaufen ist, löscht man die Krystallisationsgefässe, indem man sie umgestürzt auf eine ebene Steinplatte bringt und von aussen klopft, bis der Zucker losgelöst ist. Wo man die Fäden zum Krystallisiren verwendet, löst man aussen die Zwirnsfäden, worauf der Kandis leicht auf ein untergebreitetes Tuch fällt. Man kann auch den Kandis von den Wänden der Krystallisirgefässe dadurch lösen, dass man letztere einige Augenblicke in siedendes Wasser taucht. Der so erhaltene Kandis ist, nachdem er etwa einen Tag lang getrocknet worden war, fertige Handelswaare. Man unterscheidet drei Sorten Kandiszucker, den weissen, aus vollkommen weissen, fast wasserhellen Krystallen bestehend, den gelben, dessen Krystalle eine strohgelbe Farbe besitzen, und den braunen, von einer dem gewöhnlichen Rohrzucker ähnlichen Farbe. Im französischen Flandern fabricirt man auch schwarzen Kandis, dort unter dem Namen *Sucre de Boerhaave* bekannt. Zur Fabrikation des braunen Kandis dient Rohzucker mittlerer Qualität, für gelben Kandis wendet man gedeckten Zucker an, für den weissen endlich raffinirten Zucker. Der Kandis wird in grosser Menge fabricirt und verbraucht. Die Hauptanwendung des weissen Kandis besteht in der Bereitung des sogenannten „Liqueur", einer Lösung von Kandis in Wein und Cognac, die in der Champagnerfabrikation eine grosse Rolle spielt, ferner verwendet man ihn in allen Fällen, wo es sich um die Herstellung einer klaren Zuckerlösung ohne Klärung handelt. Den gelben Kandis benutzt man in Belgien und in einigen Gegenden Deutschlands zum Versüssen von Thee und Kaffee. Grosse Mengen des braunen und gelben Kandis werden endlich als Heilmittel bei katarrhalischen Affectionen consumirt: es unterliegt wol keinem Zweifel, dass zu diesem Zwecke diejenigen Kandissorten vorzuziehen sind, deren Krystalle nichtkrystallisirbaren Zucker (Schleimzucker, Chylariose) in grösserer Menge einschliessen.

Statistica über Produktion von Rübenzucker.

Fasst man die gegenwärtige Rübenzuckerproduktion zusammen, so ergiebt sich, dass die jährliche Produktion im Jahre 1870 gegen 16,000,000 Ctr. betrug; davon kommen auf

den Zollverein	4,000,000	Ctr.
Frankreich	6,000,000	„
Russland	2,500,000	„
Oesterreich	2,500,000	„
Belgien	500,000	„
Schweden	400,000	„
Holland	100,000	„
	16,000,000	Ctr.

Im Zollverein gab es

1867	296	Fabriken	Rübenconsum	50,712,709 Ctr.
1868	291	„	„	48,775,518 „

Von den erzeugten 3,902,041 Ctrn. Zucker gingen 677,223 Ctr. ins Ausland. Der Rest brachte an Steuern 9,908,879 Thlr. auf.

C. Traubenzucker.

Vorkommen, Zusammensetzung und Eigenschaften.

Der Traubenzucker (Kartoffelzucker, Stärkezucker, Glycose, Dextrose) ist eine feste Zuckerart, die sich neben einem flüssigen, nicht krystallisirbaren Zucker, der Levulose oder Chylariose (von γυλάϱιον, Syrup) in vielen süssen Früchten neben Rohrzucker im Honig findet und sich auf chemischem Wege bildet

a) durch Umwandelung der Stärke, des Dextrins, des Rohrzuckers, des Gummis durch verdünnte Säuren und die sogenannte Diastase;

b) durch Behandeln von Cellulose und ähnlichen Pflanzenstoffen mit verdünnten Säuren;

c) durch Spaltung gewisser Stoffe der organischen Chemie (der sogenannten Glycoside) wie des Amygdalins, Salicins, Phloridzins, Populins, Quercitrins, der Galläpfelgerbsäure u. s. w., welche durch die Einwirkung von verdünnten Säuren oder von Synaptase (Emulsin) in Traubenzucker und in andere Substanzen zerfallen.

Der Traubenzucker findet sich in den Obstsorten in folgender Menge (in Mittelzahlen ausgedrückt):

Pfirsiche	1,57	Proc.	Zwetschen	6,26	Proc.	
Aprikosen	1,80	„	Stachelbeeren	7,15	„	
Pflaumen	2,12	„	Rothbirnen	7,45	„	(nach Fresenius)
Reineclauden	3,12	„	Birnensorten	8,02–10,8	„	(nach E. Wolff)
Mirabellen	3,58	„	Aepfel	8,37	„	(nach Fresenius)
Himbeeren	4,00	„	„	7,28–8,04	„	(nach E. Wolff)
Brombeeren	4,44	„	Sauerkirschen	8,77	„	
Erdbeeren	5,73	„	Maulbeeren	9,19	„	
Heidelbeeren	5,78	„	Süsskirschen	10,79	„	
Johannisbeeren	6,10	„	Trauben	14,93	„	

Der Traubenzucker, $C_6H_{12}O_6$, H_2O, krystallisirt aus einer wässerigen Lösung in hemisphärischen Warzen oder in blumenkohlähnlichen Gestalten. Er ist weniger leicht löslich in Wasser, als der Rohrzucker; er bedarf zu seiner Lösung 1⅓ Th. seines Gewichtes kalten Wassers; in kochendem Wasser ist er in allen Verhältnissen löslich und es bildet sich ein Syrup, der zwar zuckersüss schmeckt, welcher sich aber nicht in Fäden ziehen lässt, wie der Rohrzuckersyrup. Man braucht 2½ Mal so viel Traubenzucker als Rohrzucker, um dem nämlichen

Volumen Wasser die gleiche Süssigkeit zu ertheilen. Bei 120° hat der Traubenzucker die Formel $C_6H_{12}O_6$. Bei 140° verliert er von Neuem Wasser und geht in Caramel über. Mit ätzenden Alkalien erhitzt, wird die Traubenzuckerlösung schon bei 60–70° unter Bildung von Aldehydharz und humusähnlichen Substanzen zersetzt. Eine mit Kali versetzte Traubenzuckerlösung reducirt in der Siedehitze Kupferoxydhydrat zu Kupferoxydul, Silberoxyd zu metallischem Silber, Goldchlorid zu metallischem Gold. Eine Mischung von Ferridcyankalium und Kali zersetzt beim Erhitzen den Traubenzucker unter Entfärbung der vorher gelb gefärbten Flüssigkeit. Unter dem Einflusse der Fermente erleidet der Traubenzucker mannichfache Umwandelungen; die Produkte variiren je nach der Natur der Fermente und den Bedingungen, unter denen man arbeitet. Die Hefe, sowie sie sich bei der Gährung der Bierwürze bildet, zerlegt den Traubenzucker in Alkohol und Kohlensäure.

100 Kilogr. Traubenzucker geben:

51,11 „ Alkohol,

48,89 „ Kohlensäure.

Unter gewissen, noch nicht festgestellten Bedingungen (der Temperatur und der Concentration) findet man in der gegohrenen Flüssigkeit Homologe des Alkohols, nämlich Propylalkohol, Butylalkohol und Amylalkohol, ausserdem unter allen Umständen Glycerin und kleine Mengen von Bernsteinsäure und Milchsäure. Wenn die Fermente, anstatt sauer zu sein, in Folge einer freiwilligen Zersetzung alkalisch reagiren, so verwandeln sie den Traubenzucker in Milchsäure, ohne dass Gasentwickelung stattfindet. Gewöhnlich bleibt die Umwandlung aber nicht bei der Bildung der Milchsäure stehen, es tritt Wasserstoffentwickelung ein und die Milchsäure zersetzt sich in Buttersäure und Essigsäure. Unter gewissen Umständen erleidet der Traubenzucker die schleimige Gährung und verwandelt sich in Mannit und einen gummiähnlichen Körper.

Darstellung des Traubenzuckers.

Man stellt den Traubenzucker dar

a) aus den Trauben,

b) aus Stärke,

c) aus Holz und ähnlichen Pflanzensubstanzen.

Um Traubenzucker aus Trauben darzustellen, wird der Saft aus weissen Trauben geschwefelt, damit er sich länger halte und sich durch Absetzen kläre; der geklärte Most wird in einem Kessel mässig erwärmt und mit Marmor oder Kreide (nicht mit gebranntem Kalk) oder gemahlenem Witherit (Bariumcarbonat) versetzt, um einen Theil der Weinsäure zu neutralisiren, dann bis zum Sieden erhitzt und 24 Stunden ruhig stehen gelassen, damit die unlöslichen Kalksalze sich absetzen. Darauf klärt man den Most mit Rindsblut (auf 100 Liter Most 2–3 Liter Blut), schäumt ab und dampft den Most bis auf 26° B. ein. Nachdem er einige Zeit in Fässern sich selbst überlassen blieb, giesst man ihn von den ausgeschiedenen Unreinigkeiten ab und kocht ihn bis auf 34° B. ein, wodurch ein Syrup gewonnen wird, der zu den meisten Zwecken, zu denen man den Traubenzucker anzuwenden pflegt, anwendbar ist. Will man jedoch festen Traubenzucker daraus darstellen, so bringt man den noch stärker eingekochten Syrup in Krystallisirgefässe, in welchen sich nach 3–4 Wochen körnige Krystalle abgeschieden haben, die man, um die nicht krystallisirende Chylariose abzuscheiden, in Zuckerhutformen bringt und dann durch Decken mit reiner Traubenzuckerlösung die Levulose verdrängt oder in den Centrifugalmaschinen behandelt. Im Kleinen trennt man die Levulose, indem man den feuchten Krystallbrei auf Platten von geglühtem Porcellan oder Ziegel oder Glastafeln bringt.

1000	Gewichtstheile	Trauben geben
800	„	Most„
200	„	Syrup„
140	„	rohen Traubenzucker
60–70	„	reinen Traubenzucker

Der Traubenzucker aus Stärke (Stärkezucker, Kartoffelzucker) ist die wichtigste und diejenige Traubenzuckerart, die allein fabrikmässig dargestellt wird. Die Bereitung des Zuckers aus Stärke, durchweg Kartoffelstärke, und verdünnter Schwefelsäure zerfällt in folgende Operationen:

a) *Das Kochen des Stärkemehls mit verdünnter Schwefelsäure* geschieht mit Hülfe von Wasserdämpfen, welche in die Kochbottiche geführt werden. Im Kleinen wendet man zweckmässig Bleikessel an, welche unten in eine eiserne Pfanne eingelassen sind. Man erhitzt die erforderliche Menge Wasser bis zum Sieden und trägt dann in dasselbe die Schwefelsäure ein, welche man vorher mit der dreifachen Gewichtsmenge Wasser verdünnt hat. Dann bringt man bei lebhaftem Sieden die mit Wasser zu einer milchigen Flüssigkeit angerührte Stärke hinzu und rührt hastig um, um so viel als möglich die Kleisterbildung zu umgehen. Nachdem alle Stärke eingetragen ist, wird so lange gekocht, bis alle Stärke in Zucker übergegangen ist. Bekanntlich geht die Stärke zuerst in Dextrin und dann erst in Zucker über, ersteres geschieht sofort, letzteres dagegen erst durch längere Zeit fortgesetztes Kochen. Um den Zeitpunkt, wo die Neutralisation der Schwefelsäure vorgenommen werden kann, richtig zu treffen, bedient man sich der Alkoholprobe, die sich auf die Unlöslichkeit des Dextrins in alkoholischen Flüssigkeiten gründet. Man nimmt dazu auf 1 Th. der zu prüfenden Zuckerlösung 6 Th. absoluten Alkohols; ist kein Dextrin mehr vorhanden, so bildet sich kein Niederschlag, sondern nur eine schwache Trübung. Die hier und da vorgeschlagene Jodprobe ist ohne Nutzen, da sie nur anzeigen kann, dass sich das Stärkemehl in Dextrin verwandelt habe, aus welchem sich erst bei weiterem Kochen Zucker bildet. In der Regel nimmt man gegenwärtig auf:

100 Kilogr. Stärkemehl,

2 „ Schwefelsäure, englische (von 60° B.) und

300–400 Liter Wasser, wenn Syrup dargestellt werden soll;

für die Bereitung von festem Traubenzucker erhöht man die Menge der Schwefelsäure bis auf 4 Kilogr., um die Kochzeit abzukürzen.

Die Verzuckerung der Stärke soll in weit kürzerer Zeit erfolgen, wenn man der Schwefelsäure eine geringe Menge Salpetersäure zusetzt.

b) *Das Abscheiden der Schwefelsäure* aus der Zuckerflüssigkeit ist unstreitig die wichtigste Operation, da von ihr nicht nur die Farbe und Reinheit, sondern auch der Geschmack des Produktes ganz besonders abhängt. Die Neutralisation geschieht durch Baryt oder durch Kalk, welche beide mit der Schwefelsäure unlösliche Salze bilden, die sich am Boden des Neutralisationsgefässes absetzen, so dass die darüber stehende Flüssigkeit nach einiger Zeit klar abgezapft werden kann. Der Baryt wird als Bariumcarbonat und dieser zwar entweder als Witherit oder als künstlich dargestellte Verbindung angewendet und ist ohne Zweifel das beste Neutralisationsmittel, da das entstandene Bariumsulfat vollkommen unlöslich ist, sich schnell und vollständig ablagert und auch noch als Farbematerial verwendet werden kann. Leider gestatten es nur selten die localen Verhältnisse, sich des Baryts zu bedienen. Der Kalk ist das gebräuchlichste Neutralisationsmittel; der sich bildende Gyps ist aber in Wasser nicht ganz unlöslich, doch enthält die Zuckerlösung nur einen sehr kleinen Theil davon, der sich beim Abdampfen noch beträchtlich vermindert. Man wendet den Kalk an als Aetzkalk,

Kreide und Marmor. Die Neutralisation wird am zweckmässigsten im Kochbottiche selbst und mit der noch heissen Zuckerlösung vorgenommen. Für jedes Kilogramm der angewendeten englischen Schwefelsäure (Technisches Molekulargewicht = 100 bis 106) wiegt man ebenso viel feines Marmorpulver (Chem. Molekulargewicht = 100) ab und bringt dasselbe unter fortwährendem Umrühren in die zu neutralisirende Flüssigkeit. Nachdem aller Kalk eingetragen worden und die Flüssigkeit auf Zusatz von neuem Marmor nicht mehr aufbraust, prüft man mit Lakmuspapier. Die Neutralisation ist aber keineswegs vollkommen erfolgt, wenn blaues Lakmuspapier sich nicht mehr röthet, und eine Probe mit Lakmustinktur, die weit empfindlicher ist als das damit getränkte Papier, wird oft das Gegentheil beweisen, und nicht selten wird man nach dem Eindampfen der Flüssigkeit, wobei die Schwefelsäure mehr concentrirt wurde, finden, dass der auf 26° B. gebrachte Syrup wieder sauer reagirt, so dass man von Neuem zu neutralisiren genöthigt ist. Um alle Schwefelsäure zu sättigen, ist es vortheilhaft, sobald Lakmuspapier keine freie Säure mehr anzeigt, für je 10 Kilogramm der angewendeten Schwefelsäure 250–500 Grm. Bariumcarbonat in die Flüssigkeit einzurühren, welches die letzten Säurereste hinwegnimmt.

c) *Das Eindampfen und Reinigen* der so erhaltenen Zuckerlösung geschieht auf folgende Weise: Man dampft die Flüssigkeit in flachen kupfernen Kesseln bei gelindem Feuer, am besten durch Wasserdämpfe ein; es scheiden sich dabei Gyps und andere Unreinigkeiten, letztere als Schaum aus, welche entfernt werden. Die bis auf 15–16° B. eingekochte Flüssigkeit wird über Knochenkohle filtrirt, der filtrirte Syrup wird durch eine Saftpumpe in grosse Reservoirs geleitet, aus welchen er in die Abdampfpfannen fliesst, in welchen er durch Dämpfe bis auf 30° abgedampft wird, wobei sich von Neuem Gyps abscheidet, der von der Flüssigkeit getrennt werden muss. Beabsichtigt man die Darstellung von festem Zucker, so dampft man den Syrup in flachen Gefässen bis auf 40–41° B. ab und bringt ihn dann in Krystallisirpfannen; sobald die Krystallisation begonnen hat, wird die körnige Flüssigkeit in Fässer gefüllt, in denen sie nach einiger Zeit gänzlich fest wird. Auf diese Weise lässt sich jedoch nur ein sehr untergeordnetes und unreines Produkt erhalten, das namentlich zur Bereitung von künstlichem Weine nicht anwendbar ist. Ein schöneres und weisseres Fabrikat erhält man, wenn man die Melasse von den Traubenzuckerkrystallen trennt. Zu diesem Zwecke bringt man den durch Thierkohle filtrirten Saft, aus welchem sich durch Absetzenlassen ein Theil des Gypses abgeschieden hat, in gewöhnliche Weinfässer, welche auf Querbalken eines einen Fuss hohen Gestelles ruhen. Der untere Boden ist mit 12–24 Löchern versehen, welche mit hölzernen Zapfen verschlossen sind. Nach 8–10 Tagen ist das Fass mit in der Flüssigkeit zerstreuten Krystallanhäufungen erfüllt; man entfernt nun die Zapfen und lässt die Melasse abfliessen, wobei man nach und nach die Fässer neigt. Der so erhaltene Zucker wird auf Gypsplatten gelegt und in Trockenstuben gebracht, welche die Melasse zum grössten Theile absorbiren. Die trockne Masse wird gesiebt und das Pulver entweder in Zuckerhutformen gepresst oder als Pulver in Fässer gepackt. (Die Fabrikation des Traubenzuckers *aus Holz und ähnlichen Substanzen* hat nur für die Spiritusfabrikation, und in neuerer Zeit für die Holzpapierfabrikation — Seite 409 — Interesse.)

Zusammensetzung des Stärkezuckers.

Die Zusammensetzung des Stärkezuckers, wie er im Handel sich findet, ist eine sehr verschiedene. Während indessen vor wenig Jahren noch der käufliche Stärkezucker nur 50 Proc. Zucker, 32,5 Proc. fremde Stoffe und 17,5 Proc. Wasser enthielt, kommt in neuerer Zeit der Stärkezucker in grösserer Reinheit vor, so fand Gschwändler (1870) bei der Untersuchung einiger Stärkezuckersorten

	1.	2.	3.	4.	5.
Traubenzucker	67,5	64,0	67,2	75,8	62,2
Dextrin	9,0	17,4	9,1	9,0	8,8
Dextrin	19,5	11,5	20,0	13,1	24,6
Fremde Bestandtheile	4,0	7,1	3,7	2,1	4,4

100,0	100,0	100,0	100,0	100,0

Anwendung des Traubenzuckers.

Der Traubenzucker (aus Stärke) findet als Ersatzmittel des Zuckers der Trauben und des in dem Malz durch die Einwirkung der Diastase erzeugten Zuckers Anwendung und zwar zur Bereitung von Wein (nach dem Verfahren von Gall und Petiot) und auch von Bier. 1 Ctr. Kartoffelzucker soll 3 Ctr. Braumalz zu ersetzen im Stande sein. Auch wird er gegenwärtig in erstaunlicher Menge anstatt des Honigs in der Zuckerbäckerei und Lebküchnerei verwendet, ferner findet er Anwendung in den Mostrich- und Tabakfabriken und endlich zur Herstellung der Zuckercouleur, die zum Braunfärben der Liqueure und des Essigs, des Rum und Cognac und mitunter zum Färben des Bieres und Weines verwendet wird. Man stellt die Zuckercouleur durch Erhitzen von Stärkezucker in einem Kessel bis zur Bildung einer dunkelbraunen Schmelze dar, die man dann in Wasser zu einer dickflüssigen dunkelbraunen Flüssigkeit löst. Häufig nimmt man des Schmelzen des Zuckers unter Zusatz von Natriumcarbonat oder Aetznatron vor.

Die Produktion an Stärkezucker im Zollverein ist eine ansehnliche. Im Jahre 1870 producirten 60 Fabriken gegen

250,000 Centner Stärkesyrup und

150,000 „ Stärkezucker.

Die Gährungsgewerbe.

Allgemeines.

In Zersetzung begriffene Eiweisssubstanzen oder Proteïnkörper, sowie gewisse auf der niedrigsten Stufe der Organisation stehende Pflanzen, die Hefenpilze, können bei Gegenwart von Wasser und innerhalb gewisser Temperaturgrenzen, durch unmittelbare Berührung die Zersetzung oder Spaltung einer anderen organischen Verbindung veranlassen, ohne dass in den meisten Fällen die Elemente der einen Verbindung an die andere etwas abgeben oder derselben etwas entziehen. Der Process einer solchen Zersetzung einer organischen Substanz nennt man Gährung. Die Zersetzung eines gährungsfähigen organischen Körpers besteht entweder darin, dass derselbe sich in zwei oder mehrere Verbindungen spaltet, wie die Dextrose und Levulose bei der geistigen Gährung in homologe Alkohole und Säuren (Kohlensäure und Bernsteinsäure), oder sich nur in seinen Molekülen anders gruppirt, wie beim Uebergange des Milchzuckers in Milchsäure (bei der Milchsäuregährung) oder dass endlich der Sauerstoff der Atmosphäre sich mit den Elementen des organischen Körpers entweder zu neuen organischen Verbindungen, oder zu einfachen anorganischen, zu Kohlensäure, Kohlenwasserstoff u. s. w. verbindet. Letztere Art der Zersetzung heisst, wenn ein kohlenstoffreicher Rückstand (Humus) bleibt, Vermoderung, wenn dagegen nur die mineralischen Bestandtheile zurückbleiben, Verwesung. Dem Sprachgebrauche nach findet das Wort Vermoderung hauptsächlich auf den Akt der Zersetzung von Vegetabilien, das Wort Verwesung auf Thierkörper Anwendung. Beide, Vermoderung und Verwesung, finden bei Zutritt von feuchter Luft statt. Bei Vorhandensein von grösseren Mengen Wasser gehen beide Processe in die Fäulniss über, deren Eintritt sich durch die Entwickelung übelriechender Gasarten zu erkennen giebt und deren Endprodukte anorganische Verbindungen — Kohlensäure, Ammoniak, Schwefelwasserstoff und Wasser sind — während die Produkte derjenigen Zersetzungsprocesse, welche man den Gährungen beizählt, zum Theil immer organische Verbindungen sind. Sind bei der Gährung die Eiweisskörper nur Erreger des Zersetzungsprocesses, der sich auf die anderen vorhandenen organischen Substanzen erstreckt, so sind die eiweissähnlichen Körper bei der Fäulniss zum grössten Theil diejenigen, die zersetzt werden, und die meist in überwiegender Quantität vorhanden sind.

Derjenige Körper, welcher die Gährung hervorzurufen im Stande ist, heisst das Ferment oder der Gährungserreger, bei der geistigen Gährung die Hefe. Das Ferment ist entweder ein organisirtes Wesen, ein Gährungspilz wie die Hefe, oder eine in Zersetzung begriffene Proteïnsubstanz.

In technologischer Hinsicht hat man von den zahlreichen Gährungsarten, welche die heutige organische Chemie aufzuweisen vermag, nur auf folgende Rücksicht zu nehmen:

1) die geistige Gährung (Alkoholgährung), auf welche sich die wichtigsten Gährungsgewerbe, die Weinbereitung, die Bierbrauerei und die Spiritusfabrikation gründen;

2) die Milchsäuregährung, welche beim Sauerwerden der Milch, bei der Sauerkrautbildung u. s. w. auftritt, und bei höherer Temperatur leicht in

3) die Buttersäuregährung übergeht.

An diese Arten der Gährung schliesst sich an

4) die Fäulniss, insofern die technische Chemie Mittel an die Hand giebt, die Fäulniss zu verhindern oder die bereits eingetretene aufzuhalten. Auf der Kenntniss und Anwendung dieser Mittel beruht die Conservation der Nahrungsmittel.

Geistige Gährung.

Die geistige oder Alkoholgährung bewirkt das Zerfallen gewisser Zuckerarten, und zwar der Dextrose (Glycose, Traubenzucker), der Levulose (Chylariose, Schleimzucker) und der Galaktose (Lactose) in eine Anzahl von Produkten, unter denen Alkohol und Kohlensäure als Hauptprodukte auftreten. Insofern Rohrzucker und Milchzucker im Stande sind, in intervertirten Zucker (ein Gemenge von Dextrose und Levulose) und in Galaktose überzugehen, rechnet man auch diese Zuckerarten zu den gährungsfähigen. In gewisser Hinsicht schliesst sich ihnen das Stärkemehl an. Nach den Untersuchungen von Lermer und v. Liebig (1870) geht Dextrin, bei Gegenwart von Zucker, gleichfalls in Alkohol und Kohlensäure über. Sieht man einen Augenblick von allen solchen Gährungsprodukten ab, die nur in geringerer Menge auftreten, so erzeugen 100 Gewichtstheile:

		Alkohol.		Kohlensäure.	
krystallis. Dextrose	$C_6H_{14}O_7$	46,46	+	44,40	= 90,86
wasserfreie Dextrose	$C_6H_{12}O_6$	51,1	+	48,9	= 100
Rohrzucker	$C_{12}H_{22}O_{11}$	53,80	+	41,46	= 105,26
Stärkemehl	$C_6H_{10}O_5$	56,78	+	54,32	= 111,10

1 Molek. Dextrose $C_6H_{12}O_6$ = 180 giebt
- 2 Molek. Alkohol $2C_2H_6O$ = 92
- 4 „ Kohlensäure $2CO_2$ = 88

= 180

In neuerer Zeit hat Pasteur gezeigt, dass bei der Alkoholgährung keine Milchsäure, deren Gegenwart früher angenommen wurde, auftritt, dass dagegen Bernsteinsäure ein constantes Produkt der Gährung sei, dessen Menge wenigstens 0,6–0,7 Proc. vom Gewicht des Zuckers beträgt. Ferner bildet sich Glycerin (über 3 Proc. vom Zucker), welches in allen gegohrenen Flüssigkeiten, namentlich im Wein enthalten ist. Die 5–6 Proc. vom Gewicht des Zuckers, welche nicht Alkohol liefern, zerfallen bei der geistigen Gährung in:

Bernsteinsäure	0,6–0,7
Glycerin	3,2–3,6
Kohlensäure	0,6–0,7
Cellulose, Fettsubstanz u. s. w.	1,2–1,5
	5,6–6,5

Hefe.

Das Ferment der geistigen Gährung, die Hefe, deren Natur zuerst von Cagniard-Latour erkannt, in neuerer Zeit von A. de Bary, J. Wiesner, Hoffmann, Bail, Berkley, Pasteur, Hallier, Béchamp, Lermer festgestellt wurde, scheidet sich während der Gährung sowol an der Oberfläche der gährenden Flüssigkeit, als auch am Boden der Gährungsgefässe als feine, gleichförmig thonfarbig-weissliche Masse aus. Im ersteren Falle heisst sie Oberhefe, sie bildet sich unter anderem bei der Gährung des obergährigen Bieres, was man in vielen Gegenden Norddeutschlands, in England und in Strassburg braut; auch die in der Bäckerei zum Aufgehen des Teiges angewendete Hefe (Bärme) ist Oberhefe; sie macht ferner einen Bestandtheil des Sauerteiges aus, in letzterem Falle im Gemenge mit Milchsäurehefe. Für die Gährungsgewerbe hat die Oberhefe eine untergeordnete Bedeutung. Die Unterhefe ist das Ferment der Weingährung und der Gährung der Bierwürze nach dem bayerischen und Schwechater Brauverfahren. In der Branntweinbrennerei ist die Hefe meist ein Gemenge von Ober- und Unterhefe.

Frische Hefe erscheint als ein schmutzig gelbgrauer oder röthlicher Schlamm von unangenehmem Geruche und saurer Reaktion. Unter dem Mikroskope lassen sich beide Hefenarten leicht unterscheiden. Die Oberhefe (von obergährigem Weizenbier) besteht aus kugelförmigen oder ellipsoïdischen Zellen von ziemlich gleicher Grösse, deren Durchmesser höchstens 0,01 Millimeter beträgt; sie schwimmen theils einzeln, theils mit anderen Zellen von gleicher Grösse zusammenhängend, theils mit kleineren Nebenzellen verbunden, die so mit der grösseren Zelle zusammenhängen, dass zwischen ihnen kein Trennungsstrich zu bemerken ist, in der Flüssigkeit herum. Die Oberhefe erscheint als eine mit der Zellenwand versehene Zelle, die so durchsichtig ist, dass eine darunter befindliche Zelle deutlich wahrgenommen werden kann; in ihrer Mitte befindet sich ein dunkler Kern (Protoplasmakörner), der aus einem oder mehreren Stücken besteht. Die Unterhefe (von bayerischem Lagerbier) besteht wol auch aus Zellen, von denen einige ihrer Grösse nach den Oberhefenzellen ähneln, sie sind aber nicht zusammenhängend wie jene; die meisten der Unterhefenzellen sind bei weitem kleiner und von den verschiedensten Dimensionen; diese kleineren Zellen hängen theils in Gruppen an den grösseren, theils unter sich zusammen, theils, und es ist dies bei dem grössten Theile der Fall, schwimmen sie isolirt in der Flüssigkeit herum. Die Unterhefenzellen hängen nur mechanisch aneinander, eine Erschütterung ist hinreichend, sie zu trennen. In dem Innern der grösseren Zellen bemerkt man deutlich kleinere Zellchen, die sich dem Ansehen nach wie die grosse Zelle verhalten; man zählt deren drei, vier und mehrere, oder es sind dieselben in solcher Anzahl vorhanden, dass sie durch ihre Menge zu einer nebelartigen Masse verschwimmen.

Ich fand durch Versuche (deren Resultate in einer 1847 von der philosophischen Facultät der Universität Leipzig gekrönten Abhandlung veröffentlicht wurden) die Angabe Mitscherlich's bestätigt, dass die Fortpflanzung der Oberhefe durch Ausdehnung der Zellenhülle (durch Knospung oder Sprossung) stattfindet und dass eine neu gebildete Zelle erst dann sich fortpflanzen kann, wenn sich im Innern ein Kern gebildet hat, der aber nicht von der Mutterzelle herrührt. Es geschieht fast immer, dass ausgewachsene Zellen mit einem Theil ihrer Brut sich von der ursprünglichen Zelle trennen. Zur Beobachtung der Fortpflanzung der Unterhefe brachte ich eine ausgewachsene Unterhefenzelle, in deren Innerem sich ein körniger Kern zeigte, mit concentrirter Bierwürze gemischt unter das Mikroskop. Die Temperatur blieb constant 7–10°. Es gelang nicht, die grosse Zelle von einigen nebenschwimmenden kleinen Zellchen zu befreien, ebensowenig, die Art der Fortpflanzung zu beobachten. Der Inhalt der Zellen bewegte sich und mit der Zeit wurde der verschwommene

Inhalt körnig; die neben der Zelle befindlichen Zellchen und Sporen wuchsen und ihre Anzahl nahm zu, bis sich mindestens 30–40 kleine Zellchen entwickelt hatten. Diese Zellen (Leptothrix-Körner) waren entweder aus der Mutterzelle durch Platzen der Zellenhülle geschlüpft oder sie hatten sich aus in der Bierwürze bereits vorhandenen, mikroskopisch jedoch nicht wahrnehmbaren Sporen entwickelt.

Der von der Zellenwandung getrennte Zelleninhalt gab:

	aus Bieroberhefe	aus Bierunterhefe
Kohlenstoff	44,37	49,76
Wasserstoff	6,04	6,80
Stickstoff	9,20	9,17
Kohlenstoff	40,38	34,26

Die Oberhefe enthielt 2,5 Proc., die Unterhefe 5,29 Proc. Asche. Der Schwefelgehalt beträgt durchschnittlich 0,5–0,8 Proc. Die Hefenasche besteht wesentlich aus Kali, Phosphorsäure, Kieselerde und Magnesia.

Ueber die Rolle der Hefe bei der geistigen Gährung sind (ungeachtet der neueren Untersuchungen von v. Liebig, Pasteur, Lemaire u. A.) die Ansichten der Chemiker noch ziemlich getheilt. Soviel lässt sich jedoch annehmen, dass die chemische Action bei der geistigen Gährung mit den Lebensvorgängen der Hefe in unmittelbarster Beziehung steht und die geistige Gährung wesentlich auf der Bildung von Hefenzellen, auf der Entwickelung organisirter Substanz beruhe. Hierbei hat man zwei Fälle zu unterscheiden. Die Hefe, speciell die Bierhefe, mit ihrem botanischen Namen *Saccharomyces cerevisiae* oder *Hormiscium cerevisiae* — ein Abkömmling der Schimmelpilze *Penicillium glaucum*, *Ascophora Mucedo*, *A. elegans* und *Periconia hyalina*, deren Sporen allenthalben in der Atmosphäre vorkommen — wirkt nämlich entweder auf reine Zuckerlösung, ohne dass Proteïnkörper vorhanden sind, oder sie wirkt in Gegenwart von Eiweisssubstanzen. Der letztere Fall tritt ein, wenn eine mit Eiweisskörpern versetzte Lösung von gährungsfähigem Zucker sich selbst überlassen bleibt, so dass der Zutritt der atmosphärischen Luft nicht ganz abgeschnitten ist. Die überall und namentlich in Gährungslokalen in der Luft verbreiteten Hefensporen finden in dieser Lösung einen zur Vegetation geeigneten Boden, und indem sie sich darin zu Hefenzellen ausbilden, bewirken sie die geistige Gährung, die in diesem Falle Selbstgährung genannt wird. Möge nun in dem zweiten Falle die Hefenkultur durch künstliche Verjüngung (zu vergleichen der Pflanzmethode der Landwirthe) oder durch die Sporen der Luft (Saatmethode) eingeleitet worden sein, so wird man nach beendigter Gährung immer ernten können, d. h. man wird mehr davon sammeln, als man angewendet hat. Im ersteren Falle, wobei Zuckerwasser mit Hefe zusammengebracht wurde, ohne dass die als Nahrungsmittel der Hefenpflanze nothwendige Proteïnsubstanz vorhanden war, ist die Hefe nach beendigter Gährung erschöpft und nicht ferner im Stande, Gährung zu erzeugen. Während der geistigen Gährung wird demnach Hefe consumirt; mithin auch in dem zweiten erwähnten Falle, wo Hefe geerntet wird; da sich aber in Folge der vorhandenen reichlichen Nahrung grosse Massen von neuen Hefenzellen bilden, so wird das Gewicht der verschwundenen Hefe durch die Gewichtszunahme der regenerirten Hefe verdeckt.

Bedingungen der geistigen Gährung.

Die Bedingungen der geistigen Gährung fallen zusammen mit den Bedingungen der Vegetation der Hefenpflanze, mit dem Unterschiede jedoch, dass man bei der geistigen Gährung die grösstmöglichste Menge Alkohol erzeugen will. Ist nicht die Alkoholproduktion, sondern die Hefenerzeugung der Zweck der geistigen Gährung, so kann es vorkommen, dass nur eine geringere Menge Alkohol sich bildet.

Es müssen folgende Bedingungen erfüllt sein, wenn Alkoholgährung stattfinden soll:

1) eine *wässerige Lösung von Zucker* und zwar von 1 Th. Zucker in 4–10 Th. Wasser. Der Zucker kann sein entweder eine gährungsfähige Zuckerart wie Dextrose und Levulose, oder eine nicht gährungsfähige wie Rohrzucker oder Milchzucker; in letzterem Falle muss zugleich eine Säure oder ein anderes Agens vorhanden sein, welches den Uebergang dieser Zuckerarten in gährungsfähige bewirkt.

2) *Gegenwart von Hefe*, und zwar von Pflanzen (Stellhefe) oder Sporen. Im ersteren Falle nimmt man an, dass 1 Th. Hefe auf 5 Th. Zucker hinreichend sei, um eine kräftige, normal verlaufende Gährung zu bewirken. Soll durch Sporen die Gährung vor sich gehen (Selbstgährung), so müssen die Bedingungen der Entwickelung der Sporen — Proteïnkörper und phosphorsaure Erden und Alkalien — vorhanden sein. Ist demnach keine Hefe vorhanden, so treten zu den Bedingungen der geistigen Gährung

3) *atmosphärische Luft*, insofern dieselbe die zum Einleiten der Gährung erforderlichen Keime liefert;

4) eine gewisse Temperatur, deren Grenzen 5° und 30° sind. In der Regel geht die geistige Gährung jedoch bei einer Temperatur zwischen 9° und 25° vor sich. Je niedriger die Temperatur, desto langsamer verläuft die Gährung, und umgekehrt. Bei einer Temperatur, die höher ist als 30°, geht die Alkoholgährung leicht in andere Gährungsarten, namentlich in Buttersäure über.

Die vier Gewerbe, die sich auf die geistige Gährung gründen, sind:

die Weinbereitung, bei welcher man nicht allen, sondern nur einen Theil des Zuckers des Mostes in Alkohol und Kohlensäure überzuführen sucht. Der Alkohol wird von der vergohrenen Flüssigkeit nicht getrennt. Der grösste Theil der Kohlensäure entweicht. Ein kleiner Theil derselben bleibt in der gegohrenen Flüssigkeit und ist zu deren Haltbarkeit nothwendig. Bei unterdrückter Gährung wird ein Theil der durch eine regulirte Gährung gebildeten Kohlensäure von der Flüssigkeit absorbirt und entweicht nach Beseitigung des Druckes unter Schäumen (Schaumweine);

die Bierbereitung, bei welcher die alkoholbildende Substanz meist Stärkemehl ist; ein Theil desselben geht in nicht gährungsfähiges Dextrin, ein anderer und grösserer Theil in Dextrose über, deren Zersetzung in einer kräftigen Gährung bewirkt wird. Ein kleiner Theil der Dextrose wird reservirt und dient zur Unterhaltung der Nachgährung, welche durch Temperaturerniedrigung möglichst verlangsamt wird und in Folge der dabei stattfindenden Kohlensäureausscheidung das Bier zum Aufbewahren geeignet macht. Ebenso wie bei dem Weine wird der Alkohol von der gegohrenen Flüssigkeit nicht abgeschieden.

Während man bei der Bierbrauerei nur einen Theil des als Rohmaterial angewendeten Stärkemehls in Dextrose überführt und dasselbe nur nach und nach in Alkohol und Kohlensäure verwandelt, ist es dagegen die Aufgabe der Spiritusfabrikation, aus dem gegebenen Material — Stärkemehl oder Zucker — in der kürzesten Zeit die grösstmöglichste Menge Alkohol zu erzeugen, welcher von der gegohrenen Flüssigkeit durch Destillation getrennt wird. Der Zweck der Weinbereitung ist stets die Erzeugung von Wein, der der Brauerei die Fabrikation von Bier, bei der Spiritusfabrikation ereignet es sich dagegen häufig, dass die Erzeugung der Brennereirückstände, als Mastfutter, als Hauptprodukt in den Vordergrund, die des Spiritus als Nebenprodukt in den Hintergrund tritt. Die Spiritusfabrikation ist oft ein Mittel zum Zweck der Herstellung eines concentrirten Viehfutters.

Die Bäckerei gehört bei dem gegenwärtigen Betriebe des Gewerbes in gewisser Beziehung auch zu den Gährungsgewerben, insofern beim Aufgehen des Teiges geistige Gährung stattfindet. Nur kommt hierbei nicht der Alkohol, sondern nur die Kohlensäure in Betracht, deren Erzeugung der Zweck der durch Sauerteig oder Hefe eingeleiteten Gährung ist.

Bei den vorstehenden Gährungsgewerben sieht man auf die Erzeugung von Alkohol oder von Kohlensäure, oder von beiden zugleich. Aber auch die Bildung von Hefe kann der Zweck der geistigen Gährung sein, wobei der zugleich mit erzeugte Alkohol kaum in Frage kommt. Aus diesem Grunde schliesst sich die Hefenfabrikation den auf geistige Gährung sich stützenden Gewerben an.

Die Weinbereitung.

Wein.

Unter dem Namen Wein versteht man in der engeren Bedeutung des Wortes eine alkoholische Flüssigkeit, welche durch Selbstgährung des Traubensaftes und ohne Destillation gewonnen wurde. In der weiteren Bedeutung rechnet man zu den Weinen eine jede durch Gährung eines Obstsaftes entstandene geistige Flüssigkeit.

Der Weinstock und seine Hauptarten.

Der Weinstock, eine Pflanze aus der Familie der Sarmentaceen, gedeiht weder in der kalten, noch in der tropischen Zone und in den gemässigten nur unter gewissen Bedingungen, die sich auf das Klima und die Bodenbeschaffenheit erstrecken. Im Allgemeinen geräth er auf dem Festlande Europas noch bis zum 50° n. B. und giebt cultivirt in besonders günstigen Lagen noch bis zum 51–52° n. B. (Sachsen und Schlesien) trinkbaren Wein. Er erfordert eine mittlere Jahrestemperatur von 10–11° und eine mittlere Temperatur der Sommermonate von 18–20°. Die Jahrestemperatur ist weniger maassgebend, weil die Bildung des Zuckers unter Mitwirkung der Sommerwärme und intensiven Sonnenlichtes vor sich geht. Ein Klima mit strengem Winter und heissem Sommer ist daher dem Weinbau günstiger, als ein Klima mit gemässigtem Sommer und mildem Winter. England mit einer mittleren Jahrestemperatur von 11° ist folglich zum Weinbau gänzlich ungeeignet. Von grossem Einfluss auf die Qualität des Weins ist die Jahreswitterung; während der Periode des Wachsthums ist Feuchtigkeit, während des Reifens Sonnenhitze am zuträglichsten.

Der Weinstock gedeiht fast auf allen Bodenarten, sofern dieselben nur die zur Vegetation der Rebe erforderliche Menge von Kali enthalten; am besten sagt ihm ein warmer, lockerer Boden zu, weniger ein kiesiger, am wenigsten ein schwerer, feuchter Lehmboden mit nassem Untergrund. Besonders gut kommt der Weinstock auf verwitterten Feldspathgesteinen (Granit, Syenit, Gneuss) und auf vulkanischem Boden fort. Thonschiefer, Thonmergel, Gyps, Kalk- und Kreideboden sind dem Weinbau sehr förderlich. Die Benutzung der Weintraube ist eine höchst mannigfache, ausser zur Bereitung von Most und Wein, wird sie zum unmittelbaren Genusse verwendet; ausserdem dient sie zur Bereitung des ächten Traubenzuckers, des Franzbranntweins (Cognacs), des Weinessigs u. s. w. Die Weintrester (Treber) finden zur Darstellung eines Fermentöles, des Marköles (huile de marc), die Kerne zur Bereitung von Oel, die Weinhefe zur Fabrikation von Potasche Anwendung. Durch Trocknen so zubereitet, dass sie einer längeren Aufbewahrung fähig sind, heissen die Weintrauben Cibeben und Corinthen.

Traubenlese.

Die Zuckerbildung beginnt in der Traube schon früh und in dem Maasse wie der Zuckergehalt steigt, tritt die Säure zurück. Mit dieser Abnahme geht eine stetige Zunahme der Mineralbestandtheile Hand in Hand. Die von C. Neubauer ausgeführten Analysen von Trauben vom Neroberg bei Wiesbaden (1868) zeigten

am	27.	Juli	0,6	Proc.	Zucker	und	2,7	Proc.	freie	Säure,
„	9.	Aug.	0,9	„	„	„	2,9	„	„	„
„	17.	„	2,3	„	„	„	2,8	„	„	„
„	28.	„	8,2	„	„	„	1,9	„	„	„
„	7.	Sept.	11,9	„	„	„	1,2	„	„	„
„	17.	„	18,4	„	„	„	0,95	„	„	„

„	28.	„	17,5	„	„	„	0,8	„	„	„
„	5.	Oct.	16,9	„	„	„	0,8	„	„	„
„	12.	„	18,6	„	„	„	0,9	„	„	„
„	22.	„	17,9	„	„	„	0,6	„	„	„

Da die Trauben um so mehr Zucker enthalten, je reifer sie sind, und da sie um so alkoholreicheren Wein geben, je mehr Zucker sie enthalten, so darf die Traubenlese (der Herbst) nur im möglichst reifen Zustande der Beeren stattfinden. Die Reife erkennt man daran, dass die Beeren der weissen Trauben an der Sonnenseite nicht mehr grün, sondern bräunlichgelb und durchscheinend sind, die der rothen und blauen Trauben schwarz erscheinen und beide schon anfangen welk zu werden, die Kerne sich leicht vom Fleisch lösen und die Traubenstiele braun und welk geworden sind und am Gelenk leicht abbrechen.

Die Trauben werden entweder abgebeert oder sie werden nicht abgebeert. Das Abbeeren (Ablösen, Rappen) von den Traubenstielen (Kämmen oder Trappen) geschieht entweder mit der blossen Hand, oder mittelst eines Weidengeflechtes, welches 8–9 Linien weite Oeffnungen hat, durch die man die abgerissenen Beeren in eine untergestellte Kufe fallen lässt, oder mittelst der Raspel, einem hölzernen oder messingenen Gitter, dessen Stäbe oben scharfe Kanten haben und Zwischenräume zwischen sich lassen, welche den Beeren, aber nicht den Kämmen Durchgang gestatten, oder endlich mit Hülfe der Gabel, einem 0,5–0,6 Meter langen Holze, das sich in der Mitte in drei Aeste oder Zinken theilt. Die Kämme enthalten viel Gerbsäure, es ist daher im Ganzen zu empfehlen, alle Beeren, bevor sie zerdrückt werden, von den Stielen zu trennen, selbst bei rothen Weinen, damit die Weine zarter und früher geniessbar werden. In einzelnen Fällen, wenn die Beeren zu wenig Gerbsäure und zu viel schleimige Bestandtheile haben, ist es rathsam, die Kämme nicht von den Beeren zu trennen; die Weine klären sich dann leichter und schneller und werden haltbarer.

Das Pressen der Trauben.

Die noch an ihren Kämmen befindlichen oder von denselben getrennten Beeren werden nun zerdrückt, dadurch geöffnet und der Saft aus denselben blosgelegt. Gewöhnlich zerdrückt man sie vorher nur und presst sie erst später. Das Zerdrücken (Zerstampfen, Austreten) geschieht meist sofort in dem Weinberg in einer Beute (Bottich, Hotte, Mostelschaff) entweder durch Zerstampfen mit einer hölzernen Keule (dem Moster), oder durch Mühlen oder durch Zertreten mit den Füssen. Eine sehr zweckmässige Vorrichtung zum Zerdrücken der Beeren ist eine Quetschmaschine mit zwei cannellirten, locker an einander gestellten Walzen, welche mit Hülfe von Kurbeln in entgegengesetzter Richtung gedreht werden. Will man den erhaltenen Saft (Most, Weinmost, Traubensaft) sogleich von den Kämmen, Kernen und Schalen trennen, so wendet man eine an dem Boden und den Seitenwänden durchlöcherte Butte, in welcher, nachdem der Most abgeflossen ist, die Kämme und Häute zurückbleiben, an. Die Butte ist über dem Gährbottich angebracht. Man hat darauf zu sehen, dass alle Beeren geöffnet und zerdrückt werden, um allen Saft bloszulegen und zur Selbstgährung zu bringen. Soll der Most über den Kämmen und Häuten gähren, so lässt man die ganze Masse beisammen und presst den Saft erst von den Trestern ab, sobald die Gährung mehr oder weniger vorgeschritten ist. Für sich allein gegohren, giebt der Most einen minder gefärbten, reiner schmeckenden, aber weniger haltbaren Wein. Lässt man ihn mit den Schalen gähren, so gewinnt der Wein, wenn die Trauben blau und roth sind, eine rothe Farbe und aromatische Bestandtheile, welche in den Schalen enthalten sind und erst während der Gährung in Folge der Entstehung von Alkohol sich lösen; ein solcher Wein wird weit eher trinkbar, da die Gerbsäure, die aus den Kernen sich löste, eine schnellere Abscheidung der trübenden Proteïnkörper bewirkt. Man erreicht dasselbe Resultat, wenn man die ausgepressten Trester entweder ganz oder nur zum Theil unter den gährenden Most mischt.

Die Weinpressen oder Kaltern (Keltern) sind sehr verschieden construirt; eine gewöhnliche, doch unzweckmässig eingerichtete Presse ist die Baumpresse, in welcher der Druck mittelst einer langen Stange (eines Hebebaums) bewirkt wird; öfters hat diese Stange eine Länge von 12–16 Meter und ist aus 4–6 eichenen Balken zusammengesetzt. Diese Pressen üben einen sehr bedeutenden Druck aus, arbeiten aber äusserst langsam und sind unreinlich und unbehülflich. Die Hebelkalter, bei welcher der den Druck bewirkende Balken durch Hebel niedergedrückt wird, ist zwar einfacher, als die Baumpresse, aber auch minder wirksam. Bei den in Ungarn gebräuchlichen Schlittenpressen wird der Druck durch einen mit Steinen belasteten Schlitten hervorgebracht. Der Presskasten selbst besteht aus vier durchlöcherten, von aussen befestigten Holzwänden, zwischen welche der Druck nicht wie bei einer Spindel- oder Kartenpresse mittelst einer Schraubenspindel, sondern mit Hülfe eines Querbalkens ausgeübt wird, der mit seinem hinteren Ende zwischen zwei Holzpflöcken seinen Stützpunkt hat, mit dem vorderen Ende aber etwas über den mit Steinen beschwerten Schlitten hervorragt. Sehr gebräuchlich sind ferner die Schraubenpressen mit Schrauben, die durch lange Hebel bewegt werden; sie sind entweder von Holz oder zweckmässiger von Gusseisen; eine der besten Pressen der Art ist die von Orthlieb, bei welcher der zu pressende Körper in die Form einer langen Säule gebracht wird, weil derselbe in dieser Richtung die grösste Nachgiebigkeit zeigt und das Abfliessen des Saftes von Innen nach Aussen auf kürzestem Wege geschehen kann. 100 Gewichtstheile Trauben geben 60–70 Gewichtstheile Most. Was zuerst in den Pressen abfliesst, ist der Saft der reifsten Trauben; der später bei stärkerem Pressen abfliessende Theil ist immer reicher an Säure und Gerbstoff, welche theils von den unreifen harten Beeren herrühren, die jetzt erst zerdrückt werden, theils aber auch von den Kämmen und Hülsen. Man unterscheidet hiernach Vorwein, Presswein, Tresterwein u. s. w. Die Pressrückstände, die Trester, die ausser Weinsäure, Gerbsäure, auch noch bouquetbildende Substanzen enthalten, übergiesst man mit etwas Wasser und presst sie nochmals, wodurch eine Art Nachwein, Lauer, gewonnen wird. Neuerdings übergiesst man, nach Petiot's Vorschlage, die Trester mit Zuckerwasser und lässt letzteres über den Trestern gähren; die so erhaltene weinähnliche Flüssigkeit heisst petiotisirter Wein.

Gewinnung des Traubensaftes mit Centrifugalmaschinen.

Im Jahre 1862 ist durch v. Steinbeis in Stuttgart unter Mitwirkung von Reihlen zur Gewinnung des Traubensaftes die Centrifugalmaschine (statt der Presse) in Vorschlag gebracht worden[109]. Es hat sich bei Versuchen im Grossen herausgestellt, dass mit einer Centrifuge binnen 8 bis 10 Minuten (einschliesslich Füllen und Leeren) 100–120 Pfd. zerdrückte Trauben in Most und Trester getrennt werden können. Nach den 1869 von Balard und Alcan angestellten vergleichenden Versuchen über das Ausschleudern und das Auspressen des Saftes ergaben sich folgende Zahlen:

	Centrifuge	Presse
Most	79,141	77,086
Trester	20,214	18,601
Verlust	0,645	4,313
	100,000	100,000

Der Most kann durch die Centrifugalmaschine mithin wenigstens ebenso vollständig und jedenfalls weit rascher entfernt werden als durch die Presse.

Chemische Bestandtheile des Mostes.

Die Traube besteht aus den Kämmen, den Schalen oder Hülsen, den Kernen und dem Traubensafte. Unsere Kenntniss über die Zusammensetzung aller dieser Substanzen ist, mit alleiniger Ausnahme des Traubensaftes, eine mangelhafte. Von den Kämmen ist nur bekannt, dass sie neben Cellulose viel Gerbsäure und eine stark sauer schmeckende Säure enthalten, von den Schalen, dass in ihnen der Farbstoff der Trauben — das Oenocyanin — neben kleinern Mengen von Gerbsäure sich befindet, von den Kernen, dass sie neben grossen

Mengen einer eigenthümlichen Gerbsäure auch viel fettes Oel (Traubenkernöl) enthalten, dessen fette Säuren mit Aether verbunden zur Bildung des Bouquets des Weines beitragen.

Zuckergehalt der Trauben.

Die Beeren der Weintraube enthalten unter allen Obstsorten den meisten Zucker; der Gehalt an Zucker — ein Gemenge von Dextrose und Levulose — sinkt selten unter 12 Proc., steigt aber auch zuweilen bis zu 26–30 Proc. Das Verhältniss zwischen Säure und Zucker gestaltet sich nach Fresenius in guten Jahren und bei guten Sorten wie 1 : 29, in mittleren Jahren und bei leichten Traubensorten dagegen wie 1 : 16. Wird das Verhältniss zwischen Säure und Zucker noch ungünstiger, z. B. wie 1 : 10, so sind die Trauben unreif und schmecken sauer. Der grosse Zuckergehalt und der Umstand, dass die Säure des Traubensaftes zum grössten Theile von zweifach weinsaurem Kali herrührt, das sich mit der Zeit aus dem Weine grösstentheils unlöslich als sogenannter Weinstein abscheidet, machen die Trauben zur Weinbereitung weit geeigneter, als jedes andere Obst, dazu kommt noch, dass die bei der Gährung sich bildenden Aetherarten alle übrigen an Lieblichkeit des Geruches übertreffen. Das Verhältniss zwischen Säure und Zucker im Moste einer und derselben Traubensorte charakterisirt besser als jedes andere Kennzeichen die Jahrgänge; so zeigten nach Fresenius Sylvanertrauben:

in dem höchst geringen Jahre 1847	das	Verhältniss	wie	1 : 12,
im besseren Jahre 1854	„	„	„	1 : 16,
im guten Jahre 1848	„	„	„	1 : 24.

Der Traubensaft oder Most (1 Kilogr. reifer Beeren gab Al. Classen — 1869 — 577 bis 688 Grm. Saft) enthält alle in den Weinbeeren enthaltenen löslichen Theile und ist durch darin suspendirte Pflanzentheile trübe. 1 Liter Traubensaft enthält:

	Gramme.		
Wasser	800	bis	830
Zucker (Dextrose und Levulose)	150	„	300
Uebrige Stoffe (Pektin, Gummi, sogenannte Extractivstoffe, Proteïnsubstanzen, organische Säuren und Mineralstoffe)	30	„	20
	1040	bis	1150

Nach einer Untersuchung von Al. Classen enthielten 1000 Th. Saft aus reifen (rheinischen) Beeren (Jahrgang 1868):

	1.	2.	3.
Feste Bestandtheile	164,4	189,7	204,6
Zucker	149,9	162,4	174,0
Freie Säure	7,2	6,8	4,8
Asche	2,7	3,0	4,0

In 100 Th. Asche waren enthalten

	1.	2.	3.
Phosphorsäure	16,6	16,1	14,0
Kali	64,2	66,3	71,4
Magnesia	4,7	2,8	2,6

Als Beispiel specieller Art seien folgende von C. Neubauer (1868) ausgeführte Mostanalysen angeführt:

	Neroberger Riesling.	Steinberger Auslese.
Grade der Mostwage	95	115
Zucker	18,06	24,24
Freie Säure	0,42	0,43
Eiweisskörper	0,22	0,18
Mineralbestandtheile (Kali, Phosphorsäure etc.)	0,47	0,45
Gebundene organische Säuren und Extractivstoffe	4,11	3,92
Summa der gelösten Bestandtheile	23,28	29,22
Wasser	76,72	70,78
Summa der gelösten Bestandtheile	100,00	100,00

Die Gährung des Traubensaftes.

Die Gährung des Traubensaftes ist Selbstgährung, d. h. sie erfolgt durch Aussetzen des Traubensaftes an die Luft von selbst, ohne dass es dabei eines Zusatzes von Hefe bedarf. Die eiweissähnlichen Substanzen des Mostes bilden unter Mitwirkung der in der atmosphärischen Luft befindlichen Sporen gewisser Schimmelpilze wie z. B. der *Penicillium glaucum* u. a. Hefenzellen, deren Bildung die Ursache der bald eintretenden Trübung des Mostes ist. So wie Hefe auftritt, beginnt die Gährung und setzt sich in den meisten Fällen bei geeigneter Temperatur bis zur Beendigung der Hauptgährung fort. Die Gährung kann aufgehalten werden durch Temperaturerniedrigung, ferner durch schweflige Säure, sowie durch gewisse Schwefelverbindungen, wie z. B. durch das in den Senfsamen enthaltene Schwefelcyanallyl. Wie früher angegeben, lässt man entweder den ausgepressten Saft für sich allein, oder mit den Trestern, oder endlich mit den Trestern und Kämmen gähren. Die Weingährung ist eine Untergährung und beginnt bei 10–15°. Die Gährung verläuft um so regelmässiger und sicherer, je grösser die Menge der gährenden Flüssigkeit ist; die Gährgefässe sind entweder hölzerne Gährkufen oder Bottiche, oder sie sind von Stein oder gebranntem Thone; erstere verursachen zwar grössere Unterhaltungskosten und leiden durch Trockne und Nässe, leiten dagegen die Wärme weniger leicht ab und werden in Deutschland fast allgemein angewendet. Man lässt den Most entweder in bedeckten oder geschlossenen Gährbottichen, oder in offenen gähren. Handelt es sich um die Herstellung von Traubensaft ohne Trester und Kämme, so beginnt die Gährung bei 9–12° nach und nach und ist nach Verlauf von 4–5

Tagen im Gange; der Most trübt sich und Kohlensäuregas entweicht unter Bildung einer Schaumdecke, deren Dicke um so geringer ist, je langsamer die Gährung vor sich geht. Dabei nimmt die gährende Flüssigkeit einen alkoholischen Geruch an und der anfangs süsse Geschmack des Mostes verliert sich. Den siebenten Tag etwa werden die Gährungserscheinungen schwächer, bis nach 10–14 Tagen die Flüssigkeit sich zu klären beginnt, die Kohlensäureentwickelung aufhört und die Schaumdecke verschwindet. Die während der Gährung entstandene Hefe hat sich am Boden abgeschieden und der junge Wein, welcher die Hauptgährung überstanden hat, kommt zur Nachgährung auf die Lagerfässer.

Abziehen und Lagern des Weines.

Nachdem durch die Hauptgährung der grösste Theil des Zuckers des Mostes in Alkohol und Kohlensäure umgewandelt worden ist, findet eine Erniedrigung der Temperatur der gährenden Flüssigkeit statt, welche im Verein mit der Zunahme des Alkoholgehaltes die Gährung dergestalt verlangsamt, dass ihre vollständige Beendigung nicht mit Sicherheit wahrgenommen werden kann. Diese nach der stürmischen Gährung eintretende zweite Gährung heisst die Nachgährung. Wollte man den eigentlichen Schluss derselben in den Gährungsbottichen abwarten, so würde unfehlbar eine Säuerung des Weines eintreten, da die bei der stürmischen Gährung vorhandene Kohlensäureschicht den Wein jetzt nicht mehr vor dem Luftzutritt schützt. Sobald die Kohlensäureentwickelung nur noch eine wenig bemerkbare ist und die Temperatur der gährenden Flüssigkeit fast auf die des Gährlokales herabgesunken ist, giebt man den Wein auf Fässer, in denen die Nachgährung sich vollendet, ohne dass Essigsäurebildung zu befürchten wäre. Bei dem Füllen des Weines auf Fässer werden die Trester zurückgelassen. Die Fässer werden bis an den Schlund gefüllt und der Spund nur lose bedeckt. Täglich oder alle zwei Tage füllt man nach, damit das Fass immer voll bleibe. Zur Nachgährung zieht man grosse Fässer kleineren vor, nicht nur, weil grössere Mengen Flüssigkeit leichter und gleichmässig vergähren, sondern auch grosse Fässer dem atmosphärischen Sauerstoffe verhältnissmässig weniger Angriffspunkte darbieten. Während der Nachgährung setzt sich an den inneren Wänden der Fässer Weinstein und Hefe, ersterer krystallinisch, letztere als Schwamm, als sogenanntes Fassgeläger ab, von welchem der Wein, sobald die Nachgährung vorüber ist, durch Abstechen oder Abziehen desselben getrennt werden muss. Je nach den klimatischen Verhältnissen und dem Gebrauche zieht man den Wein im Februar oder im März, zuweilen auch schon Ende December auf die Lagerfässer. Mancher Wein bleibt aber auch ein Jahr lang auf der Hefe stehen, ehe man ihn abzieht.

Beim Lagern des Weines findet immer noch eine Art Nachgährung statt und der Wein veredelt sich, indem durch die Gährung nicht nur der Alkoholgehalt etwas zunimmt, sondern auch diejenigen Bestandtheile des Weines auf einander einwirken, aus denen sich die Blume oder das Bouquet entwickelt, ferner der Wein durch Abscheidung aller suspendirten Hefentheilchen sich klärt und noch Weinstein sich absetzt. Die freie Säure nimmt allerdings bei gewissen Weinen durch das Lagern und das damit nothwendig zusammenhängende Auffüllen zuweilen in einer dem Genuss nachtheiligen Weise zu. Die minder feinen Weine werden nach dem Ablagern in kleinere Fässer abgezogen, welche vorher geschwefelt worden sind; die besseren Weinsorten werden zuletzt auf Flaschen gefüllt und gut verkorkt in horizontaler Lage aufbewahrt.

Bestandtheile des Weines.

Der Wein enthält fast alle Bestandtheile des Mostes und Produkte seiner theilweisen Zersetzung; als charakteristische Bestandtheile des Weines, die sich in dem Moste nicht finden, treten auf Alkohol, riechende Bestandtheile, Bernsteinsäure und Glycerin. In dem Weine ist entweder die Gährung vollkommen beendigt und aller Zucker zersetzt, wodurch man die sogenannten trockenen (rein geistigen) oder sauren Weine (z. B. die Franken- und Rheinweine) erhält, oder es ist in dem Weine noch ein Theil des Zuckers unzersetzt enthalten, sei es, dass die Gährung wegen Mangel an Wasser oder an hefebildenden Substanzen, oder wegen zu niedriger Temperatur nicht zu Ende kommen konnte. Letztere Weine heissen süsse Weine, die süssen und dabei dicksaftigen Weine werden Liqueurweine genannt. Wenn der Wein mit den Schalen der blauen und rothen Trauben gegohren hat, so nimmt er aus den Schalen entweder darin bereits fertig gebildet enthaltene oder während der Gährung erst entstandene Farbstoffe auf und heisst, wenn er dadurch roth gefärbt ist, rother Wein, hellroth Schiller, wenn er nur röthlich ist Bleichert. Der rothe Wein ist jetzt häufig petiotisirter Wein, dessen Farbe durch Heidelbeeren, Malvenblumen, Hollunderbeeren unter Alaunzusatz erhöht worden ist; auch ist in ihm der zu geringe Gehalt an Gerbstoff durch Tannin corrigirt. Mit Hülfe künstlicher Erwärmung und dadurch hervorgerufener schneller Gährung erzeugter Wein wird gefeuerter Wein genannt; junger Wein heisst grüner Wein (im ersten Jahre Most), abgelagerter Wein Firnewein. Der angenehme Geruch des Weines heisst seine Blume (Bouquet), der eigenthümlich gewürzhafte Geschmack, welcher sich scheinbar im Munde erst entwickelt, wird die Göhr des Weines genannt. Die Gähre, ein in Franken, am Rhein und an der Mosel gebräuchlicher Ausdruck, bezeichnet den eigenthümlichen aromatischen Geschmack und Geruch, der beim Kosten des Weines wahrzunehmen ist; während sich die Blume erst bei der Gährung entwickelt, nimmt man an, dass die Gähre schon den Trauben angehöre. Ist der Wein reich an Alkohol und Extractivbestandtheilen, so sagt man von ihm, er habe Körper; enthält er viel Alkohol und ätherische Substanzen, so nennt man ihn schwer.

Die mittlere Zusammensetzung des Weines ist folgende:

In 1000 Theilen	
Wasser	900–891
Alkohol (gewöhnlicher) *G*	80–70
homologe Alkohole (Propyl-, Butylalkohol) *G*	20–30
Aether (Essigäther, Oenanthäther) *G*	
ätherische Oele	
Traubenzucker (Dextrose und Levulose)	
Glycerin *G*	
Gummi	
Pektin	
Farbstoff und Fettsubstanz	
Proteïnkörper	
Kohlensäure *G*	
Weinsäure und Traubensäure	
Aepfelsäure	
Gerbsäure	
Essigsäure *G*	

Milchsäure(?) *G*

Bernsteinsäure *G*

unorganische Salze

Die mit *G* bezeichneten Stoffe sind erst während der Gährung entstanden.

Je nachdem einzelne dieser Bestandtheile vorherrschen, nennt man die Weine süsse Weine, saure oder herbe Weine, adstringirende Weine, moussirende Weine etc.

Der Alkoholgehalt der Weine ist ein sehr verschiedener und richtet sich theils nach der Quantität des in dem Moste vorhanden gewesenen Zuckers, theils auch nach der Menge der hefebildenden Eiweisssubstanzen. Der Alkohol ist hauptsächlich gewöhnlicher Alkohol (Aethylalkohol), ausserdem bilden sich bei der Gährung des Mostes unter gewissen, noch nicht festgestellten Bedingungen Propyl- und Butylalkohol in geringer Menge. Das spec. Gewicht des Weines kann nicht zur Ermittelung des Alkoholgehaltes dienen, da ebenso wie in der Milch, dem Biere und vielen anderen gemischten Flüssigkeiten neben dem Alkohol, der leichter ist als Wasser, sich Stoffe befinden, die schwerer sind. Das einfachste Mittel, die Menge des Alkohols im Weine kennen zu lernen, besteht darin, den Alkohol abzudestilliren, in dem Destillat mit Hülfe des Pyknometers oder Alkoholometers den Alkoholgehalt zu bestimmen und daraus den des Weines zu berechnen.

Fig. 228. Fig. 229.

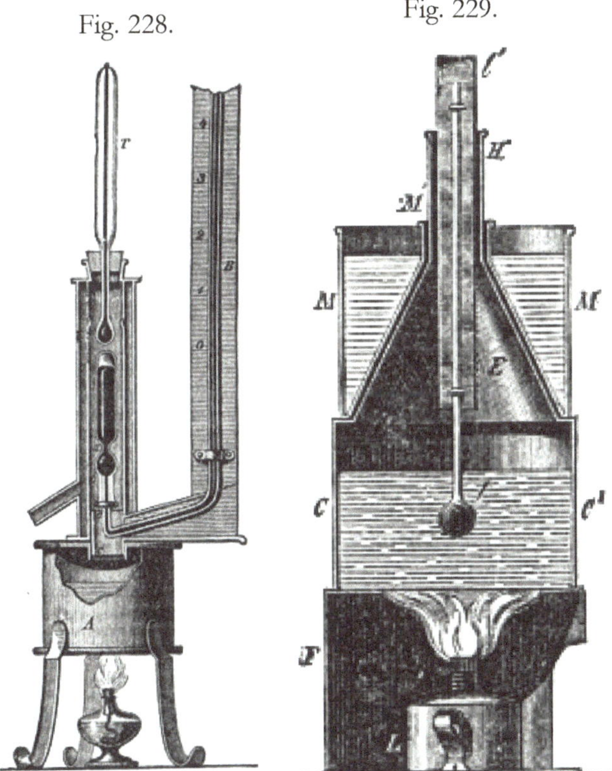

Gegenwärtig wendet man zur Alkoholbestimmung des Weines auch häufig das Vaporimeter von Geissler in Bonn an, in welchem die Spannkraft der Dämpfe durch eine Quecksilbersäule gemessen wird. Die Tension des Dampfes von absolutem Alkohol ist bei 78,3° dem einer Atmosphäre gleich, während Wasserdampf erst bei 100° einen Atmosphärendruck ausübt. Es lässt sich mithin der Alkoholgehalt einer Flüssigkeit durch die Höhe einer Quecksilbersäule messen, die bei einer genau bestimmten Temperatur (in dem vorliegenden Falle der Siedetemperatur des Wassers), durch die sich aus der Flüssigkeit entwickelnden Dämpfe emporgehoben wird. Der angewendete Apparat ist in Fig. 228 abgebildet. Er besteht wesentlich aus vier Theilen, nämlich 1)

einem Messinggefäss *A*, zur Hälfte mit Wasser gefüllt, das durch eine untergestellte Lampe bis zum Sieden erhitzt wird; 2) einer zweimal gebogenen Glasröhre *B*, die auf einer hölzernen Scala befestigt ist; 3) einem cylindrischen Gefäss *O*, welches mit Quecksilber und der zu prüfenden Flüssigkeit gefüllt ist; 4) einem Cylinder von Messingblech, in dessen oberem Theile ein genaues Thermometer *T* sich befindet. Bei der Ausführung des Versuches füllt man das Glasgefäss *O*, indem man es umgekehrt in der Hand hält, bis zur Marke *a* mit Quecksilber an und dann vollständig mit der zu untersuchenden Flüssigkeit. Darauf befestigt man diesen Theil des Apparates auf das Kochgefäss, bringt den Messingcylinder über den Quecksilbercylinder und erhitzt das im Kochgefässe befindliche Wasser bis zum Sieden. Die sich entwickelnden Wasserdämpfe steigen in den Messingcylinder empor und erwärmen das Quecksilber und die zu untersuchende Flüssigkeit bis zur Siedetemperatur des Wassers. Dadurch verwandelt sich ein Theil der Flüssigkeit in Dämpfe, welche auf das Quecksilber drücken und dasselbe in der Steigröhre um so höher hinauftreiben, je mehr Alkohol in der Flüssigkeit enthalten ist. Die Scala auf *B* ist so eingerichtet, dass der Stand der Quecksilbersäule anzeigt, wie viel Procente Alkohol dem Gewichte und Volumen nach in der Flüssigkeit enthalten sind. Die nicht flüchtigen Bestandtheile des Weines (Extractivstoffe, Zucker u. s. w.) beeinträchtigen die Resultate nicht. Die freie Kohlensäure muss dagegen vor dem Versuche mittelst frisch gebrannten Kalkes, mit welchem man den Wein zusammenschüttelt und dann filtrirt, entfernt werden. Die in dem Weine enthaltenen flüchtigen Aetherarten sind von nachtheiligem Einflusse auf die Genauigkeit der Resultate; wenngleich vorgeschlagen worden ist, diese flüchtigen Substanzen vor dem Versuche durch Kochen der Flüssigkeit mit Kali zu zersetzen, so hat doch die Erfahrung gelehrt, dass eine vollständige Zersetzung aller flüchtigen Körper des Weines sehr schwierig auszuführen ist, und ein Theil derselben sich der Zersetzung entzieht. Es ist auch nicht unerwähnt zu lassen, dass das Vaporimeter von der Voraussetzung ausgeht, die sich beim Kochen aus dem Weine entwickelnden Dämpfe seien ein Gemisch von Wasser und Dämpfen von gewöhnlichem Alkohol. Da nun aber bei der Gährung des Traubenzuckers sich neben Aethylalkohol auch die homologen Alkohole Propyl- und Butylalkohol in geringer Menge unter noch nicht genau festgestellten Bedingungen bilden, so sind die mit Hülfe des Vaporimeters erzielten Resultate nur dann völlig verlässig, wenn es sich nur um Mischungen von Aethylalkohol und Wasser handelt. Bessere Resultate giebt die Destillationsprobe, indem man 10 Kubikcentimeter Wein der Destillation unterwirft, das Destillat durch Zusatz von Wasser auf 10 Kubikcentimeter Volumen bringt und aus dem spec. Gewichte der Flüssigkeit den Alkoholgehalt des Weines erfährt. Auch das Ebullioskop von Tabarié (Fig. 229) findet zur Alkoholbestimmung des Weines zuweilen Anwendung. Wasser siedet bei +100° bei 760 Millimeter Barometerstand, Alkohol bei +78,3° C. Der Siedepunkt einer alkoholischen Flüssigkeit wird sich daher der Zahl 78,3° um so mehr nähern, je reicher die Flüssigkeit an Alkohol ist. Bei Tabarié's Ebullioskop bringt man den zu untersuchenden Wein in das Gefäss *C'*, dessen Deckel aus dem aufgelötheten Trichter *E H* besteht; durch die Lampe *L* wird die Flüssigkeit erhitzt. Die sich entwickelnden Dämpfe erhitzen das Thermometer *t t'* und geben durch die Höhe der Quecksilbersäule den Alkoholgehalt an. Das mit kaltem Wasser angefüllte Gefäss *M M'* soll dem zu hastigen Entweichen der Dämpfe vorbeugen. Ist der Siedepunkt des reinen Wassers an einem gegebenen Orte 99,4° C., so entspricht der Siedepunkt einer alkoholhaltigen Flüssigkeit folgenden Alkoholgemengen in Gewichtprocenten:

96,4°	C.	3	Proc.	Alkohol.	91,1°	C.	9	Proc.	Alkohol.
95,3	„	4	„	„	90,2	„	10	„	„
94,3	„	5	„	„	89,7	„	11	„	„
93,5	„	6	„	„	89,3	„	12	„	„
92,7	„	7	„	„	88,8	„	13	„	„
91,9	„	8	„	„	88,4	„	14	„	„

Die rothen französischen Weine enthalten 9–14 Proc. (dem Volumen nach) Alkohol, Burgunder 9, 10 und 11 Proc., Bordeaux 10, 11 und 12 Proc. Die Frankenweine enthalten 8–10 Proc., die Pfälzer Weine 7–9,5 Proc., die badischen Weine (nach Nessler) 9,8–11,5 Proc., die Weine Ungarns 9–11 Proc. Champagner enthalten 9–12 Proc., Xeres 17 Proc., Madeira 17–23,7 Proc. Die in allen Weinsorten sich findende Säure ist ausser der Kohlensäure, Bernsteinsäure, Weinsäure, Aepfelsäure und Essigsäure; diese Säuren finden sich theils im freien Zustande, theils in Gestalt von Salzen, die Weinsäure namentlich in Form von *Cremor tartari* und andern sauren weinsauren Salzen. Neben einer eigenthümlichen Gummiart, welche zwischen dem arabischen Gummi und dem Bassorin in der Mitte stehen soll, von Fauré mit dem Namen Oenanthin bezeichnet worden ist, und ungeachtet der kleinen Quantität, in welcher es vorkommt, manchem Weine eine gewisse dickliche Consistenz ertheilen soll, ist zuerst 1859 von Pasteur im Weine als normaler Bestandtheil das Glycerin gefunden worden. Pohl fand (1863) in österreichischen Weinen bis zu 2,6 Proc. Glycerin. Mit dem zunehmenden Alter nimmt der Glyceringehalt ab, ja in sehr alten Weinen kommt wahrscheinlich kein Glycerin mehr vor; dadurch lässt sich (nach Pohl) die Speere (Magerkeit) alter Weine erklären. Bei der Prüfung auf Glycerin ist der Umstand nicht ausser Acht zu lassen, dass viele Weine gegenwärtig einen künstlichen Glycerinzusatz erhalten haben. Was die Farbstoffe des Weines anbelangt, so haben nur die des rothen Weines Interesse; die der gelbbraun gefärbten Weine sind oxydirte Extractivstoffe, die ihrem Wesen und ihrer Zusammensetzung nach sich den Humussubstanzen nähern. Der Farbstoff des rothen Weines ist von Mulder und Maumené mit dem Namen Oenocyan (Weinblau) bezeichnet worden; er ist dem Lakmusfarbstoff ähnlich, ist im reinen Zustande blau und wird durch Säuren geröthet. Er ist unlöslich in Wasser, Alkohol, Aether, Olivenöl und Terpentinöl, etwas löslich in Alkohol, der mit kleinen Mengen von Weinsäure oder Essigsäure vermischt ist. Mit einer Spur Essigsäure ist die Lösung prächtig blau, auf Zusatz grösserer Mengen Essigsäure geht die Farbe der Flüssigkeit in roth über; mit Alkali neutralisirt wird die Lösung wieder blau. Ueberschüssige Alkalien zerstören das Oenocyanin unter Humusbildung. Durch Verdampfen des Weines bis zur Trockne bleiben die nichtflüchtigen Bestandtheile des Weines, das sogenannte Extract zurück; es besteht aus einem Gemenge der nicht flüchtigen Säuren, der Salze mit organischen und anorganischen Säuren mit Oenanthin, Farbstoffen, Zucker, Proteïnsubstanzen und Extractivstoffen, deren Natur nicht bekannt ist. Die Menge des Extractes ist sehr verschieden und richtet sich nach der Art des Weines und nach dem Vergährungsgrade des Zuckers. Fresenius fand in den Rheinweinen als Maximum 10,6, als Minimum 4,2 Proc. Extract, Fischern in den Pfälzer Weinen 10,7 bis 1,9 Proc., F. Schubert im Wein aus der Umgegend von Würzburg 7,2–1,1 Proc., Pohl in den Weinen aus Böhmen 2,26, aus Niederösterreich 2,64, aus Ungarn 2,62 Proc. Die mineralischen Bestandtheile finden sich in dem Weine in geringer Menge; im Mittel von vier Madeiraweinen betrugen sie 0,25 Proc., von vier Rheinweinen 0,12 Proc., von vier Portweinen 0,235 Proc. van Gorkom, Veltmann und Mösmann fanden in 1000 Th. Wein:

Madeira	2,55	Th.	Asche
Teneriffa	2,91	„	„
Rheinwein	1,93	„	„
Portwein	2,35	„	„

Pohl in den österreichischen Weinen, und zwar aus

Böhmen	1,97	Th.	Slavonien	1,91	Th.
Croatien	1,68	„	Steiermark	1,63	„
Krain	1,81	„	Tirol	1,84	„
Nieder-Oesterreich	2,00	„	Ungarn	1,80	„

Die Asche besteht aus Kali, Kalk, Magnesia, Natron, Schwefelsäure, Phosphorsäure und Chlor.

Ueber die wohlriechenden Bestandtheile des Weines, die oft seinen Werth bedingen, ist etwas Zuverlässiges noch nicht bekannt. Derjenige Stoff, welcher dem Wein den eigenthümlichen Weingeruch ertheilt, ist ein Gemenge von Oenanthäther (Weinblumenäther) mit Alkohol. Der Oenanthäther ist nach einer Untersuchung von C. Neubauer ein Gemisch verschiedener Stoffe, unter welchen Capryl- und Caprinsäure-Aether die bei weitem wichtigsten sind, und ist ein Produkt der Gährung des Mostes. Hinsichtlich der Blume und des Bouquets ist mit Wahrscheinlichkeit anzunehmen, dass es ebenfalls durch während der Gährung entstandene Aetherarten gebildet wird, die aber ihrer äusserst geringen Menge wegen noch nicht mit Sicherheit erkannt und unterschieden werden konnten[110]. Man weiss, dass bei der Gährung des Zuckers neben gewöhnlichem Alkohol Propyl- und Butylalkohol sich bilden; Bernsteinsäure ferner als constantes Gährungsprodukt auftritt; diese Körper, sowie die in dem Traubensafte vorhandenen Säuren (Weinsäure, Aepfelsäure, Traubensäure), nebst den beim Lagern des Weines sich bildenden (Essigsäure, Propionsäure, Buttersäure und die Aldehyde dieser Säuren) und den aus dem Oel der Kerne u. s. w. entstehenden (Oelsäure, Palmitinsäure), können nun eine grosse Anzahl von Aetherarten erzeugen, welche je nach den quantitativen Verhältnissen der Componenten den verschiedenen Geruch der einzelnen Weinsorten bedingen mögen.

Krankheiten des Weines.

Bei der Behandlung und Aufbewahrung des Weines geschehen oft Fehler, in deren Folge Missverhältnisse zwischen den Weinbestandtheilen sich zeigen und Zersetzungen mannichfacher Art auftreten, die der normalen Beschaffenheit gefährlich sind und mit dem Namen der Krankheiten des Weines bezeichnet werden. Nach Pasteur werden diese Krankheiten durch organische Fermente, durch mikroskopische Organismen hervorgerufen, deren Keime in den Wein gelangen und sich dort unter günstigen Umständen entwickeln.

Eine der am häufigsten vorkommenden Krankheiten ist das Zähe- oder Langwerden, wobei der Leim schleimig, dickflüssig wie Oel und fadenziehend wie Leinsamen- oder Eibischwurzelschleim wird; diese Krankheit tritt besonders bei an Gerbsäure armen, daher weit häufiger bei weissen als bei rothen Weinen und zwar gern bei solchen auf, welche zu früh auf Flaschen gefüllt wurden. Der Zuckergehalt nimmt dabei ab; es ist daher wahrscheinlich, dass die Glycose sich wie bei der schleimigen Gährung in Pflanzenschleim und Mannit umsetzt. Bei kräftigen, an Alkohol und Weinsäure reichen Weinen verschwindet das Uebel zuweilen von selbst, ebenso verschwindet es zuweilen plötzlich durch starkes Schütteln des Weines bei Luftzutritt, auch meistens, wenn man durch Zuckerzusatz eine neue Gährung einleitet. Um das Langwerden des Weines zu verhüten, ist ein entsprechender Zusatz von Gerbsäure anempfohlen worden. François empfiehlt 15 Grm. Tannin auf 230 Liter Wein anzuwenden, welches mit gewissen schleimigen Bestandtheilen, die sich namentlich in jungen Weinen in erheblicher Menge finden, eine unlösliche Verbindung bildet. Das Sauerwerden des Weines besteht in der fortschreitenden Umwandlung des Alkohols des Weines in Essigsäure. Die Ursache der Säuerung ist *Mycoderma aceti*, welchen Pilz Pasteur in allen sauer gewordenen Weinproben nachzuweisen vermochte. Dieser Krankheit ist der Wein am häufigsten ausgesetzt; schwacher Alkoholgehalt, höhere Temperatur, Zutritt der atmosphärischen Luft sind die Ursache des Sauerwerdens des Weines. Ist dasselbe erst im Entstehen begriffen, so kann man ihm vorbeugen, wenn man durch eine neue, durch Zuckerzusatz bewirkte Gährung den Alkoholgehalt und die Kohlensäure, das beste Schutzmittel gegen Sauerwerden, erhöht. Einem bereits merklich sauer gewordenen Weine ist nicht mehr zu helfen und es ist in diesem Falle am vortheilhaftesten, einen solchen Wein vollends in Essig übergehen zu lassen. Imprägniren mit schwefliger Säure kann die Essigbildung einige Zeit verzögern, aber nicht völlig hindern. Hier und da sucht man die Essigsäure durch Zusatz von Weinsäure nach und nach in Essigäther, der keinen sauren Geschmack mehr besitzt und das Aroma des Weines erhöht, überzuführen. Dass man die Essigsäure durch Neutralisation mit Alkalien und alkalischen Erden nicht entfernen kann, da die essigsauren Salze sämmtlich leicht löslich sind, bedarf kaum der Erwähnung.

Das Bitterwerden der Weine hat einen verschiedenen Grund. Es kann vorkommen, dass das Ferment unter noch nicht festgestellten Bedingungen, namentlich Temperaturerhöhung und hohes Alter des Weins, sich in einen bitteren Körper umwandelt, welcher den Wein fast ungeniessbar macht. Maumené schlägt vor, diesen Stoff durch Zusatz von gelöschtem Kalk (0,25 bis 0,50 Grm. pro Liter) auszufällen. Auch die Bildung von braunem Aldehydharz, entstanden aus dem Aldehyd unter Mitwirkung von Ammoniak und Luft, kann einen bitteren Geschmack des Weines hervorrufen. Man hat auch behauptet, dass das Entstehen von citronensaurem Aether, eine allerdings intensiv bitterschmeckende Verbindung, die Ursache des bitteren Geschmackes mancher Weine sei. Das Kahmigwerden hat in dem Entstehen einer Schimmelpflanze in Gestalt einer weissen Haut auf der Oberfläche alkoholarmer Weine seinen Grund und ist stets der Vorbote des Sauerwerdens. Der Kahm lässt sich dadurch entfernen, dass man so lange Wein durch ein Rohr in das Fass treten lässt, bis der Kahm zum Spunde hinausgetreten ist; ist der Kahm im Weine suspendirt, so colirt man ihn durch Leinwand und consumirt den Wein baldigst. Das Abstehen oder Umschlagen des Weines zeigt sich durch Verschwinden des Alkohols und Zersetzung der Säuren des Weines; der Wein erhält einen faden Geschmack und nimmt eine dunkle Farbe an. Bei einem weiter vorgeschrittenen Grade der Krankheit wird der Wein trübe, verbreitet einen üblen Geruch und hinterlässt zuletzt eine saure Flüssigkeit. Das zweifach weinsaure Kali verwandelt sich dabei in kohlensaures Kali, welches letztere die Farbstoffe des Weines und die in ihm enthaltene Gerbsäure in Humussubstanzen überführt. Im Anfang lässt sich dem Uebel durch Zusatz geringer Mengen von Aetherschwefelsäure vorbeugen. Der Fassgeschmack, Fass- und Schimmelgeruch entsteht von alten anbrüchigen Dauben der Lagerfässer, oder durch Schimmeligwerden der Fässer in dumpfigen Kellern. Behandeln des Weines mit frisch ausgeglühter Holzkohle oder Schütteln mit Olivenöl entfernt zwar den Beigeschmack, entzieht aber auch zugleich einen grossen Theil der aromatischen Weinbestandtheile. In leeren Fässern beseitigt man den Schimmelgeruch am einfachsten durch Ausblasen mit heissen Wasserdämpfen. Vielen pathologischen Erscheinungen in der Weinbehandlung kann durch Tanninzusatz vorgebeugt werden.

Pastriren des Weines.

Fig. 230.

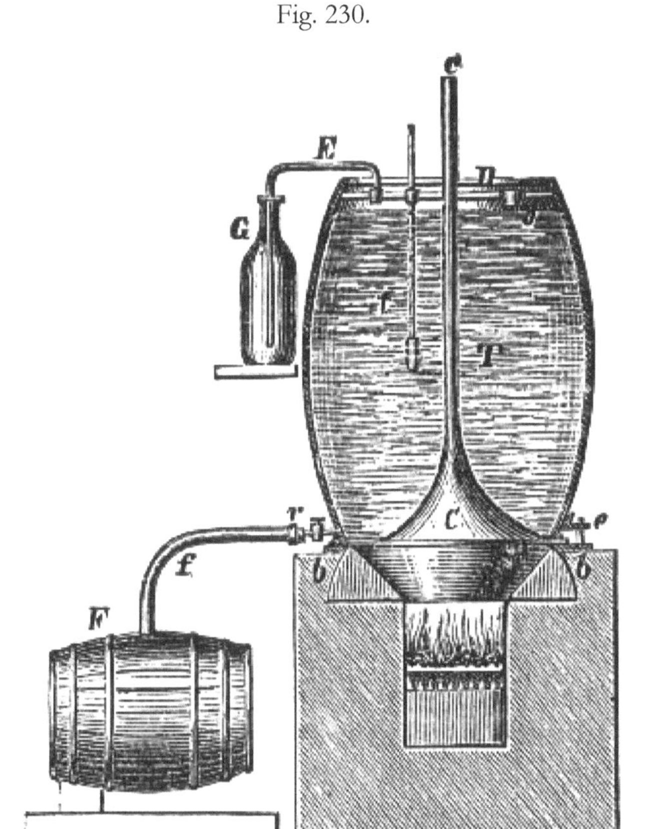

Fig. 231.

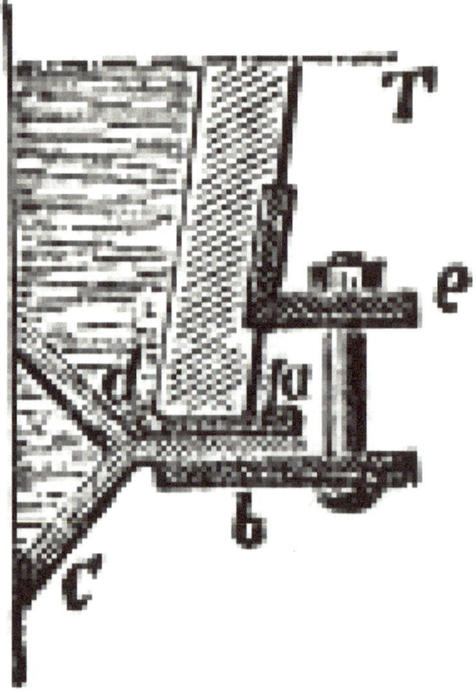

Ein grosser Fortschritt in der Weinbehandlung ist die von Pasteur eingeführte Conservationsmethode (das Pasteurisiren, für welches wir den kürzern Namen Pastriren in Vorschlag bringen). Dieses Verfahren zum Haltbarmachen des Weines besteht in dem Erwärmen des Weines in Fässern bis zu einer Temperatur von 60° C. Der zum Pastriren des Weines dienende und von Rossignol construirte Apparat (der bereits am Rhein und Maine vielfach benutzt wird), besteht (Fig. 230 und 231) aus einem Fasse *T*, dessen einen Boden man weggenommen und durch einen kupfernen Kessel *C* ersetzt hat. Der untere Theil dieses Kessels hat die Form eines abgestumpften Kegels; auf den Rand desselben ist der obere trompetenförmige Theil aufgesetzt, welcher sich zu einer oben offenen Röhre *c* verlängert und an der Aussenseite verzinnt ist. Der zu erhitzende Wein wird in das Fass gebracht; der Kessel ist mit Wasser gefüllt und wird durch eine Feuerung, über welcher er steht, erhitzt. Das Wasser überträgt die aufgenommene Wärme auf den Wein; es wird niemals zum Kochen erhitzt und erlangt kaum eine höhere Temperatur als der Wein. Der Kessel braucht nicht entleert und wieder gefüllt zu werden, sondern man benutzt immer dasselbe Wasser. Am besten ist es, so viel Wasser in den Kessel zu bringen, dass dasselbe, wenn es das Maximum der Temperatur erlangt hat, die Röhre *c* zur Hälfte oder zu drei Viertheilen füllt. Nachdem der Wein die erforderliche Temperatur, welche durch ein Thermometer *t* angegeben wird, erlangt hat, wird er durch einen unten an dem Fasse angebrachten Hahn *r* abgezogen und in die zu seiner Aufbewahrung bestimmten Fässer gefüllt, zu welchem Zweck man ein Kautschukrohr *f* mit dem Hahne verbindet. Sobald das Fass leer ist, füllt man es wieder mit einer anderen Portion Wein, um die in der Feuerung und dem Wasser angesammelte Wärme zu benutzen.

Fig. 231 zeigt, auf welche Art der untere Theil des Fasses dicht schliessend mit dem Kessel verbunden ist. An den Kessel ist ein verzinnter flacher kupferner Ring *a* angelöthet; dieser Ring befindet sich zwischen zwei anderen Ringen, einem ziemlich dicken eisernen Ring *b* und einem 1 bis 2 Centimeter dicken Kautschukring *d*. An dem unteren Theile des Fasses befindet sich ferner ein eiserner Reifen *e*, welcher etwas in das Holz der Dauben eingefalzt ist; an diesen Reifen sind Winkeleisen angenietet, und diese sind durch Schraubenbolzen mit dem Ringe *b* verbunden. Indem man die Schrauben fest anzieht, wird der Kautschukring zusammengedrückt und dadurch ein dichter Verschluss erzielt.

Da der Wein sich beim Erhitzen ausdehnt, so macht man das Fass nicht ganz voll; die Folge davon ist, dass der Wein in demselben mit einer gewissen Menge Luft in Berührung gebracht wird. Pasteur hat nun gezeigt, dass man dies vermeiden muss, wenn daran liegt, dass der Wein nicht durch eine rasche Oxydation, welche ein künstliches Altern desselben bewirkt, in seiner Farbe oder seinem Geschmack verändert werde. Im Allgemeinen ist es am besten, dieses künstliche Altern zu vermeiden, um so mehr, als mit demselben gewöhnlich ein Kochgeschmack (*goût de cuit*) sich einstellt, was niemals eintritt, wenn der Wein sehr kurze Zeit unter Ausschluss der Luft erhitzt wird. Die so ausgeführte Erhitzung macht den pastrirten Wein unveränderlich, ohne seine Farbe zu modificiren, welche blos oft mehr Glanz bekommt, und ohne seinen Geschmack wesentlich zu verändern (der Geschmack wird nur durch das Entweichen von Kohlensäure beim Erhitzen ein wenig weicher).

Klären und Gypsen des Weines.

Das Klarwerden erfolgt bei den meisten Weinen von selbst, indem sich die hefigen Theile zu Boden setzen, sowie die Gährung beendigt ist. Besonders leicht werden die sogenannten trockenen Weine, d. h. solche klar, welche vollkommen ausgegohren haben und keinen Zucker mehr enthalten. Diese brauchen keine künstliche Klärung. Bei den süssen und fetten Weinen dagegen, welche ausser Zucker noch viele hefebildende Bestandtheile enthalten und die im Weine befindlichen unlöslichen Theilchen sich wegen der Dickflüssigkeit des Weines nicht leicht absetzen können, schreitet man zum Klären oder Schönen, man setzt zu dem zu klärenden Weine einen leim- oder eiweissähnlichen Körper, welcher sich zuerst mit den trübenden Theilen mischt, dann gerinnt oder zusammenzieht und auf diese Weise die unlöslichen Theile entfernt. Man hat dabei nicht zu vergessen, dass die Farbstoffe des rothen Weines Gerbsäurederivate sind und zum grössten Theile gegen Leim sich wie Gerbsäure verhalten und gefällt werden. Die zum Klären angewendeten Körper sind leimgebende, leimartige Substanzen, wie Hausenblase und Leim, Eiweiss, Blut, Milch und Mischungen, welche eine der genannten Substanzen enthalten. Der hier und da gebräuchliche Zusatz von Gyps zum Wein geschieht in verschiedener Absicht. Bei der Bereitung von rothem Wein soll ein Gypszusatz zum Most die Farbe erhöhen. Die Erfahrung zeigt, dass die rothe Farbe des Weines sich um so kräftiger entwickelt, je länger die Schalen der blauen Trauben mit der gährenden Flüssigkeit in Berührung bleiben; zu gleicher Zeit muss aber auch die Gährung gemässigt werden; dies geschieht nun durch den Gyps, welcher nach Maumené auf verschiedene Weise wirkt. Wendet man denselben als gebrannten Gyps an, so nimmt er Wasser auf und vermehrt auf diese Weise die Menge des Alkohols, dessen schwächende Wirkung auf die gährungserregende Eigenschaft der Hefe bekannt ist. Ferner verwandelt er die löslichen Kalisalze des Weines in unlösliche Kalksalze und in Kaliumsulfat, eine Umwandlung, die in der That Nutzen haben kann, wenn man in Erwägung zieht, dass man dem *Cremor tartari* die Eigenschaft zuschreibt, das Ferment gelöst zu erhalten, eine Eigenschaft, welche dem Kaliumsulfat, das sich übrigens zum grössten Theile unlöslich abscheidet, wahrscheinlich abgeht.

Rückstände der Weinbereitung.

Die bei der Weinbereitung sich ergebenden Rückstände und Abfälle bestehen in den Trestern (Kämme, Stiele, Ranken der Trauben, Häute und Kerne der Beeren) und in dem Weingeläger (Hefe und Weinstein). Beide finden mannichfache Anwendung. Was die Trester betrifft, so hat man zuvörderst zu unterscheiden zwischen den mit Wasser ausgelaugten und den nicht ausgelaugten Trestern, welche letztere nicht unbeträchtliche Mengen von Most enthalten; letztere dienen 1) zur Bereitung von petiotisirtem Wein, nicht zu verwechseln mit dem Tresterwein; 2) zur Erzeugung von Branntwein (Tresterbranntwein), wobei nicht nur der in dem Moste enthaltene Zucker in Betracht kommt, sondern auch wahrscheinlich der durch Spaltung der Gerbsäure, die in so grosser Menge in den Trestercomponenten sich findet, entstandene (vergl. S. 465); 3) zur Fabrikation von Grünspan (vergl. S. 60); 4) zur Essigfabrikation und zur Beförderung der Essigbildung aus zucker- oder alkoholhaltigen Flüssigkeiten; 5) als Viehfutter, eine in Frankreich für Pferde, Maulthiere und Schafe übliche Anwendung; 6) die ausgepressten oder schon auf Branntwein oder Essig benutzten Trester können als Brennmaterial sowie als Düngmittel Anwendung finden; 7) die Traubenkerne können auf fettes Oel, das sie in einer Quantität von 10–11 Proc. enthalten, verarbeitet werden; 8) wegen ihres grossen Gehaltes an Gerbsäure kann man die durch Auspressen oder durch Extraction mit Benzol oder Schwefelkohlenstoff von dem fetten Oele befreiten Kuchen zum Gerben, zum Schwarzfärben u. s. w. verwenden; eine sehr vortheilhafte Benutzung wäre ferner deren Verarbeitung auf Weinkerngerbsäure, die in den entölten Kuchen bis zu 7 Proc. sich findet und in allen den Fällen der Weinbehandlung anzuwenden wäre, wo man gegenwärtig das den Bestandtheilen der Weintraube fremde Tannin anwendet; 9) aus dem Weingeläger stellt man durch Abpressen, Trocknen und Verbrennen Asche dar, die in Burgund und anderen Gegenden zur Fabrikation der Drusenasche (Weinhefenasche, *cendres gravelées*) dient. Auch die Trester verarbeitet man auf Potasche; 10) die Stiele und Kerne geben beim Verkohlen ein schwarzes Farbematerial (Weinrebenschwarz); 11) das Weingeläger, wesentlich aus Hefetheilen und Weinstein bestehend, wird in den Weinländern vor ihrer Verarbeitung auf Potasche oder Weinstein zur Destillation eines eigenthümlich riechenden Branntweins (Drusenbranntwein) benutzt, in welchem sich ein cognacähnlich riechendes Oel befindet, welches unter dem Namen Drusenöl (Weinöl, Cognacöl, *huile de marc*) im Handel vorkommt; 12) aus dem rohen Weinstein, welcher mit etwas weinsaurem Kalk, Farbstoff und Hefe mehr oder weniger dicke Krusten bildet, die sich theils an den Wänden der Weinfässer absetzen, theils in dem Weingeläger enthalten sind, erhält man durch Reinigen den Weinstein (wesentlich Kaliumbitartrat, $C_4H_5KO_6$), aus welchem man die Weinsäure darstellt, welche zur Bereitung von Hefen- und Brausepulver und moussirenden Getränken, sowie in der Färberei und Zeugdruckerei eine ausgedehnte Anwendung findet.

Schaumwein.

Die Schaumweinfabrikation. Der moussirende Wein oder Schaumwein ist seit Jahrhunderten schon bekannt und geschätzt. Auf Gemälden von niederländischen Meistern des 17. Jahrhunderts trifft man zuweilen das Champagnerglas mit schäumendem Inhalt[111]. Die fabrikmässige Bereitung der Schaumweine in der Champagne stammt jedoch erst aus der zweiten Hälfte des vorigen Jahrhunderts. Ausser in der Champagne fabricirte man später in Burgund aus den Côte d'or-Weinen moussirende Weine, kein Wunder daher, wenn auch in Deutschland versucht wurde, das angenehm prickelnde Schäumen bei den inländischen Weinen nachzuahmen; und dass der Versuch gelungen, dies beweist die am Main, an der Mosel, am Rhein und am Neckar blühende Schaumweinindustrie, welche in vielen Gegenden Deutschlands den Verbrauch an französischem Schaumwein auf ein Minimum reducirt hat. In Deutschland zählt man (1870) gegen 50 Schaumweinfabriken mit einer Produktion von 2¼–3½ Millionen Flaschen, wovon 1¼ Millionen ins Ausland gehen. In Frankreich wird die jährliche Produktion auf 16–18 Millionen Flaschen geschätzt.

Allen Weinen fehlt im Naturzustande die Eigenschaft des Schäumens, welche dem Weine jedoch ertheilt werden kann, wenn man das kohlensaure Gas, welches sich bei der zweiten Gährung, die, wenn man den Wein nach der ersten gewöhnlichen stehen lässt, entwickelt, gewaltsam zurückhält. Beim Oeffnen der Flasche entweicht dieses Gas und verursacht das für das Auge so erfreuliche Schäumen und Perlen. Die Quelle der Kohlensäure liegt demnach in jedem Weine und alle Weine können in Schaumweine verwandelt werden, den Vorzug verdienen aber im Allgemeinen die süssen Weine vor den trocknen und zucker- und alkoholarmen. Das Moussiren lässt sich unter zweierlei Gesichtspunkten betrachten, einmal bewirkt der Schaumwein, sowie der Kork der Flasche beseitigt wird, einen Knall und später in den Gläsern zeigt er das eigenthümliche Perlen. Beide Effecte sind nicht proportional, der Knall kann ein äusserst heftiger und das Perlen ein sehr schwaches sein, ebenso auch umgekehrt. Stellen wir uns zwei Flaschen mit Schaumwein derselben Sorte vor, mit dem alleinigen Unterschiede jedoch, dass die eine Flasche einen Zusatz einer Substanz erhielt, welche die Löslichkeitsverhältnisse des Weines für das Kohlensäuregas wesentlich veränderte. Die Effecte des Schäumens werden sich nun ganz verschieden äussern. Da der Zuckergehalt in beiden Flaschen der nämliche war, so hat sich auch darin die nämliche Menge Kohlensäuregas gebildet; übt z. B. das Gas in der einen Flasche einen Druck von 5 Atmosphären aus, so wird, wenn das Lösungsvermögen des Weines in der zweiten Flasche schwächer, vielleicht $\frac{1}{20}$ geringer ist, dieses Zwanzigstel nicht absorbirten Gases, in dem Raume unterhalb des Korkes, in der sogenannten Kammer, sich ansammeln und den Druck auf den Wein bedeutend vergrössern. Um diejenige Menge Kohlensäure, die in der Kammer sich befindet, ist der Wein schwächer an aufgelöstem Gas, der Knall wird ein sehr heftiger sein und der Kork wird weit fortgeschleudert werden, das Perlen dagegen wird, da das aufgelöste Gas in geringerer Menge da ist, verhältnissmässig schwach sein.

Das Verfahren der Fabrikation des Schaumweins ist (im Allgemeinen) folgendes: Man benutzt vorzugsweise blaue Trauben, so am Rheine die Frühburgunder Traube von Ingelheim, der Mosel-, Main- und Nahegegend und manche Rothweine aus Württemberg (Heilbronn und Esslingen) und Baden (besonders die vom Kaiserstuhl im Breisgau). Sofort nach der Lese wird der Saft ausgepresst, damit kein Farbstoff aus den Schalen sich löse. Die ausgepressten, halb erschöpften Trester geben beim nochmaligen Auspressen einen röthlich gefärbten moussirenden Wein. Der ausgepresste Traubensaft kommt in Kufen, worin er 24–36 Stunden lang bleibt; er setzt darin erdige Stoffe, vegetabilische Unreinigkeiten und fermentbildende Substanzen ab. Darauf zapft man ihn ab und bringt ihn auf Fässer, welche, damit die Gährung möglichst langsam geschehe, in einem kühlen Keller lagern. So lange die stürmische Gährung dauert, muss das Fass täglich aufgefüllt werden. Beim Einfüllen des Mostes in die Fässer ist es zweckmässig, auf 100 Flaschen Most eine Flasche Cognac zuzusetzen, ein Zusatz, der nicht nur den Zweck hat, den Alkoholgehalt und die Löslichkeit des Kohlensäuregases zu erhöhen, sondern und hauptsächlich die Gährung zu mässigen. Nachdem die Hauptgährung vorüber ist, wird das Fass nochmals ausgefüllt und dann verspundet. Gegen Ende December giebt man den Wein in geschwefelte Stückfässer, schönt ihn mit Hausenblase und lässt ihn etwa einen Monat lang ruhig liegen, worauf man ihn von Neuem absticht. Gegen Ende Februar schönt man zum zweiten Male und lässt bis zu den ersten Tagen des Monats April ablagern, worauf man den Wein klar auf Flaschen zieht. Diejenigen Weine, die sich am besten zur Schaumweinfabrikation eignen, sollen im Augenblicke des Abziehens an Zucker, Alkohol und freier Säure in der Flasche enthalten: a) 16–18 Grm. Zucker, b) 11–12 Volumenprocente Alkohol, c) ein Aequivalent von 3–5 Grm. Schwefelsäure an freier Säure. Durch Coupiren (Verstechen, Vermischen) der aus verschiedenen Lagen bezogenen Weine ist man im Stande, dem zur Fabrikation bestimmten Weine vorstehende Normalzusammensetzung zu geben.

Die für den Schaumwein bestimmten Flaschen (die bekannten dickwandigen Champagnerflaschen) müssen mit grosser Sorgfalt fabricirt, aus reinen Materialien dargestellt und besonders sorgfältig gekühlt sein. Im Allgemeinen verlangt man von einer Flasche, dass sie ein Gewicht von 850 bis 900 Grm. habe, gleichmässig dickwandig in allen Punkten sei, die in gleicher Höhe liegen, und keine Steinchen in der Masse enthalte; die Mündung soll konisch sein und von dem äusseren Rande abwärts sich allmälig erweitern, dadurch sitzt der Kork fester, hält sich der Wein besser und der Knall wird verstärkt. Ehedem belief sich der Bruch der Flaschen auf 15–25 Proc. und noch mehr; gegenwärtig ist die Flaschenfabrikation so weit vorgeschritten und die Schaumweinbereitung dergestalt regulirt, dass der Bruch im Mittel kaum 10 Proc. beträgt. Der Preis für 100 Flaschen ist 10 bis 11 Gulden. Ehe der Wein auf Flaschen gefüllt wird, giesst man eine kleine Quantität Liqueur in jede Flasche; dieser Liqueur besteht aus weissem Kandiszucker 150 Kilogr., Wein 125 Liter, Cognac 10 Liter. Die Flüssigkeit wird mit Hausenblase geschönt, dann klar abgestochen und zum jeweiligen Gebrauch im Keller aufbewahrt. Der Rohrzucker des Liqueurs ist in dem Champagner, wie Fr. Mohr angiebt, nach kurzer Zeit ganz in Traubenzucker(?) übergegangen. Der Zucker des Liqueurs soll in neuerer Zeit durch Glycerin zum Theil ersetzt werden. Je nach dem Geschmack der Consumenten und der Art des zu fabricirenden Schaumweines setzt man zu obigem Liqueur zuweilen Porto, Madeira, Muscatelleressenz, Kirschwasser, Himbeergeist u. dergl. Alle diese verschiedenen Liqueure werden selten in reinem Zustande angewendet, sondern im Augenblicke der Anwendung mit einer besonderen Flüssigkeit, aus einer Mischung von: Wasser 60 Liter, gesättigter Alaunlösung 20 Liter, Weinsäurelösung 40 Liter, Tanninlösung 80 Liter bestehend, gemischt. Man setzt auf ein Stückfass Liqueur 2 Liter dieser Flüssigkeit. Zu *dem Abziehen des Weines* (die Tirage) auf Flaschen und zu deren Verschluss werden viererlei Arbeiter verwendet: einer, welcher den Wein auf Flaschen zieht, einer, der sie verkorkt, einer, welcher sie mit Bindfaden, und einer endlich, welcher sie mit Draht verschliesst. Das Verkorken wird durch eine Maschine ausgeführt, die den Kork vollkommen gerade in die Flasche drückt. Nachdem die Flaschen gefüllt, verkorkt und ficellirt sind, legt man sie so nieder, dass der Hals unter einem Winkel von etwa 20° geneigt ist, damit die bei der langsamen Gährung entstehende Hefe in den Hals gelange und sich an dem Kork absetze. Nach 8–10 Tagen vergrössert man die Neigung in demselben Sinne und bringt den Winkel ungefähr auf 45°; nach Verlauf von abermals 2–3 Tagen erhebt man den Boden der Flasche noch mehr, um den Absatz so viel als möglich auf dem Korke zu sammeln; zuletzt stehen die Flaschen vertical mit dem Korke nach unten gerichtet. Durch die Gährung und das Ablagern des Weines ist in allen Flaschen ein aus Hefe, Kleber und dergl. bestehender Niederschlag entstanden, welcher natürlich zur vollständigen Klärung des Weines aus den Flaschen entfernt werden muss. Zu diesem Behufe befinden sich die Flaschen mit der Oeffnung nach unten in mit Löchern versehenen Tafeln. Damit der Absatz sich in dem Halse der Flasche bis auf den Kork herabsenke, muss jede Flasche täglich und ganz gleichmässig etwa 14 Tage lang gerüttelt werden. Zuweilen kommt es vor, dass der Absatz einem Häutchen gleich der Flasche adhärirt und nicht entfernt werden kann; in solchem Falle ist der Wein nicht verkäuflich und muss in den Gährungsbottich zurückgegossen werden. Das beste Mittel, den Absatz pulverförmig zu machen, besteht ohne Zweifel in der Anwendung von Tannin und Alaun, und nur aus diesem Grunde setzt man dem Liqueur, wie oben angegeben, eine kleine Menge einer Flüssigkeit zu, welche diese Substanzen enthält. Der sich bildende Absatz enthält gerbsauren Leim und Proteïnsubstanzen des Weines, ist in Folge eines Alaunzusatzes immer pulverig und giebt einen vollkommen klaren Wein. Hat sich aller Absatz auf den Propfen abgelagert, so schreitet man zum Entfernen des Absatzes, das Degorgiren oder Ausspritzen genannt. Zu diesem Behufe nimmt der Arbeiter eine Flasche mit dem Halse nach unten und prüft den Wein, um sich von seiner Klarheit zu überzeugen, in welchem Falle man den Draht, der den Kork hält, aufdreht. Eine kleine Menge Wein — 40–60 Kubikcentimeter — wird beim Heraustreiben des Korkes lebhaft aus der Flasche herausgeschleudert. Der leere Raum wird mit Liqueur ausgefüllt — diese Arbeit nennt man das Dosiren. Der Arbeiter entfernt aus der degorgirten Flasche noch 160 Kubikcentimeter Wein (man nennt diese Operation das Dechargiren) und füllt nun den hierdurch und durch das Degorgiren entstandenen Raum mit Liqueur aus. Die Flasche wird mit einem frischen Korke verkorkt, den man mit Bindfaden und mit Eisendraht befestigt. Der Pfropf und die Mündung werden mit Stanniol umwickelt. Der Schaumwein enthält ungefähr 6–7 Volumen Kohlensäure und besitzt ein eigenthümliches Aroma, welches sich durch die Einwirkung der Kohlensäure auf die Bestandtheile des Weines zu bilden scheint und vielleicht zum Theil Kohlensäureäther (Aethylkohlensäure) ist. Da die Kohlensäure durch eine Nachgährung entwickelt wird und einer solchen ein mehr als mittlerer Alkoholgehalt nachtheilig ist, so hat man auf den Alkoholgehalt des auf Flaschen zu füllenden Weines grosse Sorgfalt zu verwenden. Der nach vorstehender Methode dargestellte Schaumwein ist gewöhnlich in 18–20 Monaten trinkbar, je nachdem die Jahreszeit der Gährung mehr oder weniger günstig gewesen ist. Bei der Analyse von vier Sorten Schaumweinen wurden — 1867 und 1870 — folgende Resultate erzielt:

	1.		2.		3.		4.		5.		6.	
Freie Säure	5,3	pro Mille	5,9	pro Mille	7,6	pro Mille	7,8	pro Mille	6,2	pro Mille	5,6	pro Mille
Alkohol	8,4	Proc.	9,5	Proc.	8,7	Proc.	8,4	Proc.	9,8	Proc.	8,4	Proc.
Zucker	8,2	„	4,3	„	7,9	„	9,1	„	7,5	„	5,4	„
Extract	11,6	„	7,5	„	10,3	„	12,0	„	11,6	„	15,2	„
Spec. Gewicht	1,036	„	1,029	„	1,039	„	1,046	„	1,039	„	1,041	„

1 Sorte aus Chalons, 2, 3 und 4 Würzburger Mousseux und zwar 2 für den Export nach Indien bestimmt, 3 von J. Oppmann und 4 von Silligmüller, beide in Deutschland höchst beliebige Sorten. 5 von Sutaine und Comp. in Rheims. 6 Schaumwein einer renommirten rheinischen Firma, in welchem ein grosser Theil des Zuckers durch Glycerin ersetzt war.

Most- und Weinverbesserung.

Most- und Weinverbesserung. Der Werth einer Weinsorte ist ausser von ihrem Alkoholgehalte und ihrem Aroma auch noch von ihrem Gehalte an freier Säure abhängig. Je weniger der letzteren sie bei gleichem Alkoholgehalte und der erforderlichen Menge von aromatischen Bestandtheilen enthält, um so geschätzter und werthvoller ist sie. Das Verhältniss zwischen den Hauptbestandtheilen des Traubensaftes, Zucker, Säure und Wasser, stimmt in guten Mosten ziemlich überein, und man kann wohl annehmen, dass dieses Verhältniss kein zufälliges sei, sondern dass es zum Charakter und Wesen eines guten Mostes gehöre. Es wäre einseitig und mit der Erfahrung im Widerspruche, wollte man den Werth eines Weines nur aus dem gegenseitigen Verhältniss zwischen Alkohol, Zucker und freier Säure im Weine ableiten, indem ja die aromatischen Bestandtheile und der nie fehlende Glyceringehalt auf den Wohlgeschmack und auf den Werth von so bedeutendem Einflusse sind, nichtsdestoweniger ist man doch allgemein der Ansicht, dass gute Weine ein gewisses und ziemlich genau bestimmtes Verhältniss zwischen Alkohol, Zucker, freier Säure und Wasser erfordern. Solche Trauben, die sich zur Erzielung eines guten Weines nicht eignen, können in zweierlei Weise behandelt werden. Entweder lässt man den durch Auspressen gewonnenen Saft gähren wie er ist, in welchem Falle man einen geringen oder schlechten Wein erhält. Oder man sucht, gestützt auf chemische Analyse, dem mangelhaft zusammengesetzten Moste diejenigen Bestandtheile zu geben oder auch zu entziehen, welche er in zu geringer oder in zu reichlicher Menge enthält, oder mit anderen Worten, man stellt künstlich in dem Weine ein solches Verhältniss der Bestandtheile dar, dass dasselbe, wie der Most- und Weinverbesserer meint, dem guten Moste nahekommt. Diese künstliche Verbesserung des Weines ist wohl von der Weinverfälschung zu unterscheiden, welche dem Weine ungehörige oder der Gesundheit nachtheilige Substanzen zusetzt.

Von den gegenwärtig in Anwendung kommenden Methoden der Most- und Weinverbesserung sind als die wichtigsten folgende anzusehen:

1) Zusatz von Zucker zu zuckerarmem Moste und Entziehung der zu grossen Säuremenge des Mostes durch Marmorstaub (Verfahren Chaptal's),

2) Zusatz von Zucker und Wasser zu zuckerarmem und säurereichem Moste (Verfahren Gall's),

3) nochmaliges Gährenlassen der Trester mit Zuckerwasser (Verfahren Petiot's),

4) Entziehung von Wasser durch Frost und Gyps,

5) Entziehung von Säure durch chemisch wirkende Mittel,

6) Zusatz von Alkohol zu schwachem Weine,

7) Versetzen des fertigen Weines mit Glycerin (nach dem Entdecker des Glycerins,Scheele, Scheelisiren genannt).

Der Zuckerzusatz zu zuckerarmem Moste gehört zu den ältesten Methoden, den Wein aufzubessern. Den Römern und Griechen war diese Methode bereits bekannt, da aber damals der Rohrzucker noch unbekannt war und man blos Honig, welcher dem Weine einen eigenthümlichen Geschmack ertheilte, und eingedickten Most kannte, der in den Jahren, wo der Zusatz am nöthigsten war, ebenfalls mangelte, so kam sie wenig in Gebrauch. Chaptal gedachte 1800 in seinem Handbuche des Weinbaues dieses Zusatzes und empfahl, Zucker in dem geringen Moste aufzulösen, bis dieser so dick geworden, wie er von denselben Trauben in den besseren Jahren wird. Dieser Zusatz von Zucker, womit zugleich eine Entziehung der freien Säure des zu sauren Mostes durch Marmorstaub verbunden ist, fand allmälig immer mehr und mehr Eingang und wurde seitdem mit dem Namen Chaptalisiren bezeichnet[112].

Obgleich es nun naheliegt, dem Moste das zu geben, was die Natur blos durch den Mangel an Sonnenwärme nicht in genügender Quantität zu erzeugen vermochte, so trat doch der allgemeinen Anwendung der Aufwand, den der Zuckersatz erforderte, hindernd entgegen. Er lieferte zwar einen alkoholreicheren und darum haltbareren Wein, allein diese Vorzüge gehören doch weniger zu den wünschenswerthesten, selbst wenn diese Vorzüge den erforderlichen Aufwand lohnen sollten. Der bei weitem grössere Theil der deutschen Weine zeigt ausser dem Mangel an Zucker einen Ueberfluss an Säure. Findet nun auch durch den Zuckerzusatz später in Folge des grösseren Alkoholgehaltes eine vermehrte Absonderung des Kaliumbitartrates als Weinstein statt, so enthalten doch die nicht völlig gereiften Trauben eine weit grössere Menge Aepfelsäure als Weinsäure; die Aepfelsäure wird aber nicht ausgeschieden und deshalb bei dem blossen Zuckerzusatze dennoch der Geschmack des Weines beeinträchtigt. Diese Säuren sind, ohne der Qualität des Weines zu schaden, zu vermindern oder unschädlich zu machen. Die Ersten, welche in dieser Hinsicht geeignete Vorschläge, die sich auf den Zusatz von Zuckerwasser (d. h. eine Lösung von Rohrzucker oder von Traubenzucker) bezogen, machten, waren Döbereiner in Jena und Lampadius in Freiberg. Balling (in Prag) und nach ihm Gall (in Trier) haben wesentlich die nämlichen Vorschläge gemacht. Die von Gall empfohlene Methode der Weinverbesserung, das Gallisiren, die weil sie auch zugleich eine bedeutende Vermehrung des Weinquantums giebt, ungemein populär geworden ist, besteht darin, dass man zuerst die besseren Trauben von den geringeren absondert, um davon einen besseren Bouquetwein darzustellen, statt sie mit der meist grösseren Menge der geringeren Trauben zu vermischen, in deren Safte die Vorzüge der wenigen völlig reifen Trauben gänzlich verschwinden würden. Den Most der geringeren Sorte soll man sofort nach dem Keltern mit so viel Wasser und Zucker mischen, dass sein Gehalt an Säure, Wasser und Zucker dem Gehalt an diesen Bestandtheilen in einem guten Traubenmoste gleichkommt. Durch das Gallisiren erhält der Wein die eine Bedingung des Wohlgeschmacks, nämlich richtiges Verhältniss zwischen Säure, Zucker, Alkohol und Wasser, und wenn er sonach auch nicht so vorzüglich wird, wie Wein aus sehr guten Trauben, indem ihm die andere Bedingung, der Bouquetstoff, mehr oder weniger fehlt, so wird er doch weit besser sein, als wenn er durch Gährung aus dem nicht mit Zuckerwasser versetzten Moste aus geringen Trauben bereitet worden wäre, dem nicht nur eine, sondern beide Bedingungen des Wohlgeschmacks abgehen. Wenn das Gall'sche Verfahren hauptsächlich vom wirthschaftlichen Standpunkte aus, aber auch vom chemischen aus empfohlen werden kann, so ist dabei doch vorausgesetzt, dass man einen Zucker verwende, welcher in der That an Reinheit dem Traubenzucker (oder auch Rohrzucker) möglichst gleichkommt. Auf alle Fälle leidet der gallisirte Wein an Bouquetarmuth, wenn nicht der Weinverbesserer auch für diesen Uebelstand Heilmittel in Bereitschaft hat. Nach Gall nun (dessen Anschauungsweise ich in vielen Stücken keineswegs theile!) soll ein Normalmost bestehen aus

Zucker	24,0	Proc.
freier Säure	0,6	„
Wasser	75,4	„
	100,0	Proc.

1000 Kilogr. eines solchen Mostes enthalten demnach 240 Kilogr. Zucker, 6 Kilogr. freie Säure und 754 Liter Wasser. Hat nun die Analyse eines Mostes ergeben 16,7 Proc. Zucker und 0,8 Proc. Säure und will man demselben durch das Gallisiren auf die Zusammensetzung des Gall'schen Normalmostes bringen, so hat man zuzusetzen

153	Kilogr.	Zucker und
180	„	oder Liter Wasser

wodurch man 1333 Kilogr. Most (mithin eine Vermehrung der ursprünglichen Menge von 33 Proc.) erhält. In geringen Jahrgängen, wo der Säuregehalt bis auf 12 bis 14 Proc. sich steigert, beträgt die Vermehrung 100–115 Proc., ja selbst mehr noch.

Das im Jahre 1859 aufgetauchte Petiotisiren (von Pétiot zu Chaminy in Burgund) geht von der Thatsache aus, dass der nach dem gewöhnlichen Verfahren dargestellte Traubensaft nicht Alles in sich aufgenommen hat, was die Traube an färbenden und aromatischen Stoffen enthält und dass in dem Pressrückstande, dem Marke, den Kernen, den Kämmen, noch genug davon enthalten sei, um Zuckerwasser den Geschmack, das Aroma und andere Eigenschaften des Traubensaftes zu geben. Es fehlt an genauen Analysen der Pressrückstände und an hinreichender Erfahrung, um sich gegenwärtig schon endgültig über den Werth des Petiotisirens aussprechen zu können. Viele gewiegte Weintechniker haben jedoch keinen Anstand genommen, Pétiot's Verfahren als ein auf rationeller, wissenschaftlicher Basis beruhendes zu erklären, es in Schutz zu nehmen und warm zu empfehlen[113].

Zur Verbesserung des Weines hat man ferner die Anwendung des Frostes vorgeschlagen, wodurch die wässerigen Theile des Mostes vermindert werden. Nach den Versuchen von Vergnette-Lamotte und Boussingault sind die Wirkungen der Kälte auf den Wein complicirter Natur. Beim Abkühlen des Weines auf eine Temperatur von 0–6° entstehen zuerst Niederschläge von Substanzen, welche bei dieser Temperatur nicht mehr löslich sind. Diese bestehen vorzugsweise in Cremor tartari, färbenden und stickstoffhaltigen Substanzen und einer Flüssigkeit, welche die Eigenschaft besitzt, bei 6° zu erstarren. Wenn man die Weine vorsichtig von diesen ausgeschiedenen Substanzen abzieht, so werden sie kräftiger, feuriger, alkoholreicher; ihr Hauptwerth besteht aber in dem Verluste der Fähigkeit des Nachgährens und des nachträglichen Absetzens in Fässern und auf Flaschen.

Eine Entsäuerung des Weines durch chemisch wirkende Mittel findet ausser durch gebrannten Gyps statt durch Calciumcarbonat (Marmorpulver, Kreide), Zuckerkalk und neutrales Kaliumtartrat. Ein Zusatz von Calciumcarbonat zu dem Moste oder zu dem Weine ist nicht schädlich, insofern der Wein dabei keine oder nur eine sehr geringe Menge von Kalksalzen aufnimmt; dass Calciumcarbonat nicht zur Abstumpfung der durch saure Gährung bereits entstandenen Essigsäure dienen kann, in welchem Falle der Wein Calciumacetat enthalten und nicht mehr den Namen Wein verdienen würde, bedarf kaum der Erwähnung.

Im Principe theilweise mit der Anwendung von Calciumcarbonat gleich ist das von v. Liebig (1848) vorgeschlagene Mittel der Entsäuerung, das in der Anwendung von neutralem Kaliumtartrat besteht. v. Liebig ging von der Thatsache aus, dass viele deutsche Weine, namentlich Rheinweine, durch das Lagern und das damit nothwendig zusammenhängende Auffüllen auf der einen Seite zwar an Blume und Geschmack, auf der anderen aber auch in einer dem Genusse nachtheiligen Weise an Säure gewinnen. Anfangs scheidet sich der Weinstein, welcher durch die Verdunstung sowie durch die fortschreitende Alkoholbildung an Löslichkeit verloren hat, ungefähr im gleichen Schritte aus, als er durch Auffüllen im Fasse vermehrt wird. Allein mit dem Auffüllen empfängt der Inhalt eines Fasses zugleich freie Weinsäure, welche sich ebenfalls vermehrt und von einer gewissen Zeit an die Löslichkeit des Weinsteins wieder steigert. Daher die auffallende Säure sehr alter Rheinweine. Die Abstumpfung der freien Säure durch neutrales Kaliumtartrat soll ohne die geringste Beschädigung des Geruches und Geschmackes des Weines geschehen können. Ein zweckmässiges Mittel zur Entsäuerung solcher Weine, die keine Essigsäure enthalten, ist der Zuckerkalk. Man übergiesst gelöschten Kalk mit der zehnfachen Menge Wasser, rührt gut um, lässt den Kalk absetzen und giesst nach einigen Stunden das über dem Kalkbrei stehende klare Kalkwasser, das einen grossen Theil der Unreinigkeiten des Kalkes enthält, ab, und verwandelt darauf den Brei durch Verdünnen mit Wasser in Kalkmilch, in welcher man Kandis oder Raffinade löst, bis eine klare Flüssigkeit entstanden ist, welche man unter Umrühren in den Wein giesst. Der Kalk wird durch die Säure des Weines unlöslich gefällt, während der Zucker in dem Weine bleibt. Mit dem Zersetzen ist behutsam zu verfahren, da der Zuckerkalk nicht wie der Aetzkalk nur die freie Säure, sondern auch die gebundene niederschlägt. Ein allgemein üblicher Zusatz (1–2 Proc.) zum Wein in der Absicht, ihn stärker und haltbarer zu machen, ist der Weingeist (Sprit). Wenn die Vermischung des Weines mit dem Weingeist — man wendet entweder Franzbranntwein oder entfuselten Kartoffelspiritus an — erst vor kurzem geschah, so kann auch eine nicht geübte Zunge den Alkohol, welcher sich mit den Weinbestandtheilen noch nicht innig gemischt hat, herausschmecken. Ist aber durch längeres Lagern eine vollkommene Vereinigung des Alkohols mit dem Weine erfolgt, so kann man den zugesetzten Alkohol nicht mehr abscheiden, ihn selbst durch den Geschmack nicht mehr erkennen, vorausgesetzt, dass nicht zu viel zugesetzt wurde. Dass ein geringer Alkoholzusatz zum Wein die Gesundheit der Consumenten nicht beeinträchtigt, ist unzweifelhaft, ebenso, dass gewisse Weinsorten eines mässigen Versatzes mit Alkohol bedürfen, wenn sie die erforderliche Haltbarkeit erlangen sollen. (Der seit dem Jahre 1865 in Gebrauch gekommene Zusatz von Glycerin zum fertigen Weine, das sogenannte Scheelisiren[114] soll dem Wein, nachdem er das Stadium der Gährung vollendet, eine den Wohlgeschmack störende unzureichende Süsse auf jeden beliebigen Grad steigern, ohne dass man, da das Glycerin unfähig ist, in Gährung überzugehen, für die Haltbarkeit des Weines etwas zu fürchten hätte. Die Grenzen des Glycerinzusatzes liegen zwischen 1–3 Liter auf 1 Hektoliter Wein. Durch das Glycerin und dessen billigen Preis ist man in der Lage, auch fertige, selbst flaschenreife Weine noch der Verbesserung zuzuführen, welche bisher ausserhalb des Bereiches der Weintechnik lagen.)

Die Bierbrauerei.

Allgemeines.

Unter Bier in der gewöhnlichen Bedeutung des Wortes versteht man dasjenige unvollständig gegohrene und noch gährende geistige Getränk, welches aus gekeimten stärkemehlhaltigen Substanzen, meist aus Gerste und

Weizen, seltener Reis, Mais, Kartoffeln und Stärkezucker, und Hopfen durch geistige Gährung, aber ohne Destillation gewonnen worden ist. Es enthält die Bestandtheile des Getreides oder Stoffe, die sich aus diesen Bestandtheilen durch Umsetzung gebildet haben (Dextrose, Dextrin und Eiweisssubstanzen, Alkohol, Kohlensäure, geringe Mengen von Bernsteinsäure und Glycerin, organische Stoffe wie phosphorsaure Salze der Alkalien und alkalischen Erden), sowie gewisse extrahirbare Hopfenbestandtheile.

Wir legen bei der Beschreibung des Verfahrens der Bierfabrikation die Methode zu Grunde, welche man im Allgemeinen in vielen Brauereien Bayerns und Oesterreichs (z. B. in der Dreher'schen Brauerei zu Schwechat) zur Erzeugung des Braunbieres befolgt. Von vornherein ist zu bemerken, dass man Winter- oder Schenkbier und Sommer- oder Lagerbier unterscheidet. Man braut das Bier in Bayern nur in der kälteren Jahreszeit von Oktober bis April, wenn das Thermometer höchstens eine Temperatur von 12–13° zeigt. Ein Theil des Bieres wird nach einer kurzen Lagerung in den Fässern während der Wintermonate consumirt, es bildet das Winter- oder Schenkbier. Ein anderer Theil, zu dessen Bereitung mehr Gerste (Malz) und Hopfen genommen wurde, bleibt in besonderen Lagerkellern bis zu den Sommermonaten und wird von der Zeit an, wo die Bierfabrikation aufhört, bis zum Wiederbeginn der Brauerei consumirt; dieser Theil des Bieres wird Sommer- oder Lagerbier genannt.

1	Volumen	Malz	giebt	durchschnittlich	2,5–2,6	Volumen	Winterbier,
1	„	„	„	„	2,05–2,1	„	Sommerbier,

Im norddeutschen Bunde werden nach den Annahmen der Steuerbehörde (1870)[115] aus 1 Ctr. Malz gewonnen:

300	Quart	leichten Bieres,
200	„	Doppelbier,
100	„	sogen. bayer. Bier.

Materialien der Bierbrauerei.

Die Materialien der Bierbrauerei sind: 1) Getreide oder Substanzen, welche dasselbe vertreten können, 2) Hopfen, 3) Ferment, 4) Wasser.

Das Getreide. Obgleich als Material zur Bildung des Alkohols im Bier jede stärkemehl- und zuckerhaltige Substanz anwendbar wäre, so giebt man doch in der Praxis den Cerealien den Vorzug und unter diesen wiederum der Gerste, deren Stärkemehlgehalt weniger schwankt als der anderer Getreidearten, die ferner am leichtesten ein gutes Malz liefert, dessen zuckerbildende Eigenschaft grösser ist als die anderer gemalzter Cerealien. In Bayern zieht man die grosse zweizeilige Gerste (*Hordeum distichon*) allen übrigen Gerstensorten vor, weil sich aus einem gleichen Volumen der zweizeiligen Gerste mehr Bier von derselben Qualität erzielen lässt, als von der gemeinen oder sechszeiligen, gleiche Preise aller genannten Gerstensorten vorausgesetzt. 100 Th. getrockneter Gerste enthalten (nach Lermer):

Stärkemehl	68,43
Proteïnsubstanzen	16,25
Dextrin	6,63
Fett	3,08
Cellulose	7,10

Asche und sonstige Bestandtheile 3,51

Die Gerstenasche enthält in 100 Th. 17 Th. Kali, 30 Th. Phosphorsäure, 33 Th. Kieselsäure, 7 Th. Magnesia, 3 Th. Kalk u. s. w. Neben der Gerste finden Kartoffeln, Reis, Mais, Glycerin und Kartoffelzucker in den modernen Bierbrauereien ausgedehnte Anwendung.

Hopfen.

Das, was man in der Bierbrauerei mit dem Namen Hopfen bezeichnet, sind die weiblichen Blüthen (Zapfen, Kätzchen) der Hopfenpflanze (*Humulus lupulus*), einer perennirenden Pflanze aus der Familie der Urticeen.

Unter den zarten, dachziegelähnlich übereinander liegenden Schuppen der Hopfenkätzchen befinden sich goldgelbe nierenförmige Körner (Drüsen), die sich durch Klopfen und Absieben von den Blättchen trennen lassen. Diese Drüschen hat man mit dem Namen Hopfenmehl bezeichnet (früher nannte man es Lupulin und suchte darin allein die Wirkung des Hopfens, jetzt weiss man aber, dass auch die übrigen Theile des Zapfens wirksame Bestandtheile enthalten). An einer gründlichen Untersuchung aller derjenigen Hopfenbestandtheile, die in der Bierbrauerei in Betracht zu ziehen sind, fehlt es noch, ausführliche Untersuchungen liegen nur vor über das Hopfenöl, die Gerbsäure und die mineralischen Bestandtheile. Was zuerst das ätherische Hopfenöl anbelangt, welches sich in der Menge von 0,8 Proc. in dem lufttrocknen Hopfen findet, so ist dasselbe gelblich gefärbt, stark, aber nicht bedeutend nach Hopfen riechend, brennend und schwach bitter schmeckend, nicht narkotisch wirkend, von 0,908 spec. Gewichte und Lakmuspapier kaum röthend. Es braucht mehr als das 600fache Gewicht Wasser zur Lösung. Es ist schwefelfrei und gehört zu der Gruppe ätherischer Oele, welche ein Oel von der Formel C_5H_8 als gemeinsamen charakteristischen Bestandtheil enthalten; es ist ein Gemenge eines mit dem Terpentinöl und Rosmarinöl isomeren Kohlenwasserstoffes C_5H_8 mit einem sauerstoffhaltigen Oele $C_{10}H_{18}O$, das mit dem Valerol die Eigenschaft gemein hat, durch oxydirende Einwirkungen und schon an der Luft in Baldriansäure ($C_5H_{10}O_2$) überzugehen. Die Oxydation des sauerstoffhaltigen Bestandtheiles des Hopfenöles zu Valeriansäure ist die Ursache des dem alten Hopfen eigenthümlichen Käsegeruches. Die Gerbsäure des Hopfens findet sich in den verschiedenen Hopfensorten in der Menge von 2–5 Proc. Was die Natur dieser Gerbsäure betrifft, so hat sich herausgestellt, dass a) sie eine sogenannte eisengrünende Gerbsäure ist, b) sie sich beim Behandeln mit Säuren und Synaptase nicht in Gallussäure und Zucker spaltet, c) bei der trocknen Destillation keine Pyrogallussäure bildet. Das Hopfenharz ist der wichtigste Bestandtheil des Hopfens und enthält die bitteren Principe. Es ist im Wasser sehr schwer löslich, vorzüglich in reinem Wasser und bei Abwesenheit des ätherischen Hopfenöles. Wasser jedoch, welches Salze, namentlich Gerbsäure, Gummi und Zucker enthalt, löst davon beträchtliche Mengen auf, besonders bei Gegenwart von Hopfenöl. Man muss wohl mit Rautert gewissen Bestandtheilen des Hopfenharzes die Mehrzahl derjenigen Wirkungen zuschreiben, um derentwillen man den Hopfen in der Bierfabrikation verwendet. Es schmeckt anhaltend und intensiv bitter und leidet, in dünnen Schichten der Luft ausgesetzt, in längerer Zeit eine Zersetzung, in deren Folge es unlöslich wird in vielen Lösungsmitteln, in denen es zuvor löslich war. Schneller geht diese Umänderung im Sonnenlichte vor sich. Hopfenharz und Hopfenbitter sind indessen nicht identisch, ersteres ist in Aether löslich, letzteres nicht. Von geringerer Bedeutung sind die übrigen Bestandtheile des Hopfens, das Gummi und extractive färbende Substanzen. Die mineralischen Bestandtheile des Hopfens betreffend, so geben bei 100° getrockneten Hopfens 9–10 Proc. Asche, welche 15 Proc. Phosphorsäure, 17 Proc. Kali u. s. w. enthält.

Conserviren des Hopfens.

Die Qualität des Hopfens ist von wesentlichem Einflusse auf die Beschaffenheit, die Feinheit des Geschmackes und die Haltbarkeit des Bieres. Ist während der Hopfenernte ungünstiges Wetter, so kann die Qualität des Hopfens beträchtlich leiden. Bei feuchter Witterung lässt sich der Hopfen kaum trocknen, ohne dass an den innern Stengeln der Deckblättchen Schimmelflecken zum Vorschein kommen. Eine Vorrichtung zum Trocknen des Hopfens, unabhängig von der herrschenden Witterung, ist daher äusserst wichtig. Das Trocknen mit Hülfe von erwärmter Luft ist ungenügend, weil es gewöhnlich an dem nöthigen Luftwechsel fehlt; empfehlenswerth sind dagegen diejenigen Hopfendarren, in welchen die Luft mittels eines Ventilators erneuert und das Wenden des Hopfens, ohne dass Hopfenmehl verloren geht, ausgeführt wird. Der bei einer

Temperatur von etwa 40° getrocknete Hopfen wird mit Hülfe starken Pressens gedichtet und in Säcken, am besten wasserdichten, verpackt, versendet. Um den Hopfen haltbarer zu machen, pflegt man ihn zu schwefeln, d. h. man setzt den getrockneten Hopfen den Dämpfen brennenden Schwefels aus (auf 1 Ctr. Hopfen verbraucht man 1–2 Pfd. Schwefel). Dieses Schwefeln des Hopfens und Abdarren desselben bei mässiger Wärme nach dem Schwefeln, starke Pressung desselben und Aufbewahrung in luftdicht verschlossenen Räumen — dies sind die bis jetzt bekannten Mittel, den Hopfen zu conserviren und dadurch den grossen Schwankungen der Hopfenpreise Grenzen zu setzen. Das zuweilen vorkommende Schwefeln von *altem* dunkler gewordenen Hopfen in der Absicht, demselben die Farbe von frischem Hopfen zu ertheilen — die sogenannte Schönfärberei — lässt sich erkennen, wenn man eine Hand voll des verdächtigen Hopfens in der Hand stark zusammenpresst und in geschlossener geballter Faust unter die Nase hält. Die schweflige Säure lässt sich dann, wofern der Hopfen erst vor einigen Wochen geschwefelt worden war, leicht durch den Geruch erkennen. Die *chemische Prüfung des Hopfens* wird auf folgende Weise ausgeführt: Man übergiesst einige Zapfen des zu untersuchenden Hopfens und etwas Zink in einem Wasserstoffentwickelungsapparate mit Salzsäure und leitet das sich entwickelnde Wasserstoffgas in eine verdünnte Lösung von Bleiessig. Enthielt der Hopfen schweflige Säure, so ist dem Wasserstoffgas Schwefelwasserstoff ($SO_2 + 2H_2 = SH_2 + 2H_2O$) beigemengt, der sich durch Bildung von schwarzem Schwefelblei in der Bleilösung zu erkennen giebt. Besser noch ist es, das sich bei diesem Versuche entwickelnde Gas in eine mit einigen Tropfen Kalilauge versetzte Lösung von Nitroprussidnatrium zu leiten; die geringste Spur von Schwefelwasserstoff erzeugt eine prächtige purpurrothe Färbung der Lösung.

Surrogate des Hopfens.

Anstatt des Hopfens hat man häufig versucht, andere Substanzen wie die Rinden der Pinusarten, Quassia, Tausendgüldenkraut, Wallnussblätter, Wermuth, Bitterklee, Colchicumblätter, wässeriges Aloëextract, Lactucarium u. s. w. anzuwenden; in der neuesten Zeit ist sogar die Benutzung der Pikrinsäure vorgeschlagen worden. Abgesehen davon, dass mehrere dieser Substanzen geradezu einen nachtheiligen Einfluss auf den Organismus ausüben, können diese Körper wol dem Biere einen bittern Geschmack ertheilen, ersetzen aber keineswegs diejenigen Bestandtheile des Hopfens, um derentwillen derselbe in der Brauerei Anwendung findet. Und diese Bestandtheile sind: eine eigenthümliche Gerbsäure, Harz und bittere Extractivstoffe und endlich das ätherische Oel. Ein Hopfensurrogat müsste demnach diese Substanzen enthalten oder man würde genöthigt sein, zwei bis drei verschiedene Materialien anzuwenden, die zusammengenommen diese Bestandtheile besässen.

Wasser.

In Bezug auf das Wasser, dessen man sich in der Brauerei zum Einweichen des Getreides, zum Extrahiren des Malzes und zum Einmaischen bedient, ist zu bemerken, dass die Wahl desselben auf die Güte des Bieres von dem grössten Einflusse ist. Man unterscheidet weiches Wasser vom harten; ersteres löst die Seife ohne Trübung auf, setzt beim Kochen keinen Pfannenstein ab und eignet sich zum Kochen der Hülsenfrüchte, welche in hartem Wasser, das seine Härte kohlensaurem und schwefelsaurem Kalk verdankt, nicht weich gekocht werden können; hartes Wasser zersetzt Seife und die entstandene Kalkseife setzt sich in weissen Flocken ab; in den Kochgeschirren, Dampfkesseln u. s. w. setzt es Kesselstein ab. Ein Wasser ist um so weicher, je weniger es an mineralischen Bestandtheilen enthält. Das Regenwasser ist als destillirtes Wasser sehr weiches Wasser und enthält nur Spuren organischer Materie, salpetersaures und kohlensaures Ammoniak, das Brunnenwasser und das Quellwasser sind in den meisten Fällen hartes Wasser, das Flusswasser dagegen ist weiches Wasser. Zur Bierbrauerei eignet sich unstreitig am besten ein reines, weiches oder doch nur wenig hartes Wasser; man giebt daher dem Fluss- oder Quellwasser vor dem Brunnenwasser den Vorzug, wenigstens so weit, als es sich um die Anwendung des Wassers zum Malzen handelt; zum Einmaischen scheint dagegen ein kalkhaltiges Wasser nicht nachtheilig zu sein, es wird sich zwar, wie Mulder sagt, der in dem Wasser enthaltene Kalk in unlösliches Phosphat umsetzen, es bildet sich aber zu gleicher Zeit eine genügende Menge Milchsäure, um das Phosphat wieder aufzulösen. Es wird dadurch verhütet, dass die Phosphorsäure durch hartes Wasser während des Brauprocesses unlöslich ausgeschieden werde. Steht kein anderes Wasser zu Gebote, als mit trübenden und organischen Stoffen verunreinigtes, so ist das Wasser vorher durch

Absetzenlassen und Filtration zu reinigen. Die Münchener Brauereien wenden Isarwasser an, welches Kalk- und Magnesiasalze theils suspendirt, theils gelöst, in reichlicher Menge enthält und deshalb nicht sofort zum Brauen verwendet, sondern vorher in grosse Behälter geleitet wird, damit sich hier die suspendirten erdigen Theile absetzen können, mit denen jedenfalls auch durch Flächenanziehung ein Theil der aufgelösten Salze niedergerissen wird; durch den Zutritt der Luft wird aber auch der zweifach kohlensaure Kalk u. s. w. zersetzt und auf diese Weise das Wasser von einem grossen Theile der Kochsalze befreit. An anderen Orten reinigt man das zum Brauen anzuwendende Flusswasser durch Filtration durch Lager von Sand, Kies und Kohle.

Ferment.

Was das Ferment, die Hefe, betrifft, so verweisen wir theils auf dasjenige, was in der Einleitung zu den Gährungsgewerben im Allgemeinen von der Hefe gesagt wurde, theils auf den speciellen Theil der Brauerei, namentlich auf die Gährung der Bierwürze.

Das Specielle des Brauverfahrens.

Die Schilderung des Brauverfahrens[116] lässt sich der leichteren Uebersicht wegen in vier Abschnitte bringen, nämlich in:

1) die Malzbereitung (das Malzen oder Mälzen),

2) die Bereitung der Bierwürze (das Maischen),

3) die Gährung der Bierwürze,

4) die Aufbewahrung und Pflege des Bieres.

Malzen.

I. Die Malzbereitung. Die Ueberführung der Gerste in Malz oder das Malzen ist ein unterbrochener Keimprocess und eine Vorbereitung des Getreides für die Zwecke der Bierbrauerei und Branntweinbrennerei. Das nicht gekeimte Getreide hat nur in sehr geringem Grade die Eigenschaft, die in ihm enthaltene Stärke in Zucker (Dextrose) zu verwandeln; diese Eigenschaft entwickelt sich erst während des Keimens und durch dieselbe ist man im Stande, Malz von ungekeimter Frucht zu unterscheiden. Warum man der Gerste vor anderen Getreidearten den Vorzug giebt, hat, wie schon angeführt, darin seinen Grund, dass das Gerstenmalz die zuckerbildende Eigenschaft in noch höherem Grade erlangt, als das Malz anderer Getreidearten.

Das Pflanzenleben zerfällt in drei Perioden. In der ersten entwickelt sich die Pflanze auf Kosten einiger ihrer Organe, welche dabei vollständig erschöpft werden und absterben. Diese Periode ist die Zeit des Keimens. In der zweiten Periode, die des Wachsthums, lebt die Pflanze auf Kosten der Aussenwelt und in der dritten, die der Blüthen- und Fruchtbildung, leben einzelne Theile der Pflanze, die Fortpflanzungsorgane, auf Kosten der ganzen Pflanze, die dabei so erschöpft wird, dass sie ihrem Untergange entgegengeht. Das Keimen, und nur mit dieser ersten Phase des Pflanzenlebens haben wir uns hier zu beschäftigen, bezweckt das werdende junge Pflänzchen für seine erste Entwickelung zu ernähren, namentlich für die Ausbildung der Wurzeln, bis zu dem Punkte, bei welchem sie selbst im Stande sind, der Pflanze Nahrung zuzuführen. Zu diesem Zwecke hat die Natur eine bestimmte Menge von Nahrungsstoff in eigens dazu bestimmten Gebilden aufgespeichert, welche Nahrung dann der Pflanze so lange zugeführt wird, bis sie sich unabhängig von den Hülfsorganen und selbständig zu erhalten vermag. Das keimende Korn hat mithin grosse Aehnlichkeit mit dem bebrüteten Eie. In dem Eie finden wir unter der Schale das Eiweiss mit dem Dotter und dem Embryo. Ist die Entwickelung des letzteren eingetreten, so erleiden die ihnen zunächst liegenden Theile des Eies eine Veränderung und dienen ihm dann zur Ernährung, die so lange währt, bis das genügend erstarkte Thier auf Kosten der Aussenwelt zu leben im Stande ist. Was bei dem Ei die Schale, das ist an dem Getreidekorne die lederartige Samenhaut (bei der Gerste mit den stehen gebliebenen Spelzen), was wir dort als Eiweiss und Dotter erkennen, unterscheiden wir bei der Gerste als Eiweiss- oder Mehlkörper, aus Eiweisssubstanz (Kleber) und Stärkemehl bestehend, was endlich im Eie als Embryo auftritt, zeigt sich in der Gerste als Keim, welcher vorn hart an die Samenhaut angedrückt ist, hinten vom Eiweisskörper bedeckt wird. Der Keim besteht aus dem Würzelchen (*radicula*), welches sich zuerst entwickelt und dem Blattfederchen oder Knöspchen (*plumula*), das erst später hervortritt und den kräftigen Halm bildet. Das Blattfederchen nimmt, ehe ihm das Würzelchen aus dem Boden Nahrung zuzuführen vermag, aus dem Eiweisskörper seine Nahrung; es kann aber davon nur Gebrauch machen, wenn durch Einweichen der Gerste der Eiweisskörper löslich gemacht worden ist. Mit der Entwickelung des Keimes findet in dem Samenkorne eine energische chemische Action statt, deren Sitz wesentlich in dem Kleber des Kornes zu suchen ist. Die Quantität der löslichen Bestandtheile des Klebers nimmt zu, ebenso die Eigenschaft, die Stärke ebenfalls in einen löslichen Körper, in Dextrin und Zucker zu verwandeln. Hier ist nun die Stelle, an welcher sich die Zwecke der natürlichen Keimung behufs der Entwickelung der Pflanze, und die Zwecke der Industrie, die Malzbereitung begegnen. Das Wesen der letzteren liegt nämlich in der Entwickelung der höchsten zuckerbildenden Eigenschaft der gekeimten Gerste, das Schwierige der Operation, das Keimen zur rechten Zeit zu unterbrechen, damit nicht der Blattkeim einen grossen Theil des Eiweisskörpers verschlinge und zur Entwickelung der Gerstenpflanze beitrage.

Die Bedingungen des Keimens der Gerste sind immer dieselben, möge sich dieselbe als Saat in dem Ackerboden befinden, oder das Material zur Malzbereitung sein. Diese Bedingungen sind: Sättigung der Gerstenkörner mit Feuchtigkeit, eine Temperatur, welche nicht höher als 40°, nicht niedriger als 4° sein darf, Zutritt der atmosphärischen Luft zu den Samen und Abhaltung des Lichtes.

a) Das Einweichen oder Einquellen der Gerste in Wasser geschieht in den Quellbottichen oder Weichen. Man will dadurch der Gerste die zum Keimen erforderliche Feuchtigkeit geben, ferner sucht man dieselbe dabei von allen Unreinigkeiten und tauben Körnern zu befreien. Die Bottiche oder Weichen sind von Holz, Sandstein oder Cäment aufgeführt; man füllt sie zur Hälfte mit Wasser an und schüttet die Gerste in dieselben unter beständigem Rühren ein. Es wird soviel Wasser zugesetzt, dass es einige Zoll hoch die Gerste bedeckt. Die gesunden Körner sinken nach einigen Stunden unter, während die sich auf der Oberfläche des Wassers abscheidenden tauben und beschädigten Körner abgeschöpft werden und unter dem Namen Abschöpfgerste als Viehfutter Verwendung finden.

Indem das Wasser nach und nach die Substanz der Körner durchdringt und diese erweicht und aufschwellt, löst es gewisse Bestandtheile aus der strohigen Hülse auf; dadurch nimmt das Wasser eine braune Farbe und einen eigenthümlichen Geruch und Geschmack an und grosse Neigung in Milch-, Buttersäure- und Bernsteinsäuregährung überzugehen. Diese Veränderung würde einen nachtheiligen Einfluss auf das Malz ausüben, wenn man ihm nicht durch das Wechseln des Weichwassers zuvorkäme, welches letztere so oft wiederholt werden soll, bis das Wasser nicht mehr trübe abfliesst. Die Dauer des Einweichens ist von der Beschaffenheit und dem Alter der Gerste, von der Temperatur des Wassers u. s. w. abhängig. Bei junger frischer Gerste sind 48 bis 72 Stunden genügend, während bei älterer und kleberreicher Gerste oft 6–7 Tage erforderlich sind. Um eine gleichmässige Weiche zu erzielen, muss desshalb Gerste von möglichst gleicher Beschaffenheit und gleichem Alter angewendet werden. Nachdem die Quellreife eingetreten ist, lässt man die Gerste noch 8–10 Stunden zum Abtropfen in der Weiche liegen, bevor man sie auf die Malztenne zum Keimen bringt. Die Quellreife erkennt man daran: 1) dass das Korn mit dem Nagel leicht gebogen werden kann, ohne zu zerbrechen, 2) die Hülse sich leicht löst, wenn man das Korn der Länge nach zwischen den Fingern drückt, 3) das Korn an einem Holze gestrichen, einen mehlartigen Strich giebt. Es ist rathsam, die Gerste eher etwas zu wenig als zu viel zu weichen, weil durch zu langes Weichen die Keimkraft leicht zerstört wird, mithin beim Wachsen viele Körner ausbleiben. Die normal geweichte Gerste besitzt einen aromatischen, an Aepfel erinnernden Geruch. Im Allgemeinen beträgt die Menge des von der Gerste aufgenommenen Wassers 40–50 Proc., wodurch ihr Volumen um 18–24 Proc. zunimmt. Ungeachtet dieser Gewichtszunahme durch Wasserabsorption erleidet die Gerste einen Gewichtsverlust an Substanz von 1,04–2 Proc. Lermer wies in dem frischen Weichwasser Bernsteinsäure (auf 1 Scheffel Gerste etwa 30 Grm.) nach.

b) Das Keimen der gequellten Gerste. Sobald die Gerste mit Feuchtigkeit gesättigt ist, beginnt die Thätigkeit des Keimes und die Umwandlung des Stärkemehls in Zucker. Letztere geht langsam vor sich und hält mit der Entwickelung und dem Nahrungsbedürfniss des jungen Pflänzchens gleichen Schritt. Kurze Zeit nach der beginnenden Entwickelung des Blattfederchens, wo die zuckerbildende Kraft der Gerste ihr Maximum erreicht hat, muss der Keim getödtet werden. Mit der Tödtung desselben erlischt jedoch die zuckerbildende Kraft nicht. Es ist die Aufgabe des Mälzers, durch Regulirung der Temperatur das Keimen zu überwachen und zur gehörigen Zeit zu unterbrechen. Das Local, in welchem das Keimen vor sich geht, heisst die Malz- oder Haufentenne oder der Wachskeller.

Das Keimen der Gerste wird dadurch eingeleitet, dass man die geweichte Gerste auf dem Fussboden der Malztenne zu einem 4–5 Zoll hohen Haufen — der Malzscheibe oder dem Beet — ausbreitet, und anfangs alle sechs, später alle acht Stunden umschaufelt, bis die Oberfläche getrocknet erscheint. Während des Abtrocknens der Haufen (Malzscheiben oder Beete genannt) erscheint der Keim als weisser Punkt, aus welchem sich mehrere Würzelchen entwickeln. Dieses beginnende Keimen wird das Guzen oder Aeugeln genannt. Sobald dasselbe bei allen Körnern gleichmässig eingetreten ist, steigert man die Temperatur durch stärkeres Zusammensetzen der Haufen, d. h. dadurch, dass man dem Haufen eine Dicke von einem Fusse giebt und längere Zeit, ohne zu schaufeln, liegen lässt. Die Temperatur des Haufens steigt 6–10° über die der Umgebung und bewirkt eine starke Verdunstung von Feuchtigkeit, die sich in den oberen Schichten des Haufens verdichtet. Man nennt letztere Erscheinung das Schweisstreiben oder Schwitzen. Zu gleicher Zeit entwickeln sich grosse Mengen von Kohlensäure, und es ist dabei ein angenehmer, obstartiger Geruch wahrzunehmen. Das Umschaufeln wird gewöhnlich zum dritten Male wiederholt. Die Würzelchen haben zu dieser Zeit bereits die Länge von einigen Linien und sind ineinander geschlungen und gleichsam verfilzt. Jetzt ist der Zeitpunkt gekommen, wo der Entwickelung des Keimes entgegengetreten werden muss; dies geschieht durch Erniedrigung der Temperatur auf die Weise, dass der Haufen ausgezogen, d. h. um einige Zoll dünner gelegt wird. Der Mälzer beurtheilt das Fortschreiten und die Beendigung des Keimens nach der Länge der Wurzelfasern; bei hinreichend gekeimter Gerste sollen die Keime die Länge des Kornes um den vierten Theil oder um die Hälfte übertreffen, und so ineinander verfilzt sein, dass mehrere Körner ineinander hängen bleiben. Die Dauer des Keimens beträgt während der wärmeren Jahreszeit 7–10 Tage; gegen das Ende des Herbstes 10–16 Tage. Das Keimen ist um so schneller beendigt, je mehr sich die Temperatur während desselben steigert. Die mittlere Keimzeit beträgt 8 Tage. Der Frühling und der Herbst sind dem Keimen günstiger als der Sommer. Der Gewichtsverlust, welchen die Gerste während des Keimens erleidet, macht gegen 2 Proc. aus; er kommt auf Rechnung des Kohlenstoffs der Gerste, welcher durch den atmosphärischen Sauerstoff zur Kohlensäure oxydirt wird.

c) Das Trocknen und das Darren der gekeimten Gerste. Sobald der Keimprocess der Gerste hinreichend vorgeschritten ist, wird durch schnelles Entziehen von Wärme und Feuchtigkeit der Keim getödtet. Zu diesem Zwecke bringt man die gekeimte Gerste (das Grünmalz) auf den Trockenboden (Schwelkboden, Welkboden oder Schwelche), ein gewöhnlicher Getreideboden, oder ein anderer dem Luftzug ausgesetzter Ort, der in der Nähe der Darre liegt. Das Grünmalz wird auf dem Trockenboden 3–5 Centimeter ausgebreitet und täglich zur Verhinderung jeder Erhitzung 6–7mal umgerührt. Nachdem das Malz getrocknet ist, entfernt man die Würzelchen; ein Theil derselben fällt von selbst ab, ein anderer Theil wird durch Treten mit Holzschuhen von dem Malze getrennt und vermittelst einer Wurfmaschine gesondert. Das so erhaltene Malz, Luftmalz (Schwelchmalz) unterscheidet sich von der gekeimten Gerste nur durch Verminderung der Feuchtigkeit, die chemische Beschaffenheit ist dieselbe geblieben.

Für einige Biere wendet man das Malz nur im getrockneten Zustande als Luftmalz an, für die meisten Biersorten jedoch wird es vorher einem besonderen Röstprocesse, dem Darren unterworfen, wodurch das Luftmalz in Darrmalz übergeht. Wird nämlich das Malz während des Trocknens einer Temperatur ausgesetzt, die der Siedehitze des Wassers nahe liegt, so erleidet das Malz eine wesentliche Veränderung, welche sich durch eine dunklere Farbe und durch einen angenehmen Geschmack kundgiebt. Diese Veränderung ist eine Folge der fortgesetzten Einwirkung der zuckerbildenden Kraft auf das Stärkemehl, hauptsächlich ist sie aber durch Rösten der Malzbestandtheile hervorgebracht. Die bei dem Darren angewendete Temperatur ist von dem grössten Einflusse, weil die Temperaturgrade, bei welchen das Malz die günstige Umwandelung erfährt und diejenigen, wobei es untauglich wird, nicht weit von einander liegen. Ehe man das Malz der zum Darren erforderlichen Temperatur aussetzt, wird es vorher auf den Trockenboden gebracht und sodann auf der Darre bis 30–40° erhitzt. Wollte man das Grünmalz sofort stark erhitzen, so würde das Stärkemehl in Kleister übergehen und sich das Korn in eine hornartige für das Wasser undurchdringliche Substanz (Glasmalz, Steinmalz) umwandeln, wodurch es zum Brauen untauglich wird.

Von den jetzt üblichen Malzdarren seien folgende angeführt, von vornherein aber bemerkt, dass jede Darre wesentlich aus zwei Theilen besteht, nämlich der Darrfläche oder Darrplatte, auf welche das zu darrende Malz gebracht wird, und der Darrheizung, durch welche man das auf der Darrfläche befindliche Malz erhitzt. Ehedem bestand die Darrfläche aus Kacheln oder Steinplatten, gegenwärtig ist sie stets durchbrochen (Hürde) und besteht entweder aus siebähnlich durchlöchertem Metallblech (Blechdarren, Plattenhürden) oder aus Drahtgeflecht oder Kupfer (Drahtdarren, Drahthürden). Man unterscheidet Rauch- und Luftdarren. Zu den ersteren werden die aus der Darrfeuerung sich entwickelnden heissen Verbrennungsgase durch den Heizkanal in einen oberhalb befindlichen, trichterförmig sich erweiternden Raum, die Sau, geführt, auf welchem sich die Darrplatte befindet. Diejenigen Brennmaterialien, welche wie Koks keinen Rauch geben, sind für diese Art Darren am zweckmässigsten. Bei Anwendung von Holz wird das Malz dunkler und nimmt einen Rauchgeschmack an, welcher sich dem aus dem Malz erzeugten Biere mittheilt. Die Construction der Luftdarren ist der Art, dass die Verbrennungsgase in keine unmittelbare Berührung mit dem zu darrenden Malze kommen, sondern durch die Feuerung und die Feuergase ein Strom erwärmter Luft erzeugt wird, welcher sich unter der Darrfläche vertheilt und dieselbe durchdringt. Wenn dabei die Darrplatte nicht horizontal liegt, sondern nach zwei Seiten hin sich abdacht, so nennt man die Darre eine Satteldarre. In Bayern combinirt man in den grösseren Brauereien Luft- und Rauchdarren, indem man die Verbrennungsgase, die von den Braupfannen abziehen, durch einen unter der Darrfläche hin- und hergehenden Kanal von Eisenblech leitet, dagegen die Feuergase von einer besonderen Feuerung (Darrfeuerung) unmittelbar mit Hülfe steinerner durchbrochener Kanäle unter die Darrfläche strömen lässt. Neuerdings construirt man häufig sogenannte Doppeldarren, bei welchen über der gewöhnlichen Darrfläche im Abstande von etwa 1 Meter eine zweite angebracht ist.

Es wird das Darrmalz nicht überall und in allen Fällen demselben Grade der Darrung (50–100° C.) unterworfen, deren Produkt man nach der Farbe als gelbes, bernsteingelbes und braunes Malz unterscheidet. Während bei den genannten Malzarten das Darren nur eine schwache und oberflächliche Veränderung bewirkt hat, stellt man zuweilen Malz (Farbemalz) von dunkelkaffeebrauner Farbe dar, welches in seiner ganzen Masse durch Röstung verändert ist und in den englischen Brauereien zum Färben des Porters angewendet wird; man röstet es ähnlich dem Kaffee in blechernen Cylindern, über freiem Feuer. Die zuckerbildende Kraft des Malzes ist darin völlig vernichtet, die Stärke ist in Leiokom, der Zucker in Caramel übergegangen. Nach dem Darren befreit man das Malz von den Malzkeimen auf dieselbe Weise, wie dies beim Luftmalze geschieht.

100 Th. Gerste geben durchschnittlich 92 Th. Luftmalz. Die 8 Th. Verlust vertheilen sich in folgender Weise:

das Einquellwasser führt weg	1,5
Verlust auf der Malztenne	3,0
Verlust an Wurzelkeimen	3,0
anderer Verlust	0,5
Gesammtverlust	8,0

Der Feuchtigkeitsgrad des Luftmalzes ist dem der Gerste gleich und beträgt 12–15,2 Proc., welche beim Darren vollständig ausgetrieben werden. Nach C. John (1869) geben 100 Th. Gerstentrockensubstanz:

	I.	II.
Malz	83,09	85,88

Blattkeime	3,56	3,09
Wurzelkeime	4,99	4,65
Gasige Produkte	8,36	6,38
	100,00	100,00

Die Veränderungen, welche das Luftmalz beim Uebergang in gedarrtes Malz erleidet, lassen sich am besten aus folgenden von Oudemans angestellten Analysen übersehen:

	Luftmalz.	Gedarrtes Malz.	Stark gedarrtes Malz.
Röstprodukte	0,0	7,8	14,0
Dextrin	8,0	6,6	10,2
Stärkemehl	58,1	58,6	47,6
Zucker	0,5	0,7	0,9
SZellenstoffe	14,4	10,8	11,5
Eiweissstoffe	13,6	10,4	10,5
Fett	2,2	2,4	2,6
Asche	3,2	2,7	2,7

Der Zuckergehalt erhöht sich daher während des Darrens nur unbedeutend, der Gehalt an Dextrin (Leiokom, Röstgummi) nimmt dagegen beim starken Darren zu und zwar in demselben Verhältnisse, in welchem der Stärkemehlgehalt abnimmt. Die Wirkung des Malzes, Stärke in Dextrin und Zucker zu verwandeln, rührt bekanntlich von dem Gehalte desselben an Diastase her. Dubrunfaut hat nun kürzlich (1868) aus dem Malz einen andern Stoff dargestellt, der viel wirksamer als die Diastase ist, und von ihm Maltin genannt wird. Derselbe unterscheidet sich, obwol bisher noch nicht ganz rein dargestellt, doch sehr wesentlich von der Diastase, indem er sich gegen Gerbsäure wie eine Base verhält; er verbindet sich mit derselben, ohne dabei seine wirksamen Eigenschaften zu verlieren. Das Maltin bildet in guter gekeimter Gerste den hundertsten Theil. Da seine activen Eigenschaften um so bedeutend grösser als die der Diastase sind, so kann man mit derselben Menge Maltin, welche in einer bestimmten Portion Malz enthalten ist, zehnmal so viel Bier erzeugen, als wenn man nur die Diastase benutzt. Dubrunfaut hat noch einen zweiten aber ungleich weniger wirksamen Körper dargestellt. Dieser verhält sich in Betreff der Zersetzung der Stärke wie die Diastase; das Malz enthält davon 1½ Proc., während es 1 Proc. Maltin enthält. Die energische Behandlung mit Alkohol, welcher man den Malzaufguss aussetzt, um die Diastase zu gewinnen, zerstört das Maltin. Dubrunfaut glaubt daher, dass die Diastase nur eine unwirksamer gewordene Modification seines neuen Stoffes sei.

Bereitung der Bierwürze.

II. Die Bereitung der Bierwürze[117]. Unter der Bezeichnung Bierwürze versteht man die aus Malz und Hopfen bereitete zucker- und dextrinhaltige Flüssigkeit, welche später durch Gährung in Bier übergeht. Ihre Bereitung zerfällt in drei Operationen, nämlich in:

a) das Schroten des Malzes,

b) das Maischen oder Einmaischen,

c) das Kochen und Hopfen der Würze.

a) Das Schroten des Malzes. Die Bierwürze wird durch Extraction des Malzschrotes mit Wasser erhalten. Zu diesem Behufe muss das Malz zweckmässig zerkleinert (geschroten, gerissen, gebrochen) werden. Eine feine Pulverung zu Mehl würde zwar die Extraction der auflöslichen Theile des Malzes befördern, allein aus einem zu feinem Malzmehle würde nur äusserst schwierig die Würze klar, durch Filtration (im Maischkasten) erhalten werden können.

Das Schroten geschieht entweder auf gewöhnlichen Mahlmühlen, wo es dann erforderlich ist, um das Zerreiben der Hülse möglichst zu vermeiden, das Malz vorher mit Wasser zu netzen oder auf Schrot- oder Malzquetschmaschinen, welche zum Zerkleinern des Malzes vor den Mahlmühlen unstreitig den Vorzug verdienen, indem so behandeltes Malz sich vollständiger extrahiren lässt, beim Maischen leichter bearbeitet werden kann und die Würze schnell ablaufen lässt. Es lässt sich erklären, dass das zwischen Walzen zerquetschte Malz mehr Extract giebt, als das durch Schroten zerstückte, weil die Walze jeden Theil des Kornes gleich stark trifft und so die Hülse gleich gut abdrückt und löst.

Maischen.

b) Das Maischen hat zum Zweck, nicht nur den in dem Malz erhaltenen Zucker und das Dextrin, überhaupt alle extrahirbaren Stoffe auszuziehen, sondern auch aus dem noch vorhandenen unveränderten Stärkemehl mit Hülfe der sogenannten Diastase, des Wassers und einer geeigneten Temperatur, Zucker und Dextrin zu bilden. Dem eigentlichen Maischen geht das Einteigen voran, wobei das gebrochene Malz mit Wasser befeuchtet und erweicht wird. Uebergösse man das Malz sogleich mit heissem Wasser, so würden sich klumpige Massen bilden, die sich nur schwierig zertheilen lassen. Zu heisses Wasser würde das Stärkemehl des Malzes in Kleister verwandeln, der die auflöslichen Theile umhüllt und das Eindringen des Wassers verhindert; die Diastase wird ferner durch zu heisses Wasser unwirksam. Das zur Extraction des Malzes nothwendige Wasser wird nie auf einmal, sondern in getheilten Portionen angewendet. Die höhere Temperatur ist in einer dicken Maische auch besser zu erhalten als in einer dünnen; die Zuckerbildung wird also auf diese Weise befördert, da die thätigen Theile bei einander bleiben. Die Versuche von Musculus haben gezeigt, dass durch die Wirkung der Diastase auf Stärkemehl nur ein Theil derselben in Zucker übergeführt wird. Lermer fand, dass beim Einmaischen von Gerstenmalz im besten Falle nur die Hälfte der dem Stärkemehl entsprechenden Zuckermenge gebildet wird.

Die Maischmethoden sind sehr verschieden; darin kommen aber alle überein, dass man die Zuckerbildung (Verzuckerung) in denselben Behältern vornimmt, in welchen das Ausziehen erfolgt. Je nach der Art und Weise, die Maische auf die zur Verzuckerung geeignete Temperatur von 75° C. zu bringen, unterscheidet man folgende zwei Maischmethoden:

a) die Infusionsmethode, nach welcher die Maische einen bestimmten Wärmegrad erhält, ohne dass irgend eine Portion derselben bis zum Sieden erhitzt wurde. Man bringt das eingeteigte gebrochene Malz durch heisses Wasser (*erster Guss*) auf die Maischtemperatur, lässt die Würze nach hinreichend erfolgter Verzuckerung von dem Rückstande ab und gewinnt diejenige Portion Würze, die von den Trebern zurückgehalten wird, durch nochmalige Zusätze von heissem Wasser (*zweiter, dritter Guss*); die Infusionsmethode ist in einem grossen Theile des nördlichen Deutschlands, in Frankreich, in England, zum Theil in Oesterreich und in einigen Gegenden Bayerns gebräuchlich;

b) die Decoctionsmethode. Nach ihr macht man im Gegensatze zu der Infusionsmethode vom theilweisen Siedenlassen der Maische Gebrauch;

α) wendet man das Dickmaischkochen an, so wird das mit vielem Wasser eingeteigte Malzschrot nicht auf die Maischtemperatur erhoben, sondern diese dadurch erzielt, dass man einen Theil der Maische in der Braupfanne bis zum Sieden erhitzt, dann zu der übrigen Maische im Maischbottich giebt und dies einigemal wiederholt, bis die Maische die zur Verzuckerung geeignete Temperatur erlangt hat;

β) nach dem Lautermaischkochen bringt man das eingeteigte Malzschrot auf die Maischtemperatur, giebt die erste Würze in die Pfanne und bringt sie siedend auf das Schrot zurück.

Das Einteigen oder Einmaischen geht in den Maischgefässen vor sich; sie sind entweder runde Bottiche oder viereckige Maischkasten von Holz und mit einem doppelten Boden versehen. Der obere der beiden Böden ist durchlöchert und befindet sich einige Zoll über dem unteren. Zwischen den Böden ist ein Hahn zum Ablassen der Würze angebracht. In grösseren Brauereien ist der hölzerne Seihboden durch einen metallenen Seihboden verdrängt. Man lässt das heisse Wasser nicht von oben, sondern von unten in den Maischbottich einfliessen und so zu dem Malzschrot gelangen, zu welchem Behufe ein hölzerner vierseitiger Kanal oder zweckmässiger ein weites kupfernes Rohr (der Pfaffe) vom obern Rande des Bottichs bis unter den Seihboden herabreicht. Wird das Maischen mit Hülfe einer Rührvorrichtung ausgeführt, so steht der Pfaffe nicht in dem Bottich selbst, sondern ausserhalb desselben und zwar am zweckmässigsten auf dem Rohr des Abschlusshahnes. Unter den Maischgefässen befindet sich ein grosser Behälter, der Biergrand; dieser Behälter ist entweder von Stein, Cäment, Holz oder aus Mauerwerk, stets aber mit Kupferblech begleitet und hat die Bestimmung, die von den Maischgefässen ablaufende Flüssigkeit aufzunehmen. Dort, wo die Maische sogleich in die Braupfanne fliesst, fällt selbstverständlich der Biergrand hinweg. Das Durcharbeiten der Masse während des Maischens geschieht entweder durch Handarbeit mit Hülfe von Krücken oder durch besondere mechanische Rührvorrichtungen (Maischmaschinen), die durch Wasser- oder Dampfkraft in Bewegung gesetzt werden.

Decoctionsmethode.

Gehen wir nun zur Beschreibung des eigentlichen Maischprocesses über und beginnen wir mit der Decoctionsmethode. Das Einteigen geschieht in dem Maischbottich, in welchen man vorher die bestimmte Menge Wasser bringt und dann das geschrotete Malz hineinschüttet. Die Wassermenge, die zum Einteigen gebraucht wird, beträgt auf 100 Volumen Malz 202 Volumen Wasser von gewöhnlicher Temperatur. Nachdem das gebrochene Malz mit dem Wasser gut umgerührt worden ist, bleibt das Ganze 6–8 Stunden lang stehen. Während dieser Zeit wird das für das Maischen nothwendige Wasser in der Braupfanne zum Kochen erhitzt; die Menge desselben richtet sich darnach, ob Schenkbier oder Lagerbier gebraut werden soll. Das Quantum Wasser, das zur Herstellung einer bestimmten Menge Bieres verwendet wird, heisst Guss, das Verhältniss der Malzmenge zur Qualität der zu erzeugenden Würze die Schüttung. Im Königreich Bayern ist die Biermenge, die aus einem bestimmten Malzquantum hergestellt wird, gesetzlich bestimmt und beträgt beim Schenkbier (Winterbier) 7 Eimer, beim Lagerbier (Sommerbier) 6 Eimer pro Scheffel Malz, oder mit anderen Worten:

100 Volum. Malz liefern	202,3	Volum.	Schenkbier,
	173,4	„	Lagerbier.

Um nun diese Quantität Bier zu erzeugen, muss man natürlich beim Brauen eine grössere Wassermenge anwenden. So werden z. B. in einer Brauerei Bayerns folgende Quantitäten Wasser genommen:

pro Scheffel Malz	zum Schenkbier		zum Lagerbier	
zum Einteigen	7	Eimer	7	Eimer
„ Maischen	6	„	4,5	„
	13	Eimer	11,5	Eimer

oder für

100 Vol. Malz

zum Einteigen	202,3	Vol.	202,3	Vol.
„ Maischen	170,0	„	130,0	„
	372,3	Vol.	332,3	Vol.

Diese Verhältnisse wechseln nach Qualität der Gerste, nach Witterung, Länge der Zeit der Aufbewahrung u. s. w.

Von den verschiedenen Modificationen der Decoctionsmethode seien 1) die bayerische oder Münchner Maischmethode, und 2) das Augsburg-Nürnberger oder schwäbische Maischverfahren oder das „auf Satz brauen" angeführt.

Dickmaischverfahren.

Nach dem Münchner Maischverfahren (Dickmaisch- oder Lautermaischkochen) wird die zum Sud erforderliche Wassermasse (der Guss) getheilt, zwei Dritttheile werden im Maischbottich mit dem Malzschrot zum Einteigen verwendet. Nachdem die Maische in dem Bottich 2–4 Stunden lang eingeteigt war, trägt man das letzte Dritttheil Wasser, welches unterdessen in dem Braukessel bis zum Sieden erhitzt worden ist, unter fortwährendem Umrühren ein, wodurch die Maische eine Temperatur von 30–40° annimmt. Darauf folgt das erste Dickmaischkochen; zu diesem Zwecke zieht der Brauer das eingemaischte Schrot auf der einen Seite des Bottichs zusammen und schöpft einen Theil davon in die Braupfanne, worin er es bei Schenkbier 30 Minuten, bei Sommerbier 75 Minuten sieden lässt. Die Quantität der zurückgeschöpften Masse beträgt gewöhnlich die Hälfte vom Guss. Die siedende Masse wird in das Maischgefäss zurückgeschöpft. Darauf folgt das Ueberschöpfen der zweiten Dickmaische in die Braupfanne, in welcher man dieselbe bei Schenkbier 75 Minuten, bei Sommerbier eine Stunde sieden lässt. Durch die erste Dickmaische erhöht sich die Temperatur im Maischbottich auf 48–50°, durch die zweite auf 60–62°. Nach beendigtem Maischen der zweiten Dickmaische beginnt das Ueberschöpfen der Lautermaische, d. h. des dünneren Theiles der Maische in den Braukessel, in welchem man sie ungefähr 15 Minuten lang sieden lässt und sodann in den Maischbottich zurückbringt. Die Temperatur der Maische beträgt jetzt 72–75° und ist die zur Zuckerbildung geeignetste. Die Maische bleibt nun in dem bedeckten Bottich 1½–2 Stunden sich selbst überlassen. Während dieser Zeit wird, sobald die Lautermaische die Pfanne verlassen hat, dieselbe wieder mit Wasser gefüllt und zwar mit so viel, als man zum Nachbierbereiten (Anschwänzen) braucht. Nach beendigter Verzuckerung wird die erste fertige Würze in den Grand abgelassen oder unmittelbar aus dem Maischbottich in die Pfanne gepumpt. Nachdem die Würze abgelassen, schreitet man zum Anschwänzen, d. h. zum vollständigeren Ausziehen der zurückbleibenden Trebern, auf welche man nochmals heisses Wasser giesst; die Masse wird durchgearbeitet, nach etwa einer Stunde zieht man die zweite Würze ab, welche entweder mit der ersten gemischt oder getrennt von jener gebraut wird, um die Erschöpfung der Trebern so weit als ausführbar zu treiben, wiederholt man den Nachguss und benutzt die erhaltene Würze zum Nachbier (Schöps, Heinzeln, Dünnbier, Covent oder Convent); vom Scheffel Malz bereitet man ungefähr 30–40 Maass Nachbier. Die dann noch bleibenden Rückstände übergiesst man nochmals mit Wasser und benutzt diesen letzten Auszug (Glattwasser), sowie die taigartige Masse, welche sich aus den mehligen Theilen des Malzes bildet und auf den Trebern beim Maischen absetzt, den sogenannten Malztaig, auf Branntwein, sowie zur Fabrikation von Essigwürze. Der Malztaig findet auch zur Brotbereitung Anwendung. Die Trebern werden als Viehfutter benutzt.

Das Dickmaischkochen ist keineswegs eine rationelle Methode, da das Herüber- und Hinüberschöpfen der Maische nur unnöthige Arbeit macht, zur vollständigen Extraction des Malzes nicht so viel beiträgt, als man gewöhnlich glaubt, und die Ueberführung des Stärkemehls in Dextrin und Dextrose nicht nur nicht beschleunigt, sondern dadurch, dass durch zu hohe Temperatur ein Theil der sogenannten Diastase unwirksam gemacht werden kann, unsicherer macht. Alle Diejenigen, welche das Braugewerbe auf physikalische und chemische Principien zurückzuführen bemüht sind, erklären sich gegen die so häufig, aber mit Unrecht hervorgehobenen Vorzüge des Dickmaischkochens — die Würze werde bei dem wiederholten Kochen der Maischen gegen Säuerung oder nachtheilige Veränderung mehr geschützt; der durch wiederholtes Kochen bewirkte grössere Gehalt an Dextrin (in Folge von Tödtung der Diastase), mache es möglich, durch dieses Maischverfahren ein schwaches Bier von grösserer Haltbarkeit zu gewinnen u. s. w. — und schlagen, um die Nachtheile dieser Methode möglichst zu verringern, vor, das Einteigen ziemlich warm vorzunehmen (etwa bis 60–65° C.), damit man mit einer einmaligen Dickmaischkochung der Maische im Maischbottich die verlangte Temperatur gebe.

Auf Satz brauen.

Verschieden von dem vorstehenden Maischverfahren ist das sogenannte „auf Satz brauen", wie es in vielen Brauereien Schwabens und Frankens (Augsburg, Ansbach, Erlangen, Nürnberg, Kulmbach, Kitzingen) angewendet und die schwäbische oder Augsburg-Nürnberger Maischmethode genannt wird. Das Wesentliche derselben besteht darin, dass man die durch Ausziehen des Malzschrotes mit kaltem und dann mit dem ersten heissen Wasser erhaltene dextrinreiche Flüssigkeit zur Verhinderung der ferneren Verzuckerung von der Maische trennt. Das gebrochene Malz wird in dem Malzbottich mit kaltem Wasser eingeteigt (auf 7 bayer. Scheffel 30–35 Eimer Wasser); nach etwa 4 Stunden lässt man zwei Drittheile der Flüssigkeit durch den Hahn in den Grand fliessen, worin die Flüssigkeit als „kalter Satz" aufbewahrt wird. Zur Beförderung des Maischens wird das Schrot in dem Maischbottich umgestochen, darauf mit einer Krücke geebnet und dann ruhig stehen gelassen. Während dieser Zeit ist in dem Braukessel Wasser bis zum Sieden erhitzt worden (bei Anwendung von 7 Scheffel Malzschrot 48 Eimer Wasser). Sobald das Wasser siedet, wird es zum Theil in den Maischbottich geschöpft, bis die Temperatur der Maische 50–52° beträgt. Diese Arbeit wird das Annebeln genannt. Der im Grand befindliche kalte Satz wird zu der Wassermasse im Braukessel gebracht; er enthält Eiweiss, Diastase, Dextrin und Dextrose gelöst und trägt, indem das Eiweiss gerinnt und alle Unreinigkeiten des Wassers einhüllt, zum Reinigen des Wassers bei; freilich wird dabei auch die werthvolle Diastase zerstört. Man lässt die Maische eine Viertelstunde lang ruhig im Bottich, öffnet dann den Hahn und lässt fast alle Flüssigkeit von der Schrotmasse schnell ab; diese (die erste Maische) wird in den Kessel geschöpft und zum Sieden erhitzt. Die Flüssigkeit muss deshalb schnell abgelassen werden, damit der Zwischenraum des Doppelbodens des Zapfens ganz leer wird, worauf man den Hahn wieder verschliesst. Während die erste Maische in dem Kessel bis zum Sieden erhitzt wird, sammelt sich in dem Doppelboden des Bottichs wieder eine helle und klare Flüssigkeit, welche der „warme Satz" genannt wird. Dieser Satz kommt aus dem Bottich in den Grand und von da auf die Kühler, wo er vor der Hand bleibt und von Zeit zu Zeit umgerührt wird. Die im Braukessel bis zum Sieden erhitzte Flüssigkeit wird nach dem Maischbottich übergeschöpft, bis die Maische darin eine Temperatur von 72–75° erreicht hat. Diese zweite Maische wird vollständig, bis auf eine kleine Quantität, die in dem Maischbottich zurückbleibt, um das Erkalten derselben zu verhüten, in den Kessel zurückgeschöpft und unter fortwährendem Umrühren eine Stunde lang gekocht. Nach dieser Zeit wird die Maische nach dem Bottich zurückgeschöpft; sie heisst dann die dritte Maische. Der in den Kühlern befindliche warme Satz wird nach dem Braukessel gebracht, in welchen man jetzt Hopfen schüttet, ohne den Hopfen aber mit dem Satz innig zu vermengen. Während sich die Flüssigkeit in dem Kessel allmälig bis auf 25–28° erhitzt, wird „gezogen", die zuerst abfliessende trübe Würze in den Maischbottich zurückgeschöpft und die andere allmälig klar abfliessende aus dem Biergrand auf den in dem Braukessel befindlichen Hopfen gebracht. Erst jetzt wird der Kessel geheizt und das Ganze ¾ bis 1 Stunde lang gelinde gekocht. Die gehopfte Würze wird nachher auf die Kühle gebracht. Was von dem altbayerischen Verfahren gesagt wurde, gilt in noch höherem Grade von dem „auf Satz brauen", einem Brauverfahren, das auf falschen Principien beruht und nur zu einer Zeit aufkommen konnte, wo man sich über die chemischen Vorgänge beim Maischprocess noch keine Rechenschaft zu geben vermochte.

Infusionsmethode.

Die Infusionsmethode unterscheidet sich von dem Decoctionsverfahren dadurch, dass man das eingeteigte gebrochene Malz durch heisses Wasser auf die Maischtemperatur (70–75°) bringt, ohne einen Theil der Maische bis zum Sieden zu erhitzen, die entstandene Würze zieht und zur vollständigen Erschöpfung der Trebern noch mehrere Güsse macht; sie findet in England, Nordamerika, Frankreich, Belgien und Norddeutschland Anwendung.

Das zum Einteigen und Maischen dienende Wasser wird ganz oder nur zum Theil in dem Braukessel und zwar im Winter bis auf 75°, im Sommer bis auf 50–60° erhitzt und davon die nöthige Menge in den Maischbottich gebracht, in welches man das gebrochene Malz schüttet und mit dem Wasser zu einer gleichförmigen Masse verarbeitet. Sobald das Wasser in dem Braukessel siedet, wird zum Maischen geschritten. Zu diesem Zwecke lässt man das siedende Wasser durch den Pfaffen in den Maischbottich fliessen, wo es, durch das Einteigwasser etwas abgekühlt, durch die Oeffnungen der Seihplatten aufwärts steigt und sich mit dem Malzschrot mischt. Die Erhöhung der Temperatur bis auf 75° als der zur Verzuckerung geeignetsten Temperatur geschieht nur allmälig, damit keine Kleisterbildung stattfinde, welche der Einwirkung der Diastase Hindernisse in den Weg legen würde. Da die Ueberführung des Stärkemehls in Dextrin und Dextrose nur nach und nach erfolgt, so muss die Maischtemperatur oder Zuckerbildungstemperatur einige Zeit lang erhalten werden, mit der Vorsicht jedoch, dass die Temperatur nicht zu lange einwirke, weil sonst in Folge von Bildung von Milchsäure (und wahrscheinlich auch Propionsäure) die Maische trebersauer werden würde. Das Fortschreiten der Dextrin- und Dextrosebildung lässt sich am besten mit Hülfe einer wässerigen Lösung von Jod (oder einer Lösung von 0,1 Grm. Jod und 1,0 Grm. Jodkalium in 100 Kubikcentimetern Wasser) erkennen, welche zuerst in der Maische eine dunkelblaue, dann eine weinrothe und endlich, wenn nur noch Dextrin und Dextrose vorhanden sind, keine Färbung mehr in der klaren Würze hervorbringt, wenn man zu einer kleinen Menge der Jodlösung 2–3 Tropfen der Maische bringt.

Nachdem die Maische etwa eine Stunde lang auf der Zuckerbildungstemperatur erhalten worden ist, zapft man die entstandene Würze ab und zwar entweder in den Grand oder einen besonderen Würzebottich oder endlich sogleich in die Braupfanne. Nach dem Abfliessen der ersten Würze macht man den zweiten Guss (Nachguss), um die Trebern möglichst zu erschöpfen, indem man die Trebern mit siedendem Wasser übergiesst und aufmaischt und die Maische ½–1 Stunde lang wieder bei etwa 75° stehen lässt. Sobald die zweite Würze gewonnen ist, übergiesst man die Trebern in dem Maischbottich abermals mit Wasser, nachdem man zuvor den Malztaig (Obertaig) entfernt hat. Es ist klar, dass die Infusionsmethode hinsichtlich der Anzahl der zu machenden Güsse, des Wasserquantums und der Temperatur desselben verschieden ausgeführt werden kann, immer ist es aber nothwendig, um Bier von einer gewissen Beschaffenheit zu erhalten, Würze von gleicher Concentration zu verarbeiten. Man ermittelt die Concentration mit Hülfe von Kayser's oder Balling's Saccharometer, welches in Zuckerlösungen Procente an reinem Zucker anzeigt und, wie Balling nachgewiesen hat, Lösungen von wasserfreiem Malzextract dasselbe specifische Gewicht besitzen wie gleichprocentige Rohrzuckerlösungen. Für die Zwecke der Brauerei braucht das Saccharometer (Malzextractmesser oder Würzeprober) nur für Lösungen bis zu 20–30 Proc. construirt zu sein.

Extract der Würze.

Der Extractgehalt, den eine Würze haben muss, um eine bestimmte Biersorte zu erzeugen, richtet sich natürlich nach den Eigenschaften, die man von dem Biere verlangt, ob es ein Extract- oder ein alkoholisches (starkes) Bier sein soll. Die Menge an Malzextract variirt in den verschiedenen Bieren von 4–15 Proc., die des Alkohols von 2–8 Proc. Wie aus dem (S. 469) Gesagten hervorgeht, liefert 1 Proc. Zucker in der Würze bei der geistigen Gährung ungefähr 0,5 Proc. Alkohol. Daraus ergiebt sich, zu welchen Bieren eine concentrirte und zu welchen eine weniger concentrirte erforderlich ist. Verlangt man z. B. von dem herzustellenden Biere, dass es einen Alkoholgehalt von 5 Proc. und einen Malzextract von 7 Proc. habe, so muss die Würze vor der Gährung am Saccharometer 17 Proc. zeigen. Ein Bier von 3,5 Proc. Alkohol und 5,5 Proc. Extractgehalt erfordert eine Würze von 12,5 Saccharometerprocenten.

Kochen der Würze.

c) Das Kochen der Würze (Bierkochen). Die fertige aber ungekochte Würze enthält Dextrose, Dextrinstoffe, zuweilen unverändertes Stärkemehl, Proteïnsubstanzen, namentlich Pflanzenleim, extractive Substanzen und unorganische Salze. Sie ist je nach der Farbe des angewendeten Malzes von brauner oder gelbbrauner Farbe, angenehmem Geruche und süssem Geschmacke. In Folge des Vorhandenseins einer kleinen Menge von Phosphorsäure, Milchsäure u. s. w. ist die Reaction der Würze stets sauer. Diese Reaction ist aber nie so stark, wie bei der trebersauren Würze, bei welcher sich die Gegenwart an freier Säure (Milchsäure, Propionsäure, unter Umständen auch wohl Buttersäure) schon durch den Geschmack und Geruch zu erkennen giebt. Das Würzekochen hat nun zum Zweck, die Würze zu concentriren, den Hopfen zu extrahiren, einen Theil der Proteïnsubstanzen, welche die Haltbarkeit des Bieres beeinträchtigen würden, zu coaguliren und nebst dem noch unveränderten Stärkemehl durch die in dem Hopfen enthaltene Gerbsäure zu fällen. Durch letzteres wird die Würze geklärt. In vielen Brauereien sucht man durch Zusatz von Gyps zur kochenden Bierwürze, den Gehalt an stickstoffhaltigen Substanzen im Ganzen zu verringern.

Man bedient sich zum Würzekochen entweder der runden, tiefen Braukessel oder der flachen Braupfannen. Sie sind fast immer von Kupfer und nur in seltenen Fällen von Eisen. Meist sind die Pfannen viereckig, flach und so in den Brauofen eingemauert, dass sie bis zur halben Höhe vom Feuer umspült, in der oberen Hälfte dagegen mit Mauerwerk fest umgeben und auf diese Weise gegen directe Einwirkung des Feuers geschützt sind. Durch zweckmässige Anlage der Feuerung sucht man einen möglichst geringen Verbrauch an Brennstoff zu erzielen, wobei jedoch immer dem Umstande Rechnung getragen werden muss, dass die Würze möglichst schnell zu erhitzen ist.

Hopfenhalten.

Die Art des Hopfenhaltens, d. h. die Anwendung des Hopfens in der Bierbrauerei ist eine verschiedene, da sich die Art und Weise des Zugebens und die Quantität des Hopfens nach der Güte und der Sorte des Hopfens, nach dem grösseren oder geringeren Extractgehalt des Bieres und vorzüglich nach der Art der Aufbewahrung richtet. Zum Winter- oder Schenkbier, welches in der Regel schon 4–6 Wochen nach dem Brauen consumirt wird, nimmt man in Bayern gewöhnlich nur (alten) Hopfen vom vorigen Jahre und rechnet auf den Scheffel Malz (= 2,22 Hectoliter) 2–3 Pfund, je nach seiner Güte. Zum Sommer- oder Lagerbier nimmt man neuen Hopfen und rechnet für jenes Bier, welches für die ersten Monate, Mai und Juni, bestimmt ist, auf den Scheffel trocknes Malz 4 bis 5 Pfund. Für die letzten Keller oder für jenes Bier, welches sich am längsten, vielleicht bis September oder October, halten soll, rechnet man 6–7 Pfund neuen Hopfen auf jeden Scheffel Malz oder auf den Eimer 1–1,5 Pfund.

Von den Bestandtheilen des Hopfens, die bei der Bierbereitung in Betracht kommen, sind zu erwähnen in erster Reihe die bitteren (ungeachtet neuerer Untersuchungen noch immer nicht genügend bekannten) Stoffe, welche dem Biere neben dem bittern Geschmack auch die narcotischen Eigenschaften ertheilen, dann die Gerbsäure, welche einen Theil der Proteïnsubstanzen, welche durch das Würzekochen für sich allein nicht ausgeschieden werden, niederschlägt und so zur Klärung der Würze, zur Mässigung der Hauptgährung und zur Regelung der Nachgährung beiträgt. Das ätherische Oel und das Hopfenharz wirken ebenfalls gährungshemmend und somit conservirend. Von den übrigen Hopfenbestandtheilen, die beim Hopfenhalten extrahirt werden, könnte noch ein Theil der anorganischen Salze angeführt werden, obgleich darauf durchaus kein Gewicht gelegt werden soll. Hinsichtlich der Concentration, welche der Würze durch das Würzekochen gegeben werden soll, ist zu berücksichtigen, dass dieselbe 0,5–1 Saccharometerprocente unter derjenigen Concentration bleiben muss, die die Würze beim Beginn der Gährung haben soll, da beim Abkühlen der gekochten Würze der Concentrationsgrad um so viel zunimmt. Hat die Würze in der Pfanne die Temperatur von etwa 90° erreicht, so findet die Ausscheidung von coagulirtem Eiweiss statt und zwar bei nach dem Infusionsverfahren gewonnener Würze in grösserer Menge, als bei durch die Decoctionsmethode erhaltener. Wenn in einer aus der Pfanne genommenen Probe die darin suspendirten Flocken schnell sich absetzen und die Flüssigkeit klar und glänzend erscheint, ist die Würze gar (geschieden oder gebrochen); ist, wie bei dem Infusionsverfahren, die Würze durch Eindampfen noch mehr zu concentriren, so wird das Kochen bis zum verlangten Concentrationsgrade — häufig 5–8 Stunden — fortgesetzt. Ist der Zweck des Kochens nur die Gerinnung des Albumins, so genügt im Winter ein einstündiges, im Sommer ein ³/₄stündiges Kochen. Den Hopfen giebt man am zweckmässigsten in zerkleinerter Gestalt und erst dann zu, wenn die Albuminkörper zum grössten Theil schon coagulirt und abgeschöpft worden sind. Um den Hopfen zu extrahiren, lässt man entweder die ganze gekochte und noch siedende Würze durch den mit Hopfen gefüllten Hopfenseiher (ein aus abgeschälten Weiden geflochtener Korb oder ein viereckiges Gefäss aus Holzstäben, dessen Boden und Seitenwände aus durchlöchertem Kupferblech oder aus Drahtgewebe gebildet sind) auf das Kühlschiff laufen, oder man kocht den Hopfen zuletzt mit der ganzen Würze, oder es wird der Hopfen in mehreren Würzeportionen hintereinander und zuletzt auch noch mit der schwachen Nachwürze ausgekocht.

Kühlen der Würze.

d) Das Kühlen der Würze geschieht, damit die gekochte Würze, die siedend heiss aus der Pfanne kommt, bis auf die zum Hefengeben und zum Einleiten der Gährung geeignete Temperatur herabsinke. Bei einer Temperatur, die zwischen 25 und 30° C. liegt, hat die Würze grosse Neigung, Milchsäure zu bilden, das Abkühlen muss daher möglichst beschleunigt werden, damit die Würze schnell durch diese ihrer Existenz so nachtheilige Temperatur geführt werde. Das Kühlen geschieht allgemein auf den Kühlschiffen oder Kühlstöcken, deren Verbesserung und zweckmässigen Einrichtung es namentlich zuzuschreiben ist, dass man gegenwärtig an vielen Orten ein haltbares Lagerbier erzielt, dessen Darstellung früher bei den mangelhaften Kühleinrichtungen nicht möglich war.

Die Kühlschiffe sind 6–8 Zoll tief, meistens länglich viereckige Gefässe von Holz oder Metall (Eisen oder Kupfer), welche an einem kühlen, luftigen Orte aufgestellt werden. Beförderung der Verdunstung durch Vergrösserung und durch Bewegung der Oberfläche, möglichst trockener Zustand der Atmosphäre, heller Himmel, Wärmeableitung durch die Wärme der Kühlgeräthschaften — durch alles dies wird die Kühlung der Würze wesentlich befördert. Die hölzernen Kühlschiffe wirken nur einseitig, die Abkühlung findet nur an der Oberfläche der Flüssigkeit statt und der Boden und die Wände tragen zur Abkühlung nur wenig bei. Weit vortheilhafter sind die eisernen Kühler, welche in viel kürzerer Zeit kühlen und ausserdem noch den Vortheil längerer Dauer und grösserer Reinlichkeit gewähren. In vielen Brauereien Bayerns ist noch das Aufkühlen gebräuchlich, d. i. die siedend heiss von der Pfanne auf die Kühle geschöpfte Würze wird mittelst einer Krücke an einer langen Stange aufgeworfen und gepeitscht. Es ist dies eine beschwerliche und lange anhaltende Arbeit und währt oft 8–10 Stunden. Nach der herrschenden Ansicht wäre die durch das Aufkühlen bewirkte innige Berührung der heissen Würze mit der Luft von günstigem Einfluss auf die Haltbarkeit und den Glanz des Bieres; es ist in der That nicht unwahrscheinlich, dass durch Luft die Abscheidung von Proteïnkörpern bewirkt sind. Zur Beförderung der Abkühlung hat man für Ableitung der Wasserdämpfe und Herbeiführung frischer trockener Luft Sorge zu tragen; zur Beförderung dieses Luftwechsels wendet man Ventilatoren, Wellen mit Windflügeln und Rührmaschinen an. Sehr zweckmässig sind die Kühlvorrichtungen für die Nachkühlung, bei welchen kaltes Wasser als Kühlmittel Anwendung findet. Das beste Mittel, den Schluss der Abkühlung schnell herbeizuführen und die Würze auf die zum Stellen mit Hefe erforderliche Temperatur (7–10° C.) zu bringen, ist ohne Zweifel das Eis, welches man entweder in Stücken in die Würze wirft und zergehen lässt oder in Schwimmern auf die Oberfläche der zu kühlenden Würze bringt. Der Concentrationsgrad der Würze hat darüber zu entscheiden, ob sie eine unmittelbare Eiskühlung vertragen kann. Bei welchem Temperaturgrade der Würze mit der Anwendung des Eises begonnen werden soll, darüber können allein ökonomische Gründe entscheiden. Die Temperatur, bis zu welcher die Würze abgekühlt wird, richtet sich nach der Temperatur des Gährungslokales und nach der Art der Gährung. Die Praxis hat folgende Temperaturgrade als die passendsten kennen gelehrt:

	Temperatur der Würze	
Temperatur des Gährungslokales.	bei Untergährung.	bei Obergährung.
6–7°	12°	15°
7–8°	11°	14°
8–9°	10°	13°
9–10°	9°	12°

10–12°	17–8°	12–11°

Die Concentration der gekochten und gehopften Bierwürze wird in Saccharometerprocenten ausgedrückt. Die tarifmässige Concentration der gekochten und gehopften Bierwürze beträgt bei 17,5° C. in Bayern, bei Schenk- oder Winterbier 10,4–10,8 Proc., bei Lagerbier 12,3–12,6 Proc. Die Würze zum Bockbier hat 15–16 Proc., die zu Salvatorbier 17–18 Proc. Extractgehalt. Nach einer 1868 von J. Gschwändler in Weihenstephan ausgeführten Untersuchung ist die Bierwürze folgendermaassen zusammengesetzt:

	Decoction.	Bock.	Satzverfahren.	Infusion.
Zucker	4,85	7,10	4,37	5,26
Dextrin	6,24	8,60	7,61	6,68
Stickstoffhaltige Substanzen	0,79	1,35	—	—
Anderweitige Bestandtheile	0,41	0,63	0,95	0,70
Spec. Gewicht	1,050	1,073	1,052	1,051
Extract (direct best.)	11,87	17,05	11,98	11,94
„ nach Balling	12,29	17,68	12,93	12,64

Kühlgeläger.

Der auf dem Boden der Kühlschiffe sich sammelnde gelbgraue oder braune Schlamm, das sogenannte Kühlgeläger, hat je nach dem angewendeten Brauverfahren eine verschiedene Zusammensetzung; Geläger aus Brauereien, in denen die Dickmaischmethode befolgt wird, besteht, abgesehen von Hopfenblättchen, Gerstenhülsentrümmern und dergl., wesentlich aus einer Verbindung von Hopfengerbsäure mit Kleber, zuweilen auch mit Stärkekleister, gemengt mit coagulirtem Pflanzeneiweiss, welches sich beim Kochen der Würze bildete und aus der Braupfanne mit in die Kühlgeräthe geschleppt wurde. Im frischen Zustande bildet es einen Schlamm, der 3–4 Proc. von der Menge der gekühlten Würze ausmacht; ausgewaschen und getrocknet beträgt es 0,5 Proc. vom angewendeten Malze.

Gährung.

III. Die Gährung der Bierwürze und Aufbewahrung des Bieres. Die Würze ist nach gehörigem Abkühlen zur Einleitung der geistigen Gährung geeignet, diese geht entweder durch Selbstgährung oder, der gewöhnliche Fall, durch Zusatz von Hefe (Stellen) vor sich. Die erstere Art, die Selbstgährung, tritt sofort ein, wenn die Würze bei geeigneter Temperatur sich selbst überlassen bleibt; in diesem Falle sind es die überall und namentlich in den Gährungslocalen in der Luft verbreiteten Hefensporen, welche in der Würze einen zu ihrer Vegetation geeigneten Boden finden und sich darin zu Hefenzellen ausbilden. Diese sogenannte Selbstgährung findet in Belgien bei der Bereitung des milchsäurereichen Faro und Lambik Anwendung. Der gewöhnliche Fall der Einleitung der Gährung der Würze geschieht durch Zusatz von Hefe, wobei das erste der Existenz des Bieres immer gefährliche Stadium der Selbstgährung übersprungen und sogleich ein regelmässiger und rascher Gang der Gährung herbeigeführt wird, der indessen so zu reguliren ist, dass die Hefe die vorhandene Dextrose erst nach und nach, zum Theil erst in dem Lagerkeller, in Alkohol und Kohlensäure zerlege[118]. Dieser Zweck ist dadurch zu erreichen, dass man den Gährungsprocess möglichst verzögert und zwar theils durch die möglichst niedrige Temperatur beim Eintritt und der Dauer der Gährung durch die erforderliche Abkühlung der Würze, theils auch durch Verminderung der Stellhefe.

Je wärmer die Würze und je höher die Temperatur des Gährlocales ist, je geringere Quantitäten von Stellhefe hat man anzuwenden. Neben der Temperatur ist aber auch die Art der Hefe von Einfluss auf den Gang der Gährung. Eine Hefe, welche bei rascher Gährung und höherer Temperatur sich bildete, verursacht auch in neuer Würze eine schnellere Zersetzung als Hefe, die bei niederer Temperatur und langsamer Gährung sich abgeschieden. Die erstere scheidet sich auf der Oberfläche der gährenden Flüssigkeit aus und heisst Oberhefe, während die zweite Art, die Unterhefe, nach dem Ablassen der gegohrenen Würze auf dem Boden des Gefässes sich findet. Die Anwendung dieser beiden Hefenarten und die Wirkung einer höheren und niederen Temperatur führen zur Unterscheidung der beiden Arten der Gährung, nämlich der Untergährung und der Obergährung. Die erstere Art findet bei solchen Würzen Anwendung, welche ein Bier von grösserer Haltbarkeit, wie die bayerischen Biere, liefern sollen. Bei ihr wird durch die Art der Hefe und durch niedrige Temperatur die Zersetzung des Zuckers möglichst verzögert. Die Obergährung wird dagegen vorzugsweise bei solchen Würzen angewendet, welche ein schnell trinkbares (obergähriges) Bier liefern sollen; man benutzt sie hauptsächlich dort, wo eine glycose- oder zuckerreiche Würze zur Vergährung kommt und somit schon durch die Zersetzung eines kleinen Theils von Glycose die zur Conservirung des Bieres erforderliche Alkoholmenge producirt wird. Ihres raschen Verlaufes wegen findet die Obergährung auch bei solcher Würze Anwendung, welche durch grosse Concentration oder durch Beimischung gewisser gährungshemmender Substanzen wie die brenzlichen Stoffe eines stark gedarrten Malzes, ferner grössere Mengen von Hopfen (wie es bei dem Porter der Fall ist), weniger leicht in Gährung versetzt werden können. Die Gährung selbst, gleichviel ob Unter- oder Obergährung, zerfällt in drei Phasen, nämlich:

1) in die Hauptgährung, (rasche oder wilde Gährung), welche bald nach dem Zusatz der Hefe eintritt und vorzugsweise durch die Zersetzung der Glycose, Bildung neuer Hefe und Temperaturerhöhung charakterisirt ist;

2) in die Nachgährung, wobei die Zersetzung der Glycose allerdings noch fortdauert, die Bildung neuer Hefenzellen aber nicht mehr so hervortritt, wie in der ersten Phase, und die in dem Bier suspendirten Hefenpartikelchen sich abscheiden und das Bier klären;

3) in die stille oder unmerkliche Gährung, die nach vollendeter Nachgährung eintritt; es findet eine weitere Zersetzung der Glycose statt, die Hefenbildung ist aber eine kaum bemerkbare.

Untergährung.

Die Untergährung, die für die Bereitung des bayerischen Schenk- und Lagerbieres allein angewendete Gährungsart wird in grossen Gährbottichen aus Eichenholz, gewöhnlich von 1000–2000 Liter Capacität (neuerdings nach den Vorschlägen von G. Sedlmayr auch in Gährgefässen aus Glas) vorgenommen. Das Zugeben der Hefe geschieht auf zweierlei Weise, entweder setzt man die Hefe sogleich der zu gährenden Würze zu, oder man bringt etwas Würze vorher mit der Hefe in Gährung und setzt dann die gährende Masse dem Gährbottich zu. Nach der ersten Art (das Trockengeben) schüttet man die Hefe in einen kleinen Bottich, giesst Würze hinzu, mischt innig und giesst dann das Gemisch in den Gährbottich, wo man es noch mit der Handschöpfe durcharbeitet. Nach der zweiten Art (das Herführen des Bieres) bringt man zu 1000 Maass Würze 6–8 Maass Hefe, mischt sie dann mit 3 Eimern Würze und lässt die Mischung 4–5 Stunden stehen. Nachdem die Gährung eingetreten ist, mischt man die gährende Masse mit der Würze in dem Gährbottich. Die Hefe soll von einer normal verlaufenen Untergährung abstammen, nicht zu alt, von reinem Geruch, dicker Consistenz und schaumig sein.

Nachdem die Würze mit der Hefe versetzt ist, verläuft die Gährung unter folgenden Erscheinungen: Nach 10–12 Stunden giebt sich die beginnende Zersetzung der Dextrose durch Kohlensäurebläschen zu erkennen, welche einen weissen Schaumkranz am Rande des Bottichs bilden. Nach ferneren 12 Stunden erzeugen sich grössere Massen von consistenterem Schaum, der sich felsenähnlich hebt und der Oberfläche ein gekräuseltes und zerklüftetes Ansehen giebt; dabei giebt sich die lebhaftere Kohlensäureentwickelung durch den Geruch zu erkennen. Man sagt nun: *Das Bier steht in den Kräusen.* Die Kräusen bleiben bei einer kräftigen Gährung 2–4 Tage, dann verlieren sie sich nach und nach, wobei zuerst die hohen Punkte der Kräusen sich zu bräunen anfangen, dann die Erhöhungen zusammenfallen, bis endlich die ganze krause Decke so ziemlich zusammengesintert und nur noch eine bräunliche dünne Decke zu bemerken ist, wesentlich aus den harzigen und öligen Hopfenbestandtheilen bestehend, welche sich bei der Hauptgährung fein zertheilt und deshalb mit weisser Farbe abscheiden und die Ursache des bitteren Geschmackes der Kräusen sind, später sich aber zu grossen Massen vereinigen. Die entstandene Hefe findet sich nur in geringer Menge in der Decke, da die bei der Untergährung sich entwickelnde Kohlensäure, die isolirt schwimmenden Unterhefenzellen nicht an die Oberfläche zu heben vermag. Die Temperatur der gährenden Flüssigkeit steigt mit dem Beginn der Gährung und geht mehrere Centigrade über die Temperatur des Gährkellers hinaus; erst mit der Beendigung der Gährung gleichen sich die Temperatur der Flüssigkeit und die des Gährlokales wieder aus. Durch die Gährung verschwindet aus der Würze der grösste Theil der Dextrose, von welchem die Hälfte etwa als Kohlensäure sich verflüchtigt; die andere Hälfte aber in den specifisch leichteren Alkohol übergeht; dazu kommt noch, dass ein Theil der in der Würze aufgelösten Eiweisssubstanzen sich während der Gährung in Gestalt von Hefe unlöslich ausscheidet. Das Saccharometer zeigt daher nach beendigter Gährung weniger Grade als vorher. Der Unterschied der Saccharometerprocente vor und nach der Gährung steht in directem Verhältniss zu der Quantität der zersetzten Dextrose und giebt feste Anhaltepunkte zur Beurtheilung der fortschreitenden Gährung. Dividirt man diese Differenz durch die Saccharometeranzeige vor der Gährung, so erhält man einen Bruch, der um so grösser ist, je vollständiger die Vergährung vor sich gegangen ist. Dieser Bruch heisst der scheinbare Vergährungsgrad und er ist in der That genügend, um den Grad der stattgefundenen Vergährung zu beurtheilen, wenn es sich um die Vergleichung von Bieren handelt, die nach gleichem Verfahren gebraut sind. Zeigte z. B. eine Würze vor der Gährung 11,5 Saccharometerprocente und nach der Gährung 5 Proc., so ist die Differenz 6,5, welche durch 11,5 dividirt, die Zahl 0,565 giebt, d. h. von 100 Th. Malzextract sind scheinbar 56,5 Proc. durch die Gährung zersetzt worden.

Fassen und Nachgährung.

Nach beendigter Hauptgährung, welche

für Sommer- oder Lagerbier 9–10 Tage

„ Winter- oder Schenkbier 7–8 „

dauert, nennt man die gegohrene Würze grünes Bier (Jungbier); nachdem es durch Abscheiden der suspendirten Hefentheilchen hell geworden, ist es fässig, d. h. es ist reif zum Fassen. Vor dem Fassen werden die auf dem Biere noch schwimmenden Schaumtheile entfernt. Die auf dem Boden des Gährbottichs zurückbleibende Hefe besteht aus drei Schichten, von denen die mittlere die beste Hefe ist; die untere besteht aus Kuhlgelager, zersetzter Hefe und anderen Unreinigkeiten, sie wird mit der oberen dünnen Schicht vermengt und, wenn das Gemisch nicht verkauft werden kann, in den Branntweinbrennereien verwendet. Die consistente mittlere Schicht dient zum ferneren Anstellen. In einigen Brauereien, namentlich in solchen, denen es an reinem Wasser gebricht, pflegt man von Zeit zu Zeit mit der Hefe zu tauschen (analog dem Saatwechsel der Landwirthe). Das Winterbier kommt auf kleinere Fässer wie das Sommerbier. Es ist gebräuchlich, beim Winterbier die Fässer sogleich ganz voll zu füllen, während man beim Sommerbier mehrere Gebräue in eine grössere Anzahl Fässer vertheilt, damit der kleine Unterschied in der Farbe der verschiedenen Gebräue ausgeglichen werde.

Die Lagerfässer sind gewöhnlich ausgepicht, d. h. auf der Innenseite mit Pech überzogen. Es bezweckt das Auspichen zum Theil eine grössere Reinlichkeit — bei einem nicht ausgepichten Fasse zieht sich Bier in das Holz, wodurch, wenn das Fass leer steht, Veranlassung zur Essigsäurebildung gegeben ist, zum Theil auch grössere Sicherheit gegen Verluste durch Ausrinnen, auch ist man hie und da der Ansicht, dass das Pech, als schlechter Leiter der Elektricität, das Bier vor nachtheiligen elektrischen Einflüssen bewahre. Zur Nachgährung und Lagerung wird das Bier in die Lagerkeller gebracht, die recht kalt sein müssen, damit die Nachgährung recht langsam verlaufe und das Bier bis zum Wiederbeginn des Brauens aufbewahrt werden könne. Für das Sommerbier wählt man die kältesten Keller. Zweckmässige Anlage, Einrichtung und Behandlung guter Lagerkeller bedingt im höchsten Grade die Qualität und Haltbarkeit des Bieres. Felsenkeller in Granit, Urkalk oder Sandstein eingesprengt, sind die besten. Ein Keller in der Ebene muss überdacht sein; es darf kein Wasser, weder Grund- noch Oberwasser in ihn dringen; er soll keinen Erschütterungen unterworfen, seine Südseite muss durch Bäume geschützt sein. Gewöhnlich hat ein Keller mehrere Abtheilungen. Um die Keller recht kalt zu erhalten, bringt man entweder einen grösseren Eisvorrath unmittelbar in dieselben oder nur in die letzte Abtheilung, in welche das Lagerbier für die Sommermonate kommt.

In dem Lagerkeller fängt das Bier sehr bald die Nachgährung an; die Zeit des Beginnes derselben ist von dem Zustande abhängig, in welchem das Bier gefasst worden ist, so wie von der Temperatur des Kellers. Die Nachgährung, welche sich durch einen feinen weissen Schaum in Gestalt einer Haube auf dem Spundloche zu erkennen giebt, kann unmittelbar nach dem Fassen eintreten, es kann aber auch vorkommen, dass sie erst nach acht Tagen sich zeigt. Wollen die Biere auf den Fässern nicht nachgähren, so versetzt man sie mit etwas grünem oder Kräusenbier. Nach beendigter Nachgährung werden die Lagerfässer nicht sofort fest verspundet, sondern der Spund wird blos locker aufgesetzt. In solchem Zustande bleiben die Biere die Sommermonate hindurch. Nicht früher als etwa vierzehn Tage vor dem Abziehen auf die Schenkfässer pflegt man sie fest zu verspunden. Bevor man die Fässer zum Ausschank angreift, müssen sie mehrere Tage zugespundet bleiben, damit sich die Kohlensäure spannt und das Bier rahmt. Wurde das Bier in noch grünem Zustande gefasst, so enthält es noch viel gährungsfähige und hefebildende Theile und darf nicht so lange gespundet bleiben wie im entgegengesetzten Falle, weil sonst beim Anzapfen ein Emporsteigen des Fassgelägers zu befürchten wäre (das Fass würde aufstehen). In noch höherem Grade kann die Kohlensäurespannung geschehen, wenn man die Menge der in dem Bier enthaltenen gährungsfähigen Stoffe vergrössert und durch Zusatz von Zucker oder Würze den zu weit vorgeschrittenen Vergährungsgrad wieder zurückführt. Gewöhnlich nimmt man hierzu grünes Bier, welches in dem Stadium des Kräusens steht; man setzt davon auf einen Eimer Bier 4–6 Liter. Die Gährung wird alsbald wieder beginnen. Man lässt die Fässer so lange ungespundet, bis das Bier die neugebildete Hefe vollkommen abgesetzt hat. Darauf werden sie 3–4 Tage lang gespundet, ehe man zum Abfüllen schreitet. Man nennt solches Bier Kräusenbier oder gekräustes Bier. Nach der Bottichgährung hat die vergohrene Bierwürze nach J. Gachwändler, (1868) folgende Zusammensetzung (vergl. Seite 502):

Decoction.	Bock.	Satzverfahren.	Infusion.	
Alkohol	2,81	3,38	2,94	3,13
Zucker	1,58	2,32	1,46	1,33
Dextrin	4,61	6,91	4,77	4,80
Stickstoffhalt. Substanz	0,38	0,74	—	—
Anderweitige Bestandtheile	0,38	0,40	0,89	0,55
Spec. Gew. der Extractlösung	1,022	1,042	1,028	1,026
Extract (direct bestimmt)	6,57	9,98	6,23	6,13
„ nach Balling	6,95	10,38	7,12	6,68

Obergährung.

Die Obergährung findet Anwendung zur Erzeugung der in Norddeutschland gebräuchlichen Flaschenbiere, der böhmischen Biere und der Biere des Elsass, Englands und Belgiens. Die mit Hülfe der Obergährung erzeugten oder obergährigen Biere sind stets weniger haltbar als die untergährigen, da die Obergährung bei höherer Temperatur vor sich geht und rascher verläuft, theils auch wegen des grösseren Gehaltes an stickstoffhaltigen Bestandtheilen, welche durch die Unterbrechung der Gährung weniger vollständig abgeschieden wurden. Der Grund, warum man in einigen Ländern der Obergährung vor der Untergährung den Vorzug giebt, ist der, dass erstere nicht so wie letztere an niedere Temperatur gebunden ist, dass sie somit überall und in jedem Klima und zu jeder beliebigen Jahreszeit angewendet werden kann und es nicht nothwendig ist, so grosse Vorräthe von Bier zu halten wie beim Lager- und Schenkbier (untergähriges Bier). Für die weinartigen und stark moussirenden Weissbiere ist nur die Obergährung anwendbar. Die englischen Biere (Ale und Porter) könnte man eben so gut durch Untergährung darstellen, aber abgesehen davon, dass das Klima Englands der Untergährung Schwierigkeiten entgegenstellt, werden diese englischen Biere so reich an Alkohol, Malzextract und conservirenden Malz- und Hopfenbestandtheilen gebraut, dass man auch durch die wohlfeilere Obergährung ein haltbares Bier zu erzeugen vermag.

Die Erscheinungen der Obergährung unterscheiden sich von den schon beschriebenen der Untergährung nur dadurch, dass sie kräftiger auftreten, schneller auf einander folgen; die Hefe bildet ferner nicht die eigenthümlich gestalteten Krausen, die man bei der Untergährung bemerkt, sondern grössere weisse Flocken, auch erscheint sie in grösserer Menge auf der Oberfläche. Man unterbricht die Hauptgährung früher und zieht das Bier auf Fässer, worin die Nachgährung und völlige Ablagerung der Hefe gewöhnlich im Gährlokale selbst vor sich geht. Man benutzt zur Hauptgährung entweder Bottiche oder Fässer.

Dampfbrauerei.

Der grosse Nutzen, der sich aus der Anwendung des Dampfes bei anderen gewerblichen Anlagen, z. B. bei der Rübenzuckerfabrikation und der Spiritusbereitung ergeben hat, hat seit etwa dreissig Jahren Veranlassung gegeben, auch in den Brauereien die directe Feuerung durch Dampf zu ersetzen. Die Vortheile der Dampfheizung in der Bierbereitung sind unter Umständen sehr bedeutend; von dem Dampferzeugungsapparate aus, bei dessen Construction auf möglichst vollständige Ausnutzung des Brennstoffs zu achten ist, lässt sich die Wärme mit Leichtigkeit dort hinleiten, wo man sie nöthig hat, die Temperatur lässt sich leicht und genau reguliren und die zuströmende Wärme augenblicklich unterbrechen, ein Vortheil, der sich besonders beim Entleeren der Braupfannen bemerkbar macht. Ist die Brauerei im Besitz einer Dampfmaschine, so wird häufig der directe Dampf durch den Maschinendampf ersetzt werden können. Wenn der Dampf zum Erhitzen nur und nicht zugleich zum Abdampfen einer Flüssigkeit dienen soll, wie bei der Anwendung des Dampfes zur Würzebereitung (Dampfmaische), so kann man die Dämpfe unmittelbar in die Maische treten lassen, das Condensationswasser dieses Dampfes verdünnt aber die Maische, während er sie erwärmt. In anderen Fällen geschieht die Erhitzung mit Dampf mittelst eines in der zu erwärmenden Flüssigkeit gelagerten Röhrensystems. Die directe Dampfanwendung empfiehlt sich bei Anwendung der Infusionsmethode, während man bei der Dickmaische den anderen Weg einschlagen und eine der Pecqueur'schen Pfanne (vergl. S. 455) ähnliche anwenden muss.

Bestandtheile des Bieres.

Die Bestandtheile des normalen aus Malz und Hopfen (mit Ausschluss aller Malz- und Hopfensurrogate) erzeugten Bieres sind: Alkohol, Kohlensäure, unzersetzte Dextrose, Dextrin, ferner Bestandtheile des Hopfens (ölige und bittere Stoffe, keine Gerbsäure), Proteïnsubstanzen, kleine Mengen von Fett, etwas Glycerin und die anorganischen Substanzen aus der Gerste und aus dem Hopfen, welche in das Bier übergegangen sind. Die saure Reaction, welche jedes normale Bier nach Beseitigung der Kohlensäure besitzt, rührt von Bernsteinsäure und Milchsäure, häufig auch von Spuren von Essigsäure, vielleicht auch Propionsäure her. Die Summe sämmtlicher Bestandtheile eines Bieres nach Abzug des Wassers heisst sein Gesammtgehalt, die Summe der nicht flüchtigen Bestandtheile sein Extractgehalt. Biere, welche reich an Malzextract sind, werden substantiöse (reiche, fette, vollmundige) Biere genannt, jene dagegen, welche wenig Extract, dagegen viel Alkohol enthalten, deren Würze also reich an Zucker war, welcher aber durch anhaltende Gährung in Alkohol und Kohlensäure verwandelt wurde, mithin die mehr weinartigen Biere, heissen trockne (arme, magere) Biere.

Der Alkohol im Biere wird, wenn es sich um eine genaue chemische Untersuchung handelt, entweder durch Destillation und Prüfung des Destillates mit einem Alkoholometer, oder mittelst eines Ebullioskopes, oder endlich mit Hülfe des Vaporimeters bestimmt. Andere Methoden, namentlich die hallymetrische, werden weiter unten besprochen werden. In Gewichtsprocenten ausgedrückt, beträgt der Alkoholgehalt im Durchschnitt:

bei	Würzburger Lagerbier (1870)	4,0–4,3	Proc.
„	„Schenkbier	3,3–4,2	„
„	Stuttgarter Lagerbier (1865)	4,1	„
„	Culmbacher Lagerbier (1865)	4,5	„
„	Coburger Lagerbier	4,4	„
„	Münchener Lagerbier	4,3–5,1	„
„	„Schenkbier	3,8–4,0	„
„	Salvator (Münchener)	4,6	„
„	Bock (Münchener) (1870)	4,3–4,8	„
„	Porter (Barkley, Perkins & Co., London) (1862)	5,5–7,0	„
„	Strassburger Bier (1870)	4,21	„
„	Bier von Dreher zu Schwechat bei Wien (1870)	4,1	„
„	Reisbier der „Rheinischen Brauerei" in Mainz (1870)	3,6	„

Die Menge der Kohlensäure im Bier beträgt 0,1–0,2 Proc. Die Dextrose befindet sich (nach C. Prandtl, 1868) in dem Biere je nach dem Vergährungsgrade in der Menge von 0,2–1,9 Proc. Die Menge des Dextrins beträgt nach den Untersuchungen Gschwändler's 4,6–4,8 Proc. Das Verhältniss zwischen Zucker und Dextrin ist kein constantes. Ueber die Menge und die Natur der in dem Bier enthaltenen Proteïnsubstanzen ist man ungeachtet vielfältiger Untersuchungen noch nicht im Klaren. Nimmt man an, dass das Malzextract im Durchschnitt 7 Proc. Proteïnsubstanzen enthält, so lässt sich daraus nach Mulder deduciren, dass 1 Liter Bier 5,6 Eiweisssubstanzen enthält. A. Vogel (1859) fand, dass 1 bayerisches Maass (= 1,069 Liter) Bier durchschnittlich 1–1,2 Grm. Stickstoff enthält, Feichtinger (1864) fand dagegen, dass der Stickstoffgehalt in den verschiedenen Münchener Bieren pro 1 bayer. Maass zwischen 0,467 und 1,248 Grm. schwankt. Von den in dem Biere enthaltenen Säuren sei nur die eigenthümliche Gährungssäure, jedenfalls Bernsteinsäure, Essigsäure und Milchsäure, welche letztere in gewissen säuerlichen Bieren, so in einigen belgischen Bieren und der in Sachsen bekannten Gose (ein unter Zusatz von Salz bereitetes Weizenbier) in grösserer Menge sich findet, erwähnt. Gerbsäure ist in bayerischem Biere nicht oder nur in fast unmerklicher Menge enthalten. Die anorganischen Bestandtheile des Bieres waren häufig Gegenstand ausgedehnter Untersuchungen. Martius erhielt bei Bestimmung der Aschenmenge von bayerischem Lagerbier von 1000 Th. Bier 2,8 bis 3,16 Th. Asche, welche zu ⅓ aus Kali, zu ⅓ aus Phosphorsäure und zu ⅓ aus Magnesia, Kalk und Kieselerde bestand.

Was den Gehalt des Bieres an Extract betrifft, so mögen folgende (nach den im Jahre 1868 ausgeführten Untersuchungen von J. Gschwändler und C. Prandtl) genügen. Im Durchschnitt finden sich in 100 Th.

Schenkbier (München)	5,5–6,0	Th.
Lagerbier (München)	6,1	„

Schenkbier (Würzburg)	4,6	„
Lagerbier (Würzburg)	4,4	„
Bock (München)	8,6–9,8	„
Salvator (München)	9,0–9,4	„
Rheinisches Reisbier	7,3	„
Porter (Barkley, Perkins & Co., London)	5,9–6,9	„
Scotsh (Edinburg)	10,0–11,0	„
Burton Ale	14,0–19,29	„

100 Th. Extract enthalten nach A. Vogel (1865) 3,2 bis 3,5 Th. Asche; 100 Th. Asche enthalten 28–30 Th. Phosphorsäure. 1 Liter Bier enthält 0,57 bis 0,93 Grm. Phosphorsäure.

Lermer lieferte jüngst (1866) eine Untersuchung einiger renommirten Münchener Biere, aus der wir folgende Analysen zusammenstellen:

	I.	II.	III.	IV.	V.	VI.	VII.
Spec. Gewicht	1,02467	1,0141	1,01288	1,0200	1,02678	1,03327	1,0170
	Proc.	Proc.	Proc.	Proc.	Proc.	Proc.	Proc.
Extract	7,73	4,93	4,37	4,55	8,50	9,63	5,92
Alkohol	5,08	3,88	3,51	4,41	5,23	4,49	3,00
Unorganische Bestandtheile:	0,28	0,23	0,15	0,18	—	—	—
Stickstoffgehalt.							
in 100 Th. Extrakt	11,15	8,71	12,19	8,85	—	6,99	—
„ 100 „ Bier	0,87	0,43	0,53	0,39	—	0,67	—

Es bezeichnet hierbei I Bockbier, II Sommerbier, III Weissbier, IV weisses Bockbier (obergähriges Weizenbier), sämmtlich vom K. Hofbräuhaus, V Bockbier vom Spatenbräu, VI Salvatorbier, VII Winterbier des Löwenbräu. Für fünf dieser Biere wurden die Aschenanalysen durchgeführt und zwar ergab

	I.	II.	III.	IV.	V.
Kali	29,31	33,25	24,88	34,68	29,32
Kali	1,97	0,45	20,23	4,19	0,11

Chlornatrium	4,61	6,00	6,56	5,06	6,00
Kalk	2,34	2,98	2,58	3,14	6,21
Magnesia	11,87	8,43	0,34	7,77	7,75
Eisenoxyd	1,01	0,11	0,47	0,52	0,84
Phosphorsäure	34,18	32,05	26,57	29,85	29,28
Schwefelsäure	1,29	2,71	6,05	5,16	4,84
Kieselsäure	12,43	14,12	7,70	2,86	8,01
Sand	0,83	0,67	2,30	5,20	6,27
Kohle	0,49	0,81	0,40	0,65	0,28
	100,33	101,47	98,03	99,08	98,91

Bierprüfung.

Das Bier hat als Nahrungsmittel und als Object des Grosshandels eine solche Wichtigkeit erlangt, dass man längst schon nach Mitteln strebte, mit Hülfe deren der relative Gehalt der verschiedenen Biere bestimmt werden könnte. Die zu diesem Zwecke bis jetzt vorgeschlagenen Proben fasste man unter dem gemeinschaftlichen Namen Bierproben zusammen und verlangte von ihnen, dass sie leicht anwendbar seien und genügend genaue Resultate gäben, obgleich man zu Gunsten der leichten Ausführbarkeit gern einen kleinen Theil der Genauigkeit opferte. Es ist herkömmlich, den Gehalt eines Bieres an Alkohol, Extract und Kohlensäure als Maassstab für die Güte desselben zu betrachten, obschon die Bestandtheile des sogenannten Extractes, das Dextrin, die Hopfenbestandtheile, die durch die alkoholische Gährung neben Alkohol gebildeten Substanzen (Bernsteinsäure und Glycerin), nicht zu sprechen von den verwendeten Malzsurrogaten (Stärkezucker, zugesetztes Glycerin etc.), wesentlichen Antheil an der Qualität des Bieres nehmen und bei einer gründlichen Bieruntersuchung berücksichtigt werden müssen.

Die Bierprüfung geschieht theils mit Hülfe der physikalischen Eigenschaften, theils aber auch durch das chemische Verhalten. Zu den ersteren sind zu rechnen Geschmack, Geruch, Farbe[119], Consistenz, Durchsichtigkeit (Glanz), spec. Gewicht, Lichtbrechungsvermögen, das Verhalten des Bieres beim Ausgiessen, die Beschaffenheit des Schaumes. Zu der chemischen Bieruntersuchung gehört die Bestimmung der näheren Bestandtheile, nämlich der Kohlensäure, des Alkohols, des Extractes und des Wassers.

Balling's Bierprobe.

Balling's saccharometrische Bierprobe. Nachdem durch Schütteln und wiederholtes Umgiessen dem Biere die Kohlensäure entzogen worden ist, bestimmt man entweder mit Hülfe des Saccharometers (Aräometer) oder auf andere Weise das specifische Gewicht des Bieres. Hierauf kocht man das Bier zur Hälfte ein, verdünnt es dann durch Zusatz von Wasser wieder bis zu seinem ursprünglichen Gewichte und bestimmt von der so erhaltenen Flüssigkeit wieder das specifische Gewicht, welches grösser ist als das erstgefundene. Die Differenz giebt den Alkoholgehalt. Da bei der Gährung von 100 Th. Malzextract 50 Th. Alkohol sich bilden, so erhält man durch Verdoppelung der gefundenen Alkoholmenge diejenige Menge Malzextract, welche zu seiner Bildung nothwendig war. Dieses Malzextract addirt zu dem im Biere noch vorhandenen, giebt den Malzextract der Würze vor der Gährung.

Bei der Gährung der Bierwürze vermindert sich das spec. Gewicht, theils weil die Menge des Extractes abnimmt, theils weil der specifisch leichtere Alkohol sich bildet, theils auch, weil aufgelöste Substanzen sich in Gestalt von Hefe, Obertaig u. s. w. abscheiden. Diese Verminderung des spec. Gewichtes, die Attenuation, wird entweder durch directe Wägung oder durch das Saccharometer bestimmt. Die Saccharometeranzeige des von der Kohlensäure befreiten Bieres bezeichnet man mit *m*, den Malzextract der Würze mit *p*. Zieht man von (*p*) die Saccharometeranzeige (*m*) ab, so giebt die Differenz *p* - *m* die scheinbare Attenuation, welche grösser sein muss, je weiter die Gährung vorgeschritten ist. Die Alkoholmenge in einem Biere steht folglich zu der scheinbaren Attenuation in directem Verhältniss. Der auf empirischem Wege gefundene Alkoholfactor *a*, mit welchem man die in Saccharometerprocenten ausgedrückte scheinbare Attenuation multipliciren muss, um den Alkoholgehalt des Bieres = *A* in Gewichtsprocenten zu erhalten ([p - m] a = A) wird um so grösser, je grösser der ursprüngliche Concentrationsgrad der Würze war. Für Würzen zwischen 6–30 Proc. Extract steigt derselbe von 0,4079 bis zu 0,4588. Der Alkoholfactor wird nach der erwähnten Gleichung gefunden, wenn man die scheinbare Attenuation (p - m) und den Alkoholgehalt der gegohrenen Würze in Gewichtsprocenten (A) kennt, denn a = a p - m . Mit Hülfe des Alkoholfactors *a* kann man den Alkoholgehalt des Bieres in Gewichtsprocenten berechnen. Kocht man eine Menge Bier ein, um daraus den Alkohol zu verflüchtigen und verdünnt den Rückstand wieder bis zur Herstellung des ursprünglichen Gewichtes, so giebt das spec. Gewicht den Extractgehalt des Bieres, welchen Balling mit *n* bezeichnet, an. Die Differenz zwischen dem Extractgehalt der Würze (*p*) und dem des Bieres (*n*), also p - n giebt die wirkliche Attenuation, welche, mit dem Alkoholfactor für die wirkliche Attenuation (*b*) multiplicirt, gleichfalls den Alkoholgehalt des Bieres in Gewichtsprocenten ausgedrückt (*A*) giebt [(p - n) b = A]. Der Alkoholfactor für die wirkliche Attenuation ist b = A p - n : Zieht man von der scheinbaren Attenuation (p - m) die wirkliche (p - n) ab, so erhält man die Attenuationsdifferenz (*d*):

d = (p - m) - (p - n) oder

d = n - m

d wird gefunden, indem man von dem Extractgehalte des Bieres (n) die Saccharometerprocente des von der Kohlensäure befreiten Bieres (m) abzieht; d ist um so grösser, je mehr Alkohol ein Bier enthält. Der Alkoholfactor, welcher mit der Attenuationsdifferenz multiplicirt, die Alkoholprocente A giebt, der Alkoholfactor für die Attenuationsdifferenz (c), wird nach folgender Gleichung gefunden:

c = A p - m

Er beträgt durchschnittlich 2,24. Mit Hülfe von c lässt sich aus der Attenuationsdifferenz der Alkoholgehalt eines Bieres approximativ berechnen, selbst wenn der Malzextractgehalt der Würze nicht bekannt ist. Die scheinbare Attenuation durch die wirkliche dividirt, giebt den Attenuationsquotienten (d) = p - m p - n , mit dessen Hülfe der Alkoholfactor für die scheinbare Attenuation (a) und der ursprüngliche Extractgehalt der Würze (p) berechnet werden kann. Erstere (a) erhält man durch Division des Alkoholfactors für die wirkliche Attenuation durch den entsprechenden Attenuationsquotienten. Setzt man den Alkoholfactor für die Attenuationsdifferenz = 2,24 und verdoppelt den so erhaltenen approximativen Alkoholgehalt, so erhält man die Extractmenge der Würze, aus welcher jener Alkohol (nebst Kohlensäure und Würze) sich bildete. Addirt man zu diesem Extract das noch in dem Biere befindliche, so erhält man annähernd den Extractgehalt der Würze in Procenten. Hat man auf diese Weise p annähernd bestimmt, so ergiebt sich aus den zu Balling's Probe gehörigen Tabellen der entsprechende Attenuationsquotient q, wobei man Decimalen über 0,5 für ein Ganzes rechnet, unter 0,5 aber vernachlässigt. Ist nun die ursprüngliche Concentration der Würze p berechnet, so findet man die Alkoholprocente des Bieres aus der Gleichung für die wirkliche Attenuation A = (p - n) b. Der Vergährungsgrad ist 9,75 oder (16,29 - 6,54) Saccharometerprocente (nach S. 436) = 9,75 16,29 = 0,542.

Fuchs' Bierprobe.

Fig. 232.

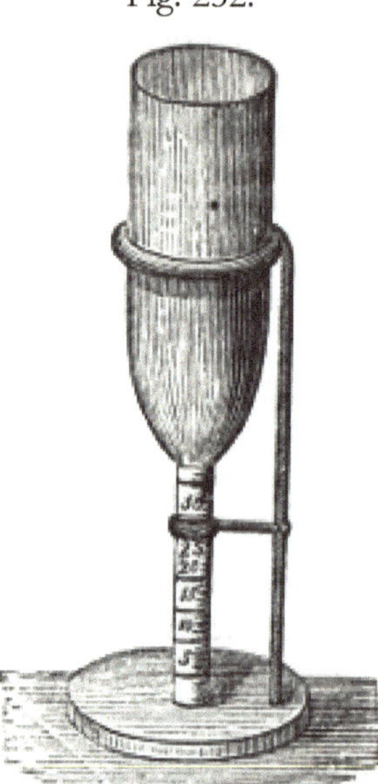

Hallymetrische Bierprobe. Diese von v. Fuchs herrührende Probe (auf der Voraussetzung beruhend, dass das Bier nur aus Malz und Hopfen bereitet worden sei) gründet sich darauf, dass 100 Th. Wasser unabhängig von der Temperatur, 36 Th. reines Kochsalz (= 2,778 : 1) aufzulösen vermögen, dass ferner eine Flüssigkeit um so weniger Kochsalz löst, je mehr sie Weingeist, Bierextract u. s. w. enthält. Man ist demnach im Stande, die Quantität des Wassers zu bestimmen, wenn man das Kochsalz in dem Biere auflöst. Um die Quantität des nicht gelösten Kochsalzes zu messen, dient das Hallymeter (Fig. 231), aus zwei Glasröhren, einer engeren und einer viel weiteren, bestehend, welche gegen jene, mit der sie zusammengeschmolzen ist, trichterförmig verläuft. Die kleine Röhre, die Messröhre, ist so graduirt, dass jede grössere Abtheilung 5 Gran und jede der dazwischen liegenden kleineren 1 Gran präparirtes Kochsalz fasst. Bei allen hallymetrischen Bierproben ist darauf zu sehen, dass stets Salzpulver vom nämlichen Korne in die Röhren kommt und dieses durch Klopfen in den kleinsten Raum gebracht wird, den überhaupt ein bestimmtes Quantum einnehmen kann. Man muss daher das pulverisirte Kochsalz durch ein feines Drahtsieb gehen lassen. Das gesiebte Salz wird in grösserer Menge in Gläsern mit eingeriebenen Stöpseln aufbewahrt.

Die Probe besteht aus zwei Versuchen. Bei dem ersten findet man den grössten Theil des Wassers nebst der Kohlensäure und den Gesammtgehalt (Weingeist, Extract und Kohlensäure); der zweite Versuch giebt die Menge des Extractes, welches, wenn man dasselbe und die Kohlensäure vom Gesammtgehalt abzieht, den Weingeist ergiebt. Der Weingeist ist nicht wasserfrei, sondern mit einer bestimmten Menge Wasser verbunden. Zu jedem Versuche sind 1000 Gran (62,5 Grm.) Bier erforderlich, zu welchem man in einem Kolben 330 Gran (20,46 Grm.) gesiebtes reines Kochsalz setzt. Der bedeckte Kolben wird unter öfterem Umschütteln des Inhaltes in einem Wasserbade bis auf 38° erwärmt. Nach etwa 6–10 Minuten wird der Kolben aus dem Wasserbade entfernt, abkühlen gelassen, die Kohlensäure aus dem Kolben durch gelindes Einblasen entfernt und dann der Kolben gewogen. Der Gewichtsverlust giebt die Menge der Kohlensäure, welche bei guten Bieren 1,5 Gran beträgt. Der Kolben wird dann mit dem Daumen geschlossen, umgekehrt, um das nicht gelöste Kochsalz über dem Finger zu sammeln und sodann das Salz und die Flüssigkeit in das Hallymeter gebracht. Das ungelöste Kochsalz setzt sich in der Messröhre ab. Das Absetzen wird durch Rütteln des Instrumentes befördert. Sobald das Volumen des abgesetzten Salzes nicht mehr zunimmt, liest man an den Graden die ungelösten Grane ab und subtrahirt die Zahl der Grane von 330. Darauf berechnet man, welche Qualität Wasser dem aufgelösten Kochsalz entspricht.

Beispiel. 1000 Gran (= 62,5 Grm.) Bier lösen 330 - 18 = 312 Gran Kochsalz, so enthalten diese 1000 Gran Bier 866,6 Gran Wasser, denn

36 : 100 = 312 : x

x = 866,6

das, was an 1000 Gran fehlt, = 133,4 Gran, ist der Gesammtgehalt an Kohlensäure, Extract und Weingeist. Hatte der Kolben durch das Erwärmen 1,5 Gran an Gewicht verloren, so bleibt für Extract und Weingeist übrig 131,9 Gran. Der zweite Versuch dient zur Bestimmung des Extractes. Zu diesem Behufe wägt man in einem Kolben 1000 Gran (62,5 Grm.) ab und kocht diese Quantität bis auf die Hälfte, bis auf 500 Gran ein. Dabei entweichen Kohlensäure und Weingeist vollständig. Darauf setzt man 180 Gran Kochsalz hinzu und verfährt wie oben. Angenommen nun, es hätten sich 180 - 20 = 160 Gran Kochsalz gelöst, so entsprächen diese 444,4 Grm. Wasser, denn

18 : 50 = 160 : x

x = 444,4

weshalb 55,6 Gran hier das Extract geben. Hat nun die vorläufige Bestimmung der Kohlensäure 1,5 Gran ergeben, so ist die Quantität des in dem Biere enthaltenen Weingeistes 73,6 Gran, denn 133,4 - 55,6 - 1,5 = 73,3, was nach der dem Apparate beigegebenen Tabelle 42,27 Gran absolutem Alkohol entspricht. Das untersuchte Bier würde mithin in 1000 Gewichtstheilen bestehen aus:

Kohlensäure	1,50
ungebundenem Wasser	866,60
gebundenem Wasser	34,03
Extract	55,60
Alkohol	42,27
	1000,00

Es ist nochmals hervorzuheben, dass die hallymetrische Bierprobe alle Geltung verloren, sobald die Anwendung von Glycerin und Stärkezucker bei der Bereitung des vorliegenden Bieres vermuthet werden kann.

Nebenprodukte und Abfälle der Brauerei.

Von den bei der Bierbereitung sich ergebenden Abfällen und Nebenprodukten stehen die Treber (Trester) oben an. 100 Th. Darrmalz liefern im Durchschnitt 133 Th. nasse Treber, welche auf den Darrungsgrad des Malzes zurückgebracht, 33 Th. betragen. Sie werden als Viehfutter verwendet. Ausser den Hülsen und dem Zellstoff der Gerste enthalten sie noch unzersetzte Gerste, Fett und Proteïnsubstanz, wovon ihr Werth abhängig ist. Treber aus einem Münchener Bräuhause, welche bei Bereitung von Sommerbier (nach dem Dickmaischverfahren) von zweizeiliger Gerste erhalten worden waren, hatten folgende Zusammensetzung:

	feucht	lufttrocken	bei 100° getrocknet
Wasser	74,71	7,28	—
Asche	1,06	3,87	4,18
Cellulose	3,06	11,22	12,10

Fett	1,70	6,23	6,72
stickstoffhaltige Nährstoffe	6,26	22,89	24,71
stickstofffreie Nährstoffe	13,21	48,51	52,29
	100,00	100,00	100,00

Die Malzkeime oder Malzblüten, welche durchschnittlich in dem Verhältniss von 3 Proc. vom Gewicht des Darrmalzes abfallen, sind ein sehr concentrirtes und proteïnreiches Futtermaterial. Nach den Analysen von Scheven, Way und Lermer (von ungarischer Gerste) fanden sich darin:

	Scheven	Way	Lermer
Wasser	7,2	3,7	10,72
Asche	6,8	5,1	6,91
Cellulose	17,0	18,5	—
Proteïnsubstanzen	45,3	48,9	32,40
stickstofffreie Nährstoffe	23,6	23,8	49,97

Das Kühlgeläger (vergl. S. 502), welches zum Theil verfüttert, zum Theil an Branntweinbrenner abgegeben wird, beträgt 3 Proc. von der erzeugten Würze. Das Glattwasser, eine sehr dünne Nachwürze, dient in Branntweinbrennereien als Kühl- und Verdünnungsmittel der Maische, sowie zur Essigfabrikation. Bei dem Dickmaischverfahren hat das Glattwasser noch 4 bis 8 Proc. Extract, bei dem Infusionsverfahren nur 2–3 Proc. Der Obertaig (vergl. S. 498) ist theils Material für Branntweinbrennereien, theils dient er zur Brotbereitung. Die bei der Gährung der Bierwürze sich bildende Hefe wird wieder zur Biererzeugung, zum grösseren Theile aber in der Weissbäckerei, in der Hauswirthschaft, in der Branntweinbrennerei und in der Essigfabrikation verwendet. Dort, wo Holz als Brennstoff in der Brauerei dient, kommt auch die Heizasche als Abfall in Betracht. Jede Klafter Holz hinterlässt 15–20 Pfd. Asche.

Besteuerung des Bieres.

Die Besteuerung des Bieres (der Bieraufschlag) muss, soll sie den Principien der Technologie und der Volkswirthschaft entsprechen, der Art sein, dass sie allen Interessenten, dem Brauer, dem bierconsumirenden Publikum und dem Staat gerecht werde. Der Braubetrieb darf durch die Art der Besteuerung nicht behelligt werden, dem Publikum muss für die geeignete Beschaffenheit des Bieres eine gewisse Garantie geboten und der Staat endlich muss vor Uebervortheilung durch Defraudation möglichst gesichert sein. Von den verschiedenen Arten des Bieraufschlages, die in den Bier producirenden Ländern gesetzlich eingesetzt sind, seien als die wesentlichsten erwähnt die Besteuerung 1) des Braumalzes, 2) der Würze, 3) des Bieres.

Besteuerung des Malzes.

Die Besteuerung des Braumalzes ist der bequemste Modus der Besteuerung sowol für den Staat, als auch für den Brauer; sie hat den Vorzug vor anderen Besteuerungsarten, dass die Steuer vor dem Beginn des eigentlichen Brauprocesses erhoben wird, dass sie den Braubetrieb demnach nicht mehr durch Controle und Ueberwachung behelligt, sondern dem Brauer gestattet, mit dem Rohmaterial und den Braugeräthen so zu verfahren, wie es ihm am besten scheint, vorausgesetzt, dass nicht Verordnungen ihm die aus einem gewissen Malzquantum herzustellende Biermenge vorschreiben. Der Malzaufschlag wird entweder beim Schroten des

Malzes (wie in Bayern und Württemberg[120]) nach Art der Mahlsteuer oder kurz vor der Verwendung des Malzes zum Brauen, namentlich vor dem Einmaischen[121], erhoben. In England wird nicht das Malz, sondern die zur Malzbereitung dienende Gerste besteuert und die Steuer nach dem Volumen der gequellten Gerste erhoben. Unstreitig ist die Besteuerung des Malzes als einseitig und nicht mehr zeitgemäss anzusehen, seitdem man weiss, dass auch ohne Malz oder vielmehr durch theilweise Substituirung desselben durch andere stärkemehlhaltige Substanzen, wie ungemalztes Getreide, Kartoffeln, Kartoffelmehl, Reis, Sorghum, ferner durch Stärkezucker normales Bier hergestellt werden kann. Eine Beibehaltung der Malzsteuer, so eifrige Vertreter sie auch noch finden mag, heisst dem Fortschreiten der Gährungsgewerbe Halt gebieten. Ueber lang oder kurz wird man in allen Staaten, in denen die Malzsteuer noch eingeführt ist, davon ab- und zu einer rationelleren Besteuerungsweise übergehen müssen.

Besteuerung der Würze.

Die Besteuerung der Würze ist die rationellste und die allein richtige Art der Besteuerung des Bieres, da sich in der Würze alles Nutzbare aus dem Malze und aus den verwendeten stärkemehl- oder dextrosehaltigen Substanzen concentrirt. Hierbei hat man die Quantität der Würze und ihren Extractgehalt zu ermitteln. Die Erhebung der Menge kann entweder auf den Kühlstöcken, im Zusammengussbottich oder beim Fassen stattfinden. Auf den Kühlstöcken lässt sich eine genaue Messung nur schwierig vornehmen, da die Würze darin eine dünne Schicht mit grosser Oberfläche bildet und ein sehr geringer Unterschied in der Höhe der Flüssigkeitsschicht schon bedeutend auf die Quantität influiren kann. Das Messen der Würze in der Sammelkufe (dem Zusammengussstock) gewährt grössere Sicherheit; da die Würzen aus allen Kühlschiffen darin gemischt sind, so ist die Sammelkufe besonders geeignet zur Bestimmung des Extractgehaltes der Würze. Aus der Sammelkufe gelangt die Würze in die Gährfässer oder Gährbottiche; während des Fassens kann eine Controle stattfinden und die Menge der Würze sicher ermittelt werden. Die Ermittelung des Extractgehaltes geschieht mit Hülfe des Saccharometers. Mit der so bestimmten Würze ist keine Manipulation zum Nachtheile des Staates mehr möglich, wol aber zum Schaden des Publikums; letztere gehören jedoch nicht mehr in das Gebiet der Steuergesetzgebung, sondern in das der polizeilichen Ueberwachung (Bierkieser, Bierprober). Die Erhebung Steuer von dem fertigen Biere. der Steuer von dem fertigen Biere ist nirgend üblich, doch ist die Vergleichung des auf den Kühlschiffen, in Bottichen und Fässern enthaltenen Biervorrathes immerhin ein Ueberwachungsmittel für andere Erhebungsarten.

Die Spiritusfabrikation.

Allgemeines.

Die Erzeugung von Alkohol hat in den meisten Ländern eine verschiedene Grundlage und Bedeutung, andere Rohstoffe, andere Zwecke, anderen Steuermodus — Umstände, welche sämmtlich für die Richtung, in welcher die Alkoholerzeugung sich bewegt, von grosser Tragweite sind. Wird eine alkoholhaltige Flüssigkeit der Destillation unterworfen, so gehen Alkohol und Wasser über, während die nicht flüchtigen Bestandtheile der Flüssigkeit in concentrirter Gestalt zurückbleiben. Die Destillation der alkoholhaltigen Flüssigkeit wird das Brennen, das Destillat, im Wesentlichen ein Gemisch von Wasser und 40 bis 50 Proc. Alkohol, Branntwein genannt. Alkoholreichere Destillate führen den Namen Weingeist oder Spiritus. Ehedem war der Zweck der Branntweinbrennereien die Bereitung von zum Genuss bestimmten Branntweins; seitdem man aber angefangen hat, den Spiritus in den Gewerben zu den verschiedensten Zwecken z. B. in der Parfümerie, Lackfirnissbereitung, als Brennspiritus zum Extrahiren u. s. w. zu verwenden, stellt man nicht mehr Branntwein, sondern sofort durch fabrikmässigen Betrieb das alkoholreichere Destillat, den Spiritus oder Weingeist dar.

Seitdem die Branntweinbrennerei als Spiritusfabrikation das Kleingewerbe zum Theil verlassen, hat sich die Mechanik der Destillirapparate bemächtigt und unter Berücksichtigung der physikalischen Eigenschaften eines Gemisches von Alkohol- und Wasserdämpfen und des Umstandes, dass die Rückstände der Destillation als Viehfutter brauchbar sein müssen, Apparate construirt, welche in der kürzesten Zeit aus dem angewendeten

Rohmaterial (Kartoffeln, Rüben, Cerealien u. s. w.) die grösstmöglichste Menge von starkem Alkohol liefern. Der wohlthätige Einfluss der Steuergesetzgebung auf die Entwickelung des Brennereigewerbes ist nicht zu verkennen.

Der Alkohol und seine technisch wichtigen Eigenschaften.

Der Alkohol (als idealer Begriff der Chemie) hat die Formel C_2H_6O oder C_2H_5 H }O. Er ist eine farblose, dünnflüssige, sehr bewegliche Flüssigkeit von 0,792 spec. Gew. und siedet bei 78,3°, da Wasser unter dem nämlichen Drucke bei 100° siedet, so kann man aus der Siedetemperatur einer alkoholischen Flüssigkeit ihren Alkoholgehalt ermitteln. Zwischen 0° und 78,3° (seinem Siedepunkte) dehnt sich der Alkohol um 0,0936 seines Volumens aus, während das Wasser sich zwischen diesen Temperaturgraden nur um 0,0278 seines Volumens ausdehnt. Da die Dilatation des Alkohols mithin 3⅓mal grösser ist als die des Alkohols, so lassen sich die eigenthümlichen Ausdehnungsverhältnisse der beiden genannten Flüssigkeiten ebenfalls zur Alkoholometrie benutzen. Die Tension des Alkoholdampfes ist bei 78,3° dem einer Atmosphäre gleich, während Wasserdampf erst bei 100° einen Atmosphärendruck ausübt; es lässt sich daher der Alkoholgehalt einer Flüssigkeit durch eine Quecksilbersäule messen, welche bei einer bestimmten Temperatur durch die aus der alkoholhaltigen Flüssigkeit entwickelten Dämpfe emporgehoben wird (Vaporimeter Seite 478). Der Alkohol ist leicht entzündlich und brennt mit blassblauer Flamme, ohne dabei Russ abzuscheiden. Seine Verbrennungswärme entspricht 7183 Wärmeeinheiten. Er zieht begierig Wasser an (darauf beruht seine Anwendung zur Conservirung von Nahrungsmitteln und anatomischen Präparaten) und mischt sich mit Wasser in jedem Verhältniss, dabei findet Volumenverminderung (Erhöhung des spec. Gewichts) und Freiwerden von Wärme statt. Beim Vermischen von

	53,9 Volumen	Alkohol mit
	49,8 „	Wasser, ist das Volumen der Mischung
nicht	103,7	, sondern 100 Volumen.

Der Alkohol ist ein Lösungsmittel für Harze (hierauf gründet sich die Bereitung von gewissen Lackfirnissen, Kitten und pharmaceutischen Präparaten), ätherische Oele (die Lösungen sind theils riechende Wasser, wie die Eau de Cologne, theils Liqueure und Aquavite, theils Leuchtstoffe, wie eine Lösung von Terpentinöl in Alkohol) und Kohlensäuregas (wichtig für die Schaumfabrikation, Seite 485).

Durch die Einwirkung gewisser oxydirender Agentien geht der Alkohol erst in Aldehyd und dann in Essigsäure über (Schnellessigfabrikation). Er löst Kochsalz nicht auf (von der Unlöslichkeit des Kochsalzes in Alkohol macht man bei der hallymetrischen Probe Gebrauch; Seite 509). Durch die Einwirkung von den meisten Säuren findet eine Aetherification des Alkohols statt. Schwefelsäure bildet je nach der angewendeten Menge und der Concentration Aetherschwefelsäure, Aether oder Kohlenwasserstoffgas. Salzsäure bildet Chloräthyl. Einige organische Säuren, wie Buttersäure und Oxalsäure, ätherificiren direct den Alkohol; die meisten anderen organischen Säuren bedürfen hierzu der Schwefelsäure oder Salzsäure. Der Alkohol ist das berauschende Princip aller geistigen Flüssigkeiten.

Die Rohmaterialien der Spiritusfabrikation.

Rohstoffe der Spiritusfabrikation. Der Alkohol ist stets das Produkt der geistigen Gährung; die Spiritusfabrikation zerfällt in drei Hauptoperationen:

1) in die Darstellung der zuckerhaltigen Flüssigkeit,

2) in die Gährung derselben,

3) in die Abscheidung des Alkohols durch Destillation.

Es können mithin alle gegohrenen zuckerhaltigen Flüssigkeiten oder diejenigen Substanzen, welche durch Gährung Alkohol liefern, zur Spiritusfabrikation benutzt werden.

Alle diejenigen Materialien, welche zur Erzeugung von Spiritus angewendet werden, enthalten bereits fertig gebildeten Alkohol oder Rohrzucker und Dextrose, oder endlich Substanzen, welche entweder durch die Einwirkung von Diastase oder von verdünnten Säuren in Dextrose übergehen können; solche Substanzen sind das Stärkemehl, das Inulin, das Lichenin, die Pektinkörper und die Cellulose. Die Rohmaterialien der Spiritusfabrikation lassen sich also in die folgenden drei Gruppen bringen:

1. Gruppe: Flüssigkeiten, welche die Gährung bereits durchgemacht haben und daher fertig gebildeten Alkohol enthalten, der nur durch Destillation abgeschieden zu werden braucht; der Wein, das Bier und der Cider gehören in diese Gruppe;

2. Gruppe: Feste oder flüssige Substanzen, welche Zucker, entweder Rohrzucker oder Dextrose und Levulose oder Milchzucker enthalten. Hierher gehören die Zuckerrüben, Mohrrüben, das Zuckerrohr, die Maisstengel, das chinesische Zuckerrohr (Sorghum), die Quecke, das Stein- und Kernobst (namentlich Zwetschen, Kirschen und Feigen), die Beeren (die Trauben, Vogelbeeren und Wachholderbeeren), Melonen und Kürbisse, die Cactusfrüchte, der Krapp, die Melasse der Rohr- und Rübenzuckerfabriken, die Trester der Wein- und Bierbereitung, der Honig und die Milch.

3. Gruppe: Alle Substanzen, welche weder Alkohol noch Zucker enthalten, deren Bestandtheile aber in Zucker und zwar in Dextrose übergeführt werden können. Diese der Saccharification fähigen Bestandtheile sind das Stärkemehl, das Inulin, das Lichenin, die Pektinkörper und die Cellulose; sie finden sich in einer behufs ihrer Anwendung in der Spiritusbereitung hinlänglichen Menge in folgenden

a) Wurzeln und Knollen: Kartoffeln, Topinambur, Asphodelus, Kaiserkrone, Dahlienknollen;

b) Cerealien: Roggen, Weizen, Gerste, Hafer, Mais, Reis;

c) Leguminosen und andere Samen: Buchweizen, Hirse, Negerhirse, Erbsen, Linsen, Bohnen, Wicken, Lupinen, Kastanien, Rosskastanien, Eicheln;

d) cellulosehaltige Substanzen: Holz (Sägespäne), Papier, Stroh, Heu, Blätter, Flechten und Moose.

In der Zukunft wird vielleicht eine

4. Gruppe aufgestellt werden müssen, welche alle Substanzen umfassen wird, die zur synthetischen Darstellung von Alkohol, von sogenanntem Mineralspiritus, dienen können. Berthelot wies 1855 die Bildung von Alkohol aus ölbildendem Gas und Wasser ($C_2H_4 + H_2O = C_2H_6O$) nach. Oelbildendes Gas wird bei anhaltendem Zusammenschütteln mit concentrirter Schwefelsäure unter Bildung von Aetherschwefelsäure absorbirt, aus der Flüssigkeit kann durch Verdünnung mit Wasser und Destillation sofort wässeriger Alkohol gewonnen werden. Vor der Hand ist die synthetische Bildung des Alkohols, die vor einigen Jahren von einem französischen Techniker auszubeuten versucht wurde, lediglich von wissenschaftlichem Interesse.

A. Darstellung der weingaren Maische.

Weingare Maische aus Cerealien.

Getreidebranntwein (Kornbranntwein) wird aus Weizen, Roggen und Gerste dargestellt. Nie brennt man eine Getreideart allein, da die Ausbeute an Alkohol erfahrungsmässig grösser ist, wenn man zwei Getreidearten, wie Weizen und Gerste, Roggen und Gerste und dergl. brennt. Meist nimmt man Gemenge von Roggen mit Weizen- oder Gerstenmalz, oder Weizen gemengt mit Gerstenmalz. Auf 1 Th. Malz rechnet man 2 bis 3 Th. ungemalztes Getreide. Entweder bereitet man wie in England eine wirkliche Würze, indem man, wie in der Bierbrauerei, malzt, taigt und maischt und dann die Würze zieht, oder man lässt die ganze Maische nebst den Trebern gähren. Letzteres Verfahren ist in Deutschland gebräuchlich und wird auch bei nachstehender Beschreibung zu Grunde gelegt werden. In Russland und Schweden wird (nach mir zugekommenen Mittheilungen von N. Witt) vielfach Branntwein *ohne Malz* verarbeitet, indem bei geeigneter Einmaischung des Roggenmehls durch gewisse Bestandtheile desselben derselbe Effect erzielt wird, wie durch die Diastase des Malzes[122].

Die Darstellung der weingaren Maische aus Getreide zerfällt in folgende vier Operationen, nämlich in

1) Das Schroten. Das rohe so wie das gemalzte Getreide werden vor der Verarbeitung geschroten; da es sich in der Spiritusfabrikation nicht um die Darstellung einer klaren Würze handelt, sondern darum, dass die Zuckerbildung eine vollständige ist, so ist es durchaus erforderlich, dass das Schrot möglichst fein sei. In der Spiritusbereitung wird jetzt vorzugsweise Grünmalz verwendet.

2) Das Eintaigen. Die Operation des Eintaigens ist ihrem Wesen nach mit dem Einmaischen der Brauer identisch, mit dem Unterschiede jedoch, dass der Brenner die vollständige Ueberführung des Stärkemehls in Glycose beabsichtigt, während der Brauer einen Theil der Stärke nur in Dextrin überführt. Die vollständige Verzuckerung, ferner die vollständige Umwandelung der Glycose in Alkohol während der Gährung, sind nur bei einer gewissen Verdünnung der Maische möglich. Unter ein gewisses Verhältniss des Wasserzusatzes darf nicht herabgegangen werden, wenn man nicht an Ausbeute verlieren will. Da in den meisten deutschen Ländern nicht das fertige Produkt, der Alkohol, sondern der Maischraum versteuert wird, so liegt es in dem Interesse des Brenners, seinen Maischraum möglichst auszunutzen und mit höchst concentrirter Maische zu arbeiten. Die Forderungen der Wissenschaft sind daher den Forderungen der Praxis entgegengesetzt; erstere verlangt die grösste Alkoholausbeute aus einem gegebenen Gewicht des Rohmaterials, letztere aus dem kleinsten Maischvolumen. Bis zu einem gewissen Punkte wird daher der Vortheil, welcher aus der genauen Befolgung der Grundsätze der Chemie folgt, durch den Nachtheil mehr als compensirt, der aus den Steuerverhältnissen entspringt. Die Erfahrung hat nun den Weg gezeigt, auf welchem Theorie und Steuer, Gewinn und Verlust, sich mit einander ins Gleichgewicht setzen. Ehemals rechnete man auf 1 Th. Schrot im Mittel 8 Th. Wasser, es fand vollständige Verzuckerung und vollständige Vergährung statt und die Trennung des Alkohols durch Abdestilliren konnte aus einer so dünnen Maische mit Leichtigkeit geschehen. Diesen Vortheilen stellte sich der Nachtheil grösserer Geräthschaften und einer grösseren Brennstoffconsumtion entgegen. Dazu kam noch die Besteuerung des grösseren Maischraumes. Man wurde so nach und nach veranlasst, von 8 Th. Wasser auf sechs, fünf, ja bis auf 3,75 herabzugehen und erhielt in Folge einer vollständigeren Vergährung mit weniger Kosten eine grössere Alkoholausbeute als früher. In neuerer Zeit zieht man das Verhältniss von 1 : 4,5 vor. Bei einem Verhältniss von 1 : 3,75 tritt schon entschieden ein Verlust ein, es bleiben zu viel Stärkemehl und Dextrin in der Schlempe zurück.

3) Das Ab- und Zukühlen der Maische. Nachdem die Verzuckerung vollendet ist, muss die Temperatur der Maische so schnell als möglich auf die zum Hefengeben und zum Einleiten der Gährung geeignete Temperatur herabgebracht werden. Das Kühlen geschieht theils durch Abkühlung auf Kühlschiffen, genau so wie in der Bierbrauerei, theils durch Vorrichtungen (Kühlapparate), welche die Verdunstung befördern, theils auch durch Zukühlen mit kaltem Wasser oder mit Eis. Die Temperatur, bis zu welcher gekühlt werden muss, richtet sich nach der Temperatur des Gährlokales, ferner nach der Dauer der Gährung; wendet man dreitägige Gährung an, so braucht man begreiflicherweise eine etwas höhere Temperatur als bei viertägiger Gährung. Nachdem die Maische bis zur erforderlichen Temperatur — im Durchschnitt bis auf 23° C. — abgekühlt worden ist, setzt man ihr einen Theil des Zuckerkühlwassers zu und bringt sie in den Gährbottich.

4) Die Gährung der Maische. Die Gährbottiche sind meist aus Holz, doch wendet man auch solche aus Stein an. Erstere verdienen den Vorzug, da sie weniger schnell die Wärme ableiten. Aus dem nämlichen Grunde zieht man grössere Bottiche den kleineren vor. Eine Capacität von 4000 Litern wird selten überschritten. Man benutzt entweder Bierhefe (Oberhefe oder Unterhefe) im flüssigen Zustande, oder Presshefe, wie die durch Abpressen der Bierhefe oder der bei der Gährung der Branntweinmaische sich bildenden Hefe gewonnen wird. Letztere wird vor ihrer Anwendung in warmem Wasser zertheilt. Von der flüssigen Bierhefe rechnet man auf 1000 Liter Maische 8–10 Liter, auf 3000 Liter Maische reicht man mit 15–20 Liter Hefe. Von der Presshefe verwendet man auf 1000 Liter Maische ½ Kilogr., auf 3000 Liter 1 Kilogr. Da man Bier- und Presshefe nicht immer von der erforderlichen Qualität und zu billigem Preise haben kann, so pflegt man in den grösseren Brennereien künstliche Hefe zu bereiten. Das Zugeben der Hefe zu der gekühlten Maische geschieht auf ähnliche Weise wie das Anstellen der Bierwürze. Nach 3 bis 5 Stunden tritt die Gährung ein, wobei sich die Temperatur auf 30–32° erhöht. So wie die Kohlensäureentwickelung aufhört, sinken die schwereren Theile unter und machen den flüssigen Platz. Diese Erscheinung tritt am vierten Tage ein und gilt als Zeichen der Beendigung der Gährungsprocesses. So wie die Maische weingar oder reif ist, muss sofort zur Abscheidung des Alkohols geschritten werden. Dass man hier unter Reife nicht die absolute Vollendung der Gährung,

sondern die relative mit Berücksichtigung des ökonomischen Vortheiles versteht, welcher mit der rechtzeitigen Unterbrechung der Gährung verbunden ist, bedarf kaum der Erwähnung.

Maische aus Kartoffeln.

Die Kartoffeln bestehen aus 28 Proc. Trockensubstanz (mit 21 Proc. Stärkemehl und 2,3 Proc. Albuminkörpern) und 72 Proc. Wasser und enthalten ebenso wie die Cerealien nur das in Dextrose überführbare Stärkemehl, nicht aber auch den Umbilder, welchen man Diastase genannt hat. Dieser Stoff wird auch nicht in den Kartoffeln durch das Keimen erzeugt. Damit daher die Stärke der Kartoffeln in Dextrose übergehe, muss man entweder bei der Verarbeitung der Kartoffeln Malz zugeben, oder die vorbereiteten Kartoffeln mit verdünnter Schwefelsäure behandeln. Je nachdem nun das erstere oder das letztere geschieht, unterscheidet man: a) Darstellung der Maische mit Hülfe von Malz, b) Darstellung der Maische mittelst Schwefelsäure. Die erstere Art der Maischdarstellung ist die gewöhnliche und von ihr wird vorzugsweise im Folgenden die Rede sein.

Man unterscheidet bei der Bereitung der weingaren Kartoffelmaische folgende Operationen: 1) *Das Waschen und Kochen der Kartoffeln.* Ehe man die Kartoffeln dämpft oder kocht, reinigt man dieselben in der Regel von der anhängenden Erde. Das Waschen geschieht entweder in einem Troge oder in einer Trommel. Nach dem Waschen schreitet man zum Kochen der Kartoffeln, ohne sie vorher von der Schale zu befreien. Früher kochte man die Kartoffeln mit Wasser, gegenwärtig allgemein mit Dämpfen. 2) *Das Zerkleinern der gargekochten Kartoffeln.* Sobald die Kartoffeln gargekocht sind, schafft man die Kartoffeln aus dem Bottich auf den Rumpf, der sie nach den zum Zerkleinern dienenden Apparate führt. Dabei wird die Dampfzufuhr nur ermässigt, nicht unterbrochen, damit die Kartoffeln heiss bleiben. Beim Erkalten nehmen gekochte Kartoffeln bekanntlich häufig eine seifige Beschaffenheit an, in deren Folge sie nur schwierig zerkleinert und nicht mehr gleichmässig mit Wasser gemischt werden können. Eine vollständige Ueberführung des Stärkemehls in Dextrose ist aber nur dann erreichbar, wenn durch die Quetschmaschinen eine lockere, mehlartige Substanz und nicht eine zusammengeballte Masse geliefert wird. Die einfachste Vorrichtung zum Zerkleinern der Kartoffeln besteht in zwei hohlen gusseisernen Walzen, deren Axen in Lagern eines Gestelles liegen und welche durch zwei Räder so mit einander verbunden sind, dass bei der Umdrehung die Walzen in entgegengesetzter Richtung sich bewegen. 3) *Das Einmaischen.* Die Kartoffeln werden auf ähnliche Weise wie das rohe Getreide unter Zusatz von Malz gemaischt. Man zieht das Gerstenmalz, weil es am kräftigsten und vortheilhaftesten wirkt, allen übrigen Malzarten vor, doch wendet man nicht selten Roggenmalz mit Gerstenmalz gemischt an. Das Grünmalz wirkt kräftiger als das Luftmalz und bedingt eine grössere Alkoholausbeute. Das Verhältniss des Malzschrotes zu den Kartoffeln wird verschieden angegeben, während auf der einen Seite behauptet wird, dass 2 bis 3 Proc. Gerste (als Malz) auf 100 Th. Kartoffeln genügend seien, wollen andere, dass man 10 Proc. Gerste nehme. Wie so häufig in der Welt möchte auch hier das Richtige in der Mitte liegen und in der That ist ein Zusatz von 5 Th. Gerste oder auch Luftmalz zu 100 Th. Kartoffeln am gebräuchlichsten. 100 Th. Kartoffeln (mit etwa 20 Proc. Stärkemehl) geben im Durchschnitt 17,3 Th. wasserfreies Extract in die Maischwürze, 5 Th. Gerstenmalz geben 3 Th. wasserfreies Extract; die Spiritusausbeute ist daher auf diese beiden Materialien zu vertheilen. Bei dem Dickmaischen der Kartoffeln geht man etwas weiter als beim Maischen des Getreides, nämlich bis zu einem Verhältnisse der Trockensubstanz zum Wasser, wie 1 : 4,5, 1 : 4, selbst 1 : 3. Es ist klar, dass der grosse Wassergehalt der Kartoffeln (72–75 Proc.) bei diesem Verhältnisse in Abzug gebracht wurde.

Das Ab- und Zukühlen erfolgt auf dieselbe Weise, wie früher beschrieben worden ist. Auf dem Kühlschiffe erleidet die Maische Veränderungen, welche theilweise zum Vortheil, aber auch zum Theil nachtheilig auf die Alkoholausbeute sind. Zu den günstigen Veränderungen ist die Zunahme des Zuckergehaltes zu rechnen. In der abgekühlten Maische ist mehr Glycose enthalten als vorher, eine Thatsache, die sich nur durch die Gegenwart von Proteïnkörpern in der Maischwürze erklären lässt, welche die Eigenschaft besitzen, das Dextrin in der ungekühlten Maische in Dextrose überzuführen[123]. Eine andere Veränderung der Maische besteht in der Bildung von Milchsäure, die sich stets unter Mitwirkung eines eigenthümlichen Milchsäurefermentes auf Kosten des Zuckers bildet. Die Milchsäure bildet sich um so reichlicher, je langsamer die Abkühlung der Maische auf die Gährtemperatur vor sich geht. Das beste Mittel, ihre Bildung auf ein unschädliches Maass zu erniedrigen, besteht daher in der möglichst schnellen Abkühlung. Seit einiger Zeit hat man in der schwefligen

Säure ein ausgezeichnetes Mittel entdeckt, um die Ausbeute von Alkohol aus der Maische durch Verhinderung der Milchsäurebildung zu vergrössern. Man maischt unter Zusatz einer wässerigen Lösung von schwefliger Säure ein.

Maische mittelst Schwefelsäure.

Darstellung der Maische mittelst Schwefelsäure. Wie auf Seite 466 angegeben worden ist, kann die Umwandelung des Stärkemehls in Dextrose ausser durch die sogenannte Diastase des Malzes auch noch durch verdünnte Säuren, namentlich verdünnte Schwefelsäure, geschehen. Diese Art der Maischbereitung ist von Leplay empfohlen worden.

Bei der Ausführung werden die rohen Kartoffeln zu einem Brei zerrieben; der Brei wird in einen grossen Bottich gebracht und mit viel Wasser übergossen. Das aus den zerrissenen Zellen des Kartoffelbreies ausgeschiedene Stärkemehl setzt sich theils auf den Boden des Bottichs, theils auf der zerriebenen Kartoffelmasse ab. Die überstehende braune Flüssigkeit und mit ihr das Eiweiss der Kartoffeln, welches der Einwirkung der Schwefelsäure Schwierigkeiten machen würde, wird mit Hülfe eines Hebers entfernt. Die Flüssigkeit selbst dient für das Vieh entweder zum Tränken oder zum Annetzen des trocknen Futters. Während der Kartoffelbrei ausgelaugt wird, erhitzt man in einem zweiten Bottich die erforderliche Menge verdünnter Schwefelsäure mit Hülfe eines Dampfrohres bis zum Sieden. Auf das Hektoliter Kartoffeln rechnet man 1,5–2 Kilogr. englische Schwefelsäure und zu deren Verdünnung 3–4 Liter Wasser. In diese siedende Flüssigkeit wird nach und nach der ausgelaugte Kartoffelbrei eingetragen. Das Kochen wird fortgesetzt, bis nicht nur kein Stärkemehl, dessen Anwesenheit durch Jodwasser erkannt wird, sondern auch kein Dextrin in der Flüssigkeit mehr ist. Eine Probe der Flüssigkeit in einem Probirgläschen mit starkem Alkohol gemischt, darf nicht milchig werden, gegenfalls das Kochen fortgesetzt werden muss. Nach etwa fünfstündigem Kochen ist die Zuckerbildung beendigt. Die Flüssigkeit wird in einen Bottich mit Doppelboden gebracht und behufs der Trennung des ungelösten Faserstoffes in einen anderen Bottich abgelassen und darin mit Hülfe von Kreide neutralisirt. Die vom ausgeschiedenen Gypse abgelassene Flüssigkeit wird wie die mittelst Gyps erhaltene Maische mit Hefe zur Gährung gebracht. Ueber den Werth des Leplay'schen Verfahrens hat die Praxis noch nicht endgültig entschieden. In dem, was bis jetzt vorliegt, findet sich viel Widersprechendes. Im Allgemeinen stimmen alle Urtheile darin überein, dass mit dem neuen Verfahren im Ganzen wenig Vortheil verknüpft ist; was an Malz erspart wird, absorbirt die Ausgabe für Schwefelsäure und Brennmaterial, von welchem wegen des mehrstündigen Kochens bedeutend mehr verbraucht wird.

4) *Die Gährung der Kartoffelmaische.* Das Zugeben der Hefe zu der gekühlten Maische in den Gährbottichen geschieht auf dieselbe Weise wie bei der Maische aus Cerealien. Als Gährmittel wendet man auch hier Bierhefe an. Auf 100 Kilogr. rechnet man 1–2 Liter breiiger Bierhefe oder ¾–1 Kilogr. Presshefe. In der Kartoffelmaische befindet sich neben Malz- und Getreidehülsen auch fein zertheilter Zellenstoff; diese Substanzen werden während der Gährung auf die Oberfläche gehoben und bilden daselbst eine Decke, deren Ansehen und Verhalten einen Schluss auf den Verlauf der Gährung zu ziehen gestattet. Man unterscheidet in dieser Hinsicht regelmässige und unregelmässige Gährung. Erstere tritt nach 4–6 Stunden nach dem Hefegeben ein und verläuft innerhalb einer dem zugesetzten Hefenquantum und der Temperatur entsprechenden Zeit. Die Gährung geht ruhig, nicht stürmisch vor sich, die Decke wälzt sich durcheinander, indem dieselbe in einer Art rollender Bewegung an einer Seite niedersinkt, an der anderen Seite sich aus der Maische wieder emporhebt (Gährung mit wälzender Decke). Zuweilen bläht sich die Decke ähnlich dem gährenden Brotteig auf und steigt, bis das Kohlensäuregas entweicht, worauf dieselbe wieder zusammensinkt (Ebbe und Fluth). Unregelmässige Gährungsarten sind dagegen die Gährung unter der Decke, die Gährung mit durchbrochener Decke und die Gährung ohne Decke; bei der Gährung unter der Decke bleibt die Decke während der Gährung unbeweglich liegen und der Gährungserfolg ist gewöhnlich ein mangelhafter; der Grund davon ist in einem fehlerhaften Maischprocess und unvollkommener Verzuckerung, in der Benutzung eines zu schwachen Hefenquantums oder endlich einer zu niederen Temperatur der Maische und des Gährlokales zu suchen. Wenn während der Gährung die Decke durchbrochen wird und der Schaum über die Decke emportritt, die Decke aber ziemlich ruhig liegt, so ist zwar die Gährung kräftiger, als wenn sie unter der Decke erfolgt, das Resultat ist aber dennoch nicht befriedigend. Wenn endlich die Gährung ohne Decke verläuft, so ist dies ein Beweis zu einer schwachen

Gährung, indem die Kohlensäureentwickelung nicht kräftig genug vor sich geht, um die Treber an der Oberfläche der Maische halten zu können. Bei normalem Verlaufe der Gährung ist die Hefe nach 60–70 Stunden weingar und zur Destillation reif. In neuerer Zeit stellt man grosse Mengen von Spiritus aus Mais[124] und versuchsweise auch aus Reis[125] dar.

Maische aus Rüben.

Bei der Anwendung von solchen Vegetabilien zur Spiritusfabrikation, in welchen der alkoholbildende Körper bereits als Rohrzucker oder als Dextrose vorhanden ist, erspart man den Zuckerbildungs- oder Maischprocess und kann sofort zur Einleitung der Gährung schreiten, sobald die zuckerhaltigen Zellen aufgeschlossen worden sind und der Zucker in eine passende Lösung gebracht wurde. Der grosse Vortheil, welcher den Spiritusfabrikanten durch die Umgehung des Maischprocesses erwächst, springt zu sehr in die Augen, als dass man sich nicht mit aller Kraft bestreben sollte, die zuckerhaltigen Vegetabilien anstatt der stärkemehlhaltigen in die Spiritusfabrikation einzuführen, wobei jedoch nicht übersehen werden darf, dass nur dann eine solche zuckerhaltige Substanz Anwendung finden kann, wenn sie sich mit den bestehenden Steuerverhältnissen verträgt und sonst den Anforderungen Genüge leistet, die vom technischen und mercantilischen Standpunkte aus an die Spiritusfabrikation gemacht werden.

Unter den zuckerhaltigen Vegetabilien, die als Spiritusmaterialien Beachtung verdienen, stehen die Zuckerrüben oben an[126]. Die Zuckerrübe ist als Spirituspflanze dann besonders von hohem Werthe, wenn die Kartoffelproduktion in Folge von Kartoffelkrankheit einen Ausfall erlitten hat, um die Kartoffeln der Consumtion für die Menschen zu erhalten, ferner, wenn in Folge von niedrigen Zuckerpreisen oder misslichen Steuerverhältnissen die Zuckerfabrikation aus Rüben nicht mehr lohnend ist. Die Gewinnung des Saftes ist, so einfach wie sie scheint, doch ausserordentlich schwierig, da die zerriebenen Rüben ungeachtet ihres Saftreichthums einen sehr consistenten Brei bilden, indem die 4 Proc. Marksubstanz (Cellulose oder Pektose) hinreichen, um die 96 Proc. Saft aufgesogen zurückzuhalten. Diese schwammige Beschaffenheit des Rübenbreies steht nun der Verwandelung der ganzen Rüben in eine hinreichend concentrirte Maische im Wege und es hat sich bis jetzt noch kein Mittel gefunden, eine Verflüssigung des Breies herbeizuführen. Könnte man den consistenten Rübenbrei zur vollständigen Vergährung bringen, so würden 100 Kilogr. desselben gegen 6 Liter Alkohol liefern, eine Ausbeute, die selbst bei sehr niedrigen Spirituspreisen eine Verarbeitung der Rübe auf Spiritus gestatten würde. Da eine vollständige Vergährung des Rübenbreies nicht ausführbar ist, so lag es nahe, nur den Saft der Rüben zu verarbeiten und zwar diesen wie bei der Rübenzuckerfabrikation durch Pressen oder durch Maceriren zu gewinnen. Je nach der Art der Gewinnung des Saftes kann man folgende Methoden unterscheiden:

α) Gewinnung des Saftes durch Reiben und

a) Pressen,

b) Ausschleudern in Centrifugalapparaten;

β) Gewinnung des Saftes durch Maceration (oder auf dialytischem Wege), wobei man

a) die Rübenschnitte entweder mit kaltem oder mit heissem Wasser auslaugt (Verfahren von Siemens und Dubrunfault),

b) die Rübenschnitte mit heissem Spülicht (Schlempe) von der vorhergehenden Destillation auslaugt (Verfahren von Champonnois);

γ) Nach dem Verfahren von Leplay (und einer Modification desselben von Pluchart) unterwirft man die zerschnittenen Rüben der Gährung, ohne den Saft zu extrahiren und ohne Hefe zuzusetzen, und destillirt den Alkohol aus den gegohrenen Rübenstücken mit Hülfe von heissen Wasserdämpfen ab.

Spiritus aus den Abfällen der Zuckerfabrikation.

Auf den Antillen sowie in Ostindien werden die Abfälle der Zuckerfabrikation wie Zuckerschaum, Melasse u. dergl. in Gährung übergeführt und die gegohrene Flüssigkeit der Destillation unterworfen. Der durch

Destillation der mit Wasser verdünnten und gegohrenen Rohrzuckermelasse erhaltene Branntwein führt in den englischen Colonien den Namen Rum (Rhum, Taffia) und auf Madagascar und Isle de France den Namen Guildive. Die bei der Destillation zuerst übergehenden Theile enthalten das eigenthümliche Aroma des Rums. Durch Gährung und Destillation des Rohrzuckerschaumes erhält man einen brenzlichen, scharf sauren Branntwein, der gewöhnlich den schwarzen Arbeitern gegeben und Negerrum genannt wird. In England und Deutschland fabricirt man viel ordinären Rum, indem man die verdünnte Melasse der Zuckerraffinerien mit Hefe hinstellt und nach 3–4 Tagen die gegohrene Flüssigkeit destillirt. Das dem Rum eigenthümliche Aroma rührt von einer kleinen Menge Aether flüchtiger fetter Säuren, wol Pelargonäther her.

Auch die in so grosser Menge bei der Rübenzuckerfabrikation sich bildende Rübenmelasse dient zur Spiritusfabrikation (vergl. Seite 137). Für sich allein vergährt die Melasse nur sehr schwer vollständig. Beseitigt man aber vorher die alkalische Beschaffenheit der Melasse und führt man den Rohrzucker durch Kochen der Melasse mit verdünnter Schwefelsäure in intervertirten Zucker über, so ist die Gährung leicht einzuleiten und zu Ende zu führen. 100 Kilogr. Melasse geben im Durchschnitt 40 Liter Branntwein. Der anfänglich widerliche Geruch des Rübenbranntweins (das Rübenfuselöl besteht aus kleinen Mengen Propylalkohol, dann Butyl- und Amylalkohol, Pelargonsäure und Caprylsäure; ferner haben neuere Untersuchungen darin die Gegenwart eines Gemenges von Oenanth-, Capron- und Valeriansäure wahrscheinlich gemacht) verliert sich grösstentheils durch längeres Lagern. Der in der Blase nach dem Abdestilliren des Spiritus verbleibende Rückstand wird auf Schlempekohle (vergl. Seite 136) verarbeitet. Der Zusatz von Schwefelsäure hat indessen nicht nur die Function den Rohrzucker in einen leicht vergährbaren Zucker überzuführen, sondern vor Allem auch der sonst leicht eintretenden Milch- und Schleimsäuregährung vorzubeugen. Nach Al. Müller wird die Schwefelsäure passend durch Phosphorsäure zu ersetzen sein.

Spiritus aus Wein und Weintrestern.

Die Destillation von Spiritus aus Wein ist besonders in Frankreich, aber auch in Spanien und Portugal zu Hause. Man schätzt die jährliche Produktion von Weinspiritus oder Franzbranntwein (alcool de vin) in Frankreich auf 450,000 Hektoliter von 85 Proc. und an 400,000 Hektoliter Branntwein von 60 Proc. Die Qualität des aus Wein destillirten Branntweins ist von dem Reifgrade der Trauben, von der grösseren oder geringeren Sorgfalt bei der Gährung und Destillation, von der mehr oder minder innigeren Mischung der flüchtigen Principien des Weines mit dem Alkohol, von dem Alter des Weines und von der Art desselben abhängig. Alte Weine liefern eine bessere Qualität als junge, gallisirte und petiotisirte Weine eignen sich besonders zur Destillation. Der frisch destillirte Branntwein ist farblos und bleibt auch ohne Farbe, wenn man ihn sofort auf Flaschen füllt. Da man ihn aber in Fässern aus Eichenholz aufzubewahren pflegt, so löst er eine kleine Menge von Farb- und Extractivstoffen daraus auf und nimmt eine gelbliche Färbung an. Die besten Sorten von Weinbranntwein werden im Charentedepartement destillirt; sie führen sämmtlich im Handel den Namen Cognac und zeichnen sich durch seine eigenthümliche und gewürzhafte Milde aus, die man bis jetzt vergeblich nachzuahmen gesucht hat. Auch aus den Weintrestern und dem Weingeläger destillirt man Branntwein (Tresterbranntwein und Drusenbranntwein). Die bei der Destillation des Spiritus aus Wein verbleibende Schlempe (*Vinasse*) enthält grosse Mengen von Glycerin und lässt sich mit Leichtigkeit zur Fabrikation desselben verwenden.

B. Destillation der weingaren Maische.

Destillation der Maische.

Die weingare Maische (Kartoffelmaische) ist ein Gemenge von nichtflüchtigen und flüchtigen Stoffen. Zu den ersteren gehören Fasern, Malzhülsen, unorganische Salze, Proteïnsubstanzen, unzersetzte und zersetzte Hefe, Bernsteinsäure, Milchsäure, Glycerin u. s. w., zu den flüchtigen der Alkohol, die Fuselöle, das Wasser und kleine Mengen von Essigsäure. Die durch die Gährung entstandenen flüchtigen Maischbestandtheile werden von den nicht flüchtigen durch Destillation getrennt, indem man die flüchtigen Bestandtheile in Dämpfe verwandelt und diese Dämpfe durch Abkühlung wieder condensirt. Wenn man die weingare Maische bis zum Sieden erhitzt, so bilden sich Dämpfe, welche wesentlich aus Alkohol und Wasser bestehen; die durch die Condensation dieser Dämpfe erhaltene Flüssigkeit ist demnach ein Gemisch von Wasser und Alkohol.

Wasser siedet bei +100° C. bei 760 Millimeter Barometerstand

Alkohol „ „ +78,3° „ „ 760 „ „

Da nun der Siedepunkt des Wassers um 21,7° C. höher liegt als der des Alkohols, so könnte man vielleicht glauben, dass, wenn die weingare Maische bis auf etwa 80° erhitzt wird, nur der Alkohol übergehen werde, das Wasser dagegen zurückbleiben würde. Dies ist bekanntlich nicht der Fall und der Siedepunkt eines Gemenges von Wasser und Alkohol ist unter allen Umständen sogleich vom Anfange des Erhitzens an höher als der von reinem Alkohol und die sich bildenden Dämpfe sind stets ein Gemenge von Alkohol- und Wasserdämpfen. Der Grund hiervon liegt theils in der Anziehung des Alkohols zum Wasser, theils auch in der Verdunstung; erstere hält den Alkohol zurück und verhindert denselben, bei der Siedetemperatur des Alkohols (bei 78,3°) in Gestalt von Alkoholdampf zu entweichen. Ist durch Erhitzen der Siedepunkt des Gemisches von Alkohol und Wasser erreicht, es sei derselbe 90° C., so wird von dem Alkohol der grösste Theil dampfförmig sich entwickeln, weil dessen Siedepunkt der niedrigere ist; von dem Wasser wird dagegen nur so viel verdunsten, als wenn durch bis auf 90° erhitztes Wasser ein Luftstrom geleitet würde, denn die sich entwickelnden Alkoholdämpfe verhalten sich genau so wie ein Luftstrom und nehmen während ihres Durchganges durch das Gemisch von Alkohol und Wasser eine von der Temperatur abhängige Quantität Wasserdampf auf. Da die aus einer Flüssigkeit entweichende Dampfmenge im direkten Verhältnisse steht zu der Temperatur der Flüssigkeit, so wird die Menge der Wasserdämpfe in dem Dampfgemisch in dem Verhältniss zunehmen, je höher der Siedepunkt des Gemisches steigt, bis endlich, wenn der Siedepunkt des Wassers (= 100°) erreicht ist, in den sich entwickelnden Dämpfen keine Spur von Alkohol sich mehr befindet. Bei Beginn der Destillation bestehen daher die Dämpfe aus viel Alkohol und sehr wenig Wasser, später aus mehr Wasser, endlich nur aus Wasser. Man kann daher nie ohne weiteres durch blosse Destillation aus einer weingaren Maische den Alkohol von den übrigen flüchtigen Maischbestandtheilen trennen. Unterbricht man die Destillation dagegen zur gehörigen Zeit, so hat man in dem Destillat allen Alkohol, nebst einem kleinen Theile Wasser, während die Destillationsrückstände (Phlegma) keine Spur von Alkohol mehr enthalten.

Das aus Alkohol und Wasser bestehende Destillat heisst Lutter (Läuter, Lauer); unterwirft man dasselbe einer nochmaligen Destillation oder Rectification, so wird das Destillat alkoholreicher, bis es endlich durch wiederholtes Rectificiren oder Weinen einen gewissen Alkoholgehalt erlangt hat, der durch Destillation nicht mehr erhöht werden kann. Die letzten Antheile Wasser werden von dem Alkohol so hartnäckig zurückgehalten, dass deren Entfernung durch Destillation nicht ausführbar ist, wohl aber erreicht werden kann, wenn man zu dem wasserhaltigen Alkohol eine Substanz setzt, die zum Wasser mehr Verwandtschaft, als letzteres zum Alkohol hat. Solche Körper sind z. B. der Aetzkalk, das geschmolzene Chlorcalcium u. s. w.; sie geben bei der Digestion und nachfolgenden Destillation absoluten Alkohol, welcher in der Technik im Grossen niemals Anwendung findet. Das bei der Rectification des Lutter zuerst übergehende, sehr alkoholreiche Destillat heisst Vorlauf, das spätere Nachlauf. Ein zweimal rectificirter Alkohol enthält gegen 50 Proc. Alkohol; durch Rectification kann man den Alkohol nicht stärker als 95procentig darstellen. Der nach dem Abtreiben des Alkohols bleibende Rückstand heisst Schlempe (auch Spülicht).

Destillirapparate.

Ein Destillirapparat, wie er zur Spiritusgewinnung Anwendung findet, besteht in seiner einfachsten Form aus vier Theilen, nämlich der Destillirblase, dem Helm, dem Kühlapparate und der Vorlage zur Aufnahme des Destillates.

Die Blase oder der Destillirkessel (auch Brennkessel, Brennblase) ist gewöhnlich aus Kupferblech, seltener aus Eisenblech angefertigt und hat in der Regel die Gestalt eines flachen Kessels, der aber bis auf eine obere runde Oeffnung von 12–24 Zoll Durchmesser geschlossen ist. Die Oeffnung ist mit einem einige Zoll hohen, starken Halse versehen. Der Boden ist entweder eben oder in der Mitte nach oben aufgebogen. Zum Ablassen der Schlempe ist unmittelbar über dem Boden ein mit Hahn versehenes Abflussrohr angebracht. Auf dem Obertheile der Blase befindet sich seitlich noch ein Ansatzrohr zum Füllen der Blase mit Maische. Der Helm oder Hut führt die entwickelten Dämpfe aus der Blase in den Condensationsapparat. Obgleich hierzu ein einfaches Rohr schon genügend wäre, zieht man es bei einfachen Destillirapparaten vor, den Helm gross und weit zu machen, um nicht nur die Maischtheilchen, die das Destillat verunreinigen würden, abzuscheiden, sondern auch ein alkoholreicheres Produkt zu erhalten, indem in Folge der grösseren Oberfläche die Dämpfe eine Abkühlung erleiden, welche die Fortführung der zuerst condensirten Wasserdämpfe verhindert. Grössere Helme haben endlich auch den Vortheil, dass sie Steigraum für die beim Erhitzen sich ausdehnende Maische gewähren. Da das Volumen der Dämpfe während der Abkühlung sich verringert, so würde die Gestalt eines Kegels die beste Helmform sein. Die Kühlapparate haben die Bestimmung, die durch den Helm zugeführten Dämpfe nicht blos möglichst vollständig zu condensiren und in eine tropfbare Flüssigkeit zu verwandeln, sondern auch so weit abzukühlen, dass davon nichts verdunstet; sie dürfen den Dämpfen keinen unnöthigen Spielraum gestatten, weil sonst während der Destillation atmosphärische Luft eindringt, die sich mit Alkoholdämpfen imprägnirt und dadurch beim Austritt oder Wechsel einen Alkoholverlust nach sich zieht; sie müssen endlich auch einfach und dauerhaft construirt sein und eine leichte und vollständige Reinigung zulassen. Die Kühlapparate sind Leitungen aus Zinn oder Kupfer (seltener Blei), welche von aussen durch Wasser oder wie bei den neueren Destillirapparaten durch Maische abgekühlt werden.

Verbesserte Destillirapparate.

Die Destillirapparate, mit deren Hülfe man sofort durch eine einmalige Destillation starken Alkohol erhalten kann, haben, so verschieden wie auch ihre Construction sein möge, das mit einander gemein, dass die gemischten Alkohol- und Wasserdämpfe auf ihrem Wege von der Blase bis zum Kühlapparate ununterbrochen an Alkohol reicher werden, bis sie endlich, auf die Stärke von Alkohol gebracht, in den Kühlapparat zur Verdichtung kommen.

Diese Anreicherung wird auf zweierlei Weise bewirkt, nämlich

1) dadurch, dass das Dampfgemisch wiederholt durch alkoholische Flüssigkeiten streicht, die durch Verdichtung der anfangs einströmenden Dämpfe entstanden sind; später, wenn die Temperatur in Folge fortgesetzten Einströmens von Dämpfen sich steigert, findet eine neue Destillation statt, wobei die Dämpfe weit alkoholreicher sind, als bei der ersten Destillation (Princip der Rectification);

2) dass die Dämpfe wiederholt der Einwirkung der kühleren Wände und Metalloberflächen des Apparates ausgesetzt werden; durch eine derartige regulirte Abkühlung ist man im Stande, das Dampfgemisch zu zerlegen, so dass der alkoholreichere Theil dampfförmig bleibt, während die Wasserdämpfe sich verdichten (Princip der Dephlegmation).

Ehedem war man genöthigt, wenn man starken Spiritus darstellen wollte, das Destillat wiederholten Destillationen zu unterwerfen, welche Geld und Zeit kosteten. Gegenwärtig finden diese Rectificationen in dem Apparate selbst statt und dadurch, dass man das Dampfgemisch zerlegt, ist man im Stande, durch eine einmalige Destillation Spiritus von beliebiger Stärke darzustellen.

An den meisten der neueren Destillirapparate lassen sich folgende Theile unterscheiden:

1) die Blase oder der Kessel, in welchem die sich zu destillirende weingare Maische befindet;

2) zwei Kühlapparate, deren einer als Rectificator dient; der andere vervollständigt die Condensation des fertigen Produktes;

3) ein Dephlegmator, in welchem das Dampfgemisch (Lutterdampf) zerlegt wird in einen Theil, der viel wässeriger ist und sich verdichtet, während ein anderer weit alkoholreicherer Theil dampfförmig bleibt. Letzterer gelangt in den Kühlapparat, ersterer fliesst zur Blase zurück.

Von den in Deutschland üblichen Destillirapparaten, bei welchen die zu destillirende Substanz weingare Kartoffelmaische ist, seien in Folgendem die Apparate von Dorn, Pistorius, Gall, Schwarz und Siemens beschrieben.

Fig. 233.

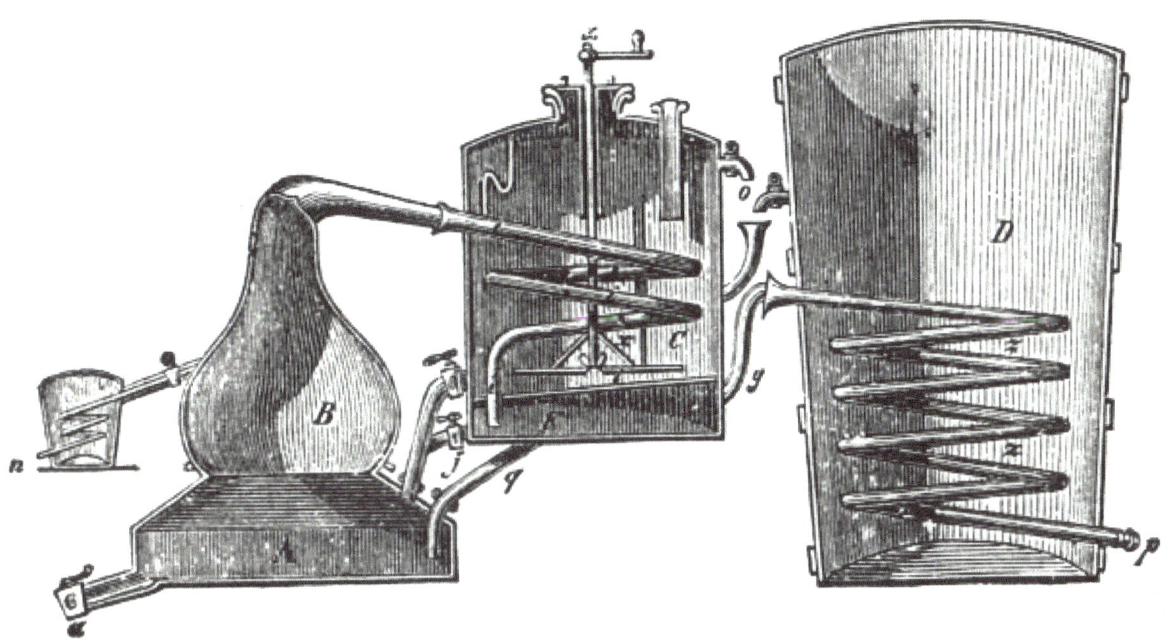

Der Dorn'sche Apparat (Fig. 233) besteht aus der Destillirblase *A*, dem geräumigen und dadurch als Dephlegmator wirkenden Helme *B*, dem Kühlapparate *D* und dem zwischen Blase und Kühlapparat liegenden kupfernen Gefässe, welches durch eine Scheidewand in zwei Abtheilungen *C* und *F* getheilt ist, von welchen die obere als Vorwärmer, die untere als Rectificator (Lutterbehälter) wirkt. Das mit dem Helm in Verbindung stehende kleine Kühlfass gestattet in jedem beliebigen Momente die aus der Blase sich entwickelnden Dämpfe auf ihren Alkoholgehalt zu prüfen. Der Vorwärmer ist bis zum Niveau des Hahnes *o* mit Maische gefüllt und fasst gerade so viel Maische, als zur Füllung der Brennblase erforderlich ist. Mit Hülfe des Rührwerkes *x x* wird die Maische von Zeit zu Zeit durcheinander gerührt, um die Wärmeabsorption gleichmässig zu machen. Die aus der Blase sich entwickelnden Lutterdämpfe treten in das Schlangenrohr *i* und erwärmen dadurch die Maische nach und nach bis fast auf 85°. Nach beendigter Destillation wird die Schlempe durch *a* abgelassen und die Blase aus dem Vorwärmer wieder mit Maische gefüllt. Sobald die Destillation beginnt, werden die Dämpfe in dem Schlangenrohre *i* des Vorwärmers verdichtet und sammeln sich als Flüssigkeit in dem Lutterbehälter *F* an. Werden die Dämpfe in *i* nicht mehr condensirt, was der Fall ist, sobald die Maische eine gewisse Temperatur erlangt hat, so treten sie in den Lutter und erhitzen denselben bis zum Sieden. Die durch diese zweite Destillation (Rectification) sich bildenden Dämpfe gehen durch *y* in das Schlangenrohr *z z* des Kühlapparates und treten bei *p* als Flüssigkeit aus. Mit dem Destilliren wird fortgefahren, bis das Destillat nur noch 35–40 Proc. Alkohol enthält; dann prüft man mit Hülfe des kleinen Kühlapparates *K*, ob sich aus der Maische noch Alkoholdämpfe entwickeln. Zeigt sich in dem bei *n* antretenden Destillat kein Alkohol, so ist die Destillation als beendigt anzusehen. Die Blase wird entleert, von Neuem aus dem Vorwärmer mit Hülfe von *l* gefüllt, der Vorwärmer mit neuer weingarer Maische beschickt und die Destillation wieder begonnen. Das in dem Lutterbehälter befindliche Lutter fliesst durch das Rohr *j* oder *q* in die Brennblase zurück. Der Dorn'sche Apparat enthält, wie aus der Abbildung und Beschreibung folgt, keinen eigentlichen Dephlegmator, auch hat er nur eine Brennblase. Man benutzt ihn daher gegenwärtig seltener zur Alkoholgewinnung aus Maische, als vielmehr zur Spiritusrectification.

Fig. 234.

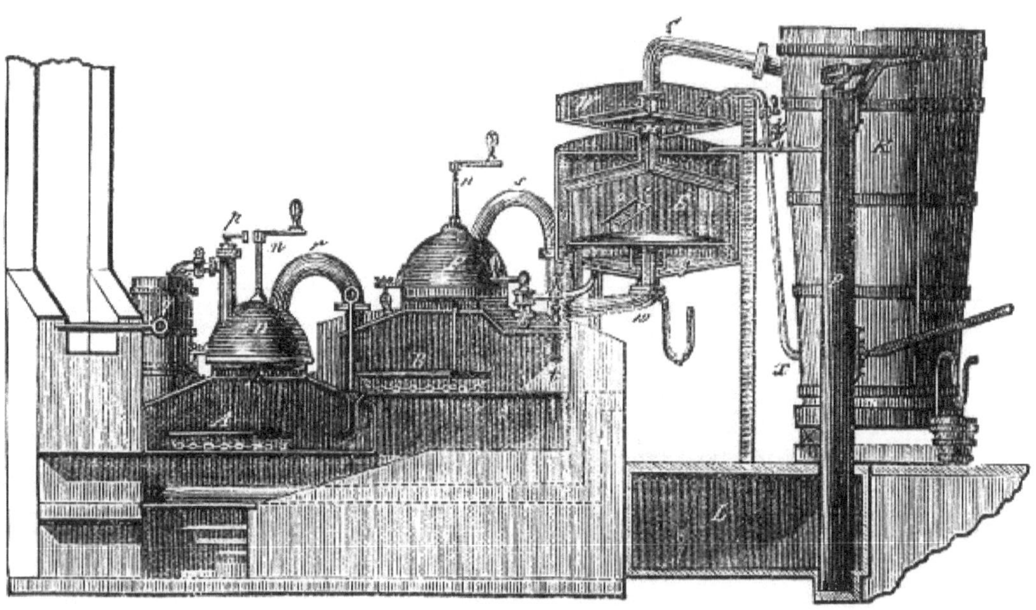

Fig. 235.

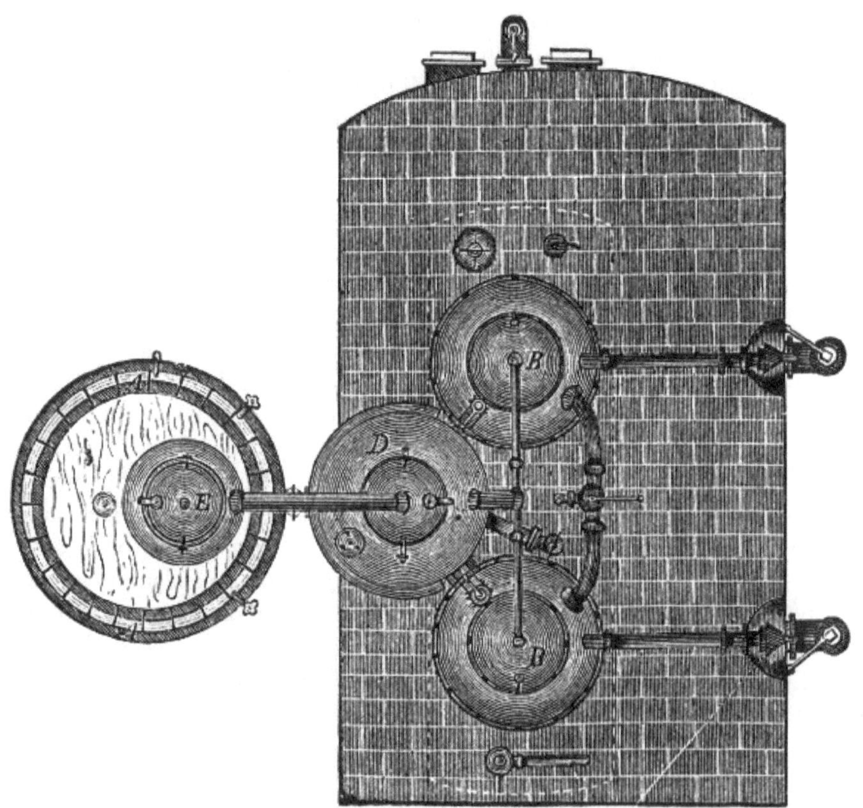

Apparat von Pistorius.

In Deutschland war Pistorius der Erste, welcher zwei Brennblasen anstatt einer anwendete und mit den Blasen auf höchst zweckmässige Weise Rectificatoren und Dephlegmatoren verband. Wenn man von einem normal construirten Apparat verlangt, dass man mit seiner Hülfe nicht nur allen Alkohol aus der weingaren

Maische, sondern denselben auch möglichst rein und concentrirt und zwar mit dem geringsten Aufwand von Zeit, Arbeitslohn und Brennstoff erhalte, so muss man anerkennen, dass der Apparat von Pistorius viel leistet. Es wird ihm deshalb in Norddeutschland (weit weniger in Süddeutschland, wo mehr der Gall'sche Apparat eingeführt ist) meist der Verzog vor anderen Brennapparaten gegeben, zu deren Construction der Pistorius'sche Apparat in vielen Fällen der Ausgangspunkt war. *A* und *B* (Fig. 234) stellen die beiden Blasen vor. *A* ist die eigentliche Blase, welche sich entweder unmittelbar über einer Feuerung befindet oder weit zweckmässiger durch Dampf, welcher durch ein mit einem Dampfkessel verbundenes Rohr einströmt, erhitzt wird. Die zweite Blase *B* steht etwas höher hinter der ersten und wird, wenn nicht Dampfheizung stattfindet, von der Flamme der unter der ersten Blase angebrachten Feuerung mitgeheizt. Die Blase *A* heisst Brennblase; auf ihr ist der grosse Helm *D* mittelst Schrauben befestigt. *p* ist ein aus dem Helm hervorragendes Rohr und mit einem nach Innen sich öffnenden Sicherheitsventil versehen, durch welches Luft eintreten kann, sobald gegen Ende der Destillation durch Condensation der Dämpfe ein luftleerer Raum entstehen sollte. Mit diesem Rohre *p* steht, wie bei dem Dorn'schen Apparat, ein kleiner Kühlapparat *q* in Verbindung, der durch einen Hahn abgeschlossen werden kann und dazu dient, die Beendigung der Operation anzugeben. In beiden Blasen sind Rührvorrichtungen *m* und *n*; diese bestehen aus verticalen, oben mit einer Kurbel versehenen eisernen Stangen, an deren Enden eine Querstange befestigt ist, an welcher sich eine Kette befindet, die auf dem Boden der Blase aufliegt und bei der Kurbeldrehung eine schleifende Bewegung erhält. Diese Rührvorrichtungen sollen nicht nur die Maische gegen das Anbrennen schützen, sondern auch die letzten Reste des Blaseninhaltes nach der Ausflussöffnung hinschieben. Das Rohr *x* führt die Lutterdämpfe in die zweite Blase, die Maischblase, in welche dasselbe weit hinabreicht. Das aus dem Helm *F* der Maischblase abgehende Rohr *s* führt die Dämpfe nach dem Maischvorwärmer, welcher (wie bei Dorn) in zwei Abtheilungen getheilt ist, die obere *E* enthält die Maische, die untere *g* (der Lutterkasten) die Dämpfe, welche letztere aus *g* durch den engen Zwischenraum *v* in den Becken- oder Rectificationsapparat *H* steigen. Häufig treten die Dämpfe, bevor sie in den Lutterkasten gelangen, in eine dritte Blase, die Niederschlagsblase, die auf unserer Zeichnung sich nicht befindet. Der Beckenapparat besteht aus zwei oder drei gegen einander gerichteten, mit einander verbundenen stumpfen Kegeln aus Kupferblech und trägt auf der Oberfläche ein flaches Wassergefäss *W*. Die Becken stehen zwar durch ein Rohr in Verbindung, besitzen jedoch in der Mitte eine Scheidewand, welche so befestigt ist, dass zwischen dem äusseren Rande derselben und der Beckenwandung nur ein schmaler Raum übrig bleibt. Die an das untere Becken eintretenden Dämpfe können daher nicht sofort durch die entgegengesetzte Oeffnung austreten, sondern sind genöthigt, um die Scheidewand herum zu gehen. Das Rohr *x* führt kaltes Wasser nach dem Beckenapparat, das kurze Rohr *y* nach dem Vorwärmer. Die Pumpe *P* pumpt die Maische aus dem Maischbehälter nach dem Vorwärmer. Aus diesem gelangt die Maische in die zweite und von da in die erste Blase. Zunächst füllt man beide Blasen und den Vorwärmer mit Maische an; ist die Füllung geschehen, so erhitzt man die erste Blase, sei es durch freies Feuer, sei es durch eingeleiteten Dampf. Die aus der Blase *A* sich entwickelnden Dämpfe gehen durch die Maische der Blase *B*, welche dadurch bis zum Sieden erhitzt wird. Die Blase *B* wirkt demnach als Rectificator; da die daselbst erzeugten Dämpfe keinen besonderen Druck mehr zu überwinden haben, so verlassen diejenigen, welche im Vorwärmer nicht condensirt wurden, sehr bald denselben, um nach dem Beckenapparate zu gehen. Soll die Destillation beginnen, so beschickt man jedes Becken zunächst mit kaltem Wasser und sorgt für Zufluss von kaltem und Abfluss von warmem Wasser, sobald die Dämpfe den Beckenapparat verlassen und sich dem Kühlapparat zuwenden. Sobald die Dämpfe das oberste Becken verlassen haben, dauert es nicht lange, so beginnt die eigentliche Destillation. Die condensirte Flüssigkeit, die anfangs tropfenweise ankommt, sammelt sich in dem Cylinder, wo das Aräometer seinen Platz hat, immer mehr und mehr an und fliesst endlich in Gestalt eines Strahles nach dem Spiritusreservoir ab. Die *Dampfheizung* hat gegenwärtig fast überall die Heizung über freiem Feuer verdrängt.

Fig. 236.

Apparat von Gall.

Bei den meisten Apparaten, die zum Destilliren der weingaren Maische Anwendung finden, ist der Lutterdampf von ungleicher, gegen das Ende der Destillation hin von abnehmender Stärke. Diesem Uebelstande ist bei dem Apparate von Gall oder dem Marienbadapparate (Fig. 235 und 236) abgeholfen. Mit dem Dampfkessel stehen zwei Blasen in Verbindung und letztere mit dem Lutterbehälter (Separator), ebenso wie es bei anderen Destillirapparaten der Fall ist. Nur ist die Art und Weise der Verbindung eine eigenthümliche. *B B* sind die beiden nebeneinander befindlichen Blasen. *C* ist der Dampfkessel mit den Feuerröhren *i i*. Die Blasen sind, um die Abkühlung nach aussen aufzuheben, in den Dampfkessel versenkt. *D* ist eine dritte ausserhalb des Dampfkessels befindliche Blase. *E* ist der Lutterbehälter, *F* und *G* sind zwei Dephlegmatoren; *A* ist das Kühlfass mit dem Kühlrohr *H*. Die Maische wird zuerst durch das Rohr *a a* in die Blase *D* gebracht, welche als Vorwärmer und Rectificator wirkt. Von dieser Blase aus werden die beiden Blasen *B B* gefüllt. Der aus dem Dampfkessel ausströmende Dampf gelangt durch das gebogene Rohr *b* in den Dreiweghahn *c*, von wo aus er entweder in eine der beiden Blasen *B* oder aufwärts durch das Rohr *d* nach dem Fass zum Kartoffeldämpfen geführt wird. Die aus einer der beiden Blasen *B B* aufsteigenden Dämpfe gehen in die andere der Blasen, die als zweite Blase dient, von da in die Blase *D*, sodann in den Lutterbehälter *E* und durch die beiden Dephlegmatoren *F* und *G* in den Kühlapparat. Das Eigenthümliche des Gall'schen Apparates besteht darin, dass durch passende Röhrenverbindung und Hahnstellung eine jede der beiden Blasen beliebig zur ersten oder zur zweiten gemacht werden kann, indem man den Dampf nach Belieben in die rechte und dann in die linke Blase leitet und umgekehrt; ferner eine jede Blase mit dem Apparat ausser Verbindung gesetzt, geleert und neu beschickt werden kann, während die untere ununterbrochen fungirt. Es gehört daher Gall's Apparat zu den continuirlich betriebenen Apparaten.

Fig. 237.

Apparat von Schwarz.

Der von Schwarz construirte Brennapparat ist namentlich im südwestlichen Deutschland der gebräuchlichste. Dieser Apparat besteht (Fig. 237) aus dem Dampfkessel *D*, den beiden Maischblasen *A* und *B*, dem Vorwärmer *C* mit dem Lutterbehälter *E*, den beiden Rectificatoren *H* und *F* und dem Kühlapparat *G*. *M* ist ein Reservoir für kaltes, *N* ein solches für heisses Wasser. Der in dem Dampfkessel *D* erzeugte Wasserdampf geht durch das Rohr *g* in die untere Abtheilung *A* der Doppelblase und streicht durch die darin befindliche vorgewärmte Maische, sammelt sich darauf schon mit Alkoholdämpfen gemischt in dem Helm *Z*, um durch das Helmrohr *u* einen entsprechenden Weg durch die obere Abtheilung der Doppelblase zu machen und wird von da nach einer doppelten Rectification durch das Rohr *t* nach dem Vorwärmer *C* geführt, dessen oberer Theil als Dephlegmator wirkt und mit Röhren *a a a* versehen ist, die ausserdem durch Maische kühl gehalten werden; das darin condensirte Phlegma sammelt sich in dem als Rectificator wirkenden Lutterbehälter *E*. Durch den letztern tritt der aus der oberen Abtheilung der Blase kommende Dampf ein und geht durch die Röhren *a a* in den Helm auf das Helmrohr *n*, welcher letztere mit dem Kelch *H* umgeben ist, der durch Wasser ununterbrochen abgekühlt wird. Hier setzt sich die Dephlegmation fort. Aus *H* begiebt sich der Dampf durch *v* nach *F*, einem Apparat, welcher dem Vorwärmer *C* entsprechend eingerichtet, nur von geringeren Dimensionen ist, weil hier die Menge des Dampfes sich bereits in dem Grade vermindert hat, als sein Alkoholgehalt gesteigert ist; die Dephlegmationsröhren darin sind nicht mit Maische, sondern mit Wasser umgeben, welches unausgesetzt sich erneuert. Der in dem Helm *b* und das Helmrohr *c* anlangende Dampf ist bereits so stark, dass er sofort nach dem Kühlapparat *G* geleitet wird; das Destillat fliesst bei *i* ab. Die zu destillirende weingare Maische wird zuerst in den Vorwärmer *C* gebracht, in welchem sie mit Hülfe der Rührvorrichtung *d d* auf gleichmässiger Consistenz und Temperatur erhalten wird. Nachdem sie darin vorgewärmt ist, gelangt sie durch das Rohr *e* in die obere Abtheilung und von da mittelst des Ventils *f* in die untere Abtheilung der Doppelblase, in welcher sich auch das Phlegma aus den übrigen Theilen des Apparates sammelt; es fliesst nämlich rückwärts aus der Abtheilung *h* und *l* der beiden Rectificatoren *H* und *F* durch die beiden Röhren *m'* und *n'* des Phlegma in den Lutterbehälter *E* und geht von da in die obere Abtheilung der Doppelblase, wo es sich mit der Maische mischt. Sobald die Maische allen Alkohol abgegeben, was man durch Prüfung der Dämpfe auf ihre Entzündlichkeit mit Hülfe des Probehahnes *o* erkennt, entfernt man die Schlempe aus der Blase durch den Hahn *p*. Durch die Röhren *q q q* werden die Rectificatoren und der Kühlapparat mit kaltem Wasser versehen. Das in dem Kühlapparat erwärmte Wasser gelangt durch das Rohr *r* in den

Dampfkessel. Durch *R* werden die Dämpfe in das Kartoffelfass geleitet, durch *S* in das Reservoir *N*, wenn das Wasser darin bis zum Sieden erhitzt werden soll. Der Schwarz'sche Apparat hat vor vielen anderen Brennapparaten den Vorzug, dass die einzelnen Theile leicht und sicher gereinigt werden können. Dagegen leidet er auch an mehreren Uebelständen; so ist namentlich die Construction des Maischwärmers nicht ganz zweckmässig, es kommt die in dem Lutterbehälter *E* verdichtete Flüssigkeit nicht hinreichend mit den Dämpfen in Berührung und es wird die beabsichtigte Destillation nicht so ausgeführt, wie es sein sollte. Die Dämpfe gehen so rasch durch diese Flüssigkeit, dass sie nur unvollkommen entwässert werden und daher noch ziemlich wasserhaltig in die Dephlegmationsapparate gelangen, wo ihre Rectification auch nur unvollständig sein wird, weil die runden und geraden Röhren den Dämpfen wenig Berührungspunkte darbieten und ein grosser Theil der Dämpfe der Abkühlung sich entzieht, ja selbst die zu Bläschen verdichteten Dämpfe werden von den nicht condensirten Dämpfen mit fortgerissen. Auch der Kühlapparat, der aus einer Anzahl gerader verticaler Röhren besteht, ist insofern ein unzweckmässiger, als die oben eintretenden Dämpfe, sowie sie condensirt worden sind, als Tropfen sofort nach unten fallen und abfliessen und nicht Zeit haben, ihre Wärme abzugeben. Eine genügende Abkühlung des Destillates ist nur durch grossen Aufwand von Kühlwasser möglich.

Siemens' Apparat.

Unter den Apparaten, welche im Verhältniss ihrer Leistungsfähigkeit mit einem geringen Kostenaufwande herzustellen sind, gehört auch der in der technischen Werkstatt zu Hohenheim aufgestellte Brennapparat, welcher unmittelbar aus der Maische Branntwein giebt. In der Abänderung, wie er zur Darstellung von Spiritus sich eignet, ist er Fig. 238 im Durchschnitte abgebildet. Der Apparat besteht aus zwei im Dampfkessel stehenden Maischblasen mit einer Wechselverbindung (mit Hilfe der Hähne *a*, *b* und *c*), wie bei Gall's Apparat; der Vorwärmer und Dephlegmator ist nach Siemens construirt. *L* ist der Dampfkessel, *P* die eine der Maischblasen, *K* ist der Lutterbehälter, *R* der Vorwärmer, *A* das Reservoir für den Lutter zur Speisung des Dampfkessels mit demselben, *C* der Dephlegmator, *B* der Behälter für die in *C* condensirten Dämpfe. Aus dem Dephlegmator treten die Dämpfe in den (nicht mit abgebildeten) Kühlapparat. Die Dimensionen dieses Apparates sind auf folgende Calculation basirt. Der Dampfkessel hat zum Kochen von 5000 Kilogr. Kartoffeln in vier Zeitabschnitten à 40–45 Minuten, demnach innerhalb drei Stunden den fünften Theil des Gewichts der Kartoffeln, mithin 1000 Kilogr. oder in einer Stunde 333 Kilogr. Dampf zu geben, welche eine dampfgebende Fläche von etwa 11 Quadratmetern erforderlich machen. Für den Brennereibetrieb ist eine Dampfmaschine nöthig, daher ist diese dampfgebende Fläche noch um etwa 20 Proc. zu vergrössern: dem Kessel ist folglich eine Abdampffläche von 13,5–14 Quadratmetern zu geben. Die Maischblasen brauchen nur so gross zu sein, als zur Füllung mit etwa 500 Liter erforderlich ist; da wie schon erwähnt der Lutter aus *A* nicht in die Maischblase, sondern in den Dampfkessel zurückgeführt wird und die Maischblasen, weil sie in dem Dampfkessel stehen, nach aussen nicht abgekühlt werden, wodurch die von den Dämpfen fortgerissene Wassermenge compensirt wird.

Fig. 238.

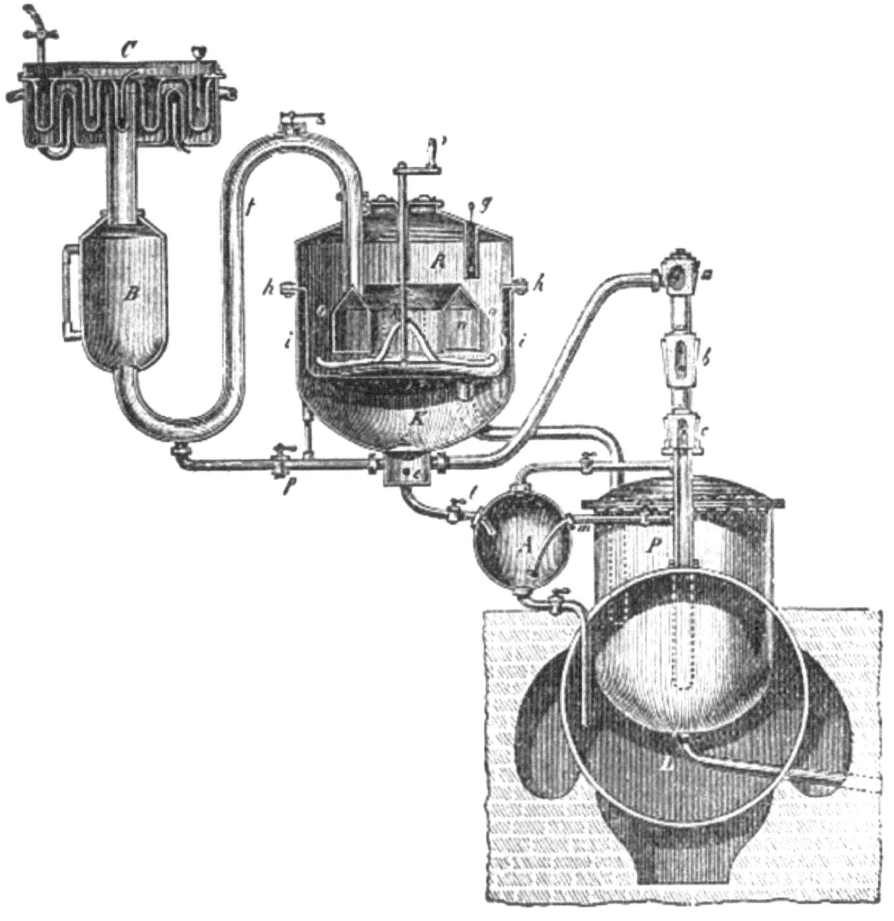

Der Maischwärmer besteht aus dem cylindrischen Theile *i i*, dessen fester Theil eine Vertiefung *c* hat. In dem Cylinder befindet sich der engere untere Theil *o o* des eigentlichen Maischbehälters mit dem Wärmerohre *f n*. Mittelst des Wechselringes *h h* ist der obere Theil des Vorwärmers mit dem untern verbunden. *r* ist ein Rührapparat, welcher während der Destillation wiederholt in Bewegung gesetzt wird. Die Dämpfe aus der zweiten Blase werden in die Vertiefung *c* unter dem Vorwärmer geleitet, welche, damit die Dämpfe mit dem Phlegma in Berührung kommen, mit einem Siebe bedeckt ist. Die Dämpfe umgeben den unteren Theil des Maischbehälters und treten in das Rohr *f* ein, durch welches sie in den unteren Cylinder des Dephlegmators gelangen. Das in dem Lutterbehälter sich ansammelnde Phlegma wird in das Reservoir *A* geleitet. Der obere und der untere Theil des Vorwärmers besteht aus Gusseisen, nur die inneren Boden- und Erwärmungsflächen sind aus Kupfer. Dieser Vorwärmer hat vor andern ähnlichen Apparaten den Vorzug der gleichmässigen Vertheilung der Wärme, ausserdem, dass er leicht gereinigt werden kann, wodurch auf der einen Seite die Wärmeleitungsfähigkeit besser erhalten wird, welche gegentheils durch die Bildung einer die Wärme nicht leitenden Kruste schnell abnimmt, auf der andern Seite ein reineres Produkt erhalten wird. Der Dephlegmator *C* ist so eingerichtet, dass die rectificirten Dämpfe durch zwei einander gegenüberstehende Röhren, welche sich nach dem Kühlapparat zu wieder vereinigen, abgeleitet werden. Das Uebrige wird aus der Zeichnung klar.

Continuirliche Destillirapparate.

Fig. 239.

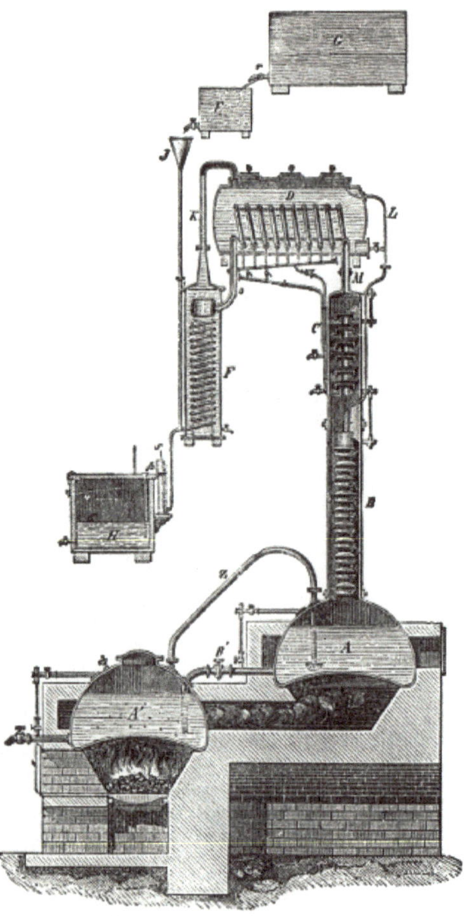

Zu denjenigen Destillirapparaten, die zur Destillation von Wein (nicht von Maische) bestimmt sind und continuirlich betrieben werden, gehört der in der Geschichte der Spiritusfabrikation Epoche machende Apparat von Cellier-Blumenthal (Fig. 239) nach der verbesserten Construction von Desrosne. Er besteht aus den beiden Blasen *A* und *A'*, dem ersten Rectificator *B*, dem zweiten Rectificator *C*, dem Weinerwärmer und Dephlegmator *D*, dem Kühlapparate *F*, dem Regulator *E* für den Zufluss der Flüssigkeit, welche sich in dem Reservoir *G* befindet. Die Blase *A'*, obgleich eben so wie die Blase *A* mit Wein gefüllt, wirkt als Dampfkessel; der sich entwickelnde Lutterdampf kommt in den beiden Rectificatoren mit dem in ununterbrochenen Strome herabfliessenden Weine in Berührung, wodurch eine Dephlegmation stattfindet; der alkoholreicher gewordene Dampf wird in dem Gefäss *D* noch stärker und gelangt von da in den Kühlapparat *F*. Damit in den Rectificatoren in der That eine Rectification vor sich gehe, muss der abwärts strömende Wein bis auf eine bestimmte Temperatur erwärmt sein, die ihm dadurch ertheilt wird, dass er das Kühlwasser erhitzt. Der aus der Blase *A'* sich entwickelnde Dampf geht durch das Rohr *Z* bis auf den Boden der zweiten Blase *A*. Beide Blasen werden durch eine Feuerung geheizt. Mit Hülfe des Rohres *R'* wird die Flüssigkeit aus der zweiten Blase in die erste geleitet. Der erste Rectificator *B* enthält eine Anzahl halbkreisförmiger gekrümmter und gegeneinander geneigter Scheiben von ungleicher Grösse, welche an senkrechten Stäben so befestigt sind, dass sie herausgenommen und gereinigt werden können; die grössten Scheiben sind mit ihrer concaven Fläche nach oben gekehrt und siebähnlich durchlöchert. In Folge dieser Anwendung treffen die aufsteigenden Dämpfe grosse mit Wein befeuchtete Flächen, der überdies cascadenförmig aus den Becken herabrinnt und so mit den Dämpfen in die innigste Berührung kommt. In dem zweiten Rectificator *C* sind sechs Abtheilungen; in der Mitte einer jeden derselben ist ein Ausschnitt und dieser mit einem aufrecht stehenden Ansatz versehen, über welchem eine umgekehrte Kapsel befestigt ist, die fast bis auf den Boden der Abtheilung reicht. Ein Theil der Dämpfe condensirt sich in den Abtheilungen, so dass die Dämpfe gezwungen sind, den Lutter zu durchstreichen und dabei einen Druck von etwa 2 Centimeter Flüssigkeitssäule zu überwinden. Der Vorwärmer und Dephlegmator *D* ist ein horizontal stehender Cylinder aus Kupfer, welcher ein Schlangenrohr mit verticalen Windungen enthält; das Rohr *M* communicirt mit diesem Rohre, dessen anderes Ende in das Rohr *O* einmündet. In den Windungen sammelt sich ein Phlegma, dessen Alkoholgehalt in den vorderen Windungen am stärksten, in den hinteren abnehmend schwächer ist; es sammelt sich am unteren Theile jeder Spirale und wird durch Ansatzröhrchen in ein Sammelrohr geführt, von dem aus die Flüssigkeit, mit Hülfe eines anderen Rohres und passend angebrachter Hähne, ganz oder nur ein Theil davon, nach Belieben in das Rohr *O* oder in den Rectificator geführt werden kann. Durch das Rohr *L* wird der vorgewärmte Wein aus dem Dephlegmator in den Rectificator geleitet. Der Kühlapparat *F* ist ein überall geschlossener Cylinder mit einer Kühlschlange, die mit dem Rohre *O* communicirt; das andere Ende des Kühlrohres führt das Destillat nach aussen. Oberhalb dieses Apparates befindet sich das Rohr *K*, welches den Dephlegmator mit Wein versieht. Der kalte Wein fliesst in den Kühlapparat durch das Rohr *I*. Wenn der Apparat in Betrieb gesetzt werden soll, füllt man zunächst die beiden Blasen *A* und *A'* mit Wein. Darauf öffnet man den Hahn *E*, so dass das Rohr *J*, der Kühlapparat *F* und der Dephlegmator sich mit Wein füllen. Sodann erhitzt man den Wein in der Blase *A'* bis zum Sieden; die Dämpfe entweichen durch das Rohr *Z*, condensiren sich in *A*, dessen Flüssigkeit durch das Einströmen der Dämpfe und durch die unter ihm circulirenden Verbrennungsgase sich erwärmt und ebenfalls bald in's Sieden kommt. Die Lutterdämpfe gehen nach dem ersten Rectificator *B* und von da in das Schlangenrohr des Dephlegmators *D* und werden daselbst zum grossen Theile verdichtet; das Phlegma geht in den Rectificator zurück. Sobald der Vorwärmer *D* so weit erhitzt worden ist, dass die Hand die Wärme in dem erhitzten Wein nicht mehr verträgt, öffnet man den Hahn des Gefässes *E*, worauf die Destillation beginnt. Der durch das Rohr *J* in den Kühlapparat *F* geleitete Wein beginnt schon in diesem Apparate sich zu erhitzen und gelangt dann in den Vorwärmer, wo seine Temperatur sich fast bis zum Siedepunkt steigert; von da führt ihn das Rohr *L* in den Rectificator *B*, von wo er in die Blase *A* kommt. Sobald die Flüssigkeit der Blase *A'* keinen Alkohol mehr enthält, lässt man die Schlempe als Vinasse durch den Hahn *R* ausfliessen und öffnet darauf den Hahn *R'*, damit sich die Blase *A'* von Neuem fülle. Der Dampf legt den nämlichen Weg, aber in umgekehrter Richtung zurück; nach seiner Verdichtung in dem Kühlapparat *F* gelangt er in das mit Aräometer versehene Gefäss *N* und von da nach *H*. Der mit Hülfe des eben beschriebenen Apparates erhaltene Alkohol ist um so stärker, eine je grössere Anzahl von Windungen des Kühlrohres in dem Dephlegmator man mit dem Rectificator verbindet. Je nach dem Alkoholgehalt des Weines und der Stärke, die das Destillat haben soll, entscheidet die Praxis, welche der Hähne offen zu lassen sind. Desrosne's Apparat lässt sich leicht auf den unterbrochenen Betrieb anwenden; zu diesem Behufe braucht man nur das Reservoir, den Kühlapparat und den Rectificator mit kaltem Wasser anzufüllen und das untere Ende des Rohres *L* zu verschliessen.

Fig. 240.

Apparat von Laugier.

Fig. 241.

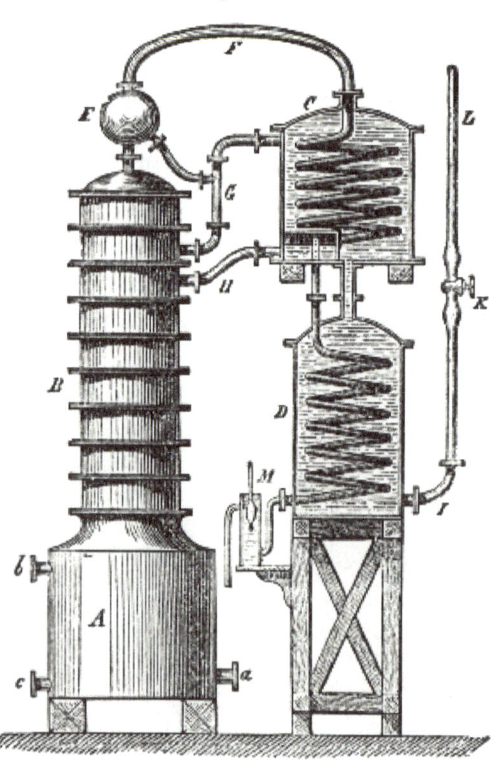

Von grossem Interesse ist auch der Destillirapparat von Laugier (Fig. 240 im Durchschnitt abgebildet). Wenn der Apparat von Desrosne sich durch geringen Brennstoffverbrauch, Schnelligkeit der Destillation und vorzügliche Beschaffenheit des Destillates auszeichnet, so ist er doch etwas complicirt, weil er so eingerichtet ist, dass man Wein von jedem beliebigen Alkoholgehalt verwenden und damit Alkohol von jeder gewünschten Stärke destilliren kann. Solche Apparate, die wie der von Laugier nur immer Flüssigkeiten von gleicher Beschaffenheit (Wein oder Maische) destilliren und ein Destillat von constantem Alkoholgehalt geben sollen, können dagegen weit einfacher construirt sein. Bei Laugier's Apparat gelangt die zu destillirende Flüssigkeit durch das Rohr *s* und den Trichter *p* in das Gefäss *A*, in dessen unteren Theil es eintritt, um dort zur Condensation der Alkoholdämpfe zu dienen. Aus diesem Gefässe begiebt sich die erwärmte Flüssigkeit durch das Verbindungsrohr *r* in den unteren Theil des zweiten Gefässes *B*, wo mit Hülfe eines Kühlrohres die Dephlegmation vor sich geht. Darauf gelangt die Flüssigkeit durch *c* in die zweite Destillirblase *C*, die durch die Verbrennungsgase von der Feuerung der ersten Destillirblase *D* erhitzt wird; in der Blase *C* erleidet die Flüssigkeit eine Rectification und die Vinasse geht durch das Rohr *e* in die Blase *D*. *m* ist das Dampfrohr, welches die Dämpfe aus *D* in die Blase *C* leitet, das Rohr *b* führt die alkoholischen Dämpfe in den Dephlegmator. Durch das Rohr *d* gelangt das Phlegma in die Blase *C*; *f* dient zum Entleeren der Blase *D*; *g* und *h* sind Rohre, um den Stand der Flüssigkeit in der Blase anzuzeigen; *l* führt die nicht verdichteten Dämpfe aus dem Dephlegmator in den Kühlapparat, *i* die sich in dem Gefäss *B* gebildeten Dämpfe in das Kühlrohr. Der in dem Kühlapparat verdichtete Alkohol geht, wie die Abbildung zeigt, in einen Probecylinder *o*, worin ein eingetauchtes Aräometer die Procente anzeigt. Der Kühlapparat des Gefässes *B* besteht aus sieben Abtheilungen, die durch weite Spiralen gebildet werden. Jede dieser Spiralen ist an ihrem niedrigsten Punkte mit einer kleinen Röhre versehen; diese Röhren vereinigen sich sämmtlich in dem Rohre *d*, durch welches die condensirten Theile in die Blase zurückgeführt werden. Durch die Stärke des Kochens in der ersten Blase und durch den Zufluss von Wein kann man die Abkühlung der Dämpfe im Dephlegmator beliebig reguliren, so dass man Branntwein von 50 Proc. oder Alkohol von über 80 Proc. erhält.

Zuweilen wendet man Apparate von noch einfacherer Construction an, in welchem die zu destillirende Flüssigkeit durch ein Schlangenrohr, in welchem Hochdruckdampf circulirt, erhitzt wird. Fig. 241 zeigt einen solchen Apparat. *A* ist ein Cylinder aus Gusseisen oder Kupfer, in welchem die zu destillirende Flüssigkeit mittelst eines kupfernen Schlangenrohrs erhitzt wird, das durch *b* in den Cylinder ein- und durch *a* austritt; durch *c* wird die vom Alkohol befreite Vinasse abgelassen. *B* ist der Dephlegmator, in welchem die zu destillirende Flüssigkeit continuirlich abwärts fliesst, während der aus *A* sich entwickelnde Lutterdampf ununterbrochen aufsteigt. Die Anordnung in dem Dephlegmator, um die Berührungsflächen zu vergrössern, ist eine sehr verschiedene. Die Dämpfe gehen in das Reservoir *E* und durch das Rohr *F* in den Rectificator *C*, der wie gewöhnlich eingerichtet ist; der condensirte Theil fliesst durch *H* in den Dephlegmator zurück, die nicht condensirten Dämpfe gehen in das Kühlrohr des Gefässes *C*, in welchem sie verdichtet, abgekühlt und durch *M* abgeführt werden. Die zu destillirende Flüssigkeit gelangt aus einem höher gelegenen Reservoir durch das mit dem Hahne *K* versehene Rohr *L I* in den Apparat und zwar zunächst nach *D*, dann nach *C*, von da durch *G* in den Dephlegmator und endlich in den Cylinder *A*.

Die Entfuselung.

Entfuselung. Wie Seite 519 hervorgehoben wurde, treten bei der geistigen Gährung neben dem gewöhnlichen Alkohol (Aethylalkohol) unter gewissen, noch nicht völlig festgestellten Bedingungen grössere oder geringere Mengen homologer Alkohole: Propylalkohol, Butylalkohol und Amylalkohol auf, deren höhere Glieder dem Alkohol unangenehme Eigenschaften ertheilen und mit dem Namen Fuselöle bezeichnet werden. Das Fuselöl ist je nach der Natur der Maische (ob Kartoffel-, ob Korn-, ob Rübenmaische) verschieden zusammengesetzt; es bildet sich in grösserer Menge nur dort, wo die Gährung bei höherer Temperatur in concentrirter Zuckerlösung und bei Abwesenheit von Weinsäure vor sich geht. Bei grosser Verdünnung und niedriger Temperatur gährende Flüssigkeit liefert kein Fuselöl, wenigstens keinen Amylalkohol, der sich auch nie im Weine findet, welcher bei Gegenwart von Weinsäure die Gährung durchgemacht hat.

Alle Fuselöle haben das mit einander gemein, dass sie weit weniger flüchtig sind als Wasser und Alkohol und daher bei der Branntweingewinnung nur gegen das Ende der Destillation in grösserer Menge auftreten, während sie bei der Spiritusgewinnung meist in den Condensationsprodukten der Dephlegmatoren enthalten sind. Ein Theil des Fuselöls geht mit dem Branntwein oder Alkohol über und lässt sich von demselben nur äusserst schwierig trennen. Das Kartoffelfuselöl ist wesentlich Amylalkohol ($C_5H_{12}O$), ein farbloses, dünnflüssiges Oel von 0,818 spec. Gew. und von durchdringendem, zum Husten reizendem, erstickendem Fuselgeruch und brennendem Geschmack, welches bei 133° siedet. Durch oxydirende Agentien (Kaliummanganat und -permanganat), ein Gemenge von Schwefelsäure und Kaliumchromat (oder Braunstein, sowie Platinmohr) wird es in Valeriansäure ($C_5H_{10}O_2$) übergeführt. Durch Säuren wird es auf dieselbe Weise in eigenthümliche Aetherarten umgewandelt wie der gewöhnliche Alkohol. Diese Aetherarten sind zum Theil von höchst angenehmem Geruch und finden deshalb in der Parfümerie und zum Aromatisiren von Bonbons u. s. w. Anwendung.

Fig. 242.

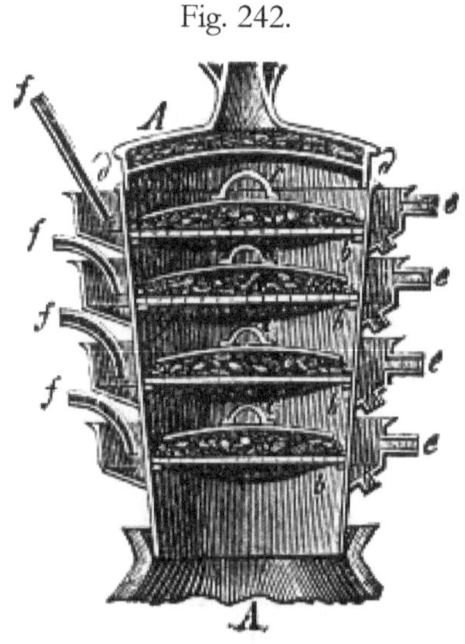

Für viele Anwendungen des Kartoffelspiritus ist der Fuselgehalt ein Nachtheil, der durch die Entfuselung zu beseitigen ist. Die Vorschläge, die in dieser Hinsicht gemacht worden sind, kommen theils auf eine Zerstörung des Fuselöls durch Oxydation oder Chlorung oder auf eine Maskirung und Ueberführung in minder unangenehm riechende Verbindungen, theils auf eine wirkliche Entfernung des Fuselöls hinaus. Chlorkalk, Kaliumpermanganat und dergl. bilden, wenn man über dieselben fuselhaltigen Spiritus rectificirt, valeriansauren Fuseläther, doch erstreckt sich die oxydirende Einwirkung ebensowol auf den Amylalkohol, sodass das anzuwendende Quantum dieser Agentien nur äusserst schwierig zu ermitteln ist. Rectificirt man den zu entfuselnden Spiritus mit einem Gemisch von Schwefelsäure und Essig, so bildet sich neben etwas Essigäther Amylacetat $C_2H_3O\ C_5H_{11}\ \}O$, das angenehm obstartig riecht. Aehnlich wirken Salzsäure und Salpetersäure, die ebenfalls schon zur Entfuselung angewendet wurden. Das bewährteste Entfuselungsmittel besteht in der Anwendung von gut ausgeglühter Kohle (vegetabilische Kohle, Torfkohle, Knochenkohle), welche, wenn man den fuselhaltigen Alkohol damit zusammenbringt, das Fuselöl mechanisch aufnimmt. Mit Hülfe von Kohle reinigt man den Spiritus und Branntwein theils in Dampfgestalt, theils durch Digestion in der Kälte und Filtration, unzweckmässig durch Rectificiren über dieselben, da bei der Siedetemperatur das von den Kohlen aufgenommene Fuselöl leicht wieder gelöst werden kann. Die zur Entfuselung zu verwendenden Kohlen werden gekörnt und die Kohlenkörner durch Sieben vom Staub befreit. Mit der gekörnten Kohle füllt man einen kupfernen Cylinder, der unten und oben einen eingelegten durchlöcherten Boden hat, an und schaltet den Cylinder zwischen dem Beckenapparat und dem Rectificator in den Destillirapparat ein in der Weise, dass die Dämpfe von unten nach oben durch die Kohle streichen. Auf 100 Liter zu entfuselnden Branntweins rechnet man 3–5 Kilogr. gekörnte Kohle, durch welche zweimal dieselbe Menge Spiritus gehen kann, ehe ihre absorbirende Kraft erschöpft ist, die durch Ausglühen wieder hergestellt wird. Bei dem Falkmann'schen Apparate (Fig. 242) ist das Wesentliche ein helmartiges Gefäss *A*, in welchem sich die durchbrochenen Böden *b b b* eingesetzt befinden; auf einem jeden Boden liegt eine Kohlenschicht, die mit einem Deckel *c* bedeckt ist. Das Ganze ist aber mit einem Hut geschlossen, der die Kohlenschicht *d d* enthält. Der um das Gefäss *A* auswendig herumlaufende Kühlapparat, der in der Zeichnung durch die Zuflussröhren *ffff* und die

Abflussröhren *eeee* angedeutet ist, dient dazu, die Temperatur der Kohlenschichten zu reguliren. Dieser Apparat ist höchst wirksam, da in der That in ihnen Entfuselung und Dephlegmation zu gleicher Zeit stattfindet.

Ausbeute an Alkohol.

Die Ausbeute an Alkohol aus einem gegebenen Material ist nicht nur von dem quantitativen Verhältnisse der alkoholgebenden Bestandtheile (Stärkemehl, Dextrose oder Rohrzucker) der Rohsubstanz, sondern auch von der mehr oder minder zweckmässigen Ausführung aller Operationen der Spiritusbereitung (Maischverfahren, Leitung der Gährung) in geeigneten Apparaten abhängig. Was den erstern Punkt betrifft, so lehrt die Chemie, dass, wenn wir von solchen Produkten, die wie das Glycerin und die Bernsteinsäure bei der geistigen Gährung in nur kleiner Menge sich bilden, absehen,

100	Th.	Stärkemehl	56,78	Th.	Alkohol	geben.
100	„	Rohrzucker	53,80	„	„	
100	„	Dextrose	51,1	„	„	

Die Erfahrung zeigt jedoch, dass die Alkoholausbeute geringer ist, als sie nach der Voraussetzung, dass je 1 Mol. Stärkemehl oder Zucker 2 Mol. Alkohol liefere, sein sollte, so liefern 100 Th. Rohrzucker nicht, wie oben angegeben, 53,8 Th. Alkohol, sondern nur 51,1 Th.

100	Kilogr.	Gerste	geben	44,64	Liter	Branntwein	von	50°	Tr.
100	„	Gerstenmalz	„	54,96	„	„	„	„	„
100	„	Weizenz	„	49,22	„	„	„	„	„
100	„	Roggen	„	45,80	„	„	„	„	„
100	„	Kartoffeln	„	18,32	„	„	„	„	„

6 Liter (Quart oder Maass) Branntwein vom metrischen Centner (Hektoliter, Scheffel u. s. w.) rechnet man 6 × 30 = 300 Proc. Alkohol, 7 Liter folglich 350, 8 Liter 400. 8 Liter à 48 Proc. Tr. = 384 Proc. Alkohol. Die Literzahl des Branntweins oder Spiritus ist mit dem Alkoholgehalte in Procenten nach Tralles zu multipliciren, demnach geben:

1	metrischer	Centner	Gerste	44,64 × 50 = 2232	Proc.	Alkohol.
1	„	„	Gerstenmalz	54,96 × 50 = 2748	„	„
1	„	„	Weizen	49,22 × 50 = 2461	„	„
1	„	„	Roggen	45,80 × 60 = 2290	„	„
1	„	„	Kartoffeln	18,32 × 50 = 916	„	„

(Behufs der Umrechnung auf die in Preussen üblichen Quartprocente sei bemerkt, dass ein bayer. Maass = 1,069 Liter, 1 preuss. Quart = 1,145 Liter.)

Nach solchen Quartprocenten rechnet man im Spiritushandel, so zwar, dass man

in Breslau	4,800	(60	Quart	à 80°)
„ Berlin	10,800	(200	„	à 54°)
„ Magdeburg	14,400	(180	„	à 80°)

Quartprocente als Einheit annahm und auf sie die Preisnotirung bezog. Neuerlich hat man sich geeinigt, diese auf 8000 (100 Quart à 80°) zu setzen.

Alkoholometrie.

Alkoholometrie. Um den Alkoholgehalt des Branntweins oder irgend einer destillirten alkoholhaltigen Flüssigkeit zu ermitteln, die jedoch keine anderen Bestandtheile, als Alkohol und Wasser enthalten, bedient man sich der Aräometer, Aräometer. Alkoholometer, Spiritus-, Branntwein- oder Senkwagen. Das Vaporimeter und das Ebullioskop (vergl. Seite 478) finden in der Alkoholometrie seltener Anwendung. Die Anwendung der Aräometer beruht auf dem Principe, dass ein in eine Flüssigkeit getauchter Körper ein dem seinigen gleiches Volumen Wasser verdrängt und von seinem Gewichte eben so viel verliert, als die verdrängte Wassermenge wiegt. Je nachdem nun die das Aräometer bildende Spindel mehr oder weniger in die Flüssigkeit einsinkt, erfährt man das spec. Gewicht derselben, aus welchem man dann den Gehalt zu absolutem Alkohol findet. — Die Aräometer von Tralles und Richter sind die gebräuchlichsten. Mit Letzterem stimmt das von Stoppani überein. Beide sind Procentaräometer, d. h. sie geben durch die Zahl, bis zu welcher sie einsinken, an, wie viel der untersuchte Alkohol in 100 Th. reinen Alkohol enthält. Die Differenz beider rührt aber davon her, das das Aräometer von Tralles Volumenprocente, das von Richter Gewichtsprocente angiebt. Da die Eintheilung des Richter'schen Aräometers auf nicht ganz richtigen Voraussetzungen beruht, so ist das von Tralles vorzuziehen. Das Alkoholometer von Tralles ist im Zollverein das gesetzliche Mittel zur Bestimmung des Alkoholgehaltes (bei 14,44° R.); in Oesterreich ist das Instrument ebenfalls eingeführt, nur mit dem Unterschiede, dass die Angaben auf die Temperatur von 12° R. (= 15° C.) sich beziehen.

Folgende Tabelle giebt eine Vergleichung der beiden Scalen unter einander und mit den wahren Gewichtsprocenten, mit dem entsprechenden spec. Gewichte, bei einer Temperatur von 15°.

Spec. Gewicht.	Wahre Gewichtsprocente.	Angebliche Gewichtsprocente nach Richter.	Volumenprocente nach Tralles.
0,990	4,99	5	6,23
0,981	11,11	10	13,73
0,972	18,12	15	22,20
0,964	24,83	20	30,16
0,956	29,82	25	36,50
0,947	35,29	30	42,12
0,937	40,66	35	48,00

0,926	46,00	40	53,66
0,915	51,02	45	58,82
0,906	54,85	50	62,65
0,899	60,34	55	67,96
0,883	64,79	60	72,12
0,872	69,79	65	76,66
0,862	74,66	70	80,36
0,850	78,81	75	84,43
0,838	83,72	80	88,34
0,827	88,36	85	91,85
0,815	92,54	90	95,05
0,805	96,77	95	97,55
0,795	99,60	100	99,75

Die bei uns allgemein gebräuchlichen Alkoholometer sind genaue Volumenprocentalkoholometer und geben an, wie viel Volumen (Maasse) Alkohol in 100 Volumen der alkoholischen Flüssigkeit enthalten sind. Branntwein von 50° Tralles ist also Branntwein, welcher in 100 Liter 50 Liter Alkohol enthält oder aus welchem von 100 Liter 50 Liter Alkohol erhalten werden können. Zieht man in Betracht, dass beim Mischen von Alkohol und Wasser beträchtliche Verdichtung und Volumenverminderung stattfindet, dass 50 Liter Alkohol und 50 Liter Wasser nur 96,377 Liter Mischung geben, so ergiebt sich, dass 100 Liter einer solchen Mischung nicht 50, sondern 51,88 Liter Alkohol enthalten.

Die Beziehungen der Brennerei zur Landwirthschaft.

Die Brennereirückstände. Die Beziehung, in welcher die Branntweinbrennerei zur Landwirthschaft und speciell zur Viehzucht steht, ist eine intensive und äusserst wichtige. Die Branntweinbrennerei hinterlässt Rückstände, welche sich noch als Viehfutter eignen; sie extrahirt aus den stärkemehlhaltigen Substanzen, welche sie verarbeitet, in der That nur den Alkohol, der durch die Gährung in der Maische sich gebildet hat und lässt alle durch die Gährung nicht veränderten ursprünglichen Nährstoffe der Kartoffeln und des Getreides in concentrirter Form zurück. Es liegt nun auf der Hand, dass wenn in dem gewonnenen Produkt (Spiritus oder Branntwein), die zu dessen Produktion aufgelaufenen Kosten zurückerstattet werden, die Brennereirückstände kostenfrei erhaltene Futterstoffe sind, deren Produktion in den Vordergrund tritt, während der Branntwein die Stelle einer Nebenproduktion einnimmt.

Die Branntweinbrennerei aus Kartoffeln beruht, als landwirthschaftliches Gewerbe betrachtet, wesentlich auf einer chemischen Zerlegung der Kartoffelsubstanz in Futtermaterial und in ein Produkt von verhältnissmässig sehr concentrirtem Werth und grosser Haltbarkeit und Transportfähigkeit — in Schlempe und Spiritus. Eine richtige Beurtheilung, ob in einem gegebenen Falle die Brennerei in Verbindung mit der Landwirthschaft noch mit Vortheil betrieben werden kann oder nicht, ist nur möglich, wenn man die Grösse der Beziehung der Brennerei zur Viehwirthschaft und ebensowol in Folge der vergrösserten Düngerproduktion als auch der Möglichkeit von Urbarmachung sandigen Bodens zum Kartoffelbau u. s. w. ins Auge fasst, und eine genaue und umfassende Berechnung des Aufwandes und des Ertrages anstellt und die Bilanz zwischen Ausgabe und Einnahme zieht. Den Aufwand bilden die Kosten für das Rohmaterial, die Arbeitslöhne, die Beaufsichtigung, das Brennmaterial, die Abnutzung der Geräthschaften, die Zinsen für das Anlage- und Betriebscapital und die Branntwein- (Malz-) und übrigen Steuern. Der Ertrag ist aus dem Spiritus (oder Branntwein) und der Schlempe zusammengesetzt. Es bedarf kaum der Erwähnung, dass der Preis der Rohmaterialien zu den Hauptfactoren gehört, welche den Ertrag der Brennerei bestimmen. Eine Vergleichung dieser Preise mit den Werthen des erzeugten Produktes — mit Hinweglassung der Produktionssteuer, die nur als Durchgangsposten zu betrachten ist — lehrt daher gleich von vornherein erkennen, ob in dem gegebenen Falle von einem Ertrage noch die Rede sein kann. Der zweite Theil des Ertrages besteht aus den Brennereirückständen, aus der Schlempe, welche ebenfalls zu Geld angeschlagen werden muss, eine Sache, die mit Schwierigkeiten verknüpft ist, weil die Ansichten der Landwirthe, sowie der Agriculturchemiker hinsichtlich des Futterwerthes dieser Rückstände noch ziemlich weit auseinander gehen und auseinander gehen müssen, wenn man berücksichtigt, dass die Schlempe nie eine constante Zusammensetzung haben kann, dass ihre Beschaffenheit sich nach den Rohmaterialien richtet, aus denen sie gewonnen wurde, ferner von dem verschiedenen Brennverfahren, der ungleichen Vollkommenheit des Maisch- und Gährverfahrens u. s. w. abhängt.

Schlempe.

Die Schlempe ist eine Flüssigkeit, in welcher sich unzersetztes Stärkemehl, Dextrin, Pektinkörper, Proteïnsubstanzen, Fett, kleine Mengen von Zucker, Hülsen, Bernsteinsäure, Glycerin, Salze und Hefebestandtheile theils gelöst, theils suspendirt befinden. Ihr Gehalt an Trockensubstanz beträgt nur 4–10 Proc. Diese Verschiedenheit ist eine Folge der verschiedenen Zusammensetzung des Rohmaterials, der verschiedenen Wassermenge, die man beim Maischen zusetzt und der ungleichen Wasseraufnahme der gegohrnen Maische während der Destillation. Ritthausen analysirte Schlempesorten mit folgenden Resultaten und das Verhältniss der Trockensubstanz zum Maischwasser war bei (I) 1 : 7,3, bei (II) 1 : 6, bei (III) 1 : 4,08, bei (IV) 1 : 4, bei (V) 1 : 3:

	I.	II.	III.	IV.	V.
Stickstofffreie Substanzen	2,78	3,23	3,08	4,14	5,31
Proteïnsubstanzen	0,82	1,04	1,26	1,39	1,78
Cellulose	0,46	0,43	0,94	0,78	1,00
Asche	0,52	0,59	0,72	0,79	1,01
Wasser	95,40	94,71	94,00	92,9	90,9

Wenn in einer Brennerei Kartoffeln und Malz stets in gleicher Menge und von gleicher Beschaffenheit angewendet werden, die Maische gleiche Concentration besitzt und übrigens das Verfahren stets dasselbe ist, muss die Schlempe immer ziemlich genau dieselbe Zusammensetzung haben. Es lässt sich annehmen, dass durchschnittlich ¾ der festen Bestandtheile der Schlempe Nährstoffe sind, dass das Verhältniss der stickstoffhaltigen Substanzen zu den stickstofffreien im Mittel = 1 : 3 ist, während es in den Kartoffeln wie 1 : 8 ist. Indem dieselben in Schlempe verwandelt werden, verlieren sie den grössten Theil ihres stickstofflosen Bestandes und werden dadurch zu einem proteïnreichen Futtermittel. In der Praxis schätzt man 150–250 Kilogr. Kartoffelschlempe = 50 Kilogr. Heu.

Presshefe.

Die Press- oder Pfundhefe. Obgleich bei der Gährung der gehopften Bierwürze Hefe (Unter- und Oberhefe) in beträchtlicher Menge sich erzeugt und in den meisten Fällen angewendet werden kann, wo es sich um geistige Gährung handelt, so ist sie doch zu gewissen Zwecken, z. B. zu der Bäckerei, ihres unangenehmen bitteren Hopfengeschmackes wegen im ungereinigten Zustande nicht anzuwenden. Sucht man die Entfernung der bittern Bestandtheile durch Auswaschen oder wie Trommer neuerdings empfohlen hat, durch Auflösen der Hefe in Alkalilauge und Fällen aus dieser Lösung durch verdünnte Schwefelsäure, so geschieht dies immer auf Kosten ihrer Wirksamkeit. Ausserdem ist die Hefenproduktion bei der Bierbrauerei durchaus Nebensache und alle Rücksichten auf Quantität und Güte der Hefe müssen gegen die nämlichen Rücksichten gegen das Bier in den Hintergrund treten. Es war daher in der Natur der Sache begründet, dass man die Hefenfabrikation als besondern und eigenthümlichen Gewerbszweig entstehen liess und damit zugleich für das so wichtige Produkt eine Quelle schuf, welche es reichlicher und besser, und namentlich auch ökonomisch vortheilhafter producirte. Obgleich auch die Hefenfabrikation ihr Produkt nicht anders als durch den Process der geistigen Gährung erzeugen kann, so sucht man doch die Hefe zum Hauptprodukt zu machen und die Gährung in dieser Richtung einzuleiten und auszuführen. Am passendsten ist die Fabrikation der Presshefe stets mit der Fabrikation von Branntwein verbunden.

Eine Zurückführung der Darstellung der Presshefe auf ihre naturgesetzliche Grundlage ist neuerdings durch genauere Erforschung der Natur der Hefe und ihrer Fortpflanzungsverhältnisse (vergl. Seite 470) ermöglicht worden. Wie aus dem früher Gesagten hervorgeht, ist die Hefenerzeugung der Cultur von Pflanzen an die Seite zu stellen, man pflanzt kräftige Hefenzellen in einen Boden, der die Bedingungen der Hefenpflanzenentwicklung darbietet und die nöthigen Nährstoffe in genügender Menge enthält. Nach einer durch die Praxis bestätigten Ansicht bieten Lösungen von Proteïnsubstanzen namentlich von Kleber und ähnlichen Eiweisssubstanzen der Cerealien ein höchst geeignetes Nahrungsmittel der Hefenzellen dar. Man maischt Gerstenmalzschrot (1 Theil) mit Roggenschrot (3 Theile) auf die gewöhnliche Weise ein und kühlt die Maische mit dünner Schlempe. Auf 100 Kilogramm Schrot setzt man 0,5 Kilogramm Natriumcarbonat hinzu und hierauf 0,35 Kilogramm Schwefelsäure mit Wasser verdünnt und setzt die Maische mit Hefe in Gährung. Aus der stark gährenden Flüssigkeit nimmt man mit Hülfe eines Schaumlöffels die Hefe ab, schlägt sie durch ein leinenes Tuch oder durch ein Sieb und lässt das Durchgegangene im kalten Wasser absitzen. Der Absatz wird gepresst, bis er einen steifen knetbaren Teig bildet, den man zur besseren Entwässerung gewöhnlich mit 4–10 (zuweilen sogar bis zu 24) Proc. Kartoffelstärkemehl versetzt. Zuweilen entfernt man das Wasser aus der Presshefe dadurch, dass man dieselbe auf eine absorbirende Unterlage — poröse Ziegelsteine oder Gypsplatten — bringt oder besser noch dadurch, dass man sie centrifugirt. Die Rolle des Natriumcarbonats scheint zu sein, die Kleberbestandtheile aus den Cerealien zu extrahiren und sie in auflösliche Form zu versetzen, die der Schwefelsäure, ebenfalls die Löslichkeit des Klebers zu befördern, die Milchsäurebildung zu verhüten, die nur auf Kosten des Stärkemehls vor sich gehen könnte und einen Ausfall an Spiritus zur Folge haben würde, und endlich zur Beschleunigung der Abscheidung der Hefekügelchen beizutragen. Für die Praxis der Hefenfabrikation sind, ihre Richtigkeit vorausgesetzt, die Beobachtungen von Pasteur u. A. von grosser Wichtigkeit, dass Hefensporen in einer *proteïnfreien* Flüssigkeit, nämlich in einer mit Ammontartrat, Kaliumphosphat, Gyps und Magnesiumphosphat versetzten Zuckerlösung sich zu Hefenzellen entwickeln. Die Lebensthätigkeit der Hefe nimmt demnach, wie es scheint, das Material zum Aufbau neuer Zellen, wie höher organisirte Pflanzen aus der unorganischen Natur, den nöthigen Stickstoff aus dem Ammoniak, den Kohlenstoff aus der bei der Zersetzung des Zuckers sich bildenden Kohlensäure.

Was die Ausbeute an Presshefe betrifft, so kann man auf 100 Kilogr. Roggen, einschliesslich des erforderlichen Malzschrotes etwa 15–16 Kilogr. fertige Hefe rechnen. Da das wirkliche Quantum der eigentlichen Hefe oder der stickstoffhaltigen Substanz in der Presshefe höchstens 20 Proc. beträgt, so wird bei der Hefefabrikation der Nahrungswerth der Schlempe, was deren stickstoffhaltige Substanz betrifft, nur wenig geschmälert.

Kunsthefe.

Es sei hier noch die Kunsthefe erwähnt, welche wesentlich nur den Gährungsprocess der gährenden Maische oder Würze von heute auf die zu stellende Maische oder Würze vom folgenden Tage übertragen soll und für die Spiritusfabrikation dasselbe ist, was der Sauerteig für die Brodbäckerei. Es giebt unzählige Vorschriften zur Bereitung von Kunsthefe und künstlichen Gährungserregern überhaupt; so weit man dieselben kennt, lassen sie sich auf folgende Kategorien zurückführen: 1) es wird einfach die Maische mit einem kleinen Theile in voller Gährung begriffener Maische des andern Tages gestellt (ähnlich der Bereitung von gekräustem Bier S. 505); 2) es wird von der in voller Gährung befindlichen Maische ein kleiner Theil des flüssigen Theiles mit Hülfe eines Hebers gezogen, diese Portion in Gährung versetzt und damit die Maische des nächsten Tages gestellt; 3) sobald in der zuletzt gestellten Maische die Hefenbildung am kräftigsten ist, mischt man einen Theil der an der Oberfläche abgeschiedenen Hefe mit der zu stellenden Maische, deren Temperatur man bis zu der zur Gährung erforderlichen erhöht. Nach Verlauf weniger Stunden kann diese Maische zum Stellen verwendet werden. Handelt es sich um Bereitung von eigentlicher Kunsthefe, so macht man wie bei der Fabrikation von Presshefe einen Ansatz von Malz- und Fruchtschrot mit Wasser, Schlempe oder frischer Kartoffelmaische, die man entweder mit Bierhefe oder mit Mutterhefe, d. h. einem zurückbehaltenen Reste derselben Kunsthefe anstellt.

Besteuerung des Branntweins.

Spiritussteuer. Nach den gegenwärtig herrschenden Principien in der Besteuerungspolitik erscheint der Branntwein als ein besonders zur indirecten Besteuerung geeignetes Object[127], weil mit seinem Genusse, wenn er ins Uebermaass geht, so verderbliche Folgen verknüpft sind, dass der Wunsch gerechtfertigt erscheint, es möge der Consumtion durch Preiserhöhung in Folge hoher Besteuerung eine Schranke gesetzt werden. Die Besteuerung des Branntweins (oder des Spiritus) erstreckt sich entweder auf die Fabrikation oder auf den Verbrauch. Die Verbrauchssteuer ist kaum ausführbar und ebenso unbequem für den Consumenten wie kostspielig für den Staat. Die Controle ist eine weit leichtere und die Belästigung trifft eine geringere Anzahl von Personen, wenn nicht der Verbrauch, sondern die Fabrikation besteuert wird. Man kann bei dieser Besteuerungsweise ausgehen:

1) vom Rohstoffe (mehlhaltige Rohstoffe wie Cerealien und Kartoffeln, ferner Zuckerrüben, Treber, Kern- und Steinobst, Weinhefen), wobei dessen mittlerer Gehalt an Trockensubstanz oder alkoholbildendem Körper (Stärkemehl oder Zucker oder Alkohol) zu berücksichtigen ist[128];

2) von der Maische, wobei man entweder nur ihre Menge, oder auch zugleich ihre Qualität und Consistenz in Betracht zieht;

3) von dem erzeugten Produkte selbst, indem man seine Grädigkeit, d. h. die Menge des darin enthaltenen absoluten Alkohols ermittelt;

4) von der Zeit, welche zur Gährung eines bestimmten Quantums Maische und zur Destillation eines bestimmten Volumens gegohrener Masse erforderlich ist.

Produktensteuer.

Die Besteuerung des Produktes ist ohne Widerrede nicht nur die gerechteste und rationellste Besteuerungsmethode, sondern auch die in der Zukunft einzig und allein mögliche, falls dem Spiritus aus der Brennerei in dem auf synthetischem Wege dargestellten Spiritus (aus Leuchtgas) oder auch nur in dem aus Cellulose erhaltenen Alkohol (wie er gegenwärtig als Nebenprodukt der Holzpapierfabrikation auftritt) in der That ein Concurrent erwachsen sollte. Sie legt dem Brennereibetriebe keine Schwierigkeiten in den Weg, sie beschränkt ihn nicht in der Wahl seiner Rohstoffe, sie trifft ferner alle Producenten nach Maassgabe ihrer Leistung. Sie hat aber auch ihre Schattenseiten, einmal treibt sie nicht, wie andere Besteuerungsarten, den Brenner, an Verbesserungen des Betriebes zu denken; während dem Brenner, dessen Rohstoff, dessen Maische und dessen Zeit besteuert wird, daran liegen muss, in der kürzesten Zeit die grösste Menge Alkohol zu erzeugen und das Verfahren zu verbessern, da jede grössere Ausbeute an Alkohol die Steuer verringert, ist es für den Producenten, dessen Produkt versteuert wird, in Bezug auf die Steuerquote gleichgültig, ob er auch rationell oder nachlässig arbeitet; die Alkoholmenge, die eben durch seine Brennmethode erhalten wird, wird versteuert, ist sie gering, so zahlt er weniger und umgekehrt. Eine andere Schattenseite der Besteuerung des Produktes ist die Leichtigkeit, mit welcher Defraudationen begangen werden können; die Steuerbeamten sind dadurch veranlasst, auch von der Fabrikation in allen ihren Phasen Notiz zu nehmen, um die Ueberzeugung zu gewinnen, dass nur das versteuerte Quantum Branntwein und nicht mehr producirt worden ist. Dadurch wird diese theoretisch vollkommenste Besteuerungsweise zu einer quälenden und betriebsstörenden für den Brenner; sie ist in England die gesetzliche. Im norddeutschen Bunde erhebt man (nach dem Gesetze vom 8. Juli 1868) von jedem Quart Branntwein von 50 Proc. Tr., falls der Branntwein aus Kartoffeln und Cerealien hergestellt worden war, $1\frac{9}{16}$ Silbergroschen Steuer. Die Besteuerung des Rohstoffes Besteuerung des Rohstoffes. ist, wenn sie eine gerechte sein soll, mit grossen Schwierigkeiten verknüpft, da man nicht nur auf die Gewichtsmenge, sondern auch auf den alkoholbildenden Bestandtheil darin Rücksicht zu nehmen hat. Es muss zuvor genau festgestellt sein, welche Alkoholausbeute eine bestimmte Menge des zu verarbeitenden Rohmaterials liefert. Da nun aus der Probe eines kleinen, beliebig genommenen Theils der Rohstoffmenge ein richtiger Schluss auf die Beschaffenheit des Ganzen nicht möglich ist, so folgt hieraus die Nothwendigkeit der Controle des Maischraumes. Auf der anderen Seite erfordert diese Besteuerungsweise Steuerbeamte, die nöthigenfalls im Stande wären, Proben des Rohstoffes (chemische Probe durch Waage oder Titrirung, Bestimmung des spec. Gewichtes u. s. w.) selbst mit der erforderlichen Genauigkeit vorzunehmen. Weil das Rohmaterial (Kartoffeln und Cerealien, weniger leicht Rüben) ziemlich leicht der Steuerbewachung entzogen werden kann, so sind auch hier Defraudationen unausbleiblich und die Behörde ist gezwungen, auch die Fabrikation mit zu überwachen. Obgleich noch nirgends in Anwendung, hat sie doch eine Zukunft, indem sie mit der Forderung der Wissenschaft, aus einem bestimmten Quantum Rohstoff die grösste Alkoholausbeute zu erzielen, im Einklange steht und dadurch zu einem mächtigen Sporn zur Vervollkommnung des Brennereibetriebes wird. Im norddeutschen Bunde (Gesetz vom 8. Juli 1868) erhebt man bei allen nicht mehlhaltigen Rohstoffen Branntweinmaterialsteuer und zwar vom Eimer (= 60 Quart)

α) eingestampfter Weintrebern und Kernobst 4 Silbergroschen;

β) Trauben- und Obstwein, Hefen und Steinobst 8 Silbergroschen.

Blasenzins.

Auf die Besteuerung der Zeit ist der Blasenzins basirt. Kennt man alle zur Destillation erforderlichen Geräthschaften einer Brennerei, so lässt sich mit Leichtigkeit und ziemlich sicher ein Schluss auf die producirte Alkoholmenge und auf die zur Destillation nothwendig gewesene Zeit ziehen; eben so leicht und genau lässt sich auch diese Zeit controliren. Indem man eine als Einheit angenommene Spanne Zeit, die zur Destillation gerade genügt, mit einem bestimmten Steuersatze belegt, stellt man dem Brenner die Aufgabe, in der kürzesten Zeit das grösste Alkoholquantum aus dem verarbeiteten Rohstoffe abzuscheiden; je höher der Steuersatz ist, desto wichtiger erscheint für den Brenner die Aufgabe, deren Lösung eine von der Behörde gesetzte Prämie auf beste Benutzung der kostbaren Zeit ist. In wenigen Fällen ist wol in der Industrie das britische *time is money* so handgreiflich dargestellt, als in dem vorliegenden Falle. Die Spiritusfabrikanten haben ihr Möglichstes gethan, die Prämie zu verdienen und die Branntweinbrennereien als Kleingewerbe hätten längst eingehen müssen, wenn die Behörden streng auf Durchführung der Besteuerung Maischraumsteuer. der Zeit gesehen hätten. Um die Branntweinbrennereien als landwirthschaftliches Gewerbe neben den Spiritusfabriken der Neuzeit fortbestehen lassen zu können, ergab sich die Nothwendigkeit eines anderen Mittels zur Feststellung der producirten Alkoholmenge. Dieses Mittel fand sich in der Ausmessung des Raumes, den die Maische während der Gährung einnimmt. Diese Art der Besteuerung führt den Namen Maischraumsteuer oder kurzweg Maischsteuer. Sie ist in einigen Ländern des Zollvereins die gesetzlich eingeführte und in der That giebt es wichtige Gründe, aus welchen sie andern Besteuerungsarten vorzuziehen ist. Ein Hauptgrund liegt in der Schwierigkeit, mit der gährenden Maische eine Defraudation vorzunehmen. Leider tritt vor dieser fiskalischen Rücksicht die wissenschaftliche dergestalt in den Hintergrund, dass in allen Ländern, in denen die Steuer vom Maischraum erhoben wird, der Brenner nicht mehr die Aufgabe hat, aus einer gegebenen Menge Rohmaterial die grösste Alkoholmenge zu erzeugen, sondern aus dem kleinsten Volumen Maische die höchste Alkoholausbeute zu erzielen. Der normale Verlauf des Zuckerbildungs- oder Maischprocesses, sowie der Gährung der verzuckerten Maische ist aber von einem gewissen Verdünnungsgrade abhängig, der nicht überschritten werden darf, ohne an Alkohol einzubüssen. Während die rationelle Technik eine gewisse Verdünnung der Maische verlangt, drängt die Besteuerung auf eine möglichste Benutzung des besteuerten Raumes, d. h. auf eine möglichst concentrirte Maische. In der Praxis ist daraus die Methode des Dickmaischens mit allen ihren Consequenzen hervorgegangen: „die Destillirapparate erhielten vielfache Verbesserungen und zweckmässigere Einrichtung, die Fortschritte des Brennereigewerbes im Ganzen betrachtet, würden indessen wahrscheinlich grösser sein, wenn die Eingriffe der Steuerbehörde in den Betrieb, in die Zeiteintheilung, Gährdauer, Brenndauer, Dimension der Geräthschaften u. s. w. nicht wesentliche Hindernisse wären". Die Maischraumsteuer gewährt dem fabrikmässigen Brennbetriebe grosse Vortheile vor den landwirthschaftlichen Kleinbrennereien. Nicht allein ist die Einführung von Dampfapparaten zur Erwärmung und Destillation, welche die Verarbeitung sehr dicker Maischen ermöglichen, an eine gewisse Grösse des Betriebes gebunden, sondern die Aufstellung dieser Apparate wird auch in demselben Maasse billiger, als sich die Erhaltungs- und Amortisationskosten auf eine grössere Alkoholmenge vertheilen. Brennereien mit ununterbrochenem Betriebe sind also schon deshalb in Vortheil vor jenen, die nur während des Winters brennen, wie die kleinen landwirthschaftlichen Brennereien, die nur wesentlich die bessere Verwerthung der selbst erbauten Kartoffeln zum Zwecke haben. In der Landwirthschaft sind ja die Rückstände der Brennereien, die Schlempe, als Mastfutter für Schweine und Rinder von so hoher Wichtigkeit, dass die Erzeugung dieser Rückstände öfter als Hauptprodukt in den Vordergrund, der Branntwein als Nebenprodukt in den Hintergrund tritt.

Die Brotbäckerei.

Brotbereitung.

Der Zweck der Brotbereitung ist, das Mehl der Körner der Cerealien durch Abänderung seiner chemischen und physikalischen Beschaffenheit in den Zustand zu versetzen, in welchem es am leichtesten zwischen den Zähnen zerkleinert, mit Speichel getränkt und dadurch am besten verdaut wird. Rührt man Mehl mit Wasser zu einem Teig an, so erhält man nach dem Trocknen bei gewöhnlicher Temperatur eine Art Kuchen, der die Stärkemehlkörner unverändert und unlöslich enthält und nur schwer verdaut wird, abgesehen davon, dass er durch seinen faden Geschmack den Appetit nicht reizt. Wird zum Trocknen die Temperatur des Siedepunktes des Wassers benutzt, so gleicht der Kuchen getrocknetem Kleister, welcher der Verdauung grosse Hindernisse entgegensetzt. Wirkt diese Temperatur nur auf die Oberfläche, aber nicht in das Innere des Teiges, so wird letzterer eine Beschaffenheit haben, welche in der Mitte steht zwischen mehliger und glasiger; von dieser Art ist der Schiffszwieback, der immer als ein stark ausgetrockneter Teig betrachtet werden kann und vor dem gebackenen Brote den Vorzug grosser Haltbarkeit, den Nachtheil dagegen eines faden Geschmackes und der Schwerverdaulichkeit hat. Durch das Backen will man nun zweierlei erreichen, einmal soll die eigentliche Brotmasse soweit erhitzt werden, dass das Stärkemehl in den aufgeschlossenen Zustand, in Kleister übergehe, der Teig sich aber nicht in eine feste spröde oder wässerige Masse verwandele, sondern sich aufblähe und nach dem beendigten Backprocesse von der bekannten lockeren und schwammigen Beschaffenheit erscheine; das andere Mal will man durch das Backen die Oberfläche des Brotes rösten und dieselbe dadurch in die Rinde oder Kruste überführen, wodurch nicht nur dem Brot der charakteristische Wohlgeschmack, sondern auch die Eigenschaft ertheilt wird, sich längere Zeit so ziemlich unverändert aufbewahren zu lassen. Das Mittel zur Auflockerung des Teiges ist meist die geistige Gährung, die man durch Zusatz von Gährungsmitteln (Fermenten), entweder Sauerteig oder Hefe, einleitet; ein kleiner Theil der Stärke des Mehles geht in Krümelzucker über, der in Alkohol und Kohlensäuregas zerfällt, letzteres sucht zu entweichen, wird aber daran durch die Zähigkeit des Mehlteiges verhindert. Der nebenbei erzeugte Alkohol kommt nicht in Betracht. Aus Weizenmehl und Hefe erhält man das Weissbrot, aus Roggenmehl oder einem Gemisch davon mit Weizenmehl und Sauerteig das Schwarzbrot. Heeren fand in dem Mehle, wie es gewöhnlich zum Backen benutzt wird, durchschnittlich gegen 13 Proc. Feuchtigkeit.

Die Details der Brotbäckerei.

Die Rohmaterialien der Brotbäckerei sind Mehl, Wasser und Gährungsmittel, ausserdem Salz, Gewürze u. dergl. Die Zusammensetzung der wichtigeren Mehlsorten ist folgende:

	a.	b.	c.	
Wasser	15,54	14,60	14,00	11,70
Albumin	1,34	1,56	1,20	1,24
Pflanzenleim	1,76	2,92	3,60	3,25
Caseïn	0,37	0,90	1,34	0,15
Fibrin	5,19	7,36	8,24	14,84
Kleber	3,50	—	—	—
Zucker	2,33	3,46	3,04	2,19
Gummi	6,25	4,10	6,33	2,81
Fett	1,07	1,80	2,23	5,67
Stärke	63,64	64,28	53,15	58,13
Fett	—	—	6,85	—

a. Weizenmehl, b. Roggenmehl, c. Gerstenmehl, d. Hafermehl. Ausser diesen Mehlsorten finden Mais-, Bohnen-, Erbsenmehl etc. zur Brotbereitung örtliche Anwendung.

Die Hauptphasen der Bäckerei sind:

Das Anmachen des Teiges und das Kneten.

1) Das Anmachen des Mehles mit Wasser zu einem Teige ist die erste Manipulation beim Backen. Es hat zum Zweck, das Dextrin, den Krümelzucker (deren Menge während des Anmachens durch die Einwirkung des Klebers auf das Stärkemehl vermehrt wird), einige eiweissartige Körper aufzulösen und im aufgelösten Zustande die unlöslichen Bestandtheile des Mehles, namentlich den Kleber, aber auch das Stärkemehl zu durchdringen, aufzuweichen und aufzulockern. Mit dem Wasser setzt man zugleich das Gährungsmittel, den Sauerteig oder die Hefe (Presshefe) zu, je nachdem Schwarzbrot oder Weissbrot dargestellt werden soll.

Unter dem Sauerteig (in Süddeutschland Frischel) versteht man diejenige Menge des in Gährung begriffenen Teiges, der bis zum nächsten Backen aufgehoben wird; er besteht aus einem Gemenge von Mehl und Wasser, in welchem ein Theil des Stärkemehles unter dem Einflusse der in Fermente (Hefe und Milchsäureferment) umgewandelten Proteïnkörper des Mehles zum Theil in Krümelzucker und als solcher in die geistige Gährung und Essiggährung, zum grössten Theile aber in die Milchsäuregährung übergegangen ist. Der Sauerteig wirkt in dem Teige gährungsfortpflanzend und auf dieselbe Weise, wie gährende Würze unter süsser Würze, d. h. wie Hefe. Der vom vorigen Backen zurückgehaltene Teig heisst Grundsauerteig (oder auch blos Grundsauer). Nach längerem Liegen ist der Sauerteig nicht mehr geeignet, gährungserregend zu wirken und geht nach und nach in Fäulniss über. Ueber das Verhältniss, in welchem man den Sauerteig zum Mehlteige setzt, lässt sich nichts Bestimmtes angeben, da dasselbe von der Art des herzustellenden Brotes, dem Säuregrad und der Beschaffenheit des Sauerteiges u. s. w. abhängig ist. Man rechnet gewöhnlich auf 100 Th. Mehl 4 Th. Sauerteig, oder auch auf 80 Th. Brot 3 Th. Sauerteig. Handelt es sich um Weissbrot, so rechnet man auf 100 Th. Mehl 2 Th. Presshefe. Das Anmachen des Mehles geschieht mit lauwarmem Wasser von 21–37°.

Kneten.

Der so erhaltene dünne Teig, aus Mehl, Wasser und Ferment bestehend, bleibt, mit Mehl bestreut, an einem mässig warmen Orte einige Zeit, meist über Nacht, stehen. Hierbei tritt die Brotgährung ein, indem das Ferment auf die Dextrose des Teiges einwirkt; in Folge der Kohlensäureentwickelung hebt sich der Teig (er geht auf). Dem aufgegangenen Teige verleibt man durch Kneten Mehl ein, weil er für sich zu wenig Consistenz hat, um verbacken werden zu können. Verfährt man nach der gewöhnlichen Art, nach welcher man zuerst nur ein Drittheil des Mehles mit dem Wasser anmacht, so knetet man dann die übrigen zwei Drittheile und das zur Bildung eines normalen Teiges erforderliche Wasser ein. Nach dem Kneten bestreut man den Teig mit Mehl und lässt ihn an einem warmen Orte nochmals aufgehen (zukommen), wozu kaum halb so viel Zeit, als zu dem ersten Gähren nöthig ist. In den meisten Bäckereien lässt man gegenwärtig das zweite Gähren weg und schreitet sofort nach dem Kneten zum Auswirken, d. h. man bringt den Teig in die gebräuchliche Form von Brot.

Durch das Auswirken wird der Teig zusammengedrückt und muss daher von Neuem an einem warmen Orte kurze Zeit der Gährung überlassen werden, um sich wieder zu heben (das Zurichten). In der Regel geschieht dies auf Körben (Backschüsseln) oder auf Leinwand (Brottüchern), die man mit Kleie bestreut, um das Anhaften zu verhüten. Das Volumen des Teiges nimmt bis auf das Doppelte zu. Während des Gährens bestreicht man beim Roggenbrote die Laibe öfters mit lauem Wasser, damit die Oberfläche keine Risse erhält. Dieses Bestreichen wird auch unmittelbar vor dem Einschieben in den Ofen wiederholt. Das Wasser erweicht die Rinde und löst etwas Dextrin aus dem Teige auf, welches nach dem Verdunsten des Wassers auf der Oberfläche (Kruste) zurückbleibt und dem Brote Glanz giebt. Haben sich die Brote genügend gehoben und hauchen sie einen eigenthümlich geistigen Geruch aus, so ist es Zeit, die Gährung durch das Backen zu unterbrechen. Da während des Backens die Brote durch Verdampfung des Wassers beträchtlich an Gewicht verlieren, das Gewicht des Brotes durch die Behörde aber vorgeschrieben ist, so muss man so viel Teig mehr nehmen. Das Gewicht des Teiges, welches zu einem Brote von bestimmtem Gewichte genommen werden muss, ist nach der Grösse des Brotes verschieden, und zwar im Verhältniss um so grösser, je kleiner das Brot ist. Je nach der Grösse des Brotes verliert der Teig beim Backen bis zu 25 Proc. an Gewicht. Der Grund davon liegt darin, dass, je kleiner das Brot ist, es desto mehr Kruste hat im Verhältniss zur Krume, dass ferner die Kruste weniger Feuchtigkeit enthält als die Krume.

Fig. 243.

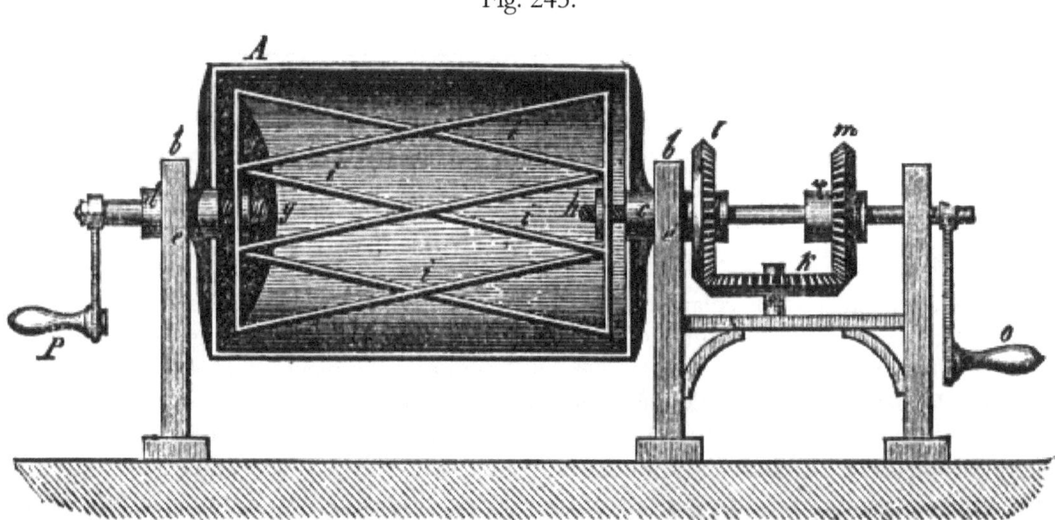

Knetmaschinen.

Das Kneten des Brotteiges mit den Händen und Armen ist eine überaus anstrengende Arbeit, der man häufig den Vorwurf gemacht hat, dass sie unreinlich und ungesund sei. Ohne uns in Erörterungen einzulassen, in wie weit diese Vorwürfe gerechtfertigt sind, ist doch anerkannt, dass die mit der üblichen Knetmethode verbundene körperliche Anstrengung eine ausserordentliche ist; es wurde deshalb längst der Gedanke erweckt, die Arbeit des Knetens durch Maschinen verrichten zu lassen. Obgleich es unmöglich ist, die Handarbeit durch Maschinen dort verrichten zu lassen, wo der Tastsinn in Betracht kommt und die Knetmaschinen eine allgemeine

Anwendung nicht finden konnten, so haben sie sich doch in allen Brotfabriken bewährt, wo es sich um die Herstellung von nur einer Brotsorte handelte. Von den vielen im Laufe der Zeit aufgetauchten Knetmaschinen sei nur die folgende von Clayton (Fig. 243) angeführt. Die Teigbestandtheile werden in den cylindrischen Backtrog *A* gebracht; er ruht auf dem Gestelle *b b* mittelst der hohlen Zapfen *c* und *d*, welche sich in den Lagern *e* drehen. Im Innern des Cylinders ist ein Rahmen *f* angebracht, der um die Zapfen *g* und *h* gedreht werden kann. Die beiden Hälften dieser Rahmen sind durch schräge Messer *i i* mit einander verbunden, welche beim Umdrehen des Troges den Teig bearbeiten. Die Bewegung des Troges und des Rahmens erfolgt in entgegengesetzter Richtung. Die Kurbel *o* ist mit der Axe des äusseren Troges, die Kurbel *p* mit dem inneren Rahmen verbunden. Indem beide Kurbeln in entgegengesetzter Richtung gedreht werden, bewegen sich Trog und Rahmen gegen einander. Das Drehen kann auch durch einen einzigen Menschen mittelst einer Kurbel verrichtet werden, indem die Welle *h* der Kurbel *o*, welche mit dem inneren Rahmen durch die hohle Axe verbunden ist und denselben bei der Umdrehung mitnimmt, ein konisches Rad *m* enthält, das in das Rad *k* eingreift, welches wieder ein mit dem hohlen Zapfen des Troges verbundenes Rad *l* umtreibt; es muss daher, wenn das Rad *m* nach rechts sich dreht, das Rad *t* links umlaufen.

Backofen.

Die Umwandlung des gegangenen und ausgewirkten Brotteiges in Brot geschieht durch das Backen in dem Backofen, dessen gewöhnlichste Art aus einem runden oder ovalen, mit Gewölbe überspannten Herde besteht, an dessen vorderer Seite das Mundloch, eine Oeffnung zum Einschieben der Brote und zugleich auch zum Einführen des Brennmaterials, sich befindet. Der Ofen ist aus Backsteinen und Lehm aufgemauert, die Sohle des Herdes mit Ziegelsteinen belegt oder aus Lehm geschlagen. Das Ofengewölbe von elliptischer Gestalt muss möglichst niedrig sein, um die Wärme gut reflectiren zu können. Das Mundloch lässt sich mit einer Thür aus Blech oder Gusseisen verschliessen; da dasselbe zugleich als Rauchöffnung dient, so ist über dem Mundloch ein Rauchkanal angebracht, der den Rauch in den Schornstein führt. Neben dem Mundloche sind gewöhnlich noch zwei kleine Oeffnungen vorhanden, mittelst deren und durch angezündete Holzspäne man den Ofen während des Einschiebens der Brote beleuchtet. Die zum Verbrennen des Brennmaterials erforderliche Luft strömt durch den unteren Theil des Mundloches ein, während durch den oberen die Verbrennungsgase und der Rauch austreten, die für das Heizen sehr unangenehm sind. Zweckmässiger ist daher eine Einrichtung der Backöfen, bei welchen das Mundloch nur zum Heizen dient, der Rauch dagegen durch Oeffnungen entweicht, die in dem hinteren Theile des Gewölbes sich befinden und durch Schieber verschlossen werden können.

Fig. 244. Fig. 245.

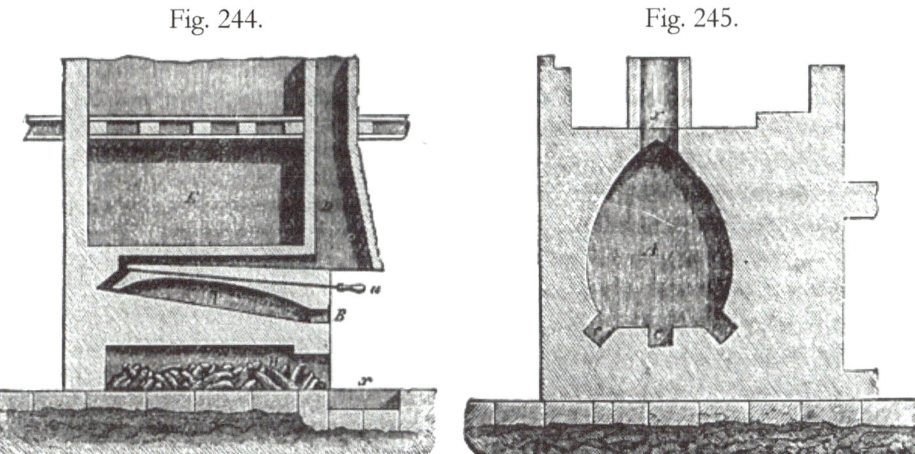

Fig. 244 zeigt den Verticaldurchschnitt, Fig. 245 die Sohle eines solchen Backofens. Die nach hinten aufsteigende Backsohle *A* hat eine Breite von 3,1 Meter und eine Tiefe von 4 Meter und ist mit einem Gewölbe in einem Abstande von 0,5 Meter überspannt. Das Mundloch hat eine Breite von 0,8 Meter. *e e e* sind die Züge, durch welche die Verbrennungsgase in den Schornstein *D* abgeleitet und durch einen Schieber *u* verschlossen werden können. Diese Vertiefung *x* giebt dem Bäcker einen bequemen Stand. Unter dem Backofen ist der Raum für die Kohlen aus dem Ofen (Bäckerkohlen). *E* ist die Backstube, welche durch den darunter liegenden

Backofen die zum Gehen des Teiges erforderliche Temperatur erhält. Als Brennmaterial wendet man trockenes, fein gespaltenes, weiches Holz an, welches man auf dem Herde kreuzweise schichtet. Die zum Backen erforderliche Temperatur hat der Backofen dann erreicht, wenn beim Reiben des Herdes oder des Gewölbes mit einem Holzstabe Funken sich zeigen. Die glühenden Kohlen werden durch das Mundloch aus dem Ofen gezogen und zum Verlöschen in den unterhalb des Ofens befindlichen Raum gebracht. Ehe das zu backende Brot eingeschossen wird, reinigt man den Ofen von Asche und mit Hülfe eines nassen Wischers und bringt darauf die Brote mittelst der sogenannten Ofenschüssel, eines langen, mit Stiel versehenen Brettes, in den Ofen. Die zum Backen geeignete Temperatur des Ofens beträgt 200–225° C. Vor dem Einschieben bestreicht man die Oberfläche mit Wasser, in welches man etwas Mehl eingerührt hat, um das Aufspringen der Brotkruste in Folge zu schneller Einwirkung zu hoher Temperatur zu verhindern; die Hitze wirkt nun zuerst auf die Feuchtigkeit, sodass die Oberfläche vor zu hoher Temperatur geschützt ist. Die Wasserdämpfe, womit der Backofen sich nach und nach anfüllt, sind, um eine chemische Veränderung der Oberfläche des Brotes hervorzurufen und dadurch eine glatte Kruste zu erzeugen, ganz unerlässlich. Die zum Ausbacken erforderliche Zeit richtet sich nach der Grösse, der Form und der Art des Brotes. Je mehr das Brot sich der Kugelform nähert, je kleiner mithin die Oberfläche im Vergleich zum Inhalt ist, eine desto längere Backzeit ist nöthig. Schwarzbrot erfordert längere Zeit als weisses. Diese Backöfen haben in die Augen springende Nachtheile, sie können nie gleichmässig erwärmt werden und kühlen auch ungleichmässig ab, und zwar durch die einströmende Luft am schnellsten im vorderen Theile. Gewöhnlich wird nach jedem Gebäck nachgeheizt, ehe wieder eingeschossen wird, wozu weniger Brennstoff gehört als zum Anheizen. Bei dem fabrikmässigen Betriebe der Bäckerei wendet man continuirlich betriebene Oefen, bei welchen Backraum und Feuerraum getrennt sind, an.

Surrogate des Fermentes.

Surrogate des Fermentes für die Brotgährung. Wie aus dem Vorstehenden folgt, beruht das Wesentliche der Brotbereitung darauf, dass das mit Wasser zu einem Teige verbundene Mehl durch den Umstand, dass in dem gegohrenen Brote der Kleber gleichsam ein Skelett oder ein zellenförmiges Gewebe bildet, durch welches das Entweichen der Kohlensäure verhindert wird, die bekannte poröse und schwammige Beschaffenheit erhält, die zur Verdaulichkeit des Brotes erforderlich ist. Diese Beschaffenheit wird nun dem Brote zum Theil auf Kosten eines Theiles der Stärke des Mehles ertheilt, die sich erst in Stärkezucker und dann durch Gährung in Alkohol und Kohlensäuregas umwandelt; letzteres sucht zu entweichen und bewirkt zunächst das Aufgehen des Teiges. Damit diese Gährung vor sich gehe, ist der Zusatz von Fermenten nothwendig, die dem Brote fremd sind und zuweilen demselben die Verdauung beeinträchtigende Eigenschaften ertheilen. Es war daher schon längst das Streben der Techniker, die Brotgährung und somit auch den Zusatz von Hefe und Sauerteig zu umgehen und dem Teige die erforderliche lockere Beschaffenheit durch eine in dem Teige selbst vor sich gehende Gas- oder Dampfbildung zu geben; denn es ist einleuchtend, dass jeder luft- oder dampfförmige Körper auf passende Weise in dem Teige vertheilt, sich ebenso wie die während des Aufgehens sich entwickelte Kohlensäure verhalten wird. Obgleich das Problem, Brot von normaler Beschaffenheit ohne Gährung zu bereiten, noch keineswegs gelöst ist, so fehlt es doch nicht an darauf bezüglichen Vorschlägen, die zum Theil alle Beachtung verdienen. Es seien im Folgenden einige der wichtigsten derselben angeführt. Das Ammonsesquicarbonat (Hirschhornsalz der Pharmaceuten), dem Teige in kleiner Menge einverleibt, kann zum Aufgehen desselben beitragen, einmal, indem die Säure, die in keinem Teige fehlt, mit dem Ammoniak zusammentritt und Kohlensäure frei macht, das andere Mal, indem das kohlensaure Ammoniak in der Hitze des Backofens Dampfgestalt annimmt und somit das Auflockern des Teiges bewirkt. Natriumbicarbonat und Salzsäure sind wiederholt vorgeschlagen und von J. v. Liebig warm empfohlen worden, um in dem Teige selbst die zum Aufgehen desselben nöthige Kohlensäure zu entwickeln ($NaHCO_3 + ClH = NaCl + H_2O + CO_2$), wobei das zugleich entstandene Kochsalz in dem Teige bleibt. Auf 100 Kilogr. Schwarzmehl nimmt man 1 Kilogr. Natriumbicarbonat, 4,25 Kilogr. Salzsäure von 1,063 spec. Gew. (= 9,5° B. = 13 Proc. ClH), 1,75–2,0 Kilogr. Kochsalz und 79–80 Liter Wasser; man erhält 150 Kilogr. Brot[129]. Vortheilhafter und rationeller scheint das gleichfalls von v. Liebig empfohlene Horsford'sche Backpulver (*yeast-powder*) zu sein. Dieses Pulver besteht aus zwei Präparaten, einem Säurepulver (saurem Calciumphosphat gemengt mit saurem Magnesiumphosphat) und einem Alkalipulver (einem Gemisch von 500 Grm. Natriumbicarbonat und 443 Grm. Chlorkalium). Auf 100

Kilogr. Mehl kommen 2,6 Kilogr. Säurepulver und 1,6 Kilogr. Alkalipulver zur Anwendung. (Während des Knetens setzen sich Natriumbicarbonat und Chlorkalium zunächst in Chlornatrium und Kaliumbicarbonat um, welches letztere hierauf durch das saure Phosphat unter Freiwerden von Kohlensäure zersetzt wird.) Durch Anwendung des Backpulvers ist man in den Stand gesetzt innerhalb zweier Stunden aus Mehl fertiges Brot zu bereiten, und erhält dabei aus 100 Pfd. Mehl 10–12 Proc. Brot mehr als im günstigsten Falle nach dem gewöhnlichen Backverfahren. Von besonderem Werthe ist die Methode in allen den Fällen, wo nicht stets frischer Sauerteig zu haben ist, wie z. B. auf Schiffen oder in Dörfern, in denen nicht regelmässig gebacken wird. Die Anwendung des Backpulvers empfiehlt sich schliesslich noch für den Küchengebrauch, indem hierdurch alle die Mühe und Zeit erspart wird, welche die Beschaffung sowie die Anwendung der Kunsthefe mit sich führt — ein Vortheil, der vielen Hausfrauen von Werth sein wird und in Nord-Amerika dieses Backverfahren bereits zur allgemeinen Verbreitung gebracht hat. Reines Kohlensäuregas dem Teige zu incorporiren, um demselben die Beschaffenheit eines durch Gährung gehobenen Teiges zu ertheilen, ist eine ziemlich nahe liegende Idee, die zu verschiedenen Zeiten gefasst, vergessen und immer wieder von Neuem aufgenommen wurde, zahlreiche Vertreter und ebenso viele Gegner fand, ohne dass bis jetzt ein genügendes Resultat erzielt worden wäre. Neuerdings haben Dauglish und Bousfield sich mit der Brotbereitung mit Hülfe von Kohlensäure (Luftbrot, *aërated-bread*) beschäftigt. Das Kneten des Teiges geschieht in einem verschlossenen Cylinder, aus welchem die Luft ausgepumpt wird und in welchen man sodann unter starkem Druck Kohlensäuregas eintreibt, welches während des Knetens von dem dem Mehle zugesetzten Wasser absorbirt wird. Hat das Kneten genügend stattgefunden, so öffnet man eine unter dem Knetcylinder befindliche Röhre, durch welche der Teig sodann durch den Gasdruck ausgetrieben wird. Man schneidet ihn beim Austritt aus der Röhre stückweise ab und bringt die so gebildeten Laibe sofort in den Backofen. Indem die von dem Wasser des Teiges absorbirte Kohlensäure nun wieder entweicht, bläht sie den Teig auf. — Die Behauptung, dass das mit reiner Kohlensäure dargestellte Brot einen andern und zwar faden Geschmack besitze, als das auf gewöhnliche Weise mit Gährung erhaltene, scheint nicht ungerechtfertigt zu sein, da in letzterem geringe Mengen der geistigen Produkte der Gährung zurückbleiben, die namentlich bei frischem Brote durch Geschmack und Geruch wahrzunehmen sind. Es ist auch nicht zu vergessen, dass der bei der Brotgährung sich bildende Alkohol, indem er durch die Hitze des Backofens in Dampf verwandelt wird, neben der Kohlensäure zur Auflockerung des Brotes beiträgt. Pflegt man ja in der Feinbäckerei bei Backwerken aus Mehl, Fett und Eiweiss zum Auflockern des Teiges eine alkoholische Flüssigkeit allein (Weingeist oder Rum) anzuwenden.

Brotausbeute.

Was die Ausbeute an Brot aus einem bestimmten Quantum Mehl anbelangt, so geben 100 Kilogr. Mehl, je nach der Beschaffenheit desselben, 125–135 Kilogr. Brot.

Zusammensetzung des Brotes.

Das Mehl der Getreidearten enthält im lufttrocknen Zustande 12–16 Proc. Wasser, während seiner Umwandlung zu Brot nimmt es aber noch grosse Mengen von Wasser auf. 100 Pfd. feinen Weizenmehls verbinden sich mit 50 Pfd. Wasser und geben 150 Pfd. Brot. Die Zusammensetzung des Mehles und Brotes ist daher folgende:

	Weizenmehl.	Weizenbrot.
Trockenes Mehl	84	84
Ursprüngliches Wasser	16	16
Hinzugesetztes Wasser	—	50
	100	150

Nach Heeren geben 100 Pfd. Weizenmehl wenigstens 125–126 Pfd. Brot, 100 Pfd. Roggenmehl 131 Pfd. Brot. Der Gehalt des frischen Weizenbrotes an Dextrin und löslicher Stärke beträgt 9 Proc., an Stärke 40 Proc., an Proteïnkörpern 6,5 Proc., an Wasser 40–45 Proc. Neugebackenes Brot besitzt, wie allbekannt, eine eigenthümliche Weichheit und Zähigkeit; nach einigen Tagen verliert es diese Weichheit und wird krümelnd und anscheinend trocken und heisst in diesem Zustande altbacken. Meist ist man der Ansicht, dass diese Veränderung in der Abnahme des Wassergehaltes ihren Grund habe. Dies ist aber unrichtig, da nach Versuchen von Boussingault altbackenes Brot ebenso viel Wasser als frisches enthält. Die Veränderung besteht allein in einem besondern Molecularzustande des Brotes, welcher bei dem Altbackenwerden eintritt.

Verunreinigung des Brotes.

Wenn das zur Brotfabrikation angewendete Mehl verdorben ist, so ist der Kleber verändert und erweicht; die bei dem Gähren des Teiges sich entwickelnde Kohlensäure lockert daher den Teig nicht auf, sondern entweicht. Das daraus entstehende Brot ist mithin derb und weniger weiss. Um diesem Uebelstande zu begegnen und schlechtes Mehl zur Erzeugung eines anscheinend guten Brotes anzuwenden, pflegen die Bäcker Belgiens und des nördlichen Frankreichs dem Teig eine kleine Menge Kupfersulfat ($^1/_{15000}$–$^1/_{30000}$) zuzusetzen, dessen Base sich mit dem Kleber zu einer unlöslichen Verbindung verbindet, wodurch der Teig zähe und weiss wird und die Eigenschaft erhält, eine grössere Menge Wasser aufzunehmen. Um diese schädliche Beimengung nachzuweisen, wird eine Portion des verdächtigen Brotes getrocknet und durch Verbrennen eingeäschert, in der zurückbleibenden Asche lässt sich durch Abschlämmen das Kupfer leicht nachweisen. In England setzt man allgemein dem Mehl beim Brotbacken etwas Alaun zu. In Deutschland, wo der Zusatz von Kupfersulfat und Alaun (0,1 Proc.) von der Behörde untersagt ist, bewahrt man in einigen Gegenden den Sauerteig in kupfernen Trögen auf, wodurch sich Grünspan erzeugt, dessen Bildung von den Bäckern nicht ungern gesehen wird.

Die Essigfabrikation.

Der Essig und seine Entstehungsweise.

Das, was man im gewöhnlichen Leben Essig nennt, ist wesentlich ein Gemisch von Essigsäure mit Wasser. Die Essigsäure $C_2H_4O_2$ oder C_2H_3O H }O besteht im höchst concentrirten Zustande in 100 Theilen aus

Kohlenstoff	24	40,0
Wasserstoff	4	6,7
Sauerstoff	32	53,3
	60	100,0

und bildet sich durch Oxydation des Alkohols, sowie durch trockne Destillation der Cellulose.

Was die erstere Bildungsweise betrifft, so lässt sich der Vorgang der Umwandelung des Alkohols in Essigsäure durch folgendes Schema ausdrücken:

1	Mol.	Alkohol	C_2H_6O	= 46	geben	1	Mol.	Essigsäure	$C_2H_4O_2$	= 60
2	„	Sauerstoff	2O	= 32		1	„	Wasser	H_2O	= 18
				78						78

Nach diesem Schema geben 100 Th. Alkohol 129,5 Th. höchst concentrirte Essigsäure. Der Vorgang ist aber in der That nicht so, dass sich aus dem Alkohol sofort Essigsäure bildet. Ehe diese Säure entsteht, geht der Alkohol erst in einen Körper über, welcher minder sauerstoffreich ist als die Essigsäure, nämlich den Aldehyd C_2H_4O. Die Umwandelung des Alkohols lässt sich auf folgende Weise übersichtlich darlegen:

Alkohol	C_2H_6O	=	46	
Davon ab	H_2	=	2	(H_2 werden durch O aus der Luft zu H_2O oxydirt)
Bleibt Aldehyd	C_2H_4O	=	44	
Dazu	0	=	16	(aus der Luft)
Resultirte Essigsäure	$C_2H_4O_2$	=	60	

100 Kilogr. Alkohol brauchen zu ihrer Ueberführung in Essigsäure 300 Kilogr. (= 2322 Hektoliter) Luft, da diese genau die 69 Kilogr. Sauerstoff enthalten, die zur Oxydation des Alkohols zu Essigsäure erforderlich sind. Es ist jedoch einleuchtend, dass in der Praxis dieses Luftquantum bei weitem unzureichend ist, da von dem dem Alkohol zugeführten atmosphärischen Sauerstoff wahrscheinlich nur derjenige Theil, der in Gestalt von Ozon vorhanden ist, zur Essigbildung verwendet wird. Soll in alkoholhaltigen Flüssigkeiten die Umwandelung des Alkohols in Essigsäure erfolgen, so muss ein Gährungspilz, die *Mycoderma aceti*, vorhanden sein, welcher, wie es scheint, die Function hat, den Sauerstoff der Luft thätig zu machen und auf den Alkohol zu übertragen.

Die Entstehung des Essigs als Produkt der trockenen Destillation der Cellulose (Holz, Torf) lässt sich nicht durch einfache Gleichung ausdrücken, da neben Essigsäure zahlreiche Verbindungen wie gasförmige und flüssige Kohlenwasserstoffe, Holzgeist, Aceton, Kreosot und Oxyphensäure, Theer etc. entstehen, deren relative Menge abhängig ist von der Temperatur, bei welcher destillirt wird, von der Form des Destillirgefässes, von dem Feuchtigkeitsgrade, der Art der cellulosehaltigen Substanz u. s. w.

α) *Darstellung des Essigs aus alkoholhaltigen Flüssigkeiten.*

Essig aus Alkohol.

Alkohol, für sich der Luft oder reinem Sauerstoffgase ausgesetzt, geht nicht in Essigsäure über. Da der Essig aber gleichwol aus dem Alkohol nur durch Aufnahme von Sauerstoff (allerdings von thätigem) sich bildet, so ist es einleuchtend, dass die alkoholhaltige Flüssigkeit, welche in Essig umgewandelt werden soll, in die für die Essigbildung günstigsten Bedingungen versetzt werden muss. Hier, wie so häufig bei chemisch-technischen Processen ist die Erfahrung die beste Rathgeberin. Eine zweckmässige und auf naturgesetzliche Principien gestützte Anwendung dieser Erfahrungen macht das Wesen der Essigfabrikation, d.i. die Darstellung von Essig in der kürzesten Zeit und auf die billigste Weise, namentlich mit dem geringsten Verluste von Alkohol, aus.

Die Bedingungen, unter welchen eine vortheilhafte Erzeugung des Essigs im Grossen stattfinden kann, sind folgende:

1) die alkoholhaltige Flüssigkeit — das Essiggut — sei dieselbe Traubenwein oder Obstwein, gegohrener Malzauszug, Bier und Branntwein, soll hinreichend verdünnt sein; sie darf nicht wol über 10 Proc. Alkohol enthalten. Die Erfahrung hat gezeigt, dass unmittelbar durch Gährung dargestellte alkoholische Flüssigkeiten leichter in Essig übergeführt werden können, als Mischungen von Branntwein oder Alkohol mit Wasser. Eine zu grosse Verdünnung, die weiter geht als bis zu 3 Proc. Alkohol, hindert zwar nicht die Essigbildung, wol aber wird sie dadurch verlangsamt;

2) eine geeignete Temperatur, die nicht über 36° C. steigen und nicht unter 10–12° C. sinken soll. Bei einer Temperatur von 7° C. und darunter findet keine Essigbildung mehr statt, eine Tatsache, die bei der Anführung

der Vortheile von Felsen- und Eiskellern zur Aufbewahrung von Lagerbier und überhaupt gegohrenen Flüssigkeiten gewöhnlich übersehen wird. Bei einer Temperatur von 40–60° ist die Verwandtschaft des Alkohols zum Sauerstoff gesteigert und die Essigbildung geht schneller und kräftiger vor sich, doch ist bei dieser Temperatur ein namhafter Verlust an Alkohol und Essig durch Verdampfen unvermeidlich;

3) gehöriger Luft- oder Sauerstoffzutritt zu der alkoholischen Flüssigkeit und innige Berührung zwischen beiden. Kleinere Massen der geistigen Flüssigkeiten sind zur Essigbildung geeigneter als grössere auf einmal, weil erstere der Luft mehr Berührungspunkte darbieten;

4) das Vorhandensein von Substanzen, welche den Essigbildungsprocess einzuleiten und fortzuführen vermögen; sie sind in ihrer Wirkung den Gährungserregern oder Fermenten an die Seite zu stellen und werden deshalb Essigsäurefermente, saure Fermente genannt, obgleich die Essigbildung aus Alkohol keineswegs ein physiologischer Process ist. Das beste Ferment ist der Essig, mithin auch alle Körper, welche mit Essig imprägnirt sind, wie der sogenannte Essigschimmel oder Essigpilz (*Mycoderma aceti*); früher glaubte man, dass die Essigmycodermen zu dem Alkohol und dem Essig in derselben Beziehung stehen, wie die Hefe zum Zucker und Alkohol — daher auch der Name Essiggährung, um den Process der Umwandlung der alkoholischen Flüssigkeit in Essig zu bezeichnen — gegenwärtig weiss man aber, dass dies nur insoweit richtig ist, als Essigkahm auf eine alkoholhaltige Flüssigkeit gebracht, wie die Versuche von Pasteur (1862) gezeigt haben, ebenso gut wie eine kleine Quantität Essig und die Essigsäurefermente überhaupt bei Luftzutritt die Essigbildung einzuleiten und fortzuführen fähig ist, wie mit Essig getränkte Holzgefässe und Späne; in vielen dieser Körper sind in Oxydation begriffene Substanzen, welche mit alkoholhaltigen Flüssigkeiten zusammengebracht, den Alkohol mit in den Kreis der Oxydation hineinziehen und seine Umwandlung in Essig einleiten. Reine Essigsäure ist daher nicht im Stande, den Essigbildungsprocess hervorzurufen, wol aber der Essig, der neben der Essigsäure stets kleine Mengen der erwähnten Proteïnsubstanzen enthält. Dass es diese letzteren nicht an und für sich sind, sondern nur ein eigenthümlicher und activer Zustand derselben, zeigt das Verhalten des Platinmohrs und des Platinschwammes, welche sofort Alkohol in Essigsäure überführen. Nach Allem zu schliessen, wird man wol annehmen dürfen, dass durch die Gegenwart der *Mycoderma aceti*, wie durch fein zertheiltes Platin, der Sauerstoff der Luft activ, d. h. in Ozon übergeführt werde und dass nur ozonisirter Sauerstoff fähig sei, aus Alkohol Essig zu bilden. Die Essigsäure ist mithin kein Produkt der Mycoderma, sondern das Produkt eines Oxydationsprocesses. Eine genauere Untersuchung des Verhaltens des Wasserstoffsuperoxydes und anderer ähnlicher ozonhaltiger oder ozonbildender Körper zu Gemischen von Alkohol und Wasser würde ohne Zweifel wesentlich zur Kenntniss der Theorie des Essigbildungsprocesses beitragen und vielleicht einen neuen Weg zur rationellen Darstellung des Essigs eröffnen.

Erscheinungen während der Essigbildung.

Bei der Essigbildung sind *Erscheinungen* wahrzunehmen, deren Beobachtung für die Beurtheilung des Fortschreitens der Umwandelung des Alkohols in Essigsäure von Belang ist, diese Erscheinungen sind theils chemischer, theils physikalischer Natur, theils sind sie auch nur äussere, durch die Veränderung der chemischen Natur der Flüssigkeit bedingte, zu den *chemischen* sind zu rechnen die Absorption des atmosphärischen Sauerstoffes, ohne dass dabei ein Gas ausgeschieden wird. In dem Grade als die Essigbildung fortschreitet, verliert sich der alkoholische Geruch und Geschmack der Flüssigkeit und macht der bekannten erfrischend-sauren des Essigs Platz. Zu den *physikalischen* Erscheinungen, die während des Verlaufes der Essigbildung auftreten, gehören 1) Zunahme des specifischen Gewichtes der Flüssigkeit und 2) Erhöhung der Temperatur derselben. Die Erhöhung der Temperatur der Flüssigkeit während der Essigbildung ist eine Folge des Ueberganges des Sauerstoffes aus dem gasförmigen in den tropfbar flüssigen Zustand. Die Temperatur steigt um so höher, je schneller die Aufnahme des Sauerstoffes geschieht.

Die ältere Methode der Essigbildung.

Nach dem verschiedenen Ursprunge unterscheidet man gegenwärtig folgende Essigarten: 1) den Weinessig, welcher aus Wein bereitet wird und ausser der Essigsäure fast alle übrigen Bestandtheile des Weines, namentlich Weinsäure, Bernsteinsäure und gewisse Aetherarten enthält, welche dem Weinessig den charakteristisch angenehmen Geruch ertheilen; 2) den Branntweinessig (Spiritusessig oder künstlichen Weinessig), welcher in der Regel nur aus einem Gemisch von Essigsäure und Wasser und geringen Mengen von Essigäther besteht; 3) den Obstessig, aus dem Aepfel- und Birnenwein dargestellt, enthält neben der Essigsäure noch Aepfelsäure; 4) den Bier-, Malz- oder Getreideessig, welcher aus ungehopfter Bierwürze dargestellt wird und neben der Essigsäure Extractbestandtheile wie Dextrin, stickstoffhaltige Bestandtheile und Phosphate enthält; 5) den Essig aus Zuckerrüben. Die Rüben werden zu einem feinen Brei gerieben und dann gepresst. Den Rübensaft verdünnt man mit Wasser und kocht ihn auf. Nach dem Abkühlen versetzt man ihn mit Hefe und übergiebt ihn zuerst einer alkoholischen, dann einer sauren Gährung. Das zur sauren Gährung dienende Gefäss steht mit einem Ventilator in Verbindung. Durch die Zufuhr eines reichlichen Luftquantums und durch Erhaltung einer gleichmässigen Temperatur ist in wenigen Tagen der durch Gährung des Saftes entstandene Alkohol mit Hülfe von Essigzusatz zu Essigsäure oxydirt; endlich 6) den aus Holzessig dargestellten Tafelessig.

Was die ältere Methode der Essigbildung betrifft, so ist sie ohne Zweifel eine Nachahmung des von selbst Sauerwerdens von Bier, Wein und überhaupt gegohrenen Flüssigkeiten mit einigen, die Essigbildung fördernden und das Produkt veredelnden Modificationen, nämlich Anwendung geeigneter Temperatur, innige Berührung der säuernden Flüssigkeit mit der Luft und eines sogenannten Essigsäurefermentes. Man befolgt diese Methode bei der Bereitung des Weinessigs, kann sie aber selbstverständlich auch bei anderen Essigsorten wie Obst- und Malzessig anwenden. In der Regel benutzt man Säurefässer (Mutterfässer) aus Eichenholz, welche durch Ausdämpfen extrahirt und dann mit siedendem Essig eingesäuert werden. Zu dem Ende giesst man in jedes Fass 1 Hektoliter Wein. Nach 8 Tagen wieder 10 Liter und so fährt man jede Woche mit dem Weinzusatze fort, bis das Säurefass bis zu zwei Drittheilen angefüllt ist. Nach ungefähr 14 Tagen nach dem letzten Weinzusatz ist aller Wein in Essig übergegangen. Man zieht die Hälfte aus dem Mutterfasse ab und bringt ihn auf das Lager; mit dem Weinzusatze und dem Ablassen des fertigen Essigs aber führt man ununterbrochen fort. Ein Mutterfass kann oft 6 Jahre und länger noch zur continuirlichen Essigfabrikation dienen, bis sich endlich eine solche Menge von Hefenabsatz, Weinstein, Essiggeläger u. dergl. gebildet hat, dass zur Reinigung des Fasses geschritten werden muss, worauf es von Neuem zur Essigbildung verwendet wird.

Wenngleich bei dem vorstehend beschriebenen Verfahren der Essigbildung die Berührungspunkte zwischen der scheinbar ruhigen, säuernden Flüssigkeit und der atmosphärischen Luft nicht gross sind, so werden sie doch ununterbrochen erneuert, einmal dadurch, dass die Flüssigkeitsoberfläche in jedem Momente eine andere wird, da jedes Atom des entstandenen Essigs in Folge seines höhern specifischen Gewichts sich senkt und der leichteren alkoholischen Flüssigkeit Platz macht, ferner, dass auch die Luftschicht über dem Essiggute in fortwährender Bewegung sich befindet, da die entsauerstoffte und dadurch leichter gewordene Luft (von 0,9 spec. Gewichte) nach oben strebt und durch neue, specifisch schwerere Luft (von 1,0 spec. Gewicht) ersetzt wird.

Schnellessigfabrikation.

Die sogenannte Schnellessigfabrikation, aus einem älteren Essigbildungsverfahren von Boerhaave (gegen 1720) hervorgegangen, wurde im Jahre 1823 von Schützenbach zu Endingen im Breisgau als ein Fabrikgeheimniss für 1500 Thlr. verkauft unter der Bedingung, dasselbe „keinem andern für oder ohne Geldleistung bekannt zu machen“. Das Hauptprincip, worauf die Schnellessigfabrikation beruht, ist das in Essig überzuführende Essiggut, gewöhnlich Branntwein, mit der atmosphärischen Luft bei der erforderlichen Temperatur in die innigste Berührung zu bringen, oder mit andern Worten, die Oxydation des Alkohols zu Essigsäure in der kürzesten Zeit und mit dem geringsten Verlust zu bewerkstelligen. Die innige Berührung des Essiggutes mit der Luft wird erreicht 1) durch Vermehrung des Luftzutrittes durch einen continuirlichen Luftstrom, welcher der Richtung des in Tropfen herabrinnenden Essiggutes entgegengesetzt ist; 2) durch Zertheilung der säuernden Flüssigkeit in Tröpfchen.

Fig. 246.

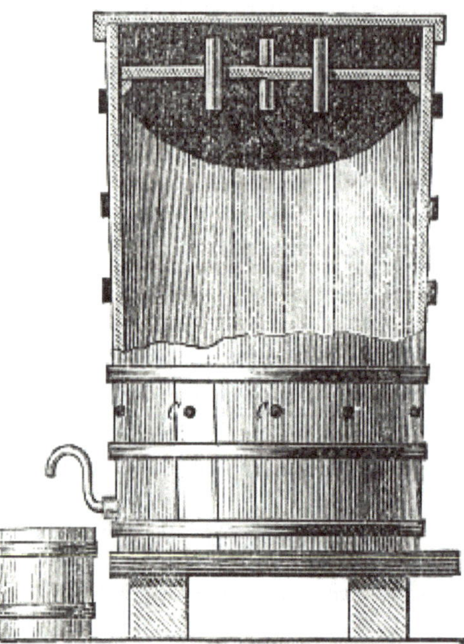

Zur Ausführung der Schnellessigfabrikation sind besonders construirte und vorgerichtete Gefässe (Gradirfässer, Essigständer) erforderlich, von welchen man je nach der Stärke des darzustellenden Essigs 2–4 braucht, die zusammen wieder eine Gruppe ausmachen. Ein derartiges Gefäss ist Fig. 246 im Durchschnitt dargestellt; es ist aus starkem eichenen Daubenholze angefertigt, oben offen, 2–4 Meter hoch und 1–1,3 Meter weit. 20–30 Centimeter hoch über dem untern Boden bohrt man in gleichen Entfernungen von einander, im Umkreise des Fasses 6 Löcher — Luftzuglöcher — von etwa 3 Centimeter Durchmesser, so dass die innere Mündung des Bohrloches ein wenig tiefer liegt als die äussere. Etwa ⅓ Meter über dem Boden befindet sich ein falscher Boden, der siebähnlich durchlöchert ist, oder es wird einige Centimeter über den Luftzuglöchern ein Lattenrost eingelegt, auf welchen vorbereitete Buchenholzspäne kommen und den Ständer anfüllen bis etwa 15–20 Centimeter unter dem obern Rand. Vor ihrer Anwendung werden die Späne ausgelaugt; die ausgelaugten Späne werden dann getrocknet. Nachdem die Essigständer mit den trocknen Spänen beschickt worden sind, schreitet man zum Ansäuern derselben. Zu diesem Zwecke giesst man erwärmten Essigsprit über die im Ständer befindlichen Späne. Die angesäuerten Fässer bleiben 24 Stunden bedeckt stehen, damit der Essigdunst das Holz möglichst durchdringe. 18–24 Centimeter unter dem obern Rand befindet sich ein hölzerner Siebboden. Die Löcher dieses Siebbodens sind von der Weite eines Gänsekieles und stehen 3 bis 5 Centimeter von einander ab. Damit das Essiggut durch diese Löcher in dünnen Strahlen über die Späne sich ergiesse, bringt man in die Löcher Bindfäden, die etwa 3 Centim. unten hervorragen und mit einem Knoten versehen sind, mittelst dessen sie in den Bohrlöchern oben aufliegen; diese Fäden schwellen an, verringern dadurch die Oeffnungen etwas, saugen durch Capillarität das Essiggut auf und lassen es vom untern Ende auf die Hobelspäne abtropfen. In dem Siebboden befinden sich ferner 5–8 grössere Bohrlöcher von 3–6 Centim. Weite, welche der durch die Zuglöcher von unten eindringenden im Ständer ihres Sauerstoffs beraubten Luft den Austritt nach oben gestatten; in diese Löcher sind Glasröhren von 10–15 Centimeter Länge (wie es Fig. 246 zeigt) befestigt, die etwa 8 Centimeter über dem Siebboden hervorragen und das Abfliessen des Essiggutes verhindern. Der Essigständer wird endlich mit einem gut schliessenden Deckel bedeckt, in dessen Mitte ein rundes Loch ausgeschnitten ist; durch diese Oeffnung wird das Essiggut aufgegossen, tritt ferner die atmosphärische Luft aus. In Folge der Sauerstoffabsorption entwickelt sich im Innern des Essigständers so viel Wärme, dass die Luft darin in fortwährender Strömung von unten nach oben erhalten wird; in dem Grade, als die entsauerstoffte Luft oben austritt, strömt frische Luft durch die Luftzuglöcher nach.

Fig. 247.

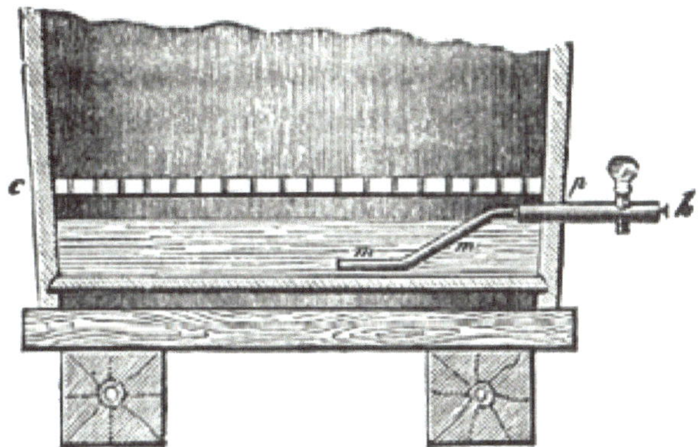

Nachdem die Essigständer beschickt und eingesäuert sind, giebt man das vorbereitete Essiggut — am häufigsten Branntwein, seltener Malzauszug, Bier oder Wein — auf. Das aus dem ersten Gradirfasse abfliessende Essiggut kommt in das zweite und fliesst von da, wenn der Alkoholgehalt der säuernden Flüssigkeit 3–4 Proc. nicht überstieg, als fertiger Essig ab. Die in einen Ständer nach unten gelangende Flüssigkeit sammelt sich in dem Raume zwischen dem Boden und dem Lattenroste oder dem falschen Boden an. Wie aus Fig. 246 zu ersehen ist, kann sie von da nicht abfliessen, bis das Niveau der Flüssigkeit inwendig gleich ist dem Niveau der Mündung des Glashebers auswendig. In Folge dieser Einrichtung bleibt, sobald aus einem Ständer nichts mehr abfliesst, eine etwa 16–20 Centimeter hohe, warme Essigschicht zurück, die neuem Essiggute als Säuerungserreger dient. Das Rohr muss inwendig dicht über dem ächten Boden ausmünden, damit die untere, am meisten Essigsäure enthaltende und daher specifisch schwerere Schicht zuerst ausfliesse. Dem Uebelstande der Zerbrechlichkeit des Glashebers lässt sich am besten durch die Fig. 247 abgebildete Anwendung begegnen; *c c* ist der Lattenrost unter den Luftzuglöchern, unter welchem sich der hölzerne Hahn *h* befindet, zu welchem das gebogene Glasrohr *m m* so befestigt ist, dass die freie Mündung desselben über dem ächten Boden des Essigständers zu liegen kommt.

Der in jüngster Zeit (1868) aufgekommene Singer'sche Essiggenerator[130] besteht im wesentlichen aus einer Anzahl übereinander stehender flacher Holzgefässe, welche durch eine Anzahl hölzerner Röhren so verbunden sind, dass die Essigmischung tropfenweise aus einem Gefäss in das andere rinnt und dabei die Röhren passirt. Jede der Röhren trägt in der Mitte zwei der Länge nach verlaufende Spalten, durch welche die Luft freien Zutritt hat. Der ganze Apparat steht in einem eigens construirten Gehäuse, welches ihn vor Abkühlung so wie vor zu raschem Luftzutritt schützt. Durch den Singer'schen Apparat soll dem Alkoholverlust der gewöhnlichen Essigständer vorgebeugt sein.

Die Zusammensetzung des Essiggutes ist eine sehr verschiedene, eine häufig angewendete Mischung besteht aus 20 Litern Branntwein von 50 Proc. Tr., 40 Litern Essig und 120 Litern Wasser, welcher man zum Zweck der Nahrung für den Essigpilz einen Auszug von Roggenmehl und Kleie zusetzt. Die Essigstube soll bis auf 20–24° C. erwärmt sein, in den Essigständern steigt sie aber bis auf 36° und darüber, wodurch in Folge von Verdunstung von Alkohol, Aldehyd und Essigsäure ein Verlust stattfindet, welcher etwa 1/10 beträgt. Mit Rücksicht auf diesen Verlust kann man annehmen, dass 1 Hektoliter Branntwein von 50 Proc. Tr. (= 42 Proc. dem Gewichte nach) dem Gewichte nach liefert:

13	Hektoliter	Essig	von	3	Proc.	Essigsäuregehalt
9,9	„	„	„	4	„	„
7,9	„	„	„	5	„	„
6,6	„	„	„	6	„	„

5,6	„	„	„	7	„	„
4,9	„	„	„	8	„	„
4,4	„	„	„	9	„	„
3,9	„	„	„	10	„	„

Für den Transport ist es selbstverständlich am vortheilhaftesten, nur den stärksten Essig — Essigsprit — darzustellen und demselben am Orte der Consumtion mit Wasser zu verdünnen.

Essig aus Zuckerrüben.

Der Essig aus Zuckerrüben wird in England und Frankreich dargestellt, indem man durch Auspressen erhaltenen Rübensaft von 1,035–1,045 spec. Gewicht mit Wasser verdünnt bis zu 1,025 spec. Gewicht, dann mit Hefe stellt und gähren lässt, die gegohrene Flüssigkeit mit einem gleichen Volumen fertigen Essigs versetzt und durch die Mischung mit Hülfe eines Ventilators einen Luftstrom treibt, wodurch die Essigbildung in kurzer Zeit vor sich geht.

Essig mit Hülfe von Mycoderma aceti.

Pasteur, welcher der (irrigen) Ansicht sich hinneigt, dass die Essigbildung aus Alkohol wesentlich durch einen physiologischen Process bedingt sei, hat 1862 eine neue Methode der Essigbereitung[131] mit Hülfe von *Mycoderma aceti* beschrieben. Auf eine Flüssigkeit, bestehend aus Wasser, welchem 2 Proc. Alkohol und 1 Proc. Essig zugesetzt ist und welche ausserdem eine kleine Menge Phosphate des Kaliums, Calciums und Magnesiums enthält, wird der Essigpilz ausgesäet. Die kleine Pflanze entwickelt sich und bedeckt bald die Oberfläche der Flüssigkeit, ohne dass der geringste Platz leer bleibt. Gleichzeitig säuert sich der Alkohol. Sobald die Operation gehörig im Zuge, nämlich etwa die Hälfte des vorhandenen Alkohols in Essig verwandelt ist, setzt man jeden Tag Alkohol in kleinen Portionen oder Wein oder mit Alkohol vermischtes Bier zu. Sobald die Wirkung schwächer zu werden beginnt, wartet man die vollständige Säuerung des in der Flüssigkeit noch enthaltenen Alkohols ab. Man zieht dann den Essig ab und sammelt die Pflanze, um sie zu waschen und neuerdings zu benutzen.

Derselbe Apparat, Fass, Bottich wird mit frischer Flüssigkeit beschickt und die bei der früheren Operation gewonnene Pflanze darauf gebracht. Man darf dabei es aber nie der Pflanze an Alkohol fehlen lassen, weil sie sonst den Sauerstoff an die Essigsäure abgeben und diese in Kohlensäure und Wasser verwandeln würde und weil damit auch zugleich eine Zerstörung des eigenthümlichen Aroma's, welches den Weinessig charakterisirt, verbunden sein würde. Ausserdem muss die Pflanze möglichst bald, nachdem sie aus der Flüssigkeit genommen ist, wieder verwendet werden, weil sie längere Zeit ausser Berührung mit Alkohol ihre Thätigkeit zum grössten Theil einbüsst. Eine andere nicht minder nothwendige Vorsichtsmaassregel besteht darin, nicht eine allzu starke Entwickelung der Pflanze zu veranlassen, weil sich sonst ihre Thätigkeit zu sehr steigern könnte, die dann ebenfalls die Zerstörung der Essigsäure im Gefolge haben könnte, selbst wenn noch Alkohol zugegen wäre. Ein Bottich von 1 Quadratmeter Oberfläche, welcher 50–100 Liter Flüssigkeit enthält, liefert täglich 5–6 Liter Essig. Den Gang der Operation verfolgt man dabei mittelst eines in Zehntelgrade eingetheilten Thermometers, dessen Kugel in die Flüssigkeit taucht und dessen Scala ausserhalb des Fasses ist. Die zweckmässigsten Gefässe sind runde oder viereckige hölzerne Ständer von geringer Tiefe, die mit Deckeln versehen sind. An den Enden befinden sich zwei kleine Oeffnungen für den Zutritt der Luft. Zwei Röhren von Guttapercha, welche auf dem Boden des Ständers befestigt und seitwärts mit kleinen Löchern versehen sind, gestatten die alkoholischen Flüssigkeiten zuzusetzen, ohne dass man den Deckel aufzuheben oder die auf der Oberfläche befindliche Pflanzenschicht zu stören braucht. Die Ständer, welche Pasteur anwandte, hatten einen Quadratmeter Oberfläche und 20 Centimeter Tiefe. Die Vortheile des Verfahrens waren nach ihm um so auffallender, je grössere Gefässe er anwandte und je niedriger die Temperatur war. Zur Ausbildung der Pilzpflanze ist die Anwesenheit von phosphorsauren Salzen und Ammoniak erforderlich. Arbeitet man mit Wein, Malzaufguss u.

dergl. m., so sind sie in genügender Menge darin enthalten. Bei der Verwendung von Alkohol muss man sie aber direct zusetzen, indem man so viel Ammonsulfat, Kalium- und Magnesiumphosphat als erforderlich ist, dass die Flüssigkeit $\frac{1}{10000}$ Procent dieses Salzgemisches enthält, in etwas Essig löst und dieses hinzufügt. Es ist seit langer Zeit bekannt, dass ein Zusatz von Brot, Mehl, Malz, Rosinen die Essigbildung bei der Verarbeitung von reinen alkoholischen Flüssigkeiten wesentlich befördert. Der Grund davon ist darin zu suchen, dass diese Zusätze die Flüssigkeiten mit den erforderlichen anorganischen und stickstoffhaltigen Nahrungsstoffen des Essigpilzes versehen.

Essig mit Hülfe von Platinmohr.

Fig. 248.

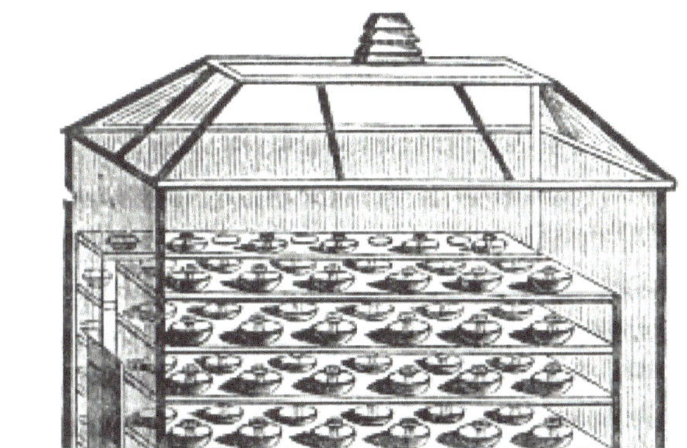

Die von Döbereiner entdeckte Eigenschaft des Platinschwammes und in noch höherm Grade des Platinmohrs, Alkoholdämpfe in kürzester Zeit und vollständig in Essigsäure überzuführen, ist wiederholt im Grossen zur Erzeugung von Essigsäure angewendet worden. Es sei ein hierzu verwendbarer Apparat beschrieben, welcher Fig. 248 abgebildet ist. Es ist ein kleines Glashaus, im Innern mit Abtheilungen versehen, auf welchen flache Porcellanschalen stehen. Der in Essigsäure überzuführende Alkohol wird in diese Schalen gegossen, in welchen ein Dreifuss aus Porcellan steht, der ein Uhrglas mit Platinschwamm trägt. Oben am Dache und unten sind Oeffnungen, die man behufs der Ventilation öffnen und schliessen kann. Mit Hülfe einer kleinen Dampfheizung bringt man die Temperatur im Innern des Apparates bis auf 33°. Es findet dadurch eine langsame Verdunstung des Alkohols statt, der, so wie er mit dem Platin in Berührung kommt, in Essigsäure übergeht, deren Dämpfe sich zum grossen Theile an den Wänden des Apparates niederschlagen und in ein Reservoir am Boden des Glaskastens gelangen. So lange für genügende Ventilation gesorgt ist, behält des Platin die Fähigkeit bei, Alkohol zu Essigsäure zu oxydiren. Mit einem Apparat von etwa 40 Kubikmeter Capacität und einem Vorrath von 17 Kilogr. Platinmohr kann man täglich gegen 150 Liter Alkohol in die reinste Essigsäure überführen. Wenn man mit dem Apparate ohne Verlust arbeiten will, muss die Einrichtung getroffen sein, dass der entsauerstofften Luft, ehe sie ins Freie gelangt, die mit fortgerissenen Dämpfe der Essigsäure und des Alkohols entzogen werden.

Eigenschaften und Prüfung des Essigs.

Der Werth eines Essigs ist, soweit derselbe als Tafelessig Anwendung findet, abhängig von seinem Geschmack und seinem Essigsäuregehalte — seiner Stärke. — Nach seinem Gehalte an Essigsäure schmeckt der Essig mehr oder weniger sauer, zeigt aber nach seiner Abstammung einen bezeichnenden Nebengeschmack. Was die Farbe betrifft, so nimmt er im Allgemeinen die Farbe der Flüssigkeit an, aus welcher er entstanden ist; bei Weinessig ist die Farbe gelb oder röthlich, bei Obstessig blassgelb, Branntweinessig ist farblos. In der Regel wird jedoch letzterer mit Caramel (Zuckercouleur) gefärbt, um ihn dem Weinessig ähnlicher zu machen. Frischer Essig enthält neben kleinen Mengen unveränderten Alkohols häufig auch etwas Aldehyd, eine Substanz, die sich in nicht fertigen Essigen unvollkommener Apparate stets in grösserer Menge findet. Zuweilen giebt man dem fertigen Essig in neuerer Zeit einen geringen Glycerinzusatz.

Der Gehalt des Essigs an Essigsäure hängt ab von dem Alkoholgehalte des Essiggutes, dann auch von der mehr oder weniger vollständigen Umwandlung des Alkohols. Malzessig enthält 2 bis 5 Proc., Branntweinessig 3–6 Proc., Weinessig 6–8 Proc. Essigsäure. Selbstverständlich ist ein gewisser Essigsäuregehalt nicht wie z. B. der Alkoholgehalt des Weines etwas von der Natur des Essigs Unzertrennliches, weil es ganz vom Belieben des Fabrikanten abhängt, denselben zu erhöhen oder zu erniedrigen. Das specifische Gewicht der Essigsorten variirt von 1,010–1,030; bei gleichem Essigsäuregehalte sind reine Branntweinessige stets specifisch leichter als Essigsorten aus gegohrenen, nicht destillirten Flüssigkeiten erzeugt; ein grösserer Alkoholgehalt macht den Essig leichter, fixe Bestandtheile — gewisse Bestandtheile des Weines, des Malzextractes — machen ihn schwerer. Die Dichten eines Gemisches von Essigsäure ($C_2H_4O_2$) und Wasser sind nach Oudemans bei 15° C. folgende:

Proc.	Dens.	Diff.	Proc.	Dens.	Diff.	Proc.	Dens.	Diff.	Proc.	Dens.	Diff.
0	0,9992		26	1,0363		52	1,0631		78	1,0748	
1	1,0007	+15	27	1,0375	12	53	1,0638	7	79	1,0748	0
2	1,0022	15	28	1,0388	13	54	1,0646	8	80	1,0748	0
3	1,0037	15	29	1,0400	12	55	1,0653	7	81	1,0747	1
4	1,0052	15	30	1,0412	12	56	1,0660	7	82	1,0746	1
5	1,0067	15	31	1,0424	12	57	1,0666	6	83	1,0744	2
6	1,0083	16	32	1,0436	12	58	1,0673	7	84	1,0742	2
7	1,0098	15	33	1,0447	11	59	1,0679	6	85	1,0739	3
8	1,0113	15	34	1,0459	12	60	1,0685	6	86	1,0736	3
9	1,0127	14	35	1,0470	11	61	1,0691	6	87	1,0731	5
10	1,0142	15	36	1,0481	11	62	1,0697	6	88	1,0726	5
11	1,0157	15	37	1,0492	11	63	1,0702	5	89	1,0720	6
12	1,0171	14	38	1,0502	10	64	1,0707	5	90	1,0713	7
13	1,0185	14	39	1,0513	11	65	1,0712	5	91	1,0705	8
14	1,0200	15	40	1,0523	10	66	1,0717	5	92	1,0696	9

15	1,0214	14	41	1,0533	10	67	1,0721	4	93	1,0686	10
16	1,0228	14	42	1,0543	10	68	1,0725	4	94	1,0674	12
17	1,0242	14	43	1,0552	9	69	1,0729	4	95	1,0660	14
18	1,0256	14	44	1,0562	10	70	1,0733	4	96	1,0644	16
19	1,0270	14	45	1,0571	9	71	1,0737	4	97	1,0625	19
20	1,0284	14	46	1,0580	9	72	1,0740	3	98	1,0604	21
21	1,0298	14	47	1,0589	9	73	1,0742	2	99	1,0580	24
22	1,0311	13	48	1,0598	9	74	1,0744	2	100	1,0553	27
23	1,0324	13	49	1,0607	9	75	1,0746	2			
24	1,0337	13	50	1,0615	8	76	1,0747	1			
25	1,0350	13	51	1,0623	8	77	1,0748	1			
		13			8			0			

Acetometrie.

Der im Handel vorkommende Essig ist immer von sehr ungleichem Essigsäuregehalt. Aus seinem specifischen Gewichte lässt sich in dieser Hinsicht nicht schliessen, weil die anderen Bestandtheile der Flüssigkeit zur Vermehrung des specifischen Gewichtes beitragen und die Essigsäure wenig schwerer als Wasser ist. Zur Prüfung der Stärke des Essigs bleibt daher kein anderer Ausweg, als denselben mit Alkali zu sättigen.

Nach der gewöhnlichen, von Otto eingeführten Methode, wird der zu prüfende Essig mit Ammoniak neutralisirt, so lange bis die anfangs zugesetzte Lakmustinktur wieder blau wird. Obgleich diese Methode nicht absolut genau ist, weil es eine Eigenschaft der neutralen essigsauren Alkalien ist, alkalisch zu reagiren, so beeinträchtigt doch diese alkalische Reaction die Genauigkeit nicht in beachtenswerthem Grade. Das von Otto construirte Acetometer ist eine 36 Centimeter lange und 1,5 Centimeter weite, unten zugeschmolzene Glasröhre mit doppelter Theilung, einer untern einfachen, für den mit Lakmus gefärbten Essig und einer obern für die Probeflüssigkeit. Beim Gebrauche füllt man den Raum der Proberöhre bis zu einem gewissen Punkte mit Lakmustinktur, dann bis zu einem zweiten Theilstriche mit dem zu untersuchenden Essig und setzt nun nach und nach von der Probeflüssigkeit hinzu, bis die rothe Farbe der Flüssigkeit oben wieder blau geworden ist. Die Zahl, die den Stand der Flüssigkeit in der Proberöhre bezeichnet, giebt sofort den Gehalt des Essigs an Essigsäure in Procenten an. Die Genauigkeit des Resultates ist abhängig von der Sorgfalt, mit welcher man bei Bereitung der Aetzammoniakflüssigkeit zu Werke gegangen ist; diese Flüssigkeit muss genau 1,369 Proc. Ammoniak enthalten. Nach dem von Mohr angegebenen Verfahren nimmt man von dem zu prüfenden Essig, welchen man auf seinen Gehalt an Essigsäure ($2C_2H_4O_2$ - H_2O = 102 [2] = 51) prüfen will und der gewöhnlich ein spec. Gewicht von 1,010–1,011 hat, 5,04 Kubikcent. (denn 5,1 [1,011] = 5,04) oder einfacher 5 K.-C., versetzt sie mit Lakmustinctur und titrirt mit Normalkali blau. Am besten nimmt man 10 K.-C. des Essigs und halbirt die verbrauchten K.-C. des Kalis.

Beispiele. 1) 10 K.-C. eines Würzburger Tafelessigs brauchten
11,8 K.-C. Kali; er enthielt demnach
5,9 Proc. sogenannter wasserfreier Säure oder 6,7 Proc. Essigsäure $C_2H_4O_2$;

2) 10 K.-C. eines theilweise aus Holzessig bereiteten Essigs erforderten
12,5 K.-C. Kali, welche entsprechen
6,25 Proc. wasserfreier Säure oder 7,3 Proc. Essigsäure $C_2H_4O_2$.

β) *Darstellung des Essigs aus Holzessig.*

Holzessig.

Bei der trocknen Destillation des Holzes bleibt ein Theil des Kohlenstoffes als Kohle zurück und der Rest der Holzbestandtheile tritt theils in Gestalt von Gasen und Dämpfen — Kohlenoxyd, Kohlensäure, Wasserstoff, leichten und schweren Kohlenwasserstoffen —, theils in Form condensirbarer Körper auf, welche letztere nach ihrer Verdichtung eine braungefärbte dicke ölige Flüssigkeit und eine wässrige Schicht unter derselben bilden. Die letztere (der Holzessig) besteht wesentlich aus wässeriger unreiner Essigsäure, etwas Propionsäure und Buttersäure, kleinen Mengen von Oxyphensäure (Brenzcatechin) und ausserdem Kreosot und dem alkoholähnlichen Holzgeiste (einem Gemenge von Methylalkohol, Aceton und essigsaurem Methyl), die braune, dickflüssige Substanz, der Holztheer, besteht aus einer Anzahl flüssiger und fester Körper, unter denen neben noch nicht näher untersuchten Brandharzen auch Paraffin, Naphtalin, Kreosot und mehrere flüssige Kohlenwasserstoffe wie Benzol, Toluol, Xylol u. s. w. auftreten. Die bei gut geleiteter Verkohlung gewinnbare Essigsäure beträgt höchstens 7–8 Proc. vom Gewichte des Holzes. Nach den Untersuchungen von H. Vohl kann auch der Torf unter Umständen zur Fabrikation von Essigsäure (und von Holzgeist) Anwendung finden. 10 Ctr. Torf lieferten 3 Kilogr. Essigsäure und 1,45 Kilogr. Holzgeist. Folgendes Schema zeigt die hauptsächlichsten Produkte, die bei der trocknen Destillation des Holzes sich bilden:

Holz	a) Holzmasse b) Hygroskop. Wasser	α) Leuchtgas	Acetylen C_2H_2	Xylol C_8H_{10}
			Elayl C_2H_4	Naphtalin $C_{10}H_8$
			Trityl C_3H_6	Kohlenoxyd CO
			Ditetryl C_4H_8	Kohlensäure CO_2
			Benzol C_6H_6	Methylwasserstoff CH_4
			Toluol C_7H_8	Wasserstoffgas H_2
		β) Theer	Benzol C_6H_6	
			Toluol C_7H_8	
			Styrolen C_8H_8	
			Naphtalin $C_{10}H_8$	

		Reten $C_{18}H_{18}$			
		Paraffin $C_{20}H_{42}$ bis $C_{22}H_{46}$			
		Phenole	Carbolsäure C_6H_6O		
			Cresylsäure C_7H_8O		
			Phlorylsäure $C_8H_{10}O$		
		Guajacole	Oxyphensäure $C_6H_6O_2$		
			Kreosote	$C_7H_8O_2$	Verbindungen der Oxyphensäure und damit homologer Säuren mit Methyl[132].
		Brandharze		$C_8H_{10}O_2$	
				$C_9H_{12}O_2$	
γ) Holzessig		Essigsäure $C_2H_4O_2$			
		Propionsäure $C_3H_6O_2$			
		Buttersäure $C_4H_8O_2$			
		Valeriansäure $C_9H_{10}O_2$			
		Capronsäure $C_{10}H_{12}O_2$			
		Aceton C_3H_6O			
		Essigsaures Methyl $C_3H_6O_2$			
		Holzgeist CH_4O			
		Phenole, Guajacole und Brandharze			
δ) Holzkohle		Kohlenstoff	85	Proc.	
		Hygroskop. Wasser	12	„	
		Asche	3	„	

Fig. 249.

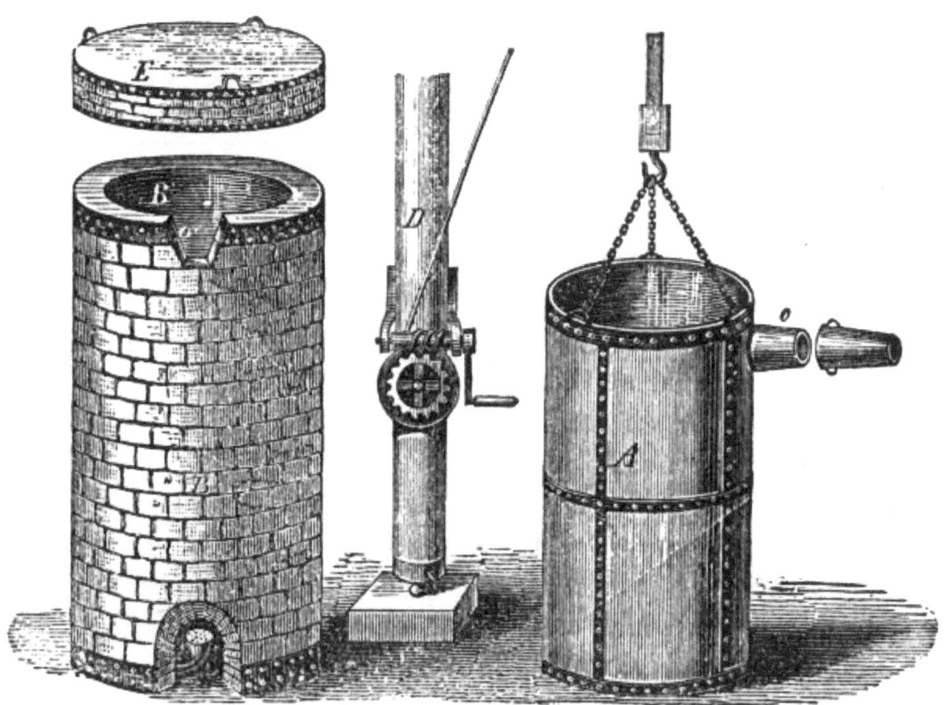

Fig. 250.

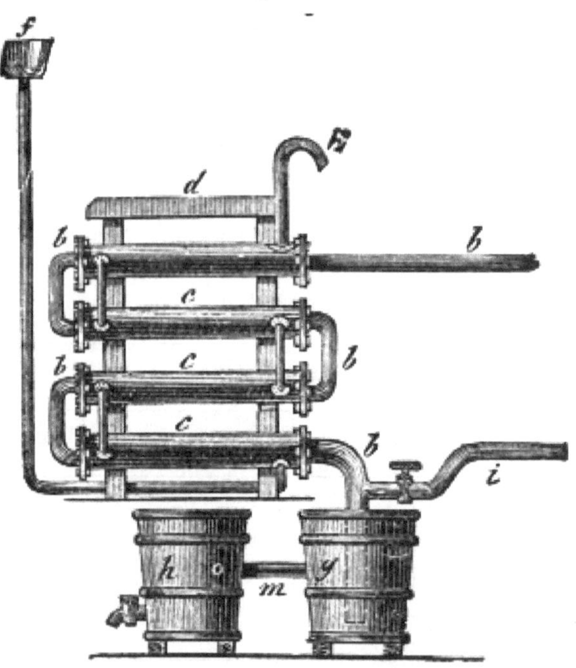

Der rohe Holzessig enthält nicht unbedeutende Mengen von Brandharz aufgelöst, ausserdem noch wie bereits erwähnt geringe Mengen von Phenolen und Guajacolen; alle diese Körper ertheilen dem Holzessig eine braune Farbe und den bekannten empyreumatischen Geruch und Geschmack, ihnen verdankt aber auch der rohe Holzessig seine ausgezeichnet antiseptische Eigenschaft. Dort, wo die Gewinnung von Holzessig Hauptsache ist, wendet man zur Destillation des Holzes eiserne Retorten an, denen ähnlich, die man bei der Leuchtgasfabrikation anwendet, in Frankreich zuweilen auch stehende Cylinder aus Schwarzblech (siehe Fig. 249). Ein solcher Cylinder *A* hat in der oberen Hälfte eine Oeffnung *o*, an welcher der Vorstoss *B* angeschraubt wird. Auf den Cylinder kommt der Cylinderdeckel, welchen man, sobald der Cylinder mit Holz angefüllt ist, festschraubt; der Cylinder selbst wird mit Hülfe des Kranichs *D* in einen cylinderförmigen Ofen *B* gebracht, welchen man mit dem steinernen Deckel *E* verschliesst. Die durch Erhitzen des mit Holz gefüllten Cylinders sich entwickelnden Produkte gehen durch das Rohr *b* (Fig. 250), welches mit dem Cylinder verbunden und zickzackförmig gebogen ist, durch den in dem Gestelle *d* befindlichen Kühlapparat *c*, welchem durch *f* kaltes Wasser zugeführt wird, während das Erwärmte bei *k* abfliesst. Essig, Theer und Holzgeist condensiren sich und fliessen in den Bottich *g*, in welchem sich vorzugsweise der Theer absetzt; die leichteren Flüssigkeiten laufen durch *m* nach dem Bottich *h* ab. Die nicht condensirten brennbaren Gase werden durch das Rohr *i* in die Feuerung geleitet, wo sie zu geruchlosen Produkten verbrennen und durch die dabei erzeugte Hitze erheblich zur Heizung des Cylinders beitragen, sodass in den späteren Stadien der Destillation kein Brennmaterial mehr nachgelegt zu werden braucht. — In grösseren Fabriken benutzt man anstatt der hölzernen Bottiche in die Erde eingelassene gemauerte oder aus Cäment construirte Cisternen, von denen eine jede durch ein am obern Ende befindliches Rohr mit der nächstfolgenden communicirt. Hierbei sammelt sich die grösste Menge des Theers in der ersten Cisterne, während der Holzessig, von mechanisch darin schwimmendem Theer befreit, in die letzte Cisterne übergeht, von wo aus er der weitern Verwendung übergeben wird. Die Holzgasfabriken (nach v. Pettenkofer's Patent) erzeugen gegenwärtig nicht unerhebliche Mengen von Holzessig.

Reinigen des Holzessigs.

Der rohe Holzessig ist eine dunkelbraune klare Flüssigkeit von säuerlich theer- und rauchartigem Geruch und Geschmack. Man verwendet einen kleinen Theil des rohen Holzessigs zum Conserviren des Fleisches, von Holzwerk, Tauen etc.; der grösste Theil dient, theils um verschiedene essigsaure Salze darzustellen, welche in der Färberei und im Zeugdruck in grosser Menge verbraucht werden und dazu schon im unreinen Zustande verwendbar sind wie das holzessigsaure Eisen und die holzessigsaure Thonerde (Eisen- und Alaunbeize), theils zur Darstellung einer concentrirten Essigsäure (für industrielle Zwecke, z. B. für die Darstellung des Anilins aus Nitrobenzol) und essigsaurer Salze (namentlich Bleizucker), endlich und hauptsächlich zur Fabrikation von Tafelessig, welche indessen mit ökonomischem Vortheil nur in solchen Ländern ausgeführt werden kann, wo, wie in England, die Essigerzeugung aus alkoholischen Flüssigkeiten wegen der hohen Steuer äusserst kostspielig ist.

Unter den Mitteln, den *Holzessig zu reinigen*, ist, wenn man von der von E. Assmuss empfohlenen Filtration durch gröblich gestossene Holzkohle absieht, das einfachste die Destillation, die man gewöhnlich aus einer kupfernen Blase mit kupfernem Kühlapparate vornimmt. Zuerst geht eine gelblich gefärbte Flüssigkeit — roher Holzspiritus — über, die auf Holzgeist verarbeitet wird. Später wird das Destillat reicher an Essigsäure.

Die heutzutage angewendeten Methoden, dem Holzessig die letzten Antheile der brenzlichen Stoffe zu entziehen, zerfallen in zwei Abtheilungen, nach

α) der ersten geschieht die Reinigung des Holzessigs ohne Sättigung mit einer Base, nach

β) der zweiten dadurch, dass man ihn in essigsaures Salz verwandelt und daraus durch Destillation mit einer stärkeren Säure die Essigsäure wieder abscheidet.

Zu der *ersteren Art* der Reinigung des Holzessigs gehören die von Stoltze herrührenden Vorschläge, von dem Holzessig, nachdem 10 Proc. abdestillirt und für sich als roher Holzspiritus aufgefangen worden sind, 80 Proc. durch Destillation zu gewinnen, und darin die brenzlichen Stoffe durch Oxydation (durch Ozon oder Chlor) zu zerstören. Die Reinigung des Holzessigs *nach der zweiten Art* ist das gewöhnliche, in den Fabriken angewendete Verfahren; im Wesentlichen wurde es von Mollerat zuerst angegeben. Zunächst wird aus dem Holzessig durch Sättigen mit Kalk und Fällen der Lösung mit Glaubersalz Natriumacetat dargestellt, dieses Salz wird durch Krystallisation gereinigt und dann im trockenen Zustande so weit erhitzt, dass es selbst nicht zersetzt wird, die beigemengten Brenzstoffe aber verkohlt und unlöslich werden, worauf man das reine Salz durch Auslaugen von den Kohlentheilen trennt und daraus die Essigsäure durch Destillation mit Schwefelsäure wieder abscheidet. Anstatt des Natriumacetates wendet man häufig auch das Kalksalz zur Darstellung der Essigsäure aus dem Holzessig an, welches man durch Sättigen des Holzessigs mit Kalk und Abdampfen zur Trockne darstellt. Das trockne Salz wird geröstet, um in gleicher Weise wie bei dem Natriumsalze, die brenzlichen Stoffe zu zerstören. Zur Gewinnung der Essigsäure destillirt man (nach der vortrefflichen Methode von C. Völckel in Solothurn) mit Salzsäure. Die Destillation kann in einer Blase mit Helm aus Kupfer und einer Kühlröhre aus Blei, Zinn oder Silber vorgenommen werden. Auf 100 Th. Calciumacetates braucht man 90–95 Th. Salzsäure von 20° B. (= 1,16 spec. Gewicht). Der Gebrauch der Salzsäure statt der Schwefelsäure hat den Vortheil, dass eine Verunreinigung des Calciumacetates mit Harzen etc. nichts schadet, wenn nur das Calciumacetat bis zur Entfernung aller flüchtigen Substanzen ausgetrocknet worden war. Bei Anwendung von Schwefelsäure erhält man dagegen eine übelriechende Essigsäure, die viel schweflige Säure und ausserdem Zersetzungsprodukte der beigemengten Brandharze enthält.

Der Holzgeist.

Wenn die bei der trocknen Destillation des Holzes erhaltene saure Flüssigkeit im Grossen abdestillirt wird, so geht zu Anfang eine gelbe Flüssigkeit über, welche leichter ist als Wasser und einen ätherartigen, zugleich brenzlichen Geruch hat. Diese Flüssigkeit (Holzspiritus) besteht hauptsächlich aus Holzgeist (Methylalkohol CH_4O oder CH_3 H }O, Aceton und essigsaurem Methyl, ausserdem auch noch aus einer Reihe von Körpern, welche für den vorliegenden Zweck nicht weiter in Betracht kommen. Der Holzgeist wurde 1812 von Taylor entdeckt und lange Zeit als Brennmaterial für Spirituslampen verkauft; erst im Jahre 1822 wurde er von ihm als ein neuer Körper beschrieben. Der Holzgeist im reinen Zustande ist eine farblose Flüssigkeit von 0,814 spec. Gewicht, die bei 66° C. siedet. Er hat grosse Aehnlichkeit mit dem Alkohol, sowol in Bezug auf seine Eigenschaften als seine Zersetzungsprodukte und chemische Constitution, und kann als Brennmaterial für Lampen gebraucht werden, er verdunstet aber rascher und giebt weit weniger Wärme[133]. Man verwendet ihn ferner zur Schreinerpolitur und zu Harzfirnissen, wozu er jedoch schon ziemlich rein sein muss und wobei eine raschere Verdunstung ein Uebelstand ist. In England soll man ihn auch als berauschendes Mittel versucht haben, ohne dass er Unbequemlichkeiten gemacht habe. Die Anwendung des Holzgeistes hat bis jetzt in Deutschland, trotz vielfältiger Versuche, keine grosse Wichtigkeit erlangen können, theils weil er nur in kleinen Quantitäten producirt wird, theils auch, weil er, wenn er nicht gereinigt ist, den Alkohol nur unvollkommen ersetzt, daher billiger sein muss als dieser, was bei den umständlichen Reinigungsmethoden des Holzgeistes nicht wol möglich ist. Neuerdings verwendet man den Holzgeist in grosser Menge zur Herstellung von Methyljodür und -bromür, die in der Fabrikation von violetten und blauen Theerfarben Verwendung finden.

Die Conservirung des Holzes.

Allgemeines über Dauer des Holzes.

Die Dauer des Holzes gegen die auf seine Zerstörung einwirkenden Einflüsse ist eine höchst verschiedene und weicht selbst bei einer und derselben Holzart, je nach Ursprung, Alter, Jahresringbreite, Splint und Kern sehr ab. Ferner verhalten sich die einzelnen Hölzer unter verschiedenen Umständen, im Freien, unter Dach oder im Wasser verbaut, keineswegs gleich. Buchenholz kann, wenn es fortwährend unter Wasser steht, Jahrhunderte lang dauern, eben so Eichenholz. Erlenholz dauert im Trocknen nur kurze Zeit, unter Wasser hat es dagegen grosse Beständigkeit. Das Holz der Edelkastanie besitzt, im Trocknen verbaut, die Dauer des Eichenholzes. Bei der grossen Verschiedenheit des Verhaltens der Holzarten und bei der Manichfaltigkeit ihrer Anwendung muss man die Dauer des Holzes betrachten:

1) je nachdem es in freier Luft, in feuchter oder nasser Lage der Fäulniss oder Zerstörung mehr oder weniger unterworfen ist;

2) oder durch verschiedene Insekten, welche zum grossen Theile im Larvenzustande in dem Holze leben, im trocknen Zustande mehr oder minder angegriffen wird.

Reine Holzfaser ist an sich nur wenig der Zerstörung durch die Zeit unterworfen. Wenn man aber dessenungeachtet wahrnimmt, dass das Holz mit der Zeit nachtheilige Veränderungen erleidet, so ist der Grund dieser Erscheinung in Substanzen zu suchen, welche der reinen Holzfaser fremd sind, aber dieselbe stets begleiten, nämlich in den Saftbestandtheilen, unter denen stets auch eiweissähnliche Körper sich finden. Diese Veränderungen treten bei den verschiedenen Hölzern nach kürzerer oder längerer Zeit ein. Am längsten widersteht sehr harzreiches Holz, da der Harzgehalt das Eindringen der Feuchtigkeit verhindert. Darauf folgen die Hölzer, welche sehr dichte Holzlagen haben und die eine die Fäulnis aufhaltende Substanz — Gerbsäure oder Tannin — enthalten wie die Eiche. Das Verhalten des mit Wasser völlig bedeckten Holzes ist ein sehr verschiedenes. Mehrere Holzgattungen wie Birke, Aspe, Linde und Weide werden im Wasser nach und nach dergestalt verändert, dass aller Zusammenhang aufhört und das Holz breiähnlich wird. In den Torfmooren trifft man nicht selten Stämme der genannten Holzarten, welche mit dem Spaten eben so leicht durchstochen werden können als die Torfmasse. Andere Hölzer erleiden im Wasser keine Veränderung und nehmen eine grosse Härte an, so die Eiche, Erle und Föhre.

Die Insekten greifen vorzüglich nur das trockne Holz an; einige leben jedoch auch im grünen Holze der Eiche. Der Splint wird im Allgemeinen leichter angegriffen als der Kern. Der Splint der Eiche ist dem Wurmfrasse am meisten ausgesetzt, wogegen der gesunde Kern des Eichenholzes wenig darunter leidet. Ulmen- und Aspenholz, eben so harzreiche Hölzer werden von den Insekten wenig angegriffen. Junge, an Saftbestandtheilen reiche Hölzer, zumal Stangen in der Rinde werden in der Luft bald vom Wurmfrass der Nagekäfer und Kammnagekäfer heimgesucht; am meisten suchen die Insekten Erlen, Weiden, Birken, Roth- und Hainbuchen heim.

Auf die grössere oder geringere Dauer haben gewisse Verhältnisse Einfluss, von denen wir im Folgenden einige der wichtigeren anführen wollen: a) die Umstände, unter denen das Holz gewachsen ist. In kälterem Klima erzeugtes Holz ist dauerhafter als das aus wärmeren Gegenden genommene. Armer Boden erzeugt dauerhafteres Holz als feuchter und an Pflanzennährstoffen reicher. Fichtenholz auf einem reichen Mergelboden gewachsen ist ausserordentlich verschieden von demjenigen, welches auf Felsen langsam erwuchs; b) die Verhältnisse, unter denen das Holz verbraucht wird, sind ferner von grossem Einflusse auf die Dauer des Holzes. Je wärmer und feuchter das Klima und die Temperatur des Ortes, wo das Holz sich findet, desto schneller tritt die Fäulniss ein; umgekehrt conservirt ein trocknes kaltes Klima das Holz ausserordentlich; c) die Zeit des Fällens. Winterholz gilt als dauerhafter als im Sommer gefälltes. Es ist deshalb auch in vielen Forstordnungen gesetzlich verboten, das Holz ausser der „Wadelzeit", welche gewöhnlich vom 15. November bis zum 15. Februar geht, zu fällen.

Bei Anwendung des Holzes zu Landbauten, wo es geschützt gegen Hitze und Feuchtigkeit liegt, hat es fast nur einen Feind, den Holzwurm; wo es hingegen feucht liegt, wo kein Luftzug die Anhäufung der Zersetzungsprodukte hindert, gehen die eiweissähnlichen Substanzen der Saftbestandtheile in Fäulniss über und verändern hierbei die Faser, welche ihren Zusammenhang verliert und zuletzt eine zerreibliche Masse wird. Man nennt diese Zersetzung die Fäulniss, das Vermodern, oder Verstocken des Holzes. Bei Vorhandensein von genügender Feuchtigkeit erzeugt sich auf der Oberfläche der sogenannte Schwamm (Hausschwamm, Holzschwamm). Diese wuchernden Schwämme und Pilze, von denen besonders der Hauspilz (*Thelephora domestica*), der Hausreisch (*Boletus destructor*) und der Faltenreisch (*Merulius vastator*) auftreten, kündigen sich in ihrem Entstehen durch weisse, immer mehr und mehr sich vergrössernde, in ein graues Faserngeflecht übergehende Flecken an, die später in für die einzelnen Species charakteristische Massen übergehen, so bildet der Hauspilz ästige, häutige Lagen, deren untere Seite aus einem violetten, filzigen Gewebe besteht, während der Rand ein fleckiges Ansehen hat. Der Hausreisch unterscheidet sich durch einen ungleichen, runzligen und weissen Hut; er erscheint, oft weit verbreitet, das ganze Jahr hindurch an feuchten, schadhaften Stellen und zwischen Balken; jung ist er weich und schimmelartig, und schwitzt einen stark, aber nicht unangenehm riechenden Saft aus. Der Faltenreisch zeigt sich an abgestorbenen Baumstämmen, faulenden Balken und Brettern. Flach ausgebreitet, wird er mehrere Fuss lang, schwammigfleischig, rostbraun, auf der untern Seite faserig und sammetähnlich; er kriecht auf dem Holze fort und zerstört es nach und nach ganz. Meist wirkt er versteckt, erscheint plötzlich, unter den Dielen hervorbrechend, zerfrisst und durchbricht sie. Aus den Dielen und Ständern geht er in die Wände und greift das Mauerwerk dergestalt an, dass er Steine hebt und zermalmt. In dieser Weise wird er zum Mauerschwamm und entwickelt hier seinen gefährlichsten Charakter. Die Lebenselemente des Schwammes sind Feuchtigkeit, Mangel an Luft und Licht. Hieraus folgt unmittelbar die Heilmethode, welche, gestützt auf vielfache Erfahrungen, darin besteht, die Feuchtigkeit zu entfernen und eine ununterbrochene Luftcirculation herbeizuführen. Aus diesem Grunde erscheint die durch Fegebeutel für schwammhaltige und feuchtliegende Gebäude in Anwendung gebrachte Luftdrainirung unter den vielen empfohlenen Gegenmitteln als eines der vortheilhaftesten. Unter den chemisch wirkenden Mitteln, die man zur Vertilgung und Verhütung des Hausschwammes anzuwenden vorgeschlagen hat, hat sich das holzessigsaure Eisenoxyd als zweckmässig herausgestellt.

Mehr als auf dem Lande leidet das Holz, das unmittelbar dem Einflusse des Seewassers ausgesetzt ist; hier aber ist der Bohrwurm der gefährlichste Feind. Dieses Thier, aus der Gattung der zweischaaligen Weichthiere, bohrt sich in der Jugend mit dem vorn hornartigen Rüssel in das im Seewasser befindliche Holz (der Pfähle und Schiffe), wächst im Holze, wird bis 36 Centimeter lang, vergrössert die gebohrte Röhre und füttert sie mit Kalk aus. Die Bohrwürmer stammen aus den Meeren heisser Länder; die bekannteste Art, *Teredo navalis*, greift die unbeschlagenen Schiffe, Holzdämme u. dergl. an, vermag sie ganz zu durchbohren und Schaden anzurichten. Gegenwärtig sind diese Thiere seltener geworden und finden sich nur noch vereinzelt in Venedig und an den holländischen und englischen Küsten.

Specielles über Holzconservation.

Die Mittel, welche angewendet worden sind, um die Zerstörung des Holzes durch Fäulniss zu verhüten, beruhen:

1) auf der möglichsten Entfernung des Wassers aus dem Holze vor seiner Verwendung;

2) auf der Entfernung der Saftbestandtheile;

3) auf der Erhaltung einer Luftcirculation um das Holz;

4) auf der chemischen Veränderung der Saftbestandtheile;

5) auf der Vererzung des Holzes und der allmäligen Entfernung des Organischen.

Austrocknen des Holzes.

1. Ausgetrocknetes Holz erhält sich an einem trocknen Orte lange Zeit unverändert, zumal, wenn es bei starker Wärme bis zum Braunwerden getrocknet worden ist. Wenn das Holz aber einem feuchten Raume übergeben werden soll, muss es vor seiner Verwendung möglichst lufttrocken und sodann mit einer Substanz überzogen worden sein, welche das Eindringen der Feuchtigkeit in das Holz verhindert. In diesem Sinne wirkt das Bestreichen und Tränken des Holzes mit Leinöl, Holz- und Steinkohlentheer, Torf- und Braunkohlenkreosot und Hydrocarbüren (Mineralöl). Hutin und Boutigny, von der Ansicht ausgehend, dass die Absorption von Feuchtigkeit und zerstörenden Agentien bei dem Holze stets von dem Hirne ausgehe, schlagen folgende Methode vor, um die an der Hirnseite des Holzes mündenden Gefässe dauernd zu verstopfen. Man taucht das entsprechende Ende des Holzstückes (der Eisenbahnschwelle) in einen flüssigen Kohlenwasserstoff — Benzin, Petroleum, Photogen, Schieferöl — und zündet diesen an. Nach dem Verlöschen taucht man das Ende 3–6 Centimeter tief in eine Mischung von Pech, Theer und Gummilack (besser wol Asphalt) und theert dann das Ganze wie gewöhnlich.

Entfernung der Saftbestandtheile.

2. Die Saftbestandtheile bedingen hauptsächlich die Fäulniss des Holzes und müssen vor der Verarbeitung aus dem Holze entfernt werden. In dieser Hinsicht kann man schon beim Fällen des Holzes viel wirken. Damit das Holz die geringste Menge Saft enthalte, muss es in den Wintermonaten, spätestens im März gefällt werden. Bleiben die gefällten Bäume unentzweigt auf dem Platze liegen, so schlagen sie im Frühjahre aus und der grösste Theil der Saftbestandtheile dient zur Vegetation der Blätter. Es ist demnach zweckmässig, die Stämme erst nach dem Abwelken des Gipfels wegzufahren und dann wie gewöhnlich zu trocknen. Am vollständigsten entfernt man die Saftbestandtheile aus dem Holze durch Auslaugen (Auslohen), welches auf dreierlei Weise geschehen kann, nämlich a) mit kaltem Wasser, b) mit siedendem Wasser, c) mit Dampf.

a) Mit kaltem Wasser laugt man das Holz aus, indem man dasselbe längere Zeit in fliessendes Wasser legt; bei Stämmen soll man das Wurzelende dem Strome entgegenkehren. Das Wasser durchdringt nach und nach das Holz und verdrängt den Saft. Aus dem nämlichen Grunde legt der Schreiner seine grünen Bretter auf das

Dach, um sie dem Regen auszusetzen oder er stellt sie wiederholt in den Regen. Es ist klar, dass dieses Verfahren, wenn es von Erfolg begleitet sein soll, viel Zeit erfordert, da das kalte Wasser stärkere Holzstücke nur sehr langsam durchdringt; das Holz muss daher in einer durch seine Bestimmung vorgeschriebenen Weise zertheilt werden.

b) Mit siedendem Wasser (durch Auskochen) erreicht man die Entfernung der Saftbestandtheile schneller und vollständiger. Die Holzstücke, welche hierbei nur von kleinern Dimensionen sein können, werden in einem eisernen Kessel ausgekocht, in welchem man sie durch irgend ein einfaches Mittel untergetaucht erhält. Bei grösseren Holzstücken wendet man mit Wasser angefüllte, grosse, aus Bohlen zusammengefügte Kästen an, in welchen die Erhitzung der Flüssigkeit durch Wasserdampf geschieht. Je nach der Dicke der Hölzer ist das Auskochen nach 6–12 Stunden beendigt.

c) Das Auslaugen mit Dampf (das Dämpfen des Holzes) ist das vorzüglichste Verfahren des Auslaugens, das nicht nur, was die Entfernung der Saftbestandtheile betrifft, den vollkommensten Erfolg giebt, sondern sich auch hinsichtlich der Beschaffenheit des gedämpften Holzes, sowol was seine Widerstandsfähigkeit gegen Fäulniss, als seine sonstigen Eigenschaften wie Festigkeit, Verminderung der hygroskopischen Eigenschaft anlangt, als sehr brauchbar bewährt hat. Der zum Dämpfen angewendete Apparat besteht aus dem Dampfkessel zur Dampferzeugung und einem zum Einlegen des Holzes bestimmten Kasten, der entweder gemauert und mit Cäment überkleidet oder aus Bohlen zusammengefügt ist, oder er besteht in einer grossen eisernen Röhre. In den möglichst dicht zu verschliessenden Kasten leitet man anhaltend einen Strom Wasserdampf, um durch Verdichtung desselben zu Wasser die Saftbestandtheile aufzulösen, welche Auflösung (Brühe) durch einen an dem Kasten angebrachten Hahn abgelassen wird. Die Farbe der ablaufenden Brühe ist stets dunkel, bei Eichenholz ist sie schwarzbraun, bei Mahagoni braunroth, bei Lindenholz röthlichgelb, bei Kirschbaum röthlich etc. Die Operation wird als beendigt angesehen, sobald die Brühe hell abfliesst. Die Zuführung des Dampfes lässt sich mittelst eines Hahns in dem Dampfzuleitungsrohr leicht reguliren. Die gedämpften Hölzer werden an der Luft oder in einer Trockenkammer ausgetrocknet; sie sind fester und härter, leichter (das Holz verliert durch das Dämpfen 5–10 Proc. am Gewicht) und zäher als die nicht ausgelaugten Hölzer, ferner auch von weit dunklerer Farbe. Was die zum Dämpfen geeignetste Temperatur des Dampfes betrifft, so sind die Ansichten hierüber getheilt; im Allgemeinen glaubt man, dass eine Temperatur von 100° oder etwas darüber, bereits schädlich auf die Holzfaser einwirke, und dass Dampf von etwa 60–70° der passendste sei. Mit dem Dämpfen wird zweckmässig das Theeren des Holzes verbunden, indem man gegen das Ende der Operation zu dem Wasser im Dampfkessel Steinkohlentheeröl fügt, dessen Dämpfe zugleich mit denen des Wassers in das Holz gelangen.

Ausser durch Auslaugen hat man die Saftbestandtheile, wenigstens zum Theil, auch durch mechanischen Druck zu entfernen und dadurch das Holz zugleich zu pressen gesucht. Zu diesem Behufe zieht man die Bretter zwischen Walzenpaaren hindurch, welche mehr und mehr eng gestellt werden. Auch durch Luftdruck hat man den Saft aus den Stämmen entfernt, indem man nach Barlow an dem einen Ende des Stammes ein metallenes Gehäuse luftdicht befestigt und in dasselbe mittelst einer Druckpumpe Luft eintreibt, welche das Holz durchdringt und den Saft am andern Ende abzufliessen nöthigt. Die beiden letzteren Methoden sind jedoch umständlich, kostspielig und nicht sicher, und deshalb keiner allgemeineren Anwendung fähig.

Luftdrains.

3. Die Unterhaltung einer Luftcirculation um das Holz durch Anbringung von Luftdrains ist dort, wo die Möglichkeit des Anbringens gegeben ist, ein vorzügliches Mittel, Holz zu conserviren. Besonders bei Fussböden ist die Anwendung von Luftdrainirung sehr zu empfehlen, die Luftzugkanäle stehen auf der einen Seite durch Ventile mit der äussern Luft, auf der andern Seite mit den Schornsteinen in Verbindung.

Chemische Veränderung der Saftbestandtheile.

4. Ein vorzügliches Mittel, um die Zerstörung des Holzes durch Fäulniss zu verhüten, ist die chemische Veränderung der Saftbestandtheile, um sie dadurch in einen Zustand überzuführen, in welchem sie nicht mehr als Fermente wirken können. Hierher gehört in gewisser Hinsicht das bekannte Mittel, Holzwerk, welches der

Feuchtigkeit ausgesetzt werden soll, z. B. in die Erde zu rammende Pfähle, durch Erhitzen oder durch Behandeln mit concentrirter Schwefelsäure oberflächlich zu verkohlen, wodurch die Holzbestandtheile bis zu einer gewissen Tiefe zersetzt und ausserdem das Holz mit einer Schicht von Kohle bedeckt wird, welche schon an und für sich antiseptisch wirkt. Die Verkohlung oder Carbonisation des Holzes geschieht entweder mit Hülfe einer Gasflamme oder einer direct aus Steinkohle erhaltenen Flamme. Der hierzu dienende Apparat von de Lapparent[134] wird seit 1866 auf den Werften der Marine zu Cherbourg, neuerdings auch in Pola und Danzig angewendet. Bei einer andern Klasse von Mitteln wird das Holz in seiner ganzen Masse mit gewissen Stoffen imprägnirt, die sich entweder mit den Saftbestandtheilen verbinden, oder dieselben in einer solchen Weise verändern, dass sie nicht mehr der Fäulniss fähig sind. Von den zahllosen Imprägnationsmethoden, die für Holz, namentlich für Eisenbahnschwellen, seit etwa zwanzig Jahren in Vorschlag gebracht worden sind, seien nur folgende vier angeführt, die eine grössere Verbreitung gefunden haben:

1) M'Kyan's conservirende Flüssigkeit ist Quecksilberchloridlösung in sehr verschiedener Concentration. Für die Eisenbahnschwellen der englischen Bahnen besteht die Lösung aus 1 Kilogr. Sublimat und 46 Liter Wasser, auf anderen Bahnen aus 1 Kilogr. Sublimat und 80–180 Liter Wasser. Man legt die Schwellen einfach in lange wasserdichte, hölzerne Tröge, welche die Lösung enthalten und lässt sie im Verhältniss zu ihrer Dicke längere oder kürzere Zeit darin. Nach Erfahrungen bei dem Kyanisiren von Eisenbahnschwellen auf der badischen Bahn soll man

Hölzer	von	82	Millimeter	Stärke	4	Tage
„	„	85–150	„	„	7	„
„	„	150–180	„	„	10	„
„	„	180–240	„	„	14	„
„	„	240–300	„	„	18	„

in die Lösung einlegen, welche 1 Kilogr. Sublimat auf 200 Liter Wasser enthält[135]. Die herausgenommenen Hölzer werden mit Wasser abgewaschen, mit Reisbesen abgerieben und dann vor Regen und Sonne geschützt zum Trocknen aufgebaut. Die Wirksamkeit des Quecksilberchlorides beruht hauptsächlich darauf, dass es mit den Eiweisssubstanzen des Saftes unlösliche Verbindungen bildet, welche der Fäulniss widerstehen; es wird nach und nach dabei zu Quecksilberchlorür (Calomel) reducirt, welches allmälig zum Theil als weisse Auswitterung an der Oberfläche des Holzes erscheint. Ungeachtet der grössten Vorsicht, welche man den Arbeitern anempfiehlt, wie sorgfältiges Waschen der Hände und des Gesichtes gleich nach der Arbeit, Verbinden von Mund und Nase während derselben, ist es doch kaum möglich, einzelnen Vergiftungsfällen vorzubeugen, die man indessen durch sofortigen Genuss von viel Milch am besten von in Wasser eingerührtem Eiweiss unschädlich macht. Nach englischen Angaben soll man Holzwerk, das für den Bau von Treibhäusern oder Wohnungen verwendet werden soll, nicht kyanisiren dürfen, selbst wenn es nachher mit Firniss überstrichen wird. Zuerst kränkelten und starben zum Theil alle mit dem kyanisirten Holze in Berührung gekommenen Pflanzen, später zeigte sich an allen Pflanzen im ganzen Treibhause jahrelang der nachtheilige Einfluss.

Erdmann hat das Unzureichende des Kyanisirens nachgewiesen und gezeigt, dass die Sublimatlösung nicht sehr tief eindringt und daher das Holz zwar vor dem Anfaulen von aussen, aber nicht vor der im Innern vor sich gehenden Verstockung schützt. Man hat deshalb in England versucht, das Kyanisiren dadurch intensiver zu machen, dass man das Holz in luft- und wasserdichte Tröge einschloss und die Sublimatlösung nach dem Auspumpen der Luft durch Druck einpresste. Das Kyanisiren ist auf jeden Fall die kostspieligste Imprägnationsmethode. Neuerdings hat man anstatt des reinen Quecksilberchlorids ein Doppelsalz von der Formel $HgCl_2 + KCl$ zum Kyanisiren vorgeschlagen. Man erhält dasselbe durch Zersetzen einer Lösung von Carnallit mit Quecksilberoxyd.

2) Burnett's Patent (1840) schreibt 1 Kilogr. Chlorzink auf 90 Liter Wasser vor. Burnettirte Stämme, fünf Jahre in sumpfiges Erdreich eingegraben gewesen, zeigten nicht die geringste Veränderung, während andere, unpräparirte, völlig zerstört waren. Das Chlorzink ist als Imprägnationsmittel der Bahnschwellen auf vielen deutschen Eisenbahnen in Anwendung. Neben dem Chlorzink wird vielfach der Kupfervitriol und das holzessigsaure Zinkoxyd (nach Scheden's Vorschlag) zur Conservirung des Holzes angewendet. Die Wirksamkeit der Kupfer- und Zinksalze ist dadurch zu erklären, dass sich im Innern des Holzes durch Ausscheidung von basischem Salz und durch Verbindung des Metalloxydes mit Farbstoffen, Gerbsäure, Harz u. s. w. unlösliche, die Holzfaser einhüllende Verbindungen bilden.

3) Bethell's (1838) patentirtes Verfahren besteht im Einfiltriren einer unter dem Namen Gallotin in den Handel gebrachten Mischung von Theer, Theeröl und Carbolsäure, unter Anwendung starken Druckes. Auf der Londoner Weltausstellung des Jahres 1851 waren Eisenbahnschwellen ausgestellt, die 11 Jahre in der Erde verweilt hatten, ohne sich zu verändern; andere Stücke waren vier Jahre in der See und hatten sich gut gehalten, während die nicht zubereiteten Hölzer von den Bohrmuscheln sehr übel zugerichtet worden waren. Vohl verwendet zum Tränken des Holzes Torf- und Braunkohlenkreosot, Leuchs Paraffin. Das Kreosotiren von Grubenhölzern ist seiner Feuergefährlichkeit wegen vielfach von den Behörden untersagt. Für die Eisenbahnschwellen hat sich das Kreosotiren auf vielen Bahnen als die vortrefflichste Conservationsmethode bewährt!

4) Methode von Payne. Dieser nahm zwei Patente (das erste 1841). Beiden liegt der nämliche Gedanke zu Grunde, nämlich das Holz zuerst mit der Lösung eines Salzes zu imprägniren, dann die Lösung eines zweiten Salzes nachfolgen zu lassen, welches mit dem ersten einen Niederschlag bildet. In den Flüssigkeiten selbst machte Payne Veränderungen. Er wählte zuerst Eisenvitriol- oder Alaunlösung und liess Chlorcalcium- oder Sodalösung nachfolgen. Später aber bediente er sich auflöslicher Schwefelmetalle (Schwefelcalcium oder Schwefelbarium), und als zersetzender Flüssigkeit der Schwefelsäure oder des Eisenvitriols. Das zu imprägnirende Holz kommt in ein Gefäss, welches luftleer gemacht und dann mit der ersten Salzlösung angefüllt wird, deren Eindringen ins Holz man noch durch Druck befördert; ebenso wird, nach Entfernung der ersten, die zweite Salzlösung eingepresst. In einigen Fällen ist es nöthig, das Holz zwischen dem Imprägniren mit den zweierlei Flüssigkeiten ganz oder theilweise zu trocknen. Das Payne'sche Verfahren, welches bei mehreren grossen Gebäuden in England in Anwendung gekommen ist, hat ausser der Verwahrung gegen Fäulniss noch den Zweck, das Holz weniger brennbar zu machen. Denselben Zweck verfolgen Buchner und v. Eichthal durch Imprägniren des Holzes mit Eisenvitriol und dann mit einer Lösung von Wasserglas, wodurch die Poren des Holzes mit Ferrosilicat ausgefüllt werden. Ransome suchte dasselbe durch Imprägniren mit Wasserglas und darauf folgende Tränkung mit einer Säure zu erreichen. Man findet hier und da die Angabe, dass das Behandeln des Holzes nach vorstehenden Methoden sehr gute Resultate geliefert habe. Wir gestehen, dass dies uns unbegreiflich erscheint. Der Niederschlag durch wechselseitige Zersetzung muss sich an der Peripherie des Holzes zuerst bilden und so gewiss ein Hinderniss abgeben für weiteres Eindringen derselben. Der von mir 1862 gemachte Vorschlag, Hölzer dadurch zu conserviren, dass man sie mit unlöslichen Seifen wie Aluminiumoleat, Kupferoleat und dergl. imprägnirt, hat im Kleinen gute Resultate ergeben.

Vererzung des Holzes.

5. Wenn man mit den Namen mineralisirtes, petreficirtes, metallisirtes, incrustirtes Holz mit irgend einer anorganischen Substanz imprägnirte Hölzer überhaupt bezeichnet, so verdient doch diesen Namen in der That nur ein solches Holz, dessen Poren dergestalt mit Mineralsubstanzen angefüllt sind, dass eine Vererzung des Holzes, ein Zurückdrängen des Organischen stattgefunden hat. Diese sogenannte Vererzung des Holzes geschieht durch Zusammenbringen desselben mit einer schwefelkiesreichen Kohle, deren Schwefelkies (Vitriolkies) durch Verwitterung in Eisenvitriol übergeht. In Folge der Hygroskopicität der Kohle, sowie durch auffallenden Regen löst sich nach und nach der Eisenvitriol auf, dringt nach und nach in das Holz ein, wodurch mit der Zeit durch Bildung von basischem Ferrisulfat eine Vererzung des Holzes erreicht wird. Der Werth dieses ursprünglich von Strützki (1834) herrührenden, später von Apelt in Jena empfohlenen Verfahrens ist ein sehr zweifelhafter, da Kuhlmann in neuerer Zeit (1859) den zerstörenden Einfluss des Eisenoxydes auf

Holzfaser in das klarste Licht gesetzt hat. Das mit basischem Ferrisulfat imprägnirte Holz ist nach einer gewissen Zeit sicher kein Holz mehr.

Boucherie's Imprägnationsmethode.

6. Boucherie's Imprägnationsmethode. Um das Holz vollständig und bis in das Innere der Faser mit solchen Stoffen zu imprägniren, welche das Holz vor der Zerstörung schützen, benutzt Boucherie die Kraft, mit welcher der Holzsaft in einem lebenden Baume von der Wurzel in alle Theile des Baumes getrieben wird. Wenn man einen Baum fällt und denselben sofort mit dem untern Ende in eine Lösung des Salzes, das zum Tränken des Holzes dienen soll (Kupfervitriol, holzessigsaures Eisen) stellt, so ist nach einigen Tagen das Holz von dem Salze durchdrungen. Später hat man versucht, die gefällten Hölzer aufrecht zu stellen und durch aufgesetzte trichterartige Säcke von getheerter oder mit Kautschuk überzogener Leinwand die Salzlösung hinein zu giessen, welche durch hydrostatischen Druck den Saft verdrängt und dessen Platz einnimmt. Anstatt der Salze, die dem Holze nur Dauer verleihen sollen, wendet man auch färbende Substanzen an, um dem Holze für Schreinerzwecke verschiedene Färbung und das Aussehen fremden Holzes zu geben; so giebt holzessigsaures Eisen dem Holze eine braune Färbung; lässt man auf die Absorption der Eisenflüssigkeit die einer gerbenden Flüssigkeit folgen, so färbt sich die Holzmasse grau oder blauschwarz. Unter unsern Holzarten ist die Platane eine derjenigen, welche für derartige Färbungen am geeignetsten ist. Störend ist hierbei, dass die Imprägnirungsflüssigkeit das Holz nicht immer gleichmässig durchdringt und so undurchdrungene, ungefärbte Stellen entstehen. Ausser der Platane und Linde werden Buche, Weide, Ulme, Erle, Birnbaum beim Behandeln nach Boucherie vollständig durchdrungen, nicht im Kerne, sondern nur im Splinte werden imprägnirt Tanne, Fichte, Eiche. Esche, Pappel und Kirschbaum gestatten der Imprägnationsflüssigkeit fast keinen Eintritt.

Der Tabak.

Der Tabak.

Das zum Rauchen, Schnupfen und Kauen angewendete Material kommt von verschiedenen einjährigen Pflanzen aus dem Geschlecht *Nicotiana*, der Familie der Solaneen angehörig, die noch bis zum 52° nördlicher Breite cultivirt werden, ursprünglich aber in den warmen Erdstrichen einheimisch sind. Die besten Tabaksorten sind die amerikanischen, namentlich die aus den südlichen Staaten Nordamerikas, Maryland, Virginien u. a., aus Varinas in dem Staate Orinoko, aus der Havanna auf Cuba, von Portorico u. s. w. Von den europäischen Tabaksorten sind zu erwähnen die holländischen, ungarischen, türkischen, französischen und Pfälzer Tabake. In Europa cultivirt man drei botanisch von einander verschiedene Arten des Tabaks. Sie sind:

1) der gemeine oder virginische Tabak (*Nicotiana tabacum*), mit grossen lanzettförmigen Blättern, welche dicht an dem Stengel stehen, sich in der Hälfte meist umbiegen, während die Rippen breit und mit spitz ablaufenden Nebenrippen versehen sind;

2) der Marylandtabak (*Nicotiana macrophylla*), mit breiteren und nicht so zugespitzten Blättern wie die des gemeinen Tabaks;

3) der Bauern- oder Veilchentabak (*Nicotiana rustica*) zeichnet sich durch seine eirunden, blasigen, mit längerem Stiele versehenen Blätter und durch seine gröngelben, kürzeren Blüten von jeder anderen Art aus.

Die Güte des Tabaks ist abhängig vom Klima, von der Beschaffenheit des Bodens und des Samens, das Gedeihen der Pflanzen von der Lage der Felder etc. Nächst dem Weinstock giebt es wohl kein Bodenerzeugniss, bei welchem der Einfluss der Cultur ein so ganz enormer ist als beim Tabaksbau. Dieser Einfluss ist um so mehr in Betracht zu ziehen, als der Tabak in vielen Gegenden Deutschlands zu den Hauptquellen des Erwerbes und Wohlstandes gehört.

Nach neueren Untersuchungen enthält der Tabak folgende Körper:

Mineralbasen	Kali		
	Kalk		
	Magnesia	Organische Base	Nicotin
	Eisen- und Manganoxyd		
	Ammoniak		
		Organische Säuren	Aepfelsäure (Tabaksäure?)
Mineralsäuren	Salpetersäure		Citronensäure
	Salzsäure		Essigsäure
	Schwefelsäure		Oxalsäure
	Phosphorsäure		Pektinsäure
			Ulminsäure
		Andere organische Körper	Nicotianin
			grünes und gelbes Harz
Andere Mineralkörper	Kieselerde		Wachs oder Fett
	Sand		stickstoffhaltige Substanzen
			Cellulose

Chemischer Bestand der Tabaksblätter.

Unter den Bestandtheilen der Tabaksblätter finden sich mithin als charakteristische drei, nämlich das Nicotianin, das Nicotin und die Tabaksäure. Das Nicotianin oder Tabakskampher ist eine fettartige Substanz, welche den angenehmen Geruch des Tabakdampfes und einen bittern, aromatischen Geschmack besitzt. Dieser Körper ist noch unvollständig untersucht. Der Ansicht der Tabakfabrikanten zufolge ist diejenige Tabaksorte die vorzüglichste, welche das meiste Nicotianin enthält[136]. Das Nicotin ($C_{10}H_{14}N_2$) ist eine organische Base und erscheint im reinen Zustande als farbloses Oel von betäubendem Tabaksgeruch und ätzendem Geschmack, das sich in Wasser, Weingeist, Aether und Oelen auflöst. Es ist, schon in kleiner Gabe eingenommen, ein tödtliches Gift; schon in sehr geringer Menge wirkt es heftig auf die Bewegungsnerven und erzeugt Convulsionen und später Lähmung. Die Quantität des Nicotins in den Tabakblättern scheint zu der Qualität in keinerlei Beziehung zu stehen. Schloesing hat den Nicotingehalt vieler französischer und amerikanischer Tabaksorten ausgemittelt. Es enthalten nach ihm 100 Th. trockner entrippter Tabak aus:

			Nicotin:
dem	Depart.	Lot	7,96

„	„	Lot-et-Garonne	7,34
„	„	Nord	6,58
„	„	Ille-et-Vilaine	6,29
Pas de Calais			4,94
dem Elsass			3,21
Virginien			6,87
Kentucky			6,09
Maryland			4,94
Havanna		weniger als	2,0

(Trockner Schnupftabak enthält ungefähr 2 Proc. Nicotin, durchschnittlich im nicht getrockneten Zustande 33 Proc. Wasser, was den Nicotingehalt auf 1,36 Proc. herabdrückt.) Das Nicotin ist in dem Tabak in Form eines Salzes enthalten. Die charakteristische Säure des Tabaks ist die Tabaksäure $C_3H_4O_4$, die grosse Aehnlichkeit mit der Aepfelsäure hat und nach neueren Untersuchungen (vielleicht) mit ihr identisch ist. Ausser diesen Stoffen enthalten die Tabaksblätter eiweissartige Bestandtheile, Holzfaser, Gummi, Harz. Die Tabaksblätter sind sehr reich an mineralischen Bestandtheilen; die Quantität derselben beträgt 19–27 Proc. vom Gewicht der trocknen Blätter. Merz fand 23,33 Proc. Asche von einer Tabaksorte aus der Gegend zwischen Nürnberg und Erlangen. 100 Th. dieser Asche enthielten 26,96 Kali, 2,76 Natron, 39,53 Kalk, 9,61 Magnesia, 9,65 Chlornatrium, 2,78 Schwefelsäure, 4,51 Kieselerde, 4,20 Ferriphosphat. In jeder Tabakssorte findet sich endlich auch Kaliumnitrat, dessen Menge jedoch zur Verbrennlichkeit des Tabaks in keiner Beziehung steht.

Tabakfabrikation.

Man verlangt von einem guten Rauchtabak, dass sein Rauch einen angenehmen Geruch besitze und nicht knellere, auf der Zunge kein beissendes Gefühl hervorbringe, endlich nicht zu stark sei. Das frische getrocknete Tabaksblatt kann diesen Anforderungen nicht genügen, da es reich an eiweisshaltigen Bestandtheilen ist, die beim Brennen einen widrigen Geruch nach verbranntem Horn erzeugen, da ferner der grosse Gehalt an Nicotin Unbehaglichkeiten beim Rauchen hervorrufen würde. Der Zweck der Zubereitung der Tabakblätter ist demnach, die eiweisshaltigen Stoffe zu zerstören, den grossen Nicotingehalt herabzudrücken, das Parfüm des Tabaks zu entwickeln, und endlich den Blättern die zur Benutzung als Rauch- und Schnupftabak geeignete Form zu geben. Das Wesentliche bei der Zubereitung der Tabaksblätter ist eine bei 35° vor sich gehende Gährung, durch welche die im feuchten Zustande auf Haufen geschlagenen Blätter den grössten Theil der eiweissartigen Bestandtheile verlieren, dagegen angenehm riechende, durch die Gährung entwickelte Stoffe aufnehmen. Der Fabrikant kommt dem Gährungsprocess durch die sogenannte Sauce zu Hülfe, mit welchem Namen das Befeuchtungswasser der Blätter bezeichnet wird. Eine vollständige Theorie des Processes der Tabaksfabrikation ist zur Zeit nicht möglich. Bei der Ernte des Tabaks legt man die Blätter zu 10–12 Stück übereinander, die Blätterhaufen werden an einen trockenen Ort gebracht, mit einem Tuch bedeckt und so lange liegen gelassen, bis sie anfangen zu schwitzen. Sodann hängt man die einzelnen Blätter zum Trocknen an Schnüren auf, wickelt dann um ungefähr 30 Blätter ein Blatt, um eine sogenannte Decke zu erhalten, und presst den Tabak in dieser Gestalt in grosse Fässer, in welchen er sich etwas erwärmt. Darauf besprengt man die Blätter mit Salzwasser, und lässt sie, aufeinander gelegt, bis zur Erwärmung liegen. Das Besprengen und Hinlegen wird so lange wiederholt, als der Tabak sich noch merklich erwärmt. Man trocknet ihn nun vollständig an der Luft, und presst ihn nicht selten auf mehrere Jahre in Fässer ein.

Rauchtabak.

Behufs der Rauchtabakfabrikation werden die Blätter sortirt, d. h. diejenigen Blätter zusammengebracht, die gleiche Farbe und gleiche Dicke haben. Nach dem Sortiren werden die dickeren Rippen ausgeschnitten (die Blätter entrippt), weil dieselben als wesentlich aus Holzfaser bestehend, beim Rauchen Holzrauch entwickeln würden. Sodann werden die Blätter saucirt oder gebeizt, d. h. mit einer besonders zubereiteten Sauce getränkt, die wesentlich aus Salzen (Kochsalz, Salpeter, Salmiak, salpetersaurem Ammoniak), zuckerhaltigen, weingeistigen und organisch-sauren, sowie gewürzhaften Substanzen besteht. Die Salze dienen zur Beförderung der Haltbarkeit und des langsameren Verbrennens, die übrigen Körper hauptsächlich zur Bildung jener angenehm riechenden Aether, die nicht unpassend mit der Blume des Weins verglichen worden sind. Die saucirten Blätter lässt man in Fässern gähren, sodann bei mässiger Wärme auf Horden trocknen und auf der Schneidemaschine zerschneiden. Der unzerschnittene gesponnene Tabak führt den Namen Rollentabak. Eine sehr beliebte Form des Rauchtabaks ist die Cigarre, die aus der Einlage und dem Deckblatt besteht. Die Eigenschaft der Cigarren, durch das Ablagern an Güte zu gewinnen, scheint nicht sowol auf dem vollständigeren Austrocknen, als vielmehr auf einer Art Nachgährung zu beruhen, durch welche die Güte beeinträchtigende Substanzen zerstört und andere vortheilhaft einwirkende gebildet werden.

Beim Rauchen erhält der Rauchende ausser den Produkten der Verbrennung des Tabaks (Kohlensäure, Wasser und etwas Ammoniak) auch die Produkte der trocknen Destillation in den Mund, welche letztere dem Tabakrauche das Charakteristische geben. Eine genaue Kenntniss dieser Produkte geht uns zur Zeit noch ab, so viel ist aber ausgemacht, dass in dem Rauche die Dämpfe des Nicotianins und des Nicotins enthalten sind. Zeise fand als Bestandtheile des Tabakrauches ein eigenthümliches Brandöl, Buttersäure, Kohlensäure, Ammoniak, Paraffin, Brandharz, so wie wahrscheinlich etwas Essigsäure, ferner Kohlenoxyd und Kohlenwasserstoffgase. Es ist bemerkenswerth, dass Kreosot und Carbolsäure sich beim Rauchen des Tabaks durchaus nicht bilden; aus diesem Grunde ist vielleicht der Tabakrauch weit weniger scharf, namentlich die Augen weit weniger angreifend, als der Holzrauch. Es wurde zur Untersuchung Portorico verwendet. Die Untersuchung von Zeise, so genau sie auch ausgeführt zu sein scheint, lehrt uns doch den Träger des aromatischen Geruches vieler Sorten von Rauchtabak und Cigarren nicht kennen; es mag indessen wol sein, dass bei dem Tabak ähnlich wie bei dem Weine, diejenigen Stoffe, die gerade hinsichtlich des Geruches und Geschmackes die maassgebenden sind, durch chemische Operationen und Reactionen kaum nachgewiesen werden können. Auf jeden Fall sind in dem Tabakrauche gepaarte Ammoniake enthalten, so das Anilin (zu dessen Bildung während der trocknen Destillation die Bedingungen, Carbolsäure als Zersetzungsprodukt der Cellulose und Ammoniak reichlich vorhanden sind), dessen Geruch in sehr verdünntem Zustande eine nicht zu verkennende Aehnlichkeit mit dem des Rauches guter Tabaksorten hat.

Die *Verbrennlichkeit* einer Tabaksorte steht in keiner Beziehung zum Salpetersäuregehalt, denn während der daran reiche Kentucky schlecht brennt, ist der daran arme Java, Maryland, brasilianische und ungarische Tabak leicht verbrennlich. Die Verbrennlichkeit des Tabaks in ihren verschiedenen Graden ist kürzlich von Schloesing zum Gegenstand einer Untersuchung gemacht worden. Es hat sich dabei ergeben, dass der im Wasser lösliche Theil der Asche eines verbrennlichen Tabaks stets Kaliumcarbonat enthält und zwar um so mehr, je verbrennlicher der Tabak ist; der Auszug der Asche von nicht verbrennlichem, d. h. verkohlendem Tabak enthält kein Kaliumcarbonat, sondern nur Kaliumsulfat und Chlorkalium. Ein nicht verbrennlicher Tabak wird verbrennlich, wenn man ihn mit der Lösung eines Kaliumsalzes einer organischen Säure (Aepfelsäure, Citronensäure, Oxalsäure, Weinsäure) behandelt und dann trocknet; ein verbrennlicher Tabak wird dagegen unverbrennlich, wenn man ihn Calciumsulfat oder Chlorcalcium oder die entsprechenden Magnesium- und Ammonverbindungen einverleibt. Der Grund davon scheint darin zu liegen, dass die Kaliumsalze der organischen Säuren beim Verkohlen eine voluminöse, wenig zusammenhängende und sehr poröse Kohle liefern, die leicht verbrennt, während die Kohle der Calciumsalze der organischen Säuren, unter gleichen Verhältnissen gebildet, wenig voluminös und fest ist und nur schwierig verbrennt.

Schnupftabak.

Die Blätter zur Fabrikation des Schnupftabaks werden auf ähnliche Weise sortirt und saucirt wie die zu Rauchtabak. Zur Bereitung der Sauce wendet man vorzugsweise Ammoniaksalze und aromatische Körper an. Die saucirten Blätter werden, nachdem sie eine erste Gährung durchgemacht haben, zu Carotten zusammengeschnürt und diese dann gemahlen (rappirt). Der rappirte Tabak wird gesiebt und dadurch in gröbere und feinere Sorten gebracht. Nach dem Sieben wird er angefeuchtet und häufig noch einer zweiten Gährung unterworfen. Im Schnupftabak ist das Nicotin (circa 2 Proc.) theils frei, theils als neutrales oder basisches (wahrscheinlich essigsaures) Salz vorhanden; das Ammoniak ist darin ebenfalls an eine Säure gebunden; beiden Salzen verdankt der Schnupftabak seine reizende Wirkung auf die Nasenschleimhaut. Um das Austrocknen des Schnupftabaks zu verhüten, erhält derselbe zuweilen einen Zusatz von Glycerin.

Der Zweck der Gährung in der Schnupftabaksfabrikation scheint zu sein 1) die Bildung eines Fermentöls oder einer Aetherart, welcher der Schnupftabak sein Aroma verdankt; 2) die Vernichtung eines Theiles (⅔) des Nicotins des Tabaks, ohne welche der Schnupftabak eine zu energische Wirkung auf den Organismus ausüben würde; 3) das Hervorrufen der alkalischen Beschaffenheit, bedingt durch die theilweise Zersetzung der organischen Säuren des Tabaks; 4) die Entwickelung des specifischen Tabakgeruches durch sich bildende Dämpfe von kohlensaurem Ammoniak (und wahrscheinlich Ammoniakbasen wie Aethylamin) und Nicotin; 5) die Umwandlung der stickstoffhaltigen Bestandtheile des Tabaks in Ammoniak, wodurch der Verlust an Ammoniak durch Verflüchtigung desselben ausgeglichen wird, und in schwarze Substanzen (Humuskörper), welchen der Schnupftabak seine dunkelbraune Farbe verdankt.

Technische Anwendung der ätherischen Oele und Harze.

Aetherische Oele und Harze im Allgemeinen.

Die ätherischen Oele und Harze kommen meist fertig gebildet in der Natur vor. Die ersteren ertheilen den Pflanzen den ihnen eigenthümlichen Geruch. Das ätherische Oel findet sich in den Pflanzen in Zellen eingeschlossen, daher kommt es, dass der Geruch nach dem Zerquetschen der Pflanze deutlicher hervortritt. Zwischen den Fingern fühlen sie sich nicht fettig wie die fetten Oele, sondern rauh an. Eine grosse Anzahl ätherischer Oele hat die Eigenschaft, aus einer ammoniakalischen Silberlösung das Silber als einen Silberspiegel abzuscheiden, daher früher ihre Anwendung zur **Darstellung der ätherischen Oele.** Spiegelversilberung (vergl. S. 322). Die ätherischen Oele werden auf verschiedene Weise, meist aber dadurch erhalten, dass man die betreffenden Pflanzentheile mit Wasser destillirt. Obgleich der Siedepunkt dieser Oele weit über dem Wasser liegt, so wird doch durch die Wasserdämpfe das ätherische Oel mit fortgerissen. Oele mit sehr hohem Siedepunkte pflegt man mit Kochsalz durch Destillation aus den Pflanzentheilen abzuscheiden. Zur Trennung des überdestillirten Oeles von dem mit übergegangenen Wasser **Florentiner Flasche.** bedient man sich der bekannten Florentiner Flasche. Auf diese Weise gewinnt man das Anis-, Kamillen-, Kümmel-, Lavendel-, Pfeffermünz-, Nelken-, Zimmt-, Rosmarinöl u. s. w. Das Terpentinöl wird durch Destillation des Terpentins mit Wasser gewonnen.

Darstellung durch Auspressen.

Einige ätherische Oele, die in den betreffenden Pflanzentheilen in grossen Mengen enthalten sind, stellt man durch Auspressen dar, dies ist der Fall bei dem Citronen-, **Unter Mitwirkung des Wassers.** Bergamott-, Pomeranzen- und Apfelsinenöl. Während die meisten ätherischen Oele schon durch den Vegetationsprocess entstanden sind, giebt es einige, die sich aus den Pflanzentheilen erst bei der Berührung und Destillation mit Wasser bilden. Zu diesen gehört das Bittermandelöl, das sich unter dem Einflusse des Wassers aus dem Amygdalin unter Mitwirkung einer eiweissartigen Substanz, der Synaptase oder des Emulsins bildet, ferner das Senföl, das man auch durch Destillation von Jodpropyl mit Schwefelcyankalium **Ausziehen mittelst fetter Oele.** künstlich darstellt u. s. w. Gewisse ätherische Oele, die nur in sehr geringer Menge vorhanden sind, zieht man durch Digestion der Vegetabilien mit fettem Oele aus; auf diese Weise extrahirt man Jasmin, Veilchen, Hyacinthen u. s. w. Die ätherischen **Eigenschaften der ätherischen Oele und Anwendung derselben.** Oele sind in Wasser etwas löslich; solche Lösungen bilden die destillirten Wässer der Pharmaceuten; einige derselben, wie das Orangenblütenwasser (*Eau de fleurs d'oranger*) und das Bittermandelwasser finden ausserdem in der Parfümerie und in der Kochkunst Anwendung. Die ätherischen Oele sind in Alkohol löslich und zwar in um so grösserer Menge, je mehr das Oel Sauerstoff enthält. Auf dieser Eigenschaft beruht ihre Anwendung in der Parfümerie und in der Liqueurfabrikation.

Parfümerie.

Die Parfümerie beschäftigt sich mit der Darstellung von riechenden Wässern (*Esprits, eaux de senteur*), Duftextracten (*extraits d'odeur*), der parfümirten Fette u. s. w. Die riechenden Wässer bestehen aus einer Lösung verschiedener ätherischer Oele in Alkohol. Der dazu angewendete Alkohol muss fuselfrei und ohne allen fremden Beigeruch, die ätherischen Oele von bester Qualität sein. Es ist am passendsten, die Oele nur in dem Alkohol zu lösen und die Lösung monatelang vor dem Gebrauche lagern zu lassen. Die früher gebräuchliche Destillation ist nicht nur nicht nothwendig, sondern auch sogar nachtheilig, da des höheren Siedepunktes wegen ein Theil der ätherischen Oele in der Destillirblase zurückbleibt. Die *Eau de mille fleurs* wird dargestellt durch Auflösen von 60 Grm. Perubalsam, 120 Grm. Bergamottöl, 60 Gr. Nelkenöl, 15 Gr. Neroliöl, 15 Gr. Thymianöl in 9 Liter Alkohol und Zusatz von 4 Liter Orangenblütenwasser und 120 Gr. Moschustinctur, die man durch Digestion von 15 Gr. Zibeth und 75 Gr. Moschus mit 2 Liter Alkohol dargestellt hat. — *Eau de Cologne* erhält man durch Auflösen von 32 Gr. Orangeschalenöl, einer gleichen Menge Bergamottöl, Citronenöl, *Essence de Limette*, *Essence de petits grains* 16 Gr., *Essence de Cedro*, einer gleichen Menge *Essence de Cedrat*, *Essence de Portugal*, 8 Gr. Neroliöl und 4 Gr. Rosmarinöl in 6 Litern Alkohol.

Die Duftextracte (*extraits d'odeur*) werden meist durch Ausziehen der vorher mit den Düften frischer Blumen beladenen fetten Oele und Fette mit Alkohol dargestellt. — In der neueren Zeit hat man (nach dem Vorschlage von Döbereiner) auch künstlich **Chemische Parfüms.** dargestellte Verbindungen in der Parfümerie angewendet, so eine alkoholische Lösung von Amylacetat unter dem Namen Birnöl (*pear-oil*), Amylvalerat als Aepfelöl (*apple-oil*), Amylbutyrat als Ananasöl (*pine apple-oil*), Aethylpelargonat als Quittenöl, Aethylsuberat als Maulbeeressenz. Als künstliches Bittermandelöl kommt Nitrobenzol, gemengt mit Nitrotoluol vor, das im minder reinen Zustande als *Essence de Mirbane* bezeichnet und in grosser Menge zu Zwecken der Parfümerie, in noch grösserer aber als Material der Anilinbereitung dargestellt wird. — Die parfümirten Fette (Pommaden) erhält man in der feineren Parfümerie entweder durch Infusion, indem man die Blüten mit warmem fetten Oel oder Fett von etwa 65° digerirt, oder durch kalte Parfümirung des Fettes durch Schichtung desselben mit den Blüten (*enfleurage*). Häufig stellt man sie auch aus Rindsmark oder aus Schweinefett dar, indem man dieselben schmilzt und während des Erkaltens einige Tropfen des ätherischen Oeles hinzurührt.

Liqueurfabrikation.

Der Zweck der Liqueurfabrikation ist, Branntwein durch Zusatz von Zucker oder Glycerin und aromatischen Körpern in ein dem Gaumen angenehmeres Getränk zu verwandeln. Man unterscheidet feine Liqueure (Rosoglio) und ordinäre (Aquavite), je nachdem zu ihrer Herstellung vorzüglich reine Materialien angewendet worden sind oder nicht. Die mit viel Zucker versetzten ölartigen Liqueure heissen Crêmes, die mit ausgepressten Fruchtsäften, Zucker und Weingeist dargestellten Ratafia.

Die Basis der Liqueurfabrikation ist ein völlig fuselfreier Weingeist oder Branntwein; die Vegetabilien, welche man zur Darstellung der Liqueure benutzt, lassen sich in drei Abtheilungen bringen. Die erste Abtheilung umfasst Pflanzensubstanzen, die nur wegen ihres Gehaltes an ätherischem Oele Anwendung finden wie Kümmel- und Anissamen, Wachholderbeeren, Pfeffermünze, Citronenschalen, Orangeblüten und bittere Mandeln. Ueber diese Substanzen wird der Branntwein abdestillirt. Meist wendet man indessen jetzt, anstatt den Branntwein zu destilliren, Lösungen der käuflichen ätherischen Oele (Kümmelöl, Anisöl etc.) in Weingeist an und nennt das letztere Verfahren die Fabrikation auf kaltem Wege. Die zweite Abtheilung enthält diejenigen Vegetabilien, die sowohl wegen des ätherischen Oeles, als auch wegen ihres Gehaltes an bitteren aromatischen

Stoffen Anwendung finden, es sind dies z. B. die Wurzeln des Calmus, Enzian, Zittwer, Orangenschalen, unreife Pomeranzen, Wermuth, Nelken, Zimmt, Vanille. Diese Pflanzensubstanzen werden mit Branntwein oder Spiritus übergossen entweder in der Kälte macerirt oder bei 50–60° digerirt (aber nicht destillirt). Der Auszug führt den Namen Tinctur. Die dritte Abtheilung umfasst diejenigen Früchte, deren Saft zur Fabrikation der Ratafia Anwendung findet; hierzu gehören Kirschen, Ananas, Erdbeeren, Himbeeren u. s. w. Der Saft dieser Früchte wird mit Spiritus versetzt und versüsst. — Zum Versüssen der Liqueure wendet man eine Auflösung von 4 Pfund Zucker in 1 Liter Wasser, die vorher aufgekocht und mit Eiweiss geklärt worden ist, an. Es ist rathsam, die Zuckerlösung siedend mit der weingeistigen Flüssigkeit zu mischen. Der Procentgehalt an Alkohol, den man den Liqueuren giebt, ist 46 bis 50 Proc. Um die Liqueure für das Auge angenehm zu machen, ertheilt man ihnen häufig eine Färbung, und zwar roth durch Sandelholz und Cochenille oder (arsenfreies) Anilinroth, gelb durch Safflor, Ringelblumen und Curcuma, blau durch Indigtinctur, grün durch Mischen von gelb und blau, violett durch Anilinviolett. Die durch Digestion dargestellten Liqueure färbt man zuweilen durch Zuckercouleur dunkler braun. Die Crêmes enthalten auf das Liter Flüssigkeit etwa 1 Pfund Zucker oder eine entsprechende Menge von Glycerin. Als Beispiel sei angeführt der Maraschino (4 Liter Himbeerwasser, 1¾ Liter Orangenblütwasser, 1½ L. Kirschwasser, 18 Pfund Zucker, 9 L. Weingeist von 89–90 Proc.). Die Liqueure sind den Crêmes sehr ähnlich, enthalten aber etwas weniger Zucker; Englisch Bitter (5 Loth das Gelbe der Pomeranzenschalen, 6 Loth Chinarinde, 6 L. Enzian, 8 L. Cardobenedictenkraut, 8 L. Tausendgüldenkraut, 8 L. Wermuth, 4 L. Veilchenwurzel mit 54 Liter Branntwein von 50 Proc. digerirt, die Tinctur versetzt mit 12 Pfd. Zucker); Kirschen (20 L. Kirschsaft, 20 L. Spiritus von 85 Proc., 30 Pfd. Zucker); gewöhnlich setzt man noch 4–8 L. Bittermandelwasser hinzu; Pfeffermünze (2½ L. Pfeffermünzöl aufgelöst in 1 L. Spiritus von 80 Proc., die Lösung gesetzt zu 54 L. Spiritus von 72 Proc., versüsst mit 60 Pfd. Zucker, der aufgelöst worden in 26 L. Wasser; wird durch Indigotinctur und Curcuma grün gefärbt).

Harze.

Die ätherischen Oele haben die Eigenschaft, sich an der Luft, oder auch in der Pflanze selbst zu verdicken und dadurch in einen neuen Körper überzugehen, welchen man Harz[137] nennt. Man findet die Harze im Pflanzenreiche sehr häufig. Einige derselben, wie das Harz der Coniferen, fliessen in Verbindung mit dem ätherischen Oele von selbst aus und erhärten an der Luft. Andere Harze stellt man durch Ausziehen der betreffenden Pflanzentheile mit Alkohol und Verdampfen des Auszugs zur Trockne, oder durch Fällen des alkoholischen Auszugs mit Wasser dar. Man theilt die Harze ein in Weichharze oder Balsame und in die Hartharze. Die Weichharze sind Lösungen der Harze in ätherischen Oelen, zu ihnen rechnet man den Terpentin, den Perubalsam; zu den Hartharzen den Bernstein, das Anime, den Copal, das Dammarharz, den Mastix, den Schellack, die Benzoë und den Asphalt. An die Harze schliessen sich die Schleimharze an, welche in Folge von Einschnitten als dicke milchige Säfte aus den Pflanzen ausfliessen; sie sind meist von sehr starkem Geruch und unterscheiden sich von den Harzen dadurch, dass sie, mit Wasser zusammengerieben, eine trübe milchige Flüssigkeit geben. Zu den Schleimharzen gehören die Asa foetida, das Gummi-Guttä u. s. w., den Beschluss dieser Klasse von Körpern machen das Kautschuk und die Gutta Percha.

Anwendung der Harze als Siegellack.

Das Siegellack besteht wesentlich aus Schellack, zu welchem man etwas Terpentin gesetzt hat, um ihn schmelzbarer und weniger zerbrechlich zu machen. Zu dem rothen und wenig gefärbten Siegellacke wendet man möglichst farbloses Gummilack an, während man zu den dunklen und schwarzen Sorten des Siegellacks das gefärbteste Gummilack setzt. Ausser dem Schellack und dem Terpentin gehört zur Zusammensetzung der Siegellacke noch ein Zusatz von erdigen Körpern, welcher nicht nur das Gewicht der Masse vermehren soll, sondern auch den Zweck hat, dem zu schnellen Abtropfen und Rinnen des Siegellacks Einhalt zu thun. Man nimmt Kreide, Magnesia, gebrannten Gyps, Zinkweiss, neuerdings auch Barytweiss, Porcellanerde und Kieselguhr (Infusorienerde). Um fugenfreies rothes Siegellack darzustellen, schmilzt man in einer eisernen Pfanne 4 Th. Gummilack über gelindem Kohlenfeuer und setzt dann 1 Th. venetianischen Terpentin und 3 Th. Zinnober unter fortwährendem Umrühren hinzu. Gewöhnliche rothe Siegellacke stellt man dar aus:

	1.	2.	3.	4.	5.
Schellack	550	620	550	700	600
Terpentin	740	680	600	540	600
Kreide oder Magnesia	300	200	—	—	—
Gyps oder Zinkweiss	200	—	—	—	—
Kieselguhr	—	100	380	300	300
Kieselguhr	—	—	—	—	—
Barytweiss	—	100	380	300	300
Zinnober	130	220	340	300	300
Terpentinöl	—	—	—	20	25

Wenn die Masse abgekühlt ist, so rollt man sie auf einer Marmortafel zu Rollen aus oder giesst sie in Messingformen. Einige Sorten Siegellack pflegt man zuweilen mit Benzoë, Storax, Tolu- und Perubalsam wohlriechend zu machen. Die verschieden gefärbten Sorten stellt man dar, indem man den Zinnober durch Kobaltultramarin, chromsaures Bleioxyd, gebranntes Elfenbein u. s. w. ersetzt. Die marmorirten Lacke werden durch Malaxiren verschiedenartig gefärbter Massen erzeugt. Zu den geringeren Siegellacksorten und zu dem sogenannten Packlack nimmt man anstatt des Zinnobers Mennige und zuweilen auch rothes Eisenoxyd; das Gummilack wird bei diesen Sorten durch ein Gemenge von Colophonium und gepulvertem Gyps oder Kreide ersetzt. Neuerdings verwendet man neben oder statt des Schellacks das Acaroïdharz (von *Xanthorrhoea hastilis*).

Asphalt.

Asphalt (Erdharz, Judenpech) ist ein schwarzes glänzendes, zerbrechliches Harz, das wahrscheinlich durch allmälige Oxydation von Erdöl entstanden ist und in grosser Menge auf der Insel Trinidad an der Nordküste von Südamerika, vor der Mündung des Orinoco, auf dem todten Meere schwimmend, in Frankreich, in der Schweiz u. s. w. gefunden wird. Es löst sich wenig in Alkohol, leicht in Steinöl, Terpentinöl, Benzol und Photogen. Man benutzt es zu schwarzem Lack, zum Aetzgrund für Kupferstecher, als dunkelbraune Lasurfarbe in der Oelmalerei etc. Man verwendet den Asphalt ferner mit Kalk und Sand gemischt zur Pflasterung, deren Dauerhaftigkeit und Vorzüge sich darauf gründen, dass die Masse ungeachtet der grossen Entzündlichkeit des Asphalts wegen des Zuschlags bei Feuersbrünsten nicht anbrennt, und dass dieselbe durch den Zuschlag hinreichend elastisch ist, um sich bei starker Hitze auszudehnen und bei starker Kälte wieder zusammenziehen zu können, ohne zu springen. Zur Asphaltpflasterung nimmt man Erdharzkitt von Seyssel (*mastix bitumineux*)[138], brennt denselben in Pfannen zu Staub und mengt das Pulver mit Sand, dass auf 30–40 Proc. Kalk in der Mischung 20–40 Proc. Asphalt kommen. Vor der Anwendung wird die Masse geschmolzen und auf die Stelle, die gepflastert werden soll, ausgegossen, mit einer eisernen Schiene geebnet, mit heissem Sande überstreut und mittelst eines Brettes eben geschlagen. Anstatt des Asphaltpflasters hat man und zwar mit vielem Erfolg das von Busse erfundene Terresin, eine Mischung von Kohlentheer, Kalk und Schwefel, angewendet. Gegenwärtig wird der grösste Theil des Asphalts oder Asphaltpeches, der in der Firniss- und Lackbereitung Anwendung findet, durch Eindicken des Theeres der Gasfabriken erhalten.

Kautschuk.

Das Kautschuk oder das elastische Gummi (Caoutschuk, Federharz, Gummi elasticum) wird in den Milchsäften vieler Pflanzen, namentlich der Urticeen, Euphorbiaceen und Apocyneen angetroffen. In grösserer Menge findet es sich im Milchsaft der *Siphonia cahuchu*, woraus man es in Südamerika darstellt. Das ostindische wird von *Urceola elastica* erhalten. Ausserdem findet es sich noch in *Ficus religiosa* und *F. indica.* Man gewinnt das Kautschuk, indem man Einschnitte in die Bäume macht und mit dem ausfliessenden rahmähnlichen zähen Milchsaft wiederholt Thonfiguren von Thieren, Nachbilder des menschlichen Fusses und birnförmige Körper etc. überzieht. Nachdem der Saft an der Sonne oder über Feuer getrocknet worden ist, wird der Thon durch Klopfen oder durch Aufweichen in Wasser entfernt. Das zurückbleibende Kautschuk hat die Gestalt der Thonform, meist die von Flaschen oder Beuteln, häufig auch die von Platten. Letztere führen den Namen Gummispeck. Das Kautschuk ist im gereinigten Zustande durchsichtig, in dünnen Lagen weiss, in dicken etwas gelblich. Es hat keine Spur von faseriger Textur, ist vollkommen elastisch und wird beim Ausziehen unklar und faserig. In der Kälte wird es fest und ist dann schwierig biegsam, aber nicht spröde. Sein spec. Gewicht ist 0,925. Durch heisses Wasser und durch Wasserdampf wird das Kautschuk weich, ausserdem aber nicht verändert. In Weingeist ist es unlöslich. Durch Chlor, verdünnte Säuren, durch Alkalilaugen wird es nicht verändert, durch concentrirte Schwefelsäure und Salpetersäure dagegen schnell zerstört. Wenn man stark ausgedehntes Kautschuk einige Minuten in kaltes Wasser taucht, so ist es nach dem Herausnehmen aus dem Wasser unelastisch, erlangt aber beim Tauchen in bis auf 45° erwärmtes Wasser seine frühere Elasticität wieder. Beim Erwärmen wird das Kautschuk weicher, schmilzt bei ungefähr 200° zu einer schmierigen Masse, die nach dem Erkalten nicht wieder fest wird. Bei Zutritt der Luft erhitzt, brennt es mit leuchtender und russender Flamme. Im erwärmten Zustande lässt sich das Kautschuk mit Schwefel und anderen Körpern zusammenkneten, wodurch es in vulkanisirtes und hornisirtes Kautschuk übergeführt werden kann. Bei der trockenen Destillation erhält man aus dem Kautschuk Oele, die nur aus Kohlenstoff und Wasserstoff bestehen (Kautscheen, Heveen u. s. w.), und sich besonders als Auflösungsmittel für Kautschuk eignen. Das Kautschuk besteht aus C_4H_7 (in 100 Th. aus 87,5 Kohlenstoff und 12,5 Wasserstoff); sehr wahrscheinlich ist es aber ein Gemenge verschiedenartiger Verbindungen. Das Kautschuk verbindet sich mit dem Schwefel und bildet damit das vulkanisirte Kautschuk (s. unten).

Lösungsmittel des Kautschuk.

Das Kautschuk löst sich in weingeistfreiem Aether, in den durch trockne Destillation des Kautschuks entstehenden Oelen, in einem ähnlichen, welches sich bei der Destillation der Steinkohlen bildet, in gereinigtem Terpentin- und Steinöl und in Schwefelkohlenstoff. Die Lösung in Aether ist in technischer Beziehung nicht brauchbar, weil sie so wenig Kautschuk enthält, dass sie eine kaum bemerkbare Menge desselben hinterlässt. Mit Terpentinöl findet weniger ein Auflösen, als ein Aufquellen des Kautschuks statt; um die Klebrigkeit der Oberfläche dieser Lösung zu beseitigen, stellt man aus 1 Th. Kautschuk und 11 Th. Terpentinöl einen dünnen Brei her und rührt in diesen ½ Th. einer heissen concentrirten Lösung von Schwefelkalium (K_2S_5) in Wasser ein; die so erhaltene gelbe Flüssigkeit hinterlässt das Kautschuk vollkommen elastisch und nicht klebrig. Die Lösung in leichtem Steinkohlentheeröl (sogenanntem Benzol), sowie in den als Lampenöl nicht verwendbaren Antheilen des Petroleums, Photogens und Solaröls eignet sich vorzugsweise, um Stücke Kautschuk zu vereinigen; leider hängt solchen Gegenständen der unangenehme Geruch des Oeles lange Zeit an. Das vorzüglichste Lösungsmittel ist unstreitig der Schwefelkohlenstoff; diese Lösung trocknet äusserst schnell ein und hinterlässt das Kautschuk unverändert und geruchlos. Wird dem Schwefelkohlenstoff eine kleine Menge Alkohol beigemengt, so wirkt er nicht mehr auflösend auf Kautschuk, dagegen bewirkt er eine solche Aufschwellung und Erweichung desselben, dass es in diesem Zustande leicht vulkanisirt und gut verarbeitet werden kann. Der Kautschuk dient zum **Verarbeitung und Anwendung des Kautschuk.** Auswischen der Bleistiftstriche, zum Wegnehmen von Schmutz auf Papier, zur Darstellung von Platten, Fäden, Schnüren, Röhren, unter dem Namen *India-Rubber-Sponge* als Schwammsurrogat, zur Fabrikation wasserdichter Zeuge, zu Kitt und zur Darstellung von vulkanisirtem und hornisirtem Kautschuk.

Vulkanisirtes Kautschuk.

Vulkanisiren des Kautschuks. Wenn man Kautschuk längere Zeit in geschmolzenen Schwefel taucht, so geht eine Art von Cementation vor sich, das Kautschuk nimmt Schwefel auf und verwandelt sich dadurch in eine gelbliche, ausserordentlich elastische Masse, in das vulkanisirte Kautschuk, welches von Lüdersdorff und Hancock erfunden worden ist und in neuerer Zeit die ausgedehnteste Anwendung gefunden hat. Es hat folgende Eigenschaften: es behält seine Elasticität und Weichheit selbst bei niederer Temperatur bei, während das gewöhnliche Kautschuk schon bei 3° hart und steif wird; es wird durch die gewöhnlichen Lösungsmittel des Kautschuks nicht angegriffen; es widersteht endlich dem Zusammendrücken in hohem Grade. Das ältere Verfahren zum Vulkanisiren besteht darin, dünne Platten von Kautschuk in geschmolzenen, bis auf 120° erhitzten Schwefel zu tauchen, 10 bis 15 Minuten darin zu lassen (wodurch sich das Gewicht des Kautschuks um 10–15 Proc. vermehrt), sodann zwischen Cylindern tüchtig durchzukneten und endlich noch bis auf 150° zu erhitzen. Um das Efflorescicren von Schwefel zu vermeiden, das bisweilen auf dem nach dieser Methode vulkanisirten Kautschuk vorkommen soll, ist vorgeschlagen worden, das auf 100–120° erhitzte Kautschuk durch Kneten mit Kermes (rothem Schwefelantimon Sb_2S_3), oder einer Mischung von Schwefel mit Schwefelarsen zu vulkanisiren. Die jetzt fast allgemein angewendete Methode des Vulkanisirens ist die von Parkes in Birmingham, nach welcher man das Kautschuk in ein Gemenge von 40 Th. Schwefelkohlenstoff und 1 Th. Schwefelchlorür (vergl. S. 233) taucht und dasselbe sodann in einer bis auf 21° erwärmten Kammer aufhängt, bis aller Schwefelkohlenstoff verraucht ist. Darauf lässt man das Kautschuk zur Entfernung des nicht chemisch gebundenen Schwefels in einer aus 500 Grm. Aetzkali und 10 Liter Wasser bestehenden Flüssigkeit sieden und wäscht dann, bis des ablaufende Wasser nicht mehr alkalisch reagirt. Seit einigen Jahren (1870) wird in den Kautschukfabriken nach dem Vorschlage von Humphrey statt des Schwefelkohlenstoffs häufig Petroleumäther angewendet, welcher Chlorschwefel mit Leichtigkeit löst. H. Gaultier de Claubry (1860) vulkanisirt Kautschuk mittelst Chlorkalk und Schwefel. Mischt man trocknen Chlorkalk mit Schwefelblumen, so giebt sich die sofort eintretende Reaction durch einen Geruch nach Chlorschwefel zu erkennen. Hat man Schwefel und Chlorkalk, ohne zu reiben, blos gemischt, und ist Schwefel im Ueberschusse angewendet, so kann man mit dem Produkt Kautschuk vulkanisiren. In auf diese Weise vulkanisirtem Kautschuk, welches in der That, wie das vorhergehende Verfahren, auf die Anwendung von Chlorschwefel zurückkommt, findet sich Chlorcalcium. Ob de Claubry's Verfahren je Anwendung gefunden hat, ist zu bezweifeln. Das Verfahren von Gérard besteht darin, das zu vulkanisirende Kautschuk 2–4 Stunden lang in eine Lösung von Fünffach-Schwefelkalium von 25–30° B. bei einer Temperatur von 150° (5 Atmosphären Druck entsprechend) zu bringen. Der Kautschuk wird hierbei vollständig vulkanisirt und nach dem Waschen erscheint seine Oberfläche glatt und fühlt sich sammetähnlich an. Leider lässt sich dieses Verfahren nur auf kleine und dünne Kautschukgegenstände anwenden. Eine Säuerung des Kautschuks ist hierbei nicht zu befürchten. Das auf diese Weise vulkanisirte Kautschuk sieht schwarz aus und färbt nicht ab, wie das durch Eintauchen in Schwefel dargestellte. Die zu vulkanisirenden Gegenstände werden zuerst aus gewöhnlichem Kautschuk fertig gemacht, weil das vulkanisirte Kautschuk nicht klebt, auch nicht mit gewöhnlicher Kautschuklösung zusammengeklebt werden kann. Man benutzt das vulkanisirte Kautschuk zu wasserdichten Gefässen, zu Flaschen zur Aufbewahrung des Aethers, zu Buchdruckerwalzen, zu Gasleitungsröhren, zu Spritzenschläuchen, zu biegsamen Pfeifenröhren, zu Cigarrenspitzen, zu Eisenbahnpuffern, anstatt der bisher gebräuchlichen Wagenfedern, zu Billardbanden u. s. w.

Hornisiren des Kautschuks. Was seit dem Jahre 1852 unter der Benennung hornisirtes Kautschuk oder Ebonit vorkommt, ist eine von Goodyear entdeckte Modification des vulkanisirten Kautschuks, die sich durch braunschwarze oder auch schwarze Farbe, eine dem Horn oder Fischbein fast gleichkommende Härte und Elasticität auszeichnet und deshalb zu ganz andern Artikeln geeignet ist als das gewöhnlich vulkanisirte Kautschuk, z. B. zu Kämmen aller Art, zu Schirmgriffen und Stockknöpfen, zu Spazierstöcken, Schirmrippen, Planchettes, die aber in Bezug auf Elasticität und Steife dem Fischbein nicht gleichkommen, Federhaltern, Messerheften, Furnieren für Möbelbekleidungen, Stethoskopen, Hörröhren, Flöten und anderen Blasinstrumenten, Winkeln und Linealen, Schreibfedern u. s. w. u. s. w. Die Bereitung des hornisirten Kautschuks ist die nämliche wie die Fabrikation von vulkanisirtem Kautschuk. Die hornähnliche Beschaffenheit lässt sich zwar schon durch Steigerung des Schwefelzusatzes (auf 100 Th. Kautschuk 30–60 Th. Schwefel) ohne andere Beimischungen erreichen; je mehr Schwefel incorporirt wird, desto grösser ist die Härte und desto geringer die Elasticität der Masse, das vulkanisirte Kautschuk jedoch verträgt Zusätze von fremdartigen pulverförmigen Stoffen, welche deren Härte vermehren, theils auch die Farbe verändern und wohlfeilere Compositionen herzustellen gestatten. Zu den Zusätzen, welche die Härte und Elasticität des Produktes erhöhen, gehören Gutta Percha und Schellack, zur zweiten Klasse gehören Kreide, Schwerspathpulver, Barytweiss, Gyps, gebrannte Magnesia, Thon, erdige Farbstoffe, Schwefelantimon, Schwefelblei, Schwefelzink, Asphalt aus Steinkohlentheer u. s. w. Der Zusatz beträgt zuweilen bis zu 80 Proc. der Masse. Das hornisirte Kautschuk zeichnet sich durch einen hohen Grad von Politurfähigkeit aus und besitzt vor dem Horn, namentlich in seiner Benutzung zu Kämmen und ähnlichen Gegenständen, den Vorzug, dass es beim Reinigen im warmen Wasser nicht wie das Horn rauh wird, auch nach längerem Gebrauche seine Elasticität beibehält. Mit Sand, Quarz, Feuerstein, Smirgel etc. gemengtes vulkanisirtes Kautschuk dient seit einer Reihe von Jahren zur Fabrikation künstlicher Schleifsteine und Wetzsteine zum Schärfen der Sensen und Sicheln.

Produktion und Consumtion des Kautschuk.

Die Produktion des Kautschuks beträgt jährlich (1870) gegen 120,000 Ctr., davon kommen auf

Java	60,000	Ctr.
Para	35,000	„
Guatemala, Carthagena	23,000	„
Venezuela, Neu-Granada, Afrika	2,000	„
	120,000	Ctr.

Die Consumtion vertheilt sich auf folgende Länder:

Nordamerika	35,000	Ctr.
England	25,000	„
Frankreich	35,000	„
Deutschland	25,000	„
	120,000	Ctr.

Gutta Percha.

Die Gutta Percha oder das plastische Gummi (Gummi plasticum, Tubangummi, Gettaniagummi) ist ein dem Kautschuk in vieler Beziehung ähnlicher eingetrockneter Milchsaft der *Isonandra Gutta*, eines an den Ufern der Meerenge von Malacca, auf Borneo, in Singapore und den benachbarten Gegenden wachsenden Baumes. Zur Gewinnung der Gutta Percha macht man Einschnitte in die Bäume, oder fällt und schält dieselben; der ausfliessende Milchsaft wird in Trögen und in Gruben, oder auf Blättern des Bananenbaums aufgesammelt und coaguliren gelassen. Die einzelnen Stücke der Gutta Percha werden in heissem Wasser erweicht und dann durch Pressen zu einem Ganzen vereinigt. Die rohe Gutta Percha erscheint, so wie sie in den Handel kommt, als eine trockene, röthlich marmorirte Masse, die zusammengeballten Lederschnitzeln nicht unähnlich ist. Sie enthält viele Unreinigkeiten, Sand, rothe Substanz, Rindentheile u. s. w. Die reine Gutta Percha ist fast weiss; die braune Farbe wird durch quellsatzsaure Salze von Magnesia, Ammoniak, etwas Kali und Spuren von Manganoxydul verursacht. Die Gutta Percha ist ein Gemenge mehrerer sauerstoffhaltiger Harze, die Oxydationsprodukte eines Kohlenwasserstoffes von der Formel $C_{20}H_{60}$ zu sein scheinen. Payen fand die Gutta Percha bestehend aus reiner Gutta 75–80 Th., einem weissen krystallisirbaren Harz, Alban, 14–16 Th. und einem gelben amorphen Harz, Fluavil, 4–6 Th. Vor der Verarbeitung wird die Gutta Percha durch Erweichen, Kneten zwischen Walzen und Pressen gereinigt. Die gereinigte Masse erscheint von brauner Farbe, ist in dicken Stücken undurchsichtig und in dünnen Blättchen wie Horn durchscheinend. Bei gewöhnlicher Temperatur ist sie zähe, sehr steif, wenig elastisch und wenig dehnbar. Man hat gefunden, dass jeder Quadratzoll des Durchschnittes eines Riemens von Gutta Percha mit 1872 Kilogr. belastet werden musste, ehe er riss. Das spec. Gewicht ist 0,979. Bei 50° wird die Gutta Percha weich, bei 70–80° leicht knetbar und formbar, so dass bei dieser Temperatur, zwei Stücke an einander gedrückt, sich vollkommen zu einem Stück vereinigen. In der Wärme lässt sie sich leicht auswalzen, zu Fäden ziehen und auch mit Kautschuk zusammenkneten.

Lösungsmittel der Gutta Percha.

Die Gutta Percha ist in Wasser, Weingeist, verdünnten Säuren und Alkalilösungen unlöslich, in erwärmtem Terpentinöl, Schwefelkohlenstoff, Chloroform, Steinkohlentheeröl und Kautschuköl zu einer dicklichen Flüssigkeit auflöslich. Durch Aether und ätherische Oele schwillt die Gutta Percha an und bildet einen zähen Teig. In siedendem Wasser wird die Gutta Percha weich, die Stücke quellen auf und werden klebrig und fadenziehend, wobei sie einige Procente Wasser aufnehmen, was sie sehr langsam wieder abgeben. Im getrockneten Zustande ist die Gutta Percha ein sehr guter Isolator für die Elektricität.

Anwendung der Gutta Percha.

In den Haupteigenschaften hat die Natur gewissermaassen selbst den Weg zur Verarbeitung und den Kreis der Anwendungen angegeben. Und wirklich macht man von der Eigenschaft der Gutta Percha, in der Wärme schweissbar zu werden, Gebrauch um die zahlreichen Objecte darzustellen, die als Surrogate von Leder, Pappe und Papiermaché, Holz, Papier, Metall u. dergl. zu dienen bestimmt sind und zwar in allen Fällen, wo es auf Undurchdringlichkeit gegen Wasser, Widerstand gegen Alkohol, Laugen und Säuren u. dergl. ankommt und keine höhere Temperatur mitwirkt. Ehe man zur eigentlichen Verarbeitung schreitet, wird die Gutta Percha zunächst gereinigt. Zu dem Ende wird die rohe Gutta Percha mittelst einer Maschine klein zerschnitten, indem man zugleich Wasser dazu fliessen lässt (zuweilen unter Zusatz von Soda oder Chlorkalk als Reinigungsmittel), so dass die fremden Substanzen, wie Erde, Sand, Holz- und Rindenstückchen etc. abgesondert werden, während andererseits durch das Wasser die Erhitzung der zum Vertheilen dienenden Vorrichtung verhindert wird. Die so behandelte Substanz lässt man 24 Stunden in Wasser stehen, innerhalb welcher Zeit die fremden Körper sich zu Boden setzen, während die gereinigte Gutta Percha oben aufschwimmt und abgenommen wird. Nach dieser Behandlung kocht man die Substanz mit Wasser, so dass ihre Theilchen sich zusammenballen und lässt sie noch im erhitzten Zustande durch ein Walzwerk gehen, wodurch sie in Blätter verwandelt wird, die nun aus reiner Gutta Percha bestehen. Das Bearbeiten wird ohne Wasser, aber unter Mitwirkung von Wärme fortgesetzt und zwar in einem Knetapparat derselben Art, wie er zur Reinigung des Kautschuks Anwendung findet. Indem auf diese Weise die Gutta Percha in einen weichen und homogenen Teig umgewandelt wird, ist sie vollkommen vorbereitet, sofort jede beliebige Form anzunehmen. Man erzeugt daraus Platten bis zu 3 Centimeter Dicke und dünne Blätter von der Dicke des Schreibpapiers, indem man einen Klumpen gereinigter Gutta Percha zwischen hohlen eisernen, mit Dampf geheizten Walzen so ausstreckt, als ob es sich um die Blechfabrikation handelte. Röhren aus Gutta Percha werden aus der erwärmten Masse nach demselben Principe gepresst, nach welchem man aus Blei Bleiröhren, aus nassem Thone Röhren, aus Mehlteig die Maccaroni, aus Graphitmasse die Bleistifte bildet. Mannichfache Gegenstände lassen sich durch Einpressen von erweichter Gutta Percha in befeuchtete Formen von Holz (z. B. Holzschnitte, wenn es sich um die Herstellung von Clichés handelt), Metall etc. herstellen; zahlreiche Artikel lassen sich aus Platten bilden, indem man sie daraus zuschneidet, nach Bedürfniss über einem Kerne oder einem Modelle presst. In dem durch Erwärmen bewirkten Zustande der Erweichung lassen sich alle Zusammenfügungen ohne Löthmittel, nur durch Aneinanderdrücken der betreffenden Stellen ausführen; beabsichtigt man eine Verbindung nur an einzelnen Stellen, so ist es genügend, die zu vereinigenden Ränder mittelst eines Bügeleisens oder einer Gasflamme zu erweichen. Handelt es sich um die Befestigung der Gutta Percha auf Leder oder ähnlichen Materialien, so wendet man als Leim am zweckmässigsten eine Lösung von Gutta Percha in Benzol an.

Von den zahllosen Artikeln, zu welchen die Gutta Percha mit mehr oder minder günstigem Erfolge bearbeitet wird, sind folgende zu nennen. Die Unveränderlichkeit der Gutta Percha in feuchter Luft, in welcher das Leder stockt und die Unempfindlichkeit gegen chemische Agentien wie Säuren und Laugen, machen sie besonders geeignet zu Riemen zum Maschinenbetriebe, ferner zu Röhren für Wasserleitungen, Pumpen, Schläuchen, Spritzen, Liederungen, Sohlen u. s. w. Zu chirurgischen Zwecken hat sich die Vortrefflichkeit der Gutta Percha vollkommen bewährt; die hieraus gefertigten Sonden, Bougies, Katheder u. s. w. haben viele Vorzüge und werden daher viel gebraucht. Durch Formen, Prägen, Treiben, Giessen u. s. w. verfertigt man aus der Gutta Percha Karniese, Leisten, Täfelwerk, architektonische Verzierungen jeder Art, Rahmen, Messerhefte, Säbelgriffe, Spazierstöcke, Peitschen, Knöpfe, Koffer, Tabakdosen, Flaschen und Gefässe aller Art, Hähne, Heber, Trichter, Ueberzüge für Walzen zum Pressen und Appretiren, Büsten und Statuen, Matrizen zur Galvanoplastik u. s. w. Als ein Nichtleiter der Elektricität eignet sich die Gutta Percha zum Ueberziehen der Telegraphendrähte in unterirdischen und submarinen Leitungen, nur darf dieser Ueberzug nicht direct mit Wasser oder feuchter Erde in Berührung kommen, weil er sonst nach und nach Wasser aufnimmt und seine isolirende Eigenschaft einbüsst; aus diesem Grunde pflegt man die mit Gutta Percha umkleideten Drähte noch ausserdem mit einer Metallhülle zu umgeben. Eine Eigenthümlichkeit der Gutta Percha ist, dass sie zuweilen durch jahrelanges Liegen ihre Geschmeidigkeit dergestalt verliert, dass sie zu Pulver zerrieben werden kann.

Gemenge von Gutta Percha mit Kautschuk.

Häufig benutzt man jetzt ein Gemenge von 1 Th. Gutta Percha mit 2 Th. Kautschuk, das in Bezug auf seine Eigenschaften in der Mitte zwischen beiden Substanzen steht. Es kann auf ähnliche Weise wie die Gutta Percha vulkanisirt werden. Ein Gemisch von gleichen Theilen Kautschuk- oder Gutta Percha-Abfällen mit Schwefel, das man mehrere Stunden lang einer Temperatur von 120° aussetzt, hat ähnliche Eigenschaften wie Knochen, Horn u. s. w. Als Zusatz zu der Masse empfiehlt man Gyps, Harze, Bleiverbindungen u. s. w. Dieses Gemisch soll zur Anfertigung von Messerheften, Thürklinken, Knöpfen u. s. w. dienen.

Firniss.

Firnisse. Unter Firniss versteht man eine Flüssigkeit von öl- oder harzartiger Beschaffenheit, die zum Ueberziehen von Gegenständen benutzt wird, und auf denselben nach dem Trocknen einen dünnen Ueberzug hinterlassen soll, der sie vor der Einwirkung der Luft und des Wassers schützt, und ihnen eine glatte glänzende, zur Verzierung **Oelfirnisse.** dienende Oberfläche giebt. Man unterscheidet Oel-, Weingeist- und Terpentinölfirnisse. Zur Darstellung der Oelfirnisse wendet man gewöhnlich Leinöl, seltener und nur für einzelne Zwecke Mohn- und Nussöl an. Das Leinöl besitzt die Eigenschaft, an der Luft allmälig zu einer zähen durchsichtigen Masse auszutrocknen; es findet dies aber nur sehr langsam und unvollständig statt. Die Eigenschaft tritt weit vollkommener hervor, wenn das Oel vorher längere Zeit bei Zutritt der Luft unter Zusatz gewisser oxydirender Mittel einer höheren Temperatur ausgesetzt wird. Das Trocknen des Oelfirniss geht nicht vor sich durch Ausdünstung, sondern dadurch, dass der Firniss Sauerstoff aufnimmt und sich in eine feste Substanz verwandelt; je schneller diese Oxydation vor sich geht, desto vorzüglicher ist der Firniss. Diese Erfahrung hat gelehrt, dass die Oxydation um so schneller fortschreitet, je stärker sie eingeleitet worden ist. Man pflegt deshalb die Umwandelung des Leinöls in Firniss dadurch zu bewirken, dass man das Oel mit solchen Körpern erhitzt, die Sauerstoff abgeben können, die ferner die Eigenschaft haben, die in dem Oel befindlichen Unreinigkeiten zu binden oder zu zerstören. Derartige Körper sind Bleiglätte, Zinkoxyd, Braunstein, Salpetersäure u. s. w. Am vortheilhaftesten geschieht die Darstellung des Leinölfirniss durch Erwärmen des Leinöles im Wasserbade, unter Zusatz der erwähnten Oxyde; diese Oxyde senkt man zweckmässig in gröblich gepulvertem Zustande (man rechnet 1 Th. der beiden erstgenannten Oxyde auf 16 Th. Oel, 1 Th. Braunstein auf 10 Th. Oel), in leinene Beutel gefüllt in das im Kessel befindliche Oel ein. Sie lösen sich zum Theil als ölsaure Oxyde auf, theils verbinden sie sich mit den im Oele enthaltenen Unreinigkeiten und bilden mit denselben einen Bodensatz. Nicht unwahrscheinlich ist es auch, dass namentlich die Bleiglätte und das Zinkoxyd als Zusatz bei der Firnissbereitung dazu dienen sollen, die Fettigkeit das in dem Oel enthaltenen Palmitins zu zerstören, indem sie mit der Palmitinsäure ein Pflaster, eine trockne, harzige Substanz bilden. Die Anwendung des Zinksulfates beim Sieden des Firniss scheint nicht den beabsichtigten Nutzen zu haben.

Brotrinden, Zwiebeln, Mohrrüben, die man häufig dem Oel während des Siedens zusetzt, haben den einzigen Nutzen, dass sie durch ihr Braunwerden, bis zu dessen Erscheinen man das Oel zu sieden pflegt, die Beendigung des Siedeprocesses anzeigen. Ein Leinölfirniss, der, wie es jetzt häufig geschieht, mit Zinkweiss angerieben wird, darf kein Bleioxyd enthalten. Als Trockenmittel (Siccativ) zur Anwendung des Zinkweiss als Anstrichfarbe wendet man mit Braunstein bereiteten Oelfirniss an. Je niedriger die Temperatur beim Firnisssieden war, desto heller ist die Farbe des Firniss. Für Firnisse, bei denen helle Farbe Erforderniss ist, wendet man nach dem Sieden folgendes Bleichverfahren an. Man bringt den Firniss in etwa 10 Centim. hohe, hinreichend lange und breite Kästen von Blech oder noch besser von Blei, deren Deckel durch eine Glasplatte gebildet wird, und setzt denselben darin einen Sommer lang der Einwirkung der Sonnenstrahlen aus. v. Liebig hat folgende Vorschrift zur Bereitung eines hellen Firniss gegeben: Man mengt 10 Kilogr. Leinöl mit 300 Grm. fein geriebener Bleiglätte, setzt dann 600 Grm. Bleiessig hinzu und schüttelt stark um, nach einiger Zeit hat sich die Bleiglätte mit dem Bleiessig abgesetzt und man hat einen leicht trocknenden Firniss von weisser Farbe. Nach Barruel und Jean wird die Verharzung des Leinöls durch Manganborat befördert; 1 Th. desselben soll zur schnellen Trocknung von 1000 Th. Oel ausreichen.

Tapetenfirniss.

Der zur Befestigung von Gold oder Tuchscheererwolle auf Tapeten etc. angewendete Firniss ist eine Auflösung von Leinölbleipflaster oder Terpentinöl, die man darstellt, indem man Leinöl mit Kali- oder Natronlauge verseift, den mit Wasser verdünnten Seifenleim mit Bleiessig füllt und die aus Bleipflaster bestehende klebrige Masse in der hinlänglichen Menge Terpentinöl auflöst.

Druckerschwärze.

Die Druckerschwärze, welche zum Druck von Büchern, Lithographien, Kupferstichen u. s. w. Anwendung findet, ist nichts als ein sehr consistenter, schnell trocknender Oelfirniss, der mit Russ oder Kohle im Zustande feinster Zertheilung vermischt worden ist. Zur Darstellung erhitzt man Lein- oder Nussöl über freiem Feuer in kupfernen Kesseln, die zur Hälfte damit angefüllt sind, bis über seinen Siedepunkt, wobei sich viele brennbare, unangenehm riechende Dämpfe entwickeln. Früher pflegte man die Dämpfe zu entzünden, jetzt soll man es zuweilen vorziehen, das Erhitzen in mit Helm versehenen Blasen vorzunehmen. Da hierbei die Farbe des Firniss etwas Unwesentliches ist, so braucht das Oel nur längere Zeit bei stark erhöhter Temperatur behandelt zu werden, bis es so dickflüssig geworden ist, dass es schäumt und steigt und einen grauen Rauch von sich giebt. Wenn eine Probe auf einem kalten Teller eine dickliche Beschaffenheit zeigt, und sich zwischen den Fingern in Fäden ziehen lässt, so ist der Firniss zu seiner Anwendung tauglich. In diesem Zustande trocknet der Firniss mit etwa 16 Proc. Kienruss abgerieben, leicht und schnell. Ist derselbe nicht hinlänglich gekocht, so läuft die damit gedruckte Schrift aus, es ziehen sich Oeltheile in das Papier und die Schrift erscheint mit einem gelben Rande und färbt sich ab. Für die zum Buchdruck bestimmte Schwärze ist ein Zusatz von Seife unerlässlich; es enthält die Druckschwärze die Eigenschaft, von befeuchtetem Papier rein von den Lettern weggenommen zu werden, wodurch das unangenehme Schmieren umgangen wird. Soll der Druck nicht schwarz sein, sondern roth, blau etc., so vermischt man den Firniss mit Zinnober, mit Pariserblau, Indig u. s. w. Für den Steindruck muss der Firniss consistenter sein, als für den Bücherdruck. Die Kupferdruckschwärze ist ein Gemisch von steifem Firniss mit Frankfurter Schwarz.

Oellackfirnisse.

Die Oellackfirnisse (fette Firnisse) sind Auflösungen von Harzen in Leinölfirniss, die gewöhnlich mit Terpentinöl, Benzol oder Petroleum verdünnt werden. Von den Harzen wendet man Bernstein, Copal, Animeharz, Dammarharz und Asphalt an. Um diese Firnisse darzustellen, schmilzt man den Bernstein oder den Copal in einem Kessel über gelindem Kohlenfeuer in einem derartig construirten Ofen, dass der Kessel nur wenig in den Herd hineinreicht und das Feuer nur den Boden des Kessels berührt. Nachdem das Harz geschmolzen ist, giesst man die erforderliche Menge siedenden Leinölfirnisses in den Kessel, der aber höchstens bis zu ⅔ angefüllt sein darf und lässt das Gemisch ungefähr 10 Minuten lang sieden. Darauf nimmt man den Kessel vom Feuer, lässt ihn bis auf ungefähr 140° abkühlen und setzt dann die nöthige Menge

Terpentinöl hinzu. Die Gewichtsverhältnisse sind 10 Th. Copal oder Bernstein, 20–30 Th. Oelfirniss, 25–30 Th. Terpentinöl. Schwarzen Asphaltfirniss erhält man durch gleiche Behandlung mit 3 Th. Asphalt, 4 Th. Firniss, 15–18 Th. Terpentinöl.

Der dunkle Bernsteinfirniss wird nicht aus dem Bernstein, sondern aus dem Rückstand, dem Bernsteincolophonium, bereitet, der bei der Destillation des Bernsteinöles und der Bernsteinsäure in dem Destillirgefässe zurückbleibt. Die Oellackfirnisse sind die festesten und dauerhaftesten Firnisse; sie trocknen aber etwas langsam und sind stets mehr oder minder gefärbt.

Terpentinölfirniss.

Die Weingeistlackfirnisse sind Auflösungen gewisser Harze, wie Sandarac, Mastix, Dammar, Gummilack, Anime u. s. w. in Alkohol (in neuerer Zeit wendet man als Lösungsmittel der Harze auch Holzgeist, Aceton [nach Wiederhold's Vorschlägen], Benzol oder Benzin, Photogen, Petroleum und Petroleumäther an; auch der Schwefelkohlenstoff ist zum Auflösen der Harze beachtenswerth). Eigenschaften eines guten Weingeistlackfirniss sind: schnell zu trocknen, eine glänzende Oberfläche zu bilden, fest zu haften und weder zu spröde, noch zu klebend zu sein. Der Name Lackfirniss oder Lack ist von der Auflösung des Gummilacks, als des gebräuchlichsten Harzes, auf alle Harzfirnisse übertragen worden. Man wendet einen starken, mindestens 92procentigen Weingeist an. Die Auflösung der gepulverten Harze wird dadurch befördert, dass man sie mit einem Drittheil ihres Gewichten grob gepulverten Glases vermischt. Um den Ueberzug weniger spröd zu machen, setzt man meist Terpentin hinzu. Sandaracfirniss erhält man durch Auflösen von 10 Th. Sandarac, 1 Th. venetianischem Terpentin in 30 Th. Weingeist. Dauerhafter ist der Schellackfirniss, den man durch Auflösen von 1 Th. Schellack in 3–5 Th. Weingeist darstellt. Die Schreinerpolitur ist eine Auflösung von Schellack in vielem Weingeist, die, wenn sie auf weisses Holz angewendet werden soll, durch Filtration durch Thierkohle entfärbt wird. Der Copalfirniss übertrifft an Härte und Dauerhaftigkeit den Schellackfirniss. Zu seiner Darstellung wird der Copal vorher geschmolzen, wobei aber nicht vermieden werden kann, dass er sich dabei mehr oder weniger färbt; der geschmolzene Copal wird gepulvert, mit Sand gemengt, mit starkem Weingeist übergossen, im Wasserbade längere Zeit im Sieden erhalten und die Lösung sodann filtrirt. Damit der Firniss etwas weicher werde, mischt man etwas Terpentin oder eine Auflösung von Elemiharz hinzu. Um farblosen Copalfirniss zu erhalten, bringt man 6 Kilogr. zerstossenen Copal in einem gut verschlossenen Gefässe in eine Mischung von 6 Kilogr. Weingeist von 98° Tralles, 4 Kilogr. Terpentinöl und 1 Kilogr. Aether und erwärmt gelinde. Die Auflösung des Copals erfolgt sogleich und der erhaltene Firniss wird durch freiwilliges Absetzen geklärt.

Gefärbte Weingeistlackfirnisse.

Um gefärbte Lackfirnisse zu erhalten, die man benutzt, um feine Gegenstände aus Messing und Tombak vor dem Anlaufen durch die Luft, durch Angreifen u. s. w. zu schützen, um ferner derartigen Waaren eine schönere goldähnliche Farbe zu ertheilen, die auch benutzt werden können, um Zinn, Weissblech, selbst Eisen ein entfernt goldähnliches Ansehen zu geben, wendet man die sogenannten Goldfirnisse an, die am zweckmässigsten auf folgende Weise dargestellt werden. Man bereitet sich getrennte weingeistige Auszüge von Gummigutt und Drachenblut (neuerdings auch von Fuchsin und Pikrinsäure oder Martiusgelb oder von Corallin und ähnlichen aus dem Theer erhaltenen Farben) und setzt diese versuchsweise zu einem Lackfirniss, der aus 2 Th. Körnerlack, 4 Th. Sandarac, 4 Th. Elemiharz, 40 Th. Weingeist erhalten worden ist, bis man die gewünschte Farbe erreicht hat.

Terpentinöllackfirnisse.

Die Terpentinöllackfirnisse werden auf dieselbe Weise wie die Weingeistlackfirnisse dargestellt. Sie trocknen langsamer, sind aber dagegen weniger spröde, geschmeidiger und haltbarer. Den gewöhnlichsten Terpentinöllackfirniss stellt man durch Auflösen von Fichtenharz in Terpentinöl dar; er ist jedoch wenig dauerhaft und erhält nach einiger Zeit Risse. Der Copalfirniss mit Terpentinöl wird entweder mit ungeschmolzenem oder mit geschmolzenem Copal dargestellt; der auf letztere Weise erhaltene Firniss ist gefärbt. Der ungeschmolzene Copal wird am besten mit Terpentinöl behandelt, indem man letzteres in

Glaskolben im Sandbade erhitzt, und den Copal in leinene Säckchen gebunden über dem Oel aufhängt. Der durch die heissen Terpentinöldämpfe gelöste Copal tropft in das Oel herab und verdünnt sich damit. Der mit Terpentinöl dargestellte Dammarlackfirniss ist ein jetzt häufig angewendeter, nicht sehr dauerhafter, aber farbloser Lackfirniss. Zu seiner Darstellung wird ausgesuchtes Dammarharz in gröblich gepulvertem Zustande längere Zeit erwärmt, um es vollständig zu trocknen und dann in der 3–4fachen Gewichtsmenge Terpentinöl gelöst. Grünen Terpentinöllackfirniss stellt man dar, indem man Sandarac oder Mastix in concentrirter Kalilauge auflöst, mit Wasser verdünnt und die Flüssigkeit durch Kupferacetat niederschlägt; der Niederschlag wird getrocknet und in Terpentinöl aufgelöst.

Schleifen u. Poliren des getrockneten Lackfirniss.

Um die Glätte der Lackirung, namentlich auf Metallwaaren zu erhöhen und einen spiegelähnlichen Glanz hervorzubringen, pflegt man den vollständig getrockneten Lackfirniss zu schleifen und zu poliren. Das Schleifen wird durch Abreiben mit Filz, der befeuchtet in fein geschlemmtes Bimssteinpulver getaucht ist, vorgenommen, das Poliren vermittelst geschlämmten Tripels und Olivenöls, zuletzt zur vollständigen Entfernung des Oeles durch Reiben mit Weizenstärkemehl.

Anstatt der gewöhnlichen Firnisse und Lacke hat man in der neueren Zeit angefangen, Auflösungen von Schiessbaumwolle in weingeisthaltigem Aether (Collodium) und Wasserglaslösungen zur Erzeugung glasähnlicher glänzender Ueberzüge anzuwenden. Auch eine Lösung von Schellack in Ammoniak ist (von C. Puscher) als eine firnissähnliche Flüssigkeit, namentlich zu wasserdichten Anstrichen empfohlen worden.

v. Pettenkofer's Regenerationsverfahren.

Es dürfte hier der Ort sein, v. Pettenkofer's Regenerationsverfahren für Oelgemälde zu gedenken. Die Beobachtung hat gelehrt, dass das veränderte Aussehen, welches man nach Verlauf einiger Jahre an gefirnissten Oelgemälden bemerkt, in den meisten Fällen durch physische Einflüsse veranlasst wird. Die Zeit verursacht auf diesen Gemälden eine Unterbrechung der Molecularcohäsion. Der Process beginnt auf der Oberfläche mit mikroskopischen Ritzen im Firniss und dringt nach und nach durch die verschiedenen Farbenschichten bis auf den Grund hinab. Die Oberfläche und der Körper eines solchen Bildes wird im Laufe der Zeit innig mit Luft gemischt und reflectirt dann das Licht wie Glaspulver. Um die getrennten Moleküle ohne alle Gefahr für das Original wieder zu vereinigen, setzt man in einem geeigneten Apparate das Gemälde einer Atmosphäre aus, welche sich bei gewöhnlicher Temperatur mit Alkohol gesättigt hat. Der optische Effect des Originals wird so auf ganz selbstthätigem Wege hergestellt, indem das Gemälde gar nicht berührt wird. Die sehr geringe Menge des absorbirten Alkohols verdunstet sehr bald, wenn man das Gemälde der Luft aussetzt, und die Oberfläche desselben bleibt dann ebenso lange klar wie eine frisch gefirnisste.

Kitte.

Kitte.

Mit dem Namen Kitt bezeichnet man Mischungen, welche im brei- oder teigartigen Zustande zwischen die einander genäherten Körperflächen gebracht, dieselben nach dem Erhärten fest mit einander verbinden. Nach dieser allgemeinen Definition umfasst das Kitten auch das Leimen von Holz, Kleistern von Papier, welche indessen gewöhnlich Gegenstand besonderer Betrachtung sind, und schliesst nur das Löthen aus. Von einem guten Kitt, der für den speciellen Zweck zusammengesetzt sein muss, denn einen Universalkitt giebt es nicht, verlangt man, dass er sich vollkommen mit den Flächen, welche er verbinden soll, vereinigt, dicht an dieselben anschliesst und nach dem Erhärten in sich selbst so viel Zusammenhang erlangt, dass er den trennenden Einwirkungen, denen er ausgesetzt wird, zu widerstehen im Stande ist. Diese Substanzen, aus denen der Kitt zusammengesetzt wird, sind verschieden und richten sich nach der Natur der Flächen, deren Vereinigung man beabsichtigt, und nach den Einflüssen, denen die zu verbindenden Theile unterliegen und widerstehen sollen. Die Vorschriften zur Bereitung von Kitten sind unzählige; die meisten derselben können jedoch in einige Hauptabtheilungen gebracht werden, wenn man den wesentlichen Bestandtheil eines Kittes als Eintheilungsgrund gelten lässt. Hiernach hat man zu unterscheiden: 1) Kalkkitte, 2) Oelkitte, 3) Harz- und

Schwefelkitte, 4) Eisenkitte, 5) Stärkekitte, 6) Kitte von geringerer Bedeutung wie Wasserglaskitte, Chlorzinkkitte und dergl.

Kalkkitte.

Gelöschter Kalk bildet mit Caseïn, Eiweiss, arabischem Gummi und Leim Massen, die nach einiger Zeit eine bedeutende Festigkeit erlangen und zum Kitten der verschiedenartigsten Körper von Holz, Stein, Metall, Glas, Porcellan und dergl. geeignet sind.

Den Caseïnkitt kann man auf verschiedene Weise bereiten. Nach dem gewöhnlichen Verfahren zerreibt man frischen Käse, von welchem man die Molken abgepresst hat (Quark und Käsematte), auf einem Reibstein und setzt nach und nach zu Pulver zerfallenen gelöschten Kalk zu, wodurch eine zähe Masse sich bildet, welche, weil sie schnell erhärtet, möglichst bald zu verwenden ist. Auch ohne Kalk giebt das Caseïn einen gut bindenden Kitt, wenn man dasselbe in eine Lösung von Kali- oder Natronbicarbonat löst und die Flüssigkeit bis zur gehörigen Consistenz abdampft. Durch Auflösen von Caseïn in kalt gesättigter Boraxlösung erhält man eine klare dickliche Flüssigkeit, welche sich durch hohes Klebvermögen auszeichnet und darin eine Lösung von arabischem Gummi weit übertrifft. Eine Auflösung von Caseïn in Wasserglas ist als Porcellan- und Glaskitt zu empfehlen. Zum Kitten von Stein, Metall, Holz u. s. w., oder zum Ausfüllen von Fugen, wo der Kitt mehr Körper haben muss, wird das Gemisch aus Caseïn und Kalk noch mit Cämentpulver (auf 1 Kilogr. frisches Caseïn, 1 Kilogr. gebrannter Kalk und 3 Kilogr. Cäment) versetzt. Einen dem Caseïn ähnlichen Kitt liefert der durch Fäulniss veränderte Kleber, welcher von Hannon neuerdings zum Kitten von Steingut, Porcellan, Glas, Perlmutter und dergl. empfohlen worden ist.

Oelkitte.

Der wesentliche Bestandtheil der Oelkitte ist ein trocknendes Oel, am besten in Gestalt von Oelfirniss. Diese Kitte widerstehen grösstentheils der Einwirkung des Wassers.

Der Leinölfirniss, so wie der fette Copallack können zwar schon an und für sich als Kitt Anwendung finden, wenn es sich um das Kitten von Glas- und Porcellangegenständen handelt; sie haben aber das Unangenehme, erst nach Wochen, ja selbst Monaten vollständig zu erhärten und sind daher nur selten zu benutzen. Mit Bleiweiss, Bleiglätte oder Mennige gemischt, trocknen sie zwar schneller, vollständig jedoch immer erst nach einigen Wochen. Verwendet man diesen Kitt in grösseren Quantitäten, so mischt man Oelfirniss mit einem Gemenge von 10 Proc. Bleiglätte und 90 Proc. Schlämmkreide oder statt letzterer zu Pulver gelöschten Kalkes; anstatt der Bleiglätte lässt sich auch Zinkweiss anwenden. Man bedient sich dieses Kittes zur Verbindung von Steinen und Ziegeln bei Wasserreservoirs, Terrassen u. s. w. Vor dem Gebrauche wird er angewärmt, damit er dünnflüssiger wird, sich in die Fugen besser einlegt und rascher trocknet. Stephenson benutzt als Kitt für Dampfröhren und dergleichen, welcher vortrefflich hält, ein Gemenge von 2 Th. Bleiglätte, 1 Th. zu Pulver gelöschtem Kalk und 1 Th. Sand, das mit heissem Leinölfirniss innig gemengt wird. Durch Auflösen von Thonerdeseife (durch Fällen von Alaunlösung mit Natronseife erhalten) in erwärmtem Leinölfirniss erhält man nach Varrentrapp einen leicht zu verstreichenden und wasserdichten Kitt, der besonders als Steinkitt geeignet erscheint. Der Glaserkitt, welcher zum Befestigen der Fensterscheiben in die Holzrahmen dient, wird durch Zusammenstossen von Kreide und Leinölfirniss erhalten, bis sich eine teigartige, sehr zusammenhängende und nicht bröckelnde Masse gebildet hat. Nimmt man ungekochtes Leinöl, so erhärtet er äusserst langsam, erlangt aber nach Jahren eine solche Festigkeit, so dass er nur schwierig von den Glastafeln getrennt werden kann. In Blasen eingebunden oder in mit Oel getränkten Tüchern eingeschlagen, kann der Glaserkitt längere Zeit unverändert aufbewahrt werden. Ein schnell erhärtender Kitt für Gefässe mit flüchtigen Stoffen ist der von Hirzel vorgeschlagene Glycerinkitt, ein Gemisch von Glycerin mit Bleiglätte, der auch (nach Pollack) ein vortreffliches Mittel ist zum Dichten von Eisen auf Eisen, zum Verkitten von Steinarbeiten, so wie zum Verkitten von Eisen in Stein.

Harzkitte.

Zu denjenigen Kitten, die am häufigsten Anwendung finden, gehören unstreitig die Harzkitte, deren wirksamer Bestandtheil ein Harz ist, welches im geschmolzenen Zustande zwischen die zu verbindenden Flächen gebracht wird, und nach dem Erkalten und Erhärten die Verbindung derselben sofort bewirkt. Vor den Oelkitten, mit welchen sie die Wasserdichtigkeit gemein haben, besitzen sie den grossen Vorzug, dass sie sogleich hart sind, dagegen leiden sie zum grossen Theile an dem Fehler, dass sie keine höhere Temperatur ertragen, ohne zu erweichen, und an der Luft, und namentlich dem Sonnenlichte ausgesetzt, mit der Zeit so spröde werden, dass sie durch geringe Reibung schon als Pulver abfallen.

Zum Kitten von Glas- und Porcellangegenständen finden Harze allein, namentlich Sandarac und Mastix allein Anwendung, wozu sie sich in Folge ihrer Farblosigkeit und ihrer leichten Schmelzbarkeit wegen besonders gut eignen. Bei ihrer Anwendung trägt man das feine Pulver dieser Harze mit einem Pinsel auf die zu verbindenden Flächen auf und erwärmt nun bis zum Schmelzen der Harze über Kohlenfeuer, worauf man die Flächen rasch an einander drückt. Grössere Beachtung, als sie bisher gefunden haben, verdienen die von Lampadius schon im Jahre 1828 vorgeschlagenen Harzkitte. Einer derselben besteht aus einer Auflösung von 1 Th. geschmolzenem Bernstein in 1,5 Th. Schwefelkohlenstoff, welcher als ein vortrefflicher Schnellkitt zu betrachten ist; man braucht von der Lösung nur etwas mit einem Pinsel auf die Ränder der zu kittenden Gegenstände zu streichen, und dieselben an einander zu drücken, wobei der Kitt unter den Händen trocknet. Auch eine Auflösung von Mastix in Schwefelkohlenstoff ist als Kitt verwendbar. Schellack ist als Harzkitt wenig geeignet; er ist in der Kälte zu spröde und zieht sich sehr stark zusammen; ersterer Uebelstand lässt sich durch Zusatz von etwas Terpentin heben, letzterer durch Zusatz von erdigen Pulvern, daher ist gutes Siegellack als Kitt im Ganzen brauchbarer als Schellack für sich. Holz lässt sich durch geschmolzenen Schellack nicht dauerhaft verbinden; legt man aber zwischen zwei mit dickem Schellackfirniss bestrichene Holzstücke ein damit getränktes Stück Musselin, so haften dieselben sehr fest. Im Grossen finden die Harzkitte häufig zum Auskitten von Wasserbehältern, Terrassen, zur Abhaltung von Feuchtigkeit und dergl. Anwendung. Man verwendet dazu Pech oder Colophonium, in neuerer Zeit fast durchgängig Asphalt, theils für sich mit Cäment versetzt, theils mit Schwefel gemischt, wenn eine grössere Härte wünschenswerth erscheint, theils mit Terpentin oder Theer versetzt, wenn man den Kitt minder hart oder spröde haben will.

Der von dem Engländer Jeffery herrührende Marineleim (marine-glue) wird dargestellt, indem man Kautschuk in der 12fachen Gewichtsmenge Steinkohlentheeröl auflöst und die Lösung mit dem doppelten Gewichte Asphalt oder Gummilack oder beiden versetzt, die Mischung erwärmt und durch Umrühren gleichförmig macht. Es giebt zwei Sorten Marineleim, einen harten und einen flüssigen, ersterer wird hauptsächlich zum Aneinanderleimen der Hölzer, Anbolzen von Zimmerwerk mit Holz oder Eisen, zum Kalfatern der Schiffe, anstatt des Schiffstheeres und zum Anfüllen der Risse und der Spalten des Holzes, welche man vor Feuchtigkeit bewahren will u. s. w. angewendet. Den flüssigen Marineleim, welchen man durch Zusatz einer grösseren Menge des Lösungsmittel erhält, verwendet man zum Ueberziehen von Holz, Gyps, Metallflächen, zum Bestreichen der Leinwand, Taue, Röhren und dergl. Bei der Unlöslichkeit des Seeleimes in Wasser, seiner grossen Festigkeit und Adhäsion und seiner Unveränderlichkeit bei niederer und hoher Lufttemperatur, bei welcher er weder sehr weich, noch spröde wird, ist der Marineleim nicht nur für die Marine, sondern auch für Landbauten ein sehr beachtenswertes Produkt. Den Harzkitten schliesst sich der Zeiodelit, aus 19 Th. Schwefel und 42 Th. Glas- oder Steinzeugpulver bestehend an; diese Mischung, bis zum Schmelzen des Schwefels erhitzt, lässt sich zur Verbindung von Steinen, statt hydraulischen Mörtels etc. benutzen. R. Böttger stellt den Zeiodelit durch Eintragen von Infusorienerde mit etwas Graphit untermischt in eine gleiche Gewichtsmenge geschmolzenen dünnflüssigen Schwefels dar. Die von Merrick dargestellte Mischung gleicher Theile Gummilack und fein zertheilter Kieselerde — unter dem Namen Diatit angewendet — reiht sich gleichfalls den Harzkitten an.

Eisenkitte.

Unter den vielen Vorschriften zur Bereitung von Eisenkitt auf Schmiede- und Gusseisen bei Wasserleitungsröhren, Dampfkesseln, Dampfröhren und dergl. sei eine der besseren angeführt.

Der sogenannte Rostkitt besteht aus einer Mischung von 2 Th. Salmiak, 1 Th. Schwefelblumen und 60 Th. feinen Eisenfeilspänen; beim Gebrauche wird sie mit Wasser angemacht, welchem der sechste Theil Essig oder eine kleine Menge verdünnter Schwefelsäure zugesetzt worden ist. Dieser Kitt wird in die Fugen hineingestrichen oder hineingestampft, nachdem die zu verbindenden Flächen des Eisens gereinigt und wo möglich etwas abgefeilt sind. Nach einigen Tagen erhärtet dieser Kitt vollkommen und hängt sehr fest am Eisen, indem er in diesem sowol als in sich selbst zusammenrostet. — In Fällen, wo der Kitt die Glühhitze auszuhalten hat, wie bei Verbindungen von Röhrenstücken, die im Feuer liegen, dient ein Kitt aus 4 Th. Eisenfeile, 2 Th. Thon und 1 Th. Porcellankapselmasse, mit Salzlösung zu einem Brei angerührt, welchen man zwischen den Flantschen mittelst der Schrauben zusammenpresst.

Stärkekitte.

Zu den Stärkekitten gehört der aus Stärke oder Mehl gekochte Kleister, welcher bekanntlich bei den Buchbinderarbeiten und überhaupt beim Zusammenleimen von Papier und Pappe verwendet wird.

Der Kleister wird am besten bereitet, indem man Stärkemehl mit kaltem Wasser zu einem nicht zu dicken Brei in einem Mörser so lange anreibt, bis keine Klümpchen mehr vorhanden sind, und dann aus einem anderen Gefässe siedendes Wasser in einem dünnen Strahle so lange unter raschem Umrühren zusetzt, bis die Kleisterbildung beginnt, was man an dem Durchsichtigwerden wahrnimmt, dann aber den Rest des erforderlichen Wassers schnell zugiesst. Kochen der fertigen Masse ist nachtheilig und giebt einen Kleister, der leicht abspringt. Von grösserer Bindekraft als der aus Stärkemehl bereitete Kleister ist der aus Roggenmehl dargestellte, wovon der Grund in dem Klebergehalt des letzteren zu suchen ist. Leider ist dieser Kleister nicht weiss, sondern grau bis graubraun. Um den Kleister haltbarer zu machen, löst man in dem Wasser, welches zur Kleisterbildung dient, eine kleine Menge Alaun. Statt des Wassers kann das Anbrühen des Mehles auch mit siedendem Leimwasser geschehen, wodurch die Klebkraft des Leimes wesentlich befördert wird. Der vorzüglichste Kleister ist unstreitig derjenige, bei dessen Bereitung zum Anrühren und Anbrühen des Stärkemehles eine wässerige Lösung von durch Fäulniss verändertem Kleber verwendet wird. Setzt man die Hälfte vom Gewicht der angewendeten Stärke an Terpentin zum Kleister, welchen man durch Umrühren in der Masse vertheilt, so lange das Gemisch noch heiss ist, so wird der Kleister gegen die Einwirkung von Feuchtigkeit haltbarer und zugleich bindender.

Fußnoten:

[102] Vergl. W. F. Exner, Die Tapeten- und Buntpapier-Industrie. Weimar 1869.

[103] Nach den Jahre lang (1860–1868) fortgesetzten Untersuchungen von Musculus findet die Bildung des Zuckers aus der Stärke dadurch statt, dass sich letztere unter Wasseraufnahme direct in Dextrose und Dextrin spalte, während man früher annahm, dass die Stärke sich zunächst in das isomere Dextrin umwandele und dass letztere dann unter Wasseraufnahme in Dextrose übergehe.

[104] Die Reisstärkefabrik von J. und J. Colman in London beschäftigt an tausend Personen und liefert ausser gewöhnlicher Waschstärke auch intensivgefärbte Reisstärke in den verschiedenen durch Theerfarben bewirkten Nüancen, welche zur Färbung von Ballkleidern, Fenstervorhängen etc. dient. Colman's Fabrik liefert ferner Reisstärke für Papierfabriken, in welchen sie erst zwischen den Fasern des Papiers in Kleister verwandelt wird, wodurch das so geleimte Papier einen grossen Grad von Festigkeit erhält.

[105] Um Wiederholungen zu vermeiden, werden die Taylor'schen Filter, sowie andere bei der Raffination des Zuckers vorkommende Apparate und Manipulationen erst bei der Rübenzuckerfabrikation beschrieben werden.

[106] Das Betaïn hat nach C. Scheibler die Formel $C_{15}H_{33}N_3O_6$.

[107] Viele Fabriken, darunter die in Waghäusel, entkalken nur durch Filtration über Knochenkohle.

[108] Das Ammoniak kann mit Leichtigkeit gewonnen werden. Nach Leplay und Cuisinier ergaben directe Versuche für eine Fabrik von 1000 Hektoliter Saft bis zu 300 Kilogr. Ammonsulfat täglich.

[109] Ueber die Anwendung der Schleudermaschine zur Saftgewinnung aus der Traube verbreitet sich ausführlich L. Rösler in den sehr empfehlenswerthen Annalen der Oenologie 1869 Bd. I p. 69.

[110] Mit völligem Rechte sagt C. Neubauer (Chemie des Weines, Wiesbaden 1870 Seite 97): „Alles, was die Kunst zur Nachahmung der Weinblume bis jetzt geliefert hat, ist trotz der bestechenden Namen wie Perle des Rheins, Moselbouquet etc., mit welchem diese Präparate angepriesen werden, elendes Machwerk. Unser chemisches Wissen über das Bouquet ist äusserst gering und die Wissenschaft steht mit den ihr bis jetzt zu Gebote stehenden Mitteln, diesen Geistern des Weins, machtlos gegenüber".

[111] So auf einem Rembrandt'schen Gemälde von 1650 auf der Gemälde-Gallerie zu Dresden (Hübner's Verzeichniss 1862 p. 290 No. 1225). Schenken wir der Auslegung Glauben, die gewisse Commentatoren dem Virgil'schen Verse geben:

Ille impiger hausit
Spumantem pateram —

so scheinen selbst die Römer den Schaumwein gekannt zu haben.

[112] Bei dem Burgunder, bei dessen Bereitung das Chaptalisiren gegenwärtig noch vielfach angewendet wird, nimmt man allgemein an, dass dieser Wein nicht mehr als 6 pro Mille freier Säure enthalten dürfe. Ergiebt daher die Mostprüfung z. B. 8 pro Mille, so müssen 2 pro Mille entfernt werden, wobei man von dem Satze ausgeht, dass 50 Th. Marmorstaub (Calciumcarbonat) 60 Th. freie Säuren entfernen. Ist der Säureüberschuss beseitigt, so setzt man den Zucker (Hutzucker oder besten Stärkezucker) zu, dessen Menge sich nach dem Alkoholgehalt richtet, welchen man dem Weine zu geben beabsichtigt. Hat man in dem Moste z. B. 15 Proc. Zucker gefunden, so wird der Alkoholgehalt des fertigen Weines 7,5 Proc. betragen. Soll nun letzterer auf 10 Proc. erhöht werden, so muss für je 1000 Kilogr. Most die entsprechende Zuckermenge, im vorliegenden Falle mithin 50 Kilogr. Zucker zugesetzt werden. Man geht dabei von der Annahme aus, dass 100 Th. Zucker 50 Th. Alkohol liefern.

[113] Nach der Angabe von Beyse sollen unreife Trauben zum Petiotisiren noch besser sich eignen wie ganz reife; mit jenen könne die Weinvermehrung recht gut bis zu 500 Proc. gesteigert werden!

[114] Bereits im Jahre 1864 habe ich mit dem königl. Hofkellermeister M. Oppmann in Würzburg eine Reihe von Versuchen über die Verwendung des Glycerins zur Verbesserung geringerer Frankenweine angestellt, die vom besten Erfolg begleitet waren. Von mir rührt auch die Bezeichnung Scheelisiren für das Glycerinisiren des Weines her.

[115] Nach den Verhandlungen des Norddeutschen Reichstages (vom 22. Mai 1869) hat im norddeutschen Bunde die Verwendung des Kartoffelzuckers und des Kartoffelsyrups in vielen Brauereien eine erhebliche Ausdehnung gewonnen. Ein Drittel des Braumalzes wird durch Kartoffelzucker ersetzt, von dem 1 Ctr. 3 Ctr. Malz zu ersetzen im Stande sein soll!

[116] Für das Studium der Theorie und Praxis der Bierbrauerei sind nachstehende Zeitschriften warm zu empfehlen:

1) Der bayerische Bierbrauer, redigirt von Dr. Lintner, Professor und Vorstand der Brauerschule in Weihenstephan, München;

2) Der Bierbrauer, begründet G. E. Habich, redigirt von H. Fleck, Leipzig.

[117] Es sei hier ausdrücklich hervorgehoben, dass bei der Beschreibung der Bereitung der Bierwürze die gegenwärtig häufig angewendeten Malzsurrogate wie Stärkezucker, Glycerin u. dgl. unberücksichtigt geblieben sind.

[118] Von grosser Tragweite für eine rationelle Grundlage der Brauerei sind die Resultate der Untersuchungen von Lermer und v. Liebig (1870), wonach bei einem Zusatz von Zucker zu einer mit Bierhefe versetzten Dextrinlösung sich ein grosser Theil des Dextrins ganz wie Zucker in Alkohol und Kohlensäure zersetzt. 300 Kubikcentimeter einer Maische mit 8,449 Grm. Zucker ergaben nach vollständig beendigter

Gährung 6,942 Grm. Alkohol, während nach dem Zuckergehalt die Flüssigkeit nur 4,317 Grm. hätte liefern sollen.

[119] In neuester Zeit hat man der Farbe des Bieres und der Bestimmung der Intensität derselben besondere Beachtung gewidmet und eine Colorimetrie des Bieres geschaffen, die auf einer Vergleichung der Farbe des Bieres mit Normaljodlösung (12,7 Grm. Jod im Liter), welche mit Wasser bis zur gleichen Färbung des Bieres verdünnt wird, und Ermittelung des Jodgehaltes dieser Färbung beruht. Vergl. C. Leyser, Jahresbericht der chem. Technologie 1869 p. 467.

[120] In Bayern beträgt der Malzaufschlag (nach dem Gesetze vom 16. Mai 1868) für den Scheffel ungebrochenen Malzes — ohne Unterscheidung zwischen trockenem oder eingesprengtem Malze — (1 Scheffel bayer. = 2,2 Hektoliter) 5 fl. 12 kr. 1 Scheffel Malz wiegt circa 2¼ Ctr. Als Beispiele der Grösse einiger deutschen Brauereien seien die Produktions- und Steuerverhältnisse der Dreher'schen Brauerei in Schwechat bei Wien und die der Brauerei von G. Sedlmayr in München angeführt:

erstere	producirte	1866	272,059	Hektoliter	Bier	und	zahlte	an	Steuer	2,435,803 Frcs.
letztere	„	1866	262,000	„	„	„	„	„	„	1,000,000 „

Die Brauerei von L. Brey (zum Löwenbräu) in München liefert jährlich 280,000 Hektoliter Bier und zahlt fast 1,100,000 Frcs. Steuer.

In Bayern betrug der Malzaufschlag durchschnittlich (netto):

1819/25	4,418,900 fl.
1831/37	4,985,545 „
1843/49	5,408,532 „
1855/61	6,667,396 „
1861/67	8,661,092 „

Seitdem ist der Ertrag im Abnehmen, wahrscheinlich in Folge der Zunahme der Anwendung der Surrogate.

[121] Nach dem Gesetze vom 4. Juli 1868 wird im norddeutschen Bunde von jedem Centner Malz- oder Getreideschrot eine Steuer von 20 Silbergroschen erhoben.

[122] Vergl. Zeitschrift des landwirthschaftl. Vereins in Bayern, 1866, Januar p. 35.

[123] Jeder Eiweisskörper besitzt in einem bestimmten Zersetzungsgrade die Eigenschaft, Stärkemehl in Dextrose überzuführen, so Blut, Galle, Gehirnsubstanz, Hefe, Albumin von gekeimter Gerste, Speichel, faules Fleisch. Wenn Mulder will, dass das Wort Diastase aus der Wissenschaft gestrichen werde — er schlägt dafür den Namen Satzmehlumbilder vor — so lässt sich vom Standpunkte der chemischen Wissenschaft aus kaum etwas erwidern, da die Diastase als chemisches Individuum nicht existirt. In der Technologie dagegen kann die Diastase beibehalten werden, nur sei unter ihr nur der Inbegriff von solchen in Zersetzung begriffenen Eiweisssubstanzen verstanden, welche das Stärkemehl in Dextrose umzuwandeln vermögen.

[124] Vergl. Jahresbericht der chem. Technologie 1861 p. 457; 1868 p. 571; 1869 p. 470.

[125] Vergl. Jahresbericht der chem. Technologie 1869 p. 473.

[126] Die Rübenbrennerei ist neuerdings von C. Thiel (Neue landwirtschaftl. Zeitung 1869 p. 57, 88, 181, 207, 258, 295, 321) ausführlichst geschildert worden.

[127] Unter den indirecten Steuern ist die Branntweinsteuer eine sehr angemessene, nicht weil wir glauben könnten, es werde deshalb weniger getrunken — denn um das herbeizuführen, müsste man die Steuer auf

Branntwein schon bis zu einer Prohibitivabgabe steigern — sondern weil Branntwein in kleineren Portionen auf einmal consumirt wird als alle übrigen Getränke und daher an dem jeweilig consumirten Volumen der Steuerbetrag ganz winzig klein ist.

[128] In Bayern und Württemberg versteuert man nur das Malz, nicht die Kartoffeln, die zur Branntweinfabrikation dienen.

[129] Das Verhältniss des Natriumbicarbonates zur Salzsäure ist so gewählt, dass 5 Grm. des ersteren durch 33 Kubikcentim. der Säure vollkommen neutralisirt werden; das Brot muss eine sehr schwachsaure Reaction behalten.

[130] Vergl. Jahresbericht der chem. Technologie 1868 p. 580 und C. Thiel, Gewerbeblatt für Hessen 1870 p. 161.

[131] Gegen Pasteur's Ansichten über die Essigbildung ist unlängst (Journ. f. pract. Chemie 1870 Bd. I. p. 312) v. Liebig energisch zu Felde gezogen.

[132] Nach S. Marasse (1868) ist das rheinische Buchenholztheerkreosot ein Gemenge von gleichen Theilen

Cresylsäure C_7H_8O (bei 203° siedend)

und Guajacol $C_7H_8O_2$ („ 200° „)

Letzteres aber ist der saure Methyläther der Oxyphensäure $C_6H_5\ CH_3 \}O_2$.

[133] 1 Gewichtstheil Alkohol giebt beim Verbrennen zu Kohlensäure und Wasser 7189 W.-E., Holzgeist dagegen nur 5307 W.-E.

[134] Jahresbericht der chem. Technologie 1868 p. 707.

[135] Im Grossherzogthum Baden werden immer noch jährlich gegen 300 Ctr. Quecksilberchlorid (im Werthe von 60,000 fl.) zum Kyanisiren verbraucht (1870).

[136] Möglicherweise ist das Nicotianin mit dem Cumarin ($C_9H_8O_2$), einem Stoffe identisch, der in den Tonkabohnen (*Dipterix odorata*), im Waldmeister (*Asperula odorata*), im *Melilotus officinalis* und *Anthoxanthum odoratum*, sowie in den Fahamblättern (*Angraecum fragrans*) und den Blättern von *Liatris odoratissima* (aus der Familie der Asteraceen) sich findet. Daher vielleicht auch instinctmässig die Anwendung der Tonkabohnen zum Aromatisiren des Tabaks und die des Melilotus zum Beimengen des Rauchtabaks, wie es in Ungarn häufig geschieht. Vielleicht hat die in der neueren Zeit ausserordentlich in Aufnahme gekommene, aber sorgfältigst geheim gehaltene Anwendung der aus Harn bereiteten Benzoësäure bei der Tabaksfabrikation den Zweck, ein Surrogat für den geringen Nicotianingehalt der schlechteren Tabaksorten abzugeben.

[137] Vergl. J. Wiesner, Die technisch verwertheten Gummiarten, Harze und Balsame. Erlangen 1869.

[138] Zu Seyssel im Departement Ain findet sich ein Kalkstein, der bis zu 18 Proc. mit Asphalt durchdrungen ist. Aus diesem Kalkstein stellt man zu Seyssel den Erdharzkitt auf folgende Weise dar: Man zieht mittelst siedenden Wassers den Asphalt aus, mengt 7 Th. des so erhaltenen Asphalts in 90 Th. gepulverten, asphalthaltigen Kalkstein und mahlt die trocken gewordene Masse. Aehnliche Asphaltsteine finden sich zu Limmer bei Hannover, zu Lobsann im Nieder-Elsass, in Nordtyrol, zu Val de travers im Canton Neufchatel.

V. Abschnitt
Die Thierstoffe und ihre technische Anwendung.
Die Verarbeitung der Wolle.

Abstammung und Beschaffenheit der Wolle.

Fig. 251.

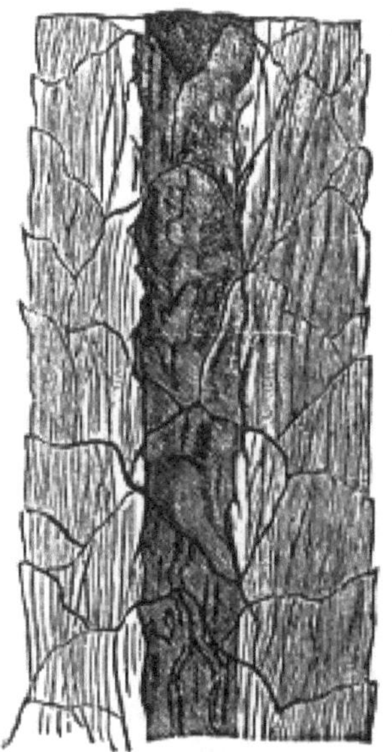

Fig. 252.

Die Wolle unterscheidet sich von dem Haar vorzugsweise durch drei Eigenschaften: erstens ist die Wolle feiner (das Haar geht dadurch, dass es dicker und steifer wird, in die Borste und endlich in den Stachel über), zweitens ist sie nicht straff, sondern wellenförmig hin und her gebogen (gekräuselt), und drittens enthält sie weniger Pigment. Die Vorzüglichkeit der Wolle wächst in demselben Maasse, als sie diese drei Charaktere im höheren Grade hat, also je weiter sie sich von der Natur des Haares entfernt. Die Wolle ist ebenso wie das Haar keine einfache, sondern eine organisirte Faser, aus einer epithelartigen Membran, der Rindensubstanz und der Marksubstanz bestehend. Die Epithelsubstanz besteht bei der Wolle aus dünnen, sich dachziegelähnlich deckenden Plättchen, den Cuticularplättchen, wodurch die Oberfläche ein schuppiges und tannenzapfenartiges Aussehen erhält. Fig. 251 zeigt ein Stück eines Haidschnuckenhaares neben einem Stücke von sächsischer Non-plus-ultra-Wolle (Fig. 252) unter derselben Vergrösserung betrachtet (woraus zugleich der enorme Unterschied in der Feinheit deutlich wird). Die Einstülpungen auf der Oberfläche der Wolle sind die Ursache von der Rauhigkeit der Wollhaare und begründen ihre Fähigkeit, sich zu filzen.

Werden nämlich derartige Schuppenhaare einem mit schiebender und knetender Bewegung begleitenden Drucke, namentlich unter Mitwirkung von heissen Wasserdämpfen, die das Haar weich und geschmeidig machen, unterworfen, so schieben sich die Haare in der Richtung ihrer Schuppen durcheinander und bilden ein wirres, aber festes Gewebe, den Filz.

Zur Wollerzeugung dient hauptsächlich das Schaf. Gleich anderen Hausthieren bietet das Schaf in Folge der verschiedenen Verhältnisse des Klimas, der Ernährungsweise und der Pflege eine grosse Anzahl Abweichungen dar, die sich auf die Beschaffenheit der Wolle erstrecken. Naturgemäss kann man alle Schafracen in folgende beiden Abtheilungen bringen: 1) das Höhe- oder Landschaf mit kurzer, mehr oder weniger gekräuselter und feiner Wolle, 2) das Niederungsschaf mit meist grober, schlichter, langer, haarähnlicher Wolle. Zu den ersteren gehören das deutsche Landschaf und ferner die spanischen oder Merinoschafe, die sich nach der Verschiedenheit ihres Körpers in mehrere Unterarten theilen, von denen als die vorzüglichsten die Infantado- oder Negrettirace und die Elektoralrace (d. i. die kurfürstliche Race, wegen der ersten 1765 aus Spanien an den Kurfürsten von Sachsen gelangten Schafe) bekannt sind. Was man als Eskurial bezeichnet, ist keine eigene Race, sondern ein Elektoralschaf mit wollreicherem Vliess. Zu den Niederungschafen gehören das Haidschaf oder die Haidschnucke in der Gegend zwischen der Elbe- und Wesermündung, das Zackelschaf, das im südlichen Europa und westlichen Asien gezogen wird, und dann die englischen Schafe der Southdown-, Leicester-, Cotswold-, Lincoln-, Teeswater- und Romney-Marsh-Race, ferner der schottischen Inseln, besonders von den Hebriden und Shetlandinseln.

Die von anderen Thieren als dem Schafe stammenden hauptsächlichsten Wollsorten sind folgende:

a) Die Kaschmirwolle ist das feine wollige Flaumenhaar der Ziegen von Kashmera oder Kaschmir, welche ursprünglich an der östlichen Seite des Himalaja in einer Höhe von 4500 bis 5000 Meter leben. Sie ist von weisser, grauer oder bräunlicher Farbe und ist, wie sie nach Europa kommt, noch reichlich mit grobem Haar gemengt (100 Kilogr. davon geben nach dem Sortiren und Reinigen oft nur 20 Kilogr. Flaumhaar).

b) Die Vicognewolle besteht in dem nur sehr wenig gekräuselten Haar des Vikugne oder Schafkameels (*Auchenia Vicuna*), das auf den hohen Gebirgen von Peru, Chili und Mexiko lebt. Die Vigognewolle wurde vormals häufiger als jetzt zu sehr feinem Tuche verarbeitet. Als Stellvertreter der ächten Vigognewolle hat man angefangen, die Haare der Seidenhasen und Kaninchen (vermengt mit Schafwolle) zu verarbeiten. (Das was man gegenwärtig in der Wollindustrie mit dem Namen Vigogne oder Vicogne belegt, ist ein Gemenge von Schafwoll- mit Baumwollgarn.)

c) Die Alpakawolle oder das Pakoshaar besteht in dem langen flaumartigen weissen, schwarzen oder braunen Haar der Alpagua oder Alpako (Pako), einer in Peru lebenden Ziege aus der Gattung Llama. Das Haar ist sehr fein und hat mit der Vigognewolle grosse Aehnlichkeit, obgleich es ihr an Feinheit nachsteht[139].

d) Das Mohair oder die Kämelwolle (Kämelhaar) ist das lange, seidenglänzende, wenig gekräuselte Haar der Kämel- oder Angoraziege (*Capra angorensis*), welche um Angora in Kleinasien lebt. Aus ihr wird das Kämelgarn (fälschlich Kameelgarn genannt) gesponnen, das besonders zu ungewalkten Zeugen (z. B. Kamelot oder Plüsch) verwebt wird. Ferner dient es zu halbseidenen Stoffen als Einschlag.

Chemische Zusammensetzung der Wolle.

Die eigentliche Wollsubstanz besteht aus einem schwefelreichen eiweissähnlichen Körper, dem Keratin (Hornstoff), ist aber in dem Zustande, wie sie von dem Thiere kommt, mit Schweiss, Staub u. s. w. verunreinigt. Unsere Kenntnisse über die Zusammensetzung der Schafwolle sind in neuerer Zeit durch die Arbeiten von Faist, von Reich und Ulbricht, Hartmann, M. Märcker und E. Schulze wesentlich vermehrt worden.

Faist erhielt bei der Untersuchung verschiedener Sorten lufttrockener Merinowolle folgende Resultate:

	1.		2.			
	a.	b.	c.	d.	e.	f.
Mineralbestandtheile	6,3	16,8	0,94	1,3	1,0	1,2
Schweiss und Wollfett	44,3	44,7	21,00	40,0	27,0	16,6
reines Wollhaar	38,0	28,5	72,00	56,0	64,8	77,7
Feuchtigkeit	11,4	7,0	6,06	2,7	7,2	3,5
	100,0	100,0	100,0	100,0	100,0	100,0
Procente reiner lufttrockener Wolle	49,4	35,5	78,06	58,7	72,0	82,2

1. Rohe Schweisswolle (lufttrocken): a) Hohenheimer Wolle mit weniger reichlichem, löslichem Schweisse, b) Hohenheimer Wolle mit reichlichem klebrigem Schweisse. 2) Wolle nach der Pelzwäsche (lufttrocken): c) von Hohenheim, mit reichlichem, klebrigem Schweisse, d) eben daher, mit schwer löslichem Schweisse, e) Wolle aus Ungarn, durch Weichheit ausgezeichnet, f) aus Württemberg, minder weich. M. Elsner von Gronow bestimmte bei Gelegenheit einer (1865) veröffentlichten Untersuchung über das Wollhaar, den Verlust der Wollen bei der Entfettung durch Schwefelkohlenstoff. Der Verlust betrug bei

gewaschenen Merinowollen	15–70	Proc.
ungewaschenen Wollen (*laine en suint*)	50–80	„
langen Kammwollen	18	„

Der sogenannte Wollschweiss ist als ein Gemenge von Secretstoffen mit von aussen und zufällig hinzugekommenen Stoffen zu betrachten. Macerirt man die rohe Wolle einige Zeit lang in warmem Wasser, so bildet sich eine trübe schäumende Flüssigkeit, die theils wirklich aufgelöste, theils nur suspendirte Schweissbestandtheile enthält. Die Trockensubstanz des wässerigen Extractes des Wollschweisses besteht nach Märcker und Schulze (1869) aus

	1.	2.	3.	4.
Organ. Substanz	58,92	61,86	59,12	60,47
Mineralstoffen	41,08	38,14	40,88	39,53

1. und 2. bezieht sich auf Wolle von Landschafen, 3. und 4. von Rambouillet-Vollblut-Schafen. Der aufgelöste Theil enthält das Kalisalz einer Fettsäure (*suintate de potasse*)[140] in solcher Menge, dass in neuerer Zeit darauf eine Methode der Gewinnung von Potasche gegründet worden ist und ausserdem Chlorkalium (die aus 100 Kilogr. roher Wolle zu gewinnende Potasche beträgt 7–9 Kilogr. S. 143). Nach Märcker und Schulze besteht die Wollschweissasche aus

Kaliumcarbonat	86,78
Chlorkalium	6,18

Kaliumsulfat	2,83
Kieselerde, Thonerde, Kalk, Magnesia, Eisenoxyd, Phosphorsäure etc.	4,21
	100,00

Nach P. Havrez (1870) ist es vortheilhafter, wenn man den Wollschweiss gleichzeitig auf Kaliumcarbonat und Blutlaugensalz, als wenn man ihn nur auf Kaliumcarbonat verarbeitet. Wo es die örtlichen Verhältnisse gestatten, wird das Fett des Wollschweisses auf Leuchtgas (sogenanntes Suintergas) verarbeitet.

Technisch wichtige Eigenschaften der Wolle.

Der Werth und die Anwendbarkeit der Wolle sind von einer Anzahl Eigenschaften abhängig, von denen die wichtigsten folgende sind:

Farbe und Glanz. Die meiste Wolle ist von weisser Farbe, nur die von den Haidschnucken und gewisser Landschafe (sowie die Alpaka und das Mohair) sind gefärbt (schwarz, braun, grau). Der Glanz gewisser Wollarten ist für ihre Anwendung zu gewissen Zwecken eine geschätzte Eigenschaft, sie steht nicht im Verhältniss zur Feinheit der Wolle, sondern vielmehr im Zusammenhange mit der Sanftheit (Weichheit, Milde) der Wolle, die man daran erkennt, dass die Wolle beim Angreifen ein Gefühl erweckt, welches jenem ähnlich ist, das man beim Angreifen von Baumwolle oder loser Seide empfindet. Die Kräuselung, eine Eigenthümlichkeit der Wolle des Höhe- und Landschafes, besteht darin, dass das Haar in mehr oder minder kleinen Bögen wellförmig gekrümmt ist. Eine Wolle mit vielen und schmalen Bögen wird klein gekräuselt genannt; eine Wolle mit spärlichen, aber breiten Bögen heisst grob gekräuselt. Ferner macht man einen Unterschied zwischen Wolle mit hohen Bögen (stark gekräuselt) und solcher mit flachen Bögen (schwach gekräuselt). Was die Feinheit der Wolle betrifft, so gilt im Allgemeinen, dass je kleiner der Durchmesser eines Wollhaares, desto feiner dasselbe ist. Ein geringer Durchmesser oder hohe Feinheit wird deshalb für die wichtigste Eigenschaft einer Wolle gehalten, weil eine Wolle, vereinigte sie auch alle anderen guten Eigenschaften in sich, doch nur dann zur Erzeugung eines vollkommenen Fabrikates geeignet erscheint, wenn sie mit diesen Eigenschaften auch Feinheit verbindet. Doch existiren auch Wollen, welche bei geringem Durchmesser der Fäden sehr straffe Substanz besitzen und für Gefühl und Fabrikation als weniger geeignet erscheinen. Das Verhältniss der Durchmesser der Wollfäden zur Feinheit der Wolle ist mithin nicht constant und bleibt nur ein Beihülfskennzeichen. Ueberdies kann man weder mit dem Wollmesser (Eriometer), noch mit dem Mikrometer die Feinheit des Wollhaares ausschliessend bestimmen, sondern nur durch das Auge, das Gefühl und die praktische Erfahrung. Die Eigenschaft der Gleichmässigkeit oder Ausgeglichenheit besteht darin, dass das Wollhaar seiner ganzen Länge nach einen gleichen Durchmesser hat. Die Geschmeidigkeit ist ein höherer Grad von Biegsamkeit; sie besteht in der Fähigkeit der Wollfäden, alle Richtungen leicht anzunehmen. Dehnbarkeit und Elasticität sind gewöhnliche Begleiterinnen der Geschmeidigkeit. Ein Wollhaar kann, nachdem man es derartig ausgestreckt hat, dass die Biegungen nicht mehr sichtbar sind, noch etwas ausgedehnt werden, ohne zu zerreissen. Die Elasticität des Wollhaares giebt sich dadurch zu erkennen, dass dasselbe, wenn es abgerissen wird, an den getrennten Enden mehr oder minder schnell sich zusammenzieht und kräuselt. Die Festigkeit ist diejenige Eigenschaft der Wolle, in deren Folge sie bei starker Ausdehnung nicht zerreisst. Ein einzelnes Wollhaar erfordert zum Zerreissen, je nach dem Grade der Feinheit und Güte ein Gewicht von 2,6 bis 44,0 Grm. Unter der Höhe versteht man die Länge des gekräuselten Haares in seiner natürlichen Lage, unter der Länge das Maass des Haares, wenn es so weit ausgedehnt wird, dass die Kräuselung mit dem Auge nicht mehr wahrgenommen werden kann. Die Länge ist bei der Auswahl der Wolle sehr zu berücksichtigen und bildet einen Hauptgrund zu der Unterscheidung zwischen Streichwolle und Kammwolle. Erstere, die Streichwolle (Kratzwolle), umfasst alle jene Wollen, die zu tuchartig gewalkten Zeugen Anwendung finden. Als Streichwolle dienen alle stark gekräuselten Wollen, deren Haar im ausgestreckten Zustande weniger als 15 Centimeter misst. Die Kammwolle (lange Wolle) ist das Material zu glatten Wollzeugen. Grundeigenschaften der Kammwolle sind eine nicht zu geringe Länge (mindestens 9–12 Centimeter), eine vorzügliche Festigkeit und eine nicht oder nur wenig gekräuselte Gestalt des Haares.

Die Umgestaltung der Wolle zu Waare.

Ehe die Wolle dem Handel überliefert werden kann, muss sie der Producent erst in eine Waare verwandeln. Dies geschieht durch die Wäsche, durch die Schur oder durch das Sortiren.

I. Die Wäsche. In Deutschland geht das Waschen der Wolle auf dem Körper der Schafe, ehe sie geschoren werden, vor sich. Zum Unterschiede von der später zu beschreibenden Fabrikwäsche, nennt man diese erste Wäsche Rücken- oder Pelzwäsche. Der Zweck derselben ist, die Wolle von allen Unreinigkeiten und von einem Theil des Fettes zu befreien. Dieser Zweck muss aber erreicht werden, ohne dass dabei die Wolle Schaden leidet oder zu sehr entfettet wird. Durch die Pelzwäsche mit kaltem Wasser verliert die Wolle 20–70 Proc. an Gewicht.

II. Die Schur. Nachdem die Schafe völlig trocken sind, werden sie geschoren, wobei mit einer eigenthümlichen Schere (Schafschere) die Wolle glatt an der Haut abgeschnitten wird. Die Gesammtheit der auf dem Körper eines Schafes befindlichen Wolle wird Vliess genannt. In der Regel findet die Schafschur nur ein Mal im Jahre und zwar zu Pfingsten statt (einschürige Wolle), bei langwolligen Schafen ist dagegen zweimaliges Scheren gebräuchlich (zweischürige Wolle), nämlich Ende September (Sommerwolle) und Ende März (Winterwolle). Die Wolle von noch einjährigen Schafen, die Lammwolle, ist durch Feinheit und seidenartige Beschaffenheit ausgezeichnet. Ausser der gewöhnlichen Schurwolle kommt auch Wolle aus den Gerbereien als Gerber- oder Raufwolle in den Handel, die in der Regel kürzer ist als die gewöhnliche Wolle. Die von kranken oder gefallenen Thieren herrührende Wolle, die sogenannte Sterblingswolle, hat wenig Festigkeit und Elasticität und ist daher von sehr untergeordnetem Werthe.

III. Das Sortiren der Wolle. Schon die verschiedenen Körpertheile des Schafes geben Wollarten von verschiedener Güte; zu den *edlen Theilen*, welche die vorzüglichste Wolle liefern, gehören die beiden Schulterblätter, die Seiten und Weichen (die Wolle von den Rippen und der Flanke), die Seitenfläche der Hinterschenkel (Hose oder Keule), zu den *unedlen Theilen* rechnet man den Nacken, den Widerrist (die vorspringende Stelle zwischen Nacken und Hals), das Kreuz und den Rücken; noch geringer ist die Wolle von der Kehle, der Brust und den Füssen, vom Bauche und von der Stirne, die geringste ist die vom Wolfsbiss, d. h. vom hinteren Theile der Hinterschenkel. Die Abtheilungen der einzelnen Vliesstheile nach ihrer Uebereinstimmung in allen Eigenschaften und nach den Abstufungen in denselben heissen Sorten. Ehemals machte man nur vier solcher Sorten: Prima, Secunda, Tertia und Quarta; bei den Fortschritten in der Produktion edler Wolle fand man es aber für nothwendig, aus dem durch noch höhere Vollkommenheit sich auszeichnenden Theile der Vliesse besondere Sorten zu bilden, welche man Super-Elekta und Elekta nannte. Andererseits wurden auch für die gröberen Wollen noch zwei niedrigere Sorten, Quinta und Sexta angenommen. Die Grundlage der Sorten bildet nun zwar grösstentheils der Feinheitsgrad, aber stets unter der Voraussetzung, dass derselbe mit gewissen anderen Eigenschaften, wie Länge u. dergl. verbunden sei. Die Wolle, so wie sie im Handel vorkommt, enthält stets grössere Mengen von hygroskopischem Wasser, dessen Quantum blos nach der äusseren Beschaffenheit der Wolle nicht abgeschätzt werden kann. Der gewöhnliche Wassergehalt der käuflichen Wolle ist im Durchschnitt 14–16 Proc. Selbst in trockner Luft längere Zeit aufbewahrte Wolle enthält immer noch (je nach dem Grade ihrer Reinheit) 7–10 Proc. Wasser.

Spinnerei der Streichwolle.

Die Verarbeitung der Wolle durch Spinnen zu Garn (Streichgarn oder Kammgarn) und durch Verweben des Garnes zu Tuchen oder Zeug begründet zwei Industriezweige, die durch Auswahl und Behandlung der sortirten Wolle wesentlich von einander verschieden sind, nämlich: 1) die Verarbeitung der Streichwolle oder die Fabrikation gewalkter oder rauher, überhaupt tuchartiger Wollstoffe, wozu man die Wolle durch Kratzen oder Streichen vorbereitet; 2) die Verarbeitung der Kammwolle oder die Fabrikation glatter Wollstoffe, wozu die Wolle durch Kämmen vorbereitet wird. Die Streichwollverarbeitung tritt in der vollendeten Entwickelung in der Fabrikation des Tuches auf, die Kammwollverarbeitung in der des Thibets, welcher überhaupt als Repräsentant eines nicht gewalkten, glatten Wollstoffes zu betrachten ist. Zunächst haben wir es hier nur mit der Verarbeitung der Streichwolle zu Streichgarn zu thun, wobei folgende acht Operationen zu unterscheiden sind:

1) Die Wäsche der Wolle oder die Fabrikwäsche. Die sortirte Wolle, so wie sie im Handel vorkommt, enthält immer noch eine gute Portion Schweiss, wovon sie vollständig befreit werden muss. Sie wird daher zum zweiten Male gewaschen, um sie zu entschweissen oder entfetten, was des Ziel der Fabrikwäsche ist. Das Entfetten kann nur mit Hülfe alkalischer Flüssigkeiten geschehen, die aber so schwach alkalisch sein müssen, dass die Wollfaser selbst dadurch nicht angegriffen wird. Die alkalischen Flüssigkeiten sind Gemenge von Flusswasser und gefaultem Menschenharne, oder auch eine Lösung von weisser Seife in Flusswasser, oder endlich eine schwache Sodalösung. Die entschweisste Wolle wird unverzüglich mit reichlichem reinem Wasser gespült oder gewaschen, bis das Waschwasser klar von der Wolle abläuft. Nach dem Waschen muss die Wolle ausgewunden und dann an einem schattigen Orte getrocknet werden, weil sie an der Sonne leicht gelb wird. 100 Th. käufliche Wolle, welche schon vor der Schur mit Wasser gewaschen worden ist, verlieren durch die Fabrikwäsche 17–40 Th., und hinterlassen demnach 60–83 Th. reine trockne Wolle.

2) Das Färben der Wolle. Die gewaschene und entfettete Wolle wird in gewissen Fällen, wenn sogenannte wollfarbige Tuche erzeugt werden sollen, vor dem Verspinnen gefärbt, und alsdann ist das Färben diejenige Operation, die unmittelbar auf das Waschen der Wolle folgt. Das Färben in der Wolle eignet sich nur für sehr haltbare Farben, weil andere Farben durch die Walke, wobei Seife und gefaulter Harn zur Anwendung kommen, zerstört werden würden. Durch das Färben der Wolle entsteht eine Gewichtszunahme, die manchmal weniger als 1 Proc., öfters dagegen bis zu 12 Proc. beträgt.

3) Das Wolfen. Die gewaschene Wolle verlangt als erste Stufe der nun eintretenden Bearbeitung eine Auflockerung, wodurch man beabsichtigt, die dichteren Flocken in gewissem Grade zu zertheilen, und zugleich die noch vorhandenen mechanisch anhängenden Unreinigkeiten zu beseitigen. Diese Auflockerung wird mit Hülfe des Wolfes bewerkstelligt, der mit dem gleichnamigen, für die Auflockerung der Baumwolle angewendeten grosse Aehnlichkeit hat.

4) Das Einfetten. Bei der grossen Neigung der Wolle, sich zu filzen, würden die Wollfasern in der zum weiteren Entwirren bestimmten Maschine, der Krempel, leicht reissen, wenn man den Fasern nicht durch gewisse Zusätze Geschmeidigkeit und Schlüpfrigkeit ertheilte. In der Regel ist das hierzu angewendete Mittel Oel und zwar für feine Wolle Baumöl und Arachisöl, für rohe und grobe Wolle Rüböl und Thran. Die bei der Fabrikation von Stearinkerzen als Nebenprodukt abfallende Oelsäure ist zum Einfetten sehr gut statt des Baumöles anzuwenden, wenn sie frei ist von Schwefelsäure (welche Kratzenbeschläge angreifen würde) und Stearinsäure (die durch ihre dickliche Beschaffenheit die Vertheilung der Oelsäure auf der Wolle erschwert). Für 100 Kilogr. Wolle zu Kettgarn werden 10–12 Kilogr. Oel, für 100 Kilogr. Einschussgarn 12–15 Kilogr. Oel gerechnet.

5) Das Streichen (Krempeln oder Kratzen) hat denselben Zweck wie das Krempeln der Baumwolle. Auch sind die Wollkratzmaschinen den Baumwollkrempeln sehr ahnlich. Das Kratzen der Wolle geschieht stets wenigstens zwei Mal nach einander, auf etwas von einander abweichenden Maschinen ausgeführt. Das erste Kratzen wird Schruppeln oder Pelzen genannt und auf der Pelzkarde (Schruppelmaschine) ausgeführt. Hier wird durch die Zusammenwirkung der mit Kratzleder begleiteten Walzen die Wolle noch weiter aufgelockert und als ein lose zusammenhängendes Vliess wieder abgenommen, welches sich dann in mehreren übereinander liegenden Schichten auf einer grossen Trommel zu einem sogenannten Pelze aufwindet. Das zweite Kratzen geschieht auf der sogenannten Lockenmaschine, die sich von der Pelzkarde dadurch unterscheidet, dass sie die bearbeitete Wolle nicht in Gestalt eines Vliesses abliefert, sondern dieselbe mit Hülfe eines besonderen Apparates, der Lockenwalze nebst Zubehör, in runde fingerdicke Locken verwandelt, deren Länge etwa 1 Meter beträgt. Diese Locken werden dann auf der Vorspinnmaschine aneinander gestückelt und zu Vorgespinnst weiter verarbeitet. In neuerer Zeit ist ein verbesserter Apparat allgemein eingeführt worden, der die Lockenmaschine entbehrlich macht. Es ist nämlich an der letzten Kratzmaschine eine Vorrichtung angebracht, welche anstatt der Locken sogleich Vorgespinnst liefert, wodurch mithin das Vorspinnen als besondere Operation wegfällt. Maschinen dieser Art heissen Vorspinnkarden.

6) Das Vorspinnen. Dort, wo die Vorspinnkarden noch nicht eingeführt sind und man noch nach älterem Verfahren die Wolle auf der oben erwähnten Lockenmaschine in Locken verwandeln lässt, müssen diese Locken in einer selbständigen Operation auf der Vorspinnmaschine, jedenfalls mit grösserem Aufwande von

Zeit und Arbeitskraft in Vorgespinnst (Vorgarn) übergeführt werden. Die bei der Streichwollverarbeitung gebräuchlichen Vorspinnmaschinen kommen in zweierlei Art vor. Beide haben Aehnlichkeit mit der Mulemaschine, insofern die Spindeln sich auf einem Wagen befinden, welcher von dem feststehenden Theile der Maschine weggeführt, darauf wieder eingefahren wird und so fort. Allein das die Ausziehung der Fäden vollführende Streckwerk fehlt, das durch einen sehr einfachen Mechanismus ersetzt ist, indessen zur Herstellung des groben Vorgespinnstes vollständig hinreicht. Entweder lässt man nun alle Bewegungen der Maschine durch die Hand des Vorspinners hervorbringen, oder man construirt die Maschine so, dass, wie bei dem Halbselfactor das Ausfahren des Wagens mit dem Ausziehen und Drehen der Fäden durch Dampf- oder Wasserkraft, und nur das Einfahren, wobei das Aufwickeln des Gespinnstes auf die Spindeln stattfindet, durch die Hand besorgt wird.

7) Das Feinspinnen. Die Ueberführung des Vorgespinnstes, möge dasselbe von der Vorspinnkarde oder von der Vorspinnmaschine geliefert worden sein, in Garn geschieht durch die Operation des Feinspinnens auf der Feinspinnmaschine; sie ist nach der Art der Mulemaschine gebaut, nur fällt das mehrcylindrige Streckwerk weg, das durch ein einziges Cylinderpaar, die Lieferungscylinder, ersetzt ist. In Folge dieser Veränderung wird auch die Arbeitsweise der Spinnmaschine eine andere als bei der Baumwolle, indem die Verfeinerung des Vorgespinnstes nicht mehr durch Cylinderverzug, sondern hauptsächlich durch Nachzug, zum kleineren Theile auch durch Wagenzug bewirkt werden muss. Die Feinspinnmaschine unterscheidet sich nur in wenigen Punkten von der Vorspinnmaschine. Die Drehung der Spindeln beim Feinspinnen ist jener beim Vorspinnen entgegengesetzt, das Vorgarn dreht daher zuerst sich auf und nimmt dann die verkehrte neue Drehung an. Dadurch wird die Streckung des Fadens beim Feinspinnen wesentlich befördert. Spinnt man Schussgarn, so hört mit eintretendem Stillstande des Wagens am Ende des Auszuges die Umdrehung der Spindeln sofort auf und es wird eingefahren. Wird dagegen das drallere Kettengarn gesponnen, so drehen sich die Spindeln noch einige Sekunden um, wenn auch der Wagen bereits stillsteht; dadurch erhält der Faden einen Zusatz von Drehung.

8) Das Haspeln des Wollgarnes geschieht in ähnlicher Weise wie das des Baumwollgarnes. Die Länge und Eintheilung der Strähne oder Stücke ist in den verschiedenen Ländern, ja oft in verschiedenen Spinnereien der nämlichen Gegend nicht gleich, indem nicht nur die Länge des einzelnen Haspelfadens (der Weifenumfang), sondern auch die Zahl der Fäden in einem Gebinde (Litze, Klapp) und der Gebinde im Strähn (Stück, Strang) abweicht. Die Feinheit des Wollgarnes bestimmt man durch Angabe der Anzahl Strähne, welche auf ein bestimmtes Gewicht (Zollpfund à 500 Grm. oder Kilogr.) gehen. Am zweckmässigsten und verständlichsten drückt man die Feinheit (wie in Belgien und zuweilen auch in Frankreich) durch die Anzahl Meter der Fadenlänge aus, welche 1 Kilogr. wiegt.

Kunstwolle.

Die Kunstwolle oder Lumpenwolle ist derjenige Wollspinnstoff, der durch Zerreissen und Zerkratzen von Wolllumpen gewonnen und in sehr bedeutender Quantität statt und neben neuer Schafwolle zu Garn und Geweben verarbeitet wird. Man unterscheidet zwei Arten von Kunstwolle, nämlich die sogenannte Mungo, eine kurzhaarige Sorte, die aus den Lumpen von gewalkten Wollstoffen gewonnen wird, und die Shoddy von längerem Stapel und von gestrickten Lumpen (Strumpfzeugen) herrührend. Ein wesentlicher Umstand bei der Fabrikation der Kunstwolle ist ein sorgfältiges Sortiren, welches in das Vorlesen, das Schneiden und das Sortiren im engeren Sinne zerfällt. Beim Vorlesen werden die nichtwollenen Bestandtheile ausgeschieden und die zurückbleibenden Wolllumpen durch eine Putzmaschine von Staub und anderen Unreinigkeiten befreit. Die gereinigten Lumpen werden nach den Hauptfarben zusammengeworfen und in kleine Stücke zerschnitten. Bei diesem Zerschneiden werden die Nähte sorgfältig herausgetrennt und zugleich alle baumwollenen, leinenen und seidenen Stoffe (vom Unterfutter, Taschen u. dergl. herrührend) beseitigt. Nächstdem werden die Lumpen nochmals in die Putztrommel gebracht und darauf nochmals sortirt. Das Ergebniss beim Sortiren ist ausserordentlich verschieden, je nach der Gegend und der Tracht des Landes, wo die Lumpen gesammelt wurden. Erfahrungsgemäss geben 100 Kilogr. Tuchlumpen, etwa 30 Kilogr. an Leder, Knochen u. s. w. Die übrig bleibenden 70 Kilogr. roher Tuchlumpen liefern schliesslich 50 Proc. fertiger Mungo, nachdem sie 4–10 Proc. Baumöl vor ihrer Zerfaserung auf den Maschinen erhalten haben. 100 Kilogr. roher Strumpflumpen ergeben dagegen im Durchschnitt 40–50 Kilogr. fertig sortirte, maschinenfertige Lumpen. Die Herstellung der Kunstwolle aus den maschinenfertigen Lumpen geschieht mit Hülfe eines Wolfes (Lumpenwolf), einer mittelst spitziger Stahlzähne und sehr schneller Bewegung wirkenden Maschine, in welcher die Lumpen zerrissen und in eine Menge loser Wollfasern verwandelt werden. Die Mungowolle wird von dem Lumpenwolf weg in Ballen gepackt und versendet, wogegen die Shoddywolle noch einer weiteren Behandlung auf einer gewöhnlichen Vorkratze oder Reisskrempel unterliegt, wobei sie 4–10 Proc. Baumöl erhält.

Tuchweberei.

Das Tuch gehört zu den glatten Geweben, bei welchen die Einschlagfäden alternirend über und unter jedem folgenden Kettenfaden durchzogen werden. Die charakteristische filzartige Decke, welche die Einschlag- und Kettenfäden verdeckt, erhält das Tuch erst durch die spätere Operation des Walkens. Was das Weben selbst anlangt, so stimmt die Tuchweberei gänzlich mit der Verfertigung der glatten leinwandähnlichen Stoffe überein. Gewöhnlich sind Kette und Schuss in einem Stücke Tuch von gleicher Feinheit; wenn dies nicht der Fall ist, so ist in der Regel seltener der Schuss als die Kette etwas feiner. Zu den Salleisten verwendet man stets gröbere Kettenfäden und von ordinärer Wolle.

Waschen und Walken des Lodens.

In dem Zustande, in welchem das Streichwollgewebe vom Tuchmacherstuhle kommt, gleicht es nicht im Entferntesten demjenigen Fabrikate, das unter der Benennung Tuch im Handel sich findet. Das Gewebe, so wie es der Tuchmacher abliefert, ähnelt nämlich eher einem groben Leinengewebe, da Ketten- und Eintragfäden überall bloss und sichtbar liegen und die dem fertigen Tuche eigenthümliche Filzdecke, welche den Faden verdeckt, noch nicht vorhanden ist. Letztere Decke wird erst durch das Walken erzeugt. In Folge der grossen Verschiedenheit beider Zustände sind auch verschiedene Namen dafür üblich; das Tuchgewebe vor dem Walken heisst Loden, während nach dem Walken der Loden erst die Benennung Tuch erhält. Dem Walken geht voraus das Noppen und das Waschen des Lodens. Ersteres hat den Zweck, aus dem Loden Knoten, Enden, fremde Körper wie Holz und Strohtheilchen, mit Hülfe einer kleinen Stahlzange zu entfernen. Durch das Waschen sollen Oel (von dem Einfetten), Leim (von der Schlichte) und Unreinigkeiten aus dem Loden entfernt werden. Als Reinigungsmittel wendet man an Schmierseife, Soda- und Potaschelösung, die man mit Wasser in einen Trog bringt, in welchem der Loden warm und zwar in der Regel mit einer Waschmaschine behandelt wird. Der Zweck des Walkens ist neben der eigentlichen Reinigung (wenn kein Auswaschen des Lodens vorher stattgefunden hat) oder auch des nur fortgesetzten Reinigens, wesentlich die Hervorbringung einer Verfilzung, durch welche die Fäden der Kette und des Einschlages verdeckt werden und das Gewebe die Beschaffenheit eines gleichförmigen, kurzhaarigen Pelzes annimmt. Die Verfilzung erstreckt sich keineswegs nur auf die Wollhärchen auf beiden Oberflächen des Tuches, sondern sie geht auch in das Innere dergestalt, dass die Ketten- und Einschussfäden kaum noch von einander getrennt werden können, ohne zu zerreissen. Die Bedingungen, unter denen das Walken stattfinden kann, sind Feuchtigkeit, erhöhte Temperatur und eine mechanische Behandlung, die knetend wirkt, so dass die einzelnen Garnfäden und Wollfasern, aus denen die Garnfäden gebildet sind, gegen einander gedrückt und geschoben werden. Da während des Walkens das Gewebe zugleich entfettet werden soll, so muss das Wasser, das zum Walken dient, alkalisch gemacht werden. Diess geschieht fast allgemein durch gefaulten Harn, dessen Wirkung man entweder durch Seife (häufig Schmierseife) oder durch Walkerde (vergl. Seite 342) unterstützt. Die Walkerde wird mit Harn angerührt, die Seife wird darin aufgelöst. Für ordinäre Tuche nimmt man Schmierseife, für feinere Palmöl-, ja selbst Olivenseife. Das Walken geschieht mittelst der Walkmühlen. Bis auf die neuere Zeit behielt man das Princip bei, die Walkmühle durch den von schweren hölzernen Hämmern (daher der Name Hammerwalke) auf das in einem Troge befindliche Tuch ausgeübten Schlag wirken zu lassen. Gegenwärtig wendet man allgemein die Walzenwalken an, welche fast nur durch Druck oder wenigstens nur mit sehr schwachem Stoss wirken.

Rauhen und Scheren des Tuches.

Um der durch das Walken erzeugten Filzdecke ein schöneres Ansehen zu geben, wird das Tuch gerauhet und dann geschoren, d. h. man zieht die Wollhärchen in reichlicher Anzahl heraus und schneidet sie dann regelmässig zu einer dem Zweck entsprechenden Kürze ab. 1) Das Rauhen bezweckt, die während des Walkens des Tuches verwirrten und verfilzten Fasern auf der Oberfläche aufzulockern, emporzuheben, nach einer Richtung niederzustreichen (in den Strich zu legen) und dadurch zum Abscheren vorzubereiten. Man bedient sich hierzu der Weberkarden (Weberdisteln von *Dipsacus fullonum*), die vermittelst ihrer zurückgebogenen, in Dornen auslaufenden Kelchschuppen wirken. 2) Das Scheren des Tuches, welches unmittelbar auf das Rauhen folgt und den Zweck hat, die durch das Rauhen aus der Filzdecke hervorgezogenen Wollhärchen, nachdem diese mit Hülfe einer Handbürste oder einer Bürstmaschine gegen den Strich aufgebürstet sind, zu gleicher Kürze abzuschneiden, wodurch erst das Tuch die glatte und schöne Oberfläche erlangt, die man an ihm zu sehen gewohnt ist. Das Scheren geschieht entweder mittelst Hand- oder Maschinenarbeit. Das Handscheren ist eine langwierige, mühsame und ziemlich schwierige Arbeit. Das Tuch wird streckenweise an den Salleisten über einen gepolsterten Tisch gespannt und dann dieser 18–24 Centimeter breite Theil der Breite nach mehrere Male nach einander abgeschoren. Die gegenwärtig allgemein eingeführten Schermaschinen sind die Cylinderschermaschinen, bei welchen mehrere Stahlblätter schraubenartig um einen eisernen Cylinder gewunden sind, dem man eine ununterbrochene rotirende Bewegung und zwar ununterbrochen in derselben Richtung giebt. Man unterscheidet Transversal-, Longitudinal- und Diagonalcylindermaschinen: α) Bei der Transversalschermaschine liegt der Cylinder nach der Länge des Tuches, und schreitet während seiner Drehung zugleich von der einen Kante des Stückes nach der anderen fort, wenn man nicht, was jedoch seltener der Fall ist, vorzieht, das Tuch sich nach seiner Breitenrichtung unter dem Cylinder fortbewegen zu lassen. β) Bei den Longitudinalschermaschinen bleibt der umlaufende Cylinder, welcher quer über die ganze Breite des Tuches von einer Leiste bis zur anderen sich erstreckt, stets an seinem Platze liegen und das Tuch geht mit ziemlich grosser Geschwindigkeit unter ihm, seiner Längenrichtung nach fort. γ) Zwischen den beiden vorstehenden Arten der Cylinderschermaschinen steht die Diagonalcylindermaschine, wobei mehrere Schercylinder schräg (in diagonaler Richtung) über die Tuchfläche angebracht sind, wodurch die bessere Arbeitsleistung der Transversalmaschine mit der Schnelligkeit der Longitudinalmaschine vereinigt werden soll. Die abgeschorene Wolle oder Scherwolle dient zum Auspolstern, oder auch in Tapetenfabriken zum Veloutiren.

Ausrüsten des Tuches.

Ehe das Tuch fertige Waare ist, muss es noch durch drei Operationen, nämlich durch das Decatiren, das Bürsten und das Pressen, vollends ausgerüstet werden. 1) Das Decatiren wurde früher nur angewendet, um das Tuch, welches in den Fabriken durch warmes Pressen mit schönem, aber nicht dauerhaftem Glanze versehen worden war, bevor es von dem Schneider verarbeitet wurde, von diesem künstlichen Glanze zu befreien und ihm einen dauerhafteren, wenngleich minder in die Augen springenden zu ertheilen. Gegenwärtig wird das Decatiren meist in den Fabriken selbst vorgenommen. Zu diesem Zwecke wickelt man das Tuch, möglichst straff ausgespannt, auf eine hohle, an den Enden offene, im Mantel mit vielen feinen Löchern versehene, kupferne Walze, und unterwirft es so in einem dicht verschlossenen Kasten der Einwirkung von heissen Wasserdämpfen. Hierdurch erhält das Tuch einen dauerhaften Glanz und die Eigenschaft, sich nicht mehr rauh zu tragen. 2) Das Bürsten, früher nur angewandt, um das Haar nach dem Scheren wieder im Striche niederzulegen, findet jetzt weit ausgedehntere Anwendung. Gegenwärtig wird das Tuch nicht nur nach vollendetem Scheren gebürstet, sondern auch schon früher zwischen dem Scheren und sogar von Anfang desselben unmittelbar nach dem Rauhen. Die Bürstmaschinen, auf welchen das Tuch anhaltend gebürstet wird, enthalten durchgängig als Hauptbestandtheil einen ringsum mit steifen Bürsten von Schweinsborsten besetzten, in schnelle Umdrehung versetzten Cylinder, zuweilen auch zwei dergleichen, über welche das Tuch langsam hingeführt wird. Das Tuch ist hierbei entweder trocken oder nass, sei es durch vorläufiges Einweichen in Wasser oder durch Daraufleiten eines Wasserstrahles in der Bürstmaschine selbst, oder mit Wasserdampf imprägnirt, mithin zugleich feucht und erwärmt. 3) Das Pressen ist die letzte Zurichtung des Tuches, nach welcher dasselbe als fertige Waare in den Handel gebracht wird. Es soll dem Tuche Glanz und Schönheit ertheilen. Beim Pressen faltet man das Tuch in der Art zusammen, wie man es in den Handel bringt, und legt zwischen die einzelnen Lagen desselben Bogen von Glanzpappe (Pressspäne); feinere rechts, gröbere auf der linken Seite des Tuches. Man bringt 6–12 Stücke Tuch zugleich in die Presse. Zwischen jedes Stück kommt ein gewöhnlicher Pappbogen, sodann ein Brett, und zwischen je zwei Bretter eine erhitzte eiserne Platte.

Arten der tuchartigen Wollzeuge.

Ausser den eigentlichen gewalkten und geschorenen Tuchen fabricirt man noch eine grosse Anzahl tuchartiger Wollzeuge, von denen als die hauptsächlichsten die folgenden zu nennen sind: Flanell ist glatt oder geköpert, nur wenig gewalkt, auf der rechten Seite ein Mal gerauht und entweder nicht oder nur ein Mal geschoren. Die Kette besteht oft aus Kammgarn, mitunter auch aus Baumwollgarn oder Florettseide, der Einschuss aber stets aus Streichwollgarn. Der Swanskin (Schwanenhaut) ist ein feiner und geköperter Flanell. Letzterem sehr ähnlich ist der Boi oder Boy. Kasimir ist ein feines und geköpertes Tuch, das nur ein Mal gerauhet, aber eben so oft geschoren ist als feines Tuch; das Haar ist kurz, deckt die Gewebfäden wenig und lässt den Köper durchblicken. Man fabricirt auch Kasimir mit Kette aus Kamm- oder auch Baumwollgarn. Fries, Flaus, Coating ist gröber, dicker und langhaariger als Tuch, stark gewalkt und wenig gerauhet und noch weniger geschoren. Die Ausrüstung nach dem Scheren besteht in Bürsten oder heissem Pressen. Zuletzt wird der Stoff mit Tragantwasser überstrichen, geplättet, mit Baumöl befeuchtet und endlich wieder geplättet. Eine feinere und nicht geköperte Art Fries heisst Damenfries oder Lady-Coating, schwerere und kurzgeschorene Sorten werden Castories genannt. Die durch dickeres Gespinnst, festere Walke und ein wenig kürzer geschorenes Haar ausgezeichneten Friessorten werden als Sibirienne, Kalmouck (auch Biber) und Düffel unterschieden. Der Buckskin ist geköperter, ungerauheter, aber auf der rechten Seite glatt geschorener Beinkleiderstoff. Leichtere Sorten davon werden Doeskin genannt. Kirsei ist ein grobes, nicht appretirtes (mithin weder gerauhetes noch geschorenes) Zeug zu Mänteln für Militär, die Marine, Eisenbahnbedienstete und dergl. Hierher gehören auch die Kotzen zu Fussdecken, Pferdedecken und dergl., der Papiermacherfilz, ein grober, geköperter, locker gewebter, wenig gewalkter, nicht gerauheter und nicht geschorener Stoff, welcher in der Papierfabrikation als Zwischenlage der geschöpften Papierbogen dient und da er die Feuchtigkeit absorbiren soll, eine schwammige Beschaffenheit zeigt. Das Filztuch, ein Tuch durch blosse Filzung von Wolle, ohne alles Spinnen und Weben verfertigt, das vor etwa 20 Jahren grosses Aufsehen machte, ist jetzt bereits so gut wie verschwunden. Die zum Verfilzen bestimmte Schafwolle wird, wie bei der Verfertigung gewebten Tuches, zuerst entfettet, gereinigt und gewolft, sodann auf die Pelzkarde in eine regelmässige, dicke, wattenähnliche Schicht verwandelt und dann gefilzt.

Kammwolle.

Die Verarbeitung der Kammwolle. Wie Seite 581 erörtert wurde, ist die Kammwolle oder lange Wolle das Material zur Herstellung des Kammgarn; letzteres zeigt einen schlichten glatten Faden, dessen lange Fasern möglichst parallel neben einander liegen und dient zur Fabrikation der glatten Wollstoffe, wie Thibet, Merino, Lasting, Orleans. Man unterscheidet eigentliches Kammgarn und Halbkammgarn (Sayettengarn), welches letztere den Uebergang von Kammgarn zum Streichgarn ausmacht und durch diejenigen Garne gebildet wird, die zum Sticken, Stricken, in der Strumpfwirkerei, zur Teppichfabrikation, zu Posamentirarbeiten u. s. w. Anwendung finden. Obgleich das Halbkammgarn immer aus langer Wolle gesponnen wird, so wird doch diese Wolle nicht gekämmt, sondern gekrempelt, das von der Karde abgezogene Band wird dann wie ein gekämmter Zug auf den Kammgarnmaschinen zu Garn verarbeitet. Das Kammgarn besteht entweder nur aus Schafwolle oder aus Mohair und Alpaka oder aus Gemischen von Wolle und Baumwolle, Wolle und Seide. Letztere Garne führen den Namen Phantasiegarne.

Die Fabrikation der glatten Wollzeuge (Kammwollzeuge) fällt so ziemlich mit der Fabrikation der Leinwand zusammen, was das Spulen und Schweifen, Aufbäumen und den Webstuhl anlangt. Einige Kammwollzeuge sind fertig, so wie sie vom Webstuhl kommen, andere bedürfen einer Appretur, die sich jedoch ganz nach der Art des Zeuges, dem Geschmack der Consumenten u. s. w. richtet. Von der überaus grossen Anzahl glatter Wollzeuge sind als die hauptsächlichsten die folgenden zu nennen.

A. *Glatte Stoffe.* Der Perkan wurde vormals nur aus Kamelhaaren gefertigt, jetzt stellt man ihn aus Kammgarn dar, wenn er durch Mangen gewässert worden ist, heisst er Moor. Der Orleans besteht aus gezwirnter Baumwollgarnkette und einfachem Kammgarneintrag. Der vom Webstuhl kommende Stoff wird gesengt, gewaschen, gefärbt, geschoren und zuletzt warm gepresst. Der Bombasin mit Kette und Schuss aus Kammgarn, wird behufs des Ausrüstens geschoren, gesengt und gepresst. Der Kamlot, früher aus Kamelgarn gefertigt, besteht aus Kammgarnschuss und Kette. Der Kripon ist aus stark gedrehtem Kammgarne zur Kette und loserem zum Einschuss gewebt. So wie er vom Webstuhl kommt, wird er schwarz oder grau gefärbt, dann auf eine Walze geschlagen und in Wasser gekocht, um ihn kraus zu machen. Das Mühlbeuteltuch aus stark gedrehtem Kammgarne gewebt, wird zu Mehlbeuteln und Beutelmaschinen angewendet. Zu den glatten Kammwollzeugen gehören ferner der Wollstramin, der Wollmusselin und der Chaly (Wollmusselin, jedoch mit seidener Kette). Hierher gehören auch die sogenannten Bradforder Artikel (gemischte Stoffe aus Alpaka, Mohair, Baumwolle, Seide, so z. B. ein Alpakagewebe mit Seidenkette unter dem Namen Lavella).

B. *Geköperte Stoffe.* Der Merinos mit drei- oder vierfädigem Köper, ist beidrecht, wird gesengt und geschoren und durch Mangen oder heisses Pressen mit Glanz appretirt. Nicht glänzend appretirter und weicherer Merino heisst Thibet. Andere Köpersorten mit 3, 4 oder 5 Schäften bilden die Sergen. Atlasähnliche Gewebe sind der Kalmang (Kalomang oder Kalmink) und der Lasting (zu Cravatten, Damenschuhen, Möbelüberzügen). Das Oelpresstuch für die Presssäcke der Oelmühlen ist ebenfalls ein geköperter Stoff von Kammgarn aus besonders starker und zäher Wolle.

C. *Gemusterte oder façonnirte Stoffe* treten hauptsächlich als Westen- und Hosenstoffe, ferner als Schuhstramin (Schukord), als Woll- oder Möbeldamast auf. Auch die Shawls und Umschlagetücher sind hierher zu rechnen, deren Grundgewebe entweder gänzlich aus Kammgarn (bei den Kaschmir-Ternauxshawls aus Kaschmirwolle) oder aus florettseidener, in geringeren Quantitäten Baumwollkette und Kammgarnschuss besteht. Die wollenen Shawls, sogenannte Plaids, Tartans, Kabyles, liefern besonders England und der Zollverein.

D. *Sammetartige Stoffe.* Der Wollsammet, der Wollplüsch, der Velpel. Von dem Sammet unterscheidet sich der Plüsch und der Velpel nur durch die Länge der Haare, welche beim Plüsch grösser als beim Sammet und beim Velpel am grössten ist. Die sammetartigen Wollstoffe werden als Möbel-, Futter-, Vorhang-, Kragen-, Mützenstoffe u. s. w. angewandt. Sie werden mehr oder minder dicht gewebt, mit längerem oder kürzerem Flor versehen, kommen geschnitten und ungeschnitten vor und erhalten die Specialbenennungen: Astrakan, Krimmer, Biber, Castorin, Utrechter Sammet u. s. w.

Die Seide und ihre Verarbeitung.

Allgemeines.

Die Seide unterscheidet sich dadurch wesentlich von der Baumwolle, dem Flachse und Hanfe und der Wolle, dass die Natur sie bereits in Form eines langen und feinen Fadens liefert, sodass bei ihrer Verarbeitung die Arbeit des Spinnens, die aus den übrigen kurzhaarigen Webmaterialien erst den Faden bereitet, überflüssig wird. An die Stelle des Spinnprocesses tritt das Filiren oder Mouliniren der Seide, wobei mehrere natürliche Fäden neben einander gelegt und vereinigt werden, um einen dichteren und stärkeren Faden zu erhalten.

Die Seide stammt von dem Seidenspinner oder Maulbeerspinner (*Bombyx mori*) her, welcher gleich den verwandten Arten einer vierfachen Verwandlung unterworfen ist. Aus dem durch die Frühjahrswärme gereiften Ei (Samen, Grains) bildet sich eine Raupe, die Seidenraupe (Seidenwurm), die je nach der Art des Seidenspinners bei fortschreitendem Wachsen drei- bis viermal sich häutet und sich dann zur Verpuppung einspinnt. Zu dem Ende giebt die Raupe durch zwei schlauchförmige Drüsen (Spinndrüsen) ihres Kopfes eine zähe klebrige Flüssigkeit als zwei besondere Fäden von sich, welche im Augenblicke des Hervortretens zu einem flachen Doppelfaden sich vereinigen, der im ununterbrochenen Zusammenhange fortlaufend den Cocon bildet, welcher der darin verborgenen Puppe zum Schutze gegen Temperatureinflüsse und Nachstellungen dient. Die beiden den Cocon bildenden Fäden sind zu einem Doppelfaden durch eine Art glänzenden Kittes, Seifenleim oder Sericin genannt, verbunden, der zu gleicher Zeit ihre ganze Oberfläche einhüllt und gegen 35 Proc. vom Gewicht des Ganzen ausmacht. Nach 15–21 Tagen ist aus der im Cocon befindlichen Puppe ein Schmetterling geworden, der, um sich einen Ausweg aus dem Cocon zu verschaffen, aus seinem Munde einen eigenthümlichen Saft absondert und dadurch eine Stelle des Cocons erweicht und diese durchbricht. Behufs der Seidengewinnung wird jedoch dieser Zeitpunkt nicht abgewartet, sondern der Schmetterling oder vielmehr die Puppe noch in dem Cocon getödtet, mit alleiniger Ausnahme der zur Fortzucht bestimmten Cocons. Der Cocon ist das Material der Seidengewinnung, indem der aufgewickelte Faden sorgfältigst wieder abgewickelt wird.

Arten des Seidenspinners. Die Hauptvarietät desjenigen Schmetterlinges, der die Seide producirt, ist, wie oben erwähnt, *Bombyx mori*, dessen Nahrung die Blätter des weissen Maulbeerbaumes (*Morus alba*) sind. Ausser dem Maulbeerspinner giebt es aber noch verschiedene Seidenraupenarten, von denen einige Beachtung verdienen, nämlich:

a) *Bombyx Cynthia*, den die Eingebornen des inneren nordöstlichen Theiles von Bengalen und die Japanesen in grosser Menge ziehen. Er wird von den Hindus Arrindy arria und von den Japanesen Yama-maï genannt. Die Raupe (Fagararaupe) desselben lebt auf der Ricinusstaude (*Ricinus communis*) und die Seide, welche der Cocon liefert, ist, obgleich nicht so schön wie die des Morusspinners, doch eine sehr nützliche, weil sie eine sehr dauerhafte ist. Die Ricinusraupe ist weniger empfindlich als die Maulbeerraupe und lässt sich nicht blos mit Ricinusblättern, sondern auch mit der Weberkarde (*Dipsacus fullonum*), der wilden Cichorie (*Cichorium Intybus*) und den Blättern des *Aylanthus glandulosa* ernähren. Versuche, die Ricinusraupe in Deutschland und Frankreich einheimisch zu machen, haben nicht ungünstige Resultate ergeben.

b) *Bombyx Pernyi* ist in China und der Mongolei einheimisch und nährt sich von Eichenblättern. Es ist vor einigen Jahren in Frankreich gelungen, einige Raupen dieser Race mit europäischen Eichenarten zum Einspinnen zu bringen.

c) *Bombyx mylitta*, die Tussahraupe, ist in allen Theilen Bengalens bis in die Berge des Himalaya, wo das Klima rauher ist als in den Ebenen von Hindostan, einheimisch. Die Seide dieser Raupe bildet einen beträchtlichen Handelsartikel in Bengalen. Sie nährt sich von der Eiche und den Blättern anderer bei uns vorkommender Bäume. Diese Raupen häuten sich fünfmal und liefern sehr grosse Cocons. Der Faden des Cocons ist 6–7mal stärker als der des gewöhnlichen Seidenwurmes. Leider kann die Tussahraupe nicht künstlich und in der Gefangenschaft aufgezogen werden. Ausserdem sind noch die nordamerikanischen Varietäten d) *Bombyx polyphemus* (auf Eichen und Pappeln), e) *B. cecropia* (auf Ulmen, Weissdorn und wilden Maulbeerbäumen), f) *B. platensis* (auf einer Mimosenart, *Mimosa platensis*) und g) *B. leuca* erwähnenswerth.

Hinsichtlich der Zucht der Seidenraupe (Seidenbau) sind nachstehende Punkte zu erörtern: 1) Der Anbau der Maulbeerbäume, worunter nach den bisherigen Erfahrungen der weisse mit weissen, gelben oder röthlichen Früchten das geeignete Futter für die Seidenraupen abgiebt, die Behandlung der Bäume in der Samenschule, das Versetzen zu Spalieren oder ins Freie, die Pflege der Bäume u. s. w. ist Gegenstand der Landwirthschaft. 2) Die Erzeugung der Eier oder Grains geschieht auf folgende Weise: Unter den frischen Cocons sucht man diejenigen aus, die am grössten und fettesten sind und einen feinen Faden haben. Die Cocons der weiblichen Schmetterlinge sind gewöhnlich oval, jene des männlichen Geschlechts an beiden Enden etwas zugespitzt und in der Mitte ringförmig eingedrückt. Wenngleich die weiblichen und die männlichen Cocons nicht mit Gewissheit unterschieden werden können, so muss man bei der Auswahl der Cocons doch obige Kennzeichen berücksichtigen, um so viel als möglich eine gleiche Anzahl von Schmetterlingen beider Geschlechter erwarten zu können. 100–120 Paare gut ausgebildeter Cocons liefern gegen 30 Grm. Eier oder etwa 50,000 Stück, von welchen gewöhnlich aber nur höchstens 70–75 Proc. Raupen auskriechen. Die Cocons werden auf mit Leinwand bedeckten Tischen sich selbst überlassen. Nach etwa 12 Tagen kommen die Schmetterlinge zum Vorschein und begatten sich. Die Weibchen legen dann nach etwa 40 Stunden 3–400 Eier. 3) Das Ausbrüten der Eier. In den Seidenzüchtereien überspannt man hölzerne Reifen oder Rahmen mit grober und dünner Leinwand, streut die Samen recht dünn und gleichmässig über die Leinwand aus und bringt die Reifen oder Hürden in das Brutzimmer. Dabei bedeckt man die Eier mit einem Blatt Papier, welches mit vielen kleinen Löchern durchstochen ist, und legt darauf klein geschnittene Maulbeerblätter. In Frankreich findet die Benutzung der Couveusen — Oefen zum Ausbrüten der Grains — mehr und mehr Anwendung, weil man durch dieselben das regelmässige Auskriechen der Raupen mehr und mehr sichert; namentlich ist die Beschaffung einer feuchten Wärme bis 30° C., welche für die ersten Altersstufen der Raupen so gedeihlich ist, durch die Couveusen besser erreichbar. Vom 8. oder 10. Tage an beginnen die Raupen aus den weisslich gewordenen Eiern auszukriechen und begeben sich, ihrer Neigung zum Lichte und zur Nahrung folgend, durch die Löcher des Papieres nach den Maulbeerblättern, mit welchen man sie abheben und in die Fütterungsräume bringen kann. 4) Die Aufziehung der Raupen geschieht in den Rauperien oder Magnanerien. Zur

Unterbringung der Raupen befinden sich in der Magnanerie geräumige Gestelle, die in horizontale Fächer getheilt sind. Letztere werden aus Rohr- oder Weidengeflecht oder mit Netzen bespannten hölzernen Rahmen gebildet, über welche man Papierbogen ausbreitet. Man bringt die Raupen auf dieses Papier und giebt ihnen die nöthigen Maulbeerblätter, in der ersten Zeit im zerschnittenen Zustande. Die Seidenraupe zeichnet sich durch erstaunlichen Appetit und durch schnelles Wachsthum aus; ihr Leben, von dem Ausschlüpfen aus dem Ei bis zum Einspinnen gerechnet, theilt sich durch das Wechseln der Haut, welches viermal erfolgt, naturgemäss in fünf Lebensalter, die an Dauer einander ziemlich gleich sind. Vom 30.–32. Tage an beginnt das Einspinnen. Nach der ersten und zweiten Häutung erhalten sie allmälig immer mehr Futter, da die Raupen, nachdem sie sich von der Anstrengung erholt haben, eine steigende Esslust zeigen. 5) Das Einspinnen der Raupen. Wenn nach der vierten Häutung die Zeit des Einspinnens herannaht, so bereitet man den Raupen aus Birkenreisern Betten (Spinnhütten). Man bringt die spinnreifen Raupen auf Tellern in die Spinnhütten, vertheilt sie mit den Händen zwischen die Reiser, wo sie sich selbst den bequemsten Ort zum Einspinnen aufsuchen. Sobald die Raupe einen zur Coconbildung passenden Ort erwählt und daselbst ihre ersten Fäden (die später vorsichtig abgezupft und für sich gesammelt werden und die Flockseide, eine Sorte, aus der zum Theil die Florettseide besteht, bildet) befestigt hat, so entledigt sie sich noch einer festen, weissen oder grünen Substanz, die nach Péligot eine grosse Menge Harnsäure enthält; einige Zeit nachher sondert sie eine farblose, wasserhelle, stark alkalische Flüssigkeit ab, die eine Lösung von 1,5 Proc. kohlensaurem Kali ist. Letztere räthselhafte Ausleerung beträgt 15–20 Proc. des Gewichtes der Raupe. In 4 bis 5 Tagen ist die Bildung des Cocons beendigt, doch werden dieselben von den Reisern erst bis zum 7. oder 8. Tage abgenommen, um sicher zu sein, dass sämmtliche Raupen mit der Operation des Coconspinnens zu Ende sind.

Was die chemische Beschaffenheit des Seidenfadens betrifft, so hat man zu unterscheiden zwischen der eigentlichen Faser und der dieselbe umhüllenden Substanz. Die eigentliche Faser besteht zur Hälfte etwa aus Fibroïn, welches nach neueren Untersuchungen von Städeler in nächster Beziehung zur Hornsubstanz und zum Schleime steht und die chemischen Eigenschaften dieser Körper besitzt. Die Zusammensetzung des Seidenfibroïns wird durch die Formel $C_{15}H_{23}N_5O_6$ ausgedrückt. Der gummiartige Ueberzug, nach Städeler und Cramer Seidenleim oder Sericin genannt, löst sich zum Theil in Wasser, leicht in Seifenwasser oder anderen alkalischen Flüssigkeiten. Das Sericin hat die Formel $C_{15}H_{25}N_5O_8$. P. Bolley's Untersuchungen haben gezeigt, dass in den Spinndrüsen der Seidenraupe nur ein Stoff, nämlich weiches Fibroïn, zu finden ist, welches, in Form zweier Fäden austretend, erst durch den Einfluss der Luft, oberflächlich, unter Aufnahme von Sauerstoff und Wasserstoff zu Sericin (Seidenleim) oxydirt wird. Die Rohseide hinterlässt nach dem Verbrennen geringe Mengen Asche, Guinon fand in bei 100° getrockneter piemontesischer Rohseide 0,64 Proc. Asche, die 0,526 Kalk und 0,118 Proc. Thonerde und Eisenoxyd enthielt. Mulder fand in 100 Th. Rohseide:

	gelbe aus Neapel	weisse aus der Levante (Almasinseide)
Fibroïn	53,4	54,0
leimgebende Substanz	20,7	19,1
Wachs, Harz und Fett	1,5	1,4
Farbstoff	0,85	—
Albumin	24,4	25,5

6) Das Tödten der Puppen in den Cocons. Die Puppe bleibt in dem Cocon 15–20 Tage und bildet sich zu einem Schmetterlinge aus, der endlich den Cocon durchbricht und ausschlüpft. Die nicht zur Fortpflanzung bestimmten Cocons darf man begreiflicherweise nicht bis zur Entwickelung des Schmetterlings sich selbst überlassen, weil durch das Herausbrechen des Schmetterlings der Zusammenhang des Seidenfadens zerstört

werden würde und durchbissene Cocons nur einen geringen Werth haben. Man muss demnach die in den Cocons befindliche Puppe tödten, was entweder mittelst Ofenwärme oder heisser Wasserdämpfe geschieht.

Zubereitung der Seide.

Die Zubereitung der Seide, d. h. die Ueberführung der Cocons in Fäden, die sich als Nähseide, als Webmaterial u. s. w. eignen, zerfällt in 6 Operationen, nämlich in 1) Das Sortiren der Cocons geht dem Abwickeln des Seidenfadens von dem Cocon voraus. Es muss mit grosser Sorgfalt geschehen, weil nur gleichartige Sorten zusammen mit Vortheil verarbeitet werden können und soll bezwecken α) nicht nur eine Trennung der weissen Cocons von den gelben, sondern auch β) eine Ausscheidung aller schad- und fehlerhaften Cocons, die sich zum Abhaspeln nicht eignen und nur noch zur Florettseide verwendbar sind. Zu letzteren sind zu rechnen schimmlig gewordene, durch Insekten angefressene, durchbissene (durch Ausschlüpfen der Schmetterlinge), durch Faulen der Puppen, fleckig gewordene Cocons u. s. w. Durch das Sortiren will man γ) die tadellosen Cocons nochmals trennen in mehrere Sorten, wobei die Feinheit des Fadens, deren Schönheit und Grad der Ablösbarkeit zu berücksichtigen ist, damit man beim Abwickeln möglichst gleichartige Seide gewinne.

2) Das Haspeln oder Spinnen der Seide ist die erste jener Arbeiten, welche die Gewinnung des Seidenfadens von dem getödteten und sortirten Cocon zum Zwecke haben. Sie besteht darin, dass der Faden, welcher von der Raupe während des Einspinnens zu einem Knäuel aufgewickelt wurde, von dem Cocon abgewickelt und auf einem Haspel aufgewunden wird, so dass er die Gestalt eines Strähnes annimmt.

Bei dieser Arbeit nimmt man, da der einzelne Seidenfaden viel zu fein und zart ist, in der Regel 3–10, bei gröberen Seidensorten bis zu 20 zusammen, die durch das Haspeln zu einem Faden vereinigt werden. Dieses Abhaspeln oder Abwickeln würde nun eine höchst einfache Arbeit sein, sobald man das Ende des Fadens aufgefunden hat, wenn die Windungen der Coconfäden nicht mit einer klebenden Substanz an- und aufeinander geleimt wären, wenn ferner nicht die innerste und dichte Lage des Cocons das Abwickeln überhaupt desselben verböte. Der übrige Faden lässt sich abwinden, sobald der leimartige Ueberzug durch heisses Wasser erweicht worden ist. Von den von dem Cocon abgehaspelten Doppelfäden werden, wie erwähnt, mehrere zu einem zusammengesetzten Faden verbunden. Die erweichte leimähnliche Substanz bewirkt dann auch bei ihrem nachherigen Wiederaustrocknen das Zusammenkleben der zu einem Faden vereinigten Coconfädchen, welche nur durch diesen Leim und keineswegs durch Zusammendrehen mit einander verbunden sind. Die Länge des von normal ausgebildeten Cocons abzuhaspelnden Seidenfadens beträgt 250 bis 900 Meter. Um lange Strähne zu bilden, ist daher ein häufiges Anstückeln, eine Ersetzung der abgelaufenen Cocons durch neue erforderlich, wobei man jedoch nicht ausser Acht lässt, dass an einem Cocon der Faden nicht überall gleich stark, sondern nach aussen zu stärker ist, weshalb die Anzahl der zusammen abzuhaspelnden Cocons nicht constant zu bleiben hat. Sobald der innere Theil einiger Cocons zur Abhaspelung kommt, hat die Hasplerin den Faden durch Hinzufügung eines Cocons zu verstärken. Ein Cocon giebt 0,16–0,20, höchstens 0,25 Grm. Rohseide. Dem Gewichte nach rechnet man im Durchschnitt auf 1 Kilogr. Rohseide 10 Kilogr. frisch getödteter oder 7–8, ja selbst 12 Kilogr. trockener Cocons. Die gehaspelte Seide heisst Rohseide, Ratzenseide, Grezseide. Man verlangt von ihr, dass sie als ein runder, glatter (d. h. von Knoten und Flocken befreiter), reiner und glänzender, fester und starker Faden von gleicher Dicke erscheine, ferner, dass die Fäden im Strähne nirgends aneinander geklebt seien. Derjenige Theil des Seidenwurmgespinnstes, welcher sich nicht abhaspeln lässt, wird auf Florettseide verarbeitet. Die Arbeit besteht im Reinigen, Auflockern, Krempeln oder Kämmen und Spinnen und stellt sich deshalb auf gleiche Stufe mit der Woll- und Baumwollspinnerei. Die versponnene Wolle ist daher ein wirkliches Seidengarn.

3) Das Mouliniren oder Zwirnen der Seide. Der einfache Rohseidenfaden ist für die meisten Anwendungen der Seide, mögen sich dieselben auf Sticken oder Stricken, auf Weberei oder Strumpfwirkerei beziehen, erst dann anwendbar, wenn mehrere solcher Fäden durch Zusammendrehen zu einem vereinigt worden sind. Dort, wo man einfache Seidenfäden benutzt, giebt man denselben vorher durch Drehung Zusammenhang, Dichte und Rundung. Unter Zwirnung versteht man die Vereinigung zweier oder mehrerer Fäden durch Drehung, unter Drehung dagegen die gleiche Behandlung des Rohseidenfadens.

Die Hauptarten der gezwirnten Seide sind folgende: 1) Organsinseide, die zur Kette der Seidenzeuge dient, ist aus der besten Sorte Rohseide dargestellt. Man haspelt hierzu den Rohseidenfaden von 3 bis zu 8 Cocons, giebt demselben vor dem Mouliniren eine starke Drehung rechts (in dem Sinne wie bei Schrauben) und moulinirt dann zwei solcher gedrehter Rohseidenfäden zusammen. 2) Tramaseide, zum Einschusse und zur Verfertigung von Seidenschnüren dienend, wird aus geringeren Cocons gefertigt. Man haspelt gewöhnlich 3–12 Cocons. Unter einfädiger Trama versteht man einen einfachen, für sich gedrehten Rohseidenfaden; die zweifädige Trama besteht aus zwei nicht gedrehten Rohseidenfäden, die links, aber weniger scharf gezwirnt sind als Organsin; die dreifädige aus drei u. s. w. Tramaseide ist weicher und flacher als die Organsinseide und füllt daher in den Seidenzeugen besser als runde Fäden. 3) Maraboutseide, die sich durch dralle Zwirnung, Steifigkeit und peitschenschnurähnliche Härte auszeichnet, wird aus drei Fäden der weissesten Rohseide nach Tramaart moulinirt, dann, ohne die Seide zu entschälen, gefärbt und nach dem Färben nochmals gezwirnt. 4) Poilseide ist ein einfacher Rohseidenfaden, der aus mehreren gedrehten Coconfäden besteht; sie dient als Unterlage für Gold- und Silberfäden, Tressen u. dergl. 5) Nähseide oder Cousir wird aus Rohseidenfäden von 3–22 Cocons auf verschiedene Weise gedreht; die Strick- oder Häkelseide ist ebenfalls der Nähseide ähnlich, aber stärker.

4) Das Titriren und Conditioniren der Seide. Den Feinheitsgrad (*titre*) der Rohseide, sowie der gezwirnten Seide drückt man dadurch vergleichbar aus, dass man angiebt, wie viel Mal eine gewisse Fadenlänge in einer gewissen Gewichtseinheit enthalten ist. Die zu Grunde gelegte Fadenlänge ist gleich 400 Ellen oder 475 Meter. Spricht man von einer Seide von 10 Grains, so heisst dies, dass dieses Gewicht eine Fadenlänge von 475 Meter hat; eine Seide von 20 Grains hat die nämliche Länge von 475 Meter, aber das doppelte Gewicht, sie ist daher nur halb so fein als die erstgenannte Seide.

Die Seide, die rohe wie die gezwirnte, enthält stets grössere Mengen von hygroskopischem Wasser, dessen Quantum blos nach der äussern Beschaffenheit der Seide nicht abgeschätzt werden kann. Der gewöhnliche Wassergehalt der käuflichen Seide beträgt im Durchschnitt 10–18 Proc. Unter Umständen kann die Seide sogar bis über 30 Proc. Wasser aufnehmen, ohne eigentlich feucht zu erscheinen. Bei einer Waare von so hohem Preise wie die Seide ist das hygroskopische Verhalten der Seide in mercantiler Hinsicht von hohem Belang, da es Veranlassung zu absichtlicher und unfreiwilliger Täuschung und zu Collisionen giebt und begreiflicherweise einen nachtheiligen Einfluss auf den Seidenhandel ausübt, insofern man darüber im Unklaren bleibt, wie viel wirkliche Seidensubstanz in einem gegebenen Gewichte Seide enthalten ist. Um den genannten Uebelstand zu beseitigen, wird die Seide conditionirt, d. h. es wird jeder zu verkaufenden Seide der Wassergehalt durch Untersuchung einer Probe dieser Seide von der Behörde bestimmt. Die Anstalten, in denen das Conditioniren vorgenommen wird, heissen Seidenconditions- oder Trocknungsanstalten.

5) Das Entschälen der Seide. Der Rohseidenfaden, wie er in dem Cocon vorkommt, ist mit einem eigenthümlichen Ueberzuge, dem durch Veränderung des Fibroïns an der Luft entstandenen Sericin oder Seidenleim, der die Ursache der verschiedenen Farbe ist und der Seide eine gewisse Härte, Rauhigkeit und Steifheit ertheilt, versehen. Zu gewissen Zwecken, so zu Mühlbeuteltuch, zu Gaze, zu Krepp etc. ist diese Beschaffenheit erwünscht, in den meisten anderen Fällen ist es aber nöthig, die Seide von diesem Ueberzuge zu befreien, was durch das Entschälen der Seide geschieht. Die Seide heisst dann entschälte oder gekochte Seide und besitzt dann nicht nur die erforderliche Weichheit, den eigentlichen Seidenglanz, sondern auch die Fähigkeit, die Farbstoffe beim Färben vollkommen anzunehmen.

Das Entschälen der Seide zerfällt in drei Operationen, nämlich in

1) das Degummiren,

2) das Kochen,

3) das Schönen.

Das Degummiren geschieht auf folgende Weise: Man löst Baumölseife in warmem Wasser, erwärmt die Lösung bis auf 85° C., hängt dann die Seide mit Hülfe eines Stockes in ihren Strähnen in das Seifenbad ein und dreht die Strähne so oft auf dem Punkte herum, bis die Seide überall von ihrem firnissartigen Ueberzuge hinreichend befreit ist. Die so gereinigte Seide wird hierauf aus dem Seifenbade genommen, ausgerungen, in Wasser gespült und getrocknet. Durch das Degummiren verliert die Seide, theils nach der Menge des Firnissüberzuges, theils nach der Quantität der verwendeten Seife, 12–25 Proc. an Gewicht. Im degummirten Zustande ist die Seide geeignet, mit dunklen Farben gefärbt zu werden, für helle Farben muss sie dagegen dem Kochen unterworfen werden. Zu dem Ende giebt man die degummirte Seide in Säcke aus grober Leinwand, sodass in jeden Sack 12–16 Kilogr. Seide kommen, und bringt die Säcke in ein ähnliches Seifenbad. In diesem Bade wird die Seide anderthalb Stunden lang gelassen; hierauf wird dieselbe herausgenommen, ausgerungen und gespült. Die letzte Arbeit des Entschälens, das Schönen, hat den Zweck, der Seide eine schwache Färbung und dadurch ein angenehmeres Ansehen zu geben. Man unterscheidet verschiedene Nüancen von Weiss, nämlich chinesisches Weiss, Azurweiss, Perlweiss etc. Ersteres (mit röthlichem Schimmer) erhält man, indem man die Seide durch laues Seifenwasser mit einer geringen Beimengung von Orlean zieht. Die bläulichen Nüancen ertheilt man der Seide durch Indig (Lösung von geschlämmtem Indig). Das vollkommene Bleichen der entschälten Seide geschieht durch die Einwirkung der schwefligen Säure, entweder dadurch, dass man die Seidensträhne in dem Schwefelkasten durch Verbrennen von Schwefel schwefelt, oder dass man sie mit einer wässerigen Lösung von schwefliger Säure behandelt. Da einestheils die Seide durch das Entschälen zu viel an Gewicht, überhaupt an Körper verliert, anderntheils aber die rohe Seide nur selten gefärbt werden kann, so hat sich nach und nach in der Praxis eine Mittelstufe zwischen der abgekochten und der rohen Seide gebildet, der sogenannte Souple. Er wird erhalten durch Behandeln der Strähne mit einem siedenden Wasserbade mit sehr wenig Seife (auf 25 Kilogr. Seide 1 Kilogr. Seife), oder mit einer Lösung von mit Schwefelsäure versetztem Bittersalz oder Glaubersalz. Der Gewichtsverlust der Seide beträgt hierbei 4–8 bis 10 Proc. Um die Rohseide zu bleichen, ohne ihr die natürliche Steifheit zu entziehen, digerirt man die Strähne bei einer Temperatur von 20–30° mit einem Gemenge von Salzsäure und Alkohol. Die Flüssigkeit nimmt hierbei eine grüne Farbe an und in dem Verhältnisse, wie die Intensität der Farbe zunimmt, wird die Seide weiss. Sie wird hierauf ausgerungen, in Wasser gespült und abgetrocknet. Der Gewichtsverlust beträgt demnach 2,91 Proc. Nach der Neutralisation der zurückbleibenden Flüssigkeit mit Kreide kann man durch Destillation den grössten Theil des Alkohols wieder gewinnen.

Die Seidenweberei.

Die Fabrikation der Seidenzeuge stimmt im Wesentlichen mit jener der Gewebe aus Baumwollgarn, Leinengarn, Kammwollgarn überein. Wie Seite 589 angeführt, dient fast durchgängig Organsinseide als Kette, Trama als Schuss. Die gemischten Stoffe haben Baumwollgarn, oder Garn aus Kammwolle, Alpaka und Mohair zum Einschuss, während die Kette Seide ist. Häufig ist die Kette oder der Schuss, oder auch beide, ein mehrfacher, aber nicht gezwirnter Faden, dadurch erreicht man eine grössere Dicke und Dichte des Gewebes, ohne dass dasselbe ein grobes Aussehen erhält. Einer eigenthümlichen Ausrüstung bedürfen die Seidenzeuge nicht, so wie sie vom Webstuhle kommen, sind sie fertige Waare, sie werden blos zusammengelegt und in einer Presse glatt gepresst. Die leichteren Sorten von Atlas und Taffet werden jedoch gummirt und cylindrirt; zu diesem Behufe wird das in einem grossen Rahmen horizontal ausgespannte Gewebe auf der unteren Seite mit einer dünnen Tragantlösung mit Hülfe eines Schwammes überstrichen, schnell getrocknet und dann durch eine Kalander gelassen, deren eiserne Walze durch einen glühend eingelegten eisernen Bolzen geheizt ist. Schwere Seidenstoffe erhalten oft durch Druck auf die theilweise befeuchtete Fläche einen wellenartigen Schimmer (Moirirung), sammetartige Seidenzeuge erhalten zuweilen vertiefte oder erhabene Zeichnungen durch Pressen mit gravirten Metallflächen (Gaufriren).

Die seidenen Zeuge zerfallen 1) in glatte, 2) geköperte, 3) gemusterte Stoffe, 4) Gaze oder Flore, 5) Sammet.

a) Zu den glatten seidenen Geweben gehören 1) der Taffet, worunter man die leichteren, aus entschälter Seide gewebten glatten Zeuge versteht, bei welchem die Kette Organsin und einfädig, der Einschlag Trama und zwei- bis dreifädig ist; 2) Gros (*Gros de Tours*, *Gros de Naples*), ein dichter taffetartiger Stoff, der aus besonders starken Fäden in Kette und Schuss gewebt ist und deshalb wie mit einer Art regelmässigen Kornes bedeckt oder, wenn dicke mit dünnen Fäden wechseln, gerippt erscheint.

b) Zu den geköperten Geweben gehören: 1) die verschiedenen Sergen (*Croisé*, *Levantin*, *Drap de soie*, *Bombasin*), von welchen die von der Kette den grösseren Theil zeigende Seite die rechte ist; 2) der Atlas oder Satin in seinen Varietäten: einfacher, doppelter, halber und Sergenatlas.

c) Zur gemusterten Arbeit gehören alle figurirte, gewürfelte und geblümte Seidengewebe (Droguet, Chagrin, Satinet, Reps, Seidendamast, Brillantstoff, Pequin).

d) Zu den sammetartigen Geweben gehören 1) der ächte Sammet (geschnitten oder ungeschnitten), 2) der Plüsch.

e) Zu den Seidengazen oder Flören rechnet man 1) den Marle, 2) den Seidenstramin, 3) den Krepp oder Flor, 4) die Beutelgaze und 5) den Barège (leichter durchsichtiger Seidenstoff).

Endlich sind hier auch die gemischten Gewebe anzuführen, deren Bedeutung von Jahr zu Jahr zunimmt. Die Verbindung oder Mischung verschiedener Webmaterialien hat einerseits zum Zweck, ein unedleres oder billigeres Material mit einem edleren oder theureren in einer Weise zu verbinden, dass das erstere möglichst weniger sichtbar erscheint, und hierdurch der Stoff einem solchen, welcher ganz aus dem besseren Material dargestellt ist, täuschend ähnlich wird. Dieser Zweck ist in dem Streben begründet, Fabrikate von werthvollerem Aeusseren zu möglichst billigem Preise zu liefern. Andererseits dient auch die Verbindung verschiedenartiger Webmaterialien dazu, eine grosse Mannigfaltigkeit in den Geweben herzustellen. Der verschiedene Reflex der einzelnen Farben auf Seide, Wolle, Alpaka, Mohair, Baumwolle und Leinen, je nach der Beschaffenheit des Gespinnstes und des Materiales, das eigenthümliche Verhalten der aus den genannten Materialien hergestellten Fäden hinsichtlich der Feinheit, Haltbarkeit, Elasticität, Angriff u. s. w. sind Eigenschaften, welche grosse Abwechslung und Modificationen in der Herstellung der Gewebe erlaubt.

Unterscheidung der Seide von der Wolle und den vegetabilischen Gespinnstfasern.

Durch das gegenwärtig sehr gebräuchliche Verspinnen und Verweben von Seide und Wolle, Seide und Baumwolle, ist ein einfaches Mittel, Seide von den übrigen Webmaterialien zu unterscheiden, Bedürfniss geworden. Ebenso wie bei der Prüfung der Leinen- und Baumwollfaser gründen sich auch hier die Prüfungsmethoden auf Verschiedenheiten im chemischen Verhalten oder auf unter dem Mikroskope wahrnehmbare Verschiedenheiten in der Gestalt.

Was zunächst die Unterscheidung der thierischen Fasern (Seide, Wolle, Alpaka) von den pflanzlichen (Flachs, Hanf, Baumwolle) betrifft, so ist das Kochen mit *Kalilösung* entscheidend, Seide und Wolle lösen sich auf, der Zellstoff der Pflanzenfasern löst sich nicht auf. Fäden von Seide und Wolle einer Lichtflamme genähert, entzünden sich und verbreiten den bekannten Geruch nach verbrennenden Federn, brennen aber nur so lange fort, als man sie in der Flamme lässt. Zieht man sie zurück, so verlöschen sie sogleich und an dem angebrannten Ende bleibt eine schwarze kohlige Masse sitzen, welche dichter ist als der Faden selbst; Fäden von Leinen und Baumwolle brennen fort, bilden keine kohlige voluminöse Masse und entwickeln nicht den widrigen Geruch. *Salpetersäure* von 1,2–1,3 spec. Gew. färbt Wolle und Seide gelb, Baumwolle und Leinen nicht. *Salpetersaures Quecksilberoxyduloxyd* bewirkt mit den thierischen Webmaterialien eine intensive rothe Färbung, die auf Zusatz von Schwefelalkalimetall in eine schwarze übergeht; Leinen und Baumwolle erleiden hierdurch keine Veränderung. Eine wässerige Lösung von *Pikrinsäure* färbt Seide und Wolle intensiv gelb, die vegetabilischen Fasern dagegen nicht. Die farblose Flüssigkeit, die man (nach Liebermann) beim Kochen von *Fuchsinlösung* mit Alkalilauge erhält, lässt ein in dieselbe getauchtes Gewebe von Wolle und Baumwolle farblos; wirft man hierauf die Probe in kaltes Wasser und spült gut aus, so tritt intensive Rothfärbung der Wolle ein, ohne dass die Baumwolle die mindeste Färbung annimmt. Zuweilen wendet man zur Ermittelung von Baumwolle oder Wolle in Seidenzeugen das *Kupferoxyd-Ammoniak* in Verbindung mit überschüssigem Ammoniak an, wodurch Baumwolle und Seide, letztere zuerst, gelöst werden, während Wolle ungelöst zurückbleibt. Wenn Wolle und Florettseide zusammengekrempelt und in dem nämlichen Faden gemischt vorkommen, so kann man durch successives Behandeln mit gewöhnlicher Salpetersäure und Ammoniak die Seide auflösen, während die Wolle nicht zerstört wird; man kann auf diesem Wege selbst eine annähernd genaue quantitative Prüfung beider Materialien ausführen. Auch Bleioxyd-Natron (Natriumplumbat) in wässeriger Lösung kann zum Unterscheiden von Woll- und Seidenfäden dienen; erstere werden darin schwarz (da in Folge des

Schwefelgehaltes der Wolle schwarzes Schwefelblei sich bildet), während die Seidenfäden ihre Farbe nicht verändern. Das beste Reagens, um Seide und Wolle zu unterscheiden, ist unstreitig Nitroprussidnatrium, welches in einer Lösung von Wolle oder Haar in Kalilauge eine violette Färbung bewirkt, dagegen eine Lösung von reiner Seide in Kalilauge unverändert lässt.

Unter dem Mikroskope sind Baumwolle, Wolle und Seide mit Leichtigkeit von einander zu unterscheiden. Als Kennzeichen der Baumwolle (vergl. S. 407) dient deren platte, bandförmige Beschaffenheit, die lange Zelle, unter Wasser gesehen, ist in der Regel pfropfenzieherartig um sich selbst gewunden; das sicherste Kennzeichen der Wolle sind seine dachziegelförmig angeordneten Oberhautschuppen, die schon bei 30facher Vergrösserung als dicht neben einander liegende unregelmässige Querlinien sichtbar sind. Während also die Baumwollfaser nur aus einer Zelle besteht, das Wollhaar aber, wie die Haare (Alpaka und Mohair) überhaupt, aus zahlreichen neben und über einander liegenden Zellen gebildet wird, ist der Seidenfaden, gleich dem Coconfaden der Raupen und der Spinnen, ein erhärtetes Secret. Der Seidenfaden (Fig. 253) ist glatt, walzenförmig, structurlos, ohne eigentliches Ende und ohne Innenhöhle; die Breite des Fadens ist in der Regel überall dieselbe. Die Oberfläche ist glänzend und nur in seltenen Fällen nimmt man kleine Unebenheiten und Eindrücke wahr.

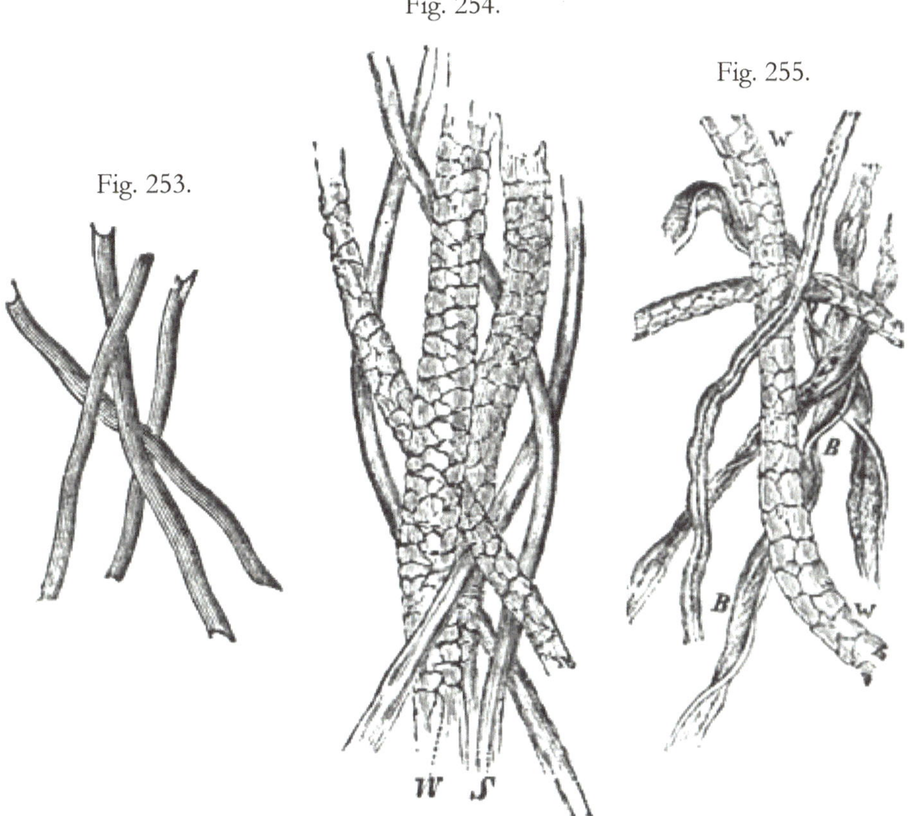

Fig. 253. Fig. 254. Fig. 255.

Will man einen verwebten Seidenfaden auf seine Aechtheit prüfen, so zerfasert man denselben unter Wasser auf der Glastafel, bedeckt ihn mit einem Deckglase und betrachtet denselben bei 120–200facher Vergrösserung. Die runde glänzende, verhältnissmässig schmale Seide ohne Innenhöhle (Fig. 254 *S*) unterscheidet sich sofort von dem ungleich breiteren und beschuppteren Wollhaar (Fig. 254 und 255 *W*) und von der platten, bandförmigen und gedrehten Baumwolle (Fig. 255 *B*). Unter dem Mikroskope lässt sich ferner leicht entscheiden, ob der Seidenfaden (wie die Organsin- und Tramaseide) aus parallel neben einander liegenden Coconfäden besteht, oder ob er (wie die gesponnene Florettseide) gedreht ist.

Die Gerberei.

Allgemeines.

Der Zweck der Gerberei ist die Ueberführung der Haut (hauptsächlich der der grösseren Säugethiere) in Leder d. h. in die bekannte Substanz, welche bei genügender Festigkeit, Biegsamkeit und Geschmeidigkeit, sich von der enthaarten Haut dadurch unterscheidet, dass sie der Fäulniss in hohem Grade widersteht und beim Kochen mit Wasser entweder nicht (wie das lohgare Leder) oder nur nach längerer Zeit (wie das alaungare Leder) in Leim verwandelt werden kann. Der Process der Ueberführung der enthaarten und vorbereiteten Haut, der sogenannten Blösse, in Leder, ist, so verschieden auch die in der Praxis angewendeten Mittel sein mögen, im Wesentlichen ein auf physikalische Principien zurückzuführender. In seinem weiteren Begriffe ist nach der Definition von Fr. Knapp Leder nichts als Haut, in welcher man durch irgend ein Mittel das Zusammenkleben der Fasern beim Trocknen verhindert hat.

Die Gerberei war bis auf die neueste Zeit ein empirisches Gewerbe und erst durch die genaue Kenntniss der Anatomie der Haut, das Studium des Gerbstoffes und überhaupt der Gerbmaterialien hat man die Grundlage geschaffen, die da sein musste, ehe man an eine Erforschung des Wesens des Gerbeprocesses denken konnte. Das, was man in letzterer Hinsicht weiss, verdankt man zum grossen Theil den lichtvollen Untersuchungen Fr. Knapp's und Rollett's.

Nicht die Haut im weiteren Sinne des Wortes ist es, die der Gerber verarbeitet, sondern die gereinigte Haut oder die Blösse, mit anderen Worten die auf chemischem und mechanischem Wege von den meisten übrigen Gebilden und Stoffen möglichst befreite Lederhaut (Corium). Das Gerben in seiner allgemeinsten Bedeutung soll zweierlei bewirken, nämlich 1) die Neigung der Haut zu faulen möglichst aufzuheben, 2) der Haut die Eigenschaft zu ertheilen, nach beendigtem Trocknen nicht mehr als hornartige Masse, sondern als wahrnehmbar faseriges, nicht durchscheinendes und mehr und weniger geschmeidiges Gewebe aufzutreten. Eine Haut, welche diese Eigenschaften zeigt, wird mit dem Namen „gar“ bezeichnet und der von dem Worte gar abgeleitete Ausdruck Gerben drückt sehr gut aus, dass es sich bei dem Gerbeprocesse zuvörderst um die Gare handelt, gleichviel ob dieselbe durch dieses oder jenes Mittel erreicht worden sei. Auf die Herstellung der Gare der Haut sind zwar alle Hauptarbeiten, nämlich das Reinmachen der Haut (oder die Herstellung der Blösse), das eigentliche Gerben und das Zurichten des Leders, von Wichtigkeit, doch ist der Einfluss der Gerbung (im engeren Sinne) vorherrschend. Das eigentliche Gerben kann mit einer grossen Anzahl organischer und unorganischer Stoffe ausgeführt werden; im Grossen haben sich jedoch nur einige dieser Substanzen als vortheilhaft erwiesen, diese sind

1) die Gerbsäure in der Loh- oder Rothgerberei,

2) Alaun und Kochsalz in der Alaun- oder Weissgerberei,

3) Fett in der Sämisch- oder Oelgerberei.

Die Anatomie der Thierhaut.

Die Haut der Säugethiere besteht, wenn man von den Haaren absieht, aus mehreren Schichten. Die obere, sehr dünne, von den Haaren durchdrungene Bedeckung die Oberhaut oder Epidermis, ist halb durchsichtig und aus mit Kernen versehenen Zellen gebildet, und umfasst als äusserste Lage die Hornschicht, ein abgestorbenes, an dem Lebensprocess nicht mehr concurrirendes Gewebe, welches in Folge der Abnutzung, der die Körperoberfläche ausgesetzt ist, abgestossen und durch das darunter liegende Malpighi'sche Netz (*stratum Malpighii*), eine noch lebende, aus mit Flüssigkeit angefüllten und kernhaltigen Zellen bestehende Schicht, ersetzt wird. Letztere Haut (die Schleim- oder Netzhaut) stellt den Apparat für die Hautausdünstung und für den Tastsinn dar und bildet die sogenannte Narbe (*fleur*) auf der Haarseite des Felles. Endlich findet sich eine weit dickere Lage eines nicht mehr aus Zellen sondern aus einem dichten Filz vom Bindegewebsbündeln bestehenden Gewebes, die Lederhaut (*corium*, *derma*) genannt, welches die intermediäre

Haut und die eigentliche Lederhaut umfasst. Sie ist das eigentliche Substrat der Lederbereitung. Unter dem Corium liegt das Unterhautbindegewebe oder die Fetthaut (*panniculus adiposus*), diese Seite der Haut bildet die Aas- oder Fleischseite. Die Haare sind reine Epidermisgebilde und sitzen in dem Corium nur mittelbar, unmittelbar aber in einer in das Corium tief hineinragenden Einstülpung der Oberhaut.

Alle Bestandtheile der Haut, die Zellen der Epidermis, wie die Bindegewebefasern des Coriums und das Gewebe der Unterhaut, haben das mit einander gemein, dass sie in kochendem Wasser aufschwellen, gallertartig werden und durch fortgesetztes Kochen in Leim übergehen. Die Schnelligkeit, mit welcher die Umwandlung der Haut in Leim erfolgt, ist verschieden bei den Häuten verschiedener Thiere, indem die Leimbildung bei Häuten grosser und ausgewachsener Thiere schwieriger und langsamer erfolgt, als bei den Häuten kleiner und junger Thiere. Die Bindegewebefasern gehen durch fortgesetzte Einwirkung von Essigsäure in eine durchscheinende Gallerte über, in welcher jedoch die Fasern in ihrer ursprünglichen Textur enthalten sind. Verdünnte Schwefelsäure und Salzsäure verhalten sich wie Essigsäure. Alkalische Laugen lösen die Fasern des Bindegewebes ebenfalls auf, die Formfasern des Bindegewebes leisten den Säuren und Laugen längere Zeit Widerstand. Kalk- und Barytwasser verändern die morphologische Eigenschaft des Bindegewebes nicht, lockern aber den festen Zusammenhang desselben und gestatten die Isolirung faseriger Formelemente aus demselben. In das Kalk- und Barytwasser geht ein Eiweisskörper in Lösung, an dessen Anwesenheit im Bindegewebe das feste Aneinanderkleben der leimgebenden Formelemente geknüpft ist. Der nämliche Eiweisskörper wird auch von verdünnten Mineralsäuren angegriffen.

Auf das eigenthümliche Verhalten der Hauptformelemente der Haut zu alkalischen und sauren Flüssigkeiten gründen sich theilweise die vorbereitenden Operationen der Gerberei. Der Process des Gerbens selbst beruht dagegen auf dem Verhalten des Coriums zu Agentien anderer Art und Wirkungsweise. Die Bindegewebefaser geht nämlich mit der Gerbsäure, verschiedenen Metalloxyden wie der Thonerde, dem Eisenoxyd, dem Chromoxyd, ferner mit oxydirtem Fett, dann mit fettsauren Metalloxyden (unlöslichen Metallseifen), endlich mit Pikrinsäure, Pininsäure (aus Colophonium) und gewissen anderen organischen Substanzen Verbindungen ein, ähnlich wie die Thier- und Pflanzenfaser mit den Farbstoffen. Alle diese Agentien, *Gerbematerialien* genannt, haben die Bestimmung, sich auf die Bindegewebefasern niederzuschlagen, dieselben einzuhüllen und das Zusammenkleben der Fasern beim Trocknen zu verhindern. Einige Gerbmaterialien, wie die Gerbsäure, hüllen die Faser dergestalt ein, dass ein Zusammenkleben vollkommen unmöglich wird und die Haut beim Trocknen ohne weiteres Zuthun sogleich geschmeidig auftritt; bei andern Gerbemitteln, wie bei den Thonerdeverbindungen geht zwar ein Zusammenkleben vor sich und die Haut erscheint nach dem Trocknen dicht und hornähnlich, der Zusammenhang der Fasern ist aber kein inniger und die Haut kann durch Ziehen und Dehnen (durch das sogenannte Stollen) vollständig die Eigenschaften des Leders erlangen.

I. *Die Roth- oder Lohgerberei.*

Gerbematerialien.

Die Roth- oder Lohgerberei, die sich mit der Umwandelung der Haut in roth- oder lohgares Leder befasst, verwendet als Materialien gerbstoffhaltige Vegetabilien und Häute.

Was die gerbstoffhaltigen Vegetabilien betrifft, deren sich der Gerber bedient, so enthalten dieselben durchgängig als wesentlichen Bestandtheil einen adstringirenden Stoff, Gerbsäure, Tannin oder Gerbstoff genannt, welcher in den verschiedenen Pflanzen verschieden ist, aber sich dadurch charakterisirt, dass er sauer reagirt, zusammenziehend schmeckt, mit Eisenoxydsalzen eine schwarze oder grüne Färbung giebt, Leimlösung und Cinchoninlösung fällt und Thierhaut in Leder verwandelt. Von dem Galläpfelgerbstoff, welcher übrigens nie in der Gerberei Anwendung findet, ist es erwiesen, dass er sich durch Säuren und durch Gährung in Glycose und in Gallussäure spaltet, welche letztere zur Lederfabrikation nicht geeignet ist. Die Gerbsäure der Eichenrinde kann unter den in der Lederbereitung obwaltenden Verhältnissen nicht gespalten werden, ein für die Zwecke der Gerberei wichtiger und dieselben begünstigender Umstand. Jede Gerbsäure wird durch alkalische Flüssigkeit (Kalkwasser, Kalilauge, Ammoniak) bei Luftzutritt unter Bildung von braunen Humussubstanzen sofort zerstört.

Eichenrinde.

Das wichtigste und durch nichts zu ersetzende Gerbmaterial ist die Eichenrinde (Eichenborke), worunter man die innere, zwischen der äussern Rinde und dem Splint befindliche Rinde mehrerer Eichenarten, *Quercus robur* und *Q. pedunculata* versteht. Im westlichen und südlichen Deutschland befinden sich Eichenschälwaldungen, in welchen die Ausschläge in 9–15jährigem Alter zur Gewinnung der besseren dünnen Rinde, der sogenannten Spiegelborke, geschlagen werden. Die zerkleinerte Eichenrinde führt den Namen Lohe. Nach Bestimmungen von E. Wolff finden sich in der Eichenrinde folgende Mengen Gerbstoff:

								Alter der Stämme im Jahre
In	der	rauhen Rinde mit Borke	fanden	sich	10,86	Proc.	Gerbstoff	41–53
„	„	Bastschicht der alten Rinde	„	„	14,43	„	„	41–53
„	„	Glanzrinde	„	„	13,23	„	„	41–53
„	„	rauhen Rinde u. Glanzrinde	„	„	11,69	„	„	41–53
„	„	Bastschicht und Glanzrinde	„	„	13,92	„	„	41–53
„	„	Glanzrinde	„	„	13,95	„	„	41–15
„	„	Glanzrinde	„	„	15,83	„	„	2–7

Nach den Untersuchungen Büchner's (1867) überschreitet dagegen der Gerbstoffgehalt der besten Eichenrinden 6–7 Proc. nicht. Die Fichtenrinde (gewöhnlich von *Pinus sylvestris*), ist eines der vorzüglichsten Gerbematerialien, welches bei Erzeugung des Sohlleders häufig verwendet wird. Man schält in den Fichtenwäldern die Mittel- und kleinen Bauhölzer sofort nach dem Fällen ab. J. Feser fand in der Fichtenrinde 5–15 Proc. Gerbstoff; (ich fand nur 7,3 Proc.). In Steiermark und Oberösterreich wendet man anstatt der Fichtenrinde die Tannenrinde (mit 4–8 Proc. Gerbstoffgehalt), in Ungarn und an der Militärgrenze die Erlenrinde (mit 3–5 Proc. Gerbstoffgehalt), in den Vereinigten Staaten Nordamerika's die Rinde der Schierlingstanne (Hemlockrinde von *Abies canadensis*) an[141]. Die Ulmenrinde (mit 3–4 Proc. Gerbstoff), die junge Rosskastanienrinde (mit etwa 2 Proc. Gerbstoff) und die Buchenrinde (mit 2 Proc. Gerbstoff) finden hie und da ebenfalls zum Gerben Anwendung. Die meisten Gattungen der Weide liefern von den jüngeren Zweigen eine zum Gerben des Leders, namentlich desjenigen, welches zu den sogenannten dänischen Handschuhen verarbeitet wird, sehr brauchbare Rinde (der Gerbstoffgehalt beträgt 3–5 Proc.). In Russland wird die Rinde der Sandweide zur Bereitung des Juften angewendet. In Tasmanien und Neusüdwales finden (nach J. Wiesner) die Rinden von *Acacia dealbata*, *Ac. melanoxylon*, *Ac. lasiophylla* und *Ac. decurrens* Anwendung. Von den vielen einheimischen gerbstoffreichen Pflanzen, die zum Anbau sich eignen, ist besonders *Polygonum bistorta* beachtenswerth, welches, wie die Untersuchungen von C. Fraas zeigen, 17–21 Proc. (?) Gerbstoff enthält.

Sumach.

Nächst der Eichen- und Fichtenrinde ist der Sumach oder Schmack eines der am häufigsten angewendeten Gerbematerialien, welches jährlich in sehr bedeutenden Mengen aus Syrien und Südeuropa, neuerdings auch aus Nordamerika und Algerien importirt wird. Er besteht aus den Blättern und Blattstielen eines Strauches, des sogenannten Gerber-Sumachs (*Rhus coriaria* und *Rh. typhina*), welcher in den genannten Ländern theils wild wächst, theils besonders angebaut wird. Man sammelt die Wurzelschösslinge, welche im Monat Juni in die Erde gelegt werden, und im dritten Jahre bereits so weit gediehen sind, dass die Stengel und Blätter derselben abgehauen werden können. Die abgehauenen Stengel und Blätter werden dann getrocknet, und hierauf die Blätter mit den Blattstielen mittelst Stöcken abgeschlagen. Die abgeschlagenen Blätter und Blattstiele werden zwischen Mühlsteinen zermalmt, gesiebt und in Säcke verpackt in den Handel gebracht. Der Sumach kommt im Handel nie anders als gepulvert vor und zwar in Gestalt eines gröblichen Pulvers von bald gelbgrüner, bald graugrüner Farbe. Er enthält 12 bis 16,5 Proc. Gerbsäure; in lange Zeit aufbewahrtem Sumach ist der Gerbstoff in Folge einer freiwilligen Gährung zum grossen Theile in secundäre Produkte umgesetzt. Neben der Gerbsäure findet sich in dem Sumach noch ein gelber Farbstoff, welcher mit dem Quercitrin identisch zu sein scheint.

Nicht zu verwechseln mit dem Sumach ist der unächte Sumach, auch venetianischer und italienischer Sumach genannt, welcher aus den gemahlenen und gestampften Blättern, jungen Zweigen und der Rinde des Perückenbaumes (Färbersumach, Rujastrauches, Skumpina, *Rhus cotinus*, von welchem das Visetholz stammt) besteht. Der Rujastrauch ist im Banat, an der Militärgrenze, in Siebenbürgen und Illyrien und selbst in der Gegend von Wien heimisch. Die grösste Menge des venetianischen Sumachs wird in Ungarn und in der Türkei zum Gerben gebraucht. In Tyrol gerbt man damit Ziegen-, Schaf- und leichte Kalbfelle, und nennt dort das Pulver Rausch.

Dividivi.

Ein anderes Gerbematerial sind die Dividivi oder Libidibi, flache, etwa 6 Centimeter lange, S-förmig gebogene, etwas rauhe, braunrothe Schoten, die glatte, eiförmige, glänzende, olivengrüne Samen enthalten und von einem in Caraccas und Maracaibo und auf mehreren Inseln der Antillen wachsenden Baume, der *Caesalpinia* oder *Poinciana coriaria* herrühren. Sie wurden zuerst im Jahre 1768 von den Spaniern nach Europa gebracht und statt der Knoppern für Gerberzwecke empfohlen. Der in der äussern Rinde der Schote enthaltene Gerbstoff — Müller fand in den Schoten über 49 Proc., H. Fleck 32,4 Proc., ich fand darin 19–26,7 Proc. — macht zwar die Dividivi zu einem brauchbaren, doch theuern Gerbematerial geeignet, doch werden sie zuweilen in der Färberei benutzt. Dasselbe gilt von dem Bablah oder dem indischen Gallus, den Schoten der in Ostindien wachsenden *Acacia Bambolah*; es giebt davon mehrere Sorten, die von *Acacia arabica*, *Ac. cineraria* und *Ac. Sophora* gesammelt und in den Handel gebracht werden sollen. H. Fleck fand darin 20,5 Proc. Gerbstoff, meine Probe gab mir 14,5 Proc. Die Algarobilla, die von Chile eingeführten Samenkapseln von *Prosopis pallida* (oft mit Rinde gemengt) sind in England versuchsweise zum Gerben angewendet worden. Die aus Ostindien (Bombay) kommenden Myrobalanen (die Früchte von *Terminalia citrina*, *T. Bellirica*, *T. Chebula*) enthalten zu wenig Gerbstoff, um in der Gerberei ausgedehntere Anwendung finden zu können.

Galläpfel.

Mit dem Namen Galläpfel bezeichnet man die bekannten kugligen Auswüchse, welche an den jungen Zweigen und Blattstielen verschiedener Eichenarten, namentlich der *Quercus infectoria* durch den Stich des Weibchens der Gallwespe (*Cynips gallae tinctoriae*) sich bilden, das Insect legt seine Eier in die durch den Stich entstandene Oeffnung, um welche dann bald durch den Ausfluss der Säfte und durch die Erweiterung der Drüsen des Zellgewebes pathologische Anschwellungen entstehen, in welchen die Eier ausgebrütet werden. Man sammelt die Galläpfel zu verschiedenen Zeiten, ehe das Insect darin ausgebildet ist, zu welcher Zeit die Galläpfel am reichsten an Gerbsäure sind, ferner wenn das ausgebildete Insect anfängt, seine Hülle zu durchbrechen, und endlich zu der Zeit, wo sämmtliche Galläpfel entleert und trocken geworden sind. Darnach unterscheidet man drei Hauptsorten: die schwarzen, die grünen und die weissen Galläpfel. Die schwarzen und grünen Galläpfel heissen die Anschwellungen, die zu der Zeit eingesammelt wurden, als die Gallwespe noch nicht völlig ausgebildet war und vor dem Ausschlüpfen in dem Gallapfel starb; sie zeigen daher aussen keine Oeffnung, aber im Innern einen scharf abgegrenzten kugligen Kern, der aus einer hellbraunen zerreiblichen Substanz besteht und in seiner kleinen Centralhöhle die vertrocknete Larve enthält. Die Galläpfel sind gewöhnlich kuglig und oben, seltener an den Seiten, mit unregelmässigen Höckern besetzt; übrigens sind sie glatt und schwärzlichgrün und wie grau bestäubt; die Höcker sind gewöhnlich hellbraun. Die weissen oder gelben Galläpfel sind eingesammelt worden, nachdem die Gallwespe darin ausgebildet und nach Durchbohrung ihrer Hülle entflohen ist; sie sind durchschnittlich grösser und schwammiger als die vorigen und unterscheiden sich von den durch ihre röthliche oder bräunlichgelbe Farbe; im Innern findet sich nicht nur eine Höhlung, sondern auch ein kleines rundes Loch, welches von der Peripherie des Gallapfels in diese Höhlung führt. Obschon in allen Ländern Europa's Galläpfel sich bilden, so sammelt man doch nur die aus den südlichen Gegenden, indem die bei uns vorkommenden oft nur 3–5 Proc. Gerbstoff enthalten. v. Fehling fand in Aleppo-Galläpfeln 60–66 Proc. H. Fleck 58,71 Proc. Gerbstoff, ausserdem 5,9 Proc. Gallussäure.

Knoppern.

Von den Knoppern, die den Galläpfeln zunächst stehen, unterscheidet man unnatürliche oder eigentliche Knoppern und natürliche oder orientalische Knoppern. Die unnatürlichen (oder pathologischen) Knoppern sind ebenso wie die Galläpfel braune Auswüchse des Eichbaumes, welche durch den Stich einer Gallwespe, *Cynips Quercus calycis*, entstehen, nur mit dem Unterschiede, dass sie sich nicht auf den Zweigen und Blattstielen, sondern aus dem Saft der jungen Eicheln (aber nicht der Fruchtbecher, wie man früher annahm) bilden. Sie umgeben die Eichel meist nur an einer Seite, seltener ganz. Die Knoppern kommen in dem Handel in unregelmässigen, unebenen, eckigen, braungelben Stücken bis zu Wallnussgrösse vor; an der einen Seite ist die verkümmerte Eichel sichtbar, durch deren Verwundung sie entstanden, oder, falls die Eichel fehlt, die durch sie bewirkte schalenförmige Vertiefung. Man sammelt sie besonders in Ungarn, Mähren, Slavonien, Steiermark, Krain und bringt sie in den Handel. Ihr Gerbstoffgehalt beträgt 45 Proc. Die Knoppern finden neben der Eichenrinde vielfach zur Bereitung von lohgarem Sohl- und Fahlleder Anwendung, welchem sie eine schöne braune Farbe mittheilen. Seit einer Reihe von Jahren kommt auch Knoppernextract im Handel vor. Die natürlichen (oder physiologischen) Knoppern, auch Valonia, Acker- oder Eckerdoppen genannt, sind keine Auswüchse als Folge von Insectenstichen, sondern sind die natürlichen Fruchtbecher der auf griechischen Inseln, in Kleinasien und Syrien vorkommenden *Quercus aegilops* und *Valonia camata.* Die grossen Fruchtbecher sind durch abstehende, stumpfe oder eckige, sehr grosse, dicke Schuppen (Bracteen) charakterisirt; sie kommen theils mit, theils und meist ohne Eichel vor. Im letzteren Falle sind sie geschätzter. Ihr Gerbstoffgehalt beträgt 40–45 Proc.; in Valoniamehl, welches durch Mahlen eichelhaltiger Waare erhalten worden war, fand ich in dem einen Falle 19, in dem anderen 27 Proc. Gerbstoff. Die Kelchschuppen der Valonia finden sich unter dem Namen Drillot im Handel; sie sind reicher an Gerbstoff als die Valonia selbst. (Rothe fand darin 43–45 Proc.)

Chines. Galläpfel.

An die vorstehenden Produkte des Eichbaumes schliessen sich an die sogenannten chinesischen Galläpfel, die seit dem Jahre 1847 im Handel sich finden und aus China, Japan und Nepal kommen. Es sind blasige Anschwellungen, welche durch den Stich von *Aphis chinensis* an einer Sumachart, der *Rhus javanica* oder *Rh. semialata* sich bilden und meist länglich walzenförmig, aber auch plattgedrückt, birnförmig, kuglig vorkommen und auf ihrer mit gelblichgrauem Filz bedeckten Oberfläche mancherlei hohle Höcker und Zacken zeigen. Ihre Länge variirt von 3–10 Centimeter und ihre Dicke von 1,5–4 Centimeter; ihre Wände sind dünn, hornartig durchscheinend und spröde. Sie zeichnen sich durch hohen Gehalt von Gerbstoff, nämlich 60 bis 70 Proc. aus.

Catechu.

Seit ungefähr fünfzig Jahren werden in der Gerberei ausländische gerbstoffhaltige Extracte vielfach angewendet, welche in der Medicin unter dem Namen Catechu und Kino längst schon Verwendung finden. Das Catechu oder Cachon wird durch Auskochen des Kernholzes von *Acacia catechu* in Ostindien und vorzüglich in Bengalen und auf Coromandel, Coliren der Abkochung und Eindampfen bis zur Trockniss bereitet; diese Sorte Catechu (Bombay-Catechu) kommt in ungleich grossen und unregelmässigen, meist quadratischen, unten glatten und oben schwach gewölbten Stücken im Handel vor, die mit Blättern einer Palmenart durchzogen sind. Auf dem Bruche erscheint es fettglänzend von lederbrauner bis schwarzbrauner Farbe. Aussen sind die Stücke matt und leicht zerreiblich. Eine andere Catechuart (bengalisches Catechu), die aus den Nüssen von *Areca catechu* dargestellt werden soll, kommt in grossen, unregelmässigen, kuchenförmigen Brocken, die äusserlich gleichmässig braun sind und inwendig hellere und dunklere Schichten zeigen, dabei ziemlich schwer und fest sind, im Handel vor. Dem Catechu ähnlich ist des Gambir, ein auf Sumatra, Singapore, Malacca und besonders der Insel Rhio aus den Blättern und dünnen Zweigen der *Uncaria Gambir* bereitetes Extract, das zu uns in kleinen, würfelförmigen trocknen, leichten, zerreiblichen Stücken von erdigem Bruche und zimmetbrauner Farbe kommt. Die Catechusorten enthalten 40–50 Proc. einer eigenthümlichen Gerbsäure (Catechugerbsäure von der Formel $C_{15}H_{14}O_6$ nach J. Löwe) und ausserdem eine eigenthümliche Säure, die Catechusäure ($C_{16}H_{14}O_6$), die jedoch beim Gerbeprocess, wie es scheint, ausser Spiel bleibt.

Kino.

Das Kino ist eine dem Catechu sehr ähnliche Drogue; es soll der eingetrocknete Saft verschiedener Pflanzen sein, nämlich

das	afrikanische	Kino	von	*Pterocarpus erinaceus,*
„	ostindische	„	„	„ *Marsupium,*
„	„	„	nach Anderen von	*Butea frondosa,*
„	westindische	„	von	*Coccolaba uvifera,*
„	neuholländ.	„	„	*Eucalyptus resinifera.*

Das Kino bildet gewöhnlich kleine, eckige, scharfkantige, spröde, zu einem braunrothen Pulver zerreibliche, glänzend schwarze Stücke, die stark zusammenziehend, hintennach süsslich schmecken und sich in siedendem Wasser und in Alkohol fast vollständig zu einer blutrothen Flüssigkeit auflösen. Es enthält 30–40 Proc. einer der Catechugerbsäure ähnlichen Gerbsäure. Catechu und Kino kommen besonders bei vielen sogenannten Schnellgerbeverfahren in Anwendung.

Untersuchung der Gerbematerialien.

Da der Werth der Gerbematerialien allein von der Menge der in ihnen enthaltenen Gerbsäure abhängig ist, so ist es von Wichtigkeit, eine Prüfungsmethode zu haben, welche den Gehalt an Gerbstoff annähernd angiebt. Die in Wasser leicht lösliche Gerbsäure wird aus ihrer Lösung durch verschiedene Mittel ziemlich vollständig niedergeschlagen, so durch Leim und Thierhaut, durch essigsaures Kupferoxyd, durch essigsaures Eisenoxyd, durch Alkaloide (Chinchonin, Chinin) etc.; sie wird ferner durch eine Lösung von übermangansaurem Kali vollständig zerstört. Darauf gründen sich nachstehende Methoden der Gerbsäurebestimmung: 1) Die Gerbsäure wird mit Leim oder Thierhaut ausgefällt; a) die Thierhaut wird vor dem Versuche und nach dem Versuche gewogen; die Gewichtszunahme giebt die Menge der Gerbsäure (Davy); b) die Gerbsäure wird mit titrirter Leimlösung ausgefällt (v. Fehling); c) die Gerbsäure wird mit einer mit Alaun versetzten, titrirten Leimlösung ausgefällt (G. Müller); d) es wird das specifische Gewicht der Gerbstofflösung mittelst eines Araeometers bestimmt, die Gerbsäure mit Hülfe von Thierhaut entfernt, und von Neuem das specifische Gewicht der Flüssigkeit ermittelt. Die Abnahme des spec. Gewichts ist dem Gerbstoffgehalt der ursprünglichen Flüssigkeit proportional (C. Hammer); 2) Die Gerbsäure wird durch Kupferacetat ausgefällt und zwar das Verhältniss zwischen Gerbsäure und Kupferoxyd im Niederschlage; a) volumetrisch (H. Fleck) oder b) durch Wägung des Kupferoxydes (E. Wolff) bestimmt; 3) Die Gerbsäuremenge wird durch Ferriacetat und auf volumetrischem Wege ermittelt (R. Handtke); 4) Man sucht die Gerbsäure durch eine titrirte Lösung von Kaliumpermanganat zu zerstören (Löwenthal); 5) Die Gerbsäure wird aus ihrer Lösung durch Cinchonin, dessen Lösung mit etwas Fuchsin rothgefärbt ist, gefällt. Zum Fällen von 1 Grm. Eichengerbsäure braucht man 0,7315 Grm. Cinchonin, welche 4,523 Grm. krystallisirtem neutralem schwefelsaurem Cinchonin entsprechen (R. Wagner).

Die Häute.

Obgleich im Allgemeinen die Häute aller Quadrupeden zur Lederbereitung sich eignen, so schliessen doch häufig zu geringe Dimensionen oder ihr Nutzen als Pelzthiere die Häute vieler Thiere aus. Unter den in der Gerberei angewendeten Häuten nehmen die des Rindviehes den obersten Platz ein, an Festigkeit und Güte stehen ihnen nach die Haut des Pferdes und des Esels. Wie die Praxis gezeigt hat, ist die Festigkeit der Haut nicht allein abhängig von der Art des Thieres, sondern auch von dessen Lebensart, so übertrifft das wilde Rindvieh bei weitem das zahme, und bei letzterem wieder ist die Festigkeit der Haut grösser bei Weidevieh als bei im Stall gefütterten Thieren. Die Dicke der Haut eines bestimmten Thieres ist ausserordentlich wechselnd; in der Mitte des Rückens oder am Kopfe ist es häufig doppelt so dick als am Bauche. Bei den kleineren Thieren sind die Unterschiede in der Dicke weniger wahrnehmbar, bei den Schafen behauptet man übrigens gefunden zu haben, dass die Qualität und Dicke der Haut in Beziehung zu der Dicke des Vliesses im Augenblick des Schlachtens steht; je dicker und länger seine Wolle, desto dünner und weniger haltbar die Haut, da, wie es scheint, die Theile, welche zur Ernährung und Bildung der Haare dienen, der Ernährung der Haut entgehen.

Das dickste und derbste Leder, besonders als Sohlenleder für das Schuhwerk verwendet, liefern Stier- und Ochsenhäute, welche man im rohen unbearbeiteten Zustande grüne Häute nennt, und theils im frischen, ungetrockneten Zustande aus den nächstliegenden Metzgereien (eine frische Ochsenhaut, so wie sie vom Metzger kommt, wiegt 25–30 Kilogr., verliert aber bei Austrocknen etwas über die Hälfte an Gewicht), theils im getrockneten Zustande aus entfernten Gegenden bezieht. Letztere sind zum Theil nur getrocknet wie die aus Buenos-Ayres, zum Theil gesalzen und getrocknet, wie die von Bahia und Fernambuk in den Handel gebrachten, bisweilen auch geräuchert. Ein dünnes, weniger dichtes Leder und von minder feinem Korn als die Stierhäute geben die Kuhhäute, welche zu leichten Sommersohlen gegerbt, unter dem Namen Vacheleder bekannt sind; die stärksten Kuhhäute stammen aus den südamerikanischen Ebenen, sie werden wie gesagt zu leichtem Sohlenleder, dann zu Oberleder u. dergl. verarbeitet. Die Häute der Kälber sind dünner als die der Kühe, aber dicker als die der meisten anderen Thiere und liefern gegerbt ein sehr zähes, dabei weiches und biegsames Leder (Kalbkid), welches besonders als Oberleder des Schuhwerkes (Schmalleder, Fahlleder), verwendet wird, während die Stirnhäute und stärkeren Kuhhäute nur als Sohl- und Pfundleder Verwendung finden. Die Pferdehäute sind dünn und geben ein fast nur zu Sattlerarbeiten benutztes Leder. Die Schaffelle liefern Leder von geringerer Stärke für Buchbinderarbeiten, Waschleder, gefärbtes Leder u. s. w. Die Häute der Lämmer und jungen Ziegen liefern Leder für Handschuhe, die Häute der ausgewachsenen Ziegen das beste Material für Saffian und Maroquin. Hirsch- und Rehhäute, sowie Gemsenfelle werden in der Regel sämischgegerbt und als Wildleder verwendet. Schweine liefern ein dünnes, äusserst festes, besonders für Sattelsitze verwendetes Leder. Seehundsleder wird seiner grossen Zähigkeit wegen vorzüglich zum Einfassen der Sattlerarbeiten verwendet.

Die einzelnen Arbeiten der Lohgerberei

Die einzelnen Arbeiten in der Lohgerberei lassen sich auf drei Hauptarbeiten, A. auf das Reinmachen der Haut auf der Fleisch- und auf der Narbenseite, mit anderen Worten auf eine Blosslegung des Coriums; B. auf das eigentliche Gerben, und C. auf eine Zurichtung der lohgaren Häute, um sie in Waare zu verwandeln, zurückführen. Diese drei Hauptarbeiten zerfallen wieder in folgende Operationen:

A. Das Reinmachen der Haut

1) das Einweichen der Häute,

2) das Reinigen der Fleischseite,

3) das Reinigen der Haarseite,

4) das Schwellen der gereinigten Häute.

B. Das Gerben der Blösse, welches durch Einsetzen in Gruben, oder durch Gerben mit Lohauszug (Lohbrühe), oder nach dem Verfahren der sogenannter Schnellgerberei vor sich geht.

C. Das Zurichten der lohgaren Häute, worunter alle diejenigen Nacharbeiten zu verstehen sind, welche dem Leder ein dichteres Gefüge, eine schönere Narbe, ein besseres Ansehen der Fleischseite, grössere Gleichförmigkeit in der Dicke, grössere Geschmeidigkeit u. dergl. ertheilen sollen.

Das Reinmachen der Haut.

A. Das Reinmachen der Haut. 1) Das Einweichen oder Wässern der Haut bezweckt nicht nur eine gleichförmige Erweichung und Ausstreckung der Haut, so dass man sie beliebig biegen kann, ohne dass Narbenbrüche sich bilden, sondern auch eine Entfernung anhängender Blut- und Fleischtheile auf der Fleisch- oder Aasseite. Bei frischen Häuten genügt schon ein- bis zweitägiges Legen in fliessendes Wasser, oder, wo dieses nicht vorhanden, in Weichbottiche oder Kufen, um Blut und Schmutz zu entfernen; bei getrockneten, namentlich bei gesalzenen und geräucherten Häuten, lässt man dieselben oft 8–10 Tage lang im Wasser liegen, wobei man die Häute der Art befestigt, dass der Strich der Haare der Stromrichtung gerade entgegengeht, um das Wasser möglichst stark auf die Hautoberfläche wirken zu lassen. Während des Wässerns werden die Häute zweimal des Tages aus dem Wasser gehoben und wieder eingelegt.

Reinigen der Fleischseite.

Ist die Haut genügend erweicht, so schreitet man 2) zum Reinigen der Fleischseite. Zu dem Ende bringt man die Häute mit der Haarseite nach unten auf den Schabebaum, einen halbrunden hölzernen Baum, der mit seinem hinteren Ende auf der Erde ruht, mit dem vorderen auf einem Kreuzholz oder Kreuzfuss. Das Schabeeisen besteht in einem eisernen nach dem Rücken zu etwas gekrümmten Messer mit stumpfer Schneide, und ist mit zwei hölzernen Handgriffen versehen. Der Arbeiter stellt sich vor den Schabebaum und streicht, indem er das Schabeeisen an den Handhaben mit beiden Händen fasst, die Haut von oben nach unten herab, wobei einerseits das Wasser ausgepresst, andernteils die Haut gleichmässig gereckt und die anhängenden Fleisch- und Fetttheile und das der Fleischseite anhängende Unterzellgewebe, sowie die das Gewebe der Haut durchsetzenden feinen Gefässe und Nerven weggenommen werden.

Nach dem ersten Ausstreichen bringt man die Häute abermals 24 Stunden lang in das Wasser, streicht sie den nächsten Tag nochmals aus, trägt sie dann wieder einige Stunden ein und wäscht sie aus, worauf man sie über den Schabebaum schlägt und abtropfen lässt. Sie sind dann zum Enthaaren vorbereitet. Zur Beförderung des Einweichens und der damit im Zusammenhange stehenden Reinigung der Fleischseite werden die Häute zuweilen statt des blossen Aneinanderlegens, Auswaschens und Abtropfens in frischem Wasser gewalkt, was entweder in einer gewöhnlichen Walke oder in einem in die Erde eingelassenen Bottich mittelst Holzstampfen geschieht. Man kann durch dies Verfahren die Häute in 2–3 Tagen so weit reinigen, als sonst nach der gewöhnlichen Methode in 8–10 Tagen.

Reinigen der Narbenseite.

3) Das Reinigen der Haar- oder Narbenseite oder das Abhaaren bezweckt die anatomische Scheidung der Lederhaut von der auf ihr liegenden Epidermis und den mit letzterer zusammenhängenden Gebilden, namentlich den Haaren. Die Haare sitzen in der gereinigten und geweichten Haut — nicht in dem Corium, sondern nur in einer in das Corium tief hineinragenden Einstülpung der Oberhaut — so fest, dass sie nicht, ohne abzureissen, ausgerauft werden können, das Abrasiren ist nicht anwendbar, weil dabei die Haarwurzeln zurückbleiben, was sich mit dem Ansehen von gutem Leder nicht verträgt. Man nimmt daher in der Gerberei zu verschiedenen vorbereitenden Operationen seine Zuflucht, welche wie das Kalken beim Kalkäschen und die Gährung beim Schwitzen die Lockerung der Epidermis bezwecken sollen; beim Abstossen der Haare von den gekalkten oder vom Schwitzen kommenden Häuten wird daher hauptsächlich nur die Epidermis und zwar mit der in ihr befestigten Behaarung von der Lederhaut abgestossen; die Haare dienen dabei mehr als Handhabe.

Wie bereits gesagt, werden die auf der Fleischseite gereinigten und geweichten Häute auf verschiedene Weise für die Enthaarung vorbereitet, nämlich a) durch Schwitzen, b) durch Kalken, c) durch Anwendung von Rusma und Schwefelcalciumverbindungen.

a) Bei dicken Häuten, die zu Sohlleder bestimmt sind, wird als vorbereitende Operation zum Enthaaren das Schwitzen angewendet, da das Kalken, weil bei dickem Leder der Kalk nie ganz vollständig entfernt werden kann, das Leder hart und spröde machen würde. Das Schwitzen besteht in einer durch beginnende Fäulniss eingeleiteten Zersetzung der feuchten Haut, welche man jedoch auf die Auflockerung der Epidermis und Haarsäcke, sowie auf eine theilweise Fäulniss der noch in der Haut zurückgebliebenen fremdartigen Stoffe beschränken muss. Die Häute werden der Länge nach, mit der Fleischseite nach innen, zusammengelegt, nachdem man sie auf der Fleischseite mit Kochsalz eingerieben oder mit etwas Holzessig getränkt hat, und dann in einem an einem mässig warmen Orte befindlichen Kasten, dem Schwitzkasten, der mit einem Deckel verschlossen werden kann, übereinander geschichtet. Nach kurzer Zeit ist eine Steigerung der Temperatur und ein Geruch nach Ammoniakkörpern wahrzunehmen, welchem sehr bald die Erscheinungen der Fäulniss folgen. Sobald letztere sich kundgeben, werden diejenigen Häute, deren Haare leicht ausgerauft werden können, sofort auf dem Schabebaume enthaart. Bei fabrikmässigem Betriebe wendet man anstatt der Schwitzkasten zweckmässig eine grosse, dicht verschliessbare Kammer an, deren Temperatur entweder mittelst directem Feuer oder frei einströmenden Wasserdämpfen oder durch Wasserheizung so ziemlich constant auf 30–50° C. erhalten wird. Um aller nachtheiligen Einwirkung auf das Corium vorzubeugen, wendet man häufig auch das kalte Schwitzverfahren an, bei welchem man die Häute in ausgemauerte oder mit Cäment überkleidete Gruben bringt, auf deren Boden ein hölzerner Kanal den Abfluss des Wassers, sowie das Eindringen von Luft gestattet. Die Temperatur der Grube ist auf 6–12° zu halten. Unter dem Dache circulirt in einer im Viereck herumgeführten Leitung kaltes Wasser, zugleich tropft ein Theil dieses Wassers unaufhörlich durch die Grube nieder, deren Atmosphäre mit Feuchtigkeit gesättigt bleibt. Nach 6–12 Tagen tritt, ohne dass eine Spur von Fäulniss bemerkbar wäre, Auflockerung der Haare ein.

b) Bei leichteren, nicht für Sohlleder bestimmten Häuten wendet man gewöhnlich das Kalken an. Die Behandlung der Haut mit Kalkmilch ist nicht nur eine vorbereitende Operation für das Enthaaren, sondern es wird auch das in der Haut enthaltene Fett verseift und in Kalkseife übergeführt, welche im Wasser zwar unauflöslich ist, aber durch die nachfolgende, theils mechanische, theils chemische Behandlung gleichfalls beseitigt wird. Die Kalkgruben, in welchen das Kalken der Häute vorgenommen wird, sind in den Boden eingelassene Bottiche, welche bis auf Dreiviertel ihrer Höhe mit Kalkmilch angefüllt werden. In diese Bottiche werden die Häute eingestossen, sodass sie unter der Flüssigkeit liegen. In der Regel wendet man drei oder fünf Kalkgruben an, von denen die eine immer grössere Mengen von Kalk enthält als die andere. Die Kalkmilch muss in den Gruben öfter umgerührt und die Häute täglich zweimal herausgenommen und neu eingeschlagen werden. Die Häute bedürfen zur Gare eines 3–4wöchentlichen Verweilens in den Kalkgruben.

c) Sehr dünne Häute kleiner Thiere vertragen weder das Schwitzen noch das Kalken; man pflegt sie daher mit sogenanntem Rusma, einer salbenartigen Mischung aus 1 Th. Operment (Schwefelarsen) mit 2–3 Th. gelöschtem Kalk zu bestreichen, welches die Haare so erweicht, dass sie nach kurzer Zeit mit einem Schabmesser entfernt werden können. Böttger hat gezeigt, dass das Calciumsulfhydrat das Rusma in jeder Hinsicht ersetzt und in der Gerberei zum Enthaaren der Häute alle Beachtung verdient. Der Kalk, welcher zur Reinigung des Steinkohlengases gedient hat und viel Calciumsulfhydrat neben etwas Cyancalcium enthält, der sogenannte Gaskalk, hat in neuerer Zeit mehrfach, selbst bei stärkeren Fellen, zum Enthaaren Anwendung gefunden und zwar mit dem günstigsten Erfolge, indem das Leder fester, zäher, eleganter erscheint und mehr Gerbstoff aufnimmt.

Abpälen.

Sobald die Häute auf die eine oder die andere Weise zum Enthaaren genügend vorbereitet sind, wäscht man sie aus und legt sie, einige übereinander, auf den Schabebaum, die Haarseite nach oben und den Strich der Haare aufwärts, sodass der Arbeiter mit dem stumpfen Schabemesser nach abwärts den Haaren entgegenarbeitet und letztere von der Narbe abstösst, eine Arbeit, die man das Abpälen nennt. Falls die Haare noch zu fest sitzen sollten, wie es bei trockenen schweren Häuten nicht selten vorkommt, so streut der Arbeiter feinen Sand in die Haare ein, wo dann das Messer besser angreift. Die bei schweren Häuten nach dem Enthaaren noch festsitzenden Grundhaare werden mittelst eines gewöhnlichen grossen und scharfen Messers, des Putzmessers, abgeputzt. Nach beendigtem Abpälen werden die Häute von Neuem gewässert, mit der Narbenseite abwärts auf einen breiten Schabebaum geschlagen und auf der Fleischseite mit dem Scheer- oder Finneisen, einem grossen, geraden, scharfen Messer mit Griffen an beiden Enden bearbeitet, indem man das Messer flach gegen die Haut andrückt und dadurch sorgfältigst alles noch anhängende Fleisch etc. abschneidet, ohne die Haut zu verletzen. — Durch das Enthaaren und Scheeren verliert eine trockene Haut durchschnittlich 10–12 Proc. am Gewichte.

Schwellen der Häute.

4) Das Schwellen oder Treiben der gereinigten Häute. Theils um den von dem Kalken her in der Haut in Gestalt von kohlensaurem oder in Form von Calciumseife oder Calciumalbuminat zurückgebliebenen Kalk zu entfernen, theils auch die eigentliche Hautfaser auf endosmotischem oder dialytischem Wege aufzuschwellen und sie für das Eindringen der gerbstoffhaltigen Flüssigkeit geeignet zu machen, pflegt man nach Vollendung der vorbereitenden Reinigungsarbeiten die Häute in der Schwellbeize zu behandeln, die man durch saure Gährung von Gerstenschrot oder Weizenkleie bereitet, deren wesentlich wirksame Bestandtheile hauptsächlich Propionsäure, Milchsäure und Buttersäure sind. Werden die gereinigten Häute, nun Blössen genannt, mit dieser Flüssigkeit behandelt, so lösen die Säuren den Kalk auf, den Kalk aus der Calciumseife unter Abscheidung der Fettsäuren, welche sich auf der Oberfläche der Flüssigkeit ansammeln; die in Wasser löslichen Kalksalze werden durch das nachfolgende Auswaschen vollständig entfernt. Während des Schwellens nimmt die Dicke der Haut um das Doppelte zu, theils indem die Flüssigkeit der Schwellbeize in die Haut eindringt und letztere auflockert, zum Theil aber auch dadurch, dass in den Poren der Haut, sei es in Folge von Zersetzung von Calciumcarbonat durch die Gährungssäuren, sei es in Folge von Buttersäuregährung oder einer anderen Gährung, die sich in der Haut fortsetzt, sich Gasarten entwickeln; dabei wird die Haut durchscheinend und gelblich. Diejenigen Häute, die nicht durch Kalken, sondern durch Schwitzen vorbereitet wurden, bedürfen zum Schwellen keiner sauren Schwellbeize, sondern erlangen die nöthige Schwellung durch Wasser, obgleich die saure Schwellung, weil sie rascher und gleichmässiger vor sich geht, unter allen Umständen vorgezogen zu werden verdient.

Behufs der Umgehung des zu starken Schwellens der für Sohlenleder bestimmten Häute, fügt man der Schwellbeize sofort etwas Lohe oder Lohbrühe zu oder schwellt sie auch nur in der rothen Beize, worunter man alte, sauer gewordene Lohbrühe versteht, welche, dem Geruch und Geschmack nach zu urtheilen, grosse Mengen Milchsäure und Buttersäure enthält. Die Blössen werden zuerst in stark mit Wasser verdünnte, hierauf in concentrirtere rothe Beize gebracht. Nach Ablauf von 12–14 Tagen ist das Schwellen in hinreichender Weise vor sich gegangen. Anstatt der Schwellbeize, in welcher organische Säuren (Milchsäure, Propionsäure) wirksam sind, ist nach den Vorschlägen von Macbride und Seguin verdünnte Schwefelsäure (1 : 1500) zum Schwellen empfohlen worden; die Erfahrung hat aber gelehrt, dass hierdurch zwar eine beschleunigte Wirkung der Haut ermöglicht wird, jedoch nur auf Kosten der Qualität des Leders. Auch die an phosphorsauren Salzen und an Harnsäure reichen Excremente von Hunden, Tauben u. dergl. finden zum Schwellen Anwendung, indem diese Auswürfe in Wasser aufgeweicht und die Blössen darin bearbeitet werden.

Das Gerben.

B. Das Gerben der geschwellten Blösse. Durch die vorbereitenden Arbeiten des Reinigens, Kalkens oder Schwitzens und Schwellens ist die eigentliche Lederhaut nun so weit entblösst und aufgelockert, dass sie von der Gerbstofflösung gehörig durchdrungen werden kann, und die Sättigung der Faser des Coriums mit Gerbstoff möglichst vollständig erfolgt. Man nimmt in der Praxis an, dass eine trockene Haut bei ihrer Ueberführung in Leder ihr Gewicht um ungefähr ein Drittheil vermehrt, folglich ebensoviel an Gerbstoff aufnimmt.

Die Sättigung der Hautfaser mit Gerbstoff wird auf zweierlei Weise bewirkt, nämlich

1) indem man die Häute abwechselnd mit Lohe schichtet, was man das Einsetzen in Gruben nennt, oder

2) indem man sie zuerst in verdünnte, dann in concentrirte Lohauszüge eintaucht (Gerben in Lohbrühe).

Gerben in Gruben.

1) Das Einsetzen in Gruben findet gegenwärtig meistens nur noch bei zu Sohlen bestimmten Häuten statt. Die hierzu dienenden Loh- oder Versetzgruben sind in den Boden versenkte, wasserdichte Kasten von Eichen- oder Fichtenholz, statt welcher auch runde Bottiche zuweilen Anwendung finden. Nicht selten benutzt man auch ausgemauerte, mit Portland-Cäment überkleidete Gruben, deren Anwendung, namentlich im Anfang, grosse Behutsamkeit erheischt, weil der Kalk des Mörtels auf den Gerbstoff der Lohe zerstörend einwirkt.

Zuweilen (wie in einigen Theilen Württembergs) bestehen die Gruben auch aus Liasschiefer- oder aus Sandsteinplatten. Eine Grube fasst 50–60 Sohlhäute. Den Boden der Grube belegt man einige Centimeter dick mit ausgelaugter Lohe, giebt eine 3 Centimeter dicke Schicht von frischer Lohe darauf, breitet darüber die Haut mit der Narbenseite nach unten aus, streut wieder 3 Centimeter dicke Lohe darauf, dann eine zweite Haut und schichtet in dieser Weise den Kasten voll. Auf die dicksten Stellen der Haut legt man auch die dicksten Schichten der Lohe, füllt alle leer bleibenden Ecken mit alter Lohe, bedeckt etwa ⅓ Meter hoch mit derselben (der sogenannte Hut) und dann mit einem gut schliessenden Deckel, nachdem man so viel Wasser eingepumpt hat, dass es etwas über der obersten Haut steht. In diesem Zustande überlässt man die Grube sich selbst. Wurde anstatt eines Theiles der Lohe Knoppernmehl angewendet, so nimmt man nur ungefähr die Hälfte der Eichenlohe.

Auf diesen ersten Satz bleiben die Häute etwa 8–10 Wochen; wenn Knoppern beigemengt, so vollendet sich die Aufnahme des Gerbstoffes schneller. Noch bevor aller Gerbstoff der Flüssigkeit entzogen ist und ehe sich in derselben zu grosse Mengen flüchtige und riechende Säuren gebildet haben, müssen die Häute herausgenommen und in einem zweiten Kasten (dem zweiten Satze) mit frischer Lohe so geschichtet werden, dass die früher oben liegenden nach unten zu liegen kommen. In diesem zweiten Satze bleiben die Häute 3–4 Monate; sie sollen hier bis auf den Kern gelohet, d. h. mit dem Gerbstoff bis in das Innerste durchdrungen sein. Hierauf kommen die Häute 4–5 Monate lang in einen ähnlichen, noch geringere Mengen von Lohe enthaltenden dritten Satz, und bei sehr starken Häuten (namentlich Wildhäuten) muss bisweilen noch ein vierter und fünfter Satz gemacht werden, sodass sie bis zu zwei Jahren und länger noch in der Lohgrube behandelt werden. Die Menge der Eichenlohe, die zum vollständigen Gerben der Haut erforderlich ist, richtet sich nach ihrer Qualität; nach den Erfahrungen der Gerber rechnet man das vier- bis sechsfache Gewicht der trockenen Haut, von welcher Menge, das Gewicht der Haut zu 20 Kilogr. angenommen,

auf	den	ersten	Satz	40	Kilogr.	Lohe	kommen
„	„	zweiten	„	35	„	„	„
„	„	dritten	„	30	„	„	„
				105	Kilogr.	Lohe.	

Die lohgare Haut wiegt nach dem Trocknen ungefähr 22 Kilogr. (mithin 10–12 Proc. mehr als die trockene Rohhaut[142]). Die Gare der Haut giebt sich dadurch zu erkennen, dass sich beim Durchschneiden mit einem scharfen Messer eine gleichförmige, von fleischigen oder hornartigen Streifen freie Schnittfläche zeigt. Bei langsamem Biegen darf die Narbe nicht platzen oder brechen, das Leder nicht narbenbrüchig sein.

Gerben in der Lohbrühe.

2) Das Gerben in der Lohbrühe findet meist bei schwächeren Häuten statt. Die zu diesem Zweck angegebenen und üblichen Methoden sind sehr verschieden, kommen jedoch im Wesentlichen darin überein, dass namentlich auf gleichmässiges Schwellen der Häute gesehen werden muss, damit die Gerbstofflösung leicht eindringen kann, dass mit sehr verdünnten Lösungen begonnen wird, damit keine oberflächliche Gerbung die spätere Einwirkung auf den inneren Hauttheil erschwere, dass man oft umrühre, damit stets frische Gerbbrühe mit den Häuten in Berührung kommt, und dass man durch Herausnehmen und Abtropfenlassen der bereits theilweise erschöpften Flüssigkeit, durch Auspressen oder durch Walken das Eindringen neuer Flüssigkeit befördert, und dadurch viel Zeit gewinnt im Vergleich mit der sonst nur auf dem Wege der Endosmose stattfindenden Durchdringung der Haut mit Gerbstoff. Die Gerbebrühe wird durch Extraction der Gerbematerialien mit Wasser auf kaltem Wege bereitet. Leichtere Häute bedürfen zum Gerben in der Lohbrühe 7–8, schwerere 11–13 Wochen zur Gare.

Schnellgerberei.

Schnellgerberei. Die hauptsächlichsten Vorschläge, die zur Abkürzung der Zeit des Gerbeverfahrens gemacht worden sind, lassen sich in folgender Weise classificiren: 1) Die Haut wird einfach in die Lohbrühe gelegt, ein Verfahren, welches von Macbride herrührt, welcher demnach als der Urheber des Schnellgerbeverfahrens zu betrachten ist. Seguin (1792) verbesserte das ursprüngliche Verfahren. Jones von der Idee ausgehend, dass durch den Druck, welchen die in dem Bottich oder der Grube übereinander liegenden Häute aufeinander ausüben, die Gerbeflüssigkeit auf die Seite gepresst und dadurch verhindert werde, auf die Gesammtoberfläche der Haut einzuwirken, trennt die einzelnen Häute durch Lagen von Wollstoff (Flanell) und die Zeugschichten wieder durch Lagen eines wasserdichten Stoffes. 2) Circulation der Gerbeflüssigkeit findet statt bei den Verfahren von Ogereau und Sterlingue, sowie nach der Methode von Turnbull, bei welcher eine Anzahl Gerbebottiche durch ein Röhrensystem verbunden ist, und eine an den Röhren angebrachte Druck- und Saugpumpe die continuirliche Circulation der Gerbeflüssigkeit in den Bottichen unterhält. 3) Durch vermehrte Endosmose will Turnbull das Gerbeverfahren abkürzen. Er näht zu dem Ende die Häute zu Säcken zusammen, füllt sie mit Lohe und Wasser und bindet die Säcke zu, welche nun in Catechulösung untergetaucht werden, deren spec. Gewicht durch Zusatz von Melasse erhöht worden ist, um, wie der Urheber dieser Methode meint, einen kräftigen Austausch der Flüssigkeit in den Säcken mit der ausserhalb befindlichen einzuleiten. Die Flüssigkeitsdiffusion oder Dialyse, mit welchem Namen Graham (1861) die durch eine colloïdale Zwischenwand bewirkte Trennung krystallinischer Körper von amorphen, deren Studium vielleicht den physikalischen Vorgang beim Gerbeprocesse zu erläutern geeignet ist, bezeichnet, war, als Turnbull seine Methode vorschlug, selbst in ihrer Idee noch nicht bekannt. 4) Das Bewegen der in die Gerbeflüssigkeit getauchten Häute wird zur Beförderung des Gerbens häufig angewendet, so z. B. von Brown, welcher die Häute in einen offenen Cylinder, welcher die Einrichtung einer zum Waschen der Rüben üblichen Lattentrommel hat, bringt, der unter dem Niveau der Gerbebrühe bewegt wird. Die von Squire zu gleichem Zwecke vorgeschlagene Trommel taucht nur bis zur Achse in die Gerbeflüssigkeit und ist mit Abtheilungen versehen, es werden daher die Häute abwechselnd bei jeder Umdrehung der Trommel aus der Gerbebrühe entfernt und wieder eingesenkt. C. Knoderer's Gerbeverfahren besteht ebenfalls zum Theil darin, dass man die Häute mit Auszug von Lohe und mit unausgezogener Lohe in Fässer bringt, dieselben verschliesst und sodann eine gewisse Zeit lang sich umdrehen lässt. 5) Eine Anwendung von mechanischem Druck findet ebenfalls zuweilen statt, so nimmt Jones von Zeit zu Zeit die Häute aus der Gerbeflüssigkeit, breitet sie auf ein durchlöchertes Brett aus und führt sie so unter einer Walze weg. Nossiter befreit von Woche zu Woche die Häute unter einer kräftigen Presse von der erschöpften Gerbeflüssigkeit. Nach der von Cox und Herapath angegebenen Methode lässt man die Häute von Zeit zu Zeit durch Walzwerke laufen. 6) Der hydrostatische Druck ist in neuerer Zeit öfters zur Beförderung des Eindringens der Lohbrühe in die Häute angewendet worden. W. Drake näht zwei Häute mit den Narbenseiten auf einander zu einem Sack zusammen, der mit Lohbrühe gefüllt und zwischen zwei hölzerne Gitter gelegt wird, deren Stäbe der Haut als Widerlager dienen. Chaplin stellt die aus Häuten gebildeten und mit Lohbrühe gefüllten Säcke einfach auf eine Rinne zum Abziehen der durchsickernden Flüssigkeit hin und lässt nur von Zeit zu Zeit die Säcke wenden, um einen überall gleichmässigen Druck zu erhalten. Nach Sautelet befestigt man je zwei Häute durch Bügel und Schrauben zwischen drei Rahmen, in solcher Art, dass sie die einander gegenüberstehenden breiten Seitenwände eines kastenförmigen Raumes bilden, dessen beide anderen schmalen Seiten, sowie der Boden und die Decke von dem mittleren Rahmen ausgemacht werden. Durch ein in der Decke des Kastens befindliches Rohr lässt man aus einem höher gelegenen Reservoir die Gerbebrühe eintreten, welche nun durch hydrostatischen Druck durch die Häute hindurchgepresst wird. 7) Durch Punktation. Snyder sucht den Gerbstoff dem Innern der Haut dadurch zugänglicher zu machen, dass er eine Seite der Haut, die Aasseite oder die Narbenseite, vor dem Gerben auf einer Maschine mit Nadelstichen durchbohrt und so gewissermaassen künstliche Poren herstellt. Die Versuche von Knapp haben gelehrt, wie irrationell Snyder's Vorschlag ist, indem die Haut so durchdringlich und in dem Grade den Gerbstoffen zugänglich ist, dass ein Stück einer Kalbshaut in eine syrupdicke ätherische Lösung von Gerbstoff gelegt, in höchstens einer Stunde völlig gar und ausgegerbt ist. 8) Den luftverdünnten Raum zur Beförderung des Eindringens der Gerbebrühe in die Haut benutzten zuerst Knowly und Knesbury, indem sie die Häute in ein verschliessbares Gefäss bringen, dessen Luft durch eine Luftpumpe ausgepumpt wird und in welches dann die Gerbeflüssigkeit kommt. In neuester Zeit hat Knoderer sich von Neuem auf das Princip des luftverdünnten Raumes als Mittel zum Schnellgerben geworfen. Combinirt man nach der von ihm beschriebenen Methode die drei Mittel: die Luftverdünnung, welche die

Zellen der Haut ausdehnt und zugleich die Zersetzung des Gerbstoffs durch die atmosphärische Luft verhindert; die Bewegung, welche die Auslaugung der Lohe beschleunigt und ein stetiges Auswalken der Häute bewirkt, und endlich die Wärme, als unvermeidliche Folge der Bewegung, welche die Lederbildung wesentlich befördert, so ergiebt sich eine bedeutende Zeitersparniss.

Zurichten der Häute.

C. Das Zurichten der lohgaren Häute. Nach dem Ausgerben der Häute in der Grube oder in der Brühe werden die Leder, um Handelswaare zu sein, noch dem sogenannten Zurichten unterworfen, eine Arbeit, welche in Deutschland von dem Gerber selbst vorgenommen, in Frankreich dagegen von dem Zurichter (*corroyeur*) besorgt wird. Die einzelnen Operationen des Zurichtens und ihre Aufeinanderfolge ist nicht bei allen Ledersorten gleich, sondern richtet sich nach der Art und Bestimmung des Leders. Am einfachsten ist die Zurichtung des Sohlenleders, da dieses bei seiner Verarbeitung von Seite des Schuhmachers seine natürliche Oberfläche verliert und auch die Geschmeidigkeit nicht in Betracht kommt, so sind alle Arbeiten, die sich auf diese beiden Punkte beziehen, überflüssig. Bei dem Sohlenleder handelt es sich hauptsächlich um Dichte des Gefüges, um die erforderliche kernige Beschaffenheit, die dem Leder Schutz gegen die Abnutzung durch Reibung gewährt. Sowie das Sohlenleder die Gruben oder die Bottiche verlässt, hat es noch nicht die erforderliche Dichte, um beim Gebrauch nicht nachzugeben und seine Dimensionen zu verändern.

Sohlleder.

Das Zurichten des Sohlleders hat mithin hauptsächlich die Bestimmung, dem Leder auf mechanischem Wege, namentlich durch Hämmern diejenige Dichte zu geben, welche es ausserdem bei seiner Benutzung als Sohle annehmen würde.

Sobald die Häute der Grube entnommen worden sind, wird die anhängende Lohe abgekehrt, worauf sie an einem schattigen Orte getrocknet werden. Wenn sie beinahe trocken sind, werden sie über einen ebenen und glatten Stein ausgebreitet und mit hölzernen oder auch eisernen Hämmern geschlagen. In grösseren Gerbereien wendet man zum Hämmern grosse, durch Dampf oder Wasser bewegte Schwanzhämmer an. Seit etwa 20 Jahren bedient man sich auch vielfach der Maschinen zum Lederklopfen.

Schmalleder.

Die Zurichtung des Schmal- oder Fahlleders (hauptsächlich für Schuhmacher- und Sattlerzwecke) ist weit complicirter als die des Sohlenleders und nach der Bestimmung des Leders eine verschiedene. Die erste mechanische Operation, welcher die genannten Falzen. Lederarten in der Regel unterworfen werden, ist das sogenannte Falzen (Ausschlichten, Dolliren), welches das Entfernen der rauhen überflüssigen Fasern, Knoten und Schorfen der Fleischseite, um der gegerbten Haut nicht nur eine durchaus gleichmässige Dicke, sondern auch die für die verschiedenen Anwendungen erforderliche Geschmeidigkeit zu geben, zum Zwecke hat. Die in Rede stehende Arbeit wird mit einem scharfen zweischneidigen Messer, dem Falz- oder Dollirmesser, verrichtet, indem man die zu bearbeitende Haut auf dem Falzbock, der dieselbe Form hat wie der Schabebock, mit der Narbenseite nach unten legt und mit dem Falzmesser schabt. Bei der Zurichtung von Ziegen-, Lamm- und Schafleder für Handschuhmacher, Portefeuillearbeiter u. dergl. wird das zu falzende Fell auf eine polirte Marmorplatte aufgespannt und jede unebene, rauhe und vorstehende Stelle der Haut durch das flach aufgelegte, etwas bogenförmig über die Fläche geführte Falzmesser hinweggenommen.

Schlichten.

Den nämlichen Zweck wie das Falzen verfolgt das Schlichten und findet besonders dann Anwendung, wenn stärkere Schichten Leder hinwegzunehmen sind, wie es hauptsächlich bei dem für Schuhmacherarbeiten bestimmten Kalbleder vorkommt. Die gegerbte Haut wird nach dem Trocknen auf einem Rahmen, den Schlichtrahmen, aufgehängt, in der Weise, dass nur das eine Ende eingeklemmt ist, das andere dagegen vom Arbeiter mit einer Zange gepackt und dadurch angespannt wird. Den angespannten Theil schlichtet oder beschneidet er nun mit dem Schlichtmonde, einer eisernen, verstählten, etwas concaven und scharf geschliffenen Scheibe, etwa 18–30 Centimeter im Durchmesser und in der Mitte mit einem mit Leder eingefasstem Loch versehen, in welches der Arbeiter die Hand steckt und nun mit der convexen Schneide das Leder auf der Fleischseite hinwegnimmt. Zur besseren Bezeichnung der Stellen, die hinweggenommen werden sollen und damit die Schneide des Schlichtmondes besser eingreift, bestreicht man vor dem Schlichten die Fleischseite mit Kreide.

Krispeln.

In Folge des Trocknens des Leders kleben die Fasern der Haut etwas aneinander und die Narbe wird flach, glatt und ungleich. Um nun die Narbe des Leders zu heben und dem Leder selbst ein gleichmässiges und gefälliges Ansehen zu geben, wendet man die Operation des Krispelns an. Das hierzu angewendete Werkzeug, das Krispelholz, ist von hartem Holze, ungefähr 30 Centimeter lang und 10–12 Centimeter breit, auf der oberen Seite flach und eben, aber unten der Länge nach gewölbt, sodass es in der Mitte am dicksten ist. Die untere Seite ist der Quere mit parallelen Kerben versehen, welche von Zeit zu Zeit mit Hülfe einer Feile wieder zugeschärft werden. Oben ist an das Krispelholz ein Lederriemen befestigt, durch welchen der Arbeiter die Hand steckt. Das zu krispelnde Leder wird auf eine Tafel gelegt, am Tischrande mit eisernen Klammern befestigt, die Hautstelle, welche eben gekrispelt werden soll, wird umgebogen, das Krispelholz auf die Biegung oder Falte gesetzt und mit dem Leder, auf welchem sie liegt, hin- und herbewegt, sodass die Falte ebenfalls hin- und hergeht, wodurch die natürliche Hautnarbe gleichförmig zum Vorschein kommt. Der Vorgang zum Krispeln ist derselbe, als wenn man bei einem trockenen Stück Leder, dessen Narbenseite oben liegt, eine Ecke desselben über die Narbenseite aufschlägt, die flache Hand über die Falte legt und mit der Hand die Falte hin- und herrollt, wodurch sich die Narbe hebt und in ihrer natürlichen Beschaffenheit zum Vorschein kommt.

Ponciren.

Solche Ledersorten, welche wie die zu den Krempeln und Cylindern dienenden keine Narbe zu besitzen brauchen, sondern glatt sein müssen, werden nach dem Falzen genetzt, mit einem Messer (dem Aussetzer) glatt gestrichen und dann wiederholt auf beiden Seiten mit Bimsstein abgeschliffen. Man nennt diese Arbeit das Ponciren oder Bimsen. Leder, welche nach dem Krispeln noch mehr Glanz erhalten sollen, wie in der Regel die gefärbten Leder, werden noch **Pantoffeln.** pantoffelt, d. h. es wird das mit der Narbenseite nach oben auf einer Tafel liegende Leder mit dem Pantoffelholz gerieben, nämlich ebenso behandelt wie mit dem Krispelholze. Das Pantoffelholz hat mit dem Krispelholze viel Aehnlichkeit, nur ist ersteres auf der unteren Seite statt mit Narben versehen, mit Korkholz (Pantoffelholz) belegt, welches auf der Aussenseite gut geglättet ist. Das Pantoffeln giebt nicht nur der Narbe Glanz, sondern verleiht auch der Aasseite ein zartes, sammetartiges Ansehen. Wo noch grössere Glätte verlangt wird, wie bei dem gelben lohgaren zu Sattlerarbeit bestimmten Leder (Blankleder), wird das Leder nach dem Krispeln und **Plattstossen.** Pantoffeln auf eine Tafel gelegt und mit der Plattstosskugel die Narbe platt gestossen. Die Plattstosskugel besteht in einer vierkantigen Platte aus Eisen, die auf der unteren Fläche ihrer Länge nach gekerbt ist und oben mit einem hölzernen Handgriffe versehen ist. Nach dem Plattstossen wird das Leder auf der Narbenseite noch mit der Blankstosskugel oder dem Blankstosscylinder glatt und blank gerieben. Letzterer besteht aus einer Glaswalze von 0,3 Meter Länge und 10 Centimeter Dicke (ehedem ward statt des Cylinders eine mit Handhabe versehene Kugel von grünem Glase angewendet), womit das Leder auf dem Blankstossblocke, welcher mit dem Falzbock übereinstimmt, geglättet wird. Häufig wird auch das Sattelleder gepresst, **Pressen.** um seine Narbe dem des Schweineleders ähnlich zu machen, welches weniger häufig zum Gerben kommt. Diese künstliche Narbe giebt man mit Hülfe von Walzen, deren Oberfläche stumpfe Erhöhungen haben, durch welche sich entsprechende Grübchen in das **Aussetzen.** Leder eindrücken. Um das Leder gleichmässig auszudehnen und um Falten und andere Unebenheiten, die sich durch ungleiches Zusammenziehen beim Trocknen gebildet haben, fortzuschaffen, werden die Leder benetzt und auf einer Tafel ausgestrichen oder ausgesetzt. Das Ausstreichen geschieht mit einer stumpfen Streichklinge (Aussetzer, Ausstreicher), die mit einer hölzernen Handhabe versehen ist und senkrecht auf das auf der Tafel liegende Leder aufgesetzt wird. Die Klinge ist von Eisen oder von Messing oder (bei dünnem Leder) von Horn; und für starkes Leder mit stumpfen Zähnen versehen.

Einfetten.

Die letzten Zurichtearbeiten bestehen, wenn es sich um Schmal- und Oberleder handelt, bei denen eine gewisse Geschmeidigkeit ein Haupterforderniss ist, in dem Einfetten, Einlassen, Schmieren oder Tränken des Leders, wozu gewöhnlich Fischthran oder ein Gemenge von Fischthran mit Talg oder am besten sogenanntes Gerberfett oder Dégras verwendet wird, welches letztere veränderter Thran ist, welcher in der Sämischgerberei benutzt und aus den gegerbten Fellen durch Potaschenlösung wieder gewonnen wurde. Das Einfetten muss im nassen Zustande der Haut geschehen, und ist gewöhnlich die Operation, welche mit den ausgegerbten Häuten vorgenommen wird. Beim Aussetzen der eingefetteten oder geschmierten Häute an die Luft und in geheizte Räume wird das Fett von der Haut gebunden und verschwindet für die Wahrnehmung vollständig. Das gefettete Schmal- und Fahlleder hat daher eine doppelte Gerbung durchgemacht und ist daher zugleich loh- und fettgar. Es ist daher streng genommen nicht richtig, wenn man das Schmieren der lohgaren Häute nur als blosse Appretur betrachtet, es ist vielmehr ein wahrer zweiter Gerbeprocess.

Die für Schuhe und Stiefel bestimmten Leder pflegt man auf der Fleischseite schwarz zu färben, indem man dieselben mit frischer angefeuchteter Lohe abreibt und mit Eisenbrühe, welcher etwas Kupfervitriol zugesetzt ist, mit einem Schwamm oder mit einer Bürste bestreicht, hierauf auszieht, dann krispelt, schlichtet, pantoffelt und nochmals mit einem Teig, aus Thran, Talg, Kienruss, etwas gelbem Wachs, Seife und Eisenvitriol bestehend, einreibt. Diese Schwärze füllt die Poren und schützt gegen die nachtheilige Einwirkung der Stiefelwichse, welche in der Regel mit Säure versetzt ist, liefert auch beim Putzen ein schöneres Schwarz, als bei dem auf der Narbenseite geschwärzten Kalbleder. Zuletzt überzieht man das Leder noch mit einer Mischung aus Talg und etwas Leimlösung, glättet das Leder mit einem convexen Stück glatten Glases und überzieht es mit dünnem Leimwasser. Zum Erhalten der Geschmeidigkeit des Leders bedient man sich häufig mit Vortheil eines Lederöles, welches ein Gemisch ist von Oelsäureäther mit Thran.

Juchten.

Unter Juften oder Juchten versteht man ein durch seine Festigkeit, Wasserdichte, so wie durch einen eigenthümlichen Geruch sich auszeichnendes, meist roth oder schwarz gefärbtes Leder, welches bisher fast ausschliesslich in Russland verfertigt und von da in grosser Menge bezogen wird. Der Name Juften stammt von dem russischen Worte Jufti ab, welches ein Paar bedeutet, und scheint für die Juftenleder hauptsächlich daher abgeleitet zu sein, weil die Felle beim Gerben paarweise zusammengenäht werden.

Man nimmt dazu gewöhnlich Häute von zwei- bis dreijährigen Rindern, doch bedient man sich auch der Rosshäute, der Kalb- und Ziegenfelle. Die bei der Fabrikation des Juchtenleders vorkommenden Operationen sind: 1) Das Reinigen der Häute wird wie gewöhnlich, und das Enthaaren mittelst Kalk ausgeführt; 2) das Schwellen verrichtet man entweder mit Sauerwasser aus Gerstenschrot, mit ausgegerbter und sauer gewordener Lohbrühe, oder mit Kaschka (mit Wasser zu einem dünnen Brei zerriebenen Hundekoth); 3) das Gerben der Juchten geschieht nicht mit Eichenrinde, sondern mit der Rinde mehrerer Weidenarten, auch mit Birken- und Fichtenrinde, oder auch mit allen drei Arten von Rinden. Man beginnt das Gerben damit, dass man die Blössen einige Tage in erschöpfter Gerbebrühe liegen lässt, worauf man sie mit dem zerkleinerten Gerbematerial in Gruben mit Wasser schichtet, oder auch in einen warm bereiteten Auszug der Rinden legt. Die Dauer des Gerbens beträgt 5–6 Wochen. 4) Die garen Häute werden aufgeschlagen, auf dem Schabebock aufgestrichen und mässig getrocknet, worauf sie mit Birkenöl (Deggut, Dachert) getränkt werden. Dieses Oel gewinnt man in Russland durch Theerschweelerei aus der weissen Birkenrinde (nach einigen Angaben aus der korkigen Rinde im Frühjahre, meist mit Zusatz von Birkenzweigen mit Knospen), es enthält die gewöhnlichen Produkte der trockenen Destillation des Holzes — Kreosot, Phenol (Birkenphenol nach Louginine) und Paraffin. — Mit diesem Oel werden die auf einer Tafel mit der Fleischseite nach oben ausgebreiteten Häute mit Lappen eingerieben und dieses so lange fortgesetzt, bis die Haut vollständig mit dem Oel imprägnirt ist. Hierauf werden die getränkten Häute so lange gereckt, bis sie geschmeidig geworden sind. Die Häute werden hierauf auf der

Narbenseite mit Alaunlösung bestrichen und nach dem Trocknen mit einer gekerbten Walze überfahren, um auf der Oberfläche ein beliebiges Korn zu bilden. Nunmehr werden die Häute getrocknet und dann gefärbt, indem man zwei Häute mit der Narbenseite übereinander legt, an den Kanten zusammennäht, so dass ein Sack daraus gebildet wird, in welchen man die Farbebrühe giesst. Zur rothen Farbe bedient man sich einer mit Kalkwasser bereiteten Abkochung von rothem Sandelholz und Fernambukholz, zu welcher man etwas Potasche oder Soda gesetzt hat. Nach neueren Nachrichten soll man gegenwärtig nicht mehr die rothe Farbebrühe in die zusammengenäheten Häute giessen, sondern damit mit Hülfe einer Bürste die Häute 5–6 Mal bestreichen. Die noch etwas feuchten Felle werden dann aufeinander gelegt, damit sie gleichmässig anziehen, hierauf auf der Fleischseite gefalzt, geschlichtet, gekrispelt und pantoffelt, auf der Narbenseite noch mit Thran und Birkenöl getränkt und mit Flanell abgerieben. Man verwendet bekanntlich das Juchtenleder zum Einbinden von Büchern öffentlicher Bibliotheken, wo es in Folge der riechenden Bestandtheile des Birkenöles, womit das Juchtenleder getränkt ist, die Insekten und Würmer vertreibt, zu Stiefeln, Säckler- und Riemerarbeiten; ferner in der Portefeuillefabrikation.

Saffian.

Mit dem Namen Saffian, Maroquin oder türkisches Leder wird ein aus Bock- oder Ziegenfellen bereitetes, sehr feines und weiches gefärbtes (nicht lackirtes) Leder bezeichnet. Man unterscheidet die *ächten* Saffiane (Maroquins) aus Ziegenfellen bereitet, die *unächten* Saffiane aus Schaffellen erhalten, gespaltene Schafleder und dünn ausgearbeitete Kalbleder für Buchbinder- und Portefeuillearbeiten.

Die Fabrikation der Saffiane gilt für eine arabische Erfindung und noch gegenwärtig werden im Norden Afrika's, besonders in Marokko, in der Türkei und in Persien beträchtliche Mengen davon angefertigt, welche noch bis zur Mitte des vorigen Jahrhunderts, um welche Zeit der Saffian in Europa erst Eingang fand, nach Europa kamen. Für die Fabrikation von schönem Saffian ist eine sorgfältige Behandlung bei den Vorarbeiten unerlässlich. Die Felle werden durch Aetzkalk enthaart und müssen durch umsichtiges Beizen und Schwellen von allem Kalk befreit werden. Zum Gerben selbst wählt man nur solche Gerbematerialien, die wenig färbende Bestandtheile haben wie der Sumach. Die Operation des Gerbens geschieht in verschiedener Weise. Nach der im Orient üblichen Methode werden die Blössen in Form von Säcken zusammengenäht und dann mit einer Flüssigkeit angefüllt, welche aus einem Gemenge von kaltem Wasser und Sumachpulver besteht. Die Gerbebrühe durchdringt die zu Säcken ausgespannten Felle so rasch, dass in einem Zeitraum von drei Tagen die Gerbung derselben vollendet ist. Die nämliche Gerbemethode wird auch hin und wieder in Deutschland, seltener in Frankreich, allgemein aber in England bei Saffianen, ungespaltenen Schafledern und bei Kalbfellen in Anwendung gebracht. Nach einem anderen Gerbeverfahren, welches hier und da in Deutschland, allgemein aber in Frankreich in Gebrauch ist, so auch in England für gespaltene Schafleder, bringt man die Blössen unter anhaltender Bewegung in passende Bottiche, welche das Gemisch von Wasser und Sumach enthalten; dieses Verfahren erfordert ungefähr acht Tage Zeit zu vollständiger Umwandlung der Blösse in Leder. Der Orient und die mit ihm oben namhaft gemachten Staaten verarbeiten die rohen Ziegen- und Schaffelle nur so weit, bis sie gegerbt und getrocknet sind; selten nur werden sie dort gefärbt und zugerichtet. In diesem Zustande mit dem Namen Meschinleder (gleichbedeutend mit dem französischen *cuir en croutes*) bezeichnet, gehen sie nach Wien und über Leipzig, um von deutschen Fabrikanten mit Farbe versehen, geglänzt und appretirt zu werden.

Appretur des Saffians.

Das Zurichten der für Saffian bestimmten Leder besteht zunächst in dem Färben derselben, worauf sie die letzte Appretur erhalten. Das Färben geschieht entweder aus dem Troge α) (bei ächten Saffianen), oder mit Hülfe der Bürste, β) (bei unächten Saffianen), α) Das Färben aus dem Troge geschieht in schmalen Trögen, in welche man aus einem grösseren Reservoir nur so viel Farbe von etwa 60° Temperatur giebt, als zur Färbung eines Felles erforderlich ist. Die gegerbten Felle werden mit der Aasseite nach innen der Länge nach zusammengelegt. Der Arbeiter nimmt ein Fell an dem zusammengelegten Rande und bewegt es in der Farbenbrühe, bis dieselbe fast absorbirt ist. Hierauf versieht er den Trog von Neuem mit Farbe und verfährt ebenso mit einem zweiten Fell und so fort. So wie die Felle das Bad passirt haben, werden sie ausgebreitet und

2–4 Dutzend derselben über einander gelegt. Hierauf wendet man die Lage Felle um, sodass das erste Fell wieder nach oben kommt, und giebt dann von diesem an nach der Reihe das zweite Bad, und hierauf das dritte Bad. Dann werden die Felle geöffnet oder ausgebreitet, in reinem Wasser ausgewaschen und dann weiter appretirt. β) Unächte Saffiane erhalten ihre Farbe durch Aufstreichen der Farbebrühe mittelst der Bürste. Die Felle werden zu dem Ende vollständig durchgeweicht, dann glatt ausgestrichen und die Farbenbrühen wiederholt aufgetragen. Es liegt auf der Hand, dass der Effekt, welchen die Farbe macht, grösstentheils von der Beschaffenheit der Narbe des Saffians abhängig ist, weshalb man den Operationen des Zurichtens nach dem Färben die grösste Sorgfalt widmet. Zunächst werden die gefärbten Felle nach dem Trocknen mit einem Wolllappen mit etwas Leinöl auf der Narbenseite eingerieben, dann auf einer Glänzmaschine der Länge nach geglänzt und geglättet, hierauf werden sie in die Quere platirt, dann das zweite Mal schräg über die Platirung. Die gelb gefärbten Felle werden nicht geglänzt, weil sich sonst das Gelb ins Braune ziehen würde. Seit einigen Jahren spielen die Theerfarben in der Lederfärberei eine grosse Rolle[143].

Der Corduan, ein gefärbtes Leder, welches in früherer Zeit eine weit grössere Rolle spielte als heutzutage, ist von dem Saffian wesentlich nur durch die grössere Stärke der Felle und dadurch unterschieden, dass er seine natürliche Narbe behält, während diese beim Saffian platirt, d. h. künstlich gemacht ist. Er pflegt roth, gelb oder schwarz gefärbt zu werden.

Lackirtes Leder.

Die Kunst, lackirtes Leder zu bearbeiten, dass es biegsam, geschmeidig, dauerhaft, vollkommen trocken, nicht klebend, schön schwarz und glänzend werde, gehört erst der neueren Zeit an, und erst seitdem ist es mehr und mehr steigendes Bedürfniss geworden, Fussbekleidung von lackirtem Leder zu tragen, Wagenverdecke und Wagenbekleidungen, Mützen- und Helmschirme und viele andere Gegenstände aus lackirten Häuten zu bereiten.

Lackirtes Leder kommt in der Regel nur in schwarzer Farbe vor. Die Herstellung des erstern besteht darin, dass man auf den entsprechend vorbereiteten Grund des nicht eingefetteten lohgaren, seltener öl- oder sämischgaren Leders, welches, nachdem es gehörig geebnet und geglättet, auf Holzrahmen ausgespannt worden ist, einen Lackfirniss aufträgt, welcher eine schwarze Farbe und die Eigenthümlichkeit hat, in der Kälte dickflüssig und zähe, in der Wärme aber dünnflüssig zu sein. Dieser dickflüssige Lack auf die Häute und Felle aufgetragen und dann in einen auf ungefähr 50° C. erhitzten Raum gebracht, wird dann dünnflüssig, breitet sich auf dem horizontal liegenden Leder gleichmässig aus und trocknet ein. Die Fabrikation der farbigen lackirten Leder weicht insofern von der eben beschriebenen Methode ab, als man bei ihr nur dünnflüssige Lacke anwendet und die Trocknung derselben nur in minder hohen Hitzgraden bewerkstelligt.

Von grosser Wichtigkeit ist die Herstellung von glatten lackirten Häuten für Sattler- und Wagenmacher-Gebrauch. Das Dach des Wagens, welches in vielen Fällen bald steif gestellt, bald zurückgeschlagen werden soll, bedarf neben einer grossen, dünnen, löcherfreien Haut, auch eine solche, die dehnbar und weich ist, und alle Biegungen ohne zu brechen verträgt. Die Haut der Kuh bot, in Folge ihrer natürlichen Dünne und grossen Fläche, somit das einzige Material zur Herstellung von Wagendecken; sie wurde mit Fett weich gemacht, geschwärzt und gekrispelt. Allein sie war von nur kurzer Dauer, denn der Sonne ausgesetzt, trat das in ihr befindliche Fett auf ihre Oberfläche und beschmutzte sie; ihre Farbe, ursprünglich schwarz, wurde bald roth, und der vor Kurzem noch elegante Wagen war seiner Schönheit beraubt. Nach der Erfindung des Lederlackes konnte man dem Wagenbauer zu Verdecken ein lackirtes Leder liefern, welches von den erwähnten Nachtheilen völlig frei ist. Da die vorhandenen Kuhhäute zur Befriedigung des sich immer mehr steigernden Bedarfs an Verdeckledern nicht ausreichten, kam man auf den glücklichen Gedanken des Spaltens grosser starker Ochsenhäute, und indem man dieselben ihrer ganzen Fläche nach horizontal durchschnitt, erhielt man ein Leder für die Wagendecken und ein zweites für Garnirung der Kutschensitze, der Kothflügel u. s. w.

Zum Schlusse sei noch das Instrumenten- oder Klavierhammerleder erwähnt, welches seiner Bestimmung nach weich, aber doch sehr elastisch sein muss. Die Fabrikationsweise dieses Leders wurde lange Zeit als tiefes Geheimniss behandelt, gegenwärtig weiss man, dass dieses Leder halb in Thran, halb in Fichtenlohe gegerbt ist. Ohne die Narbe von der Haut abzustossen, wird es in Thran gewalkt, in Lauge gewaschen und auf der

Narbenseite an der Sonne gebleicht. Dann kommt es in eine auf Handwärme abgekühlte Abkochung von Fichtenlohe, in welcher es so lange verbleibt, bis das Leder, ursprünglich weiss, eine Lohfarbe angenommen hat. Hierauf wird es übrigens wie sämischgares Leder zugerichtet. Unter dänischem Leder versteht man eine Sorte lohgares Handschuhleder, welches im Norden aus Fellen von jungen Ziegen, Lämmern und aus Rennthierhäuten mit Hülfe von Weidenrinde hergestellt wird und sich durch einen eigenthümlichen Weidengeruch, durch helle Farben und grosse Geschmeidigkeit auszeichnet.

II. *Die Alaun- oder Weissgerberei.*

Alaungerberei.

Die Alaun- oder Weissgerberei umfasst denjenigen Theil der Gesammtgerberei, welcher sich hauptsächlich gewisser Thonerdesalze zur Ueberführung der Haut in Leder bedient, das in diesem Falle alaun- oder weissgares Leder genannt wird.

Man unterscheidet drei Modificationen der Weissgerberei, nämlich: 1) die gemeine Weissgerberei, welche nur schwache Häute, wie Hammelfelle, Ziegenfelle und Schaffelle verarbeitet, dieselben erst in Kalkäscher vorbereitet und dann mit Alaun und Kochsalz (mit Gerbesalz) weissgar macht, ohne sie hierauf mit Fett zu tränken; 2) durch die ungarische Weissgerberei werden starke Häute (Ochsen- und Büffelhäute, Kuh- und Rosshäute) zu Sattler- und Riemerarbeit, ohne sie vorher mit Kalk zu behandeln, weissgar gemacht und dann mit Fett getränkt. An die ungarische Weissgerberei schliesst sich die Bereitung des Klemm'schen Fettleders an; 3) die französische oder Erlanger Weissgerberei, welche Felle von jungen Ziegen (Kitzen), jungen Kälbern (Kalbkid) und Lämmern, seltener Gemsenfelle, nach einem eigenthümlichen Verfahren zu Handschuhleder, sowie zu Leder zu Galanterieschuhwaaren gar macht. An diese Methode des Weissgerbeverfahrens schliesst sich 4) die Lederbereitung mit unlöslichen Seifen nach dem Vorschlage von Knapp an.

Gemeine Weissgerberei.

1) Die gemeine Weissgerberei verarbeitet Schaf- oder Hammel- und Ziegenfelle, welche dem Gerber entweder mit der Wolle oder bereits geschoren überliefert werden. Im ersten Falle sind bei der Behandlung der Felle besondere Rücksichten durch den Werth der Wolle geboten, da häufig der Gewinn des Gerbens mehr in dem Verkauf der Wolle (Gerberwolle, Raufwolle), als in dem des weissgaren Leders besteht. Die weisse Farbe, grosse Weichheit und zarte Narbe, welche man vom weissgaren Leder verlangt, führen grosse Sorgfalt bei den vorbereitenden Operationen mit sich, welche ausserdem mit den bei der Lohgerberei beschriebenen zusammenfallen.

Das Einweichen und Ausstreichen der Felle geschieht wie in der Lohgerberei und zwar letzteres ebenfalls mit einem Streichmesser. Der Arbeiter legt einen Decher (Corruption von Decuria, 10 Stück) über den Streichbaum übereinander, und streicht ein Fell nach dem anderen auf der Fleischseite, die Schaffelle behufs des Reinigens der Wolle auch auf der Narbenseite aus, bis er zum letzten Fell gelangt, welches als unmittelbar auf dem Streichbaum liegend leicht verletzt werden könnte und deshalb auf den nächsten Decher gebracht wird. Die Felle werden hierauf enthaart; bei mit Haaren versehenen Häuten oder Schafhäuten, deren Wolle vorher abgeschoren wurde, geschieht das Enthaaren auf dieselbe Weise wie beim Lohgerben, nur werden die mit Kalkmilch hinlänglich behandelten Häute auf dem Streichbaum nicht mit dem Schabeeisen, sondern mit einem kurzen Holzstabe von der Wolle oder den Haaren befreit. Die noch mit der Wolle versehenen Felle werden, ehe man sie dem Kalkäscher übergiebt, mittelst des Anschwödens enthaart, um die Wolle als Waare nicht zu entwerthen. Zu dem Ende werden die Felle mit der Fleischseite nach oben auf der Erde ausgebreitet, mittelst des Schwödenwedels (eines in Gestalt eines Pinsels zubereiteten Ochsenschweifes oder eines aus Werg zusammengebundenen Pinsels) mit einem aus gleichen Theilen Kalk und gesiebter Asche und Wasser bereiteten Brei bestrichen, darauf der Kopf und die Füsse nach der Aussenseite zu einwärts gelegt; hierauf wird jedes Fell dergestalt zusammengeschlagen, dass die Wolle nicht vom Kalk berührt wird und so 8–10 Tage liegen gelassen, bis die Wolle sich löst. Alsdann werden die Felle auf der Fleischseite und auf der Haarseite rein ausgewaschen, um sie vom Kalk zu befreien und vom Schmutz zu reinigen, worauf die Wolle zum Theil abgepflückt, zum Theil aber auch auf dem Streichbaume abgestossen wird. Die durch das Anschwöden enthaarten Felle werden nun in den Kalkäscher gepackt und weiter behandelt, wie oben angegeben worden ist. Um den in den Häuten enthaltenen Teig so vollständig als möglich zu entfernen, kommen die enthaarten Blössen in den sogenannten faulen Aescher, worunter ein Reservoir verstanden ist, welches von Zeit zu Zeit aufgerührt ist und in Folge des öfteren Gebrauches thierische Substanzen in reichlicher Menge enthält, die unter Mitwirkung des Kalkes sich nach und nach zersetzen und dadurch zur Ammoniakentwicklung Veranlassung geben. Hierdurch wird ein guter Theil Fett aus den Häuten entfernt. Nach dem Behandeln im Kalkäscher werden die Häute im Schabebaum verglichen, d. h. es werden die zur Lederfabrikation unbrauchbaren Stücke wie die Spitzen der Beine und des Kopfes, die Ohren, die Brustzipfel und der Schwanz behufs der Bereitung von Leim abgeschnitten. Die verglichenen Häute werden dann eine Nacht im Wasser eingeweicht, dann auf dem Schabebocke mit einem stumpfen Streicheisen auf der Fleischseite wie auf der Narbenseite gut ausgestrichen und geschabt, dann mit einer hölzernen Stosskeule mit Wasser einige Zeit gewalkt, ausgewaschen und abermals auf dem Streichblock bearbeitet, wobei zugleich der rückständige Kalk und die Kalkseife ausgedrückt und die Haare der Häute vollständig entfernt werden. Um die letzten Mengen des Kalkes zu beseitigen und um die Häute zu schwellen, kommen dieselben in die Kleienbeize, in welcher sie 2–3 Tage bleiben. Dann werden sie herausgenommen, in Wasser gespült, ausgewunden und unmittelbar zum Gerben in die Gerbebrühe gebracht. Auf je einen Decher bereitet man eine Alaunbrühe aus 0,75 Kilogr. Alaun, 0,30 Kilogr. Kochsalz, 22,5 Liter Wasser. Von dieser heiss bereiteten Brühe giesst man 1 Liter in einen Waschtrog, lässt sie bis zur Handwärme abkühlen und zieht ein Fell ein oder zwei Mal durch, bis die Brühe das Fell überall gleichmässig imprägnirt hat. Nach dem Herausnehmen schichtet man die Felle auf einander, ohne sie auszuringen, lässt sie 2–3 Tage so liegen, wodurch sie die Gare bekommen, ringt sie dann aus und trocknet sie langsam, auf Latten aufgehängt.

Was die Theorie der Anwendung der Alaunbrühe in der Weissgerberei betrifft, so neigte man sich früher allgemein der Ansicht zu, dass nur das Chloraluminium darin — durch Umsetzung der Bestandtheile des Thonerdesulfates des Alauns und der Bestandtheile des Kochsalzes entstanden — wirksam sei, man glaubte, dass ein basisches Chloraluminium (Aluminiumoxychlorür) mit der Haut sich verbände, während saure salzsaure Thonerde in der Gerbebrühe zurückbliebe. Die Sulfate der Alkalien in der Alaunbrühe hielt man für Ballast. Dass Aluminiumacetat (essigsaure Thonerde) anstatt der Alaunbrühe angewendet, von guter und schneller Wirkung sei, war ebenfalls bekannt. Die von Knapp *senior* mit Alaun, Aluminiumacetat und Chloraluminium angestellten Versuche haben gelehrt, dass bei der Aufnahme des Aluminiumsalzes durch die Hautfaser keine Zersetzung des Salzes stattfindet; es wurden durch die Haut aufgenommen

von	Alaun	8,5	Proc.
„	Aluminiumsulfat	27,9	„
„	Chloraluminium	27,3	„
„	Aluminiumacetat	23,3	„

Die Thonerdesalze verbinden sich aber keineswegs mit der Haut unter allen Umständen stets in obigen Verhältnissen, die Erfahrung lehrt im Gegentheile, dass die Häute aus concentrirten Salzlösungen mehr aufnehmen als aus verdünnten. Was die Rolle des Kochsalzes bei der Bereitung der Gerbebrühe betrifft, so ist das Kochsalz keineswegs nur das Mittel, das Thonerdesulfat des Alauns in Chloraluminium überzuführen (neuere Versuche von Knapp — 1866 — haben sogar gelehrt, dass bei Anwendung von 1 At. Kalialaun und 3 At. oder 37 Proc. Kochsalz, beide Salze sich nicht mit einander umsetzen), sondern es übt auch einen eigenen und zwar activen Einfluss aus, theils als eine die Wirkung des Alauns auf dialytischem Wege lebhaft befördernde Substanz, theils weil es auch als Lösung, gleich dem Alkohol, die Eigenschaft besitzt, den thierischen Geweben ihren Wassergehalt so weit zu entziehen, dass die Fasern beim Trocknen nicht mehr zusammenkleben, und somit bei der Lederbildung mitwirkt.

Die gegerbten Felle schrumpfen beim Trocknen etwas ein und besitzen eine ziemliche Steifheit, welche ihnen durch die Arbeit des Stollens genommen wird; die Felle werden nämlich über den convexen Theil eines bogenförmigen Eisens, der Stolle, und zwar über die stumpfe Schneide der Breite nach hinweggezogen, um die Felle auszudehnen und alle Falten zu beseitigen. Vorher benetzt man sie mit Wasser oder legt sie einige Tage in den Keller, damit sie während des Stollens nicht zerreissen. Nach dem Stollen werden sie auf dem Streichrahmen oder Streichschragen mit Hülfe der Streiche gestrichen und dann sind sie Waare. Das fertige Leder wird unter der Benennung „Weissleder“ in grossen Massen zu ordinärem Schuhfutter und dergl. verwendet.

Ungarische Weissgerberei.

2) Die ungarische Weissgerberei unterscheidet sich von der gemeinen Weissgerberei dadurch, dass sie dicke Ochsen-, Büffel-, Kuh- und Rosshäute zu Sattler- und Riemerarbeit, zuweilen auch Eberhäute und Farrenhälse für Dreschflegel verarbeitet, die Häute nicht in den Kalk bringt und sie nach dem Gerben mit Fett tränkt. Die rohen Häute werden blos eingeweicht, bis alles Blut und alle Unreinigkeiten entfernt sind, und dann enthaart; zu dem Ende werden die Häute, sowie sie aus dem Wasser kommen, mit einem scharfen Putzmesser abgeschoren. Hierauf kommen sie sofort in die Alaunbrühe, welche für eine Haut von ungefähr 25 Kilogr. Gewicht aus 3 Kilogr. Alaun, 3 Kilogr. Kochsalz und 20 Liter Wasser bereitet wird. Die Alaunbrühe wird im lauwarmen Zustande in einem länglich-runden Bottich auf die Felle gegossen, dergestalt, dass die Narbenseite nach oben gekehrt ist. Ein Arbeiter tritt alsdann mit den Füssen in dem Bottiche einige Mal auf den Fellen herum, worauf sie acht Tage lang in der Brühe liegen bleiben. Nach dieser Zeit werden sie nochmals gut durchgetreten, worauf man das Leder auf Stangen trocknet. Nach dem Trocknen werden die Häute gereckt und dann mit Fett getränkt. Zu dem Ende werden die gegerbten Häute auf Stangen über Kohlenfeuer erwärmt, dann auf einem Tisch ausgebreitet und auf der Fleischseite wie auf der Narbenseite mit geschmolzenem Talg eingerieben. Jede Haut erhält etwa 3 Kilogr. Talg. Nachdem dreissig Häute so getränkt worden sind, werden sie einzeln über einem Kohlenfeuer etwa eine Minute lang durch zwei Arbeiter hin und her gezogen, wodurch das Fett die Häute besser durchdringt, worauf man sie in der freien Luft, die Fleischseite einwärts gekehrt, aufhängt. Der Talg verbindet sich (wenigstens zum Theil) mit der Haut.

Das Leder ist nun für die Verwendung fertig. Sein Hauptverbrauch ist zu ordinärem Pferdegeschirr, der sich in Frankreich so weit ausdehnt, dass man auch die Geschirre für die Artilleriebespannung daraus fertigt, da nicht leicht ein zweites Leder so viel Stärke und Zähigkeit besitzt, und auch nicht leicht ein anderes so rasch und so wohlfeil hergestellt werden kann.

Handschuhleder.

3) Die französische oder Erlanger Weissgerberei befasst sich nur mit der Herstellung von Glacéhandschuhleder und von Leder für Galanterieschuhwaaren. Bei dem Leder für Glacéhandschuhe bleibt die Narbe der Felle unverändert, während bei waschledernen Handschuhen, welche mit Thran gegerbt wurden, stets die Narbe der Felle abgenommen ist. Das alaungare Handschuhleder erheischt, weil es zu Luxusartikeln, den Glacéhandschuhen, verarbeitet wird, die Eigenschaften des Weissleders in hohem Grade, da diese Leder, wenn sie weiss bleiben, ein gleichmässiges Weiss erhalten sollen, und wenn sie gefärbt werden, dieses fast durchweg mit hellen und delicaten Farben geschieht. Nur durch sorgfältiges Behandeln der Felle in den vorbereitenden Operationen, durch pedantische Reinlichkeit, durch Fernhalten von Allem, was Flecke hervorrufen könnte wie Eichenholz, eisenhaltiges Wasser und dergl. ist man im Stande, diese Bedingungen zu erfüllen. Dazu gesellt sich noch der Umstand, dass die Handschuhe grosse Geschmeidigkeit und Dehnbarkeit, dabei möglichste Haltbarkeit und eine unversehrte Narbe besitzen müssen.

Zu dem besseren Glacéhandschuhleder werden zwei Fellsorten verwendet; die eine theurere ist das Fell der nur mit Milch ernährten jungen Ziege (Zickel oder Kitz), die eine wohlfeilere ist das Fell des Lammes. Jedes dieser Felle liefert im Durchschnitt zwei Paar Handschuhe. Für Leder zu Galanterieschuhwaaren verwendet man die Felle junger Kälber (sogenannte Kalbkid).

Die Vorbereitungsarbeiten sind die gewöhnlichen der Weissgerberei, die Gerberei selbst weicht aber vollständig ab, indem die Felle mit einem Gerbebrei (der Nahrung) gegerbt werden, durch welchen sie nicht nur weissgar werden, sondern auch das zur völligen Geschmeidigkeit nöthige Oel erhalten. Dieser Brei besteht aus Weizenmehl, Eidotter, Alaun, Kochsalz, welche man mit Wasser zu einem flüssigen Brei anrührt. Das Weizenmehl bewirkt das Aufgehen des Leders, indem die Kleberbestandtheile und zwar als Thonerdeverbindungen von der Haut aufgenommen werden; die Stärke des Mehles tritt nicht in den garen Bestand des Leders ein. Das Eidotter wirkt durch seinen Gehalt an Eiweiss, aber viel wesentlicher durch seinen Gehalt an Eieröl, welches im Eigelb im Zustande einer natürlichen Emulsion sich findet. Es giebt dem Leder Weichheit und Zug, und dem Handschuh die Eigenschaft, sich nach der Hand zu modelliren, ohne Falten zu werfen, ohne eine empfindliche Spannung zu erzeugen, und ohne zu zerreissen. Emulsionirte Oele wie Mandelöl, Olivenöl, Thran, ja selbst Paraffin scheinen das Eieröl vollständig ersetzen zu können. Die Felle werden darin einige Zeit getreten und gewalkt. In neuerer Zeit soll man in Frankreich der Nahrung 2–3 Proc. Carbolsäure zusetzen, um dem zu starken Erhitzen der mit Nahrung versehenen Felle beim Lagern derselben entgegenzuwirken. Dann werden sie durch einfaches Ausziehen gereckt, an der Luft, so schnell es geht, getrocknet, gelinde angefeuchtet, dutzendweise zwischen Leinwand gelegt, getreten, um sie zu erweichen und dann einzeln der Länge und Quere nach auf der Fleischseite bis zu genügendem Ausrecken über das Stolleisen gezogen, darauf getrocknet und nochmals gestollt, wodurch die letzten Spuren anhängenden Mehles entfernt werden und die erforderliche Geschmeidigkeit gegeben wird. Die Narbenseite nach aussen gekehrt, wird dieses Leder in den Glacéhandschuhen verwendet, denen man durch Glätten oder Glänzen (mittelst der gläsernen Blankstosskugel oder mit Hülfe der Appretirmaschine), oder auch durch Ueberstreichen mit Eiweiss, Senegalgummi, Tragant oder Seife Glanz giebt. Das Färben der alaungaren Handschuhleder findet gewöhnlich auf der Narbenseite, seltener auf der Fleischseite statt und geschieht entweder durch Eintauchen oder durch Anstrich. Letzteres Verfahren, unter dem Namen des englischen Verfahrens oder der Fixfärberei bekannt, ist das gewöhnlichere.

Nach Knapp's Versuchen lässt sich ein schönes weiches Glanzleder erzeugen, wenn man Blösse aus Lamm- oder Ziegenfell in einer gesättigten alkoholischen lauen Stearinsäurelösung ausgerbt. Das so erzeugte Leder ist geschmeidig, von weisserer Farbe als gewöhnliches Glacéhandschuhleder und von ganz besonders schönem natürlichen Glanz der Narbe.

Knapp's Leder.

4) Die Lederbereitung mit unlöslichen Seifen, von Knapp erfunden, scheint für die Gerberei von einiger Wichtigkeit werden zu wollen. Die gerbende Eigenschaft des Eisenoxydes ist längst bekannt und noch im Jahre 1855 liess sich Belford für England ein Patent auf ein Verfahren zur mineralischen Gerbung der Häute patentiren, welches auf der Anwendung des Eisenoxydes beruht. Es ist bis jetzt aber nicht gelungen, ein brauchbares Leder damit herzustellen. In einer Auflösung von schwefelsaurem Eisenoxyd und Eisenchlorid färbt sich die Blösse rothbraun, in einer Lösung von Chromchlorid blaugrau, jedoch nach dem Trocknen erhält man schlechtes, narbenbrüchiges, oft ganz sprödes Leder, selbst dann noch, wenn die Gerbeflüssigkeit möglichst wenig oder keine freie Säure enthält. Es ist wahrscheinlich, dass die Eigenschaft des Eisenoxydes, durch Sauerstoffabgabe zerstörend auf die Faser einzuwirken, beim Brüchig- und Sprödewerden des mit Eisenoxyd gegerbten Leders eine Rolle spielt. Wird die Eisenchloridlösung vor dem Gerben mit so viel Natron (Soda oder Aetznatron) versetzt, als sie verträgt, ohne einen bleibenden Niederschlag zu bilden, so wird das Oxyd leichter und reichlicher auf die Faser niedergeschlagen; nebenbei hat man den Vortheil, dass die saure Reaction auf die Haut gehoben und eine dem Zusatz der Soda entsprechende Menge Kochsalz gebildet wird. Aus dieser Lösung nun gerbt sich die Haut weit leichter und mit voller Geschmeidigkeit. Das so gegerbte Leder hat jedoch das mit dem weissgaren gemein, dass es im Wasser die Gerbung verliert und deshalb nur für Gegenstände sich eignet, welche mit Wasser nicht in Berührung kommen. Um ihnen Widerstand gegen die Feuchtigkeit zu geben, sind die Metalloxyde auf der Faser in unlösliche Verbindungen überzuführen, welche zugleich der Biegsamkeit und Weichheit der Hautfaser sich anschliessen, die Raschheit der Gerbung befördern und möglichst haltbar auf der Faser fixirt sind. Hierzu eignen sich am besten die Verbindungen der Oxyde von der Formel R_2O_3 mit den fetten Säuren, mithin die Thonerde-, Eisenoxyd- und Chromoxydseifen, die in Wasser unlöslich, ferner biegsam sind und, was für die Praxis erheblich ist, sich durch doppelte Zersetzung aus in Wasser löslichen Verbindungen herstellen lassen. Bei der Ausführung der Gerbung mit unlöslichen Seifen giebt es zwei Wege, nach dem einen (minder zu empfehlenden) bereitet man zwei Bäder, eines mit Seifenwasser,

welches 3–5 Proc. Kaliseife enthält, und ein zweites, eine Auflösung des gerbenden Salzes, welches 5 Proc. davon enthält. Die Blössen werden zuerst in die Salzlösung gebracht, fleissig darin bewegt, öfters zum Abtropfen herausgenommen, dann von Neuem hineingelegt, bis sie gehörig imprägnirt sind, wozu 1–2 Tage gehören. Nach dem Abtropfen kommen sie zum Ausgerben ebenfalls 1–2 Tage lang in die Seifenlösung. Nach beendigtem Gerben werden die Häute abgespült und getrocknet. Ein besseres Resultat und eine sattere Gerbung der Blösse erhält man nach dem zweiten Verfahren, nach welchem man die Seifenlösung mit der Alaunlösung ausfällt und in der entstandenen zarten schlammigen Masse die Haut durchknetet. Die Knapp'sche Gerbung mit unlöslichen Seifen ist, wenn auch nicht im Princip, doch in der Tendenz einer Combination der Alaungerberei mit der Sämischgerberei ähnlich. Das mit der Thonerdeseife gegerbte Leder ist weiss und besitzt an Stelle der trocknen, fast kreidigen Oberfläche der weissgaren Leder eine weiche, glänzende und fettig anzufühlende Oberfläche. Gerbt man aus einer Flüssigkeit, die Eisen- und Chromsalze gemischt enthält, so erhält man Leder von einer Farbe, die bei geeignetem Verhältniss der beiden Salze der Farbe des rothgaren Leders täuschend ähnlich ist.

III. *Die Sämisch- oder Oelgerberei.*

Sämischgerberei.

Die Sämisch- oder Oelgerberei wandelt die Felle von Hirschen, Elenthieren, Rehen, Hammeln, Schafen, zuweilen auch Kalbsfelle, dann auch Ochsenhäute (zu Riemen, Kuppeln und Bandeliers beim Militair) in Oelleder (ölgares oder sämischgares Leder) um. Das Gerbmaterial ist Fett oder Thran (seit einigen Jahren meist mit 4–7 Proc. Carbolsäure versetzt). Das Oelleder findet hauptsächlich zu Bekleidungsgegenständen, namentlich zu Beinkleidern, Beuteln, Hosenträgern, Gamaschen, Westen, waschledernen Handschuhen, Bändern und Bandagen zu chirurgischen Zwecken Anwendung, wozu es sich in Folge seiner Weichheit, seiner wolligen Beschaffenheit und seines Zuges wegen besonders eignet. Da es im Wasser seine Gerbung nicht verliert und daher auch ohne Nachtheil gewaschen werden kann, nennt man es auch Waschleder. Die oberste Lage des Coriums, welche ihrer dichteren Beschaffenheit wegen, nicht dieselbe Dehnbarkeit und Geschmeidigkeit besitzt wie die untere, also die Narbe, wird bei dickeren Fellen abgestossen; bei solchem ölgaren Leder fällt daher der Unterschied zwischen Narben- und Fleischseite hinweg. Das Abstossen der Narbe befördert zugleich das Eindringen des Fettes, welches unter der vereinigten Einwirkung von Luft und Wärme sich in Produkte umwandelt, welche mit der Hautfaser eine feste trockene Verbindung eingehen, in welcher der Fettgehalt nicht mehr physikalisch zu erkennen ist, namentlich hindert er nicht mehr das Eindringen des Wassers (das Oelleder ist daher keineswegs wasserdicht wie z. B. das Fettleder Klemms), dagegen nimmt es der Hautfaser das Vermögen, unter dem Einflusse des Wassers zusammenzukleben und einzuschrumpfen. Dünnere Felle, wie Felle von Ziegen und Lämmern, welche zu den feinen ölgaren Handschuhen dienen, behalten ihre Narbe der grösseren Haltbarkeit wegen und werden dann auf der Fleischseite nach aussen getragen.

Die für das Oelleder bestimmten Felle werden bis zur beendigten Enthaarung eben so vorbereitet wie in der Weissgerberei; da bei dem ölgaren Leder eine Schonung der Narbe nicht erforderlich ist, so werden die Haare nicht mit einer Schabe, sondern auf dem Streichbaum mit einem stumpfen Messer, dem Abstossmesser, abgestrichen, wobei zugleich die Narbe abgestossen wird. Die abgestossenen und durch Vergleichen von den unbrauchbaren Endstücken befreiten Felle kommen behufs ihrer vollständigen Entkalkung und Schwellung in Kleienbeize. Hierauf werden sie ausgewunden und sofort in die Walke gebracht, um hier mit dem Fette getränkt oder gegerbt zu werden. Hierzu werden die Felle, die Narbenseite nach oben auf dem Tische ausgebreitet und mit Thran oder Oel bestrichen, dann zu Knäueln zusammengewickelt, unter eine Stampfwalke gebracht und 2–3 Stunden gewalkt, während dem man sie von Zeit zu Zeit herausnimmt, einige Zeit an der Luft liegen lässt und dann von Neuem ölt und walkt, bis sie genug Fett aufgenommen haben. Durch das wiederholte Aushängen an die Luft verlieren die Felle ihr Wasser allmälig und in dem Maasse, als das Wasser verdunstet, tritt das Oel an dessen Stelle; die Felle bleiben so lange der Luft ausgesetzt, bis die äussere Oberfläche abgetrocknet erscheint (anrauscht). Dass die Felle hinreichend Oel erhalten haben, erkennt man an einem eigenthümlichen scharfen, an Meerrettig erinnernden Geruch, welcher an die Stelle des Fleischgeruches tritt. Bereits während des Walkens, noch mehr aber während des Aushängens der Häute an die Luft, hat sich der Thran theilweise verändert und ist mit der Hautfaser in Verbindung getreten; ein anderer und zwar der grösste Theil des Thranes erfüllt aber nur mechanisch die Poren des Leders. Der Zweck der nächsten Arbeit ist daher der, die Felle einer Art, mit Temperaturerhöhung begleiteten Gährung auszusetzen, durch welche dieselbe Wirkung in kürzerer Zeit erzielt wird, welche beim Aushängen der geölten Häute stattfand, und wodurch der grösste Theil des Thranes in Verbindung mit der Faser gebracht wird. Hierzu werden die Felle in die Wärmekammer gebracht, auf einem auf dem Boden ausgebreiteten Leinentuche zu einem konischen Haufen übereinander geworfen, mit Sorgfalt bedeckt, sich selbst überlassen und nur von Zeit zu Zeit gelüftet, damit die Häute sich nicht überhitzen. Das Zusammenlegen und Auseinanderwerfen der Haufen wird wiederholt, bis die Felle die erforderliche gelbe Farbe erhalten haben, welche ein Zeichen der beendigten Oxydation des Oeles ist. Das Behandeln der geölten Felle in der Wärmekammer nennt man das Färben in der Braut. Ungeachtet der Gährung ist noch ein Theil des Oeles (man rechnet gegen 50 Proc. des ursprünglich angewendeten) in der Haut im unverbundenen Zustande enthalten, welches durch eine lauwarme Potaschenlösung entfernt wird. Aus der ablaufenden weissen Brühe scheidet sich beim ruhigen Stehen eine Fettmasse ab, welche Dégras oder Gerberfett heisst, und wie auf Seite 605 gesagt worden ist, zum Zurichten des lohgaren Leders verwendet wird. Die entfetteten Leder werden ausgerungen, getrocknet und gestollt, um ihnen die Geschmeidigkeit wieder zu ertheilen, welche sie durch das Trocknen zum Theil verloren haben.

Das Rauh- oder Rauchleder ist ölgares Leder, dessen Narbe nicht abgestossen worden und dessen Fleischseite geschwärzt ist. Es ist seiner Milde und Weichheit wegen zu Damenstiefeln sehr beliebt. Nach den Versuchen von Knapp *sen.* lässt sich eine Art Oelleder erhalten, wenn man eine Blösse abwechselnd mit einer Lösung von Seife und verdünnter Säure behandelt, so dass sich die fetten Säuren in der Faser niederschlagen. Nach der Gerbung muss das Leder gut ausgewässert werden. Ueber die Constitution des Oelleders ist zur Zeit nichts bekannt; man weiss nicht, welche Zersetzungsprodukte des Oeles (ob allein die der fetten Säuren oder vielleicht auch die des Glycerins) mit der Faser eine Verbindung eingehen. Die Sämischgerberei hat im Principe ohne Zweifel vieles gemein mit dem Oelen der Baumwollstoffe als vorbereitender Operation der Türkischrothfärberei.

Pergament.

Das Pergament ist kein Leder im technologischen Sinne, denn die Fasern der Haut, die zur Pergamentbereitung dient, sind weder durch Gerbstoff, noch durch Thonerdesalze, noch durch Thran, noch durch ein anderes Gerbematerial vor dem Zusammenkleben bewahrt, und lassen sich daher durch kochendes Wasser mit Leichtigkeit in Leim überführen (daher der Name Pergamentleim, welcher bei feinen Arbeiten höher geschätzt ist als der gewöhnliche Leim). Das Pergament ist im Wesentlichen nichts anderes als die von Haaren befreite rohe Haut einzelner und namentlich der kleineren Thiere, wie des Kalbes und des Schafes, welches von anliegendem Schmutz und Fleisch befreit, aufgespannt und getrocknet wird.

Man unterscheidet eigentliches Pergament (parchemin, parchement), welches aus Schaffellen hergestellt wird, von dem Pergament, welches der Franzose *Vélin* oder *Parchemin vièrge*, und der Engländer *Vellum* nennt; letzteres ist feiner als das gewöhnliche Pergament und wird aus jungen Kalb-, Ziegen- und todtgeborenen Lammhäuten bereitet. Die verschiedenen Zwecke, denen das Pergament dient, bedingen bei der Fabrikation desselben einige Modificationen. Die Felle werden zuerst eingeweicht, gereinigt, im Kalkäscher behandelt und enthaart; Schaffelle werden, um die Wolle möglichst zu schonen, geschwödet. Nach dem Enthaaren werden die Felle gewaschen und zwar auf dem Schabebaum und dann gewöhnlich (doch nicht immer) geschabt und von allem Fleisch befreit. Hierauf wird jedes Fell mit Schnüren und Wirbeln in einem Rahmen mit beweglichen Seiten (ähnlich dem Stickrahmen) der Art eingespannt, dass eine faltenlose Fläche entsteht. Das ausgespannte Fell wird nochmals ausgestrichen und dünn geschabt und darauf getrocknet. Einiges Pergament ist dann schon fertig und wird nur noch beschnitten; so stellt man z. B. das Trommelpergament aus Kalbfellen, das Pergament zu Pauken aus Eselshäuten dar. Bei Kalbfellen zu Trommelpergament entfernt man mit den Haaren auch die Narbe. Solche, die Farbe enthalten, für Büchereinbände bestimmt, werden genau wie Trommel- und Paukenfelle behandelt, nach dem Trocknen aber auf beiden Seiten mit einem halbrunden Messer geschabt, dessen Scheide umgebogen ist. Dadurch wird den ursprünglich glatten Flächen eine rauhe Oberfläche gegeben, wodurch diese geschickt wird zur Aufnahme von Farbe wie auch von Tinte. Die Vorbereitung der Felle zum Färben wie zum Schreiben ist nämlich eine und dieselbe, so wie auch die für jene Pergamentsorte, deren man sich zu Schreibtafeln in Brieftaschen und dergl. bedient, und welche die Schriftzüge des Bleistiftes aufnehmen soll. Dieses Pergament namentlich wird, nachdem es auf beiden Seiten abgeschabt worden, mit einer mageren Bleiweissölfarbe angestrichen, an deren Stelle auch häufig eine Leimfarbe aus Barytweiss oder Zinkweiss tritt. In England wendet man zur Herstellung des Schreibpergaments oder Vellums beinahe ausschliesslich jene Aas- oder Fleischseite an, welche man beim Spalten der Schafleder gewinnt. Oft wird das Pergament, nachdem es auf dem Rahmen getrocknet worden ist, gekreidet, geschabt und mit Bimsstein abgerieben. Zu Sieben (z. B. zum Körnen des Schiesspulvers) nimmt man vorzugsweise Schweinehäute.

Chagrin.

Der ächte orientalische Chagrin (Chagrain, Saghir, Sagri, Sagre) ist eine Art schwach gegerbtes Pergament, dessen eine Seite körnig oder mit kleinen rundlichen Knötchen bedeckt ist; es wird in Persien, in der Türkei, in Astrachan und in den Donaufürstenthümern aus Pferdehäuten und aus den Häuten der wilden Esel hergestellt und zwar nicht aus den ganzen Häuten, sondern nur aus dem hinteren Streif auf dem Rücken, gleich über dem Schwanze, welcher in Form einer Sichel nach der Quere über den Hüften des Thieres entlang herausgeschnitten wird. Behufs der Fabrikation des Chagrins werden die Häute in Wasser geweicht, bis die Epidermis sich löst und die Haare abgenommen werden können. Die mit Hülfe eines dem Schlichtmond ähnlichen Werkzeuges enthaarten Häute werden von Neuem in Wasser eingeweicht, um eine Schwellung hervorzubringen, dann auf der Fleischseite gereinigt, und hierauf die Fleischseite und die Narbenseite so weit abgeschabt, dass das Corium, welches zurückbleibt, einer feuchten Blase ähnlich erscheint. Die so weit vorbereiteten Blössen werden, um die Erhabenheiten auf ihnen hervorzubringen, welche das Charakteristische des Chagrins bilden, in Rahmen eingespannt, und dann Allabuta (schwarze harte Samenkörner der wilden Melde, *Chenopodium album*) auf die Narbenseite gestreut und in die Haut entweder mit den Füssen eingetreten oder eingepresst. Sind die Häute trocken und spröde geworden, so werden sie aus den Rahmen genommen und die Samenkörner durch Schütteln abgesondert. Die Häute erscheinen nun mit Vertiefungen bedeckt. Sie werden dann mit Schabemessern völlig geebnet und darauf geschwellt, gegerbt und gefärbt. Da alle eingedrückten Stellen sich beim Schwellen wieder ausdehnen und erheben, so entstehen dadurch die gewünschten Knötchen. Die Gerbung geschieht entweder mit Lohe oder mit Alaun, daher mancher Chagrin eine Art weissgares Leder ist. Man findet die Chagrinhäute im Handel von allen Farben, doch meist grün, welche Farbe dem Chagrin durch Kupfersalze ertheilt wird. Nach dem Färben werden die Häute mit geschmolzenem Hammeltalg getränkt.

Die Fischhaut oder der Fischhautchagrin kommt von verschiedenen Arten der Haifische (*Squalus canicula*, *S. catulus*, *S. centrina*), Rochen u. s. w. Die Haut dieser Fische ist nicht mit Schuppen, sondern mit harten Stacheln besetzt. Sobald die Häute von den Thieren abgezogen worden sind, spannt man dieselben straff auf, um sie zu trocknen und bringt sie entweder sofort in den Handel oder schleift vorher die Stacheln mit Sandstein ab. Man benutzte die blos getrocknete und noch mit den Stacheln versehene Fischhaut früher häufig zum Schleifen des Holzes. Jetzt giebt man zu diesem Zwecke dem Bimsstein und dem Sand- oder Smirgelpapier den Vorzug. Die von den Stacheln befreiten und gefärbten Häute dienen zu Etuis für Fernröhre, Brillen u. s. w.

Die Leimfabrikation.

Allgemeines.

In dem Organismus aller, hauptsächlich aber der höheren Thiere finden sich gewisse Gebilde, welche sich durch die Eigenschaft auszeichnen, in kaltem wie in heissem Wasser unlöslich zu sein, durch fortgesetztes Kochen aber eine wesentliche Veränderung zu erleiden, in deren Folge sie sich lösen und beim Verdampfen der Lösung eine gelatinirende klebrige Masse (die Gallerte), beim vollständigen Austrocknen, je nach dem Grade der Reinheit der Gebilde, einen durchscheinenden oder durchsichtigen und spröden, in reinem Zustande geschmack-, geruch- und farblosen Körper zu liefern, welcher mit kaltem Wasser zusammengebracht, darin aufquillt und beim Kochen mit Wasser sich unverändert löst. Dieses Umwandelungsprodukt der (sogenannten leimgebenden) Gebilde ist der zum Zusammenfügen der Holzarbeiten, zur Aufhebung der Capillarität des

Handpapiers, als Klärmittel, als Kitt in der Technik so vielfach angewendete Leim. Die leimgebenden Stoffe kommen durchgängig organisirt im Thierkörper vor, in der Regel mit anderen organischen Verbindungen innig gemengt. Man rechnet zu ihnen das Bindegewebe, die Haut, Sehnen, die Ringsfaserhaut der Lymphgefässe und Venen, die Knochensubstanz (Osseïn), das Hirschhorn, den Knorpel, die Schwimmblase mancher Fische, die Fischschuppen etc. Der aus den verschiedenen leimliefernden Stoffen gewonnene Leim zeigt, je nach seinem Ursprunge, in gewisser Hinsicht einige Unterschiede; namentlich hat man in chemischer Beziehung zwei verschiedene Leimarten zu unterscheiden, nämlich den Knochen- oder Hautleim (Glutin) und den Knorpelleim (Chondrin). In technologischer Hinsicht hat man auf diese Eintheilung nur so weit Rücksicht zu nehmen, als man die Knorpel (Rippen- und Gelenkknorpel) von der Leimfabrikation so viel als möglich ausschliesst, da die Erfahrung gelehrt hat, dass das Glutin dem Chondrin an Klebvermögen weit voranzustellen ist.

Durch das Auflösen der leimgebenden Gebilde erhält man, wie bereits bemerkt, die Gallerte, deren Lösung jedoch ohne namhafte Klebkraft ist. Letztere Eigenschaft entsteht erst durch das Trocknen, durch welche die Gallerte in den Leim übergeführt wird. Man hat folglich in der Leimfabrikation zu unterscheiden, die leimgebenden Substanzen, die daraus erhaltene Gallerte und den durch Eintrocknen derselben erhaltenen Leim. Die zur Gallertbildung erforderliche Temperatur ist nicht bei allen leimliefernden Gebilden die nämliche. Auch ist die Consistenz der aus gleich starken Lösungen erhaltenen Gallerte eine verschiedene je nach dem Alter der angewendeten Gewebe.

Der Leim löst sich beim Kochen in Wasser leicht zu einer Flüssigkeit, welche beim Erkalten zu einer Gallerte gesteht. Wasser, das noch 1 Proc. Leim enthält, gelatinirt noch beim Erkalten. Durch häufig wiederholtes Erwärmen und Erkalten oder längere Zeit fortgesetztes Kochen verliert der Leim die Eigenschaft zu gelatiniren. Essigsäure und verdünnte Salpetersäure verhindern das Gelatiniren der Leimlösung. Alaunlösung fällt den Leim erst nach Zusatz von Kali oder Natron; der Niederschlag besteht aus Leim und basischem Aluminiumsulfat. Von Wichtigkeit ist seine Verbindung mit Gerbsäure, die in Wasser fast unlöslich ist; diese Verbindung ist constant zusammengesetzt und eignet sich als Mittel zur Bestimmung des Gerbstoffs in Vegetabilien.

Die Leimfabrikation fördert dreierlei Arten von Leim zu Tage, nämlich

a) den sogenannten Haut- oder Lederleim aus Haut, Sehnen u. dergl.;

b) den Knochenleim aus Knochen;

c) den Fischleim aus der Schwimmblase gewisser Fische.

An diese Leimsorten schliessen sich die in jüngster Zeit aufgetauchten Arten Leim, der Kleberleim und der Eiweissleim an.

Lederleim.

Der Haut- oder Lederleim. Die thierischen Stoffe, das Leimgut oder das Leimleder, aus denen der Fabrikant Leim darstellt, sind gewöhnlich Abfälle, so die Abfälle der Gerberei, alte Handschuhe, Kaninchen- und Hasenfelle, die vom Hutmacher von den Haaren befreit wurden, ferner Katzen- und Hundefelle, Ochsenfüsse, Pergamentabschnitzel, Suronen (Felle, die für viele südamerikanische Droguen wie z. B. Indig als Verpackung dienen), Flechsen, Gedärme, Lederabfälle der Schuhmacher, Sattler, Riemer und dergl. (welche letztere, als lohgares Leder, jedoch nur unter gewissen Verhältnissen zur Leimfabrikation Anwendung finden können). Im Allgemeinen rechnet der Leimfabrikant von feuchtem und aus den verschiedensten Abfällen bestehenden Leimgut auf eine Ausbeute von 25 Proc. Den Vorzug giebt er dem Abfall aus den Alaungerbereien und Handschuhfabriken, indem dieselben gereinigt und durch Kalk in einen aufbewahrungsfähigen Zustand versetzt, dem Leimsieder dargeboten werden. Die Verarbeitung des rohen Leimleders auf Leim zerfällt in folgende vier Operationen:

1) das Kalken des Leimgutes,

2) „ Versieden desselben,

3) „ Formen der Gallerte,

4) „ Eintrocknen derselben zu Leim.

Kalken des Leimgutes.

I. Das Kalken des Leimgutes hat zum Zweck die Reinigung der Abfälle und die Erreichung grösserer Haltbarkeit. Zu dem Ende behandelt man das Leimgut in den Kalkäschern, d. h. in grossen Gruben oder Behältnissen mit dünner Kalkmilch 15–20 Tage lang, wobei man die Kalkmilch öfters erneuert. Durch diese Operation werden die dem Leimgute adhärirenden Blut- und Fleischtheile gelöst und die Fettsubstanzen verseift. Nachdem dies geschehen, muss der anhängende Kalk entfernt werden. Zu diesem Behufe schliesst man das gekalkte Leimgut in Netze oder Weidengeflechte ein, die man in fliessendes Wasser oder in einen Brunnen hängt und der Einwirkung des Wassers mehrere Tage lang ausgesetzt lässt. Das gewaschene Gut breitet man an der freien Luft aus, um es zu trocknen und den Aetzkalk in Carbonat überzuführen. Sind die Materialien genügend getrocknet, so verpackt man sie und versendet sie an die Leimfabrikanten. In der Leimsiederei wird das getrocknete Leimgut vor dem Versieden nochmals in schwacher Kalkmilch macerirt und dann ausgewaschen.

Nach Fleck erscheint es zweckmässiger, an die Stelle der Kalkmilch schwache Aetzlauge treten zu lassen (auf 750–1000 Kilogr. Leimgut sei eine Lauge aus 5 Kilogr. calcinirter Soda und 7,5 Kilogr. Aetzkalk ausreichend). An Orten, wo Rothgerberei und Leimsiederei in einer Fabrik betrieben werden, macerirt man im Kalkäscher behandeltes Leimgut einige Stunden mit alter Lohbrühe; der Säuregehalt derselben, von Milchsäure, Buttersäure und Propionsäure herrührend, trägt zur Entfernung des Kalkes aus dem Leimgut bei; es bildet sich ferner auf der Oberfläche des Leimleders eine dünne Schicht von Leimtannat, das beim Versieden als Schaum an der Oberfläche der Flüssigkeit sich abscheidet und als Klärmittel wirkt. Nach der Angabe von Dullo wird bei der Darstellung von Cölner Leim, der sich durch seine helle Farbe und grosse Klebkraft auszeichnet, das gekalkte Leimgut unmittelbar aus dem Kalkäscher in ein Chlorkalkbad gebracht und dadurch gebleicht.

Versieden des Leimgutes.

II. Das Versieden des Leimgutes geschieht entweder auf gewöhnliche Weise in Siedekesseln oder durch fractionirtes Sieden oder endlich durch Anwendung von Dampf. Die Art und Weise des Leimkochens influirt auf die Qualität des zu erzielenden Leimes, was darin begründet ist, dass die Ueberführung des Leimgutes in Leim oder vielmehr in Gallerte unter dem Einflusse siedenden Wassers nur sehr langsam und nach und nach erfolgt; die zuerst entstandenen Portionen Gallerte bleiben aber der Einwirkung der Siedehitze ausgesetzt, bis alles Leimgut vollständig gelöst ist, in dieser Zeit erleidet sie jedoch wesentliche Veränderungen, namentlich verliert sie ihre Fähigkeit zu gelatiniren und bildet einen Leim von schwächerem Klebevermögen und weit dunklerer Farbe, welche letztere indessen häufig, allerdings mit Unrecht, als ein Kennzeichen eines vorzüglichen Leimes angesehen wird. Ein rationelles Verfahren der Leimfabrikation würde mithin eine sofortige Trennung des gelösten Leimes von dem noch ungelösten Leimgute erheischen. Nach dem älteren Verfahren bringt man das Leimgut mit der erforderlichen Wassermenge in den Kessel und lässt so lange sieden, bis das Leimgut geschmolzen ist. Die Kessel sind mit Hähnen zum Ablassen der Leimlösung versehen. Es ist selbstverständlich, dass das Leimgut den Boden nicht berühren darf, wo es unfehlbar verbrennen würde. Man bringt daher in den Kessel ein Drahtsieb oder Weidengeflecht, das man zunächst mit einer Lage Stroh bedeckt und auf dasselbe das Leimgut schichtet, bis der innere Kesselraum damit erfüllt ist. Nachdem das Leimgut so mit weichem Wasser übergossen worden ist, dass die Flüssigkeit nach beendigter Lösung des Leimgutes die zum Gelatiniren erforderliche Consistenz besitzt, beginnt man mit der Heizung. Das Leimgut vergrössert sein Volumen, wird durchscheinend und schmilzt nach und nach. Sobald alles Leimgut in der Flüssigkeit zusammengegangen, bildet sich auf der Flüssigkeit Schaum, der mittelst einer Schaumkelle beseitigt wird. Zu der Lösung setzt man nun die Abgänge von fertigem Leim früherer Operationen und feuert so lange fort, bis die Lösung Probe hält. Die Probe wird auf folgende Weise ausgeführt: Man setzt eine mit der heissen Leimlösung gefüllte halbe Eierschale auf kaltes Wasser, gesteht die Lösung nach einiger Zeit zu einer ziemlich consistenten Gallerte, so ist das Versieden beendigt und die Flüssigkeit wird mittelst des Hahnes und eines Ablassrohres durch einen mit Stroh belegten Spankorb filtrirt und hierauf in die Decantirgefässe — Leimkufen — gebracht, in denen sie durch Absitzenlassen geklärt und hierauf in die Formen gelassen wird. Damit die Gallertlösung während der Decantirung flüssig bleibe, sind die Kufen — gewöhnlich hölzerne, inwendig mit Bleiblech überkleidete Bottiche — aussen mit schlechten Wärmeleitern (Sägespänen, Häcksel) umgeben.

In einigen Fabriken bedient man sich zum Decantiren eines tiefen, engen Kessels mit einer derart eingerichteten Feuerung, dass nur der obere Theil der Wände, nicht aber der Boden und der untere Theil der Wände geheizt wird. Leimkufe und Decantirkessel werden vorgewärmt, ehe man die Leimlösung zulaufen lässt. Behufs der Klärung rührt man eine kleine Menge feingepulverten Alauns (0,75–1,5 pro Mille der Flüssigkeitsmenge) in die Flüssigkeit und lässt sie eine Nacht hindurch ruhig stehen. Durch den Alaun wird der in dem Leim enthaltene Kalk zum grossen Theile als Gyps unlöslich ausgeschieden, ebenso werden auch organische Substanzen gefällt, welche den Leim verunreinigen würden. Der Alaunzusatz hat den Nutzen, dass er die Gallerte während des Eintrocknens zu Leim vor Fäulniss bewahrt, auf der anderen Seite aber den Nachtheil, dass er das Klebvermögen des Leimes verringert. Ohne Zweifel wird der Alaun durch andere minder schädliche Mittel ersetzt werden können, der Kalk lässt sich vielleicht entfernen durch Oxalsäure, deren gegenwärtiger Preis eine technische Anwendung möglich macht, und die organischen Körper, die aus der Leimlösung zu entfernen sind, können durch Zusatz geringer Mengen von Adstringentien während des Kochens mit dem Schaum entfernt werden. Eine Abkochung von Eichenrinde oder besser noch von Hopfen haben bei Versuchen im Kleinen treffliche Dienste geleistet.

Fractionirtes Sieden.

Wenn man beim Leimsieden die zweckmässigere Methode des fractionirten Siedens anwendet, wobei man das zu lange Verweilen des Leimes in höherer Temperatur umgeht, so bringt man eine weit geringere Quantität Wasser, als zum Lösen der Totalmenge des gleichzeitig verwendeten Leimgutes erforderlich ist, in den Kessel und beginnt zu heizen. Sobald die Dampfbildung anfängt, wird der Kessel mit einem gut schliessenden Deckel bedeckt, damit die Dämpfe auf die vom Wasser nicht bedeckten Theile des Leimgutes einwirken und dieselben in Leim überführen. Sobald das Wasser nach 1½–2stündigem Kochen hinreichend Leim aufgenommen hat, schöpft man die Lösung von dem Leimgute ab, giesst neuerdings Wasser zu und wiederholt das Abschöpfen und Zugiessen mehrmals, bis die letzte Abkochung eine nicht mehr gelatinirende Leimlösung liefert, welche zum Auflösen neuer Mengen Leimgut verwendet wird. Die verschiedenen Abkochungen werden mit Ausnahme der letzten, entweder in dem nämlichen Decantirgefäss gemischt und geklärt, oder, was vorzuziehen ist, jede Abkochung für sich verarbeitet, wodurch man also verschiedene Leimsorten erhält; die Erfahrung hat nämlich gelehrt, dass der aus dem ersten Aufguss erhaltene Leim ein viel grösseres Klebevermögen besitzt, als die letzten Abkochungen. Zuweilen wendet man zum Schmelzen des Leimgutes Kessel an, welche den Bäuchapparaten ähnlich sind; die Kessel sind nämlich mit einem durchlöcherten Metallboden als Einsatzboden versehen, in dessen Mitte ein Rohr bis reichlich zu ⅔ der Höhe des Kessels emporsteigt. Das Leimgut liegt auf dem Einsatzboden. Sobald die Dämpfe während des Kochens sich schneller bilden, als sie durch das Leimgut entweichen können, drücken sie die Lösung in dem Rohre in die Höhe, so dass dieselbe ununterbrochen über das Leimgut strömt und die Schmelzung wesentlich befördert.

Das rationellste Verfahren des Leimsiedens besteht sicher in der Anwendung von Dampf, wobei man Hochdruckdämpfe mitten in das Leimgut strömen lässt. Hierbei bewirkt man in der kürzesten Zeit eine Schmelzung und erhält nur höchst concentrirte Lösungen, die sich in dem unteren Theile des Bottichs, in dem man das Schmelzen des Gutes vornimmt, ansammeln und somit der nachtheiligen Einwirkung der Hitze entrückt sind. In neuerer Zeit kommt der „Dampfleim“ im Handel häufiger vor als früher. Es ist wiederholt die Ansicht ausgesprochen worden, dass es vortheilhaft sei, den Leim erst bei beginnender Fäulniss des Leimgutes zu bereiten, nachdem man das letztere mit Chlor oder mit schwefliger Säure desinficirt habe. Es soll dadurch ein hellerer Leim erhalten werden. Ob diese Ansicht begründet ist, wollen wir dahingestellt sein lassen.

Formen.

III. Das Formen der Gallerte. Sobald die Lösung der Gallerte in den Leimkufen hinreichend geklärt und etwas abgekühlt ist, schreitet man zum Giessen derselben in Formen, in welchen sie zu Blöcken aus Gallerte erstarrt, welche zu Leimtafeln zerschnitten und getrocknet werden.

Die Formen — die Leimtröge — in welche man die Leimlösung durch einen Metallseiher laufen lässt, sind von Fichten- oder Tannenholz, oben sind sie gewöhnlich etwas breiter, damit der Gallertblock leicht herausgenommen werden kann. Am Boden der Form befindet sich eine Reihe von Einschnitten, deren Entfernung von einander der Breite einer Leimtafel entspricht. Die Formen werden vor dem Gebrauche rein ausgewaschen und entweder feucht gelassen oder getrocknet und dann eingeölt oder mit Unschlitt bestrichen, damit die sich bildende Gallerte der Wand nicht adhärire. Neuerdings hat man die Holzformen durch Formen aus Zink- oder Eisenblech zu ersetzen gesucht. Nachdem die Formen vollkommen horizontal gestellt worden sind, füllt man sie bis an den Rand mit der noch lauwarmen Leimlösung an und überlässt sie dann sich selbst. Ist der Gallertblock gehörig gebildet, so macht man denselben von den Wänden der Form los, worauf man die Form auf einer benetzten Platte umstürzt und dann aufhebt. Der auf der Platte zurückbleibende Block wird zunächst durch horizontale Schnitte in Tafeln zertheilt, die der Dicke einer Leimtafel entsprechen; die Tafeln werden hierauf vertikal in einzelne Tafelbreiten zerschnitten. Das Zerschneiden in horizontale Tafeln geschieht entweder mit Hülfe eines Klaviersaitendrahtes, der nach Art eines Sägeblattes in einen Rahmen gespannt ist, oder mittelst mehrerer Drähte, die in gleichen Entfernungen horizontal aufgespannt sind, unter welchen ein auf Leisten oder Rollen verschiebbarer Schlitten hin und her bewegt werden kann. Wird der Schlitten mit dem darauf liegenden Gallertblock durch den Rahmen geschoben, so wird die Gallerte in Tafeln zerschnitten. In neuester Zeit (1869) bringt die Fabrik von C. Stalling in Pieschen bei Dresden den Leim in Form von Gallerte in den Handel. Allerdings ist erwiesen, dass die Kleb- und Bindekraft des Leimes durch den Process der Lufttrocknung bedeutend geschmälert wird.

Trocknen des Leimes.

IV. Das Trocknen des Leimes geschieht auf aus Bindfäden gefertigten Netzen, welche in Rahmen ausgespannt, auf luftigen Trockenböden der Sonne und der Luft ausgesetzt werden. Das Trocknen ist eine der schwierigsten Operationen in der Leimfabrikation, da die Temperatur der Luft, und der hygrometrische Zustand derselben auf das Produkt, namentlich während der ersten Tage, von wesentlichem Einflusse sind. Die Gallerte nämlich, die durch das Trocknen in Leim verwandelt werden soll, ist nur fest, so lange die Temperatur 20° nicht weit übersteigt; bei höherer Temperatur zerfliesst sie und erweicht wenigstens in der Weise, dass der Leim durch die Maschen des Netzes dringt und so kräftig die Fäden adhärirt, dass man diese in siedendes Wasser bringen muss, um den Leim von den Netzen zu entfernen. Ist die Luft zu trocken, so werden die Tafeln, in Folge unregelmässigen Zusammenziehens krumm und rissig. Frostkälte verursacht ein Zerspringen der Tafeln und der Fabrikant muss fast immer zum Umschmelzen des Leimes sich entschliessen. Bei feuchter Witterung trocknet der Leim nicht, während der heissen Jahreszeit ist ausserdem, namentlich bei Gewittern, ein totales Verderben des Leimes zu befürchten. Es folgt daraus, dass eigentlich nur trockene Frühjahr- und Herbsttage zum Trocknen des Leims sich eignen. Oft schon haben die Leimfabrikanten es versucht, durch künstliche Wärme nachzuhelfen, aber meist ohne Erfolg, weil der geringste Wärmeüberschuss die Gallerte schmolz und man es gewöhnlich übersah, zu gleicher Zeit mit der Anwendung der Wärme den erforderlichen Luftwechsel eintreten zu lassen.

Die Trockenräume, deren man sich in neuerer Zeit in den grösseren Leimfabriken zum Trocknen des Leims bedient, sind grosse, mit Holztäfelung versehene Säle, die den abziehenden Dämpfen durch eine dem Dampfgenerator zugeneigte Röhrenleitung, die durch die unteren Räume des Trockensaales und an den Wänden circulirt, den Durchgang gestatten in der Weise, dass das Condensationswasser nach dem Dampfkessel abfliessen kann. An dem Boden befinden sich Luftzüge, die durch Schieber oder Klappen geöffnet oder geschlossen werden können, in der Decke oder dem Gesimse der Trockenräume Oeffnungen, durch welche die mit Feuchtigkeit gesättigte Luft entweichen kann. Die Horden mit den Leimtafeln befinden sich auf dicht über einander liegenden Lattengerüsten. Die unteren Horden trocknen am schnellsten aus, sodass nach Verlauf von 18 bis 24 Stunden die oberen an die Stelle der unteren gebracht werden können. Mit der steigenden Lufttemperatur wird die Heizung ermässigt und endlich bei einer äusseren Temperatur von 15–20° unterbrochen. Die geeignetste Lage der Trockenräume ist die Nordseite. Die darin so weit als möglich ausgetrockneten Leimtafeln werden zuletzt gewöhnlich noch in einer stark geheizten Trockenstube auf den erforderlichen Grad der Härte gebracht. Den trockenen Tafeln pflegt man schliesslich dadurch Glanz zu geben, dass man dieselben in heisses Wasser taucht, mit einer benetzten Bürste abbürstet und dann von Neuem trocknet.

Knochenleim.

Der Knochenleim, welcher aus dem Knochenknorpel entsteht, der fast den dritten Theil (32,17 Proc.) vom Gewicht der Knochen ausmacht, kann aus den Knochen durch Behandlung derselben mit Salzsäure und darauf folgendes Schmelzen, oder durch Hochdruckdämpfe gewonnen werden. Die Darstellung des Knochenleimes mittelst Salzsäure ist das gewöhnliche Verfahren. Am vortheilhaftesten ist es, wenn man die Knochenleimfabrikation mit der von Salmiak und Phosphor combinirt.

Die Darstellung des Knochenleimes zerfällt in: I. *Die Entfettung der Knochen* geschieht durch Auskochen derselben in einem eisernen oder kupfernen Kessel. Das Knochenfett begiebt sich auf die Oberfläche und kann abgeschöpft werden. Um an Brennstoff möglichst zu sparen, nimmt man die ausgekochten Knochen durch Rechen aus der heissen Flüssigkeit und ersetzt sie durch frische Knochen, bis die Abkochung gallertartig wird. Letztere wird als Viehfutter oder als Dünger verwendet. Es ist auch vorgeschlagen worden, die Knochen mit Hülfe von Schwefelkohlenstoff zu entfetten. II. *Die Extraction der entfetteten Knochen mittelst Salzsäure.* Nach der Entfettung und dem Abtropfenlassen bringt man die Knochen in Körbe und letztere in hölzerne Standgefässe, welche so hoch sind, dass die Körbe bis zur Hälfte der Höhe in dieselben einragen, hängt letztere an Stäbe oder Querbalken und setzt die Knochen der Einwirkung einer auf 7° B. (= 1,05 spec. Gewicht = 10,6 Proc. ClH) gebrachten Salzsäure aus. Auf 10 Kilogr. zu extrahirende Knochen rechnet man 40 Liter Salzsäure von der angegebenen Stärke. In der Säure lässt man die Knochen bis zu ihrer völligen Erweichung, was man daran erkennt, dass die Knochen durchscheinend geworden sind und nach allen Richtungen hin gebogen werden können; hierauf werden sie herausgenommen und nach dem Abtropfenlassen in fliessendes Wasser gebracht, hierauf in ein Gefäss mit Kalkwasser mehreremal eingetaucht und nochmals gewaschen. Nach dieser letzten Behandlung sind die Knochen zum Versieden genügend vorbereitet. — Anstatt der Salzsäure hat Gerland jüngst eine wässerige Lösung von schwefliger Säure zur Extraction der Knochen in Vorschlag gebracht. III. *Die Ueberführung des Rückstandes in Leim.* Die vollkommen oder nur theilweise getrocknete Knochensubstanz (der Knorpel) wird in eine hohe, nach oben etwas weitere Stande gefüllt, welche einen oder mehrere Senkböden enthält, mit einem gutschliessenden Deckel und am Boden mit einer Ablassöffnung versehen ist. Die Knochensubstanz wird auf dem aus einem Lattengitter bestehenden Senkboden ausgebreitet. Durch eine passende Oeffnung im Deckel wird aus einem einfachen Destillirkessel (einer Branntweinblase) Wasserdampf in eine Stande geleitet. Kurze Zeit nach dem Einströmen des Dampfes läuft ein Strom flüssiger Gallerte aus dem Ablassrohre, die gewöhnlich so concentrirt ist, dass sie sogleich in den Kästen abgegossen werden kann, worin sie zu den Blöcken erstarrt, aus denen die Leimtafeln geschnitten werden. Kommt nach einigen Stunden dünnere Gallerte, so öffnet man die Stande und bringt die aufgequollenen Leimklumpen mit der nicht genügend concentrirten Gallerte in einen kupfernen Kessel, um unter Kochen und Umrühren vollends aufzulösen. Nachdem die Flüssigkeit die gehörige Consistenz erreicht, giesst man sie in die Formen und verfährt übrigens wie bei der gewöhnlichen Methode der Darstellung von Leim. Das in dem Knorpel in kleiner Menge noch zurückgebliebene Calciumphosphat giebt dem Knochenleim ein milchiges Ansehen, das häufig noch durch Zusatz von Barytweiss, Zinkweiss, Bleiweiss, Kreide oder Thon vermehrt wird. Der Knochenleim bricht sich unter dem Namen Patentleim immer mehr Bahn.

Flüssiger Leim.

Flüssiger Leim. Wenn man Leim mit einem gleichen Gewicht Wasser und einer kleinen Menge Salpetersäure behandelt, so erhält man eine Lösung, die noch alle Klebkraft des angewendeten Leimes besitzt, aber die Eigenschaft zu gelatiniren eingebüsst hat. Auf diesem Verfahren beruht die Darstellung des flüssigen Leimes, der sich bereits allgemein in Deutschland eingebürgert hat. Nach Dumoulin's Vorschrift löst man 1 Kilogr. Kölner Leim in 1 Liter Wasser und setzt zu der Lösung nach und nach 0,2 Kilogr. Salpetersäure von 36° B. hinzu. Nachdem die stürmische Entwickelung von salpetrigen Dämpfen vorüber ist, lässt man die Flüssigkeit erkalten. Einen noch vorzüglicheren flüssigen Leim, als der ist, welchen man bei Behandlung festen Leimes mit Salpetersäure erhält, gewinnt man, indem man wasserhelle sogenannte Gelatine oder guten Kölner Leim im Wasserbade mit einer gleichen Quantität starkem Essig, ein Viertheil Alkohol und ein klein wenig Alaun auflöst. Unter dem Einflusse des Essigs behält dieser Leim auch in kaltem Zustande seine Flüssigkeit bei. Nach Knaffl stellt man vorzüglichen flüssigen Leim durch 10–12stündiges Erwärmen einer Lösung von 3 Th. Leim in 8 Th. Wasser mit 0,5 Th. Salzsäure und 0,75 Th. Zinkvitriol bei 80–85° C. Temperatur dar. Er ist sehr bequem bei einer grossen Anzahl kleiner Arbeiten, die keinen sehr guten Klebstoff erheischen, denn er ist stets für den Gebrauch bereit und hält sich unbegrenzt lange. Die Fabrikanten falscher Perlen brauchen ihn in grosser Menge, ferner dient derselbe zum Festkitten von Perlmutter, Horn etc. in Holz und Metall.

Leimprobe.

Prüfung der Güte des Leimes. Der Leim lässt sich auf seine Güte zwar am zuverlässigsten durch einen versuchsweisen Gebrauch prüfen, doch zeigt er schon von aussen gewisse Eigenschaften, nach denen approximativ sein Werth beurtheilt werden kann. Man verlangt von einem guten Leim, dass er gleichmässig hellbraun oder bräunlichgelb sei, keine Flecken zeige, glänzend, wenn kein Zusatz von Mineralsubstanzen stattgefunden, klar, durchscheinend, spröde und hart sei, an der Luft trocken bleibe, beim Biegen kurz abbreche, einen glasartig glänzenden Bruch gebe, in kaltes Wasser gelegt, selbst nach 48stündiger Digestion, nur aufquelle, aber nicht zerfliesse. Ein splitteriger Bruch deutet auf unvollkommen geschmolzene sehnige Theile. Die Bindekraft und Zähigkeit des Leimes sucht man oft durch Zusatz von erdigen Pulvern zu erhöhen. Dies ist z. B. bei dem russischen Leim der Fall, welcher seine undurchsichtige weisse Farbe einem Zusatz von Bleiweiss, Bleisulfat, Zinkweiss oder Kreide verdankt, welche in der Menge von 4–8 Proc. dem Leime zugesetzt werden. Neuerdings dient häufig das Barytweiss als Zusatz. Auch mit chromsaurem Bleioxyd versetzter gelber Leim kommt im Handel vor. Sehr häufig finden sich Leimsorten, die, von völlig gleichen äusseren Eigenschaften, trotzdem bei ihrer Anwendung einen ganz verschiedenen Grad von Bindevermögen kundgeben. Es sind deshalb von verschiedenen Technikern Leimprüfungsmethoden vorgeschlagen worden, die theils auf chemischen, theils auf physikalischen Eigenschaften beruhen.

I. *Chemische Prüfungsmethoden.* Methode von Graeger. Von der Ansicht ausgehend, dass die Güte eines Leimes, abgesehen von dessen Ursprunge, abhängig sei von seinem Gehalte an Leimsubstanz oder Glutin und der Abwesenheit fremder Körper, die seine Bindekraft schwächen, bestimmte Graeger die Menge des Glutins durch Fällen der Leimlösung mit Tannin. Aus dem Gewichte des Leimtannates (dessen Zusammensetzung er in 100 Th. zu 42,74 Th. Glutin und 57,26 Th. Tannin annahm) ward der Gehalt des Leimes an reinem Glutin berechnet. Nach demselben Princip wie Graeger verfährt auch Risler-Beunat. Nach der von letzterem vorgeschlagenen Methode stellt man zwei Normalflüssigkeiten dar, von denen die eine in einem Liter 10 Grm. reine Gerbsäure, die andere in einem Liter 10 Grm. Hausenblase und 20 Grm. Alaun aufgelöst enthält. Da diese beiden Flüssigkeiten sich nicht zu gleichen Volumen sättigen, so bestimmt der Verf. den Titer der einen im Verhältniss zur andern und verdünnt dann die Gerbsäurelösung, welche zu concentrirt ist, mit der hiernach erforderlichen Quantität Wasser. Um einen Leim zu untersuchen, löst man nach dem Verf. 10 Grm. desselben mit 20 Grm. Alaun in einem Liter Wasser auf, indem man die Mischung nöthigenfalls zum Kochen erhitzt. Man nimmt dann 10 Cubikcentim. der Gerbsäurelösung und giesst unmittelbar 10 Cubikcentim. der Leimlösung hinzu, da man sicher sein kann, dass dies nicht genug ist, weil kein im Handel vorkommender Leim die Reinheit der Hausenblase hat. Man schüttelt die Mischung stark, fügt, wenn der Niederschlag sich nach einigen Minuten abgesetzt hat, wieder 1 Cubikcentim. Leimlösung hinzu und filtrirt durch ein kleines nassgemachtes Kattunfilter. Wenn ein Tropfen Leimlösung in der Flüssigkeit noch eine Trübung hervorbringt, setzt man abermals 1 Cubikcentim. derselben zu und filtrirt dann wieder durch dasselbe Filter, worauf man wieder mit einem Tropfen Leimlösung probirt, und so fort, bis die filtrirte Flüssigkeit durch die Leimlösung nicht mehr getrübt wird.

Dem Verfahren von Graeger und dem von Risler-Beunat ist der Vorwurf zu machen, dass eine Leimlösung mit Gerbsäure nicht so vollständig ausgefällt werden kann, dass das abgedampfte Filtrat nicht beim Erhitzen den eigenthümlichen Leimgeruch gezeigt hätte. Aber die vollständige Fällung des Leimes auch zugestanden, so hat man doch, da die Constitution des Leimes noch nicht bekannt ist und derselbe höchstwahrscheinlich ein gemengter Stoff ist, in der chemischen Leimprobe keine Bürgschaft dafür, dass in der That die Menge der an Tannin gebundenen Substanz in geradem Verhältniss zur Bindekraft des Leimes stehe. Gallerte und Leim sind ganz verschiedene Körper, letzterer hat Bindekraft, welche der ersteren so ziemlich abgeht, und doch werden beide aus Lösungen durch die nämliche Tanninmenge gefällt.

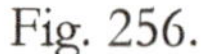

Fig. 256.

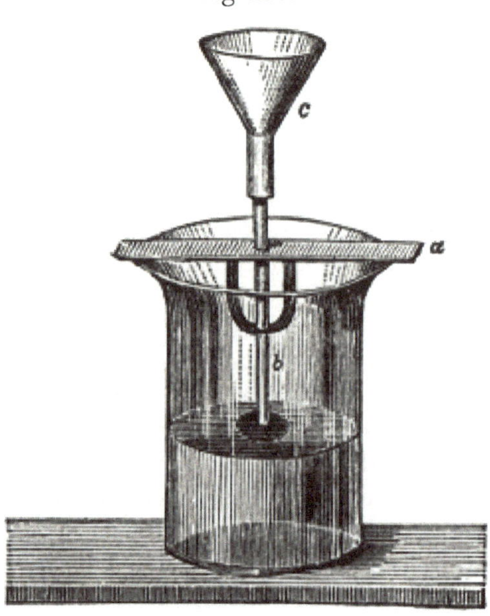

II. *Mechanische Prüfungsmethode.* Verfahren von Schattenmann. Legt man den zu prüfenden Leim längere Zeit in eine grössere Menge Wasser von ungefähr 15° C., so schwillt er beträchtlich an und schluckt eine reichliche Menge Wasser ein, welche das Fünf- bis Sechzehnfache seines eigenen Gewichtes beträgt. Je consistenter und elastischer der Leim im aufgequollenen Zustande ist, desto grösser ist seine Bindekraft. Je mehr Wasser er absorbirt, desto ausgiebiger ist der Leim. Weidenbusch hat das vorstehende Verfahren geprüft und gefunden, dass es eigentlich nur auf den Knochenleim anwendbar ist, dessen Gallerte auch selbst im Zustande höchster Sättigung mit Wasser eine Festigkeit bewahrt, die kein Lederleim zeigt, sodass man schon durch dieses Verhalten im Stande ist, die Abstammung des Leimes — ob aus Leimgut, ob aus Knochen — zu erkennen. Uebrigens hält die Aufsaugungsfähigkeit keineswegs mit der Flüssigkeit Schritt und geringere Leimsorten nehmen oft mehr Wasser auf als die besseren Sorten. Ein neues Verfahren der Leimprüfung hat Lipowitz vorgeschlagen. Er löst 5 Th. des Leims in so viel heissem Wasser auf, dass das Gewicht der Lösung 50 Th. beträgt und lässt diese Lösung bei 18° C. zwölf Stunden lang stehen, damit sie gelatinire. In einem offenen Glase (Fig. 256) von stets gleicher Weite setzt der Verf. auf den Rand desselben das aus Blech gefertigte Bänkchen *a*, durch dessen Mitte der Draht *b* führt, an dessen unterm Ende ein napfförmig gelegenes Blech mit der convexen Seite nach aussen gelöthet ist. Der Draht mit dem Blech wiegt 5 Grm. und bewegt sich willig in der Bank *a*. Ein aufzusetzender Trichter *c* wiegt ebenfalls 5 Grm.; in den Trichter kann man bis zu 50 Grm. feine Schrotkörner schütten. Je nach der grösseren Fähigkeit des Leimes, consistentere Gallerte zu bilden, wird auch das Instrument um so mehr beschwert werden müssen, um in die Gallerte einzusinken; woraus sich die Bindekraft des Leimes beurtheilen lässt. Heinze hat bei (1864 veröffentlichten) Versuchen gefunden, dass die Lipowitz'sche Leimprobe praktisch sehr gut zu verwerthende Resultate gebe.

Die Leimprobe von Weidenbusch ist im Princip eine Erweiterung der früher von Karmarsch vorgeschlagenen Methode, nach welcher man einfach zwei Stücke Holz zusammenleimte und dann das Gewicht bestimmte, welches zum Zerreissen des Holzes erforderlich war. Die Uebelstände dieser Methode liegen klar zu Tage, da es wol nie gelingen wird, Hölzer von stets gleichbleibender Dichte, Oberfläche, Trockenheit u. dergl. zu finden, und diese selbst für möglich gehalten, so steht es fest, dass die Festigkeit eines guten Leimes grösser als die des Holzes ist, sodass dann leicht Holz von Holz reisst und der Zerreissungswerth für Leim nicht ermittelt wird. Auch wenn Holz von Leim sich trennte, wäre ein Vergleich nicht möglich, sondern nur wo Leim von Leim sich trennt. Eine Substanz, welche der Leim aufnimmt, in ihrer Oberfläche Dichte u. s. w. aber nicht veränderlich ist, sieht Weidenbusch in dem Gyps (Marienglas), welcher fein gepulvert, gesiebt und bei 120–150° C. entwässert wird. Aus diesem Gypspulver werden Stäbchen gegossen, die zuerst bei gelinder Wärme, dann über Chlorcalcium getrocknet werden, bis sie an Gewicht nicht mehr abnehmen. Die Werthbestimmung des Leims beruht nun darauf, dass, wenn die Gypsstäbchen mit Lösungen verschiedener Leimsorten getränkt werden, verschiedene Belastungen nöthig sind, um sie zu zersprengen, und wenn der Werth, welchen der Gyps allein für sich in Anspruch nimmt, immer derselbe ist, so muss die Differenz stets den Leim treffen. Weidenbusch hat zu dem Ende einen Apparat zusammengesetzt, mit dessen Hülfe durch allmälige Belastung das Gewicht ermittelt wird, das zum Zerreissen eines solchen Leimstäbchens erforderlich ist. Der Zerreissungswerth (mittelst Quecksilber bestimmt) für ein bei 100° getrocknetes Leimstäbchen beträgt als Mittelzahl 219 Grm. Behufs der Prüfung wird der bei 100° getrocknete Leim abgewogen, über Nacht zum Aufquellen in Wasser gelegt und dann in heissem Wasser gelöst, sodass die Lösung $\frac{1}{10}$ an Leim enthält. Die Lösung wird mit etwas neutraler Indiglösung gefärbt, um den Ueberzug auf dem Gyps besser erkennbar zu machen und damit 1–2 Minuten lang die Gypsstäbchen in Berührung gebracht, die dann getrocknet werden, bis ihr Gewicht constant bleibt. Hierauf werden sie in dem Apparate durch Einströmenlassen von Quecksilber in denselben gesprengt.

Fischleim.

Der Fischleim. Die innere pulpose und vasculäre Haut der Schwimmblase der Fische aus der Ordnung der Knorpelganoiden, zu denen die Hausen (*Acipenser huso*), der gemeine Stör (*A. sturio*), der Wardick (*A. Güldenstaedti*) und der Sterlet (*A. stellatus*) gehören, kommt im getrockneten Zustande unter dem Namen Hausenblase in dem Handel vor. Die aus den Stören, so wie verwandten Arten, die namentlich im caspischen Meere und den in dasselbe mündenden Flüssen, an den Ufern des schwarzen Meeres und in sibirischen Flüssen vorkommen, gewonnenen Schwimmblasen werden aufgeschnitten, gewaschen, ausgespannt und der Sonne ausgesetzt, bei einem gewissen Grade des Trocknens die äussere Muskelhaut, welche beim Kochen mit Wasser keinen Leim bildet, abgezogen, die innere Haut auf verschiedene Weise geformt (Kränze, Lyraform, Blätter), behufs der Bleichung den Dämpfen von brennendem Schwefel ausgesetzt und darauf völlig in der Sonne ausgetrocknet.

Nach den verschiedenen Ländern, in denen die Hausenblase gewonnen wird, unterscheidet man russische (die beste Sorte ist die von Astrachan), nordamerikanische (von *Gadus merlucius*), ostindische (von *Polynemus plebejus*, theils in Blättern, theils in Beuteln als ganze Schwimmblase vorkommend), von der Hudsonsbay (von Störarten herrührend; Zungenhausenblase), brasilianische (wird, wie es scheint, von *Silurus*- und *Pimelodus*-Arten gewonnen und kommt in Pfeifen, Klumpen und Scheiben vor), deutsche Hausenblase (wird in Hamburg aus der Schwimmblase des gemeinen Störes gewonnen). In den Donaufürstenthümern kocht man die Haut, die Blasen, die Gedärme und Magen von Knorpelfischen zu einer steifen Gallerte, schneidet sie in dünne Blätter, welche man trocknet und zusammenrollt, wie die Hausenblase, und als solche in den Handel bringt. Bei ihrer Anwendung hat man zu unterscheiden zwischen Fischleim und Hausenblase. Ersterer unterscheidet sich, wenn sorgfältig bereitet, in keiner Weise von dem aus Knochen oder Haut dargestellten Leim, die Hausenblase aber, die kein Leim ist, sondern erst durch Kochen in Leim übergeht, besteht aus Fäden, die, wenn man sie in Wasser löst, wol anschwellen, aber nur zum Theil lösen; die aufgequollenen Fäden haben ihre Structur beibehalten, was für die Anwendung der Hausenblase zum Klären von Wein, Bier u. dergl. von Wichtigkeit ist, insofern die Fasertheile gewissermaassen ein zusammenhängendes Netz bilden, in welches sich die niedergeschlagenen und trübenden Theile festsetzen. Es hat sich gezeigt, dass zum Klären mit Hausenblase die Gegenwart der Gerbsäure vortheilhaft ist, da dieselbe ein Zusammenziehen der Hausenblasefäserchen bewirkt, wodurch jede in der zu klärenden Flüssigkeit suspendirte Substanz eingehüllt wird und nur der klaren Flüssigkeit abzulaufen gestattet ist. Die Klärung mit Hausenblase ist demnach eine Art von Filtration, woraus folgt, dass die Hausenblase zu diesem Zweck weder durch Leim noch durch eine heissbereitete Hausenblaselösung ersetzt werden kann. Mit Ausnahme der Anwendung der Hausenblase zum Klären lässt sich dieselbe in allen übrigen Fällen, so in der Appretur der Seidenzeuge durch Darstellung der Gelée in der Kochkunst, bei der Bereitung des englischen Pflasters, von Kitt u. dergl. durch die besseren Knochenleim- oder Gelatinesorten ersetzen. Seit einigen Jahren bringt der Franzose Rohart unter dem Namen *Ichtyocolle française* ein Surrogat für Hausenblase in den Handel, welches Blutfibrin und Tannin erhalten wird.

Leimsurrogate und neue Fabrikate aus Leim.

In der jüngsten Zeit sind drei neue Leimsurrogate aufgetaucht, nämlich 1) der Kleberleim (*colle gluten*), 2) der Eiweissleim (*colle vegétale ou albuminoïde*), 3) der Caseïnleim (*colle caséine*). Ersterer ist ein Gemisch von Kleber und gegohrenem Mehl und zeichnet sich durch eine sehr saure Beschaffenheit, jedoch durch geringes Klebevermögen aus. Der Eiweissleim ist ein durch angehende Fäulniss veränderter Kleber. Zu seiner Darstellung wäscht man den auf gewöhnliche Weise erhaltenen Kleber mehrere Male mit Wasser, und setzt ihn einer constanten Temperatur von 15–25° C. aus. Unter diesen Umständen geräth der Kleber in Gährung, welche sich dadurch zu erkennen giebt, dass er bis zu einem gewissen Grade flüssig wird. Wenn dies soweit eingetreten ist, dass man leicht den Finger hindurch führen und ihn damit zertheilen kann, ist die Umwandlung beendet. Man giesst den flüssig gewordenen Kleber dann in Formen, welche den Leimformen ähnlich sind, und bringt diese Formen in einen auf 25–30° erwärmten Raum; nach 24–48 Stunden sind die oberen Schichten hart geworden; man nimmt dann die Täfelchen heraus, breitet sie, die hart gewordene Seite nach unten, auf Leinwand oder Drahtgewebe aus; bringt sie mit demselben wieder in den Trockenraum und lässt sie vollständig austrocknen, was in 4–5 Tagen stattfindet. Der so dargestellte Eiweissleim kann nun beliebig aufbewahrt oder versendet werden. Die Auflösung in dem doppelten Gewicht Wasser ist die normale Flüssigkeit; man verdünnt sie mehr oder weniger, je nach der Anwendung, welche man davon machen will. Man kann den Eiweissleim zu folgenden Zwecken benutzen: 1) zum Leimen des Holzes statt des gewöhnlichen Leims. 2) Zum Kitten von Steingut, Porcellan, Glas, Perlmutter etc. 3) Zum Zusammenkleben von Leder, Papier, Pappe etc. 4) Als Schlichte in der Weberei. 5) Zum Klären von Flüssigkeiten. 6) Zur Appretur und zum Waschen von Faserstoffen, wie Seide etc. 7) Zum Fixiren der Farben oder als Mordant in der Färberei und Druckerei statt des Eiweisses.

Der Caseïnleim wird durch Auflösen von Caseïn in gesättigter Boraxlösung dargestellt. Man erhält so eine dickliche Flüssigkeit, die sich durch grosses Klebvermögen auszeichnet, und in vielen Fällen, namentlich in der Kunstschreinerei und bei Portefeuillearbeiten die Stelle des Leimes vertreten kann. Unter dem Namen elastischer Leim ist eine eigenthümliche Leimsorte eingeführt worden. Durch Glycerin kann der Leim bleibend weich, elastisch und haltbar gemacht werden. Die Mischung wird folgendermaassen dargestellt: man lässt Leim im Wasser zergehen, welches in einem Wasserbade erhitzt wird, und zwar erwärmt man so lange, bis er ganz dick wird, worauf man das Glycerin zusetzt, beiläufig das gleiche Gewicht von dem angewandten Leim; man rührt das Gemisch gut um und fährt fort zu erhitzen, um das übrig gebliebene Wasser zu verdampfen, dann giesst man diese Masse in Formen oder auf eine Marmortafel und lässt sie vollkommen erkalten. Diese Substanz lässt sich zur Anfertigung von Schwärzwalzen für Buchdrucker, von Stempeln, elastischen Figuren zum Abformen von Gegenständen für die Galvanoplastik u. s. w. verwenden.

Die Phosphorfabrikation.

Allgemeines.

Der Phosphor wurde 1669 von Brand in Hamburg aus dem Harne und 1769 von dem schwedischen Chemiker Gahn aus den Knochen isolirt, jedoch erst 1771 von Scheele aus den Knochen in vortheilhaftester Weise dargestellt, und ist seit der Einführung der phosphorhaltigen Zündrequisiten ein technisch höchst bedeutsamer Körper, kommt in verschiedenen Mineralien, doch nur in dem Apatit, Phosphorit und Staffelit (z. B. in dem von Amberg und Redwitz in Bayern und dem von Diez in Nassau[144]), so wie ferner in den Knochen in solcher Menge vor, dass die Darstellung des Phosphors daraus möglich erscheint.

Die Darstellung des Phosphors.

Wenn man indessen von den bis jetzt fruchtlos gebliebenen Versuchen absieht, den Apatit, gewisse Varietäten des Phosphorits, die in ihrer reinsten Form bis zu 18,6 Proc. Phosphor enthalten, den Sombrerit[145] und das phosphorsaure Eisenoxyd (letzteres nach den Vorschlägen von Minary und Soudry durch Destillation mit ausgeglühtem Kokspulver) zur Phosphorfabrikation zu verwenden, so bilden die Knochen gegenwärtig das alleinige Material, aus denen der Fabrikant mit Vortheil den Phosphor gewinnt.

Die Knochen enthalten in dem Zustande, wie sie der Fabrikant verwendet

im trocknen, aber ungebrannten Zustande	11–12	Proc.	Phosphor
als Knochenkohle	16–18	„	„
als weissgebrannte Knochen	20–25,5	„	„

Die Zusammensetzung der Knochenasche ist nach zwei Analysen:

	1.	2.
Calciumcarbonat	10,07	9,42
Magnesiumphosphat	2,98	2,15
Calciumtriphosphat	83,07	84,39
Fluorcalcium	3,88	4,05

Nach dem gegenwärtig üblichen von Nicolas und Pelletier herrührenden Verfahren werden die Knochen in weissgebranntem Zustande mit Schwefelsäure zersetzt:

a) Knochenasche $Ca_3(PO_4)_2$ und Schwefelsäure $2H_2SO_4$[146] geben Saures Calciumphosphat $CaH_4(PO_4)_2$ und Calciumsulfat $2CaSO_4$

und das saure Calciumphosphat mit Kohle gemengt in geeigneten Gefässen erwärmt, wobei zunächst das saure Calciumphosphat unter Abgabe von Wasser in Calciummetaphosphat übergeht:

b) $\left.\begin{matrix} Ca \\ H_4 \end{matrix}\right] (PO_4)_2 - 2H_2O = Ca(PO_3)_2$

Saures Calcium-phosphat; Calcium-metaphosphat;

hierauf wird bei weiterem Erhitzen bis zur Weissglut das Calciummetaphosphat in der Weise reducirt, dass ⅔ des Phosphors des Calciumphosphates erhalten werden, ⅓ aber im Rückstande verbleibt:

c) Calciummetaphosphat $3Ca(PO_3)_2$ und Kohle 10C geben Calciumtriphosphat $Ca_3(PO_4)_2$ und Kohlenoxyd 10CO

Phosphor 4P.

Dort, wo die Phosphorfabrikation als selbständiger Industriezweig auftritt, giebt man fast überall die leimgebende Substanz der Knochen (fast ⅓ des Knochengewichts betragend) verloren; wird dagegen die Gewinnung des Phosphors neben der Fabrikation von Knochenleim, Salmiak und Blutlaugensalz betrieben, so werden die (nicht gebrannten) Knochen nach ihrer Entfettung mittels Salzsäure ausgezogen, die zurückbleibende organische Knochensubstanz wird zur Fabrikation von Knochenleim (vergl. Seite 6) verwendet, dagegen der in der Salzsäure gelöste phosphorsaure Kalk mit kohlensaurem Ammoniak gefällt und zur Phosphordarstellung verwendet. Die über dem Niederschlage stehende Flüssigkeit wird auf Salmiak verarbeitet.

Das gewöhnliche Verfahren der Phosphorfabrikation zerfällt in folgende vier Operationen:

1) in das Brennen der Knochen und Zerkleinern der Knochenerde,

2) in das Zersetzen der Knochenerde durch Schwefelsäure und Eindampfen des sauren phosphorsauren Kalkes mit Kohle,

3) in das Destilliren des Phosphors,

4) in die Raffination und Aufbewahrung des Phosphors.

Weissbrennen der Knochen.

1) Die auf Phosphor zu verarbeitenden Knochen werden zum grossen Theile von den in der Nähe der Fabrik liegenden Wasenmeistereien geliefert. Zuweilen verwendet man auch erschöpfte Knochenkohle der Zuckerraffinerien. Der Zweck des Brennens der Knochen ist, alle organischen Bestandtheile vollständig zu zerstören. Die hierzu angewendeten Oefen haben gewöhnlich die Beschaffenheit der Kalköfen und zwar der mit ununterbrochenem Gange. Auf die Sohle des Ofens kommt eine Lage Holz, darauf die Knochen, man entzündet das Holz und unterhält durch Aufschütten von frischen Kohlen das Feuer. Die weissgebrannten Knochen werden durch eine von der Ofensohle ausgehende Oeffnung gezogen, während mit dem Auffüllen frischer Knochen fortgefahren wird. Ueber der Gicht des Ofens ist ein kegelförmiger Aufsatz von starkem Eisenblech angebracht, welcher die während des Brennens sich entwickelnden, höchst übel riechenden Gase in einen gut ziehenden Schornstein leitet. Noch besser ist es, die Gase möglichst vollständig zu verbrennen, wodurch zugleich an Brennmaterial gespart wird.

100 Kilogr. frische Knochen liefern 50–55 Kilogr. weissgebrannte Knochen, die durch Walz- oder Pochwerke zertheilt und am vortheilhaftesten in ein grobes Pulver, dessen Korn Linsengrösse besitzt, verwandelt werden.

Zersetzen der Knochenerde durch Schwefelsäure.

2) Die zerkleinerten weissgebrannten Knochen werden durch Behandeln mit concentrirter Schwefelsäure zersetzt. 100 Kilogr. Knochenerde (mit ungefähr 80 Kilogr. Calciumtriphosphat) brauchen zu ihrer Zersetzung

106,73	Kilogr.	Schwefelsäure	von	1,52	spec.	Gewichte,
85,68	„	„	„	1,70	„	„
73,63	„	„	„	1,80	„	„

Nach der Angabe von Payen nimmt man auf 100 Kilogr. Knochenerde 100 Th. Schwefelsäure von 50 Proc. oder 1,52 spec. Gewichte. Die Zersetzung des Knochenmehles durch Schwefelsäure geschieht in mit Blei ausgefütterten Bottichen oder in ausgepichten (oder mit Theerasphalt inwendig überzogenen) Ständern aus

Tannenholz. Die von dem Niederschlage abgezogene Lauge hat ein spec. Gewicht von 1,05–1,07, entsprechend 8–10° B. Der Rückstand wird mit Wasser ausgelaugt und die hierbei erhaltene schwächere Lauge (= 5–6° B.) mit der ersten in die zum Abdampfen bestimmten Bleipfannen gebracht. Die durch nochmaliges Auswaschen des Rückstandes in den Bottichen erhaltene Flüssigkeit wird statt des Wassers mit Schwefelsäure gemischt und zum Aufschliessen von frischer Knochenerde verwendet. Das Abdampfen der sauren Flüssigkeit bis auf 45° B. = 1,45 spec. Gew. geschieht in kleinen Pfannen, deren Boden auf eisernen Platten ruht; sie werden von dem abziehenden Feuer der Destilliröfen oder auch von dem Knochenbrennofen geheizt. Die zur erforderlichen Consistenz gebrachte Lauge wird mit Holzkohlenpulver von Linsengrösse gemischt (auf 100 Th. Lauge 20–25 Th. Kohle) und in gusseisernen Kesseln über Feuer getrocknet.

Die zur Trockne gebrachte Masse besteht aus saurem Calciumphosphat, Kohle und Wasser (von letzterem 5–6 Proc.). Bei Beginn der Einführung der Phosphorfabrikation war man der Meinung, die Phosphorsäure befände sich darin in reinem Zustande und habe all' ihren Kalk an die Schwefelsäure abgegeben. Später fanden Fourcroy und Vauquelin, dass aus dem Calciumtriphosphat ($Ca_3(PO_4)_2$), wie es in der Knochenasche sich findet, nur saures Calciumphosphat ($CaH_4(PO_4)_2$) geworden sei; sie wurden deshalb zu dem Vorschlage veranlasst, eine grössere Menge Schwefelsäure anzuwenden, um, wie sie meinten, dem Calciumphosphat eine grössere Menge Calcium zu entziehen. Diese Ansicht wurde von Javal widerlegt, welcher nachwies, dass die reine Phosphorsäure mit Kohle gemengt wenig oder keinen Phosphor gebe, da sie sich schon bei einer Temperatur verflüchtigt, die niedriger ist als die zu ihrer Zersetzung erforderliche, und somit der reducirenden Einwirkung der Kohle sich entzieht. Die Gegenwart des Wassers in dem Gemenge ist die Ursache, dass während der Destillation ausser Kohlenoxyd auch Kohlenwasserstoffe und Phosphorwasserstoff auftreten.

Destillation des Phosphors.

3) Das Erhitzen des Gemenges des sauren Calciumphosphates mit Kohle behufs der Destillation des Phosphors geschieht in Retorten aus feuerfestem Thone, die grosse Aehnlichkeit mit den zum Brennen der Nordhäuser Schwefelsäure dienenden haben. Die zum Erhitzen dieser Retorten dienenden Oefen sind Galeerenöfen, ähnlich den in den Vitriolbrennereien und Salpeterfabriken. Ein solcher Ofen enthält 24 Retorten, nämlich 12 auf jeder Seite. Der untere hintere Theil der Retorten liegt auf der einen Seite des Feuerraumes auf; der vordere Theil oder ihr Hals geht an der entgegengesetzten Seite durch eine Oeffnung heraus, welche nur lose vermauert wird. Durch diese Oeffnung bringt man überhaupt die Retorte in gehöriger Lage in den Ofen und auch aus ihnen heraus. Zwischen je zwei Retorten bleibt ein freier Raum von 12–15 Centim., damit die Flamme zwischen denselben hindurch gehen kann. Wie oben bereits angeführt, ist das Ergebniss der Einwirkung der Wärme zunächst die Ueberführung des sauren Calciumphosphates ($CaH_4(PO_4)_2$) in Calciummetaphosphat ($Ca(PO_3)_2$), welches dann bei gesteigerter Hitze ⅔ seines Phosphors abgiebt, während ⅓ als Calciumtriphosphat ($Ca_3(PO_4)_2$) zurückbleibt.

Die Vorlagen, deren man sich in Deutschland bedient, bestehen aus zwei Theilen, sie sind von Töpferthon angefertigt und mit Bleiglasur versehen; der eine Theil derselben ist ein oben offenes cylindrisches Gefäss, der andere Theil ragt in den ersteren einige Zoll hinab und liegt durch einen deckelartigen Vorsprung auf ihm auf; oben endigt er sich in eine Oeffnung, welche einen kurzen Hals bildet. Zwischen diesem Halse und dem Rande, welcher in das untere Gefäss taucht, ist eine Röhre eingesetzt, die mit diesem Theil ein Stück ausmacht; sie hat am hervorragenden Ende einen so grossen Durchmesser, dass sie den Retortenhals bequem aufnehmen kann; innerhalb des Gefässes springt diese Röhre etwa 10 Centimeter vor, so dass sie durch Wasser gesperrt werden kann, und in demselben eintaucht, wenn der andere Theil der Vorlage damit gefüllt ist. Die Retorten werden mit 6 bis 9 Kilogr. der zu destillirenden Masse angefüllt, die Nischen werden mit Ziegeln zugesetzt, mit Lehm bestrichen und während der Ofen langsam durch ein schwaches Feuer angewärmt wird, legt man die Vorlagen mit Wasser angefüllt an. In jede Vorlage wird ein kleiner Blechlöffel eingesetzt, an einem Draht befestigt, welcher dem Löffel als Stiel dient. Nach 6–8 Stunden allmählich verstärkter Feuerung hat sich das in der Masse noch befindliche Wasser zum Theil verflüchtigt, zum Theil mit der Kohle zu Kohlenwasserstoffgas und Kohlenoxydgas umgesetzt, ausserdem entweicht schweflige Säure; nach dieser Zeit wechselt die Natur der Gase und es erscheinen brennbare Gase, die sich von selbst entzünden; diese Gase bestehen aus Kohlenoxyd und Phosphorwasserstoffgas, vielleicht auch zum Theil aus mit Phosphordampf gesättigtem Kohlenoxydgas.

Anfänglich brennen sie mit hellleuchtender weisser Flamme, später mit bläulichgrünem Schein. In diesem Stadium verkittet man die Fugen zwischen Vorlagen und Retorten mit Lehm, so dass nur eine kleine Oeffnung bleibt, welche zum Entweichen von Gasen dient und die man mittels eines Drahtes offen zu erhalten sucht. Damit die sich entwickelnden Gase, welche die Gesundheit der Arbeiter beeinträchtigen, möglichst schnell entfernt werden, sind die Vorlagen der ganzen Ofenlänge nach mit nach oben aufzuschlagenden dachartigen Bretterverschlägen versehen, aus deren Mitte ein Rauchfang aus Holz die Gase durch das Dach nach aussen führt. Die Destillation des Phosphors beginnt, sobald an der offen gehaltenen Fuge am Retortenhalse etwas rothe Masse (amorpher Phosphor) sich ansetzt, wodurch die Fuge verengt oder verstopft wird, in deren Folge in der Vorlage Blasen wahrzunehmen sind, die sich von selbst entzünden. Sobald aus der Fuge die entzündlichen Gase austreten, setzt man in die Vorlage die oben erwähnten Blechlöffel so ein, dass der in der Röhre der Vorlage sich verdichtende Phosphor in die Löffel tropft. Den Gang der Destillation beurtheilt man am besten an der Quantität von Phosphor, die in einem gewissen Zeitraume in die Löffel tropft; man hebt letztere von Zeit zu Zeit so weit empor, dass man ihren Inhalt sieht und leert denselben unter dem Wasserspiegel aus, so dass man den noch ferner übergehenden Phosphor immer wieder besonders erhält und folglich im Stande ist, die übergegangene Menge zu beurtheilen. Die Entwickelung brennbarer Gase hört, nachdem sie einmal begonnen hat, während der Dauer der Operationen keinen Augenblick mehr auf; wenn man die besprochene Fuge offen erhält, oder wenn man anstatt der Vorlagen Töpfe anwendet, die mit einem durchbohrten Knopfe zum Ausströmenlassen der Gase versehen sind, so ist ununterbrochen ein blaues Flämmchen wahrzunehmen. Während der Dauer der Destillation erhält man das Wasser in den Vorlagen einigermaassen kalt. Nachdem etwa 46 Stunden fortgeheizt und endlich fast die Weissglühhitze erreicht worden ist, nimmt die Menge des übergehenden Phosphors so ab, dass das weitere Feuern sich nicht mehr lohnt. Die Vorlagen werden nun abgenommen und der darin befindliche Phosphor, welcher in Folge von Beimengung von Siliciumphosphor, Phosphorcarburet, amorphem Phosphor und andern allotropischen Modificationen braun, roth, schwarz und weiss ist, in einen Bottich unter Wasser ausgeleert. Der Ofen wird nach dem vollständigen Erkalten aufgebrochen, die Retorten werden ausgenommen und mit Hülfe eines eisernen Spatels gereinigt, worauf man dieselben und den Ofen von Neuem beschickt. 100 Kilogr. der in die Retorten gebrachten Mischung liefern etwa 14,5 Kilogr. feuchten, rohen Phosphor, welcher nach dem Umschmelzen und Abtrocknen ungefähr 12,6 Kilogr. wiegt. Die von Wöhler empfohlene Methode der Phosphordarstellung aus einem Gemenge von Knochenmehl, Kohle und Sand, kann, selbst genügend feuerfeste Retorten und eine vollständige Zersetzung des Calciumphosphates durch die Kieselerde angenommen, kaum zur vortheilhaften Phosphordarstellung im Grossen Anwendung finden, denn wie viel Phosphor wird man wol mit demselben Brennstoffquantum erhalten, wenn man in die Retorte eine Masse bringt, welche nur ein Dritttheil der Phosphorsäure enthält, die in der bisher angewendeten Masse enthalten ist, und ausserdem einen weiteren Zusatz, die Kieselerde, welche in der gewöhnlichen Mischung fehlt, während die neue Masse überdies zur Zersetzung eine weit höhere Temperatur, d. h. weit mehr Brennmaterial erfordert.

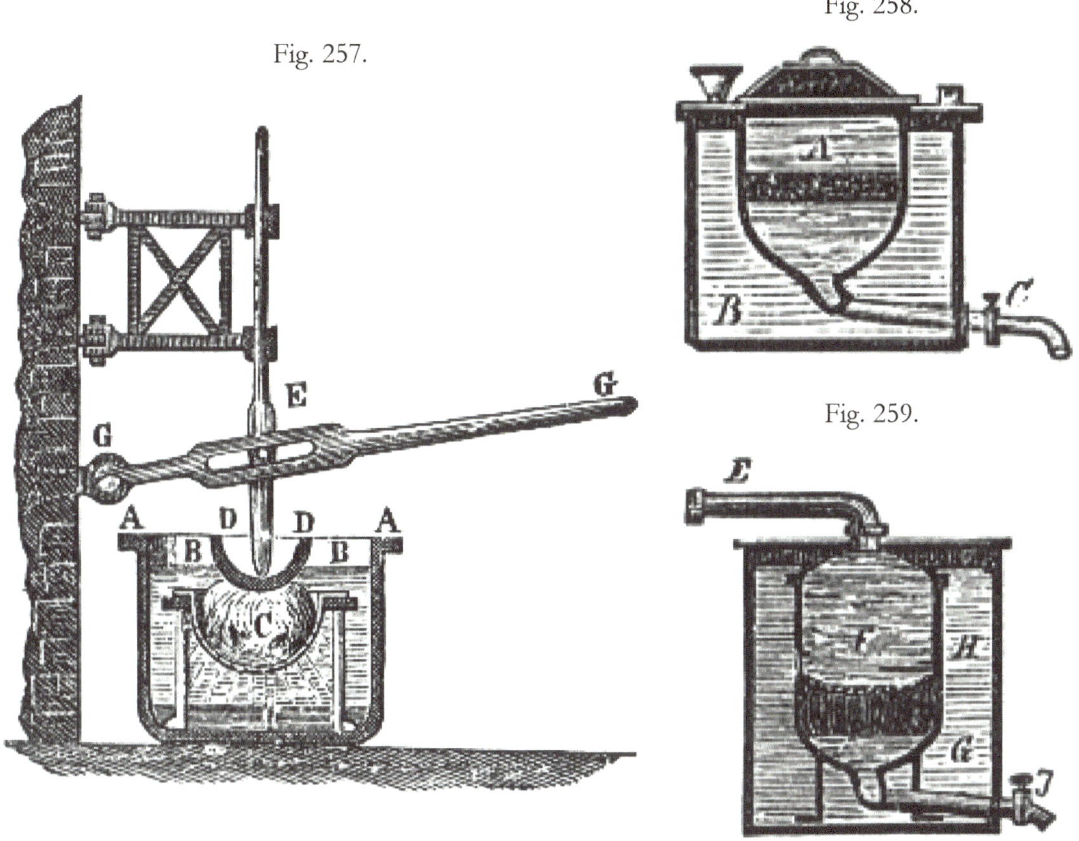

Raffination und Aufbewahrung.

4) Der durch Destillation gewonnene rohe Phosphor ist ein Gemenge von reinem Phosphor mit Verbindungen desselben mit Kohle und Silicium, rothem und schwarzem Phosphor und verschiedenen anderen Unreinigkeiten. Um ihn zu reinigen, bediente man sich ehedem des Durchpressens des geschmolzenen Phosphors durch sämischgares Leder. Man verfuhr dabei auf folgende Weise: Man schlug den rohen Phosphor in ein Stück mit Wasser durchnetztes ölgares Leder ein, band dieses zu und legte den so erhaltenen Beutel *C* (Fig. 257) auf einen kupfernen Durchschlag, der in einem Gefäss sich befand, welches bis 50 bis 60° erwärmtes Wasser enthielt. Sobald aller Phosphor geschmolzen war, brachte man eine Holzplatte *DD* auf den Beutel und presste nun mittels der Pressstange *E* und des Hebels *GG* den Phosphor durch das Leder hindurch. In neuerer Zeit reinigt man in den französischen Fabriken auf andere Weise, nämlich a) durch Filtration über grob gepulverte Knochenkohle. Zu dem Ende breitet man die Kohle in dem Gefässe *A* auf dem durchlöcherten Boden 6–10 Centimeter hoch aus und füllt das Gefäss zu ⅔ mit Wasser, dessen Temperatur durch das Wasserbad *B* (Fig. 258 und 259) auf 60° erhalten wird. Der in das Gefäss *A* gebrachte rohe Phosphor schmilzt, filtrirt durch die Knochenkohle und fliesst durch den Hahn *C* und das Rohr *E* in das Gefäss *F*, welches mit Wasser gefüllt und durch das Wasserbad *G* erwärmt wird; bei *H* befindet sich ein mit sämischgarem Leder bedeckter durchlöcherter Boden, durch welchen der geschmolzene Phosphor mittels Wasserdruck gepresst wird. Der gereinigte Phosphor fliesst durch den Hahn *J* ab.

Nach einem zweiten Reinigungsverfahren b) bedient man sich poröser Platten aus Charmottemasse, welche in eiserne Cylinder gesenkt und mit einer Dampfmaschine in Verbindung gesetzt sind; in den Cylindern enthaltene gespannte Wasserdämpfe pressen den geschmolzenen Phosphor durch die porösen Platten. Um das Verstopfen der Poren der Platten zu verhüten, mengt man den rohen Phosphor vorher mit Kohlenpulver. Der (noch phosphorhaltige) Kohlenrückstand wird entweder in besonderen Retorten destillirt oder dem Retorteninhalte vor der Phosphorgewinnung beigemischt. Man soll nach dieser Methode von 100 Kilogr. Phosphor 96 Kilogr. gereinigten erhalten.

In Deutschland führt man allgemein das Reinigen des Phosphors durch Destillation desselben aus gusseisernen Retorten aus. Von diesen Retorten ist jede für sich in einem Ofen eingemauert und steht darin auf einem Dreifusse aus Schmiedeeisen. Am Halse der Retorte wird der Ofen mit losen Steinen vermauert. An derselben Stelle geschieht das Einsetzen der Retorte in den Ofen. Der Retortenhals taucht 15–20 Millimeter tief in das Wasser ein, welches in einem Kübel vorgestellt wird und überläuft, sobald eine Portion Phosphor den Inhalt der Schale vermehrt. Der zu destillirende rohe Phosphor wird in einem kupfernen Kessel unter Wasser geschmolzen und mit 12–15 Proc. seines Gewichtes angefeuchteten Sandes gemengt und dann in die Retorten gefüllt, in Quantitäten von 5 bis 6 Kilogramm oder so viel, dass, wenn er schmilzt, die Retorte nicht überläuft. Das Vermischen des Phosphors mit feuchtem Sande geschieht, damit er sich während des Einfüllens und Einsetzens der Retorten nicht entzündet. Wasserfreier roher Phosphor giebt bei der Destillation 90 Proc. rectificirten Phosphor im günstigsten Falle. In einer Phosphorfabrik zu Paris reinigt man den Phosphor ohne Destillation *auf chemischem Wege*, indem man in dem Kupferkessel, dessen man sich zum Schmelzen des rohen Phosphors bedient, auf 100 Kilogramm Rohphosphor eine Mischung von 3,5 Kilogramm englischer Schwefelsäure und 3,5 Kilogramm Kaliumbichromat setzt. Es findet ein schwaches Aufschäumen statt und der unter der grünen Flüssigkeit stehende Phosphor ist fast farblos und durchscheinend geworden, so dass er nach dem Auswaschen mit Wasser sofort in Stangenform gebracht werden kann. 100 Kilogramm Rohphosphor geben nach diesem Verfahren 96 Kilogramm gereinigten Phosphor.

Formen des Phosphors.

Es bleibt nun noch übrig, dem Phosphor eine bequeme Form zu geben, welche seit Alters her in langen, dünnen Stangen besteht. Man erreicht dies, indem man ihn in Glasröhren formt. Man taucht das eine Ende der Röhre in den unter Wasser geschmolzenen Phosphor und saugt mit dem Munde langsam am andern Ende, bis die Röhre fast ganz mit Phosphor angefüllt ist. Hierauf schliesst man die untere Oeffnung der Röhre mit dem Finger, nimmt sie heraus und taucht sie rasch in kaltes Wasser; der Phosphor erstarrt schnell und wird aus der Glasröhre mit Hülfe eines Holz- oder Glasstabes entfernt. Anstatt des Aufsaugens mit dem Munde lässt sich vortheilhaft eine Kautschukblase anwenden, wie dieselbe in der Titriranalyse zum Ansaugen der Pipetten häufige Anwendung findet. In den französischen Phosphorfabriken findet dieses Verfahren heutzutage noch allgemeine Anwendung mit der Modifikation, dass jede Glasröhre, von denen 1 oder 2 Dutzend zur Disposition des Formers stehen, oben mit einem eisernen Saugrohre versehen ist, in dessen Mitte ein Hahn sich befindet; der Arbeiter saugt durch das Saugrohr die Glasröhre voll, schliesst dann den Hahn und senkt das Rohr in kaltes Wasser; nachdem alle Röhren gefüllt sind, werden sie durch Oeffnen des Hahnes und Einführen eines Eisendrahtes geleert und hierauf von Neuem durch Ansaugen gefüllt. Ein tüchtiger Arbeiter kann täglich über 2 Centner Phosphor in Stangenform bringen.

Fig. 260.

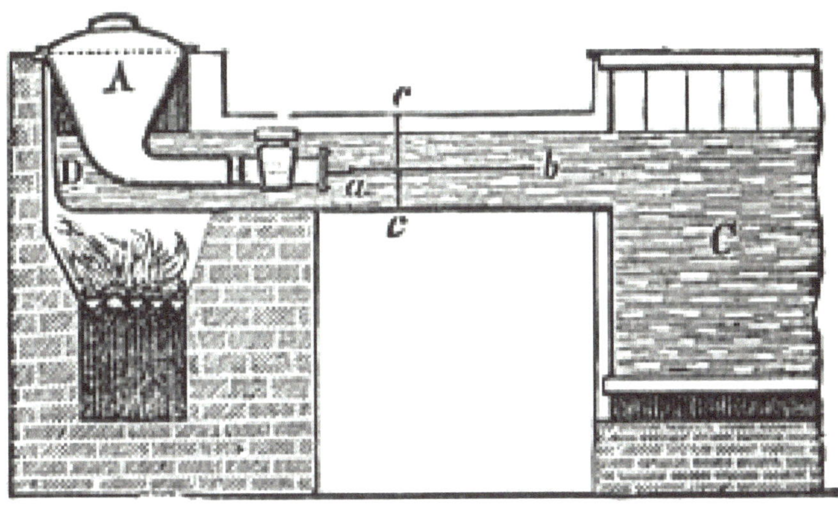

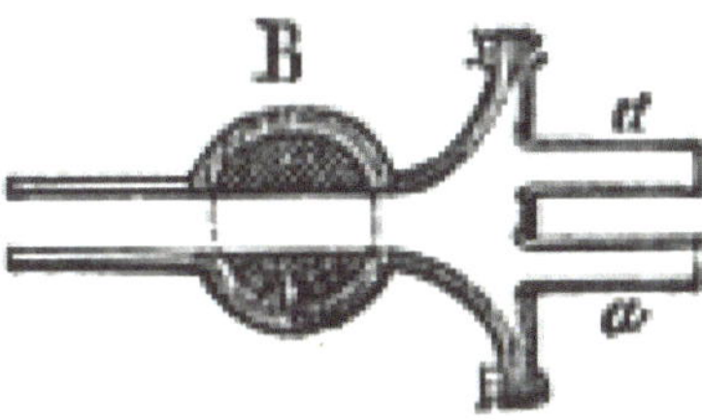

Ein anderes Verfahren, den Phosphor zu formen, ist von Seubert angegeben worden. Der von ihm angewendete Apparat (Fig. 260) besteht aus einem eingemauerten kupfernen Kessel, aus dessen flachem Boden ein oben offener Kanal von Kupfer gelöthet ist, der in den Wasserbehälter *C* mündet. In dem Kessel befindet sich ein kupferner Trichter *A* mit horizontaler Röhre *B*, welcher zur Aufnahme des Phosphors bestimmt ist und 8 bis 10 Kilogr. desselben fasst. Der horizontale Theil des Trichters endigt mit dem Hahn *B* und neben diesem mit einer Erweiterung, an welche eine kupferne Platte, in der zwei Glasröhren *a a* befestigt sind, angeschraubt wird. Der offene Kanal ist durch eine wasserdicht schliessende Scheidewand aus Holz *c c* abgetheilt, die die Communication des Wassers in beiden Theilen des Kanals hindert und zugleich den Röhren *a b* zur Stütze dient. Der Trichter *A* wird nun mit Phosphor gefüllt und dann der Kessel *D D* so weit erwärmt, dass der Phosphor schmilzt. Da sich bis zur Scheidewand *c c* erwärmtes Wasser befindet, so wird, wenn man den Hahn *B* öffnet und wieder schliesst, anfangs etwas Phosphor durch die Röhren *a b* ausfliessen, darin aber erstarren und somit die Röhre verschliessen. Oeffnet man nun den Hahn wieder, so kann man mit Hülfe des erstarrten Theils des Phosphors, welcher aus der Röhre hervorragt, die hinter demselben sich bildende Phosphorstange abwechselnd aus der einen und der anderen Röhre herausziehen, sie abschneiden und in *C* vor der Einwirkung des Lichtes geschützt, sammeln. Nach der Angabe von Seubert soll ein geübter Arbeiter in dem beschriebenen Apparate 30–40 Kilogr. Phosphor in einer Stunde in Stangenform bringen können, während Fleck gefunden hat, dass unter den vortheilhaftesten Bedingungen der Temperatur in sechs Stunden nicht mehr als 50 Kilogr. geformt werden konnten. Will man den Phosphor nicht in Form von Stangen, sondern in Körnerform bringen, so bringt man auf kaltes Wasser, das in einem Bottich sich befindet, eine 6–8 Centimeter hohe Schicht heisses Wasser, so dass beide Schichten sich nicht miteinander mengen und lässt mit zum Theil geöffnetem Hahn *B* des Seubert'schen Apparates geschmolzenen Phosphor tropfenweise ausfliessen. Jeder Tropfen erstarrt, sowie er in das kalte Wasser kommt, zu einer harten Masse. Die weit bequemere Körnerform des Phosphors sollte der Stangenform vorgezogen werden.

Die Aufbewahrung des geformten Phosphors geschieht in einer mit Eisenblech ausgeschlagenen Kiste, welche gegen 6 Centner Phosphor mit einer gegen 3 Centimeter hohen Schicht Wasser fasst. Das Verpacken geschieht, wenn es sich um grössere Quantitäten handelt, in kleinen Weinfässern, welche man mit Phosphor und dann vollends mit Wasser füllt, dem etwas Alkohol zugesetzt worden ist, um das Gefrieren beim Transport im Winter zu verhindern. Die Fässer werden aussen mit heissgemachtem schwarzen Pech überzogen und in Häcksel oder Heu gewälzt; zuletzt emballirt man in grauer Packleinwand. Auf solche Weise werden 1–5 Centner Phosphor in einem Fasse verpackt. Gewissenhafte Fabrikanten werden es jedoch unter allen Umständen vorziehen, das Einsetzen des Phosphors in Blechbüchsen anzuwenden. Der Phosphor wird in Büchsen von Weissblech gefüllt, mit Wasser übergossen und die Büchsen dann mit Sorgfalt verlöthet, so dass ein Ausrinnen von Wasser durchaus nicht stattfinden kann, es müssen deshalb die verlötheten Blechbüchsen einer wiederholten Prüfung auf ihre Dichtheit unterworfen werden, was am besten dadurch geschieht, dass man die verlötheten Büchsen nach sorgfältigem Abtrocknen mit der gelötheten Fläche nach unten auf weisses Fliesspapier setzt, und beobachtet, ob nach einiger Zeit auf dem Papier ein feuchter Fleck wahrzunehmen ist, gleichzeitig lassen sich dadurch die noch offenen Stellen leicht auffinden. Die Blechbüchsen werden sodann in feste mit Reifen beschlagene Kisten oder Fässer von Holz (Buchenholz) verpackt und so dem Transport übergeben.

Andere Methoden der Phosphorfabrikation.

Von den neueren Methoden der Phosphorfabrikation ist zunächst die von Donovan anzuführen, welcher den Phosphor aus phosphorsaurem Blei darstellen will. Er empfiehlt folgende Vorschriften. Auf 10 Kilogr. verkleinerte Knochen nimmt man eine Mischung von 6 Kilogr. Salpetersäure und 40 Liter Wasser, lässt einige Tage hindurch digeriren, fällt die von der Knochengallerte getrennte Flüssigkeit mit einer Lösung von 8 Kilogr. Bleizucker, wäscht und trocknet den Niederschlag, erhitzt ihn zum Rothglühen, mischt ihn dann in ⅙ seines Gewichtes an Kienruss oder Kohlenpulver und destillirt das Gemenge aus Thonretorten. Es ist nicht gesagt, ob Donovan seine Methode im Grossen versucht und ob sie ihm ein zufriedenstellendes Resultat gegeben hat. Ueber ein zweites, von Cari-Montrand herrührendes Verfahren der Phosphorfabrikation, hat sich die Praxis noch nicht ausgesprochen. Es besteht darin, dass man ein Gemenge von weissgebrannten Knochen mit Kohle in der Rothglühhitze der Einwirkung von salzsaurem Gase aussetzt:

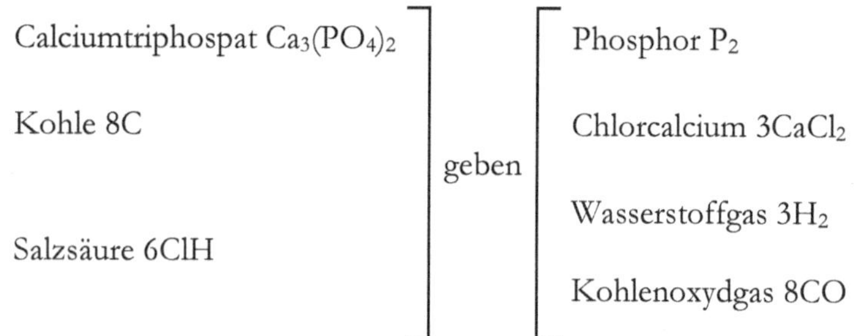

Calciumtriphospat $Ca_3(PO_4)_2$	geben	Phosphor P_2
Kohle 8C		Chlorcalcium $3CaCl_2$
Salzsäure 6ClH		Wasserstoffgas $3H_2$
		Kohlenoxydgas 8CO

Fleck's Verfahren.

Weit wichtiger als die vorstehenden Methoden sind die Vorschläge Fleck's zu einer verbesserten Methode der Phosphorgewinnung unter gleichzeitiger Gewinnung von Knochenleim. Das neue Verfahren beruht auf der Löslichkeit des phosphorsauren Kalkes in Salzsäure und dessen Abscheidung als saurer phosphorsaurer Kalk durch Verdampfen der Lösung in geeigneten steinernen Gefässen. Der Theorie nach brauchen 156 Theile Calciumtriphosphat ($Ca_3(PO_4)_2$) 73 Th. wasserfreie Salzsäure, woraus 111 Th. Chlorcalcium, 100 Th. saures Calciumphosphat und 18 Th. Wasser sich bilden. Ferner entsteht durch Glühen von 100 Th. saurem Calciumphosphat und 20 Th. Kohle 21,3 Th. Phosphor, 52 Th. Calciumtriphosphat und 46,7 Th. Kohlenoxydgas. Wird nun das zurückbleibende Gemisch von Calciumtriphosphat und Kohle eingeäschert und von Neuem mit Salzsäure behandelt, so scheidet sich nach dem Eindampfen dieser Lösung von Neuem saures Calciumphosphat ab und so fort, dass, wollte man diesen Process mit der nämlichen Substanz fortsetzen, eine unendlich kleine Menge Calciumtriphosphat zurückbleiben würde. Es geht aus den bis jetzt angestellten Versuchen hervor, dass es möglich sein wird, den Knochen allen Phosphor zu entziehen, sobald die Salzsäure möglichst frei ist von Schwefelsäure, die verdampfte Lösung möglichst concentrirt und die erhaltene aus saurem Calciumphosphat bestehende Krystallmasse möglichst rein ist. Es zerfällt die Gewinnung des Phosphors und des Leims in 1) die Reinigung, Zerkleinerung und Extraction der Knochen, 2) die Verdampfung und Krystallisation der Knochenlauge, das Auspressen des sauren Calciumphosphats und dessen Vermischen mit Kohle, 3) die Destillation und Reinigung des Phosphors und 4) die Leimerzeugung. Die gereinigten, zerkleinerten und vom Fett befreiten Knochen werden der Einwirkung einer mittelst Wasser auf 7° B. gebrachten Salzsäure ausgesetzt. Darauf macerirt man die Knochen in Salzsäure von 30° B., in welcher sie bis zur völligen Erweichung verweilen; diese zweite Flüssigkeit dient statt Wasser zum Vermischen der Salzsäure zur Extraction frischer Knochen. Die erste Flüssigkeit, eine Auflösung von saurem Calciumphosphat und Chlorcalcium, zeigt am Aräometer 16° B.; sie wird in die Abdampfgefässe gebracht. In der Wahl dieser Gefässe liegt eine Schwierigkeit des Fleck'schen Verfahrens, da die salzsauren Flüssigkeiten nicht in Bleigefässen abgedampft werden können und die Benutzung von schwer zu beschaffenden Thongefässen erheischen. Die Lauge ist krystallisationsfähig, sobald sie 30° B. zeigt. Der beim Erkalten und Stehenlassen sich ausscheidende Krystallbrei wird ausgepresst und sodann mit ¼ seines Gewichtes an Kohlenpulver unter Erwärmung bis auf 100° in einer Thonpfanne gemischt und durch ein Kupfersieb gerieben, bis sich die Masse zwischen den Fingern zerreiben lässt. Sie wird nun in eigenthümlich geformten Retorten erhitzt. Das in den Retorten zurückbleibende mit Kohle gemengte Calciumphosphat wird eingeäschert und der Einwirkung concentrirter Salzsäure ausgesetzt, wodurch man sogleich sehr concentrirte Laugen erhält, welche nur kurze Zeit auf den Pfannen zu stehen brauchen, um krystallisationsfähig zu sein. Der erhaltene rohe Phosphor wird wie gewöhnlich gereinigt und geformt. Die durch die Salzsäure von dem Calciumphosphat befreiten Knochen werden auf Leim verarbeitet.

Verfahren von Gentele, Gerland, Minary und Soudry.

Nach einer von Gentele im Jahre 1857 veröffentlichten Methode der Gewinnung von Phosphor unter gleichzeitiger Darstellung von Salmiak (und Knochenleim) sättigt man das in Salzsäure aufgelöste Calciumphosphat mit Ammoncarbonat, welches man als Nebenprodukt bei der Bereitung von Thierkohle erhalten hat, und verwendet es zur Phosphordarstellung. Die über dem Niederschlage stehende Salmiaklösung wird auf Salmiak verarbeitet. Gerland schlägt (1864) vor, die Phosphate aus den Knochen mit einer wässerigen Lösung von schwefliger Säure zu extrahiren und diese Lösung zu erwärmen, wobei die schweflige Säure entweicht, die in einem Koksthurme aufgefangen und immer wieder von neuem verwendet wird; die Phosphate werden dabei unlöslich niedergeschlagen. — Minary und Soudry (1865) endlich wollen den Phosphor aus einer Mischung von Ferriphosphat und ausgeglühtem Koks destilliren.

Eigenschaften des Phosphors.

Der gereinigte, unter Wasser aufbewahrte und vor der Einwirkung des Lichtes geschützte Phosphor ist zuweilen vollkommen farblos und durchsichtig, gewöhnlich aber etwas gelblich gefärbt und durchscheinend. Sein spec. Gew. = 1,83–1,84. Bei mittlerer Temperatur ist der Stangenphosphor weich wie Wachs. In der Kälte ist er spröde. Er lässt sich nicht zu Pulver zerreiben, wol aber kann man ihn fein zertheilt erhalten, wenn man ihn unter Wasser schmilzt und dies dann bis zum Erstarren des Phosphors schüttelt. Anstatt des Wassers wendet man zweckmässiger Alkohol oder Harn oder eine wässerige Lösung von Harnstoff an. Der Phosphor schmilzt bei 44–45° und bleibt zuweilen, nachdem er geschmolzen wurde, beim langsamen Erkalten, namentlich unter alkalischer Flüssigkeit, längere Zeit flüssig, erstarrt aber dann beim Berühren mit festen Körpern plötzlich. Der Phosphor siedet bei 290° und verdampft schon merklich bei gewöhnlicher Temperatur (das Rauchen des Phosphors an der Luft rührt nicht, wie man früher glaubte, allein von der Bildung phosphoriger Säure, sondern auch und zwar hauptsächlich von der Bildung von Antozonnebel und von salpetrigsaurem Ammoniak her). Der Phosphor löst sich in Form von Phosphordampf in sehr geringer Menge in Wasser, in Alkohol und Aether ist er sehr schwer löslich, leicht löslich in Schwefelkohlenstoff, Chlorschwefel und Phosphorchlorid; er löst sich auch, obwol in geringer Menge, in fetten und ätherischen Oelen. Bis auf 75° erhitzt, entzündet sich der Phosphor an der Luft, also auch bei der Reibung muss diese Temperatur erreicht werden, ehe eine Entzündung eintritt; der rothe oder amorphe Phosphor, der aus dem gewöhnlichen Phosphor durch längere Zeit fortgesetztes Erhitzen bis auf etwa 260° entsteht, entzündet sich durch Reibung nicht oder erst, nachdem er wieder in den gewöhnlichen Phosphor übergeführt worden ist, wozu eine Temperatur von ungefähr 300° gehört. Der Phosphor des Handels ist nie ganz rein, sondern enthält häufig kleine Mengen Schwefel, Arsen, von der zur Zersetzung der Knochenerde dienenden Schwefelsäure herrührend, und zuweilen auch etwas Calcium. Ausser zur Herstellung von Zündrequisiten findet der Phosphor in neuerer Zeit auch bei der Fabrikation von Brandgeschossen (*Fenian Fire* oder *Liquid Fire*, wobei er in Schwefelkohlenstoff gelöst zum Füllen der Bombe dient), so wie bei der Bereitung gewisser Theerfarben und endlich als Zusatz zu gewissen Kupferlegirungen (Kanonenmetall und Glockenmetall) Anwendung.

Der amorphe oder rothe Phosphor.

Im Jahre 1848 machte v. Schrötter in Wien die wichtige und interessante Entdeckung, dass die schon von E. Kopp 1844 wahrgenommene Eigenschaft des gewöhnlichen Phosphors, unter der Einwirkung des Lichtes und unter anderen Verhältnissen, eine rothe Farbe anzunehmen, auf der Umwandlung des Phosphors in eine allotropische Modifikation beruhe, welche mit dem Namen des amorphen oder rothen Phosphors bezeichnet wurde. Es hat sich gezeigt, dass diese Umwandlung am leichtesten vor sich geht, wenn man den gewöhnlichen Phosphor bei Abschluss von Luft und Wasser längere Zeit auf etwa 250° erhitzt. Im Grossen stellt man ihn in dem von A. Albright in Birmingham empfohlenen Apparate dar, welcher Fig. 261 im Durchschnitt abgebildet ist.

Fig. 261.

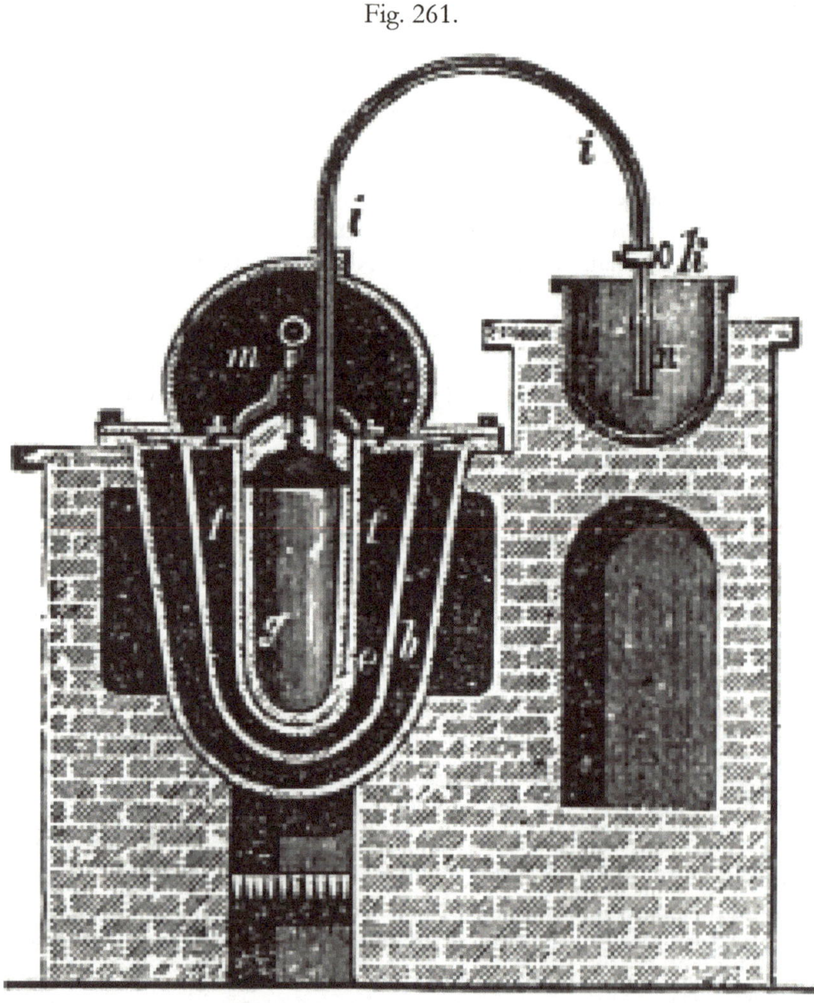

g ist ein Gefäss von Glas oder Porcellan, welches ungefähr bis auf ⅚ mit Phosphorstückchen angefüllt und bis auf 230–250° erhitzt wird. Das Gefäss *f* steht in einem Sandbad *b*, welches durch ein Sandbad *b* erwärmt wird. Das Gefäss *g* ist durch einen aufgeschraubten Deckel *m* verschlossen. Von dem Deckel führt ein mit einem Hahn *k* versehenes gebogenes Rohr *i* in ein Gefäss *n*, welches Wasser oder Quecksilber (mit einer Schicht Wasser bedeckt) enthält. Durch dieses Rohr entweicht im Anfang des Erhitzens die über dem Phosphor in *g* befindliche Luft. Sobald dies geschehen, wird der Hahn *k* geschlossen und das Erhitzen fortgesetzt, bis der Phosphor vollständig in die amorphe Modifikation übergegangen ist. Die Zeit, welche zu dieser Umwandlung erforderlich ist, ist von den Umständen abhängig und nur durch die Erfahrung festzustellen. Nach dem Erkalten des Apparats entfernt man den amorphen Phosphor aus dem Gefäss *g*, reibt ihn unter Wasser zu einem feinen Brei und entfernt nun den gewöhnlichen Phosphor, der stets in geringer Menge den amorphen verunreinigt, wie lange auch bei der Bereitung das Erhitzen fortgesetzt sein mochte. Man kann ihn zwar durch Behandeln mit Schwefelkohlenstoff davon befreien, allein dies Mittel ist wegen der Gefahr einer Entzündung nur schwierig anzuwenden. — Nicklès schlägt eine Trennungsmethode vor, die im Wesentlichen darin besteht, dass man das Gemenge von amorphem und gewöhnlichem Phosphor mit einer Flüssigkeit schüttelt, deren spec. Gewicht geringer ist als das des amorphen Phosphors (2,1) und grösser als das des gewöhnlichen Phosphors (1,84). Eine Chlorcalciumlösung von 38–40° B. kann hierzu benutzt werden. Der gewöhnliche Phosphor begiebt sich auf die Oberfläche und kann leicht durch etwas Schwefelkohlenstoff aufgenommen werden, so dass die Operation in einem verschlossenen Gefässe ausgeführt werden kann. Arbeitet man in grossem Maassstabe, so ist nach den von Coignet angestellten Versuchen folgendes Verfahren das sicherste, um amorphen Phosphor vom gewöhnlichen Phosphor zu befreien. Man kocht den pulverisirten amorphen Phosphor mit Aetznatronlauge, welche den gewöhnlichen Phosphor löst und ihn unter Entwickelung von Phosphorwasserstoffgas in lösliches unterphosphorigsaures Natron überführt. Das Sieden wird unter zeitweiliger Erneuerung der Natronlauge fortgesetzt, bis aller Geruch nach Phosphorwasserstoffgas aufgehört hat. Das zurückbleibende Pulver wird durch Waschen gereinigt und getrocknet. R. Böttger schlägt eine Lösung von Kupfervitriol vor, welche nur mit dem gewöhnlichen, nicht aber mit dem rothen Phosphor Phosphorkupfer bildet.

Eigenschaften.

Der rothe Phosphor bildet entweder ein glanzloses, scharlachrothes bis dunkelcarmoisinrothes Pulver, oder er bildet eine röthlichbraune cohärente Masse, welche spröde, oft metallisch glänzend ist, einen muschligen Bruch besitzt und auf der Oberfläche mitunter fast eisenschwarz ist. Sein spec. Gew. = 2,1. Er löst sich nicht in Schwefelkohlenstoff und andern Lösungsmitteln des gewöhnlichen Phosphors, bleibt an der Luft unverändert, und lässt sich bis zum Siedepunkte des gewöhnlichen Phosphors (290°) erhitzt, wieder in letzteren überführen. Mit trockenem Kaliumchromat zusammengerieben, entzündet sich der rothe Phosphor, ohne zu explodiren. Mit Salpeter verbrennt er nicht beim blossen Zusammenreiben, sondern erst beim Erwärmen ohne Geräusch. Mit Kaliumchlorat verpufft er leicht und heftig (vergl. Seite 168). Mit Bleisuperoxyd verpufft er beim Zusammenreiben schwach, beim Erwärmen unter heftiger Explosion.

Das Verhalten des rothen Phosphors gegen verschiedene Oxyde liess mit Recht erwarten, dass er mit Vortheil statt des gewöhnlichen Phosphors zur Zündmasse der Zündrequisiten werde angewendet werden können, wobei auch die Umstände, dass er nicht giftig ist, dass er bei gewöhnlicher Temperatur nicht verdampft und sich nicht oxydirt und dass er nicht so brennbar ist wie gewöhnlicher Phosphor, daher weniger gefährlich beim Transport ist, zu Gunsten des amorphen Phosphors sprachen. Die Praxis der Zündrequisitenfabrikation, obgleich sie sich lange gegen die Anwendung des amorphen Phosphors gesträubt, hat (siehe Zündrequisiten) seit einigen Jahren die rothe Modifikation in eigenthümlicher Form adoptirt, so dass, wenn nicht alle Anzeichen trügen, der amorphe Phosphor in dieser Beziehung noch eine bedeutsame Rolle spielen wird. Seit einem Jahrzehnd etwa findet der rothe Phosphor zur Erzeugung des Jodphosphors behufs der Darstellung von Jodamyl, Jodäthyl und Jodmethyl Anwendung, mittelst deren Cyanin, Aethylviolett und ähnliche Theerfarben dargestellt werden. Mit Kaliumchlorat gemischt bildet der amorphe Phosphor Armstrong's Mischung, die in England zum Füllen von Bombenraketen verwendet wird.

Die gegenwärtige Phosphorproduktion ist approximativ folgende:

England	1500	Centner
Frankreich und Italien	2000	„
Zollverein und Oesterreich	2000	„

Im Ganzen 5500 Centner

zu deren Fabrikation 66,000 Centner Knochen gehören.

Die Zündrequisiten.

Allgemeines und Geschichtliches.

Zur Geschichte der Feuerzeuge folgende Notizen. Wie die Schriftsteller der Alten erzählen, hat schon Prometheus Feuer aus harten Steinen zu gewinnen gewusst. Die Römer haben Epheu- und Lorbeerholz an einander gerieben und die glimmenden Holzspäne zum Anzünden dürren Laubes benutzt. Das schnelle Herumdrehen eines Holzstückes in einem zweiten durchlöcherten Holze, die Feuererzeugungsmethode der meisten nicht civilisirten Stämme, die unter anderen von Darwin und dem Prinzen von Neuwied[147] näher beschrieben worden ist, wird häufig gegenwärtig noch von den Drechslern in Anwendung gebracht, um Holz oberflächlich zu verkohlen und dadurch zu verzieren. Unter den Römern zu Titus Zeiten war es üblich, die Spitze eines Schwefelstängelchens in vermodertes Holz zu stecken und so durch Reibung an Steinplatten Feuer zu erzeugen. Das 14. Jahrhundert kannte bereits den Gebrauch des Stahles, Feuersteins und Zunders oder Schwammes. Bis zum Jahre 1820 kannte man wol kaum ein anderes Feuerzeug als das genannte Trio, welchem das Schwefelholz als unzertrennlicher Begleiter beigesellt war.

Im Jahre 1823 machte Döbereiner in Jena die Entdeckung, dass fein zertheiltes Platin (Platinschwamm) ein Gemisch von Wasserstoffgas und atmosphärischer Luft entzünde, und gründete auf diese Erfahrung das elegante Feuerzeug, welches unter dem Namen der Döbereiner'schen Zündmaschine oder Wasserstofflampe bald in beifällige Aufnahme kam und selbst heutzutage noch vielfach angewendet wird. Obschon ohne directen Einfluss auf die Entwickelung des Zündholzes selbst, lenkte Döbereiner's Entdeckung nichtsdestoweniger die Aufmerksamkeit auf die Vervollkommnung der Feuerzeuge im Allgemeinen und hat in dieser Hinsicht wenigstens mittelbar zur Verbesserung der Zündhölzer wesentlich beigetragen.

Ein Feuerzeug, welches ebenfalls in derselben Zeit auftauchte und in der Geschichte der Industrie eine hohe Stelle zu beanspruchen hat, insofern es das erste war, welches auf die Entzündlichkeit des Phosphors sich gründete, obgleich es niemals in allgemeine Anwendung gekommen, ist folgendes: Man schmolz gleiche Gewichtstheile Schwefel und Phosphor in einer Glasröhre langsam und vorsichtig zusammen. Die Röhre wurde alsdann mit einem Korke verschlossen und in diesem Zustande aufbewahrt. Wollte man Feuer haben, so wurde der Kork entfernt und ein dünner Span in den Schwefelphosphor eingetaucht. Die kleine Menge, welche beim Herausziehen daran haftete, entzündete sich an der Luft und theilte die Flamme dem Holze mit. Diese Vorrichtung, die meines Wissens in Deutschland zuerst in Erfurt auftrat, ist jedoch fast ganz in Vergessenheit gerathen.

Eine wichtige Epoche in der Geschichte der Zündrequisiten bildet das chemische Feuerzeug oder die Tauch- oder Tunkzündhölzchen, die bereits im Jahre 1812 in Wien fabricirt wurden (100 Stück Hölzchen kosteten damals 1 fl. W. W.); sie waren einfach Schwefelhölzchen, deren geschwefeltes Ende mit einer Mischung von Kaliumchlorat und Rohrzucker (und Zinnober als Farbe) überzogen war, die, beim Benetzen mit concentrirter Schwefelsäure verpuffend, die Entzündung der darunterliegenden Schwefelschicht und diese wieder dem Holze mittheilte. Man bediente sich kleiner Gläser, welche mit concentrirter Schwefelsäure getränkten Asbest enthielten. Der Erfinder dieser Feuerzeuge, welche bis zum Jahre 1844 in Europa die allein üblichen waren, ist der Franzose Chancel, Assistent bei Professor Thénard in Paris (1805). Auf dem nämlichen Principe beruhten die um das Jahr 1830 unter dem Namen „*Prometheans*“ in England verbreiteten Zündpräparate. Ein Gemisch von Kaliumchlorat und Zucker war in ein dünnes Röllchen von Papier (ähnlich einer Cigarette) gefüllt, welches ausserdem ein kleines auf beiden Seiten zugeschmolzenes Glasröhrchen mit Schwefelsäure enthielt. Indem man das Glasröhrchen zwischen zwei harten Körpern zerdrückte, kam die Schwefelsäure mit der Zündmasse in Berührung und bewirkte deren Entflammung. Das Zerdrücken geschah in der Regel in einer eigens zu diesem Zwecke mitverkauften Zange. Die Prometheans, welche wegen ihres hohen Preises niemals allgemeinen Eingang gefunden haben, bilden den Uebergang zu den Reibzündhölzchen, denn bei ihnen wird die

Entzündung durch Friction wenigstens indirect vermittelt. Die ersten wirklichen Reibzündhölzchen kamen unter dem Namen Congreve'sche Streichhölzer um's Jahr 1832 auf. Sie enthielten über dem Schwefel einen Ueberzug von 1 Th. Kaliumchlorat und 2 Th. grauem Schwefelantimon mit einem geeigneten Bindemittel (Leim oder arabischem Gummi) aufgetragen. Sie entzündeten sich, indem man sie zwischen zwei Flächen von Sandpapier, welche mit den Fingern zusammengepresst wurden, hindurchzog. Die Entflammung erforderte einen ziemlich starken Druck und nicht selten rieb sich das Zündpräparat von dem Hölzchen ab und detonirte zwischen den rauhen Flächen, ohne das Holz zu entzünden. Es war also Raum genug für weitere Verbesserungen.

Es ist nicht mit Bestimmtheit zu ermitteln, wer zuerst die glückliche Idee hatte, für das Schwefelantimon den Phosphor zu substituiren. Aus den Forschungen von Nicklès folgt aber unzweifelhaft, dass in Paris schon 1805 der Phosphor zu Feuerzeugen Anwendung fand. 1809 suchte Derepas die grosse Entzündlichkeit des Phosphors durch Zertheilen desselben durch Magnesia zu verringern. Derosne dagegen soll (1816) der Erste gewesen sein, welcher Phosphorstreichhölzchen darstellte. Gegen das Jahr 1833 sind die Phosphorzündhölzchen in verschiedenen Ländern gleichzeitig aufgetaucht. Preshel in Wien fertigte im genannten Jahre Phosphorzündhölzer und andere mit derselben Zündmasse versehene Zündapparate, als Zündschwamm, Cigarrenzünder und dergl. Ziemlich um dieselbe Zeit wurden auch in Darmstadt von Fr. Moldenhauer Phosphorzündholzer fabricirt[148]. In Süddeutschland ist man geneigt, den Schwaben Kammerer (gestorben in Ludwigsburg 1857) für den Erfinder der phosphorhaltigen Zündrequisiten zu halten. In England schreibt man die Erfindung der „*Lucifer matches*“ dem Chemiker John Walker in Stockton zu, wenigstens ist Faraday dieser Ansicht. Besassen auch diese Zündmassen, die im Wesentlichen aus Kaliumchlorat und Phosphor bestanden, einen hohen Grad von Entzündlichkeit, so waren sie dagegen mit dem Uebelstand behaftet, bei der Entzündung häufig mit einer Art von Explosion zu verbrennen, wobei die brennende Masse herumgeschleudert wurde; auch war sowol ihre Darstellung, sowie ihr Transport keineswegs ohne Gefahr, weshalb in vielen deutschen Ländern ihre Fabrikation und ihr Gebrauch verboten wurde. Im Jahre 1835 wurde durch Trevany das Kaliumchlorat zum Theil durch eine Mischung von Mennige und Braunstein, im Jahre 1837 durch Preshel gänzlich durch das braune Bleisuperoxyd oder nach Böttger's Vorschrift durch ein Gemenge von Mennige und Salpeter (oder auch Bleisuperoxyd und Bleisalpeter) ersetzt. Von dieser Zeit an datirt der grosse Aufschwung der Zündwaarenindustrie, die besonders in Oesterreich und seit einigen Jahren auch in Schweden riesige Dimensionen angenommen hat[149].

Im Laufe der Zeit erfuhren die Zündhölzchen noch weitere Verbesserungen, so umging man den Schwefel, indem man die Enden der Hölzer mit Wachs, mit Stearinsäure oder Paraffin tränkte. Man überzog ferner die besseren (Salon-) Zündrequisiten mit einem Lack, um sie nicht nur vor Feuchtigkeit zu schützen, sondern ihnen auch ein weit schöneres Aussehen zu verleihen. So ist es denn dahin gekommen, dass die Zündholzfabrikation der Gegenwart ein Produkt liefert, das technisch das denkbar vollkommenste ist, das überhaupt erreicht werden kann.

Bei aller Vorzüglichkeit der Phosphorzündhölzer besitzen dieselben jedoch Uebelstände, die aber, als in der giftigen Natur des Phosphors liegend, rein sanitätspolizeilicher Art sind. Einmal wirkt der Phosphor giftig durch seine Flüchtigkeit und hat in der ersten Zeit seiner Einführung in die Zündholzindustrie sichtbare Verheerungen unter den Arbeitern angerichtet, die aber in neuerer Zeit in Folge geeigneter Ventilation der Arbeitsräume nicht mehr wahrzunehmen sind. Trotz der bekannten Untersuchungen von E. von Bibra und Geist und der Beobachtungen Sievekings gebricht es zur Zeit noch an genügenden Erklärungen, denn die Krankheiten der Kinnlade, wie sie in den Zündholzfabriken vorkamen, fehlen vollständig in den Fabriken, wo der Phosphor erzeugt wird und die Arbeiter zuweilen solche Massen von Phosphordampf einathmen, dass im Dunkeln ihr Athem leuchtend erscheint!

In der zweiten Richtung ist der Phosphor giftig, indem er, schon in sehr kleiner Menge in den Organismus gebracht, tödtlich wirkt. Und in der That hat das letzte Jahrzehnd eine auffallende Zunahme der Phosphorvergiftungen mit sich geführt. In dieser Eigenschaft des Phosphors culminiren alle Gründe, die gegen die Anwendung des Phosphors zur Zündholzfabrikation vorgebracht werden können.

Unter diesen Verhältnissen erschien die Entdeckung des rothen Phosphors als eine Form, in welcher mit Beibehaltung der Vorzüge des gewöhnlichen Phosphors etwa die Nachtheile, die mit seinem Gebrauche verbunden waren, ausgeschlossen sind, als eine Wohlthat für die Menschheit, welcher sich die Regierungen und Industriellen mit Enthusiasmus zuwandten. Von den vielen Hoffnungen, die man auf die Anwendung des rothen Phosphors in der Zündholzfabrikation gesetzt hatte, sind allerdings bis jetzt nur wenige realisirt worden. Dennoch hat es nach den Ergebnissen der Pariser Industrieausstellung des Jahres 1867 den Anschein, als wenn dem rothen Phosphor eine grosse Mission in der Entwickelungsgeschichte der Zündrequisitenindustrie beschieden sei.

Die Fabrikation der Reibzündhölzer.

Die Fabrikation der phosphorhaltigen Reibzündhölzchen zerfällt in

1) die Herstellung der Holzdrähte,

2) die Bereitung der Zündmasse,

3) das Betupfen, Trocknen und Verpacken derselben.

1) Die Herstellung der Holzdrähte. Als Holz dient Weisstannen-, Fichten-, Aspen-, seltener Föhrenholz, zuweilen auch Buchen-, Linden-, Birken-, Weiden-, Pappel- und Cedernholz. Die Zündhölzer sind entweder vierkantig (mit mehr oder minder ausgebildeten Seitenflächen) oder rund, im letzteren Falle sehr regelmässig und glatt. Die viereckigen stellt man am einfachsten, aber auch am wenigsten schön durch Zerspalten von würfelförmigen Holzklötzchen dar, welche die Länge eines einzelnen Hölzchens haben. Die Spaltmaschine wird entweder mittelst eines einzigen Schneidemessers, welches sich an einem Hebel befindet und mit diesem auf- und niederbewegt wird, wobei nach jedem Schnitte der Holzwürfel um die Dicke eines Hölzchens fortgerückt, nach Vollendung einer Reihe paralleler Spaltungen aber die ganze dadurch entstandene Masse von Blättern zusammengefasst und durch eine neue Reihe von Schnitten rechtwinklig gegen die ersten, in Stäbchen zertheilt wird. Oder man bringt mehrere Spaltmesser in fester Stellung an und bewegt das Holz gegen dieselben heran.

Das Spalten ist in Deutschland überall der von Stephan Romer in Wien gemachten Erfindung des Hobelns gewichen, wodurch mit Leichtigkeit zierlich geformte runde Stäbchen entstehen. Das Instrument ist eine Art Hobel, dessen Eisen von dem gewöhnlichen Hobel darin abweicht, dass es statt der Schärfe eine horizontale Umbiegung enthält, welche horizontal mit drei, vier oder fünf neben einander befindlichen Löchern durchbohrt ist und zwar so, dass die vorderen Ränder der Löcher zugeschärft sind. Es hat sich in der Praxis gezeigt, dass die Hobel mit nur drei Löchern die geeignetsten sind. Wird der Hobel mit einer gewissen Kraftanstrengung auf dem der Breite des Hobeleisens entsprechenden schmalen Rande eines etwa 1 Meter langen Brettes von geradfaserigem astfreiem Tannenholz fortgeschoben, so dringt der Hobel in das Holz ein und es bilden sich so viele Stäbchen, als der Hobel Löcher enthält. Ist auf diese Weise eine Schicht Stäbchen gewonnen, so wird die Oberfläche des Brettes mit einem gewöhnlichen Hobel glatt gehobelt, hierauf wendet man wieder den Zündholzhobel an u. s. f. Zum Zerschneiden der Hölzer nach der Länge dient eine Maschine, aus einem schmalen, etwa 6 Centim. breiten Troge bestehend, der zum Hindurchlassen des Messers der Quere nach durchschnitten ist. In diesem Durchschnitt bewegt sich das an einem Hebel sitzende scharfe Messer auf und ab und wirkt nicht sowol schneidend als drückend. Ein geübter Arbeiter liefert in einem Tage 400,000 bis 450,000 Hölzchen. Ein gleichzeitig mit Romer's Vorrichtung aufgetretener Hobel ist der von Anthon in Darmstadt, der in Südwestdeutschland mit grosser Schnelligkeit Eingang fand. Das Aushobeln der Hölzchen ist häufig wieder ein abgesonderter Industriezweig geworden. Man fertigt in den Waldgegenden (so z. B. im bayerischen und böhmer Walde, im Odenwalde, im Thüringer Walde, in Schweden und Norwegen) dieselben in grossen Quantitäten und liefert sie an die Zündholzfabriken, welche sich nur auf ihre Vollendung, Ausrüstung und Verpackung beschränken.

Anstatt mittelst Handarbeit hat man die Anfertigung runder Hölzer auch mittelst Maschinen ausgeführt. So construirte Pelletier in Paris schon um das Jahr 1820 eine Hobelmaschine von folgender Einrichtung: Auf einem Tische wird ein 36 Centim. langer, 9 Centim. breiter Hobel mittelst Krummzapfen und Lenkstange vor- und rückwärts geschoben, wobei er über das unter ihm befindliche, von selbst sich zur gehörigen Höhe hebende Holzstück hingeht. Der Hobel enthält ein vertikal stehendes, unten mit 24 spitzigen, wie kleine Messer gespalteten Zähnen versehenes Eisen; hinter diesem aber ein breites gewöhnliches Hobeleisen. Auf jeden Hobelstoss macht das erste Eisen 24 parallele Schnitte in die Holzfläche und das nachkommende zweite stösst ein Blättchen von bestimmter Dicke ab, welches vermöge jener Schnitte ohne Weiteres in schmale Streifen oder Blättchen zerfällt. Auf grössere quantitative Leistungen berechnet ist die Maschine von Cochot (1830). Hier werden auf der äusseren Peripherie eines eisernen Rades von 1 Meter Durchmesser dreissig Holzklötze von der Länge eines Zündhölzchens befestigt; bei der Umdrehung des Rades geht ein Klotz nach dem andern an einer mit Stahlklingen besetzten kleinen Walze vorüber, welche — wie bei der vorhergehenden Maschine das gezahnte Hobeleisen — die parallelen Schnitte macht; unmittelbar darauf schneidet eine unbewegliche gerade Messingklinge ein Blättchen von dem Holze ab, welches bereits in Stäbchen zertheilt erscheint. Einige Aehnlichkeit damit, was die Wirkungsweise anlangt, hat die Maschine von Jeunot, die im Jahre 1840 in Frankreich patentirt wurde. Nach dem Principe des Handhobels construirte Neukrantz in Berlin im Jahre 1845 eine Maschine, bei welcher 16 bis 20 Hölzchen zugleich entstehen, indem mittelst eines Schlittens das Holz unter den festliegenden Röhrcheneisen durchgezogen wird. Eine interessante Anwendung dieses Mittels hat aber Krutzsch zu Wünschendorf im Königreich Sachsen (1848) gemacht, indem er eine Stahlplatte benutzte, welche mit einer grossen Anzahl (gegen 400) möglichst dicht beisammenstehenden Löchern durchbohrt ist. Ein Holzstück wird durch eine starke Presse in der Richtung seiner Fasern gegen diese Platte gedrückt, deren Löcher an dieser Seite scharfrandig sind, dann schliesslich mittelst eines Zangenapparates hindurchgezogen und so in runde Stäbchen zertheilt. Ein Holzstab von 3 Centim. Breite und Dicke giebt 400 Stäbchen, welche aus 1 Meter Länge jeder 15 Zündhölzchen liefern. Die Erzeugung der 6000 Stück dauert etwa zwei Minuten. — Eine andere Maschine von Andree u. Co. in Magdeburg wirkt mehr hobelartig, in der Weise aber, dass drei hinter einander befestigte, also nach einander zur Wirkung kommende Eisen die runden Stäbchen hervorbringen, indem das vordere nur vorarbeitet, das zweite die eine Hälfte, das dritte die andere Hälfte des Cylinders erzeugt. Eine Maschine vom Mechanikus C. Leitherer in Bamberg (1851), welche nach Art der Handarbeit mit röhrenförmigem Hobeleisen wirkt und Fallhobelmaschine genannt worden ist, besteht aus einem horizontalen Kasten, in welchem die zugerichteten Blöcke des Rohholzes stehend, d. h. mit vertikaler Richtung der Fasern, eingesetzt werden und worin sie nach jedem Hobelstoss um die Dicke eines Zündhölzchens durch einen Mechanismus vorgeschoben werden; vor diesem Kasten befindet sich ein vertikales Gestell, in welchem der Fallhobel sich auf und ab bewegt. Ein Schwungrad, welches mittelst Riemen an den Wellbaum eines Mühlrades angehängt wird, bewerkstelligt die gleichförmige Wirkung der Maschine. Ein Fallhobel besteht aus vier Stosseisen, deren jedes 8 oder 10 Röhrchen enthält. Jede Minute erfolgen bei mässigem Gange 45 Fallstösse und dadurch 810–830 Hölzchen mit 45 Fehlspänen (Zündspänen).

Seit einigen Jahren macht die Hobelmaschine von Wrana viel von sich reden. Diese Maschine ahmt wie jene von Neukrantz das Hobeln mit der Hand nach, aber weit vollkommener, da der Hobel hier nicht fix, sondern durch die Hände des Arbeiters gehalten, somit federnd angebracht ist. Seine Stütze findet er jedoch an einer Leiste, welche quer über die Maschine läuft und je nach der Höhe des Holzstückes, das unter derselben durchgeht, bald gehoben, bald gesenkt werden kann. Der Kunstgriff, eine Leiste als Stützpunkt für den mit der Hand gehaltenen Hobel anzubringen, macht es möglich, verzogenes, ungleiches Holz ebenso rein als mit der Hand zu hobeln. Der Stoss, welchen der Hobler sonst ausüben muss, um Drähte von der Länge des Holzes zu erzeugen, wird von der Maschine erzielt und der Arbeiter hat eben nur den Hobel kräftig zu halten und ihm die gehörige Lage zu geben. Nach demselben Princip ist es auch möglich, Stäbchen von sehr verschiedenem Querschnitt zu hobeln, z. B. Rahmenstäbchen, Federhalter und dergl. Das Wesentliche der Erfindung Wrana's ist die Verwendung der Leiste als Stützpunkt für den Hobel, mag dieselbe wie immer geformt sein. Ohne dieses ist ein Hobeln des Holzes nach der Faser (ausser aus freier Hand) kaum möglich. Bei der in jüngster Zeit von Long construirten Holzdrahtschneidemaschine wird das Schneiden in der Art bewirkt, dass man Holzblöcke auf einen horizontal beweglichen Schlitten zwischen Walzenpaaren festhält (wobei die Faserrichtung des Holzes mit der Axe der Walzen parallel läuft) und den Schlitten zuerst an einer Anzahl kleiner Messer vorbeiführt, welche in Abständen gleich der Breite der zu erhaltenden Zündhölzchen angeordnet sind, also in den Block eine Anzahl entsprechender Schnitte vollführen, worauf ein vertikal bewegliches Messer einen Span von der Breite des Holzes abschneidet, aber in Folge des vorherigen Einschneidens der kleinen Messer in einzelne Stäbchen (Holzdrähte) zerfällt.

2) Die Bereitung der Zündmasse geschieht auf folgende Weise: Der Leim oder das Senegalgummi, überhaupt das Bindemittel, wird mit einer kleinen Menge Wasser bis zur Consistenz eines dünnen Syrups aufgelöst, bis auf 50° erwärmt und dann der Phosphor nach und nach eingerührt und mit dem Rühren fortgefahren, bis aller Phosphor zu einer weissen salbenähnlichen Emulsion vertheilt ist. Zu dieser Masse setzt man hierauf die übrigen, vorher fein zerriebenen Zusätze unter sorgfältigem Umrühren. Zur Erzeugung einer guten Zündmasse ist es unerlässlich, dass der Phosphor in der rechten Menge vorhanden sei. Zu viel Phosphor ist ebenso nachtheilig als eine zu geringe Quantität. Abgesehen von dem Umstande, dass ein zu grosser Phosphorgehalt die Zündmasse unnöthig vertheuert, macht er sie auch in einzelnen Fällen zum Entzünden des Schwefel- oder Stearinüberzuges und folglich auch des Hölzchens untauglich, da die durch die Verbrennung des Phosphors sich bildende Phosphorsäure sich an den zu entzündenden Theilchen absetzt und diese mit einem zarten glasartigen Ueberzug bedeckt, welcher genau so wie eine Wasserglasschicht das Ausbrechen der Flamme verhindert. Das beste Verhältniss scheint 1/10 bis 1/12 Phosphor zu sein, vorausgesetzt, dass man die Masse auf die gewöhnliche Art durch Schmelzen des Phosphors in Leimlösung u. dergl. darstellt.

Eine weit geringere Quantität Phosphor ist jedoch zur Erzielung einer zweckentsprechenden Zündmasse ausreichend, wenn man den Phosphor in Schwefelkohlenstoff gelöst der Mischung zusetzt, wobei der Schwefelkohlenstoff seiner grossen Flüchtigkeit wegen bald verdunstet und den Phosphor im höchst fein zertheilten Zustande zurücklässt. Bei der Leichtlöslichkeit des Phosphors in Schwefelkohlenstoff und dem billigen Preise des letzteren ist die von Wagner im Jahre 1855 eingeführte Anwendung des Schwefelkohlenstoffs selbst dann noch möglich, wenn man die Dämpfe des Schwefelkohlenstoffs verloren giebt. Mit der Benutzung der Lösung des Phosphors in Schwefelkohlenstoff ist ausserdem noch der Vortheil verbunden, dass man kalt arbeiten kann, indem man die Lösung einfach in die Mischung der übrigen Materialien einzurühren braucht. Dass die Anwendung der Schwefelkohlenstofflösung wegen ihrer Feuergefährlichkeit und des vielleicht nachtheiligen Einflusses der Schwefelkohlenstoffdämpfe auf die Gesundheit der Arbeiter die grösste Vorsicht erheischt, ist selbstverständlich. C. Puscher hat (1860) auf die vortheilhafte Verwendbarkeit des Schwefelphosphors und zwar des Phosphorsulfuretes P_2S statt des reinen Phosphors bei den Zündmassen aufmerksam gemacht. Er hat Zündmassen mit 3,5 Proc. Phosphorsulfuret bereitet und damit tadellose Zündhölzer erhalten.

Von den Metalloxyden, welche man der Zündmasse zusetzt, giebt man gegenwärtig einem Gemenge von braunem Bleisuperoxyd mit Salpeter, oder einem Gemenge von ersterem mit salpetersaurem Bleioxyd, durch Verreiben der Mennige mit Salpetersäure in der Wärme und Liegenlassen der Masse durch mehrere Wochen erhalten, den Vorzug. Als Bindemittel wendet man, wie bereits oben gesagt, Leim, Gummi oder auch Dextrin an; ersterer sollte beseitigt werden, weil er meist nur verkohlt und die vollständige Verbrennung der Masse verhindert. Vielleicht liesse sich eine geeignete verdünnte Collodiumlösung, vielleicht auch ein Gemenge von Sandarakpulver und einem ähnlichen Harze mit Benzol als Bindemittel verwenden.

Als Beispiele der Zusammensetzung der Zündmassen mögen folgende Vorschriften angeführt werden (wobei nicht zu vergessen ist, dass die bewährten Recepte zur Bereitung einer entsprechenden Zündmasse von der Fabrik geheim gehalten werden):

I.

Phosphor	1,5	Th.
Senegalgummi	3,0	„
Kienruss	0,3	„
Mennige	5,0	„]

Salpetersäure von 40° B.	2,0	„	Das Gemisch beider eingetrocknet — nun faktisch ein Gemenge von Bleinitrat mit Bleisuperoxyd, unter dem Namen oxydirte Mennige.

II.

Phosphor	8,0	Th.	in der nöthigen Menge Schwefelkohlenstoff gelöst.
Leim	21,0	„	
Bleisuperoxyd	24,0	„	
Kalisalpeter	24,0	„	

III.

Phosphor	3,0	Th.
Senegalgummi	3,0	„
Bleisuperoxyd	2,0	„
feiner Sand und Smalte	2,0	„

Es ist keinem Zweifel unterworfen, dass die Zündmasse noch vielfacher Verbesserungen fähig ist.

Fig. 262.

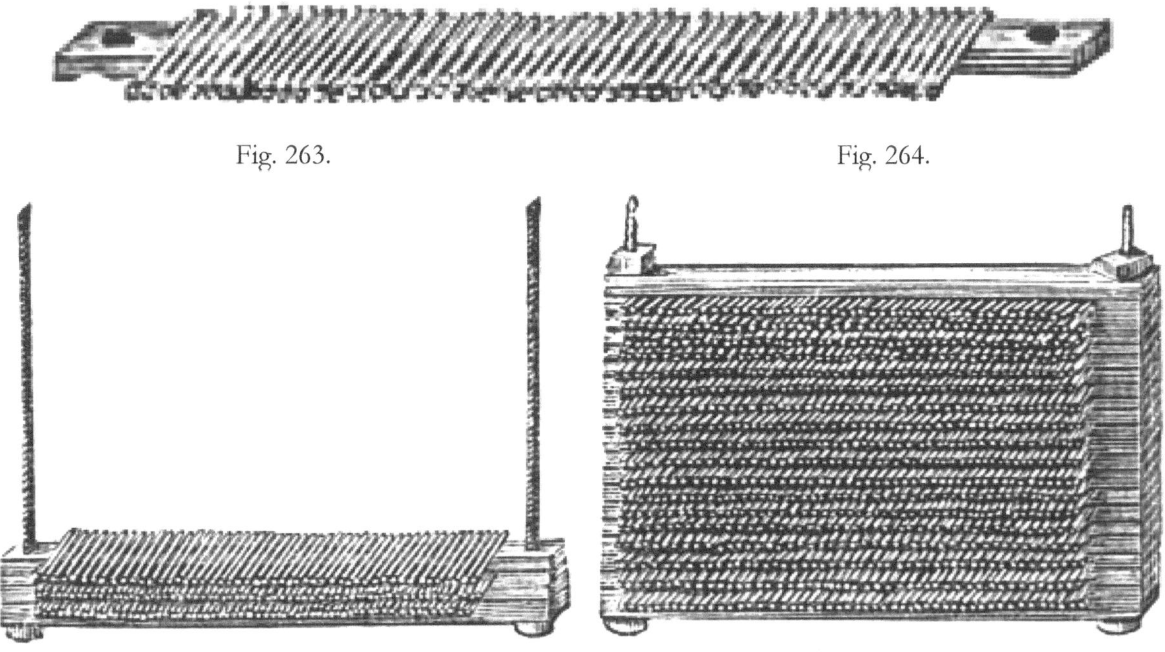

Fig. 263. Fig. 264.

3) Das Betupfen und Trocknen der Hölzchen. Um die Hölzchen an dem einen Ende mit Schwefel und mit der Zündmasse überziehen zu können, müssen sie in hinreichender Entfernung von einander befestigt sein. Hierzu dienen kleine Brettchen von etwa 0,3 Meter Länge und 10 Centimeter Breite, deren obere Seite der

Quere nach mit 50 rinnenförmigen Vertiefungen versehen ist, von solcher Breite und Tiefe, dass gerade ein Hölzchen hineingeht (Fig. 262). Eine Arbeiterin legt in jede Furche des Brettes ein Hölzchen, legt dann ein zweites Brettchen darauf, dessen untere Seite zum Festhalten der Hölzchen zwei aufgeleimte Flanellstreifen enthält, dessen obere Seite aber wieder zur Aufnahme einer neuen Reihe Hölzchen gefurcht ist. Um den so entstehenden Stapel zusammenzuhalten, haben die Brettchen nahe an jedem Ende ein rundes Loch; durch die Löcher schiebt man Stangen, die an dem obern Ende Schraubengewinde erhalten. Man schraubt die Brettchen fest, sobald 20–25 derselben über einander gelagert sind, nachdem die vorderen Enden der Hölzchen durch Aufstossen auf eine gerade Fläche in eine Ebene gebracht sind (vergl. Fig. 263 und 264). Eine Arbeiterin steckt, je nachdem sie mehr oder minder geübt ist, täglich in 10 Arbeitsstunden 15–25 Rahmen oder Pressen, wovon jeder Rahmen 2500 Hölzchen enthält. Neuerdings hat man sich bemüht, die Arbeit des Hölzchensteckens mittelst Maschinen verrichten zu lassen. Mit der von O. Walch in Paris (1861) construirten Maschine steckt ein Knabe in einer Tagesarbeit von 10 Stunden 500,000 bis 600,000 Zündhölzchen.

Der zum Schwefeln der Hölzer bestimmte Schwefel wird in einem flachen vierseitigen Kasten, in dessen Mitte, möglichst horizontal, ein völlig ebener Stein liegt, durch ein gelindes Feuer flüssig erhalten. Man bringt so viel Schwefel in den Kasten, dass der flüssige Schwefel fortwährend etwa 1 Centim. hoch die Platte bedeckt, in welchen man die Enden sämmtlicher in einen Rahmen eingespannter Hölzchen eintaucht, so dass sie auf den Stein aufstossen, und schleudert, nach dem Herausnehmen, den Ueberschuss des anhängenden Schwefels in den Kasten zurück.

Bei feineren Hölzchen ersetzt man den Schwefel durch Stearinsäure oder Paraffin, welche jedoch nicht, wie der Schwefel, die Oberfläche bedecken, sondern das Holz ganz durchtränken sollen. Zu dem Ende taucht man die scharf getrockneten Hölzchen in die geschmolzene und stark erhitzte Fettmasse und lässt ihnen dabei die nöthige Zeit, sich zu erwärmen und das Fett durch Capillarität aufzufangen.

Das Auftragen der Zündmasse (Betupfen) geschieht auf dieselbe Weise wie die des Schwefels, nur befindet sich die Phosphormischung in dünner Schicht gleichmässig ausgebreitet auf einer völlig horizontal liegenden Steinplatte (gewöhnlich Solenhofer Kalkstein, zuweilen wendet man auch mattgeschliffene Spiegelglastafeln hierzu an).

Die zum Trocknen der Hölzer dienenden Trockenräume enthalten die zum Aufhängen der Rahmen nöthigen Gerüste und werden am besten durch ein System von Dampfröhren geheizt. Die Zündhölzer sollen sich dabei in solcher vertikaler Lage befinden, dass die in Gestalt eines Tröpfchens am Ende befindliche Masse herabhängt. — Die geruchlosen Zündhölzchen (Salon- oder Irishölzchen) werden nach dem Trocknen der Zündmasse mit gefärbten Harzlösungen überstrichen und nicht selten zuletzt mit Collodiumlösung überzogen.

Antiphosphorfeuerzeuge.

Die sogenannten Antiphosphorfeuerzeuge sind im Jahre 1848 von Böttger in Frankfurt a. M. erfunden und dann von Fürth in Schüttenhofen, Lundström in Jönköping (Schweden), Coignet in Paris (unter dem Namen *Allumettes hygiéniques et de sureté au phosphore amorphe*), von de Villiers und Dalemagne in Paris (unter der Benennung *Allumettes androgynes* oder Zwitterzündhölzchen), von Forster und Wara etc. industriell ausgebeutet worden. Man kann sie eintheilen α) in solche, die sich des amorphen Phosphors (der Streichfläche einverleibt) bedienen, und β) in solche, bei denen in der That Zündmasse wie Streichfläche phosphorfrei sind.

Die Zündrequisiten der ersteren Kategorie bestehen 1) aus Zündhölzchen, deren Zündmasse keinen Phosphor enthält, sondern nur in einer mit einem Bindemittel angemachten Mischung von Schwefelantimon und Kaliumchlorat besteht, und 2) aus amorphem Phosphor, welcher unter Zusatz eines rauhen, die Reibung vergrössernden Körpers mit Leim gemengt auf Pappe oder Holz oder, wie bei den Pariser Zwitterzündhölzchen, an das entgegengesetzte Ende des Zündhölzchens befestigt ist. Die Reibfläche besteht aus einer Mischung von 9 Th. amorphem Phosphor, 7 Th. Schwefelkies, 3 Th. Glas und 1 Th. Leim. Die Zündhölzchen entzünden sich durch Reibung an jener Reibfläche sehr leicht, aber nicht an andern rauhen Flächen, weshalb sie der Gefahr zufälliger Entzündung nicht unterliegen. So sinnreich nun die Antiphosphorfeuerzeuge auch sind, so hat es denselben doch ungeachtet ihres billigen Preises nicht gelingen wollen, die gewöhnlichen Streichhölzer gänzlich zu verdrängen. Der Grund davon liegt ziemlich nahe. Einmal ist das Hölzchen für sich nicht im Stande, Feuer zu erzeugen, es gehört dazu die präparirte Streichfläche, die, wie sich gezeigt hat, nach kurzem Gebrauche durch die Phosphorsäure, welche sich während des Reibens bildet, feucht und dadurch gänzlich unbrauchbar wird. Bei der Benutzung von 100 Hölzchen wird man im günstigsten Falle zwei, meistens aber mehr als zwei Reibflächen verwenden müssen, abgesehen von dem Umstande, dass eine nicht geringe Anzahl von Hölzchen sich nicht entzündet. Die wirklich vortrefflichen Säkerhets-Tändstickor der schwedischen Fabrik Jönköping, deren Fabrikate in Deutschland die österreichischen Zündrequisiten bereits vollständig verdrängt haben, dokumentiren jedoch enorme Fortschritte in der Fabrikation der Zündrequisiten mit amorphem Phosphor. Jettel (1870) verwendet zur Reibfläche an den Schachteln der schwedischen Hölzer ein Gemenge aus gleichen Theilen amorphem Phosphor, Schwefelkies und Schwefelantimon. Zum Bestreichen von 1000 Schiebeschachteln (à 50 Hölzchen Inhalt) auf beiden Seiten reichen circa 80 Grm. des trocknen Gemenges. Auch England producirt gegenwärtig grosse Mengen der „*Safety Matches*“.

Eine grosse Wichtigkeit scheinen die „giftfreien Zündhölzchen“ von B. Forster und F. Wara in Wien erlangen zu sollen. Bei ihnen ist der amorphe Phosphor unmittelbar mit der Zündmasse in dem Zündholzköpfchen vereinigt, so dass diese Hölzchen sich gleich den gewöhnlichen Phosphorhölzern an jeder beliebigen Reibfläche — wiewol, da sie Kaliumchlorat enthalten, nicht ganz geräuschlos — entzünden.

Von den Reibzündhölzchen der zweiten Kategorie, die keinen Phosphor enthalten und auch keiner phosphorhaltigen Zündfläche bedürfen, sind zu erwähnen die aus der Fabrik von Kummer und Günther in Königswalde bei Annaberg in Sachsen, deren Masse nach einer Analyse von Wiederhold aus

Kaliumchlorat	8	Th.
grauem Schwefelantimon	8	„
oxydirter Mennige	8	„
Senegalgummi	1	„

besteht. Oxydirte Mennige ist ein variables Gemisch von Bleisuperoxyd, Bleinitrat und unzersetzter Mennige. Die von Wiederhold in Cassel im Jahre 1861 vorgeschlagene sehr beachtenswerthe und vielfach nachgeahmte Zündmasse ist zusammengesetzt aus

Kaliumchlorat	7,8	Th.
Bleihyposulfit	2,6	„
arabischem Gummi	1,0	„

Unter allen bis jetzt bekannten phosphorfreien Zündmassen ist die Wiederhold'sche Masse die vorzüglichste. Jettel (in Gleiwitz) giebt folgende Mischungen zu phosphorfreien Massen an:

	a.	b.	c.	d.
Kaliumchlorat	4	7	3	8
Schwefel	1	1	—	—
Kaliumbichromat	0,4	2	—	0,5

Schwefelantimon	—	—	—	8
Goldschwefel	—	—	0,25	—
Bleinitrat	—	2	—	3

Neuerdings hat R. Peltzer auf die Anwendbarkeit des Kupfer-Natrium-Hyposulfits zur Herstellung einer phosphorfreien Zündmasse aufmerksam gemacht. Endlich sind die Versuche H. Fleck's nicht unerwähnt zu lassen, das Natrium zur Herstellung von Zündrequisiten zu verwenden[150].

Reibzündkerzchen.

Die Reibzündkerzchen (*allumettes bougies*) haben statt des Holzdrahtes einen dünnen Wachsstock, welcher in der Weise angefertigt wird, dass man mehrere, etwa vier Baumwollfäden neben einander liegend durch eine geschmolzene Mischung von 2 Th. Stearinsäure und 1 Th. Wachs oder Paraffin zieht und hierauf, sobald die Masse erstarrt, jedoch noch warm ist, durch ein Zieheisen führt, das die überschüssige Masse abstreift. Mittelst einer Schneidemaschine werden alle Kerzchen in bestimmte Längen geschnitten, mit der entzündlichen Masse versehen und in Schächtelchen gebracht.

Die von Zulzer construirte Maschine zum Abschneiden der Kerzen und zugleich zum Einspannen hat folgende Einrichtung. Die Dochte werden auf eine Trommel aufgewickelt, von hier durch zwei gefurchte Speisewalzen fortgezogen und durch entsprechende Furchen in einem Brette fortgeführt. Diese Walzen und Leitfurchen haben die Bestimmung, die Enden der Dochte in entsprechende Löcher einer beweglichen, vertikal aufgestellten Platte einzuführen, die mit einem Messerapparate in Verbindung steht, um die Kerzen, sobald sie bis zur gehörigen Länge durch die Löcher gegangen sind, abzuschneiden. Da sich das Messer an der Seite des Eintrittes befindet, so bleiben nach erfolgtem Schnitt die Kerzen mit einem kleinen Theile ihrer Länge in den Löchern sitzen. Eine mechanische Vorrichtung hebt nun die Platte so weit, dass eine zweite Löcherreihe vor die Leitfurchen kommt und sich mit Kerzen füllt. Ist auf diese Weise die ganze Platte gefüllt, so ersetzt man sie durch eine andere, während die gefüllten Platten sofort in die Zündmasse getaucht und in den Trockenraum gebracht werden. Die Reibzündkerzchenindustrie hat sich in Oesterreich und in Marseille concentrirt. Letztere Stadt hat gegenwärtig so zu sagen das Monopol dieses Industriezweiges für einen grossen Theil von Centraleuropa.

Die Knochenkohle.

Knochenkohle.

Die Knochenkohle (Spodium, Beinschwarz) erhält man durch Verkohlen von Knochen. Die von Derosne (1812) empfohlene und von Dumont (1828) bewerkstelligte Anwendung dieser Substanz in der Zuckerfabrikation macht sie zu einem der allerwichtigsten Körper der chemischen Technologie. Wenn man Knochen vor dem Zutritt der Luft geschützt, glüht, so zersetzt sich die organische Substanz und geht zum Theil über als Knochenöl, zum Theil auch als kohlensaures Ammoniak. Als Rückstand bleibt eine schwarze Masse, die noch vollkommen die Knochenstructur beibehalten hat.

Darstellung der Knochenkohle.

Ehe man die Knochen verkohlt, müssen dieselben zur Entfernung des Fettes mit Wasser ausgekocht und getrocknet oder mit Schwefelkohlenstoff extrahirt werden. Das so erhaltene Fett (5–6 Proc. vom Gewichte der Knochen) giebt ein werthvolles Nebenprodukt der Knochenkohlefabrikation ab. Man verkohlt die Knochen entweder auf die Weise, dass man die flüchtigen Produkte dabei auffängt, oder dass man dieselben verbrennen lässt. Im ersteren Falle bringt man die Knochen in eiserne Retorten oder Cylinder, ähnlich denen, in welchen die Steinkohlen behufs der Leuchtgasfabrikation verkohlt werden, und fängt die bei der Verkohlung entweichenden Produkte in Vorlagen und Kühlapparaten auf. Die in Deutschland angeblich gemachte

Erfahrung hat aber gelehrt, dass man auf diese Weise eine minder entfärbende Kohle erhält, als wenn man die Knochen in eisernen Töpfen verkohlt und die flüchtigen Produkte verbrennen lässt. Man benutzt daher jetzt allgemein in Deutschland die ältere Methode (in England und Schottland wendet man dagegen nach Lunge allgemein Retorten an), die so ausgeführt wird, dass man eiserne Töpfe mit zerschlagenen Knochen füllt, die Töpfe über einander stürzt, die Fugen zwischen den Mündungen mit Lehm verstreicht und die Töpfe in den Brennraum eines Ofens bringt, in welchem sie durch die Flammen eines daneben liegenden Feuerraums erhitzt werden. Nach einiger Zeit entzünden sich die aus den Fugen der Töpfe austretenden Dämpfe von selbst und bewirken das fernere Verkohlen der Knochen, dessen Beendigung man an dem Aufhören der Dämpfeentwickelung erkennt. Auf diese Weise erhält man 55 bis 60 Proc. Knochenkohle, in der die eigentliche Kohle mit fast der zehnfachen Menge ihres Gewichtes an mineralischen Bestandtheilen gemengt ist. Eine Analyse getrockneter Knochenkohle giebt in 100 Theilen: 10 Th. Kohle, 84 Th. Calciumphosphat und 6 Th. Calciumcarbonat. Beim Liegen an der Luft zieht die Knochenkohle 7–10 Proc. Feuchtigkeit an. Die verkohlten Knochen werden durch besondere Maschinen gekörnt, wobei die Erzeugung von feinem Pulver möglichst vermieden werden muss, da die feine Knochenkohle weit weniger Werth hat, als die gekörnte.

Eigenschaften der Knochenkohle.

Die Knochenkohle hat in hohem Grade die bereits im Jahre 1811 von Figuier erkannte Eigenschaft, organische und unorganische Stoffe, namentlich Kalk und Kali aus Lösungen aufzunehmen. Diese merkwürdige Wirkung scheint von einer Flächenanziehung herzurühren, obgleich aber auch die Kohle chemische Verbindungen zu trennen vermag. Von der Eigenschaft, unorganische Stoffe in ihren Poren aufzunehmen, macht man die ausgedehnteste Anwendung zum Entkalken und Entsalzen des Zuckersaftes in den Zuckerfabriken. Die entkalkende Eigenschaft der Knochenkohle soll (nach Anthon) zum Theil eine Folge sein von der in den Poren desselben verdichteten Kohlensäure. Man vermindert die entkalkende Kraft der Kohle, wenn man derselben die unorganischen Bestandtheile durch Salzsäure entzieht, und doch ist diese Behandlung erforderlich, wenn man die Kohle zum Entfärben saurer Flüssigkeiten anwenden will. Enorme Quantitäten von Knochenkohle consumiren die Stiefelwichsfabrikanten.

Probe der Knochenkohle.

Je grösser das Entfärbungsvermögen der Knochenkohle ist, desto höher ist der Werth derselben, obgleich das Entfärbungsvermögen nicht proportional dem Entkalkungs- und Entsalzungsvermögen zu sein scheint. Es liegt deshalb in dem Interesse eines Fabrikanten, so wie in dem eines Producenten, die entfärbende Kraft einer Kohle kennen zu lernen. Dies geschicht, indem man die Kohle mit einer anderen von bekannter Qualität vergleicht. Payen schlägt dazu vor, gleiche Volumen mit gebranntem Zucker gefärbten Wassers mit gleichen Gewichtsmengen Kohle zu behandeln und die Flüssigkeit abzufiltriren. Diejenige Kohle, welche die hellste Flüssigkeit giebt, ist demnach auch die beste Sorte. Bei der Bestimmung der relativen entfärbenden Wirkung mehrerer Kohlensorten erhielt Bussy bei gleichen Gewichtsmengen folgende Resultate:

Gewöhnliche Knochenkohle	1
Knochenkohle mit Salzsäure behandelt	1,6
Ausgezogene Knochenkohle mit Kaliumcarbonat geglüht	20
Blut mit Kaliumcarbonat geglüht	20
Blut mit Calciumcarbonat geglüht	20
Leim mit Kaliumcarbonat geglüht	15,5

Nach den Versuchen von Brimmeyr über das Entfärbungsvermögen der Knochenkohlen ergaben sich folgende Resultate: 1) Die Absorptionsfähigkeit hängt nicht ab von der Structur der Knochenkohle, dem mechanischen Zusammenhang der Knochentheile, sondern von der Menge der darin enthaltenen reinen Kohle; 2) die Mengen der von Knochenkohle verschiedener Zusammensetzung absorbirten Substanzen sind auf reine Kohle bezogen wirklich gleich und wahrscheinlich unabhängig von der verschiedenen chemischen Natur des löslichen absorbirten Körpers; 3) die mit einer Substanz gesättigte Knochenkohle behält ihre Absorption für andere Substanzen verschiedener chemischer Natur bei; 4) die Knochenkohle wirkt um so rascher, je weniger ihre capillare Structur, sei es durch mechanische Zerkleinerung, sei es durch Auflösen der Kalksalze in Säuren, verändert wird. Aehnliche Resultate erhielt kürzlich H. Schulz (in Magdeburg). Die stärkste entfärbende Wirkung zeigt Kohle mit dem höchsten Kohlenstoffgehalt und einem niedrigen Volumengewicht.

Für die Zuckerfabrikation kommt neben dem Entfärbungsvermögen besonders das Entkalkungsvermögen in Betracht, welches man direkt ermittelt, indem man die Quantität Kalk bestimmt, welche ein gewisses Quantum Kohle aufzunehmen vermag.

Wiederbelebung der Knochenkohle.

Bekanntlich wird die Knochenkohle hauptsächlich zur Entsalzung und Entkalkung des Zuckersaftes angewendet. Wenn eine gewisse Menge dieses Saftes durch die Kohle filtrirt worden ist, so hat dieselbe ihre entsalzende Kraft verloren. Zum Theil kann das Entsalzungsvermögen durch verschiedene Mittel der Kohle wieder ertheilt werden. Diese Mittel, durch die man die Wiederbelebung der Kohle bezweckt, sind Glühen, Auswaschen, Gährenlassen oder die Anwendung des Wasserdampfes. Fast allgemein führt man jetzt die Wiederbelebung der Kohle so aus, dass man dieselbe erst durch Wasser von allen löslichen Theilen befreit und darauf durch Glühen die organischen Substanzen zerstört. Die gebrauchte Thierkohle lässt sich auf diese Weise 20–25 Mal wieder beleben. Diese Methode hat den Nachtheil, dass während des Glühens die organischen Substanzen nicht vollständig zerstört werden und als Kohle in den Poren der Thierkohle zurückbleiben, wodurch die entfärbende Kraft der Kohle verringert wird. Vortheilhafter ist es, die Kohle erst gähren zu lassen, dann vermittelst verdünnter Salzsäure zu extrahiren, auszuwaschen und zuletzt zu glühen. Der Salzsäureverbrauch zum Wiederbeleben (Entkalken, Entsalzen) der erschöpften Knochenkohle ist in den Zuckerfabriken (vergl. Seite 235) ein sehr beträchtlicher.

Surrogate der Knochenkohle.

Als Ersatzmittel für die Knochenkohle hat man geglühten bituminösen Schiefer vorgeschlagen. Diese thonhaltige Kohle entzieht dem Zuckersafte allerdings die färbenden Substanzen, nicht aber die Kalkbestandtheile. Ein nicht unbedeutender Gehalt an Einfach-Schwefeleisen verhindert ausserdem die Anwendung in der Zuckerfabrikation. Beachtenswerther ist vielleicht die neuerdings vorgeschlagene Seetang- oder Seealgenkohle.

Die Milch.

Milch.

Milch ist die bekannte in den Brustdrüsen der weiblichen Säugethiere abgesonderte Flüssigkeit, welche alle dem Thierkörper nothwendigen organischen und unorganischen Substanzen in hinreichender Menge enthält, um an und für sich bei längerem Genuss nahrungsfähig zu sein, und alle den Jungen erforderlichen Stoffe in einer zum Wachsthum genügenden Menge zu liefern. Die Hauptbestandtheile der Milch sind Milchzucker, Caseïn (Käsestoff), Butter, unorganische Salze wie Chlorkalium, Chlornatrium, Calciumphosphat u. s. w. und Wasser. Die mittlere procentische Zusammensetzung der Kuhmilch ist folgende:

Butter	3,288	12,524 Proc.

Milchzucker und lösliche Salze	5,129
Caseïn und unlösliche Salze	4,107
Wasser	87,476
	100,000

Die Milch ist ein Gemenge ausserordentlich fein zertheilter, in Wasser unlöslicher Substanzen mit einer wässerigen Flüssigkeit; das spec. Gewicht der Milch schwankt zwischen 1,030 und 1,045. Unter dem Mikroskope nimmt man wahr, dass die weisse Farbe von kleinen Kügelchen — den Milchkügelchen — herrührt. Diese Kügelchen sind meist kugelrund, gelblich mit dunklem Rande bei durchfallendem und perlenartig glänzend bei auffallendem Lichte. Früher nahm man an, dass diese Kügelchen aus einer Hülle bestehen, in welcher sich Butter befindet, gegenwärtig weiss man aber durch die Arbeiten von v. Baumhauer und Fr. Knapp, dass diese Hülle nicht existirt. In der Ruhe sammeln sich diese Kügelchen auf der Oberfläche und bilden den Rahm (Sahne, Kern), unter welchem sich eine bläuliche durchscheinende Flüssigkeit befindet, welche den Milchzucker, die Salze und das Caseïn als Caseïn-Natron gelöst enthält. Lässt man die Milch längere Zeit stehen, so wird ein Theil des Milchzuckers unter Mitwirkung des Caseïns als Ferment in Milchsäure[151] umgewandelt, welche letztere das Caseïn-Natron zersetzt und das Caseïn frei macht, das sich als eine im Wasser unlösliche Substanz ausscheidet. Man sagt dann, die Milch gerinnt. Durch längeres Stehenlassen wird aller Milchzucker in Milchsäure umgewandelt. Eine ähnliche Coagulation der Milch wird bewirkt, wenn man frische Milch mit Laab zusammenbringt. Zur Darstellung des Laabs wird der frische Kälbermagen ausgewaschen, in einem Rahmen ausgespannt an der Luft oder am Feuer getrocknet. Früher weichte man ihn mit Essig ein, die Erfahrung lehrte aber, dass dies unnütz sei. Beim Gebrauche wird ein Streifen abgeschnitten, in einer kleinen Quantität warmen Wassers eingeweicht und der Milch bei 30–35° zugemischt. Nach zwei Stunden ist diese geronnen. 1 Th. Laab ist hinreichend, um 1800 Th. Milch zum Coaguliren zu bringen. Die Wirkung des Laabs ist nicht bekannt, sie besteht nicht, wie man früher annahm, darin, dass ein Theil Milchzucker sogleich in Milchsäure verwandelt wird, da, wie die Erfahrung gelehrt hat, auch alkalisch reagirende Milch durch Laab zum Gerinnen gebracht werden kann. Die von **Molken.** dem ausgeschiedenen Caseïn abfiltrirte Flüssigkeit führt den Namen Molken. Bei sauer gewordener Milch enthalten die Molken wenig Milchzucker, aber viel Milchsäure (saure Molken); bei durch Laab coagulirter Milch ist hingegen aller Milchzucker und keine Milchsäure in den Molken enthalten (süsse Molken). Die letztere Flüssigkeit, welche noch 3–4 pro Mille einer eigenthümlichen Proteïnsubstanz (von Millon und Commaille mit dem Namen Lactoproteïn belegt) enthält, wird in der Schweiz bis zu einem gewissen **Milchzucker.** Grade abgedampft, um daraus den Milchzucker krystallisirt zu erhalten. Die in harten, halbdurchsichtigen Krystallkrusten anschiessende Substanz wird durch Umkrystallisiren gereinigt. Der Milchzucker $C_{12}H_{22}O_{11} + H_2O$ schmeckt nur wenig süss, knirscht zwischen den Zähnen, löst sich in 6 Th. kaltem und 2 Th. siedendem Wasser und kann nicht in die geistige, wohl aber in die Milchsäuregährung übergehen. Durch die Einwirkung verdünnter Säuren geht aber der Milchzucker in Lactose (Galaktose), eine dem Traubenzucker ähnliche Zuckerart über und ist deshalb indirect gährungsfähig. Man verwendet ihn zuweilen als Reductionsmittel bei der Herstellung von Silberspiegeln.

100 Th. käuflichen Milchzuckers aus der Schweiz (a) und aus Giesmannsdorf in Schlesien (b) enthielten (1868):

	(a)	(b)
Salze	0,03	0,16
Unlösliche Stoffe	0,03	0,05

Fremde organische Körper	1,14	1,29
Milchzucker	98,80	98,50
	100,00	100,00

Sauerwerden der Milch zu verhüten.

Das Sauerwerden der Milch kann man dadurch längere Zeit verhüten, dass man dieselbe wiederholt abkocht, wodurch die aufgenommene Luft ausgetrieben wird, die ausserdem einen Theil des Caseïns in Milchsäureferment umgewandelt haben würde. In gewissem Sinne wirkt auch die während des Kochens auf der Milch sich bildende Haut conservirend, indem sie den Zutritt der Luft beschränkt. Ausserdem lässt sich das Sauerwerden der Milch verhindern oder aufhalten durch Zusatz kleiner Mengen kohlensaurer Alkalien oder Borax. Das Coaguliren der Milch, nicht aber das Sauerwerden, kann durch Zusatz von Salpeter, Kochsalz und überhaupt durch Salze mit alkalischer Base aufgehalten werden.

Prüfung der Milch.

In Gegenden, in denen Milch in verhältnissmässig grosser Quantität consumirt wird, wie in grossen Städten, wird die Milch mit Reis-, Kleien- und Gummiwasser oder einem Gemenge von Wasser mit Hammelgehirn verfälscht. Eine sehr häufig vorkommende Verfälschung besteht darin, dass man die Milch mit Wasser verdünnt. Es sind verschiedene Methoden und Instrumente in Anwendung gebracht worden, um die Milch auf ihren Gehalt an Butter und Caseïn zu prüfen, wobei man jedoch den Umstand nicht ausser Acht lassen darf, dass (wie Fr. Goppelröder's vortreffliche Untersuchung — 1866 — nachgewiesen hat) die relativen Verhältnisse der Milchbestandtheile von einem Tage zum andern, ja an demselben Tage in der Morgen- und Abendmilch wechseln. Nach Jones bringt man die Milch in eine verticale, graduirte Glasröhre und vergleicht die Höhe des nach einiger Zeit sich abscheidenden Rahmes. Je mehr Raumtheile derselbe einnimmt, desto besser ist die Milch. Natürlicherweise erfährt man nach dieser Methode nur den Rahmgehalt der Milch, und zwar sehr annähernd, da z. B. Verdünnung der Milch auf die Schnelligkeit der Abscheidung von Einfluss ist. Chevallier und Henry wenden zur Bestimmung der Güte der Milch ein Aräometer an, an dessen Graduirung die Striche, bis zu welchen dasselbe in reine Milch einsinkt, durch rothe Grade angegeben sind. Andere Methoden gründen sich darauf, das Caseïn und die Butter durch Galläpfeltinktur oder durch Zinkvitriollösung niederzuschlagen, dann zu bestimmen, wie viel dem Volumen nach von einer Lösung von bekannter Stärke zur Fällung einer normalen Milch nöthig war und darauf mit andern Milchsorten zu vergleichen. Für den polizeilichen Gebrauch ist das Galaktoskop von Donné anzuempfehlen, das auf der Annahme beruht, dass allein die Milchkügelchen den wahren Werth der Milch repräsentiren, und die Milch undurchsichtig machen. Es ist ein Instrument, welches gestattet, durch eine Milchschicht hindurchzusehen, deren Länge mittelst einer Mikrometerschraube vergrössert, verringert und gemessen werden kann. Durch die Milchschicht beobachtet man ein Kerzenlicht, bis dessen Spitze unsichtbar zu werden beginnt. Je durchsichtiger eine Milch ist, desto weniger Milchkügelchen und desto mehr Wasser enthält sie. Brunner bestimmt den Buttergehalt, um den Werth der Milch zu ermitteln. Er mischt 20 Grm. der zu prüfenden Milch mit 10 Grm. Holzkohlenpulver, trocknet das Gewicht bei 70–80° vollständig ein, zieht die Butter daraus mit Aether aus und verdampft die ätherische Lösung. Die zurückbleibende Butter wird gewogen. Unvermischte Milch giebt 3,1–3,56 Proc. Butter, Rahm giebt 10,6–11,02 Proc. Neuerdings hat C. Reichelt mit Erfolg versucht, die hallymetrische Probe (vergl. Seite 509) zur Ermittelung des Wassergehaltes der Milch anzuwenden.

Anwendung der Milch.

Die Milch dient theils für sich als Nahrungsmittel, theils zur Fabrikation von Butter und Käse. Man benutzt sie ferner zum Anstreichen der Wände und zum Entfärben und Klären einiger Flüssigkeiten. Eine in Frankreich häufig vorkommende Steuerdefraudation besteht darin, dass man unter dem Namen Portwein Xeres declarirt, der mit Alkannawurzel gefärbt ist, und der später durch Milch wieder entfärbt wird. Das in neuerer Zeit (von einer amerikanischen Gesellschaft in Cham bei Zug in der Schweiz, ferner in Kempten im Allgäu und zu Hildburghausen) durch Eindampfen der Milch im Vacuumapparat und Rohrzuckerzusatz erhaltene Milchextract scheint die beste Form zu sein (nach den Empfehlungen von v. Liebig und Trommer), unter welcher Milch aufbewahrt werden kann. Diese condensirte Milch besteht (im Mittel) aus:

Wasser	22,44
Fester Substanz	77,56
	100,00

Die Hälfte der festen Substanz macht der zugesetzte Zucker aus; die andere besteht aus Butter (9–12 Proc.), Caseïn und Lactoproteïn (12–13 Proc.), Milchzucker (10–17 Proc.) und Mineralsalzen (2,2 Proc.). Die concentrirte Milch vertheilt sich in 4,5–5 Th. Wasser zu einer Flüssigkeit, welche alle Eigenschaften einer vollkommen reinen Milch hat, die mit etwas Zucker versüsst ist.

Butter.

Die Butter wird aus der Milch auf folgende Weise dargestellt: Man lässt an kühlen Orten den Rahm aus der Milch sich ausscheiden, schöpft denselben mittelst eines Löffels ab und bringt ihn in die Rahmtöpfe, in welchen er so lange stehen bleibt, bis er unter wiederholtem Umrühren dick und säuerlich geworden ist. Darauf bringt man den Rahm in die Butterfässer, in welchen durch anhaltendes Schlagen, durch das Buttern, die Fettkügelchen, die in dem Rahm nicht mehr im flüssigen, sondern im festen Zustande enthalten sind, zu Klumpen sich vereinigen, während das Caseïn mit einer kleinen Menge Butter gebunden in der Flüssigkeit suspendirt bleibt. Die Butter hat die für die Verarbeitung der Milch wichtige Eigenschaft, dass sie leichter ist als Wasser; sie müsste sich demnach aus einer Auflösung von verschiedenen Stoffen, welche das Wasser schwerer machen (Milchzucker, Caseïn, Salze), um so schneller an der Oberfläche ausscheiden, wenn die Flüssigkeit nicht durch den Caseïngehalt eine grosse Klebrigkeit besässe, wodurch das Aufsteigen der Buttertröpfchen verlangsamt wird. In dem Maasse nun, als durch fortschreitende Säuerung der Milch durch Caseïnabscheidung auch deren Consistenz sich vermehrt, wird auch die Abscheidung der Butter erschwert. Ist die Abscheidung des Butterfettes (des Rahms) noch nicht vollendet, wenn die Milch zum Gerinnen gekommen ist, so ist das in der sauren Milch noch befindliche Fett für die Butterbereitung verloren. Darauf gründen sich nun zwei verschiedene Methoden, wodurch die vollständigste Gewinnung der Butter ermöglicht werden soll.

Nach der einen Methode, von dem Schweden Gussander vorgeschlagen, soll das Aufsteigen der Butterkügelchen beschleunigt werden, so dass die Ausscheidung des Rahmes in kürzester Zeit und jedenfalls vor beginnender Säuerung der Milch beendigt ist. Nach der anderen Methode wird durch Zusatz von etwas Soda die entstehende Milchsäure sofort neutralisirt, so dass der Ausscheidung von Caseïn vorgebeugt wird und die Buttertropfen ungehindert emporsteigen können. Dies ist das Verfahren von Trommer.

Die Butterfässer sind von verschiedener Construction. Das gewöhnlichste Butterfass ist ein aufrecht stehendes Fass mit einer durchlöcherten und an einem Stiele befestigten Scheibe; ausserdem hat man liegende Fässer, in denen sich an einer Welle befestigte Flügel hin und her bewegen, Kästen auf Walzen nach Art der Kinderwiegen u. s. w., in denen das Buttern in längerer oder kürzerer Zeit vor sich geht. Wenn sich alle Butterklumpen zu einer Menge vereinigt haben, so ist die Operation des Buttern beendigt. Die Butter wird mit frischem, erneuertem Wasser geknetet, bis dieses hell abläuft. Die von der Butter abgeschiedene Flüssigkeit ist die Buttermilch, die aus 0,24 Proc. Butter, 3,82 Proc. Caseïn, 90,80 Th. Wasser und 5,14 Th. Milchzucker und Salzen besteht; ein grosser Theil des Milchzuckers darin ist schon in Milchsäure übergegangen. 18 Gewichtstheile Milch geben durchschnittlich 1 Gewichtstheil Butter. Die Butter selbst besteht in frischem Zustande aus

I. II. III. IV.

Butterfett	94,4	93,0	87,5	78,5
Caseïn, Milchzucker Extractbestandtheile	0,3	0,3	1,0	0,3
Wasser	5,3	6,7	11,5	21,2

Der Gehalt an Caseïn und Wasser bewirkt, dass die Butter leicht verdirbt und ranzig wird. Um diesem Uebelstande zu begegnen, pflegt man in den meisten Ländern die Butter zu salzen (in Süd- und Westdeutschland wird die Butter ungesalzen consumirt), indem man dieselbe im völlig ausgewaschenen Zustande mit Salz zusammenknetet. Man rechnet auf 1 Kilogr. Butter 30–40 Grm. Kochsalz. In England benutzt man anstatt des Kochsalzes ein Gemenge von 4 Th. Kochsalz, 1 Th. Salpeter und 1 Th. Zucker. Ein anderes Mittel, dem Verderben der Butter vorzubeugen, ist das Auslassen derselben, d. i. ein Schmelzen, bis die anfänglich trübe Flüssigkeit vollkommen klar geworden ist, wodurch Wasser und Caseïn, also die Bedingungen zur Verderbniss entfernt werden. Das Färben der Butter anbelangend, das gewöhnlich im Winter geschieht, zu welcher Zeit die Butter eine weisse Farbe hat, so geschieht dies durch Orlean, durch Curcuma, oder durch den Saft der Möhren oder Ringelblume oder endlich durch gewisse gelbe Theerfarbstoffe.

Chemische Natur der Butter.

Die Butter besteht aus einem Gemenge verschiedener Glyceride, das bei der Verseifung in Glycerin und eine Anzahl von Säuren aus der Reihe der Fettsäuren zerfällt. Die nicht flüchtigen Säuren sind: die Palmitinsäure $C_{16}H_{32}O_2$ und die Butterölsäure ($C_{17}H_{30}O_2$), die flüchtigen die Buttersäure[152] ($C_4H_8O_2$), die Capronsäure ($C_6H_{12}O_2$), die Caprylsäure ($C_8H_{16}O_2$) und die Caprinsäure ($C_{10}H_{20}O_2$). Letztere vier Säuren bilden in Form von Glyceriden das Butterfett oder Butyrin und sind die Ursache des eigenthümlichen Geruches der Butter.

Käse.

Der Käse wird aus dem Caseïn dargestellt. Entweder benutzt man abgerahmte Milch oder man wendet die Milch mit dem Rahm an. Im ersteren Falle erhält man mageren Käse, der nur aus Caseïn mit sehr wenig Butter besteht, im zweiten Falle fetten Käse (Schweizer, holländischen, englischen Käse). Wenn bei der Darstellung der fetten Käse noch Rahm hinzugesetzt wird, so erhält man Rahmkäse. Den mageren Käse stellt man in Deutschland dar, indem man die saure Milch, von welcher der Rahm behufs der Butterfabrikation abgeschieden worden ist, auf ein Tuch bringt und abpresst. Die Molken laufen ab, während die Käsematte (Quark, Schmierkäse, weisser Käse) als Brei zurückbleibt, der, mit der Hand in die gebräuchlichen runden Formen (Handkäse) gebracht wird, welche darauf der Luft ausgesetzt werden. Zur Bereitung des fetten Käses wendet man gewöhnlich süsse Milch an, die durch Laab bei einer Temperatur von 30–40° zum Gerinnen gebracht wird. Nachdem die Milch durch die Abscheidung des Caseïns in eine gallertartige Masse verwandelt ist, zerschneidet man die Masse mit einem hölzernen Messer und presst den Käse. Durch dieses Verfahren, das mehrmals wiederholt wird, werden die Molken ziemlich vollständig entfernt. Sobald der Käse anfängt fest zu werden, wird er mit Kochsalz zusammengeknetet und dann in die bestimmte Form gepresst. Der geformte Käse wird einige Zeit lang in erwärmte Molken getaucht, bis er eine Rinde erhält, und nach dem Abtrocknen von Neuem gepresst. Sodann wird der Käse mit Kochsalz eingerieben, zum Trocknen auf ein Brettergestell gelegt und unter sorgfältiger Behandlung, die je nach der Art der Käse eine verschiedene ist, seiner Reife zugeführt. Die blasige Beschaffenheit einer Käsesorte (wie des Schweizerkäses) rührt davon her, dass bei seiner Darstellung die Molken nicht vollständig getrennt werden, der in denselben enthaltene Milchzucker in Krümelzucker, und letzterer während des Reifens des Käses in Weingeist und Kohlensäure verwandelt wird; die Kohlensäure bewirkt bei ihrem Entweichen die Auflockerung der Käsemasse. Bei dem holländischen Käse, der blasenfrei ist, verhindert der grössere Kochsalzzusatz die Umwandelung des Milchzuckers. Die Qualität der Käse ist ferner von der Temperatur und Beschaffenheit der Räume, in denen die Käse während des Reifens lagern, abhängig. (Im Allgäu rechnet man auf 1 Ctr. Schweizerkäse I. Qualität 600 Liter Milch, II. Qualität 720–750 Liter.) Die Theorie des Käsebildungsprocesses ist noch keineswegs genügend erklärt. Auf alle Fälle spielt die Hefe eine grosse Rolle bei der Käsebildung. Wie Hallier gezeigt, ist der frische Käse ganz dicht mit Kernhefe erfüllt. Ohne dieselbe kann kein Käse entstehen und durch Zusatz geeigneter Hefe hat man sogar die Dauer der Käsebereitung und seine Qualität bis zu einem gewissen Grade in der Gewalt. Die chemisch-physikalische Veränderung, welche der Käse an der Luft erleidet, lässt sich namentlich an den mageren Käsesorten beobachten. Im frischen Zustande ist der Käse weiss wie Kreide, beim Liegen im feuchten Zustande wird er gelb und durchscheinend (er wird zeitig oder speckig) und nimmt den eigenthümlichen Käsegeruch an. Mit dem Alter verliert der Käse allen Zusammenhang und zerfliesst zu einer schmierigen Masse. Diese Veränderungen beginnen auf der Oberfläche und pflanzen sich vollkommen gleichförmig ins Innere fort. Wenn man einen mageren Käse zerschneidet, so bemerkt man einen gelben speckigen Ring, welcher einen scharf begrenzten weissen Kern umgiebt. Der Ring wird von Tag zu Tag breiter, bis zuletzt die ganze Masse gleichförmig ist und der Kern verschwindet. Das Speckigwerden des Käses rührt her von einer Ammoniak- oder von einer Säureentwickelung, beide machen den weissen Käse durchscheinend. Die kräftig riechenden Käsesorten sind ammoniakalisch, die geruchlosen reagiren meist sauer. Chemisch gesprochen ist speckig magerer Käse eine Verbindung von Caseïn mit Ammoniak oder Ammoniakbasen (z. B. Amylamin); gewisse trockene Käsesorten (wie der sogenannte Kräuterkäse) sind Gemenge von trocknem Caseïn mit gewürzhaften Kräutern (Meliloten u. s. w.), flüchtigen Fettsäuren (Valeriansäure, Caprinsäure, Capronsäure u. s. w.) und einigen indifferenten Stoffen (Leucin etc.).

Folgende Zahlen geben die Zusammensetzung eines fetten Süssmilchkäses (a) und eines mageren Sauermilchkäses (b):

	(a)	(b)
Wasser	36	44
Caseïn	29	45
Fett	30,5	6
Asche	4,5	5
	100,0	100,0

Neuere Untersuchungen Payen's über in Paris beliebte Käsesorten ergaben folgende Resultate: 1) Käse von Brie; 2) Camembert; 3) Roquefort; 4) doppelter Rahmkäse; 5) alter Käse von Neufchatel; 6) frischer Käse von Neufchatel; 7) Chester; 8) Gruyère; 9) gewöhnlicher holländischer; 10) Parmesankäse enthalten in 100 Theilen:

	I.					II.				
	1	2	3	4	5	6	7	8	9	10
Wasser	45,2	51,9	34,5	9,5	34,5	36,6	35,9	40,0	36,1	27,6
Stickstoffhaltige Substanzen	18,5	18,9	26,5	18,4	13,0	8,0	26,0	31,5	29,4	44,1
(Stickstoff	2,93	3,00	4,21	2,92	3,31	1,27	4,13	5,00	4,80	7,0)
Fette	25,7	21,0	30,1	59,9	41,9	40,7	26,3	24,0	27,5	16,0
Salze	5,6	4,7	5,0	6,5	3,6	0,5	4,2	3,0	0,9	5,7

Organische stickstofffreie Substanzen und Verlust	5,0	4,5	3,9	5,7	7,0	14,2	7,6	1,5	6,1	6,6

Die unter I. aufgeführten, in der Kälte und unter Bildung von Kryptogamenvegetationen erzeugten Käse reagiren insgesammt in Folge von Ammoniakgehalt alkalisch; die unter II. begriffenen sogenannten gekochten, bei welchen die Erzeugung von Kryptogamen verhindert wird, haben dagegen ebenso wie frischer Käse eine saure Reaction. Ein Theil des Fettgehaltes unterliegt schon beim Beginn der Käsebildung der Spaltung in Glycerin und fette Säuren.

In Deutschland massenhaft consumirte Käsesorten sind Emmenthaler (a) und Backsteinkäse (b). Nach Analysen von O. Lindt (1868) haben diese Käse folgende Zusammensetzung:

	(a)		(b)	
Wasser	37,4	36,7	45,2	35,8
Fett	30,6	30,5	28,2	37,4
Caseïn	28,5	29,0	23,2	24,4
Salze	3,5	3,8	3,4	2,4
	100,0	100,0	100,0	100,0

Endlich seien einige neuerdings von E. Hornig (1869) ausgeführte Käse-Analysen angeführt:

	1.	2.	3.	4.	5.	6.	7.	8.
Wasser	38,66	56,60	51,21	57,64	36,72	34,08	59,28	49,34
Fett	20,14	17,05	9,16	20,31	33,69	28,04	10,44	20,63
Caseïn	34,90	18,76	33,60	18,51	25,67	32,28	24,09	24,26
Salze	6,17	6,78	6,01	3,51	3,71	5,58	6,17	5,45
Verlust	0,13	0,81	0,02	0,04	0,21	0,02	0,02	0,32
	100,00	100,00	100,00	100,00	100,00	100,00	100,00	100,00

1. Holländer-Käse. 2. und 3. Ramadoux-Käse, angeblich aus Bayern. 4. Neufchatel-Käse. 5. Gorgonzola-Käse. 6. Bringen-Käse oder Liptauer-Käse aus dem Zypser Comitat. 7. Schwarzenberger-Käse. 8. Limburger Käse.

Frisch geronnener Käsestoff (Quark) wird, mit Kalk gemengt, zu Kitt und als Beiz- und Verdickungsmittel in der Kattundruckerei angewendet[153]. Eine Lösung von Caseïn in Boraxlösung findet anstatt Tischlerleim und Mundleim Anwendung.

Das Fleisch.

Allgemeines.

Das, was man im gewöhnlichen Leben mit dem Namen Fleisch bezeichnet, ist die Muskelsubstanz der Schlachtthiere, umgeben mit mehr oder weniger Fett, und enthaltend Knochen, so dass das käufliche Fleisch in 100 Th. im Mittel zusammengesetzt ist, aus

Muskelsubstanz	16
Fett und Zellgeweben	3
Knochen	10
Fleischflüssigkeit	71
	100

Die Muskelsubstanz selbst ist ein Complex von verschiedenartigen Geweben und Flüssigkeiten, deren Basis die thierische Faser oder das Fibrin — eine organisirte Proteïnsubstanz ist. Die einzelnen Muskelfasern, indem sie bündelweise durch Bindegewebe verbunden sind, bilden die Muskeln. Zwischen den Muskelscheiden und Bindegeweben lagert sich das Fett in besonderen Fettzellen ab. Das Ganze ist von einer Unzahl feiner Blut- und Lymphgefässen durchwebt, welche die Ernährung, und von Nerven, welche die Lebensfunctionen der Muskeln vermitteln. Die Muskelsubstanz ist mit einer proteïnreichen Flüssigkeit, der Fleischflüssigkeit, getränkt, welche eine Anzahl von Substanzen, theils direct vom Blute ausgeschwitzt, theils im Stoffwechsel der Muskeln entstanden, enthalten; diese Körper sind die Basen Kreatinin und Hypoxanthin, das Kreatin, der Inosit oder Muskelzucker, Milchsäure, Inosinsäure, extractive Körper und unorganische Substanzen, unter denen Chlorkalium und Magnesiumphosphat vorherrschen.

Bestandtheile des Fleisches.

Ueber die einzelnen Bestandtheile des Körpers der Schlachtthiere geben in neuerer Zeit im grösseren Maassstabe angestellte Versuche, die für die Beurtheilung des Nahrungswerthes des Fleisches der Thiere im gemästeten oder ungemästeten Zustande von grosser Wichtigkeit sind, Aufschluss. Aus diesen Versuchen folgt, dass der Wassergehalt

	beim Lamme	Schafe	Ochsen	Schweine
in ungemästetem Fleische	62	58	—	56
„ halb gemästetem Fleische	—	50	54	—
„ ganz „ „	49	40	46	39
„ fettem Fleische	—	33	—	—

beträgt. Mit fortschreitender Mästung nimmt daher der Wassergehalt des Fleisches ab und die Trockensubstanz zu, indem ein Theil des Wassers durch Fett ersetzt wird. Im Fleische von gutem Mastvieh erhält der Consument vom Fleischer bei gleichem Gewichte im Mittel etwa 40 Proc. mehr trockne thierische Masse als in dem von ungemästetem Vieh, bei sehr fetten Thieren sogar bis zu 60 Proc. mehr.

Welcher Unterschied in dem Nahrungswerthe des Fleisches von fetten Ochsen im Vergleiche zu dem von mageren Ochsen besteht, das zeigen Breunlin's Versuche, nach welchen 100 Th. Fleisch enthielten:

	vom fetten	vom magern Ochsen
Wasser	38,97	59,68
Asche	1,51	1,44
Fett	23,87	8,07
Muskelfleisch	36,65	30,81
	100,00	100,00

oder 1000 Grm. (= 2 Zollpfund) enthielten:

	Muskelfleisch	Fett	Asche	Wasser
Fleisch vom fetten Ochsen	356	239	15	390
Fleisch vom magern Ochsen	308	81	14	597
Unterschied	+48	+158	+1	-207

Das Fleisch des fetten Ochsen enthält auf 1000 Th. mithin 207 Th. mehr feste Nahrungsstoffe als das Fleisch des ungemästeten Thieres.

Zubereitung des Fleisches.

Das Fleisch wird theils gekocht, theils gebraten. Durch das Kochen erleidet es eine wesentliche Veränderung in seiner Zusammensetzung; je nach der Dauer des Kochens und der Wassermenge tritt eine mehr oder weniger vollständige Scheidung der löslichen Bestandtheile von den unlöslichen Bestandtheilen des Fleisches ein. Die Fleischbrühe enthält lösliche Phosphate mit alkalischen Basen, milch- und inosinsaure Salze, phosphorsaure Magnesia und nur Spuren von phosphorsaurem Kalk; das gekochte Fleisch enthält vorzugsweise phosphorsauren Kalk und phosphorsaure Magnesia. Wenn das als Nahrungsmittel genossene Fleisch in dem Organismus wieder als Fleisch übergehen, wenn ihm die Fähigkeit erhalten werden soll, sich in dem ursprünglichen Zustande wieder zu erzeugen, so dürfen dem frischen Fleische bei seiner Zubereitung keine seiner Bestandtheile entzogen werden. Wenn in irgend einer Weise seine Zusammensetzung geändert, einer seiner Bestandtheile, der zu seiner Constitution gehört, entzogen wird, so ändert sich in gleichem Verhältnisse die Fähigkeit des Fleischstückes, die ursprüngliche Form und Beschaffenheit, von der seine Eigenschaften im lebendigen Körper abhängen, in dem lebenden Körper wieder anzunehmen. Daraus geht hervor, dass das gekochte Fleisch, wenn es ohne die Fleischbrühe genossen wird, zur Ernährung um so weniger sich eignet, je grösser die Wassermenge war, in welcher es gekocht wurde und je länger das Kochen dauerte.

Da das Albumin des Fleisches in seinen Lösungen bereits vor der Siedetemperatur des Wassers gerinnt, so geht beim Auskochen des Fleisches oder bei der gewöhnlichen Methode der Gewinnung der Fleischbrühe das Albumin für die Fleischbrühe zum grössten Theile verloren, da der Schaum, der sich beim Kochen des Fleisches auf der Oberfläche als weisses Coagulum abscheidet und abgeschöpft wird, Fleischalbumin ist. Dieser Verlust an nährender Substanz lässt sich vermeiden, wenn man nach v. Liebig's Vorschrift bei der Bereitung von Fleischbrühe für Kranke, das fein zerhackte Fleisch mit destillirtem Wasser, dem einige Tropfen Salzsäure und etwas Kochsalz zugesetzt wurde, mischt und digerirt und nach einstündiger Digestion die Flüssigkeit von dem Rückstande mittelst eines Haarsiebes trennt und den Rückstand durch allmäliges Aufgiessen von destillirtem Wasser noch vollständiger auszieht. Man erhält so ein kaltes Fleischextract von rother Farbe und angenehmem Fleischbrühgeschmacke, welches kalt genossen wird (beim Erhitzen trübt sich die Flüssigkeit und setzt ein dickes Coagulum von Albumin und Blutroth ab). 100 Th. Ochsenfleisch geben ein Extract, welches 2,95 Th. Albumin und 3,05 Th. sonstige, nicht gerinnende Fleischbestandtheile enthält. Chevreul erhielt von 500 Grm. Rindfleisch, welche 77 Proc. Wasser enthielten, 27,25 Grm. Extract; nach Abzug von 3,25 Grm. Fett, die darin sich fanden, macht dies 4,8 Proc. aus. Die Menge der aus obigen 500 Grm. Fleisch gewonnenen Fleischbrühe betrug ungefähr 1,25 Liter. Das Liter wog 1013 Grm. und bestand aus

Wasser		991,30
organ. Substanz	in Alkohol löslich	9,44
	in Alkohol unlöslich	3,12
Alkalisalzen		8,67
phosphorsauren Erden		0,46
		1013,09

Durchschnittlich enthält die Fleischbrühe aus Ochsenfleisch, inclusive Leim und Fett, nur 3 Th. feste Fleischbestandtheile. Unter den günstigsten Verhältnissen enthält man aus 1000 Grm. Ochsenfleisch:

in kaltem Wasser löslich	60	geronnenes Albumin	29,5
		in der Lösung	30,5
„ „ „ unlöslich	170	Leimsubstanz	6,9
		Faser	164,0
Fett	20		
Wasser	750		

Kochen des Fleisches.

Die beste Art und Weise, Fleisch zu kochen und Fleischbrühe zu bereiten, ist folgende: Man bringt das zum Kochen bestimmte Fleisch erst dann in den Topf, wenn das darin befindliche Wasser in vollständigem Sieden begriffen ist, unterhält das Sieden einige Minuten lang und erniedrigt dann die Temperatur durch Zusatz von kaltem Wasser auf 70–74°. Wird das Wasser einige Stunden bei dieser Temperatur erhalten, so hat man alle Bedingungen vereinigt, um dem Fleische die zum Genusse geeignete Beschaffenheit zu geben. Indem nämlich nach diesem Verfahren das Eiweiss coagulirt wird, bildet sich auf der Oberfläche des Fleisches eine Hülle, welche das Eindringen des Wassers ins Innere verhindert und die löslichen Theile einschliesst. Die von diesem Fleische abgegossene Brühe wird demnach weniger der löslichen Bestandtheile enthalten. Um aber eine kräftige Fleischbrühe darzustellen, mischt man feingehacktes mageres Fleisch mit kaltem Wasser, erhitzt es langsam bis zum Sieden und presst es nach minutenlangem Aufwallen aus. Nach dem Durchseihen braucht sie nur gewürzt und mit gebranntem Zucker oder Caramel etwas gefärbt zu werden. Das Färben ist eine kaum erlässliche Concession, die man dem gewohnten Vorurtheile machen muss. Die zurückbleibenden Fleischstücke sind gänzlich geschmacklos und zur Ernährung untauglich. Die Fleischbrühe enthält alle löslichen Stoffe der Fleischsubstanz: Kreatin, Kreatinin, Inosit, extractive Substanzen, inosin- und milchsaure Salze, Chlorkalium und phosphorsaure Erden. Wegen der freien Milch- und Inosinsäure reagirt sie stets sauer. Dass die Haupteigenschaft der Fleischbrühe von der darin aufgelösten Leimsubstanz abhängig sei, wie man lange angenommen hat, ist durchaus ungegründet, da der durch Knochen gebildete Leim nur einen sehr untergeordneten Bestandtheil darstellt. Die Untauglichkeit der Knochenbouillontafeln als Nahrungsmittel ist gegenwärtig allgemein anerkannt.[154] Bei längerem Kochen und siedendem Abdampfen nimmt die Fleischbrühe eine dunklere Farbe und einen feinen Bratengeschmack an. Dampft man sie im Wasserbade ab, so erhält man eine dunkelbraune weiche Masse, von welcher 1 Loth hinreicht, um 1 Pfund Wasser, dem man etwas Kochsalz zusetzt, in eine wohlschmeckende und starke Fleischbrühe zu verwandeln. Aus 32 Pfund knochen- und fettfreiem Ochsenfleische erhält man 1 Pfund dieses Extractes. Auf Veranlassung v. Liebig's wird gegenwärtig dieses Fleischextract (*Extractum carnis*) von der *Liebig's Extract of meat Company* in Fray-Bentos und von Buschenthal u. Comp. in Montevideo (in Uruguay) dargestellt.[155] Dieses Extract enthält in 1 Kilogr. alle in heissem Wasser löslichen Bestandtheile von 34 Kilogr. reinem Muskelfleisch oder von 45 Kilogr. Fleisch von der Fleischbank. Auch australisches Fleischextract von Robert Tooth in Sidney (aus reinem Rindfleisch und nicht aus Rind- und Schaffleisch gemengt, wie das südamerikanische Extract) kommt in grosser Menge nach Europa[156]. Die Hauptmerkmale der Reinheit des Fleischextractes liegen in der Löslichkeit in 80procentigem Alkohol, dem Wassergehalt und der Abwesenheit von Eiweiss und Fett. Mindestens 60 Proc. des Extractes müssen sich in Alkohol lösen, der Wassergehalt beträgt gegen 16 Proc., der Stickstoffgehalt gegen 10 Proc., der Aschengehalt 18–22 Proc. (die Asche besteht wesentlich aus Calcium- und Magnesiumphosphat und Chloralkalimetallen; unter den letzteren muss das Chlorkalium vorherrschen).

Beim Braten des Fleisches wendet man kein Wasser, sondern Fett an, mit welchem man das Fleisch in einer Pfanne erwärmt, oder man setzt dasselbe direct, wie es in England geschieht, auf einen Spiess gesteckt, dem Feuer aus. Es bildet sich rasch eine Kruste, welche das Herausfliessen der Fleischflüssigkeit verhindert. Nachdem diese Kruste sich gebildet hat, kann man die Hitze mässigen, weil die Fleischfasern schon bei 100° gar werden. Beim Braten sollen aus den Fleischbestandtheilen mehrere Produkte der trocknen Destillation entstehen, worunter die Essigsäure in sofern am wichtigsten ist, als durch sie die Fleischfaser löslicher wird. Fehlerhaft ist es, dem zu bratenden Fleischstücke etwas Wasser zuzusetzen, namentlich beim Beginne des Bratens. Durch Wasserzusatz ist zwar eine grössere Menge von Sauce zu erzielen, aber immer nur auf Kosten der Güte des Bratens.

Aufbewahrung des Fleisches.

Unter den vielen Mitteln, die man in Vorschlag gebracht und angewendet hat, um Fleisch und Fleischspeisen unverändert aufzubewahren, stehen ohne Widerrede diejenigen oben an, welche auf dem Principe des vollkommenen Luftabschlusses beruhen. Es hat sich deshalb das Einschliessen von Fleisch in luftdicht verschlossenen Blechbüchsen nach der Methode von Appert durch vielfache Erfahrungen als dem Zwecke vollkommen entsprechend erwiesen, so dass dieses Verfahren und seine Nachbildungen in neuester Zeit, wo als Folge des erleichterten See- und Landverkehrs, der zunehmenden Auswanderung, so wie überhaupt der Seereisen und Expeditionen zu wissenschaftlichen Zwecken, der Kriege der Gegenwart und der damit verknüpften Nothwendigkeit der Verproviantirung von Armeen und Festungen, das Bedürfniss weit mächtiger als früher hervortrat, die Nahrungsmittel nicht nur von einer Jahreszeit zur andern, sondern für eine Reihe von Jahren vorrathsweise aufzuspeichern und sie dabei in einen Zustand zu versetzen, in welchem sie dem Verderben nicht mehr unterliegen, eine ungeahnte Wichtigkeit erlangt hat.

Die Methode Appert's besteht in Folgendem: Zubereitete Fleischspeisen (Geflügel, Ragouts etc.), die zu dem Ende möglichst stark eingekocht werden müssen, bringt man in cylindrische Blechbüchsen von angemessener Grösse, welche damit fast ganz angefüllt werden, löthet nun einen mit einer kleinen Oeffnung versehenen Deckel auf, füllt durch diese Oeffnung den noch leeren Raum völlig mit Brühe und umlöthet endlich auch diese Oeffnung. Hierauf werden die Büchsen in einem Bade mit Salzwasser bis über den Siedepunkt des Wassers je nach ihrer Grösse ½–4 Stunden lang erhitzt. Wenn eine oder die andere Büchse nicht vollkommen schliesst, so sieht man Bläschen aus der schadhaften Stelle perlen, welche man dann mit dem Löthkolben ausbessert. Durch das Kochen werden die Eiweisssubstanzen coagulirt und dadurch in eine weniger der Fäulniss fähige Modifikation übergeführt, ferner wird der Sauerstoff der eingeschlossenen Luft zum grossen Theile entfernt, der zurückgebliebene Rest theils in Kohlensäure verwandelt, theils desozonisirt und dadurch unschädlich gemacht. Die solchergestalt der Einwirkung der Luft entzogenen Substanzen unterliegen, wenn die Operation mit Sorgfalt ausgeführt wurde, dem Verderben nicht; doch unterwirft man die fertigen Büchsen einer Prüfung, indem man sie einige Zeit lang an einem bis auf etwa 30° erwärmten Orte aufbewahrt. Ist bei dieser Probe Fäulniss eingetreten, so giebt sie sich bald durch eine Gasentwickelung zu erkennen, in deren Folge die flachen Böden sich etwas nach aussen krümmen, während sie ausserdem durch den Luftdruck eine Krümmung nach innen annehmen. Bleibt dieses Kennzeichen von Verderbniss aus, so ist die erste gefährliche Periode überstanden und in späterer Zeit ein Selbstentmischungsprocess nicht so leicht zu befürchten. Die Vorschläge von Redwood, Fleisch durch Ueberziehen mit einer Paraffinschicht zu conserviren, kommen auf das nämliche Princip wie Appert's Verfahren hinaus. Dasselbe gilt von Shaler's Verfahren, nach welchem Fleisch in trockenem Kohlensäuregas bei 0° conservirt werden soll.

Conserviren durch Wasserentziehung.

Wie durch Abhaltung der Luft lässt sich auch das Fleisch durch Wasserentziehung, entweder durch Trocknen, oder durch Einsalzen conserviren.

Das Aufbewahren des Fleisches durch Austrocknen, das Sicherste, es vor dem Verderben zu schützen, hat seine grossen Schwierigkeiten. Die Eingebornen Nord- und Südamerikas pflegen die Fleischvorräthe, welche sie auf ihren Zügen mit sich nehmen, sorgfältig vom Fett zu befreien, die reinen Fleischtheile in dünne Streifen zu zertheilen, die mit Maismehl bestreut werden, um die Säfte aus dem Fleische aufsaugen zu lassen und die so bestreuten Streifen auf horizontal liegenden Stäben an der Sonne zu trocknen. Es bleibt eine biegsame, nicht mehr fäulnissfähige Masse zurück, in Nordamerika Pemmikan, im Süden Tassajo, in Südafrika Biltongue genannt, welche zusammengerollt und festgestampft wird und in diesem Zustande leicht zu transportiren ist. 100 Th. Ochsenfleisch liefern beinahe 26 Th. Tassajo. In Europa hat sich die Entwässerung des Fleisches durch Trocknen niemals Bahn brechen wollen, da, in den meisten Ländern wenigstens, im Sommer die Luftwärme nicht gross genug ist, um mit Hülfe derselben das Fleisch so rasch zu trocknen, dass nicht ein Verderben des Fleisches zu befürchten wäre; da das Fleisch ferner vor dem Trocknen in kleine Stücke oder dünne Streifen zerschnitten werden muss, so eignet es sich für manche Küchenzwecke nicht mehr.

Grösserer Beachtung erscheint dagegen der Fleischzwieback (*meat biscuit*) werth, eine Erfindung von Gail Bordon, der 1850 eine Fabrik zu Galveston in Texas anlegte, woselbst die ausgedehnten Prairien durch das in unzähliger Menge in ihnen hausende Hornvieh den nöthigen Vorrath an Fleisch für geringe Kosten liefern. Der Erfinder behauptet, dass 1 Kilogr. solcher Zwiebäcke eine gleiche Menge nährender Substanzen enthalte wie 5 Kilogr. frisches Fleisch. Diese Zwiebäcke eignen sich vorzüglich für Feldzüge in wüsten unwirthbaren Gegenden, sowie auf langen Seereisen, weil sie eine grosse Menge Nahrungsstoff in einem sehr kleinen Raume und auf ein kleines Gewicht reducirt, dabei in leicht verdaulichem Zustande enthalten. In Amerika werden sie bei den Streifzügen gegen die Indianer häufig angewendet. Vortrefflich ist der Vorschlag (1867) von C. Thiel (in Darmstadt), den Fleischzwieback durch Auslaugen von frischem, fettfreiem und fein gehacktem Fleisch mit kaltem Wasser und Benutzen dieser Fleischflüssigkeit anstatt Wasser zum Anmachen eines Teiges aus Weizen- oder Roggenmehl darzustellen, welcher zu runden Kuchen geformt und bei niederer Temperatur des Backofens gebacken wird.

Unter dem Namen Fleischextract-Brot oder deutscher Fleischzwieback bereitet E. Jacobsen in Berlin neuerdings ein haltbares Weizengebäck mit Liebig'schem Fleischextract zur schnellen Herstellung einer kräftigen, nahrhaften Fleisch-Brotsuppe. 1 Pfd. dieses Fleischextract-Brotes entspricht 4 Pfd. Rindfleisch. Es wird in zehntheiligen Tafeln zu ¼ Pfd. geliefert, deren jede also 1 Pfd. Fleisch entspricht und 5 grosse Teller, resp. 10 mittelgrosse Tassen Suppe giebt. Bei der Verwendung zerstösst oder zerklopft man die nöthige Menge Fleischextract-Brot, übergiesst sie mit kochendem Wasser und giebt etwas Salz dazu. Brüht man Suppenkräuter

(Petersilie, Sellerie etc.) mit dem kochenden Wasser, welches man zur Bereitung der Suppe aus Fleischextract-Brot verwendet, so erhält letztere Geschmack und Aroma frischer Fleischbrühe. Der Fleischzwieback lässt sich auch roh, sowie in Wein eingebrockt geniessen und wird die leicht zu beherbergende Tafel dem Soldaten als eiserner Bestand sehr willkommen sein. Besonders dürfte auch die Nachsendung dieses Fleischzwiebackes an die Feldlazarethe, sowie die Mitgabe desselben an die Nothhelfer auf dem Schlachtfelde zu empfehlen sein, da derselbe im kleinsten Raum den grössten Nährwerth repräsentirt und die Bereitung einer Suppe aus Fleischextract allein immer noch andere Zuthaten verlangt, die im Augenblicke vielleicht schwierig herbeizuschaffen sind. Der Fleischzwieback hält sich sehr gut, schimmelt nicht und wird trotz des Fettgehaltes nicht ranzig; er ist mit Gelatine überzogen, welche die Poren des porösen, leicht Sauerstoff aufsaugenden Gebäcks verschliesst. In England und ebenso in Russland ist Fleischextract-Bisquit bei den Armeen eingeführt, in Deutschland ist dies bis jetzt leider nicht der Fall[157].

Einsalzen des Fleisches.

Eine andere, seit undenklichen Zeiten angewendete Methode der Fleischconservirung durch Wasserentziehung ist das Einsalzen mit Kochsalz (Pökeln), welches letztere, indem es einen Theil der Fleischflüssigkeit aufnimmt, das Fleisch entwässert. Zu gleicher Zeit tritt ein Theil Kochsalz in die Fleischfaser ein. Beim Einsalzen wird das ausgeschlachtete Fleisch mit Salz stark eingerieben, einige Tage liegen gelassen und dann unter Gewichten oder einer Hebelpresse ausgepresst; dieselbe Behandlung wird wiederholt, das Fleisch hierauf in Fässer gepackt und mit der ausgepressten Salzlösung übergossen. Man setzt dem Kochsalze in der Regel etwas Salpeter (ausserdem auch zuweilen Zucker) zu, der theils gleiche Wirkung äussert, wie das Kochsalz, theils dem Fleische eine lebhafte rothe Farbe ertheilt.

Durch das Kochsalz wird dem Fleische aber keineswegs nur Wasser entzogen, v. Liebig fand bei seiner Untersuchung über das Fleisch und seine Bestandtheile, dass in die Salzlake der dritte Theil bis die Hälfte der Flüssigkeit übergehe, die einen Bestandtheil des frischen Fleisches ausmacht. Die Salzlake enthält demnach die Hauptbestandtheile einer concentrirten Fleischbrühe, so dass beim Einsalzen die Zusammensetzung des frischen Fleisches verändert wird und zwar in einem noch höheren Grade, als dies durch das Kochen geschieht. Beim Kochen bleibt nämlich das nahrhafte Albumin im geronnenen Zustande in dem Fleischstücke, aber beim Einsalzen trennt sich das Albumin vom Fleisch; aus der bis zum Sieden erhitzten Salzlake scheidet sich das Albumin reichlich als Gerinnsel ab. Die Salzlake enthält Milchsäure, Phosphorsäure, Magnesia, Kali, Kreatin und Kreatinin. Es ist hiernach klar, dass dem Fleische beim Einsalzen durch das Austreten der Fleischflüssigkeit eine Anzahl von Stoffen entzogen wird, die zu seiner Constitution gehören, und dass damit das Fleisch im Verhältniss zu diesem Verluste von seiner Ernährungsfähigkeit verliert. Wenn diese Bestandtheile nicht von anderer Seite ersetzt werden, so tritt nothwendig die Folge ein, dass das Fleisch zu einem mangelhaften und für die Gesundheit nicht zuträglichen Nahrungstoffe wird. Es ist auch durch die Erfahrung bewiesen, dass durch gesalzenes Fleisch auf die Dauer hin der Gesundheitszustand eines Individuums nicht erhalten werden kann. Man vermuthet und gewiss nicht mit Unrecht, dass der Skorbut, eine Krankheit in Folge mangelhafter Beschaffenheit der Säfte, besonders eine Folge des Genusses von Salzfleisch sei. Um all' diesen Uebelständen vorzubeugen, hat v. Liebig (1869) vorgeschlagen, das Fleisch nicht, wie es gewöhnlich geschieht, mit trocknem Kochsalz, sondern mit einer Salzlake einzusalzen, die eine Lösung ist von Kochsalz, Natronsalpeter, Chlorkalium und Fleischextract. Das hierzu angewendete Kochsalz ist vorher durch eine Lösung von Natriumphosphat, von Kalk und Magnesia zu reinigen.

Das Cirio'sche Verfahren der Fleischconservation, welches auf der Pariser Industrie-Ausstellung des Jahres 1867 durch geschickte Benutzung der Reclame grosses Aufsehen machte, besteht in der Behandlung des Fleisches unter der Luftpumpe und Einpressen von Salzlösung. Durch den Verlust von Fleischflüssigkeit, welcher mit Cirio's Conservationsmethode unabwendbar verknüpft ist, wird der Nahrungswerth des so behandelten Fleisches beträchtlich verringert.

Räuchern des Fleisches.

Das Räuchern des Fleisches oder das Behandeln desselben mit Holzrauch, um es vor Fäulniss zu schützen, lässt sich noch nicht mit Sicherheit in jeder Beziehung auf naturwissenschaftliche Principien zurückführen. Vor allem spielt die Wärme des Rauches eine Hauptrolle, indem dadurch das Fleisch so viel als möglich ausgetrocknet wird; ferner befindet sich im Rauch das von v. Reichenbach entdeckte Kreosot (nach den Untersuchungen von Hlasiwetz, v. Gorup, Marasse u. A. wesentlich ein Gemenge der homologen Verbindungen $C_7H_8O_2$, $C_8H_{10}O_2$ und $C_9H_{12}O_2$), welches sich durch die Eigenschaft auszeichnet, die albuminösen Bestandtheile des Fleisches zu coaguliren und unlöslich zu machen. Unlösliche Stoffe aber faulen entweder schwierig oder gar nicht mehr. Dass ausserdem im Rauche enthaltener Essig (Holzessig) und noch andere Bestandtheile des Rauches (die dem Kreosot homologe Oxyphensäure, neben der Carbolsäure), bei dem Räuchern des Fleisches eine Rolle spielen, ist sehr wahrscheinlich.

Wenn auch die Nahrhaftigkeit des geräucherten Fleisches mit der des frischen nicht verglichen werden kann, so hat doch das Räuchern vor dem Einsalzen unbestritten den Vorzug, dass von den Bestandtheilen des Fleisches und der Fleischflüssigkeit nichts verloren geht. Ob indessen das Ueberführen gewisser löslicher Bestandtheile in den unlöslichen Zustand durch das Räuchern nicht in Bezug auf Ernährungsfähigkeit ähnliche Verluste herbeiführt, wie es beim Einsalzen durch directe Entziehung der Stoffe der Fall ist, ob überhaupt der Process des Räucherns nicht einigermaassen einem Gerbeprocess zu vergleichen ist, wodurch natürlich die Verdaulichkeit des Fleisches vermindert wird, dies sind Fragen, deren Beantwortung durch die Chemie und Physiologie noch zu erwarten steht.

Essig ist ein recht brauchbares Mittel, Fleisch auf einige Zeit vor der Fäulniss zu schützen (Sauerbraten, in Essig eingelegtes Geflügel). Es ist wahrscheinlich, dass wir in der gegenwärtig so wohlfeil zu erlangenden concentrirten Essigsäure ein gutes Mittel besitzen, von Knochen sorgfältig befreites Fleisch im Grossen zu conserviren, vorausgesetzt, dass der Zutritt der Luft dabei abgeschlossen werde. Um den Uebelstand des Auslaugens des Fleisches durch Einlegen in Essig zu vermeiden, ist der passende Vorschlag gemacht worden, die Essigsäure nicht in Form von flüssigem Essig, sondern dampfförmig auf das Fleisch wirken zu lassen.

In neuerer Zeit hat der Franzose Lamy (wie schon in früherer Zeit Braconnot, Robert, de Dombasle u. A.) vorgeschlagen, Fleisch behufs seiner Conservirung mit schwefliger Säure zu behandeln. Fleischstücke von 2–3 Kilogr. setzt man 10 Minuten lang der Einwirkung von schwefligsaurem Gase aus, grössere Stücke von 10 Kilogr. längere Zeit, etwa 20–25 Minuten. Die mit schwefliger Säure behandelten Substanzen werden einige Zeit der Luft ausgesetzt, damit die schweflige Säure abdunste, und dann mit einem Ueberzuge versehen, indem man mit Hülfe eines Pinsels eine mit Melasse versetzte Auflösung von Albumin in Eibischwurzelabkochung aufträgt. Neuerdings überzieht man das in trockner heisser Luft getrocknete Fleisch mit einer dünnen Schicht von Guttapercha oder Kautschuk. Zu diesem Behufe wird das zu conservirende Fleisch wiederholt in eine verdünnte Lösung einer der genannten Substanzen in Schwefelkohlenstoff oder Chloroform getaucht; ein 2–3maliges Eintauchen ist in den meisten Fällen genügend. Dass niedere Temperatur zu den vorzüglichsten Conservationsmitteln gehört, die es nur giebt, ist allgemein bekannt. Fleisch in Eiskellern oder Eisschränken aufbewahrt, fault nicht. Ein überraschendes Beispiel von der conservirenden Eigenschaft der Kälte hat man in der Erhaltung der Mammuthe, welche man zu verschiedenen Zeiten (erst neuerdings im Jahre 1864 wieder) noch mit sämmtlichen Weichtheilen in Sibirien eingefroren gefunden. In England pflegt man Fische, namentlich Lachse, in Eis zu verpacken, um sie von den nördlichen Gegenden Englands und Schottlands nach London zu transportiren. „Wer in den Wintermonaten — sagt Fr. Ilisch — nur eine kurze Zeit in der nördlichen Hälfte Russlands gelebt hat, erstaunt gewiss über die Menge von Lebensmitteln, welche dort in gefrorenem Zustande Monate lang, ohne dass sie verderben oder auch nur ihren Geschmack ändern, aufbewahrt werden. Der grösste Theil von Fleisch und Fischen wird nach einem Transport von oft vielen hundert, ja sogar tausend Wersten in gefrorenem Zustande auf den Markt gebracht. Alles Geflügel und Wild, welches während des langen nordischen Winters als Leckerbissen auf den Tisch der Wohlhabenden kommt, wird in gefrorenem Zustande zugeführt. Der Reisende, der bei strenger Winterkälte entfernte Gegenden durcheilt und seine Kost oft für Monate bei sich führen muss, hat in seinem Schlitten einige Eisklumpen, die er durch Erwärmen in eine schmackhafte Kohlsuppe oder durch Aufthauen in heissem Wasser in Fleischkuchen umwandelt, und von denen er sich während seiner Reise ausschliesslich nährt. In St. Petersburg giebt es grosse Niederlagen, in denen Haselhühner, Birkhühner etc. in Eis vergraben, ohne dass sie ihren Geschmack verändern, bis spät in den Sommer aufbewahrt werden. Diese einfache Art der Conservirung übertrifft durch ihre Resultate alle andern Methoden, und ihr Gelingen ist nur von einer genügenden Quantität

Eis abhängig, von der die Lebensmittel während der ganzen Zeit des Aufbewahren umgeben sein müssen.“ Das natürliche Kältemagazin mit seinem permanenten Gletschereis in der Dornburg bei Hadamar (in Nassau) wird auf Anregung des Technikers J. Troost gegenwärtig industriell ausgebeutet. Von wirthschaftlicher Bedeutung vielleicht für Europa ist die Einfuhr von gefrorenem Fleische aus Sydney in Neu-Süd-Wales, welches mit Hülfe der Carré'schen Ammoniak-Eismaschine zum Gefrieren gebracht und auf den grossen Transportschiffen im gefrorenen Zustande erhalten wird.

Fußnoten:

[139] Die mikroskopischen Verhältnisse dieser Haarsorten sind in neuerer Zeit untersucht worden von J. Wiesner, Einleitung in die technische Mikroskopie, Wien 1867 p. 172 u. f.

[140] Nach Reich und Ulbricht sind die im Wollschweisse enthaltenen Fettsäuren ein Gemenge von Oel- und Stearinsäure, wahrscheinlich auch von Palmitinsäure. Dazu kommt noch etwas Valeriansäure.

[141] In dem von Amerika in Europa importirten Hemlockextract fand Nessler (1867) 14,3 Proc. Gerbsäure.

[142] Im Allgemeinen verwenden die bayerischen Gerber auf 1 Ctr. Sohlleder 5 Ctr., zu Schmalleder 3,6 Ctr., zu Kalbleder 3,4, zu Zeugleder 3 Ctr. Eichenrinde. 1 Ctr. Eichenrinde kostet 2⅓–4 fl. s. W.

[143] Boelsche's Referat im amtlichen Berichte über die Pariser Ausstellung 1867. Berlin 1868 5. Heft p. 376.

[144] Nach einer Untersuchung von Th. Petersen (1866) enthält der Staffelit von Diez 36,78 Proc. Phosphorsäure, entsprechend 16,06 Proc. Phosphor. Die Verfuhr desselben von Lahnstein und Pfaffendorf betrug im Jahre 1868 600,000 Ctr. (à 15–20 Sgr.).

[145] Der Sombrerit, ein Mineral, das sich in Menge auf den Antillen, namentlich auf der Insel Sombrero findet, besteht wesentlich aus Calciumphosphat und Calciumcarbonat. Es wird gegenwärtig behufs der Fabrikation von künstlichem Dünger und von Phosphor nach Europa gebracht. Nach F. Sandberger ist der Sombrerit (Sombrero-Phosphat) Korallenkalk, welcher durch die durchsickernden löslichen Salze des ihm aufgelagerten Guano's vollständig und mit Erhaltung der Petrefacten in Phosphorit umgesetzt worden. Dem Sombrerit ähnlich ist der seit kurzem aus Nordamerika nach Europa kommende Navassaguano oder Navassit, welcher nach den Untersuchungen von Ulex ⅓ seines Gewichts an Phosphorsäure enthält.

[146] Das technische Molekulargewicht der englischen Schwefelsäure = 106.

[147] Darwin's Reisen (v. Dieffenbach) Bd. II p. 182; v. Neuwied, Reise nach Brasilien Bd. II p. 18.

[148] Die Verdienste Moldenhauer's um die Entwickelung der deutschen Zündholzindustrie hat C. Thiel in Darmstadt (Jahresbericht der chem. Technologie 1866 p. 747) in einer eingehenden Abhandlung geschildert.

[149] In Oesterreich werden (vergl. den österreichischen Specialkatalog der internationalen Ausstellung des Jahres 1862 p. 18) jährlich 15,000 Klaftern Holz zu Holzdraht verarbeitet und daraus 150,000 Centner Zündhölzer erzeugt. Im Jahre 1860 wurden für 2,647,000 fl. Zündhölzer ausgeführt. Das Emporblühen der österreichischen Zündholzindustrie verdankt man besonders drei Männern, nämlich Stephan Romer, Johann Preshel und A. M. Ritter von Pollack. Ersterer verbesserte die mechanische Herstellung der Holzdrähte, Preshel die Zündmasse, letzterer eröffnete das Absatzgebiet für österreichische Zündwaaren.

[150] Vergl. Jahresbericht der chem. Technologie 1868 p. 820.

[151] Die Milchsäure ($C_3H_6O_3$) bildet sich ausser aus dem Milchzucker auch bei der Gährung von Stärke, Rohr- und Krümelzucker unter Mitwirkung von Caseïn und Ferment. Sie findet sich im Sauerkraut, in den sauren Gurken, und ist wohl ein nie fehlender Bestandtheil aller thierischen Flüssigkeiten. Ausser der Milchsäure als Nahrungsmittel wird die Milchsäure in der Gerberei, Färberei und Stärkefabrikation benutzt. In der Gerberei ist sie jedenfalls als Bestandtheil der Lohbrühe nicht unwirksam, bei der Färberei ist sie in dem Kleienbad enthalten, und bei der Fabrikation der Stärke nach der älteren Methode dient sie als saures Stärkewasser, um die Stärke von den Proteïnsubstanzen zu befreien. Die Milchsäure scheint ferner bei der geistigen Gährung eine Rolle zu spielen; sie ist stets in der gährenden Flüssigkeit enthalten und findet sich als

nicht flüchtige Säure neben Bernsteinsäure in dem Destillationsrückstande, dem Spülicht, der seiner sauren Eigenschaften wegen zum Reinigen von Metallen benutzt wird. Mit Braunstein und Schwefelsäure erhitzt, giebt sie Aldehyd, welches zur Herstellung von Anilingrün und von Chloralhydrat Anwendung findet.

[152] Die Buttersäure entsteht nicht nur bei der Verseifung der Butter, sie findet sich auch im sauren Schweisse, im Magensafte und bildet sich bei der Gährung und Fäulniss des Zuckers, der Stärke, des Fibrin, des Caseïns u. s. w.

[153] Mit dem Caseïn der Milch stimmt in seinen Eigenschaften ein Pflanzenbestandtheil überein, der sich in den Samenlappen der Leguminosen, namentlich der Erbsen, Linsen und Bohnen findet, sich in Wasser löst und aus der Lösung durch schwache Säuren abgeschieden werden kann. Diese Substanz ist Pflanzencaseïn genannt worden. Nach Itier's Berichte stellen die Chinesen aus Erbsen einen wirklichen Käse dar, indem Erbsen zu einem Brei gekocht werden. Das Durchgeseihte wird mit Gypswasser zum Gerinnen gebracht und das Geronnene wie der aus Milch durch Laab gefällte Käse behandelt. Die Masse nimmt nach und nach den Geruch und den Geschmack des animalischen Käses an.

[154] Nicht zu verwechseln mit den Knochenbouillontafeln sind die seit einiger Zeit in Russland dargestellten Bouillontafeln, welche alle wesentlichen Bestandtheile des Fleischextractes enthält. E. Reichardt (1869) fand darin:

Wasser bei 110° entweichend	15,13	Proc.
Asche	4,75	„
Fett	0,22	„
Stickstoff	10,57	„
In Alkohol von 80 Proc. Lösliches	38,09	„

Vergl. Jahresbericht der chem. Technologie 1869 p. 488.

[155] Die von dem Hamburger Giebert in Fray-Bentos in Uruguay gegründete Fabrik ist seit 1867 in den Besitz einer engl.-belg. Actiengesellschaft übergegangen und producirt gegenwärtig jährlich gegen 15,000 Centner Fleischextract. Die beim Schlachten sich anhäufenden Nebenbestandtheile sollen in Düngerfabrikate übergeführt werden. Eine zweite Fleischextractfabrik hat das Bankhaus Benites y Hijo in Buenos Ayres in dem Orte Gualeguaychu (Entre Rios) im Jahre 1869 errichten lassen.

[156] Depositaire des australischen Fleischextractes für Europa sind W. J. Colemann & Comp. in London.

[157] In die nämliche Kategorie von Nahrungsmitteln, die Gemenge sind von animalischen und vegetabilischen Stoffen, gehört die Erbswurst von Grüneberg in Berlin (1870), deren Vorhandensein für die deutsche Armee im Kriege mit Frankreich als eine wahre Wohlthat bezeichnet werden muss.

VI. Abschnitt
Die Färberei und der Zeugdruck.
Die Färberei und Druckerei im Allgemeinen.

Färberei und Druckerei im Allgemeinen.

Die Färberei hat zum Zweck, die Gespinnstfasern (meist als Gewebe, doch auch als Garn oder zuweilen als ungesponnene Faser) mit den Farbstoffen zu versehen und erstere dadurch in gefärbte Zeuge umzuwandeln. Sie unterscheidet sich von dem Malen und Anstreichen dadurch, dass die Farbstoffe nach bestimmten physikalischen und chemischen Grundsätzen auf die thierische und vegetabilische Faser befestigt werden, und nicht nur auf der Oberfläche durch Adhäsion haften, obgleich bei dem Malen und Anstreichen oft dieselben Substanzen wie beim Färben Anwendung finden. Das Bedrucken der Zeuge mit Farbstoffen, die Zeugdruckerei, ist eine örtliche Färberei und ein wichtiger Theil der Färberei im Allgemeinen.

Farbstoffe.

Die zur Färberei angewendeten Substanzen, die Farbstoffe (Pigmente), sind theils mineralischen, theils animalischen und vegetabilischen, theils auch chemischen Ursprungs. Unter den zahlreichen anorganischen Farbstoffen sind nur wenige, die vermöge ihrer Eigenschaften in der Färberei Anwendung finden können, und es ist für sie eigenthümlich, dass sie erst auf der zu färbenden Pflanzen- oder Thierfaser hervorgebracht werden. Ein sehr gebräuchlicher mineralischer Farbstoff ist z. B. das Bleichromat. Nicht aber lässt sich diese Substanz als solche direct in der Färberei anwenden, sondern man bildet sie erst aus ihren Bestandtheilen auf der Faser selbst, indem man dieselbe zuerst mit einer Lösung von Bleiacetat tränkt, und die so vorbereitete Faser sodann durch eine Lösung von Kaliumchromat zieht. Es bildet sich Bleichromat, das in den inneren Theilen der Faser niedergeschlagen, fest an derselben haftet. Andere Farbstoffe anorganischer Natur sind das Berliner- oder Pariserblau, das Eisenoxydhydrat (Rostfarbe), das Manganoxydhydrat (Bisterfarbe) und das Chromgrün. Von den dem Thierreiche entlehnten Farbstoffen wendete man früher den Saft der Purpurschnecke und den Kermes (*Coccus ilicis*) an, jetzt aber benutzt man von denselben nur noch die Cochenille (*Coccus cacti*) und eine Secretion der Gummischildlaus (*Coccus laccae*). Ein bei weitem grösserer Theil der Farbstoffe stammt aus dem Pflanzenreiche, und man versteht unter vegetabilischen Pigmenten diejenigen Körper, denen gewisse Pflanzen oder einzelne Theile derselben ihre eigenthümliche Färbung verdanken. Es scheint aus neueren Untersuchungen hervorzugehen, dass ein grosser Theil der sogenannten Farbstoffe in der Pflanze im farblosen Zustande enthalten ist, und sich erst unter dem Einflusse der atmosphärischen Luft färbt. Allgemeine Eigenschaften der vegetabilischen Farbstoffe lassen sich nicht angeben, da sie, ausser dem Gefärbtsein, einen gemeinsamen Charakter nicht besitzen. Fast sämmtlich werden die Farbstoffe an feuchter Luft unter dem Einflusse des Sonnenlichts zersetzt (sie verschiessen). Chlor bleicht die Pigmente und zerstört ihre Farbe, schweflige Säure bringt sie zum Verschwinden, zerstört sie aber nicht. In Folge des glänzenden Aufschwungs, den die organische Chemie seit etwa zwei Jahrzehenden genommen, ist zu den drei genannten Arten eine neue Klasse von Farbstoffen gekommen, die wir chemische Farbstoffe nennen wollen, insofern sie durch die Kunst des Chemikers aus meist ungefärbten organischen Substanzen dargestellt werden. Letztere Farbstoffe scheinen die Mission zu haben, sämmtliche in der Färberei bisher übliche vegetabilische und thierische Farbstoffe ersetzen zu sollen. Die chemischen Farbstoffe werden aus dem Theer dargestellt und zwar vorzugsweise aus fünf Bestandtheilen desselben, nämlich dem Benzol, dem Toluol, der Carbolsäure, dem Anthracen und dem Naphtalin. Sie sind unter dem Namen der Anilinfarben, im Allgemeinen unter dem der Theerfarben (Fuchsin, Anilinblau und Violett, Martius- oder Manchestergelb, Anilinorange und Pikrinsäure, Anilin- und Bismarckbraun, Corallin, Alizarin aus Anthracen, Magdalaroth, Anilinschwarz und Anilingrün) bekannt. Zu den chemischen Farben gehören auch die durch Zersetzung der Alkaloide (Cinchonin, Chinin u. dergl.) erhaltenen Farben, so das Chinolinblau, das Chiningrün (Thalleiochin) etc.; ferner auch das Zersetzungsprodukt der Harnsäure, das Murexid. Die Entdeckung der chemischen Farbstoffe hat bereits eine Umwälzung in der Färberei und Farbenbereitung bewirkt, deren wirthschaftliche Folgen noch nicht übersehen werden können. Bei weiterer Untersuchung der im Laboratorium des Chemikers dargestellten Farbstoffe wird sich ohne Zweifel bei Manchem die Identität mit in der Natur fertig gebildeten Farbstoffen des Pflanzen- und Thierreiches herausstellen.

Lackfarben.

Die Lacke oder Lackfarben sind Verbindungen von Stärkemehl, Thonerde, Zinnoxyd oder Bleioxyd (zuweilen auch Calciumcarbonat, Baryt und Antimonoxyd) mit dem Farbstoffe, z. B. des Krapps, der Cochenille, Wau, Rothholzes, der Theerfarben (namentlich des Corallins, Fuchsins, des Anilinvioletts) u. s. w., obgleich bestimmte Verhältnisse bis jetzt in den seltensten Fällen ermittelt worden sind. Anstrichfarben heissen in Wasser unlösliche Verbindungen, welche mit Leimwasser (als Leim- oder Wasserfarben) oder Oelfirniss (als Oelfarben) aufgetragen werden, z. B. Bleiweiss, Berlinerblau, Ultramarin, Chromgelb, Zinnober u. s. w. Tuschfarben sind erdige und deckende Farben, welche den Farbstoff in der Flüssigkeit, die man zum Malen anwendet, nicht aufgelöst, sondern nur suspendirt enthalten. Pastellfarben sind endlich Lack- und Metallfarben, mit Thon (Porcellanerde) und etwas Tragantschleim und häufig Seife oder Fettsubstanz gemengt und in Form von Stiften gebracht; sie werden trocken angewendet.

Farben.

Die in der Färberei angewendeten Farben, welche den zu färbenden Gegenstand in seiner ganzen Masse färben, heissen allgemein Zeugfarben. Farben, die dagegen nur auf der Oberfläche färben, nennt man Malerfarben. Letztere werden unterschieden als Saftfarben, Lackfarben und Anstrichfarben. Die Saftfarben sind in Wasser oder Firniss mehr oder weniger lösliche Farben, welche nicht decken, sondern durchscheinend (lasirend, daher Lasurfarben) sind. Hierher gehören Saftgrün, Gummigutt, Carminlösung, die meisten Theerfarben und lösliches Berlinerblau.

A. Die aus dem Kohlentheer stammenden Farbstoffe[158].

Der Kohlentheer.

Der bei der trocknen Destillation der Steinkohlen behufs der Gas- und Kokserzeugung in reichlicher Menge sich bildende Theer (Steinkohlentheer, Kohlentheer, *coal-tar*) ist ein Gemisch von flüssigen und festen Kohlenwasserstoffen (Benzol, Toluol, Cumol, Cymol, Anthracen, Naphtalin), mit Säuren (Carbol- oder Phenylsäure, Cresylsäure, Phlorylsäure, Rosolsäure), Basen (Anilin, Chinolin, Odorin oder Picolin, Toluidin, Coridin etc.) und Asphalt bildenden Bestandtheilen (siehe unter Gasbeleuchtung) in wechselnden Verhältnissen. Am Allgemeinen lässt sich die Zusammensetzung des Theeres in 100 Theilen in folgender Weise ausdrücken, wobei von der geringen Menge der Basen Umgang genommen wurde:

Benzol	1,5
Naphta	35
Naphtalin	22
Anthracen	1
Carbolsäure	9
Pech	31,5
	100,0

Durch Destillation des Theeres und fractionirtes Auffangen der Produkte erhält man einestheils leichte Oele, aus denen man das Benzol und seine Homologen abscheidet, andertheils schweres Theeröl, welches auf Carbolsäure verarbeitet wird. Aus den pechartigen Theilen des Theeres scheidet man das Anthracen ab.

Zur annähernden Schätzung der Ausbeute an den verschiedenen Zwischenprodukten, die bei der trocknen Destillation der Steinkohle sich bilden, mögen folgende Angaben dienen:

100	Kilogr.	Steinkohlen	geben	3	Kilogr.	Theer,
100	„	Theer	„	0,75–1,0	„	Anthracen,
100	„	„	„	3	„	Rohbenzol,
100	„	„	„	1,5	„	reines Benzol,
100	„	„	„	3	„	Nitrobenzol,
100	„	„	„	2,25	„	Rohanilin,
100	„	„	„	3,37	„	rohes Anilinroth,
100	„	„	„	1,12	„	rreines Fuchsin.

Zur Darstellung von 1 Kilogr. reinem Fuchsin sind folglich 60 Centner Steinkohle erforderlich.

Benzol.

Fig. 265.

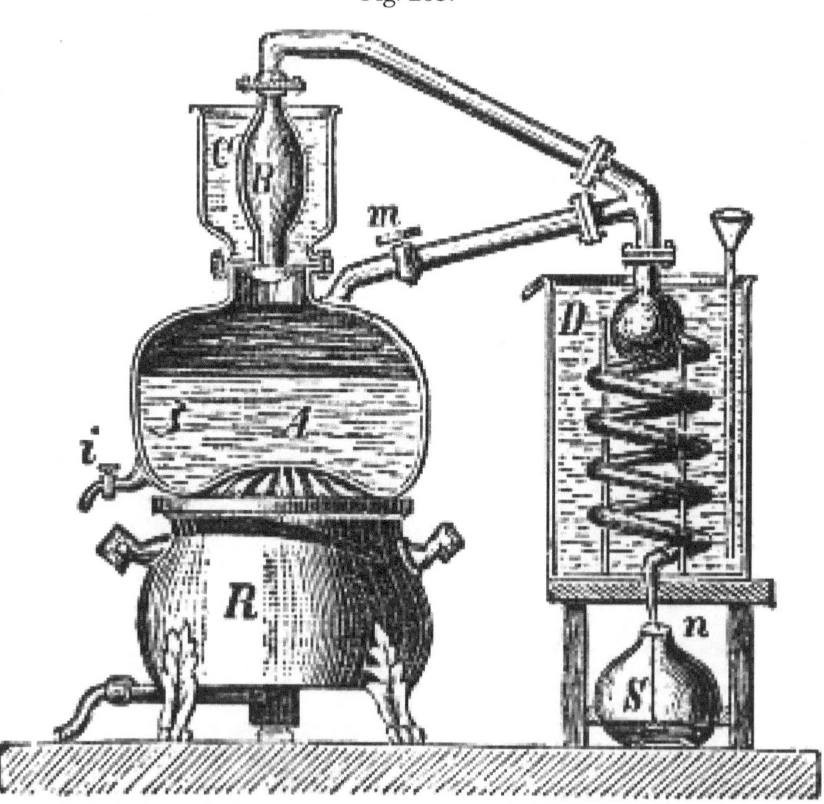

Fig. 266.

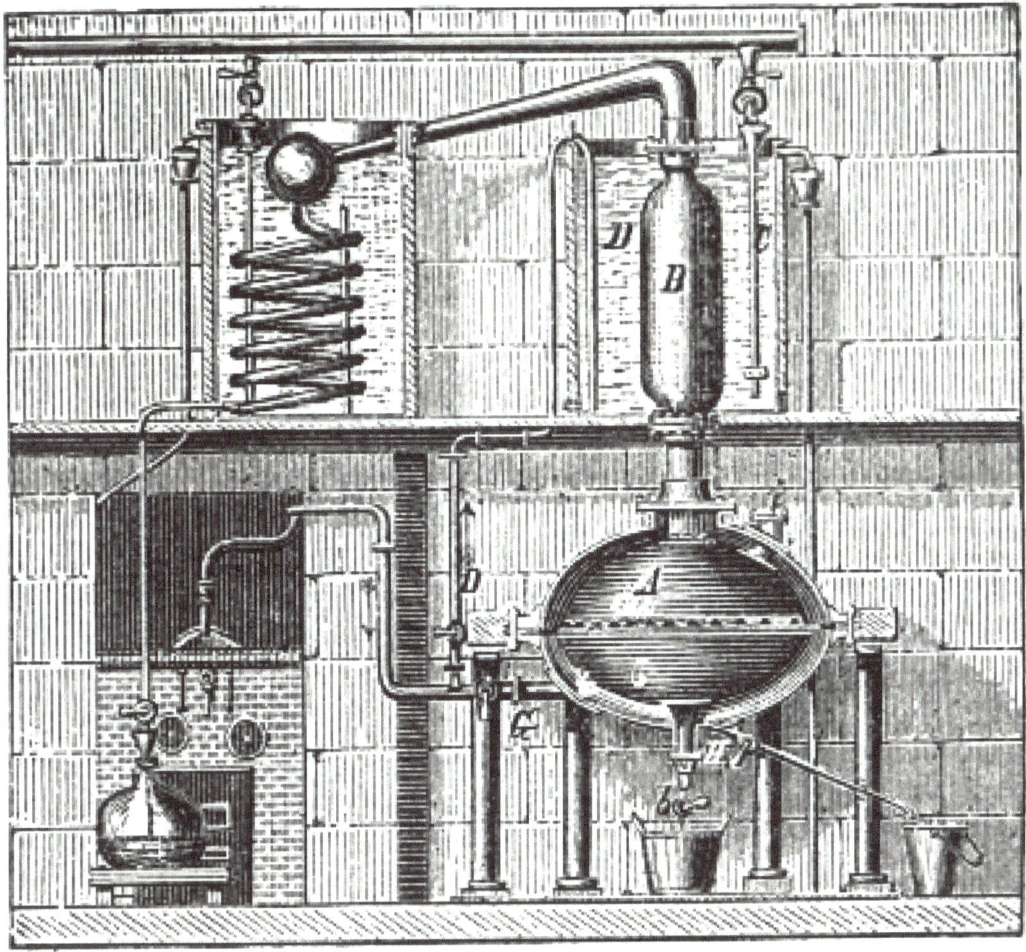

Das Benzol (Benzin) im chemischen Sinne ist ein flüssiger Kohlenwasserstoff von der Formel C_6H_6. Es wurde 1825 von Faraday unter den Produkten der trocknen Destillation der fetten Oele entdeckt und 1833 von E. Mitscherlich bei der Destillation der Benzoësäure mit überschüssigem Kalk aufgefunden. Leigh in Manchester fand es 1842 im Steinkohlentheer, Mansfield dagegen war der erste, der 1847 das reichliche Volumen des Benzols im Theer nachwies und Mittel und Wege zur Isolirung des Benzols angab. — Das käufliche Benzol ist ein Gemenge von Benzol (bei 80,4° siedend) mit Toluol C_7H_8 (Siedepunkt bei 108°), Xylol C_8H_{10} (bei 130° siedend), Cumol C_9H_{10} (151° Siedepunkt) und Cymol $C_{10}H_{12}$ (bei 175° übergehend). Die vorherrschenden Bestandtheile sind Benzol und Toluol. Die Benzole werden den Anilinölfarbenfabrikanten und den Producenten von Anilinfarben mit genau bestimmtem Benzolgehalte geliefert; ein Benzol von 30–40 Proc. (d. h. mit einem Gehalte an Benzol C_6H_6 von 30–40 Proc., der Rest von 60–70 Proc. ist Toluol und Xylol) eignet sich gut zur Fabrikation von Anilinroth, ein Benzol von 90 Proc. zur Darstellung von Anilinöl für Blau oder Schwarz. Der Siedepunkt der zur Farbenfabrikation geeigneten Benzole liegt zwischen 80 und 120°, ihr spec. Gewicht variirt zwischen 0,85 und 0,89.

Die Darstellung des Benzols geschieht aus den leichten Theerölen (demjenigen Antheil der flüssigen Produkte bei der Destillation des Theeres, welcher unter 150° siedet). Mansfield wendete hierzu den durch Fig. 265 versinnlichten Apparat an. Das Theeröl befindet sich in der über der Feuerung *R* stehenden Blase *A*. Das Gefäss *C* ist mit kaltem Wasser angefüllt. Sobald das Oel siedet, verdichten sich die ersten Antheile der sich entwickelnden Dämpfe in *B* und gelangen wieder nach *A* zurück. Sobald jedoch das Wasser in *C* auf eine gewisse Temperatur sich erwärmt hat, condensiren sich die flüchtigsten Partieen des Theeröles nicht mehr in *B*, sondern gelangen in den mit kalt erhaltenem Wasser beschickten Kühlapparat *D*, und verdichten sich dort erst zu einer Flüssigkeit, die aus der Kühlschlange bei *n* in den untergestellten Ballon *S* abläuft. Sobald das Wasser in *C* bis zum Sieden erhitzt ist, sind alle Bestandtheile des Theeröles, die bei 100° dampfförmig bleiben, überdestillirt und in *S* aufgefangen worden. Man erhält mit diesem Apparate ein sehr reines Benzol. Mittelst des Hahnes *m* kann man, nachdem das Benzol abdestillirt worden, die über 100° siedenden Kohlenwasserstoffe rectificiren. Der Hahn *i* dient zum Entleeren der Blase. — In den Benzolfabriken wendet man zur Benzolgewinnung gegenwärtig beistehend (Fig. 266) abgebildeten Apparat an. *A* ist die Destillirblase, *B* der Condensator, *C* das Wasserreservoir. Bei Beginn der Destillation heizt man das Wasser in *C* durch das Dampfrohr *D*, welches mit dem Dampfgenerator communicirt. Das Rohr *G* trägt die Blase. *i* dient zum Füllen, *b* zum Entleeren derselben. Durch *H* wird das Condensationswasser abgeleitet. Zur vollständigen Reinigung kann man das Benzol gefrieren lassen und die erhaltene feste Masse schnell auspressen.

Fig. 267.

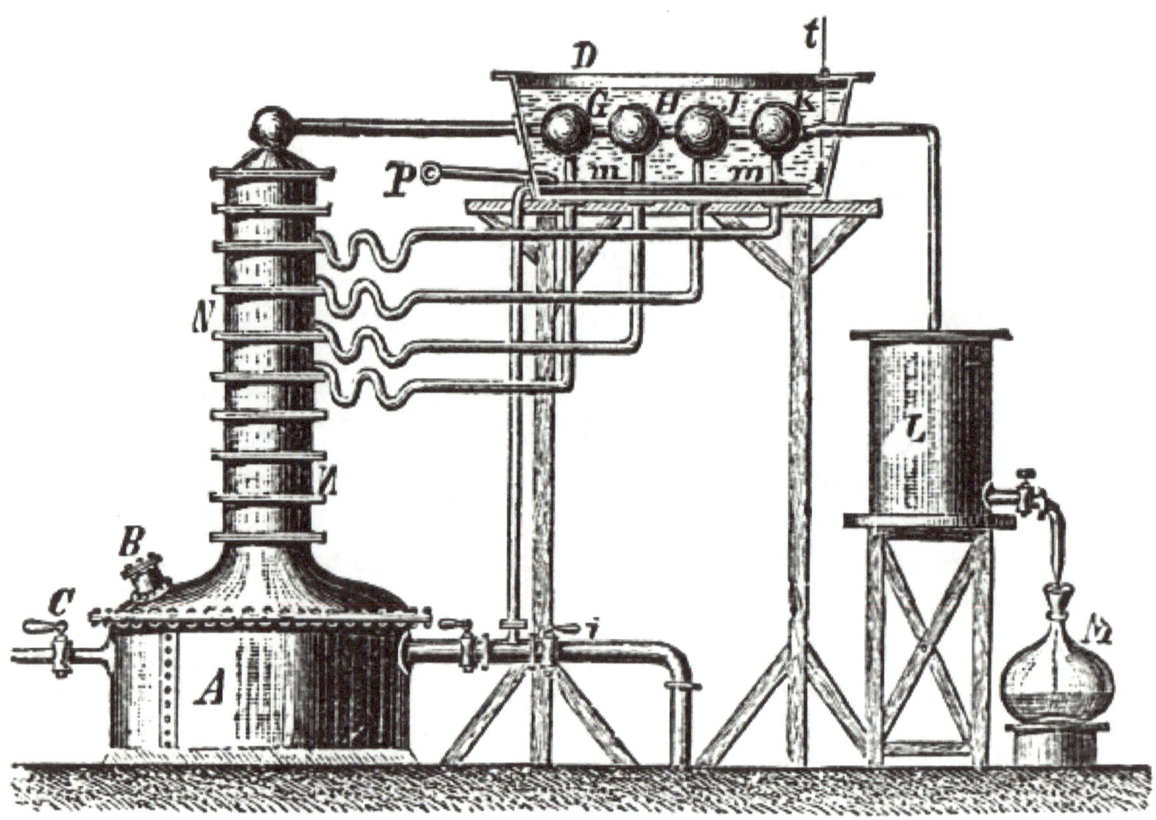

Im Jahre 1860 schon hat E. Kopp (in Turin) die Vortheile der Anwendung eines Apparates zur Benzoldarstellung hervorgehoben, welcher den modernen Spiritusdestillirapparaten nachgebildet ist. Auf diesen Ideen fussend, hat 1863 Th. Coupier seinen Destillirapparat construirt, der überall, wo Benzol im Grossen dargestellt wird, eingeführt ist. Er besteht, wie Fig. 267 zeigt, aus der Blase *A*, in welche man durch die Oeffnung *B* die der fractionirten Destillation zu unterwerfenden Benzole bringt. Die Blase wird mit Dampf geheizt, welcher durch das Rohr *C* zuströmt. Die aus der siedenden Flüssigkeit sich entwickelnden Dämpfe gelangen in die als Dephlegmator wirkende Säule *N*, wo eine erstmalige Fractionirung stattfindet. Die flüchtigsten Antheile der Dämpfe, welche in *N* nicht condensirt werden, gelangen in den mit Chlorcalciumlösung angefüllten Apparat *D*, welcher durch das Dampfrohr *m* bis auf eine bestimmte, durch das Thermometer *t* zu ermittelnde Temperatur gebracht wird. Der Dampf des Heizrohres entweicht durch *P*. Soll nun reines Benzol dargestellt werden, so wird die Chlorcalciumlösung bis auf 80° erwärmt. Die nach *G* kommenden Dämpfe sind ein Gemenge von Benzol, Toluol etc. Da die Temperatur des Recipienten *G* nicht höher als 80° ist, so verdichten sich darin die Dämpfe des Toluols und der übrigen homologen Glieder wie Xylol etc., während die in *G* nicht condensirbaren Dämpfe nach den Recipienten *H*, *I* und *K* gelangen, dort die letzten Spuren der minder flüchtigen Kohlenwasserstoffe verlieren und endlich in dem mit kalten Wasser gespeisten Kühlapparate *L* condensirt und in dem Ballon *M* aufgefangen werden. Die in *G*, *H*, *I* und *K* verdichtete Flüssigkeit geht in die Säule *N* zurück. Da der Recipient *G* die schwersten Produkte enthält, so müssen dieselben behufs der Dephlegmation in den unteren Theil der Säule gelangen, während die Condensationsprodukte aus *K* in den obersten Theil der Säule geleitet werden. Will man kein Benzol, sondern Toluol darstellen, so erwärmt man die Temperatur des Chlorcalciumapparates bis auf 108 bis 109°.

Ein eigenthümliches Verfahren der Bereitung von Benzol nicht aus Theer, sondern aus Steinkohlenleuchtgas ist von H. Caro, A. und K. Clemm und F. Engelhorn (in Mannheim) in Vorschlag gebracht worden. Dasselbe beruht darauf, dass das Leuchtgas in möglichst innige Berührung mit Theerölen, namentlich solchen, die einen höhern Siedepunkt als Benzol und Toluol haben, Petroleum, Schieferöl, fetten Oelen oder ähnlichen Körpern, gebracht wird. Die Theeröle etc. lösen dabei das Benzol und dessen Homologen, die dann durch fractionirte Destillation aus ihnen abgeschieden werden können; nach der Abscheidung können die Oele wieder zur Aufnahme von Benzol verwendet werden. Bei dem immer wachsenden Bedarfe von Benzol erscheint das neue Verfahren, welches sehr grosse Mengen zu gewinnen gestattet, beachtenswerth. Dem Uebelstande, dass das Leuchtgas, welchem die Dämpfe von Benzol entzogen werden, namhaft an Leuchtkraft verlieren wird, liesse sich dadurch abhelfen, dass man das Gas nach Abscheidung des Benzol mit Dämpfen von Petroleumäther sättigt.

Nitrobenzol.

Das Benzol wird durch die Einwirkung der Salpetersäure in Nitrobenzol (das wiederum ein Gemenge ist von Nitrobenzol $C_6\{ H_5 NO_2$, Nitrotoluol $C_7\{ H_7 NO_2$ und Nitroxylol $C_8\{ H_9 NO_2$) übergeführt. Das Nitrobenzol wurde 1834 von E. Mitscherlich dargestellt und von C. Collas in Paris unter dem Phantasienamen *Essence de Mirbane* (Mirbanöl) zuerst im Grossen dargestellt. Früher wendete man hierzu den Mansfield'schen Apparat an. Derselbe besteht in einer grossen gewundenen Glasröhre, deren oberes Ende sich gabelförmig in zwei Röhren theilt, welche mit Eingiesstrichtern versehen sind. In den einen dieser Trichter fliesst ein Strom concentrirter Salpetersäure, während der andere zur Aufnahme des Benzols bestimmt ist. An dem Vereinigungspunkte der Trichterröhren, wo beide Körper zusammentreffen, geht die chemische Verbindung vor sich und das neue Produkt kühlt sich beim Durchfliessen durch das schlangenförmige Rohr so weit ab, dass es am untern Ende aufgefangen werden kann. Es braucht nur noch mit Wasser und zuletzt mit einer verdünnten Lösung von Natriumcarbonat gewaschen zu werden, um zur weiteren Verarbeitung geeignet zu sein[159]. Ein weit besseres Verfahren als das vorstehende ist die Darstellung des Nitrobenzols mit einer Mischung von 2 Th. Salpetersäure von 40° B. und 1 Th. Schwefelsäure von 66° B. Man arbeitet in geschlossenen Gefässen, welche den zur Anilinfabrikation benutzten sehr ähnlich sind. Der obere Theil des Gefässes steht durch ein Rohr mit einem Schornstein in Verbindung, um die nitrösen Dämpfe abzuleiten, andererseits communicirt er durch ein S förmig gebogenes Rohr mit einem Reservoir, in welchem das Säuregemenge sich befindet. Das zu nitrirende Benzol wird auf einmal in den Apparat gebracht, während das Säuregemisch allmälig hinzuläuft. Die Reaction wird mittelst einer Rührvorrichtung befördert. Ein mit dem Kessel communicirender Kühlapparat condensirt das während der Reaction sich verflüchtigende Benzol. Die Beendigung der Einwirkung erkennt man daran, dass die Flüssigkeiten entfärbt sind und in zwei Schichten über einander sich gelagert haben. Nachdem die Säure durch Zusatz von Wasser bis auf 50° B. verdünnt worden ist, trennt man beide Flüssigkeitsschichten durch Decantation. Das Nitrobenzol wird durch Waschen mit Wasser etc. gereinigt[160]. Gegenwärtig wendet man zuweilen (nach E. Kopp's Vorschlag) bei der Darstellung des Nitrobenzols ein Gemenge von Natriumnitrat und Schwefelsäure an. 100 Kilogr. Benzol liefern 135–140 Kilogr. Nitrobenzol.

Den verschiedenen Benzolen entsprechen verschiedene Nitrobenzole, nämlich 1) leichtes Nitrobenzol, zwischen 205 und 210° siedend. Es bildet das in der Parfümerie und Seifenfabrikation massenhaft verwendete künstliche Bittermandelöl oder die *Essence de Mirbane*; spec. Gew. = 1,20 (= 24° B.); 2) schweres Nitrobenzol, zwischen 210 und 220° destillirend. Sein eigenthümlicher Fettgeruch verhindert seine Anwendung in der Parfümerie; spec. Gew. = 1,19 (= 23° B.); aus diesem Nitrobenzol werden die Aniline für Roth dargestellt; 3) sehr schweres Nitrobenzol, zwischen 222 und 235° destillirend; spec. Gew. = 1,167 (= 21° B.). Sein Geruch ist unangenehm. Dieses Nitrobenzol wird vorzugsweise auf Anilin zum Zweck der Darstellung von Anilinblau verarbeitet.

Anilin.

Fig. 268.

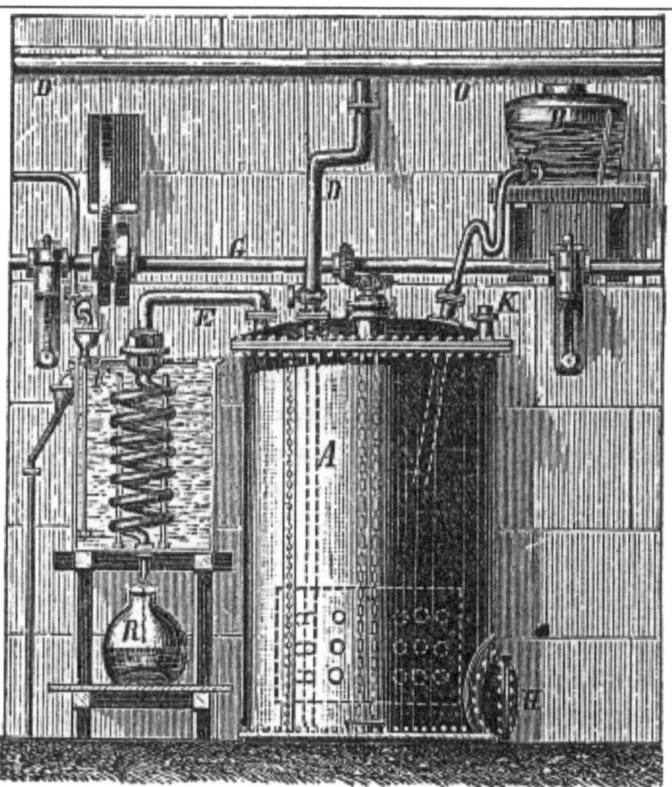

Das Rohanilin, welches zur Herstellung der Theer- oder Anilinfarben dient, ist im wesentlichen ein Gemenge von Anilin C_6H_7N, Toluidin C_7H_9N und dem (von Rosenstiehl entdeckten) Pseudotoluidin (isomer mit Toluidin). Es führt in der Technik den Namen Anilinöl. Reines Anilin, so wie reines Toluidin geben für sich nur unter gewissen Bedingungen Farben. Das Anilin wurde zuerst 1826 von dem Chemiker Unverdorben (in Dahme in der Provinz Sachsen) unter den Produkten der Destillation des Indigs, und im Jahre 1833 von Runge (in Oranienburg) als Bestandtheil des Steinkohlentheers wahrgenommen. Letzterer fand zugleich, dass der neue Körper mit Chlorkalklösung zusammengebracht, eine prächtig violette Färbung annehme, weshalb er Kyanol (oder Blauöl) genannt wurde. Staatsrath v. Fritzsche (in Petersburg) studirte (1841) den von Unverdorben aus dem Indig erhaltenen Körper, bestimmte seine Zusammensetzung und nannte ihn (nach *anil*, dem portugiesischen Namen des Indigs) Anilin. Zinin endlich fand (1842), dass beim Behandeln von Nitrobenzol mit Schwefelwasserstoff eine Base sich bildete, die er Benzidam nannte. Spätere Untersuchungen von O. L. Erdmann und Hofmann ergaben, dass der von Unverdorben erhaltene Körper, Krystallin genannt, das Kyanol, das Benzidam und das Anilin identisch seien. Der letztere Name wurde beibehalten. Um die Kenntniss des Anilins und der Anilinverbindungen hat sich A. W. Hofmann hervorragende Verdienste erworben.

Der Theer enthält 0,3–0,5 Proc. Anilin, jedoch die Ausscheidung des letztern ist mit so vielen Schwierigkeiten verknüpft, dass man es allgemein vorzieht, das Anilin indirect durch die Zinin'sche Reaction aus dem Nitrobenzol darzustellen, dadurch, dass man es mit reducirenden Agentien zusammenbringt. 1 Mol. Nitrobenzol $C_6H_5NO_2$ = 123 giebt 1 Mol. Anilin C_6H_7N = 93. In der Praxis nimmt man an, dass 100 Th. Nitrobenzol 100 Th. Anilin geben.

Obgleich das Schwefelwasserstoffgas eine vollständige Reduction des Nitrobenzols zu Anilin bewirkt, so giebt man doch in der Praxis der von Béchamp eingeführten Behandlung des Nitrobenzols mit Eisenfeile und Essigsäure den Vorzug. Der dabei verwendete Apparat ist der von Nicholson construirte (Fig. 268). Er besteht im wesentlichen aus einem gusseisernen Cylinder *A* von 10 Hektoliter Capacität, in dessen Längenaxe ein starkes Rohr bis fast auf den Boden des Cylinders hinabgeht. Der obere Theil dieses Rohres steht mit dem Bewegungsmechanismus *G* in Verbindung, seine Oberfläche ist mit stählernen Flügeln versehen. Dieses Rohr dient zum Einleiten von Dampf und als Rührwerk. Zuweilen wendet man anstatt des hohlen Rohres eine massive Welle an; in diesem Falle ist ein besonderes Dampfrohr *D* vorhanden. Die Oeffnung *K* dient zum Eintragen der Materialien, durch *E* entweichen die verflüchtigten Produkte. *H* dient zum Entleeren und Reinigen des Apparates. Das mit dem Gefässe *B* verbundene S förmig gebogene Rohr dient als Sicherheitsventil. Soll der Apparat in Gang gesetzt werden, so trägt man durch *K* 10 Kilogr. Essigsäure von 8° B., die mit der 6fachen Gewichtsmenge Wasser verdünnt wurde, ein, hierauf 30 Kilogr. gepulvertes Gusseisen oder Eisenfeile oder Drehspäne und 125 Kilogr. Nitrobenzol, und lässt das Rührwerk spielen. Die Reaction tritt sofort unter Temperaturerhöhung und Entwickelung von Dämpfen ein. Man trägt nach und nach neues Eisen ein, bis die Menge des zugesetzten Eisens 180 Kilogr. beträgt. Die während der Reduction des Nitrobenzols zu Anilin entweichenden Dämpfe verdichten sich in dem Kühlapparate *F* und sammeln sich in dem Ballon *R* an, und werden von Zeit zu Zeit in den Cylinder *A* zurückgegeben. Nach einigen Stunden ist die Reduction beendigt. Die entstandene dicke Masse ist von rothbrauner Farbe und besteht wesentlich aus Eisenoxydhydrat, Anilin, essigsaurem Anilin, Eisenacetat und überschüssigem Eisen. Lässt man die Essigsäure aus dem Spiele, so geht der Process nach folgender Gleichung vor sich:

$C_6H_5NO_2 \quad + H_2O = \quad C_6H_7N \quad + \quad Fe_2O_3$

Nitrobenzol. Anilin. Eisenoxyd.

Sie wird entweder für sich oder mit Kalk gemengt in gusseisernen Cylindern von der Form der Gasretorten entweder mit Dampf oder über freiem Feuer der Destillation unterworfen. Das Produkt, aus Aceton, Acetanilin, Anilin, Nitrobenzol etc. bestehend, wird noch einmal destillirt und nur der zwischen 115 und 190° übergehende Theil aufgefangen. Der zwischen 210 und 220° übergehende Antheil ist besonders zur Darstellung von Anilinblau geeignet. Das so erhaltene Anilinöl erscheint als eine bräunliche Flüssigkeit, etwas schwerer als Wasser und für die Zwecke der Farbendarstellung genügend rein. Nach Brimmeyr kann man die Essigsäure ganz entbehren und erzielt ein sehr gutes Resultat, wenn man z. B. Nitrobenzol und 60 Th. Eisenpulver unter Zusatz von angesäuertem Wasser (2–2,5 Proc. Salzsäure vom Gewicht des Nitrobenzols) in einer Retorte erst drei Tage zusammen in Berührung lässt und dann das entstandene Anilinöl abdestillirt. In der Anilinfabrik von Gebr. Coblentz in Paris reducirt man das Nitrobenzol durch Eisenfeile, welche zur Hälfte durch Verweilen in Kupfervitriollösung verkupfert wurde.

Die Zusammensetzung des Anilinöles, wesentlich ein Gemenge von Anilin mit Toluidin und Pseudotoluidin, richtet sich nach der Natur des zu seiner Darstellung angewendeten Benzols und Nitrobenzols. Das zwischen 180 und 195° siedende Anilinöl (spec. Gewicht = 1,014 bis 1,021 = 2–3° B.) wird dargestellt aus Nitrobenzolen, welche zwischen 210 und 220° sieden; das schwere Anilinöl für Anilinblau wird, wie oben bemerkt, mit sehr schwerem Nitrobenzol dargestellt. Anilin für Anilinroth wird dargestellt mit Nitrobenzol bei 210–220° siedend, Anilinöl für Anilinviolett mit Nitrobenzol, welches bei 210–225° siedet. Um diese Siedepunktverhältnisse würdigen zu können, erinnern wir an die Siedepunkte nachstehender Körper:

Benzol	80°	Nitrotoluol	225°
Toluol	108°	Anilin	182°
Nitrobenzol	213°	Toluidin	198°

Es folgt aus dem Vorstehenden, dass viele Benzole, Nitrobenzole und Aniline im Handel vorkommen, die man mit demselben Rechte auch Toluole, Nitrotoluole und Toluidine nennen könnte.

Die Produktion an Anilin ist gegenwärtig (1871) eine erstaunlich grosse. Nach den Angaben von J. Gessert in Elberfeld werden jährlich gegen 3,500,000 Pfd. Anilinöl consumirt, davon kommen auf Deutschland 2,000,000 Pfd., der Rest vertheilt sich auf die Schweiz, auf England und auf Frankreich.

I. *Anilinfarben.*

Anilinfarben.

Aus dem Anilinöl stellt man nun fabrikmässig die Anilinfarben (Toluidinfarben) dar, von denen bis jetzt folgende erhalten wurden:

1) Anilinroth,	5) Anilingelb und Anilinorange,
2) Anilinviolett,	6) Anilinbraun,
3) Anilinblau,	7) Anilinschwarz.
4) Anilingrün,	

Anilinroth.

1. Das Anilinroth oder Fuchsin (auch unter den Bezeichnungen Azaleïn, Mauve, Solferino, Magenta, Roseïn, Tyralin etc. vorkommend) ist die Verbindung einer Base, die von A. W. Hofmann mit dem Namen Rosanilin bezeichnet wurde, mit einer Säure, gewöhnlich mit Essigsäure und Salzsäure[161]. Die Base selbst ist ungefärbt, ihre Salze dagegen, welche sämmtlich leicht krystallisiren, gefärbt. Ihre Zusammensetzung wird durch die Formel $C_{20}H_{19}N_3$, H_2O ausgedrückt. Sie ist auf die Weise entstanden, dass 2 At. Toluidin sich mit 1 At. Anilin unter Austritt von 4 At. H, welche oxydirt werden, vereinigen ($2C_7H_9N + C_6H_7N + 3O = 2H_2O + C_{20}H_{19}N_3$, H_2O). Die Constitution des Rosanilins wäre demnach $C_6H_4\ 2C_7H_6\ H_3 \}N_3 = C_{20}H_{19}N_3$. Nach den Untersuchungen Rosenstiehls (1869) findet sich in allen Fuchsinsorten des Handels die mit Rosanilin isomere Base, das Pseudorosanilin.

Das Anilinroth kann aus dem Anilinöl auf verschiedene Weise sich bilden, so mit Zinnchlorid (nach Verguin), mit Kohlensuperchlorid (Hofmann und Natanson), mit salpetersaurem Quecksilberoxyd (Gerber-Keller)[162], mit Quecksilberchlorid (Schnitzer), mit Salpetersäure (Lauth und Depoully), mit Antimonsäure (Smith), mit Arsensäure (Medlock, Girard und de Laire), mit Anilinöl, Nitrotoluol, Salzsäure und metallischem Eisen (Coupier). Aus 100 Th. Anilinöl erhält man 25 bis 33 Th. an krystallisirtem Fuchsin.

Man hat meist dem Arsensäureverfahren den Vorzug gegeben, trotzdem, dass die arsenhaltigen Rückstände für den Fabrikanten eine Quelle von Unannehmlichkeiten der ärgsten Art werden. Nach dem Verfahren von Girard und Delaire erwärmt man 1 Ctr. Anilinöl mit 2 Ctr. Arsensäurehydrat von 60° B. (= 1,71 spec. Gewicht) 4–5 Stunden lang bei einer Temperatur, die 190–200° nicht übersteigen darf. Die sich hierbei bildende rothe Masse (die Fuchsinschmelze) wird in kleine Stücke zerschlagen, mit Wasser ausgekocht und sobald die Lösung vor sich gegangen ist, durch Filze oder Leinenbeutel in Krystallisirgefässe filtrirt. Nach 2–3 Tagen leitet man die über den Krystallen stehende Mutterlauge in Gruben, welche mit Sandstein ausgelegt und innen getheert sind, und schlägt die darin befindliche Arsensäure und arsenige Säure mit einer Mischung aus Schlämmkreide und Kalkhydrat nieder. Der Kalkniederschlag wird auf Arsenpräparate verarbeitet[163]. Die auskrystallisirte Masse wird durch Umkrystallisiren gereinigt. In den französischen Fabriken löst man die Fuchsinschmelze in Salzsäure und Wasser auf und neutralisirt mit Soda. Hierbei scheidet sich fast alles Fuchsin in Form eines aus krystallinischen Blättchen bestehenden Kuchens aus, der durch Auskochen in Wasser gelöst und dann zum Krystallisiren gebracht wird. Das so erhaltene Fuchsin ist stets arsenhaltig. Handelt es sich daher um das Färben von Spirituosen und Conditorwaaren, so ist ein Rosanilinsalz zu verwenden, welches mittelst Chlorkohlenstoff oder Quecksilberchlorid dargestellt wurde. Die Salze des Rosanilins zeigen meist im reflectirten Lichte den grünen metallischen Glanz gewisser Käferflügeldecken, während sie in durchfallendem Lichte roth erscheinen.

Das salzsaure Salz heisst vorzugsweise Fuchsin, das essigsaure Roseïn, das salpetersaure Azaleïn. Ihre Lösungen in Wasser oder Alkohol besitzen die bekannte prächtig carminrothe Farbe. Sie sind von äusserst grosser Färbekraft; 1 Kilogr. Fuchsin reicht hin zum Färben von 200 Kilogr. Wolle. Das gerbsaure Rosanilin ist in Wasser schwer löslich. Das Fuchsin ist die Grundlage fast aller übrigen Anilinfarben, so giebt Fuchsin mit Anilinöl Violett oder Blau, Fuchsin mit Jodäthyl Blau oder Violett u. s. w. Die Wirkungsweise der Arsensäure bei der Rosanilinbildung lässt sich auf folgende Weise vorstellen:

$$\left.\begin{matrix} C_6H_7N \\ 2C_7H_9N \end{matrix}\right] = C_{20}H_{25}N_3 + 3As_2O_5 = C_{20}H_{19}N_3 + 3As_2O_3 + 3H_2O.$$

Anilinöl. Arsensäure. Rosanilin. Arsenige Säure. Wasser.

Anilinviolett.

2. Das Anilinviolett oder der Anilinpurpur (Anileïn, Indisin, Phenameïn, Harmalin, Violin, Rosolan, Mauveïn) wurde am 26. August 1856 von W. H. Perkins in London entdeckt und aus dem Anilinöl mittelst Kaliumbichromat und Schwefelsäure dargestellt. Später wurde es auch auf andere Weise erhalten, so durch Behandeln eines Anilinsalzes mit Chlorkalklösung (Bolley, Beale und Kirkham), mit Mangansuperoxyd (Kay) oder Bleisuperoxyd (Price) bei Gegenwart von Schwefelsäure, mit Kaliumpermanganat (Williams), mit Ferridcyankalium (Smith), mit Chlor (Smith), mit Kupferchlorid (Caro und Dale) u. s. w. Von all' diesen Vorschlägen hat nur der mit Kaliumbichromat industrielle Wichtigkeit erlangt.

Das nach diesem Verfahren erhaltene Violett hat zur Base das Mauveïn C_{27}H_{24}N. Von dem vorstehenden Anilinviolett ist verschieden das von Girard und de Laire erhaltene *Violet Imperial*, welches man durch Einwirkenlassen von Kaliumchromat auf ein Gemenge von Anilinöl und salzsaurem Rosanilin bei 180° erhält. Ein anderes Violett wird nach Nicholson durch Erhitzen von Fuchsin bis auf 200–215° erhalten. Auch beim Erhitzen eines Rosanilinsalzes mit überschüssigem Anilin entstehen, ehe Anilinblau sich bildet, violette Farben, von denen (nach Hofmann)

die rothviolette Monophenyl-Rosanilin,

„ blauviolette Diphenyl-Rosanilin

ist; letztere Verbindung geht bei weiterem Erhitzen in Triphenyl-Rosanilin = Anilinblau über. Demnach ist

Rosanilin roth	$C_{20}H_{21}N_3O$
Monophenyl-Rosanilin rothviolett	$C_{20}H_{20}(C_6H_5)N_3O$
Diphenyl-Rosanilin blauviolett	$C_{20}H_{19}(C_6H_5)_2N_3O$
Triphenyl-Rosanilin blau	$C_{20}H_{18}(C_6H_5)_3N_3O$

Vorstehendes Violett führt gegenwärtig den Namen altes Violett oder *Violet nonpareil.* Ausser diesem giebt es nun noch die sogenannten Neu- oder Jodviolette (Hofmann's Violette oder Dahliafarben), welche sich von den vorigen dadurch unterscheiden, dass in ihren Basen nicht das Phenyl, sondern die Alkoholradikale Aethyl, Methyl und Amyl die Substituirung vollführen. Man erhält sie, indem man Fuchsin in geschlossenen Cylindern mit den Jodüren (neuerdings jedoch meist den Bromüren) der Alkoholradikale und etwas Alkohol als Lösungsmittel auf 100–110° C. erhitzt, wobei je nach der Dauer der Einwirkung

Monäthyl-Rosanilin

Diäthyl-Rosanilin

oder Triäthyl-Rosanilin

sich bildet. Die höchst äthylirte Base ist blauviolett, die minder äthylirten zeigen röthliche Nüancen. Die methylirten und äthylirten Violette haben vor den mit Phenyl substituirten eine grössere Brillanz voraus. Das von Poirrier und Chappat eingeführte *Violet de Paris* ist das Produkt der Einwirkung von Zinnchlorid und ähnlichen Agentien auf Methyl- oder Aethyl-Anilin.

Anilinblau.

3. Das Anilinblau (Azulin, Azurin) wurde am 2. Januar 1861 von de Laire und Girard erhalten, indem sie ein Gemenge von Fuchsin mit Anilinöl einige Stunden lang erhitzten und das Produkt mit Salzsäure aufnahmen. Das so erhaltene Blau ist unter dem Namen *Bleu de Paris* oder *Bleu de Lyon* in den Handel gekommen. Es erscheint im trocknen Zustande kupferglänzend, ohne die Beimischung von grün oder gelb, welche das Fuchsin und das Anilinviolett charakterisirt. Um das Anilinblau zu reinigen, löst man es in concentrirter Schwefelsäure und digerirt die Lösung 1½ Stunden lang bei 150° C. Durch Zusatz von Wasser wird das Blau aus der Lösung in modificirter und in Wasser löslicher Form abgeschieden. Letzteres heisst *Bleu soluble.* Unter den Bildungsweisen des Anilinblau auf anderen Wegen sei angeführt die aus Rosanilin und Aldehyd (Lauth), aus Rosanilin und rohem Holzgeist (E. Kopp), aus Rosanilin und alkalischer Schellacklösung (nach Gros-Renaud und Schäffer), wodurch das sogenannte *Bleu de Mulhouse* sich bildet, ferner durch Oxydation von Methylanilin (J. Wolff), aus Rosanilin und bromirtem Terpentinöl (Perkins), aus Rosanilin und Isopropyljodid (Wanklyn), aus Rosanilin und Aethylenjodid und -bromid (M. Vogel), aus Rosanilin und Jod- und Bromaceton (Smith und Sieberg).

Die Umwandelung des salzsauren Rosanilins (Fuchsins) durch Erhitzen mit Anilinöl in Anilinblau geht nach folgender Gleichung vor sich:

$C_{20}H_{19}N_3, ClH$	+ $3C_6H_7N$	= $C_{20}H_{16}(C_6H_5)_3N_3, HCl$	+ $3NH_3$
Rosanilinsalz.	Anilin.	Anilinblau.	Ammoniak.

Das mit Rosanilin und Anilinöl dargestellte Anilinblau ist Rosanilin $C_6H_4\ 2C_7H_6\ H_3) \}N_3$, in welchem die 3 At. basischen Wasserstoffs durch 3 At. Phenyl C_6H_5 ersetzt wurden, mithin Triphenyl-Rosanilin, dessen salzsaure Verbindung die Formel hat $C_{38}H_{32}N_4Cl$. Erhitzt man ein Rosanilinsalz mit Toluidin, so erhält man das analoge Toluidinblau (Tritolyl-Rosanilin) $C_{41}H_{37}N_3 = C_{20}H_{16}(C_7H_7)_3N_3$. Erhitzt man Anilinblau, so findet sich unter den Produkten der trocknen Destillation Diphenylamin $C_{12}H_{11}N$, weisse Krystalle bildend, welche mit Salpetersäure übergossen sich prachtvoll blau färben. Das Diphenylamin und seine Homologen, namentlich das Phenyltolylamin $C_{13}H_{13}N$, welches bei der trocknen Destillation des sogenannten Bleuin $C_{39}H_{33}N_3$ sich bildet, wendet man seit einiger Zeit zur Darstellung von neuen Blauvarietäten an. A. W. Hofmann fand, dass, wenn man, wie oben bemerkt, Rosanilin mit Jodäthyl oder Jodamyl längere Zeit erhitzt, sich als höchst äthylirtes oder amylirtes Produkt (Triäthyl-Rosanilin oder Triamyl-Rosanilin) Anilinblau (Jodblau) bildet. Auch durch Einschieben von Naphtyl in Fuchsin lässt sich (nach J. Wolff) prächtiges Blau (Naphtylblau) erhalten. — Eine Sorte Anilinblau, welche bei künstlichem wie bei Tageslichte rein blau erscheint, heisst *Bleu de lumière* oder *Bleu de nuit*, eine andere ins Violette schimmernde Nüance *Bleu de Parme.*

Anilingrün.

4. Das Anilingrün existirt in zwei verschiedenen Varietäten, nämlich als Aldehydgrün und als Jodgrün. Das Aldehydgrün (Emeraldin) wurde im Jahre 1863 von Cherpin (Chemiker in der Fabrik von Usèbe zu Saint-Ouen) durch Behandeln einer mit Schwefelsäure versetzten Lösung von schwefelsaurem Rosanilin mit Aldehyd, wobei man vorsichtig erhitzt, bis die Lösung eine dunkelgrüne Farbe angenommen hat, erhalten. Das Aldehydgrün ist schwefelhaltig. Nach A. W. Hofmann ist seine Zusammensetzung der Formel $C_{22}H_{27}N_3S_2O$ entsprechend. Dann setzt man Natriumhyposulfit hinzu und kocht einige Minuten. Alles Grün bleibt in Lösung

und dient so zum Färben der Seide. Das Natriumhyposulfit kann durch Schwefelammon oder durch Schwefelwasserstoff ersetzt werden. Durch ein Gemenge von Kochsalz und Natriumcarbonat kann die grüne Farbe aus der Lösung gefällt werden. Sie wird in einer Mischung von 2 Th. Schwefelsäure und 50–70 Th. Alkohol gelöst. Das Anilingrün ist von prächtiger Nüance, besonders bei Kerzenlicht, wodurch es sich von jedem anderen Grün vortheilhaft unterscheidet. Die zweite Art Anilingrün ist das 1863 von A. W. Hofmann entdeckte Jodgrün (*vert à l'iode*), welches als Nebenprodukt bei der Fabrikation der durch Methylirung und Aethylirung aus dem Rosanilin gebildeten violetten Farbstoffe (Hofmann's Violett) entsteht.

Man erhält es auf folgende Weise: 1 Th. essigsaures Rosanilin, 2 Th. Jodmethyl und 2 Th. Methylalkohol erhitzt man unter hohem Drucke mehrere Stunden lang. Nach beendigtem Erhitzen hat man ein Gemenge violetter und grüner Farbstoffe in Methylalkohol gelöst. Nachdem die flüchtigen Produkte durch Destillation entfernt sind, bringt man das Gemisch der Farbstoffe in eine grosse Menge siedenden Wassers. Das Grün löst sich vollständig, die violetten Farbstoffe bleiben ungelöst. Das Grün wird aus der Lösung durch eine kaltgesättigte Lösung von Pikrinsäure in Wasser gefällt. Das Pikrat des Jodgrüns wird auf einem Filter gesammelt, flüchtig mit Wasser gewaschen und nach dem Abdampfen *en pâte* in den Handel gebracht. Im krystallisirten Zustande hat das (pikrinsäurefreie) Jodgrün die Formel $C_{25}H_{33}N_3OJ_2$.

Anilingelb.

5. Anilingelb und Anilinorange. Bei der Darstellung von rothen Farben aus Anilinöl entsteht neben Fuchsin stets ein harzähnlicher Körper, aus welchem Nicholson einen prächtigen gelben Farbstoff, das Anilingelb, Anilinorange, Aurin oder salzsaures Chrysanilin isolirte, welcher Wolle und Seide schön gelb färbt. Das Chrysanilin ist eine Base und hat die Formel $C_{20}H_{17}N_3$. Das interessanteste Salz derselben ist das Nitrat, welches unlöslich ist in Wasser. Die Darstellung des Chrysanilingelbes ist höchst einfach. Der Rückstand von der Bereitung des Fuchsins wird mit Wasserdämpfen behandelt; sobald sich eine gewisse Menge von Base gelöst hat, fällt man das Chrysanilin mittelst Salpetersäure. Schiff erhielt Anilingelb durch Einwirkenlassen von Antimonsäure- oder Zinnsäurehydrat auf Anilin, M. Vogel durch die Einwirkung von salpetriger Säure auf eine alkoholische Lösung von Rosanilin. Letzteres Anilingelb hat die Formel $C_{20}H_{19}N_2O_6$ und ist in Alkohol, nicht in Wasser löslich.

Anilinschwarz und Anilinbraun.

6. Das Anilinschwarz $C_6H_7NO_6$ (ein dunkles Anilingrün, entstanden durch die Einwirkung oxydirender Agentien auf Anilinöl), von J. von Fritzsche bereits im Jahre 1843 wahrgenommen, wurde früher aus den Rückständen von der Bereitung von Anilinviolett mit Kaliumbichromat dargestellt, gegenwärtig aber erhalten durch Einwirkenlassen von Kaliumchlorat und Kupferchlorid auf salzsaures Anilin (Lightfoot). Wie Cordillot nachgewiesen, kann das chlorsaure Kali und das Kupferchlorid durch Ferridcyanammonium, oder nach Lauth durch frischgefälltes Schwefelkupfer ersetzt werden. Letzteres wirkt nach Bolley, indem es sich zu Kupfervitriol oxydirt und zugleich Sauerstoff auf das Anilin überträgt. Das nach letzterem Verfahren erhaltene Schwarz, welches seiner Unlöslichkeit wegen auf dem zu färbenden Stoffe selbst erzeugt werden muss, ist auch schwarzer Indig oder Indigschwarz, genannt worden. Ein neueres Anilinschwarz ist das Lukasschwarz (Peterson's Schwarz), dessen werthvollste Eigenschaft darin besteht, dass es bereits Farbe ist und zu seiner Entwickelung nur noch schwach oxydirt zu werden braucht. Es ist eine schwarze flüssige Masse aus salzsaurem Anilin und essigsaurem Kupfer bestehend, die mit Kleister vermischt aufgedruckt wird. Das Schwarz oxydirt sich von selbst an der Luft; die Oxydation wird aber beschleunigt, wenn man die Stoffe in einem feuchten Raume bei 40° aufhängt. Man verwendet das Anilinschwarz in der Färberei und Zeugdruckerei.

7. Das Anilinbraun (Havannabraun) stellt man nach de Laire durch Erhitzen eines Gemenges von Anilinviolett oder Anilinblau mit salzsaurem Anilin bis auf 240° C. dar, bis die Farbe der Mischung in Braun übergeht. Das so erhaltene Braun ist in Wasser, Alkohol und Säuren löslich und kann unmittelbar zum Färben benutzt werden. Gewöhnlich ist das, was der Färber unter dem Namen Anilinbraun erhält, zu hoch erhitzte

(verbrannte) Fuchsinschmelze. Ein anderes Anilinbraun (Bismarckbraun) gewinnt man durch Schmelzen von Fuchsin mit salzsaurem Anilin.

II. *Carbolsäurefarben.*

Farbstoffe aus Carbolsäure.

Aus den bei 150–200° übergehenden Antheilen des schweren Steinkohlentheeröls besteht die Carbolsäure (Phenylsäure, Phenol). Sie erscheint, so wie sie von E. Seil in Offenbach, von C. Calvert u. Co. in Bradford und von Ch. Löwe & Co. in Manchester in den Handel geliefert wird, als eine krystallinische Masse, die an der Luft schwach geröthet wird, bei 34°C. schmilzt und bei 186° siedet. Sie ist (nach Laurent's Methode durch Behandeln des schweren Theeröles mit Alkalien dargestellt) ein Gemenge der drei homologen Körper oder Phenole:

Carbolsäure C_6H_6O

Kresylsäure C_7H_8O

Phlorylsäure $C_8H_{10}O$.

Sie löst sich in 33 Th. Wasser. Die Calvert'sche Carbolsäure, wie sie die Farbenfabriken verwenden, wird dargestellt, indem man ein Gemenge der Laurent'schen Säure mit Wasser abkühlt. Bei +4° C. scheidet sich Carbolsäurehydrat $C_6H_6O + H_2O$ aus, welches durch Entziehung des Wassers in reine Carbolsäure übergeht, die bei 41° schmilzt. Sie findet ausser als Conservationsmittel (von Bauholz und Eisenbahnschwellen) auch als Antisepticum z. B. zum Einbalsamiren, in der Pergament- und Darmsaitenfabrikation, in den Leimfabriken und als Desinfectionsmittel für Aborte, Schlachthäuser, Ställe, Käfige und zum Räuchern von Krankenzimmern und Schiffsräumen etc. etc. Anwendung. Aber wol 50 Proc. der gegenwärtig fabricirten Carbolsäure dienen zur Darstellung folgender Farbstoffe:

1) der Pikrinsäure,
2) des Phenylbrauns,
3) des Grénat soluble,
4) des Corallin,
5) des Azulin.

Pikrinsäure.

1) Die Pikrinsäure (Trinitrophenylsäure) $C_6H_3(NO_2)_3O$, durch die Einwirkung von Salpetersäure auf Carbolsäure oder besser noch durch Behandeln von krystallisirtem phenylschwefelsaurem Natrium mit Salpetersäure erhalten, ist eine aus gelben Blättchen bestehende Masse, die sich schwer in kaltem Wasser, leicht in heissem Wasser und in Alkohol löst. Sie findet besonders zum Gelbfärben und in Verbindung mit Anilingrün (Jodgrün), Indig oder Berlinerblau zum Grünfarben der Seide und Wolle Anwendung[164].

In Frankreich stellt man jährlich gegen 80–100,000 Kilogr. Pikrinsäure dar, die indessen nicht nur zum Färben, sondern auch in namhafter Menge zur Bereitung des Pikratpulvers (vergl. Seite 168) Verwendung findet. Von der mit der Pikrinsäure homologen Trinitrokresylsäure kommt das Ammoniaksalz unter dem Namen Victoriaorange oder *Jaune anglais* im Handel vor. Pikrinsäure giebt beim Behandeln mit Cyankalium die Isopurpursäure, Trinitrokresylsäure die Kresylpurpursäure (v. Sommaruga), deren Kalium- und Ammonsalze das Granatbraun bilden.

Phénicienne.

2) Die Phénicienne oder das Phenylbraun ist ein 1865 von Roth dargestellter und in der Seiden- und Wollfärberei angewendeter Farbstoff, welcher durch die Einwirkung einer Mischung von Schwefelsäure und Salpetersäure auf Carbolsäure sich bildet. Das Phenylbraun ist ein amorphes Pulver, das ein Gemenge aus zwei

Farbstoffen, einem gelben (nach P. Bolley Dinitrophenol $C_6H_4(NO_2)_2O$) und einem schwarzbraunen, den Humuskörpern sich anreihenden, sein soll.

Granatbraun.

3) Das Grénat soluble oder Granatbraun, welches in neuester Zeit von J. Casthelaz in Paris als Ersatzmittel der Orseille in die Färberei eingeführt wurde, ist nichts anderes als das vor längerer Zeit von Hlasiwetz in Wien entdeckte isopurpursaure Kalium, welches bei der Einwirkung von Cyankalium auf eine Lösung von Pikrinsäure (nach der von Zulkowsky angegebenen Gleichung) auf folgende Weise sich bildet:

$C_6H_3(NO_2)_3O$ +	$3KCN$ + $2H_2O$ =	$C_8H_4KN_5O_6$ +	NH_3 +	K_2CO_3
Pikrinsäure	Cyankalium	isopurpursaur. Kalium	Ammoniak	kohlensaures Kalium

Da das Granatbraun bei schwacher Reibung schon mit grosser Heftigkeit explodirt, so kommt es in Teigform (*en pâte*) in den Handel. Zur Verhütung des Austrocknens des Teiges ist derselbe mit etwas Glycerin versetzt.

Corallin.

4) Das Corallin (oder Paeonin), ein scharlachrother Farbstoff, entsteht nach Kolbe und R. Schmidt durch Erhitzen eines Gemenges von Carbolsäure, Oxalsäure und Schwefelsäure, bis die Farbe sich genügend entwickelt hat; nach beendigter Reaction wäscht man mit siedendem Wasser, um die überschüssige Säure zu entfernen; die zurückbleibende Substanz wird getrocknet und gepulvert und bei einer Temperatur von 150° der Einwirkung von Ammoniak ausgesetzt.

In welcher Beziehung das Corallin zu der von Runge im Theer entdeckten Rosolsäure steht, ist noch zu ermitteln. Nach den Untersuchungen von H. Caro wären beide Körper identisch. Die Rosolsäure $C_{20}H_{16}O_3$ entstehe (ähnlich wie Rosanilin aus Anilin und Toluidin sich bilde) aus Carbolsäure und Kresylsäure nach folgender Gleichung:

C_6H_6O +	$2C_7H_8O$ =	$C_{20}H_{16}O_3$ + $3H_2$
Carbolsäure.	Kresylsäure.	Rosolsäure.

Azulin.

5) Azulin (Phenylblau). Erhitzt man Corallin mit Anilinöl, so erhält man nach J. Persoz und Guinon-Marnas einen blauen Farbstoff, welcher den Namen Azulin (Azurin) erhielt.

Farbstoff direct aus Nitrobenzol.

Aus dem Nitrobenzol direct hat man ebenfalls Farbstoffe darzustellen versucht. Nach Laurent und Casthelaz erhält man einen rothen Farbstoff, das Erythrobenzin, wenn man 12 Th. Nitrobenzol, 24 Th. Eisenfeile und 6 Th. Salzsäure 24 Stunden lang bei gewöhnlicher Temperatur stehen lässt. Es bildet sich eine feste harzähnliche Masse, welche man mit Wasser auszieht; die Lösung wird mit Kochsalz gefällt. Die so erhaltene Farbe ist zum Drucken und Färben anwendbar und soll das Fuchsin zu ersetzen (?) im Stande sein.

III. *Naphtalinfarben.*

Naphtalin.

Das Naphtalin $C_{10}H_8$ ward 1820 von Garden im Steinkohlentheer entdeckt und später von Faraday, A. W. Hofmann, M. Ballo u. A. näher untersucht. Nach Berthelot kann man es synthetisch darstellen, indem man in dem Benzol 2 At. Wasserstoff durch 2 At. Acetylen (C_2H_2) ersetzt:

C_6H_6 - 2H + $2C_2H_2$ = $C_6H_4(C_2H_2)_2$ = $C_{10}H_8$

Benzol Acetylen Naphtalin

Das Naphtalin erscheint in sehr dünnen rhombischen Blättchen von eigenthümlichem, etwas an Storax erinnerndem Geruche und brennendem Geschmacke, die nach dem Schmelzen und Erstarren blendendweisse krystallinische Massen von 1,151 spec. Gew. bilden. Es schmilzt zwischen 79 und 80° und siedet bei 216 und 218°C. Durch die Einwirkung von Salpetersäure geht es in die Phtalsäure über, die je nach Umständen durch Abspalten von Kohlensäure entweder in Benzol oder in Benzoësäure[165] übergeführt werden kann:

α) $C_8H_6O_4$ - $2CO_2$ = C_6H_6

Phtalsäure Benzol;

β) $C_8H_6O_4$ - CO_2 = $C_7H_6O_2$

Phtalsäure Benzoësäure.

Zwischen den Abkömmlingen des Benzols und des Naphtalins findet grosse Analogie statt und zwar nicht nur in Bezug auf Zusammensetzung und Reactionen, sondern auch hinsichtlich der physikalischen und chemischen Eigenschaften. Die Analogie in der Zusammensetzung ergiebt sich aus folgender Zusammenstellung:

Benzol (Phenylhydrür) C_6H_6	Naphtalin (Naphtylhydrür) $C_{10}H_8$
Nitrobenzol $C_6H_5(NO_2)$	Nitronaphtalin $C_{10}H_7(NO_2)$
Anilin C_6H_7N	Naphtylamin $C_{10}H_9N$
Rosanilin $C_{20}H_{19}N_3$	Base des Naphtalinroth $C_{30}H_{21}N_3$.

Die dem Anilin entsprechende Base, das Naphtylamin $C_{10}H_9N$ wird genau so wie das Anilin aus dem Benzol dargestellt, indem man das Naphtalin mit einem Gemische von concentrirter Schwefelsäure und Salpetersäure in Nitronaphtalin überführt und dieses nach dem Béchamp'schen Verfahren (vergl. Seite 659) zu Naphtylamin reducirt. Wie M. Ballo (1870) gezeigt hat, kann man das Naphtylamin aus der mit Eisen und Essigsäure reducirten Masse sehr leicht mit Wasserdämpfen überdestilliren. Das Naphtylamin krystallisirt in weissen Nadeln, schmilzt bei 50° und siedet bei etwa 300°. Es schmeckt scharf und bitter und ist fast unlöslich in Wasser.

Das Naphtylamin dient zur Darstellung folgender Farbstoffe:

1) des Martiusgelb;	3) des Naphtalinvioletts und
2) des Magdalaroth;	4) des Naphtalinblau.

Martiusgelb.

1) Das Martiusgelb (Manchestergelb, Naphtalingelb, *Jaune d'or*) ist die Calcium- oder Natriumverbindung der Binitronaphtalinsäure ($C_{10}H_6(NO_2)_2O$), die man erhält, indem man zu einer Lösung von salzsaurem Naphtylamin Natriumnitrit setzt, bis alles Naphtylamin in Diazonaphtol übergegangen ist. Die Flüssigkeit,

welche salzsaures Diazonaphtol enthält, wird mit Salpetersäure gemischt und bis zum Sieden erhitzt. Die Binitronaphtylsäure scheidet sich dabei in kleinen gelben Nadeln aus. Die Umwandlung des Naphtylamins in Binitronaphtylsäure (Binitronaphtol) lässt sich durch folgende Gleichungen ausdrücken:

α) $C_{10}H_9N + HNO_2 = 2H_2O + C_{10}H_6N_2$

Naphtylamin Diazonaphtol;

β) $C_{10}H_6N_2 + 2HNO_3 = 2N + 2H_2O + C_{10}H_6(NO_2)_2O$

Diazonaphtol Binitronaphtylsäure.

Wie M. Ballo gezeigt, kann indessen letztere Säure direct durch die Einwirkung von Salpetersäure auf Naphtylamin sich bilden. Das Martiusgelb färbt Wolle und Seide in allen Tönen vom hellen Citronengelb bis tief Goldgelb ohne Mordant. Mit 1 Kil. der trocknen Calcium- oder Natriumverbindung, kann man gegen 200 Kil. Wolle noch in schönem Gelb ausfärben. Eine Haupteigenschaft des Martiusgelb ist, dass es sich auch dämpfen lässt, während die Pikrinsäure mit den Wasserdämpfen sich verflüchtigt. In England findet es häufig Anwendung zum Nüanciren von Magenta.

Magdalaroth.

2) Das Magdalaroth (Naphtalinroth) $C_{30}H_{21}N_3$, von Schiendl in Wien 1867 entdeckt und von Durand, Ch. Kestner, A. W. Hofmann u. A. näher untersucht, entsteht aus dem Naphtylamin, indem von 3 Mol. desselben 3 Wasserstoffmoleküle sich abspalten:

$3C_{10}H_9N - 3H_2 = C_{30}H_{21}N_3$

Naphtylamin Magdalaroth.

Im Grossen zerfällt die Darstellung des Magdalaroth in *zwei* Phasen. In der *ersten* geht das Naphtylamin durch die Einwirkung von salpetriger Säure in Azodinaphtyldiamin über

α) $2C_{10}H_9N + HNO_2 - 2H_2O + C_{20}H_{15}N_3$

Naphtylamin Azodinaphtyldiamin;

In der *zweiten* Phase, in welcher man das Azodinaphtyldiamin mit Naphtylamin behandelt, bildet sich Magdalaroth:

β) $C_{20}H_{15}N_3 + C_{10}H_9N = C_{30}H_{21}N_3 + NH_3$

Azodinaphtyldiamin Naphtylamin Magdalaroth.

Das Magdalaroth indessen, wie es im Handel in Form eines schwarzbraunen, undeutlich krystallinischen Pulvers vorkommt, ist das Chlorid einer Base von obengenannter Zusammensetzung. An Färbekraft steht das Magdalaroth dem Fuchsin nicht nach, übertrifft es aber durch seine bemerkenswerthe Beständigkeit. Mit Jodmethyl und Jodäthyl liefert das Naphtalinroth violette und blaue Farbderivate.

Naphtalinblau und Naphtalinviolett.

3) und 4) Violette und blaue Naphtalinfarbstoffe lassen sich auf verschiedene Weise erzeugen, so durch Phenyliren, Naphtyliren, Methyl- und Aethyliren von Magdalaroth, ferner durch Behandeln von Naphtylamin

mit Quecksilbernitrat (Wilder), durch Substitution von Wasserstoff in dem Anilin und Toluidin durch Naphtyl $C_{10}H_7$ (J. Wolff, der bereits 1867 auf diese Weise prächtiges Naphtylblau erhalten hat), aus Rosanilin und Monobromnaphtalin, so wie aus Rosanilin und Naphtylamin (M. Ballo). Blumer-Zweifel einerseits und A. Kielmeyer andererseits haben endlich in neuester Zeit Naphtylaminviolett auf Baumwolle und leinenem Stoff durch Behandeln von Naphtylamin auf dem Stoffe selbst mit Kupferchlorid, Kaliumchlorat, kurz mit allen jenen Agentien erzeugt, durch die man Anilinschwarz (vergl. Seite 663) hervorzurufen im Stande ist[166].

IV. *Anthracenfarben.*

Anthracenfarben.

Das Anthracen (Paranaphtalin, Photen) $C_{14}H_{10}$, im Kohlentheer in der Menge von 0,75–1,0 Proc. sich findend, wurde im Jahre 1831 von J. Dumas entdeckt und im Jahre 1869 zuerst von C. Graebe und C. Liebermann zur Fabrikation von Anthracenroth (künstlichem Alizarin) angewendet. Das Anthracen kommt in den letzten Produkten der Destillation des Steinkohlentheers vor und findet sich vorzugsweise in den zuletzt übergehenden dickflüssigen Produkten, die unter dem Namen *Green Grease* früher in England als Schmiermittel vielfach Anwendung fanden. Das *Green Grease* besteht aus schweren Oelen, etwas Naphtalin und etwa 20 Proc. Anthracen; durch Centrifugiren und starkes Pressen erhält man Rohanthracen (mit 60 Proc. Reingehalt), welches man durch Behandeln mit Petroleumnaphta in der Wärme, Centrifugiren, Schmelzen und Sublimation in reines Anthracen überführt.

Das Anthracen erscheint in kleinen, geruch- und geschmacklosen, weissen Blättchen, die bei 215° schmelzen und bei höherer Temperatur unzersetzt überdestilliren, sich wenig in Alkohol und Benzol, leichter in Schwefelkohlenstoff lösen, mit Pikrinsäure eine in rubinrothen Krystallen auftretende Verbindung bilden, durch die Einwirkung oxydirender Mittel in Anthrachinon (Oxanthracen, Oxyphoten) $C_{14}H_8O_2$ übergehen, welches letztere auf Umwegen in Alizarin $C_{14}H_8O_4$ übergeführt wird.

Nach der ursprünglichen Methode der Darstellung des Alizarins wurde das durch oxydirende Agentien wie Salpetersäure aus dem Anthracen erhaltene Anthrachinon $C_{14}H_8O_2$ durch Bromiren in Bibrom-Anthrachinon $C_{14}H_6Br_2O_2$ übergeführt und letzteres durch Erhitzen mit Aetzkali als Aetznatron bei einer Temperatur von 180–200° C. in Alizarin-Kalium umgewandelt, aus welchem man dann mit Salzsäure das Alizarin ausfällte:

α) $C_{14}H_6Br_2O_2 + 4KOH = C_{14}H_6K_2O_4 + 2BrK + 2H_2O$

Bibrom-Anthrachinon | Alizarin-Kalium.

β) $C_{14}H_6K_2O_4 + 2ClH = C_{14}H_8O_4 + 2ClK$

Alizarin-Kalium. | Alizarin.

Gegenwärtig stellt man das Alizarin aus dem Anthrachinon dar, indem man dasselbe durch Behandeln mit Schwefelsäure von 1,84 spec. Gew. bei einer Temperatur von 260° zunächst in Sulfosäure überführt, diese Säure hierauf mit Calciumcarbonat neutralisirt, die Flüssigkeit vom Gyps abfiltrirt und dann mit Kaliumcarbonat versetzt, bis aller Kalk ausgefällt ist. Die klare Flüssigkeit wird zur Trockne abgedampft und die erhaltene Salzmasse durch Erhitzen mit Aetzkali in Alizarin-Kalium übergeführt, aus welchem das Alizarin durch Säuren gefällt wird. Nach einem anderen Verfahren umgeht man die Bildung des Anthrachinons und verwendet direct Anthracen, welches man durch Erhitzen mit concentrirter Schwefelsäure in Anthracensulfosäure $C_{28}H_{18}SH_4O_3$ überführt. Diese Sulfosäure wird mit Wasser verdünnt und mit gewissen Oxydationsmitteln (Braunstein, Bleisuperoxyd, Chromsäure, Salpetersäure) behandelt. Die saure Flüssigkeit wird durch Versetzen mit Calciumcarbonat von der freien Schwefelsäure und bei Anwendung von Braunstein, auch von dem Mangan befreit und die oxydirte Sulfosäure in Form von Kaliumsalz mit Aetzkali erhitzt, wodurch sich, wie oben, Alizarin-Kalium bildet. — Es unterliegt keinem Zweifel nicht nur, dass das Anthracen auch noch auf andere Weise in Alizarin übergeführt werden kann, sondern auch, dass es gelingen wird, aus anderen Kohlenwasserstoffen des Kohlentheers (Benzol, Toluol, Naphtalin) Anthracen und Anthracenroth darzustellen.

Die fabrikmässige Herstellung des künstlichen Alizarins, um welche sich ausser den Entdeckern Graebe und Liebermann noch J. Gessert in Elberfeld, Brönner und Gutzkow in Frankfurt a/M., Brüning in Höchst, Greiff in Cöln, Perkin in London u. a. m. Verdienste erworben haben, bildet eines der schönsten Blätter in der Geschichte der chemischen Technologie und wird voraussichtlich nach einer Reihe von Jahren dem Krappbau und der Garancinfabrikation eine tödtende Concurrenz bereiten. Vor der Hand ist aber das Anthracenroth gegen den Krappfarbstoff noch nicht concurrenzfähig.

V. *Farbstoffe aus Cinchonin.*

Farben aus Cinchonin.

An die aus Theerbestandtheilen erhaltenen Farben schliessen sich unmittelbar die aus gewissen Alkaloïden, namentlich aus dem bei der Chininfabrikation in grosser Menge abfallenden Cinchonin an. Das Cinchonin wird mit überschüssigem Natronhydrat destillirt, wobei etwa 65 Proc. rohes Chinolin (Chinolinöl) übergeht, welches ein Gemenge ist der drei homologen Basen

Chinolin	C_9H_7N
Lepidin	$C_{10}H_9N$
Kryptidin oder Dispolin	$C_{11}H_{11}N$.

Das Lepidin macht den Hauptbestandtheil aus. Erhitzt man das Chinolinöl mit Jodamyl, so bildet sich eine Verbindung beider, das Amyllepidinjodür, aus welchem durch Behandeln mit Natronlauge ein prächtigblauer Farbstoff, das Cyanin oder Lepidinblau (Chinolinblau) $C_{30}H_{39}N_2J$ entsteht. Letzteres bildet Krystalle mit metallgrünem Glanz und goldgelbem Reflex, die sich schwer im Wasser, leicht in Alkohol lösen. Die Bildung des Cyanins lässt sich durch folgende Gleichungen veranschaulichen:

α) $C_{10}H_9N + C_5H_{11}J = C_{15}H_{20}NJ$

Lepidin Jodamyl Amyllepidinjodür.

β) $2C_{15}H_{20}NJ + NaOH = C_{30}H_{39}N_2J + NaJ + H_2O$

Amyllepidinjodür Cyanin.

B. Die im Pflanzen- und Thierkörper vorkommenden Farbstoffe.

Rothe Farbstoffe.

Rothe Farbstoffe. Krapp.

Der Krapp ist die Wurzel der Färberröthe (*Rubia tinctorum* in Süd-, Mittel- und Westeuropa, *R. peregrina* im Orient, *R. mungista* (Mungeet) in Ostindien und in Japan), einer im südlichen Europa und in Asien wachsenden ausdauernden Pflanze. Die Wurzel ist 10–25 Centimeter lang, wenig ästig und etwas stärker als ein Federkiel. Sie ist mit einer braunen Decke überzogen, innerlich aber von gelbrother Farbe. Sie kommt theils von der Rinde und den Wurzelfasern befreit, theils gemahlen in den Handel. Im gemahlenen Zustande erscheint sie als ein grobes, rothgelbes, stark und eigenthümlich riechendes Pulver, das sorgfältig gegen Luft- und Lichteinwirkung geschützt, aufbewahrt werden muss. Die beste Sorte des Krapps ist die aus der Levante (Smyrna, Cypern), die unter dem Namen Lizari oder Alizari ungemahlen in den Handel kommt. Der holländische Krapp ist geschält oder beraubt, wenn man mittelst der Mühlbeutel die Schale der Rinde und zuweilen selbst den inneren Theil entfernt hat. Ungeschält und unberaubt wird er genannt, wenn er gemahlen worden ist, ohne die Schale der Rinde zu entfernen. Am häufigsten findet sich Krapp aus dem Elsass (Strassburg, Hagenau, Geisselbrunn) und der Provence (Avignon). Unter dem Mullkrapp versteht man die schlechteste Sorte Krapp aus Staub und Abfall bestehend. Die Krappwurzel enthält ausser den Farbstoffen auch noch Zucker in namhafter Menge[167]. Während man ehedem in dem Krapp nicht weniger als fünf Farbstoffe annahm, scheint aus neueren Untersuchungen hervorzugehen, dass diese Wurzel im frischen Zustande nur zwei Farbstoffe, die Ruberythrinsäure (früher Xanthin genannt) und das Purpurin enthält. Erstere Säure zerfällt unter dem Einflusse einer eigenthümlichen, in dem Krapp enthaltenen stickstoffhaltigen Substanz (nach Rochleder) in den eigentlichen Farbstoff des Krapps, in das Alizarin und in Zucker:

$$C_{20}H_{22}O_{11} = C_{14}H_8O_4 + C_6H_{12}O_6 + H_2O$$

Ruberythrinsäure Alizarin Zucker.

Nach den Untersuchungen von Graebe und Liebermann ist das Alizarin ein Derivat des Anthracens $C_{14}H_{10}$ und hat die Formel $C_{14}H_8O_4$. Den genannten Chemikern ist es neuerdings (1869) gelungen, Anthracen künstlich in Alizarin (vergl. Seite 667) überzuführen. Das Alizarin ist von gelber Farbe, wird aber durch Alkalien und Erden roth gefärbt. Ausserdem findet sich in dem Krapp noch ein rother Körper, das Purpurin oder Rubiacin (welches die Formel $C_{14}H_8O_5$ hat), das für sich ohne Färbevermögen, aber in Verbindung mit Alizarin den Färbeprocess unterstützt.

Krapplack.

Krapplack ist eine Verbindung von Alizarin und Purpurin mit basischen Thonerdesalzen; um ihn darzustellen, zieht man ausgewaschenen Krapp mit einer Alaunlösung aus und schlägt die Flüssigkeit durch Natriumcarbonat oder durch Borax nieder, worauf der Niederschlag Krappblumen. ausgewaschen und getrocknet wird. Die Krappblumen (*fleur de garance*) erhält man durch Auswaschen und Gährenlassen des gemahlenen Krapps; sie werden ebenso wie der Krapp angewendet, vor welchem sie den Vortheil besitzen, dass sie durch Erniedrigung der Temperatur des Färbebades nicht an Färbevermögen einbüssen. Das Waschen des Krapps scheint demnach die Entfernung derjenigen Substanz (einer Pektinsubstanz?) zu bewirken, welche unter den letzteren Umständen unlöslich wird. Indem man die Krappblumen mit siedendem Holzgeist Azale. extrahirt, den Auszug filtrirt und ihm destillirtes Wasser zusetzt, erhält man einen reichlichen gelben Niederschlag, der mit Wasser ausgewaschen und getrocknet wird. Er führt den Namen Azale (von *azala*, einer arabischen Bezeichnung des Krapps) und ist von Frankreich aus zum Färben vorgeschlagen worden. Wahrscheinlich ist dieser Körper nichts anderes als rohes Alizarin. Letzterer Körper, durch Extraction von Krapp oder Garancin erhalten, kommt seit einigen Jahren unter dem Namen Pincoffin in den Handel.

Garancin.

Das Garancin (sogenannte Krappkohle) ist ein Präparat aus Krapp, welches die bei der Färberei wirkenden Bestandtheile in einer concentrirteren und leichter ausziehbaren Gestalt enthält. Um es darzustellen, übergiesst man fein gemahlenen, mit Wasser befeuchteten Krapp mit ½ Th. concentrirter Schwefelsäure und 1 Th. Wasser, erhitzt das Gemisch ungefähr eine Stunde lang bis auf 100°, befreit darauf die Masse durch Auswaschen von aller Säure, presst und trocknet sie. Durch die Schwefelsäure werden die der Färberei hinderlichen Substanzen des Krapps zerstört und durch das darauf folgende Auswaschen entfernt, während die Farbstoffe mit zum Theil verkohlten organischen Substanzen zurückbleiben. Im Durchschnitt kann man annehmen, dass 3–4 Th. Krapp durch 1 Th. Garancin ersetzt werden können. Da der Krapp beim Ausfärben seine Farbstoffe nicht vollkommen verliert, so trennt man die Rückstände durch Filtriren Garanceux. von der Flüssigkeit, und behandelt dieselben mit ⅓ ihres Gewichtes englischer Schwefelsäure. Die Masse wird dann ebenso wie die Garancine ausgewaschen und getrocknet. Sie heisst Garanceux und steht selbstverständlich der Garancine an Färbevermögen nach.

Colorin.

Die im Handel unter dem Namen Colorin vorkommende Substanz ist das weingeistige und zur Trockne verdunstete Extract des Garancins und besteht wesentlich aus Alizarin, mit Purpurin, Fett und anderen in Weingeist löslichen Bestandtheilen des Krapps verunreinigt. Seit einigen Jahren stellt E. Kopp die technisch reinen Farbstoffe aus dem Krapp durch Ausziehen mit einer wässrigen Lösung von *schwefliger Säure* dar. Diese Präparate, welche bereits grosse Verbreitung gefunden haben, werden unterschieden als grünes Alizarin (*Alizarine verte*), welches in der Menge von 3 Proc. aus dem Elsasser Krapp erhalten wird und neben dem Alizarin noch einen grünen harzigen Stoff enthält, als gelbes Alizarin (*Alizarine jaune*), von welchem dieser grüne Stoff getrennt wurde, als Purpurin und als Krappblumen. Das Färbevermögen des Purpurins beträgt das 10fache des Krapps, das grüne und gelbe Alizarin das 32–36fache des Krapps. Im Grossen erhält man aus gutem Krapp

Purpurin	1,15	Proc.
Grünes Alizarin	2,50	„
Gelbes Alizarin	0,32	„
Krappblumen	39,00	„

Rothholz.

Mit dem Namen Roth- oder Brasilienholz bezeichnet man mehrere in der Rothfärberei angewendete Hölzer der Gattung *Caesalpinia*. Die beste Sorte ist das Fernambukholz von *Caesalpinia brasiliensis s. crista*, das auswendig gelbbraun, inwendig hellroth, schwer und ziemlich hart ist. Es führt den Namen von der Stadt Fernambuco in Brasilien, in deren Nähe es häufig wächst. Es kommt ganz und gemahlen in den Handel. Eine schlechtere Sorte ist das Sapanholz (*C. Sapan*), welches in Japan wächst; noch weniger Werth hat das Lima- oder Nicaraguaholz oder *Bois de Ste. Marthe* (*C. echinata*) und das Brasiletholz (*C. vesicaria*). In allen diesen Hölzern findet sich der Farbstoff Brasilin (nach Bolley von der Formel $C_{44}H_{40}O_{14} + 3H_2O$), ein in farblosen, kleinen Nadeln krystallisirender Körper, dessen wässerige Lösung an der Luft, besonders schnell beim Sieden und bei Gegenwart von Alkalien ins Carmoisinrothe übergeht. In der Färberei wird vermittelst des Rothholzes eine schöne rothe, aber keineswegs dauerhafte Farbe erzeugt[168]. Ausserdem gebraucht man es zur Darstellung des Kugellackes, obgleich es in dieser Hinsicht häufig durch die rothen und violetten Theerfarbstoffe ersetzt wird.

Santelholz.

Das Santelholz (Kaliaturholz) kommt als gelbes und rothes im Handel vor. Das rothe stammt von *Pterocarpus Santalinus*, einem auf Ceylon und in Ostindien wachsenden Baume. Man führt es in gespaltenen Scheiten von gradfaserigem Gefüge und dunkelrother, innen hellerer Farbe ein. Der in dem Santelholz enthaltene Farbstoff ist harzartiger Natur und führt den Namen Santalin. Nach einer 1869 von H. Weidel ausgeführten Untersuchung findet sich in Santelholz ein farbloser Körper, das Santal $C_8H_6O_3$, welche durch Oxydation in Santalin überzugehen scheint. Man benutzt das Santelholz zu gefärbten Lacken, zur Möbelpolitur, zur Erzeugung von Braun in der Wollenfärberei, zum Rothfärben des Leders, zu Zahnpulver u. s. w. Der gleiche Farbstoff findet sich in dem sogenannten Barwood- oder Camholz, das von *Baphia nitida*, einem in Afrika wachsenden Baume stammt. Dieses Holz soll 23 Proc. Santalin enthalten, während das Santelholz nur 16 Proc. enthält.

Safflor.

Der Safflor besteht aus den getrockneten Blumenblättern der Safflorpflanze, Färbedistel (*Carthamus tinctorius*), eines distelartigen Gewächses (aus der Familie der Synantheren), das in Ostindien, Aegypten, in den südlichen Ländern Europas, zum Theil auch in Deutschland angebaut wird. Der Safflor enthält einen rothen, in Wasser unlöslichen (Carthamin) und einen gelben, in Wasser löslichen Farbstoff. Je reiner der Safflor von Samen, Spreu u. s. w., je dunkler feuerroth die Farbe, desto besser ist er. Das Carthamin ($C_{14}H_{16}O_7$) oder *Rouge végétale* wird auf folgende Weise dargestellt: Man zieht den Safflor mit einer sehr verdünnten Lösung von Natriumcarbonat aus, taucht in die Lösung Streifen von Baumwolle und neutralisirt das Alkali mittelst Essigs oder verdünnter Schwefelsäure. Die roth gefärbten Streifen werden darauf ausgewaschen, mit einer Lösung von Natriumcarbonat ausgezogen und diese mit einer Säure gefällt. Der so erhaltene Niederschlag wird ausgewaschen und auf Tellern getrocknet (Teller- oder Tassenroth). Das Carthamin erscheint in dünnen Rinden, die im auffallenden Lichte goldgrün, im durchgehenden roth aussehen. Das durch wiederholtes Auflösen und Niederschlagen gereinigte Carthamin führt den Namen Safflorcarmin. Das Carthamin wird mit gepulvertem Talk gemengt, als rothe Schminke angewandt. Der Safflor wird in der Seidenfärberei benutzt. Die erzeugte rothe Farbe ist aber sehr vergänglich.

Cochenille.

Die Cochenille oder Nopal-Schildlaus besteht aus den getrockneten Weibchen einer Art Schildlaus (*Coccus cacti*), die auf mehreren Cacteenarten, namentlich auf dem Cochenille-Cactus (der Nopalpflanze), wie auch auf *Cactus opuntia* vorkommt, theils auch in besonderen Pflanzungen in Mexico, Centralamerika, Algier, auf dem Kap der guten Hoffnung etc. gezüchtet wird. Die männlichen Thiere sind geflügelt, die weiblichen ungeflügelt. Nach der Begattung werden die weiblichen Thiere eingesammelt, was im Jahre zweimal geschieht, durch heisse Wasserdämpfe oder durch die Hitze eines Backofens getödtet und getrocknet. Man unterscheidet im Handel zwei Sorten, die feine Cochenille oder Mestica, die vorzüglich in Mestek, einer Provinz von Honduras an den cultivirten Nopalpflanzen gesammelt wird, und die Wald- oder wilde Cochenille, die man vom wildwachsenden Cactus sammelt; letztere Sorte ist geringer und findet minder häufige Anwendung. Die Cochenille erscheint in kleinen dunkelbraunrothen, zusammengeschrumpften Körnern, an deren Unterseite der Bau der Thiere noch einigermaassen erkannt werden kann. Zuweilen ist sie mit einem weisslichen Staube bedeckt, oft aber ist sie auch glänzend und schwarz. Dieser weisse Ueberzug, welchen man der Cochenille sehr oft durch Talk, Kreide oder Bleiweiss giebt, ist mikroskopischen Untersuchungen zu Folge, das Excrement des Thieres und erscheint unter dem Mikroskope als weisse, gekrümmte Cylinder von sehr gleichmässigem Durchmesser. In der Cochenille findet sich eine eigenthümliche Säure, die Carminsäure, die durch verdünnte Schwefelsäure und andere Agentien in Carminroth (Carmin), welches neben der Carminsäure schon fertig gebildet in der Cochenille sich findet, und Dextrose sich spaltet:

$$C_{17}H_{18}O_{10} + 3H_2O = C_{11}H_{12}O_7 + C_6H_{12}O_6$$

Carminsäure. Carminroth. Dextrose.

Den Carmin (im technischen Sinne) stellt man dar, indem man Cochenille mit siedendem Wasser auszieht, die klar abgegossene Lösung mit Alaun versetzt und stehen lässt. Der sich absetzende Niederschlag wird ausgewaschen und getrocknet. Oder indem man die gepulverte Cochenille mit einer Lösung von Natriumcarbonat auszieht, die Flüssigkeit mit Eiweiss versetzt und sodann durch verdünnte Säuren fällt. Der ausgewaschene Niederschlag wird bei 30° getrocknet. Er bildet eine vorzügliche Sorte Carmin; die schlechteren Sorten, unter die auch der Carminlack und die besseren Kugellacke gehören, bereitet man durch Fällen eines alaunhaltigen Cochenilleauszugs mit Natriumcarbonat, die um so geringer sind, je mehr sie Thonerde enthalten.

Lac-Dye.

Unter Lac-Dye oder Färbelack versteht man einen aus dem Stock- oder Körnerlack gezogenen rothen Farbstoff, mit welchem man fast eben so schön und dauerhaft als mit der Cochenille färben kann. Die in Ostindien vorkommende Lackschildlaus (*Coccus lacca*) sticht in die Zweige gewisser Feigenbäume, die dadurch einen milchigen Saft von sich geben, der die Thiere umgiebt und erhärtet. Das Harz ist von dem in den Thieren enthaltenen rothen Farbstoff gefärbt. Man zieht den Lac-Dye aus dem Stocklack durch Natriumcarbonat aus und fällt darauf mit Alaun. Dieser Farbstoff ist von dem der Cochenille nicht sehr verschieden. Ebenso kommt mit demselben der von dem Kermes (*Coccus ilicis*), von *Coccus polonicus* (Johannisblut) und von *Coccus fabae* überein. Letztere enthalten viel Fett, das durch Auspressen zum Theil entfernt werden kann.

Orseille und Persio.

Unter Orseille (Archil), Persio und Cudbear versteht man teigartige Massen, welche als rothe Farbstoffe in den Handel kommen. Man erhält die Orseille, indem man mehrere Flechten (*Rocella tinctora*, *R. fuciformis*, *R. Montagnei*, *Usnea barbata*, *U. florida*, *Lecanora parella*, *Unceolaria scruposa*, *Ramalina calicaris*, *Gyrophora pustulata* u. s. w.) in ein feines Pulver verwandelt und das Pulver mit Harn angerührt der Fäulniss überlässt. Das durch die Fäulniss des Harnes entstandene kohlensaure Ammoniak wirkt auf die in diesen Flechten enthaltenen Flechtensäuren: Lecanorsäure, Alpha- und Betaorsellsäure, Erythrinsäure, Gyrophorsäure, Evernsäure, Usninsäure etc. ein, und verwandelt diese stickstofffreien Substanzen unter Aufnahme oder Austreten von Wasser und meist unter Abscheidung von Kohlensäure in Orcin $C_7H_8O_2$, welches durch Aufnahme von Stickstoff und Sauerstoff in das Orcein $C_7H_7NO_3$ übergeht, welches letztere als der wesentliche Farbstoff der Orseille zu betrachten ist. Letztere erscheint als röthlicher Teig von eigenthümlich veilchenartigem Geruche und alkalischem Geschmacke. Die Bereitung derselben geschah vor dem Bekanntwerden der Anilinfarben hauptsächlich in England und Frankreich aus Flechten, die theils auf den canarischen Inseln, zum Theil auch auf den Pyrenäen gesammelt, theils aber auch aus Lima und Valparaiso eingeführt werden. — Der Persio, Cudbear oder rothe Indig ist ziemlich dasselbe Produkt wie die Orseille. Er wurde früher in Schottland aus den dortigen Flechten dargestellt, später aber in grosser Menge in Deutschland (Stuttgart), Frankreich und England fabricirt. Er erscheint als röthlich violettes Pulver. Vor etwa zehn Jahren kamen zwei Orseillepräparate in den Handel, welche die Orseillefarbstoffe im Zustande grosser Reinheit enthielten, nämlich der Orseillecarmin und der Orseillepurpur (*poupre française*). Seit dem Emporblühen der Theerfarbenindustrie haben die rothen und violetten Flechtenfarbstoffe wenig Bedeutung mehr.

Weniger wichtige rothe Farbstoffe.

Rothe Farbstoffe von untergeordneter Bedeutung sind die Alkannawurzel (*Anchusa tinctoria*), das Drachenblut, ein rothes Harz von *Dracaena draco*, das Harmalaroth aus den Samen der Steppenraute (*Peganum Harmala*), das Chicaroth oder Carajuru aus den Blättern der *Bignonia chica*, eines in Venezuela wachsenden Baumes und der Purpurcarmin oder das Murexid, durch Behandeln der Harnsäure mit oxydirenden Mitteln wie mit Salpetersäure, und dann mit Ammoniak, erhalten.

Blaue Farbstoffe.

Blaue Farbstoffe. Indig.

Unter den blauen Farbstoffen steht der Indig oben an, der zwar schon den Römern und Griechen bekannt war und von denselben zum Mahlen benutzt wurde, aber erst seit der Mitte des 16. Jahrhunderts in Europa zum Färben Anwendung fand. Der Indig ist ein im Pflanzenreiche sehr verbreiteter Stoff. In der bedeutendsten Menge findet er sich in den Blättern verschiedener Arten der Anilpflanze (*Indigofera*) aus der Familie der Papilionaceen. Ausserdem ist er enthalten im Waid (*Isatis tinctoria*), im *Nerium tinctorium*, in der *Marsdenia tinctoria*, im *Polygonum tinctorium*, im *Asclepias tingens* u. s. w. Der Farbstoff des Indigs ist als solcher nicht in der Pflanze enthalten, sondern bildet sich erst, wenn der frisch ausgepresste Saft der atmosphärischen Luft ausgesetzt wird. Aus vielen Untersuchungen geht hervor, dass in der frischen Pflanze der farblose Farbstoff mit einer Base, mit Kalk oder einem Alkali verbunden, enthalten ist. Nach Schunck findet sich in der Indigpflanze das Indican, welches sich durch Gährung, so wie durch die Einwirkung starker Säuren in Indigblau und in eine eigenthümliche Zuckerart, das Indiglycin spaltet nach der Gleichung:

$C_{52}H_{62}N_2O_{34} + 4H_2O = C_{16}H_{10}N_2O_2 + 6C_6H_{10}O_6$

Indican. Indigblau. Indiglycin.

Der Indig des Handels wird in Ost- und Westindien, in Süd- und Mittelamerika, in Aegypten u. s. w. aus der Anilpflanze dargestellt. In Ostindien erhält man auch Indigo aus *Nerium tinctorium*. Zur Gewinnung des Indigs aus den Anilpflanzen benutzt man hauptsächlich folgende fünf Arten: *Indigofera tinctoria*, *I. anil*, *I. disperma*, *I. pseudotinctoria* und *I. argentea*. Die Anilpflanze verlangt ein warmes Klima und einen Boden, dessen Lage vor Ueberschwemmungen geschützt ist. Nach gehöriger Entwickelung der Pflanzen werden dieselben mit einer Sichel dicht am Boden abgeschnitten und darauf in die Indigfabrik gebracht, in der man den Indig auf folgende Weise darstellt: Gewöhnlich sind an dem Orte der Fabrikation zwei grosse Cisternen übereinander gemauert angebracht. Die Pflanzen werden zuerst in die obere, in die Gährungsküpe (*Trempoire*) gebracht und darin mit kaltem Wasser übergossen, so dass das Wasser einige Zoll hoch über den Pflanzen steht. Hier gerathen die Pflanzen in Gährung, die unter Entwickelung einer grossen Menge Gas und eines eigenthümlichen Geruches vor sich geht. Die Flüssigkeit nimmt dabei erst eine grüne und dann eine blaue Farbe an. Bei einer Temperatur von 30° ist die Gährung nach 12–15 Stunden beendigt. Darauf lässt man durch einen unten angebrachten Hahn die Flüssigkeit in die zweite Cisterne, die Schlagküpe (*Batterie*) ablaufen, reinigt die erstere von den ausgezogenen Pflanzen, die man trocknet und als Brennmaterial benutzt, und legt sofort wieder frische Pflanzen ein, welche auf gleiche Weise behandelt werden. Diese Operation wird ohne Unterbrechung bis zur Beendigung der Ernte fortgesetzt. Die in der Schlagküpe befindliche Flüssigkeit ist klar, von grünlich gelber Farbe, und enthält den Farbstoff aufgelöst. Um ihn daraus abzusondern, wird die Flüssigkeit mit Stöcken oder Schaufeln umgerührt. Der Zweck dieses Schlagens ist, die Indiglösung in vielfache Berührung mit der atmosphärischen Luft zu bringen, wodurch sich der Indig blau färbt, und ferner, das Abscheiden des gebildeten Indigs zu befördern. Das Schlagen darf weder zu kurze, noch zu lange Zeit fortgesetzt werden. So wie der Arbeiter wahrnimmt, dass die blauen Farbetheilchen sich vereinigen und sich von der Flüssigkeit trennen, so wird das Umrühren eingestellt, um dem Farbstoffe Zeit zu geben, sich am Boden der Cisterne abzusetzen. Das Niedersinken der Farbetheilchen aus der Flüssigkeit befördert man zuweilen durch Kalilauge oder Kalkwasser. Die Menge des ausgeschiedenen Indigs beträgt von 1000 Th. Flüssigkeit 0,5–0,75 Th. Wenn sich aller Indig abgesetzt hat, zapft man die darüber stehende Flüssigkeit ab und bringt den breiartigen Niederschlag in den sogenannten Sammelkasten, in welchem er von dem überschüssigen Wasser getrennt wird. Darauf wird der Brei in Pressbeutel gebracht, um alles Wasser abtropfen zu lassen, und daraus in hölzerne Kasten geschüttet und getrocknet.

Eigenschaften des Indigs.

Der im Handel vorkommende Indig ist von tiefblauer Farbe, mattem erdigen Bruche und giebt beim Reiben mit einem harten Körper einen glänzend purpurrothen Strich. Er enthält ausser mineralischen Bestandtheilen eine leimartige Substanz (Indigleim), einen braunen Körper (Indigbraun), einen rothen Farbstoff (Indigroth) und den eigentlichen Farbstoff, das Indigblau $C_{16}H_{10}N_2O_2$. Nur der Gehalt an letzterem bedingt seinen Werth als Farbematerial. Er beträgt von 20 bis 75–80 Proc., im Mittel etwa 40–50 Proc. Nach dem Verfahren von Dumas (1869) kann man den Indig durch Digestion mit Anilin reinigen, wodurch das Indigroth und das Indigbraun aufgelöst und entfernt werden.

Indigprobe.

Die Güte und Aechtheit des Indigs erkennt man an seiner tiefblauen Farbe, Leichtigkeit und seiner Reinheit im Bruche. Auf dem Wasser muss er schwimmen und sich in demselben völlig zertheilen lassen, ohne einen erdigen und sandigen Bodensatz zu geben. Beim Verbrennen darf er nur eine verhältnissmässig geringe Menge weisser Asche hinterlassen. Beim raschen Erhitzen muss er einen purpurfarbenen Dampf entwickeln und sich in rauchender Schwefelsäure vollständig zu einer dunkelblauen Flüssigkeit auflösen. Denjenigen Indig, der beim Reiben mit einem harten Körper einen röthlichen kupferfarbenen Schein annimmt, nennt man gefeuerten Indig (*Indigo cuivré*). Um den Indig genau zu prüfen, untersucht man zuerst seinen Wassergehalt, indem man eine gewogene Menge desselben bei 100° trocknet; er darf dabei nicht mehr als 3–7 Proc. verlieren. Um die Menge der darin enthaltenen mineralischen Bestandtheile zu erfahren, verbrennt man ferner eine gewogene Portion und wägt den Rückstand, der bei guten Sorten 7 bis 9,5 Proc. beträgt.

Chlorprobe.

Ein genaues Resultat über den Gehalt einer Indigsorte an Indigblau kann man aber nur durch die sogenannte Indigprobe erlangen. Am häufigsten bedient man sich der Chlorprobe. Man löst dazu nach Schlumberger eine gleiche Menge zweier vergleichungsweise auf ihren Werth zu untersuchender Indigsorten in der 10 bis 12fachen Menge Nordhäuser Schwefelsäure auf und setzt zu einer jeden Lösung eine gleiche Menge Wasser. Zu einer jeden der verdünnten Lösungen setzt man in einem Cylinderglase so lange eine gemessene *Chlorkalklösung* zu, bis die blaue Farbe des Indigs verschwunden ist. Um einen Schluss aus dieser Probe auf den Gehalt an reinem Indigblau ziehen zu können, stellt man vorher einen Normalversuch mit einem, durch Sublimation aus dem Indig gewonnenen Indigblau an und berechnet aus den erhaltenen Resultaten den eigentlichen Werth der Indigsorten. Auch mit *Kaliumpermanganat* (nach Mohr und Elbers) lässt sich der Werth des Indigs bestimmen. — Die genauesten Resultate giebt folgendes **Probe durch Reduction.** von Berzelius empfohlenes Verfahren. Man nimmt 100 Gran des zu untersuchenden gepulverten Indigs, eine gleiche Gewichtsmenge reinen gebrannten Kalk und ein Volumen Wasser, das ungefähr 200 Loth wiegt. Darauf löscht man den Kalk mit einem Theile dieses Wasser, rührt das Kalkhydrat und den Indig zusammen, und spült den Brei mit dem übrigen Wasser in eine Flasche. Nachdem die Flasche einige Stunden lang gestanden hat, setzt man 200 Gran Eisenvitriol hinzu und lässt den Niederschlag sich absetzen. Von der darüber stehenden Flüssigkeit zieht man ein Volumen ab, das dem vierten Theil des angewendeten Wassers entspricht, vermischt die abgegossene Flüssigkeit mit etwas Salzsäure und setzt sie dann der Luft aus, bis der reducirte Indig sich wieder in Indigblau verwandelt und als solches abgeschieden hat. Es wird auf einem Filter gesammelt, ausgewaschen, getrocknet und gewogen. Die erhaltene Quantität ist der vierte Theil derjenigen Menge, die in 100 Gran des untersuchten Indigs enthalten war. Nach Fritzsche's vortrefflicher Indigprobe, welche ebenso wie die von Berzelius auf einer Reduction des Indigblau und Wiederoxydation des Indigweiss beruht, reducirt man den Indig mit **Bolley's Probe.** Glycose (Krümelzucker) und Aetzalkali. Nach Bolley benutzt man zur Indigprobe eine titrirte Lösung von Kaliumchlorat, welche man zur Auflösung einer gewogenen Menge Indig in Schwefelsäure die mit etwas *Salzsäure* versetzt worden ist, setzt. Die angewandte Menge der Lösung von Kaliumchlorat, von welcher bekannt ist, wie viel derselben 100 Th. Indigblau zu entfärben (d. h. in Isatin $C_{16}H_{10}N_2O_4$ überzuführen) vermag, giebt die Menge des in dem Indig enthaltenen **Lindenlaub's Probe.** Indigblau an. Nach Lindenlaub erhält man noch genauere Resultate, wenn man sich zur Zersetzung des Kaliumchlorates *der schwefligen Säure* bedient, da hierbei nur das Chlor des Kaliumchlorates entfärbend wirkt, während bei Anwendung von Salzsäure auch deren Chlor mitwirkt. Man löst 100 Gr. krystallisirtes Natriumcarbonat in 500 Gr. Wasser und sättigt die Lösung mit schwefliger Säure. Um die titrirte Lösung des Kaliumchlorates zu bereiten, löst man 4 Gr. davon in so viel Wasser, dass die Lösung 400 Kubikcentimeter beträgt. Andererseits löst man 1 Gr. Indig in 10 Gr. rauchender Schwefelsäure und verdünnt die Lösung mit so viel Wasser, dass sie 200 Kubikcentimeter beträgt. Von dieser Indiglösung misst man mittelst der Pipette 50 Kubikcentimeter ab, bringt sie in eine Porcellanschale, verdünnt mit 200 Kubikcentimeter Wasser, versetzt sie mit 50 Kubikcentimeter Lösung von Natriumsulfit und tröpfelt endlich Kaliumchlorat **Penny's Probe.** aus der Bürette bis zur Entfärbung hinzu. Das von Penny zur Werthbestimmung des Indigs beschriebene Verfahren beruht auf der Anwendung von *Kaliumchromat* und *Salzsäure*. 10 Th. gepulverter Indig werden mit dem 12fachen Gewicht rauchender Schwefelsäure 12 Stunden lang in einer Temperatur, die 25° nicht übersteigt, digerirt. Nach völliger Auflösung giesst man die Flüssigkeit in eine Pinte (= 0,568 Liter) Wasser, setzt 24 Gr. concentrirte Salzsäure hinzu, erwärmt gelinde und titrirt nun mittelst einer Auflösung von Kaliumbichromat in Wasser, die man so lange hinzufügt, bis ein mit einem Glasstabe herausgenommener Tropfen auf Filtrirpapier einen hellbraunen oder ockergelben Fleck, ohne eine Spur von grün oder blau hervorbringt (8½ Th. $K_2Cr_2O_7$ sind erforderlich, um 10 Th reines Indigblau zu entfärben). — Auch durch *Eisenchlorid* lässt sich Indigblau in Isatin überführen. Die Beobachtung von Stockvis in Amsterdam (1868), dass das Indigblau mit Leichtigkeit in Chloroform löslich ist, lässt sich vielleicht für eine Indigprobe anwenden.

Indigblau.

Das Indigblau kann aus dem Indig durch Sublimation, oder wie aus Vorstehendem hervorgeht, durch Behandeln des Indigs mit Kalk, Eisenvitriol und Wasser dargestellt werden. Das Indigblau hat die Formel $C_{16}H_{10}N_2O_2$. Wenn man Indigblau bei Gegenwart eines freien Alkalis mit Substanzen zusammenbringt, die leicht Sauerstoff aufnehmen, wie mit Eisenvitriol, schwefligsauren Salzen u. s. w., so bildet sich meist unter Wasserzersetzung Indigweiss oder reducirter Indig $C_{16}H_{12}N_2O_2$. Auf dieser Reduction des Indigs beruht zum Theil seine Anwendung in der Färberei. Durch die Einwirkung oxydirender Agentien wie Uebermangansäure, Chlor, Chromsäure, ein Gemenge von rothem Blutlaugensalz mit Kali oder Natron, Kupferoxyd etc. etc. geht das Indigblau in lösliches Isatin $C_{16}H_{10}N_2O_4$ über. — Das Indigblau löst sich in concentrirter Schwefelsäure und bildet mit derselben die Indigschwefelsäure. Durch Fällen derselben Blauer Carmin. mit Kaliumcarbonat erhält man den Indigcarmin oder blauen Carmin (*Indigo soluble*) als tiefblauen Niederschlag, der sich in 140 Th. kaltem Wasser löst. Man benutzt den Indigcarmin in der Wasser-, seltener in der Oelmalerei; in Vermischung mit Stärke und mit Hülfe eines Bindemittels in Täfelchen geformt, bildet er das Wasch- oder Neublau, das gleich dem Ultramarinblau zum Bläuen der Wäsche etc. angewendet wird.

Campecheholz.

Das unter dem Namen Campecheholz oder Blauholz angewendete Farbeholz besteht aus dem von Rinde und Splint befreiten Kern des Stammes von dem Blauholzbaum (*Haematoxylon campechianum*), der in Centralamerika einheimisch ist und auf den Antillen angepflanzt wird. Das färbende Princip des Blauholzes ist das Haematoxylin $C_{16}H_{14}O_6$, ein in blassgelben, durchsichtigen, glänzenden Nadeln krystallisirender Körper, der an sich kein Farbstoff, sondern eine Farbstoff erzeugende Substanz ist, welche gefärbt erscheint, wenn man sie mit starken Alkalien, namentlich Ammoniak und Sauerstoff in Berührung bringt. Die Lösung des Haematoxylins in Wasser ist farblos, geht aber durch die geringste Menge Ammoniak ins Purpurrothe über. Der gefärbte Körper, der aus dem Haematoxylin entsteht, heisst Haemateïn. Man benutzt das Blauholz zum Blau- und Schwarzfärben. Häufig stellt man jetzt Blauholzextract dar; bei der Fabrikation desselben ist zu berücksichtigen, dass das Haematoxylin sich unter dem Einflusse der atmosphärischen Luft oxydirt und verändert; es muss deshalb Zutritt der Luft vermieden und das Abdampfen in Vacuumpfannen bei möglichst niedriger Temperatur vorgenommen werden.

Lakmus.

Der Lakmus (Tournesol) findet nicht in der Färberei, wohl aber zum Bläuen des Kalkes, zum Bestreichen der bekannten Reagenspapiere, zum Rothfärben des rothen Champagners u. s. w. häufig Anwendung. Man erhält ihn auf dieselbe Weise und aus denselben Flechten wie die Orseille und den Persio, nur wendet man neben den ammoniakalischen Flüssigkeiten auch Potasche an. Der Unterschied bei der Bereitung besteht nur darin, dass hier die Gährung und Oxydation weiter vorgeschritten und der rothe Farbstoff (Orcin) in einen blauen, Azolitmin, umgewandelt worden ist:

Orcin	$C_7H_8O_2$		Azolitmin	$C_7H_7NO_4$
Ammoniak	NH_3	geben	und	
Sauerstoff	4O		Wasser	$2H_2O$

Die gegohrene Masse wird mit Gyps und Kreide gemengt, und in Würfel geformt in den Handel gebracht.

Einen andern auch Tournesol genannten Farbstoff enthalten die im südlichen Frankreich fabricirten Bezetten oder Tournesolläppchen, mit dem Safte des Krebskrautes (*Croton tinctorium*) gefärbte Läppchen, die durch Ammoniak purpurroth oder dunkelgrün gefärbt sind. Man verwendet diese Farbe in Holland zum Färben der Käse, von Backwerk, Eingemachtem und Liqueuren, als Schminke und zum Färben des blauen Zuckerpapiers.

Gelbe Farbstoffe.

Gelbe Farbstoffe. Gelbholz.

Das Gelbholz (gelbes Brasilienholz, Cubaholz, alter Fustik) ist das Holz des Färbermaulbeerbaumes (*Morus tinctoria*, *Maclura aurantiaca*) und wird als Kern des Stammes vorzüglich von Cuba, Domingo und Haiti eingeführt. Es ist von gelber, stellenweise von gelbrother Farbe. Die Ursache dieser Farbe ist ein krystallisirbarer, farbloser Körper, das Morin $C_{12}H_8O_5$, das sich im Holze mit Kalk verbunden vorfindet, und eine eigenthümliche Gerbsäure, die Moringerbsäure (auch Maclurin genannt; ihre Formel ist $C_{13}H_{10}O_6$), die man in der Masse des Gelbholzes neben Morin oft in grosser Menge abgelagert findet. Das Morin wird an der Luft und unter dem Einflusse der Alkalien gelb gefärbt. Das Maclurin spaltet sich unter dem Einflusse von Aetzkali in Phloroglucin und Protocatechusäure. Das Gelbholz wird zum Gelbfärben und seines bedeutenden Gehaltes an Gerbsäure wegen auch zum Schwarzfärben benutzt. Das im Handel Fisetholz. vorkommende Extract führt den Namen Cubaextract. Das Fisetholz, Fustikholz, ungarisches Gelbholz, ist ein grünlichgelbes, braun gestreiftes Holz, das von dem Gerber- oder Perückenbaum (*Rhus Cotinus*), einem im südlichen Europa wachsenden strauchartigen Gewächse, stammt. Es enthält einen eigenthümlichen Farbstoff, das Fustin, und bedeutende Mengen von Gerbsäure. Das Fustin liefert bei der Spaltung, wie es scheint, Quercetin.

Orlean.

Der Orlean ist ein gelblichrother Farbstoff, der vorzugsweise zum Färben der Seide Anwendung findet. Er kommt in Form eines steifen Teiges in dem Handel vor und wird in Amerika, West- und Ostindien aus der Frucht der *Bixa Orellana* dargestellt. Nach Chevreul finden sich in dem Orlean zwei Farbstoffe, von denen der eine von gelber Farbe in Alkohol und Wasser löslich ist, während sich der andere von rother Farbe leicht in Alkohol, nicht aber in Wasser löst. Letzterer hat nach Piccard (in Basel) die Formel $C_5H_6O_4$.

Gelbbeeren.

Die Gelbbeeren, Avignonkörner, persische Beeren, Kreuzbeeren (*Grains d'Avignon*), sind die Früchte von *Rhamnus infectorius*, *Rh. amygdalinus*, *Rh. saxatilis*, und werden aus der Levante oder dem südlichen Frankreich und Ungarn eingeführt. Die Grösse dieser Beeren ist sehr verschieden, man unterscheidet im Handel grosse und volle von heller Olivenfarbe, und kleinere, runzlige und dunkelbraune. Die ersteren sind vor ihrer vollständigen Reife eingesammelt worden, die anderen sind längere Zeit an den Aesten geblieben. Man trifft in den Gelbbeeren einen schönen goldgelben Farbstoff, das Chrysorhamnin, und einen olivengelben, das Xanthorhamnin. Ersteres ist nach Bolley identisch mit dem Quercetin. Man benutzt die Gelbbeeren in der Kattundruckerei, zum Färben von Papier, zur Fabrikation von Lackfarben etc.

Curcuma.

Die Curcuma ist die getrocknete Wurzel von *Curcuma longa* und *C. rotunda*, einer in Ostindien, Java u. s. w. häufig angebauten Pflanze aus der Ordnung der Scitamineen. Sie kommt entweder in eirunden Knollen oder in flachgedrückten Stücken von schmutziggelber Farbe vor. Der Farbstoff darin ist das Curcumin $C_8H_{10}O_2$; es ist von gelber Farbe, sehr wenig haltbar und wird durch Alkalien rothbraun gefärbt.

Wau.

Der Wau oder das Gelbkraut besteht aus dem Kraut und den Stengeln der *Reseda luteola*, die in südlichen Ländern wild wächst, häufig aber auch behufs der Färberei angebaut wird. Der französische Wau wird für den besten gehalten. Der darin enthaltene Farbstoff ist das Luteolin.

Quercitron.

Unter Quercitron versteht man die von der Oberhaut befreite und gemahlene Rinde der in Nordamerika einheimischen Färbereiche (*Quercus tinctoria*). Er ist von heller Farbe und enthält ausser einem gelben Farbstoff, dem Quercitrin $C_{33}H_{30}O_{17}$ Gerbsäure. Das Quercitrin spaltet sich beim Behandeln mit verdünnten Säuren in Zucker und Quercetin $C_{27}H_{18}O_{12}$, ein citronengelbes Pulver, das unter dem Namen Flavin im Handel vorkommt. Nach dem Dafürhalten von Hlasiwetz ist in dem Quercetin der Complex des Morin enthalten. Wegen der Schönheit der Farbe wird das Quercitron neben der Pikrinsäure häufiger als jeder andere gelbe Farbstoff in allen Zweigen der Färberei angewendet. Von den übrigen, einigermaassen wichtigen Farbstoffen seien erwähnt die Scharte (*Serratula tinctoria*), der Färbeginster (*Genista tinctoria*), das Wongshy (chinesische Gelbschoten), die Samenkapseln der Früchte von *Gardenia florida*, einer Pflanze aus der Familie der Rubiaceen, die Purée oder das *Jaune Indien*, ein aus Ostindien eingeführter Farbstoff ungewissen Ursprungs, der aus dem Magnesiasalze der Euxanthinsäure besteht, und das Morindagelb aus der *Morinda citrifolia*. Seit dem Entstehen der Theerfarbenindustrie hat man endlich die Pikrinsäure (vergl. S. 664) als gelbes und (mit Indiglösung oder mit Anilinblau versetzt) als grünes Farbematerial für Seide und Wolle vielfach angewendet. Um die Pikrinsäureflotte völlig zu erschöpfen, muss derselben etwas Schwefelsäure zugefügt werden. Neuerdings wird anstatt der Pikrinsäure das Martius- oder Manchestergelb (vergl. S. 666) vielfach angewendet.

Braune, grüne und schwarze Farben.

Die braunen Farben werden, wenn man von dem Anilinbraun absieht, durch Mischung von Roth, Gelb und Blau, oder von Gelb oder Roth mit Schwarz (Mischbraun) zusammengesetzt. Häufig färbt man auch braun mit oxydirenden Agentien und gerbstoffhaltigen Pigmenten wie Weiden-, Eichen-, Wallnussrinde, namentlich mit Catechu, dem Extract aus dem Holze der *Areca* und *Acacia catechu* u. s. w. Letzteres Braun heisst Chemischbraun oder Havannabraun. Das Bisterbraun wird durch Manganoxydhydrat erzeugt. Schwarz wird erzeugt durch gerb- oder gallussaures Eisenoxydul-Oxyd oder durch Kaliumchromat und Blauholzabkochung[169] oder endlich durch Anilinschwarz (vergl. Seite 663). Grün wird hervorgebracht durch Mischen von Gelb und Blau oder durch Chinesisch Grün oder Lo-kao aus *Rhamnus chlorophorus* und *Rh. utilis*, durch das Saft- oder Blasengrün aus den Beeren des Kreuzdornes (*Rhamnus catharticus*) und endlich von grosser Schönheit durch das Anilingrün (Aldehydgrün und Jodgrün, vergl. Seite 662).

Die Bleicherei.

Bleiche.

Das Bleichen hat zum Zweck, die Gespinnstfasern und die aus ihnen gefertigten Garne, Zwirne und Gewebe, die zwar an sich weiss sind, aber bei ihrer Gewinnung und Verarbeitung sich färben und beschmutzen, in den weissen Zustand zurückzuführen. Die Pflanzenfaser widersteht den meist chemischen Agentien, während die fremden färbenden Stoffe, die meist nur auf der Oberfläche der Fasern sich befinden, durch genannte Agentien aufgelöst oder völlig zerstört werden. Hierauf beruht das Wesen der Bleicherei von Produkten, die wie Leinen- oder Baumwollgewebe aus Cellulose bestehen. Bei Wolle und Seide ist das Verfahren des Bleichens ein anderes, da diejenigen Agentien, die beim Bleichen von Leinen und Baumwolle anwendbar sind, hier geradezu unmöglich erscheinen, da sie nicht nur die fremden Substanzen, sondern auch den Spinnstoff selbst auflösen oder mindestens angreifen würden.

Die Bleicherei wendet theils chemische, theils mechanische Hülfsmittel an. Die chemischen Bleichmittel lassen sich, wenn man von den alkalischen Laugen absieht, deren Anwendung stets der des eigentlichen Bleichmittels vorangeht, theils auf ozonhaltige oder ozonbildende Mittel, oder auf die Application von schwefliger Säure zurückführen. Diejenige Bleiche, die bei Leinen- und Baumwollwaaren Platz greift, möge dieselbe Natur- oder Rasenbleiche, oder künstliche Bleiche (Chlorbleiche) sein, ist stets Ozonbleiche, deren Zweck eine Oxydation der fremden färbenden Substanzen auf der Faser durch den activen Sauerstoff der Atmosphäre oder des Ozonbades ist, dessen Wirkung dadurch unterstützt wird, dass man dem Bade eine alkalische Beschaffenheit giebt. Obgleich unter Umständen jedes oxydirende Agens als Bleichmittel von Cellulose und ähnlichen Stoffen Anwendung finden könnte, so hat doch die Praxis längst schon denjenigen den Vorzug gegeben, welche bei ihrer Reduction, respective bei der Oxydation eine Säure bilden und daher die Gegenwart eines Alkalis verlangen — Agenden, die dieses Verhaltens wegen alkalipathische Oxydationsagentien genannt worden sind. Die von den Bleichern angewendeten Agentien sind ausser der ozonhaltigen atmosphärischen Luft 1) das Chlor, 2) die unterchlorige Säure, 3) des Ferridcyankalium und 4) das Wasserstoffsuperoxyd, obgleich letzterer Körper mehr einer „Zukunftsbleicherei" angehört. Von den acidipathischen Oxydationsagentien, deren Produkte basisch sind, so dass die Oxydation, resp. Bleichung nur in einer sauren Flüssigkeit vorgenommen werden darf, verdienen drei die Beachtung der Bleicher, nämlich die vor einigen Jahren von Tessié du Motay empfohlene Uebermangansäure, die Eisenoxydlösung, die Chromsäure. Für das Verständniss der Bleicherei und der dabei stattfindenden Vorgänge ist es nothwendig, zu bemerken, dass es (nach einer Ansicht, der es allerdings an Gegnern nicht fehlt) zwei Modificationen des Ozons giebt, in welche sich der gewöhnliche inactive Sauerstoff zu spalten vermag. Die eine Art, das Ozon, wird als positiv-activer Sauerstoff betrachtet, die andere Art, das Antozon ist der ersteren Modification entgegengesetzt und negativ-activer Sauerstoff. Kommen beide Modificationen zusammen, so vereinigen sie sich zu gewöhnlichem (nicht bleichendem) Sauerstoff. Diese Thatsache ist für den Bleicher von grosser Wichtigkeit, da er bei der Wahl von mehreren Oxydationsagentien, die er zu gleicher Zeit anzuwenden beabsichtigt, darauf Rücksicht nehmen muss, dass dieselben die gleichnamige Ozonmodification enthalten, entgegengesetzten Falls findet keine Oxydation oder Bleichung, sondern nur eine Entwickelung von gewöhnlichem Sauerstoffgase statt. Ein Beispiel möge dies erläutern: die Chromsäure enthält Ozon, das Wasserstoffsuperoxyd Antozon; beide zusammengebracht geben daher unter heftiger Gasentwickelung von gewöhnlichem Sauerstoff nur Chromoxyd und Wasser, und besitzen in ihrer Mischung durchaus kein Bleichvermögen:

Chromsäure $2CrO_3 + 3O$	geben	Chromoxyd Cr_2O_3
Wasserstoffsuperoxyd $3H_2O + 3O$		Wasser $3H_2O$
		Sauerstoffgas 6O

Das Bleichen durch schweflige Säure lässt sich auf zwei wesentlich von einander verschiedene Ursachen zurückführen, nämlich in den meisten Fällen auf eine blosse Maskirung, in einigen wenigen Fällen aber auf eine wirkliche Zerstörung des Farbstoffes. Die Pigmente vieler blauer oder rother Blumen, Früchte u. s. w. gehen mit der schwefligen Säure farblose Verbindungen ein: die Farbe ist aber nicht zerstört; verdünnte Säuren, wie verdünnte Schwefelsäure, sowie die Dämpfe von Salzsäure, Salpetersäure, Chlor, Jod und Brom, endlich auch Erwärmen zerstört die gebleichten schwefligsauren Verbindungen fast augenblicklich und die ursprüngliche Färbung kommt wieder zum Vorschein. Die Farbstoffe der gelben Blumen verhalten sich indifferent gegen schweflige Säure und werden durch dieselbe nicht gebleicht. Ebensowenig wird Grün (Chlorophyll) verändert. Manche gefärbte Körper, wie das Indigblau, der Carmin und der gelbe Farbstoff der Seide werden anfänglich durch schweflige Säure nicht gebleicht, später aber findet eine Bleichung statt dadurch, dass unter dem Einflusse des Lichtes der mit ihr gemengte Sauerstoff eine Oxydation, d. h. eine Zerstörung der genannten Farben vermittelt. Die Bleichung mit schwefliger Säure, so wie sie in den Gewerben ausgeführt wird, ist in den meisten Fällen keine ächte, sondern nur eine Art Uebertünchung, die den färbenden Körper dem Auge entzieht. Beim blossen Liegen an der Luft, namentlich bei Bewegung der gebleichten Gegenstände verflüchtigt sich allmälig die schweflige Säure, daher die gebleichten Stoffe nach einiger Zeit von selbst ihre ursprüngliche Farbe wieder annehmen, wie man z. B. an Stroh- und Korbflechtarbeiten, an Badeschwämmen u. s. w. häufig wahrzunehmen Gelegenheit hat.

Bleichen der Baumwolle.

Durch das Bleichen der Baumwolle wird bezweckt, den gelben Farbstoff der rohen Baumwolle, die Weberschlichte (Leim, Dextrin, Stärke), eine fette Substanz und die während der Verarbeitung hereingekommenen Schmutztheile zu entfernen. Das Bleichen geschieht zuerst durch Einweichen der Baumwolle in siedendes Wasser, wodurch alle darin löslichen Stoffe fortgeschafft werden. Darauf kocht man dieselbe mit Kalkmilch oder mit einer Lösung von Natriumcarbonat, wodurch die Weberschlichte aufgelöst und das Fett in eine seifenartige Verbindung übergeführt wird. Früher liess man zu ihrer Entfernung die baumwollenen Zeuge eine Art Gährung überstehen. Nachdem die Schlichte und das Fett entfernt worden sind, behandelt man die Baumwolle mit Aetznatronlauge, wodurch eine harzähnliche Substanz, die sich den vorstehenden Operationen entzog, aufgelöst wird. Endlich bringt man die Zeuge, sofern man die Kunstbleiche der Natur- oder Rasenbleiche vorzieht, in eine Auflösung von Chlorkalk (oder bei zarten Stoffen Chlormagnesia), die man durch einströmenden Wasserdampf erhitzt, und spült sie darauf in Bottichen ab, in denen sich verdünnte Schwefelsäure oder Salzsäure befindet. Es bildet sich Calciumsulfat oder Chlorcalcium und freies Chlor, welches im Augenblick des Freiwerdens das Bleichen des Zeuges bewirkt. Die anhängende freie Säure wird durch ein alkalisches Bad entfernt. Es ist einleuchtend, dass die Weisse des Zeuges um so grösser ausfallen muss, je öfter diese Operationen wiederholt werden. Das Behandeln der Gewebe und Garne mit siedender Lauge nennt man das Bäuchen und nimmt dasselbe in besonderen Apparaten, den Bäuchapparaten vor. — Zum Trocknen der gebleichten Zeuge bedient man sich jetzt häufig der Centrifugal-Trockenmaschine, welche aus zwei in einem Kasten eingeschlossenen und an den entgegengesetzten Seiten einer horizontalen Axe befestigten Körben von Metallgeflecht besteht. Wird in diese Körbe das zu trocknende Zeug gelegt, und die Axe vermittelst einer durch Räderwerk mit derselben verbundenen Kurbel rasch umgedreht, so fliesst das Wasser durch die Wirkung der Centrifugalkraft aus dem Zeuge aus und letzteres kann auf diese Weise in einigen Minuten lufttrocken gemacht werden. Beim Bleichen der leinenen Stoffe wendet man entweder die Rasenbleiche oder die Kunstbleiche an. Empfohlen wird neuerdings — ob mit Recht oder Unrecht, sei dahingestellt — die neue Bleichmethode von Tessié du Motay[170], die auf die Anwendung von mangan- und übermangansaurem Alkali hinausläuft. Das mangansaure Salz wird in Wasser gelöst und durch Versetzen mit einer Lösung von Magnesiumsulfat, Chlormagnesium oder Chlorcalcium in Natriumpermanganat, Mangansuperoxyd, Alkalisalz und Magnesiahydrat übergeführt. Folgende Gleichung, deren Richtigkeit übrigens dahin gestellt bleiben mag, giebt von dieser Umsetzung Rechenschaft:

$$3K_2MnO_4 + 2MgSO_4 = 2KMnO_4 + MnO_2 + 2K_2SO_4 + 2MgO.$$

Das Bleichverfahren selbst geht in nachstehender Weise vor sich: Die entschlichtete Spinnfaser — als Garn oder als Gewebe — kommt zunächst in ein Bad aus mangansaurem Alkali und Bittersalz oder Chlormagnesium und bleibt darin 15 Minuten. 2–6 Kilogr. Natriummanganat sollen zum Bleichen von 100 Kilogr. Baumwolle, Hanf oder Flachs ausreichen. Hierauf kommt die Faser entweder in eine alkalische Lauge oder in eine wässerige Lösung von schwefliger Säure. Im ersten Falle werden die Spinnfasern einige Stunden lang bei 100° mit der Lauge erhitzt, bis die auf der Faseroberfläche abgelagerten Manganoxyde ganz oder zum Theil gelöst sind. Im zweiten Falle kommen die Faserstoffe in ein schwefligsaures Bad, bis alles Manganoxyd gelöst ist. Derselbe Vorgang wird wiederholt, bis die vegetabilische Faser vollständig gebleicht ist. Handelt es sich um das Bleichen von Wolle oder von Seide, so ersetzt man die alkalischen Laugen durch ein Seifenbad und löst die Oxyde auf alle Fälle in schwefliger Säure. Die in der Fabrik des Herrn Verlay in Comines (Norddepartement) im Grossen im Frühjahre 1867 erzielten Ergebnisse bezeugen, dass man nach dem neuen Bleichverfahren Hanf- und Flachsgarn vollständig in einem Tage, Flachs- und Hanfgewebe aber in drei Tagen bleichen könne, ohne dass die Faser stärker angegriffen werde, als bei der gewöhnlichen Bleichmethode. Für 100 Meter Leinwand betragen die Kosten nur 6 Francs. Das Natriummangat wird das Kilogramm für 1 Franc geliefert.

Bleichen der Seide.

Dem Bleichen der Seide geht das Entschälen voraus. Zu diesem Behufe behandelt man die Rohseide in der Kälte mit einer Auflösung von 30 Th. Natriumcarbonat in 100 Th. Wasser und kocht dann die entschälte (degummirte) Seide mit Wasser aus. Durch diese beiden Operationen verliert die Rohseide ungefähr 25 Proc. von ihrem Gewichte. Bei seidenen Zeugen, die weiss bleiben sollen, wendet man darauf zum Bleichen schweflige Säure an, deren Darstellung und Wirkungsart früher beschrieben worden ist. Um das Weisse der Seide besser hervorzuheben, pflegt man derselben einen röthlichen Schimmer durch eine Lösung von Orlean in Seifenwasser, oder einen bläulichen Schein durch Indig zu geben.

Bleichen der Wolle.

Die Wollenbleiche beginnt mit dem Entschweissen, d. h. mit der Reinigung von der fettigen Kaliseife, die der Wolle im rohen Zustande als eine Ausscheidung der Haut anhängt. Diese Operation wird durch Behandeln der Wolle mit faulem Harn (kohlensaurem Ammon) oder mit einer Seifenlösung ausgeführt. Die Wolle verliert dabei 20–30 Proc. an Gewicht. Für die meisten Farben ist diese vorbereitende Reinigung hinreichend, nicht aber für zarte Farben und Zeuge, auf welche Farben aufgedruckt werden sollen. Bei der letzteren ist ein Bleichen durch schweflige Säure (in Form von Natriumbisulfit unter dem Namen Leucogen) nöthig.

Die Färberei der Gespinnste und Gewebe.

Färberei.

Auf ähnliche Weise vielleicht, wie die Kohle (namentlich die Thierkohle) und die Ackerkrume Farbstoffe und gewisse anorganische Körper aus Lösungen unverändert in sich aufzunehmen und unlöslich zu machen vermögen, ist auch die thierische und vegetabilische Faser im Stande, Farbstoffe (und gewisse Beizenbestandtheile) aus Lösungen aufzunehmen und im absorbirten Zustande unlöslich festzuhalten. Die Verbindung ist aber häufig eine so lockere, dass sie durch wiederholte Behandlung mit demselben Lösungsmittel besonders in der Wärme leicht zerstört wird. So kann man eine Faser, die mit schwefelsaurem Indig, mit in Oxalsäure gelöstem Berlinerblau u. s. w. gefärbt ist, durch fortgesetztes Waschen entfärben. Diese Faser wird daher erst dann eigentlich gefärbt werden, wenn der aufgelöste Farbstoff mit der Faser, in den meisten Fällen unter Mitwirkung eines dritten Körpers, einer Beize, eine *unlösliche* Verbindung eingegangen hat, die durch Behandeln mit dem Lösungsmittel nicht mehr gehoben wird. Die so erzeugte Farbe heisst eine ächte; sie widersteht der Witterung, dem Lichte, dem Seifenwasser, schwachen alkalischen Laugen und sehr verdünnten Säuren. Eine Farbe, die unter diesen Einflüssen zerstört wird, heisst unächt. Die Färberei beruht zum Theil auf chemischen Grundsätzen, die Aufnahme des Farbstoffes durch die Faser ist aber, wie es scheint, nur eine physikalische, denn zwischen den bezüglichen Quantitäten der Faser und des Farbstoffe findet eine atomistische Beziehung nicht statt. Weder die Faser noch der Farbstoff haben nach ihrer Fixation eine ihrer characteristischen Eigenschaften eingebüsst.

Die zum Färben nothwendige unlösliche Verbindung der Faser mit dem Farbstoff lässt sich auf verschiedene Weise erzeugen. Sie lässt sich darstellen 1) durch Entfernung des Auflösungsmittels. Auf diese Art lässt sich Kupferoxyd, das sich in Ammoniak gelöst befindet, durch blosses Verdunsten des Ammoniaks auf der Faser fixiren. Ebenso Zinkchromat in ammoniakalischer Lösung. Das Niederschlagen des Carthamins aus einer alkalischen Lösung mittelst einer Säure, und die Fällung gewisser Theerfarben aus ihrer Lösung in Alkohol gehört ebenfalls hierher. Die unlösliche Verbindung kann 2) durch Oxydation hervorgebracht werden, indem durch Aufnahme von Sauerstoff der vorher lösliche Farbstoff unlöslich wird. Hierher gehören ausser dem Ferro- und Mangansulfat, das durch Oxydation in unlösliches Oxydhydrat übergeht, die gerbsäurehaltigen Vegetabilien, welche ausserdem einen Farbstoff enthalten, wie Quercitron, Sumach, Gelbholz, Fiset u. s. w. Wenn man Zeug mit einem wässerigen oder alkalischen Auszug dieser Substanzen tränkt und dasselbe der Luft aussetzt, so wird der Farbstoff braun und löst sich in Wasser nicht mehr auf. Eine gleiche Veränderung wird schneller hervorgebracht, indem man auf diese Weise getränkte Zeuge mit oxydirenden Mitteln, wie mit Chromsäure (Kaliumbichromat) behandelt. Ein Beispiel dieser Art ist das Schwarzfärben mittelst Blauholz und Kaliumchromat, wo das Hämatoxylin des Holzes zu Hämateïn oxydirt und die Chromsäure zu Chromoxyd reducirt wird. In dieselbe Kategorie gehört gewissermaassen auch das Blaufärben mit Indig in der Küpe, von welchem später die Rede sein wird; in diesem Falle geht aber die Färbung dadurch vor sich, dass allerdings Sauerstoff aufgenommen, aber zugleich Wasserstoff aus dem Indigweiss ausgeschieden wird, das sich mit dem Sauerstoff zu Wasser verbindet. Auch die Erzeugung von Anilinschwarz auf dem Gewebe mit Hülfe ozonabgebender oder ozonbildender Agentien (Kaliumchlorat, Ferridcyanammon, Kupferchromat, frisch gefälltes Schwefelkupfer) ist hier einzuschalten. In vielen Fällen sucht man 3) die unlösliche Verbindung durch doppelte Zersetzung hervorzubringen, so erzeugt man Blau durch Ferrocyanwasserstoffsäure und durch Eisenoxyd; Grün durch Kupferarsenit und Kupfersulfat, Gelb durch Kaliumchromat und ein lösliches Bleisalz. Diese Art der Fixirung der Pigmente findet nur bei Mineralfarben Anwendung. Die wichtigste und gebräuchlichste Methode der Fixirung der Farben ist endlich 4) die durch Beizen oder Mordants. Unter einer

Beize versteht man die Lösung eines Körpers, der an sich kein Farbstoff, zu der Faser wie zu dem Pigment aber Verwandtschaft hat und die Verbindung beider vermittelt. Die wichtigsten dieser Körper, die man zu Beizen anwendet, sind Alaun, Aluminiumsulfat und -acetat, Aluminiumhyposulfit, Natrium-Aluminat, Ferriacetat[171], Zinnbeize, Fette, Gerbsäure (namentlich bei den Krapppigmenten, dem Cochenillefarbstoffe und den Anilinfarbstoffen für Baumwolle und Leinen), Albumin, Kleber, Caseïn und fettes Oel. Durch diese Beizen werden die zu färbenden Zeuge gezogen, darauf wird die Beize befestigt, was je nach ihrer Natur durch Lüften, durch Kuhkothen, durch Behandeln im Kleienbade oder durch Behandeln mit Seife geschieht, und dann erst wird das Zeug in die Farbelösung gebracht. Die meisten organischen Pigmente sind nur vermittelst der Beizen zum Färben anwendbar. — Bankroft theilt die Farben ein in substantive und adjective; mit dem Namen der ersteren bezeichnete er diejenigen, die ohne Mitwirkung von Beize auf der Faser in den unlöslichen Zustand übergehen; zu denselben gehören alle mineralischen Pigmente, und von den vegetabilischen: Indigo, Curcuma, Orlean, Safflor, ferner die meisten Theerfarben, obgleich man bei dem Fuchsin und ähnlichen Theerfarben, wie oben bereits hervorgehoben, auch die Gerbsäure als Befestigungsmittel in Anwendung bringt u. s. w. Unter den adjectiven Farben versteht er hingegen diejenigen, die eines Intermediums bedürfen, um auf der Faser unlöslich zu werden. Diese Zwischen- oder Beizen. Aneignungsmittel sind die Beizen. Letztere haben aber nicht nur die Bestimmung, die Verbindung der Faser mit dem Farbstoff zu bewerkstelligen, sie können auch in gewissen Fällen dazu dienen, eine solche Veränderung in den schon vorher mit Erd- oder Metallsalzen getränkten Zeugen hervorzubringen, dass die damit versehenen Stellen beim Herausnehmen aus der Farbenbrühe (der Flotte) weiss erscheinen. Man nennt solche Beizen entfärbende Beizen. Zu ihnen gehören Phosphorsäure, Weinsäure, Oxalsäure, arsenige Säure etc. Die bei der Zeugdruckerei zu erwähnenden Reservagen (Schutzpappen) gehören ebenfalls hierher. Oefters haben aber auch die Beizen den Zweck, schon vorhandenen Farben einen anderen Ton zu geben, die erhaltene Farbe lebhafter und reiner hervortreten zu lassen und dadurch das Zeug zu schönen oder zu schauen (aviviren); letzteres geschieht durch Ziehen des schon gefärbten Zeuges durch schwach saure oder alkalische Flüssigkeiten, durch Seifenlösung, oder durch eine andere Farbenbrühe. Man nennt solche Beizen Modifikationsbeizen.

Wollfärberei.

Wollfärberei (Schönfärberei). Die Wolle wird entweder ungesponnen als Flockwolle, oder gesponnen als Garn, oder als Gewebe, als Tuch oder Zeug gefärbt. Da bei der Verarbeitung der Wolle stets ein Theil beim Weben, Walken und Scheeren abfällt, so ist es vortheilhaft, die Wolle im gesponnenen Zustande zu färben. Wenn die zu erzeugende Farbe ächt werden soll, so werden die zu färbenden wollenen Stoffe vorgebeizt. Dies geschieht durch Kochen (Ansieden) der Wolle in einer Lösung von Alaun und Weinstein; oder Weinstein und Zinnsalz; oder Weinstein und Eisenvitriol. Für gewisse Farben wendet man Zinnchlorid oder Pinksalz (vergl. S. 77) an. Der wichtigste Blaufärberei. Theil der Wollfärberei ist die Blaufärberei. Am häufigsten erzielt man die blaue Farbe mit Indig, der die schönsten und dauerhaftesten Farben erzeugt, oder für Merinos und ähnliche Stoffe mit Berlinerblau, oder endlich ordinäre Zeuge mit Blauholz und schwefelsaurem Kupferoxyd. Ob ein Stoff mit Indig, Berlinerblau oder Kupfersalzen gefärbt ist, lässt sich auf folgende Weise erkennen: Mit Indig gefärbte Wolle verändert beim Kochen mit Kalilauge oder beim Befeuchten mit concentrirter Schwefelsäure ihre Farbe nicht. Mit Berlinerblau gefärbte Wolle nimmt beim Kochen mit Kalilauge eine rothe Farbe an und entfärbt sich beim Berühren mit Schwefelsäure. Mit Kupfersalz gefärbte Wolle endlich wird durch verdünnte Schwefelsäure roth und hinterlässt kupferhaltige Asche.

Indigblau.

Wolle wird durch Indig stets auf die Weise gefärbt, dass man sie in eine Auflösung von Indigweiss in einer alkalischen Flüssigkeit bringt, und dann der Luft aussetzt. Folgendes Schema mag das Princip der Färberei vermittelst der Indigküpe verdeutlichen:

$$C_{16}H_{12}N_2O_2 + O = C_{16}H_{10}N_2O_2 + H_2O$$

Indigweiss Indigblau.

Indigküpen.

Das Gefäss, in welchem die Auflösung des Indigs vorgenommen wird, heisst die Küpe. Dieser Name ist auch auf das Verfahren des Färbens übergegangen, so dass man unter Indig- oder Blauküpe die in der Färberei übliche Methode, den Indig aufzulösen, versteht. Man löst den Indig entweder, indem man denselben reducirt, oder, indem man ihn mit Schwefelsäure behandelt. Man theilt die Küpen ein in warme und kalte Küpen. Zu den warmen rechnet man die Waid- und die Potaschenküpe, zu den kalten die Vitriol-, die Urin-, **Waidküpe.** die Operment- und die Zinnoxydulküpe. Die Waidküpe (Pastelküpe) oder warme Küpe dient besonders zum Färben der Streichwolle und des Tuches; sie giebt die schönsten, glänzendsten und haltbarsten Farben unter allen Küpen, und besonders satte und lebhafte, wenn sie mit der besseren Sorte Waid angemacht ist. Früher, als der Indig nicht bekannt war, wurde sie mit Waid angesetzt und verdankte dann ausschliesslich diesem ihre färbende Eigenschaft; später ersetzte man, um das Färbevermögen zu vermehren, den Waid zum Theil durch Indig. Gegenwärtig setzt man den Waid zu der Waidküpe nicht sowol wegen des darin enthaltenen Indigs, als vielmehr, um dadurch eine Gährung hervorzurufen, durch welche der Indig zu Indigweiss reducirt und aufgelöst wird. Um eine Küpe, die gewöhnlich aus Eisen oder Kupfer ist, anzustellen, füllt man sie zuerst mit weichem Wasser und setzt dann je auf 500 Liter Wasser 1 Kilogr. feingemahlenen Indig, 13½ Kilogr. Waid, ½ Kilogr. Krapp, ½ Kilogr. Kleie und ½ Kilogr. Potasche, während die Temperatur auf 80–90° gebracht und so etwa 2 Stunden erhalten wird. Hierauf setzt man ½ Kilogr. gebrannten und zu Milch gelöschten Kalk hinzu, hört aber mit dem Feuern auf, so dass die Küpe langsam abkühlt. Nach einiger Zeit, die je nach den Umständen von 12 Stunden bis selbst einigen Tagen variiren kann, stellt sich eine Gährung ein, wobei der Indig allmälig reducirt und aufgelöst wird. Es erscheinen auf der Oberfläche blaue Blasen und blaue, mit kupferrothem Schiller spielende Streifen und ein eigenthümlich ammoniakalischer Geruch stellt sich ein. Der Kalk muss in der Flüssigkeit ein wenig vorherrschen. Nach beendigter Reduktion des Indigs erscheint die Flüssigkeit klar und von weingelber Farbe. Es ist nicht leicht die eigenthümliche Rolle des Krapps und der Kleie in der Waidküpe genügend zu erklären. Es ist wahrscheinlich, dass aus gewissen Bestandtheilen des Krapps und der Kleie, z. B. aus dem Zucker des Krapps, den Pektin- und Gummikörpern und der Stärke, welche die Kleie enthält, zunächst wesentlich Milchsäure sich bildet und dass diese sodann in Buttersäure übergeht, wobei Kohlensäure und Wasserstoffgas frei werden, welches letztere im *status nascens* das Indigblau zu Indigweiss reducirt. Der Waid erleidet dagegen eine andere Art von Gährung, welche am besten als langsame Fäulniss bezeichnet werden kann, dabei entsteht als wesentliches Produkt Ammoniak, wodurch das Indigweiss gelöst wird. Beide Arten von Gährung scheinen für das Gelingen der Küpe wesentlich zu sein. Bei blossem Zusatze von Waid zu derselben würde nämlich die Fäulniss zu rasch vor sich gehen und eine gänzliche Zerstörung des Indigs herbeiführen. Durch die bei der Gährung der Kleie und des Krapps sich bildende freie Säure wird die Fäulniss des Waids in dem Grade unterdrückt, dass zwar die zur Lösung des Indigweisses nothwendige Menge Ammoniak sich entwickelt, aber kein Indig zerstört wird. Der Kalk hat die Bestimmung, die durch die Gährung gebildete Säure zu sättigen, welche sonst das Ammoniak neutralisiren und dadurch dem Indigweiss sein Lösungsmittel entziehen würde; er wirkt in gleichem Sinne wie die Säure dem zu schnellen Verlauf der Gährung entgegen und trägt deshalb das Seinige zur Verhinderung der Zersetzung des Indigs bei. Zur Darstellung der Potaschen- **Potaschenküpe.** oder Sodaküpe, indischen oder Indigküpe nimmt man auf 12 Th. Indig, 8 Th. Krapp, 8 Th. Kleie und 24 Th. Potasche, erwärmt anfänglich auf 50°, und setzt nach 36 Stunden noch 12 Th. und nach 48 Stunden abermals 12 Th. Potasche hinzu. Nach 3 Tagen ist die Gährung so weit vorgeschritten, dass die Küpe zum Färben bereit ist. Diese Küpe färbt schneller und besser als die Waidküpe und ist auch weit leichter zu behandeln. Man benutzt sie zu Elbeuf und Louviers in Frankreich, so wie vielfach in Deutschland zum Färben des Tuchs. In der neueren Zeit kommt die mit Natriumcarbonat und Aetzkalk dargestellte Sodaküpe immer mehr und mehr in Aufnahme.

Vitriolküpe.

Bei der Vitriolküpe (kalte Küpe) wird Indig mit Wasser, Eisenvitriol, Kalk (oder Kali und Natron) zusammengebracht. Die Flüssigkeit wird sehr bald entfärbt und wird besonders, um schnell zu färben, angewendet. Die Reduktion des Indigs geht hierbei auf folgende Weise vor sich: Der Kalk scheidet aus dem Eisenvitriol unter Bildung von Gyps Eisenoxydulhydrat ab, das in Oxyd überzugehen strebt. Es bewirkt in dessen Folge eine Wasserzersetzung; der Sauerstoff des Wassers verwandelt das Oxydul in Oxyd, während der Wasserstoff zu dem Indigblau tritt und reducirten Indig bildet:

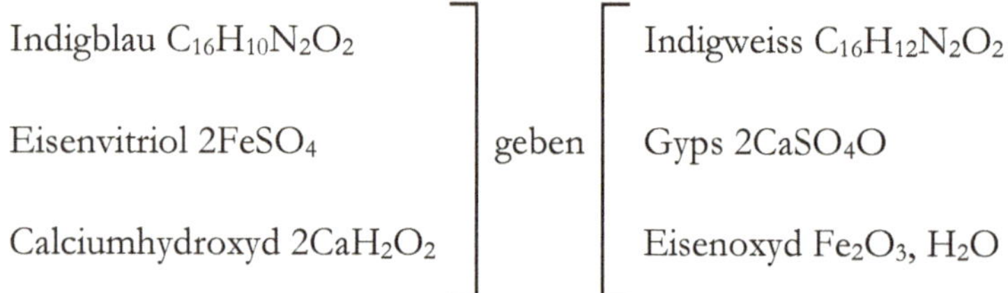

Die Vitriolküpe wird häufiger zum Färben von Baumwollen- und Leinenstoffen, als in der Wollfärberei benutzt. Seit einiger Zeit ersetzt man den Eisenvitriol zuweilen durch Zinkstaub und **Harnküpe.** stellt dadurch Zinkküpe dar. Die Harnküpe wird durch Auflösen von Indig in faulem Harn dargestellt. Die Reduktion des Indigs geschieht durch die organischen Substanzen des faulen Harnes, die Lösung des reducirten Indigs durch das durch die Fäulniss des Harnstoffs entstandene kohlensaure Ammon. Man benutzt die Urinküpe zum Färben von Wolle und Leinen, **Opermentküpe.** wiewohl sehr selten. Die Operment- oder Arsenküpe dient vielmehr in der Zeugdruckerei als zum Blaufärben der Wolle. Man stellt sie durch Auflösen von Operment (Schwefelarsen As_2S_3) und Indig in Kalilauge dar, und trägt die Lösung mit Gummi verdickt auf. Die Reduktion geht auf folgende Weise vor sich: Operment und Kali geben unter Wasserzersetzung Kaliumarseniat und Kaliumhyposulfit; der frei werdende Wasserstoff verbindet sich mit dem Indigblau **Zinnküpe.** zu Indigweiss. Bei der Zinnküpe bringt man den Indig mit einer Auflösung von Zinnoxydul in Aetzkali zusammen, oder kocht Aetznatron mit Indig und metallischem Zinn. In beiden Fällen bildet sich Indigweiss neben Alkalistannat. Diese Küpe wird ebenfalls hauptsächlich in der Zeugdruckerei angewendet. In neuerer Zeit wendet man zuweilen die Zuckerküpe an, bei welcher Milch- oder Stärkezucker bei Vorhandensein von Alkalien als Reduktionsmittel benutzt wird.

Sächsischblau.

Wie schon S. 675 angegeben worden ist, löst sich der Indig in concentrirter Schwefelsäure und bildet mit derselben die Indigschwefelsäure. Dieselbe dient zum Blaufärben der Wolle. Um die Lösung derselben (die Indigcomposition) darzustellen, löst man 1 Th. Indig in 4–5 Theilen rauchender Schwefelsäure, schüttet die Lösung in einen Kessel mit Flusswasser, und bringt in die Flüssigkeit Flockwolle, die man darin 24 Stunden liegen lässt. Nach Verlauf dieser Zeit, während welcher sich die Indigschwefelsäure auf die Wolle niedergeschlagen hat, lässt man die Wolle abtropfen, bringt sie dann in einen Kessel mit Wasser, das mit etwas kohlensaurem Ammon, Natron oder Kali versetzt worden ist und lässt sie mit demselben einige Zeit lang sieden. Die so erhaltene Lösung (*abgezogenes sächsisches Blau* oder *Bläue*) wird zum Blaufärben angewendet. Soll Wolle mit dieser Lösung blau gefärbt werden, so wird sie mit Alaun ausgesotten und dann mit dieser Flüssigkeit behandelt. Es bildet sich auf der Wolle indigschwefelsaure Thonerde.

Wiederbelebung des Indigs.

Um aus den Abfällen, den Lumpen von Tuch u. s. w. die mit Indig gefärbt sind, den Indig wieder zu gewinnen, behandelt man die Zeuge mit verdünnter Schwefelsäure, die bis auf 100° erwärmt ist. Es löst sich die Wolle auf, während der Indig unlöslich zu Boden fällt. Militärmontur-Tücher können bis zu 2–3 Proc. Indig geben. Die saure Lösung der Wolle wird mit Kreide neutralisirt; der entstehende schwefelsaure Kalk eignet sich wegen der damit gemengten stickstoffhaltigen Substanz als Düngemittel.

Blaufärben mit Berlinerblau.

Mit Berlinerblau (Kaliblau) färbt man Wolle auf zweierlei Art. Die erste Art besteht darin, die Wolle mit einer Eisenoxydlösung zu tränken, und dann durch eine Lösung von Ferrocyankalium, die mit Schwefelsäure angesäuert ist, zu ziehen. Das zweite Verfahren (*Bleu de France*) beruht auf der Benutzung der zersetzenden Einwirkung der Luft auf die Ferro- und Ferridcyanwasserstoffsäure. Man taucht die Zeuge in eine Auflösung von Ferro- oder Ferridcyankalium, Schwefelsäure und Alaun in Wasser, und setzt sie nachher der atmosphärischen Luft aus; die Ferro- oder Ferridcyanwasserstoffsäure zersetzt sich in entweichende Blausäure und in auf der Faser zurückbleibendes Eisencyanürcyanid. Das neuere Verfahren von Meitzendorf, vermittelst des Berlinerblau's Farbentöne darzustellen, die den durch Sächsischblau hervorgebrachten nicht nachstehen, beruht auf der Anwendung des Ferridcyankalium. Nach dieser Methode nimmt man eine Lösung von Ferridcyankalium, Zinnchlorid ($SnCl_4$), Weinsäure und Oxalsäure, in welcher man die Wolle erhitzt. Die Oxalsäure bewirkt die Lösung des Berlinerblau's, welches letztere beim Färben nur in aufgelöster Form wirken kann, während das unlösliche unbenutzt verloren geht. Die Weinsäure erhöht den Glanz und die Lebhaftigkeit der Farbe.

Blaufärben mit Campecheholz und Kupfersalz

Um mit Campecheholz und Kupfersalzen blau (Holzblau) zu färben, bereitet man ein Bad, in welchem man Campecheholz kochen lässt und bringt dann Alaun, Weinstein und schwefelsaures Kupferoxyd hinzu. In dieser Brühe lässt man die Wolle kochen. Nach dem Ausfärben werden die Zeuge durch Kochen in einem Bad von Campecheholz, Zinnchlorür, Alaun und Weinstein geschönt. Die mit Campecheholz gefärbten und darauf geschönten Tuche haben vor den mit Indig im Stück gefärbten den Vorzug, dass sie durch Reibung und durch den Gebrauch nie weiss werden. Statt des Campecheholzes nimmt man zu *halbächten* Farben gegenwärtig auch häufig Orseille und Persio.

Gelbfärberei.

Die zum Gelbfärben der Wolle am häufigsten angewendete Substanz ist der Wau, der die Eigenschaft hat, beim Zusammenbringen mit einem Alkali weniger roth gefärbt zu werden, als die übrigen gelben Farbstoffe. Die Waugelbfarben bleiben an der Luft ziemlich lange unverändert, obgleich ihre Haltbarkeit mit der der Indigfarben nicht zu vergleichen ist. Die Wolle wird zuerst mit einer Lösung von Alaun und Weinstein, und dann in einem frischen Bade von Wau gekocht. Mit etwas Fisetholz oder Krapp modificirt, erhält man rothgelb, mit etwas Indigschwefelsäure citronengelb. Des Gelbholzes bedient man sich weniger zur Darstellung von reinem Gelb als von gemischten Farben. Die grosse Menge der in dem Gelbholz enthaltenen eigenthümlichen Gerbsäure bewirkt, dass mit dem Gelbholz ohne Beizen gefärbt werden kann, obgleich die so behandelte Flockwolle eine für das Verspinnen sehr nachtheilige Härte annimmt. Der Vorschlag, aus den Abkochungen des Gelbholzes die Gerbsäure durch Hautabfälle zu fällen, ist insofern ein irrationeller, als die in dem Gelbholz enthaltene Gerbsäure eine gelbfärbende ist, und das Gelbholz durch Entfernung dieser Säure des grössten Theils seines Farbstoffs beraubt werden würde. Das Fisetholz wendet man vorzugsweise zum Gelbfärben der Merinos an. Goldgelb wird auf Wolle mit Hülfe von Martiusgelb oder von Pikrinsäure erzeugt.

Rothfärberei.

Bei dem Rothfärben der Wolle wendet man am häufigsten den Krapp an. Die Operation der Krappfärberei zerfällt in das Ansieden und das Aussieden im Krappbade. Bei derselben muss möglichst reines Wasser angewendet werden, da besonders Kalksalze der Farbe einen eigenthümlich violetten Ton geben. Das Ansieden geschieht in einer Lösung von Alaun und Weinstein, das Aussieden in dem Krappbad, in welchem der Krappgehalt mindestens die Hälfte vom Gewicht der Wolle beträgt. Nach dem Ansieden wird die Wolle sorgfältig ausgewaschen, um alle holzigen Theile, die an der Wolle hängen, zu entfernen. Mit der Zeit wird man vielleicht mit künstlichem Alizarin (Anthracenroth) färben. Das Rothfärben mit Cochenille geht ebenso wie die Krappfärberei durch Ansieden und Aussieden vor sich. Die Nüancen mit einem Stich ins Gelbe führen den Namen Scharlach, die mit einem Stich ins Rothe Ponceau. Man siedet mit einem Bad aus Cochenille, Weinstein und Zinnsalz an und färbt mit Cochenille und Zinnsalz aus. Mit allen Theerfarbstoffen (rothen, blauen, grünen, grauen, gelben, braunen, violetten) lässt sich die Wolle mit Leichtigkeit färben, deren Affinität zu den Anilinfarben so bedeutend ist, dass die Lösung eines solchen Farbstoffes durch Digestion mit Wolle fast vollständig entfärbt werden kann.

Grünfärben.

Grün stellt man durch die Verbindung von Blau und Gelb dar. Gewöhnlich färbt man erst die Wolle blau, lässt sie dann mit Weinstein und Alaun kochen und färbt dann mit Gelbholz oder Wau aus. Das zu Spieltischen, Billardüberzügen u. s. w. angewendete grüne Tuch wird auf folgende Weise gefärbt: Man bereitet eine schwache Abkochung von Gelbholz, schüttet in das Bad etwas Sächsischblau und löst darin Alaun und Weinstein. Darauf taucht man die Stücke hinein und erhält das Bad 2 Stunden lang im Sieden. Nach dem Auswaschen bringt man das Tuch in frisches Gelbholzbad, zu welchem man abermals eine kleine Menge Sächsischblau gesetzt hat und färbt es darin aus. Auch mittelst Lo-kao (vergl. Seite 677) und Anilingrün, namentlich Jodgrün[172], färbt Bunte Farben. man Wolle (Wollgarn, glatte Wollstoffe, Halbwolle etc.) grün. — Auf ähnliche Weise erzeugt man durch Cochenille, Fisetholz, Krapp, Gelbholz etc. alle Arten gemischter Farben.

Schwarze Farben.

Die schwarze Farbe der Wolle entsteht gewöhnlich, wenn man von der Application des Anilinschwarz (aus chromsaurem Kupfer und oxalsaurem Anilin) absieht, aus einer Verbindung des Eisenoxydes mit Gerbsäure und Gallussäure. Man beizt die Wolle mit Eisenvitriol an und färbt dann vermittelst einer Abkochung von Blauholz, Galläpfeln, Sumach u. s. w. aus. Zu ächtem Schwarz (Sedanschwarz) giebt man den Tüchern in der Waidküpe einen dunkelblauen Indiggrund, wäscht sie dann sorgfältig aus, bringt sie in ein Bad von Sumach und Blauholz, lässt sie darin 3 Stunden lang sieden und setzt darauf schwefelsaures Eisenoxydul hinzu. Diese Operation wird wiederholt, bis das Tuch eine intensiv schwarze Farbe angenommen hat. Zu weniger ächtem Schwarz giebt man dem Tuch einen Grund mit Berlinerblau und färbt hierauf wie vorher aus. Bei unächtem Schwarz (Bedarieuxschwarz, Toursschwarz, Genferschwarz) nimmt man Blauholz, Sumach mit etwas Gelbholz, als Basis und wendet zum Schwarzfärben Eisenvitriol und Kupfervitriol an. Das Schwarzfärben mit Kaliumchromat (das Chromschwarz) — eine Erfindung von Th. Leykauf in Nürnberg — wird auf folgende Weise ausgeführt: Man siedet mit einer Lösung von Kaliumbichromat und Weinstein an und färbt mit einer Abkochung von Blauholz aus. Anstatt des Eisenvitriols wendet man zweckmässiger mit Holzessig bereitetes Ferroacetat an.

Weisses Tuch.

Weisses Tuch erhält man, indem man das Tuch nach dem Schwefeln durch Kreide zieht, und nach dem Trocknen ausklopft und ausbürstet.

Seidenfärberei.

Seidenfärberei. Die Seide wird gewöhnlich roh, nachdem sie entschält, gebleicht oder geschwefelt worden ist, gefärbt. Die bei der Seidenfärberei angewendeten Bäder dürfen nicht siedend, sondern müssen kalt angewendet werden.

Um die Seide schwarz zu färben wendet man entweder an

1) Blauholz und Eisenbeize (Rostbeize),

2) Blauholz und Kaliumbichromat,

3) Galläpfel und andere gerbstoffhaltige Körper und Eisensalze,

4) nach dem Verfahren von Persoz jun. u. A. Kupferchromat und oxalsaures Anilin.

Das erstere und zweite Schwarz heisst schlechtweg Holzschwarz, das dritte Schwerschwarz. Das Holzschwarz mit Eisenbeize wird hergestellt durch Mordanciren der Seide mit Ferrinitrat (Rostbeize, *Rouille*) und Ausfärben mit Blauholz; es ist billiger und findet besonders für leichte Stoffe, Bänder u. s. w. Anwendung; eine unangenehme Eigenschaft dieser Farbe besteht darin, dass sie durch die Einwirkung selbst verdünnter Säuren geröthet wird. Theurer und umständlicher ist das Schwerschwarz, dafür hat es aber auch den grossen Vortheil, dass es durch Säuren nicht verändert wird, dass ferner die Seide in Schwerschwarz eine Gewichtsmenge farbegebender Substanzen aufnimmt, die 60, 80, ja selbst 100 Proc. ihres eigenen Gewichtes beträgt[173]. Der Seidenfärber muss auf Verlangen für 100 Pfund rohe Seide 160, 180–200 Proc. schwerschwarzgefärbte abliefern. In Deutschland wendet man als gerbsäurehaltige Substanz Knoppernextract oder sogenannten „schwarzen Seidengrund“, ein in Böhmen fabricirtes sehr adstringirendes Extract, an. Oft ist die schwarze Seide im höchsten Grade mit Farbe gesättigt, wodurch das Zeug eine scheinbar grosse Stärke erhält, während die Farbe unhaltbar ist und das Zeug abfärbt. Eine solche Farbe heisst Dunstfarbe. Unter dem Mikroskop beobachtet man, dass die Farbe den Seidenfäden nur lose anhaftet. Das Schwerschwarzfärben wird ausgeführt, indem man die Seide zuerst gallirt, d. h. durch ein gerbsäurehaltiges Bad zieht und dann mit Eisensalzen ausfärbt (Mailänderschwarz); das Schwarz, welches einen Grund hat von Blutlaugensalz und salpetersaurem Eisen führt den Namen Blaukesselglanz.

Wohl keine Farbe in der Seidenfärberei hat von jeher zu so viel Spekulationen Veranlassung gegeben, als die Herstellung des Schwerschwarz, da der Zweck, den man in dem gegebenen Falle zu erreichen beabsichtigt, ein doppelter ist, man will nämlich Schwarzfärben, dann will man aber auch erschweren. Das erstere geschieht durch diejenigen Gerbematerialien, die wie Galläpfel u. s. w. eisenbläuende Gerbsäure enthalten, das zweite, das Erschweren, beruht auf der Eigenschaft der Gerbstoffe, sich leicht und vollständig mit thierischen Stoffen, also auch mit der Seide verbinden zu können. Ebenso wie beim Gerben des Leders die Haut an Masse und Gewicht zunimmt, ebenso wirkt die Gerbsäure auf die Seidenfaser ein, indem sie dieselbe anschwellen, voluminöser und deshalb auch schwerer macht. Je reicher an Gerbsäure das Bad ist, desto schwerer wird bis zu einer gewissen Grenze die Seide werden müssen. Ob man ein Eisenoxyd oder ein Eisenoxydulsalz zum Ausfärben anwendet, ist nicht gleichgültig; gallirte Seide durch ein Oxydbad gezogen, wird sogleich schwarz, durch ein Oxydulbad dagegen zuerst blos schwärzlichviolett, dann aber an der Luft nach und nach auch schwarz. Wenn nun gleich die Wirkung des Oxydulsalzes der Wirkung des Oxydsalzes im endlichen Resultate gleicht, so hat dennoch für bestimmte Zwecke bald dieses, bald jenes seine besonderen Vortheile: bei geringeren Mengen von Gerbsäure ist das Eisenoxyd zulässig und nützlich, bei grossen Massen von Gerbsäure dagegen nur das Oxydul anwendbar. Das neuerdings aufgekommene Verfahren des Schwarzfärbens der Seide mit Anilinschwarz vermittelst Kupferchromat und oxalsaurem Anilin soll vorzügliche Resultate geben.

Eine blaue Färbung wird der Seide mittelst Indig, Berlinerblau, Blauholz und Anilinblau ertheilt. Man wendet seltener die Indigküpe, als den gereinigten schwefelsauren Indig (den abgezogenen Indig) an. Um mit Berlinerblau zu färben, taucht man das Zeug zuerst in ein Gemenge von Wasser, Raymond'scher Flüssigkeit[174] und Zinnchlorür, wäscht es mit Wasser aus und zieht es durch eine siedendheisse Seifenlösung. Nach dem Auswaschen taucht man es in eine Lösung von Ferrocyankalium, die mit etwas Salzsäure angesäuert worden ist. Man erhöht die Schönheit der Farbe, wenn man die gefärbte Seide durch ammoniakhaltiges Wasser zieht. Mittelst Anilinblau (zu dem sich in neuerer Zeit des Naphtylblau gesellt) ist die Färbung der Seide eine sehr einfache, indem man nur die zu färbende Seide in eine Lösung der Farbstoffe (in Weingeist, Holzgeist oder bei Anwendung von in Wasser löslichem Anilinblau auch in Wasser) zu bringen und darin zu lassen hat, bis die gewünschte Nüance zum Vorschein gekommen ist. Die rothe Färbung wurde bis auf die neueste Zeit mittelst Safflor (Carthamin), Cochenille und Orseille, namentlich mit französischem Purpur hervorgebracht, gegenwärtig wendet man allgemein hierzu das Fuchsin, das Corallin und das Magdalaroth (Naphtalinroth) an. Die Operation des Färbens ist bei Anwendung von allen rothen Theerfarben höchst einfach, indem man die Seide in der Lösung der Farbstoffe bis zur Erzielung der gewünschten Nüance verweilen lässt. Das Anilinroth ist, was Lebhaftigkeit, Intensität und Reinheit der Farbe betrifft, die schönste aller rothen Farben, an

Beständigkeit wird es jedoch vom Magdalaroth übertroffen. Die Orseille findet in der Seidenfärberei ebenfalls häufige Anwendung, obgleich ihr in dem Anilinviolett ein mächtiger Concurrent erwachsen ist. Gelb färbt man durch Wau, zu welchem man, wenn eine ins Orange ziehende Farbe erhalten werden soll, etwas Orlean setzt, oder in der modernen Färberei durch Martinsgelb. Zuweilen erzeugt man auf Seide durch die Einwirkung von Salpetersäure ein Hellgelb durch die Bildung von Pikrinsäure, das durch die Einwirkung der Alkalien dunkler wird. Um Orangegelb zu erzeugen, zieht man die Seide durch eine alkalische Orleanlösung. Zu ordinärem Grün wird mit Wau, Quercitron, Gelbholz, oder mit Pikrinsäure gelb und dann mit Indigcomposition, Indigcarmin oder Anilinblau blau gefärbt; zu solidem Grün färbt man erst mit *Bleu-Raymond* blau und dann mit Gelbholz auf verschiedene Weise grün. Seit einigen Jahren findet zum Grünfärben der Seide fast nur noch das Anilingrün (Emeraldin) Anwendung. Zu Lila wendet man Anilinviolett, Orseille oder Blauholz und Zinnchlorid (Pensé-Physikbad) an.

Baumwollfärberei.

Baumwollfärberei. Man färbt die Baumwolle als Garn oder als Zeug, am häufigsten wol als Garn. Sie ist weit schwerer ächt zu färben als Wolle und bedarf eine weit kräftigere Beize. Blau erzeugt man auf Baumwolle vermittelst der Vitriolküpe, Berlinerblau (Chemischblau), Campecheholz und Eisenvitriol, und einer Lösung von Kupferoxyd in Ammoniak, welches letztere beim Trocknen ein schönes Hellblau giebt. Gelb erzeugt man durch Avignonkörner, Wau, Gelbholz, Quercitronrinde, Orlean, Eisenacetat und Chromgelb, Grün durch Vitriolküpe und Quercitron, Braun durch Eisensalz, Quercitron und Krapp oder durch Manganoxydhydrat. Schwarz färbt man entweder mit Anilinschwarz ächt, oder indem man zuerst in der Vitriolküpe blau grundirt, hierauf mit holzessigsaurem Eisen anheizt und dann in einem Bade von Galläpfeln und Blauholz ausfärbt. Die Theerfarben, namentlich die vom Anilin abgeleiteten Farben, welche von der Baumwollfaser nicht ohne weiteres aufgenommen werden, lassen sich mit Hülfe einer Beize, am besten einer Lösung von Tannin in Alkohol auf Baumwolle befestigen. Auch das Animalisiren der Baumwollfaser mit Albumin oder Caseïn, wobei die vegetabilische Faser gewissermaassen mit einer Schicht Thiersubstanz plattirt und dadurch den Anilinfarbstoffen gegenüber der Woll- und Seidenfaser ähnlich gemacht wird, findet Anwendung. Ebenso benutzt man zum Mordanciren der Baumwolle Oelbeize oder auch Schmierseife.

Bei der Baumwollrothfärberei ist der Krapp besonders wichtig; mit der Zeit gewinnt wol auch das künstliche Alizarin (aus dem Anthracen) für die Rothfärberei der Baumwolle eine gewisse Bedeutung. Man unterscheidet Ordinärroth und Türkischroth; ersteres wird auf ungeöltem Grunde, letzteres auf Garne oder Gewebe gefärbt, die vorher mit Oelbeizen behandelt worden sind.

Türkischrothfärberei.

Das Türkischroth (Adrianopelroth, indisch Roth), das nach dem Waschen der Stoffe (Garn oder Gewebe) noch schöner und lebhafter wird, erhält man auf folgende Weise; man unterscheidet folgende vier Operationen: 1) Das Beizen des Garnes mit Oel geht in dem Mistbade, einer Mischung von eigenthümlich saurem Olivenöl (Tournantöl) mit Potasche, Schafkoth und Wasser, und in dem Weiss- oder Hauptölbade, einem Gemisch von Tournantöl, Potasche und Wasser vor sich. Man lässt die Zeuge darauf an der Luft liegen, wodurch ein Theil des Tournantöles, das von der Baumwolle aufgenommen worden ist, sich verändert und dieselbe beizt oder mordancirt. Das nicht verbundene Oel wird durch Potasche- oder Sodalösung entfernt. 2) Das Galliren (Schmacken, Sumachen) wird mit einer Abkochung von Galläpfeln oder Sumach verrichtet; die gallirte Baumwolle in einer mit Natriumcarbonat neutralisirten Lösung von Alaun durchgearbeitet, getrocknet und nochmals alaunt. 3) Das Ausfärben oder Krappen geschieht mit einer Abkochung von Krapp oder geeigneten Krapppräparaten. 4) Das Schönen und Rosiren, wodurch das gefärbte Garn die scharlachrothe Nüance erhält, durch Erhitzen mit Seifenlösung, Zinnchlorür und Salpetersäure. Hierdurch wird ein Theil der mit dem Farbstoff verbundenen Thonerde durch Zinnoxyd ersetzt. Obgleich die Türkischrothfärberei in Europa schon seit Jahrhunderten eingeführt und vielfach verbessert worden ist, so ist doch in dieser langen Zeit keine genügende Erklärung dieses Processes gegeben worden, und die Theorie derselben noch ziemlich im Dunkeln. Es ist wahrscheinlich, dass durch die Einwirkung des Kothes (der auch bis zu einem gewissen Grade durch ein Gemenge von phosphorsauren Salzen mit Leim ersetzt werden kann) das Zeug eine Art von Animalisation erleidet, durch welche dasselbe die Eigenschaft erhält, schönere und glänzendere Farben anzunehmen, als wenn es nur mit mineralischen Substanzen gebeizt worden wäre. Neuere Untersuchungen haben ferner gezeigt, dass das dabei in grosser Menge angewendete Oel, in Berührung mit der Luft sich zersetzt und mit der animalisirten Faser sich verbindet, vielleicht ebenso wie der Thran mit der thierischen Faser in der Sämischgerberei. Persoz, Jenny u. A. sind der Ansicht, dass das Oel die Hauptrolle bei der Türkischrothfärberei spiele. Trotzdem scheint es, als wenn eine Verbindung von Aluminium-Oleat und Aluminium-Tannat, combinirt mit den entsprechenden Zinnverbindungen die Fixirung der Krappfarbstoffe auf der gewissermaassen gegerbten animalisirten Baumwollfaser begünstige. Das eigenthümliche Feuer des Türkischroth rührt nach Wartha (1870) von einer eigenthümlichen Fettsäureverbindung her, welche indessen der Faser nicht stark anhaftet und derselben durch Aether und Ligroïn entzogen werden kann.

Färben der leinenen Zeuge.

Das Färben der leinenen Zeuge geschieht ähnlich wie bei der Baumwolle, doch ist in Folge der eigenthümlichen Beschaffenheit der Leinfaser die Verwandtschaft derselben zu Farbstoffen weit geringer als die der Baumwollfaser.

Der Zeugdruck.

Zeugdruckerei.

Der Zeugdruck hat zum Zweck, auf Baumwoll-, Leinen-, Woll- und Seidenstoffen farbige Muster und zwar durch Drucken hervorzubringen. Der wichtigste Theil desselben ist die Baumwoll- oder Kattundruckerei. Sie beruht auf denselben Principien wie die Färberei, obgleich sie ungleich grössere Schwierigkeiten zu überwinden hat, theils weil eben nur einzelne Stellen Farben annehmen und andere farblos bleiben oder wieder entfärbt werden, theils auch weil häufig mehrere Farben nebeneinander erzeugt werden sollen. Ausserdem handelt es sich um gefällige und geschmackvolle Vertheilung der Farben. Die in dem Kattundruck angewendeten Farben zerfallen in zwei Abtheilungen, nämlich in solche, die vermittelst gravirter Platten direkt auf das Zeug aufgetragen werden (Applications-, Schilder- oder Tafeldruckfarben), und solche, die man durch Eintauchen des Zeuges in die Farbenbrühe (Kessel- oder Krappfarben) hervorbringt. Zu den ersteren gehören die Eisenfarben, das Berlinerblau, der Krapplack, der Indig, die Cochenille und die meisten Theerfarben, zu den letzteren der Krapp, die Cochenille, das Blauholz, der Wau, der Sumach u. s. w.

Es giebt verschiedene Arten, die Zeuge zu bedrucken. Entweder man bringt

1) die hinlänglich mit einem Verdickungsmittel und der Beize vermischte Farbe auf das Zeug, oder man trägt

2) nur die verdickte Beize auf diejenigen Stellen des Zeuges auf, die Farbe erhalten sollen und zieht darauf das Zeug durch die Farbenbrühe; oder man färbt

3) das ganze Zeug, mit Ausnahme derjenigen Stellen, die eine andere Farbe erhalten sollen; diese Stellen werden mit einer Substanz (Reservage, Deckpappe, auch die Schutzpappen oder Schutzreserven gehören hierher) bedeckt, die zu dem Farbstoff der Flotte keine Verwandtschaft hat;

4) endlich kann man farbige Muster dadurch erhalten, dass man das Zeug gleichmässig färbt und dann auf denjenigen Stellen, die anders gefärbt worden sollen, die Farbe wieder wegnimmt; zu diesem Behufe wendet man chemisch wirkende Substanzen, Aetzbeizen, Aetzmittel, Enlevage, an.

Beizen.

Bei vielen Farben bedarf es der Einwirkung der Wasserdämpfe zur Befestigung der Farben; man nennt solche Farben Dampffarben. Sind die aufgedruckten Farben anorganische Farbstoffe (wie Ultramarin) oder Lacke (wie Krapplack), welche man auf mechanischem Wege (mit Albumin, Caseïn, Kleber) auf dem Gewebe befestigt, so heissen die Farben Körperfarben. In der Zeugdruckerei wendet man leicht lösliche Beizen

(*Mordants*) an, deren Säure sich leicht von der Base trennt, so dass letztere mit der Faser eine Verbindung eingehen kann. Meist wendet man als Beize Aluminiumacetat (vergl. S. 296) und Ferriacetat an. Seltener findet der Alaun oder eine Auflösung von Thonerde in Natron (Natrium-Aluminat) Anwendung. Um Bleichromat zu erzeugen, wendet man als Beize Bleiacetat an; ebenso wendet man bisweilen Zinnverbindungen (vergl. S. 77) als Beize an. In neuerer Zeit hat man die Anwendung des Caseïns, in seiner Verbindung mit Kalk als Beize vorgeschlagen. Zu diesem Behufe löst man Caseïn in verdünntem Ammoniak auf und vermischt mit dieser Lösung frischen Kalkbrei. Mit der entstehenden Flüssigkeit (Caseïn-Kalk) tränkt man das zu färbende Zeug. Durch Erwärmen wird die Verbindung unlöslich und der Stoff ist so vollständig gebeizt, dass derselbe dem Waschen mit alkalischen Flüssigkeiten widersteht. Um die Steifigkeit und Härte des Zeuges zu verhindern, die bei der Anwendung des Caseïn-Kalkes als Beizmittel entsteht, hat man vorgeschlagen, die Verbindung vor der Anwendung mit Tournantöl zu vermischen, und sie dann erst auf das Zeug aufzutragen. Baumwollenes Zeug verhält sich darauf wie Wolle und ist befähigt, dieselben Farben aufzunehmen. Auch das Albumin, der Kleber und die Gerbsäure finden als Mordant in dem Zeugdruck Anwendung.

Verdickungsmittel.

Man giebt den Beizen und Farben vor dem Auftragen eine dickliche Consistenz. Als Verdickungsmittel wendet man Senegalgummi, Tragant, Stärke, Leiokom, Dextrin, Salep, Mehl, Kleber, Pfeifenthon mit Senegalgummi, Leim, Bleisulfat, Zucker, Melasse, Glycerin, zuweilen auch Chlorzink und Zinknitrat an. Von der Beschaffenheit des Verdickungsmittels ist die Güte der Farbe abhängig, am häufigsten wendet man jetzt die geröstete Stärke oder das Leiokom (vgl. S. 433), seltener aber Eiweiss an. Bei der Wahl des Verdickungsmittels ist zu berücksichtigen, dass bei sehr sauren Beizen Stärke nicht angewendet werden kann, weil sie durch die Säure ihre Consistenz verliert, dass bei gewissen Metalllösungen, wie z. B. basischem Bleiacetat, Zinnlösung, Rostbeize (Ferrinitrat) und Kupfernitrat, welche mit Gummi coaguliren, Gummi zum Verdicken nicht benutzt werden darf.

Reservagen.

Wie schon erwähnt, trägt man im Zeugdruck zuweilen gewisse Substanzen vor dem Färben des Zeuges an denjenigen Stellen auf, die weiss bleiben sollen. Man nennt solche Substanzen Reservagen (Deckmittel, Deckpappen). Gewöhnlich ist die Reservage ein Gemisch, das die Bestimmung hat, das Indigblau zu verhindern, in aufgelöster Form an gewissen Stellen auf das Zeug einzuwirken, so dass dasselbe an den Stellen, wo die Reservage liegt, weiss bleibt, oder mindestens vor der Berührung mit dem Zeug in das Indigblau, mithin in unlösliche Form übergehe. Die Reservagen sind zusammengesetzt aus teiggebenden Substanzen, wie Pfeifenthon, Fett, Oel, Bleisulfat, und aus Körpern, die leicht Sauerstoff abgeben, wie Kupfersulfat und -acetat oder ein Gemenge von rothem Blutlaugensalz und Natronlauge. Häufig setzt man zu den Reservagen zugleich eine Beize für gewisse andere Farben (Thon- oder Eisenbeize) um die Stellen, welche durch die Reservage in der Küpe weiss bleiben, darauf in einer anderen Farbenbrühe (von Krapp und Quercitron) auszufärben. Man nennt diese Art von Druckerei Lapis, in Folge einer entfernten Aehnlichkeit, welche einige dieser Muster mit dem Lasurstein (*Lapis lazuli*) haben. Die sogenannte weisse Reservage für Walzendruck besteht z. B. aus Grünspan oder Kupfervitriol, essigsaurem Bleioxyd, welche Substanzen mit Gummi- oder Dextrinlösung verdickt und dann auf die Zeuge aufgetragen werden. Den Tag darauf zieht man sie durch die Indigküpe, bis sie den erforderlichen Grad von Intensität erlangt haben. Zuletzt zieht man sie durch ein Bad von verdünnter Schwefelsäure, bis die Reservage weiss ist. Der Vorgang hierbei ist folgender: So wie der reducirte Indig mit dem Kupferoxyd in Berührung kommt, verwandelt er sich auf Kosten des Sauerstoffs des Kupferoxydes in Indigblau, das sich unlöslich in der Reservage niederschlägt. Das Behandeln mit verdünnter Schwefelsäure hat zum Zweck, das in der Reservage befindliche Kupferoxydulhydrat wegzunehmen und das unlösliche Indigblau auszuwaschen.

Ausser den Kupferoxydsalzen wendet man zu weissen Reservagen auch *Quecksilberchlorid* und *Zinkvitriol* an; ersteres wirkt ähnlich dem Kupferoxydsalz, letzterer dadurch, dass der Zinkvitriol mit dem Indigweiss eine unlösliche Verbindung eingeht, die sich an den reservirten Stellen niederschlägt.

Aetzmittel.

Die Aetzmittel (Aetzpappen) haben die Bestimmung, auf bereits gefärbten Zeugen auf chemischem Wege weisse Stellen hervorzubringen; dies geschieht entweder durch Auflösen der Beizen (Druck mit Aetzbeizen) oder durch Zerstören der Farben (Enlevagendruck). Um das erstere zu bewerkstelligen, bedient man sich einer Säure, die sich mit der Base verbindet (Phosphorsäure, Arsensäure, Milchsäure, Oxalsäure, Kieselflusssäure); um durch Enlevagendruck Farben zu zerstören, wendet man ozonabgebende Mittel wie Chlorkalk, Chromsäure, ein Gemenge von rothem Blutlaugensalz mit Natronlauge, Kaliumpermanganat, einen Brei aus Brom und Thon, Salpetersäure, die sämmtlich ozonisirten Sauerstoff abgebend (oxydirend) wirken, oder Zinnchlorür und Eisenvitriol, welche Sauerstoff aufnehmend (reducirend) wirken, an. Eine der am häufigsten angewendeten **Säuren.** sauren Aetzbeizen ist die Weinsäure, die besonders zum Auflösen der Thonerde und des Eisenoxydes der Beize angewendet wird. Bisweilen wird sie mit Natriumbisulfat vermischt angewandt. Ein roth- oder blaugefärbtes Zeug, das an den zu bleichenden Stellen mit einem Gemenge von Weinsäure, Pfeifenthon und Gummi bedeckt **Oxydirende Mittel.** worden ist, verliert sogleich an den bedruckten Stellen seine Farbe, wenn es in ein Bad von Chlorkalk getaucht wird. Als Enlevage auf Berlinerblau ist in neuerer Zeit Fluorkalium in Vorschlag gebracht worden. Das Wegbeizen des Indigblau's durch oxydirende Mittel beruht darauf, dass das im Wasser unlösliche Indigblau durch Sauerstoffaufnahme in Isatin übergeht, welches löslich ist und leicht durch Waschen mit Wasser entfernt werden kann:

$$C_{16}H_{10}N_2O_2 + 2O = C_{16}H_{10}N_2O_4$$

Indigblau. Isatin.

Man wendet zur Zerstörung des Indigblau's Chromsäure an, die unter Sauerstoffabgabe zu Chromoxyd reducirt wird. In der neueren Zeit hat Mercer vorgeschlagen, zum Bleichen des Indigs in der Zeugdruckerei ein Gemenge von Kali und Ferridcyankalium anzuwenden. Zu diesem Zwecke tränkt man das in der Indigküpe blaugefärbte Zeug mit einer Lösung von rothem Blutlaugensalz, und druckt dann mit Leiokom verdicktes Aetzkali auf. Durch das Kali wird das Ferridcyankalium in Ferrocyankalium verwandelt und das Indigblau durch den dabei freiwerdenden Sauerstoff in Isatin übergeführt:

Ferridcyankalium	$4K_3FeCy_6$	geben	Ferrocyankalium	$4K_4FeCy_6$
Kali	$4KOH$		Isatin	$C_{16}H_{10}N_2O_4, 2H_2O$
Indigblau	$C_{16}H_{10}N_2O_2$			

Reducirende Mittel.

Von den reducirenden Aetzmitteln ist das wichtigste das Zinnchlorür, das bei mit Eisenoxyd gefärbten Zeugen Anwendung findet. Bringt man Zinnchlorür mit Eisenoxyd zusammen, so bildet sich leicht lösliches Eisenchlorür, das durch Waschen entfernt wird, und unlösliche Zinnsäure (richtiger Zinnoxydul-Oxyd), die für Roth und Gelb als Beize dient.

Baumwolldruckerei.

Baumwolldruckerei. Der Druck auf Baumwolle kann geschehen 1) durch Färben aus dem Kessel, 2) durch Tafeldruck, oder 3) durch Aetzdruck.

Bei dem Färben aus dem Kessel (Kessel- oder Krappfarbendruck) trägt man die mit einem Verdickungsmittel verdickte Beize, zu welcher man gewöhnlich ein wenig Farbebrühe (Blende) gesetzt hat, um sie aufgedruckt zu erkennen, vermittelst Dessinformen (Model, Druckmodel) oder vermittelst gravirter Platten oder Walzen auf. Zum Handdruck wendet man einen Drucktisch an, der mit wollenem Zeug, dem Drucktuch, überzogen ist. Auf diesen Tisch wird das Zeug ausgebreitet und auf letzteres mit Druckformen die Beize aufgedruckt. Die Druckformen sind entweder von Holz (Birnbaumholz, Buxbaumholz, Tannenholz) oder bestehen aus Metallstiften und Figuren, die in dem Holz der Form befestigt sind. Erstere heissen Holzformen, letztere Stippelformen; auf den sogenannten gemischten Formen sind breitere Partien der Zeichnung in Holzschnitt, die feineren aber durch Stifte hervorgebracht, die man zwischen jene eintreibt. Damit die Beizen gleichförmig aufgetragen werden, wendet man einen Rahmen (das Chassis), auf welchen man ein Stück weisses Tuch nagelt, und einen Bottich mit der sogenannten falschen Farbe an, der zur Hälfte mit einer dicken Gummilösung oder mit Leinsamenschleim angefüllt ist. Auf dieser Flüssigkeit schwimmt ein mit Wachstuch überspannter Rahmen, der vorher mit Fett überzogen worden ist. Man trägt nun die Beize mittelst einer Bürste oder eines Pinsels auf den Rahmen auf. Auf dieses setzt der Drucker die Form, so dass die erhabenen Stellen Beize aufnehmen, bringt sie dann auf das auf dem Drucktische befindliche Zeug und schlägt mit der Faust oder mit einem hölzernen Hammer auf die Rückseite der Form, damit sich alle Theile der Form vollständig abdrucken. Werden mehrere Beizen auf einmal mittelst besonderen Bürsten auf den Rahmen aufgetragen und dann auf das Zeug gedruckt, so erreicht man die mannigfaltigsten Nüancen (den Irisdruck oder Fondudruck).

Um das Verfahren beim Druck zu beschleunigen, hat man verschiedene Maschinen in Anwendung gebracht, so z. B. die von Perrot in Rouen im Jahre 1833 erfundene Perrotine; diese Maschine arbeitet mit 3–4 hölzernen, platten Formen (Perrotineformen, Holzmodel, auf welche die Zeichnung in Tafeln, Stereotypplatten ähnlich, aus leichtflüssiger Legirung aus Zinn Wismuth, Kadmium etc. aufgenagelt wird) von der Breite des Zeuges, welche die Beizen oder Farben erhalten und sie durch solche auf das Zeug abdrucken. Anstatt der Druckplatten wendet man seit längerer Zeit sehr häufig Platten oder Walzen an. Bei den Walzen- oder Rouleauxdruckmaschinen ist das Muster in einen kupfernen Cylinder eingravirt, der durch die Maschine umgedreht wird. Unter demselben befindet sich eine hölzerne mit Tuch überzogene Walze, die zum Theil in die Farbe taucht und den Cylinder mit Farbe speist. Dicht dabei ist ein Abstreichmesser (der Doctor oder Rakel), das von den erhabenen Stellen des Cylinders die überschüssige Farbe entfernt, und sie nur in den Vertiefungen, welche das Dessin darstellen, lässt.

Nach beendigtem Aufdruck der Beizen ist es nothwendig, das Zeug einige Zeit lang ruhen zu lassen, ehe man zum Ausfärben schreitet. Es ist dies namentlich bei Thonerde- und Eisenbeizen nothwendig, damit eine innige Verbindung der Beize mit dem Zeug stattfinden kann. Nach dem Trocknen und Ruhen der Beizen muss das Zeug vor dem Ausfärben von dem Verdickungsmittel, der zum Erkennen angewendeten Blende, hauptsächlich aber von dem unverbundenen Theile der Beize befreit werden. Bei Zeugen aber, die in Krapp ausgefärbt werden sollen, ist die Reinigung der Zeuge im Kühkothbade (das Kühkothen) nothwendig. Gewöhnlich setzt man etwas Kreide zu, um die Essigsäure oder Beizen zu sättigen. Obgleich eine genügende Theorie der Wirkung des Kuhkothes noch nicht aufgestellt ist, so sind doch alle Kattundrucker darüber einig, dass seine Anwendung unerlässlich sei. Nach Mercer und Blyth lässt sich der Kuhkoth durch gewisse Phosphate und Arseniate ersetzen; diese Chemiker schlagen vor, ein Gemenge von Natriumphosphat und Calciumphosphat anzuwenden. Neuerdings hat man auch Natriumsilicat als Kuhkothsalz anzuwenden vorgeschlagen. Nach dem Behandeln im Kuhkothbad wird das gebeizte Zeug gewaschen und alsdann ausgefärbt. Leicht lösliche Farbstoffe werden in Auflösung angewendet, dies ist der Fall bei der Cochenille, dem Quercitron, dem Wau, dem Safflor u. s. w.; andere, die sich nur schwer in Wasser lösen, wie die Farbstoffe des Krapps, werden ungekleinert als Krapp oder Garancine in das Färbebad gebracht. Wenn verschiedene Beizen aufgedruckt worden sind, so versteht es sich von selbst, dass mit einem einzigen Färbebad verschiedene Farben erhalten werden können. So kann man mit Krapp roth in allen Abstufungen, schwarz, braun und violett färben, wenn Thonerde und Eisenbeize, und ein Gemenge beider aufgedruckt wurde. Da die Farbe nur an denjenigen Stellen haftet, an welchen sich Beize befindet, so kann der Farbstoff von dem übrigen Zeug leicht entfernt werden. Letzteres geschieht durch Waschen, Behandeln mit Kleie und Seife, und Auslegen auf den Rasen. Bei mit Krapp gefärbten Zeugen bleicht man mit einer Lösung von Chlorkalk oder mit Javelle'scher Lauge (vergl. S. 244). Einzelne Farben, denen, so wie sie aus dem Färbebade kommen, der Glanz und die Nüance abgeht, werden geschönt (avivirt). Bei dem Türkischroth geschieht dies durch längere Zeit fortgesetztes Sieden mit einer Lösung von Seife und Zinnchlorid.

Tafelfarben.

Das Verfahren, eingedickte Farben und Beizen gemeinschaftlich aufzutragen, nennt man Tafeldruck, und die dazu angewendeten Farben Applications- oder Tafelfarben (topische Farben). Man kennt zwei Arten von Tafelfarben, die eine Art wird im gelösten Zustand aufgedruckt und geht auf der Faser nach und nach in die unlösliche Form über, die *andere* Art druckt man unlöslich auf und verdickt sie mit plastischen Substanzen, mit deren Hülfe sie der Faser adhäriren. Zu der letzteren Art gehören die Körperfarben (z. B. der Ultramarindruck). Durch Behandeln der gefärbten Zeuge mit heissem Wasserdampf werden viele Tafelfarben auf Baumwollgeweben fixirt und heller gemacht. Die so erzeugten Farben heissen Dampffarben; ihre Herstellung spielt eine wichtige Rolle im Zeugdruck. Zu diesem Zwecke lässt man die bedruckten Zeuge 2–3 Tage lang trocknen und spannt sie sodann in einem Raume auf, der durch heisse Wasserdämpfe bis auf 100° erhitzt ist. Die Dauer der Operation des Fixirens durch Dampf ist von der Temperatur und der Natur des Dessins abhängig; sie variirt zwischen 20–45 Minuten. Auf welche Weise der Dampf die Befestigung der Farben bewirkt, ist nicht genau bekannt. Um blau (Applicationsfarbe) zu erhalten, trägt man Opermentküpe (vergl. S. 682) mit Natriumcarbonat und Gummipulver verdickt auf, und wäscht das Zeug 24 Stunden nach dem Auftragen der Farbe aus. Dampfblau erhält man durch Aufdrucken einer mit Stärke verdickten Lösung von Ferrocyankalium, Weinsäure mit kleinen Mengen von Schwefelsäure, Trocknen, Lüften und Dämpfen. Gelb wird auf die bekannte Weise durch Tränken mit Bleiacetat und Ziehen durch eine Lösung von Kaliumbichromat dargestellt. Zu Grün nimmt man eine Mischung von Bleichromat und Berlinerblau.

Aetzdruck.

Bei dem Aetzdruck sucht man, wie oben erwähnt, durch Aetzmittel an gewissen Stellen des Zeuges die Farbe wegzunehmen. Die Operation, vermittelst welcher die ganze Oberfläche des Stückes mit Beize bedeckt wird, heisst das Klotzen (Aufklotzen, Grundiren). Dies geschieht, indem man das Zeug mit einer Lösung der Beize imprägnirt und dann durch zwei mit Tuch umwickelte Walzen durchlaufen lässt, wodurch theils das Zeug gleichmässig mit der Beize getränkt, theils von dem Ueberschuss derselben befreit wird. Nachdem die Beize aufgetragen worden ist, wird das Zeug getrocknet. Während die aufgedruckten Aetzbeizen den Zweck haben, das mordancirte Zeug stellenweise von der Beize zu befreien, damit es an diesen Stellen beim Ausfärben keine Farbe annehme, wirken die Enlevagen zerstörend auf die Farbe selbst. Säuren, wie Oxalsäure, Citronensäure, Weinsäure, Milchsäure, Phosphorsäure, Arsensäure, Kieselflusssäure, eben so auch das Zinnchlorid, gehören demnach zu den Aetzbeizen, unterchlorige Säure, Chromsäure, Mercer's Liquor und überhaupt die ozonabgebenden Mittel zu den Enlevagen. Für Thonerde- und Eisenbasen bedient man sich folgender Aetzbeizen: für Eisenbasen einer Lösung von Oxalsäure und Weinsäure in Wasser, zu welcher man Citronensaft und gebrannte Stärke und Dextrin als Verdickungsmittel und etwas Lösung von Indig in Schwefelsäure zum Blenden der Aetzbeize setzt; bei Thonerdebasen einer Lösung von Kaliumbioxalat (Sauerkleesalz), Weinstein, Weinsäure und Glaubersalz in Wasser, zu welcher man Kleister als Verdickungsmittel fügt. Der Zweck des Aetzens ist aber nicht allein, die Farben zu zerstören oder weisse Stellen zu erzeugen, sondern auch, bunte andersgefärbte Stellen auf dem gefärbten Zeug hervorzubringen. Letzteres geschieht, indem man zu dem Aetzmittel Farbe setzt; diese Farben müssen, wenn als Aetzmittel Enlevagen von Chlor angewendet werden, unorganische, wie Bleinitrat, Berlinerblau u. s. w., sein. Um auf einem einfarbigen Grund gefärbte Aetzungen hervorzubringen, bedient man sich z. B. bei türkischroth gefärbten Zeugen folgenden Verfahrens: Um weiss zu erhalten, trägt man eine Aetzbeize, bestehend aus Weinsäure, Wasser, arabischem Gummi und gerösteter Stärke auf, für blau ein Gemenge von Weinsäure, Berlinerblau, Zinnsalz, Stärke und Wasser, für gelb Bleinitrat, Weinsäure, Stärke und Wasser, für grün ein Gemenge von Gelb und Blau, für schwarz eine mit Ferrinitrat versetzte concentrirte Abkochung von Blauholz. Wenn man die mit diesen verschiedenen Beizen bedruckten Zeuge durch eine Lösung von Chlorkalk oder Javelle'sche Lauge zieht, so wird an den bedruckten Stellen die Farbe des Grundes zerstört, und es nimmt die Farbe der Beize die Stelle derselben ein. Zur Zerstörung der Grundfarbe wendet man auch Chromsäure an, die, indem sie zu Chromoxyd reducirt wird, zur Hervorbringung von braunen Nüancen Veranlassung giebt.

Druck mit Anilinfarben.

Die Theerfarben in Bezug auf Zeugdruckerei sind fast durchweg Dampffarben. Das Aufdrucken und die Befestigung auf das Zeug geschieht auf verschiedene Weise, entweder 1) druckt man das verdickte Mordant auf und befestigt es durch Trocknen und Lüften oder durch Dämpfen, und färbt es dann in der Lösung des Theerfarbstoffes (Roth, Violett, Blau) aus; die Farbe haftet dann an den mordancirten Stellen; oder 2) man verdickt das Mordant, welches vorher mit dem Theerfarbstoff versetzt wurde, druckt die Mischung auf, trocknet und dämpft sie. Die als Mordants im Anilindruck angewendeten Substanzen sind bei dem Anilindruck ziemlich zahlreich, zuerst ist hier zu erwähnen das Eiweiss aus Eiern, dann das Blutalbumin, namentlich das unter Mitwirkung von Terpentinöl durch Ozon gebleichte; ferner die verschiedenen Kleberapparate, so der nach W. Crum's Angabe in schwacher Natronlauge gelöste Kleber, oder nach Scheurer-Rott eine Lösung von Kleber in einer schwachen Säure, oder nach Liès-Bodard eine Lösung in Calcium-Saccharat, oder endlich nach dem Verfahren von Hanon durch beginnende Fäulniss löslich gemachter Kleber. Anstatt des Klebers kann man auch anwenden Caseïn entweder in Aetzlauge oder in Essigsäure gelöst, oder Leim oder gerbsauren Leim nach dem von Kuhlmann und Lightfoot vorgeschlagenen Methoden. Den genannten stickstoffhaltigen Körpern reihen sich an das Tannin, die fetten Oele und gewisse Oelpräparate wie die Oelschwefelsäure, Palmitinschwefelsäure und Glycerinschwefelsäure, und gewisse Harze z. B. der Schellack aufgelöst in Alkalien, Borax etc.

Der Anilinfarbendruck mit Hülfe von Kleber geht auf folgende Weise vor sich: Weizenkleber, in bekannter Weise durch Auskneten von Weizenmehl mit Wasser und Entfernen der Stärke durch Auswaschen dargestellt, wird in einem geeigneten Gefässe so lange sich überlassen, bis er in Folge der Bildung einer Säure schleimig und hinlänglich flüssig geworden ist. Im Sommer ist der Kleber gewöhnlich nach 5–6 Tagen genügend flüssig, im Winter in 8–10 Tagen. Hierauf reinigt man die schleimige Masse dadurch, dass man den darin enthaltenen Kleber wieder unlöslich macht; dies geschieht durch Sättigen der Säure mit einer Lösung von Natriumcarbonat. 5 Kilogr. Kleber erfordern in diesem Zustande gewöhnlich 560 Grm. einer Sodalösung von 1,15 spec. Gewicht. Der hierdurch unlöslich ausgeschiedene Kleber wird ausgewaschen und in Natronlauge von 1,080 spec. Gewicht (auf 5 Kilogr. wendet man 435 Grm. Lauge an) gelöst und die Lösung mit 3,5 Liter Wasser verdünnt. Nachdem das Zeug mit dieser Mischung bedruckt und geklotzt und dann getrocknet worden ist, wird es gedämpft und dann gespült. Die Lösung des Anilinfarbstoffs wird nun als Färbebad benutzt, durch welches das mordancirte Zeug passirt wird; oder man druckt dieselbe auch auf das mit der Kleberbeize imprägnirte und dann gedämpfte und gewaschene Zeug auf, wonach man den Stoff zur Befestigung der Farbe nochmals dämpft. Der Kleber lässt sich übrigens ohne die angegebene Reinigung anwenden, wenn man ihn so lange aufbewahrt, dass er den höchsten Grad der Flüssigkeit erreicht; in diesem Falle vermischt man ihn mit ungefähr dem dritten Theile seines Gewichts Natronlauge von 1,08 spec. Gewicht. Soll *Caseïn* als Mordant Anwendung finden, so mischt man dasselbe mit Natron, und nachdem das Zeug mit dieser Mischung bedruckt oder imprägnirt worden ist, bedruckt man es mit dem Anilinfarbstoffe.

Ganz verschieden von der vorstehenden Methode in der Herstellung von Aufdruckfarben aus Anilinpräparaten ist 3) das Verfahren von Gratrix und Javal, welches auf zweierlei Weise ausgeführt wird, entweder α) bilden sie eine Verbindung des Anilinfarbstoffs mit Gerbstoff (Tannin), verdicken mit Senegalgummi und drucken diese Mischung auf das mit Zinnmordant oder einer andern Beize imprägnirte Zeug auf; oder β) sie drucken eine verdickte Galläpfelabkochung auf das, wie oben angegeben, präparirte Zeug auf, wodurch sich eine Verbindung von Zinntannat u. s. w. bildet, und passiren den Stoff nach dem Trocknen durch eine saure Lösung des Anilinfarbstoffs. Um (nach α) die Verbindung von Gerbstoff mit dem Farbstoff zu erzeugen, setzt man zu einer Lösung des Anilinfarbstoffs so viel einer frisch bereiteten Galläpfelabkochung oder besser Tanninlösung, als zur vollständigen Fällung des Farbstoffs erforderlich ist. Der Niederschlag wird auf einem Filter gesammelt, ausgewaschen und in Essigsäure, Alkohol oder Holzgeist aufgelöst. Die Lösung wird mit Gummi verdickt und dann aufgedruckt. Nach dem Drucken wird die Waare gedämpft und gewaschen mit oder ohne Anwendung von Seife, was von der verlangten Nüance abhängig ist; die rothe Farbe erheischt namentlich ein Seifenbad. Nach dem zweiten (sub β erwähnten) Verfahren wird das Zeug mit Natriumstannat imprägnirt und dann eine mit Senegalgummi verdickte Lösung von Gerbstoff oder dergl. aufgedruckt. Das Zeug wird dann gedämpft und die Beize durch ein gewöhnliches Fixirungsbad befestigt. Das Färben geschieht in einem gewöhnlichen Krappfärbekessel, der mit Wasser angefüllt ist, das mit Essigsäure angesäuert und bis auf etwa 50° erhitzt wurde. Man legt das Zeug ein, indem man nach und nach den nöthigen Farbstoff, in Essigsäure gelöst, zugiebt. Sobald aller Farbstoff zugesetzt worden ist, erhitzt man nach und nach bis zum Kochen. — Anilinschwarz wird (vergl. S. 663) erst auf dem Zeuge (mittelst Kaliumchlorats, Kupferchlorids,

Ferridcyanammoniums oder frisch gefällten Schwefelkupfers) hervorgebracht; in ähnlicher Weise auch neuerdings Naphtylaminviolett (vergl. S. 667).

Appretur der bedruckten Zeuge.

Nachdem die Zeuge bedruckt worden sind, beendigt man die Arbeit durch Appretur, die darin besteht, dieselben mittelst einer Stärkelösung zu tränken, wodurch die Zeuge mehr Festigkeit erhalten, sie darauf zu trocknen, zusammenzulegen und zu pressen. Bei der Appretur der Möbelkattune setzt man der Stärkelösung weisses Wachs zu. Um gedruckten Mousselinen den beliebten sammetähnlichen Angriff zu geben, setzt man der Stärke während des Kochens mit Wasser, eine kleine Menge Wallrath zu.

Das Bedrucken von Leinwand.

Das Bedrucken von Leinwand beschränkt sich auf die Darstellung indigblauer Farbentücher mit hellblauen oder weissen Figuren oder ähnlicher einfacher Artikel. Bei dem Wolldruckerei. Wollzeugdruck wendet man vorzugsweise den Tafeldruck und den Druck auf vorher mit einem Zinnchloridbade behandelte Zeuge an. Die Fixirung der Farben geschieht mittelst Dampf. Man unterscheidet ausserdem bei der Wolldruckerei 1) die Golgasdruckerei und 2) die Berilldruckerei. Bei der ersteren, die jetzt nur noch selten angewendet wird, beizt man den Golgas, ein leichtes flanellartiges Gewebe, mit Alaun und Weinstein und presst (auf der sogenannten schottischen Presse) denselben darauf zwischen hölzernen oder bleiernen Formen (Golgasformen), die nur so weit durchbrochen sind, als die Farbe hindurch und in das Zeug eindringen soll, daher zu jedem Stück Zeug zwei Formplatten erforderlich sind. Die Farbenbrühen werden durch die Oeffnungen der Form eingegossen. Der Theil, der nicht mit der Wollfaser in Verbindung tritt, läuft hindurch und wird in einem untergestellten Gefässe angesammelt. Die Erzeugung des Musters kommt daher bei dem Golgasdruck darauf zurück, dass man die dem Muster entsprechenden Theile des Wollstoffs durch Pressung verhindert, die Farbe aufzunehmen. — Bei der Berilldruckerei druckt man die mit Stärke verdickten Tafelfarben mittelst messingener Formen auf leichte Flanelle heiss auf und entfernt das Verdickungsmittel nicht. Man erhält so farbige Seidendruckerei. erhabene Muster. Das Verfahren bei der Seidendruckerei ist im Allgemeinen dasselbe wie bei dem Baumwolldruck. Entweder druckt man Tafelfarben auf, die man mit Wasserdämpfen befestigt, oder man druckt verschiedene Beizen auf und färbt dann in der Farbenbrühe aus. Eine eigenthümliche Art der Seidendruckerei gründet sich auf die Eigenschaft der Salpetersäure, seidene und wollene Stoffe dauernd gelb zu färben, die meisten Farbstoffe zu zerstören, auf Harze und Fette aber erst nach längerer Zeit einzuwirken. Man nennt diese Art der Druckerei Mandarins. Mandarinage und die auf diese Weise bedruckten Zeuge Mandarins. Um mit Salpetersäure auf den mit Indig gefärbten Grund gelb zu ätzen, druckt man auf das seidene Zeug eine Reservage aus Harz und Fett auf, taucht es sodann 2–3 Minuten lang in ein bis auf 50° erwärmtes saures Bad aus 1 Th. Wasser und 2 Th. Salpetersäure und bringt es darauf in fliessendes Wasser. Nach dieser Operation lässt man das Zeug in einer mit Potasche versetzten Seifenlösung Bandanas. sieden. Die nicht reservirten Stellen sind schön gelb. — Bei dem Bandanasdruck, durch welchen man auf ächt krapproth gefärbten Taschentüchern weissgeätzte Figuren erzeugt, werden die Stoffe ähnlich wie bei dem Golgasdruck zwischen zwei bleierne, mit Ausschnitten versehene Platten gepresst. Eine mit etwas Schwefelsäure versetzte Lösung von Chlorkalk dringt an jenen Stellen in das Zeug ein, welche den Ausschnitten entsprechen und nimmt daselbst das Roth hinweg. Auf gleiche Weise werden die geätzten Stellen z. B. gelb gefärbt, indem man eine Lösung von Bleiacetat und sodann eine Lösung von Kaliumchromat hindurchtreibt.

Fußnoten:

[158] Es sei verwiesen auf folgende Werke: G. Lunge, Die Destillation des Steinkohlentheers, Braunschweig 1867; Th. Oppler, Theorie und prakt. Anwendung von Anilin, Berlin 1866; M. Vogel, Die Entwickelung der Anilinindustrie; 2. Auflage; Leipzig 1870; M. Reimann, Die Technologie des Anilins, Berlin 1866; E. Kopp, Examen des matières colorantes dérivées du goudron de houille, Saverne 1861; M. P. Schützenberger, Die Farbstoffe. Bearbeitet von H. Schröder, I. und II. Band, Berlin 1868–1870; Rapports du Jury international,

Paris 1868 (Tome VII p. 223–304); Ad. Wurtz, Dictionnaire de chimie pure et appliquée, Paris 1868–1871 (Tome I et II).

[159] In den Waschfässern findet sich die mit der Nitrobenzoësäure isomere Paranitrobenzoësäure.

[160] Die abfallende salpetersäurehaltige Schwefelsäure dient zur Schwefelsäurefabrikation, zum Aufschliessen der Phosphate in den Düngerfabriken, zur Darstellung von Eisenvitriol etc. etc.

[161] In Deutschland und in der Schweiz ist das Fuchsin das salzsaure Salz des Rosanilins $C_{20}H_{19}N_3$, ClH, in England gewöhnlich das essigsaure, von der Formel $C_{20}H_{19}N_3$, $C_2H_4O_2$.

[162] Das mit salpetersaurem Quecksilberoxyd bereitete Fuchsin wird in der Seidenfärberei und zum Färben von Liqueuren und Conditoreiwaaren unter dem Namen Rubin vielfach verwendet.

[163] Nach Bolley kann man die bei der Fuchsinbereitung fallenden arsenhaltigen Flüssigkeiten durch Destillation mit Salzsäure wieder nutzbar machen. Verdünnt man das Chlorarsen enthaltende Destillat mit Wasser, so fällt arsenige Säure heraus. — Ein Chemnitzer Anilinfabrikant sendet die arsenhaltigen Rückstände auf die Arsenhütte nach Schwarzenberg, wo sie auf Arsen verarbeitet werden.

[164] Es ist in neuerer Zeit vorgekommen, dass anstatt der reinen (nicht explosionsfähigen) Pikrinsäure das Natronsalz derselben (von Elberfeld aus) unter dem Namen Pikrinsäure und Anilingelb in den Handel gebracht worden ist und durch seine explodirenden Eigenschaften zu grossen Unglücksfällen Veranlassung gegeben hat.

[165] Die Benzoësäure, die gegenwärtig in erstaunlicher Menge zur Herstellung gewisser Theerfarben und anderer chemisch-technischen Präparate consumirt wird, stammt nicht mehr aus dem Benzoëharze, sondern ist entweder ein Umsetzungsprodukt der Hippursäure des Pferdeharnes oder ein Abkömmling des Naphtalins. Die Naphtalin-Benzoësäure lässt sich auf zweierlei Weise darstellen, entweder dadurch, 1) dass man das Naphtalin in Phtalsäure überführt und dieselbe durch Erhitzen mit Kalk in Calciumbenzoat überführt, aus welchem man durch Salzsäure die Benzoësäure abscheidet; oder 2) indem man die Phtalsäure in Phtalimid $C_8H_5NO_2$ überführt, letzteres durch Destillation mit Kalk in Benzonitril C_7H_5N umwandelt und das Benzonitril durch Kochen mit Natronlauge in Natriumbenzoat umsetzt, aus dessen Lösung die Benzoësäure durch Salzsäure gefällt wird. Beachtenswerth ist ausserdem das von Merz (1868) aus Cyannaphtyl abgeleitete Benzoësäure-Surrogat, die Naphtoësäure von der Formel $C_{11}H_8O_2$ (Vergl. Jahresbericht der chem. Technologie 1868 u. 1870).

[166] Es liegt auf der Hand, dass man durch Combinationen von geeigneten Anilin-, Naphtyl- und Cetylverbindungen die verschiedensten Arten von Blau und Violett darstellen kann, so wurden (durch die von J. Wolff in gleicher Richtung ausgeführten Arbeiten angeregt) bei Laboratoriumversuchen bereits im Sommer 1867 blaue Farbstoffe erhalten 1) aus Fuchsin und Naphtylbromür; 2) aus Fuchsin und Cetylbromür; 3) aus Naphtylaminfuchsin mit Anilinöl; 4) aus Cetylaminfuchsin mit Anilinöl; 5) aus Naphtylaminfuchsin mit Cetylamin; 6) aus Cetylaminfuchsin mit Naphtylamin.

[167] W. Stein (1869) fand in frischer Krappwurzel bis zu 8 Proc. Rohrzucker.

[168] Man benutzt das Rothholz zur Fabrikation der rothen Tinte. Man nimmt dazu 250 Grm. Rothholz, 30 Grm. Alaun, 30 Grm. *Cremor tartari* mit 2 Liter Wasser, kocht die Flüssigkeit bis auf 1 Liter ein und setzt darauf zu der durchgegossenen Flüssigkeit 30 Grm. arabisches Gummi und 30 Grm. weissen Candiszucker. Eine noch schönere und haltbarere Tinte erhält man, indem man 2 Decigramme (4 Gran) Carmin in 1 Loth Aetzammoniakflüssigkeit löst, und dazu eine Lösung von 1 Grm. (18 Gran) arabischem Gummi in 3 Loth Wasser setzt. Gegenwärtig stellt man häufig die rothe Tinte aus mit arabischem Gummi und etwas Alaun versetzten Fuchsinlösungen oder durch Lösen von Aurin (einer Varietät von Rosolsäure) in Natriumcarbonat dar.

[169] Eine schwarze Farbenbrühe ist auch die gewöhnliche Schreibtinte, die wesentlich aus gallussaurem Eisenoxydul und Oxyd besteht, welches letztere durch arabisches Gummi in der Flüssigkeit suspendirt gehalten wird. Eine sehr gute schwarze Tinte lässt sich nach folgender Vorschrift darstellen: Man zieht 1 Kilogr. zerstossene Galläpfel und 150 Gr. Blauholz mit 5 Liter heissem Wasser aus, löst 600 Gr. arabisches Gummi in 2½ Litern Wasser und 500 Gr. Eisenvitriol für sich in einigen Litern Wasser. Darauf giesst man den Galläpfel-

und Blauholzauszug mit der Lösung des Gummi und des Eisenvitriols zusammen, setzt einige Tropfen Nelken- oder Gaultheriaöl und so viel Wasser hinzu, dass die Gesammtmenge der Flüssigkeit 11 Liter beträgt. Die Eisentinte hat ausser der unangenehmen Eigenschaft, Stahlfedern anzugreifen, noch den Fehler, dass die damit geschriebene Schrift, wenn auch oft nach sehr langer Zeit, gelb wird. Im Jahre 1848 hat Runge an eine Tinte erinnert, die von Th. Leykauf in Nürnberg erfunden und schon vor Jahren von C. Erdmann in Leipzig verbessert und eingeführt worden ist. Die Tinte besteht aus 1000 Th. Blauholzabkochung (1 Th. Holz auf 8 Th. Wasser) und einem Th. gelben Kaliumchromat, zu welcher man etwas Quecksilberchlorid setzt. Diese Tinte empfiehlt sich durch ungemeine Wohlfeilheit, Schönheit und Dauerhaftigkeit; das färbende Princip darin ist eine Verbindung von Hämateïn und Chromoxyd. Zur Bereitung der sogenannten Alizarintinte (von Leonhardi) zieht man 42 Th. Galläpfel und 3 Th. Krapp mit Wasser aus, so dass 120 Th. Flüssigkeit entstehen, zu welcher man setzt 1,2 Th. schwefelsaure Indiglösung, 5,2 Th. Eisenvitriol und 2 Th. holzessigsaure Eisenlösung. Die blaue Tinte von Rouen, die als Surrogat der schwarzen Tinte in Frankreich namentlich häufige Anwendung findet, besteht aus einer Abkochung von 750 Grm. Blauholz, 35 Grm. Alaun und 31 Grm. arabischem Gummi mit 5–6 Litern Wasser. Die Copirtinten sind im Grunde nichts weiter als gewöhnliche Tinten, die aber concentrirter sind und grössere Mengen von Gummi und auch Zucker enthalten. Waschechte Zeichentinte (für Wäsche) ist entweder wesentlich Silberlösung (vergl. S. 108) oder auf dem Gewebe selbst hervorgerufenes Anilinschwarz (vergl. Seite 663).

[170] Chevreul, von der Jury der 51. Classe der Pariser Ausstellung (1867) auf dem Champ de Mars, wobei das Tessié'sche Verfahren als Ausstellungsobject figurirte, um seine Ansicht über den Werth des neuen Bleichverfahrens befragt, glaubt, dass die Uebermangansäure, weil sie zu schnell bleicht, die Faser zu stark angreife. „Eine gute, die Faser schonende Bleiche müsse langsam vor sich gehen.“

[171] Neuerdings (1870) hat M. Reimann gezeigt, dass auch die amorphe Kieselsäure als Fixirungsmittel vieler Farbstoffe Anwendung finden könne.

[172] Vergl. die Mittheilung von Th. Peters (in Chemnitz) über das Färben der Wolle mit Jodgrün (Jahresbericht der chem. Technologie 1869 p. 621).

[173] Die zu Schuhschnüren bestimmte Seide giebt sogar 225 Proc. gefärbte Seide auf 100 rohe.

[174] Die Raymond'sche Flüssigkeit besteht aus einer Lösung von Eisenvitriol in Salpetersäure und ist identisch mit Rostbeize oder Rouille. Das vermittelst dieser Flüssigkeit hervorgebrachte Blau heisst Raymond's-Blau. Das Napoleonblau, viel brillanter als das Raymondblau, erhält zuerst ein Eisenbad mit Zinnsalz, nachfolgt ein mit Schwefelsäure angesäuertes Bad von Ferrocyankalium.

VII. Abschnitt
Die Leuchtmaterialien und die Beleuchtungsapparate. Allgemeines über Beleuchtungswesen.

Allgemeines über Beleuchtung.

Von der grossen Anzahl von Körpern, welche bei höherer Temperatur, sei es in Folge von Verbrennung, sei es einfach durch Erglühen, dauernd Licht entwickeln, sind es nur wenige, die geeignet sind, als Leuchtmaterialien angewendet zu werden. Nur eine kleine Anzahl erfüllt die Bedingungen, unter denen eine Verwendung als Beleuchtungsmittel möglich oder vortheilhaft ist; diese Bedingungen sind:

1) dass der Körper beim Verbrennen Wärme in hinreichender Menge entwickle, um fortbrennen zu können; 2) dass, wenn der fragliche Körper ein starrer ist, er vor der Verbrennung Gas- oder Dampfgestalt annehme, da sonst die zu Beleuchtungszwecken unerlässliche Lichterscheinung, die wir Flamme nennen, nicht stattfindet; 3) dass der verbrennende Körper in der Flamme feste Körper oder Dämpfe von grosser Dichte (nach Frankland) ausscheide, da nur hierdurch das Leuchtvermögen der Flamme bedingt ist; 4) dass derselbe selbst oder das Rohmaterial, welches zu dessen Herstellung dient, in der Natur in grösserer Menge aufgespeichert und mit geringen Kosten zu beschaffen sei; 5) dass die Produkte der Verbrennung gasförmig und ohne schädlichen Einfluss auf die Gesundheit und das Leben der Geschöpfe seien. Es ist als allgemein bekannt vorauszusetzen, dass eine jede Anhäufung von grösseren Mengen von Wärme einem Körper die Eigenschaft ertheilt, Licht auszustrahlen; bei den festen und flüssigen Körpern, deren Moleküle dichter aneinander gelagert sind, bemerkt man daher im höheren Grade das Vermögen, beim Erhitzen Licht auszustrahlen, als bei den gas- und dampfförmigen Körpern. Bei etwa 500 bis 600° zeigt ein fester Körper die Eigenschaft des Rothglühens, bei ungefähr 1000° die des Weissglühens, ein gasförmiger Körper, bis auf die genannten Temperaturen erhitzt, leuchtet dagegen nur äusserst schwach. Damit ein gasförmiger Körper, und nur ein solcher kann, wie oben erwähnt, zu Beleuchtungszwecken Anwendung finden, leuchte, ist es nöthig, dass bei seiner Verbrennung entweder Dämpfe höherer Kohlenwasserstoffverbindungen (z. B. Dämpfe von Benzol, Acetylen, Naphtalin etc.) vorhanden seien, welche glühen und die Lichtentwickelung bewirken, oder ein starrer Körper in die an sich nicht mit Leuchtkraft begabte Flamme hineingebracht werde und darin ins Glühen gelange, so z. B. eine Spirale von Platindraht in einer Wasserstoffgasflamme, ein Stück Aetzkalk in dem Knallgasgebläse, ein Cylinder aus Magnesia oder Zirkonerde in einer Wasserstoff- oder Leuchtgasflamme, die durch Sauerstoffgas angefacht wird, zu Magnesia verbrennender Magnesiumdraht (Magnesiumlicht) u. s. w. Wenn wir von den letztgenannten Arten der Beleuchtung (dem Platingas, dem Kalk-, Magnesia- und Zirkonlicht und endlich dem Magnesiumlicht), welchen vielleicht eine grosse Zukunft bevorsteht, und von der Beleuchtung auf elektrischem Wege vorläufig absehen, und nur diejenige Leuchtart, bei welcher die Lichtausstrahlung der Flamme eine Folge ist von in der Flamme vorhandenen dichten Kohlenwasserstoffdämpfen, ins Auge fassen, so folgt *a priori*, dass alle Körper, die als Leuchtmaterialien Anwendung finden sollen, Verbindungen des Kohlenstoffs mit dem Wasserstoff enthalten müssen. Und diese Kohlenwasserstoffe finden sich auch in der That in allen Substanzen, die entweder als Beleuchtungsstoffe selbst oder zu deren Fabrikation Benutzung finden, so in dem Talg, dem Palmöl und der daraus dargestellten Stearin- und Palmitinsäure, dem Wachs, dem Wallrath, dem Paraffin, dem Rüböl, dem Solaröl, dem Photogen und dem Petroleum, dem Camphin, ferner in der Steinkohle, den bituminösen Schiefern wie der Bogheadkohle, dem Holz, den Fetten und den Harzen.

Flamme.

Jeder flüssige und feste Körper, der sich bei einer Temperatur verflüchtigt oder unter Zersetzung vergast, welche geringer als die zur Verbrennung erforderliche ist, kann begreiflicherweise nur als Gas brennen. Die dabei wahrzunehmende Lichterscheinung nennt man die Flamme. Dieselbe erlangt ihre bekannte Form durch den Druck der sie umgebenden Luft, indem letztere als gasförmiger und durch die Wärme leichter gewordener Körper verdrängt und zum Aufsteigen veranlasst wird. Das Leuchtmaterial wird, wenn es aus geschmolzener Paraffin- oder Stearinsäure oder aus Oel (Rüböl oder Petroleum) besteht, in den feinen Zwischenräumen des

Dochtes wie von Capillarröhren in die Höhe gezogen und in der Nähe der Flamme in gasige und dampfförmige Produkte zersetzt, deren Natur im Wesentlichen mit der des gereinigten Leuchtgases übereinstimmt.

Die ersten und wichtigsten Aufklärungen über die Natur der Flamme und das Leuchten derselben, namentlich über die Ursache ihrer ungleichen Lichtstärke verdanken wir H. Davy. In neuerer Zeit haben wieder mehrere Chemiker ihre Aufmerksamkeit dem Studium der Flamme zugewendet, und die Arbeiten von Hilgard, H. Landolt, Pitschke, Blochmann, Kersten und besonders die von H. Deville, Volger, Lunge, Frankland u. A. haben unsere Kenntnisse hinsichtlich der Natur des Leuchtens der Flamme nicht unwesentlich erweitert. Die genaue Betrachtung einer Flamme lässt darin drei Theile unterscheiden, nämlich 1) einen äusseren, leuchtenden Mantel, den sogenannten Schleier, 2) einen mittleren, glühenden Kern und 3) einen innersten und untersten Theil, in welchem letzteren die Vorwärmung der zur Verbrennung gelangenden gasigen Körper erfolgt. Die gewöhnliche Annahme über die Natur des Leuchtens der Flamme ging bis auf die neueste Zeit dahin, dass aus den Kohlenwasserstoffen, welche die Flamme bilden, durch die hohe Temperatur und durch den von aussen eindringenden atmosphärischen Sauerstoff, welcher sich vorzugsweise mit dem Wasserstoff verbinde, der Kohlenstoff abgeschieden werde und durch sein Erglühen in der Wasserstoffflamme dieselbe leuchtend mache. Durch die oben erwähnten Arbeiten, namentlich die von Hilgard, welcher mit einer Kerzenflamme operirte und von Landolt und H. Deville, welche die Natur des Leuchtens der Gasflamme zum Gegenstand des Studiums machten, erfahren wir, wie schnell die atmosphärische Luft mit den Verbrennungsprodukten durch die Flamme diffundirt und wie im Innern derselben die brennbaren Gase abnehmen, die Verbrennungsprodukte aber zunehmen. Alle diese Untersuchungen sind jedoch noch nicht zur Erklärung vieler der gewöhnlichsten Erscheinungen bei leuchtenden Flammen hinreichend. Man ist z. B. noch keineswegs im Klaren über den Zusammenhang zwischen der chemischen Zusammensetzung eines Leuchtstoffes und seinem Leuchtwerthe, sodass die Gasanalysen, welche zum Zwecke der Werthbestimmung des Leuchtgases gegenwärtig häufig ausgeführt werden, immer noch wenig Aufklärung in dieser Hinsicht geben. Das, was man über die Natur der Flamme weiss, ist eine Folge der Untersuchung O. Kersten's, welche die zuerst von O. L. Erdmann (in Leipzig) ausgesprochene Ansicht bestätigte, dass bei der Verbrennung des Leuchtgases der Sauerstoff zunächst und vorzugsweise an den freien, in der Flamme suspendirten und die Leuchtkraft bedingenden Kohlenstoff tritt und nicht zunächst an den Wasserstoff. O. Kersten neigt sich über die Natur der leuchtenden Flamme folgender Ansicht zu: Die Verbrennung findet nicht im Innern, sondern nur in dem Schleier und in dem Theile des leuchtenden Mantels, der ihnen zunächst liegt, statt, denn es kann nicht angenommen werden, dass durch eine Schicht glühenden Wasserstoffs und Kohlenstoffs eine Spur Sauerstoff eindringen könne; die im Innern wahrgenommenen Verbrennungsprodukte sind nicht dort entstanden, sondern nur durch Diffusion dahin gelangt. Die Gesammthitze der Flamme rührt mithin vom Schleier der Verbrennungszone her. Die Temperatur des Innern der Flamme und des Mantels nimmt natürlich nach oben stark zu, und daher ist der leuchtende Theil, in welchem der Kohlenstoff durch die Hitze ausgeschieden wird, unten eine dünne Hülle des dunklen Kegels, weiter oben aber, wo die Temperatur, bei welcher die Kohlenwasserstoffgase in ihre Bestandtheile sich spalten, sich bis in die Mitte erstreckt, erfüllt er das gesammte Innere, weshalb man hier eine massive leuchtende Flamme hat. Indem dann der freie Kohlenstoff dem sauerstoffreichen Schleier sich nähert, verbrennt er zu Kohlensäure, und hauptsächlich während dieser Verbrennung leuchtet er, und zwar um so mehr, je lebhafter sie ist. In dem Schleier verbrennt mithin zuerst Kohlenoxyd und Wasserstoff zugleich; dass dieser Schleier am untern Theile noch keinen leuchtenden Mantel bildet, erklärt sich daraus, dass die Masse der inneren Gase noch zu kalt ist, als dass eine Abscheidung von Kohlenwasserstoffen möglich wäre. Das Nichtleuchten einer Flamme, selbst der von reinem ölbildenden Gase, in Folge zu geringer Ausdehnung der hohen Schleiertemperatur lässt sich wahrnehmen, wenn man eine Gasflamme möglichst klein macht; in diesem Falle findet Verbrennung im Ganzen statt, ehe eine Zersetzung vor sich gehen konnte, wie im unteren blauen Theile einer leuchtenden Flamme. Das Leuchten beruht demnach auf der Zusammensetzung des Gases vor der Verbrennung und keineswegs auf einer Späterverbrennung des Kohlenstoffs. Die Gestalt der Flamme und ihrer Theile und alle ihre Eigenthümlichkeiten erklären sich somit ungezwungen. Bei der Gasflamme hat man seither angenommen, dass es die in derselben momentan ausgeschiedenen glühenden Kohlenpartikeln seien, welche das Licht geben; es dürften aber hier nach Frankland's Untersuchungen (1867) die dichten Dämpfe der höheren Kohlenwasserstoffverbindungen sein und nicht der feste Kohlenstoff. Wir haben im Gase Verbindungen von sehr hoher Dichtigkeit, die als Dämpfe ebenso wie z. B. der Arsendampf im Stande sind, die Flamme leuchtend zu machen; es gehören dahin die Dämpfe des Benzols, Naphtalins und sicher vieler anderer Bestandtheile, die wir auch im Gastheer finden; diese Dämpfe halten sich in der Flamme unzersetzt, bis sie den äusseren Mantel derselben erreichen und dann in Berührung mit dem Sauerstoffe der atmosphärischen Luft verbrennen. Man pflegt als Beweis für die bisherige Ansicht, dass es der glühende feste Kohlenstoff sei, der in der Flamme leuchte, gewöhnlich den Umstand anzuführen, dass sich der Kohlenstoff auf einem Stücke Porcellan, welches man in die Flamme bringt, auffangen lässt. Es ist aber nicht nachgewiesen, dass das reiner Kohlenstoff ist. Im Gegentheil, wenn man den Niederschlag untersucht, so findet man, dass er immer Wasserstoff enthält, und der Chemiker weiss recht gut, dass, wenn er reinen Kohlenstoff haben will, er den Russ noch lange glühen muss, um den Wasserstoff zu entfernen. Ja, er wendet sogar Chlor zu diesem Zwecke an, indem er Chlorgas über die Masse leitet, während sie in einer Röhre sich im weissglühenden Zustande befindet. Der Russ ist wahrscheinlich weiter nichts als ein Conglomerat der dichtesten lichtgebenden Kohlenwasserstoffverbindungen, deren Dämpfe sich an der kalten Fläche des eingebrachten Porcellankörpers condensiren. Wie könnte auch eine Flamme so durchsichtig sein, als sie wirklich ist, wenn sie mit festen Kohlenstoffpartikeln angefüllt wäre? Oder wie könnte es für die photometrische Lichtmessung gleichgültig sein, ob man eine Flamme auf die flache oder auf die schmale Seite einstellt, wenn es die festen Kohlenpartikeln wären, welche das Licht geben? Es mag sein, dass in geringem Grade auch eine Zersetzung der Kohlenwasserstoffe und eine Ausscheidung festen Kohlenstoffes stattfindet; in der Hauptsache aber sind es die sehr dichten brennenden Kohlenwasserstoffdämpfe selbst, welchen die Gasflamme ihre Leuchtkraft verdankt. Dass die Temperatur der Flamme auf die Leuchtkraft derselben zugleich einen gewissen Einfluss übt, versteht sich von selbst. Auch nach den Untersuchungen von H. Deville (1869) hängt der Grad der Leuchtkraft einer Flamme mit der Dichtigkeit der Dämpfe darin, innig zusammen. Die Dissociation scheint auf das Verhalten der Flamme nicht ohne Einfluss zu sein.

Unter den gewöhnlich stattfindenden Verhältnissen gehört es zur Zusammensetzung eines Leuchtmaterials, welches bei ruhiger Luft leuchten, aber nicht russen soll, dass es auf 6 Gewichtstheile Kohlenstoff 1 Gewichtstheil Wasserstoff enthalte, wie es ungefähr bei dem ölbildenden Gase, dem Paraffin, dem Wachse und der Stearinsäure der Fall ist. Terpentinöl schon, welches auf 1 Th. Wasserstoff 7,5 Th. Kohlenstoff enthält, verbrennt mit russender Flamme, in weit höherem Grade ist dies bei dem Benzol der Fall, das aus 1 Th. Wasserstoff und 12 Th. Kohlenstoff besteht, oder gar dem Naphtalin, in welchem des Verhältniss wie 1 : 15 ist. Soll der überschüssige Kohlenstoff, der sich als Russ (nach Frankland, wie oben bemerkt, kein reiner Kohlenstoff, sondern ein Conglomerat dichter Kohlenwasserstoffverbindungen) ausscheidet, verbrennen, so kann dies nur durch vermehrte Luftzufuhr geschehen, wie es z. B. der Fall ist bei den Lampen durch Aufsetzen eines Glascylinders. Flammen, die keine Kohle ausscheiden, wie die des Grubengases und des Alkohols, brennen nur wenig leuchtend. Die Leuchtkraft eines leuchtenden Gases wird sofort vernichtet, wenn man demselben atmosphärische Luft zumischt, wie es z. B. in den Gasbrennern zu Heizungszwecken in den chemischen Laboratorien geschieht, oder wenn man es mit indifferenten Gasen oder Dämpfen mengt.

Die Beleuchtung findet statt

I. vermittelst bei gewöhnlicher Temperatur starrer Substanzen, die in Kerzenform zur Anwendung kommen, hierher gehören der Talg, das Palmöl, die Stearin- und Palmitinsäure, die Elaïdinsäure, das Wachs, der Wallrath und das Paraffin;

II. vermittelst flüssiger Substanzen, welche vorzugsweise zur Lampenbeleuchtung dienen, welche wieder zerfallen

a) in nichtflüchtige Oele, wie Rapsöl, Olivenöl und Thran;

b) in flüchtige Oele; letztere sind entweder

α) ätherische Oele, wie das Camphin (gereinigtes Terpentinöl), oder

β) durch Verarbeitung von Theer (aus Torf, Braunkohle, Blätterschiefer, Bogheadkohle) erhaltene Mineralöle, die Gemenge von flüssigen Kohlenwasserstoffen sind und unter dem Namen Solaröl, Photogen, Ligroïne, Kerosin im Handel sich finden, oder endlich γ) das von der Natur gelieferte Erdöl oder Petroleum, welches im raffinirten Zustande unter dem Namen Petrosolaröl als Leuchtstoff verwendet wird;

III. vermittelst gasförmiger Substanzen, welche entweder durch trockene Destillation von Steinkohle, bituminösem Schiefer, Torf, Holz, Petroleumrückständen, Harzen und Fetten sich bilden, welche bei hoher Temperatur in einen festen, kohlenreichen Rückstand, in Theer und in Gase zerlegt werden, oder auch wie das Wassergas aus Kohle und Wasserdämpfen entstehen.

Bei den gasförmigen Leuchtstoffen wird der lichtentwickelnde Körper entweder

a) von der Flamme selbst geliefert, wie bei dem gewöhnlichen Leuchtgas, oder

b) von aussen hinzugebracht, wie bei dem sogenannten Platingas durch Platindraht, bei dem Kalklicht durch Kalk, bei dem Magnesia- und Zirkonlicht durch einen Cylinder von Magnesia oder Zirkonerde, oder endlich durch flüssige Kohlenwasserstoffe (Carburiren des Gases).

I. Beleuchtung mittelst Kerzen.

Beleuchtung mittelst Kerzen.

Sieht man von den Kienspänen ab, deren man sich in armen Gegenden zur Beleuchtung bedient, so ist die Kerze die einzige Form, unter welcher feste Leuchtstoffe Anwendung finden. Die Kerze besteht aus dem cylindrisch geformten Leuchtmaterial (Palmitin- und Stearinsäure, Paraffin, Talg, Wachs), in dessen Längenaxe der Baumwolldocht sich befindet. Die Stärke des Dochtes muss im richtigen Verhältnisse zum Durchmesser der Kerze stehen. Wir beschreiben im Folgenden die Fabrikation:

1) der Stearinkerzen, 3) der Talgkerzen,

2) der Paraffinkerzen, 4) der Wachskerzen.

Fabrikation der Stearinkerzen.

1) Die Fabrikation der Stearinkerzen. Das Rohmaterial der Stearinkerzenfabrikation ist gegenwärtig Palmöl und Talg, zu welchen in den Vereinigten Staaten (in Cincinnati) das Schweineschmalz sich gesellt. Durch die Untersuchungen von W. Heintz (in Halle a. S.), welche sich an die von Chevreul anschliessen, hat sich ergeben, dass die genannten Fette aus Palmitinsäure, Stearinsäure und Oelsäure und Glycerin bestehen. Diejenige Säure, welche von Chevreul Margarinsäure genannt worden ist, erwies sich als ein Gemenge von Palmitinsäure und Stearinsäure. Sehr häufig bestehen die sogenannten „Stearinkerzen“ aus Gemischen von Stearin (dem Gemenge von Palmitin- und Stearinsäure) und weichem Paraffin. Man nennt solche Kerzen Apollo- oder Melanylkerzen. Die Herstellung der Stearinkerzen zerfällt in zwei Hauptabtheilungen, nämlich

A. In die Darstellung der Fettsäuren,

B. In die Umwandlung derselben in Kerzen.

A. Die Darstellung der Fettsäuren kann geschehen durch Verseifung mit Kalk, mit Schwefelsäure und darauf folgende Destillation, mit Wasser und Hochdruck, und mittelst überhitzter Wasserdämpfe und nachfolgende Destillation.

Fettsäuredarstellung durch Kalkverseifung.

I. Verseifung der Fette mit Kalk. Als Fettsubstanz wendet man an Rinds- oder Hammeltalg und Palmöl. Der Hammeltalg enthält grössere Mengen fester Fettsäuren und lässt sich auch leichter verarbeiten, der Rindstalg dagegen ist wohlfeiler zu erlangen. Der aus Russland in grosser Menge kommende Talg ist gewöhnlich ein

Gemisch von Rindstalg mit Hammeltalg. Seitdem das Palmöl in grosser Menge und zu billigen Preisen nach Europa gelangt, ist in vielen Stearinkerzenfabriken das Palmöl die Hauptfettsubstanz geworden.

Das	Stearin	liefert	95,7	Th.	Stearinsäure	(bei	70° schmelzend)	$C_{18}H_{36}O_2$
„	Palmitin	„	94,8	„	Palmitinsäure	(„	62° „)	$C_{16}H_{32}O_2$
„	Oleïn	„	90,3	„	Oelsäure	(„	-12° „)	$C_{18}H_{34}O_2$

Das Stearin, Palmitin und Oleïn sind Glyceride, das Stearin ist Tristearin $C_{57}H_{110}O_6$, das Palmitin Tripalmitin $C_{51}H_{98}O_6$ und das Oleïn Trioleïn $C_{57}H_{104}O_6$. Während der Verseifung mit Kalkmilch bilden sich die Calciumsalze der drei Fettsäuren, der Stearinsäure, Palmitinsäure und Oelsäure, und das Glycerin wird abgeschieden. Die Verseifung selbst geht auf folgende Weise vor sich. Zunächst wird der Talg oder das Palmöl in mit Bleiblech ausgefütterten Holzbottichen geschmolzen, indem der Bottich, der beiläufig eine Capacität von 20 Hektoliter hat und mit 500 Kilogr. Talg und 800 Liter Wasser beschickt worden ist, mittelst Wasserdämpfen durch ein Rohr, dessen Ende spiralförmig am Boden des Bottichs liegt, erwärmt wird. Nachdem aller Talg geschmolzen ist, beginnt man nach und nach unter beständigem Umrühren 600 Liter Kalkmilch zuzusetzen, welche 70 Kilogr. gebrannten Kalk (= 14 Proc. vom Gewicht des Talges) enthalten. Nach 6–8stündigem Erhitzen ist die Bildung der Kalkseife vollständig erfolgt. Von der harten krümeligen Kalkseife wird die gelbliche Glycerinlösung abgezapft und dann auf Glycerin verarbeitet. Der Theorie nach würde man, von der Annahme ausgehend, dass auf je 3 Moleküle fetter Säuren, welche in dem neutralen Fette mit 1 Molek. Glycerin verbunden vorkommen, auf 100 Th. Fett nur 8,7 Th. gebrannten Kalkes brauchen. Trotzdem wendet man allgemein 14 Proc. an, weil man gefunden hat, dass der Ueberschuss die Verseifung erleichtert, allerdings aber auch später einen entsprechend grossen Aufwand an Schwefelsäure verursacht.

Die Kalkseife wird nun mittelst Schwefelsäure zersetzt, die man entweder im concentrirten Zustande oder als Kammersäure anwendet. Die Zerlegung der Kalkseife geschieht entweder in den nämlichen Bottichen, in welchen die Verseifung vor sich ging, oder in besonderen mit Blei ausgelegten Bottichen oder Steinkufen, welche ebenfalls am Boden mit einem Dampfrohr versehen sind. Das Quantum der zur Zersetzung der Kalkseife erforderlichen Schwefelsäure beträgt auf 500 Kilogr. Talg und 70 Kilogr. Kalk 137 Kilogr. Die Schwefelsäure wird mit Wasser bis auf 12° B. verdünnt (sie enthält in diesem Zustande noch 30 Proc. H_2SO_4), mit der Kalkseife in dem Zersetzungsbottich zusammengebracht, durch eingeleiteten Dampf erwärmt und drei Stunden lang gerührt. Nachdem die Fettsäuren sich abgeschieden haben, hemmt man die Dampfzufuhr und lässt die Flüssigkeit einige Zeit ruhen, wodurch sich die geschmolzenen fetten Säuren auf der Oberfläche ansammeln und ein grosser Theil des entstandenen Calciumsulfates am Boden des Bottichs sich abscheidet. Die geschmolzenen fetten Säuren werden in eine mit Blei ausgefütterte Kufe abgelassen oder übergeschöpft und behufs der Entfernung der letzten Antheile von Kalk und Gyps zuerst unter gleichzeitiger Mitwirkung von Wasserdämpfen mit verdünnter Schwefelsäure von 1,089 spec. Gewicht (= 12° B.) und dann mit Wasser gewaschen. Was die Ausbeute an fetten Säuren aus gereinigtem Talg betrifft, so geben

500	Kilogr.	Talg	459,5	Kilogr.	fette	Säuren
500	„	„	463	„	„	„
500	„	„	478	„	„	„
500	„	„	487,5	„	„	„
2000	Kilogr.	Talg	1888,0	Kilogr.	fette	Säuren

entsprechend 94,8 Proc. Die Ausbeute ist abhängig von der Art, Reinheit und Behandlung des Talges.

100 Th. der fetten Säuren gaben:

a) 43,3	Th.	feste	Fettsäure	Im Mittel 45,9 Th. eines Gemenges von Stearin- und Palmitinsäure.
b) 45,8	„	„	„	
c) 46,2	„	„	„	
d) 48,4	„	„	„	

Nachdem die fetten Säuren so vollständig als möglich durch wiederholtes Waschen mit Wasser von Kalk, Gyps und Schwefelsäure befreit worden sind, erhält man dieselben einige Zeit im geschmolzenen Zustande, um dem Wasser Gelegenheit zu geben, sich vollständig abzuscheiden; hierauf lässt man die fetten Säuren erstarren oder krystallisiren und presst dann den nicht fest gewordenen Theil, wesentlich aus Oelsäure bestehend, in starken hydraulischen Pressen, erst in der Kälte, dann unter Mitwirkung der Wärme aus. Das Erstarrenlassen geschieht in Kapseln oder Formen von Weissblech, die ähnlich den Chocoladeformen am Rande weiter sind als am Boden und ungefähr 2 Kilogr. fette Säuren zu fassen vermögen. In einigen Fabriken wendet man gegenwärtig auch Formen aus emaillirtem Schwarzblech an. Die fetten Säuren werden nun in den Formen einer langsamen Krystallisation überlassen, wozu im Winter 12, im Sommer 24 Stunden erforderlich sind. Je langsamer die Krystallisation vor sich geht und je besser die Krystalle sich ausbilden konnten, desto leichter und vollständiger lassen sich die flüssigen Theile durch Auspressen abscheiden.

Nach vollständigem Erstarren der Masse in den Formen schreitet man zur Trennung der festen und flüssigen Fettsäuren. Dies geschieht durch Pressen und zwar zunächst durch kaltes Pressen und hierauf durch warmes Pressen. Behufs des kalten Pressens stürzt man die Form auf das Presstuch, ein grobes sackförmiges Gewebe aus Rosshaar oder auch ein geköperter Stoff von Kammgarn aus besonders starker und zäher Wolle, schlägt die braungelben Fettbrote in dasselbe ein, schichtet die gefüllten Presssäcke zwischen Eisen- oder Zinkplatten auf den Presstisch einer gewöhnlichen hydraulischen Presse und unterwirft dieselben einem Drucke von 200,000 Kilogr. Die abfliessende Oelsäure wird von Sammeltrichtern, die unter dem Presstische sich befinden, aufgenommen und in ein Reservoir geführt. Sie findet Anwendung zur Seifenbereitung und zum Einfetten der Wolle, so wie in neuerer Zeit als Oelsäureäther mit Thon gemischt als vortreffliches Lederöl (zum Geschmeidigmachen des Leders). Wenn die vertikale hydraulische Presse keine Oelsäure mehr giebt, schreitet man zum warmen Pressen. Hierzu dienen allgemein liegende oder horizontale hydraulische Pressen, deren Construction seit der Gründung der Stearinkerzenindustrie mehrfach abgeändert worden ist. Anfänglich bestanden sie aus dem Trog, in welchem das Pressen stattfindet, aus dem Presscylinder und aus gusseisernen Platten, welche man bei jeder Operation in siedendes Wasser tauchte und hierauf zwischen die Fettsäurebrote brachte. Dieses Verfahren nahm viel Arbeit in Anspruch. Später wurde das Erwärmen in der Art bewerkstelligt, dass man um den die Fettbrote enthaltenden Trog eine doppelte Wand anbrachte, in welche man Dampf leitete. Häufig befolgt man in den Fabriken beide vereinigte Methoden, aber anstatt die gusseisernen Platten bei jeder Operation behufs des Erwärmens herauszunehmen, bleiben sie immer in der Presse; sie sind hohl und werden durch Dampf geheizt.

Die einzelnen Sorten der durch das Warmpressen erhaltenen festen fetten Säuren werden nun der Läuterung unterworfen. Dies geschieht, indem man dieselben mit Dampf mit sehr verdünnter Schwefelsäure (von 3° B.) in mit Blei ausgefütterten Waschbottichen schmilzt und dieselbe Operation auf reinem Wasser 2–3mal wiederholt, bis alle Schwefelsäure ausgewaschen ist, hierauf erhält man sie längere Zeit im geschmolzenen Zustande, bis sich alles Wasser abgeschieden hat und giesst sie endlich in Formen. Das Waschwasser muss frei von Kalk sein; steht nur kalkhaltiges zu Gebote, so entfernt man den Kalk durch Fällen mit Oxalsäure oder Stearinsäure. Zuweilen klärt man die Fettsäuren, indem man während des letzten Schmelzens auf dem Wasser zu Schaum geschlagenes Eiweiss (auf 100 Kilogr. Fettsäure zwei Eier) zusetzt, oder die Stearinsäure nochmals auf mit Oxalsäure angesäuertem Wasser umschmelzt. Die so erhaltene Fettsäure wird entweder in Blechformen gegossen, um in Gestalt von flachen Kuchen an die Kerzenfabrikation abgegeben zu werden oder sofort in der Fabrik selbst zu Kerzen verarbeitet.

In den Stearinkerzenfabriken werden behufs der Ausscheidung der Fettsäuren aus der Kalkseife jährlich Tausende von Centnern Schwefelsäure in werthlosen Gyps verwandelt. Es liegt daher der Gedanke nahe, zur Verseifung des Talges oder Palmöles Aetzbaryt anzuwenden, womit zugleich der Vortheil verknüpft ist, dass man die zur Zersetzung der Seife verwendete Schwefelsäure fast zu dem Ankaufspreise in Gestalt von Barytweiss verwerthen und aus der von der schweren und sich leicht absetzenden Barytseife abgelassenen Flüssigkeit das Glycerin weit vollständiger abscheiden kann, als wenn man sich des Kalkes zum Verseifen bedient hätte. Einer von Cambacérès im Jahre 1855 vorgeschlagenen Verseifungsmethode mit Thonerde liegt gleichfalls die Absicht zu Grunde, bei der Zersetzung der unlöslichen Seife durch Schwefelsäure ein werthvolleres Nebenprodukt als der Gyps ist, zu erhalten. Thonerde verseift die Fette nicht, wol aber Natrium-Aluminat (das seit einigen Jahren als *Natrona refined Saponifier* in Nordamerika vielfach zur Verseifung angewendet wird); es bildet sich Aluminiumseife, während das Natron frei wird und zum Auflösen neuer Antheile von Thonerde verwendet werden kann. Seitdem durch die Verarbeitung der beiden Mineralien Kryolith und Bauxit das Natrium-Aluminat als Zwischenprodukt auftritt, welches dann weiter auf Aluminiumsulfat und auf Soda verarbeitet wird, verdient der Vorschlag bei der Bereitung der Stearinsäure Aluminiumseife, statt der Calciumseife, darzustellen, alle Beachtung, da die Flüssigkeit, welche durch Zersetzen der Seife mit Schwefelsäure erhalten wird, sofort auf reines Aluminiumsulfat oder auf Alaun verarbeitet werden kann. Ausserdem ist hier hervorzuheben, dass die Aluminiumseife bereits in der Kälte durch Essigsäure zersetzt werden kann, wodurch sich Aluminiumacetat (vergl. S. 296) gewinnen lassen wird.

Die Kalkverseifung hat bedeutend an Boden verloren, seitdem die weit vortheilhaftere Verseifung mit Schwefelsäure und mit überhitzten Wasserdämpfen eingeführt worden ist.

Verseifung mit vermindertem Kalkzusatze.

II. Verseifung mit vermindertem Kalkzusatze und Anwendung von Hochdruck. de Milly hat das Verfahren des Verseifens der Fette durch Kalk wesentlich abgeändert. Er hatte nämlich gefunden, dass die Menge des zur Verseifung erforderlichen Kalkes, welche er in seiner Fabrik schon längst von 14 Proc. auf 8 oder 9 Proc. des Talggewichtes vermindert hatte, sich noch auf die Hälfte, also auf 4, ja selbst auf 2 Proc. verringern lasse, vorausgesetzt, dass man die Mischung von Kalk, Wasser und Fett einer höheren Temperatur als bisher aussetzt. de Milly liess in einem verschlossenen Kessel 2300 Kilogr. Talg und 20 Hektoliter Kalkmilch, welche 50 Kilogr. Kalk (= 2 Proc.) oder 69 Kilogr. desselben (= 3 Proc.) enthielt, bringen und auf das Gemisch Dampf von 182° C. (= 10 Atmosphären Druck) einwirken, so dass die Temperatur in dem Kessel 172° C. betrug. Es ergab sich, dass nach Verlauf von sieben Stunden die Verseifung beendigt war. In dem Kessel fand sich eines Theiles eine wässerige Lösung von Glycerin, andern Theiles eine Masse aus fetten Säuren bestehend, in welcher kleine Mengen von Calciumseife eingesprengt waren. Der Kessel wurde entleert und von Neuem beschickt, so dass in 24 Stunden 6900 Kilogr. Talg verarbeitet werden konnten. Dieses Verfahren ist ein sehr vorteilhaftes, da die Menge der zur Zersetzung der Calciumseife erforderlichen Schwefelsäure beträchtlich vermindert wird.

Zur Erklärung dieser eigenthümlichen Art der Verseifung führt Payen an, indem er von den Untersuchungen von Bois und Berthelot ausgeht, er glaube, der Kalk gebe bei seiner Einwirkung auf das Tristearin, Tripalmitin und Trioleïn den Anstoss zu einer Molecularbewegung, welche durch das Wasser bei einer Temperatur von 172° beendigt werde. Pelouze hatte beobachtet, dass Calciumseife, durch Fällen einer wässerigen Lösung von Chlorcalcium mit einer wässerigen Lösung von käuflicher Seife erhalten, mit einem gleichen Gewicht Wasser und dann mit Olivenöl in einen Digestor gegeben, bei einer Temperatur von 155–165° das Oel unter Freiwerden von Glycerin verseifte. Aus diesen und ähnlichen Versuchen glaubt er schliessen zu dürfen, dass bei der de Milly'schen Verseifung durch einige Procente Kalk der Process in mehrere Perioden zerfällt, in welchem sich zuerst eine basische oder neutrale Seife bildet, die sich endlich in eine saure Seife umwandelt. Zieht man aber in Betracht, dass de Milly bei der Verseifung mit 2 Proc. Kalk eine Temperatur von 182° (entsprechend 10 Atmosphären Druck) anwendet, dass ferner Wright und Fouché mit dem Wasser allein bei der nämlichen Temperatur fast vollständig eine Zersetzung der Fette bewirkten, und dass endlich Clöez bei 200° eine vollkommene Verseifung der Fette durch Wasser allein eintreten sah, so scheint es am einfachsten, in dem vorliegenden Falle anzunehmen, dass nur das Wasser das zersetzende Element sei und dass die Gegenwart von 2 Proc. Kalk die Verseifung befördere und vereinfache, indem sie die im entgegengesetzten

Sinne wirkende Verwandtschaft, die nach Berthelot's Versuchen beim Zusammenbringen von freier Fettsäure und Glycerin durch das Bestreben sich äussert, sich zu dem ursprünglich vorhanden gewesenen neutralen Fettkörper zu vereinigen, erfolgreich aufhebt. Dasselbe Resultat wird noch besser durch eine kleine Menge Alkali erzielt.

Verseifung mit Schwefelsäure.

III. Die Verseifung mit Schwefelsäure und darauf folgende Dampfdestillation. Dass die Fette durch concentrirte Schwefelsäure eine ähnliche Zersetzung erleiden wie durch die Alkalien, war schon Achard im Jahre 1777 bekannt, wurde 1821 von Caventon und 1824 von Chevreul wieder erwähnt, aber erst von Frémy, der den Einfluss der concentrirten Schwefelsäure einem genauen Studium unterwarf, im Jahre 1836 wissenschaftlich erklärt. Für die Industrie erhielt die Schwefelsäureverseifung erst Bedeutung, als Dubrunfault 1841 die Destillation der Fettsäuren in den Betrieb einführte. Als Fettmaterial verwendet man gewöhnlich bei der Schwefelsäureverseifung nur solche Fette, die wegen ihrer Beschaffenheit und der Verunreinigungen, die sie enthalten, zur Kalkverseifung nicht verwendbar sind, so das Palmöl, das Cocosnussöl, das Knochenfett, die Fettabfälle der Schlächtereien, der Küchen, die Produkte der Zersetzung der Seifenwässer der Wollspinnereien und Tuchfabriken durch Schwefelsäure (obgleich dieses Fett zur Bereitung des Suintergases vortheilhaft Anwendung findet), Rückstande vom Reinigen des Theeres, Raffiniren des Oeles, Auslassen des Talges u. s. w.

Das ganze Verfahren, wie es heutzutage (u. a. in der grossen Stearinkerzenfabrik von Leroy und Durand zu Gentilly bei Paris, die mir während der Ausstellung 1867 zugänglich war) ausgeführt wird, zerfällt in drei Phasen, nämlich

α) in die Verseifung mit Schwefelsäure,

β) in die Zersetzung der Produkte der Schwefelsäureverseifung,

γ) in die Destillation der Fettkörper.

α) Die Verseifung mit Schwefelsäure. Da die meisten der Fettmaterialien, die man bei der Schwefelsäureverseifung verwendet, im hohen Grade verunreinigt sind, so werden dieselben zunächst umgeschmolzen und absetzen gelassen. Die so gereinigten Fette kommen nun in den zur Verseifung dienenden Kessel aus starkem Schwarzblech und mit Blei überkleidet, der mit einem Rührapparat versehen ist und durch Einleiten von Dampf zwischen doppelte Boden erwärmt werden kann. In diesen Kessel bringt man die Schwefelsäure von 66° B. Die Menge derselben richtet sich nach der Natur der angewendeten Fettmaterialien; bei Anwendung von Küchenfett, Fettabfällen der Schlächtereien und dergl. braucht man 12 Proc. vom Gewicht der Fette, bei Palmöl genügen oft 6 Proc.; die durchschnittliche Menge der Schwefelsäure beträgt 9 Proc. Nachdem das Fett zugegeben worden ist, setzt man den Rührapparat in Bewegung und beginnt nun die Erhitzung durch Einleiten von Wasserdämpfen in den doppelten Boden des Kessels. Die Temperatur, bis zu welcher man erhitzt, ist verschieden; in der Fabrik von Price u. Co. in London steigert man dieselbe bis auf 177° C., in der Fabrik zu Gentilly wird dagegen eine Temperatur von 110–115° selten überschritten. Während des Erhitzens bläht sich die Masse auf, färbt sich braun und entwickelt reichlich schweflige Säure, welche letztere sich durch die Einwirkung der concentrirten Schwefelsäure auf einen Theil des Glycerins, theils aber auch aus den verunreinigenden Körpern sich bildet. Das neutrale Fett geht hierbei in ein Gemenge der Sulfofettsäure mit Sulfoglycerinsäure über. Nach 15–20stündigem Erwärmen und Rühren ist der Verseifungsprocess beendigt. Nach einem neuen Verfahren von de Milly (1867) wird der Talg auf 120° erwärmt, mit 6 Proc. Schwefelsäure erwärmt, die Dauer der Einwirkung aber auf 2–3 Minuten beschränkt. Dadurch ist es möglich, 80 Proc. der festen Fettsäuren in einem Zustande zu erhalten, in welchem sie sofort (d. h. ohne vorherige Destillation) zu Kerzen verwendet werden können, während nur 20 Proc. destillirt werden müssen[175].

β) Die Zersetzung der Produkte der Schwefelsäureverseifung. Nach vollendeter Verseifung schreitet man zur Zersetzung der Sulfofettsäure. Zu dem Ende lässt man die Masse 3–4 Stunden lang abkühlen und dann in grosse mit Bleiblech ausgekleidete Holzbottiche laufen, die zum dritten Theile mit Wasser angefüllt sind. In den Bottichen liegen Dampfröhren, welche das Gemisch bald auf eine Temperatur von 100° bringen. Hierbei wird die Verbindung der Schwefelsäure mit der Fettsäure zerlegt und letztere theils mit einem grösseren Gehalt an Wasserstoff und Sauerstoff als die fetten Säuren, aus denen sie sich gebildet, theils aber auch unverändert ausgeschieden und schwimmt oben auf. Nachdem sie wiederholt mit siedendem Wasser gepeitscht worden sind, zapft man die fetten Säuren in ein Gefäss ab, wo man bei einer Temperatur von 40–50° C. Wasser und fremde Körper absetzen lässt. Die geklärten fetten Säuren werden in einer flachen Pfanne mit abgehendem Feuer erwärmt, bis alles Wasser daraus entfernt ist, hierauf werden sie der Destillation unterworfen.

γ) Die Destillation der fetten Säuren erfordert die Beobachtung verschiedener Vorsichtsmaassregeln; wollte man über freiem Feuer destilliren, so würden sich die fetten Säuren zum grossen Theile unter Hinterlassung eines reichlichen Kohlenrückstandes und unter Theerbildung und Entwickelung grosser Mengen brennbarer Gase zersetzen. Wenn man aber die Temperatur regelt, dadurch, dass man das Fett vor der Einwirkung des freien Feuers bewahrt, namentlich die atmosphärische Luft aus den Destillirapparaten vollständigst entfernt, so geht die Destillation regelmässig vor sich und die Fettsäuren sublimiren grösstentheils unverändert. Man erfüllt diese Bedingungen durch Anwendung überhitzter Wasserdämpfe von 250–350°. Die Fettsäuren kommen in eine geräumige Retorte, die in einer Oeffnung einer Mauer sich befindet. Mit der Retorte communicirt einestheils ein Rohr, welches den überhitzten Wasserdampf zuführt, anderntheils ein gewöhnliches Kühlrohr. Die in der Vorlage sich ansammelnden Fettsäuren sind übrigens zu den verschiedenen Zeiten der Destillation nicht die nämlichen. Fängt man sie fractionirt vom Anfange der Destillation bis zu dem Ende auf, so ist ihr Schmelzpunkt

		Aus Palmöl	Aus Küchen- und Knochenfett
1	Produkt	54,5	44°
2	„	52	41
3	„	48	41
4	„	46	42,5
5	„	44	44
6	„	41	45
7	„	39,5	41

Das zugleich mit den Fettsäuren sich condensirende Wasser läuft durch einen Hahn aus der Vorlage ab; bei Beginn der Operation macht es die Hälfte des Produkts, gegen das Ende nur mehr ein Drittheil desselben, aus. Die Destillation nimmt bei Anwendung von Retorten von 1000 bis 1100 Kilogr. Capacität ungefähr 12 Stunden in Anspruch. Ihr Ende erkennt man daran, dass die condensirten Produkte sich färben. In der Retorte bleibt ein schwarzer Theerrückstand, dessen Menge 2–5 Proc. vom Gewicht des angewendeten Palmöles, 5–7 Proc. wenn Küchenfett destillirt wurde, ausmacht. Der Rückstand bleibt in der Retorte, bis er durch wiederholte Destillationen sich in solcher Menge angehäuft hat, dass er entfernt werden muss. Die ersten Produkte der Destillation des mit Schwefelsäure verseiften Palmöles sind so fest, dass durch Pressen keine flüssige Säure mehr ausgepresst werden kann; sie können sofort zur Kerzenfabrikation Verwendung finden; die späteren Produkte verwandelt man durch Umschmelzen in Fettsäurebrote, presst dieselben unter der hydraulischen Presse aus und schmilzt sie auf Wasser um. Die abgepressten flüssigen Produkte benutzt man zur Seifenfabrikation oder als Küchenlampenöl. Die hierbei erhaltene Oelsäure ist wesentlich von der bei der Kalkverseifung erhaltenen verschieden.

Man erhält nach diesem Verfahren an Fettsäuren

aus	dem	Suinter	47–55	Proc.
„	den	Olivenölabfällen	47–50	„
„	dem	Palmöl	75–80	„
„	„	Fette der Schlächtereien	60–66	„
„	der	Oelsäure	25–30	„

Anstatt der Schwefelsäure hat man das Chlorzink, welches (vgl. Seite 84) in vielen Fällen sich der Schwefelsäure ähnlich verhält, zur Verseifung der Fette in Vorschlag gebracht. Es hat vor der Schwefelsäure für manche Länder, so für die Staaten Südamerikas, unzweifelhafte Vorzüge, die nicht nur, weil es immer wieder gewonnen werden kann, in dem billigen Preise, sondern auch darin zu suchen sind, dass es sich, in Kasten oder Fässer gegossen, mit Leichtigkeit und ohne Gefahr transportiren lässt. Wenn man nach den Versuchen von L. Krafft und Tessié du Motay ein neutrales Fett mit wasserfreiem Chlorzink erhitzt, so tritt zwischen 150 und 200° eine vollständige Vermischung der beiden Stoffe ein. Nach einige Zeit fortgesetztem Erhitzen und Auswaschen der Masse mit warmem Wasser oder besser mit Wasser, welches mit etwas Salzsäure angesäuert wurde, erhält man ein Fett, welches bei der Destillation die ihm entsprechende Fettsäure giebt, wobei nur sehr geringe Mengen von Arcoleïn sich bilden. Das Waschwasser nimmt hierbei fast alles Chlorzink wieder auf und kann durch Eindampfen desselben wieder gewonnen werden. Die Fettsäuren bilden sich hierbei in derselben Menge als nach dem Verseifungsverfahren mit Schwefelsäure; sie haben dasselbe Ansehen, dieselben Eigenschaften und denselben Schmelzpunkt. Die Menge des zur vollständigen Verseifung erforderlichen Chlorzinks beträgt 8–12 Proc. vom Gewicht des Fettes.

Verseifung mit Wasser und Hochdruck.

IV. Verseifung mit Wasser und Hochdruck. Neben den Alkalien und Säuren ist vor etwa 16 Jahren ein neues Agens zur Spaltung der neutralen Fette in Glycerin und in Fettsäuren zur Anwendung gekommen. Dieses Agens ist einfach durch Hochdruck überhitztes Wasser:

$$\left.\begin{matrix} C_3H_5 \\ 3(C_{16}H_{31}O) \end{matrix}\right\} O_3 + 3H_2O - \left.\begin{matrix} C_3H_5 \\ H_3 \end{matrix}\right\} O_3 + 3\left[\begin{matrix} H \\ C_{16}H_{31}O \end{matrix}\right] O$$

Tripalmitin. Wasser. Glycerin. Palmitinsäure.

Der Gedanke, die Fette einer derartigen Behandlung zu unterwerfen, ist nicht neu. Schon in den Arbeiten Appert's (1823) und Manicler's (1826) finden sich Andeutungen über die Zersetzung der Fette durch überhitztes Wasser, obgleich der von genannten Technikern beabsichtigte Zweck durchaus verschieden von der Aufgabe war, die sich heutzutage die Industrie stellt. Bei den Versuchen Appert's und Manicler's handelte es sich nur um die Trennung des Talges von den Membranen, die denselben einschliessen. Eine Temperatur von 115–121° war zu dem Ende schon völlig genügend. Bei einer Temperatur von 180° und einem Druck von 10–15 Atmosphären kann das Wasser auf die neutralen Fette eine weit tiefer gehende Wirkung äussern und sie sofort in ihre beiden constituirenden Bestandtheile spalten. Die Kenntniss dieser interessanten und wichtigen Reaction verdankt man den Arbeiten der beiden Chemiker Tilghman in England und Berthelot in Paris, welche im Jahre 1854 fast zu gleicher Zeit die folgenreiche Entdeckung machten. Kurze Zeit nachher gelangte auch Melsens in Brüssel zu dem nämlichen Resultat. Von den drei genannten Chemikern beschäftigten sich jedoch nur zwei, nämlich Tilghman und Melsens, mit der industriellen Seite der Frage. Die von beiden Technikern angewendeten Methoden haben übrigens vieles mit einander gemein.

Tilghman setzt zu dem zu zerlegenden neutralen Fette ⅓ oder ½ Volumen Wasser und bringt das Gemisch in ein geeignetes Gefäss, worin es der Einwirkung der Wärme, nämlich einer etwa dem Schmelzpunkt des Bleies gleichkommenden Temperatur — 320° — ausgesetzt werden kann, bis der beabsichtigte Zweck erreicht ist. Zur Erzielung des erforderlichen Druckes und zur Verhütung der Verflüchtigung des Wassers ist selbstverständlich ein geschlossenes Gefäss anzuwenden. Das Verfahren lässt sich rasch und continuirlich ausführen, indem man das Gemisch von Fett und Wasser durch ein Rohr circuliren lässt, welches auf die erwähnte Temperatur erhitzt ist. Das Verfahren von Melsens besteht einfach darin, dass man in einem Papin'schen Digestor das zu zersetzende Fett bei 180–200° C. mit 10–20 Proc. Wasser in Berührung bringt, welches mit 1–10 Proc. Schwefelsäure versetzt worden ist. Sein Apparat ist ein langer liegender Kessel, in welchem die Mengung des Wassers mit dem Fett durch einen zweiten kleinen Kessel bewirkt wird, den man bald mit dem erstem in Verbindung bringt, dadurch mit Dampf füllt, diesen alsdann in die Luft entweichen lässt und den Rest verdichtet. Das dadurch im kleinen Kessel entstandene Vacuum saugt nun beim Oeffnen eines Hahnes Wasser und Fett aus dem untern grossen Kessel; stellt man alsdann wieder zwischen den oberen Theilen beider Kessel eine Verbindung her, so wird das Flüssigkeitsgemisch mit Heftigkeit in den unteren Kessel getrieben und bewirkt die Mischung aller dort vorhandenen Flüssigkeit. Von den übrigen Apparaten, die zu gleichem Zwecke von verschiedenen Technikern construirt worden sind, sei erwähnt der sinnreiche Apparat von Wright und Fouché. Dieser Apparat besteht aus zwei starken kupfernen Kesseln, die hermetisch verschlossen sind und über einander stehen. Zwei Röhren verbinden diese Kessel mit einander; die eine *a* geht in den unteren Kessel fast bis auf dessen Boden herab und mündet mit dem andern Ende kurz über dem Boden des oberen Kessels, die zweite Röhre *b* geht vom Deckel des unteren Kessels aus und mündet unter dem Deckel des oberen Kessels. Der obere Kessel ist der Dampfgenerator, in dem zweiten geht die Zersetzung der Fette vor sich. Soll mit dem Apparat gearbeitet werden, so füllt man den Generator mit Wasser bis zu dem Punkte an, wo das erste Rohr *a* mündet; der zweite Kessel wird mit dem geschmolzenen Fette so weit angefüllt, dass das Fett das Rohr *b* oben berührt; es bleibt mithin ein freier Raum — von dem Patentträger Expansionsraum, *chambre d'expansion* genannt — zwischen dem Fett und dem Deckel des zweiten Kessels. Wird nun stark geheizt, so gelangt der Dampf aus dem Generator durch das Rohr *b* in den Expansionsraum, condensirt sich hier, geht hierauf im verdichteten Zustande durch das specifisch leichtere Fett abwärts, um durch das Rohr *a* von Neuem in den Generator zu gelangen. Auf diese Weise wird die neutrale Fettsubstanz bei hoher Temperatur und hohem Druck unablässig mit Wasser innig gemischt und in kurzer Zeit vollständig in Fettsäure und Glycerin gespalten.

Fabrikation fetter Säuren mittelst überhitzter Wasserdämpfe und nachfolgender Destillation.

V. An die im vorstehenden Abschnitte beschriebene Verseifung mittelst überhitzten Wassers schliesst sich die Verseifung mittelst überhitzter Wasserdämpfe an, welche gegenwärtig in England von der Compagnie Price im grössten Maassstabe angewendet und ausgebeutet wird.

Bereits Gay-Lussac und nach ihm Dubrunfault suchten das Factum, dass neutrale Fette bei ihrer Destillation in Fettsäuren übergehen, industriell zu verwerthen. Aber trotz aller Mühe, trotz der gleichzeitigen Anwendung des Wasserdampfes entsprach der Erfolg durchaus nicht den Erwartungen; stets war es der Fall, dass ein Theil der Fettsubstanz unter Bildung von kohligen Produkten und von Acroleïn sich zersetzte. Wilson und Gwynne waren mit ihren Bestrebungen glücklicher; mit Anwendung von Destillirapparaten, welche in ihrer Construction im Wesentlichen mit den auf Seite 702 beschriebenen übereinstimmen, gelang unter Mitwirkung überhitzter Wasserdämpfe die vollständige Spaltung der neutralen Fette in Fettsäure und in Glycerin. Durch strenges Einhalten einer bestimmten Temperatur war es nicht nur möglich, die Fette völlig zu verseifen, sondern auch die Produkte der Verseifung, die fetten Säuren und das Glycerin, unzersetzt zu destilliren. Die Retorten, in denen die Destillation vorgenommen wird, haben eine Capacität von 60 Hektolitern; sie werden durch directe Heizung auf eine Temperatur gebracht, welche genau zwischen 290–315° liegt. Ein schmiedeeisernes Rohr führt bis auf 315° erhitzten Dampf in die geschmolzene Fettsubstanz. Die Dampfzufuhr wird je nach der Art des Fettes 24–36 Stunden unterhalten. Die Verseifung geht auf diese Weise vollständig vor sich, die frei gewordene Fettsäure und das Glycerin werden an der unteren Mündung des

Kühlapparates gewonnen. Erstere wird sofort auf Kerzen verarbeitet, während das Glycerin durch eine nochmalige Dampfdestillation gereinigt wird. Wie oben hervorgehoben, ist die geeignete Temperatur auf das sorgfältigste einzuhalten; ist sie niedriger als 310°, so ist die Zersetzung eine äusserst langsame, steigt sie dagegen höher, so wird ein Theil der Fettsubstanz zersetzt und es entsteht Acroleïn in reichlicher Menge.

Darstellung der Kerzen.

B. Darstellung der Kerzen. Ein sehr wichtiger Theil einer Stearinkerze, wie einer Kerze überhaupt, ist der Docht, in dessen engen Zwischenräumen das durch die Wärme der Flamme geschmolzene Leuchtmaterial in dem Grade aufgesaugt wird, als es die Flamme consumirt. Der Docht muss mithin aus porösen Substanzen bestehen und ausserdem muss er auch — wenigstens bei Kerzen, nicht immer bei Lampen — verbrennlich sein.

In Bezug auf die gute Beschaffenheit der Dochte ist es wesentlich, dass sie aus gleichförmig dickem und rein gesponnenem Garn bestehen, damit der Docht selbst überall gleich dick sei und keine nicht eingesponnenen Fäden (sogenannte Räuber oder Neider) von ihm abstehen. Das Garn, welches am häufigsten genommen wird, ist schwach gedrehtes Mulegarn und zwar gewöhnlich No. 16–20 für Talgkerzen, No. 30–40 für Stearinkerzen. Je reiner und gleichförmiger die Dochte in ihrer ganzen Länge sind, desto gleichmässiger geht in Folge der gleichförmigen Capillarwirkung, genügende Reinheit des Leuchtmaterials vorausgesetzt, das Emporsteigen der Fettsubstanz, mithin auch ein gleichförmiges Verbrennen der Länge nach vor sich. Früher und gegenwärtig auch noch häufig bei Talg- und Wachskerzen war der Docht gedreht, d. h. die einzelnen Baumwollfäden lagen, eine steile Schraubenlinie beschreibend, nebeneinander. Cambacérès war es, der die Dochtfabrikation verbesserte in der Absicht, das zeitweilige Abschneiden oder lästige Putzen der Flamme zu vermeiden. Diese Verbesserung bestand in der Einführung der geflochtenen Dochte, wodurch der Kerze der Beistand der Lichtscheere entbehrlich wird. Unter dem Einflusse der Spannung, in welcher sich die einzelnen Baumwollfäden des zopfartig, gewöhnlich nur dreischnürig geflochtenen Dochtes befinden, erleidet das aus der Kerzenmasse hervorragende Ende desselben eine Krümmung, welche seine Spitze stets ausserhalb der Flamme hält und ihr gestattet, in der frei umspielenden Luft schnell zu verglimmen.

Ehe der Docht zur Kerzenfabrikation Anwendung finden kann, muss er erst präparirt werden. Denn der nicht präparirte Docht hinterlässt bei seiner unvollständigen Verbrennung einen Kohlerückstand, welcher die Capillarwirkungen des Dochtes bedeutend schwächt. Man war daher sofort nach der Einführung der Stearinkerzenfabrikation bemüht, den Docht mit Substanzen zu imprägniren, welche die Verbrennung des Dochtes befördern. Solche Körper fand de Milly im Jahre 1830 in der Borsäure und Phosphorsäure, durch welche den Dochten dadurch, dass genannte Säuren mit den Aschenbestandtheilen des Dochtes und vielleicht auch der Fettsubstanz zu einer Glasmasse zusammentraten und am Ende des Dochtes eine schwere Glasperle bildeten, wovon der Docht dergestalt bog, dass er ausserhalb der Flamme endete, Verbrennlichkeit ertheilt wurde. In den französischen Fabriken taucht man die zu präparirenden Dochte drei Stunden lang in eine Lösung von 1 Kilogr. Borsäure und 50 Liter Wasser, ringt sie dann kräftig aus oder befreit sie in der Centrifugalmaschine von der überschüssigen Flüssigkeit und trocknet sie sodann in einem doppelwandigen Blechkasten, in dessen Doppelwände Dampf einströmt. Um die Baumwolldochte besser netzbar zu machen, ist ein Zusatz von Alkohol zu der wässerigen Borsäurelösung zweckmässig. Payen empfiehlt als Dochtbeize eine mit 3–5 pro Mille Schwefelsäure versetzte Lösung von 5–8 Grm. Borsäure in 1 Liter Wasser. In einigen österreichischen Stearinkerzenfabriken wendet man zum Imprägniren der Dochte das phosphorsaure Ammoniak an. Bolley endlich macht auf eine Salmiaklösung von 2–3° B. als auf eine einfache und wohlfeile Dochtbeize aufmerksam.

Giessen der Kerzen.

Das Giessen der Kerzen. Die Fettsäurebrote, mögen sie das Produkt der Kalkverseifung oder das der Behandlung mit Schwefelsäure und nachheriger Destillation oder endlich nur der Einwirkung überhitzten Wassers sein, haben, so wie sie aus der Warmpresse hervorgehen, so ziemlich gleiche Eigenschaften; sie erscheinen als weisse durchscheinende und ziemlich cohärente Kuchen, sind jedoch noch nicht rein genug, um als Kerzenmaterial Anwendung finden zu können; ihre Ränder, die der Einwirkung der Presse sich entzogen, sind zuweilen noch ölsäurehaltig, weich und gelblich gefärbt, und ihre Oberfläche nicht selten durch Eisenoxyd und durch Haare der Presssäcke verunreinigt. Um die Brote zu reinigen, entfernt man zunächst die Ränder und schabt die beschmutzte Oberfläche ab; die Abfälle werden nochmals auf die Warmpresse gebracht. Hierauf werden die weissen Kuchen in mit Bleiblech ausgefütterten Bottichen mit Schwefelsäure von 3° B. zusammengebracht und darin etwa eine Stunde lang mit Dampf behandelt. Der Zweck dieser Behandlung ist nicht, wie zuweilen angegeben wird, die letzten Spuren von Calciumstearat zu zersetzen, welches gar nicht mehr vorhanden sein kann, sondern vielmehr das Eisenoxyd aufzulösen und die Fasern, von den Presssäcken herrührend, zu zerstören. Nach hinreichender Einwirkung entfernt man die Schwefelsäure und wäscht die Fettsäure mit siedendem Wasser aus, bis die letzten Spuren von Schwefelsäure entfernt sind. Hierauf setzt man zu der geschmolzenen Fettsubstanz eine gewisse Menge Eiweiss, rührt gut um und erhitzt bis zum Sieden. Beim Coaguliren hüllt das Eiweiss alle Unreinigkeiten ein und setzt sich mit ihnen am Boden des Bottichs ab. Die grosse Neigung der Stearinsäure zu krystallisiren und zwar in grossen Krystallblättern, wenn das Erkalten der geschmolzenen Säure langsam geschieht, war im Anfange der Einführung der Stearinkerzenfabrikation ein grosser Missstand. Man erhielt beim Giessen ungleichartig durchsichtige Kerzen, welche leicht brachen. Ein Zusatz von arseniger Säure gab allerdings sehr viel gleichmässiger aussehende minder kristallinische Kerzen, allein dieser Zusatz, obgleich derselbe nur in geringer Menge gemacht wurde, war mit den Forderungen der Hygiene ganz unvereinbar, und musste sehr bald auf dem Continente dem Verbote der Behörden, in England dem verdammenden Urtheile der öffentlichen Meinung verfallen. Die Mittel, die man gegenwärtig anwendet, erfüllen ihren Zweck eben so gut, man setzt nämlich der geschmolzenen Stearinsäure 2–6 Proc. weisses Wachs zu, oder noch gewöhnlicher, man lässt die geschmolzene Säure unter Umrühren bis nahe zu ihrem Erstarrungspunkt erkalten, ehe man sie in die fast bis auf den Schmelzpunkt der Säure erhitzte Form eingiesst. Durch das Abkühlen und Umrühren wird eine Art flüssigen Fettbreies erhalten, der nicht mehr krystallisirt. Seitdem es in den Stearinkerzenfabriken gebräuchlich ist, die geschmolzene Stearinsäure mit Paraffin (bis zu 20 Proc.) zu versetzen, ist von einer Neigung der Fettmasse zu krystallisiren, keine Rede mehr.

Fig. 269.

Fig. 270.

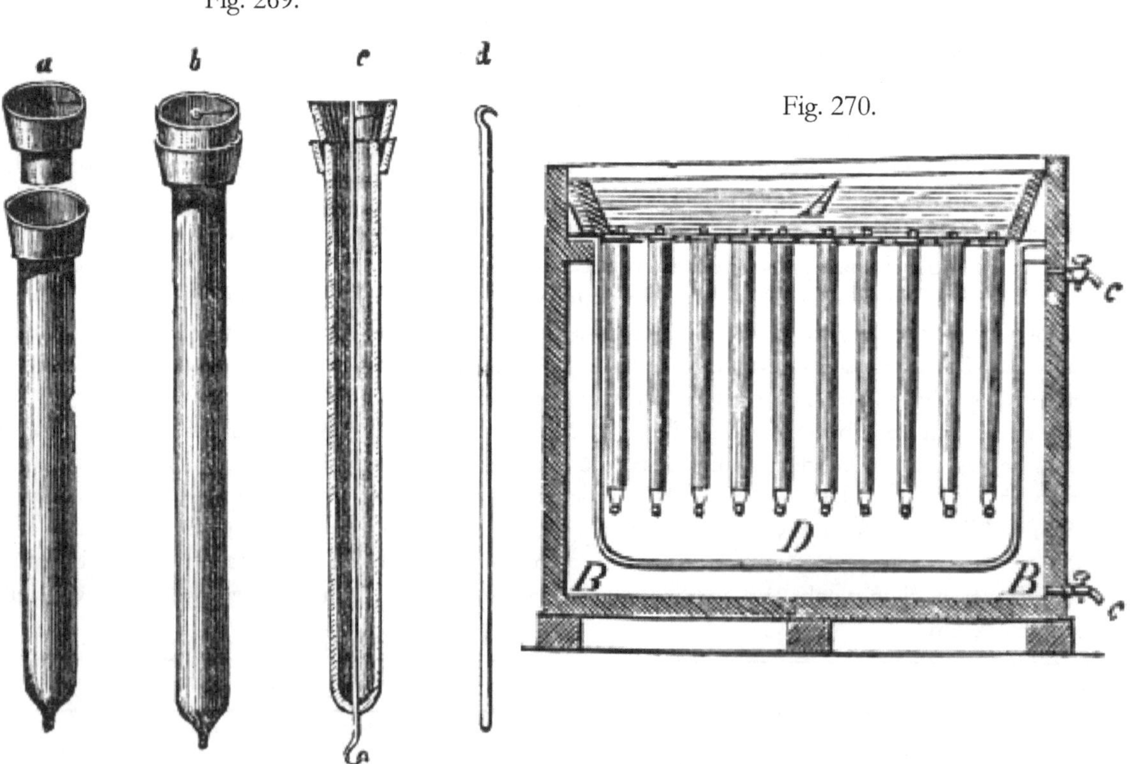

Die Kerzenformen bestehen aus einer Legirung von Zinn und Blei, in der Regel 20 Th. Zinn auf 10 Th. Blei; sie sind enge, etwas konische Röhren, welche inwendig sehr glatt sein müssen, um den Kerzen eben diese Glätte mitzutheilen. In die Axe derselben wird der Docht eingezogen, der einerseits in einem kleinen Loche am untern Ende, andererseits an einem auf das obere weite Ende gesetzten Trichter befestigt ist. Durch diesen Trichter wird zugleich die geschmolzene Fettsubstanz gegossen. Die Formen, wie sie in den französischen Fabriken üblich sind, zeigt Fig. 269. *a* stellt eine aus zwei Theilen bestehende Form, den Cylinder und den Talgtrichter, dar. *b* zeigt die Vorderansicht der zusammengesetzten Form, *c* einen Längendurchschnitt derselben und die Lage des Dochtes, *d* den Drahthaken, mittelst dessen der Docht durchgezogen wird. Die jetzt angewendeten Formen haben gewöhnlich eine Kapsel (Trichter) für 30 Formen. Fig. 270 zeigt einen solchen Giessapparat. *A D* ist ein grosser Blechkasten, in welchem sich die Formen befinden; dieser Kasten steht in einem zweiten *B B*, welcher durch Wasserdampf bis auf 100° erwärmt wird. Sobald die Kerzenformen bis auf 45° erwärmt sind, entfernt man den Kasten *A D* aus *B B* und füllt die Formen mit der geschmolzenen Stearinsäure. Nach der Füllung überlässt man die Formen sich selbst, bis die Kerzen erkaltet sind und herausgenommen werden können. In neuerer Zeit wendet man fast überall Giessmaschinen mit continuirlichem Betriebe an; sie haben fast sämmtlich das gemein, dass die aufgespülten Dochtschnüre durch die Formen gezogen und erst nach erfolgtem Gusse der Kerze und nachdem die Kerze aus der Form genommen wurde, abgeschnitten werden. Die gebräuchlichsten Giessmaschinen sind die von Cahouet und Morgane.

Die soweit fertigen Stearinkerzen werden nun, ehe man zum Beschneiden und Poliren derselben schreitet, in einigen Fabriken gebleicht und zu dem Ende der freien Luft, d. h. dem abwechselnden Einflusse der Sonnenstrahlen und des Thaues ausgesetzt. Dem Bleichplane werden sie mittelst eines endlosen Tuches zugeführt. Man legt sie hierbei auf eine gereinigte Tafel, von welcher das endlose Tuch sie aufnimmt. Dieses Tuch ist mit abgerundeten Querstäben besetzt, durch welche die Aufnahme der Kerzen vermittelt wird. Zum Aussetzen der Kerzen an die Luft dient ein tischartiges Gestell, welches statt der Tischplatten zwei Gewebe von Bleidraht enthält. Jedes dieser Gewebe bildet eine horizontale Fläche und beide sind reichlich eine halbe Kerzenhöhe von einander entfernt. Die Maschen des oberen Gewebes sind so weit, dass durch jede Masche eine Kerze hindurchgesteckt werden kann. Die Maschen des unteren Gewebes dagegen sind kleiner. Die Kerzen werden nun Stück für Stück, und mit ihrer Spitze nach oben, durch die Maschen des oberen Gewebes hindurchgesteckt und ruhen dann, vertical stehend, mit ihren Fussenden auf dem unteren Gewebe. In dieser Lage bleiben sie je nach der Jahreszeit kürzere oder längere Zeit der Luft ausgesetzt. Nach dem Bleichen werden die Kerzen beschnitten und polirt.

Talgkerzen.

2) Talgkerzen. Der gereinigte Talg ist das Material der Fabrikation der Talgkerzen (Unschlittlichte), welche in jene für die gezogenen Kerzen und für die gegossenen Kerzen zerfallt.

Die gezogenen Kerzen werden durch wiederholtes Eintauchen der Dochte in geschmolzenen Talg erzeugt. Bei dem Betriebe im Kleinen verfährt man auf folgende Weise: Der Talgtrog wird mit geschmolzenem Talg angefüllt und die auf den Dochtspiessen angereihten Dochte werden in denselben eingetaucht. Die Dochtspiesse sind Holzstäbchen von 0,75 Meter Länge und an beiden Enden etwas zugespitzt, um die Schlingen der Dochte mit Leichtigkeit darauf schieben zu können. Je nach dem Gewicht, welches man den Kerzen geben will, versieht man die Spiesse mit 16 oder mit 18 Dochten in möglichst gleichmässiger Entfernung, und taucht die Dochte nun senkrecht in den Talg und zwar mit einer schnell stossenden Bewegung, damit die Dochte ihre gerade Lage behalten. Bei diesem ersten Eintauchen, welches besonders das Tränken der Dochte zum Zwecke hat, muss der geschmolzene Talg noch ziemlich heiss sein, nicht nur deshalb, weil der heisse und daher flüssigere Talg die Capillaröffnungen des Baumwolldochtes besser erfüllt, sondern auch, weil der Docht vor dem Erkalten noch Zeit gewinnt, sich durch die eigene Schwere in die gerade Linie zu richten. Nach dem ersten Ziehen werden die Spiesse auf den Rand des Talgtroges gelegt, dann einer um den andern, nachdem die etwa verrückten Dochte wieder gerichtet worden sind, in den Werkstuhl zum Abtropfen gehängt. Letzterer ist ein einfaches Holzgestelle mit den Querleisten, auf welche die Enden der Dochtspiesse aufgelegt werden. Haben alle Dochtspiesse den ersten Zug erhalten und ist der Talg im Troge soweit abgekühlt, dass der Talg am Rande bereits eine dünne Haut zeigt, so schreitet man zum zweiten Eintauchen und so fort, bis die Kerzen die gewünschte Stärke erlangt haben. Da die untere Hälfte der Kerze leichter dicker wird als die obere, so hält man, um diesen Missstand wieder auszugleichen, nur das untere Stück in den Talgtrog, damit der überflüssige Talg wieder abschmelze. Der Talg im Talgtroge wird von Zeit zu Zeit, um ihn gleichmässig flüssig zu erhalten, mit einem Stabe umgerührt. Beim letzten Ziehen senkt man die Kerzen etwas tiefer ein, um dem obersten Theile der Kerze den sogenannten Kragen, d. h. eine konisch zulaufende Spitze zu geben. Das untere Ende der Kerze, des in eine unsymmetrische Spitze ausläuft, wird entweder durch Abschneiden oder durch Abschmelzen auf einer erhitzten, mit Abflussrinne versehenen kupfernen Platte entfernt.

Die gegossenen Kerzen werden wie die Stearinkerzen durch Giessen des geschmolzenen Talges in eignen Formen erzeugt, in deren Axe der Docht ausgespannt ist. Der Talg, der zum Giessen der Kerzen dient, ist gewöhnlich von höherer Qualität als der zum Ziehen angewendete; er ist härter und sorgfältiger gereinigt. Häufig ist er ein Gemenge von gleichen Theilen Rinds- und Hammeltalg. Der letztere giebt den Kerzen Härte. Die Gussformen (aus einer Blei-Zinnlegirung) sind den bei der Stearinkerzenfabrikation üblichen ähnlich und werden in der genügenden Anzahl in die Löcher des Formtisches eingesteckt. Hierauf wird der an seinem obern Ende in geschmolzenen Talg eingetauchte Docht mittelst der Dochtnadel eingezogen; zu dem Ende wird die Nadel durch die untere Oeffnung der Kerzenform gesteckt, mit dem Häkchen die Dochtschlinge gefasst, letztere durch die Oeffnung gezogen und das obere Ende des Dochtes mit einem Stückchen Draht oder einem Holzstifte, welcher quer über den Rand der Form gelegt wird, festgehalten, wenn nicht, wie es jetzt gewöhnlich der Fall ist, der Trichter oder die Kapsel der Giessform in der Mitte mit einem Haken oder einem Vorsprung zum Festhalten des Dochtes versehen ist; hierauf wird er unten an der Schlinge etwas angezogen, damit er in der Axe der Form die völlige Spannung annehme. Nach diesen Vorbereitungen schreitet man zum Giessen der Kerzen. Während des Erkaltens des Talges zieht sich die Fettmasse etwas zusammen, in dessen Folge die obere Fläche der gefüllten Form etwas einsinkt; diese Höhlung wird durch Nachgiessen ausgefüllt. Sind die Formen mit Kapseln versehen, so erhält die Kerze einen Giesskopf, welcher die Dichtigkeit des Gusses befördert und das Nachfüllen überflüssig macht. Ehe der Talg in den Formen völlig erstarrt, zieht man die Dochte etwas an, um sie gerade zu richten und dadurch genau in die Mitte der Kerze zu bringen. Nachdem die erkalteten Kerzen aus den Formen genommen worden sind, werden mittelst eines Messers noch die Giessköpfe abgeschnitten. — Mechanische Giessvorrichtungen werden in neuerer Zeit zum Giessen der Talgkerzen ebenfalls angewendet.

Paraffinkerzen.

3) Paraffin- und Belmontinkerzen. Unter Belmontin versteht man das aus dem Stein- oder Erdöle abgeschiedene Paraffin, während das durch trockne Destillation des Torfes, der Braunkohle, des Blätterschiefers, der Bogheadkohle u. s. w. gewonnene Paraffin diesen Namen χατ' ἔξοχἐν exochên] erhält. Die Paraffinkerzen werden genau nach demselben Verfahren und mit den nämlichen Apparaten fabricirt wie die Stearinkerzen. Das in den Paraffinkerzenfabriken angewendete Material ist ein Gemenge verschiedener Paraffine mit verschiedenem Schmelzpunkte; Paraffin

aus Bogheadkohle schmilzt bei 45,5 bis 52°

„ Braunkohle „ „ 56°

„ Torf „ „ 46,7°.

dagegen Belmontin

aus Rangoontheer schmilzt erst bei 61°

„ Ozokerit „ „ „ 65,5°.

In den deutschen Fabriken, in denen man mit wenigen Ausnahmen Paraffin aus Braunkohle und Torf mit einem Schmelzpunkt von 45–53° verarbeitet, setzt man zur Erhöhung des Schmelzpunktes allgemein Stearinsäure zu. Die Grösse dieses Zusatzes richtet sich nach dem Schmelzpunkt des zur Verfügung gestellten Paraffins, nach der Sorte der herzustellenden Kerzen und nach der Jahreszeit. Einige Fabriken verwenden für die im Sommer zu brennenden Kerzen Paraffin von höherem Schmelzpunkt und geben einen grösseren Zusatz von Stearinsäure, während sie für die Winterkerzen die Paraffinsorten mit niedrigerem Schmelzpunkt verwenden und wenig Stearinsäure nur zusetzen. Der Zusatz der Stearinsäure beträgt 3–15 Proc., während andererseits die Masse zu den Stearinkerzen häufig mit 15–20 Proc. Paraffin versetzt ist, sodass thatsächlich das Material zu den Paraffin- und Stearinkerzen heutzutage ein Gemisch von Paraffin und Stearin, jedoch in verschiedenen Verhältnissen ist. Ein geringer Zusatz von Stearinsäure dürfte in den meisten Paraffinkerzenfabriken geboten sein, um das Krummwerden der Kerzen im Leuchter bei längerem Stehen, welches früher häufig Veranlassung zu Klagen gegeben hat, zu verhindern. Die Paraffinkerzen werden nur durch Giessen, nie durch Ziehen dargestellt. Hierbei begegnet man dem Uebelstande, dass die Kerzen schwierig aus den Formen gehen und nicht leicht gleichmässig durchsichtig und frei von Sprüngen, welche von der Krystallisation des Paraffins herrühren, zu erhalten sind. Um diesen Uebelstand zu beseitigen, wird das geschmolzene Paraffin bei einer Temperatur von ungefähr 60° C. in die Formen gegossen, welche bis zu derselben Temperatur oder besser noch etwas stärker (bis auf 70° C.) erwärmt sind. Die gefüllten Formen lässt man einige Minuten lang stehen und taucht sie dann in kaltes Wasser. Die dadurch bewirkte plötzliche Abkühlung des Paraffins verhindert die Krystallisation desselben und man erhält durchscheinende Kerzen, die leicht aus den Formen gehen. Für die Paraffinkerzen werden ebenfalls geflochtene Baumwolldochte benutzt, welche vorher mit Borsäure imprägnirt wurden. Zur Darstellung schwarzer Paraffinkerzen, wie sie zuweilen bei Trauerfesten und Begräbnissen verwendet werden, erwärmt man das Paraffin fast bis zum Kochen, thut einige Anacardiumschalen hinein und lässt diese einige Zeit lang darin liegen. Das Paraffin löst dabei das in den Schalen enthaltene Harz auf und bekommt dadurch eine dunkelbraune Farbe, die nach Abkühlung der Masse schwarz wie Steinkohle wird. Diese schwarzen Kerzen brennen ohne Dampf und Geruch, wenn sie einen dünnen Docht haben, den überhaupt alle Paraffinlichter haben müssen. Die sogenannten Apollo- oder Melanylkerzen (vergl. Seite 698) bestehen aus einem Gemenge von Stearin (einem Gemisch von Palmitin- und Stearinsäure) mit weichem (bei 43° schmelzendem) Paraffin.

Kerzen aus Fettsäure.

Als ein beachtenswertes Kerzenmaterial, welches besonders dazu verwendet werden könnte, den Paraffinkerzen und Kerzen aus anderem Material einen höheren Schmelzpunkt zu ertheilen, ist die Fettsäure (Sebacylsäure $C_{10}H_{18}O_4$) zu nennen, welche man bei der trockenen Destillation der Oelsäure oder besser noch beim Behandeln von Ricinusöl mit höchst concentrirter Natronlauge erhält. Im letzteren Falle ist es die darin enthaltene Ricinusölsäure, welche die Fettsäure liefert:

		geben	Fettsaures Natrium $C_{10}H_{16}Na_2O_4$ = 246
Ricinusölsäure $C_{18}H_{34}O_3$	= 298		(= 184 Fettsäure)
Natronlauge 2NaOH	= 80		Caprylalkohol $C_8H_{18}O$ = 130
	378		Wasserstoff H_2 = 2
			378

Nach diesem Schema würden 100 Th. Ricinusölsäure über 81 Th. Fettsäure liefern. Ohne Zweifel ist die Fettsäure auch in den Produkten der Destillation der durch Schwefelsäure gebildeten Fettsubstanzen enthalten, wo sie aus der Oelsäure sich gebildet hat. Der hohe Schmelzpunkt der Fettsäure (bei 127°) und ihre leichte Verbrennlichkeit machen sie besonders geeignet zum Versatz leicht schmelzbarer Kerzen, insbesondere der aus weichem Paraffin (bei 43° schmelzend), nicht nur um ihren Schmelzpunkt zu erhöhen, sondern auch, um ihnen Härte und ein glänzendes Ansehen zu geben. Da die Fettsäure ferner die Krystallisation der Stearinsäure verhindert, so kann sie zweckmässig den zu weichen und leicht krystallisirenden Produkten der Destillation der Fettsubstanzen beigemischt werden. Ein Zusatz von 1–5 Proc. Fettsäure ertheilt diesen Produkten Wachshärte.

Die gleichzeitige Bildung von Caprylalkohol, der zur Lack- und Firnissfabrikation benutzt werden kann, erhöht noch die industrielle Bedeutung der Fettsäure.

Wachskerzen.

4) Wachskerzen. Das Wachs, dessen sich die Bienen zum Bau der Zellen und Vorrathskammern für den Honig bedienen, wird von dem Körper der Arbeitsbienen unter den schuppigen Ringen, welche den unteren Hintertheil ihres Körpers bilden, in Gestalt kleiner Tröpfchen abgesondert, welche sehr bald zu kleinen Wachsschuppen erhärten. Der lange Zeit gehegten Ansicht entgegen, hat es sich nach den Beobachtungen von J. Hunter und Fr. Huber herausgestellt, dass der von den Bienen eingetragene wachshaltige Blütenstaub ausschliesslich zur Nahrung der jungen Brut dient und das Wachs ein Produkt des Thierkörpers und zwar ein Umwandlungsprodukt des Zuckers ist. Um das Wachs zu gewinnen, nimmt man nach dem Tödten oder Austreiben der Bienen aus dem Bienenstocke die Waben heraus, entfernt daraus den Honig durch freiwilliges Ausfliessenlassen und durch Auspressen. Durch Auspressen in heissem Wasser und langsames ruhiges Erkaltenlassen erhält man die gelben Wachsscheiben, welche in dem Handel vorkommen, nachdem die untere unreine Schicht abgeschabt worden ist.

Das durch Ausschmelzen der Waben erhaltene Wachs besitzt durchgängig eine mehr oder minder gelbe Farbe. Das gelbe Wachs ist bei gewöhnlicher Temperatur knetbar, wird bei niederer Temperatur spröde, hat einen körnigen Bruch, ein spec. Gewicht von 0,962 bis 0,967 und schmilzt zwischen 60 und 62°. Der körnige Bruch des Wachses, eine Folge der in dem gelben Wachse vorhandenen Unreinigkeiten, sowie die gelbe Farbe sind für die Fabrikation der Wachskerzen ein unangenehmer Umstand und schon des Ansehens wegen zu entfernen. Dies geschieht durch das Bleichen. Das Wachs wird zunächst geläutert und zu dem Ende in einen verzinnten Kupferkessel, in welchem zuerst eine Portion Wasser bis zum Sieden erhitzt worden ist, unter Zusatz von 0,25 Proc. Alaun oder Weinstein oder Schwefelsäure unter kräftigem Umrühren umgeschmolzen. Nach einigen Minuten Ruhe lässt man das Wachs nebst dem Wasser in einen Bottich fliessen. Hier lässt man die Unreinigkeiten sich absetzen; damit das Wachs nicht erstarre, setzt man einen Deckel auf den Bottich und umgiebt letzteren mit Wolldecken. So gereinigt, wird das Wachs auf der Bändermaschine in dünne Bänder verwandelt, damit in Folge der vergrösserten Oberfläche beim Bleichprocess Luft und Licht besser einzuwirken vermögen. Die Bänder kommen auf den Bleichplan auf in Rahmen gespannte Leinwand, wo sie unter zeitweiligem Umrühren der Luft und der Einwirkung der Sonne ausgesetzt bleiben, bis keine Abnahme der Färbung mehr zu bemerken ist, worauf man, um auch den Kern zu bleichen, die Bänder umschmilzt, das Wachs nochmals bändert, die Bänder von Neuem bleicht und diese Operation wiederholt, bis die Bänder auch im Innern vollkommen gebleicht erscheinen. Das Bleichen nimmt je nach der Wachssorte und der Gunst der Witterungsverhältnisse eine Zeit von 20–35 Tagen in Anspruch. Der Gewichtsverlust dabei macht 2–10 Proc. aus. Nach dem vollständigen Bleichen wird das Wachs geschmolzen, durch ein seidenes Sieb gegeben und entweder in grössere Blöcke oder zu runden Täfelchen geformt. Was die künstliche Bleichung des Wachses betrifft, so fehlt es nicht an zahlreichen Vorschlägen, die indessen sämmtlich mehr oder weniger zu wünschen übrig lassen. Die Anwendung des Chlores und des Chlorkalkes zum Wachsbleichen hat den Uebelstand, dass feste und spröde gechlorte Produkte sich bilden, die dem Wachse beigemengt bleiben und bei der Verbrennung der daraus gefertigten Kerzen zur Bildung von Salzsäure Anlass geben. Durch Ozonisiren lässt sich der farbegebende Körper aus dem Wachse leicht entfernen, so unter Anderem dadurch, dass man Wachs mit etwas Terpentinöl zusammenschmilzt und dann nach dem Bändern der Luft aussetzt; die Bleichung geht schnell und vollständig vor sich; das Terpentinöl wird durch längere Zeit fortgesetztes Schmelzen des Wachses entfernt. Nach dem Vorschlage von Solly mischt man zu dem geschmolzenen Wachse eine kleine Menge Schwefelsäure, die mit der doppelten Menge Wasser verdünnt ist, und einige Stücken Chilisalpeter, wo durch die sich entwickelnde Salpetersäure die färbende Substanz des Wachses in kurzer Zeit zerstört wird. Beachtenswerth ist der Vorschlag Watson's, Wachs mittelst übermangansauren Kalis und Schwefelsäure, und der A. Smith's, mit Hülfe von chromsauren Kali und Schwefelsäure zu bleichen. Die chemischen Eigenschaften des Wachses betreffend, so beobachtete zuerst John, dass es ein Gemenge zweier Stoffe sei, die sich durch ihre Löslichkeit in Alkohol von einander unterscheiden: der eine, in siedendem Alkohol lösliche, bildet die Cerotinsäure $C_{27}H_{54}O_2$ (früher Cerin genannt), der andere, in Alkohol wenig lösliche Stoff ist unter dem Namen Myricin bekannt und besteht nach Brodie aus palmitinsaurem Myricil $C_{46}H_{92}O_2 = C_{16}H_{31}(C_{30}H_{61})O_2$. Ausser diesen beiden Körpern enthält das Bienenwachs noch 4–5 Proc. eines bei 28° schmelzenden Körpers, das Ceroleïn, welchem das Wachs seine Fettigkeit verdankt. Die Verhältnisse der Cerotinsäure und des Myricins variiren beträchtlich im Bienenwachse. Aus der Verschiedenheit der Mengenverhältnisse der beiden Wachsbestandtheile erklärt sich der bei den einzelnen Wachssorten beobachtete verschiedene Schmelzpunkt.

Ausser dem gewöhnlichen Bienenwachse sind noch erwähnenswerth

Andere Wachsarten.

1) das chinesische Wachs, eine aus China in grosser Menge eingeführte Wachsart, stammt von der Wachsschildlaus, *Coccus ceriferus*, welche es auf den Bäumen, auf denen sie sich aufhält, namentlich auf *Rhus succedanea* niederlegt. Es ist äusserlich dem Wallrath sehr ähnlich, daher schneeweiss, krystallinisch, spröde und fasrig und schmilzt bei 82°. Bei der trocknen Destillation giebt es Cerotinsäure und einen paraffinähnlichen Körper, das Ceroten. Nach Brodie besteht das chinesische Wachs aus cerotinsaurem Ceryl $C_{54}H_{108}O_2 = C_{27}H_{53}(C_{27}H_{55})O_2$; 2) das Andaquieswachs ist das Produkt eines im Flussgebiete des Orinoko und Amazonenstromes wohnenden Insektes, welches bei 77° schmilzt, ein spec. Gewicht von 0,917 besitzt und wie es scheint, dem Bienenwachs gleich zusammengesetzt ist; 3) das japanische oder amerikanische Wachs, eine in runden concav-convexen, mit weissem Reife überzogenen Scheiben vorkommende Wachsmasse, die weich und brüchig ist, bei 42° schmilzt, sich in siedendem Alkohol löst und aus Palmitin bestehen soll; 4) das Carnaubawachs ist eine aus Rio de Janeiro kommende Wachsart, welche der Ueberzug der Blätter einer Palmenart, *Kopernicia cerifera*, sein soll. Es schmilzt bei 83,5° und eignet sich seines hohen Schmelzpunktes wegen, um leichter schmelzbare Fette zur Kerzenfabrikation tauglich zu machen; 5) das Palmenwachs, aus der Rinde von *Ceroxylon andicola*, einer Palme auf den höchsten Punkten der Cordilleren, wird durch Abschaben und durch Auskochen mit Wasser gewonnen. Es schmilzt bei 83–86° und ist vielleicht mit dem Carnaubawachs identisch; 6) das Myrthenwachs von *Myrica cerifera* wird aus den Früchten derselben durch Auskochen mit Wasser in mehreren Staaten des südlichen Theiles der Union gewonnen. Das in der Provinz Para am Amazonenstrome dargestellte kommt unter dem Namen Ocubawachs in den Handel. Es ist grün (olivengrün) und schmilzt bei 36–48°. Man verwendet es in Amerika als Kerzenmaterial.

Darstellung der Wachskerzen.

Die Wachskerzen werden am häufigsten durch das Angiessen (Anschütten) hergestellt. Zu diesem Behufe werden die Dochte an den am Umfang eines frei schwebenden Reifens, dem Kranze, befestigten Haken aufgehängt und unter stetigem Umdrehen des Dochtes um seine Axe mit den Fingern mit dem flüssig erhaltenen Wachse übergossen, bis sie so viel davon aufgenommen haben, als zu ihrer Dicke erforderlich war, worauf man ihnen durch Ausrollen auf einer Marmor- oder Holzplatte die cylindrische Gestalt giebt.

Man nimmt das Angiessen auf zweierlei Art vor. Nach der ersten und gewöhnlichen Art tränkt man zuerst die Dochte mit Wachs, giesst sie dann zur Hälfte mit Wachs an, hängt sie hierauf umgekehrt auf und macht endlich auch die andere Hälfte durch Angiessen fertig, d. h. der Arbeiter begiesst sie mit flüssigem Wachse, bis sie die gleiche und gehörige Dicke erlangt haben. Damit die Schlinge, d. h. der Theil des Dochtes, welcher später aus der Kerze hervorsieht, von Wachs frei bleibe, streift man über dieselbe ein cylindrisches Hütchen von Weissblech. Hierauf nimmt man die Kerzen von dem Kranze ab, legt sie zwischen zwei leinenen Tüchern auf eine Matratze übereinander, bedeckt sie mit einer Flanelldecke und rollt nun eine Kerze nach der andern auf der angefeuchteten Rollplatte mit dem Rollbrette vollends aus. Nach dem Ausrollen werden die Kerzen unten abgeschnitten und ihre Dochttheile konisch zugespitzt, und dann in ein Gefäss mit Wasser gelegt, worin sie erkalten, ohne ihre Form zu verlieren. Die erkalteten Kerzen kommen in einen mit durchlöchertem Boden versehenen Kasten, in welchem sie auf den Bleichplan getragen werden, damit sie hier an der Luft und unter öfterem Benetzen nach einigen Tagen die gelbliche Farbe verlieren, die sie durch die Bearbeitung angenommen haben. — Bei fabrikmässigem Betriebe wendet man zuweilen ein anderes Verfahren an; es werden nämlich die gleich anfangs mit der Schlinge nach oben gehängten Dochte in einer Operation fertig angegossen; man erspart dadurch bedeutend an Zeit, doch ist grössere Uebung und Geschicklichkeit der Arbeiter erforderlich. Das Giessen der Wachskerzen geschieht auf ähnliche Weise wie das der Stearin- und Paraffinkerzen, nur macht das merkliche Schwinden nach dem Erkalten und das feste Adhäriren an die Formen das Wachs zum Giessen nicht sehr geeignet. Der Docht zu den gegossenen Wachskerzen muss, damit sich um den Docht herum keine hohlen Stellen bilden, mit Wachs getränkt in die Formen eingezogen werden. Das Wachs wird im Wasserbade geschmolzen in die Formen gegossen. Glasformen sind ihrer glatten Wände wegen, die sich den Kerzen mittheilt, und auch, weil die Kerzen nach dem Erkalten leicht aus den Formen gezogen werden können, den Metallformen vorzuziehen. Zur Verringerung ihrer Zerbrechlichkeit überzieht man die gläsernen Formen hier und da mit Guttapercha. Die dicken, oft 15–20 Kilogramm schweren Kirchen- oder Altarkerzen werden weder durch Angiessen, noch durch Giessen, sondern aus der Hand verfertigt. Zu dem Ende wird der aus Lein- und Baumwollgarn gemischte Docht mit Wachs, welches durch warmes Wasser erweicht worden ist, umgeben. Zu diesem Behufe bildet man entweder aus dem Wachse längliche Streifen und legt diese stückweise um den horizontal ausgespannten Docht, oder giebt dem gekneteten Wachse auf dem Rolltische ungefähr die Gestalt einer Kerze, drückt dann in den Cylinder mit Hülfe der scharfen Kante eines Lineales eine Rinne bis in die Mitte ein, legt in die Rinne den Docht, füllt die Fuge mit Wachs aus und macht endlich die Kerze auf dem Rolltisch fertig. In jüngster Zeit (1870) haben Gebr. Riess eine Presse zur Fabrikation der Wachskerzen construirt. Der zu verwendende Wachsklumpen kommt in den Presscylinder, der durch eingeleiteten Dampf vor Abkühlung geschützt ist. Der Docht wird in die Wachsmasse dergestalt eingeführt, dass er von der Masse beim Austreten aus dem Cylinder in ein Rohr erfasst und genau concentrisch umschlossen wird, um als fertig gebildeter Kerzenstrang auszutreten.

Die Wachsstöcke und die durch Zerschneiden derselben erhaltenen sogenannten Christbaumlichter werden fast immer, um dem Wachs die Geschmeidigkeit wieder zu geben, die es durch das Bleichen verloren hat, und ausserdem auch, um den Anforderungen der Consumenten hinsichtlich des Preises zu genügen, aus mit Talg und auch wol mit Fichtenharz und Terpentin versetztem Wachs verfertigt. Der Docht muss, da die Wachsstöcke keine sehr grosse Dicke erhalten, sehr gleichförmig sein. Zur Herstellung des Dochtes nimmt man so viel gefüllte Spulen, als der Docht Fäden erhalten soll, und windet die Fäden auf eine Trommel, deren mit Kurbel versehene Axe auf einem schweren Gestelle ruht und die an dem einen Ende des Arbeitssaales aufgestellt ist. Ihr gegenüber, an dem andern Ende des Locales ist eine zweite leere Trommel aufgestellt, und in der Mitte zwischen beiden auf einem Gestell eine mit Wachs gefüllte flache Kupferpfanne, welche von unten durch Kohlenfeuer erwärmt werden kann. Auf dem Boden der Pfanne ist ein Haken angebracht, durch welchen der Docht läuft. An dem Rande der Pfanne ist ein Zieheisen aus Eisen oder Kupfer mit kreisrunden, konischen Oeffnungen von verschiedener Weite, genau so wie die Oeffnungen eines Drahtzieheisens (vergl. Seite 25) angebracht. Der durch die Wachspfanne laufende Docht tritt an der konischen Einwirkung der Ziehlöcher in die Ziehplatte. Sollen die Wachsstöcke gezogen werden, so taucht man das Ende des auf die Trommel aufgewundenen Dochtes in das geschmolzene Wachs, zieht den Docht durch den Haken am Boden der Pfanne, dann durch das Ziehloch, welches etwas grösser ist als der Docht, und klebt hierauf das Ende des Dochtes auf die zweite Trommel auf. Hier wird es so lange festgehalten, bis die zweite Trommel eine Umdrehung gemacht hat, worauf man die Trommel, damit das Wachs am Dochte erstarren kann, möglichst langsam umdreht, bis aller Docht auf die zweite Trommel aufgewunden ist. Nachdem dies geschehen, steckt man das Zieheisen auf die entgegengesetzte Seite der Pfanne, lässt dann den begonnenen Wachsstock durch das zunächst kommende Loch des Zieheisens gehen u. s. f., bis es auf der ersten Trommel aufgewickelt ist. Auf diese Weise fährt man fort, den Wachsstock durch die Wachspfanne und das nächst grössere Loch des Zieheisens von der ersten zur zweiten Trommel und umgekehrt gehen zu lassen, bis er die gewünschte Dicke erlangt hat. Die so erhaltene Wachsschnur wird in noch biegsamem Zustande zu Wachsstöcken von bestimmtem Gewicht zusammengewunden.

Wallrathkerzen.

Wallrathkerzen. Der Wallrath ist eine eigenthümliche feste Fettmasse, welche sich in mehreren Cetaceen, namentlich in dem Pottfisch, Pottwall oder Cachelot (*Physeter macrocephalus*), welcher vorzüglich die südlichen Weltmeere, zumal die Küsten von Brasilien und Neu-Südwales bewohnt, findet. In dem lebenden Thiere ist sie durch die thierische Wärme in einem andern flüssigen Fette, dem Wallrathöl aufgelöst. Die Lösung, der sogenannte flüssige Wallrath füllt eigens dafür bestimmte Höhlungen und Gefässe aus, welche oberhalb der Hirnschale, unter der Haut vom Kopf bis zum Schwanz, und zertheilt im Fleisch und Speck liegen. Nach dem Tode des Thieres erstarrt der flüssige Wallrath, indem der feste Wallrath gerinnt; man scheidet letzteren durch mehrfaches Pressen mit hydraulischen Pressen von dem Oele, und kocht die kalt und heiss gepressten Kuchen mit ziemlich starker Natronlauge, wodurch eine kleine Menge noch anhängenden Wallrathöles entfernt wird, worauf die abgezogene wasserklare Flüssigkeit beim Erkalten zu einer weissen Krystallmasse erstarrt. Von einem Pottfisch soll man bis 100 Ctr. Wallrathöl und 30 bis 60 Ctr. Wallrath erhalten. Der Wallrath, so wie er im Handel sich findet, erscheint als eine weisse, perlmutterglänzende, blättrig-krystallinische, halbdurchsichtige, schlüpfrig und fettig anzufühlende Masse von 0,943 spec. Gewicht, schmilzt bei 45°, lässt sich bei 360° zum grössten Theil unverändert überdestilliren, löst sich in etwa 30 Th. siedenden Alkohols, wird an der Luft leicht gelb und lässt sich leicht pulvern. Nach Smith und Stenhouse besteht der Wallrath aus palmitinsaurem Cetyl $C_{34}H_{64}O_2 = C_{18}H_{31}(C_{16}H_{33})O_2$. Nach Heintz (1851) dagegen ist der Wallrath eine Verbindung des Cetyls mit den Fettsäuren Stearinsäure, Palmitinsäure, Myristinsäure, Cocinsäure und Cetinsäure. Der Wallrath wird in England in grosser Menge zu Luxuskerzen verwendet, die in Folge ihrer blendendweissen Farbe und ihrer halbdurchscheinenden, alabasterähnlichen Beschaffenheit die schönsten, aber auch die theuersten aller Kerzen repräsentiren. Um die Neigung des Wallrathes, beim Erkalten zu krystallisiren, zu schwächen, setzt man beim Giessen der Kerzen 5–10 Proc. weisses Wachs oder auch einige Procent Paraffin oder Belmontin zu.

Glycerin.

Das Glycerin $C_3H_8O_3$ (als dreiatomiger Alkohol C_3H_5 H_3 $\}O_3$ oder $C_3H_5\{$ OH OH OH ist in Form von Glyceriden in Verbindung mit den festen und flüssigen Fettsäuren in den meisten Fetten in der Menge von 8–9 Proc. enthalten und lässt sich daraus durch Behandeln mit Basen (Kali, Natron, Kalk, Baryt, Bleioxyd), oder mit Säuren (Schwefelsäure) und gewissen Chlormetallen (Chlorzink), endlich durch überhitzten Wasserdampf oder durch erhitztes Wasser (ohne Dampfbildung) abscheiden. Das Glycerin bildet sich ferner bei der geistigen Gährung der gährungsfähigen Zuckerarten (Dextrose, Levulose, Lactose) neben Alkohol, Kohlensäure und Bernsteinsäure als constantes Produkt. Nach den Beobachtungen von Pasteur beträgt die Menge des sich hierbei bildenden Glycerins etwa 3 Proc. vom Gewicht des Zuckers. Das Glycerin wurde von Scheele im Jahre 1779 bei der Bereitung des Bleipflasters entdeckt, von Seiten der Technik fand es erst Beachtung, als es durch die Einführung der Stearinkerzenfabrikation und durch Verarbeitung der Unterlaugen der Seifenfabrikation massenhaft auftrat. Die Schlempe der Kartoffel- und Melassebrennereien, so wie die Vinasse (der Rückstand von der Destillation des Weinspiritus aus dem Weine im südlichen Frankreich) enthalten namhafte Mengen von Glycerin.

Was seine Darstellung im Grossen betrifft, so handelt es sich häufig nur um die Reinigung des bei der Gewinnung der Stearinsäure aus Fetten (Talg, Palmöl) abgeschiedenen Glycerins. Wird zur Darstellung der Stearinsäure die Verseifungsmethode mit Kalk benutzt, so bleibt es nach Abscheidung der unlöslichen Kalkseife in Wasser gelöst, durch Abscheidung des mitgelösten Kalkes durch Schwefelsäure oder besser noch durch Oxalsäure und durch Abdampfen der von dem Kalkniederschlag gesonderten Flüssigkeit bis zur Syrupconsistenz kann man das Glycerin für viele technische Zwecke genügend rein erhalten. In solchen Fabriken, in welchen man die Zersetzung der Fette durch überhitzten Wasserdampf bewerkstelligt, erhält man die Fettsäure sowol, als auch das Glycerin als Destillationsprodukt und letzteres daher (vergl. Seite 704) völlig rein; nur darf hierbei eine Temperatur von 310° nicht überschritten werden, weil ein Theil des Glycerins sich sonst unter Bildung von Acroleïndämpfen zersetzen würde. Der Umstand, dass die bei der Verseifung der Fette mit Schwefelsäure sich bildende Glycerin-Schwefelsäure in ihrer wässrigen Lösung beim Verdunsten leicht in Glycerin und Schwefelsäure zerfällt, lässt sich gleichfalls zur Glycerindarstellung benutzen. Aus der Unterlauge der Seifensieder, gegenwärtig der wichtigste Glycerinrohstoff, erhält man das Glycerin (nach dem Reynold'schen in England patentirten Verfahren) auf folgende Weise: Die Unterlauge wird zunächst durch Abdampfen concentrirt; die dabei am Boden des Abdampfgefässes sich ausscheidenden Salze werden von Zeit zu Zeit herausgenommen. Ist die Flüssigkeit gehörig concentrirt, was man an der Erhöhung des Siedepunktes auf 116° erkennt, so bringt man sie in eine Destillirblase und destillirt das Glycerin mittelst eingeleiteter überhitzter Wasserdämpfe über. Das Destillat wird im Vacuumapparate zur Syrupconsistenz gebracht. Die Schlempe der Kartoffel-, Melasse- und Weinbrennereien enthält viel Glycerin.

Nach den Untersuchungen von A. Metz (1870) entspricht (bei 17,5° C.):

ein	spec.	Gewicht	von	1,261	100	Proc.	wasserfreiem	Glycerin
„	„	„	„	1,240	94	„	„	„
„	„	„	„	1,232	90	„	„	„
„	„	„	„	1,206	80	„	„	„
„	„	„	„	1,179	70	„	„	„
„	„	„	„	1,153	60	„	„	„
„	„	„	„	1,125	50	„	„	„
„	„	„	„	1,117	45	„	„	„
„	„	„	„	1,099	40	„	„	„
„	„	„	„	1,073	30	„	„	„
„	„	„	„	1,048	20	„	„	„
„	„	„	„	1,024	10	„	„	„

Die ölartige Beschaffenheit, so wie der Umstand, dass das Glycerin bei gewöhnlicher Temperatur flüssig ist und bei der Kälte nicht erstarrt, da es bei -40° noch völlig flüssig bleibt[176], die Beständigkeit des Präparates, der angenehme zuckersüsse Geschmack bei vollständiger Reinheit und die Unschädlichkeit, so auch das Lösungsvermögen für viele Stoffe und die grossen Mengen, die man sich zu billigem Preis verschaffen kann, haben dem Glycerin bereits eine ausnehmende Wichtigkeit in gewerblicher Hinsicht verschafft.

Unter den vielfachen Anwendungen, die das Glycerin bis jetzt gefunden hat, seien im Folgenden einige der wichtigeren und interessanteren angeführt: Das Glycerin wird benutzt, um den Thon für das Modelliren im gehörig feuchten Zustand zu erhalten. Es eignet sich ferner zur Aufbewahrung solcher Nahrungsmittel, welche im feuchten Zustande erhalten werden sollen, so z. B. des Senfes, der mit Glycerin versetzt nicht mehr austrocknet. Besonders ist die Anwendung des Glycerins für den Schnupftabak zu empfehlen. Auch zum Conserviren von Früchten findet es Anwendung. In der Liqueur-, Punschessenz- und Limonadenfabrikation findet es zum Versüssen in grosser Menge Verwendung, ferner als Zusatz zu Wein und Bier[177] — man nennt diese Procedur Scheelisiren — und zur Bereitung gewisser Malzextract-Gesundheitsbiere. Glycerin ist auch zum Schmieren von Maschinenbestandtheilen, besonders bei Uhren und Chronometern verwendbar, da es an der Luft keine Veränderung erleidet, bei niederer Temperatur nicht erstarrt und das Messing und ähnliche Kupferlegirungen nicht angreift. Zur Fabrikation von Copirtinte ist es gleichfalls vorgeschlagen worden. Seiner Eigenschaft wegen, die Haut weich und schlüpfrig zu erhalten, findet es als Cosmeticum z. B. als Glycerinessig, Glycerinseife u. dergl., zur Pflege des Haares, ausgedehnte Anwendung. Um der Druckerschwärze ihre Unlöslichkeit in Wasser zu nehmen — worin indessen der grösste Vorzug der bisherigen Druckfarbe zu suchen ist — hat man vorgeschlagen, statt Leinöl Glycerin anzuwenden. Das Glycerin löst mit Leichtigkeit die Theerfarbstoffe (Anilinblau, Cyanin, Anilinviolett), eben so auch das Alizarin auf. Um dem Papier grosse Weichheit und Biegsamkeit zu ertheilen, soll man dem Papierzeug Glycerin beimischen; der zur Erzeugung von 100 Kilogr. Papier erforderlichen Menge Papierzeug mischt man ungefähr 5 Kilogr. Glycerin von 1,18 spec. Gewicht zu. Nicht unwichtig ist die Glycerinschlichte (aus 5 Th. Dextrin, 12 Th. Glycerin, 1 Th. schwefelsaurer Thonerde und 30 Th. Wasser bestehend), bei deren Anwendung die Musselinweber für ihre Arbeit nicht mehr wie bisher auf die feuchten, der Gesundheit nachtheiligen Keller- und Erdgeschosse angewiesen sind, sondern dieselbe in hellen, trocknen und gut gelüfteten Räumen der oberen Stockwerke der Häuser verrichten können. Man beobachtete, dass schwach lohgar gegerbte Treibriemen, wenn sie etwa 24 Stunden in Glycerin verweilt haben, nicht mehr dem Brechen unterworfen sind. Die Gasuhren versagen im Winter oft den Dienst, indem das Wasser in denselben gefriert. Eben so verdunstet dasselbe sehr rasch in der wärmeren Jahreszeit. Eine Lösung von Glycerin hat beide Uebelstände nicht. Santi benutzt das Glycerin zum Füllen des schwimmenden Compasses auf Schraubendampfern, da es in Folge seiner Dichtigkeit und geringen Beweglichkeit die innere Schale des Compasses gegen die Erzitterungen, welche die Schraube dem Schiffe mittheilt, unempfindlich macht. Friedheim sucht die Uebelstände, die das Quecksilber in den Manometern dadurch zeige, dass es mit der Zeit unrein werde und durch Hängenbleiben in der Röhre dem Druck nicht gehörig folge, dadurch zu beseitigen, dass er einige Tropfen Glycerin als Decke für das Quecksilber verwendet. C. Thiel empfiehlt das Glycerin zum Reinhalten von Schiesswaffen. Zur Aufbewahrung anatomischer Präparate scheint das Glycerin besonders beachtenswerth, auch zum Dichten des Holzes von Fässern, in denen Petroleum, Rüböl etc. aufbewahrt werden soll. Eine mit Glycerin versetzte Lösung von arabischem Gummi und von Eiweiss conservirt sich lange Zeit, ohne zu verderben. Erwähnenswerth ist die Anwendung des Glycerins zur Erzeugung von künstlichem Senföl (Schwefelcyanallyl). Durch die Einwirkung von Jodphosphor auf Glycerin bildet sich Jodallyl, welches in weingeistiger Lösung mit Schwefelcyankalium zusammengebracht und destillirt, Senföl liefert. Gegen Brandwunden und gegen katarrhalische Affectionen wird das Glycerin mit vielem Erfolge angewendet. Durch eine Mischung von Salpetersäure und Schwefelsäure wird das Glycerin in das zur Fabrikation von Dynamit und Dualin in grosser Menge verwendete Sprengöl (Nitroglycerin, Glycerylnitrat, Trinitrin) (vergl. Seite 172) übergeführt. Mit fein gemahlener Bleiglätte giebt concentrirtes Glycerin einen schnell erhärtenden Kitt für Gefässe mit flüchtigen Stoffen (Petroleum, Benzol, ätherische Oele).

II. Beleuchtung mittelst Lampen.

Beleuchtung mittelst flüssiger Substanzen.

Die flüssigen Substanzen, welche als Leuchtmaterialien Anwendung finden, zerfallen a) in fette Oele, b) in flüchtige Oele, welche letzteren entweder ätherische Oele sind, wie das Camphin, oder Produkte der Verarbeitung des Theeres wie Photogen und Solaröl, oder endlich das von der Natur gespendete Petroleum (Erdöl, Steinöl). Von den *fetten Oelen* wendet man vorzugsweise das Raps- oder Kohlsaatöl (*huile de colza*), das Winterrübsenöl, das Oliven- und Baumöl, den Fischthran und zuweilen auch das eintrocknende Mohnöl an.

Reinigen des Oeles.

Um die fetten Oele zu reinigen (raffiniren), giesst man 2 Proc. englische Schwefelsäure oder eine concentrirte Lösung von Chlorzink in dieselben und rührt gut um. Die Schwefelsäure oder das Chlorzink greifen das Oel nicht an, zerstören aber alle schleimigen und fremdartigen Bestandtheile und scheiden sich mit denselben ab. Durch Waschen mit Wasser wird die Säure oder das Chlorzink entfernt und das Oel gereinigt. In neuerer Zeit werden (vergl. Seite 233) die Oele aus den Oelsamen vielfach durch Extraction mit Schwefelkohlenstoff dargestellt. Die zur Beleuchtung dienenden fetten Oele fasst man mit dem Namen Brennöl zusammen. Seit dem Emporblühen der Paraffin- und Solarölindustrie und der Einführung des amerikanischen und galizischen Petroleums hat die Bedeutung der fetten Oele als Leuchtmaterial sich wesentlich verringert.

Lampen.

Die Lampen. Die Lampe diente schon in den ältesten Zeiten und zwar weit früher als die Kerze zu Beleuchtungszwecken. Man schreibt ihre Erfindung den alten Aegyptern zu. Von Griechenland und Rom aus verbreitete sich ihr Gebrauch im übrigen Europa. Ist nun auch nicht zu verkennen, das, was die künstlerische Vollendung der Form der Lampen betrifft, die Griechen und Römer die moderne Zeit bei weitem übertrafen, obgleich derartige Lampen, technologisch betrachtet, die unvollkommenste Construction darboten, so ist es doch als ausgemacht anzusehen, dass, wenn man von einigen, im 17. und 18. Jahrhundert auf empirischem Wege gefundenen Verbesserungen in der Lampeneinrichtung (so von der Einführung des Glascylinders durch den Pariser Apotheker Quinquet und der Erfindung der runden und hohlen Dochte durch Argand im Jahre 1786) Umgang nimmt, erst mit der Ausbildung der Chemie, namentlich der Aufstellung einer begründeten Theorie der Verbrennung und der Beleuchtung, mit der Anwendung physikalischer Principien auf Oelzufuhr in den Lampen und Bestimmung der Lichtstärke der Lampenflamme, mit dem Aufkommen der Oelraffination und somit der Beschaffung eines neuen Leuchtstoffes und endlich mit dem Entstehen der Solaröl- und Petroleumindustrie die Construction einer normalen Lampe, freilich oft unter Nichtberücksichtigung der Form, möglich war. Alle Lampen, die wir heutzutage in den Salons der höheren Stände, in den Läden und Werkstätten der Bürger und in den Dörfern wohlhabenderer Gegenden finden, gehören daher sämmtlich der neuesten Zeit an. In wenigen Industriezweigen ist der enorme Einfluss des Fortschrittes der auf Naturwissenschaft und Mechanik basirten Gewerbe für die jetzt lebende Generation so augenfällig, als in der Lampenfabrikation. Vor etwa dreissig Jahren noch war in Deutschland fast allgemein die nach unsern heutigen Begriffen ans Ungeheuerliche streifende Kranzlampe die hauptsächlich eingeführte. An ihre Stelle trat gegen das Jahr 1840 die Sturzlampe und um das Jahr 1850 die Camphinlampe, wenn nicht die aus Frankreich stammenden Regulatoren und Moderatoren den Vorzug erhielten. In den fünfziger Jahren begann ein Kampf, einerseits der Oellampen unter sich, andererseits des Gaslichtes gegen die Rüböllampen. Dieser Kampf ist heute noch nicht beendigt und wird um so sicherer zum Nachtheile der mit Rüböl gespeisten Lampe ausschlagen, als in der Mineralöl- und Petroleumlampe neue und mächtige Gegner aufgetreten sind, die allerorts, wohin das Leuchtgas bisher nicht dringen konnte, die Brennölbeleuchtungsapparate zum Wohle der Allgemeinheit und im Interesse des Comforts und der Cultur siegreich und wol für alle Zeiten aus dem Felde geschlagen haben.

Betrachten wir die Lampe vom allgemeinsten Standpunkte aus, so treffen wir an ihr dieselben Theile, die wir an der Kerze wahrnehmen, nämlich das Leuchtmaterial und den Docht. Bei der Lampe wie bei der Kerze ist das Leuchtmaterial flüssig und der Unterschied besteht nur darin, dass in der Kerze und zwar in dem oberen Theile (der Vertiefung mit dem Dochtende) die Fettsubstanz (Stearinsäure, Talg oder Paraffin) im geschmolzenen Zustande gebrannt wird, während in den Lampen das Leuchtmaterial in bei gewöhnlicher Temperatur flüssigem Zustande sich befindet und desshalb ein Gefäss, ein Reservoir erforderlich macht, welches den flüssigen Leuchtstoff enthält und ununterbrochen und möglichst gleichmässig die Flamme mit Material speist. In der verschiedenen Art des als Leuchtstoff verwendeten Körpers — ob Rüböl, ob Solaröl, ob Petroleum — in der verschiedenen Form des Dochtes und der Art der Luftzufuhr zu der Flamme — ob ohne, ob mit Zugglas, in der Form des Oelbehälters, seiner Lage in Bezug auf den Docht und der Art seiner Anbringung und endlich und hauptsächlich in der Art und Weise der Zuführung des Leuchtstoffes zu der Stelle des Dochtes, wo die Verbrennung vor sich gehen soll — ob nur durch Capillarität des Baumwolldochtes, ob in Verbindung mit hydrostatischem oder sonst auf mechanischem Wege hervorgebrachten Drucke, alles dies, aber auch nur dies bedingt die grosse Verschiedenheit und Mannigfaltigkeit, die wir in den Lampenconstructionen antreffen.

Rüböl und Mineralöl, sei letzteres aus dem Braunkohlen- oder Torftheer, oder aus dem Petroleum dargestellt, unterscheiden sich in Bezug auf ihre Eigenschaften als Leuchtmaterial dadurch von einander: 1) dass das Rüböl bei gewöhnlicher und selbst bei bis über 100° gesteigerter Temperatur nicht verdunstet (es ist daher geruchlos), auch sich nicht entzünden lässt. Erst wenn eine solche Erhitzung des Oeles stattgefunden hat, dass die Produkte der trockenen Destillation sich bilden, wozu beiläufig 200° gehören, findet eine Entzündung und ein Verbrennen des Oeles statt. Das Mineral- oder Solaröl, selbst das „geruchlose" der Fabriken besitzt dagegen einen Geruch und verliert beim Stehen an der Luft nach und nach an Gewicht; bei höherer Temperatur verdampft es und kann unverändert destillirt werden, bei noch höherer Temperatur vergast es und geht zum grossen Theil in Leuchtgas über; 2) das Rüböl besteht aus Kohlenstoff, Wasserstoff und Sauerstoff und ist nach der Formel $C_{10}H_{18}O_2$ zusammengesetzt. Bei der trocknen Destillation, die das Rüböl in dem Dochte unmittelbar unter der Flamme erleidet, zerfällt es in Elaylgas und Kohlensäure:

$$\text{Rüböl } 2C_{10}H_{18}O_2 = 340 \text{ geben} \left[\begin{array}{lll} 9 \text{ Molek. Elaylgas } 9C_2H_4 & = & 252 \\ 2 \quad „ \quad \text{Kohlensäure } 2CO_2 & = & 88 \end{array} \right.$$

25,8 Proc. vom Gewicht des Rüböles tragen also nicht nur nichts zur Leuchtkraft der Flamme bei, sondern berauben auch noch die Hälfte des Volumens vom Volumen der Kohlensäure an Elaylgas der Leuchtkraft. Das Rüböl im raffinirten Zustande verbrennt in einer zweckmässig construirten Lampe nur in vergaster Form und vollständig zu den geruchlosen Verbrennungsprodukten Kohlensäure und Wasser; 3) das Solaröl und das Petroleum sind Gemenge verschiedener Kohlenwasserstoffe, höchst wahrscheinlich der höheren Glieder der homologen Reihe, von welcher das Sumpfgas das erste ausmacht, und sauerstofffrei. Es beginnt bei 250° zu sieden und zerfällt bei höherer Temperatur in gasige Produkte (Sumpfgas und Elaylgas) und in sich ausscheidenden Kohlenstoff. Der Kohlenstoffgehalt des Solaröles ist weit grösser als der des Rüböles, daher verbrennt das erstere auch in freier Luft mit russender Flamme, die aber sofort in eine fast blendend weisse, stark leuchtende übergeht, wenn man durch Aufsetzen eines Zugglases und dadurch vermehrte Luftzufuhr für die Verbrennung des Ueberschusses an Kohlenstoff sorgt. Während, wie bereits bemerkt, das Rüböl nur in vergaster Gestalt zur Flamme gelangt, kommt das Solaröl, und der ihm durchaus ähnlich constituirte minder flüchtige Theil des Petroleums, zum grössten Theil dampfförmig in die Flamme. Es ist daher die Mineralöllampe so zu construiren, dass die Verbrennung so vollständig als möglich geschehe und keine Spur des unangenehm riechenden Dampfes unverbrannt oder mindestens unvergast entweiche. Die Feuergefährlichkeit des Solaröles anlangend, so ist dieselbe bei sorgfältiger Behandlung der Lampen — gute Beschaffenheit des Solaröles vorausgesetzt, nicht viel grösser als die des Rüböles; 4) das Rüböl ist ein fettes und schmieriges Oel, das Solaröl nicht; gewisse Lampenconstructionen wie z. B. die Uhrlampen und Moderateurlampen, in welchen das Oel durch den Druck eines Kolbens dem Verbrennungsort zugeführt wird, eignen sich, weil nur das fette Oel, nicht aber das Mineralöl die Liederung des Kolbens schlüpfrig und öldicht macht, nicht für Mineralölbeleuchtung.

Unabhängig von der Art des Leuchtstoffes, sei derselbe Rüböl, Solaröl oder Petroleum, soll die Construction einer normalen Lampe der Art sein, 1) dass sie das Maximum von Licht und dasselbe zwar innerhalb einer bestimmten Zeit (3 bis 8 aufeinander folgende Stunden) möglichst gleichförmig spende. Diese Bedingung, eine Folge der vollständigen und in gleicher Intensität fortdauernden Verbrennung des Leuchtmateriales kann nur erfüllt werden α) bei Anwendung von gereinigtem Leuchtmaterial, β) bei Anwendung eines Dochtes von gleicher Stärke, γ) bei möglichst gleichmässiger Zufuhr des Leuchtstoffes zur Flamme, δ) bei genügender Erhitzung an der Stelle, wo die Verbrennung stattfindet, damit die Vergasung vollständig vor sich gehe, ε) durch die Regulirung der Zufuhr von Luft. Eine zu geringe Luftmenge giebt oft eine russende Flamme, eine zu grosse Luftzufuhr erniedrigt die Temperatur und giebt gleichfalls dadurch zur Abscheidung von Russ und Bildung von übelriechenden Produkten der Destillation Veranlassung, abgesehen davon, dass selbst vollständige Verbrennung der Flamme vorausgesetzt, zu viel Luft die Leuchtkraft der Flamme beeinträchtigt, ξ) durch die Möglichkeit der Regulirung der Flammengrösse; 2) dass das entwickelte Licht auch möglichst zweckmässig benutzt werde. Die bekannten Lichtschirme und Reflectoren sind hier als wesentliche Unterstützungsmittel der Beleuchtungszwecke zu nennen. Das Reservoir für den Leuchtstoff muss ferner der Art angebracht sein, dass einestheils sein Schatten nicht störend auf die zu beleuchtenden Gegenstände wirkt, anderentheils der Schwerpunkt der Lampe in keiner ihren Gebrauch beeinträchtigenden Weise verrückt wird.

Eintheilung der Lampen.

Eintheilung der Lampen. Wenn man die Art und Weise, nach welcher das Leuchtmaterial mittelst des Dochtes zu der Stelle gelangt, wo die Verbrennung vor sich geht, als Eintheilungsgrund gelten lässt, so kann man sämmtliche Lampen unterscheiden als:

1) Sauglampen, in welchen der Leuchtstoff allein durch die Capillarwirkung des Dochtes aus dem etwas tiefer liegenden Reservoir an das Dochtende gelangt; je nach der Lage des Oelreservoirs zum Dochte kann man die Sauglampen eintheilen α) in solche, bei welchen das Reservoir ungefähr in gleicher Höhe liegt mit der Flamme des brennenden Dochtes; β) in Lampen, bei welchen das Reservoir für das Oel höher liegt als der Brenner (Lampe mit Sturzflasche). 2) Drucklampen, bei welchen neben der Capillarität des Baumwolldochtes noch eine mechanische oder physikalische Vorrichtung thätig ist, um dem Dochte das Leuchtmaterial

zuzuführen. Der Oelbehälter ist bei allen Drucklampen im Fusse der Lampe. Nach der Art der Vorrichtung, die das Oel zum Dochte treibt, zerfallen die Drucklampen α) in aërostatische, bei welchen das Princip des Heronsbrunnens Anwendung findet. Es wird in das geschlossene Oelreservoir Luft eingepresst, welche in Folge ihres Bestrebens, sich mit der äusseren Luft ins Gleichgewicht zu setzen, auf das Oel drückt und dasselbe in einem Steigrohr dem Brenner zuführt; β) in hydrostatische Lampen, auf das Princip der communicirenden Röhren sich stützend, nach welchem die Höhen im Gleichgewicht befindlicher Flüssigkeiten von verschiedenem specifischem Gewicht in communicirenden Röhren im umgekehrten Verhältnisse zum specifischen Gewichte stehen. Die Flüssigkeit, welche dem Oel in der Lampe das Gleichgewicht halten und bewirken soll, dass der Brenner ununterbrochen mit der erforderlichen Oelmenge versehen werde, muss specifisch schwerer sein als das Oel; γ) in statische Lampen, bei welchen das Oel aus dem unteren Behälter durch das Gewicht eines festen Körpers (z. B. Bleigewicht) oder durch den directen (nicht durch mechanische Vorrichtung bewirkten) Druck eines in dem Oelreservoir abwärts gehenden Kolbens ausgetrieben und zum Aufsteigen nach dem Brenner gezwungen wird; δ) in mechanische Lampen, in welchen das Oel aus dem Oelreservoir einfach entweder a) durch eine Pumpe, welche durch ein uhrwerkähnliches Räderwerk in Thätigkeit gesetzt wird (Carcel's Uhr- oder Pumplampe) oder b) durch den Druck einer sich ausdehnenden Spiralfeder (Moderateur- oder Federlampe) zu dem Brenner gehoben wird. Die mechanischen Lampen haben meist noch das Charakteristische, dass dem Dochte das Oel in grösserer Menge, als er zu consumiren vermag, zugeführt wird; der nicht zur Verbrennung kommende Theil tropft ab und wird in einem besondern Sammler aufgefangen. An die vorstehenden, auf Rüböl eingerichteten Lampen schliessen sich an 3) die Mineral- oder Solaröl- und Petroleumlampen, die stets Sauglampen von solcher Einrichtung sind, dass der Behälter für den Leuchtstoff stets unmittelbar unter dem Docht und in der Axe des Brenners sich befindet. Das geringere specifische Gewicht und die dünnflüssigere Beschaffenheit der hier in Betracht kommenden Leuchtmaterialien (Solaröl, Petroleum) kommt der Capillarwirkung des Dochtes wesentlich zu Hülfe und macht alle Druckvorrichtungen, so lange es sich um Lampen für Zimmerbeleuchtung handelt, überflüssig. Hierher gehört auch die Ligroïn- oder Schwammlampe, in welche der flüssige Leuchtstoff (Ligroïn, die flüchtigeren Theile, die bei der Rectification des Mineralöles und des Petroleums für sich aufgefangen werden) durch Schwamm, womit das Reservoir ausgefüllt, absorbirt ist.

Sauglampen.

1) Sauglampen. Zu den Sauglampen rechnen wir alle diejenigen Lampen, in welchen das Oel durch die Capillarität des Dochtes (und nicht durch Druck oder sonst durch mechanische Hülfsmittel) aus dem etwas tiefer gelegenen Oelreservoir an das Dochtende gelangt. Je nach der Lage des Oelreservoirs zum Docht können die Sauglampen eingetheilt werden α) in solche, bei welchen das Oelreservoir ungefähr in gleicher Höhe liegt mit der Flamme des brennenden Dochtes, wobei folgende zwei Falle zu unterscheiden sind, nämlich a) der brennende Docht befindet sich im Oelreservoir selbst wie bei der Küchenlampe und antiken Lampe, oder b) Oelreservoir und Brenner sind von einander getrennt und zwar ist das Reservoir seitlich vom Brenner, oder das Reservoir geht wie bei den Kranzlampen ringförmig um den Docht herum; β) in Lampen, bei welchen das Reservoir für das Oel höher liegt als der Brenner. Als Beispiel gelten die Lampen mit Sturzflasche.

Fig. 271.

Von diesen verschiedenen Arten von Sauglampen seien einige im Folgenden speciell beschrieben. In der antiken Lampe (Fig. 271) liegt in einem langgestreckten offenen oder verschlossenen Oelgefässe ein Büscheldocht, welcher vorn am Schnabel entweder einfach durch eine runde Oeffnung oder von einer Blechdille gehalten wird. Diese Lampe ist bei aller Schönheit und Vollendung der Form eine höchst unvollkommene. Der hauptsächlichste Nachtheil dieser antiken Lampe liegt darin, dass, weil mit dem Verbrauch das Niveau des Oeles sinkt, der Docht gezwungen werden soll, das Oel auf eine Höhe zu heben, die seine capillare Kraft weit übersteigt; aus Mangel an Oelzufuhr wird daher die Flamme immer düsterer werden und endlich auslöschen. Dazu kommt noch, dass bei der Dicke des Büscheldochtes die Menge des bei der Verbrennung zersetzten Oeles zu der Menge der zuströmenden Luft in einem höchst ungünstigen Verhältnisse steht; die Verbrennung findet daher nur unvollständig und unter Russbildung statt. Uebrigens ist auch der Schatten, den das Oelreservoir wirft, ein grosser Uebelstand dieser Art von Lampen. Bei einer andern Art von Küchenlampe, welche Fig. 272 in der Seitenansicht, Fig. 273 von oben gesehen, abgebildet ist, ist letztgenannter Uebelstand in geringerem Grade vorhanden, weil durch den Schnabel die Entfernung des Oelbehälters von dem Brenner vergrössert oder der Winkel *c a b* weit spitzer wird. Die sogenannte Wormser Lampe (Fig. 274 und 275), am Rhein längere Zeit hindurch im Gebrauch, zeichnet sich durch die Form des Dochtes *t* aus, der kein Büscheldocht, sondern ein flacher oder ein Banddocht ist; dadurch ist der Luftzutritt zu allen Theilen des sich zersetzenden Oeles so weit geregelt, dass eine vollständige Verbrennung stattfinden kann. Der Docht wird durch die flache Dille *c* festgehalten, welche in den Ring aus Blech *d* gelöthet ist. Letzterer liegt mit seinem umgebogenen Rande auf dem der Glaskugel auf, welche als Oelbehälter dient. Der Docht kann durch die Zähne eines Triebes *e* und *e'*, die den Docht gegen die Rückseite anklemmen, auf und abwärts gedreht und dadurch die Helligkeit der Flamme regulirt werden. Der Stiel *a* wird in ein Stativ oder in ein Leuchterrohr gesetzt. Ueber die Flamme wird gewöhnlich ein Zugglas gesetzt. Ungeachtet der ziemlichen Verbreitung der Wormser Lampe ist in der Construction derselben ein Fortschritt nicht zu erkennen. Die Nachtheile der gewöhnlichen Küchenlampe, das Sinken des Oelniveaus und der Schatten des Oelbehälters sind auch bei ihr vorhanden.

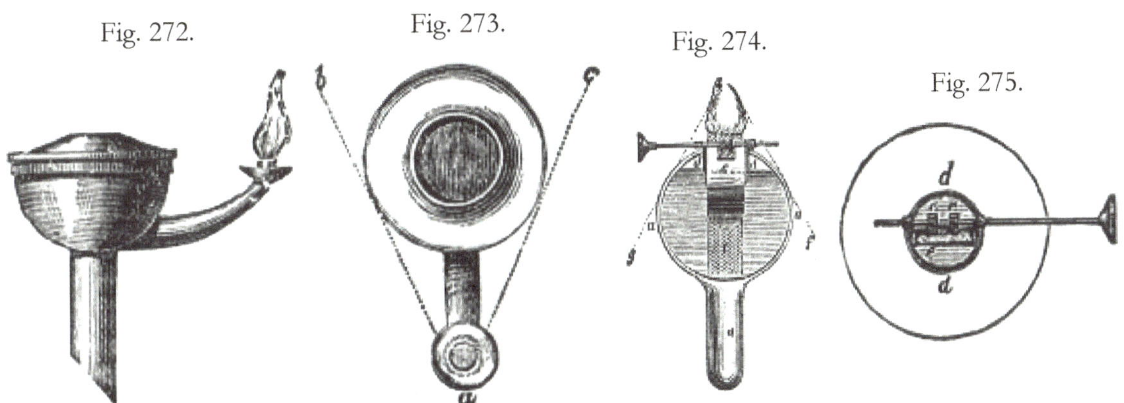

Fig. 272. Fig. 273. Fig. 274. Fig. 275.

Von denjenigen Sauglampen, bei denen Oelreservoir und Brenner in ungefährer gleicher Höhe, aber getrennt sind, seien in der Kürze erwähnt die nicht mehr gebräuchlichen Lampen, die sogenannte mit Schirm versehene Studirlampe, bei welcher das Oelreservoir nicht wie bei den im vorigen Abschnitt erwähnten Lampen unter dem Dochte, sondern seitlich von dem Brenner ist, und die Kranzlampen, d. h. Lampen mit einem ringförmigen Oelbehälter, welcher zugleich meist zum Tragen des Lampenschirmes dient. Da es bei dieser Art Lampen, welche als Arbeits- oder Tischlampen Anwendung finden, auf Concentration des Lichtes auf einen verhältnissmässig kleinen Raum ankommt, so umgiebt man die Flamme in passender Entfernung mit einem Schirme, welcher entweder alles Licht auf einen kleinen Raum der Lampe zurückwirft, oder doch nur einen Theil hindurchlässt und den grössten Theil durch Reflection concentrirt. Soll alles Licht möglichst vollständig reflectirt werden, so wählt man einen trichterförmigen Blechschirm, der inwendig weiss lackirt ist, im zweiten Falle ist der Schirm aus diaphanem Material (Milch- oder Beinglas, unglasirtem Porcellan, matt geschliffenem Glase, geöltem Papier, Taffet u. s. w.). Alle die Lampen, bei denen Brenner und Oelbehälter in gleicher Höhe liegen, geben zwar bei Benutzung des Argandbrenners ein schönes Licht, doch ist dasselbe meist nur von kurzer Dauer und die Intensität des Lichtes eine fortwährend abnehmende. Der Grund davon liegt in der Veränderlichkeit des Niveau des Oeles. Ist das Oelreservoir gefüllt, so steht das Oel in geringer Entfernung unter der Brenneröffnung und der Docht saugt mit Leichtigkeit die erforderliche Qualität bis an sein oberes Ende. In dem Maasse nun, als durch die Consumtion des Oeles dieses Niveau sinkt, wird das in gleicher Zeit durch den Docht aufsteigende Oelquantum geringer, nicht nur weil das Oel in dem Dochte zu einer grösseren Höhe emporsteigen muss, sondern auch, weil Unreinigkeiten einen Theil der Capillaröffnungen des Dochtes verstopfen und ihn dichter machen. Da nun jetzt weniger Oel in die Flamme gelangt als vorher, so nimmt das Licht an Intensität ab und es verkohlt der obere Theil des Dochtes, wodurch die Capillaröffnungen verschlossen werden; die Flamme muss mithin endlich verlöschen. Um dieser nachtheiligen Veränderung der Flamme möglichst zu begegnen, ist es von Belang, das Oelreservoir dergestalt breit und niedrig zu machen, dass das Oel darin zu einer grossen Oberfläche ausgebreitet ist, folglich selbst durch ziemlich starke Consumtion nicht beträchtlich sinkt.

Sturzlampe.

Um die Verminderung der Lichtintensität während des Brennens der Lampe möglichst zu verhindern, ist es, wie aus dem Vorstehenden folgt, einfach genügend, das Oel in dem Brenner möglichst in gleicher Höhe zu erhalten; dies lässt sich nun bei den Sauglampen dadurch erreichen, dass man den Oelbehälter höher stellt als den Brenner. Selbstverständlich ist aber bei dieser Einrichtung eine besondere Vorrichtung erforderlich, welche die Zufuhr des Oeles zu dem Brenner nach Maassgabe der dort stattgehabten Consumtion regelt, weil ausserdem das Oel aus dem Reservoir in den Brenner strömen und letzterer überlaufen würde. Die in Anwendung gekommene Vorrichtung der Art trifft man bei der Sturz- oder Flaschenlampe.

Fig. 276.

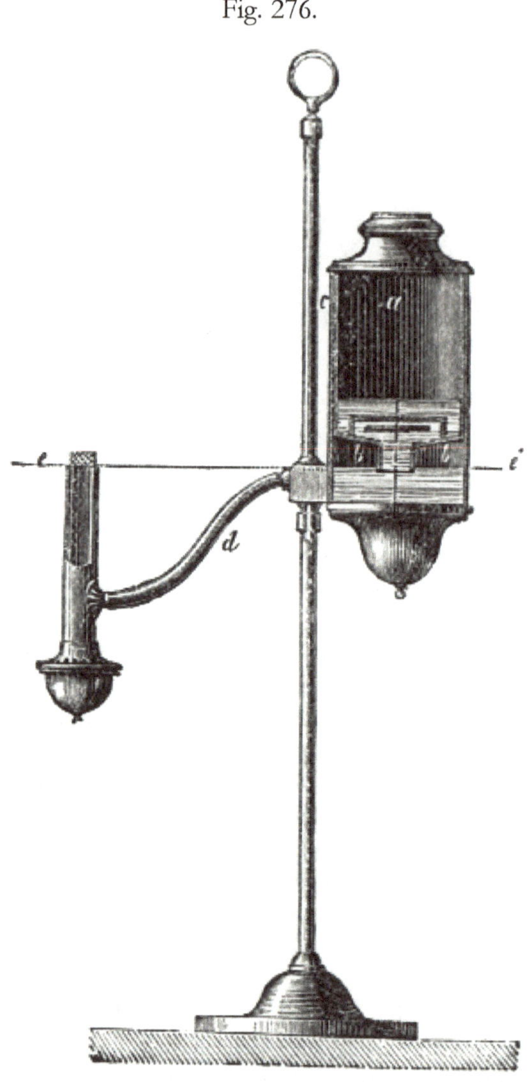

Fig. 276 zeigt den senkrechten Durchschnitt der gewöhnlichen Form einer Flaschenlampe. Das Oelreservoir ist eine bewegliche Blechflasche *a* und an ihrer Mündung durch ein Ventil verschliessbar, welches, wenn die

Flasche aufrecht, d. h. mit der Mündung nach oben steht, die Oeffnung behufs der Füllung mit Oel freilässt. Wird das Ventil an dem daran befestigten Theil aufgehoben, so ist die Mündung der Flasche verschlossen, und die Flasche selbst kann umgekehrt und in den Mantel *b b* eingesenkt werden. Hier wird nun durch den Stiel des Ventils, indem derselbe auf den Boden des Mantels aufstösst, die Mündung geöffnet und das Oel fliesst aus der Flasche aus, bis es in *b* und in dem Brenner *e* so hoch gestiegen ist, dass es die Mündung der Flasche versperrt. Von nun an steht das Oel in den beiden Schenkeln der communicirenden Röhre bei *e* und *e'* im Gleichgewicht, da man die Oeffnung der Flasche *a* mit der Brennermündung *e* gleich hoch gerichtet hat. Auf diese Weise hat die Lampe in der That zwei Oelreservoirs, eines, welches den Docht unmittelbar speist, und das zweite, die Sturzflasche, welche den Zweck hat, das verbrauchte Oel im unteren Behälter von Zeit zu Zeit zu ersetzen, und das Oelniveau in *b* möglichst gleichmässig zu erhalten. Eine kleine Seitenöffnung *c* in dem Mantel gestattet der äusseren Luft einzutreten, so dass die Oberfläche des Oeles in *b* dem gewöhnlichen Luftdruck ausgesetzt ist. Die Flaschen- oder Sturzlampe hat den Nachtheil, wenn mehr Oel in den Brenner fliesst als consumirt wird, das Oel überfliesst, was ein Verlöschen der Flamme und andere Unannehmlichkeiten zur Folge hat. Die übergrosse Oelzufuhr kann hervorgerufen sein durch nicht vollständigen Verschluss der Sturzflasche oder durch zu starkes Neigen der Lampe. Ist die Sturzflasche nicht mehr ganz mit Oel angefüllt, so kann durch Ausdehnung der darin enthaltenen Luft ein Ueberfliessen des Oeles stattfinden. Die Ausdehnung kann sein eine Folge von verändertem Luftdruck (Fallen des Barometers) oder steigender Temperatur. Der Einfluss der Wärme ist der gewöhnlichere Fall. Wird z. B. eine Flaschenlampe mit halb angefüllter Flasche aus einem Zimmer in ein anderes gebracht, dessen Temperatur um 20° höher ist, so dehnt sich die Luft um nahe 1/14 ihres ursprünglichen Volumens aus, drückt auf das Oel und drängt dieses aus der Flasche.

Drucklampe.

2) Die Drucklampen unterscheiden sich von den Sauglampen dadurch, dass das Oelreservoir nicht wie bei letzteren im gleichen Niveau oder höher als der Brenner, sondern tiefer angebracht ist. Bei allen Constructionen der Drucklampen ist der Oelbehälter im Fusse der Lampe und daher weit entfernt vom Brenner. Da die Capillarröhren des Dochtes das Oel auf eine so bedeutende Höhe nicht zu heben vermögen, so ist bei jeder Drucklampe eine besondere Vorrichtung zum Heben des Oeles vorhanden, die dem Dochte das Oel in grösserer Menge, als er zu consumiren im Stande ist, zuführt; der nicht zur Verbrennung kommende Theil tropft ab und wird in einem besonderen Sammler aufgefangen.

Die Drucklampe, die als Salonlampe, sofern man sich noch des Oeles als Leuchtstoff bedient, fast alle anderen Lampenarten siegreich aus dem Felde geschlagen hat, ist, die Einfachheit des Mechanismus zum Zuführen des Oeles zum Brenner vorausgesetzt, hinsichtlich der Standfestigkeit, der äusseren Form, die sie zu mannichfacher und geschmackvoller Verzierung geeignet macht, der Beseitigung des Schattens, der Einfachheit des Füllens mit Oel, der Gleichförmigkeit der Oelzufuhr zum Brenner, der Unmöglichkeit des Ueberlaufens u. s. w., unstreitig die vollkommenste aller Oellampen.

Je nach der Art der Vorrichtung, welche das Oel zum Brenner hebt, unterscheidet man

α) Aërostatische Lampen. Bei diesen Lampen findet das Princip des Heronsbrunnens Anwendung. Es wird in das geschlossene Oelreservoir Luft eingepresst, welche in Folge ihres Bestrebens sich mit der äusseren Luft ins Gleichgewicht zu setzen, auf des Oel drückt und dasselbe in einer Steigröhre dem Brenner zuführt. Die aërostatischen Lampen, so interessant sie auch vom physikalischen Standpunkte aus sein mögen, sind eigentlich nie dauernd in die Praxis übergegangen. Die zum Füllen der Lampe dienenden Nebenvorrichtungen waren gewöhnlich zu complicirt und vertheuerten dadurch die an sich nicht wohlfeile Lampe.

β) Hydrostatische Lampen. Während bei den aërostatischen Lampen das Oel durch den Druck der verdichteten Luft zum Brenner gehoben wird, findet bei den hydrostatischen Lampen das Heben des Oeles durch den unmittelbaren Druck einer anderen Flüssigkeit, ohne Mitwirkung von Luft statt. Sie gründen sich auf das physikalische Gesetz, dass, wenn zwei mit einander communicirende Gefässe Flüssigkeiten von verschiedenem specifischen Gewichte enthalten und diese Flüssigkeiten einander das Gleichgewicht halten, die Höhe der Flüssigkeitssäulen im umgekehrten Verhältnisse zum specifischen Gewichte steht. Die Flüssigkeit, welche bei dieser Art von Lampen dem Oel das Gleichgewicht halten soll, muss specifisch schwerer sein als Oel, darf weder die Lampe noch das Oel angreifen und selbst einige Grade unter dem Gefrierpunkte des Wassers nicht erstarren. Als drückende Flüssigkeit ist Quecksilber, Kochsalzlösung, Melasse, Honig, Chlorcalciumlösung, Chlormagnesiumlösung u. s. w. vorgeschlagen worden.

γ) Statische Lampen. Bei dieser Art von Lampen wird das Brennöl aus dem im Fusse der Lampe befindlichen Reservoir durch das Gewicht eines festen Körpers oder durch den Druck eines im Oelbehälter nach und nach abwärts gehenden Kolbens in ein Steigrohr getrieben und auf diese Weise nach dem Brenner geführt. Im ersteren Falle bringt man das Brennöl in einen dichten Sack von Leder, Kautschuk, Wachstaffet oder in eine Blase, und diese biegsame Hülle in den leeren Behälter. Indem man nun auf die Oelhülle ein Bleigewicht wirken lässt, wird das Oel nach dem Brenner gehoben. Eine grosse Schwierigkeit bei der Construction von statischen Lampen besteht in der genauen Regulirung der Oelzufuhr zum Brenner. — Die zweite Einrichtung, bei welcher ein abwärts gehender Kolben auf das in einem cylindrischen Behälter befindliche Oel drückt und dasselbe nach und nach durch ein enges Steigrohr nach dem Brenner treibt, ist als der Vorläufer der mechanischen Lampen zu betrachten und verdient insofern Erwähnung.

Mechanische Lampen.

δ) Die mechanischen Lampen besitzen eine mechanische Vorrichtung, durch welche das Oel aus dem Reservoir im Fusse der Lampe zu dem Brenner und zwar in einem Quantum gehoben wird, welches den Bedarf des Dochtes während der Brennzeit übersteigt. Wenn mithin bei allen bisher betrachteten Lampen der Inhalt des Brenners eine ruhige Oelsäule bildet, die von oben nach unten stetig abnimmt oder von Zeit zu Zeit sich ergänzt, so bildet das Oel in den mechanischen Lampen einen continuirlich aufsteigenden Strom, welcher dem Dochte den zur Unterhaltung der Flamme nöthigen Oelbedarf liefert, und den Ueberschuss des Oeles an der Aussenseite des Brenners wieder in den Fuss der Lampe zurückführt.

Unter den mechanischen Lampen sind besonders zwei erwähnenswerth, nämlich

Uhrlampe.

Fig. 277.

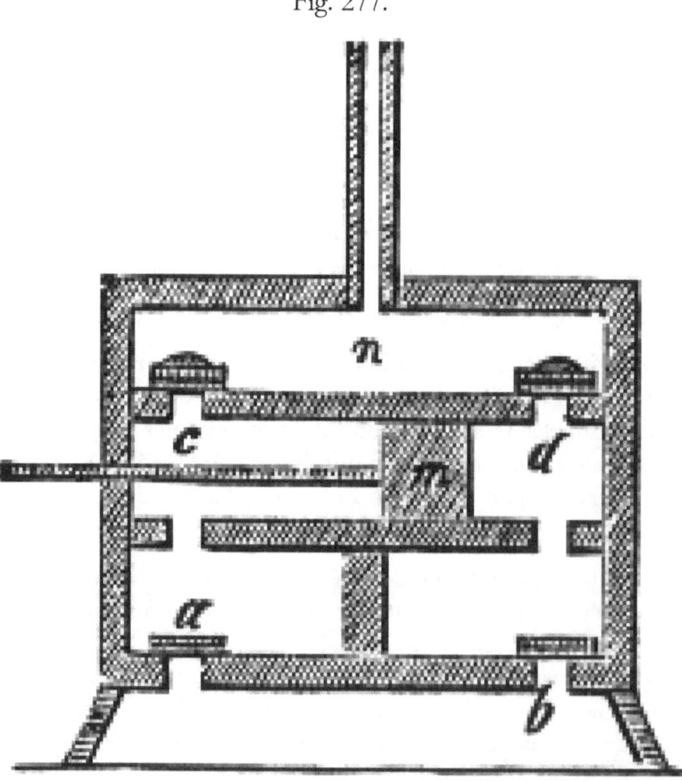

1) Die Uhrlampe, Pumplampe oder Carcel-Lampe wurde 1800 von dem Lampenfabrikanten Carcel in Paris erfunden und später von anderen verbessert. Die Kraft, mit welcher das Oel aus dem im Fusse der Lampe befindlichen Reservoir durch eine selbstthätige Pumpe oder eine pumpenähnliche Vorrichtung ununterbrochen zu dem Brenner emporgehoben wird, wird von einer, in einem Federhause eingeschlossenen Uhrfeder ausgeübt. Zum Behufe ihrer Uebertragung ist ein uhrwerkähnliches Räderwerk vorhanden. Der Hebeapparat ist gewöhnlich eine wirkliche Pumpe mit combinirtem Saug- und Druckwerk, jedoch giebt es auch Lampen, bei welchen die archimedische Schraube zum Heben des Oeles in Anwendung gebracht worden ist. In dem Sockel der Uhr ist das Oelreservoir mit der Pumpe und unter diesem das Uhrwerk; des Steigrohr, in welchem das Oel zum Brenner steigt, geht im Schafte der Säule nach oben. Der Oelbehälter und das Uhrwerk sind von einander durch einen horizontalen Boden getrennt. Ein einfaches Pumpwerk, wie es in der Carcel-Lampe nicht selten Anwendung findet, ist durch Fig. 277 im Durchschnitt dargestellt. Der mittlere Theil der Abtheilung in der Lampe, in welcher das Pumpwerk liegt, bildet den Stiefel, in dem sich der horizontal liegende Kolben *m* hin- und herbewegt; der obere Raum *n* steht mit dem Steigrohr in Verbindung, der untere Raum, in dessen Mitte eine Scheidewand sich befindet, vermittelst zweier Ventile *a b c* aus Taffet oder Goldschlägerhaut mit dem Oelreservoir. Bewegt sich der Kolben *m* nach *d c* hin, so tritt Oel aus dem Reservoir durch *b* ein und das zwischen *c a* und *m* befindliche Oel ist gezwungen, durch *c* in den oberen Raum und von dort aus in das Steigrohr zu treten; bei Bewegung des Kolbens nach *d b* tritt das Oel durch *a* ein und durch *d* in das Steigrohr. Der obere Theil der Abtheilung dient zugleich als Windkessel, indem die darin zusammengepresste Luft ein gleichförmiges Aufsteigen des Oeles in dem Steigrohre bewirkt. Das unter dem Oelreservoir befindliche Räderwerk setzt den Kolben in Bewegung. Die Einrichtung der Pumpe ist der Art, dass sie, wie oben erwähnt, weit mehr Oel heraufpumpt, als zur Speisung der Flamme erforderlich ist. Dieses ununterbrochene Ueberfliessen bezweckt einestheils, dass es dem Dochte nie an Oel fehle, anderntheils, dass sowol der Brenner als auch das aus ihm hervorragende Dochtende abgekühlt werde, sodass Verkohlung des Dochtes, welche die Capillarwirkung des Dochtes schwächen würde, ausgeschlossen ist. Das überfliessende Oel gelangt in den offenen Behälter zurück, um später wieder aufgepumpt zu werden. Das Räderwerk im Fusse der Lampe ist so beschaffen, dass es 12–15 Stunden ununterbrochen fortgeht; in den ersten 7–8 Stunden, in der Regel die längste Brennzeit an einem Abende, ist der Gang und mithin das Aufsteigen des Oeles im Steigrohr ziemlich gleichförmig. — Noch sei bemerkt, dass unten an einer Seite des Lampenfusses ein kleiner, nach aussen gehender Riegel angebracht ist, welcher, wenn er vorgeschoben wird, die zur Regulirung des Werks dienenden Windflügel auffängt und das Werk dadurch in Stillstand bringt.

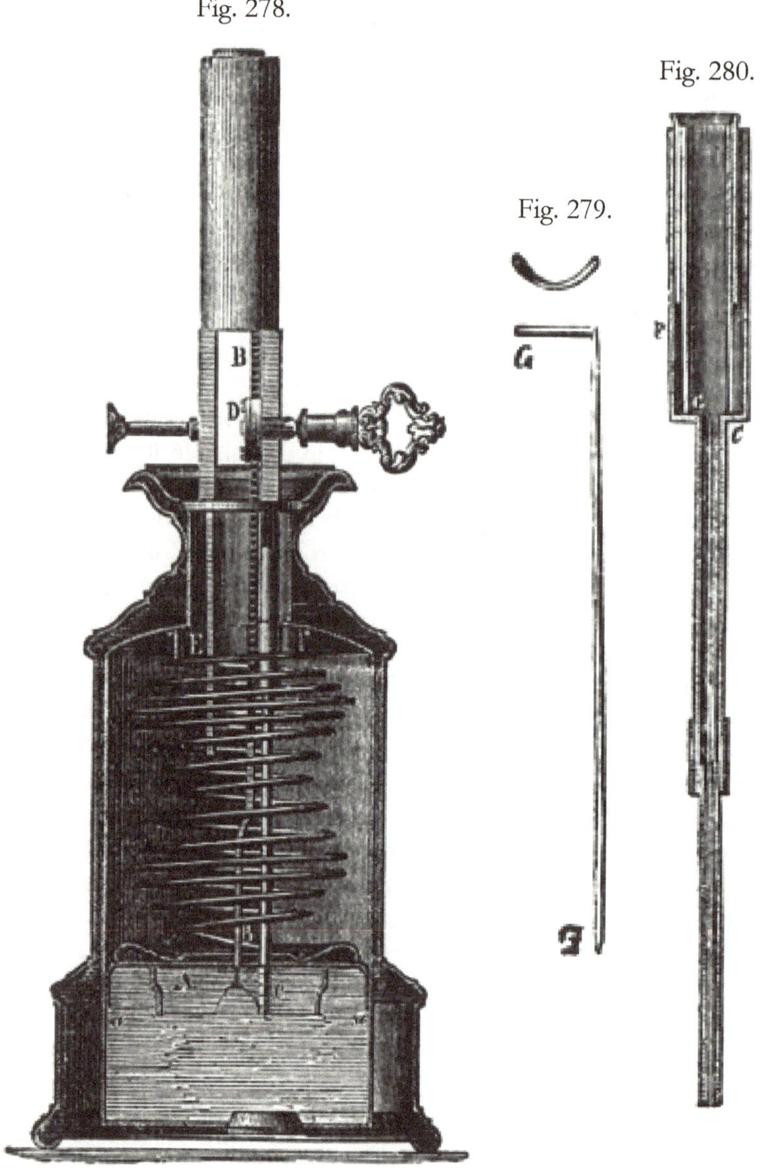

Federlampe.

2) Die Federlampe (Moderateur-, Regulateur-Lampe, Kolbenlampe, Neocarcellampe). Seit der Erfindung der Federlampe durch Franchot im Jahre 1837, die sich durch grössere Einfachheit und Wohlfeilheit und dadurch auszeichnet, dass sie selten in Unordnung kommt, sind die Uhrlampen fast ganz in den Hintergrund gedrängt worden. Das Wesentliche der Federlampe ist, dass ein mit zweckmässiger Liederung versehener grosser Kolben sich auf die Oberfläche des Oeles in dem Oelbehälter legt, dieselbe mit Hülfe einer über ihm angebrachten gespannten Feder drückt und somit das Oel durch ein enges Steigrohr in den Brenner treibt. Fig. 278 zeigt eine Federlampe und zwar im oberen Theile in der Vorderansicht, im unteren Theile im Durchschnitt. In die aus Metall angefertigte Umhüllung ist im Fuss der Lampe das cylindrische Oelreservoir eingelöthet. Dieses Reservoir dient zugleich als Stiefel für den Kolben *A*, aus einer flachen Scheibe mit einem nach unten gebogenen Lederrand bestehend, welcher letztere zugleich als Liederung und als Ventil dient. Von dem Kolben erhebt sich die messingene Kolbenstange *B*, welche auf dem grössten Theile ihrer Länge eingeschnittene Zähne hat, in welche die Zähne eines am Griffe *D* umzudrehenden Getriebes eingreifen. Auf diese Weise wird der

Kolben nach aufwärts bewegt. Nach abwärts geht der Kolben durch den Druck der Spiralfeder, welche zwischen dem Kolben und dem oberen Ende der cylindrischen Lampensäule steht und sich oben gegen *E* stützt; sie ist so beschaffen, dass sie den Kolben bis auf den Boden des Oelbehälters hinabtreiben kann, ohne sich völlig ausgedehnt zu haben. Im nichtgefüllten Zustande ruht der Kolben auf dem Boden. Giesst man nun durch den am oberen Ende der Lampensäule befindlichen Trichter Oel ein, so sammelt sich dasselbe über dem Kolben *A* an. Wird derselbe nun durch Umdrehen von *D* nach aufwärts bewegt, so strebt die Erhebung des Kolbens zwischen ihm und dem Boden des Oelbehälters einen luftverdünnten Raum zu erzeugen; der äussere Atmosphärendruck drückt daher das Oel neben dem als Ventil dienenden Lederrand des Kolbens nach abwärts, bis nach und nach alles Oel unter den Kolben getreten ist. Sobald *D* nicht mehr festgehalten wird, fängt die Feder, welche durch die Erhebung des Kolbens zusammengepresst wurde, sofort an, mittelst des Kolbens auf das Oel zu drücken. Der Lederkranz am Rande des Kolbens wird durch den Druck, den das Oel ausübt, dicht an die Wandung des Oelbehälters getrieben, so dass kein Oel entweichen kann. Der einzige Abflusskanal, welcher dem Oel gestattet ist, ist durch das Rohr *C*, welches oben mit dem Brenner communicirt. Die Feder ist genau adjustirt und ihre Ausdehnung ist gleich dem Volumen des verbrennenden Oeles, daher immer ein gleiches Niveau erhalten bleibt. Hat nach mehrstündigem Brennen der Kolben den Boden des Oelcylinders erreicht, so hört die Oelbewegung auf; man muss deshalb schon ehe dieser Zeitpunkt eintritt die Lampe aufziehen, d. h. durch Umdrehung des Griffes *D* die Zahnstange *B* und mit ihr den Kolben heben, wodurch die Feder zusammengepresst, also gespannt wird. Wäre dem Oel das Aufsteigen in dem Steigrohre *C* ohne alle Hindernisse gestattet, so würde die Lampe nicht nur schnell erschöpft und das Wiederaufziehen in sehr kurzen Zeiträumen nöthig werden, ja es könnte sogar der Fall sein, dass das Oel aus dem Brenner, statt unmerklich überzufliessen, hastig hervorsprudelte. Um dies zu verhindern, ist an der Federlampe eine einfache Vorrichtung angebracht, durch welche die Geschwindigkeit des nach dem Brenner strömenden Oeles moderirt werden kann. Diese Vorrichtung, Moderateur genannt, besteht (Fig. 278 und 279) aus einer in der Mitte des Steigrohres *C* hängenden, nach unten sich etwas verjüngenden Nadel *G*, die oben rechtwinkelig gebogen und an das innere Dochtrohr angelöthet ist. Der untere verschiebbare engere Theil des Rohres *C* steht nur beim höchsten Stande des Kolbens so, dass *G* auch in *C* steckt; beim Abwärtsgehen des Kolbens zieht *C* sich zurück, so dass *G* nicht mehr hineinreicht. Beim höchsten Kolbenstande übt die Feder auf den Kolben den grössten Druck aus, daher wird das Abwärtsgehen des Kolbens und das Aufwärtsströmen des Oeles zum Brenner anfangs schneller erfolgen, als später, wenn die Feder einen Theil ihrer Spannung verloren hat. Um nun diese Schwankungen in der Wirkung der Feder aufzuheben, wird im Anfang des Niederganges des Kolbens durch die Nadel *G* das Steigrohr verengert. Um den Zeitpunkt zu erfahren, wo die Lampe aufzuziehen ist, hat man vor einigen Jahren angefangen, durch den abwärts gehenden Stempel ein Zeigerwerk in Bewegung zu setzen, welches gestattet, in jedem Augenblick zu sehen, wie tief der Kolben bereits herabgegangen ist. Ferner fertigt man gegenwärtig Moderateurlampen, bei welchen, sobald der Stempel nahe an seiner tiefsten Stelle angelangt ist, eine Glocke anschlägt, welche, an der Lampe angebracht, zur Decoration derselben dient. Das Anschlagen der Glocke ermahnt die Anwesenden, die Lampe aufzuziehen.

Die Solaröl- und Petroleumlampen.

Fig. 281.

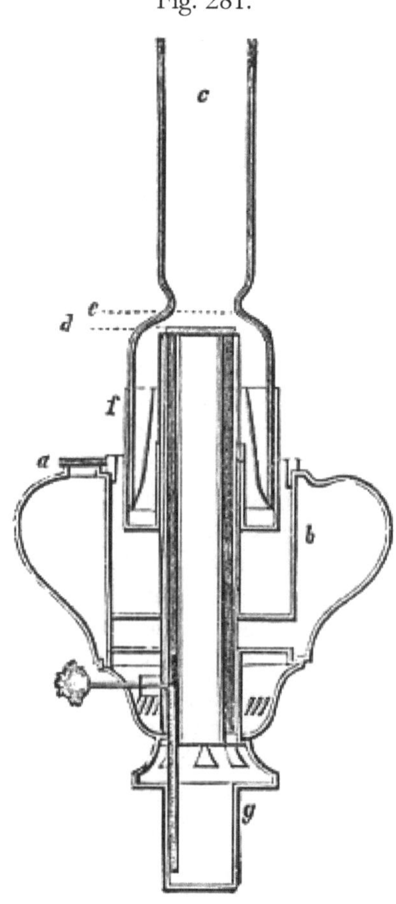

3) Die Solaröl- und Petroleumlampen. Die Mineralöle, die unter den Namen Solaröl, Pyrogen, Photogen, raffinirtes Petroleum, Petrosolaröl, Kerasin, Pitt-Oel u. s. w. seit etwa fünfzehn Jahren das Rüböl fast ganz in den Hintergrund gedrängt haben, werden nur in Sauglampen verbrannt, bei denen entweder das Reservoir für das Leuchtmaterial unterhalb des Dochtes oder ähnlich den Sturzlampen seitlich davon sich befindet. Mechanische Lampen, namentlich die Moderateurlampe, sind auf Solaröl und Petroleum nicht zu brauchen, weil beide Oele der Fettigkeit bar sind und deshalb nicht die Elasticität und Weichheit des Leders am Kolben, welches zugleich als Liederung und als Ventil dient, zu erhalten vermögen. Bei der Sauglampe wirkt die dünnflüssige Beschaffenheit der Mineralöle in Folge des dadurch erleichterten Aufsteigens in den Capillarröhren des Dochtes vortheilhaft ein; durch das Sinken des Niveau's im Behälter wird keine merkliche Abnahme der Intensität der Flamme verursacht. Bei dem grossen Kohlenstoffgehalt der neuen Leuchtstoffe ist zum rauch- und russfreien Verbrennen eine kräftige Zufuhr von atmosphärischer Luft erforderlich; diese wird vermittelt durch ein geeignetes Zugglas, ferner dadurch, dass der Docht nur äusserst wenig aus dem Brenner hervorragt, und endlich (bei gewissen Arten von Solaröllampen) durch Aufsetzen einer gewölbten Messingkapsel, welche in der Mitte mit einer Oeffnung versehen ist, etwas länger und breiter als die Mündung des Dochtrohres (mit flachem Dochte); unter der Wölbung findet eine Vermengung der Luft mit den brennenden Dämpfen des Mineralöles statt, worin das Mittel zur stärkeren Luftzufuhr und Verhinderung des Russens liegt. Zum Verständniss der Construction der Solar- und Petroleumlampen ist das Eine nicht zu vergessen, dass alle diese Lampen in Folge des verhältnissmässig niedrigen Siedepunktes der genannten Leuchtmaterialien Dampflampen sind, d. h. es verbrennen in denselben die Dämpfe, die sich in der Nähe des Brenners aus der Flüssigkeit, ohne dass dieses eine Zersetzung erleidet, bilden, während bei den Oellampen Zersetzungsprodukte in der Flamme zur Verbrennung kommen, die erst bei weit höherer Temperatur sich bilden, als die Dämpfe aus dem Solaröl und Petroleum. Man hat daher, um selbst die Möglichkeit der Explosion zu entfernen, bei allen diesen Lampen Vorkehrungen zu treffen, dass die Flüssigkeiten in dem Reservoir sich

nicht erwärmen. Namentlich sucht man den die Flamme speisenden Luftstrom zur Abkühlung des Brenners heranzuziehen.

Von den vielen Constructionen von Petroleum- und Solaröllampen sei eine der bewährtesten und zwar die von Ditmar (in Wien) speciell beschrieben. Dieselbe besteht (Fig. 281) aus einem metallenen Oelbehälter *b*, der ringförmig die Dochtröhre umgiebt und mit dieser nur durch eine horizontale Röhre in Verbindung steht, um das Oel dem Docht zuzuführen. *a* ist eine mit einer durchbohrten Schraube verschlossene Oeffnung zum Einfüllen des Oeles in den Behälter *b*. Die Lampen haben einen runden Docht und doppelten Luftzug, sie sind ferner mit eingezogenem Glascylinder *c* versehen, dessen Träger *f* verschiebbar ist, um jenem eine passende Stellung zu geben, weil dadurch die Wirkung der Flamme theilweise bedingt ist. Die Einbiegung des Glases soll ungefähr 3 Linien über dem Dochtende stehen, wie dies die Linien *d* und *e* andeuten, so dass der grössere Theil der leuchtenden Flamme, die im Ganzen ungefähr 6–8 Centim. hoch brennen soll, sich über der Einbiegung des Glases befindet. Steht das Glas zu hoch, so brennt das Oel roth; steht es zu tief, so wird die Flamme klein und unansehnlich. Der Oelbehälter erwärmt sich während der ganzen Brennzeit nicht, weil er bei seiner ringförmigen Gestalt eine grosse Oberfläche hat, die in Folge der starken Luftströmung, welche durch das Brennen selbst bedingt ist, fortwährend mit kalter Luft in Berührung steht. Eine bedeutendere Dampfbildung ist deshalb bei diesen Lampen nicht zu befürchten. Die Ligroïn- oder Schwammlampe wurde bereits Seite 717 erwähnt.

III. Die Beleuchtung mit Gas.

Allgemeines und Geschichtliches.

Die Beobachtung, dass aus fossiler Kohle ein brennbares Gas erhalten werde, ist schon mehrere Jahrhundert alt, wusste man ja schon seit den ältesten Zeiten, dass in dem grossen Haushalte der Natur in den Stein- und Braunkohlenflötzen und auch aus Steinsalzlagern brennbare Gase in grosser Menge sich bilden, welche als Gasquelle an die Oberfläche der Erde gelangen.

Der Boden mancher Gegenden enthält dieses Gas in solcher Quantität, dass es ausreicht, ein Rohr in den Boden zu stossen, um sogleich das Ausströmen eines Gasstromes zu bewirken, der zur Beleuchtung benutzt werden kann. In der Nähe von Fredonia im Staate New-York liefert die Natur eine vollständige Beleuchtungsanstalt, wie wir sie in den Städten nur mit grossem Aufwande künstlich schaffen. Beim Abbrechen einer Mühle, deren Mauerwerk theilweise in den kleinen Fluss Canadaway reichte, nahm man aus dem Wasser aufsteigende Blasen von Kohlenwasserstoffgas wahr. Als man nun Bohrvorsuche anstellte und in gewisser Tiefe eine Lage bituminösen Kalkes getroffen hatte, brach durch die Oeffnung das Gas hervor, das gesammelt wird und, in Röhren nach allen Theilen des Ortes geleitet, zur Beleuchtung dient. Man erhält alle zwölf Stunden gegen 800 Kubikfuss Kohlenwasserstoffgas, welches nach den Untersuchungen von Fouqué ein Gemenge ist von Grubengas (CH_4) mit Aethylhydrür (C_2H_6). Im Marmaroscher Comitate, in der Szlatinaer Steinsalzgrube entwickelt sich, ungefähr 90 Meter unter Tag, Leuchtgas aus Spalten einer Schicht thonigen Mergels, die zwischen Steinsalzbänken eingeschlossen ist. Diese Erscheinung war schon im Jahre 1770 bekannt. Wie in Fredonia das von der Natur gelieferte Gas zur Beleuchtung des Ortes dient, so benutzt man dasselbe in Szlatina, um die tiefsten Grubenräume zu beleuchten. Das Stassfurter Steinsalzlager liefert gleichfalls, obwohl in unerheblicher Menge, brennbare Gasarten. Der Missionär Imbert berichtet aus der Provinz Szu Tchhouan in China, wo man zahllose Bohrlöcher nach Steinsalz von 1500 bis zu 1600 Fuss Tiefe niedergestossen hat, dass viele dieser Bohrlöcher Ausströmungen von Leuchtgas zeigen, die zum Theil mit heftigem Getöse verbunden sind. Bambusröhren leiten das Gas in jede beliebige Entfernung. Man benutzt es zur Beleuchtung von Strassen und grossen Hallen, sowie als Brennmaterial in den Salinen. Den grossartigsten, hierher gehörenden Erscheinungen ist das „Feuerfeld" bei Baku, auf der Halbinsel Apscheron an der Westküste des Caspissees beizuzählen, wo an mehreren Punkten perennirende Ausströmungen von Kohlenwasserstoffgas stattfinden. Das Gas steigt am häufigsten aus einem dürren, steinigen Boden auf, wo ehemals ein Tempel stand. Der Tradition nach soll das Gas schon mehrere Tausend Jahre gebrannt haben. Aehnliche Feuer findet man in Kurdistan bei Arbela in Mesopotamien, zu Chitta-Gong in Bengalen und anderen Orten des asiatischen Continents.

Was das künstlich dargestellte Gas aus Steinkohlen anbelangt, so beobachteten schon in den Jahren 1727–1739 die Engländer Clayton und Hales das Entweichen desselben beim Erhitzen von Steinkohlen; später (1767) zeigte der Bischof Landlaff, dass sich die brennbare Luft durch Röhren überall hinleiten lasse; es benutzte sogar der Professor der Chemie Pickel in Würzburg, schon 1786, aus Knochen erzeugtes Gas zur Beleuchtung seines Laboratoriums. Ungefähr um die nämliche Zeit stellte der Earl von Dundonald auf seinem Landsitze Culross-Abtei Versuche zur Anwendung des Steinkohlengases an. Ursprünglich handelte es sich um die Gewinnung von Steinkohlentheer als Nebenprodukt der Koksbereitung. Die Arbeiter hatten in die Kühlvorlage, in welcher sich der Theer absetzt, eiserne Röhren eingekittet und pflegten das aus diesen Röhren entweichende Gas des Nachts anzuzünden und die Flamme des Gases zur Beleuchtung zu benutzen. Der Lord selbst verbrannte das Gas in der Abtei als Gegenstand der Curiosität. Alle diese Versuche waren nur vereinzelt dastehende Vorläufer der englischen Erfindung der Leuchtgasfabrikation, welche man dem Engländer William Murdoch verdankt. Der Anfang der eigentlichen Gasbeleuchtung datirt sich vom Jahre 1792, wo Murdoch sein Haus und seine Werkstätte zu Redruth in Cornwall mit *aus Steinkohlen* erhaltenem Gase erleuchtete. Sein Verfahren wurde aber erst etwa zehn Jahre später bekannt, weshalb denn die Franzosen ihrem Landsmann Lebon, der 1801 mit einem aus Holz gewonnenen Gase seine Wohnung nebst Garten erleuchtete, diese Erfindung zuschreiben. Die erste Gasbeleuchtung im Grossen wurde 1802 von Murdoch in der Maschinenfabrik von Watt & Bolton in Sohofoundry bei Birmingham und 1804 in einer bedeutenden Spinnerei zu Manchester ausgeführt. Von nun an fand die Gasbeleuchtung immer weitere und grossartigere Anwendung und ist in London unter allen Städten am umfassendsten geworden. Lange Zeit wurde die neue Beleuchtungsart ausschliesslich auf Fabriken und ähnliche Etablissements angewendet, ehe sie in dem eigentlichen bürgerlichen Leben Eingang fand. Dies war der Fall im Jahre 1812, in welchem Londons Strassen mit Gas beleuchtet wurden. Im Jahre 1820 wurde in Paris die Gasbeleuchtung eingeführt. Nach dem Vorgange der beiden Metropolen machte die Verbreitung der Gasbeleuchtung in Städten rasche Fortschritte und in wenigen Jahren wird sie ihren Lauf um die civilisirte Welt vollendet haben, da die Verbesserungen in der Fabrikation, namentlich die von v. Pettenkofer eingeführte Leuchtgasfabrikation aus Holz und Torf, ferner die mit Erfolg gekrönten Bestrebungen H. Hirzel's, die Petroleumrückstände zur Leuchtgasbereitung zu verwenden, den Preis des Gases ausserordentlich ermässigt haben und die Einführung dieser Beleuchtungsart selbst in kleineren Städten gestatten. Es ist sogar mit Sicherheit zu erwarten, dass in nicht ferner Zeit das Gas wie jetzt als Leuchtmaterial, so als Heizmaterial den Wohnungen zugeführt werden wird. Von der Einführung des Wassergases ist in dieser Richtung noch sehr viel zu hoffen.

Das Princip der Gasbeleuchtung ist, wie schon im Eingange gesagt worden ist, ganz dasselbe wie das der übrigen Beleuchtungsmethoden, da es, wissenschaftlich gesprochen, keine andere Beleuchtung als Gasbeleuchtung giebt. Wenn man in Erwägung zieht, dass in dem brennenden Dochte das Leuchtgas aus dem Leuchtmaterial erzeugt und fast in demselben Augenblicke verbrannt wird, so ist es einleuchtend, dass die Beleuchtung mit Oel (Rüböl, Solaröl und Petroleum), Wachs, Paraffin oder Stearinsäure sich von der Gasbeleuchtung nur durch den Ort der Gaserzeugung und durch die Zeit der Verbrennung unterscheidet. In dieser Beziehung könnte man die Gasbeleuchtung einen Rückschritt und folgende Bemerkung eines bekannten Chemikers eine sehr treffende nennen. „Wäre die Gasbeleuchtung die ursprüngliche, oder hätte man später die Kerze oder die Lampe erfunden, in welcher die complicirten Operationen der Gasfabriken gewissermaassen zu einem Mikrokosmos selbstthätig und selbstregulirend verschmolzen sind, so würde man diese Erfindung sicher zu den grössten unseres Jahrhunderts rechnen und als einen Triumph der Intelligenz preisen.“ Wollte man Leuchtgas aus Oel oder aus Wachs oder aus Stearinsäure und Paraffin darstellen, so wäre der citirte Ausspruch gerechtfertigt, so aber wendet man Materialien wie Steinkohle, Holz, Torf, Fabrikrückstände u. s. w., überhaupt Substanzen zur Gaserzeugung an, die für sich nie als Leuchtmaterialien benutzt werden können. Ausserdem ist wohl zu berücksichtigen, dass bei dem gegenwärtigen Stand der Dinge die Steinkohlengasanstalten, sowie die Holzgasfabriken auch Verkokungsanstalten sind, welche durch den Verkauf von Koks und Kohle und die Verarbeitung der Nebenprodukte (Theer, Ammoniakwasser, Schwefel der Laming'schen Masse) häufig einen erklecklichen Nebengewinn beziehen.

Rohmaterialien der Gasbeleuchtung.

Die Rohmaterialien zur Gaserzeugung sind Steinkohlen, Holz, Harz, Fett, Oel, Petroleum und Wasser. Das aus diesen Materialien erzeugte Gas wird je nach der Substanz, die zu seiner Darstellung diente, Steinkohlengas, Holzgas, Harzgas, Oelgas, Petroleumgas, Wassergas genannt.

Steinkohlengas.

I. Steinkohlengas[178]. Die Steinkohlen bestehen aus Kohlenstoff, Wasserstoff, Sauerstoff, kleinen Mengen von Stickstoff, Aschebestandtheilen und grösseren oder geringeren Mengen Schwefelkies. In technischer Beziehung unterscheidet man Backkohlen, die sich beim Erhitzen erweichen und aufblähen, Sandkohlen, die beim Erhitzen nur eine Volumenverminderung zeigen, und endlich Sinterkohlen, welche beim Erhitzen zusammensintern und zusammenfallen. Die Backkohlen zeichnen sich durch grossen Wasserstoffgehalt aus und sind deshalb die zur Leuchtgasfabrikation geeignetsten Kohlen. Nach H. Fleck enthalten die besten derartigen Kohlen auf 100 Th. Kohlenstoff 2 Th. gebundenen und 4 Th. disponiblen Wasserstoff. Unter denjenigen Backkohlen, die man schlechtweg Gaskohlen nennt, zeichnet sich wieder die Cannelkohle aus, die nur in einigen Gegenden des britischen Reiches, so z. B. in Lancashire im Norden Englands und auch in Schottland in der Nähe von Glasgow gefunden wird. Der Name rührt von der hellen Flamme her, mit welcher sie brennt. Aermere Volksklassen verrichten beim Scheine derselben ihre häuslichen Geschäfte; nun heisst *Candle* eine Kerze, also Kerzenkohle. Der Cannelkohle stehen die Kohlen von Newcastle und die Bogheadkohle und die böhmische Blattelkohle, von der weiter unten die Rede sein wird, sehr nahe. In Frankreich und Belgien wendet man die Kohle von Mons und Commentry, in Deutschland sächsische, schlesische, englische und rheinische oder westphälische Kohlen an. Die zur Gasfabrikation sich eignenden Kohlen dürfen nur wenig Schwefel enthalten und nach dem Verbrennen nur sehr geringe Mengen Asche hinterlassen.

1 Zollcentner deutsche Steinkohlen giebt im Durchschnitt 14 Kubikmeter oder 500 englische Kubikfuss Gas und 35 Kilogr. oder 150 Volumenprocente Koks. Die englischen Kohlen, namentlich die Kohlen von Newcastle geben durchschnittlich 550 Kubikfuss, die Bogheadkohle giebt 824 Kubikfuss Gas.

Die Zersetzung der Gaskohle lässt sich durch folgendes Schema veranschaulichen: 100 Th. Steinkohle bestehend aus

Kohlenstoff	78,0			
Wasserstoff	4,0			
Stickstoff	1,5		Koks	70–75
Schwefel	0,8	geben	Leuchtgas	
chem. gebundenem Wasser	5,7		Theer	30–25
hygroskop. Wasser	5,0		Ammoniakwasser	
Asche	5,0			100,0
	100,0			

Produkte der Kohlendestillation.

Die Bestandtheile der vier Produkte der Kohlendestillation sind folgende:

I. Koks.	Kohlenstoff			90–95	
	Schwefeleisen (Fe_7S_8)			10– 5	
	Erdige Bestandtheile				
				100,0	
II. Ammoniakwasser.	Hauptbestandtheile		Kohlensaur. Ammon	$2(NH_2)_2CO_3 + CO_2$	
			Schwefelammon	$(NH_4)_2S$	
	Accessorische Bestandtheile		Chlorammon	NH_4Cl	
			Cyanammon	NH_4CN	
			Schwefelcyanammon	NH_4CNS	
III. Theer.	Kohlenwasserstoffe	flüssige	Benzol	C_6H_6	
			Toluol	C_7H_8	
			Xylol	C_8H_{10}	
			Cumol	C_9H_{12}	
			Cymol	$C_{10}H_{14}$	
			Propyl	C_3H_7	
			Butyl	C_4H_9 u. s. w.	
		feste	Naphtalin	$C_{10}H_8$	
			Acetylnaphtalin	$C_{12}H_{10}$	
			Fluoren	(?)	
			Anthracen	$C_{14}H_{10}$[179]	
			Methylanthracen	$C_{15}H_{12}$	

			Reten	$C_{16}H_{12}$	
			Chrysen	$C_{18}H_{12}$	
			Pyren	$C_{16}H_{10}$	
	Säuren		Carbolsäure	C_6H_60	
			Kresylsäure (Cresol)	C_7H_80	
			Phlorylsäure (Phlorol)	$C_8H_{10}0$	
			Rosolsäure	$C_{20}H_{16}0_3$	
			Oxyphensäure	$C_6H_60_2$	
			Kreosot,bestehend aus den drei homologen Körpern	$C_7H_80_2$	Verbindungen der Oxyphensäure und damit homologer Säuren mit Methyl.
				$C_8H_{10}0_2$	
				$C_9H_{12}0_2$	
	Basen		Pyridin C_8H_5N	Leukolin C_9H_7N	Coridin $C_{10}H_{15}N$
			Anilin C_6H_7N	Iridolin $C_{10}H_9N$	Rubidin $C_{11}H_{17}N$
			Picolin C_6H_8N	Cryptidin $C_{11}H_{11}N$	Viridin $C_{12}H_{19}N$
			Lutidin C_7H_9N	Acridin $C_{12}H_9N$	
			Collidin $C_8H_{11}N$		
	Asphalt bildende Bestandtheile		Anthracen		
			Brandharze		
			Kohle		
IV. Leuchtgas.	α) Leuchtende Bestandtheile oder Lichtgeber	Gase	Acetylen	C_2H_2	
			Elayl	C_2H_4	

			Trityl	C_3H_6	
			Ditetryl	C_4H_8	
		Dämpfe	Benzol	C_6H_6	
			Styrolen	C_8H_8	
			Naphtalin	$C_{10}H_8$	
			Acetylnaphtalin	$C_{12}H_{10}$	
			Fluoren	?	
			Propyl	C_3H_7	
			Butyl	C_4H_9	
	β) Verdünnende Bestandtheile oder Lichtträger		Wasserstoff	H_2	
			Methylwasserstoff	CH_4	
			Kohlenoxyd	CO	
	γ) Verunreinigende Bestandtheile		Kohlensäure	CO_2	
			Ammoniak	NH_3	
			Cyan	CN	
			Schwefelcyan	CNS	
			Schwefelwasserstoff	SH_2	
			Geschwefelte Kohlenwasserstoffe, ferner auch Schwefelkohlenstoff	S_2C	
			Stickstoff	N	

Die Bereitung des Kohlengases.

Die Bereitung des Leuchtgases aus Kohlen (ebenso wie die aus anderen Materialien wie Holz, Harz, Oel u. dergl.) geschieht in drei auf einander folgenden Operationen, diese sind a) die Darstellung des rohen Leuchtgases durch Destillation der Steinkohlen in Retorten; b) die Verdichtung des grössten Theiles der flüssigen Destillationsprodukte in besonderen Condensationsapparaten; c) die Reinigung der gasigen Produkte von allen die Leuchtkraft und andere Eigenschaften des Gases beeinträchtigenden Bestandtheilen.

Retorten.

a) Die Darstellung des rohen Leuchtgases. Die Darstellung des rohen Leuchtgases geschieht durch trockene Destillation der Steinkohlen, hierzu gehört Glühhitze einerseits und andererseits möglichster Abschluss der Luft. Die Erfüllung dieser beiden Bedingungen, an welche der Vorgang bei der trockenen Destillation ganz besonders geknüpft ist, führte zur Construction derjenigen Apparate, in welchen man die Destillation der Kohle ausführt. Diese Destillationsapparate, deren sich die Gastechnik zur Gasbereitung bedient, heissen Retorten. Die ersten Leuchtgasretorten waren Cylinder von Gusseisen. Der Umstand aber, dass sich die eisernen Retorten zu leicht abnutzten, auch kostspielig in der Anschaffung waren, gab die Veranlassung der Einführung der thönernen Retorten, die man (wie die Charmotte-Gasretorten) mit oder ohne Porcellanglasur darstellt. Was die Dimensionen derselben betrifft, so verwendet man meist solche, welche ungefähr 100 Kilogr. Kohlen zu fassen vermögen und von diesem Quantum etwa zur Hälfte bis zu 0,6 des inneren Raumes angefüllt werden. Derartige Retorten haben in der Regel 54 Centimeter Durchmesser der grossen, 43 bis 45 Centimeter Durchmesser der kleinen Axe und eine Länge von 2,5–3 Meter. An dem Ende ist die Retorte meist durch eine feste, senkrecht auf die Länge stehende Wand, seltener gewölbeartig geschlossen.

In London bedient man sich neuerdings zur Destillation der Kohlen eigenthümlicher Retorten, die weder von Eisen sind, noch von Thon, auch nicht aus einem Stück, sondern aus einzelnen nach dem Modell der Retorten geformten Steinen oder Plattenstücken aus einem feuerfesten Material, den Dinasteinen (vergl. S. 375) aufgemauert sind. Diese Steine bestehen aus einem feuerfesten Sand (fast reinem Quarzsand) welchen man nach dem Zerkleinern und Anfeuchten mit 1 Proc. Kalk mengt, zu Platten presst, trocknet und brennt. Als Mörtel beim Aufbauen der Retorten aus Dinasteinen benutzt man einen eisenhaltigen, im Gasofenfeuer etwas erweichenden oder sinternden Thon. Genannte Retorten sind bedeutend wohlfeiler als die Retorten aus einem Stück und sollen nach der Erfahrung der Ingenieure der *Chartered-Gas-Company* bis zu fünf Jahren stehen. Ausser den Retorten von Gusseisen, Dinasteinen und Thon hat man auch deren aus genietetem Eisenblech; sie sind von der Form flacher breiter Backöfen, werden meist einzeln in eine Feuerung gelegt, auf der unteren Seite häufig aus einer gusseisernen Platte bestehend und mit Backsteinen armirt.

Der Verschluss der Retorte.

Der Deckel, welcher zum Verschluss des offenen Retortenendes dient, wird nicht an die Retorte, sondern an ein Mundstück oder einen Kopf aus Gusseisen befestigt, der mit der Retorte durch Flantschen und Schrauben verbunden ist. Auch bei den thönernen Retorten ist das Mundstück von Gusseisen. Die Wand der Thonretorte ist am Rande verstärkt und in diesem Theile sind in die Thonmasse 6 oder 8 eiserne Bolzen eingesenkt, deren aus dem Thon hervorragende Theile Schraubenspindeln vorstellen. Letztere werden durch Oeffnungen in den Flantschen des eisernen Kopfes hindurchgesteckt und auf der anderen Seite durch Schraubenmuttern angezogen. Zum Dichten der Fugen zwischen Retorte und Kopf dient eine Mischung aus Eisenfeile und Gyps, welche mit Salmiaklösung zu einem Brei angerührt wird. Auf dem oberen Theile des Mundstückes ist ein Stück Gasrohr mit der dazu gehörigen Flantsche aufgegossen, auf welchen das Rohr zur Leitung des Gases in die Vorlage aufgesetzt wird. Da das Mundstück ausserhalb der Feuerung sich befindet, mithin eine weit grössere Dauer hat als die im Feuer liegende Retorte, so wird es beim Auswechseln der Retorte immer wieder gebraucht, daher die Retorten immer nach dem nämlichen Modell gegossen werden müssen.

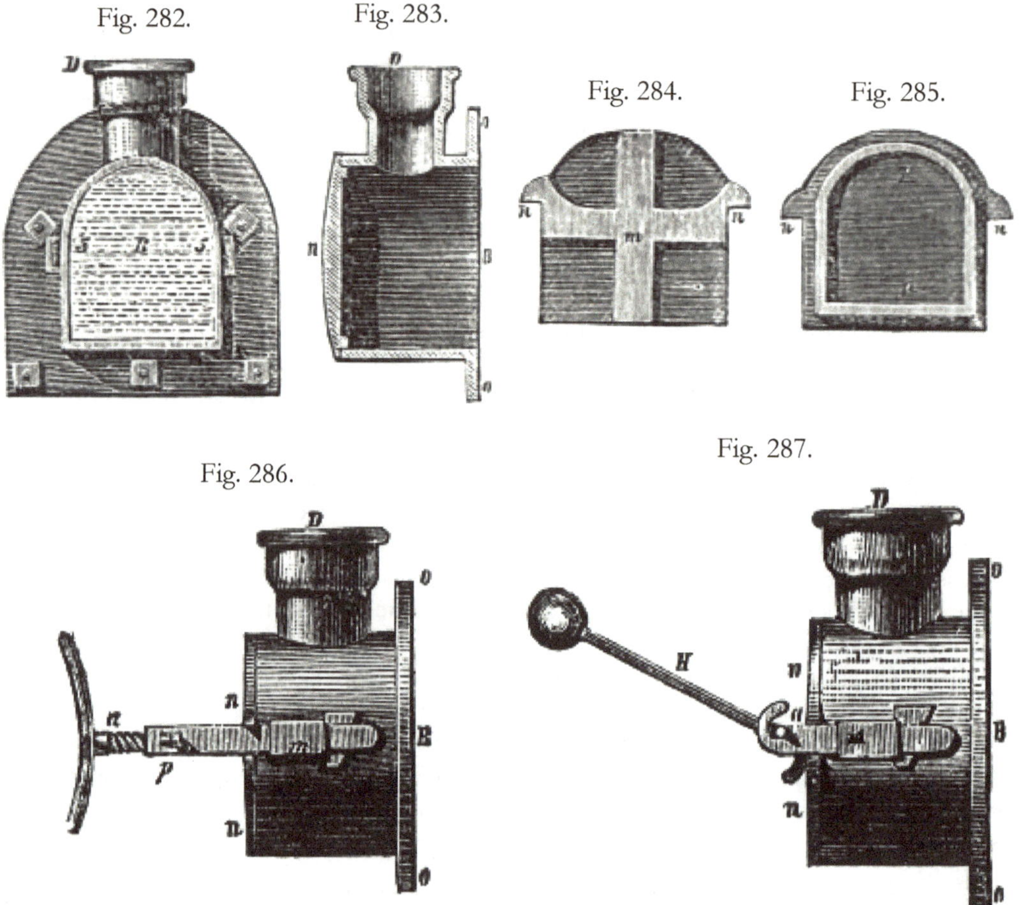

Fig. 282. Fig. 283. Fig. 284. Fig. 285. Fig. 286. Fig. 287.

Fig. 282 zeigt das Mundstück einer D förmigen Gasretorte in der Vorderansicht, Fig. 283 im Durchschnitt. *B* ist die Oeffnung, durch welche die Retorte beschickt und entleert wird; sie wird mit dem Deckel *n* mit Hülfe von Riegeln verschlossen, zu deren Aufnahme angegossene Oehren *s s* vorhanden sind. *o o* ist die Flantsche mit vier Schraubenmuttern, *D* das angegossene Stück Rohr. Der Deckel aus Gusseisen hat die Form des Querschnittes der Retorte (Fig. 284 und 285). Auf der inneren Seite befindet sich längs dem Rande eine Verstärkung, welche in die Oeffnung *B* des Mundstückes passt, auf der Aussenseite ist der Deckel mit einer kreuzförmigen Verstärkung versehen. Die gasdichte Befestigung des Deckels, nachdem die Retorte mit Kohlen beschickt worden ist, geschieht auf zweierlei Art. Nach der ersten Methode, durch Fig. 286 in der Seitenansicht veranschaulicht, werden durch die am Mundstück seitlich angegossenen Röhren *m m* schmiedeeiserne Schienen eingeschoben und hinten durch Splinte oder Keile festgehalten. Die beiden Schienen haben vorn correspondirende Oehren, durch welche die Querschiene *p* gesteckt wird, welche letztere in der Mitte eine Schraubenmutter hat, durch welche die mit der Handhabe *a* versehene Schraubenspindel geht; durch Anziehen der Schraube presst man den Deckel *n n* gegen das Mundstück an. Vor dem Auflegen des Deckels wird dessen Rand, sowie der Rand des Mundstücks mit einem Kitt überstrichen, der aus Lehm und Sand oder aus gebrauchtem Reinigungskalk oder dergleichen besteht. Die andere Art der Befestigung des Deckels auf der Retorte ist in Fig. 287 in der Seitenansicht dargestellt. Die durch die Oehren *m m* des Mundstückes gesteckten eisernen Schienen bilden am vorderen Ende gekrümmte Haken, welche eine Querschiene *a* aufzunehmen bestimmt sind. Letztere trägt in der Mitte und rechtwinkelig zu ihr eine zweite Eisenstange *H*, die an ihrem Ende mit einer Kugel belastet ist, am anderen aber Kniegestalt hat und mit dem kürzeren abgerundeten und gebogenen Hebelarme nach dem Principe des Kniehebels, indem der lange Arm die Kugel nach abwärts zieht, den Deckel *n* festdrückt.

Retortenofen.

Retortenofen. Die mit dem Mundstück oder dem Retortenkopf versehenen (armirten) Retorten werden horizontal in den Retortenofen (Gasofen) (Fig. 288) in der Art eingemauert, dass der Hals der Retorten frei bleibt. Die Anzahl der Retorten in einem Ofen beträgt in grösseren Gasfabriken 5–7, doch giebt es auch Oefen mit 12 und 13 Retorten.

Chargiren der Retorten und Destillation der Kohlen.

Das Chargiren (oder Laden) der Retorten geschicht meist mittelst einer muldenförmigen Schaufel aus Eisenblech, welche die Länge der zu beschickenden Retorte hat und die Gesammtmenge Kohlen fasst, welche die Retorte zu einer Charge braucht. Man führt die mit Kohlen gefüllte Schaufel einfach in die Retorte ein, wendet sie um und zieht sie leer wieder heraus. Die Steinkohlen oder Bogheadkohlen bleiben in ziemlich gleichmässiger Schicht auf dem Boden der Retorte liegen und füllen dieselbe höchstens bis zur Hälfte an. Nach dem Schliessen der beschickten Retorte findet sogleich lebhafte Entwickelung von Gas statt, welche nach und nach schwächer und nach Ablauf von 4–5 Stunden so schwach wird, dass man mit der Destillation aufhört. Zu diesem Behufe öffnet man den Retortendeckel und zündet zuvörderst die entweichenden Gase an, um einer Explosion derselben vorzubeugen. Der in der Retorte befindliche Rückstand, die Koks (bei Anwendung von Bogheadkohle die Schieferasche), welche gewöhnlich zu einer Masse zusammengebacken sind, werden mit Hülfe einer eisernen hakenförmigen Vorrichtung herausgezogen, entweder im glühenden Zustande sofort zur Heizung verwendet, oder, wie es fast immer der Fall ist, in eisernen Karren aufgesammelt, auf den Hof oder einen besonderen Platz gefahren und durch Wasser abgelöscht. Sofort nach dem Entleeren wird die Retorte von neuem beschickt. Es werden nie alle Retorten eines Ofens zu gleicher Zeit beschickt. Zum Heizen der Retorten dienen in der Regel Koks. Man nimmt an, dass zum Heizen der dritte Theil der in der Gasfabrik erzielten Koks verbraucht wird.

Fig. 288.

Die Vorlage.

Ein jeder Gasofen ist mit einer Vorlage (Hydraulik, Trommel) versehen, durch welche die Aufsteigröhren mit den Retorten in Verbindung stehen. Sie ist in der Regel auf den vorderen Theil des Ofens gelegt. Die Gasabzugsröhren haben einen Durchmesser von 12–18 Centimeter und steigen senkrecht nahe der Retortenmündung auf. Die Vorlage selbst ist ein weites horizontal liegendes Rohr (vergl. Fig. 288 *B*; in letzterer ist die Vorlage im Durchschnitt, rechtwinklig zur Längenaxe abgebildet) von Gusseisen oder von genietetem

Eisenblech und von 30–60 Centimeter Durchmesser. Gewöhnlich läuft eine einzige Vorlage über eine ganze Ofenreihe und selten giebt man jedem einzelnen Gasofen seine eigene Vorlage. Die Vorlage ist entweder cylindrisch oder von [D liegend] förmigem Querschnitte.

Fig. 289.

Fig. 290.

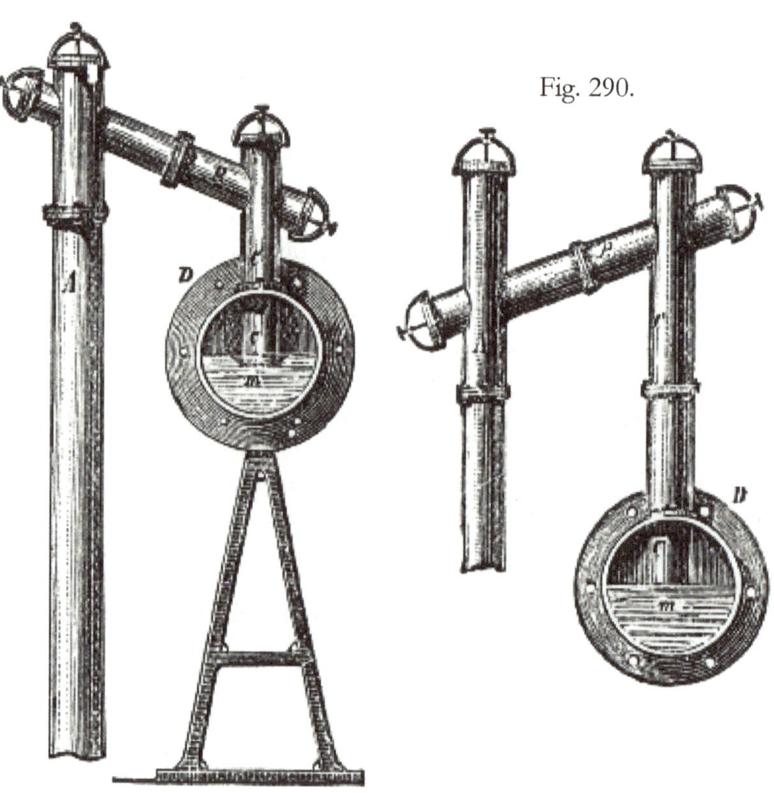

Der Zweck der Vorlage ist, aus sämmtlichen Retorten des Gasofens die flüchtigen Produkte der trockenen Destillation aufzunehmen und zu gleicher Zeit eine hydraulische Absperrung der einzelnen Retorten in der Art herbeizuführen, dass die in der Vorlage nicht condensirten Produkte zwar weiter nach den Verdichtungen und Reinigungsapparaten gehen, aber nicht rückwärts in die Retorte treten können. Die Art der Verbindung der Gasabzugsröhren mit der Vorlage ist gewöhnlich der Art, dass Sattelröhren zur Anwendung kommen, wie in Fig. 289, wo *A* das Aufsteigrohr, *B* das Sattelrohr, *C* das in die Vorlage hinabreichende Rohr, *D* die Vorlage selbst darstellt, *m* ist die Sperrflüssigkeit. Eine andere Verbindungsweise der Vorlage mit dem Aufsteigrohr ist in Fig. 290 abgebildet. Wie aus den beiden Zeichnungen ersichtlich ist, tauchen die Rohre *C* in die Vorlage ein, in welcher sich eine Flüssigkeit befindet, welche, wie in der Woulff'schen Flasche, die untere Mündung dieser Röhren absperrt. Bei Beginn der Thätigkeit eines Gasofens mit Wasser in die Vorlage gebracht, ist es nach kurzer Zeit durch Theer und Theerwasser ersetzt. Damit sich aber die Vorlage nicht zu hoch damit fülle, ist eine Theerabflussröhre der Art an der Vorlage angebracht, dass letztere stets bis über die Höhe der Mündung des Gasrohres mit Theer und Theerwasser angefüllt bleibe. Die abgeleiteten Flüssigkeiten gehen nach der Theercisterne.

Die Verdichtung der flüssigen Destillationsprodukte.

b) Die Verdichtung der Produkte der Destillation. Die flüchtigen Destillationsprodukte, welche in der Vorlage oder der Hydraulik nicht verdichtet wurden und deshalb aus dem Abzugsrohre der Vorlage strömen, bestehen aus einem Gemisch von Gas-, Wasser- und Theerdämpfen; in den Wasserdämpfen sind Ammoniaksalze (Cyanammon, kohlensaures Ammon, Schwefelammon u. s. w.) gelöst. Das Gemisch gelangt nun zunächst in die Condensatoren, in welchen sich die Theer- und Wasserdämpfe in tropfbarflüssigem Zustande absetzen sollen. Die Ueberführung in den flüssigen Zustand lässt sich auf verschiedene Art herbeiführen, so durch Erniedrigung der Temperatur, wobei man das Gemisch bei abgekühlten festen Körpern herbeiführt oder das Gemenge durch kalte Flüssigkeiten leitet; es lässt sich aber auch die Verdichtung bewirken durch längeres Verweilen des Gemisches in einem von aussen abgekühlten Röhrensysteme.

Fig. 291.

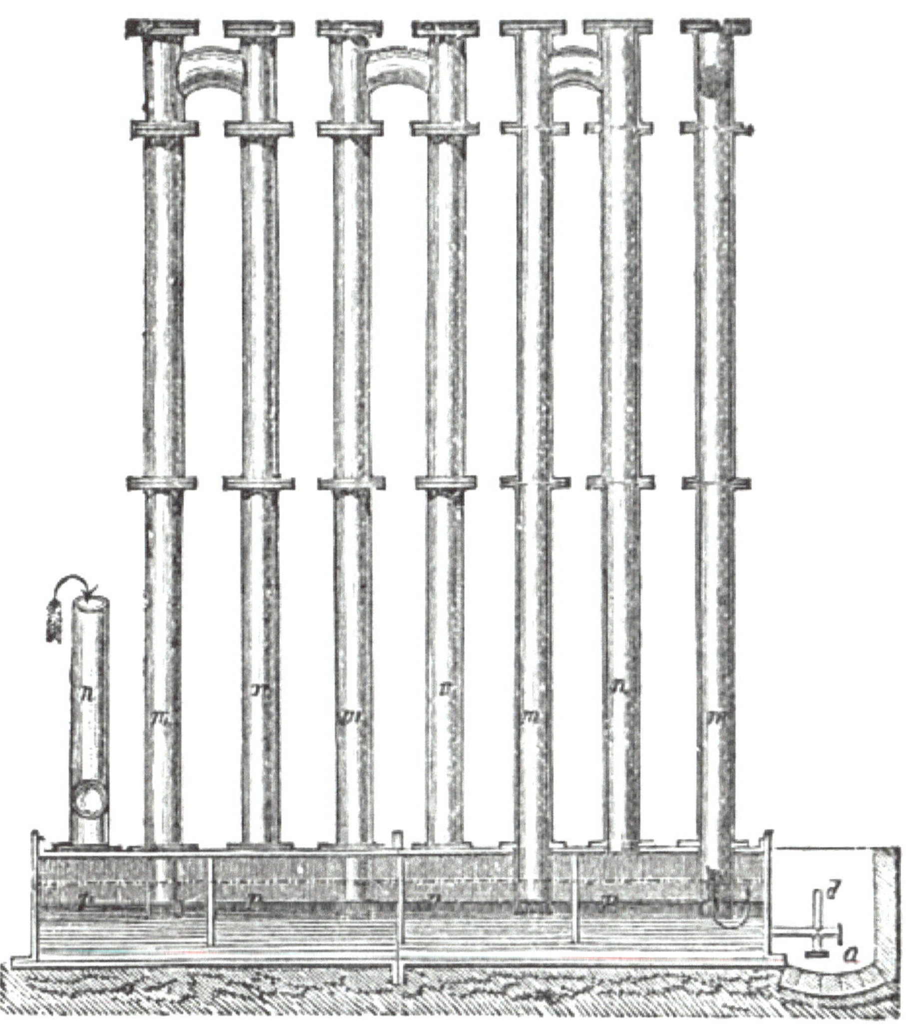

Anfänglich wendete man die Abkühlung mit Wasser an, wobei man auf ähnliche Weise verfuhr, wie bei der Verdichtung der Branntwein- und Spiritusdämpfe in den Kühlapparaten der Brennereien. Die Luftcondensation, die später an die Stelle der Verdichtung mit Hülfe von Wasser trat, verfuhr und verfährt auf die Weise, dass man die Destillationsprodukte einen langen Weg durch ein Röhrensystem aus Gusseisen zurücklegen lässt, wobei die Produkte ihre Wärme in Folge der guten Leitung des Gusseisens an die Luft abgeben; die dem Gase beigemengten Wasser- und Theerdämpfe werden dadurch in Flüssigkeiten übergeführt. Der gegenwärtig übliche Condensator besteht, wie er Fig. 291 im Vertikaldurchschnitte abgebildet ist (auch Fig. 288 zeigt in *D* einen ähnlichen Verdichtungsapparat), aus einer Reihe vertikaler Röhren, welche oben durch Bogenröhren untereinander verbunden sind und unten auf dem viereckigen Kasten *P* stehen. Letzterer, von Gusseisen, ist der Länge und der Quere nach durch Zwischenwände in Fächer getheilt. Jedes Fach trägt ein Zuleitungsrohr *m* und ein Ableitungsrohr *n*. Zwischenwände *r*, *r*, *r* gehen nicht ganz bis auf den Boden hinunter, die zum Absperren dienende Flüssigkeit, welche die einzelnen Abtheilungen abschliesst, kann somit durch den ganzen Kasten frei sich bewegen. In diesem Kasten sammelt sich das Gaswasser und der Theer. Der Stand der Sperrflüssigkeit wird durch Abflussröhren *d* (oder durch ein heberförmig gebogenes Rohr *H* in Fig. 288) regulirt; die condensirte Flüssigkeit wird in den ausgemauerten Kasten *Q* geleitet und geht von da durch ein vom Boden des Kastens abführendes Rohr nach der Theercisterne. Die abwärts führenden Zuleitungsröhren tauchen ein wenig in die Sperrflüssigkeit ein, wodurch das Gas gezwungen wird, durch letztere hindurchzugehen. Die Wirkung des so construirten Kühlapparates wird beträchtlich erhöht, wenn man aus einem oberhalb desselben angebrachten Wasserreservoir Wasser über denselben strömen lässt, welches an den Röhren herabrinnend, zum Theil verdunstet und dadurch das Röhrensystem abkühlt. Die Anzahl, die Länge und die Weite der Kühlröhren ist von der Gasmenge abhängig, welche innerhalb einer bestimmten Zeit abzukühlen ist. Im Allgemeinen rechnet man 50–90 Quadratfuss Röhrenoberfläche für je 1000 Cubikfuss Gas pro Stunde.

Scrubber.

Der Scrubber (Kokscondensator), welcher zur bessern Condensation neben den Röhrencondensers häufig Anwendung findet, bietet das Eigenthümliche, dar, dass das Gas mit der Kühlflüssigkeit in unmittelbare Berührung gebracht wird. Der Scrubber gründet sich auf das Princip, das Gas in einem nicht zu grossen Raume mit einer möglichst grossen Oberfläche in Berührung zu bringen, und besteht aus eisernen, aus genieteten Blechen zusammengesetzten Cylindern (auch, wie in englischen Gasanstalten häufig aus Tonnen), welche mit Koksstückchen (oder Steinen oder groben Holzspänen oder auch Reissigbündeln, auch zuweilen Drainröhren) angefüllt sind, welche durch herabträufelndes Wasser feucht erhalten werden. Der Scrubber, welchen man auch Wascher nennt, weil in der That das Gas in ihm gewaschen wird, hat den Zweck, dem rohen Gas vor seinem Eintritt in die Reinigungsapparate schon einen Theil des Schwefelwasserstoffes und Schwefelammons zu entziehen, ferner aber auch die Absonderung der mechanisch durch den Gasstrom mit fortgerissenen Theertheilchen zu vervollständigen.

Fig. 292.

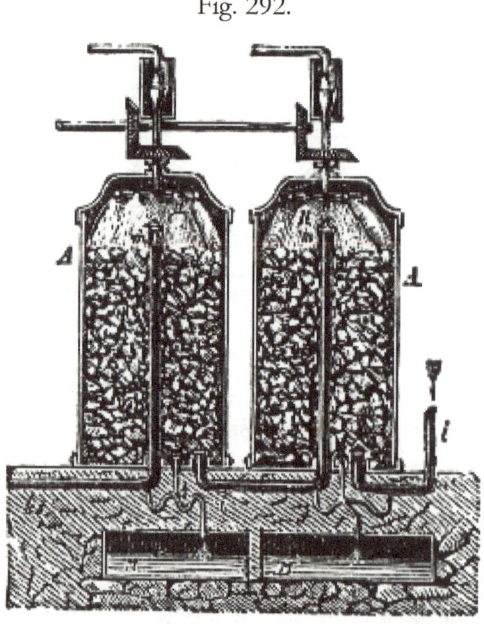

Fig. 292 zeigt die Durchschnittszeichnung eines Scrubbers (auch in Fig. 288 ist die Scrubbervorrichtung *o o* eingeschaltet). Der Cylinder hat einen Durchmesser von 1⅓–1½ Meter und 3–4 Meter Höhe und ist, wie erwähnt, mit Koksstücken gefüllt, über welche sehr häufig ein hohles Drehkreuz *H*, wie man es in den englischen Brauereien zum Befeuchten der in Malz überzuführenden Gerste anwendet, unablässig Wasser sprengt. Das zu waschende Gas tritt durch das Rohr *i* in den Waschapparat ein, bewegt sich zwischen den nassen Koks hinauf, geht durch das Rohr *m* abwärts und tritt dann in einen zweiten Scrubber. Am untersten Theile des Leitungsrohres ist für den Abzug des Waschwassers und des Theeres Sorge getragen, welche in dem Reservoir *M* sich ansammeln. Der Durchgang des Gases durch einen Scrubber erfordert einen sehr geringen, kaum bemerkbaren Druck, bringt aber die Gaspartikelchen mit so grosser feuchter Fläche in Berührung, dass durch die Anwendung des Kokscondensators der Aufwand an Kalk und anderen Reinigungsmaterialien in dem Reinigern beträchtlich vermindert wird.

Exhaustor.

Der Exhaustor (Aspirator) ist eine Vorrichtung, welche zwischen dem Condenser und dem Reinigungsapparat eingeschaltet ist und den Zweck hat, den Druck in den Retorten, welcher, wie man annimmt, der Hauptgrund zur theilweisen Zersetzung des Gases und des Kohlenabsatzes an den Retortenwänden ist, zu vermindern und somit dem Entweichen von Gas durch Poren und Risse der Retorten entgegenzuwirken. Besonders seit der Einführung der Thonretorten, deren Masse an sich schon nicht gasdicht ist und in welcher ausserdem leicht sich Sprünge bilden, durch welche bei einem Druck von mehreren Fuss Wasserhöhe grosse Mengen von Gas entweichen würden, und seitdem man erkannt hat, wie wichtig es für die Gasausbeute und für die Beschaffenheit des Gases sei, die flüchtigen Produkte der trocknen Destillation der zur Gasbereitung dienenden Materialien möglichst schnell aus den Retorten zu entfernen, um sie aus dem Bereiche der zersetzenden Einwirkung der glühenden Retortenwände zu bringen, wendet man die von Grafton im Jahre 1839 in die Gasindustrie eingeführten Exhaustoren an.

Der von Grafton construirte Exhaustor, durch welchen das Gas aus den Retorten gesaugt und der Druck auf ein Minimum reducirt werden sollte, besteht aus einem Kasten, in welchem sich ein Schöpfrad mit vier Schaufeln befindet, das reichlich zu drei Viertheilen im Wasser steht; die vier Schaufeln sind nach Form der Kreisevolente gebogen. Wird das Rad in der Richtung der Schaufeln gedreht, so sinkt das Gas, das zwischen je zwei Schaufeln oben aufgenommen wird, nach und nach bis zum Mittelpunkte des Rades hinab und entweicht von hier aus durch zwei Seitenöffnungen. Der Unterschied des Wasserstandes giebt den Druck an, welcher von dem Apparate aufgehoben wird. Es gelang dem Grafton'schen Exhaustor nicht, sich Eingang in die Gasfabriken zu verschaffen, doch verdient er als der erste Saugapparat immerhin Erwähnung. Zunächst entstanden nun die Glocken-Exhaustoren, die in der That nichts anderes waren als hydraulische Luftpumpen, wie man sie z. B. auch verwendet in der Papierfabrikation bei der Entwässerung des endlosen Papierblattes durch Luftdruck und in der Essigfabrikation zur Entfernung der entsauerstofften Luft und zur Verdichtung der Dämpfe in dem Sperrwasser. Bei den Glocken-Exhaustoren wurden zwei an einem Balancier befestigte eiserne Glocken, welche mit den Gasleitungsröhren in Verbindung standen, in einem mit Wasser angefüllten Reservoir auf- und niederbewegt und so ein Saug- und Druckapparat mit hydraulischem Verschluss gebildet. Die Wasserschlussventile waren bei einer Art von Glockenexhaustor durch Klappventile vertreten. Der von Anderson construirte Kolben-Exhaustor stimmt in seiner Wirkungsweise mit einem Cylindergebläse überein und wird durch eine Dampfmaschine in Thätigkeit versetzt. Dasselbe gilt von dem Exhaustor von G. Kuhn (in Berg bei Stuttgart), welcher in seiner Einrichtung einer doppelt wirkenden Pumpe ähnlich ist, beim Auf- und Niedergange des Kolbens aus der Vorlage das in den Retorten producirte Gas durch Klappöffnungen ansaugt und es durch Oeffnungen nach den Reinigern drückt. Die Wirkung ist mithin mit der einer gewöhnlichen Pumpe für den Fall übereinstimmend, dass die Gaserzeugung in den Retorten gleich der Leistungsfähigkeit des Exhaustors ist. Kann aber in Folge zu grosser Gasentwickelung der Exhaustor die entstehenden Gase nicht bewältigen, so öffnen sich in Folge des Druckes in den Retorten die Saug- und Druckklappen so lange unabhängig von der Kolbenbewegung, bis der Druck sich verändert hat.

Reinigung des Leuchtgases.

c) Die Reinigung des Leuchtgases. Durch den Exhaustor wird das Gas nun aus dem Condensator und Scrubber in den Reinigungsapparat oder Epurateur geführt, um hier von gewissen Verunreinigungen wie Schwefelwasserstoff und Kohlensäure und verschiedenen Ammonverbindungen wie kohlensaurem Ammon, Cyanammon, Schwefelammon (sowie auch den das Ammoniak in dem nicht gereinigten Leuchtgas begleitenden organischen Basen, dem Anilin, Iridolin und dergl.) befreit zu werden. Zwar ist in dem Condensator und noch mehr in dem Scrubber ein grosser Theil dieser, das Leuchtgas verunreinigenden Bestandtheile auf mechanischem Wege aus dem Gase entfernt worden, ein Theil davon hat sich jedoch der Verdichtung und der Wirkung des Wassers in dem Scrubber entzogen und muss nun auf chemischem Wege in den Reinigern auf das Vollständigste entfernt werden.

Als chemisches Reinigungsmittel des Leuchtgases verwendete man vom Anfange an Aetzkalk, dessen Anwendung theils in nasser Form als Kalkmilch, theils in trockner Gestalt als feuchtes Kalkhydrat erfolgt. Der Reiniger mit Kalkmilch, so wie er von Clegg in die Gasindustrie eingeführt und länger als 10 Jahre der allein angewandte Reinigungsapparat war, bestand aus cylindrischen Gefässen aus Gusseisen mit Kalkmilch angefüllt, durch welche das zu reinigende Gas strömte. Die Kalktheilchen mussten durch eine Rührvorrichtung in steter Bewegung erhalten werden. Ein heberförmig gebogenes Rohr, welches mit einem Hahn oder mit einem Ventil versehen war, diente zum Ablassen der gesättigten Kalkmilch und zur neuen Füllung des Apparates. Die Kalkmilch nahm die Kohlensäure und den Schwefelwasserstoff, und auch einen namhaften Theil des Ammoniaks auf. Die nasse Reinigung hat indessen in den meisten Gaswerken der trocknen Reinigung durch trockenes oder angefeuchtetes Kalkhydrat weichen müssen, weil letztere in Folge der vollkommeneren Reinigung, ohne dass der Druck bedeutend sich steigert, grosse Vortheile darbietet. Um den pulverförmig gelöschten Kalk zu lockern und den Durchgang des zu reinigenden Gases durch denselben zu erleichtern, vermengt man ihn mit Häcksel, Sägespänen, erschöpfter Gerberlohe, erschöpften Farbholzspänen, Moos u. s. w. Solche Mischungen sind so locker, dass man sie in Schichten von 15–20 Centimeter Dicke auf die Siebe bringen kann, ohne dass sie einen namhaften Widerstand leisten, und dass sie, in fünf Schichten, eine jede von 20 Centimeter Dicke innerhalb eines Reinigers ausgebreitet, nicht viel mehr als einen Wasserzoll Druck in Anspruch nehmen. Was die Menge Kalk betrifft, welche zum Reinigen eines bestimmten Quantums Gas erforderlich ist, so beträgt dieselbe auf 1000 Cubikfuss (engl.) Gas aus Newcastle-Kohlen durchschnittlich 2,6 Kilogramm (im ungelöschten Zustande). Der Gaskalk dient als Düngemittel oder als Wegbaumaterial. Er enthält neben unverändertem Kalkhydrat Calciumsulfhydrat in so bedeutender Menge, dass der Gaskalk in neuerer Zeit in der Gerberei zum Enthaaren der Felle angewendet wird, wobei das Calciumsulfhydrat durch geringe Mengen von Calciumcyanür in seiner Wirkung unterstützt wird.

Die Anwendung des Kalkes als Reinigungsmittel des Gases erwies sich, wie die Erfahrung bald zeigte, als nicht genügend. Werden auch durch den Kalk Schwefelwasserstoff und Kohlensäure entfernt, so bleibt doch das Ammoniak zurück, welches in den Verbrennungsprodukten des Leuchtgases in störender Weise sich bemerklich macht. Die beim Verbrennen von ammoniakhaltigem Leuchtgase sich bildende salpetrige Säure übt auf gewisse metallene Gegenstände in kurzer Zeit einen merklichen nachtheiligen Einfluss aus. Man wurde deshalb zur vollständigeren Reinigung des Leuchtgases gezwungen. Es lag ziemlich nahe, zur Absorption des Ammoniaks, so wie zur Zersetzung der Ammoniakverbindungen Säuren oder Metallsalze anzuwenden. Bis gegen das Jahr 1840 hat man jedoch die Vorschläge, Säuren zum Reinigen des Gases anzuwenden, wenig beachtet und zwar hauptsächlich wol deshalb nicht, weil man auf die hierbei sich bildenden Ammoniaksalze ein zu geringes Gewicht legte. Obgleich schon im Jahre 1835 der Eisenvitriol zur Entfernung des Schwefelammons aus dem Leuchtgase vorgeschlagen und angewendet wurde, so wurden doch erst von Mallet 1840 die Metallsalze und besonders das in den Chlorkalkfabriken in grosser Menge sich bildende Manganchlorür, ferner das Eisenchlorür und der Eisenvitriol zum Reinigen des Gases in die Gastechnik eingeführt. Weit wichtiger indessen als alle vorstehenden Reinigungsmethoden und wahrhaft epochemachend ist das von R. Laming im Jahre 1847 in die Gasbeleuchtungstechnik eingeführte Laming'sche Mittel. Die ursprüngliche Vorschrift bestand in einer Mischung von Eisenchlorür mit Aetzkalk oder Kreide, welche, um die Masse lockerer zu machen, mit Sägespänen versetzt werden sollte. Das Eisenchlorür zerlegt sich mit dem Kalk oder der Kreide zu Eisenoxydul (reinem oder kohlensaurem) und Chlorcalcium; die zuerst schwarzgrüne Farbe der Mischung geht durch Oxydation an der Luft in Roth über und man hat dann ein Gemisch von Eisenoxyd und Chlorcalcium. Anstatt des Eisenchlorürs wendet man bei der Bereitung der Mischung jetzt allgemein Eisenvitriol an, welchen man mit gelöschtem und gesiebtem Kalk und mit ⅕ bis ¼ des ganzen Volumens der Masse an Sägespänen mengt. Hierauf wird die Masse flach ausgebreitet und mit Wasser benetzt. Man überlässt nun die Masse sich selbst 24 Stunden lang, nach welcher Zeit sie zum Gebrauche geeignet ist. Die Anwendung der Masse erfolgt in trocknen Reinigern. Nach einer Untersuchung von A. Wagner in München (1867), die im wesentlichen mit den 1862 von Gélis erhaltenen Resultaten, ferner mit den Arbeiten von E. Brescius, Deicke und Anderen übereinstimmt, soll das Eisenoxyd der Laming'schen Masse durch den Schwefelwasserstoff in Eisensesquisulfuret (Fe_2S_3) verwandelt werden und diese Verbindung dann an der Luft unter Ausscheidung seines ganzen Schwefelgehaltes in Eisenoxyd übergehen. Ist das Laming'sche Mittel längere Zeit im Gebrauche gewesen, so nimmt seine Wirkung ab, was darin seinen Grund hat, dass der Schwefel sich darin bis zur Menge von 40 Proc. ansammelt, ferner die einzelnen Theilchen mit der Zeit mit einer schmierigen Hülle überkleidet werden, welche den Zutritt des Gases absperrt. Aus der erschöpften Laming'schen Mischung kann jedoch auch (nach Max Schaffner's Verfahren; vergl. Seite 202) der Schwefel in Substanz durch Ausschmelzen unter Wasser bei Hochdruck, oder durch Extraction mit Theeröl gewonnen werden. Wie Seite 217 ausführlich geschildert, röstet man, nachdem das Ammoniaksalz und das Cyaneisen (letzteres in Form von Ferrocyancalcium) daraus durch Auslaugen entfernt wurden, das schwefelhaltige Gemenge, um schweflige Säure für die Schwefelsäurefabrikation und andererseits Eisenoxyd zu erzeugen, welches von Neuem zur Entschwefelung des Kohlengases dienen kann. Die Gewinnung von Berlinerblau und Blutlaugensalz aus der Laming'schen Mischung wird in Paris von Gauthier-Bouchard im Grossen betrieben. In Marseille stellt Menier beim Reinigen des Gases jährlich gegen 12–15,000 Kilogr. Schwefelcyanammonium dar.

Es ist in neuester Zeit (1869) der Vorschlag gemacht worden, dem Leuchtgas vor der Verwendung das (für die Theerfarbendarstellung unentbehrliche) Benzol durch schwere Theeröle zu entziehen und daraus durch fractionirte Destillation das Benzol wieder abzuscheiden. Nach der Abscheidung des Benzols aus dem Leuchtgas soll man letzteres mit Dämpfen von Petroleumäther sättigen, um ihm die ursprüngliche Leuchtkraft wieder zu geben.

Gasometer.

Fig. 293.

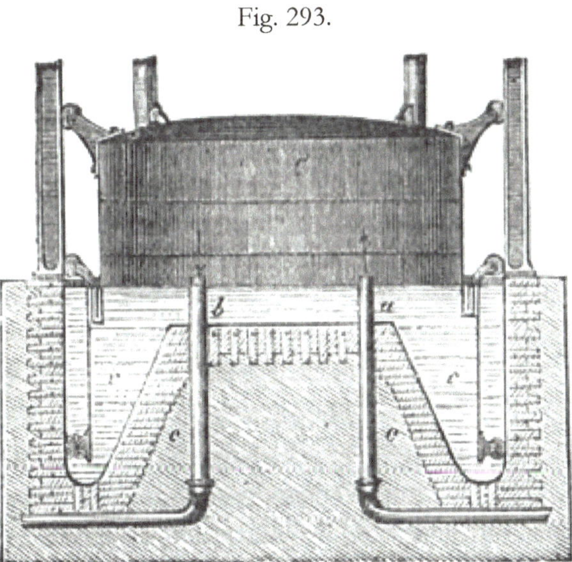

Der Gasbehälter oder Gasometer hat nicht nur den Zweck, als Sammelapparat für eine grössere Quantität fertigen und gereinigten Leuchtgases zu dienen, sondern auch, um durch den gleichförmigen Druck auf das in ihm enthaltene Gas, ein gleichförmiges Ausströmen aus den Brennern und in Folge dessen eine ruhige und gleich grosse Flamme hervorzubringen. Der Gasbehälter besteht aus drei Theilen, nämlich: 1) dem Wasserbehälter oder Bassin, einem runden wasserdichten Becken mit vertikalen Wänden, zur Aufnahme des als Sperrflüssigkeit dienenden Wassers bestimmt; 2) der Glocke oder der Kuppel, dem eigentlichen Gasbehälter, welcher durch angebrachte Führungen in dem Bassin frei auf- und abbewegt werden kann; 3) den beiden Gasleitungsröhren und zwar eine für die Zufuhr, die andere für die Ableitung des Gases.

Der Wasserbehälter wurde früher gewöhnlich aus gusseisernen Platten hergestellt, deren Ränder mit durchlöcherten Flantschen versehen waren, mittelst deren sie aneinander gefügt und durch Schrauben zusammengezogen wurden, nachdem Eisenkitt dazwischen gelegt worden war. Gegenwärtig sind die gemauerten (aus Back- oder Sandsteinen mit Cäment verbunden) Bassins allgemein eingeführt. Der Boden des Reservoirs besteht entweder aus einer Ziegelsteinlage mit Cäment, unter welcher sich eine Lage Thon oder Lehm befindet, oder es wird ein Kegel von Erde darin stehen gelassen, welcher aber ebenfalls von einer Thonschicht oder mit einer mittelst Cäment verbundenen Ziegelsteinlage überkleidet sein muss. Letztere

Einrichtung hat den Zweck, die Masse des Wassers im Behälter zu vermindern. Die Glocken oder Kuppeln werden stets aus zusammengenieteten Tafeln von Eisenblech hergestellt, die Nietfugen sind durch Theer gedichtet und die Oberfläche der Glocke allenthalben mit Theeranstrich versehen. Die Führung der Glocke suchte man früher dadurch zu bewirken, dass man die im Wasserbehälter frei sich bewegende Glocke im Mittelpunkte des Deckels an einer über Rollen laufenden Kette aufhing, an deren anderem Ende ein Gegengewicht befindlich war, um das Gewicht des Gasometers so weit auszugleichen, dass er beim Einsinken in das Wasser nur den erforderlichen Druck auf das Gas ausübte, nicht mehr und nicht weniger. Gegenwärtig sieht man von der Balancirung ab und giebt einer durch Leitrollen bewirkten Führung den Vorzug. Die Seitenwände der Glocken hat man dadurch zu erhöhen gesucht, dass man diese nach Art der aus in einander schiebbaren Röhren gefertigten Teleskope in einander geschoben und so Gasometer construirt hat, die man mit dem Namen Teleskop-Gasometer bezeichnet hat. Durch diese Einrichtung hat man einen grossen Raum für das Gas geschaffen, ohne dass bei der ersten Füllung desselben mit Gas ein entsprechend tiefes Wasserbassin nöthig wäre. Von den beiden Gasleitungsröhren führt die eine, die Zuleitungsröhre das Gas zu, die andere, das Abführungsrohr, das Gas nach dem Consumtionsorte ab. Die Röhren sind von Gusseisen und münden entweder beide über dem Niveau der Sperrflüssigkeit (wie in Fig. 288 und 293), oder wie bei dem von Pauwels construirten Gasometer mit gegliederten Röhren, wie ihn Fig. 294 zeigt, in dem Deckel der Glocke. Dadurch entgeht man der Gefahr, dass die im Wasserbehälter aufsteigenden, nur wenig über das Niveau der Sperrflüssigkeit sich erhebenden Röhren (*s* und *s'* in Fig. 288), durch zufällige Umstände mit Wasser sich füllen könnten, wodurch dann der Gasabfluss gehemmt wäre und alle Gasflammen plötzlich verlöschen würden. Wie die Zeichnung, zu deren Verständniss eine nähere Beschreibung nicht nöthig ist, zeigt, wird hier der Zu- und Abfluss des Gases durch gegliederte Röhren vermittelt, welche von der oberen Decke des Gasometers aus mit den übrigen Röhrenleitungen communiciren. Für den Abschluss der Röhren werden hydraulische Abschlusshähne angewendet.

Fig. 294.

Eine Scala, mit welcher jeder Gasbehälter versehen ist, giebt den Stand der Glocke und mithin auch den Gasinhalt derselben an. Der kubische Inhalt des Gasometers ist sehr verschieden und variirt von 1000–2000 Kubikfuss bis zu solchen von über 45 Meter Durchmesser und 20 Meter Höhe, welche über 1 Million Kubikfuss Gas fassen. Nach der von Riedinger aufgestellten Regel soll der kubische Inhalt der Glocke dem 2 bis 2½fachen Betrag des täglichen Mittels aus dem Jahresconsum entsprechen. Das Füllen des Gasometers geht auf folgende Weise vor sich. Ist das Austrittsrohr des Gasbehälters geschlossen und strömte durch das

Zufuhrrohr Gas ein, so sammelt sich dasselbe zwischen dem Niveau des Wassers und der gewölbten Decke des Gasbehälters an und erleidet eine Pressung, welche auf die Oberfläche des Wassers wirkt, in deren Folge das Wasser in der Glocke sinkt und ausserhalb derselben in dem Wasserbehälter steigt. Hat das Wasser in dem Raume zwischen der Wandung des Wasserbehälters und der Glocke die Höhe erreicht, bei welcher der Wasserdruck dem Gewichte der im Wasser stehenden Glocke gleich ist, so hebt sich, ferneres Zuströmen des Gases vorausgesetzt, die Glocke und wird mit Gas gefüllt. Das Füllen wird fortgesetzt, bis die Glocke so hoch gestiegen ist, dass ihr unterer Rand nur noch etwa 20 Centimeter von der Wasseroberfläche entfernt ist. Wird, nach beendigtem Füllen der Glocke das Austrittsrohr geöffnet, so sinkt die Glocke in dem Verhältniss, als das Gas ausströmt, in den Wasserbehälter ein, bis sie den Boden des letzteren erreicht hat. Das Gewicht der Glocke bestimmt den Druck, unter welchem das Gas in den Röhrenleitungen den Brennern zugeführt wird.

Um die täglich producirte Gasmenge in der Fabrik zu messen, bedient man sich grosser Gaszähler, die man Fabrikations-Gasuhren nennt; sie haben dieselbe Construction im Wesentlichen wie die nassen Gasuhren der Consumenten, von welchen später die Rede sein wird.

Statik der Gasbereitung.

Für eine Statik der Gasbereitung, welche das Gas, sein Volumen und seine Zusammensetzung verfolgt von dem Austritt der Retorte an durch die Vorlage, den Condenser, den Scrubber und die chemisch wirkenden Reiniger, bis es endlich aus dem Gasbehälter durch die Röhrenleitungen dem Consumenten zugeführt wird, sind nur wenige Materialien vorhanden. Die werthvollsten Resultate haben die im Jahre 1860 von Firle in Breslau angestellten Versuche geliefert, wobei jedoch nicht übersehen werden darf, dass die Zahlenwerthe nur für den speciellen Fall, keineswegs aber allgemein gültig sind.

Das Gas, um welches es sich bei den von Firle angestellten Untersuchungen handelte, war Steinkohlengas; es wurde analysirt nach dem Austritt aus dem Röhrencondenser (*a*), nach dem Austritt aus dem Kokscondenser (*b*), nach dem Austritt aus der Waschmaschine (*c*), nach dem Austritt aus dem mit dem Laming'schen Mittel beschickten Reiniger (*d*), endlich nach dem Austritt aus dem Kalkreiniger (*e*); letzteres ist mithin vollständig gereinigtes Gas.

	a.	b.	c.	d.	e.
Wasserstoff	37,97	37,97	37,97	37,97	37,97
Grubengas	39,78	38,81	38,48	40,29	39,37
Kohlenoxyd	7,21	7,15	7,11	3,93	3,97
Schwere Kohlenwasserstoffe	4,19	4,66	4,46	4,66	4,29
Stickstoff	4,81	4,99	6,89	7,86	9,99
Sauerstoff	0,31	0,47	0,15	0,48	0,61
Kohlensäure	3,72	3,87	3,39	3,33	0,41
Schwefelwasserstoff	1,06	1,47	0,56	0,36	—
Ammoniak	0,95	0,54	—	—	—

Bezieht man diese Zahlen auf absolute Mengen und nimmt dabei als Volumeinheit den Kubikfuss an, so ergeben sich (von 1000 Kubikfuss rohem Gas ausgegangen) nachstehende Zahlen:

	Kubikfuss.				
	a.	b.	c.	d.	e.
Wasserstoff	380	380	380	380	380
Grubengas	390	388	384	403	394
Kohlenoxyd	72	71	71	39	30
Schwere Kohlenwasserstoffe	42	46	45	46	43
Stickstoff	48	50	69	79	100
Sauerstoff	3	5	2	5	6
Kohlensäure	40	39	34	33	4
Schwefelwasserstoff	15	15	5	3	—
Ammoniak	10	5	—	—	—
	1000	999	990	988	966

Aus vorstehender Tabelle ergeben sich die Veränderungen, welche die Zusammensetzung des Gases während des Reinigungsprocesses erfährt, sowie die Wirkung der verschiedenen zur Reinigung dienenden Apparate. Strömen z. B. 1000 Kubikfuss Gas von der oben sub a angegebenen Zusammensetzung in die Reinigungsapparate, so wird in jedem einzelnen Apparat von den absorbirbaren Gasen, hauptsächlich von der Kohlensäure, dem Schwefelwasserstoff und dem Ammoniak ein Bruchtheil davon aufgenommen und zwar folgende Mengen:

Von 1000 Kubikfuss rohem Gas werden absorbirt (in Kubikfussen) an

	Im Kokscondensator	In der Waschmaschine	Durch Laming's Mittel	Im Kalkreiniger
Kohlensäure	1	5	1	29
Schwefelwasserstoff	—	10	2	3
Ammoniak	5	5	—	—
Kohlenoxyd	—	—	32	—
Sauerstoff	—	3	—	—

Das ursprüngliche Volumen des Gases wird folglich immer kleiner und zwar bleiben von den 1000 Kubikfuss rohem Gas nach dem Austritt aus

dem Kokscondensator	noch	994	Kubikfuss
der Waschmaschine	„	971	„
dem Laming'schen Mittel	„	936	„
dem Kalkreiniger	„	914	„

dabei vorausgesetzt, dass die übrigen Bestandtheile des Gases keine Veränderung erleiden, was mit Ausnahme von kleinen Mengen von Grubengas und schweren Kohlenwasserstoffen in der That der Fall ist. Zu dem durch Absorption allmälig abnehmenden Gasvolumen kommt aber in jedem Reinigungsapparat ein gewisses Quantum von Sauerstoff und Stickstoff in Gestalt von atmosphärischer Luft.

In 1000 Kubikfuss rohen Gases sind nach der sub a angeführten Analyse zusammen 51 Kubikfuss Sauerstoff und Stickstoff enthalten. Diese Menge vermehrt sich in

dem Kokscondensator	um	4	Kubikfuss
der Waschmaschine	„	20	„
dem Laming'schen Mittel	„	33	„
dem Kalkreiniger	„	55	„

Hierdurch wird das Gesammtvolumen des Gases in jedem Apparate wieder vergrössert, und zwar beträgt, wenn man die Schwankungen in der Menge des Grubengases und der schweren Kohlenwasserstoffe in Betracht zieht, das effective Gesammtvolumen des Gases von 1000 Kubikfuss nach dem Austritt aus

dem Kokscondensator	noch	999	Kubikfuss
der Waschmaschine	„	990	„
dem Laming'schen Mittel	„	988	„
dem Kalkreiniger	„	966	„

wobei vorausgesetzt wurde, dass Temperatur und Druck, während das Gas durch die Reinigungsapparate ging, unverändert blieben.

Vertheilung des Leuchtgases.

Die Vertheilung des Leuchtgases. Das in dem Gasometer angesammelte Gas wird den Consumenten auf zweierlei Weise zugeführt: entweder durch Röhrenleitungen, oder in Schläuchen oder gasdichten Blechkasten durch Transport auf der Axe. Die Vertheilung des Leuchtgases durch Röhrenleitungen ist der bei weitem häufigere Fall. Der Druck, durch welchen die Bewegung des Gases in den Leitungsröhren bedingt wird, ist der einer bestimmten Wasserhöhe entsprechende Druck des Gasometers. Von der Grösse dieses Druckes und von der Menge des Gases, welche in einem bestimmten Zeitraume auf eine gewisse Entfernung durch die Röhre geleitet werden soll, aber auch von dem specifischen Gewichte des Leuchtgases und den Abweichungen der Röhre von der Horizontalen ist der Durchmesser abhängig, welcher der Röhre gegeben werden muss, damit die Bewegung durch die Reibung, welche das Gas in den Röhren erleidet, nicht verzögert und daher in grösseren Entfernungen der Druck auf das fortbewegte Gas in dem Grade vermindert werde, dass die Flammenhöhe des Brenners abnehme.

Die Röhren zur Hauptleitung (die Strassenleitung) sind aus Gusseisen und werden 0,6–1,6 Meter tief in die Erde gelegt; für die kleineren Zweigleitungen (die Häuserleitung) bedient man sich meist starker schmiedeeiserner Röhren. Die gusseisernen Leitungsröhren bestehen aus der Röhre, dem Muff oder dem Kopf. Letzteres ist eine Erweiterung der Röhre und soll das Ende der nächstfolgenden Röhre aufnehmen. An solchen Stellen, wo eine Abzweigung stattfinden soll, wird der Röhrenleitung eine sogenannte Spundröhre (eine mit kurzem Muffansatz versehene Röhre) eingefügt. Bei Strassenkreuzungen kommt eine Röhre mit zwei Spundröhren zur Anwendung. Die Röhren werden, nachdem sie auf ihre Gasdichte geprüft worden sind, mit einem Theeranstrich versehen und gasdicht mit einander verbunden, indem der Raum zwischen dem eingeschobenen Röhrenstück und der inneren Wand des Muffes mit einem geeigneten Kitt ausgefüllt wird. Ungeachtet sorgfältiger Verdichtungen des Röhrensystemes ist ein Verlust an Gas nicht zu vermeiden. In einzelnen Gasanstalten beträgt die Leckage 15–20 Proc. Selbst bei gut und sorgfältig angelegten Röhrensystemen macht der Gasverlust 5–7 Proc. der Jahresproduktion aus. Die Hauptrohrleitungen müssen möglichst weit sein, um in Folge geringerer Reibung des Gases das Ausscheiden des Naphtalins und der flüssigen Kohlenwasserstoffe zu verhindern. Um die während der Fortbewegung des Gases in der Röhrenleitung condensirten Wasserdämpfe und flüssigen Kohlenwasserstoffe, welche nach ihrer Verdichtung der Strömung des Gases Hindernisse bereiten, zu beseitigen, bringt man in der Röhrenleitung und zwar an den tiefst gelegenen Stellen derselben Wassersammler (Wassertöpfe, Siphons) an. Die Ableitungsröhren in den Gebäuden und im Innern derselben sind, wie oben bemerkt, aus Schmiedeeisen, oder weit häufiger aus Blei. Die Bleiröhren haben den grossen Vortheil der höchst bequemen Handhabung, aber auch den Nachtheil der Leichtschmelzbarkeit. Zinn-, Messing- und Kupferröhren sind zu theuer und haben, was die beiden letzteren betrifft, ausserdem grosse Schattenseiten, die Leitungsröhren aus Messing nämlich platzen sehr leicht in der Naht, wenn sie gebogen werden, die Kupferröhren dagegen werden von dem Gas, besonders wenn es vom Ammoniak nicht sorgfältigst befreit wurde, wahrscheinlich in Folge von Bildung von salpetriger Säure stark angegriffen. Auch bilden sich in den kupfernen Röhren explosive Gemische, wie Crova gezeigt hat, wesentlich aus Acetylen-Kupfer bestehend, welche zu gefährlichen Explosionen Veranlassung geben können.

Hydraulisches Ventil.

Hydraulisches Ventil. Dort, wo das Hauptrohr der Röhrenleitung aus dem Gasbehälter tritt, ist, wie bereits oben erwähnt, ein Hahn angebracht, welcher das Gas im Gasbehälter sperrt, wenn es nicht ausströmen soll. Statt dieses Hahnes bringt man besser ein sogenanntes hydraulisches Ventil an, welches im Wesentlichen wie ein Gasometer eingerichtet ist. Es besteht aus einem eisernen mit Wasser angefüllten Gefässe *I K L M* (Fig. 295). Das Rohr *A* communicirt direct mit dem Gasometer und das Rohr *B* mit dem Hauptrohr der Röhrenfahrt; über beiden Röhren befindet sich die Trommel *C E F D*, welche durch Gewichte *x* und *y* balancirt wird. Hängt man das Gewicht *y* aus, so senkt sich die Trommel so weit, dass die Scheidewand *H* durch das Niveau des Wassers taucht. Ist dies der Fall, so ist die Communication zwischen *A* und *B* unterbrochen.

Gasdruck-Regulator.

Fig. 295.

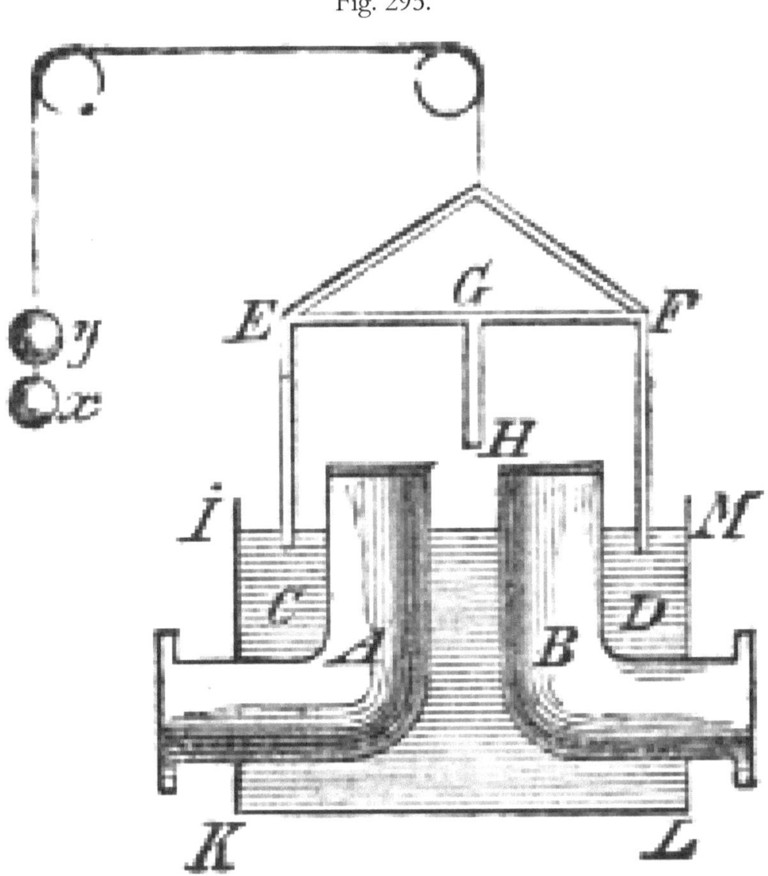

Der Gasdruck-Regulator hat den Zweck den Zufluss des Gases aus dem Gasbehälter zu den Leitungsröhren zu reguliren. Im Wesentlichen besteht der Regulator aus einer Gasometerglocke, die mit einem Kegelventil verbunden ist, das sich selbstthätig öffnet oder schliesst, je nachdem für das Bedürfniss zu viel oder zu wenig Gas ausströmt. Stelle man sich vor, in einem kleinen Gasometer sei die Mündung des Einströmungsrohres durch eine Platte verschlossen, welche in der Mitte mit einer nach unten abgeschrägten Oeffnung versehen ist, in der ein mit der oberen Spitze beweglich im Mittelpunkt der Glocke befestigter Kegel spielt. Bei einer gewissen Stellung der Glocke tritt durch die ringförmige Oeffnung am Kegel so viel Gas ein, als gerade nöthig ist, um einen bestimmten Druck in den Leitungsröhren zu unterhalten. Man kann nun diese Stellung dadurch erreichen, dass der Glocke ein bestimmtes Gewicht gegeben wird, was durch Gegengewichte oder durch einen Schwimmkasten erreicht wird. Erleidet nun der Druck oder die Geschwindigkeit des einströmenden Gases eine Veränderung, so tritt für den Moment eine grössere Gasmenge unter die Glocke, als dem Normaldrucke entspricht. Dadurch hebt sich aber die Glocke, wodurch in Folge des gleichzeitig in die Höhe gehenden Kegelventils die ringförmige Oeffnung am Kegel verengt wird; die Glocke muss demnach wieder herabgehen und zwar so weit, bis Gewicht der Glocke und Druck sich miteinander ins Gleichgewicht gesetzt haben. Nimmt der Druck im Gaszuführungsrohr ab, so findet das Gegentheil statt, die Glocke senkt sich, die ringförmige Oeffnung am Kegel vergrössert sich und es wird durch vermehrtes Nachströmen von Gas der normale Druck wieder hergestellt.

Prüfung des Leuchtgases.

Die Prüfung des Leuchtgases. In dem Leuchtgase, so wie in den Flammen der flüssigen und festen Leuchtmaterialien, sind es die sich ausscheidenden Kohlepartikelchen, welche im weissglühenden Zustande das Leuchten der Flamme bedingen. Alle Einflüsse, welche entweder die Ausscheidung derartiger Kohletheilchen verhindern, oder dieselben durch chemische Einwirkung vernichten, nehmen der Gasflamme sofort die Leuchtkraft. Zu diesen Einflüssen gehören 1) übermässige Zufuhr von Luft oder Sauerstoff; lässt man eine Gasflamme im Sauerstoffgase brennen, so findet man, dass deren Leuchtstoff vernichtet ist; das Nämliche findet statt, wenn man das Gas wie bei dem Erdmann'schen Gasprüfer und der Bunsen'schen Gaslampe vor der Verbrennung mit atmosphärischer Luft mischt. 2) Kohlensäure in der Gasflamme; kommt glühende Kohle mit Kohlensäure zusammen, so bildet sich bekanntlich Kohlenoxydgas ($CO_2 + C = 2CO$), welches nicht mit leuchtender Flamme verbrennt. Da das Elaylgas (C_2H_4) im glühenden Zustande in Methylwasserstoff (Sumpfgas CH_4) und Kohlenstoff (C) zerlegt wird, letzterer aber eine äquivalente Menge Kohlensäure zu Kohlenoxydgas reducirt, so ergiebt sich, dass das Kohlensäuregas die Hälfte seines Volumens an Elaylgas der Leuchtkraft beraubt. Angenommen, ein Leuchtgas mit 6 Proc. Elaylgas enthalte zugleich 6 Proc. Kohlensäuregas, so würde durch letzteres die Leuchtkraft von 3 Proc. Elaylgas vernichtet werden, woraus folgt, wie wichtig die möglichst vollständige Abscheidung der Kohlensäure in dem Kalkreiniger ist.

Ueber die Beziehungen der Lichtstärke einer Gasflamme zu der Menge der in der Flamme ausgeschiedenen Kohletheilchen liegen nur wenige Untersuchungen vor, doch wird man der Wahrheit ziemlich nahe kommen, nimmt man an, dass beide approximativ in directem Verhältnisse stehen, dass mithin ein Gas um so mehr leuchtet, je grösser die Menge des in der Flamme ausgeschiedenen Kohlenstoffes ist. Allerdings ist hierbei nicht zu übersehen, dass die Temperatur, bis zu welcher die Kohletheilchen in der Flamme erhitzt werden, auf die Leuchtkraft wesentlich mit influirt; je höher der Hitzgrad der Flamme ist, desto stärker wird sie unter sonst gleichen Verhältnissen leuchten. Kohlenstoffreiche Gase und Dämpfe brennen bekanntlich mit röthlicher, russender und wenig heisser Flamme, weil der Hitzgrad derselben nicht genügt, die grosse Menge der ausgeschiedenen Kohlenstoffpartikelchen bis zum Weissglühen zu erhitzen. Lässt sich nun auch durch vermehrte Luftzufuhr (wie durch das Cylinderglas der Petroleum- und Solaröllampen) die Temperatur der Flamme der Art steigern, dass keine Russabscheidung mehr stattfindet und der ausgeschiedene Kohlenstoff dadurch, dass er bis zum Hellweissglühen erhitzt wird, die Leuchtkraft erhöht, so ist es doch mehr als wahrscheinlich, dass durch den verstärkten Luftzug ein Theil des Kohlenstoffs zu schnell verbrennt und dadurch unwirksam wird. Nehmen wir an, die Leuchtkraft einer Flamme sei proportional der Menge des ausgeschiedenen Kohlenstoffes und vergleichen wir die in dem gereinigten Leuchtgase vorkommenden Kohlenwasserstoffgase, besonders die nach der Formel $(CH_2)n$ zusammengesetzten, welche beim Glühen in Methylwasserstoff und in Kohlenstoff zerfallen, so haben wir

1	Vol.	Elayl C_2H_4,	welches	zerfällt	in	1	Vol.	Methylwasserstoff	und	2	Vol.	Kohlendampf
1	„	Trityl C_3H_6,	„	„	„	1,5	„	„	„	3	„	„
1	„	Ditetryl C_4H_8,	„	„	„	1	„	„	„	4	„	„

und können annehmen, dass die Lichtstärken dieser drei Gase sich verhalten wie 2 : 3 : 4. Repräsentirt man die Lichtstärke des Elaylgases durch 100, so ergeben sich für die Lichtstärken der im gereinigten Leuchtgase enthaltenen Gase und Dämpfe folgende Werthe, wobei die Dämpfe im idealen Zustande der Dichte bei 0° in Rechnung gebracht sind:

Elayl	100	Butyl	350
Trityl	150	Acetylen	450
Ditetryl	200	Benzoldampf	450
Propyl	250	Naphtalindampf	800

Folgende Zusammenstellung giebt die Menge von Elaylgas an, welche durch Imprägnation eines brennbaren Gases (Wasserstoff oder Methylwasserstoff) mit den Dämpfen von Kohlenwasserstoffen bei 0° und bei 15° zur Erzielung gleicher Lichtintensität ersetzt werden kann. Imprägnation mit

		bei 0°	bei 15°		
Propyldampf	ist äquivalent	11,5	25,7	Vol.	Elayl
Benzoldampf	„ „	9,63	23,7	„	„
Naphtalindampf	„ „	0,116	0,016	„	„

Werden mithin z. B. 100 Liter Wasserstoffgas bei 0° oder bei 15° C. mit Benzoldämpfen gesättigt, so ist die so erzielte Leuchtkraft des Gemisches gleich der, welche durch Mischen von 100 Liter Wasserstoffgas mit 9,6 oder 23,5 Liter Elaylgas erzeugt worden ist.

Zur Sättigung von 100 Kubikfuss (engl.) Wasserstoffgas (oder Methylwasserstoffgas) mit Kohlenwasserstoffdämpfen sind erforderlich

	bei 0°	bei 15°	
von Propyldampf	500	1128	Grammen
„ Butyldampf	17	58	„
„ Benzoldampf	214,5	522	„
„ Naphtalindampf	0,32	0,32	„

Wollte man daher, wie es bei dem Carburiren oder Carbonisiren des Gases geschieht, Wasserstoffgas durch Sättigen desselben mit Benzoldämpfen in Leuchtgas überführen, so würde man auf je 1000 Kubikfuss der ersteren bei 0° 2145 Grm. und bei 15° 5220 Grm. Benzol nöthig haben.

Methoden der Gasprüfung.

Zur Prüfung des Leuchtgases auf seine Qualität und zur Ermittelung des relativen Werthes desselben, wendet man in der Praxis gegenwärtig vier Methoden und Apparate an, nämlich 1) die gasometrische Probe, 2) die Beurtheilung des Gases aus dem specifischen Gewichte; 3) die photometrische Probe; 4) den Gasprüfer Erdmann's.

1) Was die gasometrische Probe betrifft, so erfordert deren Ausführung eine genaue Kenntniss der neueren, von R. Bunsen herrührenden Methode der Gasanalyse[180]. Für unsere Zwecke genügt es zu wissen, dass ein Gemenge von fast wasserfreier mit gewöhnlicher concentrirter Schwefelsäure die schweren Kohlenwasserstoffe des Leuchtgases zu absorbiren vermag. Die Trennung der schweren Kohlenwasserstoffe erfolgt am vollständigsten, wenn man in eine Eudiometerröhre ein Quantum Gas und in dieses eine mit einem Platindraht verbundene, mit Schwefelsäure getränkte Kokskugel bringt, welche in kurzer Zeit die genannten Kohlenwasserstoffe absorbirt. Um den Kohlenstoffgehalt dieser Verbindungen, deren Menge sich aus der Volumenverminderung des Gases ergiebt, zu erfahren, verbindet man das Absorptionsverfahren mit zwei Verbrennungsanalysen, indem man das zu analysirende Gas einmal für sich, das andere Mal, nachdem man daraus die schweren Kohlenwasserstoffe entfernt hat, mit überschüssigem Sauerstoffe (im Eudiometer mittelst des elektrischen Funkens) verbrennt und die bei der zweiten Verbrennung erhaltene Kohlensäuremenge von der bei der ersten Verbrennung gebildeten abzieht. Häufig bediente man sich zur Absorption des Chlors und des Broms, welche mit den schweren Kohlenwasserstoffen ölartige Flüssigkeiten bilden. Nach einer von O. L. Erdmann herrührenden und von C. O. Grasse[181] beschriebenen Methode der Analyse des Leuchtgases wird das von einem etwaigen Gehalte an Kohlensäure befreite Gas, welches aus einem Gasometer ausströmt, durch Einführung von Sauerstoff in die Flamme verbrannt; die hierbei sich bildenden Mengen von Kohlensäure und

Wasser werden aufgesammelt und gewogen. 2) Die Beurtheilung des Werthes eines Leuchtgases aus dem specifischen Gewichte geschieht in der Praxis sehr häufig und zwar mit Recht, da die Erfahrung im Allgemeinen die höhere Leuchtkraft der schwereren Gase bestätigt, obgleich daraus keineswegs der Schluss gezogen werden darf, dass umgekehrt ein leichtes Gas nothwendig auch schlechtes sein müsse. Das Leuchtgas nämlich besteht in einer Mischung verschiedener Gasarten und Dämpfe von sehr verschiedenem spec. Gewichte und zwar

Elaylgas	von	0,976	spec.	Gewicht
Methylwasserstoffgas	„	0,555	„	„
Wasserstoffgas	„	0,069	„	„
Kohlenoxydgas	„	0,967	„	„
Kohlensäure	„	1,520	„	„

Das spec. Gewicht der beigemengten Dämpfe ist, je nach der Natur des dampfförmigen Stoffes, ein sehr verschiedenes, und doch sind es diese Dämpfe, namentlich von Benzol, welche neben dem Elaylgase die Leuchtkraft des Leuchtgases bedingen. Die Methode der Bestimmung des spec. Gewichtes kann daher nur dann bei der Prüfung von Leuchtgasen Anwendung finden, wenn man von der analogen Zusammensetzung der zu untersuchenden und zu vergleichenden Gasarten (eine Folge der analogen Zusammensetzung der zu ihrer Herstellung dienenden Kohlen) überzeugt ist. Ein Apparat, dessen man sich zur Bestimmung des spec. Gewichtes des Leuchtgases bedient, ist (nach der ursprünglichen Angabe von Bunsen) von Schilling construirt worden. Derselbe stützt sich auf den Satz, dass die spec. Gewichte zweier Gase, die unter gleichem Drucke aus engen Oeffnungen in dünner Platte ausströmen, sich verhalten wie die Quadrate ihrer Ausströmungszeiten. 3) Die photometrische Probe von Bunsen, Wight, Desaga (und die Probe mit Fr. Bothe's Tangenten-Photometer), die zur Werthermittelung des Leuchtgases häufig angewendet wird, ist der ähnlich, die man zur Prüfung anderer Leuchtmaterialien verwendet. Die photometrischen Messungen leiden an grossen Unvollkommenheiten. Der Umstand namentlich, dass die Beschaffenheit des Brenners von grösstem Einflusse auf die Lichtentwickelung beim Brennen des Gases ist, macht die Beurtheilung des Werthes eines Gases nach photometrischen Bestimmungen sehr unsicher. 4) Der Gasprüfer, ein von Erdmann im Jahre 1860 in die Gastechnik eingeführter Apparat zur Werthermittelung des Leuchtgases, ist in seiner Handhabung sehr einfach und giebt hinreichend genaue Resultate. In den gewöhnlichen Fällen der Prüfung eines Leuchtgases (aus Kohlen), wo es sich um Vergleichung der Leuchtkraft verschiedener Kohlengase oder eines Gases aus verschiedenen Zeiten des Betriebes handelt, liefert der Gasprüfer an sich schon den Ausdruck für den Werth desselben; in anderen selteneren Fällen ist er ein vorzügliches Mittel der Controle für die auf photometrischem Wege erlangten Daten. Der Gasprüfer beruht auf der Idee, den Werth eines Leuchtgases, welcher wesentlich von der Quantität der in demselben vorhandenen schweren Kohlenwasserstoffe abhängt, zu bestimmen aus der Menge atmosphärischer Luft, welche einer Flamme von bestimmter Grösse zugeführt werden muss, um ihr alle Leuchtkraft (alles weisse Licht) zu nehmen.

Das Gas am Consumtionsorte.

Das Gas am Consumtionsorte. Seitdem man in der Gasfabrikation das ehedem gebräuchliche Verfahren, die Zahlung von Seiten des Gasconsumenten nach den einzelnen Flammen zu erheben, durch das weit zweckmässigere ersetzt hat, das Gas dem Volumen nach an den Consumenten abzugeben, hat man allgemein die Gasuhren (Gasmesser, Compteurs) eingeführt, mittelst deren das an einen jeden Gasconsumenten abgegebene Gasquantum (nach Kubikfussen oder Kubikmetern) gemessen werden kann.

Fig. 296.

Fig. 297.

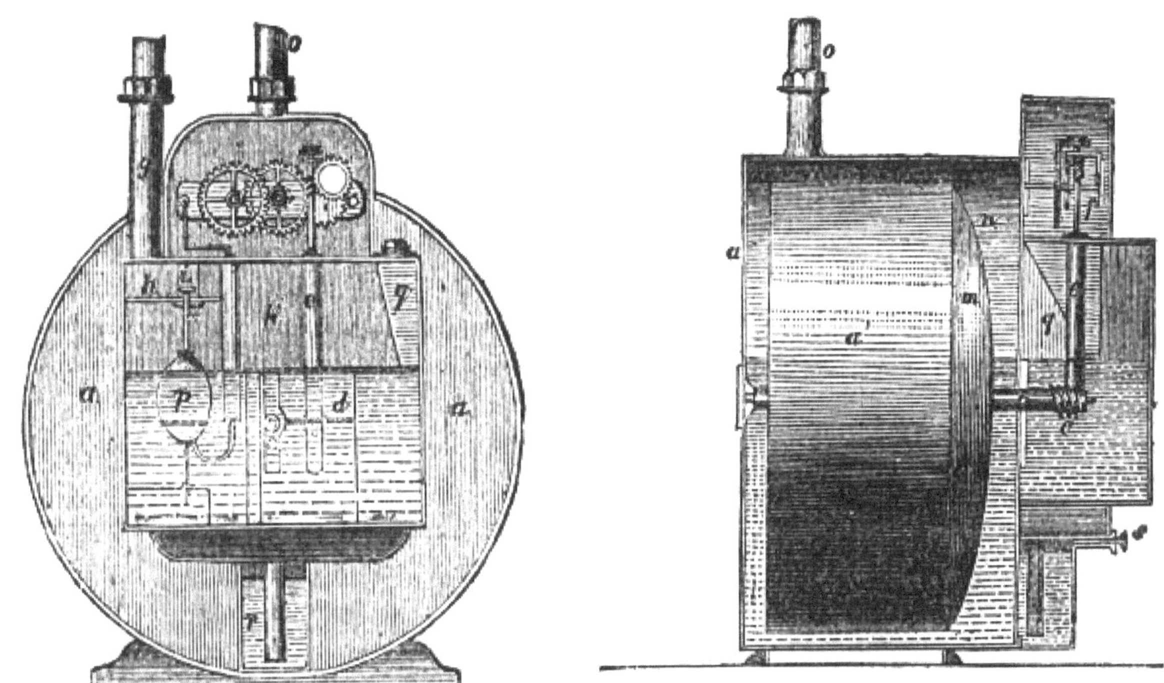

Die Gasuhren lassen sich in zwei Abtheilungen bringen, je nachdem man dabei ohne oder mit Wasser oder einer anderen Sperrflüssigkeit operirt. Erstere, die trockenen Gasuhren, in den meisten der vorgeschlagenen Constructionen übereinstimmend mit ledernen Blasebälgen oder anderen cylindrischen oder radförmigen Windgebläsen, obgleich die ursprünglichen, waren lange Zeit ausser Gebrauch gesetzt, weil die elastischen Wandungen und deren Scharniere leicht die nöthige Beweglichkeit verloren, bis sie in neuerer Zeit (seit 1867) in verbesserter Construction wieder auftraten und in Frankreich gegenwärtig vielfach gebraucht werden. Was die nassen Gasuhren anlangt, so kann man wieder solche unterscheiden, wo der Messapparat a) wie bei der ersten im Jahre 1815 von S. Clegg construirten Gasuhr und dem im Jahre 1861 von Hansen beschriebenen Gasmessapparat aus abwechselnd vertikal auf- und absteigenden Glocken besteht, nach Art der grossen Gasbehälter und wo die Sperrflüssigkeit nicht wie bei der zweiten Art (b) zugleich das Messvolumen mit bestimmt; b) in seinem Hauptheil aus einer mit Abtheilungen oder Kammern versehenen cylindrischen Blechtrommel besteht, welche sich in einem grösseren metallenen Gehäuse um eine horizontale Axe dreht (System der rotirenden Trommel).

Fig. 298.

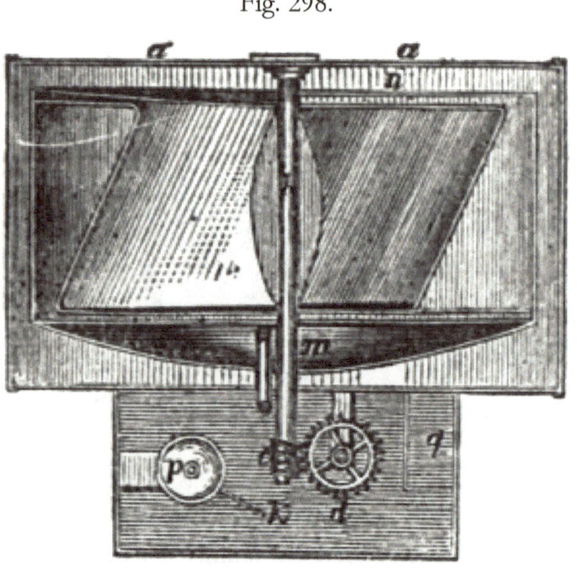

Fig. 299.

Die nasse Gasuhr mit rotirender Trommel ist 1817 von Clegg erfunden worden; später wurde dieselbe von Crosley wesentlich verbessert. Eine derartige Gasuhr von der gegenwärtig allgemein üblichen Construction ist in den Figuren 296, 297, 298 und 299 abgebildet. Sie besteht aus einem cylindrischen Gehäuse aus Weissblech oder aus Gusseisen, in welchem sich eine auf einer Welle befestigte, vierkammerige Trommel, die reichlich bis zur Hälfte im Wasser liegt, unter dem Drucke des Gases und der, durch denselben zu gleicher Zeit bedingten ungleichen Wasserstände der Gas aufnehmenden und Gas abgebenden Trommelabtheilungen sich dreht, während die Axe der Trommel eine Zählvorrichtung in Bewegung setzt, um die Zahl der Trommelumgänge, somit das durchgegangene Gas, nach Kubikfussen zu zählen. Fig. 296 zeigt den Apparat, die Deckplatte weggedacht, welche den vorderen Theil, der zur Aufnahme der Regulirvorrichtungen bestimmt ist, verschliesst, Fig. 298 zeigt den Apparat in der einen Seitenansicht, Fig. 299 in der anderen, Fig. 298 endlich giebt einen horizontalen, über der Trommelaxe angenommenen Durchschnitt. *a* ist das Gehäuse, *a'* die Trommel, *b* die Trommelaxe, auf welcher die endlose Schraube *c* befestigt ist, die in das Rad *d* eingreift und die Anzahl der Trommelumdrehungen durch die Welle *e* auf das Uhrwerk *f* überträgt. Durch *g* tritt das Gas in den Kasten *h*, gelangt durch das Ventil *i* in den Raum *k*, durch das gebogene Rohr *l* in den vorderen Raum *m* der Trommel und aus dieser in die einzelnen Trommelabtheilungen. Aus den letzteren gelangt das Gas in den Raum *n*, in welchem es sich ansammelt und geht durch das Rohr *o* in die Privatröhrenleitung über. *i* ist das Schwimmerventil, *p* der Schwimmer, *q* das Wasserfüllrohr, *r* der Wasserkasten für überflüssiges Wasser und *s* die Schraube zum Ablassen desselben. Wird nun der Hauptbahn einer Privatröhrenleitung geöffnet, so strömt das Gas in die Gasuhr; ist der Brennerhahn geschlossen, so bleibt die Trommel ruhig liegen, sobald aber Gas consumirt wird, rotirt die Trommel und das Uhrwerk registrirt das durch die Uhr gegangene Gas. Das Uhrwerk hat eine decimale Uebersetzung, in der Art, dass das erste Zifferblatt je 1, das zweite je 10, das dritte je 100 u. s. w. Kubikfuss Gas registrirt, und mithin nur die durch die Zeiger bezeichneten Zahlen hintereinander auszusprechen sind, um das Gesammtquantum des durch die Gasuhr geströmten Gases auszudrücken. Geben

z. B. die Zeiger die Zahlen 5, 3, 5, 2 und 8 an, so sind 53,528 Kubikfuss Gas durch den Apparat gegangen. Alle die in neuerer Zeit vorgeschlagenen Vorrichtungen, welche einen constanten Wasserstand in der Gasuhr herbeizuführen bestimmt sind, werden sämmtlich mehr oder minder überflüssig, sobald man zur Füllflüssigkeit nicht Wasser, sondern eine andere nimmt, wie dies u. a. beim Glycerin der Fall ist, welches ausserdem noch das Einfrieren der Gasuhren verhindert. Beim Aufstellen derselben ist es überhaupt von Wichtigkeit, einen Ort zu wählen, an welchem keine Gefahr für das Einfrieren des Füllwassers vorhanden ist. Was die Dimensionen der Gasuhren betrifft, so hat man grössere und kleinere, je nach der Anzahl der Flammen, für welche sie bestimmt sind. Bei der kleinsten Sorte, welche für drei Flammen bestimmt ist, beträgt der Durchmesser der Trommel 27 Centimeter, bei 10flammigen 45 und bei 20flammigen 50 Centimeter.

Brenner.

Die Brenner, aus denen das Gas ausströmt, um die Flamme zu bilden, sind von Eisen (früher auch von Messing), Porcellan oder Speckstein. Letztere führen den Namen Lavabrenner. Die Brenner aus Porcellan und Speckstein haben vor denen aus Eisen den Vorzug, dass sich die Gasausströmungsöffnungen nie, wie sonst bei Metall, durch Oxydation verstopfen. Die Form, Schnitt- und Bohrweite der Brenner muss der Qualität des Gases angepasst sein.

Je nach der Form der Flamme unterscheidet man Strahl- und Flachbrenner. Bei dem Strahlbrenner strömt das Gas aus einer (oder drei) senkrecht gebohrten feinen Oeffnung aus und bildet einen Flammenstrahl von kreisrundem Querschnitt. Diese Flammenform ist für die Leuchtkraft eines Gases die unvortheilhafteste, weil ein grosser Theil der ausgeschiedenen Kohlepartikelchen im Innern der Flamme aus Mangel an Sauerstoff nicht bis zum Glühen erhitzt wird. Bei dem Flachbrenner bildet sich die flache Flamme durch einen Schnitt (Schnittbrenner) oder durch zwei in den Brenner gebohrte Löcher, die unter einem Winkel gegen einander geneigt sind (Zweiloch- oder Manchesterbrenner).

Die hauptsächlichsten Arten der Gasbrenner sind folgende: 1) Der Einlochbrenner besteht aus einem kurzen, hohlen Cylinder, der oben durch eine mit einem feinen Loche versehene Deckplatte verschlossen ist. Das untere Ende ist entweder konisch abgedreht oder mit einem Schraubengewinde versehen. 2) Der Dreilochbrenner hat die nämliche Einrichtung wie der Einlochbrenner, nur ist die Deckplatte mit drei Oeffnungen versehen, welche entweder ein gleichschenkliges Dreieck bilden oder auch in einer Linie neben einander stehen. 3) Der Schnitt- oder Schlitzbrenner enthält im knopfförmigen Ende einen mit der Säge gemachten Einschnitt. Die Flamme ist flach, mehr breit als hoch, und findet bei der Strassenbeleuchtung häufige Anwendung. Der Form der Flamme wegen nennt man diesen Brenner auch Fledermausflügelbrenner. Wenn zwei Schnittbrenner so gegeneinander geneigt sind, dass die beiden Flammen sich durchdringen und eine einzige Flamme bilden, so hat man den Zwillingsbrenner, der mehr Licht giebt, als die beiden einzelnen Brenner, aus denen er besteht, für sich zu entwickeln vermögen. 4) Der Manchesterbrenner (Zweilochbrenner, Fischschwanzbrenner) hat statt des Schlitzes des Schnittbrenners zwei Oeffnungen, welche unter einem Winkel von 90° gegeneinander geneigt sind, so dass die beiden aus ihnen antretenden Gasströme sich gegenseitig abflachen und zu einer Flachflamme vereinigen, welche mit ihrer Fläche nicht in der Ebene der beiden Oeffnungen, sondern rechtwinkelig zu jener liegt. Der Hahnenspornbrenner, jetzt nicht mehr üblich, enthält im knopfförmigen Ende 3 bis 5 Oeffnungen, die so weit von einander stehen, dass 3 oder 5 getrennte Strahlen gebildet werden. 5) Bei dem Argand'schen Brenner, vorzugsweise zur Zimmerbeleuchtung sich eignend, besteht die Flamme aus einer kreisrunden Reihe kleiner Strahlen, deren jeder aus einer besonderen Oeffnung hervortritt. Der Brenner ist ein hohler Kranz, der auf der oberen Seite mit feinen Oeffnungen versehen ist. 6) Der Dumas-Brenner gleicht dem Argand-Brenner, nur ist die Flamme durch einen Gasstrom gebildet, welcher aus einer kreisrunden Schnittöffnung hervortritt.

Gasleuchter.

Die Fortsetzung und zu gleicher Zeit die Endpunkte der Gasrohrleitungen, welche die Gasbrenner tragen, bilden die Gasleuchter, von denen man Wandleuchter, Deckenleuchter (Pendants, Hängeleuchter) und transportable Leuchter (Schlauchlampen), meistens durch einen Gummischlauch mit dem Gasrohre verbunden, unterscheidet.

Nebenprodukte der Kohlengasbereitung.

Die Nebenprodukte der Kohlengasbereitung, durch deren Verarbeitung und Verkauf dem Betrieb der Fabrik wesentlich Vorschub geleistet wird, sind 1) die Koks, 2) das Ammoniakwasser, 3) der Theer, 4) der Gaskalk, 5) der Schwefel der Laming'schen Mischung. Dazu kommt noch an einigen Orten die Gewinnung von Berlinerblau (aus dem Cyancalcium der Laming'schen Masse, vergl. Seite 735) und die Abscheidung des Benzols aus dem Gase (vergl. Seite 657).

Was zunächst 1) die Koks (Gaskoks) betrifft, so wird über deren Verwendung in dem Abschnitte, welcher von den Brennstoffen handelt, das Nöthige gesagt werden. Es sei hier nur bemerkt, dass die durch Vergasung der Steinkohlen erzielten Koks leichter und schwammiger sind als die in den Koksöfen erhaltenen und deshalb zur Zimmerheizung ein sehr gesuchtes Material sind. 2) Das Ammoniakwasser oder das Condensationswasser ist im Wesentlichen eine wässerige Lösung von Ammoncarbonat (2 $(NH_4)_2CO_3$ + CO_2). Der Gehalt an Ammoniaksalz ist selbstverständlich kein constanter, derselbe hängt ab von dem Feuchtigkeitsgrade der zur Gasbereitung verwendeten Steinkohlen, dem Stickstoffgehalte derselben und der bei der Destillation eingehaltenen Temperatur. Je grösser der Wassergehalt der Kohle, desto geringer der Gehalt des Ammoniakwassers an Ammoniaksalz, je grösser der Stickstoffgehalt der Kohle, desto grösser wird im Allgemeinen die Menge der Ammoniaksalze sein, die bei der Destillation der Kohle sich bildet. Die Temperatur bei der Destillation und deren Dauer ist ebenfalls von Einfluss auf die Menge der sich bildenden Ammoniaksalze, je höher die Temperatur ist und je länger dieselbe einwirkt, desto mehr wird der in den Steinkohlen enthaltene Stickstoff als Ammoniak auftreten, während er ausserdem zum Theil als Anilin, Lepidin, Chinolin etc., theils als Cyan auftritt. In der Steinkohle in dem Zustande (mit etwa 5 Proc. hygroskopischem Wasser), wie sie in den Gasfabriken Anwendung findet, ist 0,75 Proc. Stickstoff enthalten. 100 Kilogr. einer solchen Steinkohle können demnach im günstigsten Falle nur 910 Grm. Ammoniak (NH_3) liefern. Im Durchschnitt hat man (vergl. Seite 256) gefunden, dass 1 Kubikmeter Condensationswasser mindestens 50 Kilogr. trockenes Ammonsulfat ($[NH_4]_2SO_4$) giebt, sodass zur Herstellung von 100 Kilogr. dieses Salzes 20 Hektoliter Gaswasser hinreichen[182]. 3) Der Steinkohlentheer, vor etwa 15 Jahren noch eine Quelle von Inconvenienzen für die Gasfabrik und deren Adjacenten, hat seit 1858 eine grosse industrielle Bedeutung erlangt, insofern er der Ausgangspunkt einer neuen und mächtigen Industrie, der Theerindustrie, geworden ist[183]. Der Theer ist, wie bereits Seite 654 angeführt wurde, ein Gemenge von flüssigen Kohlenwasserstoffen (Benzol, Toluyl, Propyl) mit festen (Naphtalin und Anthracen), ferner mit Säuren (Carbolsäure, Kresylsäure und Phlorylsäure) und mit Basen (Anilin, Chinolin, Lepidin u. s. w.); ausserdem finden sich darin nichtflüchtige Harze und Kohle als asphaltbildende Bestandtheile. Die Menge und ganz besonders auch die Beschaffenheit des Kohlentheers sind nicht nur abhängig von der Art der Kohle, sondern auch von der Art und Stärke des Erhitzens. Die Menge des Theeres ist um so grösser, je gleichförmiger man erhitzt und je niedriger die dabei angewendete Temperatur ist. Der Theer wirkt in Folge seines Gehaltes an Carbolsäure im hohen Grade fäulnisswidrig. Man verwendet den Theer zum Anstrich von Eisen und anderen Metallen, von Mauerwerk und auch von Holz. Zur Bereitung der Theerpappe (Dachpappe) werden nicht unbedeutende Mengen von Theer consumirt. Die Anwendung des Theeres zur Fabrikation der Briquetten (Ziegel aus Koks- oder Kohlenklein und Theer), zur Färbung von Steingutgeschirren, zum Conserviren der Bausteine etc. sei hier nur beiläufig erwähnt. Vor wenigen Jahren noch suchte man den Theer, der sich so zu sagen wider Willen des Fabrikanten bei der Gasbereitung bildet, durch nochmaliges Erhitzen in Gas (Theergas) zu verwandeln, ohne jedoch dabei namhafte Vortheile zu erzielen. Handelt es sich um die Verarbeitung des Kohlentheers behufs der Isolirung der Bestandtheile, so verfährt man auf folgende Weise: Zunächst befreit man den Theer so viel als möglich von dem Condensationswasser. Zu dem Ende erhitzt man den Theer längere Zeit bei einer Temperatur von 80–100° in einer Blase von starkem Eisenblech, die mit Hut- und Kühlvorrichtung versehen ist, um die mit den Wasserdämpfen übergehenden leichten Kohlenwasserstoffe zu verdichten. Nach 36stündigem Erhitzen ist der Theer entwässert und es wird zur Destillation desselben geschritten. Da die flüchtigen Produkte nur geringe latente Wärme besitzen, so muss die Destillirblase so niedrig als möglich sein. Der Helm muss sorgfältig gegen jede Abkühlung geschützt sein. Die Blase ist an ihrem unteren Theile mit einem Hahn versehen, durch welchen nach beendigter Destillation das geschmolzene Pech abgelassen wird. In gewissen Fällen ist es von Vortheil, auf die Erzeugung von Pech und Asphalt zu verzichten und die Destillation so weit als möglich zu treiben. Der Boden der Blase wird in diesem Falle bis zum Dunkelrothglühen erhitzt und es bleibt eine poröse und glänzende Kohle zurück, die nach dem Erkalten von der Blase leicht entfernt werden kann. Eine Destillation von 750–800 Kilogr. Theer nimmt ungefähr 12–15 Stunden in Anspruch. Bei Beginn der Destillation muss vorsichtig erhitzt werden, damit der Theer nicht in lebhaftes Sieden geräth. In einigen Fabriken lässt man in dieser Periode einen bis auf 110–112° erhitzten Strom von Wasserdämpfen durch den Theer gehen, um die Dampfbildung der leichten Theeröle zu befördern. Letztere erscheinen nach ihrer Verdichtung als ein farbloses, leicht bewegliches Fluidum von 0,780 spec. Gewicht, welches nach und nach bis auf 0,830 sich steigert. Die mittlere Dichte dieses Produktes ist 0,830. Es bildet das leichte Theeröl. Das schwere Steinkohlentheeröl geht von 200° an über.

Das leichte Theeröl wird nochmals destillirt und das Destillat zuerst mit concentrirter Schwefelsäure, dann mit Natronlauge behandelt und endlich zum dritten Male rectificirt. Durch die Behandlung mit Schwefelsäure sollen die vorhandenen basischen Körper (Ammoniak, Anilin) und das Naphtalin entfernt werden, während durch die Natronlauge die vorhandene Carbolsäure gebunden wird. Die Menge der anzuwendenden Schwefelsäure beträgt 5 Proc. vom Gewicht des Theeröles, die Menge der Natronlauge von 1,382 spec. Gew. (= 40° B.) etwa 2 Proc. Die so erhaltene Flüssigkeit ist und bleibt an der Luft farblos und bildet das Benzol oder Benzin des Handels, ein Gemenge verschiedener Körper, in welchem Benzol, Toluol und Xylol die Hauptbestandtheile ausmachen. Es wird (vergl. S. 657) in Nitrobenzol übergeführt, welches den Ausgangspunkt zur Darstellung vieler Theerfarben bildet. Das käufliche Benzin (Naphta), von welchem in den meisten Fällen das eigentliche Benzol bereits getrennt ist, wird in der Technik vielfach anstatt des Terpentinöles als Lösungsmittel von Harzen, Fetten, Oelen, Kautschuk, Guttapercha, zum Carburiren des Leuchtgases, als Schmiermittel u. dgl. angewendet. In England unterscheidet man Carburirnaphta, Auflösungsnaphta und Brennnaphta; letztere findet wie das Petroleum als Leuchtstoff in Lampen Anwendung. Aus dem rohen leichten Theeröle, namentlich aus dem bei der Destillation des Theeres zuerst übergegangenen Antheil, setzt sich beim Abkühlen bis auf -10° Naphtalin ab, welches, wie Seite 656 gesagt worden ist, zur Herstellung von rothen, violetten, blauen und gelben Farbstoffen (Naphtalinfarben), ausserdem auch seit einigen Jahren zur Fabrikation von Benzoësäure Verwendung findet. Das schwere Theeröl wird auf ähnliche Weise wie das leichte Theeröl durch successive Behandlung mit concentrirter Schwefelsäure und mit Natronlauge gereinigt, durch Rectification über ein Gemenge von Eisenvitriol und Kalk von den widrig riechenden geschwefelten Verbindungen befreit und durch fractionirte Destillation, indem man die zwischen 150 und 200° übergehenden Antheile für sich auffängt, daraus die Phenole oder das Steinkohlenkreosot (ein Gemenge von Carbol- oder Phenylsäure, Kresylsäure und Phlorylsäure) darstellt, welches das Material ist zur Bereitung der Carbolsäure (vergl. Seite 663) und der Pikrinsäure (vergl. Seite 664), ferner blauer und rother Farben, ausserdem auch zum Conserviren von Holz, von anatomischen Präparaten, von gerbstoffhaltigen Extracten u. s. f. Anwendung findet. Lunge erhielt aus einer Tonne Theer (= 20¼ Ctr. Zollgewicht)

50procentiges Benzol	2,88	Gallons	=	13	Liter
Beste Naphta	2,69	„	=	12	„
Brennnaphta	3,51	„	=	15,8	„
Kreosotöl	83,25	„	=	3,74	Hektoliter
Ammoniakwasser	3,0	„	=	13,5	Liter

und 11¾ Ctr. Pech.

Der künstliche Asphalt (deutscher Asphalt, Theerpech) wird in grosser Menge in der Firniss- und Lackfabrikation benutzt, ausserdem zur Herstellung des Asphaltpflasters. Seit 1869 isolirt man aus dem

Kohlentheer das zur Alizarinbildung dienende Anthracen in grösster Menge (vergl. Seite 667). — Den Asphalt sowol als auch die schweren Theeröle wendet man gegenwärtig nicht selten zur Darstellung von Lampenruss an. 4) Der Gaskalk findet in Folge seines Gehaltes an Calciumsulfhydrat zum Kalken der Häute in der Gerberei, wegen seines Cyancalcium- und Schwefelcyancalciumgehaltes zur Bereitung von Berlinerblau und Schwefelcyanpräparaten Anwendung. 5) Der in der Laming'schen Mischung sich findende Schwefel dient (wie Seite 217 erörtert wurde) an vielen Orten zur Darstellung von Schwefelsäure, die somit unter den Nebenprodukten der modernen Gasfabrikation gleichfalls zu nennen ist. Vortheilhafter möchte es sein, den freien Schwefel aus der Masse durch Aussaigern mit Wasserdämpfen von 130° zu gewinnen. Auch die Extraction der Masse mit Theeröl, welches den freien Schwefel löst, ist mit Erfolg zur Abscheidung des Schwefels aus der Laming'schen Mischung in Anwendung gebracht worden.

Zusammensetzung des Kohlengases.

Als Beispiele der Zusammensetzung des gereinigten Kohlengases seien folgende Analysen angeführt. 100 Raumtheile enthalten:

	I.	II.	III.	IV.	V.	VI.	VII.
Wasserstoff	44,00	41,37	39,80	51,29	50,08	46,0	27,7
Methylwasserstoff	38,40	38,30	43,12	36,45	35,92	39,5	50,0
Kohlenoxyd	5,73	5,56	4,66	4,45	5,02	7,5	6,8
Elayl	4,13	5,00	4,75	4,91	5,33	3,8	13,8
Ditetryl	3,14	4,34					
Stickstoff	4,23	5,43	4,65	1,41	1,89	0,5	0,4
Sauerstoff	—	—	—	0,41	0,54	—	—
Kohlensäure	0,37	—	3,02	1,08	1,22	0,7	0,1
Wasserdampf	—	—	—	—	—	2,0	2,0

I und II Kohlengas von Heidelberg, III Kohlengas von Bonn, analysirt von H. Landolt, IV und V Kohlengas von Chemnitz, analysirt von Wunder, VI Londoner Kohlengas (1867), VII Londoner Cannelgas (1867).

Holzgas.

II. Das Holzgas. Wie Seite 724 angeführt wurde, beschäftigte sich der französische Ingenieur Lebon schon im Jahre 1799 mit der Darstellung von Leuchtgas aus Holz und construite seine Thermolampe. Dieser Licht und Wärme spendende Apparat konnte aber nirgends sich behaupten und wurde schnell überall wieder verlassen, wo er eingeführt worden war, hauptsächlich wohl aus dem Grunde, weil das Leuchtvermögen des darin verbrannten Gases ein schwaches war und mit dem Kohlengase, welches bald nachher auftauchte, nicht entfernt concurriren konnte. Es ist kein einziger Fall bekannt, dass das Holzgas Lebon's an irgend einem Orte zur regelmässigen Beleuchtung benutzt worden wäre. Dumas bezeichnet dies vollkommen richtig, wenn er hervorhebt, dass die Thermolampe keinen Erfolg haben könnte, sei es nun der schwierigen Behandlung oder des schwachen Lichtes wegen, welches dieselbe erzeugte; die darin gebildeten Gase seien nur Grubengas und Kohlenoxydgas, die bekanntlich beide ein nur schwaches Leuchtvermögen besitzen. 1849 wurde M. v. Pettenkofer in München veranlasst, die Versuche zur Fabrikation des Leuchtgases aus Holz wieder aufzunehmen. Er fand dabei vollkommen bestätigt, was Dumas angiebt, dass nämlich bei der Temperatur der Verkohlung des Holzes nur solche Gase entstehen, welche zu Beleuchtungszwecken keine Verwendung finden können, weil ausser Kohlensäure und Kohlenoxyd nur Methylwasserstoffgas, aber keine schweren Kohlenwasserstoffe sich bilden. Werden aber die bei der Verkohlung des Holzes sich bildenden Dämpfe noch weiter erhitzt, so entsteht eine grössere Menge Gas und es gehen Zersetzungen unter Bildung schwerer Kohlenwasserstoffe vor sich, so dass das Holzgas reicher daran ist, als das Kohlengas.

Wahrscheinlich wäre es längst schon gelungen, aus Holz ein leuchtendes Gas darzustellen, da die Dämpfe aus demselben schon bei sehr niedriger Temperatur, nämlich schon bei 150° sich bilden. Aus Steinkohlen entwickeln sich bei dieser Temperatur weder Gas noch Dämpfe. Um den Process bei der Bildung des Leuchtgases aus Holz genau zu verstehen, hat man zunächst zu unterscheiden zwischen jener Temperatur, bei welcher Holz in Kohle und in Dämpfe zerlegt wird — Temperatur der Verkohlung — und zwischen derjenigen Temperatur, bei welcher die entstandenen Dämpfe zu permanentem Leuchtgas zerlegt werden. Aus Steinkohlen (Harz und Oel) wird in den gewöhnlichen Retorten der Gasfabriken deshalb sofort ein brauchbares Leuchtgas erhalten, weil die Dämpfe bei ihrer Bildung schon eine weit höhere Temperatur besitzen, als die aus Holz sich entwickelnden Dämpfe, demnach nur wenig noch höher erhitzt zu werden brauchen, um in Leuchtgas übergeführt zu werden oder, mit anderen Worten, weil die Temperaturen der Verkohlung und Leuchtgasbildung sich viel näher liegen als bei dem Holz. Die für die Gasbereitung aus Kohlen geeigneten Apparate sind deshalb auch bei weitem nicht ausreichend, um Holzgas darzustellen. Von den in dem Holztheer sich vorfindenden kohlen- und wasserstoffreichen Körpern haben einige für sich einen weit höheren Siedepunkt (200–250°), bei dem sie sich, ohne chemische Zersetzung zu erleiden, destilliren lassen, als diejenige Temperatur ist, bei welcher sie aus dem Holze entstehen. In ihnen hauptsächlich ruht die Leuchtkraft und es müssen dieselben durch noch höhere Temperatur zu kohlenstoffreichen permanenten Gasen zersetzt werden. Bei der Holzgasbereitung hat man einen Raum für die Zersetzung des Holzes, d. h. eine Retorte von der Form der gewöhnlichen Gasretorten, und neben diesem Raum oder dieser Retorte einen zweiten Raum, den Generator, für die Zersetzung der primitiv entstehenden Dämpfe zu Leuchtgas. Zu dem Ende umgab man anfangs die Retorte, in welcher das Holz verkohlt wurde, mit glühend erhaltenen Röhren, in denen die Dämpfe behufs ihrer Umwandlung in Leuchtgas hin- und hergehen mussten; gegenwärtig hat man aber allgemein diese complicirten Retorten verlassen und bedient sich einfacher, aber grosser Retorten. Dieselben sind im Verhältniss zu einer Ladung Holz (= 60 Kilogr.) sehr geräumig, mit Leichtigkeit würden sie die dreifache Holzmenge fassen; sie bieten deshalb den Holzdämpfen eine hinlänglich grosse glühende Fläche dar.

Es ist kein grosser Unterschied in der Quantität und Qualität des Gases, wenn man verschiedene Holzarten zur Destillation verwendet; was den Unterschied in der Menge betrifft, so ergiebt sich derselbe aus Untersuchungen von W. Reissig, welcher Aspenholz (1), Lindenholz (2), Lärchenholz (3), Weidenholz (4), Tannenholz (5) und Fichtenholz (6) zur Holzgasbereitung benutzte:

50	Kilogr.	(1)	gaben	an	gereinigtem	Gas	592	Kubikfuss	und	9,9	Kilogr.	Kohle
50	„	(2)	„	„	„	„	620–640	„	„	9–11	„	„
50	„	(3)	„	„	„	„	550	„	„	12,5	„	„
50	„	(4)	„	„	„	„	660	„	„	9,0	„	„
50	„	(5)	„	„	„	„	648	„	„	9,5	„	„
50	„	(6)	„	„	„	„	564	„	„	9,2	„	„

Das ungereinigte Gas enthält grosse Mengen von Kohlensäure, wie folgende von v. Pettenkofer ausgeführte Analyse von Holzgas aus möglichst harzfreiem Fichtenholze zeigt:

Schwere Kohlenwasserstoffe	6,91
Methylwasserstoff	11,06
Wasserstoff	15,07
Kohlensäure	25,72
Kohlenoxyd	40,59

In 1 Vol. der schweren Kohlenwasserstoffe waren 2,82 Vol. Kohlenstoffdampf. Die Kohlensäure wird aus dem rohen Gase durch Kalkhydrat sorgfältig entfernt. Das gereinigte Holzgas ist nach Reissig's Untersuchungen folgendermaassen zusammengesetzt:

	(1)	(2)	(3)	(4)
Schwere Kohlenwasserstoffe	7,24	7,86	9,00	7,34
Wasserstoffgas	31,84	48,67	29,76	29,60
Leichter Kohlenwasserstoff	35,30	21,17	20,96	24,02
Kohlenoxydgas	25,62	22,30	40,28	39,04
	100,00	100,00	100,00	100,00

Betrieb der Holzgasfabrikation.

Ueber den Betrieb der Holzgasfabrikation mögen folgende Bemerkungen genügen. Das zur Destillation zu verwendende Holz — Föhren- und Tannenholz — wird in eine Trockenkammer, die hinter dem Retortenofen liegt und vom Boden aus durch den aus dem Ofen in einen Kanal strömenden Rauch erwärmt wird, gebracht und darin 24 Stunden lang gelassen. Die Retorte wird mit 50–60 Kilogr. Holz beschickt und wie gewöhnlich verschlossen. In 1½ Stunden ist die Destillation beendigt, und man erhält nach Entfernung der Kohlensäure durch Kalk mindestens circa 16 Kubikmeter (nahezu 600 Kubikfuss) leuchtendes Gas. An vielen Orten, wo die Holzgasbereitung eingeführt ist, zieht man es neuerdings vor, mit dem Holze zugleich eine gewisse Menge schottischer Bogheadkohle oder böhmischer Blattelkohle zu destilliren.

Holzgasbrenner.

Ein wichtiger Punkt ist bei dem Holzgase die Grösse der Oeffnungen an den Brennern, da das spec. Gewicht des Holzgases durchschnittlich nicht unter 0,70 beträgt, während das des Steinkohlengases in der Regel nicht 0,5 erreicht. Diese Verhältnisse sind von Wichtigkeit für die Form und den Umfang des Flammenkörpers. Je leichter das Gas, desto leichter die Ausströmung und Ausdehnung in der Luft, je schwerer dasselbe, desto träger das Ausströmen und Aufsteigen in der Luft. Ein leichteres Gas wird beim Ausströmen die umgebende Luft weder durchschneiden und trennen, während ein schwereres Gas sich im Verhältniss mit der atmosphärischen Luft der Umgebung mehr reiben und mischen wird. Damit diese Mischung mit Luft nicht einen der Leuchtkraft nachtheiligen Grad erreiche, muss die Oeffnung an den Holzgasbrennern wesentlich breiter sein als bei Kohlengas. Holzgas, aus Kohlengasbrennern, die für einen stündlichen Verbrauch von 70–100 Liter (3–4 Kubikfuss) berechnet sind, unter etwas starkem Drucke verbrannt, giebt in der Regel eine kaum leuchtende Flamme, während das nämliche Gas aus Brennern mit weiten Oeffnungen gebrannt, eine

Leuchtkraft entwickelt, welche die des gewöhnlichen Steinkohlengases übertrifft. Nach Versuchen, die im Jahre 1855 von v. Liebig und Steinheil angestellt wurden, ergab sich als Resultat für 4½ engl. Kubikfuss per Stunde

Steinkohlengas	=	10,84	Normalwachskerzen,
Holzgas	=	12,92	„

Demnach ist das Verhältniss der Leuchtkraft bei beiden Gasen durchschnittlich Holzgas : Kohlengas = 6 : 5. Die Vortheile der Holzgasbereitung liegen auf der Hand. Die Holzverkohlung ist zum Beleuchtungsgeschäft herangezogen worden, und der weiteren Bedingung, der Billigkeit, genügt das Holzgas lediglich dadurch, dass es mit einem werthvollen und leicht verwerthbaren Produkt, der Holzkohle, entsteht. Das Holz liefert für gleiches Gewicht weit mehr Gas und dieses in beträchtlich kürzerer Zeit als die Steinkohle, während die Leuchtkraft zu Gunsten des Holzgases steht. Ein wichtiger Vorzug des Holzgases ist ferner die gänzliche Abwesenheit von Ammoniak und von Schwefelverbindungen, so dass bei seiner Verbrennung niemals schweflige Säure sich bilden kann. Bei Vergleichung der Herstellungskosten des Steinkohlengases mit denjenigen des Holzgases hat sich die Thatsache herausgestellt, dass überall, wo ein Centner ungeflösstes Nadelholz wohlfeiler zu haben ist als ein Centner zum Vergasen taugliche Steinkohle, die Beleuchtung mit Holzgas als die vortheilhaftere sich empfiehlt. Auch das Anlagecapital und dessen Verzinsung sprechen zu Gunsten der Holzgasbeleuchtung. Holzgasapparate nehmen ferner weniger Raum in Anspruch als Kohlengasapparate und namentlich sind viel weniger Retorten nothwendig, da die Destillation des Gases aus Holz ausserordentlich schnell vor sich geht. Eine Retorte liefert in 24 Stunden an Holzgas 10,000 Kubikfuss, an Steinkohlengas 4000 Kubikfuss. Als ein Nachtheil der Holzgasbeleuchtung sind der grosse Verbrauch an Reinigungsmaterial, an Kalk, sowie die grossen Kosten für Vorbereitung desselben anzuführen.

Der Holztheer (2 Proc. vom Gewicht des getrockneten Holzes) und der Holzessig (100 Th. Holz geben 0,5–0,75 Th. trocknes Calciumacetat) werden so gut als es die Localität gestattet, verwerthet, ersterer in einigen Gasfabriken, wo es an einer geeigneten Verwendung fehlt, auch unter den Retorten verfeuert.

Torfgas.

III. Das Torfgas. Wenn man Torf der trockenen Destillation unterwirft, so erhält man genau so wie bei der Steinkohle Gas, wässeriges Destillat, Theer und Kohle (Torfkohle), so erhielt z. B. Vohl bei der Destillation eines lufttrockenen Torfes (Moortorf eines Hochmoores im Canton Zürich) aus 100 Theilen

Gas	17,625
Theer	17,625
Wässeriges Destillat	52,000
Kohle	25,000
	100,000

Die Produkte der trocknen Destillation des Torfes sind:

Flüssige und feste Kohlenwasserstoffe	Turfol von 0,820 spec. Gewicht
	Schweres Oel (Schmieröl) von 0,885 spec. Gewicht

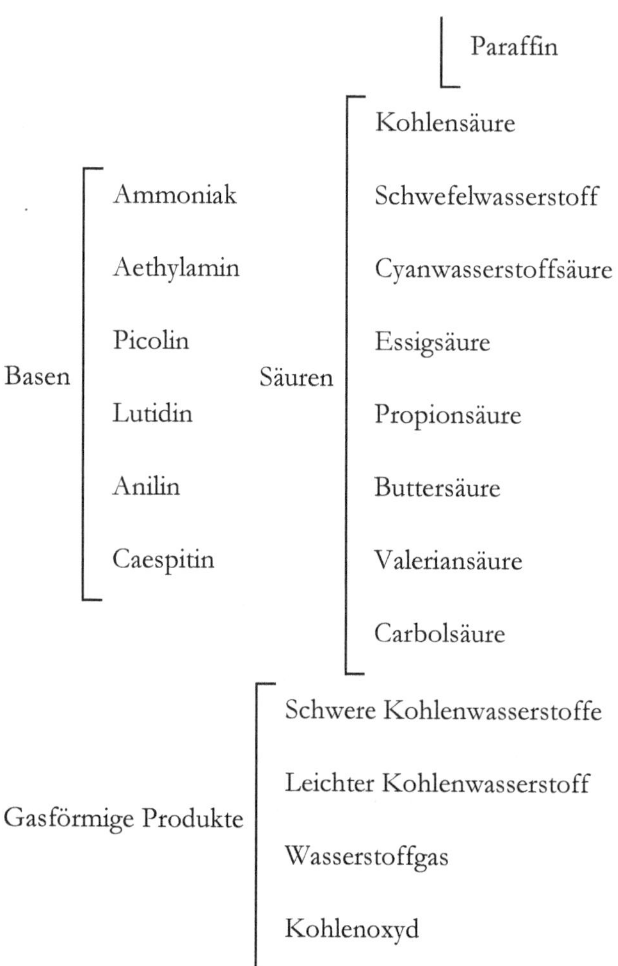
Paraffin

Basen
- Ammoniak
- Aethylamin
- Picolin
- Lutidin
- Anilin
- Caespitin

Säuren
- Kohlensäure
- Schwefelwasserstoff
- Cyanwasserstoffsäure
- Essigsäure
- Propionsäure
- Buttersäure
- Valeriansäure
- Carbolsäure

Gasförmige Produkte
- Schwere Kohlenwasserstoffe
- Leichter Kohlenwasserstoff
- Wasserstoffgas
- Kohlenoxyd

Der Torfgaserzeugungsapparat ist der bei der Holzgasfabrikation gebräuchliche. W. Reissig, welcher sich längere Zeit mit Versuchen über die Fabrikation von Torfgas beschäftigte, wendete Specktorf aus der Umgegend von München an, der sehr wenig Asche und 14–15 Proc. Wasser enthielt. Im Durchschnitt gab 1 Ctr. (bayerisch) 426 Kubikfuss (bayerisch) Gas (50 Kilogr. Torf entsprechen 337 engl. Kubikfuss). Die Gasentwickelung geht im Anfange wie bei Holz rasch vor sich, doch nimmt sie gleichmässiger und stetiger ab als bei diesem. Aus Reissig's Versuchen und Analysen ergiebt sich, dass das Torfgas von vorzüglicher Güte hergestellt werden kann. Gereinigtes Torfgas zeigte sich zusammengesetzt aus

I.	Schweren Kohlenwasserstoffen	9,52
	Leichtem Kohlenwasserstoffgas	42,65
	Wasserstoffgas	27,50
	Kohlenoxydgas	20,33
	Kohlensäure und Schwefelwasserstoff	Spuren
		100,00

Die Analyse eines anderen, mit vorzüglichem Torfe bereiteten Gases gab

II. Schweren Kohlenwasserstoffen	Elayl = 9,52 Ditetryl = 3,64	= 13,16
Leichtes Kohlenwasserstoffgas		33,00
Wasserstoffgas		35,18
Kohlenoxydgas		18,34
Kohlensäure und Schwefelwasserstoff		0,00
Stickstoff		0,32
		100,00

Wassergas.

IV. Das Wassergas. Das Verfahren zur Erzeugung des Wassergases besteht im Wesentlichen darin, dass man Wasserdämpfe durch eiserne oder thönerne Retorten strömen lässt, die mit glühender Holzkohle oder mit glühendem Koks gefüllt sind. Das Wasser zersetzt sich in Berührung mit der glühenden Kohle und bildet ein Gasgemenge, welches aus Wasserstoffgas, Kohlenoxydgas, Kohlensäure und geringen Mengen von Sumpfgas besteht. Das von der Kohlensäure durch Kalk befreite Gas, wesentlich aus Kohlenoxyd und Wasserstoff bestehend, ist, obgleich nicht leuchtend, doch zu Beleuchtungszwecken verwendet worden, indem man 1) wie nach dem Verfahren von Gengembre und Gillard, an die Brennermündungen kleine Platincylinder bringt, welche in der Flamme bald weissglühend werden und derselben Leuchtkraft ertheilen; 2) es mit kohlenstoffreichen Dämpfen imprägnirt. Letzterer Fall ist der gewöhnlichere. Die ihm zu Grunde liegende Idee rührt von Jobard in Brüssel (1832) her.

Die Angaben über die Zusammensetzung des Wassergases sind sehr verschieden, so sagen Jacquelain und auch Gillard, dass das von ihnen erhaltene Gas ein Gemenge von Wasserstoff mit Kohlensäure sei, welches, durch Kalk von der Kohlensäure befreit, im Wesentlichen aus Wasserstoffgas bestehe, Andere geben, und zwar mit grösserem Rechte, an, dass ihr Gas Kohlenoxyd und Wasserstoff enthalte. Mit der letzteren Ansicht stimmen die Resultate von Langlois überein. Zur Bildung von 1 Molek. Kohlenoxydgas ist das Vorhandensein von 1 Molek. Wasserdampf erforderlich, dessen Wasserstoff frei gemacht wird:

$$C + H_2O = CO + H_2.$$

Begegnet nun in noch höherer Temperatur als bei der zu dem vorstehenden Vorgange erforderlichen Dunkelrothglühhitze dem Kohlenoxydgase abermals Wasserdampf, so entzieht — wie dies Verver experimentell bestätigt hat — unter günstigen Umständen das Kohlenoxydgas dem Wasserdampf wiederum dessen Sauerstoff, um sich damit zu Kohlensäuregas zu vereinigen, während ein neuer Antheil von Wasserstoffgas frei wird:

$$CO + H_2O = CO_2 + H_2.$$

Nur in dem Falle, dass die entstandene Kohlensäure dem Gaserzeugungsapparate nicht schnell genug entzogen wird, sondern einige Zeit mit glühenden Kohlen in Contact gelassen wird, kann die Rückbildung von Kohlenoxyd unter Verwendung eines neuen Kohlenstoffäquivalents erfolgen. Das Wassergas hat eine grosse Zukunft!

Gillard's Gas.

Platingas von Gillard. Im Jahre 1846 errichtete Gillard zu Passy bei Paris eine Gasanstalt, in welcher Wasserstoffgas, durch Zersetzen des Wassers erhalten, zu Beleuchtungszwecken dargestellt wurde. Das anfänglich zu Grunde gelegte Princip bestand in der Zersetzung von Wasserdämpfen in einer mit Eisendraht gefüllten, glühenden Gasretorte, aber mit einer Einrichtung, welche es ermöglichte, den oxydirten und dadurch unwirksam gewordenen Draht sofort und zur Stelle wieder wirksam zu machen. Grosse Schwierigkeiten veranlassten jedoch Gillard, dieses System gegen ein anderes zu vertauschen und zwar gegen die Zersetzung des Wasserdampfes vermittelst Hindurchleiten durch eine Retorte mit glühenden Kohlen. Man reinigt das so erhaltene kohlensäurereiche Gas, indem man es über krystallisirtes Natriumcarbonat leitet, welches dadurch in Bicarbonat übergeht. Das Gas strömt durch einen Argandbrenner mit sehr vielen kleinen Löchern aus; die Flamme ist mit einem Netzwerk von mässig feinem Platindraht umgeben, welches in kurzer Zeit in's Weissglühen kommt und dadurch die Gasflamme leuchtend macht. In Paris nennt man dieses Gas Platingas (*gaz-platine*).

Es ist völlig rein, geruchlos und verbrennt begreiflicherweise ohne Russ. Aus diesem Grunde namentlich ist es in den Werkstätten und Magazinen von Christofle u. Co. in Paris eingeführt. Seine Leuchtkraft ist grösser als die des Kohlengases (das Verhältniss ist nach Girardin wie 130 : 127). Die Schönheit der Flamme lässt nichts zu wünschen übrig, da die grosse Beständigkeit und Unbeweglichkeit des Lichtes diese Art der Beleuchtung zu einer höchst angenehmen macht, indem es ja ein zur Weissglut gebrachter fester Körper ist, welcher das Licht ausstrahlt, aber keine unruhige flackernde Flamme, wie solche das gekohlte Leuchtgas liefert[184]. Nach der Angabe von Verver brauchte man in Narbonne zur Produktion von 1 Kubikmeter Gas 0,32 Kilogr. Holzkohle und zur Heizung 1,41 Kilogr. Steinkohle.

Carburirtes Wassergas.

Carburirtes Wassergas. Faraday wies, bei Gelegenheit seiner Untersuchung über das Oel, welches beim Comprimiren des aus Oel dargestellten Leuchtgases sich bildet, nach, dass wenn Grubengas, das an sich wenig leuchtet, mit diesem Oel in Berührung kommt, dasselbe mit stark leuchtender Flamme brennt. Lowe griff diese Beobachtung auf und machte bereits 1832 den Vorschlag, gewöhnliches Kohlengas zur Vermehrung seiner Leuchtkraft mit Dämpfen von Theeröl oder von Petroleum zu imprägniren; zu gleicher Zeit lehrte er mit Hülfe von Wasserdämpfen und Koks ein Gemenge von Kohlenoxyd und Wasserstoffgas zu erzeugen, welches durch die Dämpfe der genannten Kohlenwasserstoffe in Leuchtgas übergeführt wurde. Später hat Jobard in Brüssel diesen Gegenstand wieder aufgenommen und das Resultat seiner Versuche dem französischen Ingenieur Selligue mitgetheilt, welcher durch frühere Versuche (seit 1833) über den nämlichen Gegenstand gründlich vorbereitet, die Sache mit Eifer angriff und zuerst das gekohlte Wassergas zur Beleuchtung im Grossen verwendete. Zum Kohlen des Wassergases wendete Selligue Schieferöl an, welches durch trockene Destillation aus bituminösem Mergelschiefer auf dieselbe Weise gewonnen wird, nach der man heutzutage noch zu Reutlingen und anderen Orten das Schieferöl gewinnt. Zu dem Gasapparate von Selligue gehört eine Batterie von drei Retorten, welche beständig im Rothglühen erhalten werden. Zwei dieser Retorten sind mit Kohle angefüllt. Ein Wasserdampfstrom tritt in die erste Retorte ein und bildet hier Kohlenoxyd und Wasserstoffgas; in der zweiten Retorte wird die Zersetzung vervollständigt und die vorher entstandene Kohlensäure zu Kohlenoxyd reducirt (ganz entgegengesetzt dem heutzutage bei der Bereitung des Wassergases üblichen Verfahren, nach welchem man das Kohlenoxyd möglichst vollständig zu Kohlensäure zu oxydiren sucht). Das glühende Gemenge von Kohlenoxyd und Wasserstoff tritt in die letzte Retorte, wo es das in Zersetzung begriffene Schieferöl trifft; diese Retorte enthält bis zu ⅔ ihrer Höhe eine eiserne Kette, um die Heizfläche zu vermehren. Ein continuirlicher Strom von Schieferöl (auf 10,000 Liter Gas rechnet man 5 Kilogr. Oel) rinnt von oben in die Retorte herab, wo es sofort zersetzt und mit dem Gemenge von Kohlenoxyd und Wasserstoff in Wechselwirkung gebracht wird. Ein Gasofen mit sechs Retorten (zusammen von 6 Kubikmeter Capacität) giebt nach Selligue in 24 Stunden 24,000 bis 28,000 Hektoliter Leuchtgas, wobei consumirt werden 1231 Kilogr. Schieferöl nebst 400 Kilogr. Holzkohle als Gasmaterial und 16 Hektoliter Steinkohle zum Heizen.

Aus dem Selligue'schen Verfahren sind die folgenden Methoden hervorgegangen: 1) Der White'sche Process oder der Hydrocarbonprocess, nach welchem aus Wasserdämpfen und Kohle dargestelltes Wassergas mit einem Antheil unzersetzten Wasserdampfes gemischt, durch eine Retorte geht, in welcher man nach dem früheren Verfahren Harz, nach dem neueren Cannel- und Bogheadkohle der trocknen Destillation unterwirft; 2) das Verfahren von Leprince, welches das *Gaz mixte de Leprince* liefert, ist im Wesentlichen nichts weiter als der verbesserte White'sche Process. Die Zersetzungsprodukte von Wasserdämpfen und Koks gehen mit Wasserdämpfen gemischt bei der geeigneten Temperatur (in der nämlichen Retorte) über Steinkohle; 3) das Verfahren von Isoard, nach welchem überhitzte Wasserdämpfe mit Steinkohlentheer zusammengebracht werden; 4) nach der Methode von Baldamus und Grüne werden der Wasserdampf und der flüssige Kohlenwasserstoff zu gleicher Zeit in dem nämlichen Raume zersetzt; 5) das Verfahren von Kirkham u. A., nach welchem Wassergas (auf gewöhnliche Weise durch Zersetzen von Wasserdampf durch glühende Kohle in einem von ihm construirten Apparate dargestellt) einfach durch Imprägniren mit Dämpfen flüssiger Kohlenwasserstoffe (Benzol, Photogen, Petroleum, Naphta) leuchtend wird; 6) als Anhang zum Wassergas sei das von Longbottom vorgeschlagene carbonisirte Luftgas, aus atmosphärischer Luft mit Dämpfen von Benzol oder Petroleumnaphta (nach Wiederhold) imprägnirt bestehend, erwähnt.

White's Hydrocarbonprocess.

1) Der Hydrocarbonprocess von White. Der Vorschlag von Selligue, das Wassergas mit den Dämpfen leichtflüssiger Kohlenwasserstoffe zu imprägniren, um ihm die Eigenschaft zu ertheilen mit leuchtender Flamme zu verbrennen, wurde von dem Engländer White dahin abgeändert, dass er das Wassergas mit unzersetztem Wasserdampf gemischt, durch eine Retorte streichen liess, in welcher er Cannel- oder Bogheadkohle oder Harz bei starker Glühhitze der trocknen Destillation unterwarf. Das White'sche Verfahren oder der sogenannte Hydrocarbonprocess fand im Anfange wenig Anklang, später aber, als von Frankland auf dem Gaswerke von Clarke u. Co., Ancoats, Manchester, angestellte Versuche ein günstiges Resultat geliefert, wurde das Verfahren bekannter, ohne dass jedoch dessen Einführung in die Praxis gelungen wäre.

Die von Frankland ausgeführten Analysen des so dargestellten Gases zeigen, dass in dem Gase gegen 15 Proc. Kohlenoxyd, aber keine Kohlensäure sich findet, der Gehalt an Wasserstoffgas dagegen bis zu 45 Proc. beträgt. Diese Zunahme des Wasserstoffgehaltes ohne äquivalente Vermehrung des Kohlenoxydgehaltes kann nur aus der Einwirkung von Wasserdampf auf das Sumpfgas der mit Cannelkohle gefüllten Retorte erklärt werden, vielleicht nach folgender Gleichung:

Sumpfgas CH_4	geben	Kohlenoxyd CO
Wasserdämpfe H_2O		Wasserstoffgas $3H_2$

Die Zusammensetzung der erhaltenen Gase — mit und ohne Wassergas — war folgende:

Gas aus Bogheadkohle

	ohne Wassergas	mit Wassergas
Schwere Kohlenwasserstoffe	24,50	14,12
Grubengas	58,38	22,25
Wasserstoff	10,54	45,51
Kohlenoxyd	6,58	14,34
Kohlensäure	—	3,78

Sauerstoff und Stickstoff	—	—
	100,00	100,00

Die Vortheile des White'schen Hydrocarbonprocesses liegen nicht nur darin, dass bei dem erhaltenen Gase der Gehalt an Wasserstoff weit grösser, an Kohlenoxyd etwas und an Grubengas sehr beträchtlich geringer ist, als bei dem gewöhnlichen Steinkohlengase, sondern sie sind auch und zwar wesentlich in der mechanischen Wirkung der Wasserzersetzungsprodukte zu suchen. Beim Durchströmen durch die mit Cannelkohle beschickte Retorte führen sie die entstandenen leuchtenden Kohlenwasserstoffe rasch aus dem Bereich der Rothglühhitze, worin diese sonst zum Theil unter reichlichem Kohlenabsatz zerlegt würden und bieten den derartigen Produkten im Theer überhaupt reichlich Gelegenheit, zu diffundiren und sich so den leuchtenden Bestandtheilen bleibend beizugesellen. Die Frankland'schen Versuche haben folgende Vortheile des Hydrocarbonverfahrens ergeben: a) Der Process lässt sich in jeder Gasanstalt ohne besondere Umstände und Kosten einführen; b) die Gasausbeute nimmt um 46 bis 290 Proc. zu; c) die Leuchtkraft wird um 14 bis 108 Proc. vermehrt; d) die Ausbeute an Theer wird vermindert, da ein guter Theil desselben vergast wird; e) die Hitze und Kohlensäurebildung der Gasflammen wird vermindert, weil das Gas mehr Wasserstoff und weniger Kohlenstoff enthält.

Wassergas nach Leprince.

2) Das Verfahren der Bereitung von Wassergas nach Leprince ist nichts weiter als eine Abänderung des White'schen Processes, die darin besteht, dass Retorten, mit drei horizontalen Scheidewänden, mithin in drei Abtheilungen gebracht, angewendet werden, in welchen die beiden Phasen des Processes, die theilweise Wasserzersetzung durch Koks oder Holzkohle und die Carburirung des Gases durch die flüchtigen Zersetzungsprodukte der Steinkohle (Backkohle) vor sich gehen. Das *Gas Leprince* hat schon seine Verwendung gefunden wie z. B. in der Simonis'schen Tuchfabrik zu Verviers, auf den Zinkhütten zu Vieille-Montagne in Belgien, namentlich auch zur Beleuchtung der Stadt Mastricht und einiger Localitäten in Lüttich.

Gas nach Isoard.

3) Das Verfahren von Isoard sei hier nur beiläufig erwähnt; es besteht im Wesentlichen darin, dass die Zersetzung des überhitzten Wasserdampfes nicht durch Kohle, wie bei dem Verfahren von Selligue, White und Leprince, sondern durch Kohlentheer erfolgt.

Gas nach Baldamus und Grüne.

4) Nach der Methode von Baldamus und Grüne geht die Zersetzung des Wasserdampfes und der Kohlenwasserstoffe zu gleicher Zeit und in dem nämlichen Raume vor sich, so dass der in dem Wasserdampf enthaltene Wasserstoff nicht im freien Zustande, sondern in Verbindung mit Kohlenstoff als leuchtender Kohlenwasserstoff sich entwickelt. Das Material (Braunkohle, Torf, Schieferkohle) wird bei der Gasbereitung völlig ausgenutzt, ohne Nebenprodukte zu erzeugen, indem diese Materialien direct vergast und die Gase mit den Theerprodukten gleichzeitig mit dem Wasserstoffgas des Wassers in Hydrocarbongas, wie die Patentträger ihr Gas nennen, übergeführt werden.

Carburirtes Gas.

5) Carburirtes Gas. Das Verfahren von Kirkham u. A. besteht darin, dass Wassergas einfach durch Imprägniren mit Dämpfen flüssiger Kohlenwasserstoffe (Benzol, Photogen, Petroleum, Naphta) in Leuchtgas übergeführt wird. Letzteres geschieht entweder dort, wo das Gas dargestellt wird, oder zweckmässiger am Consumtionsorte unmittelbar dort, wo es in die Brennerleitung strömt. Von den vielen Apparaten, die man zum Carburiren (oder Carbonisiren) des Gases vorgeschlagen hat, ist keiner zu einer nennenswerthen Verbreitung gelangt, trotz den glänzenden Resultaten, die sich anfänglich herauszustellen pflegen. Schwierigkeit in Beschaffung vollkommen geeigneter Materialien, Ungleichmässigkeit der Wirkung derselben auf die

Leuchtkraft und andere Hindernisse sind an vielen Orten der Einführung der Carburirung von an sich nicht leuchtenden Gasen bis jetzt hemmend entgegengetreten. Was die Menge der flüssigen Kohlenwasserstoffe betrifft, die erforderlich sind, um nicht leuchtenden brennbaren Gasen Leuchtkraft zu ertheilen, so sei, um Täuschungen vorzubeugen, bei dieser Gelegenheit bemerkt, dass wenn z. B. Benzol (C_6H_6) der flüssige Kohlenwasserstoff wäre, der zum Carbonisiren dienen soll,

	bei 0°	2342 Grm.	
1000 Kubikfuss Gas			Benzol
	bei 15°	5694 „	

erfordern, um durch Sättigen mit den Dämpfen des Benzols Leuchtkraft zu erlangen. Die Carburirung des Leuchtgases d. h. eine Verbesserung desselben durch Beimischung der Dämpfe von flüchtigen kohlenstoffreichen Oelen (wie z. B. der bei der Theerölfabrikation gewonnenen Carburirungsnaphta) ist dagegen (nach G. Lunge) an unzähligen Orten Englands schon in Privathäusern und Fabriken eingeführt und breitet sich immer mehr aus.

Luftgas.

6) Luftgas. Als Anhang zu den im Vorstehenden beschriebenen Verfahren, Wassergas durch Imprägniren mit Dämpfen flüssiger Kohlenwasserstoffe in Leuchtgas überzuführen, ist hier das Verfahren von Longbottom zu erwähnen, atmosphärische Luft, nachdem sie zunächst von Kohlensäure und Wasserdampf befreit worden ist, durch die Dämpfe flüchtiger flüssiger Kohlenwasserstoffe (wie Petroleumäther, Benzin etc.) in Leuchtgas überzuführen. Es haben Versuche, Luft mit Benzindämpfen zu sättigen, herausgestellt, dass solche Luft allerdings als Beleuchtungsmittel benutzt werden kann, dass aber zum Brennen weite Brennermündungen und ein langsam strömendes Gas nöthig sind. Aus den gewöhnlichen Brennern mit engen Mündungen erscheint die Flamme klein und von sehr geringem Leuchtvermögen; durch einen schnelleren Gasstrom wird sie aber, in Folge der abkühlenden Wirkung der Luft, alsbald verlöschen. Apparate zur Bereitung von Luftgas sind u. A. von Marcus, von Mille und von Müller und Metheï[185] construirt worden.

Das Oel-, Fett- oder Harzgas.

V. Das Oelgas. Die fetten Oele gehören unter diejenigen Materialien, aus denen reinstes und vorzüglichstes Leuchtgas bereitet werden kann. In Folge ihrer Zusammensetzung — Lefort fand für

Rapsöl	die	Formel	$C_{10}H_{18}O_2$
Olivenöl	„	„	$C_{18}H_{32}O_2$
Mohnöl	„	„	$C_{18}H_{32}O_2$
Leinöl	„	„	$C_{15}H_{28}O_2$
Hanföl	„	„	$C_{11}H_{22}O_2$

— liefern sie bei der trocknen Destillation hauptsächlich Elaylgas, oder was so ziemlich dasselbe ist, ein Gemisch von Wasserstoffgas und Sumpfgas mit den Dämpfen flüssiger Kohlenwasserstoffe, deren Leuchtkraft der des Elaylgases gleich ist; ferner bilden sich nur geringe Mengen von Kohlensäure und kein Schwefelwasserstoffgas, weshalb das Oelgas keiner Reinigung bedarf, und endlich bleibt bei der Destillation so gut wie kein Rückstand. Da es ausserdem eine grössere Leuchtkraft besitzt, als das Kohlengas, so ist der Apparat zur Oelgasbereitung weit compendiöser, weil man für gleichen Umfang der Beleuchtung kleinere Gasometer nöthig hat und ferner die so lästige, wie ununterbrochene Ueberwachung erfordernde Kalkreinigung überflüssig ist. Die Gasbereitung ist auch mit weniger unangenehmem Geruche verknüpft und kann daher an jedem Orte vorgenommen werden. Sie eignet sich deshalb vorzugsweise für kleinere Anlagen. Trotz seinen unläugbaren Vorzügen hat dennoch der Kostspieligkeit wegen das Oelgas fast überall dem Kohlengase das Feld geräumt.

Das specifische Gewicht des Oelgases beträgt im Mittel 0,76 bis 0,90; es kann aber auch bis 1,1 steigen. Nach den vorhandenen Angaben giebt 1 Zollpfund Samenöl 22 bis 26 Kubikfuss Gas, entsprechend 90–96 Proc. vom Gewicht des Oeles.

Suintergas.

Das Suintergas, welches man aus den seifehaltigen Waschwässern der Streich- und Kammgarnfabriken, so wie der Seidenentschälung gewinnt, schliesst sich eng an das Oelgas an. In den Spinnereien von Augsburg und Mühlhausen wird das aus den Waschbottichen abfliessende Wasser, welches den Schweiss der Wolle und die gebrauchte Seife enthält[186] in cubicirte Cisternen geleitet, dort mit Kalkmilch gemischt und 12 Stunden lang der Ruhe überlassen. Es bildet sich ein Bodensatz, der, nachdem die überstehende klare Flüssigkeit entfernt worden, auf Seihetücher aus grober Leinwand gebracht wird. Unreinigkeiten, wie Haare, Sand u. dergl. werden zurückgehalten, während die durchgelaufene Masse in Kellerräume gelangt, in welchen sich nach 6–8 Tagen eine teigartige Masse bildet, die mit dem Spaten in prismatische Stücke von der Grösse halber Ziegelsteine ausgestochen und auf Horden getrocknet wird. Die trocknen Stücke werden ähnlich wie bei der Gasbereitung der Destillation unterworfen und liefern ein Gas, welches nicht gereinigt zu werden braucht und eine dreifach stärkere Leuchtkraft besitzt, als das aus guter Gassteinkohle gewonnene. Das Waschwasser einer Kammgarnspinnerei von 20,000 Spindeln liefert, wenn es dem beschriebenen Processe unterworfen wird, circa 500 Kilogr. getrocknete Masse, Suinter genannt, täglich; 1 Kilogr. Suinter giebt 210 Liter Gas. Jährlich werden im Durchschnitt 150,000 Kilogr. Suinter gewonnen und im regelmässigen Betriebe können daraus 31,500,000 Liter Gas bereitet werden. Eine Flamme consumirt in der Stunde 35 Liter, mit der angeführten Quantität liessen sich, das Brennen einer Gasflamme auf 1200 Stunden berechnet, 750 Gasflammen speisen. Eine Fabrik von 20,000 Spindeln bedarf zu ihrer Erleuchtung nur 500 Flammen, es bleibt demnach der noch für 250 Flammen dienende Suinter, im Ganzen 5000 Kilogr., zu anderweitiger Verwendung bereit. In Augsburg wird ein Centner oder 50 Kilogr. der Masse mit 2½–3 fl., in Mühlhausen mit 9–10 Fr. bezahlt.

Schieferöl- und Petroleumgas.

VI. Schieferöl- und Petroleumgas. Der Posidonienschiefer des Lias aus der Nähe von Reutlingen in Württemberg liefert bei der trocknen Destillation etwa 3 Proc. Theer, aus welchem durch Destillation das Schieferöl ausgeschieden wird. In Folge eines nicht unbedeutenden Schwefelgehaltes ist das Schieferöl als Beleuchtungsmaterial für Lampen nicht sehr geeignet, dagegen ist es ein vorzügliches Material zur Gasbeleuchtung. Nach den Mittheilungen von Haas liefert in Reutlingen 1 Centner des Schiefergasöles im Werth von 10 fl. ungefähr 1300 engl. Kubikfuss Gas, so dass das Tausend Kubikfuss einschliesslich des Brennmaterials (1/12 Klafter Holz) und des Taglohns in runder Summe auf 10 fl. zu stehen kommt, was in Anbetracht der hohen Leuchtkraft sehr billig ist.

W. Reissig fand bei der (1862 ausgeführten) Analyse von Reutlinger Schieferölgas:

Schwere Kohlenwasserstoffe	25,30
Grubengas	64,80
Kohlenoxydgas	6,65
Wasserstoffgas	3,05
Kohlensäure	0,20

Sauerstoff und Stickstoff	Spuren
	100,00

Nach Versuchen, die in Stuttgart zur Ermittelung der Leuchtkraft des Schieferölgases angestellt wurden, hat sich ergeben, dass die Leuchtkraft des Schieferölgases 2,5 bis 3,5 mal grösser sei als die des Kohlengases.

Petroleumgas.

Das Petroleum ist seit einigen Jahren ebenfalls zur Darstellung von Leuchtgas angewendet worden. Die Bereitung des Petroleumgases geschieht auf zweierlei Weise, entweder durch blosses Vergasen des Petroleums oder durch Mischen des so erhaltenen Gases mit Wassergas (letzteres Verfahren kommt zum Theil auf eine Carburirung des Wassergases zurück).

Nach dem Verfahren von Thompson und Hind (1862) wird das aus dem Petroleum durch Destillation über glühenden Eisenplatten oder Ziegelsteinen gewonnene Gas mit denjenigen gemischt, welche durch die Einwirkung von Wasserdämpfen auf glühende Kohlen erhalten wird. Das Gasgemisch wird mit Salzsäure gewaschen und geht dann durch eine Reihe von Reinigungsgefässen, so dass es im Gasometer rein und geruchlos ankommt. Der Zersetzungsapparat für das Petroleum ist eine eiserne, auf einem Rost liegende Retorte, an deren Deckel ein hohler, mit Koks oder Holzkohlen gefüllter Cylinder befestigt ist. In dem Zwischenraume zwischen dem Cylinder und der Retortenwand liegt eine schlangenförmig gewundene, den Cylinder umgebende Blechplatte. Durch den Retortendeckel gehen zwei Röhren, eine für das rohe Oel, die andere für das Wasser bestimmt; erstere ist mit dem Schlangengange verbunden, welcher selbst in dem oberen Theile des Cylinders mündet, letztere durchschneidet diesen Gang und mündet in den unteren Boden des Cylinders. Das Petroleum zersetzt sich, indem es durch die Schlange geht; das Wasser verdampft in der Röhre und setzt sich mit den glühenden Kohlen um. Eine dritte Röhre führt die sämmtlichen Gase aus dem oberen Theile des Apparates ab und leitet sie nach dem Reiniger. Wird nun das Petroleum vergast (ohne Beimischung von Wassergas), so erhält man aus 1 Ctr. pennsylvanischen Oeles 1590 Kubikfuss Gas. Nach Bolley war die Zusammensetzung des reinen Petroleumgases:

	I.	II.
Schwere Kohlenwasserstoffe	31,6	33,4
Leichter Kohlenwasserstoff	45,7	40,0
Wasserstoff	32,7	26,0
	100,0	100,0

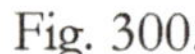

Fig. 300.

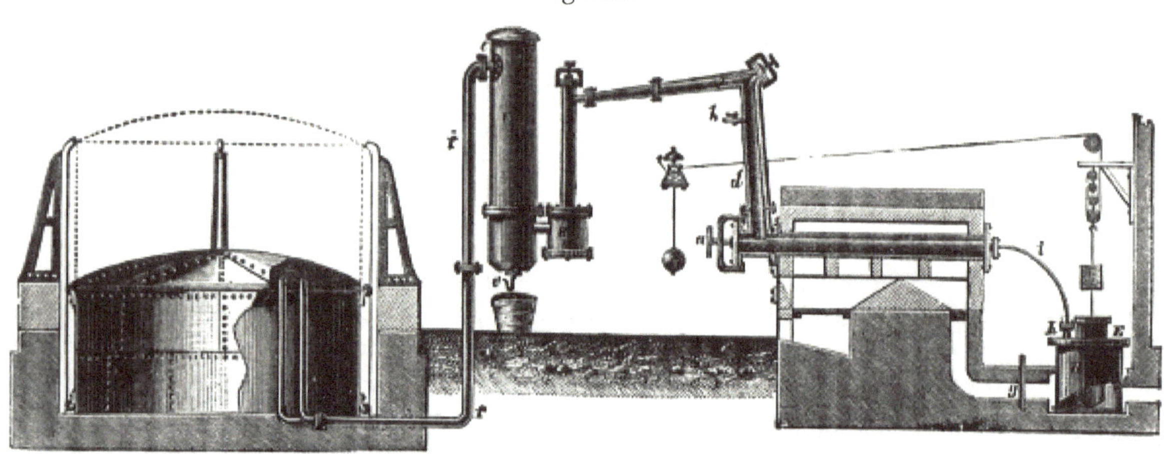

H. Hirzel stellt Leuchtgas aus den schwerflüssigsten Theilen und den Rückständen, welche beim Raffiniren des Petroleums gewonnen werden, oder aus Petroleum selbst dar. Der Hirzel'sche Petroleumgas-Apparat, welcher bereits in Deutschland, Oesterreich, Russland und anderen Ländern eine grosse Verbreitung gefunden hat und sich besonders zur Einrichtung von Beleuchtungsanlagen in Fabriken, Kasernen, Spitälern, Bahnhöfen etc. eignet, liefert ein Gas, welches keiner Reinigung bedarf und alle übrigen Gasarten an Leuchtkraft übertrifft.

Die Aufstellung, sowie der Betrieb des Hirzel'schen Apparates ist mit Hülfe beistehender Skizze (Fig. 300) leicht verständlich. *D* ist ein schmiedeeiserner Behälter, welcher mit Petroleum oder den Petroleumrückständen gefüllt wird. In diesem Behälter befindet sich eine Saug- und Druckpumpe *E*, deren Kolben durch Aufziehen des Uhrwerks mit Petroleum gefüllt werden kann. Sobald die Retorte zum Rothglühen erhitzt ist, wird der Kolben durch Gewichte beschwert und darauf das Uhrwerkpendel in Bewegung gesetzt. In Folge davon wickelt sich die Schnur von der Rolle des Uhrwerks ab und lässt den beschwerten Kolben langsam in den Pumpenstiefel sinken, wobei das Petroleum durch das Rohr *i* in gleichförmigem Strahle in die zum Rothglühen gebrachte Retorte *A* eingedrückt wird. Das Petroleum wird dabei sofort vergast, und die Gase treten nun vom Kopfe *a* der Retorte durch das Steigrohr *d* empor und gelangen so durch die Vorlage *B* und den mit Backsteinen angefüllten Condensator *C* in den Gasometer. In der Vorlage *B* ist ein Oelverschluss, welcher das Zurücktreten des Gases aus dem Gasometer in die Retorte verhindert. Damit das Niveau dieses Oelverschlusses dasselbe bleibe, und damit die Vorlage, sowie der Condensator durch die Oeltheile, welche das Gas beim Erkalten absetzt, nicht überfüllt werden, befindet sich am unteren Ende des Condensators das *U*-Rohr *c*, durch welches das überflüssige Oel, welches wieder in das Reservoir zurückgegeben werden kann, abläuft. In der Mitte des Aufsteigerohres *a* ist ein nur 1,5 Centim. weites Rohr *b* nach einem an der Wand aufgehängten Manometer hingeleitet, der den Druck in der Retorte, der während der Gasbereitung gewöhnlich 8–12 Centim. Wassersäule beträgt, anzeigt. Der obere Raum des Condensators, der durch einen mit Wasserverschluss versehenen Deckel *e* verschlossen ist, wird mit einem porösen Material, mit Koksstücken oder Backsteinen angefüllt. Der Betrieb des Apparates ist ein höchst einfacher, vollständig gefahrlos und kann von jedem verständigen Arbeiter geleitet werden. Bei regelmässigem Betriebe läuft die Uhr ungefähr eine Stunde, und durch Aufzug der Pumpe wird so viel Petroleumrückstand aufgesaugt, dass man ca. 200 Kubikfuss Gas davon erhält. Beim Verstopfen der Röhren, welches sich jedoch leicht zu erkennen giebt durch den Manometer sowie durch Heben des Deckels am Condensator, oder endlich durch Nachlassen des regelmässigen Ablaufens des Uhrwerks, tritt, wenn der Apparat alle 5 bis 6 Wochen gereinigt wird, nicht ein. Nach zwölfmaligem Gebrauch ist es jedoch zweckmässig, den Deckel der Retorte zu öffnen und mittelst eines scharfen Eisens die Kokskrusten zu entfernen, welche sich am Boden der Retorte angesetzt haben. Das mittelst dieses Apparates erzeugte Gas ist jedenfalls das reinste Leuchtgas, welches im grösseren Maassstabe dargestellt werden kann, denn es besteht ausschliesslich nur aus Kohlenwasserstoffgasen, welche sich selbst bei grösster Winterkälte, sowie unter starkem Druck und in ausgedehnten Röhrennetzen nicht verdichten und sich, ohne eine Veränderung zu erleiden oder an Leuchtkraft einzubüssen, aufbewahren lassen. Das Petroleumgas setzt in den Röhrenleitungen keine öligen oder theerigen

Theile ab, ist vollkommen frei von schwefelhaltigen oder ammoniakalischen Verbindungen und von Kohlensäure, weshalb es direct ohne weitere Reinigung in dem Gasometer angesammelt werden kann.

Das Petroleumgas hat ein spec. Gewicht von 0,69, ist frei von Schwefel und Ammoniak, besteht hauptsächlich aus Acetylen (C_2H_2) und wird aus Brennern gebrannt, welche stündlich nur ¼, ½, ¾, 1 bis höchstens 2 Kubikfuss Gas consumiren. Der Apparat liefert stündlich 200 Kubikfuss Petroleumgas, welches äquivalent ist 1000 Kubikfuss Steinkohlengas. (Auf Veranlassung von L. Ramdohr (1866) wird das in den Paraffin- und Mineralölfabriken in grosser Menge abfallende Natrium-Carbolat (Kreosot-Natron) auf Leuchtgas (Kreosotgas) verarbeitet.)

Harzgas.

VII. Harzgas. Wenn man das unter dem Namen Terpentin bekannte Gemenge von Terpentinöl und Harz der Destillation unterwirft, so bleibt das Colophonium zurück, welches wesentlich aus zwei verschiedenen Säuren von gleicher Zusammensetzung, nämlich der Sylvinsäure und der Pininsäure besteht. Sie sind nach der Formel $C_{20}H_{30}O_2$ zusammengesetzt. Das Colophonium nun wurde, als es massenhaft, und ziemlich wohlfeil aus Nordamerika nach Europa kam, vorübergehend in mehreren Städten Englands und des Continentes zur Gasbeleuchtung verwendet.

Bei seiner Zersetzung in der Hitze liefert das Colophonium eine ölähnliche Flüssigkeit, das Harzöl, welches in der Rothglühhitze vergast wird. Das Harzöl ist ein complicirt zusammengesetzter Körper und enthält Bestandtheile, die weit unter der Rothglühhitze sich verflüchtigen; dieses ist für die Fabrikation des Harzgases ein grosser Uebelstand, weil diese Bestandtheile sofort nach ihrer Entstehung und zwar weit eher sich verflüchtigen werden, als sie die zur Vergasung geeignete Temperatur annehmen können. Wenn daher bei der Bereitung des Harzgases das Harzöl in möglichst geringer Menge auftreten soll, so müssen die Zersetzungsprodukte des Harzes durch mehrere Retorten getrieben werden, wodurch der Apparat complicirt und die Feuerung kostspielig wird. Bei Anwendung einer einzigen Retorte erhält man grosse Mengen von Harzöl. Ein anderer Uebelstand bei der Bereitung des Harzgases liegt in dem Umstande, dass das Colophonium ein fester Körper ist, welcher, damit die Retorte sicher und regelmässig gespeist werden kann, vorher flüssig gemacht werden muss. Bei einigen der in Vorschlag gebrachten Gasapparate geschieht dies durch vorheriges Auflösen des Harzes in Harzöl (oder Terpentinöl), bei anderen wird das Harz einfach geschmolzen und tröpfelt im geschmolzenen Zustande in die Retorte, in welcher sich Koksstückchen befinden. Die entstandenen flüchtigen Produkte werden zunächst in einen mit kaltem Wasser umgebenen Behälter geleitet, in welchem sich der grösste Theil des unzersetzt gebliebenen Harzöles niederschlägt. Das Gas wird dann in den Condenser und von da, um die bis zu 8 Proc. darin enthaltene Kohlensäure abzuscheiden, durch eine Lösung von Aetznatron geleitet. 100 Pfund Colophonium geben ungefähr 1300 Kubikfuss (engl.) Gas. Wendet man das White-Frankland'sche Verfahren der Gaserzeugung auf das Harz an, so ist die Ausbeute eine weit grössere. Dessenungeachtet ist das Harzgas nirgend mehr in Gebrauch.

An die Beleuchtungsmittel schliessen sich an das Kalklicht, die Beleuchtung Tessié du Motay's, das Magnesiumlicht und die elektrische Beleuchtung.

Kalklicht.

Wenn man das Knallgas, das aus zwei Volumen Wasserstoffgas und einem Volumen Sauerstoffgas besteht, im Augenblicke des Zusammenströmens anzündet und das Fortbrennen durch Nachströmen der getrennten Gase aus zwei verschiedenen Gasometern unterhält, so hat man den unter dem Namen Knallgas oder Hydro-Oxygen-Gebläse bekannten Apparat, dessen Flamme eine solche Hitze erzeugt, dass vermittelst derselben Platin mit Leichtigkeit geschmolzen werden kann. Die Flamme dieses Gasgemenges, welche auch mit Vortheil durch eine mit Sauerstoffgas angefachte Leuchtgasflamme ersetzt werden kann, ist nur wenig leuchtend, lässt man aber die Flamme gegen einen Cylinder aus Aetzkalk brennen, so verbreitet der Kalk dadurch, dass er darin die höchste Weissglut mit blauweissem Lichte annimmt, ein Licht, dessen Glanz das Auge kaum zu ertragen vermag. Die Idee, eine solche Flamme zur Beleuchtung von Städten anzuwenden, erwies sich als unausführbar, ebenso verhinderte der hohe Preis der Darstellung des Sauerstoffs bis auf die neueste Zeit die Einführung dieses Lichtes als Signal auf Leuchtthürmen, dagegen benutzt man es häufig bei öffentlichen Darstellungen von Nebelbildern, von mikroskopischen Objekten, Chromatropen u. s. w. Im letzten amerikanischen Kriege spielte es in der Unionsarmee bei der Belagerung einiger Forts eine grosse Rolle. Man nennt dieses Licht Siderallicht, Kalklicht oder Drummond's Licht[187].

Beleuchtung von Tessié du Motay.

Seit einigen Jahren macht die von dem Techniker Tessié du Motay (aus Metz) herrührende Beleuchtung mit Hydro-Oxygen-Gas viel von sich reden. Trotz aller Reclame ist es dem neuen Licht noch nicht gelungen, sich irgendwo auf die Dauer Eingang zu verschaffen. Das Gasgemisch ist entweder Wassergas (ein Gemenge von Wasserstoffgas und Kohlenoxydgas), oder Wasserstoffgas oder auch Leuchtgas, welches im Momente der Verbrennung mit einem regulirten Strom Sauerstoffgas zusammen kommt. Der hierzu erforderliche Sauerstoff wird entweder durch Zersetzen von Schwefelsäuredämpfen, oder durch Zersetzen von Natriummanganat oder endlich durch Zersetzen von Kupferoxychlorür gewonnen. Die Flamme des Hydro-Oxygen-Gases wird auf einen kleinen Cylinder von Magnesia (Magnesialicht) oder von Zirkonerde (Zirkonlicht) geleitet. In neuester Zeit (1869) hat Tessié du Motay seine Methode in der Weise abgeändert, dass er den Sauerstoff zu einer Flüssigkeit (einer Lösung von Naphtalin in Petroleum) führt, welche den intensiv leuchtenden Körper beim Brennen abscheidet. — Für den Mann vom Fache ist die Bemerkung fast überflüssig, dass Tessié's Vorschläge unreife Dinge sind, die aber wohl das grosse Publikum blenden können!

Magnesiumlicht.

Das intensive Licht, welches beim Verbrennen von Magnesium (vergl. S. 120) erscheint, ist unter dem Namen Magnesiumlicht in der neuesten Zeit vielfach beim Photographiren in Anwendung gekommen. Die Magnesiumlampen — wie sie auf der allgemeinen Industrieausstellung zu Paris 1867 auftraten — sind entweder für Magnesiumdraht oder für Magnesiumstaub eingerichtet. In beiden Fällen sichert eine Spiritusflamme das unzeitige Unterbrechen des Verbrennungsprocesses. Bei der *ersten* Art wird der bandartige (seltener runde) Draht von einem mittelst Windflügel regulirten Uhrwerke vorwärtsgezogen. Bei der *zweiten* Art fällt beim Oeffnen eines Hahnes der Magnesiumstaub aus einem Reservoir vermöge seiner Schwere in die Spiritusflamme. Der zu verbrennende Magnesiumstaub ist mit feinem Sande gemischt (⅓ Magnesium und ⅔ Sand), um genügenden Luftzutritt zum Magnesium herbeizuführen und dadurch eine vollständige Verbrennung zu ermöglichen. (In dem Kriege Englands gegen Abyssinien scheint das Magnesiumlicht eine gewisse Rolle zur Beleuchtung gespielt zu haben, wenigstens sind bei Mr. Mellor, dem Director der Magnesium-Metal-Company in Manchester mehrere Centner Magnesium bestellt worden).

Chathamlicht.

Mit dem Namen Chathamlicht bezeichnet man in England eine durch Einblasen von Harz oder eines Gemenges von Harz mit gepulvertem Magnesium verstärkte Lichtquelle, welche für telegraphische Zwecke oder für Nachtsignale mit Nutzen verwendet werden kann.

Elektrisches oder Kohlenlicht.

Die elektrische Beleuchtung (Kohlenlicht) hat zwar noch keine allgemeine Anwendung gefunden, verdient aber in jeder Beziehung beachtet zu werden. Man weiss, dass sich starke Licht- und Wärmeentwickelung zeigt, wenn man die Entladung einer galvanischen Batterie oder durch die Siemens'sche magnetelektrische Maschine erregten Ströme durch aneinander gestellte Kohlenstücke gehen lässt. Es werden dabei die Spitzen erhitzt und leuchten mit blendend weissem Lichte. Ist der Strom im Gange, so kann man die Kohlenspitzen von einander entfernen, und indem die glühenden Kohlentheilchen von dem einen Stabe zu dem anderen überspringen, erhält man die herrliche Erscheinung eines Lichtbogens. Anstatt der Kohlenspitzen (Kohlenlicht) kann man auch einen dünn herabfallenden Faden (Quecksilberlicht) anwenden. In der neueren Zeit machte Jacobi in Petersburg, in Verbindung mit Argeraud aus Paris, höchst interessante Versuche mit der elektrischen oder galvanischen Strassenbeleuchtung. Von dem Admiralitätsthurme aus wurden die drei grössten Strassen

Petersburgs, Newsky Prospect, Erbsenstrasse und Wosnesensky Prospect Abends 7–10 Uhr beleuchtet. Das Licht selbst war so hell, dass es die Augen kaum einige Secunden lang vertragen konnten; trotzdem, dass ganz reine Luft und sternenhelle Nacht war, sah man seitwärts stehend in der Luft von dem Lichte die Strahlen ausgehen, gerade so als wenn Sonnenlicht durch ein kleines Loch in eine finstere Kammer fällt. Das Licht der Gaslaternen erschien roth und russig. Die Batterie, welche den Strom lieferte, war eine Kohlenbatterie von 185 Elementen. — Dasselbe Kohlenlicht findet gegenwärtig bereits in Frankreich und England ausgedehnte Anwendung zur Beleuchtung, so wurden unter Anderem im Jahre 1854 die Napoleon-Docks in Rouen monatelang jeden Abend 3–4 Stunden lang beleuchtet, bei welcher Beleuchtung 800 Arbeiter in mehr als 100 Meter Entfernung von dem Lichte arbeiteten. Die dabei benutzten Apparate bestanden in 100 Bunsen'schen Elementen grossen Formates. Die Kosten für einen Abend betrugen 38,08 Francs. Die Kosten des Lichtes beliefen sich hiernach auf 4¾ Centimes für einen Arbeiter. Das Licht kam also sehr wohlfeil zu stehen, während andererseits die Arbeit ohne alle Gefahr und mit einer Regelmässigkeit stattfand, wie sie mit keiner anderen Beleuchtungsart zu erreichen ist. In neuerer Zeit benutzt man die elektrische Beleuchtung auf Leuchtthürmen so z. B. auf dem Leuchtthurme des Cap La Hève bei Havre, bei Illuminationen, im Theater (die Sonne im „Prophet“), für optische Vorstellungen (Chromatropen, *Dissolving views*, Vorzeigen von mikroskopischen Objekten), zur Beleuchtung öffentlicher Gärten in Paris, London, Wien und anderen grossen Städten, zur Beleuchtung gewerblicher Etablissements z. B. der Schieferbrüche zu Angers. Auch hat man nicht ohne Erfolg versucht, das elektrische Licht zum Photographiren zu benutzen (beispielsweise in dem Reliefdrucketablissement von Goupil u. Co. in Asnières bei Paris), ferner hat man die elektrische Beleuchtung unterseeisch für den Fischfang und zur Korallen-, Badeschwamm- und Perlenfischerei zu verwerthen gesucht. Mit Hülfe eines von dem russischen Oberst von Weyde erfundenen Apparates lässt sich das Meer bis in seine äusserste Tiefe hell erleuchten, was wichtig ist für Kriegszwecke — wie der deutsch-französische Krieg 1870 bewiesen hat, wo die französischen Schiffe, die in der Ost- und Nordsee zu operiren den Auftrag hatten, mit elektrischen Leuchtapparaten versehen waren — und für die Bergung gesunkener Schiffe und Güter. Bei der Belagerung von Paris ward das elektrische Licht von den Forts vielfach zu Recognoscirungszwecken verwendet. Im nördlichen Spanien wurden die Eisenbahnarbeiten während des Sommers 1862 und 1863 wegen der grossen Hitze bei Nacht ausgeführt, wobei die galvanische Beleuchtung mit grossem Erfolg zur Anwendung gebracht wurde.[188]

Vergleichende Zusammenstellung der Leuchtkraft der hauptsächlichsten Leuchtmaterialien.

α	β	γ	δ	ε
Art des Leuchtstoffes	Consumtion per Stunde in Grm.	Lichtstärke (1 Wachskerze = 100)	Helligkeit von 10 Grm. Material	Leuchtkraft (Wachskerzen = 100)
Wachs	9,02	102,0	111,02	100
Stearinsäure	9,94	95,5	96,03	84
Wallrath	8,87	108,3	123,17	108
Talg	8,87	90,25	101,70	90
Paraffin (I. Qualität)	8,83	—	94,69	90
Paraffin (II. „)	8,49	—	139,87	123
Rüböl (Federlampe)	40,69	694	170,07	159

Rüböl (Küchenlampe)	7,33	45,67	62,30	55
Rüböl (Studirlampe ohne Zugglas)	9,86	114,1	115,80	102
Photogen	20,02	—	149,03	131
Solaröl	26,82	—	225,64	199
Petroleum	15,6	—	174,40	180
Petroleum	8,9	—	186,1	195

Nach den Versuchen von Frankland (1863) geben folgende Quantitäten der Leuchtmaterialien gleiche Leuchtkraft:

Paraffinöl (d. i. Solaröl aus Bogheadkohle)			4,53	Liter
Amerikanisches	Petroleum	No. 1.	5,70	„
„	„	No. 2.	5,88	„
Paraffinkerzen			8,42	Kilogr.
Wallrathkerzen			10,37	„
Wachskerzen			11,95	„
Stearinkerzen			12,50	„
Talgkerzen			16,30	„

Die Paraffin- und Solarölindustrie.

Allgemeines.

Das Paraffin, im Jahre 1830 von Karl Freiherrn v. Reichenbach (in Blansko in Mähren und gestorben zu Leipzig am 19. Januar 1869) unter den Produkten der trocknen Destillation des Holzes, zuerst namentlich im Buchenholztheer aufgefunden, hat seinen Namen von *parum*, wenig, und *affinis*, verwandt, um anzudeuten, dass es sich mit anderen Stoffen nicht verbindet; es wird weder durch Alkalien, noch durch Säuren, noch durch Glühhitze zersetzt. Später wurde gefunden, dass das Paraffin sich auch bei der trocknen Destillation von Torf, Braunkohle, Bogheadkohle etc. (nicht aber aus der eigentlichen Steinkohle) bildet. Es kommt aber natürlich und zwar in sehr grossen Mengen vor, so 1) in dem Steinöl oder Petroleum, welches mitunter 6–40 Proc. Paraffin enthält; 2) in den unter dem Namen Ozokerit, Neft-gil oder Erdwachs vorkommenden Substanzen, die gänzlich oder theilweise aus Paraffin bestehen; 3) in dem Bitumen (Erdpech, Erdtheer), welches in schieferigen Gesteinsmassen (bituminöser Schiefer) sich findet.

Fabrikation des Paraffins.

Die Methode der Darstellung des Paraffins ist verschieden, je nachdem dasselbe als Edukt oder Produkt auftritt. Als Edukt erscheint es bei der Verarbeitung des Petroleums, des Ozokerits und des Neft-gils, als Produkt dagegen bei der trocknen Destillation der Braunkohle, des Torfes, des Abraumes der Steinkohlenfelder (sogenannte Schale, *coal shale*), der Bogheadkohle etc.

Aus Petroleum.

I. Die Abscheidung des Paraffins (Belmontin), a) aus dem Petroleum. Dass in dem Petroleum Paraffin enthalten sei, ist schon längst bekannt; so fand A. Buchner bereits im Jahre 1820 in dem Erdöl von Tegernsee in Oberbayern eine Fettsubstanz, welche v. Kobell später als Paraffin erkannte (weshalb Buchner in Münchner Kreisen zuweilen als der Entdecker des Paraffins angesehen wird), so ergaben Untersuchungen des Erdöles von Baku am caspischen Meere und des Erdöles von Amiano unweit Parma, dass dasselbe nicht unbeträchtliche Mengen von Paraffin enthält. Der Gedanke, das Steinöl auf Paraffin zu verarbeiten, entstand jedoch erst im Jahre 1856, als das Steinöl und zwar paraffinreiche Sorten desselben massenhaft auf den Markt kamen. Die amerikanischen Steinöle enthalten nur wenig Paraffin, grosse Mengen dagegen die aus Indien stammenden, namentlich die Naphta von Burma oder der Rangoontheer, welcher nach Gregory, de la Rue und H. Müller bis zu 10 Proc. und das Petroleum von Java, welches nach den Untersuchungen von Bleekerode bis zu 40 Proc. Paraffin enthält. Auch die Bergnaphta in Ostgalizien wird mit Vortheil auf Paraffin verarbeitet. (Nach Jicinsky wurden 1866 gegen 45,000 Ctr. Paraffin aus der Bergnaphta in Galizien abgeschieden.)

Nach dem Patent, welches de la Rue im Jahre 1854 auf die Verarbeitung des Erdöles auf Paraffin und Hydrocarbüre in England sich ertheilen liess, wird der Rangoontheer, welchen man aus in der Nähe des Flusses Irawadi in Burmah gegrabenen Brunnen gewinnt, auf folgende Weise verarbeitet. Das rohe Erdöl wird zunächst destillirt, indem man durch dasselbe in einer Destillirblase, welche auch von aussen erhitzt werden kann, Wasserdampf von 100° leitet. Hierbei gehen ungefähr 25 Proc. vom Gewicht der Substanz über, welche durch fractionirte Destillation in verschiedene Kohlenwasserstoffe, deren Dichte von 0,62 bis 0,86 und deren Siedepunkt von 26,7 bis 200° C. variirt, zerlegt werden. Der leichteste dieser Kohlenwasserstoffe findet unter dem Namen *Sherwood-Oil* als Anästheticum Anwendung, die schwersten Kohlenwasserstoffe werden als Solaröl verbrannt. Der Rückstand von der Destillation, gegen 75 Proc. vom Gewicht des ursprünglich angewendeten Theeres betragend, wird in einer eisernen Blase einer zweiten Destillation unterworfen, wobei man Wasserdampf von 150 bis 300° C. anwendet. Die Produkte verschiedener Flüchtigkeit werden getrennt aufgefangen. Die zuletzt übergehenden Portionen enthalten hauptsächlich Paraffin, welches man durch Abkühlung sich möglichst daraus ausscheiden lässt und dann absondert. Die schweren flüchtigen Oele werden als Schmieröl verwendet. Das gereinigte Paraffin führt, wie schon oben bemerkt, den Namen Belmontin.

Darstellung des Paraffins aus Ozokerit und Neft-gil.

b) Aus dem Ozokerit und Neft-gil wird auf der Insel Swätoi-Ostrow im caspischen Meere, etwa eine Werst von der Halbinsel Apscheron am Kaukasus entfernt, Paraffin fabricirt. Das Material, das Neft-gil, wird aus Truchmenien per Schiff nach der Insel transportirt. Aus dem galizischen Erdwachse, welches bei Drohobicz und Boryslaw in Galizien, ferner am Nordabhange der Karpathen und des Siebenbürgischen Hügellandes bis in die Donauniederungen der Moldau, hauptsächlich in Sand, Lehm und Mergel gefunden wird, stellt man grosse Mengen Paraffin dar, so in Aussig, in Florisdorf, in Mährisch-Ostrau, in Wien, in Neupest, in Temesvar, in Stocknau und in Hermannstadt. Auch in Texas findet sich Erdwachs in reichlicher Menge.

Fr. Rossmässler verarbeitete in der oben erwähnten Fabrik den Neft-gil auf folgende Weise: In eisernen Destillirblasen mit bleiernen Schlangen und Kühlfässern wurde das Rohmaterial in der Menge von 15 Ctr. auf eine Füllung der fractionirten Destillation unterworfen. Es wurden 68 Proc. Destillat erhalten (8 Proc. Oel und 60 Proc. Paraffinmasse). Das Oel diente zur Darstellung von Photogen. Es war gelb, opalisirte und roch nur sehr wenig und zwar angenehm ätherisch und hatte ein specifisches Gewicht von 0,750 bis 0,810. Von jeder Blase wurden die ersten 4 oder 5 Eimer besonders aufbewahrt, um das leichte fast geruchlose und unter 100° C. siedende Oel zur Paraffinreinigung zu verwenden. Das bei der ersten Destillation des Rohmaterials erhaltene Paraffin war ein anderes Produkt als das aus dem Braunkohlentheer resultirende Paraffin, denn es war wachsgelb und erstarrte schon an den Wänden des Eimers, so lange er noch voll lief. Der grösste Theil des erstarrten rohen Paraffins wurde sogleich in der hydraulischen Presse ausgepresst. Das von den Centrifugen und Pressen ablaufende Oel wurde erst noch einmal der fractionirten Destillation unterworfen, um das in demselben enthaltene Paraffin zu trennen, und dann eben so behandelt, wie oben angegeben ist. Die Presskuchen wurden geschmolzen und mit 5 Proc. Schwefelsäure behandelt, bis die Säure ausgewirkt hatte, was bei 170 bis 180° C. der Fall war. Die Säure wurde in den Kesseln mit Kalk abgestumpft und das Paraffin auf die Destillationsblase gefüllt und so rasch wie möglich destillirt. Das auf diese Weise behandelte, destillirte Paraffin wurde in der Grösse der Presssäcke der liegenden hydraulischen Pressen entsprechende Tafeln gegossen und abgepresst; die Presskuchen wurden mit 25 Proc. des vorher erwähnten leichten Oeles verschmolzen, wieder gegossen und zum zweiten Male gepresst. Die so erhaltenen, vollständig weissen, durchsichtigen und harten Presskuchen wurden behufs der Entfernung des Geruchs mit Wasserdämpfen behandelt. Das nach dieser Methode aus Ozokerit dargestellte Paraffin war vollständig farb- und geruchlos, hell durchscheinend, hatte in grossen Tafeln fast metallischen Klang und schmolz bei 63° C. Von der ausserordentlichen Ergiebigkeit des Rohmaterials giebt folgendes Zahlenverhältniss Zeugniss. Nachdem Rossmässler, ehe er die Paraffinreinigung anfing, etwa zwei Monate destillirt hatte, lieferten die Pressen so viel Presskuchen, dass er vom 12. bis 19. September 3690 Pud (gleich 148½ Ctr.) einmal gepresstes Paraffin zur Behandlung mit Säure erhielt. — Aus dem galizischen Erdwachse erhält man durch Destillation 24 Proc. Paraffin und 45 Proc. Leuchtöle.

Paraffin aus Bitumen.

c) Aus dem unter dem Namen Asphalt, Erdpech oder Erdtheer vorkommenden Bitumen stellt man ebenfalls in England Paraffin dar. Schiefrige Gesteinmassen z. B. Schieferthon, Mergelschiefer mit Bitumen durchdrungen, führen den Namen bituminöse Schiefer.

Das auf der Insel Trinidad, ferner auf Cuba, in Californien, Nicaragua, in Peru und in Canada vorkommende Bitumen bildet eine ergiebige Quelle für die Darstellung von Paraffin und flüssigen Leuchtstoffen. Der Asphalt von Cuba und das von Trinidad liefert 1,75 Proc. Paraffin. Der in grosser Ausdehnung im Banat und in Ungarn vorkommende bituminöse Schiefer wird in der Stadt Oravicza verarbeitet. Derselbe giebt (nach Wünschmann) durch Schwelen und Destillation des Theeres 5 bis 6 Proc. Paraffin, 49 Proc. Lampenöl und 6 Proc. Schmieröl.

Darstellung des Paraffins durch trockne Destillation.

II. Die Darstellung des Paraffins durch trockne Destillation des Torfes, der Braunkohle, des Blätterschiefers, der Bogheadkohle, der *coal shale* u. s. w. zerfällt in zwei Hauptarbeiten, nämlich 1) in die Bereitung des Theeres, 2) in die Verarbeitung des Theeres auf Photogen, Solaröl und Paraffin. Es ist hier hervorzuheben, dass der Steinkohlentheer, der in so grosser Menge in den Kohlengasfabriken abfällt, kein Paraffin, sondern nur Naphtalin und Anthracen enthält.

Bereitung des Theeres.

1) Was die Bereitung des Theeres betrifft, so gehört dieselbe zu den wichtigsten und schwierigsten Arbeiten der Paraffin- und Solarölindustrie. Bei vielen auf die Verarbeitung fossiler Brennstoffe auf Leuchtmaterialien basirten Unternehmungen, welche Ausgangs der 50er Jahre entstanden und eben so schnell als sie auftauchten, wieder verschwanden, lag die Ursache des Scheiterns lediglich in der unvortheilhaften Theererzeugung.

Die Theerbereitung geht in Theerschwelöfen oder in Retorten — entweder mit oder ohne Anwendung überhitzter Wasserdämpfe — vor sich. Die Gewinnung des Theeres in den Schwelöfen ist die älteste und roheste Methode. Das Princip des Schwelofens ist einfach. Man beabsichtigt durch eine untere brennende Schicht von fossilem Brennstoff, dass die darüber befindlichen Schichten der trocknen Destillation unterworfen werden, wobei sie unter Bildung von Theer und gasförmigen Produkten verkohlen. Der nach unten abfliessende und an den Wandungen der Thonlage, womit der zu schwelende Brennstoff bedeckt ist, sich verdichtende Theer sammelt sich in einer Rinne an und wird dort aufgefangen, während die gasigen Produkte verloren gehen. Obgleich nun die Schwelöfen den Vortheil darbieten, dass der Betrieb continuirlich stattfinden kann, so haben doch die Erfahrungen des verwichenen Jahrzehends gezeigt, dass das

Theerschwelen der bituminösen Brennstoffe mit grossen Schwierigkeiten verknüpft und zum Zweck der Bereitung eines Theeres als Material zur weitern Verarbeitung auf Paraffin und Photogen unpraktisch ist, selbst wenn man den Schwelofen in Gestalt eines kleinen Schachtofens construirt und mit Ventilatoren zum Aufsaugen der flüchtigen Produkte der trocknen Destillation versieht. Ein im Jahre 1859 von L. Unger (technischer Dirigent einer Paraffinfabrik in Döllnitz bei Halle) construirter Theerschwelofen soll die Uebelstände, die mit dem Schwelen der fossilen Brennstoffe nach gewöhnlicher Art verknüpft sind, beseitigen, dabei die Vortheile einer billig herzustellenden Anlage mit grösserer Produktionsfähigkeit und geringerem Aufwande an Arbeitskräften und Brennmaterial in sich vereinigen, so wie die Leitung des Betriebes so vereinfachen, dass es weniger von der Einsicht und Sorgfalt der Arbeiter abhängt, einen guten Erfolg mit Sicherheit zu erzielen.

Die Retorten, namentlich die horizontalen Retorten werden ebenfalls häufig zur Theerbereitung benutzt. Die Erfahrung hat jedoch gelehrt, dass die Anlage von Retortenöfen, in denen, wie bei der Fabrikation von Leuchtgas, welche ja auf ganz entgegengesetzten Principien beruht, eine grössere Anzahl von Retorten z. B. vier oder acht, über einem Feuer liegen, selbst bei sorgfältig geleiteter Operation ungünstige Resultate liefert. Am zweckmässigsten erscheint es, für jede Retorte eine besondere Feuerung anzulegen, besonders dann, wenn man sich einer grossen eisernen Retorte von 10 Fuss Länge, 30 Zoll Breite und 15 Zoll Höhe bedient, welche im Durchschnitte ein flaches Oval bilden, da diese Form dem nachtheiligen Einflusse ungleichmässiger Spannung am besten widersteht. In neuerer Zeit ist zuerst in Böhmen und später auch anderwärts ein ganz aus Charmotte- oder gut gebrannten Backsteinen construirter, einem flachgewölbten Backofen ähnlicher Ofen mit ziemlich günstigem Erfolge angewendet worden, derselbe kann jedoch einmal ausser Betrieb gekommen, ohne vorherigen Umbau nicht wieder in Gang gebracht werden, da eine Reparatur nur sehr schwierig zu bewirken ist, wenn er auch andererseits den Vortheil einer billigen Anlage bietet. Die Beobachtung Vohl's, dass ein Wassergehalt von 20–25 Proc. in dem auf Theer zu verarbeitenden Material die Theerausbeute merklich fördere und zwar, wie es scheint dadurch, dass die überhitzten Wasserdämpfe einer Ueberhitzung des Materiales, wodurch ein Theil des Theeres in gasige Produkte übergeführt werden würde, vorbeugen, und ferner die Wasserdämpfe die Destillationsprodukte möglichst schnell aus dem zersetzenden Bereiche der Retorte oder des Schwelapparates entfernen, mag die Veranlassung zur Construction des Lavender'schen Theerbereitungsapparates gegeben haben, welcher im Principe mit dem von Violette construirten Holzverkohlungsapparate übereinstimmt. Der Apparat Lavender's ist ein horizontaler eiserner Cylinder, an seiner unteren Seite mit Oeffnungen versehen, durch welche überhitzter Wasserdampf eintritt; am oberen Ende des Cylinders befindet sich ein Abzugsrohr für die Destillationsprodukte. Zweckmässiger scheint L. Ramdohr's Braunkohlentheergewinnung *mittelst Wasserdampf* zu sein, wobei ein Theer (Dampftheer) erhalten wird, der 22–24 Proc. Paraffin und 36–38 Proc. Oel enthält.

Condensation der Theerdämpfe.

Die Kühlung oder Condensation der Destillationsprodukte ist von grösster Wichtigkeit für die Theerausbeute. Vohl hat neuerdings gezeigt, dass selbst bei mangelhafter Construction der Retorten bei vortheilhafter Kühlung eine ziemlich günstige Theerausbeute möglich ist.

Die vollständige Verdichtung der Theerdämpfe ist eine der schwierigsten Aufgaben der Paraffin- und Mineralölfabrikation und die gewöhnlich zur Condensation angewendeten Mittel wie starke Kühlung, grosse Condensationsflächen, Luft- und Erdkühlung, Einspritzen von kaltem Wasser u. dgl. haben sich im Allgemeinen ungenügend erwiesen und grosse Verluste an Dämpfen nicht zu verhindern vermocht. Häufig wollte man Theerdämpfe condensiren, wie man Alkohol- und Wasserdämpfe verdichtet. Betrachtet man aber einerseits die Destillation von Flüssigkeiten, andererseits die trockne Destillation genauer, so findet man zwischen beiden einen wesentlichen Unterschied. Während des Siedens der Flüssigkeiten, wie z. B. beim Abdestilliren des Alkohols aus der weingaren Maische (vergl. Seite 520) verdrängen die sich bildenden Dämpfe nach und nach die in der Blase und in dem Kühlapparat enthaltene Luft und erfüllen endlich den ganzen Raum. Sobald die Dämpfe mit den kalt gehaltenen Flächen der Kühlapparate in Berührung kommen, schlagen sie sich nieder und machen, indem der durch die Condensation entstandene leere Raum saugend wirkt, anderen eben solchen Dämpfen Platz, welche ebenfalls sogleich in den flüssigen Zustand übergehen. Findet hinreichende

Kühlung statt, so wird der Verlust, wie die Spiritusfabriken lehren, auf das Minimum reducirt sein, denn auch das letzte Dampfbläschen kann der Condensation nicht entgehen. Bei der trocknen Destillation ist der Verlauf dagegen ein ganz anderer. Mit den Dämpfen bilden sich zugleich Gase in reichlicher Menge. Gelangt nun das Gemisch von Gasen und Dämpfen in den Kühlapparat, so schlagen sich die Dampftheilchen, welche unmittelbar mit den Wänden der Kühlvorrichtung in Berührung kommen, nieder und werden durch eine Schicht von Gasen ersetzt, welche die übrige Dampfmasse einhüllt, und als schlechter Wärmeleiter die fernere Einwirkung des Condensators verhindert. So kann in der Mitte der Kühlröhren ein Dampfstrom, welchem permanente Gase beigemengt sind, trotz starker Abkühlung, unverändert weiter gehen, und daraus erklärt sich auch, wie bei ungenügender Condensation aus dem Condensator Oel- und Paraffintheilchen in Gestalt eines dicken Nebels entweichen, die sich an einem davorgehaltenen Wergballen als gelbe schmierige Massen absetzen. Zu einer genügenden Verdichtung der Theerdämpfe gehört mithin, dass alle Theilchen derselben mit den Condensationsflächen in Berührung kommen, und diese brauchen weder gross zu sein, noch bedürfen sie einer starken Abkühlung, denn bekanntlich ist die latente Wärme der Theerdämpfe eine sehr geringe, und eine mässige Temperaturerniedrigung hinreichend, um sie in flüssigen Zustand überzuführen. Das Gemisch von Dämpfen und Gasen kann mit einer Emulsion verglichen werden, und gleichwie man die Fetttheilchen durch rasches Durcheinanderschlagen von der Buttermilch trennt, kann die Ausscheidung der Dämpfe durch Anwendung von Exhaustoren in Form von Flügelventilatoren wesentlich befördert werden. Man muss bei der Condensation der Theerdämpfe also hauptsächlich bedacht sein, dass die Dampfmoleküle ihre Lage beständig ändern und mit den Wandungen des Kühlers unmittelbar in Berührung gerathen. Leitungen, bei denen die Dämpfe in gerader, ununterbrochener Richtung fortströmen, sind somit zu vermeiden.

Auf die Ausbeute an Theer und dessen Gehalt an Paraffin und Mineralöl ist die Temperatur beim Destilliren von grossem Einflusse, ferner, wie schnell den entstandenen Gasen und Dämpfen durch zweckmässige Kühlvorrichtung der Abzug gestattet wurde. Wie gross der Einfluss der Form und der Art des Destillirgefässes auf die Ausbeute an Theer ist, zeigte H. Vohl durch vergleichende Destillationen von französischem und schottischem Torf in horizontalen, in verticalen Retorten und in Schwelöfen. No. I sind die Ergebnisse der Horizontalretorte, No. II. die der Verticalretorte, No. III. die der Schwelöfen. 100 Th. Torf ergaben an Theer

	I.	II.	III.
französischer Torf	5,59	4,67	2,69
schottischer Torf	9,08	6,39	4,16

Der Theer, in den verschiedenen Apparaten erzeugt, hatte folgende specifische Gewichte:

	I.	II.	III.
französischer Torf	0,920	0,970	1,006
schottischer Torf	0,935	0,970	1,037

Aus diesen Resultaten ist ersichtlich, dass die Horizontalretorte die grösste und der Schwelofen die geringste Ausbeute liefert. In der Horizontalretorte ist ferner die Destillationszeit die kürzeste und die Gasmenge die geringste. Beim Schwelofen werden Theer und kohliger Rückstand durch eine zu grosse Sauerstoffzufuhr verbrannt.

Eigenschaften des Theeres.

Der Theer, so wie er durch trockne Destillation des Torfes, der Braunkohle, des Blätterschiefers, der Bogheadkohle und ähnlicher Rohmaterialien gewonnen wird, ist von kaffeebrauner Farbe, besitzt (als Retortentheer) meist eine alkalische, in wenigen Fällen eine saure Reaction und zeichnet sich durch einen durchdringenden und charakteristischen Theergeruch aus. Durch längeres Verweilen an der Luft geht die hellbraune Farbe des Theeres durch Sauerstoffaufnahme in eine dunkelbraune, ja zuweilen fast schwarzbraune, über. Bei 9 bis 6° erstarrt er häufig durch seinen Paraffingehalt zu einer butterähnlichen Masse. Er schwimmt auf dem Wasser und hat ein specifisches Gewicht von 0,85 bis 0,93. Der mittelst überhitzter Wasserdämpfe aus Braunkohlen erhaltene Dampftheer ist (nach Ramdohr — 1869 —) stets sauer und mit Alkalien vollständig verseifbar. Er erstarrt bereits bei 55–60° C. und kann selbst im Sommer in Form von Tafeln oder Blöcken, ohne zu erweichen, aufbewahrt werden. Sein spec. Gew. beträgt 0,875.

Die Ausbeute an Theer (Retortentheer) betreffend, so gaben 100 Th. Rohstoff:

		Theer.	Spec. Gewicht.	Rohes Paraffin.	
Blätterschiefer I.	(Siebengebirge)	20	0,880	0,75	Proc.
„	(Hessen)	25	0,880	1,0	„
Braunkohlen	(Provinz Sachsen)	7	0,910	0,50	„
„	„	10	0,920	0,75	„
„	„	6	0,915	0,50	„
„	„	5	0,910	0,25	„
„	(Böhmen)	11	0,860	—	„
„	(Westerwald)	5,5	0,910	—	„
„	„	3,5	0,910	—	„
„	(Nassau)	4	0,910	—	„
„	„	3	0,910	—	„
„	(Frankfurt)	9	0,890	—	„
Lignit	(Schlesien)	3	0,890	0,25	„
Liasschiefer	(Vendée)	14	0,870	1,0	„
„	(Westphalen)	5	0,920	0,05	„
Posidonienschiefer	(Württemberg)	9,63	0,975	0,124	„
Torf	(Neumark)	5	0,910	0,33	„
„	(Hannover)	9	0,920	0,33	„
„	(Erzgebirge)	5,7	0,902	0,35	„

„	„	5,3	0,905	0,40	„
„	(Russland)	5,86	—	—	„
„	„	7,00	—	—	„
Boghead-Kohle	(Schottland)	33	0,860	1,0–1,4	„
Cannel-Kohle	„	—	—	1,0–1,3	„
Peltonmain-Kohle	„	—	—	1,0	„
Grove-Kohle	„	9	0,910	1,0–1,25	„

Verarbeitung des Theeres.

Die Verarbeitung des Theeres beginnt mit der Entwässerung desselben. Zu dem Ende wird der Theer aus dem Theerbassin mittelst Pumpen in die Entwässerungsapparate (Decantirständer) gepumpt. Diese Apparate bestehen aus grossen Kästen von Kesselblech und sind in einem Abstande von 10 Centimeter mit gleichen Mänteln umgeben. In dem Zwischenraume befindet sich Wasser, welches durch Dämpfe 10 Stunden lang auf einer Temperatur von 60–80° gehalten wird. Nach dieser Zeit hat sich das Ammoniakwasser, welches ungefähr ⅔ des ganzen Rohtheeres ausmachte, sowie ein grosser Theil der Unreinigkeiten, die aus Kohlenstaub bestehen, von dem Theer abgeschieden. Die geringe Menge Wasser, welche dann noch in dem Theer geblieben ist, übt auf die nun folgende Destillation keinen nachtheiligen Einfluss mehr aus. Der Entwässerungskasten ist mit zwei Hähnen versehen, von welchen einer dicht am oberen Boden, der andere einen Fuss höher angebracht ist. Mittelst des unteren Hahnes zapft man das Ammoniakwasser ab, mittelst des oberen Hahnes erhält man den entwässerten Theer.

Leichte Theere von geringem spezifischem Gewichte lassen sich schnell und in kurzer Zeit entwässern, schwere Theere, deren spezifisches Gewicht das des Ammoniakwassers fast erreicht, bereiten begreiflicherweise der Trennung grosse Schwierigkeiten. Nach der Angabe von Vohl hat man, wenn es sich um die Entwässerung sehr schwerer Theersorten handelt, den Unterschied der specifischen Gewichte des Theeres und des Wassers dadurch zu vergrössern, dass man in dem Wasser Kochsalz, Glaubersalz, Chlorcalcium u. dergl. löst; dadurch werde die Entwässerung des Theeres, resp. die Abscheidung des Wassers beschleunigt. Nach Dullo haben sich dagegen alle diese Mittel zur schnelleren und vollständigeren Abscheidung des Wassers aus dem Theer entweder als zu kostspielig oder als überflüssig nicht bewährt. Auf die Entwässerung des Theeres ist grosse Sorgfalt zu verwenden, indem sonst die Destillation sehr bald durch Uebersteigen des Theeres unterbrochen wird; auch ist dieses Uebersteigen in der Regel die Veranlassung zu Feuersbrünsten in den Paraffin- und Mineralölfabriken.

Destillation des Theeres.

Der entwässerte Theer wird der Destillation unterworfen. Dies geschieht in Destillirblasen, welche gewöhnlich 20 Centner fassen. Sie sind meist von Gusseisen. Vor dem zu schnellen Durchbrennen schützt man sich auf die Weise, dass man durch einen, zwischen dem Feuerraum und dem Boden der Blase aus feuerfesten Steinen gemauerten Bogen die Spitzflamme verhindert, den Boden der Blase zu treffen. Ausserdem wendet man vortheilhaft eine aus zwei Theilen bestehende Blase an, deren unterer, den Boden bildender Theil an dem oberen angeschraubt und die Verbindungsstelle mit feuerfestem Thon verstrichen wird. Brennt hier auch der Boden durch, so braucht nur der untere Theil der Blase erneuert zu werden.

Die Destillirblasen sind mit sehr flachen Helmen und weiten Mündungen versehen. Die Dämpfe der verschiedenen Oele haben ein sehr hohes spec. Gewicht und können deshalb nur mit Mühe zu einer gewissen

Höhe erhoben werden; auch ist die geringe Menge latenter Wärme, welche diese Dämpfe besitzen und weshalb sie sich so leicht condensiren und zurückfliessen, eine störende Eigenschaft, weshalb man die Hüte der Destillationsblase mit einem schlechten Wärmeleiter, mit Sand oder Asche, bedecken muss. Ist der Theer gut entwässert, so geht die Destillation ruhig, ohne irgend eine Störung ihren Gang; enthält derselbe jedoch mechanisch eingemengte Wasserpartikel, so findet ein starkes Aufschäumen und Uebersteigen der Theermasse statt. Der Theer beginnt scheinbar schon unter 100° C. zu sieden, doch ist dies nichts weiter, als ein Entweichen des sehr flüchtigen Schwefelammoniums und der Pyrrolbasen. Die im Anfang entweichenden Gase müssen durch geeignete Vorrichtungen aus dem Destillirhause entfernt werden. Bei 100° C. beginnt erst die eigentliche Destillation. Im Anfang erhält man noch eine geringe Menge sehr starken Ammoniakwassers nebst leichten Oelen. Nach einer kurzen Zeit liefert die Destillation kein Wasser mehr und das Oel läuft in einem ununterbrochenen starken Strahl in die Vorlage. Der Siedepunkt des Theeres ist nicht constant und variirt alle 5 bis 10 Minuten; erst nachdem eine grosse Menge Oel abdestillirt ist und die Temperatur 200° C. überschritten hat, stellt sich der Siedepunkt in etwas fest und man erhält nun eine neue Portion Wasser gleichzeitig mit dem Oel. Dieses Auftreten von Wasser ist nicht das Ergebniss der Zersetzung von Oelen, sondern ist das chemischgebundene Wasser des Kreosots und der Carbolsäure, welches bei dieser Temperatur frei wird. Wenn die Wasserentwickelung aufgehört hat, entsteht eine Pause in der Destillation und nur durch verstärktes Feuer kann man dieselbe wieder in Gang bringen. Die Oele, welche nun erhalten werden, erstarren beim Erkalten durch ihren Paraffingehalt und werden für sich aufgefangen. Man kann nun die Destillation bis zur Trockne fortsetzen, wobei man auf den Asphalt Verzicht leisten und die Destillirblase nach der vierten bis fünften Operation von dem Rückstand gereinigt werden muss, oder aber man nimmt Proben mit einem kleinen, eisernen Löffel und überzeugt sich von der Härte des Asphalts. Hat er die geeignete Härte, so lässt man das Feuer ausziehen, die Blase einige Stunden erkalten, und entleert dieselbe durch einen am Boden des Kessels befindlichen Krahnen oder Stopfen. Wird die Destillation bis zur Trockne getrieben, so erhält man zuletzt wieder Wasser, welches durch Zersetzung, resp. Oxydation entstanden ist. Eine Blase von 500 Liter Inhalt braucht 12 bis 14 Stunden Destillationszeit bis zur Trockne, und 8 bis 10 Stunden, wenn man den Asphalt gewinnen will.

Zwischen den Blasen und den Condensationsgefässen ist eine massive Wand gezogen, durch welche die Helme der Blasen hindurchgehen. Die Condensationsapparate sind Bleischlangen, die sich in grossen Holzfässern befinden, in welch' letztern kaltes Wasser fliesst. Wenn das Paraffin anfängt überzugehen, hemmt man den Zufluss des kalten Wassers und lässt das Kühlwasser warm werden, damit das Paraffin die Schlange nicht verstopft. Man destillirt, wie bereits oben angegeben, bis in der Blase reine Kohle übrig bleibt, und um die zuletzt in grosser Menge auftretenden, sich durch die Zersetzung der Oele bei der sehr hohen Temperatur bildenden permanenten Gase nicht in den Arbeitsraum treten zu lassen, ist eine sinnreiche Vorrichtung angebracht, durch welche die Flüssigkeit nicht verhindert wird, aus der Mündung der Schlange in das untenstehende Gefäss zu tröpfen, wodurch jedoch die gasigen Produkte gezwungen werden, durch ein Rohr zum Dache hinaus zu entweichen.

Behandlung der Destillationsprodukte.

Das Gemenge der Destillationsprodukte kommt nun in grosse, geschlossene Cylinder von Gusseisen, und wird mit einer Lösung von Aetznatron in der Weise behandelt, dass die Lauge in innige Berührung mit den Oelen kommt. Es hat diese Behandlung den Zweck, die sauren Körper, z. B. die der homologen Carbolsäurereihe angehörigen Stoffe (die man in den Fabriken kurzweg als Kreosot bezeichnet) und die sauren holzessigartigen Körper, die den Oelen den unangenehmen Geruch und die dunkle Farbe geben, an Natron zu binden.

Ist der Zweck erreicht, so wird die Mischung in einen eisernen Kasten abgelassen, in dem sich das Kreosot-Natron (Natrium-Carbolat) und die übrigen Verbindungen des Natrons absetzen. Dieselben werden abgelassen und das Oel so lange mit Wasser gewaschen, bis es nicht mehr alkalische Reaction zeigt. Dann kommt das Oel wieder in einen dem früheren gleichen Cylinder von Gusseisen und wird hier in derselben Weise mit Schwefelsäure behandelt, wie früher mit Natron. Die Schwefelsäure hat den Zweck, alle basischen Körper, die zum Theil auch den rohen Oelen den unangenehmen Geruch und Farbe verleihen, zu binden. Die Zeit der

Einwirkung der Schwefelsäure, von welcher Concentration man dieselbe anzuwenden hat, und wie viel, ferner, ob man die Oele während der Einwirkung erwärmen muss oder nicht, hängt wieder ganz von der Natur der Rohöle ab. Mitunter sind 5 Proc. Schwefelsäure vom spec. Gewicht 1,70 und die Einwirkung einer Minute genügend, mitunter braucht man 25 Proc. Schwefelsäure und muss 3 Stunden einwirken lassen. Diese Behandlung ist sowol auf die Qualität wie Quantität der Ausbeute an reinen Oelen von grossem Einfluss. Bei längerer Einwirkung der Schwefelsäure bilden sich immer grosse Mengen von schwefliger Säure, womit ein Schwererwerden der Oele verbunden ist, denn indem sich einerseits schweflige Säure, andererseits Wasser bildet, geben zur Bildung des letztern gerade die leichtesten Produkte, in diesem Falle als die zersetzbarsten, den Wasserstoff her, und werden dadurch in kohlenstoffreichere, also schwerere Produkte umgewandelt. Ist die Einwirkung der Schwefelsäure beendet, so wird das Gemisch aus dem Mischgefäss wieder in eiserne Kasten abgelassen, und, wenn sich die sauren Verbindungen abgeschieden haben, letztere abgezogen, die Oele mit vielem Wasser und zuletzt mit einer sehr schwachen Natronlauge gewaschen, und dann dieselben auf die grossen Blasen zur Rectification gebracht. Die früher erhaltene Lösung von Kreosot-Natron wird mit der schwefelsauren Lösung neutralisirt, wodurch einerseits rohe Carbolsäure (Kreosot) gewonnen wird, die entweder zum Desinficiren oder zum Imprägniren von Eisenbahnschwellen, oder zur Darstellung gewisser Theerfarben (vgl. Seite 663) Anwendung findet, andererseits aber Natriumsulfat, das an Sodafabriken abgegeben wird. Neuerdings wird (auf Anregung von L. Ramdohr) das Kreosot-Natron mit vielem Erfolge auf Leuchtgas (Kreosotgas) verarbeitet, wobei natronhaltige Koks zurückbleiben, aus denen durch Auslaugen fast alles Natron wieder erhalten werden kann.

Rectification der Oele.

Bei der Rectification der Theeröle wird genau so verfahren, wie bei der Destillation des Theers. Die übergehenden Oele werden nach ihrem specifischen Gewicht in Photogen und Solaröl getrennt oder bis zum Gewicht von 0,833 gemischt als Solaröl in den Handel gebracht. Wenn die überdestillirten Oele anfangen, in der Kälte zu erstarren, oder ein specifisches Gewicht von 0,880 bis 0,900 haben, werden sie gesondert aufgefangen, und diese bis zu Ende übergehende Masse zur Krystallisation des Paraffins in einen Keller gestellt.

Die hierzu verwendeten Gefässe sind entweder grosse viereckige, eiserne Kasten, die unten einen Abzugshahn haben, oder nach unten spitz zulaufende, 1,6–2 Meter hohe, oben 1 Meter breite Gefässe von Eisenblech oder Holz, die unten eine mit einem Holzstopfen zu verschliessende Oeffnung haben. Nach beendigter Krystallisation, also nach ungefähr 2–4 Wochen, wird das flüssig gebliebene dicke Oel langsam abgezogen, während die glänzenden Krystallblättchen von Paraffin im Gefäss zurückbleiben. Dieses dicke Oel wird nun aufgehoben und der Winterkälte ausgesetzt, wobei noch grosse Mengen fester Kohlenwasserstoffe herauskrystallisiren, die zwar nicht Paraffin sind, aber doch in Stearinfabriken sehr gute Verwendung finden und daher an diese mit Vortheil abgesetzt werden. Das von dieser zweiten Krystallisation zurückbleibende Oel findet verschiedene Anwendung. Hat es ein mässig niedriges spec. Gewicht, so wird es einer Destillation unterworfen und giebt dabei Solaröl, hat es jedoch ein höheres Gewicht, z. B. von 0,925–0,940, so giebt es bei der Destillation kein Solaröl mehr, sondern dieses dicke Oel kommt als Maschinen- oder Wagenschmiere in den Handel. Je nach der Natur der angewandten Rohstoffe erhält man mehr oder weniger dieser dicken Oele. Die unter dem Namen belgische Wagenschmiere in den Handel kommende Masse ist aus diesen Oelen dargestellt.

Reinigen des Rohparaffins.

Die erhaltenen Krystalle von Rohparaffin werden nun in England zur weiteren Reinigung an besondere Fabriken abgegeben, während in Deutschland sich jede Fabrik ihr Paraffin selbst reinigt, ja meistentheils auch selbst Kerzen daraus fertigt. Der erstere Weg scheint der rationellere zu sein, da es sich ja in allen Industriezweigen herausgestellt hat, dass bei vorgeschrittener Fabrikation eine selbst weitgetriebene Arbeitstheilung sowol zum Vortheil der Fabrikation, wie der Consumtion gereicht.

In den deutschen Fabriken wird das Rohprodukt, die sogenannte Paraffinbutter, insofern auf verschiedene Weise behandelt, als einige Fabrikanten dieselbe ohne Weiteres in einen kühlen Raum zur Krystallisation bringen, andere aber dieselbe zunächst mit Aetzlauge und Schwefelsäure behandeln und sie dann erst nochmals destilliren oder auch mit Umgehung dieser letzteren Manipulation zur Krystallisation der Ruhe überlassen. Die erstere Methode möchte zwar einfacher und minder kostspielig erscheinen, sie hat aber zunächst den Nachtheil, dass dem Paraffin ein grosser Theil seines Lösungsmittels, des schweren Oeles, gelassen wird, in Folge dessen das Auskrystallisiren des Paraffins in geringerem Maasse erfolgt; bei einer Verwendung des von dem Paraffin getrennten Oeles muss natürlich eine Reinigung desselben ebenfalls erfolgen, sodass also diese Manipulation keineswegs erspart, sondern nur verschoben wird, und da endlich die aus gereinigter Paraffinbutter erhaltenen Paraffinkrystalle weit reiner, weisser und fast geruchfrei sind, so muss die Unterlassung der Reinigung der Paraffinbutter als unrationell jedenfalls verworfen werden. Bei der Behandlung der Paraffinbutter mit Natronlauge nimmt diese letztere alle sauren Bestandtheile der ersteren (die Phenole und das Kreosot) und andere in sich auf. Die nach dem Absetzenlassen und Trennung der Lauge von der Paraffinbutter folgende Behandlung derselben mit Schwefelsäure, wozu nach Umständen 6–10 Proc. Säure erfordert werden, entfernt die alkalischen und harzigen Bestandtheile und bedingt dadurch eine Volumenverminderung um nahezu 5 Procent, sodass man nach Anwendung dieser chemischen Agentien eine weit concentrirtere Lösung von Paraffin vor sich hat, welche bei der Krystallisation auch jedenfalls mehr Paraffin ausscheiden lässt. Die so behandelte Paraffinbutter wird nun in kühle Räume zur Krystallisation hingestellt und ihr dazu mindestens 3 bis 4 Wochen Zeit gelassen, worauf die entstandenen Krystalle von dem schweren Oele durch einfache Filtration, Absaugung, Centrifugalmaschine oder eine andere Vorrichtung getrennt werden. Für grosse Fabriken, wo es sich um schnelle Verarbeitung grosser Mengen handelt, ist die Centrifugalmaschine zum Ausschleudern des Oeles unentbehrlich, welcher Apparat die Trennung des Oeles von den Krystallen überhaupt nicht allein am schnellsten, sondern auch am vollkommensten bewerkstelligt. Die erhaltenen Krystalle werden zusammengeschmolzen und in zollstarke Kuchen ausgegossen, welche das Rohparaffin darstellen; die Oele aber werden durch Destillation über freiem Feuer in Solaröl und Paraffinbutter getrennt.

Das Rohparaffin wird in allen Fällen zunächst durch mechanische Pressung von dem grössten Theile des noch anhaftenden Oeles befreit, wozu man sich hydraulischer Pressen bedient. Die Presskuchen werden dann bei 180° mit 10 Proc. Schwefelsäure gemischt, nach 2 Stunden das Paraffin von der Säure abgelassen, gewaschen, in Kuchen gegossen und in einer hydraulischen Presse abermals gepresst; die Presskuchen werden nach dem Schmelzen mit einer Sodalösung gewaschen.

Da der Zweck der Schwefelsäurebehandlung des Paraffins der ist, die letzten Theile des schweren Oeles zu entfernen, welche dem Paraffin gewissermaassen als Mutterlauge noch anhängen, so lag wohl die Idee nahe, diesen Zweck durch eine Art Waschung und mittelst Agentien zu erreichen zu suchen, welche in keinem Falle zerstörend auf das Paraffin zu wirken vermöchten. Als besonders dazu geeignet zeigten sich das Benzol und überhaupt alle leichten weissen Theeröle, das Petroleum und der Schwefelkohlenstoff, und man verfährt damit folgendermaassen: Das Rohparaffin wird zunächst einer starken, warmen Pressung unterworfen und die Presskuchen dann mit 5–6 Proc. von einer der obigen Flüssigkeiten zusammengeschmolzen und abermals in Kuchen ausgegossen. Jetzt presst man abermals und wiederholt im Nothfalle die ganze Operation noch einmal. Das Paraffin ist jetzt völlig rein und weiss, der noch anhaftende Geruch des Lösungsmittels aber muss mittelst Einleiten gespannten Wasserdampfes verflüchtigt werden. Das abgeblasene Paraffin wird durch Seidenpapier filtrirt und in Tafeln von 3–5 Centimeter Dicke gegossen. Der Schwefelkohlenstoff, von Alcan (1858) zuerst zum Reinigen des Paraffins vorgeschlagen, wird auf folgende Weise angewendet: Man schmilzt das Paraffin bei möglichst niedriger Temperatur, mischt dann 10–15 Proc. Schwefelkohlenstoff hinzu, lässt erkalten und presst das erhaltene Gemisch stark aus; meist ist es nothwendig, den Process 2–3mal zu wiederholen. Die ausgepressten Flüssigkeiten unterwirft man der Destillation, um den Schwefelkohlenstoff daraus abzusondern. Das mittelst Schwefelkohlenstoff gebleichte Paraffin wird geschmolzen, einige Zeit in geschmolzenem Zustande erhalten und dann mit Steinkohle behandelt, um es vollkommen rein zu erhalten.

Hübner's neues Verfahren der Paraffingewinnung.

Ein neues Verfahren der Paraffingewinnung ist in neuerer Zeit von B. Hübner aufgekommen. Bisher wurde das Paraffin auf folgende Weise gewonnen. Der Theer wurde destillirt und das Destillat in einen flüssigbleibenden und einen erstarrenden Theil zerlegt. Der letztere wurde entweder, ohne weitere Behandlung, roh in möglichst kühlen Räumen zur Krystallisation bei Seite gesetzt; nachdem diese erfolgt, wurden die festen Kohlenwasserstoffe, denen er seine Consistenz verdankt, durch Centrifugen und Pressen von den beigemengten Paraffinölen getrennt, einer Behandlung mit Natron und Schwefelsäure unterworfen, dann abermals destillirt, das erstarrende Destillat durch Pressungen mit den flüchtigsten, farblosen, flüssigen Kohlenwasserstoffen aus dem Braunkohlentheer gereinigt, resp. entfärbt, oder aber, der erstarrende Antheil des Destillats aus dem Theer wurde direct mit kaustischem Natron und Schwefelsäure behandelt, einer erneuten Destillation unterworfen, das Destillat zur Krystallisation gestellt und die aus den krystallisirten Massen ebenfalls durch Centrifugen oder Pressen abgeschiedenen festen Kohlenwasserstoffe wurden durch Pressungen mit den oben gedachten flüssigen Kohlenwasserstoffen gereinigt. In beiden Fällen ging der Paraffingewinnung eine zweifache Destillation desselben voraus. Verschiedene Erscheinungen deuten darauf hin, dass jede derselben insofern einen nachtheiligen Einfluss auf die festen Kohlenwasserstoffe ausübt, als ein sehr grosser Theil davon bei den hohen Destillationstemperaturen in weniger werthvolle, flüssige Kohlenwasserstoffe, ein anderer in zwar wiederum feste zerfällt, die aber einen niedrigeren Schmelzpunkt haben als diejenigen, aus welchen sie entstanden, und deshalb gleichfalls von geringerem Werthe sind.

Um diese Umbildungen und Zersetzungen wenigstens theilweise zu vermeiden, hat nun Hübner anstatt der aus dem Theer ausgeschiedenen Paraffinmassen diesen selbst einer geeigneten Behandlung mit Schwefelsäure und nach Trennung von der letzteren einer Destillation über einige Procente gelöschten Aetzkalkes unterworfen, die dabei gewonnene Paraffinmasse zur Krystallisation bei Seite gesetzt, die von dem Oel getrennten Paraffinkrystalle aber durch Pressungen mit weissem Braunkohlentheer sofort gereinigt. Bei diesem Verfahren werden also eine Destillation und die damit verbundenen Zersetzungen vermieden; die Folgen davon sind:

α) grössere Ausbeute an Paraffin,

β) Gewinnung eines bedeutend härteren Paraffins, als nach dem erstgedachten Verfahren.

Neben dem Paraffin und gleichzeitig mit diesem werden aus dem Braunkohlentheer Mineralöle gewonnen, die hauptsächlich als Material zur Beleuchtung dienen. Das wichtigste und werthvollste Ergebniss desselben waren früher die letzteren. In neuerer Zeit sind dieselben durch die überaus massenhafte Gewinnung und Verwendung der zu gleichem Zweck benutzten natürlichen Mineralöle, insbesondere des amerikanischen Petroleums, derart entwerthet worden, dass die Industrie, die sich mit ihrer Herstellung beschäftigt, in empfindlichster Weise davon berührt wird und sich ernstlich nach Mitteln umsehen muss, um die ihr zugefügten Nachtheile auszugleichen. In dieser Beziehung wird auch eine Mehrgewinnung von den festen Kohlenwasserstoffen, dem Paraffin, die bedeutend werthvoller sind, als die flüssigen, die Mineralöle, und dessen Verwendung immer grössere Dimensionen annimmt, von Wichtigkeit sein und somit auch die vorerwähnten Ergebnisse. Durch die besprochene Destillation über Kalk werden 40–50 Procent der Unreinigkeiten aus dem Theer (insbesondere Brandharze und dem Kreosot verwandte Stoffe) entfernt, die nach dem älteren Verfahren auf kostspieligere Weise durch Aetznatron aus den Destillaten desselben genommen werden mussten.

Ausbeute an Paraffin.

Ueber die Ausbeute an Paraffin, Mineral- und Schmieröl aus den verschiedenen Sorten von Theer und den verschiedenen Rohmaterien mögen folgende Angaben genügen:

Torf. In der Fabrik in Bernuthsfelde bei Aurich erhält man aus dem dortigen recht guten Torf 6–8 Proc. Theer und aus dem Theer 20 Proc. Solaröl von 0,830 spec. Gewicht und 0,75 Proc. Paraffin. H. Vohl erhielt aus 100 Th. Theer aus Torf:

Torf von	Mineralöl von 0,820 spec. Gewicht	Schmieröl von 0,860 spec. Gewicht	Paraffin
Celle	34,60	36,00	8,01
Coburg	20,62	26,57	3,12
Damme	19,45	19,54	3,31
Zürich	14,40	8,66	0,42
Russland	20,39	20,39	3,36
Westphalen	11,00	19,48	2,25

Braunkohle. In den Fabriken der Weissenfelser Braunkohlenreviere liefert 1 Tonne (= 275–300 Pfund) einer hellen Braunkohle 35–50 Pfd. Theer. 100 Pfd. dieses Theeres geben 8–10 Pfd. hartes Paraffin für Kerzenguss, 8–10 Pfd. weiches Paraffin, welches an Stearinkerzenfabriken zur Verdünnung der Stearinsäure abgegeben wird, 20 Pfd. Photogen und 23 Pfd. Solaröl.

In der Fabrik von B. Hübner in Rehmsdorf bei Zeitz werden jährlich verarbeitet 360,000 Ctr. Braunkohle auf circa 40,000 Ctr. Theer. Daraus werden dargestellt 18,000 Ctr. Mineralöle, 4000 Ctr. Paraffinöle und 6000 Ctr. Paraffin.

Man erhielt aus 100 Th. Theer (Retortentheer) aus Braunkohle:

Braunkohle von	Mineralöl von 0,820 spec. Gewicht	Schmieröl von 0,860 spec. Gewicht	Paraffin	
Aschersleben	33,50	40,00	3,3	Untersucht von H. Vohl.
Frankenhausen	33,41	40,06	6,7	
Münden	17,50	26,21	5,0	
Oldisleben	17,72	26,60	4,4	
Cassel	16,42	27,14	4,2	
der Rhön (Bayern)	10,62	19,37	1,2	
Tilleda	16,66	18,05	4,4	
Stockheim bei Düren	17,50	26,63	3,2	
Bensberg bei Cöln	16,36	19,53	3,4	

Tscheitsch in Mähren	9,04	28,86	3,2	von C. Müller.
Eger in Böhmen	9,14	54,00	5,2	
Herwitz in Böhmen	22,00	48,32	5,2	
Schöbritz in Böhmen	21,68	46,33	4,3	

Aus Dampftheer (aus Braunkohlen) erhielt Ramdohr (1869) im Durchschnitt:

22–24 Proc. Paraffin, davon [15 Proc. bei 56–58° schmelzend,
7–9 „ „ 38–47° „]

36–38 „ Mineralöle.

Bei vorsichtiger Behandlung soll der Dampftheer 28–30 Proc. Paraffin liefern können.

Die Angaben über die Ausbeute aus Cannelkohle und Bogheadkohle gehen weit auseinander. Aus 100 Th. Theer aus Blätterschiefer wurden erhalten:

	Mineralöl	Schmieröl	Paraffin
Englischer Blätterschiefer	24,28	40,00	0,12
Blätterschiefer von Romerickberge	25,68	43,00	0,11
„ aus Westphalen	27,50	13,67	1,11
„ von Oedingen am Rhein	18,33	38,33	5,00

100 Th. galizisches Erdwachs geben nach Müller in Aussig (1867) 24 Proc. Paraffin und 40 Proc. Leuchtöl.

Eigenschaften des Paraffins.

Das Paraffin im gereinigten Zustande hat folgende Eigenschaften: Es ist eine weisse, wachsähnliche, geruch- und geschmacklose, im geringen Grade fettig anzufühlende Substanz von 0,877 specifischem Gewichte, härter als Talg, aber weicher als Wachs. Je nach seinem Ursprunge besitzt das Paraffin sehr abweichende Eigenschaften. Paraffin aus Bogheadkohle war einerseits nach dem Schmelzen sehr krystallinisch und schmolz bei 45,5°, andererseits körnig wie gebleichtes Wachs und von 52° Schmelzpunkte. Das Paraffin aus Rangoontheer schmolz bei 61°, das aus Torf bei 46,7°. Der Schmelzpunkt der aus sächsischer Braunkohle gewonnenen Paraffinsorten liegt bei Theer-Paraffin bei 56°, bei Oel-Paraffin bei 43°; der des Paraffins aus galizischem Erdwachs bei 60°, doch besitzt ein Theil davon einen niedrigen Schmelzpunkt, der zuweilen bis auf 45° herabsinkt. Das aus Ozokerit dargestellte natürliche Paraffin schmilzt erst bei 65,5. Die Zusammensetzung der verschiedenen Paraffinsorten ist folgende:

	Aus sächs. Braunkohle	Aus Ozokerit	Aus Bogheadkohle	Aus Torf	Aus Petroleum
Kohlenstoff	85,02	85,26	85,00	84,95–85,23	85,15
Kohlenstoff	14,98	14,74	15,36	15,05–15,16	15,29

Aus diesen Untersuchungen lässt sich der Schluss ziehen, dass nicht der gewöhnlichen Annahme zufolge alle Paraffinsorten Gemenge Kohlenwasserstoffe der Formel C_nH_n seien, sondern dass das Paraffin (gleichviel ob aus Braunkohle, Torf, Ozokerit oder Petroleum gewonnen) ein Gemisch ist von dem Sumpfgas homologen Kohlenwasserstoffen, von denen mehrere nicht weniger als C_{27} enthalten. Das Paraffin ist unlöslich im Wasser, löst sich dagegen in Alkohol, Aether, Terpentinöl, Olivenöl, Benzol, Chloroform, Schwefelkohlenstoff; 100 Th. siedenden Alkohols lösen nur 3 Th. Paraffin. Es siedet über 300° und destillirt unverändert über. Säuren und Alkalien greifen das Paraffin bei gewöhnlicher Temperatur nicht an, Chlor gleichfalls nicht; wirkt aber Chlorgas längere Zeit auf durch Erwärmen flüssiges gemachtes Paraffin ein, so bilden sich gechlorte Produkte unter Entwickelung von Salzsäure. Mit Wachs, Stearin- und Palmitinsäure, so wie mit Harz kann das Paraffin in allen Verhältnissen zusammengeschmolzen werden.

Die Hauptanwendung des Paraffins ist bekanntlich die zu Paraffinkerzen, von welchen Seite 708 bei der Kerzenfabrikation die Rede war. Ausserdem ist es vorgeschlagen worden als Schmiermittel, zum Conserviren von Holz, zum Dichten der Wein- und Bierfässer, zum Verhüten des Schäumens und Uebersteigens beim Verkochen des Zuckersaftes in den Vacuumpfannen, zum Conserviren von Fleisch, zum Einfetten des Leders, zum Wasserdichtmachen von Geweben (Stenhouse), zum Ersatz des Wachses bei der Bereitung des Wachspapieres und der Stearinsäure zum Tränken von Gypsgegenständen, zur Bereitung der Masse der feineren Zündrequisiten; so wie seiner chemischen Beständigkeit wegen bei gewissen chemischen Operationen.

Solaröl.

Fabrikation des Solaröles. Bei der trockenen Destillation der Bogheadkohle, des Blätterschiefers, der Braunkohle und des Torfes bildet sich, wie in den vorhergehenden Abschnitten erörtert worden ist, Theer, dessen Menge je nach der Natur des angewendeten Rohmaterials variirt. Ueber die Natur des Theeres schwebte bis in die jüngste Zeit ein eigenthümliches Dunkel, von dem man auch gegenwärtig bei weitem noch nicht zu behaupten berechtigt ist, dass es vollständig aufgehellt sei. Bis zum Jahre 1830 nahm man die Theerfrage auf die leichte Achsel, indem man den Theer einfach als eine Auflösung eines kohlenstoffreichen Brandharzes in einem flüchtigen Brenz- oder Brandöle ansah, wobei die grosse Verschiedenheit der Brandöle zwar nicht übersehen, aber doch fast unerörtert gelassen wurde. Die erste und ernstliche Untersuchung des Theeres ist die von Reichenbach, welche zur Entdeckung des Paraffins und des steten Begleiters desselben im Theer, des Eupion, einer sehr dünnen und leichten Flüssigkeit, die sich leicht entzünden lässt und mit leuchtender Flamme brennt, führte. Der Siedepunkt des Eupions variirte von 47–169°. Es ist einleuchtend, dass eine Flüssigkeit von so veränderlichem Siedepunkt nur ein Gemenge sein kann. Reichenbach's Arbeit, so verdienstlich dieselbe auch war, stellte jedoch keineswegs alle Punkte in der Constitution der einzelnen Theerarten klar hin, eben so wenig ist es späteren Forschern gelungen, die chemische Seite der Theerfrage in vollkommen befriedigender Weise zu beleuchten.

Dagegen fand der Theer in der empirischen Technik eine warme Vertreterin, die unter den Bestandtheilen des Theeres eine reichhaltige Quelle von Leuchtmaterialien wahrnahm, geeignet als billige Surrogate der dem Thier- und Pflanzenreiche entnommenen Fette und Oele zu dienen. Einer rectificirenden Destillation unterworfen, liefert der Theer das Theeröl, welches durch weitere Rectification in den festen Leuchtstoff, das Paraffin, und in die flüssigen, ölähnlichen Körper zerlegt werden kann, welche, nachdem die sauren und schweren Bestandtheile, die Carbol- oder Phenylsäure abgeschieden worden, als Gemenge unter den Benennungen Photogen, Mineralöl, Hydrocarbür, Lig-ro-ine, Solaröl, Paraffinöl (worunter man in England das aus der Bogheadkohle gewonnene Brennöl versteht) u. dgl. im Handel vorkommen. Diese Oele sind dem Petroleum oder Erdöl nahe verwandt, welches gleich ihnen nur aus Kohlenstoff und Wasserstoff besteht. Im möglichst reinen Zustande sind sie fast farblos und besitzen nur einen geringen Geruch.

Die Mineralöle[189], wie sie gegenwärtig der Handel liefert, müssen in folgender Weise unterschieden werden. Das Photogen, so wie es in den Fabriken der Provinz Sachsen dargestellt wird, besteht aus einem Gemisch von Oelen, deren Siedepunkte zwischen 100° und 300° liegen; es ist eine klare und sehr dünne Flüssigkeit von charakteristischem und ätherischem Geruche und einem specifischen Gewichte von 0,800–0,810; es ist aus verschiedenen Oelen von 0,760–0,865 spec. Gewicht zusammengesetzt. Die früher im Handel vorkommenden leichten Photogene von 0,780 spec. Gewichte erhalten grossentheils Essenzen von nur 0,720 spec. Gewichte, welche noch unter 60° zu sieden beginnen und daher ihrer Feuergefährlichkeit wegen längst als Leuchtmaterialien beseitigt sind. Seitdem das Photogen, d. h. die leichteren Sorten desselben, als Leuchtstoff seinen Credit zum Theil verloren, kommt es unter dem Namen Benzol (Benzin, Benzolin, Naphta, Ligroïne) von Neuem auf den Markt, um als Fleckwasser, zum Entfetten der Wolle, als Surrogat des Terpentinöles, zum Carburiren des Leuchtgases u. s. w. Verwendung zu finden. Das Solaröl oder deutsche Petroleum, welches die Photogene und die fetten Oele als Leuchtmaterialien derart verdrängt hat, dass es im Vereine mit dem Petroleum in der Beleuchtungsfrage bereits eine dominirende Stellung einnimmt, ist ein klares, farbloses oder schwach gelblich gefärbtes Oel von einer Consistenz, welche der des Rüböles zuweilen nicht viel nachsteht. Sein spec. Gewicht ist 0,830 bis 0,835, sein Siedepunkt zwischen 255 und 350° C. Bei -10° darf es noch kein Paraffin ausscheiden; in einer Flasche geschüttelt, darf es die Blasen nicht schneller aufsteigen lassen, als Rüböl. Die Entzündungstemperatur des Solaröles liegt gewöhnlich erst über 100°. An das Solaröl schliesst sich das von Breitenlohner dargestellte Pyrogen an, welches insofern grosse Beachtung verdient, als es aus den rückständigen Rohölen, aus Carbolsäure, Paraffin und anderen Stoffen bestehend und eine Dichte von 0,895–0,945 zeigend, die sich in den Theerfabriken zu grossen, fast unverwerthbaren Massen anhäufen, auf einfache, weiter unten zu beschreibende Weise gewonnen wird. Das Pyrogen ist ein leicht weingelbes Oel von 0,825 bis 0,845 specifischem Gewichte.

Das Maschinenschmieröl (*lubricating oil*), in neuerer Zeit auch unter dem Namen Vulkanöl, in ganz enormen Mengen aus Nordamerika kommend, ist ein dickflüssiges Oel von 0,840–0,977 spec. Gewicht und setzt in der Kälte viel feine Paraffinkrystalle ab. Es bildet sich in den Paraffin- und Solarölfabriken und Petroleumraffinerien in grosser Menge. Das amerikanische Vulkanöl ist nach der Beschreibung von Ad. Ott kein destillirtes Oel, sondern einfach eine specifisch schwere Sorte von durch Kohle entfärbtem Petroleum, wie es aus der Erde hervorquillt, aus welchem einfach die Naphta abgeblasen worden ist; zuweilen ist es mit einigen Procenten thierischer oder pflanzlicher Fette vermischt. Die im Steigen begriffene Erzeugung von Wagenfetten, Maschinenschmieren und ähnlichen Antifrictionsmitteln absorbirt zwar einen nicht geringen Theil des genannten Oeles, und namentlich werden in England diese Schmieröle, welche weder dem Verharzen, noch dem Erstarren in der Winterkälte unterliegen, zum Schmieren der Spindeln in den Baumwollspinnereien und in anderen Etablissements mit Vortheil verwendet. Ihr Verkauf ist jedoch mehr durch die Nothwendigkeit und den Mangel anderer Verwendungsarten geboten, als dass den betreffenden Fabriken ein besonderer Vortheil daraus erwüchse. Die Verarbeitung dieser Schmieröle auf das dem Solaröl ähnliche Pyrogen ist deshalb unter Umständen von Wichtigkeit. Auch zur Bereitung von Leuchtgas ist das Schmieröl verwendet worden.

Fabrikation des Mineralöles.

Die Fabrikation des Mineralöles geht mit der des Paraffins Hand in Hand. Die Produkte der Destillation des Theeres werden in geeigneten Mischapparaten mit einer Lösung von Aetznatron in der Weise behandelt, dass die Natronlösung in innigste Berührung kommt. Diese Behandlung hat den Zweck, die Carbolsäure und die sauren, holzessigähnlichen Körper, welche den Oelen den unangenehmen Geruch und die dunkle Farbe ertheilen, zu binden. Zuweilen erreicht man schon ohne Erwärmen mit 5–6 Proc. Natron in 2 Minuten seinen Zweck, mitunter erst bei Erwärmung mit 20 Procent in 2 Stunden. Nach beendigter Einwirkung der Natronlauge lässt man die Mischung in einen grossen eisernen Sammelkasten laufen, in welchem sich das carbolsaure Natron am Boden abscheidet. Letzteres wird abgelassen und das Oel bis zum Verschwinden der alkalischen Reaction mit Wasser gewaschen. Darauf wird das Oel mit concentrirter Schwefelsäure behandelt; zuweilen genügen 5 Proc. Schwefelsäure von 1,70 spec. Gewicht und die Einwirkung von einer Minute, mitunter braucht man 25 Proc. Schwefelsäure und muss 3 Stunden einwirken lassen. Die Behandlung mit Schwefelsäure ist auf die Güte und sonstige Beschaffenheit der Oele von grossem Einfluss, denn es kann sich ereignen, dass Oele, die von Hause aus schwefelfrei waren, erst während der Reinigung mittelst Schwefelsäure schwefelhaltig wurden, denn die flüchtigeren Bestandtheile der Mineralöle sind im Wesentlichen Gemische von Aldehyden und Ketonen, mithin Körpern, die sich leicht mit schwefliger Säure vereinigen. Nach beendigter Einwirkung der Schwefelsäure bringt man das Gemisch aus dem Mischkasten in eiserne Kästen, in denen man die sauren Verbindungen sich abscheiden lässt; die oben aufschwimmenden Oele werden mit vielem Wasser, zuletzt mit schwacher Natronlauge gewaschen und dann der Rectification unterworfen. Nach einer Angabe von H. Vohl sollen die Paraffinöle mitunter durch Behandeln mit Fluorwasserstoffsäure gebleicht werden, was den Nachtheil hat, dass Fluor in das Oel eintritt und beim Verbrennen der Gesundheit schädliche Fluorverbindungen gebildet werden.

Die Alkalien und Säuren, so wie die Stoffe, welche sich bei der Reinigung mit denselben verbunden haben, verwerthet man auf folgende Weise: Die unreine Lösung von Rohcarbolsäure in Natron wird entweder mit der schwefelsauren Flüssigkeit neutralisirt, wodurch die Carbolsäure sich abscheidet, welche Anwendung finden kann zur Conservirung von Holz, von Segel- und Tauwerk, als Desinfectionsmittel, zur Darstellung von Theerfarben, oder endlich, indem man ihr den Sauerstoff auf geeignete Weise entzieht, zur Ueberführung in das dem Solaröl ähnliche Pyrogen. Behufs der Darstellung dieser letzteren werden die Rohöle in Dampfgestalt bei stürmischer Destillation durch ein hellglühendes Rohr getrieben; die condensirten Oele sind nach dem Behandeln mit Lauge und Schwefelsäure in ein zum Brennen in Lampen völlig geeignetes Oel übergegangen. Nach Perutz wird die alkalische Flüssigkeit, welche Natriumcarbolat enthält, in einer gusseisernen Blase bis zur Trockne destillirt. Als Destillationsprodukte erhält man ein Gemenge von Carbolsäure mit flüssigen und leichten Kohlenwasserstoffen; will man die Carbolsäure rein darstellen, so sammelt man das zwischen 140 und 240° übergehende Produkt und reinigt dasselbe in bekannter Weise. Die in der Blase zurückbleibenden, die Alkalien enthaltenden Koks werden calcinirt, bis aller Kohlenstoff verbrannt ist; die zurückbleibende Asche, alles Natron als Natriumcarbonat enthaltend, wird mit Wasser ausgelaugt, die Lösung mittelst Aetzkalk kaustisch gemacht und dann bis zu der Concentration gebracht, die ihre Anwendung zum Reinigen der Mineralöle erheischt. Die Nutzbarmachung der gebrauchten Schwefelsäure geschieht dadurch, dass man dieselbe zur Fabrikation von Eisenvitriol verwendet. Bei der Rectification der Oele wird genau so verfahren, wie bei der Destillation des Theeres beschrieben worden ist.

100 Th. Theer aus Torf lieferten an gereinigten Produkten:

Solaröl	von	0,865	spec.	Gewicht	26,4 Th.
Photogen	„	0,830	„	„	20,7 „
Paraffinmasse					23,3 „
Rohe Carbolsäure (Torfkreosot)					11,0 „
					81,4 Th.

100 Th. Theer aus sächsischer Braunkohle liefern durchschnittlich:

Paraffin	10–15 Th.
Photogen	16–27 „
Solaröl	34–38 „
Kreosot	5–10 „
Koks	15 „

Das Photogen hat einen Handelswerth von 10–12 Thlr. pro Zollcentner, das Solaröl von 8–10 Thlr., während das Paraffin je nach seiner Härte mit 20–30 Thlr. bezahlt wird. Paraffinkerzen werden zu 28–32 Thlr. abgegeben.

In Preussen werden gegenwärtig — 1870 — aus 5½ Millionen Centnern Braunkohle in 50 Schwelereien und 17 Fabriken dargestellt

100,000 Centner Paraffin und

285,000 „ Mineralöl.

Das Petroleum oder Erdöl.

Allgemeines und Vorkommen.

Seit dem Jahre 1859 ist das Petroleum (Erdöl, Steinöl) für Beleuchtungszwecke ein Handelsartikel allerersten Ranges geworden, der von Tag zu Tag eine grössere Bedeutung erlangt und dessen wirtschaftliche Tragweite in ihrem ganzen Umfange noch nicht im geringsten geschätzt werden kann. Kaum kennt die Culturgeschichte einen Gegenstand von gleicher Wichtigkeit, der so schnell in allen Kreisen der menschlichen Gesellschaft Eingang gefunden, als das Petroleum, welches seit wenig Jahren der drittwichtigste Ausfuhrartikel der Vereinigten Staaten geworden ist. Das Petroleum wurde schon im Alterthume vielfach benutzt. Es bestanden Gewinnungen auf der Insel Zante, die einen Theil von Griechenland damit versorgten, das Petroleum von Agrigent wurde unter dem Namen des sicilianischen Oeles in den Lampen verbrannt. Das verdickte Erdöl (Erdpech oder Asphalt), dessen man sich an Stelle des Mörtels beim Bauen in Babylonien bediente, kam aus Quellen in der Nähe des Euphrats. Der Erdtheer wurde auch zur Mumienbereitung und zu verschiedenen anderen Zwecken angewendet, so scheint es, dass die Alten zur Darstellung gewisser schwach gebrannter, schwarz gefärbter Thongefässe sich eines Zusatzes von Asphalt bedient haben. Syrien und Mesopotamien und andere Länder Mittelasiens enthalten überhaupt grosse Massen verdickten Erdöles, unter die Fundorte gehört auch das todte Meer, welches ja früher der Asphaltsee (*lacus asphaltites*) hiess. Selten erscheint es in solcher Menge, dass Seen dadurch gebildet werden, wie solches auf Trinidad der Fall ist, wo der Pitch-Lake aus Bergtheer besteht, welcher nach der Verschiedenheit der Temperatur bald mehr, bald weniger zähe ist.

Das Erdöl quillt an vielen Orten zu Tage, so zu Amiano unweit Parma; das daselbst gewonnene Oel wurde noch im vorigen Jahrhundert für die Beleuchtung einiger Städte, namentlich in Genua verwendet; es kommt ferner als Quelle vor zu Tegernsee in Bayern[190], in der Schweiz bei Neufchatel, zu Sehnde bei Hannover, zu Kleinschöppenstedt in Braunschweig, zu Bechelbronn im Elsass, bei Coalbrookdale in England, in den Pyrenäen, in Galizien (hauptsächlich im Samborer Kreis, nordöstlich von Lemberg), in Ungarn, Siebenbürgen, Croatien, in der Walachei u. s. w. Ausserdem liefert nicht nur die Halbinsel Apscheron an der Westküste des caspischen Meeres eine grosse Menge Erdöl oder Naphta, sondern auch auf der an der Ostküste des Caspissees liegenden Insel Tschelekän (39,5° n. B.) finden sich mehr als 3400 Erdölbrunnen, welche jährlich 136,000 Pfund (54,400 Centner) Erdöl verschiedener Art in den Handel liefern. Auch in Rangoon in Birma oder Burmah in Hinterindien, an den Ufern des Irawaddy kommt das Erdöl (Rangunöl) in solcher Menge vor, dass von dort jährlich 400,000 Fässer, jedes von ungefähr 6 Centner Gewicht ausgeführt werden. Am massenhaftesten aber findet sich das Erdöl in Nordamerika und zwar in Schichten, welche dem Alleghanygebirge parallel liegen und sich vom Ontario-See bis in das Thal des kleinen Kanawha in Virginien verbreiten. Der Streifen befasst die westlichen Grafschaften des Staates von New-York und von Pennsylvanien, einen Theil von Ohio und die an den Ohio grenzenden Theile des gleichnamigen Staates. Die hauptsächlichsten Oelquellen sind aber zu Mecca (Grafschaft Trumball, Ohio) und zu Titusville, Oil-City, Pithole-City, Rouseville, M'Clintockville (Grafschaft Venango), Pennsylvanien, dem Lande der Seneca-Indianer). Das Gebiet der Bohrlöcher heisst *Oil-creek*. Die Bohrlöcher sind 22–23 Meter tief und hunderte derselben vorhanden. Man unterscheidet Bohrlöcher mit beständigem Oelausfluss (*flowing well*), und Bohrlöcher, aus welchen das Oel gepumpt werden muss (*pumping well*). In Canada wird das Erdöl in zwei verschiedenen Gegenden gewonnen, nämlich zu Gaspe, beim Busen von St. Lorenz, und in der Grafschaft Lambton, am westlichen Theile der Halbinsel zwischen dem Huronen-, Erie- und Ontariosee, namentlich in dem District von Enneskillen. Auch in Californien kommt das Erdöl in erstaunlicher Menge vor, ebenso in Südamerika, namentlich in Peru, der argentinischen Republik und in Bolivia.

Bildung des Petroleums.

Was die Bildung des Petroleums anlangt, so existiren darüber verschiedene Hypothesen. Nach der einen Ansicht steht das Vorkommen von Erdölquellen, Salzquellen und Entwickelung von brennbaren Gasen in der Natur in einem innigen Zusammenhange, welchen man durch die Annahme zu erklären versucht hat, dass in der Tiefe Lager von Steinsalz vorhanden sind, welches nach den bekannten Beobachtungen von Dumas, H. Rose und Bunsen oft Kohlenwasserstoff im comprimirten Zustande enthält, dass dieses Steinsalz von unterirdischen Wässern gelöst, dabei das Gas frei gemacht wird und nun theils solches zum Ausströmen gelangt, theils in Folge starker Compression im condensirten Zustande als Naphta ausfliesst. Das aus dem sogenannten Knistersalz von Wieliczka beim Auflösen sich entwickelnde Gas besteht nach einer Analyse Bunsen's wesentlich aus Sumpfgas. Durch Veränderung des Sumpfgases CH_4 könnten allerdings flüssige, dem Sumpfgas homologe Kohlenwasserstoffe C_6H_{14} und C_7H_{16}, die einen Hauptbestandtheil der flüchtigen Theile des Erdöles ausmachen und die Paraffine (deren Zusammensetzung zwischen den Gliedern $C_{20}H_{42}$ und $C_{27}H_{56}$ liegt) sich gebildet haben. Dieselbe Association von Petroleum, Steinsalz und brennbaren Gasen findet man nicht nur in den bayerischen Alpen, in Toscana, Modena und Parma, in den Karpathen (sowol galizischer Seite in Wieliczka, als auch ungarischer Seite bei Szlatina), sondern auch an allen anderen Orten, wo Petroleum massenhaft auftritt, so auf der Halbinsel Apscheron am Caspissee, in Mesopotamien, in Kurdistan, in den beiden Indien, besonders in Burmah, und an unzähligen Punkten im Gebiete der grossen nordamerikanischen Salzformation, wo, wie oben erwähnt, die meisten Bohrbrunnen mit der Salzsoole Kohlenwasserstoffgase in reichlicher Menge und viele derselben auch Petroleum liefern. Nach einer anderen Ansicht ist das Erdöl ein Produkt der langsamen Zersetzung von vegetabilischen und thierischen Substanzen und der Neubildung von andern chemischen Verbindungen ihrer Elemente, welche in dem Erdöl und in den damit ausströmenden Gasarten nachweisbar sind. Die nordamerikanischen Geologen halten dafür, dass es Anhäufungen von Seepflanzen, vorzüglich von Fucusarten und von ehemaligen thierischen Meeresbewohnern seien, welche das ursprüngliche Material zu dem Mineralöl dargeboten haben, und dass das in jener Weise entstandene Erdöl in den Gebirgsschichten enthalten sei, welche mit den Bohrlöchern durchstossen werden. Eine sehr langsame Destillation fördere dann aus diesen mit Oel erfüllten Schichten und ihren Spalten dasselbe in die Bohrlöcher und weiter bis an die Oberfläche. Das aus den Gesteinschichten kommende Oel wird in den Bohrlöchern von aufsteigenden Wasserquellen getragen, und steigt, wenn der hydrostatische Druck mächtig genug ist, springbrunnenartig über die Erdoberfläche empor und bildet dann artesische Brunnen, welche Wasser und Erdöl ergiessen. Da das Erdöl Paraffin enthält und ausserdem flüssige Kohlenwasserstoffe, welche denjenigen ähnlich sind, welche bei der trocknen Destillation von vegetabilischen Körpern sich bilden, so schloss man, dass es gleichfalls ein Produkt der trocknen Destillation sei. Nach den bisherigen Beobachtungen über die Temperaturzunahme würden Mineralkohlenlager, welche in einer Tiefe von ungefähr 8000 Fuss liegen, der Siedetemperatur des Wassers ausgesetzt sein. Nur bei einer solchen Temperatur könnte Erdöl aus den Schichten, welche es bereits fertig gebildet enthalten, destilliren und sich in den höheren Schichten condensiren; zu der Bildung des Erdöles durch trockne Destillation würde natürlich eine weit höhere Temperatur gehören, die einer Tiefe der Schichten entsprechen würde, die nicht wohl vorausgesetzt werden kann. Nach einer dritten, jüngst (1866) von Berthelot ausgesprochenen Ansicht, bilden sich im Innern der Erde aus Kohlensäure und Alkalimetallen Acetylüre, welche durch Wasserdampf Acetylen C_2H_2 gäben. Letzteres ginge in Petroleum und theerähnliche Produkte über.

Reinigen des rohen Steinöles.

Die meisten Steinöle können nicht ohne weiteres in dem Zustande, in welchem sie sich finden, als Leuchtmaterial verwendet werden, fast sämmtlich bedürfen dieselben einer Reinigung, die je nach der Natur und der Consistenz des Oeles auf verschiedene Weise ausgeführt wird. Die auf der Halbinsel Apscheron in der Umgegend von Baku vorkommenden Oele sind meist farblos und werden direct zur Speisung der Lampen benutzt, bei ihnen genügt eine einfache Destillation zur vollkommenen Reinigung. Das Erdöl von Rangoon (Birma) ist in Folge seines grossen Gehaltes an Paraffin (Belmontin) bei gewöhnlicher Temperatur butterartig und wird deshalb auf Paraffin verarbeitet. Die Oele von den ostindischen Inseln haben in Folge beigemengter geschwefelter Verbindungen einen höchst unangenehmen Geruch. Solche Erdöle können nur nach einer kräftigen Reinigung — mittelst Natronlauge und Schwefelsäure — als Leuchtmaterial Anwendung finden. Die Erdöle des nördlichen Theiles der nordamerikanischen Union und Canada's haben sehr verschiedene specifische Gewichte, so besitzt das Erdöl aus der Grafschaft von Venango in Pennsylvanien eine Dichte von 0,8, von anderen Localitäten aber 0,85 und selbst 0,9 spec. Gewichte. Von grosser Wichtigkeit sind die galizischen Erdöle, die theils durch Reinigen der rohen Naphta — in 22 Fabriken in der Gegend von Boryslav und Drohobicz (1870) —, theils auch bei der Verarbeitung des Erdwachses durch Destillation auf Paraffin als Nebenprodukte dargestellt werden. Der Werth des Steinöles und die Art des Reinigungsprocesses hängt sehr von dem specifischen Gewichte ab; die leichteren Sorten liefern 90 Proc. eines in Photogen und Solaröl sich spaltenden Oeles, die schwerern dagegen enthalten viel Theer und geben nur 40–50 Proc. Lampenöl. Die Reinigungsmethoden des Erdöles bestehen in der Behandlung entweder mit Alkalien (Aetznatron) und Säuren (Schwefelsäure), oder mit Alkalien allein neben der Anwendung von Wasserdämpfen von verschiedener Temperatur, und in der fractionirten Destillation.

Constitution der Erdöle.

Was die chemische Constitution der Erdöle betrifft, so sind, nach den vorliegenden Untersuchungen, alle Sorten, gleichviel von welcher Consistenz, ob dünnflüssig wie das Erdöl von Pennsylvanien und von Baku, oder von Butterconsistenz wie der Rangoontheer, Gemenge von den homologen höheren Gliedern der Reihe, von welcher das Sumpfgas (Methylwasserstoff, CH_4) das erste ausmacht[191], namentlich aus Amylwasserstoff C_5H_{12} (bei 68° siedend) und Caproylwasserstoff C_6H_{14} (bei 92° siedend), welche beiden einen Hauptbestandtheil des flüchtigeren Theiles des amerikanischen Erdöles ausmachen und (gleich dem Sumpfgas) mit wenig leuchtender Flamme brennen. Die Bestandtheile des als Lampenöl verwendeten Petroleums werden durch Kohlenwasserstoffe repräsentirt, welche zwischen C_7H_{16} und $C_{12}H_{26}$ liegen. Die höheren Glieder der Sumpfgasreihe haben butterähnliche Consistenz, die von $C_{20}H_{42}$ an bis zum Gliede $C_{27}H_{56}$ als Paraffine zum Vorschein kommen, welche in den meisten Petroleumsorten sich finden. —

Technologisches über Petroleum.

Das rohe Erdöl darf aus Amerika wegen seiner ausserordentlichen Gefährlichkeit nicht mehr versendet werden. In der Union besteht ein Gesetz, wonach jedes Fass Erdöl einer Untersuchung zu unterwerfen ist, bevor es in den Handel kommt, und wonach kein Oel zugelassen werden darf, welches bei einer Temperatur unter 100° Fahrenheit (= 38° C.) brennbare Dämpfe (von Butylwasserstoff) entwickelt. Auch in England hat man bereits ein ähnliches Gesetz (*Petroleum-Bill*) erlassen. Man ist daher genöthigt, das rohe Erdöl einer theilweisen und fractionirten Destillation zu unterwerfen, um die flüchtigsten Bestandtheile, die sogenannte Naphta, von 0,715 spec. Gewichte, die bereits unter 60° zu sieden beginnt, davon zu trennen. Wiederhold fand bei einer fractionirten Destillation, dass die Naphta enthalte

48,6	Proc.	Oele	von	0,70	spec.	Gewicht,	bei	100°	siedend	(a)
45,7	„	„	„	0,73	„	„	„	200°	„	(b)
5,7	„	„	„	0,80	„	„	über	200°	„	(c)

Letzteres (c) stimmt in seinen Eigenschaften mit dem raffinirten Petroleum überein; (a) ist selbstverständlich wegen seiner Flüchtigkeit und Feuergefährlichkeit als Lampen-Leuchtmaterial nicht zu verwenden; das Destillat (b), welches man Erdölphotogen nennen könnte, kann dagegen mit Vortheil in zweckmässig construirten Lampen — namentlich in den sogenannten Ligroïnlampen — gebrannt werden. Die Naphta (von H. Vohl auch Canadol genannt) kann Anwendung finden zum Carburiren des Leuchtgases (vergl. Seite 752), aber auch zur Gasbereitung (nach Hirzel's Verfahren), selbst als Ersatz des Terpentinöles (Kautschuk, Asphalt und Terpentin lösen sich in der Naphta, schwerer löslich erscheinen Colophonium, Mastix, Dammar, fast nicht werden gelöst Bernstein, Copal, Körnerlack und Schellack), anstatt des Schwefelkohlenstoffes zur Extraction fetter Oele, statt Benzol zur Entfernung der Fettflecken, zur Conservation anatomischer und ähnlicher Präparate; unter dem Namen *Sherwood-Oil* (Keroselen- oder Petroleumäther, in England und Amerika auch

Rhigolen genannt) findet der flüchtigste Theil des Petroleums (von 0,65 spec. Gewicht und schon bei 40–50° C. siedend) als Anästheticum und äusserlich als schmerzstillendes Mittel zum Einreiben Anwendung. Die consistenten Erdölsorten finden unter dem Namen Vulkanöl (*Globe-Oil*, *Vulcan-Oil*, *Phoenix-Oil*), als Schmiermittel Verwendung. In Nordamerika wird hier und da, namentlich versuchsweise auf der Kriegsmarine, das Petroleum als Heizstoff verwendet.

Das raffinirte Erdöl (Leuchtöl) ist eine opalisirende Flüssigkeit von etwas gelblicher Farbe und von 0,81 spec. Gewichte. Der Siedepunkt des Oeles liegt bei 150° C. Es mischt sich nicht mit Wasser, Alkohol und Holzgeist, dagegen leicht mit Schwefelkohlenstoff, Aether und Terpentinöl. Von Harzen und ähnlichen Stoffen wird nur Asphalt, Elemi und venetianischer Terpentin in der Wärme in namhafter Menge gelöst. Kautschuk wird erweicht, quillt auf und löst sich in der Wärme vollständig. Es wird in grösster Menge als Lampenleuchtmaterial consumirt, verhält sich dem Solaröl aus Braunkohlen und Torf analog und ist zum Unterschied von letzterem mit dem Namen Petrosolaröl zu bezeichnen. Das unter dem Namen Kerosin seit einiger Zeit als Leuchtstoff vielfach verwendete Produkt ist durch Destillation aus dem amerikanischen Erdöle dargestellt worden. Es hat ein specifisches Gewicht von 0,78–0,825. Identisch mit dem Kerosin scheint das Pitt-Oel zu sein.

Bei dem grossen Wirrwarr, welcher noch immer in den Namen der Destillationsprodukte des Petroleums herrscht, seien diejenigen (nach Kleinschmidt in St. Louis) angeführt, welche gegenwärtig in Nordamerika und in England gebräuchlich sind:

Oele	destillirend	unter	37,7° C.	=	0,60	spec.	Gewicht,	=	90–97° B.	=	Rhigolen,
„	„	bei	76,6° C.	=	0,63–0,61	„	„	=	80–90° B.	=	Gasolin,
„	„	„	137° C.	=	0,67–0,63	„	„	=	70–80° B.	=	Naphta,
„	„	„	148° C.	=	0,73–0,67	„	„	=	60–70° B.	=	Benzin,
„	„	„	183–219° C.	=	0,78–0,82	„	„	=	40–60° B.	=	Kerosin.

Oberhalb dieser Temperaturen gehen Paraffin und Leuchtgas über.

Der Verbrauch an Petroleum ist ein ganz erstaunlicher. Im Zollverein wurden eingeführt:

1866	918,954	Ctr.
1867	1,785,000	„
1868	2,232,928	„
1869	2,698,882	„
1870 I. Semester	1,260,630	„

Im II. Semester wird die Zufuhr an Petroleum in Folge des ausgebrochenen deutsch-französischen Krieges voraussichtlich eine weit geringere sein.

Fußnoten:

[175] Balard (1868) bezeichnet de Milly's Verfahren als den grössten Fortschritt in der Stearinsäurefabrikation seit länger als 14 Jahren.

[176] Die 1867 von Crookes in London, von Sarg in Wien und von Wöhler beobachteten Fälle des Festwerden und Krystallisiren des Glycerins bei niederer Temperatur und beim Transport, beweisen, dass auch reines Glycerin unter den erwähnten Verhältnissen erstarren könne.

[177] Die Verwendung des Glycerins als Braumalzsurrogat ist eine ganz enorme geworden, eben so auch die als Zusatz zum Wein. Nach einer Schätzung sollen zu letzterem Zweck im Jahre 1869 allein in den weinproducirenden Ländern gegen 20,000 Centner Glycerin verbraucht worden sein.

[178]

1 Kubikmeter	=	35,31	engl.	Kubikfuss
		40,22	bayer.	„
		32,34	rhein.	„
		31,65	Wiener	„

1000 Kubikfuss englisch = 28,31 Kubikmeter

=	1138	bayer.	Kubikfuss
	915	rhein.	„
	896	Wiener	„

[179] Das Anthracen hat insofern eine ungeahnte Wichtigkeit erlangt, als es Graebe und Liebermann (1869) gelungen ist, aus dem Anthracen Alizarin darzustellen. (Vergl. Seite 667).

[180] Anleitung zu einer technischen Leuchtgasanalyse giebt Adolf Richter, Dingler's polyt. Journal (1867), Bd. CLXXXVI p. 394.

[181] Journal für prakt. Chemie (1867) CII p. 257.

[182] Eine Tonne Kohlen von Newcastle liefert gegen 45 Liter Condensationswasser, von welchem 1 Liter 74–81 Grm. Ammonsulfat giebt.

[183] Vergl. G. Lunge, Die Destillation des Steinkohlentheers, Braunschweig 1867.

[184] Ueber das Wassergas und seine hohe Bedeutung hat unlängst C. Schinz (Jahresbericht der chem. Technologie 1869 p. 731) eine beachtenswerthe Abhandlung veröffentlicht.

[185] Vergl. Jahresbericht der chem. Technologie 1866 p. 701; 1868 p. 763 und 765.

[186] In Rheims wird das erste Waschwasser, welches keine Seife, sondern nur den Wollschweiss (*suintate de potasse*) enthält, auf Potasche und auf Gas verarbeitet (vergl. S. 142), obgleich neuerdings (von Havrez) vorgeschlagen wurde, den stickstoffreichen Wollschweiss nicht nur auf Potasche, sondern auch auf Blutlaugensalz zu verarbeiten.

[187] Nach dem „*Journal of Gaslighting*“ (1869) hat das englische Kriegsministerium beschlossen, das Kalklicht statt des Gaslichts in den Casernen und den Ställen der Regimenter einzuführen, seit man durch Versuche zu der Gewissheit gelangt ist, dass das erstere ebensoviel Nutzen schafft wie das letztere, und zwar mit weniger Unkosten. Die Versuche mit dem Kalklicht wurden theils im Hafen „*The Queen's Barrack*“, theils in einem Winkel eines Casernenflügels, theils in den Sälen der Casernen gemacht. Auf einem 6 Meter hohen Gestell befand sich der Lichtapparat und der Reflexionsspiegel. Als das Kalklicht angezündet und der Spiegel auf den Hof gerichtet wurde, war derselbe fast ebenso hell erleuchtet wie zur Zeit der Mittagssonne, und in einem Abstand von 100 Yards von der Lichtquelle vermochte man bei deren Schein die feinste Schrift zu lesen. In dem einen Ende des Winkels setzte man ein kleineres Licht auf, das, von einer Glaskugel umgeben, stark genug

war in einem Abstand von 30 Yards eine auf der Erde liegende Knopfnadel finden zu lassen. Der in einem der Säle aufgestellte Apparat war noch kleiner, erleuchtete aber dennoch denselben weit klarer als es sonst mit Gas zu geschehen pflegt.

[188] Die von Siemens (1867) construirte magnetelektrische Maschine möchte in der Beleuchtungsfrage noch eine hervorragende Rolle zu spielen berufen sein, da in ihr mechanische Arbeit in Elektricität übergeführt wird. Der Technik sind durch diese Maschine die Mittel geboten, elektrische Ströme von unbegrenzter Stärke auf wohlfeile und bequeme Art überall da zu erzeugen, wo Arbeitskraft disponibel ist. Man sagt, Siemens habe bereits den Auftrag erhalten, die entfernter vom Lande liegenden Leuchtsignalapparate, welche rings um die schottische Küste die gefährlichsten Stellen bezeichnen, mit elektrischem Lichte zu speisen, das ihnen mit Hülfe eines submarinen Kabels vom Lande aus zugeführt werden soll. Die am 2. März 1867 in Burlington-House in London mit der Siemens'schen Maschine (die zu ihrem Betriebe eine 8pferdige Dampfmaschine erfordert) erzielten Resultate gaben grossen Hoffnungen hinsichtlich der Anwendbarkeit der Maschine für die Beleuchtung, ferner für die Galvanotechnik, für Wasserzersetzung, für Ozonbereitung zum Betriebe grosser Bleichanstalten u. s. w. Raum.

[189] Eine vortrefflich geschriebene Schilderung der Entwickelung der Industrie der Mineralöle giebt K. Müller (von Halle) in M. Wirth's Gewerbekalender pro 1869, p. 18–34.

[190] Die seit 1430 bekannte Erdölquelle bei Tegernsee liefert jährlich nur etwa 42 Liter Oel.

[191] Ronalds hat (1865) gezeigt, dass die aus amerikanischem Rohpetroleum sich entwickelnden Gase wesentlich aus Aethylhydrür (C_2H_6) und Propylhydrür (C_3H_8) mithin aus dem 2. und 3. Gliede der obigen homologen Reihe bestehen. Damit steht auch das Resultat einer Untersuchung von Fouqué (1869) im Einklang, nach welchem die aus dem Petroleum sich entwickelnden Gase zum Theil Gemenge von Propyl- und Butylhydrür, zum Theil auch Mischungen von Sumpfgas und Aethylhydrür sind.

VIII. Abschnitt
Die Heizmaterialien und die Heizapparate.
A. Die Heizmaterialien.

A. Die Heizmaterialien.

Allgemeines über Brennmaterialien.

Unter Brennmaterialien (Brennstoffen) versteht man diejenigen brennbaren Körper, welche für gewerbliche und ökonomische Zwecke zur Hervorbringung von Wärme oder von Kraft Anwendung finden. Es gehören zu den Brennstoffen Holz, Torf, Braunkohle, Steinkohle, Anthracit, Bogheadkohle, Holzkohle, Torfkohle, verkohlte Braunkohle, Koks, Petroleum und brennbare Gase (Kohlenoxyd, Kohlenwasserstoffe). Mit Ausnahme der als Brennmaterial Anwendung findenden Gase sind alle Brennstoffe, was ihren Ursprung betrifft, mit einander nahe verwandt, indem sie theils aus Cellulose oder Holzfaser bestehen, theils daraus entstanden sind. Die natürlichen oder rohen, d. h. unverkohlten Brennstoffe (Holz, Torf, Braun- und Steinkohle, so wie Anthracit) bestehen wesentlich aus Kohlenstoff, Wasserstoff und Sauerstoff, die Steinkohle auch noch aus geringen Mengen von Stickstoff und gewissen mineralischen Bestandtheilen (Schwefel, Phosphor, Kieselerde, Thonerde, Eisenoxyd, alkalischen Erden und Alkalien), welche mit Ausnahme des Schwefels und Phosphors beim Verbrennen der Brennstoffe als Asche zurückbleiben. Von allen den im Vorstehenden aufgeführten Körpern sind nur zwei, nämlich der Kohlenstoff und Wasserstoff brennbar; diese beiden Stoffe allein bedingen den Werth der Brennstoffe. Bei vollständiger Verbrennung liefern alle Brennmaterialien nur Wasser und Kohlensäure, unter Hinterlassung der unorganischen Bestandtheile. In der Asche von vegetabilischen Brennstoffen herrscht im Allgemeinen das Calciumcarbonat, in der von mineralischem der Thon vor.

Hinsichtlich der Wirkung, welche die Brennmaterialien während des Verbrennens äussern, ist zu unterscheiden

a) die Brennbarkeit,

b) die Flammbarkeit, und

c) der Wärmeeffect.

Brennbarkeit.

Unter Brennbarkeit der Brennmaterialien versteht man die grössere oder geringere Leichtigkeit, mit der dieselben entzündet werden können und sodann zu verbrennen fortfahren. Sie ist abhängig von der Beschaffenheit und der Zusammensetzung des Brennstoffes. Ein poröses, weniger dichtes Brennmaterial ist leichter brennbar, als ein weniger poröses. Was den Zusammenhang der Brennbarkeit mit der Zusammensetzung betrifft, so hat sich herausgestellt, dass ein Brennstoff um so leichter brennbar ist, je mehr er Wasserstoff enthält.

Flammbarkeit.

Mit dem Namen Flammbarkeit bezeichnet man die Eigenschaft gewisser Brennstoffe, mit Flamme zu verbrennen. Da letztere nur durch brennende Gase gebildet wird, so ist es einleuchtend, dass die wasserstoffreichsten Brennstoffe auch die flammbarsten sein müssen. Brennmaterialien, welche wie die Holzkohlen und Koks durch Verkohlung entstanden sind, können daher keine andere Flamme beim Verbrennen bilden, als bei unvollständiger Verbrennung die Kohlenoxydflamme, welche hier nicht in Betracht kommt.

Wärmeeffect.

Die bei vollständiger Verbrennung eines Brennstoffs entwickelte Wärme lässt sich in zweierlei Hinsicht messen:

1) auf die Quantität der Wärme,

2) auf den Temperaturgrad (Intensität der Wärme).

Misst man die Wärme nur ihrer Quantität nach, so erhält man die Brennkraft (specifischer oder absoluter Wärmeeffect); bestimmt man den Grad der Wärme, so wird die Heizkraft (pyrometrischer Wärmeeffect) ermittelt. Brennkraft und Heizkraft zusammengenommen, bestimmen den Werth eines Brennmaterials. Wird die Brennkraft auf den Preis des Brennstoffes bezogen, so erhält man dessen Brennwerth, welcher selbstverständlich nur für den Consumtionsort maassgebend ist.

Ermittelung der Brennkraft.

Ermittelung der Brennkraft oder der Wärmemenge eines Brennstoffes. Da für die Wärme kein bestimmtes Maass vorhanden ist, so muss man sich damit begnügen, die relativen Wärmemengen zu ermitteln, mit anderen Worten, anzugeben, um wieviel die aus einem Brennstoff entwickelte Wärmemenge die aus einem anderen übertrifft. Führt man die erzielten Resultate auf ein bestimmtes Volumen der Brennstoffe zurück, so findet man den specifischen Wärmeeffect, bezieht man sie dagegen auf ein bestimmtes Gewicht, den absoluten Wärmeeffect. Die Verbrennungswärmen der verschiedenen Körper sind folgende:

Wasserstoff	giebt	34,462	Wärmeeinheiten
Kohlenstoff (zu Kohlensäure verbrennend)	„	8800	„
„ (zu Kohlenoxyd „)	„	2474	„
Kohlenoxyd	„	2403	„
Sumpfgas	„	13,063	„
Elaylgas	„	11,857	„
Petroleum, rohes	„	11,773	„
Aether	„	9027	„
Alkohol	„	7183	„
Holzgeist	„	5307	„
Terpentinöl	„	10,852	„
Wachs	„	10,496	„
Holz	„	3600	„
Holzkohle	„	7640	„
Torf	„	3000	„
Presstorf	„	4300	„

Steinkohle	„	6000	„
Fett	„	9000	„

Man bestimmt den absoluten Wärmeeffect nach den Methoden von Karmarsch, Berthier oder durch die Elementaranalyse.

Verdampfungsprobe nach Karmarsch.

Nach der Methode von Karmarsch (die später auch von Playfair bei der Untersuchung englischer Kohlen, von Brix mit preussischen und von Hartig und Stein mit sächsischen Steinkohlen benutzt worden ist) wird diejenige Wassermenge ermittelt, welche von einem Pfunde verschiedener Brennstoffe in Dampf übergeführt wird. Nach Regnault's Formel sind 652 W.-E. (= Wärmeeinheiten) erforderlich, um 1 Kilogr. Wasser von 0° in Dampf von 150° zu verwandeln. Es können daher verdampfen:

1 Kilogr. Kohlenstoff $\left[\frac{8080}{652}\right]$ = 12,4 Kilogr. Wasser

1 „ „ $\left[\frac{34462}{652}\right]$ = 52,9 „ „

Bei von mir und von Anderen ausgeführten Versuchen gab

Rothbuchenholz				3,78	Kilogr. Dampf
Zwickauer Pechkohle	(6	Proc.	Asche)	6,45	„ „
Böhmische Kohle von Nürschau	(19	„	„)	5,58	„ „
Saarbrücker Schmiedekohlen	(21,5	„	„)	6,06	„ „
Ruhrer Russkohle	(5,5	„	„)	6,90	„ „
Cannelkohle	(4,0	„	„)	7,74	„ „

Reductionsprobe nach Berthier.

Methode von Berthier. Nach dem Welter'schen Gesetze (welches indessen nicht durch die Erfahrung bestätigt wird, da neuere Untersuchungen grosse Abweichungen von diesem Gesetze, namentlich in Bezug auf den Wasserstoff nachgewiesen haben) stehen die aus verschiedenen Brennmaterialien entwickelten Wärmemengen unter sich in demselben Verhältnisse, wie die zur Verbrennung erforderlichen Sauerstoffmengen. Die Richtigkeit dieses Gesetzes angenommen, ist es leicht, wenn die Zusammensetzung eines Brennmaterials bekannt ist, seinen absoluten Wärmeeffect zu berechnen. Man ermittelt nämlich, wie viel es Sauerstoff, mit Berücksichtigung seines eigenen Gehaltes davon, aufnehmen würde, um seinen Kohlenstoff völlig in Kohlensäure und seinen Wasserstoff in Wasser zu verwandeln. Hierauf vergleicht man diese Menge mit der, welche ein anderes Brennmaterial, dessen Heizkraft bekannt ist, z. B. Kohle, erfordert. Geht man von diesen Grundsätzen aus, so ist es klar, dass die Brennkraft eines Brennmaterials, ohne seine Zusammensetzung zu kennen, leicht zu erfahren ist, wenn man das Gewicht des bei dem Verbrennen absorbirten Sauerstoffe bestimmen kann. Praktische Erfahrungen und Berechnungen haben gezeigt, dass das Berthier'sche Verfahren vermöge eines constanten Fehlers um etwa 1/9 hinter der Wahrheit zurückbleibt. Die Ausführung der Methode ist folgende: Man verwandelt das Brennmaterial in das feinste Pulver und mengt 1 Grm. davon mit einer etwas grösseren Menge reiner Bleiglätte, als es reduciren kann, also mit mindestens 20 und höchstens mit 40 Grm. derselben. Das Gemenge wird in einen irdenen Tiegel gebracht und mit 20–40 Grm. Bleiglätte bedeckt. Der Tiegel wird mit einem Deckel bedeckt und durch Kohlenfeuer allmälig erhitzt. Die Masse wird weich, kocht und bläht sich zuweilen auf. Ist sie völlig geschmolzen, so giebt man etwa zehn Minuten ein kräftiges Feuer, damit das Blei sich zu einer Masse vereinige. Hierauf wird der Tiegel aus dem Feuer genommen, nach dem Erkalten zerbrochen und der Bleiregulus gewogen. Er hängt gewöhnlich weder an dem Tiegel, noch an der Schlacke und löst sich mit einem Hammerschlage leicht ab. Die Versuche müssen 2–3mal wiederholt werden und die Resultate dürfen nicht über 0,1–0,2 Grm. von einander abweichen. G. Forchhammer wendet anstatt des reinen Bleioxydes eine Mischung von 3 Th. Bleiglätte und 1 Th. Chlorblei (mithin ein Bleioxychlorid) an, welche man vorher in einem irdenen Tiegel schmilzt und nach dem Erkalten pulvert. Reine Holzkohle giebt mit Bleiglätte oder mit Bleioxychlorid erhitzt das 34fache ihres Gewichtes und Wasserstoff das 103,7fache seines Gewichts an metallischem Blei, also etwas mehr als das 3fache der Kohle. Mittelst dieser gegebenen Werthe kann man den absoluten Wärmeeffect für ein Brennmaterial finden. Da man gegenwärtig annimmt, dass 1 Th. Kohle die Temperatur von 8080 Th. Wasser um 1° zu erhöhen vermag, da ferner reine Kohle nach dem Verfahren von Berthier 34 Th. Blei giebt, so entspricht jeder durch ein Brennmaterial reducirte Gewichtstheil Blei (8080 34 =) 237,6 Wärmeeinheiten. Das Verfahren von Berthier eignet sich in Folge der nachgewiesenen Unhaltbarkeit des Welter'schen Gesetzes nur für Brennstoffe, welche nur eine sehr geringe Menge Wasserstoff enthalten. Für solche wasserstoffhaltige Brennmaterialien, welche sich schon bei einer unter der Rothglühhitze liegenden Temperatur zu zersetzen beginnen, ist es durchaus nicht anwendbar, da ein Theil der reducirenden Gase entweichen kann, ohne die entsprechende Menge von Blei abgeschieden zu haben.

Beispiel: 1 Grm. Presstorf gab mir 17,76 Grm. Blei, dies entspricht 4124,5 W.–E. (denn 237,6 × 17,76 = 4124,5) oder mit anderen Worten 1 Kilogr. Presstorf liefert 6,3 Kilogr. Wasserdampf von 150° (denn 4124,5 652 = 6,3).

Elementaranalyse.

Die Elementaranalyse. Wenngleich durch neuere genaue Untersuchungen nachgewiesen worden ist, dass die beim Verbrennen gleich zusammengesetzter (oder isomerer) organischer Stoffe[192] entwickelte Wärme sich nicht genau verhalte wie die zum Verbrennen nöthige Sauerstoffmenge, dass die gleiche Quantität Sauerstoff unter verschiedenen Umständen verschiedene Wärmemengen erzeugen kann, so darf doch dreist angenommen werden, dass bei ähnlichen Brennstoffen aus der Zusammensetzung ein Resultat sich ziehen lassen wird, welches, wenn auch nicht absolut genau, doch für die Praxis hinreichende Anhaltepunkte giebt. Wenn es sich daher um Prüfung des relativen Werthes von gleichnamigen Brennmaterialien handelt, wendet man zweckmässig die Elementaranalyse an, nachdem zuvor durch einen besonderen Versuch die Aschenquantität der Brennstoffe ermittelt wurde.

Beispiel: 1 Grm. Presstorf gab mir bei der Elementaranalyse 0,4698 Grm. Kohlenstoff und 0,0143 Grm. Wasserstoff, mithin 4288,7 W.-E. denn

Kohlenstoff	0,4698.	8080	=	3795,9
Wasserstoff	0,0143.	34462	=	492,8
				4288,7 W.-E.

In dem Presstorf waren ferner vorhanden:

15,5 Proc. hygroskopisches Wasser] = 48,28 Proc. Wasser

31,78 „ chem. gebundenes „

zu deren Verdampfung 255,3 W.-E. erforderlich sind, daher 4288,7 - 255,3 = 4033,4 W.-E.

Die Verdampfungskraft des Presstorfes ist also

$$\frac{4033,4}{652} = 6,19 \text{ Kilogr.}$$

Probe von Stromeyer.

Nach der (1861) von A. Stromeyer vorgeschlagenen Probe verbrennt man den Brennstoff mittelst Kupferoxyd, behandelt den Rückstand mit Salzsäure und Eisenchlorid, wobei letzteres durch das entstandene metallische Kupfer theilweise in Eisenchlorür übergeht, dessen Menge man durch Titriren mit Chamaeleon bestimmt. Dieses Verfahren ist sicherlich genau, aber umständlich.

Specifischer Wärmeeffect.

Unter dem specifischen Wärmeeffect versteht man diejenigen relativen Wärmemengen, welche gleich grosse Volumen der verschiedenen Brennmaterialien liefern. Man findet ihn aus dem absoluten Wärmeeffect, indem man denselben mit dem specifischen Gewichte des betreffenden Brennmaterials multiplicirt.

Pyrometrischer Wärmeeffect.

Der pyrometrische Wärmeeffect eines Brennmaterials wird durch die Temperatur, welche bei der vollständigen Verbrennung desselben herrscht, ausgedrückt. Da keines der bekannten Pyrometer genügende Resultate giebt, um die Intensität der Wärme behufs der Ermittelung der Heizkraft in Thermometergraden wiedergeben zu können, so muss man sich vorläufig mit der annähernden Ermittelung des pyrometrischen Wärmeeffects durch Rechnung begnügen. Der pyrometrische Wärmeeffect eines Brennmaterials ist gleich dem in Wärmeeinheiten angegebenen absoluten Wärmeeffecte desselben, dividirt durch die Summe der relativen Gewichtsmengen aller Verbrennungsprodukte seiner Bestandtheile, jede dieser Gewichtsmengen multiplicirt mit der entsprechenden specifischen Wärme. Der pyrometrische Wärmeeffect des Kohlenstoffes ist grösser, der des Wasserstoffs kleiner als der jedes anderen brennbaren Körpers. Die flammbaren Brennstoffe im Holz und in den Steinkohlen müssen mithin einen niedrigeren pyrometrischen Wärmeeffect besitzen, als die nicht flammbaren, verkohlten, und zwar einen um so niedrigeren, je mehr sie sich in ihrer Zusammensetzung der reinen Kohle nähern, während bezüglich des absoluten Wärmeeffectes das Gegentheil stattfindet. Der Grund davon liegt darin, dass der beim Verbrennen von Wasserstoff sich bildende Wasserdampf fast viermal so viel Wärme aufnimmt, um bei einer gewissen Temperatur erhitzt zu werden, als Kohlensäure. Der Unterschied zwischen den pyrometrischen Effecten der Brennmaterialien ist bei der Verbrennung in Sauerstoff weit bedeutender als in der Luft.

Um dem theoretisch gefundenen pyrometrischen Wärmeeffect in der Praxis möglichst nahe zu kommen, hat man besonders darauf Bedacht zu nehmen, allen Kohlenstoff zu Kohlensäure zu verbrennen, da bei der Verbrennung von Kohlenstoff zu Kohlenoxyd in der atmosphärischen Luft nur eine Temperatur von 1427° (bei 2480 W.-E.), bei dessen Verbrennung zu Kohlensäure aber eine Temperatur von 2458° (bei 8080 W.-E.) erzeugt wird, durch passende Vorbereitung des Brennstoffes (z. B. durch längeres Aufbewahren von Holzkohlen und Koks, durch Pressen des Torfes zur Vermehrung seiner Dichte, durch Darstellung dichteren Koks in Oefen, Vorwärmen des Brennmaterials etc.) durch Vorwärmung der Verbrennungsluft, durch Effectuirung der Verbrennung unter einem höheren Drucke als dem einer Atmosphäre.

Die Verbrennungstemperatur ist nicht nur ein Produkt des Actes der Verbrennung, sondern wird auch wesentlich modificirt durch die bei der Verbrennung wirkenden Luftbestandtheile. In einem Brennmaterial sind zur vollständigen Verbrennung erforderlich:

für	1	Kilogr.	Kohlenstoff	bei	15° C.	9,7	Kubikmeter Luft
„	1	„	Wasserstoff	„	15° „	28,0	„ „

Hieraus leiten sich folgende Luftmengen ab, die zur vollständigen Verbrennung eines Brennmaterials gerade ausreichen:

1	Kilogr.	Holz (mit 20 Proc. hygrosk. H_2O)	= 5,2	Kubikmeter	Luft
1	„	Holzkohle	= 9,0	„	„
1	„	Steinkohle	= 9,0	„	„
1	„	Koks	= 9,0	„	„
1	„	Braunkohle	= 7,3	„	„
1	„	Torf	= 7,3	„	„

In der Praxis sind die theoretisch erforderlichen Luftmengen mindestens doppelt zu nehmen, wenn die Verbrennung vollständig erfolgen soll.

Mechan. Aequivalent der Wärme.

Das Gesetz von der Erhaltung der Kraft lehrt, dass Wärme in Werk (oder Arbeit) und Werk umgekehrt in Wärme übergeführt werden kann und es entspricht dabei 1 Wärmeeinheit 424 Meterkilogrammen Arbeit. So oft durch Wärme Arbeit geleistet wird, verschwindet die erstere und zwar immer für 424 Arbeitseinheiten 1 Wärmeeinheit. Die Zahl 424 ist mithin das mechanische Aequivalent der Wärme (oder das Arbeitsäquivalent der Wärmeeinheit). Unter einem Fusspfund versteht man jene Kraft (oder Arbeit), welche nöthig ist, um ein Pfund einen Fuss hoch zu heben. Wählt man die Arbeit als Einheit, welche man benutzt, um 1 Kilogramm 1 Meter hoch zu heben, so nennt man die Einheit Kilogrammometer (oder Meterkilogramm). 1 Kilogrammometer = 6,37 Fusspfund (rhein.). (Den Ausgangspunkt der mathematischen Entwickelung der mechanischen Wärmetheorie bildet der zuerst von R. Clausius ausgesprochene Satz, dass „in allen Fällen, wo durch Wärme Arbeit entsteht, eine der erzeugten Arbeit proportionale Wärmemenge verschwindet oder verbraucht wird und dass umgekehrt durch Verrichtung einer eben so grossen Arbeit dieselbe Wärmemenge wieder erzeugt werden kann").

Die Brennmaterialien im Besonderen.
Das Holz.

Holz.

Das Holz besteht aus mehreren in ihrer Structur von einander unterscheidbaren Theilen, welche auf dem Querschnitt sich in folgender Weise darstellen: Die Axe (das Mark) besteht aus einem lockeren, ziemlich regelmässig gestalteten Gewebe von Parenchymzellen, welche an vielen Stellen als Markstrahlen sich strahlenförmig bis zur Rinde erstrecken. Rings um das Mark liegt das Holz, ein Aggregat seitlich verwachsener Gefässbündel, welche aus den Holz- und den Gefässzellen bestehen. Um das Holz findet sich der Bast gelagert, zwischen Holz und Bast eine Lage äusserst dünnwandiger, mit einer trüben Flüssigkeit erfüllter Zellen, von welcher die weitere Entwickelung des Stammes ausgeht, indem die neu gebildeten Zellen theils nach Innen an die alten Holzzellen, theils nach Aussen an Bast und Rinde sich ablagern. Ueber dem Baste liegt nach Aussen eine Schicht Zellgewebe von eigenthümlicher Structur der Zellen, welche mit dem Bast vereinigt die Rinde ausmacht, die im jungen Zustande noch mit der Oberhaut bedeckt ist. Die Markzellen zerreissen in der Regel beim späteren Wachsen der Pflanze, sterben ab und hinterlassen eine hohle Röhre. Die Holzzellen verdicken sich durch abgelagerte Cellulose; da dieses Wachsthum in die Dicke im Frühling sehr rasch beginnt, im Sommer und Herbst aber sich verlangsamt und zuletzt ganz erstirbt, so ist die Bildung von deutlich erkennbaren Jahresringen, die sich durch ihre härtere, dichtere, im Herbste abgelagerte Schicht scharf vom folgenden Jahrgange unterscheiden, leicht zu erklären. Die Holzzellen sind nie auf den Wänden so verdickt, dass sich nicht im Innern wenigstens eine Höhlung wahrnehmen liesse, und ihre Berührung unter einander nie so vollständig, dass man nicht zwischen ihnen die sogenannten Intercellulargänge wahrnehmen könnte, welche in der Regel nur mit Luft gefüllt sind, bisweilen sind sie auch die Behälter eigenthümlicher Säfte, z. B. von Harz, Gummi u. a.

In den Holz- und Gefässzellen hat sich während des Lebens der Pflanze die meiste Cellulose abgeschieden; sie erscheinen daher mit den dicksten Wänden und bilden das eigentliche Holz. Je dicker die Wände der Holzzellen einer Holzart sind und je mehr Zellen in einem bestimmten Raume sich angehäuft haben, desto dichter und schwerer ist ein solches Holz; man nennt es hartes im Gegensatz zu solchem Holz, welches dünnwandigere Holzzellen in geringerer Anzahl in einem gleich grossen Raume enthält; letzteres heisst ein weiches Holz. Die verschiedenen Baumarten, deren Holz in Mitteleuropa als Brennmaterial benutzt wird, sind:

Laubhölzer:				
Eiche (*Quercus pedunculata* und *robur*)	schlagbar	im	50.– 60.	Jahre
Rothbuche (*Fagus sylvatica*)	„	„	80.–120.	„
Hain- oder Weissbuche (*Carpinus betulus*)	„	„	110.–120.	„
Ulme oder Rüster (*Ulmus campestris* und *effusa*)	„	„	20.– 30.	„
Esche (*Fraxinus excelsior*)	„	„	20.– 30.	„
Erle (*Alnus glutinosa* und *incana*)	„	„	20.– 30.	„
Birke (*Betula alba* und *pubescens*)	„	„	20.– 25.	„
Nadelhölzer:				
Weiss- oder Edeltanne (*Pinus abies*)	„	„	50.– 60.	„
Fichte oder Rothtanne (*Pinus picea*)	„	„	70.– 80.	„
Föhre oder Kiefer (*Pinus sylvestris*)	„	„	80.–100.	„
Lärche (*Pinus larix*)	„	„	50.– 60.	„

Zu den harten Hölzern rechnet man: Eiche, Weiss- und Rothbuche, Ulme, Birke, Esche, zu den halbharten: Ahorn, Erle, Lärche, Föhre; zu den weichen: Fichte, Weisstanne, Linde, Aspe, Pappel, Weide.

Bestandtheile des Holzes.

Das Holz besteht im Wesentlichen aus der eigentlichen Holzfaser, kleinen Mengen von Saft- und Aschebestandtheilen und einer veränderlichen Menge hygroskopischen Wassers.

Holzfaser (Cellulose). Die reine Holzfaser, deren Menge etwa 96 Proc. von dem völlig trocknen Holze beträgt, ist nach der Formel $C_6H_{10}O_5$ zusammengesetzt und besteht in 100 Theilen aus

Kohlenstoff	44,45
Wasserstoff	6,17
Sauerstoff	49,38

Der Pflanzensaft besteht zum grössten Theile aus Wasser und enthält organische und unorganische Substanzen theils aufgelöst, theils suspendirt. Die unorganischen Saftbestandtheile, welche nach dem Verbrennen des Holzes als Asche zurückbleiben, sind ihrer Qualität nach bei allen Holzarten gleich (vergl. Seite 133). In der Praxis nimmt man an, dass der Aschengehalt der Brennhölzer durchschnittlich 1 Proc. betrage[193].

Der Wassergehalt ist im Allgemeinen bei den weichen Hölzern grösser als bei den harten. Man fand in 100 Gewichtstheilen des frisch gefällten Holzes:

Hainbuche	18,6	Föhre	39,7
Birke	30,8	Rothbuche	39,7
Traubeneiche	30,8	Erle	41,6
Stieleiche	35,4	Ulme	44,5
Weisstanne	37,1	Fichte	45,2

Gewöhnliches lufttrockenes Holz lässt sich betrachten als bestehend aus:

40	Th.	Kohle (incl. 1 Th. Asche),
40	„	chemisch gebundenem Wasser,
40	„	hygroskopischem Wasser.

Nachdem durch starkes Erhitzen bis auf 130° alles hygroskopische Wasser ausgetrieben worden ist, bleibt gedarrtes Holz zurück von der Zusammensetzung:

50	Th.	Kohle (incl. 1 Th. Asche),
50	„	chemisch gebundenem Wasser,

Das lufttrockne Buchenholz, wie es gewöhnlich als Brennholz benutzt wird, enthält in 100 Theilen:

Kohlenstoff	39,10
Wasserstoff	4,90
Sauerstoff	36,00

Wasser und Asche	20,00
	100,00

Heizwerth des Holzes.

Die Brennbarkeit der weichen Hölzer ist grösser als die der harten; unter den weichen lassen sich die Nadelhölzer (wegen ihres Harzgehaltes) am leichtesten entzünden und brennen am besten fort. Den Nadelhölzern steht das Birkenholz sehr nahe. Was die Flammbarkeit betrifft, so geben die harzreichen Nadelhölzer die längste Flamme.

Aus seinen Versuchen folgert Winkler hinsichtlich des Verhältnisses der Heizkraft der Holzarten, dass 1 Klafter Fichtenholz ersetzt werde durch

1,07	Klafter	Linde,	0,70	Klafter	Buche,
0,94	„	Föhre,	0,665	„	Birke,
0,92	„	Pappel,	0,65	„	Ahorn,
0,91	„	Weide,	0,635	„	Ulme,
0,89	„	Tanne,	0,59	„	Eiche.

Scheerer nimmt den absoluten Wärmeeffect der verschiedenen, gleichförmig getrockneten Holzarten als gleich gross an, ferner, dass der specifische Wärmeeffect von Holzarten mit gleichem Wassergehalte sich wie das specifische Gewicht derselben verhält. Der pyrometrische Wärmeeffect des halbgedarrten Holzes (mit 10 Proc. Wassergehalt) kann nach Scheerer = 1850°, der des gedarrten = 1950° gesetzt werden. Nach Péclet entwickelte sich eine Temperatur von 1683° C. beim Verbrennen von reinem und trocknem Holz unter der Voraussetzung, dass aller Sauerstoff der Verbrennungsluft absorbirt werde, dagegen nur eine Temperatur von 960°, wenn der Sauerstoff nur zur Hälfte consumirt wird, was gewöhnlich in grossen Feuerräumen der Fall ist.

Die Verdampfungskraft der Holzarten ist nach den Versuchen von Brix:

	Wassergehalt.		*Ungetrocknet.*	*Getrocknet.*
Föhrenholz	16,1	Proc.	4,13	5,11
Ellernholz	14,7	„	3,84	4,67
Birke	12,3	„	3,72	4,39
Eiche	18,7	„	3,54	4,60
Rothbuche	22,2	„	3,39	4,63
Weissbuche	12,5	„	3,62	4,28

D. h. 1 Kilogr. Föhrenholz mit 16,1 Proc. Wasser verdampft 4,13 Kilogr. Wasser.

Holzkohlen.

Die Holzkohlen. Es ist ein allgemeines Kennzeichen der organischen Verbindungen, dass dieselben unter dem Einfluss der Wärme sich zersetzen und dabei Kohlenstoff als Kohle ausscheiden. Wird die Erhitzung des Holzes in einem abgesperrten sauerstoffleeren Raum ausgeführt und ist zu gleicher Zeit die Vorkehrung getroffen, dass die gas- und dampfförmigen Produkte entweichen können, wird überhaupt das Holz der trocknen Destillation unterworfen, so bleibt ein Theil des Kohlenstoffs als Holzkohle zurück. Werden die flüchtigen Produkte aufgefangen, so findet man gasförmige, aus Kohlensäure, Kohlenoxyd und Grubengas bestehend, und condensirbare Körper, welche letztere nach der Verdichtung ein gelblich oder braun gefärbtes Oel bilden, unter welchem eine wässerige Flüssigkeit sich befindet. Die wässerige Flüssigkeit besteht aus unreiner Essigsäure (Holzessig; vergl. Seite 550) und einer alkoholischen Flüssigkeit, dem Holzgeiste (vergl. Seite 553); die ölige Flüssigkeit, der Holztheer, besteht aus einer Anzahl flüssiger und fester Körper, unter denen das Paraffin, das Kreosot (oxyphensaures Methyl), die Oxyphensäure und die Carbolsäuren (d. i. die eigentliche Carbolsäure, die Kresylsäure und die Phlorylsäure) und mehrere flüssige Kohlenwasserstoffe hervorzuheben sind. Alle diese Stoffe sind brennbar.

Folgendes Schema (vergl. Seite 551) zeigt die hauptsächlichsten, bei der trocknen Destillation des Holzes sich bildenden Produkte:

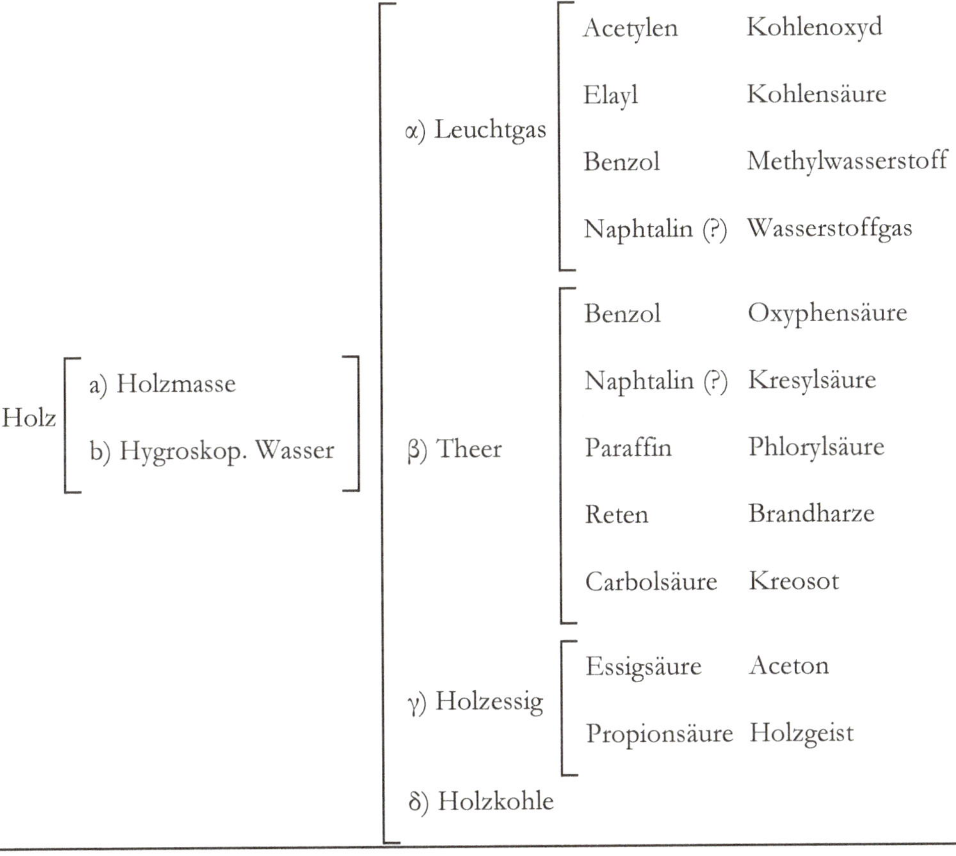

Zweck der Verkohlung.

Der gewöhnliche Zweck der Verkohlung des Holzes besteht darin, die in demselben enthaltenen Brennstoffe zu concentriren, sie durch bedeutende Verminderung des Gewichts und des Volumens transportabler zu machen und dadurch ihren Markt zu erweitern, die Holzpreise zu steigern, einige für gewisse technische Anwendungen nachtheilige Eigenschaften des Holzes zu entfernen oder endlich auch Kohle zu anderer Benutzung als der gewöhnlichen zu erlangen, z. B. zur Pulverfabrikation. In allen diesen Fällen wird die Kohle als Hauptprodukt der Verkohlung angesehen. Bei der Theerschwelerei ist es vorzüglich auf die Gewinnung von Theer abgesehen und die dabei sich ergebende Kohle erscheint mehr nur als ein Nebenerzeugnis. Bei der Holzgasfabrikation werden endlich durch die Verkohlung nicht blos Holz und Theer, sondern auch die dabei sich entwickelnden brennbaren und leuchtenden Gase gewonnen und in einer Weise zur Entwickelung von Licht und Wärme benutzt, dass jedenfalls jene nicht als Hauptsache erscheinen. Die Verkohlung des Holzes im Walde kann entweder in regelmässigen auf verschiedene Weise aufgebauten Haufen, den Meilern und den Haufen, in beiden Fällen unter beweglicher Decke, oder unter unbeweglicher Decke in Gruben und Meileröfen vor sich gehen.

Meilerverkohlung.

Unter einem Meiler versteht man einen aus grösseren Holzstücken zusammengeschichteten Haufen, welcher mit einer Decke von Erde oder Kohlenlösche (Kohlenstaub mit Erde gemengt) versehen ist. Die Holzscheite werden entweder fast senkrecht gegen die Axe des Meilers geneigt, oder man legt sie horizontal, in radialer Richtung von der Axe auslaufend. Im ersten Falle heisst ein Meiler ein stehender, im anderen Falle ein liegender Meiler. Die Axe des Meilers wird Quandel genannt.

Richten des Meilers.

Behufs des Aufstellens des Holzes (Richten des Meilers) richtet man im Mittelpunkte der Meilerstätte eine dicke Stange, den Quandelpfahl oder, wenn mehrere Stangen angewendet werden, die Quandelstäbe auf. Die stehenden Meiler unterscheidet man als

a) wälsche Meiler (Fig. 301),

b) slavische Meiler (Fig. 302),

c) Schwartenmeiler (Fig. 303).

Fig. 301. Fig. 302.

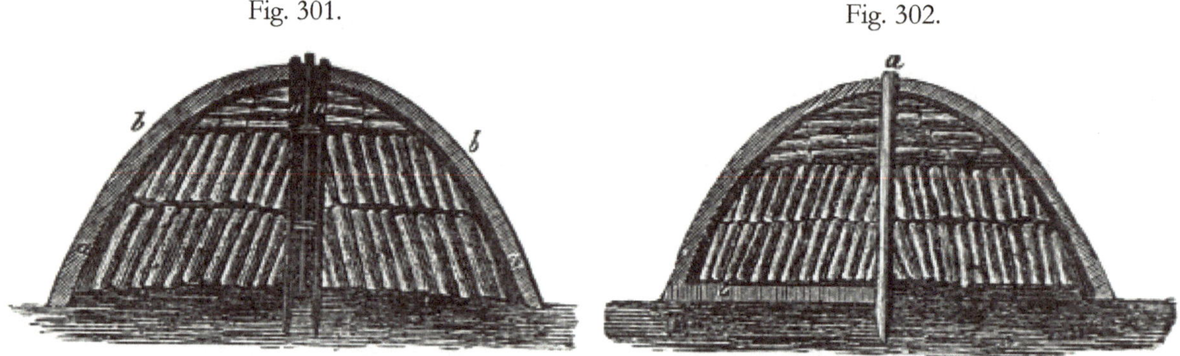

Ein wälscher oder italienischer Meiler (Fig. 301) hat als Quandel einen aus drei oder vier Stangen bestehenden Quandelschacht, in welchem die Stangen durch Holzspreise *n* auseinandergehalten werden, und besteht aus zwei oder drei Holzschichten (er ist zwei- oder dreischichtig); die conische Holzmasse wird durch horizontal gelegte Scheite abgerundet und der dadurch entstehende Aufsatz auf den eigentlichen Holzschichten heisst die Haube (*chemise*). Im unteren Theile des durch die Quandelstäbe gebildeten Schachtes häuft man harziges Holz an, durch welches später der Meiler in Brand gesetzt wird.

Der slavische Meiler (Fig. 302) unterscheidet sich von dem vorhergehenden durch den Quandel, der hier aus einem eingerammten Pfahl besteht, ferner durch die Zündgasse *b*, einen bis zum Quandel gehenden Kanal, durch welchen der Meiler entzündet wird.

Fig. 303.

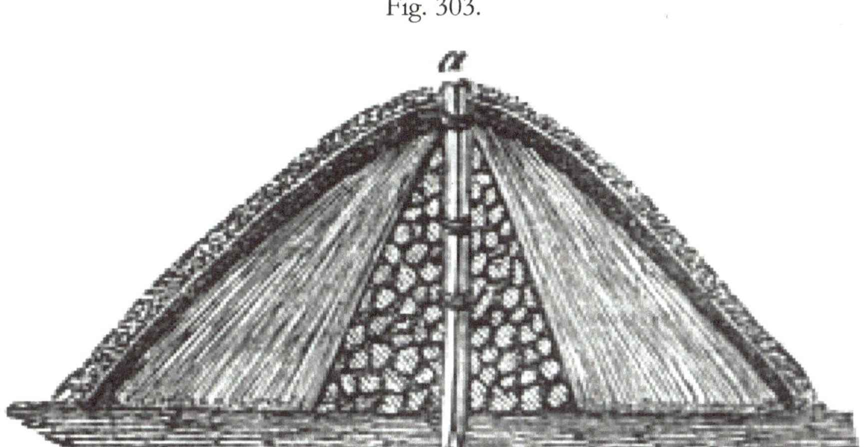

Eine dritte Art stehender Meiler ist der in Norwegen gebräuchliche Schwartenmeiler (Fig. 303), aus Schwarten, d. h. unregelmässig geformten, dünnen Brettern zusammengesetzt. Drei der grössten bilden den Quandelschacht *a a*, um welchen Raum man brennbare Stoffe anbringt und darauf einen kegelförmig aufgeschichteten Haufen von grösseren Holzabfällen, mit leicht entzündlichen Stoffen untermengt, setzt. Dieser Haufen bildet den Kern des Meilers, an welchen die Schwarten gelehnt werden.

Die liegenden Meiler bekommen im Aeusseren die Gestalt der stehenden Meiler; die Scheite aber werden horizontal und radial in ein oder zwei concentrische Lagen eingelegt; die äussere Fläche wird parallel mit dem innern Holzkerne gemacht, welchen man zunächst um den Quandel herum in Gestalt eines Kegels aus aufrechtstehenden Scheiten errichtet. Der Quandel ist entweder Quandelschacht oder Quandelpfahl mit Zündgasse. Der gerichtete Meiler wird mit einer Decke von Erde versehen. Weil aber die lockere Erde zu leicht durchfallen und das Feuer ersticken würde, so muss man den Meiler, ehe man ihn mit Erde bewirft, noch mit einer Decke von Rasen oder Reissig, Moor, Haidekraut, Schilf, Tannennadeln, Laub etc. versehen. Das Auflegen der Decke auf den Meiler geschieht nicht sofort vollständig, sondern der Meiler muss am Fusse bis zu einer Höhe von 6–12 Zoll vor der Hand unbedeckt bleiben. Die hierzu erforderliche Vorrichtung heisst die Rüstung oder Unterrüstung. Man versteht darunter eine rings um den Umfang des Meilers laufende horizontale Umfassung mit dürren Aesten, welche in hölzernen Gabeln (Rüstgabeln) liegen. Die Rüstung hat den Zweck, theils der Decke Halt zu geben, theils aber auch, den Dämpfen beim Anzünden des Meilers durch die Zwischenräume an der Sohle Ausgang zu gestatten. Man macht die Bedeckung (das Bewerfen, Schwarzmachen oder Schwärzen) aus Erde oder besser mit einem Gemenge von Lehm, Erde und Kohlenstaub und giebt ihr eine überall gleiche Dicke von 3–5 Zoll. Die Haube des Meilers erhält eine stärkere und dicht geschlagene Erddecke, weil sie der Wirkung des Feuers am meisten ausgesetzt ist. Dort, wo Winde dem Meiler nachtheilig werden können, muss er an der Windseite mit Windschauern, aus Brettwänden oder Hecken bestehend, versehen werden. Wie schon angeführt, unterscheidet man zwei verschiedene Arten des Anzündens: 1) das Anzünden von unten geschieht durch die Zündgasse oder das Zündloch mittelst einer Stange, der Zündstange und Zündruthe, an deren einem Ende ein brennender Strohwisch, Birkenschale oder dergleichen befestigt und zu dem Quandel hineingebracht wird; 2) das Anzünden von oben geht vor sich, indem man die im Quandelschacht enthaltenen Materialien anzündet, oder indem man in den Schacht zuerst glühende Kohlen und dann Kohlen und Brände darauf schüttet.

Kohlenbrennen.

Bei dem eigentlichen Kohlenbrennen sind drei Phasen zu unterscheiden: 1) das Schwitzen oder Abbähen, 2) das Treiben, 3) das Zubrennen des Meilers. Der angezündete Meiler braucht zum Umsichgreifen des Feuers in seinem Innern eine weit grössere Luftmenge als ein schon längere Zeit angebrannter. Aus diesem Grunde ist der Fuss des Meilers im Anfange entweder ganz oder nur unvollständig bedeckt; durch die Ausbreitung des Feuers im Meiler entwickeln sich Wasserdämpfe, gemengt mit Produkten der trocknen Destillation des Holzes, welche sich an den kälteren Stellen des Meilers zum Theil verdichten und eine Durchnässung, ein Schwitzen derselben bewirken. Während des Schwitzens ist der Meiler dadurch gefährdet, dass in seinem Innern durch Mischen von Kohlenwasserstoffen mit atmosphärischer Luft sich knallgasähnliche Gemische bilden können, welche durch ihre Explosion ein stellenweises Abwerfen der Decke, selbst ein Bersten der Holzmasse bewirken können. Man nennt dies das Werfen des Meilers. Geringe und deshalb für den Meiler gefahrlose Explosionen haben nur ein „Schütteln" der Meilerdecke zur Folge. Durch die schnelle Ausbreitung des Feuers, theils durch das wirkliche Verbrennen eines Theiles des Holzes, theils endlich durch das Schwinden der Holzmasse als Folge der durch das Austrocknen und Verkohlen bewirkten Volumenverminderung, entstehen im Meiler hohle Räume (das Hohlbrennen). Diese hohlen Räume müssen sorgfältig ausgefüllt werden. Sobald die am Fusse des Meilers auftretenden Dämpfe eine hellere Farbe zeigen, beginnt die Periode des Treibens. Der Zutritt der Luft muss jetzt verringert werden; zu dem Zwecke wird die locker gewordene Decke überall wieder an das Holz angeschlagen. Man nennt die Arbeit das Umfassen oder Umfangen des Meilers. So bleibt derselbe 3–4 Tage ganz in Ruhe und sich selbst überlassen, indem bei fast gänzlichem Abschluss der Luft die Verkohlung in dem treibenden Meiler durch die hohe Temperatur des Kerns geschieht. Nach etwa 4 Tagen ist der grösste Theil des Holzes verkohlt, ausgenommen eine sich unterhalb der Haube rings um den Meiler ziehende mantelförmige Schicht, deren Dicke gegen den Fuss hin zunimmt. Das Feuer muss nun so geleitet werden, dass es von der Haube aus abwärts und vom Kerne gegen den Meilerumfang zu gehe. Diese Operation heisst das Zubrennen, je langsamer sie vollendet wird, desto reichlicher ist die Kohlenausbeute. Wird der Rauch der Zuglöcher hell und blau, so ist dies ein Zeichen der Gare; die Löcher müssen dann geschlossen werden. Nachdem das Garen des Meilers überall erfolgt ist, bleibt er etwa 24 Stunden lang zugedeckt und gegen den Luftzutritt geschützt zum Abkühlen stehen; darauf wird der Meiler abgeputzt und gelöscht. Gestübe und Decke werden mit der Krücke abgekratzt und dann wird das reine trockene Gestübe wieder auf den Meiler geworfen, damit es zwischen die Kohlen rinne und das Feuer ersticke. Nachdem der gelöschte Meiler 12–24 Stunden gestanden ist, schreitet der Köhler zum Kohlenziehen oder Kohlenlangen.

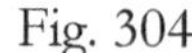

Fig. 304.

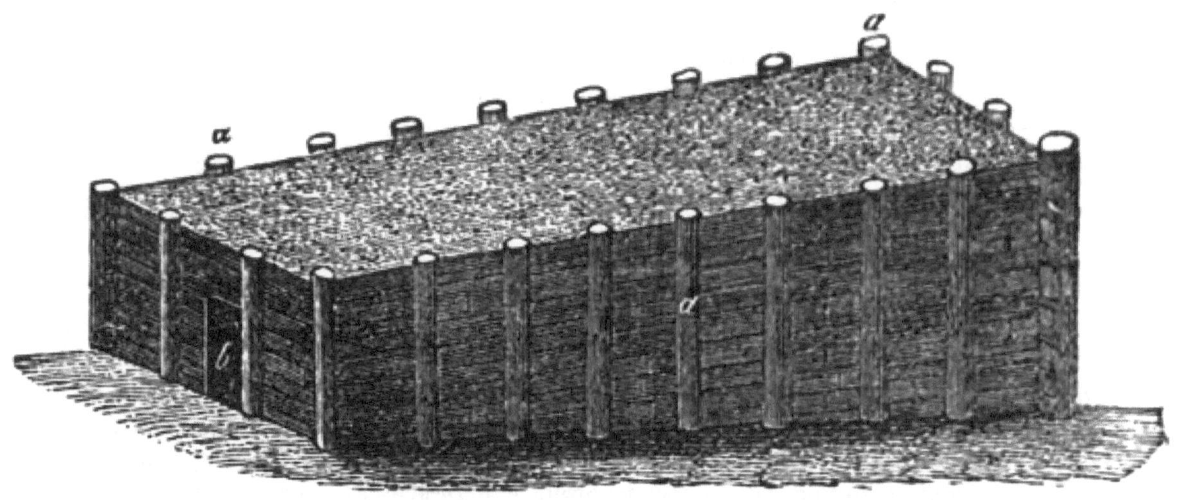

Fig. 305.

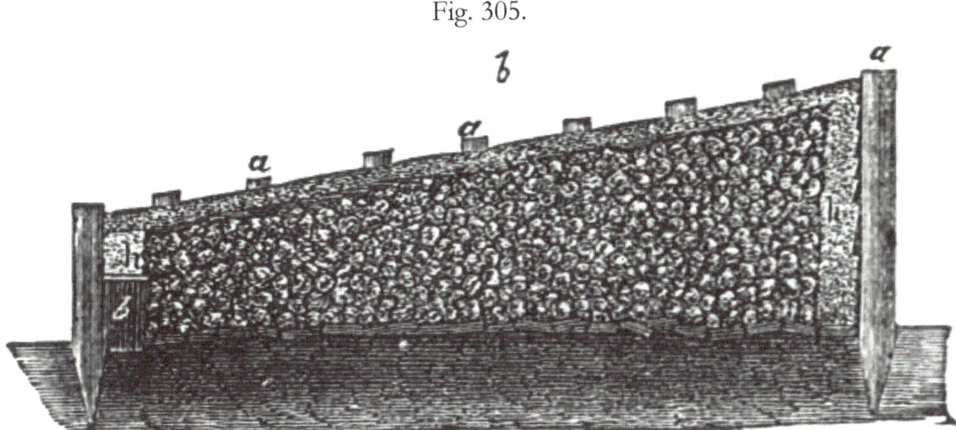

Haufenverkohlung.

Die Verkohlung des Holzes in Haufen oder in liegenden Werken wird besonders im südlichen Deutschland, in Russland und Schweden angewendet, sie unterscheidet sich dadurch von der Meilerverkohlung, dass bei derselben das Holz allmälig theilweise verkohlt wird, während man die verkohlten Stücke sogleich zieht. Das Holz kommt dabei in runden Stämmen oder Kloben, sehr selten als Scheitholz zur Verkohlung. Die Meilerstätte bildet ein rechtwinkliges längliches Viereck, dessen vordere und hintere Seite kürzer sind, als die beiden anderen. Von vorn nach hinten steigt die Stätte etwas und die beiden langen Seiten werden durch eine Reihe senkrecht stehender, starker hölzerner Pfähle dergestalt begrenzt, dass beide Reihen parallel laufen. Fig. 304 und 305 zeigen einen gerichteten Haufen und zwar 304 in der perspectivischen Ansicht und Fig. 305 im verticalen Durchschnitte. *a a* sind die Pfähle mit den Schindeln, *h* ist die Löschdecke, *b* ein am Fussende befindlicher, für das Anzünden aufgesparter Raum (das Feuerhaus). In dem Maasse, als das Feuer vorrückt, werden die vorn erzeugten Kohlen schon gezogen, wobei der Köhler nur darauf zu sehen hat, dass sich das Feuer nicht ungleich fortziehe und dass das sogenannte Segel, der Rücken des Haufens, immer gerade oder auf die beiden Pfahlreihen senkrecht bleibe.

Verkohlung in Meileröfen.

Fig. 306.

Die Meileröfen sind als feststehende und gemauerte Meiler zu betrachten, in welchen genau so wie in den gewöhnlichen Meilern durch die Verbrennung eines Antheiles Holz im Innern durch geringen Luftzutritt die Verkohlungshitze erzeugt wird. Sie haben vor den Meilern mit beweglicher Decke das voraus, dass die condensirbaren Produkte der trocknen Destillation — Holzessig und Theer — besser und vollständiger condensirt werden können, dagegen soll die dabei gewonnene Kohle, was Menge und Güte betrifft, der Meilerkohle nachstehen. Man unterscheidet Meileröfen, die hinsichtlich ihrer Form den eigentlichen Meilern und den Haufen entsprechen oder sich bereits den Verkohlungsöfen nähern.

Fig. 306 zeigt einen der einfachsten Meileröfen; die zu verkohlenden Scheite werden darin wie in dem Meiler stehend oder liegend aufgeschichtet. Das Holz wird entweder durch die Oeffnung *a* oder durch die Thüre *b* eingeführt; von der Thüre bis in die Mitte der Sohle geht die Zündgasse. Mit Ausnahme eines geringen Theiles der Thüröffnung und des Loches *a* werden alle Oeffnungen vermauert und erst bei dem Kohlenziehen wieder geöffnet. Nachdem das Holz genügend in Brand gerathen ist, werden *b* und *a* verschlossen. Die an dem oberen Ende des Meilerofens befindlichen kleinen Oeffnungen entsprechen den Rauchlöchern des Meilers. Bei dem Fig. 307 abgebildeten Meilerofen dienen die beiden Thüröffnungen *a* und *b* zum Eintragen des Holzes, *b* ausserdem auch zum Kohlenziehen, *c c c* sind die Registeröffnungen, durch das eiserne Rohr *d* werden die flüchtigen Produkte in einen Verdichtungsapparat geleitet. Während der Verkohlung sind *a* und *b* verschlossen. Der Theer sammelt sich grösstentheils auf der Ofensohle und fliesst in ein Reservoir. Unter der gewölbten Thüröffnung *b* befindet sich eine kleine Oeffnung, welche als Mündung der Zündgasse dient. Der Fig. 308 abgebildete Meilerofen ist so eingerichtet, dass der Zutritt der Luft durch den Rost *r* stattfindet. Das Eintragen des Holzes geschieht durch die Oeffnungen *a* und *b*. *q* ist das Abzugsrohr für die flüchtigen Produkte.

Fig. 307.

Fig. 308.

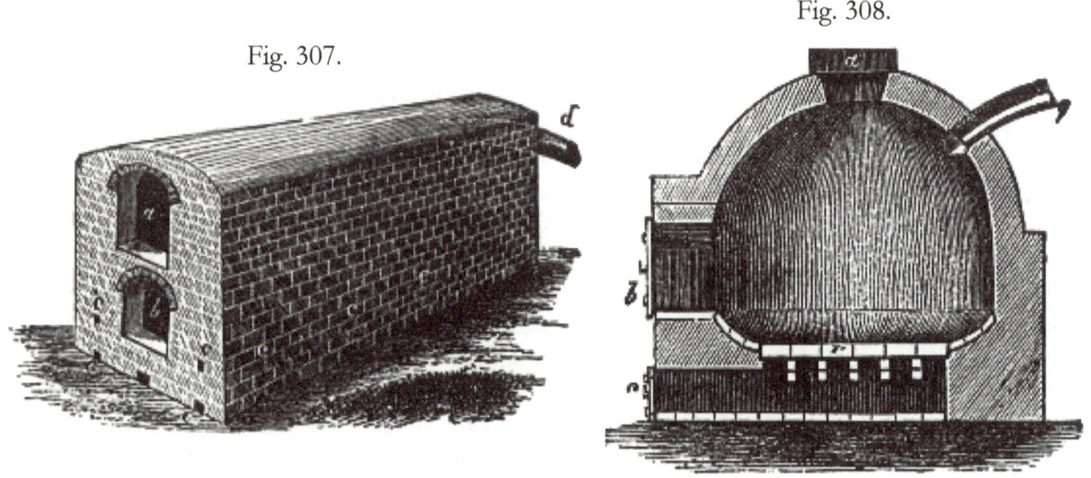

Ofenverkohlung.

Ofenverkohlung (Ofenköhlerei). Die Verkohlung des Holzes im verschlossenen Raum ohne Zutritt der atmosphärischen Luft geschieht 1) in Retorten, 2) in Röhren oder in Cylindern, zuweilen mit erhitzter Luft oder mit Gichtgasen der Hohöfen oder mit Wasserdämpfen oder mit Anwendung von Gebläseluft.

Fig. 309.

Fig. 310.

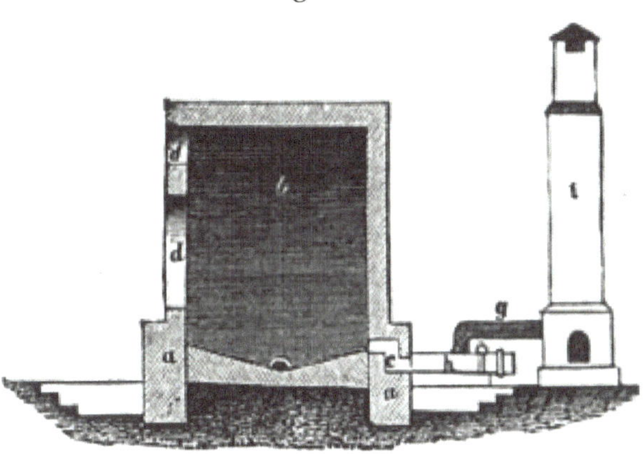

Was die Verkohlung des Holzes in Retortenöfen betrifft, so geht dieselbe dadurch vor sich, dass man das in eisernen oder thönernen Retorten eingeschlossene Holz von aussen erhitzt und für den Abzug und die vollständigste Verwerthung der flüchtigen Produkte Sorge trägt. In einzelnen Fällen ist die Theergewinnung, in anderen die Gaserzeugung Hauptzweck. In den Röhrenöfen geschieht die Erhitzung und Verkohlung der eingeschlossenen Holzmasse nicht von aussen, sondern von innen durch glühend gemachte eiserne Röhren, welche durch den Ofen hin- und hergezogen sind, ausserhalb mit einer Feuerung in Verbindung stehen und in eine Esse ausmünden. Anstatt die heisse Luft und die Flamme durch eiserne Röhren zu leiten, kann man auch die eisernen Röhren beseitigen und das Holz ohne Weiteres durch die erhitzte Luft verkohlen, wenn man dafür sorgt, dass die Flamme und die heisse Luft so vollständig als möglich ihres Sauerstoffs beraubt sind. Hierdurch erspart man nicht nur die Röhren und beträchtlich an Brennmaterial, sondern bewirkt auch eine schnellere und gleichmässigere Verkohlung. Nach diesem Princip ist der von Schwarz construirte schwedische Verkohlungsofen eingerichtet. Fig. 309 zeigt den senkrechten Längendurchschnitt dieses Ofens. *b* ist der von dem Mauerwerk *a* umgebene Verkohlungsraum; durch die Oeffnungen *c c* tritt die zur Verkohlung dienende Feuerluft in den Ofen. Die auf der geneigten Sohle verdichteten Flüssigkeiten treten durch eingemauerte Röhren durch die Heberröhren *e e* in die Theerfässer *f f*; die Dämpfe der flüchtigen Flüssigkeiten (Holzessig, Holzgeist etc.) treten durch die Röhren *g g* in die Verdichtungskästen *h h*, welche letztere mit einer hohen Esse *i* (Fig. 310) in Verbindung stehen, welche dem Apparat den erforderlichen Zug geben soll. Die Feuerherde haben keinen Rost. Die überwölbten Oeffnungen *d d* dienen zum Eintragen des Holzes.

Verkohlung mit gleichzeitiger Theerproduktion. Ist der Hauptzweck der Holzverkohlung die Gewinnung von Theer, so bedient man sich mit Vortheil des in Russland üblichen Verfahrens

Fig. 311.

Nach der von Hessel (1861) gegebenen Beschreibung wählt man Stammkienholz (Brawica) und Wurzelholz (Luczina) und zwar von absterbenden Bäumen, welches mit der Hacke in 3 bis 4zöllige Stücke gespalten und zum Aufbauen des Meilers benutzt wird. Die Meilerstätte (Fig. 311) ist trichterförmig und in der Mitte mit einer Einsenkung versehen; die ganze Fläche ist mit einem Thonanstrich überkleidet und mit Dachschindeln belegt, über welche der Theer dem Centrum zufliesst, von wo aus er durch eine Röhre in ein im Boden befindliches Gewölbe in ein untergestelltes Gefäss abläuft. Das Kienholz wird in diesen Meilern stehend in 6–8 Lagen übereinander aufgestellt, mit Stroh, Heu oder Mist bedeckt und hierauf mit Sand oder Erde einige Zoll dick überschüttet. Ist der Meiler beschickt, so zündet man an der Basis desselben an 40–50 Oeffnungen Feuer an und verschüttet diese Oeffnungen mit Sand, sobald sich das Feuer im ganzen Meiler nach obenhin fortgepflanzt hat. Nach etwa 6 Tagen, während welcher Zeit unaufhörlich das Füllen fortgesetzt wurde, sinkt die Spitze des Meilers etwas ein und es zeigt sich eine hohe und starke Flamme. Nach 10–12 Tagen beginnt man mit dem Abnehmen des Theeres, was jeden Morgen fortgesetzt wird. Das Schwelen dauert 3–4 Wochen. Die Kohlenausbeute ist höchst gering; da die Theerschwelerei in Meilern nichts weiter ist als eine langsame Verbrennung von aussen nach innen, der eine trockne Destillation und Theerbildung in der nämlichen Richtung vorausgeht, so sind die meisten Kohlen längst verbrannt, bis das Abschwelen den Kern des Meilers erreicht hat. — In Niederösterreich wird (nach Thenius) der Holztheer auf ähnliche Weise durch Meilerverkohlung und zwar zum grossen Theile aus solchem Holze der Schwarzföhre gewonnen, welches wenig oder gar keinen Terpentin mehr giebt. In Böhmen dagegen verwendet man zum Holztheer harzreiche Hölzer, namentlich Wurzelstöcke, welche viele Harztheile enthalten. — In Russland erhält man aus 100 Th. Kienholz 17,6 Th. Theer und 23,3 Th. Kohle.

Fig. 312.

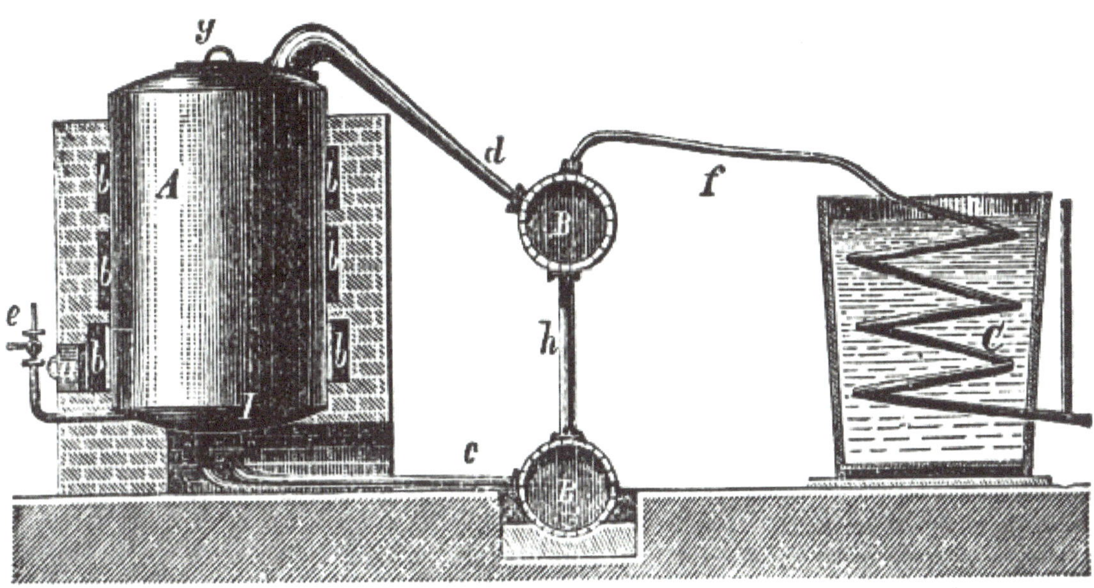

Seit dem Jahre 1853 wendet man in Russland die ursprünglich in Schweden üblichen Thermokessel an, welche in jeder Hinsicht der Meilerverkohlung vorgezogen zu werden verdienen. Nach der Beschreibung von Hessel besteht ein solcher Kessel *A*, dessen einzelne Theile Fig. 312 zeigt, aus starkem Eisenblech und hat eine Capacität von ungefähr 8 Kubikmetern. Die Beschickung geschieht durch das Mannloch. Die Heizung geht aus der Feuerung *a* mit Hülfe der Züge *b b* ... um die Seitenwände. Um das zu destillirende Holz schnell auf 100° zu bringen, leitet man durch das Rohr *e* einen Dampfstrom in den Kessel. Der schon im Kessel sich ansammelnde Theer läuft durch das Rohr *c* nach der Sammeltonne *B*, während die Theerdämpfe durch *d* in den Condenser *B'* gelangen; was sich hier verdichtet, läuft durch *h* nach *B*, das dampfförmig Gebliebene wird in dem Kühlapparate *C* condensirt. Die brennbaren Gase werden in die Kesselfeuerung geführt. Ausser Theer erhält man bei Beginn der Destillation noch Terpentinöl und Holzessig. Die zurückbleibenden Kohlen, die man unter Anwendung von Wasserdämpfen löscht, entfernt man aus dem Kessel durch die Oeffnung *a*.

Bei einer (1865) von Thenius ausgeführten Untersuchung, wobei er festzustellen suchte, ob der als Nebenprodukt der Holzgasfabrikation auftretende Theer eben so gut wie der durch die Meilerverkohlung erhaltene zum Schiffbau, zur Darstellung von Schusterpech und zur Fabrikation von Schmierpech Verwendung finden könne, hat sich gezeigt, dass dieses nicht der Fall ist.

Eigenschaften der Kohle.

Je nach der Art des Holzes, welches zur Darstellung der Holzkohle diente, unterscheidet man harte Kohle (Kohle von harten Hölzern) und weiche Kohle (Kohle von weichen Hölzern), welche letztere entweder Laubholz- oder Nadelholzkohle ist, je nach dem Grad der Verkohlung, die vollständig verkohlte Schwarzkohle und die durch unvollständige Verkohlung erhaltene Röst- oder Rothkohle (*charbon roux*).

Nach der Grösse theilt man die Holzkohlen in:

1) Stück-, Grob-, Lese- oder Ziehkohlen, die grössten und dichtesten Stücke;

2) Schmiedekohlen, dichte Stücke, aber nur von Faustgrösse;

3) Quandelkohlen, aus der Nähe des Quandels, kleine undichte Stücke;

4) Kohlenklein, Kohlenlösche, Kläre, kleine Stücke und Staub;

5) Brände, rohe oder rothe Kohlen, unvollständig verkohlte Stücke.

Die Angabe der Kohlenausbeute dem Volumen nach kann sich entweder beziehen auf das wirkliche Volumen der Holz- oder Kohlenmasse, d. h. auf das Volumen der Masse nach Abzug der Zwischenräume, oder auf das scheinbare Volumen (Gemässvolumen) ohne Abzug der Zwischenräume. Man kann vergleichen

a) das scheinbare Volumen des Holzes mit dem scheinbaren Volumen der Kohle;

b) das wirkliche Volumen des Holzes mit dem wirklichen Volumen der Kohle;

c) das wirkliche Volumen des Holzes mit dem scheinbaren Volumen der Kohle;

Man kann die erste Methode das Ausbringen nach dem scheinbaren Volumen (I), die zweite das Ausbringen nach dem wirklichen Volumen (II), die dritte das Ausbringen nach beiderlei Volumen (III) nennen.

Nach der Methode (I) erhielt man folgende Resultate:

Eichenholz	71,8–74,3	Proc.	Kohle
Rothbuchenholz	73,0	„	„
Birkenholz	68,5	„	„
Hainbuchenholz	57,2	„	„
Föhrenholz	63,6	„	„

Dem wirklichen Volumen nach (II) betrug als Mittel verschiedener Versuche die Kohlenausbeute 47,6 Proc. Nach beiderlei Volumen (III) erhielt man in Eisleben folgende Resultate:

	Gewicht.		Scheinbares Volumen.		Beiderlei Volumen.	
Eichenholz	21,3	Proc.	71,8	Proc.	98,7	Proc.
Rothbuchenholz	22,7	„	73,0	„	100,4	„
Birkenholz	20,9	„	68,5	„	94,2	„
Hainbuchenholz	20,6	„	57,2	„	78,6	„
Föhrenholz	25,0	„	63,6	„	87,2	„

Zusammensetzung der Kohle.

Wenn man von dem geringen Gehalt der Schwarzkohle an Wasserstoff und Sauerstoff absieht, so lässt sich die durchschnittliche Zusammensetzung einer lufttrockenen Schwarzkohle auf folgende Weise ausdrücken:

Kohlenstoff	85	Proc.
hygroskopisches Wasser	12	„
Asche	3	„

Brennbarkeit und Heizwerth.

Die Brennbarkeit der frisch dargestellten Schwarzkohle ist ausserordentlich gross, insofern dieselbe, einmal entzündet, bei dem nöthigen Luftzuge fortbrennt; die Entzündungstemperatur derselben liegt dagegen, weil die Kohle fast keine flüchtigen brennbaren Substanzen enthält und ausserdem ein schlechter Wärmeleiter ist, sehr hoch.

Der Wärmeeffect verschiedener Holzkohlen ergiebt sich aus folgender Tabelle, wobei der Wärmeeffect des Kohlenstoffs als Einheit gilt.

	Absol.	Specif.	Pyrom.	1 Gewichtstheil Kohle reducirt Blei	1 Gewichtstheil Kohle erwärmt Wasser von 0-100° C.
Schwarzkohle lufttrocken	0,97	—	2450	—	
Schwarzkohle völlig trocken	0,84	—	2350	—	
Birkenkohle „ „	—	0,20	—	33,71	
Eschenkohle „ „	—	0,19	—	—	
Rothbuchenkohle „ „	—	0,18	—	33,57	
Rothtannenkohle „ „	—	0,17	—	33,51	Im Durchschnitt 75,7 Theile
Ahornkohle „ „	—	0,16	—	—	
Eichenkohle „ „	—	0,15	—	33,74	
Erlenkohle „ „	—	0,13	—	32,4	
Lindenkohle „ „	—	0,10	—	32,79	
Fichtenkohle „ „	—	—	—	33,53	
Weidenkohle „ „	—	—	—	33,49	

Die Verdampfungskraft von Föhrenholzkohle beträgt mit 10,5 Proc. H_2O und 2,7 Proc. Asche 6,75 Kilogr., wasserfrei und 3,02 Proc. Asche 7,59 Kilogr.

Die Roth- oder Röstkohle.

Da die vollständige Verkohlung des Holzes einen fast 40 Proc. betragenden Verlust von Brennstoff nach sich zieht, so hat man sich seit einer Reihe von Jahren bemüht, die Verkohlung des Holzes nur bis zu dem Grade fortzusetzen, bei welchem die Kohle noch eine schwärzlich braune Farbe zeigt. Die Erfahrung hat gelehrt, dass, wenn das lufttrockene Holz etwa 60–70 Proc. von seinem Gewicht verloren hat, man diejenige Kohle erhält, welche man Roth- oder Röstkohle (*charbon roux*) nennt. Sie liegt in der Mitte zwischen Holzkohle und gedarrtem Holz, ist weit sauerstoffreicher, leicht zerreiblich, locker, aber weniger porös. Ihre Brennbarkeit und Flammbarkeit sind bei weitem grösser als die der Schwarzkohle. Als Brennmaterial in Schachtöfen zu metallurgischen Zwecken ist die Rothkohle ein wichtiges Brennmaterial.

Die Zusammensetzung der frisch und normal bereiteten Rothkohle ist ungefähr folgende:

Kohlenstoff	74	Proc.
chemisch gebundenes Wasser	24,5	„
Asche	1,5	„

die von gelagerter Rothkohle:

Kohlenstoff	66,5	Proc.
chemisch gebundenes Wasser	22	„
hygroskopisches Wasser	10	„
Asche	1,5	„

Rothholz.

Der Verein für chemische Industrie in Mainz producirt seit einigen Jahren ein Zwischenprodukt zwischen Holz- und Rothkohle, welchem der Name Roth- oder Röstholz (*bois roux*) gegeben wurde. Es wird aus Buchenholz dargestellt und ist das Nebenprodukt bei Gewinnung von Essigsäure und Kreosot; wenn man von der braunen, zum Rothbraun neigenden Farbe absieht, hat es noch ganz das Ansehen des Holzes, ist aber weit entzündlicher als gewöhnliches Buchenholz. Es enthält im Mittel

Kohlenstoff	52,66	Proc.
Wasserstoff	5,78	„
Asche	0,43	„
Wasser	4,49	„
Sauerstoff	36,64	„

Nach Versuchen von R. Fresenius verhält sich die Verdampfungskraft des lufttrocknen Buchenholzes zu der des Rothholzes wie 54,32:100.

Der Torf.

Torf.

Der Torf ist das Produkt der freiwilligen Zersetzung von Vegetabilien, namentlich Sumpfpflanzen, in vielen Fällen gemischt mit Mineralstoffen, wie Sand, Lehm, Thon, Kalk, Eisenkies, Eisenocker u. s. w. Torflager werden sich vorzüglich an solchen Orten bilden, welche zwar noch eine genügende Temperatur zur Entwickelung der Vegetation, aber vor Allem stehendes Wasser besitzen, welches den Torf den grössten Theil des Jahres von der Luft abschliesst; es stauen sich die Wasser an und bilden Sümpfe, in denen die Sumpf- oder Torfpflanzen, vorzüglich folgende Arten wachsen: *Eriophorum*, *Erica*, *Calluna*, *Ledum palustre*, *Hypnum*, vor Allem aber *Sphagnum*, welche Pflanze zur Torfbildung sich vorzugsweise eignet, weil sie nie ganz abstirbt, sondern oben beständig fortwächst und sich verzweigt, während die älteren Theile vertorfen.

Die abweichende Beschaffenheit des Torfes ist theils von der Verschiedenheit der Pflanzen abhängig, aus denen er sich bildet, theils von der vollkommeneren oder unvollkommeneren Zersetzung der Vegetabilien, theils auch von der Natur und der Quantität der mit der Torfsubstanz sich vermengenden erdigen Theile. Es ist einleuchtend, dass der verschiedene Druck, welchem der sich bildende Torf unterliegt, auf die Dichtigkeit seiner Masse von Einfluss ist. Nach der Verschiedenheit der Vegetabilien, aus welchen der Torf sich erzeugte, lassen sich unterscheiden: 1) Moortorf, zu welchem Sphagnumarten hauptsächlich das Material darboten; 2) Haidetorf, der besonders aus den Wurzeln und Stämmen der eigentlichen Haidepflanzen sich erzeugte; 3) Wiesentorf, aus Gras und Schilf gebildet; 4) Wald- oder Holztorf, der hauptsächlich aus dem Holze von Waldbäumen entstand; 5) Meertorf, der aus Tangen sich bildete. Hinsichtlich seiner Gewinnung theilt man den Torf ein 1) in Stechtorf, welcher unmittelbar aus den Torfmooren in ziegelähnlichen Stücken ausgestochen wird; die Ziegel der obersten jüngeren und faserigen Schicht heissen Rasentorf, die der darunter liegenden schweren Moortorf; 2) Baggertorf und 3) Streich- und Presstorf werden aus breiförmiger Moormasse, deren weiche Beschaffenheit das Stechen nicht zulässt, gebildet oder gleich Mauerziegeln geformt. Ist die Masse zu dünnflüssig, wie es in Holland, Westphalen, auch im nördlichen Frankreich der Fall ist, so wird ein Theil des Wassers durch die sogenannten Baggernetze abgeseiht. Diese Operation nennt man das Baggern und den so erhaltenen Torf Baggertorf. Um dem Torf eine grössere Dichte zu ertheilen, wird er zuweilen durch besonders construirte Torfpressen gepresst und führt dann den Namen Presstorf.

Der Wassergehalt von frischem Torf ist sehr beträchtlich; durch längeres Lagern kann er 45 Procent von seinem ursprünglichen Gewichte verlieren. Nehmen wir an, dass die organische Masse des Torfes als bestehend betrachtet werden kann aus

Kohlenstoff	60	Proc.
Wasserstoff	2	„
Wasser	38	„

so besteht die beste Sorte von lufttrocknem Torf aus

fester Torfmasse (incl. Asche)	75	Proc.
hygroskopischem Wasser	25	„

oder aus

Kohlenstoff	45,0	Proc.
Wasserstoff	1,5	„
chemisch gebundenem Wasser	28,5	„
hygroskopischem Wasser	25,5	„

Die Zusammensetzung der Torfasche ergiebt sich aus folgenden Analysen. Charakteristisch ist der Gehalt an Phosphorsäure, welcher weit grösser ist als in der Holzasche.

Nach E. Wolff enthielten zwei Torfaschen aus der Mark (a und b) und nach mir eine Torfasche aus Südbayern (c):

	(a)	(b)	(c)
Kalk	15,25	20,00	18,37

Thonerde	20,50	47,00		45,45
Eisenoxyd	5,50	7,59		7,46
Kieselerde	41,00	13,50		20,17
Calciumphosphat mit Gyps	3,10	2,60		
			Alkali, Phosphorsäure, Schwefelsäure u. s. w.	8,55
				100,00

Entwässern des Torfes.

Die Brauchbarkeit und der Werth einer Torfart ist von ihrem Gehalte an Wasser und mineralischen Bestandtheilen abhängig. Die theilweise Entwässerung geschieht:

1) durch Trocknen an der Luft im Freien oder in Stadeln; der Torf enthält lufttrocken immer noch 25 Proc. hygroskopisches Wasser;

2) durch Darren bei einer Temperatur von 100 bis 120° C. Man wendet hierzu Darröfen oder Darrkammern an, welche entweder durch eine eigene Feuerung oder durch die verloren gegangene Hitze einer anderen Feuerung geheizt werden;

3) durch Pressen (von Pernitzsch 1821 zuerst angeregt); die dadurch zu erzielenden Vortheile sind *a)* Verdichtung der Masse, mithin grösserer pyrometrischer Wärmeeffect, *b)* vermindertes Volumen, daher bequemerer Transport, namentlich zu Wasser, wo die Transportkosten mehr dem Volumen als dem Gewichte nach berechnet werden; *c)* Entwässerung. So einfach und sicher die Aufgabe des Torfpressens scheint, so überaus schwierig ist die praktische Ausführung. Das Pressen des Torfes ohne weiteres ist ohne grosse Abschwächung der Qualität nicht ausführbar, weil das durch Pressen entfernte Wasser werthvolle schlammige Torfbestandtheile mit sich fortführt. Wollte man diesen Uebelständen durch Anwendung siebartig durchlöcherter Formen in der Centrifugalmaschine, durch Benutzung von Presstüchern oder Presssäcken etc. auszuweichen suchen, so würde man sehr bald wahrnehmen, dass die Siebe sich bald verstopfen und die Tücher und Säcke bersten. Ferner zeigt sich, dass der Grad der Condensation gewöhnlich der aufgewendeten Kraft nicht entspricht, weil der Torf, namentlich der Fasertorf und die aschenarmen Rasentorfarten nach dem Pressen an einem warmen und feuchten Orte aufbewahrt, sich leicht unter Volumenzunahme aufblättert. Endlich scheiterten fast alle Unternehmungen, welche das Pressen der frischen Torfmasse zum Zweck hatten, an der complicirten und kostspieligen Construction der maschinellen Vorrichtungen. Dieser Weg ist daher fast überall verlassen (mit Ausnahme von Schleissheim bei München, wo man ihn jetzt noch, allerdings mit zweifelhaftem Erfolge, betritt). Der Gedanke, die Verdichtung des nassen Torfes durch chemisch-physikalische Agentien, wie Natronlauge, Salzsäure, Alaun, gekochte Kartoffeln, Stärkekleister etc., zu unterstützen, erwies sich in der Praxis gleichfalls als ein unfruchtbarer.

Es war ein wichtiger Fortschritt in der Geschichte der Torfgewinnung, als man die Ueberzeugung gewann, dass die rohe Torfmasse vor der Verdichtung eine Vorbereitung erheische, dass ferner die Presse erfolgreich nur zur Condensation des trocknen Torfes dienen könne. Die nasse Aufbereitung hat den Zweck, den Torf durch eine Art Schlemmung, wodurch nicht nur die groben Fasern, Wurzeln und Holztheile, sondern auch zum Theil die beigemengten Mineralstoffe entfernt werden, in einen feinzertheilten Brei zu verwandeln. In dem Torfwerke zu Staltach bei München wendet man folgendes, von Weber herrührendes Verfahren der Torfzerkleinerung an: Die im Torfmoore gestochenen Massen gelangen auf einer Eisenbahn zum Zerkleinerungswerk und werden mit Hülfe eines aus Brettchen bestehenden und auf zwei hölzernen Walzen laufenden endlosen Bandes gehoben und der Maschine übergeben. Letztere ist ein stehender, unten verjüngter Cylinder, welcher in seinem Innern mit vier Reihen sichelförmiger Messer besetzt ist. In der Axe des Cylinders befindet sich eine durch Dampfkraft bewegte eiserne Welle, welche ebenfalls sichelförmige Messer trägt. Der bereitete Torf kommt als ziemlich steife Masse aus dem Schneidewerk auf ein Tuch ohne Ende und wird darauf dem Trockenlokal zugeführt. Aehnlich ist Schlickeysen's Torfmaschine, bei welcher man es durch andere Stellung der Messer und sonstige Einrichtung dahin gebracht hat, dass der Wasserzusatz zum Torf überflüssig ist, wodurch die Trocknung wesentlich erleichtert wird. Die von Fr. Versmann (in London) neuerdings construite vortreffliche Torfaufbereitungsmaschine besteht wesentlich aus einem Trichter aus Kesselblech, in welches von oben nach unten kleine Löcher siebähnlich eingeschlagen sind. In dem Trichter bewegt sich ein eiserner Conus, welcher um seine Peripherie herum ein schneckenartig gewundenes Messer trägt. Wird nun der aufzubereitende Torf in den Zwischenraum zwischen Conus und Trichterwandung geworfen, so wird der Torf durch den rotirenden Conus fein geschnitten und zugleich als Brei durch die Trichteröffnung gedrückt, der nun in Form von wurmförmigen Strähnen nach aussen tritt. Die gröberen Fasern, die nicht durch die Löcher hindurch können, gelangen durch die untere Trichteröffnung in einen Kasten und können entweder als Brennstoff benutzt oder auch wieder auf den Trichter aufgegeben werden.

Im Haspelmoor (zwischen Augsburg und München) suchte man bis zum Jahre 1856 nach dem (älteren) Verfahren von Exter (in München) den Torf in einer Maschine zu zerkleinern, welche im wesentlichen aus 0,5 Meter starken, mit Stacheln besetzten Walzen bestand; die Stacheln hatten eine Länge von 6 Centimeter und waren in zwei Reihen dergestalt angeordnet, dass sie gegen eine eiserne Platte mit stumpfen Rippen wirkte, welche zwischen die einzelnen Reihen von Stacheln eingreifen. Ueber die Walzen ergiesst sich während der Arbeit auf die Torfmasse Wasser aus einer Brause; die Torfstücken werden von den Stacheln vorwärts getrieben, von den Rippen zurückgehalten, dadurch zermalmt und mit dem übrigen Schlamm über die schräge Bühne in Kippwagen nach den Formplätzen geführt, wo sie geformt werden. Die zwischen den Stacheln zurückbleibenden Wurzeln und Latschen werden durch passende Vorrichtungen entfernt. Bei dem von Challeton im Jahre 1824 zu Montanger bei Corbeil (Dep. der Seine und Oise) eingeführten Verfahren der Torfaufbereitung findet ein vollständiges Schlämmen des Torfes statt. Der in ziegelähnlichen Streifen gewonnene Torf wird durch ein Paternosterwerk in die Verkleinerungsmaschinen gehoben. Dieselben bestehen aus einem System von sich rasch bewegenden, 1,3 Meter langen und mit Messern besetzten Walzen, so wie aus zwei kaffeemühlartig gestellten und mit Stacheln versehenen Cylindern, von denen sich der innere mit grosser Geschwindigkeit bewegt. Zwischen den Walzen und Cylindern ist ein Sieb mit Bürstenapparat angebracht, auf welches die von den Walzen zerkleinerte Torfmasse fällt, um hier unter Mitwirkung von einströmendem Wasser durch den Bürstenapparat in die mit Stacheln besetzten Cylinder geworfen zu werden, wo die vollkommene Zertheilung vor sich geht. Der Torfschlamm gelangt nun in Schlämmständer, wo er seine schweren mineralischen Verunreinigungen absetzt und dann in höher gelegene Rinnen, die den Schlamm in die Sickerbassins führen. Letztere sind 0,3 Meter tiefe Gruben, deren Boden mit Schilf oder Rohr belegt ist, durch welches das Wasser des Torfschlammes in den Untergrund absickert. Der Schlamm bleibt in den Sickergruben, bis er die geeignete Consistenz erlangt hat. Durch Aufdrücken eines gitterförmigen Rahmens wird dann die Torfmasse in (500) Torfsoden zertheilt, welche durch Liegen an der Luft völlig ausgetrocknet werden. Aehnliche Torfbereitungsanstalten wie zu Montanger befinden sich zu Rheims und St. Jean am Bielersee in der Schweiz. In der Anstalt von Challeton sollen 100 Ctr. Torfmasse 14 bis 15 Ctr. fertigen Torf liefern und der Aschengehalt um 7/8 verringert werden.

Den unzweifelhaften Vorzügen des Schlämmens stellen sich grosse Nachtheile gegenüber, man braucht nämlich grosse Wassermengen, durch die Reinigung und Beseitigung der gröberen Theile bildet sich viel Abfall, die Transportkosten sind sehr erheblich und endlich ist man während des Trocknens, welches nur langsam und vorsichtig geschehen kann, vom Wetter abhängig. Es liegt mithin auf der Hand, dass es weit rationeller sein würde, den gewöhnlichen unaufbereiteten Torf zu verdichten. Die hierher gehörigen Verfahren des trocknen Pressens, die eine neue Epoche in dem Torfaufbereitungsverfahren begründen, sind die von Gwynne und von Exter (neues Verfahren). Nach dem Verfahren von Gwynne, durch welches zuerst im Grossen Presstorf oder *solidified peat* erhalten wurde, wird der Torf vorläufig in der Centrifugalmaschine getrocknet, dann zu einer Breimasse zermalmt, die durch Wärme vollends entwässert und darauf durch Mühlen in Torfklein verwandelt wird, welches endlich zum Formen in die mit Dampf geheizten Pressen gelangt. Von weit grösserer wirtschaftlicher Wichtigkeit ist die neue Exter'sche Methode der Presstorffabrikation, wie sie seit 1856 auf dem Haspelmoor und seit 1859 auch in einer auf Actien begründeten Presstorffabrik zu Kolbermoor bei Aibling (Südbayern, an der von München nach Salzburg und Innsbruck führenden Bahn) ausgeübt wird. Auch diesem Verfahren liegt die Idee zu Grunde, die frische, in kleine Schollen zertheilte Torfmasse erst zu trocknen und dann unter der Presse zu formen. Die Darstellung des Presstorfes in Kolbermoor (so wie auch auf dem Staatswerke von Haspelmoor) beginnt mit der Gewinnung und dem Lufttrocknen des rohen Torfes. Nach der Trockenlegung der zu bearbeitenden Moorparcelle wird die Oberfläche von der Vegetation (in Südbayern namentlich die Legföhre) befreit und die entblösste Torfmasse zu einer ebenen Fläche ausgeglichen. Aus dem Torffeld wird nun mit Hülfe von durch Locomobilen in Bewegung gesetzten Pflügen, durch Eggen und zeitweiliges Wenden (wie beim Heumachen) der rohe Torf gewonnen. Das lufttrocken gemachte Torfklein wird mit einem Schneepfluge zusammengeschaufelt, durch einen Sammler auf Wagen gebracht und vom Moore in die Magazine geführt. Behufs der Verdichtung kommt der lufttrockne Torf in eine Zerkleinerungsmaschine, in welcher er feingerissen wird, und dann in den Trockenofen, und zuletzt mit einer Temperatur von 50–60°C. in die Presse (eine einfach wirkende Excentrikpresse), in welcher die dunkelbraunen und glänzenden Torfziegel dargestellt werden. Presstorf aus dem Kolbermoor (a) und dem Haspelmoor (b) enthält:

	(a)	(b)
Asche	4,21	8,34
Wasser	15,50	15,50
Kohlenstoff	46,98	49,82
Wasserstoff	4,96	4,35
Stickstoff	0,72	26,99
Sauerstoff	27,63	
	46,98	49,82

Heizwerth des Torfes.

Die Brennbarkeit des Torfes ist wegen des in der Regel grossen Aschen- und Wassergehaltes geringer als die des Holzes, dasselbe gilt von der Flammbarkeit.

Nach Karmarsch sind ihrem absoluten Wärmeeffect nach

100	Kilogr.	gelber	Torf	=	94,6	Kilogr.	lufttrocknem	Fichtenholz,
100	„	brauner	„	=	107,6	„	„	„
100	„	Erdtorf		=	104,0	„	„	„
100	„	Pechtorf		=	110,7	„	„	„
100	Kilogr.	gelber	Torf	=	33,2	Kubikmeter	Fichtenholz,	

100	„	brauner „	=	89,7	„	„
100	„	Erdtorf	=	144,6	„	„
100	„	Pechtorf	=	1184,3	„	„

Mit diesen Resultaten stimmen auch die von Brix erhaltenen überein. Karsten giebt an, dass bei Siedeprocessen

2½	Gewichtstheil	Torf	=	1	Gewichtstheil Steinkohle,
4	Volumen	„	=	1	Volumen „

Die Verdampfungskraft des Torfes ist nach A. Vogel folgende:

	Wasser.		Verdampfungskraft.	
Lufttrockner Faserstoff	10	Proc.	5,5	Kilogr.
Maschinentorf	12–15	„	5–5,5	„
Presstorf	10–15	„	5,8–6,0	„

Neue Verwendung des Torfes.

Der Torf hat seit etwa zwanzig Jahren eine neue Anwendung dadurch gefunden, dass man seine Produkte der trocknen Destillation auf Leuchtmaterialien (Paraffin, Torfkreosot, Solaröl) verarbeitet. Die Gewinnung des Paraffins aus irländischem Torf im Grossen wurde schon 1849 von Reece versucht; fortgesetzte Versuche von Kane und Sullivan ergaben das Resultat, dass 1 Tonne (= 20 Ctr.) Torf ungefähr 1,36 Kilogr. Paraffin, 9 Liter eines zur Beleuchtung geeigneten flüchtigen Oeles und 4,54 Liter eines fixen Oeles liefere, welches als Maschinenschmiere Anwendung finden könne. Nach Wagenmann liefert ein Torf von der Hebrideninsel Lewis 6–8 Proc. Theer, und zwar 2 Proc. Photogen, 1,5 Proc. Solaröl und 0,33 Proc. Paraffin.

Torfkohle.

Torfkohle.

In vielen Gegenden Deutschlands steht die Verwendung des Torfes als Brennmaterial in keinem Verhältniss zu den vorhandenen Torflagern; grosse Strecken Torfmoore liegen fast unbenutzt oder werden doch nicht in einem solchen Umfange ausgebeutet, als die vorhandene Menge und die Wiedererzeugung des Torfes gestatten. Der Grund davon liegt in der Unbequemlichkeit, welche mit der Verwendung des Torfes verknüpft ist: sein Volumen ist im Vergleich zu seiner Heizkraft meist ein sehr grosses, bei seiner Verbrennung erzeugen sich unangenehm riechende Produkte, welche den Torf zur Zimmerheizung fast unbrauchbar machen. Man sucht daher den Torf dadurch zu verbessern, dass man ihn in Torfkohle verwandelt.

Die Zusammensetzung der Torfkohle ist wegen der schwankenden Zusammensetzung der Torfsorten eine sehr verschiedene.

Die Zusammensetzung der äussersten Glieder lässt sich auf folgende Weise ausdrücken:

Torfkohle, erste Qualität. Torfkohle, schlechteste Qualität.

Kohlenstoff	86	34
hygroskopisches Wasser	10	10
Asche	4	56

Ueber den absoluten und specifischen Wärmeeffect der Torfkohle lässt sich nach den wenigen Daten, die vorliegen, keine sichere Angabe machen. Gewöhnliche Torfkohle kommt in ihrem specifischen Wärmeeffect dem der Holzkohle sehr nahe, im übrigen steht sie in den meisten Fällen bezüglich ihrer Brauchbarkeit hinter der Holzkohle zurück, weil sie wegen ihrer geringen Dichtigkeit und der grossen Menge staubförmiger Asche kein intensives Feuer zu geben vermag. Der Benutzung in Schachtöfen steht ihre leichte Zerdrückbarkeit entgegen, indem sie sich leicht, namentlich in den tieferen Theilen des Schachtes, zu einer dichten Masse zusammenballt, welche der Gebläseluft den Durchgang erschwert und den Schmelzprocess in Unordnung bringt. Dagegen bedient man sich bei Herd-, Pfannen- und Kesselfeuerungen der Torfkohle mit vielem Erfolg. Die aus verdichtetem Torf dargestellte Torfkohle hat eine so grosse Festigkeit und Dichtigkeit, dass dieselbe für den Metallurgen von sehr grosser Wichtigkeit werden kann, wenn ihre Herstellung ohne zu grosse Kosten ausführbar ist.

Die Braunkohlen.

Braunkohle.

Eben so wie der Torf ist die Braunkohle ein durch nasse Vermoderung verändertes Holz, wobei jedoch der wesentliche Unterschied stattfindet, dass der Zersetzungsprocess bei der Braunkohle viel weiter vorgeschritten ist, als beim Torfe. Berücksichtigt man allein die Eigenschaften, so lässt sich nicht wohl eine Grenze zwischen Braunkohle und Steinkohle ziehen; nur die geologischen und paläontologischen Verhältnisse des Vorkommens vermögen Anhaltepunkte für die Bestimmung einer fossilen Kohlenart zu liefern. Es lässt sich in dieser Hinsicht allgemein sagen, dass jede fossile Kohle, welche jünger ist als Kreide, und in Formationen über derselben vorkommt, Braunkohle zu nennen ist; jede Kohle, die in Formationen sich findet, welche älter sind als Kreide, ist als Steinkohle zu bezeichnen. Da der Stickstoffgehalt der Steinkohlen weit grösser ist als der der Braunkohlen, so lässt sich darauf eine Reaction gründen, durch welche man Steinkohle in sehr vielen (jedoch nicht in allen) Fällen leicht von Braunkohle unterscheiden kann. Letztere, in ihrer Zusammensetzung der Cellulose weit ähnlicher als die Steinkohle, liefert beim Erhitzen in einem Probirglase Dämpfe, die durch vorherrschenden Holzessig sauer reagiren, während bei gleicher Behandlung von Steinkohle, durch vorwaltendes Ammoniak und durch Ammoniakbasen (Anilin, Lepidin etc.) ammoniakalisch reagirende Dämpfe gewonnen werden. Nach einer andern Probe soll man die zu untersuchende Kohle im fein gepulverten Zustande mit Kalilauge erhitzen; Steinkohle lässt die Flüssigkeit farblos, Braunkohle färbt sie meist durch Bildung von Kaliumhumat braun, doch sind hiervon ausgenommen die Braunkohlen der nördlichen alpinen Tertiärformation, sobald sie den Charakter der Fettkohle annehmen. Ein anderer charakteristischer Unterschied zwischen Steinkohle und Braunkohle ist (nach E. Richter und nach Hinrichs) der, dass erstere beim Trocknen bei 115° allmälig bis zu einem gewissen Minimum an Gewicht verliert, dann aber wächst das Gewicht wieder in Folge einer Oxydation. Braunkohle zeigt diese Gewichtszunahme nicht.

Nach dem verschiedenen Zersetzungsgrade unterscheidet man mehrere Varietäten der Braunkohle: 1) die fasrige Braunkohle (fossiles oder bituminöses Holz, Lignit) von dem Ansehen des Holzes, in dem nicht selten Stamm-, Ast- und Wurzelstücke deutlich erkennbar sind; 2) die gemeine Braunkohle bildet derbe spröde Massen von muscheligem Bruche. Bei glänzendem Bruche nennt man sie Gagat; 3) die erdige Braunkohle oder Erdkohle ist, wie schon ihr Name andeutet, eine mit erdigen Substanzen gemengte dunkelbraune Braunkohle. Zur Theerschwelung (für Solaröl und Paraffin) geeignete Braunkohle findet sich in Deutschland besonders in

Preussen (bei Weissenfels und Zeitz, Oschersleben, Saarau in Schlesien) und im Königreich Sachsen (in der Nähe von Borna), sie führt den Namen „Schmierkohle“.

Sehr häufig findet sich in den Braunkohlen Schwefelkies (und zwar die rhombische Varietät als Vitriolkies). Ist in derselben die Menge der kiesigen und erdigen Bestandtheile überwiegend, so entsteht daraus die Alaunerde, mit welchem Namen auch ein mit Bitumen und Schwefelkies gemengter Thon bezeichnet wird. Der Aschengehalt der Braunkohlen ist ein sehr verschiedener. Im Durchschnitt lässt sich der Aschengehalt der Braunkohlen zu 5–10 Proc. annehmen. Die Asche besteht wesentlich aus Thonerde, Kieselerde, Kalk, Magnesia, Eisen- und Manganoxyd. Das hygroskopische Wasser kann bei frisch geförderten Kohlen bis zu 50 Proc. steigen, beträgt aber im lufttrocknen Zustande durchschnittlich 20 Proc., so dass, wenn man den allerdings sehr schwankenden Aschengehalt unberücksichtigt lässt, lufttrockne Braunkohle etwa zusammengesetzt ist aus

Kohle	48–56	Proc.
Wasserstoff	1–2	„
chemisch gebundenem Wasser	31–32	„
hygroskopischem Wasser	20	„

Die Brennbarkeit der Braunkohle ist geringer als die des Holzes, ihre Flammbarkeit steht zwischen der des Holzes und der Steinkohle. Die Braunkohlen geben im Allgemeinen folgenden Wärmeeffect:

											Absol.	Specif.	Pyrom.
Lufttrockne	faserige	Braunkohle	mit	20	Proc.	hygrosk.	Waser	und	ohne	Asche	0,43	0,55	1800
„	„	„	„	20	„	„	„	„	10 Proc.	„	0,43	—	—
„	erdige	„	„	20	„	„	„	„	ohne	„	0,61	0,79	1975
„	„	„	„	20	„	„	„	„	10 Proc.	„	0,55	—	—
„	muschelige	„	„	20	„	„	„	„	ohne	„	0,69	0,88	2050
„	„	„	„	20	„	„	„	„	10 Proc.	„	0,62	—	—
Gedarrte	faserige	„	„	20	„	„	„	„	ohne	„	0,61	—	2025
„	„	„	„	20	„	„	„	„	10 Proc.	„	0,55	—	—
„	erdige	„	„	20	„	„	„	„	ohne	„	0,76	—	2125
„	„	„	„	20	„	„	„	„	10 Proc.	„	0,69	—	—

„	muschelige	„	„	20	„	„	„	„	ohne	„	0,85	—	2200
„	„	„	„	20	„	„	„	„	10 Proc.	„	0,76	—	—

Aus dieser Tabelle geht hervor, dass lufttrockne Braunkohlen gedarrtes Holz an absolutem und pyrometrischem Wärmeeffect und an specifischem Wärmeeffect das beste Holz um mehr als das Doppelte übertreffen.

Die Verdampfungskraft der Braunkohlen ist folgende:

	Wasser.		Asche.		Verdampfungskraft.	
Böhm. Braunkohle	28,7	Proc.	10,6	Proc.	5,84	Kilogr.
Bituminöses Holz	23,7	„	3,9	„	5,76	„
Erdkohle	47,2	„	4,8	„	5,55	„
Stückkohle	47,7	„	3,1	„	5,08	„

Anwendung der Braunkohle.

Die Anwendbarkeit der Braunkohle als Brennmaterial ist beschränkter als die der Steinkohle, da sie für solche Zwecke, für welche die backenden Steinkohlen besonders brauchbar sind, nicht benutzt werden kann. Die Braunkohlen sind namentlich zu Rostfeuerungen, z. B. in chemischen Fabriken und Salinen, so wie als Heizmaterial für Stubenöfen brauchbar. Die erdige Varietät lässt sich indessen oft nur dann zur directen Feuerung benutzen, wenn sie zuvor eingesumpft und in Formen, gleich den Ziegeln, meist mit Hülfe von Maschinen, gestrichen und getrocknet worden. Die Praxis hat gezeigt, dass frisch geförderte Braunkohlen den gelagerten vorzuziehen sind, indem letztere, selbst bei Abwesenheit von Schwefelkies, bei längerem Lagern unter dem Einflusse der Luft und der Feuchtigkeit eine langsame Verbrennung erleiden, wodurch sie an Brennkraft einbüssen. Eine wichtige Anwendung haben die Braunkohlen darin gefunden, dass man sie der trocknen Destillation unterwirft und auf Paraffin und Solaröl verarbeitet.

Die Steinkohlen.

Steinkohlen.

Die Steinkohle (oder Schwarzkohle) ist nächst den Eisenerzen und dem Steinsalze das wichtigste anorganische Naturprodukt, welches der Bergmann aus der Tiefe zu Tage fördert. Die Eisenproduktion, die grosse Mengen Brennstoff consumirenden Gewerbe, würden nie die gegenwärtige Ausdehnung erreicht haben, wenn nicht die Steinkohle den nöthigen Brennstoff geliefert hätte. Die Steinkohlen dienen zur Heizung und zur Produktion von Kraft. Wohlfeile Steinkohlen sind daher auch gleichbedeutend mit wohlfeiler Arbeitskraft und bilden somit eine der wichtigsten Grundlagen der modernen Industrie.

Die Steinkohlen sind mumisirte und verkohlte Ueberreste einer längst untergegangenen Flora, deren hundertfältig über einander gepresste Stämme gegenwärtig regelmässige, oft viele Quadratmeilen ausgedehnte Gebirgsschichten bilden. Ueber den Process, welcher bei der Steinkohlenbildung stattfand, existiren mehrere Ansichten. Die einfachste Ansicht ist wohl die, dass ein sehr langsamer, durch die Erdwärme unterstützter und durch den Druck der aufliegenden Gebirgsschichten modificirter Zersetzungsprocess, welcher auf eine immer reinere Darstellung des Kohlenstoffs hinarbeitete, die Hauptrolle gespielt hat. Daher ist der Anthracit fast reiner Kohlenstoff, während die verschiedenen Varietäten der Steinkohle noch um so mehr bituminöse und flüchtige

Substanzen enthalten, je weniger weit ihre Zersetzung fortgeschritten ist. Der Wasserstoff und Sauerstoff entweicht mit Kohlenstoff verbunden als Kohlenwasserstoffgas (Grubengas, Methylwasserstoff), als Erdöl und als Kohlensäure. Der Anthracit in seiner vollendetsten Form ist als dasjenige Produkt zu betrachten, in welchem der Zersetzungsprocess, durch welchen Braun- und Steinkohle sich bilden, sein Ende erreicht hat.

	Kohlenstoff	Wasserstoff	Sauerstoff
Cellulose	52,65	5,25	42,10
Torf von Vulcaire	60,44	5,96	33,60
Lignit	66,96	5,27	27,76
Erdige Braunkohle	74,20	5,89	19,90
Steinkohle (secundäres Gebirge)	76,18	5,64	18,07
„ (Kohlenformation)	90,50	5,05	4,40
Anthracit	92,85	3,96	3,19

Bei der durch die Ausbreitung der Dampfkraft und Abnahme des Holzes als Heizungsmaterial stark gesteigerten Consumtion der Steinkohlen ist es von Interesse, einen Ueberblick zu gewinnen über die noch vorhandenen Steinkohlenschätze der Erde. Die grössten Steinkohlenbecken Europas sind 1) in England[194] das im Süden von Wales, welches 4 geographische Meilen breit und 20 Meilen lang ist, ferner das im Norden bei Leeds, Manchester und Sheffield, an welches sich die Becken von Newcastle und von Schottland anschliessen; 2) in Belgien das Kohlenrevier von Lüttich (Maas-Bassin), das von Charleroi und Namür (Sambre-Bassin) und das von Mons; 3) in Frankreich das der Loire (St. Etienne und Rive de Gier), von Valenciennes, von Creuzot und Blanzy, von Aubin (Aveyron), von Alais (Gard); 4) in Deutschland das schlesische Becken, das Saarbecken, das Kohlenrevier an der Ruhr, die Kohlenbassins bei Zwickau und im Plauen'schen Grunde u. s. w.; 5 in Oesterreich die böhmischen Becken zu Pilsen, Brandau und Schlan. Aber das grösste dieser europäischen Becken verschwindet ganz, wenn man sie mit denjenigen vergleicht, welche in Nordamerika vorkommen. Das ausgedehnteste der nordamerikanischen Becken ist dasjenige, welches in einiger Entfernung südwestlich vom See Erie seinen Anfang nimmt und sich über die Staaten Pennsylvanien, Virginien, Kentucky, Tennessee, bis an den Fluss Tennessee fortsetzt. Es trägt den Namen Apalachisches Kohlenfeld, hat eine Breite von 37 und eine Länge von 130 geographischen Meilen, während die Oberfläche 2800 geographische Quadratmeilen einnimmt. Um weniges kleiner sind die Becken von Illinois, von Canada und Michigan.

Accessorische Bestandtheile der Steinkohle.

Unter den accessorischen Bestandtheilen der Steinkohlen ist erwähnenswerth der Schwefelkies, welcher entweder als eigentlicher tesseraler Schwefelkies oder als rhombischer Strahl- oder Vitriolkies eine zwar gewöhnliche, aber unliebe Beimengung desselben bildet, indem er durch seinen Schwefelgehalt die Kohle zu gewissen Feuerungszwecken untauglich macht, theils durch seine Vitriolescirung die Kohle auflockert und zersprengt, sogar Selbstentzündungen der Flötze und Lager verursachen kann. Nächst dem Schwefelkies erscheinen nicht selten Bleiglanz, Kupferkies und Zinkblende. Alle diese Sulfurete sind wohl aus den entsprechenden Sulfaten entstanden, welche, in Wasser gelöst, die Steinkohlenflötze durchdrangen und durch die Einwirkung der organischen Substanz reducirt wurden. Von erdigen Mineralien sind besonders Kalkspath, Braunspath, Gyps, Baryt, Schieferthon, der thonige Sphärosiderit und der Kohleneisenstein oder Blackband (ein inniges Gemenge von Eisenspath, Kohle und etwas Kieselthon), eines der wichtigsten Mineralien der carbonischen Formation, zu erwähnen.

Eintheilung der Steinkohlen.

In technischer Hinsicht theilt man die Steinkohlen nach ihrem Verhalten im Feuer ein in: 1) Backkohlen, deren Pulver, in einem Tiegel erhitzt, schmilzt und zu einer gleichförmigen Masse zusammenbackt; 2) Sinterkohlen, deren Pulver nur zu einer festen Masse sich vereinigt, ohne eigentlich zu schmelzen; 3) Sandkohlen; wenn das Pulver keinen Zusammenhang bekommt. In England unterscheidet man nach der Benutzung drei Sorten Kohle, nämlich 1) die Gaskohle (*gaz coal*), 2) die Hauskohle (*household coal*), 3) die Dampfkohle (*steam coal*).

Wenn wir diese Eintheilung beibehalten, so zeigt die elementare Zusammensetzung, verglichen mit ihrem chemischen und physikalischen Verhalten, dass die Backkohlen entweder ein aus Kohlenstoff und Wasserstoff bestehendes Bitumen enthalten, oder, was wahrscheinlicher ist, dass eine solche Verbindung bei höherer Temperatur aus ihnen sich bilde; dass die in den Sinterkohlen vorhandene grössere Sauerstoffmenge die Quantität dieses Bitumens verringert, aber seine Bildung nicht verhindert. Bei den Sandkohlen bildet sich dieses Bitumen in noch geringerer Menge. Neuere Untersuchungen jedoch bestätigen diese Ansicht nicht, dass mit der Zunahme des Sauerstoffs die Eigenschaft des Backens abnehme und die sauerstoffärmsten Kohlen stets Sandkohlen seien. Es sind Steinkohlen gefunden worden, die fast gleiche Zusammensetzung, aber trotzdem ein sehr verschiedenes Verhalten in der Hitze zeigen[195].

Anthracit.

Der Anthracit oder die Kohlenblende ist, wie schon erwähnt, als dasjenige Produkt des Zersetzungsprocesses, durch welchen überhaupt Steinkohlen gebildet werden, zu betrachten, in welchem jener Process sein eigentliches Ziel und Ende erreicht hat. Der Anthracit findet sich im Uebergangsgebirge vorzugsweise zwischen den Schichten des Thonschiefers und der Grauwacke, sowie zwischen Glimmerschiefer und auf solchen Gängen, welche jene Formation durchsetzen. Der Anthracit ist ein völlig unkrystallinischer Körper, wodurch er sich vom Graphit unterscheidet. Er ist tiefschwarz, spröde, von muschligem oder doch unebenem Bruche, brennt mit wenig leuchtender, aber rauchloser Flamme, erweicht im Feuer nie, decrepitirt aber häufig darin.

Jacquelain erhielt bei der Analyse folgender Anthracite nachstehende Resultate:

		Kohlenstoff.	Wasserstoff.	Sauerstoff.	Stickstoff.	Asche.
aus	Swansea	90,58	3,60	3,81	0,29	1,72
„	Sablé	87,22	2,49	1,08	2,31	6,90
„	Vizille	94,09	1,85	„	2,85	1,90
d. Isère-Dep.	Vizille	94,00	1,49	„	0,58	4,00

Man hat die Brauchbarkeit des Anthracits als Brennmaterial lange Zeit verkannt. Er lässt sich indessen bei zweckmässiger Behandlung, besonders bei kräftigem Gebläse, vortheilhaft auf mannichfache Weise benutzen. In Swansea und Pennsylvanien wendet man den Anthracit als Reductionsmittel der Eisenerze in Hohöfen (Anthracithochöfen) an. Man benutzt ausserdem den Anthracit beim Kalkbrennen, Ziegelbrennen, in Salinen, selbst für häusliche Zwecke als Brennmaterial.

Backkohle.

Die Backkohle ist ausser ihrem Verhalten in der Hitze, wobei die zerriebene Kohle zusammenbackt und ein dichtes, geflossenes Koksstück bildet, durch dunkelschwarze Farbe und leichte Entzündlichkeit charakterisirt. Bezeichnet man (mit Fleck) den Procentgehalt an Kohlenstoff in der aschenfreien Kohlensubstanz mit C, den disponiblen Wasserstoff mit W_1, den gebundenen Wasserstoff mit W; den Sauerstoff und Stickstoff mit S, so ist $(C + (W + W_1) + S = 100)$. W_1 berechnet sich aus der Annahme, dass 8 Proc. Sauerstoff 1 Proc. Wasserstoff binden, mithin ist W_1 = ⅝ und dieser Werth von dem Gesammtwasserstoffgehalt abgezogen, liefert als Differenz den disponiblen Wasserstoff = W. Die Eigenschaft eine Kohle zu backen und geflossene Koks zu liefern, ist dadurch bedingt, dass auf 100 Th. Kohlenstoff nicht weniger als 4 Th. disponibler Wasserstoff kommen. Sie eignen sich besonders zur Leuchtgasfabrikation (Gaskohle), wenngleich Fleck als Gaskohle im weitesten Sinne jede Kohle ansieht, welche auf 1000 Th. Kohlenstoff mindestens 20 Th. gebundenen Wasserstoff enthält. Da nun aber der Werth einer solchen Gaskohle gleichzeitig von dem disponiblen Wasserstoff abhängt, durch dessen Gegenwart die Leuchtkraft des Gases in Folge gelöster flüchtiger Kohlenwasserstoffe erhöht werden muss, so kann man Kohlen mit 2 Th. gebundenem und 4 Th. disponiblem Wasserstoffe (auf 100 Th. Kohlenstoff) als beste Kohlensorte und mit dem Namen Back- und Gaskohle bezeichnen.

Wegen ihres grossen Wasserstoffgehaltes lassen sie sich leichter entzünden als die übrigen beiden Steinkohlensorten und geben aus diesem Grunde die längste Flamme. Sehr stark backende Kohlen eignen sich für sich allein für Flammenfeuer nicht, weil sie in Folge ihres starken Aufblähens den Rost verstopfen und dadurch den Luftzug hindern, und weil sie wol eine schnelle, aber keine anhaltende Hitze geben. Dagegen ist Backkohle besonders gut anwendbar zum Schmieden des Eisens (Schmiedekohle, *charbon de forge*, *houille maréchale*, *smith coal*); weil sie während des Brennens zu einer Masse zusammensintert, durch welche die Gebläseluft zusammengehalten, der Wärmeeffect gesteigert und an Brennmaterial gespart wird.

Die Sandkohle ist die geringste Kohlensorte; sie ist sehr sauerstoffreich, schwindet stark beim Verkoken und hinterlässt aus kleinen Stücken bestehende, sandige Koks. Sie enthalten weniger als 40 Th. disponiblen Wasserstoff. Sie wird vorzugsweise in Fällen angewendet, wo es sich weniger um die Art des Feuers, als um möglichste Billigkeit handelt, wie beim Ziegel- und Kalkbrennen.

Die Sinterkohle hat eine mehr ins Eisengrau gehende Farbe; Oberfläche und Bruch sind oft sehr glänzend. Sie ist weit schwieriger entzündlich als die Backkohle und enthält sehr häufig viel Schwefelkies; sie eignet sich ganz vorzüglich zur Entwickelung von schneller und zugleich anhaltender Hitze und passt deshalb für den Flammen- und Schachtofenbetrieb, für Tiegelschmelzungen, unter Kesselfeuerungen u. s. w. Bei der Verkokung verändern sie ihr Volumen nur wenig, sinken im Koksofen schwach zusammen und geben bei wenig Gasausbeute auch lockere gesinterte Koks. Sie enthalten in der verbrennlichen Substanz auf 100 Th. Kohlenstoff weniger als 4 Th. disponiblen und weniger als 2 Th. gebundenen Wasserstoff. An die Sinterkohlen schliessen sich gewisse Anthracite an, obgleich die eigentlichen Anthracite als natürliche Koks ausser aller Beziehung zu dem Verkokungs- und Vergasungsprocesse stehen.

In dem Wasserstoffgehalt der organischen Masse der Steinkohlen und dessen Verhältniss hat man, wie aus Vorstehendem folgt, einen Gradmesser zur Beurtheilung ihrer physikalischen Eigenschaften nach ihrer chemischen Zusammensetzung. Es enthalten

Backkohlen	auf	100 C	über	4 W_1,	unter	2 W
Back- und Gaskohlen	„	100 C	„	4 W_1,	über	2 W
Gas- und Sandkohlen	„	100 C	unter	4 W_1,	„	2 W
Sinterkohlen	„	100 C	„	4 W_1,	unter	2 W

Nimmt man den Gehalt an hygroskopischem Wasser in der Steinkohle zu 5 Proc. und den durchschnittlichen Gehalt gleichfalls zu 5 Proc. an, so ergeben sich für die mittlere Zusammensetzung folgende Zahlen:

Kohlenstoff	69–78
Wasserstoff	3– 4

Chemisch gebundenes und hygroskopisches Wasser 13–23

Asche 3

Die Steinkohlenasche ist ein Gemenge von Mineralstoffen, welches nach den mechanischen und chemischen Einflüssen, denen die kohlenbildenden Vegetabilien ausgesetzt waren, der Qualität und Quantität nach nicht nur in den fossilen Kohlen verschiedenen Alters, sondern auch in demselben Kohlenflötze wechseln kann; es hat die qualitative Zusammensetzung der Braunkohlenasche und besteht wesentlich aus Thonerdesilicat oder aus Gyps und Schwefeleisen, ausserdem auch noch aus Kalk und Magnesia an Kohlensäure gebunden, Eisen- und Manganoxyd, sowie aus geringen Mengen von Chlor und Spuren von Jod. An Thonerde reiche und an Kieselerde arme Aschen sind unschmelzbar; solche, in welchen ein hoher Kieselerdegehalt bei mangelndem Eisenoxyd vorherrscht, fritten, ohne zu schmelzen, ein Gehalt an Eisenoxyd- und Kalisilicaten macht die Aschen leicht schmelzbar, bedingt vermehrte Schlackenbildung und führt durch Einhüllung von Kohletheilchen Verluste an Brennstoff und dadurch Verminderung der Brennkraft herbei. Die wirkliche Aschenmenge (wohl zu unterscheiden von dem Verbrennungsrückstand in Rostfeuerungen) variirt zwischen 0,5 und 20 bis gegen 30 Proc. Durch die nasse Aufbereitung der Steinkohlen vor der Verkokung wird ein Theil der Mineralbeimengungen entfernt.

Wärmeeffect.

Der Wärmeeffect von Steinkohlen von mittlerer Zusammensetzung, ihr specifisches Gewicht und ihre Zusammensetzung sind in folgender Tabelle zusammengestellt:

	Zusammensetzung.					Wärmeeffect.					
Steinkohlenart	Kohlenstoff.	Wasserstoff.	Chem. geb. Wasser.	Hygrosk. Wasser.	Asche.	absoluter	specifischer	pyrometrischer	1 Theil reducirt Blei	1 Theil erwärmt Wasser von 0–100° C.	Spec. Gewicht.
Anthracit	85	3	2	5	5	0,96	1,44	2350°	26–33	60,5–74,7	1,41
Backkohle	78	4	8	5	5	0,93	1,17	2300°	23–31	52,8–72	1,13–1,26
Sinterkohle	75	4	11	5	5	0,89	1,16	2250°	19–27	44 – 61,6	1,13–1,30
Sandkohle	69	3	18	5	5	0,79	1,66	2100°	21–31	50 – 71	1,05–1,34

In der Praxis nimmt man an, dass das Heizvermögen einer guten Steinkohle dem der Holzkohle nahe komme und das des trockenen Holzes um das Doppelte übertreffe. Bei Schmelzprocessen verhält sich die Heizkraft von Steinkohlen zu Holz dem Volumen nach wie 5 : 1, dem Gewichte nach wie 15 : 8. Nach den Versuchen von Karsten sind in Flammenöfen in der Wirkung

100 Volumen Steinkohlen = 700 Volumen Holz,

100 Gewichtsth. „ = 250 Gewichtsth. „

bei Siedeprocessen

100 Volumen Steinkohlen = 400 Volumen Holz = 400 Volumen Torf

100 Gewichtsth.	„	= 160 Gewichtsth.	„	= 250 Gewichtsth.	„

Verdampfungskraft der Steinkohlen.

Die Verdampfungskraft der Steinkohlen bildet für eine technische Untersuchung den allerwichtigsten Gesichtspunkt. Sie erscheint als der Ausdruck von drei Factoren, nämlich 1) dem Gehalt an hygroskopischem Wasser, 2) dem Gehalt an unverbrennlichen Theilen, 3) der Zusammensetzung der organischen Substanz. Da, wie Hartig's Versuche ergeben haben, die Verdampfungskraft der verbrennlichen Substanz bei den meisten Steinkohlen gleich (= 8,04–8,30 Kilogr. Dampf) ist, so kann man den Verdampfungswerth einer Kohle einfach durch eine Wasser- und Aschenbestimmung erfahren. Nach W. Stein kann die praktische Nutzleistung der Steinkohlen zu ⅔ der aus der chemischen Zusammensetzung berechneten angenommen werden.

Die nutzbare Verdampfungskraft der in Süddeutschland gebräuchlichen Steinkohlensorten ist nach Versuchen im Laboratorium und nach Heizversuchen folgende:

				Asche.	Nutzbare Verdampfungskraft
Ruhrer Kohle		I.	Qualität	5,0	7,2
Zwickauer	Pechkohle	I.	„	6,06	6,45
„	„	II.	„	15,41	5,61
Böhmische	Kohle	I.	„	6,6	5,8
„	„	II.	„	6,9	4,9
„	„	III.	„	10,3	4,2
Saarkohle				21,50	6.06
Stockheimer	Kohle	I.	„	6,3	2,72
„	„	II.	„	8,4	3,86

Bogheadkohle.

Unter dem Namen Bogheadkohle oder Torbane-Hill-Kohle versteht man eine in Bathgate bei Edinburgh und auf den Hebriden in grosser Menge sich findende fossile Kohle, welche eben so wie die auf der Pankrazzeche unweit Pilsen in Böhmen vorkommende Blattelkohle eine der Sigillarienzone angehörende, der Cannelkohle verwandte Steinkohle ist, in welcher grosse Mengen von bituminöser Substanz angehäuft sind. Sie liefert nur geringe Koks und giebt bei der trocknen Destillation Paraffin, Solaröl und Photogen, während die eigentliche Steinkohle Anthracen, Naphtalin und Benzol liefert. 100 Th. Bogheadkohle enthalten

Kohlenstoff	60,9	65,8
Stickstoff	0,7	0,7
Wasserstoff	9,1	9,1

Schwefel	0,3	0,1
Sauerstoff	4,3	5,4
Wasser	0,3	0,5
Asche	24,1	18,6

Die Bogheadkohle findet sowol als Brennmaterial, sowie zur Gasbereitung (1 Ctr. giebt mehr als 800 Kubikfuss Gas) und Fabrikation von Paraffin und Solaröl Anwendung. Der Bogheadkohle ähnlich sind die ebenfalls in Schottland vorkommenden Kohlen, die Wemysskohle, die Lanarkshirekohle und die Rigside-Kohle.

Petroleum als Brennstoff.

Petroleum als Heizmaterial.

Das Petroleum (worunter hier nicht allein das natürliche Erdöl zu verstehen ist, sondern auch durch Destillation von fossilen Kohlen und bituminösem Schiefer erhaltene flüssige Kohlenwasserstoffe) ist unter gewissen Bedingungen als Heizmaterial sehr beachtenswerth. Das spec. Gew. dieses Oels schwankt zwischen 0,786 und 0,923 bei 0°. Der Ausdehnungscoëfficient für 1°C. liegt zwischen 0,00072 und 0,000868; die Kenntniss desselben ist für die Praxis von Wichtigkeit. Die in der nordamerikanischen Dampfmarine mit Petroleum angestellten Versuche sind günstig ausgefallen; ein Dampfer mit Petroleum geheizt, kann die See unter Dampf dreimal so lang, mit weniger Arbeit und grösserer Oekonomie halten, als mit einem gleichen Gewicht Steinkohlen. Da das Petroleum bei seiner Verbrennung keinen Rauch, sondern nur einen wässrigen Dunst bildet, so fallen auch die Rauchkamine weg. Da das Petroleum bis zu 14 Proc. Wasserstoff enthält, so erhält man durch Condensation der Verbrennungsgase ein grosses Quantum reinen Wassers, welches bei Seedampfern sehr gut als Speisewasser verwendet werden kann. Die bei dieser Condensation frei werdende Wärme kann zum Vorwärmen des Speisewassers benutzt werden. Nach den Versuchen von H. Deville ist ein Heizer überflüssig, da die Zufuhr des Petroleums zur Feuerung mit grosser Leichtigkeit zu reguliren ist.

Nach Fr. Storer verdampft 1 Kilogr. rohes Petroleum 10,36 Kilogr. Wasser, während 1 Kilogr. Anthracit nur 5,1 Kilogr. Wasser verdampft. (Die theoretische Verdampfungskraft des reinsten Petroleums ist 18,06 Kilogr., denn geht man von der procentischen Zusammensetzung des Petroleums aus, so ist

$$\begin{aligned} C\ 0{,}86\ .\ \ 8080 &= 6948 \\ H\ 0{,}14\ .\ 34462 &= 4824 \\ \hline & 11772 \text{ W.-E. und } \frac{11772}{652} = 18{,}08 \text{ Kilogr.} \end{aligned}$$

Nach den ausgedehnten Versuchen H. Deville's (1866–1869) ist die Heizkraft verschiedener Petroleumarten in Wärmeeinheiten ausgedrückt beispielsweise folgende:

Schweres Oel aus Westvirginien	10180	W.-E.
Leichtes Oel aus Westvirginien	10223	„
Leichtes Oel aus Pennsylvanien	9963	„
Schweres Oel aus Ohio	10399	„

Oel von Java (Rembang)	10831	„
Oel von Java (Cheribon)	9593	„
Oel von Java (Sarabaya)	10183	„
Petroleum von Schwabweiler (Elsass)	10458	„
Petroleum von Ostgalizien	10005	„
Petroleum von Westgalizien	10235	„
Rohes Schieferöl von Autun	9950	„

In neuerer Zeit haben R. Foote, Wyse, Field und Aydon, ferner H. Deville, Dorsett und Blyth etc. Dampfkesselfeuerungen für Petroleum construirt, die jedenfalls die Beachtung der Pyrotechniker verdienen. Seit einiger Zeit wird das Petroleum anstatt Alkohol als Heizmaterial bei Kaffeemaschinen und ähnlichen Kochapparaten der Haushaltung mit Vortheil benutzt.

Koks.

Koks.

Unter Koks versteht man die durch Verkokung der Steinkohle dargestellte Kohle, welche, je nachdem Back-, Sinterkohle oder Sandkohle zu ihrer Darstellung gedient hatte, als Backkoks, Sinter- und Sandkoks unterschieden werden. Mit dem Namen Gaskoks bezeichnet man die bei der Bereitung des Leuchtgases aus Steinkohlen in den Retorten zurückbleibenden Koks.

Das Verkoken, sehr häufig, obgleich fälschlich, Abschwefeln genannt, hat zum Zweck: 1) den Kohlenstoffgehalt zu vergrössern, um mit dem Koks eine höhere Temperatur als mit den Steinkohlen hervorbringen zu können; 2) die während des Brennens, namentlich zum häuslichen Gebrauch, unangenehm riechenden Bestandtheile zu entfernen; 3) den Steinkohlen die Eigenschaft zu benehmen, in der Hitze teigig zu werden, wodurch, besonders bei der Anwendung in Schachtöfen, die Gebläseluft durchzudringen verhindert wird; 4) einen Theil des Schwefels des in den Steinkohlen häufig enthaltenen Schwefelkieses zu entfernen. Vor dem Verkoken der Steinkohlen ist häufig eine nasse Aufbereitung der Kohlen erforderlich. Die Kohlenflötze sind nämlich vielfach von Klüften durchzogen, welche im Laufe der Zeit mit Mineralstoffen (namentlich Thonschiefer und Eisenkies) sich ausgefüllt haben. Auch sind die Thonschichten, zwischen denen die Flötze eingebettet liegen, nicht scharf von der Kohle abgegrenzt, vielmehr findet eine Durchdringung beider in der Lettenkohle statt, welche äusserlich kaum von der Kohle sich unterscheidet, jedoch nur 30–50 Proc. verbrennliche Substanz enthält und deshalb kaum noch zu den Brennstoffen zu rechnen ist. Da das den Kohlen anhängende Gestein (Berg) nach dem Verbrennen die Aschenmenge vergrössert und die Asche verschlackbar macht, wodurch leicht Kohlenstücke eingehüllt und bei Rostfeuerungen die Roststäbe leicht verstopft werden können, da überdies beim Ausschmelzen von Erzen die Aschenbestandtheile nachtheilig einwirken können, so hat man in neuerer Zeit vielfach Apparate eingerichtet, um durch nasse Aufbereitung die specifisch leichteren Kohlen durch Schlämmen von dem Eisenkies, dem Thonschiefer etc. zu befreien, ehe man sie dem Verkoken unterwirft. Da das spec. Gewicht des anhängenden Gesteines ungefähr dreimal so gross ist als das der eigentlichen Kohle, so wird sich, wenn man grob zerkleinerte Kohle, wie sie bei der Förderung aus den Gruben neben der groben Kohle in grosser Menge als Gruss, Grubenklein oder Förderkohle gewonnen wird, in einen tiefen Wasserbehälter schüttet, das schwerere und unreine zuerst am Boden absetzen und ausgeschieden werden können. Da aber in der Praxis seichtere Behälter leichter zu handhaben sind, so giebt man diesen den Vorzug und lässt darin die Kohle durch wiederholte Stösse zum Schweben und Absitzen gelangen. Die verschiedenen Schlämm- und Waschapparate haben dieselbe Einrichtung, wie sie zur nassen Aufbereitung von Erzen Anwendung finden. Es hat sich gezeigt, dass bei diesem Verfahren aus Kohlen mit 10–12 Proc.

Aschebestandtheilen 4–5, ja selbst 7–8 Proc. ausgeschieden wurden, wobei aber freilich nicht ausser Acht zu lassen ist, dass bei der Aufbereitung 7–8 Proc. Kohle zu Staub zertrümmert werden und abgehen. Bessemer wendet zur Kohlenaufbereitung anstatt des Wassers eine Lösung von Chlorcalcium etc. an, die ein solches spec. Gewicht hat, dass die Kohlen darauf schwimmen, das anhängende Gestein aber darin zu Boden sinkt. Der beim Aufbereiten der Steinkohlen bleibende Rückstand wird, wenn er reich an Schwefelkies ist, geröstet und zur Schwefelsäurefabrikation verwandt (vergl. Seite 226).

Das Verkoken der Steinkohlen geschieht wie die Holzverkohlung in Meilern, in Haufen, in Oefen oder in Retorten. Im letzteren Falle, der uns hier nicht beschäftigt, beabsichtigt man, die sich entwickelnden flüchtigen Produkte (Leuchtgas, Ammoniakwasser, Theer) aufzufangen. Aber auch beim Verkoken in Oefen sucht man (wie z. B. in dem Knab'schen Ofen) eine Nebengewinnung von (für die Fabrikation der Theerfarben so wichtig gewordenem) Theer und von Ammoniaksalzen.

Fig. 313.

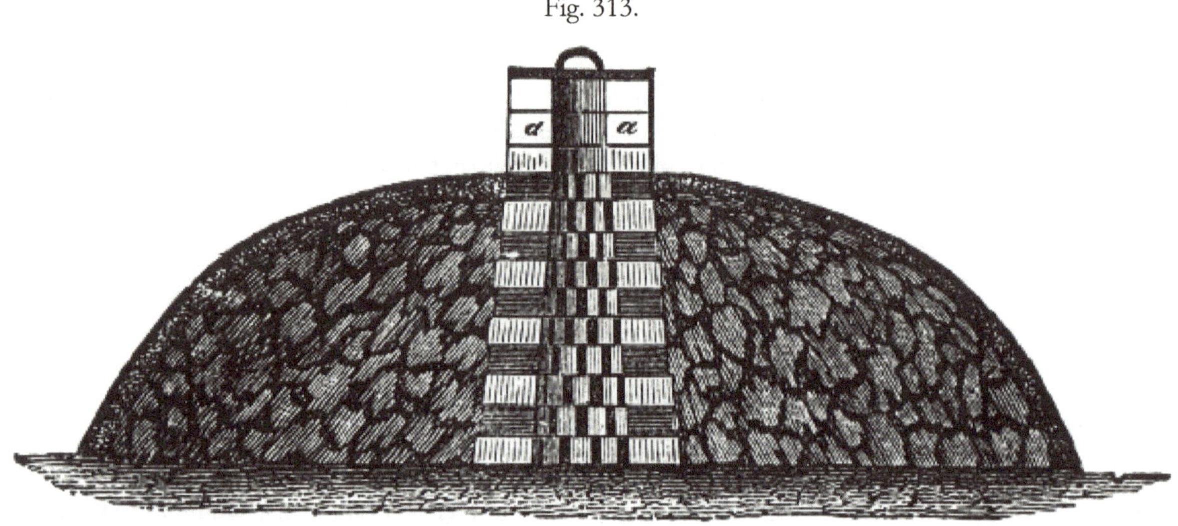

Meilerverkokung.

Die Meilerverkokung ist der Meilerverkohlung sehr ähnlich. Man mauert auf der Kohlenmeilerstätte eine etwa 1–1,5 Meter hohe Esse auf, welche dem später errichteten Meiler als Quandelschacht dient. Diese Esse hat einen Durchmesser von 0,3 Meter und ist mit mehreren Reihen Zuglöchern (Fig. 313) versehen, durch welche der Canal mit der Kohlenmasse in Verbindung bleibt. Die grösseren Steinkohlenstücke (Wände) legt man rings um die Esse, die kleineren nach der Peripherie zu, wodurch der Meiler sich abrundet. Die Zwischenräume der grösseren Stücke werden mit Steinkohlenklein (*Cinder*) ausgefüllt. An der Sohle des Meilers bildet man von der Peripherie nach der Esse führende Züge oder Luftkanäle. Auf die Sohle des Essenschachtes wirft man trockne Holzspäne und zündet sie von oben an. Der Meiler bleibt so lange im Treiben, so lange noch Rauch entweicht; danach wird die Essenmündung durch den eisernen Deckel verschlossen und die Mündungen der Zugkanäle werden mit Lösche bedeckt. In England beschleunigt man die Abkühlung durch Anwendung von kaltem Wasser; es soll dadurch ausserdem eine vollständigere Entschwefelung der Koks bewirkt werden. Die Haufenverkokung ist der Haufenverkohlung ganz ähnlich.

Ofenverkokung.

Ofenverkokung. In neuerer Zeit nimmt man das Verkoken der Steinkohlen immer mehr und mehr in eigentlichen Oefen vor, weil hier die Leitung des Feuers leichter und ein zu starkes Verbrennen der Kohle eher zu vermeiden ist — die Koksausbeute ist deshalb meist grösser. Man hat den Koksöfen sehr verschiedene Constructionen gegeben, theils entweichen die Gase und Dämpfe aus ihnen ganz unbenutzt, theils sind die Oefen der Art eingerichtet, dass die brennbaren Gase zum Erhitzen der zu verkokenden Steinkohlen dienen (zuweilen verwendet man die Verkokungsgase zur Dampfproduktion für den Betrieb der Hohofengebläse oder

der Fördermaschinen). Die hierher gehörigen Oefen zerfallen in solche mit Luftzutritt und in solche ohne Luftzutritt. Von den letzteren ist als Beispiel der Appolt'sche Koksofen anzuführen, welcher im Wesentlichen als eine Art stehender Gasretorte zu betrachten ist, welche nur Oeffnungen zum Abzug der entwickelten Gase besitzt. Bei einer anderen Art Oefen will man aus den Gasen und Dämpfen vor ihrer Verbrennung den Kohlentheer (der seit dem Entstehen der auf die Theerverarbeitung sich stützenden neuen Industriezweige eine solche Wichtigkeit erlangt hat, dass an einzelnen Orten die Theerproduktion so lucrativ sein kann wie die Erzielung von Koks) und Ammoniaksalze gewinnen; als Beispiel der letzteren Art von Oefen sei der Knab'sche Ofen beschrieben.

Fig. 314.

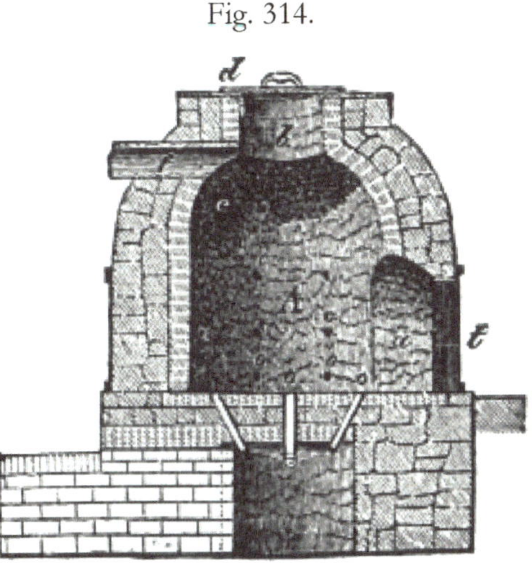

Von den geschlossenen Koksöfen älterer Construction sei der zum Verkoken von Stückkohlen auf dem Eisenhüttenwerk Gleiwitz in Schlesien angeführt, welcher Fig. 314 im Verticaldurchschnitt abgebildet ist. Der cylindrische, oben mit einer durchlochten Wölbung versehene Koksraum *A* ist an seinen Wänden mit Registeröffnungen *o, o, o* versehen, welche von aussen mittelst passender Stöpsel verschlossen werden können. Auch in der Ofensohle befinden sich solche Oeffnungen, wodurch dieselbe zu einer Art Rost wird. Mit grösserem Vortheile wird indessen die Sohle massiv gebaut, wenn man dafür sorgt, dass die unterste Reihe der Registeröffnungen unmittelbar über der Ofensohle ausmündet. Das Einsetzen der zu verkokenden Steinkohlen geschieht theils durch die Gewölbeöffnung *b*, theils durch die Thüre *a*; zuerst kommen grössere Stückkohlen, wobei jedoch eine in der Thüröffnung ausmündende Zündgasse zur Aufnahme von brennenden Kohlen frei gelassen wird. Nachdem der Ofen bis zum unteren Theil des Ableitungsrohres *r* gefüllt ist, wird die Thüre bis auf die Mündung der Zündgasse vermauert, werden alle Registeröffnungen mit Ausnahme der untersten Reihe geschlossen, wird auch die Oeffnung des Gewölbes mit dem eisernen Deckel *d* bedeckt. Sobald sich die Steinkohlen durch die unterste Reihe der Registeröffnungen in orangefarbener Glut zeigen, schliesst man diese und öffnet die darüber befindliche Reihe, was nach etwa 10 Stunden der Fall ist, nach abermals 10 Stunden schliesst man die zweite Reihe der Registeröffnungen, nach 16 Stunden die dritte und nach 3 Stunden die vierte. Der vollkommen verschlossene Ofen bleibt 12 Stunden zur Abkühlung stehen; alsdann öffnet man die Thüre *t*, zieht die glühenden Koks mit Haken heraus und löscht sie sogleich mit Wasser ab. Der vorstehend beschriebene Gleiwitzer Ofen fasst 35–40 Ctr. Steinkohlen; nach einem Durchschnitte von mehreren Monaten erhält man damit 53 Gewichtsprocente und 74 Gemässvolumprocente Koks. Die Gase und Dämpfe entweichen durch das Rohr *r* nach einem Verdichtungsapparat, welcher, für je zwei Verkokungsöfen gemeinschaftlich, die Theerdämpfe condensirt und aufnimmt, die Gase aber entweichen lässt. 1 Ctr. Kohlen giebt gegen 10 Liter Theer.

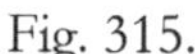
Fig. 315.

Fig. 316.

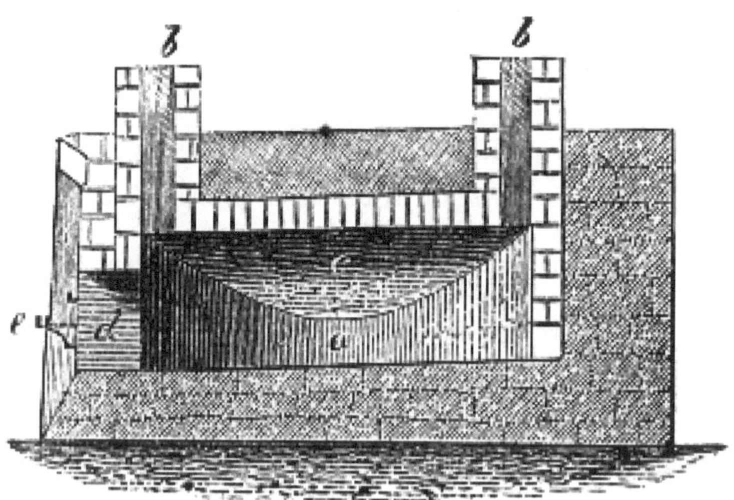

Fig. 317.

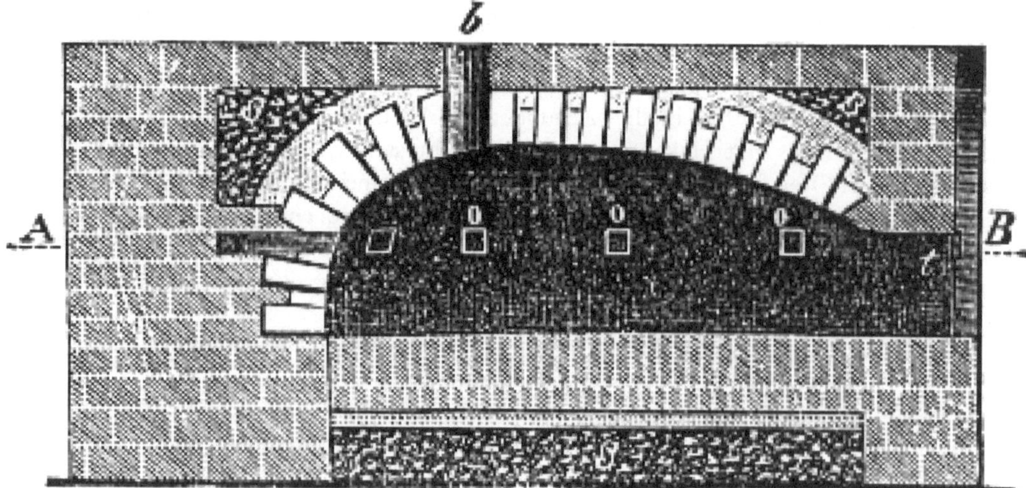

Fig. 318.

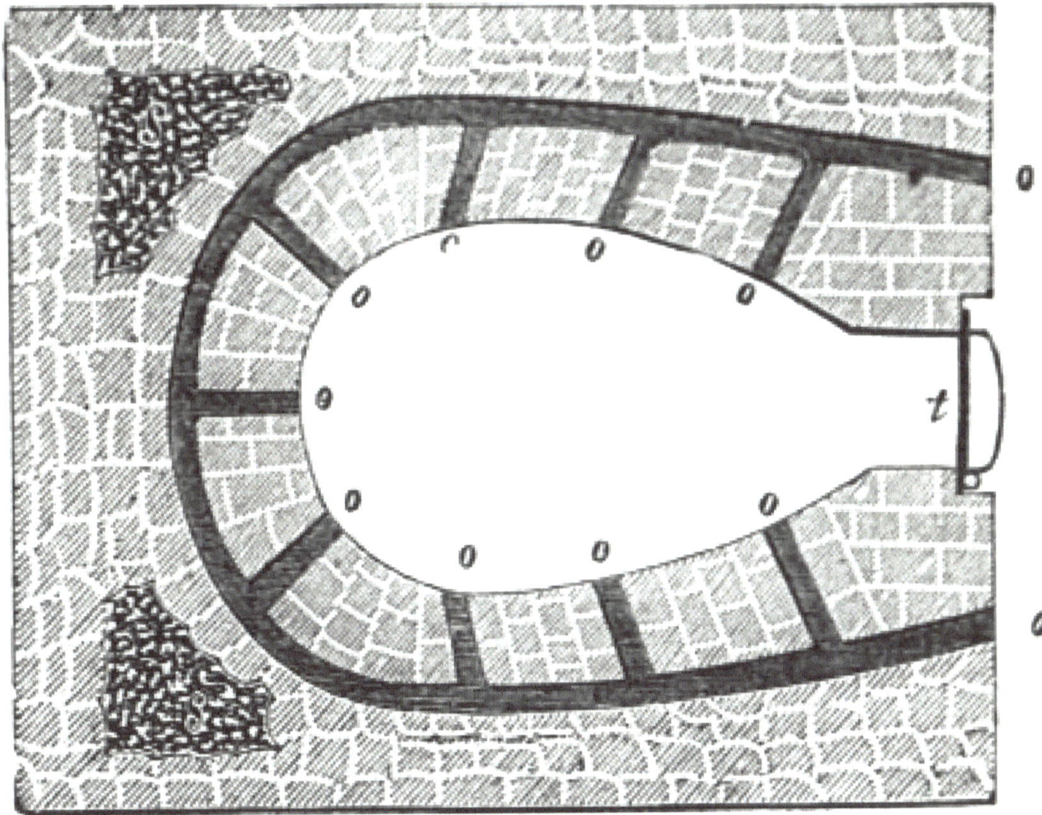

Die Verkokung von Staubkohlen geschieht auf überwölbten Herden, nach Art der Backöfen gebaut. Der Abfall der Kohlen an den Gruben (Grubenklein, Fettschrot, Schrot) lässt sich durch das Verkoken sehr vortheilhaft verwerthen, wenn der Abfall von Backkohlen herrührt, weil die Theilchen beim Erhitzen zusammenbacken und einen eben so cohärenten Koks liefern als die Stückkohlen. In vielen Fällen müssen die Staubkohlen vor dem Verkoken (wie bereits oben bemerkt) durch die nasse Aufbereitung von dem anhängenden Gestein befreit werden, da viele Kokskonsumenten jetzt ausschliesslich solche gereinigte Koks verlangen und sich ein Maximum von Asche z. B. 6 Proc. garantiren lassen.

Die Construction der Verkokungsöfen der Staubkohlen ist ziemlich verschieden. Bei der Leipzig-Dresdener Eisenbahn bedient man sich der Fig. 315 im verticalen Durchschnitte gezeichneten Oefen. Der Verkokungsraum ist 3,3 Meter hoch und an der Sohle 3,3 Meter breit. Die 1 Meter hohe und eben so breite Thüröffnung kann durch die eiserne Thür *d* verschlossen werden, in deren oberem Theile sich vier neben einander liegende Zuglöcher befinden. Der Schornstein *b* ist etwas höher als 1 Meter. An jeder Seite der Thüröffnung ist im Mauerwerk ein eiserner Haken *e* befestigt, welche eine Eisenstange halten, auf die der Arbeiter beim Ausziehen das Gezähe stützt. In einem solchen Ofen werden 50 Dresdener Scheffel Staubkohlen[196] in 3mal 24 Stunden verkokt. Bei dieser Quantität werden feste und dichte Koks erhalten; verringert man den Einsatz und sonach auch den Druck, so erhält man leichtere Koks. Der auf dem Steinkohlenwerke zu Zaukerode bei Dresden benutzte Koks-Backofen hat folgende Construction (Fig. 316). Die Sohle des Verkokungsraumes ist kreisförmig und spitzt sich nur gegen die Thüröffnung ein wenig zu; die Breite der Sohle beträgt 3,6 Meter. Die verschiedene Höhe der verticalen Seitenwände des Verkokungsraumes wird durch das cylindrische Gewölbe *c* bestimmt, das an seinen höchsten Stellen über 3,08 Meter über der Herdsohle liegt. Die Dämpfe und Gase entweichen durch zwei gegen 1,3 Meter hohe Schornsteine ins Freie. Die gusseiserne Thüre besteht aus zwei Flügeln, welche die Thüröffnung aber nicht ganz verschliessen, sondern den obersten Theil derselben offen lassen, wodurch die Luft in das Innere des Ofens treten kann. *e* ist einer der bereits (Fig. 314) erwähnten eisernen Haken.

In den Koksbereitungsanstalten an der Saar und bei Sulzbach, so wie früher auch auf einigen lothringischen Eisenhütten bedient man sich beistehend (Fig. 317 im Verticaldurchschnitt und Fig. 318 im Grundrisse) abgebildeter Steinkohlen-Backöfen, die sich von den älteren Koksbacköfen, bei welchen der Luftzutritt durch Thürspalten und Schornsteine stattfindet, dadurch vortheilhaft unterscheiden, dass ein geregelter Luftzutritt durch Gewölböffnungen vorhanden ist. Die Sohle des Verkokungsofens ist eiförmig; ihr Längendurchmesser beträgt 3 Meter, ihr Breitendurchmesser 2 Meter, die grösste Höhe des Ofenraumes nur 1 Meter. Der 1,75 Meter hohe Schornstein dient auch zugleich zum Einschütten der Staubkohlen. Eigenthümlich ist bei diesem Ofen die Vertheilung des Luftzuges. In der Höhe von etwas über 0,3 Meter über der Herdsohle läuft ein hufeisenförmiger Zugkanal um den Ofenraum, der zu beiden Seiten der Thüre *t* in *o'* und *o'* ausmündet; die in diese Oeffnungen strömende Luft vertheilt sich durch neun Querkanäle und strömt in den Ofenraum. Die Thüre *t* verschliesst die Oeffnung fast vollkommen. Ein Einsatz von 1–1,25 Kubikmeter (40 bis 50 Kubikfuss) Backkohlenklein wird in diesem Ofen 30 bis 24 Stunden verkokt.

Unter denjenigen Koksöfen neuerer Construction, bei welchen die beim Verkoken entweichenden Gase verbrannt werden, um die hierbei frei werdende Wärme zum Verkohlen selbst zu benutzen, steht der Koksofen von Gebr. Appolt mit in erster Linie. Der erste dieser Oefen ward 1855 zu St. Avold (Lothringen) errichtet. Er unterscheidet sich von den bisher beschriebenen Koksöfen durch drei Punkte: zunächst durch die Form eines stehenden Schachtes, ferner dadurch, dass dieser Schacht von aussen geheizt wird, endlich dadurch, dass, wie schon oben bemerkt, die Erhitzung des Ofenschachtes nur durch die bei der Verkokung sich entwickelnden und angezündeten Dämpfe und Gase geschieht. Fig. 319 zeigt den Verticaldurchschnitt, Fig. 320 den Horizontaldurchschnitt nach der Linie 1 bis 2. Damit die Hitze besser in die Mitte der Schächte *a a* dringe, sind dieselben von länglich viereckigem Querschnitte (0,45 und 1,24 Meter bei 4 Meter Tiefe) und zur besseren Ausnutzung der Wärme sind je 12 Schächte in zwei Reihen zu einem Gesammtofen vereinigt. Die einzelnen Schächte, deren Wände durch hohle Räume *b* getrennt sind, sind unter sich und mit dem Mantel durch Bindesteine verbunden; die hohlen Räume communiciren mit einander. Jede Abtheilung hat zwei Oeffnungen, eine obere, durch welche die Steinkohlen eingeschüttet werden, und eine untere, mit einer klappenartigen eisernen Fallthüre verschlossen, durch welche man die Koks herausfallen lässt. In dem unteren Theile der Seitenwand der Abtheilungen sind zwischen den Steinen enge Spalten *e* angebracht, durch welche die Gase und Dämpfe abziehen, welche in den hohlen Räumen, unter Mitwirkung von Luft, die durch *f f* einströmt, verbrannt werden. Die durch diese Verbrennung erzeugte Hitze bewirkt die Verkokung der im Innern der Abtheilungen befindlichen Steinkohle. Die verbrannten Gase strömen durch die Canäle *g* und *h* ab. Durch die Schieber *R* wird der Zug regulirt. Die Canäle *g* münden in einen horizontalen Canal *i*, die Canäle *h* in einen solchen *j*. Die beiden Canäle *i* und *j* vereinigen sich in der Esse *k*. Die Abtheilungen des Ofens sind (Fig. 319) an ihrem oberen Ende durch stufenweise vorspringende Steine verengt, sodass nur eine kleine Oeffnung übrig bleibt, welche durch einen gusseisernen Deckel verschlossen wird. Dieser Deckel ist in der Mitte mit einem Rohr versehen, durch welches man einen Theil der gas- und dampfförmigen Destillationsprodukte ableiten kann. Eine über jeder Reihe von Ofenabtheilungen angebrachte Eisenbahn nimmt den Wagen auf, welcher jedesmal die 25 Ctr. Steinkohlen, welche die Beschickung einer Abtheilung bilden, derselben zuführt. In dem massiven Mauerwerk unterhalb des Ofens sind zwei Canäle *u* angebracht, in welche auf Eisenbahnen die Wagen geschoben werden, welche die Koks aufnehmen sollen. Bei dem Betriebe des Ofens bringt man Holzfeuer in die Abtheilungen und schüttet Steinkohlen darauf. Das Innere des Ofens erhitzt sich dabei rasch durch Verbrennung der Gase, welche durch die Spalten *e* aus den Abtheilungen entweichen. Hat der Ofen die genügende Hitze erlangt, um die Zersetzung der Steinkohle und die Verbrennung der flüchtigen Produkte zu bewirken, so beschickt man diese Abtheilung mit 25 Ctr. Steinkohle, worauf man die obere Oeffnung durch Aufsetzen des Deckels und Lutiren desselben dicht verschliesst. Zwei Stunden später wird dieselbe Operation bei der zweiten Abtheilung ausgeführt u. s. f., bis man nach 24 Stunden alle zwölf Abtheilungen beschickt hat. Nach Ablauf dieser Zeit ist die Verkokung der Steinkohlen in der ersten Abtheilung beendigt und man schreitet zum Ausziehen der Koks. Nach der Entleerung derselben wird die Abtheilung von Neuem mit Kohlen beschickt u. s. w. Zwei Stunden später wird die zweite Abtheilung in gleicher Weise entleert und frisch beschickt u. s. f.

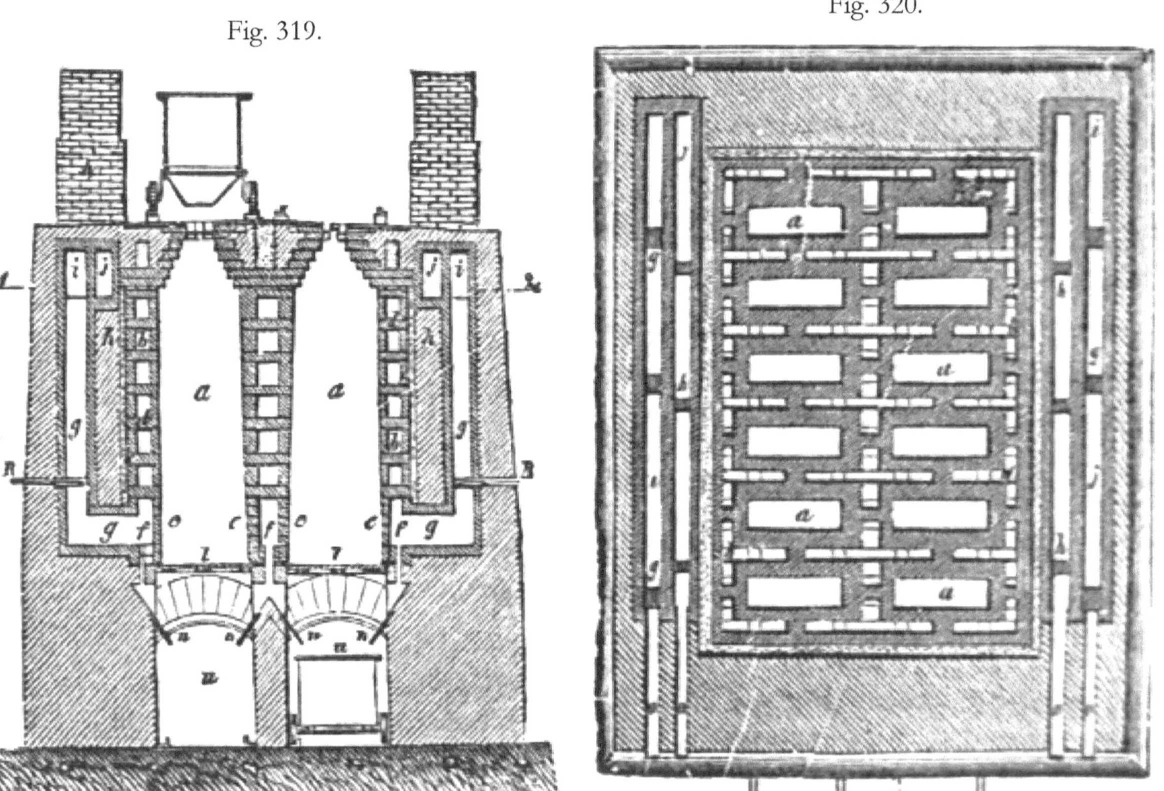

Fig. 319. Fig. 320.

Die Appolt'schen Oefen sind ziemlich theuer zu erbauen (er kommt auf 15,000 Frcs. zu stehen, während ein gewöhnlicher einfacher Koksofen mit 1800–3000 Frcs. herzustellen ist), aber ein jeder liefert auch täglich gegen 240 Ctr. Koks und, da fast kein Abbrand stattfindet, 66 bis 67 Proc. Koks aus Kohlen (von Duttweiler), die in liegenden Oefen höchstens 61 Proc. Koks gegeben hätten. Ein Uebelstand des Appolt'schen Ofens liegt darin, dass die Oefen in der Mitte mehr Hitze bekommen als die ausseren und also mit der nämlichen Kohle einen viel dichteren Koks liefern, ein Umstand, welcher bei der Verwendung des Koks zu metallurgischen Processen störend auftritt.

Von anderen Constructionen von Koksöfen, bei denen die sich entwickelnden Gase und Dämpfe zum Verkoken selbst Anwendung finden, seien kurz folgende angeführt: der Ofen von Marsilly hat ein geschlossenes Gewölbe, ist aber zum Abzug der Dämpfe und Gase mit einem Fuchs in der Rückwand versehen, durch welchen die flüchtigen Produkte unter die Sohle des Ofens gehen und dieselben bei ihrer Verbrennung heizen. Aehnlich ist die Construction des Ofens von Jones, doch findet bei ihr der Unterschied statt, dass die Verbrennung der Koksofengase zum Theil wieder in den Verkokungsraum zurückgedrängt wird. Diese Einrichtung, nur bei sehr mageren Kohlen zulässig, schliesst eine theilweise Verbrennung der Koksmasse nicht aus, beschleunigt aber, sofern die Atmosphärengase erwärmt in den Ofen treten, den Verkokungsprocess wesentlich. Nach dem Principe der Doppelröstöfen sind die Doppelkoksöfen von Frommont und von Gendebien construirt. Die Oefen Frommont's, seit einer Reihe von Jahren ausser an der Maas in Belgien, auch in Saarbrücken und Westphalen in Anwendung, sind Etagenöfen, in welchen die Gase aus dem unteren Verkokungsraum durch eine Anzahl Oeffnungen an der oberen Wand und durch eine gleiche Anzahl Canäle zu dem oberen Herd aufsteigen und sodann auf der anderen Seite gemeinschaftlich mit den Gasen des oberen Ofens bis unter die Sohle des unteren Ofens streichen und ausserdem noch ihre Wärme an die Hinterwand und die Seitenwand abgeben, ehe sie in den Schlot gehen. Die Oefen von Gendebien unterscheiden sich von den Frommont'schen nur dadurch, dass je ein oberer Ofen über zwei unteren in der Mitte steht. Sie sind vorzüglich an der Sambre in Anwendung. Während bei den beiden vorhergehenden die Oefen über einander stehen, stehen bei dem von Smet construirten Koksofen die zusammenwirkenden Oefen neben einander, wodurch eine sorgfältigere Ausnutzung der brennbaren Gase erzielt werden kann.

Von eigenthümlicher Construction ist der Koksofen von Dubochet, von dem Ingenieur Powel 1851 in der Dubochet'schen Gasfabrik construirt und in Deutschland, namentlich vor dem Bekanntwerden der Appolt'schen Oefen auf den Verkokungswerken des Saarbeckens vielfach in Anwendung. Der Ofen von Dubochet-Powel ist ein Röhrenofen mit geneigten Herden und besteht aus zwei flachen über einander liegenden Theilen mit stetig geneigter Curve, die durch Thüren von einander getrennt sind. Der obere Theil ist der eigentliche Destillationsofen, die hier entweichenden Gase werden unter den Ofen hingeleitet und durch zugeleitete Luft vollständig verbrannt, wodurch die zur Verkokung erforderliche Hitze hervorgebracht wird. Nach beendigter Verkokung fallen die Koks in den unteren Theil des Ofens, den Kühlofen, um von hier aus nach dem Erkalten entleert zu werden. Vor ihrem Austritt in den Schornstein führt man die Verbrennungsgase in eine seitlich angebrachte Dampfkesselanlage, welche den Dampf zur Aufbereitung der Kohlen liefert.

Ein gewisses, wenn auch nicht völlig gerechtfertigtes Aufsehen hat in den letzten Jahren, wie oben erwähnt, der Koksofen von Knab gemacht. Anstatt, wie es bei dem Appolt'schen Ofen der Fall ist, die Koksofengase direct zur Verkokung zu verwenden, scheidet Knab vorher die Theerbestandtheile und das Ammoniakwasser ab. Zu dem Ende entweichen die Gase und Dämpfe durch einen im Ofengewölbe befindlichen Abzugscanal und gelangen von da in zwei grosse mit Koks gefüllte Blechtonnen, worin sie fast alles Theerwasser absetzen; hierauf ziehen sie in ein Röhrensystem, aus welchem von Zeit zu Zeit Röhren in Wasserbehälter führen, in welchen der Rest von Theer- und Ammoniakwasser zur Abscheidung gelangt. Die Gase ziehen hierauf wieder nach dem Ofen zurück und treten in den Feuerraum, wo sie in einem ringförmigen Brenner verbrannt werden, in dessen Mitte die erforderliche Luftmenge tritt. Das Aufsaugen der Gase aus dem Ofen und das Durchtreiben derselben durch die Condensers, sowie das Zurückleiten der vom Theer und Ammoniak befreiten Gase geschieht durch Glockenexhaustoren, wie man sie früher in der Gasfabrikation verwendet und heute noch zuweilen in der Papierfabrikation bei der Entwässerung des endlosen Papierblattes durch Luftdruck und in der Essigfabrikation zur Entfernung der entsauerstofften Luft und zur Verdichtung der Dämpfe in dem Sperrwasser benutzt. Nach der Angabe von Gaultier de Claubry werden in den Kokswerken der Société de carbonisation de la Loire bei St. Etienne in 88 Oefen täglich 150 Tonnen Steinkohle in Koks übergeführt. Die Ausbeute in 100 Theilen ist folgende:

Grober Koks	70,00	Theer	4,00
Kleiner Koks	1,50	Ammoniakwasser	9,00
Gas	10,58	Theer	4,00
Graphit	0,50	Verlust	1,92

Ob die Qualität der in den Knab'schen Oefen erhaltenen Koks den Anforderungen des Eisenbahnen- und Hohofenbetriebes entspricht, muss dahingestellt bleiben, da allen Erfahrungen zufolge alle in geschlossenen Gefässen neben Leuchtgas und Theer gewonnenen Koks durch mürbe Beschaffenheit und geringe Güte sich auszeichnen.

Die Verkokung von Staubkohlen geschieht auf überwölbten Herden, nach Art der Backöfen gebaut. Der Abfall der Kohlen an den Gruben (Grubenklein, Fettschrot, Schrot) lässt sich durch das Verkoken sehr vortheilhaft verwerthen, wenn der Abfall von Backkohlen herrührt, weil die Theilchen beim Erhitzen zusammenbacken und einen ebenso cohärenten Koks liefern als die Stückkohlen.

Die aus den Koksöfen oder Retorten gezogenen Koks werden entweder mit Wasser abgelöscht oder durch Bedeckung mit Asche gedämpft. Ersteres Verfahren ist bis jetzt fast überall eingeführt, es beansprucht den geringeren Raum, erfordert weniger Arbeit und giebt dem Koks ein besonderes silberglänzendes Ansehen. Die Nachtheile der Ablöschung mit Wasser bestehen darin, dass man dem Koks einen Stoff zuführt, dessen demnächstige Beseitigung (Verdampfung) beim Verbrennungsprocesse eine grössere Menge Wärme in Anspruch nimmt, und ferner darin, dass gewissenlose Producenten durch das über Erfordern zugeführte Löschwasser das Gewicht des Koks zum Nachtheil der Käufer vermehren. Die Wasseraufnahmefähigkeit der drei Hauptschichten der Koksbeschickungen ist eine sehr verschiedene. Die schaumigere, poröse Kopfschicht nimmt bis zu 120 Proc. ihres Gewichtes an Wasser auf. Die Hauptmasse der Beschickung, die Mittelschicht, bindet nur bis zu 1½ Proc. und endlich die Fussschicht bis zu 13 Proc. ihres Gewichtes an Löschwasser. Im Durchschnitt kann man annehmen, dass Koks, denen eben nur das zum Ablöschen erforderliche Wasser zugeführt wird, dadurch um 6 Proc. seines Gewichtes zunimmt. Gedämpfter Koks, kalt in Wasser geworfen, bindet nicht ⅓ so viel Wasser, wie der in glühendem Zustande mit Wasser abgelöschte.

Eigenschaften und Brennwerth der Koks.

Die Koks bilden, wenn sie zweckmässig dargestellt worden sind, eine gleichartige, dichte und feste Masse, die schwer zu zerbrechen und zu zerdrücken ist und keine allzugrossen Blasenräume enthalten darf. Koks, aus backenden Stückkohlen in Meilern dargestellt, zeigen blumenkohlähnlich gewundene Contouren. Die Farbe ist schwarzgrau bis eisengrau, der Glanz ein matter Metallglanz. Schwefel soll sich in gutem Koks nur in sehr geringer Menge finden. Der Schwefel findet sich in der Steinkohle bekanntlich als Schwefel- oder Eisenkies; während des Verkokens destillirt aber nur ein Theil des Schwefels ab und es bleibt eine niedrigere Schwefelungsstufe des Eisens zurück, welche noch fähig ist, an erhitztes Eisen und Kupfer Schwefel abzugeben und demnach Metallgegenstände (Rohrstäbe, Dampfkessel) zu zerstören, oder auf das Schmelzprodukt (Roheisen) einzuwirken.

Zusammensetzung und Brennwerth der Koks.

Die mittlere Zusammensetzung guter gewöhnlicher Koks ist folgende:

Kohlenstoff	85–92	Proc.
Asche	3– 5	„
Hygroskopisches Wasser	5–10	„

Wegen ihrer Dichte und des Mangels an brennbaren Gasen ist die Brennbarkeit der Koks so gering, dass sie zu ihrer Entzündung starke Glühhitze und zum Fortbrennen einen gepressten Luftstrom verlangen.

Nach einer grossen Anzahl auf preussischen Hütten angestellter Versuche sind bei einem mit erhitzter Luft stattfindenden Hohofenbetriebe:

100 Gewichtstheile	Koks	=	80	Gewichtstheilen	Holzkohlen,
100 Volumen	„	=	250	„	„

Bei den Versuchen von Brix lieferte 1 Kilogr. Koks von oberschlesischer Steinkohle (bei einem Gehalte von 5,9 Proc. Wasser und 2,5 Proc. Asche) 7,15 Kilogr. Dampf.

Künstliche Brennstoffe.

Künstliche Brennstoffe.

Unter künstlichen Brennstoffen versteht man ein ursprünglich pulverförmiges Brennmaterial, in der Regel Hüttenabfall, wie Steinkohlenklein, Sägespäne, welchem man durch Vermischen mit einem Bindemittel, gewöhnlich mit Theer oder Thonbrei, und Pressen eine geeignete Form, in der Regel die von Ziegeln gegeben hat. In gewisser Hinsicht gehören die gepressten Torfziegel und die in Formen gestampfte und getrocknete ausgelaugte Lohe (Lohkuchen, Lohkäse) hierher.

Peras.

Erwähnenswerth ist die künstliche Stückkohle oder die Peras, deren Darstellung aus Klein, von backenden Kohlen seit einer Reihe von Jahren von dem Ingenieur Marsais, Director der Steinkohlengruben zu St. Etienne, eingeführt worden ist. Das Wesentliche des Verfahrens besteht darin, dass man das Kohlenklein zuerst wäscht, um sowohl die schweren Verunreinigungen, wie Kies und Steine, als auch die abschlämmbaren Theile wie Thon und Erde abzuscheiden. Die durch diesen Scheideprocess gewonnene reinere Kohle wird zum Abtropfen in Haufen gebracht, hierauf mit Hülfe von cannelirten Walzen zu Pulver gemahlen, das Pulver getrocknet, noch warm mit 7–8 Proc. eingedicktem Steinkohlentheer vermischt und die heisse Masse in Formen gepresst, wodurch Ziegel mit abgerundeten Ecken, je etwa 20 Pfd. schwer, erhalten werden, welche nach dem Erkalten eine ziemliche Härte besitzen. Die Peras zerbrechen nicht so leicht wie die meiste natürliche Stückkohle; sie lassen sich weit besser magaziniren, indem ⅕ an Raum gespart wird. Den Peras an die Seite zu stellen sind die Patentkohlen von Wylam und von Warlich.

Hierher gehört auch die geformte Holzkohle (Pariser Kohle), welche seit ungefähr 15 Jahren von Popelin-Ducarre in Paris in den Handel gebracht wird; sie besteht aus Holzkohle, welcher man durch Beimischen von Holztheer und Verkohlung des letzteren Cohärenz ertheilt hat. Die Holzkohle wird mit 8–12 Proc. Wasser versetzt und zwischen glatten Walzen zu einem gröblichen Pulver gemahlen. 100 Kilogr. Kohlenpulver werden mit 33–40 Liter Steinkohlentheer durchknetet; die durchknetete Masse wird darauf in einer eigens hierzu construirten Maschine in die Form von Cylindern gebracht. Die geformten Kohlencylinder werden 36–48 Stunden lang an der Luft ausgetrocknet und darauf in Muffelöfen verkohlt. Die geformten Kohlen haben vor den gewöhnlichen Kohlen den Vorzug, dass sie wenig zerreiblich, daher leicht transportabel sind, mehr Hitze geben, langsamer und regelmässiger verbrennen; ein Stück, einmal angezündet, brennt an der Luft fort, was bekanntlich die Koks nicht thun.

Kohlenziegel oder Briquettes.

Stark backende Kohlen können auch ohne Zusatz von Pech aus Kohlentheer durch starkes Pressen (unter hydraulischen Pressen oder durch Formräder) zu einer cohärenten Masse vereinigt werden, wenn man sie in verschlossenen Gefässen bis auf 260–400° C., d. h. bis zu dem Punkte erhitzt, bei welchem sie zu erweichen beginnen, und sie nochmals einem starken Druck aussetzt. Der bituminöse Theil der Kohle wird hierbei hinreichend flüssig, um für das Uebrige das Bindemittel zu geben. Auf diese Weise werden die Kohlenziegel, Brennsteine oder Briquettes dargestellt, und zwar in einer für Kesselfeuerungen oder den häuslichen Gebrauch passenden Grösse, wodurch den Consumenten die Mühe des Zerkleinerns erspart wird[197]. Es hat sich herausgestellt, dass die Briquettenfabrikation vortheilhaft mit der Theerdestillation behufs der Herstellung von Benzol, Carbolsäure, Naphtalin, Anthracen und Asphalt combinirt werden kann.

Gasförmige Brennmaterialien.

Gasförmige Brennmaterialien.

Die Benutzung gewisser brennbarer Gase und Gasgemenge als Brennmaterial bei hüttenmännischen Processen ist schon seit einer Reihe von Jahren vorgeschlagen worden, jedoch erst in neuester Zeit in der Metallurgie, wie in der chemischen Technik überhaupt, zur Ausführung gelangt. Die gegenwärtig als Brennmaterial angewendeten Gase sind entweder Gichtgase oder Generatorgase. Mit dem ersteren Namen bezeichnet man nicht nur die der Gicht eines Eisenhochofens entströmenden Gase, sondern überhaupt eine jede Flamme, welche aus einem hüttenmännischen Ofen (z. B. Koksofen) unbenutzt entweicht. Die Zusammensetzung der Gichtgase richtet sich selbstverständlich nach der Art des angewendeten Brennstoffes, nach der Temperatur und dem Druck der Verbrennungsluft und nach der Höhe über der Form, in welcher die Gase aufgefangen wurden. Sie sind stets Gemenge von Kohlenoxyd, Kohlenwasserstoffen, Wasserstoff,

Kohlensäure und Stickstoff, bei Anwendung von Steinkohlen oder Koks enthält das Gasgemenge auch Ammoniak. Die Generatorgase sind brennbare Gase, welche in einem besonderen Ofen, dem Generator, aus festen Brennstoffen (mit oder ohne Mitwirkung eines Gebläses) erzeugt worden sind. Sie finden bei den verschiedensten technischen Processen Anwendung, indem dadurch Gelegenheit gegeben ist, Brennmaterialien geringster Qualität nutzbar zu machen. Nach Ebelmen haben diese Gase dem Gewichte nach folgende Zusammensetzung:

	Generatorgase aus			
	Holzkohlen.	Holz.	Torf.	Koks.
Stickstoff	64,9	53,2	63,1	64,8
Kohlensäure	0,8	11,6	14,0	1,3
Kohlenoxyd	34,1	34,5	22,4	33,8
Wasserstoff	0,2	0,7	0,5	0,1

In England wurde nach Percy mehrere Jahre lang auf Eisenhütten ein Gasgemisch angewendet, das man durch Einleiten von Hochdruckdämpfen in mit Koks angefüllte rothglühende Retorten erhält. Die Siemens'schen Regeneratoren mit Gasfeuerung (*regenerative-gas-furnace*), welche Seite 22 und 310 bereits beschrieben wurden, gehören gleichfalls hierher. Sie haben in der Gasbereitung, bei Schweissöfen, Puddelöfen, besonders auch bei der Zinkgewinnung etc. schon ausgedehnte Anwendung gefunden.

Heizgas.

In neuerer Zeit denkt man an vielen Orten, so z. B. in Berlin, an die Beschaffung von wohlfeilem Gas für Heizzwecke (Heizgas). Seit einem Jahrzehnd etwa sind verschiedenartige Gasfeuerungen vielfach in Gebrauch gekommen, und dieselben würden wegen ihrer Reinlichkeit und Bequemlichkeit sicher noch weit mehr Verwendung finden, wenn nicht einerseits das gewöhnliche Leuchtgas zur ausgedehnteren Verwendung als Heizmaterial zu theuer wäre, und andererseits die Gaserzeugungsapparate (wie die oben genannten Siemens'schen) beim Betriebe im Kleinen nicht ungenügende Resultate gäben. Die Beschaffung von billigem Gas für Heizzwecke erscheint demnach äusserst wünschenswerth. In Berlin ist gegenwärtig die Gründung einer Anlage zur Beschaffung von Heizgas unter technischer Leitung von C. Westphal und A. Pütsch im Werke. Es wird beabsichtigt, das Gas in Fürstenwalde, fünf Meilen von Berlin, aus Braunkohlen darzustellen und dann in einer Röhrenleitung nach der Hauptstadt zu schaffen. Es sollen dazu in Fürstenwalde zwölf Retortenhäuser von je 35 Meter Länge und 21 Meter Tiefe mit 70 Oefen zu je 10 Retorten gebaut werden; die Retortenöfen sollen mittelst Siemens'scher Regenerativfeuerungen geheizt werden. Zur Beförderung des in Condensatoren von Theer, Wasser etc. gereinigten Gases nach Berlin ist eine Röhrenleitung von 1,3 Meter Weite bestimmt, in welche das Gas mittelst vier Gebläsemaschinen gepresst wird. Die Gebläse werden durch vier Dampfmaschinen, deren jede 360 Pferdestärken hat, aber bis zu 500 Pferdekräften leisten kann. Der Gasdruck in der Leitung soll 1,5 Centimeter Wasser betragen, da dieser verhältnismässig hohe Druck die Anwendung von Röhren mit geringerem Durchmesser gestattet und auch sonst vortheilhafter erscheint als ein schwächerer. Die Leitung soll aus 5 Meter starkem Eisenblech hergestellt und über dem Boden hingeführt werden, wobei sie in geeigneten Zwischenräumen von gemauerten Pfeilern getragen werden soll, so dass sie leicht untersucht und reparirt werden kann. Bei 5 Meter Wasserdruck wird die Leitung 407 Kubikfuss Gas pro Sekunde abführen. In Berlin soll das Gas in 12 Gasometern von je etwa 750,000 Kubikfuss Fassungsraum angesammelt werden, um dann nach den verschiedenen Theilen der Stadt ganz ähnlich wie Leuchtgas vertheilt zu werden. — Nach den Versuchen von Ziureck lässt sich aus den Fürstenwalder Braunkohlen ein für Heizzwecke sehr gut geeignetes Gas darstellen. Bei einem specifischen Gewicht von 0,5451 besteht dasselbe aus:

Wasserstoff	42,36	Proc.
Kohlenoxyd	40,00	„
Sumpfgas	11,37	„
SStickstoff	3,17	„
Kohlensäure	2,01	„
Condensirbare Kohlenwasserstoffe	1,09	„
	100,00	Proc.

Wenn diese Mischung beim Betrieb regelmässig erhalten werden kann, so dürfte das Gas seinem Zwecke vollständig entsprechen; 3000 Kubikfuss desselben sind nach den Versuchen in Bezug auf Heizkraft gleich einer Tonne Braunkohle oder gleich ⅓ Tonne Steinkohle[198]. Es soll zu ungefähr 5 Sgr. pro 1000 Kubikfuss verkauft werden, wonach also die Heizkraft einer Tonne Steinkohlen nicht höher als 1½ Thlr. zu stehen käme. Die Werke sind vorläufig auf eine jährliche Produktion von 9500 Mill. Kubikfuss oder etwa 2⅔ Mill. täglich berechnet, wodurch der Bedarf an Heizmaterial etwa für die halbe Stadt gedeckt werden würde.

Die Heizanlagen[199].

Allgemeines.

Unter Heizung verstehen wir das Erwärmen eines hohlen Raumes nebst den darin befindlichen Gegenständen durch die bei der Verbrennung der Brennmaterialien erzeugte Wärme. Der hohle Raum sei nun ein Zimmer, ein Kessel, ein Glashaus der botanischen Gärten u. s. w. Es ist die Aufgabe der Technik (in diesem Falle Pyrotechnik), durch die Verbrennung eines Brennmaterials behufs der Heizung nicht nur eine möglichst grosse Wärmemenge, sondern auch einen möglichst hohen Wärmegrad zu entwickeln und diese Wärme auch so vollständig als möglich zu verwerthen. Um durch die Verbrennung eines Brennstoffes den absoluten und specifischen Wärmeeffect so weit als thunlich zu erreichen, muss die Verbrennung eine vollständige sein, es darf nicht nur kein brennbarer Theil der Verbrennung entgehen, es müssen auch Vorkehrungen getroffen werden, dass jeder verbrennliche Theil durch die Verbrennung die höchste Oxydationsstufe erreiche. Wie wichtig für die Praxis das letztere ist, geht daraus hervor, dass

1	Th.	Kohlenstoff	bei	seiner	Verbrennung	zu	Kohlenoxyd	2480	Wärmeeinheiten
1	„	„	„	„	„	„	Kohlensäure	8080	„

liefert. Damit die Verbrennung eine vollständige sei, muss dem brennenden Körper die erforderliche Menge Sauerstoff in Gestalt von atmosphärischer Luft zugeführt und die ihres Sauerstoffes theilweise beraubte und mit den Verbrennungsprodukten beladene Luft beständig fortgeführt werden. Ein solcher Luftzug kann entweder durch natürliche Luftcirculation oder durch künstliche Mittel, nämlich durch Saugen oder durch Pressen hergestellt werden. Im ersteren Falle werden die gasförmigen Verbrennungsprodukte durch Exhaustoren hinweggesaugt, wodurch neue Luft nachzuströmen veranlasst wird, im zweiten Falle wird durch ein Gebläse Luft eingepresst und dadurch das Verbrennungsprodukt entfernt. Fast alle Heizungen im engeren Sinne finden bei natürlichem Luftzuge statt.

Alle Heizungsanlagen bestehen aus drei Theilen, dem Feuerherd, dem Heizraum und dem Schornstein. Der Herd (Feuerherd) ist der Ort, in welchem durch Verbrennung eines Brennmaterials zu Zwecken der Heizung Hitze erzeugt wird. Der Heizraum ist der Ort, in welchem die erzeugte Wärme zunächst ihre Wirkung äussern und ihre Benutzung finden soll, und der Schornstein endlich ein in der Regel verticaler, seltener schräg oder in mehrfacher Richtung ansteigender Canal, in welchen mittelst eines kleinen engen Canals (Fuchs) die verbrannten Gase abgeleitet werden, während zugleich durch den Schornstein das Nachströmen frischer Luft auf das Brennmaterial bewirkt wird.

Der Herd oder Feuerherd kann sehr verschiedene Beschaffenheit haben. Die roheste und mangelhafteste Einrichtung, welche auch nur bei sehr brennbaren Materialien, wie Holz und Torf, möglich ist, besteht darin, das Brennmaterial flach auf dem Herde auszubreiten und einen Luftstrom durch eine Oeffnung in der Ofenthüre hinzuleiten; sie ist deshalb mangelhaft, weil eine grosse Menge Luft, ohne mit dem Brennmaterial in Berührung zu kommen oder zur Unterhaltung des Feuers beizutragen, durch den Ofen hindurchzieht und einen grossen Theil der Wärme mit sich fortführt. Die zum vollständigen Verbrennen des Brennmaterials erforderliche Luft soll durch das Brennmaterial strömen. Zu diesem Zwecke ist die Unterlage für das Brennmaterial durchbrochen und besteht aus mehreren parallel neben einander gelegten Stäben von feuerfestem Thon oder Eisen, dem Rost. Der Raum unterhalb des Rostes heisst der Aschenraum oder Aschenfall; obgleich seine Bestimmung nicht nur die ist, die Asche aufzunehmen, sondern auch dem Roste und dem Feuerherde Luft zuzuführen. Zu dem Feuerungsraume führt seitwärts oder von oben eine Oeffnung, das Schürloch, durch welches Brennmaterial aufgeworfen wird; diese Feuerungsmethode trägt den Uebelstand, dass beim Oeffnen des Schürloches kalte Luft über den Rost gelangt, wodurch eine Abkühlung der Luft in dem Schornstein, also Verminderung des Zuges und Rauchbildung, mit anderen Worten Brennstoffverlust stattfindet. Die in neuerer Zeit construirten Treppenroste, bei welchen die eisernen Stäbe zwischen den Seitenwänden des Feuerungsraumes treppenförmig in gewissen Zwischenräumen über einander liegen, haben den genannten Uebelstand nicht. Bei einem schwefelhaltigen Brennstoff werden die Roststäbe leicht zerstört; man lässt deshalb meist über dem eigentlichen Roste einen künstlichen Rost von zusammengesinterter Asche sich bilden, welcher auch die Verbrennung von Kohlenklein gestattet. Da nicht zu allen Perioden einer Heizung ein gleich starker Luftzug erfordert wird, so hat man Vorrichtungen zur Regulirung des Zuges; diese sind: 1) eine Schornsteinklappe, durch welche mit Hülfe einer Zugstange die obere Schornsteinmündung mehr oder weniger gesperrt werden kann; 2) ein Schieber oder Register im Fuchse oder in dem Schornsteine; 3) eine Thüre vor dem Aschenfalle.

α) *Die Heizung von Wohnungen.*

Heizung von Wohnungen.

Die Heizung von Wohnungen und öffentlichen Gebäuden, mit welcher entsprechende Ventilation verbunden sein muss, kann auf verschiedene Weise vor sich gehen; je nach dem Umstande, ob strahlende oder geleitete Wärme die Heizung bewirkt, und nach der verschiedenen Construction der Heizungsapparate, unterscheidet man 1) Kaminheizung, 2) Ofenheizung, 3) Luftheizung, 4) Canalheizung, 5) Heisswasserheizung, 6) Dampfheizung, 7) Gasheizung.

Directe Heizung.

Eine directe Heizung von Räumen durch Verbrennung von Holz und anderem Brennstoff auf offenem Herde, in Kohlenpfannen und kleinen Oefen ohne Schornstein ist wohl die erste und älteste Heizungsmethode gewesen. Mitten in den Hütten befindet sich ein Herd, dessen Rauch durch eine im Dache befindliche Oeffnung abzieht. Ziemlich häufig trifft man in den grösseren Städten Frankreichs die üble Gewohnheit, das Zimmer durch eine Kohlenpfanne zu heizen, wodurch die Luft nicht nur verschlechtert, sondern sogar zum Athmen gänzlich untauglich wird. Es ist daher die unmittelbare Erwärmung der Luft durch Brennmaterialien unter allen Umständen gefährlich.

Kaminheizung.

Die Kaminheizung ist seit langer Zeit in Gebrauch; sie gründet sich auf Erwärmung der Luft durch unmittelbare Ausstrahlung der Wärme des Feuers. Sie ist unstreitig die unvollkommenste Heizungsart, da bei ihr ein ausserordentlich grosser Luftwechsel stattfindet, indem in das Kamin nicht allein die zur Unterhaltung des Feuers erforderliche Luft einströmt, sondern auch über die Flamme viel erwärmte Luft in den Schornstein geht, wodurch eine hermetische Abschliessung des Zimmers zur Vermeidung der Abkühlung nicht möglich wird, denn sobald die grosse Quantität der in den Schornstein einströmenden Luft nicht durch neue, durch Fenster und Thüren eindringende Luft ersetzt wird, entsteht ein niederwärts gehender Zug in dem Schornsteine und das Kamin fängt an zu rauchen. Die Kaminheizung eignet sich deshalb in ihrer ursprünglichen Gestalt nur für Länder, welche mildes Klima oder Brennmaterial im Ueberfluss haben. Die Annehmlichkeit dieser Heizungsart, das Feuer beobachten und selbst unterhalten zu können, der fortwährende Luftwechsel und die Construction der Kamine, welche gestattet, die Füsse fortwährend warm zu halten, während der übrige Körper kühl bleibt, welche ferner erlaubt, aus dem Heizapparate eine Zimmerdecoration zu machen, alle diese Umstände sind wohl der Grund, dass man in England und zum Theil auch in Frankreich die Kaminheizung beibehalten hat. Die Heizung mittelst strahlender Wärme durch Kamine hat in ihrer ältesten, einfachsten und unvollkommensten Form folgende Einrichtung: Am unteren Theil der Mauer, in welcher der Schornstein in die Höhe geht und unmittelbar unter dem Schornstein befindet sich eine Nische, in der das Feuer brennend erhalten wird. Später hat man die Kamine dadurch verbessert, dass man sie weniger tief in die Mauer legte, damit ihre Wirkung sich mehr auf die Zimmerluft, als auf die Kaminwände erstreckte, dass man den oberen Theil der Nische dort, wo er in den Schornstein tritt, möglichst verengt und sowohl diese Rauchöffnung, als auch die vordere grosse Oeffnung nach dem Zimmer zu mittelst Schieb- und Flügelthüren verschliesst.

Um neben der strahlenden Wärme auch einen Theil der geleiteten zu benutzen, ohne jedoch dem Kamine das Eigenthümliche zu benehmen, hat man den unmittelbaren Abzug der erwärmten Luft aus der Feuernische in den Schornstein verhindert und eine Circulation der erwärmten Luft, ähnlich wie bei den Zimmeröfen, hergestellt. Durch diese Combination von Ofen mit Kamin entstandenen Feuerungen heissen Ofenkamine. Unter ihnen zeichnen sich die von Franklin, Desarnod und Curandeau aus.

Ofenheizung.

Die Ofenheizung ist die bei weitem gebräuchlichste. Man verlangt von einem rationell construirten Ofen (Zimmer- oder Stubenofen), dass er brennstoffschonend sei, daher die möglichst vollkommene Verbrennung des Brennmaterials zulasse; dass so viel als möglich die aus dem Brennmaterial entwickelte Hitze an die Ofenwände und den Ofenkörper abgegeben werde und so wenig als möglich in den Schornstein entweiche; dass der Zimmerraum auf einer gleichmässigen Temperatur erhalten werde, und dass gehörige Ventilation dieses Raumes vorhanden sei. Da der Zimmerofen frei in dem zu heizenden Räume steht, so wird sowol die strahlende, als auch die geleitete Wärme realisirt und es geht in der That von dem Brennstoffe blos die Wärme verloren, welche mit den Verbrennungsgasen abzieht. Der Wärmeverlust wird durch verlängerte Rauchkanäle verringert, wobei jedoch zu bedenken ist, dass der Rauch mit einer Temperatur mindestens von 75° in den Schornstein entweichen muss, damit der erforderliche Zug stattfinde. Es ist zweckmässig, den Ofen vom Zimmer aus zu heizen; gegen die Heizung von aussen gewährt sie den Vortheil einer fortwährenden Lufterneuerung und Brennstoffersparniss, weil beim Heizen von innen diejenige erwärmte Luft, welche beim Heizen von aussen durch die Ausdehnung durch Thüren- und Fensterfugen entweicht, nun zur Heizung des Ofens benutzt wird; wird durch den Zug des von innen geheizten Ofens das Einströmen von kalter äusserer Luft durch die Fugen befördert, so wird auch dadurch das Entweichen von innen erwärmter verhindert.

Die Materialien, aus welchen unsere Zimmeröfen construirt werden, sind Gusseisen, Eisenblech und gebrannter Thon (Kacheln und Ziegel). Das Eisen nimmt als Wärmeleiter die Hitze leicht auf; da die Dicke der Ofenwände in der Regel gering ist, so geht die Hitze des verbrennenden Brennmaterials leicht und rasch in die Umgebung über. Die eisernen Oefen haben dagegen den Nachtheil, im rothglühenden Zustande die Luft im geringen Abstande vom Ofen übermässig zu erhitzen, wozu noch kommt, dass die Luft in der Nähe eines eisernen Ofens eine chemische Veränderung erleidet und wie bereits Deville und Troost 1868 nachgewiesen haben, in Folge der Durchdringlichkeit des Gusseisens für Kohlenoxydgas 0,0007–0,0013 ihres Volumens an Kohlenoxyd aufnehmen kann.

Der gebrannte Thon eignet sich demnach als Ofenmaterial besonders dann, wenn es sich um eine gleichmässige Heizung handelt; so rasch und reichlich diesem Material auch die Wärme dargeboten werden mag, stets wird es die Wärme bei weitem langsamer und nur nach und nach abgeben. Gemischte Oefen, bei welchen der Heizkasten aus Eisen und der Aufsatz aus Kacheln besteht, vereinigen in gewisser Hinsicht die Vortheile der eisernen und der Kachelöfen, indem durch den eisernen Feuerraum die Heizung des Zimmers beschleunigt wird, der obere aber zum Aufspeichern der Wärme dient.

Je nach dem Ofenmaterial unterscheidet man die Zimmeröfen ab

a) Leitungsöfen,

b) Massenöfen,

c) gemischte Oefen.

Die eisernen Oefen nennt man Leitungsöfen, insofern sie die im Feuerungsraume entwickelte Wärme so schnell als möglich durch sich hindurchleiten und an die Zimmerluft abgeben. Bei den thönernen Massenöfen geschieht die Erwärmung nicht durch Canäle oder den Feuerungsraum, sondern dadurch, dass diejenige Wärme, welche während der Verbrennung des Brennstoffes von dem Thone aufgenommen wurde, auch nach dem Verlöschen des Feuers langsam und gleichmässig an die Zimmerluft abgegeben wird. In dem grösseren Theile von Deutschland bedient man sich, mit wenigen Ausnahmen, der Leitungsöfen und der gemischten Oefen, in Russland und Schweden der Massenöfen.

Leitungsöfen.

Die Leitungsöfen haben sehr verschiedene Construction. Die älteste ist ohne Zweifel die noch jetzt häufig benutzte Form der Kanonenöfen, ein kanonenähnlicher hohler gusseiserner Cylinder, am oberen Theile mit einem Blechrohre, am unteren mit einer Heizthüre versehen. Sie haben in der Regel ein sehr kurzes Rauchrohr, das sofort in den Schornstein mündet, und sind daher keineswegs brennstoffschonend. Um der Brennmaterialverschwendung zu steuern, wendet man entweder ein langes Rauchrohr an, was aber nicht nur den Heizapparat vertheuert, sondern auch von sehr kurzer Dauer ist, da innerhalb des Rohres sich eine Flüssigkeit bildet (bei Holzfeuerung Holzessig, bei Steinkohlenfeuerung ammoniakalisches Wasser), welche sehr bald das Rohr zerstört; oder man giebt dem Ofen im Innern mehrere verticale Züge, in welchen die Verbrennungsgase einigemal auf- und absteigen, ehe sie in den Schornstein gelangen.

Die sogenannten Durchsichtsöfen, welche wegen der zwischen den Feuerzügen bleibenden Zwischenräume den Vortheil einer grossen, der Zimmerluft dargebotenen Fläche mit gefälliger Form und der Bequemlichkeit, die sogenannten Röhren zum Hineinstellen von Gefässen benutzen zu können, vereinigen, sind entweder ganz von Eisen oder bestehen aus einem eisernen Unterofen mit einem thönernen Aufsatze.

Massenöfen.

Fig. 321.

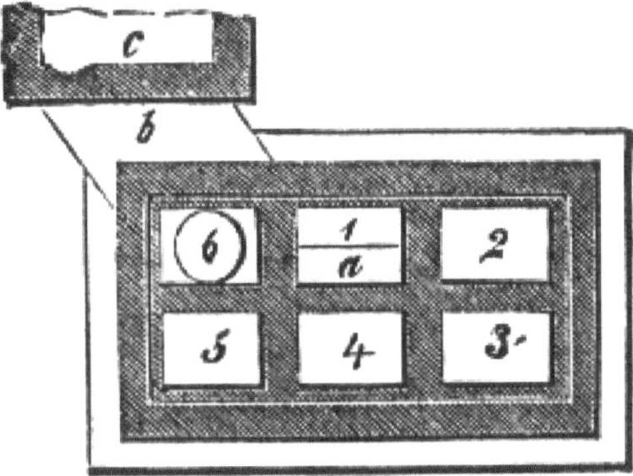

Von den Massenöfen sind die russischen und die schwedischen Oefen zu erwähnen. Diese Oefen bestehen aus dicken Kacheln aus gebranntem Thon, welche durch eine starke Füllung noch mehr Körper erhalten und so ausgefüttert werden, dass sie eine Stärke von 7 Zoll und darüber erhalten. In dieser Hülle befinden sich verticale Kanäle zur Leitung der Verbrennungsgase, deren Anzahl von 4, 6 bis 12 steigt.

Ein russischer Ofen ist länglich viereckig und hat sechs Rauchkanäle. Fig. 321 zeigt den Grundriss, Fig. 322 eine Ansicht der langen, Fig. 323 der schmalen Seite und Fig. 324 den Längendurchschnitt dieses Ofens. *a* ist der mit einem Gewölbe überdeckte Feuerraum, aus diesem steigt das Feuer in dem Kanale 1 in die Höhe, fällt in 2 wieder abwärts, steigt wieder in 3, fällt in 4, steigt in 5, fällt in 6, von wo aus es durch das Ofenrohr in den Schornstein gelangt. Jeder dieser Oefen hat ein 18–30 Centimeter weites Rauchrohr (einen russischen Schornstein) für sich, welches möglichst vertical bis zum Dache hinaus aufgeführt wird; diese engen Schornsteine haben sich ausserordentlich bewährt und auch in Deutschland seit geraumer Zeit schon eingebürgert. Da ein russischer Ofen als Wärmemagazin dienen soll, so ist ein hermetischer Abschluss nothwendig, sobald das Feuer erloschen ist. Dieser Abschluss wird durch eine besondere Vorrichtung, die sogenannte Gusche (russisch Wiuschke) erreicht. In der Nähe der Verbindung des letzten Kanales mit dem Rauchrohre ist eine viereckige Platte aus Gusseisen (Fig. 325, 326 und 327) eingemauert; diese Platte hat in der Mitte eine Oeffnung von 21–24 Centimeter Durchmesser mit einem aufrecht stehenden Halse von 3 Centimeter und innerhalb vorstehendem Rande von 2 Centimeter. Ein gusseiserner, mit einem Griff versehener Deckel *a* passt auf die Oeffnung, ein zweiter grösserer Deckel *b* mit vorspringendem Rande passt über den Hals und verschliesst das Ganze. Beim Heizen wird der Feuerraum mit kurz gesägten Holzstücken gefüllt, das Holz bei zuerst offener Thür in Brand gesetzt und dann die Thüre geschlossen, so dass die Luft durch ihre Oeffnungen einströmt. Die Verbrennung muss so lebhaft als möglich vor sich gehen; auf diese Weise theilt sich die Wärme der Ofenmasse am schnellsten mit, es bildet sich kein Rauch und der anfänglich entstandene Rauch wird bei der später entwickelten hohen Temperatur wieder verbrannt. Die äussere Seite dieser Oefen wird mit Porcellanplatten oder glasirten Kacheln belegt. Der schwedische Ofen ist von den russischen Oefen im Wesentlichen nur dadurch unterschieden, dass er gewöhnlich von runder Form ist und beinahe bis an die Decke des Zimmers reicht. Der Feuerzug steigt in der Mitte des Ofens in die Höhe, von da aus in zwei Kanälen wieder abwärts, nochmals in zwei Zügen, welche sich über dem mittleren Kanale vereinigen, aufwärts und von hier aus durch das in der Decke des Ofens befindliche Rohr in den Schornstein. Der Verschluss des Rohres wird mit Hülfe eines Schiebers bewirkt, der die Oeffnung in der oberen Decke versperrt. Man bewirkt dies mit Hülfe einer über Rollen laufenden Schnur. Das Brennmaterial wird auf einmal in den Feuerraum gebracht und nach dem Verbrennen desselben das Register der Heizthüre, so wie des Rauchrohres genau verschlossen.

Fig. 321.Fig. 322.

Fig. 324.

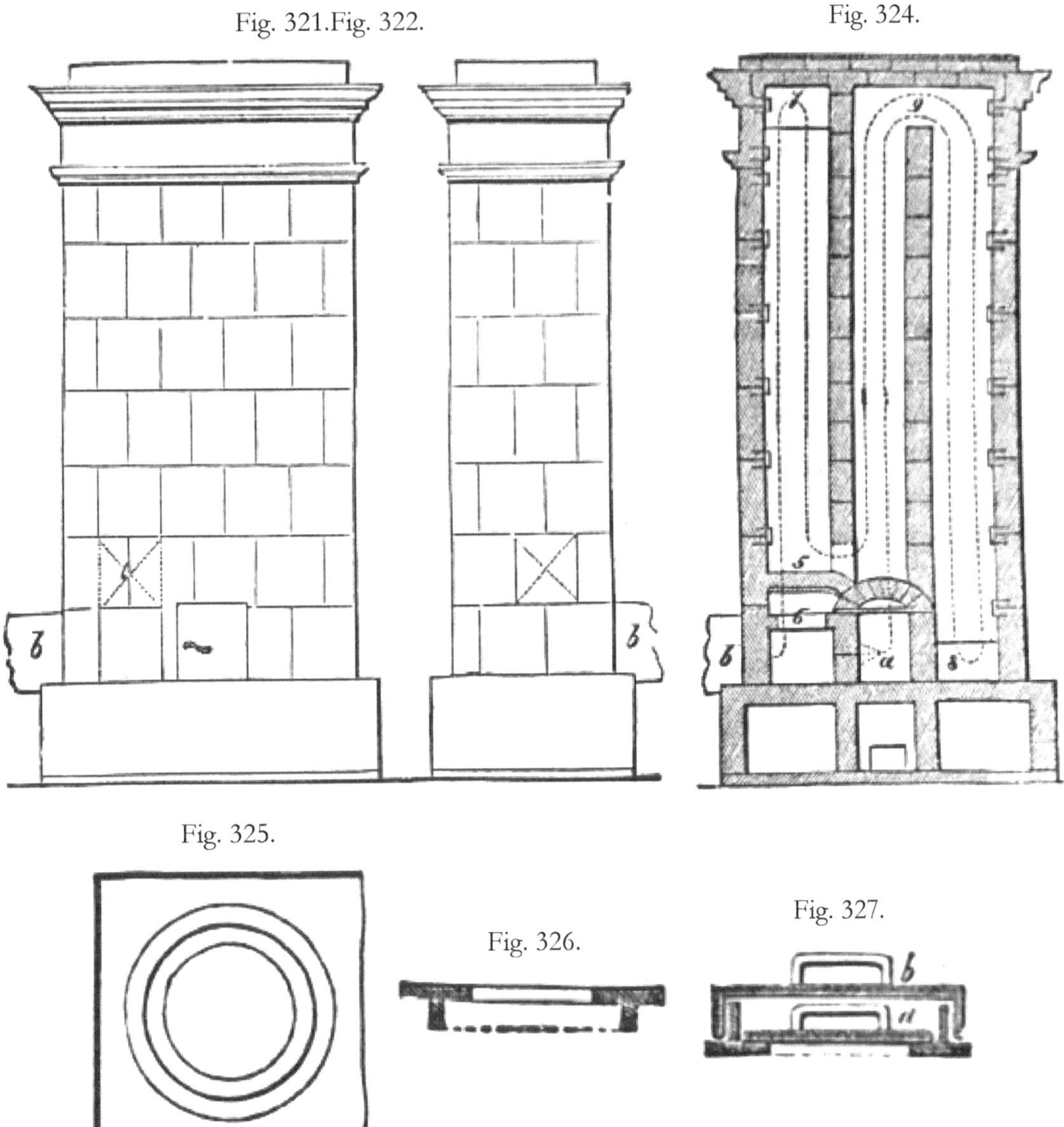

Fig. 325.

Fig. 326.

Fig. 327.

Fig. 328. Fig. 329. Fig. 330.

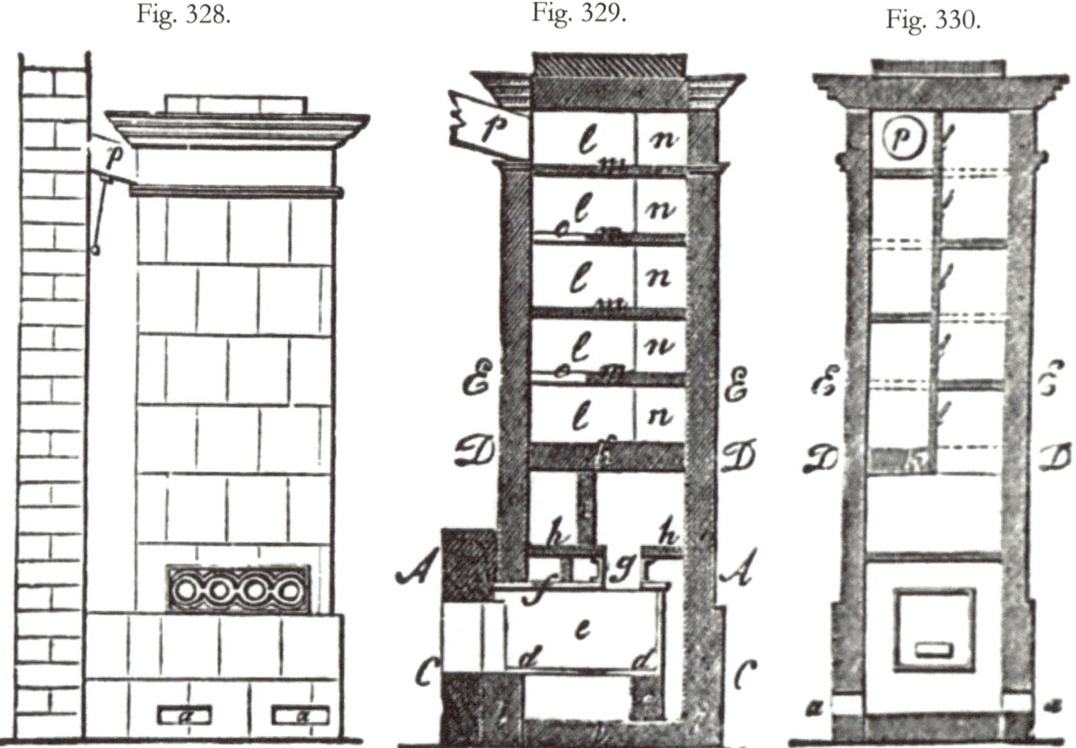

Gemischte Oefen.

Unter den gemischten Oefen hat der Feilner'sche Ofen, welcher als eine Modification des russischen Ofens anzusehen ist, eine gewisse Berühmtheit erlangt. Beistehende Figuren (Fig. 328 bis 331) zeigen ausser vier verschiedenen Grundrissen des Ofens nach den Höhen genommen, wie er durch die entsprechenden Buchstaben in den Durchschnitten bezeichnet ist, die Längen- und Querdurchschnitte des Ofens und zwar Fig. 328 die vordere Ansicht von der langen Seite des Ofens, Fig. 329 das Profil nach der im Grundriss angedeuteten Linie *A A*, Fig. 330 Querschnitt nach der Linie *B B*, Fig. 331 Querschnitt nach der Linie *C C*. Der Feuerherd dieses Ofens ist ein eiserner, von den umgebenden Thonwänden abstehender Kasten, welcher auf der oberen Deckplatte an einem Ende mit einer runden Oeffnung versehen ist, in welche ein 12–18 Centimeter hohes Rohr eingesetzt wird; durch diesen Cylinder muss sich die ganze Feuermasse durchpressen, um in die Züge zu gelangen. Eben so wie bei dem russischen Ofen findet hier eine vollständige Verbrennung ohne Rauch- und Russbildung statt und ein grosser Theil der entwickelten Wärme theilt sich den Ofenwänden mit. Damit die Züge möglichst wirken, wird der Ofen durch eine verticale Scheidewand in zwei Theile getheilt; an dieser Scheidewand sind horizontale Scheidungen angebracht, so dass die heissen Verbrennungsgase sich durch die so gebildeten Gänge hindurch bewegen und immer von der einen Hälfte des Ofens in die andere übergehen müssen, bis sie oben angekommen sind. Die Verbrennungsgase durchlaufen in diesen Oefen einen Weg von 9–20 Meter, ehe sie in das Rauchrohr gelangen, dabei berühren sie die äusseren Ofenwände auf etwa 33 Quadratfuss Fläche, so dass ihnen hinlänglich Gelegenheit geboten ist, ihre Wärme abzugeben. Da der eiserne Feuerungsraum von allen Seiten frei steht, so findet sofort nach dem Einheizen auch Erwärmung des Zimmers statt. In dem unteren Theile des Ofens ist eine Art Luftheizung angebracht; durch daselbst vorhandene zwei Oeffnungen *a a* (Fig. 328) tritt kalte Luft unten ein, welche bei ihrem Emporsteigen so stark erhitzt wird, dass sie heiss durch die Fig. 328 angedeutete durchbrochene Verzierung in das Zimmer strömt. Wird nach beendigter Verbrennung die Verbindung der Züge mit dem Schornstein durch die Klappe unterbrochen, so nimmt der obere, aus Kacheln bestehende Theil des Ofens eine solche Temperatur an, dass ein zweites Einheizen an einem Tage überflüssig ist. *b b b* ist der aufgemauerte Boden des Ofens, *c c* Stützen, welche die gusseiserne Bodenplatte *d d* des eisernen Kastens aufnehmen sollen, *e* sind die drei Seitenplatten, *f f* die Deckplatte des Feuerkastens, *g* ist das auf der Deckplatte befindliche Rohr, durch welches die

Verbrennungsgase in die Züge treten. Die auf der Deckplatte vorhandenen Mauerziegel tragen die Decke *h h*; letztere besteht aus einer Blechtafel, in welcher eine runde Oeffnung ist, von solcher Weite, dass das Rohr *g* das Blech nicht berührt. Auf dieses Blech kommt eine mit den Ofenwänden verbundene Decke aus Dachziegeln und zwar so, dass die von dem Kranze des Rohres *g* etwas absteht, wodurch mithin eine Vertiefung sich bildet, welche mit trocknem Sand oder mit Asche ausgefüllt wird. Diese Vorrichtung soll das Mauerwerk von dem Eisen isoliren, damit durch die Ausdehnung des Eisens das Mauerwerk nicht auseinandergetrieben werde. Die Mauerziegel *i* bilden die Scheidewand, auf welcher die Decke *k* ruht. *l l* ist die ebenfalls aus Mauerziegeln bestehende Wand, welche, wie oben erwähnt, den Ofen in zwei Theile theilt. Die Ziegel stehen auf den Decken *n n* und sind nur so lang, dass jede der Oeffnungen *n n* sieben Zoll von der gegenüberstehenden Steinwand absteht; durch die Oeffnungen *o o* steigt der Rauch in die Höhe, *p p* ist das an dem letzten Kanal angebrachte Rauchrohr. Bei dem Feilner'schen Ofen geht mithin das Feuer aus dem Feuerkasten *e* durch das Rohr *g*, stösst an die Decke *k*, wendet sich hier um die Wand *i*, geht durch die Oeffnung *o* in den Kanal *n* und endlich in das zum Schornstein führende Rauchrohr.

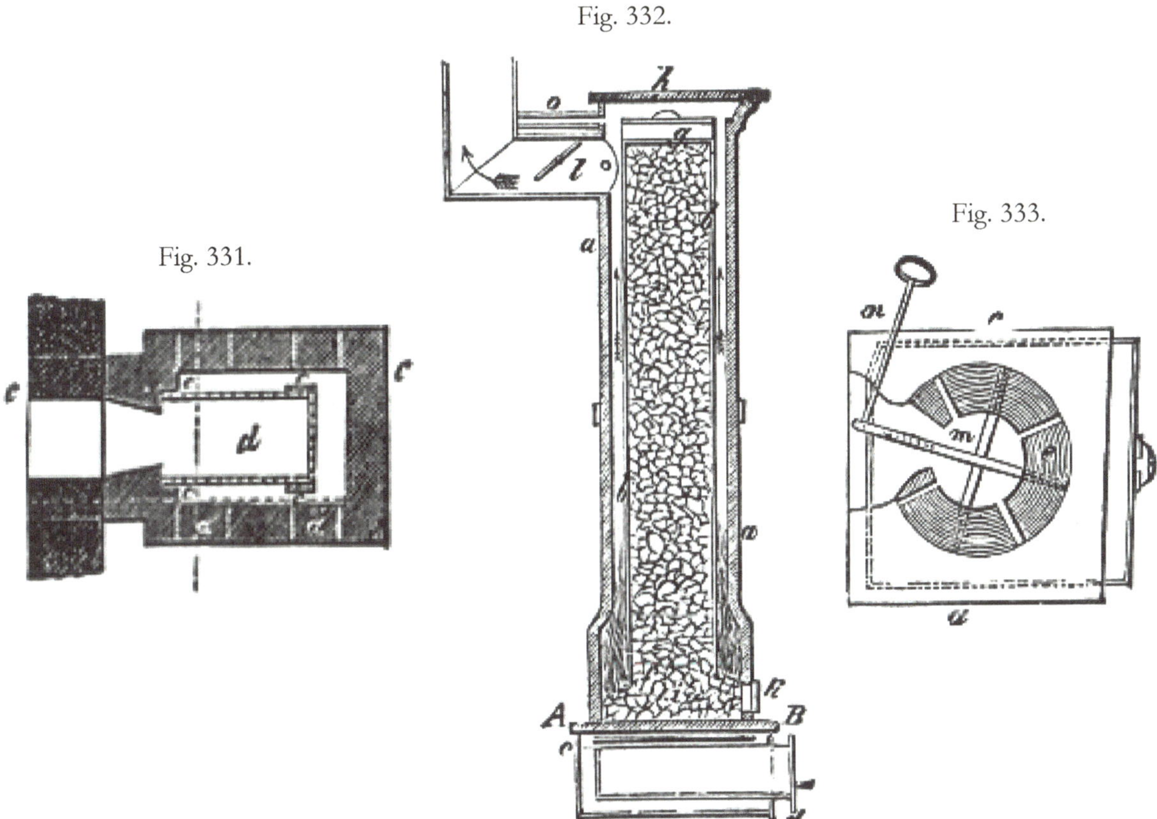

Beachtenswerth ist ferner der auf Braunkohlen eingerichtete Henschel'sche Ofen, welchen Fig. 332 im verticalen, Fig. 333 im horizontalen Durchschnitt nach der Linie *A B* zeigt. Dieser Ofen besteht aus zwei Cylindern, einem äusseren von Gusseisen *a* und einem inneren von starkem Eisenblech *b*. Der äussere Cylinder steht auf dem viereckigen Aschenkasten *c d*, der oben mit dem Roste *e* versehen ist. Der innere Blechcylinder reicht nicht bis zum Roste und lässt sich durch den gut schliessenden Deckel *g* verschliessen. Der äussere Cylinder wird durch den Deckel *h* verschlossen. Beim Gebrauch wird der Blechcylinder mit Braunkohlenstückchen angefüllt; es werden beide Cylinder durch ihren Deckel verschlossen und die Braunkohle im Feuerraume *i* durch *k* entzündet. Die Verbrennung kann begreiflicherweise nur auf dem Roste vor sich gehen, wobei der Luftzug zwischen den beiden Cylindern nach oben geht und durch das Rohr *l* abzieht. Die in den Blechcylindern befindliche Braunkohle sinkt in dem Verhältnis, als die Verbrennung fortschreitet, auf den Rost herab. Die auf dem Roste sich nach einiger Zeit ansammelnde Asche, welche die Verbrennung unterbrechen würde, wird durch das unter dem Rost befindliche drehbare Kreuz *m*, welches mit einigen, zwischen den Roststäben durchgehenden Stäben versehen ist und von aussen durch *n* leicht bewegt werden kann, beseitigt. Durch das Rohr *o* soll der im oberen Theile des Ofens etwa vorhandene Rauch abgeleitet werden. Ein solcher Ofen brennt in der Regel 48 Stunden. Grosse Verdienste hat sich H. Meidinger (in Carlsruhe) um die Construction von Füllöfen erworben.

Luftheizung.

Die Luftheizung ist eine Art von Ofenheizung und unterscheidet sich von der gewöhnlichen Heizung mit Hülfe von Oefen dadurch, dass der Ofen in den meisten Fällen nicht in dem zu erwärmenden Raume selbst, sondern in einem besonderen, in der Heizkammer sich befindet, in welcher sich die Luft erwärmt und sodann durch Kanäle in die zu heizenden Räume gelangt.

Der Zweck der Luftheizung (Centralheizung) ist, mittelst eines Ofens einen grossen Raum möglichst gleichmässig zu erwärmen, oder eine Anzahl Zimmer zu gleicher Zeit zu heizen, endlich auch in gewissen Fällen, wo in einem Raume der Ofen aus Gründen hinderlich wäre, den Ofen zu beseitigen. Es giebt drei verschiedene Methoden der Luftheizung, die sich wesentlich durch die Art und Weise des Luftwechsels in dem zu heizenden Raume unterscheiden:

a) Die äussere kalte Luft tritt in den Heizraum und strömt als erwärmte Luft durch einen Kanal in den zu heizenden Raum; ein der eintretenden Luft gleiches Volumen Zimmerluft strömt durch die Fenster- und Thürfugen aus.

b) Die erwärmte Zimmerluft geht durch einen Kanal in die Heizkammer zurück, erwärmt sich hier und tritt wieder in das Zimmer. Wenn die Methode a den Vorzug hat, das Zimmer stets mit neuer Luft zu versorgen und dadurch das Zimmer ununterbrochen zu ventiliren, so wird durch die Methode b diejenige Wärmemenge erspart, welche bei der ersten Methode durch das Ausströmen der erwärmten Luft entzogen wird.

c) Eben so wie nach Methode a erwärmt sich die äussere kalte Luft in dem Heizraume und gelangt in das Zimmer; die Zimmerluft geht jedoch durch einen Kanal zu dem Feuer und dient zu seiner Unterhaltung. Diese Methode verbindet die Vortheile von a und b, indem neben fortwährender Ventilation auch Ersparniss an Brennmaterial stattfindet.

Vergleicht man letztere Methode mit der Heizung eines Zimmers durch einen Stubenofen, der von innen geheizt wird, so ist bei der zweiten Methode der Vorgang der Luftcirculation auf die Heizung eines Zimmers durch einen von aussen geheizten Ofen zurückzuführen.

Man unterscheidet zweierlei Arten von Luftheizung, wenn man die Construction des Heizraumes und den Ort, an dem sich derselbe befindet, als Eintheilungsgrund gelten lässt, nämlich

a) die Luftheizung mit einem Mantelofen,

b) die Luftheizung mit einer Heizkammer.

Die erstere Art nähert sich ausserordentlich der gewöhnlichen Ofenheizung und ist von ihr nur dadurch unterschieden, dass der in oder neben dem zu heizenden Raume befindliche Ofen mit einem thönernen Mantel umgeben ist, welcher überall 6–8 Zoll vom Ofen absteht, oben offen und unten in der Nähe des Fussbodens mit Oeffnungen versehen ist. Wird nun der Ofen geheizt, so steigt die in dem Zwischenraum zwischen Ofen und Mantel befindliche Luft erwärmt in die Höhe, an ihrer Stelle tritt durch die Oeffnungen im unteren Theil des Mantels kalte Luft, welche, nachdem sie erwärmt worden ist, ebenfalls emporsteigt u. s. f., und so passirt in sehr kurzer Zeit alle Luft des Zimmers den Raum zwischen Ofen und Mantel und ist dann gleichmässig erwärmt. Man kann auf diese Weise einen sehr grossen Raum ganz auf dieselbe Temperatur bringen, während bei Anwendung eines gewöhnlichen Ofens in demselben Raume in der Nähe eine lästige Hitze und in nicht grosser Entfernung davon eine empfindliche Kälte herrschen würde. Bei der eigentlichen Luftheizung mit einer Heizkammer ist zuerst die Heizkammer zu unterscheiden, in welcher der Heizofen aufgestellt ist; sie ist gewölbt. Die Heizkammer soll den möglichst kleinen Umfang haben, damit die erwärmte Luft so heiss als möglich aus der Heizkammer fortgeführt werde und nicht Zeit habe, Wärme an die Mauerwände abzugeben. Die Kanäle zur Ableitung der erwärmten Luft öffnen sich an der Decke der Heizkammer, der Zuleitungskanal für kalte Luft mündet unmittelbar über dem Boden der Ofenkammer. Die Entfernung des Ofens von den Seitenwänden beträgt nur 12–16 Centimeter, das Gewölbe der Kammer führt man jedoch 1–1,3 Meter über der Ofendecke hinweg. Der wesentlichste Theil der Luftheizungsöfen ist der Ofen. Man hat gefunden, dass die Kastenform die geeignetste Form für den Ofen ist. Der Kasten ist entweder von Gusseisen oder aus starkem Blech und genietet. Hinsichtlich der Grösse des Ofens ist zu bemerken, dass 1 Quadratfuss Oberfläche ungefähr 800–1000 Kubikfuss Luft zu heizen im Stande sei. Eine andere Einrichtung der Luftheizung ist folgende: Mehrere über und neben einander liegende, mit einander in Verbindung stehende gusseiserne Röhren werden in dem Feuerraume des Ofens so angebracht, dass zu dem einen Ende kalte Luft ein- und zu dem anderen Ende erwärmte ausströmt. In der Regel findet das Einströmen durch die unterste Röhrenreihe und das Ausströmen durch die oberste statt. Da die warme Luft, als leichter, immer in die Höhe zu steigen, die kalte schwerere hingegen, stets hinabzusinken sucht, so ist es erforderlich, dass die Heizkammer unterhalb aller zu heizenden Localitäten, demnach in dem Falle, dass solche sich auch im Erdgeschosse des Hauses befinden, im Keller angebracht sei. Aus gleichem Grunde sollen die Kanäle zum Abführen der warmen Luft so viel als möglich senkrecht in die Höhe steigen. Die Ausströmungsöffnungen in den Zimmern legt man am besten nahe über dem Fussboden an; sie erhalten zum Verschluss ein durchbrochenes Gitter zum Durchlassen der Wärme und ausserdem noch einen Schieber zum völligen Absperren.

Die Klage über grössere Trockenheit der Luftheizung im Vergleiche mit Ofenheizung ist eine gegründete, indem die Luft in den auf diese Weise geheizten Localen bald jenen Grad der Feuchtigkeit verliert, der zum Wohlbefinden der Menschen nothwendig ist. Die Mittel, welche man gewöhnlich anwendet, um der zu grossen Trockenheit dieser Luft zu begegnen, sind folgende: Man stellt eine Schüssel mit Wasser ins Zimmer, am besten in die Nähe des Luftheizungskanals oder selbst in demselben auf, damit die Luft dieses Wasser trinke. Andere bringen einen mit Wasser angefüllten Badeschwamm in den Kanal. v. Pettenkofer hat das Unzureichende dieser Mittel nachgewiesen. Die Luftheizung eignet sich nicht für gewöhnliche Wohnzimmer, welche einen ganzen Winter unseres Klimas hindurch mit heisser Luft geheizt worden sollen. Dort wird sich zwar nicht gleich am Anfang des Winters, aber gewiss in der Mitte, wenn die Wände bereits mehr Wasser verloren haben, als ihnen durch Absorption aus der freien Atmosphäre täglich wieder ersetzt wird, die Klage über Trockenheit der Luft erheben. Räume, welche selten geheizt werden, eignen sich dagegen sehr für Luftheizung; ebenso Räume, wie Theater, Concertsäle, in welchen sehr viele Menschen, brennende Lichter oder andere ergiebige Quellen für Wasserdampf befinden.

Calorifères.

Das System der Luftheizung mittelst sogenannter Calorifères, das in Grossbritannien, Nordamerika, Schweden und Russland ziemlich allgemein eingeführt ist, bricht sich seit einer Reihe von Jahren auch in Deutschland Bahn; namentlich für öffentliche Gebäude mit weiten Räumen (z. B. die beiden grössten Kirchen der Stadt Leipzig), obgleich es auch für Privatwohnungen durchaus zweckmässig erscheint. Unter den verschiedenen bisher aufgetretenen Verfahren der Luftheizung sind diejenigen von Hartmann in Augsburg, Boyer & Co. in Ludwigshafen a. Rh., Bacon & Perkins in Hamburg die bekanntesten. Neuerdings haben Reinhardt & Sammet in Mannheim sich durch das ihrige einen Namen erworben. Ihre Calorifères befinden sich im Souterrain und haben so grosse Heizflächen nebst so geregelter Circulation, dass das Feuer ausgenutzt und der Eintritt von Rauch in die Kanäle unmöglich gemacht wird. Die zu erwärmende Luft wird von der Aussenseite des Gebäudes hergeleitet, wo sie am reinsten ist, und tritt, nachdem sie sich um den Calorifères erhitzt hat, mittelst Einströmungskanäle in die zu heizenden Räume. Wandschieber von gefälliger Form regeln den Eintritt der Heizluft derart, dass bei wechselnder äusserer Temperatur in den Räumen eine gleichmässige Wärme erhalten wird; Ausströmungsöffnungen führen die durch Athmen u. s. w. verdorbene Luft schnell ab. Eine tröpfelnde Wasserrinne, welche sinnreich mit dem Apparat verbunden ist, versieht den Luftstrom mit so viel Wasserdampf, als zum gesunden, behaglichen Athemholen nothwendig ist. Zu diesen innern Vortheilen, der Ofenfeuerung gegenüber, gesellen sich noch einige äussere von erheblichem Werth, nämlich ein bedeutender Minderverbrauch an Brennmaterial und die Abhaltung von allem Staub und Schmutz. Endlich kann die ganze Heizung durch einen gewöhnlichen Arbeiter beschickt und sicher geregelt werden. Bei dem System der Luftheizung, welches die Firma Boyer & Co. in Ludwigshafen bereits vielfach (namentlich in Bayern, z. B. in der Aula der Universität München, dem Centralbahnhofe in Würzburg etc.) ausgeführt hat und das 75 Proc. Nutzeffect geben soll, werden die Heizröhren nicht aus Eisenblech, sondern in Holzkohleneisenguss von angemessener Wandstärke ausgeführt und die Apparate sind so eingerichtet, dass kein Theil derselben weissglühend und nur der kleinste Theil rothglühend wird, so dass Reparaturen fast gar nicht vorkommen und die Luft niemals durch entweichende Verbrennungsprodukte verunreinigt wird. Um den Röhren bei kleinem Durchmesser eine möglichst grosse Heizfläche zu geben, erhalten sie einen plattelliptischen Querschnitt, so dass pro Kilogramm stündlich verbrennender Kohlen 2,5 Quadratmeter Heizfläche geboten werden können. Um die Wärme der Verbrennungsprodukte vollständig zu verwerthen, lässt man dieselben ein inneres Röhrensystem durchlaufen und in das äussere erst treten, nachdem sie schon wesentlich abgekühlt sind. Die Strahlwärme des erhitzten Röhrensystems wird so ganz von dem äussern System aufgefangen und von diesem an die mit ihm in Berührung kommende zu heizende Luft wieder abgegeben. Das äussere Röhrensystem ist von einer mit einer glatten Kalkschicht überzogenen Mauerhülle umgeben, welche sich nur so wenig erwärmt, dass ein Wärmeverlust nach Aussen durch Strahlung, welche nicht der zu erwärmenden Luft zu gut kommt, fast gar nicht stattfindet. Die Verbrennungsprodukte werden so weit abgekühlt, dass sie mit kaum 100° C. in den Schornstein entweichen. Der Rauch wird, wenn nicht ganz schlechtes Brennmaterial angewendet wird, fast vollständig verbrannt und können meist unmittelbar die gewöhnlichen Kamine verwendet werden. Um die der gewöhnlichen Luftheizung so oft und mit Recht vorgeworfene unangenehme und schädliche Trockenheit zu vermeiden, wird die erwärmte Luft mit Wasserdampf gemischt und werden täglich pro 100 Kubikmeter Heizraum 1,5–2 Liter Wasser verdampft.

Kanalheizung.

Die Kanalheizung besteht darin, dass unter dem Fussboden des zu heizenden Locales Kanäle hin- und herlaufen, an deren einem Ende sich der Feuerherd, an deren anderem Ende sich der Schornstein befindet, so dass die heissen Verbrennungsgase durch diese Kanäle hindurchziehen. Die Kanäle gehen unter dem Fussboden, welcher mit Steinplatten oder gebrannten Ziegeln bedeckt ist, im Zickzack hin und her, sind nach unten bogenförmig oder in Gestalt einer Rinne und ausgemauert. Auswendig ist der Kanal mit trocknem Mauerschutt umgeben. Der Feuerherd befindet sich in einem nahe gelegenen Behältnisse im Keller oder in einer Ausgrabung unter der Erde. Der Schornstein geht in einer der Seitenwände in die Höhe. Man wendet die Kanalheizung jetzt noch am häufigsten zur Erwärmung von Treibhäusern an, sonst wegen der bedeutenden Feuersgefahr selten.

Heisswasserheizung.

Anstatt die Luft unmittelbar zu erwärmen, bedient man sich zuweilen eines Zwischenträgers, nämlich des Wassers, welches sich seiner hohen specifischen Wärme wegen ganz besonders dazu eignet. Die darauf basirte Heizung nennt man die Heisswasserheizung[200]. Es kommt dabei darauf an, ein mit heissem Wasser angefülltes Gefäss in den zu heizenden Raum zu bringen und Sorge zu tragen, dass die Wärme, die das Wasser verliert, wieder ersetzt wird. Man unterscheidet die gewöhnliche Warmwasserheizung oder Niederdruckheizung, bei welcher das Wasser niemals über seinen Siedepunkt hinaus erhitzt wird, von der eigentlichen Heisswasserheizung oder Hochdruckheizung, von welcher weiter unten die Rede sein wird.

Die Niederdruckheizung wird ausgeführt

a) mit Hülfe der Circulation durch einen geschlossenen geheizten Kessel oder

b) mit Hülfe der Circulation der Heberwirkung bei einem offenen geheizten Gefässe.

Fig. 334.

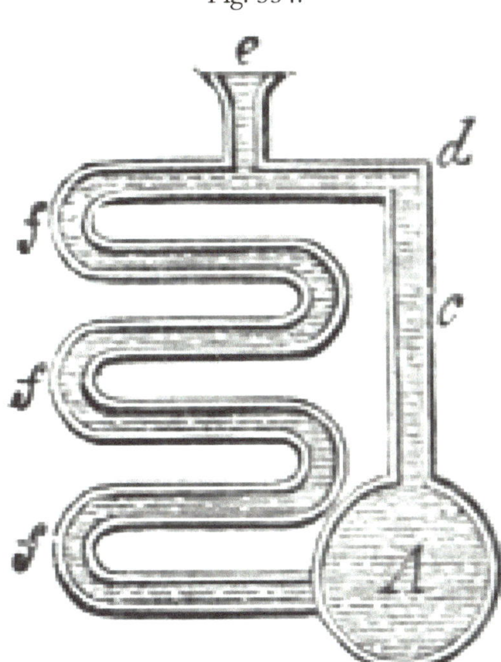

a) Bei der Niederdruckheizung nach der ersten Methode steht ein grosser Wasserkessel, welcher dicht zugeschraubt werden kann, mit Röhren in Verbindung, welche nach den zu heizenden Räumen führen und dann wieder in den Kessel zurückkehren. Das Princip der Circulation des Wassers wird aus Fig. 334 deutlich werden. Die Erwärmung des Wassers geschieht in dem Kessel *A*, *e* ist das Steigrohr, *d f* die zum Kessel zurückgehende Heizröhre. Das Gefäss *e* dient zum Füllen des Apparates mit Wasser; es entweicht ferner durch dasselbe die Luft, die sich beim Erwärmen aus dem Wasser entwickelt, ferner die Wasserdämpfe, welche durch zu starkes Heizen des Kessels sich bilden könnten. Indem das Wasser in dem Steigrohr emporsteigt und dabei seine Wärme den darüber befindlichen Flüssigkeitstheilchen mittheilt, fliesst kaltes Wasser aus *ff* in den Kessel herab, erwärmt sich daselbst und steigt in die Höhe. Dieses Spiel dauert so lange, als noch in den verschiedenen Theilen ein Temperaturunterschied vorhanden ist; es wird aber niemals aufhören, wenn das aufsteigende warme Wasser unterwegs abgekühlt und der Temperaturunterschied forterhalten wird. Ein kleiner Wasserverlust findet dabei statt, so dass man von Zeit zu Zeit durch die mit einem Stopfer verschlossene Oeffnung *e* am oberen Theil der Röhre etwas Wasser nachfüllen muss. Die Leitungsröhren werden am besten aus Gusseisen angefertigt. Man rechnet bei dieser Heizung 20–30 Quadratfuss Heizfläche auf je 100 Kubikfuss Zimmerraum. Zur Abgabe der Wärme an die Luft der zu heizenden Räume bedient sich die Warmwasserheizung sogenannter Oefen. Die gebräuchlichste Form derselben ist die Säule; sie besteht aus einem senkrechten Cylinder von 2 bis 3 Meter Höhe und 0,3–0,7 Meter Durchmesser, welcher parallel mit seiner Axe eine Anzahl der Luft zugängliche Röhren enthält. Die Warmwasserheizung, die sich in vielen öffentlichen und Privathäusern Leipzigs, Berlins und anderer Städte Deutschlands eingebürgert hat, ist eine äusserst comfortable Heizmethode. Gleichmässige, leicht regulirbare Wärme, Vermeidung allen Rauches, Staubes und Geruchs, vollkommene Gefahrlosigkeit, täglich einmaliges Feuern fern von den zu erwärmenden Räumen, geringer Kostenaufwand, leichte Anbringung der erforderlichen Ventilation — das sind die grossen Vorzüge der Warmwasserheizung vor allen Heizarten.

b) Die zweite Methode der Heisswasserheizung mit Hülfe eines offenen Kessels, bei welcher das Princip des Hebers in Anwendung kommt, ist das sogenannte Thermosiphon von Fowler, welches im Vergleich zur ersten Methode den Nachtheil hat, dass durch den offenen Kessel ein nicht unbedeutender Wärmeverlust stattfindet, für die Vermeidung der Ansammlung von Luft in dem oberen Theile des Hebers weit grössere Sorgfalt erforderlich, die Röhrenhöhe endlich eine beschränkte ist, insofern sie vom Luftdrucke abhängt.

Eine andere Methode der Heisswasserheizung ist die von Perkins erfundene sogenannte Hochdruckheizung. Man benutzt dabei warmes Wasser, dessen Temperatur bis auf 150 bis 200° C., an der Feuerstelle sogar bis auf 500° steigt. Der bei dieser Methode angewendete Apparat besteht aus einer endlosen Röhre, welche überall geschlossen und mit Wasser gefüllt ist. Der Kessel ist überflüssig. Der sechste Theil der Röhre ist in irgend einer zweckmässigen Form aufgewickelt und in einen Ofen gebracht; die übrigen ⅚ werden durch Circulation erwärmt. Die Röhren sind von Schmiedeeisen, haben 1 Zoll innere Weite und sind mittelst einer hydraulischen Presse für einen Druck von 3000 Pfd. auf den Quadratzoll geprüft. Noch mag bei der Heisswasserheizung angeführt werden, dass man sich neuerdings auch des durch die Erdwärme erwärmten Wassers zum Heizen bedient hat; das warme Wasser artesischer Brunnen wird zum Heizen von Gewächshäusern, Fabriken u. s. w. benutzt, eben so das Wasser heisser Thermen, so findet z. B. in der katholischen Stadtkirche zu Baden-Baden seit 1867 Thermalwasserheizung durch die dortigen, in der Nähe entspringenden Thermalquellen (von 67° C. Temperatur) statt.

Dampfheizung.

Bei der Heizung mit Wasserdämpfen — auf der Anwendung der latenten Wärme des Wasserdampfes beruhend — werden die Heizflächen, die ihre Wärme an die zu heizenden Räume abgeben sollen, durch Wasserdampf erwärmt, der in einem Dampfkessel erzeugt wird. 1 Kilogr. Wasserdampf von 100° C. enthält so viel Wärme, dass durch dieselbe 5,5 Kilogr. Wasser von 0° bis auf 100° erhitzt werden könne.

Ein Dampfheizapparat besteht aus einem Dampfkessel, aus Heizröhren, und aus Röhren, welche das condensirte Wasser entweder zu dem Kessel zurück- oder gänzlich abführen. Der Kessel für den Dampfheizapparat hat ganz die Beschaffenheit eines gewöhnlichen Dampfkessels. Die Heizröhren sind von Gusseisen; man bringt sie entweder horizontal ein wenig geneigt wegen des Abfliessens des condensirten Wassers oder vertical an. Sind mehrere Stockwerke eines Hauses zu heizen, so lässt man ein Steigrohr bis zu der obersten Etage in die Höhe gehen, von dem aus Leitungsröhren nach den verschiedenen Etagen abgehen. Die Leitungsröhren sind am Ende mit einem nach auswärts öffnenden Ventile versehen, damit die Luft durch die einströmenden Dämpfe ausgetrieben werden kann; ausserdem würde sie sich an den Enden der Röhren anhäufen und dem Eintreten des Dampfes bis zu dieser Stelle ein Hinderniss entgegenstellen, so dass dieser Theil der Röhren ungeheizt bliebe. Sobald die Dampfentwickelung im Kessel aufgehört hat, demnach durch die Condensation der Dämpfe ein luftleerer Raum entsteht, muss die Luft durch ein nach innen sich öffnendes Ventil einströmen können. Die Dampfheizung ist besonders dort mit Vortheil anzuwenden, wo von einem Feuerherd aus die Heizung auf grosse Entfernungen und nach den verschiedensten Richtungen ausgeführt werden soll, wie in Fabrikgebäuden mit grossen Arbeitssälen etc. Vor der Luftheizung hat sie den Vorzug, dass die Leitungsröhren unter dem Fussboden hingeleitet werden und dabei Gegenstände aller Art berühren können, ohne dass eine Entzündung zu besorgen wäre. Vor der Heisswasserheizung hat sie voraus, dass der Dampf bis zu bedeutenden Höhen aufwärts geleitet werden kann, ohne dass der Druck im Kessel vermehrt würde. In Fabriken, welche mit Hochdruckmaschinen arbeiten, ist die Dampfheizung namentlich vortheilhaft, da in diesem Falle die Heizung fast kostenlos bewerkstelligt werden kann.

Combination von Dampf- und Wasserheizung.

In neuerer Zeit ist der Gedanke einer Combination der Dampfheizung mit der Wasserheizung aufgetaucht, wodurch es möglich wird, aus einem Herde weit auseinander gelegene Wassergefässe, die man direct nicht mit einander verbinden kann, mit Wärme zu versehen. Nur auf diese Weise wird es möglich sein, das für die Pyrotechnik hochwichtige Problem, das Princip der Association — wie auf Beleuchtung — so auch auf Heizzwecke anzuwenden, und durch eine Centralheizung eine Anzahl bewohnter Gebäude mit Wärme zu versehen, in befriedigender Weise zu lösen.

Gasheizung.

Gasheizung. Seit in neuerer Zeit die Beleuchtung mit Steinkohlengas und Holzgas so grosse Ausdehnung gewonnen hat und der Preis des Leuchtgases im fortwährenden Sinken begriffen ist, lag der Gedanke nicht fern, sich des Gases als Heizmittel zu bedienen. Es wurden auch früher schon hier und da einige derartige

Einrichtungen ins Leben gerufen, allgemeiner geschah dies jedoch erst in vielen Fabriken Englands, welche das Gas als Nebenprodukt gewannen und zwar mehr als sie zur Beleuchtung nöthig hatten. Nach und nach ging die Gasheizung in die Hauswirthschaft über, wo sie sich durch schnellen und sicheren Effect, so wie durch Bequemlichkeit und Reinlichkeit auszeichnet.

Die Anwendung der Gasflamme zur Erhitzung von Kochapparaten scheiterte lange Zeit an der Eigenschaft des Leuchtgases, in Berührung mit kalten Körpern Russ abzuscheiden, wodurch die Gefässe beschmutzt wurden, auch war die Heizkraft nur gering. Ingenieur Elsner in Berlin beseitigt diesen Uebelstand dadurch, dass er das Gas, ehe es zur Verbrennung gelangt, mit Luft mischt. Durch die dem Gase vor dem Verbrennen zugesetzte Luft findet der Kohlenstoff den zu seiner Verbrennung nothwendigen Sauerstoff und das Gasgemenge verbrennt mit einer nicht leuchtenden, aber auch nicht mehr russenden Flamme[201]. Die Gasöfen zur Zimmerheizung lassen sich in jeder beliebigen Grösse anfertigen, sind beweglich und daher überall anzubringen; sie entbehren des Schornsteins, durch welchen bei den übrigen Oefen ein grosser Theil Wärme unbenutzt abzieht. Die Zimmer werden durch Gasöfen sehr rasch geheizt, wodurch sich diese Heizungsart besonders für öffentliche Locale eignet, bei denen eine schnelle, aber nur kurze Erwärmung erforderlich ist, so bei Kirchen, wie denn auch in Berlin in mehreren Kirchen und anderen öffentlichen Gebäuden mit der Gasheizung befriedigende Versuche angestellt worden sind. Im Allgemeinen sind 5 Kubikfuss Gas hinreichend, um die Temperatur von 1000 Kubikfuss Raum um 12° C. zu erhöhen; ⅕ der Gasmenge für die Stunde reicht ferner hin, um die erzeugte Temperatur constant zu erhalten. Bei den in Deutschland gegenwärtig noch immer herrschenden hohen Gaspreisen ist an eine Concurrenz der Gasheizung mit anderen Heizungsarten vor der Hand nicht zu denken. Es ist aber gewiss, dass man in der Zukunft die Generatorgase und das Wassergas, unter besonders günstigen localen Bedingungen vielleicht auch das Petroleum (vergl. Seite 801), wird zur Zimmerheizung anwenden können. Zu technischen Zwecken finden die Generatorgase (vergl. Seite 810) bereits ausgedehnte Anwendung.

Heizung ohne die gewöhnlichen Brennmaterialien.

Dass sich eine unerschöpfliche Wärmequelle in der sogenannten latenten Wärme (der älteren Physiker) der Körper findet, welche durch Reibung oder Stoss freigemacht werden kann, ist längst bekannt[202]. Sobald es nun thunlich ist, eine der producirten Wärme äquivalente mechanische Kraft wohlfeil genug zu beschaffen, liegt die Möglichkeit vor, Wärme durch Umsetzung von Werk, in unbegrenzter Menge zu erzeugen.

In der neueren Zeit noch hat ein Apparat von Beaumont und Mayer, um mittelst der Reibung Wärme zu erzeugen, Aufsehen erregt. Dieser Apparat hat den Zweck, ausserdem verlorene Kräfte, wie z. B. unbenutzte Wassergefälle, Winde etc., dadurch zu verwerthen, dass durch Reibung einer konischen hölzernen Welle in einem Metallstücke mit entsprechender konischer Aushöhlung im Innern eines zum Theil mit Wasser gefüllten Dampfkessels Dampf erzeugt wird. Es ist nach dem Gesetze der Erhaltung der Kraft einleuchtend, dass der durch diesen Apparat gelieferte Dampf nie als Triebkraft benutzt werden kann, da man schon einer solchen bedarf, um den Apparat in Bewegung zu setzen und daher die von dem Apparate selbst erzeugte Kraft nothwendig geringer sein muss als die ursprüngliche[203]. Ein anderer Apparat, der ohne Anwendung von Brennmaterial Wärme verbreitet, beruht auf der Wärmeentwickelung durch die Compression der Luft mit Hülfe einer Verdichtungspumpe. Derselbe ist von Arzbecher zu Heizungszwecken vorgeschlagen worden. Zur Bewegung der Luftpumpe könnte irgend eine mechanische Kraft, welche eine Nebennutzung gestattet, verwendet werden. Aber auch hier ist nicht zu vergessen, dass die producirte Wärme nur umgesetzte Kraft (= Arbeit) ist. (Da einer Wärmeeinheit ein mechanisches Aequivalent von 424 Kilogr. entspricht, so müsste eine Pferdekraft 10 Stunden thätig sein, um eine Wirkung zu erzeugen, die 1 Kilogr. Steinkohle entspricht.) Die Wärme, welche bei der Gährung von Stalldünger sich entwickelt, findet bei der Erwärmung von Gewächshäusern praktische Anwendung. An der hohlen Wand derselben wird ein etwa 2 Meter hoher Düngerhaufen, welcher mit abgefallenem Laube etc. vermengt ist, aufgeschichtet, indem man durch den unteren Theil desselben einige an beiden Enden offene Röhren von Blech, etwas geneigt, einlegt. Diese Röhren erwärmen sich und die Luft circulirt in denselben und tritt an dem einen Ende erwärmt aus.

β) *Die Kesselfeuerung mit Rauchverzehrung.*

Allgemeines.

Kessel werden mit wenigen Ausnahmen stets in gemauerten Oefen erhitzt, wobei Brennstoffersparniss eine bei der Construction des Ofens vor Allem zu beachtende Aufgabe ist. Da bei der Kesselheizung eine intensive Erhitzung bewirkt werden soll, so ist unbedingt ein Rost und ein Aschenfall erforderlich, weil ausserdem eine vollständige Verbrennung nicht erzielt werden kann. Der Rost besteht aus parallel liegenden Stäben von Schmiede- oder Gusseisen, deren Stärke von ihrer Länge, und ihre Entfernung von einander von der Grösse der Stücke des Brennmaterials abhängt, indem diese Zwischenräume nur der Asche den Durchgang gestatten dürfen. Die Erfahrung hat gelehrt, dass die Summe der Zwischenräume, welche die Roststäbe trennen, nur ein Viertel von der ganzen Oberfläche des Rostes betragen soll. Die grossen Roste haben vor den kleinen den Vorzug, dass der Zug durch den Durchgang der Luft durch das Brennmaterial weniger vermindert wird, die Roste sich nicht so leicht verstopfen und das Einfeuern nicht so oft vorgenommen zu werden braucht, wodurch an Arbeit erspart wird; der ganze Rost muss dagegen immer mit Brennmaterial bedeckt sein. Die kleineren Roste haben dagegen andere, für specielle Fälle sehr wichtige Vortheile; es ist nämlich die Verbrennung lebhafter und vollkommener und es entgehen der Verbrennung weit geringere Mengen Luft als bei grösseren Rosten. Bei Rosten mit Holzfeuerung kann die Oberfläche des Rostes mindestens zweimal kleiner als bei der Steinkohlenfeuerung sein, da bei der ersten Art der Feuerung die Oeffnungen sich nicht verstopfen. Nach Ed. Köchlin ist zur Verbrennung von 350 Kilogr. alten Eichenholzes in Zeit von 1 Stunde 1 Quadratmeter Rostfläche mit 1 Viertel für die Zwischenräume das zweckmässigste Verhältniss. Gewöhnlich sind die Roste für die Holzfeuerung 4 mal kleiner als für Steinkohlenfeuerung.

Der Feuerraum zwischen der Herdsohle (dem Roste) und dem Kessel muss geräumig genug sein, um das Brennmaterial aufnehmen zu können und die gehörige und völlige Entwickelung der Flamme zu gestatten. Das Brennmaterial muss in der erforderlichen Menge aufgegeben werden; ist die Quantität zu klein, so entgeht ein grosser Theil der einströmenden Luft der Verbrennung; ferner veranlasst, wenn oft geschürt werden muss, das häufige Oeffnen des Schürloches kalte Luftströmungen, welche die Temperatur unter dem Kessel erniedrigen und unter Rauchbildung einen starken Verlust herbeiführen. Ist dagegen die Menge des aufgegebenen Brennmaterials zu gross, so wird der Luft der Durchgang erschwert und die Verbrennung kann nur langsam und unvollkommen vor sich gehen. Ist der Feuerraum zu niedrig, so wird die Flamme gedämpft, es findet nur unvollkommene Verbrennung und reichliche Rauchbildung statt; ist dieser Raum dagegen zu hoch, so wirkt auf den Kessel vorzüglich nur die strahlende Wärme und es geht demnach viel Wärme verloren. Die das Schürloch verschliessende Heizthüre muss so breit sein, dass man den Rost bequem übersehen kann, und so hoch, dass das Einfeuern ungehindert vor sich gehen kann. Sie muss vollkommen genau schliessen, da die durch die Ritzen und Fugen eindringende Luft durch Erniedrigung der Temperatur und Rauchbildung fortwährenden Wärmeverlust nach sich ziehen würde.

Rauchverzehrende Feuerungen.

Indem wir die gewöhnlichen Kesselfeuerungen, deren Betrachtung zum grössten Theile der Dampfmaschinenlehre angehört, übergehen, wenden wir uns zu den rauchverzehrenden Feuerungen. Nicht nur um die Nachtheile des Rauches zu vermeiden, welcher für die Umgebung grosser Feuerungsanlagen höchst unbequem werden kann, sondern auch und zwar hauptsächlich, um an Brennstoff zu sparen[204] und an Heizkraft zu gewinnen (da der ökonomische Vortheil der rauchverzehrenden Vorrichtungen zum Theil auch darin beruht, dass, weil die Heizflächen nicht berussen, dieselben in einem für die Wärmetransmission geeigneteren Zustande längere Zeit erhalten werden), hat man sich seit langer Zeit die Aufgabe gestellt, rauchverzehrende Feuerungen zu construiren, ohne dass dieses Problem bis jetzt als genügend gelöst betrachtet werden könnte. Wirft man auf ein in vollem Brennen begriffenes Steinkohlenfeuer frische Steinkohlen, so entwickeln sich plötzlich solche Quantitäten brennbarer Gase und Dämpfe von hohem Kohlenstoffgehalt (Benzol, Toluol, Carbolsäure, Anthracen, Naphtalin, Paraffin etc.), dass der Sauerstoff der in dem Feuerraum befindlichen Luft zu ihrer vollständigen Verbrennung in den meisten Fällen nicht genügt. Durch die verhältnissmässig kühlen Wände des Dampfkessels und durch die während des Einfeuerns einströmende kalte Luft werden die Verbrennungsprodukte abgekühlt und es verbrennt nur der Wasserstoff dieser Verbindungen zum Theil, während der Kohlenstoff als Russ ausgeschieden und nicht verbrannt wird. Die verschiedenen die

Verzehrung des Rauches bezweckenden Vorrichtungen beruhen auf verschiedenen Principien; so wird unter anderen z. B. a) durch einen besondern Luftkanal, welcher unmittelbar hinter dem Rost mündet, der Flamme ein Strom kalter und heisser Luft zugeführt; b) man bringt zwei nebeneinander befindliche Feuerungen, die abwechselnd mit frischen Kohlen gespeist werden, in solche Verbindung, dass der Rauch der einen Feuerung mit dem in voller Glut befindlichen Feuer der anderen Feuerung in innige Berührung tritt und dadurch verbrannt wird; c) es werden die frischen Kohlen auf den vorderen Theil des Rostes geworfen, damit der Rauch über das auf dem Hintertheile des Rostes in voller Glut brennende Feuer streiche; d) das Aufschütten von frischem Brennmaterial ist einer Vorrichtung übertragen, welche nicht periodisch eine grössere Kohlenmenge, sondern allmälig, aber in ununterbrochener Wirkung die Kohle in zerkleinertem Zustande auf das in voller Glut befindliche Feuer wirft; e) zur Herbeiführung der hinreichenden Luftmenge, deren Sauerstoff die vollständige Verbrennung ermöglichen sollte, d. h. zur Erreichung des nöthigen Zuges war man bisher gewöhnt, sehr hohe Schornsteine aufzuführen, denn je höher die Schornsteine, desto grösser die Differenz in den specifischen Gewichten innerhalb und ausserhalb des Schornsteines, desto rascher aber auch die durch den Zug erfolgende Ausgleichung dieser Differenzen, aber auch desto kostspieliger. Je mehr der Zug auf diesem Wege gesteigert wird, desto grössere Wärmemengen gehen auf diese Weise verloren. Da die Temperaturdifferenz die Ursache der Luftströmung ist, so suchte L. Gall diese Bedingung durch eine constante hohe Temperatur des Verbrennungsraumes zu erfüllen.

Von den bekannteren Einrichtungen, den Rauch zu verzehren oder die Bildung des Rauches zu verhüten, oder endlich den entstandenen Rauch auf mechanische Weise (z. B. durch Waschen) zu entfernen, seien folgende Principien mit Beispielen angeführt.

1. Mechanische Entfernung des Rauches durch Waschen der Feuergase. Man hat in England, namentlich in den chemischen Fabriken zu Newcastle Vorrichtungen getroffen, um den aus den Feuerungen kommenden Rauch, bevor er in den Schornstein tritt, auszuwaschen. Sämmtliche rauchentwickelnde Herde einer Fabrik werden mittelst eines weiten und langen gemauerten Kanales mit einer einzigen Esse in Verbindung gesetzt.

Dieser Kanal hat eine Reihe von Knien in einer senkrechten Ebene, so dass der Gasstrom, welcher mit dem Russ gemischt ist, wiederholt auf- und abwärts, wie durch eine Reihe von Hebern ziehen muss, um zum Schornsteine zu gelangen. Jeder der abwärts gehenden Schenkel des Herdes ist an seinem oberen Theile verschlossen und zwar durch ein Becken mit Rändern von verschiedener Höhe, dessen metallener Boden mit kleinen Löchern wie die Brause einer Giesskanne versehen ist. Durch diese Löcher fällt Wasser mitten in den Rauchstrom; das so als Regen einfallende Wasser verhindert den Zug nicht, sondern befördert ihn, weil es in derselben Richtung fällt, in welcher der Gasstrom sich bewegt. Alle von letzterem mitgeführten festen Theilchen werden durch das wiederholte Waschen abgeschieden und bleiben auf dem Wasser der Sohle des Kanals als Russ liegen, wo sie nach einiger Zeit hinweggenommen werden. Jean in Paris hat das Princip des Waschens des Rauches in etwas anderer Weise als oben beschrieben angewendet: Der Rauch und die Gase strömen hier aus dem letzten Kesselkanale in einen unterirdischen Kanal, welcher bis zur Esse geht und dessen Sohle mehrere Centimeter hoch mit Wasser bedeckt ist. Dieser Kanal heisst der hydraulische Kanal. Der aus der Dampfmaschine entweichende Dampf wird bis zu diesem Kanale geführt, wo er zum grössten Theile durch einen Strahl kalten Wassers verdichtet wird, der als Regen der Richtung des Dampfes entgegenströmt. Etwas weiterhin im Kanale befindet sich ein Rührer in Form eines Schaufelrades, dessen Schaufeln die Oberfläche des Wassers berühren, ohne darin einzutauchen; die Kanten desselben sind oben mit wedelähnlichen Pinseln versehen, welche in das Wasser treten, dasselbe aufnehmen, heben und wieder wegschleudern, so dass es in feinen Tropfen niederfällt. Das Wasser im hydraulischen Kanal wird folglich erwärmt und dient, nachdem es filtrirt worden ist, zur Speisung des Dampfkessels.

Wie es scheint hat das früher in den englischen Bleihütten in Anwendung gebrachte Waschen des Bleirauches als Muster für das Rauchwaschen gedient, welches, abgesehen von den nicht wohlfeilen Einrichtungen und der erforderlichen Betriebskraft, um so weniger zu empfehlen ist, als dadurch im günstigsten Falle nur die im Rauche enthaltenen festen Körper wie Russ und Flugasche, nicht aber die riechenden Stoffe beseitigt werden. Weit vortheilhafter ist

2. Die Anwendung verbesserter Roste, die wir a) als immobile und b) als mobile Roste unterscheiden können.

Treppenrost.

Von den immobilen Rosten sind erwähnenswerth der Treppenrost und der Etagenrost. Ersterer, der zuerst von französischen Technikern, wie es heisst, nach Angabe eines polnischen Ingenieurs, auf österreichischen Hütten in Anwendung kam, besteht aus mehreren, aus Roststäben gebildeten Stufen, welche für das Schüreisen, vom Aschenfalle aus, zugänglich sind. Durch die Hitze des Feuers auf den unteren Stufen wird das Material auf den oberen einigermaassen verkokt und erst, wenn es seine Gase zum Theil abgegeben hat, wird es auf die unteren Stufen herabgestossen, um auf den oberen durch neues ersetzt zu werden. Die Luft tritt bei diesem Roste nicht allein durch die Roststäbe, sondern auch durch die Stufenabsätze zum Theil seitlich, zum Theil über das Feuer, was zur Entzündung der flüchtigen Stoffe einigermaassen beiträgt. Backende Kohlen eignen sich für den Treppenrost nicht, eben so wenig stark schlackebildende, dagegen ist die Anwendung von Kohlenklein, Torfabfällen, Sägespänen und dergleichen sehr am Platze. Anstatt der eisernen Roststäbe verwenden Longridge und Mash (1866) Blöcke oder Platten aus feuerfestem Thon, welche entweder mit durchgehenden cannelirten Löchern versehen oder deren Aussenflächen so beschaffen sind, dass beim Zusammenstellen mehrerer solcher Blöcke Kanäle entstehen, durch welche dem Brennstoff Luft zugeführt wird.

Etagenrost.

Wesentlich modificirt tritt der Treppenrost als E. Langen's Etagenrost im Jahre 1866 auf. Er unterscheidet sich von allen üblichen Feuerungsvorrichtungen dadurch, dass bei ihm das frische Brennmaterial nicht wie bei dem liegenden Rost auf die brennende Kohlenschicht, sondern unter derselben auf den Rost eingeführt wird. Zu dem Ende ist der unter einem Winkel von etwa 28° geneigt liegende Rost in mehrere Etagen getheilt, dergestalt, dass zwischen jeder Etage in der ganzen Breite des Rostes ein freier Raum von etwa 12 Centimeter Höhe bleibt, durch welchen die frische Kohle auf den Rost geschoben wird. Die Destillation der Gase geht daher ununterbrochen unter stetem Luftzutritt von unten vor sich und dieses Gemisch von Gas und Luft ist gezwungen, durch die darüber liegende Kohlenschicht zu streichen, wo es die zu einer vollständigen Verbrennung erforderliche Temperatur vorfindet. Somit sind alle Bedingungen zu einer möglichst rauchlosen Verbrennung in einfacher Weise und ohne Hülfe jeder mechanischen Vorrichtung erfüllt. Da unmittelbar auf der Rostfläche sich nur frische Kohle befindet, so wird der Rost kühl erhalten und derselbe vor Abnutzung und Verschlackung geschützt.

Mobile Roste.

Den mobilen Rosten liegt wesentlich der Gedanke zu Grunde, das Nachfeuern durch mechanische Vorrichtungen besorgen zu lassen. Von allen in Gebrauch gekommenen derartigen Apparaten haben zwei die meiste Verbreitung gewonnen, nämlich der Kettenrost und der rotirende Rost.

Kettenrost.

Fig. 335.

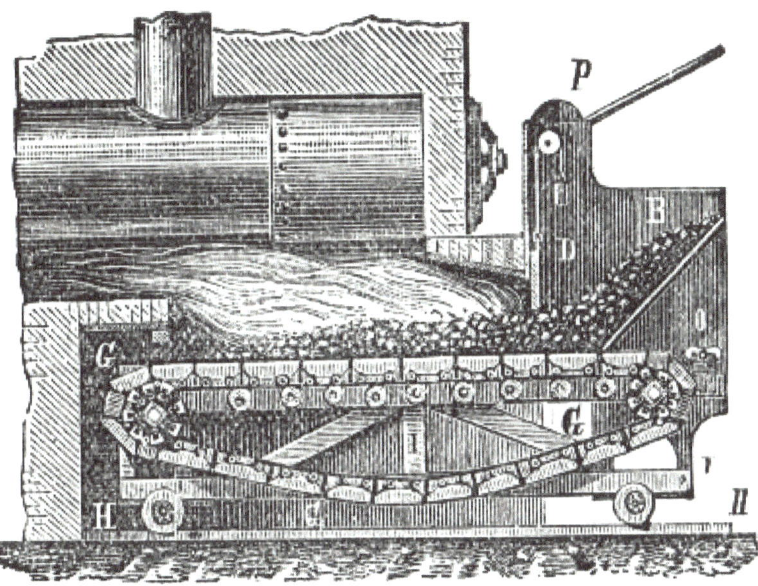

Der Kettenrost von Juckes (in Frankreich der Rost von Tailfer oder Taillefer genannt) hat, trotz seiner complicirten und kostspieligen Construction vielfach Eingang in die Praxis gefunden. Er besteht (Fig. 335), wie die Zeichnung zeigt, aus zwei endlosen Gliederketten *G G* mit flachen Gliedern, die über von der Maschine bewegte achtarmige Leitwalzen laufen. Zwischen diesen Ketten sind die Roststäbe der Länge nach eingeschaltet, so dass gleichsam der ganze Rost ein breites endloses Band von Stäben bildet. Der Abstand beider Walzen bestimmt die Länge des Rostes, ihre bei *O* eingeleitete Umdrehung giebt ihm eine ununterbrochene Bewegung von 27–30 Millimetern in der Minute. Das durch den Fülltrichter *B* aufgeschüttete Brennmaterial wird dadurch continuirlich dem Feuer zugeführt. Die Höhe der Brennstoffschicht wird durch die Scheidewand *D* bestimmt, welche mit Hülfe eines bei *p* befindlichen Hebels höher oder niedriger gestellt werden kann. Die Kette sammt den Leitwalzen ruht auf dem Wagen *I*, der auf der Rollbahn *H H* ein- und ausgefahren werden kann. Die Schnelligkeit der Bewegung des Rostes ist derart regulirt, dass die Kohle, die auf der einen Seite frisch darauf fällt, verbrannt sein soll, wenn sie auf der andern Seite des Rostes ankommt, wo sie beim Fortschreiten des Rostes von selbst herabfällt. Dies ist aber nun, theils, je nach der Grösse und Qualität der Kohle, nicht immer der Fall und es wird immer viel Kohle abgeworfen, theils ist die Verbrennung auf einer Seite des Rostes stets sehr verschieden von der auf der anderen, theils endlich zerstört sich der complicirte und viel Kraft absorbirende Apparat ziemlich schnell, so dass er an vielen Orten, wo man sich seiner bediente, wieder verlassen wurde, obwohl er so wenig Rauch gab, als bei gut gehaltenem, von oben genährtem Feuer möglich ist.

Rotirender Rost.

Eine ähnliche Tendenz wie der Kettenrost verfolgt Collier's rotirender Rost. Hier rotirt eine rostförmig durchbrochene runde Platte an Rostesstatt unter dem Kessel. An einer Stelle wird langsam und sparsam durch einen radialen Spalt Kohle aufgestreut, so dass, bei jedem Umlaufe des Rostes, alle Theile desselben gleichmässig versehen werden. Obgleich dieser Apparat unstreitig grosse Vortheile in Bezug auf Brennstoffersparniss gewährt, ist er doch durch den Umstand, dass die Bewegungstheile im Aschenfalle liegen und die starke Reibung am Umfang der Platte einen grossen Kraftaufwand erheischen, wenig in Anwendung gekommen.

Verbesserte Zufuhr von Brennstoff.

Unter den Einrichtungen, welche 3. eine verbesserte Zuführung des Brennmaterials bezwecken sollen, seien unter den zahllosen Vorschlägen einige der besseren und bewährteren angeführt.

Die von Collier im Jahre 1823 ausgeführte Einrichtung hat wesentlich folgende Beschaffenheit: Aus einem Rumpfe fallen die Kohlen fortwährend auf zwei horizontale Quetschwalzen, deren Oberflächen mit Spitzen versehen sind. Von hier aus gelangt die zerkleinerte Kohle auf zwei neben einander und in derselben Horizontalebene liegende kreisförmige Projectoren oder Schleuderer, welche sich in entgegengesetzter Richtung bewegen und zusammenwirken. Jeder Projector hat sechs trapezoïdische Schaufeln und macht in einer Minute 200 Umdrehungen. Der Herd hat einen festen Rost. Zur Bewegung des Mechanismus war ½ Pferdekraft nothwendig. Aehnlich ist die von Stanley erfundene und bei Dampfkesselfeuerungen vielfach zur Anwendung gekommene mechanische Vorrichtung zum Aufgeben der Kohle, welche ihrem Zweck ziemlich gut entspricht. Vor der Heizöffnung (Fig. 336) befindet sich ein Trichter *a*, in welchem die beiden mit zugespitzten Zähnen versehenen Walzen die aufgeschütteten Kohlen zerbrechen und langsam zwischen sich hindurch arbeiten. Die zerkleinerten Kohlen fallen auf den mit grosser Geschwindigkeit umlaufenden Schleuderer oder Distributor *b*, welcher die auffallenden Kohlen fortschleudert, so dass sie sich gleichmässig auf dem Roste ausbreiten. Ist auch diese Vorrichtung nicht frei von Mängeln, zeigt sie namentlich den Uebelstand, dass es der Heizer nicht in seiner Gewalt hat, beliebig stärker und schwächer zu feuern, so geht sie doch als Rauchverzehrer vielen anderen Einrichtungen vor; nur ist zu bedauern, dass die erforderliche Triebkraft sie auf die Dampfmaschinen beschränkt.

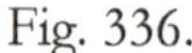
Fig. 336.

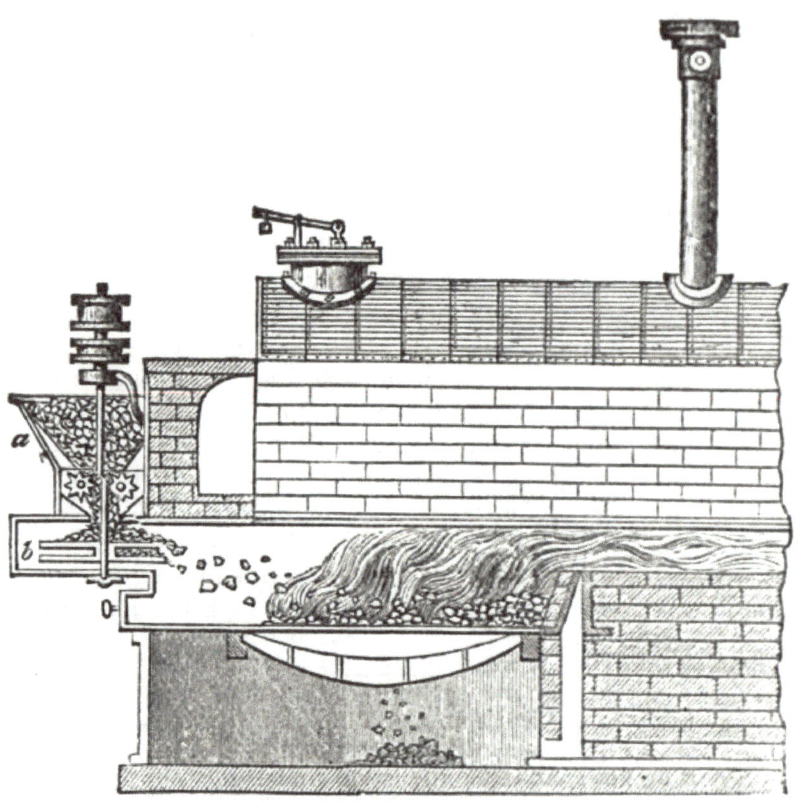

Pultfeuerungen.

Hierher gehören auch die Pultfeuerungen (von Wedgwood zur Feuerung der Porcellanöfen eingeführt), deren Charakteristisches darin liegt, dass sich bei ihnen der Luftstrom des Zuges nicht von unten nach oben durch den Rost bewegt, sondern denselben von oben nach unten durchstreicht. Der Rost liegt hierbei meist stark von hinten nach vorn geneigt, die Feuerthüre, die grosse Dimensionen hat, bleibt immer offen, während die Thür des Aschenfalles geschlossen bleiben muss. Die Flamme zieht also bei dieser Feuerung durch den Rost hindurch und wird von da aus weiter verwendet. Somit ist hier allen Bedingungen für eine vollkommene Verbrennung genügt, denn obwohl das Nachheizmaterial oben auf den Rost geworfen wird, so ist doch dies

Oben in Bezug auf die Richtung der Gasströmung unten, denn das aufgeworfene Material wird früher als das brennende von der reinen nachströmenden Luft berührt, die Gase entbinden sich daraus durch die strahlende Wärme der Feuerschicht und kommen, mit Luft gemischt, ins Feuer, welches sie ganz durchziehen müssen und daher gut in Brand gesetzt werden. Diese Feuerung ist völlig rauchlos, doch ist sie nicht ganz makelbar. Vorerst geht bei ihr die Wirkung der strahlenden Wärme des Herdes fast gänzlich verloren, da dessen hellbrennende Fläche nach unten gekehrt ist; sodann ist es kaum möglich, hinreichend feuerfeste Roste herzustellen, da dieselben fortwährend von der weissglühenden Flamme bestrichen werden und der zerstörenden Wirkung des Feuers ausgesetzt sind. Endlich ist es störend, dass die Flugasche in derselben Richtung sich absondert wie die Flamme und daher massenhaft in die Feuerkanäle geführt wird, die sie bald verstopfen. Immerhin ist die Pultfeuerung dort am Platze, wo eine reine rauchfreie Flamme wünschenswerth ist und hingegen die Rücksichten der Oekonomie zurücktreten. Die Pultheizung ist in der Regel nur für Holz anwendbar, doch sind in neuerer Zeit auch Torf- und Kohlenpulte construirt worden.

Vogl's Schüttelrost.

In letzterer Hinsicht ist der Schüttelpultrost Vogl's beachtenswerth; derselbe ist ein Stangenrost mit einer Neigung von etwa 33°, wird durch einen Fülltrichter gespeist und ist so eingerichtet, dass die einzelnen Stäbe durch eine Schlagradwelle erschüttert werden können.

Boquillon's Rost.

Bei Boquillon's Rost für kleine Feuerungen, also für Sparherde und Zimmeröfen, wird das frisch aufgelegte Brennmaterial nicht auf, sondern unter das glühende gebracht. Der Rost bildet einen horizontal liegenden drehenden Cylinder, dessen Mantelfläche die Roststäbe vorstellen. Die Rostmantelfläche kann geöffnet werden; beim Schüren wird auf die noch brennende Kohle frisches Brennmaterial gestürzt, die Cylinder werden geschlossen und so weit umgedreht, dass die kalten Kohlen unten zu liegen kommen. Die sich entwickelnden Gase müssen durch die brennende Kohlenschicht streichen und verbrennen. Findet somit auch vollständige Rauchverzehrung statt, so ist doch das Schürgeschäft so complicirt und mühselig, dass die Boquillon'sche Einrichtung wohl schwerlich Eingang finden wird. In vielen Fällen hat man sich bemüht, das

Apparate von Cutler und George.

Feuer in aufsteigender Richtung zu speisen, so bei der Vorrichtung Cutler's, welche 1854 von Arnott verbessert wurde. In beiden Fällen wird der Boden eines mit Kohlen gefüllten Blechkastens entweder mit Hülfe von Ketten oder mittelst Zahnstangen gehoben, wobei das Schüreisen als Hebel dient. Nachdem der Brennstoff consumirt ist, wird der Boden des Kohlenkastens wieder in seine ursprüngliche Stellung zurückgeführt und der Kasten mit neuem Brennmaterial gefüllt, was in 24 Stunden zweimal zu geschehen hat. Bei der Vorrichtung von George wird das Brennmaterial durch eine Schraube von unten auf einen kreisförmigen, fast trichterförmigen Rost hinaufgeschraubt.

Apparate mit ungleicher Rostbeschickung.

4. Unter den Apparaten, bei denen die Rauchbildung durch ungleiche Rostbeschickung verhütet werden soll, steht unzweifelhaft die 1855 von Duméry construite Feuerung oben an. Sie ist von den Anlagen von Cutler und George dadurch unterschieden, dass die Kohle nicht von unten gehoben, sondern von beiden Seiten des Rostes aus unter die Glut geschoben wird. Zu dem Ende hat der Rost eine starke Krümmung nach oben, und erhebt sich in der Mitte gleichsam zu einem Sattel nach der ganzen Längenseite; durch äussere bewegende Kraft wird der Brennstoff nach dem Roste zu gedrückt, so, dass er auf dem untersten Roststabe zunächst anlangt und dann auf der convexen Fläche des Rostes weiter geht. Ist der Rost mit Feuer bedeckt, so schiebt sich das nachgedrückte Feuerungsmaterial zwischen Rost und brennende Masse hinein und die Nachfeuerung geschieht somit von unten her. Das nämliche Princip, welches der Duméry'schen Feuerung zu Grunde liegt, ist übrigens schon 1785 von Watt in dem schrägen Roste zur Anwendung gebracht worden.

Auch Tenbrinck legt Rost und Platte geneigt, dass die Kohlen fast von selbst abrutschen. Die geneigten Roste bieten überhaupt den grossen Vortheil, dass der untere Theil des Rostes immer mit glühender, zu Koks gewordener Kohle angefüllt ist, wodurch frische Luft in die Feuerbüchse nachdringt. Diese Luft erlangt durch ihre Berührung mit dem Feuer eine genügend hohe Temperatur, um die Verbrennung der flüchtigen Kohlenwasserstoffe zu bewirken, welche sonst am oberen Theile des Rostes nicht verbrannt werden würden. Bei der Feuerung von Corbin ist der Rost nicht geneigt, sondern in zwei Hälften getheilt, welche durch eine dazwischen eingeschaltete ununterbrochene Thonplatte verbunden sind.

Den ersten mit Erfolg gekrönten Versuch, den Rauch durch Entzündung mittelst des Feuers selbst zu verbrennen, hat wohl Fairbairn 1837 mit seinem Doppelrost gemacht. Die Feuerung hat zwei Roste und zwei Thüren. Die Roste sind durch eine, weit in den Heizraum reichende Scheidung von feuerfesten Backsteinen getrennt, hinter dieser Scheidewand vereinigen sich aber die Flammen beider. Die Roste werden abwechselnd beschickt, so dass der eine immer im vollen Brande ist, wenn der andere das Beschicken nöthig hat. Im Innern kommt der Rauch von dem einen Roste mit der Flamme des andern Rostes zusammen und soll verbrennen. Dies kann aber nur unvollkommen geschehen und etwa zunächst nur an der Scheidewand, wo Rauch und Flamme sich berühren. Solche Doppelröste bieten daher nur eine unvollständige Rauchverzehrung dar. Rationeller erscheint es, die beiden Röste anstatt neben-, hinter einander aufzustellen, wo dann der Rauch über die Flamme des dahinter liegenden vollen Feuers streicht; der eine Rost wird mit nicht rauchendem Brennmaterial (Anthraciten oder Koks) gefeuert. De Buzonnière begnügt sich nicht damit, den Rauch durch die Flamme des Nebenrostes streichen zu lassen, sondern er leitet abwechselnd vermittelst gewendeter Register den Rauch des frisch geschürten Rostes unter und durch den anderen Rost und dessen volle Glut.

Die Feuerungen von Fairbairn und ähnliche Constructionen, auf das Bestreben basirt, die nichtentzündeten Gase eines frischbeschickten Feuers durch die eines hellbrennenden entflammen zu wollen, beruhen zum Theil auf irrigen Vorstellungen, da vom hellbrennenden Feuer nur Gase entweichen, die der Verbrennung feindlich sind. Das frisch beschickte Feuer giebt allerdings verbrennliche Gase und Dämpfe reichlich ab, aber wo ist der zu ihrer Verbrennung erforderliche Sauerstoff? Diesem Mangel ist einigermaassen durch die Guidde'sche Feuerung abgeholfen, die als eine Abänderung der Fairbairn'schen zu betrachten ist, bei welcher eine Luftzuführung über dem Roste stattfindet, indem man Luft durch kleine Oeffnungen an dem Punkte eintreten lässt, wo die Flammen der beiden Roste sich vereinigen. Mit dieser Vorrichtung werden verhältnissmässig ganz gute Resultate gewonnen.

Rauchverbrennung durch Nebenströme.

5. Bei der Rauchverbrennung im engeren Sinne durch Luftnebenströme und den darauf bezüglichen Vorschlägen trifft man meist Vorschläge, die nicht zum Ziele führen können. Einige wenige beachtenswerthe seien im Nachstehenden angeführt.

In erster Linie ist zu nennen die von Parkes 1820 construirte gespaltene Feuerbrücke (*split-bridge*), bei welcher die in den Aschenfall strömende Luft zum Theil durch den Rost, zum Theil unter dem Rost in den Spalt der Feuerbrücke geht und bei ihrem Austritt in einem rechten Winkel die Flamme schneidet. Aehnliches findet bei Palazot's Feuerung statt, welche nach dem Urtheile von Burnat, Tresca u. A. bei befriedigender Rauchverbrennung einfach, billig, überall leicht anzubringen und leicht zu bedienen ist. Eine Modification der gespaltenen Brücke findet sich an der Feuerung des Engländers Chanter, welche im Wesentlichen aus zwei aufeinanderfolgenden Rosten besteht, von denen der zweite etwas abwärts von dem ersten liegt. Das frische Brennmaterial wird auf den letzteren geworfen, und wenn es in glühende Koks verwandelt ist, wird es auf den zweiten Rost geschoben. Auf diesem bildet es eine dünne Lage, durch die eine hinreichende Luftmenge einströmen kann, um die Rostkoks und dadurch die gasigen Produkte verbrennen zu können, welche von dem ersten Roste über das glühende Brennmaterial auf den zweiten strömt. Um den Rauch auch in dem Falle vermindern zu können, dass die auf die angegebene Weise eingeströmte Luft nicht hinreicht, ist in dem Mauerwerk jenseits des Rostes ein Raum mit Löchern, die sich nach dem Herde zu öffnen, angebracht; von demselben geht eine gusseiserne Röhre durch den Aschenkasten, die sich in geringer Höhe über dem Boden öffnet.

Gall's Feuerung.

Während es lange Jahre hindurch in der Pyrotechnik als Axiom galt, dass die Weite und Höhe eines Fabrikschornsteins in einem bestimmten Verhältnisse zu dem in einer bestimmten Zeit verbrannten Brennstoffquantum stehen müsse, hat L. Gall Schornsteine gebaut, welche den höchsten Punkt der Gebäude nur um 0,6 Meter überragen und nicht mehr die Aufgabe haben, den Zug zu befördern, sondern lediglich einen Abflusskanal für die Verbrennungsprodukte bilden. Da die Temperaturdifferenz die Ursache der Luftströmung in einem Ofen ist, so sucht Gall diese Bedingung durch eine constant sehr hohe Temperatur des Verbrennungsraumes zu erfüllen. Um nun diese herbeizuführen, mussten alle jene Veranlassungen von Wärmeverlusten auf ein Minimum reducirt werden; dahin gehören folgende: a) Beim Aufgeben von Brennmaterial findet stets eine Erniedrigung der Temperatur des Feuerraumes statt, sowohl durch den kälteren Brennstoff, als auch durch übermässiges Zuströmen kalter Luft. Die Abhülfe besteht darin, dass man die Rostfläche theilt und durch die reihenweise Beschickung der einzelnen Abtheilungen die dabei unvermeidliche Temperaturerniedrigung auf ein Minimum zurückführt. In der That ist hierdurch, selbst beim Aufgeben von Brennstoff, der Rauchbildung wesentlich vorgebeugt. b) Die Einrichtung des Ofens muss den Heizer nöthigen, nie zu grosse Quantitäten Brennstoff auf einmal aufzugeben und mit diesen die Rostfläche gleichmässig bedeckt zu erhalten. c) Die herkömmlichen und für unvermeidlich gehaltenen Wärmeverluste durch die Mauerwände und Heizthüren werden auf diese Weise vermieden, dass man die zu vollständiger Verbrennung erforderliche Luft zuvor alle jene Flächen passiren lässt, denen sonst solche Wärmeverluste entquellen. Man bringt auf diese Weise die bereits entweichende Wärme stets wieder in den Heizraum zurück. d) Die Theorie des „lebhaften Zuges“ führt ferner den unangenehmen Umstand mit sich, dass die mit Wärme beladenen Gase viel zu rasch an der Siedefläche vorübereilen. Um dem vorzubeugen, lässt nun Gall die zur Verbrennung erforderliche Luft zwar in gleicher Menge wie bei dem lebhaftesten Zuge, aber langsamer zu dem Brennmaterial strömen, wodurch dann auch die erwärmte Luft länger mit den Kesselwänden in Berührung bleibt. Zu diesem Behufe musste sowohl die freie Rostoberfläche, als auch die Querschnittfläche des Schornsteins vergrössert werden. Um die zur innigen Mengung der in die unverbrannten Gase und den Rauch einströmenden Luft, so wie zur vollständigen Verbrennung dieses Gemenges vor der Berührung mit der Kesselfläche erforderliche Zeit zu gewinnen, musste erst gefunden werden, dass der Rost 3 Meter und noch mehr unter dem Kessel liegen darf. In diesem dadurch bedeutend verlängerten Feuerraume zwischen Rost und Kesselfläche fand ein ausreichender Zug statt und es konnte nun von den hohen Schornsteinen abgesehen werden, wie in der That, wie schon angeführt, die Gall'schen Schornsteine nur Abflusskanäle für die Verbrennungsprodukte sein sollen.

Resumé.

Aus der vorstehenden Aufzählung der rauchverhütenden und rauchverbrennenden Feuerungen geht hervor, dass, obgleich bei weitem nicht alle in Vorschlag gebrachten Constructionen genannt wurden, bereits viele derselben in Anwendung gebracht worden sind. Wirft man jedoch die Frage auf, ob ein in der That wirksames Mittel oder eine in jeder Beziehung befriedigende Construction ermittelt sei, um eine vollkommene Verbrennung des Brennstoffs in der Feuerung zu erzielen, so lautet die Antwort verneinend. Hat man sich auch auf den verschiedensten und mitunter verschlungenen Wegen bemüht, Rauchbildung zu verhüten theils dadurch, dass man den Rauch mit bereits in vollständiger Glut befindlichem Brennstoff zusammenbringen wollte, um ihn zu verbrennen, theils die Anwendung erhitzter Luft zum Verzehren des Rauches und der Destillationsprodukte der Kohlen empfahl, theils durch gleichförmiges und beständiges Schüren bei einer Feuerungsanlage der Rauchbildung vorbeugen wollen, theils endlich dadurch, dass man in einer regulirten Luftzufuhr die Hauptbedingung einer vollkommenen Verbrennung und der Verminderung von Rauch erachtete, so muss man doch gestehen, dass man bis auf den heutigen Tag noch keine Mittel und Anordnungen kennt, welche in solchem Grade befriedigen, dass sie allgemein empfohlen werden könnten. Trotzdem haben sich viele Einrichtungen (der Etagenrost, die Fairbairn'sche Feuerung mit Doppelrösten) gut bewährt, indem sie wenigstens eine theilweise Rauchverhütung bewirken, besonders — wenn man einen tüchtigen und umsichtigen Heizer anstellt und demselben bei Brennstoffersparung eine entsprechende Prämie bewilligt.

Fußnoten:

[192] Die Zusammensetzung der Buttersäure und des Essigäthers ist gleich und wird durch die Formel $C_4H_8O_2$ ausgedrückt, und dennoch giebt erstere beim Verbrennen 5647 W.-E., letztere dagegen 6292.

[193] Im Durchschnitte aus allen Holzarten geben an Asche:

Prügelholz	1,23	Proc.
Scheitholz	1,34	„
Aeste	1,54	„
Wellen	2,27	„

[194] Die Steinkohlenproduktion in Grossbritannien ist sehr im Steigen begriffen. Sie betrug

1860	80	Millionen	Tons	à 20 Ctr.
1862	81	„	„	„
1864	92	„	„	„
1866	101	„	„	„
1868	104	„	„	„
1869	108	„	„	„

[195] E. Richters hat neuerdings ein Verfahren zur vergleichenden Bestimmung der Backfähigkeit verschiedener Steinkohlen beschrieben. Vergl. Dingler's polyt. Journ. Bd. 195 p. 72.

[196] 1 Dresdner Scheffel = 103$\frac{8}{10}$ Liter.

[197] Vergl. Th. Oppler, Die Fabrikation der künstlichen Brennstoffe, insbesondere der gepressten Kohlenziegel oder Briquettes. Berlin 1864; ferner Jahresbericht der chem. Technologie 1864 p. 760; 1866 p. 333; 1868 p. 800.

[198] 1 Tonne = 275–300 Pfund.

[199] Unentbehrliche Werke über Pyrotechnik sind: C. Schinz, Die Wärme-Messkunst, Stuttgart 1858; ferner E. Péclet, Traité de la chaleur; troisième édition, Paris 1861–62, 3 Volumes, und speciell für Zimmeröfen die Badische Gewerbezeitung, redigirt von H. Meidinger.

[200] 1 Kilogr. Wasser von 100° lässt, wenn es sich bis auf 20° abkühlt, 80 W.-E. entweichen, welche 32 Kilogr. oder 24,61 Kubikmeter Luft um 10° erwärmen können.

[201] Karl Knapp (Journ. f. pract. Chemie 1870 Bd. I p. 428) hat indessen nachgewiesen, dass die vollständigere Verbrennung nicht die einzige Ursache des Nichtleuchtens der Gasflamme mit innerem Luftzutritt ist. Die wesentliche Ursache sei in der Verdünnung des Gases durch Luftbeimengung zu suchen.

[202] Vergl. Rumford's Versuche aus dem Jahre 1798 in J. Tyndall, die Wärme betrachtet als eine Art der Bewegung. Braunschweig 1867 p. 15 und 71.

[203] General Morin that durch Versuche dar, dass eine Betriebsleistung von 21 Pferdekraft erforderlich sei, um mit dem obigen Apparate den Einer Pferdekraft entsprechenden Dampf hervorzubringen!

[204] Versuche in England ergaben, dass 1 Tonne (= 20 Ctr.) Steinkohlen bei gewöhnlicher Verbrennung 25 Pfund Russ liefert, welcher eine Heizkraft von 4/5 der Kohle hat. Der Verlust an Heizkraft durch fortgeführten Kohlenstoff beträgt danach 1/112 oder nicht ganz 1 Proc.